Geossistemas

Super tufão Haiyan chegando na região central das Filipinas na manhã do dia 7 de novembro de 2013. Com ventos sustentados acima de 306 km/h, é considerado o mais intenso tufão (ciclone tropical) observado por satélites ao aterrar. No *Geossistemas*, abordaremos os ciclones tropicais e outros eventos meteorológicos severos na Terra, incluindo os efeitos do furacão Sandy na costa leste do EUA em 2012 (veja Estudo Específico 8.1 no Capítulo 8). [NOAA].

Tradução:

Théo Amon

Revisão técnica:

Francisco Eliseu Aquino, Geógrafo pela Universidade Federal do Rio Grande do Sul, Doutor em Geociências pela Universidade Federal do Rio Grande do Sul, Professor Adjunto do Departamento de Geografia, Instituto de Geociências/UFRGS

Jefferson Cardia Simões, Geólogo pela Universidade Federal do Rio Grande do Sul, PhD em Glaciologia pelo Scott Polar Research Institute (SPRI), Departamento of Geography, University of Cambridge (Inglaterra), Membro da Academia Brasileira de Ciências, Professor Titular do Departamento de Geografia, Instituto de Geociências/UFRGS

Ulisses Franz Bremer, Engenheiro Agrônomo pela Universidade Federal de Lavras, Geógrafo pela Universidade Federal do Rio Grande do Sul, Doutor em Solos e Nutrição de Plantas pela Universidade Federal de Viçosa, Professor Adjunto do Departamento de Geografia, Instituto de Geociências/UFRGS

Venisse Schossler, Geógrafa pela Universidade Federal do Rio Grande do Sul, Doutora em Geociências pela Universidade Federal do Rio Grande do Sul, Pesquisadora colaboradora no Centro Polar e Climático/UFRGS

```
C556g    Christopherson, Robert W.
              Geossistemas : uma introdução à geografia física /
         Robert W. Christopherson, Ginger H. Birkeland ; tradução:
         Théo Amon ; [revisão técnica: Francisco Eliseu Aquino ... et
         al.]. – 9. ed. – Porto Alegre : Bookman, 2017.
              xxiii, 656 p. : il. color. ; 28 cm.

              ISBN 978-85-8260-443-4

              1. Geografia física. 2. Geossistemas. I. Birkeland,
         Ginger H. II. Título.

                                                      CDU 911.2
```

Catalogação na publicação: Poliana Sanchez de Araujo – CRB 10/2094

Robert W. CHRISTOPHERSON
Ginger H. BIRKELAND

Geossistemas

9ª Edição

Uma introdução à geografia física

bookman

2017

Obra originalmente publicada sob o título *Geosystems: An Introduction to Physical Geography*, 9th Edition
ISBN 9780321926982

Authorized translation from the English language edition, entitled GEOSYSTEMS: AN INTRODUCTION TO PHYSICAL GEOGRAPHY, 9TH EDITION, by ROBERT CHRISTOPHERSON, published by Pearson Education,Inc., publishing as Prentice Hall, Copyright © 2015. All rights reserved. No part of this book may be reproduced or transmitted in any form or by any means, electronic or mechanical, including photocopying, recording or by any information storage retrieval system, without permission from Pearson Education,Inc.

Portuguese language edition published by Bookman Companhia Editora Ltda, a Grupo A Educação S.A. company, Copyright © 2017.

Tradução autorizada a partir do original em língua inglesa da obra intitulada GEOSYSTEMS: AN INTRODUCTION TO PHYSICAL GEOGRAPHY, 9ª Edição, autoria de ROBERT CHRISTOPHERSON, publicado por Pearson Education, Inc., sob o selo Prentice Hall, Copyright © 2015. Todos os direitos reservados. Este livro não poderá ser reproduzido nem em parte nem na íntegra, nem ter partes ou sua íntegra armazenado em qualquer meio, seja mecânico ou eletrônico, inclusive fotoreprografação, sem permissão da Pearson Education,Inc.

A edição em língua portuguesa desta obra é publicada por Bookman Companhia Editora Ltda, uma empresa do Grupo A Educação S.A., Copyright © 2017.

Gerente editorial: *Arysinha Jacques Affonso*

Colaboraram nesta edição:

Editora: *Denise Weber Nowaczyk*

Revisão de texto: *Amanda Jansson Breitsameter*

Capa: *Márcio Monticelli (arte sob capa original)*

Tradução da sétima edição: *Francisco Eliseu Aquino, Iuri Duquia Abreu, Jefferson Cardia Simões, Ricardo Burgo Braga, Rualdo Menegat, Ulisses Franz Bremer*

Editoração: *Clic Editoração Eletrônica Ltda.*

Reservados todos os direitos de publicação, em língua portuguesa, à
BOOKMAN EDITORA LTDA., uma empresa do GRUPO A EDUCAÇÃO S.A.
Av. Jerônimo de Ornelas, 670 – Santana
90040-340 Porto Alegre RS
Fone: (51) 3027-7000 Fax: (51) 3027-7070

Unidade São Paulo
Rua Doutor Cesário Mota Jr., 63 – Vila Buarque
01221-020 São Paulo SP
Fone: (11) 3221-9033

SAC 0800 703-3444 – www.grupoa.com.br

É proibida a duplicação ou reprodução deste volume, no todo ou em parte, sob quaisquer formas ou por quaisquer meios (eletrônico, mecânico, gravação, fotocópia, distribuição na Web e outros), sem permissão expressa da Editora.

IMPRESSO NO BRASIL
PRINTED IN BRAZIL

dedicatória

Aos estudantes e professores da Terra e para todos os filhos e netos, pois é o seu planeta natal e o seu futuro.

A terra ainda provê a nossa gênese; no entanto, frequentemente esquecemos que nosso alimento vem da fria, úmida e lamacenta Terra, que o oxigênio em nossos pulmões recentemente estava dentro de uma folha, e que todo o jornal ou livro que podemos pegar é feito a partir do centro das árvores que morreram para o bem de nossas vidas imaginadas. O que você tem nas mãos agora, sob estas palavras, é ar, tempo e luz solar sagrada.

—Barbara Kingsolver

Apresentação à edição brasileira

Bem-vindo à nova edição do *Geossistemas* no Brasil. O estudo da Geografia Física vive um momento ímpar devido à necessidade de compreensão mais avançada do sistema terrestre. São inúmeras as conexões entre as mais diferentes áreas científicas e geográficas, hoje tornadas mais complexas em razão do rápido crescimento populacional e da ocupação dos mais diversos ambientes, alguns utilizados além de sua capacidade de resiliência. A Geografia Física possibilita a melhor compreensão mensurável dos geossistemas, seus processos, sua variabilidade e mudanças. Compreender e explicar as dimensões espaciais do sistema terrestre é o objetivo da Geografia Física, só assim poderemos compreender holisticamente nosso planeta e suas interações com a humanidade.

A carência na língua portuguesa de livros de Geografia Física para o ensino de graduação é recorrente. Assim, a tradução de uma obra atual e muito bem ilustrada possibilita que o estudante compreenda a complexidade dos geossistemas, muitas vezes teleconectados na escala global. Este livro dos professores Robert W. Christopherson e Ginger H. Birkeland, obra de reconhecida qualidade, conteúdo, didática e ilustrações, um sucesso editorial no exterior e no Brasil, continua contando a história da Terra de forma rica e com uma linguagem amigável.

Almejamos que esta obra possibilite ao leitor em língua portuguesa o entendimento ideal de todas as esferas terrestres – atmosfera, biosfera, criosfera, hidrosfera e litosfera – e suas interações. A obra também traz como novidade um capítulo totalmente dedicado ao estudo de Mudança Climática, já que os efeitos das mudanças ambientais afetam todos os sistemas e esferas terrestres. Esse capítulo abrange tópicos de paleoclimatologia e os mecanismos responsáveis pelas mudanças climáticas no passado; retroalimentação climática e o balanço do carbono, as evidências e causas da mudança climática atual, modelos e previsões do clima e as ações que podemos implementar para atenuar a nossa influência na mudança climática. Também, foi inserido o item O Denominador Humano, que conecta os tópicos apresentados no final de cada capítulo com exemplos, aplicações e discussões que analisam a relação da humanidade com o meio.

Devido às suas características e ao seu conteúdo, *Geossistemas* é recomendado para os cursos de Geografia (bacharelado e licenciatura), Geologia, Oceanografia, Meteorologia, Biologia, Agronomia, Engenharia Ambiental, entre outros. Professores do ensino fundamental, médio e superior terão à sua disposição uma obra atualizada com discussões dos problemas contemporâneos da Geografia Física. Ademais, esperamos que este livro seja bastante útil a todos os interessados na aplicação dos conceitos da geografia física às Ciências da Terra, pela profundidade, atualidade e abrangência dos tópicos aqui abordados.

A tradução do *Geossistemas* beneficiou-se dos conselhos, das sugestões e das revisões de alguns de nossos colegas da UFRGS, e, em especial, agradecemos aos professores Fernando Pohlmann Livi e Gilberto Lazare da Rocha (Departamento de Geografia).

Francisco Eliseu Aquino
Jefferson Cardia Simões
Ulisses Franz Bremer
Venisse Schossler

Departamento de Geografia e Centro Polar e Climático
Universidade Federal do Rio Grande do Sul

Prefácio

Bem-vindo à nona edição de *Geossistemas*! Esta edição marca o ingresso da Dra. Ginger Birkeland como coautora de Robert Christopherson. A nona edição contém revisões significativas e muitas novidades, como um capítulo sobre mudança climática, recursos pedagógicos, conteúdo atualizado e inúmeras fotografias e ilustrações. O texto está organizado de forma sistêmica e apresenta precisão científica, correlação entre figuras e texto, clareza em resumos e revisão e relevância do conteúdo geral em relação ao que está acontecendo no momento com os sistemas terrestres. *Geossistemas* continua contando a história da Terra em uma linguagem acessível.

O objetivo da geografia física é explicar a dimensão espacial dos sistemas dinâmicos da Terra – sua energia, ar, água, tempo meteorológico, clima, tectônica, relevo, rochas, solos, plantas, ecossistemas e biomas. O entendimento das relações humanos-Terra faz parte da geografia física, buscando compreender e ligar o planeta e seus habitantes. Bem-vindo à geografia física!

Novidades desta edição

Praticamente, em quase toda página de *Geossistemas* há material atualizado, conteúdo novo no texto e nas figuras, e novos recursos. Eis uma amostra:

- Um **capítulo novo sobre a mudança climática**. Embora a ciência da mudança climática afete todos os sistemas e todos os capítulos de *Geossistemas* apresentem algum material sobre o tópico, agora há um capítulo específico sobre o assunto. O Capítulo 11, Mudança Climática, abrange a paleoclimatologia e os mecanismos da mudança climática no passado (expandindo tópicos do Capítulo 17 das edições anteriores), retroalimentação climática e balanço global de carbono, as evidências e causas da atual mudança climática, modelos e projeções climáticas, ações que podem ser promovidas para moderar a mudança climática na Terra.
- Uma nova seção, **Geossistemas em Ação**, foca tópicos, processos, sistemas ou conexões humanos-Terra essenciais em uma apresentação altamente visual de uma ou duas páginas. É proposto que o estudante analise, explique, deduza ou preveja com base nas informações dadas. Tópicos incluem Relações Terra-Sol (Capítulo 2), Poluição Atmosférica (Capítulo 3), Balanço de Energia Terra-Atmosfera (Capítulo 4), O Balanço de Global Carbono (Capítulo 11), Geleiras como Sistemas Dinâmicos (Capítulo 17) e Atividade Biológica nos Solos (Capítulo 18).
- O recurso **O denominador humano** relaciona os tópicos do capítulo com exemplos e aplicações. No final dos Capítulos 2 a 20, esse novo recurso mostra mapas, fotos, gráficos e outros diagramas trazendo exemplos visuais de muitas interações humanos-Terra. Este recurso substitui e expande o Capítulo 21 das edições anteriores, intitulado *A Terra e o denominador humano*.
- Mais de 250 novas fotografias e imagens trazem cenas do mundo real para a sala de aula. O programa de fotos e sensoriamento remoto, atualizado para esta edição, ultrapassa 500 itens, integrados por todo o texto.
- Novas imagens nas aberturas de capítulo, fotos e esquemas reelaborados para as quatro aberturas de parte auxiliam na visualização do conteúdo a ser apresentado.

Mantido nesta edição

- 20 **Estudos Específicos**, com conteúdo atualizado ou novo, exploram mais profundamente os tópicos relevantes. Agora, eles estão agrupados por tópico em cinco categorias: Poluição, Mudança Climática, Riscos Naturais, Recursos Sustentáveis e Recuperação Ambiental.

  Eis os nove novos tópicos de Estudo Específico:

  Ondas de calor (Capítulo 5)
  Furacões Katrina e Sandy: desenvolvimento de tempestades e ligações com a mudança climática (Capítulo 8)
  Descongelamento dos hidratos de metano – outro problema do metano ártico (Capítulo 11)
  Terremotos no Haiti, Chile e Japão: uma análise comparativa (Capítulo 13)
  Recuperação fluvial: unindo ciência e prática (Capítulo 15)
  O tsunami de 2011 no Japão (Capítulo 16)
  Avalanchas de neve (Capítulo 17)
  Incêndios naturais e ecologia do fogo (Capítulo 19)
  Estratégias de conservação global (Capítulo 20)

- Os estudos de caso na seção *Geossistemas Hoje* abrem os capítulos apresentando questões atuais de geografia e ciências dos sistemas terrestres. Esses ensaios inéditos envolvem o leitor com o capítulo por meio de exemplos relevantes da realidade da geografia física. Tópicos novos incluem o gás de folhelho como recurso energético nos Estados Unidos (Capítulo 1), as sequoias sempervirens e o declínio da umidade de verão na Califórnia (Capítulo 7), os efeitos ambientais das barragens propostas para rios da China (Capítulo 15) e a erosão do litoral provocada pelo furacão Sandy (Capítulo 16). Muitos desses textos enfatizam a relação entre os capítulos e os sistemas terrestres, exemplificando a abordagem de *Geossistemas*.
- *GeoRelatórios* continuam descrevendo eventos e fatos atuais e relevantes para a discussão do capítulo, fornecendo atividades para os estudantes e novas fontes de informação. Os 75 *GeoRelatórios* foram atualizados,

sendo vários deles novidades desta edição. Eis alguns exemplos de tópicos:

A refração da luz afundou o Titanic? (Capítulo 4)
A temperatura mais quente da Terra (Capítulo 5)
Tempestade provoca granizo e tornado no Havaí (Capítulo 8)
O satélite GRACE possibilita medições da água subterrânea (Capítulo 9)
Zonas de clima tropical avançam para latitudes mais altas (Capítulo 10)
Ondas inesperadas inundam um cruzeiro (Capítulo 16)
Derretimento do Manto de Gelo da Groenlândia (Capítulo 17)
Efeitos da pastagem excessiva nas planícies argentinas (Capítulo 18)

- A seção de exercícios *Pensamento Crítico* propõe atividades cuidadosamente preparadas instigando-o a questionar e avançar para o próximo nível de aprendizado. Eis alguns exemplos de tópicos:

    Aplicando os princípios do balanço de energia a um forno solar
    O que causa a monção no Norte da Austrália?
    Identifique dois tipos de nevoeiro
    Análise de uma carta sinótica
    Alocação de responsabilidade e custos por riscos costeiros
    Florestas tropicais: um recurso global ou local?

- O recurso *Conexão Geossistemas* no fim de cada capítulo funciona como uma "ponte" entre os capítulos, reforçando as conexões entre os tópicos dos capítulos.
- Os *Conceitos-chave de Aprendizagem* estão no início de cada capítulo, muitos deles tendo sido reformulados para maior clareza. Cada capítulo termina com uma *Revisão dos Conceitos-chave de Aprendizagem*, que sintetiza o capítulo utilizando os objetivos da abertura.

Agradecimentos dos autores

Depois de todos esses anos, a força de uma equipe editorial continua sendo essencial. Agradecemos ao Presidente Paul Corey por sua liderança desde 1990 e a Frank Ruggirello, Vice-Presidente Sênior e Diretor Editorial de Geociências, por sua visão. Agradecemos ao Editor Sênior de Geografia, Christian Botting, por sua orientação e pela atenção dedicada aos textos de *Geossistemas*, ao Gerente de Programa Anton Yakovlev e às Editoras Adjuntas Bethan Sexton e Kristen Sanchez por sua atenção cuidadosa. Maya Melenchuk, Gestão de Imagens, é um grande acréscimo à equipe e uma ajuda para nós. Agradecemos à Editora-Gerente Gina Cheselka, à Gestora de Programa Janice Stangel e à Diretora de Desenvolvimento Jennifer Hart por suas habilidades e pelo apoio contínuo.

Nosso reconhecimento aos designers Mark Ong e Jeanne Calabrese por tamanha perícia no projeto de um livro complexo. Agradecemos ao falecido Randall Goodall por seu trabalho de design ao longo dos anos nas várias edições anteriores de *Geossistemas* e *Elemental Geosystems*. Agradecemos também a Maureen McLaughlin, Gerente Sênior de Marketing, Nicola Houston, Assistente Sênior de Marketing, e aos muitos representantes da editora que passaram meses em campo transmitindo a abordagem do *Geossistemas*.

Estendemos nossa gratidão a toda a "Equipe *Geossistemas*" por nos deixar participar do processo de edição. Nosso sincero reconhecimento pela coordenação de produção à Diretora Editorial de Ensino Superior Cindy Miller, da Cenveo LLC, por nossa amizade e pelo carinho em oito livros, e à Gerente Sênior de Projetos Suganya Karuppasamy, por sua capacidade de responder ao nosso feedback enquanto supervisionava manuscritos, preparação, complexa editoração e provas de impressão. Com tantas modificações nesta edição, suas habilidades fazem tudo funcionar. À pesquisadora fotográfica Erica Gordon, à preparadora de originais Kathy Pruno, ao revisor Jeff Georgeson e ao elaborador do índice Robert Swanson, agradecemos por seu trabalho de qualidade. Damos um agradecimento especial à editora de desenvolvimento Moira Lerner Nelson pelos conselhos e pelas sugestões que aprimoraram muitos aspectos desta edição. Nosso obrigado também a Jay McElroy e a Jonathan Cheney por seu talento criativo que ajudou a desenvolver os novos recursos *Geossistemas em Ação*, e a Jay por seu minucioso trabalho na melhoria do programa de arte.

Obrigado a todos os colegas que atuaram como pareceristas de uma ou mais edições dos livros ou que trouxeram sugestões proveitosas em conversas em nossos encontros nacionais e regionais de geógrafos. Obrigado aos pareceristas precisos de todos os capítulos da Nona Edição: Todd Fagin, Oklahoma University; Giraldo Mario, California State University, Northridge; Stephen Cunha, Humboldt State University; Charlie Thomsen, American River College. E obrigado pelos pareceres especiais para o novo Capítulo 11 desta edição por parte de Jason Allard, Valdosta State University; Marshall Shepherd, University of Georgia; Scott Mandia, Suffolk County Community College, Long Island; David Kitchen, University of Richmond.

Agradecemos pela generosidade de ideias e pelo sacrifício de tempo. Obrigado a todos os pareceristas que deram feedback precioso a respeito do *Geossistemas* ao longo dos anos:

Ted J. Alsop, *Utah State University*
Michael Allen, *Kent State University*
Philip P. Allen, *Frostburg State University*
Ted J. Alsop, *Utah State University*
Ward Barrett, *University of Minnesota*
Steve Bass, *Mesa Community College*
Stefan Becker, *University of Wisconsin–Oshkosh*
Daniel Bedford, *Weber State University*
David Berner, *Normandale Community College*
Trent Biggs, *San Diego State University*
Franco Biondi, *University of Nevada, Reno*
Peter D. Blanken, *University of Colorado, Boulder*
Patricia Boudinot, *George Mason University*
Anthony Brazel, *Arizona State University*
David R. Butler, *Southwest Texas State University*
Mary-Louise Byrne, *Wilfred Laurier University*
Janet Cakir, *Rappahannock Community College*
Ian A. Campbell, *University of Alberta–Edmonton*
Randall S. Cerveny, *Arizona State University*

Fred Chambers, *University of Colorado, Boulder*
Philip Chaney, *Auburn University*
Muncel Chang, *Butte College* Emeritus
Jordan Clayton, *Georgia State University*
Andrew Comrie, *University of Arizona*
C. Mark Cowell, *Indiana State University*
Richard A. Crooker, *Kutztown University*
Stephen Cunha, *Humboldt State University*
Armando M. da Silva, *Towson State University*
Dirk H. de Boer, *University of Saskatchewan*
Dennis Dahms, *University of Northern Iowa*
J. Michael Daniels, *University of Denver*
Shawna Dark, *California State University, Northridge*
Stephanie Day, *University of Kansas*
Lisa DeChano-Cook, *Western Michigan University*
Mario P. Delisio, *Boise State University*
Joseph R. Desloges, *University of Toronto*
Lee R. Dexter, *Northern Arizona University*
Don W. Duckson, Jr., *Frostburg State University*
Daniel Dugas, *New Mexico State University*
Kathryn Early, *Metropolitan State College*
Christopher H. Exline, *University of Nevada–Reno*
Todd Fagin, *Oklahoma University*
Michael M. Folsom, *Eastern Washington University*
Mark Francek, *Central Michigan University*
Glen Fredlund, *University of Wisconsin–Milwaukee*
Dorothy Friedel, *Sonoma State University*
William Garcia, *University of N. Carolina–Charlotte*
Doug Goodin, *Kansas State University*
Mark Goodman, *Grossmont College*
David E. Greenland, *University of N. Carolina–Chapel Hill*
Duane Griffin, *Bucknell University*
John W. Hall, *Louisiana State University–Shreveport*
Barry N. Haack, *George Mason University*
Roy Haggerty, *Oregon State University*
Vern Harnapp, *University of Akron*
John Harrington, *Kansas State University*
Blake Harrison, *Southern Connecticut University*
Jason "Jake" Haugland, *University of Colorado, Boulder*
Gail Hobbs, *Pierce College*
Thomas W. Holder, *University of Georgia*
David H. Holt, *University of Southern Mississippi*
Robert Hordon, *Rutgers University*
David A. Howarth, *University of Louisville*
Patricia G. Humbertson, *Youngstown State University*
David W. Icenogle, *Auburn University*
Philip L. Jackson, *Oregon State University*
J. Peter Johnson, Jr., *Carleton University*
Gabrielle Katz, *Appalachian State University*
Guy King, *California State University–Chico*
Ronald G. Knapp, *SUNY–The College at New Paltz*
Peter W. Knightes, *Central Texas College*
Jean Kowal, *University of Wisconsin, Whitewater*
Thomas Krabacher, *California State University–Sacramento*
Richard Kurzhals, *Grand Rapids Junior College*
Hsiang-te Kung, *University of Memphis*
Kara Kuvakas, *Hartnell College*
Steve Ladochy, *California State University, Los Angeles*
Charles W. Lafon, *Texas A & M University*

Paul R. Larson, *Southern Utah University*
Robert D. Larson, *Southwest Texas State University*
Derek Law, *University of Kentucky*
Elena Lioubimtseva, *Grand Valley State University*
Joyce Lundberg, *Carleton University*
W. Andrew Marcus, *Montana State University*
Giraldo Mario, *California State University, Northridge*
Brian Mark, *Ohio State University*
Nadine Martin, *University of Arizona*
Elliot G. McIntire, *California State University, Northridge*
Norman Meek, *California State University, San Bernardino*
Leigh W. Mintz, *California State University–Hayward, Emeritus*
Sherry Morea-Oaks, *Boulder, CO*
Debra Morimoto, *Merced College*
Patrick Moss, *University of Wisconsin, Madison*
Steven Namikas, *Louisiana State University*
Lawrence C. Nkemdirim, *University of Calgary*
Andrew Oliphant, *San Francisco State University*
John E. Oliver, *Indiana State University*
Bradley M. Opdyke, *Michigan State University*
Richard L. Orndorff, *University of Nevada, Las Vegas*
FeiFei Pan, *University of North Texas*
Patrick Pease, *East Carolina University*
James Penn, *Southeastern Louisiana University*
Rachel Pinker, *University of Maryland, College Park*
Greg Pope, *Montclair State University*
Robin J. Rapai, *University of North Dakota*
Philip Reeder, *University of South Florida*
Philip D. Renner, *American River College*
William C. Rense, *Shippensburg University*
Leslie Rigg, *Northern Illinois University*
Dar Roberts, *University of California–Santa Barbara*
Wolf Roder, *University of Cincinnati*
Robert Rohli, *Louisiana State University*
Bill Russell, *L.A. Pierce College*
Dorothy Sack, *Ohio University*
Erinanne Saffell, *Arizona State University*
Randall Schaetzl, *Michigan State University*
Glenn R. Sebastian, *University of South Alabama*
Daniel A. Selwa, *U.S.C. Coastal Carolina College*
Debra Sharkey, *Cosumnes River College*
Peter Siska, *Austin Peay State University*
Lee Slater, *Rutgers University*
Thomas W. Small, *Frostburg State University*
Daniel J. Smith, *University of Victoria*
Richard W. Smith, *Hartford Community College*
Stephen J. Stadler, *Oklahoma State University*
Michael Talbot, *Pima Community College*
Paul E. Todhunter, *University of North Dakota*
Susanna T.Y. Tong, *University of Cincinnati*
Liem Tran, *Florida Atlantic University*
Suzanne Traub-Metlay, *Front Range Community College*
Alice V. Turkington, *The University of Kentucky*
Jon Van de Grift, *Metropolitan State College*
David Weide, *University of Nevada–Las Vegas*
Forrest Wilkerson, *Minnesota State University, Mankato*
Thomas B. Williams, *Western Illinois University*
Brenton M. Yarnal, *Pennsylvania State University*

Catherine H. Yansa, *Michigan State University*
Keith Yearwood, *Georgia State University*
Stephen R. Yool, *University of Arizona*
Don Yow, *Eastern Kentucky University*
Susie Zeigler-Svatek, *University of Minnesota*

De Robert: Eu agradeço à minha família por acreditar neste trabalho, especialmente considerando a próxima geração: Chavon, Bryce, Payton, Brock, Trevor, Blake, Chase, Téyenna e Cade. Quando olho para o rosto dos nossos netos, vejo por que trabalhamos por um futuro sustentável.

Devo especial gratidão a todos os alunos dos meus 30 anos de docência no American River College, pois na sala de aula é que os livros *Geossistemas* foram forjados. Agradecimentos especiais a Charlie Thomsen, por seu trabalho criativo e colaboração em *Encounter Geosystems*, no manual de laboratório *Applied Physical Geography*, seu trabalho nas mídias e avaliações do *MasteringGeography* e em tarefas acessórias. Meu agradecimento e admiração aos muitos autores e cientistas que publicaram as pesquisas que enriquecem esta obra. Obrigado a todos pelo diálogo que estudantes e professores estabeleceram comigo por meio de e-mails de todo o planeta.

Devo um obrigado especial a Ginger Birkeland, Ph. D., minha nova coautora nesta edição e antiga colaboradora e editora de desenvolvimento, por seu trabalho essencial, meticulosidade e senso geográfico. Seus pontos fortes e talentos realmente estão à altura do desafio de um projeto editorial como este. Ela é uma colega realmente preciosa e torna o futuro da linha *Geossistemas* luminoso ao olharmos para a frente. Ela já trabalhou como guia pilotando barcos no Rio Colorado e às vezes eu a sentia no leme do *Geossistemas*!

Ao ler este livro, você aprenderá com mais de 300 lindas fotografias relacionadas aos conteúdos específicos capturadas pela minha esposa, fotógrafa e parceira de expedições, Bobbé Christopherson. A sua contribuição para o sucesso de *Geossistemas* é óbvia, começando com a espetacular foto da capa e prosseguindo durante todo o livro. Bobbé é minha parceira de expedições, colega, esposa e melhor amiga.

De Ginger: Muito obrigada ao meu marido, Karl Birkeland, por sempre ter paciência, apoiar-me e inspirar-me durante as muitas horas em que trabalhei neste livro. Também agradeço às minhas filhas, Erika e Kelsey, que suportaram a minha ausência durante toda uma temporada de esqui e rafting enquanto eu estava na escrivaninha. Minha gratidão também para William Graf, meu orientador acadêmico de tantos anos, por sempre ser um exemplo de altíssimo padrão de pesquisa e escrita, e por me ajudar a transformar meu amor por rios em um amor pela ciência e por tudo que envolve geografia. Um agradecimento especial a Robert Christopherson, que confiou ao me trazer junto nesta jornada pelos *Geossistemas*. É um privilégio trabalhar com ele, e espero que a nossa canoa navegue tranquilamente e mantenha-se no prumo na viagem à frente!

De nós dois: A geografia física ensina-nos uma visão holística da teia de sustentação intricada que é o ambiente da Terra e nosso lugar nele. Há uma drástica mudança global em curso nas relações humanos-Terra conforme alteramos os sistemas físicos, químicos e biológicos. A nossa atenção à ciência da mudança climática e aos tópicos aplicados é uma resposta aos impactos que estamos sofrendo e ao futuro que estamos modelando. Logo, este é um momento crucial para você se matricular em um curso de Geografia Física! O melhor para você em seus estudos – e carpe diem!

Robert W. Christopherson
P. O. Box 128
Lincoln, Califórnia 95648-0128
E-mail: bobobbe@aol.com

Ginger H. Birkeland
Bozeman, Montana

Material complementar online

Os materiais aqui relacionados estão disponíveis na exclusiva Área do Professor. Para acessá-los, vá até o site do Grupo A (loja.grupoa.com.br), cadastre-se gratuitamente, busque a página do livro e clique no link Material para o Professor. Lá você encontrará:

Test Bank, com cerca de 3000 perguntas, verdadeiro/falso e questões dissertativas.

Todas as **imagens** do livro em apresentações de PowerPoint™ (em português).

Lectures em apresentações de PowerPoint™ editáveis.

Exercícios **Clicker Questions and Answer** em apresentações de PowerPoint™.

Arquivos eletrônicos do **Instructor Resource Manual**.

Mais de **30 vídeos** sobre os importantes processos físicos e sobre questões relevantes, como clima e mudança climática, recursos energéticos renováveis, economia e desenvolvimento, cultura e globalização.

Sumário resumido

1 Princípios básicos de geografia   1

Parte I   O Sistema Energia-Atmosfera   36

2 Energia solar interceptada pela Terra e as estações do ano   38
3 A atmosfera moderna da Terra   58
4 O balanço de energia da atmosfera e da superfície   82
5 Temperaturas globais   106
6 As circulações atmosférica e oceânica   132

Parte II   A Água e os Sistemas Meteorológico e Climático   164

7 Água e umidade atmosférica   166
8 Tempo meteorológico   190
9 Recursos hídricos   222
10 O sistema climático global   256
11 Mudança climática   286

Parte III   A Interface Terra-Atmosfera   322

12 O planeta dinâmico   324
13 Tectônica, terremotos e vulcanismo   356
14 Intemperismo, paisagem cárstica e movimento de massa   392
15 Sistemas fluviais   420
16 Oceanos, sistemas costeiros e processos eólicos   454
17 Paisagens glaciais e periglaciais   494

Parte IV   Solos, Ecossistemas e Biomas   526

18 A geografia dos solos   528
19 Princípios básicos dos ecossistemas   558
20 Biomas terrestres   592

Apêndice A   Mapas   620
Apêndice B   O sistema de classificação climática de Köppen   625
Apêndice C   Fatores de conversão   628

Sumário detalhado

1 Princípios básicos de geografia 1

CONCEITOS-CHAVE DE **aprendizagem** 1

GEOSSISTEMAS **hoje** Gás de folhelho: uma fonte de energia para o futuro? 1

A ciência da geografia 3
 O contínuo geográfico 3
 Análise geográfica 3
 O processo científico 4

Interação humanos-Terra no século XXI 5

Conceitos dos sistemas terrestres 8
 Teoria dos sistemas 8
 Organização dos sistemas em *Geossistemas* 11
 As dimensões da Terra 14

Localização e tempo na Terra 16
 Latitude 17
 Longitude 19
 Grandes círculos e pequenos círculos 19
 Meridianos e hora mundial 20

Mapas e cartografia 22
 A escala cartográfica 22
 Projeções cartográficas 24

Ferramentas e técnicas modernas de geociência 26
 Sistema de Posicionamento Global 27
 Sensoriamento remoto 28
 Sistemas de Informações Geográficas 31
 conexão GEOSSISTEMAS 33
 REVISÃO DOS CONCEITOS-CHAVE DE **aprendizagem** 33
 geossistemas em ação 1 Explorando o sistema terrestre 12

Parte I O Sistema Energia-Atmosfera 36

2 Energia solar interceptada pela Terra e as estações do ano 38

CONCEITOS-CHAVE DE **aprendizagem** 38

GEOSSISTEMAS **hoje** Em busca do ponto subsolar 39

O Sistema Solar, o Sol e a Terra 40
 Formação do Sistema Solar 40
 Dimensões e distâncias 41

Energia solar: do Sol para a Terra 41
 A atividade e o vento solar 42
 Espectro eletromagnético da energia radiante 43
 Energia incidente no topo da atmosfera 45

As estações do ano 47
 Sazonalidade 48
 Razões para as estações do ano 48
 Marcha anual das estações 51
 conexão GEOSSISTEMAS 55
 geossistemas em ação 2 Relações Terra-sol 52
 O DENOMINADOR **humano** 2 Energia solar e as estações do ano 55

xvi Sumário detalhado

3 A atmosfera moderna da Terra 58

CONCEITOS-CHAVE DE **aprendizagem** 58

GEOSSISTEMAS **hoje** Os humanos ajudam a definir a atmosfera 59

Composição, temperatura e função da atmosfera 60
 Perfil atmosférico 60
 Critério da composição atmosférica 60
 Critério da temperatura atmosférica 63
 Critério de função atmosférica 65

Poluentes na atmosfera 66
 Fontes naturais da poluição do ar 66
 A poluição antropogênica 70
 Fatores naturais que afetam os poluentes 74
 Benefícios do Decreto do Ar Limpo 78

conexão GEOSSISTEMAS 79

REVISÃO DOS CONCEITOS-CHAVE DE **aprendizagem** 80

Estudo Específico 3.1 Poluição 68
Estudo Específico 3.2 Poluição 72
geossistemas em ação 3 Poluição atmosférica 76
O DENOMINADOR **humano** 3 A atmosfera global compartilhada 79

4 O balanço de energia da atmosfera e da superfície 82

CONCEITOS-CHAVE DE **aprendizagem** 82

GEOSSISTEMAS **hoje** O derretimento do gelo marinho abre rotas de transporte no Ártico, porém... 83

Fundamentos de equilíbrio energético 84
 Energia e calor 84
 Caminhos e princípios da energia 86

Balanço de energia na troposfera 90
 O efeito estufa e o aquecimento atmosférico 90
 Balanço de energia Terra-atmosfera 91

Balanço de energia na superfície terrestre 95
 Padrões de radiação diária 95
 Um balanço de energia da superfície simplificado 96
 O ambiente urbano 100

conexão GEOSSISTEMAS 103

REVISÃO DOS CONCEITOS-CHAVE DE **aprendizagem** 104

geossistemas em ação 4 Balanço de energia Terra-atmosfera 92
Estudo Específico 4.1 Recursos sustentáveis 98
O DENOMINADOR **humano** 4 Mudanças no balanço energético atmosférico e da superfície 103

5 Temperaturas globais 106

CONCEITOS-CHAVE DE **aprendizagem** 106

GEOSSISTEMAS **hoje** O mistério do encolhimento das ovelhas de St. Kilda 107

Conceitos e medição de temperatura 109
 Escalas de temperatura 109
 Medindo a temperatura 110

Principais controles da temperatura 112
 Latitude 112
 Altitude e elevação 112
 Nebulosidade 113
 Diferenças de aquecimento entre terra e água 113

Padrões de temperatura da Terra 120
 Mapas da temperatura global em janeiro e julho 120
 Mapas da temperatura da região polar em janeiro e julho 122
 Mapa de amplitude térmica anual 124

Sumário detalhado xvii

Tendências recentes de temperatura e a resposta humana 124
   Recordes de temperatura e aquecimento devido ao efeito estufa 124
   Estresse térmico e o índice de calor 127

conexão GEOSSISTEMAS 129
REVISÃO DOS CONCEITOS-CHAVE DE **aprendizagem** 130
geossistemas em ação 5 As maiores temperaturas de superfície da Terra 111
Estudo Específico 5.1 Mudança climática 126
O DENOMINADOR **humano** 5 Temperaturas globais 129

6 As circulações atmosférica e oceânica 132

CONCEITOS-CHAVE DE **aprendizagem** 132
GEOSSISTEMAS **hoje** As correntes oceânicas trazem espécies invasivas 133
Fundamentos do vento 135
   Pressão atmosférica 135
   Vento: descrição e medição 136
Forças que controlam a atmosfera 138
   Força do gradiente de pressão 138
   Força de Coriolis 138
   Força de fricção 140

   Resumo das forças físicas sobre os ventos 141
   Sistemas de alta pressão e baixa pressão 142
Padrões da circulação atmosférica 142
   Principais áreas de pressão e ventos associados 142
   Circulação atmosférica superior 145
   Ventos de monção 150
   Ventos locais 152
Correntes oceânicas 153
   Correntes de superfície 153
   Circulação termohalina – correntes de fundo 154
Oscilações naturais da circulação geral 155
   El Niño-Oscilação Sul (ENOS) 155
   Oscilação Decenal do Pacífico 159
   Oscilações do Atlântico Norte e do Ártico 159
conexão GEOSSISTEMAS 160
REVISÃO DOS CONCEITOS-CHAVE DE **aprendizagem** 161
geossistemas em ação 6 Circulação atmosférica 146
Estudo Específico 6.1 Recursos sustentáveis 156
O DENOMINADOR **humano** 6 Circulação global 160

Parte II   A Água e os Sistemas Meteorológico e Climático 164

7 Água e umidade atmosférica 166

CONCEITOS-CHAVE DE **aprendizagem** 166
GEOSSISTEMAS **hoje** A neblina de verão protege as árvores mais altas do mundo 167
As propriedades únicas da água 168
   Mudanças de fase e troca de calor 169
   Transferência de calor latente em condições naturais 171

Umidade 172
   Umidade relativa 172
   Expressões específicas de umidade 174
   Instrumentos para medir umidade 175
Estabilidade atmosférica 175
   Processos adiabáticos 176
   Condições atmosféricas estáveis e instáveis 177
Nuvens e nevoeiro 180
   Processos de formação de nuvens 180
   Tipos de nuvens e identificação 180
   Processos que formam nevoeiro 183
conexão GEOSSISTEMAS 186
REVISÃO DOS CONCEITOS-CHAVE DE **aprendizagem** 187
geossistemas em ação 7 Aquecimento e resfriamento adiabáticos 178
O DENOMINADOR **humano** 7 Umidade atmosférica 186

8 Tempo meteorológico 190

CONCEITOS-CHAVE DE **aprendizagem** 190
GEOSSISTEMAS **hoje** Na linha de frente do tempo severo 191

Massas de ar 192
   Massas de ar que afetam a América do Norte 192
   Modificação de massas de ar 192

Mecanismos de ascensão atmosférica 193
   Convergência 194
   Convecção 194
   Orográfica 195
   Frontal (frentes fria e quente) 197

Sistemas ciclônicos de latitude média (ciclones extratropicais) 200
   Ciclo de vida de um ciclone de latitude média 200
   Cartas sinóticas e previsão do tempo 201

Tempo severo 204
   Tempestades de gelo e nevascas 204
   Tempestades elétricas 204
   Derechos 208
   Tornados 209
   Ciclones tropicais 211

conexão GEOSSISTEMAS 219
REVISÃO DOS CONCEITOS-CHAVE DE **aprendizagem** 220
geossistemas em ação 8 Ciclones extratropicais 202
Estudo Específico 8.1 Riscos naturais 216
O DENOMINADOR **humano** 8 Tempo meteorológico 219

9 Recursos hídricos 222

CONCEITOS-CHAVE DE **aprendizagem** 222
GEOSSISTEMAS **hoje** O maior lago da Terra aquece com a mudança climática 223

A água na Terra 224
   Equilíbrio global 225
   Distribuição da água na Terra hoje 225

O ciclo hidrológico 226
   Água na atmosfera 226
   Água na superfície 227
   Água na subsuperfície 228

Balanços hídricos e análise de recursos 228
   Componentes do balanço hídrico 228
   A equação do balanço hídrico 232
   Exemplos de balanço hídrico 232
   Aplicação de balanço hídrico: furacão Camille 233
   Seca: o déficit hídrico 234

Recursos hídricos superficiais 235
   Neve e gelo 235
   Rios e lagos 235
   Terras úmidas 241

Recursos hídricos subterrâneos 241
   O ambiente da água subterrânea 242
   Sobreuso de águas subterrâneas 243
   Poluição das águas subterrâneas 248

O nosso suprimento de água 248
   O suprimento hídrico nos Estados Unidos 250
   Retirada e consumo de água 251
   Considerações futuras 251

conexão GEOSSISTEMAS 252
REVISÃO DOS CONCEITOS-CHAVE DE **aprendizagem** 253
geossistemas em ação 9 Água subterrânea 244
Estudo Específico 9.1 Mudança climática 238
Estudo Específico 9.2 Recursos sustentáveis 246
O DENOMINADOR **humano** 9 Uso da água 252

10 O sistema climático global 256

CONCEITOS-CHAVE DE **aprendizagem** 256
GEOSSISTEMAS **hoje** Um olhar em grande escala sobre o clima de Porto Rico 257

Revisão do sistema climático da Terra 258

Classificação dos climas da Terra 259
   Climas de floresta tropical pluvial 263

Climas de monção tropical 265
Climas de savana tropical 265
Climas subtropicais úmidos de verão quente 267
Climas subtropicais úmidos de inverno seco 267
Climas marítimos da costa oeste 267
Climas mediterrâneos de verão seco 269
Continental quente e úmido 272
Climas continentais úmidos de verão brando 272
Climas subárticos 273
Climas de tundra 276
Climas de calota de gelo e manto de gelo 277
Clima polar marítimo 277

Características dos climas secos 278
Climas de deserto tropical e subtropical quente 279
Climas de deserto frio de latitude média 279
Climas tropical e estepe subtropical quente 280
Climas de estepe fria de latitude média 280
Regiões climáticas e mudança climática 280
conexão GEOSSISTEMAS 283
REVISÃO DOS CONCEITOS-CHAVE DE **aprendizagem** 284
geossistemas em ação 10 O sistema climático da Terra 260
O DENOMINADOR **humano** 10 Regiões climáticas 283

11 Mudança climática 286

CONCEITOS-CHAVE DE **aprendizagem** 286

GEOSSISTEMAS **hoje** Os gases de efeito estufa despertam no Ártico 287

Crescimento populacional e combustíveis fósseis – o contexto da mudança climática 288

Decifrando os climas do passado 290
Métodos de reconstituição climática de longo prazo 291
A história climática de longo prazo da Terra 293
Métodos para reconstituição climática de curto prazo 295
A história climática de curto prazo da Terra 298

Mecanismos de flutuação climática natural 299
Variabilidade solar 299
Os ciclos orbitais da Terra 299
Posição continental e topografia 300
Gases e aerossóis atmosféricos 300

Retroalimentações climáticas e o balanço de carbono 300
O balanço de carbono da Terra 301
Retroalimentação do vapor d'água 301

Retroalimentações carbono-clima 301
Retroalimentação CO_2-intemperismo 304

Evidências da mudança climática atual 304
Temperatura 305
Derretimento do gelo 306
Elevação do nível dos mares 308
Eventos extremos 308

Causas da mudança climática atual 309
Contribuições dos gases de efeito estufa 309
Fontes de forçamento radiativo 311
Consenso científico 314

Modelos e previsões climáticas 314
Cenários de forçamento radiativo 315
Futuros cenários de temperatura 315
Projeções para o nível dos mares 316

O caminho à frente 316
Tomando uma posição sobre a mudança climática 317
Ação agora significa "sem arrependimentos" 317
Atenuação da mudança climática: o que você pode fazer? 318
conexão GEOSSISTEMAS 319
REVISÃO DOS CONCEITOS-CHAVE DE **aprendizagem** 320
geossistemas em ação 11 O balanço global de carbono 302
Estudo Específico 11.1 Mudança climática 312
O DENOMINADOR **humano** 11 Agindo a respeito da mudança climática 319

Parte III   A Interface Terra-Atmosfera 322

12 O planeta dinâmico 324

CONCEITOS-CHAVE DE **aprendizagem** 324

GEOSSISTEMAS **hoje** A migração dos polos magnéticos da terra 325

O ritmo da mudança 326

xx Sumário detalhado

Estrutura e energia interna da Terra 328
   Núcleo e manto da terra 329
   A crosta terrestre 329
   A astenosfera e a litosfera 330
   Ajustes na crosta 330
   O magnetismo da Terra 331

Materiais terrestres e o ciclo das rochas 332
   Processos ígneos 332
   Processos sedimentares 334
   Processos metamórficos 338
   O ciclo das rochas 338

Tectônica de placas 340
   Deriva continental 340

Expansão do assoalho oceânico 340
Subducção 344
Limites entre as placas 344
Terremotos e atividade vulcânica 345
Pontos quentes 346

O ciclo geológico 350
   conexão GEOSSISTEMAS 351
   REVISÃO DOS CONCEITOS-CHAVE DE **aprendizagem** 354
   geossistemas em ação 12 O ciclo geológico 352
   Estudo Específico 12.1 Recursos sustentáveis 348
   O DENOMINADOR **humano** 12 Materiais terrestres e tectônica de placas 351

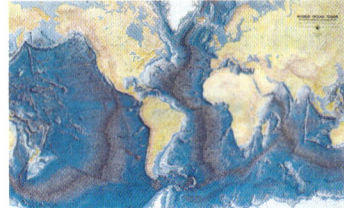

13 Tectônica, terremotos e vulcanismo 356

CONCEITOS-CHAVE DE **aprendizagem** 356
GEOSSISTEMAS **hoje** A conexão da falha de San Jacinto 357

O relevo superficial da Terra 358
   Estudo da topografia da Terra 358
   Ordens de elevação 359
   Hipsometria da Terra 359
   Tipos de relevo da Terra 359

Formação crustal 360
   Escudos continentais 361
   Formação da crosta continental e acreção de terrenos 362

Deformação crustal 363
   Dobramentos e arqueamentos extensos 364
   Falhamento 366

Orogênese (formação de montanhas) 369
   Tipos de orogenia 370
   Os Montes Tetons e a Sierra Nevada 371
   Os Montes Apalaches 374

Terremotos 374
   Anatomia de um terremoto 374
   Intensidade e magnitude de um terremoto 375
   Mecânica das falhas 377
   Previsão de terremotos 380
   Planejamento de terremotos 381

Vulcanismo 382
   Situações de atividade vulcânica 382
   Materiais vulcânicos 383
   Relevos vulcânicos 383
   Erupções efusivas 384
   Erupções explosivas 386
   Planejamento e previsão de erupções 387
   conexão GEOSSISTEMAS 389
   REVISÃO DOS CONCEITOS-CHAVE DE **aprendizagem** 390
   geossistemas em ação 13 Formação das montanhas 372
   Estudo Específico 13.1 Riscos naturais 378
   O DENOMINADOR **humano** 13 Tectônica 389

14 Intemperismo, paisagem cárstica e movimento de massa 392

CONCEITOS-CHAVE DE **aprendizagem** 392

GEOSSISTEMAS **hoje** Movimento de massa causado por humanos na Usina a Vapor de Kingston, Tennessee 393

Denudação continental 394
   Abordagem geomorfológica pelo equilíbrio dinâmico 394
   Encostas 395

Processos de intemperismo 398
   Fatores que influenciam os processos de intemperismo 399
   Processos de intemperismo físico 400
   Processos de intemperismo químico 401

Topografia cárstica 405
 Formação de carste 405
 Feições das paisagens cársticas 406
 Cavernas e grutas 408
Processos de movimento de massa 410
 Mecânica do movimento de massa 410
 Classes de movimentos de massa 411
 Humanos como agente geomórfico 415

conexão GEOSSISTEMAS 417
REVISÃO DOS CONCEITOS-CHAVE DE aprendizagem 418
geossistemas em ação 14 Encostas como sistemas abertos 396
Estudo Específico 14.1 Riscos naturais 413
O DENOMINADOR humano 14 Intemperismo, carste e encostas 417

15 Sistemas fluviais 420

CONCEITOS-CHAVE DE aprendizagem 420
GEOSSISTEMAS hoje Os efeitos ambientais das barragens no Rio Nu, China 421
Bacias de drenagem e padrões de drenagem 422
 Divisores de drenagem 423
 Bacias de drenagem como sistemas abertos 425
 Bacias de drenagem internacionais 425
 Drenagem interna 425
 Padrões de drenagem 426

Conceitos fluviais básicos 427
 Gradiente 427
 Nível de base 427
 Vazão fluvial 427
Processos e relevos fluviais 430
 Processos no canal fluvial 430
 Padrões de canal 433
 Rios em equilíbrio 437
 Relevos deposicionais 440
Enchentes e gerenciamento fluvial 446
 Os seres humanos e as planícies de inundação 446
 Proteção contra enchentes 447
 Probabilidade de enchentes 448
 Gestão de planícies de inundação 448
conexão GEOSSISTEMAS 450
REVISÃO DOS CONCEITOS-CHAVE DE aprendizagem 451
geossistemas em ação 15 Canais meandrantes 438
Estudo Específico 15.1 Recuperação ambiental 434
O DENOMINADOR humano 15 Rios, enchentes e deltas 450

16 Oceanos, sistemas costeiros e processos eólicos 454

CONCEITOS-CHAVE DE aprendizagem 454
GEOSSISTEMAS hoje Dunas de areia evitam a erosão do litoral durante o furacão Sandy 455
Oceanos e mares 456
 Propriedades da água do mar 457
 Estrutura física e impactos humanos 458
Componentes do sistema costeiro 459
 O meio ambiente costeiro 461
 Nível dos mares 462

Agentes do sistema costeiro 463
 Marés 463
 Ondas 465
Saídas do sistema costeiro 470
 Erosão costeira 470
 Deposição costeira 472
 Praias e ilhas barreira 475
 Formações de corais 477
 Terras úmidas costeiras 479
Processos eólicos 481
 Transporte eólico de poeira e areia 481
 Erosão eólica 482
 Pavimento desértico 484
 Deposição eólica 484
conexão GEOSSISTEMAS 490
REVISÃO DOS CONCEITOS-CHAVE DE aprendizagem 491
geossistemas em ação 16 Formas de duna moldadas pelo vento 486
Estudo Específico 16.1 Poluição 460
Estudo Específico 16.2 Riscos naturais 470
O DENOMINADOR humano 16 Oceanos, costas e dunas 490

17 Paisagens glaciais e periglaciais 494

CONCEITOS-CHAVE DE **aprendizagem** 494

GEOSSISTEMAS **hoje** Geleiras de maré e plataformas de gelo cedem ao aquecimento 495

De neve para gelo – a origem das geleiras 496
- Propriedades da neve 496
- Formação do gelo de geleira 497

Tipos de geleiras 497
- Geleiras alpinas 498
- Mantos de gelo continentais 500

Processos glaciais 500
- Balanço de massa glacial 501
- Movimento glacial 501

Formas de relevo glacial 505
- Relevos erosionais 505
- Relevos deposicionais 508

Paisagens periglaciais 511
- Permafrost e sua distribuição 511
- Processos periglaciais 513
- Seres humanos e as paisagens periglaciais 514

A Época Pleistocênica 514
- Paisagens da Idade do Gelo 515
- Paleolagos 515

Regiões ártica e antártica 517
- Mudanças recentes na região polar 519

conexão GEOSSISTEMAS 522

REVISÃO DOS CONCEITOS-CHAVE DE **aprendizagem** 523

geossistemas em ação 17 Geleiras como sistemas dinâmicos 502

Estudo Específico 17.1 Riscos naturais 498

O DENOMINADOR **humano** 17 Geleiras e permafrost 522

Parte IV Solos, Ecossistemas e Biomas 526

18 A geografia dos solos 528

CONCEITOS-CHAVE DE **aprendizagem** 528

GEOSSISTEMAS **hoje** Desertificação: solos em declínio e a agricultura nas terras secas do planeta 529

Fatores de formação do solo e perfis de solo 530
- Fatores naturais do desenvolvimento do solo 530
- Horizontes do solo 531

Características do solo 532
- Propriedades físicas 532
- Propriedades químicas 536

Impactos humanos sobre os solos 537
- Erosão do solo 537
- Desertificação 539

Classificação do solo 540
- Soil Taxonomy 540
- As 12 ordens do solo da Soil Taxonomy 541

conexão GEOSSISTEMAS 555

REVISÃO DOS CONCEITOS-CHAVE DE **aprendizagem** 556

geossistemas em ação 18 Atividade biológica nos solos 535

Estudo Específico 18.1 Poluição 546

O DENOMINADOR **humano** 18 Solos e uso da terra 555

Sumário detalhado **xxiii**

19 Princípios básicos dos ecossistemas 558

CONCEITOS-CHAVE DE **aprendizagem** 558

GEOSSISTEMAS **hoje** A distribuição das espécies se altera com a mudança climática 559

Fluxos de energia e ciclos de nutrientes 560
- Conversão de energia em biomassa 561
- Ciclos de elementos 564
- Caminhos da energia 567

Distribuição de comunidades e espécies 573
- O conceito de nicho 573
- Interações interespecíficas 574

- Influências abióticas 575
- Fatores limitantes 576
- Distúrbios e sucessão 576

Biodiversidade, evolução e estabilidade do ecossistema 581
- A evolução biológica traz consigo a biodiversidade 582
- Biodiversidade promove a estabilidade do ecossistema 582
- Declínio da biodiversidade 583

conexão GEOSSISTEMAS 588

REVISÃO DOS CONCEITOS-CHAVE DE **aprendizagem** 589

geossistemas em ação 19 Zonas mortas costeiras 568

Estudo Específico 19.1 Riscos naturais 578

Estudo Específico 19.2 Recuperação ambiental 586

O DENOMINADOR **humano** 19 Ecossistemas e biodiversidade 588

20 Biomas terrestres 592

CONCEITOS-CHAVE DE **aprendizagem** 592

GEOSSISTEMAS **hoje** Espécies invasivas chegam a Tristão da Cunha 593

Divisões biogeográficas 594
- Reinos biogeográficos 594
- Biomas 595

Espécies invasoras 596

Os biomas terrestres do planeta 599
- Florestas tropicais pluviais 599
- Floresta tropical sazonal e complexos arbustivos 603
- Savana tropical 603
- Floresta de latitude média ombrófila e mista 606
- Floresta boreal e de altitude 607
- Floresta temperada pluvial 608
- Complexo arbustivo mediterrâneo 609

- Campos de latitudes médias 610
- Desertos 611
- Tundras ártica e alpina 612

Conservação, gestão e biomas humanos 614
- Biogeografia de ilhas para preservação de espécies 614
- Gestão de ecossistemas aquáticos 616
- Biomas antropogênicos 616

conexão GEOSSISTEMAS 617

REVISÃO DOS CONCEITOS-CHAVE DE **aprendizagem** 618

geossistemas em ação 20 Florestas tropicais pluviais e desmatamento amazônico 604

Estudo Específico 20.1 Recuperação ambiental 615

O DENOMINADOR **humano** 20 Ambientes antropogênicos 617

Apêndice A Mapas 620
Apêndice B O sistema de classificação climática de Köppen 625
Apêndice C Fatores de conversão 628
Glossário 630
Índice 646

1 Princípios básicos de geografia

CONCEITOS-CHAVE DE aprendizagem

Após a leitura deste capítulo, você conseguirá:

- *Definir* geografia e geografia física.
- *Discutir* as atividades humanas e o crescimento demográfico em sua relação com a ciência geográfica e *resumir* o processo científico.
- *Descrever* análise de sistemas, sistemas abertos e fechados, informações de retroalimentação e *relacionar* esses conceitos aos sistemas terrestres.
- *Explicar* o sistema de coordenadas da Terra: latitude e longitude, tempo e zonas geográficas latitudinais.
- *Definir* os conceitos básicos de cartografia e mapeamento: escalas e projeções cartográficas.
- *Descrever* técnicas modernas de geociências – o sistema de posicionamento global (Global Positioning System – GPS), o sensoriamento remoto e o sistema de informações geográficas (SIG) – e *explicar* como essas ferramentas são utilizadas na análise geográfica.

Uma avalancha de neve desce assustadoramente o Monte Timpanogos, o segundo pico mais alto da Montanhas Wasatch, no Utah, EUA. Avalanchas de neve são um risco nos ambientes montanhosos de todo o mundo, matando centenas de pessoas todos os anos. Elas são provocadas pela combinação de encostas íngremes e abertas e neve instável. O acentuado relevo vertical da Cordilheira Wasatch, que se ergue 2301 m acima do Great Salt Lake, interage com as massas de ar úmidas do pacífico, resultando em uma média de 160 m de neve por inverno. As tempestades de neve armam o cenário para condições perigosas. Neve nova e o vento que sopra sobre as encostas a sotavento são os principais fatores que contribuem para a formação de avalanchas. Essa avalancha de janeiro de 2005 parou um pouco antes das casas no primeiro plano. [Bruce Tremper, Utah Avalanche Center.]

GEOSSISTEMAS HOJE

Gás de folhelho: uma fonte de energia para o futuro?

Em uma área de 965 km que se estende de Ohio até o oeste de Nova York, há metano profundamente soterrado em um depósito de rocha sedimentar, o Folhelho Marcellus. O metano é o principal constituinte do gás natural, e os cientistas sugerem que essa antiga camada rochosa, que está abaixo de 60% da área do Estado da Pensilvânia, talvez seja um dos reservatórios mais significativos de gás natural do mundo. Só a Pensilvânia está pontilhada com quase 6000 poços de gás de folhelho que extraem metano pressurizado (Figura GH 1.1).

O que é metano? Metano é um subproduto de diversos processos naturais: atividade digestiva de animais (gabo, ovelhas, bisões) e cupins; derretimento do permafrost ártico; combustão associada a queimadas de mata; e atividade bacteriana em charcos, pântanos e terras úmidas. Quase 60% do metano da nossa atmosfera vêm de fontes humanas, incluindo produção de gás natural, produção de gado leiteiro e de corte, ricicultura, extração e queima de carvão e petróleo, aterros e tratamento de águas servidas. Nos Estados Unidos, a indústria do gás natural é responsável pela maior porcentagem das emissões de metano dos EUA.

Perfuração em busca de metano Para liberar o metano aprisionado dentro das camadas de folhelho, a rocha deve ser quebrada de forma que o gás difunda-se pelas rachaduras e flua para cima. Nos últimos 20 anos, os progressos nas técnicas de perfuração horizontal, combinados com o processo de *fratura hidráulica*, franqueou acesso a grandes quantidades de gás natural que antes eram consideradas caras ou difíceis demais para extrair. Um poço típico de gás de folhelho desce verticalmente 2,4 km, então dobra e perfura horizontalmente os estratos rochosos. A perfuração horizontal expõe uma área maior de rocha, permitindo que mais rocha seja quebrada e mais gás seja liberado (Figura GH 1.2).

Um fluido pressurizado é bombeado para dentro do poço a fim de quebrar a rocha – 90% de água, 9% de areia ou microesferas de vidro para expandir as fissuras e 1% de aditivos químicos para lubrificar. Os aditivos químicos específicos usados ainda não são revelados pela indústria. Esse uso de um fluido injetado para fraturar o folhelho é o processo de fratura hidráulica. Então, o gás sobe até a superfície, sendo coletado.

A fratura hidráulica utiliza quantidades imensas de água: aproximadamente 15 milhões de litros para cada sistema de poço, fluindo a uma taxa de 16.000 litros por minuto – muito mais do que um sistema público de água poderia suprir. No sudoeste da Pensilvânia, açudes de armazenamento retêm a água bombeada nas unidades de poços para operações de fratura hidráulica.

A Administração de Informações Energéticas (EIA) dos EUA projeta uma forte alta da extração e produção de gás de folhelho mediante fratura hidráulica nos próximos 20 anos, com a produção norte-americana subindo de 30% de toda a produção de gás natural, em 2010, para 49% em 2030.

Efeitos ambientais Assim como as demais técnicas de extração de recursos, a fratura hidráulica deixa subprodutos perigosos. Ela produz grandes quantidade de águas servidas tóxicas, muitas vezes retidas em poços e açudes de contenção. Qualquer vazamento ou falha dos muros dos açudes de contenção derrama poluentes nos suprimentos de água superficial e na água subterrânea. O gás metano pode vazar pelo revestimento dos poços, que tendem a rachar durante o processo de fratura hidráulica. Os vazamentos podem provocar acúmulo de metano na água subterrânea, levando a contaminação de poços de água potável, água da torneira inflamável, acúmulo de metano em estábulos e residências e possíveis explosões.

O metano contribui para a poluição do ar como um constituinte do smog e é um potente gás de efeito estufa, absorvendo calor do Sol próximo da superfície da Terra e contribuindo para a mudança climática global. Além disso, os cientistas associam a injeção de fluido aos poços de água servida a maiores instabilidade do solo e atividade sísmica em Ohio, Virgínia Ocidental, Texas e partes do Meio-Oeste.

Este recurso energético em veloz expansão possui diversos impactos sobre o ar, a água, a terra e os sistema vivos da Terra. No entanto, muito dos efeitos ambientais da extração do gás de folhelho ainda são desconhecidos; mais estudos científicos são urgentemente necessários.

Gás de folhelho e *Geossistemas* A localização e distribuição de recursos e as interações humano-ambiente não apenas são questões importantes associadas à extração do gás de folhelho, mas também estão no cerne da ciência geográfica. Neste capítulo, você trabalhará com diversos "princípios básicos de geografia": o processo científico, o pensamento sistêmico sobre a Terra, conceitos espaciais e mapeamento. Em todo o livro, expandiremos a questão do gás de folhelho e seus efeitos de longo alcance sobre o clima global, recursos hídricos superficiais e subterrâneos e funções do ecossistema.

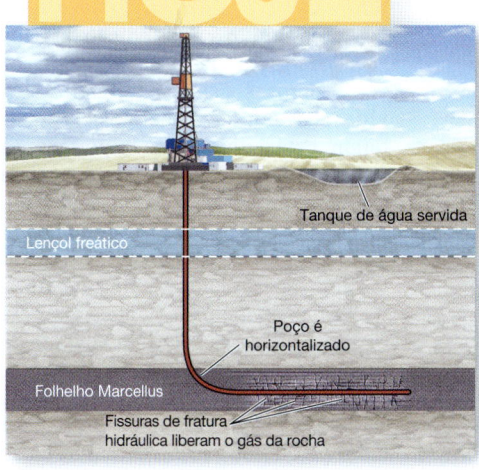

▲**Figura GH 1.2** Perfuração horizontal para fratura hidráulica e extração de gás de folhelho.

▲**Figura GH 1.1** Depósitos de folhelho e áreas de exploração para extração de gás natural, Estados Unidos e Canadá. [U.S. Energy Information Administration.]

Capítulo 1 • Princípios básicos de geografia

Bem-vindo à nona edição de *Geossistemas* e ao estudo da geografia física! Neste livro, examinamos os poderosos sistemas terrestres que influenciam nossas vidas e as muitas maneiras pelas quais os humanos os alteram. Esta é uma época importante para estudar geografia física, aprender sobre os ambientes da Terra, incluindo os sistemas que formam as paisagens, os mares, a atmosfera e os ecossistemas de que a humanidade depende. Nesta segunda década do século XXI, um século que assistirá a muitas alterações no nosso entorno natural, o estudo científico da Terra e do meio ambiente é mais crucial do que nunca.

Considere os seguintes eventos, dentre vários semelhantes que poderíamos mencionar, e as questões que eles levantam para o estudo dos sistemas terrestres e da geografia física. Este texto oferece ferramentas para responder a essas perguntas e resolver as questões subjacentes.

- Em outubro de 2012, o Furacão Sandy fez um avanço em terra na Costa Leste dos EUA, atingindo Nova York e Nova Jersey em maré alta, com ventos com força de furacão e maré de tempestade recorde. O furacão custou 110 vidas humanas e mais de US$ 42 bilhões apenas no Estado de Nova York, totalizando cerca de US$ 100 bilhões. Quais processos atmosféricos explicam a formação e o movimento dessa tempestade? Qual será a razão do tamanho e da intensidade sem precedentes? Como essa tempestade está relacionada a temperaturas recorde do ar e oceano?
- Em março de 2011, um terremoto de magnitude 9,0 e o tsunami resultante de 10 a 20 m devastaram a Ilha Honshu, no Japão – a US$ 309 bilhões de dólares, o desastre natural mais custoso da Terra. Por que os terremotos ocorrem em regiões específicas do globo? O que provoca os tsunamis? Eles viajam a que velocidade e a quais distâncias? Esse evento causou a pior catástrofe múltipla de usinas nucleares da História, com três derretimentos de núcleo, liberando quantidades perigosas de radiatividade na terra, na atmosfera e no oceano, e ainda no suprimento alimentar. Como os ventos e as correntes dominantes dispersarão a radiação pelo globo?
- No fim de 2012, a remoção de duas barragens do Rio Elwha, em Washington, estava quase concluída – as maiores remoções de barragens do mundo até o momento (Figura 1.1). O projeto irá restaurar um rio de fluxo livre para áreas de pesca e ecossistemas associados. No Brasil, a construção da controversa barragem hidrelétrica de Belo Monte no Rio Xingu continua, a despeito de liminares judiciais e violentos protestos. A barragem irá desalojar quase 20.000 pessoas e, quando concluída, será o terceiro maior projeto hidrelétrico do mundo, um dos 60 planejados para gerar energia para a economia em rápida expansão do Brasil. Como essas barragens alteram os ambientes fluviais?
- Em 2011, o mundo lançou 0,9 toneladas de dióxido de carbono (CO_2) na atmosfera a cada segundo, principalmente com a queima de combustíveis fósseis; a população de 1,3 bilhão de pessoas da China produz 10 bilhões de toneladas de CO_2 por ano. Esse "gás de efeito estufa" contribui para a mudança climática ao reter o calor próximo à superfície da Terra. Todo ano, os níveis de CO_2 atmosférico atingem um novo recorde, alterando o clima da Terra. Quais são os efeitos, e o que as previsões climáticas nos dizem?

▲Figura 1.1 **Remoção de barragem para restauração do rio.** A remoção da Barragem Glines Canyon no Rio Elwha, Washington, começou em novembro de 2012 a fim de restaurar ecossistemas fluviais. [Brian Cluer/NOAA.]

A geografia física emprega uma perspectiva *espacial* para examinar processos e eventos que acontecem em localidades específicas e acompanha seus efeitos em todo o globo. Por que o meio ambiente varia do equador às latitudes médias, entre desertos e regiões polares? Como a energia solar influencia a distribuição de árvores, solos, climas e estilos de vida? O que produz os padrões de vento, tempo e correntes oceânicas? Por que o nível global do mar está subindo? Como os sistemas naturais afetam as populações humanas e, por sua vez, que impacto os humanos estão tendo sobre os sistemas naturais? Por que há níveis recordes de plantas e animais em perigo de extinção? Neste livro, exploramos essas questões e muito mais sob a perspectiva única da geografia.

Talvez mais do que qualquer outra questão, a mudança climática tornou-se o foco prioritário do estudo dos sistemas terrestres. A década passada teve as temperaturas mais altas nos continentes e nos oceanos do registro instrumental. O ano de 2012 empatou com 2010 e 2005 como o de temperaturas globais mais quentes. Em resposta, a extensão do gelo marinho no Oceano Ártico continua caindo rumo a recordes mínimos – a extensão do gelo marinho no verão de 2012 foi a menor desde o início das medições por satélite, em 1979. Entre 1992 e 2011, o derretimento dos mantos de gelo da Groenlândia e da Antártida acelerou; hoje, eles juntos perdem mais do que três vezes o gelo que perdiam anualmente há 20 anos, contribuindo com cerca de 20% do atual aumento do nível do mar. Alhures, intensos eventos meteorológicos, estiagens e enchentes continuam aumentando.

O Painel Intergovernamental sobre Mudanças Climáticas (IPCC; http://www.ipcc.ch/), o principal órgão científico internacional a avaliar o estado atual do conhecimento sobre mudanças climáticas e seus impactos sobre a sociedade e o meio ambiente, concluiu seu *Quinto Relatório de Avaliação* em 2014. O consenso científico esmagador é que as atividades humanas estão forçando uma mudança climática. A primeira edição de *Geossistemas*, de 1992, apresentava as conclusões do *Primeiro Relatório de Avaliação* inicial do IPCC, e a edição atual continua a examinar as evidências de mudanças climática e a considerar suas implicações. Em todos os capítulos, *Geossistemas* apresenta informações científicas atualizadas para ajudá-lo a compreender nossos dinâmicos sistemas terrestres. Bem-vindo a uma exploração da geografia física!

Neste capítulo: Nosso estudo dos geossistemas – sistemas da Terra – começa com um olhar sobre a ciência da geografia física e as ferramentas geográficas que ela utiliza. A geografia física lança mão de uma abordagem espacial integradora, guiada pelo processo científico, para estudar todos os sistemas terrestres. O papel dos humanos é um enfoque cada vez mais importante da geografia física, assim como questões de sustentabilidade à medida que a população da Terra cresce.

Os geógrafos físicos estudam o ambiente analisando os sistemas do ar, da água, da terra e dos seres vivos. Portanto, discutimos os sistemas e os mecanismos de retroalimentação que influenciam as operações do sistema. Então, consideramos a localização na Terra como sendo determinada pelo sistema de malha coordenada de latitude e longitude, assim como a determinação das zonas horárias do mundo. Em seguida, examinamos os mapas como ferramentas vitais que os geógrafos usam para exibir informações físicas e culturais. Este capítulo encerra com um panorama das novas e amplamente acessíveis tecnologias que estão acrescentando novas e emocionantes dimensões à ciência geográfica: Sistema de Posicionamento Global (GPS), sensoriamento remoto pelo espaço e sistemas de informações geográficas (SIG).

A ciência da geografia

Uma ideia comum sobre a geografia é que ela se ocupa mormente de nomes de lugares. Embora localização e lugar sejam conceitos geográficos importantes, a geografia como ciência abrange muito mais. **Geografia** (de *geo*, "Terra", e *graphein*, "escrever") é a ciência que estuda as relações entre sistemas naturais, áreas geográficas, sociedade e atividades culturais (e as interdependências de tudo isso) *no espaço*. Essas duas últimas palavras são cruciais, pois a geografia é uma ciência em parte definida por seus métodos – uma maneira especial de analisar os fenômenos no espaço. Em geografia, o termo **espacial** refere-se à natureza e ao caráter do espaço físico, à sua mensuração e à distribuição das coisas dentro dele.

Os conceitos geográficos referem-se a distribuições e movimentos na Terra, como os padrões dos ventos e das correntes oceânicas pela superfície da Terra e como esses padrões afetam a dispersão de poluentes como radiação nuclear ou derramamentos de petróleo. A geografia, portanto, é a consideração espacial dos processos da Terra em interação com as ações humanas.

Embora a geografia não se limite a nomes de lugares, mapas e localização são centrais para a disciplina, sendo importantes ferramentas para transmitir dados geográficos. Tecnologias em evolução, como o SIG e o GPS, são amplamente utilizadas para aplicações científicas e na sociedade atual, com centenas de milhões de pessoas acessando mapas e informações de localização todos os dias, em computadores e dispositivos móveis.

Para fins educacionais, os objetos de interesse da geografia são tradicionalmente divididos em cinco temas espaciais: **localização**, **região**, **relação humanos-Terra**, **movimento** e **lugar**, cada um deles ilustrado e definido na Figura 1.2. Esses temas, postos em prática pela primeira vez em 1984, ainda são usados para compreender conceitos geográficos em todos os níveis, e *Geossistemas* faz uso de todos eles. Ao mesmo tempo, o Centro Nacional de Educação Geográfica (NCGE) atualizou, em 2012, as diretrizes de educação de geografia em resposta ao aumento da globalização e da mudança ambiental, redefinindo os elementos essenciais da geografia e ampliando seu número para seis: *o mundo espacial, lugares e regiões, sistemas físicos, sistemas humanos, ambiente e sociedade* e *usos da geografia na sociedade atual*. Essas categorias enfatizam as perspectivas espaciais e ambientais da disciplina e refletem a importância crescente das interações ser humano-ambiente.

O contínuo geográfico

Como muitos temas podem ser examinados geograficamente, a geografia é uma ciência eclética, que integra objetos de uma vasta gama de disciplinas. Mesmo assim, ela se divide em dois amplos campos primários: *geografia física*, compreendendo áreas especializadas que se valem amplamente das ciências físicas e biológicas, e *geografia humana*, compreendendo áreas especializadas que se valem largamente das ciências sociais e culturais. Até este século, os estudos científicos costumavam encaixar-se em uma ou outra das extremidades desse contínuo. Os humanos, por vezes, pensavam estar isentos dos processos físicos da Terra – como atores que não prestam atenção ao palco, ao cenário e à iluminação.

Entretanto, com o aumento da população global, da comunicação e da mobilidade, aumenta também a conscientização de que todos dependemos dos sistemas da Terra para suprirmo-nos de oxigênio, água, nutrientes, energia e materiais de apoio à vida. A crescente complexidade da relação humanos-Terra no século XXI deslocou o estudo dos processos geográficos em direção ao centro do contínuo da Figura 1.3 a fim de atingir uma perspectiva mais equilibrada – esse é o propósito de *Geossistemas*. Essa síntese mais equilibrada é refletida nos subcampos geográficos, como geografia dos recursos naturais e planejamento ambiental, e em tecnologias, como a ciência das informações geográficas (SIG), utilizada por geógrafos físicos e humanos.

Dentro da geografia física, a pesquisa hoje enfatiza as influências humanas sobre os sistemas naturais em todas as áreas de especialidade, realmente deslocando essa extremidade do contínuo para mais perto do meio. Por exemplo, os geógrafos físicos monitoram a poluição do ar, examinam a vulnerabilidade das populações humanas à mudança climática, estudam os impactos das atividades humanas sobre a saúde das florestas e a movimentação de espécies invasivas, estudam alterações nos sistemas fluviais causadas por barragens e remoção de barragens e examinam a resposta das geleiras ao clima em mudança.

Análise geográfica

Como mencionado antes, a ciência da geografia é unificada mais por seu método do que por um corpo de conhecimento específico. O método é a **análise espacial**. Usando esse método, a geografia sintetiza (agrupa) tópicos de muitos campos, integrando as informações para formar um conceito de Terra abrangente. Os geógrafos veem os fenômenos conforme ocorrem em espaços, áreas e localizações. A linguagem da geografia reflete essa visão espacial: território, zona, padrão, distribuição, lugar, localização, região, esfera, província e distância. Os geógrafos analisam as diferenças e as semelhanças entre os lugares.

Processo, um conjunto de ações ou mecanismos que operam em alguma ordem necessária, é um conceito essencial para a análise geográfica. Entre os exemplos que você encontrará em *Geossistemas*, incluem-se os diversos pro-

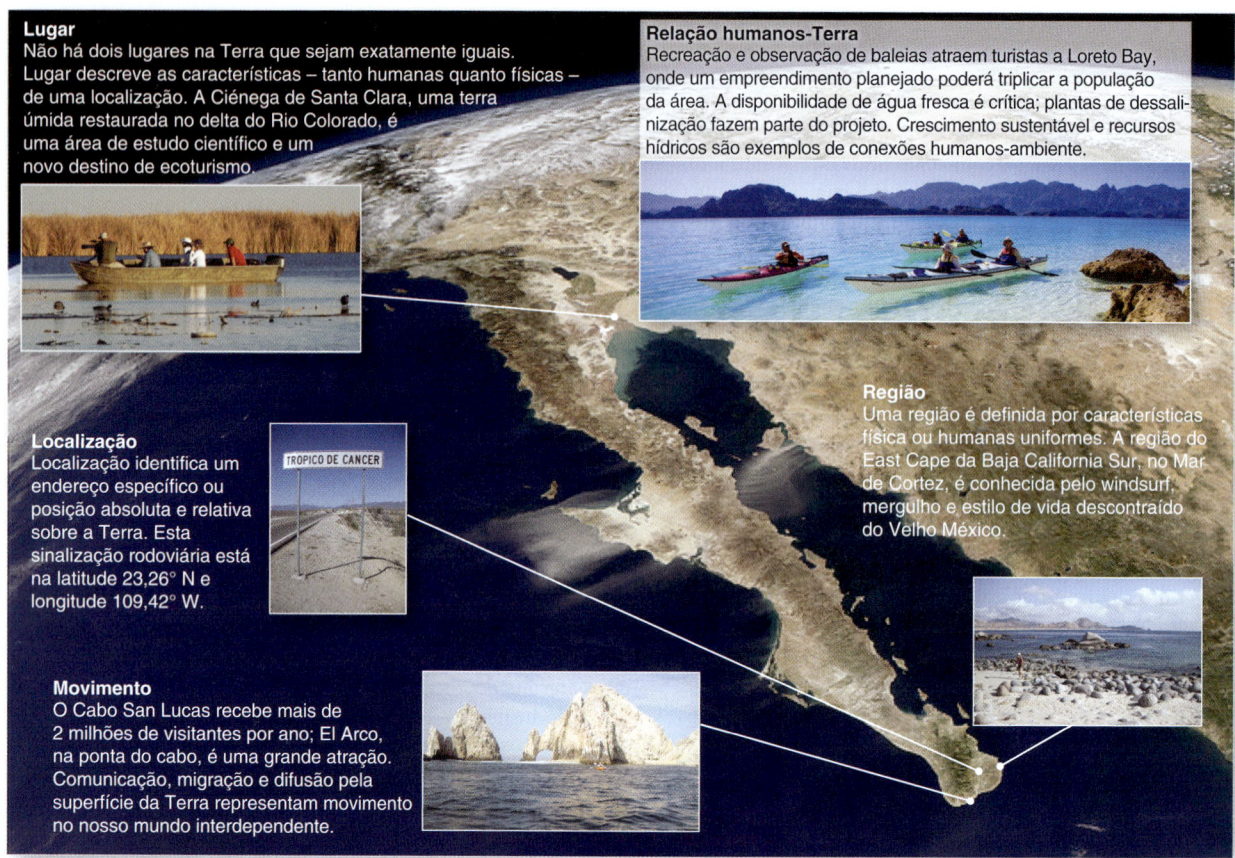

▲Figura 1.2 Os cinco temas da ciência geográfica. A partir de sua própria experiência, você consegue pensar em exemplos de cada tema? Esta imagem de satélite de 2011 mostra toda a extensão da Baja Península do México, incluindo a curvatura da Terra. [Fotos de Karl Birkeland, exceto Lugar, de Cheryl Zook/National Geographic, e Humanos–Terra, de Gary Luhm/garyluhm.net. Imagem do satélite *Aqua*/Norman Kuring, Ocean Color Team. NASA/GSFC.]

cessos envolvidos no vasto sistema água-atmosfera-tempo da Terra, ou nos movimentos crustais continentais e ocorrências de terremotos, ou em funções de ecossistema, ou na dinâmica dos canais fluviais. Os geógrafos usam a análise espacial para examinar como os processos terrestres interagem sobre o espaço ou a área.

Portanto, a **geografia física** é a análise espacial de todos os elementos, processos e sistemas físicos que compõem o meio ambiente: energia, ar, água, tempo, clima, acidentes geográficos, solos, animais, plantas, microrganismos e a própria Terra. Hoje, além do seu lugar no contínuo geográfico, a geografia física também faz parte do amplo campo da **ciência do sistema terrestre**, a área de estudo que busca compreender a Terra como um ente completo, um conjunto interatuante de sistemas físicos, químicos e biológicos. Com essas definições em mente, agora discutiremos o processo geral e os métodos utilizados pelos cientistas, incluindo os geógrafos.

O processo científico

O processo da ciência consiste em observar, questionar, testar e compreender elementos do mundo natural. O **método científico** é a receita tradicional da investigação científica; ele pode ser enxergado como passos simples e organizados

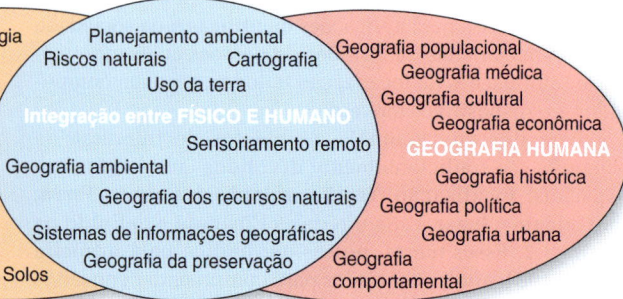

▲Figura 1.3 O conteúdo da geografia. A geografia sintetiza tópicos da Terra e tópicos humanos, mesclando ideias de muitas ciências diferentes. Este livro enfoca a geografia física, mas integra conteúdo humano e cultural pertinente para uma perspectiva holística da Terra.

que levam a conclusões concretas e objetivas. Um cientista observa e faz perguntas, faz uma assertiva geral para resumir as observações, formula uma hipótese (uma explicação lógica), realiza experimentos ou coleta dados para testar a hipótese e interpreta os resultados. Testes repetidos e respaldo a uma hipótese levam a uma teoria científica. Sir Isaac Newton (1642-1727) desenvolveu esse método para descobrir os padrões da natureza, embora o termo *método científico* tenha sido aplicado mais tarde.

Embora o método científico seja de importância fundamental para guiar a investigação científica, o processo real da ciência é mais dinâmico e menos linear, dando espaço para questionamento e pensamento "fora da caixa". Flexibilidade e criatividade são essenciais para o processo científico, que nem sempre segue a mesma sequência de etapas ou usa os mesmos métodos para cada experimento ou projeto de pesquisa. Não existe um método único e definitivo para fazer ciência; os cientistas de diferentes campos e até de diferentes subcampos da geografia física podem abordar seus testes científicos de maneiras diferentes. Entretanto, o resultado final precisa ser uma conclusão que pode ser testada repetidamente e possivelmente comprovada ou refutada. Sem essa característica, não se trata de ciência.

Uso do método científico A Figura 1.4 ilustra as etapas do método científico e esboça uma aplicação simples no exame da distribuição do álamo (*Populus fremontii*, uma espécie de choupo). O método científico começa com nossa percepção do mundo real. Os cientistas que estudam o ambiente físico começam com as pistas que veem na natureza. O processo inicia quando os cientistas questionam e analisam suas observações e exploram a literatura científica publicada sobre o tópico. Troca de ideias com outros, observação contínua e coleta preliminar de dados podem ocorrer nesse estágio.

Perguntas e observações identificam variáveis, que são as condições que mudam em um experimento ou modelo. Os cientistas frequentemente tentam reduzir o número de variáveis formulando uma *hipótese* – uma explicação provisória para os fenômenos observados. Uma vez que os sistemas naturais são complexos, controlar ou eliminar variáveis ajuda a simplificar as perguntas e previsões.

Os cientistas testam hipóteses usando estudos experimentais em laboratórios ou ambientes naturais. Estudos correlacionais, que buscam associações entre variáveis, são comuns em muitos campos científicos, incluindo a geografia física. Os métodos empregados para esses estudos devem ser reproduzíveis, para que testes repetidos possam ocorrer. Os resultados podem sustentar ou refutar a hipótese, ou as previsões feitas de acordo com ela podem se mostrar precisas ou imprecisas. Se os resultados desabonam a hipótese, o pesquisador terá que ajustar os métodos de coleta de dados ou refinar a assertiva hipotética. Se os resultados dão respaldo à hipótese, testes repetidos e verificação podem levar à sua elevação ao status de *teoria*.

O relato dos resultados de pesquisa também faz parte do método científico. Para que uma obra científica atinja outros cientistas e o público em geral, ela precisa ser descrita em um artigo científico e publicada em um dos muitos periódicos científicos. Vital para esse processo é a *revisão de pares* (*peer review*), em que outros membros da comunidade científica criticam os métodos e a interpretação dos resultados. Esse processo também ajuda a detectar o viés pessoal ou político do cientista. Quando um artigo é submetido a um periódico científico, ele é enviado a pareceristas, que podem recomendar a rejeição do artigo ou aceitá-lo e revisá-lo para publicação. Após diversos artigos com resultados e conclusões semelhantes serem publicados, começa a construção de uma teoria.

A palavra *teoria* pode levar a uma confusão pelo modo como é usada pela mídia e pelo público em geral. Uma teoria científica é erigida com base em diversas hipóteses extensivamente testadas, podendo ser reavaliada ou expandida de acordo com novas evidências. Portanto, uma teoria científica não é uma verdade absoluta; sempre existe a possibilidade de que a teoria seja refutada. Porém, as teorias representam princípios gerais realmente amplos – conceitos unificadores que amarram as leis que regem a natureza. Exemplos, entre outros, incluem a teoria da relatividade, a teoria da evolução e a teoria da tectônica de placas. Uma teoria científica reforça a nossa percepção do mundo real, sendo a base para previsões que podem ser feitas sobre coisas ainda não conhecidas. O valor de uma teoria científica é que ela estimula a observação contínua, o teste, o entendimento e a busca de conhecimento nos campos científicos.

Aplicação de resultados científicos Os estudos científicos chamados de "básicos" são concebidos em grande medida para ajudar a promover conhecimento e criar teorias científicas. Outras pesquisas são concebidas para produzir resultados "aplicados", atrelados diretamente à resolução de problemas do mundo real. A pesquisa científica aplicada pode promover novas tecnologias, afetar as políticas de recursos naturais ou afetar diretamente as estratégias administrativas. Os cientistas compartilham os resultados das pesquisas tanto básicas quanto aplicadas em conferências, assim como em artigos publicados, podendo assumir papéis de liderança em políticas e planejamento. Por exemplo, a crescente conscientização de que a atividade humana está produzindo mudanças climáticas globais exerce cada vez mais pressão sobre os cientistas para que participem do processo de tomada de decisão. Diversos editoriais de periódicos científicos clamam pelo envolvimento científico prático.

A natureza da ciência é objetiva, não fazendo juízos de valor. Em vez disso, a ciência pura fornece às pessoas e às suas instituições informações objetivas sobre as quais basear seus próprios juízos de valor. Os juízos sociais e políticos sobre as aplicações da ciência são cada vez mais importantes à medida que os sistemas naturais terrestres respondem aos impactos da civilização moderna.

Interação humanos-Terra no século XXI

Questões que giram em torno da influência crescente dos seres humanos sobre os sistemas terrestres são preocupações centrais da geografia física; nós as discutimos em todos os capítulos de *Geossistemas*. A influência humana sobre a Terra hoje está em toda parte. A população humana global ultrapassou 6 bilhões em agosto de 1999 e continuou crescendo à taxa de 82 milhões ao ano, acrescentando mais um bilhão em 2011, quando o ser humano número 7 bilhões nasceu.

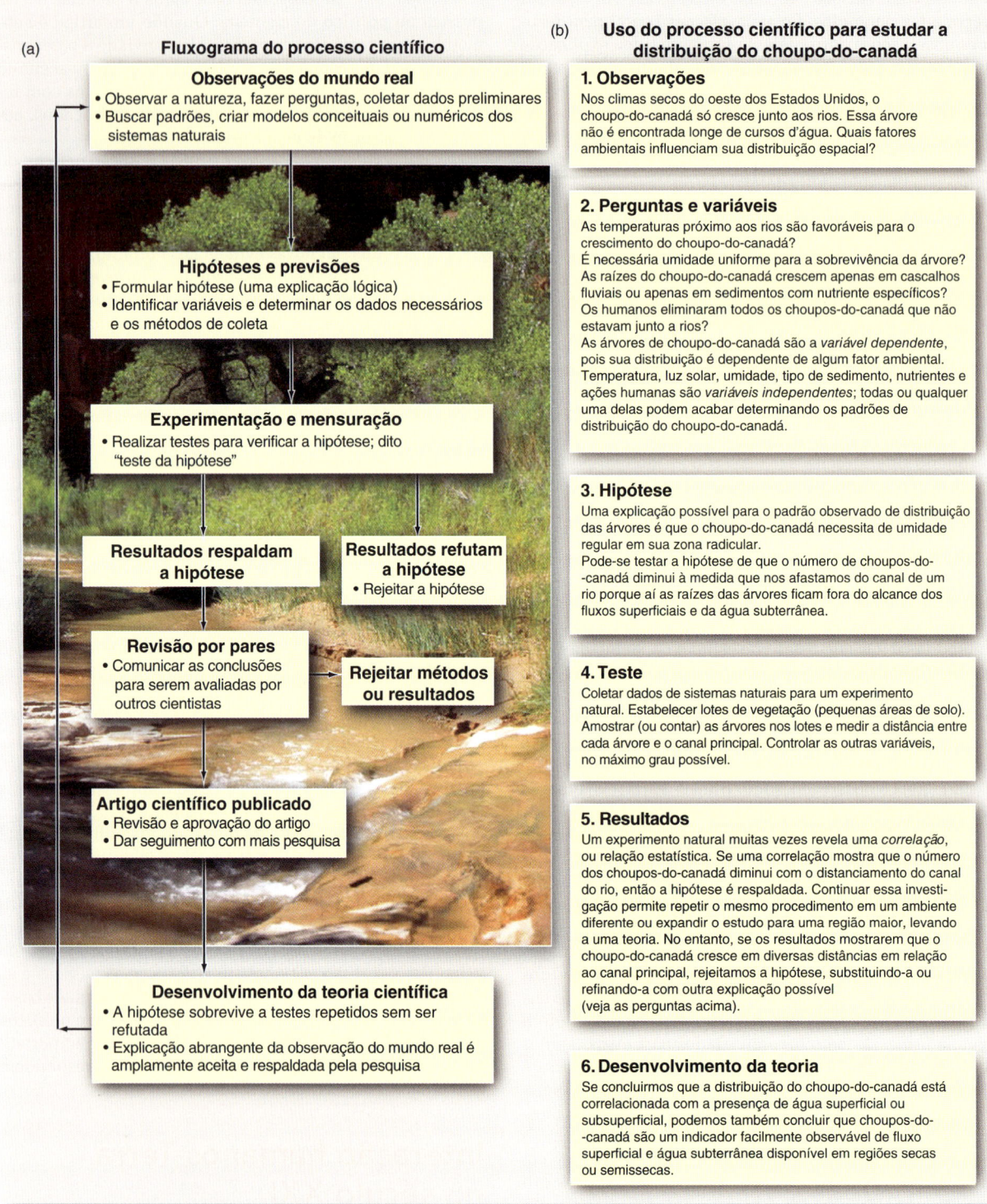

▲Figura 1.4 **O processo científico.** (a) Um fluxograma do método científico e (b) exemplo de aplicação na distribuição do choupo-do-canadá. [Fotografia de Ginger Birkeland]

Há mais pessoas vivas hoje do que em qualquer momento anterior da longa história do planeta, sendo irregularmente distribuídas entre 193 países e diversas colônias. Praticamente todo o novo crescimento populacional concentra-se nos países menos desenvolvidos (PMDs), que hoje detêm 81% da população mundial, ou cerca de 5,75 bilhões de pessoas. Ao longo da história humana, essas marcas de bilhões estão ocorrendo em intervalos cada vez mais próximos (Figura 1.5).

O denominador humano Consideramos a totalidade do impacto humano sobre a Terra o *denominador humano*. Assim como o denominador de uma fração nos diz em quantas partes o todo se divide, o aumento da população humana e sua maior demanda por recursos e crescente impacto planetário sugerem o desgaste pelo qual todo o sistema terrestre passa para dar-lhe suporte. No entanto, a base de recursos da Terra permanece relativamente fixa.

A população de apenas dois países totaliza 37% do total de humanos da Terra: 19,1% vivem na China, e 17,9%, na Índia – totalizando 2,61 bilhões de pessoas. Considerada em geral, a população mundial é jovem, com cerca de 26% ainda abaixo de 15 anos de idade (dados de 2012 do Population Reference Bureau, em http://www.prb.org, e da *POPClock Projection* do U. S. Census Bureau, em http://www.census.gov/cgi-bin/popclock).

A população dos países mais desenvolvidos (PDs) não está mais aumentando. Na verdade, alguns países europeus estão tendo uma redução de crescimento ou estão próximos aos níveis de reposição. Porém, as pessoas desses países desenvolvidos produzem um impacto maior no planeta por pessoa e, portanto, constituem uma crise de impacto populacional. Os Estados Unidos e o Canadá, com cerca de 5% da população mundial, produzem mais de 25,8% (US$ 14,7 trilhões e US$ 1,6 trilhão em 2010, respectivamente) do produto interno bruto (PIB) mundial, com o PIB dos Estados Unidos subindo para US$ 15,094 trilhões em 2011. Esses dois países utilizam mais que duas vezes a energia per capita dos europeus, mais de sete vezes que os latino-americanos, dez vezes que os asiáticos e 20 vezes que os africanos. Portanto, o impacto desses 5% sobre o estado dos sistemas terrestres, recursos naturais e sustentabilidade das práticas atuais nos PDs é crítico.

Sustentabilidade global Nos últimos tempos, a **ciência da sustentabilidade** surgiu como uma disciplina nova e integradora, amplamente baseada em conceitos de desenvolvimento sustentável relacionados aos sistemas do funcionamento da Terra. Os conceitos geográficos são fundamentais para essa nova ciência, com sua ênfase no bem-estar humano, nos sistemas terrestres e nas interações humanos-

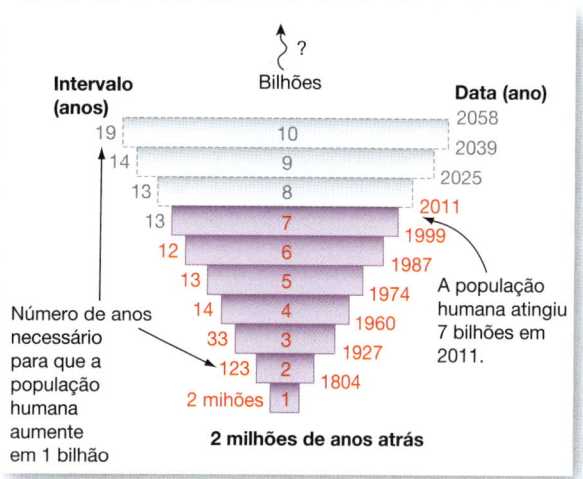

▲Figura 1.5 **Crescimento populacional mundial.** Observe as previsões populacionais.

-ambiente. Os geógrafos estão liderando a articulação desse campo emergente, que busca ligar diretamente ciência e tecnologia com sustentabilidade.

A geógrafa Carol Harden, geomorfologista e ex-presidente da Associação de Géografos Americanos, apontou o importante papel dos conceitos geográficos na ciência da sustentabilidade em 2009. Ela escreveu que a ideia de uma "pegada" humana, representando o impacto humano sobre os sistemas terrestres, diz respeito à sustentabilidade e à geografia. Quando se leva em conta a população humana de mais de 7 bilhões, a pegada humana sobre a Terra é imensa, tanto em termos de extensão espacial quanto da força da sua influência. O encolhimento dessa pegada está ligado à ciência da sustentabilidade em todas as suas formas – por exemplo, desenvolvimento sustentável, recursos sustentáveis, energia sustentável e agricultura sustentável. Especialmente em face dos sistemas tecnológicos e ambientais em rápida mudança dos dias de hoje, os geógrafos estão prontos para contribuir para esse campo emergente.

Se considerarmos algumas das questões-chave para este século, muitas delas estão sob o guarda-chuva da ciência da sustentabilidade, como alimento para a população do mundo, oferta e demanda de energia, mudança climática, perda de biodiversidade, poluição de ar e água. Essas são questões que precisam ser resolvidas de maneiras novas se quisermos atingir sustentabilidade tanto para os seres humanos quanto para os sistemas terrestres. A compreensão da geografia física da Terra e da ciência geográfica assessora a sua opinião sobre essas questões.

GEOrelatório 1.1 Bem-vindo ao Antropoceno

A população humana da Terra atingiu 7 bilhões em 2011. Hoje, muitos cientistas concordam que *Antropoceno*, um termo cunhado pelo cientista ganhador do Prêmio Nobel Paul Crutzen, é um nome apropriado para os anos mais recentes da história geológica, quando os humanos influenciaram o clima e os ecossistemas da Terra. Alguns cientistas marcam o começo da agricultura, cerca de 5000 anos atrás, como o início do Antropoceno; outros localizam seu início no alvorecer da Revolução Industrial, no século XVIII. Para assistir a um vídeo que mapeia o crescimento dos seres humanos como força planetária, acesse http://www.anthropocene.info.

> **PENSAMENTO Crítico 1.1**
> **Qual é a sua pegada?**
>
> O conceito da "pegada" de uma pessoa popularizou-se – pegada ecológica, pegada de carbono, pegada de estilo de vida. O termo representa os custos da afluência e da tecnologia moderna sobre nossos sistemas planetários. A avaliação de pegadas são simplificações grosseiras, mas pode dar uma ideia do seu impacto e até mesmo uma estimativa de quantos planetas seriam necessários para sustentar determinado estilo de vida e economia se todos vivessem como você. Calcule a sua pegada de carbono online em http://www.epa.gov/climatechange/ghgemissions/ind-calculator.html, um de vários sites que considera moradia, transporte ou consumo alimentar. Como você pode reduzir a sua pegada em casa, na sua instituição de ensino, no trabalho ou no trânsito? Como fica a sua pegada em comparação com as pegadas médias dos EUA e do mundo? •

Conceitos dos sistemas terrestres

A palavra *sistema* em nossa vida diária: "Verifique o sistema de arrefecimento do carro"; "Como funciona o sistema de notas"; "Um sistema meteorológico está se aproximando". Técnicas de *análise de sistemas* iniciaram com estudos de energia e temperatura (termodinâmica) no século XIX e foram desenvolvidas mais tarde pelos estudos de engenharia durante a Segunda Guerra Mundial. A metodologia de sistemas é uma importante ferramenta analítica. Nas quatro partes e nos 20 capítulos deste livro, o conteúdo está organizado ao longo de linhas de fluxo lógicas consistentes com o raciocínio sistêmico.

Teoria dos sistemas

Dito de forma simples, um **sistema** é qualquer conjunto ordenado e inter-relacionado de componentes e seus atributos, conectado por fluxos de energia e matéria, distinto do ambiente circundante fora do sistema. Os elementos dentro de um sistema podem ser dispostos em uma série ou entrelaçados entre si. Um sistema pode compreender qualquer número de subsistemas. Nos sistemas terrestres, tanto a matéria quanto a energia são armazenadas e recuperadas, e a energia é transformada de um tipo em outro (lembre-se de que *matéria* é uma massa que assume forma física e ocupa espaço; *energia* é a capacidade de alterar o movimento da matéria ou exercer trabalho sobre ela).

Sistemas abertos Em geral, os sistemas da natureza não são autocontidos: entradas de fluxo de energia e matéria fluem para dentro do sistema, e saídas de energia e matéria fluem para fora do sistema. Um sistema assim é um **sistema aberto** (Figura 1.6). Em um sistema, as partes funcionam de maneira inter-relacionada, agindo juntas de forma a dar a cada sistema sua característica operacional. A Terra é um sistema aberto em termos de energia, pois a energia solar entra livremente e a energia térmica sai, voltando para o espaço.

Dentro do sistema terrestre há muitos subsistemas interconectados. Rios de fluxo livre são sistemas abertos: as entradas são energia solar, precipitação e partículas de solo e rocha; as saídas são água e sedimentos para o oceano. As alterações em um sistema fluvial podem afetar o sistema costeiro próximo; por exemplo, um aumento na carga de sedimentos de um rio pode modificar a forma da embocadura ou espalhar poluentes pelo litoral. A maioria dos sistemas naturais é aberta em termos de energia. Exemplos de subsistemas atmosféricos abertos incluem furacões e tornados.

Os sistemas terrestres são dinâmicos (energéticos, em movimento) em função do tremendo aporte de energia radiante vinda do Sol. Quando essa energia passa pela camada mais externa da atmosfera terrestre, é transformada em várias for-

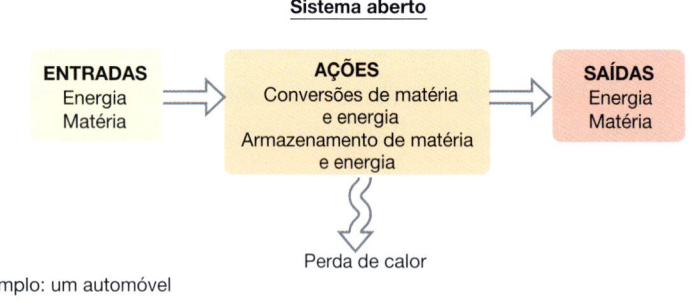

◀ **Figura 1.6 Um sistema aberto.** Em um sistema aberto, entradas de energia e matéria são submetidas a conversões e armazenadas ou liberadas conforme o sistema opera. Saídas incluem energia, matéria e energia térmica (desperdício). Após considerar como as diversas entradas e saídas aqui listadas se relacionam ao uso do carro, expanda seu pensamento a todo o sistema de produção automotiva, das matérias-primas até a montagem, vendas, acidentes de trânsito e ferros-velhos. Você consegue identificar outros sistemas abertos encontrados na sua vida diária?

mas de energia que impulsionam os sistemas terrestres, como energia cinética (de movimento), energia potencial (de posição) ou energia química ou mecânica – movimentando a atmosfera fluida e os oceanos. Em algum momento no futuro, a Terra irradia essa energia de volta para o frio vácuo do espaço como energia térmica.

Sistemas fechados Um sistema que é isolado do ambiente circundante de forma que é autocontido é chamado de **sistema fechado**. Embora tais sistemas fechados raramente sejam encontrados na natureza, a Terra é basicamente um sistema fechado em termos de matéria física e recursos – ar, água e recursos materiais. As únicas exceções são o lento escape de gases de baixo peso (como o hidrogênio) da atmosfera para o espaço e a entrada de meteoros frequentes, mas minúsculos, além da poeira cósmica. O fato de que a Terra é um sistema material fechado torna os esforços de reciclagem inevitáveis se queremos uma economia global sustentável.

Exemplo de sistema natural Uma floresta é um exemplo de sistema aberto (Figura 1.7). Por meio do processo de fotossíntese, árvores e outras plantas usam a luz solar como entrada de energia, e água, nutrientes e dióxido de carbono como entradas de material. O processo fotossintético converte essas entradas em energia química armazenada na forma de açúcares vegetais (carboidratos). O processo também libera uma saída do sistema florestal: o oxigênio que respiramos.

Saídas florestais também incluem produtos e atividades que se ligam a outros sistemas terrestres de grande escala. Por exemplo, as florestas armazenam carbono, sendo assim chamadas de "sumidouros de carbono". Um estudo de 2011 concluiu que as florestas absorvem cerca de um terço do dióxido de carbono liberado pela queima de combustíveis fósseis, tornando-as uma parte crítica do sistema climático à medida que os níveis globais de dióxido de carbono crescem. As raízes das florestas estabilizam o solo em encostas de colinas e margens de cursos d'água, conectando-as a sistemas terrestres e hídricos. Por fim, os recursos alimentares e de habitat proporcionados pelas florestas ligam-nas intimamente a outros sistemas vivos, incluindo os humanos. (Os Capítulos 10, 13, 19 e 20 discutem esses processos e interações.)

A conexão das atividades humanas a entradas, ações e saídas dos sistemas florestais é indicada na Figura 1.7 pela seta com duas pontas. Essa interação tem duas direções causais, pois os processos florestais afetam os humanos, e os humanos influenciam as florestas. As florestas afetam os humanos por meio das saídas do armazenamento de carbono (o que ameniza a mudança climática), da estabilização do solo (o que evita a erosão e a sedimentação em áreas de nascentes de água potável) e de alimentos e recursos. As influências humanas sobre as florestas incluem impactos diretos, como derrubada de árvores para obter madeira, queimadas para agricultura e desmatamento para urbanização, assim como impactos indiretos oriundos da mudança climática de causa humana, que podem potencializar a propagação de doenças, insetos e poluição, afetando a saúde das árvores.

Retroalimentação do sistema Quando um sistema opera, ele gera saídas que influenciam suas próprias operações. Essas saídas funcionam como "informações" que retornam

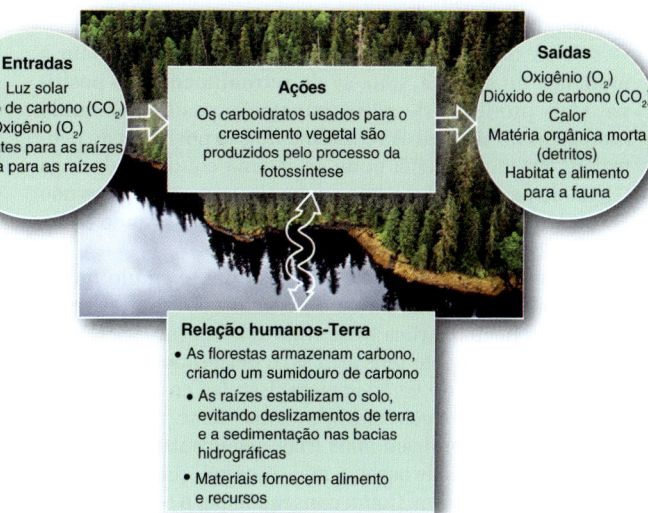

▲**Figura 1.7 Exemplo de sistema aberto natural: uma floresta.** [USDA Forest Service.]

a vários pontos do sistema por meio de caminhos chamados de **ciclos de retroalimentação**. Informações de retroalimentação podem orientar e, às vezes, controlar futuras operações no sistema. No sistema florestal da Figura 1.7, qualquer aumento ou redução da duração do dia (disponibilidade da luz solar), do dióxido de carbono ou de água produz retroalimentação que causa respostas específicas em cada árvore e planta. Por exemplo, diminuir a entrada de água desacelera o processo de crescimento; aumentar a duração do dia aumenta o processo de crescimento, dentro de certos limites.

Se as informações de retroalimentação desestimulam a mudança no sistema, trata-se de **retroalimentação negativa**. Uma maior produção desse tipo de retroalimentação se opõe a mudanças no sistema e leva à estabilidade. Essa retroalimentação negativa causa autorregulação em um sistema natural. Ciclos de retroalimentação negativa são comuns na natureza. Na nossa floresta, por exemplo, árvores saudáveis produzem raízes que estabilizam as encostas das colinas e inibem a erosão, proporcionando retroalimentação negativa. Se a floresta for danificada ou removida, talvez por queimada ou corte, a encosta pode ficar instável e estar sujeita a deslizamentos de terra ou lama. Essa instabilidade afeta os sistemas vizinhos à medida que sedimentos são depositados em rios, linhas costeiras ou áreas urbanizadas.

Em muitos ecossistemas, as populações predadoras proporcionam retroalimentação negativa para a população dos demais animais; o tamanho da população de presas tende a atingir um equilíbrio com o número de predadores. Se a população de um predador cai abruptamente, as populações de presas aumentam, causando instabilidade no ecossistema. Após os lobos serem exterminados no Parque Nacional Yellowstone em Wyoming e Montana, no fim do século XIX, a população anormalmente alta de alces devastou muitas áreas de sua vegetação nativa. Após a reintrodução de lobos canadenses em Yellowstone, em 1995, o número de alces caiu com a predação por parte dos lobos. Desde então, os choupos-tremedores e os salgueiros estão voltando, melhorando o habitat para pássaros e pequenos mamíferos e proporcionando outros benefícios ao ecossistema.

Se as informações de retroalimentação estimulam a mudança no sistema, trata-se de **retroalimentação positiva**. Mais produção de retroalimentação positiva estimula mudanças no sistema. A retroalimentação positiva não controlada em um sistema pode criar uma condição de fuga ("bola de neve"). Em sistemas naturais, essas alterações não controladas podem atingir um limite crítico, levando a instabilidade, ruptura ou morte de organismos.

A mudança climática global cria um exemplo de retroalimentação positiva quando o gelo marinho de verão derrete na Região Ártica (discutido no Capítulo 4). Com o aumento das temperaturas árticas, o derretimento glacial e do gelo marinho de verão acelera. Isso faz com que as superfícies de neve e gelo marinho mais claras, que refletem a luz solar e assim ficam mais frias, sejam substituídas por superfícies abertas de oceano, mais escuras, que absorvem a luz solar e esquentam. Como consequência, o oceano absorve mais energia solar, o que eleva a temperatura, o que, por sua vez, derrete mais gelo, e assim por diante (Figura 1.8). Esse é um ciclo de retroalimentação positiva, potencializando ainda mais os efeitos das temperaturas mais altas e das tendências de aquecimento.

A aceleração da mudança em um ciclo de retroalimentação positiva pode ser drástica. Os cientistas descobriram que não apenas a *extensão* do gelo marinho de junho diminuiu em área, mas também o *volume* está caindo a uma taxa acelerada. O volume, um indicador melhor que a extensão para o gelo marinho existente, caiu pela metade desde 1980; entretanto, a taxa de decréscimo foi 2,5 vezes mais rápida na década entre 2000 e 2012 do que entre 1980 e 1990. Com a aceleração do ciclo de retroalimentação, a possibilidade de derretimento completo do gelo de junho no Ártico pode tornar-se uma realidade antes do previsto – setembro é normalmente o mês de menor extensão de gelo marinho; em 2012, isso aconteceu em agosto.

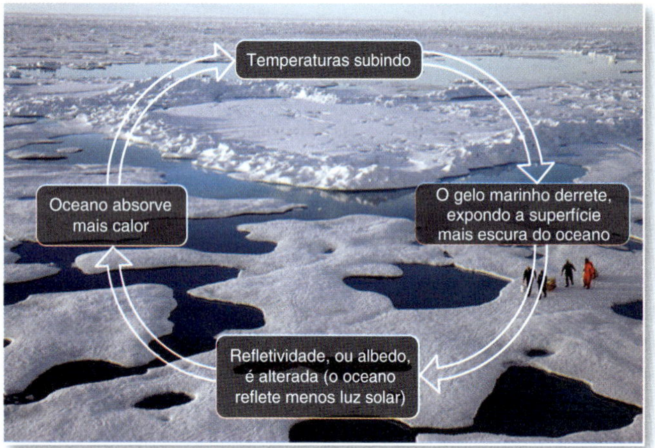

Equilíbrio do sistema A maioria dos sistemas mantém a estrutura e as características ao longo do tempo. Um sistema de matéria e energia que permanece equilibrado ao longo do tempo, no qual as condições são constantes ou recorrentes, está em uma condição de equilíbrio constante. Quando as taxas de entradas e de saídas no sistema são iguais e a quantidade de energia e de matéria em armazenamento no sistema é constante (ou, sendo mais realista, quando flutuam em torno de uma média estável), o sistema está em **estado de equilíbrio constante**. Por exemplo, os canais fluviais normalmente ajustam sua forma em resposta às entradas de água e sedimento; essas entradas podem modificar sua quantidade de ano para ano, mas a forma do canal representa uma média estável – uma condição de equilíbrio constante.

No entanto, um sistema em equilíbrio constante pode demonstrar uma tendência de mudança ao longo do tempo, condição descrita como **equilíbrio dinâmico**. Essas tendências em mudança podem surgir gradualmente, sendo compensadas pelo sistema ao longo do tempo. Um rio pode tender a alargar seu canal à medida que se ajusta a entradas maiores de sedimento ao longo de alguma escala de tempo, mas o sistema geral se ajustará a essa nova condição, mantendo assim um equilíbrio dinâmico. A Figura 1.9 ilustra essas duas condições, de equilíbrio constante e de equilíbrio dinâmico.

Observe que os sistemas em equilíbrio tendem a manter suas operações funcionais e a resistir a mudanças abruptas. Porém, um sistema pode atingir um **limiar**, ou **ponto de ruptura**, no qual não pode mais manter suas características; assim, ele move-se para um novo nível operacional. Uma grande enchente em um sistema fluvial pode levar o canal do rio a um limiar em que ele abruptamente se desloca, escavando um novo canal. Outro exemplo dessa condição é uma encosta ou uma escarpa costeira que se ajusta após um deslizamento de terra repentino. Com o tempo, acaba-se atingindo um novo equilíbrio entre encosta, materiais e energia. A mudança climática nas latitudes altas ocasionou eventos de limiar, como o colapso

▲**Figura 1.8 O ciclo de retroalimentação positiva do gelo marinho-albedo no Ártico.** A espessura média do gelo no verão ártico caiu drasticamente, deixando um gelo mais fino, que derrete mais facilmente. Desde 2000, 70% do volume de gelo do mês de setembro desapareceram. Se essa taxa de perda de volume de gelo prosseguir, o primeiro setembro ártico sem gelo pode acontecer antes de 2017. [NOAA.]

GEOrelatório 1.2 Anfíbios no limiar

As espécies anfíbias são um grupo ameaçado de animais, com aproximadamente um terço das espécies conhecidas em risco de extinção atualmente. De acordo o Grupo Especializado em Anfíbios da União Internacional para a Conservação da Natureza (IUCN), há duas novas iniciativas voltadas ao impedimento do declínio dos anfíbios: maior proteção de habitat para as espécies que ocorrem em apenas uma localidade e esforços escalonados para testar medicamentos fungicidas a fim de frear a doença que mata sapos favorecida pelos aumentos de temperatura. Leia mais sobre a atual crise de extinção de anfíbios em http://www.amphibians.org/.

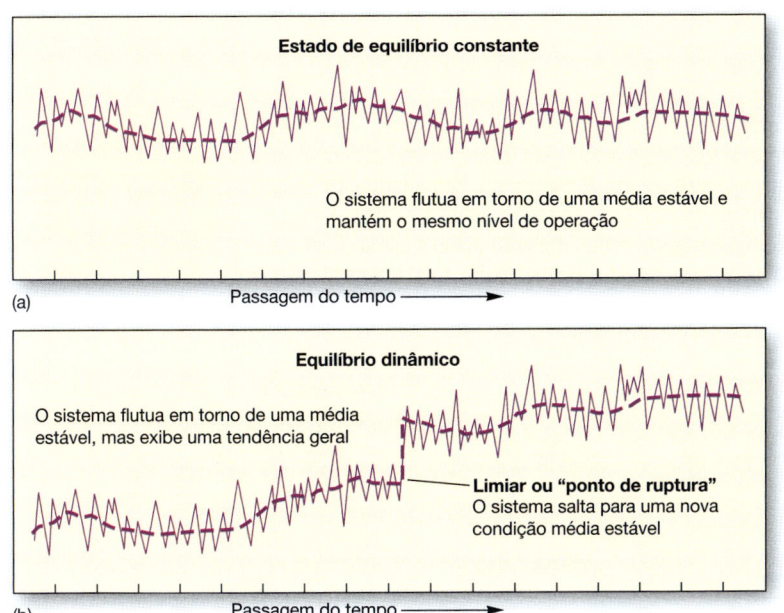

(a) Estado de equilíbrio constante — O sistema flutua em torno de uma média estável e mantém o mesmo nível de operação. Passagem do tempo →

(b) Equilíbrio dinâmico — O sistema flutua em torno de uma média estável, mas exibe uma tendência geral. Limiar ou "ponto de ruptura": O sistema salta para uma nova condição média estável. Passagem do tempo →

(c) A ação das ondas e de intensa precipitação causaram instabilidade da encosta na Costa Pacífica do Sul de San Francisco em janeiro de 2010. Quando foi atingido um limiar, as escarpas desmoronaram e a face retrocedeu cerca de 30,5 m em direção ao continente.

▲Figura 1.9 Equilíbrios do sistema: estado de equilíbrio constante e equilíbrio dinâmico. O eixo vertical representa o valor de uma típica variável sistêmica, como a largura do canal do rio ou o ângulo da encosta da colina. [Fotografia de Bobbé Christopherson.]

relativamente súbito de plataformas de gelo que cercam uma porção da Antártica e a rachadura de plataformas de gelo na costa norte da Ilha Ellesmere, Canadá, e na Groenlândia.

Comunidades vegetais e animais também podem atingir limiares. A partir de 1997, as condições de aquecimento nos oceanos combinaram-se com a poluição para acelerar o branqueamento dos recifes de coral vivos em todo o mundo, levando os sistemas de coral a um limiar. Branqueamento é a perda de algas coloridas, fonte de alimento para o coral, o que acaba causando a morte das colônias de coral que constituem o recife. Em algumas áreas, 50% dos recifes de coral regionais passam por branqueamento. Na Grande Barreira de Corais da Austrália, ocorreu uma morte de corais de até 90% nos piores anos. Hoje, cerca de 50% dos corais da Terra estão doentes; encontre mais sobre isso no Capítulo 16. Os sapos-arlequim da América do Sul e Central tropical são outro exemplo de espécie que se aproxima de um ponto de ruptura, com extinções crescentes desde 1986 diretamente relacionadas à mudança climática; isso é discutido no Capítulo 19 e no GeoRelatório 1.2.

Modelos de sistemas Um **modelo** é uma representação simplificada e idealizada de parte do mundo real. Os cientistas concebem modelos com graus variados de especificidade. Um modelo conceitual normalmente é o mais generalizado, enfocando como os processos interagem dentro de um sistema. Um modelo numérico é mais específico, sendo geralmente baseado em dados coletados no campo ou em trabalho laboratorial. A simplicidade de um modelo facilita a compreensão de um sistema e a sua simulação em experimentos. Um bom exemplo é um modelo do *sistema hidrológico*, que representa todo o sistema de água da Terra, seus fluxos energéticos relacionados e os ambientes da atmosfera, superfície e subsuperfície por meio dos quais a água se movimenta (ver Figura 9.4 no Capítulo 9). As previsões associadas à mudança climática muitas vezes são baseadas em modelos computacionais de processos atmosféricos, discutidos no Capítulo 10. Neste texto, discutimos muitos modelos de sistemas.

O ajuste das variáveis em um modelo simula condições diferentes e permite previsões de possíveis operações de sistemas. No entanto, as previsões são tão boas quanto as pressuposições e a precisão embutidas no modelo. É melhor ver um modelo como o que ele realmente é – uma simplificação para nos ajudar a entender processos complexos.

Organização dos sistemas em *Geossistemas*

Da disposição geral até a apresentação dos tópicos específicos, *Geossistemas* segue um fluxo de sistemas. A estrutura das partes é concebida em torno dos sistemas da Terra pertinente ao ar, à água, à terra e aos organismos vivos. Essas são as quatro "esferas" da Terra, representando o nível mais amplo de organização do livro. Dentro de cada parte, os capítulos e os tópicos são preparados de acordo com o pensamento sistêmico, com foco em entradas, ações e saídas, e enfatizando as interações humanos-Terra e as inter-relações entre as partes e capítulos. Alguns temas, como a erupção do Monte Pinatubo nas Filipinas discutida logo em seguida, reaparecem em muitos capítulos, ilustrando as conexões dos sistemas. A ilustração *Geossistemas em Ação* das páginas seguintes delineia a estrutura das partes e o conteúdo dos capítulos em cada uma das quatro esferas da Terra.

As quatro "esferas" da Terra A superfície da Terra é uma vasta área de 500 milhões km² onde quatro imensos sistemas abertos interagem. O recurso Geossistemas em Ação (pp. 12-13) apresenta os três sistemas **abióticos** (ou não vivos) que formam o lar do sistema **biótico** (ou vivo). As esferas abióticas são a *atmosfera*, a *hidrosfera* e a *litosfera*. A esfera biótica é a *biosfera*. Juntas, essas esferas formam um modelo simplificado dos sistemas terrestres.

- **Atmosfera (Parte I, Capítulos 2-6)** A **atmosfera** é um véu fino e gasoso que circunda a Terra, sendo aderida ao planeta pela força da gravidade. Formada ao longo do tempo pelos gases que sobem de dentro da crosta e do interior da Terra e pelas exalações de toda a vida,

geossistemas em ação 1 — EXPLORANDO O SISTEMA TERRESTRE

A Terra é frequentemente descrita como sendo constituída por quatro "esferas" – a atmosfera, a hidrosfera, a litosfera e a biosfera. *Geossistemas* vê essas esferas como sistemas terrestres nos quais a energia e matéria fluem dentro e entre as partes que interagem entre esses sistemas. Analisar os sistemas terrestres em termos de suas entradas, ações e saídas ajuda a entender o sistema Energia-Atmosfera (GEA 1.1), água, tempo meteorológico e clima (GEA 1.2), interface Terra-Atmosfera (GEA 1.3) e Solos, Ecossistemas e Biomas (GEA 1.4). Em cada caso, você verá que a relação humanos-Terra é parte integrante das interações do sistema terrestre.

1.1 PARTE I: O SISTEMA ENERGIA-ATMOSFERA

A energia solar que chega ao topo da atmosfera terrestre estabelece o padrão de entrada de energia que força os sistemas físicos do planeta e influencia diariamente nossas vidas. O Sol é a fonte definitiva de energia para a maioria dos processos da vida em nossa biosfera. A atmosfera da Terra age como um filtro eficiente, absorvendo a maior parte da radiação solar letal, impedindo que ela chegue até a superfície da Terra. Cada um de nós depende das interações desse sistema.

Capítulos 2–6

Energia Solar Interceptada pela Terra e as Estações do Ano
A Atmosfera Moderna da Terra
O Balanço de Energia da Atmosfera e da Superfície
Temperaturas Globais
As Circulações Atmosférica e Oceânica

CICLO TECTÔNICO

Subducção

Energia térmica

Crosta continental
Fluxo de água subterrânea

1.3 PARTE III: A INTERFACE TERRA-ATMOSFERA

A Terra é um planeta dinâmico cuja superfície é moldada. Dois amplos sistemas – endógeno e exógeno – organizam esses agentes na Parte III. No sistema endógeno, os processos internos produzem fluxos de calor e material bem abaixo da crosta terrestre. O sistema exógeno envolve os processos externos que colocam em movimento o ar, a água e o gelo, todos movidos por energia solar. Dessa forma, a superfície terrestre é a interface entre dois vastos sistemas abertos: um que constrói a paisagem e outro que a destrói.

Capítulos 12–17

O Planeta Dinâmico
Tectônica, Terremotos e Vulcanismo
Intemperismo, Paisagem Cárstica e Movimento de Massa
Sistemas Fluviais
Oceanos, Sistemas Costeiros e Processos Eólicos
Paisagens Glaciais e Periglaciais

1.2 PARTE II: A ÁGUA E OS SISTEMAS METEOROLÓGICO E CLIMÁTICO

A Terra é o planeta água. A Parte II descreve a distribuição da água na Terra, incluindo a circulação da água no ciclo hidrológico. Também descreve a dinâmica diária da atmosfera interagindo com a hidrosfera, produzindo o tempo meteorológico. Os resultados do sistema água-tempo meteorológico variam de padrões de clima aos recursos hídricos. A Parte II encerra com uma verificação da mudança climática global, os impactos que estão ocorrendo e as previsões de mudanças para o futuro.

HIDROSFERA

Capítulos 7–11

Água e Umidade Atmosférica
Tempo Meteorológico
Recursos Hídricos
O Sistema Climático Global
Mudança Climática

Energia solar

CICLO DO CARBONO E DO OXIGÊNIO

CICLO HIDROLÓGICO

Escoamento superficial

Fluxo de água subterrânea

CICLO DE ROCHAS

Astenosfera

1.4 PARTE IV: SOLOS, ECOSSISTEMAS E BIOMAS

A energia entra na biosfera por meio da conversão de energia solar pela fotossíntese nas folhas dos vegetais. O solo é o elo essencial que conecta o mundo vivo com a litosfera e o resto dos sistemas físicos da Terra. Assim, o solo é a ponte adequada entre a Parte III e a Parte IV deste livro. Juntos, solos, plantas, animais e o ambiente físico formam os ecossistemas, os quais são agrupados em biomas.

BIOSFERA

Capítulos 18–20

A Geografia dos Solos
Princípios Básicos dos Ecossistemas
Biomas Terrestres

geossistemas em ação 1 — EXPLORANDO O SISTEMA TERRESTRE

a atmosfera inferior é única no Sistema Solar. É uma combinação de nitrogênio, oxigênio, argônio, dióxido de carbono, vapor d'água e gases residuais.

- **Hidrosfera (Parte II, Capítulos 7-11)** As águas da Terra existem na atmosfera, na superfície e na crosta próxima à superfície. Coletivamente, essas águas formam a **hidrosfera**. A porção da hidrosfera que está congelada é a **criosfera** – mantos de gelo, calotas glaciais, campos de gelo, geleiras, plataformas de gelo, gelo marinho e gelo de fundo subsuperficial. A água existe em três estados na hidrosfera: líquido, sólido (a criosfera congelada) e gasoso (vapor d'água). A água ocorre em duas condições químicas gerais: doce e salina (salgada).
- **Litosfera (Parte III, Capítulos 12-17)** A crosta terrestre e parte do manto superior diretamente abaixo da crosta formam a **litosfera**. A crosta é bem frágil se comparada com as camadas profundas abaixo da superfície, que se movem lentamente em resposta a uma distribuição desigual de energia térmica e pressão. Em sentido amplo, o termo *litosfera* às vezes refere-se a todo o planeta sólido. A camada cultivável de solo é a *edafosfera** e geralmente cobre as superfícies dos solos terrestres.
- **Biosfera (Parte IV, Capítulos 18-20)** A intrincada e interconectada rede que liga todos os organismos com seu ambiente físico é a **biosfera**, ou **ecosfera**. A biosfera é a área em que elementos físicos e químicos formam o contexto da vida. A biosfera existe na intersecção das três esferas abióticas (ou não vivas), partindo do assoalho oceânico, passando pelas camadas superiores da rocha crustal até cerca de 8 km atmosfera adentro. A vida é sustentável dentro desses limites naturais. A biosfera evolui, por vezes reorganiza-se, passa por extinções e consegue florescer.

A sequência dos capítulos em cada parte geralmente segue um fluxo sistêmico de energia, materiais e informações. Cada página de abertura das partes resume as principais ligações sistêmicas; esses diagramas são apresentados juntos na Figura 1.10. Como exemplo da nossa organização por sistemas, a Parte I, "O Sistema Energia-Atmosfera", começa

*N. de R.T.: A camada superior da pedosfera, o "solum", constituída pelos horizontes A, E e B (Parte IV, Capítulo 18), é também conhecida como edafosfera. A edafologia é o ramo das ciências físicas que estuda essa "esfera" da Terra. Neste texto, os solos representam a ponte entre a litosfera (Parte III) e a biosfera (Parte IV).

com o Sol (Capítulo 2). A energia do Sol flui pelo espaço até o topo da atmosfera, passando através da atmosfera até a superfície da Terra, onde é balanceada pela energia que deixa a Terra (Capítulos 3 e 4). Depois analisamos as saídas sistêmicas de temperatura (Capítulo 5) e os ventos e as correntes oceânicas (Capítulo 6). Observe o mesmo fluxo lógico sistêmico nas outras três partes deste texto. A organização de muitos capítulos também segue esse fluxo sistêmico.

Monte Pinatubo – Impacto no sistema global Um exemplo dramático de interações entre os sistemas terrestres em resposta a uma erupção vulcânica ilustra a força da abordagem sistêmica usada neste livro-texto. O Monte Pinatubo, nas Filipinas, entrou em erupção violentamente em 1991, injetando 15-20 milhões de toneladas de cinzas e vapor de ácido sulfúrico na atmosfera superior (Figura 1.11). Essa foi a segunda maior erupção do século XX. A do Monte Katmai, no Alasca, em 1912, foi a única maior. Os materiais oriundos da erupção do Monte Pinatubo afetaram os sistemas terrestres de várias formas, indicadas no mapa. Para se ter uma comparação, a erupção de 2010 do Eyjafjallajökull, na Islândia, foi cerca de 100 vezes menor em termos de volume de material ejetado, com os detritos atingindo apenas a atmosfera inferior.

Conforme você for avançando neste livro, verá a história do Monte Pinatubo e suas implicações entrelaçadas em oito capítulos: Capítulo 1 (discussão da teoria dos sistemas), Capítulo 4 (efeitos sobre o balanço de energia da atmosfera), Capítulo 6 (imagens de satélite da dispersão de detritos por ventos atmosféricos), Capítulo 11 (efeito temporário sobre as temperaturas atmosféricas globais), Capítulo 13 (processo vulcânico) e Capítulo 19 (efeitos sobre a fotossíntese líquida). Em vez de simplesmente descrever a erupção, vemos as relações e os impactos globais dessa explosão vulcânica.

As dimensões da Terra

Todos já ouvimos falar que antigamente algumas pessoas acreditavam que a Terra era plana. Porém, a *esfericidade* – ou circularidade – da Terra não é uma ideia tão moderna quanto se imagina. Por exemplo, há mais de dois milênios, o matemático e filósofo grego Pitágoras (cerca de 580-500 a.C.) determinou por observação que a Terra é esférica. Não sabemos quais observações levaram Pitágoras a essa conclusão. Você consegue adivinhar o que ele viu para deduzir a esfericidade da Terra?

GEOrelatório 1.3 A hidrosfera única da Terra

A hidrosfera da Terra é única entre os planetas do Sistema Solar: apenas a Terra possui água superficial em tal quantidade, cerca de 1,36 bilhão de km³. Existe água subsuperficial em outros planetas, tendo sido descoberta na Lua e no planeta Mercúrio (em suas regiões polares), em Marte, na lua Europa de Júpiter e nas luas Encélado e Titã de Saturno. Na região polar marciana, aeronaves remotas estão estudando fenômenos de gelo de solo e solo padronizado causados por congelamento e descongelamento de água, conforme discutido em relação à Terra no Capítulo 17. Em 2012, a sonda *Curiosity* aterrissou em uma área de Marte que, há bilhões de anos, estava inundada de água até a altura da cintura. No Universo, telescópios de espaço profundo revelam traços de água em nebulosas e objetos planetários distantes.

Capítulo 1 • Princípios básicos de geografia 15

PARTE I: O Sistema Energia-Atmosfera

Entradas
Energia solar interceptada pela Terra
A atmosfera moderna da Terra

Ações
Balanço de energia da atmosfera e da superfície

Saídas
Temperaturas globais
Correntes de vento e oceânicas

Relação humanos-Terra
Poluição do ar
Chuva ácida
Ambiente urbano
Resposta humana à temperatura
Energia solar
Força do vento

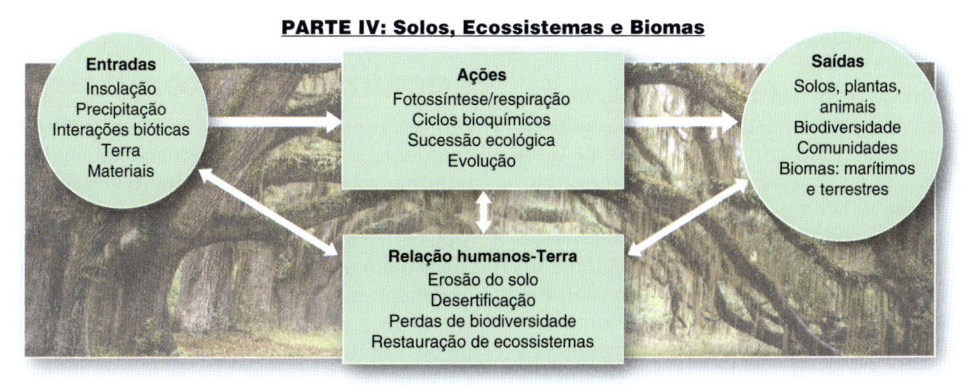

PARTE II: Os Sistemas Água, Tempo e Clima

Entradas
Água
Umidade atmosférica

Ações
Umidade
Estabilidade atmosférica
Massas de ar

Saídas
Tempo
Recursos hídricos
Padrões climáticos

Relação humanos-Terra
Eventos meteorológicos extremos
Escassez de água
Mudança climática

PARTE III: A Interface Terra-Atmosfera

Entradas
Calor geotérmico
Energia solar
Precipitação
Vento

Ações
Formação rochosa e mineral
Processos tectônicos
Intemperismo
Erosão, transporte, deposição

Saídas
Formação crostal
Orogênese e vulcanismo
Relevos: cársticos, fluviais, eólicos, costeiros, glaciais

Relação humanos-Terra
Percepção de riscos
Energia geotérmica
Gestão de planícies de inundação
Subida do nível do mar

PARTE IV: Solos, Ecossistemas e Biomas

Entradas
Insolação
Precipitação
Interações bióticas
Terra
Materiais

Ações
Fotossíntese/respiração
Ciclos bioquímicos
Sucessão ecológica
Evolução

Saídas
Solos, plantas, animais
Biodiversidade
Comunidades
Biomas: marítimos e terrestres

Relação humanos-Terra
Erosão do solo
Desertificação
Perdas de biodiversidade
Restauração de ecossistemas

▲Figura 1.10 Os sistemas em *Geossistemas*. A sequência do fluxo sistêmico na organização das Partes I, II, III e IV.

▼**Figura 1.11 Impactos globais da erupção do Monte Pinatubo.** A erupção do Monte Pinatubo em 1991 afetou o sistema Terra-atmosfera em escala global. Lendo *Geossistemas*, você encontrará referências a essa erupção em muitos capítulos. Há um resumo dos impactos no Capítulo 13. [Foto no detalhe de Dave Harlow, USGS.]

Em 15 de junho de 1991, 15-20 milhões de toneladas de cinzas e vapor de ácido sulfúrico foram lançadas na atmosfera.

Uma fina nuvem de aerossol afeta 42% do globo (de 20° S a 30° N)

O vento espalha a nuvem de cinzas para o oeste

15° N 120° E

Efeitos sobre o sistema Terra-atmosfera:

A nuvem de aerossol provoca céus coloridos no crepúsculo e na aurora em todo o mundo.

A refletividade atmosférica (albedo) aumenta 1,5%.

A luz solar reduzida na superfície da Terra diminui as temperaturas médias do Hemisfério Norte em 0,5°C.

A luz solar difusa aumenta, causando leve melhora da fotossíntese e do crescimento vegetal.

Evidências da esfericidade Ele pode ter notado navios navegando além do horizonte e aparentemente afundando abaixo da superfície da Terra, mas chegando ao porto com o convés seco. Talvez ele tenha observado a sombra curva da Terra lançada sobre a superfície lunar durante um eclipse da Lua. Ele pode ter deduzido que o Sol e a Lua não são apenas os discos planos que aparecem no céu, mas são esféricos, e que a Terra também deveria ser uma esfera.

A esfericidade da Terra era geralmente aceita pelo povo instruído já no primeiro século depois de Cristo. Cristóvão Colombo, por exemplo, sabia que estava velejando em torno de uma esfera em 1492; essa é uma razão pela qual ele achava que tinha chegado nas Índias Orientais.

A Terra como um geoide Até 1687, o modelo de perfeição esférica era um pressuposto básico da **geodésia**, a ciência que determina o formato e o tamanho da Terra por meio de pesquisas e cálculos matemáticos. Contudo, naquele ano, Sir Isaac Newton postulou que a Terra, junto aos outros planetas, não poderia ser perfeitamente esférica. Newton raciocinou que a maior velocidade rotacional no equador – a parte do planeta mais distante do eixo central e, portanto, a que se move mais rápido – produziria um abaulamento equatorial à medida que a força centrífuga puxa a superfície terrestre para fora. Ele estava convencido de que a Terra é levemente disforme, no que ele chamou de *esferoide achatado nos polos*, ou mais corretamente, um *elipsoide achatado nos polos*.

O abaulamento equatorial da Terra e seu achatamento polar são universalmente aceitos e confirmados com precisão por observações de satélite. A forma única e irregular da superfície da Terra, coincidindo com o nível médio do mar e perpendicular à direção da gravidade, é descrita como sendo um **geoide**. Imagine o geoide da Terra como uma superfície ao nível do mar que se estende uniformemente em todo o mundo, embaixo dos continentes. Tanto as alturas em terra quanto as profundidades nos oceanos são medidas a partir dessa superfície hipotética. Pense na superfície geoidal como um equilíbrio entre a atração gravitacional da massa terrestre, a distribuição de água e gelo sobre sua superfície e o empuxo centrífugo causado pela rotação da Terra. A Figura 1.12 mostra as circunferências e os diâmetros polares e equatoriais da Terra.

Localização e tempo na Terra

Um dos fundamentos da ciência geográfica é o sistema de coordenadas em malha, internacionalmente aceito para determinar a localização na Terra (lembre-se de que a localização é um dos cinco temas da geografia, conforme a Figura 1.2). Os termos *latitude* e *longitude* para as linhas dessa malha já eram usados nos mapas do primeiro século d.C., com os conceitos em si sendo ainda mais antigos.

O geógrafo, astrônomo e matemático Ptolomeu (cerca de 90-168 d.C.) contribuiu em grande parte com o desenvolvimento de mapas modernos, e muitos de seus termos ainda são usados hoje. Ptolomeu dividiu o círculo em 360 graus (360°), cada grau tendo 60 minutos (60') e cada minuto tendo 60 segundos (60''), de uma maneira adaptada dos antigos babilônios. Ele localizava lugares usando graus, minutos e segundos. No entanto, o comprimento preciso de um grau de latitude e de um grau de lon-

▶ **Figura 1.12 As dimensões da Terra.** A linha pontilhada é um círculo perfeito para comparação com o geoide da Terra.

gitude permaneceu sem resposta pelos próximos 17 séculos.

Latitude

Latitude é uma distância angular ao sul ou ao norte do equador, mensurada a partir do centro da Terra (Figura 1.13a). Em um mapa ou globo, as linhas que designam esses ângulos de latitude vão para o leste e oeste, paralelas ao equador (Figura 1.13b). Como o equador da Terra divide a distância entre o Polo Norte e o Polo Sul exatamente ao meio, ele recebe o valor de latitude 0°. Dessa forma, a latitude aumenta a partir do equador em direção ao Polo Norte, a 90° de latitude norte, e em direção ao Polo Sul, a 90° de latitude sul.

Uma linha que conecta todos os pontos ao longo do mesmo ângulo latitudinal é um **paralelo**. Na figura, um ângulo de 49° de latitude norte é mensurado, e, conectando todos os pontos nessa latitude, temos o paralelo 49. Assim, *latitude* é o nome do ângulo (49° de latitude norte), *paralelo* representa a linha (paralelo 49) e ambos indicam a distância ao norte do equador.

Do equador para os polos, a distância representada por um grau de latitude é bastante regular, cerca de 100 km; nos polos, um grau de latitude é só um pouco maior (cerca de 1,12 km) do que no equador (Figura 1.14). Para tornar a localização ainda mais precisa, dividimos os graus em 60 minutos, e os minutos em 60 segundos. Por exemplo, na Figura 1.2, o Cabo San Lucas, na Baja Califórnia, México, está localizado a 22 graus, 53 minutos e 23 segundos (22° 53' 23") de latitude sul. Alternativamente, muitos sistemas de informações geográficas (SIG) e programas de visualização da Terra, como o Google Earth™, utilizam notação decimal para graus de latitude e longitude (há um conversor online em http://www.csgnetwork.com/gpscoordconv.html). Em unidades decimais, o Cabo San Lucas fica a +22,8897° de latitude – o sinal de positivo simboliza latitude norte, o de negativo, latitude sul.

A latitude é prontamente determinada observando-se objetos celestiais fixos, como o Sol ou as estrelas, um método que data de tempos antigos.

"Latitudes baixas" são aquelas mais próximas ao equador, ao passo que "latitudes altas" são aquelas mais próximas aos polos. Você talvez conheça outros nomes genéricos para descrever as regiões em termos de latitude, como "trópicos" e "Ártico". Esses termos dizem respeito a meios ambientes naturais que diferem drasticamente entre o equador e os polos. Essas diferenças resultam da quantidade de energia solar recebida, que varia de acordo com a latitude e a estação do ano.

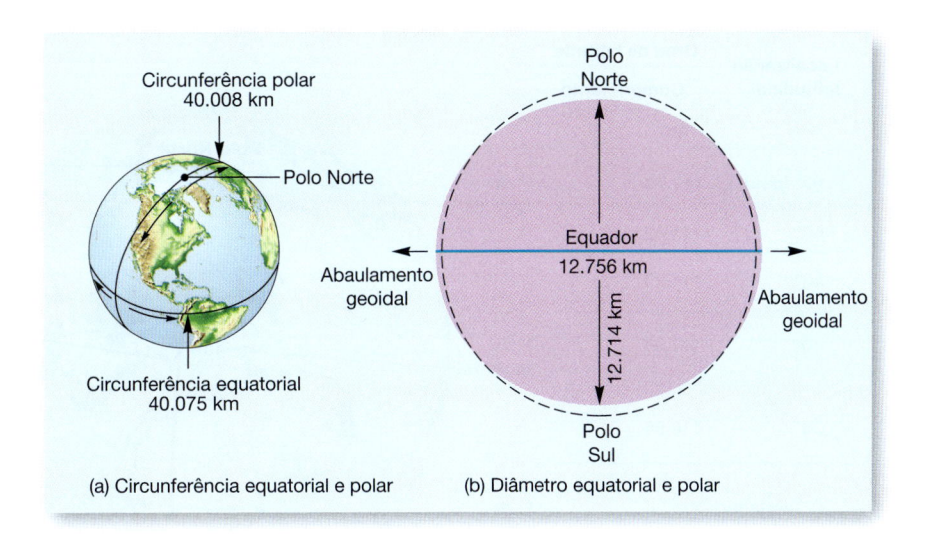

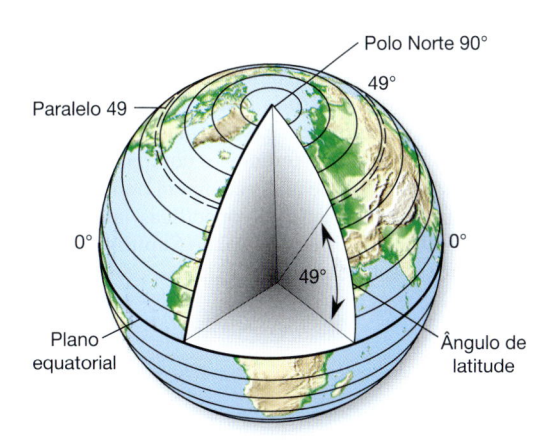

(a) Circunferência equatorial e polar
(b) Diâmetro equatorial e polar

(a) A latitude é mensurada em graus ao norte ou ao sul do equador (0°). Os polos da Terra estão a 90°. Observe a mensuração da latitude 49°.

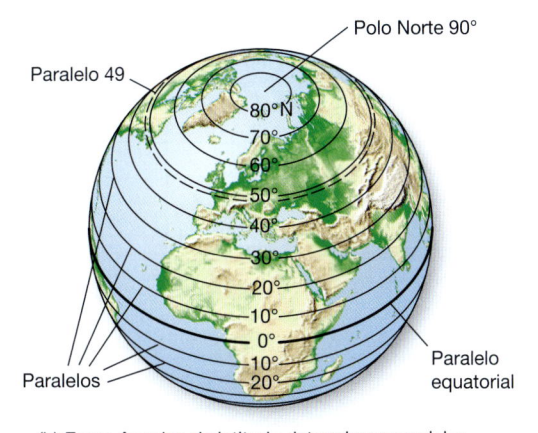

(b) Esses ângulos de latitude determinam paralelos ao longo da superfície terrestre.

▲ **Figura 1.13 Paralelos de latitude.** Você sabe qual é a sua latitude atual?

Localização latitudinal	Grau de latitude Comprimento km			Grau de longitude Comprimento km
90° (polos)	111,70	= 1° de latitude	1° de longitude =	0
60°	111,42			55,80
50°	111,23			71,70
40°	111,04	= 1° de latitude	1° de longitude =	85,40
30°	110,86			96,49
0° (equador)	110,58	= 1° de latitude	1° de longitude =	111,32

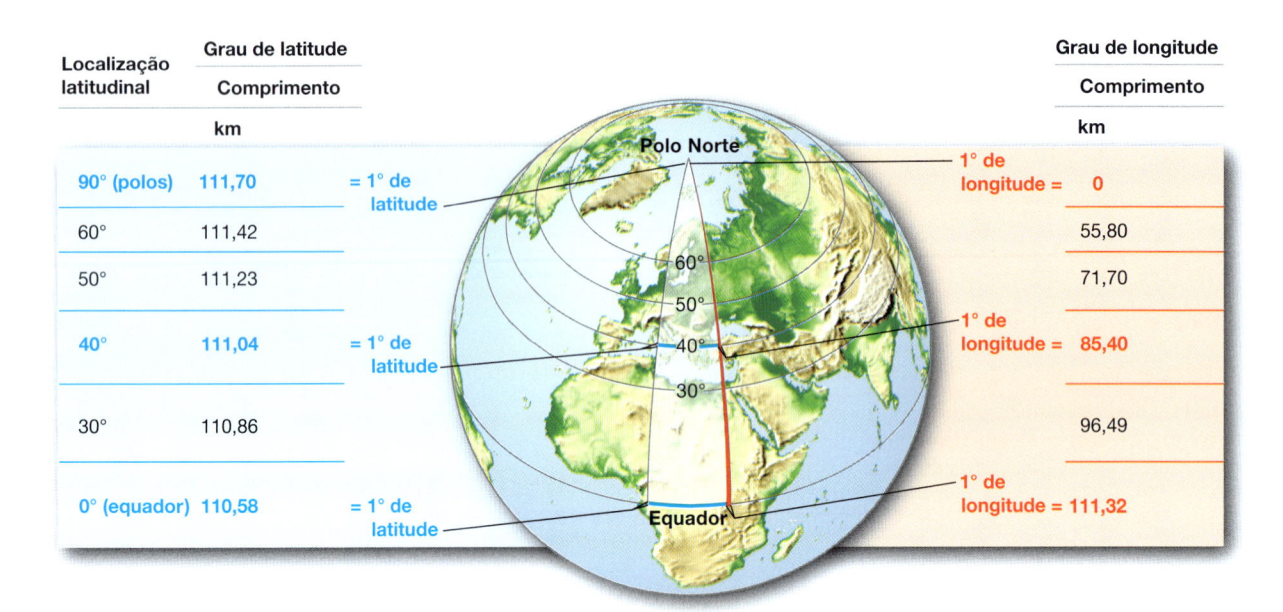

▲Figura 1.14 Distâncias físicas representadas por graus de latitude e longitude.

A Figura 1.15 apresenta os nomes e localizações das *zonas geográficas* usadas pelos geógrafos: *equatorial* e *tropical*, *subtropical*, *latitude média*, *subártica* ou *subantártica* e *ártica* ou *antártica*. Essas zonas latitudinais generalizadas são úteis para referência e comparação, mas não têm limites rígidos; pense nelas como em transição entre si. Discutiremos linhas de latitude específicas, como o Trópico de Câncer e o Círculo Polar Ártico, no Capítulo 2, ao aprendermos sobre as estações.

PENSAMENTO Crítico 1.2
Zonas geográficas e temperatura

Consulte o gráfico da Figura 5.5, que traça dados de temperatura média mensal para cinco cidades, de próximas ao equador até além do Círculo Polar Ártico. Observe a localização geográfica de cada uma das cinco cidades no mapa de zonas geográficas da Figura 1.16. Em qual zona cada cidade está localizada? Caracterize, em traços gerais, os padrões de mudança de temperatura através das estações à medida que se aumenta a distância do equador. Descreva o que você descobriu. •

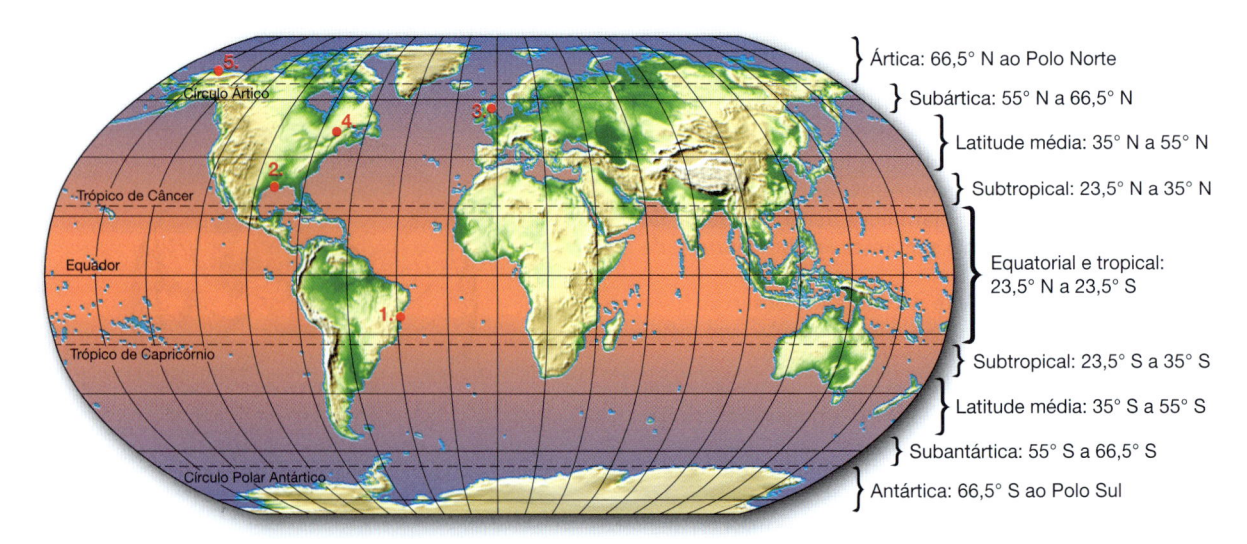

▲Figura 1.15 Zonas geográficas latitudinais. Zonas geográficas são generalizações que caracterizam várias regiões por latitude. Cidades assinaladas: 1. Salvador, Brasil; 2. New Orleans, EUA; 3. Edimburgo, Escócia; 4. Montreal, Canadá; 5. Barrow, Alasca; ver Pensamento Crítico 1.2.

Longitude

Longitude é uma distância angular a leste ou oeste de um ponto na superfície terrestre, mensurada a partir do centro da Terra (Figura 1.16a). Em um mapa ou globo, as linhas que designam esses ângulos de longitude vão para o norte e sul (Figura 1.16b). Uma linha que conecta todos os pontos ao longo da mesma longitude é um **meridiano**. Na figura, mede-se um ângulo longitudinal de 60° E. Esses meridianos correm em ângulos retos (90°) em relação a todos os paralelos, incluindo o equador.

Dessa forma, *longitude* é o nome do ângulo, *meridiano* designa a linha e ambos indicam a distância a leste ou oeste de um **meridiano de origem** arbitrário – um meridiano designado como 0° (Figura 1.16b). O meridiano de origem da Terra passa pelo antigo Observatório Real de Greenwich, Inglaterra, conforme estabelecido por um tratado de 1884; trata-se do *meridiano de origem de Greenwich*. Como os meridianos de longitude convergem em direção aos polos, a distância real no solo coberta por um grau de longitude é maior no equador (onde os meridianos têm a maior distância de separação) e diminui até zero nos polos (onde os meridianos convergem; Figura 1.14). Assim como a latitude, a longitude é expressa em graus, minutos e segundos, ou em graus decimais. Na Figura 1.2, o Cabo San Lucas está localizado a 109° 54' 56" W de longitude, ou –109,9156°; a longitude leste tem valor positivo, enquanto que a longitude oeste é negativa.

Observamos que a latitude é determinada facilmente usando-se o Sol ou a estrela polar como referência. Em contrapartida, um método para determinar com precisão a longitude, principalmente no mar, permaneceu como uma grande dificuldade na navegação até a década de 1760. O segredo para medir a longitude de um lugar está em saber a hora com precisão, o que fez necessária a invenção de um relógio sem pêndulo.

Grandes círculos e pequenos círculos

Os grandes círculos e os pequenos círculos são importantes conceitos na navegação que ajudam a resumir latitude e longitude (Figura 1.17). Um **grande círculo** é qualquer círculo da circunferência terrestre cujo centro coincide com o centro da Terra. Pode-se traçar um número infinito de grandes círculos na Terra. Cada meridiano é metade de um grande círculo que passa pelos polos. Em mapas planos, rotas aéreas e marítimas parecem arquear seu trajeto ao longo de oceanos e massas de terra. Essas são as *rotas dos grandes círculos*, a menor distância entre dois pontos na Terra (vide Figura 1.24).

Em contraste com os meridianos, apenas um paralelo é um grande círculo – o *paralelo equatorial*. Todos os outros paralelos diminuem em comprimento em direção aos polos e, junto a qualquer outro círculo não máximo que se possa traçar, constituem os **pequenos círculos**. Esses círculos possuem centros que não coincidem com o centro da Terra.

A Figura 1.18 combina latitude e paralelos com longitude e meridianos para ilustrar o sistema completo de malha de coordenadas da Terra. Note o ponto vermelho que marca a nossa medição de 49° N e 60° E, uma localização no oeste do Cazaquistão. Na próxima vez que você olhar um globo, siga o paralelo e o meridiano que convergem para sua localização.

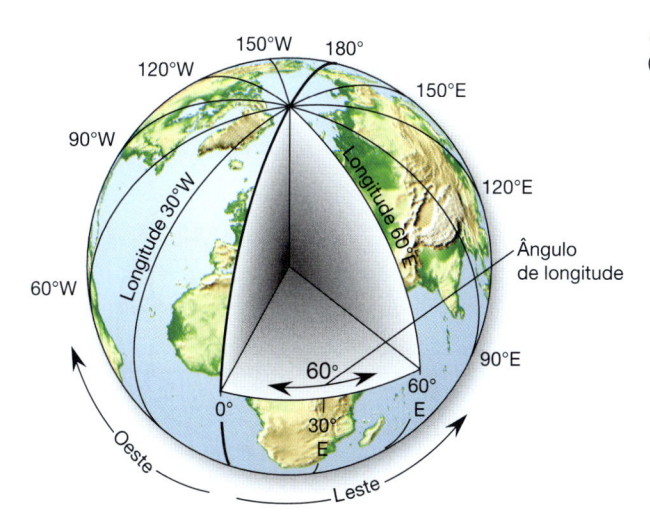

(a) A longitude é mensurada em graus a leste ou oeste de uma linha de partida a 0°, o meridiano de origem. Observe a mensuração da longitude 60° E.

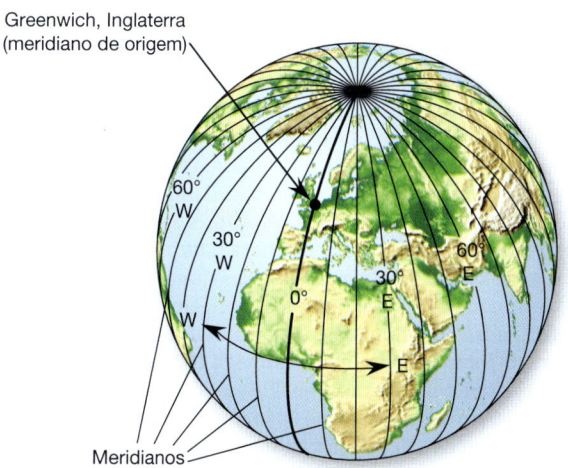

(b) Os ângulos de longitude mensurados a partir do meridiano de origem determinam outros meridianos. A América do Norte está a oeste de Greenwich; portanto, está no Hemisfério Ocidental.

▲**Figura 1.16 Meridianos de longitude.** Você sabe a sua longitude atual?

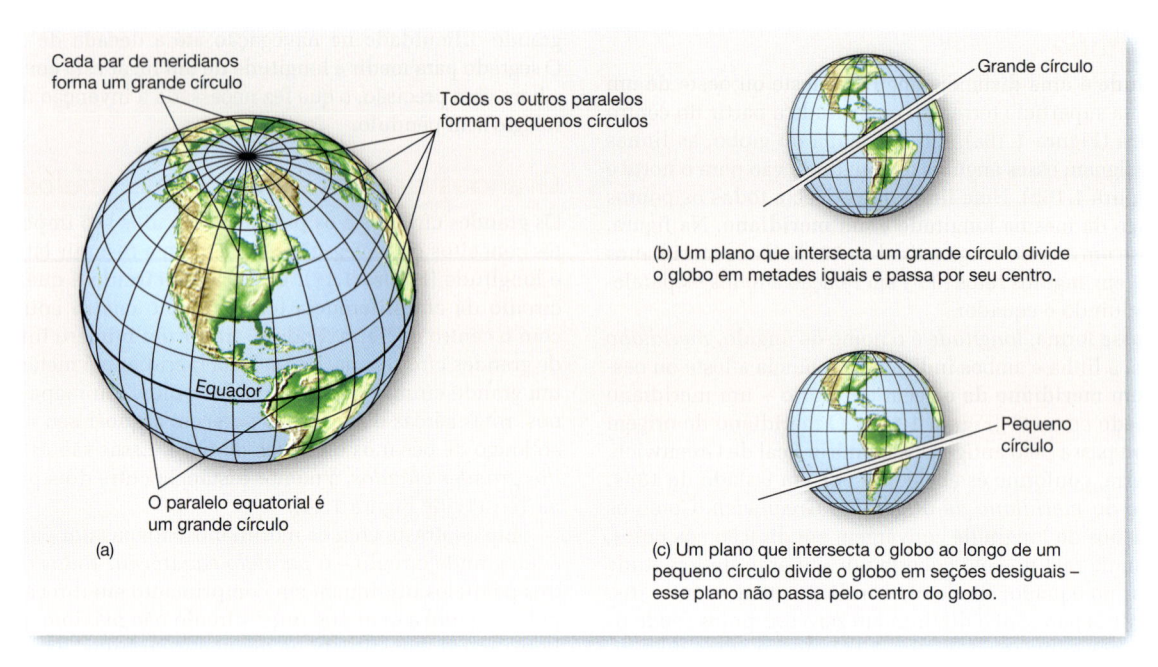

▲Figura 1.17 Grandes círculos e pequenos círculos.

PENSAMENTO Crítico 1.3
Onde você está?

Escolha uma localização (por exemplo, seu *campus*, casa, local de trabalho ou cidade) e determine sua latitude e longitude – tanto em graus, minutos e segundos quanto em graus decimais. Descreva os recursos que você utilizou para coletar essas informações geográficas, como atlas, site, Google Earth™ ou medição de GPS. Consulte a Figura 1.14 para encontrar os comprimentos aproximados dos graus de latitude e longitude naquela localização. •

Meridianos e hora mundial

Um sistema horário mundial é necessário para coordenar o comércio internacional, os horários dos voos, as atividades de negócios e agricultura e a vida diária. O nosso sistema de hora é baseado na longitude, no meridiano de origem e no fato de que a Terra gira sobre seu próprio eixo, perfazendo 360° a cada 24 horas, ou 15° por hora (360° ÷ 24 = 15°).

Em 1884, na Conferência Internacional do Meridiano em Washington, DC, o meridiano de origem foi estabelecido como o padrão oficial para o sistema mundial de zonas horárias – o **Tempo Médio de Greenwich (GMT)** (vide http://wwp.greenwichmeantime.com/). Esse sistema horário padrão estabeleceu 24 meridianos padrão em volta do globo em intervalos iguais em relação ao meridiano de origem, com uma zona de 1 hora cobrindo 7,5° de cada lado desses *meridianos centrais*. Antes desse sistema universal, os fusos horários eram problemáticos, especialmente em países grandes. Em 1870, os viajantes de estradas de ferro que partiam do Maine para San Francisco faziam 22 ajustes em seus relógios para permanecer de acordo com o horário local! Atualmente, apenas três ajustes são necessários nos Estados Unidos continentais – do Horário Padrão Oriental ao Central, Montanha e Pacífico – e quatro no Canadá.

Como ilustrado na Figura 1.19, presumindo-se que sejam 21:00 em Greenwich, então são 16:00 em Baltimore (–5 h), 15:00 em Oklahoma City (–6 h), 14:00 em Salt Lake City (–7 h), 13:00 em Seattle e Los Angeles (–8 h), meio-dia em Anchorage (–9 h) e 11:00 em Honolulu (–10 h). Para o leste, é meia-noite em Ar Riyāḍ, Arábia Saudita (+3 h). A.M. significa *ante meridium*, "antes do meio-dia", enquanto que P.M. quer dizer *post meridiem*, "depois do meio-dia". Um relógio de 24 horas evita o uso dessas designações: 3 P.M. é dito 15:00 horas; 3 A.M. é 3:00 horas.

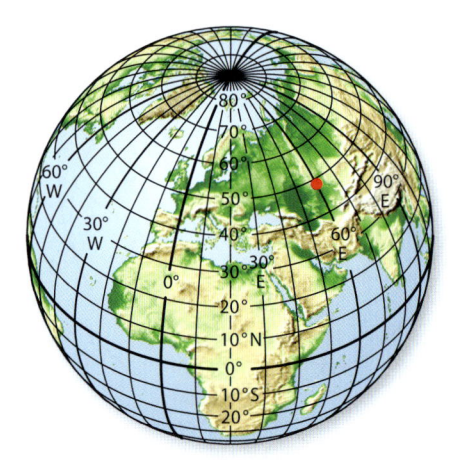

▲Figura 1.18 **O sistema de coordenadas da Terra.** Latitude e paralelos, longitude e meridianos nos permitem localizar todos os lugares da Terra com precisão. O ponto vermelho está na latitude 49° N e longitude 60° E.

Como se pode ver nos fusos horários internacionais modernos da Figura 1.19, fronteiras nacionais ou estaduais e considerações políticas distorcem os limites de horários. Por exemplo, a China cobre quatro fusos horários, mas seu governo decidiu manter todo o país operando no mesmo horário. Dessa forma, em algumas partes da China os relógios estão várias horas separados do que o que o Sol está fazendo. Nos Estados Unidos, partes da Flórida e do oeste do Texas estão no mesmo fuso horário.

Tempo universal coordenado Por décadas, o GMT dos relógios astronômicos do Observatório Real era o padrão universal em termos de precisão. No entanto, a rotação da Terra (no que aqueles relógios se baseavam) varia ligeiramente com o tempo, tornando-os imprecisos como uma base de controle de horário. Observe que há 150 milhões de anos um "dia" tinha 22 horas, e daqui a 150 milhões de anos um "dia" terá aproximadamente 27 horas de duração.

A invenção do relógio de quartzo em 1939 e dos relógios atômicos no início da década de 1950 aprimoraram a precisão da medição do tempo. Em 1972, o sistema **Tempo Universal Coordenado (UTC*)** de sinais substituiu o tempo universal GMT, tornando-se a referência legal para a hora oficial em todos os países. O UTC é baseado na média de cálculos do tempo de relógios atômicos coletados em todo o mundo. Você ainda pode ver referências ao UTC oficial como GMT ou horário Zulu.

Linha internacional de data Um resultado importante do meridiano de origem é o meridiano 180° no lado oposto do planeta. Esse meridiano é a **Linha Internacional de Data (LID)** e marca o local onde cada dia começa oficialmente (às 00h01). A partir dessa "linha", o novo dia estende-se para o oeste. Esse movimento das horas em direção ao oeste é criado pelo giro da Terra em direção *ao leste* sobre seu eixo. A localização da linha de data no pouco povoado Oceano Pacífico minimiza a maior parte da confusão local (Figura 1.20).

Na LID, o lado oeste da linha está sempre um dia à frente do lado leste. Independentemente da hora do dia, quando se cruza a linha, o calendário muda um dia (Figura 1.20). Observe na ilustração os desvios entre a LID e o meridiano 180°; esse desvio deve-se a preferências administrativas e políticas locais.

Horário de verão Em 70 países, principalmente nas latitudes temperadas, o horário é adiantado em 1 hora na primavera e atrasado 1 hora no outono – uma prática conhecida como **horário de verão**. A ideia de estender a luz solar para as atividades do fim da tarde (às custas da luz solar de manhã), proposta pela primeira vez por Benjamin Franklin, só foi adotada na Primeira Guerra Mundial e novamente na Segunda Guerra Mundial, quando Grã-Bretanha, Austrália, Alemanha, Canadá e Estados Unidos usaram a prática para economizar energia (1 hora a menos de luz artificial necessária).

---

*UTC está em uso porque não se chegou a um acordo entre usar a ordem das palavras em inglês (CUT) ou a ordem francesa (TUC). UTC foi o meio-termo, sendo recomendado para todas as aplicações de registro de horário; o uso do termo *GMT* é desencorajado.

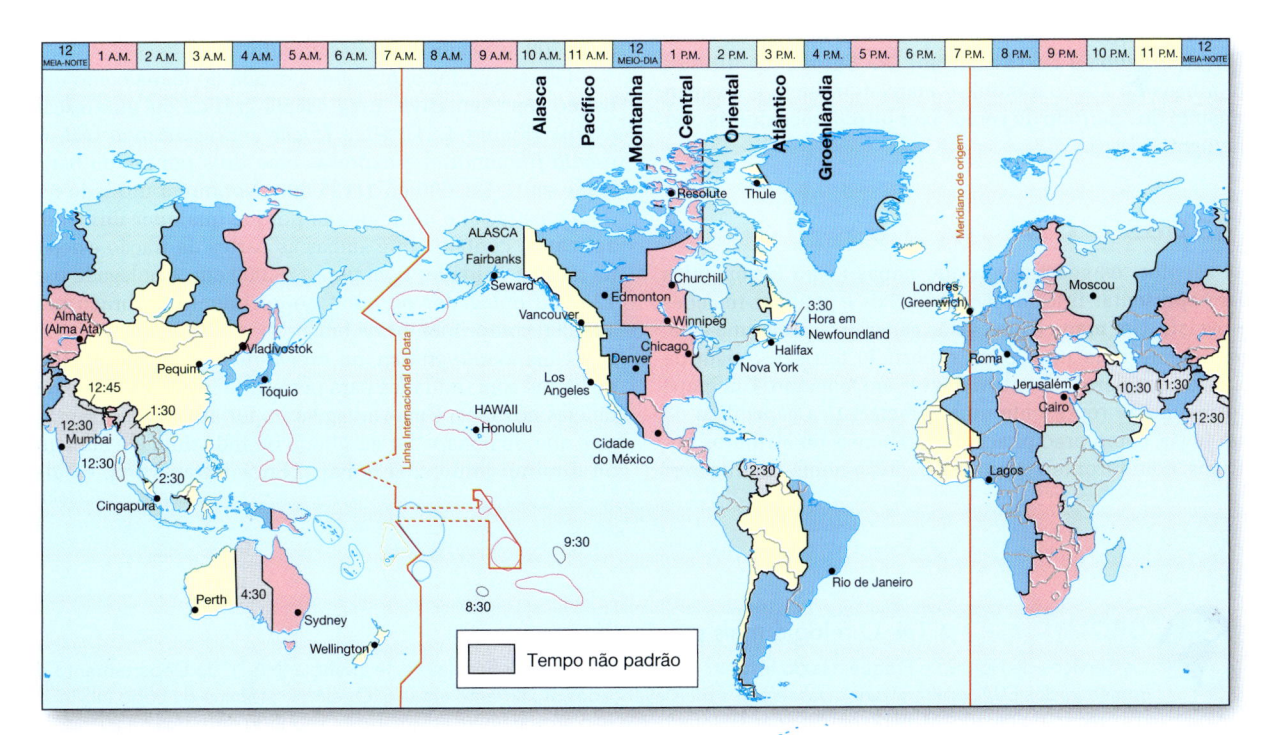

▲**Figura 1.19 Fusos horários padrão internacionais modernos.** Se for 19h em Greenwich, determine o horário atual em Moscou, Londres, Halifax, Chicago, Winnipeg, Denver, Los Angeles, Fairbanks, Honolulu, Tóquio e Cingapura. [Adaptado de Defense Mapping Agency. Acesse http://aa.usno.navy.mil/faq/docs/world_tzones.html.]

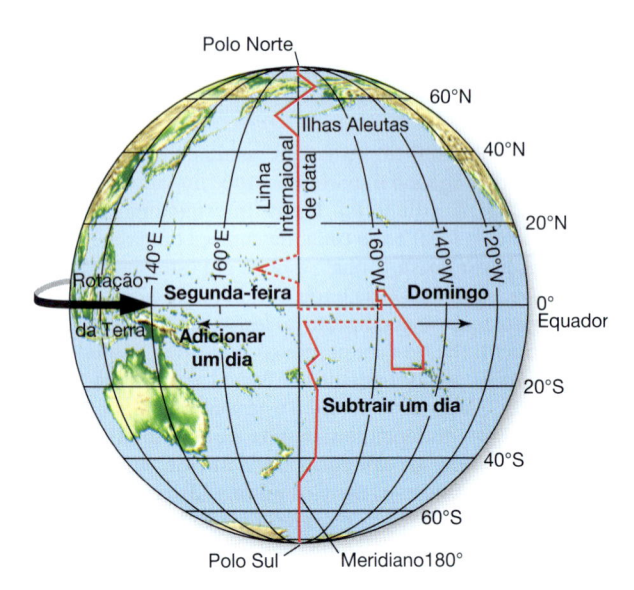

▲Figura 1.20 **Linha Internacional de Data.** A localização da LID é aproximadamente ao longo do meridiano 180 (vide Figura 1.19). As linhas pontilhadas no mapa mostram onde países insulares estabeleceram seus próprios fusos horários, mas seu controle político só se estende 3,5 milhas náuticas a partir da costa. Oficialmente, ganha-se 1 dia cruzando a LID de leste a oeste. (Vide GeoRelatório 1.5)

Em 1986, e mais uma vez em 2007, os Estados Unidos e o Canadá aumentaram o horário de verão. O horário é adiantado em uma hora no segundo domingo de março e atrasado em uma hora no primeiro domingo de novembro, exceto em alguns lugares que não usam o horário de verão (Havaí, Arizona e Saskatchewan). Na Europa, os últimos domingos de março e outubro marcam o início e o encerramento do "período de verão" (ver http://webexhibits.org/daylightsaving/).

Mapas e cartografia

Há séculos, os geógrafos usam mapas como ferramentas para apresentar informações espaciais e analisar relações espaciais. Um **mapa** é uma visão generalizada de uma área, geralmente uma porção da superfície terrestre, vista de cima e consideravelmente reduzida em tamanho. Um mapa normalmente representa uma característica específica de um lugar, como precipitação, rotas aéreas ou atributos políticos, como fronteiras entre Estados e nomes de lugares.

Cartografia é a ciência e arte da confecção de mapas, frequentemente combinando aspectos de geografia, engenharia, matemática, ciência da computação e arte. É de alguma forma semelhante à arquitetura, na qual estética e utilidade se combinam para gerar um produto útil.

Todos usamos mapas para visualizar nossa localização em relação a outros lugares, ou talvez para planejar uma viagem, ou para compreender uma notícia veiculada na imprensa ou um evento atual. Os mapas são instrumentos maravilhosos! O entendimento de alguns conceitos básicos sobre mapas é essencial em nosso estudo de geografia física.

A escala cartográfica

Arquitetos, projetistas de brinquedos e cartógrafos têm algo em comum: todos representam coisas e lugares reais com a conveniência de um modelo; exemplos são um desenho, um carro, trem ou avião de brinquedo, um diagrama ou um mapa. Na maioria dos casos, o modelo é menor do que o real. Por exemplo, um arquiteto desenha uma planta de uma estrutura para orientar a construtora, elaborando o desenho de forma que um centímetro na planta represente determinado número de metros no prédio proposto. Com frequência, o desenho tem 1/50 ou 1/100 do tamanho real.

O cartógrafo faz a mesma coisa na preparação de um mapa. A proporção entre a imagem do mapa e o mundo real é a **escala** do mapa: ela relaciona o tamanho de uma unidade do mapa com o tamanho de uma unidade semelhante no solo. Uma escala de 1:1 significa que uma unidade (por exemplo, um centímetro) no mapa representa a mesma unidade (um centímetro) no solo, embora essa seja uma escala cartográfica impraticável, pois o mapa seria tão grande quanto a área mapeada! Uma escala mais adequada para um mapa local é 1:24.000, na qual 1 unidade no mapa representa 24.000 unidades idênticas no solo.

Os cartógrafos expressam a escala do mapa como uma fração representativa, uma escala gráfica ou uma escala escrita (Figura 1.21). Uma *fração representativa* (*FR*, ou *escala fracionária*) é expressa com dois pontos ou barra, como em 1:125.000 ou 1/125.000. Nenhuma unidade real de mensuração é mencionada porque qualquer unidade é aplicável, contanto que ambas as partes da fração estejam na mesma unidade: 1 cm para 125.000 cm, 1 polegada para 125.000 polegadas ou até 1 comprimento de braço para 125.000 comprimentos de braço.

Uma *escala gráfica,* ou *escala de barras*, é um gráfico de barras com unidades para permitir a mensuração de distâncias no mapa. Uma vantagem importante da escala gráfica é que, se o mapa for ampliado ou reduzido, ela aumenta ou diminui junto com o mapa. Em contrapartida, escalas

GEOrelatório 1.4 O relógio mais preciso do mundo

Os Serviços de Horário e Frequência do Instituto Nacional de Normas Técnicas e Tecnologia (NIST), do Departamento de Comércio dos EUA, operam vários dos relógios mais avançados atualmente em uso. O relógio atômico de césio NIST-F1 é o relógio mais preciso do mundo. Mantido em Boulder, Colorado, ele não atrasará nem adiantará um segundo em cerca de 20 milhões de anos. Para ver o horário preciso dos Estados Unidos, acesse http://www.time.gov, operado pelo NIST e pelo Observatório Naval dos EUA. No Canadá, o Instituto de Normas Técnicas de Medidas, do Conselho Nacional de Pesquisa do Canadá, participa da determinação do UTC; acesse http://time5.nrc.ca/webclock_e.shtml.

Capítulo 1 • Princípios básicos de geografia 23

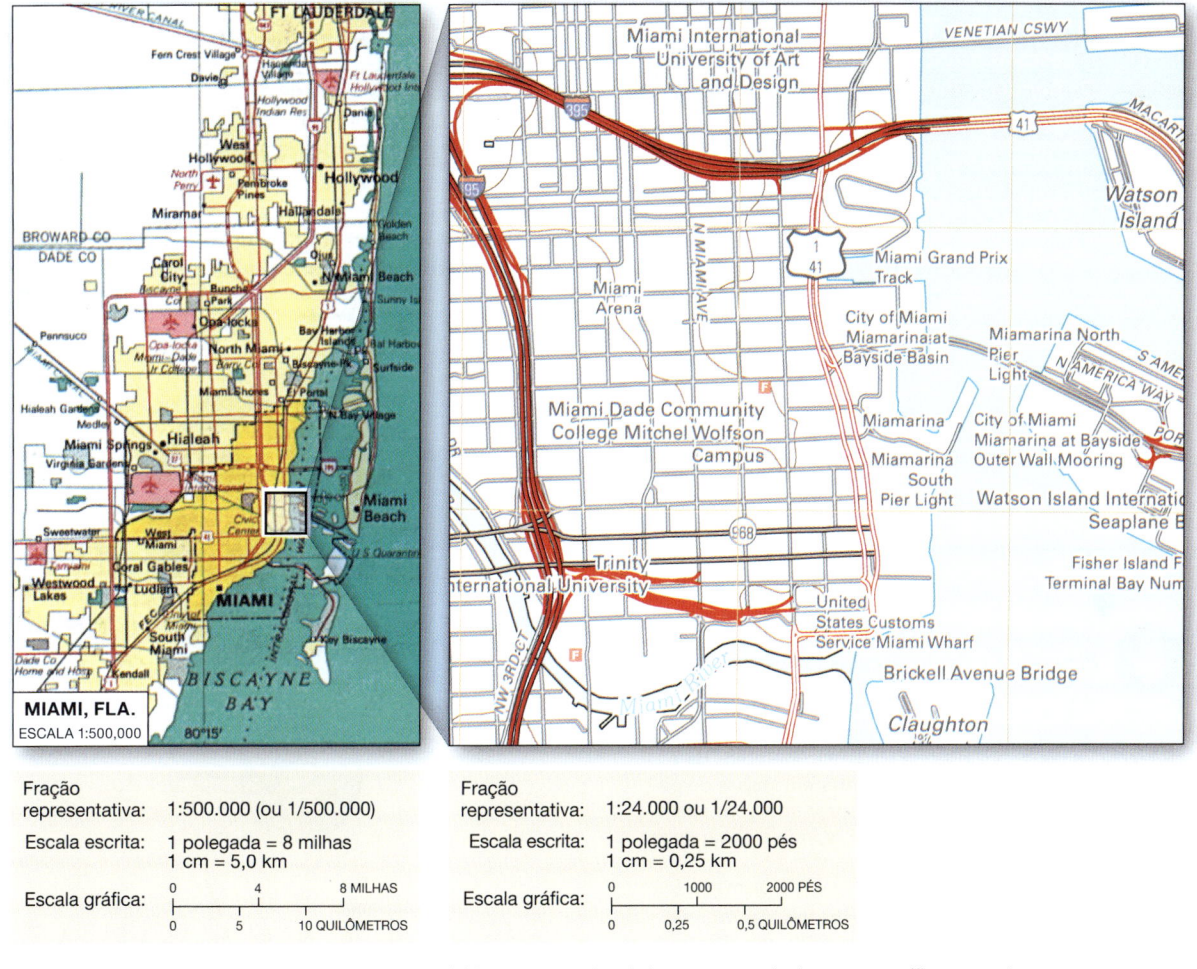

Fração representativa:	1:500.000 (ou 1/500.000)
Escala escrita:	1 polegada = 8 milhas / 1 cm = 5,0 km
Escala gráfica:	0—8 MILHAS / 0—10 QUILÔMETROS

Fração representativa:	1:24.000 ou 1/24.000
Escala escrita:	1 polegada = 2000 pés / 1 cm = 0,25 km
Escala gráfica:	0—2000 PÉS / 0—0,5 QUILÔMETROS

(a) Escala cartográfica relativamente pequena da região de Miami mostra menos detalhes.

(b) Mapa de escala relativamente grande da mesma região apresenta um nível maior de detalhes.

▲**Figura 1.21 Escala cartográfica.** Exemplos de mapas com diferentes escalas, com três expressões comuns de escala cartográfica – fração representativa, escala gráfica e escala escrita. Ambos os mapas estão ampliados para mostrar detalhes. [USGS. Cortesia de University of Texas Libraries, The University of Texas at Austin.]

escritas e fracionárias tornam-se incorretas com a ampliação ou redução. Por exemplo, se você encolher um mapa de 1:24.000 para 1:63.360, a escala escrita "1 polegada para 2000 pés" não será mais correta. A nova escala escrita correta é 1 polegada para 5280 pés (1 milha).

As escalas são *pequenas*, *médias* e *grandes*, dependendo da razão descrita. Em termos relativos, uma escala de 1:24.000 é uma escala grande, ao passo que uma escala de 1:50.000.000 é uma escala pequena. Quanto maior o denominador de uma escala fracionária (ou o número à direita em uma expressão de razão), menor é a escala do mapa.

A Tabela 1.1 lista exemplos de frações representativas e escalas escritas selecionadas de mapas de escala pequena, média e grande.

Os mapas de pequena escala apresentam uma área maior em menos detalhes; um mapa em pequena escala do mundo é de pouca valia para encontrar uma localização exata, mas funciona bem para ilustrar padrões de vento ou correntes oceânicas globais. Os mapas de grande escala mostram uma área menor em mais detalhes, sendo úteis para aplicações que necessitam de localização precisa ou navegação em distâncias curtas.

GEOrelatório 1.5 A tripulação de Fernão de Magalhães e o dia perdido

Os exploradores antigos tinham um problema antes que o conceito de linha da data fosse criado. Por exemplo, a tripulação de Fernão de Magalhães voltou da primeira circum-navegação da Terra em 1522, confiantes de que era quarta-feira, 7 de setembro, baseados no diário de bordo. Eles ficaram chocados quando informados por moradores locais de que, na verdade, era quinta-feira, 8 de setembro. Sem uma Linha Internacional de Data, eles não tinham ideia de que deveriam adiantar seus calendários em um dia ao navegar em torno da Terra na direção oeste.

TABELA 1.1 Amostra de frações representativas e escalas escritas para mapas de escala pequena, média e grande

Sistema	Tamanho da escala	Fração representativa	Escala de sistema escrita
Inglês	Pequeno	1:3.168.000 1:1.000.000 1:250.000	1 = 50 milhas 1 = 16 milhas 1 = 4 milhas
	Médio	1:125.000 1:63.360 (ou 1:62.500)	1 = 2 milhas 1 = 1 milhas
	Grande	1:24.000	1 = 2000 pés
Métrico	Pequeno	1:1.000.000	1 cm = 10,0 km
	Médio	1:25.000	1 cm = 0,25 km
	Grande	1:10.000	1 cm = 0,10 km

PENSAMENTO Crítico 1.4
Procure e calcule escalas de mapa

Procure globos ou mapas na biblioteca ou departamento de geografia e verifique as escalas em que eles foram desenhados. Veja se consegue encontrar exemplos de escalas representativas, gráficas e escritas em mapas de parede, mapas rodoviários e em atlas. Encontre alguns exemplos de mapas de escala pequena e grande e observe os diferentes temas retratados.

Pegue um globo terrestre de 61 cm de diâmetro (ou adapte os valores seguintes ao globo que estiver usando). Sabemos que a Terra tem um diâmetro equatorial de 12.756 km, portanto a escala desse globo é a razão entre 61 cm e 12.756 km. Para calcular a fração representativa do globo em centímetros, divida o diâmetro real da Terra pelo diâmetro do globo (12.756 km ÷ 61 cm). (Dica: 1 km = 1000 m, 1 m = 100 cm; portanto, o diâmetro da Terra de 12.756 km representa 1.275.600.000 cm; e o diâmetro do globo é de 61 cm). Em geral, você acha que um globo é um mapa de pequena ou grande escala da superfície terrestre? •

Projeções cartográficas

Nem sempre um globo é uma representação útil de mapa da Terra. Quando você viaja, precisa de informações mais detalhadas do que um globo pode oferecer. Para dar detalhes locais, os cartógrafos preparam *mapas planos*, que são representações bidimensionais (modelos em escala) de nossa Terra tridimensional. Infelizmente essa conversão de três dimensões em duas causa distorção.

Um globo é a única representação verdadeira de *distância, direção, área, forma* e *proximidade* na Terra. Um mapa plano distorce essas propriedades. Portanto, na preparação de um mapa plano, o cartógrafo precisa decidir quais características serão preservadas, quais devem ser distorcidas e quanta distorção é aceitável. Para entender esse problema, considere essas propriedades importantes de um globo:

- Os paralelos sempre são paralelos entre si, sempre têm o mesmo espaçamento ao longo dos meridianos e sempre diminuem em comprimento em direção aos polos.
- Os meridianos sempre convergem nos dois polos e têm o mesmo espaçamento ao longo de qualquer paralelo.
- A distância entre os meridianos diminui em direção aos polos, com o espaçamento entre os meridianos no paralelo 60 igual à metade do espaçamento equatorial.
- Paralelos e meridianos sempre se cruzam em ângulos retos.

O problema é que todas essas qualidades não podem ser reproduzidas em uma superfície plana. O simples fato de dividir um globo ao meio e esticá-lo em uma mesa ilustra o de-

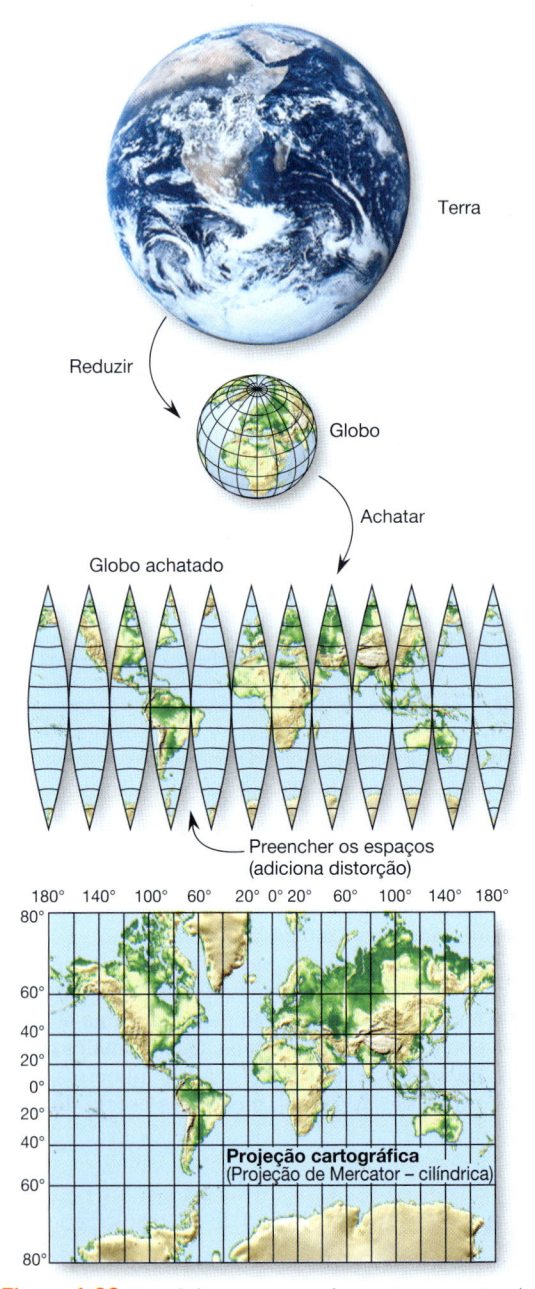

▲**Figura 1.22 Do globo ao mapa plano.** A conversão do globo para um mapa plano requer decisões sobre quais propriedades preservar e a quantidade de distorção que é aceitável. [Foto de astronauta da NASA tirada da *Apollo 17*, 1972.]

safio enfrentado pelos cartógrafos (Figura 1.22). Pode-se ver os espaços vazios que se abrem entre as seções, ou gomos, do globo. Essa redução da Terra esférica a uma superfície plana é uma **projeção cartográfica**, e nenhuma projeção cartográfica plana da Terra pode ter todos os atributos de um globo. Mapas planos sempre possuem algum grau de distorção – muito menos em mapas de escala grande representando poucos quilômetros; muito mais em mapas de escala pequena que representam países, continentes ou o mundo inteiro.

Área igual ou forma verdadeira? Há muitas classes de projeção cartográfica, quatro das quais são mostradas na Figura 1.23. A melhor projeção é sempre determinada pelo planejamento. As principais decisões na seleção de uma projeção cartográfica envolvem as propriedades de **área igual** (equivalência) e **forma verdadeira** (conformidade). Uma decisão que favorece uma propriedade sacrifica a outra, pois elas não podem ser mostradas juntas no mesmo mapa plano.

Se um cartógrafo seleciona área igual como o traço desejado – por exemplo, para um mapa que mostra a distribuição dos climas mundiais –, então a forma verdadeira deve ser sacrificada esticando-se e aparando-se, o que permite que paralelos e meridianos se cruzem em ângulos que não sejam retos. Em um mapa de área igual, uma moeda cobre a mesma quantidade de área de superfície, não importa onde você a coloque no mapa. Por outro lado, se um cartógrafo seleciona a propriedade de forma verdadeira, como para um mapa usado na navegação, então a área igual deve ser sacrificada e a escala irá realmente mudar de uma região para outra no mapa.

Classes de projeção A Figura 1.23 ilustra as classes de projeção cartográfica e a perspectiva a partir da qual cada uma é gerada. Apesar de a cartografia moderna usar modelos matemáticos e gráficos assistidos por computador, a palavra *projeção* ainda é usada. O termo vem de épocas passadas, quando os geógrafos de fato projetavam a sombra de um globo armilar de arame em uma superfície geométri-

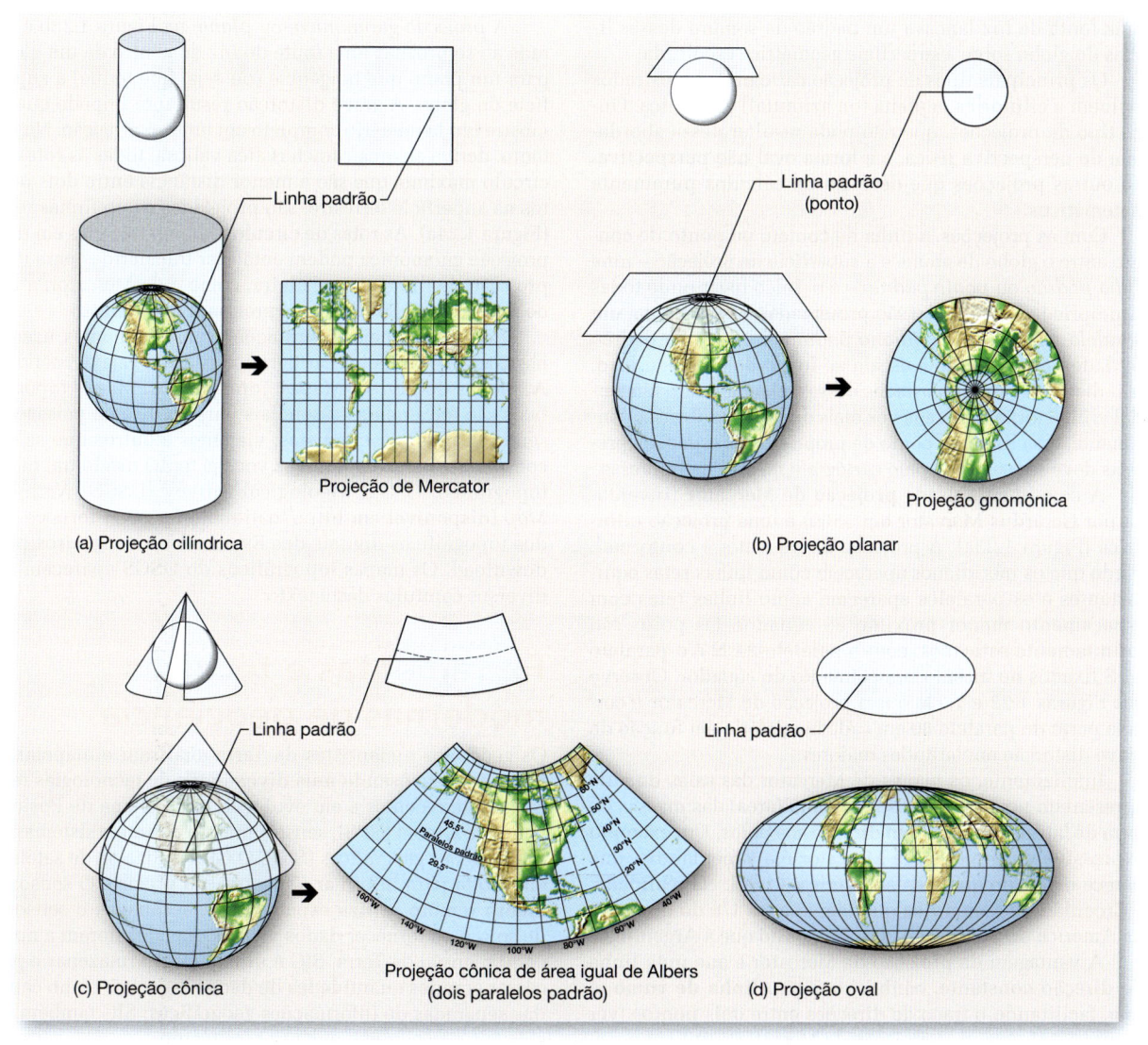

▲Figura 1.23 Classes de projeções cartográficas.

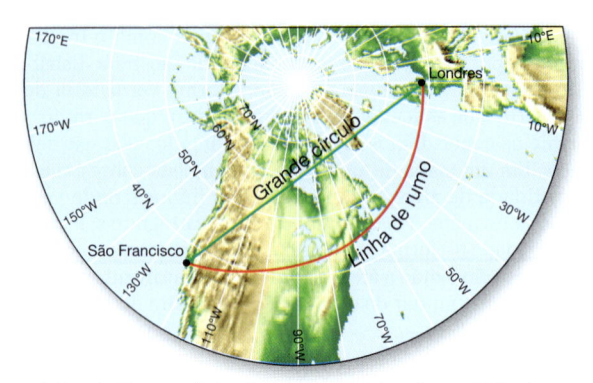

(a) A projeção gnomônica é usada para determinar a distância mais curta – rota do grande círculo – entre São Francisco e Londres, pois nessa projeção o arco de um grande círculo é uma linha reta.

(b) Essa rota de grande círculo é, a seguir, traçada em uma projeção de Mercator, que tem direção verdadeira de bússola. Observe que linhas retas ou orientações de bússola em uma projeção de Mercator (linhas de rumo) não são a rota mais curta.

▲Figura 1.24 Determinação de rotas de grandes círculos.

ca, como um *cilindro*, *plano* ou *cone*. Os arames representavam paralelos, meridianos e contornos dos continentes. Uma fonte de luz lançava um padrão de sombra dessas linhas do globo sobre a superfície geométrica escolhida.

Os principais tipos de projeção cartográfica mostrados incluem a cilíndrica, a plana (ou azimutal) e a cônica. Outro tipo de projeções, que não pode resultar dessa abordagem de perspectiva física, é a forma oval não perspectiva. Há outras projeções que derivam de cálculos puramente matemáticos.

Com as projeções, a linha de contato ou ponto de contato entre o globo de arame e a superfície de projeção – uma *linha padrão* ou *ponto padrão* – é o único lugar onde todas as propriedades do globo são preservadas. Dessa forma, um *paralelo padrão* ou *meridiano padrão* é uma linha padrão verdadeira em relação à escala ao longo de todo seu eixo, sem distorção. Áreas afastadas dessa linha ou ponto tangencial crítico tornam-se cada vez mais distorcidas. Consequentemente, essa linha ou ponto de propriedades espaciais precisas deve ser centrada pelo cartógrafo na área de interesse.

A comumente usada **projeção de Mercator** (inventada por Gerardus Mercator em 1569) é uma projeção cilíndrica (Figura 1.23a). A projeção de Mercator é conformal, sendo que os meridianos aparecem como linhas retas equidistantes e os paralelos aparecem como linhas retas com espaçamento menor próximo ao equador. Os polos são infinitamente esticados, com o paralelo 84 N e o paralelo 84 S fixados no mesmo comprimento do equador. Observe nas Figuras 1.22 e 1.23a que a projeção de Mercator é cortada perto do paralelo 80 em cada hemisfério em função da grave distorção em latitudes maiores.

Infelizmente, os mapas de Mercator das salas de aula apresentam noções falsas do tamanho (área) das massas de terra de latitude média e em direção aos polos. Um exemplo expressivo da projeção de Mercator é a Groenlândia, que parece maior do que toda a América do Sul. Na realidade, a Groenlândia é uma ilha que tem apenas 1/8 do tamanho da América do Sul, sendo 20% menor do que a Argentina.

A vantagem da projeção de Mercator é que uma linha de direção constante, conhecida como **linha de rumo**, é reta, facilitando o traço de direções entre dois pontos (ver Figura 1.24). Assim, a projeção de Mercator é útil em navegação, sendo o padrão para cartas náuticas elaboradas pelo Serviço Oceânico Nacional.

A *projeção gnomônica*, ou *plana*, na Figura 1.23b é gerada ao se projetar uma fonte de luz do centro de um globo para um plano que tangencie (ou seja, que toque) a superfície do globo. A grave distorção resultante impede que se mostre um hemisfério completo em uma só projeção. No entanto, deriva-se uma característica valiosa: todas as rotas de círculo máximo, que são a menor distância entre dois pontos na superfície terrestre, são projetadas como linhas retas (Figura 1.24a). As rotas de círculo máximo traçadas em uma projeção gnomônica podem então ser transferidas para uma projeção de direção verdadeira, como a de Mercator, a fim de indicar direções de forma precisa (Figura 1.24b).

Para obter mais informações sobre os mapas usados neste texto e símbolos cartográfico padrão, veja o Apêndice A, Mapas do Livro e Mapas Topográficos. Mapas topográficos são ferramentas essenciais para análise de paisagens, sendo usados por cientistas, viajantes e outros que se encontram na natureza – talvez você já tenha usado um mapa topográfico. O U.S. Geological Survey (USGS) *National Map* (disponível em http://nationalmap.gov/) fornece dados topográficos digitais dos Estados Unidos inteiros para download. Os mapas topográficos do USGS aparecem em diversos capítulos deste texto.

Ferramentas e técnicas modernas de geociência

Os geógrafos e cientistas da Terra analisam e mapeiam o nosso planeta usando uma diversidade de tecnologias relativamente recentes e em evolução – o Sistema de Posicionamento Global (GPS), sensoriamento remoto e sistemas de informações geográficas (SIG). O GPS utiliza-se de satélites em órbita para informar a localização precisa. O sensoriamento remoto utiliza espaçonaves, aeronaves e sensores de solo para fornecer dados visuais que aprimoram a nossa compreensão da Terra. SIG é um meio de armazenar e processar grandes quantidades de dados espaciais como camadas separadas de informações geográficas; SIG também é o subcampo geográfico que usa essa técnica.

Sistema de Posicionamento Global

Utilizando um instrumento que recebe sinais de rádio vindos de satélites, é possível determinar com precisão a latitude, longitude e elevação de qualquer lugar na superfície terrestre ou próximo dela. O **Sistema de Posicionamento Global (GPS)** é composto de 27 satélites em órbita, em seis planos orbitais, que transmitem sinais de navegação para receptores em Terra (satélites GPS de apoio estão em armazenamento orbital como reposições). Pense nos satélites como uma constelação de faróis de navegação com os quais se interage para determinar sua localização única. Como sabemos, cada metro quadrado possível da superfície terrestre tem seu próprio endereço relativo ao sistema de referência latitude-longitude.

Um receptor GPS capta sinais de ao menos quatro satélites – um mínimo de três satélites para a localização e um quarto para determinar o tempo preciso. A distância entre cada satélite e o receptor GPS é calculada por relógios embutidos em cada instrumento, que medem os sinais de rádio que viajam à velocidade da luz entre eles (Figura 1.24). O receptor calcula sua posição real usando triangulação, relatando latitude, longitude e elevação. As unidades de GPS também informam o tempo preciso, com precisão de 100 bilionésimos de segundo. Isso possibilita que as estações-base de GPS tenham horários perfeitamente sincronizados, essencial para comunicação mundial, finanças e muitas indústrias.

Há receptores GPS embutidos em muitos smartphones, relógios de pulso e veículos automotores, podendo também ser comprados como unidades portáteis. Telefones celulares normais, não equipados com receptor GPS, determinam a localização com base na posição das torres de telefonia – um processo menos preciso do que a medição por GPS.

O GPS é útil para diversas aplicações, como navegação no oceano, gerenciamento de frotas de caminhão, mineração e mapeamento de recursos, rastreamento da migração e comportamento da fauna selvagem, trabalho policial e de segurança, e planejamento ambiental. Aeronaves comerciais usam o GPS a fim de melhorar a precisão das rotas e, assim, ter mais eficiência de combustível.

As aplicações científicas da tecnologia GPS são extensas. Considere estes exemplos:

- Na geodésia, o GPS ajuda a refinar o conhecimento sobre a forma exata da Terra e como essa forma está mudando.
- Os cientistas utilizaram a tecnologia GPS em 1998 para determinar com precisão a altura do Monte Everest, na Cordilheira do Himalaia, aumentando sua altura em 2 m.
- No Monte Santa Helena, em Washington, uma rede de estações GPS mede a deformação do solo associada à atividade sísmica (Figura 1.26). No sul da Califórnia, um sistema GPS parecido consegue registrar movimentos de falhas de até 1 mm.

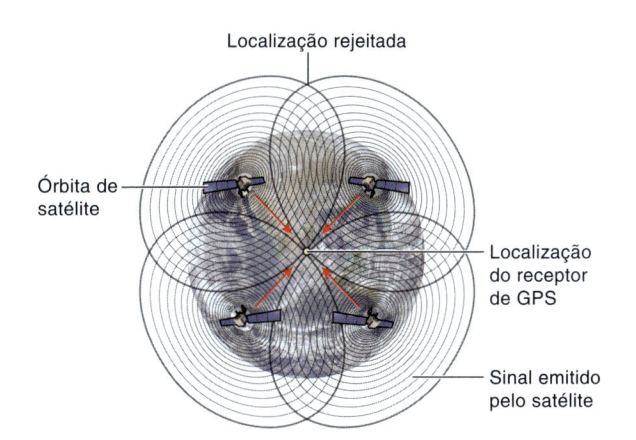

▲**Figura 1.25 Uso da triangulação de satélites para determinar a localização de um GPS.** Imagine um cone de localização em torno de cada um dos três satélites de GPS. Esses cones têm uma intersecção em dois pontos, um facilmente rejeitado porque está a uma certa distância acima da Terra e o outro na localização verdadeira do receptor de GPS. Desse modo, sinais dos quatro satélites podem revelar a localização e elevação do receptor. [Baseado em J. Amos, "Galileo sat-nav in decisive phase," BBC News, março de 2007, disponível em http://news.bbc.co.uk/2/hi/science/nature/6450367.stm.]

▲**Figura 1.26 Aplicação de GPS no Monte Santa Helena.** [Mike Poland, USGS.]

GEOrelatório 1.6 A origem do GPS

Originalmente projetado nos anos 1970 pelo Departamento de Defesa Norte-Americano para propósitos militares, o GPS hoje está comercialmente disponível no mundo todo. Em 2000, o Pentágono desativou seu controle de segurança de Disponibilidade Seletiva do Pentágono, tornando a resolução comercial igual à das aplicações militares. Frequências adicionais foram acrescentadas em 2003 e 2006, o que aumentou a precisão de forma significativa, chegando a menos de 10 m. *GPS diferencial (DGPS)* alcança uma precisão de 1 a 3 m ao comparar as leituras com outra estação-base (receptor de referência) para efetuar correção diferencial. Para um panorama sobre o GPS, acesse http://www.gps.gov/.

- Unidades GPS acopladas a boias no Golfo do México ajudaram a monitorar a propagação do derramamento de óleo da plataforma de petróleo *Deepwater Horizon*, em 2010.
- No Parque Nacional Virunga, em Ruanda, os guardas florestais usam unidades GPS portáteis para controlar e proteger os gorilas montanheses da caça clandestina.

Para os cientistas, essa importante tecnologia proporciona um modo conveniente e preciso de determinar a localização, reduzindo a necessidade da agrimensura tradicional, que demanda medições pontuais em solo pela linha de visada. Na sua vida quotidiana e viagens, você já usou uma unidade GPS? Como o GPS o ajudou?

Sensoriamento remoto

A aquisição de informações sobre objetos distantes sem contato físico chama-se **sensoriamento remoto**. Nesta época de observações a partir de satélites fora da atmosfera, de aeronaves dentro dela e de submarinos remotos nos oceanos, os cientistas obtêm uma vasta gama de dados por meio de sensoriamento remoto (Figura 1.27). O sensoriamento remoto não é novidade para os seres humanos; fazemos isso com nossos olhos quando exploramos o ambiente, sentindo a forma, o tamanho e a cor dos objetos a distância, registrando a energia da porção de comprimento de onda visível do espectro eletromagnético (discutido no Capítulo 2). Da mesma forma, quando uma câmera vê os comprimentos de onda para

Uma amostra de plataformas orbitais:

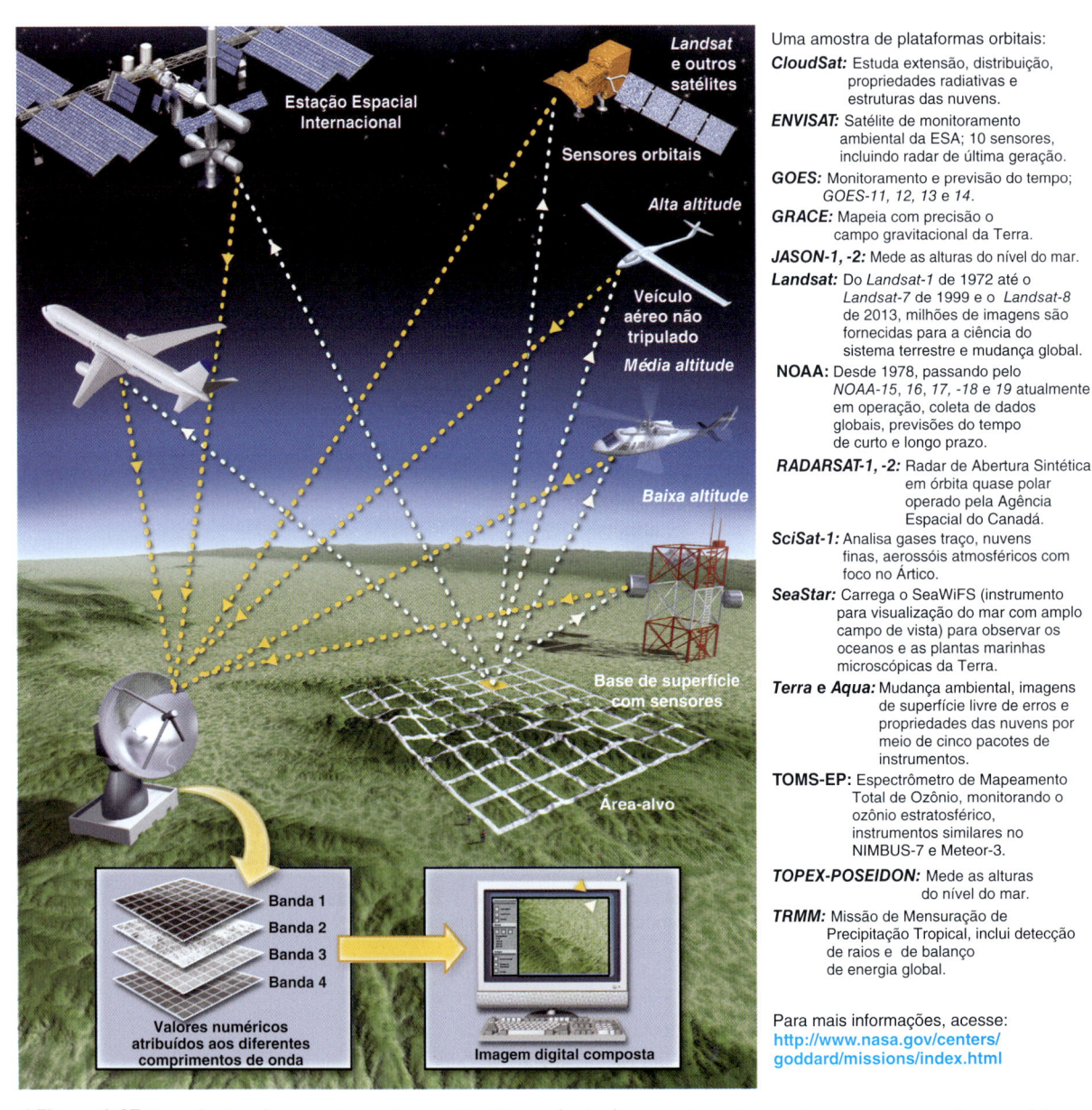

CloudSat: Estuda extensão, distribuição, propriedades radiativas e estruturas das nuvens.
ENVISAT: Satélite de monitoramento ambiental da ESA; 10 sensores, incluindo radar de última geração.
GOES: Monitoramento e previsão do tempo; *GOES-11, 12, 13 e 14*.
GRACE: Mapeia com precisão o campo gravitacional da Terra.
JASON-1, -2: Mede as alturas do nível do mar.
Landsat: Do *Landsat-1* de 1972 até o *Landsat-7* de 1999 e o *Landsat-8* de 2013, milhões de imagens são fornecidas para a ciência do sistema terrestre e mudança global.
NOAA: Desde 1978, passando pelo *NOAA-15, 16, 17, -18 e 19* atualmente em operação, coleta de dados globais, previsões do tempo de curto e longo prazo.
RADARSAT-1, -2: Radar de Abertura Sintética em órbita quase polar operado pela Agência Espacial do Canadá.
SciSat-1: Analisa gases traço, nuvens finas, aerossóis atmosféricos com foco no Ártico.
SeaStar: Carrega o SeaWiFS (instrumento para visualização do mar com amplo campo de vista) para observar os oceanos e as plantas marinhas microscópicas da Terra.
Terra e Aqua: Mudança ambiental, imagens de superfície livre de erros e propriedades das nuvens por meio de cinco pacotes de instrumentos.
TOMS-EP: Espectrômetro de Mapeamento Total de Ozônio, monitorando o ozônio estratosférico, instrumentos similares no NIMBUS-7 e Meteor-3.
TOPEX-POSEIDON: Mede as alturas do nível do mar.
TRMM: Missão de Mensuração de Precipitação Tropical, inclui detecção de raios e de balanço de energia global.

Para mais informações, acesse:
http://www.nasa.gov/centers/goddard/missions/index.html

▲**Figura 1.27 Tecnologias de sensoriamento remoto.** A tecnologia de sensoriamento remoto mensura e monitora os sistemas terrestres de espaçonaves em órbita, aeronaves e sensores com base no solo. Vários comprimentos de onda (bandas) são coletados dos sensores; computadores processam esses dados e produzem imagens digitais para análise. Uma amostra de plataformas de sensoriamento remoto está listada à direita da ilustração. (A ilustração não está em escala.)

os quais seu filme ou sensor foi projetado, ela remotamente percebe a energia que é refletida ou emitida de uma cena.

As fotografias aéreas registradas por balões e aeronaves foram o primeiro tipo de sensoriamento remoto, usado por muitos anos para melhorar a precisão dos mapas de superfície de modo mais eficiente do que poderia ser feito por levantamentos no terreno. Obter mensurações precisas de fotografia é o âmbito da **fotogrametria**, uma aplicação importante do sensoriamento remoto. Mais tarde, sensores remotos em satélites, na Estação Espacial Internacional e em outras aeronaves foram usados para perceber uma variação maior de comprimentos de onda do que os nossos olhos conseguem. Esses sensores podem ser projetados para "ver" comprimentos de onda mais curtos do que a luz visível (como ultravioleta) e comprimentos de onda mais longos do que a luz visível (como infravermelho e radar de micro-ondas). Como exemplos, o sensoriamento por infravermelho produz imagens baseadas na temperatura dos objetos no solo, o sensoriamento por micro-ondas revela feições abaixo da superfície terrestre e o sensoriamento por radar mostra elevações da superfície terrestre, mesmo em áreas obscurecidas por nuvens.

Imagens de satélite Nos últimos 50 anos, o sensoriamento remoto por satélite transformou a observação da Terra. Os elementos físicos da superfície da Terra emitem energia radiante em comprimentos de onda que são captados por satélites e outros veículos e enviados para as estações receptoras em solo. As estações receptoras classificam esses comprimentos de onda em bandas (ou espectros) específicas. Uma cena é varrida e dividida em *pixels* (elementos de imagem), cada um sendo identificado por coordenadas chamadas de *linhas* (linhas horizontais) e *amostras* (colunas verticais). Por exemplo, uma malha de 6000 linhas e 7000 amostras forma 42.000.000 pixels, fornecendo uma imagem de grandes detalhes quando os pixels são associados aos comprimentos de onda que emitem.

É necessária uma grande quantidade de dados para produzir uma imagem de sensoriamento remoto; esses dados são registrados em formato digital para posterior processamento, aprimoramento e geração de imagens. Dados digitais são processados de diversas formas para aprimorar sua aplicação: com cor verdadeira simulada, falsa cor para destacar determinada característica, aumento de contraste, filtro de sinal e diferentes níveis de amostragem e resolução.

Os satélites podem ser postos em trajetórias orbitais específicas (Figura 1.28) que afetam o tipo de dados e imagens produzidos. Órbitas geoestacionárias (ou geossíncronas), tipicamente a uma altitude de 35.790 km, são *órbitas terrestres altas* que correspondem efetivamente à velocidade de rotação da Terra, sendo que uma órbita completa

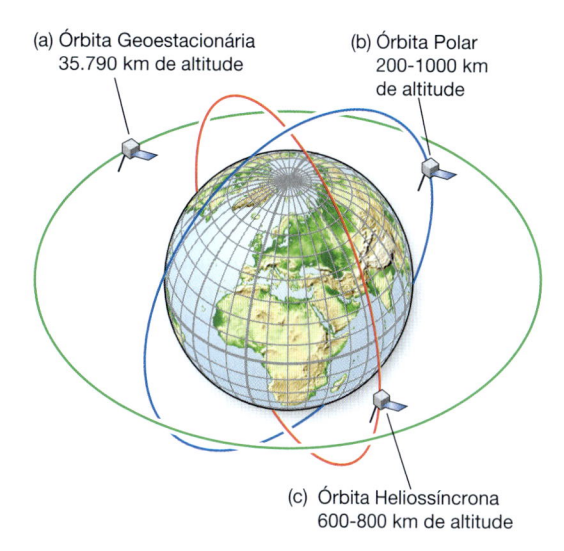

▲**Figura 1.28** Três trajetórias orbitais de satélites.

(a) Órbita Geoestacionária 35.790 km de altitude
(b) Órbita Polar 200-1000 km de altitude
(c) Órbita Heliossíncrona 600-800 km de altitude

possui cerca de 24 horas. Portanto, os satélites podem ficar "estacionados" sobre uma localização específica, normalmente o equador (Figura 1.28a). Essa posição "fixa" significa que as antenas de satélite na Terra podem ser apontadas permanentemente para uma mesma posição no céu onde o satélite está localizado; muitos satélites de comunicação e meteorologia usam essas altas órbitas terrestres.

Alguns satélites orbitam em altitudes menores. Quanto mais próximo da Terra o satélite está, mais rápida é a velocidade orbital do satélite, devido à atração gravitacional da Terra. Por exemplo, os satélites de GPS, em altitudes de cerca de 20.200 km, têm *órbitas terrestres médias*, que se movem mais rapidamente do que as órbitas terrestres altas. *Órbitas terrestres baixas*, em altitudes inferiores a 1000 km, são as mais úteis para monitoramento científico. Vários dos satélites ambientais da NASA em órbita terrestre baixa estão em altitudes de cerca de 700 km, perfazendo uma órbita a cada 99 minutos.

O ângulo da órbita de um satélite em relação ao equador terrestre é a sua *inclinação*, outro fator que afeta os dados de sensoriamento remoto. Alguns satélites orbitam perto do equador para monitorar as regiões tropicais da Terra; essa órbita de baixa inclinação adquire dados apenas das latitudes baixas. Um exemplo é o satélite da *Missão de Mensuração de Precipitação Tropical* (TRMM, na sigla em inglês), que fornece dados para o mapeamento dos padrões de vapor d'água e precipitação nos trópicos e subtrópicos. O monitoramento das regiões polares exige um satélite em órbita polar, com uma inclinação maior, de cerca de 90° (Figura 1.28b).

Um tipo de órbita polar importante para a observação científica é uma órbita heliossíncrona (Figura 1.28c). Essa

GEOrelatório 1.7 Satélites de órbita polar preveem a trajetória do furacão Sandy

Os cientistas do Centro Europeu de Previsões Meteorológicas de Médio Prazo relatam que os satélites de órbita polar, como o satélite *Suomi NPP* da Administração Atmosférica e Oceânica Nacional (NOAA), foram cruciais para prever a trajetória do furacão Sandy. Sem os dados desses satélites, as previsões sobre o furacão Sandy teriam errado em centenas de quilômetros, acusando que a tempestade rumaria para o mar em vez de se voltar em direção à costa de New Jersey. O *Suomi* orbita a Terra cerca de 14 vezes por dia, coletando dados de praticamente todo o planeta (saiba mais em http://npp.gsfc.nasa.gov/).

órbita terrestre baixa é sincronizada com o Sol, de forma que o satélite cruza o equador no mesmo horário solar todos os dias. A observação do solo é maximizada na órbita heliossíncrona porque as superfícies da Terra vistas do satélite são iluminadas pelo Sol em um ângulo uniforme. Isso permite uma melhor comparação das imagens entre um ano e outro, já que a iluminação e as sombras não mudam.

Sensoriamento remoto passivo Os sistemas de sensoriamento remoto passivo registram comprimentos de onda de energia irradiada de uma superfície, particularmente luz visível e infravermelho. Nossos olhos são sensores remotos passivos, assim como era a câmera do astronauta da *Apollo 17* que fez a fotografia de filme da Terra na contracapa deste livro.

Diversos satélites levam sensores remotos passivos para previsão meteorológica. Os *Satélites Ambientais de Operação Geoestacionária*, conhecidos como *GOES*, entraram em operação em 1994, fornecendo as imagens que você vê nos informes meteorológicos da televisão. Os *GOES-12, 13* e *15* estão operacionais; o *GOES-12* fica na longitude 60° W para monitorar o Caribe e a América do Sul. Pense nesses satélites como se estivessem flutuando sobre esses meridianos para cobertura contínua, usando comprimentos de onda visíveis durante o dia e infravermelhos durante a noite. O *GOES-14*, estacionado na órbita desde 2009, substituiu o *GOES-13* em 2012, quando este passou por problemas técnicos.

Os satélites *Landsat*, que começaram a capturar imagens da Terra nos anos 1970, são muito usados para comparar as paisagens da Terra em mudança ao longo do tempo, entre outras aplicações (Figura 1.29; veja mais imagens dos sistemas terrestres em mudança em http://earthobservatory.nasa.gov). O *Landsat-5* foi aposentado em 2012 após 29 anos, a mais longa missão de observação da Terra da História; o *Landsat-7* permanece operacional como parte da Missão de Continuidade de Dados Landsat da NASA, em andamento. O *Landsat-8* foi lançado em 2013, iniciando o novo programa Landsat administrado pelo U. S. Geological Survey.

Embora os satélites *Landsat* tenham em muito superado suas vidas úteis previstas, a maioria dos satélites é retirada de órbita após 3 a 5 anos. Lançado em 2011, o *Suomi NPP* faz parte da Parceria Nacional de Órbita Polar (NPP), a próxima geração de satélites que substituirão a envelhecida frota de Satélites de Observação da Terra (EOS) da NASA. A Suíte Radiométrica de Imagens Infravermelhas Visíveis (VIIRS) do *Suomi NPP*, registrou imagens do furacão Sandy pela Costa Leste dos EUA em outubro de 2012, conforme visto na abertura deste livro. Muitas das belas imagens "Bolinha Azul" da NASA originam-se do satélite *Suomi* (Figura 1.30).

Sensoriamento remoto ativo Sistemas de sensoriamento remoto ativos direcionam um feixe de energia para uma superfície e analisam a energia refletida de volta. Um exemplo é o *radar* (detecção e telemetria por rádio). Um transmissor de radar emite pulsos curtos de energia que têm comprimentos de onda relativamente longos (0,3 a 10 cm) na direção do terreno-alvo, penetrando nuvens e a escuridão. A energia refletida de volta para um receptor de radar para análise é conhecida por *retroespalhamento*. As imagens de radar coletadas em uma série temporal permitem que os cientistas façam comparações pixel a pixel para detectar movimentos na Terra, como alterações de elevação nas falhas de terremoto (imagens e discussão no Capítulo 13).

Outra tecnologia de sensoriamento remoto ativo é o LiDAR aéreo (detecção e medição por luz). Os sistemas LiDAR coletam dados altamente detalhados e precisos de terreno superficial por meio de um scanner a laser, com até 150.000 pulsos por segundo a 8 pulsos ou mais por metro quadrado, gerando uma resolução de 15 m. Sistemas GPS e de navegação embutidos na aeronave determinam a localização de cada pulso. Os conjuntos de dados LiDAR muitas vezes

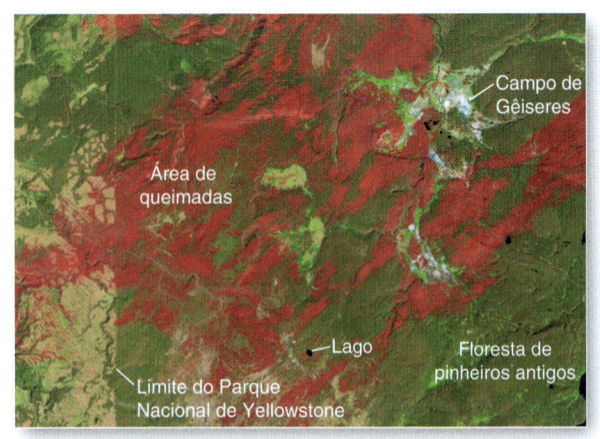

(a) Um ano após as queimadas espontâneas de 1988, a terra queimada está em vermelho profundo. A floresta de pinheiros antigos está verde-escura; os campos de gêiseres estão azul-claros; os lagos estão em azul-escuro.

(b) No fim de 2011, as cicatrizes da queimada desbotaram para laranja, com o surgimento de gramíneas e árvores jovens. A recuperação é lenta nesse planalto de grande elevação.

▲**Figura 1.29** Recuperação de paisagem queimada no Parque Nacional Yellowstone, Wyoming. As imagens do *Landsat-5* contrastam as paisagens do Yellowstone em 1989 e 2011, usando uma combinação de luz visível e infravermelha para salientar a área queimada e as mudanças na vegetação. [NASA.]

▲**Figura 1.30 Imagem Bolinha Azul obtida pelo *Suomi NPP*.** Esta visão composta da Terra foi capturada em 2 de janeiro de 2012. O cientista da NASA Norman Kuring combinou dados do instrumento VIIRS de 6 órbitas do satélite *Suomi NPP*. O VIIRS adquire dados em 22 bandas, que cobrem os comprimentos de onda visíveis, quase infravermelhos e infravermelhos térmicos. [NASA.]

são compartilhados entre usuários privados, públicos e científicos, em múltiplas aplicações. Atualmente, os cientistas estão estudando os efeitos do furacão Sandy na Costa Leste dos EUA através do LiDAR (vide discussão no Capítulo 16).

Para saber mais sobre plataformas de sensoriamento remoto, acesse o USGS Global Visualization Viewer (http://glovis.usgs.gov/).

Sistemas de Informações Geográficas

Técnicas como sensoriamento remoto adquirem grandes volumes de dados espaciais que devem ser armazenados, processados e recuperados com praticidade. Um **Sistema de Informações Geográficas (SIG)** é uma ferramenta de processamento de dados baseada em computador para coletar, manipular e analisar informações geográficas. Os modernos e sofisticados sistemas de computador permitem a integração de informações geográficas de levantamentos diretos (mapeamento *in loco*) e sensoriamento remoto de maneiras complexas que não eram possíveis anteriormente. Ao passo que mapas impressos ficam estagnados na época de publicação, os mapas SIG podem ser facilmente alterados, evoluindo instantaneamente.

Em um SIG, os dados espaciais podem ser dispostos em camadas, ou planos, contendo diferentes tipos de dados (Figura 1.31). O componente inicial de todo SIG é um mapa, com seu sistema de coordenadas associado, como latitude e longitude localizadas por GPS ou levantamentos digitais (a camada superior na Figura 1.31a). Esse mapa estabelece acuradamente pontos de referência em outros dados, como imagens de sensoriamento remoto.

Um SIG é capaz de analisar padrões e relações dentro de um único plano de dados, como a planície de inundação ou a camada de solo da Figura 1.31a. Um SIG também pode gerar uma análise sobreposta em que dois ou mais planos de dados interagem. Quando as camadas são sobrepostas, o resultado permite a análise de problemas complexos. A utilidade de um SIG é sua capacidade de manipular dados e reunir diversas variáveis para análise.

PENSAMENTO Crítico 1.5
Teste seu conhecimento sobre imagens de satélite

Visite o site da NASA, USGS (http://eros.usgs.gov/) ou ESA (Agência Espacial Europeia; http://www.esa.int/Our_Activities/Observing_the_Earth) e veja algumas imagens de satélite. Então, examine a imagem na Figura PC 1.5.1. Ela foi feita por uma aeronave, um sensor de solo ou um satélite? É uma imagem de cor natural ou cor falsa? Você consegue determinar o que as cores representam? Você consegue identificar a localização, os corpos terrestres e hídricos e demais feições físicas? Por fim, com base na sua pesquisa e nos exemplos deste texto, você consegue determinar a fonte específica (aeronave LiDAR, satélite *GOES* ou *Landsat*, etc.) dos dados que compuseram essa imagem? (As respostas estão na Revisão dos Conceitos-Chave de Aprendizagem do Capítulo 1.) •

▲**Figura PC 1.5.1 Você pode descrever esta imagem?** [NASA.]

As Figuras 1.31b e c mostram duas camadas de mapa SIG incluídas no Northwest Gap Analysis Program (GAP), uma avaliação de cinco estados sobre espécies e habitats terrestres, fiscalização da terra e status gerencial iniciada em 2004. O projeto Northwest faz parte da avaliação nacional de qualidade ambiental GAP feita pelo USGS para preservação de espécies; as camadas de dados críticas são tipo de

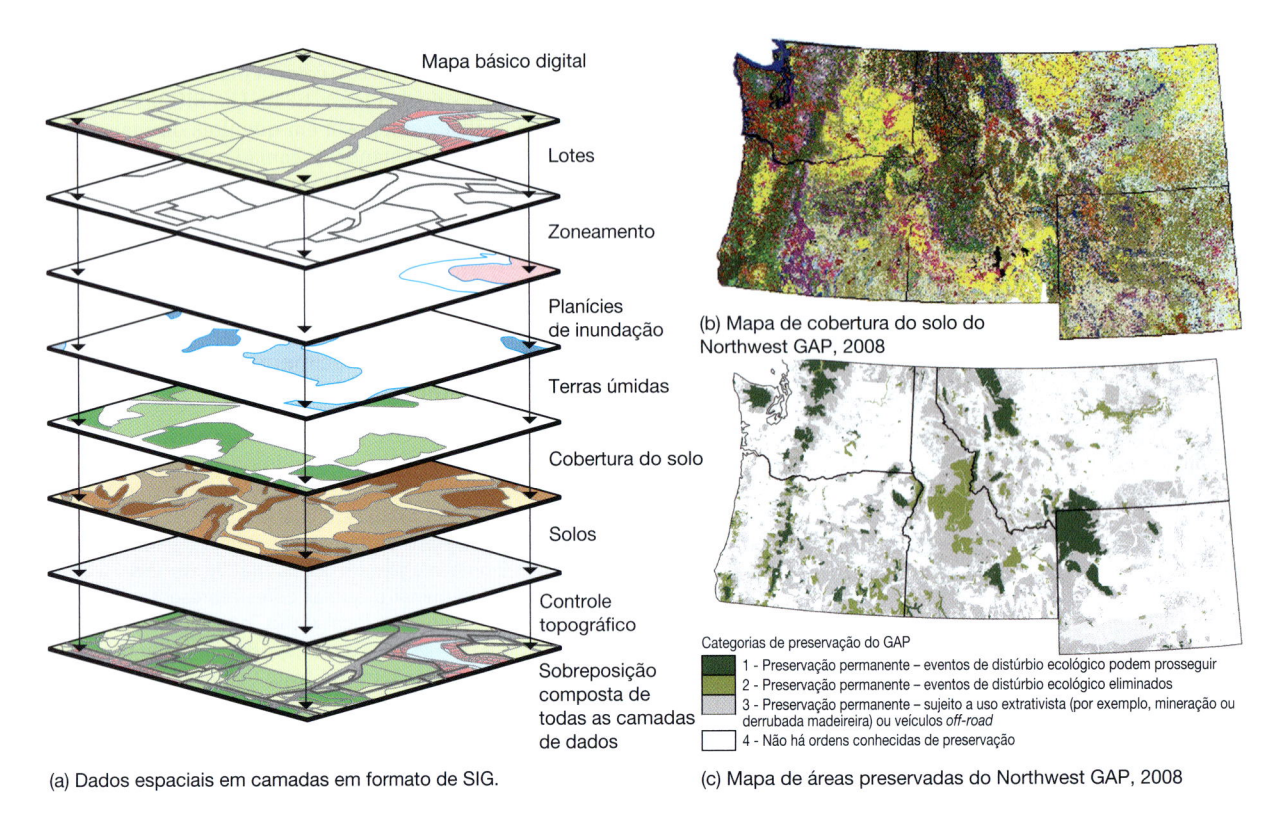

Figura 1.31 Modelo de sistema de informações geográficas (SIG). [(a) Baseado em USGS. (b) e (c) Universidade de Idaho, Northwest Gap Analysis Project.]

(a) Dados espaciais em camadas em formato de SIG.
(b) Mapa de cobertura do solo do Northwest GAP, 2008
(c) Mapa de áreas preservadas do Northwest GAP, 2008

Mapa básico digital
Lotes
Zoneamento
Planícies de inundação
Terras úmidas
Cobertura do solo
Solos
Controle topográfico
Sobreposição composta de todas as camadas de dados

Categorias de preservação do GAP
1 - Preservação permanente – eventos de distúrbio ecológico podem prosseguir
2 - Preservação permanente – eventos de distúrbio ecológico eliminados
3 - Preservação permanente – sujeito a uso extrativista (por exemplo, mineração ou derrubada madeireira) ou veículos *off-road*
4 - Não há ordens conhecidas de preservação

vegetação, variedade de espécies e propriedade da terra, entre outras variáveis ambientais. (Acesse http://gapanalysis.usgs.gov/ ou http://gap.uidaho.edu para um panorama do projeto e para acessar mapas interativos.)

Ciência das informações geográficas (SIGci) é o campo que desenvolve as capacidades de SIG para uso na geografia e outras disciplinas. A SIGci analisa fenômenos terrestres e humanos ao longo do tempo. Isso pode incluir o estudo e a previsão de doenças, o deslocamento populacional provocado pelo furacão Sandy, a destruição do terremoto e tsunami japonês de 2011 ou o estado das espécies e ecossistemas ameaçados, para citar alguns exemplos.

Uma aplicação muito utilizada da tecnologia SIG é a criação de mapas com perspectiva tridimensional. Esses mapas são elaborados combinando-se *modelos digitais de elevação* (DEMs), que informam os dados básicos de elevação, com sobreposições de imagem de satélite (vide exemplos no Capítulo 13). Através do SIG, esses dados ficam disponíveis para múltiplas apresentações, animações e outras análises científicas.

O Google Earth™ e programas semelhantes que podem ser baixados da Internet oferecem visão tridimensional do globo, assim como informações geográficas (http://earth.google.com/). O Google Earth™ permite que o usuário "voe" para qualquer parte da Terra e dê zoom em paisagens e feições de interesse, usando imagens de satélite e fotografias aéreas em diversas resoluções. Os usuários podem selecionar camadas, como em um modelo SIG, dependendo da tarefa prevista e da sobreposição composta apresentada. O software World Wind, da NASA, é outro navegador de código aberto com acesso a imagens de satélite de alta resolução e múltiplas camadas de dados que é apropriado para aplicações científicas.

Geovisualização é a técnica de ajustar conjuntos de dados aeroespaciais em tempo real, de forma que os usuários podem fazer mudanças instantâneas em mapas e outros modelos visuais. As ferramentas geovisuais são importantes para traduzir conhecimento científico em recursos que leigos possam usar para tomada de decisão e planejamento. Na East California University, os cientistas estão desenvolvendo ferramentas geovisuais para avaliar os efeitos da elevação do nível do mar na costa da Carolina do Norte, em parceria com organizações estaduais, municipais e sem fins lucrativos (vide http://www.ecu.edu/renci/Technology/GIS.html).

O acesso a SIG está se expandindo e se tornando mais amigável ao usuário com a disponibilidade crescente de diversos pacotes de software de SIG de código aberto. Estes costumam ser gratuitos, possuir sistemas de suporte online e ser atualizados com frequência (vide http://opensourcegis.org/). Além disso, o acesso público a grandes conjuntos de dados de sensoriamento remoto para análises e exibição está hoje disponível sem a necessidade de baixar grandes quantidades de dados (confira exemplos de aplicações de pesquisa em http://disc.sci.gsfc.nasa.gov/).

conexão GEOSSISTEMAS

Com esse panorama da geografia, do processo científico e da abordagem do *Geossistemas* em mente, agora embarcamos em uma jornada pelas quatro esferas da Terra: Parte I, Atmosfera; Parte II, Hidrosfera; Parte III, Litosfera; e Parte IV, Biosfera. O Capítulo 2 começa com o Sol, incluindo seu lugar no Universo e as mudanças sazonais na distribuição do seu fluxo de energia à Terra. No Capítulo 3, seguimos a energia solar pela atmosfera da Terra até a superfície, e nos Capítulos 4 a 6 examinamos os padrões de temperatura global e a circulação do ar e da água nas vastas correntes eólicas e oceânicas da Terra.

No fim de cada capítulo, há uma *Conexão Geossistemas*, que serve como ponte entre um capítulo e o próximo, ajudando-o a fazer a transição para o próximo tópico.

REVISÃO DOS CONCEITOS-CHAVE DE aprendizagem

Eis um resumo prático concebido para ajudá-lo a revisar os Conceitos-Chave de Aprendizagem listados na página-título deste capítulo. A recapitulação de cada conceito conclui com uma lista dos principais termos daquela porção do capítulo, com número de página e perguntas de revisão pertinentes ao conceito. Estas seções de resumo e revisão vêm logo após cada capítulo deste livro.

■ *Definir* geografia e geografia física.

A **geografia** combina disciplinas das ciências físicas e biológicas com as ciências humanas e culturais para chegar a uma visão holística da Terra. O ponto de vista **espacial** da geografia examina a natureza e o caráter do espaço físico e a distribuição das coisas dentro dele. A geografia integra vários assuntos, e a educação geográfica reconhece cinco temas principais: **localização**, **região**, **relação humanos-Terra**, **movimento** e **lugar**. Um método, a **análise espacial**, amarra esse campo diversificado, enfocando a interdependência entre áreas geográficas, sistemas naturais, sociedade e atividades culturais ao longo do espaço ou de áreas. A análise de **processo** – um conjunto de ações ou mecanismos que operam em alguma ordem especial – é essencial para a compreensão geográfica.

A **geografia física** aplica a análise espacial a todos os componentes físicos e sistemas de processo que compõem o meio ambiente: energia, ar, água, tempo, clima, acidentes geográficos, solos, animais, plantas, micro-organismos e a própria Terra. A geografia física é um aspecto essencial da **ciência dos sistemas terrestres**. A ciência da geografia física está em uma posição única para sintetizar os aspectos espaciais, ambientais e humanos de nossa relação cada vez mais complexa com nosso planeta – a Terra.

geografia (p. 3)
espacial (p. 3)
localização (p. 3)
região (p. 3)
relação humanos-Terra (p. 3)
movimento (p. 3)
lugar (p. 3)
análise espacial (p. 3)
processo (p. 3)
geografia física (p. 4)
ciência do sistema terrestre (p. 5)

1. Com base nas informações deste capítulo, defina geografia física e revise a abordagem que caracteriza a ciência geográfica.
2. Sugira um exemplo representativo de cada um dos cinco temas geográficos, por exemplo: a circulação atmosférica e oceânica propagando contaminação radiativa é um exemplo do tema movimento.
3. Você tomou decisões hoje que envolvessem conceitos geográficos discutidos nos cinco temas apresentados? Dê uma breve explicação.
4. Em termos gerais, como um geógrafo físico pode analisar a poluição da água em lagos?

■ *Discutir* as atividades humanas e o crescimento demográfico em sua relação com a ciência geográfica e *resumir* o processo científico.

A compreensão das complexas relações entre os sistemas físicos da Terra e a sociedade é importante para a sobrevivência humana. Hipóteses e teorias sobre o Universo, a Terra e a vida são desenvolvidas através do processo científico, que se vale de uma série geral de etapas que compõem o **método científico**. Os resultados e as conclusões dos experimentos científicos podem levar a teorias básicas, assim como a usos aplicados para o público geral.

A consciência sobre o denominador humano, o papel dos seres humanos na Terra, levou à crescente ênfase da geografia física sobre as interações humano-ambiente. Recentemente, a **ciência da sustentabilidade** tornou-se uma importante disciplina, integrando o desenvolvimento sustentável e os sistemas do funcionamento da Terra.

método científico (p. 4)
ciência da sustentabilidade (p. 7)

5. Esboce um fluxograma do processo e método científicos, começando com observações e terminando com o desenvolvimento de teorias e leis.
6. Sintetize as questões de crescimento populacional: tamanho da população, impacto por pessoa e projeções futuras. Quais estratégias você considera importantes para a sustentabilidade global?

■ *Descrever* análise de sistemas, sistemas abertos e fechados, informações de retroalimentação e *relacionar* esses conceitos aos sistemas terrestres.

Um **sistema** é qualquer conjunto ordenado de componentes interatuantes e seus atributos, diferente de seu ambiente circundante. A análise de sistema é uma importante ferramenta analítica e organizacional usada pelos geógrafos.

A Terra é um **sistema aberto** em termos de energia, recebendo energia solar, mas é essencialmente um **sistema fechado** em termos de recursos materiais e físicos.

Conforme um sistema opera, as "informações" são retornadas a vários pontos no sistema por meio de caminhos de **ciclos de retroalimentação**. Se as informações de retroalimentação desestimulam a mudança no sistema, trata-se de **retroalimentação negativa**. Mais produção dessa retroalimentação opõe-se a mudanças no sistema. Essa retroalimentação negativa causa autorregulação em um sistema natural, estabilizando o sistema. Se as informações de retroalimentação estimulam a mudança no sistema, trata-se de **retroalimentação positiva**. Mais produção de retroalimentação positiva estimula mudanças no sistema. A retroalimentação positiva não verificada em um sistema pode criar uma condição de fuga ("bola de neve"). Quando as taxas de entradas e de saídas no sistema são iguais e a quantidade de energia e de matéria em armazenamento no sistema é constante (ou quando flutuam em torno de uma média estável), o sistema está em **estado de equilíbrio constante**. Um sistema que apresenta um aumento ou decréscimo constante em alguma operação ao longo do tempo (uma tendência) está em **equilíbrio dinâmico**. Um **limiar**, ou ponto de ruptura, é o momento em que o sistema não é mais capaz de manter seu caráter e se lança a um novo nível operacional. Os geógrafos geralmente constroem um **modelo** simplificado de sistemas naturais para entendê-los melhor.

Quatro enormes sistemas abertos interagem poderosamente na superfície terrestre: três sistemas **abióticos**, não vivos – **atmosfera**, **hidrosfera** (incluindo a **criosfera**) e **litosfera** – e um sistema **biótico**, vivo – **biosfera** ou **ecosfera**).

sistema (p. 8)
sistema aberto (p. 8)
sistema fechado (p. 9)
ciclos de retroalimentação (p. 9)
retroalimentação negativa (p. 9)
retroalimentação positiva (p. 10)
estado de equilíbrio constante (p. 10)
equilíbrio dinâmico (p. 10)
limiar (p. 10)
modelo (p. 11)
abióticos (p. 11)
biótico (p. 11)
atmosfera (p. 11)
hidrosfera (p. 14)
criosfera (p. 14)
litosfera (p. 14)
biosfera (p. 14)
ecosfera (p. 14)

7. Defina a teoria dos sistemas como uma estratégia analítica. O que são sistemas abertos, sistemas fechados e retroalimentação negativa? Quando um sistema está em estado de equilíbrio constante? Que tipo de sistema (aberto ou fechado) é o corpo humano? E um lago? E uma espiga de milho?
8. Descreva a Terra como um sistema, tanto em termos de energia quanto de matéria; use diagramas simples para ilustrar a sua descrição.
9. Quais são as três esferas abióticas que compõem o ambiente terrestre? Relacione-as com a esfera biótica, a biosfera.

■ *Explicar* o sistema de coordenadas da Terra: latitude e longitude, tempo e zonas geográficas latitudinais.

A ciência que estuda a forma e o tamanho da Terra é a **geodésia**. A Terra é levemente abaulada no equador e achatada nos polos, resultando em um esferoide deformado, ou **geoide**. A localização absoluta na Terra é descrita com um sistema de coordenadas específico de **paralelos** de **latitude** (medindo as distâncias ao norte e sul do equador) e de **meridianos** de **longitude** (medindo as distâncias a leste e oeste de um meridiano de origem). Uma virada histórica na navegação ocorreu com o estabelecimento de um **meridiano de origem** internacional (0°, atravessando Greenwich, Inglaterra). Um **grande círculo** é qualquer círculo da circunferência terrestre cujo centro coincide com o centro da Terra. As rotas dos círculos máximos são a menor distância entre dois pontos na Terra. Os **pequenos círculos** têm centros que não coincidem com o centro da Terra.

O meridiano de origem forneceu a base para o **Tempo Médio de Greenwich (GMT)**, o primeiro sistema universal de tempo do mundo. Hoje, o **Tempo Universal Coordenado (UTC)** é o padrão mundial e a base para os fusos horários internacionais. Um resultado importante do meridiano de origem é o meridiano 180°, a **Linha Internacional de Data (LID)**, que marca o local onde cada dia oficialmente começa. O **horário de verão** é uma mudança sazonal nos relógios em 1 hora nos meses do verão.

geodésia (p. 16)
geoide (p. 16)
latitude (p. 17)
paralelo (p. 17)
longitude (p. 19)
meridiano (p. 19)
meridiano de origem (p. 19)
grande círculo (p. 19)
pequenos círculos (p. 19)
Tempo Médio de Greenwich (GMT) (p. 20)
Tempo Universal Coordenado (UTC) (p. 21)
Linha Internacional de Data (LID) (p. 21)
horário de verão (p. 21)

10. Faça um esboço simples descrevendo o formato e o tamanho da Terra.
11. Defina latitude, paralelo, longitude e meridiano usando um desenho simples com legendas.
12. Defina um grande círculo, rotas de grande círculo e um pequeno círculo. Em termos desses conceitos, descreva o equador, outros paralelos e meridianos.
13. Identifique as várias zonas geográficas latitudinais que, em linhas gerais, subdividem a superfície terrestre. Em que zona você vive?
14. O que o registro do tempo tem a ver com longitude? Explique essa relação. Como o Tempo Universal Coordenado (UTC) é determinado na Terra?
15. O que é e onde fica o meridiano de origem? Como a localização foi originalmente selecionada? Descreva o

meridiano do lado oposto do meridiano de origem na superfície terrestre.

- *Definir* os conceitos básicos de cartografia e mapeamento: escalas e projeções cartográficas.

Um **mapa** é uma visão generalizada da disposição de uma área, geralmente alguma porção da superfície terrestre, vista de cima e consideravelmente reduzida em tamanho. A **cartografia** é a ciência e a arte de confecção de mapas. Para a representação espacial dos sistemas físicos terrestres, os geógrafos usam mapas. **Escala** é a proporção entre a imagem de um mapa e o mundo real; ela relaciona uma unidade do mapa com uma unidade semelhante no solo. Ao criar uma **projeção cartográfica**, os cartógrafos escolhem o tipo de projeção que mais bem representa a finalidade específica do mapa. Sempre é necessário fazer um ajuste, porque a superfície aproximadamente esférica e tridimensional da Terra não pode ser exatamente duplicada em um mapa plano e bidimensional. As capacidades relativas de representar **área igual** (equivalência), **forma verdadeira** (conformidade), direção verdadeira e distância verdadeira devem ser consideradas na seleção de uma projeção. A **projeção de Mercator** está na classe cilíndrica; ela tem qualidades de forma verdadeira e linhas retas que mostram direção constante. Uma **linha de rumo** denota direção constante e aparece como uma linha reta na projeção de Mercator.

mapa (p. 22)
cartografia (p. 22)
escala (p. 22)
projeção cartográfica (p. 25)
área igual (p. 25)
forma verdadeira (p. 25)
projeção de Mercator (p. 26)
linha de rumo (p. 26)

16. Defina cartografia. Explique por que ela é uma disciplina integradora.
17. Avalie seu conhecimento geográfico examinando atlas e mapas. Que tipos de mapas você usa: políticos? Físicos? Topográficos? Você sabe que projeções cartográficas são utilizadas? Você conhece os nomes e as localizações dos quatro oceanos, dos sete continentes e da maioria dos países? Você consegue identificar os países novos que surgiram desde 1990?
18. O que é escala cartográfica? Quais são as três formas em que ela pode ser expressa em um mapa?
19. Diga se as seguintes razões são escala grande, média ou pequena: 1:3.168.000; 1:24.000; 1:125.000.
20. Descreva as diferenças entre as características de um globo e as que resultam da preparação de um mapa plano.
21. Que tipo de projeção cartográfica é usado na Figura 1.15? E na Figura 1.19? (Vide Apêndice A.)

- *Descrever* técnicas modernas de geociências – o sistema de posicionamento global (Global Positioning System – GPS), o sensoriamento remoto e o sistema de informações geográficas (SIG) – e *explicar* como essas ferramentas são utilizadas na análise geográfica.

Latitude, longitude e elevação são calibradas com exatidão usando um dispositivo portátil de **Sistema de Posicionamento Global (GPS)** que lê sinais de rádio dos satélites. O **sensoriamento remoto** orbital e aéreo obtém informações sobre os sistemas terrestres a grandes distâncias, sem a necessidade de contato físico. Os satélites não tiram fotografias, mas registram imagens que são transmitidas a receptores com base na Terra. Os dados dos satélites são registrados em formato digital para posterior processamento, aprimoramento e geração de imagens. Fotografias aéreas são utilizadas para melhorar a precisão dos mapas de superfície, uma aplicação do sensoriamento remoto chamada de **fotogrametria**.

Dados de satélite e outros podem ser analisados usando-se tecnologia de **Sistema de Informações Geográficas (SIG)**. Computadores processam informações geográficas de levantamentos diretos no solo e sensoriamento remoto em complexas camadas de dados espaciais. Modelos digitais de elevação são produtos tridimensionais da tecnologia SIG. Há cada vez mais SIG de código aberto disponível para os cientistas e o público para muitas aplicações, incluindo análise espacial na geografia, e para a melhor compreensão dos sistemas terrestres.

Sistema de Posicionamento Global (GPS) (p. 27)
sensoriamento remoto (p. 28)
fotogrametria (p. 29)
Sistema de Informações Geográficas (SIG) (p. 31)

22. O que é o GPS e como ele pode ajudá-lo a encontrar localização e elevação na Terra? Dê diversos exemplos de tecnologia GPS empregada para fins científicos.
23. O que é sensoriamento remoto? O que você está vendo quando observa uma imagem de satélite meteorológico na TV ou no jornal? Explique.
24. Se você fosse o responsável por planejar o desenvolvimento de um grande lote de terra, como a metodologia SIG poderia ajudar? Como o planejamento e o zoneamento poderiam ser afetados se uma porção de terra no SIG fosse uma planície de inundação ou uma terra agrícola de ótima qualidade?

Resposta ao Pensamento Crítico 1.5, Figura PC 1.5.1: Essa imagem natural de cor verdadeira é um mosaico composto de diversas imagens captadas entre 2000 e 2002 pelo satélite *Terra* da NASA. A localização que ela representa é onde os continentes europeu e africano se encontram no Estreito de Gibraltar, estendendo-se da França e Espanha pelo Mediterrâneo até Marrocos e Argélia.

Sugestões de leituras em português

CHALMERS, A. *O que é a ciência, afinal?* São Paulo: Brasiliense, 1995.

CHRISTOFOLETTI, A. *Análise de sistemas em Geografia*. São Paulo: Hucitec, 1979.

MONTEIRO, C. A. F. *Geossistemas*: a história de uma procura. São Paulo: Contexto. 2000

SOTCHAVA, V. B. *O estudo de geossistemas*. São Paulo. São Paulo: Ed. Lunar, 1977.

I O Sistema Energia-Atmosfera

CAPÍTULO 2
Energia solar interceptada pela Terra e as estações do ano 38

CAPÍTULO 3
A atmosfera moderna da Terra 58

CAPÍTULO 4
O balanço de energia da atmosfera e da superfície 82

CAPÍTULO 5
Temperaturas globais 106

CAPÍTULO 6
As circulações atmosférica e oceânica 132

Há mais de 4,6 bilhões de anos, a energia solar viaja pelo espaço interplanetário até a Terra, onde uma pequena porção da emissão solar é interceptada. Nosso planeta e nossas vidas são alimentados por essa energia radiante vinda do Sol. Em razão da curvatura da Terra, a energia que chega é distribuída desigualmente no topo da atmosfera, criando desequilíbrios de energia na superfície da Terra: a região equatorial tem excessos, recebendo mais energia do que emite; as regiões polares

▼ O deserto do Saara, próximo a Tadrart, Argélia. [Pichugin Dmitry/Shutterstock.]

ENTRADAS
Energia solar interceptada pela Terra
A atmosfera moderna da Terra

AÇÕES
Balanço de energia da atmosfera e da superfície

SAÍDAS
Temperaturas globais
Ventos e correntes oceânicas

RELAÇÃO HUMANOS-TERRA
Mudança climática
Poluição do ar
Diminuição do ozônio
Deposição ácida
Temperatura nas áreas urbanas
Energia solar
Força eólica

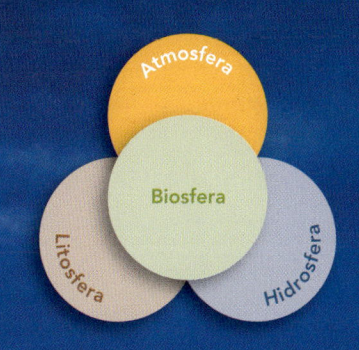

têm déficits, emitindo mais energia do que recebem. Além disso, o pulso anual da mudança sazonal varia a distribuição da energia durante o ano.

A atmosfera da Terra atua como um eficiente filtro, absorvendo a maior parte da radiação danosa, de partículas carregadas e de detritos espaciais, de forma que eles não alcançam a superfície terrestre. Na atmosfera inferior, a irregularidade do recebimento diário de energia dá origem a padrões globais de temperatura, de circulação de ventos e de correntes oceânicas, determinando o tempo meteorológico e clima. Todos nós dependemos desses sistemas interatuantes que são postos em movimento pela energia vinda do Sol. Esses são os sistemas da Parte I.

2 Energia solar interceptada pela Terra e as estações do ano

CONCEITOS-CHAVE DE
aprendizagem

Após a leitura deste capítulo, você conseguirá:

- *Distinguir* entre galáxias, estrelas e planetas e *localizar* a Terra.
- *Resumir* a origem, a formação e o desenvolvimento da Terra e *reconstituir* a órbita terrestre anual em torno do Sol.
- *Descrever* a atividade solar e *explicar* as características do vento solar e do espectro eletromagnético de energia radiante.
- *Ilustrar* a interceptação da energia solar e a sua distribuição desigual no topo da atmosfera.
- *Definir* altura solar, declinação solar e duração do dia e *descrever* a variabilidade anual de cada uma – a sazonalidade terrestre.

Na ilha do Fogo, no arquipélago de Cabo Verde, uma pequena aldeia fica dentro da Chã das Caldeiras, uma grande depressão formada quando o pico vulcânico do Pico de Fogo desmoronou após uma erupção. Na data desta foto, o autor e sua esposa estavam próximos do ponto subsolar, a latitude da Terra onde os raios do Sol ficam perpendiculares à superfície ao meio-dia local. Olhando de perto, é possível ver as sombras lançadas diretamente abaixo das árvores nesse pátio. O paredão das caldeira é visível ao fundo. *Geossistemas Hoje* descreve a busca do autor pelo ponto subsolar a bordo de um navio no Oceano Atlântico; a busca terminou aqui na ilha do Fogo, em 1° de maio, na latitude de 14,8°N. O Capítulo 2 aborda a energia vinda do Sol e as mudanças sazonais pelas quais passamos na Terra. [Bobbé Christopherson.]

GEOSSISTEMAS HOJE

Em busca do ponto subsolar

Abril de 2010, Oceano Atlântico: Após um mês no mar, em viagem partindo da região antártica, nosso navio segue rumo ao norte em direção ao equador no Oceano Atlântico. Não temos pronto acesso a notícias ou a wi-fi; a vista em todas as direções é o horizonte oceânico. O navio de pesquisa abriga tripulantes e 48 passageiros. Em 24 de abril, nadei no equador da Terra, sem terra à vista por milhares de quilômetros e com água de 3 a 4 km de profundidade. Olhando através de uma máscara em direção ao assoalho marinho, a visão era de um azul infinito, gerando uma sensação igualmente incrível e assustadora.

Em uma expedição de cinco semanas, o autor e sua esposa viajaram do mar de Weddell, Antártica, na latitude 63° S, até as ilhas do Cabo Verde na costa da África Ocidental, na latitude 14° N (Figura GH 2.1). Quando cruzamos o equador e entramos no Hemisfério Norte, nossa busca pelo ponto subsolar começou.

O que é o ponto subsolar?

Todo dia ao meio-dia, existe uma latitude na Terra em que o Sol está "diretamente" a pino, a um ângulo próximo de 90°. Nos meses de primavera do Hemisfério Norte (março-junho), a latitude que recebe os raios "diretos" do Sol desloca-se do equador, a 0°, até o Trópico de Câncer, a 23,5° N. A latitude exata que recebe esses raios diretos a 90° é o *ponto subsolar*. Pense nesse ponto como a latitude onde o Sol está mais alto no céu e seus raios são perpendiculares à superfície da Terra.

Todo ano, por volta de 22 de março, o ponto subsolar está no equador; trata-se do *equinócio de março*, quando o dia tem a mesma duração em todas a latitudes da Terra. No verão do Hemisfério norte, por volta de 21 de junho, o ponto subsolar encontra-se no Trópico de Câncer; trata-se do *solstício de junho*, quando o dia tem duração máxima nas latitudes do Hemisfério Norte e duração mínima nas latitudes do Hemisfério Sul. Por volta de 22 de setembro, o ponto subsolar do Sol volta ao equador (equinócio de setembro), e em dezembro encontra-se no Trópico de Capricórnio, a 23,5° S (solstício de dezembro). Fora dos trópicos, o Sol nunca está diretamente a pino. Por exemplo, na latitude de 40° N, a altitude do Sol ao meio-dia varia de 26° acima do horizonte, em dezembro, a 73°, em junho, nunca estando a 90°.

Indo atrás dos raios diretos do Sol

Em nosso navio de expedição, perseguimos o ponto subsolar enquanto ele se movia do equador até o Trópico de Câncer, entre o equinócio de março e o solstício de junho. À medida que viajávamos, monitorávamos a nossa rota e a do Sol para determinar o mais próximo que poderíamos chegar desse ponto, seja a bordo do navio ou em uma ilha do Oceano Atlântico.

O ponto subsolar ocorre na latitude 1° N em 23 de março, chegando perto de 15° N em 1° de maio. Quando foi que chegamos mais perto? Em 1° de maio, chegamos em 14,8° N, na ilha do Fogo, Cabo Verde. Vimos dois meninos e um burro carregando água ao redor do meio-dia local. Observe que sua sombra é lançada diretamente abaixo deles, sob os raios praticamente perpendiculares do Sol a pino (Figura GH 2.2 e a foto de abertura do capítulo).

Neste capítulo, acompanhamos a marcha das estações do ano, marcada por alterações na duração do dia e no ângulo dos raios solares. Podemos calcular a latitude do ponto subsolar de qualquer momento do ano usando um gráfico chamado *analema*, que na maioria dos globos aparece na área do sudeste do Pacífico. Um exemplo desse gráfico em forma de 8 é fornecido no final do capítulo (Figura PC 2.3.1, p. 54). Após aprender sobre a sazonalidade da Terra em relação ao ângulo do Sol, você poderá usar o analema para determinar o ponto subsolar para qualquer dia do ano. Verifique esse analema para 1° de maio.

▲**Figura GH 2.2 Próximo do ponto subsolar, ilha do Fogo, Cabo Verde.** Observe que a sombra dos meninos é lançada quase diretamente abaixo deles. [Bobbé Christopherson.]

▲**Figura GH 2.1 Mapa da expedição do autor em 2010.** Consulte a seção *Geossistemas Hoje* dos Capítulos 6 e 20 para uma descrição dos acontecimentos na ilha de Tristão da Cunha, outra parada da expedição.

O Universo é povoado por ao menos 125 bilhões de galáxias. Uma delas é a nossa Via Láctea, que contém cerca de 300 bilhões de estrelas. Entre estas está uma estrela média amarela que chamamos de Sol, apesar da espetacular imagem de satélite da Figura 2.2 não ter nada de mediana! O nosso Sol irradia energia em todas as direções e sobre a família de planetas que o orbitam. De especial interesse para nós é a energia solar que incide sobre o terceiro planeta, nossa casa imediata.

Neste capítulo: A energia solar que chega ao topo da atmosfera terrestre estabelece o padrão de entrada de energia que determina os sistemas físicos do planeta e influencia diariamente nossas vidas. Essa entrada de energia na atmosfera, combinada com a inclinação e a rotação da Terra, produz os padrões anuais, sazonais e diários das variações na duração do dia e do ângulo solar. O Sol é a fonte definitiva de energia para a maioria dos processos da vida em nossa biosfera.

O Sistema Solar, o Sol e a Terra

O nosso Sistema Solar está localizado em uma posição remota da **Galáxia Via Láctea**, uma coleção de estrelas que parece um disco achatado, tendo a forma de uma espiral barrada – uma espiral com um núcleo ligeiramente alongado (Figura 2.1a, b). Nosso Sistema Solar está a mais de meio caminho para fora do centro galáctico, em um dos braços espirais da Via Láctea – o Braço de Órion do Braço de Sagitário. Um buraco negro supermaciço, com cerca de 2 milhões de massas solares, chamado de *Sagittarius A** (*Estrela Sagitário A*), fica no centro galáctico. O nosso Sistema Solar de oito planetas, quatro planetas anões e asteroides está a cerca de 30.000 anos-luz desse buraco negro no centro da Galáxia e cerca de 15 anos-luz acima do plano da Via Láctea.

Sob a perspectiva da posição terrestre, a Via Láctea parece cobrir o céu noturno como uma estreita faixa de luz turva. Em uma noite clara, a olho nu, é possível ver apenas alguns milhares desses bilhões de estrelas, aquelas reunidas ao redor de nossa "vizinhança".

Formação do Sistema Solar

De acordo com a teoria mais aceita, o nosso Sistema Solar se condensou a partir de uma gigantesca nuvem vagarosamente rotante de gás e poeira que entrou em colapso, uma *nebulosa*. A **gravidade**, a atração mútua exercida por todo objeto

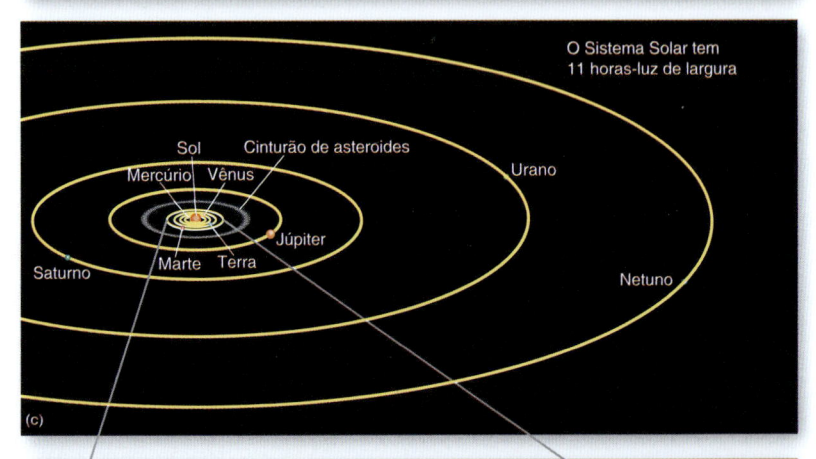

▲**Figura 2.1 A Via Láctea, o Sistema Solar e a órbita da Terra.** (a) A Galáxia Via Láctea vista de cima, na reconstituição de um artista, e (b) uma imagem em visão lateral transversal. (c) Todos os planetas têm órbitas estritamente alinhadas ao plano da eclíptica. Plutão, considerado o nono planeta por mais de 70 anos, foi reclassificado em 2006 como planeta-anão, parte do cinturão de asteroides Kuiper. (d) Os quatro planetas terrestres internos e a forma elíptica da órbita terrestre, com as posições de periélio (mais perto) e afélio (mais afastado) durante o ano. Alguma vez você já observou a Via Láctea no céu noturno? [(a) e (b) cortesia de NASA/JPL.]

sobre todos os outros objetos em proporção à sua massa, foi a principal força nessa nebulosa solar em condensação. Enquanto a nuvem nebular se organizava e se achatava na forma de disco, o *proto-Sol* inicial crescia em massa no centro, atraindo mais matéria. Pequenos torvelinhos de material de acreção rodopiavam a distâncias variáveis do centro da nebulosa solar: eram os *protoplanetas*.

A **hipótese planetesimal**, ou *hipótese da nuvem de poeira*, explica como os sóis condensam a partir de nuvens nebulosas. Nessa hipótese, pequenos grãos de poeira cósmica e outros sólidos acumulam-se, formando planetesimais que podem crescer até se tornarem protoplanetas e, mais tarde, planetas; estes se formaram em órbitas em torno da massa central do Sistema Solar em desenvolvimento.

Os astrônomos estudam esse processo de formação em outras partes da Galáxia, onde são observados planetas orbitando estrelas distantes. De fato, até o fim de 2013, os astrônomos já haviam descoberto mais de 4400 candidatos a exoplanetas orbitando outras estrelas, quase 1100 confirmados. Resultados iniciais do telescópio orbital Kepler estimam o número de planetas da Via Láctea em 50 bilhões, com cerca de 500 milhões de planetas em zonas habitáveis (com temperaturas moderadas e água líquida) – uma descoberta estarrecedora.

Mais perto de casa, no nosso Sistema Solar, existem cerca de 165 luas (satélites planetários) orbitando seis dos oito planetas. Em 2012, a contagem atualizada de satélites dos quatro planetas exteriores era Júpiter, 67 luas; Saturno, 62 luas; Urano, 27 luas; e Netuno, 13 luas.

Dimensões e distâncias

A **velocidade da luz** é de 300.000 km/s (quilômetros por segundo)*; em outras palavras, cerca de 9,5 trilhões de quilômetros por ano. Essa é a incrível distância compreendida pelo termo *ano-luz*, usado como unidade de medição no vasto Universo.

Para efeito de comparação espacial, a nossa Lua está a uma distância média de 384.400 km da Terra, ou cerca de 1,28 segundo em termos de velocidade da luz; para os astronautas do programa Apollo, foi uma viagem espacial de 3 dias. Todo o nosso Sistema Solar tem aproximadamente 11 horas de diâmetro, medido pela velocidade da luz (Figura 2.1c). Por outro lado, a Via Láctea tem cerca de 100.000 anos-luz de lado a lado, e o universo conhecido observável da Terra estende-se por cerca de 12 bilhões de anos-luz em todas as direções. (Veja um simulador do Sistema Solar em http://space.jpl.nasa.gov/.)

A distância média da Terra ao Sol é aproximadamente 150 milhões de km, o que significa que a luz leva em média 8 minutos e 20 segundos para chegar ao nosso planeta.

*Em números mais precisos, a velocidade da luz é de 299.792 km/s.

A órbita da Terra em torno do Sol é atualmente elíptica – uma trajetória fechada de forma oval (Figura 2.1d). No **periélio**, que é a posição da Terra mais próxima do Sol, que ocorre em 3 de janeiro no verão do Hemisfério Sul, a distância Terra-Sol é de 147.255.000 km. No **afélio,** que é a posição da Terra mais distante do Sol, que ocorre em 4 de julho no inverno do Hemisfério Sul, a distância é de 152.083.000 km. Esta diferença sazonal na distância do Sol provoca uma ligeira variação na energia solar incidente sobre a Terra, mas não é a causa das variações sazonais.**

A estrutura da órbita terrestre não é constante, apresentando mudanças ao longo de períodos maiores. Como mostrado no Capítulo 11, Figura 11.16, a distância entre a Terra e o Sol varia mais de 17,7 milhões de km durante um ciclo de 100.000 anos, fazendo com que o perifélio e o afélio fiquem mais próximos ou mais distantes em diferentes períodos do ciclo.

Energia solar: do Sol para a Terra

Nosso Sol é especial para nós, mas é uma estrela comum na Galáxia. Em termos de temperatura, tamanho e cor, ele está apenas na média quando comparado com outras estrelas, mesmo que seja a fonte crucial de energia para a maioria dos processos da vida em nossa biosfera.

O Sol capturou cerca de 99,9% da matéria da nebulosa original. O 0,1% restante da matéria formou todos os planetas, seus satélites, asteroides, cometas e detritos. Por conseguinte, o objeto dominante na nossa região do espaço é o Sol. Em todo o Sistema Solar, é o único objeto que possui a enorme massa necessária para manter reações nucleares em seu núcleo e produzir energia radiante.

A massa solar produz enormes pressões e altas temperaturas nas profundezas do seu denso interior. Sob essas condições, os abundantes átomos de hidrogênio solar são forçados juntos, e pares de seus núcleos unem-se no processo de **fusão**. Na reação de fusão, o núcleo de hidrogênio forma hélio, o segundo elemento mais leve na natureza, e enormes quantidades de energia são liberadas – literalmente, parte da massa solar desaparece e torna-se energia***.

**N. de R.T.: Trata-se aqui somente de uma coincidência do atual momento astronômico. Devido à própria precessão dos equinócios (veja adiante), o momento do afélio e periélio muda em relação às estações do ano.

***N. de R.T.: Ou seja, parte da matéria é convertida em energia. Tal conversão é expressa pela famosa equação $E = mc^2$, estabelecida por Albert Einstein, na qual E é a quantidade de energia emitida pela conversão de massa (m) e c é a velocidade da luz. Como c é muito grande, a quantidade de energia gerada mesmo por uma pequena quantidade de massa é imensa.

GEOrelatório 2.1 Sol e Sistema Solar em movimento

Durante os 4,6 bilhões de anos de existência do nosso Sistema Solar, o Sol, a Terra e os outros planetas completaram 27 viagens orbitais em torno da Galáxia Via Láctea. Quando se combina essa distância viajada com a velocidade de translação da Terra em torno do Sol, 107.280 km/h, e com a rotação equatorial da Terra sobre seu eixo, 1675 km/h, entende-se que "ficar parado" é um termo relativo.

Um dia ensolarado pode parecer muito tranquilo, contrastando com a violência que ocorre no Sol. As principais emissões do Sol constituem-se no vento solar e na energia radiante espalhada por partes do espectro eletromagnético. Vamos seguir cada uma dessas emissões pelo espaço interplanetário em direção à Terra.

A atividade e o vento solar

Telescópios e imagens de satélites revelam a atividade solar na forma de manchas solares e outros distúrbios na superfície. O *ciclo solar* é a variação periódica na atividade e no aspecto do Sol ao longo do tempo. Desde que os telescópios possibilitaram a observação das manchas solares no século XIX, os cientistas vêm usando essas feições superficiais do Sol para definir o ciclo solar. Recentemente, a observação solar aprimorou-se consideravelmente pelos dados coletados por satélites e espaçonaves, incluindo o SDO (Observatório da Dinâmica Solar) e o SOHO (Observatório Solar e Heliosférico) da NASA (Figura 2.2). (Veja imagens do SOHO em tempo real em http://sohowww.nascom.nasa.gov; há informações sobre toda a meteorologia espacial em http://spaceweather.com/.)

Manchas solares As feições mais notáveis do Sol são grandes **manchas solares**, distúrbios superficiais causados por tempestades magnéticas. As manchas solares têm o aspecto de áreas escuras na superfície solar, com diâmetro variando entre 10.000 e 50.000 km, com algumas tendo 160.000 km, mais de 12 vezes o diâmetro da Terra.

Um *mínimo solar* é um período de anos em que poucas manchas solares são visíveis; um *máximo solar* é um período cujas manchas solares são numerosas. Nos últimos 300 anos, as ocorrências de manchas solares passam por ciclos bastante regulares, com uma média de 11 anos entre os máximos (Figura 2.2b). Um mínimo em 2008 e um máximo previsto em 2013 mantêm aproximadamente a média. (Para saber mais sobre o ciclo das manchas solares, acesse http://solarscience.msfc.nasa.gov/SunspotCycle.shtml.) Os cientistas descartaram os ciclos solares como uma causa da tendência de aumento da temperatura na Terra nas últimas décadas.

A atividade no Sol chega ao pico durante o máximo solar (Figura 2.2a). *Explosões solares (flares)*, tempestades magnéticas que causam explosões superficiais, e *proeminências*, irrupções de gases que saltam da superfície, ocorrem frequentemente em regiões ativas próximo de manchas solares (para ver vídeos e notícias sobre a atividade solar recente, acesse http://www.nasa.gov/mission_pages/sunearth/news/). Embora grande parte do material dessas erupções seja puxada de volta ao Sol pela gravidade, uma parte vai para o espaço como parte do vento solar.

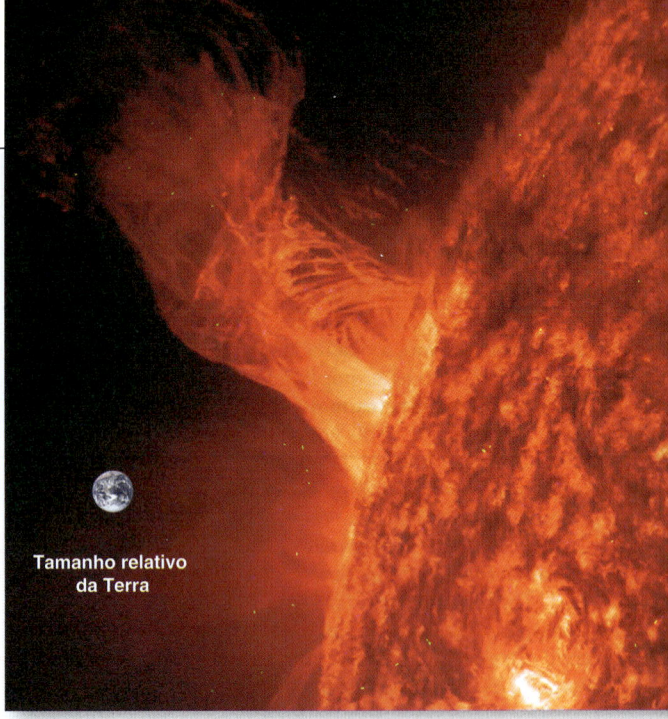

a) Erupção solar, 31 de dezembro de 2012.

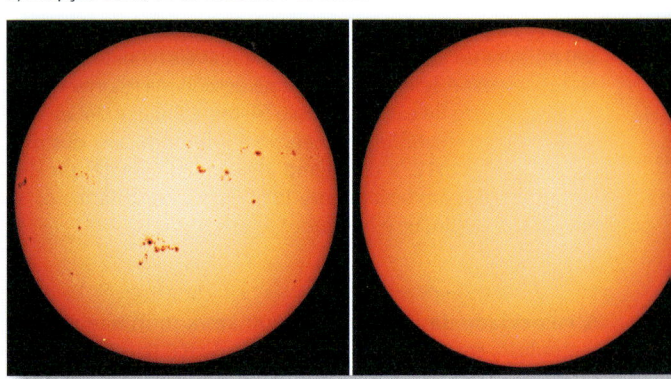

b) Máximo de manchas solares em julho de 2000 e mínimo em março de 2009.

▲**Figura 2.2 Imagem do Sol e de manchas solares.** Esta proeminência subindo até a corona do Sol foi capturada pelo Observatório de Dinâmica Solar da NASA. Essa erupção relativamente pequena em 2012 tinha cerca de 20 vezes o diâmetro da Terra, mostrada para fins de escala. De fato, a Terra é muito menor do que uma mancha solar média. [(a) NASA/*SDO*/Steele Hill, 2012. (b) Consórcio SOHO/EIT (NASA e ESA).]

Efeitos do vento solar O Sol emite constantemente nuvens de partículas eletricamente carregadas (principalmente núcleos de hidrogênio e elétrons livres) que são lançadas em todas as direções a partir da superfície solar. Essa corrente de material energético viaja mais lentamente do que a luz – aproximadamente a 50 milhões de quilômetros por dia – levando cerca de três dias para chegar à Terra. Esse fenômeno é o **vento solar**, que se origina na extremamente quente corona

GEOrelatório 2.2 Ciclos solares recentes

Em ciclos recentes de manchas solares, um mínimo solar ocorreu em 1976 e um máximo, com mais de 100 manchas visíveis, em 1979. Outro mínimo ocorreu em 1986, seguido por um máximo solar extremamente ativo em 1990–1991, com mais de 200 manchas visíveis em algum momento do ano. Um mínimo de manchas solares ocorreu em 1997, seguido por um máximo intenso de mais de 200 manchas em 2000-2001. O ciclo solar atual começou em 2008, portando o nome de *Ciclo 24*.

Capítulo 2 • Energia solar interceptada pela ... **43**

O vento solar perturba determinadas transmissões de rádio e via satélite e pode causar sobrecargas em sistemas elétricos na Terra. Os astronautas que trabalhavam na Estação Espacial Internacional em 2003 tiveram que refugiar-se no Módulo de Serviço blindado durante uma irrupção particularmente forte. Prosseguem as pesquisas sobre possíveis vínculos entre a atividade solar e o tempo meteorológico, mas sem resultados conclusivos. O uso de satélites para utilizar o vento solar para geração de energia é outra área de pesquisa; ainda há grandes desafios.

Espectro eletromagnético da energia radiante

A entrada solar essencial para a vida é a energia eletromagnética em vários comprimentos de onda, viajando até a Terra na velocidade da luz. A radiação solar ocupa uma porção do **espectro eletromagnético**, que é o espectro de todos os comprimentos de onda possíveis da energia eletromagnética. Um **comprimento de onda** é a distância entre pontos

▲Figura 2.3 **Astronauta e o experimento do vento solar.** Sem uma atmosfera protetora, a superfície lunar recebe partículas carregadas de vento solar e toda a radiação eletromagnética do Sol. Edwin "Buzz" Aldrin, um dos três astronautas da Apollo XI em 1969, estende uma lâmina metálica para o experimento do vento solar. Os cientistas na Terra analisaram a lâmina no retorno dos astronautas. Por que esse experimento não funcionaria se feito na superfície da Terra? [NASA.]

solar, ou atmosfera externa. A corona é a borda do Sol, observável a olho nu da Terra durante uma eclipse solar.

Quando as partículas carregadas do vento solar se aproximam da Terra, elas interagem primeiro com o campo magnético da Terra. Essa **magnetosfera**, que circunda a Terra e se estende além da atmosfera da Terra, é gerada pelos movimentos de dínamo dentro do planeta. A magnetosfera desvia o vento solar para ambos os polos da Terra, de maneira que apenas uma pequena parte dele entra na atmosfera superior.

Como o vento solar não atinge a superfície da Terra, a investigação sobre esse fenômeno deve ser realizada no espaço. Em 1969, os astronautas da Apollo XI expuseram um pedaço de lâmina metálica na superfície lunar como um experimento do vento solar (Figura 2.3). Quando examinada na Terra, a lâmina exposta exibiu impactos de partículas que confirmaram o caráter do vento solar.

Além disso, irrupções em massa de material carregado, chamadas de *ejeções de massa coronal* (*EMCs*), contribuem para o fluxo do material de vento solar que sai do Sol para o espaço. As EMCs dirigidas à Terra muitas vezes provocam espetaculares **auroras polares** na atmosfera superior perto dos polos. Esses efeitos de luz, conhecidos como *aurora boreal* (no norte) e *aurora austral* (no sul), ocorrem a 80–500 km acima da superfície da Terra pela interação do vento solar com as camadas superiores da atmosfera terrestre. Elas aparecem como folhas dobradas de luz verde, amarela, azul e vermelha que ondulam nos céus das altas latitudes, em direção aos polos a partir de 65° (Figura 2.4; acesse http://www.swpc.noaa.gov/Aurora/ para dicas de como visualizar auroras polares). Em 2012, houve auroras polares visíveis tão ao sul quanto os estados do Colorado e Arkansas nos EUA.

(a) Aurora austral vista da órbita.

(b) Aurora boreal sobre Whitehorse, Yukon, Canadá, provocada pela atividade solar. Em 31 de agosto de 2012, uma ejeção de massa coronal irrompeu do Sol para o espaço, viajando a mais de 1400 quilômetros por segundo. A EMC passou de raspão na magnetosfera da Terra, provocando esta aurora polar quatro dias depois.

▲Figura 2.4 **Auroras polares da perspectiva orbital e em solo.** [(a) Espaçonave de imagens GSFC/NASA; (b) David Cartier, Sr., cortesia de GSFC/NASA.]

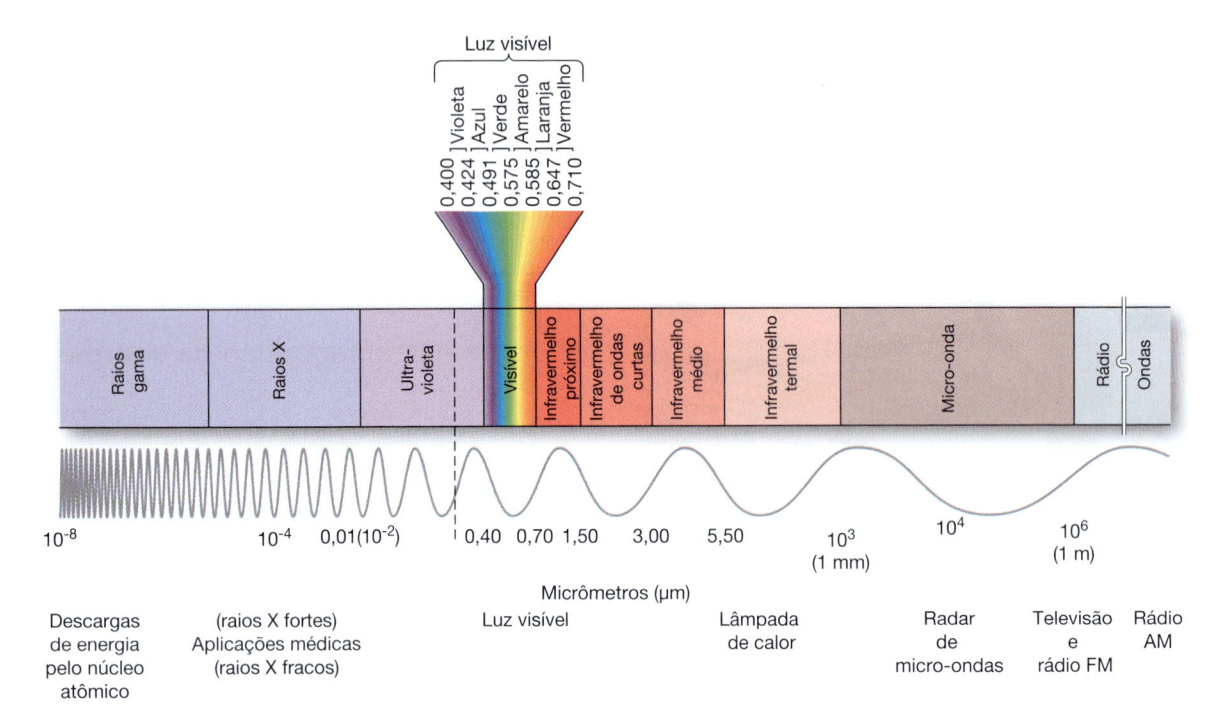

▲**Figura 2.5 Uma parte do espectro eletromagnético de energia radiante.** O comprimento de onda e a frequência são duas maneiras de descrever o movimento das ondas eletromagnéticas. Comprimentos de onda mais curtos (à esquerda) têm frequência maior; comprimentos de onda mais longos (à direita) têm frequência menor.

correspondentes de duas ondas sucessivas quaisquer. O número de ondas que passa por um ponto fixo em 1 segundo é a *frequência*. Observe o gráfico de comprimento de onda abaixo da tabela na Figura 2.5.

O Sol emite energia radiante constituída de 8% de ondas no comprimento ultravioleta, raios X e raios gama, 47% de onda no comprimento de luz visível e 45% de ondas no comprimento infravermelho. A Figura 2.5 apresenta uma porção do espectro eletromagnético, com os comprimentos de onda aumentando da esquerda para a direita da ilustração. Observe os comprimentos de onda nos quais ocorrem vários fenômenos e aplicações de energia pelos seres humanos.

Uma lei física importante afirma que todos os objetos irradiam energia em comprimentos de onda inversamente proporcionais às suas temperaturas superficiais individuais: quanto mais quente o objeto, menor será o comprimento de onda emitido. Essa lei vale para o Sol e para a Terra. A Figura 2.6 mostra que o Sol quente irradia energia no comprimento de onda curto, concentrado em torno de 0,5 μm (micrômetro).

A temperatura da superfície do Sol é de aproximadamente 6000 K (6273°C) e sua curva de emissão é semelhante àquela prevista para uma superfície idealizada a 6000 K, ou um *radiador de corpo negro* (mostrado na Figura 2.6).*

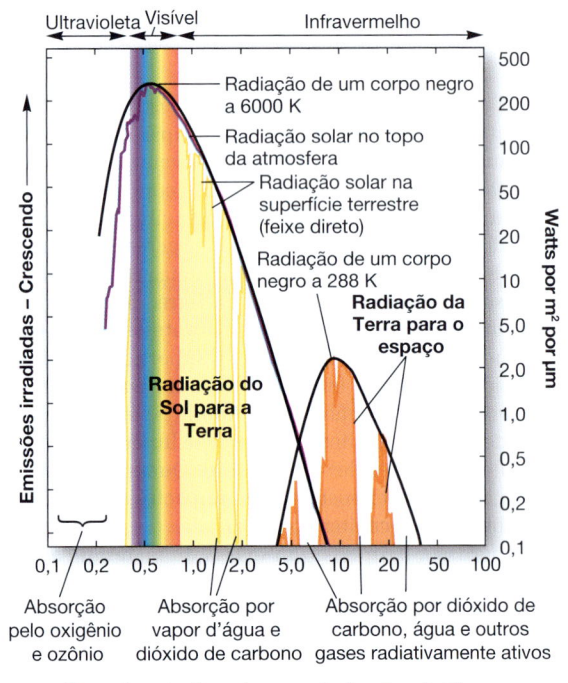

---

*A escala Kelvin de medição de temperatura começa na temperatura de zero absoluto, ou 0 K, de forma que as leituras subsequentes são proporcionais à energia cinética efetiva no material. Nessa escala, o ponto de derretimento do gelo é 273 K; o ponto de ebulição da água é 373 K.

▲**Figura 2.6 A distribuição da energia solar e terrestre conforme o comprimento de onda.** O Sol, mais quente, irradia comprimentos de onda mais curtos, ao passo que a Terra, mais fria, emite comprimentos de onda mais longos. As linhas escuras representam curvas de corpo negro ideal para o Sol e a Terra. Os intervalos nas linhas da radiação solar e terrestre representam faixas de absorção pelo vapor d'água, água, dióxido de carbono, oxigênio, ozônio (O_3) e outros gases. [Adaptado de W. D. Sellers, *Physical Climatology* (Chicago: University of Chicago Press), p. 20. Reproduzido com permissão.]

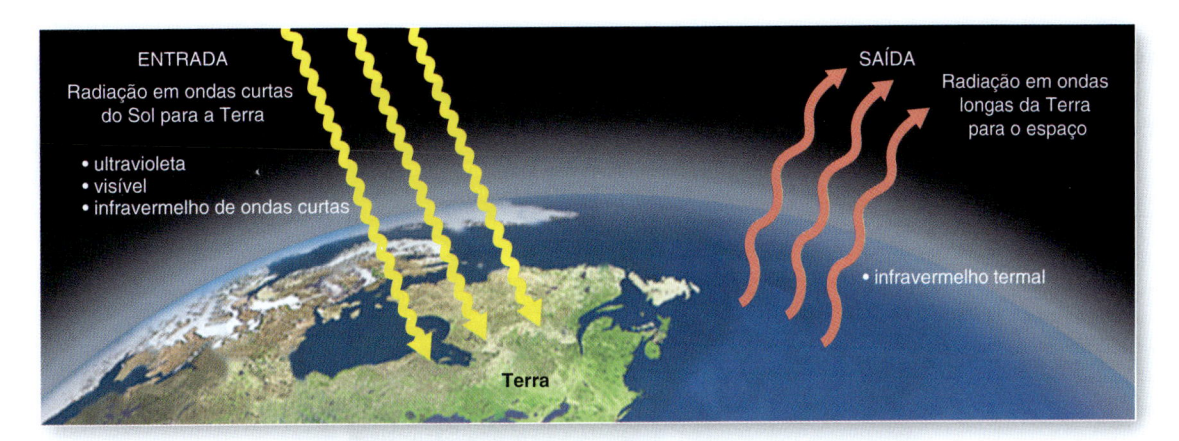

▲Figura 2.7 Uma versão simplificada do balanço de energia da Terra.

Um corpo negro é um absorvedor perfeito de energia radiante: ele absorve e subsequentemente emite toda a energia radiante que recebe. Um objeto quente como o Sol emite uma quantidade muito maior de energia, por unidade de área de sua superfície, do que um objeto mais frio, como a Terra. As emissões em comprimentos de onda mais curtos predominam nas temperaturas mais elevadas do Sol.

Embora seja mais fria do que o Sol, a Terra também atua como um corpo negro, irradiando quase tudo que absorve (também mostrado na Figura 2.6). Como a Terra é um corpo radiante mais frio, emite comprimentos de onda mais longos, em sua maioria na porção infravermelha do espectro, centrados em torno de 10,0 μm. Os gases atmosféricos, como dióxido de carbono e vapor d'água, variam em sua resposta à radiação recebida, sendo transparente para algumas e absorvendo outras.

A Figura 2.7 ilustra os fluxos de energia para dentro e para fora dos sistemas da Terra. Resumindo, a energia irradiada do Sol é *radiação de ondas curtas* com pico nos comprimentos de onda curtas visíveis, enquanto a energia irradiada pela Terra é *radiação de onda longa* concentrada em comprimentos de onda infravermelhos. No Capítulo 4, vemos que a Terra, as nuvens, o céu, o solo e coisas que são terrestres irradiam ondas mais longas, em contraste com o Sol, assim mantendo o balanço de energia geral da Terra e da atmosfera.

Energia incidente no topo da atmosfera

No topo da atmosfera, aproximadamente 480 km acima da superfície terrestre, está a **termopausa** (vide Figura 3.1). É o limite exterior do sistema de energia da Terra e fornece um ponto útil para medir a radiação solar incidente antes que seja reduzida pela dispersão e absorção ao passar através da atmosfera.

Devido à distância do Sol, a Terra intercepta apenas dois bilionésimos da emissão total de energia solar. No entanto, essa pequena fração é uma enorme quantidade de energia que flui para os sistemas terrestres. A radiação solar que é interceptada pela Terra é a **insolação**. Especificamente, insolação se aplica à radiação que chega à atmosfera e à superfície da Terra; ela é medida como a taxa de radiação recebida por uma superfície horizontal, especificamente em watts por metro quadrado (W/m^2).

Constante solar Saber a quantidade de insolação recebida pela Terra é importante para os climatologistas e outros cientistas. A **constante solar** é a insolação média recebida na termopausa quando a Terra está na sua distância média do Sol, um valor de 1372 W/m^2 *. Ao seguirmos a insolação através da atmosfera em direção à superfície terrestre (Capítulos 3 e 4), vemos que sua quantidade é reduzida pela metade ou mais devido à reflexão, ao espalhamento e à absorção da radiação em ondas curtas.

Distribuição desigual da insolação A superfície curvada da Terra apresenta um ângulo continuamente variável aos raios paralelos incidentes da insolação (Figura 2.8). As diferenças no ângulo em que os raios solares incidem sobre a superfície em cada latitude resultam em uma distribuição desigual da insolação e do aquecimento. O único ponto em que a insolação chega perpendicular à superfície (atingindo-a diretamente de cima) é o **ponto subsolar**.

Durante o ano, esse ponto ocorre nas baixas latitudes entre os trópicos (por volta de 23,5° N e 23,5° S) e, como resultado, a energia ali recebida é mais concentrada. Todos os outros locais longe do ponto subsolar recebem insolação em um ângulo inferior a 90° e, assim, a energia é mais difusa (esse efeito é maior nas latitudes mais altas). Recorde a foto na seção *Geossistemas Hoje* deste capítulo, Figura GH 2.2: as sombras são lançadas não em ângulo, mas diretamente abaixo dos meninos transportando água – era 1º de maio na latitude 14,8° N.

A termopausa acima da região equatorial recebe 2,5 vezes mais insolação anual do que a termopausa acima dos polos. De menor importância é o fato de que, como atingem a Terra a um ângulo menor, os raios solares que chegam nas latitudes mais altas têm de atravessar uma espessura maior

---

*Um *watt* é igual a 1 joule (uma unidade de energia) por segundo, sendo a unidade padrão de potência no Sistema Internacional de Unidades (SI). (Veja as tabelas de conversão no Apêndice C deste livro para mais informações sobre conversões de medidas.) Em *calorias*, uma unidade não métrica de calor, a constante solar é 1,97 $cal/cm^2/min$, ou 2 *langleys* por minuto (um langley é 1 cal/cm^2). Uma caloria é a quantidade de energia necessária para elevar a temperatura de 1 grama de água (a 15°C) em 1 grau Celsius, sendo igual a 4,184 joules.

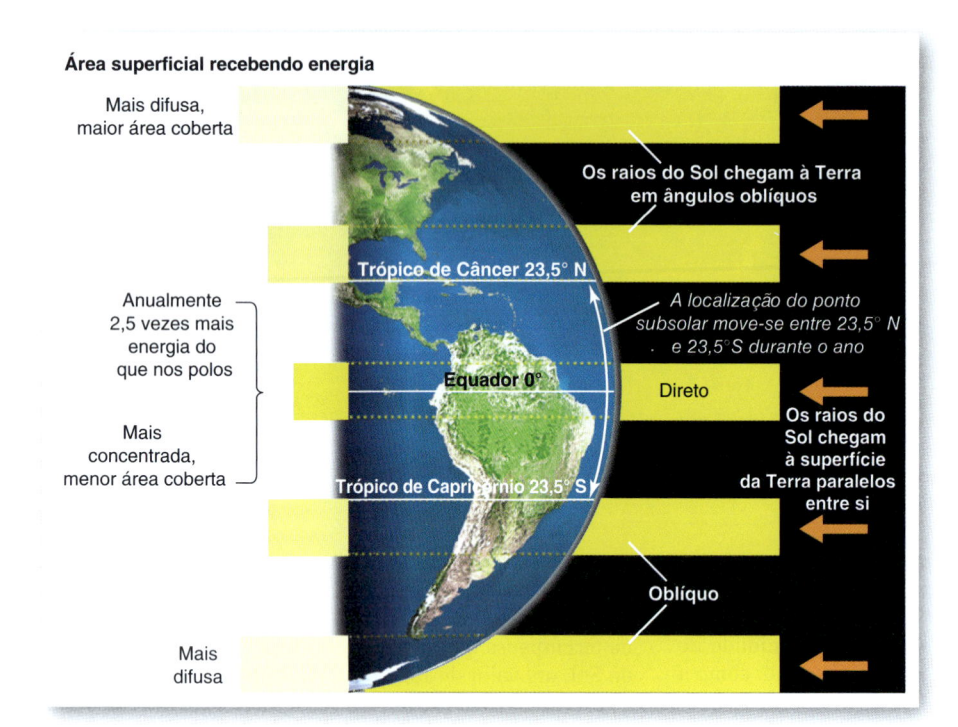

Figura 2.8 A insolação recebida e a superfície curva da Terra. O ângulo em que a insolação chega do Sol determina a concentração da energia recebida por latitude. O ponto subsolar, onde os raios do Sol chegam à Terra perpendicularmente, move-se entre os trópicos durante o ano.

da atmosfera, o que resulta em mais perdas de energia por espalhamento, absorção e reflexão.

A Figura 2.9 ilustra as variações diárias de energia ao longo do ano na parte superior da atmosfera para quatro latitudes, em watts por metro quadrado (W/m^2). Os gráficos mostram as mudanças sazonais na insolação a partir das regiões equatoriais em direção aos polos Norte e Sul. Em junho, o Polo Norte recebe um pouco mais de 500 W/m^2 por dia, o que é mais do que o recebido em qualquer dia do ano a 40° N ou no equador. Esses altos valores resultam da longa duração do dia nos polos no verão (24 horas de luz solar), comparado com apenas 15 horas a 40° N e 12 horas no equador. Entretanto, nos polos, o Sol no verão está baixo no céu do meio-dia; assim, a duração do dia duas vezes maior do que no equador resulta em uma diferença de apenas 100 W/m^2.

Em dezembro, o padrão se inverte, como mostrado nos gráficos. Note que o topo da atmosfera no Polo Sul recebe até mais insolação do que o Polo Norte em junho (mais de 550 W/m^2). Isso decorre da localização da Terra mais próxima ao Sol no periélio (3 de janeiro na Figura 2.1d). Ao longo do equador, dois pequenos máximos de insolação, de aproximadamente 430 W/m^2, ocorrem nos equinócios de primavera e de outono, quando o ponto subsolar está sobre ele.

Radiação líquida global A Figura 2.10 apresenta padrões de *radiação líquida*, que é o balanço entre a energia de ondas curtas vindas do sol e toda a radiação que sai da Terra e da atmosfera – entradas de energia menos saídas de energia.

▶ **Figura 2.9 Insolação diária recebida no topo da atmosfera.** A insolação diária total recebida no topo da atmosfera é mapeada em watts por metro quadrado por dia para quatro locais (1 W/m^2/dia = 2,064 cal/cm^2/dia). As linhas tracejadas verticais marcam os equinócios e solstícios, havendo dois de cada por ano.

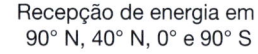

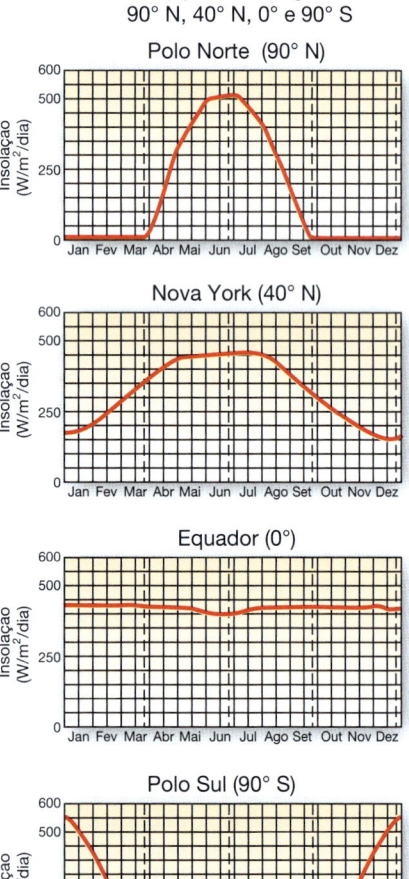

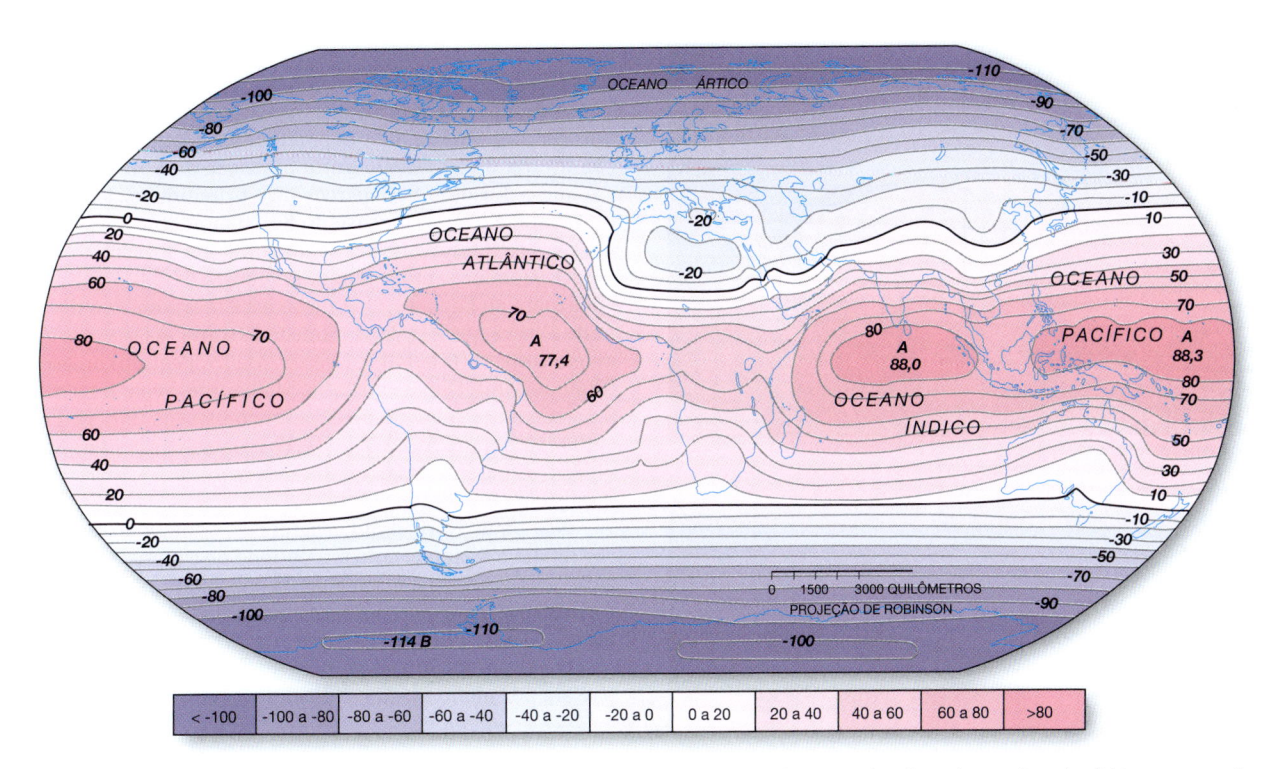

▲Figura 2.10 **Padrões da radiação líquida diária no topo da atmosfera.** O fluxo médio de radiação líquida diária no topo da atmosfera medido pelo Experimento do Balanço de Radiação da Terra (ERBE, sigla em inglês). A unidade usada é W/m². [Os dados para o mapa são cortesia de GSFC/NASA.]

O mapa utiliza *isolinhas*, ou linhas que conectam pontos de valor igual, para mostrar os padrões de radiação. Acompanhar a linha de 70 W/m² no mapa mostra que a maior radiação líquida positiva está nas regiões equatoriais, especialmente sobre os oceanos.

Observe o desequilíbrio energético latitudinal da radiação líquida no mapa – valores positivos nas latitudes mais baixas e valores negativos em direção aos polos. Em latitudes médias e altas em direção aos polos, aproximadamente a partir de 36° de latitude norte e sul, a radiação líquida é negativa. Isso ocorre nessas latitudes mais altas porque o sistema climático terrestre perde mais energia para o espaço do que ganha do Sol, conforme medido no topo da atmosfera. Na baixa atmosfera, esses déficits de energia nas regiões polares são compensados por fluxos de energia a partir de excedentes de energia dos trópicos (como veremos nos Capítulos 4 e 6). Os maiores valores de radiação líquida, com média de 80 W/m², ocorrem acima dos oceanos tropicais ao longo de uma estreita zona equatorial. Sobre a Antártica há os maiores déficits de radiação líquida.

Consideremos a área de −20 W/m² sobre a região do Saara, no Norte da África. Lá, o céu normalmente claro – o que permite grandes perdas de radiação de ondas longas a partir da superfície terrestre – e superfícies reflexivas de cores claras atuam para reduzir os valores de radiação líquida na termopausa. Em outras regiões, as nuvens e a poluição atmosférica na baixa atmosfera também afetam os padrões de radiação líquida no topo da atmosfera ao refletir mais energia de ondas curtas para o espaço.

Esse desequilíbrio latitudinal de energia (discutido no Capítulo 4) é fundamental, pois determina a circulação global na atmosfera e nos oceanos. Pense em uma gigantesca máquina formada pela atmosfera e pelo oceano, impulsionada pela diferença de energia de um lugar para outro que provoca as principais circulações dentro da baixa atmosfera e nos oceanos. Essas circulações incluem os ventos globais, as correntes oceânicas e os sistemas do tempo meteorológico – temas a serem discutidos nos Capítulos 6 e 8. Quando você fizer suas atividades diárias, deixe esses sistemas naturais dinâmicos lembrá-lo do fluxo constante de energia solar através do ambiente.

Tendo examinado o fluxo de energia solar para o topo da atmosfera terrestre, vamos agora analisar como as mudanças sazonais afetam a distribuição de insolação enquanto a Terra orbita o Sol ao longo do ano.

As estações do ano

Os fluxos terrestres de calor e frio, alvorada e luz do dia, crepúsculo e noite fascinam os humanos há séculos. Na verdade, muitas sociedades antigas demonstraram uma intensa consciência das mudanças sazonais e formalmente comemoravam esses ritmos naturais de energia com festivais, monumentos, marcações no solo e calendários (Figura 2.11). Tais monumentos para as estações e inscrições de calendários são encontrados em todo o mundo, incluindo milhares de sítios na América, demonstrando uma consciência antiga sobre as estações do ano e as relações astronômicas. Muitos rituais e práticas sazonais persistem na era moderna.

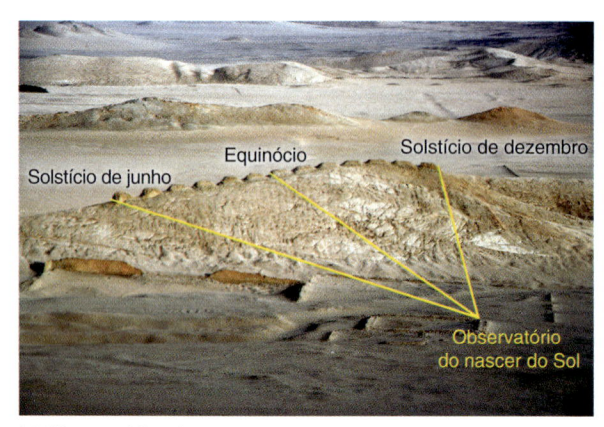

(a) Observatório solar e torres.

(b) Nascer do Sol na primeira torre, solstício de junho.

▲**Figura 2.11 Observatório solar em Chankillo, Peru.** As Treze Torres fazem parte do complexo do templo de Chankillo, construído no litoral do Peru há mais de 2000 anos, o observatório solar mais antigo conhecido da América. O nascer do Sol alinha-se com determinadas torres em diferentes datas do ano. A pesquisa e a preservação do monumento são contínuas; acesse http://www.wmf.org/project/chankillo. [(a) Ivan Ghezzi/Reuters.]

Sazonalidade

O termo sazonalidade refere-se tanto à variação sazonal da posição do Sol acima do horizonte quanto às mudanças na duração do dia ao longo do ano. As variações sazonais são uma resposta às mudanças da **altura solar**, ou o ângulo entre o horizonte e o Sol. No nascer e no ocaso, o Sol está no horizonte, assim sua altura é 0°. Se, durante o dia, o Sol ficar entre o horizonte e o ponto diretamente acima do observador, sua altura será 45°. Se o Sol atinge um ponto diretamente acima do observador, a altura será 90°.

O Sol estará diretamente a pino (altura 90°, ou *zênite*) somente no ponto subsolar, onde a insolação é máxima, como demonstrado em *Geossistemas Hoje* e na foto de abertura do capítulo. Em todos os outros pontos da superfície, o Sol estará em um ângulo de altura mais baixo, produzindo mais insolação difusa.

A **declinação** solar é a latitude do ponto subsolar. A declinação migra anualmente através de 47° de latitude, movendo-se entre o Trópico de Câncer e o Trópico de Capricórnio. Embora passe pelo Havaí, que fica entre 19° N e 22° N, o ponto subsolar não atinge os Estados Unidos continentais ou o Canadá: todos os demais estados e províncias ficam muito para o norte.*

A duração da exposição à insolação é a **duração do dia**, que varia durante o ano, dependendo da latitude. A duração do dia é o intervalo entre o **nascer do Sol**, momento em que o disco do Sol aparece pela primeira vez acima do horizonte, a leste, e o **ocaso do Sol**, o momento em que ele desaparece totalmente abaixo do horizonte, a oeste.

O equador sempre tem horas iguais de dia e noite: se você mora no Equador, Quênia ou em Cingapura**, o dia e a noite têm 12 horas cada, durante todo o ano. As pessoas que vivem a 40° N (Filadélfia, Denver, Madri, Pequim) ou 40° S (Buenos Aires, Cidade do Cabo, Melbourne) veem uma diferença de 6 horas na luz do dia entre o inverno (9 horas) e o verão (15 horas). A 50° N ou S (Winnipeg, Paris, ilhas Malvinas), as pessoas veem quase 8 horas de variação anual na duração da luz diária.***

Nos polos Norte e Sul geográficos, o intervalo de duração do dia é extremo, com um período de 6 meses sem insolação, começando com semanas de crepúsculo, seguido pela escuridão e finalizado por semanas de pré-alvorada. Após o nascer do sol, a luz do dia cobre um período de 6 meses de insolação por 24 horas contínuas – literalmente, os polos passam por um longo dia e uma longa noite a cada ano!

> **PENSAMENTO Crítico 2.1**
> **Uma maneira de calcular o nascer e o pôr do sol**
>
> Para obter uma calculadora do nascer e do pôr do Sol para qualquer localização, acesse http://www.srrb.noaa.gov/highlights/sunrise/sunrise.html, escolha uma cidade próxima de você ou selecione "Enter lat/long" e insira suas coordenadas, insira a diferença ("offset") entre o seu horário e o UTC, informe se você está no horário de verão e insira a data que está buscando. Então, clique em "Calculate" para ver a declinação solar e a hora do nascer e do pôr do Sol. Anote os resultados. Faça isso ao longo de um ano e veja as mudanças que ocorrem onde você mora. •

Razões para as estações do ano

As estações resultam de variações na *altura solar* acima do horizonte, na *declinação solar* (latitude do local do ponto subsolar) e na *duração do dia* durante o ano. Essas, por sua vez, são criadas por vários fatores físicos que atuam em conjunto: a *revolução* da Terra em órbita ao redor do Sol, a sua *rotação* diária em torno do seu eixo, o seu *eixo incli-*

---

*N. de R.T.: No Brasil, o ponto subsolar só não atinge os dois estados do sul, Santa Catarina e Rio Grande do Sul, grande parte do Paraná, o sudeste de São Paulo e o extremo sul de Mato Grosso do Sul. Nos outros países de língua portuguesa, somente Portugal e o extremo sul de Moçambique não observam o Sol no zênite.

**N. de R.T.: Ou no Amapá (e mais precisamente na cidade de Macapá, cruzada pelo equador).

***N. de R.T.: No Brasil, um bom exemplo é comparar a variação na duração do dia ao longo de um ano em Belém (01°28' S), no Pará, e Porto Alegre (30°02' S), no Rio Grande do Sul. Enquanto a variação da duração do dia ao longo do ano é de quase 4 horas em Porto Alegre, em Belém é de somente alguns minutos.

TABELA 2.1 Velocidade de rotação em latitudes selecionadas

Latitude	Velocidade km/h	(milhas/h)	Cidades representativas próximas de cada latitude
90°	0	(0)	Polo Norte, Polo Sul
60°	838	(521)	Seward, Alasca; Oslo, Noruega; São Petersburgo, Rússia
50°	1078	(670)	Chibougamau, Quebec; Kiev, Ucrânia
40°	1284	(798)	Columbus, Ohio; Pequim, China; Valdivia, Chile
30°	1452	(902)	New Orleans, Louisiana; Porto Alegre, Brasil
0°	1675	(1041)	Pontianak, Indonésia; Quito, Equador; Macapá, Brasil

nado, a *orientação imutável de seu eixo* e sua *esfericidade* (resumido na Tabela 2.2, p. 51). Obviamente, o fator essencial é ter uma única fonte de energia radiante – o Sol. Agora examinaremos individualmente cada um desses fatores. Observe a distinção entre revolução – a viagem da Terra ao redor do Sol – e rotação – o giro da Terra em torno do seu próprio eixo (Figura 2.12).

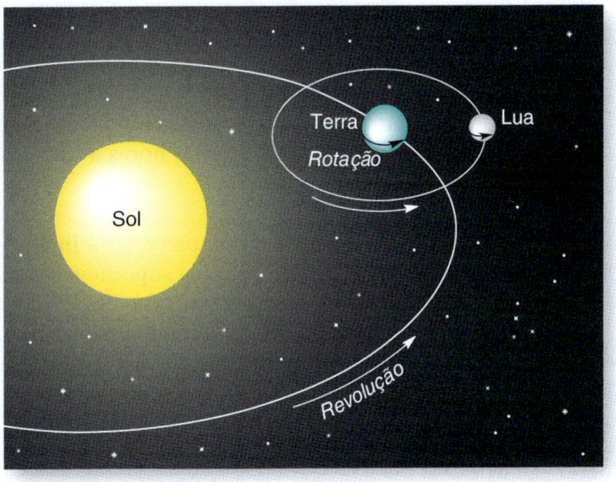

Revolução A **revolução** orbital da Terra em torno do Sol é mostrada nas Figuras 2.1d e 2.12. A velocidade média da Terra ao longo de sua órbita é 107.280 km/h. Essa velocidade, junto à distância da Terra ao Sol, determina o tempo necessário para uma revolução e, portanto, a duração do ano e das estações. A Terra completa sua revolução anual em 365,2422 dias (ou 365d 5h 48m 46s). Esse número é baseado em um *ano tropical*, medido de um equinócio de março a outro.

A variação na distância Terra-Sol entre o afélio e o periélio pode parecer um fator sazonal, mas não é significativa. A distância varia cerca de 3% (4,8 milhões de km) durante o ano, totalizando uma diferença de 50 W/m² entre os dois verões polares. Lembre-se de que a distância média Terra-Sol é de 150 milhões de km.

Rotação A **rotação** da Terra, ou o giro sobre seu eixo, é um movimento complexo, que em média dura um pouco menos de 24 horas*. A rotação determina a duração do dia, cria a deflexão aparente dos ventos e das correntes oceânicas e produz, diariamente, as duas subidas e descidas das marés oceânicas relacionadas à atração gravitacional do Sol e da Lua.

Quando vista de cima do Polo Norte, a Terra gira sobre seu **eixo** em sentido anti-horário, uma linha imaginária que se estende através do planeta do Polo Norte ao Polo Sul geográfico. Vista de cima do equador, a Terra gira de oeste para leste. Essa rotação para leste cria a jornada diária *apa-*

_____
*N. de R.T.: Mais precisamente, dura, em média, 23h 56min 4s.

▲**Figura 2.12 A revolução e rotação da Terra.** A revolução da Terra em torno do Sol e a rotação sobre seu próprio eixo, vistas acima da órbita terrestre. Note que a rotação da Lua sobre seu próprio eixo e sua revolução ao redor da Terra são no sentido anti-horário quando vistas do Hemisfério Norte e no sentido horário se vistas do Hemisfério Sul.

rente do Sol, do nascer no leste ao ocaso no oeste. Evidentemente, o Sol permanece em uma posição fixa no centro do nosso Sistema Solar.

Embora todos os pontos na Terra levem as mesmas 24 horas para completar uma rotação, a velocidade linear de rotação de cada ponto da superfície da Terra varia com a latitude. O equador tem um perímetro de 40.075 km, portanto, a velocidade de rotação no equador deve ser de aproximadamente 1675 km/h para cobrir essa distância em um dia. A 60° de latitude, um paralelo tem apenas a metade do perímetro da linha do equador, ou 20.038 km, de modo que a velocidade de rotação é de 838 km/h. Exatamente nos polos geográficos, a velocidade é 0. Essa variação na velo-

GEOrelatório 2.3 Por que sempre vemos o mesmo lado da Lua?

Note na Figura 2.12 que a Lua gira em torno da Terra e de seu próprio eixo no sentido anti-horário, quando vista acima do Polo Norte terrestre. Ela faz esses dois movimentos no mesmo intervalo de tempo. A velocidade da Lua em órbita varia ligeiramente durante o mês, ao passo que a velocidade de rotação é constante, então nós enxergamos cerca de 59% da superfície lunar durante o mês, ou exatamente 50% em qualquer momento dado – sempre o mesmo lado virado para a Terra.

cidade rotacional estabelece o efeito da força de Coriolis, debatida no Capítulo 6. A Tabela 2.1 relaciona a velocidade de rotação para diversas latitudes selecionadas.

A rotação terrestre produz o padrão diuturno (diário) de dia e noite. A linha* divisória entre o dia e a noite é chamada de **círculo de iluminação** (conforme ilustrado em *Geossistemas em Ação*). Como esse círculo de iluminação divisor dia-noite faz intersecção com o equador (já que ambos são grandes círculos, e quaisquer grandes círculos de uma esfera se bisseccionam), *a duração do dia no equador é sempre igualmente dividida* – 12 horas de dia e 12 horas de noite. Todas as outras latitudes experimentam durações de dia e noite desiguais ao longo das estações, com exceção de 2 dias do ano, nos equinócios.

A duração de um dia verdadeiro se desvia ligeiramente das 24 horas ao longo do ano. No entanto, por tratado internacional, o dia é definido como exatamente 24 horas, ou 86.400 segundos, uma média chamada de *tempo solar médio*. Uma vez que a rotação da Terra está gradualmente desacelerando, em parte devido à tração das forças da maré lunar, um "dia" atual na Terra tem muitas horas a mais do que há 4 bilhões de anos.

Inclinação do eixo da Terra
Para compreender a **inclinação axial** da Terra, imagine um plano (uma superfície plana) que intersecta a órbita elíptica da Terra em torno do Sol, com metade do Sol e da Terra acima do plano e metade abaixo. Tal plano, que toca todos os pontos da órbita terrestre, é o **plano da eclíptica**. O eixo inclinado da Terra permanece fixo em relação a esse plano enquanto a Terra revolve em torno do Sol. O plano da eclíptica é importante para a nossa discussão sobre as estações terrestres. Agora, imagine uma linha perpendicular (em um ângulo de 90°) que passe pelo plano. A partir dessa perpendicular, o eixo da Terra está inclinado cerca de 23,5°. Ele forma um ângulo de 66,5° com o plano propriamente dito (Figura 2.13). O eixo da Terra, que passa pelos dois polos, desvia levemente de Polaris, que é chamada apropriadamente de *Estrela do Norte* ou *Estrela Polar*.

O ângulo de inclinação foi descrito acima como de "cerca de" 23,5° porque a inclinação axial da Terra muda ao longo de um complexo ciclo de 41.000 anos (vide Figura 11.16). A inclinação axial varia aproximadamente entre 22° e 24,5° em relação à perpendicular ao plano da eclíptica. A inclinação presente é de 23,45°. Por conveniência, ela é arredondada para uma inclinação de 23,5° (66,5° em relação ao plano) na maior parte das vezes. As evidências científicas mostram que o ângulo de inclinação atualmente está diminuindo em seu ciclo de 41.000 anos.

> **PENSAMENTO Crítico 2.2**
> **Os fatores astronômicos variam ao longo de períodos de tempo extensos**
>
> A variabilidade da inclinação axial terrestre, da órbita em torno do Sol e da oscilação ao redor do eixo é descrita na Figura 11.16. Examine esta figura e compare essas condições de mudança com as informações da Tabela 2.2 e outras figuras associadas neste capítulo.
>
> Qual seria o efeito sobre as estações do ano na Terra se a inclinação do eixo diminuísse? E se a inclinação aumentasse um pouco? E se a Terra estivesse deitada de lado? Você pode pegar uma bola ou uma fruta redonda, marcar os polos e então movê-la ao redor de uma lâmpada, como se estivesse girando em torno do Sol. Observe onde a luz incide em relação aos polos quando não há inclinação e, depois, com uma inclinação de 90° para ajudá-lo a concluir sua análise. E se a órbita da Terra fosse mais circular, em oposição à atual forma elíptica? A órbita elíptica da Terra na verdade varia ao longo de um ciclo de 100.000 anos. (Verifique a resposta no fim da Revisão dos Conceitos-Chave de Aprendizagem.) •

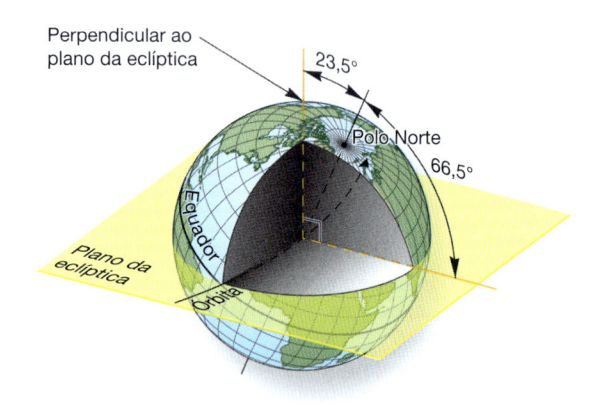

▲**Figura 2.13** O plano da órbita da Terra – a eclíptica – e a inclinação do eixo terrestre. Note na ilustração que o plano do equador é inclinado em relação ao plano da eclíptica em cerca de 23,5°.

---
*N. de R.T.: Na verdade, um círculo máximo.

Paralelismo axial
Ao longo da nossa viagem anual em torno do Sol, o eixo da Terra *mantém o mesmo alinhamento* em relação ao plano da eclíptica, à Polaris e a outras estrelas. Você pode ver esse alinhamento consistente em *Geossistemas em Ação*, Figura GEA 2.2. Se compararmos o eixo em diferentes meses, ele sempre aparecerá paralelo a si mesmo, uma condição conhecida como **paralelismo axial**.

> **GEOrelatório 2.4 Medição da rotação da Terra**
>
> Um leve "balanço" no eixo de rotação da Terra faz ele migrar irregularmente em uma trajetória circular com um raio máximo de cerca de 9 m. A precisão dos sistemas modernos de navegação, como o GPS, depende da medição desse "balanço". Os cientistas do Serviço Internacional de Rotação da Terra seguem indiretamente a rotação da Terra monitorando objetos fixos no espaço usando rádio telescópios (acesse http://www.iers.org/). Em 2011, um grupo de pesquisa fez as primeiras medições diretas precisas da rotação anual da Terra, por meio de dois lasers em contrarrotação colocados no subsolo profundo. A próxima meta é medir com precisão as alterações na rotação da Terra em um único dia.

TABELA 2.2 Cinco razões para as estações do ano	
Fator	**Descrição**
Revolução	Órbita ao redor do Sol; leva 365,24 dias para completá-la na velocidade de 107.280 km por hora
Rotação	Terra girando em torno do seu eixo; leva aproximadamente 24 horas para completar
Inclinação do eixo	O alinhamento do eixo em um ângulo de cerca de 23,5° em relação a uma perpendicular ao plano da eclíptica (o plano de órbita da Terra)
Paralelismo axial	Alinhamento axial permanente (fixo), com a estrela polar (Polaris) diretamente acima do Polo Norte geográfico ao longo de todo o ano
Esfericidade	Forma esferoidal achatada iluminada pelos raios paralelos do Sol; o geoide

Esfericidade Apesar de a Terra não ser uma esfera perfeita, como discutido no Capítulo 1, ainda podemos dizer que sua *esfericidade* contribui para a sazonalidade. A forma aproximadamente esférica da Terra faz com que os raios paralelos do Sol incidam em ângulos desiguais sobre sua superfície. Conforme vimos nas Figuras 2.8, 2.9 e 2.10, a curvatura da Terra significa que os ângulos de insolação e a radiação líquida recebida variam entre o equador e os polos.

Todas as cinco razões para as estações do ano estão resumidas na Tabela 2.2: revolução, rotação, inclinação, paralelismo axial e esfericidade. Agora, considerando que todos esses fatores operam juntos, vamos explorar a marcha das estações.

Marcha anual das estações

Durante a marcha das estações na Terra, a duração do dia é a maneira mais óbvia de notar suas mudanças em latitudes mais distantes do equador. Os extremos na duração do dia ocorrem em dezembro e junho. Os períodos em torno de 21 de dezembro e 21 de junho são os *solstícios*. Em sentido estrito, os solstícios são os pontos específicos no tempo em que a declinação do Sol está em sua posição mais ao norte, no **Trópico de Câncer**, ou mais ao sul, no **Trópico de Capricórnio**. "Trópico" vem de *tropicus*, significando uma virada ou mudança; portanto, uma latitude de trópico é onde a declinação do Sol dá a impressão de parar brevemente (a parada do Sol, *sol stice*) e então "dar a volta" e rumar ao outro trópico.

Durante o ano, as regiões localizadas fora da região equatorial experimentam uma mudança contínua, mas gradual, na duração do dia, poucos minutos a cada dia, e por um pequeno aumento ou redução na altura solar. Você pode ter notado que essas variações diárias tornam-se mais acentuadas na primavera e no outono, quando o Sol muda de declinação em um ritmo mais rápido.

A ilustração do *Geossistemas em Ação* (Figura GEA 2) nas páginas seguintes sintetizam a marcha anual das estações e a relação da Terra com o Sol durante o ano, usando uma visão lateral (Figura GEA 2.1) e de cima (Figura GEA 2.2). Em 21 ou 22 de dezembro, no momento do **solstício de dezembro**, ou *solstício de inverno* do Hemisfério Norte ("parada de inverno do Sol"), o círculo de iluminação exclui da luz solar a região polar norte, mas inclui a região polar austral. O ponto subsolar está próximo de 23,5° S, no paralelo do Trópico de Capricórnio. O Hemisfério Norte aponta no sentido oposto desses raios mais diretos da luz solar – o inverno do Hemisfério Norte –, originando um menor ângulo dos raios solares incidentes e, portanto, um padrão mais difuso de insolação.

Para locais entre 66,5° N e 90° N (o Polo Norte geográfico), o Sol permanece abaixo do horizonte o dia inteiro.

O paralelo de aproximadamente 66,5° N marca o **Círculo Ártico**, o paralelo mais ao sul (no Hemisfério Norte) que experimenta um período de 24 horas de escuridão. Durante esse período, o crepúsculo e a aurora fornecem alguma iluminação por mais de um mês no início e no final da noite ártica.

Durante os três meses seguintes, a duração do dia e o ângulo solar aumentam gradualmente no Hemisfério Norte enquanto a Terra completa 1/4 de sua órbita. O momento do **equinócio de março**, ou *equinócio vernal* (no Hemisfério Norte), ocorre em 20 ou 21 de março. Nesse momento, o círculo de iluminação passa pelos dois polos geográficos, de forma que todos os locais na Terra experimentam um dia de 12 horas e uma noite de 12 horas. As pessoas que vivem em torno da latitude 40° N (Nova York, Denver) ganharam 3 horas de luz diária desde o solstício de dezembro. No Polo Norte geográfico, uma ponta do disco solar aparece acima do horizonte pela primeira vez desde o último mês de setembro; no Polo Sul geográfico, o Sol está se pondo, um "momento" incrível de 3 dias para as pessoas que trabalham na Estação Amundsen-Scott* no Polo Sul.

A partir de março, a Terra move-se em direção ao **solstício de junho** (20 ou 21 de junho), ou *solstício de verão* no Hemisfério Norte. O ponto subsolar migra do equador para 23,5°N, o Trópico de Câncer. Como o círculo de iluminação inclui agora a região polar boreal, tudo ao norte do Círculo Ártico recebe 24 horas de luz – o *Sol da meia-noite*. Por outro lado, a região entre o **Círculo Antártico** e o Polo Sul geográfico (66,5°–90°S) fica na escuridão. Esse solstício de junho é o dia do meio do inverno (*Midwinter's Day*), como o chamam aqueles que trabalham na Antártica.

Em 22 ou 23 de setembro é o período do **equinócio de setembro**, ou *equinócio outonal* no Hemisfério Norte, quando a orientação da Terra é tal que o círculo de iluminação passa novamente pelos dois polos geográficos e então todas as partes do globo experimentam um dia de 12 horas e uma noite de 12 horas. O ponto subsolar retorna ao equador, com dias cada vez mais curtos ao norte dele e mais longos ao sul. Os pesquisadores que invernaram no Polo Sul veem uma ponta do disco solar no horizonte, terminando os seus 6 meses de escuridão. No Hemisfério Norte, o outono chega, um momento de muitas mudanças coloridas na paisagem, enquanto no Hemisfério Sul é primavera.

Alvorada e crepúsculo A *alvorada* é o período de luz difusa que ocorre antes do nascer do Sol. O tempo correspondente

---

*Estação científica dos EUA localizada exatamente no Polo Sul geográfico.

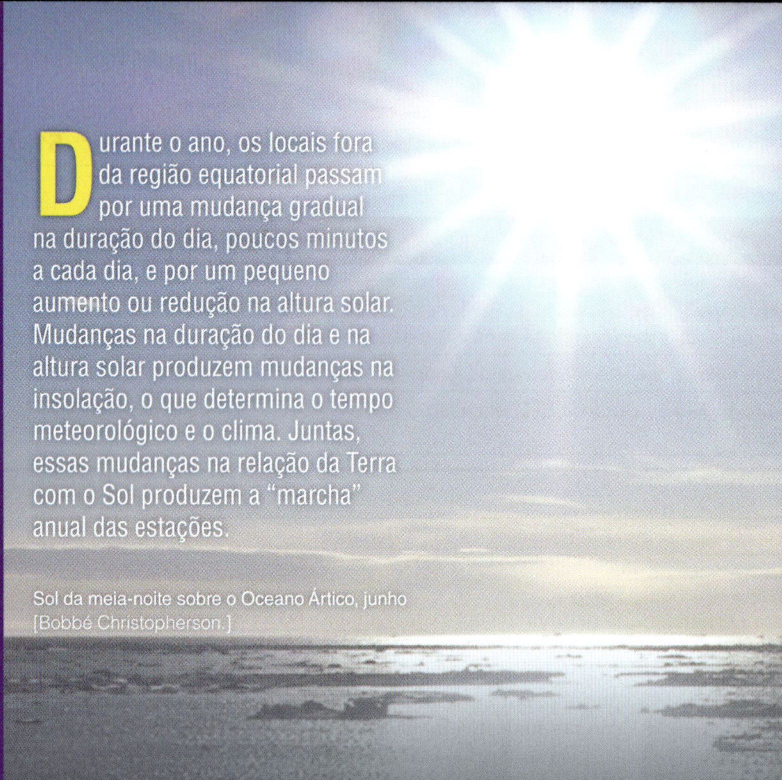

geossistemas em ação 2 RELAÇÕES TERRA-SOL

Durante o ano, os locais fora da região equatorial passam por uma mudança gradual na duração do dia, poucos minutos a cada dia, e por um pequeno aumento ou redução na altura solar. Mudanças na duração do dia e na altura solar produzem mudanças na insolação, o que determina o tempo meteorológico e o clima. Juntas, essas mudanças na relação da Terra com o Sol produzem a "marcha" anual das estações.

Sol da meia-noite sobre o Oceano Ártico, junho [Bobbé Christopherson.]

Montanhas San Juan, Colorado, EUA
Locais em latitude média no interior de continentes frequentemente têm um forte contraste sazonal entre verão e inverno. [(Acima) PHB.cz (Richard Semik)/Shutterstock. (Abaixo) Patrick Poendl/Shutterstock.]

2.1 ORIENTAÇÃO DA TERRA NOS SOLSTÍCIOS E EQUINÓCIOS
A ilustração abaixo mostra visões laterais da Terra nos solstícios e equinócios. Enquanto a Terra orbita o Sol, a inclinação de 23,5° do eixo da Terra permanece constante. Como resultado, a área coberta pelo círculo de iluminação muda, juntamente com a localização do ponto subsolar (o ponto vermelho nos diagramas).

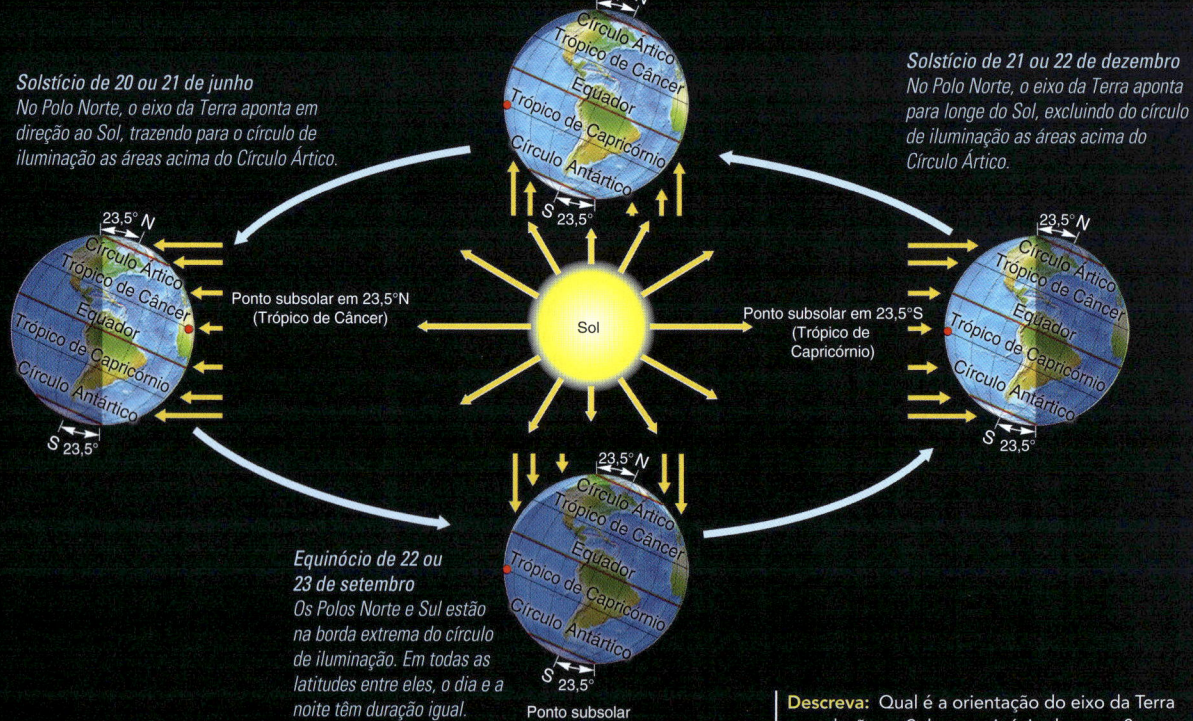

Equinócio de 20 ou 21 de março
Os Polos Norte e Sul estão na borda extrema do círculo de iluminação. Em todas as latitudes entre eles, o dia e a noite têm duração igual.

Ponto subsolar em 0° (Equador)

Solstício de 20 ou 21 de junho
No Polo Norte, o eixo da Terra aponta em direção ao Sol, trazendo para o círculo de iluminação as áreas acima do Círculo Ártico.

Solstício de 21 ou 22 de dezembro
No Polo Norte, o eixo da Terra aponta para longe do Sol, excluindo do círculo de iluminação as áreas acima do Círculo Ártico.

Ponto subsolar em 23,5°N (Trópico de Câncer)

Sol

Ponto subsolar em 23,5°S (Trópico de Capricórnio)

Equinócio de 22 ou 23 de setembro
Os Polos Norte e Sul estão na borda extrema do círculo de iluminação. Em todas as latitudes entre eles, o dia e a noite têm duração igual.

Ponto subsolar em 0° (Equador)

Descreva: Qual é a orientação do eixo da Terra em relação ao Sol no equinócio de março?

2.2 A MARCHA DAS ESTAÇÕES

Olhando para o Sistema Solar de cima do Polo Norte da Terra, você pode acompanhar a mudança das estações. À medida que a Terra orbita o Sol, a inclinação de 23,5° do seu eixo produz mudanças contínuas na duração do dia e no ângulo solar.

Solstício de junho
No Hemisfério Norte, este é o solstício de verão, marcando o início do verão. Este é o solstício de inverno no Hemisférico Sul. O círculo de iluminação inclui toda a região polar boreal, de forma que tudo ao norte do Círculo Ártico recebe 24 horas de luz do dia – o "sol da meia-noite". Pelos próximos seis meses, a duração do dia encurta e o ângulo solar declina no Hemisfério Norte.

Equinócio de março
No Hemisfério Norte, este é o equinócio vernal, marcando o início da primavera (equinócio outonal no Hemisfério Sul). O círculo de iluminação passa pelos dois polos geográficos, de forma que todos os locais na Terra têm 12 horas de dia e de noite. No Polo Norte geográfico, o Sol nasce pela primeira vez desde o setembro anterior.

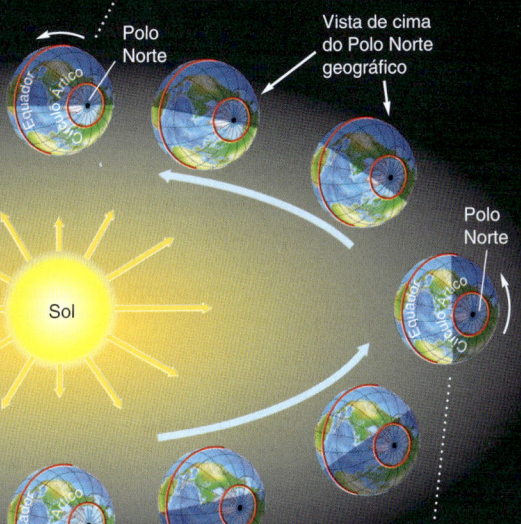

Descreva: Para o Polo Sul, descreva a duração do dia e a posição em relação ao círculo de iluminação no solstício de dezembro e no equinócio de março.

Equinócio de setembro
No Hemisfério Norte, este é o equinócio de outono, marcando o início do outono. Como no equinócio de março, os dias e noites têm igual duração. Este é equinócio vernal no Hemisfério Sul.

Solstício de dezembro
No Hemisfério Norte, este é o solstício de inverno, marcando o início do inverno. Observe que o Polo Norte está escuro. Ele fica fora do círculo de iluminação. Pelos próximos seis meses, a duração do dia e o ângulo solar aumentam. Este é o solstício de verão no Hemisfério Sul.

2.3 OBSERVAÇÃO DA DIREÇÃO E ÂNGULO DO SOL

Com a mudança das estações, a altura solar, ou ângulo acima do horizonte, também se altera, da mesma forma que sua posição no horizonte no nascer e pôr do sol. O diagrama abaixo ilustra esses efeitos do ponto de vista de um observador.

Mudanças no ângulo solar
A altura solar ao meio-dia local a 40°N aumenta de um ângulo de 26° acima do horizonte no solstício de inverno (dezembro) para um ângulo de 73° acima do horizonte no solstício de verão (junho) – um intervalo de 47°.

Mudanças no nascer e pôr do sol
Nas latitudes médias, a posição do Sol no horizonte ao nascer migra de um dia para outro, do sudeste em dezembro para o nordeste em junho. No mesmo período, o ponto do ocaso migra do sudoeste para o noroeste.

O que um observador vê
Em 40°N, um observador vê um ângulo solar de meio-dia de 73 graus no solstício de junho, um ângulo de 50 graus nos equinócios e um ângulo de 26 graus no solstício de dezembro.

Ocaso antártico, dezembro, 23h30
[Bobbé Christopherson.]

Explique: Por que o ângulo solar no zênite muda em 47 graus entre os solstícios de junho e dezembro?

geossistemas em ação 2 · RELAÇÕES TERRA-SOL

à noite após o ocaso do Sol é o *crepúsculo*. Durante os dois períodos, a luz é espalhada por moléculas dos gases atmosféricos e refletida por poeira e umidade na atmosfera. A duração da alvorada e do crepúsculo é função da latitude, pois o ângulo da trajetória do Sol acima do horizonte determina a espessura da atmosfera através da qual os raios solares passarão. A iluminação pode ser reforçada pela presença de aerossóis poluentes e partículas suspensas originárias de erupções vulcânicas ou incêndios florestais ou de pastagens.

No equador, onde os raios solares estão quase diretamente acima do horizonte durante todo o ano, a alvorada e o crepúsculo são limitados a 30–45 minutos cada. Esse tempo aumenta entre 1 a 2 horas a 40° de latitude e em 2,5 horas a 60° de latitude, com poucas noites verdadeiras no verão. Os polos experimentam cerca de 7 semanas de alvorada e 7 semanas de crepúsculo, restando apenas 2,5 meses de "noite" durante os 6 meses em que o Sol está completamente abaixo do horizonte.

Observações sazonais Nas latitudes médias, a posição do Sol no horizonte ao nascer migra de um dia para outro, do sudeste em dezembro para o nordeste em junho. No mesmo período, o ponto do ocaso migra do sudoeste para o noroeste. A altura solar ao meio-dia local a 40°N aumenta de um ângulo de 26° acima do horizonte no solstício de inverno (dezembro) para um ângulo de 73° acima do horizonte no solstício de verão (junho) – um intervalo de 47° (Figura GEA 2.3).

A mudança de estação é bastante perceptível nas paisagens distantes do equador. Pense no ano passado. Quais mudanças sazonais você observou na vegetação, nas temperaturas e no tempo? Recentemente, a cronologia dos padrões sazonais na biosfera está se deslocando junto à mudança climática global. Nas latitudes médias e altas, a primavera e a brotação das folhas estão ocorrendo até três semanas antes do que na experiência humana prévia. Da mesma forma, o outono vem mais tarde. Os ecossistemas respondem mudando.

PENSAMENTO Crítico 2.3
Use o analema para encontrar o ponto subsolar

Se você marcar a localização do Sol no céu ao meio-dia de todos os dias do ano, verá que o Sol assume uma trajetória em forma de 8 chamada *analema*. No gráfico de analema da Figura PC 2.3.1, você pode localizar uma data qualquer e então fazer um traço horizontal até o eixo *y* para encontrar a declinação do Sol, que é a latitude do ponto subsolar. No Trópico de Capricórnio, o ponto subsolar ocorre em 21-22 de dezembro, na extremidade inferior do analema. Seguindo o gráfico, você pode ver que em 20-21 de março a declinação do Sol atinge o equador, então move-se para o Trópico de Câncer em junho. Como exemplo, use o gráfico para calcular a localização do ponto subsolar no seu aniversário.

A forma do analema à medida que a declinação do Sol se move entre os trópico é resultado da inclinação axial e da órbita elíptica da Terra. Ao fazer sua translação ao redor do Sol em órbita elíptica, a Terra move-se mais velozmente em dezembro e janeiro e mais lentamente em junho e julho. Isso é refletido na *equação do tempo* na parte superior do gráfico.

Um dia médio de 24 horas (86.400 segundos) é a base do *tempo solar médio*, o tempo medido pelo relógio (apresentado no início deste capítulo). No entanto, o *tempo solar observado* é o movimento observado do Sol ao passar pelo seu meridiano todo meio-dia. Isso estabelece o *dia solar aparente*. Vê-se no gráfico que, em outubro e novembro, *tempos solares rápidos* ocorrem, com o Sol chegando antes do meio-dia local (12h), como registrado no eixo *x* em cima do gráfico, Em fevereiro e março, o Sol chega mais tarde do que o meio-dia local, ocasionando *tempos solares lentos*. Qual era a equação do tempo no seu aniversário?

Pesquise online mais informações sobre o analema (comece em http://www.analemma.com). Você consegue explicar o formato em 8? •

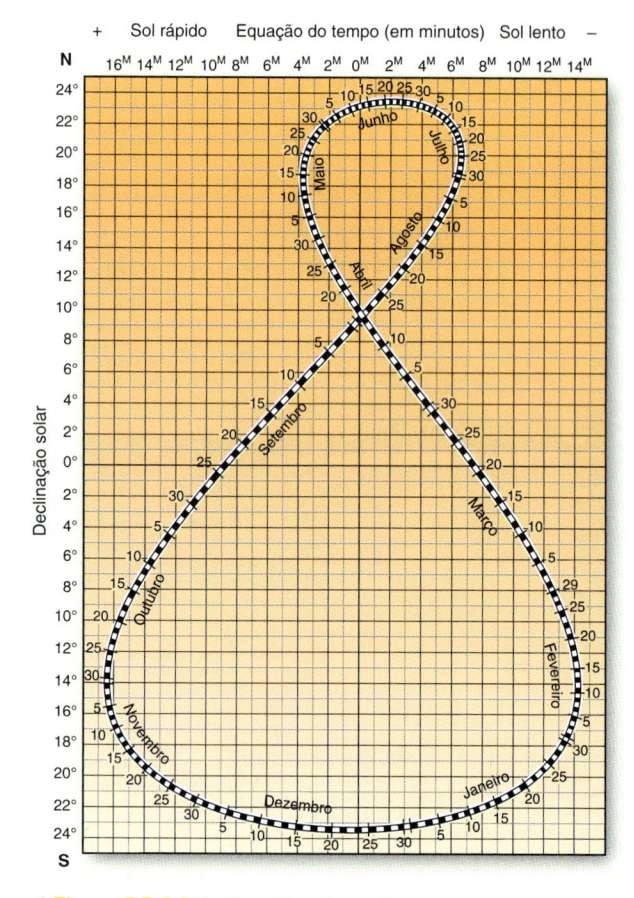

▲**Figura PC 2.3.1** O gráfico do analema.

No Capítulo 1, enfatizamos os impactos dos seres humanos e suas atividades sobre os sistemas e processos da Terra. Os humanos afetam e são afetados pelos sistemas que compõem as quatro esferas da Terra. A seção O Denominador Humano (Figura DH 2) ilustra importantes exemplos das interações humanos-Terra, com textos resumidos enfatizando a direção da influência. Por exemplo, as estações do ano afetam os humanos ao determinar o ritmo da vida de muitas sociedades. Os seres humanos estão afetando os padrões sazonais por atividades que provocam mudança climática e impactos relacionados sobre os ciclos biológicos. Em todo o *Geossistemas*, você encontrará ilustrações semelhantes que examinam as interações humanas com os sistemas e processos apresentados em cada capítulo.

O DENOMINADOR humano 2   Energia solar e as estações do ano

ENERGIA SOLAR/ESTAÇÕES ⇨ HUMANOS
- A energia solar impulsiona os sistemas terrestres.
- O vento solar afeta satélites, espaçonaves, sistemas de comunicação e as redes elétricas da Terra.
- A mudança sazonal é o alicerce de muitas sociedades humanas; ela determina o ritmo da vida e os recursos alimentares.

HUMANOS ⇨ ENERGIA SOLAR/ESTAÇÕES
- A mudança climática afeta a cronologia das estações. As alterações da temperatura e dos padrões de precipitação significa que a primavera está chegando antes e o outono está começando mais tarde. As temperaturas de verão prolongadas aquecem os corpos d'água, estimulam um degelo adiantado e o recongelamento atrasado da cobertura de gelo sazonal, alteram as migrações animais, deslocam os padrões de vegetação para latitudes maiores – praticamente todos os ecossistemas da Terra são afetados.

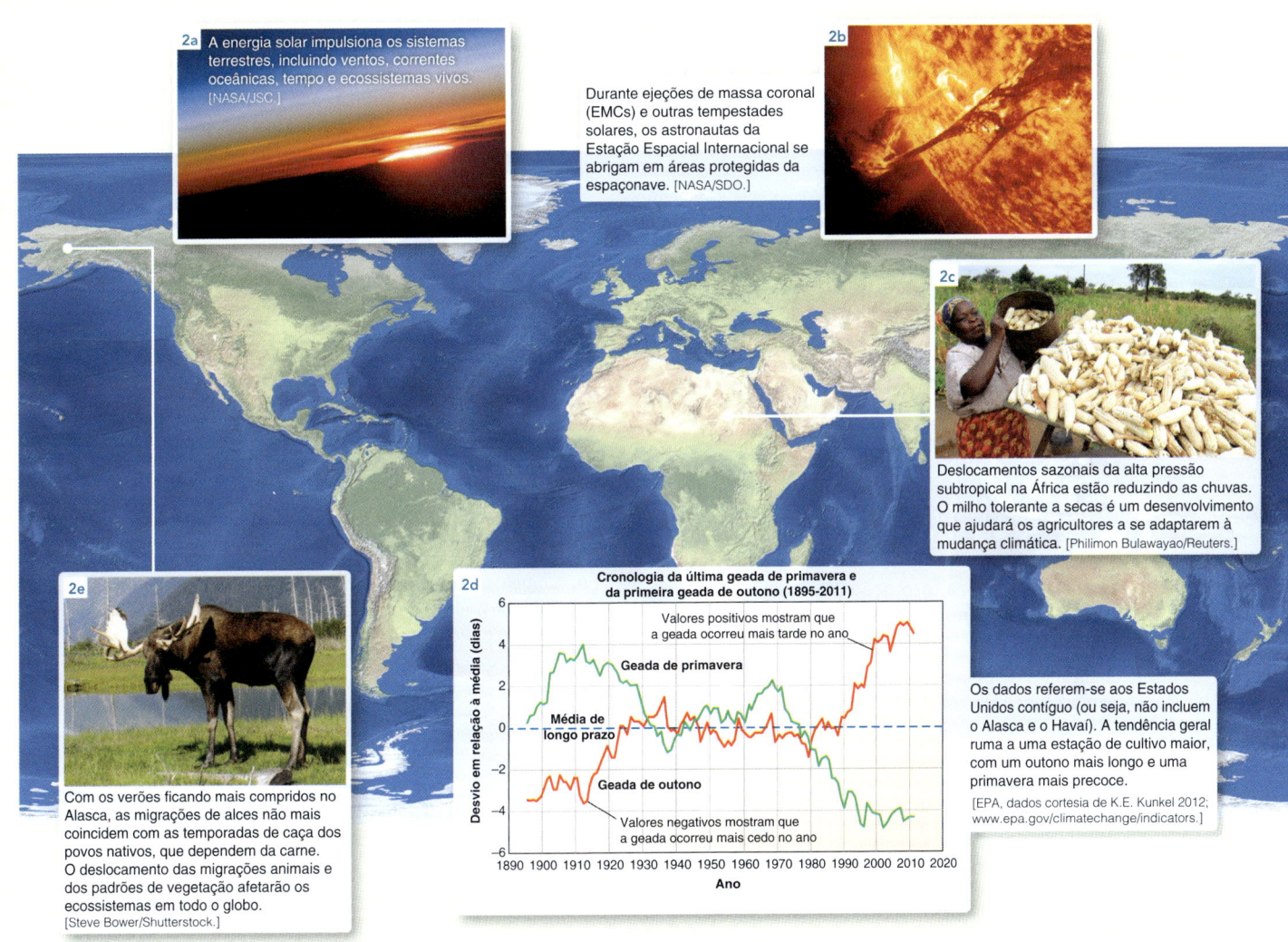

2a A energia solar impulsiona os sistemas terrestres, incluindo ventos, correntes oceânicas, tempo e ecossistemas vivos. [NASA/JSC.]

Durante ejeções de massa coronal (EMCs) e outras tempestades solares, os astronautas da Estação Espacial Internacional se abrigam em áreas protegidas da espaçonave. [NASA/SDO.]

2b

2c Deslocamentos sazonais da alta pressão subtropical na África estão reduzindo as chuvas. O milho tolerante a secas é um desenvolvimento que ajudará os agricultores a se adaptarem à mudança climática. [Philimon Bulawayao/Reuters.]

2e Com os verões ficando mais compridos no Alasca, as migrações de alces não mais coincidem com as temporadas de caça dos povos nativos, que dependem da carne. O deslocamento das migrações animais e dos padrões de vegetação afetarão os ecossistemas em todo o globo. [Steve Bower/Shutterstock.]

2d Cronologia da última geada de primavera e da primeira geada de outono (1895-2011)

Os dados referem-se aos Estados Unidos contíguo (ou seja, não incluem o Alasca e o Havaí). A tendência geral ruma a uma estação de cultivo maior, com um outono mais longo e uma primavera mais precoce.
[EPA, dados cortesia de K.E. Kunkel 2012; www.epa.gov/climatechange/indicators.]

QUESTÕES PARA O SÉCULO XXI
- A mudança climática em curso continuará alterando os sistemas terrestres. As sociedades terão de adaptar sua base de recursos com a alteração da cronologia dos padrões sazonais.

conexão GEOSSISTEMAS

Neste capítulo, encontramos nosso lugar no Universo e em relação com a galáxia Via Láctea, o Sol, os outros planetas e os satélites planetários. Vimos que, partindo do Sol, o vento solar e a energia eletromagnética fluem pelo espaço até a Terra; vimos a distribuição entre equador e polos dessa energia radiante no topo da atmosfera e como ela muda em um ritmo sazonal.

Em seguida, delineamos a atmosfera da Terra e examinamos sua composição, sua temperatura e suas funções. A energia eletromagnética segue até a superfície da Terra passando através das camadas da atmosfera, onde os comprimentos de onda nocivos são filtrados. Também examinamos os impactos humanos sobre a atmosfera: a destruição da camada de ozônio, a chuva ácida e os componentes atmosféricos variáveis, incluindo a poluição aérea de origem humana.

REVISÃO DOS CONCEITOS-CHAVE DE
aprendizagem

■ *Distinguir* entre galáxias, estrelas e planetas e *localizar* a Terra.

Nosso Sistema Solar – o Sol e os oito planetas – situa-se em uma posição remota da Via Láctea, um repositório de matéria na forma de disco que contém aproximadamente 400 bilhões de estrelas. **Gravidade**, a atração mútua exercida por todo objeto sobre todos os outros objetos em proporção à sua massa, é uma força organizadora do Universo. A **hipótese dos planetesimais** descreve a formação dos sistemas solares como um processo em que as estrelas (como o nosso Sol) condensam a partir de poeira nebulosa e gás, com planetesimais e depois protoplanetas formando-se em órbitas ao redor dessas massas centrais.

galáxia Via Láctea (p. 40)
gravidade (p. 40)
hipótese dos planetesimais (p. 41)

1. Compare o Sol com outras estrelas da Via Láctea. Descreva a localização e o tamanho do Sol e a relação com seus planetas.
2. Se você já viu a Via Láctea à noite, descreva-a brevemente. Use detalhes do texto em sua descrição.
3. Compare a localização dos oito planetas e de Plutão (planeta anão) no Sistema Solar.

■ *Resumir* a origem, a formação e o desenvolvimento da Terra e *reconstituir* a órbita terrestre anual em torno do Sol.

O Sistema Solar, os planetas e a Terra começaram a se condensar de uma nebulosa de poeira, gás, detritos e cometas de gelo há aproximadamente 4,6 bilhões de anos. As distâncias no espaço são tão grandes que a **velocidade da luz** (300.000 km/s, ou cerca de 9,5 trilhões de km por ano) é usada para expressar a distância.

A Terra está no **periélio** (sua posição mais próxima do Sol, em 3 de janeiro, a 147.255.000 km) durante o verão do Hemisfério Sul. Já o **afélio** (sua posição mais distante do Sol, 4 de julho, a 152.083.000 km) coincide com o inverno do Hemisfério Sul. A distância média da Terra ao Sol é de aproximadamente 8 minutos e 20 segundos, em termos de velocidade da luz.

velocidade da luz (p. 41)
periélio (p. 41)
afélio (p. 41)

4. Descreva brevemente a origem da Terra como parte do Sistema Solar.
5. Qual é a distância entre a Terra e o Sol em termos de velocidade da luz? E em quilômetros?
6. Descreva brevemente a relação entre estes entes: Universo, Via Láctea, Sistema Solar, Sol, Terra e Lua.
7. Faça um simples esboço da órbita da Terra em torno do Sol. Quanto ela varia ao longo de um ano?

■ *Descrever* a atividade solar e *explicar* as características do vento solar e do espectro eletromagnético de energia radiante.

O processo de **fusão** – núcleos de hidrogênio forçados juntos sob enormes pressões e temperaturas no interior do Sol – gera quantidades incríveis de energia. **Manchas solares** são distúrbios magnéticos na superfície solar; os ciclos solares são períodos bastante regulares de 11 anos de atividade do Sol. A energia solar, na forma de partículas carregadas de **vento solar**, viaja em todas as direções a partir de distúrbios magnéticos e tempestades solares. O vento solar é desviado pela **magnetosfera** terrestre, produzindo efeitos diversos na atmosfera superior, incluindo as espetaculares **auroras** austrais e boreais, que surgem no céu nas latitudes mais altas. Outro efeito do vento solar na atmosfera é a sua possível influência sobre o tempo meteorológico.

A energia radiante viaja a partir do Sol em todas as direções, representando uma porção do **espectro eletromagnético** total, composto de diferentes comprimentos de onda de energia. Um **comprimento de onda** é a distância entre pontos correspondentes de quaisquer duas ondas sucessivas. No final, parte dessa energia radiante atinge a superfície da Terra.

fusão (p. 41)
manchas solares (p. 42)
vento solar (p. 42)
magnetosfera (p. 43)
auroras polares (p. 43)
espectro eletromagnético (p. 43)
comprimento de onda (p. 43)

8. Como o Sol produz quantidades tão enormes de energia?
9. O que é o ciclo das manchas solares? Em que fase estava esse ciclo em 2013?
10. Descreva a magnetosfera da Terra e seus efeitos sobre o vento solar com relação ao espectro eletromagnético.
11. Resuma os efeitos conhecidos do vento solar sobre o ambiente terrestre.
12. Descreva os vários segmentos do espectro eletromagnético, dos menores aos maiores comprimentos de onda. Quais são os principais comprimentos de onda produzidos pelo Sol? Quais comprimento de onda a Terra irradia para o espaço?

■ *Ilustrar* a interceptação da energia solar e a sua distribuição desigual no topo da atmosfera.

A radiação eletromagnética do Sol atravessa o campo magnético da Terra em direção ao topo da atmosfera – a **termopausa**, situada aproximadamente a 500 km de altitude. A radiação solar de entrada é a **insolação**, medida como a energia que chega a uma área horizontal ao longo de alguma unidade de tempo. O termo **constante solar** é uma medida geral da insolação no topo da atmosfera: a insolação média recebida na termopausa quando a Terra está na sua distância média do Sol é de aproximadamente 1372 W/m^2 (2,0 cal/cm^2/min; 2 langleys/min). O local que recebe a insolação máxima é o **ponto subsolar**, onde os raios solares são perpendiculares à superfície da Terra (irradiando diretamente por cima). Todos os outros locais longe do ponto subsolar recebem raios oblíquos e energia em forma mais difusa.

termopausa (p. 45)
insolação (p. 45)
constante solar (p. 45)
ponto subsolar (p. 45)

13. O que é a constante solar? Qual é sua importância?
14. Estude o gráfico para Nova York na latitude 40° N na Figura 2.9. Como as tendências de insolação diária durante o ano ficam em comparação com as dos Polos Norte e Sul geográficos?
15. Se a Terra fosse plana e orientada em ângulo reto à radiação solar incidente (insolação), qual seria a distribuição latitudinal de energia solar no topo da atmosfera?

■ *Definir* altura solar, declinação solar e duração do dia e *descrever* a variabilidade anual de cada uma – a sazonalidade terrestre.

O ângulo entre o Sol e o horizonte é a **altura solar**. A **declinação** solar é a latitude do ponto subsolar. A declinação migra anualmente através de 47° de latitude, movendo-se entre o Trópico de Câncer a cerca de 23,5° N (junho) e o Trópico de Capricórnio a cerca de 23,5° S (dezembro). Sazonalidade significa um padrão anual de variação da altura solar e mudança na **duração do dia**, ou duração de exposição. A duração do dia é o intervalo entre o **nascer** do Sol, momento em que o disco do Sol aparece pela primeira vez acima do horizonte, a leste, e o **ocaso** do Sol, o momento em que ele desaparece totalmente abaixo do horizonte, a oeste.

As diferentes estações da Terra são produzidas pelas interações da **revolução (translação)** (órbita anual em roda do Sol) e da **rotação** (o giro da Terra sobre seu **eixo**). Enquanto a Terra rota, o limite que divide a luz do dia da escuridão é o chamado **círculo de iluminação**. Outras razões para as estações do ano incluem a **inclinação axial** (a cerca de 23,5° em relação a uma perpendicular do **plano da eclíptica**, o **paralelismo axial** (o alinhamento paralelo do eixo ao longo do ano) e a *esfericidade*.

A Terra gira sobre seu eixo, uma linha imaginária que se estende pelo planeta do Polo Norte ao Polo Sul geográfico. No Sistema Solar, um plano imaginário que toca todos os pontos da órbita da Terra é o *plano da eclíptica*. O paralelo do **Trópico de Câncer** marca o ponto mais ao norte aonde o ponto subsolar migra durante o ano, perto da latitude de 23,5° N. O paralelo do **Trópico de Capricórnio** marca o ponto mais ao sul aonde o ponto subsolar migra durante o ano, perto da latitude de 23,5° S. Ao longo da marcha das estações, a Terra passa pelo **solstício de dezembro**, pelo **equinócio de março**, pelo **solstício de junho** e pelo **equinócio de setembro** (ilustrado em *Geossistemas em Ação*). No momento do solstício de dezembro, a área acima do **Círculo Ártico**, aproximadamente na latitude 66,5° N, fica na escuridão o dia inteiro. No solstício de junho, a área que vai do **Círculo Antártico** até o Polo Sul geográfico (66,5°–90° S de latitude) passa por um período de 24 horas de escuridão.

altura solar (p. 48)
declinação (p. 48)
duração do dia (p. 48)
nascer do Sol (p. 48)
ocaso do Sol (p. 48)
revolução (p. 49)
rotação (p. 49)

eixo (p. 49)
círculo de iluminação (p. 50)
inclinação axial (p. 50)
plano da eclíptica (p. 50)
paralelismo axial (p. 50)
Trópico de Câncer (p. 51)
Trópico de Capricórnio (p. 51)
solstício de dezembro (p. 51)
Círculo Ártico (p. 51)
equinócio de março (p. 51)
solstício de junho (p. 51)
Círculo Antártico (p. 51)
equinócio de setembro (p. 51)

16. Avalie o calendário Gregoriano, com seus 12 meses com diferentes durações e anos bissextos, e sua relação com os ritmos sazonais anuais – a marcha das estações. O que você observa?
17. O conceito de sazonalidade se refere a que fenômenos específicos? Como esses dois aspectos da sazonalidade mudam durante um ano a 0° de latitude? E a 40°? E a 90°?
18. Diferencie entre a altura solar e sua declinação na superfície da Terra.
19. Para a latitude em que você vive, como a duração do dia varia ao longo do ano? Como a altura solar varia? O seu jornal local publica uma carta do tempo meteorológico contendo essas informações?
20. Liste os cinco fatores físicos que atuam em conjunto para produzir as estações do ano.
21. Descreva a revolução e a rotação da Terra e diferencie-as.
22. Defina a inclinação axial atual da Terra – qual é o ângulo? A inclinação axial muda à medida que a Terra orbita em torno do Sol?
23. Descreva as condições sazonais em cada uma das quatro principais datas sazonais do ano. O que são os solstícios e os equinócios, e qual é a declinação solar nesses momentos?

Resposta do Pensamento Crítico 2.2: Hipoteticamente, se a Terra estivesse inclinada em 90°, com o seu eixo paralelo ao plano da eclíptica, teríamos uma variação máxima das estações em todo o mundo. Por outro lado, se o eixo da Terra fosse perpendicular ao plano de sua órbita – ou seja, sem inclinação – não teríamos mudanças sazonais, seria algo como uma primavera ou um outono perpétuo, e todas as latitudes teriam 12 horas de dia e à noite.

Sugestões de leituras em português

COMINS, N. F.; KAUFMANN III, W. J. *Descobrindo o universo*. 8. ed. Porto Alegre: Bookman, 2010.

OLIVEIRA, K.; SARAIVA, M. F. *Astronomia e astrofísica*. 3. ed. São Paulo: Livraria da Física, 2014.

REES, M. *O sistema solar*. São Paulo: Duetto, 2008. (Enciclopédia Ilustrada do Universo; v. 2).

SCIENTIFIC AMERICAN BRASIL. *Novas luzes sobre o sistema solar*. São Paulo: Duetto, Ed. especial, n. 9.

Na Internet

Informações e gráficos úteis podem ser encontrados em http://astro.if.ufrgs.br/.

3
A atmosfera moderna da Terra

CONCEITOS-CHAVE DE
aprendizagem

Após a leitura deste capítulo, você conseguirá:

- **Desenhar** um diagrama da estrutura atmosférica com base em três critérios de análise – composição, temperatura e função.
- **Listar** e **descrever** os componentes da atmosfera moderna, informando suas contribuições em porcentagens relativas de volume.
- **Descrever** as condições na estratosfera; especificamente, **examinar** a função e a condição atual da ozonosfera (camada de ozônio).
- **Distinguir** entre poluentes naturais e antropogênicos na baixa atmosfera.
- **Elaborar** um diagrama simples ilustrando a poluição oriunda das reações fotoquímicas na exaustão de um veículo motorizado e **descrever** as fontes e os efeitos do *smog* industrial.

Quando o Sol nasce sobre o lago Mono na Califórnia oriental, as cúspides rochosas têm suas silhuetas delineadas pela luz da alvorada. Essas formações rochosas calcárias são conhecidas como "torres de tufa", formadas pela interação de fontes de água subterrânea com a água lacustre salina. A promessa de cada nova manhã lembra-nos da energia do Sol e do trabalho da atmosfera na sustentação da vida – assuntos deste capítulo. [Bobbé Christopherson.]

GEOSSISTEMAS
HOJE

Os humanos ajudam a definir a atmosfera

O astronauta Mark Lee, em um passeio espacial partindo do Ônibus Espacial Discovery em 1994 (missão STS-64), estava 241 km acima da superfície da Terra, em órbita além do escudo protetor da atmosfera (Figura GH 3.1). Ele estava viajando a 28.165 km/h, quase nove vezes mais veloz do que a bala de um rifle de alta velocidade, cercado pelo vácuo espacial. Onde o Sol atingia seu traje espacial, as temperaturas alcançavam +120°C; na sombra, caíam para –150°C. Radiação e vento solar atingiam seu traje pressurizado. Sobreviver em tal altitude é um óbvio desafio, que depende da capacidade dos trajes espaciais da NASA de replicar a atmosfera da Terra.

Proteção em um traje espacial Para a sobrevivência humana, um traje especial deve bloquear a radiação e os impactos de partículas, como a atmosfera faz. Precisa também proteger o usuário de extremos térmicos.

Os sistemas de processamento de oxigênio-dióxido de carbono da Terra também devem ser replicados no traje, assim como sistemas de fornecimento de fluido e gestão de resíduos. O traje deve manter uma pressão de ar interna contra o vácuo espacial; para oxigênio puro, é 4,7 psi (32,4 kPa), o que é aproximadamente igual à pressão que oxigênio, vapor d'água e gases de CO_2 combinados exercem ao nível do mar. Todas as 18.000 peças do traje espacial moderno trabalham para replicar o que a atmosfera faz para nós todos os dias.

O salto recorde de Kittinger Em uma época mais antiga, antes dos voos orbitais, os cientistas não sabiam como um ser humano poderia sobreviver no espaço ou como produzir uma atmosfera artificial dentro de um traje espacial. Em 1960, o capitão da Força Aérea dos EUA Joseph Kittinger Jr. ficou de pé na abertura de um pequeno compartimento não pressurizado, flutuando a 31,3 km de altitude, pendurado em um balão de hélio. A pressão atmosférica era quase nula – essa altitude é o começo de espaço em testes de aeronaves experimentais.

Kittinger então saltou no vazio estratosférico, correndo um risco pessoal tremendo, para fazer uma reentrada experimental na atmosfera (Figura GH 3.2). Ele carregava um pacote de instrumentos no seu assento, o paraquedas principal e oxigênio puro para sua máscara de respiração.

O que inicialmente o assustou é que ele não ouvia ruídos, porque não havia ar suficiente para produzi-lo. O tecido de sua roupa pressurizada não tremulava porque não havia ar suficiente para atritar contra o traje. Sua velocidade era impressionante, acelerando rapidamente até 988 km/h – quase a velocidade do som ao nível do mar – graças à falta de resistência do ar na estratosfera.

Quando sua queda livre atingiu a estratosfera e a camada de ozônio, o arrasto friccional dos gases atmosférico mais densos desacelerou seu corpo. Ele então desceu até a baixa atmosfera e finalmente abaixo da altitude de voo dos aviões.

A queda livre de Kittinger durou 4 minutos e 25 segundos até a abertura do seu paraquedas principal, a 5500 m. O paraquedas trouxe-o com segurança até a superfície terrestre. Esta notável viagem de 13 minutos e 35 segundos através de 99% da massa atmosférica permaneceu um recorde por 52 anos.

Baumgartner quebra o recorde Em 14 de outubro de 2012, patrocinado pelo projeto Stratos da Red Bull, Felix Baumgartner subiu com um balão de hélio até 39 km de altitude e então saltou (Figura GH 3.3). Guiado pela voz do coronel Kittinger na base da missão, Baumgartner sobreviveu a um giro fora de controle no início da sua queda, atingindo uma velocidade máxima de queda livre de 1342 km/h. Com a audiência ao vivo de milhões de pessoas *online* em todo o planeta, sua queda durou 4 minutos e 20 segundos: 16 segundos mais curta do que a queda livre de Kittinger.

As experiências desses homens ilustram a evolução da nossa compreensão da sobrevivência na atmosfera superior. Com acontecimentos como o perigoso salto de descoberta de Kittinger, os passeios espaciais (hoje rotineiros) de astronautas como Mark Lee, e a queda recorde de Baumgartner, os cientistas obtiveram a capacidade de replicar a atmosfera. Este capítulo descreve o nosso conhecimento atual – a fonte das especificações de projeto dos nossos trajes espaciais – na exploração da atmosfera da Terra.

▲**Figura GH 3.1** O astronauta Mark Lee, sem cabos, em um passeio espacial de serviço em 1994. [NASA.]

▲**Figura GH 3.2** Uma câmera de disparo remoto capta um salto estratosférico para a História. [National Museum of the U.S. Air force.]

▲**Figura GH 3.3** O salto de Felix Baumgartner em 2012 estabelece novos recordes de altura e velocidade em queda livre. [Red Bull Stratos/AP Images.]

A atmosfera terrestre é uma reserva ímpar de gases de sustentação da vida, o produto de 4,6 bilhões de anos de evolução. Alguns dos gases são componentes cruciais de processos biológicos; alguns nos protegem de radiação e das partículas hostis vindas do Sol e além. Como mostrado em *Geossistemas Hoje*, quando os humanos se aventuram fora das regiões inferiores da atmosfera, precisam vestir elaborados trajes espaciais protetores que proveem serviços que a atmosfera nos presta todo o tempo.

Neste capítulo: Examinamos a atmosfera moderna usando os critérios de composição, temperatura e função. Nossa análise da atmosfera também inclui impactos espaciais, tanto naturais como aqueles gerados pela poluição do ar produzida pelos seres humanos. Todos interagimos com a atmosfera quando respiramos, pela energia que consumimos, pelas viagens que fazemos e pelos produtos que compramos. As atividades humanas causam perdas de ozônio estratosférico e o flagelo da chuva ácida sobre os ecossistemas. Esses tópicos são essenciais para a geografia física, pois estão afetando a composição atmosférica do futuro.

Composição, temperatura e função da atmosfera

A atmosfera moderna provavelmente é a quarta atmosfera geral da história da Terra. Mistura de gases de origem antiga, ela é a soma de todas as exalações e inalações da vida que interage na Terra ao longo do tempo. A principal substância dessa atmosfera é o ar, o meio onde ocorre a vida e também uma fonte importante de matéria-prima industrial e química. O **ar** é uma mistura simples de gases que é naturalmente inodora, incolor, insípida e amorfa, misturada de maneira tão perfeita que se comporta como se fosse um único gás.

Por praticidade, consideramos que o limite superior da atmosfera esteja cerca de 480 km acima da superfície terrestre, a mesma altitude usada no Capítulo 2 para medir a constante solar e a insolação recebida. Além dessa altitude fica a **exosfera**, o que significa "esfera exterior", onde a atmosfera rarefeita e menos densa é quase um vácuo. Ela contém escassos átomos dos leves hidrogênio e hélio, fracamente retidos pela gravidade até 32.000 km acima da Terra.

Perfil atmosférico

Pense na atmosfera moderna terrestre como um fino envólucro formado de "cascas" ou "esferas" de formas concêntricas imperfeitas que gradativamente passam de uma para outra, todas presas ao planeta pela gravidade. Para estudá-la, examinamos a atmosfera em camadas, cada uma com propriedades e processos distintos. A Figura 3.1 representa a atmosfera em um perfil vertical transversal, ou visão lateral. Os cientistas utilizam três critérios atmosféricos – *composição, temperatura* e *função* – a fim de definir as camadas para diferentes finalidades analíticas. Esses critérios são discutidos a seguir, após uma breve reflexão sobre a pressão do ar. (Enquanto você ler as discussões sobre os critérios, note que elas repetidamente seguem o caminho percorrido pela radiação solar incidente através da atmosfera em direção à superfície terrestre.)

A pressão do ar muda ao longo de todo o perfil atmosférico. As moléculas de ar criam **pressão atmosférica** por meio do seu movimento, tamanho e número, exercendo uma força sobre todas as superfícies com as quais entram em contato. A pressão da atmosfera (medida como força por unidade de área) pressiona todos nós para dentro. Felizmente, a mesma pressão também existe dentro de nós, empurrando para fora; senão, seríamos esmagados pela massa de ar à nossa volta.

A atmosfera da Terra também exerce pressão para baixo sob a atração da gravidade e, portanto, tem peso. A gravidade comprime o ar, tornando-o mais denso próximo à superfície da Terra (Figura 3.2). A atmosfera exerce uma força média de aproximadamente 1 kg/cm^2 ao nível do mar. Com o aumento da altitude, a densidade e a pressão caem – essa é a "rarefação" do ar que as pessoas sentem nos cumes das montanhas altas, quando menos oxigênio é obtido em cada respiração. Isso dificulta a respiração no topo do monte Everest, onde a pressão do ar é cerca de 30% daquela na superfície da Terra. Mais informações sobre a pressão atmosférica e o seu papel na geração dos ventos são encontradas no Capítulo 6.

Mais da metade da massa total da atmosfera, comprimida pela gravidade, fica abaixo de 5,5 km de altitude. Apenas 0,1% da atmosfera fica acima de uma altitude de 50 km, como mostrado pelo perfil de pressão da Figura 3.2b (a coluna percentual está na extrema direita).

Ao nível do mar, a atmosfera exerce uma pressão de 1013,2 mb (milibar; uma medida de força por metro quadrado de área superficial) ou 760 milímetros de mercúrio (mm Hg), medido por um barômetro. No Brasil e em outros países, a pressão atmosférica normal é expressa como 101,32 kPa (quilopascal; 1 kPa = 10 mb). (Consulte o Capítulo 6 para mais a respeito.)

Critério da composição atmosférica

Pelo critério de *composição* química, a atmosfera se divide em duas grandes regiões (Figura 3.1): a *heterosfera* (80 a 480 km de altitude) e a *homosfera* (da superfície da Terra até 80 km de altitude).

GEOrelatório 3.1 As primeiras atmosferas da Terra

A primeira atmosfera da Terra provavelmente foi formada por *desgaseificação*, ou liberação dos gases presos no interior da Terra. Ainda temos desgaseificação hoje, na forma de atividade vulcânica. Essa atmosfera tinha muitos gases sulfúricos, pouco nitrogênio e nenhum oxigênio. A segunda atmosfera formou-se quando a Terra esfriou e o vapor d'água condensou, formando nuvens e chuva. Os oceanos se formaram, o nitrogênio aumentou, mas o oxigênio ainda não estava presente na atmosfera. À medida que a vida oceânica se desenvolveu, bactérias iniciaram o processo de fotossíntese, utilizando a energia do Sol para converter o dióxido de carbono atmosférico em oxigênio. O oxigênio tornou-se significativo na atmosfera cerca de 2,2 bilhões de anos atrás, mas demorou mais um bilhão de anos até que os níveis de oxigênio atmosférico estabilizassem. A nossa atmosfera moderna formou-se quando moléculas de oxigênio absorveram luz solar e formaram ozônio, a camada protetora na estratosfera que evita que a radiação ultravioleta atinja as formas de vida.

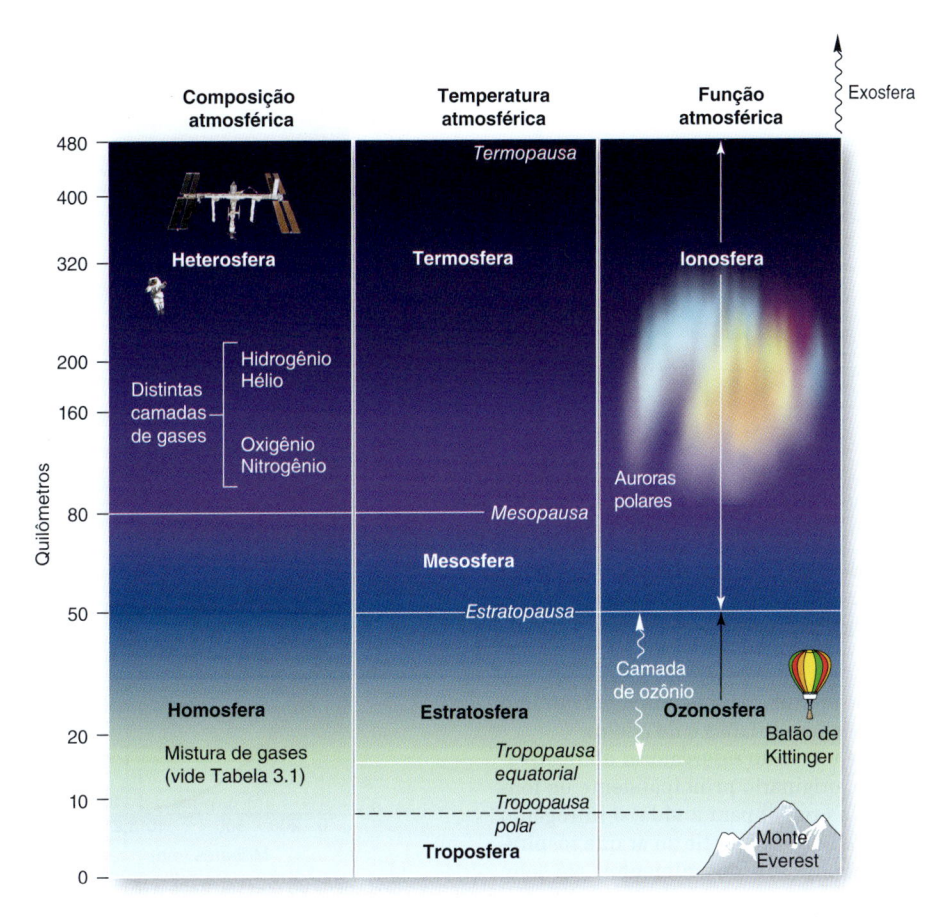

▲**Figura 3.1 Perfil da atmosfera terrestre.** Observe o pequeno astronauta e o balãozinho mostrando, respectivamente, a altitude alcançada pelo astronauta Mark Lee e por Joseph Kittinger, conforme exposto em *Geossistemas Hoje*.

Heterosfera A **heterosfera** é a parte exterior da atmosfera em termos de composição. Ela inicia a cerca de 80 km de altitude e estende-se para fora em direção à exosfera e ao espaço interplanetário. Menos de 0,001% da massa da atmosfera está nesta heterosfera rarefeita. A Estação Espacial Internacional (EEI) orbita entre a heterosfera média e a superior (observe a altitude da EEI na Figura 3.1).

Como o prefixo *hetero-* denota, a região não é uniforme – seus gases não estão misturados uniformemente. Os gases na heterosfera ocorrem em camadas distintas dispostas pela gravidade de acordo com seus pesos atômicos, com os elementos mais leves (hidrogênio e hélio) nos limites com o espaço exterior e os elementos mais pesados (oxigênio e nitrogênio) na heterosfera inferior. Essa distribuição é bastante diferente da mistura de gases que respiramos na homosfera perto da superfície terrestre.

Homosfera Abaixo da heterosfera está a **homosfera**, estendendo-se de 80 km de altitude até a superfície da Terra. Embora a densidade da atmosfera mude rapidamente na homosfera – devido à pressão crescente exercida em direção à superfície do planeta –, a mistura de gases é quase uniforme. As únicas exceções são a concentração de ozônio (O_3) na "camada de ozônio", entre 19 e 50 km acima do nível do mar, e as variações de vapor d'água, poluentes e alguns traços de compostos químicos na parte mais baixa da atmosfera.

A mistura atual de gases evoluiu aproximadamente há 500 milhões de anos. A Tabela 3.1 lista por volume os gases que constituem o ar seco e limpo da homosfera, divididos em *constantes* (quase não apresentam alteração ao longo da história da Terra) e *variáveis* (presentes em quantidades pequenas, porém variáveis). A amostragem do ar se dá no Observatório Mauna Loa, Havaí, em operação desde 1957.

GEOrelatório 3.2 Fora do avião

Na próxima vez em que você estiver em um avião, pense sobre a pressão do ar lá fora. Poucas pessoas sabem que, em uma viagem aérea normal, estão em cima de 80% do volume atmosférico total e que a pressão do ar nessa altitude é apenas cerca de 10% da pressão do ar na superfície. Apenas 20% da massa atmosférica estão acima de você. Se o seu avião está a cerca de 11.000 m, pense nos homens que pularam de alturas estratosféricas, como descrito em *Geossistemas Hoje*: Felix Baumgartner partiu 28 km acima da altitude do seu avião!

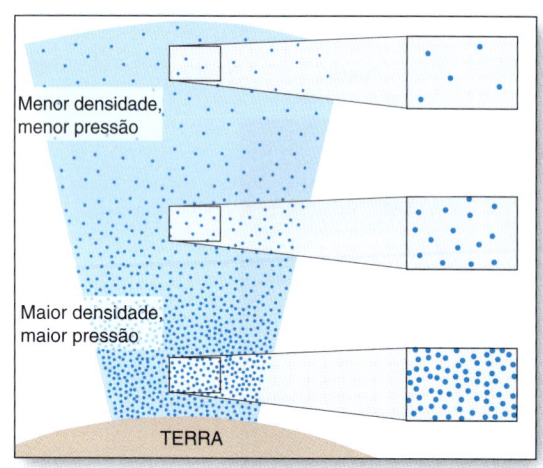

(a) A densidade é maior próximo à superfície da Terra, diminuindo com a altitude.

▲**Figura 3.2 A densidade diminui com a altitude.** Você já experimentou variações de pressão que foram sentidas pelos seus tímpanos? Em qual altitude você estava?

Uma camada de inversão marinha garante um nível mínimo de emissões do vulcão vizinho Kilauea e de poeira.

O ar da homosfera é um vasto reservatório do relativamente inerte *nitrogênio*, originário principalmente de fontes vulcânicas. Elemento crucial para a vida, o nitrogênio não se integra em nossos corpos a partir do ar que respiramos, mas por meio de compostos nos alimentos. No solo,

TABELA 3.1 Composição da homosfera moderna

Gás (símbolo)	Porcentagem em volume	Partes por milhão (ppm)
Gases constantes		
Nitrogênio (N_2)	78,084	780.840
Oxigênio (O_2)	20,946	209.460
Argônio (Ar)	0,934	9.340
Neon (Ne)	0,001818	18
Hélio (He)	0,000525	5,2
Criptônio (Kr)	0,00010	1,0
Xenônio (Xe)	Traços	~0,1
Gases variáveis (mudam com o tempo e espaço) Vapor d'água (H_2O)	0–4% (máximo nos trópicos, mínimo nos polos)	
Dióxido de carbono (CO_2)*	0,0399	399
Metano (CH_4)	0,00018	1,8
Hidrogênio (H)	Traços	~0,6
Óxido nitroso (N_2O)	Traços	~0,3
Ozônio (O_3)	Variável	

*Média de CO_2 de maio de 2013 medida em Mauna Loa, Havaí, EUA (acesse: ftp://ftp.cmdl.noaa.gov/ccg/co2/trends/co2_mm_mlo.txt).

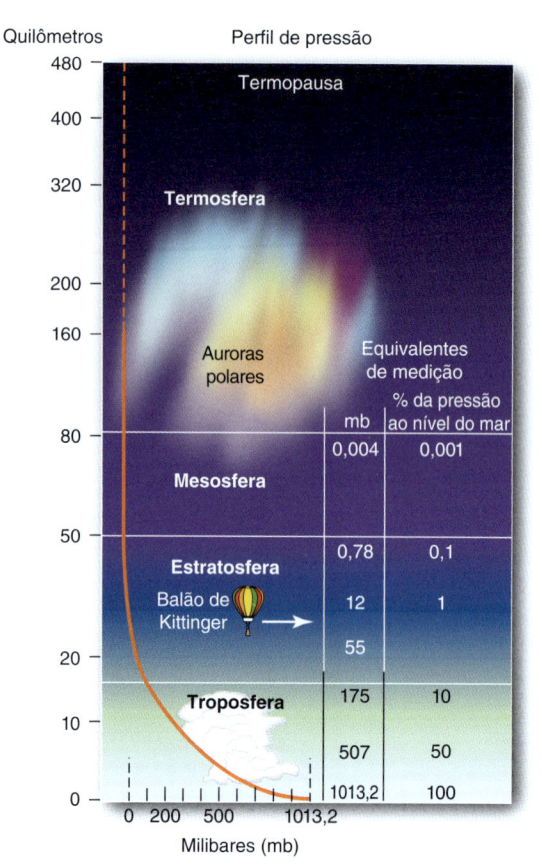

(b) O perfil de pressão traça a diminuição da pressão com o aumento da altitude. A pressão está em milibares e como porcentagem da pressão ao nível do mar. Observe que a troposfera contém cerca de 90% da massa atmosférica (coluna em % na extrema direita).

bactérias fixadoras de nitrogênio incorporam nitrogênio do ar em compostos que podem ser usados pelas plantas; depois, o nitrogênio volta à atmosfera pelo trabalho de bactérias desnitrificadoras que removem o nitrogênio dos materiais orgânicos. Uma discussão completa sobre o ciclo do nitrogênio está no Capítulo 19.

O *oxigênio*, um subproduto da fotossíntese, também é essencial para os processos da vida. A porcentagem de oxigênio atmosférico varia ligeiramente no espaço com as mudanças nas taxas fotossintéticas da vegetação em função de latitude, estação do ano e o tempo de defasagem à medida que a circulação atmosférica lentamente mistura o ar. Embora ele forme cerca de 1/5 da atmosfera, várias formas de compostos de oxigênio compõem aproximadamente metade da crosta terrestre. O oxigênio reage facilmente com muitos elementos para formar esses materiais. As reservas de oxigênio e nitrogênio na atmosfera são tão grandes que, no presente, excedem em muito a capacidade humana de ameaçá-las ou destruí-las.

O gás *argônio*, representando menos de 1% da homosfera, é completamente inerte (um "gás nobre", não reativo) e inutilizável nos processos da vida. Todo o argônio presente na atmosfera moderna vem da acumulação lenta ao longo de milhões de anos. Como a indústria encontrou usos para o inerte argônio (em lâmpadas, em soldas e alguns lasers), ele é extraído ou "minerado" a partir da atmosfera, juntamente a nitrogênio e oxigênio, para uso comercial, médico e industrial.

Dentre os gases atmosféricos variáveis na homosfera, examinamos o dióxido de carbono na próxima seção e discutimos o ozônio mais além neste capítulo. O vapor d'água está no Capítulo 7; o metano é discutido no Capítulo 11. A homosfera também contém quantidades variáveis de *particulados*, sólidos e gotículas líquidas que entram no ar vindo de fontes naturais e humanas. Essas partículas, também conhecidas como aerossóis, variam em tamanho, indo de gotículas de água líquida relativamente grandes, sal e pólen, visíveis a olho nu, até poeira e fuligem relativamente pequena, até mesmo microscópica. Essas partículas afetam o equilíbrio energético da Terra (vide Capítulo 4), assim como a saúde humana (discutida posteriormente no capítulo).

Dióxido de carbono   *Dióxido de carbono (CO_2)* é um subproduto natural dos processos vitais, um gás variável que está aumentando velozmente. Embora a sua porcentagem atual na atmosfera seja pequena, o CO_2 é importante para as temperaturas globais.

O estudo das atmosferas passadas presas em amostras de gelo glacial revela que hoje o CO_2 está mais alto do que qualquer outro momento nos últimos 800.000 anos. Ao longo dos últimos 200 anos, e especialmente desde os anos 1950, o percentual de CO_2 aumentou como resultado das atividades humanas, principalmente pela queima de combustíveis fósseis e pelo desflorestamento.

Esse aumento no CO_2 parece estar acelerando (veja os gráficos das concentrações atmosféricas de CO_2 no Capítulo 11). Entre 1990 e 1999, as emissões de CO_2 subiram em uma média de 1,1% por ano; compare isso com o aumento médio de emissões desde 2000, 3,1% ao ano – um aumento de 2 a 3 ppm por ano. No total, o CO_2 atmosférico aumentou 16% entre 1992 e 2012. Em maio de 2013, o nível de CO_2 atingiu 400 ppm. Hoje, o CO_2 ultrapassa em muito a faixa natural de 180 a 300 ppm dos últimos 800.000 anos. Um limiar climático distinto de 450 ppm está se aproximando, previsto para algum ponto da década de 2020. Além desse ponto crítico, prevê-se que o aquecimento associado aos aumentos de CO_2 trará perdas irreversíveis aos mantos de gelo e espécies. Os Capítulos 4, 5 e 11 discutem o papel do dióxido de carbono como um importante gás de efeito estufa e as implicações dos aumentos de CO_2 para a mudança climática.

Critério da temperatura atmosférica

Segundo o critério da temperatura, o perfil atmosférico pode ser dividido em quatro zonas distintas – termosfera, mesosfera, estratosfera e troposfera (marcadas na Figura 3.1). Começamos com a zona de maior altitude.

Termosfera   A **termosfera** ("esfera do calor") corresponde aproximadamente à heterosfera (de 80 km até 480 km). O limite superior da termosfera é a **termopausa** (o sufixo *-pausa* significa "mudar"). Durante os períodos em que o Sol está menos ativo, quando há menos manchas solares e erupções na superfície solar, a termopausa pode baixar de altitude, da média de 480 km para apenas 250 km. Em períodos de Sol mais ativo, a atmosfera exterior incha até uma altitude de 550 km, onde pode criar arrasto friccional em satélites de órbita baixa.

O perfil na Figura 3.3a (curva amarela) mostra que as temperaturas aumentam consideravelmente na termosfera, alcançando 1200°C ou mais. Apesar dessas temperaturas tão altas, a termosfera não é "quente" da forma como você poderia esperar. Temperatura e calor são conceitos diferentes. A intensa radiação solar nessa porção da atmosfera excita moléculas individuais (principalmente nitrogênio e oxigênio) a altos níveis de vibração. Esta **energia cinética**, a energia do movimento, é a energia vibratória que nós medimos como *temperatura*. (A temperatura é uma medida da energia cinética média das moléculas individuais da matéria, sendo o foco do Capítulo 5.)

Em contraste, *calor* é gerado quando se transfere energia cinética entre moléculas e, portanto, entre corpos ou substâncias. (Por definição, calor é o fluxo de energia cinética de um corpo para outro que resulta de uma diferença de temperatura entre eles, sendo discutido no Capítulo 4.) Assim, o calor depende da densidade ou massa da substância; quando há pouca densidade ou massa, a quantidade de calor será pequena. A termosfera não é "quente" do modo como estamos familiarizados, pois a densidade das moléculas é tão pequena que há pouco calor de verdade sendo produzido. A termosfera na verdade nos pareceria fria, pois o número de moléculas não é grande o suficiente para transferir calor para a nossa pele. (Os cientistas medem a temperatura indiretamente nessas altitudes, usando a densidade baixa, que é medida pela quantidade de arrasto nos satélites.) Mais perto da superfície da Terra, a atmosfera é mais densa. O número maior de moléculas transmite sua energia cinética como *calor sensível*, o que significa que po-

GEOrelatório 3.3   Fontes humanas de dióxido de carbono atmosférico

O dióxido de carbono ocorre naturalmente na atmosfera, como parte do ciclo de carbono da Terra (um foco dos Capítulos 11 e 19). Entretanto, a recente aceleração nas concentrações de CO_2 atmosférico vem de fontes humanas, primordialmente da queima de combustíveis fósseis para energia e transporte. A principais fontes das emissões de CO_2 dos EUA são usinas termoelétricas (40%) e transporte (31%); das fontes que produzem eletricidade, a queima de carvão produz mais CO_2 do que petróleo ou gás natural (acesse http://www.epa.gov/climatechange/ghgemissions/). Atualmente, a China é o maior emissor de CO_2, sendo responsável por 28% de todas as emissões globais de CO_2 em 2011*. No entanto, os EUA ainda lideram as emissões *per capita* de CO_2. O uso do carvão para suprir as demandas energéticas está aumentando em todo o mundo, especialmente na China e na Índia. Algumas estimativas preveem que o carvão fornecerá 50% da energia do mundo em 2035, um aumento de 20% em relação a 2012. Como o CO_2 está ligado ao aumento das temperaturas globais, os cientistas pensam que esse aumento pode ter impactos irreversíveis sobre o clima.

---

*N. de R.T.: O Brasil foi o 14° emissor de CO_2 em 2011 para geração de energia, aproximadamente 1% do total global.

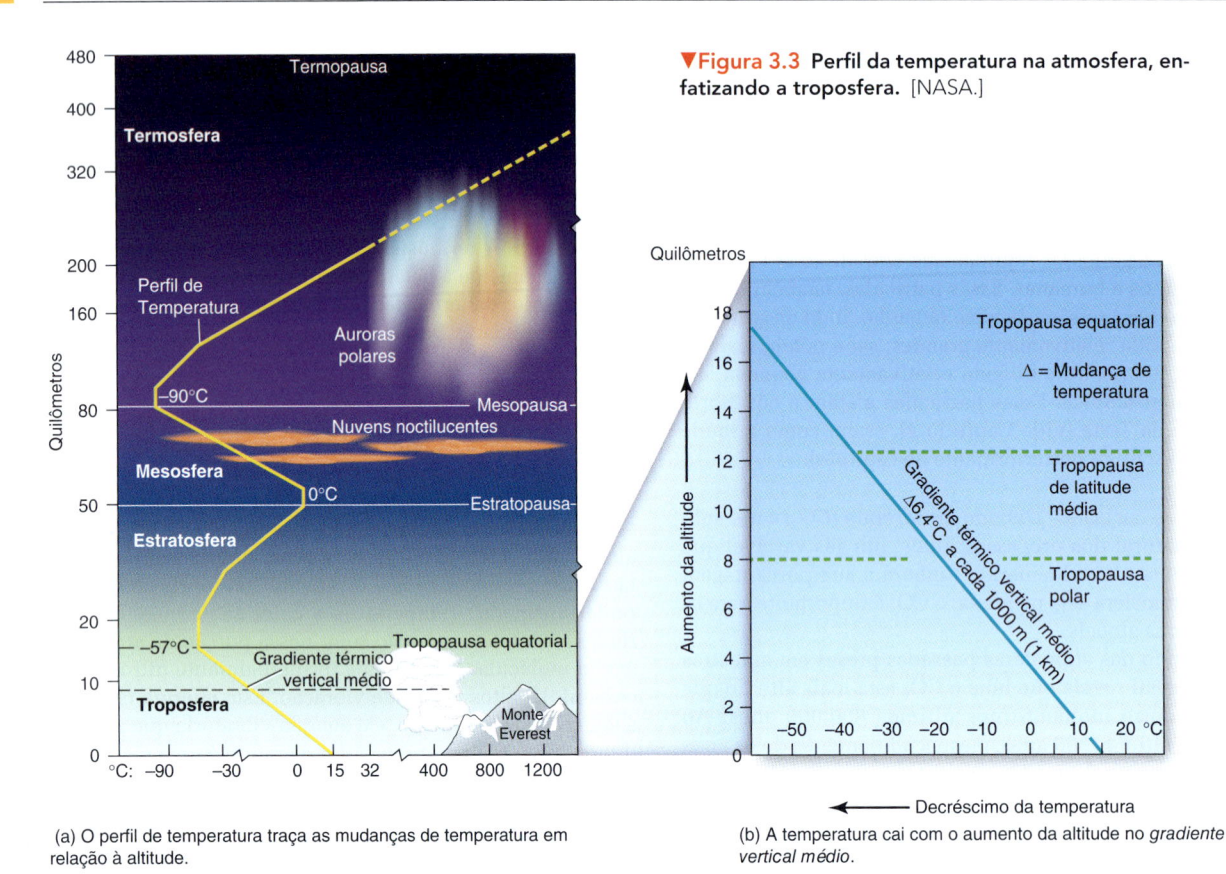

▼Figura 3.3 **Perfil da temperatura na atmosfera, enfatizando a troposfera.** [NASA.]

(a) O perfil de temperatura traça as mudanças de temperatura em relação à altitude.

(b) A temperatura cai com o aumento da altitude no *gradiente vertical médio*.

(c) Um ocaso visto da órbita mostra a silhueta de uma bigorna de uma nuvem cumulonimbus encimando a tropopausa.

demos medi-lo e senti-lo. Há mais discussão sobre calor e temperatura nos Capítulos 4 e 5; a discussão do calor em sua relação com a densidade está no Capítulo 7.

Mesosfera A **mesosfera** é a região entre 50 e 80 km acima da Terra e está dentro da homosfera. Como a Figura 3.3 mostra, o limite exterior da mesosfera, a *mesopausa*, é a parte mais fria da atmosfera, com média de –90°C, embora a temperatura possa variar consideravelmente (de 25 a 30°C). Note, na Figura 3.2b, as pressões extremamente baixas (baixa densidade de moléculas) na mesosfera.

A mesosfera, às vezes, recebe poeiras cósmicas ou meteóricas, que atuam como núcleos em torno dos quais se formam cristais finos de gelo. Nas latitudes altas, um observador à noite pode ver essas faixas de cristais de gelo cintilarem em raras e incomuns **nuvens noctilucentes**, que estão tão altas em altitude que ainda captam luz solar após o ocaso. Por razões ainda não compreendidas claramente, essas nuvens incomuns estão aumentando e podem ser avistadas nas latitudes médias. Acesse, entre vários outros sites, http://lasp.colorado.edu/science/atmospheric/.

Estratosfera A **estratosfera** estende-se entre 18 a 50 km acima da superfície da Terra. A temperatura aumenta com a altitude em toda a estratosfera, de –57°C a 18 km até 0°C a 50 km, o limite exterior da estratosfera, a chamada *estratopausa*. A estratosfera é onde se situa a camada de ozônio. Alterações estratosféricas medidas nos últimos 25 anos mostram que os clorofluorcarbonos estão aumentando e as concentrações de ozônio estão diminuindo, conforme discutido no Estudo Específico 3.1, mais adiante neste capítulo. Os gases de efeito estufa também estão aumentando; a resposta é o observado resfriamento estratosférico.

Troposfera A **troposfera** é a camada final encontrada pela radiação solar quando ela cruza a atmosfera em direção à superfície. Esta camada atmosférica dá suporte à vida, a biosfera, sendo a principal região de atividade meteorológica.

Aproximadamente 90% da massa total da atmosfera e a maior parte do vapor d'água, das nuvens e da poluição do ar estão dentro da troposfera. Uma temperatura média de −57°C marca a **tropopausa**, o limite exterior da troposfera, mas a sua altitude exata varia com a estação do ano, a latitude e as temperatura e a pressão superficiais. Próximo ao equador, por causa do intenso aquecimento originário da superfície, a tropopausa ocorre a 18 km; nas latitudes médias, ela ocorre a uma média de 12 km; e nos Polos Norte e Sul, fica numa média de apenas 8 km ou menos acima da superfície da Terra (Figura 3.3b). O perceptível aquecimento com o aumento da altitude na estratosfera, acima da tropopausa, faz com que a tropopausa aja como uma tampa, em geral impedindo o que esteja no ar mais frio (mais denso) abaixo de misturar-se com a estratosfera mais quente (menos densa) (Figura 3.3c).

A Figura 3.3b ilustra o perfil normal de temperatura dentro da troposfera durante o dia. Como mostra o gráfico, a temperatura diminui rapidamente com o aumento da altitude e em média 6,4°C por quilômetro, uma taxa conhecida como **gradiente térmico vertical médio**, ou gradiente estático.

O gradiente vertical real pode divergir consideravelmente devido às condições meteorológicas locais e é chamado de **gradiente térmico ambiental**. Esta variação no gradiente de temperatura na troposfera inferior é central para nossa discussão dos processos meteorológicos nos Capítulos 7 e 8.

> **PENSAMENTO Crítico 3.1**
> **Onde fica a sua tropopausa?**
>
> Em seu próximo voo, quando o avião chegar à altitude máxima, tente descobrir qual é a temperatura fora do avião. (Alguns aviões a exibe em telas de vídeo; ou a comissária pode ter tempo para verificar para você.) Por definição, a tropopausa encontra-se onde quer que a temperatura de −57°C ocorre. Dependendo da estação do ano, a altitude e a temperatura oferecem uma comparação interessante. A tropopausa fica em uma altitude maior no verão ou no inverno? •

Critério de função atmosférica

Conforme o nosso critério final de função, a atmosfera tem duas zonas específicas: a ionosfera e a ozonosfera (a camada de ozônio), as quais juntas removem a maioria dos comprimentos de onda nocivos da radiação solar e de partículas carregadas. A Figura 3.4 retrata, de maneira generalizada, a absorção de radiação por essas camadas funcionais da atmosfera.

Ionosfera A camada exterior funcional, a **ionosfera**, estende-se por toda a termosfera e mesosfera abaixo (Figura 3.1). A ionosfera absorve raios cósmicos, raios gama, raios X e os comprimentos de onda mais curtos da radiação ultravioleta, mudando os átomos para íons carregados positivamente, o que explica seu nome. As luzes brilhantes das auroras polares, discutidas no Capítulo 2, ocorrem principalmente na ionosfera.

Regiões distintas da ionosfera, conhecidas como camadas D, E, F1 e F2, são importantes para transmissões de co-

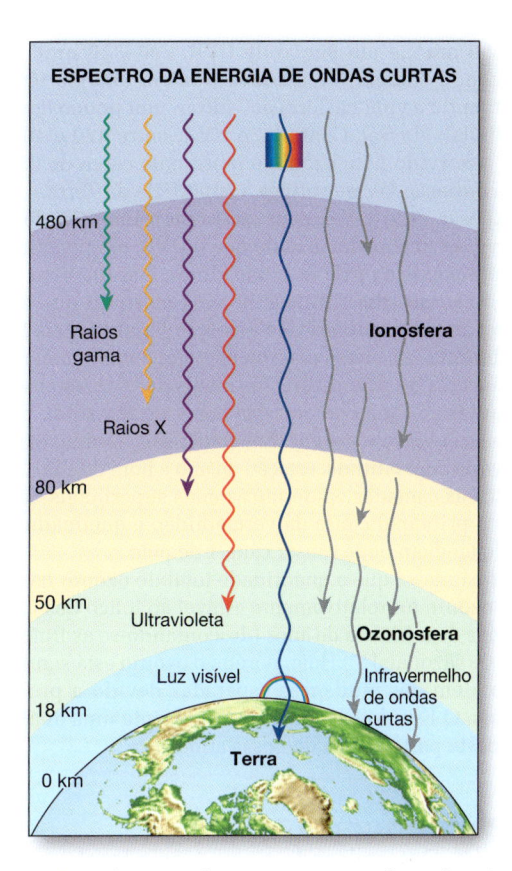

▲**Figura 3.4 Absorção dos comprimentos de onda acima da superfície da Terra.** Quando a energia solar de ondas curtas passa pela atmosfera, as ondas mais curtas são absorvidas. Somente uma fração da radiação ultravioleta, mas a maior parte da luz visível e infravermelha de ondas curtas, alcança a superfície terrestre.

municação e sinais de GPS. Essas regiões refletem determinados comprimentos de onda de rádio, incluindo rádio AM e outras transmissões de rádio de ondas curtas, especialmente à noite. Atividades como explosões solares podem desencadear blecautes de rádio. Isso também afeta os aviões que cruzam o Ártico: sobre o Polo Norte, essas aeronaves perdem contato com os satélites geossíncronos e dependem de comunicação por rádio, que pode ser cortada por um blecaute.

Antes de chegar ao solo, os sinais dos satélites de GPS precisam primeiramente atravessar a ionosfera, onde os gases desviam e enfraquecem as ondas de rádio. Tempestades solares e geomagnéticas que perturbam a ionosfera podem provocar erros de posicionamento de GPS de até 100 m. (Descubra como voar através da ionosfera usando o programa *4D Ionosphere* da NASA em conjunção com o Google Earth™ em http://science.nasa.gov/science-news/science-at-nasa/2008/30apr_4dionosphere_launch/.)

Ozonosfera A parte da estratosfera que tem um aumento no nível de ozônio é a **ozonosfera**, ou **camada de ozônio**. O ozônio é uma molécula de oxigênio altamente reativa composta por três átomos de oxigênio (O_3) em vez dos habituais dois átomos (O_2) que compõem o gás oxigênio. O ozônio absorve os comprimentos de onda mais curtos da radiação ultravioleta (UV) (principalmente, todos os UVC,

100–290 nm*, e um pouco de UVB, 290–320 nm). Nesse processo, a energia UV é convertida em energia térmica, preservando a vida na Terra ao "filtrar" um pouco dos raios prejudiciais do Sol. Contudo, o UVA, entre 320 e 400 nm, não é absorvido pelo ozônio e representa cerca de 95% de toda a radiação UV que atinge a superfície da Terra.

Apesar de o UVA, com seus comprimentos de onda maiores, ser menos intenso do que o UVB, ele penetra mais profundamente na pele (e, como vimos, é muito mais abundante). Estudos dos últimos 20 anos mostram que o UVA provoca danos consideráveis à porção basal (a mais funda) da epiderme, a camada externa da pele, onde a maior parte dos cânceres de pele ocorre. Os níveis de UVA são bastante constantes ao longo do ano nas horas de luz solar, podendo penetrar vidro e nuvens. Em contraste, a intensidade do UVB varia com latitude, estação do ano e hora do dia. O UVB danifica as camadas epidérmicas mais superficiais da pele, sendo a principal causa da vermelhidão e queimaduras de sol. Ele também pode causar câncer de pele.

Presume-se que a quantidade total de ozônio na camada de ozônio foi relativamente estável ao longo das últimas centenas de milhares de anos (descontando-se as flutuações diárias e sazonais)**. Hoje, porém, o ozônio está sendo destruído além das mudanças esperadas devido a processos naturais. O Estudo Específico 3.1 apresenta uma análise da crise nesta parte crítica de nossa atmosfera.

> **PENSAMENTO Crítico 3.2**
> **Determinando o seu ozônio local**
>
> Para determinar a coluna total de ozônio na sua localização atual, acesse "What was the total ozone column at your house?" em http://ozoneaq.gsfc.nasa.gov/ozone_overhead_all_v8.md. A coluna total de ozônio é a quantidade total de ozônio em uma coluna que vai da superfície até o topo da atmosfera.
>
> Selecione um ponto no mapa ou digite sua latitude e longitude e a data que você deseja verificar. A coluna de ozônio atualmente é medida pelo sensor Instrumento de Monitoramento de Ozônio (OMI – *Ozone Monitoring Instrument*) a bordo do satélite *Aqua* e é sensível principalmente ao ozônio estratosférico. (Note também as limitações listadas sobre a disponibilidade de dados.) Para várias datas diferentes, quando é que os valores mais baixos ocorrem? E os mais altos? Explique brevemente e interprete os valores que você encontrou. •

O índice UV ajuda a preservar a sua pele Os informes meteorológicos muitas vezes incluem o *Índice UV*, ou *IUV*, nas previsões diárias para alertar o público sobre a necessidade de usar protetores solares, especialmente as crianças (Tabelas 3.2). O Índice UV é uma maneira simples de descrever o risco diário da intensidade da radiação UV solar, usando uma escala de 1 a 11+. Um número mais alto indica um risco maior de exposição ao UV; um índice de 0 indica que não há risco, como à noite. Um risco mais alto significa que o UV pode danificar a pele e os olhos em um período de tempo mais curto, O índice combina diferentes efeitos da radiação UV, sendo geralmente uma previsão de modelo computadorizado, em vez de uma única medição direta. A radiação UV varia espacialmente de acordo com a quantidade da destruição do ozônio acima, a estação do ano e as condições meteorológicas locais.

Com níveis de ozônio estratosférico em condições mais finas do que o normal, a exposição da superfície à radiação cancerígena continua a subir. Lembre-se de que o dano à pele é cumulativo, e podem se passar décadas antes de você apresentar os efeitos maléficos desencadeados pela queimadura deste verão. Acesse http://www.epa.gov/sunwise/uvindex.html para verificar o IUV em localidades nos EUA; para o Canadá, acesse http://www.ec.gc.ca/ozone/.***

Poluentes na atmosfera

Em certas épocas ou lugares, a troposfera contém gases, partículas e outras substâncias naturais ou de origem antrópica em quantidades prejudiciais aos humanos ou que causam dano ambiental. O estudo dos aspectos espaciais desses **poluentes** atmosféricos é uma aplicação importante da geografia física, com implicações profundas na saúde humana.

A poluição atmosférica não é um problema novo. Historicamente, a poluição aérea se acumula em torno dos centros populacionais e está intimamente ligada à produção e ao consumo humanos de energia e recursos. Há mais de 2000 anos, os romanos reclamavam do ar pestilento das suas cidades. O ar romano era cheio do fedor de esgotos a céu aberto, fumaça de fogueiras e gases vindos de fornos de olarias e caldeiras que transformavam minérios em metais.

Soluções para as questões da qualidade do ar exigem estratégias regionais, nacionais e intenacionais, pois muitas vezes as fontes de poluição estão distantes do impacto observado. A poluição atravessa fronteiras políticas e até mesmo oceanos. Regulamentos para reduzir a poluição atmosférica causada pelos humanos têm alcançado grande sucesso, embora ainda haja muito a ser feito. Antes de discutir esses tópicos, examinemos as fontes naturais de poluição.

Fontes naturais da poluição do ar

As fontes naturais produzem quantidades maiores de poluentes do ar – óxidos de nitrogênio, monóxido de carbono, hidrocarbonetos de plantas e árvores e dióxido de carbono – do que as fontes atribuíveis ao homem. A Tabela 3.3 lista algumas dessas fontes naturais e as substâncias que elas liberam para o ar. Vulcões, incêndios florestais e tempestades

---

*Nanômetro (nm) = um bilionésimo de metro; 1 nm = 10^{-9} m. Para fins de comparação, um micrômetro, ou mícron (μm) = um milionésimo de metro; 1 μm = 10^{-6} m. Um milímetro (mm) = um milésimo de metro; 1 mm = 10^{-3} m.

**N. de R.T.: E também flutuações devido à injeção de ácido clorídrico na estratosfera por grandes erupções vulcânicas, como a do monte Pinatubo em 1991, que ejetou material até 34 km de altitude, tendo impacto global. Este vulcão está situado na ilha de Luzon, Filipinas.

***N. de R.T.: No Brasil, o Instituto Nacional de Pesquisas Espaciais – INPE, do Ministério da Ciência, Tecnologia, Inovações e Comunicações – MCTIC, divulga o Índice de Radiação Ultravioleta (IUV) para algumas regiões do país. Consulte o site do Laboratório de Ozônio do INPE: http://satelite.cptec.inpe.br/uv/. Veja também o seguinte artigo: Kirchhoff, V.W.J.H. 1997. Cuidado com os raios do Sol, *Ciência Hoje*, 22(127): p. 72–74.

TABELA 3.2 Índice UV*

Categoria de risco de exposição	Faixa de IUV	Comentários
Baixa	menos do que 2	Perigo baixo para a pessoa média. Use óculos de sol nos dias claros. Preste atenção ao reflexo da luz pela neve.
Moderada	3-5	Use proteção como precaução, como óculos de sol, protetor solar, chapéus e roupas protetoras, e fique na sombra ao meio-dia.
Alta	6-7	Use protetor solar com fator FPS 15 ou mais alto. Reduza o tempo no sol entre 11h e 16h. Use as proteções mencionadas anteriormente.
Muito alta	8-10	Minimize a exposição ao sol entre 10h e 16h. Use filtro solar com fator FPS acima de 15. Use as proteções mencionadas anteriormente.
Extrema	11+	Pele não protegida corre risco de queimaduras. Aplique protetor solar a cada duas horas se estiver ao ar livre. Evite exposição direta ao sol durante o meio-dia. Use as proteções mencionadas anteriormente.

*O National Weather Service (NWS) e a Environmental Protection Agency (EPA) começaram a informar o IUV em 1991. Uma revisão em 2004 alinhou o IUV com as orientações adotadas pela Organização Mundial da Saúde e pela Organização Meteorológica Mundial.

TABELA 3.3 Fontes de poluentes naturais

Fonte	Contribuição
Vulcões	Óxidos de enxofre, particulados
Incêndios florestais	Monóxido e dióxido de carbono, óxidos de nitrogênio e particulados
Plantas	Hidrocarbonetos, polens
Apodrecimento de plantas	Metano, sulfetos de hidrogênio
Solo	Poeira e vírus
Oceano	*Spray* de sal e particulados

de poeira são as fontes mais significativas com base no volume de fumaça e particulados produzidos e soprados por grandes áreas. Entretanto, pólen de gêneros agrícolas, ervas e outras plantas também podem provocar altas quantidades de poluição particulada, desencadeando asma e outros efeitos adversos sobre a saúde humana. Os particulados produzidos por esses eventos também são conhecidos como **aerossóis** e incluem gotículas líquidas e sólidos suspensos que variam em tamanho de gotículas visíveis de água e pólen até poeira microscópica. (Os aerossóis produzidos por fontes humanas são discutidos na próxima seção.)

Uma fonte natural espetacular de poluição do ar foi a erupção de 1991 do monte Pinatubo, nas Filipinas (discutida no Capítulo 1), provavelmente a segunda maior erupção do século XX. Esse evento injetou quase 20 milhões de toneladas de dióxido de enxofre (SO_2) na estratosfera. A propagação dessas emissões é mostrada em uma sequência de imagens de satélite na Figura 6.1, Capítulo 6.

Incêndios espontâneos na mata são outra fonte de poluição do ar natural, ocorrendo com frequência em diversos continentes (Figura 3.5). Fuligem, cinzas e gases escurecem o céu e prejudicam a saúde em regiões afetadas. O padrão de ventos dissemina a poluição dos fogos para as cidades próximas, fechando aeroportos e forçando a evacuação para evitar os perigos relacionados à saúde. Os dados de satélites mostram colunas de fumaça viajando horizontalmente por distâncias de até 1600 km. Fumaça, fuligem e particulados podem ser impulsionados verticalmente até a estratosfera.

A fumaça de incêndios naturais contém matéria particulada (poeira, fumaça, fuligem, cinzas), óxidos de nitrogênio, monóxido de carbono e compostos orgânicos voláteis (discutidos na próxima seção). No Sul da Califórnia, a fumaça de incêndios naturais recentes foi associada a problemas respiratórios e aumento nas baixas hospitalares, assim como a menor peso de recém-nascidos de mulheres que moram em áreas expostas a fumaça.

Em 2006, os cientistas estabeleceram uma conexão entre a mudança climática e a ocorrência de incêndios espontâneos

▶Figura 3.5 **Fumaça de incêndios espontâneos na Califórnia.** Incêndios naturais relacionados a seca e temperaturas altas no Sul da Califórnia queimaram mais de 117.000 ha em outubro e novembro de 2007. Mais de meio milhão de pessoas foram evacuadas das suas casas durante esses incêndios. Evacuações semelhantes repetiram-se em incêndios naturais nos anos seguintes. [*Terra* MODIS**, NASA/GSFC.]

**Trata-se do sensor Espectro-radiômetro Imageador de Resolução Moderada – MODIS (*Moderate Resolution Imaging Spectroradiometer*, em inglês).

Estudo Específico 3.1 Poluição
Perdas de ozônio estratosférico: um risco contínuo à saúde

Há mais radiação UVB do que nunca atravessando a camada protetora de ozônio da Terra, com efeitos danosos sobre a saúde humana, os vegetais e os ecossistemas marinhos. Nos humanos, o UVB provoca câncer de pele, catarata (um turvamento do cristalino) e enfraquecimento do sistema imunológico. O UVB altera a fisiologia vegetal de maneiras complexas, que levam à redução da produtividade agrícola. Nos ecossistemas marinhos, os cientistas documentaram quedas de 10% na produtividade de fitoplâncton em áreas de redução de ozônio em volta da Antártica – esses organismos são os produtores primários que formam a base da cadeia alimentar do oceano.

Se todo o ozônio em nossa atmosfera fosse trazido até a superfície terrestre e comprimido à pressão superficial, a camada de ozônio só teria 3 mm de espessura. À altitude de 29 km, onde a camada de ozônio tem sua maior densidade, ela contém apenas 1 parte de ozônio para 4 milhões de partes de ar. No entanto, essa camada relativamente fina esteve em estado de equilíbrio estacionário* ao longo de centenas de milhões de anos, absorvendo a intensa radiação ultravioleta e permitindo que a vida avançasse com segurança sobre a Terra.

Os cientistas vêm monitorando a camada de ozônio a partir de estações em solo desde a década de 1920. As medições por satélite começaram em 1978. Utilizando dados desses instrumentos, os cientistas monitoram o ozônio com precisão crescente durante os últimos 35 anos (Figura 3.1.1). (Acesse http://ozonewatch.gsfc.

_____
*N. de R.T.: *Steady-state equilibrium*, no original em inglês.

nasa.gov/.)** A Tabela 3.1.1 provê um resumo cronológico dos eventos relacionados à redução do ozônio.

As perdas de ozônio explicadas

Em 1974, dois químicos atmosféricos, F. Sherwood Rowland e Mario Molina, propuseram a hipótese de que algumas substâncias químicas sintéticas estavam liberando átomos de cloro que decompõem o ozônio. Esses **clorofluorcarbonos**, ou CFCs, são moléculas sintéticas de cloro, flúor e carbono.

Os CFCs são estáveis, ou inertes, sob as condições da superfície terrestre e possuem notáveis propriedades de calor. Essas qualidades os tornaram valiosos como propelentes em sprays de aerossóis e como refrigerantes***. Além disso, cerca de 45% dos CFCs eram usados como solventes na indústria eletrônica e utilizados como agentes espumantes. Sendo inertes, as moléculas de CFCs não se dissolvem na água e não quebram nos processos biológicos. (Em contrapartida, compostos de cloro derivados de erupções vulcânicas e borrifos oceânicos são solúveis em água e raramente atingem a estratosfera.)

Os pesquisadores Rowland e Molina levantaram a hipótese de que as moléculas estáveis de CFCs migram lentamente para a estratosfera, onde a intensa radiação ultravioleta divide-as, liberando os átomos de cloro (Cl). Esse processo

_____
**N. de R.T.: No Brasil, a questão do ozônio é tratada por órgãos e institutos de vários ministérios do governo federal. Por exemplo, consulte o site do Ministério do Meio Ambiente sobre a proteção da camada de ozônio.

***N. de R.T.: Por exemplo, aqueles usados em geladeiras.

produz um conjunto complexo de reações que quebram as moléculas de ozônio (O_3) e deixam moléculas de gás oxigênio (O_2) em seu lugar. O efeito é grave, pois um único átomo de cloro pode decompor mais de 100.000 moléculas de ozônio.

O longo tempo de permanência dos átomos de cloro na camada de ozônio (40 a 100 anos) significa que o cloro já presente provavelmente terá consequências de longo prazo. Dezenas de milhões de toneladas de CFCs foram vendidas em todo o mundo desde 1950, sendo subsequentemente liberadas na atmosfera.

Uma resposta internacional

Os Estados Unidos proibiram a venda e a produção de CFCs em 1978. No entanto, as vendas aumentaram novamente em 1981, quando um decreto presidencial permitiu a exportação e venda de produtos proibidos. As vendas de CFCs atingiram um novo pico em 1987, com 1,2 milhão de toneladas, ponto em que um acordo internacional impediu um maior crescimento das vendas. O *Protocolo de Montreal sobre Substâncias que Destroem a Camada de Ozônio* (1987) visa à redução e à eliminação de todas as substâncias destruidoras do ozônio. Com 189 países signatários, o protocolo é considerado o mais bem-sucedido acordo internacional da história (acesse http://ozone.unep.org/new_site/en/index.php).

As vendas de CFCs foram caindo até que toda produção de CFCs prejudiciais terminou, em 2010. Ainda há preocupação com alguns compostos substitutos e um robusto mercado negro de CFCs proibidos. Em 2007, o protocolo instituiu uma redução gradual agressiva dos HCFCs, ou *hidroclorofluorcarbonos*, um dos compostos que substituiu os CFCs. Se o proto-

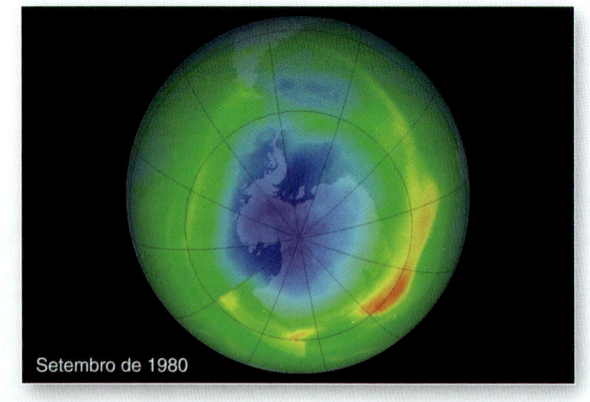

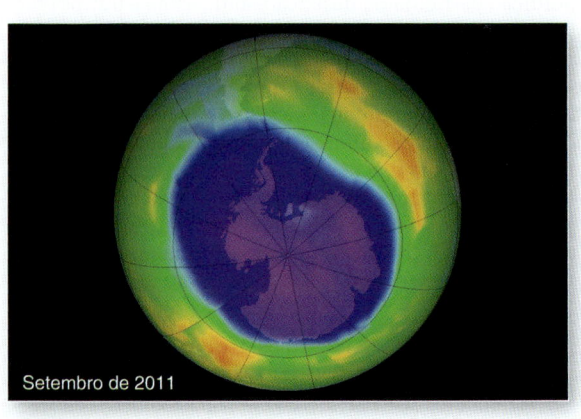

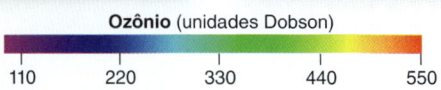

▲**Figura 3.1.1 O buraco de ozônio antártico.** Essas imagens mostram a extensão em área do "buraco" na camada de ozônio em 1980 e 2011. Azul e roxo indicam ozônio baixo (o "buraco"); verde, amarelo e vermelho denotam mais ozônio. [NASA; imagens anuais entre 1979 e 2011 estão em http://earthobservatory.nasa.gov/Features/WorldOfChange/ozone.php.]

colo for plenamente aplicado, os cientistas estimam que a estratosfera voltará ao normal em um século.

Por seu trabalho, os doutores Rowland (que faleceu em 2012), Molina e outro colega, Paul Crutzen, receberam o Prêmio Nobel de Química de 1995.

Perdas de ozônio sobre os polos

Como os CFCs do Hemisfério Norte se concentram sobre o Polo Sul? O cloro liberado nas latitudes médias do Hemisfério Norte concentra-se sobre a Antártica pelo trabalho de ventos atmosféricos. Temperaturas frias persistentes no inverno longo e escuro criam um padrão hermético de circulação atmosférica – o vórtice polar – que ocorre durante vários meses. As substâncias químicas e a água na estratosfera congelam, formando *nuvens estratosféricas polares* finas e geladas.

Dentro dessas nuvens, as superfícies das partículas de gelo possibilitam que as substâncias químicas reajam, liberando cloro. O cloro só consegue destruir o ozônio com a adição de luz UV, que chega com a primavera, em setembro (Figura 3.1.2). A luz UV desencadeia a reação que destrói o ozônio e forma o "buraco" na camada de ozônio. À medida que o vórtice polar se desfaz e as temperaturas aumentam, os níveis de ozônio voltam ao normal sobre a região antártica.

Sobre o Polo Norte, as condições são mais instáveis, de modo que o buraco é menor, embora esteja crescendo a cada ano. Em 2011, o buraco na camada de ozônio do Ártico foi o maior já registrado (acesse http://earthobservatory.nasa.gov/IOTD/view.php?id=49874).

Verifique algumas das fontes listadas de dados na Internet para atualizações periódicas sobre a estratosfera. Os efeitos das substâncias destruidoras do ozônio ficarão conosco pelo resto deste século.

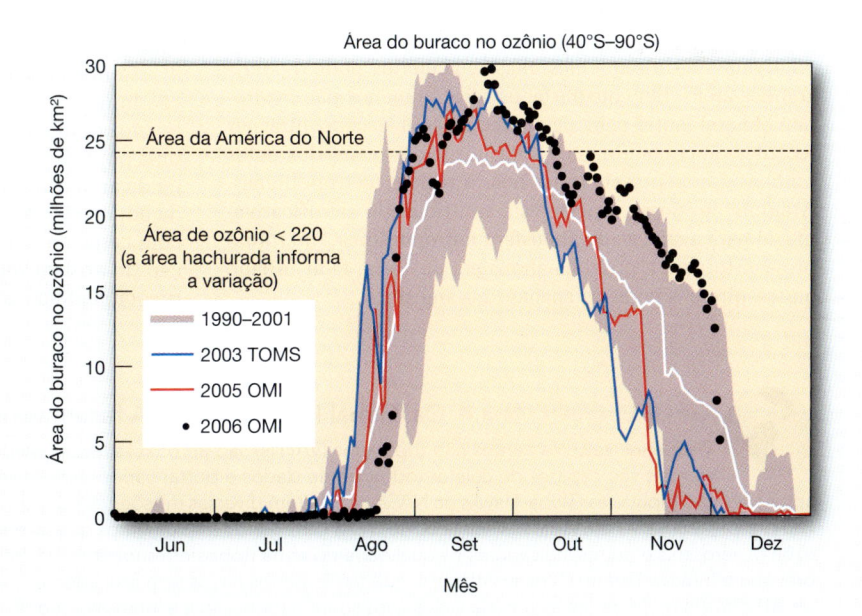

▶ **Figura 3.1.2 Cronologia e extensão da destruição do ozônio sobre a Antártica.** A área de carência do ozônio normalmente atinge seu pico no fim de setembro; ela alcançou seu tamanho recorde em 2006. O instrumento Espectrômetro de Mapeamento do Ozônio Total (TOMS)* da NASA começou a medir o ozônio em 1978. Desde 2004, o Instrumento de Monitoramento de Ozônio (OMI)** a bordo do *Aura* vem monitorando a redução da camada de ozônio. O satélite *Suomi-NPP*, lançado em 2011, carrega a *Ozone Mapper Profiler Suite* (OMPS) para acompanhar a recuperação da camada de ozônio. A redução do ozônio em 2012 foi a segunda mais baixa em 20 anos, principalmente como resultado das temperaturas mais quentes na estratosfera antártica. [Dados de GSFC/NASA.]

*N. de R.T.: Sigla em inglês para *Total Ozone Mapping Spectrometer*.
**N. de R.T.: Sigla em inglês para *Ozone Monitoring Instrument*.

TABELA 3.1.1 Eventos significativos na história da destruição do ozônio

Década 1960	• Especialistas manifestam preocupação de que substâncias químicas produzidas pela atividade humana na atmosfera possam afetar o ozônio.
Década 1970	• Cientistas levantam a hipótese de que as substâncias químicas sintéticas (especialmente os *clorofluorcarbonos [CFCs]*), liberam átomos de cloro que reagem quimicamente, decompondo o ozônio. • Os Estados Unidos e outros países proíbem os CFCs e propelentes de aerossol em 1978 (embora a proibição nos EUA seja enfraquecida em 1981).
Década 1980	• Medições de satélite confirmam que há um grande "buraco" na camada de ozônio acima da Antártica entre setembro e novembro (a primavera antártica). • Na região ártica, onde as condições estratosféricas e as temperaturas diferem das antárticas, a redução do ozônio ocorre em escala menor. • O consenso científico confirma os CFCs como a causa da destruição do ozônio, conscientizando o público sobre os efeitos globais da atividade humana sobre a atmosfera. • 189 países assinam o *Protocolo de Montreal* de 1987, um acordo internacional pelo abandono gradual de substâncias destruidoras do ozônio.
Década 1990	• Organizações internacionais padronizam o informe da radiação UV para o público – o *Índice UV*.
Desde 2000	• Em setembro de 2006, ocorre a maior área de redução do ozônio sobre a Antártica já registrada – uma área de cerca de 30 milhões de km². • Em 2010, a Agência de Preservação Ambiental dos EUA (EPA) proíbe toda produção de CFCs. • Em 2011, os cientistas encontram um considerável buraco na camada de ozônio sobre a região ártica. • Em 2012, cientistas relatam que as intensas tempestades de verão nos Estados Unidos estão aumentando o vapor d'água atmosférico na estratosfera inferior, provocando reações químicas que destroem o ozônio. A mudança climática é que está desencadeando a ocorrência mais frequente dessas tempestades.

TABELA 3.4 Principais poluentes nas áreas urbanas

Nome	Símbolo	Fontes	Descrição e efeitos
Monóxido de carbono	CO	Combustão incompleta de combustíveis, principalmente emissões veiculares	Gás inodoro, incolor e insípido. Tóxico devido à afinidade com a hemoglobina. Desaloja o O_2 da corrente sanguínea; de 50 a 100 ppm causam dor de cabeça e perdas de visão e discernimento.
Óxidos de nitrogênio	NO_x (NO, NO_2)	Práticas agrícolas, fertilizantes e combustão em alta temperatura/pressão, principalmente de emissões veiculares	Gás asfixiante marrom-avermelhado. Arde o sistema respiratório, destrói tecidos do pulmão. Leva à deposição ácida.
Compostos orgânicos voláteis	COVs	Combustão incompleta de combustíveis fósseis como a gasolina; solventes de limpeza e tintas	Agentes principais na formação do ozônio superficial.
Ozônio	O_3	Reações fotoquímicas relacionadas a emissões de veículos motorizados	Gás altamente reativo e instável. O ozônio ao nível do solo irrita os olhos e o sistema respiratório dos humanos. Danifica as plantas.
Nitratos de peroxiacetila	PANs*	Reações fotoquímicas relacionadas a emissões de veículos motorizados	Sem efeitos sobre os humanos. Danifica fortemente plantas, florestas e culturas agrícolas.
Óxidos de enxofre	SO_x (SO_2, SO_3)	Combustão de combustíveis contendo enxofre	Incolor, mas com cheiro irritante. Dificulta a respiração, e afeta o limiar do paladar. Causa asma, bronquite e enfisema em humanos. Leva à deposição ácida.
Matéria particulada	MP	Atividades industriais, queima de combustível, emissões veiculares, agricultura	Mistura complexa de partículas sólidas e líquidas, incluindo poeira, fuligem, sal, metais e matéria orgânica. Poeira, fumaça e névoa seca afetam a visibilidade. O carbono negro pode desempenhar um papel crítico na mudança climática. Toxicidade: causa bronquite e afeta funções pulmonares.
Dióxido de carbono	CO_2	Combustão completa de combustíveis fósseis	Principal gás de efeito estufa (vide Capítulo 11)

*N. de R.T.: Do termo em inglês *peroxyacetyl nitrates* – PANs.

no Oeste dos Estados Unidos, onde as maiores temperaturas de primavera e verão e o degelo precoce provocam um estação de incêndios mais longa. Essas conexões verificam-se em todo o globo, como na Austrália, flagelada pela seca, onde milhares de incêndios naturais queimaram milhões de hectares nos últimos anos (vide foto de abertura e legenda do Capítulo 5).

Os eventos naturais que produzem contaminantes atmosféricos, como erupções vulcânicas e incêndios naturais, ocorreram durante toda a evolução humana na Terra. Eles são relativamente infrequentes, mas seus efeitos podem cobrir grandes áreas. Em constraste, os seres humanos não evoluíram em ambientes com algo parecido com as concentrações recentes de contaminantes *antropogênicos* (causados pelos humanos) hoje presentes nas nossas regiões metropolitanas. Atualmente, nossa espécie está contribuindo significativamente para a criação da **atmosfera antropogênica**, um rótulo provisório para a próxima atmosfera da Terra. O ar urbano que respiramos pode ser apenas uma amostra.

A poluição antropogênica

A poluição atmosférica antropogênica continua a ser predominante nas regiões urbanizadas. De acordo com a Organização Mundial da Saúde, estima-se que a poluição urbana do ar exterior provoque 1,3 milhão de mortes em todo o mundo. Nos Estados Unidos, embora a qualidade do ar esteja melhorando em muitos lugares, 41% da população do país (mais de 127 milhões de pessoas) vivem sob níveis não saudáveis de poluição do ar.

Com o crescimento das populações urbanas, a exposição humana à poluição do ar aumenta. Um estudo recente empregando dados de satélites identificou a Índia, com uma população urbana de 31%, como tendo a pior qualidade de ar dentre os 132 países pesquisados. Mais da metade da população mundial hoje vive em regiões metropolitanas, com cerca de um terço sob níveis não saudáveis de poluição do ar. Isto representa um problema de saúde pública preocupante neste século.

GEOrelatório 3.4 Os Global Hawks da NASA fazem voos científicos

Pequenos veículos aéreos não tripulados (VANTs) são aeronaves leves guiadas por controle remoto. Esses drones instrumentais são capazes de coletar todo tipo de dados e portar vários dispositivos de sensoriamento remoto. Desde 2010, as aeronaves não tripuladas Global Hawks da NASA concluíram diversas missões científicas, voando até 32 horas ou mais em trajetórias de voo pré-programadas em altitudes acima de 18,3 km, carregando instrumentos que fazem amostragem de substâncias destruidoras de ozônio, aerossóis e outros indicadores da qualidade do ar na troposfera superior e na estratosfera inferior. O primeiro Global Hawk sobrevoou o furacão Karl no Oceano Atlântico, coletando dados novos sem precedentes na pesquisa sobre furacões. Dois Global Hawks de 2012 fazem parte de um estudo de vários anos sobre a formação e a intensificação dos furacões no Pacífico.

A Tabela 3.4 lista nomes, símbolos químicos, principais fontes e impactos dos poluentes aéreos urbanos. Os primeiros sete poluentes na tabela resultam da queima de combustíveis fósseis pelos meios de transporte (especialmente carros e caminhões leves). Por exemplo, o **monóxido de carbono (CO)** origina-se da combustão incompleta, que ocorre quando o carbono de um combustível não consegue queimar completamente por falta de oxigênio. A toxicidade do monóxido de carbono se deve à sua afinidade com a hemoglobina sanguínea, como explicado no GeoRelatório 3.5. A principal fonte antropogênica de monóxido de carbono são as emissões veiculares.

O transporte por veículos motorizados ainda é a maior fonte de poluição do ar nos Estados Unidos e no Canadá, apesar dos aprimoramentos nas emissões veiculares dos últimos 30 anos. A redução da poluição atmosférica do setor de transportes envolve tecnologias disponíveis que resultem em economia para o consumidor e levem a benefícios importantes para a saúde. Isso torna ainda mais incompreensível a contínua relutância da indústria em trabalhar para obter maior eficiência de combustível. Mais aprimoramentos na eficiência de combustível e reduções nas emissões de combustíveis, seja mediante inovação tecnológica ou promovendo outras formas de transporte, são crítico para reduzir a poluição do ar.

Fontes estacionárias de poluição, como usinas de energia elétrica e instalações industriais que utilizam combustíveis fósseis, contribuem com a maior parte dos óxidos de enxofre e particulados. As concentrações são maiores no Hemisfério Norte, especialmente sobre o leste da China e o norte da Índia.

Smog fotoquímico

Embora geralmente não estivesse presente nos ambientes humanos até o advento do automóvel, o smog fotoquímico é hoje um componente importante da poluição antropogênica do ar; ele é responsável pelo céu enevoado e a luz solar reduzida em muitas das nossas cidades. O **smog fotoquímico** origina-se da interação da luz solar e dos produtos da combustão na exaustão dos automóveis, principalmente óxidos de nitrogênio e **compostos orgânicos voláteis (COVs)**, como os hidrocarbonetos que evaporam da gasolina. Embora o termo *smog* – uma combinação das palavras *smoke* e *fog* (em inglês, fumaça e neblina, respectivamente) – costume ser usado para descrever essa poluição, ele é um termo enganoso.

A conexão entre a exaustão dos automóveis e o smog fotoquímico só foi determinada em 1953, em Los Angeles, muito tempo depois que a sociedade tinha estabelecido a sua dependência em relação a carros e caminhões. Apesar dessa descoberta, o transporte de massa diminuiu de forma generalizada, as estradas de ferro minguaram e os poluidores e ineficientes automóveis individuais continuaram a ser o meio de transporte preferido nos Estados Unidos e em muitos outros países.

As altas temperaturas dos motores dos automóveis produzem **dióxido de nitrogênio (NO_2)**, uma substância química também emitida pelas usinas de energia, embora em menor quantidade. O NO_2 está envolvido em diversas reações importantes que afetam a qualidade do ar:

- Interações com o vapor de água formam ácido nítrico (HNO_3), um contribuinte para a deposição ácida pela precipitação, o assunto do Estudo Específico 3.2.
- Interações com os COVs produzem **nitratos de peroxiacetila**, ou **PANs**, poluentes que danificam plantações e florestas, emboram não tenham efeitos sobre a saúde humana.
- Interações com o oxigênio (O_2) e com os COVs formam *ozônio ao nível do solo*, o principal componente do smog fotoquímico.

Em *Geossistemas em Ação*, a Figura GEA 3 (páginas 76-77) sintetiza como a exaustão do carro é convertida em smog fotoquímico. Na reação fotoquímica, a radiação ultravioleta libera oxigênio atômico (O) e uma molécula de óxido nítrico (NO) a partir do NO_2. O átomo de oxigênio livre se combina com uma molécula de oxigênio, O_2, para formar o oxidante ozônio, O_3. O ozônio do smog fotoquímico é o mesmo gás que é benéfico para nós na estratosfera, pela absorção de radiação ultravioleta. No entanto, ao nível do solo, o ozônio é um gás reativo que danifica os tecidos biológicos e possui uma variedade de efeitos nocivos sobre a saúde humana, incluindo irritação pulmonar, asma e suscetibilidade a doenças respiratórias.

Por várias razões, as crianças correm maior risco – nos Estados Unidos, uma em cada quatro crianças pode desenvolver problemas de saúde devido à poluição por ozônio. Essa taxa é considerável: significa que mais de 12 milhões de crianças são vulneráveis nas regiões metropolitanas com mais ozônio ao nível do solo (Los Angeles, Bakersfield, Sacramento, San Diego e outras cidades da Califórnia; Houston; Dallas–Fort Worth; Washington–Baltimore). Para mais informações e rankings das melhores e piores cidades, acesse http://www.lung.org (insira "city rankings" na caixa de busca do site).

Os COVs, que reagem com os óxidos de nitrogênio para formar o smog fotoquímico, incluem uma diversidade de substâncias químicas – os poluentes da gasolina e da combustão de aparelhos elétricos ao ar livre, assim como os poluentes emitidos dentro de casa por tintas e outros materiais residenciais – que são fatores importantes na formação do ozônio. Estados como a Califórnia baseiam seus padrões para o controle da poluição pelo ozônio no controle das emissões de COVs – uma ênfase cientificamente correta.

GEOrelatório 3.5 Monóxido de carbono – o poluente incolor e inodoro

Quando seu carro está em ponto morto em um cruzamento ou você caminha em uma garagem de estacionamento, você pode estar exposto a 50–100 ppm de monóxido de carbono sem perceber que inala esse gás incolor e inodoro. Na brasa de um cigarro aceso, os níveis de CO atingem 42.000 ppm. Não é de admirar que o fumo passivo afeta os níveis de CO no sangue de todos que respiram por perto, produzindo efeitos mensuráveis sobre a saúde. O que acontece fisiologicamente? O CO se combina com a hemoglobina do sangue humano (que carrega o oxigênio), desalojando o oxigênio. O resultado é que a hemoglobina não transporta mais oxigênio adequado até os órgão vitais, como o coração e o cérebro; exposição excessiva ao CO causa mal súbito e morte [acesse http://www.cdc.gov/nceh/airpollution/].

♀ Estudo Específico 3.2 Poluição
Deposição ácida: Danosa aos ecossistemas

A deposição ácida é um grave problema ambiental em algumas áreas dos Estados Unidos, do Canadá, da Europa e da Ásia. Essa deposição é mais conhecida como "chuva ácida", mas ocorre também como "neve ácida"* e na forma seca, como poeira ou aerossóis. Estimativas governamentais dos danos decorrentes da deposição ácida nos Estados Unidos, no Canadá e na Europa ultrapassam os US$ 50 bilhões anuais.

A deposição ácida tem ligação causal com sérios problemas ambientais: morte e declínio das populações de peixes, dano florestal generalizado, alterações na química do solo e dano a edifícios, esculturas e artefatos históricos. As regiões que mais sofreram são o nordeste dos Estados Unidos, o sudeste do Canadá, a Suécia, a Noruega, a Alemanha, muito do leste da Europa e a China.

Formação ácida

O problema começa quando dióxido de enxofre e óxidos de nitrogênio são emitidos como subprodutos de fertilizantes e queima de combustíveis fósseis. Os ventos levam esses gases a muitos quilômetros de distância das suas fontes. Uma vez na atmosfera, as substâncias químicas são convertidas em ácido nítrico (HNO_3) e ácido sulfúrico (H_2SO_4). Esses ácidos são removidos da atmosfera pelos processos de deposição úmida e seca, caindo como chuva ou neve ou ligados a outras matérias particuladas. O ácido então assenta na paisagem, por fim entrando em cursos d'água e lagos e sendo transportado pelo escoamento e pelos fluxos subterrâneos.

A acidez da precipitação é medida pela escala pH, que expressa a abundância relativa de íons de hidrogênio livre (H^+) em uma solução – são eles que tornam os ácidos corrosivos, pois se combinam facilmente com outros íons. A escala pH é logarítmica: cada número inteiro representa um aumento de dez vezes. Um pH de 7,0 é neutro (nem ácido nem básico). Valores inferiores a 7,0 são cada vez mais ácidos, e valores superiores a 7,0 são cada vez mais básicos, ou alcalinos. (Vide a Figura 18.7 para uma representação gráfica da escala.)

A precipitação natural dissolve o dióxido de carbono da atmosfera para formar ácido carbônico. Esse processo libera íons de hidrogênio e resulta em um pH médio de 5,65 para a precipitação. A escala normal para a precipitação está entre 5,3 e 6,0. Assim, a precipitação normal é sempre ligeiramente ácida. Os cientistas já mediram precipitação com pH ácido de até 2,0 no Leste dos Estados Unidos, na Escandinávia e na Europa. Para comparação, o vinagre e o suco de limão têm pH ligeiramente inferior a 3,0. Em lagos, plantas aquáticas e fauna perecem quando o pH fica abaixo de 4,8.

Efeitos sobre os sistemas naturais

Mais de 50.000 lagos e cerca de 100.000 km de córregos nos Estados Unidos e no Canadá estão com o pH em um nível abaixo do normal (isto é, um pH abaixo de 5,3), com várias centenas de lagos incapazes de manter qualquer vida aquática. A deposição ácida provoca a liberação de alumínio e magnésio a partir de minerais de argila no solo, e ambos são prejudiciais para os peixes e as comunidades vegetais.

Além disso, depósitos relativamente inofensivos de mercúrio nos sedimentos de fundo dos lagos são convertidos, nas águas lacustres acidificadas, para o altamente tóxico *metilmercúrio*, que é mortal para a vida aquática e circula por todos os sistemas biológicos. Informes locais de saúde são divulgados regularmente em duas províncias canadenses e 22 estados dos EUA para advertir os pescadores sobre o problema do metilmercúrio.

A deposição ácida afeta os solos ao matar micro-organismos e provocar declínio nos nutrientes do solo. Na Floresta Experimental Hubbard Brook, no Estado de New Hampshire, EUA (http://www.hubbardbrook.org/), um estudo contínuo de 1960 até o presente constatou que metade dos nutrientes catiônicos de cálcio e magnésio foi lixiviada do solo. O excesso de ácidos é a causa da perda.

Há danos florestais que se originam de deficiências em nutrientes do solo. O impacto mais avançado é visto nas florestas da Europa Oriental, especialmente devido à sua longa história de queima de carvão e à densidade da atividade industrial. Na Alemanha e na Polônia, até 50% das florestas estão mortas ou danificadas.

No leste dos Estados Unidos, algumas das piores devastações florestais ocorreram nas florestas de abeto e pináceas da Carolina do Norte e do Tennessee (Figura 3.2.1). Nas

---

*N. de R.T.: Na década de 1980, o fenômeno da neve ácida foi constatado inclusive nas geleiras e calotas de gelo a 78° N, no Arquipélago de Svalbard, decorrente da intensa queima de carvão na Europa Oriental antes da queda do muro de Berlim.

▲Figura 3.2.1 **O flagelo da deposição ácida.** Florestas atingidas no monte Mitchell, nos montes Apalaches. [Will e Deni McIntyre/Photo Researchers.]

Smog industrial e óxidos de enxofre

Nos últimos 300 anos, salvo em alguns países em desenvolvimento, o carvão lentamente substituiu a madeira como o combustível básico da sociedade, para fornecer a energia de alta qualidade necessária para abastecer as máquinas. A Revolução Industrial levou à conversão de energia *animada* (proveniente de fontes animais, como equipamentos agrícolas movidos por animais) para energia *inanimada* (proveniente de fontes não vivas, como carvão, vapor e água). A poluição gerada pelas indústrias e pela geração de energia pela queima de carvão difere daquela produzida pelo sistema de transporte.

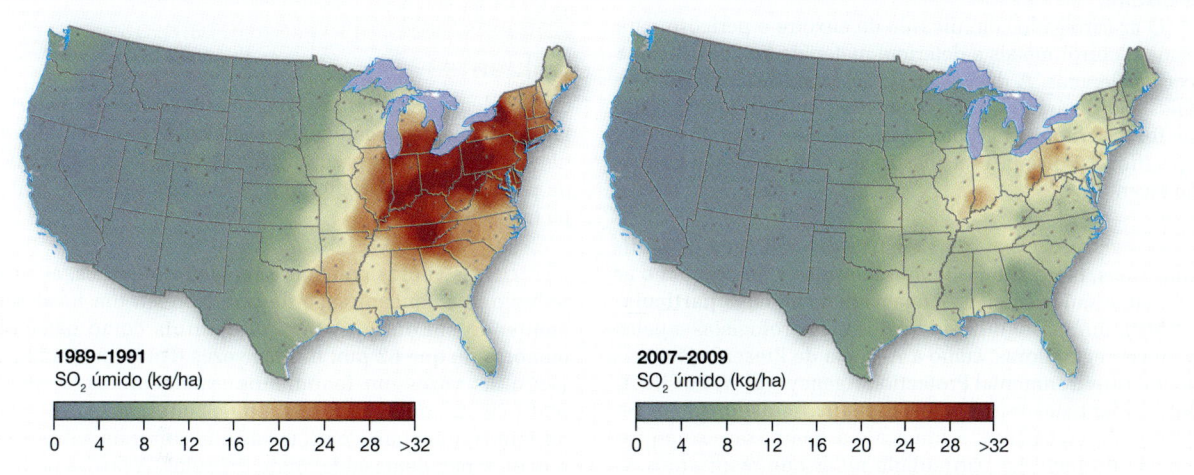

▲**Figura 3.2.2 Melhora na média anual norte-americana de deposição úmida de sulfato.** A representação espacial da deposição úmida de sulfato na paisagem, em dois períodos separados por 3 anos, em quilogramas por hectare, indica um pronunciado decréscimo desde 1989 no sulfato que cai sobre a terra como chuva, neve ou névoa. As melhoras resultam da ação regulatória combinada do Canadá e dos EUA sobre as emissões que acrescentam ácidos ao meio ambiente. [Fonte: National Atmospheric Deposition Program, 2010.]

montanhas Adirondack, o abeto vermelho (*Picea rubens*) e o bordo-açucareiro (*Acer saccharum*) foram atingidos com severidade especial. As árvores afetadas são sensíveis ao frio do inverno, aos insetos e à seca. No abeto vermelho, o declínio é evidenciado pelo mau estado da coroa, crescimento reduzido comprovado por análises dos anéis de crescimento e níveis incomumente altos de mortalidade das árvores. No bordo-açucareiro, um indicador dos danos florestais é a redução quase pela metade da produção anual de açúcar de bordo nos Estados Unidos e no Canadá.

Óxidos de nitrogênio: uma causa que piora

Nos Estados Unidos, o problema da deposição ácida parecia estar resolvido com a aprovação da legislação do Decreto do Ar Limpo (DAL)*, que visavam as emissões industriais de dióxido de enxofre e óxidos de nitrogênio. De 1990 a 2008, as emissões de enxofre oriundas de usinas de energia caíram quase 70%, e as taxas de deposição úmida de sulfato caíram em todo o leste dos Estados Unidos (Figura 3.2.2). Entretanto, as emissões de nitrogênio caíram pouco e aumentaram em algumas áreas. As emissões de óxido nítrico vêm de três fontes principais: operações agropecuárias (especificamente, fertilizantes e instalações de alimentação de animais, que produzem nitrogênio e amônia), veículos motorizados e usinas de combustão de carvão.

A Europa apresenta tendências semelhantes: diversos estudos recentes localizaram áreas com altos níveis de óxidos de nitrogênio atmosféricos na Suíça e no norte da Itália, presumivelmente associados à agricultura intensiva e queima de combustível fóssil, assim como na Noruega, onde a deposição ácida nos cursos d'água pode ter impactos sobre a indústria do salmão, economicamente importante. Porém, 49 países europeus começaram a regulamentar as emissões de nitrogênio em 1999, ocasionando uma diminuição regional de cerca de um terço nas emissões de nitrogênio.

Na China, o uso excessivo de fertilizantes nitrogenados (um aumento de 191% entre 1991 e 2007) levou à deposição ácida nos solos, reduzindo a produção agrícola entre 30% e 50% em algumas regiões. Se essa tendência prosseguir, os cientistas temem que o pH do solo possa cair até 3,0, muito abaixo do nível ideal de 6,0 a 7,0 necessário para cereais como o arroz.

A deposição ácida é uma questão de importância espacial global. Como os padrões eólicos e climáticos são internacionais, os esforços para resolver o problema também devem ter escopo internacional. Reduções nas emissões que causam acidez estão intimamente ligadas à conservação de energia e, portanto, diretamente relacionadas à produção de gases do efeito estufa e às preocupações com a mudança climática. Pesquisas recentes apontando o nitrogênio como a principal causa de deposição ácida vincula essa questão também a problemas de produção alimentar e sustentabilidade global.

---

*No Brasil, a Resolução do CONAMA (Conselho Nacional do Meio Ambiente) n°5, de 15 de junho de 1989, instituiu o Programa Nacional de Controle da Qualidade do Ar – PRONAR. Ao longo dos anos, várias resoluções do CONAMA criaram limites para poluentes do ar a nível nacional.

A poluição do ar associada com a queima de carvão pelas indústrias é conhecida como **smog industrial** (vide Figura GEA 3.1). O termo *smog*, já mencionado, foi cunhado em 1900 por um médico londrino para descrever a combinação de névoa e fumaça que contém gases de enxofre (o enxofre é uma impureza dos combustíveis fósseis); no caso da poluição atmosférica industrial, o uso de *smog* é correto.

A poluição industrial possui altas concentrações de dióxido de carbono, *particulados* (discutidos logo adiante) e óxidos de enxofre. Uma vez na atmosfera, o **dióxido de enxofre (SO_2)** reage com o oxigênio (O) para formar trióxido de enxofre (SO_3), o qual é altamente reativo e, na presença de água ou vapor d'água, forma partículas minúsculas chamadas de **aerossóis de sulfato**. O ácido sulfúrico (H_2SO_4) pode formar-se também, mesmo em um ar moderadamente poluído sob temperaturas normais. Aparelhos elétricos que queimam carvão e a indústria siderúrgica são as principais fontes de dióxido de enxofre.

O ar carregado com dióxido de enxofre é perigoso para a saúde, corrói metais e deteriora materiais de construção a taxas aceleradas. A deposição de ácido sulfúrico, somada à deposição de ácido nítrico, aumentou em gravidade desde que foi descrita pela primeira vez, nos anos 1970. O Estudo Específico 3.2 discute esta questão atmosférica vital e a situação recente.

Particulados/aerossóis A mistura diversificada de partículas finas, tanto sólidas quanto líquidas, que poluem o ar e afetam a saúde humana é chamada de **matéria particulada (MP)**, um termo utilizado pelos meteorologistas e pelas agências reguladoras, como a Agência de Preservação Ambiental (Environmental Protection Agency – EPA) dos EUA. Outros cientistas referem-se a esses particulados como aerossóis. A névoa seca, a fumaça e a poeira são exemplos visíveis do material particulado no ar que respiramos. O sensoriamento remoto hoje proporciona um retrato global desses aerossóis – olhe a imagem de fundo mais adiante em *O Denominador Humano*, Figura DH 3.

O *carbono negro* ("black carbon" em inglês), ou "fuligem", é um aerossol com efeitos devastadores sobre a saúde nos países em desenvolvimento, especialmente onde as pessoas queimam esterco animal para cozinhar e se aquecer. Esse particulado fino não predomina necessariamente em áreas urbanas: o carbono negro é produzido principalmente em pequenos vilarejos, mas os ventos podem espalhá-lo por todo o globo. Na África, Ásia e América do Sul, os fogões a lenha produzem as maiores concentrações, com motores a diesel e usinas de carvão desempenhando um papel menor. O carbono negro é um poluente interno e externo, composto de carbono puro em diversas formas; ele absorve o calor da atmosfera e altera a refletividade das superfícies da neve e do gelo, o que lhe confere um papel crítico na mudança climática (discutida no Capítulo 4).

Os efeitos da MP* sobre a saúde humana variam com o tamanho da partícula. $MP_{2,5}$ é a designação para particulados com 2,5 mícrons (2,5 μm) ou menos de diâmetro; são esses que oferecem o maior risco. Os aerossóis de sulfato são um exemplo, com tamanho variando entre 0,1 e 1 μm de diâmetro. Em comparação, um cabelo humano varia entre 50 e 70 μm de diâmetro. Essas partículas finas, como partículas de combustão, *material orgânico* (materiais biológicos, como o pólen) e aerossóis metálicos podem entrar nos pulmões e na corrente sanguínea. Partículas grossas (MP_{10}) são de menor importância, embora possam irritar os olhos, o nariz e a garganta.

Novos estudos estão sugerindo que partículas ainda menores, conhecidas como *ultrafinas* ($MP_{0,1}$ de tamanho), são causadoras de sérios problemas de saúde. Estas podem causar muito mais problemas do que as $MP_{2,5}$ e MP_{10}, porque elas entram em canais menores do tecido pulmonar e causam cicatrizes, espessamento anormal e a deterioração chamada de *fibrose*. A ocorrência de asma praticamente dobrou desde 1980 nos Estados Unidos, sendo a poluição do ar por veículos motorizados uma das causas principais – especificamente, ozônio, dióxido de enxofre e matéria particulada fina.

Fatores naturais que afetam os poluentes

Os problemas resultantes dos contaminantes atmosféricos naturais ou antropogênicos são agravados por vários fatores naturais. Entre estes predominam o vento, as características da paisagem local e regional e as inversões de temperatura na troposfera.

Ventos Os ventos coletam e movem poluentes, às vezes reduzindo a concentração da poluição em um local e aumentando em outra. A poeira, definida como partículas menores do que 62 μm, muitas vezes é movimentada pelo vento, às vezes em fenômenos espetaculares. A poeira pode vir de fontes naturais, como leitos lacustres secos, ou fontes humanas, como terras que sofreram sobrepastoreio ou foram demasiadamente irrigadas. A poeira pode ser monitorada por análise química para determinar a área de onde vem.

Viajando com os ventos predominantes, a poeira da África contribui para os solos da América do Sul e da Europa, e a poeira do Estado do Texas (EUA) acaba no Oceano Atlântico (Figura 3.6). Imagine a qualquer momento um bilhão de toneladas de poeira no ar na circulação atmosférica, levada pelo vento!

Os ventos fazem da condição da atmosfera uma questão internacional. Por exemplo, os ventos predominantes transportam a poluição atmosférica dos Estados Unidos para o Canadá, causando muita crítica e negociação entre os dois governos. A poluição da América do Norte é acrescida aos problemas do ar europeu. Na Europa, a propagação de poluentes para além das fronteiras é comum devido à proximidade e ao pequeno tamanho dos países, um fator na formação da União Europeia (UE).

Névoa seca ártica** é um termo dos anos 1950, quando os pilotos percebiam a visibilidade menor na região ártica, seja no horizonte em frente, seja ao olhar para baixo da aeronave em ângulo. Névoa seca é uma concentração de partículas microscópicas e poluição atmosférica que diminui a claridade do ar. Uma vez que não há indústria pesada nessas altas latitudes e só existe uma população esparsa, essa névoa seca sazonal é um notável produto da industrialização alhures no Hemisfério Norte, especialmente na Eurásia. Aumentos recentes nos incêndios naturais no Hemisfério Norte e queimadas agrícolas nas latitudes médias contribuem para a névoa seca ártica.

Não existe uma névoa similar sobre o continente antártico. Com base na discussão acima, você pode imaginar por que não existe tal condição na Antártica?

Paisagens locais e regionais As paisagens locais e regionais também são fatores importantes que afetam a movimentação e concentração da poluição do ar. Montanhas e morros podem formar barreiras à circulação de ar ou direcionar a movimentação dos poluentes de uma área para outra. Alguns

---

*N. de R.T.: O índice MP representa a quantidade de matéria particulada presente em um dado volume. Geralmente é dada em $\mu g/m^3$ de ar. MP_{10} significa a concentração total de todas as partículas com diâmetro menor do que 10 μm; $MP_{2,5}$ são as menores do que 2,5 μm, que são as partículas respiráveis.

**N. de R.T.: Internacionalmente, o fenômeno é conhecido pelo nome em inglês, *Arctic Haze*.

Capítulo 3 • A atmosfera moderna da Terra 75

(a) Típica poeira levada por vento sai do Oeste da África em outubro de 2012, passando pelas ilhas do Cabo Verde e atravessando o Atlântico.

(b) Nuvens de poeira erguem-se das dunas de White Sands, Novo México, em 2012. Levadas pelos ventos de inverno, essas nuvens estendem-se ao leste por mais de 120 km, atingindo as montanhas Sacramento.

▲Figura 3.6 Ventos carregando poeira na atmosfera. [(a) LANCE MODIS Rapid Response Team, NASA GSFC. (b) Fotografia ISS030-E-174652, do astronauta da ISS, Image Science and Analysis Laboratory, NASA/JSC10.]

dos piores resultados de qualidade do ar resultam de quando paisagens locais retêm e concentram a poluição atmosférica.

Lugares com paisagens vulcânicas, como a Islândia e o Havaí, têm sua própria poluição natural. Durante períodos de atividade vulcânica contínua no vulcão Kilauea, cerca de 2000 toneladas de dióxido de enxofre são produzidas diariamente. As concentrações são, por vezes, altas o suficiente para merecer a transmissão de avisos sobre problemas de saúde, como ocorreu em 2011, 2012 e 2013. A chuva ácida e o smog vulcânico resultante, chamado de *vog* pelos havaianos (de *volcanic smog*, em inglês), causam prejuízos à agricultura, bem como outros impactos econômicos.

Inversão de temperatura As diferenças verticais de temperatura e de densidade atmosférica na troposfera também podem piorar as condições de poluição. Uma **inversão de temperatura** ocorre quando a temperatura normal, que normalmente diminui com a altitude (gradiente vertical normal), inverte sua tendência e começa a aumentar em algum ponto. Isso pode acontecer em qualquer elevação, do nível do solo até vários milhares de metros.

A Figura 3.7 compara um perfil normal de temperatura com aquele de uma inversão. No perfil normal (Figura 3.7a), o ar na superfície sobe porque é mais quente (menos denso) do que o ar circundante. Isso ventila o vale e modera

(a) Um perfil de temperatura normal.

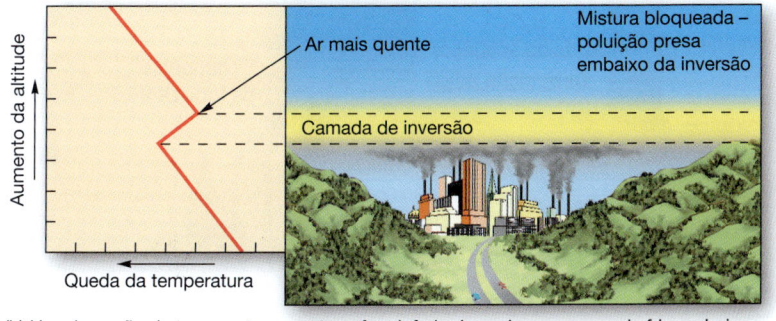

(b) Uma inversão de temperatura na atmosfera inferior impede que o ar mais frio embaixo da camada de inversão se misture com o ar acima. A poluição fica presa perto do chão.

(c) O topo de uma camada de inversão é visível ao amanhecer sobre um vale.

▲Figura 3.7 Perfis normal e invertido da temperatura atmosférica. [©Bobbé Christopherson.]

geossistemas em ação 3 — POLUIÇÃO ATMOSFÉRICA

A poluição atmosférica antropogênica se dá principalmente nas regiões urbanizadas, onde afeta a saúde humana. O smog fotoquímico produzido pelas emissões dos veículos motorizados é uma forma significativa de poluição atmosférica nas cidades. Todavia, mesmo em áreas rurais ou isoladas, a qualidade do ar pode ser afetada pela poluição, como a advinda de usinas de queima de carvão. O smog industrial afeta a área imediata, podendo também ser transportado por longas distâncias, especialmente quando altas chaminés industriais emitem poluentes para o alto da atmosfera. Portanto, os impactos adversos, como a deposição ácida, podem ocorrer longe da fonte poluidora.

O SISTEMA HUMANOS-ATMOSFERA-POLUIÇÃO
Substâncias liberadas pelas atividades humanas interagem com água e energia da radiação solar, produzindo diferentes formas de poluição atmosférica.

ENTRADAS
Queima de combustível fóssil
Transporte
Usinas de carvão e petróleo
Agricultura, fertilizantes
Radiação solar
Água

→ **AÇÕES** — Reações químicas →

SAÍDAS
Smog industrial
Smog fotoquímico
Deposição ácida

Esta usina de queima de carvão em Barentsburg, Svalbard, Noruega, carece de purificadores para reduzir as emissões na chaminé. [Bobbé Christopherson]

3.1 SMOG INDUSTRIAL

A poluição atmosférica originária de indústrias de queima de carvão, incluindo geração de energia elétrica, é conhecida como smog industrial. A poluição industrial possui altas concentrações de óxidos de enxofre, particulados e dióxido de carbono.

Óxidos de enxofre (SO_x, SO_2, SO_3)
Gás incolor e de cheiro irritante produzido pela combustão de combustíveis contendo enxofre
No meio ambiente: Leva à deposição ácida
Efeitos sobre a saúde: Prejudica a respiração, causa asma, bronquite e enfisema

Óxidos de nitrogênio NO_x (NO, NO_2)
Gás asfixiante marrom-avermelhado liberado por atividades agrícolas, fertilizantes e veículos a gasolina
No meio ambiente: Leva à deposição ácida
Efeitos sobre a saúde: Inflama o sistema respiratório, destrói tecidos do pulmão

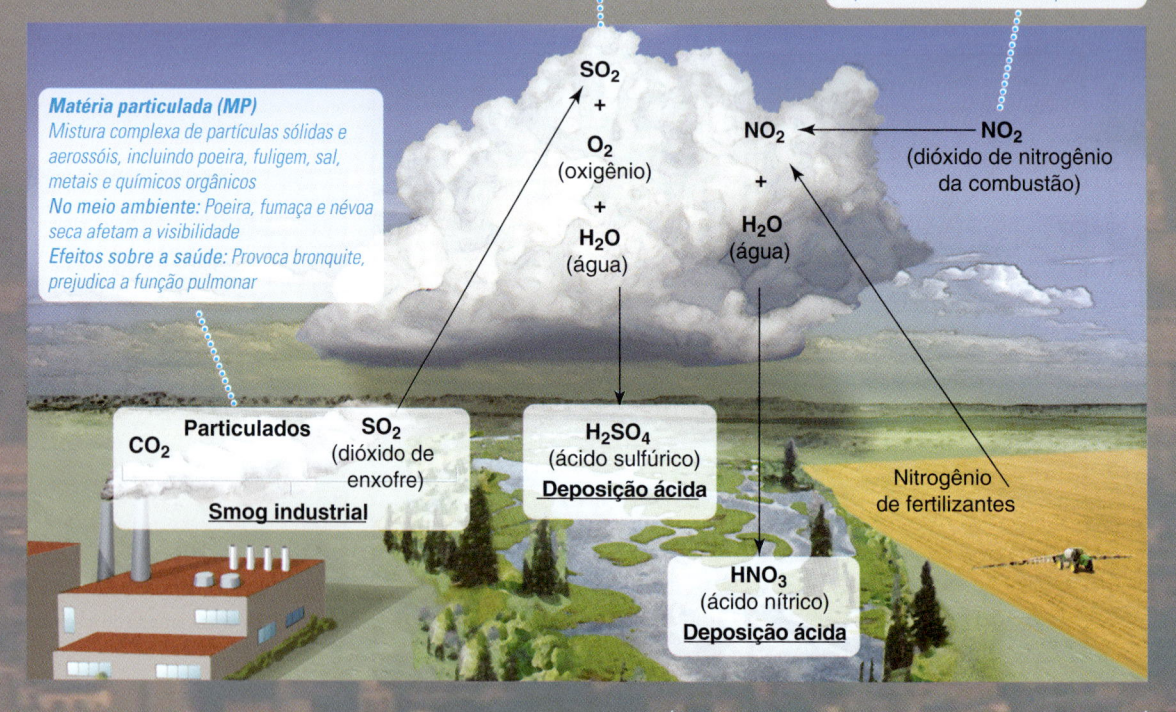

Matéria particulada (MP)
Mistura complexa de partículas sólidas e aerossóis, incluindo poeira, fuligem, sal, metais e químicos orgânicos
No meio ambiente: Poeira, fumaça e névoa seca afetam a visibilidade
Efeitos sobre a saúde: Provoca bronquite, prejudica a função pulmonar

SO_2 + O_2 (oxigênio) + H_2O (água) → H_2SO_4 (ácido sulfúrico) — **Deposição ácida**

NO_2 (dióxido de nitrogênio da combustão) + H_2O (água) → HNO_3 (ácido nítrico) — **Deposição ácida**

CO_2 — Particulados — SO_2 (dióxido de enxofre) — **Smog industrial**

Nitrogênio de fertilizantes

Analise: Quais poluentes poderiam ser reduzidos migrando-se para carvão com baixo teor de enxofre e instalando-se purificadores nas chaminés industriais?

3.2 SMOG FOTOQUÍMICO

A exaustão dos carros contém poluentes como monóxido de carbono (CO), dióxido de nitrogênio (NO_2) e compostos orgânicos voláteis (COVs). Quando a exaustão e a radiação ultravioleta da luz solar interagem, reações químicas produzem poluentes como ozônio, ácido nítrico e nitratos de peroxiacetila (PANs). O ozônio ao nível do solo, o ingrediente primordial do smog fotoquímico, danifica tecidos biológicos. Uma em cada quatro crianças das cidades dos EUA corre o risco de desenvolver problemas de saúde em virtude da poluição com ozônio.

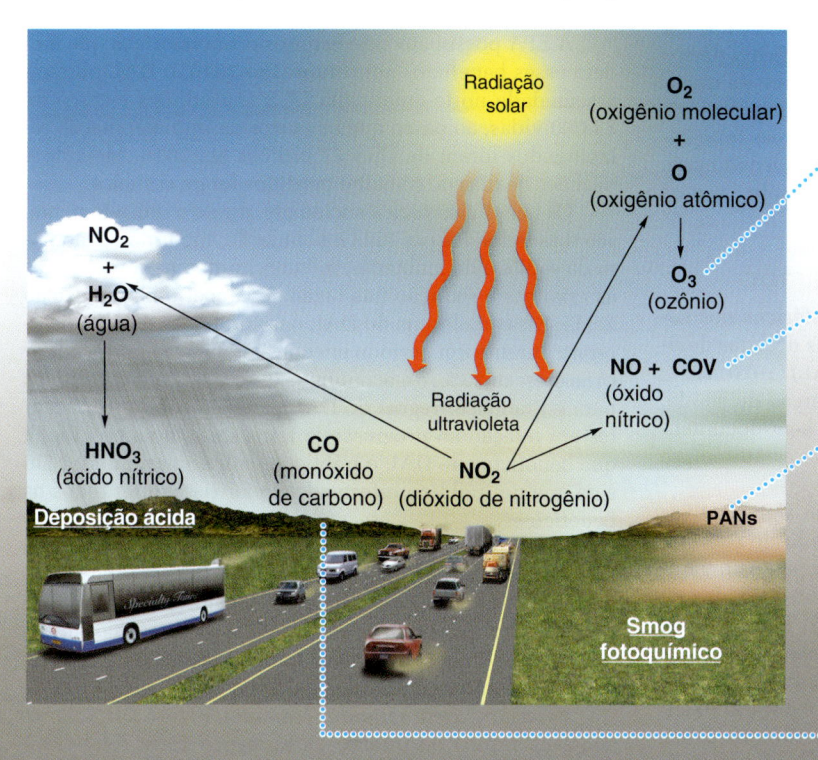

Radiação solar

O_2 (oxigênio molecular)
+
O (oxigênio atômico)
↓
O_3 (ozônio)

NO + COV (óxido nítrico)

NO_2 (dióxido de nitrogênio)

Radiação ultravioleta

CO (monóxido de carbono)

NO_2 + H_2O (água)
↓
HNO_3 (ácido nítrico)

Deposição ácida

PANs

Smog fotoquímico

Ozônio (O_3)
Gás instável e altamente reativo
No meio ambiente: Danifica as plantas
Efeitos sobre a saúde: Irrita os olhos, nariz e garganta

Compostos orgânicos voláteis (COVs)
No meio ambiente: Agentes principais na formação do ozônio superficial

Nitratos de peroxiacetila (PANs)
No meio ambiente: Danifica fortemente plantas, florestas e culturas agrícolas
Efeitos sobre a saúde: Sem efeitos sobre os seres humanos

Monóxido de carbono (CO)
Gás inodoro, incolor e insípido
Efeitos sobre a saúde: Tóxico; desaloja o O_2 da corrente sanguínea; de 50 a 100 ppm causam dor de cabeça e perdas de visão e de discernimento

3.3 POLUIÇÃO ATMOSFÉRICA: UM PROBLEMA GLOBAL

Fontes estacionárias de poluição, como usinas de energia elétrica e instalações industriais que queimam combustíveis fósseis, geram grandes quantidades de óxidos de enxofre e particulados. As concentrações desses poluentes são maiores no Hemisfério Norte, especialmente sobre o leste da China e norte da Índia.

Descreva: Liste as etapas do processo pelo qual a exaustão veicular leva ao aumento dos níveis de ozônio no smog.

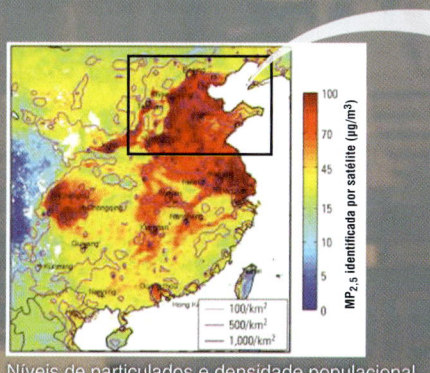

Níveis de particulados e densidade populacional na Ásia oriental.

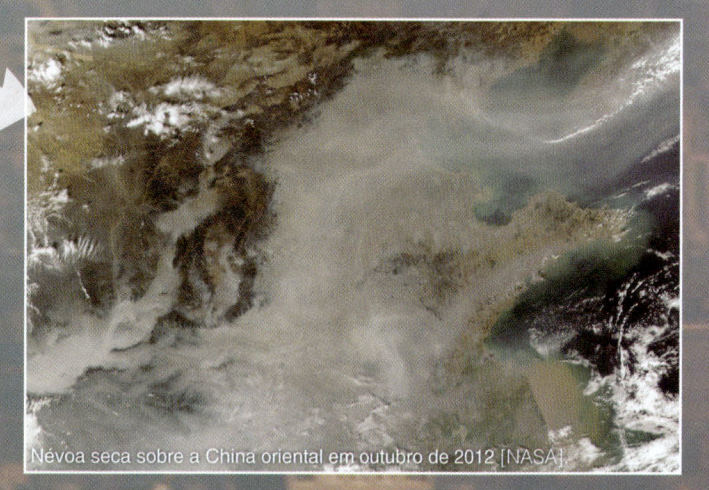

Névoa seca sobre a China oriental em outubro de 2012 [NASA].

Smog fotoquímico, Cidade do México
[Daily Mail/Rex/Alamy]

geossistemas em ação 3 — POLUIÇÃO ATMOSFÉRICA

a poluição superficial ao permitir que o ar da superfície se misture com o ar acima. Quando ocorre uma inversão, o ar mais frio (mais denso) fica embaixo de uma camada de ar mais quente (Figura 3.7b), que impede a mistura vertical dos poluentes com outros gases atmosféricos. Assim, em vez de serem levados pelo vento, os poluentes ficam presos sob a camada de inversão. Na maioria das vezes, as inversões originam-se de determinadas condições meteorológicas, discutidas nos Capítulos 7 e 8, ou de situações topográficas, como quando o ar frio das montanhas é drenado para o fundo dos vales à noite (confira a discussão sobre ventos locais no Capítulo 6).

Benefícios do Decreto do Ar Limpo

A concentração de muitos poluentes atmosféricos nos Estados Unidos diminuiu ao longo das últimas décadas devido à legislação do Decreto do Ar Limpo (DAL) (1970, 1977, 1990), poupando trilhões de dólares nas áreas de saúde, economia e ambiente. Apesar dessa relação bem-documentada, os regulamentos sobre a poluição do ar estão sempre sob debate político.

Desde 1970 e o DAL, ocorreram reduções significativas nas concentrações atmosféricas de monóxido de carbono (−82%), dióxido de nitrogênio (−52%), compostos orgânicos voláteis (−48%), particulados MP_{10} (−75%), óxidos de enxofre (−76%; vide Estudo Específico 3.2, Figura 3.2.2) e chumbo (−90%) nos Estados Unidos. Antes do DAL, o chumbo era adicionado à gasolina, sendo emitido na exaustão, disperso ao longo de grandes distâncias e por fim fixando-se em tecidos vivos, especialmente de crianças. Essas reduções notáveis mostram uma associação bem-sucedida entre ciência e política pública.

Para que os custos da redução (mitigação e prevenção) se justifiquem, não podem ultrapassar os benefícios financeiros derivados da redução do dano da poluição. A observância dos regulamentos do DAL afeta os padrões de produção industrial, o emprego e os investimentos de capital. Embora essas despesas fossem investimentos que geraram benefícios, o deslocamento e a perda de empregos em algumas regiões causaram a redução da mineração de carvão com alto teor de enxofre e cortes nas indústrias poluentes, como a do aço.

Assim, em 1990, o Congresso norte-americano pediu que a Agência de Preservação Ambiental (EPA) analisasse os benefícios gerais em termos de saúde, ecologia e economia do DAL em comparação com os custos de aplicação da lei. Em resposta, o Gabinete de Políticas, Planejamento e Avaliação da EPA realizou uma exaustiva análise de custo-benefício e publicou um relatório em 1997: Os Benefícios do Decreto do Ar Limpo, 1970 a 1990 (*The Benefits of the Clean Air Act, 1970 to 1990*). A análise concluiu que há uma proporção de 42:1 entre benefício e custo, dando uma boa lição sobre análise de custo-benefício, válida até hoje. O relatório da EPA calculou o seguinte:

- O *custo total direto* para implementar todos os regulamentos do Decreto do Ar Limpo 1970–1990 nos níveis federal, estadual e local foi de *523 bilhões de dólares* (em dólares de 1990). Este custo foi assumido por empresas, consumidores e entidades governamentais.
- A estimativa dos *benefícios econômicos diretos* do Decreto do Ar Limpo de 1970 a 1990 está entre 5,6 e 49,4 trilhões de dólares, com uma média de *22,2 trilhões de dólares*.
- Assim, o *benefício financeiro líquido* estimado do Decreto do Ar Limpo é de *21,7 trilhões de dólares*!

A EPA possui até hoje estudos econométricos que medem esses benefícios contínuos. Em 2010, o DAL poupou à sociedade norte-americana US$ 110 bilhões e cerca de 23.000 vidas, ao passo que os custos de implementação relacionados foram de US$ 27 bilhões em 2010. Mais de 4 milhões de dias de trabalho perdidos foram evitados.

Os benefícios para a sociedade, direta e indiretamente, são disseminados por toda a população, incluindo a melhora da saúde e do ambiente, menos chumbo para prejudicar as crianças e redução nas taxas de câncer e na deposição ácida. Essas melhoras do DAL nas condições de vida ocorreram durante um período em que a população norte-americana cresceu 22%, e a economia, 70%. Os esforços políticos para enfraquecer regras do DAL parecem contraproducentes em relação ao progresso já feito. Dada uma escolha, a que benefícios do DAL o público escolheria renunciar? Ou será que um público informado preferiria manter todos os benefícios?

Em dezembro de 2009, a EPA declarou uma *Constatação de Perigo* que guiará o planejamento em nível nacional, estadual e local. Essa constatação declara que os gases de efeito estufa "oferecem risco à saúde e ao bem-estar humanos". No entanto, é desafiador traduzir essa constatação federal tão significativa em regulamentações locais.

A seção *O Denominador Humano*, Figura DH 3, apresenta exemplos de interações humanos-Terra relativas à atmosfera. Enquanto você reflete sobre este capítulo e a nossa atmosfera moderna, os tratados para proteger o ozônio estratosférico e os benefícios do DAL, você deveria sentir-se encorajado. Os cientistas fizeram a pesquisa e a sociedade tomou decisões, tomou medidas e obteve enormes benefícios econômicos e para a saúde. Décadas atrás, os cientistas aprenderam a sustentar e proteger o astronauta Mark Lee projetando um traje espacial que servia como "atmosfera". Hoje, precisamos aprender a conservar e proteger a atmosfera da Terra para garantir a nossa própria sobrevivência.

> **PENSAMENTO Crítico 3.3**
> **Avaliação de custos e benefícios**
>
> No estudo científico *Os Benefícios do Decreto do Ar Limpo, 1970 a 1990*, a EPA constatou que o Decreto do Ar Limpo proporcionou benefícios de saúde, sociais, ecológicos e econômicos 42 vezes maiores do que seus custos. Apenas em 2010, os benefícios estimados excederam os custos em uma proporção de 4 para 1. Na sua opinião, por que o público em geral desconhece esses detalhes? Quais são as dificuldades em informar o público?
>
> Você acredita que um padrão de benefícios semelhante origina-se de leis como o Decreto da Água Pura, do zoneamento e planejamento de riscos, ou das medidas a respeito da mudança climática global e da Constatação de Perigo da EPA? Reflita um momento sobre as recomendações para ação, educação e sensibilização do público sobre questões ambientais relacionadas à química atmosférica. •

O DENOMINADOR **humano** 3 A atmosfera global compartilhada

ATMOSFERA ⇨ HUMANOS

- A atmosfera da Terra protege os humanos ao filtrar os comprimentos de onda prejudiciais da luz, como a radiação ultravioleta.
- A poluição natural oriunda de incêndios naturais, vulcões e poeira soprada pelo vento são prejudiciais à saúde humana.

HUMANOS ⇨ ATMOSFERA

- A redução da camada de ozônio prossegue como resultado de substâncias químicas produzidas pelo ser humano que dissociam o ozônio. Os ventos concentram os poluentes sobre a Antártica, onde o buraco na camada de ozônio é maior.
- A poluição atmosférica antropogênica concentra-se sobre as áreas urbanas, que abrigam metade da população mundial. Níveis não saudáveis de poluição estão propagando-se em algumas áreas, como a Índia setentrional e a China oriental; outras regiões possuem uma melhor qualidade do ar, como a área metropolitana de Los Angeles.

3a Em 2012, novos padrões de baixas emissões para veículos a diesel foram implementados em Londres. Os proprietários devem cumpri-los ou arcar com uma multa diária. Uma regulamentação mais severa é uma estratégia para controlar o aumento da poluição do ar gerada pelo setor de transporte. [Daniel Berehulak/Getty Images.]

3b A China queima mais carvão e emite mais CO_2 do que qualquer outro país da Terra. A poluição do ar é grave, com níveis de $MP_{2,5}$ regularmente atingindo níveis prejudiciais sobre as cidades. Empresas americanas estão testando tecnologias de energia limpa, com esperanças de utilizá-las em todo o mundo. [Jo Miyake/Alamy.]

Essa imagem dos aerossóis globais em 2012 mostra a poeira levantada a partir da superfície em vermelho, o sal marinho em azul, a fumaça de incêndios em verde, e as partículas de sulfato de vulcões e emissões de combustíveis fósseis em branco. [NASA.]

3e Os pesquisadores no Polo Sul monitoram o ozônio usando um *balão-sonda*, que carrega instrumentos a até 32 km de altitude. Ainda ocorre uma significativa redução sazonal de ozônio, em que pesem as diminuições nas substâncias químicas destruidoras de ozônio. [NOAA.]

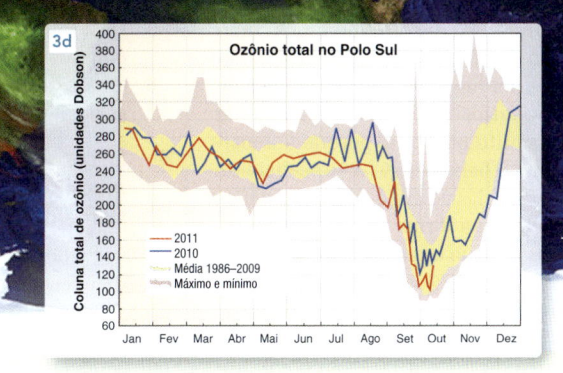

3d Ozônio total no Polo Sul — Coluna total de ozônio (unidades Dobson); 2011, 2010, Média 1986–2009, Máximo e mínimo.

3c Fogões a lenha de queima limpa diminuirão a quantidade de particulados finos, como o carbono negro, nos países em desenvolvimento. Diversas iniciativas internacionais estão trabalhando em prol dessa meta (visite http://www.projectsurya.org/). [Per-Anders Pettersson/Getty Images.]

QUESTÕES PARA O SÉCULO XXI

- A qualidade do ar piorará na Ásia se as emissões humanas não forem diminuídas. A poluição atmosférica continuará melhorando em regiões onde as emissões são regulamentadas, como Europa, Estados Unidos e Canadá.
- As emissões de nitrogênio podem piorar a deposição ácida em todo o mundo, salvo se medidas regulatórias forem tomadas.
- Fontes alternativas de energia limpa são vitais para reduzir a poluição industrial em todo o mundo.
- Aumentos na eficiência de combustível, regulamentações sobre emissões veiculares e o uso de transporte alternativo e público são cruciais para diminuir a poluição urbana.
- Essas reduções diminuem as emissões de CO_2 e desaceleram as taxas de mudança climática.

conexão GEOSSISTEMAS

Nós atravessamos a atmosfera, indo da termosfera até a superfície terrestre, examinando sua composição, sua temperatura e suas funções. A energia eletromagnética vai cascateando até a superfície da Terra através das camadas da atmosfera, onde os comprimentos de onda danosos são filtrados. Também examinamos os impactos humanos sobre a atmosfera, incluindo a redução da camada de ozônio e a poluição do ar, sendo a deposição ácida na paisagem um exemplo.

No próximo capítulo, abordaremos o fluxo de energia através das porções inferiores da atmosfera à medida que a insolação percorre seu caminho até a superfície. Estabeleceremos o equilíbrio energético Terra-atmosfera e examinaremos como os balanços de energia superficiais são abastecidos por essa entrada de energia. Também começaremos a explorar as saídas do sistema energia-atmosfera, examinando conceitos de temperatura, controles de temperatura e padrões globais de temperatura.

REVISÃO DOS CONCEITOS-CHAVE DE aprendizagem

■ *Desenhar* um diagrama da estrutura atmosférica com base em três critérios de análise – composição, temperatura e função.

A substância principal da atmosfera terrestre é o ar – o meio da vida. O **ar** é naturalmente inodoro, incolor, insípido e amorfo.

Acima de 480 km de altitude, a atmosfera é rarefeita (quase um vácuo), sendo chamada de **exosfera**, que significa "esfera externa." O peso (a força sobre unidade de área) da atmosfera, exercida sobre todas as superfícies, é a **pressão atmosférica**. Ela diminui rapidamente com a altitude.

Em termos de *composição*, dividimos a atmosfera em **heterosfera**, estendendo-se entre 480 km a 80 km, e a **homosfera**, estendendo-se desde 80 km à superfície da Terra. Usando a *temperatura* como critério, identificamos a **termosfera** como a camada mais externa, correspondendo aproximadamente à heterosfera em localização. Seu limite superior, chamado de **termopausa**, situa-se a uma altitude de aproximadamente 480 km. A **energia cinética**, a energia do movimento, é a energia vibratória que nós medimos como temperatura. *Calor* é o fluxo de energia cinética entre moléculas e de um corpo ao outro em função de uma diferença de temperatura entre eles. A quantidade de calor efetivamente produzida na termosfera é muito pequena, porque a densidade das moléculas lá é muito baixa. Junto à superfície da Terra, o maior número de moléculas na atmosfera mais densa transmite a sua energia cinética na forma de *calor sensível*, o que significa que podemos senti-lo como uma mudança de temperatura.

Na homosfera, critérios de temperatura definem a **mesosfera**, a **estratosfera** e a **troposfera**. Dentro da mesosfera, partículas de poeira cósmica ou meteórica agem como um núcleo em torno do qual cristais finos de gelo formam-se para produzir nuvens noturnas extraordinárias, as **nuvens noctilucentes**.

O topo da troposfera é onde a temperatura registrada é –57°C, uma transição conhecida como a **tropopausa**. O perfil de temperatura normal dentro da troposfera durante o dia diminui rapidamente com o aumento da altitude, a uma média de 6,4°C por quilômetro, uma taxa conhecida como **gradiente térmico vertical médio**. O gradiente vertical real em qualquer tempo e lugar pode divergir consideravelmente devido às condições meteorológicas locais e é chamado de **gradiente térmico ambiental**.

A região mais externa que distinguimos por função é a **ionosfera**, que se estende por toda a heterosfera e parte da homosfera. Ela absorve raios cósmicos, raios gama, raios X e a radiação ultravioleta de comprimento de ondas mais curtas e os converte em energia cinética. Uma região funcional dentro da estratosfera é a **ozonosfera**, ou **camada de ozônio**, que absorve a radiação ultravioleta danosa para a vida e eleva a temperatura da estratosfera.

ar (p. 60)
exosfera (p. 60)
pressão atmosférica (p. 60)
heterosfera (p. 61)
homosfera (p. 61)
termosfera (p. 63)
termopausa (p. 63)
energia cinética (p. 63)
mesosfera (p. 64)
nuvens noctilucentes (p. 64)
estratosfera (p. 64)
troposfera (p. 64)
tropopausa (p. 65)
gradiente térmico vertical médio (ou gradiente estático) (p. 65)
gradiente térmico ambiental (p. 65)
ionosfera (p. 65)
ozonosfera, camada de ozônio (p. 65)

1. O que é o ar? De onde originam-se em geral os componentes da atmosfera atual da Terra?
2. Caracterize as diversas funções que a atmosfera desempenha que protegem o ambiente superficial.
3. Quais são os três critérios empregados na divisão da atmosfera?
4. Descreva o perfil de temperatura geral da atmosfera e liste as quatro camadas definidas com base na temperatura.
5. Descreva as duas divisões da atmosfera com base na composição.
6. Quais são as duas principais camadas funcionais da atmosfera e o que cada uma faz?

■ *Listar* e *descrever* os componentes da atmosfera moderna, informando suas contribuições em porcentagens relativas de volume.

Embora a densidade da atmosfera diminua com o aumento da altitude na homosfera, a mistura de gases (por proporção) é quase uniforme. Essa mistura de gases evoluiu lentamente, incluindo gases constantes, com concentrações que permaneceram estáveis ao longo do tempo, e gases variáveis, que mudam no tempo e espaço.

A homosfera é um vasto reservatório de nitrogênio relativamente inerte, originário principalmente de fontes vulcânicas e da ação bacteriana no solo; oxigênio, um subproduto da fotossíntese; argônio, que constitui cerca de 1% da homosfera e é completamente inerte; e *dióxido de carbono*, um subproduto natural dos processos vitais e da queima de combustíveis.

7. Cite os quatro gases estáveis predominantes na homosfera. De onde cada um se origina? A quantidade de algum desses gases está mudando no momento?

■ *Descrever* as condições na estratosfera; especificamente, *revisar* a função e a condição atual da ozonosfera (camada de ozônio).

A redução global da ozonosfera estratosférica, ou camada de ozônio, durante as últimas décadas representa um perigo para a sociedade e para muitos sistemas naturais e é causada por substâncias químicas introduzidas na atmosfera pelos seres humanos. Desde a Segunda Guerra Mundial, os **clorofluorcarbonos (CFCs)** produzidos pelos humanos chegam à estratosfera. A incrementada luz ultravioleta nessas altitudes dissocia esses compostos químicos estáveis, liberando átomos de cloro. Esses átomos agem como catalisadores em reações que destroem as moléculas de ozônio.

clorofluorcarbonos (CFCs) (p. 68)

8. Por que o ozônio estratosférico é tão importante? Descreva os efeitos produzidos pelo aumento da luz ultravioleta que atinge a superfície.
9. Resuma a situação de ozônio e descreva os tratados que protegem a camada de ozônio.
10. Avalie o uso do método científico por Crutzen, Rowland e Molina na investigação da redução do ozônio estratosférico e a reação pública a suas descobertas.

■ *Distinguir entre poluentes naturais e antropogênicos na baixa atmosfera.*

Na troposfera, **poluentes** naturais e de origem humana (definidos como gases, partículas e outras substâncias químicas em quantidades prejudiciais à saúde humana ou provocadoras de dano ambiental) fazem parte da atmosfera. Vulcões, incêndios e tempestades de poeira são fontes de fumaça e particulados, também conhecidos como aerossóis, constituídos de sólidos suspensos com polens, poeira e fuligem, e gotículas líquidas de fontes naturais ou humanas. Nós coevoluímos com a poluição "natural" e, portanto, estamos adaptados a ela, mas não estamos adaptados para lidar com a própria poluição antropogênica. Ela constitui uma grande ameaça à saúde, particularmente onde as pessoas estão aglomeradas nas cidades. A próxima atmosfera da Terra pode ser mais acuradamente descrita como a **atmosfera antropogênica** (a atmosfera influenciada pela humanidade).

poluentes (p. 66)
aerossóis (p. 67)
atmosfera antropogênica (p. 70)

11. Descreva dois tipos de poluição atmosférica natural. Quais regiões da Terra costumam ter esse tipo de poluição?
12. O que são poluentes? Qual é a relação entre poluição atmosférica e áreas urbanas?

■ *Elaborar um diagrama simples ilustrando a poluição oriunda das reações fotoquímicas na exaustão de um veículo motorizado e descrever as fontes e os efeitos do smog industrial.*

O sistema de transporte é a maior fonte humana de monóxido de carbono e dióxido de nitrogênio. Inodoro e incolor, o **monóxido de carbono (CO)** é produzido pela combustão incompleta (queima com oxigênio limitado) de combustíveis ou outras substâncias que contenham carbono. Ele é tóxico porque desoxigena o sangue humano.

O **smog fotoquímico** resulta da interação da luz solar com produtos da exaustão dos automóveis, é a maior contribuição individual para a poluição do ar sobre as áreas urbanas nos Estados Unidos e no Canadá. O *dióxido de nitrogênio* e os *compostos orgânicos voláteis* (COVs) advindos da exaustão dos carros, na presença da luz ultravioleta do Sol, transformam-se nos principais subprodutos fotoquímicos – *ozônio*, nitratos de peroxiacetila (PANs) e *ácido nítrico*. Os **compostos orgânicos voláteis (COVs)**, incluindo os hidrocarbonetos da gasolina, dos revestimentos de superfície (como tintas) e da combustão de equipamentos elétricos, são fatores importantes na formação de ozônio.

O ozônio ao nível do solo (O_3) possui efeitos negativos sobre a saúde humana e mata ou danifica as plantas. Os **nitratos de peroxiacetila (PANs)** não produzem efeitos conhecidos sobre a saúde humana, mas são especialmente prejudiciais para as plantas, incluindo as culturas agrícolas e florestas. O **dióxido de nitrogênio (NO_2)** inflama o sistema respiratório humano, destrói o tecido pulmonar e prejudica as plantas. Os óxidos nítricos participam de reações que formam ácido nítrico (HNO_3) na atmosfera, causando deposição ácida tanto seca como úmida.

A distribuição do **smog industrial** produzido por humanos na América do Norte, na Europa e na Ásia está relacionada às usinas elétricas de queima de carvão. Essa poluição contém **dióxido de enxofre (SO_2)**, que reage na atmofera, produzindo **aerossois de enxofre** que, por sua vez, produzem deposição de ácido sulfúrico (H_2SO_4). Essa deposição possui efeitos deletérios sobre os sistemas vivos ao se assentar na paisagem. **Matéria particulada (MP)** consiste em sujeira, poeira, fuligem e cinzas provenientes de fontes industriais e naturais.

A distribuição vertical de temperatura e da densidade atmosférica na troposfera pode piorar as condições de poluição. Uma **inversão de temperatura** ocorre quando a diminuição normal da temperatura com a altitude (gradiente vertical normal) se inverte, e a temperatura começa a aumentar em alguma altitude. Isso pode reter ar gelado e poluentes próximo à superfície da Terra, sendo temporariamente impossibilitados de se misturar com o ar acima da camada de inversão.

monóxido de carbono (CO) (p. 71)
smog fotoquímico (p. 71)
compostos orgânicos voláteis (COVs) (p. 71)
dióxido de nitrogênio (NO_2) (p. 71)
nitratos de peroxiacetila (PANs) (p. 71)
smog industrial (p. 73)
dióxido de enxofre (SO_2) (p. 73)
aerossóis de sulfato (p. 73)
matéria particulada (MP) (p. 74)
inversão de temperatura (p. 75)

13. Qual é a diferença entre o smog industrial e o smog fotoquímico?
14. Descreva a relação entre os automóveis e a produção de ozônio e PANs no ar das cidades. Quais são os principais impactos negativos desses gases?
15. Como as impurezas de enxofre nos combustíveis fósseis estão relacionadas com a formação de ácidos na atmosfera e a deposição ácida sobre a superfície?
16. De que forma uma inversão de temperatura piora um episódio de poluição atmosférica? Por quê?
17. Em resumo, quais são os resultados de custo-benefício dos primeiros 20 anos sob as regras do Decreto do Ar Limpo nos Estados Unidos?

Sugestões de leituras em português

BARRY, R. G.; CHORLEY, R. *Atmosfera, tempo e clima*. 9. ed. Porto Alegre: Bookman, 2012.

GOODY, R. M.; WALKER, J. C. G. *Atmosferas planetárias*. São Paulo: Edgard Blücher, 1996.

VIANELLO, R. L.; ALVES, A. R. *Meteorologia básica e aplicações*. 2. ed. Viçosa: UFV, 2012.

4
O balanço de energia da atmosfera e da superfície

CONCEITOS-CHAVE DE aprendizagem

Após a leitura deste capítulo, você conseguirá:

- *Definir* energia e calor, e **explicar** os quatro tipos de transferência de calor: radiação, condução, convecção e advecção.
- *Identificar* caminhos alternativos para a energia solar em sua trajetória pela troposfera até a superfície da Terra – transmissão, espalhamento, refração e absorção – e **revisar** o conceito de albedo (refletividade).
- *Analisar* os efeitos das nuvens e dos aerossóis sobre o aquecimento e resfriamento atmosférico, e **explicar** o conceito do efeito estufa quando aplicado à Terra.
- *Revisar* o equilíbrio de energia Terra-atmosfera e os padrões de radiação líquida global.
- *Traçar* as curvas de temperatura e radiação diária típicas na superfície da Terra – incluindo a defasagem diária de temperatura.
- *Listar* condições típicas de ilha de calor urbana e suas causas, e **contrastar** a microclimatologia de áreas urbanas com a de ambientes rurais circundantes.

O "telhado verde" em cima da prefeitura de Chicago, Estado de Illinois (EUA), ajuda a atenuar o efeito da ilha de calor urbana, um fenômeno de balanço energético que faz com que as temperaturas nas cidades sejam mais quentes do que as das regiões vizinhas. Esse tipo de telhado vivo proporciona isolamento do prédio embaixo, reduzindo os custos de calefação e refrigeração em até 20%. O telhado também absorve menos insolação do que se fosse feito de asfalto preto, diminuindo o aumento geral das temperatura da cidade. As ilhas de calor urbanas são um componente do balanço de energia Terra-atmosfera discutido neste capítulo. [Diane Cook e Len Jenshel/Getty Images.]

GEOSSISTEMAS HOJE

O derretimento do gelo marinho abre rotas de transporte no Ártico, porém...

Procurada por centenas de anos por exploradores que tentavam navegar nas águas geladas do Ártico, a "Passagem do Noroeste" é uma rota marítima que conecta os Oceanos Atlântico e Pacífico através das vias hídricas internas do Arquipélago Canadense. A Rota Marítima do Norte, ou "Passagem do Nordeste", é uma outra rota marítima ártica que atravessa a costa russa e liga a Europa e a Ásia. Essas passagens setentrionais oferecem aos navios uma alternativa mais curta à longa rota pelos canais do Panamá e de Suez.

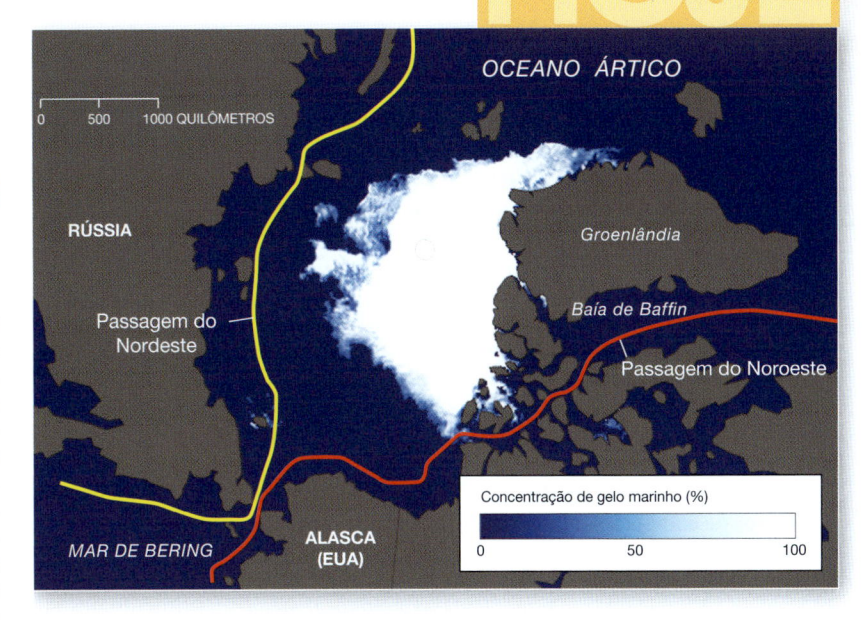

▲Figura GH 4.1 Extensão do gelo marinho de verão no Ártico, 2012. [NASA/GSFC.]

Na maioria dos anos, o gelo marinho do Oceano Ártico bloqueava essas rotas marítimas, indisponibilizando-as para transporte – isto é, até recentemente. Com um grande derretimento de gelo no verão de 2007, a Passagem do Noroeste ficou 36 dias aberta ao longo de toda sua extensão. Em 2009, dois navios de contêineres alemães completaram a primeira navegação comercial da Rota Marítima do Norte. As temperaturas oceânicas e atmosféricas mais altas associadas à mudança climática provocam as perdas de gelo que abriram essas passagens setentrionais. O derretimento de gelo marinho do verão de 2012 foi o maior já registrado desde 1979, permitindo que mais de 40 petroleiros e navios de carga percorressem a rota (Figura GH 4.1).

Albedo e derretimento do gelo marinho No Capítulo 1, descrevemos o ciclo de retroalimentação positiva entre a luz solar e a refletividade das superfícies com gelo marinho. Superfícies mais claras refletem a luz solar e ficam mais frias, enquanto que superfícies mais escuras absorvem a luz do Sol e esquentam. Superfícies cobertas de gelo e neve são refletores naturais; de fato, o gelo marinho reflete cerca de 80%–95% da energia solar que recebe. A superfície do oceano é mais escura, refletindo apenas, em média, cerca de 10% da insolação. Essa porcentagem é o *albedo*, ou o valor refletivo de uma superfície. Quando a área coberta de neve do Ártico se retrai, a água ou a terra, mais escuras, recebem luz solar direta e absorvem mais calor, o que diminui o albedo e acrescenta ao aquecimento – uma retroalimentação positiva.

Particulados da atmosfera parecem diminuir ainda mais o albedo. Hoje, os cientistas possuem evidências de que a acumulação superficial de carbono negro (fuligem) e outros particulados atmosféricos são causas significativas de perdas de neve e gelo glaciais nos Himalaias. No manto de gelo da Groenlândia, a acumulação de carbono negro advindo de incêndios naturais distantes pode ser um fator importante do escurecimento das superfície no interior do manto de gelo.

▲Figura GH 4.2 Tráfego naval e transportes no Oceano Ártico. [Guarda Costeira Canadense.]

Gelo marinho e transporte marítimo ártico A perspectiva de um Oceano Ártico com longos períodos sem gelo para o tráfego de petroleiros e navios de frete está desencadeando alvoroço comercial. O uso da Rota Marítima do Norte está aumentando: 4 embarcações em 2010, 34 em 2011 (incluindo um petroleiro de grande porte) e 46 embarcações em 2012. No entanto, ao passo que as rotas de transporte árticas poupam tempo e dinheiro no transporte de mercadorias, seu uso tem custos ambientais potencialmente enormes – perda de gelo, impactos climáticos, derramamentos de petróleo e risco de encalhe de navios. As emissões de chaminés oriundas do novo tráfego de petroleiros e navios de frete acrescentará fuligem e material particulado à atmosfera ártica. Quando esse material se assentar sobre as geleiras e plataformas de gelo nevadas, escurecerá suas superfícies e piorará os ciclos de retroalimentação redutores de albedo que determinam a mudança climática.

Modelos computadorizados estão mostrando que, com a continuação das perdas consideráveis de gelo marinho, o Oceano Ártico pode ficar sem gelo durante o verão dentro de uma década. Com o aumento do tráfego naval, essas perdas poderão ocorrer mais cedo, por meio dos impactos da poluição do ar sobre os albedos superficiais e sobre balanços de energia superficial, os tópicos do Capítulo 4.

A biosfera da Terra pulsa com fluxos de energia solar que cascateiam através de toda a atmosfera e sustentam nossas vidas. Os ritmos sazonais periódicos da Terra, descritos no Capítulo 2, são desencadeados pelas concentrações de energia solar na superfície da Terra, variando com a latitude durante todo o ano. Embora a energia solar mantenha a vida, pode também ser prejudicial quando não conta com a proteção da atmosfera terrestre, como vimos no Capítulo 3. A energia solar é o motor dos sistemas em operação na Terra – ela impulsiona as correntes eólicas e oceânicas e aquece a superfície terrestre, levando a umidade para a atmosfera, onde ela forma nuvens e precipitação. Essas trocas de energia e umidade entre a superfície terrestre e sua atmosfera são elementos essenciais do tempo meteorológico e do clima, discutidos em capítulos posteriores.

Fotografias da Terra tiradas do espaço mostram alguns dos efeitos da energia solar (veja a imagem da Terra em Blue Marble da NASA, na Figura 1.30). É possível ver na imagem nuvens sobre o Oceano Atlântico perto da costa da Flórida e sobre a Floresta Amazônica, padrões meteorológicos girando acima do Oceano Pacífico e o céu claro sobre o Sudoeste dos Estados Unidos. Esses padrões originam-se de diferenças regionais no recebimento de energia solar e de processos desencadeados pela insolação na Terra.

Neste capítulo: Acompanhamos a energia solar através da troposfera até a superfície da Terra, examinando os processos que afetam as trajetórias da insolação. Discutimos o equilíbrio entre entradas e saídas de radiação solar na Terra – o equilíbrio energético da atmosfera – e aplicamos o conceito de "efeito estufa" à Terra. Também examinamos os padrões de energia superficial e radiação diária, analisando a transferência de radiação líquida que mantém o equilíbrio de energia terrestre. O Estudo Específico 4.1 discute aplicações da energia solar, um recurso de energia renovável de grande potencial. O capítulo encerra com um exame do ambiente energético em nossas cidades, onde o ar tremula quando o calor do verão irradia para o céu por cima do tráfego e da pavimentação.

Fundamentos de equilíbrio energético

No Capítulo 2, introduzimos o conceito do balanço de energia terrestre, o equilíbrio geral entre a radiação solar de ondas curtas que chega à Terra e a radiação de ondas curtas e longas que vai para o espaço (examine a Figura 2.7). Um *balanço* em termos de energia é um balancete entre receitas e despesas de energia. Para a Terra, a receita de energia é a insolação, e a despesa de energia é a radiação para o espaço, mantendo-se um equilíbrio geral entre as duas.

Transmissão refere-se à passagem ininterrupta de energia em ondas curtas e longas através da atmosfera ou da água. Nosso balanço de energia Terra-atmosfera compreende *entradas* de radiação em ondas curtas (no comprimento das ondas de luz ultravioleta, luz visível e infravermelho próximo) e *saídas* de radiação em ondas longas (comprimentos de onda infravermelhos termais) que passam através da atmosfera por transmissão. Uma vez que a energia solar é distribuída desigualmente pelas latitudes e flutua sazonalmente, o balanço de energia não é igual em todas as localizações da superfície da Terra, embora o sistema energético geral permaneça em estado de equilíbrio constante (veja um diagrama simplificado na Figura 4.1 e na discussão a seguir; o balanço energético mais detalhado consta em *Geossistemas em Ação*, Figura GEA 4, nas páginas 92 e 93).

Energia e calor

Para fins de estudo do balanço de energia da Terra, *energia* pode ser definida como a capacidade de exercer *trabalho*,

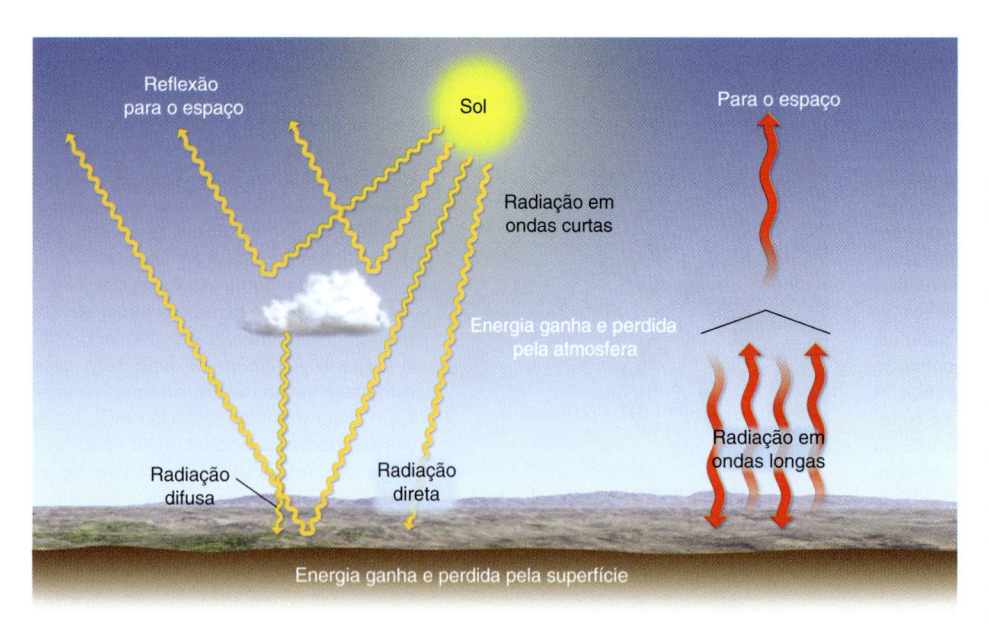

◄**Figura 4.1 Visão simplificada da energia solar no sistema Terra-atmosfera.** A energia ganha e perdida pela superfície e atmosfera terrestres inclui radiação de ondas curtas que entra e é refletida, energia absorvida pela superfície da Terra e radiação de ondas longas que sai. Consulte este diagrama ao ler sobre os caminhos e princípios da energia na atmosfera. Uma ilustração mais completa do balanço de energia Terra-atmosfera consta na Figura GEA 4.

ou mover matéria. (*Matéria* é uma massa que assume forma física e ocupa espaço.) Os seres humanos aprenderam a manipular a energia de forma que ela trabalhe em nosso favor, como a energia química usada para impulsionar veículos motorizados ou a energia gravitacional usada nas represas para produção hidrelétrica.

Energia cinética é a energia do movimento, produzida quando se corre, caminha ou anda de bicicleta, sendo gerada pela energia vibracional das moléculas, que medimos como temperatura. *Energia potencial* é energia armazenada (armazenada por composição ou posição) que tem a capacidade de exercer trabalho sob as condições adequadas. O petróleo possui energia potencial, que é liberada quando se queima gasolina no motor de um carro. A água no reservatório acima de uma barragem hidrelétrica tem energia potencial que é liberada quando a força da gravidade a impele através das turbinas a jusante do rio. (Nesses dois exemplo, energia potencial é convertida em energia cinética.) Tanto a energia potencial quanto a cinética produzem trabalho, em que matéria é movida para uma nova posição ou localização.

Tipos de calor No Capítulo 3, mencionamos que **calor** é o fluxo de energia cinética entre moléculas e de um corpo ou substância ao outro em função de uma diferença de temperatura entre eles. O calor sempre flui de uma área de maior temperatura para uma área de menor temperatura; um exemplo é a transferência de calor quando você envolve uma bola de neve ou pedaço de gelo com sua mão, e ela derrete. O fluxo de calor se interrompe quando as temperaturas – isto é, quando as quantidades de energia cinética – se igualam.

Dois tipos de energia térmica são importantes para a compreensão dos balanços de energia Terra-atmosfera. **Calor sensível** pode ser "sentido" pelos humanos como temperatura, pois advém da energia cinética do movimento molecular. *Calor latente* (calor "oculto") é a energia ganha ou perdida quando uma substância passa de um estado a outro, como de vapor d'água para água líquida (gás para líquido) ou de água para gelo (líquido para sólido). A transferência de calor latente difere da transferência de calor sensível na medida em que, contanto que uma mudança física de estado esteja ocorrendo, a substância em si não muda de temperatura (porém, no Capítulo 7 veremos que o meio circundante ganha ou perde calor).

Métodos de transferência de calor A energia térmica pode ser transferida de diversas formas na atmosfera, terra e corpos d'água da Terra. *Radiação* é a transferência de calor em ondas eletromagnéticas, como a do Sol para a Terra, discutida no Capítulo 2, ou de uma fogueira ou boca de fogão (Figura 4.2). A temperatura do objeto ou substância determina o comprimento de onda da radiação que ele emite (vimos isso ao comparar Sol e Terra no Capítulo 2); quanto mais quente o objeto, mais curtos os comprimentos de onda emitidos. As ondas de radiação não precisam viajar por um meio, como ar ou água, para transferir calor.

Condução é a transferência entre moléculas de energia térmica à medida que ela se difunde por uma substância. Conforme as moléculas aquecem, sua vibração aumenta, causando colisões que produzem movimento em moléculas

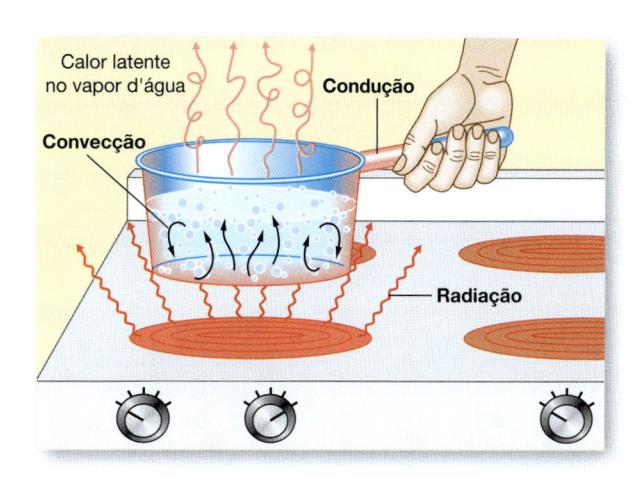

▲**Figura 4.2 Processos de transferência de calor.** A energia infravermelha *irradia* do fogão elétrico para a panela e para o ar. A energia é *conduzida* através das moléculas da panela e do cabo. A água fisicamente se mistura, carregando a energia térmica por *convecção*. Calor latente é a energia absorvida quando a água líquida se converte em vapor.

vizinhas, transferindo calor de materiais mais quentes para mais frios. Um exemplo é a energia conduzida pelo cabo de uma panela em um fogão. Materiais diferentes (gases, líquidos e sólidos) conduzem calor sensível direcionalmente de áreas de temperatura mais alta para as de temperatura mais baixa. Esse fluxo de calor transfere energia através da matéria a taxas variáveis, dependendo da condutividade do material – a superfície terrestre é melhor condutora do que o ar; o ar úmido é um condutor levemente melhor do que o ar seco.

Gases e líquidos também transferem energia por **convecção**, que é a transferência de calor por mistura ou circulação. Um exemplo é um forno de convecção, em que um ventilador faz circular o ar aquecido para cozinhar os alimentos uniformemente, ou então o movimento da água fervente no fogão. Na atmosfera ou nos corpos líquidos, massas mais quentes (menos densas) tendem a subir, e massas mais frias (mais densas) tendem a descer, estabelecendo padrões de convecção. Essa mistura física normalmente envolve um forte movimento vertical. Quando o movimento horizontal é dominante, aplica-se o termo **advecção**.

Esses mecanismos de transferência física são importantes para muitos conceitos e processos da geografia física: a *radiação* e a *convecção* são pertinentes para os balanços de energia superficial, diferenças de temperatura entre terra e corpos d'água e entre superfícies escuras e clara, e variação de temperatura em materiais da Terra, como solos; a *convecção* é importante na circulação atmosférica e oceânica, movimentos de massas de ar e sistemas meteorológicos, movimentações internas nas profundezas da Terra e movimentos na crosta terrestre; a *advecção* relaciona-se ao movimento horizontal dos ventos, indo da terra para o mar e vice-versa, à formação e movimentação da neblina e aos movimentos de massas de ar a partir das regiões-fonte.

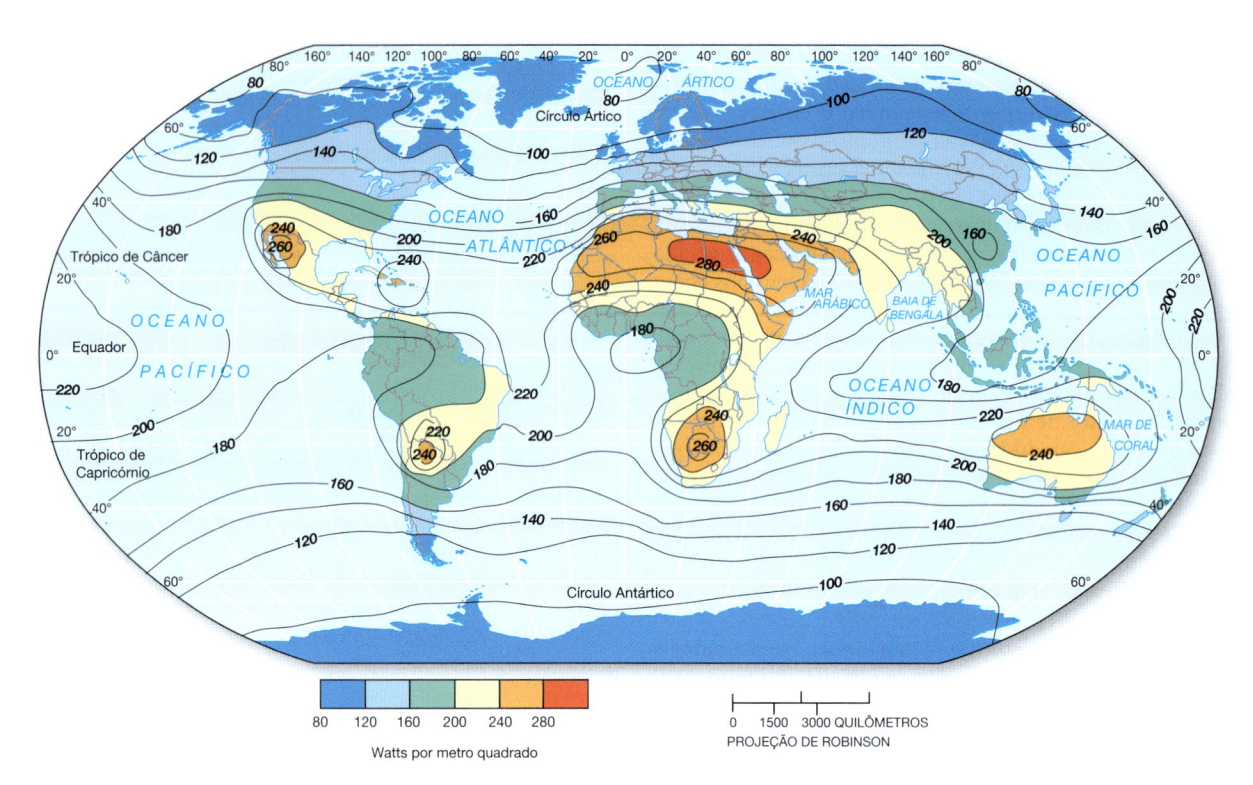

▲**Figura 4.3 Insolação na superfície terrestre.** Radiação solar média anual recebida em uma superfície horizontal ao nível do solo em watts por metro quadrado (100 W/m² = 75 kcal/cm²/ano). [Baseado em M. I. Budyko, *The Heat Balance of the Earth's Surface* (Washington, DC: U.S. Department of Commerce, 1958).]

Caminhos e princípios da energia

A *insolação*, ou radiação solar de entrada, é a entrada de energia que, sozinha, impulsiona o sistema Terra-atmosfera; contudo, não é igual em todas as superfícies do globo (Figura 4.3). Duração do dia uniforme e altura solar alta produzem valores de insolação bastante consistentes (cerca de 180–220 watts por metro quadrado; W/m²) em todas as latitudes equatoriais e tropicais. A insolação diminui em direção aos polos, aproximadamente a partir da latitude 25° nos Hemisférios Norte e Sul. Em geral, insolação superficial maior que 240–280 W/m² ocorre nos desertos de baixa latitude no mundo inteiro em função da frequente ausência de nuvens. Observe esse padrão de energia nos desertos subtropicais em ambos os hemisférios (por exemplo, o deserto Sonoran no sudoeste norte-americano, o Saara no norte da África e o Kalahari no sul da África).

Espalhamento e radiação difusa Conforme a insolação viaja em direção à superfície da Terra, ela encontra uma densidade crescente nas moléculas atmosféricas. Esses gases atmosféricos, assim como poeira, gotículas de nuvens, vapor d'água e poluentes, interagem fisicamente com a insolação e redirecionam a radiação, mudando a direção do movimento da luz sem alterar seus comprimentos de onda. **Espalhamento** é o nome que se dá a esse fenômeno, que é responsável por uma porcentagem da insolação que não atinge a superfície da Terra, sendo refletida de volta para o espaço.

A energia de entrada que atinge a superfície da Terra após o espalhamento ocorrer é chamada de **radiação difusa** (marcada na Figura 4.1). Essa radiação dispersa, mais fraca, é composta de ondas que se deslocam em direções diferentes, e portanto lançam no chão luz sem sombra. Em contraste, a *radiação direta* se desloca em linha reta até a superfície da Terra, sem ser espalhada ou de outra forma afetada pelos materiais da atmosfera. (Os valores no mapa de insolação superficial da Figura 4.3 combinam radiação direta e difusa.)

Você já se perguntou por que o céu da Terra é azul? E por que o pôr do sol e o amanhecer geralmente são avermelhados? Essas perguntas simples são respondidas com base em um princípio conhecido como espalhamento de Rayleigh (em homenagem ao físico inglês Lord Rayleigh, 1881). Esse princípio aplica-se à radiação espalhada por pequenas moléculas de gás e está relacionado à quantidade de espalhamento na atmosfera em relação aos comprimentos de onda da luz – comprimentos de onda menores são mais espalhados, comprimentos de onda maiores são menos espalhados.

Voltando ao Capítulo 2, Figura 2.5, vemos que os azuis e violetas são as ondas mais curtas da luz visível. De acordo com o princípio do espalhamento de Rayleigh, esses comprimentos de onda são mais espalhados do que os comprimentos de onda mais longos, como laranja ou vermelho. Quando olhamos para o céu com o sol a pino, vemos os comprimentos de onda mais espalhados pela atmosfera. Embora tantos os azuis quanto os violetas sejam espalhados, nosso olho percebe a mescla de cores como azul, resultando na observação comum de céu azul.

Para partículas atmosféricas maiores do que os comprimentos de onda da luz (como muitos poluentes), o princípio do espalhamento de Rayleigh não se aplica. O espalhamento Mie é o processo que atua nestas partículas. Em um céu cheio de smog e névoa seca, as partículas maiores espalham uniformemente todos os comprimentos de onda de luz visível, fazendo o céu parecer quase branco.

A altura do Sol determina a espesssura da atmosfera que os raios precisam atravessar para chegar ao observador. Os raios diretos (a pino) passam por menos atmosfera, sofrendo menos espalhamento do que os raios baixos em ângulo oblíquo, que precisam viajar mais através da atmosfera. Quando o Sol está baixo no horizonte, no nascer e ocaso do sol, os comprimentos de ondas mais curtos (azul e violeta) são espalhados, deixando apenas laranjas e vermelhos residuais para chegar aos nossos olhos.

Refração Conforme a insolação entra na atmosfera, ela passa de um meio para outro, do espaço praticamente vazio para a atmosfera. Ocorre também uma mudança de meio quando a insolação passa do ar para a água. Essas transições sujeitam a insolação a uma mudança de velocidade, que também altera sua direção – essa é a ação de desvio chamada de **refração**. Da mesma forma, um cristal ou prisma refrata a luz que passa por ele, desviando comprimentos de onda diferentes em ângulos distintos, separando a luz em suas cores componentes para exibir o espectro. Cria-se um arco-íris quando a luz visível passa por uma miríade de gotas de chuva e é refratada e refletida em direção ao observador em um ângulo preciso (Figura 4.4).

Outro exemplo de refração é a **miragem**, uma imagem que parece próxima ao horizonte quando ondas de luz são refratadas por camadas de ar a temperaturas diferentes (e, consequentemente, de densidades diferentes). A distorção atmosférica do pôr do sol na Figura 4.5 também é um produto da refração. Quando o Sol está baixo no céu, a luz precisa penetrar mais ar do que quando o Sol está alto; portanto, a luz é refratada pelas camadas de ar de diferentes densidades até chegar ao observador.

A refração adiciona aproximadamente 8 minutos de luz do dia que não teríamos se a Terra não tivesse atmosfera. Nós enxergamos a imagem do Sol cerca de 4 minutos antes de o Sol realmente despontar no horizonte. Da mesma forma, quando o Sol se põe, sua imagem refratada é visível sobre o horizonte por aproximadamente mais 4 minutos. Esses minutos extras variam com a temperatura atmosférica, a umidade e os poluentes.

Reflexão e albedo Uma parte da energia que chega ricocheteia diretamente de volta para o espaço – é a **reflexão**. A qualidade refletiva (ou brilho intrínseco) de uma superfície é o **albedo**, um importante controle sobre a quantidade de insolação que chega à Terra. Quantifica-se o albedo como a porcentagem de insolação que é refletida: 0% é absorção total; 100% é refletividade total.

▲Figura 4.4 **Um arco-íris.** Gotas de chuva – e, nesta foto, gotículas de umidade do Rio Niágara – refratam e refletem luz produzindo um arco-íris primário. Observe que, no arco-íris primário, as cores com os comprimentos de ondas mais curtos estão do lado de dentro, e as com os comprimentos de onda mais longos estão do lado de fora. No arco secundário, observe que a sequência de cores é invertida em razão de um ângulo extra de reflexão dentro de cada gotícula de umidade. [Bobbé Christopherson.]

▲Figura 4.5 **Refração solar.** A aparência distorcida do Sol ao se pôr sobre o oceano é produzida por refração da imagem do Sol na atmosfera. Alguma vez você já percebeu esse efeito? [Autor.]

GEOrelatório 4.1 A refração da luz afundou o Titanic?

Um fenômeno óptico incomum chamado de "super-refração" pode explicar por que o *Titanic* bateu em um iceberg em 1912 e por que o *California* não veio socorrê-lo naquela fatídica noite de abril. Recentemente, um historiador britânico combinou registros meteorológicos, relatos de sobreviventes e diários de bordo e constatou que as condições atmosféricas levaram a um dobramento da luz que faz com que os objetos seja obscurecidos em uma miragem em frente a um horizonte "falso". Nessas condições, as sentinelas do *Titanic* só enxergaram o iceberg quando já era tarde demais para fazer a curva, e o *California*, mesmo próximo, não conseguiu identificar o navio indo a pique. Leia todo o artigo em *http://www.smithsonianmag.com/science-nature/Did-the-Titanic-Sink--Because-of-an-Optical-Illusion.html?*.

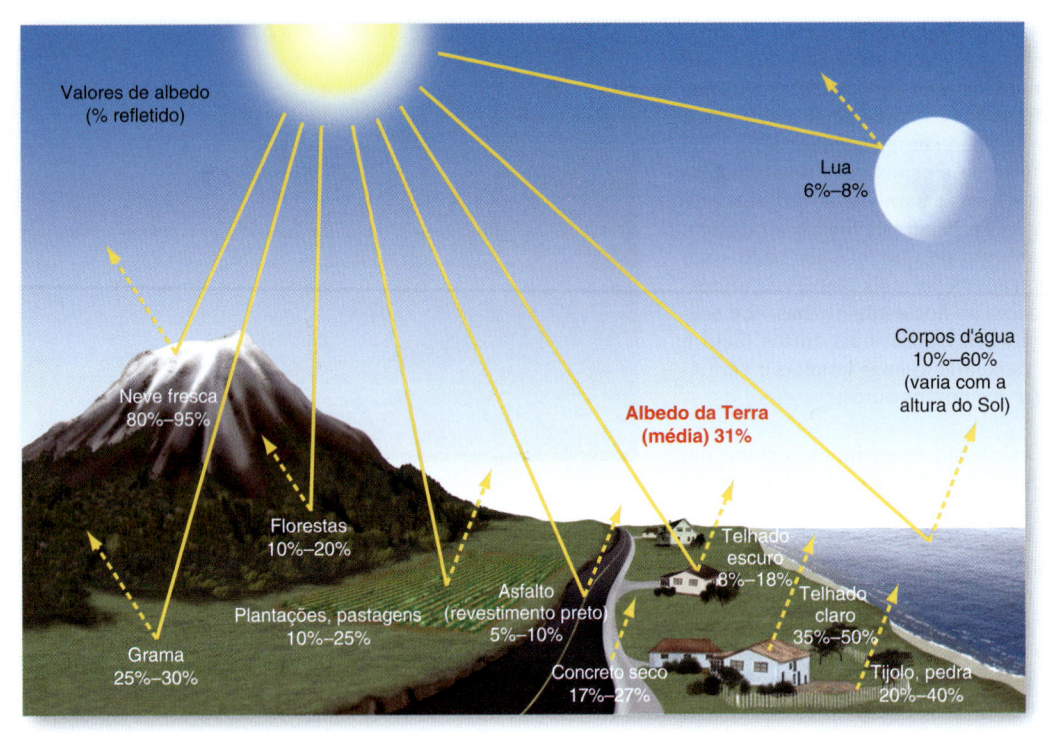

◀ **Figura 4.6 Diversos valores de albedo.** Em geral, superfícies claras são mais reflexivas do que superfícies escuras e, portanto, têm valores maiores de albedo.

Em termos de comprimentos de onda visíveis, superfícies de cor mais escura (como o asfalto) possuem albedos menores, e superfícies de cor mais clara (como a neve) possuem albedos maiores (Figura 4.6). Nas superfícies aquáticas, o ângulo dos raios solares também afeta os valores de albedo: ângulos menores geram mais reflexão do que ângulos maiores. Além disso, superfícies lisas aumentam o albedo, ao passo que superfícies mais ásperas o reduzem.

Regiões específicas apresentam valores de albedo altamente variáveis durante o ano em resposta a mudanças de nebulosidade e cobertura do solo. Dados de satélites mostram que os albedos têm média entre 19% e 38% para todas as superfícies entre os trópicos (de 23,5° N a 23,5° S), ao passo que os albedos das regiões polares podem chegar a até 80% devido ao gelo e à neve. As florestas tropicais com cobertura de nuvens frequente são caracterizadas pelo baixo albedo (15%), ao passo que os desertos, geralmente sem nuvens, têm albedos mais altos (35%).

A Terra e sua atmosfera refletem 31% de toda a insolação quando feita a média anual. O brilho do albedo da Terra, ou a luz solar refletida pela Terra, é chamado de *luminosidade terrestre*. Em comparação, uma lua cheia, que é brilhante o suficiente para ser vista sob céu claro, tem apenas 6–8% de albedo. Logo, com a luminosidade da Terra sendo quatro vezes mais forte que a luz da Lua (quatro vezes o albedo) e com a Terra sendo quatro vezes maior em diâmetro do que a Lua, não surpreende o relato de astronautas afirmando como nosso planeta é espantoso visto do espaço.

Absorção A insolação, tanto direta quando difusa, que não faz parte dos 31% refletidos pela superfície terrestre e atmosfera, é absorvida, tanto na atmosfera quanto pela superfície terrestre. **Absorção** é a assimilação da radiação por moléculas de matéria e sua conversão de uma forma de energia para outra. A energia solar é absorvida por superfícies terrestres e líquidas (cerca de 45% da insolação de entrada), assim como por gases atmosféricos, poeira, nuvens e ozônio estratosférico (em conjunto, aproximadamente 24% da insolação de entrada*). Ela é convertida em radiação de ondas longas ou em energia química (esta, pelas plantas na fotossíntese). O processo de absorção eleva a temperatura da superfície absorvente.

A atmosfera não absorve tanta radiação quanto a superfície da Terra porque os gases são seletivos quanto aos comprimentos de onda que absorvem. Por exemplo, o oxigênio e o ozônio são eficazes na absorção da radiação ultravioleta na estratosfera. Nenhum dos gases atmosféricos absorve os comprimentos de onda da luz visível, que atravessam a atmosfera em direção à Terra como radiação direta. Vários gases – vapor d'água e dióxido de carbono, em particular – são bons absorventes da radiação de ondas longas emitida pela Terra. Esses gases absorvem calor na troposfera inferior, um processo que explica por que a atmosfera da Terra é mais quente na superfície, agindo como uma estufa natural.

Nuvens, aerossóis e albedo atmosférico Nuvens e aerossóis são fatores imprevisíveis no balanço energético troposférico. A presença ou ausência de nuvens pode gerar uma diferença de 75% na quantidade de energia que atinge a superfície. As nuvens refletem a insolação de ondas curtas, de forma que menos insolação chega à superfície da Terra, e absorvem a radiação de ondas longas que deixa a Terra (Figura 4.7). A radiação de ondas longas retidas por uma camada isolante de nuvens pode criar um aquecimento da atmosfera da Terra chamado de *efeito estufa* (discutido na próxima seção).

---

*N. de R.T.: Os 24% referem-se a todos esses processos; o ozônio absorve cerca de 3% da radiação incidente.

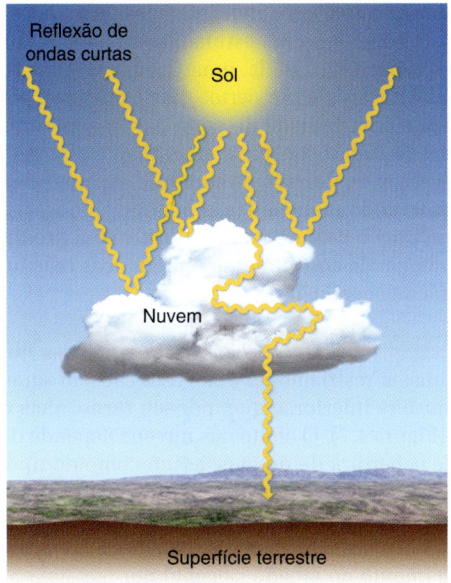

(a) As nuvens refletem e espalham a radiação de ondas curtas, devolvendo uma alta porcentagem ao espaço.

(b) As nuvens absorvem e irradiam novamente a radiação de ondas longas emitida pela Terra; parte da energia em ondas longas retorna para o espaço e parte vai em direção à superfície.

◄Figura 4.7 Os efeitos das nuvens sobre a radiação de ondas curtas e longas.

Poluentes atmosféricos, de fontes tanto naturais quanto antropogênicas, afetam o albedo atmosférico. A erupção do monte Pinatubo, na Filipinas, em 1991 (apresentada no Capítulo 1) injetou aproximadamente 15–20 megatoneladas de gotículas de dióxido de enxofre na estratosfera. Os ventos rapidamente espalharam esses aerossóis por todo o mundo (veja as imagens na Figura 6.1), resultando em um aumento do albedo atmosférico global e em um resfriamento temporário médio de 0,5°C. Cientistas correlacionam tendências semelhantes de resfriamento com outras grandes erupções vulcânicas ao longo da História.

Em regiões em rápido desenvolvimento, como China e Índia, os poluentes industriais, como os aerossóis de sulfato, estão aumentando a refletividade da atmosfera. Esses aerossóis agem com uma névoa refletora de insolação em condições de céu limpo, resfriando a superfície da Terra. Entretanto, alguns aerossóis (especialmente o carbono negro) absorvem prontamente a radiação e reirradiam o calor de volta à Terra – com efeitos de aquecimento.

Escurecimento global é o termo geral que descreve a queda de insolação da superfície da Terra relacionada à poluição. É difícil incorporar esse processo aos modelos climáticos, muito embora as evidências comprovem que ele está causando uma subestimação da quantidade real de aquecimento que se observa na atmosfera inferior da Terra. Um estudo recente estima que os aerossóis diminuíram a insolação superficial em 20% na primeira década deste século.

As conexões entre poluição e resfriamento da superfície da Terra oferecem um exemplo de como componentes do balanço de energia da Terra afetam outros sistemas terrestres. Os cientistas descobriram que a poluição do ar sobre o Oceano Índico setentrional causa uma redução na precipitação média da monção de verão. A maior presença de aerossóis nessa região aumenta a cobertura de nuvens, ocasionando resfriamento da superfície. Isso, por sua vez, provoca menos evaporação, o que leva a menos umidade na atmosfera e no fluxo monçônico (leia mais sobre as monções no Capítulo 6). Um enfraquecimento da monção sazonal terá um impacto negativo sobre os recursos hídricos e a agricultura regionais dessa área densamente povoada. Pesquisas recentes de uma equipe internacional confirmaram conexões entre aerossóis e padrões de chuva, sugerindo que o aumento nos aerossóis torna algumas regiões mais propensas a eventos extremos de precipitação. (Veja um panorama dos efeitos

GEOrelatório 4.2 Os aerossóis resfriam e aquecem o clima da Terra

Medições em solo e por satélite indicam que os aerossóis estratosféricos globais aumentaram 7% entre 2000 e 2010. O efeito dos aerossóis sobre o clima depende de eles refletirem ou absorverem a insolação, o que, por sua vez, depende em parte da composição e cor das partículas. Em termos gerais, partículas translúcidas ou de cor brilhante, como os sulfatos e os nitratos, tendem a refletir radiação, gerando resfriamento. Aerossóis mais escuros, como o carbono negro, absorvem radiação, gerando aquecimento (embora o carbono negro também sombreie a superfície, resultando em leve resfriamento). Os efeitos da poeira são variáveis, em parte dependendo de se ela está revestida de carbono negro ou orgânico. Um modelo climático recente mostrou que a remoção de todos os aerossóis sobre o leste dos Estados Unidos poderia levar a um ligeiro aumento médio no aquecimento e a um aumento na severidade das ondas de calor anuais. A pesquisa sobre o complexo papel dessas minúsculas partículas atmosféricas nos balanços de energia é crucial para a compreensão da mudança climática.

dos aerossóis em http://earthobservatory.nasa.gov/Features/Aerosols/page1.php; há informações sobre monitoramento de aerossóis em http://www.esrl.noaa.gov/gmd/aero/.)

Balanço de energia na troposfera

O balanço de energia Terra-atmosfera naturalmente se ajusta em um equilíbrio de estado estacionário. As entradas de energia de ondas curtas que vêm do Sol para a atmosfera e superfície da Terra acabam sendo contrabalançadas pelas saídas de energia de ondas curtas refletida e energia de ondas longas emitida pela atmosfera e superfície da Terra de volta para o espaço. Pense nos fluxos de caixa que entram e saem da sua conta corrente e no equilíbrio que ocorre quando os depósitos e saques são iguais (vide Figura GEA 4).

Certos gases de efeito estufa na atmosfera efetivamente atrasam as perdas de energia de ondas longas para o espaço e agem aquecendo a baixa atmosfera. Nesta seção, examinaremos esse efeito "estufa" e depois desenvolveremos um balanço de energia geral pormenorizado para a troposfera.

O efeito estufa e o aquecimento atmosférico

No Capítulo 2, caracterizamos a Terra como um radiador de corpo negro mais frio do que o Sol, emitindo energia em comprimentos de onda mais longos a partir da sua superfície e atmosfera em direção ao espaço. No entanto, parte dessa radiação em ondas longas é absorvida por dióxido de carbono, vapor d'água, metano, óxido nitroso, clorofluorcarbonetos (CFCs) e outros gases na baixa atmosfera e, depois, emitida de volta (ou *reirradiada*) para a Terra. Esse processo afeta o aquecimento da atmosfera da Terra. A semelhança aproximada entre esse processo e a maneira pela qual uma estufa de vidro opera dá o nome do processo – o **efeito estufa**. Os gases associados a esse processo são chamados coletivamente de **gases de efeito estufa**.

O conceito de "efeito estufa" Em uma estufa, o vidro é transparente à insolação de ondas curtas, permitindo que a luz passe para o solo, para as plantas e para os materiais dentro dela, onde a absorção e a condução acontecem. A energia absorvida então é emitida como radiação de ondas longas, aquecendo o ar dentro da estufa. O vidro prende fisicamente os comprimentos de onda mais longos e o ar aquecido dentro da estufa, impedindo que ele se misture com o ar externo, mais frio. Dessa forma, o vidro age como um filtro de mão única, permitindo que a energia em ondas curtas entre, mas evitando que a energia em ondas longas saia, exceto por condução ou convecção, quando se abre o suspiro no teto da estufa. Vemos o mesmo processo em um carro estacionado sob a luz do Sol. A abertura das janelas do carro permite que o ar interno se misture com o ambiente externo, assim removendo fisicamente ar aquecido de um local para outro por convecção. O interior do carro fica surpreendentemente quente com as janelas fechadas, mesmo em um dia de temperaturas externas amenas.

No geral, a atmosfera se comporta de forma um pouco diferente. Na atmosfera, a analogia com a estufa não se aplica completamente porque a radiação em ondas longas não é aprisionada como em uma estufa. Em vez disso, sua passagem para o espaço é atrasada, uma vez que a radiação em ondas longas é absorvida por certos gases, nuvens e poeira na atmosfera e é reirradiada de volta para a superfície terrestre. De acordo com o consenso científico, o aumento atual da concentração de dióxido de carbono* na atmosfera inferior está absorvendo mais radiação em ondas longas, o que reirradia um pouco dela de volta à Terra, assim produzindo uma tendência de aquecimento e mudanças relacionadas no sistema de energia Terra-atmosfera.

Nuvens e a "estufa" da Terra Como dito antes, as nuvens às vezes causam resfriamento e às vezes causam aquecimento da atmosfera inferior, o que, por seu turno, afeta o clima da Terra (Figura 4.7). O efeito das nuvens depende da porcentagem de cobertura de nuvens, assim como do tipo, da altitude e da espessura (teor d'água e densidade) das nuvens. Nuvens stratus baixas e espessas refletem cerca de 90% da insolação. O termo **forçante albedo das nuvens** diz respeito a um aumento do albedo causado por tais nuvens e ao consequente resfriamento do clima da Terra (os efeitos do albedo excedem os efeitos estufa, como mostrado na Figura 4.8a). Nuvens altas e com cristais de gelo refletem apenas cerca de 50% da insolação de entrada. Essas nuvens cirrus agem como isolante, aprisionando a radiação em ondas longas da Terra e aumentando as temperaturas mínimas. É a **forçante efeito estufa das nuvens**, que provoca aquecimento do clima da Terra (os efeitos estufa excedem os efeitos do albedo, como mostrado na Figura 4.8b).

Trilhas de condensação produzem nuvens cirrus altas estimuladas pela exaustão de aeronaves – às vezes chamadas de *nuvens cirrus falsas* ou *cirrus de trilhas* (Figuras 4.8c e d). As trilhas tanto resfriam quanto aquecem a atmosfera, e esses efeitos opostos dificultam para os cientistas a determinação do seu papel geral no balanço de energia da Terra. Pesquisas recentes indicam que cirrus de trilhas retêm radiação de saída da Terra a uma taxa levemente maior do que aquela em que refletem insolação, sugerindo que seu efeito geral seja um forçamento radiativo positivo (ou aquecimento) do clima. Quando diversas trilhas fundem-se e espalham-se em tamanho, seu efeito sobre o balanço de energia da Terra pode ser considerável.

A interrupção de três dias no tráfego aéreo comercial após os ataques terroristas de 11 de setembro de 2001 ao World Trade Center deu aos pesquisadores uma oportunidade de avaliar os efeitos das trilhas de condensação sobre as temperaturas. Os pesquisadores compararam os dados meteorológicos de 4000 estações dos três dias de interrupção com dados dos 30 anos anteriores. A pesquisa sugere que as trilhas de condensação reduzem a amplitude de temperatura diurna (máxima durante o dia em relação à mínima durante a noite) em regiões com alta densidade de aeronaves. Ainda estão sendo conduzidas pesquisas sobre esses efeitos contínuos da aviação.

---

*N. de R.T.: Não apenas devido ao aumento de CO_2, mas também ao de CH_4 (metano), óxido nitroso (N_2O) e outros gases de efeito estufa (veja o Capítulo 11 para detalhes).

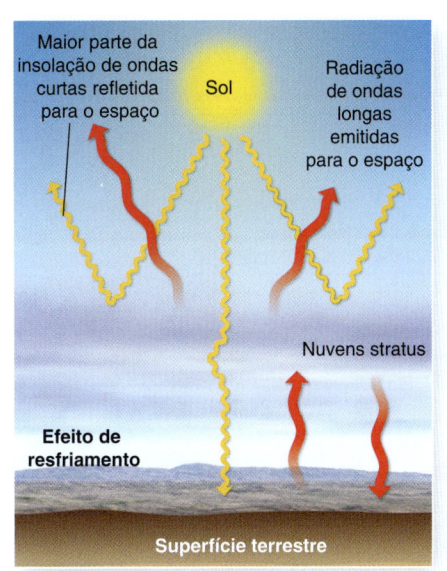

(a) Nuvens baixas e espessas levam ao forçamento de albedo das nuvens e ao resfriamento atmosférico.

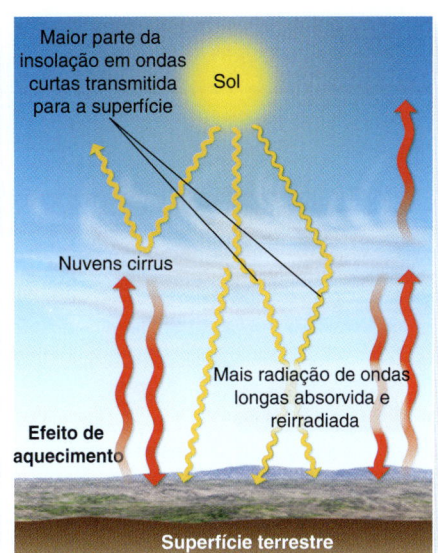

(b) Nuvens altas e finas levam ao forçamento do efeito estufa das nuvens e ao aquecimento atmosférico.

(c) Trilhas de condensação sobre a Bretanha, França, em 2004. Trilhas mais novas são finas; trilhas mais antigas alargaram e formaram nuvens cirrus altas e finas, com efeito final de aquecimento sobre a Terra.

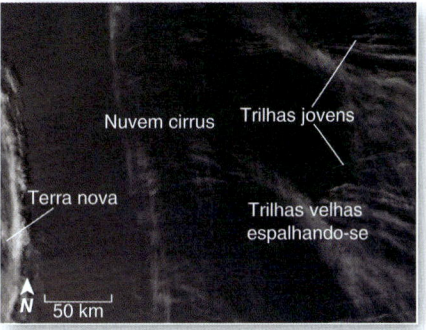

(d) As trilhas de condensação próximas à costa leste canadense em 2012 se expandem com o tempo em condições úmidas, espalhando-se até ser difícil diferenciá-las das nuvens cirrus naturais.

◀**Figura 4.8 Efeitos energéticos dos tipos de nuvens.** [(c) NASA *Terra* MODIS. (d) NASA *Aqua* MODIS.]

Balanço de energia Terra-atmosfera

Se a superfície terrestre e sua atmosfera forem consideradas separadamente, nenhuma exibe um balanço de radiação equilibrado, em que as entradas são iguais às saídas. A distribuição de energia média anual é positiva (excedente ou ganho de energia) para a superfície terrestre e negativa (déficit ou perda de energia) para a atmosfera à medida que ela irradia energia para o espaço. Entretanto, se consideradas juntas, elas se equivalem, possibilitando a construção de um balanço de energia total.

O *Geossistemas em Ação* (páginas 92–93) sintetiza o balanço de radiação Terra-atmosfera, reunindo todos os elementos discutidos neste capítulo ao acompanhar 100% da insolação que chega através da troposfera. A energia que entra está à esquerda da ilustração; a energia que sai está à direita.

Resumo das entradas e saídas Acompanhe a ilustração das próximas duas páginas ao ler esta seção. De 100% da energia solar que chega ao topo da atmosfera, 31% são refletidos de volta para o espaço – este é o albedo médio da Terra. Isso inclui espalhamento (7%), reflexão por nuvens e aerossóis (21%) e reflexão pela superfície da Terra (3%). Outros 21% da energia solar que chega são absorvidos pela atmosfera – 3% pelas nuvens, 18% pelos gases e poeira da atmosfera. A absorção pelo ozônio estratosférico totaliza mais 3%. Aproximadamente 45% da insolação de entrada é transmitida até a superfície terrestre como radiação direta e difusa em ondas curtas. Na soma, a atmosfera e a superfície terrestre absorvem 69% da radiação de entrada de ondas curtas: 21% (aquecimento atmosférico) + 45% (aquecimento de superfície) + 3% (aborção pelo ozônio) = 69%. A Terra acaba emitindo esses 69% de volta para o espaço como radiação de ondas longas.

As transferências energéticas que saem da superfície são tanto *não radiativas* (envolvendo movimento físico ou mecânico) quanto *radiativas* (consistindo em radiação). Os processos de transferência não radiativa incluem convecção (4%) e a energia liberada por *transferência de calor latente*, a energia absorvida e dissipada pela água quando ela evapora e condensa (19%). A transferência radiativa se dá com radiação de ondas longas entre a superfície, a atmosfera e

geossistemas em ação 4 — BALANÇO DE ENERGIA TERRA-ATMOSFERA

A energia solar que chega na forma de radiação de ondas curtas interage com a atmosfera e com a superfície da Terra (GEA 4.1). A superfície reflete ou absorve um pouco da energia, reirradiando a energia absorvida como radiação de ondas longas (GEA 4.2). Na média anual, a superfície da Terra tem um ganho ou excedente de energia, ao passo que a atmosfera tem um déficit ou perda de energia. Essas duas quantidades de energia se igualam, mantendo um equilíbrio geral no "orçamento" de energia da Terra.

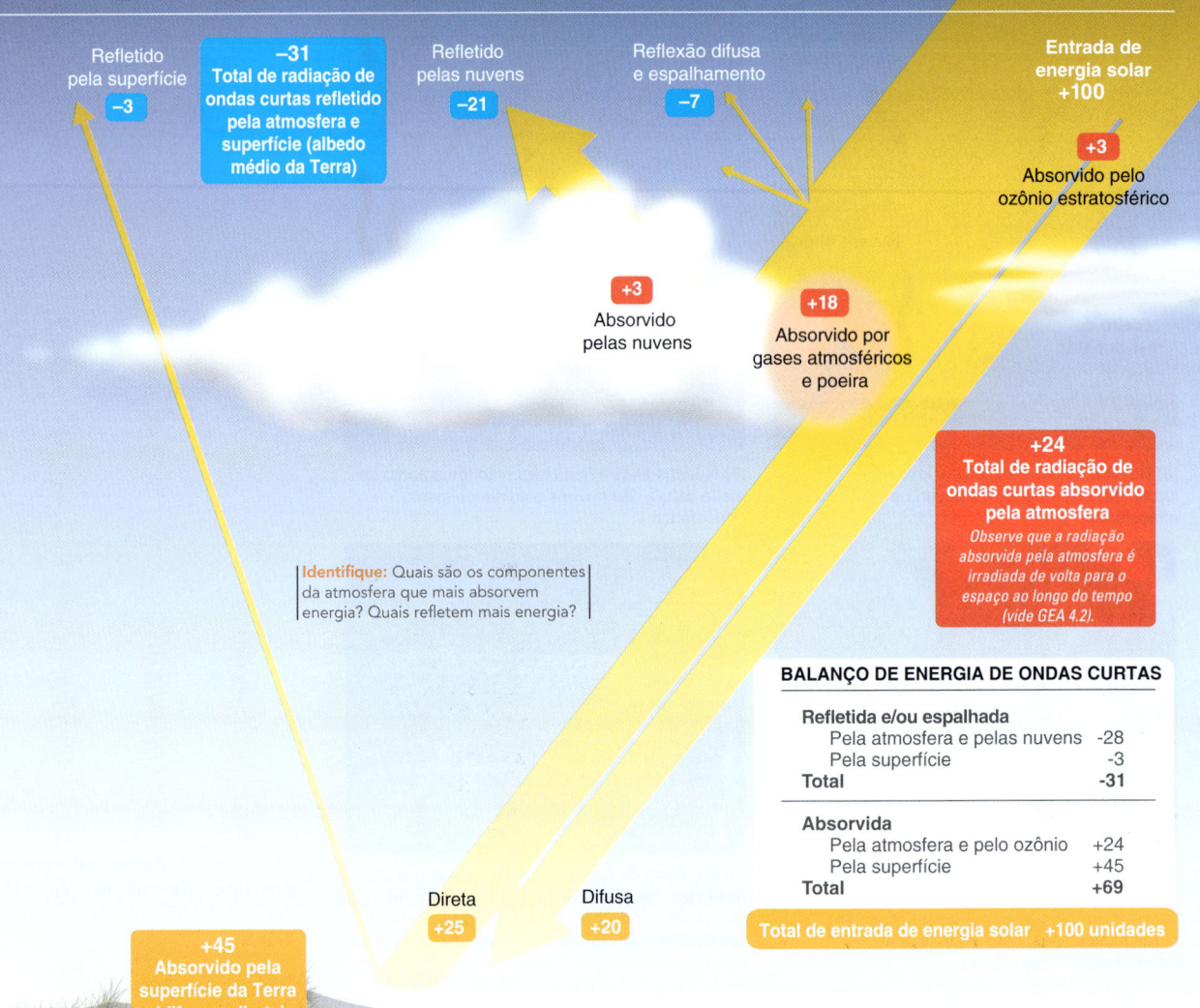

Refletido pela superfície −3

−31 Total de radiação de ondas curtas refletido pela atmosfera e superfície (albedo médio da Terra)

Refletido pelas nuvens −21

Reflexão difusa e espalhamento −7

Entrada de energia solar +100

+3 Absorvido pelo ozônio estratosférico

+3 Absorvido pelas nuvens

+18 Absorvido por gases atmosféricos e poeira

+24 Total de radiação de ondas curtas absorvido pela atmosfera
Observe que a radiação absorvida pela atmosfera é irradiada de volta para o espaço ao longo do tempo (vide GEA 4.2).

Identifique: Quais são os componentes da atmosfera que mais absorvem energia? Quais refletem mais energia?

BALANÇO DE ENERGIA DE ONDAS CURTAS

Refletida e/ou espalhada	
Pela atmosfera e pelas nuvens	-28
Pela superfície	-3
Total	**-31**
Absorvida	
Pela atmosfera e pelo ozônio	+24
Pela superfície	+45
Total	**+69**
Total de entrada de energia solar	**+100 unidades**

Direta +25

Difusa +20

+45 Absorvido pela superfície da Terra (difusa + direta)

4.1 ENTRADAS DE RADIAÇÃO DE ONDAS CURTAS E ALBEDO

A energia solar atravessa as camadas da atmosfera da Terra até atingir a superfície, onde é absorvida, refletida e espalhada. Nuvens, atmosfera e superfície refletem 31% dessa insolação de volta para o espaço. Gases atmosféricos, poeira e a superfície terrestre absorvem energia e irradiam radiação em ondas longas (como mostrado em GEA 4.2).

Radiação de ondas curtas refletida (W/m²)
0 — 105 — 210

A energia de ondas curtas de saída refletida da atmosfera, nuvens, terra e água, equivalente ao albedo da Terra. [NASA, CERES.]

BALANÇO DE ENERGIA DE ONDAS LONGAS

Transferência radiativa
Camada de ozônio	-3
Gases e poeira	-18
Nuvens	-3
Direto da superfície	-8
Pelo efeito estufa	-14

Transferência não radiativa
Transferência de calor latente	-19
Convecção	-4
Total de ondas longas	**-69**
[Total inicialmente refletido]	-31
Total de saída de energia	**-100 unidades**

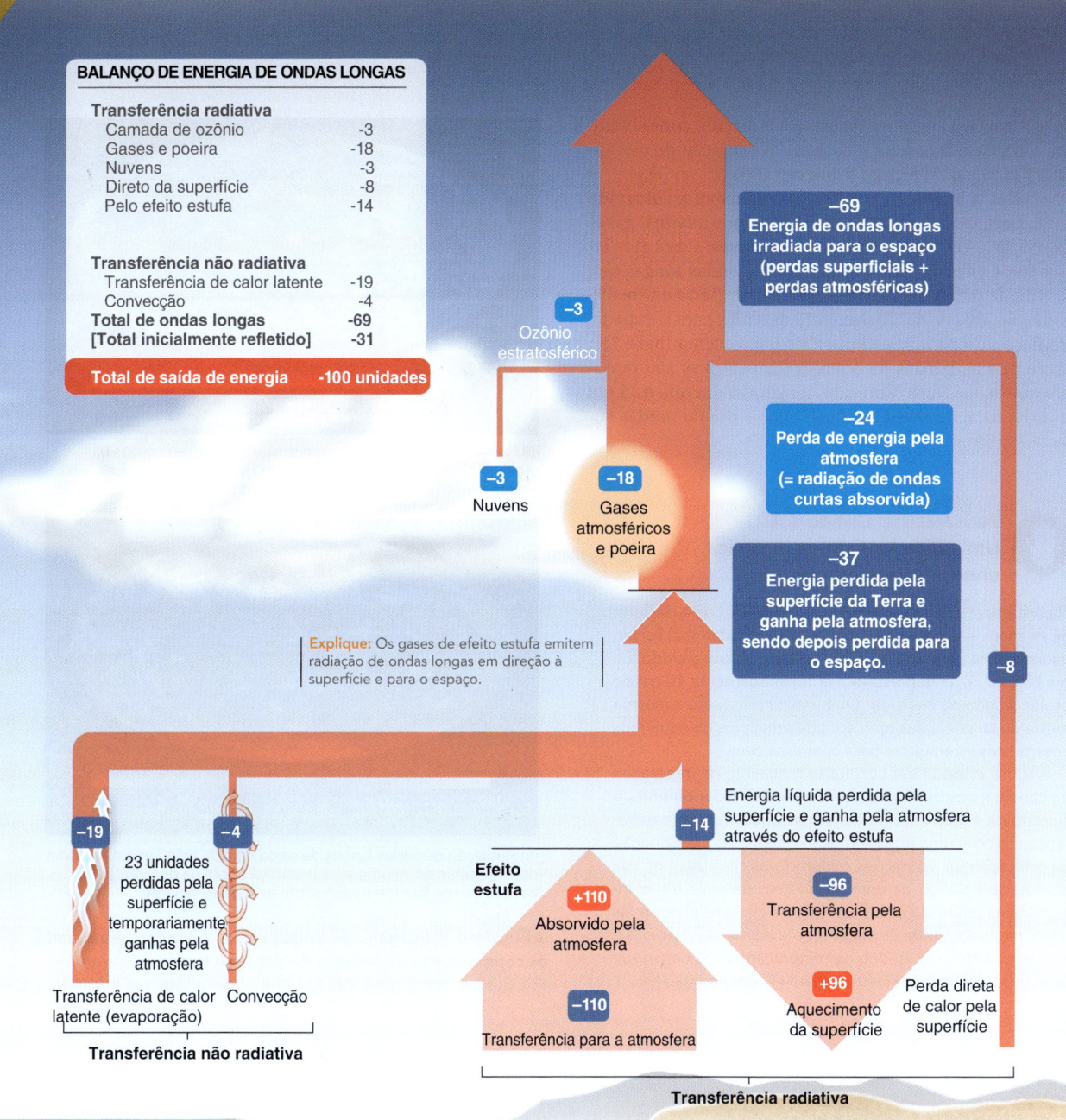

−3 Ozônio estratosférico

−3 Nuvens

−18 Gases atmosféricos e poeira

−69 Energia de ondas longas irradiada para o espaço (perdas superficiais + perdas atmosféricas)

−24 Perda de energia pela atmosfera (= radiação de ondas curtas absorvida)

−37 Energia perdida pela superfície da Terra e ganha pela atmosfera, sendo depois perdida para o espaço.

Explique: Os gases de efeito estufa emitem radiação de ondas longas em direção à superfície e para o espaço.

−19 / −4
23 unidades perdidas pela superfície e temporariamente ganhas pela atmosfera

Transferência de calor latente (evaporação) / Convecção

Transferência não radiativa

−14 Energia líquida perdida pela superfície e ganha pela atmosfera através do efeito estufa

Efeito estufa

+110 Absorvido pela atmosfera
−110 Transferência para a atmosfera

−96 Transferência pela atmosfera
+96 Aquecimento da superfície

−8 Perda direta de calor pela superfície

Transferência radiativa

4.2 RADIAÇÃO DE ONDAS LONGAS DE SAÍDA

Ao longo do tempo, a Terra emite, em média, 69% da energia de entrada para o espaço. Quando acrescentada à quantidade de energia refletida (31%), é igual à entrada total de energia vinda do Sol (100%). As transferências de energia de saída a partir da superfície são tanto *radiativas* (consistindo em radiação de ondas longas diretamente para o espaço) quanto *não radiativas* (envolvendo convecção e energia liberada por transferência de calor latente).

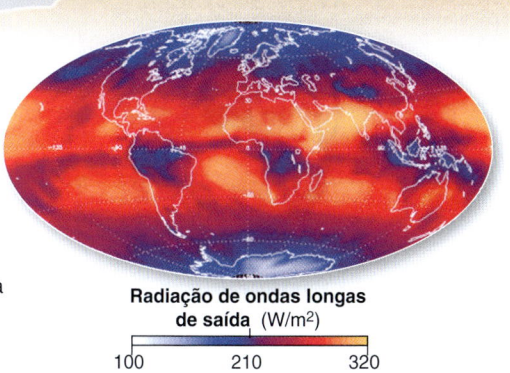

Radiação de ondas longas de saída (W/m^2)
100   210   320

Energia de ondas longas emitida por terra, água, atmosfera e superfícies de nuvens de volta ao espaço. [NASA, CERES.]

o espaço (representada na Figura 4.9 à direita, como efeito estufa e perda direta para o espaço). A radiação do ozônio estratosférico para o espaço soma mais 3%.

No total, a atmosfera irradia 58% da energia absorvida de volta para o espaço: 21% absorvidos por nuvens, gases e poeira, 23% de transferências convectivas e de calor latente e mais 14% de radiação líquida de ondas longas que é reirradiada para o espaço. A superfície da Terra emite 8% da radiação absorvida diretamente de volta para o espaço, e a radiação do ozônio estratosférico acrescenta mais 3%. Observe que as perdas de energia atmosféricas são maiores do que as da Terra. Contudo, no geral a energia está em equilíbrio: 61% de perdas atmosféricas + 8% de perdas superficiais = 69%.

> **PENSAMENTO Crítico 4.1**
> **Um indicador kelp da dinâmica energética superficial**
>
> Na Antártica, na Ilha Petermann, ao largo da costa da Terra de Graham, um pedaço de kelp (uma alga marinha) foi largado por um pássaro que passou. Quando fotografado (Figura PC 4.1.1), o kelp estava a aproximadamente 10 cm de profundidade na neve, em um buraco com quase a mesma forma do kelp. Na sua opinião, que princípios ou caminhos energéticos interagiram para criar essa cena?
>
> Agora estenda sua conclusão à questão da mineração de carvão e outros depósitos na Antártica. No momento, o Tratado da Antártica, que é internacional, impede a mineração. Elabore uma argumentação em prol da continuação da proibição de operações mineradoras com base na sua análise de balanço de energia do kelp na neve e nas informações sobre balanços de energia superficial contidas neste capítulo. Outra consideração poderia ser a poeira e os particulados resultados da mineração. Você consegue pensar em fatores que favoreceriam essa mineração? •

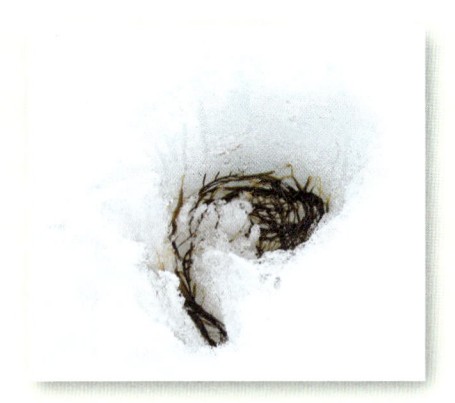

▲Figura PC 4.1.1 [Bobbé Christopherson.]

Desequilíbrios energéticos latidudinais Como afirmado anteriormente, os balanços de energia em lugares ou tempos específicos da Terra nem sempre são iguais (Figura 4.9). Quantidades maiores de luz solar são refletidas para o espaço por superfícies terrestres de cor clara, como os desertos, ou pela cobertura de nuvens, como sobre as regiões

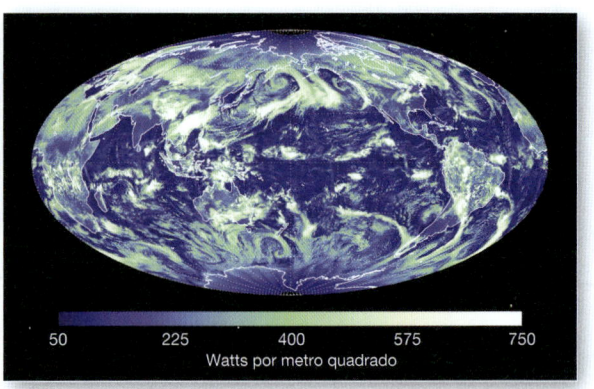

(a) Radiação de ondas curtas refletida em 18 de março de 2011, próximo ao equinócio de primavera do Hemisfério Norte. Este é o albedo da Terra. Observe os valores altos (branco) sobre as regiões nubladas e nevadas, e os valores baixos (azul) sobre os oceanos.

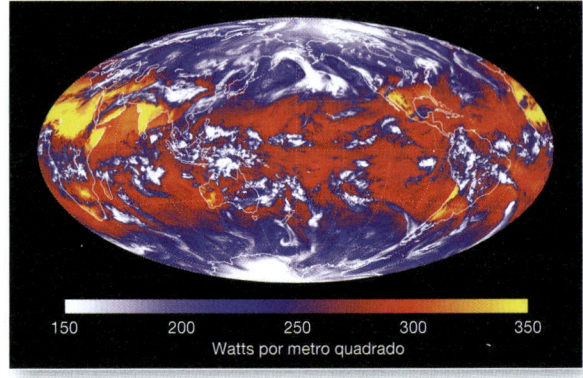

(b) Radiação de ondas longas de saída emitida pela Terra na mesma data. Observe os valores altos (amarelo) sobre os desertos, e os valores baixos (branco e azul) sobre as regiões polares.

▲Figura 4.9 Imagens de ondas curtas e longas, mostrando os componentes do balanço da radiação terrestre. [Instrumento CERES a bordo do *Aqua*, Langley Research Center, NASA.]

tropicais. Quantidades maiores de radiação de ondas longas são emitidas da Terra para o espaço nas regiões dos desertos subtropiciais, onde há pouca cobertura de nuvens sobre superfícies que absorvem muito calor. Menos energia de ondas longas é emitida sobre as regiões polares frias e sobre terras tropicais cobertas por nuvens espessas (na região amazônica equatorial, na África e na Indonésia).

A Figura 4.10 sintetiza o balanço de energia Terra-atmosfera por latitude:

- Entre os trópicos, o ângulo de insolação de entrada é elevado e a duração do dia é praticamente constante, com pouca variação sazonal, por isso mais energia é ganha do que perdida – *o excedente de energia é dominante*.
- Nas regiões polares, o Sol está baixo no céu, as superfícies são claras (gelo e neve) e reflectivas, e por até seis meses durante o ano nenhuma insolação é recebida, por isso mais energia é perdida do que ganha – *os déficits de energia prevalecem*.
- Em torno da latitude 36°, há um equilíbrio entre os ganhos e as perdas de energia para o sistema Terra-atmosfera.

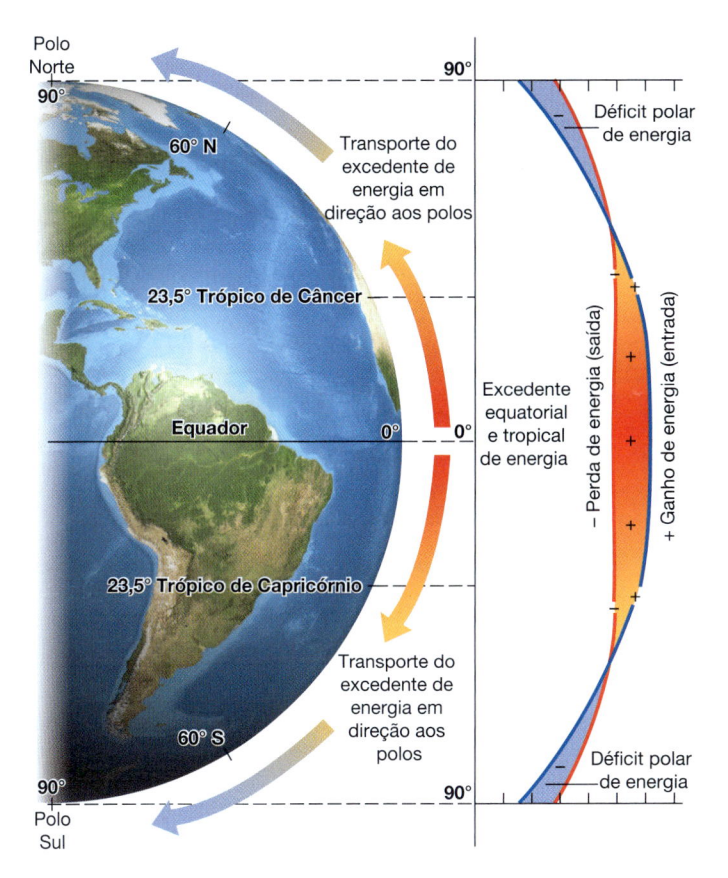

▲Figura 4.10 **Balanço de energia por latitude.** Os excedentes e déficits de energia da Terra produzem transporte de energia e massa em direção aos polos nos dois hemisférios, por meio da circulação atmosférica e das correntes oceânicas. Fora dos trópicos, os ventos atmosféricos são os meios dominantes de transporte de energia rumo aos polos.

O desequilíbrio de energia oriundo dos *excedentes tropicais* e dos *déficits polares* determina um vasto padrão de circulação global. Os agentes de transferência meridional (norte-sul) são os ventos, as correntes oceânicas, os sistemas meteorológicos dinâmicos e outros fenômenos relacionados. Exemplos drásticos dessas transferências de energia e massa são os ciclones tropicais (furacões e tufões), discutidos no Capítulo 8. Após a formação nos trópicos, essas poderosas tempestades se desenvolvem e migram para altitudes maiores, levando com elas água e energia, que são redistribuídas pelo globo.

Balanço de energia na superfície terrestre

A energia solar é a principal fonte de calor na superfície terrestre; o ambiente da superfície é a etapa final no sistema energético Sol-Terra. Os padrões de radiação na superfície da Terra – entradas de radiação difusa e direta, e saídas de evaporação, convecção e energia irradiada de ondas longas – são importantes para a formação dos ambientes onde vivemos.

Padrões de radiação diária

A Figura 4.11 mostra o padrão diário da energia de entrada em ondas curtas que é absorvida e a temperatura do ar resultante. Este gráfico representa condições idealizadas para o solo descoberto em um dia sem nuvens nas latitudes médias. A energia de entrada chega com a luz do dia, começando no nascer do sol, chegando ao pico ao meio-dia e terminando ao pôr do sol.

A forma e a altura dessa curva de insolação variam de acordo com a estação do ano e a latitude. As alturas máximas dessa curva ocorrem no solstício de verão (em torno de 21 de junho no Hemisfério Norte e 21 de dezembro no Hemisfério Sul). O gráfico da temperatura do ar também responde a estações e variações na entrada de insolação. Em um dia de 24 horas, a temperatura do ar geralmente atinge um pico entre 15h e 16h e diminui até seu ponto mais baixo no pôr do sol ou logo depois.

Observe que a curva de insolação e a curva de temperatura do ar no gráfico não se alinham; há uma *defasagem* (*lag*, em inglês) entre elas. O horário mais quente do dia não ocorre no momento de insolação máxima, mas quando um máximo de insolação foi absorvido e emitido para a atmosfera a partir do solo. Enquanto a energia de entrada exceder a energia de saída, a temperatura do ar continuará a aumentar, sem chegar a seu pico até que a energia de entrada comece a diminuir à tarde, à medida que a altura do Sol diminui. Se você já foi acampar nas montanhas, sem dúvida sentiu o horário mais frio do dia com um calafrio ao acordar durante o nascer do Sol!

O padrão anual de insolação e temperatura do ar exibe uma defasagem similar. Para o Hemisfério Norte, janeiro geralmente é o mês mais frio, ocorrendo após o solstício de dezembro e dos dias mais curtos. Da mesma forma, os meses mais quentes de julho e agosto ocorrem após o solstício de junho e dos dias mais longos.

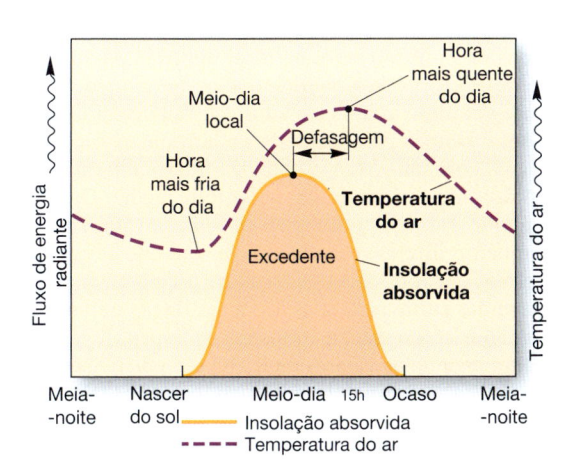

▲Figura 4.11 **Curvas de radiação e temperatura diária.** Exemplo do comportamento da radiação para um dia típico mostra as mudanças em insolação (linha laranja sólida) e temperatura do ar (linha tracejada). Uma comparação das curvas demonstra uma defasagem entre o meio-dia local (o pico de insolação para o dia) e o horário mais quente do dia.

Um balanço de energia da superfície simplificado

Energia e umidade são continuamente trocadas com a atmosfera inferior na superfície da Terra – é a *camada-limite* (também chamada de camada-limite atmosférica ou planetária). O balanço de energia na camada-limite é afetado pelas características específicas da superfície da Terra, como a presença ou ausência de vegetação e a topografia local. A altura da camada-limite não é constante no tempo ou espaço.

Microclimatologia é a ciência das condições físicas, incluindo radiação, calor e umidade, na camada-limite na superfície terrestre ou perto dela. *Microclimas* são condições climáticas locais em uma área relativamente pequena, como um parque, uma encosta específica ou no seu quintal. Portanto, a nossa discussão agora enfoca componentes de balanço de energia de pequena escala (os metros mais baixos da atmosfera), ao invés dos de grande escala (a troposfera). (Consulte os Capítulos 10 e 11 para mais discussão sobre climas e mudança climática.)

Em uma dada localidade, a superfície recebe e perde energia de ondas curtas e longas de acordo com o seguinte esquema simples:

$$+OC\downarrow_{(Insolação)} - OC\uparrow_{(Reflexão)} + OL\downarrow_{(Infravermelho)} - OL\uparrow_{(Infravermelho)} = R\ LIQ_{(Radiação\ Líquida)}$$

Usamos OC para ondas curtas e OL para ondas longas para simplificar.*

A Figura 4.12 mostra os componentes de um balanço de energia na superfície de um solo. A coluna do solo continua até uma profundidade na qual a troca de energia com os materiais circundantes ou com a superfície se torna desprezível, geralmente menos de um metro. O calor é transferido através do solo por condução, predominantemente para baixo durante o dia ou no verão e em direção à superfície à noite ou no inverno. A energia da atmosfera que está se movendo em direção à superfície é considerada positiva (ganho), e a energia que está se distanciando da superfície, por meio de transferências de calor sensível e latente, é considerada negativa (perda) para a conta referente à superfície.

Radiação líquida (R LIQ) é a soma de todos os ganhos e perdas de radiação em uma local definido da superfície da Terra. R LIQ varia à medida que os componentes dessa equação simples variam com a duração do dia ao longo das estações do ano, a nebulosidade e a latitude. A Figura 4.13 ilustra os componentes de energia superficial em um dia típico de verão em um lugar de latitude média. Os ganhos de energia incluem ondas curtas vindas do Sol (tanto difusas quanto diretas) e ondas longas que são reirradiadas pela atmosfera após deixar a Terra. As perdas de energia incluem ondas curtas refletidas e as emissões de ondas longas da Terra que atravessam a atmosfera e o espaço.

Diariamente, os valores de R LIQ são positivos durante as horas diurnas, atingindo um pico logo após o meio-dia, o pico de insolação; à noite, os valores tornam-se negativos porque o componente de ondas curtas cessa no ocaso e a superfície continua perdendo radiação de ondas longas para a atmosfera. A superfície raramente chega a um valor de R LIQ igual a zero – um balanço perfeito – em qualquer momento dado. Porém, com o tempo, a superfície terrestre global naturalmente faz o balanço entre energias de entrada e de saída.

Os princípios e processos de radiação líquida na superfície têm efeitos sobre o projeto e uso das tecnologias de energia solar que concentram energia de ondas curtas para uso humano. A energia solar oferece grande potencial no mundo inteiro e é atualmente a forma de conversão de energia por humanos de maior crescimento. O Estudo

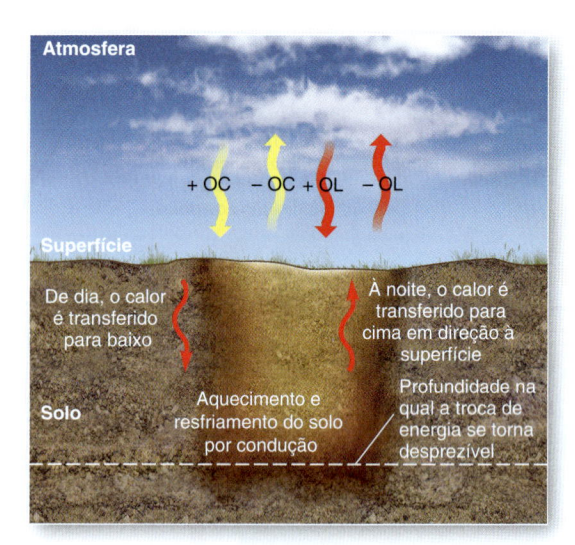

▲**Figura 4.12 Componentes do balanço de energia superficial em uma coluna de solo.** Entrada e saída idealizadas de energia na superfície e dentro de uma coluna de solo (OC = ondas curtas; OL = ondas longas).

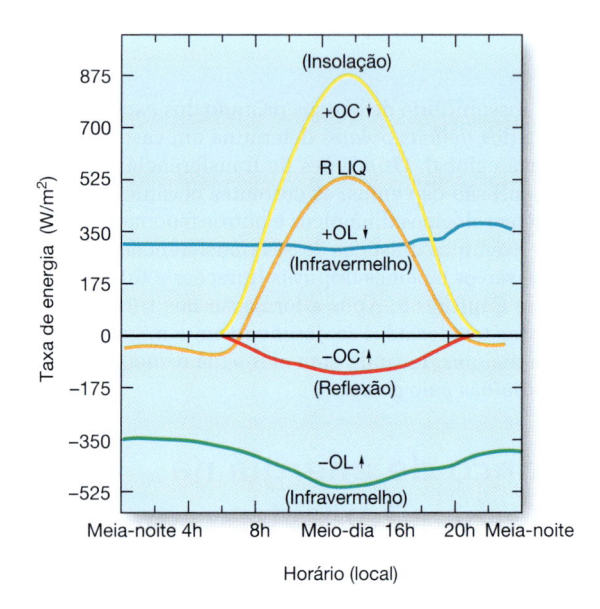

▲**Figura 4.13 Balanço de radiação diário.** Balanço de radiação em um típico dia de verão em julho em um local de latitude média (Matador, no sul de Saskatchewan, Canadá, 51° N). [Adaptado com permissão de T. R. Oke, *Boundary Layer Climates* (New York: Methuen & Co., 1978), p. 21.]

Diferentes símbolos são usados na literatura de microclimatologia em inglês, tal com K para ondas curtas, L para ondas longas e Q para R LIQ (radiação líquida).

Específico 4.1 revisa brevemente essa aplicação direta dos balanços de energia da superfície.

> ### PENSAMENTO Crítico 4.2
> ### Aplicando os princípios do balanço de energia a um forno solar
>
> No Estudo Específico 4.1, você aprendeu sobre os fornos solares (vide Figura 4.1.1c). Com base no que você aprendeu sobre balanço de energia neste capítulo, quais são os princípios mais importantes para fazer um forno solar funcionar? Você consegue fazer um diagrama dos fluxos energéticos envolvidos (entradas, saídas, o papel do albedo)? Como você posicionaria o forno para maximizar sua produtividade em termos de luz solar? A que hora do dia o forno é mais eficaz? •

Radiação líquida global e sazonal A radiação líquida disponível na superfície terrestre é o resultado final de todo o processo do balanço de energia discutido neste capítulo. Em escala global, a radiação líquida média anual é positiva na maioria da superfície terrestre (Figura 4.14). Valores negativos de radiação líquida provavelmente ocorrem somente sobre superfícies cobertas de gelo em direção aos polos acima da latitude 70° de ambos os hemisférios. Observe as diferenças abruptas de radiação líquida entre as superfícies oceânicas e terrestres no mapa. O maior valor de radiação líquida, 185 W/m², ocorre ao norte do equador, no mar Arábico. Exceto pelas evidentes interrupções causadas por massas de terra, o padrão de valores parece ser geralmente regional, ou paralelo, diminuindo à medida que se afasta do equador.

O ritmo sazonal da radiação líquida durante o ano influencia os padrões da vida na superfície terrestre. A radiação líquida sazonal se desloca entre os meses de solstício (dezembro e junho) e os equinócios, com os ganhos de radiação líquida próximo ao equador nos equinócios deslocando-se rumo ao Polo Sul no solstício de dezembro e rumo ao Polo Norte no solstício de junho.

Gasto de radiação líquida Conforme aprendemos, para que o balanço de energia na superfície da Terra chegue a um equilíbrio ao longo do tempo, as áreas que possuem radiação líquida positiva devem de alguma forma dissipar (ou perder) calor. Isso acontece por meio de processos não irradiantes que transferem energia do solo até a camada-limite.

• O *calor latente de evaporação (CE)* é a energia armazenada no vapor d'água à medida que a água evapora. A água absorve grandes quantidades desse *calor latente* conforme ela altera de estado para vapor d'água, removendo, assim, essa energia térmica da superfície. De modo oposto, essa energia térmica é liberada para o ambiente quando o vapor d'água muda de estado de volta para um líquido (discutido no Capítulo 7). O calor latente é a perda dominante de toda a R LIQ da Terra, principalmente sobre superfícies líquidas.

• *Calor sensível (CS)* é o calor transferido de um lado para o outro entre o ar e a superfície em fluxos turbulentos por convecção e condução dentro dos materiais. Essa atividade depende das diferenças de temperatura da superfície e da camada-limite e da intensidade do movimento convectivo na atmosfera. Cerca de 1/5 de toda a R LIQ da Terra é mecanicamente irradiado como calor sensível da superfície, especialmente sobre a ter-

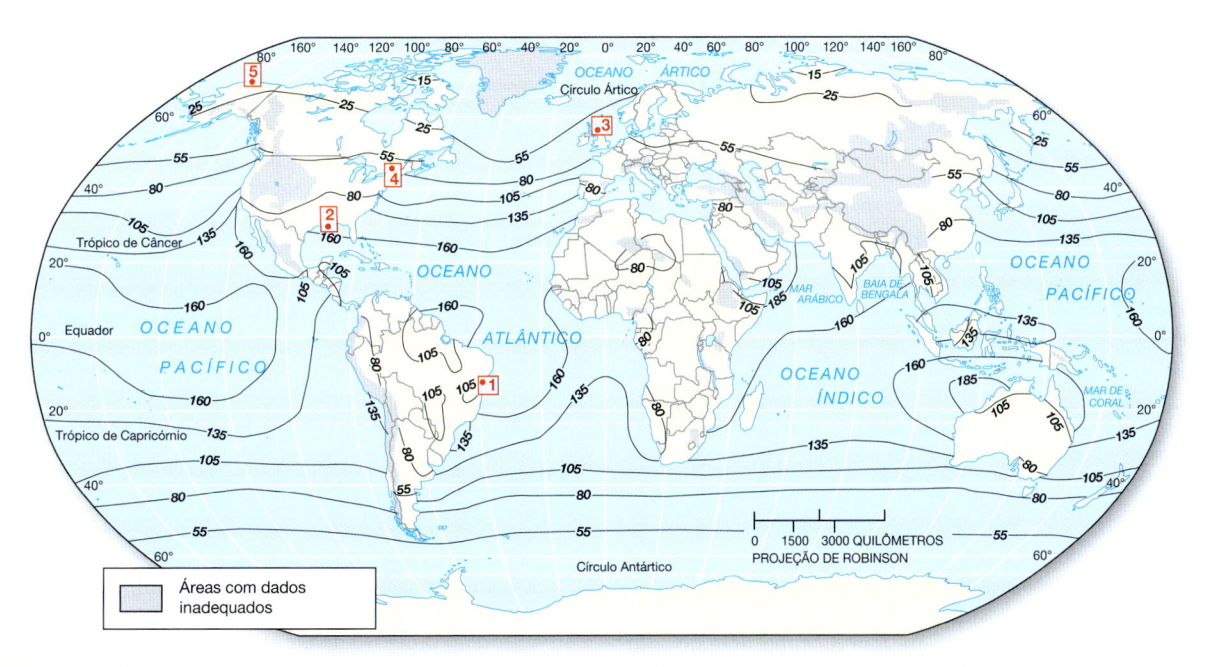

▲**Figura 4.14 Radiação líquida global na superfície da Terra.** Distribuição de radiação líquida global (R LIQ) média anual na superfície em watts por metro quadrado (100 W/m² = 75 kcal/cm²/ano). O maior valor de radiação líquida, 185 W/m², ocorre ao norte do equador, no mar Arábico. As temperaturas para as cinco cidades assinaladas no mapa estão traçadas no gráfico na Figura 5.5. [Baseado em M. I. Budyko, *The Heat Balance of the Earth's Surface* (Washington, DC: U.S. Department of Commerce, 1958), p. 106.]

♀ Estudo Específico 4.1 Recursos sustentáveis
Aplicações da energia solar

Considere o seguinte:

- A Terra recebe 100.000 terawatts (TW) de energia solar por hora, o suficiente para atender às necessidades energéticas mundiais durante um ano.* Nos Estados Unidos, a energia produzida por combustíveis fósseis em um ano equivale à insolação que chega a cada 35 minutos.
- Um prédio comercial médio nos Estados Unidos recebe de 6 a 10 vezes mais energia do Sol no seu exterior do que é necessário para aquecer a parte interna.
- Fotografias do início do século XX mostram aquecedores de água solares (chapas planas) sendo usados nos telhados. Hoje, a instalação de aquecimento solar da água está voltando, atendendo a 50 milhões de residências em todo o mundo, sendo mais de 300.000 delas nos Estados Unidos.
- A capacidade fotovoltaica está mais que dobrando a cada dois anos. Em 2012, a energia elétrica solar ultrapassou os 89.500 megawatts instalados.

A insolação aquece a superfície terrestre, mas também garante um suprimento inexaurível de energia para a humanidade. A luz solar é direta e amplamente disponível, e instalações de energia solar são descentralizadas, intensivas em mão de obra e renováveis. Embora seja coletada há séculos por várias tecnologias, a luz solar permanece sendo subutilizada.

Os vilarejos rurais em países em desenvolvimento poderiam se beneficiar da aplicação solar mais simples e mais custo-efetiva – o forno solar (Figura 4.1.1) Com acesso a fornos solares, pessoas do meio rural da América Latina e da África estão conseguindo cozinhar refeições e sanear água potável sem ter de caminhar longas distâncias apanhando lenha para fogueiras. Esses aparelhos solares são simples e eficientes,

*Terawatt (10^{12} watts) = 1 trilhão de W; gigawatt (10^9 watts) = 1 bilhão de W; megawatt (10^6 watts) = 1 milhão de W; quilowatt (10^3 watts) = 1000 W.

(a) Mulheres na África Oriental levam para casa fornos de caixa solar que fizeram em uma oficina. A construção é fácil, usando componentes de papelão.

(b) Mulheres quenianas sendo treinadas para usar fornos de painel solar.

Figura 4.1.1 A solução do forno solar. [(a) e (b) Solar Cookers International, Sacramento, Califórnia; (c) Bobbé Christopherson.]

atingindo temperaturas entre 107°C e 127°C. Acesse http://solarcookers.org/ para mais informações.

(c) Esses fornos simples coletam insolação por meio de vidro ou plástico transparente e aprisionam radiação de ondas longas em uma caixa fechada ou saco de cozimento.

Nos países em desenvolvimento, a necessidade premente é para fontes de energia descentralizadas, apropriadas em escala às necessidades diárias, como cozinhar e aquecer e ferver água, e para pasteurização de outros líquidos e comidas. O custo líquido *per capita* (por pessoa) dos fornos solares é bem menor do que a produção elétrica centralizada, independentemente da fonte de combustível.

Colentando energia solar

Qualquer superfície que receba luz do sol é um *coletor solar*. Contudo, a natureza difusa da energia solar recebida na superfície requer que ela seja coletada, concentrada, transformada e armazenada para ter mais utilidade. O aquecimento espacial (calefação do interior de edificações) é uma aplicação simples da energia solar. Ele pode ser obtido com o cuidadoso projeto e colocação de janelas, de modo que o sol entre no prédio e seja absorvido e convertido em calor sensível – uma aplicação trivial do efeito estufa.

Um *sistema solar passivo* captura energia térmica e a armazena em uma "massa térmica", como tanques cheios de água, adobe, azulejo ou concreto. Um *sistema solar ativo* esquenta água ou ar em um coletor e, a seguir, bombeia-nos por meio de um sistema de tubulação para um tanque, onde pode fornecer água quente para uso direto ou para aquecimento ambiental.

Os sistemas de energia solar podem gerar energia térmica em escala apropriada para aproximadamente metade das aplicações domésticas atuais nos Estados Unidos, que incluem aquecimento ambiental e de água. Em climas marginais, o aquecimento de água e espaços com auxílio do sol é factível como fonte reserva – mesmo nos estados da Nova Inglaterra e das Planícies do Norte, os sistemas de coleta solar mostram ser eficazes.

---

ra. A principal parte da R LIQ é perdida como calor sensível nessas regiões secas.
- *Aquecimento e resfriamento do solo* (S), é a energia que flui para dentro e para fora da superfície do solo (terrestre ou líquida) por condução. Durante um ano, o valor de S geral é zero porque a energia armazenada da primavera e do verão é igual às perdas no outono e no inverno. Outro fator no aquecimento do solo é a ener-

gia absorvida na superfície para derreter neve ou gelo. Em paisagens cobertas de neve ou gelo, a maior parte da energia disponível está no calor sensível e latente usado no processo de derretimento e aquecimento.

Em terra, os maiores valores anuais para CL ocorrem nos trópicos e diminuem em direção aos polos. Sobre os oceanos, os maiores valores de CL estão sobre latitudes sub-

Kramer Junction, na Califórnia, no Deserto de Mojave próximo a Barstow, tem a maior instalação geradora de energia solar (35°00'40"N, 117°33'20"W) em operação, com capacidade de 150 MW (megawatts), ou 150 milhões de watts. Longos concentradores de espelhos curvos guiados por computador concentram luz solar para criar temperaturas de 390°C em tubos lacrados a vácuo contendo óleo sintético. O óleo aquecido esquenta a água; a água aquecida produz vapor que gira as turbinas para gerar eletricidade custo-efetiva. A instalação converte 23% da luz solar que recebe em eletricidade durante as horas de pico (Figura 4.1.2a), e os custos de operação e manutenção continuam a diminuir.

Eletricidade diretamente a partir da luz solar

Células fotovoltaicas (FV) foram usadas pela primeira vez para gerar eletricidade em espaçonaves em 1958. Hoje, há células solares em calculadoras de bolso, sendo também usadas em painéis solares de telhado para gerar eletricidade. Quando a luz incide sobre um material semicondutor nessas células, ela estimula um fluxo de elétrons (uma corrente elétrica) na célula.

A eficiência dessas células, muitas vezes reunidas em grandes conjuntos, foi aprimorada ao nível de serem competitivas em custo, e o seriam ainda mais se o apoio e os subsídios do governo fossem equilibrados uniformemente entre todas as fontes de energia. A instalação residencial na Figura 4.1.2b apresenta 36 painéis, gerando 205 W cada, 7380 W no total, com eficiência de conversão de 21,5%. Esse linha solar gera eletricidade excedente o suficiente para inverter os leitores de eletricidade da casa e fornecer eletricidade à rede pública.

O Laboratório Nacional de Energia Renovável (NREL, http://www.nrel.gov/solar_radiation/facilities.html) e o Centro Nacional de Energia Fotovoltaica, ambos dos EUA, foram estabelecidos em 1974 para coordenar a pesquisa, o desenvolvimento e o teste de energia solar, em parceria com a indústria privada. Há testes sendo realizados na Instalação Externa de Testes do NREL em Golden, Oregon, onde já foram desenvolvidas células solares que romperam a barreira de 40% de eficiência energética!

A geração elétrica fotovoltaica em telhados agora custa menos do que a construção de linhas de transmissão de força para locais rurais. Sistemas FV em telhados suprem energia a centenas de milhares de residências no México, Indonésia, Filipinas, África do Sul, Índia e Noruega. (Visite a "Photovoltaic Home Page" em http://www.eere.energy.gov/solar/sunshot/pv.html.)

As desvantagens óbvias dos sistemas solares de aquecimento e elétricos são os períodos de nebulosidade e a noite, que inibem as operações. Há pesquisas sendo feitas para otimizar o armazenamento de energia e melhorar a tecnologia das baterias.

A promessa da energia solar

A energia solar é uma escolha sábia para o futuro. Ela é economicamente preferível à continuação do desenvolvimento de reservas de combustível fóssil, aumentos nas importações de petróleo e derramamentos de óleo nas plataformas de produção no mar (offshore), ou investimentos em incursões militares no exterior (no caso dos EUA) ou desenvolvimento de energia nuclear, principalmente em um mundo com problemas de segurança.

Ir atrás ou não do desenvolvimento da energia solar é mais uma questão de escolha política do que de possibilidades tecnológicas. Grande parte da tecnologia está pronta para instalação e é custo-efetiva quando todos os custos diretos e indiretos dos demais recursos energéticos são considerados.

À medida que nos aproximamos dos limites climáticos da era dos combustíveis fósseis e da exaustão desses recursos, as tecnologias de energia renovável tornam-se essenciais para a constituição das nossas vidas. Que tipos de energia solar estão disponíveis e são usados na sua área?

(a) Sistema gerador solar-elétrico em Kramer Junction, no sul da Califórnia (EUA).

(b) Uma residência com uma linha fotovoltaica solar de 7380 W de 46 painéis. A eletricidade excedente é alimentada para a rede elétrica a fim de obter créditos que compensam 100% da conta de luz da residência, além de gerar eletricidade extra para carregar um veículo elétrico.

Figura 4.1.2 Produção de energia térmica solar e fotovoltaica. [Bobbé Christopherson.]

tropicais, onde o ar quente e seco entra em contato com a água quente do oceano. Os valores de CS atingem seu máximo nos subtrópicos. Aqui, vastas regiões de desertos subtropicais apresentam superfícies praticamente sem água, céus sem nuvens e paisagens quase sem vegetação. Pelos processos de transferência de calor latente, sensível e de solo, a energia da radiação líquida é capaz de exercer os "trabalhos" que, em última instância, geram o sistema climático global – trabalhos como elevar as temperaturas da camada-limite, derreter gelo ou evaporar água dos oceanos.

Duas estações de amostragem A variação no gasto de R LIQ entre os processos recém-descritos produz a variedade de ambientes que vemos na natureza. Vamos examinar o balanço de energia diário em dois locais, El Mirage, na

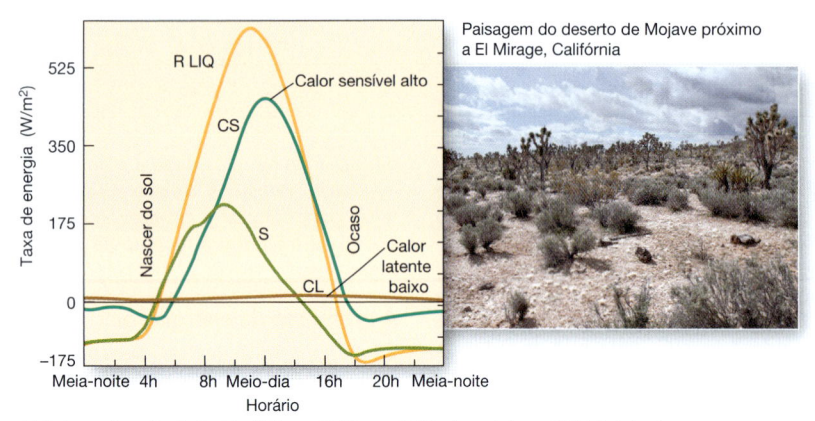

Figura 4.15 Balanço de radiação em duas estações. CS = transferência turbulenta de calor sensível; CL = calor latente da evaporação S = aquecimento e resfriamento do solo. [(a) Baseado em W. D. Sellers, *Physical Climatology*, © 1965 University of Chicago. (b) Baseado em T. R. Oke, *Boundary Layer Climates*, © 1978 Methuen & Co. Photos by Bobbé Christopherson.]

(a) Balanço de radiação líquida diária em El Mirage, Califórnia, próximo a 35°N de latitude.

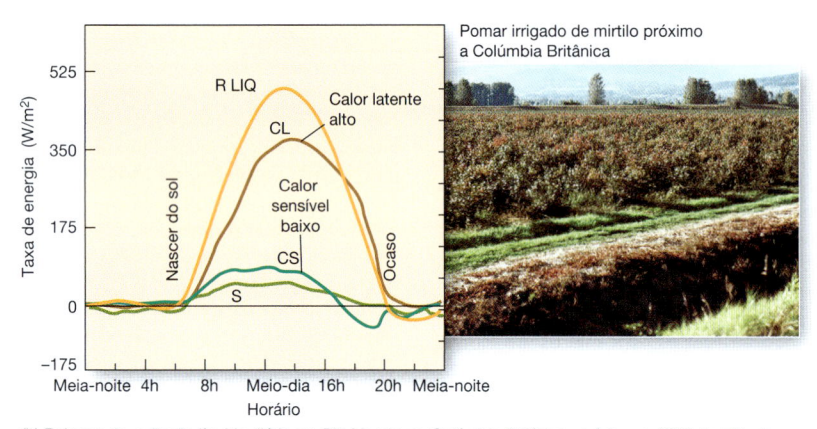

(b) Balanço de radiação líquida diária em Pitt Meadows, Colúmbia Britânica, próximo a 49°N de latitude.

Califórnia, EUA, e Pitt Meadows, na Colúmbia Britânica, Canadá (Figura 4.15).

El Mirage, a 35° N, é um local desértico e quente caracterizado por solo descoberto e seco com vegetação esparsa. Os dados do gráfico são de um dia quente de verão, com uma leve brisa no fim da tarde. O valor de R LIQ é menor do que poderia se esperar, considerando a posição do Sol próximo ao zênite (solstício de junho) e a ausência de nuvens. No entanto, o aporte de energia neste local é contrabalançado por superfícies de albedo relativamente alto e por superfícies de solo quente que irradiam energia em ondas longas de volta para a atmosfera durante a tarde.

El Mirage tem pouco ou nenhum gasto energético por evaporação (*CL*). Com pouca água e vegetação esparsa, a maior parte da energia radiante se dissipa por meio de transferências turbulentas de calor sensível (*CS*), aquecendo o ar e o solo a altas temperaturas. Em um período de 24 horas, *CS* é 90% do gasto de R LIQ; os restantes 10% são de aquecimento do solo (*S*). O componente *S* é maior pela manhã, quando os ventos são fracos e as transferências turbulentas são menores. À tarde, o ar aquecido sobe do solo quente e os gastos de calor convectivos são acelerados conforme o vento aumenta.

Compare os gráficos para El Mirage (Figura 4.15a) e Pitt Meadows (Figura 4.15b). Pitt Meadows é uma área de latitude média (49°N), vegetada e úmida, e seus gastos energéticos são muito diferentes dos de El Mirage. A paisagem de Pitt Meadows consegue reter muito mais de sua energia em função dos valores menores de albedo (menor reflexão), da presença de mais água e plantas e das temperaturas superficiais menores do que as de El Mirage.

Os dados do balanço de energia para Pitt Meadows são de um dia de verão sem nuvens. Valores maiores de *CL* resultam do ambiente úmido de joio e pomares mistos irrigados, contribuindo para os níveis mais moderados de *CS* durante o dia.

O ambiente urbano

Os microclimas urbanos costumam ser diferentes das áreas não urbanas circundantes, regularmente atingindo temperaturas até 6°C mais quentes do que as áreas suburbanas e rurais próximas. Na verdade, as características de energia superficial das áreas urbanas são semelhantes às das localidades desérticas, principalmente porque os dois ambientes carecem de vegetação.

As características físicas das regiões urbanizadas produzem uma **ilha de calor urbana (ICU)** que tem, em média, temperaturas máximas e mínimas maiores do que em ambientes rurais próximos (Figura 4.16). Uma ICU possui temperaturas crescentes em direção ao bairro comercial central e temperaturas mais baixas em zonas com árvores e parques. O calor sensível é inferior nas florestas urbanas em relação às outras partes das cidades por causa da sombra das copas das árvores e de processos vegetais, como a transpiração, que aportam umidade ao ar. Em Nova York, as temperaturas diurnas são em média 5–10°C mais frescas no Central Park do que na grande região metropolitana*.

Estudos em andamento mostram que os efeitos da ICU são maiores em cidades grandes do que nas pequenas. A diferença entre o aquecimento urbano e rural é mais pronunciada em cidades cercadas por florestas do que naquelas cercadas por ambientes secos e de vegetação esparsa. Os efeitos da ICU também costumam ser maiores em cidades com população densa, e ligeiramente menores em cidades com mais dispersão urbana. Acesse http://www.nasa.gov/topics/earth/features/heat-island-sprawl.html para ler um interessante estudo sobre as ICUs no Nordeste dos EUA.

Na cidade média da América do Norte, o aquecimento é ampliado por superfícies urbanas modificadas, como asfalto e vidro, geometria construtiva, poluição e atividades hu-

---

*N. de R.T.: Diferenças similares de temperatura são observadas, por exemplo, no município de São Paulo.

TABELA 4.1 Ilhas de calor urbanas: fatores forçantes e resposta climática

Fator forçante	Elemento climático afetado	Urbano comparado com rural	Explicação
Propriedades térmicas das superfícies urbanas: metal, vidro, asfalto, concreto, tijolo	Radiação líquida	Maior	• As superfícies urbanas conduzem mais energia do que as naturais, como o solo.
Propriedades refletivas das superfícies urbanas	Albedo	Menor	• As superfícies urbanas frequentemente possuem albedo baixo, então absorvem e retêm calor, levando a altos valores de radiação líquida.
Efeito do cânion urbano	Velocidade do vento • média anual • rajadas extremas Períodos de calmaria	Menos Mais	• A insolação refletida nos cânions é conduzida para materiais de superfície, aumentando as temperaturas. • Os edifícios interrompem os fluxos de vento, diminuindo a perda de calor por advecção (movimento horizontal), e bloqueiam a radiação noturna para o espaço. • Os efeitos máximos da ICU ocorrem em dias e noites calmos e claros.
Aquecimento antropogênico	Temperatura • média anual • mínimas de inverno • máximas de verão	Maior	• Calor é gerado por residências, veículos e fábricas. A saída de calor pode disparar no inverno, com a energia para calefação, ou no verão, com a energia do ar-condicionado.
Poluição	Poluição atmosférica • núcleos de condensação • particulados Nebulosidade, incluindo neblina Precipitação Neve, centro da cidade Neve, a sotavento	Mais Mais Mais Menos Mais	• Poluente aéreos (poeira, particulados, aerossóis) no domo de poeira urbano elevam as temperaturas ao absorver insolação e reirradiar calor para a superfície. • Mais particulados são núcleos de condensação para o vapor d'água, aumentando a formação de nuvens e a precipitação; o aquecimento otimiza os processos de convecção.
Efeito do deserto urbano: menos cobertura vegetal e mais superfícies impermeáveis	Umidade relativa • média anual Infiltração Escoamento Evaporação	Menos Menos Mais Menos	• O efeito de resfriamento da evaporação e da transpiração vegetal é reduzido ou ausente. • A água não consegue se infiltrar até o solo por superfícies impermeáveis; mais água flui por escoamento. • As superfícies urbanas respondem como paisagens desérticas – tempestades podem causar "enxurradas".

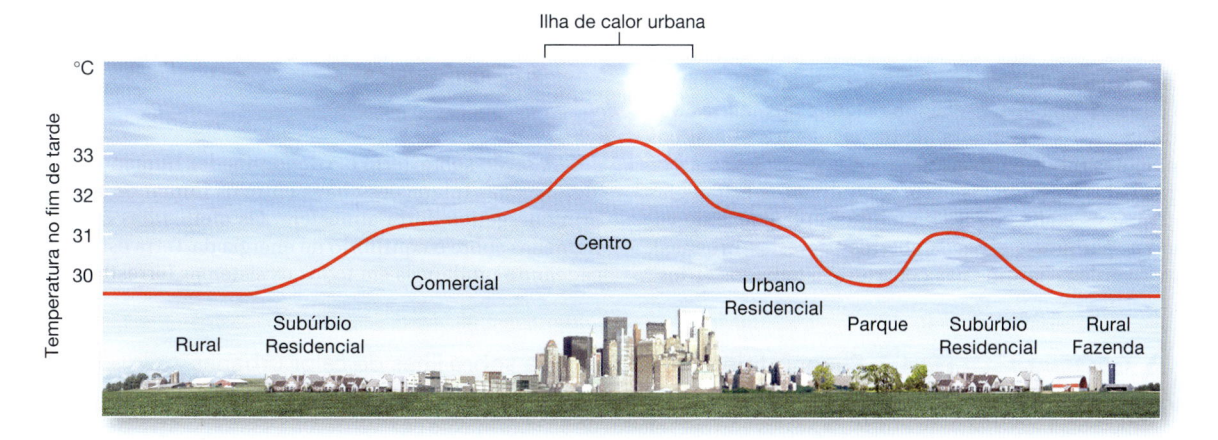

▲Figura 4.16 **Perfil típico de uma ilha de calor urbana.** Em média, as temperaturas urbanas chegam a ser 1–3°C mais quentes do que as áreas rurais próximas em um dia ensolarado de verão. As temperaturas chegam ao máximo no núcleo urbano. Observe o resfriamento sobre o parque e as áreas rurais. [Baseado em "Heat Island," Urban Climatology and Air Quality, disponível em http://weather.msfc.nasa.gov/urban/urban_heat_island.html.]

(a) Telhados no bairro de Queens, Nova York, EUA, em setembro de 2011.

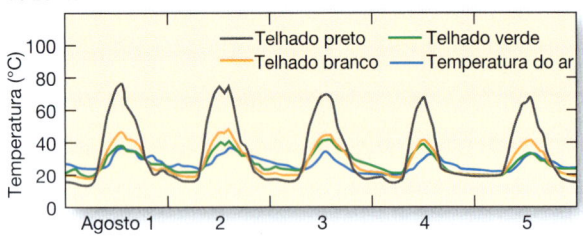

(b) O gráfico mostra a temperatura mais alta dos telhados pretos em comparação com os telhados claros brancos ou verdes (com vegetação).

▲Figura 4.17 Efeitos dos materiais dos telhados sobre as ilhas de calor urbanas. [(a) Imagem em cores naturais do satélite *Worldview-2* da Digital Globe. (b) Columbia University e NASA Goddard Institute for Space Studies.]

(telhados de albedo alto) e pavimentos "frios" (materiais mais claros, como concreto, ou revestimentos de superfície mais claros no lugar de asfalto). Além de reduzir as temperaturas urbanas externas, essas estratégias mantêm o interior das edificações mais fresco, assim reduzindo o consumo de energia e os gases de efeito estufa ocasionados pelas emissões de combustíveis fósseis (veja a fotografia do telhado vivo do Chicago's City Hall na abertura do capítulo). No dia mais quente do verão de 2011 em Nova York, a temperatura medida em um revestimento de telhado branco era 24°C mais fria do que um tradicional telhado preto próximo (Figura 4.17). Outros estudos mostraram que, para estruturas com painéis solares, as temperaturas dos telhados sob a sombra dos painéis caíram drasticamente.

Com previsões de que 60% da população global viverá em cidades no ano de 2030, e com as temperaturas do ar e da água subindo em função da mudança climática, as questões da ICU estão emergindo como um problema considerável, tanto para os geógrafos físicos quanto para o público em geral. Estudos encontraram uma correlação direta entre picos na intensidade da ICU e doenças e óbitos relacionados ao calor. Há mais informações disponíveis oferecidas pela Agência de Preservação Ambiental dos EUA (EPA), incluindo estratégias de atenuação, publicações e debate de questões polêmicas, em http://www.epa.gov/hiri/.

manas, como indústria e transporte. Por exemplo, um carro médio (10 km/l) gera calor suficiente para derreter um saco de 4,5 kg de gelo por quilômetro rodado. A remoção da vegetação e o aumento de materiais de fabricação humana que retêm calor são duas das causas mais significativas da ICU. As superfícies urbanas (metal, vidro, concreto, asfalto) conduzem até três vezes mais energia do que solo úmido e arenoso.

A maioria das cidades também produz um **domo de poeira** feito de poluição aérea presa por certas características da circulação do ar nas ICUs: os poluentes acumulam-se com a diminuição da velocidade do vento nos centros urbanos; eles então sobem quando a superfície esquenta e ficam no ar acima da cidade, afetando os balanços de energia urbanos. A Tabela 4.1 relaciona alguns dos fatores que provocam as ICUs e compara alguns elementos climáticos dos ambientes rurais e urbanos.

Urbanistas e arquitetos empregam diversas estratégias para atenuar os efeitos da ICU, incluindo plantação de vegetação em parques e espaços abertos (florestas urbanas), telhados "verdes" (jardins nas coberturas), telhados "frios"

PENSAMENTO Crítico 4.3
Examinando o seu balanço de energia superficial

Dado o que você sabe agora sobre reflexão, absorção e gastos de radiação líquida, avalie: o seu guarda-roupa (tecidos e cores); sua casa, apartamento ou alojamento (cores das paredes externas, especialmente nos lados sul e oeste, ou, no Hemisfério Sul, norte e oeste); seu telhado (orientação solar e cor); seu automóvel (cor, uso de películas); o selim da sua bicicleta (cor); e outros aspectos do seu ambiente a fim de melhorar seu balanço de energia pessoal. Você está utilizando cores e materiais que poupam energia e melhoram seu conforto pessoal? Você poupa dinheiro como resultado de alguma dessas estratégias? Que nota você daria a si mesmo? No Capítulo 1, você avaliou a sua pegada de carbono. Qual é a relação dela com essas considerações de balanço de energia (orientação, sombra, cor, meio de transporte)? •

A seção sobre Terra e o denominador humano sintetiza algumas das interações-chave entre os humanos e o equilíbrio energético Terra-atmosfera. Os efeitos das atividades humanas sobre o equilíbrio de energia da Terra estão desencadeando mudanças em todos os sistemas terrestres.

GEOrelatório 4.3 Phoenix liderando a pesquisa sobre ilhas de calor urbanas

Em Phoenix, Arizona (EUA), uma equipe de cientistas, arquitetos e urbanistas está estudando os elementos do clima urbano: movimentação dos ventos, disposição dos edifícios, efeitos do sombreamento no nível da rua e a incorporação de vegetação e recursos hídricos ao urbanismo. Em 2008, a equipe (patrocinada pela Arizona State University, em parceria com o Serviço Meteorológico Nacional e importantes partes interessadas (*stakeholders*), como empresas privadas de energia e o governo municipal) lançou um plano de urbanismo sustentável visando à atenuação da ICU e ao conforto dos pedestres. Uma das estratégias: plantar uma fileira dupla de árvores de copa larga e baixa demanda hídrica para aumentar a sombra nas ruas, em conjunção com arbustos baixos para reduzir a exposição dos pedestres à radiação de ondas longas emitida pelo asfalto da via.

O DENOMINADOR humano 4
Mudanças no balanço energético atmosférico e da superfície

BALANÇO DE ENERGIA ⇨ HUMANOS
- O sistema Terra-atmosfera equilibra-se naturalmente, mantendo os sistemas planetários que sustentam a Terra, a vida e a sociedade humana, embora o estado de equilíbrio estacionário pareça estar mudando.
- A energia solar é utilizada para produção de energia em todo o mundo, com tecnologias que vão de pequenos fornos solares até grandes linhas de painéis fotovoltaicos.

HUMANOS ⇨ BALANÇO DE ENERGIA
- O descongelamento do gelo marinho ártico ilustra os efeitos no albedo e na temperatura pela mudança climática causada pelos humanos.
- Aerossóis e outros particulados afetam o balanço de energia e têm efeitos tanto de resfriamento quanto de aquecimento do clima.
- A queima de combustíveis fósseis produz dióxido de carbono e outros gases de efeito estufa que esquentam a atmosfera inferior.
- Os efeitos da ilha de calor urbana aceleram o aquecimento nas cidades, que abrigam mais da metade da população humana mundial.

4a Cientistas da NASA coletam dados das plataformas da Guarda Costeira dos EUA no Oceano Atlântico. Embora os oceanos cubram 70% da superfície da Terra, os cientistas possuem conhecimento limitado sobre o papel dos oceanos no balanço térmico Terra-atmosfera. [S. Smith, NASA Langley Research Center.]

4b A Organização Marítima Internacional, composta por 170 países, está desenvolvendo políticas para reduzir as emissões dos navios a diesel, especialmente o carbono negro. A partir de 2015, padrões aprimorados de eficiência energética serão aplicados à construção de todos os navios de grande porte. [Justin Kaszninez/Alamy.]

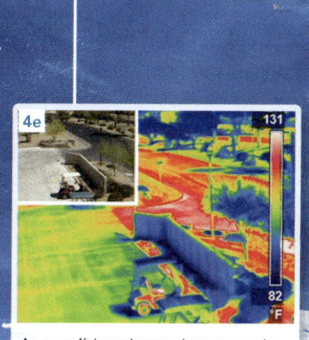

4e As superfícies urbanas absorvem mais radiação do que as naturais, aumentando mais ainda a temperatura das ilhas de calor urbanas. O maior uso de pavimentos de cor clara reduz o albedo superficial, diminuindo esse efeito. [Arizona State University National Center of Excellence on SMART Innovations.]

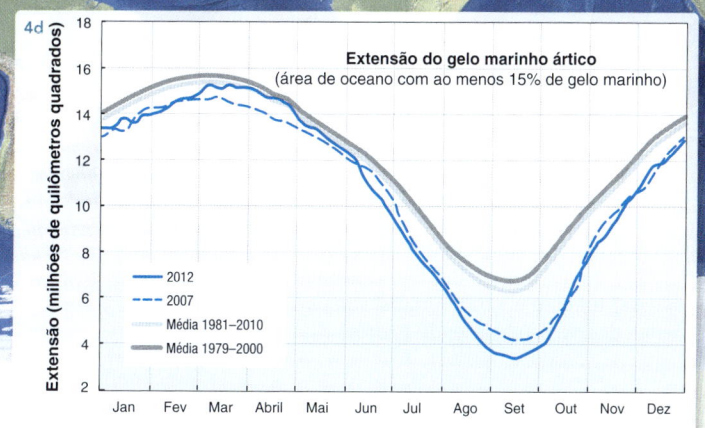

4d Extensão do gelo marinho ártico (área de oceano com ao menos 15% de gelo marinho)
— 2012
--- 2007
Média 1981–2010
Média 1979–2000

O gelo marinho ártico atingiu, em 2012, sua extensão mínima registrada. A continuação da perda de gelo de verão irá exacerbar o ciclo de retroalimentação positiva entre menos albedo, derretimento do gelo e aquecimento atmosférico. [Cortesia de National Snow and Ice Data Center.]

4c O Parque Solar Gujarat, na Índia ocidental, cobre 1214 hectares e é uma das maiores instalações solares fotovoltaicas do mundo. O parque atingirá uma capacidade de 500 MW quando for concluído. [Ajit Solanki/AP.]

QUESTÕES PARA O SÉCULO XXI
- A continuação dos efeitos de albedo associados ao derretimento do gelo marinho e aos aerossóis apressará as tendências de aquecimento do ar e do oceano.
- A maior queima de combustíveis fósseis acrescentará mais gases de efeito estufa. A energia solar pode compensar o uso de combustíveis fósseis.
- A urbanização contínua piorará os efeitos da ilha de calor urbana e contribuirá para a tendência geral de aquecimento.

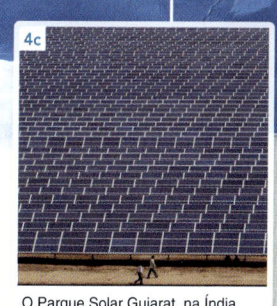

conexão GEOSSISTEMAS

Acompanhamos as entradas de insolação, seguimos a descida da energia pela atmosfera até a superfície da Terra e examinamos os movimentos e processos resultantes. Terminamos essa jornada do Sol à Terra analisando a distribuição da energia na superfície e os conceitos de balanço de energia e radiação líquida. Nos dois próximos capítulos, deslocamos nosso foco para outras saídas do sistema energia-atmosfera – os resultados e consequências dos padrões globais de temperatura e as circulações dos ventos e das correntes oceânicas forçadas por esses fluxos energéticos.

REVISÃO DOS CONCEITOS-CHAVE DE aprendizagem

■ *Definir* energia e calor e *explicar* os quatro tipos de transferência de calor: radiação, condução, convecção e advecção.

A energia radiante do Sol que desce em cascata até a superfície movimenta a biosfera da Terra. **Transmissão** é a passagem ininterrupta de energia em ondas curtas e longas através da atmosfera ou da água. Nosso balanço de energia atmosférica compreende *entradas* de radiação em ondas curtas (nos comprimentos de ondas de luz ultravioleta, luz visível e infravermelho próximo) e *saídas* de radiação em ondas curtas e longas (infravermelho termal). *Energia* é a capacidade de exercer trabalho ou movimentar matéria. A energia do movimento é a *energia cinética*, produzida por vibrações moleculares e medida como temperatura. *Energia potencial* é energia armazenada que possui a capacidade de exercer trabalho sob as condições corretas, como quando um objeto se move ou cai com a gravidade. O fluxo de energia cinética de um corpo para outro que resulta de uma diferença de temperatura entre eles é o **calor**. Dois tipos dele são o **calor sensível**, a energia que podemos sentir e medir, e o *calor latente*, calor "oculto" que é ganho ou perdido em mudanças de fase, como de sólido para líquido para gás e vice-versa, enquanto a temperatura da substância permanece inalterada.

Um mecanismo de transferência de calor é a *radiação*, que flui em ondas eletromagnéticas e não precisa de um meio, como ar ou água. **Condução** é a transferência de molécula para molécula de calor à medida que ele se difunde por uma substância. O calor também é transferido em gases e líquidos por **convecção** (quando a mistura física envolve um forte movimento vertical) ou **advecção** (quando o movimento dominante é horizontal). Na atmosfera ou nos corpos líquidos, massas mais quentes (menos densas) tendem a subir, e massas mais frias (mais densas) tendem a descer, estabelecendo padrões de convecção.

transmissão (p. 84)
calor (p. 85)
calor sensível (p. 85)
condução (p. 85)
convecção (p. 85)
advecção (p. 85)

1. Dê vários exemplos de cada tipo de transferência de calor. Você observa algum desses processos diariamente?

■ *Identificar* caminhos alternativos para a energia solar em sua trajetória pela troposfera até a superfície da Terra – transmissão, espalhamento, refração e absorção – e *revisar* o conceito de albedo (refletividade).

As moléculas e partículas da atmosfera também podem redirecionar a radiação, mudando a direção do movimento da luz *sem alterar seus comprimentos de onda*. Esse **espalhamento** representa 7% da refletividade da Terra, ou albedo. Partículas de poeira, poluentes, gelo, gotículas de nuvens e vapor d'água produzem ainda mais dispersão. Parte da insolação de entrada sofre espalhamento por nuvens e pela atmosfera e é transmitida à Terra como **radiação difusa**, o componente descendente da luz dispersa.

A velocidade de insolação que entra na atmosfera muda à medida que passa de um meio para outro; a mudança de velocidade causa um desvio chamado de **refração**. **Miragem** é um efeito de refração em que uma imagem parece próxima ao horizonte quando as ondas de luz são refratadas por camadas de ar a temperaturas diferentes (e, consequentemente, de densidades diferentes). **Reflexão** é o processo em que uma porção da energia de entrada é devolvida diretamente ao espaço sem ser absorvida pela superfície da Terra. **Albedo** é a qualidade reflexiva (brilho intrínseco) de uma superfície. O albedo pode reduzir significativamente a quantidade de insolação que está disponível para absorção por uma superfície. Quantifica-se o albedo como a porcentagem de insolação que é refletida. A Terra e sua atmosfera refletem 31% de toda a insolação quando feita a média anual. **Absorção** é a assimilação da radiação por moléculas de uma substância, convertendo a radiação de uma forma para outra – por exemplo, luz visível para radiação infravermelha.

espalhamento (p. 86)
radiação difusa (p.86)
refração (p. 87)
miragem (p. 87)
reflexão (p. 87)
albedo (p. 87)
absorção (p. 88)

2. Que cor você esperaria que o céu tivesse a 50 km de altitude? Por quê? Que fatores explicam a cor azul da baixa atmosfera?
3. Defina *refração*. Como ela se relaciona com a duração do dia? E com um arco-íris? E com as belas cores de um pôr do sol?
4. Liste diversos tipos de superfícies e seus valores de albedo. O que determina a refletividade de uma superfície?
5. Usando a Figura 4.6, explique as diferenças nos valores de albedo de diversas superfícies. Com base apenas no albedo, qual das duas superfícies é mais fria? Qual é mais quente? Por que você acha que isso se dá?
6. Defina o conceito de absorção.

■ *Analisar* os efeitos das nuvens e dos aerossóis sobre o aquecimento e resfriamento atmosférico, e *explicar* o conceito do efeito estufa quando aplicado à Terra.

Nuvens, aerossóis e outros poluentes atmosféricos têm efeitos mistos sobre os caminhos da energia solar, tanto resfriando como aquecendo a atmosfera. **Escurecimento global** descreve a redução em luz solar que atinge a superfície terrestre em razão de poluição, aerossóis e nuvens e talvez esteja mascarando o nível real de aquecimento global.

Dióxido de carbono, vapor d'água, metano e outros gases na baixa atmosfera absorvem radiação infravermelha, que é depois emitida para a Terra, atrasando a perda de energia para o espaço – esse processo é o **efeito estufa**. Na atmosfera, a radiação em ondas longas não é aprisionada, como seria em uma estufa de vidro, mas sua passagem para o espaço é atrasada (a energia térmica é retida na atmosfera) por absorção e reirradiação por parte dos **gases de efeito estufa**.

Forçante albedo das nuvens é o aumento do albedo (e, portanto, da reflexão da radiação de ondas curtas) causado pelas nuvens, tendo como resultado um efeito de resfriamento na superfície. As nuvens também podem agir como isolante, aprisionando a radiação em ondas longas da Terra e aumentando as temperaturas mínimas. Um aumento no aquecimento pelo efeito estufa causado por nuvens é a **forçante efeito estu-**

fa das nuvens. Os efeitos das nuvens sobre o aquecimento da baixa atmosfera dependem do tipo, da altura e da espessura da nuvem (teor d'água e densidade). Nuvens altas com cristais de gelo refletem a insolação, resultando na forçante efeito estufa das nuvens (aquecimento); cobertura de nuvens baixas e espessas refletem cerca de 90% da enregia, produzindo uma forçante albedo das nuvens líquido (resfriamento). **Trilhas de condensação** são produzidas pela exaustão das aeronaves, por particulados e por vapor d'água, podendo formar nuvens cirrus altas, por vezes chamadas de *nuvens cirrus falsas*.

> escurecimento global (p. 89)
> efeito estufa (p. 90)
> gases de efeito estufa (p. 90)
> forçante albedo das nuvens (p. 90)
> forçante efeito estufa das nuvens (p. 90)
> trilhas de condensação (p. 90)

7. Quais são os efeitos do aerossóis sobre o aquecimento e o esfriamento da atmosfera terrestre?
8. Quais são as semelhanças e diferenças entre uma estufa de vidro real e a estufa atmosférica gasosa? Por que o efeito estufa da Terra está mudando?
9. Que papel as nuvens têm no balanço de radiação Terra--atmosfera? O tipo de nuvem é importante? Compare nuvens cirrus altas e finas com nuvens stratus mais baixas e espessas.
10. De que maneira as trilhas de condensação afetam o balanço Terra-atmosfera? Descreva as descobertas científicas recentes.

■ *Revisar* o equilíbrio de energia Terra-atmosfera e os padrões de radiação líquida global.

O sistema de energia Terra-atmosfera naturalmente se ajusta em um equilíbrio de estado estacionário. Ele faz isso por meio de transferências de energia que são *não radiativas* (convecção, condução e o calor latente da evaporação) e *radiativas* (radiação em ondas longas entre a superfície, a atmosfera e o espaço).

Nas latitudes tropicais, ângulos altos de insolação e duração das horas diárias de luz pouco alteráveis fazem com que mais energia seja ganha do que perdida, gerando excedentes de energia. Nas regiões polares, um ângulo extremamente baixo de insolação, superfícies altamente reflectivas e até seis meses sem insolação fazem com que mais energia seja perdida, gerando déficits de energia. Esse desequilíbrio de radiação líquida dos excedentes tropicais para os déficits polares impulsiona uma vasta circulação global de energia e massa. A radiação líquida mensal média no topo da atmosfera varia sazonalmente, sendo máxima, no Hemisfério Norte, no solstício de junho e, no Hemisfério Sul, no solstício de dezembro.

Medições da energia de superfície são usadas como ferramenta analítica da **microclimatologia**. **Radiação líquida (R LIQ)** é o valor obtido adicionando-se e subtraindo-se as entradas e saídas de energia em um local da superfície; é a soma de todos os ganhos e perdas de radiação de ondas curtas (OC) e ondas longas (OL). A radiação líquida anual média varia através da superfície terrestre, sendo máxima nas latitudes mais baixas. Radiação líquida é a energia disponível para se exercer o "trabalho" de pôr em funcionamento o sistema climático global, derretendo gelo, elevando as temperaturas na atmosfera e evaporando água dos oceanos.

> microclimatologia (p. 96)
> radiação líquida (R LIQ) (p. 96)

11. Esboce um diagrama simples do equilíbrio energético da troposfera. Classifique cada componente de ondas curtas e longas e os aspectos direcionais dos fluxos relacionados.
12. Em termos de equilíbrio de energia superficial, explique a *radiação líquida (R LIQ)* e seu padrão geral em escala global.

■ *Traçar* as curvas de temperatura e radiação diária típicas na superfície da Terra – incluindo a defasagem diária de temperatura.

A temperatura do ar responde às estações do ano e a variações na entrada de insolação. Em um dia de 24 horas, a temperatura do ar geralmente atinge um pico entre 15h e 16h e diminui até seu ponto mais baixo no nascer do Sol ou logo depois. A temperatura do ar está defasada em relação ao pico de insolação de cada dia. O horário mais quente do dia não ocorre no momento de insolação máxima, mas quando um máximo de insolação é absorvido.

13. Por que há uma diferença de temperatura entre a maior altitude do Sol e o horário mais quente do dia? Relacione sua resposta com a insolação e os padrões de temperatura durante o dia.
14. Quais são os processos não radiativos do gasto diário de radiação líquida superficial?
15. Compare os balanços de energia diários de El Mirage, na Califórnia, e Pitt Meadows, na Colúmbia Britânica. Explique as diferenças.

■ *Listar* condições típicas de ilha de calor urbana e suas causas e *contrastar* a microclimatologia de áreas urbanas com a de ambientes rurais circundantes.

Uma porcentagem crescente das pessoas na Terra vive em cidades e sofre um conjunto único de efeitos microclimáticos alterados: aumento de condução pelas superfícies urbanas, albedos menores, valores maiores de R LIQ, aumento do escoamento de água, padrões complexos de radiação e reflexão, aquecimento antropogênico e os gases, a poeira e os aerossóis da poluição urbana. Tudo isso junto cria uma **ilha de calor urbana**. A poluição do ar, incluindo gases e aerossóis, é maior nas áreas urbanas, produzindo um **domo de poeira** que acresce aos efeitos da ilha de calor urbana.

> ilha de calor urbana (p. 100)
> domo de poeira (p. 102)

16. Quais observações formam a base do conceito de ilha de calor urbana? Descreva os efeitos climáticos atribuíveis a ambientes urbanos em comparação a ambientes não urbanos.
17. Quais dos itens na Tabela 4.1 você já sentiu? Explique.
18. Avalie o potencial para aplicações de energia solar em nossa sociedade. Cite algumas vantagens e desvantagens.

Sugestões de leituras em português

BARRY, R. G.; CHORLEY, R. *Atmosfera, tempo e clima*. 9. ed. Porto Alegre: Bookman, 2012.

GOODY, R. M.; WALKER, J. C. G. *Atmosferas planetárias*. São Paulo: Edgard Blücher, 1996.

RIEHL, H. *Meteorologia tropical*. Rio de Janeiro: Livro Técnico S. A., 1965.

VAREJÃO-SILVA, M. A. *Meteorologia e climatologia*. Brasília: INMET, 2000.

VIANELLO, R. L.; ALVES, A. R. *Meteorologia básica e aplicações*. 2. ed. Viçosa: UFV, 2012.

5 Temperaturas globais

CONCEITOS-CHAVE DE aprendizagem

Após a leitura deste capítulo, você conseguirá:

- **Definir** o conceito de temperatura e **distinguir** entre as escalas termométricas Kelvin, Celsius e Fahrenheit e como elas são mensuradas.
- **Explicar** os efeitos da latitude, altitude e elevação, e cobertura de nuvens sobre os padrões globais de temperatura.
- **Revisar** as diferenças de aquecimento da terra *versus* água que geram efeitos continentais e efeitos marítimos sobre as temperaturas e **utilizar** um par de cidades para ilustrar essas diferenças.
- **Interpretar** o padrão das temperaturas da Terra a partir de sua representação nos mapas de temperatura de janeiro e julho e em um mapa de amplitude térmica anual.
- **Discutir** as ondas de calor e o índice de calor como uma medida da resposta do corpo humano ao calor.

Incêndios naturais devastaram a Austrália durante a onda de calor do verão de 2013, alimentados pela seca e pelos recordes de altas temperaturas. No estado insular da Tasmânia, incêndios florestais destruíram mais de 80 lares. Como mostrado na ilustração, a fumaça dos incêndios espontâneos cobriu o horizonte das praias próximas a Carlton, Tasmânia, cerca de 20 km a leste de Hobart, em 4 de janeiro. Em dois dias, novos recordes para Hobart incluíram a noite mais quente de janeiro (23,4°C) seguida pela maior temperatura diurna em 130 anos (41,8°C). Essa onda de calor condiz com o padrão geral de mudança climática global em andamento. [Joanne Giuliani/Reuters.]

GEOSSISTEMAS HOJE

O mistério do encolhimento das ovelhas de St. Kilda

Na remota e ventosa ilha de Hirta, nas Hébridas Exteriores da Escócia, algo estranho está acontecendo com os animais. As ovelhas silvestres soay vêm encolhendo de tamanho no último quarto de século, uma tendência que intrigava os cientistas até há pouco.

As ilhas de St. Kilda Cerca de 180 km a oeste da Escócia continental, o arquipélago St. Kilda compreende diversas ilhas centradas na latitude 57,75 °N (Figura GH 5.1). Essas ilhas têm um clima ameno, com temperaturas moderadas no verão e no inverno, chuva durante todo o ano (média de 1400 mm anuais) e ocorrência rara de neve. O clima ameno nessa latitude é em parte causado pela Corrente do Golfo, uma corrente oceânica quente que se origina próximo ao sul dos Estados Unidos e atravessa o Atlântico até o norte da Europa (vide Figura 5.8).

A principal ilha de St. Kilda, Hirta, foi continuamente ocupada por mais de 3000 anos, com pessoas inicialmente vivendo em abrigos de pedra com cobertura de capim e depois em casas de parede de pedra. As ovelhas domésticas foram introduzidas nessas ilhas há cerca de 2000 anos, evoluindo em isolamento como uma raça pequena e primitiva hoje chamada de ovelha soay. Em 1930, os últimos residentes deixaram Hirta com o fracasso da sua pequena sociedade. As ovelhas soay permanecem até hoje, soltas (Figura GH 5.2).

O problema do encolhimento das ovelhas As ovelhas de Hirta oferecem aos cientistas uma oportunidade ideal de estudar uma população isolada sem competidores ou predadores significativos. De acordo com a teoria da evolução, ovelhas selvagens deveriam gradualmente aumentar de tamanho ao longo de muitas gerações, porque ovelhas maiores e mais fortes têm mais chances de sobreviver ao inverno e reproduzir na primavera. Essa tendência esperada segue o princípio da seleção natural. Os cientistas começaram a estudar as ovelhas soay de Hirta em 1985. Surpreendentemente, eles constataram que elas não estão aumentando de tamanho, mas, ao invés disso, estão seguindo a tendência oposta: as ovelhas estão ficando menores... mas por quê?

Aparentemente, a resposta está relacionada à temperatura. As recentes trocas de temperatura fizeram com que os verões em Hirta ficassem maiores, com a primavera chegando algumas semanas antes, e o outono, algumas semanas depois. Os invernos tornaram-se mais amenos e curtos.

A pesquisa dá uma resposta Em uma publicação de 2009, cientistas relataram que as ovelhas estão dando à luz mais jovens, só podendo dar crias menores do que elas mesmas ao nascer. Esse "efeito da mãe nova" explica por que o tamanho das ovelhas não está aumentando, mas por que as ovelhas estão encolhendo? Desde 1985, as ovelhas-fêmea soay de todas as idades perderam 5% de massa corporal, com o comprimento das pernas e o peso corporal diminuindo. Além disso, os cordeiros não estão mais crescendo tão rápido. A explicação está ligada à elevação das temperaturas: verões mais longos aumentam a disponibilidade de capim para alimentação, e invernos mais amenos significam que os cordeiros não precisam ganhar tanto peso em seus primeiros meses, permitindo que mesmo espécimes de crescimento lento sobrevivam. Com cordeiros menores sobrevivendo ao inverno e chegando à idade de reprodução, espécimes menores estão tornando-se mais comuns na população.

Esse estudo indica que fatores locais, como a temperatura, são significativos na interação entre a composição genética de uma espécie e seu ambiente. Tais fatores, mesmo em um intervalo de tempo curto, pode se sobrepor às pressões da seleção natural e da evolução. Neste capítulo, discutimos conceitos de temperatura, examinamos padrões globais de temperatura e exploramos alguns dos efeitos da mudança de temperatura sobre os sistemas terrestres. O porte dos animais é apenas uma das várias alterações que estão ocorrendo em função da mudança climática.

▲Figura GH 5.1 **Ilha de Hirta, parte do Arquipélago St. Kilda, Escócia.** [Colin Wilson/Alamy photo.]

Figura GH 5.2 **Ovelhas silvestres soay na ilha de Hirta.** [Bobbé Christopherson.]

▲Figura 5.1 Sensação térmica na região polar sul. Os cientistas antárticos mantêm a pele coberta em condições de sensação térmica que chegam até –46°C mesmo no verão. [Ted Scambos & Rob Bauer, NSIDC.]

Qual é a temperatura agora – interna e externa – enquanto você está lendo este livro? Como ela é mensurada, e o que significa o valor medido? Como a temperatura do ar influencia seus planos para o dia?

Nossos corpos sentem a temperatura e reagem a mudanças de temperatura subjetivamente. *Temperatura aparente* é o termo geral para a temperatura externa como percebida pelos seres humanos. Tanto a umidade (o teor de vapor d'água do ar) quanto o vento afetam a temperatura aparente e a sensação de conforto de uma pessoa. A umidade é significativa para determinar o efeito das temperaturas altas, podendo causar estresse térmico, doenças e morte. Nas regiões frias, o vento é uma influência mais importante.

Quando ventos fortes se combinam com temperatura baixa, os efeitos podem ser mortais (Figura 5.1).

Em um dia frio e ventoso, o ar parece mais frio porque o vento aumento a perda de calor evaporativa da nossa pele, gerando um efeito refrescante. O *índice de sensação térmica* quantifica o aumentado da taxa em que o calor corporal é perdido para o ar. Conforme aumenta a velocidade do vento, a perda de calor da pele aumenta e o índice de sensação térmica sobe. Para monitorar os efeitos do vento sobre a temperatura aparente, o Serviço Meteorológico Nacional norte-americano (NWS) usa o *índice de sensação térmica*, um gráfico que traça a temperatura que sentimos como uma função da temperatura real do ar e da velocidade do vento (Figura 5.2). A finalidade do gráfico é oferecer uma ferramenta simples e precisa para avaliar o risco aos humanos dos ventos e das temperaturas congelantes do inverno.

Os valores inferiores de sensação térmica no gráfico oferecem um sério risco de congelamento à carne exposta, chamado de *geladura*. Um esquiador que desce uma encosta a 130 km/h em uma corrida de 2 minutos pode facilmente sofrer esse tipo de lesão. Outro perigo é a *hipotermia*, uma condição de temperatura corporal anormalmente baixa que se verifica quando o corpo humano perde calor mais rapidamente do que consegue produzi-lo. Mesmo sem vento, geladura e hipotermia são riscos potenciais no frio extremo que ocorre no cume de montanhas altas e nas regiões polares. Além disso, a hipotermia pode surgir em qualquer situação em que uma pessoa está com muito frio: não está exclusivamente relacionada a temperaturas congelantes.

O índice de sensação térmica não leva em conta a intensidade da luz solar, a atividade física da pessoa ou o uso de roupas protetoras, todos fatores que atenuam a intensidade da sensação térmica. Imagine morar em uma das regiões mais

Velocidade do vento (km/h)	Temperatura real do ar (°C)								
	Calmo	4°	–1°	–7°	–12°	–18°	–23°	–29°	–34°	–40°
8		2°	–4°	–11°	–17°	–24°	–30°	–37°	–43°	–49°
16		1°	–6°	–13°	–20°	–27°	–33°	–41°	–47°	–54°
24		0°	–7°	–14°	–22°	–28°	–36°	–43°	–50°	–57°
32		–1°	–8°	–16°	–23°	–30°	–37°	–44°	–52°	–59°
40		–2°	–9°	–16°	–24°	–31°	–38°	–46°	–53°	–61°
48		–2°	–9°	–17°	–24°	–32°	–39°	–47°	–55°	–62°
56		–2°	–10°	–18°	–26°	–33°	–41°	–48°	–56°	–63°
64		–3°	–11°	–18°	–26°	–34°	–42°	–49°	–57°	–64°
72		–3°	–11°	–19°	–27°	–34°	–42°	–50°	–58°	–66°
80		–3°	–11°	–19°	–27°	–35°	–43°	–51°	–59°	–67°

Tempo até a geladura: ☐ 30 min. ■ 10 min. ■ 5 min.

◄**Figura 5.2 Índice de temperatura da sensação térmica.** Este índice utiliza a velocidade do vento e a temperatura real do ar para determinar a temperatura aparente, tendo sido desenvolvido pelo Serviço Meteorológico Nacional dos Estados Unidos (http://www.nws.noaa.gov/os/windchill/) e pelo Serviço Meteorológico do Canadá.

geladas do mundo. Em que medida você teria de ajustar seu guarda-roupa e fazer outras adaptações para ter mais conforto?

A temperatura do ar desempenha um papel notável na vida humana, em todos os níveis, afetando não apenas o conforto pessoal, mas também processos ambientais em toda a Terra. As temperaturas da terra interagem com a umidade atmosférica e a precipitação, determinando padrões de vegetação e seus habitats animais associados – por exemplo, as altas temperaturas dos desertos limitam a presença de muitas espécies vegetais e animais. As temperaturas oceânicas afetam a umidade atmosférica e o tempo, assim como os ecossistemas oceânicos, como os recifes de coral. Variações nas temperaturas médias do ar e da água exercem efeitos de longo alcance sobre os sistemas da Terra.

Junte-se a essas considerações o fato de que as temperaturas estão subindo em todo o globo em resposta às emissões de dióxido de carbono, principalmente oriundas da queima de combustíveis fósseis e florestas, como discutido no Capítulo 3. Os níveis atuais de CO_2 na atmosfera são mais altos do que em qualquer outro momento dos últimos 800.000 anos e estão subindo continuamente. Portanto, os conceitos de temperatura são fundamentais para se entender a mudança climática e seus efeitos de longo alcance sobre a Terra.

Neste capítulo: Os conceitos de temperatura apresentados neste capítulo oferecem as bases para o nosso estudo dos sistemas meteorológicos e climáticos. Primeiro, analisamos os principais controles da temperatura: latitude, altitude e elevação, nebulosidade e diferenças de aquecimento entre terra e água à medida que interagem para produzir os padrões de temperatura da Terra. Então, examinamos uma série de mapas de temperatura que ilustram os padrões de temperatura da Terra e discutimos tendências atuais de temperaturas associadas ao aquecimento global. Por fim, examinamos os efeitos das altas temperaturas e umidade do ar sobre o corpo humano, dando atenção às ondas de calor e à sua maior ocorrência no mundo.

Conceitos e medição de temperatura

No Capítulo 4, são discutidos tipos de calor e mecanismos de transferência térmica, como condução, convecção e radiação. Neste capítulo, focamos na temperatura, que é um conceito diferente, ainda que relacionado. Aprendemos que *calor* é uma forma de energia que se transfere entre partículas de uma substância ou sistema por meio da energia cinética (ou energia de movimento) de moléculas individuais. Em uma substância relativamente mais quente, as moléculas se movem com maior energia. A adição de mais calor acrescenta mais energia, com aumentos associados de energia cinética e movimento molecular.

Ao contrário do calor, a temperatura não é uma forma de energia; porém, a temperatura está relacionada à quantidade de energia em um substância. **Temperatura** é uma medição da energia cinética *média* de moléculas individuais na matéria. (Lembre que *matéria* é uma massa que assume forma física e ocupa espaço.) Portanto, a temperatura é uma medida de calor.

Lembre-se de que o calor sempre flui da matéria de temperatura maior para a matéria de temperatura menor, e que a transferência de calor geralmente resulta em uma alteração de temperatura. Por exemplo, quando você pula em um lago frio, energia cinética deixa o seu corpo e passa para a água, provocando uma transferência de calor e uma redução da temperatura da sua pele. Também pode acontecer transferência de calor sem uma mudança de temperatura, quando uma substância troca de estado (como na transferência de calor latente, discutida no Capítulo 7).

Escalas de temperatura

A temperatura em que o movimento atômico e molecular na matéria para por completo é o *zero absoluto* ou *temperatura absoluta 0*. Seu valor nas três escalas de medição de temperatura mais comuns é –273° Celsius (C), –59,4° Fahrenheit (F) e 0 Kelvin (K; veja a Figura 5.3). (Fórmulas para converter entre Celsius, SI (Sistema Internacional) e unidades inglesas encontram-se no Apêndice C.)

A escala Fahrenheit tem o nome do seu criador, Daniel G. Fahrenheit, um físico alemão (1686-1736). Esta escala de temperatura localiza o ponto de fusão do gelo em 32°F, separado do ponto de ebulição da água (212°F) por 180 subdivisões. Observe que há apenas um ponto de fusão para o gelo, mas há muitos pontos de congelamento para a água, variando de 32°F até –40°F, dependendo de sua pureza, seu volume e certas condições atmosféricas.

Cerca de um ano após a adoção da escala Fahrenheit, o astrônomo sueco Anders Celsius (1701-1744) desenvolveu a escala Celsius (antigamente chamada de centígrada). Ele colocou o ponto de fusão do gelo em 0°C e a temperatura de ebulição da água ao nível do mar em 100°C, dividindo sua escala em 100 graus usando um sistema decimal.

O físico britânico Lord Kelvin (nascido William Thomson, 1824-1907) propôs a escala Kelvin em 1848. A ciência

---

GEOrelatório 5.1 A temperatura mais quente da Terra

Em 1922, uma temperatura recorde foi registrada em um dia quente de verão em Al'Aziziya, Líbia – inimagináveis 58°C. Em 2012, um painel internacional de cientistas reunidos pela Organização Meteorológica Mundial (WMO) conclui que esse recorde da maior temperatura da Terra, que valia há 90 anos, era inválido. Após uma investigação aprofundada, o painel identificou diversos motivos de incerteza a respeito da medição de 1922, incluindo problemas com instrumentos e falta de correspondência com a temperatura de localidades próximas. Sua decisão final rejeitou esse extremo de temperatura, reinstituindo a temperatura de 57°C verificada em 1913 no Vale da Morte, Califórnia, como o recorde da maior temperatura já medida na Terra. A estação onde essa temperatura foi registrada é uma das mais baixas da Terra, a –54,3 m (o sinal de menos indica abaixo do nível do mar). Cem anos depois, em 29 de junho de 2013, o termômetro oficial nacional do Serviço de Parques atingiu 53,9°C – um recorde norte-americano para junho, embora 2,78°C menor que 1913. Como você acha que eram os balanço de energia superficiais naquele dia?

110 Parte I • O Sistema Energia-Atmosfera

▲**Figura 5.4 Abrigo para instrumento meteorológico.** Esse abrigo padrão do termistor é branco e tem frestas para ventilação, sendo instalado sobre uma superfície gramada. [Bobbé Christopherson.]

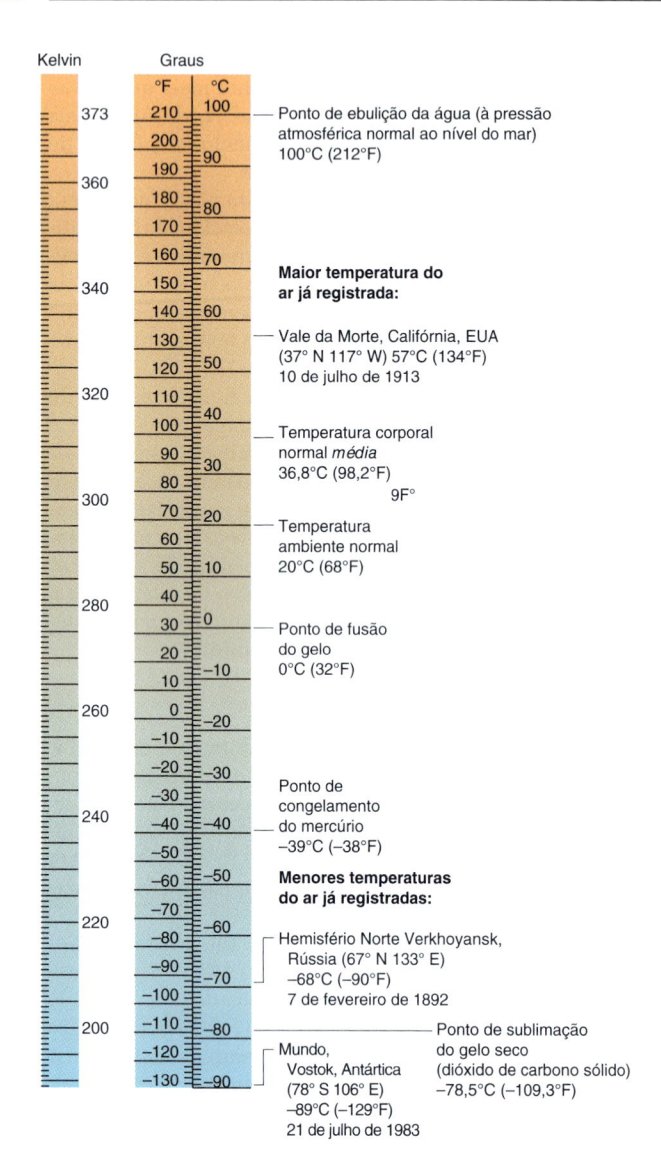

▲**Figura 5.3 Escalas de temperatura.** Escalas para expressar a temperatura em Kelvin (K), graus Celsius (°C) e Fahrenheit (°F), incluindo temperaturas significativas e recordes de temperatura. Observe a distinção entre a expressão de temperatura (indicada pela gradação de cor da escala) e unidades de temperatura e a colocação do símbolo de grau.

Escala Kelvin / Graus (°F / °C):
- Ponto de ebulição da água (à pressão atmosférica normal ao nível do mar) 100°C (212°F)
- Maior temperatura do ar já registrada: Vale da Morte, Califórnia, EUA (37° N 117° W) 57°C (134°F) 10 de julho de 1913
- Temperatura corporal normal *média* 36,8°C (98,2°F) 9F°
- Temperatura ambiente normal 20°C (68°F)
- Ponto de fusão do gelo 0°C (32°F)
- Ponto de congelamento do mercúrio −39°C (−38°F)
- Menores temperaturas do ar já registradas: Hemisfério Norte Verkhoyansk, Rússia (67° N 133° E) −68°C (−90°F) 7 de fevereiro de 1892
- Mundo, Vostok, Antártica (78° S 106° E) −89°C (−129°F) 21 de julho de 1983
- Ponto de sublimação do gelo seco (dióxido de carbono sólido) −78,5°C (−109,3°F)

usa essa escala porque ela começa no zero absoluto, o que faz suas leituras serem proporcionais à energia cinética real em um material. O ponto de fusão para o gelo na escala Kelvin é 273 K e o ponto de ebulição da água é 373 K, 100 unidades acima. Portanto, uma unidade Kelvin tem o mesmo tamanho de um grau Celsius.

A maioria dos países usa a escala Celsius para expressar temperatura – os Estados Unidos são uma exceção. A pressão contínua da comunidade científica internacional e de outras organizações torna a adoção das unidades Celsius e do SI inevitável nos Estados Unidos. Este livro-texto usa Celsius para ajudar a fazer essa transição.

Medindo a temperatura

Um instrumento conhecido para medir tempertura é o termômetro, um tubo de vidro selado contendo um fluido que se expande e contrai conforme acrescenta-se ou retira-se calor – quando o fluido é aquecido, ele se expande; com o resfriamento, ele se contrai. Para temperaturas externas, usa-se tanto *termômetros de mercúrio* quanto *termômetros de álcool* – contudo, os termômetros de mercúrio têm a limitação de que o mercúrio congela a −39°C. Portanto, nos climas mais frios da Terra, preferem-se termômetros de álcool (o álcool congela a uma temperatura muito mais baixa, −112°C). O princípio desses termômetros é simples: um termômetro armazena um fluido em um pequeno reservatório em uma extremidade e é marcado com calibrações para medir a expansão ou contração do fluido, que reflete a temperatura do ambiente do termômetro.

Os aparelhos para leituras oficiais padronizadas de temperatura são colocados ao ar livre em pequenos abrigos que são brancos (pelo alto albedo) e têm persianas (para ventilação) a fim de evitar o superaquecimento dos instrumentos. Eles são colocado a no mínimo 1,2-1,8 m acima do chão, geralmente sobre relva; nos Estados Unidos, a altura padrão é de 1,2 m. As medições oficiais de temperatura são feitas à sombra para evitar o efeito da insolação direta. Os abrigos padrão do instrumento contêm um *termistor*, que mede a temperatura pela resistência elétrica de um material semicondutor. Uma vez que a resistência muda a uma taxa de 4% por °C, a medida pode ser convertida em temperatura e informada eletronicamente à estação meteorológica. A seção *Geossistemas em Ação*, Figura GEA 5, mostra algumas das temperaturas mais quentes já registradas na Terra.

As leituras de temperatura são feitas diariamente, às vezes por hora, em mais de 16.000 estações meteorológicas no mundo todo. Algumas estações também relatam a duração das temperaturas, as taxas de aumento ou queda e a variação de temperatura durante o dia ou à noite. Em 1992, a Organização Meteorológica Mundial e outras organizações climáticas internacionais estabeleceram o Sistema de Observação do Clima Global a fim de coordenar a leitura e o

As localidades mais quentes da Terra são determinadas pela temperatura do ar, que é medido por um instrumento em um abrigo a no mínimo 1,2-1,8 m acima da superfície (mostrado na Figura 5.4). O sensor MODIS, a bordo de diversos satélites, fornece outra medida de temperatura, conhecida como temperatura da superfície da terra (TST), ou temperatura de pele da terra, que muitas vezes é consideravelmente mais quente do que a temperatura do ar (GEA 5.1). Um fator crucial a influenciar a TST é o albedo da superfície (GEA 5.2).

5.1 OS "PONTOS QUENTES" MAIS QUENTES DA TERRA

Em termos de temperatura do ar, o Vale da Morte, na Califórnia, é considerado o local mais quente da Terra. Com base na temperatura da superfície da terra, localidades no Irã, China e Austrália são mais quentes.

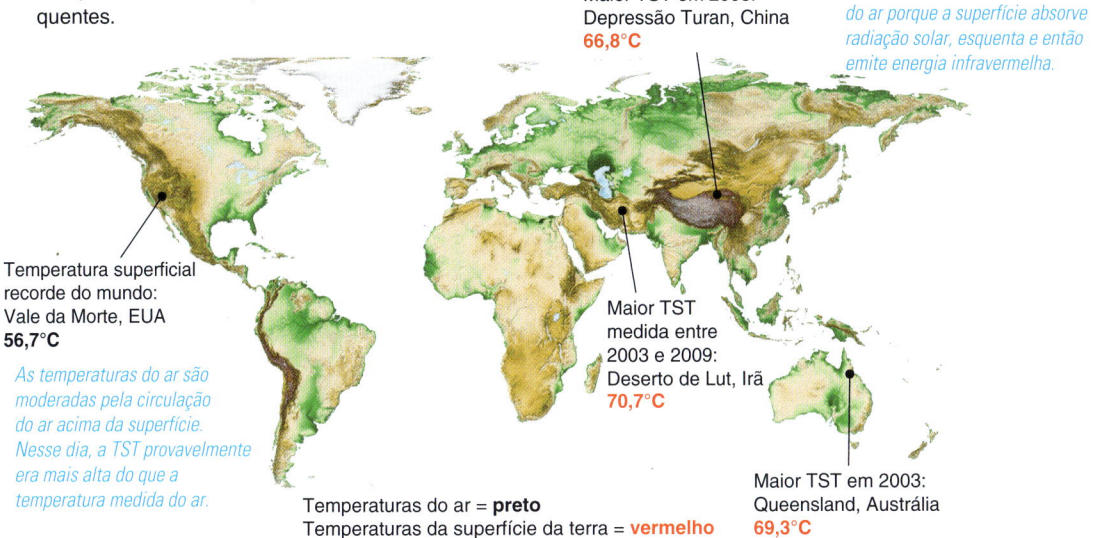

Maior TST em 2008: Depressão Turan, China
66,8°C

A TST é maior do que a temperatura do ar porque a superfície absorve radiação solar, esquenta e então emite energia infravermelha.

Temperatura superficial recorde do mundo: Vale da Morte, EUA
56,7°C

As temperaturas do ar são moderadas pela circulação do ar acima da superfície. Nesse dia, a TST provavelmente era mais alta do que a temperatura medida do ar.

Maior TST medida entre 2003 e 2009: Deserto de Lut, Irã
70,7°C

Temperaturas do ar = **preto**
Temperaturas da superfície da terra = **vermelho**

Maior TST em 2003: Queensland, Austrália
69,3°C

5.2 EFEITO DO ALBEDO E DA COBERTURA TERRESTRE SOBRE A TST

Essas imagens da Depressão Turpan, na China, mostram como as variações espaciais do albedo afetam a TST. Observe que as menores TSTs estão em áreas com agricultura e outras coberturas vegetais. [NASA]

Rochas e sedimentos mais claros, com maior albedo, refletem mais radiação solar, sendo portanto mais frios.

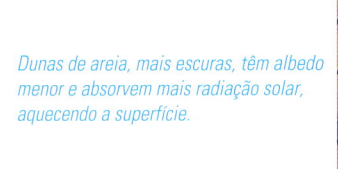

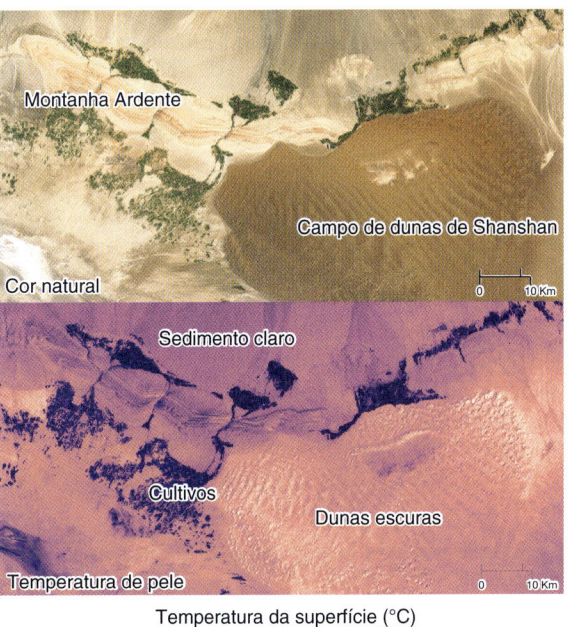

Dunas de areia, mais escuras, têm albedo menor e absorvem mais radiação solar, aquecendo a superfície.

Montanha Ardente
Campo de dunas de Shanshan
Cor natural

Sedimento claro
Cultivos
Dunas escuras
Temperatura de pele

Temperatura da superfície (°C)
30 40 50 60

registro da temperatura e outros fatores climáticos entre os países de todo o mundo. Uma meta é estabelecer uma rede de referência de uma estação a cada 250.000 km² em todo o globo. (Para um panorama das estações de observação de temperatura e clima, acesse http://www.wmo.int/pages/prog/gcos/index.php?name=ObservingSystemsandData.)

O Instituto Goddard de Estudos Espaciais da NASA está constantemente refinando a metodologia de coleta de medidas de temperatura média. Para manter um conjunto de dados de qualidade, os cientistas avaliam cada estação em relação à possibilidade de efeitos causados por atividades humanas (por exemplo, uma dada localização urbana pode estar sujeita a efeitos de ilha de calor urbano). Para estações com regimes de temperatura alterados pelos humanos, as tendências de longo prazo da temperatura são ajustadas para condizer com as condições médias das estações rurais próximas, onde esses impactos não existem. Quando usam temperaturas absolutas (e não uma média de longo prazo) em um conjunto de dados, os cientistas não fazem esse tipo de ajuste.

Os satélites não medem a temperatura do ar, como os termômetros; em vez disso, eles medem a *temperatura da superfície terrestre* (TST), ou temperatura da "pele" terrestre, que é o aquecimento da superfície da Terra, frequentemente muito mais quente do que a temperatura do ar. Você já sentiu essa diferença ao caminhar descalço em areia ou pavimento quente – a superfície sob seus pés é muito mais quente do que o ar ao redor do seu corpo. As temperaturas da superfície terrestre registram o aquecimento do solo oriundo de insolação e outros fluxos de calor; as TSTs tendem a ser mais altas em ambientes secos, com céus limpos e superfícies de baixo albedo, que absorvem a radiação solar.

Há três expressões comuns de temperatura: a *temperatura média diária* é uma média das leituras horárias feitas ao longo de um dia de 24 horas, mas também pode ser a média das leituras de mínima-máxima diária. A *temperatura média mensal* é o total das temperaturas médias diárias para o mês dividido pelo número de dias no mês. Uma *variação anual de temperatura* expressa a diferença entre as menores e as maiores médias mensais para um determinado ano.

Principais controles da temperatura

A insolação é a mais importante influência sobre as variações de temperatura. No entanto, diversos outros contoles físicos interagem com ela para gerar os padrões de temperatura da Terra, incluindo latitude, altitude e elevação, nebulosidade e diferenças de aquecimento entre terra e água.

Os efeitos da atividade humana estão alterando alguns desses controles naturais da temperatura. Quantidades maiores de gases de efeito estufa e aerossóis de origem antrópica afetam as temperaturas, conforme discutido em capítulos anteriores. Evidências recentes sugerem que a fuligem, como o carbono negro emitido por tranposrte de frete e outros práticas industriais, pode ser uma causa mais significativa do aquecimento das temperaturas do que antes se pensava.

Latitude

No Capítulo 2, aprendemos que o ponto subsolar é a latitude onde o Sol bate diretamente a pino ao meio-dia, e que esse ponto migra entre o Trópico de Câncer, em 23,5° N, e o Trópico de Capricórnio, em 23,5° S de latitude. Entre os trópicos, a insolação é mais intensa do que nas latitudes mais altas, onde o Sol não fica diretamente a pino (em um ângulo de 90°) em nenhum momento do ano. A intensidade da radiação solar de entrada diminui quando nos deslocamos do equador em direção aos polos. A duração do dia também varia com a latitude durante o ano, influenciando a duração da exposição à insolação. Variações nesses dois fatores – ângulo do Sol e duração do dia – durante o ano determinam o efeito sazonal da latitude sobre a temperatura.

Os padrões de temperatura durante o ano em cinco cidades na Figura 5.5 demonstram os efeitos da posição latitudinal. Observe a variação entre as temperaturas quentes praticamente constantes em Salvador, próximo ao equador, e a larga variação sazonal na temperatura de Barrow, Alasca, a 71° N de latitude. Do equador aos polos, a Terra varia de continuamente quente, passando por sazonalmente variável, até continuamente fria.

Altitude e elevação

Lembre-se, do Capítulo 3, de que dentro da troposfera as temperaturas caem com o aumento da altitude acima da superfície da Terra. (Recorde, da Figura 3.3, que o *gradiente vertical médio* da mudança da temperatura com a altitude é 6,4°C/1000 m.) A densidade da atmosfera também diminui com o aumento da altitude. De fato, a densidade da atmosfera a uma elevação de 5500 m é aproximadamente metade do valor ao nível do mar. Uma atmosfera mais rarefeita contém menos calor sensível. Logo, globalmente, áreas montanhosas apresentam temperaturas menores do que regiões próximas ao nível do mar, mesmo em latitudes semelhantes.

Dois termos, altitude e elevação, são comumente usados para se referir à altura sobre ou acima da superfície terrestre. *Altitude* diz respeito a objetos no ar ou alturas *acima* da superfície da Terra. *Elevação* costuma dizer respeito à altura de um ponto *sobre* a superfície da Terra acima de

GEOrelatório 5.2 Alasca e Montana detêm os recordes norte-americanos de temperaturas baixas

A menor temperatura já registrada nos Estados Unidos é –62°C, verificada em 23 de janeiro de 1971 em Prospect Creek, Alasca, um pequeno assentamento localizado a cerca de 290 km a noroeste de Fairbanks, a uma elevação de 335 m. Nos Estados Unidos contíguos (os 48 estados contíguos "the lower 48"), uma temperatura recorde de –57°C ocorreu em Rogers Pass, Montana, em 20 de janeiro de 1954, a uma elevação de 1667 m.

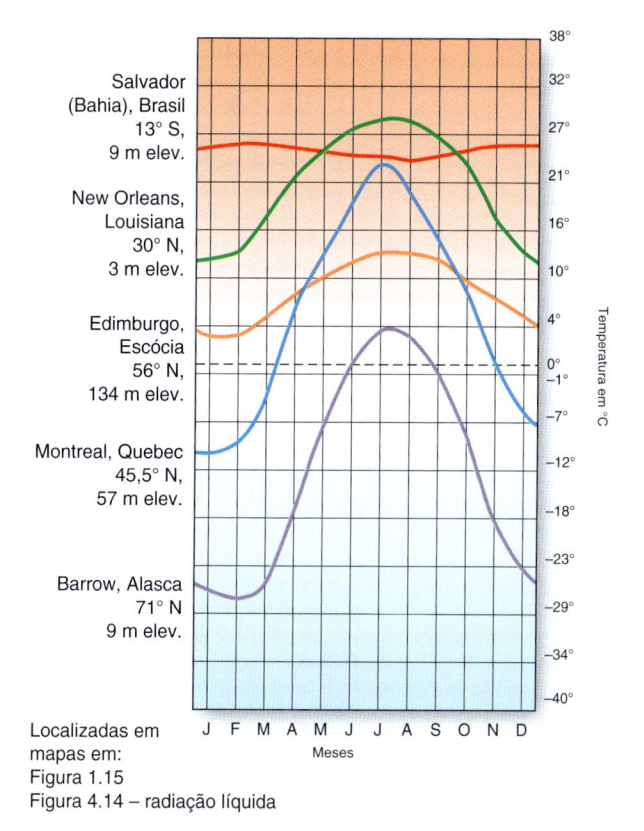

▲ **Figura 5.5 Efeitos latitudinais sobre as temperaturas.** Uma comparação de cinco cidades que vão de localizações próximas ao equador até ao norte do Círculo Ártico demonstra a mudança de sazonalidade e o aumento de diferenças entre as médias de temperaturas mínimas e máximas com o aumento da latitude.

Localizadas em mapas em:
Figura 1.15
Figura 4.14 – radiação líquida

Cidades representadas: Salvador (Bahia), Brasil 13° S, 9 m elev.; New Orleans, Louisiana 30° N, 3 m elev.; Edimburgo, Escócia 56° N, 134 m elev.; Montreal, Quebec 45,5° N, 57 m elev.; Barrow, Alasca 71° N, 9 m elev.

um plano de referência, como elevação acima do nível do mar. Por conseguinte, a altura de um avião a jato é expressa como altitude, ao passo que a altura de uma estação de esqui nas montanhas é expressa como elevação.

Na atmosfera mais rarefeita de elevações altas em regiões montanhosas ou planaltos, as superfícies rapidamente ganham e perdem calor para a atmosfera. As consequências são que as temperaturas médias do ar são menores, o resfriamento noturno é maior e a variação de temperatura entre o dia e a noite é maior do que em elevações baixas. A diferença de temperatura entre áreas ensolaradas ou não é maior numa elevação alta do que no nível do mar, e as temperaturas caem velozmente após o ocaso. Se você já visitou ou mora na serra, já deve ter sentido essa diferença.

A *linha de neve* vista nas encostas montanhosas é o limite inferior da neve permanente, indicando onde a neve que cai no inverno excede a quantidade de neve perdida através de derretimento e evaporação no verão. A localização da linha de neve é uma função tanto da latitude quanto da elevação, estando, em menor medida, relacionada às condições microclimáticas locais. Mesmo em latitudes baixas, existem campos de gelo e geleiras permanentes em cumes de montanhas, como nos Andes e na África oriental. Nas montanhas equatoriais, a linha de neve encontra-se a aproximadamente 5000 m. Com o aumento de latitude, as linhas de neve gradualmente têm sua elevação reduzida de 2700 m nas latitudes médias para menos de 900 m no sul da Groenlândia.

Os efeitos da latitude e da elevação se combinam para criar as características de temperatura de muitas localidades. Na Bolívia, duas cidades, ambas a cerca de 16° S de latitude e localizadas a 800 km de distância uma da outra, possuem climas bem diferentes (Figura 5.6). Concepción é uma cidade de baixa elevação (490 m), com um clima quente e úmido típico de muitas localidades de baixa latitude, com ângulo solar e duração do dia uniformes durante todo o ano. Essa cidade possui uma temperatura média anual de 24°C.

La Paz, a uma elevação de 4103 m acima do nível do mar, está situada em um planalto alto, com clima frio e seco. La Paz possui temperaturas anuais moderadas, com uma média de cerca de 11°C. Apesar da sua elevação alta, as pessoas que vivem ao redor de La Paz conseguem cultivar trigo, cevada e batatas – gêneros característicos das latitudes médias – nos férteis solos de terras altas. Em comparação com os árduos climas em elevações similares nos Estados Unidos, como o cume do Pikes Peak (4301 m, 38° N), no Colorado, ou o topo do Mount Rainier (4392 m, 46° N), em Washington, La Paz possui um clima ameno e receptivo, oriundo da sua localização de baixa latitude.

Nebulosidade

A qualquer dado momento, aproximadamente 50% da Terra estão cobertos por nuvens. Examine a extensão da cobertura de nuvens sobre a Terra nas duas imagens na guarda frontal. No Capítulo 4, aprendemos que as nuvens afetam o balanço de energia Terra-atmosfera ao refletir e absorver radiação e que seus efeitos variam com o tipo, a altura e a densidade das nuvens.

A presença de nebulosidade à noite possui um efeito moderador sobre a temperatura: você já deve ter sentido as temperaturas externas mais frias em uma noite clara, especialmente antes da alvorada, a hora mais fria do dia. À noite, as nuvens agem como uma camada isolante que reirradia energia de ondas longas de volta à Terra, evitando a rápida perda de energia para o espaço. Portanto, em geral, a presença de nuvens eleva as temperaturas mínimas noturnas. Durante o dia, as nuvens refletem a insolação, reduzindo as temperaturas máximas diárias; é o conhecido efeito da sombra que você sente quando aparecem nuvens em um dia quente de verão. As nuvens também reduzem as diferenças sazonais de temperatura, em consequência desses efeitos moderadores.

As nuvens são o fator mais variável a influenciar o balanço de radiação da Terra, e realizam-se estudos a respeito de seus efeitos sobre as temperaturas da Terra. Para mais informações, leia sobre o Experimento Ciclo Global de Energia e Água (GEWEX) em http://www.gewex.org/gewex_overview.html#foci, ou verifique o experimento da NASA, o Sistema de Energia Radiante Nuvens e Terra (CERES), em http://ceres.larc.nasa.gov/.

Diferenças de aquecimento entre terra e água

Um importante controle sobre a temperatura é a diferença em como as superfícies da terra e da água respondem à insolação. Na Terra, essas duas superfícies verificam-se em

(a) Comparação das temperaturas de duas cidades bolivianas.

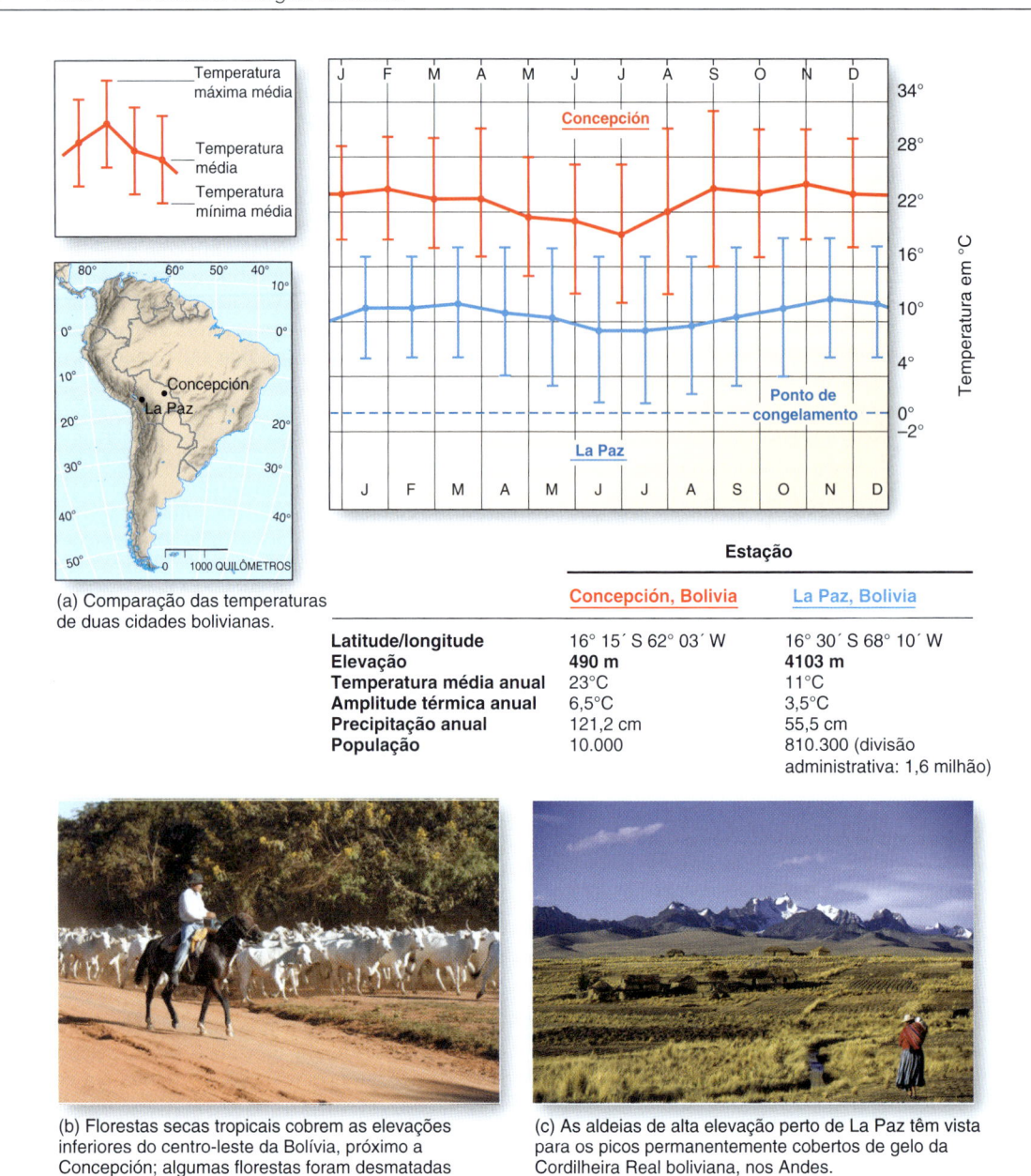

	Estação	
	Concepción, Bolivia	**La Paz, Bolivia**
Latitude/longitude	16° 15′ S 62° 03′ W	16° 30′ S 68° 10′ W
Elevação	**490 m**	**4103 m**
Temperatura média anual	23°C	11°C
Amplitude térmica anual	6,5°C	3,5°C
Precipitação anual	121,2 cm	55,5 cm
População	10.000	810.300 (divisão administrativa: 1,6 milhão)

(b) Florestas secas tropicais cobrem as elevações inferiores do centro-leste da Bolívia, próximo a Concepción; algumas florestas foram desmatadas para servir à agropecuária.

(c) As aldeias de alta elevação perto de La Paz têm vista para os picos permanentemente cobertos de gelo da Cordilheira Real boliviana, nos Andes.

▲**Figura 5.6 Efeitos da latitude e da elevação.** [(b) Peter Langer/Design Pics/Corbis. (c) Seux Paule/AGE Fotostock America, Inc.]

---

uma disposição irregular de continentes e oceanos. Terra e água absorvem e armazenam energia de maneiras diferentes, de modo que os corpos d'água tendem a apresentar padrões de temperatura mais moderados, enquanto o interior dos continentes têm mais extremos de temperatura.

As diferenças físicas entre terra (rocha e solo) e água (oceanos, mares e lagos) são as razões para as **diferenças de aquecimento entre terra e água**, sendo a mais básica delas o fato de a terra aquecer e resfriar mais rapidamente que a água. A Figura 5.7 sintetiza essas diferenças, que estão relacionadas aos princípios e processos de evaporação, transparência, calor específico e movimento. Incluímos as correntes oceânicas e as temperaturas das superfícies marinhas nesta seção por causa dos seus efeitos sobre as temperaturas das localidades costeiras.

Evaporação O processo de *evaporação* dissipa quantidades significativas da energia que chega à superfície oceânica, muito mais do que nas superfícies terrestres, onde há menos água. Estima-se que 84% de toda a evaporação na Terra sejam provenientes dos oceanos. Quando a água evapora, ela muda de líquido para vapor, absorvendo energia térmica no processo e armazenando-a como calor latente.

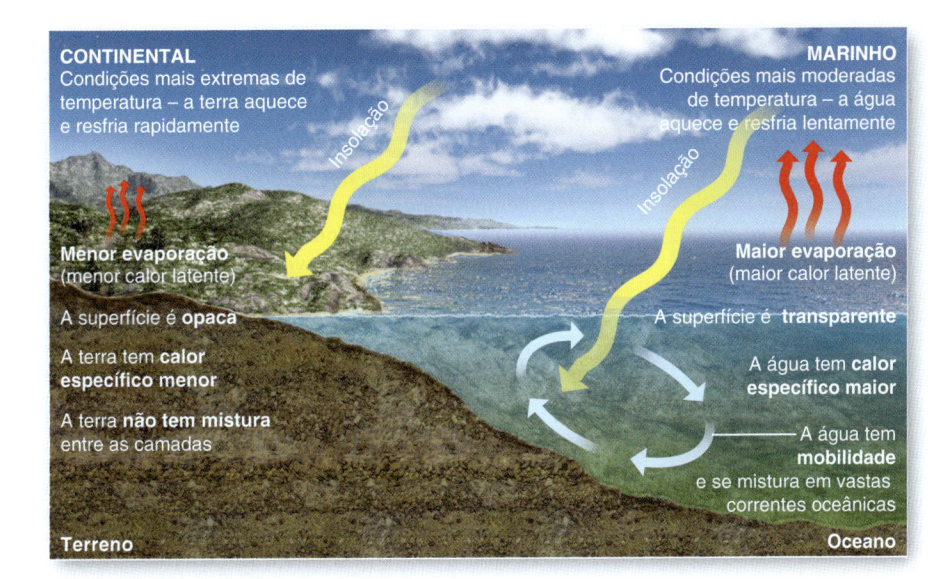

◀ **Figura 5.7 Diferenças de aquecimento entre terra e água.** O aquecimento diferencial de terra e água produz regimes contrastantes de temperatura em ambientes marinhos (mais moderados) e continentais (mais extremos).

Você sente o efeito do resfriamento da perda térmica evaporativa molhando o dorso da mão e depois soprando sobre a pele úmida. Energia de calor sensível é retirada da sua pele para fornecer parte da energia para evaporação, e você sente o resfriamento como consequência. Conforme a água de superfície evapora, ela absorve energia do ambiente imediato, resultando em uma diminuição das temperaturas. (Recorde que a água e o vapor mantêm a mesma temperatura durante todo o processo; o vapor armazena a energia absorvida como calor latente.) As temperaturas em terra são menos afetadas pelo resfriamento evaporativo do que as temperaturas sobre águas.

Transparência Solo e água diferem em sua transmissão de luz: solo inteiriço é opaco; água é transparente. A luz que atinge uma superfície de terra não penetra, mas é absorvida, aquecendo a superfície do solo. Essa energia é acumulada durante momentos de exposição ao sol e rapidamente perdida à noite ou na sombra.

As temperaturas diárias máximas e mínimas das superfícies de solo geralmente verificam-se no nível da superfície do solo. Abaixo da superfície, mesmo em profundidades rasas, as temperaturas permanecem as mesmas durante o dia. Verificamos isso na praia, onde a areia da superfície pode ser dolorosamente quente em contato com os pés, mas quando afundamos os dedos e sentimos a areia alguns centímetros abaixo da superfície, ela é mais fria, oferecendo alívio.

Em contrapartida, quando a luz atinge um corpo líquido, ela penetra a superfície por causa da **transparência** da água – a água é clara, e a luz a atravessa até uma profundidade média de 60 m no oceano. Em algumas águas oceânicas, essa zona iluminada ocorre até profundidades de 300 m. A transparência da água resulta na distribuição de energia térmica disponível por uma profundidade e volume muito maiores, formando um reservatório de energia maior do que o verificado na terra.

Calor específico A energia necessária para elevar a temperatura da água é maior do que para um mesmo volume de terra. Em geral, a água é capaz de reter mais calor do que o solo ou a rocha. A capacidade térmica de uma substância é seu **calor específico**. Em média, o calor específico da água é cerca de quatro vezes maior que o da terra. Portanto, um dado volume de água representa um reservatório de energia mais robusto do que o mesmo volume de solo ou rocha e, consequentemente, esquenta e esfria mais devagar. Por esse motivo, as temperaturas quotidianas próximo de grandes corpos d'água costumam ser moderadas, não tendo grandes extremos.

Movimento Em contraste com as características sólidas e rígidas da terra, a água é fluida e capaz de se mover. O movimento das correntes resulta em uma mistura de águas mais frias e mais quentes, que espalha a energia disponível sobre um volume ainda maior do que se a água estivesse parada. A água superficial e as águas mais profundas se misturam, redistribuindo a energia também em uma direção vertical. As superfícies oceânicas e terrestres irradiam radiação em ondas longas à noite, mas a terra perde sua energia mais rapidamente do que o reservatório móvel de água oceânica, com sua distribuição de calor mais extensa.

Correntes oceânicas e temperaturas da superfície do mar Embora a nossa discussão completa sobre a circulação oceânica esteja no Capítulo 6, incluímos aqui uma breve exposição sobre as correntes porque elas influenciam a temperatura das localidades costeiras. As correntes oceânicas afetam as temperaturas da terra de maneiras diferentes, dependendo de se as correntes são quentes ou frias. Nas costas ocidentais subtropicais e de latitude média dos continentes, as correntes oceânicas frias que fluem rumo ao equador moderam as temperaturas do ar em terra. Um exemplo é o efeito da fria Corrente de Humboldt que parte de Lima, Peru, e que possui um clima mais frio do que

▲Figura 5.8 **A Corrente do Golfo.** Instrumentos de satélite sensíveis a comprimentos de onda infravermelhos termais obtiveram imagens da Corrente do Golfo. As diferenças de temperatura são assinaladas na imagem em falsa por cor computadorizada: vermelho e laranja = 25-29°C; amarelo e verde= 17-24°C; azul = 10-16°C; roxo = 2-9°C. [Imagens de RSMAS, University of Miami.]

se poderia esperar para essa latitude. Quando as condições nessas regiões são quentes e úmidas, geralmente forma-se neblina no ar resfriado sobre as correntes mais frias.

A corrente quente conhecida como **Corrente do Golfo** move-se em direção ao norte junto à costa leste da América do Norte, transportando água quente para o Atlântico Norte (Figura 5.8). Como resultado, o terço mais ao sul da Islândia apresenta temperaturas muito mais amenas do que seria esperado para uma latitude de 65° N, ao sul do Círculo Ártico (66,5° N). Em Reykjavík, na costa sudoeste da Islândia, as médias mensais de temperatura ficam acima do ponto de congelamento durante todos os meses do ano. A Corrente do Golfo também modera as temperaturas na costa da Escandinávia e no noroeste da Europa. No Oceano Pacífico ocidental, a quente Kuroshio (ou Corrente do Japão) funciona mais ou menos igual à Corrente do Golfo, tendo um efeito aquecedor sobre as temperaturas do Japão, das Aleutas e ao longo do litoral noroeste da América do Norte.

Pelo planeta, a água oceânica raramente tem mais de 31°C, embora os furacões Katrina, Rita e Wilma tenham se intensificado ao passarem por temperaturas de superfície oceânica de mais de 33°C no Golfo do México em 2005. Temperaturas oceânicas maiores produzem maiores índices de evaporação, e mais energia é dissipada do oceano na forma de calor latente. À medida que o conteúdo do vapor d'água do ar sobrejacente aumenta, a capacidade do ar de absorver radiação em ondas longas também aumenta, levando ao aquecimento. Quanto mais quente o ar e o oceano se tornam, mais evaporação acontece, aumentando a quantidade de vapor d'água que entra no ar acima. Mais vapor d'água leva à formação de nuvens, o que reflete a insolação e produz temperaturas menores. Temperaturas menores do ar e do oceano reduzem os índices de evaporação e a capacidade da massa de ar de absorver vapor d'água – um interessante mecanismo de *retroalimentação negativa*.

As temperaturas oceânicas normalmente são medidas na superfície e registrada como *temperatura da superfície do mar (TSM)*. Os mapas das TSMs globais médias medidas por satélites, como as da Figura 5.9, revelam que a região com as maiores temperaturas oceânicas médias no mundo é a *Piscina Quente do Pacífico Oeste*, no Sudoeste do Oceano Pacífico, onde as temperaturas ficam acima dos 30°C. Embora haja diferenças aparentes entre as TSMs do equador e dos polos em ambos os mapas, observe as alterações sazonais nas temperaturas do oceano, como o deslocamento ao norte da Piscina Quente do Pacífico Oeste em julho. A quente Corrente do Golfo é aparente na costa da Flórida em ambas as imagens; correntes mais frias ocorrem nas costas ocidentais das Américas do Norte e do Sul, na Europa e na África.

Seguindo as mesmas tendências recentes das temperaturas atmosféricas globais, as TSMs médias anuais subiram continuamente entre 1982 e 2010, chegando a níveis recorde – 2010 quebrou recordes de temperaturas oceânicas e terrestres. O aquecimento crescente é medido em profundidades de até 1000 m, e em 2004 cientistas informaram leves aumentos até na temperatura das águas profundas. Esses dados sugerem que a capacidade que o oceano tem de absorver o excesso energia térmica da atmosfera pode estar se aproximando de seu limite.

Exemplos de efeitos marítimos e efeitos continentais

As diferenças de aquecimento terra-água que afetam os regimes de temperatura em todo o mundo podem ser resumidas em termos de efeitos continentais e marítimos. O **efeito marítimo**, ou *maritimidade,* diz respeito às influências moderadoras do oceano e normalmente ocorre em localidades litorâneas ou em ilhas. O **efeito continental**, ou *continentalidade,* diz respeito à maior variação entre temperaturas máximas e mínimas (tanto diária quanto anuais) que se verifica em áreas sem acesso ao oceano e distantes de outros corpos d'água de grande porte.

As temperaturas mensais de San Francisco, Califórnia, e Wichita, Kansas, ambas a aproximadamente 37° 40' N de latitude, ilustram esses efeitos (Figura 5.10). Em San Francisco, apenas alguns dias do ano possuem máximas de verão acima de 32,2°C. As mínimas de inverno raramente descem abaixo do congelamento.

Em contraste, Wichita, Kansas, está suscetível a temperaturas negativas entre o fim de outubro e o meio de abril – a mínima recorde é de −30°C. A temperatura em Wichita atinge 32,2°C ou mais durante mais de 65 dias por ano, sendo que 46°C é o recorde. No verão de 2012, as temperaturas passaram de 38°C por um recorde de 53 dias não consecutivos.

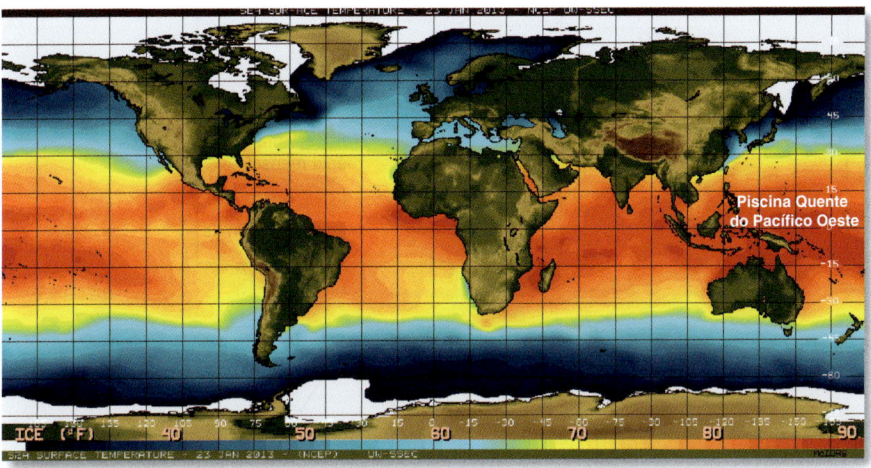

(a) 23 de janeiro de 2013

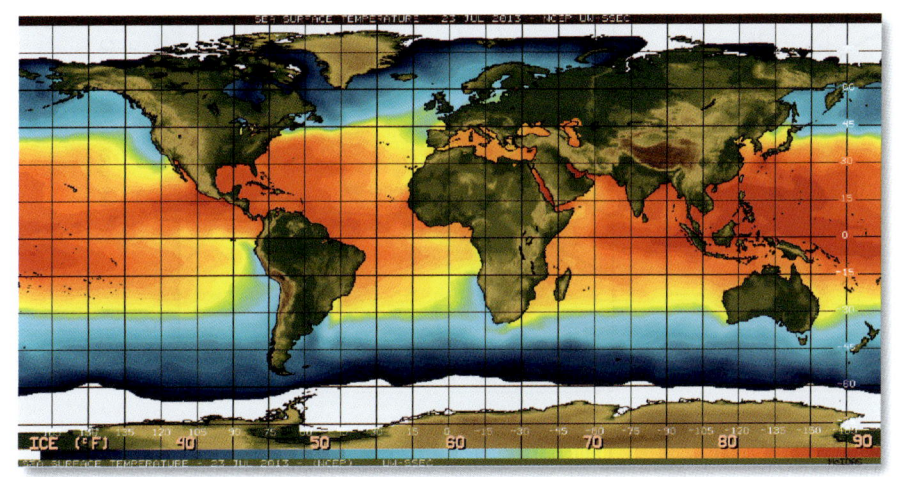

(b) 23 de julho de 2013

◄ **Figura 5.9 Temperaturas médias mensais da superfície do mar em janeiro e julho.** [Dados de satélite cortesia do Space Science and Engineering Center, University of Wisconsin, Madison.]

Na Eurásia, existem diferenças parecidas entre cidades em localizações marítimas *versus* continentais. A Figura 5.11 mostra dados de temperatura de estações em Trondheim, Noruega, e Verkhoyansk, Rússia, em latitudes e elevações semelhantes. A localização costeira de Trondheim modera o seu regime de temperatura anual. As temperaturas mínimas e máximas para janeiro variam de –17°C a 8°C, e a variação entre mínimas e máximas para julho é de 5°C a 27°C. As menores e maiores temperaturas já registradas em Trondheim são de –30°C e 35°C. Em contraste, Verkhoyansk tem localização continental e uma amplitude de 63°C nas temperaturas médias anuais em um ano normal. Essa localidade tem sete meses de temperaturas abaixo de zero, com pelo menos quatro meses abaixo de –34°C. Os extremos de temperatura refletem os efeitos continentais: Verkhoyansk registrou uma temperatura mínima de –68°C em janeiro, com uma temperatura máxima de 37°C ocorrendo em julho – uma amplitude mínima-máxima de incríveis 105°C entre os extremos recorde! Verkhoyansk tem uma população de 1400 pessoas, sendo ocupada continuamente desde 1638.

> **PENSAMENTO Crítico 5.1**
> **Compare e explique as temperaturas costeiras e continentais**
>
> Utilizando o mapa, gráficos e outros dados da Figura 5.10, explique os efeitos da localização marítima de San Francisco sobre as suas temperaturas médias mensais. Por que as temperaturas de verão são mais altas em Wichita em relação às de San Francisco? Por que o pico de temperatura média mensal de San Francisco ocorre mais tarde no verão do que o de Wichita? A sua localização está sujeita a efeitos marítimos ou continentais sobre a temperatura? (Verifique a explicação no final da Revisão dos Conceitos-Chave de Aprendizagem.) ●

118 Parte I • O Sistema Energia-Atmosfera

Legenda dos gráficos:
- Média das máximas
- Temperatura média mensal
- Média das mínimas

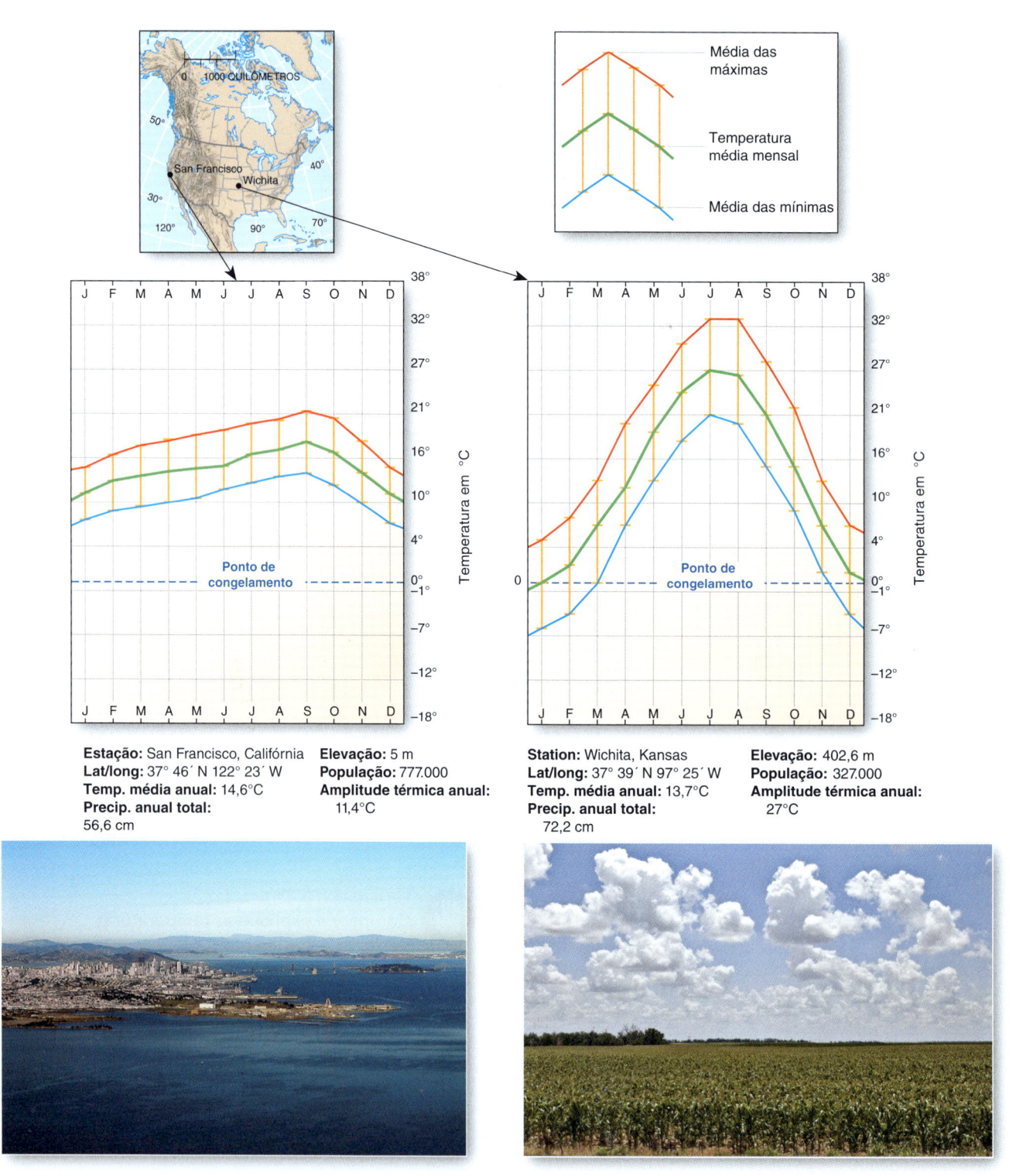

Estação: San Francisco, Califórnia
Lat/long: 37° 46′ N 122° 23′ W
Temp. média anual: 14,6°C
Precip. anual total: 56,6 cm
Elevação: 5 m
População: 777.000
Amplitude térmica anual: 11,4°C

Station: Wichita, Kansas
Lat/long: 37° 39′ N 97° 25′ W
Temp. média anual: 13,7°C
Precip. anual total: 72,2 cm
Elevação: 402,6 m
População: 327.000
Amplitude térmica anual: 27°C

▲**Figura 5.10 Cidades marítimas e continentais – Estados Unidos.** Compare as temperaturas na cidade costeira de San Francisco, Califórnia, com as da continental Wichita, Kansas. [Bobbé Christopherson.]

Capítulo 5 • Temperaturas globais 119

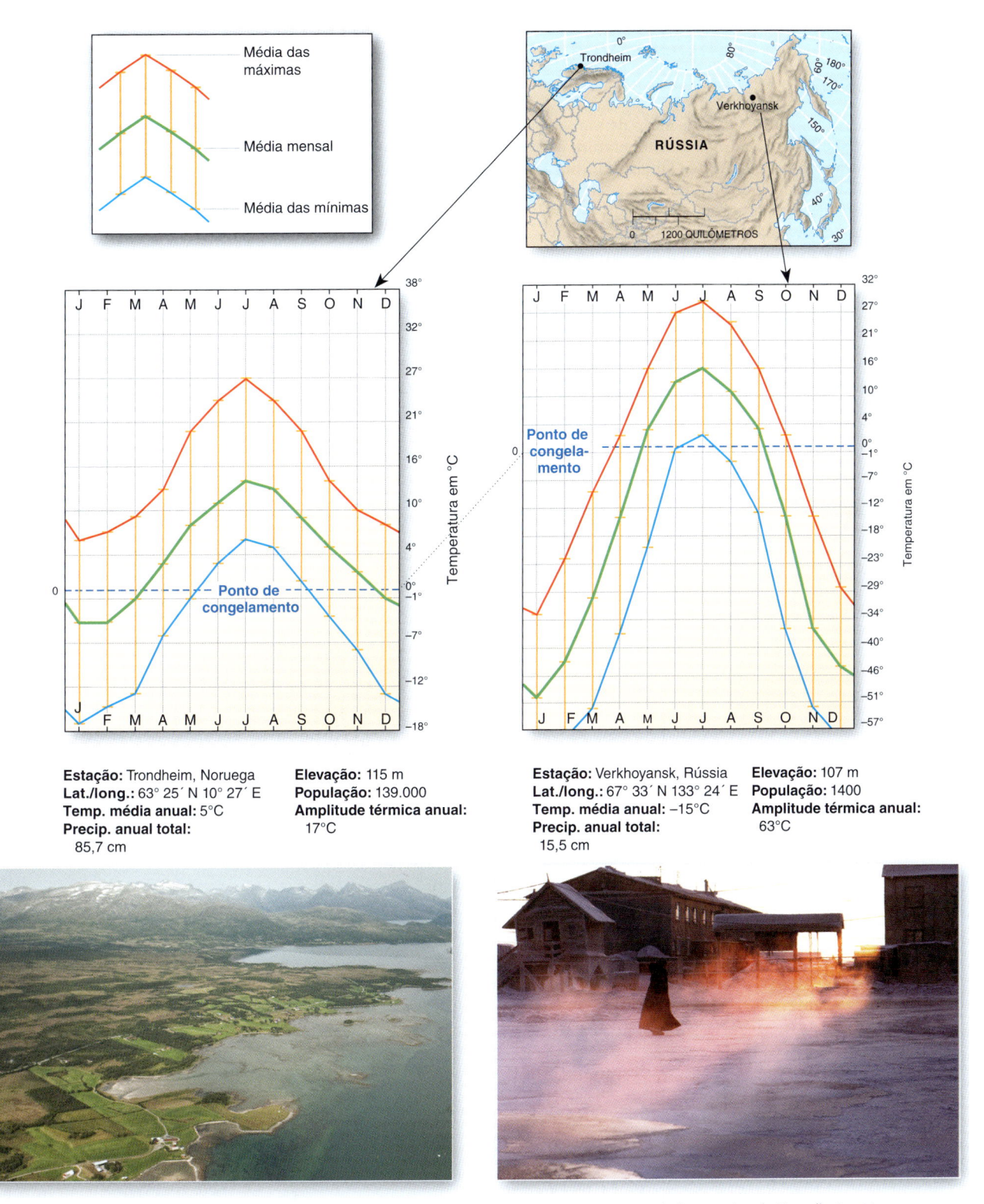

- Média das máximas
- Média mensal
- Média das mínimas

Estação: Trondheim, Noruega
Lat./long.: 63° 25´ N 10° 27´ E
Temp. média anual: 5°C
Precip. anual total: 85,7 cm
Elevação: 115 m
População: 139.000
Amplitude térmica anual: 17°C

Estação: Verkhoyansk, Rússia
Lat./long.: 67° 33´ N 133° 24´ E
Temp. média anual: −15°C
Precip. anual total: 15,5 cm
Elevação: 107 m
População: 1400
Amplitude térmica anual: 63°C

▲**Figura 5.11 Cidades marítimas e continentais – Eurásia.** Compare as temperaturas na cidade costeira de Trondheim, Noruega, com a continental Verkhoyansk, Rússia. Observe que os níveis de congelamento nos dois gráficos estão em posições diferentes para acomodar os dados contrastantes. [Bobbé Christopherson; Martin Hartley/image Bank/getty images.]

Padrões de temperatura da Terra

As Figuras 5.12 a 5.16 são uma série de mapas para nos ajudar a visualizar os padrões de temperatura da Terra: as temperaturas médias globais em janeiro e julho, as temperaturas médias nas regiões polares em janeiro e julho, e as amplitudes térmicas anuais globais (as diferenças entre as médias dos meses mais frios e mais quentes). Os mapas são para janeiro e julho, em vez dos meses de solstício de dezembro e junho, porque há uma defasagem entre a insolação recebida e as temperaturas máximas e mínimas (conforme explicado no Capítulo 4). Os dados empregados para esses mapas são representativos das condições desde 1950, embora algumas temperaturas venham de informes navais indo até 1850 e informes terrestres indo até 1890.

As linhas de temperatura nos mapas são conhecidas como *isotermas*. Uma **isoterma** é uma isolinha – uma linha ao longo da qual há um valor constante – que conecta pontos da mesma temperatura e mostra o padrão de temperatura, assim como uma linha de contorno em um mapa topográfico ilustra pontos de mesma elevação. As isotermas ajudam na análise espacial de temperaturas.

Mapas da temperatura global em janeiro e julho

Em janeiro, as alturas solares elevadas e os dias mais longos no Hemisfério Sul ocasionam condições meteorológicas de verão; as alturas solares mais baixas e os dias curtos no Hemisfério Norte são associados ao inverno. As isotermas no mapa da temperatura média de janeiro marcam a redução geral de insolação e radiação líquida de acordo com a distância do equador (Figura 5.12).

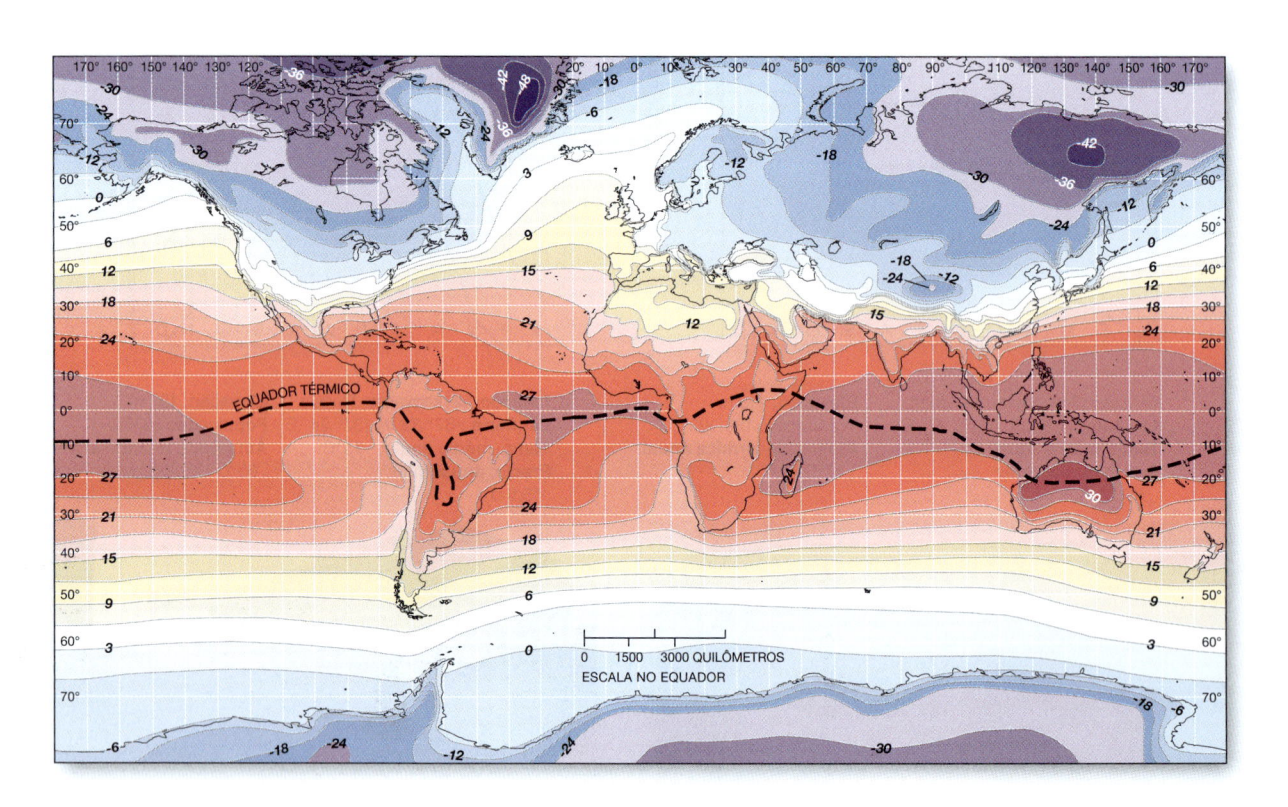

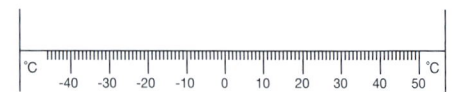

▲Figura 5.12 **Temperatura média global de janeiro.** As temperaturas estão em graus Celsius e foram obtidas de bancos de dados separados de temperatura do ar para oceano e continente. Observe o mapa inserido da América do Norte e as isotermas deslocadas na direção do equador no interior. [Adaptado do Centro Nacional de Dados Climáticos, Dados Climáticos Mensais para o Mundo, 47 (janeiro de 1994), WMO e NOAA.]

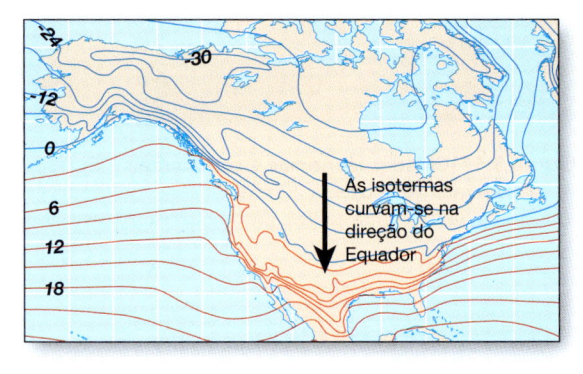

As isotermas geralmente têm tendência leste-oeste, são paralelas ao equador e são interrompidas pela presença de massas continentais. Essa interrupção é provocada pelo aquecimento diferencial entre terra e água debatido anteriormente.

O **equador térmico** é uma linha que conecta todos os pontos da maior média de temperatura, aproximadamente 27°C; sua direção é para o sul, no interior da América do Sul e da África, indicando temperaturas maiores sobre o interior das massas de terra. No Hemisfério Norte, as isotermas se deslocam em direção ao equador conforme o ar frio resfria o interior continental. Temperaturas mais moderadas ocorrem sobre os oceanos, com condições mais quentes se estendendo mais ao norte do que sobre o continente em latitudes comparáveis.

Para ver as diferenças de temperatura sobre terras e águas, siga a latitude de 50° N (o 50º paralelo) na Figura 5.12 e compara as isotermas: 3°C a 6°C no Pacífico Norte e 3°C a 9°C no Atlântico Norte, em contraste com –18°C no interior da América do Norte e –24°C a –30°C na Ásia Central. Além disso, observe a orientação das isotermas sobre áreas com cordilheiras e como elas ilustram os efeitos resfriamento da elevação – considere os Andes na América do Sul, por exemplo.

Em termos de região continental que não a Antártica, a Rússia – mais especificamente, o Nordeste da Sibéria – é a área mais fria (Figura 5.12). O frio intenso origina-se de condições de inverno com ar uniformemente limpo, seco e calmo; pequena entrada de insolação; e uma localização continental longe dos efeitos moderadores da maritimidade. Os ventos globais dominantes impedem efeitos moderadores por parte do Oceano Pacífico em direção ao leste.

A Figura 5.13 mapeia as temperaturas médias globais em julho para fins de comparação. Os dias mais longos do verão e a maior elevação do sol estão no Hemisfério Norte. O inverno domina o Hemisfério Sul, embora ele seja mais

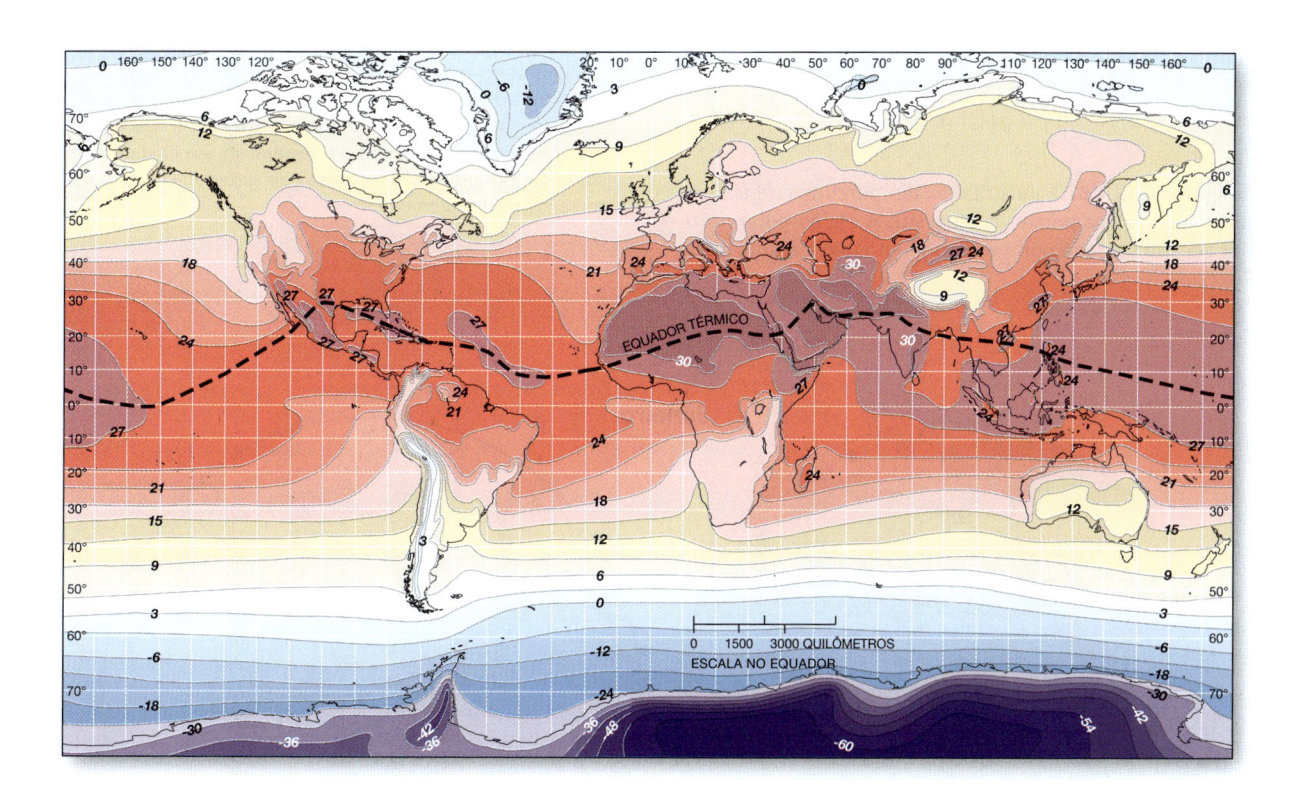

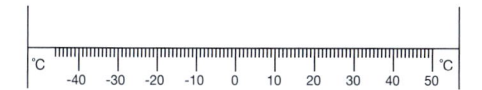

▲**Figura 5.13 Temperaturas médias globais de julho.** As temperaturas estão em graus Celsius e foram obtidas de bancos de dados separados de temperatura do ar para oceano e continente. Observe o mapa inserido da América do Norte e as isotermas deslocadas na direção dos polos. [Adaptado do Centro Nacional de Dados Climáticos, Dados Climáticos Mensais para o Mundo, 47 (janeiro de 1994), WMO e NOAA.]

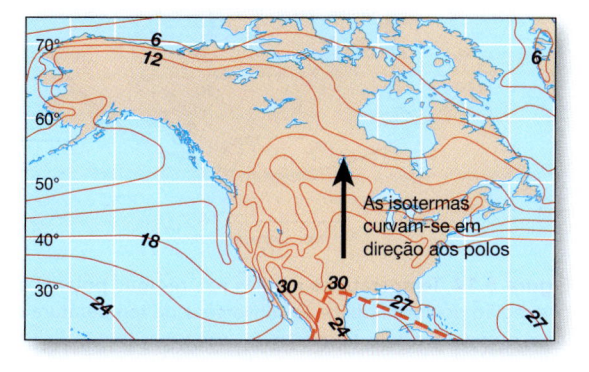

ameno do que os invernos ao norte do equador porque as massas de terra continentais, com suas temperaturas extremamente frias, são menores. O *equador térmico* segue em direção ao norte com o sol alto de verão e atinge a área do Golfo Pérsico-Paquistão-Irã. O Golfo Pérsico é o local da maior temperatura da superfície do mar já registrada – estarrecedores 36°C.

Durante julho no Hemisfério Norte, as isotermas se deslocam em direção aos polos sobre a terra, à medida que temperaturas maiores dominam o interior continental. As temperaturas de julho em Verkhoyansk, Rússia, têm média de mais de 13°C, o que representa uma variação sazonal de 63°C entre as médias de janeiro e julho. A região de Verkhoyansk da Sibéria é provavelmente o exemplo mais impressionante dos efeitos continentais sobre a temperatura.

Os lugares mais quentes da Terra ocorrem nos desertos do Hemisfério Norte em julho, em função de céus limpos, forte aquecimento superficial, praticamente nenhuma água superficial e poucas plantas. Os melhores exemplos são partes do Deserto de Sonora, na América do Norte, o Saara, na África, e o Deserto de Lut, no Irã (o Capítulo 10 discute os climas desérticos).

Mapas da temperatura da região polar em janeiro e julho

As Figuras 5.14 e 5.15 mostram as temperaturas de janeiro e julho nas regiões polares norte e sul. A região polar norte é um oceano cercado por terra, enquanto que a região polar sul é o enorme manto de gelo antártico (cobrindo o continente antártico) cercado por oceano. A ilha da Groenlândia, que detém o segundo maior manto de gelo da Terra, possui uma elevação máxima de 3240 m, a maior elevação ao norte do Círculo Ártico. Dois terços da ilha ficam ao norte do Círculo Ártico, e sua costa norte fica a apenas 800 km do Polo Norte. A combinação de alta latitude e alta elevação no interior desse manto de gelo produz baixas temperaturas em janeiro (Figura 5.14a).

> **PENSAMENTO Crítico 5.2**
> **Inicie um perfil geográfico físico completo da sua área**
>
> Com cada mapa de temperatura (Figuras 5.12, 5.13 e 5.16), comece encontrando sua própria cidade e anotando as temperaturas indicadas pelas isotermas para janeiro e julho e a variação anual de temperatura. Registre as informações desses mapas em seu caderno. Lembre-se de que a escala pequena desses mapas só permite generalizações sobre as temperaturas reais em lugares específicos, possibilitando-lhe apenas uma aproximação geral para a sua localidade.
>
> Enquanto você trabalha com os diferentes mapas deste texto, acrescente ao seu perfil dados como a pressão atmosférica e os ventos, a precipitação anual, o tipo de clima, o relevo, ordens do solo e vegetação. Ao final do curso, você terá um perfil completo de geografia física para seu ambiente regional. •

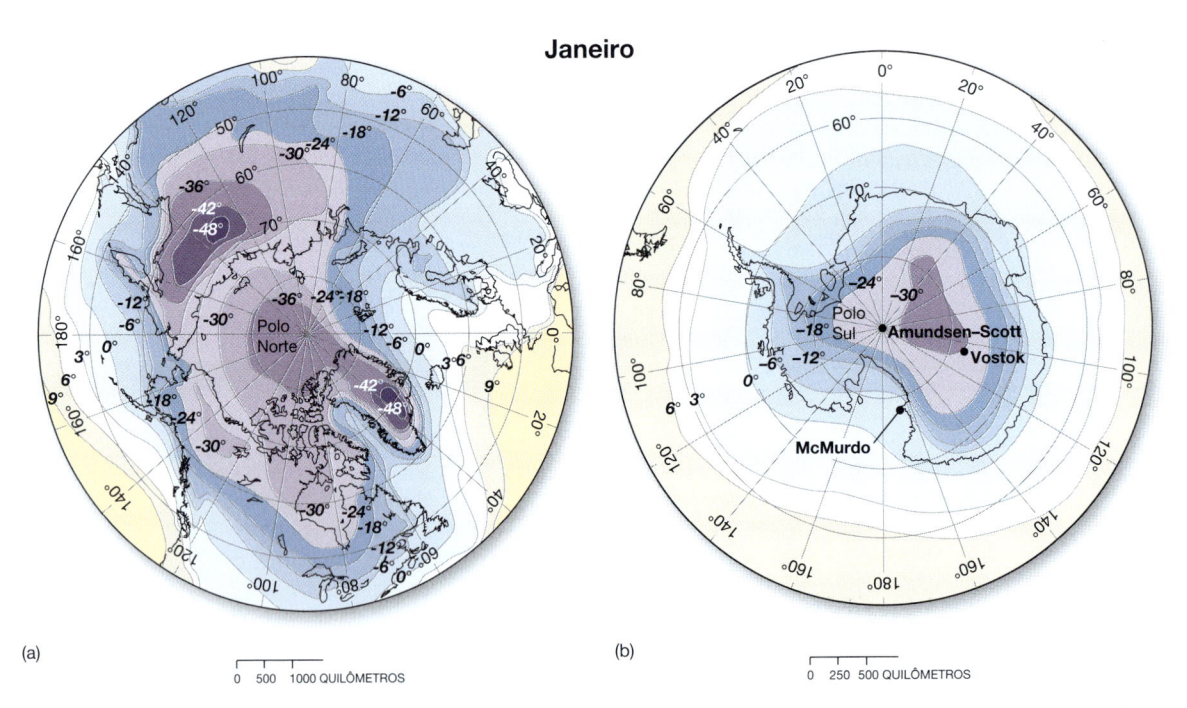

Janeiro

▲**Figura 5.14 Temperaturas médias nas regiões polares em janeiro.** Temperaturas de janeiro em °C (a) na região polar norte e (b) na região polar sul. Utilize as conversões de temperatura da Figura 5.12. Observe que cada mapa está em uma escala diferente. [Mapas preparados pelo autor usando as mesmas fontes da Figura 5.12.]

Julho

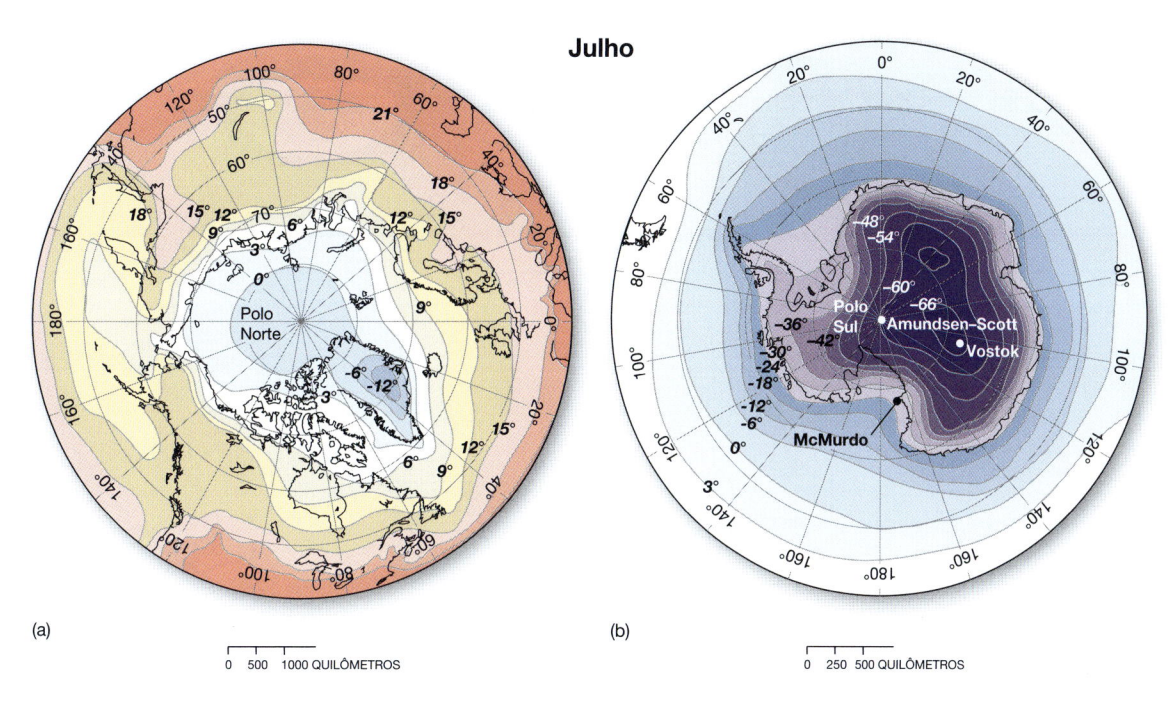

▲**Figura 5.15 Temperaturas médias nas regiões polares em julho.** Temperaturas de julho em °C na (a) região polar norte e (b) região polar sul. Utilize as conversões de temperatura da Figura 5.12. Observe que cada mapa está em uma escala diferente. [Mapas preparados pelo autor usando as mesmas fontes da Figura 5.13.]

Na Antártica (Figura 5.14b), o "verão" é em dezembro e janeiro. Essa é a massa de terra mais fria e alta da Terra (em termos de elevação média). As temperaturas médias de janeiro nas três bases científicas assinaladas no mapa são −3°C na Estação McMurdo (na costa); −28°C na Estação Amundsen-Scott, no Polo Sul (2835 m de elevação); e −32°C na Estação de Vostok, pertencente à Rússia (3420 m de elevação), a localidade mais continental das três.

A Figura 5.15 mapeia as temperaturas médias de julho nas regiões polares norte e sul. Julho é "verão" no Oceano Ártico (Figura 5.15a), onde o aumento das temperaturas do ar e do oceano estão provocando derretimento do gelo marinho, conforme discutido na seção *Geossistemas Hoje* do Capítulo 4. Fendas e canais do degelo se estenderam até o Polo Norte nos últimos anos.

Em julho, as noites da Antártica têm 24 horas. Essa falta de insolação provoca as menores temperaturas naturais registradas na Terra; o recorde são gélidos −89,2°C, registrados em 21 de julho de 1983 na Estação Vostok da Rússia. Essa temperatura é 11°C mais fria do que o ponto de congelamento do gelo seco (dióxido de carbono sólido). Se a concentração de dióxido de carbono fosse alta o suficiente, tal temperatura teoricamente congelaria partículas minúsculas de gelo seco de dióxido de carbono no céu.

A temperatura média de julho em torno da Estação Vostok é de −68°C. Para fins de comparação, as temperaturas médias são de −60°C e −26°C nas Estações Amundsen-Scott e McMurdo, respectivamente (Figura 5.15b). Repare que as temperaturas mais frias na Antártica geralmente se dão em agosto, não em julho, no fim da longa noite polar logo antes do nascer do sol equinocial, em setembro.

GEOrelatório 5.3 As regiões polares apresentam seu maior aquecimento

A mudança climática está afetando as altas latitudes a um ritmo maior do que as latitude médias e baixas. Desde 1978, o aquecimento na região ártica subiu para uma taxa de 1,2°C por década, o que significa que os últimos 20 anos aqueceram quase sete vezes mais rapidamente que a taxa dos últimos 100 anos. Desde 1970, quase 60% do gelo marinho ártico desapareceram em resposta às maiores temperaturas atmosféricas e oceânicas, com as menores espessuras de gelo registradas desde 2007. O termo *amplificação ártica* refere-se à tendência que as latitudes do extremo norte têm de sofrer maior aquecimento do que o resto do Hemisfério Norte. Esse fenômeno está relacionado à presença de neve e gelo e aos ciclos de retroalimentação positiva que eles desencadeiam, conforme discutido nos capítulos anteriores (revise a Figura 1.8 e o Geossistemas Hoje do Capítulo 4). Tendências semelhantes de aquecimento estão afetando a Península Antártica e o Manto de Gelo Antártico Ocidental, à medida que as plataformas de gelo desmoronam e retrocedem na costa.

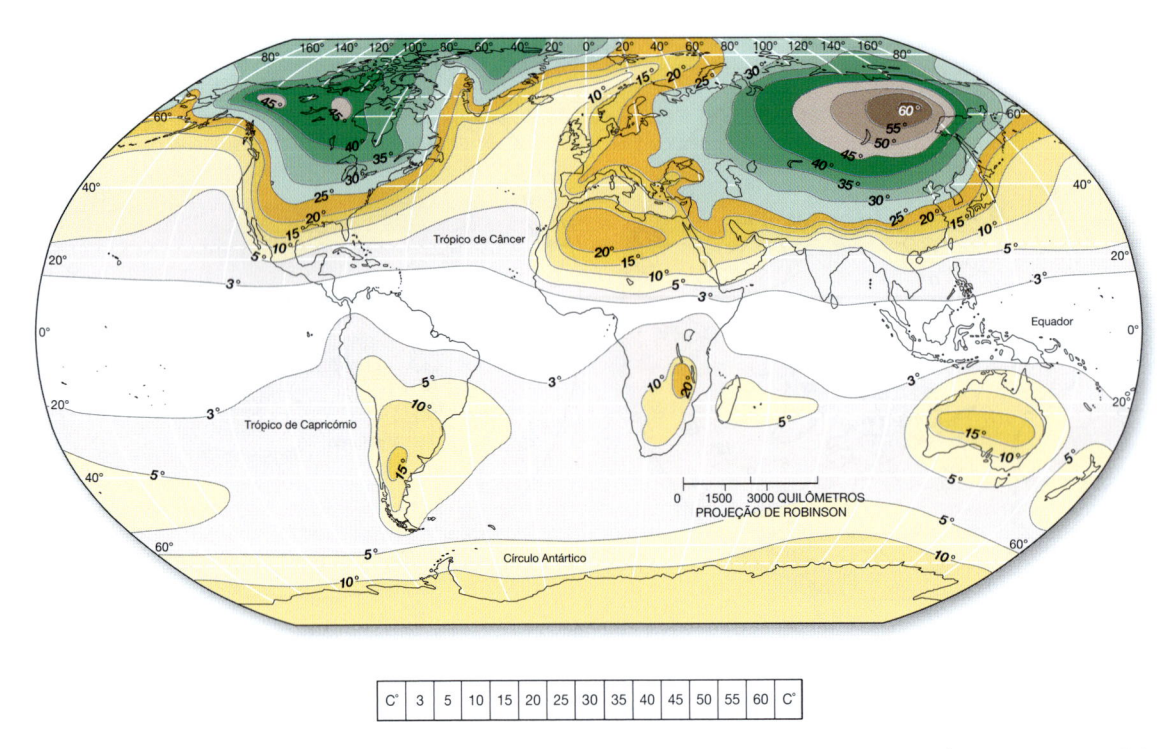

▲Figura 5.16 **Amplitudes térmicas anuais globais.** São mostradas na escala as amplitudes anuais das temperaturas globais em graus Celsius, com conversões para graus Fahrenheit. Os dados no mapa mostram a diferença entre os mapas de temperatura média para janeiro e julho.

Mapa de amplitude térmica anual

As maiores amplitudes térmicas médias anuais ocorrem em localizações subpolares no interior dos continentes norte-americano e asiático (Figura 5.16), onde são registradas amplitudes médias de 64°C (veja a área do mapa em marrom-escuro). As amplitudes térmicas menores do Hemisfério Sul indicam menor variação sazonal na temperatura, devido à falta de grandes massas de terra e às vastas extensões de água que moderam os extremos de temperatura. Portanto, a continentalidade predomina no Hemisfério Norte, e a maritimidade predomina no Hemisfério Sul.

No entanto, as temperaturas nas regiões interiores do Hemisfério Sul apresentam algumas características continentais. Por exemplo, em janeiro (Figura 5.12), a Austrália é dominada por isotermas de 20-30°C, ao passo que em julho (Figura 5.13) é cruzada pela isoterma de 12°C. O Hemisfério Norte, com maior área total de terra, registra uma temperatura superficial média ligeiramente mais alta do que o Hemisfério Sul.

Tendências recentes de temperatura e a resposta humana

Estudos sobre os climas do passado (discutidos com mais detalhes no Capítulo 17) indicam que as temperaturas presentes são mais altas do que em qualquer momento dos últimos 125.000 anos. As temperaturas globais subiram a uma média de 0,17°C por década desde 1970, e essa taxa está acelerando. As ondas de calor também estão aumentando: as temperaturas de verão nos Estados Unidos e na Austrália atingiram níveis recorde nas ondas de calor de 2012 e 2013. Temperaturas altas persistentes são um desafio para as pessoas, especialmente para as que moram em cidades úmidas.

Recordes de temperatura e aquecimento devido ao efeito estufa

Um modo como os cientistas avaliam e mapeiam os padrões de temperatura é por meio de anomalias na temperatura global (Figura 5.17). Uma *anomalia* de temperatura é uma diferença ou irregularidade encontrada quando se comparam temperaturas médias anuais registradas com a temperatura média anual de longo prazo em um período de tempo escolhido como *referência*, ou período-base (a base de comparação).

Os mapas de anomalias de temperatura superficial por década da Figura 5.17 revelam as diferenças entre as temperaturas de cada década indicada e as temperaturas do período de referência entre 1951 e 1980. As cores do mapa indicam anomalias positivas (mais quentes, assinaladas com laranja e vermelho) ou negativas (mais frias, assinaladas com azul). A tendência geral apontando para temperaturas mais quentes é aparente na década de 2000, especialmente sobre o Hemisfério Norte.

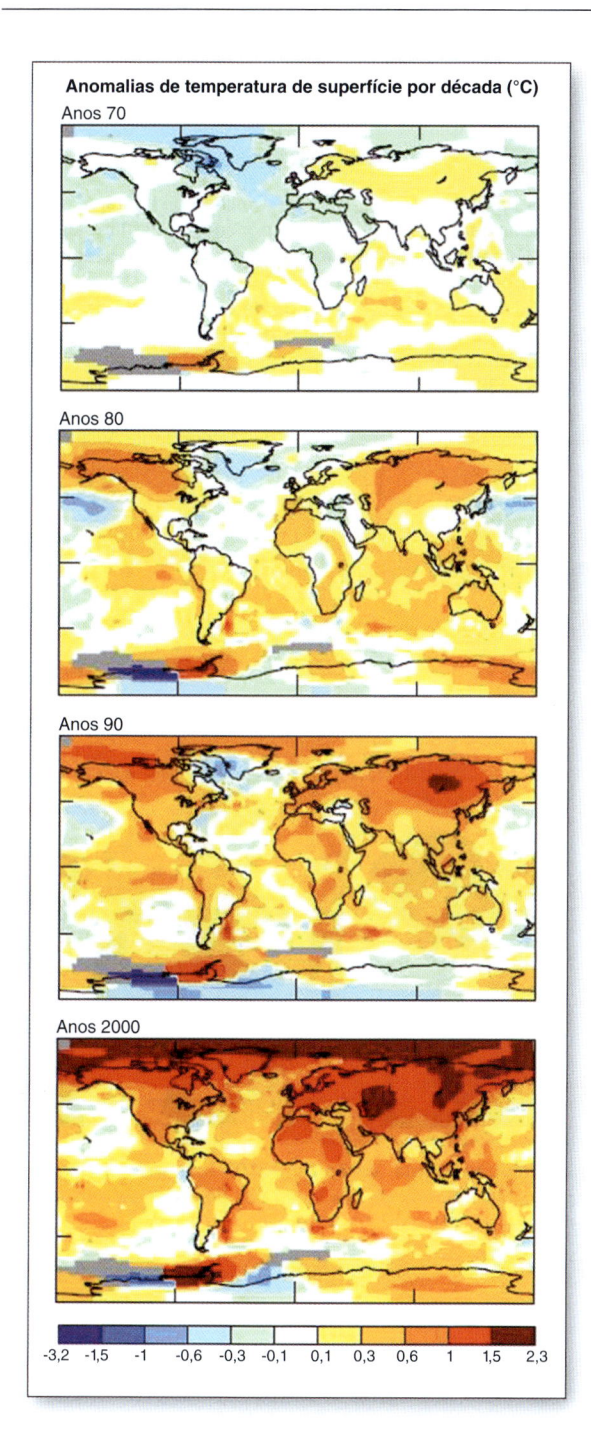

▲Figura 5.17 Anomalias da temperatura de superfície por década, em comparação com o período de referência 1951-1980. Vermelho e laranja indicam anomalias de temperatura positivas; azul indica anomalias negativas. Os mapas de anomalia de temperatura são baseados em dados de 6300 estações. [GISS/NASA.]

Os últimos 15 anos compreendem os anos mais quentes do registro climático desde 1880. De acordo com o Centro Nacional de Dados Climáticos (NCDC) da NOAA, 2012 foi o ano mais quente da História nos Estados Unidos contíguos. Globalmente, 2012 foi o décimo mais quente já registrado (os anos mais quentes foram 2005 e 2010, partes da década mais quente já registrada).*

Para se ter uma ideia da magnitude dessa tendência de temperatura, considere as seguintes estatísticas: em 2012, a temperatura média global foi de 14,6°C. Isso é 0,6°C mais quente do que a temperatura de referência na metade do século XX. É também 0,8°C mais quente do que qualquer outra temperatura média global anual desde que começaram os registros.

De acordo com o Conselho Nacional de Pesquisa da Academia Nacional de Ciências dos EUA, para cada grau Celsius de aumento da temperatura global, pode-se esperar 5-10% de alteração na precipitação de muitas regiões; 3-10% de aumento na quantidade de chuva nos eventos mais fortes de precipitação; 5-10% de mudança nos fluxos dos rios e cursos d'água (para cima ou para baixo); 25% de decréscimo na extensão do gelo marinho de verão no Ártico; 5-15% de redução nos rendimentos agrícolas (da forma em que se cultiva hoje); e 200-400% de aumento na área queimada por incêndios espontâneos em algumas áreas do oeste dos Estados Unidos. Assim, uma mudança de 1°C pode ter efeitos de grande alcance sobre os sistemas terrestres.

O assim chamado aquecimento global está relacionado a complexas alterações que estão acontecendo na atmosfera inferior. Os cientistas concordam que as atividades humanas, principalmente a queima de combustíveis fósseis, estão aumentando os gases atmosféricos de efeito estufa que absorvem radiação em ondas longas, atrasando as perdas de energia térmica para o espaço. O resultado prático é que as ações humanas estão maximizando o efeito estufa natural da terra e forçando uma mudança climática.

Contudo, "aquecimento global" não é a mesma coisa que mudança climática global, e os dois termos não devem ser utilizados indistintamente. Mudança climática abrange todos os efeitos do aquecimento da atmosfera – e tais efeitos variam com a localização e estão relacionados a umidade, precipitação, temperaturas da superfície do mar, tempestades severas e muitos outros processos terrestres. Um exemplo já discutido (no Capítulo 4) é o ciclo de retroalimentação positiva criado pelo derretimento do gelo marinho ártico e o aumento da temperatura. Outros impactos serão discutidos alguns capítulos à frente – os efeitos da mudança climática ligam-se a quase todos os sistemas terrestres.

Os registros climáticos de longo prazo debatidos no Capítulo 11 mostram que os climas vêm variando nos últimos 2 milhões de anos. Em essência, o clima está sempre mudando. Todavia, muitas das mudanças que ocorrem hoje estão além do que pode ser explicado pela variabilidade natural dos padrões climáticos da Terra. Hoje, o consenso científico sobre a mudança climática forçada pelos humanos é amplamente aceito. Em 2007, o Painel Intergoverna-

---

*N. de R.T.: Atualmente, o ano de 2015 é o mais quente dos registros históricos.

Estudo Específico 5.1 — Mudança climática
Ondas de calor

As ondas de calor são mais mortais nas regiões de latitude média, onde extremos de temperatura e umidade concentram-se durante dias ou semanas nos meses mais quentes. Elas costumam ser mais graves nas áreas urbanas, onde os efeitos da ilha de calor urbana pioram as condições meteorológicas e sistemas de ar-condicionado podem ser inacessíveis para algumas pessoas. O calor opressivo em um ambiente urbano durante um evento desses pode ocasionar muitas mortes; os mais suscetíveis a males relacionados ao calor são os jovens, os idosos e os que têm condições médicas preexistentes. Os efeitos mortais das temperaturas altas, especialmente nas cidades, resultam das máximas extremas de temperatura diurna combinadas com a falta de resfriamento noturno.

A onda de calor de julho de 1995 em Chicago, que provocou mais de 700 mortes na região central da cidade, é um exemplo. A combinação de temperaturas altas com a persistência de uma massa de ar estável e imóvel e ar úmido do Golfo do México gerou condições sufocantes, afetando particularmente os doentes e idosos. A temperatura recorde registrada no Aeroporto Midway (41°C) foi superada por temperaturas de índice de calor de 54°C em alguns apartamentos sem ar-condicionado. Por praticamente uma semana, os valores de índice de calor dessas moradias sinalizaram perigo extremo.

As ondas de calor são uma causa importante de morte relacionadas ao tempo. Uma onda de calor paralisou grande parte da Europa no verão de 2003, quando as temperaturas chegaram a 40°C em junho, julho e agosto. Estima-se que 40.000 pessoas morreram em seis países da Europa ocidental, com o maior número na França.

Ondas de calor estão frequentemente associadas a mais incêndios espontâneos, como na Rússia no verão de 2010 (Figura 5.1.1). A onda de calor russa trouxe a toda a Europa oriental temperaturas altas persistentes, as mais destrutivas em 130 anos, provocando estimadas 55.000 mortes relacionadas ao calor, enormes perdas agrícolas, mais de 1 milhão de hectares de terra queimados por incêndios naturais e um custo econômico total estimado em US$ 15 bilhões.

A onda de calor recorde da Austrália em janeiro de 2013 não durou dias, mas semanas, com as temperaturas regularmente ultrapassando 45°C em diversas localidades em todo o país. De acordo com o Escritório de Meteorologia Australiano, a

▲Figura 5.1.1 **Onda de calor na Rússia, verão de 2010.** Turistas americanos em Moscou usam máscaras para filtrar a fumaça dos incêndios florestais próximos, com máximas de 38°C. [Pavel Golovkin, AP.]

mental sobre Mudança Climática (IPCC), principal órgão de cientistas da mudança climática do mundo, concluiu:

> "O aquecimento do sistema climático é inequívoco, como fica agora evidente a partir de observações de aumentos das temperaturas médias globais do ar e dos oceanos, do derretimento generalizado de neve e gelo e do aumento da média global do nível do mar."

Em 2010, o Conselho Nacional de Pesquisa da Academia Nacional de Ciências dos EUA afirmou, em seu relatório *Promovendo a ciência da mudança climática*:

> "A mudança climática está ocorrendo, é causada majoritariamente por atividades humanas e oferece riscos consideráveis para uma ampla gama de sistemas humanos e naturais – e, em muitos casos, já os está afetando."

A Associação de Geógrafos Americanos, composta de geógrafos e profissionais relacionados que trabalham nos setores público, privado e acadêmico, é um das centenas de organizações profissionais e academias nacionais de ciências que estão oficialmente apoiando medidas para desacelerar a velocidade da mudança climática. Vê-se nas notícias de praticamente todos os dias que a mudança climática tornou-se uma das questões mais complicadas, porém vitais, com que os líderes mundiais e a sociedade humana se deparam neste século.

onda de calor ocasionou a maior temperatura média já registrada no país (40,3°C) no período de dois dias (7-8 de janeiro) mais quente da história da Austrália. A Figura 5.1.2 mostra o padrão das temperaturas da superfície da terra acima da média em todo o continente nesse período. Na metade de janeiro, os serviços de previsão do tempo acrescentaram duas cores novas aos seus mapas térmicos, a fim de estender a gama de temperaturas para 50-54°C. Essa onda de calor dava continuidade a uma tendência de quatro meses consecutivos de temperaturas recorde na Austrália.

Embora ondas de calor não sejam novidade na Austrália, a extensão do calor por todo o país e a persistência da onda de calor ao longo do tempo representam novas condições e sugerem uma tendência contínua de aumento da temperatura no país. De acordo com o presidente do Painel Intergovernamental sobre Mudança Climática (IPCC), essa e outras ondas de calor relacionam-se às tendências recentes de mudança climática global.

Nos Estados Unidos, 2011 e 2012 trouxeram os dois verões consecutivos mais quentes já registrados até então, e o segundo e o terceiro verões mais quentes desde sempre (o mais quente de todos aconteceu em 1936). A onda de calor de 2011 foi pior nos estados das Planícies sulinas, concentrando-se no Texas e em Oklahoma. Em 2012, as temperaturas altas espalharam-se por todo o país, com um terço da população exposta a 10 dias ou mais acima de 38°C. (Para ver animações das temperaturas da superfície da terra e do ar na onda de calor de junho de 2011 nos Estados Unidos, acesse http://photojournal.jpl.nasa.gov/catalog/PIA14480.)

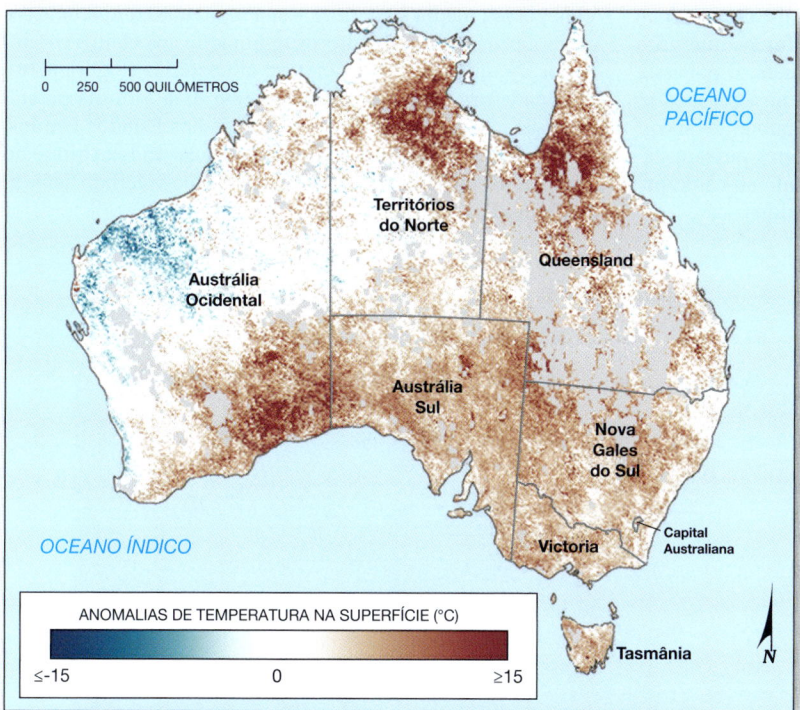

▲**Figura 5.1.2 Onda de calor recorde na Austrália, 2013.** O mapa mostra diferenças na temperatura da superfície registradas a partir de dados de satélite no início de janeiro. Valores acima da média (anomalias positivas) são mostrados em vermelho; valores abaixo da média (anomalias negativas) são mostrados em azul. As temperaturas de referência para fins de comparação são da mesma semana em 2005-2012. [Dados do *Aqua* MODIS, NASA.]

Estresse térmico e o índice de calor

Um dos desafios que os seres humanos estão enfrentando ao se adaptar aos efeitos da mudança climática é um aumento na frequência das ondas de calor, colocando mais pessoas em riscos derivados dos efeitos de temperaturas altas prolongadas no verão. Por definição, uma **onda de calor** é um período prolongado de temperaturas anomalamente altas, geralmente, ainda que nem sempre, associadas à umidade do ar. O Estudo Específico 5.1 discute as recentes ondas de calor, como o verão recorde da Austrália em 2013.

Por meio de mecanismos complexos, o corpo humano mantém uma temperatura interna média que oscila em um grau em torno de 36,8°C, um pouco menor pela manhã ou no tempo frio e levemente maior em momentos de muita emoção ou durante atividade física e trabalho.* Quando exposto a calor e umidade extremos, o corpo humano reage de diversas formas (a transpiração é apenas uma das reações) a fim de manter essa temperatura central e proteger o cérebro a todo custo.

---

*O valor tradicional da temperatura corporal "normal", 37°C, foi estabelecido em 1868 por meio de métodos antigos de medição. De acordo com o Dr. Philip Mackowiak, da Faculdade de Medicina da Universidade de Maryland, uma verificação moderna mais precisa define o normal como 36,8°C, com uma variação de 2,7°C entre a população humana (*Journal of the American Medical Association*, 23-30 de setembro de 1992).

Umidade é a presença de vapor d'água no ar, sendo normalmente expressa como umidade relativa (confira a discussão completa no Capítulo 7); quanto maior o teor de vapor d'água, maior a umidade relativa. Em condições úmidas, o ar não consegue absorver muita umidade, então a transpiração não é tão eficaz como mecanismo de resfriamento como em ambientes secos.

Quando temperaturas muito quentes são acompanhadas por baixa umidade e ventos fortes, as taxas de resfriamento evaporativo são suficientes para manter a temperatura corporal dentro da faixa adequada. É a combinação de altas temperaturas atmosféricas, alta umidade e ventos fracos que provoca o maior desconforto térmico nos humanos. É por isso que os efeitos do calor são mais pronunciados no Sudeste dos Estados Unidos, quente e úmido, do que nos ambientes secos do Arizona. Embora as temperaturas nos desertos possam ser mais extremas, o risco de mal-estar relacionado ao calor, ou *estresse térmico*, é mais alto em ambientes úmidos.

Nos seres humanos, o estresse térmico assume formas como cãibras, exaustão térmica e insolação, que pode causar risco de morte. Uma pessoa com insolação superaquece até o ponto em que o corpo não consegue mais se refrigerar – nesse ponto, a temperatura interna pode subir até 41°C, e o mecanismo da sudorese deixa de funcionar.

Nos meses apropriados, usando um método análogo àquele para informar a sensação térmica (discutida no início do capítulo), os informes do NWS indicam o *índice de calor* em seus resumos meteorológicos diários para indicar como uma pessoa média sente o ar – sua temperatura aparente – e aferir a provável reação do corpo humano aos efeitos combinados de umidade e temperatura atmosférica (Figura 5.18). O Canadá usa o *humidex*, baseado em uma fórmula parecida. Para mais informações e previsões nos Estados Unidos, acesse http://www.nws.noaa.gov/om/heat/index.shtml; no Canadá, acesse http://www.ec.gc.ca/meteo-weather/default.asp?lang=En&n=86C0425B-1#h2).

Temperatura em °C

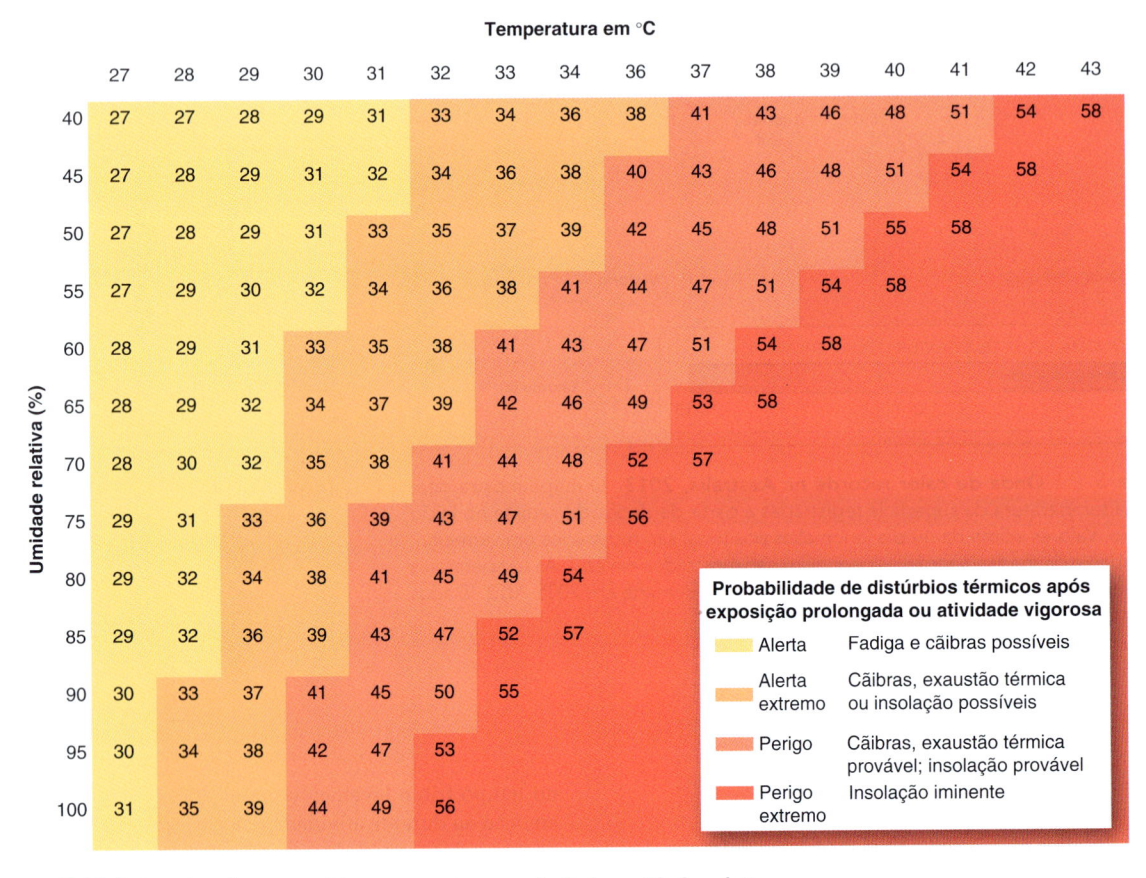

Umidade relativa (%)	27	28	29	30	31	32	33	34	36	37	38	39	40	41	42	43
40	27	27	28	29	31	33	34	36	38	41	43	46	48	51	54	58
45	27	28	29	31	32	34	36	38	40	43	46	48	51	54	58	
50	27	28	29	31	33	35	37	39	42	45	48	51	55	58		
55	27	29	30	32	34	36	38	41	44	47	51	54	58			
60	28	29	31	33	35	38	41	43	47	51	54	58				
65	28	29	32	34	37	39	42	46	49	53	58					
70	28	30	32	35	38	41	44	48	52	57						
75	29	31	33	36	39	43	47	51	56							
80	29	32	34	38	41	45	49	54								
85	29	32	36	39	43	47	52	57								
90	30	33	37	41	45	50	55									
95	30	34	38	42	47	53										
100	31	35	39	44	49	56										

Probabilidade de distúrbios térmicos após exposição prolongada ou atividade vigorosa

- Alerta: Fadiga e cãibras possíveis
- Alerta extremo: Cãibras, exaustão térmica ou insolação possíveis
- Perigo: Cãibras, exaustão térmica provável; insolação provável
- Perigo extremo: Insolação iminente

▲Figura 5.18 Índice de calor para várias temperaturas e níveis de umidade relativa.

GEOrelatório 5.4 Calor recorde atinge a China em 2013

As temperaturas dispararam em toda a Ásia em julho e agosto de 2013, fixando recordes e provocando óbitos relacionados ao calor. Em Xangai, China, com uma população de mais de 23 milhões, uma onda de calor de 3 semanas – incluindo uma nova máxima de 40,8°C, registrada em 7 de agosto – incitou as autoridades a expedirem o primeiro alerta de calor da história do país e provocou ao menos 40 mortes oficiais, embora o número real de baixas possa ser muito maior. Acesse http://earthobservatory.nasa.gov/IOTD/view.php?id=81870 para ver mapas, imagens e mais sobre essa onda de calor.

O DENOMINADOR **humano** 5 Temperaturas globais

TEMPERATURA ⇒ HUMANOS
- Os padrões de temperatura governam os sistemas terrestres, tornando o planeta habitável por humanos e outras formas de vida.
- Calor e frio determinam os níveis de conforto individual.

HUMANOS ⇒ TEMPERATURA
- Os humanos produzem gases atmosféricos e aerossóis que afetam as nuvens e o balanço de energia Terra-atmosfera, o que, por consequência, afeta a temperatura e o clima.
- A elevação das temperaturas da superfície do mar altera as taxas de evaporação e afeta nuvens e a precipitação, com consequentes efeitos sobre a biosfera.

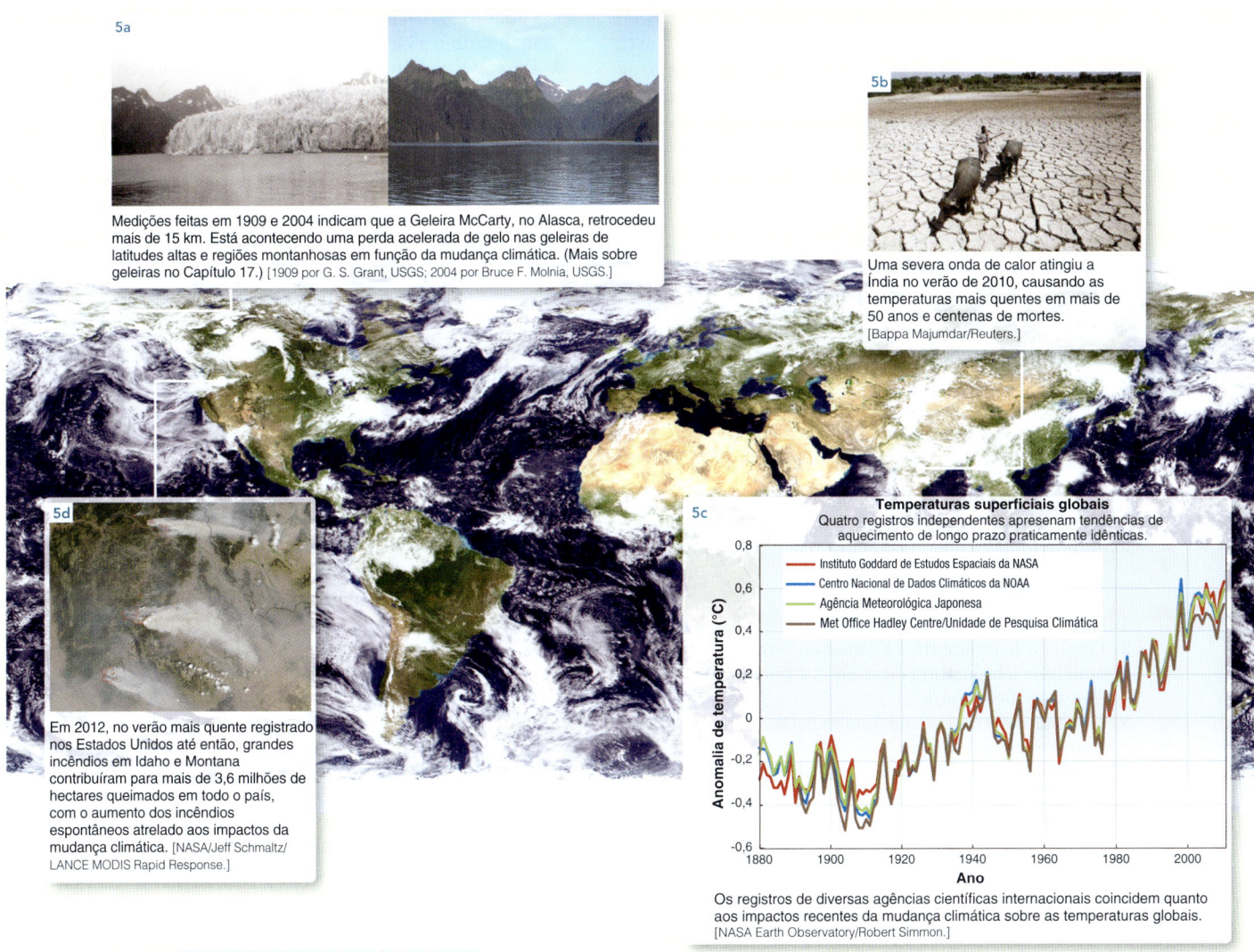

5a Medições feitas em 1909 e 2004 indicam que a Geleira McCarty, no Alasca, retrocedeu mais de 15 km. Está acontecendo uma perda acelerada de gelo nas geleiras de latitudes altas e regiões montanhosas em função da mudança climática. (Mais sobre geleiras no Capítulo 17.) [1909 por G. S. Grant, USGS; 2004 por Bruce F. Molnia, USGS.]

5b Uma severa onda de calor atingiu a Índia no verão de 2010, causando as temperaturas mais quentes em mais de 50 anos e centenas de mortes. [Bappa Majumdar/Reuters.]

5d Em 2012, no verão mais quente registrado nos Estados Unidos até então, grandes incêndios em Idaho e Montana contribuíram para mais de 3,6 milhões de hectares queimados em todo o país, com o aumento dos incêndios espontâneos atrelado aos impactos da mudança climática. [NASA/Jeff Schmaltz/LANCE MODIS Rapid Response.]

5c **Temperaturas superficiais globais**
Quatro registros independentes apresenam tendências de aquecimento de longo prazo praticamente idênticas.
- Instituto Goddard de Estudos Espaciais da NASA
- Centro Nacional de Dados Climáticos da NOAA
- Agência Meteorológica Japonesa
- Met Office Hadley Centre/Unidade de Pesquisa Climática

Os registros de diversas agências científicas internacionais coincidem quanto aos impactos recentes da mudança climática sobre as temperaturas globais. [NASA Earth Observatory/Robert Simmon.]

QUESTÕES PARA O SÉCULO XXI
- A elevação das temperaturas globais médias maximizará os efeitos da mudança climática em todo o globo.
- As alterações nas temperaturas da superfície do mar terão efeitos de longo alcance sobre os sistemas terrestres.

conexão GEOSSISTEMAS

Os padrões globais de temperatura são uma saída significativa do sistema energia-atmosfera. Nós examinamos as complexas interações dos vários fatores que geram esses padrões e estudamos mapas de suas distribuições. No próximo capítulo, passamos para outra saída desse sistema energia-atmosfera, a da circulação dos ventos e das correntes oceânicas. Consideraremos as forças que interagem para produzir esses movimentos de ar e água sobre a Terra. Também examinaremos flutuações multianuais nos padrões globais de circulação, como os fenômenos El Niño e La Niña no Oceano Pacífico e seus efeitos de longo alcance sobre os climas mundiais.

REVISÃO DOS CONCEITOS-CHAVE DE aprendizagem

■ *Definir* o conceito de temperatura e *distinguir* entre as escalas termométricas Kelvin, Celsius e Fahrenheit e como elas são mensuradas.

Temperatura é uma medição da energia cinética média, ou movimento molecular, de moléculas individuais na matéria. Ocorre transferência de calor de um objeto ao outro quando há diferença de temperatura entre eles. O *índice de sensação térmica* indica a taxa aumentada em que o calor corporal é perdido para o ar em condições de temperaturas frias e vento. À medida que as velocidades do vento aumentam, a perda de calor pela pele aumenta, e cai a *temperatura aparente*, ou a temperatura como percebemos.

As escalas de temperatura incluem

- Escala Kelvin: 100 unidades entre o ponto de fusão do gelo (273 K) e o ponto de ebulição da água (373 K)
- Escala Celsius: 100 graus entre o ponto de fusão do gelo (0°C) e o ponto de ebulição da água (100°C)
- Escala Fahrenheit: 180 graus entre o ponto de fusão do gelo (32°F) e o ponto de ebulição da água (212°F)

Os cientistas usam a escala Kelvin porque nela as leituras de temperatura começam no zero absoluto e, portanto, são proporcionais à energia cinética real em um material.

temperatura (p. 109)

1. Qual é a diferença entre temperatura e calor?
2. Qual é a temperatura da sensação térmica em um dia com uma temperatura do ar de −12°C e uma velocidade do vento de 32 km/h?
3. Compare as três escalas que expressam temperatura. Encontre a temperatura "normal" do corpo humano em cada escala e registre os três valores em suas anotações.
4. Qual é sua fonte de informações de temperatura diária? Descreva a maior e a menor temperatura que você já presenciou. Baseado no que foi discutido neste capítulo, você consegue identificar os fatores que contribuíram para essas temperaturas?

■ *Explicar* os efeitos da latitude, altitude e elevação, e cobertura de nuvens sobre os padrões globais de temperatura.

Os principais controles e influências sobre os padrões de temperatura incluem latitude (a distância ao norte ou sul do equador), altitude e elevação, e nebulosidade (reflexão, absorção e radiação de energia). *Altitude* descreve a altura de um objeto acima da superfície da Terra, ao passo que *elevação* diz respeito a uma posição na superfície da Terra em relação ao nível do mar. Latitude e elevação agem em combinação para determinar os padrões de temperatura em uma dada localidade.

5. Explique os efeitos da altitude e da elevação sobre a temperatura do ar. Por que o ar em uma alta altitude apresenta uma temperatura menor? Por que sentimos mais frio na sombra em elevações altas do que em elevações baixas?
6. Que efeito perceptível a densidade do ar tem sobre a absorção e a radiação de energia? Que função a elevação tem nesse processo?
7. Por que é possível ter plantações de clima moderado, como trigo, cevada e batatas, a uma elevação de 4103 m, próximo a La Paz, Bolívia?
8. Descreva o efeito da nebulosidade com relação aos padrões de temperatura terrestre. Com base no último capítulo, revise os efeitos dos diferentes tipos de nuvem sobre a temperatura e relacione os conceitos com um esboço simples.

■ *Revisar* as diferenças de aquecimento da terra *versus* água que geram efeitos continentais e efeitos marítimos sobre as temperaturas e *utilizar* um par de cidades para ilustrar essas diferenças.

Diferenças nas características físicas da terra (rocha e solo) em comparação com as da água (oceanos, mares e lagos) levam a **diferenças de aquecimento entre terra e água** que possuem um efeito importante sobre as temperaturas. Essas diferenças físicas, relacionadas a *evaporação, transparência, calor específico* e *movimento*, fazem com que as superfícies terrestres esquentem e esfriem mais rapidamente do que as superfícies líquidas.

Por causa da **transparência** da água, a luz a penetra até uma profundidade média de 60 m no oceano. Essa penetração distribui a energia térmica disponível por um volume muito maior do que o possível na terra, que é opaca. Ao mesmo tempo, a água possui um **calor específico** (ou capacidade térmica) maior, exigindo muito mais energia para elevar sua temperatura do que um mesmo volume de terra.

As correntes oceânicas e as *temperaturas da superfície do mar* também afetam a temperatura dos continentes. Um exemplo do efeito das correntes oceânicas é a **Corrente do Golfo**, que se move em direção ao norte na costa leste da América do Norte, carregando água quente para o Atlântico Norte. Como resultado, o terço mais ao sul da Islândia apresenta temperaturas muito mais amenas do que seria esperado para uma latitude de 65° N, pouco abaixo do Círculo Ártico (66,5°).

Padrões moderados de temperatura ocorrem em localizações próximas a corpos de água, e as temperaturas mais extremas ocorrem no interior dos continentes. O **efeito marítimo** (ou maritimidade), geralmente verificado nas regiões costeiras ou em ilhas, é a influência moderadora do oceano. Em contraste, o **efeito continental** (ou continentalidade) dá-se em áreas que são menos afetadas pelo mar e, portanto, têm uma amplitude maior entre temperaturas máximas e mínimas diárias e anuais.

diferenças de aquecimento entre terra e água (p. 114)
transparência (p. 115)
calor específico (p. 115)
Corrente do Golfo (p. 116)
efeito marítimo (p. 116)
efeito continental (p. 116)

9. Liste as características físicas da terra e da água que produzem suas respostas diferentes ao aquecimento a partir da absorção da insolação. Qual é o efeito específico da transparência em um meio?
10. O que é o calor específico? Compare o calor específico da água e do solo.
11. Descreva o padrão de temperaturas de superfície do mar (TSM) conforme determinado por sensoriamento remoto por satélite. Onde fica a região oceânica mais quente da Terra?
12. Que efeito a temperatura da superfície marinha tem sobre a temperatura do ar? Descreva o mecanismo de retroalimentação negativa criado por maiores temperaturas da superfície marinha e taxas de evaporação.
13. Diferencie entre temperaturas em localidades marítimas *versus* continentais. Dê um exemplo de cada a partir da discussão no texto.

■ *Interpretar* o padrão das temperaturas da Terra a partir de sua representação nos mapas de temperatura de janeiro e julho e em um mapa de amplitude térmica anual.

Os mapas para janeiro e julho, em vez dos meses de solstício de dezembro e junho, são usados para comparação de temperaturas porque há uma lacuna natural entre a insolação recebida e as temperaturas máximas e mínimas. Cada linha nesses mapas de temperatura é uma **isoterma**, uma isolinha que conecta pontos de mesma temperatura. As isotermas retratam padrões de temperatura.

As isotermas geralmente têm tendência leste-oeste, paralelas ao equador, e marcam a redução geral de insolação e radiação líquida de acordo com a distância do equador. O **equador térmico** (linha que conecta todos os pontos de maior temperatura média) desloca-se em direção ao sul em janeiro e para o norte com o alto sol de verão em julho. Em janeiro, ele estende-se mais para o sul no interior da América do Sul e da África, indicando temperaturas maiores sobre as massas de terra.

No Hemisfério Norte em janeiro, as isotermas se deslocam em direção ao equador conforme o ar frio resfria o interior continental. A área mais fria no mapa é a Rússia – especificamente, o nordeste da Sibéria. O frio intenso verificado lá origina-se de condições de inverno com ar uniformemente limpo, seco e calmo; pequena entrada de insolação; e uma localização continental longe dos efeitos moderadores da maritimidade.

isoterma (p. 120)
equador térmico (p. 121)

14. O que é o equador térmico? Descreva sua localização em janeiro e em julho. Explique por que ele troca de posição anualmente.
15. Observe as tendências no padrão de isolinhas sobre a América do Norte no mapa de temperatura média de janeiro em comparação com o de julho. Por que os padrões se deslocam?
16. Descreva e explique a extrema variação de temperatura que ocorre no centro-norte da Sibéria entre janeiro e julho.
17. Onde ficam os locais mais quentes da Terra? Eles estão próximos ao equador ou em outro local? Explique. Onde fica o lugar mais frio da Terra?
18. Compare os mapas das Figuras 5.14 e 5.15: (a) descreva o que encontrou para a Groenlândia central em janeiro e julho; (b) examine a região polar sul e descreva as alterações sazonais lá. Caracterize as condições na Península Antártica em janeiro e julho (em torno da longitude 60° W).

■ *Discutir* as ondas de calor e o índice de calor como uma medida da resposta do corpo humano ao calor.

A mudança climática global está oferecendo desafios às pessoas de todo o mundo. As recentes **ondas de calor**, períodos prolongados de temperaturas altas que duram dias ou semanas, causaram óbitos e bilhões de dólares em prejuízos econômicos. O *índice de calor* (IC) indica a reação do corpo humano à temperatura do ar e ao vapor d'água. O nível de umidade do ar afeta nossa capacidade natural de resfriamento pela perspiração da pele.

onda de calor (p. 127)

19. Em um dia em que a temperatura atinge 37,8°C, como uma leitura de umidade relativa de 50% afeta a temperatura aparente?
20. Discuta as recentes ondas de calor na Austrália e nos Estados Unidos. Como esses eventos diferem das ondas de calor anteriores nessas regiões?

Resposta do Pensamento Crítico 5.1: San Francisco apresenta efeitos marítimos na temperatura porque as águas mais frias, junto à costa do Oceano Pacífico e da Baía de San Francisco, cercam a cidade por três lados. A neblina de verão é comum, ajudando a atrasar o mês mais quente do verão em San Francisco até setembro. Wichita tem uma localização continental e, portanto, uma amplitude térmica anual maior. Observe que Wichita tem uma elevação ligeiramente mais alta, o que possui um leve efeito sobre as variações diárias da temperatura.

Sugestões de leituras em português

BARRY, R. G.; CHORLEY, R. *Atmosfera, tempo e clima*. 9. ed. Porto Alegre: Bookman, 2012.

GOODY, R. M.; WALKER, J. C. G. *Atmosferas planetárias*. São Paulo: Edgard Blücher, 1996.

MENDONÇA, F.; DANNI-OLIVEIRA, I. M. *Climatologia*: noções básicas e climas do Brasil. São Paulo: Oficina de Textos, 2007.

VAREJÃO-SILVA, M. A. *Meteorologia e climatologia*. Brasília: INMET, 2000.

VIANELLO, R. L.; ALVES, A. R. *Meteorologia básica e aplicações*. 2. ed. Viçosa: UFV, 2012.

6 As circulações atmosférica e oceânica

CONCEITOS-CHAVE DE aprendizagem

Após a leitura deste capítulo, você conseguirá:

- *Definir* pressão atmosférica e *descrever* os instrumentos empregados para medi-la.
- *Definir* vento e *explicar* como ele é medido, como é determinada sua direção e como os ventos recebem seus nomes.
- *Explicar* as quatro forças principais que controlam a atmosfera – gravidade, força do gradiente de pressão, força de Coriolis e força de fricção – e *localizar* as áreas de alta e baixa pressão e os ventos principais.
- *Descrever* a circulação atmosférica superior e *definir* as correntes de jatos.
- *Explicar* as monções regionais e os diversos tipos de ventos locais.
- *Esboçar* os padrões básicos das principais correntes oceânicas superficiais da Terra e a circulação termohalina.
- *Resumir* as oscilações multianuais da temperatura do ar, pressão atmosférica e circulação associadas aos Oceanos Ártico, Atlântico e Pacífico.

Turbinas eólicas dominam o horizonte perto de Wasco, leste de Oregon, estado em quinto lugar entre os 39 estados que contribuem para a produção total de energia eólica dos EUA. Em todo o mundo, a energia eólica está crescendo cerca de 10% ao ano. Nos Estados Unidos, a capacidade instalada de energia eólica aumentou mais de 500% entre 2005 e 2012. O vento é um fator determinante primordial dos padrões de circulação atmosférica e oceânica da Terra, discutidos neste capítulo. [Darrell Gulin/Getty Images.]

GEOSSISTEMAS HOJE

As correntes oceânicas trazem espécies invasivas

Com a civilização humana descarregando cada vez mais rejeitos e produtos químicos nos oceanos, o lixo viaja em correntes que se dispersam pelo globo. Um episódio dramático desse transporte por correntes oceânicas aconteceu no Atlântico Sul em 2006. Começamos a história aqui e continuamos com seus impactos ecológicos no Capítulo 20.

O giro do Atlântico Sul Em toda a Terra, os ventos e as correntes oceânicas se movimentam em padrões distintos, que examinaremos neste capítulo. No Oceano Atlântico Sul, um fluxo anti-horário leva a Corrente Equatorial Sul para o oeste e a Corrente de Deriva de Oeste para o leste (Figura GH 6.1). Ao longo da costa africana, a fria Corrente de Benguela flui para o norte e a quente Corrente do Brasil vai para o sul, seguindo a costa da América do Sul. Essa é a circulação predominante no Atlântico Sul.

Ao longo da porção sudeste desse fluxo circular predominante, chamado de *giro*, há um grupo de ilhas remotas, o arquipélago Tristão da Cunha, compreendendo quatro ilhas a cerca de 2775 km da África e 3355 km da América do Sul (veja a localização na Figura GH 6.1).

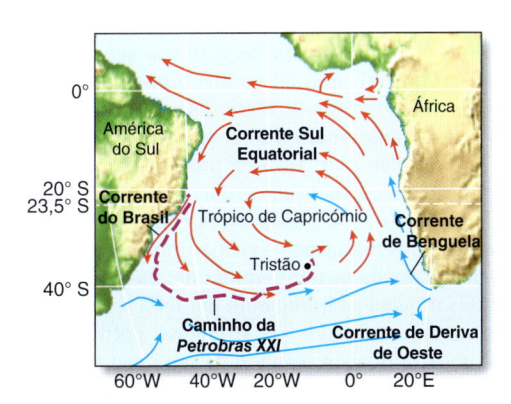

▲**Figura GH 6.1 Principais correntes oceânicas no Oceano Atlântico Sul.** Observe a localização de Tristão da Cunha e a provável rota da plataforma petrolífera.

▲**Figura GH 6.2** A *Petrobras XXI* encalhada na Baía Trypot, Tristão. [Foto da bióloga Sue Scott. Todos os direitos reservados.]

O isolamento de Tristão Apenas 298 pessoas vivem em Tristão. Essa sociedade pequena e única pratica agricultura de subsistência, cultiva e exporta batatas coletivamente e depende da rica fauna marinha, que as pessoas manejam com cuidado. A lagosta-tristão é capturada e congelada em uma fábrica comunitária, sendo exportada para o mundo todo. Embora diversos navios por ano transportem as mercadorias da ilha, Tristão não possui píer ou porto, e também carece de um aeroporto. Entretanto, em 2006, as correntes oceânicas trouxeram a essa ilha isolada um sombrio lembrete do mundo externo.

A trajetória da plataforma de perfuração Plataformas de perfuração de petróleo são como pequenos navios que podem ser rebocados até o local desejado para perfurar poços submarinos. A Petrobras, a empresa petroleira controlada pelo Estado brasileiro, tinha uma dessas plataformas, a *Petrobras XXI*. Em 5 de março de 2006, a companhia rebocou a plataforma de 80 m × 67 m × 34 m de altura de Macaé, Brasil, com destino a Cingapura. A companhia fretou um reboque, o *Mighty Deliverer*, para fazer o serviço. Esse reboque na verdade fora construído como um reboque "empurrador", como os que são vistos no Rio Mississipi ou nos Grandes Lagos; contudo, ele foi contratado para puxar a plataforma através do Oceano Antártico, um dos mares mais traiçoeiros da Terra.

O *Deliverer* e a *Petrobras XXI* rumaram para o sul, deparando-se com mar bravo após algumas semanas. As condições forçaram a tripulação do rebocador a soltar a plataforma em 30 de abril, e dentro de alguns dias ela estava perdida.

A *Petrobras XXI* foi perdida no mar tempestuoso, caindo no sistema dos ventos de oeste e nas correntes da Corrente de Deriva de Oeste. Em algum momento no fim de maio, após quase um mês à deriva, a plataforma petrolífera encalhou em Tristão, na Baía Trypot, onde foi descoberta por pescadores em 7 de junho (Figura GH 6.2).

Espécies invasoras desembarcam em Tristão Os proprietários da plataforma de perfuração haviam negligenciado sua limpeza na preparação para a rebocagem. (Plataformas limpas movem-se na água com menos fricção, exigem menos combustível e resultam em menores custos de mão de obra.) Por causa dessa omissão, a *Petrobras XXI* carregava cerca de 62 espécies não nativas de fauna marinha, incluindo pargo e caboz, que nadam livremente e que acompanharam a plataforma enquanto ela singrava as correntes.

O que os oceanólogos encontraram ao vistoriar a plataforma encalhada foi uma invasão de espécies sem precedentes em Tristão. Fotos exclusivas tiradas por um dos mergulhadores cientista, entrevistado para este relato, são exibidas no Capítulo 20. Aqui no Capítulo 6, aprendemos sobre a circulação dos ventos e oceanos, as forças que levaram a *Petrobras XXI* até Tristão.

(a) Erupção do Monte Pinatubo, 15 de junho de 1991. As imagens abaixo acompanham o movimento dos aerossóis pelo planeta.

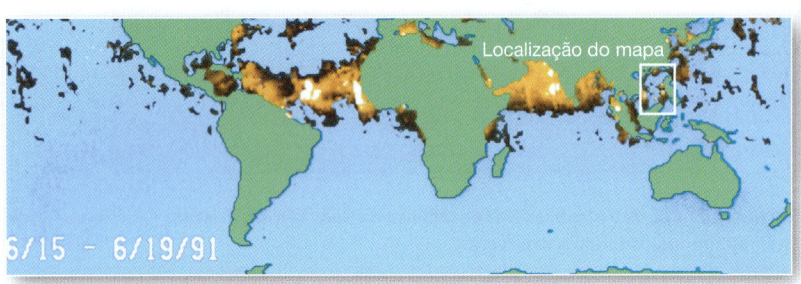

(b) Imagens em falsa cor mostram as concentrações de aerossóis quanto à sua espessura óptica: branco possui a concentração mais alta de aerossóis; amarelo indica valores médios; e marrom, os valores menores. Observe a poeira, a fumaça de queimadas e a névoa seca na atmosfera na época da erupção.

(c) A camada de aerossol dá a volta no planeta inteiro 21 dias após a erupção.

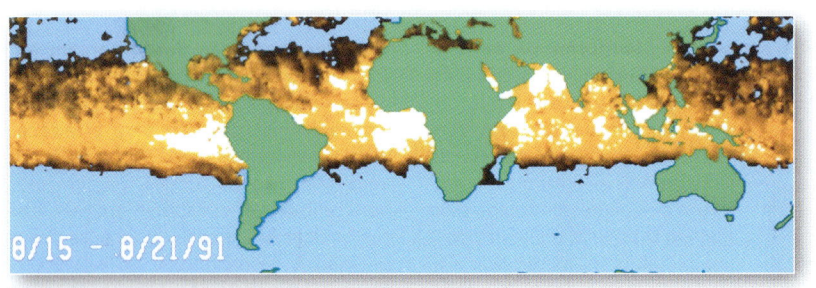

(d) Os efeitos da erupção cobrem 42% do planeta após dois meses.

▲Figura 6.1 **Efeitos atmosféricos da erupção vulcânica do Monte Pinatubo e dos ventos globais.** [(a) USGS. (b–d) Imagens OAT do instrumento radiômetro avançado de resolução ultra-alta (AVHRR) a bordo do *NOAA-11*; NESDIS/NOAA.]

A erupção do Monte Pinatubo, Filipinas, em 1991, após 635 anos em dormência, proporcionou uma oportunidade única de se avaliar a dinâmica da circulação atmosférica pelo monitoramento por satélite e rastreamento dos contaminantes oriundos da explosão vulcânica (Figura 6.1a). O evento do Monte Pinatubo teve um grande impacto na atmosfera, lançando 15–20 milhões de toneladas de cinzas, poeira e dióxido de enxofre (SO_2). À medida que o dióxido de enxofre elevou-se até a estratosfera, ele rapidamente formou aerossóis de ácido sulfúrico (H_2SO_4), que se concentraram a 16–25 km de altitude.

Na Figura 6.1b, identificamos os aerossóis dispersos na atmosfera nos primeiros dias após a erupção, observamos algumas das milhões de toneladas de poeira dos solos africanos que cruzam o Atlântico todo ano, carregados pelos ventos da circulação atmosférica. Também vemos o efeito da fumaça dos incêndios das torres de petróleo do Kuwait durante a I Guerra do Golfo Pérsico, assim como fumaça das queimadas florestais na Sibéria e a névoa seca na Costa Leste dos EUA.

As Figuras 6.1c e d mostram os aerossóis do Monte Pinatubo misturados com a poeira vinda de tempestades de areia, incêndios e névoa seca industrial, que os ventos globais arrastam por toda a Terra. Esses particulados aumentaram o albedo atmosférico em cerca de 1,5%. Aproximadamente 60 dias após a erupção, a nuvem de aerossol cobria aproximadamente 42% do globo, de 20° S até 30° N. Por quase dois anos, ocorreram crepúsculos matutinos e vespertinos mais coloridos e uma pequena queda na temperatura média global.

Os aerossóis movem-se livremente por toda a atmosfera da Terra, não sendo confinados por fronteiras políticas. As inquietações internacionais a respeito da poluição atmosférica transfronteiriça e de testes de armas nucleares ilustram como o movimento fluido da atmosfera liga a humanidade talvez mais do que qualquer outro fator natural ou cultural. A disseminação global de contaminação radiativa de baixo nível a partir do desastre nuclear no Japão associado ao terremoto e tsunami de 2011 é outro exemplo dessa ligação. Mais do que qualquer outro sistema terrestre, a nossa atmosfera é compartilhada por toda a humanidade – a exalação de uma pessoa ou país é a inalação de outra.

Neste capítulo: Iniciamos com a discussão sobre os fundamentos do vento, incluindo a pressão atmosférica e a medição do vento. Examinamos as forças propulsoras que produzem e determinam a velocidade e a direção dos ventos superficiais: gradientes de pressão, a força de Coriolis e a fricção. Então, olhamos para a circulação geral da atmosfera da Terra, incluindo os principais sistemas de pressão, padrões de ventos superficiais, ventos da atmosfera superior, monções e ventos locais. Por fim, consideramos as correntes oceânicas conduzidas pela circulação geral dos ventos e explicamos as oscilações multianuais dos fluxos atmosféricos e oceânicos. A energia que movimenta todo esse sistema vem de uma única fonte: o Sol.

Fundamentos do vento

A circulação em larga escala dos ventos pela Terra fascina viajantes, navegadores e cientistas há séculos, mas foi apenas na era moderna que uma visão clara dos ventos globais começou a surgir. Impulsionada pelo desequilíbrio entre os excedentes energéticos equatoriais e os déficits energéticos polares, a circulação atmosférica da Terra transfere energia e massa em grande escala, determinando o padrão meteorológico e o fluxo das correntes oceânicas. A atmosfera é o meio dominante da redistribuição de energia entre aproximadamente 35° de latitude e a região polar de cada hemisfério, onde as correntes oceânicas redistribuem mais calor de uma zona compreendida entre os paralelos do Equador e 17° de latitude de cada hemisfério. A circulação atmosférica também dispersa poluentes do ar (naturais e humanos) por todo o mundo, para bem longe do seu ponto de origem.

Pressão atmosférica

A pressão atmosférica – o peso da atmosfera expresso como força por unidade de área – é crucial para entender o vento. As moléculas que constituem o ar criam a **pressão atmosférica** por meio do seu movimento, tamanho e número, e essa pressão é exercida sobre toda as superfícies em contato com o ar. Como vimos no Capítulo 3, o número de moléculas e seu movimento são também os fatores que determinam a densidade e a temperatura do ar.

Relações de pressão
Como discutido no Capítulo 3, tanto pressão quanto densidade diminuem com a altitude na atmosfera. A baixa densidade da atmosfera superior significa que as moléculas estão distanciadas, tornando as colisões entre elas menos frequentes e, portanto, reduzindo a pressão (reveja a Figura 3.2). Porém, diferenças na pressão do ar são perceptíveis até mesmo entre o nível do mar e os cumes das mais altas montanhas da Terra.

A experiência subjetiva do "ar rarefeito" em altitude é causada pela menor quantidade de oxigênio disponível para inalar (menos moléculas de ar implica em menos oxigênio). Os alpinistas sentem os efeitos do ar rarefeito sob a forma de dor de cabeça, falta de fôlego e desorientação, pois menos oxigênio chega ao seu cérebro – esses são os sintomas do *mal da montanha agudo*. Perto do cume dos mais altos picos do Himalaia, alguns alpinistas utilizam tanques de oxigênio para debelar esses efeitos, que são piorados quando se ascende rapidamente, sem tempo para o corpo se aclimatar à diminuição de oxigênio.

Recorde do Capítulo 5 que a temperatura é uma medida da energia cinética média do movimento molecular. Quando o ar da atmosfera é aquecido, a atividade molecular aumenta e a temperatura sobe. Com a atividade maior, o espaçamento entre as moléculas diminui, de forma que a densidade é reduzida e a pressão atmosférica decresce. Logo, o ar quente é menos denso (ou mais leve) do que o ar frio, e exerce menos pressão.

O teor de vapor d'água do ar também afeta sua densidade. Ar úmido é mais leve porque o peso molecular da água é menor do que o das moléculas que compõem o ar seco. Se o mesmo número total de moléculas possui uma porcentagem mais alta de vapor d'água, a massa será inferior do que se o ar fosse seco (isto é, se ele fosse composto inteiramente de moléculas de oxigênio e nitrogênio). À medida que o vapor d'água no ar aumenta, a densidade cai, então o ar úmido exerce menos pressão do que o ar seco.

O resultado final sobre a superfície da Terra é que ar quente e úmido está associado a pressão baixa, e ar frio e seco está associado a pressão alta. Essas relações entre pressão, densidade, temperatura e umidade são importantes para a discussão à frente.

Mensuração da pressão atmosférica
Em 1643, o trabalho de Evangelista Torricelli, um pupilo de Galileu, sobre um problema de drenagem de minas levou ao primeiro método de medição da pressão atmosférica (Figura 6.2a). Torricelli sabia que as bombas dentro da mina eram capazes de "puxar" água para cima até aproximadamente 10 m, mas não mais, e que esse nível flutuava a cada dia. Observação cuidadosa revelou que a limitação não era culpa das bombas, mas uma propriedade da atmosfera em si. Ele descobriu que a pressão atmosférica, o peso do ar, variava com as condições meteorológicas, e que esse peso determinava a altura da água no cano.

Para simular o problema na mina, Torricelli desenvolveu um instrumento que utilizava um fluido muito mais denso do que a água – o mercúrio (Hg) – e um tubo de vidro com 1 m de altura. Ele selou uma extremidade do tubo de vidro, encheu-o de mercúrio e o inverteu em cima de uma

---

GEOrelatório 6.1 Soprando com o vento

A poeira originada na África por vezes aumenta o conteúdo de ferro nas águas na costa da Flórida, EUA, promovendo o aumento no número de algas tóxicas (*Karenia brevis*) conhecida como "maré vermelha". Na Amazônia, amostras do solo trazem a pegada de poeira desses antigos solos africanos que atravessaram o Atlântico. A pesquisa ativa sobre essa poeira faz parte do Sistema de Análise e Previsão de Aerossóis da Marinha dos EUA; acesse links e as últimas pesquisas navais em http://www.nrlmry.navy.mil/7544.html.

Figura 6.2 Desenvolvimento do barômetro. Você já usou um barômetro? Se sim, de que tipo? Você já tentou recalibrá-lo empregando uma fonte local de informação meteorológica? [(c) Stuart Aylmer/Alamy]

(a) Ao tentar resolver um problema de drenagem de água em minas subterrâneas, Torricelli desenvolveu o barômetro para medir a pressão atmosférica.

(b) Modelo idealizado de um barômetro de mercúrio

(c) Um barômetro aneroide

utilizado em aeronaves é um tipo de barômetro aneroide.

Hoje, a pressão atmosférica é medida em estações meteorológicas por sensores eletrônicos que proveem medição contínua ao longo do tempo usando milibars (mb, que expressa força por metro quadrado sobre uma área) ou hectopascals (1 milibar = 1 hectopascal). Para comparar as condições de pressão de um local ao outro, as medições de pressão são ajustadas em relação a um padrão de pressão normal ao nível do mar, que é 1013,2 mb ou 29,92 polegadas de mercúrio (Hg). No Brasil e em outros países, a pressão atmosférica normal é expressa como 1013,2 hPa (hectopascal; 1 hPa = 1 mb). A pressão ajustada é conhecida como *pressão barométrica*.

A Figura 6.3 apresenta escalas comparativas de pressão atmosférica em milibares e polegadas de mercúrio. Observe que a amplitude normal da pressão atmosférica da Terra, de uma forte alta pressão até uma profunda baixa pressão, fica entre 1050 e

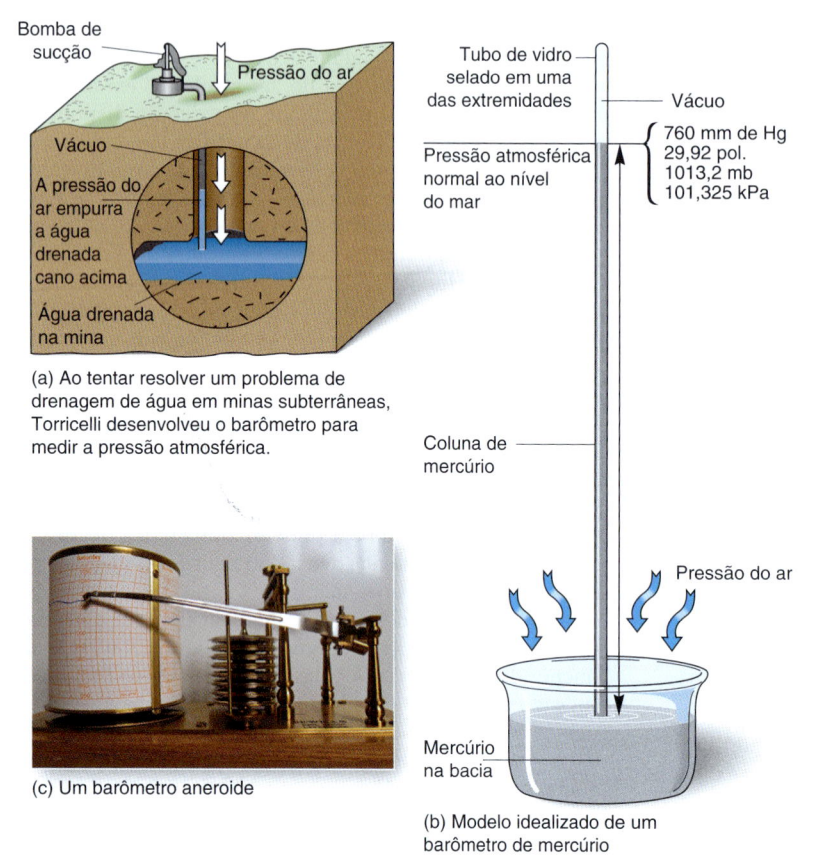

bacia contendo mercúrio, ponto onde formou-se um pequeno espaço contendo vácuo na ponta fechada do tubo (Figura 6.2b). Torricelli viu que a altura média da coluna de mercúrio restante no tubo era de 760 mm, dependendo do tempo meteorológico. Ele concluiu que a massa de ar circundante estava exercendo uma pressão sobre o mercúrio na bacia, assim contrabalançando o peso da coluna de mercúrio no tubo.

Qualquer instrumento que meça a pressão do ar é um barômetro (do grego *baros,* que significa "peso"). Torricelli desenvolveu o **barômetro de mercúrio**. Um modelo mais compacto de barômetro, que opera sem um tubo de mercúrio de 1 m, é o **barômetro aneroide**. A palavra aneroide significa "sem a utilização de líquido". O princípio do **barômetro aneroide** é simples: imagine uma pequena câmara, parcialmente esvaziada de ar, que é selada e conectada a um mecanismo que tem uma agulha fixa a um disco. Quando a pressão do ar fora da câmara aumenta, ela pressiona a câmara para dentro; quando a pressão do ar fora diminui, ela alivia a pressão sobre a câmara – em ambos os casos, provocando mudanças na câmara que move a agulha. O altímetro

980 mb (31 a 29 pol.) aproximadamente. A figura também indica os extremos de pressão registrados nos Estados Unidos e no mundo.

Vento: descrição e medição

Vento, genericamente definido, é o movimento horizontal do ar sobre a superfície do Planeta. Dentro da camada-limite na superfície, a turbulência acrescenta correntes ascendentes e descendentes (e, portanto, um componente vertical) a essa definição. As diferenças de pressão do ar entre um local e outro produzem o vento.

As duas principais propriedades do vento são a velocidade e a direção, e existem instrumentos que medem cada uma delas. Um **anemômetro** mede a velocidade do vento em quilômetros por hora (km/h), milhas por hora (mph), metros por segundo (m/s) ou nós. (Um nó é uma milha náutica por hora, percorrendo 1 minuto do arco da Terra em uma hora, equivalente a 1,85 km/h.) A **aleta** determina a direção do vento; a medida padrão da velocida-

GEOrelatório 6.2 Mudanças de pressão em uma cabine de avião

Quando o avião desce até a pista de aterrissagem e a pressão do ar na cabine volta ao normal, os passageiros normalmente sentem um "estalo" nos ouvidos. Esses mesmo efeito pode acontecer no elevador, ou mesmo quando se desce uma estrada íngreme na serra. O "estalo" geralmente se segue a uma sensação de tampamento produzida quando uma mudança na pressão do ar afeta o equilíbrio de pressão do ouvido médio e externo, distorcendo o tímpano e abafando o som. Ações como bocejar, engolir ou mascar chiclete, que abrem a tuba auditiva que conecta o ouvido médio com a parte superior da garganta, podem equalizar a pressão no ouvido médio e "empurrar" o tímpano de volta à sua forma normal. (Acesse http://www.mayoclinic.com/health/airplane-ear/DS00472 para ver mais.)

Figura 6.3 — Registros da pressão atmosférica e conversões

Recorde de baixa pressão no Canadá:
940,2 mb (94,02 kPa)
Saint Anthony,
Newfoundland
(51° N 56° W)
Janeiro de 1977

Recorde de baixa pressão nos EUA:
882 mb (26,02 pol.)
Furacão Wilma
(Atlântico/Caribe)
Outubro de 2005

Recorde de baixa pressão na Terra:
870 mb (25,69 pol.)
Tufão Tip
(Pacífico Oeste)
Outubro de 1979

Forte sistema de baixa pressão

Pressão atmosférica normal ao nível do mar
1013,2 mb (29,92 pol.)

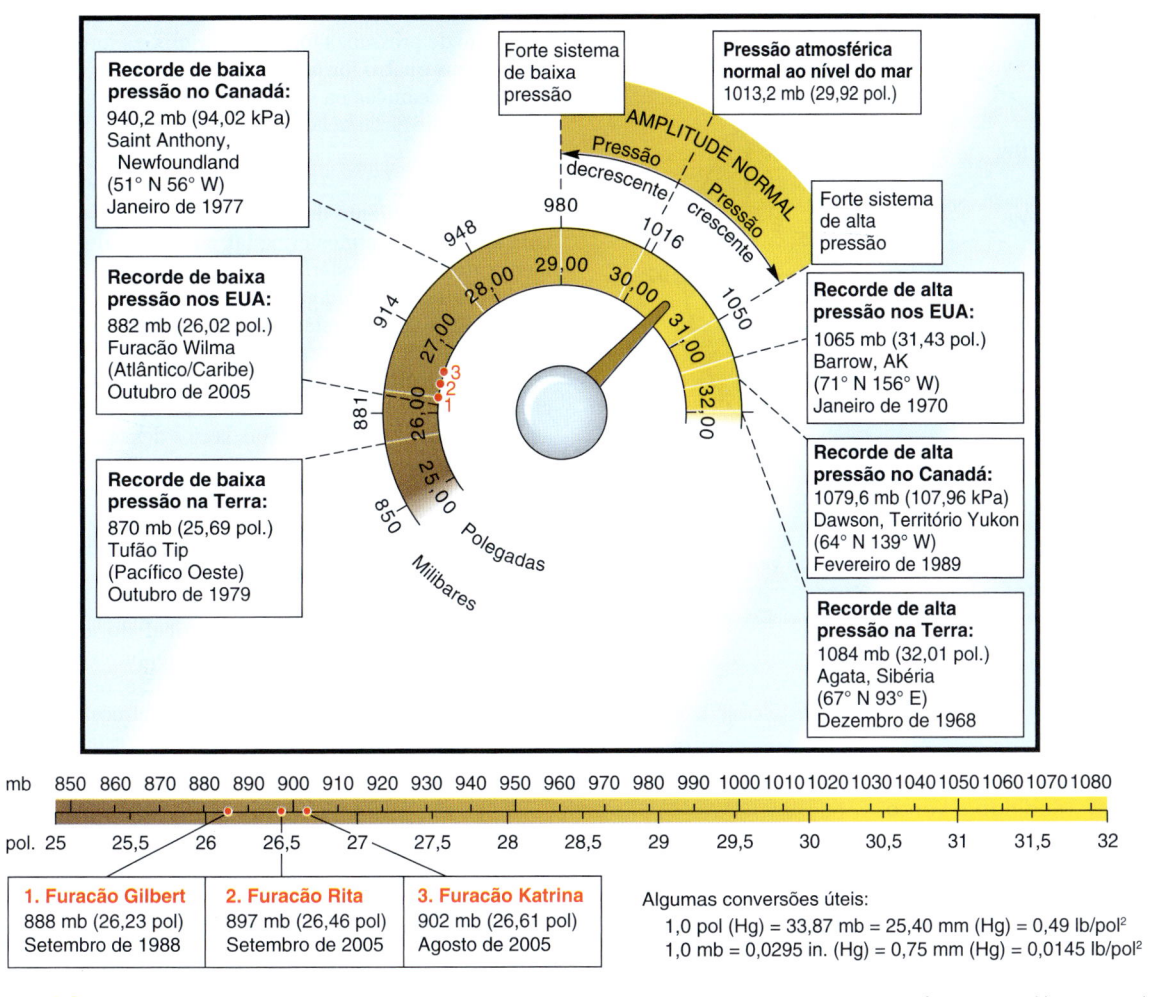

Forte sistema de alta pressão

Recorde de alta pressão nos EUA:
1065 mb (31,43 pol.)
Barrow, AK
(71° N 156° W)
Janeiro de 1970

Recorde de alta pressão no Canadá:
1079,6 mb (107,96 kPa)
Dawson, Território Yukon
(64° N 139° W)
Fevereiro de 1989

Recorde de alta pressão na Terra:
1084 mb (32,01 pol.)
Agata, Sibéria
(67° N 93° E)
Dezembro de 1968

1. Furacão Gilbert	**2. Furacão Rita**	**3. Furacão Katrina**
888 mb (26,23 pol)	897 mb (26,46 pol)	902 mb (26,61 pol)
Setembro de 1988	Setembro de 2005	Agosto de 2005

Algumas conversões úteis:
1,0 pol (Hg) = 33,87 mb = 25,40 mm (Hg) = 0,49 lb/pol^2
1,0 mb = 0,0295 in. (Hg) = 0,75 mm (Hg) = 0,0145 lb/pol^2

▲**Figura 6.3 Registros da pressão atmosférica e conversões.** O barômetro expressa a pressão atmosférica em milibares e polegadas de mercúrio (Hg), com alguns valores médios e extremos observados. Observe as posições dos furacões Gilbert, Rita e Katrina no mostrador de pressão (números 1-3).

---

de e direção do vento é tomada a 10 m acima do solo para reduzir os efeitos do relevo local sobre a velocidade e a direção do vento (Figura 6.4).

Os ventos recebem o nome da direção de onde se originam. Por exemplo, o vento oeste (W) é denominado vento de oeste (sopra para o leste); um vento vindo do sul é um vento de sul (sopra para o norte). A Figura 6.5 ilustra uma rosa dos ventos, que descreve as 16 principais direções do vento empregadas pelos meteorologistas.

A tradicional escala de ventos de Beaufort (que leva o nome do Almirante Beaufort da Marinha britânica, que introduziu a escala em 1806) é uma escala descritiva útil para estimar visualmente a velocidade do vento. As cartas oceânicas ainda fazem referência à escala (acesse http://www.srh.noaa.gov/jetstream/ocean/beaufort_max.htm), permitindo a estimativa da velocidade do vento sem instrumentos, muito embora a maioria dos navios hoje use sofisticados equipamentos para fazer essas medições.

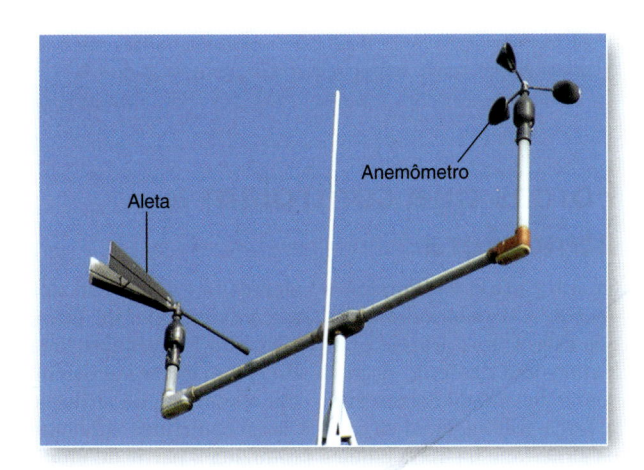

▲**Figura 6.4 Aleta e anemômetro.** Instrumentos utilizados para medir a direção e a velocidade do vento em uma estação meteorológica. [NOAA Photo Library.]

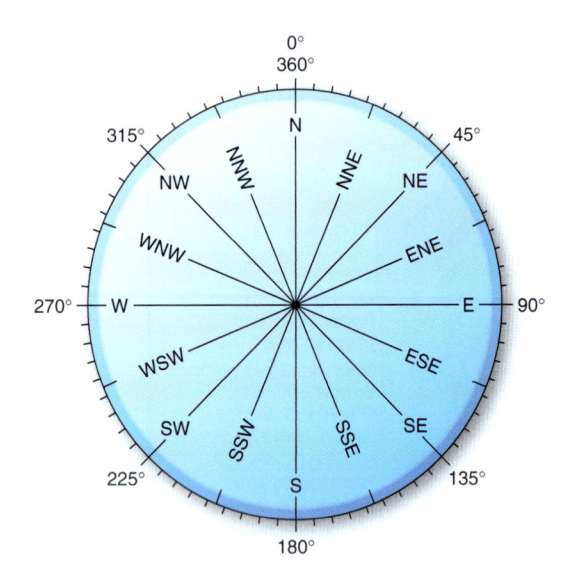

▲Figura 6.5 **As 16 principais direções do vento identificadas na rosa dos ventos.** Os ventos recebem o nome da direção de onde se originam. Por exemplo, o vento vindo do oeste (W) é denominado vento de oeste.

PENSAMENTO Crítico 6.1
Medindo o vento

Estime a velocidade e a direção do vento ao andar pelo campus em um dia ventoso (você pode acessar a URL citada anteriormente). Anote as suas estimativas ao menos duas vezes por dia – mais frequentemente ainda, caso perceba mudança nos padrões dos ventos. Para detectar a direção do vendo, erga o dedo indicador umedecido, para perceber qual é o lado do seu dedo que está recebendo a sensação refrescante da evaporação, indicando a direção do vento. Entre na Internet para encontrar uma estação meteorológica no seu campus ou em uma localidade próxima e compare as suas medições com os dados reais. Que mudanças na velocidade e direção do vento foram observadas após vários dias? Como essas mudanças estão relacionadas com o tempo meteorológico percebido? •

Forças que controlam a atmosfera

Quatro forças determinam a velocidade e a direção dos ventos. A primeira delas é a *força gravitacional* da Terra, que exerce uma pressão praticamente uniforme sobre toda a atmosfera da Terra. A gravidade comprime a atmosfera, com a densidade decrescendo com o aumento da altitude. A força gravitacional se opõe à força centrífuga existente na superfície da Terra e que é produzida a partir do movimento de rotação. (Força centrífuga é a força aparente que puxa um corpo em rotação para longe do centro de rotação; é igual e oposta à força centrípeta, a força que "busca o centro".) Sem a força da gravidade não haveria pressão atmosférica – nem atmosfera, aliás.

As outras forças que afetam os ventos são a força do gradiente de pressão, a força de Coriolis e a força da fricção. Todas essas quatro forças atuam no ar em movimento e nas correntes oceânicas na superfície do planeta e influenciam os padrões de circulação dos ventos globais.

Força do gradiente de pressão

A **força do gradiente de pressão** movimenta o ar de áreas com alta pressão atmosférica (ar mais denso) para áreas de menor pressão atmosférica (ar menos denso), portanto, gerando ventos. Um *gradiente* é a taxa de mudança de alguma propriedade com a distância. Sem a força do gradiente de pressão, não existiriam os ventos.

Áreas de alta e baixa pressão existem na atmosfera principalmente porque a superfície da Terra é desigualmente aquecida. Por exemplo, o ar frio, seco e denso nas regiões polares exerce maior pressão do que o ar quente, úmido e menos denso ao longo da região equatorial. Em uma escala regional, áreas de pressão alta e baixa estão associadas a massas específicas de ar com características variadas. Quando essas massas de ar estão perto uma das outras, desenvolve-se um gradiente de pressão que leva a movimento horizontal de ar.

Além disso, o movimento vertical do ar pode criar gradiente de pressão. Isso acontece quando o ar desce da atmosfera superior e diverge na superfície, ou quando o ar converge na superfície e ascende para a atmosfera superior. Ar fortemente descendente e divergente está associado a pressão alta, e ar fortemente convergente e ascendente está associado a pressão baixa. Essas diferenças de pressão horizontal e vertical estabelecem uma força de gradiente de pressão que é um fator causal dos ventos.

Uma **isóbara** é uma isolinha (uma linha definida por pontos de valor constante) desenhada sobre um mapa meteorológico, conectando pontos de igual pressão. O padrão das isóbaras fornece o retrato do gradiente de pressão entre uma área de alta pressão e outra de baixa pressão. O espaçamento entre duas isóbaras indica a intensidade de diferença de pressão, ou o gradiente de pressão.

Assim como linhas de contorno mais próximas sobre um mapa topográfico indicam um terreno mais íngreme, e isotermas mais próximas em um mapa de temperatura indicam gradientes de temperaturas mais intensos, isóbaras mais próximas denotam a intensidade do gradiente de pressão. Na Figura 6.6a, observe o espaçamento entre as isóbaras. Um gradiente íngreme causa movimentos do ar mais rápidos de áreas de alta pressão para áreas de baixa pressão. Isóbaras com espaçamentos mais amplos marcam um gradiente de pressão mais gradual, caracterizando um fluxo de ar mais lento. Ao longo de uma superfície horizontal, uma força de gradiente de pressão que está agindo sozinha (sem estar combinada com outras forças) produz movimento em ângulos retos com as isóbaras, de forma que o vento sopra através das isóbaras da alta pressão para a baixa. Observe a localização do gradiente de pressão acentuado ("ventos fortes") e o gradiente de pressão gradual ("ventos fracos") e suas relações com a intensidade do vento no mapa meteorológico da Figura 6.6b.

Força de Coriolis

A **força de Coriolis** é uma força de deflexão que faz com que o vento que se desloca em linha reta seja aparentemente defletido em relação à rotação da superfície da Terra. Essa força é um efeito da rotação da Terra. Em uma Terra sem

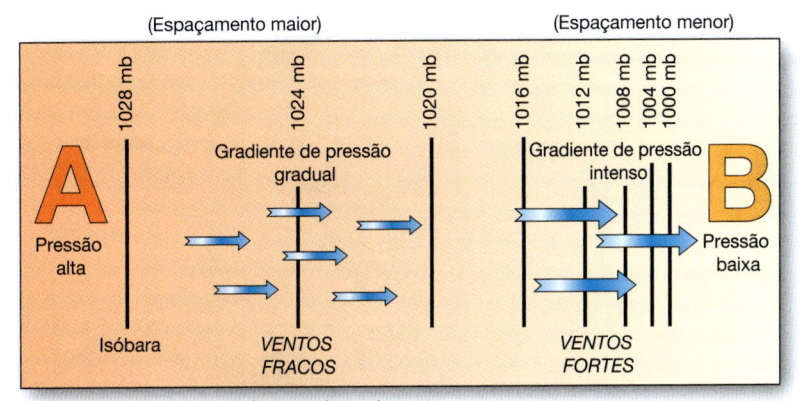

(a) Gradiente de pressão, isóbaras e força do vento.

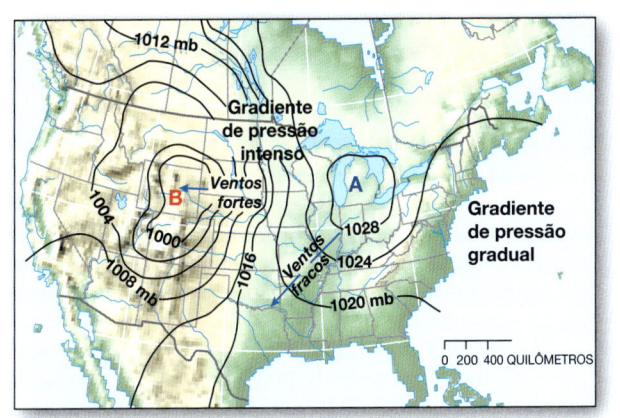

(b) Gradiente de pressão e força do vento representados em um mapa meteorológico.

▲**Figura 6.6** O efeito do gradiente de pressão determina a velocidade do vento.

pectiva de um avião que passa sobre a superfície do planeta, temos a sensação de que a Terra está rodando lentamente abaixo. Contudo, se estivermos na superfície do planeta observando o avião, a superfície parece estacionária e o avião dá a impressão de percorrer uma trajetória curva. Na verdade, o avião não desvia de um percurso reto, embora aparente descrever um movimento curvo porque estamos de pé sobre a superfície da Terra que está rodando, abaixo do avião. Por causa dessa deflexão aparente, o avião deve executar correções constantes na sua rota de voo para manter o seu rumo ("reto") com referência à Terra em rotação (Figuras 6.7a e b).

Um piloto deixa o Polo Norte e voa para o sul em direção a Quito, Equador. Se a Terra não estivesse rodando, a aeronave simplesmente viajaria ao longo de um meridiano e chegaria a Quito, mas a Terra está girando de oeste para leste abaixo da linha de voo da aeronave. À medida que o avião viaja rumo ao equador, a velocidade da rotação da Terra aumenta de cerca de 838 km/h em 60° N para cerca de 1675 km/h em 0°. Se o piloto não corrigir a sua rota por causa do aumento da velocidade de rotação, a aeronave alcançará a linha do equador sobre o oceano em uma rota aparentemente curva, muito a oeste do destino desejado (Figura 6.7a). No voo de volta rumo ao norte, se o piloto não fizer correções, o avião acabará a leste do polo, em uma deflexão para a direita.

Esse efeito também se verifica se o avião estiver viajando em direção leste-oeste. Em um voo para o leste da Califórnia para Nova York, na mesma direção da rotação da Terra, a força centrífuga que puxa o avião para fora no voo (velocidade da rotação da Terra + velocidade do avião) torna-se tão grande que não pode ser contrabalanceada pela força gravitacional que puxa em direção ao eixo da Terra. Portanto, o avião é submetido a um movimento total para longe do eixo da Terra, observado como uma deflexão para a direita rumo ao equador. A não ser que o piloto corrija seu voo considerando essa força deflexiva, o voo acabará em algum lugar na Carolina do Norte, EUA (Figura 6.7b). Em contraste, voar para o oeste em um voo oposto à direção da rotação da Terra diminui a força centrífuga (velocidade da rotação da Terra – velocidade do avião), de forma que ela é inferior à força gravitacional. Nesse caso, o avião é submetido a um movimento total em direção ao eixo da Terra, observado no Hemisfério Norte como uma deflexão para a direita rumo ao polo.

Distribuição e significado A Figura 6.7c sintetiza a distribuição dos efeitos da força de Coriolis na Terra. Observe que a deflexão é para a direita no Hemisfério Norte e para a esquerda no Hemisfério Sul.

Vários fatores contribuem para a força de Coriolis na Terra. Primeiro, a força dessa deflexão varia com a velocidade da rotação da Terra, que varia com a latitude (revise a Tabela 2.1). Lembre-se de que a velocidade de rotação é de 0 km/h nos polos, onde a superfície da Terra está próxima ao seu eixo, e de 1675 km/h no equador, onde a superfície da Terra está longe do seu eixo. Assim, a deflexão é zero ao longo do Equador, aumenta para a metade da deflexão máxima em 30° de latitudes N e S, e alcança a deflexão máxima na direção dos polos. Segundo, a deflexão ocorre a despeito

rotação, os ventos na superfície se moveriam em linha reta de áreas de alta pressão para áreas de baixa pressão. No entanto, como nosso planeta gira, a força de Coriolis deflete qualquer coisa que voe ou flutue na superfície da Terra em linha reta – vento, um avião ou correntes oceânicas. Como a Terra gira na direção leste, esses objetos parecem se curvar para a direita no Hemisfério Norte e para a esquerda no Hemisfério Sul. Como a velocidade da rotação da Terra varia com a latitude, a força dessa deflexão varia, sendo mais fraca no equador e mais forte nos polos.

Observe que chamamos a Coriolis de *força*. Este título é apropriado porque, como o físico Sir Isaac Newton (1643–1727) declarou, quando algo está acelerando ao longo de uma distância, uma força está atuando (massa vezes aceleração). Essa força aparente (na mecânica clássica, uma força inercial) exerce um efeito sobre os objetos em movimento. O nome dessa força foi dado em homenagem a Gaspard Coriolis (1792–1843), matemático francês, pesquisador de mecânica aplicada, que foi o primeiro a descrever essa força, em 1831. Para uma compreensão mais profunda da física desse fenômeno, acesse http://www.real-world-physics-problems.com/coriolis-force.html.

Exemplo da força de Coriolis Um exemplo simples com um avião ajuda a explicar essa força sutil, porém significativa, que afeta os objetos em movimento na Terra. Da pers-

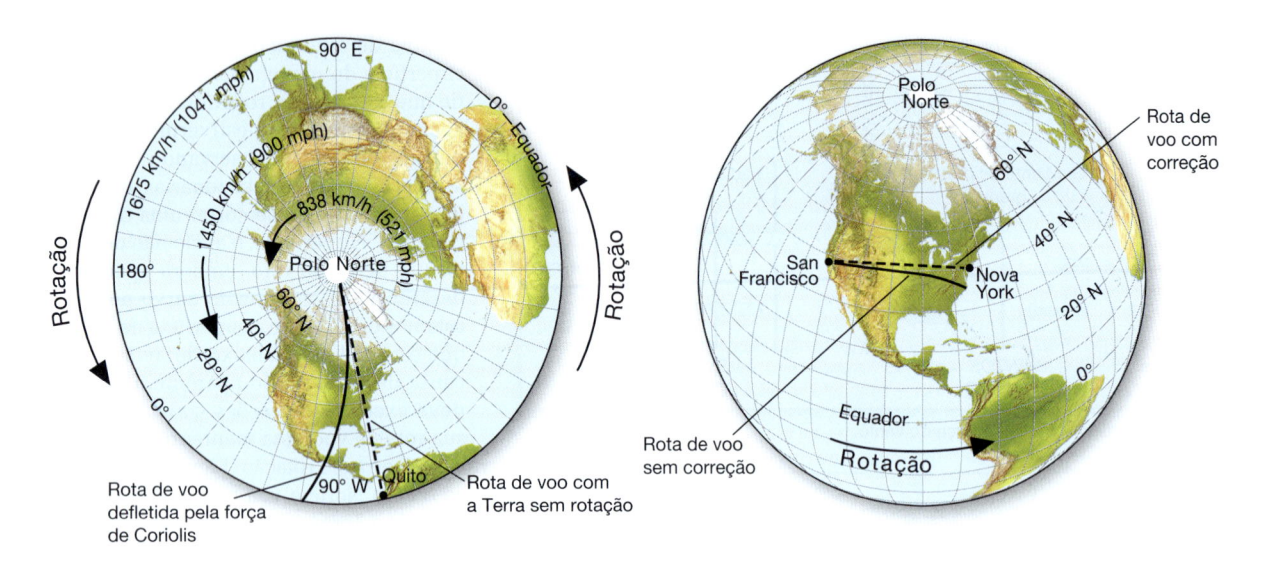

(a) Deflexão de uma trajetória norte-sul. Observe a latitude de Quito, Equador, no equador.

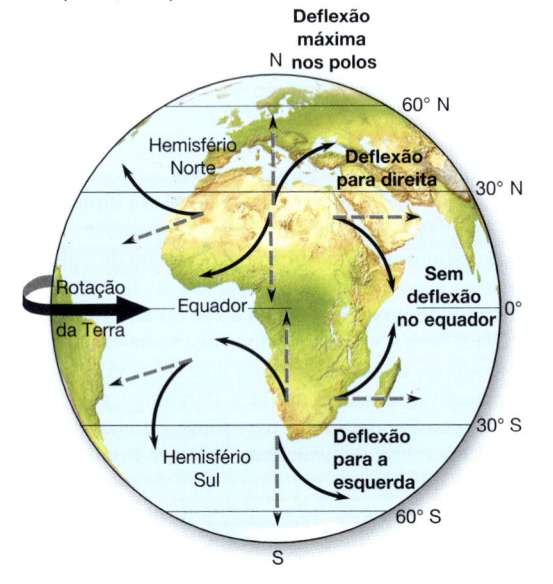

(b) Deflexão em uma trajetória leste-oeste.

(c) A distribuição da força de Coriolis sobre a Terra. A deflexão é para a esquerda no Hemisfério Sul e para a direita no Hemisfério Norte; as linhas tracejadas mostram a rota pretendida, e linhas inteiras mostram o movimento real.

▲Figura 6.7 A força de Coriolis – uma deflexão aparente.

da direção em que o objeto se move, como ilustrado na Figura 6.7, e não muda a velocidade do objeto em movimento. Terceiro, a deflexão aumenta com a velocidade do objeto em movimento; logo, quanto mais rápida a velocidade do vento, maior sua deflexão aparente. Embora a força de Coriolis afete em alguma medida todos os objetos em movimento na Terra, seus efeitos são desprezíveis em movimentos de pequena escala que cobrem distâncias e tempos insignificantes, como um *frisbee* ou uma flecha.

Como a força de Coriolis afeta o vento? Conforme eleva-se da superfície passando pelos níveis mais baixos da atmosfera, o ar deixa para trás um arrasto de fricção na superfície, aumentando a velocidade (a força de fricção é discutida logo adiante). Isso intensifica a força de Coriolis, fazendo com que os ventos girem para a direita no Hemisfério Norte e para a esquerda no Hemisfério Sul, produzindo, de maneira geral, ventos de oeste nas camadas superiores das regiões subtropicais para os polos. Na troposfera superior, a força de Coriolis apenas equilibra com a força do gradiente de pressão. Consequentemente, os ventos entre as áreas de alta e baixa pressão, na troposfera superior, fluem paralelos às isóbaras, seguindo as linhas de igual pressão.

Força de fricção

Na camada-limite, **a força de fricção** arrasta o vento enquanto ele se movimenta sobre a superfície da Terra, mas decresce com a altura acima da superfície. Sem a fricção, os ventos superficiais simplesmente moveriam-se em linhas paralelas às isóbaras e a grandes velocidades. O efeito da fricção superficial estende-se até uma altura de cerca de 500 m; portanto, os ventos do ar superior não são afetados pela força de fricção. Na superfície, o efeito da fricção varia com textura da superfície, velocidade do vento, momento do dia e ano e condições atmosféricas. De maneira geral, as superfícies mais rugosas produzem maior fricção.

GEOrelatório 6.3 Coriolis: não é uma força em pias e sanitários

Uma concepção errônea comum sobre a força de Coriolis é que essa força produz um efeito sobre a água que desce no ralo da pia, na banheira ou no vaso sanitário. A força de Coriolis somente tem efeito perceptível na água ou no ar em movimento após percorrer certa distância e tempo. Um exemplo deste fato é a correção do percurso de projéteis de artilharia de longa distância e dos mísseis teleguiados, que exibem uma pequena deflexão devido à atuação dessa força. Contudo, os movimentos da água que desce pelo ralo, na sua extensão espacial, são perceptivelmente muito pequenos para serem afetados por essa força.

Capítulo 6 • As circulações atmosférica e oceânica **141**

Resumo das forças físicas sobre os ventos

Os ventos são um resultado da combinação dessas forças físicas (Figura 6.8). Quando o gradiente de pressão atua sozinho (exibido na Figura 6.8a), os ventos sopram das áreas de pressão alta para as áreas de pressão baixa. Observe o ar descendente e divergente associado à alta pressão e o ar ascendente e convergente associado à baixa pressão na visão lateral.

A Figura 6.8b ilustra o efeito combinado da força do gradiente de pressão e da força de Coriolis sobre as correntes de ar na atmosfera superior, acima de cerca de 1000 m. Juntas, elas produzem ventos que não fluem diretamente

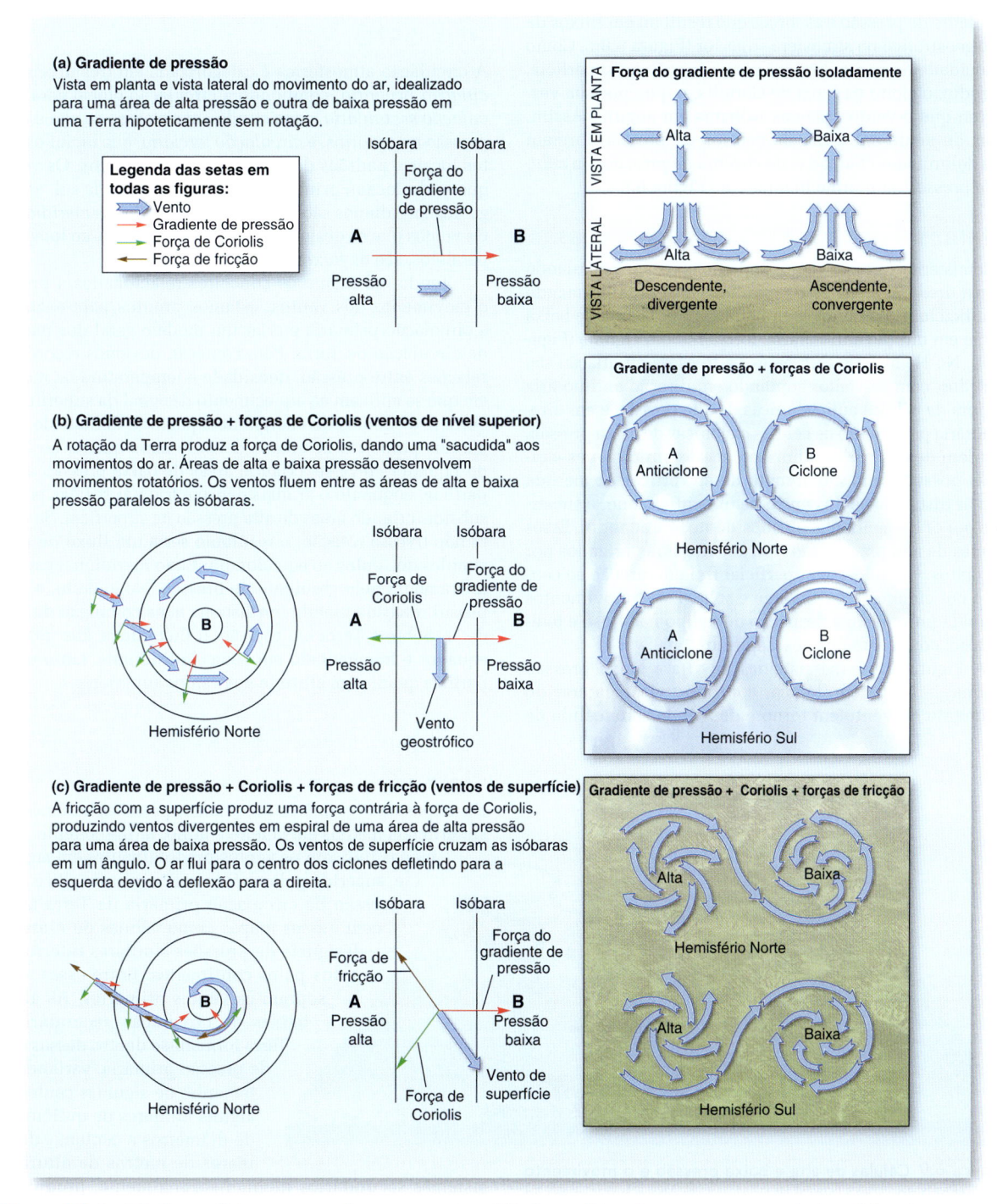

▲**Figura 6.8 As três forças físicas que produzem os ventos.** Três forças físicas interagem para produzir padrões de vento na superfície e na atmosfera superior: (a) a força do gradiente de pressão; (b) a força de Coriolis, que contrabalança a força do gradiente de pressão, gerando um fluxo de vento geostrófico na troposfera superior; e (c) a força da fricção, que, combinada com as outras duas forças, produz ventos de superfície característicos.

da alta para a baixa pressão, mas que circulam ao redor das áreas de pressão, permanecendo paralelos às isóbaras. Esses ventos são os **ventos geostróficos**, sendo característicos da circulação troposférica superior. (O sufixo *-strófico* significa "girar".) Ventos geostróficos produzem padrões característicos, apresentados no mapa meteorológico da atmosfera superior na Figura 6.12.

Perto da superfície, a fricção impede o equilíbrio entre o gradiente de pressão e as forças que resultam em fluxos de vento geostrófico na atmosfera superior (Figura 6.8c). Como a velocidade do vento diminui com a fricção na superfície, esta reduz o efeito da força de Coriolis, o que, por sua vez, faz com que o vento cruze as isóbaras em ângulo. Assim, fluxos de vento em torno de centros de pressão formam áreas delimitadas chamadas de *sistema de pressão*, ou *células de pressão*, conforme ilustrado na Figura 6.8c.

Sistemas de alta pressão e baixa pressão

No Hemisfério Norte, os ventos superficiais saem espiralando de uma *área de alta pressão* em direção horária, formando um **anticiclone,** e entram espiralando em uma área de baixa pressão em direção anti-horária, formando um **ciclone** (Figura 6.8). No Hemisfério Sul, esses padrões de circulação são invertidos, com os ventos soprando em direção anti-horária para fora de células anticiclônicas de alta pressão e em direção horária para dentro de células ciclônicas de baixa pressão.

Além desses padrões horizontais, os anticiclones e ciclones possuem um movimento de ar vertical. À medida que o ar distancia-se do centro de um anticiclone, é substituído por ar descendente, ou subsidente (afundando). Esses sistemas de alta pressão são tipicamente caracterizados por céus claros. Quando o ar superficial flui em direção ao centro de um ciclone, ele converge e sobe. Esses movimentos de subida promovem a formação de tempo nebuloso e tempestuoso, como veremos nos Capítulos 7 e 8.

A Figura 6.9 exibe sistemas de alta e baixa pressão em uma carta meteorológica, com uma visão lateral do movimento do vento em torno e dentro de cada célula de pressão. Como você deve ter percebido em cartas meteorológicas, os sistemas de pressão variam em tamanho e forma. Frequentemente, essas células possuem formas alongadas, sendo chamadas de "cavados" de baixa pressão ou "cristas" de alta pressão (ilustrados na Figura 6.12).

Padrões da circulação atmosférica

A circulação atmosférica é categorizada em três níveis: *circulação primária,* compondo a circulação global geral; *circulação secundária,* consistindo em sistemas de alta e baixa pressão migratórios; e *circulação terciária,* que inclui os ventos locais e padrões dos eventos meteorológicos. Os ventos que se deslocam, principalmente de norte ou de sul, ao longo dos meridianos são conhecidos como *fluxos meridionais.* Os ventos que se deslocam de oeste ou de leste, ao longo dos paralelos, são os *fluxos zonais.*

Tendo em mente os conceitos relacionados a pressão e movimento dos ventos, estamos prontos para examinar a circulação primária e criar um modelo geral dos padrões de circulação da Terra. Para começar, devemos recordar as relações entre pressão, densidade e temperatura na medida em que se aplicam ao aquecimento desigual da superfície da Terra (excedentes de energia no equador e déficits de energia nos polos). O ar menos denso e mais quente ao longo do Equador eleva-se, criando áreas de baixa pressão na superfície, enquanto o ar mais denso e frio nas regiões polares subside, criando áreas de alta pressão na superfície. Se a Terra não tivesse rotação, o resultado seria um fluxo de vento simples dos polos ao equador, um fluxo meridional causado unicamente pelo gradiente de pressão. No entanto, a Terra possui rotação, criando um sistema mais complexo de fluxo de ar. Sobre a Terra em rotação, o fluxo de ar dos polos ao equador é fragmentado em zonas latitudinais, tanto na superfície quanto em altitude nos ventos superiores.

Principais áreas de pressão e ventos associados

Os mapas na Figura 6.10 mostram as pressões barométricas superficiais médias em janeiro e julho. Indiretamente, esses mapas indicam os ventos predominantes em superfície, sugerido pelas isóbaras. As áreas de alta e baixa pressão da circulação primária da Terra aparecem nesses mapas como células ou cinturões desiguais de pressões similares interrompidos pelos continentes. Entre essas áreas, sopram os ventos primários. As altas e baixas da circulação secundária da Terra formam-se dentro dessas áreas de pressão primária, variando em tamanho de algumas centenas a alguns milhares de quilômetros de diâmetros e centenas de milhares de metros de altura. Os sistemas secundários migram sazonalmente, produzindo alterações nos padrões meteorológicos sobre as regiões pelas quais passam.

Quatro amplas áreas de pressão primária cobrem o Hemisfério Norte, e um conjunto similar existe sobre o Hemis-

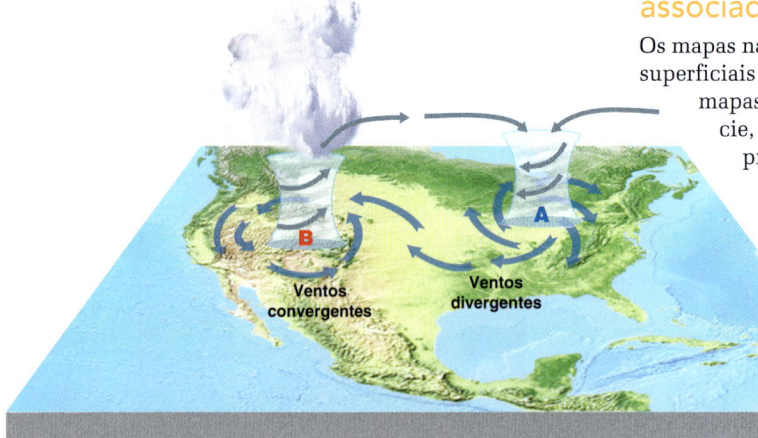

▲**Figura 6.9 Células de alta e baixa pressão e o movimento do ar associado.** Vista lateral das células de alta e baixa pressão sobre os Estados Unidos. Observe os ventos superficiais saindo em espiral no sentido horário da área de alta pressão em direção à pressão baixa, onde os ventos entram na baixa em espiral no sentido anti-horário.

fério Sul. Em cada hemisfério, duas das áreas de pressão são estimuladas por fatores *térmicos* (de temperatura). São a **baixa equatorial** (marcada pela linha ZCIT nos mapas) e as fracas **altas polares** nos Polos Norte e Sul (não exibidas, pois os mapas são cortados em 80° N e 80° S). Recorde, da nossa discussão sobre pressão, densidade e temperatura, mais no

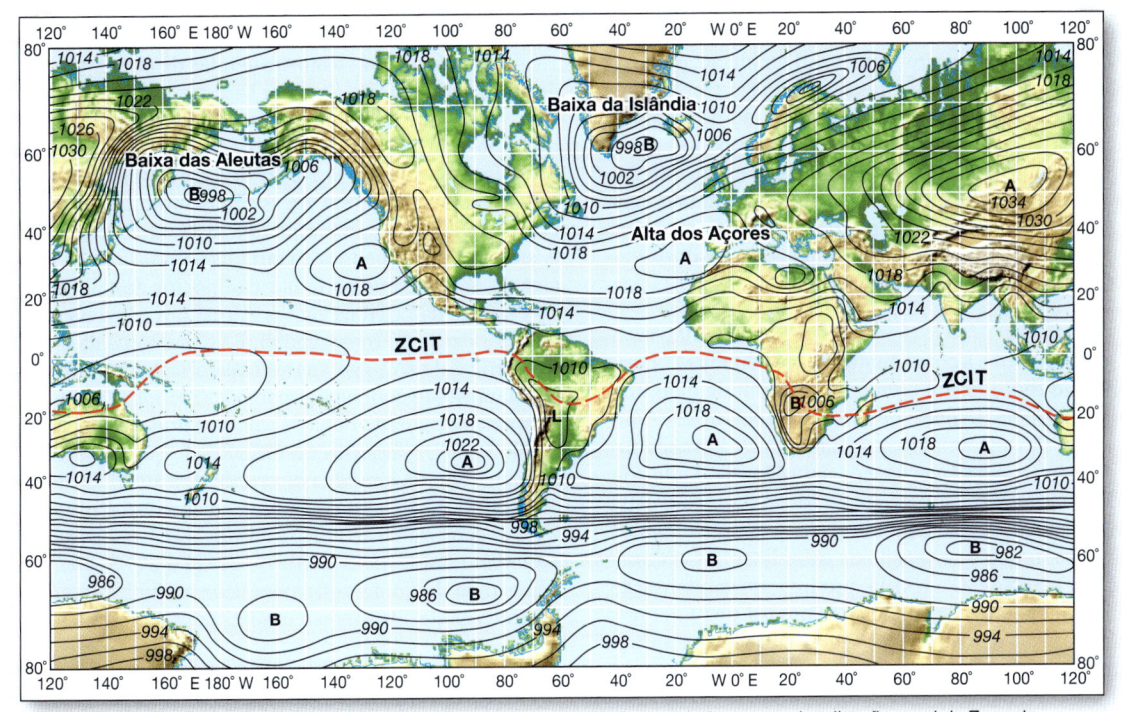

(a) Pressões barométricas superficiais médias em janeiro (milibares); a linha tracejada marca a localização geral da Zona de Convergência Intertropical (ZCIT).

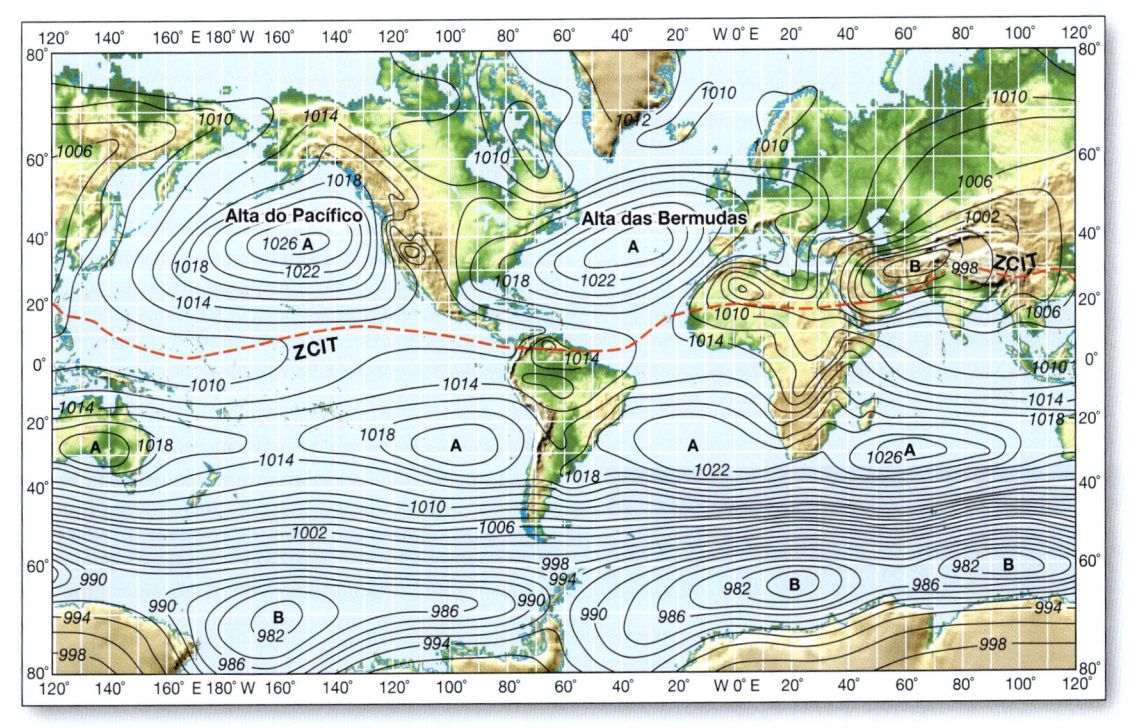

(b) Pressões barométricas superficiais médias em julho. Compare as pressões no Pacífico Norte, Atlântico Norte e na massa de terra asiática central com o mapa de janeiro acima.

▲**Figura 6.10 Pressão atmosférica global para os meses de janeiro e julho.** [Adaptado pelo autor, redesenhado baseado no Centro Nacional de Dados Climáticos, Dados Climáticos Mensais para o Mundo, 46 (janeiro e julho de 1993), WMO e NOAA.]

início do capítulo, que o ar mais quente é menos denso e exerce menos pressão. O ar morno e frio da região equatorial está associado à pressão baixa; o ar frio e denso das regiões polares está associado à pressão alta. As outras duas áreas de pressão – as **altas subtropicais** (marcadas no mapa com um A) e as **baixas subpolares** (marcadas com um B) – são formadas por fatores *dinâmicos* (mecânicos). Lembre-se, da nossa discussão sobre gradientes de pressão, de que ar convergente e ascendente está associado à pressão baixa, ao passo que ar subsidente e divergente está associado a pressão alta – esses são fatores dinâmicos porque resultam do deslocamento físico do ar. A Tabela 6.1 resume as características desses campos de pressão. Agora, examinamos cada uma das principais regiões de pressão e seus ventos associados, todos ilustrados em *Geossistemas em Ação*, Figura GEA 6.

Baixa equatorial ou ZCIT: Morno e chuvoso   A alta elevação constante do Sol e a consistente duração do dia (12 horas por dia, o ano todo) fazem com que uma grande quantidade de energia esteja disponível na região equatorial durante o ano todo. O aquecimento associado a esses excedentes de energia cria ar mais leve, menos denso, ascendente com ventos convergindo em superfície ao longo de toda a calha (cavado) de baixa pressão equatorial. Esse ar convergente é extremamente úmido e carregado de calor latente. Conforme se eleva, o ar expande e se resfria, produzindo condensação; consequentemente, a precipitação é intensa por toda essa zona (condensação e precipitação são discutidas no Capítulo 7). Frequentemente, essas colunas de nuvens alcançam a tropopausa, com intensidade e força estrondosas.

A baixa equatorial, ou *cavado equatorial*, forma a **Zona de Convergência Intertropical (ZCIT)**, que é identificada por faixas de nuvens sobre o equador, sendo assinalada na Figura 6.10 e na Figura GEA 6.1a como uma linha tracejada. Em janeiro, a ZCIT cruza o norte da Austrália e inclina-se para o sul sobre a África Oriental e América do Sul.

A Figura GEA 6.2 mostra a faixa de precipitação associada com a ZCIT em imagens de satélite de janeiro e julho; a precipitação forma uma faixa estreita, alongada e ondulante presente uniformemente sobre os oceanos, sendo apenas levemente interrompida sobre superfícies de terra. Observe a posição da ZCIT na Figura 6.10 e compare com o padrão de precipitação capturado pelos sensores da TRMM (*Tropical Rainfall Measuring Mission*) na Figura GEA 6.2.

Ventos alísios   Os ventos convergentes na baixa equatorial são geralmente conhecidos como **ventos alísios**, ou apenas alísios (em inglês, *trade winds*). Os *alísios de nordeste* sopram no Hemisfério Norte, e os *alísios de sudeste* sopram no Hemisfério Sul. A expressão *trade winds* (literalmente, "ventos de comércio") originou-se no período em que os navios a vela transportavam mercadorias entre os continentes. Eles eram os ventos mais uniformes e constantes da Terra.

A Figura GEA 6.1b mostra células de circulação (chamadas de *células de Hadley*) em cada hemisfério que iniciam com ventos que se erguem junto à ZCIT. Essas células foram batizadas com o nome do cientista inglês do século XVIII que descreveu os alísios. Nessas células, o ar movimenta-se em direção ao norte e ao sul até as zonas subtropicais, subsidindo até a superfície e retornando à ZCIT como ventos alísios. A simetria desse padrão de circulação nos dois hemisférios alcança seu máximo perto dos equinócios de cada ano.

Dentro da ZCIT, os ventos são calmos e levemente variáveis por causa do fraco gradiente de pressão e da ascendência vertical do ar. Esses ventos equatoriais, muito fracos e inconstantes, são conhecidos como *calmarias* (*doldrums*, uma expressão originária de uma palavra antiga do inglês significando "tolo", referindo-se à dificuldade que os navios a vela encontravam na tentativa de cruzar essa zona). O ar eleva-se em espiral da área de baixa pressão equatorial alimentando o fluxo geostrófico ao norte e ao sul. Esses ventos superiores defletem para leste. A partir de 20° N e 20° S, esses ventos superiores fluem de oeste para leste, depois descendo para os sistemas de alta pressão nas latitudes subtropicais.

Altas subtropicais: Quente e seco   Entre 20° e 35° de latitude em ambos os hemisférios, uma ampla zona de alta pressão com ar quente e seco traz céus limpos, frequentemente sem nuvens sobre o Saara, o Deserto da Arábia e partes do Oceano Índico (olhe as Figuras 6.10 e GEA 6.2, além do mapa físico do mundo na guarda traseira do livro).

Esses anticiclones subtropicais costumam se formar quando o ar sobre os subtrópicos é mecanicamente empurrado para baixo e esquenta por compressão na sua descida até a superfície. O ar tépido possui uma capacidade maior de absorver vapor d'água do que o ar mais fresco, fazendo com que o ar tépido descendente seja relativamente mais seco (discutido no Capítulo 7). O ar também é seco porque chuvas intensas, ao longo da porção equatorial da circulação, removem umidade. Pesquisas recentes indicam que essas áreas de alta pressão podem se intensificar com a mudança climática, com impactos sobre os climas regionais e eventos meteorológicos extremos, como ciclones tropicais (discutidos nos Capítulos 8 e 10).

Várias áreas de alta pressão são dominantes nos subtrópicos (Figura 6.10). No Hemisfério Norte, a célula de alta pressão subtropical do Atlântico é a **Alta das Bermudas** (no Atlântico Ocidental) ou **Alta dos Açores** (quando ela migra para o Atlântico Oriental no inverno). Essa área de alta pressão subtropical atlântica apresenta águas claras e tépidas e grandes quantidades de *Sargassum* (uma alga marinha), daí o nome de mar de Sargasso. A **Alta do Pacífico**, ou *alta do Havaí*, domina o Pacífico em julho e desloca-se para o sul em janeiro. No Hemisfério Sul, três centros de alta pressão dominam os oceanos Pacífico, Atlântico e Índico, especialmente em janeiro, e tendem a se mover ao longo dos paralelos em posições zonais migratórias.

Como os cinturões subtropicais estão próximos de 25° de latitude N e S, estas áreas são às vezes conhecidas como

TABELA 6.1 Quatro campos de pressão hemisféricos

Nome	Causa	Localização	Temperatura/ Umidade do ar
Alta polar	Térmica	90° N, 90° S	Frio/seco
Baixa subpolar	Dinâmica	60° N, 60° S	Fresco/úmido
Alta subtropical	Dinâmica	20°–35° N, 20°–35° S	Quente/seco
Baixa equatorial	Térmica	10° N a 10° S	Morno/úmido

as "calmarias de Câncer" e as "calmarias de Capricórnio". Essas áreas sem vento, de ar desértico seco e quente (tão perigosas na era dos navios a vela) foram denominadas *latitudes dos cavalos*. Embora a origem dessa expressão seja incerta, é popularmente atribuída às tripulações que ficavam à deriva nos séculos passados e que sacrificavam os cavalos embarcados para não dividir a comida nem a água com qualquer outra carga viva.

Todo o sistema de alta pressão migra com a máxima insolação solar do verão, o que flutua entre 5°–10° de latitude. Os lados orientais desses sistemas anticiclônicos são mais secos e estáveis (apresentam menos atividade convectiva), sendo associados a correntes oceânicas mais frias. Esses lados orientais mais secos influenciam o clima junto às costas ocidentais subtropicais e de latitudes médias (discutido no Capítulo 10 e exibido na Figura 6.11). De fato, os principais desertos da Terra geralmente ocorrem dentro do cinturão subtropical e se estendem até a costa oeste de cada continente, com exceção da Antártica. Nas Figuras 6.11 e 6.18, observe que as regiões desérticas da África existem até a costa, em ambos os hemisférios, com a corrente fria que flui para sul, no norte, *corrente das Canárias*, e a corrente fria fluindo para norte, no sul, *corrente de Benguela*.

Ventos de oeste O ar superficial que diverge das células de alta pressão subtropicais gera os principais ventos de superfície da Terra: os alísios que sopram em direção ao equador, e os **ventos de oeste**, que são os ventos dominantes que sopram dos subtrópicos rumo às latitudes mais altas. Os ventos de oeste diminuem ligeiramente de intensidade no verão e são relativamente mais fortes no inverno, em ambos os hemisférios. Esses ventos são menos consistentes do que os alísios, com a variabilidade originando-se pela atuação de sistemas de pressão migratórios de latitude média e barreiras topográficas que podem mudar a direção dos ventos.

Baixas subpolares: Fresco e úmido Em janeiro, existem duas células ciclônicas de baixa pressão sobre o oceano, por volta de 60° N, perto das ilhas homônimas: a **Baixa das Aleutas** do Pacífico Norte e a **Baixa da Islândia** do Atlântico Norte (Figura 6.10a). Ambas predominam no inverno e são mais fracas, ou desaparecem, no verão, quando os sistemas de alta pressão se fortalecem nas áreas subtropicais. A área de contraste entre o ar frio de latitudes mais altas e o ar tépido das latitudes mais baixas forma a **frente polar**, onde massas de ar com diferentes características se encontram (massas de ar e tempo meteorológico são os temas do Capítulo 8). Essa frente circunda a Terra e concentra-se nessas áreas de baixa pressão.

A Figura GEA 6 ilustra a frente polar, onde o ar úmido e morno originário dos ventos de oeste encontra-se com o ar seco e frio originário das regiões polares. Nessa frente, o ar morno é deslocado para cima do ar fresco, levando à condensação e precipitação (a precipitação frontal é discutida no Capítulo 8). Tempestades ciclônicas migram das áreas frontais das Aleutas e da Islândia e podem produzir precipitação na América do Norte e na Europa, respectivamente. Partes do noroeste da América do Norte e da Europa geralmente são mais frescas e úmidas, como resultado da passagem desses sistemas ciclônicos na costa – considere o tempo meteorológico da Colúmbia Britânica, Canadá; Washington e Oregon, Estados Unidos; Irlanda e Reino Unido.

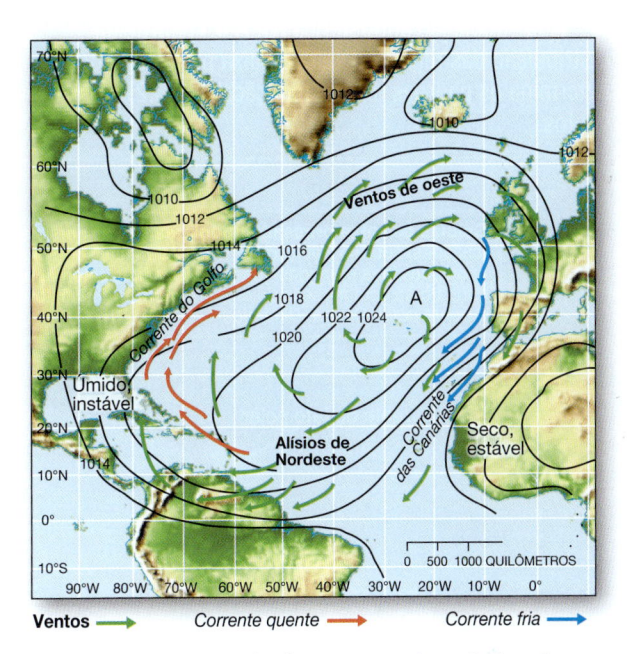

▲Figura 6.11 **Sistema de alta pressão subtropical no Oceano Atlântico Norte.** Circulação característica no Hemisfério Norte. Observe os desertos que se estendem até a costa da África, banhada por correntes frias, em contraste com o sudeste dos EUA, úmido, banhado por correntes quentes.

No Hemisfério Sul, um cinturão contínuo de sistemas de baixa pressão subpolar circunda a Antártica.

Altas polares: Frígido e seco As células de alta pressão polar são fracas. A massa atmosférica polar é pequena, recebendo pouca energia do Sol para movimentar-se. Ventos frios e secos variáveis movimentam-se da região polar no sentido anticiclônico. Esses ventos descendem e divergem no sentido horário no Hemisfério Norte (anti-horário no Hemisfério Sul) e formam ventos fracos variáveis chamados de **ventos polares de leste** (mostrados na Figura GEA 6).

Das duas regiões polares, o sistema de alta pressão da Antártica é o mais intenso e persistente (a **Alta da Antártica**) e se forma sobre o interior do continente antártico. Menos pronunciada é uma célula polar de alta pressão sobre o Oceano Ártico. Em vez de essa célula formar-se diretamente sobre o Oceano Ártico (relativamente mais quente), ela tende a se localizar sobre as áreas continentais setentrionais mais frias no inverno (as altas do Canadá e da Sibéria).

Circulação atmosférica superior

A circulação na troposfera média e superior é um componente importante da circulação geral da atmosfera. Em mapas de pressão superficial, traçamos a pressão atmosférica usando a elevação fixa do nível do mar como dado de referência – uma *superfície de altura constante*. Para mapas de pressão da atmosfera superior, usamos um valor de pressão fixo em 500 mb como dado de referência, traçando sua elevação acima do nível do mar em todo o mapa a fim de gerar uma **superfície isobárica constante**.

As Figuras 6.12a e b ilustram as elevações superficiais onduladas de uma superfície isobárica constante de 500 mb em um dia de abril. De maneira parecida com os mapas de

geossistemas em ação 6 — CIRCULAÇÃO ATMOSFÉRICA

A circulação atmosférica da Terra transfere energia térmica do equador para os polos. O padrão geral da circulação atmosférica (GEA 6.1) surge da distribuição das regiões de alta e baixa pressão, o que determina os padrões de precipitação (GEA 6.2) e os ventos.

6.1a MODELO GERAL DA CIRCULAÇÃO ATMOSFÉRICA

Nos Hemisférios Norte e Sul, zonas de ar instável e ascendente (baixas) e ar estável e descendente (altas) dividem a troposfera em *células de circulação*, que são simétricas em ambos os lados do equador.

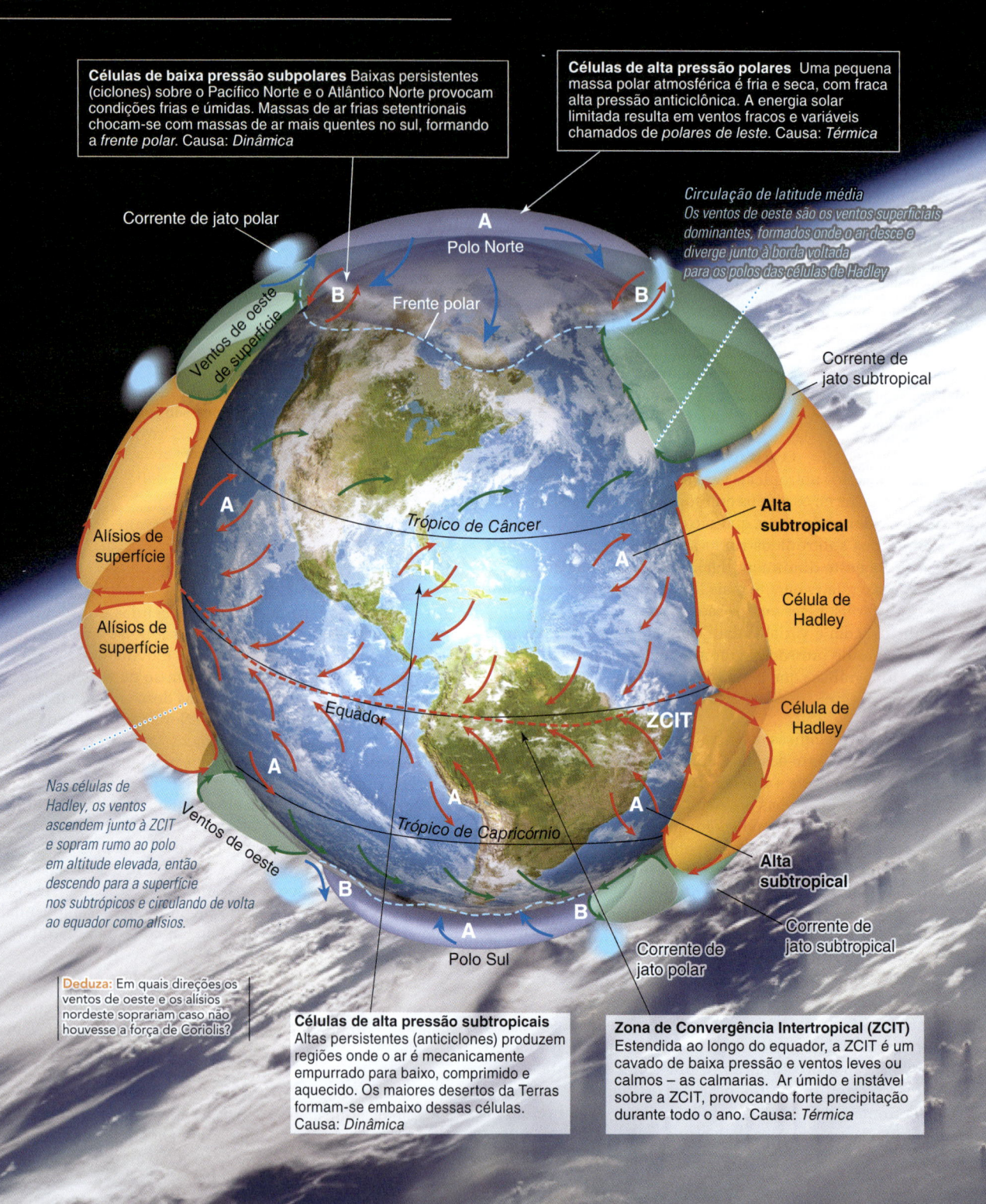

Células de baixa pressão subpolares Baixas persistentes (ciclones) sobre o Pacífico Norte e o Atlântico Norte provocam condições frias e úmidas. Massas de ar frias setentrionais chocam-se com massas de ar mais quentes no sul, formando a *frente polar*. Causa: *Dinâmica*

Células de alta pressão polares Uma pequena massa polar atmosférica é fria e seca, com fraca alta pressão anticiclônica. A energia solar limitada resulta em ventos fracos e variáveis chamados de *polares de leste*. Causa: *Térmica*

Circulação de latitude média
Os ventos de oeste são os ventos superficiais dominantes, formados onde o ar desce e diverge junto à borda voltada para os polos das células de Hadley

Corrente de jato polar
Polo Norte
Ventos de oeste de superfície
Frente polar
Corrente de jato subtropical
Trópico de Câncer
Alísios de superfície
Alta subtropical
Célula de Hadley
Alísios de superfície
Equador
ZCIT
Célula de Hadley
Trópico de Capricórnio
Ventos de oeste
Alta subtropical
Polo Sul
Corrente de jato polar
Corrente de jato subtropical

Nas células de Hadley, os ventos ascendem junto à ZCIT e sopram rumo ao polo em altitude elevada, então descem para a superfície nos subtrópicos e circulando de volta ao equador como alísios.

Deduza: Em quais direções os ventos de oeste e os alísios nordeste soprariam caso não houvesse a força de Coriolis?

Células de alta pressão subtropicais Altas persistentes (anticiclones) produzem regiões onde o ar é mecanicamente empurrado para baixo, comprimido e aquecido. Os maiores desertos da Terra formam-se embaixo dessas células. Causa: *Dinâmica*

Zona de Convergência Intertropical (ZCIT) Estendida ao longo do equador, a ZCIT é um cavado de baixa pressão e ventos leves ou calmos – as calmarias. Ar úmido e instável sobre a ZCIT, provocando forte precipitação durante todo o ano. Causa: *Térmica*

6.1b **Perfil do equador ao polo da circulação atmosférica**
Essa perspectiva mostra a relação das células de pressão (ar ascendente ou descendente) com as células de circulação e os ventos.

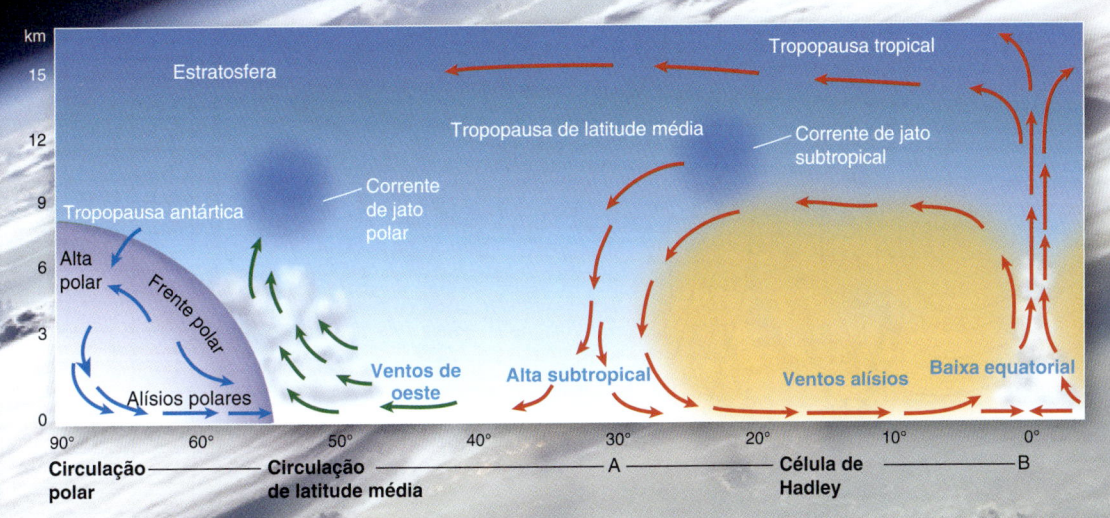

6.2 **PADRÕES DE PRECIPITAÇÃO E CIRCULAÇÃO ATMOSFÉRICA**
As áreas de maior precipitação, destacadas em verde, amarelo e laranja, são zonas de baixa pressão e ar úmido e ascendente. As áreas de menor precipitação, exibidas em branco nos mapas, são zonas de pressão alta, onde o ar desce e seca. Observe a faixa de chuvas fortes junto à ZCIT e como as áreas de secura e umidade variam sazonalmente em ambos os mapas [GSFC/NASA].

[Arne Huckelheim.]

Explique: O que ocasiona as diferenças de precipitação entre as estações seca e chuvosa na cordilheira dos Ghats Ocidentais, na Índia (ilustração à direita)?

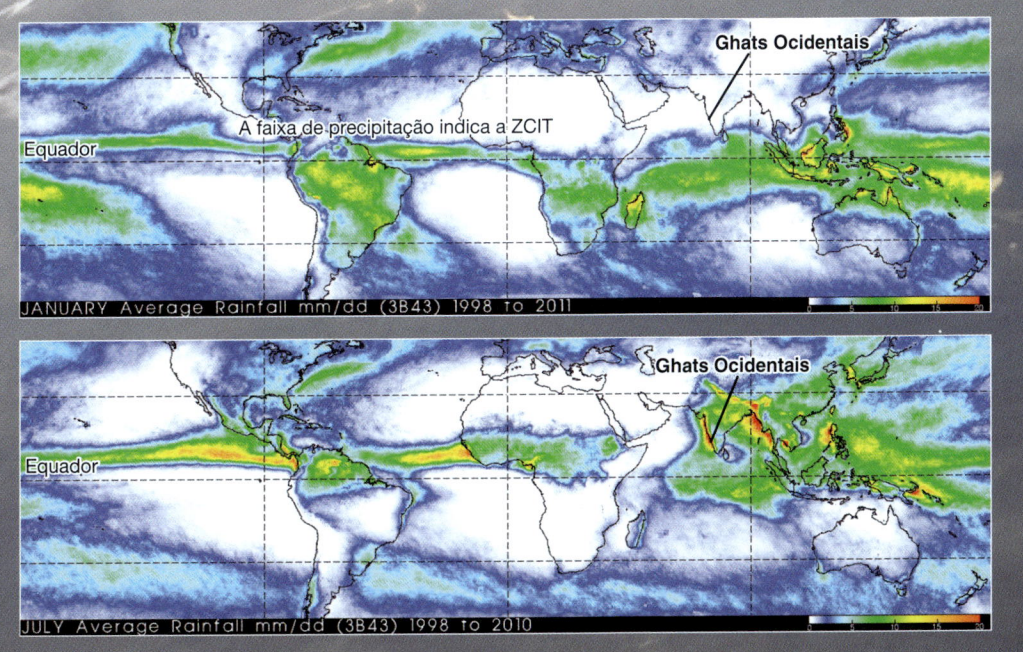

Tempestades elétricas no horizonte brasileiro, vistas da Estação Espacial Internacional [NASA].

geossistemas em ação 6 — CIRCULAÇÃO ATMOSFÉRICA

147

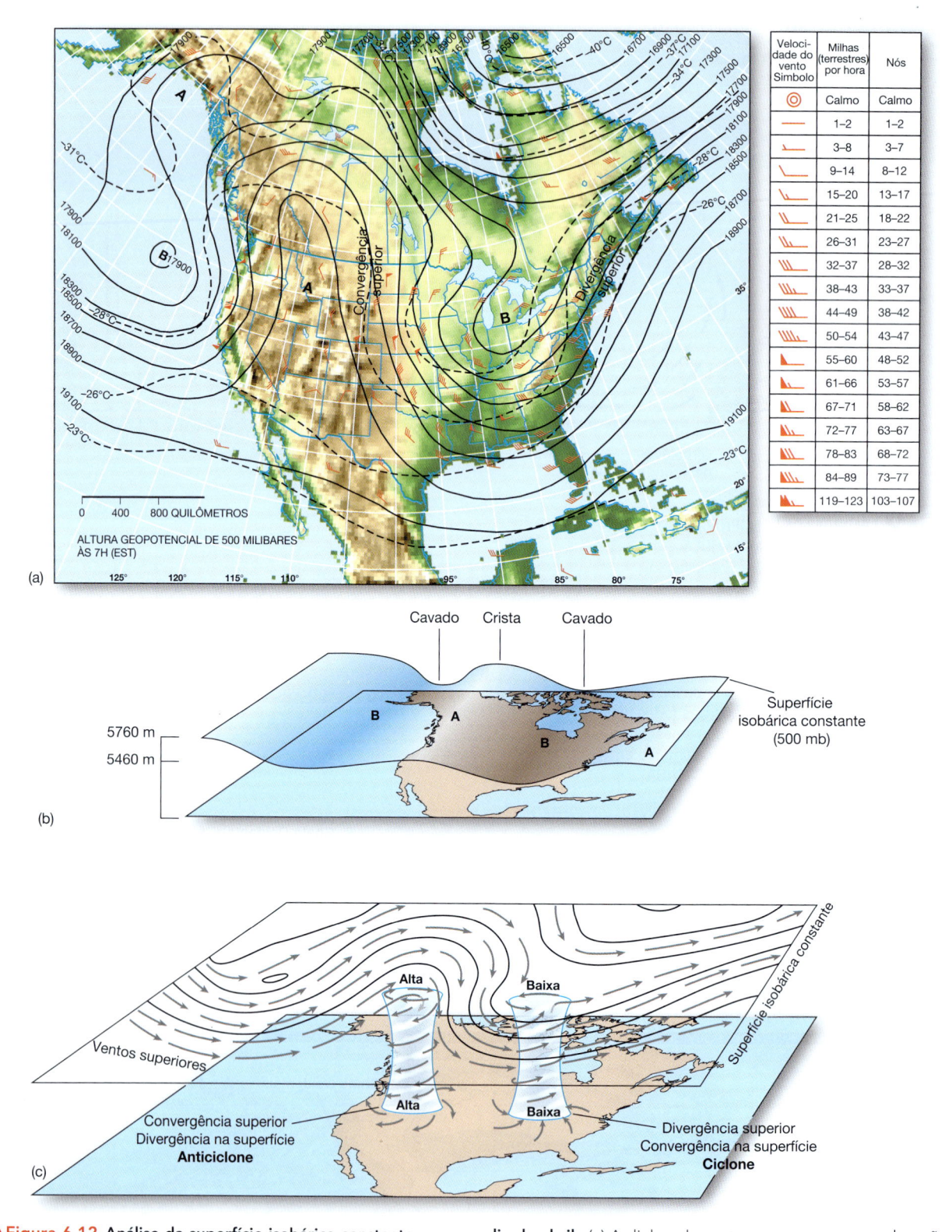

▲**Figura 6.12 Análise da superfície isobárica constante para um dia de abril.** (a) As linhas de contornos apresentam a elevação (em pés e metros) no nível de 500 mb – superfície isobárica constante. O padrão das linhas de contorno revela padrões dos ventos geostróficos na troposfera, entre 5030 m até 5800 m de elevação. (b) Observe no mapa e no esboço abaixo do gráfico a "crista" de alta pressão sobre as montanhas rochosas a oeste, a 5760 m de altitude, e o "cavado" de baixa pressão sobre a região dos Grandes Lagos e na costa do Pacífico, a 5460 m de altitude. (c) Observe as áreas de convergência superior (correspondendo à divergência em superfície) e divergência superior (correspondendo à convergência superficial).

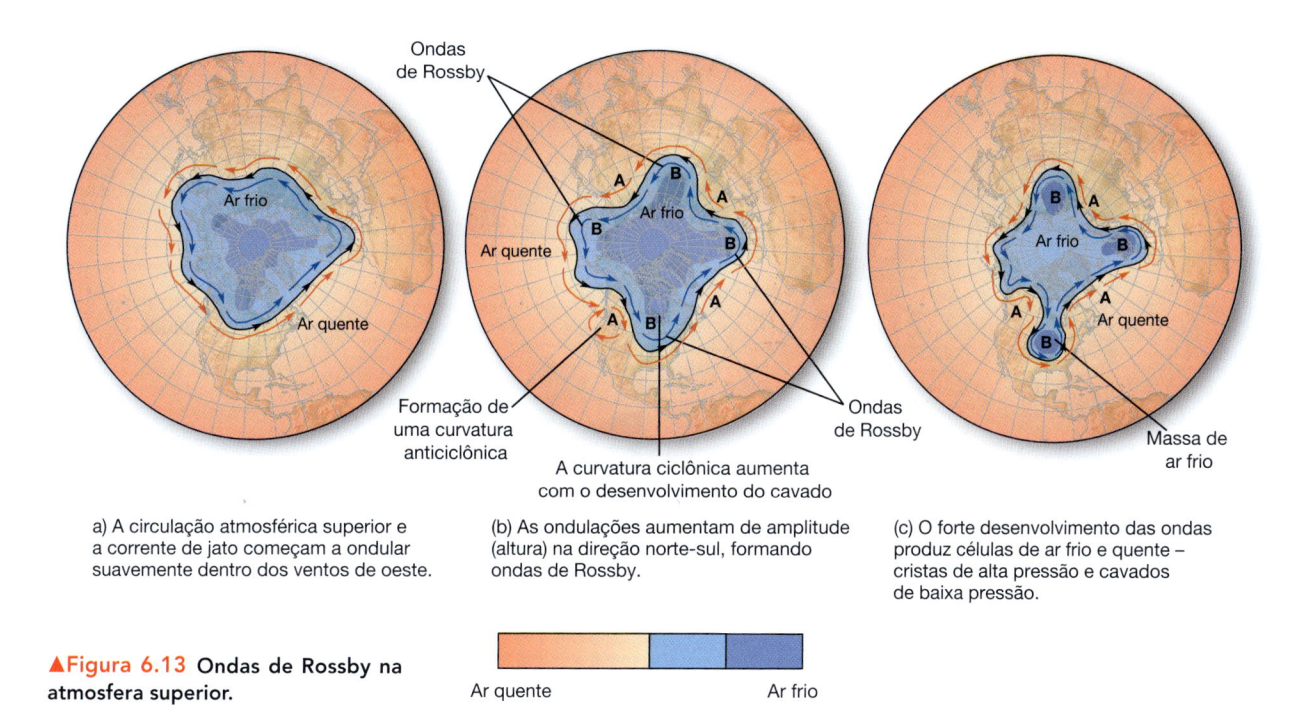

▲Figura 6.13 **Ondas de Rossby na atmosfera superior.**

a) A circulação atmosférica superior e a corrente de jato começam a ondular suavemente dentro dos ventos de oeste.

b) As ondulações aumentam de amplitude (altura) na direção norte-sul, formando ondas de Rossby.

c) O forte desenvolvimento das ondas produz células de ar frio e quente – cristas de alta pressão e cavados de baixa pressão.

Ar quente   Ar frio

pressão superficial, o espaçamento mais fechado das curvas de nível indica ventos mais rápidos; espaçamento mais aberto indica ventos mais lentos. Nesse mapa, as variações de altitude na superfície isobárica são cristas de alta pressão (com as curvas de nível no mapa curvando-se para os polos) e cavados de baixa pressão (com as curvas de nível no mapa curvando-se para o equador).

Os padrões de cristas e cavados no fluxo da atmosfera superior são importantes para sustentar a circulação ciclônica (baixa pressão) e anticiclônica (alta pressão) na superfície. Junto às cristas, os ventos desaceleram e convergem (amontoam-se); junto aos cavados, os ventos aceleram e divergem (espalham-se). Observe os indicadores da velocidade do vento e os símbolos na Figura 6.12a próximo à crista (sobre Alberta e Saskatchewan, Canadá; Montana e Wyoming, Estados Unidos); agora compare esses indicadores com aqueles ao redor do cavado (sobre Kentucky, West Virginia, os Estados da região da Nova Inglaterra e a área marítima adjacente). Observe também as relações com o vento na costa do Pacífico.

A Figura 6.12c exibe a convergêcia e a divergência no fluxo do ar superior. A divergência superior é importante para a circulação ciclônica na superfície, porque gera divergência do ar em altitude, o que estimula uma convergência de ar para o centro de baixa pressão (idêntico ao que acontece quando se abre um respiro de uma chaminé para criar uma corrente de ar ascendente). De forma semelhante, a convergência superior é importante para a circulação anticiclônica na superfície, impelindo fluxos de ar descendentes e fazendo com que o fluxo de ar divirja dos anticiclones de alta pressão.

Ondas de Rossby Associadas aos ventos de oeste, gerados pelo fluxo de ar geostrófico, existem grandes ondulações chamadas de **ondas de Rossby**, em homenagem ao meteorologista Carl G. Rossby, que primeiro as descreveu matematicamente em 1938. As ondas de Rossby ocorrem junto à frente polar, onde ar frio encontra ar quente, e trazem línguas de ar frio em direção ao sul, com ar tropical mais quente indo para o norte. O desenvolvimento das ondas de Rossby começa com ondulações, que depois aumentam de amplitude, formando ondas (Figura 6.13). À medida que esses distúrbios se desenvolvem, formam-se padrões de circulação em que ar quente se mistura com ar frio ao longo dos distintos sistemas frontais. Essas formações de onda e giros e as divergências do ar em altitude sustentam os sistemas ciclônicos na superfície. As ondas de Rossby desenvolvem-se ao longo do eixo de fluxo das correntes de jato em ambos os hemisférios.

Correntes de jato O movimento mais destacado desses fluxos de vento geostrófico em altitude são as **correntes de jato**, bandas concentradas e irregulares de vento que ocorrem em diversos locais na atmosfera, influenciando os sistemas meteorológicos na superfície (a Figura GEA 6.1 mostra a localiza-

GEOrelatório 6.4 Cinzas islandesas apanhadas pela corrente de jato

Embora menor do que a erupção do Monte Santa Helena em 1980 ou a do Monte Pinatubo em 1991, a erupção do vulcão Eyjafjallajökull, na Islândia, em 2010, injetou cerca de um décimo de quilômetro cúbico de detritos vulcânicos na corrente de jato. A nuvem de cinzas da Islândia foi varrida em direção ao continente europeu e ao Reino Unido. Aeronaves não podem se arriscar a sugar cinzas vulcânicas para dentro dos motores; portanto, os aeroportos foram fechados e milhares de voos foram cancelados. A atenção das pessoas voltou-se à corrente de jato que conduzia as cinzas, afetando seus horários de voo e vidas. Veja o caminho da nuvem de cinzas na imagem de satélite da Figura 13.22.

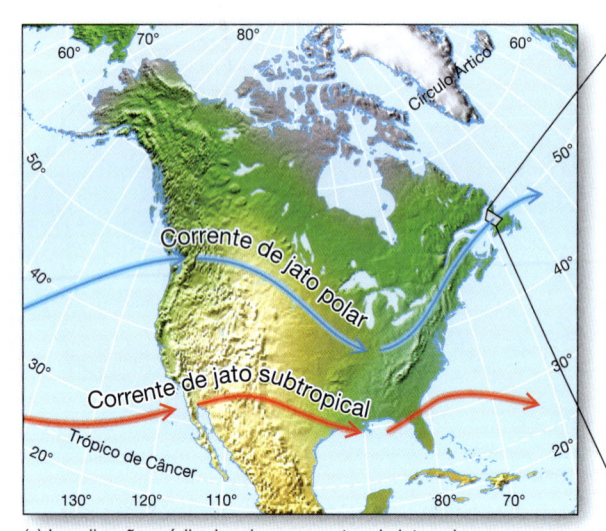

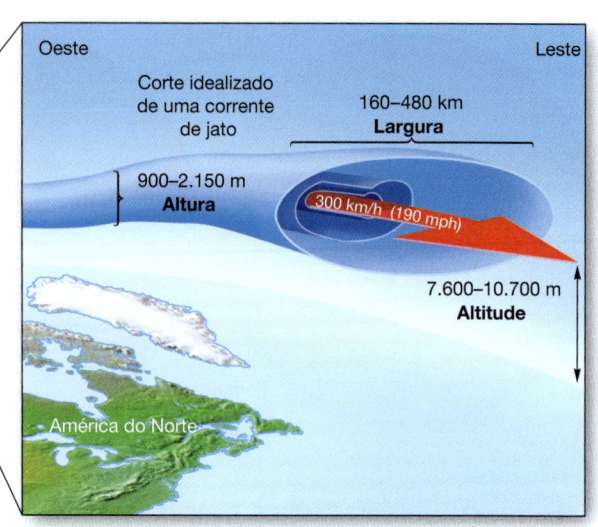

(a) Localização média das duas correntes de jato sobre a América do Norte.

(b) Largura, altura, altitude e velocidade central de uma corrente de jato polar idealizada.

▲Figura 6.14 Correntes de jato.

ção de quatro correntes de jato). As correntes de jato normalmente possuem de 160 a 480 km de largura e de 900 a 2150 m de altura, com velocidades no núcleo que podem exceder 300 km/h. As correntes de jato em cada um dos hemisférios tendem a ficar mais fracas durante os verões nos respectivos hemisférios e a se fortalecer durante os invernos, conforme os fluxos movem-se em direção ao equador. O padrão de cristas de alta pressão e cavados de baixa pressão nas correntes de jato meandrantes provoca variações nas velocidades delas.

O *jato polar* oscila entre 30° e 70° N, na tropopausa, ao longo da frente polar, entre 7.600 e 10.700 m de altitude (Figura 6.14a). A corrente de jato polar pode migrar até o sul do Texas, EUA, conduzindo massas de ar mais frio para o interior da América do Norte influenciando os caminhos das tempestades em superfície que se dirigem para leste. No verão, a corrente de jato polar permanece nas latitudes mais altas, exercendo menor influência sobre as tempestades de latitude média. A Figura 6.14b exibe uma visão transversal de uma corrente de jato polar.

Em latitudes subtropicais, próximo dos limites tropical e de latitude média, a *corrente de jato subtropical* flui perto da tropopausa. Em ambos os hemisférios, as correntes de jato subtropical oscilam entre 20° e 50° de latitude e podem ocorrer simultaneamente com as correntes de jato polar – por vezes, em períodos breves, as duas correntes de jato fundem-se.

Ventos de monção

Os ventos regionais fazem parte da circulação atmosférica secundária da Terra. Vários sistemas de ventos regionais mudam de direção sazonalmente. Fluxos de ventos regionais assim ocorrem nos trópicos sobre o sudeste asiático, Indonésia, Índia, Austrália setentrional e África equatorial; um fluxo regional ameno também ocorre no extremo sudoeste dos Estados Unidos, no Arizona. Esses sistemas de ventos com alteração sazonal são as **monções** (da palavra árabe *mausim*, que quer dizer "estação"), que envolvem um ciclo anual de precipitação que retorna com o Sol do verão. Observe as mudanças na precipitação entre janeiro e julho visíveis nas imagens do *TRMM* na Figura GEA 6.2, página 147.

O padrão das monções asiáticas O aquecimento desigual entre a massa de terra asiática e o Oceano Índico desencadeia as monções do Sul e Leste da Ásia (Figura 6.15). Esse processo é fortemente influenciado pela migração anual da ZCIT durante o ano, o que leva ar carregado de umidade para o norte durante o verão do Hemisfério Norte e para o sul durante o verão do Hemisfério Sul.

Uma grande diferença é vista entre as temperaturas de verão e inverno sobre a grande massa de ar asiática – um resultado do efeito continental sobre a temperatura, discutido no Capítulo 5. No inverno do Hemisfério Norte, uma intensa célula de alta pressão domina essa massa de terra continental (vide Figura 6.10a e Figura 6.15a). Ao mesmo tempo, a ZCIT está presente sobre a área central do Oceano Índico. O gradiente de pressão que se origina aproximadamente de novembro a março entre terra e água gera ventos frios e secos vindos do interior asiático, soprando sobre o Himalaia e, rumo ao sul, atravessando a Índia. Esses ventos dessecam (ou secam) a paisagem, especialmente em combinação com as temperaturas quentes de março a maio.

No verão do Hemisfério Norte, a ZCIT sobre o sul asiático desloca-se para o norte, e no interior do continente asiático desenvolve-se pressão baixa associada com temperaturas médias elevadas (lembre-se dos verões quentes em Verkhoyansk, Sibéria, apresentados no Capítulo 5). Enquanto issso, a alta pressão subtropical é dominante sobre o Oceano Índico, provocando aquecimento das temperaturas da superfície do mar (Figura 6.15b). Portanto, o gradiente de pressão é invertido em relação ao padrão do inverno. Em consequência, o ar quente subtropical sopra sobre o oceano quente em direção à Índia, provocando taxas de evaporação extremamente altas.

Quando esse ar chega à Índia, já está carregado de umidade e nuvens, que provocam as chuvas monçônicas de junho a setembro, aproximadamente (Figura 6.15b). Essas chuvas são bem-vindas por proporcionar alívio da poeira, calor e terra ressecada da primavera da Ásia. Precipitações recorde ocorrem nessa região: Cherrapunji, Índia, detém o recorde de segunda maior média anual de precipitação de chuva (1143

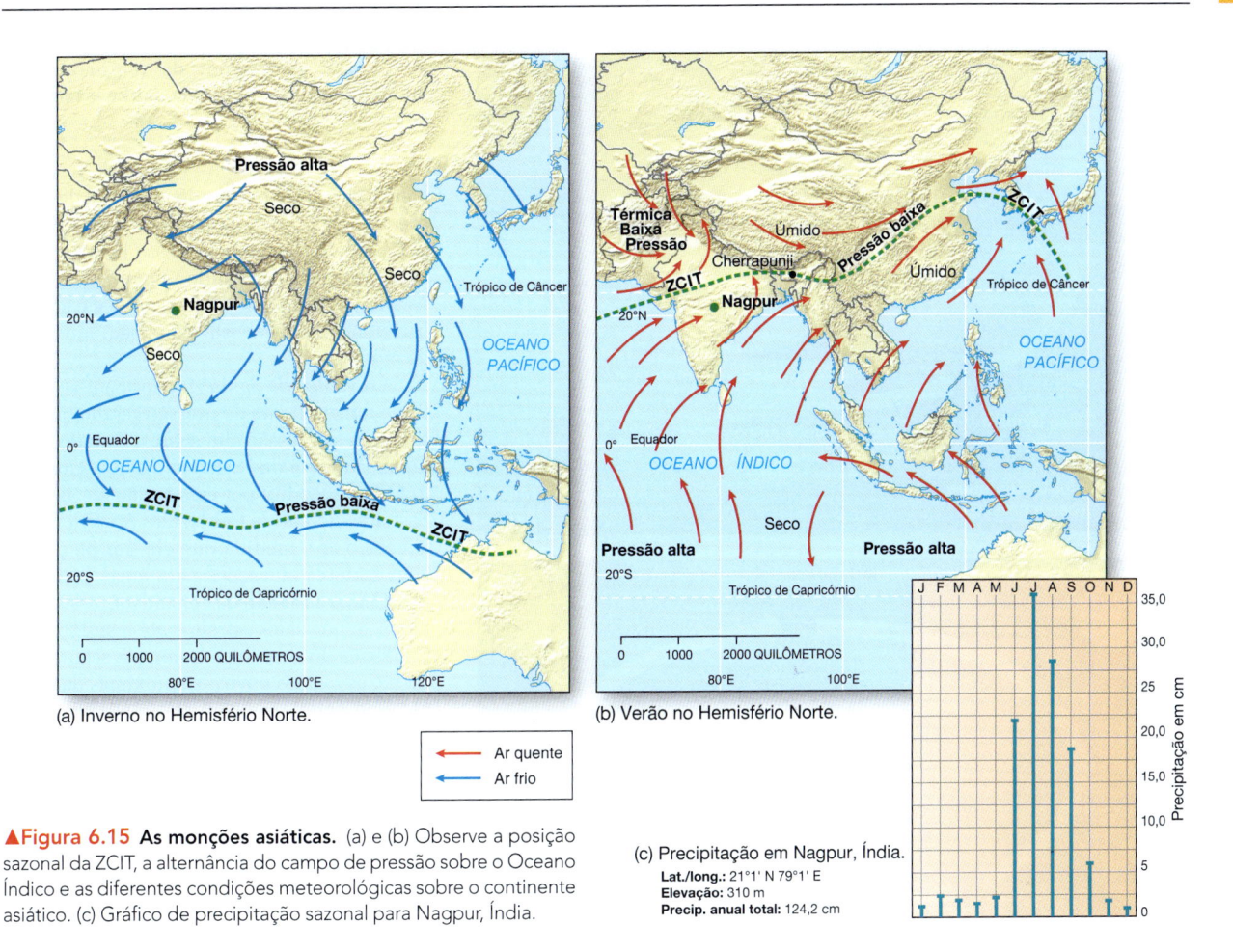

▲Figura 6.15 **As monções asiáticas.** (a) e (b) Observe a posição sazonal da ZCIT, a alternância do campo de pressão sobre o Oceano Índico e as diferentes condições meteorológicas sobre o continente asiático. (c) Gráfico de precipitação sazonal para Nagpur, Índia.

(a) Inverno no Hemisfério Norte.
(b) Verão no Hemisfério Norte.
(c) Precipitação em Nagpur, Índia.
Lat./long.: 21°1' N 79°1' E
Elevação: 310 m
Precip. anual total: 124,2 cm

cm) e o maior registro de precipitação de chuva em um ano (2647 cm) da Terra. No Himalaia, a monção traz neve.

Influências humanas sobre a monção asiática No Capítulo 4, discutimos os efeitos do aumento dos aerossóis oriundos da poluição atmosférica sobre o Oceano Índico, o que parece estar provocando uma redução na precipitação monçônica. Tanto a poluição do ar quanto o aquecimento das temperaturas atmosféricas e oceânicas associado à mudança climática afetam a circulação monçônica. A pesquisa demonstra complicadas interações entre esses fatores. Novos estudos indicam que as temperaturas mais altas causadas pelas concentrações crescentes de gases de efeito estufa elevaram a precipitação monçônica no Hemisfério Norte nas últimas décadas. Todavia, outras pesquisas sugerem que as concentrações crescentes de aerossóis – especialmente compostos de enxofre e carbono negro – provocam uma queda geral na precipitação monçônica. A poluição do ar reduz o aquecimento em superfície e, portanto, diminui as diferenças de pressão atmosférica no coração dos fluxos de monção.

Outro fator complicador é que essas influências estão se dando em uma época de alguns eventos de precipitação inusualmente pesada, como o dilúvio monçônico de 27 de julho de 2005, em Mumbai, Índia, que produziu 94,2 cm de chuva em poucas horas, provocando inundações generalizadas. Em agosto de 2007, a Índia novamente teve grandes inundações em razão de uma monção intensa, e em 2010 o Paquistão foi devastado por chuvas monçônicas recorde.

Mais estudos são essenciais para entender essas relações complexas, assim como o papel das oscilações naturais na circulação global (como o El Niño, discutido mais adiante no capítulo) na perturbação dos fluxos monçônicos. Considerando que 70% da precipitação anual de toda a região asiática meridional vêm durante a monção úmida, alterações na precipitação teriam impactos importantes sobre os recursos hídricos.

> **PENSAMENTO Crítico 6.2**
> **O que causa a monção no Norte da Austrália?**
>
> Utilizando seu conhecimento sobre padrões globais de pressão e vento, juntamente aos mapas deste capítulo e da guarda traseira do livro, esboce um mapa das mudanças sazonais que provocam os ventos monçônicos no Norte da Austrália. Comece examinando os padrões de pressão e os ventos associados nesse continente. Como eles mudam ao longo do ano? Esboce no seu mapa os padrões de janeiro e julho. Onde se posiciona a ZCIT? Finalmente, em que meses você esperaria que uma estação chuvosa relacionada à atividade monçônica ocorresse nessa região? (As respostas estão no final do capítulo.) •

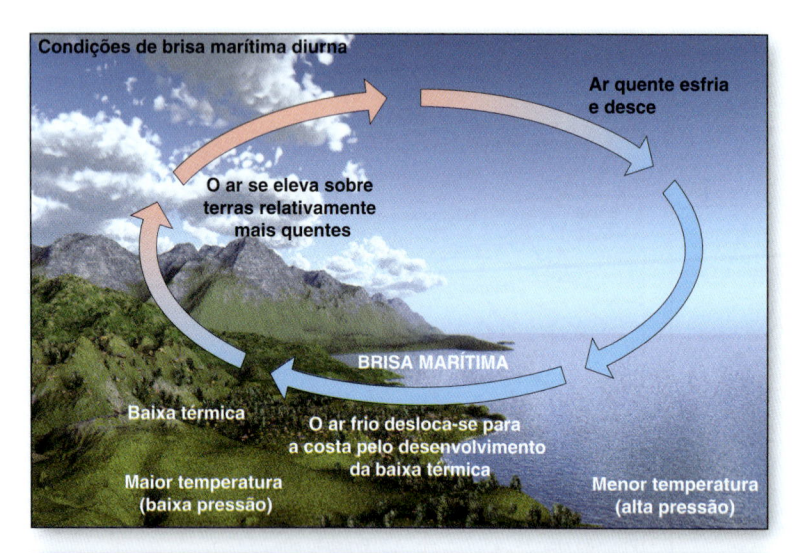

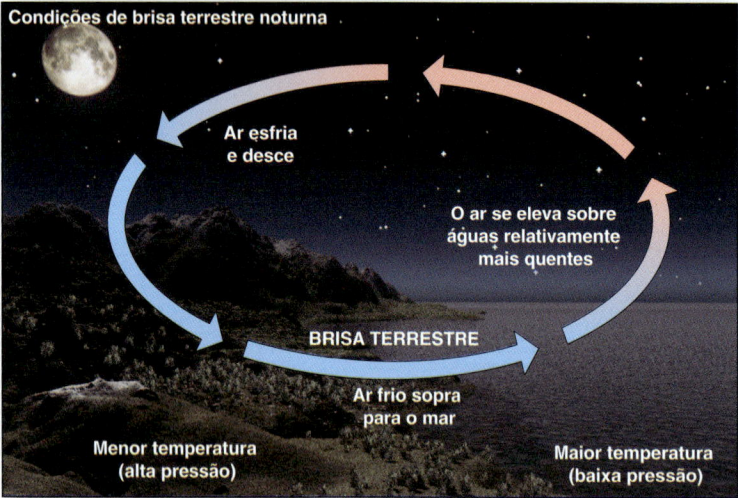

◀ **Figura 6.16** Padrões de temperatura e pressão das brisas marítima diurna e terrestre noturna.

Ventos locais

Ventos locais, que ocorrem em uma escala menor do que os padrões globais e regionais descritos anteriormente, pertencem à categoria terciária da circulação atmosférica. **Brisas terra-mar** são ventos locais gerados na maioria dos litorais (Figura 6.16). As diferentes características de aquecimento das superfícies de terra e água criam as brisas. A terra absorve calor e torna-se mais quente do que a água costeira durante o dia. Como o ar morno é menos denso, ele se eleva e desencadeia um fluxo de ar mais fresco do mar para substituir o ar que se eleva – esse fluxo geralmente é mais forte durante a tarde, formando uma brisa marítima. À noite, a terra esfria (irradiando energia térmica) mais rapidamente do que as águas costeiras. Como resultado, o ar mais fresco sobre a terra subside (desce) e flui para o mar, em direção à área de baixa pressão sobre águas mais aquecidas, onde o ar se eleva. Essa brisa terrestre reverte o processo que se desenvolveu durante o dia.

Brisas montanha-vale são ventos locais que resultam, respectivamente, do rápido resfriamento do ar na montanha à noite e quando o ar no vale ganha calor rapidamente durante o dia (Figura 6.17). Durante o dia, as encostas do vale são mais aquecidas que o fundo do vale. À medida que as encostas esquentam e aquecem o ar acima, este ar quente e menos denso sobe, criando uma área de baixa pressão. À tarde, ventos sopram do vale encosta acima, aumentando esse leve gradiente de pressão e formando uma brisa de vale. À noite, as encostas perdem calor, e o ar mais frio então desce encosta abaixo em uma brisa de montanha.

Os *ventos de Santa Ana* formam-se a partir de um gradiente de pressão gerado quando acumula-se pressão alta sobre a Grande Bacia da região oeste dos Estados Unidos. Um vento forte e seco flui por essa região até as áreas costeiras no sul da Califórnia. A compressão aquece o ar à medida que ele flui de pontos com maiores elevações para áreas mais baixas. Com o aumento da velocidade, esse vento move-se por vales estreitos até o sudoeste da Califórnia. Esses ventos levam pó, secura e calor até as regiões povoadas próximas da costa, gerando condições para queimadas naturais perigosas.

Ventos catabáticos, ou ventos de drenagem por gravidade, são ventos regionais de maior escala e, sob certas condições, geralmente mais fortes que os ventos locais. Um platô elevado ou terras altas são essenciais para a sua formação, onde camadas de ar junto à superfície tornam-se mais densas e fluem vertente abaixo. Esses ventos por gravidade não estão especificamente relacionados ao gradiente de pressão. Os ventos inóspitos que podem soprar dos mantos de gelo da Antártica e da Groenlândia são ventos catabáticos clássicos.

Vários terrenos em todo o mundo produzem tipos diferentes de ventos locais, conhecidos por nomes próprios. O *mistral* do Vale do Ródano, no sul da França, é um vento norte gelado que pode causar geada nos vinhedos ao passar sobre a região a caminho do Golfo de Leão e do Mar Mediterrâneo. O vento *bora*, frequentemente mais forte é gerado a partir do ar frio de sistemas de alta pressão no inverno em terra sobre os Bálcãs e o sudeste da Europa, flui sobre a região da Costa Adriática para oeste e para sul. No Alasca, esses

> ✋ **PENSAMENTO Crítico 6.3**
> **Elabore o seu próprio relatório de avaliação de energia eólica**
>
> Acesse http://www.awea.org/ e http://www.ewea.org/, os sites da Associação Americana de Energia Eólica e da Associação Europeia de Energia Eólica, respectivamente. Examine os materiais apresentados e faça sua própria avaliação do potencial de eletricidade gerada por ventos, das razões para atrasos no desenvolvimento e implementação e dos prós e contras econômicos. Proponha um breve plano de ação para o futuro desse recurso. •

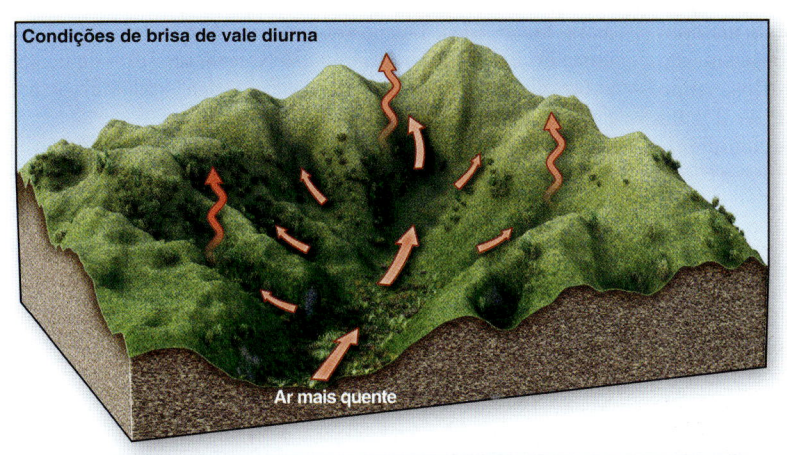

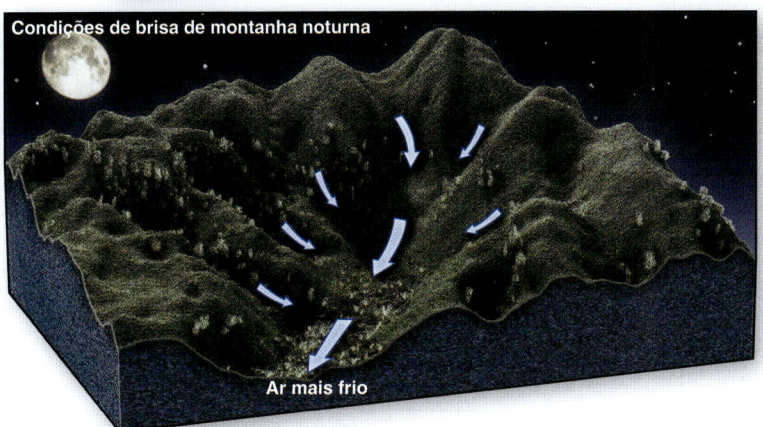

Figura 6.17 Condições de brisas do vale diurna e de montanha noturna.

Condições de brisa de vale diurna — Ar mais quente

Condições de brisa de montanha noturna — Ar mais frio

ventos são chamados de *taku*. No oeste dos EUA, os *ventos chinook* são ventos secos e mornos que descem as encostas, ocorrendo no lado a sotavento de cordilheiras como as Cascades, em Washington, ou as Rochosas, em Montana. Esses ventos são conhecidos por sua capacidade de derreter neve rapidamente por sublimação, como discutido no Capítulo 7.

Regionalmente, o vento representa uma fonte significativa e cada vez mais importante de energia renovável. A seção Estudo Específico 6.1 mostra resumidamente os recursos da energia eólica.

Correntes oceânicas

Os sistemas atmosféricos e oceânicos estão intimamente conectados, na medida em que a força que impulsiona as correntes oceânicas é o arrasto friccional dos ventos. Além disso, a interação da força de Coriolis, as diferenças de densidade causadas pela temperatura e salinidade, as forças astronômicas (que provocam as marés), a forma dos continentes e o relevo do fundo marinho também são importantes para controlar essas correntes oceânicas.

Correntes de superfície

A Figura 6.18 apresenta os padrões gerais das principais correntes oceânicas. Como as correntes oceânicas percorrem longas distâncias, a força de Coriolis as deflete. No entanto, os padrões de deflexão formados não são iguais àqueles gerados na atmosfera. Se compararmos esse mapa das correntes oceânicas com o mapa da Figura 6.10, que apresenta o sistema de campos de pressão atmosférica da Terra, é possível observar que as correntes oceânicas são controladas pela circulação atmosférica em torno das células de alta pressão subtropical de ambos os hemisférios. Os sistemas de circulação oceânica são conhecidos como *giros* e geralmente parecem pender para o lado ocidental das bacias oceânicas. Lembre-se de que, no Hemisfério Norte, os ventos e as correntes oceânicas movimentam-se em sentido horário em torno das células de alta pressão; no Hemisfério Sul, a circulação é anti-horária, como mostrado no mapa. Em *Geossistemas Hoje*, você viu como essas correntes levaram uma plataforma petrolífera até Tristão da Cunha, onde ela encalhou.

Exemplos de circulação de giro

Em 1992, uma criança de Dana Point, Califórnia (33,5° N), uma pequena comunidade litorânea ao sul de Los Angeles, colocou uma carta em uma garrafa de suco de vidro e a jogou nas ondas, onde ela ingressou no vasto giro horário em torno da Alta do Pacífico (Figura 6.19). Passaram-se três anos até que essa garrafa fosse transportada pelas correntes oceânicas até as areias brancas de Mogmog, uma pequena ilha na Micronésia (7° N). Imagine a jornada dessa carta da Califórnia – viajando por tempestades, calmarias, noites iluminadas pela Lua e tufões.

Em janeiro de 1994, um grande navio cargueiro vindo de Hong Kong, carregado de brinquedos e outras mercadorias, foi fustigado por uma grande tempestade. Um dos contêineres a bordo se partiu na região da costa do Japão, descarregando aproximadamente 30 mil patinhos, tartarugas e sapos de borracha no Pacífico norte. Os ventos de oeste e a corrente do Pacífico Norte transportaram essa carga flutuante, chegando a 29 km por dia, até ela atingir a costa do Alasca, Canadá, Oregon e Califórnia. Outros brinquedos passaram pelo Mar de Bering e entraram no Oceano Ártico (veja a linha vermelha tracejada na Figura 6.19).

Em agosto de 2006, a tempestade tropical Ioke formou-se a cerca de 1285 km ao sul do Havaí. A trajetória da tempestade dirigiu-se a oeste, atravessando o Oceano Pacífico enquanto se tornava o supertufão mais forte já registrado – categoria 5, como discutimos no Capítulo 8. Virando para o norte antes de chegar ao Japão, a tempestade entrou em latitudes mais altas. Resquícios do tufão Ioke acabaram passando sobre as ilhas Aleutas, atingindo 55° N como uma depressão extratropical. De maneira geral, a tempestade seguiu o trajeto do Giro do Pacífico, assim como os patinhos de borracha.

Detritos marinhos circulando no Giro do Pacífico são o tema de estudos científicos contínuos. Embora os plásticos (especialmente pequenos fragmentos) sejam predominantes, os detritos também consistem em metais, equipamento de pesca e embarcações abandonadas, sendo que alguns deles ficam circulando dentro do giro e outros encalham. Detritos do tsunami do Japão em 2011 acrescentaram mais material ao Pacífico Norte; modelos computadorizados baseados em ventos e correntes estimam a extensão dos detritos, sendo que alguns deles já aportaram nos litorais dos EUA (Figura 6.19). (Acesse http://marinedebris.noaa.gov/tsunamidebris para saber mais sobre os detritos do tsunami.)

Correntes equatoriais Os ventos alísios controlam a direção das águas da superfície do oceano para oeste, concentrando as correntes em um canal ao longo do equador (Figura 6.18). Essas correntes equatoriais permanecem próximo do equador por causa da fraca força de Coriolis, que é baixa nessa latitude. Com a aproximação dessas correntes superficiais às margens ocidentais dos oceanos, a água acaba empilhando-se nas margens orientais dos continentes. A altura média desse acúmulo é 15 cm. Esse fenômeno é a **intensificação de oeste**.

As águas que sofrem esse empilhamento são defletidas para o norte e para o sul em correntes fortes, sendo conduzidas por canais estreitos ao longo das linhas costeiras orientais. No Hemisfério Norte, as correntes do Golfo (*Gulf Stream*) e de Kuroshio (uma corrente a leste do Japão) movimentam-se forçosamente para o norte como resultado da intensificação de oeste. Suas velocidades e profundidades são intensificadas pela constrição da área que elas ocupam. As águas mornas, profundas e claras da corrente do Golfo (Figura 5.8) definem uma banda de 50 a 80 km de largura e 1,5 a 2,0 km de profundidade, que descrevem uma velocidade de 3 a 10 km/h. Em 24 horas, as águas oceânicas podem deslocar-se de 70 a 240 km pela corrente do Golfo.

Fluxos de ressurgência e subsidência **Correntes de ressurgência** ocorrem onde as águas superficiais são empurradas da costa por divergências em superfície (induzidas pela força de Coriolis) ou por ventos que se deslocam para o mar. Essas águas frias geralmente são ricas em nutrientes e emergem de grandes profundidades, para substituir as águas deslocadas. Tais correntes de ressurgência existem na costa do Pacífico da América do Norte e do Sul e da costa subtropical e de médias latitudes da África Ocidental. Essas áreas são algumas das mais piscosas da Terra.

Em outras regiões onde há um acúmulo de água – como a margem ocidental da corrente Equatorial, do mar de Labrador ou ao longo das margens da Antártica –, ocorre um excesso de águas mais frias que descendem, pela ação da gravidade, gerando uma **corrente de subsidência** (afundamento da massa d'água). Essas correntes profundas, que fluem verticalmente e ao longo do fundo oceânico, deslocam-se pelas bacias oceânicas, redistribuindo calor e salinidade pelo planeta.

Circulação termohalina – correntes de fundo

Diferenças de temperatura e salinidade (a quantidade de sais dissolvidos na água) produzem diferenças de densidade importantes para o fluxo das correntes profundas, conhecido como **circulação termohalina** ou CTH (*termo-* diz respeito a temperatura, e *-halino,* a salinidade). Viajando a velocidades bem mais lentas que as correntes em superfície controladas pelo vento, a circulação termohalina transporta maiores volumes de água. (A Figura 16.4 ilustra a estrutura física dos oceanos e os perfis de temperatura, salinidade e gases dissolvidos; observe as diferenças de temperatura e salinidade com a profundidade.)

Para entender a CTH, imagine um canal contínuo de água começando com o fluxo da Corrente do Golfo e da Deriva do Atlântico Norte (volte à Figura 6.18). Quando essa água morna e salgada se mistura com a água gelada do Oceano Ártico, ela esfria, aumenta de densidade e afunda. A água gelada subsidente no Atlântico Norte, em ambos os lados da Groenlândia, gera a corrente de fundo que então flui para o sul. A subsidência também ocorre nas latitudes altas do Hemisfério Sul, quando as correntes superficiais equatoriais mornas encontram águas geladas antárticas (Figura

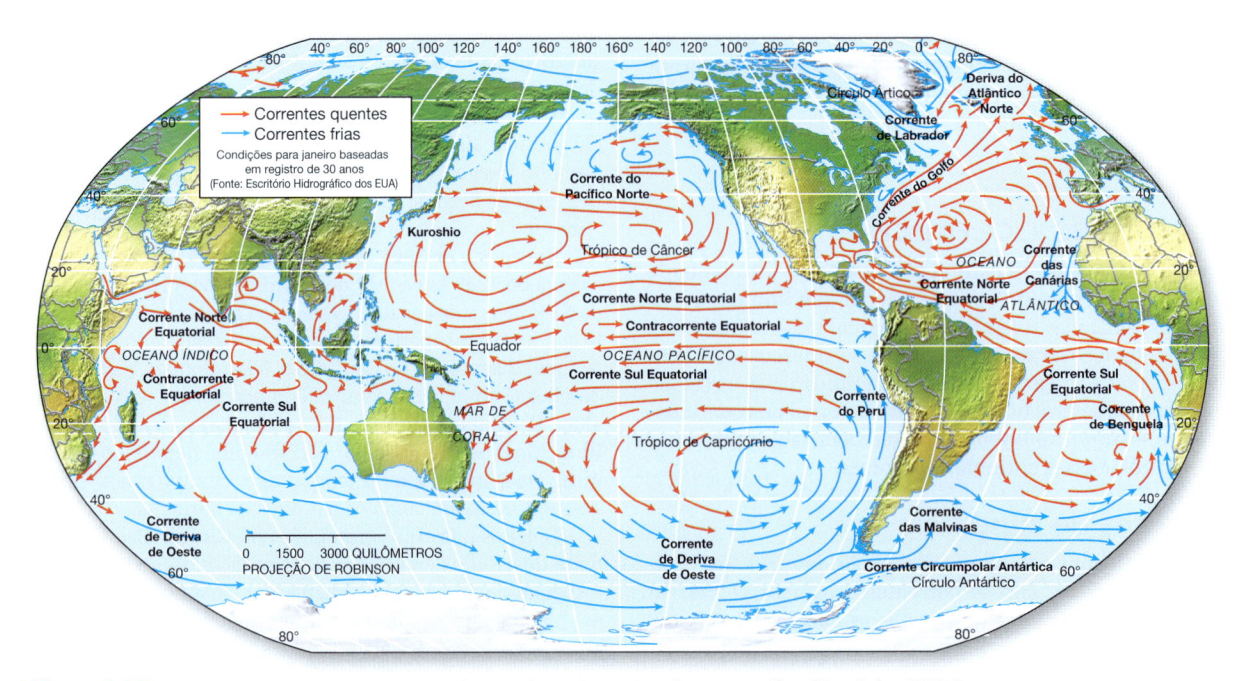

▲Figura 6.18 Principais correntes oceânicas. [Baseado no Escritório Oceanográfico Naval dos EUA.]

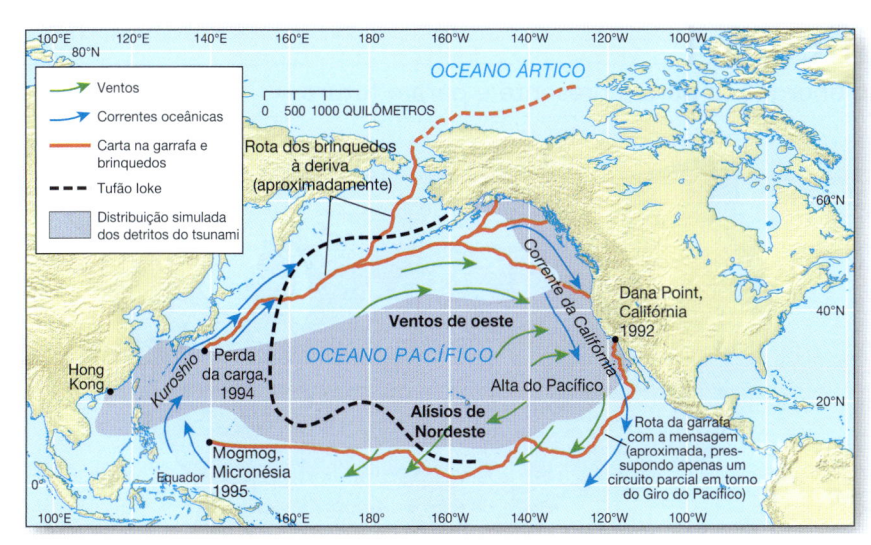

▲Figura 6.19 **Transporte de detritos marinhos pelas correntes do Oceano Pacífico.** Os caminho de uma carta em uma garrafa, patinhos de borracha e do tufão Ioke mostram o movimento das correntes no Giro do Pacífico. A distribuição dos detritos do tsunami japonês de 2011 é uma simulação computadorizada baseada nos ventos e nas correntes esperados até 7 de janeiro de 2012. [NOAA.]

uma grande entrada de água doce no Atlântico Norte poderia reduzir a densidade da água do mar o suficiente para não ocorrer mais subsidência lá – o que acabaria interrompendo a CTH.

Pesquisas científicas em andamento demonstram os efeitos da mudança climática no Ártico: temperaturas maiores, derretimento do gelo marinho, degelo do permafrost, derretimento de geleiras, maior escoamento em rios e mais precipitação, somado a um aumento geral na quantidade de água doce entrando no Oceano Ártico. Os modelos atuais sugerem que não ocorrerá um enfraquecimento significativo da CTH no século XXI. Para mais informações sobre essa frente essencial de pesquisa, verifique atualizações em http://sio.ucsd.edu/ ou http://www.whoi.edu/.

6.20). Como a água se move para o norte, ela esquenta; áreas de ressurgência ocorrem no Oceano Índico e no Pacífico Norte. Um circuito completo dessas correntes superficiais e subsuperficiais pode necessitar de 1000 anos.

As águas oceânicas superficiais passam por "dessalinização" nas regiões polares porque a água libera sal quando congelada (em essência, o sal é espremido da estrutura do gelo), estando então sem sal ao derreter. Essa dessalinização do oceano por meio do derretimento do gelo marinho está sendo acelerado pela mudança climática. O incremento nos índices de derretimento glacial e de mantos de gelo está criando águas de superfície doces e de baixa densidade, que são transportadas sobre as águas salinas, mais densas. Em teoria,

▼Figura 6.20 **Circulação termohalina no oceano profundo.** Essa vasta esteira de água retira energia térmica das correntes quentes da superfície e a leva às latitudes mais altas, liberando-a nas profundezas das bacias oceânica em correntes densas, frias, salinas e profundas. As quatro áreas em altas latitudes marcadas sobre o mapa (em azul) são onde as águas de superfície resfriam, afundam e realimentam a circulação de fundo.

Oscilações naturais da circulação geral

Diversas flutuações no sistema, que ocorrem em períodos multianuais ou até menores, são importantes para o cenário da circulação global da atmosfera. Oscilações multianuais afetam os padrões das temperaturas e pressão atmosférica e, portanto, também os ventos globais e os climas. A mais famosa delas é o fenômeno do El Niño-Oscilação Sul (ENOS), que afeta a temperatura e a precipitação em escala global. Descrevemos aqui o ENOS e apresentamos brevemente três outras oscilações de escala hemisférica.

El Niño-Oscilação Sul (ENOS)

Clima é o comportamento do tempo meteorológico ao longo do tempo, mas as condições meteorológicas normais podem incluir os extremos que se desviam da média em uma dada região. O **El Niño–Oscilação Sul (ENOS)** no Oceano Pacífico força a maior variabilidade interanual de temperatura e precipitação na escala global. Os peruanos chamaram esse evento de El Niño ("o menino Jesus", em espanhol) porque estes episódios pareciam ocorrer próximo à tradicional celebração do nascimento de Cristo, em dezembro. Na verdade, El Niños podem ocorrer a partir da primavera e verão, persistindo durante o ano todo.

A fria Corrente do Peru sai da costa oeste da América do Sul em direção ao norte, juntando-se ao movimento para o oeste da Corrente Equatorial Sul perto do equador (Figura 6.18). A Corrente do Peru faz parte da circulação padrão, anti-horária, dos ventos e das correntes marinhas de superfície, que giram ao redor da célula de alta pressão subtropical semipermanente, dominando o

Estudo Específico 6.1 Recursos sustentáveis
Energia eólica: um recurso energético para o presente e para o futuro

Os princípios da força dos ventos são antigos, mas a tecnologia é moderna e os benefícios são substanciais. Os cientistas estimam que, como recurso, o vento tem o potencial de gerar muitas vezes mais que a energia atualmente em demanda no planeta. Contudo, apesar da tecnologia à disposição, o desenvolvimento da energia eólica continua sendo freado, primordialmente pela política oscilante da energia renovável.

A natureza da energia eólica

A geração de energia a partir do vento depende de características locais do recurso eólico. Regiões favoráveis para vento consistente são áreas: (1) junto a litorais influenciados por ventos alísios e ventos de oeste; (2) onde passos montanhosos constringem o fluxo de ar, e os vales interiores desenvolvem áreas de baixa pressão térmicas, assim puxando ar pela topografia; e (3) onde ocorrem ventos localizados, como uma área extensa de pradarias relativamente planas, ou áreas com ventos catabáticos ou monçônicos. Muitos países economicamente pouco desenvolvidos são localizados em áreas onde ocorrem ventos constantes, como os ventos alísios.

Onde os ventos são suficientes, gera-se eletricidade com grupos de turbinas eólicas (em parques eólicos) ou instalações individuais. Onde os ventos têm uma consistência menor que 25–30%, somente o uso em pequena escala da energia eólica é economicamente viável.

O potencial da energia eólica nos Estados Unidos é enorme (Figura 6.1.1). No Meio-Oeste, a energia dos ventos de Dakota do Norte, Dakota do Sul e Texas já conseguiria atender a todas as necessidades elétricas dos EUA. Na Cadeia da Costa da Califórnia, brisas terra-mar sopram entre o Pacífico e o Vale Central, com um pico de intensidade entre abril e outubro, o que casualmente corresponde ao pico da demanda elétrica para ar-condicionado nos meses quentes do verão.

Na margem leste do Lago Erie, situa-se a siderúrgica desativada de Bethlehem Steel, contaminada com resíduo industrial até que o local foi revitalizado, com oito turbinas eólicas de 2,5 MW (Figura 6.1.2). Seis novas turbinas juntaram-se em 2012, compondo uma unidade de geração elétrica de 35 MW, a maior usina eólica urbana instalada no país. O antigo "terreno baldio" hoje fornece eletricidade suficiente para abastecer 15.000 lares no Oeste de Nova York. Uma expansão proposta adicionaria 500 MW vindos de cerca de 167 turbinas, que seriam instaladas dentro do Lago Erie. Com o slogan "Transformando o Cinturão da Ferrugem no Cinturão do Vento", essa ex-cidade siderúrgica está usando a energia eólica para se recuperar de uma depressão econômica.

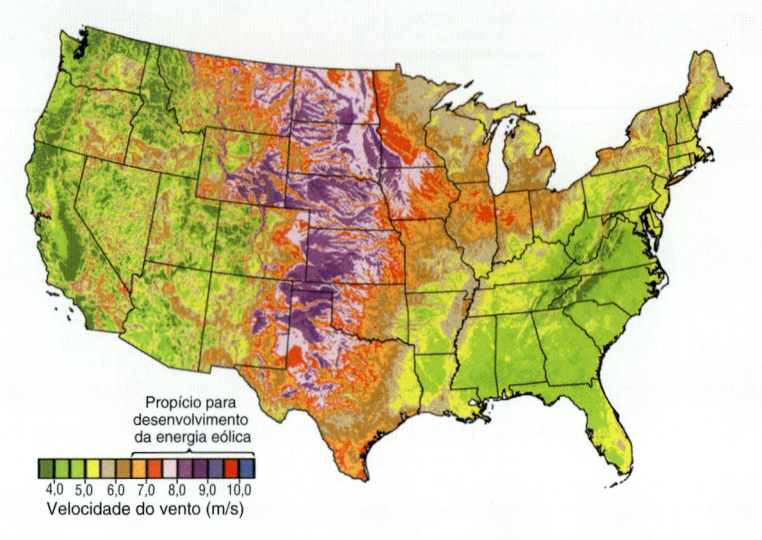

▲Figura 6.1.1 **Mapa da velocidade do vento nos Estados Unidos contíguos.** O mapa exibe as velocidades médias previstas do vento a uma altura de 80 m acima do solo. Áreas com velocidades de vento maiores que 6,5 m/s são consideradas propícias para desenvolvimento da energia eólica. O mapa possui uma resolução espacial de 2,5 km. [NREL e AWS Truepower.]

Pacífico oriental no Hemisfério Sul. Como resultado, uma localização como Guayaquil, Equador, normalmente recebe 91,4 cm de precipitação anual, sob domínio de uma alta pressão, ao passo que as ilhas do arquipélago da Indonésia recebem mais do que 254 cm de precipitação sob o domínio de uma baixa pressão. Este campo padrão de pressão é apresentado na Figura 6.21a.

El Niño – A fase quente do ENOS Ocasionalmente, por razões inexplicáveis, os padrões de pressão e temperatura na superfície do mar mudam sua localização tradicional no Pacífico. Pressões mais altas que o normal desenvolvem-se sobre o Oceano Pacífico ocidental e pressões mais baixas desenvolvem-se sobre o Pacífico Oriental. Os ventos alísios, que normalmente sopram de leste para oeste, enfraquecem e podem ser reduzidos ou mesmo substituídos por ventos em sentido oposto (de oeste para leste). A alteração dos padrões de pressão e dos ventos que ocorrem no Pacífico é a *Oscilação Sul*.

As temperaturas da superfície do mar ficam às vezes mais que 8°C acima do normal nas regiões central e leste do Oceano Pacífico durante o ENOS. Esta inversão substitui a água normalmente fria e rica em nutrientes na costa do Peru. Tal aquecimento das águas superficiais, criando a "piscina de água quente", pode estender-se até a Linha Internacional de Data. Essa piscina superficial de água quente é chamada de El Niño (Figura 6.21b), levando à designação ENOS – El Niño-Oscilação Sul. Em condições de El Niño, a *termoclina* (a camada de transição entre a água superficial e a água profunda mais fria que há embaixo) abaixa sua profundidade no Oceano Pacífico oriental, bloqueando a ressurgência. A mudança na direção do vento e as águas superficiais mais quentes desaceleram a ressurgência, que controla a disponibilidade de nutrientes na costa da América do Sul. Esta perda de nutrientes afeta o fitoplâncton e a cadeia alimentar marinha, privando de nutrientes peixes, mamíferos marinhos e aves predadoras.

O intervalo esperado de recorrência do ENOS é de 3 a 5 anos, mas um intervalo pode ser de 2 a 12 anos. A frequência

Embora a maior parte da energia eólica norte-americana seja em solo, o desenvolvimento eólico em águas tem alto potencial. A proposta do Parque Eólico de Cape, próximo a Cape Cod, Massachusetts, foi recentemente aprovada como o primeiro projeto *offshore* do país. Os proponentes esperam que, apesar da despesa extra com a instalação, a produção em água aumente, especialmente na costa oriental, onde os centros populacionais são próximos. Há no mínimo 12 projetos *offshore* sendo examinados, sendo a maioria deles na Costa Leste.

O atrativo do desenvolvimento da energia eólica em terra é ampliado pela renda gerada. Os agricultores nos Estados americanos de Iowa e Minnesota, individualmente, recebem cerca de US$ 2.000 anuais de receita para cada turbina eólica instalada em suas terras, e US$ 20.000 ao ano se forem proprietários de uma turbina – necessitando somente de 1000 m² para a instalação de uma turbina. A região centro-oeste americana estará perto de um *boom* econômico se o potencial da energia eólica e a capacidade instalada das linhas de transmissão forem desenvolvidos. Hoje, Iowa está em terceiro lugar em termos de capacidade instalada de energia eólica nos Estados Unidos.

Status e benefícios da energia eólica

Os recursos energéticos gerados pelo vento são a tecnologia energética de mais rápido crescimento – a capacidade cresceu em todo o mundo, em uma tendência contínua de duplicação a cada três anos. A capacidade total do mundo aproximava-se de 282.000 MW (ou 282 GW) no fim de 2012, vindo de instalações em mais de 81 países, incluindo o primeiro parque eólico comercial na África subsaariana, na Etiópia; isso representa um aumento de 19% em relação a 2011.

Nos Estados Unidos, a capacidade eólica instalada ultrapassou 60 GW em 2012, um aumento de 517% em 7 anos. Há instalações em operação em 39 estados, estando a maior capacidade de energia eólica no Texas, Califórnia, Iowa, Illinois e Oregon. Isso coloca a capacidade eólica instalada dos EUA em segundo lugar no mundo, atrás dos 77 GW da China, com a Alemanha em terceiro.

No fim de 2012, a Associação Europeia de Energia Eólica anunciou uma capacidade instalada de mais de 105.600 MW, suficiente para atender a 7% das suas necessidades de eletricidade. A Alemanha é quem mais tem, seguida por Espanha, Reino Unido, Itália e França. A União Europeia tem uma meta de 20% de toda a energia vir de fontes renováveis até 2020.

Os benefícios econômicos e sociais do uso de recursos eólicos são numerosos. Considerando todos os custos, essa energia tem custo competitivo e é de fato mais barata do que o petróleo, o carvão, o gás natural e a energia nuclear. A energia eólica é renovável e não provoca efeitos adversos sobre a saúde humana ou degradação ambiental. Os principais desafios da energia gerada pelos ventos são o alto investimento financeiro inicial exigido para construir as turbinas e o custo de montagem das linhas de transmissão para levar a eletricidade dos parques eólicos no campo até localidades urbanas.

Para oferecer uma perspectiva significativa a esses números, cada 10.000 MW de energia gerada pelo vento reduzem 33 milhões de t³ de emissões de dióxido de carbono geradas a partir do carvão, ou 21 milhões de t³ se substituir o conjunto de combustíveis fósseis. Se os países se unissem para criar até 2020 uma indústria de energia eólica orçada em US$ 600 bilhões – uma capacidade instalada de 1.250.000 MW –, isso forneceria 12% da demanda elétrica global. Até a metade deste século, a geração de energia elétrica de origem eólica poderá ser uma prática rotineira, juntamente a outras fontes de energia renovável.

▲**Figura 6.1.2 Turbinas eólicas localizados em uma antiga unidade industrial no Lago Erie.** O projeto "Steel Winds" começou em 2007, e em 2012 atingiu uma capacidade geradora total de 35 MW, o suficiente para abastecer 15.000 lares no Oeste de Nova York. [Ken JP Stucynski.]

---

e intensidade dos eventos ENOS aumentaram ao longo do século XX, sendo tópico de muitas pesquisas para investigar a relação com as mudanças climáticas globais. Embora estudos recentes sugiram que esse fenômeno pode ser mais sensível à mudança global do que o pensado anteriormente, os cientistas não encontraram uma conexão definitiva.

Os dois maiores eventos ENOS dos últimos 120 anos foram em 1982-1983 e em 1997-1998. O último El Niño arrefeceu em maio de 2010 (Figura 6.21d). Apesar de o padrão ter recomeçado a se formar no fim do verão de 2012, gerou um El Niño fraco, que terminou no início de 2013.*

La Niña – A fase fria do ENOS Quando as águas superficiais nas regiões central e leste do Pacífico resfriam menos do que 0,4°C ou mais do que o normal, a condição é denominada *La Niña*, que em espanhol significa "a menina". Essa condição é mais fraca e menos consistente do que o El Niño; além disso, não há correlação de força ou fraqueza entre as fases. Por exemplo, sucedendo o evento ENOS de 1997–1998, recorde, o La Niña subsequente não foi tão forte quanto o previsto. Esta La Niña também esteve associado a águas quentes residuais (Figura 6.21c).

Em contraste, a La Niña de 2010-2011 foi uma das mais fortes já registradas, conforme os indicadores atmosféricos (sendo correlacionado com as anomalias na temperatura da superfície do mar, Figura 6.21e). Esse evento teve correspondência com o dezembro mais chuvoso da História e grandes alagamentos em Queensland e em todo o Leste da Austrália, com chuvas volumosas levando à pior inundação do país em 50 anos. Semanas de precipitação fizeram o Rio Fitzroy transbordar, inundando uma área do tamanho da França e Alemanha juntas e obrigando milhões de pessoas a serem

---

*N. de R.T.: O El Niño de 2015-2016 foi considerado um dos mais intensos, ainda que não tenha sido mais forte do que os de 1982-1983 e 1997-1998.

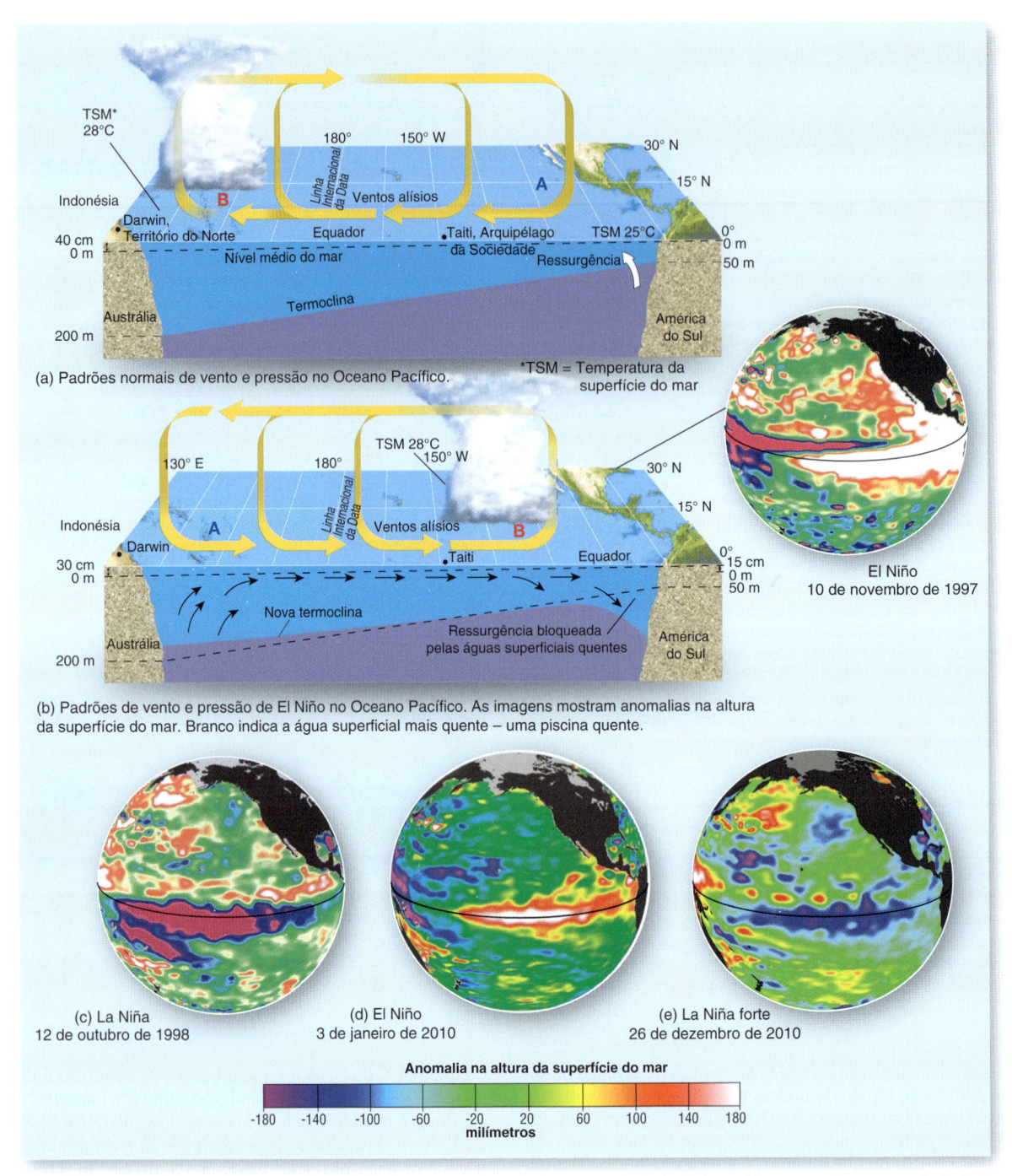

▲Figura 6.21 **Oceano Pacífico em condições normais, de El Niño e La Niña.** [(a) e (b) adaptado e corrigido a partir de C. S. Ramage, "El Niño." © 1986 by *Scientific American*, Inc. (b)–(c) *TOPEX/Poseidon*, (d) *Jason–1*, (e) Imagens do *OSTM-Jason–2* cortesia de Jet Propulsion Laboratory, NASA.]

evacuadas (vide Figura 6.22). Essa La Niña intensificou-se novamente no fim de 2011, durando até 2012.

Efeitos globais relacionados ao ENOS Efeitos meteorológicos e climáticos de curto prazo relacionados ao ENOS ocorrem em todo o mundo, mas variam dependendo da localidade. O El Niño está relacionado a secas na África do Sul, no sul da Índia, na Austrália e nas Filipinas; a fortes furacões no Pacífico, incluindo o Tahiti e a Polinésia Francesa; e a inundações no sudoeste e nos estados montanhosos dos Estados Unidos, Bolívia, Cuba, Equador e Peru; e no sul do Brasil. Na Índia, cada seca dos últimos 400 anos pode ter relação com essa fase quente do ENOS. O La Niña frequentemente traz condições mais úmidas para toda a Indonésia, Pacífico Sul e norte do Brasil. A estação de furacões do Atlântico enfraquece durante os El Niños e fortalece durante os anos de La Niña. (Acesse http://www.esrl.noaa.gov/psd/enso/ para saber mais sobre o ENOS, ou visite a Página Temática do El Niño da NOAA em http://www.pmel.noaa.gov/toga-tao/el-nino/nino-home.html.)

Oscilação Decenal do Pacífico

A *Oscilação Decenal no Pacífico (ODP)* é um padrão de temperaturas da superfície do mar, pressão atmosférica e ventos que se desloca entre o Pacífico ocidental setentrional e tropical (costa da Ásia) e o Pacífico tropical oriental (na Costa Oeste dos EUA). A ODP, que dura entre 20 e 30 anos, tem duração maior do que a variação de 2 a 12 anos do ENOS. A ODP é mais forte no Pacífico Norte que no Pacífico tropical, outra distinção em relação ao ENOS.

A fase negativa ou fria da ODP ocorre quando temperaturas mais altas do que o normal predominam nas regiões setentrionais e tropicais do Pacífico ocidental e temperaturas menores ocorrem na região tropical oriental; essas condições verificaram-se entre 1947 e 1977.

Uma troca para uma fase positiva ou quente da ODP deu-se entre 1977 e a década de 1990, quando temperaturas mais baixas do que o normal foram verificadas no Pacífico setentrional e ocidental e temperaturas maiores do que o normal dominaram a região tropical oriental. Isso coincidiu com uma época de eventos mais intensos de ENOS. Em 1999, começou uma fase negativa com 4 anos de duração, seguiu-se uma fase positiva amena de 3 anos e hoje a ODP está em fase negativa desde 2008. Essa fase negativa da ODP pode significar uma década ou mais de condições mais secas no Sudoeste dos EUA, assim como invernos mais frios e úmidos no Noroeste dos EUA.

A ODP afeta a pesca na costa pacífica dos EUA, com as regiões mais produtivas deslocando-se para o norte, em direção ao Alasca, nas fases quentes da ODP; e para o sul, pela costa californiana, nas fases frias. As causas da ODP e sua variabilidade cíclica, no tempo, ainda são desconhecidas. Para mais informações, acesse http://www.nc-climate.ncsu.edu/climate/patterns/PDO.html.

Oscilações do Atlântico Norte e do Ártico

A flutuação norte-sul da variabilidade atmosférica descreve a Oscilação do Atlântico Norte (OAN) como a diferença de pressão entre a Baixa da Islândia e a Alta dos Açores no Atlântico, que alternam de um gradiente de pressão fraco para um forte. A OAN está em sua fase positiva quando um gradiente de pressão forte é formado por um sistema de baixa pressão islandês mais baixo que o normal e uma célula de alta pressão dos Açores mais alta do que o normal (repasse as suas localizações na Figura 6.10). Nesse cenário, fortes ventos de oeste e correntes de jato cruzam o Atlântico leste. No leste dos Estados Unidos, os invernos tendem a ser menos severos que no norte da Europa, onde ocorrem fortes tempestades úmidas e tépidas. Em contrapartida, a região do Mediterrâneo fica seca.

Na fase negativa, a OAN apresenta um gradiente de pressão mais fraco que o normal entre os Açores e a Islândia, além da redução dos ventos de oeste e das correntes de jato. A rota das tempestades muda para o sul na Europa, levando condições úmidas para o Mediterrâneo e ventos frios e secos para o norte da Europa. A região leste dos Estados Unidos registra invernos frios e com mais neve, à medida que as massas de ar do Ártico invadem latitudes mais baixas.

A OAN alterna imprevisivelmente entre as fases positiva e negativa, às vezes mudando de uma semana para outra. De 1980 a 2008, a OAN foi mais positiva; entretanto, por todo 2009 e até o início de 2010, a OAN foi mais negativa (acesse http://www.ncdc.noaa.gov/teleconnections/nao/).

Flutuações variáveis entre as condições de massas de ar entre as latitudes médias e altas no Hemisfério Norte produzem a *Oscilação do Ártico (OA)*. A OA está associada à OAN, especialmente no inverno, e suas fases se correlacionam. Na fase positiva ou quente da OA (OAN positiva), o gradiente de pressão é afetado por um campo de pressão mais baixo que o normal sobre a região polar norte e relativamente mais alto sobre as baixas latitudes. Estas condições estabelecem ventos de oeste mais fortes e uma corrente de jato uniformemente forte, além de um fluxo de correntes marinhas mais fortes e quentes do Atlântico Norte para o Oceano Ártico. As massas de ar frio não migram tanto para o sul no inverno, por isso os invernos são mais frios do que o normal na Groenlândia.

Na fase negativa ou fria da OA (OAN negativa), o padrão se inverte. Há pressão mais alta que o normal sobre a região polar, e pressão relativamente mais baixa sobre o Atlântico Central. O fluxo mais fraco de vento zonal no inverno permite a entrada de massas de ar gelado no Leste dos Estados Unidos, norte da Europa e Ásia, com um aumento sensível na espessura do gelo marinho do Oceano Ártico. A Groenlândia, a Sibéria, o Norte do Alasca e o Arquipélago Canadense ficam mais quentes do que o normal.

O inverno do Hemisfério Norte de 2009-2010 apresentou fluxos incomuns de ar gelado para as latitudes médias. Com a queda das temperaturas no Nordeste e Meio-Oeste dos EUA, a região circumpolar teve condições de 15 a 20°C acima da média. Em dezembro de 2009, a OA teve sua fase mais negativa desde 1970; ficou ainda mais negativa em fevereiro de 2010 (acesse http://nsidc.org/arcticmet/patterns/arctic_oscillation.html).

Pesquisas recentes mostram que o derretimento do gelo marinho na região ártica pode estar forçando uma OA negativa. Com o derretimento do gelo marinho, o oceano aberto retém calor, que ele libera para a atmosfera no outono, esquentando o ar ártico. Isso diminui a diferença de temperatura entre os polos e as latitudes médias e reduz a força do vórtex polar, fortes padrões de ventos que retêm massas de ar ártico nos polos. O enfraquecimento do vórtex polar debilita a corrente de jato, que então segue em meandros em direção norte-sul. Isso força uma OA negativa, levando a invernos geralmente gelados no Hemisfério Norte e à presença de um sistema de alta pressão, bloqueio atmosférico, sobre a Groenlândia. A Figura DH 6 em *O Denominador Humano* ilustra esse fenômeno, assim como outros exemplos de interações entre os humanos e os padrões de circulação da Terra.

GEOrelatório 6.5 La Niña de 2010-2011 quebra recordes

O *Índice de Oscilação Sul (IOS)* mede a diferença de pressão atmosférica entre Tahiti e Darwin, Austrália, sendo um dos diversos índices atmosférico utilizados para monitorar o ENOS. Em geral, o IOS é negativo durante o El Niño e positivo durante a La Niña. Esse índice tem correspondência com as alterações na temperatura da superfície do mar (TSM) no Pacífico: valores negativos de IOS coincidem com TSM quentes (El Niño), e valores positivos de IOS estão correlacionados a TSM frias (La Niña). Na La Niña de 2010-2011, o IOS atingiu níveis recorde, coincidindo com drásticos eventos meteorológicos na Austrália.

O DENOMINADOR **humano** 6 Circulação global

CIRCULAÇÃO ATMOSFÉRICA E OCEÂNICA ⇨ HUMANOS

- Vento e pressão contribuem para a circulação atmosférica geral da Terra, que determina os sistemas meteorológicos e dispersa poluição natural e antropogênica por todo o globo.
- Oscilações naturais da circulação global, como o ENOS, afetam o tempo global.
- As correntes oceânicas levam detritos humanos e espécies não nativas para áreas remotas e espalham derramamentos de óleo por todo o globo.

HUMANOS ⇨ CIRCULAÇÃO ATMOSFÉRICA E OCEÂNICA

- A mudança climática pode estar alterando os padrões de circulação atmosférica, especialmente em relação ao derretimento do gelo marinho ártico e à corrente de jato, assim como pode estar causando uma possível intensificação das células de alta pressão subtropicais.
- A poluição do ar na Ásia afeta o fluxo de vento monçônico; um fluxo mais fraco pode reduzir as chuvas e afetar a disponibilidade de água.

6a Em junho de 2012, uma doca encalhou em Oregon, 15 meses após um tsunami tê-la arrancado mar adentro em Misawa, Japão. A doca viajou cerca de 7280 km em correntes oceânicas de todo o Pacífico. [Rick Bowmer, Associated Press.]

6b Os cientistas acreditam que o derretimento do gelo marinho no Ártico em função da mudança climática está alterando o equilíbrio de temperatura e pressão entre as regiões polar e de latitude média. Isso enfraquece a corrente de jato (que direciona sistemas meteorológicos de oeste para o leste em todo o planeta), criando grandes meandros que levam condições mais frias para os Estados Unidos e a Europa e condições de alta pressão sobre a Groenlândia. [Baseado em C.H. Greene and B.C. Monger (2012), Rip current: An arctic wild card in the weather, *Oceanography* 25(2):7-9.]

Essa imagem Blue Marble da NASA mostra a topografia da superfície terrestre e a batimetria (profundidade do assoalho oceânico). [Blue Marble–Next Generation, NASA, 2004.]

6d Os praticantes de windsurf aproveitam os efeitos dos ventos mistral no litoral sul da França. Esses ventos frios e secos, criados pelos gradientes de pressão, sopram pela Europa em direção ao sul, passando pelo vale do Rio Ródano. [Gardel Bertrand/Hemis/Alamy.]

6c Em agosto de 2010, uma chuva monçônica provocou enchentes no Paquistão, afetando 20 milhões de pessoas e levando a mais de 2000 mortes. As chuvas vieram de um fluxo monçônico anomalamente forte, intensificado por uma La Niña. Veja o Capítulo 14 para imagens de satélite do Rio Indo durante esse acontecimento. [Andrees Latif/Reuters.]

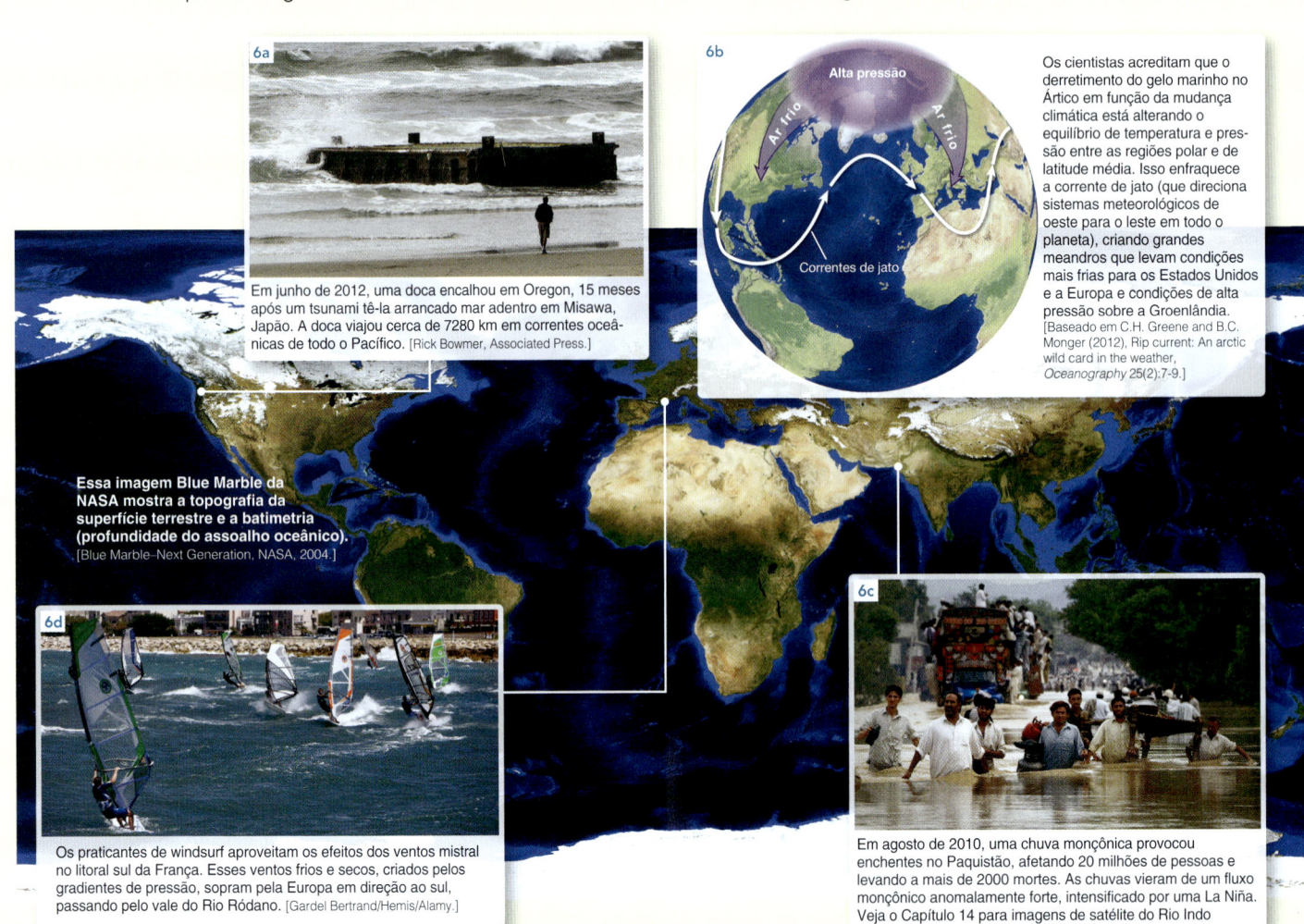

QUESTÕES PARA O SÉCULO XXI

- A energia eólica é um recurso renovável, com uso em expansão.
- A mudança climática que está ocorrendo pode afetar as correntes oceânicas, incluindo a circulação termohalina, assim como as oscilações naturais da circulação, como a OA e a ODP.

conexão GEOSSISTEMAS

Com este capítulo, você conclui a trajetória de entradas-ações-saídas da Parte I, O Sistema Energia-Atmosfera. No caminho, você examinou as muitas maneiras como esses sistemas terrestres afetam nossas vidas e as muitas maneiras como a sociedade humana está interferindo neles. Com base nesse fundamento, agora passaremos para a Parte II, "A Água e os Sistemas Meteorológico e Climático". Água e gelo cobrem 71% da superfície da Terra, fazendo da Terra um planeta aquoso. Essa água é impelida pelos sistemas energéticos Terra-atmosfera, gerando tempo meteorológico, recursos hídricos e clima.

REVISÃO DOS CONCEITOS-CHAVE DE aprendizagem

■ *Definir* pressão atmosférica e *descrever* os instrumentos empregados para medi-la.

O peso da atmosfera em termos de força por unidade de área é a **pressão atmosférica**, criada pelo movimento, tamanho e número de moléculas. O **barômetro de mercúrio** mede a pressão do ar na superfície (o mercúrio encontra-se dentro do cilindro – fechado em uma extremidade e aberto na outra, com a extremidade aberta disposta dentro de um recipiente com mercúrio, que altera o nível em resposta às alterações de pressão), assim como o **barômetro aneroide** (uma célula fechada, com vácuo incompleto, que detecta alterações na pressão).

pressão atmosférica (p. 135)
barômetro de mercúrio (p. 136)
barômetro aneroide (p. 136)

1. Como o ar exerce pressão? Descreva o instrumento básico empregado para medir a pressão do ar. Compare a operação dos dois tipos de instrumentos discutidos.
2. Qual é a relação entre pressão atmosférica e densidade do ar? E entre pressão atmosférica e temperatura do ar?
3. Qual é a pressão normal ao nível do mar em milímetros? E em milibares? Polegadas? Quilopascals?

■ *Definir* vento e *explicar* como ele é medido, como é determinada sua direção e como os ventos recebem seus nomes.

Vento é o movimento horizontal do ar em relação à superfície da Terra; a turbulência acrescenta correntes ascendentes e descendentes e, portanto, uma componente vertical a essa definição. A velocidade do vento é medida com um **anemômetro** (um aparelho com conchas que se movimentam com o vento) e sua direção é determinada por uma **aleta** (lâmina ou superfície que é perfilada na direção do vento).

vento (p. 136)
anemômetro (p. 136)
aleta (p. 136)

4. Qual é a explicação possível para os belos crepúsculos vespertinos e matutinos no verão do ano de 1992 na América do Norte? Relacione a sua resposta com a circulação global.
5. Explique a afirmação: "A atmosfera socializa a humanidade, fazendo com que o mundo seja uma sociedade espacialmente conectada". Ilustre a sua resposta com alguns exemplos.
6. Defina o vento. Como ele é medido? Como é determinada a sua direção?

■ *Explicar* as quatro forças principais que controlam a atmosfera – gravidade, força do gradiente de pressão, força de Coriolis e força de fricção – e *localizar* as áreas de alta e baixa pressão e os ventos principais.

A pressão que a *força gravitacional* da Terra exerce sobre a atmosfera é praticamente uniforme em todo o mundo. A **força do gradiente de pressão** governa os ventos quando o ar passa de áreas de alta pressão para áreas de baixa pressão. Os padrões de pressão do ar podem ser representados por mapas, ao empregar linhas que conectam pontos de igual pressão – **isóbaras**. A **força de Coriolis** provoca uma deflexão aparente na trajetória dos ventos e das correntes oceânicas em função da rotação da Terra. Essa força deflete os objetos para a direita no Hemisfério Norte e para a esquerda no Hemisfério Sul. A **força de fricção** arrasta os ventos sobre as superfícies variadas da Terra, em oposição ao gradiente de pressão. Em combinação, o gradiente de pressão e a força de Coriolis (estando ausente a força de fricção) produzem os **ventos geostróficos**, que se movem paralelamente às isóbaras, o que é característico dos ventos acima da camada friccional da superfície.

Em um sistema de alta pressão, ou **anticiclone**, os ventos descendem e divergem, saindo em espiral anti-horária no Hemisfério Sul. Em um sistema de baixa pressão, ou **ciclone**, os ventos convergem e ascendem, em espiral horária no Hemisfério Sul. (Ambas as direções rotacionais são invertidas no Hemisfério Norte.)

Os padrões de altas e baixas pressões sobre a Terra formam cinturões em cada hemisfério, produzindo a distribuição de sistemas de ventos específicos. Essas regiões de pressão primária são a **baixa equatorial**, as fracas **altas polares** (nos Polos Norte e Sul), as **altas subtropicais** e as **baixas subpolares**.

Ao longo de toda a linha do Equador, os ventos convergem para um sistema de baixa equatorial, criando a **Zona de Convergência Intertropical (ZCIT)**. O ar eleva-se nessa zona e descende nos subtrópicos de cada hemisfério. Os ventos que retornam para a ZCIT, do nordeste no Hemisfério Norte e do sudeste no Hemisfério Sul, produzem os **ventos alísios**.

As células de alta pressão subtropicais da Terra geralmente situam-se entre 20° e 35° de cada hemisfério. No Hemisfério Norte, elas incluem a **Alta das Bermudas**, a **Alta dos Açores** e a **Alta do Pacífico**. Os ventos que fluem para fora das regiões subtropicais, até latitudes maiores, produzem os **ventos de oeste**, em ambos os hemisférios.

A **frente polar** é uma área de contraste entre o ar frio polar e o ar mais quente em direção ao equador. Entre as células de baixa pressão junto à frente polar norte, a **Baixa das Aleutas** e a **Baixa da Islândia** dominam o Pacífico Norte e o Atlântico, respectivamente. Os **ventos polares de leste**, fracos e variáveis, divergem das células de alta pressão nos dois polos, sendo a mais forte a **Alta da Antártica**.

força do gradiente de pressão (p. 138)
isóbara (p. 138)
força de Coriolis (p. 138)
força de fricção (p. 140)
ventos geostróficos (p. 142)
anticiclone (p. 142)
ciclone (p. 142)
baixa equatorial (p. 143)
alta polar (p. 143)
alta subtropical (p. 144)
baixa subpolar (p. 144)
Zona de Convergência Intertropical (ZCIT) (p. 144)
ventos alísios (p. 144)
Alta das Bermudas (p. 144)
Alta dos Açores (p. 144)

Alta do Pacífico (p. 144)
ventos de oeste (p. 145)
Baixa das Aleutas (p. 145)
Baixa da Islândia (p. 145)
frente polar (p. 145)
ventos polares de leste (p. 145)
Alta da Antártica (p. 145)

7. O que representa um mapa de pressão atmosférica da superfície? Contraste os campos de pressão sobre a América do Norte em janeiro e julho.
8. Descreva os efeitos da força de Coriolis. Explique como ela parece defletir as circulações atmosférica e oceânica.
9. O que são ventos geostróficos e onde eles se encontram na atmosfera?
10. Descreva a movimentação do ar, horizontal e vertical, em um anticiclone e em um ciclone.
11. Construa um diagrama simples da circulação geral da atmosfera da Terra. Inicialmente, identifique os quatro principais cinturões de pressão (ou zonas) e, em seguida, acrescente vetores (flechas) entre esses sistemas de pressão para denotar os três sistemas de ventos principais.
12. Qual é a relação entre a Zona de Convergência Intertropical (ZCIT) e a baixa equatorial? Como a ZCIT aparece nas imagens de satélite de precipitação acumulada para janeiro e julho em GEA 6.2?
13. Caracterize o cinturão de alta pressão subtropical da Terra e informe o nome de várias células específicas. Descreva a geração dos ventos de oeste e alísios e seus efeitos sobre a navegação a vela.
14. Qual é a relação entre a Baixa das Aleutas, a Baixa da Islândia e as tempestades ciclônicas migratórias sobre a América do Norte? E sobre a Europa?

■ *Descrever* a circulação atmosférica superior e *definir* as correntes de jatos.

Uma **superfície isobárica constante** – uma superfície que varia em altitude de lugar para lugar, de acordo com a ocorrência de uma dada pressão atmosférica, como 500 mb – é útil para visualizar os padrões de vento geostrófico na troposfera média e superior. As variações na altitude dessa superfície mostram as cristas e os cavados em volta dos sistemas de alta e baixa pressão. Áreas de ventos superiores convergentes sustentam altas superficiais, e áreas de ventos superiores divergentes sustentam baixas superficiais.

Vastos movimentos em onda nos ventos de oeste superiores são conhecidos como **ondas de Rossby**. Fluxos predominantes de ventos de oeste de alta velocidade, na troposfera superior, são as **correntes de jato**. Dependendo da sua posição latitudinal, em ambos os hemisférios, elas são denominadas *corrente de jato polar* ou *corrente de jato subtropical*.

superfície isobárica constante (p. 145)
ondas de Rossby (p. 149)
correntes de jato (p. 149)

15. Qual é a relação entre a velocidade do vento e o espaçamento entre as isóbaras?
16. Como a superfície isobárica constante (especialmente as cristas e os cavados) está relacionada a sistemas de pressão superficial? E com a divergência em altitude e a baixa em superfície? E com a convergência em altitude e a alta em superfície?
17. Relacione o fenômeno da corrente de jato com a circulação geral da atmosfera em altitude. Como a presença dessa circulação está relacionada às escalas de voo de Nova York a San Francisco e no retorno a Nova York?

■ *Explicar* as monções regionais e os diversos tipos de ventos locais.

As monções são sistemas de ventos intensos, que mudam sazonalmente e que ocorrem nos trópicos sobre o sudeste asiático, Indonésia, Índia, Austrália setentrional, África equatorial e Arizona meridional (EUA). Esses ventos estão associados a um ciclo anual de precipitação recorrente junto ao Sol do verão, tendo o nome derivado da palavra árabe para estação, *mausim* – **monção**. A localização e o tamanho da massa continental asiática e sua proximidade com a mudança sazonal da ZCIT controlam as monções da Ásia meridional e oriental.

A diferença nas características de aquecimento das superfícies de terra e água cria **brisas terra-mar**. Diferenças de temperatura entre o dia e a noite, entre os vales e os cumes das montanhas causam as **brisas montanha-vale**. **Ventos catabáticos**, ou ventos de drenagem por gravidade, são ventos regionais de maior escala e, sob certas condições, são geralmente mais fortes que as brisas montanha-vale. Platôs elevados, ou planaltos, são essenciais para que camadas de ar na superfície resfriem, tornem-se mais densas e sejam forçadas a descer as encostas.

monções (p. 150)
brisas terra-mar (p. 152)
brisas montanha-vale (p. 152)
ventos catabáticos (p. 152)

18. Descreva os padrões de pressão sazonais que produzem os ventos de monção asiáticos e os padrões de precipitação. Contraste as condições de janeiro e julho.
19. As pessoas que vivem ao longo da costa geralmente sentem as variações do vento durante o dia e à noite. Explique os fatores que produzem a alteração desses padrões de vento.
20. O arranjo das montanhas e vales associados produz padrões de ventos locais. Explique os ventos diurnos e noturnos que podem se desenvolver.
21. Este capítulo apresenta a tecnologia de energia eólica como bem-desenvolvida e custo-efetiva. Dadas as informações apresentadas e seu trabalho extra de pensamento crítico, a quais conclusões você chegou?

■ *Esboçar* os padrões básicos das principais correntes oceânicas superficiais da Terra e a circulação termohalina.

As correntes oceânicas são basicamente causadas pelo arrasto friccional do vento e ocorrem ao redor do mundo sob intensidades, temperaturas e velocidades variáveis, tanto ao longo da superfície como nas grandes profundidades das bacias oceânicas. A circulação ao redor das células de alta pressão subtropical, em ambos os hemisférios, é observável no mapa de circulação dos oceanos – esses giros são normalmente deslocados em direção ao lado ocidental de cada bacia oceânica.

Os ventos alísios convergem ao longo da ZCIT e empurram enormes quantidades de água, empilhando-a na margem leste dos continentes. Esse processo é conhecido como **intensificação de oeste**. Uma **corrente de ressurgên-**

cia ocorre quando a água em superfície é dispersada da costa pela divergência em superfície (induzida pela força de Coriolis) ou pelos ventos gerados nas superfícies dos oceanos. Essas águas frias geralmente são ricas em nutrientes e emergem de grandes profundidades, para substituir as águas deslocadas. Em outras regiões oceânicas onde a água se acumula, a água excedente gravita para baixo, em uma **corrente de subsidência**. Essas correntes geram mistura vertical de energia térmica e salinidade.

As diferenças de temperatura e salinidade produzem importantes diferenças de densidade para o fluxo das correntes profundas (às vezes verticais); trata-se da **circulação termohalina** da Terra. Viajando a velocidades bem mais lentas que as correntes em superfície controladas pelo vento, a circulação termohalina transporta maiores volumes de água. Os cientistas têm a preocupação de que as temperaturas mais altas na superfície do oceano e na atmosfera, acopladas com as mudanças ambientais associadas à salinidade, possam alterar o ritmo da circulação termohalina nos oceanos.

> **intensificação de oeste (p. 154)**
> **corrente de ressurgência (p. 154)**
> **corrente de subsidência (p. 154)**
> **circulação termohalina (p. 154)**

22. Defina a intensificação de oeste. Como esse fenômeno está relacionado com as Correntes do Golfo e de Kuroshio?
23. Onde ocorrem as correntes de ressurgência? Qual é a natureza dessas correntes? Onde ficam as quatro áreas de subsidência que alimentam as densas correntes de fundo?
24. Qual é o significado da circulação termohalina? Qual é a velocidade de fluxo dessas correntes? Como essa circulação estaria relacionada com a corrente do Golfo no Oceano Atlântico ocidental?
25. Em relação à Pergunta 24, que efeitos a mudança climática pode ter sobre essas correntes de fundo?

■ *Resumir* **as oscilações multianuais da temperatura do ar, pressão atmosférica e circulação associadas aos Oceanos Ártico, Atlântico e Pacífico.**

Diversas flutuações no sistema, que ocorrem em períodos multianuais ou até menores, são importantes para o cenário da circulação global da atmosfera. A mais famosa delas é o **El Niño-Oscilação Sul (ENOS)** no Oceano Pacífico, que afeta a variabilidade interanual do clima em escala global.

A *Oscilação Decenal do Pacífico (ODP)* é um padrão em que as temperaturas da superfície do mar e a pressão atmosférica relacionada variam alternadamente entre duas regiões do Oceano Pacífico: (1) o Pacífico ocidental setentrional e tropical; e (2) o Pacífico tropical oriental, junto à Costa Oeste dos EUA. A ODP alterna entre fases positivas e negativas em ciclos de 20 a 30 anos.

A flutuação norte-sul da variabilidade atmosférica descreve a *Oscilação do Atlântico Norte (OAN)*, em que diferenças de pressão entre a Baixa da Islândia e a Alta dos Açores no Atlântico alternam de um gradiente de pressão fraco para um forte. A *Oscilação do Ártico (OA)* é a flutuação variável entre as condições de massa de ar entre as médias latitudes e as altas latitudes sobre o Hemisfério Norte. A OA está associada à OAN, especialmente no inverno. No inverno de 2009-2010, a OA esteve em sua fase mais negativa desde 1970.

El Niño-Oscilação Sul (ENOS) (p. 155)

26. Descreva as alterações nas temperaturas da superfície do mar e na pressão atmosférica que ocorrem no El Niño e na La Niña, as fases quente e fria do ENOS. Quais são alguns dos efeitos climáticos gerados ao redor do mundo?
27. Qual é a relação entre a ODP e a força dos eventos do El Niño? E entre as fases da ODP e o clima no Oeste dos Estados Unidos?
28. Quais são as fases identificadas para a OA e a OAN? Quais são as condições meteorológicas de inverno que geralmente afetam o leste dos Estados Unidos durante cada fase? O que aconteceu no inverno de 2009-2010 no Hemisfério Norte?

Resposta do Pensamento Crítico 6.2: A estação seca no norte da Austrália ocorre entre maio e outubro, aproximadamente, durante o inverno do Hemisfério Sul. Os alísios de sudeste sopram ar seco do continente australiano rumo ao norte, sobre o Pacífico ocidental, até a Indonésia. Nessa época, há pressão alta sobre a Austrália (veja a pressão em junho na Figura 6.10). A estação úmida ocorre entre novembro e abril, aproximadamente, durante o verão australiano (veja o padrão de chuvas em janeiro na Figura GEA 6.2). A ZCIT traz ar úmido e morno sobre o Norte da Austrália nessa época. Para mais informações, acesse http://www.environment.gov.au/soe/2001/publications/theme-reports/atmosphere/atmosphere02-1.html e desça até "monsoon".

Sugestões de leituras em português

AYOADE, J. O. *Introdução à climatologia para os trópicos*. São Paulo: Bertrand-Brasil, 2002.

BARRY, R. G.; CHORLEY, R. *Atmosfera, tempo e clima*. 9. ed. Porto Alegre: Bookman, 2012.

FERREIRA, A. G. *Meteorologia prática*. São Paulo: Oficina de Textos, 2006.

GOODY, R. M.; WALKER, J. C. G. *Atmosferas planetárias*. São Paulo: Edgard Blücher, 1996.

MENDONÇA, F.; DANNI-OLIVEIRA, I. M. *Climatologia*: noções básicas e climas do Brasil. São Paulo: Oficina de Textos, 2007.

VAREJÃO-SILVA, M. A. *Meteorologia e climatologia*. Brasília: INMET, 2000.

VIANELLO, R. L.; ALVES, A. R. *Meteorologia básica e aplicações*. 2. ed. Viçosa: UFV, 2012.

II A Água e os Sistemas Meteorológico e Climático

CAPÍTULO 7
Água e umidade atmosférica 166

CAPÍTULO 8
Tempo meteorológico 190

CAPÍTULO 9
Recursos hídricos 222

CAPÍTULO 10
O sistema climático global 256

CAPÍTULO 11
Mudança climática 286

A terra é o planeta água. O Capítulo 7 descreve as qualidades e propriedades incomuns que a água possui. Também examina a dinâmica diária da atmosferia – a poderosa interação de umidade e energia na forma de calor latente, a estabilidade e instabilidade resultante das condições atmosféricas e as variedades de formas de nuvens – tudo que é importante para compreender o tempo meteorológico. O Capítulo 8 examina o tempo e suas causas, incluindo interações das massas de ar, mapa meteorológico diário e análise de fenômenos violentos e tendências recentes em tempestades, tornados e furacões.

▼ Ondas do oceano ao acaso. [Photoff/Shutterstock.]

ENTRADAS
Água
Umidade atmosférica

AÇÕES
Umidade
Estabilidade atmosférica
Massas de ar

SAÍDAS
Tempo meteorológico
Recursos hídricos
Padrões climáticos

RELAÇÃO HUMANOS-TERRA
Mudança climática
Tempo severo
Escassez de água
Poluição da água

O Capítulo 9 descreve a distribuição da água na Terra, incluindo a circulação da água no ciclo hidrológico. Os recursos hídricos são um resultado do sistema água-tempo. Examinamos o conceito de balanço hídrico, que é útil para entender as relações entre umidade do solo e recursos hídricos em escalas global, regional e local. A água potável é a principal questão política global neste século. No Capítulo 10, vemos as implicações espaciais ao longo do tempo dos sistemas energia-atmosfera e água-tempo meteorológico e a geração dos padrões climáticos terrestres. Essas observações interconectam todos os elementos sistêmicos do Capítulo 2 ao 9. A Parte II termina apresentando uma discussão sobre a ciência da mudança climática global, uma análise das condições atuais e uma previsão das tendências climáticas.

7 Água e umidade atmosférica

CONCEITOS-CHAVE DE aprendizagem

Após a leitura deste capítulo, você conseguirá:

- *Descrever* as propriedades térmicas da água e *identificar* as características de seus três estados: sólido, líquido e gasoso.
- *Definir* umidade e umidade relativa e *explicar* a temperatura de ponto de orvalho e as condições de saturação na atmosfera.
- *Definir* estabilidade atmosférica e *relacioná-la* a uma parcela de ar ascendente ou descendente.
- *Ilustrar* três condições atmosféricas – instável, condicionalmente instável e estável – com um gráfico simples que relaciona o gradiente vertical ambiental (GVA) com o gradiente adiabático seco (GAS) e o gradiente adiabático úmido (GAU).
- *Identificar* os requisitos para a formação de nuvens e *explicar* as principais classes e tipos de nuvens, incluindo o nevoeiro.

O nevoeiro litorâneo cobre parte da floresta de sequoias do Humboldt Redwoods State Park, Califórnia. As sequoias dependem da neblina de verão como fonte de umidade. À medida que as temperaturas da superfície do mar esquentam e os padrões de circulação mudam, a neblina de verão está diminuindo na costa californiana, com efeitos potencialmente negativos sobre a saúde das árvores. A seção *Geossistemas Hoje* a seguir discute nevoeiro e sequoias, parte do foco deste capítulo sobre água e umidade atmosférica. [Michael Nichols/ National Geographic.]

GEOSSISTEMAS HOJE

A neblina de verão protege as árvores mais altas do mundo

Na costa pacífica da Califórnia e no extremo meridional do Oregon vivem as árvores mais altas do mundo, as sequoias (Sequoia sempervirens), que podem passar de 91 m de altura. Essas árvores ocupam um habitat costeiro que está frequentemente envolvido em neblina de verão, quando nuvens baixas formam-se sobre as águas frias fluindo ao longo da costa na Corrente da Califórnia (Figura GH 7.1). Os ventos locais levam esse ar úmido em direção ao interior continental, mais quente, fazendo-o atravessar a Cadeia da Costa, onde as árvores vivem. Esse ar úmido proporciona um clima de verão fresco e úmido para as sequoias, que evoluíram de forma a depender dessa umidade sazonal.

Declínio da neblina de verão Recentemente, pesquisadores da Universidade da Califórnia, em Berkeley, examinaram uma porção de fatores que afetam a neblina de verão ao longo da costa da Califórnia. Os cientistas constaram que, primeiro, o número médio de horas de neblina diurna no verão caiu cerca de 14% desde 1901, o que totaliza cerca de 3 horas por dia sem neblina. Segundo, eles constataram que a frequente neblina costeira estava quase sempre associada a um alto gradiente de temperatura entre áreas litorâneas e continentais, e que esse gradiente caiu desde 1950, não apenas na Califórnia, mas em toda a costa de Seattle a San Diego. Uma comparação entre temperaturas de estações meteorológicas mostrou que a diferença de temperatura litoral-continente de 9,5°C no início do século havia caído até uma diferença de 6,1°C em 2008. No total, o estudo concluiu que há uma redução de 33% na frequência da neblina na região das sequoias desde o início do século XX.

A diminuição na neblina costeira está vinculada a temperaturas mais quentes da superfície do mar, que, por sua vez, estão relacionadas com a Oscilação Decenal do Pacífico, uma mudança no padrão de pressão e ventos sobre o norte do Oceano Pacífico (discutido no Capítulo 6). Além disso, os cientistas vincularam a frequência da neblina à presença de uma inversão de temperatura que retém neblina entre o litoral e as montanhas costeiras no verão – uma inversão mais forte impede que a neblina atravesse a Cadeia da Costa rumo ao interior. Essa inversão de temperatura foi enfraquecida com o declínio do gradiente de temperatura litoral-interior, provocando condições litorâneas mais quentes e secas e possibilitando que ar mais frio avance para o interior do continente.

Gotejamento de neblina e ecologia das sequoias Como as sequoias ocupam uma faixa estreita do habitat costeiro, de 8 a 56 km de largura e com condições climáticas uniformes, essas árvores possuem requisitos específicos de temperatura e umidade. À medida que a névoa entra na floresta vindo da costa, gotículas de água acumulam-se nos ramos e agulhas, depois caindo na vegetação e no solo embaixo (Figura GH 7.2). Esse "gotejamento de neblina" reduz as temperaturas e eleva a umidade na floresta, um processo importante em períodos em que as temperaturas são mais altas e a chuva é escassa (como no clima mediterrâneo da Califórnia, de verões secos, discutido no Capítulo 10). As raízes das sequoias, que podem estender-se até 24 m a partir da base da árvore, absorvem cerca de 35% do gotejamento de neblina, puxando umidade para cima até o sistema hídrico interno da árvore.

A névoa ajuda as sequoias a conservar água As sequoias dependem de condições úmidas para regular corretamente seu uso de água. As agulhas das sequoias, como as folhas das plantas, possuem aberturas especiais chamadas de estômatos, através das quais a árvore perde água para a atmosfera pela *transpiração* (um processo parecido com a evaporação). Os estômatos também fornecem uma via de entrada para o dióxido de carbono, que é convertido em energia alimentar pela fotossíntese durante o dia. As sequoias são incomuns na medida em que seus estômatos ficam abertos também à noite, tornando-as vulneráveis a transpiração excessiva em condições quentes e secas.

Como nos estudos anteriores, os cientistas de Berkeley constataram taxas de transpiração consideravelmente reduzidas nas sequoias na presença de neblina de verão, indicando a importância da neblina como um mecanismo atmosférica para a conservação da água nessas árvores. Uma queda nessa umidade de verão aumenta o desgaste de seca, com consequências desconhecidas para a saúde da árvore.

A relação intrincada entre as sequoias e o declínio da neblina de verão é um exemplo dos efeitos da "água e umidade atmosférica" sobre os sistemas terrestres, o tema do Capítulo 7.

▲Figura GH 7.1 Distribuição das sequoias na costa. [USGS.]

▲Figura GH 7.2 Sequoias costeiras da Califórnia na neblina. [NPS.]

A água está em toda parte da atmosfera, em formas visíveis (nuvens, neblina e precipitação) e em formas microscópicas (vapor d'água). De toda a água presente nos sistemas terrestres, menos de 0,03% (cerca de 12.900 km³) está armazenado na atmosfera. Se essa quantidade caísse na Terra como chuva, cobriria a superfície com uma camada de apenas 2,5 cm de altura. Entretanto, a atmosfera é um caminho crucial para a movimentação da água pelo planeta: cerca de 495.000 km³ circulam pela atmosfera todo ano.

A água é um composto extraordinário. É a única substância comum que ocorre naturalmente em todos os estados da matéria: líquido, sólido e vapor. Quando a água muda de um estado da matéria para outro (como de líquido para gás ou sólido), a energia térmica absorvida ou liberada ajuda a impelir a circulação geral da atmosfera, o que determina os padrões meteorológicos diários.

Este capítulo inicia o nosso estudo do *ciclo hidrológico*, ou *ciclo da água*. Esse ciclo inclui o movimento da água por toda a atmosfera, hidrosfera, litosfera e biosfera. Discutimos os componentes superficiais e subsuperficiais do ciclo no Capítulo 9, e eles são resumidos na Figura 9.1. Embora o ciclo hidrológico forme um ciclo contínuo, sua descrição geralmente começa com o movimento da água através da atmosfera como evaporação dos oceanos, incluindo a formação de nuvens e precipitação sobre terras e águas. Esses são os processos que impulsionam os sistemas meteorológicos na Terra.

O vapor d'água no ar afeta os seres humanos de diversos modos. Já examinamos, no Capítulo 5, o índice de calor, uma soma dos efeitos de calor e umidade que causam estresse térmico. O vapor d'água forma nuvens, que afetam o balanço de energia da Terra. Como discutido no Capítulo 4, as nuvens possuem um efeito de aquecimento, visto quando se comparam as regiões úmidas e secas do mundo. Nas áreas úmidas, como as regiões equatoriais, as nuvens reirradiam energia de saída em ondas longas, de forma que o resfriamento noturno é menor. Em regiões secas com poucas nuvens, como as áreas nas altas subtropicais, o resfriamento noturno é mais significativo.

Neste capítulo: Examinamos a dinâmica da umidade atmosférica, a começar pelas propriedades da água em todos os seus estados: água congelada, água líquida e vapor no ar. Discutimos umidade, seus padrões diários e os instrumentos que a medem. Então, estudamos os processos adiabáticos e as condições atmosféricas de estabilidade e instabilidade, relacionando-os depois com o desenvolvimento das nuvens. Encerramos o capítulo com um exame dos processos que formam as nuvens (talvez nossos mais belos indicadores das condições atmosféricas) e a neblina.

As propriedades únicas da água

A distância da Terra em relação ao Sol posiciona-a em um zona temperada notável em comparação com a localização dos outros planetas. Essa localização temperada possibilita que os três estados da água – sólido, líquido e gasoso – ocorram naturalmente na Terra. Dois átomos de hidrogênio e um de oxigênio, que se ligam facilmente, compõem uma molécula de água. Uma vez que os átomos de hidrogênio e oxigênio se juntam em uma ligação covalente, é difícil separá-los; portanto, produzem uma molécula de água que permanece estável no ambiente da Terra.

▲**Figura 7.1 Tensão superficial da água.** A tensão superficial faz com que a água forme gotas contraídas (bolhas de água) nas folhas. [Céline Kriébus/Fotolia.]

A natureza da ligação hidrogênio-oxigênio dá uma carga positiva ao lado do hidrogênio de uma molécula de água e, ao lado do oxigênio, uma carga negativa. Como resultado dessa *polaridade*, as moléculas de água se atraem: o lado positivo (hidrogênio) de uma molécula de água atrai o lado negativo (oxigênio) de outra – uma interação chamada de *pontes de hidrogênio*. A polaridade das moléculas de água também explica por que a água é capaz de dissolver muitas substâncias; água pura é rara na natureza devido à sua capacidade de dissolver outras substâncias em si.

Os efeitos das pontes de hidrogênio da água são observáveis na vida quotidiana, criando uma *tensão superficial* que permite que uma agulha de aço flutue deitada sobre a superfície da água, apesar de o aço ser muito mais denso que a água. Essa *tensão superficial* permite que você exagere levemente no enchimento de um copo com água; teias de milhões de ligações de hidrogênio seguram a água um pouco acima da borda (Figura 7.1).

As pontes de hidrogênio também são a causa da *capilaridade*, que pode ser observada quando "secamos" algo com um papel-toalha. O papel retira água por meio de suas fibras porque as pontes de hidrogênio fazem com que cada molécula atraia sua vizinha. Nas aulas de laboratório de química, os alunos observam o *menisco* côncavo, ou a superfície da água curvada para dentro, que se forma em um cilindro ou tubo de ensaio porque as pontes de hidrogênio permitem que a água "escale" levemente as laterais do vidro. A *ação capilar* é um componente importante dos processos de umidade do solo, discutidos no Capítulo 18. Sem pontes de hidrogênio para fazer as moléculas se atrairem umas às outras na água e no gelo, a água seria um gás sob temperaturas superficiais normais.

Mudanças de fase e troca de calor

Para que a água mude de um estado para outro, energia térmica deve ser absorvida ou liberada. A quantidade de energia térmica absorvida ou liberada deve ser suficiente para afetar as pontes de hidrogênio entre as moléculas. Essa relação entre a água e a energia térmica é importante para os processos atmosféricos. Na verdade, o calor trocado entre os estados físicos da água fornece mais de 30% da energia que impulsiona a circulação geral da atmosfera.

A Figura 7.2 apresenta os três estados da água e os termos que descrevem cada mudança entre estados, conhecida como **mudança de fase**. A *fusão* e a *solidificação* descrevem as conhecidas mudanças de estado entre sólido e líquido. *Condensação* é o processo pelo qual o vapor d'água no ar torna-se água líquida – é o processo que forma as nuvens. *Evaporação* é o processo pelo qual a água líquida torna-se vapor d'água – o processo de resfriamento apresentado no Capítulo 4. Essa mudança de fase é chamada de *vaporização* quando a água está em temperatura de ebulição.

As mudanças de fase entre gelo, sólido, e vapor d'água, gás, podem ser menos conhecidas. *Deposição* é o processo através do qual o vapor d'água aglomera-se diretamente em um cristal de gelo, levando à formação de *geada*. Você já deve ter visto isso nas suas janelas ou no para-brisa do carro em uma manhã gelada. Isso também acontece dentro do seu freezer. **Sublimação** é o processo através do qual o gelo transforma-se diretamente em vapor. Um exemplo clássico de sublimação são as nuvens de vapor d'água associadas à vaporização do gelo seco (dióxido de carbono congelado) quando ele é exposto ao ar. A sublimação contribui muito para o encolhimento de mantos de neve em ambientes secos e ventosos. Os ventos *chinook* quentes que descem as encostas a sotavento das Montanhas Rochosas no Oeste dos Estados Unidos, assim como o vento *fóhn* ou *foehn* na Europa, são conhecidos como "comedores de neve" por sua capacidade de vaporizar a neve rapidamente por sublimação (Figura 7.3).

Gelo, a fase sólida

Conforme a água resfria partindo da temperatura ambiente, ela se comporta como a maioria dos compostos e se contrai em volume. Ao mesmo tempo, sua densidade sobe, já que o mesmo número de moléculas agora ocupa um espaço menor. Quando outros líquidos resfriam, eles congelam no estado sólido quando atingem sua maior densidade. Entretanto, quando a água resfriou até o ponto de maior densidade, a 4°C, ainda está em estado líquido. Abaixo de 4°C, a água se comporta diferentemente dos outros compostos. O resfriamento continuado faz com que ela se expanda com a formação de mais pontes de hidrogênio entre as moléculas em desaceleração, criando a estrutura cristalina

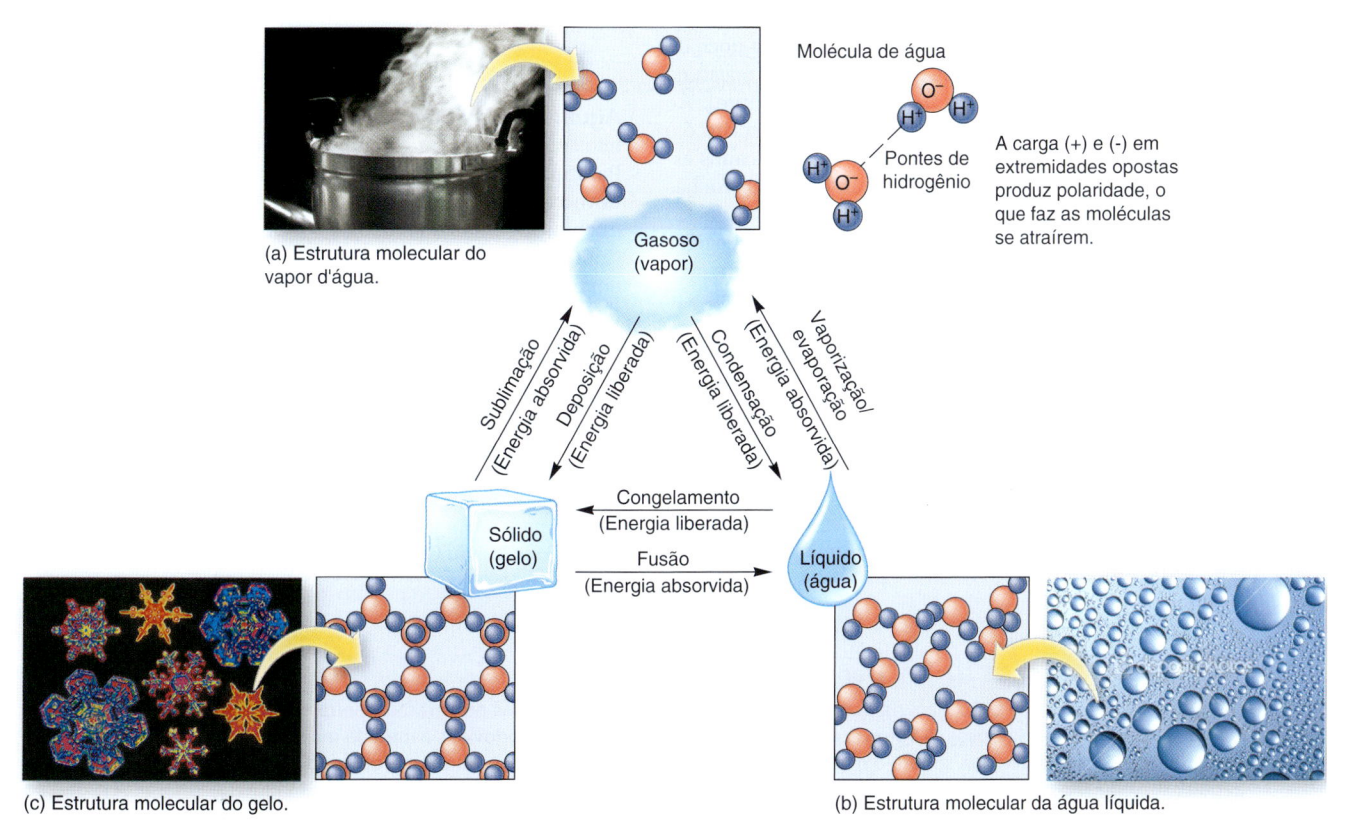

▲**Figura 7.2 Os três estados físicos da água e as mudanças de estado entre eles.** [(a) toa555/Fotolia. (b) Olga Miltsova/Shutterstock. (c) Fotografia trabalhada por © Scott Camazine/Photo Researchers, Inc., sobre a base de W. A. Bentley.]

▲**Figura 7.3 Sublimação de uma cobertura de neve na encosta de uma montanha.** A neve soprada potencializa a sublimação nas Rochosas canadenses perto do Lago Louise, Parque Nacional Banff, Alberta. [Mick House/Alamy.]

▲**Figura 7.4 O empuxo do gelo.** Um pequeno iceberg na costa da Antártica ilustra a densidade reduzida do gelo em comparação com a água gelada. [Bobbé Christopherson.]

hexagonal (de seis lados) característica do gelo (vide Figura 7.2c). Essa preferência de seis lados aplica-se a cristais de gelo de todos os formatos: placas, colunas, agulhas e dendritos (formas de galhos ou de árvores). Os cristais de gelo demonstram uma interação singular entre o caos (todos os cristais de gelo são diferentes) e o determinismo dos princípios físicos (todos têm uma estrutura de seis lados).

À medida que as temperaturas caem abaixo do congelamento, o gelo continua a expandir seu volume e diminuir a densidade, até a temperatura de −29°C; é possível um aumento de até 9% em volume. Gelo puro tem 0,91 vezes a densidade da água, por isso ele flutua. Sem esse padrão incomum de mudança de densidade, muito da água doce da Terra estaria preso em massas de gelo no assoalho oceânico (a água congelaria, afundaria e ficaria lá para sempre). Ao mesmo tempo, o processo de expansão recém-descrito é o culpado por danos a estradas e pavimentos e por canos estourados, assim como pela decomposição física das rochas conhecida como intemperismo (discutidos no Capítulo 13) e pelos processos de degelo que afetam os solos das regiões frias (discutidos no Capítulo 17). Para saber mais sobre cristais de gelo e flocos de neve, acesse http://www.its.caltech.edu/~atomic/snowcrystals/primer/primer.htm.

Na natureza, a densidade do gelo varia ligeiramente com a idade e com o ar contido nele. Em consequência, a quantidade de água que é deslocada por um iceberg flutuante varia, com uma média de cerca de um sétimo (14%) de massa exposta e seis sétimos (86%) submersos da superfície do oceano (Figura 7.4). Com porções submersas derretendo mais rapidamente do que as porções acima da água, os icebergs são inerentemente instáveis e emborcarão.

> **PENSAMENTO Crítico 7.1**
> **Análise de um iceberg**
>
> Examine o iceberg em águas antárticas da Figura 7.4. Em um copo transparente quase cheio de água, coloque um cubo de gelo. Então, compare a quantidade de gelo acima da superfície da água com a quantidade abaixo da água. Gelo puro tem 0,91 vez a densidade da água; porém, como o gelo normalmente contém bolhas de ar, a maioria dos iceberg tem cerca de 0,86 vezes a densidade da água. Como ficam as suas medições em comparação com essa variação de densidade? ●

Água, a fase líquida Como líquido, a água é um fluido não comprimível que assume o formato do seu receptáculo. Para que o gelo se transforme em água, a energia térmica deve aumentar o movimento das moléculas de água a fim de quebrar algumas das ligações de hidrogênio (Figura 7.2b). Como discutido no Capítulo 4, a energia térmica envolvida em uma mudança de estado é o **calor latente**, que fica oculto dentro da estrutura do estado físico da água. No total, 80 calorias* de energia térmica precisam ser absorvidas para que 1 g de gelo transforme-se em 1 g de água — essa transferência de calor latente ocorre a despeito do fato de que a temperatura sensível permanece a mesma: tanto o gelo quanto a

---

*Lembre-se do Capítulo 2: uma caloria (cal) é a quantidade de energia necessária para aumentar a temperatura de 1 g de água (a 15°C) em 1 grau Celsius, sendo igual a 4,184 joules.

GEOrelatório 7.1 Danos em estradas e canos

As pessoas que trabalham na manutenção de estradas ficam ocupadas no verão consertando ruas e rodovias em regiões com invernos rigorosos. A água da chuva se infiltra nas rachaduras da rodovia e, à medida que congela, se expande e quebra o pavimento. São as pontes que sofrem o maior dano; o ar gelado circula por baixo da ponte, gerando mais ciclos de congelamento-degelo. A expansão da água congelada exerce uma força suficiente para rachar o encanamento ou um bloco de motor. A proteção de canos de água com isolamento para prevenir danos é uma tarefa comum no inverno em muitos lugares. Historicamente, essa propriedade física da água foi usada na quebra de rochas para materiais de construção. Buracos eram perfurados e preenchidos com água antes do inverno, de forma que, quando o clima frio chegasse, a água congelasse e se expandisse, partindo a rocha em formatos fáceis de manusear.

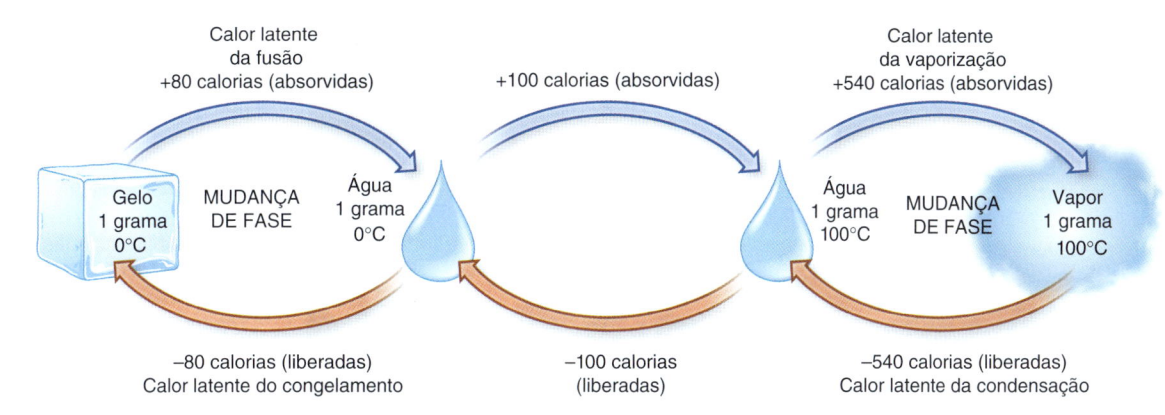

Figura 7.5 Características de energia térmica da água.

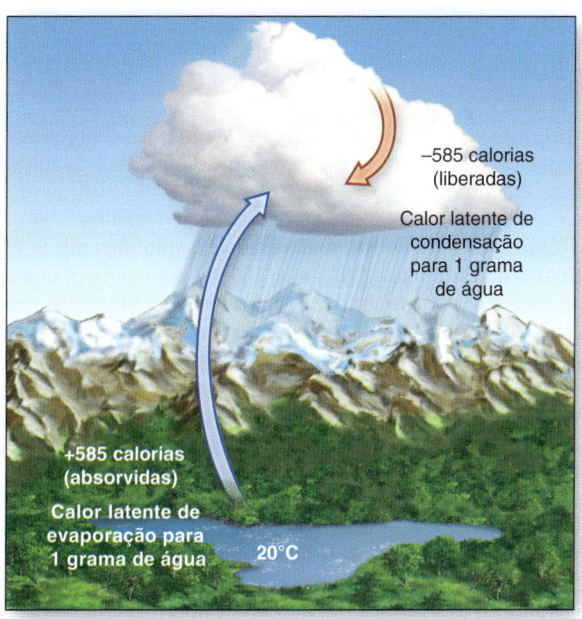

(a) Calor latente absorvido ou liberado em mudanças de fase entre gelo, água e vapor. Transformar 1 g de gelo a 0°C em 1 g de vapor d'água a 100°C exige 720 cal: 80 + 100 + 540.

(b) Troca de calor latente entre a água em um lago a 20°C e o vapor d'água na atmosfera, em condições típicas.

água ficam em 0°C (Figura 7.5a). Quando a troca de fase é revertida e um grama de água congela, ao invés de absorção, calor latente é liberado. O *calor latente da fusão* e o *calor latente do congelamento* são, ambos, 80 cal/g.

Para elevar a temperatura de 1 g de água a 0°C até a ebulição a 100°C, devemos adicionar 100 cal (um aumento de 1°C para cada caloria adicionada). Não há mudança de estado nesse ganho de temperatura.

Vapor d'água, a fase gasosa O vapor d'água é um gás invisível e compressível no qual cada molécula se move independentemente das outras (Figura 7.2a). Quando se induz a mudança de fase de líquido para vapor, é necessária a adição de 540 cal por grama, sob a pressão normal do nível do mar; essa quantidade de energia é o **calor latente de vaporização** (Figura 7.5). Quando o vapor d'água se condensa em um líquido, cada grama libera as suas 540 cal armazenadas como **calor latente de condensação**. Vemos vapor d'água na atmosfera após a ocorrência de condensação, na forma de nuvens, neblina e vapor. Talvez você tenha sentido a liberação do calor latente de condensação do vapor em sua pele quando escoou vegetais ou massa cozidos no vapor, ou ao encher uma chaleira quente.

Em resumo, converter 1 g de gelo a 0°C em água e depois em vapor a 100°C – de sólido para líquido e então para gás – *absorve* 720 cal (80 cal + 100 cal + 540 cal). Reverter o processo, ou mudar o estado de 1 g de vapor d'água a 100°C para água, e depois para gelo a 0°C, *libera* 720 cal no ambiente circundante.

O **calor latente de sublimação** absorve 680 cal à medida que um grama de gelo se transforma em vapor. O vapor d'água se solidificando diretamente em gelo libera uma quantidade comparável de energia.

Transferência de calor latente em condições naturais

Em um lago ou em água corrente, a 20°C, cada grama de água que rompe a superfície por evaporação deve absorver do ambiente aproximadamente 585 cal como *calor latente de evaporação* (ver Figura 7.5b). Isso é um pouco mais de energia do que seria necessário se a água estivesse em uma temperatura mais alta (se a água estiver fervendo, serão necessárias 540 cal). Podemos sentir essa absorção de calor latente como resfriamento evaporativo na pele quando ela está molhada. Essa troca de calor latente é o processo de resfriamento predominante no balanço de energia terrestre. (Recorde, do Capítulo 4, que o calor latente de evaporação

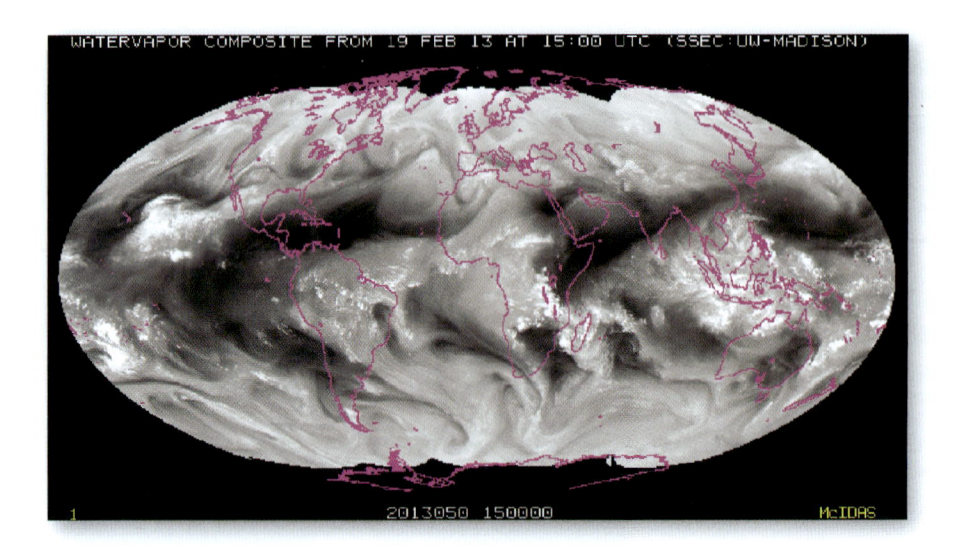

◄**Figura 7.6 Vapor d'água na atmosfera global.** Maior conteúdo de vapor é indicado por tom de cinza mais claro, e baixo teor de vapor com tom mais escuro nesse mosaico de imagens dos satélites *GOES* (Estados Unidos), *Meteosat* (Agência Espacial Europeia) e *MTSAT* (Japão), de 19 de fevereiro de 2013. [Dados de satélite cortesia do Space Science and Engineering Center, University of Wisconsin, Madison.]

é o processo de transferência térmica não irradiativa mais significativo a dissipar radiação líquida positiva na superfície da Terra.)

O processo é revertido quando o ar resfria e o vapor d'água condensa de volta ao estado líquido, formando gotículas de umidade e liberando 585 cal para cada grama de água como *calor latente de condensação*. Quando se percebe que uma pequena nuvem cumulus inflada em um dia de tempo bom mantém 500-1000 toneladas de gotículas de umidade, pense no enorme calor latente liberado quando o vapor d'água se condensa em gotículas.

Satélites que usam sensores infravermelhos rotineiramente monitoram vapor d'água na baixa atmosfera. O vapor d'água absorve comprimentos de onda longos (infravermelho), possibilitando distinguir áreas de vapor d'água relativamente alto de áreas de vapor d'água baixo (Figura 7.6). Essa tecnologia é importante para a previsão meteorológica porque ela mostra a umidade disponível na atmosfera e, portanto, a energia térmica latente disponível e o potencial de precipitação.

O vapor d'água é também um importante gás de efeito estufa. Entretanto, ele é diferente dos outros gases de efeito estufa porque sua concentração está atrelada à temperatura. À medida que as temperaturas globais sobem, aumenta a evaporação vinda de lagos, oceanos, solos e plantas, amplificando a concentração de vapor d'água na atmosfera e fortalecendo o efeito estufa na Terra. Os cientistas já obervaram um aumento no vapor d'água global médio nas últimas décadas, e projetam um aumento de 7% para cada 1°C de aquecimento no futuro. Com o aumento do vapor d'água, os padrões de precipitação mudarão, e a quantidade de chuva provavelmente aumentará nos eventos de precipitação mais intensa.

Umidade

Umidade refere-se à quantidade de vapor d'água no ar. A capacidade do ar para vapor d'água é principalmente uma função das temperaturas do ar e do vapor d'água, que geralmente são as mesmas.

Como discutido no Capítulo 5, a umidade e a temperatura do ar determinam a nossa sensação de conforto. Os norte-americanos gastam bilhões de dólares todo ano para ajustar a umidade nas edificações, seja com condicionadores de ar, que removem o vapor d'água ao esfriar o interior do prédio, ou com umidificadores, que acrescentam vapor para atenuar os efeitos ressecadores das temperaturas frias e dos climas secos. Também vimos a relação entre calor e umidade e seus efeitos sobre as pessoas em nossa discussão sobre o índice de calor no Capítulo 5.

Umidade relativa

A medida mais comum de umidade nos informes meteorológicos é a **umidade relativa**, uma razão (expressa como porcentagem) da quantidade de vapor d'água que de fato está no ar comparada ao vapor d'água máximo possível no ar em uma determinada temperatura.

A umidade relativa varia devido ao vapor d'água ou a mudanças de temperatura no ar. A fórmula para calcular a razão de umidade relativa e expressá-la como porcentagem coloca o vapor d'água real no ar como numerador

GEOrelatório 7.2 A força do Katrina

Os meteorologistas estimaram que a umidade no Furacão Katrina (2005) pesava mais de 30 trilhões de toneladas em sua potência e massa máximas. Com cerca de 585 cal liberadas para cada grama como calor latente de condensação, um evento meteorológico como um furacão envolve uma quantidade absurda de energia.

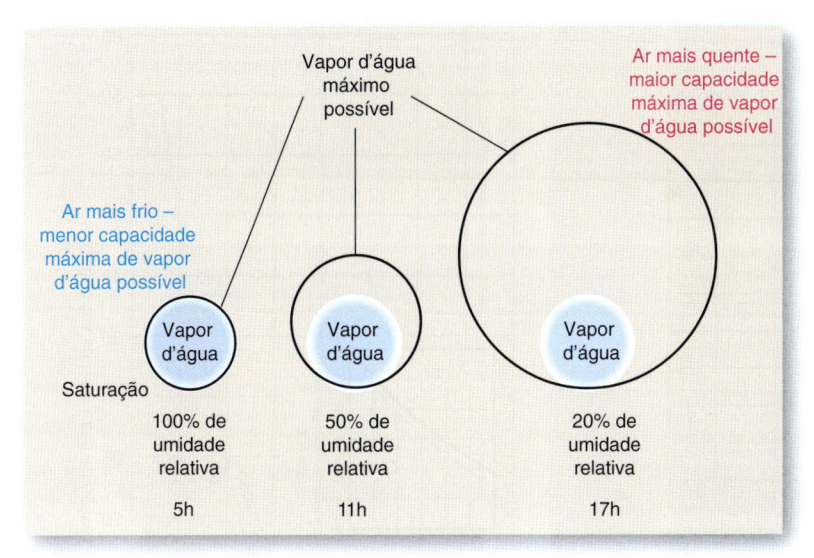

▲Figura 7.7 **Vapor d'água, temperatura e umidade relativa.** O vapor d'água máximo possível no ar quente é maior (evaporação líquida é mais provável) do que o possível no ar frio (condensação líquida é mais provável), por isso a umidade relativa muda com a temperatura, embora neste exemplo o vapor d'água real presente no ar permaneça o mesmo durante o dia.

e o vapor d'água possível no ar àquela temperatura como denominador:

$$\text{Umidade relativa} = \frac{\text{Vapor de água real no ar}}{\text{vapor de água máximo possível no ar àquela temperatura}} \times 100$$

o ar mais quente aumenta a taxa de evaporação das superfícies líquidas, ao passo que o ar mais frio tende a aumentar a taxa de condensação de vapor d'água em superfícies líquidas. Como há uma quantidade máxima de vapor d'água que pode existir em um volume de ar em determinada temperatura, as taxas de evaporação e condensação podem atingir o equilíbrio em algum momento; o ar, então, fica saturado, e o equilíbrio é o *equilíbrio de saturação*.

A Figura 7.7 mostra alterações na umidade relativa durante um dia típico. Às 5 da manhã, no ar matinal mais frio, existe o equilíbrio de saturação, e qualquer resfriamento posterior ou adição de vapor d'água produz condensação líquida. Quando o ar está saturado com vapor d'água máximo para sua temperatura, a umidade relativa é de 100%. Às 11h, a temperatura do ar está subindo, então a taxa de evaporação excede a taxa de condensação; como resultado, o mesmo volume de vapor d'água agora ocupa apenas 50% da capacidade máxima possível. Às 17h, a temperatura do ar recém passou por seu pico diário, então a taxa de evaporação ultrapassa a condensação em uma medida ainda maior, com a umidade relativa ficando em 20%.

Saturação e ponto de orvalho

A umidade relativa nos diz a proximidade do ar em relação à saturação e é uma expressão de um processo constante de moléculas de água se movendo entre ar e superfícies úmidas. A **saturação** do ar, ou umidade relativa de 100%, indica que qualquer adição de vapor d'água ou qualquer diminuição da temperatura que reduz a taxa de evaporação resulta em condensação ativa (formando nuvens, nevoeiro ou precipitação).

A temperatura em que determinada amostra de ar contendo vapor se torna saturada e a condensação líquida começa a formar gotículas de água é a **temperatura de ponto de orvalho**. O ar está saturado quando a temperatura de ponto de orvalho e a temperatura do ar são iguais. Quando as temperaturas estão abaixo do congelamento, o *ponto de geada* é a temperatura em que o ar se satura, levando à formação de geada (gelo) nas superfícies expostas.

Uma bebida gelada em um copo é um exemplo comum dessas condições (Figura 7.8a). O ar próximo esfria até a temperatura de ponto de orvalho e satura, fazendo com que o vapor d'água no ar refrigerado

(a) Quando o ar atinge a temperatura de ponto de orvalho, o vapor d'água no ar condensa como orvalho no vidro.

(b) O ar frio acima das rochas ensopadas de chuva está no ponto de orvalho e saturado. A água evapora da rocha para o ar e se condensa em um véu de nuvens em constante transformação.

▲Figura 7.8 **Exemplos de temperatura de ponto de orvalho.** [Autor.]

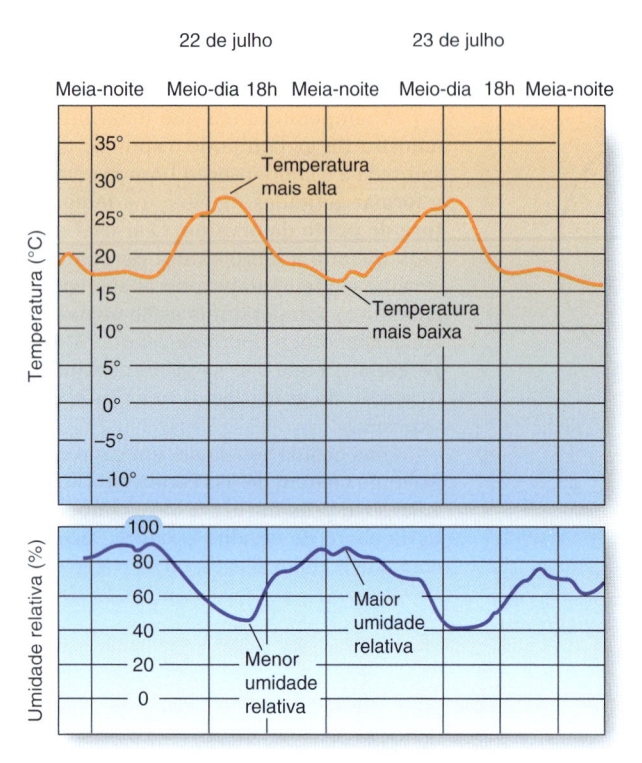

▲Figura 7.9 **Padrões diários de umidade relativa.** As variações diárias típicas demonstram as relações entre temperatura e umidade relativa.

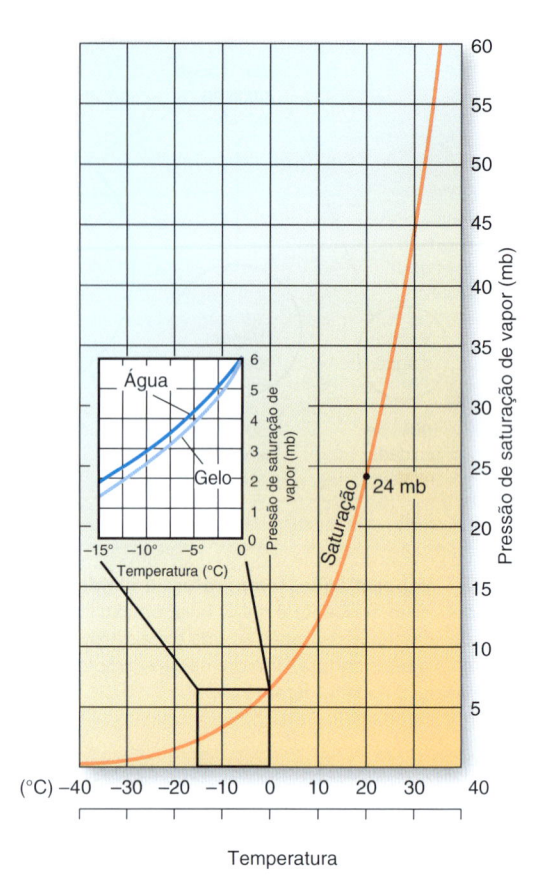

▲Figura 7.10 **Pressão de saturação de vapor em diversas temperaturas.** Pressão de saturação de vapor é o vapor d'água máximo possível, medido pela pressão que exerce (mb). A inserção compara a pressão de saturação de vapor sobre superfícies com água e com gelo a temperaturas abaixo do ponto de congelamento. Observe o ponto que indica 24 mb, discutido no texto.

forme gotículas de água na parte de fora do copo. A Figura 7.8b mostra a condensação ativa no ar saturado sobre uma superfície rochosa fria e molhada. Quando você vai à aula a pé numa manhã fria, talvez note gramados molhados ou sereno nos para-brisas, uma indicação de condições com temperatura de ponto de orvalho.

Padrões diários e sazonais de umidade relativa Ocorre uma relação inversa durante um dia típico entre a temperatura do ar e a umidade relativa – conforme a temperatura sobe, a umidade relativa cai (Figura 7.9). A umidade relativa tem seu pico ao amanhecer, quando a temperatura do ar é menor. Se você estaciona na rua, conhece a umidade do orvalho que condensa sobre seu carro ou bicicleta durante a noite. Você provavelmente já observou também que o orvalho matinal nas janelas, nos carros e nos gramados evapora no final da manhã conforme a evaporação líquida aumenta com a temperatura do ar.

A umidade relativa é menor no final da tarde, quando as temperaturas maiores aumentam a taxa de evaporação. Conforme mostrado na Figura 7.7, o vapor d'água real presente no ar pode permanecer o mesmo durante o dia. Porém, a umidade relativa muda porque a temperatura e, portanto, a taxa de evaporação, variam da manhã para a tarde. Sazonalmente, no Hemisfério Norte, as leituras de janeiro são maiores do que as de julho porque as temperaturas do ar são geralmente menores no inverno. Os dados de umidade da maioria das estações meteorológicas demonstram essa relação sazonal.

Expressões específicas de umidade

Existem diversas maneiras específicas de expressar umidade e umidade relativa. Cada uma tem sua própria utilidade e aplicação. Dois exemplos são pressão de vapor e umidade específica.

Pressão de vapor À medida que as moléculas de água evaporam das superfícies para a atmosfera, tornam-se vapor d'água. Quando se transformam em parte do ar, as moléculas de vapor d'água exercem uma porção da pressão atmosférica junto a moléculas de nitrogênio e oxigênio. A porção da pressão atmosférica que é composta por moléculas de vapor d'água é a **pressão de vapor**, expressa em milibars (mb).

O ar que contém o máximo possível de vapor d'água a uma determinada temperatura está em *pressão de saturação de vapor*. Qualquer aumento ou redução de temperatura mudará a pressão de saturação de vapor.

A Figura 7.10 mostra um gráfico da pressão de saturação de vapor em diversas temperaturas do ar. Para cada aumento de temperatura de 10°C, a pressão de vapor de saturação no ar quase dobra. Essa relação explica por que o ar tropical quente sobre o oceano pode reter tanto vapor d'água, fornecendo muito calor latente para poderosas tempestades tropicais. Também explica por que o ar frio é "seco" e por que o ar frio em direção aos polos não produz muita precipitação (ele contém muito pouco vapor d'água, embora esteja próximo à temperatura de ponto de orvalho).

Conforme indicado no gráfico, o ar a 20°C tem pressão de saturação de vapor de 24 mb; ou seja, o ar está saturado se a parte de vapor d'água da pressão atmosférica também for de 24 mb. Assim, se o vapor d'água realmente presente está exercendo uma pressão de vapor de apenas 12 mb sobre o ar a 20°C, a umidade relativa é de 50% (12 mb ÷ 24 mb = 0,50 × 100 = 50%). O detalhe da Figura 7.10 compara a pressão de vapor de saturação sobre a água e sobre superfícies de gelo em temperaturas abaixo do congelamento. Vemos que essa pressão de saturação de vapor é maior acima de uma superfície com água do que sobre uma superfície com gelo – isto é, mais moléculas de vapor d'água são necessárias para saturar o ar acima da água do que acima do gelo. Este fato é importante aos processos de condensação e formação de gotículas de chuva, descritos posteriormente neste capítulo.

Umidade específica Uma medida útil de umidade deve permanecer constante mesmo que temperatura e pressão mudem. **Umidade específica** é a massa de vapor d'água (em gramas) por massa de ar (em quilogramas) em qualquer temperatura especificada. Por ser medida em massa, a umidade específica não é afetada por mudanças em temperatura ou pressão, como quando uma parcela de ar sobe a elevações mais altas. A umidade específica permanece constante, apesar das mudanças de volume.*

A massa máxima de vapor d'água possível em um quilograma de ar em qualquer temperatura especificada é a *umidade específica máxima*, mostrada no gráfico da Figura 7.11. Esse gráfico mostra que um quilograma de ar pode reter uma umidade específica máxima de 47 g de vapor d'água a 40°C, 15 g a 20°C e aproximadamente 4 g a 0°C. Logo, se um quilograma de ar a 40°C tem umidade específica de 12 g, a umidade relativa é de 25,5% (12 g ÷ 47 g = 0,255 × 100 × 25,5%). A umidade específica é útil para descrever o conteúdo de umidade de grandes massas de ar que estão interagindo em um sistema meteorológico e fornece informações necessárias para a previsão do tempo.

Instrumentos para medir umidade

Vários instrumentos medem a umidade relativa. O **higrômetro de cabelo** usa o princípio de que o cabelo humano muda de comprimento em até 4% na umidade relativa entre 0 e 100%. O instrumento conecta uma mecha de cabelo humano a um medidor por meio de um mecanismo. Conforme o cabelo absorve ou perde água no ar, ele muda de comprimento, indicando a umidade relativa (Figura 7.12a).

_____
*Outra medida semelhante à umidade relativa próxima à umidade específica é o *quociente de mistura* – isto é, a proporção da massa de vapor d'água (gramas) em relação à massa de ar seco (quilogramas), em g/kg.

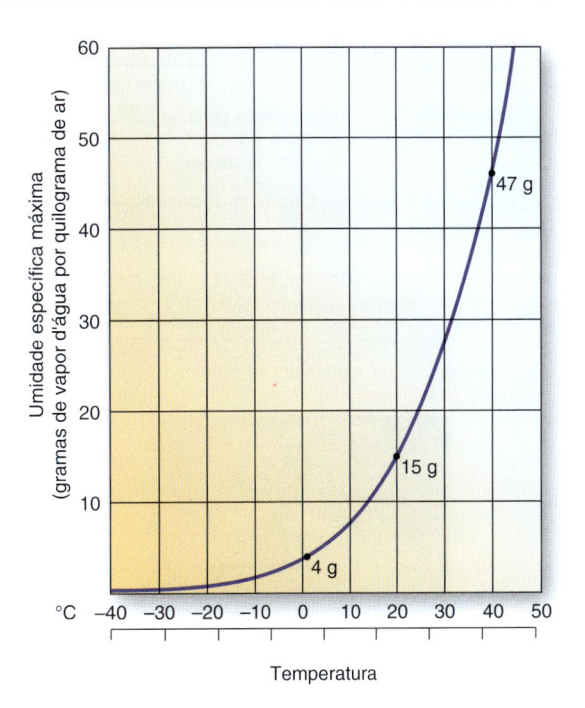

▲**Figura 7.11 Umidade específica máxima em diversas temperaturas.** Umidade específica máxima é o vapor d'água máximo possível em uma massa de vapor d'água por unidade de massa de ar (g/kg). Observe os pontos correspondentes a 47 g, 15 g e 4 g, mencionados na discussão do texto.

Outro instrumento utilizado para medir a umidade relativa é o **psicrômetro de funda**, que possui dois termômetros instalados lado a lado sobre um suporte (Figura 7.12b). Um é o *termômetro de bulbo seco*, que simplesmente registra a temperatura do ar ambiente (circundante). O outro é o *termômetro de bulbo úmido*; ele é ajustado mais abaixo no suporte, e o bulbo é coberto por um pavio feito de tecido molhado. O psicrômetro é, então, girado por seu cabo ou colocado em um local onde um ventilador força o ar sobre o bulbo úmido. Após vários minutos girando, as temperaturas dos bulbos são comparadas com uma tabela de umidade relativa (psicométrica) para aferir a umidade relativa.

A taxa em que a água evapora do pavio depende da saturação relativa do ar circundante. Se o ar estiver seco, a água evapora rapidamente do termômetro de bulbo molhado e do seu pavio, resfriando o termômetro e reduzindo sua temperatura (a *depressão do bulbo molhado*). Em condições de alta umidade, pouca água evapora do pavio; em baixa umidade, mais água evapora.

Estabilidade atmosférica

Os meteorologistas usam o termo *parcela* para descrever um corpo de ar que tenha características específicas de temperatura e umidade. Pense em uma parcela de ar como um volume de ar de 300 m ou mais de diâmetro.

Duas forças opostas determinam a posição vertical de uma parcela de ar: a *força de empuxo* para cima e a *força gravitacional* para baixo. Uma parcela de densidade me-

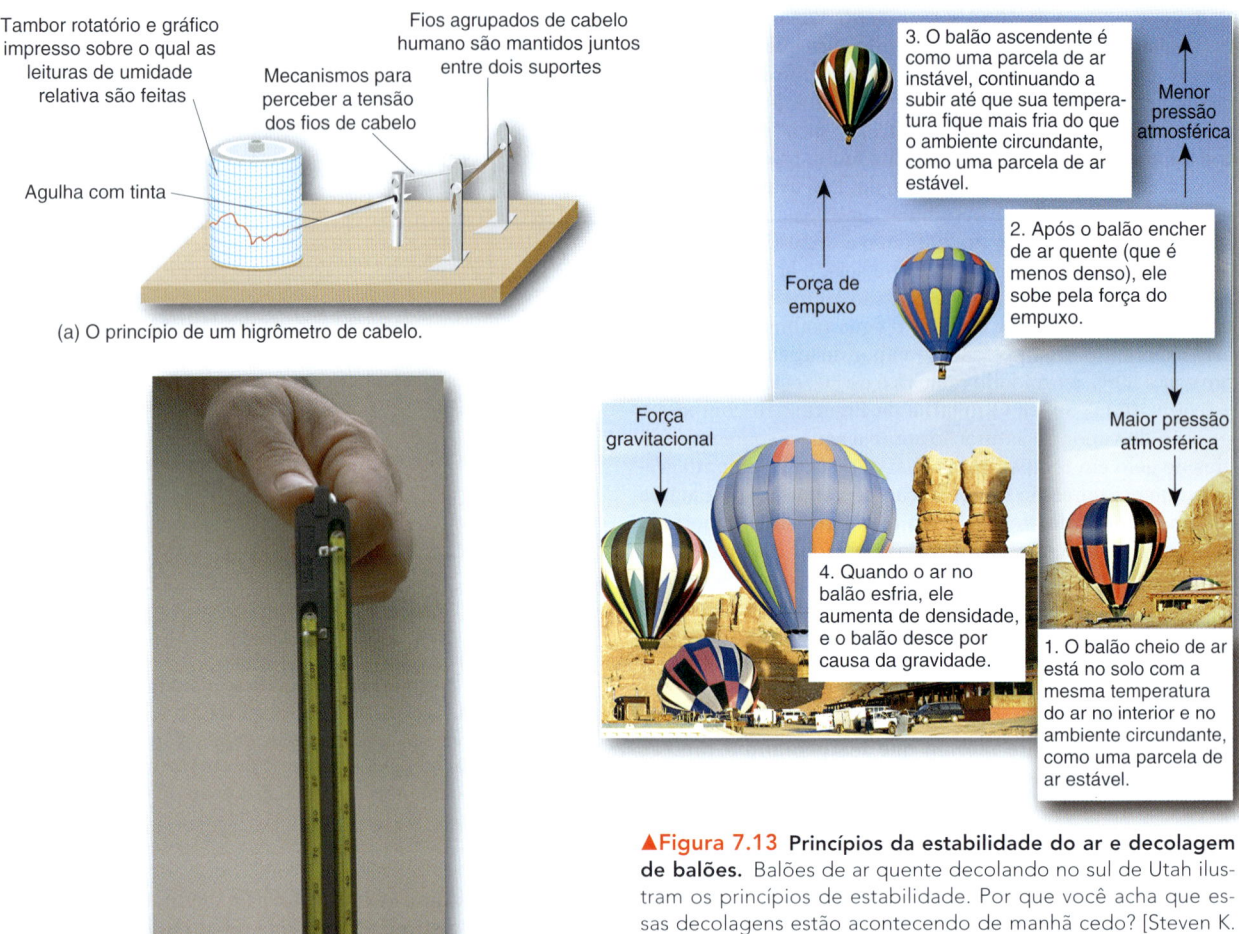

(a) O princípio de um higrômetro de cabelo.

(b) Psicrômetro de funda com bulbos seco e úmido.

▲**Figura 7.12 Instrumentos que medem a umidade relativa.** [Bobbé Christopherson.]

▲**Figura 7.13 Princípios da estabilidade do ar e decolagem de balões.** Balões de ar quente decolando no sul de Utah ilustram os princípios de estabilidade. Por que você acha que essas decolagens estão acontecendo de manhã cedo? [Steven K. Huhtala.]

Estabilidade refere-se à tendência de uma parcela de ar de permanecer no mesmo lugar ou mudar de posição vertical subindo ou descendo. Uma parcela de ar é *estável* se resistir ao deslocamento para cima ou, quando perturbada, tender a retornar a seu local de origem. Uma parcela de ar é *instável* se continuar a subir até alcançar uma altitude onde o ar circundante tem densidade e temperatura semelhantes à sua. O comportamento de um balão de ar quente ilustra esses conceitos (Figura 7.13). A estabilidade relativa das parcelas de ar na atmosfera é um indicador das condições meteorológicas.

Processos adiabáticos

A estabilidade ou instabilidade de uma parcela de ar depende de duas temperaturas: a temperatura dentro da parcela e a temperatura do ar em torno da parcela. A diferença entre essas duas temperaturas determina a estabilidade. Essas medições de temperatura são feitas diariamente pelos instrumentos da *radiossonda*, transportados para cima por balões com hélio em milhares de estações meteorológicas (veja a Figura DH 3e da página 79 para um exemplo da Antártica).

O *gradiente vertical médio*, apresentado no Capítulo 3, é a redução média da temperatura com o aumento da alti-

nor do que o ar circundante é flutuante, então sobe; uma parcela ascendente se expande à medida que a pressão externa diminui. Em contrapartida, uma parcela de densidade maior desce com a força da gravidade porque não é flutuante; uma parcela descendente se comprime à medida que a pressão externa aumenta. A temperatura do volume de ar determina a densidade da parcela de ar – ar quente tem menor densidade; ar frio tem maior densidade. Portanto, o empuxo (capacidade de flutuação) depende da densidade, e a densidade depende da temperatura. (Veja ilustrações do *Geossistemas em Ação 7*.)

tude, no valor de 6,4°C/1000 m. Essa taxa de mudança de temperatura aplica-se a ar calmo e parado, podendo variar muito em função de diferentes condições meteorológicas. Em contraste, o *gradiente vertical ambiental (GVA)* é o gradiente vertical real em um determinado lugar e tempo. Ele pode variar vários graus por quilômetro.

Duas generalizações predizem o aquecimento ou resfriamento de uma parcela de ar ascendente ou descendente. *Uma parcela ascendente de ar tende a resfriar por expansão*, respondendo à pressão reduzida em altas altitudes. Por outro lado, *o ar descendente tende a aquecer por compressão*. Esses mecanismos de resfriamento e aquecimento são adiabáticos. *Diabático* significa com troca de calor; **adiabático** significa sem perda ou ganho de calor, isto é, sem troca de calor entre o ambiente circundante e a parcela de ar se movendo verticalmente. As mudanças nas temperaturas adiabáticas são medidas com uma ou duas razões específicas, dependendo das condições de umidade na parcela: gradiente adiabático seco (GAS) e gradiente adiabático úmido (GAU). Esses processos são ilustrados na Figura GEA 7.

Gradiente adiabático seco

O **gradiente adiabático seco (GAS)** é a razão na qual o ar "seco" resfria por expansão (subindo) ou aquece por compressão (descendo). "Seco" refere-se ao ar que é menos do que saturado (umidade relativa é menor que 100%). O GAS médio é de 10°C/1000 m.

Para ver como um exemplo específico de ar seco se comporta, considere uma parcela de ar não saturado na superfície, com uma temperatura de 27°C, como mostra a Figura GEA 7.1b. Ela sobe, se expande e resfria adiabaticamente pelo GAS, atingindo uma altitude de 2500 m. O que acontece com a temperatura da parcela? Calcule a mudança de temperatura na parcela usando o gradiente adiabático seco:

(10°C/1000 m) × 2500 m = 25°C de resfriamento total

Subtrair os 25°C de resfriamento adiabático da temperatura inicial de 27°C resulta uma temperatura na parcela de ar a 2500 m de 2°C.

Na Figura GEA 7.2b, suponha que uma parcela de ar não saturado com temperatura de −20°C a 3000 m desce para a superfície, aquecendo adiabaticamente. Usando o gradiente adiabático seco, determinamos a temperatura da parcela de ar quando ela chega à superfície:

(10°C/1000 m) × 3000 m = 30°C de resfriamento total

Adicionar os 30°C de aquecimento adiabático à temperatura inicial de −20°C resulta uma temperatura na parcela de ar na superfície de 10°C.

Gradiente adiabático úmido

O **gradiente adiabático úmido (GAU)** é a razão na qual uma parcela de ar ascendente que é úmida, ou saturada, resfria por expansão. O GAU médio é de 6°C/1000 m. Isso é aproximadamente 4°C menos do que o gradiente adiabático seco. Partindo dessa média, o GAU varia de acordo com o conteúdo de umidade e temperatura e pode ir de 4 a 10°C a cada 1000 m. (Observe que uma parcela descendente de ar saturado esquenta no GAU também, pois a evaporação de gotículas líquidas, absorvendo calor sensível, contrabalança a taxa de aquecimento compressivo.)

A causa dessa variabilidade, e a razão pela qual o GAU é menor do que o GAS, é o calor latente de condensação. À medida que o vapor d'água condensa no ar saturado, o calor latente é liberado, tornando-se calor sensível, diminuindo o gradiente adiabático. A liberação de calor latente pode variar com a temperatura e o conteúdo de vapor d'água. O GAU é muito menor do que o GAS no ar quente, enquanto as duas razões são muito semelhantes no ar frio.

Condições atmosféricas estáveis e instáveis

A relação do GAS e do GAU com o gradiente vertical ambiental (ou GVA) em um dado lugar e tempo determina a estabilidade da atmosfera sobre uma área. Por sua vez, a estabilidade atmosférica afeta a formação de nuvens e os padrões de precipitação, alguns dos elementos essenciais do tempo meteorológico.

As relações de temperatura na atmosfera produzem três condições na atmosfera inferior: instável, condicionalmente instável e estável. Para fins de ilustração, os três exemplos da Figura 7.14 começam com uma parcela de ar na superfície a 25°C. Em cada exemplo, compare as temperaturas da parcela de ar e do ambiente circundante. Suponha que haja um mecanismo de elevação, como aquecimento superficial, uma cordilheira ou sistemas frontais, para ativar a parcela (examinamos os mecanismos de elevação no Capítulo 8).

Dadas as condições instáveis na Figura 7.14a, a parcela de ar continua a subir pela atmosfera porque ela é mais quente (é menos densa e tem mais empuxo) do que o ambiente circundante. Observe que o gradiente vertical ambiental do exemplo é 12°C/1000 m. Isso quer dizer que o ar ao redor da parcela de ar fica 12°C mais frio a cada incremento de 1000 m na altitude. Após 1000 m, a parcela de ar ascendente resfriou adiabaticamente por expansão pelo GAS de 25°C para 15°C, ao passo que o ar circundante esfriou de 25°C na superfície para 13°C. Ao comparar a temperatura da parcela de ar com a do ambiente circundante, vê-se que a temperatura da parcela é 2°C mais quente do que a do ar circundante a 1000 m. *Instável* descreve essa condição, pois a parcela de ar menos denso continuará elevando-se.

Com o tempo, à medida que a parcela de ar continua a subir e resfriar, ela pode alcançar a temperatura de ponto de orvalho, saturação e condensação ativa. Esse ponto onde a saturação começa é o *nível de condensação por ascensão* que se vê no céu como as bases planas das nuvens.

O exemplo na Figura 7.14c mostra condições estáveis que resultam quando o GVA é de apenas 5°C/1000 m. Um GVA de 5°C/1000 m é menor do que o GAS e o GAU, uma condição em que a parcela de ar possui uma temperatura inferior (é mais denso e tem menos empuxo) do que o ambiente circundante. A parcela de ar relativamente mais fria tende a retornar à sua posição original – ela é *estável*. A parcela de ar mais densa resiste à ascensão, a menos que seja forçada por correntes de ar ascendente ou por uma barreira, e o céu geralmente fica sem nuvens. Se há formação de nuvens, elas tendem a ser estratiformes (nuvens

geossistemas em ação 7 — AQUECIMENTO E RESFRIAMENTO ADIABÁTICOS

Duas forças atuam sobre uma parcela de ar: a força de empuxo para cima e a força gravitacional para baixo. A temperatura e a densidade da parcela determinam seu empuxo e se ela irá subir, baixar ou ficar no lugar. Como a pressão do ar diminui com a altitude, o ar expande ao subir (GEA 7.1a) e é comprimido ao descer (GEA 7.2a). Ao mesmo tempo, sua temperatura muda devido ao resfriamento ou aquecimento adiabático. Em um processo adiabático, não há perda ou ganho de calor. A mudança de temperatura ocorre quando o ar sobe, expande-se e esfria (GEA 7.1b) ou quando o ar desce, é comprimido e esquenta (GEA 7.2b).

7.1a RESFRIAMENTO POR EXPANSÃO

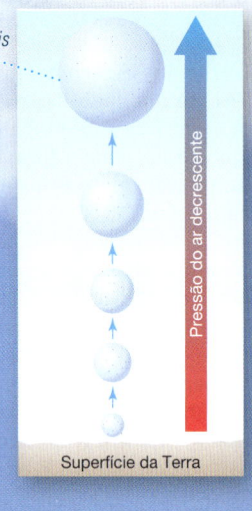

Uma parcela mais quente do que o ar circundante é menos densa, expande-se e esfria ao subir

Pressão do ar decrescente — Superfície da Terra

7.1b RESFRIAMENTO ADIABÁTICO

A temperatura esfria à medida que a pressão cai e a altitude aumenta. A mudança de temperatura depende da umidade relativa da parcela. O ar ascendente que é "seco" (umidade relativa inferior a 100 por cento) esfria pelo *gradiente adiabático seco* (GAS) de cerca de 10°C a cada 1000 m.

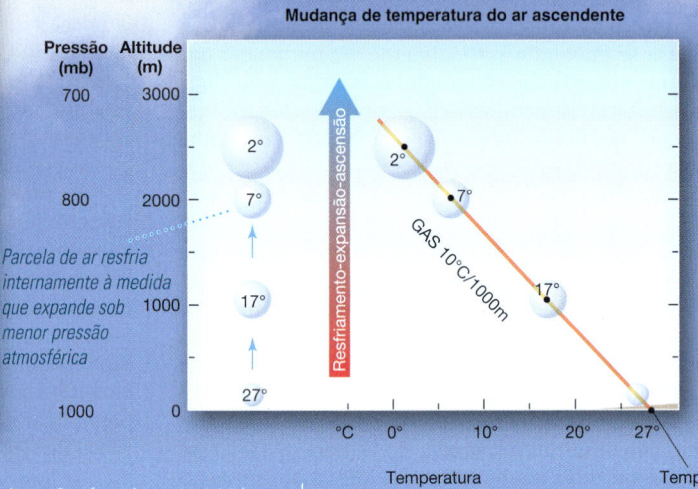

Mudança de temperatura do ar ascendente

Pressão (mb)	Altitude (m)	Temperatura
700	3000	2°
800	2000	7°
	1000	17°
1000	0	27°

Parcela de ar resfria internamente à medida que expande sob menor pressão atmosférica

Resfriamento-expansão-ascensão — GAS 10°C/1000m — Temperatura inicial da parcela de ar

Explique: Que fator determina inicialmente se uma parcela de ar sobe ou desce?

7.2a AQUECIMENTO POR COMPRESSÃO

Uma parcela mais fria do que o ar circundante é mais densa, comprime-se e esquenta ao descer

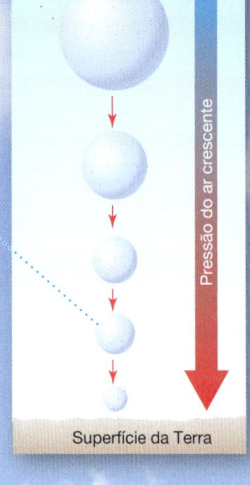

Pressão do ar crescente — Superfície da Terra

7.2b AQUECIMENTO ADIABÁTICO

A temperatura esquenta à medida que a pressão sobe e a altitude diminui. O ar descendente que é "seco" esquenta pelo gradiente adiabático seco.

Mudança de temperatura do ar descendente

Pressão (mb)	Altitude (m)	Temperatura
700	3000	−20°
	2000	−10°
900	1000	0°
1000	0	10°

Parcela de ar aquece internamente à medida que é comprimida por maior pressão atmosférica

Temperatura inicial da parcela de ar — GAS 10°C/1000m — Aquecimento-compressão-descendente

178

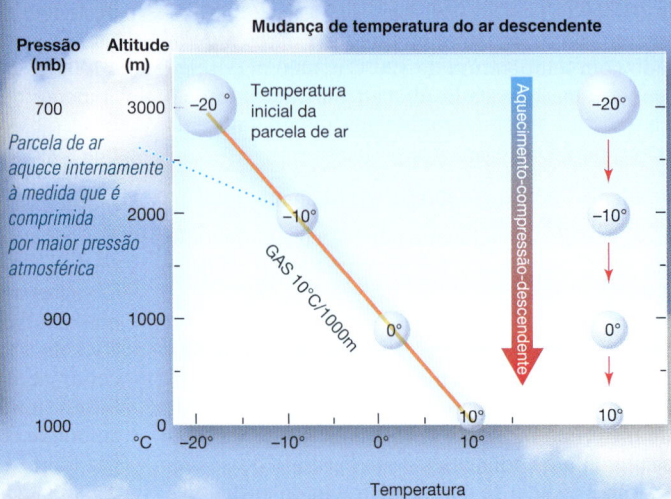

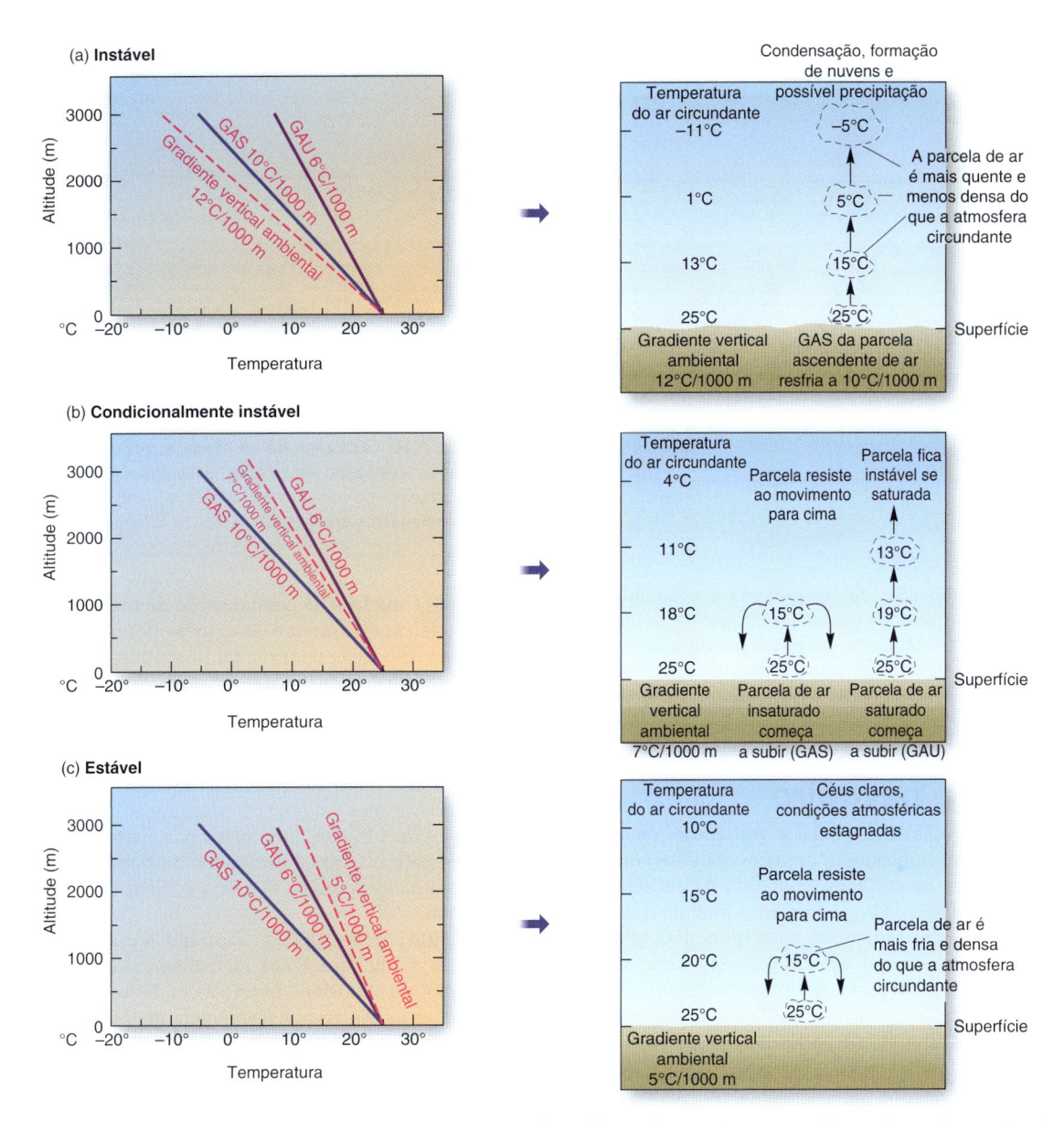

▲**Figura 7.14 Estabilidade – três exemplos.** Exemplos específicos de condições (a) instáveis, (b) condicionalmente instáveis e (c) estáveis na baixa atmosfera. Observe a resposta a essas três condições na parcela de ar à direita de cada diagrama.

planas) ou cirriformes (frágeis), sem desenvolvimento vertical. Em regiões com poluição no ar, condições estáveis na atmosfera agravam a poluição reduzindo as trocas no ar superficial.

Se o GVA estiver entre o GAS e o GAU, as condições não serão nem estáveis, nem instáveis. Na Figura 7.14b, o GVA é medido em 7°C/1000 m. Sob essas condições, a parcela de ar resiste ao movimento para cima, a menos que forçado, se for menos do que saturada. Porém, se a parcela de ar tornar-se saturada e resfriar no GAU, ela age de forma instável e continua a subir.

Um exemplo desse ar condicionalmente instável ocorre quando o ar estável é forçado a subir à medida que passa por uma cordilheira. Conforme a parcela de ar sobe e resfria até o ponto de orvalho, o ar torna-se saturado e a condensação inicia. Agora o GAU está em vigor, e a parcela de ar comporta-se de maneira instável. O céu está claro e sem nuvens, mas nuvens enormes podem se formar sobre uma cordilheira próxima.

As relações gerais entre os gradientes adiabáticos seco e úmido e os gradientes verticais ambientais que produzem condições de estabilidade, instabilidade e estabilidade condicional estão sintetizadas na Figura 7.15. Abordaremos gradientes verticais e resfriamento e aquecimento adiabático no Capítulo 8, no qual discutimos ascensão atmosférica e precipitação.

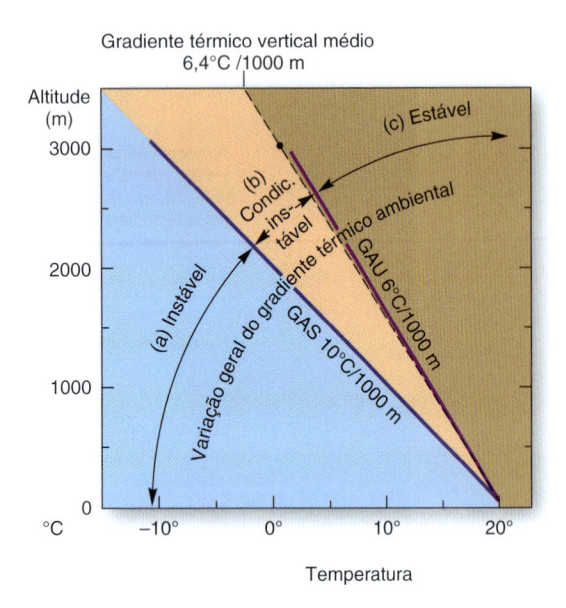

▲**Figura 7.15 Relações de temperatura e estabilidade atmosférica.** A relação entre gradientes adiabáticos secos e úmidos e os gradientes térmicos ambientais produz três condições atmosféricas: (a) instável (GVA excede o GAS); (b) condicionalmente instável (GVA entre GAS e GAU); e (c) estável (GVA menor que GAS e GAU).

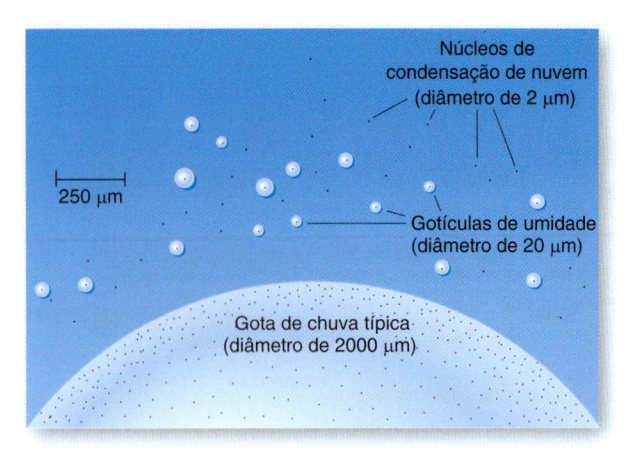

▲**Figura 7.16 Gotículas de umidade e gotas de chuva.** Núcleos de condensação de nuvem, gotículas de umidade e uma gota de chuva ampliada em muitas vezes – comparadas grosseiramente na mesma escala.

Nuvens e nevoeiro

As nuvens são mais do que belas e caprichosas decorações no céu; elas são indicadores fundamentais de condições gerais, inclusive estabilidade, conteúdo de umidade e do tempo meteorológico. Elas se formam à medida que o ar se torna saturado com água e são tema de muitas pesquisas científicas, especialmente em relação a seu efeito sobre os padrões de radiação líquida, conforme discutido nos Capítulos 4 e 5. Com um pouco de conhecimento e prática, é possível "ler" a atmosfera a partir de suas nuvens características.

Processos de formação de nuvens

Uma **nuvem** é uma agregação de minúsculas gotículas de umidade e cristais de gelo que estão suspensos no ar, com volume e concentração suficientes para serem visíveis. O nevoeiro, discutido mais além no capítulo, é simplesmente uma nuvem em contato com o solo. As nuvens podem conter gotas de chuva, mas não inicialmente. No início, as nuvens são uma grande massa de gotículas de umidade, invisíveis a olho nu. Uma **gotícula de umidade** tem aproximadamente 20 μm (micrômetros) de diâmetro (0,002 cm). É preciso um milhão ou mais dessas gotículas para formar uma gota de chuva média de 2000 μm de diâmetro (0,2 cm), conforme mostrado na Figura 7.16.

À medida que uma parcela de ar sobe, ela pode resfriar até a temperatura de ponto de orvalho e 100% de umidade relativa. (Sob certas condições, a condensação pode ocorrer a pouco menos ou mais do que 100% de umidade relativa.) Mais ascensão da parcela de ar a resfria ainda mais, produzindo condensação de vapor d'água na água. A condensação exige **núcleos de condensação de nuvem**, partículas microscópicas que sempre estão presentes na atmosfera.

As massas de ar continental (discutidas no Capítulo 8) têm, em média, 10 bilhões de núcleos de condensação de nuvem por metro cúbico. Esses núcleos geralmente se originam de poeira, fuligem e cinzas de vulcões e de florestas incendiadas e partículas da queima de combustíveis, como aerossóis de sulfato. O ar sobre as cidades contém grandes concentrações desses núcleos. Nas massas de ar marítimas, a média é de 1 bilhão de núcleos por metro cúbico, e eles incluem sais marinhos derivados de borrifos oceânicos. A baixa atmosfera nunca fica sem núcleos de condensação de nuvem.

Devido à presença de ar saturado, aos núcleos de condensação de nuvem e aos mecanismos de resfriamento (ascensão) na atmosfera, ocorre a condensação. Dois grandes processos são responsáveis pela maioria das gotas de chuva e flocos de neve do mundo: o *processo de colisão-coalescência*, envolvendo nuvens mais quentes e gotículas coalescentes que caem, e o *processo de cristais de gelo de Bergeron*, em que gotículas de água super-resfriadas evaporam e são absorvidas por cristais de gelo que se formam em massa e caem.

Tipos de nuvens e identificação

Em 1803, o biólogo e meteorologista amador inglês Luke Howard estabeleceu um sistema de classificação para as nuvens e cunhou nomes em latim para elas que ainda são usados hoje. Uma seleção dos tipos de nuvem de acordo com esse sistema é apresentada na Tabela 7.1 e na Figura 7.17.

Altitude e *forma* são essenciais para a classificação de nuvens. As nuvens ocorrem em três formas básicas – planas, flocos e filamentosas –, em quatro classes primárias de altitude. Nuvens planas e em camadas com desenvolvimento horizontal são classificadas como *estratiformes*. Nuvens infladas como bolas de algodão e globulares com desenvolvimento vertical são *cumuliformes*. Nuvens filamentosas, geralmente com altitude considerável constituída de cristais de gelo, são *cirriformes*. As quatro classes altitudinais

TABELA 7.1 Classes e tipos de nuvens

Classe de nuvem, altitude e composição em latitude média	Tipo de nuvem	Descrição
Nuvens baixas (C_L) • Até 2000 m • Água	Stratus (St)	Nuvens uniformes, sem traços característicos, cinzas, como nevoeiro alto
	Stratocumulus (Sc)	Massas de nuvens em linhas suaves, cinzas e globulares, grupos ou ondas
	Nimbostratus (Ns)	Nuvens cinzas, escuras, baixas, com chuva fina
Nuvens médias (C_M) • 2000-6000 m • Gelo e água	Altostratus (As)	Nuvens finas a espessas, sem halos. O contorno do Sol fica debilmente visível através das nuvens em um dia cinzento
	Altocumulus (Ac)	Nuvens como mechas de algodão, malhadas e dispostas em linhas ou grupos
Nuvens altas (C_H) • 6000-13.000 m • Gelo	Cirrus (Ci)	Nuvens "rabo de cavalo" – filamentosas, penugentas, com fibras, listras ou plumas delicadas
	Cirrostratus (Cs)	Nuvens parecidas com véus, formadas com mantos fundidos de cristais de gelo, com aparência leitosa e halos de Sol e Lua
	Cirrocumulus (Cc)	Nuvens malhadas em pequenos flocos ou tufos pequenos e brancos. Ocorrem em linhas ou grupos, às vezes em ondulações, formando um "céu encarneirado"
Nuvens com desenvolvimento vertical • Próximo à superfície até 13.000 m • Água embaixo, gelo em cima	Cumulus (Cu)	Nuvens de contornos precisos, estufadas, flocadas, com base chata e topo inchado. Associadas com bom tempo
	Cumulonimbus (Cb)	Nuvens densas, pesadas, imensas, associadas a tempestades escuras, pancadas de chuva torrenciais e grande desenvolvimento vertical, com topo imponente em forma de cirrus soprado para uma cabeça em forma de bigorna

▲Figura 7.17 **Principais tipos e formas especiais de nuvem.** Tipos de nuvem de acordo com forma e altitude (baixa, média, alta e de desenvolvimento vertical). [(a), (b), (c) e (h) por Bobbé Christopherson; (d), (e) e (f) pelo autor; (g) por Judy A. Mosby.]

◀ **Figura 7.18 Bigorna de cumulonimbus.**
[(b) ISS Astronaut Photograph, NASA.]

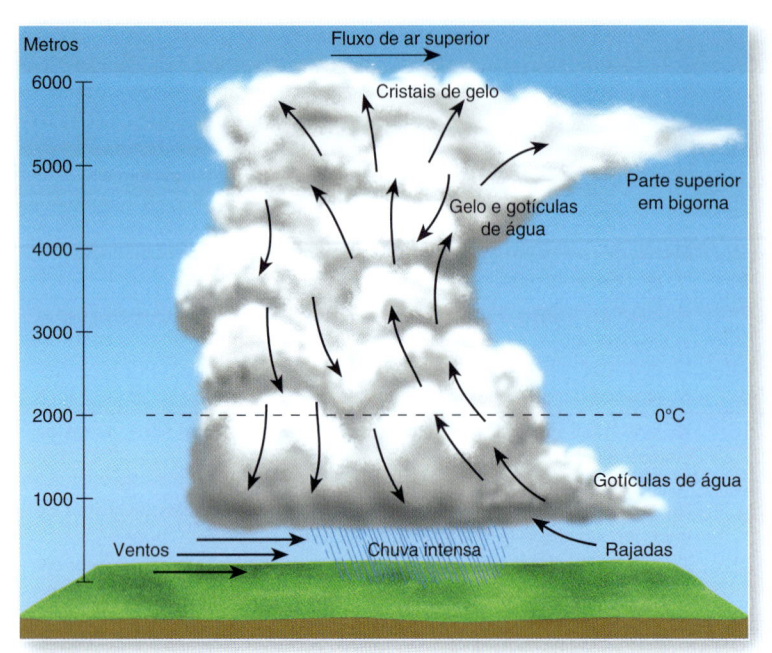

(a) Estrutura e forma de uma nuvem cumulonimbus. Violentas correntes de ar ascendente e descendente marcam a circulação dentro da nuvem. Rajadas tempestuosas de vento ocorrem ao nível do solo.

(b) Um enorme núcleo de tempestade cumulonimbus sobre a África a 13,5 °N de latitude, próximo à fronteira Senegal-Mali.

te). As nuvens **stratus** parecem opacas, acinzentadas e sem traços característicos. Quando geram precipitação, tornam-se **nimbostratus** (*nimbo* denota "tempestuoso" ou "chuvoso"), e seus aguaceiros em geral caem como um chuvisco (Figura 7.17e).

As nuvens **cumulus** parecem brilhantes e infladas, como bolas de algodão. Quando não cobrem o céu, elas flutuam em formatos infinitamente variados. Nuvens cumulus com desenvolvimento vertical estão em uma classe separada na Tabela 7.1, porque o desenvolvimento vertical adicional pode produzir nuvens cumulus que se estendem além das baixas altitudes até chegar a altitudes médias e altas (ilustradas à direita da Figura 7.17 e na Figura 7.17h).

Às vezes, próximo ao fim do dia, **stratocumulus** podem preencher o céu em remendos de nuvens rugosas, acinzentadas e baixas. Perto do pôr do sol, essas nuvens estratiformes remanescentes, infladas e espalhadas, podem captar e filtrar os raios solares, por vezes indicando um clima limpo.

O prefixo *alto-* denota nuvens de nível médio. Elas são formadas por gotículas de água misturadas com cristais de gelo (quando faz frio suficiente). Nuvens **altocumulus**, particularmente, representam uma categoria ampla que abrange diversos estilos: linhas remendadas, padrões de onda, um "céu encarneirado" ou nuvens em forma de lentes (lenticulares).

Cristais de gelo em concentrações finas compõem as nuvens encontradas acima de 6000 m. Esses filamentos frágeis, geralmente brancos, exceto quando coloridos pelo amanhecer ou pelo pôr do sol, são nuvens **cirrus** (em latim, "cacho de cabelo"), às vezes chamadas de "rabo de cavalo". As nuvens cirrus dão a impressão de que um artista deu pinceladas delicadas e leves no céu. Elas podem indicar uma tempestade a caminho, principalmente se ficarem mais espessas e com elevação mais baixa. O prefixo *cirro-*, como em *cirrostratus* e *cirrocumulus*, indica outras nuvens altas que formam um véu rarefeito ou têm aparência inflada, respectivamente.

Uma nuvem cumulus pode se transformar em uma gigante e imponente **cumulonimbus** (novamente, *-nimbus* em

são baixas, médias, altas e nuvens verticalmente desenvolvidas através da atmosfera. Combinações de forma e altitude geram os 10 tipos básicos de nuvem.

Nuvens baixas, variando da superfície até 2000 m nas latitudes médias, são simplesmente *stratus* ou *cumulus* (termos latinos para "camada" e "pilha", respectivamen-

GEOrelatório 7.3 Nuvens lenticulares sinalizam as condições de tempo nas montanhas

Junto às montanhas do mundo, nuvens lenticulares podem advertir sobre ventos de alta velocidade na altitude, às vezes sinalizando a aproximação de tempo severo. Nuvens lenticulares (em forma de lente) costumam formar-se a sotavento das cordilheiras, onde os ventos que passam pelo terreno desenvolvem um padrão de onda. Essas nuvens muitas vezes parecem ser estacionárias, mas não são. O fluxo de ar úmido fica constantemente reabastecendo a nuvem no lado a barlavento à medida que o ar a sotavento evapora da nuvem.

latim denota "tempestade de chuva" ou "nuvem de trovoada"; Figura 7.18). Tais nuvens são conhecidas como *núcleos de tempestade* ou *bigornas* em razão de seu formato e dos raios e trovões associados. Observe as rajadas de vento na superfície, as correntes de ar ascendentes e descendentes, a chuva intensa e a presença de cristais de gelo na parte superior da coluna de nuvens em elevação. Ventos de alta altitude podem, então, aparar a parte superior da nuvem na forma característica de bigorna do cumulonimbos maduro.

Processos que formam nevoeiro

Por definição internacional, **nevoeiro** é uma camada de nuvens no solo, com visibilidade restrita a menos de 1 km. A presença de nevoeiro nos diz que a temperatura do ar e a temperatura de ponto de orvalho no nível do solo são praticamente idênticas, indicando condições saturadas. Uma camada de inversão da temperatura geralmente coroa uma camada de nevoeiro (temperaturas mais quentes acima e temperaturas mais frias abaixo da altitude de inversão), com diferença de até 22°C na temperatura do ar entre o solo mais frio sob o nevoeiro e o céu ensolarado e mais quente acima.

Quase todo nevoeiro é quente – ou seja, suas gotículas de umidade estão acima do congelamento. O nevoeiro super-resfriado, em que as gotículas de umidade estão abaixo do congelamento, é especial porque pode ser disperso por semeação artificial com cristais de gelo ou outros cristais que imitam o gelo, seguindo os princípios do processo de Bageron descrito anteriormente.

Nevoeiro de radiação Quando o esfriamento radiativo de uma superfície esfria a camada de ar diretamente acima dessa superfície até a temperatura de ponto de orvalho, criando condições saturadas, forma-se um **nevoeiro de radiação**. Esse nevoeiro ocorre sobre o solo úmido, principalmente em noites claras; ele não ocorre sobre a água porque a água não esfria consideravelmente durante a noite.

O nevoeiro de radiação de inverno é típico do Vale Central da Califórnia, cobrindo do Vale Sacramento ao norte até o Vale San Joaquin ao sul, sendo conhecido localmente como *nevoeiro de bunho* em função da sua associação com a planta bunho, que recobre as ilhas e charcos de baixa elevação das regiões do delta do Rio Sacramento e do Rio San Joaquin (Figura 7.19). O nevoeiro de bunho pode reduzir a visibilidade a 3 m ou menos, sendo uma causa importante dos acidentes de trânsito relacionado ao tempo na Califórnia.

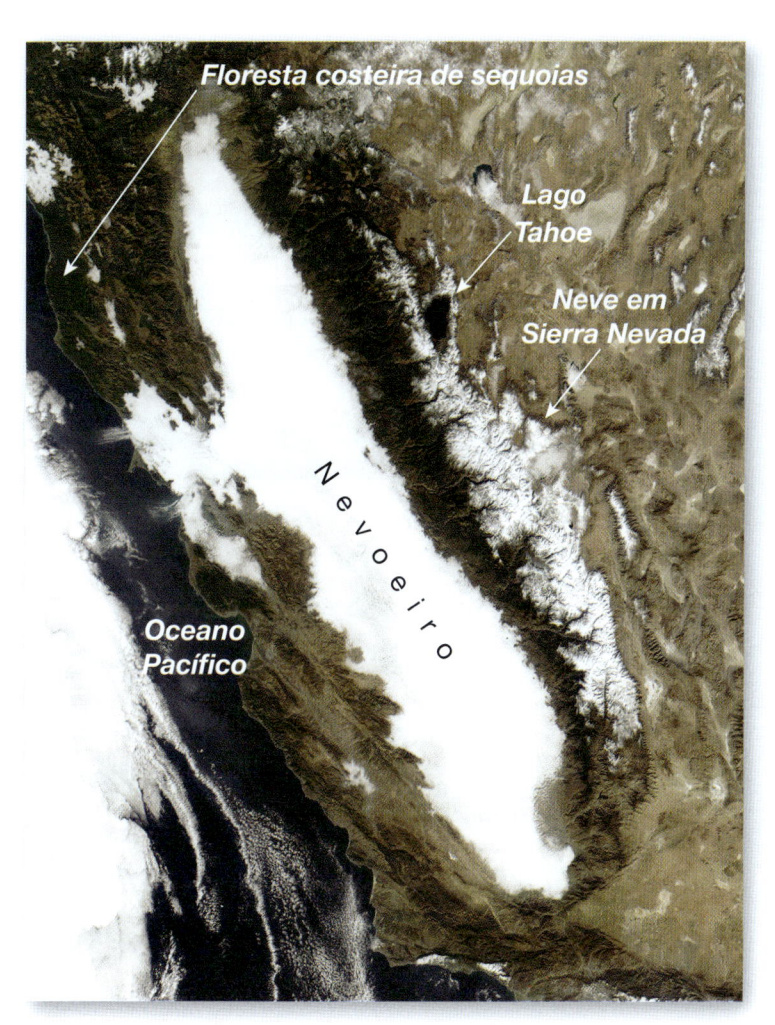

▲**Figura 7.19 Nevoeiro de radiação de inverno.** Esta imagem de dezembro de 2005 mostra o nevoeiro no Vale Central da Califórnia, confinado pelas barreiras topográficas das Cascades a norte, da Sierra Nevada a leste e das Cadeias da Costa a oeste. As áreas costeiras de maior elevação são as florestas litorâneas de sequoias discutidas no *Geossistemas Hoje* deste capítulo. [Imagem do MODIS *Terra*, NASA.]

▲**Figura 7.20 Nevoeiro de advecção.** A ponte Golden Gate, em San Francisco, é envolvida por um invasor nevoeiro de advecção, característico das condições de verão na costa oeste. [Brad Perks Lightscapes/Alamy.]

Nevoeiro de advecção Quando o ar em um lugar migra para outro lugar onde as condições são adequadas para saturação, forma-se um **nevoeiro de advecção**. Por exemplo,

▲Figura 7.21 **Nevoeiro de vale.** O ar frio acumula-se no vale do rio Saar, em Saarland, Alemanha, resfriando o ar até o ponto de orvalho e formando um nevoeiro de vale. [Hans-Peter Merten/Getty Images.]

▲Figura 7.22 **Nevoeiro de evaporação.** O nevoeiro de evaporação, ou fumaça do mar, destaca o amanhecer em uma fria manhã no Lago Donner, na Califórnia, EUA. Mais tarde naquela manhã, à medida que as temperaturas do ar subiram, o que você acha que aconteceu com o nevoeiro de evaporação? [Bobbé Christopherson.]

cente, umidificando com eficiência o ar até a saturação, seguida de condensação para formar o nevoeiro (Figura 7.22). Quando o nevoeiro de evaporação acontece no mar, é um perigo de navegação chamado de *fumaça do mar*.

> **PENSAMENTO Crítico 7.2**
> **Identifique dois tipos de nevoeiro**
>
> Na Figura PC 7.2.1, você saberia dizer quais são os dois tipos de nevoeiro mostrados? As seguintes perguntas talvez ajudem: qual é a diferença entre a temperatura da água de um rio com a do ar sobrejacente, especialmente além da curva do rio? Será que a temperatura das terras agrícolas úmidas poderia ter mudado de um dia para o outro? Como? Isso poderia contribuir para a formação do nevoeiro? Você vê algum sinal de movimentação do ar, como uma brisa leve? Como isso poderia afetar a presença de nevoeiro? •

▲Figura PC 7.2.1 **Dois tipos de nevoeiro.** [Bobbé Christopherson.]

quando o ar quente e úmido sobrepõe-se a correntes oceânicas, superfícies lacustres ou massas de neve, a camada de ar migratório diretamente acima da superfície resfria-se até o ponto de orvalho, e o nevoeiro se desenvolve. Em todas as costas ocidentais subtropicais do mundo, o nevoeiro de verão se forma desse modo (Figura 7.20).

Um tipo de nevoeiro de advecção se forma quando o ar úmido flui a elevações mais altas por uma colina ou montanha. Essa ascensão de aclive leva a um resfriamento adiabático por expansão à medida que o ar sobe. O **nevoeiro de encosta** (orográfica) resultante forma uma nuvem stratus ao nível de condensação de saturação. Ao longo dos Apalaches e das encostas orientais das Rochosas, esse nevoeiro é comum no inverno e na primavera.

Outro nevoeiro de advecção associado à topografia é o **nevoeiro de vale**. Como o ar frio é mais denso do que o ar quente, ele se instala em áreas de baixa elevação, produzindo um nevoeiro na camada resfriada e saturada próximo ao solo de um vale (Figura 7.21).

Evaporação Outro tipo de nevoeiro relacionado tanto à advecção quanto à evaporação é formado quando ar frio se encontra sobre a água quente de um lago, superfície oceânica ou mesmo uma piscina. Esse frágil **nevoeiro de evaporação**, ou *nevoeiro de vapor*, surge quando as moléculas de água evaporam da superfície d'água para o ar frio sobreja-

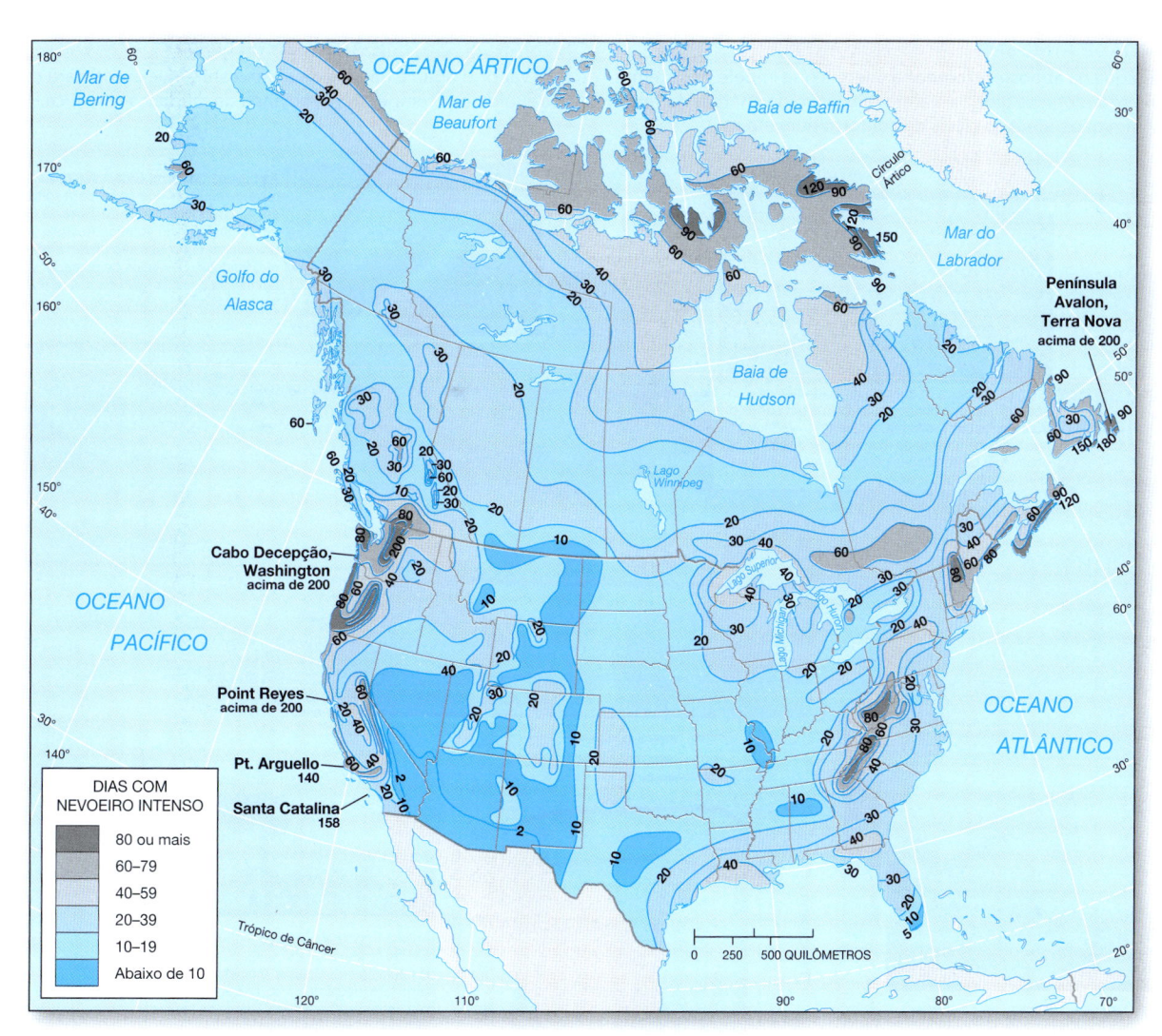

▲**Figura 7.23 Número médio de dias com nevoeiro intenso nos Estados Unidos e no Canadá.** O lugar com mais nevoeiros nos Estados Unidos é a desembocadura do Rio Colúmbia, onde ele entra no Oceano Pacífico em Cabo Decepção, Washington. Um dos lugares com mais nevoeiros do mundo é a Península Avalon em Terra Nova, especificamente Argentina e Belle Isle, que regularmente excedem 200 dias de nevoeiro a cada ano. [Dados cortesia de NWS; *Climatic Atlas of Canada*, Atmospheric Environment Service Canada; e *The Climates of Canada*, Environment Canada, 1990.]

A prevalência de nevoeiro nos Estados Unidos e no Canadá é mostrada na Figura 7.23. Todos os anos, a mídia traz notícias de engavetamentos com vários carros em trechos de rodovia, onde os veículos dirigem a alta velocidade em condições enevoadas. Essas cenas de acidentes podem envolver dezenas de carros e caminhões. O nevoeiro é um perigo para motoristas, pilotos, marinheiros, pedestres e ciclistas, embora suas condições de formação sejam bem previsíveis. A distribuição da ocorrência regional de nevoeiro deve ser um elemento de planejamento para qualquer aeroporto, porto ou estrada.

Em algumas regiões, o nevoeiro está cada vez mais sendo usado como fonte de água. Durante toda a História, as pessoas coletaram água dos nevoeiros, talvez pegando a dica dada pelas notáveis adaptações dos insetos. Os escaravelhos das areias do deserto da Namíbia, no extremo sudoeste da África, mantêm água coletada dos nevoeiros em suas asas para que a condensação se acumule e desça até a boca. Quando o calor do dia chega, eles se enterram na areia, para emergir somente na noite ou manhã seguinte, quando o nevoeiro de advecção traz mais água para ser colhida. Por séculos, vilarejos costeiros nos desertos de Omã coletaram gotas d'água depositadas em árvores por nevoeiros costeiros. No deserto do Atacama, no Chile e no Peru, os moradores locais estendem grandes redes para interceptar o nevoeiro de advecção: a umidade condensa na malha, pinga em calhas e corre por canos até um reservatório de 100.000 litros. Pelo menos 30 países apresentam condições de nevoeiro adequadas para essa coleta de água. (Consulte http://www.oas.org/dsd/publications/unit/oea59e/ch33.htm e *O Denominador Humano*, Figura DH 7d.)

O DENOMINADOR humano 7 Umidade atmosférica

UMIDADE ATMOSFÉRICA ⇒ HUMANOS
- A água na atmosfera fornece a energia que impele os sistemas meteorológicos globais e afeta o balanço de energia da Terra.
- A umidade afeta os níveis de conforto humano.

HUMANOS ⇒ UMIDADE ATMOSFÉRICA
- O vapor d'água é um gás de efeito estufa que aumentará com a subida das temperaturas advinda da mudança climática.

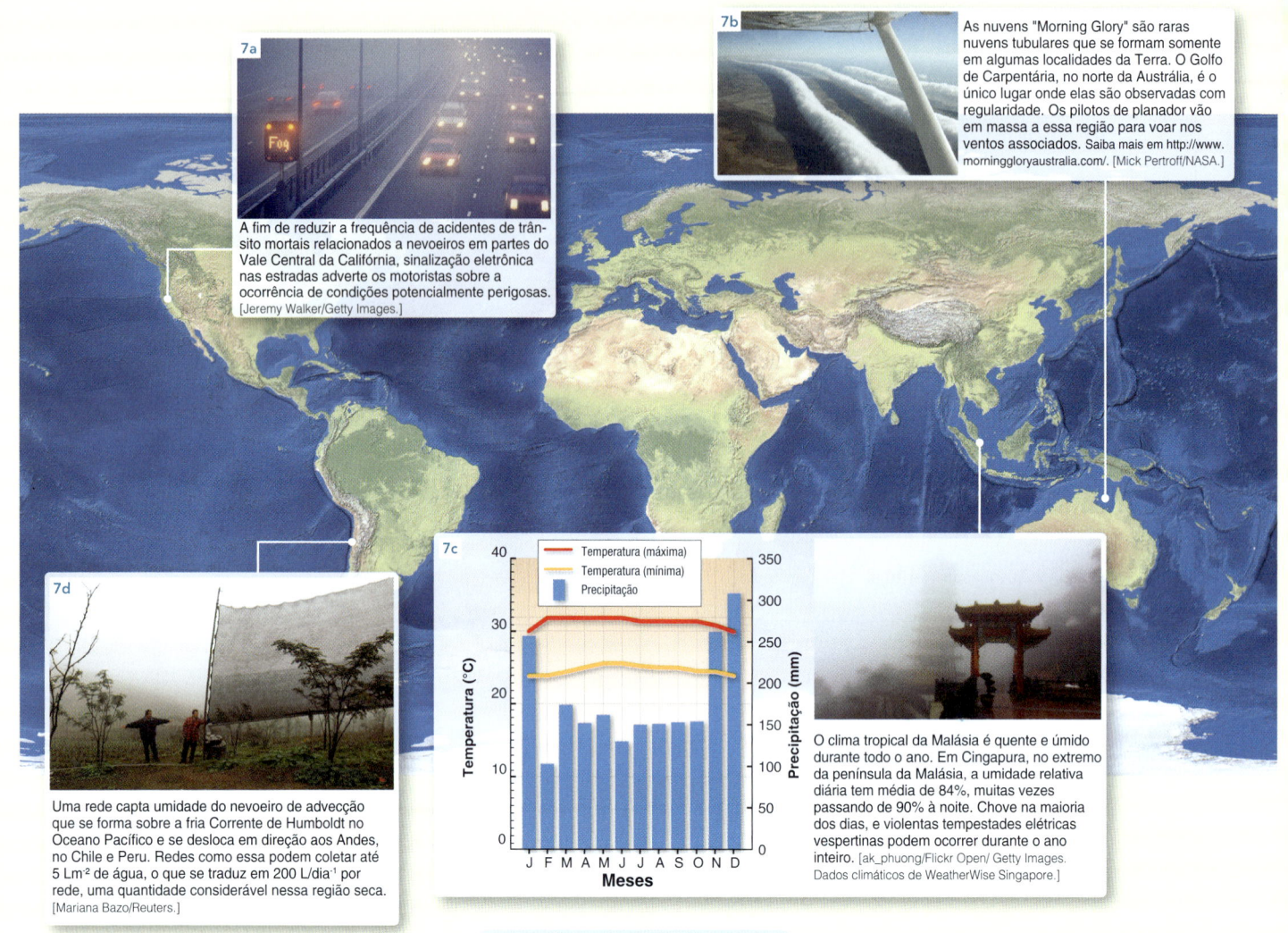

7a A fim de reduzir a frequência de acidentes de trânsito mortais relacionados a nevoeiros em partes do Vale Central da Califórnia, sinalização eletrônica nas estradas adverte os motoristas sobre a ocorrência de condições potencialmente perigosas. [Jeremy Walker/Getty Images.]

7b As nuvens "Morning Glory" são raras nuvens tubulares que se formam somente em algumas localidades da Terra. O Golfo de Carpentária, no norte da Austrália, é o único lugar onde elas são observadas com regularidade. Os pilotos de planador vão em massa a essa região para voar nos ventos associados. Saiba mais em http://www.morninggloryaustralia.com/. [Mick Pertroff/NASA.]

7d Uma rede capta umidade do nevoeiro de advecção que se forma sobre a fria Corrente de Humboldt no Oceano Pacífico e se desloca em direção aos Andes, no Chile e Peru. Redes como essa podem coletar até 5 L m^{-2} de água, o que se traduz em 200 L/dia^{-1} por rede, uma quantidade considerável nessa região seca. [Mariana Bazo/Reuters.]

7c [Gráfico: Temperatura (máxima), Temperatura (mínima), Precipitação — Meses J F M A M J J A S O N D]

O clima tropical da Malásia é quente e úmido durante todo o ano. Em Cingapura, no extremo da península da Malásia, a umidade relativa diária tem média de 84%, muitas vezes passando de 90% à noite. Chove na maioria dos dias, e violentas tempestades elétricas vespertinas podem ocorrer durante o ano inteiro. [ak_phuong/Flickr Open/ Getty Images. Dados climáticos de WeatherWise Singapore.]

QUESTÕES PARA O SÉCULO XXI
- O nevoeiro continuará sendo usado para complementar o suprimento de água potável em algumas regiões do mundo.
- A elevação das temperaturas afeta as taxas de evaporação e condensação, o que, por sua vez, afeta a formação das nuvens. Estudos atuais indicam que um mundo em aquecimento terá menor cobertura de nuvens, criando uma retroalimentação positiva que acelerará o aquecimento.

conexão GEOSSISTEMAS

Já exploramos as notáveis propriedades físicas da água e iniciamos nossa discussão sobre o papel da água na atmosfera. Examinamos os conceito de umidade, que formam o fundamento da dinâmica da estabilidade atmosférica, e a formação das nuvens e do nevoeiro. Com esses fundamentos, passamos para o Capítulo 8 e para a identificação das massas de ar e das condições que as forçam a ascender, esfriar, condensar e produzir fenômenos meteorológicos. Também analisaremos eventos meteorológicos violentos, como tempestades elétricas, ventos fortes, tornados e ciclones tropicais.

REVISÃO DOS CONCEITOS-CHAVE DE aprendizagem

■ *Descrever* as propriedades térmicas da água e *identificar* as características de seus três estados: sólido, líquido e gasoso.

A água é o composto mais comum na superfície terrestre e possui características solventes e térmicas extraordinárias. Devido à posição singular da Terra em relação ao Sol, a água ocorre aqui naturalmente em todos os três estados: sólido, líquido e gasoso. Uma mudança de um estado para outro é uma **mudança de fase**. A mudança de líquido para sólido é a solidificação; de sólido para líquido, fusão; de vapor para líquido, condensação; de líquido para vapor, vaporização ou evaporação; de vapor para sólido, deposição; e de sólido para vapor, **sublimação**.

A energia térmica necessária para que a água mude de estado é o **calor latente**, porque, uma vez absorvido, ele fica escondido na estrutura da água, gelo ou vapor d'água. Para que 1 g de água se torne 1 g de vapor d'água na ebulição, é necessária a adição de 540 cal, ou o **calor latente de vaporização**. Quando esse 1 g de vapor d'água condensa, a mesma quantidade de energia térmica (540 calorias) é liberada como **calor latente de condensação**. O **calor latente de sublimação** é a energia trocada na mudança de estado de gelo para vapor e de vapor para gelo. O tempo meteorológico é movido pela enorme quantidade de energia térmica latente envolvida nas mudanças de estado entre os três estados da água.

    mudança de fase (p. 169)
    sublimação (p. 169)
    calor latente (p. 170)
    calor latente de vaporização (p. 171)
    calor latente de condensação (p. 171)
    calor latente de sublimação (p. 171)

1. Descreva os três estados da matéria aplicados ao gelo, à água e ao vapor d'água.
2. O que acontece à estrutura física da água conforme ela resfria abaixo de 4°C? Quais são algumas indicações visíveis dessas mudanças físicas?
3. O que é o calor latente? De que forma ele está envolvido nas mudanças de estado da água?
4. Pegue 1 g de água a 0°C e acompanhe as mudanças pelas quais ela passe até tornar-se 1 g de vapor d'água a 100°C, descrevendo o que acontece durante esse processo. Que quantidades de energia estão envolvidas nas mudanças que acontecem?

■ *Definir* umidade e umidade relativa, e *explicar* a temperatura de ponto de orvalho e as condições de saturação na atmosfera.

A quantidade de vapor d'água na atmosfera é a **umidade**. O vapor d'água máximo possível no ar é principalmente uma função da temperatura do ar e do vapor d'água (essas temperaturas geralmente são as mesmas). O ar mais quente produz taxas maiores de evaporação líquida e vapor d'água máximo possível, enquanto o ar mais frio produz taxas de condensação líquida e reduz o vapor d'água possível.

Umidade relativa é uma razão da quantidade de vapor d'água que de fato está no ar comparada à quantidade máxima possível em uma determinada temperatura. A umidade relativa nos diz quanto falta para o ar atingir a saturação. O ar relativamente seco tem um valor menor de umidade relativa, e o ar relativamente úmido, uma maior porcentagem de umidade relativa. Diz-se que o ar está **saturado** quando a taxa de evaporação e a taxa de condensação atingem um equilíbrio; qualquer adição posterior de vapor d'água ou redução de temperatura resultará em condensação ativa (100% de umidade relativa). A temperatura na qual o ar atinge a saturação é a **temperatura de ponto de orvalho**.

Entre as várias maneiras de expressar umidade e umidade relativa estão a pressão de vapor e a umidade específica. A **pressão de vapor** é a parte da pressão atmosférica produzida pela presença de vapor d'água. Uma comparação de pressão de vapor com a pressão de saturação de vapor a qualquer momento oferece uma porcentagem da umidade relativa. **Umidade específica** é a massa de vapor d'água (em gramas) por massa de ar (em quilogramas) em qualquer temperatura especificada. Por ser medida como uma massa, a umidade específica não se altera de acordo com mudanças de temperatura ou pressão, tornando-a uma valiosa mensuração na previsão do tempo. Uma comparação de umidade específica com umidade específica máxima a qualquer momento produz uma porcentagem da umidade relativa.

Dois instrumentos medem a umidade relativa e, indiretamente, o conteúdo real de umidade do ar: o **higrômetro de cabelo** e o **psicrômetro de funda**.

    umidade (p. 172)
    umidade relativa (p. 172)
    saturação (p. 173)
    temperatura de ponto de orvalho (p. 173)
    pressão de vapor (p. 174)
    umidade específica (p. 175)
    higrômetro de cabelo (p. 175)
    psicrômetro de funda (p. 175)

5. O que é umidade? Como ela se relaciona à energia presente na atmosfera? E ao nosso conforto pessoal, e como percebemos temperaturas aparentes?
6. Defina umidade relativa. O que o conceito representa? O que significam os termos *saturação* e *temperatura de ponto de orvalho*?
7. Usando as Figura 7.10 e 7.11, derive valores de umidade relativa (pressão de vapor/pressão de vapor de saturação; umidade específica/umidade específica máxima) para níveis de umidade do ar diferentes daqueles apresentados como exemplo na exposição do capítulo.
8. Como os dois instrumentos descritos neste capítulo medem a umidade relativa?
9. Como a tendência diária dos valores de umidade relativa se compara com a tendência diária da temperatura do ar?

■ *Definir* estabilidade atmosférica e *relacioná-la* a uma parcela de ar ascendente ou descendente.

Em meteorologia, uma *parcela* de ar é um volume (da ordem de 300 m de diâmetro) homogêneo em termos de temperatura e umidade. A temperatura do volume de ar determina a densidade da parcela de ar. O ar quente produz uma densidade menor em um determinado volume de ar; o ar frio produz uma densidade maior.

Estabilidade refere-se à tendência de uma parcela de ar, com sua carga de vapor d'água, de permanecer no mesmo lugar ou mudar de posição vertical subindo ou descendo. Uma parcela de ar é *estável* se resistir ao deslocamento para cima ou, quando perturbada, tender a retornar a seu local de origem. Uma parcela de ar é *instável* se continuar a subir até alcançar uma altitude onde o ar circundante tem densidade (temperatura do ar) semelhante à sua.

estabilidade (p. 176)

10. Faça a distinção entre estabilidade e instabilidade de uma parcela de ar que sobe verticalmente na atmosfera.
11. Quais são as forças que agem sobre uma parcela de ar se movendo verticalmente? Como elas são afetadas pela densidade da parcela de ar?

■ *Ilustrar* três condições atmosféricas – instável, condicionalmente instável e estável – com um gráfico simples que relaciona o gradiente vertical ambiental (GVA) com o gradiente adiabático seco (GAS) e o gradiente adiabático úmido (GAU).

Uma parcela ascendente de ar tende a resfriar por expansão, respondendo à pressão de ar reduzida em altas altitudes. Uma parcela descendente aquece por compressão. As mudanças de temperatura em parcelas de ar ascendentes e descendentes são **adiabáticas**, isto é, ocorrem como resultado de expansão ou compressão, sem troca de calor significativa entre o ambiente circundante e a parcela de ar se movendo verticalmente.

O **gradiente adiabático seco (GAS)** é a razão na qual o ar "seco" resfria por expansão (se ascendente) ou aquece por compressão (se descendente). O termo *seco* é usado quando o ar é menos do que saturado (umidade relativa menor que 100%). O GAS é de 10°C/1000 m. O **gradiente adiabático úmido (GAU)** é a razão média na qual o ar úmido (saturado) resfria por expansão (se ascendente) ou aquece por compressão (se descendente). O GAU médio é de 6°C/1000 m. Isso é aproximadamente 4°C menos do que o gradiente seco. O GAU, no entanto, varia de acordo com o conteúdo de umidade e temperatura e pode ir de 4 a 10°C por 1000 m.

Uma comparação simples entre o GAS e o GAU em uma parcela de ar se movendo verticalmente com o *gradiente vertical ambiental* (GVA) no ar circundante determina a estabilidade da atmosfera – se é instável (continuação da ascensão da parcela de ar), estável (a parcela de ar resiste ao deslocamento vertical) ou condicionalmente instável (a parcela de ar comporta-se como se fosse instável se o GAU estiver em operação e como estável em caso contrário).

adiabático (p. 177)
gradiente adiabático seco (GAS) (p. 177)
gradiente adiabático úmido (GAU) (p. 177)

12. Como as taxas adiabáticas de aquecimento e resfriamento em uma parcela de ar verticalmente deslocada diferem do gradiente vertical normal e do gradiente vertical ambiental?
13. Por que há uma diferença entre o gradiente adiabático seco (GAS) e o gradiente adiabático úmido (GAU)?
14. Que condições de temperatura atmosférica e umidade você esperaria em um dia com tempo instável? E se estiver estável? Relate em sua resposta o que você sentiria se estivesse do lado de fora observando.

■ *Identificar* os requisitos para a formação de nuvens e *explicar* as principais classes e tipos de nuvens, incluindo o nevoeiro.

Uma **nuvem** é uma agregação de minúsculas gotículas de umidade e cristais de gelo suspensos no ar. As nuvens são um lembrete constante do poderoso sistema de troca de calor no ambiente. As **gotículas de umidade** em uma nuvem se formam quando a saturação e a presença de **núcleos de condensação de nuvem** combinam-se e levam à *condensação*. Gotas de chuva se formam a partir de gotículas de umidade pelo *processo de coalisão-coalescência* ou pelo *processo de cristais de gelo de Bergeron*.

Nuvens baixas, variando do nível da superfície até 2000 m nas latitudes médias, são **stratus** (nuvens planas, em camadas) ou **cumulus** (nuvens infladas, em pilhas). Quando as nuvens stratus geram precipitação, elas são **nimbostratus**. Às vezes, próximo ao fim do dia, nuvens rugosas, acinzentadas e baixas, chamadas de **stratocumulus**, podem preencher o céu em remendos. Nuvens de nível médio são denotadas pelo prefixo *alto-*. Nuvens **altocumulus**, particularmente, representam uma ampla categoria que inclui tipos diversos. Nuvens em alta altitude, especialmente compostas de cristais de gelo, são chamadas de **cirrus**. Uma nuvem cumulus pode se transformar em uma gigante e imponente **cumulonimbus** (*-nimbus*, em latim, denota "tempestade de chuva" ou "nuvem de trovoada"). Essas nuvens são chamadas de *núcleos de tempestade* ou *bigornas* por causa de seu formato e associação com raios, trovões, rajadas de vento superficial, correntes ascendentes e descendentes, chuva intensa e granizo.

Nevoeiro é uma nuvem que ocorre ao nível do solo. O resfriamento radiativo de uma superfície que esfria a camada de ar diretamente acima dessa superfície até a temperatura de ponto de orvalho cria condições saturadas e um **nevoeiro de radiação**. O **nevoeiro de advecção** forma-se quando o ar em um local migra para outro onde existem condições que podem causar saturação – por exemplo, quando o ar quente e úmido se move por correntes oceânicas mais frias. O **nevoeiro de encosta** é produzido quando o ar úmido é forçado a elevações mais altas por uma colina ou montanha. Outro nevoeiro causado pela topografia é o **nevoeiro de vale** (orográfico), formado porque o ar frio e mais denso se acumula em áreas de baixa elevação, produzindo um nevoeiro na camada resfriada e saturada próxima ao solo. Outro tipo de nevoeiro oriundo de evaporação e advecção se forma quando o ar frio flui sobre a água quente de um lago, superfície oceânica ou piscina. Esse **nevoeiro de evaporação**, ou nevoeiro de vapor, surge quando as moléculas de água evaporam da superfície d'água para o ar frio sobrejacente.

nuvem (p. 180)
gotícula de umidade (p. 180)
núcleos de condensação de nuvem (p. 180)
stratus (p. 182)
nimbostratus (p. 182)
cumulus (p. 182)
stratocumulus (p. 182)
altocumulus (p. 182)

cirrus (p. 182)
cumulonimbus (p. 182)
nevoeiro (p. 183)
nevoeiro de radiação (p. 183)
nevoeiro de advecção (p. 183)
nevoeiro de encosta (p. 184)
nevoeiro de vale (p. 184)
nevoeiro de evaporação (p. 184)

15. Especificamente, o que é uma nuvem? Descreva as gotículas que a formam.
16. Explique o processo de condensação: quais são os requisitos? Quais são os dois processos principais discutidos neste capítulo?
17. Quais são as formas básicas das nuvens? Usando a Tabela 7.1, descreva como as formas básicas das nuvens variam com a altitude.
18. Explique como as nuvens podem ser usadas como indicadores das condições da atmosfera e do tempo esperado.
19. Que tipo de nuvem é o nevoeiro? Liste e defina os principais tipos de nevoeiro.
20. Descreva a ocorrência de nevoeiro no Brasil. Quais são as regiões de maior incidência?

Resposta do Pensamento Crítico 7.2: A água do rio é mais quente do que o ar frio sobrejacente, produzindo um nevoeiro de evaporação, principalmente além da curva do rio. A maioria das terras cultivadas resfriou radiativamente durante a noite, tornando o ar mais frio ao longo da superfície até o ponto de orvalho, gerando condensação ativa. Bancos de nevoeiro de radiação revelam o fluxo de ligeiros movimentos de ar da esquerda para a direita na foto.

Sugestões de leituras em português

BARRY, R. G.; CHORLEY, R. *Atmosfera, tempo e clima*. 9. ed. Porto Alegre: Bookman, 2012.

MENDONÇA, F.; DANNI-OLIVEIRA, I. M. *Climatologia*: noções básicas e climas do Brasil. São Paulo: Oficina de Textos, 2007.

VAREJÃO-SILVA, M. A. *Meteorologia e climatologia*. Brasília: INMET, 2000.

VIANELLO, R. L.; ALVES, A. R. *Meteorologia básica e aplicações*. 2. ed. Viçosa: UFV, 2012.

8 Tempo meteorológico

CONCEITOS-CHAVE DE aprendizagem

Após a leitura deste capítulo, você conseguirá:

- *Descrever* as massas de ar que afetam a América do Norte e *relacionar* suas qualidades com as regiões de origem.
- *Identificar* e *descrever* quatro tipos de mecanismo de elevação atmosférica, dando um exemplo de cada.
- *Explicar* a formação da precipitação orográfica e *examinar* um exemplo dos efeitos orográficos na América do Norte.
- *Descrever* o ciclo de vida de um sistema de tempestade ciclônica de latitude média e *relacionar* isso com sua representação em cartas sinóticas.
- *Listar* os elementos mensuráveis que contribuem com a moderna previsão do tempo meteorológico e *descrever* a tecnologia e os métodos empregados.
- *Identificar* várias formas de tempo severo por meio de suas características e *examinar* diversos exemplos de cada.

Em 8 de junho de 2006, essa supercélula de tempestade se desenvolveu próximo à Reserva Crow, no centro-sul de Montana, no limite com o Wioming. Embora essas tempestades severas possam se desenvolver em uma circulação rotatória no sentido anti-horário, formando um tornado, essa não o fez. A tempestade produziu chuva severa, relâmpagos, pequenos granizos, tudo bastante comum. As nuvens espalhando-se indicam uma grande quantidade de circulação convectiva, característica das nuvens cumulunimbus discutidas no Capítulo 7. Neste capítulo, vamos explorar os sistemas meteorológicos, incluindo eventos violentos que podem causar danos e vitimar seres humanos. [Eric Nguyen/Corbis.]

GEOSSISTEMAS HOJE

Na linha de frente do tempo severo

Seguidamente vemos imagens de tempo severo e enchentes que evocam horror, tristeza e uma gama de outras emoções. Contudo, a maioria de nós está distante desses eventos e não consegue imaginar inteiramente o que enfrentam as pessoas que vivam esta realidade. Com a intensificação e o aumento da destrutividade dessas tempestades, melhores sistemas de previsão e alerta reduzem as fatalidades humanas. No entanto, com o crescimento da população nas áreas vulneráveis, a recuperação faz-se cada vez mais difícil, cara e extenuante.

Um tornado em Oklahoma Na tarde de 20 de maio de 2013, enquanto os alertas de tornado chegavam aos veículos de mídia – incluindo aplicativos meteorológicos por Internet, televisão e o serviço de meteorologia pelo rádio em transmissão contínua –, os habitantes de Moore, Oklahoma, ao sul de Oklahoma City, retiravam-se para seus porões e abrigos de tempestade, enquanto que as crianças nas escolas ajuntavam-se em corredores desprotegidos. Logo após as 15h, um tornado de intensidade FM-5 entrava rugindo pelo sudoeste, com ventos acima de 322 km/h.

O tornado tinha 2,1 km de largura e se moveu sobre Moore devastando uma faixa de 27 km da cidade, que incluiam duas escolas de ensino fundamental. Com centenas de desaparecidos, feridos e mortos, pessoas procuravam nos destroços por familiares e amigos. Dias depois, uma contagem final oficial reportou 23 mortos e mais de 200 feridos, incluindo 70 crianças (Figura GH 8.1).

A Agência Federal de Gestão de Emergências dos EUA (FEMA) declarou a área como de desastre federal, mobilizando equipes de busca e resgate, e o governador de Oklahoma acionou a Guarda Nacional. Em poucos dias, os políticos começaram suas viagens. As pessoas iniciaram o processo de obtenção de assistência a desastres, sem prever as semanas de atraso à sua frente. Moradores e voluntários começaram a limpar os destroços de mais de 1200 casas destruídas e 12.000 danificadas. Os moradores contavam histórias que eram transmitidas por todo o país; mas, com o passar do tempo, os voluntários partiram, e passaram-se meses com pouca atenção da mídia. As pessoas ficaram com as tarefas diárias de limpeza e começaram a reconstruir, enquanto que os destroços dos bairros de Moore ficavam empilhados em um lixão improvisado fora da cidade. Como as pessoas na linha de frente de desastres lidam física e mentalmente com essas mudanças em suas vidas?

Resultado do furacão Sandy Em Staten Island, Nova York, três meses após o furacão Sandy provocar deslizamentos de terra ao longo da costa atlântica em outubro de 2012, mais de 300 edificações ainda estavam sem eletricidade ou calefação, e outras 200 estava inabitáveis, ainda aguardando reparos ou demolição. Nessas comunidades, algumas das mais atingidas pela tempestade, uma coalizão de voluntários continuava batendo de porta em porta, visitando os muitos moradores que ainda estavam aguardando assistência financeira ou de outra natureza.

Histórias semelhantes se desenrolavam por toda a Costa Leste. Em Seaside Heights, New Jersey, uma das várias cidades construídas sobre uma ilha barreira de 32 km de comprimento, os ventos e a maré meteorológica do Sandy danificaram 80-90% dos prédios, com um custo estimado de US$ 1 bilhão (vide Figura GH 8.2 e *Estudo Específico* 8.1 neste capítulo). Os moradores temiam que os destroços da tempestade, ainda aportando no litoral, pudessem pôr em risco o setor turístico no verão da região, uma indústria de vários bilhões de dólares.

As consequências de eventos traumáticos como esses ainda têm reflexos em New Orleans, anos após os furacões Katrina, Rita, Gustav e Cindy; pela Europa central enchentes desde 2013 ao longo do rio Danúbio e seus tributários; e em Joplin, Missouri, atingida por um tornado FM-5 em 2011 (exibido na Figura 8.17). Considere a dimensão humana ao estudar este capítulo sobre o tempo meteorológico.

▲Figura GH 8.2 Areia e detritos cobrem a via em Seaside Heigths, Nova Jersey, três meses após a passagem do furacão Sandy, enquanto o processo de limpeza continua. [Julio Cortez/AP.]

▼Figura GH 8.1 Danos do tornado de maio de 2013 em Moore, Oklahoma. [Major Geoff Legler/Oklahoma National Guard.]

A água tem uma função central na enorme peça encenada diariamente no palco da Terra. Ela afeta a estabilidade das massas de ar e suas interações e produz poderosos e belos efeitos na baixa atmosfera. As massas de ar entram em conflito; elas se movem e se deslocam, dominando primeiro uma região e depois outra, variando em força e características. Pense no tempo como uma peça de teatro, nos continentes da Terra como o palco, nas massas de ar como atores de habilidades variadas e na água como protagonista.

Tempo meteorológico é a condição de curto prazo, do dia a dia da atmosfera, contrastado com o *clima*, que é a média no longo prazo (durante décadas) das condições do tempo meteorológico e dos extremos de uma região. O tempo meteorológico é, ao mesmo tempo, uma "fotografia" das condições atmosféricas e a situação do balanço de energia térmica entre a Terra e a atmosfera. Elementos importantes que contribuem com o tempo são temperatura, pressão atmosférica, umidade relativa, velocidade e direção do vento e fatores sazonais, como recebimento de insolação relacionado à duração do dia e ao ângulo solar.

Meteorologia é o estudo científico da atmosfera. (*Meteor* significa "celeste" ou "da atmosfera".) Os meteorologistas estudam as características físicas e os movimentos da atmosfera, os processos químicos, físicos e geológicos relacionados, as relações complexas dos sistemas atmosféricos e a previsão do tempo meteorológico. Computadores lidam com os volumes de dados vindos de instrumentos em solo, aeronaves e satélites, usados para fazer a previsão precisa do tempo de curto prazo e estudar as tendências do tempo de longo prazo, dos climas e da mudança climática.

O custo da destruição relacionada ao tempo meteorológico pode ser estarrecedor – somente o furacão Katrina gerou US$ 146 bilhões (já com correção monetária) em prejuízos com danos, parte de um total de US$ 210 bilhões em prejuízos relacionados ao tempo em 2005. O custo dos danos relacionados a estiagens, enchentes, granizo, tornados, *derechos*, tempestades tropicais, marés meteorológicas, nevascas e tempestades de gelo e incêndios espontâneos subiu mais de 500% desde 1975. Desde 1980, 144 eventos meteorológicos passaram de US$ 1 bilhão cada em custos (vide http://www.ncdc.noaa.gov/billions/events.pdf). Estudos estimam que os prejuízos anuais com danos relacionados ao tempo podem passar de US$ 1 trilhão até 2040. A mudança climática global está conduzindo esse aumento total a um ritmo acelerado.

Neste capítulo: Acompanhamos enormes massas de ar pela América do Norte, observamos poderosos mecanismos de ascensão na atmosfera, revisamos os conceitos de condições estáveis e instáveis, examinamos os sistemas ciclônicos migratórios com a presença de frentes frias e quentes e concluímos com uma representação do tempo severo, tantas vezes visto no noticiário nos anos recentes.

A água, com sua capacidade de absorver e liberar vastas quantidades de energia térmica, conduz esse drama diário na atmosfera. As implicações espaciais desses fenômenos meteorológicos e sua relação com as atividades humanas associam fortemente a meteorologia e a previsão do tempo com as questões da geografia física.

Massas de ar

Cada área da superfície terrestre transmite suas características de temperatura e umidade para o ar sobrejacente. O efeito da superfície da localidade sobre o ar cria uma composição homogênea de temperatura, umidade e estabilidade que pode se estender pela metade inferior da atmosfera. Esse corpo distinto de ar é uma **massa de ar** e inicialmente reflete as características da sua *região fonte*. Exemplos são a "massa de ar frio canadense" e a "massa de ar úmido tropical" frequentemente citadas nas previsões do tempo. As várias massas de ar sobre a superfície da Terra interagem, produzindo padrões meteorológicos.

Massas de ar que afetam a América do Norte

Classificamos as massas de ar de acordo com as características gerais de umidade e temperatura de suas regiões de origem: *umidade* – usa-se **m** para marítima (úmida) e **c** para continental (seca); *temperatura* – está diretamente relacionada à latitude, sendo **A** para ártico, **P** para polar, **T** para tropical, **E** para equatorial e **AA** para antártica. A Figura 8.1 mostra as principais massas de ar que afetam a América do Norte no inverno e verão.

A massa de ar *polar continental* (cP) forma-se apenas no Hemisfério Norte e é mais desenvolvida no inverno e em condições de tempo frio. Essas massas de ar cP são grandes peças do tempo nas latitudes médias e altas, pois seu ar gelado e denso desloca o ar úmido e quente que aparece em seu caminho, elevando e resfriando o ar quente, o que faz com que seu vapor condense. Uma área coberta por ar cP no inverno tem ar frio e estável, céus limpos, alta pressão e fluxo de vento anticiclônico. O Hemisfério Sul não tem as massas terrestres continentais necessárias em altas latitudes para criar essa massa de ar cP.

A massa de ar *polar marítima* (mP) no Hemisfério Norte forma-se sobre os oceanos setentrionais. Nela, condições frias, úmidas e instáveis prevalecem durante todo o ano. As células subpolares e de baixa pressão das Ilhas Aleutas e da Islândia residem nessas massas de ar mP, principalmente em seu padrão de inverno bem desenvolvido (veja o mapa de pressão isobárica para janeiro na Figura 6.10a).

Duas massas de ar *tropical marítimo* (mT) – a mT do Golfo/Atlântico e a mT do Pacífico – influenciam a América do Norte. A umidade no leste e no centro-oeste norte-americanos é criada pela massa de ar mT do Golfo/Atlântico, que é particularmente instável e ativa do final da primavera até o início do outono. Em contrapartida, a mT do Pacífico é de estável a condicionalmente instável e geralmente com menos conteúdo de umidade e energia disponível. Como resultado, o oeste dos Estados Unidos, influenciado por essa massa de ar do Pacífico mais fraca, recebe menor precipitação média do que o resto do país. Revise a Figura 6.11 e a discussão sobre células subtropicais de alta pressão.

Modificação de massas de ar

Quanto mais tempo uma massa de ar permanecer sobre uma região, mais definidos se tornam seus atributos físicos. Conforme as massas de ar migram das regiões de origem, suas

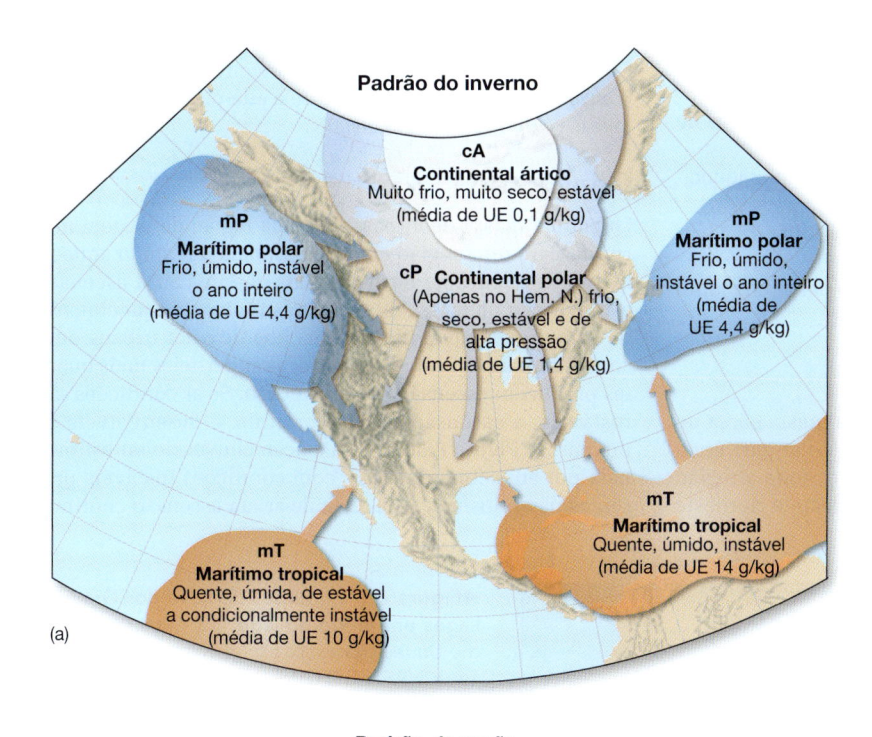

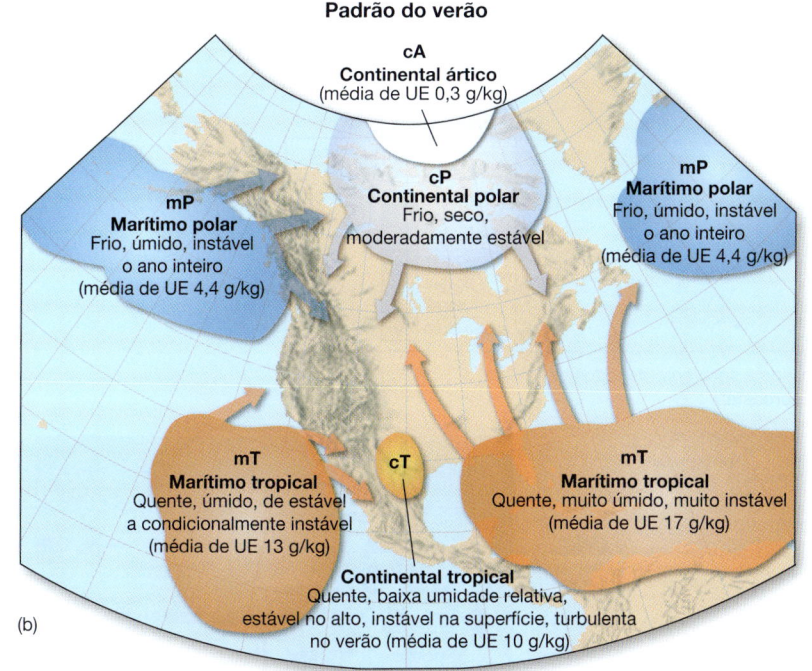

▲**Figura 8.1 Principais massas de ar que atuam na América do Norte.** Massas de ar e suas regiões de origem influenciando a América do Norte durante (a) o inverno e (b) o verão. (UE = umidade específica)

características de temperatura e umidade se modificam e lentamente assumem as características da terra sobre a qual elas passam. Por exemplo, uma massa de ar mT do Golfo/Atlântico pode carregar umidade para Chicago e continuar até Winnipeg, mas gradualmente perde suas características iniciais de alta umidade e calor com a passagem diária em direção ao norte.

Da mesma forma, temperaturas abaixo de zero eventualmente atingem o sul do Texas e da Flórida, trazidas por uma massa de ar cP de inverno vinda do norte. No entanto, essa massa de ar é aquecida acima dos −50°C de sua região de origem no inverno no Canadá central, principalmente após deixar áreas cobertas de neve.

A modificação do ar cP conforme se move para o sul e leste produz cinturões de neve que ficam a leste de cada um dos Grandes Lagos. À medida que o ar cP abaixo de zero passa sobre os Grandes Lagos, mais quentes, ele absorve energia térmica e umidade das superfícies dos lagos e torna-se *umidificado*. Chamada de *efeito lacustre*, essa intensificação produz forte precipitação de neve na direção do vento em Ontário, Québec, Michigan, norte da Pensilvânia e Nova York – algumas áreas recebem mais de 250 cm em média anual de precipitação de neve (Figura 8.2).

A gravidade do efeito lacustre também depende da presença de um sistema de baixa pressão posicionado ao norte dos Grandes Lagos, com ventos no sentido anti-horário empurrando o ar sobre os lagos. Espera-se que a mudança climática potencialize a precipitação de neve por efeito lacustre nas próximas várias décadas, uma vez que ar mais quente consegue absorver mais vapor d'água. Em contraste, alguns modelos climáticos indicam que, mais além neste século, a queda de neve por efeito lacustre diminuirá com o aumento das temperaturas, mas o total de precipitação pluvial continuará aumentado sobre as regiões a sotavento dos Grandes Lagos. Há pesquisas sendo realizadas quanto aos efeitos da mudança climática sobre a precipitação nessa região.

Mecanismos de ascensão atmosférica

Quando uma massa de ar é elevada, ela esfria adiabaticamente (por expansão). Quando o esfriamento atinge a temperatura do ponto de orvalho, a umidade no ar saturado pode condensar, formando nuvens e, talvez, precipitação.

Quatro principais mecanismos de ascensão (ilustrados na Figura 8.3) operam na atmosfera:

- Convergência ocorre quanto o ar flui para uma área de baixa pressão.
- Convecção ocorre quando o ar é estimulado por aquecimento superficial local.
- Orográfica ocorre quando o ar é forçado sobre uma barreira, como uma serra.
- Frontal ocorre quando o ar é deslocado para cima junto às frentes de massas de ar contrastantes.

Convergência

O ar que flui de direções diferentes para a mesma área de baixa pressão está convergindo, deslocando o ar para cima em **ascensão convergente** (Figura 8.3a). Por toda a região equatorial, os ventos estacionários de sudeste e nordeste convergem, gerando a Zona de Convergência Intertropical (ZCIT) e áreas de ascensão convergente extensa, nuvens cumulonimbus em forma de torre e alta precipitação anual média (vide Figura 6.10).

Convecção

Quando a massa de ar passa de uma região de origem marítima para uma região continental mais quente, o aquecimento da superfície terrestre mais quente causa ascensão e convecção na massa de ar. Outras fontes de aquecimento de superfície podem incluir uma ilha de calor urbana ou o solo escuro de um campo lavrado; as superfícies mais quentes produzem **ascensão por convecção**. Se as condições são instáveis, a ascensão inicial continua, e desenvolvem-se nuvens. A Figura 8.3b ilustra a ação convecional estimulada por aquecimento local, com condições instáveis presentes na atmosfera. A parcela de ar em ascensão continua

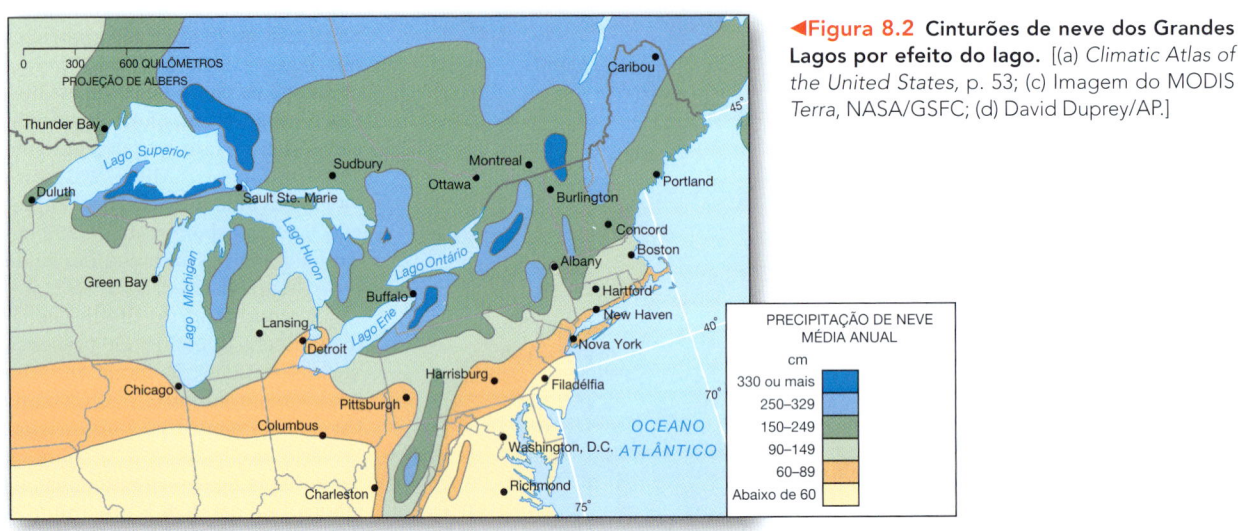

◄ **Figura 8.2 Cinturões de neve dos Grandes Lagos por efeito do lago.** [(a) *Climatic Atlas of the United States*, p. 53; (c) Imagem do MODIS *Terra*, NASA/GSFC; (d) David Duprey/AP.]

(a) Forte precipitação de neve local é associada ao lado a sotavento de todos os Grandes Lagos; tempestades vêm do oeste ou do noroeste.

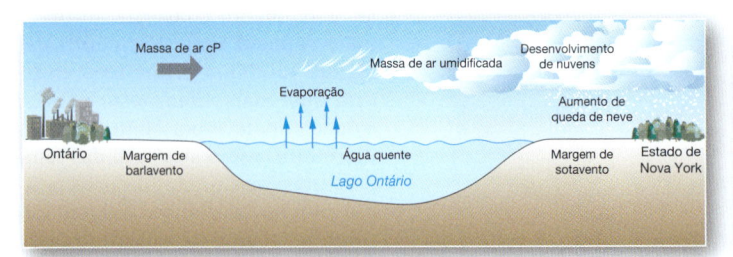

b) Processos que causam precipitação de neve por efeito lacustre costumam limitar-se a cerca de 50-100 km continente adentro.

d) A intensa nevasca soterra Buffalo, Nova York, em dezembro de 2010, fechando a estrada State Thruway de Nova York.

(c) Imagem de satélite mostra o efeito lacustre no tempo meteorológico em dezembro.

(a) Convergência.

(b) Convecção.

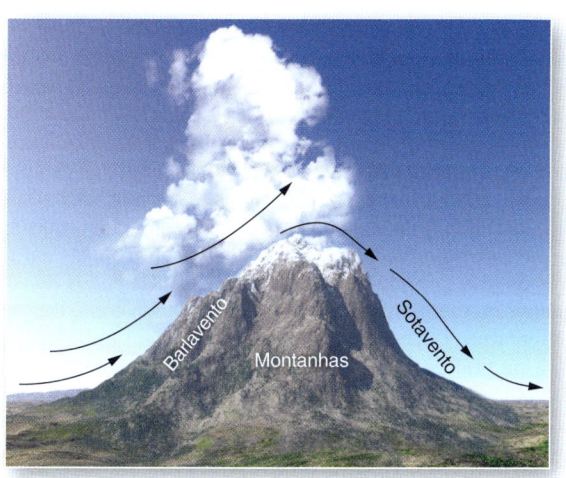

(c) Orográfica.

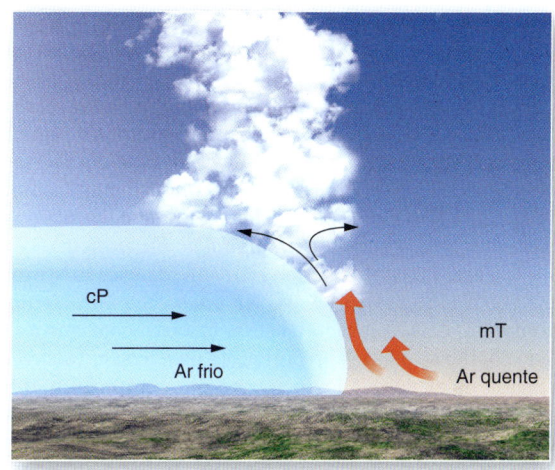

(d) Frontal, exemplo de frente fria.

▲ **Figura 8.3** Quatro mecanismos de ascensão atmosférica.

seu levantamento porque é mais quente e, portanto, menos densa do que o ambiente circundante (Figura 8.4).

A precipitação da Flórida ilustra, em termos gerais, os mecanismos de ascensão por convergência e por convecção. O aquecimento da terra produz convergência de ventos em terra firme do Atlântico e do Golfo do México. Como exemplo de aquecimento local e de ascensão convecional, a Figura 8.5 retrata um dia em que a massa de terra da Flórida era mais quente do que o circundante Golfo do México e o Oceano Atlântico. Como a radiação solar aquece gradualmente a terra durante o dia, bem como o ar acima dela, chuvas convectivas tendem a se formar à tarde e no início da noite. Assim, a Flórida possui a frequência mais alta de dias com tempestades nos Estados Unidos.

Orográfica

A presença física de uma montanha age como uma barreira topográfica para massas de ar migratórias. A **ascensão orográfica** (*oro* significa "montanha") ocorre quando o ar é forçadamente levantado encosta acima à medida que é

GEOrelatório 8.1 A neve por efeito lacustre faz de uma tempestade uma avalancha

Em outubro de 2006, uma tempestade por efeito lacustre chamada de "tempestade surpresa" resultou em 0,6 m de neve úmida na região de Buffalo, Nova York. Essa foi a data mais precoce para uma tempestade desse tipo em 137 anos de registros, sendo notável porque a razão de neve para conteúdo água foi de 6:1. Quatro meses mais tarde, em fevereiro de 2007, outra tempestade por efeito lacustre – uma "avalancha feita de tempestade", como a imprensa descreveu – atingiu o norte do estado de Nova York, com 2 m de neve em um dia e mais de 3,7 m ao longo de uma semana.

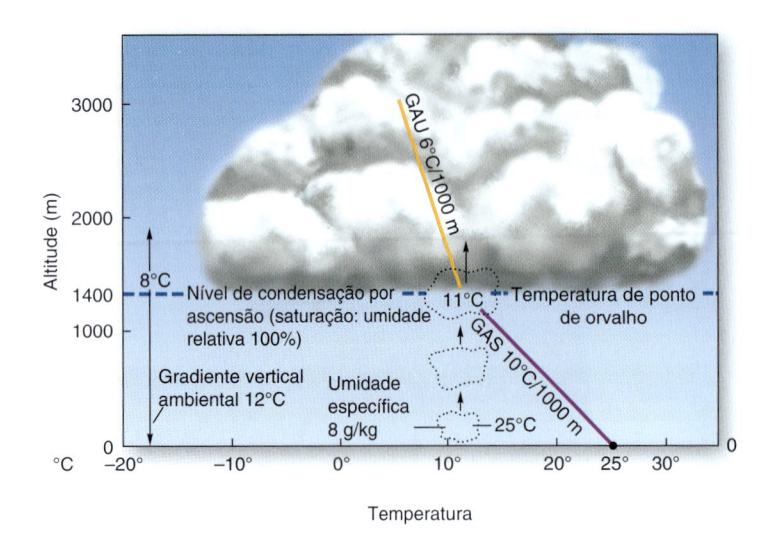

◀ **Figura 8.4 Convecção em condições instáveis.** Examinando-se a Figura 7.15, essas são condições atmosférica instáveis. O gradiente vertical ambiental é de 12°C/km. A umidade específica da parcela de ar é 8 g/kg, e a temperatura inicial é 25°C. Na Figura 7.11, pode-se ver que o ar com umidade específica de 8 g/kg deve ser resfriado até 11°C para atingir a temperatura de ponto de orvalho. Aí o ponto de orvalho é atingido, após 14°C de resfriamento adiabático, a 1400 m. Observe-se que é usado o gradiente adiabático seco (GAS) quando a parcela de ar está menos que saturada, mudando-se para o gradiente adiabático úmido (GAU) acima do nível de condensação por ascensão, a 1400 m.

empurrado contra uma montanha (Figura 8.3c). O ar em ascensão resfria adiabaticamente. O ar estável forçado para cima dessa maneira pode produzir nuvens estratiformes, ao passo que o ar instável ou condicionalmente instável forma uma linha de nuvens cumulus e cumulonimbus. Uma barreira orográfica intensifica a atividade de convecção e causa mais ascensão durante a passagem de sistemas frontais e sistemas ciclônicos, extraindo mais umidade das massas de ar em passagem e gerando *precipitação orográfica*.

A Figura 8.6a ilustra o mecanismo da ascensão orográfica sob condições instáveis. Na *encosta a barlavento* da montanha, o ar é elevado e esfria, fazendo com que a umidade condense e forme precipitação; na *encosta a sotavento*, a massa de ar descendente aquece por compressão, e toda a água restante no ar evapora (Figura 8.6b). Desta forma, o ar que começa a ascender uma montanha pode ser tépido e úmido, mas ao terminar sua descida na encosta de sotavento ele se torna quente e seco. O termo **sombra de chuva** aplica-se a regiões secas a sotavento de montanhas.

O estado de Washington oferece uma excelente ilustração desse conceito (Figuras 8.6c e 8.7). As Montanhas Olympic e a Cordilheira Cascade são barreiras topográficas que provocam ascensão orográfica das massas de ar mP vindas do Oceano Pacífico Norte, produzindo precipitação anual de mais de 500 cm e 400 cm, respectivamente. Na Figura 8.7, as estações meteorológicas Quinault Ranger e Rainier Paradise demonstram precipitação pluviométrica na encosta de barlavento. As cidades de Sequim, em Puget Trough, e Yakima, na Bacia do Rio Colúmbia, estão na sombra de chuva no lado a sotavento dessas cordilheiras e são caracteristicamente baixas em termos de precipitação pluviométrica anual. Os dados de cada estação incluem precipitação mensal (exibida como barras) e temperatura (linhas), apresentadas juntas em um *climograma*, um gráfico especializado que mostra as características climáticas básicas para uma determinada localização (o Capítulo 10 traz muitos desses gráficos).

Na América do Norte, os **ventos chinook** *(*chamados de ventos *föhn* ou *foehn* na Europa) são os fluxos de ar quente e encosta abaixo característicos do lado a sotavento das montanhas. Esses ventos podem trazer um acréscimo de 20°C na temperatura e reduzir enormemente a umidade relativa.

No Estados Unidos, condições de sombra de chuva ocorrem também a leste da Sierra Nevada e das Montanhas Rochosas. O padrão de precipitação de encostas de barlavento e sotavento verifica-se no mundo todo, sendo confirmado pelos mapas de precipitação para a América do Norte (Figura 9.7) e para o mundo (Figura 10.1).

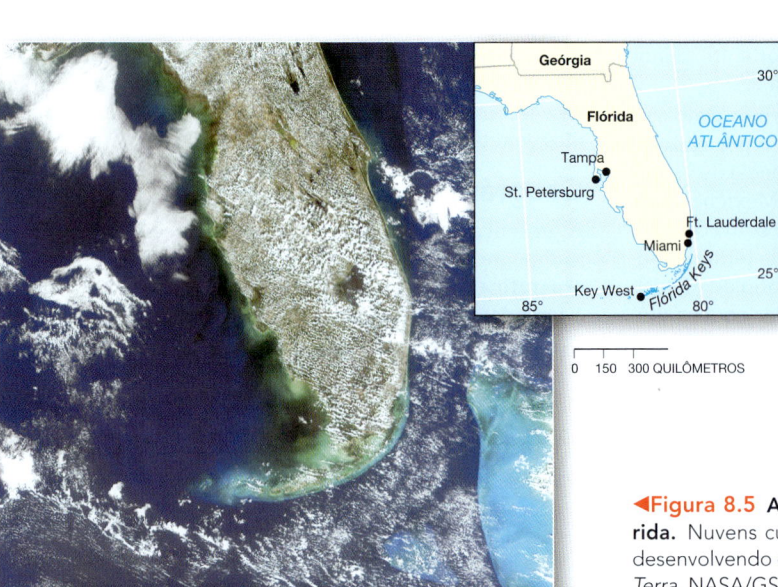

◀ **Figura 8.5 Atividade convectiva sobre a península da Flórida.** Nuvens cumulus cobrem a terra, com diversas células se desenvolvendo em bigornas cumulonimbus. [Imagem do MODIS *Terra*, NASA/GSFC.]

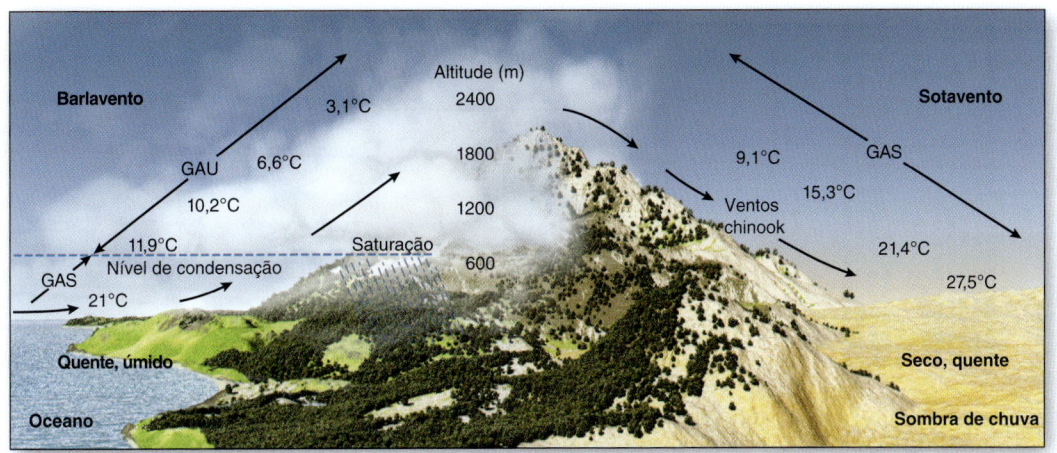

(a) Os ventos predominantes forçam o ar quente e úmido contra uma encosta, produzindo resfriamento adiabático e, por fim, saturação e condensação líquida, formação de nuvens e precipitação. Na encosta de sotavento, à medida que o ar "enxugado" desce, o aquecimento compressional o aquece e a evaporação predomina, criando a sombra de chuva quente e relativamente seca.

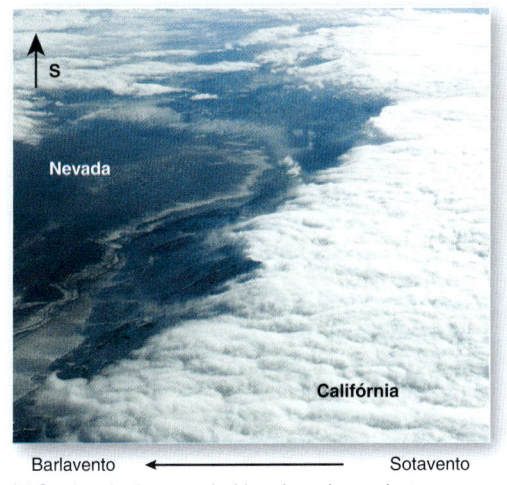

(b) Sombra de chuva produzida pelo ar descendente e aquecido contrasta com as nuvens do lado a barlavento da Sierra Nevada. A poeira é revolvida pelos ventos que sobem a encosta.

(c) As encostas mais úmidas a barlavento estão em contraste com as paisagens mais secas a sotavento em Washington (olhe o mapa na Figura 8.7).

▲Figura 8.6 Precipitação orográfica, assumindo-se condições instáveis. [(b) Autor. (c) Imagem do MODIS *Terra*, NASA/GSFC.]

Frontal (frentes fria e quente)

A área de descontinuidade de uma massa de ar que avança é sua *frente*. Vilhelm Bjerknes (1862–1951) aplicou o termo pela primeira vez ao trabalhar com uma equipe de meteorologistas na Noruega durante a I Guerra Mundial. Para eles, os sistemas meteorológicos pareciam "exércitos" de massas de ar migrantes batalhando em frentes de combate. Uma frente é um local de descontinuidade atmosférica, uma zona estreita que forma uma linha de conflito entre duas massas

GEOrelatório 8.2 Montanhas provocam chuvas recorde

O Monte Waialeale, na ilha de Kauai, Havaí, está 1569 m acima do nível do mar. Em sua encosta de barlavento, a precipitação pluviométrica teve média de 1234 cm por ano entre 1941 e 1992. Em contrapartida, o lado de sombra de chuva do Kauai recebe apenas 50 cm de chuva anualmente. Se não houvesse ilhas neste local, essa porção do Oceano Pacífico receberia apenas uma média de 63,5 cm de precipitação por ano. (Essas estatísticas vêm de estações meteorológicas estabelecidas, com registro regular de dados meteorológicos; diversas estações alegam valores mais altos de chuva, mas não possuem registros confiáveis de medição.)

Cherrapunji, Índia, está 1313 m acima do nível do mar, com latitude 25° N, nas Colinas de Assam, ao sul do Himalaia. As monções de verão precipitam-se vindas do Oceano Índico e da Baía de Bengala, produzindo 930 cm de chuva em um mês. Não surpreende o fato de que Cherrapunji detém o recorde de precipitação de todos os tempos para um único ano (2647 cm) e para qualquer outro intervalo de tempo de 15 dias a 2 anos. A precipitação anual média lá é de 1143 cm, o que a coloca em segundo lugar, somente atrás do Monte Waialeale.

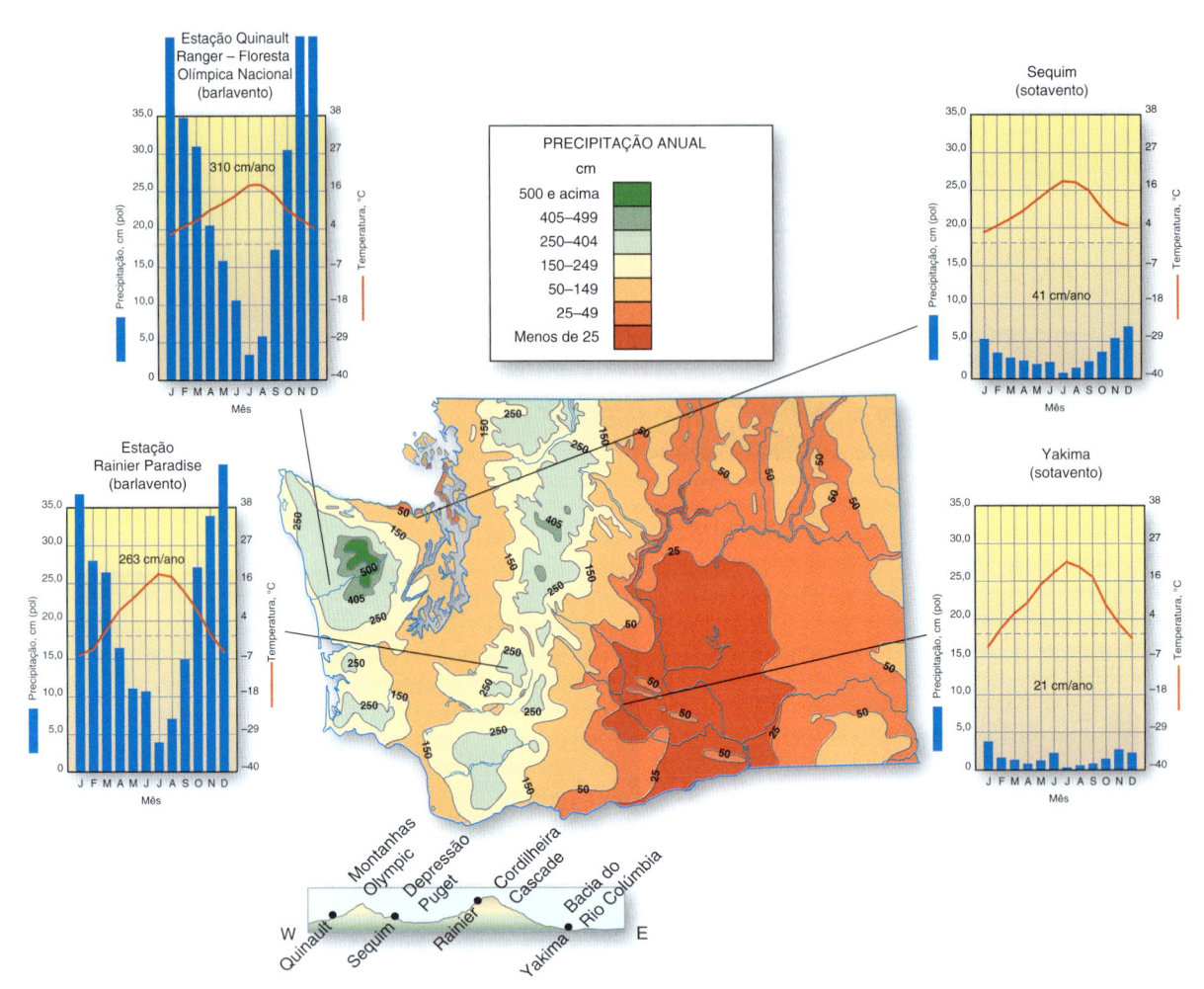

▲**Figura 8.7 Padrões orográficos no Estado de Washington.** Quatro estações em Washington oferecem exemplos de efeitos orográficos: precipitação a barlavento e sombras de chuva a sotavento. Isoietas (isolinhas de mesmo volume de precipitação) no mapa indicam precipitação pluviométrica (cm). Observe cada estação no perfil de paisagem embaixo. [Dados de J. W. Scott e outros, *Washington: A Centennial Atlas* (Bellingham, WA: Center for Pacific Northwest Studies, Western Washington University, 1989), p. 3.]

de ar de diferentes temperatura, pressão, umidade, direção e velocidade do vento e desenvolvimento de nuvens. A área de descontinuidade de uma massa de ar frio é uma **frente fria**, ao passo que a área de descontinuidade de uma massa de ar quente é uma **frente quente** (Figuras 8.8 e 8.9).

Frente fria

A face inclinada da massa de ar frio que avança reflete sua tendência a cingir a superfície da terra, causada por sua maior densidade e características mais uniformes em comparação à massa de ar quente que ela desloca (Figura 8.8a). O ar quente e úmido à dianteira da frente fria ascende abruptamente e sofre as mesmas taxas de resfriamento adiabático e fatores de estabilidade ou instabilidade que pertencem a todas as parcelas de ar ascendentes.

Um ou dois dias antes da chegada de uma frente fria, nuvens cirrus altas aparecem. Ventos de direções variáveis, queda da temperatura e abaixamento da pressão atmosférica marcam o avanço da frente em função da ascensão do ar quente deslocado ao longo da área de descontinuidade da frente. Na linha de ascensão mais intensa, geralmente logo adiante da própria frente, a pressão atmosférica cai para uma baixa local. Nuvens podem se formar pela frente fria no formato característico de cumulonimbus e aparecer como uma parede de nuvens em progresso. A precipitação geralmente é forte, contendo grandes gotículas de água, e pode ser acompanhada por granizo, raios e trovões.

Após a passagem de uma frente fria, geralmente sopram ventos setentrionais no Hemisfério Norte e ventos meridionais no Hemisfério Sul, à medida que a pressão alta anticiclônica avança. As temperaturas caem e a pressão atmosférica sobe em resposta ao ar mais frio e denso; a nebulosidade é dissipada e céu limpo predomina.

Em cartas sinóticas (meteorológicas), como o exemplo na seção *Pensamento Crítico* 8.1, uma frente fria é representada como uma linha marcada com pontas triangulares apontando na direção do movimento frontal ao longo de uma massa de ar que avança. A forma e o tamanho particulares das massas de terra da América do Norte e sua posição latitudinal apresen-

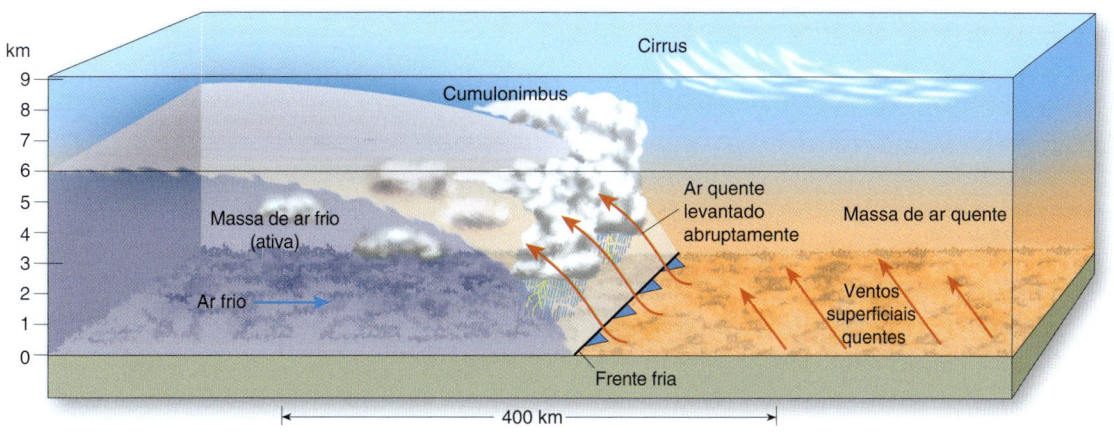

(a) O ar frio mais denso que avança força o ar quente e úmido a levantar abruptamente. Quando o ar é elevado, ele resfria por expansão até o GAS, subindo até um nível de condensação e formação de nuvens, onde ele esfria até a temperatura de ponto de orvalho.

(b) Um linha aguda de nuvens cumulonimbus próximo à costa do Texas e do Golfo do México marca uma frente fria e a linha de tempestade. A formação de nuvens sobe até 17.000 m. A passagem de um sistema frontal desses sobre a terra costuma gerar fortes ventos, nuvens cumulonimbus, gotas de chuva grandes, pancadas fortes, relâmpagos e trovões, granizo e a possibilidade de tornados.

▲Figura 8.8 Uma frente fria típica. [(b) NASA.]

tam condições em que as massas de ar cP e mT se desenvolvem melhor e têm o acesso mais direto entre si. O contraste resultante pode levar a um tempo excepcional, especialmente no final da primavera, com diferenças consideráveis de temperatura de um lado da frente fria para o outro.

Uma frente fria de avanço rápido pode provocar ascensão violenta, criando uma zona conhecida como **linha de tempestade** junto ou ligeiramente adiante da frente . (Essa tempestade é caracterizada por um episódio súbito de ventos altos, geralmente associado a faixas de tempestade elétrica.) Sobre uma linha de tempestade, como a do Golfo do México mostrada na Figura 8.8b, os padrões de vento são turbulentos e com alterações súbitas e a precipitação é intensa. As nuvens frontais bem definidas na fotografia sobem abruptamente, alimentando formação de novas tempestades com trovoadas na frente. Também pode haver tornados ao longo de uma linha de tempestade.

Frente quente Massas de ar quente podem ser carregadas pela corrente de jato para regiões de ar mais frio, como quando um fluxo de ar chamado de "Pineapple Express" leva ar quente e úmido do Havaí e do Pacífico até a Califórnia. O ar quente também avança em condições de fluxo monçônico, como quando ar mT se desloca do Oceano Pacífico e avança nas áreas de baixa pressão sobre as massas de ar aquecidas do sudoeste dos EUA em julho e agosto. A área de descontinuidade de uma massa de ar que avança é incapaz de deslocar ar mais frio e passivo, que é mais denso ao longo da superfície. Em vez disso, o ar quente tende a empurrar o ar mais frio subjacente em um formato característico de cunha, com o ar mais quente deslizando sobre o ar mais frio. Desta forma, na região de ar mais frio está presente uma inversão de temperatura, por vezes causando drenagem deficiente de ar e estagnação.

A Figura 8.9 ilustra uma típica frente quente em que o ar mT é suavemente levantado, levando ao desenvolvimento de nuvens estratiformes e nuvens nimbostratus características, assim como a precipitação de chuvisco (garoa). Uma frente quente apresenta uma progressão de desenvolvimento de nuvem para um observador: nuvens altas cirrus e cirrostratus anunciam o sistema frontal que avança; depois, vêm nuvens altostratus mais baixas e grossas; finalmente, nuvens stratus ainda mais baixas e grossas surgem a diversas centenas de quilômetros da frente. Uma linha com semicírculos na direção do movimento frontal denota uma frente quente nas cartas meteorológicas (ver mapa da Figura GEA 8.1 na página 202).

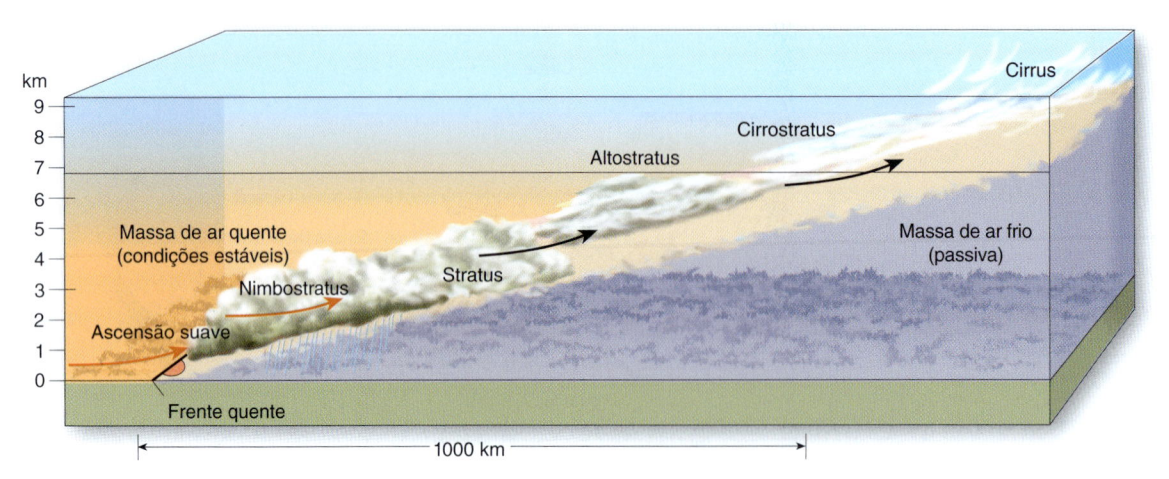

▲**Figura 8.9 Uma frente quente típica.** Observe a sequência de desenvolvimento de nuvens à medida que a frente quente se aproxima. O ar quente desliza para cima sobre uma cunha de ar passivo mais frio próxima ao solo. A ascensão suave do ar quente e úmido produz nuvens nimbostratus e stratus e garoas, em contraste com a precipitação de frente fria, mais drástica.

Sistemas ciclônicos de latitude média (ciclones extratropicais)

O conflito entre massas de ar contrastantes pode desenvolver um **ciclone de latitude média**, também conhecido como **ciclone de onda** ou *ciclone extratropical.* Os ciclones de latitude média são sistemas meteorológicos migratórios de baixa pressão que ocorrem nas latitudes médias, fora dos trópicos. Eles possuem um centro de baixa pressão com ar convergente ascendente em espiral anti-horário para o centro no Hemisfério Norte e espiral horário para o centro no Hemisfério Sul, devido às influências combinadas da *força do gradiente de pressão, força de Coriolis* e *fricção de superfície* (vide discussão no Capítulo 6). Por causa da natureza ondulatória dos limites das frentes e das correntes de jato que guiam esses ciclones pelos continentes, o termo *onda* é apropriado. Um modelo emergente desse sistema interativo caracteriza os fluxos de massas de ar como "esteiras", conforme descrito na Figura GEA 8.2, logo adiante.

Os ciclones de onda, que podem ter 1600 km de largura, dominam os padrões meteorológicos nas latitudes médias e altas de ambos os hemisférios. Um ciclone de latitude média pode ter início na frente polar, especialmente na região das células subpolares de baixa pressão da Islândia e das Ilhas Aleutas no Hemisfério Norte. Algumas outras áreas estão associadas ao desenvolvimento e intensificação de ciclones: a encosta oriental das Montanhas Rochosas, origem da Baixa do Colorado, nos Estados Unidos, e da Alberta Clipper, no Canadá; a Costa do Golfo, origem da Baixa do Golfo; e o litoral leste, origem da nor'easter* e da Baixa de Hatteras (Figura 8.10).

As nor'easters são conhecidas por trazer fortes nevascas ao nordeste dos Estados Unidos. A nor'easter de fevereiro de 2013 originou-se da fusão de duas áreas de alta pressão na costa nordeste em 8 de fevereiro, provocando nevasca recorde em Portland, Maine (81 cm) e uma nevasca recorde de 100 cm em Hamden, Connecticut. Essa precipitação veio acompanhada de leituras de pressão por volta de 968 mb, rajadas de vento de até 164 km/h e marés meteorológicas de até 1,3 m.

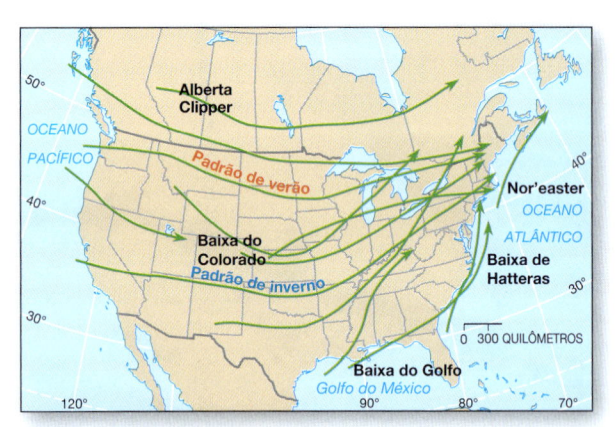

▲**Figura 8.10 Trajetórias típicas das tempestade ciclônicas sobre a América do Norte.** As trajetórias de tempestade ciclônicas variam sazonalmente. Observe os nomes regionais refletindo as localizações da ciclogênese.

Os intensos ventos de alta velocidade das correntes de jato guiam os sistemas ciclônicos (com as massas de ar que os acompanham) pelo continente (revise as correntes de jato nas Figuras 6.13 e 6.14) ao longo de **trajetórias das tempestades** que mudam de latitude com o Sol e as estações. Trajetórias da tempestade típicas que atravessam a América do Norte estão mais ao norte no verão e mais ao sul no inverno. Conforme as trajetórias da tempestade começam a se deslocar para o norte na primavera, as massas de ar cP e mT encontram-se em seu mais nítido conflito. Este é o momento de mais forte atividade frontal, apresentando tempestades com trovoadas e tornados.

Ciclo de vida de um ciclone de latitude média

A seção *Geossistemas em Ação,* Figura GEA 8, mostra o nascimento, a maturidade e a morte de um típico ciclone ex-

---

*N. de T.: Nome característico de uma tempestade na América do Norte com chuva congelada.

tratropical em diversos estágios, junto a uma carta sinótica idealizada. Em média, um ciclone extratropical de ar superior leva de 3 a 10 dias para progredir por esse ciclo de vida, da área onde se desenvolve até a área onde finalmente se dissolve. No entanto, de alguma forma a carta meteorológica diárias se afasta desse modelo.

Ciclogênese O primeiro estágio é a **ciclogênese**, o processo atmosférico em que ciclones de onda de baixa pressão desenvolvem-se e se fortalecem. Esse processo geralmente começa na frente polar, onde as massas de ar frio e quente convergem e entram em conflito, criando condições potencialmente instáveis. Para que um ciclone extratropical se forme na frente polar, uma área de convergência em superfície deve surgir em compensação a uma divergência superior. Mesmo uma leve perturbação na frente polar, talvez uma pequena mudança no caminho da corrente de jato, pode iniciar o fluxo de ar convergente e ascendente e, por consequência, um sistema superficial de baixa pressão (Figura GEA 8.1, Estágio 1).

Além da frente polar, outras áreas estão associadas ao desenvolvimento e à intensificação do ciclone extratropical: a encosta leste das Rochosas e outras barreiras de montanhas ao norte e ao sul, a Costa do Golfo, ao longo da costa leste da América do Norte e da Ásia, e no sudeste da América do Sul (leste dos Andes).

Estágio de onda No estágio de onda, a leste do centro de baixa pressão em desenvolvimento de um ciclone de latitude média no Hemisfério Norte, o ar quente começa a se movimentar por uma frente que avança, enquanto o ar frio move-se em direção ao sul, a oeste do centro. Veja essa organização na Figura GEA 8.1, Estágio 2, e em torno do centro de baixa pressão, localizado sobre o oeste de Nebraska, no mapa em GEA. Conforme o ciclone de latitude média amadurece, o fluxo anti-horário retira a massa de ar frio do norte e do oeste e a massa de ar quente do sul. Na seção transversal, é possível ver os perfis de frentes fria e quente e cada segmento de massa de ar.

Estágio de oclusão Em seguida, vem o estágio de oclusão (na Figura GEA 8.1, Estágio 3). Lembre-se da relação entre a temperatura do ar e a densidade de uma massa de ar. A massa de ar cP mais fria é mais densa do que a massa de ar mT mais quente. Essa massa de ar mais fria e mais unificada age como uma lâmina de escavadeira e, portanto, movimenta-se com mais rapidez do que a frente quente. As frentes frias podem viajar a uma média de 40 km/h, enquanto a média das frentes quentes é praticamente a metade disso: 16-24 km/h. Desta forma, uma frente fria geralmente sobrepuja a frente quente ciclônica, formando uma cunha abaixo dela, o que produz uma **frente oclusa** (isto é, "fechada").

Na carta sinótica idealizada em GEA, uma frente oclusa se estende para o sul a partir do centro de baixa pressão na Virgínia para a fronteira entre a Carolina do Norte e a Carolina do Sul. A precipitação pode ser de moderada a forte inicialmente e, depois, diminuir gradualmente à medida que a cunha de ar mais quente é levantada pela massa de ar frio que avança. Observe a frente quente ainda ativa no extremo sudeste e o fluxo de ar mT. Que condições você observa em Tallahassee, Flórida? Como seria o tempo lá nas próximas 12 horas se a frente fria passar ao sul da cidade?

Quando há um impasse entre massas de ar mais frio e mais quente, de forma que o fluxo de ar nos dois lados é quase paralelo à frente, embora em sentidos opostos, o resultado é uma **frente estacionária**. Alguma ascensão suave pode produzir precipitação de leve a moderada. Por fim, a frente estacionária começará a se movimentar, à medida que uma das massas de ar tiver predominância, evoluindo para uma frente fria ou quente.

Estágio de dissipação Finalmente, o estágio de dissipação do ciclone extratropical ocorre quando seu mecanismo de ascensão é completamente eliminado da massa de ar quente, que era sua fonte de energia e umidade. A seguir, remanescentes do sistema ciclônico se dissipam na atmosfera, talvez após a passagem pelo país (na Figura GEA 8.1, Estágio 4).

Embora os padrões reais de passagem ciclônica sobre a América do Norte sejam amplamente variáveis em forma e duração, é possível aplicar esse modelo genérico dos estágios de um ciclone de latitude média, junto a seu entendimento de frentes frias e quentes, para fazer a leitura da carta sinótica diária. Exemplos dos símbolos meteorológicos padrão utilizados nas cartas são exibidos embaixo do mapa da Figura GEA 8.1.

Cartas sinóticas e previsão do tempo

Análise sinótica é a avaliação de dados meteorológicos coletados em um determinado momento. Construir um banco de dados das condições de vento, pressão, temperatura e umidade é essencial para a *previsão numérica do tempo* (baseada em computador) e para o desenvolvimento de modelos de previsão do tempo meteorológico. O desenvolvimento de modelos numéricos é um grande desafio, porque a atmosfera opera como um sistema não linear, com tendência ao comportamento caótico. Leves variações nos dados de entrada ou pequenas mudanças nas pressuposições básicas do modelo podem produzir previsões muito variáveis. A precisão das previsões está continuamente melhorando com os progressos tecnológicos dos instrumentos e softwares e com nosso conhecimento crescente sobre as interações atmosférica que geram o tempo meteorológico.

Os dados meteorológicos necessários para a preparação de uma carta e previsão sinóticos incluem:

- Pressão barométrica (nível do mar e ajuste de altímetro)
- Tendência de pressão (constante, crescente, decrescente)
- Temperatura atmosférica na superfície
- Temperatura de ponto de orvalho
- Velocidade, direção e caráter do vento (rajadas, tormentas)
- Tipo e movimento das nuvens
- Tempo atual
- Situação do céu (condições atuais do céu)
- Visibilidade; obstrução da visão (nevoeiro, névoa)
- Precipitação desde a última observação

Os satélites ambientais são uma das ferramentas cruciais da previsão meteorológica e da análise climática. Computadores de grande porte processam volumosos dados vindos da superfície, de aeronaves e de plataformas orbitais para fazer uma previsão precisa do tempo de curto prazo. Esses dados são utilizados também para avaliar a mudança climática. Nos Estados Unidos, o Serviço Meteorológico Nacional (NWS) fornece previsões do tempo e imagens atuais

geossistemas em ação 8 — CICLONES EXTRATROPICAIS

Um ciclone extratropical é um sistema de baixa pressão que se forma quando uma massa de ar frio (cP) colide com uma massa de ar quente e úmido (mT). Conduzidas pela corrente de jato, essas tempestades costumam migrar do oeste para o leste. Um sistema ciclônico de interações entre massas de ar é representado no clássico modelo norueguês (GEA 8.1) ou em uma nova conceitualização, que exibe os fluxos de massas de ar em um modelo de esteira (GEA 8.2). O sensoriamento remoto por satélite é essencial para analisar a estrutura ciclônica (GEA 8.3).

8.1 MODELO DE MASSAS DE AR

O ciclo de vida de um ciclone extratropical possui quatro estágios que se desenvolvem quando massas de ar frias e quentes se encontram, impelidas por fluxos de ar conflitante.

Estágio 1: Ciclogênese
Um distúrbio desenvolve-se ao longo da frente polar ou em outras áreas. O ar quente converge próximo à superfície e começa a subir, criando instabilidade.

Estágio 2: Estágio de onda
O fluxo ciclônico anti-horário puxa o ar quente e úmido do sul para o centro de baixa pressão, enquanto que o ar frio avança para o sul, a oeste do centro.

Estágio 3: Estágio de oclusão
A frente fria mais veloz ultrapassa a frente quente mais lenta e forma uma cunha sob ela. Isso cria uma frente oclusa, onde o ar frio empurra o ar quente para cima, causando precipitação.

Estágio 4: Estágio de dissipação
O ciclone extratropical se dissipa quando a massa de ar frio isola completamente a massa de ar quente da sua fonte de energia e umidade.

Seção transversal do estágio aberto
O ar quente e úmido eleva-se acima do ar frio, formando-se precipitação.

Descreva: Com base no mapa, como está o tempo em Denver e Wichita? Como o tempo irá mudar quando a tempestade for para o leste?

8.2 MODELO DE ESTEIRA

Como se pode ver na Figura GEA 8.1, os fluxos de massas de ar e a circulação ciclônica envolvem interações em um sistema físico fluido. Uma maneira de visualizar esses canais de ar em uma perspectiva tridimensional é pensar em um fluxo de massa de ar como uma esteira transportadora, embora sem um componente de fluxo de volta. Nesta ilustração, há três esteiras de ar e umidade, uma no alto e duas inicialmente sobre a superfície, que interagem, produzindo um ciclone extratropical e sustentando-o como um sistema dinâmico.

Esteira seca
O ar seco e frio do alto flui na circulação ciclônica vindo do oeste, com um pouco dele descendendo atrás da frente fria como ar limpo e frio. Outro ramo desse fluxo move-se ciclonicamente em direção da baixa. Esse setor seco, geralmente sem nuvens, pode formar um "compartimento seco", separando faixas de nuvens quentes e frias, claramente visível em imagens de satélite.

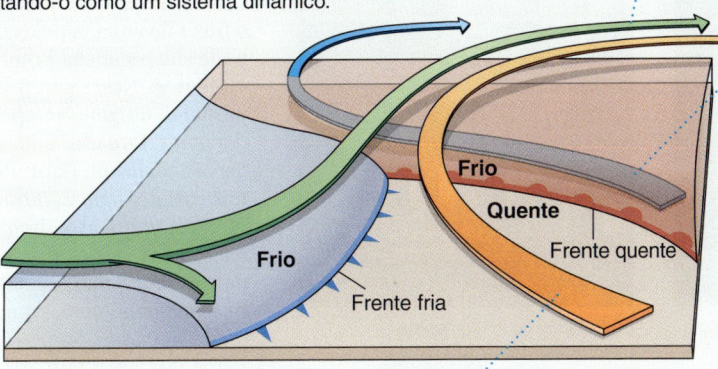

Esteira fria
O ar superficial frio flui para o oeste, por baixo do ar menos denso. A convergência de aproximação com a baixa força a ascensão, com um fluxo elevado girando em sentido anti-horário em torno da baixa. Outro fluxo move-se em sentido horário, juntando-se à baixa de oeste no alto. Quando a esteira fria passa por baixo do canal quente, ela recolhe umidade e torna-se saturada ao subir. Assim, essa esteira fria pode ser um importante gerador de neve a noroeste da baixa; uma área marcada em GEA 8.3a como "vírgula invertida".

Esteira quente
O ar quente e úmido entra no sistema como um fluxo superficial, subindo sobre o ar mais frio ao norte. Cria-se uma estrutura de frente quente, com ascensão suave e nuvens stratus. Durante sua passagem, leva-se umidade à frente da frente fria, estando sujeita a ascensão abrupta, condensação e nuvens cumulonimbus. Esse fluxo é a principal fonte de umidade dos sistemas frontais. Mais tarde, a esteira de ar quente vira para o leste e junta-se ao fluxo de oeste do alto.

Explique: Como as esteiras interagem a fim de produzir precipitação ao norte da frente quente?

8.3 OBSERVAÇÃO DE UM CICLONE EXTRATROPICAL

As imagens de satélite revelam o fluxo de ar úmido e seco que desencadeia um ciclone extratropical, assim como o modo em que a tempestade muda ao longo do tempo.

(a) 26 de setembro de 2011 – Estágio ocluso
Esta imagem de satélite mostra um ciclone extratropical sobre o Meio-Oeste dos EUA. [NASA.]

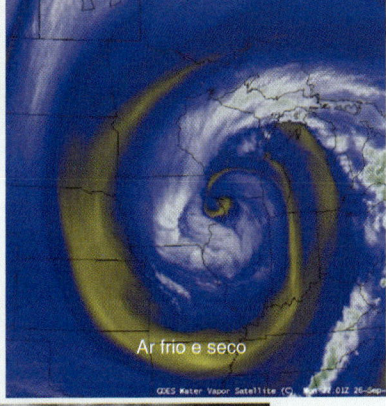

(b) Imagem do vapor d'água
A esteira fria fornece ar frio e seco (amarelo), que logo cortará o abastecimento de ar quente e úmido da tempestade. [NOAA]

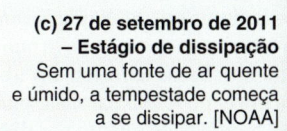

(c) 27 de setembro de 2011 – Estágio de dissipação
Sem uma fonte de ar quente e úmido, a tempestade começa a se dissipar. [NOAA]

geossistemas em ação 8 — CICLONES EXTRATROPICAIS

◀ **Figura 8.11 Instalações meteorológicas do NWS e instrumentos meteorológicos do ASOS.** [Bobbé Christopherson.]

(a) Há uma antena de radar dentro da estrutura em domo da instalação meteorológica do NWS no Aeroporto Internacional de Indianápolis.

(b) Estação de instrumentos meteorológicos da ASOS.

Tempo severo

O tempo é um lembrete constante de que o fluxo de energia pelas latitudes às vezes pode desencadear eventos destrutivos e violentos. Neste capítulo, focamos tempestades de gelo, tempestades elétricas, *derechos*, tornados e furacões; as enchentes são vistas no Capítulo 15, e os desastres costeiros, no Capítulo 16.

O tempo está frequentemente nas manchetes. A destruição relacionada ao tempo subiu mais de 500% nas últimas três décadas, com a população aumentando em áreas propensas a tempo severo e a mudança climática intensificando as anomalias meteorológicas. Nos Estados Unidos, a pesquisa e o monitoramento governamental do tempo severo estão centrados no Laboratório Nacional de Tempestades Severas e no Centro de Previsão de Tempestades da NOAA – acesse http://www.nssl.noaa.gov/ e http://www.spc.noaa.gov/; consulte esses sites em relação aos tópicos seguintes.

de satélite (acesse http://www.nws.noaa.gov/). No Canadá, o Serviço Meteorológico do Canadá fornece previsões em http://www.weatheroffice.gc.ca/canada_e.html. No Brasil, o Instituto Nacional de Meteorologia (INMET) fornece previsões do tempo, clima e imagens de satélite (http://www.inmet.gov.br/portal/) e o Centro de Previsão de Tempo e Estudos Climáticos (CPTEC) fornece previsões do tempo, clima e imagens de satélite em http://www.cptec.inpe.br/. Internacionalmente, a Organização Meteorológica Mundial coordena as informações meteorológicas (acesse http://www.wmo.ch/).

Um elemento essencial da previsão do tempo é o radar Doppler. Usando retroespalhamento de dois pulsos de radar, ele detecta a direção das gotículas de umidade que se aproximam ou se afastam do radar, indicando a direção e a velocidade do vento (Figura 8.11). Essa informação é crucial para alertas precisos de fortes tempestades. Como parte do programa Radar Meteorológico de Última Geração (NEXRAD), o NWS opera 159 sistemas de radar Doppler, principalmente nos Estados Unidos (http://radar.weather.gov/); também existem instalações no Japão, Guam, Coreia do Sul e Açores.

Nos Estados Unidos, as informações meteorológicas vêm principalmente do Sistema Automatizado de Observação de Superfície (ASOS), instalado em mais de 900 aeroportos em todo o país. Uma rede de instrumentos ASOS é composta de diversos sensores que fornecem dados contínuos em solo a respeito de elementos meteorológicos, ajudando o NWS a aprimorar a agilidade e precisão das suas previsões. Como os dados meteorológicos vêm de um grande número de fontes, a NOAA desenvolveu o Sistema Avançado de Processamento Meteorológico Interativo (AWIPS), que consiste em estações de trabalho computadorizadas de alta tecnologia reunindo os vários tipos de informação, assim aperfeiçoando a precisão das previsões e dos alertas de tempo severo. O AWIPS consegue exibir e integrar uma ampla gama de dados – por exemplo, pressão atmosférica, vapor d'água, umidade, radar Doppler, relâmpagos em tempo real e perfis de vento.

Tempestades de gelo e nevascas

Tempestades de gelo e nevascas são tipos de tempo severo geralmente confinados às regiões de latitude média a alta do mundo. De acordo com o Serviço Meteorológico Nacional, uma *tempestade de gelo* é uma tempestade de inverno em que no mínimo 6,4 mm de gelo acumulam-se sobre as superfícies expostas. Tempestades de gelo ocorrem quando uma camada de ar quente fica entre duas camadas de ar gelado. Quando precipitação atravessa a camada quente e entra em uma camada de ar abaixo do congelamento mais próxima da camada de solo, pode formar **chuva com neve**, que é composta de chuva congelada, verniz de gelo e pelotas de gelo (veja o *O Denominador Humano*, Figura DH 8, no final do capítulo). Em uma tempestade de gelo em janeiro de 1998, os 700.000 habitantes de uma grande região do Canadá e dos Estados Unidos ficaram semanas sem energia elétrica após os cabos de energia cobertos de gelo e os galhos das árvores desabarem sob o peso extra. Chuva congelada e chuviscos continuaram por mais de 80 horas, mais que o dobro da duração típica de uma tempestade de gelo. Em Montreal, mais de 100 mm de gelo acumularam-se. A hipotermia ceifou 25 vidas.

Nevascas são tempestades de neve com rajadas frequentes ou ventos sustentados maiores que 56 km/h por um intervalo de tempo maior que 3 horas e soprando neve que reduz a visibilidade a 400 m ou menos. Essas tempestades frequentemente resultam em muita neve, podendo paralisar o transporte regional tanto durante a tempestade quanto por dias após.

Tempestades elétricas

Por definição, uma *tempestade elétrica* é um tipo de tempo instável acompanhado por relâmpagos e trovões. Essas tempestades são caracterizadas por um acúmulo de nuvens cumulonimbus gigantes que podem ser associadas a linhas de tempestade de chuva intensa, incluindo chuva com neve, ventos cortantes, granizo e tornados. Tempestades elétricas podem se desenvolver dentro de uma massa de ar, em uma linha junto a uma frente (especialmente frentes frias) ou onde as encostas montanhosas provocam ascensão orográfica.

Milhares de tempestades com trovoadas ocorrem na Terra a qualquer momento. As regiões equatoriais e a ZCIT sofrem várias delas, como a cidade de Kampala, em Uganda, África Oriental (ao norte do Lago Victoria), que se encontra praticamente no equador, tendo média recorde de 242 dias por ano com tempestades elétricas. Na América do Norte, a maioria das tempestades elétricas se dá em áreas dominadas por massas de ar mT (Figura 8.12).

Uma tempestade elétrica é abastecida pelo veloz movimento ascendente de ar quente e úmido. Quando o ar sobe, esfria e condensa, formando nuvens e precipitação, uma energia tremenda é liberada pela condensação de grandes quantidades de vapor d'água. Esse processo aquece localmente o ar, provocando violentas correntes ascendentes e descendentes no que as parcelas ascendentes de ar puxam o ar circundante para a coluna e o empuxo friccional das gotas de chuva puxa o ar em direção ao solo (revise a ilustração da nuvem cumulus na Figura 7.18).

PENSAMENTO Crítico 8.1
Análise de uma carta sinótica

A carta sinótica da Figura PC 8.1.1 mostra um clássico ciclone de latitude média no estágio de onda em 31 de março de 2007, 7h (EST), juntamente a uma imagem do satélite *GOES-12* de vapor d'água daquela hora. Consultando a Figura GEA 8.1, p. 202, em relação ao significado dos símbolos da carta sinótica, analise brevemente este mapa: encontre o centro de baixa pressão, observe os ventos no sentido anti-horário, compare as temperaturas nos dois lados da frente fria, observe as temperaturas atmosféricas e as de ponto de orvalho, determine por que as frentes estão posicionadas em locais específicos na carta e localize o centro de alta pressão.

▼**Figura PC 8.1.1 Carta sinótica e imagem de vapor d'água, 31 de março de 2007.** [Carta cortesia do Hydrometeorological Prediction Center, NCEP, NWS.]

É possível ver que as temperaturas atmosférica e de ponto de orvalho em New Orleans são de 20°C e 17,2°C, respectivamente; ainda assim, em St. George, Utah (parte sudoeste do Estado), pode-se ver –2,8°C e –5,5°C, respectivamente. Para se tornar saturado, o ar quente e úmido em New Orleans precisa resfriar até 17,2°C, enquanto que em St. George o ar seco e frio precisa resfriar até –5,5°C para haver saturação. No extremo norte, encontre Churchill na costa ocidental da baía de Hudson. As temperaturas atmosférica e de ponto de orvalho são de –14,5°C e –16°C, respectivamente, e o estado do céu é claro. Se você estivesse lá, o que sentiria neste momento? Por que você precisaria de um protetor labial?

Descreva o padrão das massas de ar dessa carta sinótica. Como essas massas de ar estão interagindo, e que tipo de atividade frontal você observa? O que o padrão das isóbaras lhe diz sobre as áreas de alta e baixa pressão? •

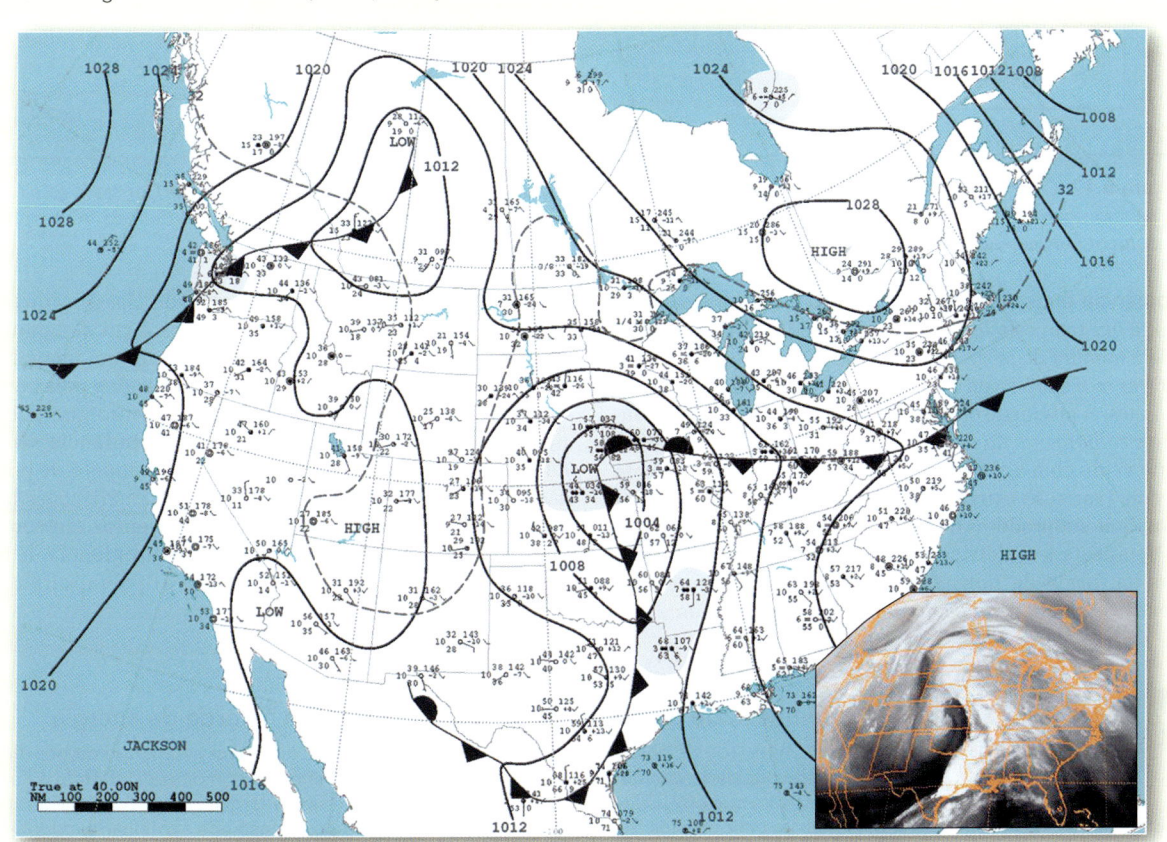

▲**Figura 8.12 Ocorrência de tempestades elétricas.** Número médio anual de dias com tempestades elétricas. Compare este mapa com a localização das massas de ar mT na Figura 8.1. [Dados cortesia de NWS; Map Series 3; *Climatic Atlas of Canada*, Atmospheric Environment Service, Canadá.]

Turbulência e cisalhamento do vento Uma característica distinta das tempestades elétricas é a turbulência, que é criada pela mistura de ar de diferentes densidades ou por camadas de ar movendo-se na atmosfera em velocidades e direções diferentes. A atividade de tempestade elétrica também depende do *cisalhamento do vento*, a variação da velocidade e direção do vento com a altitude – é necessário alto cisalhamento do vento (variação extrema e súbita) para criar granizo e tornados, dois subprodutos da atividade de tempestade elétrica.

Tempestades elétricas podem criar turbulências severas na forma de *downbursts*, que são fortes correntes descendentes que provocam ventos expecionalmente fortes próximo ao solo. Os *downbursts* são classificados por tamanho: um *macroburst* tem ao menos 4 km de largura e mais de 210 km/h; um *microburst* é menor em tamanho e velocidade. Os *downbursts* são caracterizados pelas temidas condições de alto cisalhamento do vento que podem derrubar aeronaves. Esses eventos de turbulência são de curta duração e difícil previsibilidade. O modelo de previsão da NOAA, lançado em 2012, oferece atualizações hora a hora para melhorar as previsões de eventos meteorológicos severos e riscos à aviação, como turbulência de céu claro (para mais informações, acesse http://rapidrefresh.noaa.gov/).

GEOrelatório 8.3 Tempestade de gelo no Kentucky provoca falta recorde de energia

No fim de janeiro de 2009, uma tempestade de gelo atingiu o sul de Indiana e o centro de Kentucky. Ao longo de três dias, a precipitação começou como chuva congelada, depois passou para chuva com neve e terminou como neve. Em todo o Kentucky, o dano do gelo aos cabos elétricos fez com que 609.000 residências e empresas ficassem sem energia; a interrupção prosseguiu por até 10 dias, e as escolas da região ficaram uma semana fechadas. Tempestades de gelo de intensidade semelhante cobriram o Centro-Oeste, a parte Sul e o Nordeste em fevereiro de 2011.

Supercélulas As tempestades elétricas mais fortes são conhecidas como *supercélulas*, dando origem a alguns dos eventos meteorológicos mais rigorosos e dispendiosos do mundo (como tempestades de granizo e tornados). As supercélulas muitas vezes contêm uma corrente ascendente profunda em rotação persistente, chamada de **mesociclone**, uma coluna de ar ascendente giratória e ciclônica associada com uma tempestade convectiva, chegando a até 10 km de diâmetro. Um mesociclone bem desenvolvido produz chuva pesada, granizos grandes, ventos cortantes e relâmpagos; alguns mesociclones maduros geram atividade de tornado (conforme discutido mais além neste capítulo).

As condições propícias à formação de tempestades elétricas e supercélulas mais intensas – muito ar quente e úmido e forte atividade de convecção – são potencializadas pela mudança climática. Entretanto, o cisalhamento do vento, outro fator importante na formação de tempestades elétricas e supercélulas, provavelmente enfraquecerá nas latitudes médias, com o aquecimento ártico reduzindo as diferenças gerais de temperatura no planeta. Há pesquisas em andamento sobre qual desses efeitos será mais significativo para determinar a frequência de tempestades elétricas severas nas diferentes regiões do mundo.

Relâmpagos e trovões Estima-se que 8 milhões de relâmpagos ocorram todos os dias na Terra. **Relâmpago** é o termo para clarões de luz causados por enormes descargas elétricas (de dezenas de milhões a centenas de milhões de volts) que brevemente superaquecem o ar até temperaturas de 15.000-30.000°C. O relâmpago é criado pelo acúmulo de polaridade de energia elétrica entre áreas dentro de uma nuvem cumulonimbus ou entre a nuvem e o solo. A violenta expansão desse ar abruptamente aquecido envia ondas de choque pela atmosfera na forma do estrondo sônico do **trovão**.

Os relâmpagos representam um risco a aeronaves, pessoas, animais, árvores e estruturas, causando cerca de 200 mortes e ferindo milhares por ano na América do Norte. Quando os raios são iminentes, o NWS emite *avisos de tempestade severa* e aconselha a população a permanecer em locais fechados. As pessoas surpreendidas na rua quando as descargas elétricas estão se formando não devem se abrigar embaixo de árvores, pois elas são bons condutores de eletricidade e frequentemente são atingidas por raios. Dados do Sensor de Imagens de Relâmpagos (LIS) da NASA mostram que cerca de 90% de todas as descargas se dão em terra, em resposta à maior convecção sobre as superfícies continentais relativamente mais quentes (Figura 8.13; acesse http://thunder.msfc.nasa.gov/data/data_nldn.html).

Granizo Pelotas de gelo maiores que 0,5 cm formadas dentro de uma nuvem cumulonimbus são chamadas de **granizos**. Na formação do granizo, gotas de chuva circulam repetidamente acima e abaixo do nível de congelamento na nuvem, adicionando camadas de gelo até que a circulação na nuvem não possa mais aguentar seu peso. O granizo também pode se desenvolver a partir da adição de umidade em uma pelota de neve.

Granizos do tamanho de ervilhas (0,63 cm de diâmetro) são comuns, embora eles possam variar, indo do tamanho de uma moeda grande (2,54 cm) até bolas de softbal (11,43 cm). Apenas nos Estados Unidos, granizos do tamanho de bolas de beisebol (6,98 cm) caíram meia dúzia de vezes em 2010. Para que haja formação de granizos maiores, as pelotas congeladas devem permanecer no alto por períodos mais longos. O maior granizo certificado do mundo caiu de uma supercélula de tempestade elétrica em Aurora, Nebraska, em 22 de junho de 2003, medindo 47,62 de circunferência. Entretanto, o maior granizo em diâmetro e peso caiu em Vivian, Dakota do Sul, em julho de 2010 (Figura 8.14).

O granizo é comum nos Estados Unidos e no Canadá, mas pouco frequente em outros lugares. O granizo ocorre,

▼**Figura 8.13 Relâmpagos no planeta, de 1998 a 2012.**
[(a) Imagem dos relâmpagos globais do Lightning Imaging Sensor-Optical Transient Detector (LIS-OTD) obtidas pelo NASA EOSDIS Global Hydrology Resource Center DAAC, Huntsville, AL. Reimpresso mediante permissão de Richar Blakeslee. (b) Keith Kent/ Photo Researchers.]

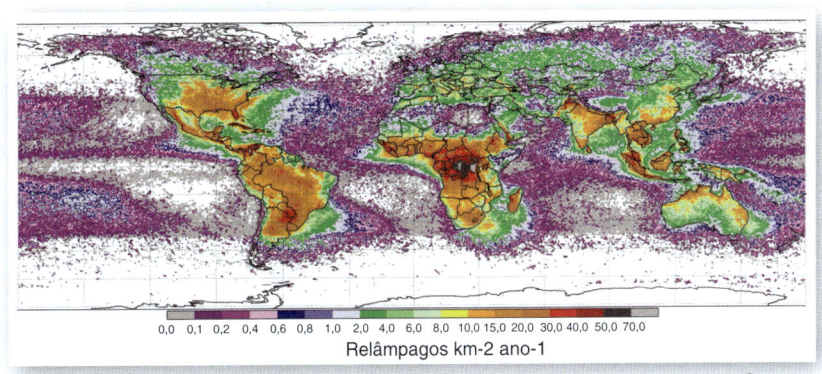

(a) Mapa do total anual de relâmpagos (raios) entre janeiro de 1998 e fevereiro de 2012. O sensor de relâmpagos por imagem a bordo do satélite *TRMM* combina elementos ópticos e eletrônicos que conseguem detectar relâmpagos em tempestades individuais, de dia ou à noite, entre as latitudes 35° N e 35° S.

(b) Relâmpagos múltiplos no Sul do Arizona, captados em uma foto *time-lapse*.

◄**Figura 8.14 O granizo com o maior diâmetro já registrado.** Esse granizo medindo 20,32 cm de diâmetro caiu na Dakota do Sul em uma tempestade elétrica de supercélula com ventos superiores a 129 km/h. Sua circunferência media 47,307 cm, logo abaixo do recorde mundial. Leia mais sobre esse granizo em http://www.crh.noaa.gov/abr/?n=stormdamagetemplate. [NOAA.]

Os derechos oferecem riscos distintos a atividades de verão ao ar livre, virando barcos, arremessando objetos pelo ar e quebrando troncos e galhos. Sua maior frequência (cerca de 70%) é de maio a agosto na região que vai de Iowa, passa por Illinois e entra no Vale do Rio Ohio, na parte superior do centro-oeste. Em junho de 2012, um derecho originado próximo a Chicago viajou rumo ao sudeste e atingiu Washington, D. C., provocando danos e queda de energia para milhões de pessoas, assim como várias mortes (Figura 8.15). De setembro até meados de abril, as áreas de atividade dos derechos migram em direção ao sul, para o leste do Texas até o Alabama.

talvez, a cada um ou dois anos nas áreas de maior frequência. Os prejuízos anuais causados pelo granizo nos Estados Unidos excedem US$ 800 milhões.

Derechos

Ventos retos associados a tempestades elétricas rigorosas e de movimentação veloz podem provocar danos consideráveis em áreas urbanas, assim como prejuízos agrícolas no campo. Esses ventos, conhecidos como **derechos** – ou *plow winds,* no Canadá – são gerados pelos poderosos downbursts característicos das tempestades elétricas. Esses ventos fortes e lineares, superiores a 26 m/s, tendem a soprar em trajetórias lineares, espalhando-se em leque ao longo de frentes curvas de vento sobre uma ampla faixa de terra. O nome, cunhado pelo físico G. Hinrichs em 1888, deriva de uma palavra em espanhol, *derecho,* que quer dizer "direto" ou "reto".

Como os *downbursts* ocorrem em aglomerados irregulares, os ventos associados a um derecho podem variar consideravelmente em intensidade ao longo da sua trajetória. Uma das rajadas de vento derecho mais fortes já medidas aconteceu em 1998 no leste de Wisconsin, passando de 57 m/s. Em agosto de 2007, uma série de derechos no norte de Illinois atingiu essa mesma intensidade. Pesquisadores identificaram 377 derechos entre 1986 e 2003, uma média de aproximadamente 21 por ano.

▼**Figura 8.15 O evento de derecho de junho de 2012.** [(a) Cortesia de Kevin Gould, NOAA. (b) Imagem base de G. Carbin, NOAA, Centro de Previsão de Tempestades.]

(a) Uma nuvem prateleira sobre LaPorte, Indiana, indica os fortes ventos do derecho que avança.

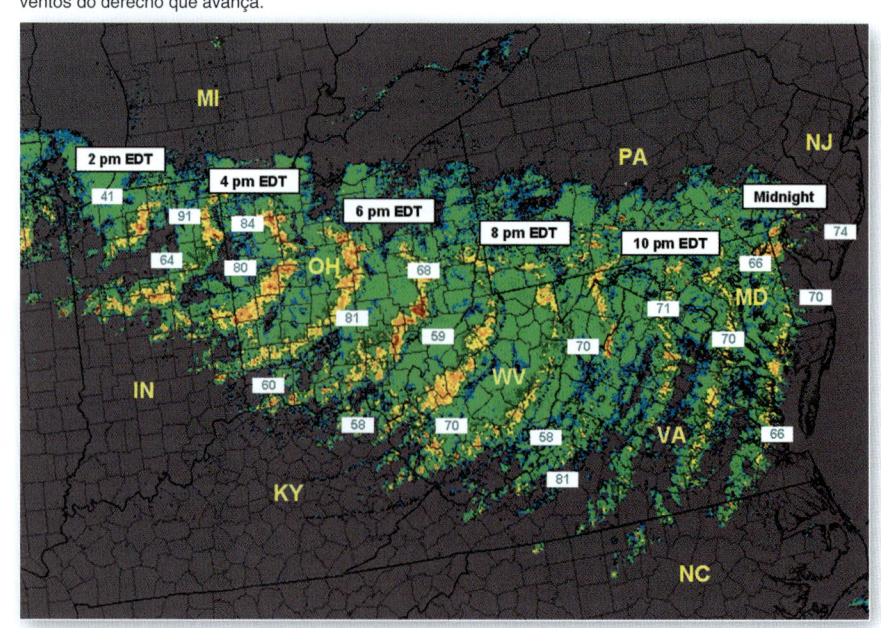

(b) Imagem composta por imagens de hora em hora da refletividade por radar indica o desenvolvimento do evento de derecho de 29 de junho de 2012, incluindo rajadas selecionadas (mph), começando às 14h (EDT) (extrema esquerda) e terminando à meia-noite (extrema direita).

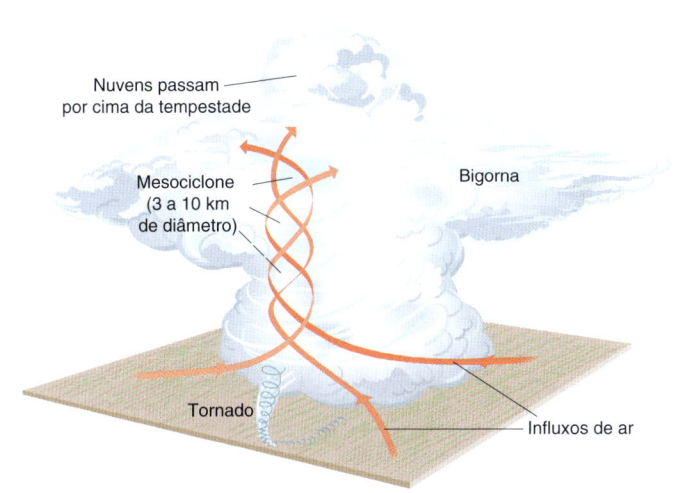

(a) O forte vento na altitude cria o giro, e a corrente ascendente oriunda do desenvolvimento da tempestade elétrica inclina o ar em rotação, fazendo com que o mesociclone se forme como uma corrente ascendente rotatória dentro da tempestade elétrica. Caso ela se forme, um tornado descerá da base do mesociclone.

▲**Figura 8.16 Formação de mesociclones e tornados.**
[(b) Foto de Howard Bluestein, todos os direitos reservados.]

b) Um tornado desce da base de uma nuvem de supercélula próximo a Spearman, Texas. Um forte granizo cai à esquerda do tornado.

Em maio de 2009, um violento vendaval atravessou o Kansas, Missouri e Illinois, com ventos atingindo velocidade de 160 km/h e deixando um rastro de destruição de 160 quilômetros de largura. Os cientistas cunharam o termo *super derecho* para descrever esse novo fenômeno: um derecho com uma estrutura de olho, parecida com um furacão, que deu origem a 18 tornados em seu caminho pelo Kansas. Os cientistas conseguiram prever esse evento com 24 horas de antecedência e estão utilizando seus modelos de previsão para investigar o desenvolvimento desse fenômeno meteorológico.

Os registros de derechos estão aumentando desde 2000 e podem continuar aumentando com a mudança climática. Para mais informações, acesse http://www.spc.noaa.gov/misc/AbtDerechos/derechofacts.htm.

Tornados

Um **tornado** é uma coluna de ar em violenta rotação que está em contato com a superfície do solo, sendo normalmente visível como um vórtex giratório de nuvens e detritos. Um tornado pode ter de alguns metros a mais de um quilômetro de diâmetro e pode durar de alguns instantes a dezenas de minutos.

As correntes ascendentes associadas às linhas de tempestade e supercélulas das tempestades elétricas são os estágios iniciais do desenvolvimento dos tornados (contudo, menos da metade das supercélulas produz tornados). À medida que ar carregado de umidade é sugado para a circulação de um mesociclone, libera-se energia por condensação, e a rotação do ar aumenta de velocidade (Figura 8.16a). Quanto mais estreito o mesociclone, mais rápido o giro das parcelas de ar convergentes que são sugadas para dentro da rotação; esse movimento pode formar uma **nuvem funil** menor, cinza-escura, que pulsa a partir do lado inferior da nuvem da supercélula. Essa nuvem funil pode abaixar até a Terra, resultando em um tornado (Figura 8.16b). Quando a circulação do tornado ocorre sobre águas, a água superficial é puxada cerca de 3-5 m para dentro do funil, formando uma **tromba d'água**.

Mensuração dos tornados As pressões dentro de um tornado normalmente são cerca de 10% menores do que as do ar circundante. A convergência na entrada criada por esse gradiente de pressão horizontal causa ventos de alta veloci-

GEOrelatório 8.4 Tempestade provoca granizo e tornado no Havaí

Embora as condições necessárias para formar tempestades elétricas com supercélula e granizos grandes sejam raras no Havaí, uma tempestade em março de 2012 produziu um granizo do tamanho de uma laranja a barlavento de Oahu – ele media 10,8 cm de diâmetro. A mesma tempestade criou uma tromba d'água na costa que se tornou um pequeno tornado ao atingir a terra, sendo ambas as ocorrências raras no Havaí. O NWS confirmou esse evento como um tornado FM-0, com ventos entre 97-113 km/h.

TABELA 8.1 Escala Fujita melhorada	
Número FM	Velocidade e danos de uma rajada de vento de 3 segundos
FM-0 Leve	105-137 km/h; *danos leves*: galhos quebrados, chaminés avariadas.
FM-1 Fraco	138-177 km/h: *danos moderados*: início da designação de velocidade do vento de furacão, materiais de telhados saem do lugar, casas móveis têm sua fundação deslocada.
FM-2 Forte	178-217 km/h: *danos consideráveis*: telhados inteiros são arrancados de casas de madeira, árvores grandes e bem enraizadas são arrancadas, vagões são deslocados, pequenos objetos podem se tornar projéteis.
FM-3 Severo	218-266 km/h: *danos severos*: telhados são arrancados de casas bem construídas, árvores são desenraizadas, carros são arremessados.
FM-4 Devastador	267-322 km/h: *danos devastadores*: casas bem-construídas são derrubadas, carros são arremessados, grandes projéteis são criados.
FM-5 Incrível	Mais de 322 km/h: *danos incríveis*: casas são arremessadas a certa distância e completamente destruídas, projéteis do tamanho de carros voam mais de 100 m, árvores são descascadas.

Observação: Acesse http://www.depts.ttu.edu/weweb/Pubs/fscale/EFScale.pdf para mais detalhes.

dade. O falecido Theodore Fujita, renomado meteorologista da Universidade de Chicago, projetou a Escala Fujita, que classifica os tornados de acordo com a velocidade do vento, conforme indicado por danos relacionados a propriedades. Um refinamento dessa escala criada em 1971, adotado em fevereiro de 2007, levou à Escala Fujita Melhorada, ou Escala FM (Tabela 8.1). A revisão atendeu à necessidade de avaliar melhor os danos, correlacionar a velocidade do vento com os danos causados e dar conta da qualidade de construção das estruturas. Para ajudar nas estimativas de ventos, a Escala FM contém Indicadores de Danos (ID) representando tipos de estrutura e vegetação afetados, em combinação com classificações de Grau de Danos (GD). Ambos podem ser vistos no site indicado abaixo da tabela acima.

O Centro de Previsão de Tempestades em Kansas City, Missouri, oferece previsão de curto prazo para tempestades com trovoadas e tornados para o público e para escritórios de campo do NWS. Com a tecnologia atual, são possíveis intervalos de alerta de 12 a 30 minutos. De 1950 a 2010, tornados causaram mais de 5000 mortes (cerca de 85 por ano), nos Estados Unidos, mais de 80.000 feridos e danos materiais de mais de US$ 28 bilhões. A média anual de prejuízo com tornados está aumentando a cada ano.

Em 2011, Joplin, Missouri, foi atingida por um tornado FM-5 que matou ao menos 159 pessoas e causou danos estimados em US$ 3 bilhões, sendo o mais caro da história dos EUA (Figura 8.17).

Frequência dos tornados A América do Norte tem mais tornados do que qualquer outro lugar do mundo porque sua posição latitudinal e sua topografia são propícias para o encontro de massas de ar contrastantes e a formação de precipitação frontal e tempestades elétricas. Tornados já atingiram todos os 50 estados dos Estados Unidos e todas as províncias e territórios do Canadá. Nos Estados Unidos, 54.030 tornados foram registrados entre 1950 e 2010.

O número médio anual de longo prazo de tornados antes de 1990 era de 787. É um fato interessante que, após 1990, essa média de longo prazo por ano subiu para mais de 1000. Desde 1990, os anos com o maior número de tornados foram 2004 (1820 tornados), 2011 (1691 tornados) e 1998 (1270 tornados). Em 27 de abril de 2011, 319 tornados foram avistados, o terceiro maior número já registrado em um só dia. A Figura 8.18a mostra áreas de ocorrência de tornados nos Estados Unidos, com o máximo situado em

▼Figura 8.17 O tornado de 2011 em Joplin, Missouri. [(a) Tom Uhlenbrock/UPI/Newscom. (b) NOAA.]

(a) Um tornado FM-5 atingiu Joplin, Missouri, um pouco antes das 18h (CDT) em 22 de maio de 2011.

(b) A imagem do satélite *GOES Leste* mostra o sistema de tempestade sobre o Centro dos Estados Unidos, momentos antes de dar origem ao tornado.

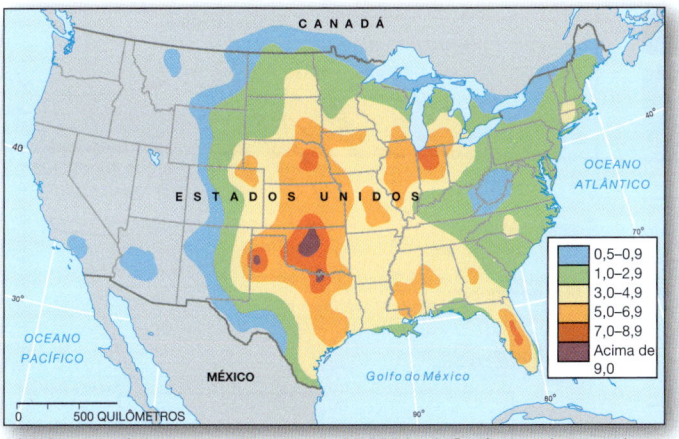

(a) Número médio de tornados a cada 26.000 km². O número de tornados no Alasca e no Havaí é desprezível.

▲**Figura 8.18 Tendências dos tornados nos Estados Unidos.** [Dados cortesia do Centro de Previsão de Tempestades, NWS, e fontes da NOAA.]

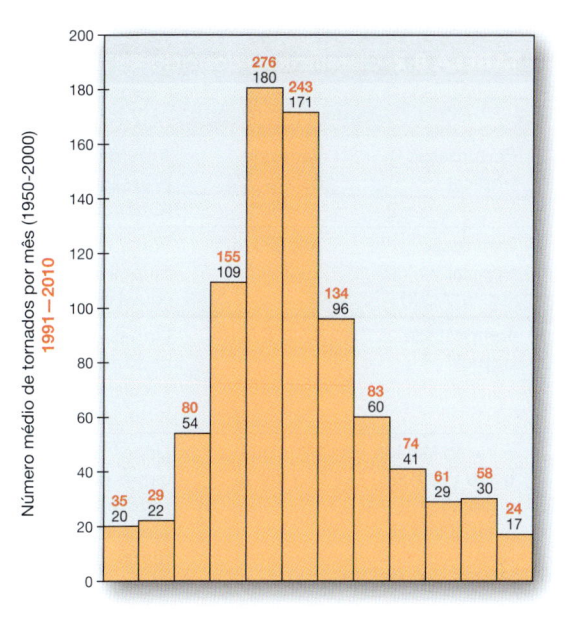

(b) Número médio de tornados por mês de 1950 a 2000, com estatísticas atualizadas adicionais para 1991-2010 (em vermelho).

Texas e Oklahoma (a parte sul da região, conhecida como "alameda dos tornados"), Indiana e Flórida.

De acordo com os registros desde 1950, maio e junho são os meses de pico para os tornados nos Estados Unidos. O gráfico da Figura 8.18b mostra a média de tornados por mês entre 1950 e 2000 e entre 1991 e 2010. Embora a tendência seja de aumento de tornados no período dos últimos 20 anos, os cientistas concordam que esses dados não são indicadores confiáveis sobre as reais alterações na ocorrência de tornado, pois correspondem a mais pessoas estando no lugar certo para ver e fotografar tornados e à melhor comunicação a respeito de atividade de tornados. Os reais aumentos na ocorrência de tornados podem, em parte, estar relacionados ao aumento das temperaturas da superfície do mar. Oceanos mais quentes aumentam as taxas de evaporação, o que eleva a disponibilidade de umidade nas massas de ar mT, assim produzindo atividade mais intensa de tempestades elétricas sobre certas áreas dos Estados Unidos. Outros fatores do desenvolvimento de tornados, como o cisalhamento do vento, não são tão bem-compreendidos, são difíceis de modelar e ainda não podem ser vinculados definitivamente à mudança climática.

O Canadá tem uma média de 80 tornados observados por ano, embora os que ocorrem em áreas rurais pouco povoadas passem despercebidos. No Reino Unido, os observadores relatam cerca de 50 por ano, todos classificados como menos que FM-3. Em toda a Europa, 330 tornados são detectados todo ano, embora alguns especialistas estimem que ocorrem até 700 por ano. Na Austrália, os observadores detectam cerca de 16 tornados por ano. Os outros continentes relatam poucos tornados por ano.

Ciclones tropicais

Originados inteiramente nas massas de ar tropicais, os **ciclones tropicais** são poderosas manifestações do balanço de energia Terra-atmosfera. (Lembre que os trópicos estendem-se do Trópico de Câncer, em 23,5° N de latitude, até o Trópico de Capricórnio, em 23,5° S de latitude, portanto abrangendo a zona equatorial, situada entre 10° N e 10° S de latitude.)

Os ciclones tropicais são classificados conforme a velocidade do vento; os mais poderosos são os **furacões**, **tufões** ou *ciclones*, que são diferentes nomes regionais para o mesmo tipo de tempestade tropical. Os três nomes baseiam-se na localização: furacão correm em torno da América do Norte; tufões, no Pacífico oeste (principalmente Japão e Filipinas); e ciclones, na Indonésia, em Bangladesh e na Índia. Um furacão, tufão ou ciclone possui ventos com velocidade superior a 119 km/h; os critérios de velocidade do vento para tempestades, depressões e perturbações tropicais estão listados na Tabela 8.2. Para cobertura e relatórios, acesse o site do Centro Nacional de Furacões em http://www.nhc.noaa.gov/ ou o Centro Conjunto de Advertência contra Tufões em http://www.usno.navy.mil/JTWC.

No Pacífico oeste, um ciclone tropical forte é chamado de *supertufão* quando a velocidade dos ventos alcança 241 km/h. Em novembro de 2013, o supertufão Haiyan atingiu as Filipinas com ventos constantes de 306-314 km/h, os mais forte já registrado para um ciclone tropical em avanço em terra (veja a imagem de satélite do Haiyan na página de abertura deste livro).

Desenvolvimento das tempestades Os sistemas ciclônicos que se formam nos trópicos são bem diferentes dos ciclones de latitude média, porque o ar dos trópicos é essencialmente homogêneo, sem frentes nem massas de ar conflitantes de diferentes temperaturas. Além disso, o ar e os mares quentes garantem vapor d'água abundante e, portanto, o calor latente necessário para abastecer essas tempestades. Os ciclones tropicais convertem energia térmica do oceano em energia mecânica no vento – quanto mais

TABELA 8.2 Classificação dos ciclones tropicais		
Designação	**Ventos**	**Características**
Perturbação tropical	Variáveis, baixos	Área definida de baixa pressão de superfície; remendos de nuvens
Depressão tropical	Até 62 km/h	Força de vendaval, circulação organizada; chuva leve a moderada
Tempestade tropical	63-118 km/h	Linhas isobáricas fechadas; organização circular definitiva; chuva forte; recebe um nome
Furacão (Atlântico e Pacífico oriental) Tufão (Pacífico leste) Ciclone (Oceano Índico, Austrália)	Mais que 119 km/h	Linhas isobáricas fechadas e circulares; chuva forte, marés de tempestades; tornados no quadrante frontal direito

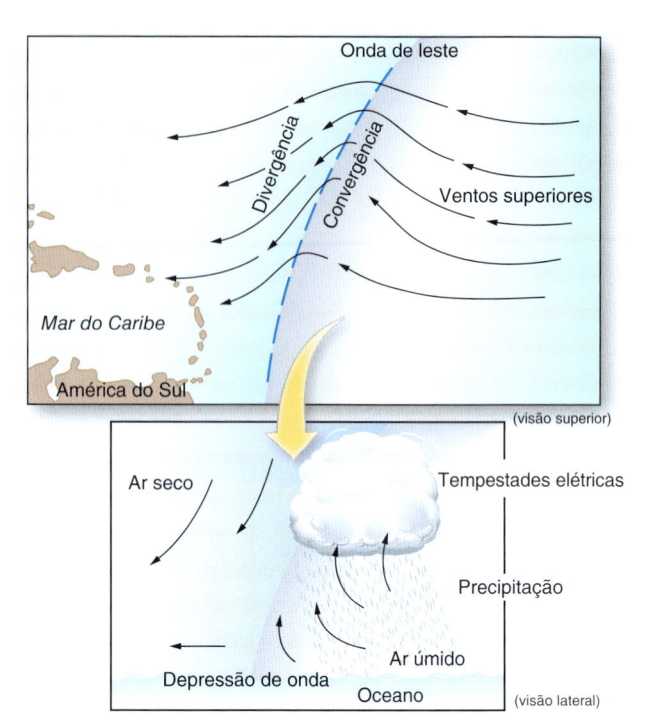

▲Figura 8.19 **Onda de leste nos trópicos.** Uma área de baixa pressão se desenvolve em uma onda de leste (movendo-se para o oeste). O ar úmido sobe em uma área de convergência na superfície para o leste da depressão da onda. Os fluxos de vento se curvam e convergem antes da depressão e divergem a partir da depressão.

quentes forem o oceano e a atmosfera, mais intensa é a conversão e mais poderosa é a tempestade.

O que desencadeia o início de um ciclone tropical? O movimento ciclônico começa com ondas de leste no cinturão de baixa pressão tropical que se movem lentamente (Figura 8.19). Quando as temperaturas da superfície do mar excedem aproximadamente 26°C, pode formar-se um ciclone tropical no lado oriental (sotavento) desses cavados migratórios de baixa pressão, um local de convergência e precipitação pluviométrica. O fluxo de ar superficial converge para a área de baixa pressão, ascende e flui externamente para o alto. Essa importante divergência no alto age como uma chaminé, puxando mais ar carregado de umidade para o sistema em desenvolvimento. Para manter e fortalecer essa circulação convectiva vertical, deve haver pouco ou nenhum cisalhamento do vento para interromper ou bloquear o fluxo de ar vertical.

Estrutura física Os ciclones tropicais possuem gradientes de pressão acentuados, que geram ventos que entram em espiral em direção ao centro de baixa pressão – a pressão central menor causa gradientes de pressão maiores, que, por sua vez, causam ventos mais fortes. No entanto, outro fatores também atuam, de forma que as tempestades com a menor pressão central nem sempre são as mais fortes ou as mais danosas. A menor pressão central em uma tempestade no Atlântico foi 882 mb, registrada no furacão Wilma em 2005.

Quando os ventos correm até o centro do ciclone tropical, eles tomam a direção ascendente, formando uma parede de densas faixas de chuva chamada de *parede do olho* – a zona de precipitação mais intensa. A área central é chamada de *olho* da tempestade, onde o vento e a precipitação descem; essa é a área mais quente da tempestade, e embora céus claros possam aparecer ali, nem sempre estão presentes, ao contrário do que se acredita. A estrutura de faixas de chuva, parede do olho e olho central é claramente visível no furacão Gilbert na Figura 8.20, visto de cima, em visão oblíqua (reconstituição artística) e em visão de radar lateral.

Os ciclones tropicais variam em diâmetro de compactos 160 km até 1000 km e os 1300-1600 km atingidos por alguns supertufões do Pacífico ocidental. Verticalmente, o ciclone tropical domina a altura completa da troposfera. Es-

GEOrelatório 8.5 Aeronave de pesquisa disseca o furacão Karl

Em 2010, cientistas lançaram a missão Processos de Gênese e Intensificação Veloz (GRIP) para estudar o desenvolvimento dos furacões usando satélites, aeronaves e veículos aéreos não tripulados. Em setembro, uma aeronave entrou no furacão Karl, de categoria 3, enquanto ele avançava em terra na costa mexicana. A 11.300 m, o avião coletou dados usando nove instrumentos e lançou dropsondas, que registram medições à medida que caem pela atmosfera até a superfície do oceano. Outra aeronave voava a 17.000 m, utilizando radiômetros especializados para medir sistemas de nuvens de chuva e ventos superficiais. Enquanto isso, o *Global Hawk* pilotado remotamente sobrevoou a tempestade durante mais de 15 horas, amostrando as regiões superiores de um furacão pela primeira vez na História. A aeronave *Global Hawk* está sendo usada na nova missão Sentinela de Furacões e Tempestades Severas (HS3), de cinco anos, lançada em 2012. Mais informações em http://www.nasa.gov/mission_pages/hurricanes/missions/grip/main/index.html.

Capítulo 8 • Tempo meteorológico 213

(a) Imagem do furacão Gilbert, 13 de setembro de 1988, feita pelo satélite GOES-7. Para o Hemisfério Ocidental, o furacão Gilbert atingiu o tamanho recorde (1600 km de diâmetro) e a segunda menor pressão barométrica (888 mb). Os ventos sustentados do Gilbert atingiram 298 km/h, com picos que excederam 320 km/h.

▲Figura 8.20 Perfil de um furacão. [(a) e (c) NOAA e NHC.]

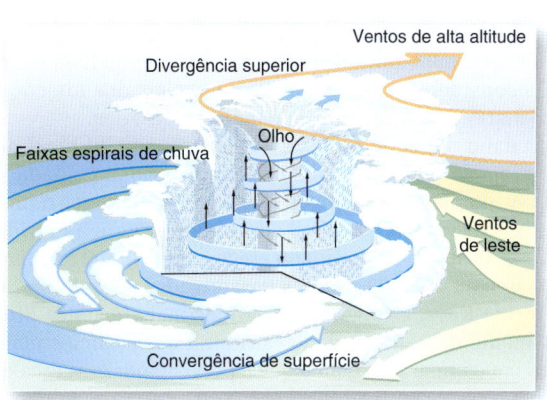

(b) Um retrato estilizado de um furacão maduro, desenhado em perspectiva oblíqua (o corte mostra o olho, as faixas de chuva e os padrões de fluxo de vento).

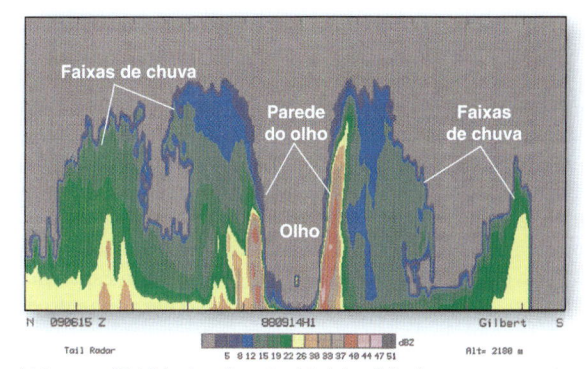

(c) Imagem SLAR (radar aéreo de vista lateral) tirada por uma aeronave que atravessou o centro do furacão Gilbert. Faixas de chuva de maior densidade de nuvens estão em cor falsa (amarelo e vermelho). Observe o céu claro no olho central.

sas tempestades movimentam-se sobre águas a cerca de 16-40 km/h. Os ventos mais fortes geralmente são registrados no quadrante dianteiro direito (em relação à trajetória de direção da tempestade). No **avanço em terra (aterrar)**, onde o olho entra na costa, dúzias de tornados completamente desenvolvidos podem ser localizadas nesse setor de ventos altos. Por exemplo, o furacão Camille, em 1969, tinha até 100 tornados integrados nesse quadrante dianteiro direito.

Potencial de dano Quando ouvimos os meteorologistas falarem de um furacão "categoria 4", eles estão usando a Escala Saffir-Simpson de Ventos de Furacão para estimar os danos possíveis causados por ventos com força de furacão. A Tabela 8.3 apresenta essa escala, que usa a velocidade de vento contínuo para classificar os furacões e tufões em cinco categorias, das tempestades pequenas da categoria 1 até as tempestades extremamente perigosas da categoria 5. A classificação aplica-se aos ventos no avanço em terra:

TABELA 8.3 Escala Saffir-Simpson de ventos de furacão

Categoria	Velocidade do vento	Tipo de dano	Exemplos recentes no Atlântico (classificação do avanço em terra)
1	119-153 km/h	Algum dano a residências	2012, Isaac
2	154-177 km/h	Extensos danos a residências; grandes danos a telhados e revestimentos	2003, Isabel (inicialmente categoria 5), Juan; 2004, Francis; 2008, Dolly; 2010, Alex
3	178-208 km/h	Danos devastadores; telhados e frontões arrancados	2004, Ivan (inicialmente categoria 5), Jeanne; 2005, Dennis, Katrina, Rita, Wilma (inicialmente categoria 5); 2008, Gustav, Ike (inicialmente categoria 4); 2011, Irene; 2012, Sandy
4	209-251km/h	Danos catastróficos; sérios danos a telhados e paredes	2004, Charley; 2005, Emily (inicialmente categoria 5)
5	>252 km/h	Danos catastróficos; desabamento total de telhados e paredes em alta porcentagem das residências	2004, Ivan; 2007, Dean, Felix Outros notáveis: 1935, nº 2; 1938, nº 4; 1969, Camille; 1971, Edith; 1979, David; 1988, Gilbert, Mitch; 1989, Hugo; 1992, Andrew

essas velocidades e a categoria de classificação podem diminuir após a tempestade entrar no continente. Essa escala não considera outros impactos potenciais dos furacões, como marés de tempestade, enchentes e tornados.

O dano depende do grau de urbanização do local de avanço em terra da tempestade, da preparação dos cidadãos para a ventania e dos códigos construtivos em vigor no local. Por exemplo, o furacão Andrew, que atingiu a Flórida em 1992, destruiu ou danificou gravemente 70.000 residências e deixou 200.000 pessoas desabrigadas entre Miami e as Florida Keys. Códigos construtivos mais recentes provavelmente reduzirão o dano estrutural nos edifícios mais novos em comparação com o que é previsto por essa escala, embora haja pressão política local para relaxar os padrões.

Quando um ciclone tropical avança em terra, surgem riscos extras por causa das marés de tempestade e enchentes associadas à forte chuva. Na verdade, o impacto dos furacões sobre os centros populacionais humanos está tão conectado à maré de tempestade quanto aos danos causados pelo vento. **Maré de tempestade** é a água do mar que é empurrada para dentro do continente, nesse caso, durante um furacão, podendo combinar-se com a maré normal e criar uma *maré de tempestade combinada com a maré alta (storm tide)* de 4,5 m ou mais de altura. O avanço em terra do furacão Sandy em 2012 coincidiu com a maré alta, gerando uma maré de tempestade recorde na cidade de Nova York – chegando a 4,2 m no extremo sul de Manhattam (veja *Estudo Específico* 8.1). Com os níveis do mar subindo com o derretimento do gelo e a expansão da água do mar em aquecimento, as marés de furacão continuarão aumentando nas tempestades.

Chuvas e enchentes podem levar a devastação e perda de vidas, tornando bastante perigoso e destrutivo até mesmo um ciclone tropical fraco e lento. Em 2011, as fortes chuvas do furacão Irene causaram enchentes na costa da Carolina do Norte até o norte e da Nova Inglaterra. Em 2012, o total de precipitação associada ao Sandy ultrapassou 180 mm em algumas áreas costeiras da Carolina do Sul até Nova Jersey, e a queda de neve atingiu 76 cm em partes do Tennessee e da Virgínia Ocidental.

Áreas de formação e trajetórias de tempestades

O mapa na Figura 8.21a mostra as sete áreas (ou "bacias") primárias de formação de furacões, tufões e ciclones, junto aos meses em que é mais provável que essas tempestades se formem. A Figura 8.21b mostra o padrão real das trajetórias e intensidades dos ciclones tropicais entre 1856 e 2006.

Na bacia atlântica, as depressões tropicais (áreas de baixa pressão) tendem a se intensificar até formarem tempestades tropicais ao cruzar o Atlântico rumo à América do Norte e Central. Quando as tempestades tropicais amadurecem cedo em sua trajetória, antes de atingir 40° W de longitude, aproximadamente, elas tendem a fazer uma curva para o norte rumo ao Atlântico Norte e desviar dos Estados Unidos. Se uma tempestade tropical amadurece após chegar à longitude da República Dominicana (70° W), então tem maior probabilidade de atingir os Estados Unidos.

O número de furacões atlânticos quebrou recordes em 2005, incluindo o máximo de tempestades tropicais com nome próprio em um único ano, totalizando 27 (a média até então era de 10); o máximo de furacões, totalizando 15 (a média era de 5); e o maior número de furacões intensos (categoria 3 ou mais), totalizando 7 (a média era de 2).

A temporada de 2005 foi também a primeira em que três tempestades de categoria 5 (Katrina, Rita e Wilma) ocorreram no Golfo do México (veja imagem e mapa de velocidade do vento do Katrina no *Estudo Específico* 8.1). A temporada de 2005 também registrou o maior dano total em um ano – mais de US$ 130 bilhões.

No Hemisfério Sul, nenhum furacão que dobrasse do equador para o Atlântico Sul fora observado até o furacão Catarina fazer avanço em terra no Brasil, em março de 2004 (veja Figura 8.21b). A imagem de satélite do Catarina na Figura 8.21c mostra claramente um furacão organizado, com o olho central e as faixas de chuva característicos. Observe a força de Coriolis em ação, no sentido horário no Hemisfério Sul. (Compare essa imagem com os padrões de circulação de Hemisfério Norte do furacão Gilbert, na Figura 8.20a.)

Embora ciclones tropicais sejam raros na Europa, em outubro de 2005 os resquícios da tempestade tropical Vince tornaram-se o primeiro ciclone tropical atlântico já registrado que atingiu a Espanha. Da mesma forma, em 2007, o superciclone Gonu tornou-se o mais forte ciclone tropical já registrado no Mar Árabe, chegando a atingir Omã e a Península Árabe. Em janeiro de 2011, um ciclone tropical de categoria 5, de força incomum, atingiu o nordeste da Austrália na mesma região que havia passado por fortes inundações alguns meses antes.

Inundação costeira do furacão Katrina

A inundação de New Orleans após o furacão Katrina, em 2005, teve sua origem mais em erros humanos de engenharia e construção do que na tempestade em si, que na verdade foi desclassificada para um furacão de categoria 3 ao avançar em terra. Cerca de metade da cidade de New Orleans está abaixo do nível do mar, resultado de anos de drenagem de terras úmidas, compactação de solos e subsidência geral da terra. Além disso, a cidade é cortada por um sistema de canais, construído ao longo do século XX para fins de navegação e drenagem. Para resolver o perigo sempre presente de enchentes formadas por tempestades costeiras, o Corpo de Engenheiros do Exército dos EUA reforçou os canais com paredes de contenção de concreto e *diques*, aterros construídos junto às margens dos cursos d'água para evitar o transbordamento do canal.

O avanço em terra do furacão Katrina, no sul da cidade, foi acompanhado por fortes chuvas e marés de tempestade que entraram na cidade pelos canais. Quando o nível do Lago Pontchartrain subiu com a chuva e a maré de tempestade, quatro diques se romperam e ao menos outras quatro dúzias de vazamentos em diques (quando a água transborda sobre o aterro) permitiram a inundação dessa grande cidade (Figura 8.22). Alguns bairros ficaram submersos em até 6,1 m de água; a água suja permaneceu por semanas.

O mau desempenho das infraestruturas hídricas de New Orleans durante o furacão Katrina ficará por muito tempo como um dos maiores fracassos de engenharia do governo. Após a tempestade, seis investigações conduzidas por engenheiros civis, cientistas e órgãos políticos concluíram que, em termos de conceito, projeto, construção e manutenção, o sistema de "proteção" contra enchentes apresentava falhas. Muitas das estruturas falharam antes de atingir seus limites de projeto. Além disso, após o Katrina

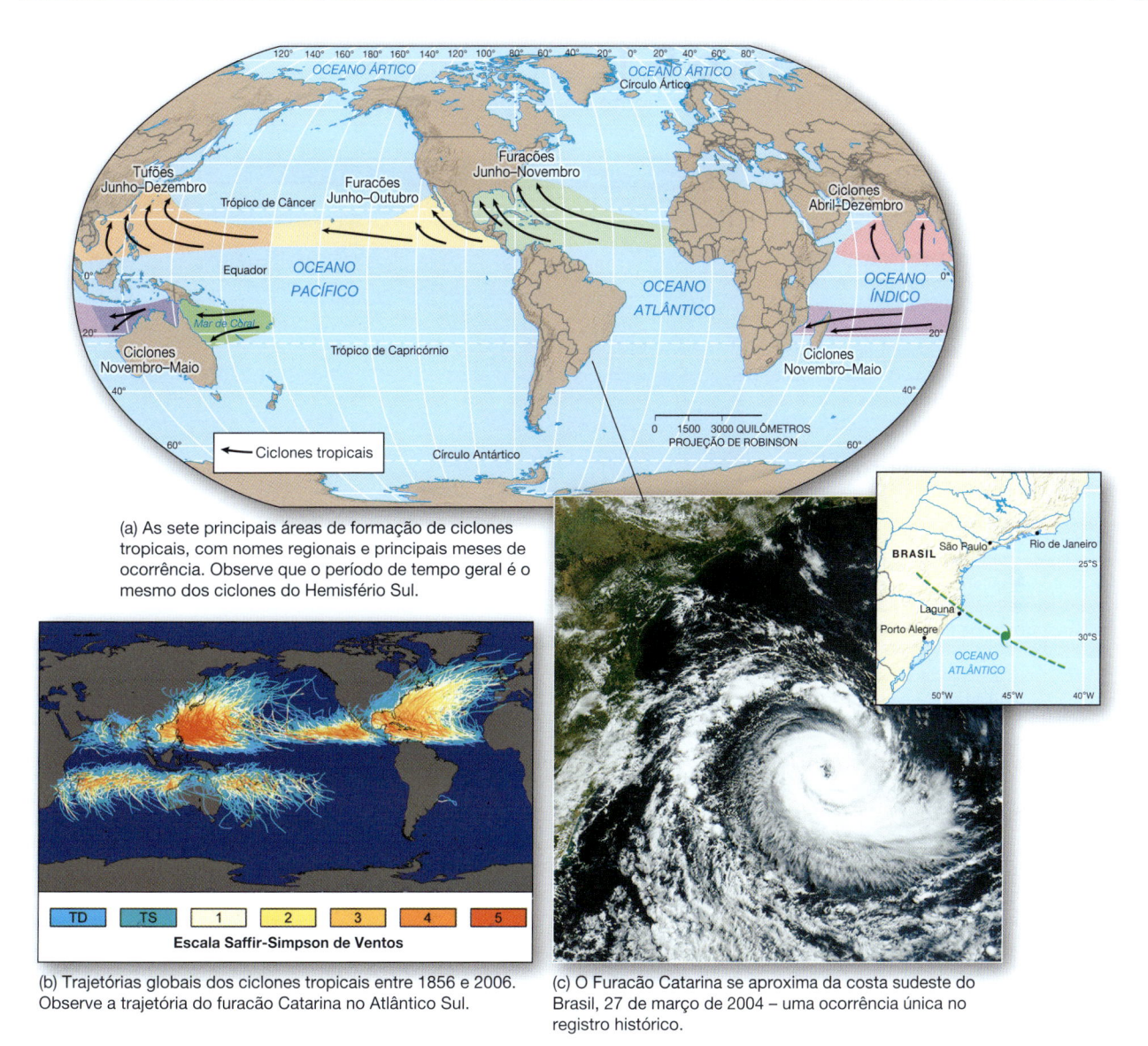

(a) As sete principais áreas de formação de ciclones tropicais, com nomes regionais e principais meses de ocorrência. Observe que o período de tempo geral é o mesmo dos ciclones do Hemisfério Sul.

(b) Trajetórias globais dos ciclones tropicais entre 1856 e 2006. Observe a trajetória do furacão Catarina no Atlântico Sul.

(c) O Furacão Catarina se aproxima da costa sudeste do Brasil, 27 de março de 2004 – uma ocorrência única no registro histórico.

▲Figura 8.21 **Padrão mundial dos ciclones tropicais mais intensos.** [(b) R. Rohde/NASA/GSFC. (c) Imagem do MODIS *Terra*, NASA/GSFC.]

constatou-se que a composição dos materiais de preenchimento dos diques por toda a cidade continha areia demais – uma receita para problemas futuros.

Os trabalhos de reparo e recuperação continuam em New Orleans. Desde o Katrina, o Corpo de Engenheiros do Exército fortaleceu diques, paredes de contenção, comportas e estações de bombeamento como preparação para futuros furacões, com um custo de mais de US$ 12 bilhões.

Um ciclo evitável Os ciclones tropicais são potencialmente as tempestades mais destrutivas presenciadas por humanos, ceifando milhares de vidas todo ano no mundo inteiro. O ciclone tropical que atingiu Bangladesh em 1970 matou cerca de 300.000 pessoas, e o de 1991 vitimou mais de 200.000. Na América Central e do Norte, o número de mortos é bem menor, mas ainda significativo. O furacão Galveston, no Texas, matou 6000 pessoas em 1900. O furacão Mitch (26 de outubro a 4 de novembro de 1998) foi o furacão atlântico mais mortal em dois séculos, matando mais de 12.000 pessoas, sobretudo em Honduras e na Nicarágua. O furacão Katrina e as falhas de engenharia correspondentes mataram mais de 1830 pessoas em Louisiana, Mississipi e Alabama em 2005.

Apesar dessas estatísticas, o risco de baixas humanas está diminuindo na maior parte do mundo, devido a melhores sistemas de alerta e resgate e a melhorias contínuas na previsão dessas tempestades. Ao mesmo tempo, o dano causado pelos ciclones tropicais está aumentando consideravelmente, pois cada vez mais de seu desenvolvimento ocorre em regiões costeiras suscetíveis.

A história dos grandes furacões nos Estados Unidos revela um ciclo recorrente, porém evitável – construção, devastação, reconstrução, devastação –, especialmente na Costa do Golfo, iniciando com o furacão Camille, mais de

♀ Estudo Específico 8.1 Riscos naturais
Furacões Katrina e Sandy: desenvolvimento de tempestades e ligações com a mudança climática

O furacão Katrina, que devastou a Costa do Golfo em 2005, e o furacão Sandy, que castigou a costa atlântica central em 2012, são os dois furacões mais caros da história norte-americana. Embora ambos sejam memoráveis em destrutividade e perdas humanas, as tempestades em si eram bem diferentes. Também, no intervalo de sete anos entres eles, a conscientização pública sobre os impactos da mudança climática sobre os eventos meteorológicos globais aumentou.

Em 28 de agosto de 2005, o furacão Katrina atingiu a categoria 5 de força sobre o Golfo do México (Figura 8.1.1). No dia seguinte, a tempestade fez avanço em terra próximo de New Orleans como um forte furacão de categoria 3, com velocidades de vento sustentadas superiores a 200 km/h na costa de Louisiana. O Katrina era um ciclone tropical de livro-texto, desenvolvido a partir de águas quentes do Atlântico tropical, com um compacto centro de baixa pressão e um campo de ventos simétrico (Figura 8.1.2a).

▲**Figura 8.1.1 Furacão Katrina.** Visão do Katrina do satélite *GOES* em 28 de agosto de 2005, 20h45 UTC. [NASA/NOAA processado por SSEC CIMSS, Universidade de Wisconsin–Madison.]

Desenvolvimento e efeitos do Sandy

Enquanto a temporada de furacões atlânticos de 2012 chegava ao fim, o furacão Sandy começou como a depressão tropical número 18 no Mar do Caribe, atingindo força de furacão em 23 de outubro. O Sandy foi para o norte, passando por Cuba e pelas Bahamas, em direção à costa atlântica central, onde ficou prensado entre uma frente fria estacionária sobre os Montes Apalaches e uma de alta pressão sobre o Canadá. Esses sistemas bloquearam o avanço da tempestade para o norte e o leste, como seria o normal, e acabaram levando-a em

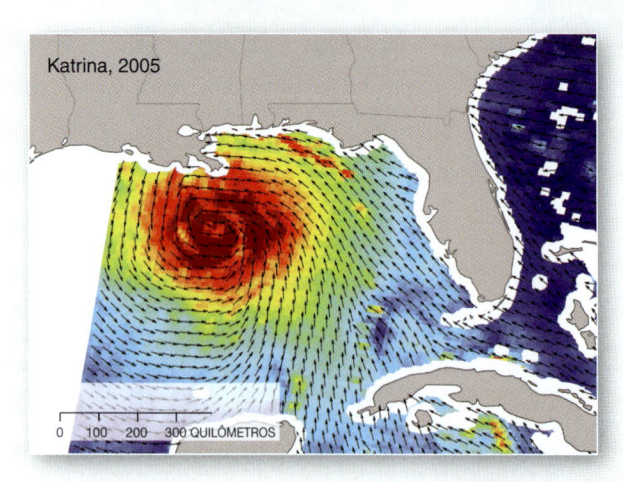

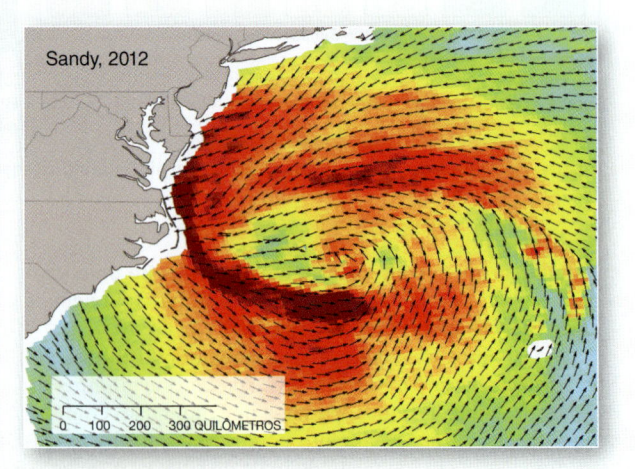

Velocidade do vento (milhas por hora)
0   20   40   60

(a) O mapa do vento na superfície oceânica mostra os ventos mais velozes a leste do olho do Katrina, no meio da parede do olho, uma condição típica dos ciclones tropicais do Hemisfério Norte.

(b) Um mapa semelhante para o Sandy mostra ventos mais fracos a leste, indicando a influência das massas de ar próximas e dos sistemas de pressão associados.

▲**Figura 8.1.2 Mapas de velocidade do vento para o Katrina e o Sandy.** [(a) *OceanSat-2*, Indian Space Research Organization. (b) *QuickSat*, NASA/JPL.]

direção à costa. O centro do furacão atingiu o litoral de Nova Jersey logo depois das 23h (EDT) de 29 de outubro (Figura 8.1.3).

De acordo com os critérios de classificação de tempestades do Centro Nacional de Furacões, o furacão Sandy fez a transição para tempestade *pós-tropical* ou *extratropical* logo antes do avanço em terra. Nesse ponto, o Sandy abandonou o padrão clássico do ciclone tropical e, em vez disso, começou a acumular energia dos fortes contrastes de temperatura entre as massas de ar. Naquele momento, a tempestade exibia características mais alinhadas com as nor'easters, tempestades ciclônicas de inverno das latitudes médias que geralmente cobrem uma área grande, com ventos fortes e precipitação longe do centro da tempestade. Logo antes do avanço em terra, os padrões de vento do Sandy eram assimétricos, com um amplo campo de ventos e nuvens em forma de vírgula (e não em círculo), mas mantendo ventos poderosos, com força de furacão (Figura 8.1.2b).

Ao entrar no continente, o Sandy trouxe chuva a áreas de baixa elevação e condições de nevasca às montanhas da Virgínia Ocidental, Carolina do Norte e Tennessee. Estima-se que esse sistema de tempestade, enorme e incomum, tenha afetado 20% da população dos EUA, causando mais de 100 mortes e custando US$ 75 bilhões.

As marés de tempestade do Sandy quebraram recordes nos litorais de Nova York e Nova Jersey. Ele cortou a eletricidade de milhões de pessoas, destruiu casas, erodiu as costas e inundou a parte baixa de Manhattam (vide *Geossistemas Hoje* do Capítulo 16). A lua cheia deixa as marés mais altas do que a média; no auge da tempestade, uma boia do porto de Nova York mediu uma onda recorde de 10 m, 2 m mais alta do que a onda de 7,6 m registrada durante o furacão Irene, em 2011.

▲**Figura 8.1.3 Furacão Sandy logo antes do avanço em terra.** A circulação do Sandy em 29 de outubro, às 13h35 (EDT), com o centro a sudeste de Atlantic City, Nova Jersey, enquanto a tempestade ia para o norte com ventos sustentados máximos de 150 km/h. A tempestade cobriu 4,62 milhões de quilômetros quadrados, indo da costa atlântica central até o Vale de Ohio e os Grandes Lagos e entrando no Canadá ao norte. [Instrumento VIIRS, *Suomi NPP*, NASA.]

Furacões e mudança climática

Talvez o nexo causal mais seguro entre os aumentos recentes nos danos dos furacões e a mudança climática seja o efeito do maior nível do mar sobre a maré de tempestade. A destruição do Sandy foi piorada pelo recente aumento do nível do mar – chegando a 2 mm por ano desde 1950 – na costa que vai da Carolina do Norte até Massachusetts, refletindo tanto a elevação global do nível do mar quanto as mudanças nas correntes oceânicas no litoral atlântico central.

As temperaturas maiores da superfície do mar causadas pela mudança climática são outro nexo causal seguro. Pesquisas correlacionam os tempos de duração mais longos e as maiores intensidades das tempestades tropicais com a elevação das temperaturas da superfície do mar. À medida que os oceanos esquentam, a energia disponível para abastecer os ciclones tropicais aumenta. Essa conexão foi estabelecida para a bacia Atlântica, onde o número de furacões aumentou nos últimos 20 anos. Modelos sugerem que o número de tempestades de categoria 4 e 5 nessa bacia podem dobrar até o fim deste século (acesse http://www.gfdl.noaa.gov/21st-century-projections-of-intense-hurricanes).

O aquecimento oceânico contínuo, combinado com a tendência atual de aumento da população costeira, provavelmente originará consideráveis danos patrimoniais relacionados a furacões. Em última instância, porém, as tempestades mais intensas e a elevação do nível do mar poderiam levar a deslocamentos populacionais nas costas dos EUA e até mesmo ao abandono de algumas comunidades turísticas litorâneas, como as das margens externas da Carolina do Norte e do litoral de Nova Jersey.

40 anos atrás. As mesmas cidades da Costa do Golfo que o Camille varreu do mapa em 1969 – Waveland, Bay Saint Louis, Pass Christian, Long Beach, Gulfport e outras – foram novamente arrasadas pelo furacão Katrina em 2005. Dessa vez, os setores abaixo do nível de New Orleans talvez nunca se recuperem; ainda assim, o mantra repetido após cada tempestade ("A Costa do Golfo se reerguerá maior e melhor") foi novamente ouvido.

Não importa o quão precisas forem as previsões de tempestades: danos a propriedades costeiras e em terras baixas continuarão a aumentar até que haja melhores restrições ao zoneamento e desenvolvimento de áreas de risco. A indústria de seguros patrimoniais parece estar tomando providências para promover essas melhorias ao exigir melhores padrões construtivos para obter cobertura – ou, em alguns casos, ao recusar segurar propriedades em terras costeiras baixas vulneráveis. Dado o aumento do nível do mar e a maior intensidade de tempestades tropicais, o público, os políticos e os interesses comerciais devem de alguma forma responder para atenuar essa situação perigosa.

O tempo meteorológico possui muitas consequências para a sociedade humana, especialmente quando a mudança climática antropogênica agrava diversos eventos meteorológicos em todo o planeta. A seção *O Denominador Humano* resume algumas das interações entre eventos meteorológicos e seres humanos, com alguns exemplos de eventos meteorológicos severos no planeta.

> **PENSAMENTO Crítico 8.2**
> **Percepção e planejamento de riscos: o que parece estar faltando?**
>
> Em regiões costeiras sujeitas a tempo meteorológico tropical extremo, o ciclo de "construção, devastação, reconstrução, devastação" significa um ciclo de prejuízos patrimoniais cada vez maiores em função de tempestades tropicais e furacões, embora as previsões melhores tenham resultado em uma redução significativa das perdas de vidas. Dado o aumento do nível do mar nos litorais e a elevação de dissipação total de energia nessas tempestades tropicais desde 1970, qual é a solução, na sua opinião, para interromper esse ciclo de destruição e prejuízos crescentes? Como você implementaria as suas ideias? •

▼**Figura 8.22 New Orleans antes e depois do desastre do Katrina.** [(a) e (b) USGS *Landsat* Image Gallery. (d) AP Photo/Guarda Costeira dos EUA, segundo-sargento Kyle Niemi.]

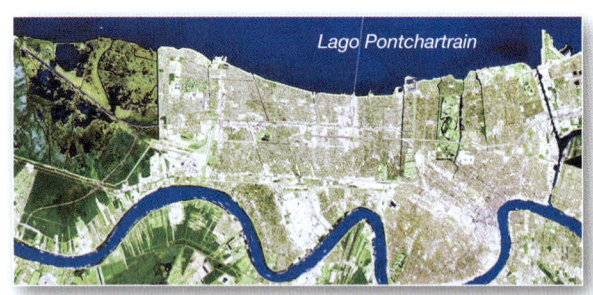

(a) Parte de New Orleans em 24 de abril de 2005, antes do furacão Katrina.

(b) Porções inundadas da cidade em 30 de agosto, depois do furacão Katrina.

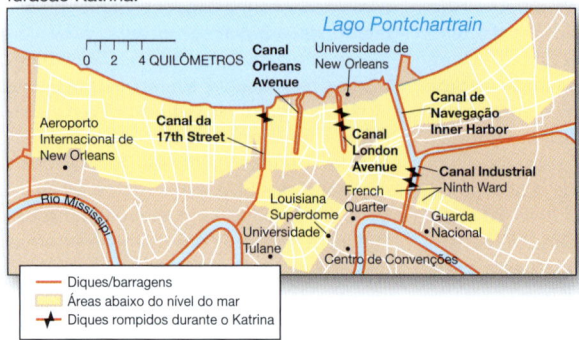

(c) Localização das rupturas de diques.

(d) New Orleans em 29 de agosto, com vista para o Lago Pontchartrain e a estrada Interstate 10 no West End Boulevard em primeiro plano. O Canal da 17th Street está à esquerda, fora da foto.

O DENOMINADOR **humano** 8 Tempo meteorológico

TEMPO ⇒ HUMANOS
- Atividade frontal e ciclones de latitude média trazem tempo severo, afetando os sistemas de transporte e a vida quotidiana.
- Eventos meteorológicos severos, como tempestades de gelo, derechos, tornados e ciclones tropicais provocam destruição e mortes.

HUMANOS ⇒ TEMPO
- O aumento das temperaturas com a mudança climática causou o encolhimento da cobertura de neve de primavera no Hemisfério Norte.
- O aumento do nível do mar está ampliando as marés de tempestade resultantes de furacões na costa leste dos EUA.

8a Um carro coberto de neve ao lado do Lago de Genebra em Versoix, Suíça, em uma onda de frio ártica que levou temperaturas congelantes até o Norte da África, em fevereiro de 2012, custando 300 vidas. Tempestades de gelo acontecem quando chuva congelada e chuva com neve (ilustrado à direita) fazem com que ao menos 6,4 mm de gelo se acumule sobre as superfícies expostas. [Fabrice Coffrini/AFP/Getty Images; NOAA.]

Ar frio / Ar quente / Ar frio
Chuva | Chuva congelada | Chuva com neve | Neve

8c Um tornado FM-5, de quase 2 km de largura na base, cruzou o Alabama em abril de 2011. O tornado atingiu Tuscaloosa (mostrada aqui), próximo à Universidade do Alabama, onde 44 pessoas morreram, e foi em frente, atingindo os subúrdios de Birmingham. À medida que as tempestades elétricas intensificarem com a mudança climática, a frequência dos tornados poderá aumentar. [x77/press/Newscom; David Mabel/Alamy.]

8b Em fevereiro de 2011, 100 cm de neve caíram em partes da costa oriental da Coreia do Sul em um período de 2 dias, a neve mais intensa desde que se começou a manter registros, em 1911. O tempo anomalamente frio pode ser explicado em parte pela Oscilação Ártica e em parte pela tendência rumo a eventos de queda de neve mais extremos associados à mudança climática. [Yu Hyung-jae/AP.]

QUESTÕES PARA O SÉCULO XXI
- A precipitação de neve global diminuirá, com menos neve caindo em um inverno mais curto; no entanto, eventos extremos de tempestades de neve (nevascas) aumentarão em intensidade. O efeito dos lagos na precipitação de neve e na transição para chuva irá aumentar na medida em que aumenta a temperatura da água superficial dos lagos.
- O aumento das temperaturas oceânicas com a mudança climática fortalecerá a intensidade e frequência dos ciclones tropicais até o fim do século.

conexão GEOSSISTEMAS

O tempo meteorológico é a expressão das interações entre energia, água, vapor d'água e a atmosfera em um dado momento. Os padrões de precipitação produzidos no planeta formam a entrada dos suprimentos de água superficial em lagos, rios, geleiras e água subterrânea – os componentes finais do nosso estudo do ciclo hidrológico. No próximo capítulo, examinamos esses recursos hídricos superficiais e as entradas e saídas do modelo de equilíbrio hídrico. A qualidade e quantidade de água e a disponibilidade de água potável assomam como importantes questões para a sociedade global.

REVISÃO DOS CONCEITOS-CHAVE DE aprendizagem

Tempo meteorológico é a condição de curto prazo da atmosfera; **meteorologia** é o estudo científico da atmosfera. As implicações espaciais desses fenômenos atmosféricos e sua relação com as atividades humanas associam a meteorologia com a geografia física.

tempo meteorológico (p. 192)
meteorologia (p. 192)

■ *Descrever* as massas de ar que afetam a América do Norte e *relacionar* suas qualidades com as regiões de origem.

Uma **massa de ar** é um volume de ar de escala regional homogêneo em umidade, estabilidade e nebulosidade, podendo estender-se até a metade inferior da troposfera. As massas de ar são categorizadas por seu conteúdo de umidade – **m** para marítima (mais úmida) e **c** para continental (mais seca) – e sua temperatura, uma função de latitude – designada por **A** (ártica), **P** (polar), **T** (tropical), **E** (equatorial) e **AA** (antártica). As massas de ar assumem as características da sua região de origem e levam essas características a novas regiões quando migram. Conforme as massas de ar se deslocam, suas características mudam, refletindo as regiões abaixo delas.

massa de ar (p. 192)

1. Como uma região de origem influencia o tipo de massa de ar que se forma sobre ela? Dê exemplos específicos de cada classificação básica.
2. De todos os tipos de massa de ar, quais têm maior significância para os Estados Unidos e o Canadá? O que acontece com elas conforme migram para localizações diferentes de suas regiões de origem? Dê um exemplo de modificação de massa de ar.

■ *Identificar* e *descrever* quatro tipos de mecanismo de elevação atmosférica, dando um exemplo de cada.

As massas de ar podem subir por **ascensão convergente** (confluência de fluxos de ar, forçando parte do ar a ascender); por **convecção** (o ar que passa sobre superfícies quentes ganha empuxo); **orográfica** (passagem sobre uma barreira topográfica); e *frontal*. A ascensão orográfica cria encostas de barlavento mais úmidas e encostas de sotavento mais secas situadas na **sombra de chuva** da montanha. Na América do Norte, os **ventos chinook** (chamados de ventos *föhn* ou *foehn* na Europa) são os fluxos de ar quente e encosta abaixo característicos do lado a sotavento das montanhas. Massas de ar em conflito podem produzir uma **frente fria** (e, às vezes, uma zona de fortes ventos e chuva) ou uma **frente quente**. Uma zona exatamente sobre ou ligeiramente adiante de uma frente, chamada de **linha de tempestade**, é caracterizada por padrões de ventos turbulentos e com mudanças bruscas e intensa precipitação.

ascensão convergente (p. 194)
ascensão por convecção (p. 194)
ascensão orográfica (p. 195)
sombra de chuva (p. 196)
ventos chinook (p. 196)
frente fria (p. 198)
frente quente (p. 198)
linha de tempestade (p. 199)

3. Explique por que é necessário que uma massa de ar seja levantada se houver saturação, condensação e precipitação.
4. Quais são os quatro principais mecanismos de ascensão que fazem massas de ar levantar, resfriar, condensar, formar nuvens e, talvez, produzir precipitação? Descreva brevemente cada um deles.
5. Faça a distinção entre a estrutura de uma frente fria e a de uma frente quente.

■ *Explicar* a formação da precipitação orográfica e *examinar* um exemplo dos efeitos orográficos na América do Norte.

A presença física de uma montanha age como uma barreira topográfica para massas de ar migratórias. A ascensão *orográfica* (*oro-* significa "montanha") ocorre quando o ar é forçadamente levantado encosta acima à medida que é empurrado contra uma montanha. Ele esfria adiabaticamente. Uma barreira orográfica potencializa a atividade convecional. O padrão de precipitação de encostas de barlavento e sotavento é visto no mundo todo.

6. Quando uma massa de ar passa por uma cordilheira, muitas coisas acontecem a ela. Descreva cada aspecto de uma massa de ar úmido atravessando uma montanha. Qual é o padrão de precipitação resultante?
7. Explique como a distribuição de precipitação no Estado de Washington, nos EUA, é influenciada pelos princípios da ascensão orográfica.

■ *Descrever* o ciclo de vida de um sistema de tempestade ciclônica de latitude média e *relacionar* isso com sua representação em cartas sinóticas.

Um **ciclone de latitude média**, ou **ciclone de onda**, é um sistema vasto de baixa pressão que migra pelo continente, fazendo com que massas de ar entrem em conflito ao longo de frentes. Esses sistemas são guiados pelas correntes de jatos da alta troposfera durante **trajetórias de tempestade com mudanças sazonais**. **Ciclogênese**, o nascimento da circulação de baixa pressão, pode ocorrer na costa oeste da América do Norte, na frente polar, nas encostas de sotavento das Rochosas, no Golfo do México e na costa leste. Um ciclone de latitude média pode ser considerado como tendo um ciclo de vida de nascimento, maturidade, oclusão e dissolução. Uma **frente oclusa** é produzida quando uma frente fria sobrepuja uma frente quente no ciclone em maturação. Às vezes, uma **frente estacionária** se desenvolve entre massas de ar conflitantes, onde o fluxo de ar é paralelo à frente nos dois lados.

ciclone de latitude média (p. 200)
ciclone de onda (p. 200)
trajetória de tempestade (p. 200)
ciclogênese (p. 201)
frente oclusa (p. 201)
frente estacionária (p. 201)

8. Faça a diferenciação entre a ascensão frontal em um frente fria avançando e em uma frente quente avançando e descreva o que se passaria com cada uma.

9. Como um ciclone de latitude média age como um catalisador no conflito entre massas de ar?
10. O que significa ciclogênese? Em que áreas ela ocorre e por quê? Qual é o papel da circulação na alta troposfera na formação de uma baixa de superfície?
11. Faça um diagrama de uma tempestade ciclônica de latitude média durante seu estágio de onda. Rotule cada um de seus componentes na ilustração e adicione setas para indicar padrões de vento no sistema.

■ *Listar os elementos mensuráveis que contribuem com a moderna previsão do tempo meteorológico e descrever a tecnologia e os métodos empregados.*

Análise sinótica envolve a coleta de dados meteorológicos coletados em um determinado momento. A previsão meteorológica computadorizada e a criação de modelos de previsão meteorológica dependem de dados como pressão barométrica, temperaturas atmosféricas superficiais, temperaturas de ponto de orvalho, velocidade e direção do vento, nuvens, condições do céu e visibilidade. Nas cartas sinóticas, esses elementos aparecem como símbolos específicos para cada estação meteorológica.

12. Qual é a sua principal fonte de dados, informações e previsões meteorológicos? De onde a sua fonte obtém os dados?

■ *Identificar várias formas de tempo violento pelas suas características, e examinar diversos exemplos de cada.*

O violento poder de alguns fenômenos meteorológicos representa um risco à sociedade. Tempestades severas de gelo envolvem **chuva com neve** (chuva congelada, verniz de gelo e pelotas de gelo), nevascas e coberturas de gelo que causam danos a estradas, linhas de energia e plantações. Tempestades elétricas são abastecidas por veloz movimento ascendente de ar quente e úmido, sendo caracterizadas por turbulência e cisalhamento do vento. Em tempestades elétricas fortes conhecidas como *supercélulas*, uma corrente ascendente ciclônica – um **mesociclone** – pode se formar dentro de uma nuvem cumulonimbus, às vezes subindo até a troposfera média. Tempestades elétricas produzem **relâmpagos** (descargas elétricas na atmosfera), **trovões** (explosões sônicas produzidas pela rápida expansão de ar após intenso aquecimento pelos raios) e **granizo** (pelotas de gelo formadas dentro de nuvens cumulonimbus). Fortes ventos lineares a mais de 26 m/s, conhecidos como **derechos**, são associados a tempestades elétricas e faixas de chuva que atravessam uma região. Esses ventos em linha reta podem causar danos significativos e perdas em plantações.

Um **tornado** é uma coluna de ar de rotação violenta em contato com a superfície do solo, normalmente visível como uma **nuvem funil** que se projeta a partir da base da nuvem-mãe. Uma **tromba d'água** forma-se quando a circulação de um tornado ocorre sobre a água.

Em massas de ar tropical, grandes centros de baixa pressão podem se formar ao longo de cavados de ondas de leste. Sob as condições certas, produz-se um ciclone tropical. Um **ciclone tropical** torna-se um **furacão**, **tufão** ou *ciclone* quando os ventos passam de 119 km/h. À medida que a previsão dos riscos relacionados ao tempo melhora, a perda de vidas diminui, embora danos a propriedades continuem a aumentar. Ocorrem grandes danos a terras costeiras ocupadas quando furacões fazem **avanço em terra** e quando os ventos carregam a água oceânica para terra em **marés meteorológicas**.

chuva com neve (p. 204)
mesociclone (p. 207)
relâmpago (p. 207)
trovão (p. 207)
granizo (p. 207)
derechos (p. 208)
tornado (p. 209)
nuvem funil (p. 209)
tromba d'água (p. 209)
ciclones tropicais (p. 211)
furacões (p. 211)
tufões (p. 211)
avanço em terra (aterrar) (p. 213)
maré de tempestade (p. 214)

13. O que constitui uma tempestade elétrica? Que tipo de nuvem está envolvido? Que tipo de massa de ar você esperaria em uma área de tempestades com trovoadas na América do Norte?
14. Relâmpagos e trovões são fenômenos poderosos na natureza. Descreva brevemente como eles se desenvolvem.
15. Descreva o processo de formação de um mesociclone. Como esse desenvolvimento está associado ao de um tornado?
16. Avalie o padrão de atividade de tornados nos Estados Unidos. Que generalizações é possível fazer sobre a distribuição e o tempo de ocorrência dos tornados? Você percebe uma tendência em ocorrências de tornados nos Estados Unidos? Explique.
17. Quais são as diferentes classificações para os ciclones tropicais? Liste os vários nomes usados no mundo inteiro para os furacões. Alguma vez já houve furacões no Atlântico sul?
18. Por que os gastos com os danos associados a furacões aumentaram, embora a perda de vidas tenha diminuído nos últimos 30 anos?
19. Como os efeitos do furacão Katrina estão parcialmente relacionados à engenharia e às estruturas de controle de inundações de New Orleans?
20. Explique diversas diferenças entre os furacões Katrina e Sandy. Como a mudança climática atual está afetando a intensidade dos furacões e os custos causados por seus danos?

Sugestões de leituras em português

AYOADE, J. O. *Introdução à climatologia para os trópicos*. São Paulo: Bertrand-Brasil, 2002.

BARRY, R. G.; CHORLEY, R. *Atmosfera, tempo e clima*. 9. ed. Porto Alegre: Bookman, 2012.

FERREIRA, A. G. *Meteorologia prática*. São Paulo: Oficina de Textos, 2006.

MENDONÇA, F.; DANNI-OLIVEIRA, I. M. *Climatologia*: noções básicas e climas do Brasil. São Paulo: Oficina de Textos, 2007.

VAREJÃO-SILVA, M. A. *Meteorologia e climatologia*. Brasília: INMET, 2000.

VIANELLO, R. L.; ALVES, A. R. *Meteorologia básica e aplicações*. 2. ed. Viçosa: UFV, 2012.

9 Recursos hídricos

CONCEITOS-CHAVE DE aprendizagem

Após a leitura deste capítulo, você conseguirá:

- *Descrever* a origem das águas da Terra, *informar* o volume de água que existe hoje e *listar* a distribuição da água potável na Terra.
- *Ilustrar* o ciclo hidrológico com um diagrama simples e *nomear* as definições para cada curso da água.
- *Montar* a equação do balanço hídrico, *definir* cada componente e *explicar* sua aplicação.
- *Discutir* o armazenamento de água em lagos e terras úmidas e *descrever* diversos projetos hídricos de grande porte envolvendo produção de energia hidrelétrica.
- *Descrever* a natureza da água subterrânea e *definir* os elementos do ambiente aquífero.
- *Avaliar* o balanço hídrico dos EUA e *identificar* aspectos críticos dos suprimentos atuais e futuros de água doce.

O vale do Oued Todgha (Rio Todgha) forma um oásis que possibilita plantações de palmeiras e outros vegetais próximo da cidade de Tinghir, no deserto do Marrocos, noroeste da África. O fluxo do Todgha inicia nas Montanhas Atlas – uma cordilheira que se estende por Marrocos, Argélia e Tunísia, atingindo elevações de mais de 4000 m – e segue para o sul, levando escoamento de neve derretida em fluxos superficiais e subsuperficiais até desaparecer permanentemente dentro do solo durante a maior parte do ano. Nessa região árida, a água é um recurso precioso; extensos sistemas de canais dirigem os fluxos superficiais para irrigar campos, e sistemas de bombeamento extraem água subsuperficial para fins agrícolas e outros. Hoje, sais dissolvidos oriundos de campos lavrados ameaçam a qualidade da água subterrânea em todo o Marrocos. Este capítulo examina o suprimento e a distribuição da água no planeta e sua importância para as populações humanas. [Ignacio Palacios/age fotostock.]

GEOSSISTEMAS HOJE

O maior lago da Terra aquece com a mudança climática

O Lago Baikal, localizado entre 52° e 56° de latitude norte, na região centro-sul da Sibéria, é o maior (em volume), mais profundo, mais antigo e biologicamente mais diverso lago do mundo. Contendo 23.600 km³ de água, mais do que todos os Grandes Lagos dos EUA juntos, o lago contém 20% da água doce líquida do mundo, o que lhe vale o apelido de "manancial do planeta". Em seu ponto mais fundo, o lago chega a 1642 m, sendo mais fundo que o Grand Canyon. Com quase 664 km de comprimento e uma área superficial de 31.500 km², esse enorme lago em formato de lua crescente é fácil de ver em imagens de satélite ou em um mapa-múndi (Figura GH 9.1).

Mudanças na temperatura do lago A região em torno do Lago Baikal está passando por algumas das mudanças climáticas mais rápidas da Terra. No século passado, a temperatura anual do ar subiu 1,2°C, o dobro da média global, sendo que o maior aumento de temperatura ocorre no inverno, e não no verão. A temperatura da água aqueceu rapidamente, até uma profundidade de 25 m, nos últimos 60 anos. Até o fim deste século, os cientistas preveem que os invernos no Baikal serão 4,3°C mais quentes e muito mais úmidos, com 26% mais precipitação de inverno do que as médias atuais. À medida que as temperaturas do ar sobem e a neve de inverno aumenta, diversas modificações ocorrem no ambiente do lago: o tempo de cobertura de gelo é alterado, reduzindo a duração e a espessura do gelo; ao mesmo tempo, os padrões de vento mudam, levando menos neve embora, diminuindo a transparência do gelo. Essas mudanças já estão afetando os ecossistemas do Lago Baikal (Figura GH 9.2).

Efeitos sobre a estratificação do lago A água mais aquecida interrompe a mistura vertical da água do lago e o ciclo de nutrientes. Normalmente, a maioria dos lagos exibe estratificação no verão: a água da superfície, que é mais quente, não consegue se misturar com a água mais fria do fundo. Até o fim do verão, isso leva a um esgotamento de nutrientes na parte rasa. No outono, porém, quando a superfície esfria, a água afunda, criando uma virada que reabastece os nutrientes superficiais em todo o lago. No Lago Baikal, o vento auxilia nessa mistura. Agora, porém, com o aquecimento das temperaturas regionais, a estratificação de verão ocorre antes e persiste até mais tarde no outono, e a mistura desacelera ou para. Os cientistas sugerem que a estratificação prolongada pode afetar o fitoplâncton do Baikal, algas microscópicas que constituem a base da cadeia alimentar do lago.

Efeitos sobre a biota O lago congela por 4 a 5 meses todo ano, e a maior parte da sua flora e fauna se adaptou à vida sob o gelo. O Lago Baikal é o único lago do mundo em que tanto os produtores primários dominantes (fitoplâncton) quanto o predador superior (a foca de Baikal, conhecida regionalmente como nerpa) precisam de gelo para reproduzir.

Fitoplâncton são organismos microscópicos que vivem em ambientes de água doce ou salgada. O fitoplâncton do Baikal inclui algas verdes, que crescem explosivamente em "florações" que podem durar dias ou semanas. A espessura e a transparência do gelo determinam a quantidade de luz que chega à água, um fator crucial para o crescimento do fitoplâncton. Como essas algas únicas se adaptaram a condições sob gelo, as mudanças atuais no gelo reduziram as taxas de crescimento das algas e desaceleraram as florações das algas na primavera. Os efeitos dessa redução se expandem à cadeia alimentar, das enormes quantidades de minúsculos crustáceos que comem as algas até os peixes que comem os crustáceos, chegando às focas que dependem dos peixes como sua principal fonte de alimento.

A foca de Baikal (*Pusa sibirica*), a menor foca do mundo e a única espécie que vive exclusivamente em água doce, acasala e dá à luz no gelo do lago. As focas precisam de gelo para se abrigar no início da primavera. Se o degelo acontece cedo, as focas são forçadas a ir para a água, e a energia extra gasta afeta a fertilidade das fêmeas e a capacidade de amamentação.

Vistas de uma perspectiva sistêmica, essas alterações na temperatura da água e na cronologia e espessura da cobertura de gelo do Lago Baikal exemplificam como as mudanças na atmosfera estão ligadas a mudanças na hidrosfera e na biosfera. O ecossistema vivo exclusivo desse lago já está sentindo os efeitos das mudanças climáticas, e muitos outros grandes lagos da Terra estão passando por tendências semelhantes de aquecimento. Neste capítulo, examinamos lagos e outras partes do ciclo hidrológico em nossa avaliação dos recursos hídricos do planeta.

▲Figura GH 9.2 **Ecossistema florestal em volta do lago.** [Debra Sharkey.]

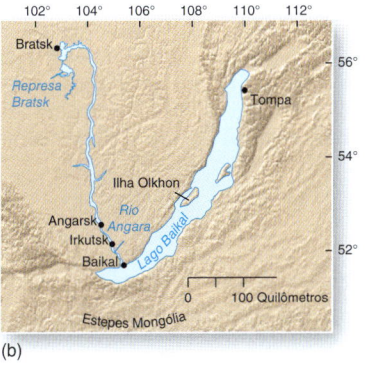

▲Figura GH 9.1 **Lago Baikal.** (a) Uma visão de satélite do lago em outubro, com a cobertura de neve acumulando-se nas montanhas. (b) Cerca de 300 rios deságuam no lago, mas apenas o Rio Angara origina-se dele. [*Terra* MODIS, NASA/GSFC.]

Os processos físicos da Terra dependem da água, que é a essência de toda vida. Nosso corpo é constituído de cerca de 70% de água, do mesmo modo que as plantas e os animais. Usamos água para cozinhar, tomar banho, lavar roupas, diluir resíduos e realizar processos industriais. Usamos água para produzir alimentos, desde pequenas hortas até vastas plantações. A água é o recurso mais importante fornecido pelos sistemas terrestres.

No Sistema Solar, a água ocorre em quantidades significativas apenas em nosso planeta, cobrindo 71% da área da Terra. Contudo, a água não está sempre naturalmente disponível onde e quando a queremos. Consequentemente, rearranjamos os recursos hídricos para atender às nossas necessidades. Perfuramos poços para extrair água subterrânea e represamos e desviamos rios para redirecionar a água, tanto espacial (geograficamente, de uma área a outra) como temporalmente (ao longo do tempo, de uma parte do calendário a outra). Toda essa atividade constitui o gerenciamento de recursos hídricos.

Felizmente, água é um recurso renovável, sendo reciclada de forma constante no ambiente pelo ciclo hidrológico. Mesmo assim, cerca de 1,1 bilhão de pessoas carece de água potável. Em 80 países, as pessoas se defrontam com a iminente escassez de água, tanto em quantidade como em qualidade. Aproximadamente 2,4 bilhões de pessoas carecem de instalações sanitárias adequadas – 80% desta população encontra-se na África e 13% na Ásia. Essa relação determina aproximadamente 2 milhões de mortes por ano devido à falta de água e 5 milhões de mortes por ano relacionadas a doenças e infecções associadas à água. Investimentos em tratamento de água, saneamento e higiene podem baixar esses números. Durante a primeira metade deste século, a disponibilidade de água por pessoa cairá até 74%, já que a população aumenta e a água diminui.

Um relatório de 2011 do Programa Mundial de Avaliação da Água da UNESCO (http://www.unesco.org/water/wwap/) diz:

> Com a demanda e a disponibilidade da água tornando-se mais incerta, todas as sociedades ficam mais vulneráveis a uma gama maior de riscos associados ao abastecimento inadequado de água, incluindo fome e sede, altas taxas de doenças e óbitos, perda de produtividade e crises econômicas e ecossistemas degradados. Esses impactos elevam a água a uma crise de interesse global... Todos os usuários de água são – para o bem ou para o mal, sabendo disso ou não – agentes de mudança que afetam e são afetados pelo ciclo hidrológico, se conectando por ele.

Neste capítulo: Começamos com a origem e a distribuição da água na Terra. Então examinamos o ciclo hidrológico, que nos fornece um modelo para compreender o balanço hidrológico global. Em seguida, apresentamos uma abordagem de balanço hídrico para examinar os recursos hídricos. De forma semelhante a um orçamento, são considerados os "recebimentos" e as "despesas" de água em locais específicos. Essa abordagem de balanço pode ser aplicada em qualquer escala, de uma pequena horta até uma fazenda ou uma paisagem regional, como o Aquífero das Grandes Planícies ou o Lago Baikal, na Ásia, discutido em *Geossistemas Hoje*.

Também examinamos os vários tipos de recursos de superfície e subterrâneos, discutindo questões relativas à quantidade e à qualidade da água no plano nacional e global. O capítulo encerra considerando o suprimento de água na América do Norte – especificamente, o balanço hídrico dos EUA, composto de água retirada e consumida em irrigação e usos industriais e municipais. Em muitas partes do mundo, a quantidade e a qualidade da água surgem como a questão mais importante de recursos deste século.

A água na Terra

A hidrosfera terrestre contém cerca de 1,36 bilhão de quilômetros cúbicos de água (mais especificamente, 1.359.208.000 km^3). Grande parte da água da Terra se originou de cometas gelados e de detritos carregados de hidrogênio e oxigênio dentro dos planetesimais que coalesceram para formar o planeta. Em 2007, o Telescópio Espacial Spitzer observou, pela primeira vez, a presença de vapor d'água e gelo durante a formação de novos planetas em um sistema a 1000 anos-luz da Terra. Essas descobertas provam que a água é abundante em todo o universo. Conforme o planeta se forma, a água do interior migra para sua superfície e ocorre a desgaseificação.

A **desgaseificação** (desprendimento de gases) na Terra é um processo contínuo pelo qual a água e o vapor d'água emergem de camadas profundas e abaixo da crosta, 25 km ou mais abaixo da superfície terrestre, sendo liberados na forma de gás (Figura 9.1). Na atmosfera primitiva, quantidades consideráveis de vapor d'água desgaseificado condensaram e, posteriormente, precipitaram na Terra em chuvas torrenciais. Para que a água permanecesse na superfície da Terra, as temperaturas terrestres tiveram de ficar abaixo do ponto de ebulição de 100°C, algo que ocorreu há aproximadamente 3,8 bilhões de anos. Os lugares mais baixos na face terrestre, então, começaram a se encher de água – primeiro lagoas, lagos e mares e, finalmente, corpos hídricos do tamanho de oceanos. Fluxos enormes de água se espalharam sobre a superfície, carregando materiais sólidos e dissolvidos para esses primeiros mares e oceanos. A desgaseificação da água continuou desde então, sendo visível em erupções vulcânicas, gêiseres e infiltração para a superfície.

GEOrelatório 9.1 A água que usamos

Em termos de uso direto de água, a população urbana dos Estados Unidos consome diretamente uma média de 680 litros de água por pessoa por dia, ao passo que as populações rurais expressam um consumo médio de 265 litros ou menos por pessoa por dia. (Pense um pouco e especule sobre o porquê da diferença.) Contudo quando calculadas em termos globais, as médias individuais de água atualmente são muito maiores do que essas cifras devido ao uso indireto, como o consumo de alimentos e bebidas produzidos com uso intensivo de água. Acesse http://www.worldwater.org/data.html, World's Water 2008-2009, Tabela 19, para saber mais sobre a quantidade de água usada para os alimentos quotidianos e outros produtos.

▲Figura 9.1 **Desgaseificação de água a partir da crosta.** A desgaseificação de água a partir da crosta terrestre ocorre em áreas geotérmicas, como no sul da Islândia, a oeste de onde o vulcão Eyjafjallajökull entrou em erupção em 2010. [Bobbé Christopherson.]

água domina o Hemisfério Sul. De fato, quando se olha para a Terra de determinados ângulos, parece haver um *hemisfério oceânico* e um *hemisfério continental* (Figura 9.2).

A atual distribuição de toda a água da Terra entre estados líquido e congelado e entre doce e salgada, superficial e subterrânea, é mostrada na Figura 9.3. Os oceanos contêm 97,22% de toda a água, com cerca de 48% dessa água no Oceano Pacífico (em termos de área superficial do oceano; Figura 9.3b). Os 2,78% restantes são água doce (não oceânica), sendo superficial ou subsuperficial, conforme discriminado no gráfico do meio na figura. Os mantos de gelo e as geleiras contêm a maior quantidade de água doce da Terra. A água subterrânea, rasa ou profunda, contém a segunda maior quantidade. A água doce restante, que está em lagos, rios e cursos d'água, na verdade representa menos de 1% de toda a água.

Equilíbrio global

Hoje, a água é o composto mais comum da superfície da Terra. O volume atual de água circulante pelos sistemas superficiais da Terra foi atingido cerca de 2 bilhões de anos atrás, e essa quantidade permaneceu relativamente constante, apesar da perda e ganho contínuos de água. Ganhos ocorrem quando água original, que nunca chegou à superfície, emerge de dentro da crosta terrestre. Perde-se água quando ela se dissocia em hidrogênio e oxigênio e o hidrogênio escapa da gravidade terrestre para o espaço, ou quando ele se quebra e forma novos compostos com outros elementos. O resultado líquido dessas entradas e saídas de água é que a hidrosfera terrestre está em um equilíbrio de estado estacionário em termos de quantidade.

Dentro desse balanço global, a quantidade de água armazenada nas geleiras e nos mantos de gelo varia, levando a alterações globais periódicas no nível do mar (discutidas mais a fundo no Capítulo 16). O termo **eustasia** refere-se a mudanças globais no nível dos mares causadas por variações no volume de água nos oceanos. As mudanças no nível dos mares causadas especificamente pelo derretimento do gelo glacial são fatores *glacioeustáticos* (vide Capítulo 17). Em condições climáticas mais frias, quando há mais água retida em geleiras (nas latitudes altas e nas grandes elevações de todo o mundo) e nos mantos de gelo (na Groenlândia e na Antártica), o nível dos mares baixa. Em períodos mais quentes, menos água é armazenada na forma de gelo, portanto, o nível dos mares sobe. Hoje, o nível dos mares está subindo em todo o mundo a um ritmo acelerado, pois as temperaturas mais altas derretem mais gelo e, além disso, fazem com que a água do oceano se expanda termicamente.

Distribuição da água na Terra hoje

De uma perspectiva geográfica, as superfícies oceânicas e terrestres estão distribuídas desigualmente na Terra. Se você examinar um globo, é evidente que a maioria da superfície continental da Terra está no Hemisfério Norte e que a

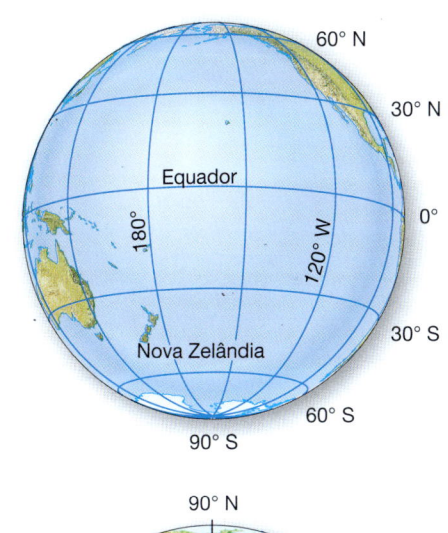

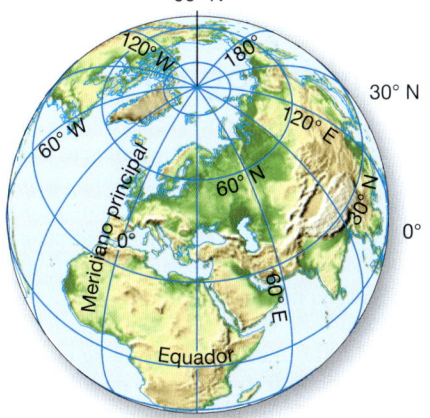

▲Figura 9.2 **Hemisférios terrestre e oceânico.** Duas perspectivas que representam uma ilustração aproximada dos hemisférios oceânico e continental.

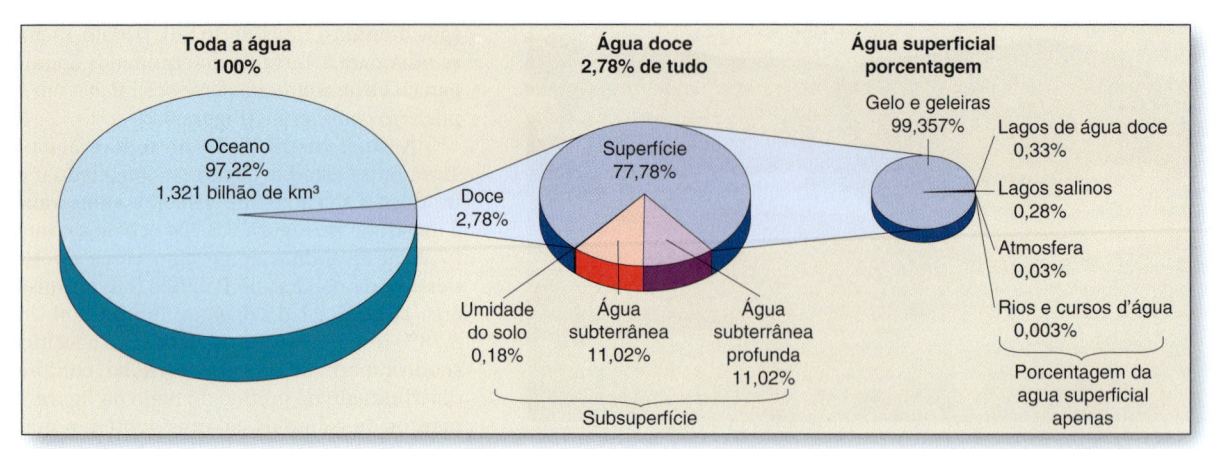

(a) A localização e as porcentagens de toda a água na Terra, com detalhamento da porção de água doce (superficial e subsuperficial) e um desmembramento do componente de água superficial.

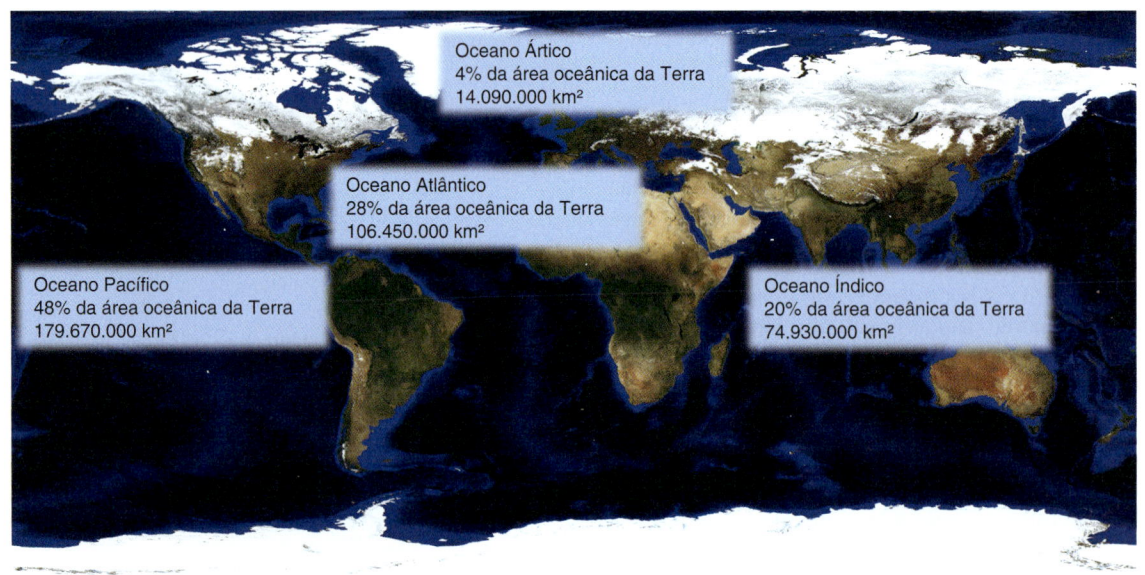

(b) As porcentagens relativas e áreas cobertas pelos quatro maiores oceanos da Terra.

▲Figura 9.3 Distribuição dos oceanos e da água doce na Terra.

O ciclo hidrológico

Vastas correntes de água, vapor d'água, gelo e a energia associada a eles estão fluindo continuamente em um complexo sistema global aberto. Juntos eles formam o **ciclo hidrológico**, que funciona há bilhões de anos, circulando e transformando água por toda a baixa atmosfera, hidrosfera, biosfera e litosfera, até vários quilômetros abaixo da superfície.

O ciclo da água pode ser dividido em três componentes principais: atmosfera, superfície e subsuperfície. O tempo de permanência de uma molécula de água em qualquer componente do ciclo (e seus efeitos no clima) é variável. A água possui um tempo de permanência curto na atmosfera – uma média de 10 dias –, onde ela desempenha um papel temporário nas variações dos padrões meteorológicos regionais. A água possui um tempo de permanência maior na circulação oceânica profunda (chegando a 3000-10.000 anos), na água subterrânea e no gelo glacial, onde ela atua como moderadora da temperatura e das mudanças climáticas. Essas partes mais lentas do ciclo hidrológico, as partes onde a água retida e liberada durante longos períodos, pode ter um efeito de "memórias do sistema" em períodos de escassez de água.

Água na atmosfera

A Figura 9.4 é um modelo simplificado do sistema hidrológico, com estimativas dos principais percursos percorridos pela água (em milhares de quilômetros cúbicos). Embora possamos iniciar a discussão a partir de qualquer um dos elementos do modelo, o oceano será o ponto de partida para nossa discussão. Mais de 97% da água da Terra está nos oceanos, e é sobre esses corpos d'água que 86% da evaporação do planeta acontece. Como exposto nos capítulos anteriores, **evaporação** é o movimento de moléculas de água livres, que se afasta de uma superfície úmida até a atmosfera menos saturada.

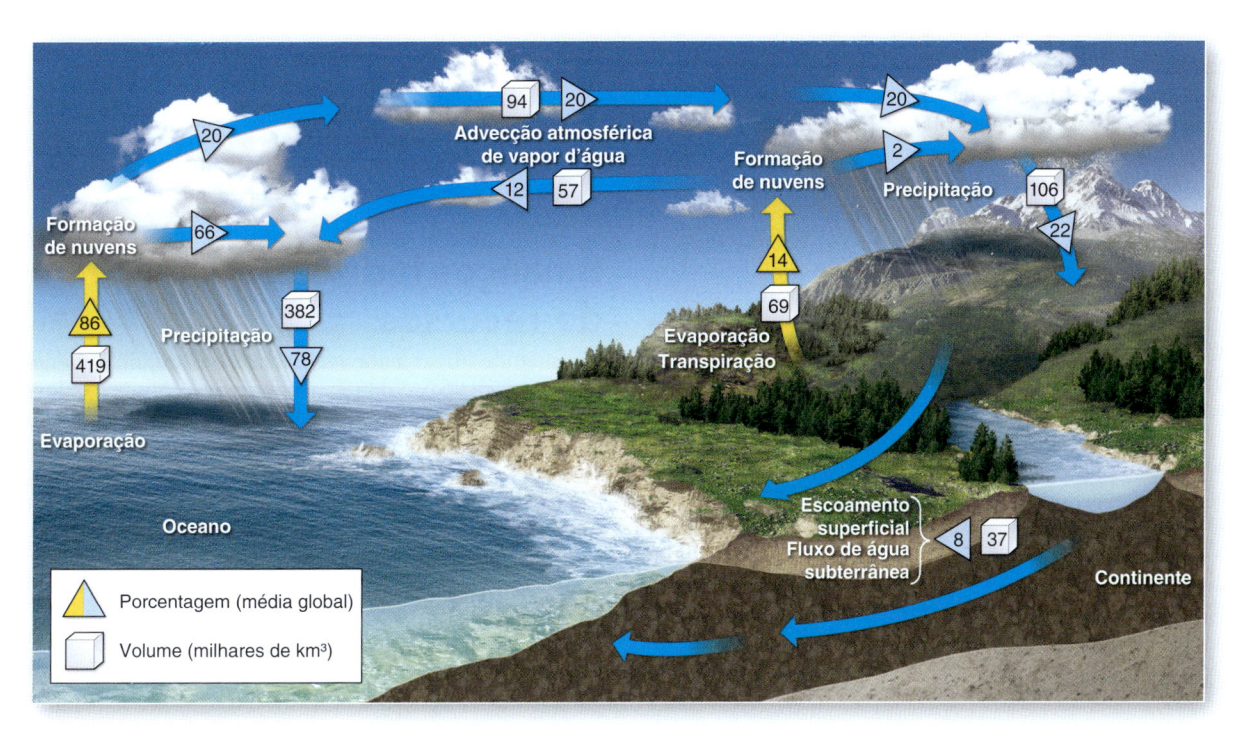

▲Figura 9.4 **O modelo do ciclo hidrológico.** A água faz uma viagem sem fim pela hidrosfera, atmosfera, litosfera e biosfera. Os triângulos mostram os valores médios globais em porcentagens. Observe que toda a evaporação (86% + 14% = 100%) se iguala a toda a precipitação (78% + 22% = 100%) e, quando toda a Terra é considerada, a advecção na atmosfera é equilibrada pelo escoamento superficial e pelo fluxo de água subterrânea.

A água também se move para a atmosfera a partir dos continentes, incluindo água que vai do solo para as plantas pelas raízes e passa para o ar através das folhas. Esse processo é a transpiração, apresentada no estudo de caso *Geossistemas Hoje* do Capítulo 7 sobre as sequoias costeiras e a neblina de verão. Na **transpiração**, as plantas liberam água na atmosfera através de pequenas aberturas em suas folhas, chamadas de estômatos. A transpiração é parcialmente regulada pelas próprias plantas, havendo células de controle em volta dos estômatos que retêm ou liberam água. Em um dia quente, uma única árvore pode transpirar centenas de litros de água; uma floresta, milhões de litros. Juntas, a evaporação e a transpiração das superfícies terrestres do planeta compõem a **evapotranspiração**, que representa 14% da água que ingressa na atmosfera da Terra na Figura 9.4.

A Figura 9.4 mostra que de 86% da evaporação que se eleva dos oceanos, 66% se associam a 12% advectados (movendo-se horizontalmente) dos continentes, produzindo 78% de toda a precipitação que cai nos oceanos. Os 20% remanescentes de umidade evaporada dos oceanos, mais 2% de toda a umidade derivada dos continentes, produzem 22% de toda a precipitação que cai sobre as terras emersas. Claramente, a maior parte da precipitação continental vem da porção oceânica do ciclo. As diferentes partes do ciclo variam nas diferentes regiões do planeta, criando desequilíbrios que, dependendo do clima local, levam a excedentes hídricos em um lugar e déficits hídricos em outro.

Água na superfície

A precipitação que chega à superfície da Terra como chuva segue dois caminhos básicos: ou flui sobre a terra ou penetra no solo. Ao longo do caminho, também ocorre **interceptação**, em que a precipitação atinge vegetação ou outra cobertura do solo antes de atingir a superfície. A água interceptada que é drenada pelas folhas das plantas e desce por seus caules até o chão é conhecida como *escoamento pelo caule*. A precipitação que cai diretamente no solo, incluindo gotas da vegetação que não são escoamento pelo caule, é a *precipitação interna*. A precipitação que atinge a superfície da Terra em forma de neve pode se acumular por horas ou dias antes de derreter, ou então se acumular como parte da cobertura de neve que persiste durante todo o inverno e derrete na primavera.

Após chegar à superfície do solo como chuva, ou após o degelo, a água pode entrar para o nível subsuperficial através de **infiltração**, ou penetração na superfície do solo (Figura 9.5). Se a superfície do solo é impermeável (não permite a passagem de líquidos), a água começa a correr encosta abaixo como **escoamento superficial**. Também acontece escoamento superficial quando o solo foi infiltrado até a capacidade máxima, saturando-se. A água excessiva pode ficar parada na superfície em poças ou tanques, ou então correr até formar canais – nesse ponto, torna-se *curso*, um termo que descreve o fluxo de água superficial em riachos, rios e outros canais.

A Figura 9.4 mostra que 8% da água no ciclo movimentam-se sobre ou através da terra. A maioria desse movimento – cerca de 95% – vem de águas superficiais que fluem pelas superfícies dos continentes como escoamento superficial e águas fluviais. Apenas 5% da água movem-se lentamente na subsuperfície das águas subterrâneas. Embora apenas uma pequena porcentagem da água esteja nos rios e cursos d'água, essa porção é dinâmica e veloz em comparação a sua lenta contraparte subterrânea.

Água na subsuperfície

A água que se infiltra na subsuperfície descende para dentro do solo ou rocha por **percolação**, que é a lenta passagem da água por uma substância porosa (mostrado na Figura 9.5). A **zona de umidade no solo** contém o volume de água subsuperficial armazenada no solo que está acessível às raízes das plantas. Dentro dessa zona, existe um pouco de água que está ligada ao solo de forma a não estar disponível para as plantas – isso depende da textura do solo (discutida no Capítulo 18). Estimados 76% da precipitação sobre terra infiltram-se para a subsuperfície, e cerca de 85% desta água voltam para a atmosfera, por evaporação do solo ou transpiração dos vegetais.

Se o solo está saturando, qualquer excedente de água no solo torna-se *água gravitacional*, percolando descendentemente até a mais profunda água subterrânea. Esta última define a *zona de saturação*, onde todos os espaços no solo estão completamente cheios de água. O topo dessa zona é conhecido como *lençol freático*. No ponto em que o lençol freático intersecta um canal de fluxo, a água é naturalmente descarregada na superfície, produzindo **fluxo basal**, que diz respeito à porção do fluxo de vazão referente à água subterrânea.

Em condições naturais, as correntes e a água subterrânea acabam fluindo até os oceanos, assim continuando o movimento pelo ciclo hidrológico. Em alguns casos, as correntes fluem até bacias lacustres fechadas, onde a água evapora ou é absorvida pelo solo. Muitas correntes fluem para represas atrás de barragens, onde a água é armazenada até evaporar ou ser liberada para o canal a jusante. A água subterrânea move-se lentamente até o mar, atravessando a superfície ou brotando do subsolo após atingir a costa, às vezes misturando-se com água do mar nas areas úmidas costeiras ou estuários (corpos d'água próximos a desembocaduras de rios). A água subterrânea é discutida mais adiante no capítulo.

Balanços hídricos e análise de recursos

Um método eficaz para avaliar porções do ciclo da água que se aplica ao uso do recurso hídrico é definir o **balanço hídrico** de uma determinada área da superfície do planeta – um continente, país, região, campo ou jardim. Desenvolve-se um **balanço hídrico** medindo a entrada de precipitação e sua distribuição e as saídas por evapotranspiração (incluindo a evaporação das superfícies de solo e a transpiração das plantas) e o escoamento superficial. Também inclui-se nesse cálculo a umidade que é armazenada na zona de umidade do solo. Esse balanço pode examinar qualquer período de tempo, de minutos a anos.

Um balanço hídrico funciona como um balanço monetário: a precipitação é a renda, que deve ser contraposta às despesas com evaporação, transpiração e escoamento. O armazenamento de umidade do solo age como uma poupança, recebendo depósitos e rendendo retiradas de água. Por vezes, todas as demandas são satisfeitas e a água que restou torna-se um **excedente**. Outras vezes, a precipitação e as economias de umidade do solo são insuficientes para cumprir com as demandas, resultando em um **déficit**, ou escassez de água.

O geógrafo Charles W. Thornthwaite (1899-1963) foi o pioneiro da análise aplicada de recursos hídricos por meio de balanços hídricos, trabalhando com colegas para criar uma metodologia que resolvesse problemas do mundo real relacionados à irrigação e ao uso da água a fim de maximizar os rendimentos agrícolas. Thornthwaite também reconheceu a importante relação entre suprimento de água e demanda hídrica que variam com o clima.

Componentes do balanço hídrico

Para compreender a metodologia de balanço hídrico de Thornthwaite e os procedimentos dessa "contabilidade", devemos primeiramente definir alguns termos e conceitos. Começamos discutindo suprimento, demanda e armazenamento de água como componentes da equação do balanço hídrico.

Suprimento de água: Precipitação

O suprimento de umidade que chega

▼Figura 9.5 **Caminhos da precipitação na superfície da Terra.** Os principais caminhos da precipitação incluem a interceptação por plantas; a infiltração para o solo; a coleta na superfície e o escoamento em superfície que forma o sistema fluvial; a transpiração e evaporação da vegetação; a evaporação da terra e água; e o movimento gravitacional da água da superfície para o subterrâneo.

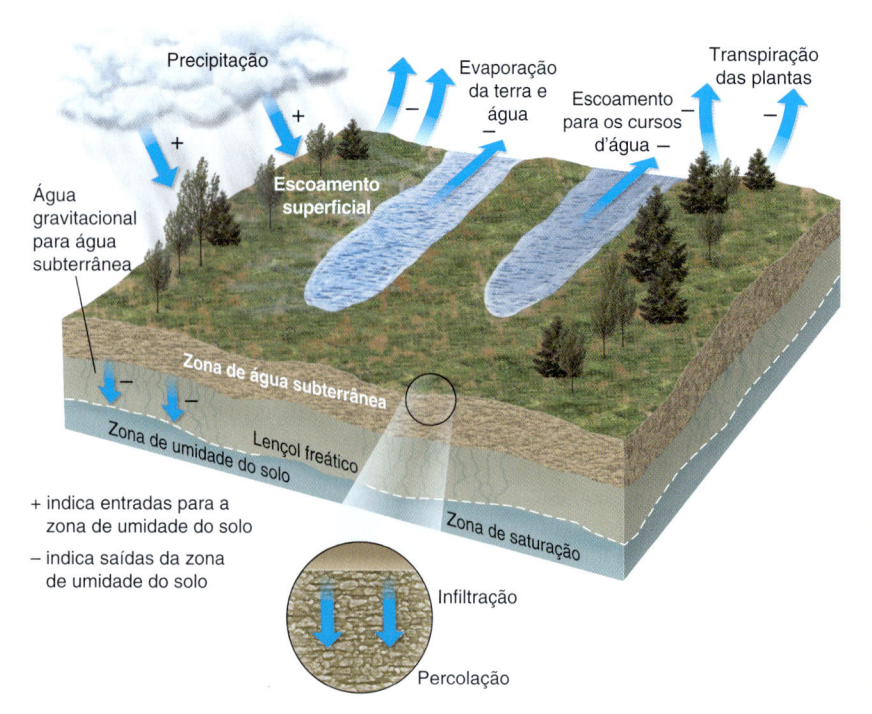

à superfície da Terra é a **precipitação** (PRECIP) em todas as suas formas, como chuva, chuva congelada, neve ou granizo.

Um meio de medir precipitação é com o **pluviômetro**, essencialmente um grande copo de medição que recolhe a precipitação de chuva e neve, de modo que se pode medir a profundidade, o peso ou o volume da água coletada (Figura 9.6). O vento provoca subestimativa porque as gotas ou flocos de neve não caem verticalmente; o anteparo reduz a perda de coleta ao capturar as gotas de chuva que caem em ângulo.

São feitas medições regulares de precipitação em mais de 100.000 localidades em todo o mundo. Um mapa global das médias anuais de precipitação é exibido no Capítulo 10. A Figura 9.7 mostra os padrões de precipitação nos Estados Unidos e no Canadá, relacionados às massas de ar e a mecanismos de ascensão apresentados no Capítulo 8.

Demanda de água: Evapotranspiração potencial

Evapotranspiração é a perda real de água para a atmosfera. Em contraste, a **evapotranspiração potencial** (ETP) é a quantidade de água que evaporaria e transpiraria, sob condições ideais de umidade, na presença de precipitação e umidade de solo adequadas. O preenchimento de um recipiente

▲Figura 9.6 **Um pluviômetro.** Um funil guia a água para dentro de um medidor, colocado sobre um dispositivo eletrônico de pesagem. O bocal reduzido do medidor minimiza a evaporação, o que levaria a leituras menores. O anteparo, contra o vento em torno do medidor, minimiza as perdas produzidas pelo vento. [Bobbé Christopherson.]

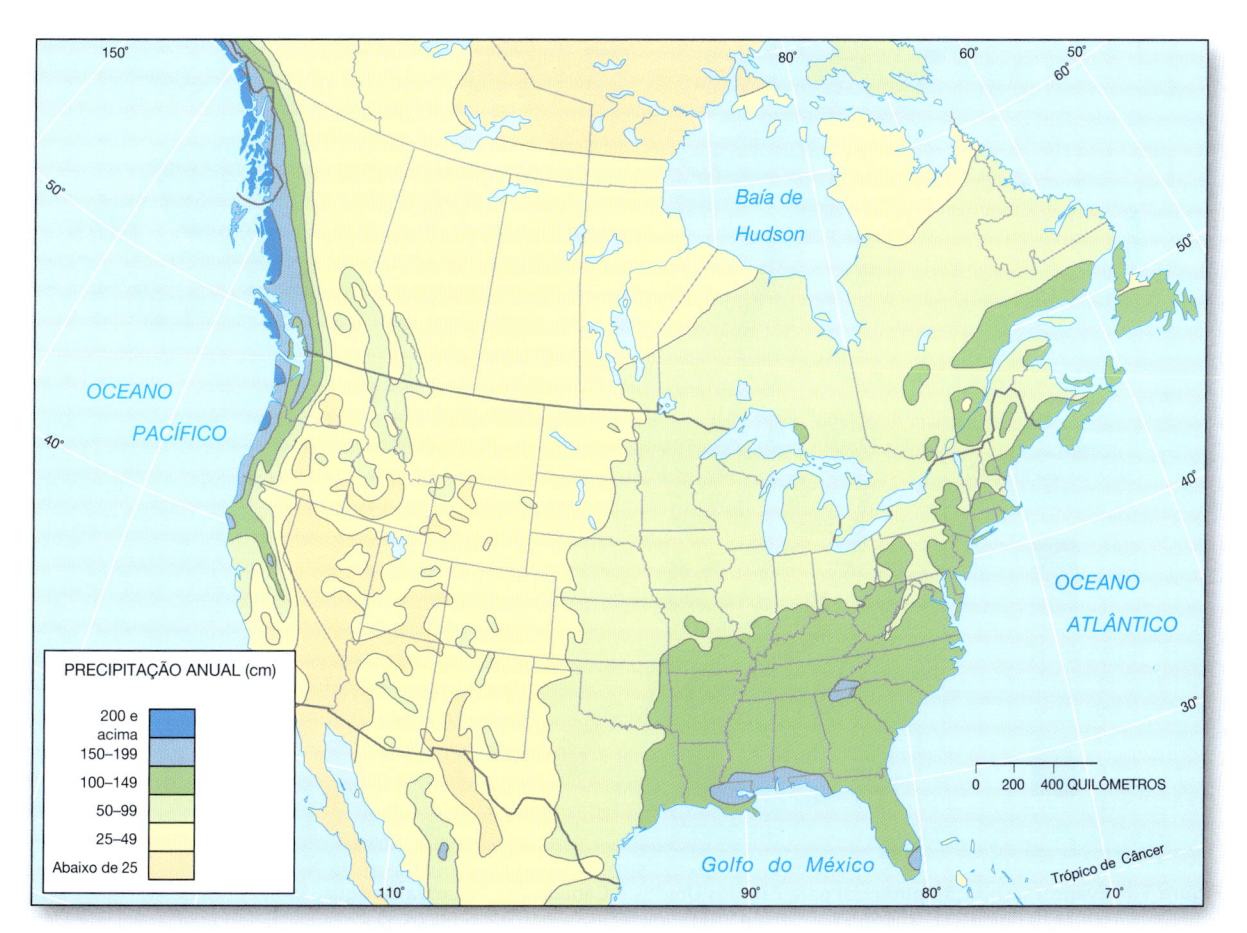

▲Figura 9.7 **Precipitação na América do Norte – o suprimento de água.** [Adaptado de NWS, U.S. Department of Agriculture e Environment Canada.]

com água e o tempo que essa água demora para evaporar ilustram esse conceito: quando o recipiente seca, resta algum grau de demanda de evaporação. Se o recipiente tivesse sua água constantemente reposta, a quantidade de água que evaporaria com esse suprimento constante é a ETP – a demanda ideal de água. Se o recipiente seca, a quantidade de ETP que não é satisfeita é o déficit hídrico. Se subtrairmos o déficit da evapotranspiração potencial, deduzimos o que de fato aconteceu – a **evapotranspiração real** (ETR).

A medição precisa da evapotranspiração é complicada. Um método emprega um *tanque de evaporação*, ou evaporímetro. À medida que ocorre a evaporação, a água (em quantidades medidas) é automaticamente substituída, igualando a quantidade que evaporou no tanque. Um dispositivo de medição mais elaborado é o *lisímetro*, que isola um volume representativo de solo, subsolo e cobertura vegetal para possibilitar a medição da umidade que se move na área amostrada. Um pluviômetro junto a um lisímetro mede a entrada de precipitação.

Thornthwaite desenvolveu um método indireto fácil e bastante preciso para estimar a ETP na maioria das localizações de latitude média, utilizando a temperatura média do ar e a duração do dia. (Recorde, do Capítulo 2, que a duração do dia é uma função da latitude da estação.) Seu método funciona bem para aplicações regionais de grande escala que usam dados de períodos de tempo horários, diários, mensais ou anuais, e funciona melhor em alguns climas do que em outros.

A Figura 9.8 apresenta os valores de ETP para Estados Unidos e Canadá derivados do método de Thornthwaite. Observe que os valores mais elevados ocorrem ao sul, com os valores mais elevados no setor sudoeste, onde a temperatura média do ar é elevada e a umidade relativa do ar é mais baixa. Os valores mais baixos para a ETP são encontrados em latitudes altas e áreas mais elevadas, as quais apresentam temperaturas médias do ar mais baixas.

Compare as Figuras 9.7 e 9.8, os mapas de suprimento de água em forma de precipitação e de demanda de água em forma de evapotranspiração potencial. É possível identificar regiões onde a PRECIP é maior que a ETP (por exemplo, o setor leste dos Estados Unidos)? Ou onde a ETP é maior do que a PRECIP (por exemplo, do setor sudoeste dos Estados Unidos)? Onde você mora, a demanda por água é normalmente atendida pelo volume da precipitação? Ou existe uma escassez natural na sua região? Como seria possível responder a essas questões?

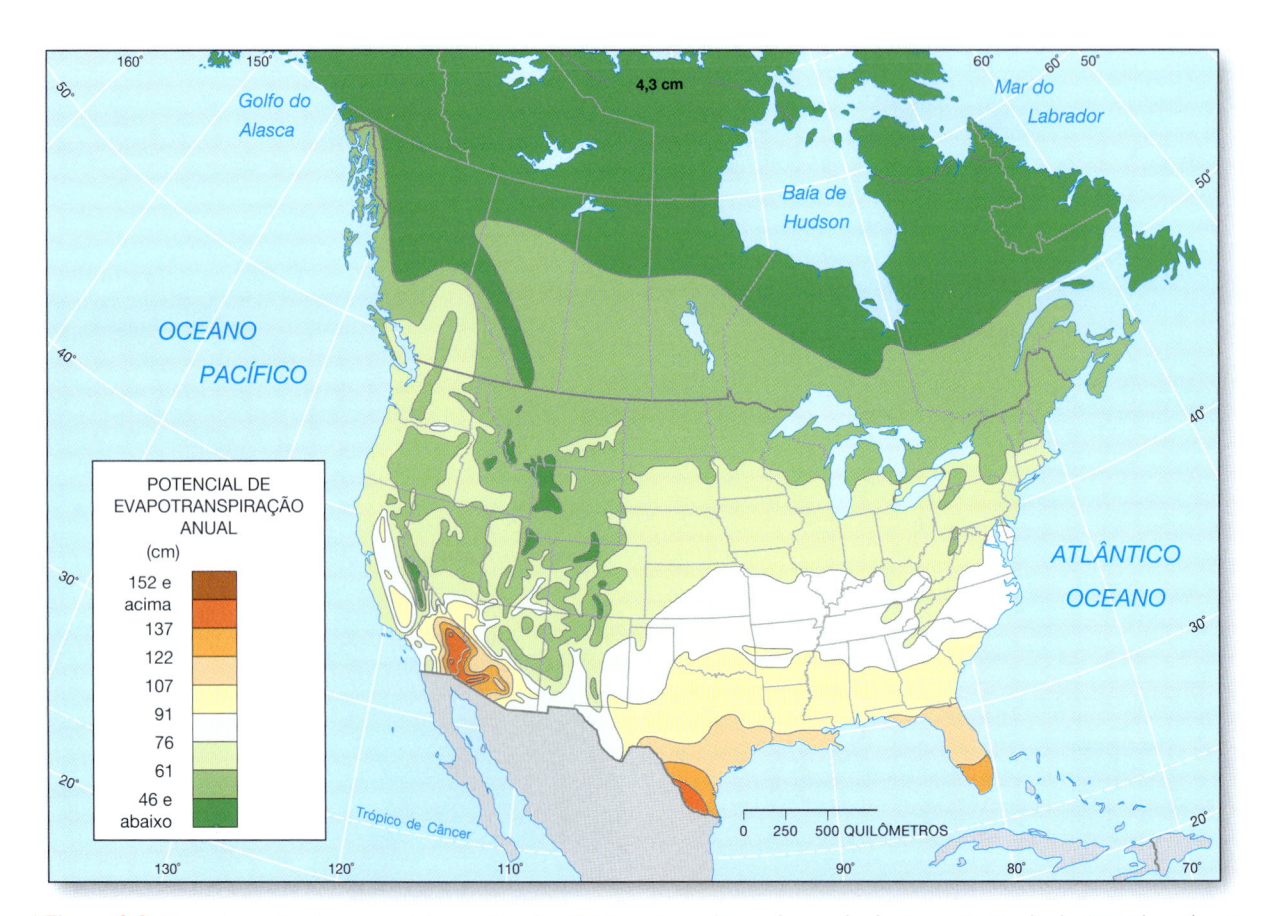

▲**Figura 9.8 Evapotranspiração potencial para Estados Unidos e Canadá – a demanda de água.** [Retirado de C.W. Thornthwaite, "An approach toward a rational classification of climate", *Geographical Review* 38 (1948): 64, © American Geographical Society. Dados canadenses adaptados de M. Sanderson, "The climates of Canada according to the new Thornthwaite classification", *Scientific Agriculture* 28 (1948): 501–517.]

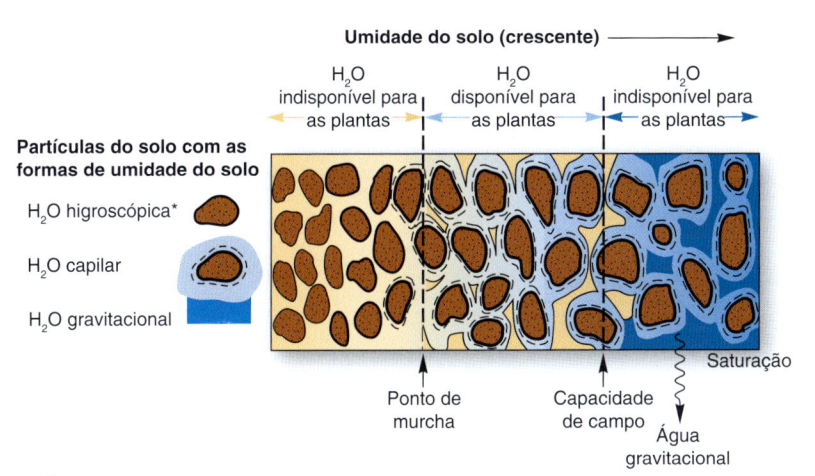

Figura 9.9 Tipos e disponibilidade de umidade do solo. [(a) Baseado em D. Steila, The Geography of Soils, © 1976, p. 45, © Pearson Prentice Hall, Inc. (b) Baseado em U.S. Department of Agriculture, 1955 Yearbook of Agriculture – Water, p. 120.]

(a) Água higroscópica ligada a partículas do solo e água gravitacional que é drenada através da zona de umidade do solo não são disponíveis para as raízes vegetais.

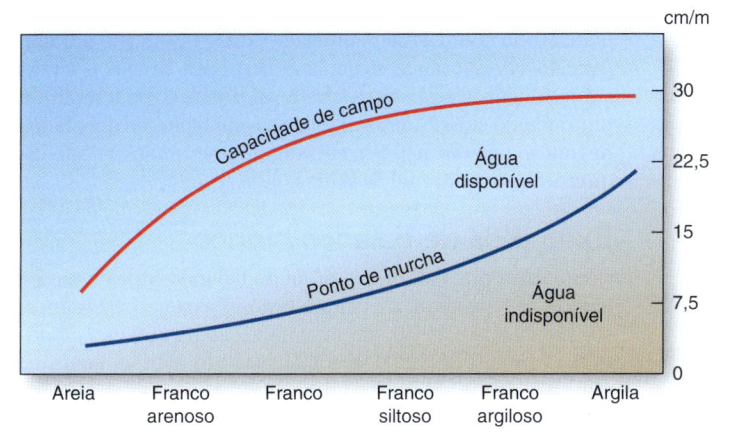

(b) A relação entre a disponibilidade de umidade do solo e a textura do solo determina a distância entre as duas curvas: capacidade de campo e ponto de murcha. O solo franco (1/3 areia, 1/3 silte e 1/3 argila) apresenta aproximadamente a maior disponibilidade de água por metro vertical de solo exposto às raízes das plantas.

*Observação: Uma parte da água capilar fica ligada à água higroscópica sobre as partículas do solo, sendo portanto indisponível também.

Armazenamento de água: Umidade do solo

Como parte do balanço hídrico, o volume de água na zona de umidade do solo subsuperficial que é acessível às raízes vegetais é o **armazenamento de umidade do solo** (STRGE). Essa é a poupança de água, que recebe depósitos (ou recargas) e fornece saques (ou utilização). O ambiente de umidade do solo inclui três categorias de água: higroscópica, capilar e gravitacional. Somente a água higroscópica e a capilar permanecem na zona de umidade do solo; a água gravitacional preenche os poros do solo e depois é drenada para baixo pela força da gravidade. Dos tipos de água, somente a água capilar é acessível às plantas (Figura 9.9a).

Quando só há uma pequena quantidade de umidade presente no solo, ela pode estar indisponível às plantas. **Água higroscópica** é inacessível às plantas porque forma uma camada fina de moléculas, que adere às partículas do solo devido às pontes de hidrogênio das moléculas de água. Água higroscópica existe em todos os climas, mesmo no desértico, mas não está disponível para atender às demandas da ETP. Quando só resta essa água inacessível no solo para as plantas, sua umidade está no **ponto de murcha**; as plantas murcham e acabam morrendo após um período prolongado nesse grau desgastante de umidade.

Água capilar geralmente é acessível para as raízes das plantas porque sustenta-se no solo contra a força da gravidade, em função das pontes de hidrogênio entre as moléculas de água (isto é, tensão superficial) e das pontes de hidrogênio entre as moléculas de água e o solo. A maior parte da água capilar é *água disponível* para armazenamento de umidade do solo. Após a drenagem de uma parte da água nos espaços maiores entre as partículas, a quantidade de água disponível que permanece para as plantas é denominada **capacidade de campo**, ou capacidade de armazenamento. Essa água pode atender às demandas da ETP por meio da ação capilar das raízes e da evaporação da superfície. A capacidade de campo é específica para cada tipo de solo; a textura e a estrutura do solo determinam a disponibilidade dos poros, ou *porosidade* (discutida no Capítulo 18).

Água gravitacional é o excedente de água no corpo do solo após ele ser saturado durante um evento de precipitação. Essa água fica indisponível para as plantas ao percolar até a zona subterrânea mais profunda. Após a zona de umidade do solo atingir a saturação, os espaços dos poros ficam cheios de água, sem deixar espaço para troca de oxigênio ou gás por parte das raízes vegetais até que o solo drene.

A Figura 9.9b apresenta a relação entre a textura do solo e o conteúdo de umidade do solo. Diferentes espécies vegetais desenvolvem suas raízes para profundidades distintas, podendo alcançar diferentes quantidades de umidade do solo. Uma mescla de solos que otimiza a água disponível é o melhor para as plantas (veja a discussão sobre textura do solo no Capítulo 18).

Quando a demanda de água excede o suprimento de precipitação, ocorre **utilização da umidade do solo** – o uso que as plantas fazem da umidade disponível no solo. À medida que se retira água do solo, as plantas têm cada vez mais dificuldade em extrair a quantidade de umidade de que precisam. No fim, mesmo que permaneça uma pequena quantidade de água no solo, as plantas podem não ser capazes de usá-la. Na agricultura, fazendeiros usam irrigação

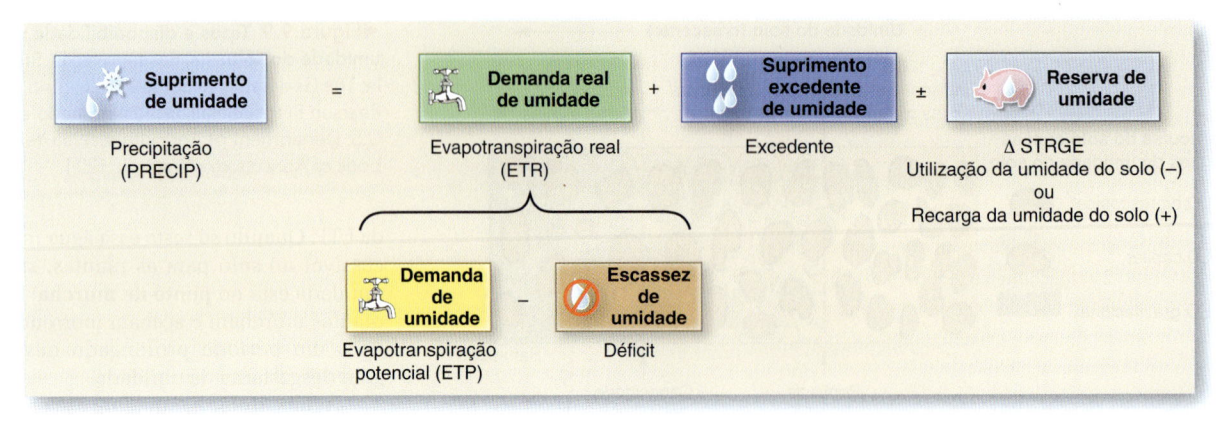

▲Figura 9.10 Explicação da equação de balanço hídrico.

para evitar déficits e potencializar o crescimento vegetal com quantidades adequadas da água acessível.

Quando a água se infiltra no solo e repõe a água acessível, seja de precipitação natural ou irrigação artificial, ocorre a **recarga da umidade do solo**. A propriedade do solo que determina a taxa de recarga da umidade do solo é sua **permeabilidade**, que depende do tamanho e da forma das partículas e da compactação dos grãos do solo.

A infiltração da água é veloz nos primeiros minutos de precipitação, desacelerando à medida que os estratos superiores do solo ficam saturados, mesmo que os estratos mais profundos estejam secos. Práticas agrícolas como a aração e a adição de areia ou estrume ao solo, para descompactar a sua estrutura, podem melhorar tanto a permeabilidade como a profundidade na qual a umidade pode eficientemente penetrar no solo, recarregando os volumes de umidade do solo. As pessoas em geral tentam melhorar as condições de permeabilidade do solo de suas plantas envasadas ou jardins ao trabalhar o solo para aumentar a sua velocidade de recarga da umidade.

Déficit e excedente de água Déficit ou escassez de água ocorre em uma localidade quando a demanda de ETP não é satisfeita pelas entradas de precipitação, pela umidade armazenada no solo ou através de entradas extras de água mediante irrigação artificial. Déficits causam condições de seca (definida e discutida à frente).

Ocorre um excedente quando existe água adicional após a ETP ser satisfeita pela precipitação; esse excedente muitas vezes torna-se escoamento, alimentando correntes e lagos da superfície e recarregando a água subterrânea. Sob condições ideais para as plantas, as quantidades de evapotranspiração em potencial ou real são aproximadamente as mesmas; desta maneira, as plantas não sofrem com a falta d'água.

A equação do balanço hídrico

A equação do balanço hídrico explicada na Figura 9.10 afirma que, para uma devida localidade ou porção do ciclo hidrológico, as entradas de água são iguais às saídas de água mais ou menos a alteração no armazenamento de água. O símbolo do delta, Δ, significa "alteração" — no caso, a alteração no armazenamento de umidade do solo, o que inclui tanto recarga quanto utilização.

Em resumo, a precipitação (majoritariamente chuva e neve) fornece a entrada de umidade. Esse suprimento é distribuído como água real, usada para evaporação e transpiração vegetal, água extra, que flui para os rios e águas subterrâneas, e água que entra e sai do armazenamento de umidade do solo. Como em todas as equações, os dois lados devem se igualar; isto é, a entrada de precipitação (lado esquerdo) deve ser igual às saídas (lado direito).

Exemplos de balanço hídrico

Como exemplo, estude o gráfico de balanço hídrico para a cidade de Kingsport, no canto nordeste extremo do Tennessee (36,6° N, 82,5° W), em uma elevação de 390 m. A Figura 9.11 plota PRECIP, ETR e ETP, usando médias mensais, que suavizam a atual variabilidade diária e horária. A época mais fria, de outubro a maio, apresenta um excedente líquido (áreas azuis), já que a precipitação é maior do que a evapotranspiração potencial. Os dias quentes, entre junho e setembro, criam uma demanda hídrica líquida. Se assumirmos que um determinado solo tem a capacidade de armazenamento de umidade de 100 milímetros, típico de plantas com raízes pouco profundas, essa demanda hídrica é satisfeita pela utilização da umidade do solo (área verde), apresentando um pequeno déficit de umidade do solo (área laranja).

Kingsport apresenta padrões de suprimento e demanda hídrica típicos de uma região continental úmida. Em outros regimes climáticos, as relações entre os componentes do balanço hídrico são diferentes. A Figura 9.12 apresen-

> **PENSAMENTO Crítico 9.1**
> **Seu balanço hídrico local**
>
> Escolha um local nos Estados Unidos e aplique os conceitos de balanço hídrico. Onde se origina o suprimento de água, a sua fonte? Faça a estimativa da oferta e da demanda hídricas para a área selecionada. Para uma ideia geral de PRECIP e ETP, encontre essa localidade nas Figuras 9.7 e 9.8. Considere a cronologia sazonal desse suprimento e demanda e então estime as necessidades de água e como elas variam enquanto componentes da mudança do equilíbrio hídrico. ●

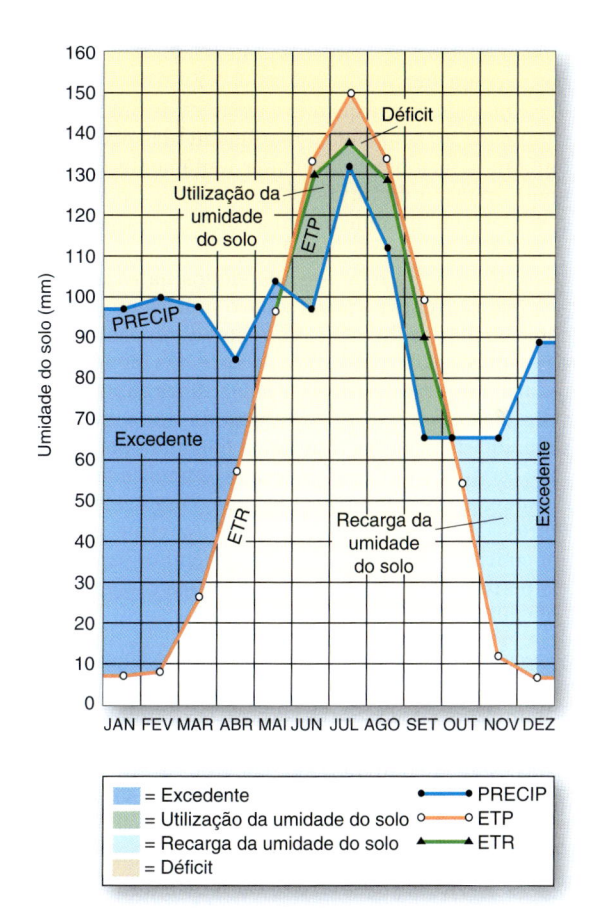

▲Figura 9.11 **Exemplo de balanço hídrico para Kingsport, Tennessee.** Compare as médias descritas pelo gráfico para a entrada da precipitação e a saída do potencial de evapotranspiração. Um padrão típico para Kingsport apresenta excedente na primavera, utilização da umidade do solo no verão, um pequeno déficit no verão, recarga da umidade do solo no outono e um excedente no fim do ano.

ta gráficos de balanço hídrico para as cidades de Berkeley, Califórnia, que tem mínima de precipitação no verão, e Phoenix, Arizona, que possui baixa precipitação no ano inteiro. Compare o tamanho e a cronologia do déficit hídrico dessas localidades com o gráfico de Kingsport.

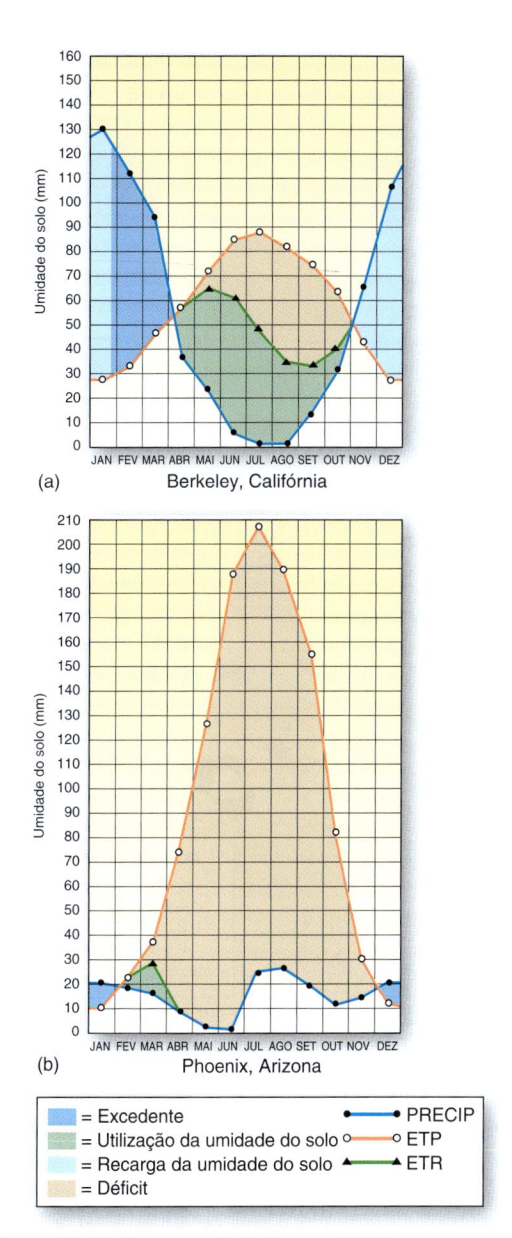

▲Figura 9.12 **Amostra de balanços hídricos para estações próximas de duas cidades dos EUA.**

Aplicação de balanço hídrico: furacão Camille

Um dos furacões mais devastadores do século XX, o Camille, de 1969, oferece uma aplicação interessante da análise de balanço hídrico. Ironicamente, o Camille foi significativo não apenas por suas 256 vítimas e US$ 1,5 bilhão em danos, mas também por seus efeitos positivos sobre os recursos hídricos regionais.

Após o Camille avançar em terra na noite de 17 de agosto, na Costa do Golfo, a força dos ventos do furacão diminuiu rapidamente (Figura 9.13a), deixando um enorme temporal que viajou pelo Mississipi, oeste do Tennessee e Kentucky, chegando até o centro de Virgínia. Essas chuvas encerraram uma estiagem de um ano em grandes regiões da trajetória da tempestade Camille. As chuvas torrenciais provocaram enchentes recorde próximo ao ponto do aterragem em terra e dentro da bacia do Rio James, na Virgínia.

A Figura 9.13a mapeia a precipitação na trajetória da tempestade, do avanço em terra no Mississipi até as costas de Virgínia e Delaware. Podemos analisar o impacto da tempestade comparando os balanços hídricos reais com os simulados nos mesmos três dias, removendo os totais de chuva do Camille. A Figura 9.13b mapeia o grau em que a escassez de umidade foi reduzida devido às chuvas do Camille – um resultado chamado de *redução do déficit*. Sobre grandes porções da área afetada, o Camille reduziu as condições secas do solo, revigorou a agricultura e elevou o nível das represas. Os benefícios monetários ultrapassaram os danos a uma razão estimada de 2:1. (É claro, a trágica perda de vidas não entra em uma equação financeira.)

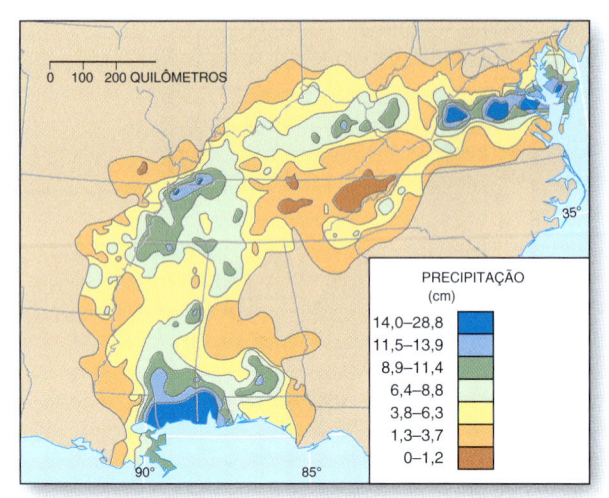

(a) Precipitação atribuível ao furacão Camille (o suprimento de umidade).

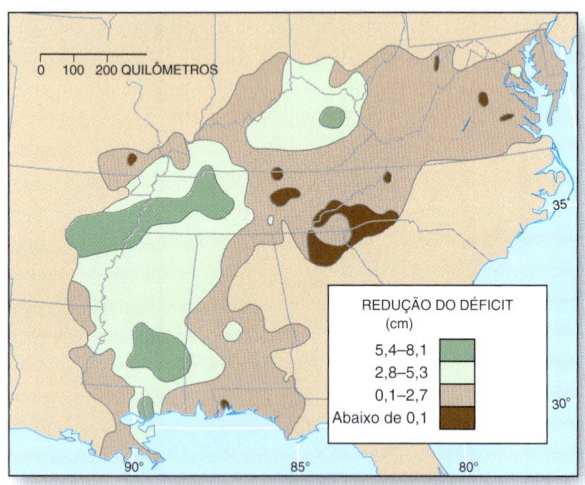

(b) Redução do déficit resultante (evitar a escassez de umidade).

▲Figura 9.13 Efeitos benéficos do furacão Camille sobre balanços hídricos. [Dados e mapas por Robert Christopherson. Todos os direitos reservados.]

Portanto, juntamente a seu potencial destrutivo em relação às terra úmidas litorâneas, os furacões também contribuem para os regimes de precipitação dessas áreas. Segundo os registros meteorológicos, aproximadamente 1/3 de todos os furacões que atingem o continente norte-americano fornece entradas de precipitação benéficas aos balanços hídricos locais.

Seca: o déficit hídrico

Seca, ou estiagem, é um termo de uso comum, e pode parecer simples de definir: pouca precipitação e temperaturas altas causam condições mais secas após um longo período de tempo. Entretanto, cientistas e gestores de recursos usam quatro definições técnicas distintas para **seca**, com base não apenas em precipitação, temperatura e umidade no solo, mas também na demanda por recursos hídricos.

- *Seca meteorológica* é definida pelo grau de secura, em comparação com a média regional, e pela duração das condições secas. Essa definição é específica por região, pois se relaciona a condições atmosféricas que diferem de área para área.
- *Seca agrícola* ocorre quando a escassez de precipitação e umidade do solo afeta o rendimento das plantações. Embora a seca agrícola evolua lentamente e receba pouca atenção da imprensa, os prejuízos podem ser consideráveis, estando na ordem de dezenas de bilhões de dólares por ano nos Estados Unidos.
- *Seca hidrológica* refere-se aos efeitos da escassez de precipitação (chuva e neve) sobre o suprimento de água, como quando os fluxos das correntes diminuem, o nível das represas cai, a cobertura de neve das montanhas é reduzida e a extração de água subterrânea aumenta.
- *Seca socioeconômica* ocorre quando um suprimento reduzido de água faz com que a demanda por produtos e serviços exceda a oferta, como quando a produção de energia hidrelétrica declina com o esgotamento das represas. Esta é uma medida mais abrangente, que leva em conta racionamento de água, incêndios espontâneos, perdas biológicas e outros impactos disseminados pela falta de água.

A seca é um atributo natural e recorrente do clima. No sudoeste dos Estados Unidos, existem condições de seca desde o início de 2000, uma de várias secas evidentes no registro climático da região nos últimos 1000 anos. Porém, os cientistas estão encontrando evidências crescentes de que essa maior aridez ou seca climática não está ligada apenas a fatores naturais, mas também à mudança climática global e à expansão das zonas secas subtropicais em direção aos polos. Logo, o aquecimento climático causado pelos seres humanos está se combinando com a variabilidade climática natural, criando uma tendência a secas duradouras.

Estudos sugerem que secas como as que ocorriam anteriormente no sudoeste dos EUA, relacionadas com as mudanças de temperatura da superfície das águas distantes do Oceano Pacífico tropical, ainda ocorrerão, mas serão intensificadas pelas mudanças climáticas e pela expansão do sistema de alta pressão subtropical, quente e seco, e das massas de ar continental tropical (cT) de verão. As implicações espaciais desse deslocamento dos sistemas de circulação primária da Terra e da seca semipermanente em uma região de crescimento populacional e urbanização contínuos são sérias e sugerem a necessidade imediata de planejamento dos recursos hídricos. O *Estudo Específico* 9.1 discute essa seca e seus efeitos sobre a bacia hidrológica do Rio Colorado.

Ao longo de todo o ano de 2012, ocorreram secas de diversas intensidades em todos os continentes. A Austrália está em uma estiagem que dura uma década, a pior em 110 anos, correlacionada com altos recordes de temperatura, como discutido no Capítulo 5. Em 2010 e 2011, o Chifre da África (incluindo Somália e Etiópia) passou pela pior seca em 60 anos, com uma crise alimentar relacionada. Pesquisas sugerem que os padrões de seca contínua no leste da África estão vinculados aos padrões de temperatura da superfície do mar no Oceano Índico.

Nos Estados Unidos, a região do oeste do Oklahoma e Texas está em uma estiagem intensa, como evidenciado por 4 milhões de acres queimados por incêndios espontâneos entre novembro de 2010 e novembro de 2011, incluindo quase 3000 casas destruídas. Cidades na região do Panhandle do Oklahoma passaram mais de um ano com nenhuma ou quase nenhuma precipitação (não mais que 6 mm de chuva por dia). Em julho de 2012, o Departamento de Agricultura dos EUA declarou quase um terço de todos os condados do país como calamidades federais em função da seca – a maior área de calamidade natural já declarada. De acordo com o Centro Nacional de Dados Climáticos, 16 das secas que ocorreram entre 1980 e 2011 custaram mais de US$ 1 bilhão cada, fazendo da seca um dos eventos meteorológicos mais caros dos EUA. (Consulte http://www.drought.unl.edu/ para ver um mapa semanal do Drought Monitor e outros recursos de avaliação e atenuação de secas.)

Recursos hídricos superficiais

A distribuição de água pela superfície do planeta é desigual no espaço e no tempo. Como os humanos precisam de um suprimento constante de água, dependemos cada vez mais de grandes projetos de gestão, destinados a redistribuir os recursos hídricos geograficamente, ao conduzir a água de um lugar para outro, ou temporalmente, pelo armazenamento de água até o momento da necessidade do seu consumo. Desta forma, os déficits são reduzidos e a água excedente é armazenada para a melhoria da sua disponibilidade, satisfazendo as demandas naturais e humanas.

Na superfície do planeta, a água doce é encontrada primordialmente em neve e gelo, lagos, rios e terras úmidas. Também se armazena água superficial em represas, lagos artificiais formados por barragens em rios. A Figura 9.14 mostra os principais rios, lagos, represas e terras úmidas do mundo, todos discutidos nesta seção.

Neve e gelo

A maior quantidade de água doce superficial da Terra está armazenada em geleiras, permafrost e gelo polar (examine a Figura 9.3). O derretimento sazonal de geleiras e a cobertura de neve anual nas regiões temperadas abastecem os fluxos de correntes, contribuindo para o suprimento de água. O derretimento da neve acumulada capturada atrás de barragens é uma fonte de água primária para os humanos em muitas partes do mundo.

As geleiras proveem uma forma semipermanente de armazenamento de água, embora as maiores temperaturas associadas à recente mudança climática estejam provocando taxas aceleradas de degelo glacial. O tempo de permanência da água nas geleiras pode variar de décadas a séculos; o degelo pequeno mas contínuo das geleiras pode sustentar o fluxo por todo o ano (o Capítulo 17 discute geleiras e mantos de gelo).

As temperaturas crescentes fizeram com que as taxas de derretimento das geleiras aumentassem, e alguns cientistas estimam que a maioria das geleiras terá desaparecido até 2035 caso as taxas atuais de derretimento continuem. No Planalto do Tibete, na Ásia, o maior e mais alto planalto do mundo, com 3350 m de elevação, a mudança climática está fazendo com que as geleiras de montanha se retraiam a velocidades mais altas do que em qualquer outro lugar do mundo. Mais de 1000 lagos armazenam água nesse planalto, formando as cabeceiras de diversos dos rios mais longos do mundo. Quase metade da população mundial vive nas bacias de irrigação desses rios; só os Rios Yangtzé e Amarelo (ambos cortando a China na direção do oeste) abastecem cerca de 520 milhões de pessoas com água na China. Embora o derretimento glacial tenha aumentado os fluxos de corrente, a piora da seca na China ocidental está fazendo com que esses rios evaporem ou se infiltrem no solo antes de atingir os maiores centros populacionais. Embora o desaparecimento das geleiras não vá alterar significativamente a disponibilidade da água nas regiões de menor elevação, que dependem de precipitação monçônica e derretimento de neve, essas alterações afetarão os suprimentos de água nas maiores elevações, especialmente na estação seca.

Rios e lagos

O escoamento superficial e o fluxo basal originário da água subterrânea movimentam-se pela superfície do planeta em rios e cursos d'água, formando vastas redes arteriais que drenam os continentes (Figura 9.14). Os lagos de água doce são alimentados por precipitação, curso dos rios e água subterrânea, armazenando cerca de 125.000 km³ de água, ou aproximadamente 0,33% da água doce na superfície do planeta. Cerca de 80% desse volume estão em apenas 40 dos maiores lagos, e cerca de 50% estão em apenas 7 lagos (Figura 9.14).

O maior volume isolado de água lacustre encontra-se no Lago Baikal, na Rússia siberiana, com 25 milhões de anos (conforme apresentado em *Geossistemas Hoje*). Esse lago contém quase tanta água quanto todos os cinco Grandes Lagos dos Estados Unidos juntos. O Lago Tanganica, na África, contém o segundo maior volume, seguido pelos cinco Grandes Lagos. Cerca de um quarto da água doce armazenada em lagos está em lagos pequenos. Só no Alasca, há mais de 3 milhões de lagos; o Canadá tem no mínimo isso e possui área total maior de lagos do que qualquer outro país do mundo.

Sem conexão com o oceano, os lagos salinos e mares interiores salgados contêm cerca de 104.000 km³ de água. Eles geralmente existem em regiões de drenagem fluvial interna (sem descarga para o oceano), o que permite que, com o tempo, os sais resultantes da evaporação se concentrem. Exemplos desses lagos incluem o Grande Lago Salgado de

GEOrelatório 9.2 Como se mede água?

Na maior parte dos Estados Unidos, os hidrólogos medem o fluxo das correntes em pés cúbicos por segundo (ft³/s); os canadenses usam metros cúbicos por segundo (m³/s). Para análises em grande escala, os gestores de recursos hídricos do leste dos Estados Unidos utilizam milhões de galões por dia (MGD), bilhões de galões por dia (BGD) ou bilhões de litros por dia (BLD). Na região oeste dos Estados Unidos, onde a agricultura irrigada é muito importante, a vazão anual total das correntes é frequentemente medida em acre-pé por ano. Um acre-pé é uma área de um acre com uma lâmina d'água de um pé de profundidade, o que é equivalente a 325.872 galões (1234 m³ ou 1.233.429 L). Um acre equivale a 0,4047 hectare. Para medidas globais, 1 km³ = 1 bilhão de m³ = 810 milhões de acres-pé; 1000 m³ = 264.200 gal = 0,81 acre-pé. Para medidas menores, 1 m³ = 1000 L = 264,2 galões.

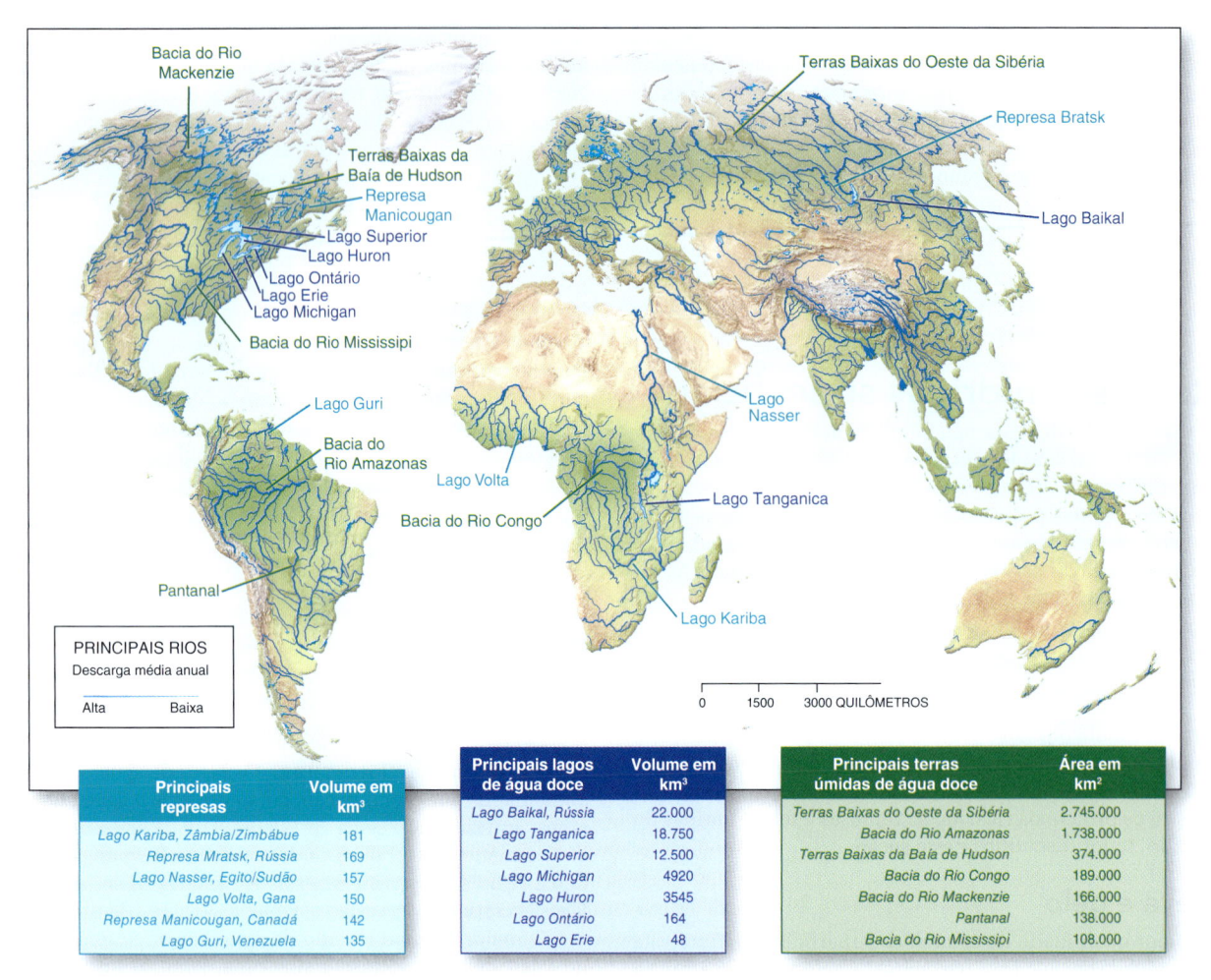

▲Figura 9.14 O principais rios, lagos e terras úmidas do planeta. Os maiores volumes de vazão da Terra ocorrem nos trópicos e em suas adjacências, refletindo a chuva contínua associada à Zona de Convergência Intertropical (ZCIT). As regiões com vazão menor coincidem com os desertos subtropicais da Terra e os interiores dos continentes, especialmente na Ásia. [Adaptado de William E. McNulty, National Geographic Society, baseado em dados de USGS; World Wildlife Fund; Instituto Hidrológico Estatal, Rússia; Centro de Pesquisa de Sistemas Ambientais da Universidade de Kassel, Alemanha.]

Principais represas	Volume em km³
Lago Kariba, Zâmbia/Zimbábue	181
Represa Mratsk, Rússia	169
Lago Nasser, Egito/Sudão	157
Lago Volta, Gana	150
Represa Manicougan, Canadá	142
Lago Guri, Venezuela	135

Principais lagos de água doce	Volume em km³
Lago Baikal, Rússia	22.000
Lago Tanganica	18.750
Lago Superior	12.500
Lago Michigan	4920
Lago Huron	3545
Lago Ontário	164
Lago Erie	48

Principais terras úmidas de água doce	Área em km²
Terras Baixas do Oeste da Sibéria	2.745.000
Bacia do Rio Amazonas	1.738.000
Terras Baixas da Baía de Hudson	374.000
Bacia do Rio Congo	189.000
Bacia do Rio Mackenzie	166.000
Pantanal	138.000
Bacia do Rio Mississipi	108.000

Utah, o Lago Mono da Califórnia, os Mares Cáspio e Aral no sudoeste asiático e o Mar Morto, entre Israel e a Jordânia.

Efeitos da mudança climática sobre os lagos
O aumento da temperatura do ar está afetando lagos em todo o mundo. Alguns lagos estão com seus níveis de água subindo devido ao derretimento do gelo glacial; outros estão com seus níveis descendo em decorrência de secas e altas taxas de evaporação. Verões mais longos e quentes alteram a estrutura térmica dos lagos, bloqueando a mistura que normalmente acontece entre águas profundas e superficiais. O Lago Tahoe, na cordilheira da Sierra Neva (na divisa entre Califórnia e Nevada), está esquentando cerca de 1,3°C por década. A taxa de aquecimento é mais alta nos 10 m superiores, e a mistura desacelerou. Espécies exóticas e invasivas, como o achigã, a carpa e a amêijoa-asiática, estão se proliferando nos lagos em aquecimento, enquanto que as espécies de água gelada rareiam.

No leste da África, o Lago Tanganica é cercado por estimados 10 milhões de pessoas, onde a maioria depende da população de peixes (especialmente sardinhas de água doce) para se alimentar. As temperaturas atuais da água subiram até 26°C, a maior em um registro climático de 1500 anos observados em testemunhos de sedimentos do lago. A mistura de águas superficiais e profundas é necessária para repor os nutrientes nos 200 m superiores do lago, onde as sardinhas habitam. Com a desaceleração ou interrupção da mistura, os cientistas temem que as populações de peixes continuem diminuindo.

Energia hidrelétrica
Os lagos feitos pelo ser humano são geralmente chamados de *represas*, embora o termo *lago* costume aparecer em seu nome. Barragens construídas em rios resultam na formação de represas a montante; o volume total mundial dessas represas é estimado em 5000 km³. A maior represa do mundo (em volume) é o Lago Kariba, na África, formado pela Barragem Kariba no Rio Zambezi, na fronteira entre Zâmbia e Zimbábue. A terceira e a quarta maior também ficam na África (Figura 9.14). A maior represa dos EUA é o Lago Mead, no Rio Colorado, discutido no *Estudo Específico* 9.1.

Embora controle de enchentes e armazenamento de água sejam duas finalidades básicas da construção de uma barragem, um benefício associado é a geração de energia. A energia hidrelétrica, ou **energia hídrica**, é a eletricidade gerada pela força da água em movimento. Atualmente, a energia hídrica abastece quase um quinto da eletricidade do mundo, sendo a fonte de energia renovável mais utilizada. Entretanto, como depende da precipitação, a energia hídrica é altamente volúvel de mês para mês e de ano para ano.

A China é o maior produtor mundial de energia hídrica. A Barragem das Três Gargantas, no Rio Yangtzé, China, tem 2,3 km de comprimento e 185 m de altura, o que faz dela a maior barragem do mundo em tamanho geral, incluindo todas as construções relacionadas no local (Figura 9.15). Cidades inteiras foram realojadas (incluindo mais de 1,2 milhão de pessoas) para abrir espaço para a represa de 600 km de comprimento a montante da barragem. A imensa dimensão dos prejuízos ambientais, históricos e culturais associados ao projeto foi tema de grande controvérsia. Benefícios advindos do projeto incluem controle de enchentes, armazenamento de água para distribuição e geração de energia elétrica, com capacidade de 22.000 MW. Em outubro de 2012, a represa foi cheia até a sua capacidade projetada; entretanto, a poluição da água e os deslizamentos de terra junto às margens da represa podem forçar o realojamento de mais 300.000 pessoas.

Nos Estados Unidos, em 2011, a energia hídrica totalizava 8% da geração elétrica total e 50% da geração elétrica no noroeste do Pacífico. A Barragem Grand Coulee, no Rio Columbia, é a quinta maior usina hidrelétrica do mundo e a maior dos Estados Unidos. A energia da barragem é comercializada pela Bonneville Power Administration, que vende

(a) A Barragem das Três Gargantas no Rio Yangtzé, China, que custou US$ 25 bilhões.

(b) A imagem de satélite mostra a represa e o canal de navegação.

▲Figura 9.15 **Barragem principal da China.** [(a) John Henshall/Alamy (b) *Terra* ASTER, NASA/GSFC/MITI/ERSDAC/JAROS.]

Estudo Específico 9.1 Mudança climática
O Rio Colorado: um sistema fora de equilíbrio

O recurso hídrico mais importante do sudoeste dos EUA é o Rio Colorado e seus tributários. Esse *rio exótico* – assim chamado porque, embora suas cabeceiras se situem em uma região de excedente de água, ele corre por terras em maior parte áridas – viaja quase 2317 km em direção sudoeste até o mar. A precipitação orográfica, totalizando 102 cm por ano, ocorre principalmente como neve nas Montanhas Rochosas, alimentando as cabeceiras do Rio Colorado no Parque Nacional das Montanhas Rochosas (Figura 9.1.1a). Porém, em Yuma, Arizona, próximo ao final do rio, a precipitação anual é de apenas 8,9 cm, uma quantidade extremamente baixa comparada à alta demanda anual de evapotranspiração potencial na região de Yuma (140 cm).

Vindo de sua fonte úmida, o Rio Colorado derrama-se nos climas secos do Colorado ocidental e Utah oriental (Figura 9.1.1b), onde o rio segue correndo até o Lago Powell, a represa atrás da Barragem do Canion Glen (Figura 9.1.1c), atravessando então o Grand Canyon. O rio se volta então para o sul, marcando seus últimos 644 km como a fronteira entre Arizona e Califórnia. Ao longo desse trecho está a Represa Hoover e a represa de grande volume do Lago Mead, a leste de Las Vegas (Figura 9.1.1d); a Represa Davis, construída para controlar as descargas da Barragem Hoover (Figura 9.1.1e); a Represa Parker, para as necessidades de abastecimento de água de Los Angeles; três outras represas para água de irrigação (Palo Verde, Imperial e Laguna, Figura 9.1.1f); e, finalmente, a Represa Morelos na fronteira mexicana. O México possui o final do rio e o que dele restar de água. Hidrologicamente exaurido, o rio raramente entra no México, terminando como um fio d'água alguns quilômetros antes de atingir sua antiga foz no Golfo da Califórnia (Figura 9.1.1g).

A Figura 9.1.1h mostra a vazão anual e a carga de sedimentos em suspensão do Rio Colorado em Yuma, Arizona, de 1905 a 1964. A conclusão da Represa Hoover, na década de 1930, reduziu drasticamente a água e os sedimentos em Yuma; barragens adicionais nos anos seguintes reduziram tanto a vazão quanto os sedimentos a praticamente zero no meio dos anos 1960 (os efeitos da redução de sedimentos nos rios abaixo das barragens são discutidos no Capítulo 15).

No total, a bacia do rio compreende 641.025 km², abrangendo partes de sete estados e dois países. Entre 2011 e 2012, Utah, Nevada, Colorado e Arizona foram classificados entre quarto e oitavo estados de crescimento mais rápido nos EUA em termos de população. As áreas urbanas de rápida expansão de Las Vegas, Phoenix, Tucson, Denver, San Diego e Albuquerque dependem todas da água do Rio Colorado, que abastece aproximadamente 30 milhões de pessoas em sete estados. O Rio Colorado desempenhou um papel crucial na história do sudoeste e terá uma função determinante no futuro dessa região assolada por secas.

A divisão da água represada do Colorado

John Wesley Powell (1834-1902) foi o primeiro euro-americano, segundo registros, a navegar com sucesso o Rio Colorado através do Grand Canyon. Powell percebeu que o desafio de povoar o Oeste era grande demais para esforços individuais e acreditou que problemas como disponibilidade de água somente poderiam ser resolvidos por meio de esforços cooperativos privados. Seu estudo de 1878 (reimpresso em 1962), *Report of the Lands of the Arid Region of the United States* (*Relatório sobre as terras da região árida dos Estados Unidos*), é um marco da preservação.

Hoje, Powell provavelmente estaria cético quanto à intervenção de órgãos governamentais para construir projetos de recuperação em grande escala. Um relato curioso no livro de Wallace Stegner, *Beyond the Hundredth Meridian* (*Além do centésimo meridiano*), fala de uma conferência internacional de irrigação em 1893 realizada em Los Angeles, na qual representantes com foco no desenvolvimento vangloriaram-se de que todo o Oeste poderia ser conquistado e resgatado da natureza e que a "chuva certamente seguirá o arado". Powell falou contra essa impressão: "Digo aos senhores que estão acumulando uma herança de conflito e litígio sobre os direitos da água, pois não há água suficiente para abastecer a terra"*. Ele saiu da sala sob vaias, mas a história mostrou que Powell estava correto.

O Acordo do Rio Colorado foi assinado em 1923 por seis dos sete estados da bacia. (O sétimo, Arizona, assinou em 1944, o mesmo ano em que os Estados Unidos assinaram o Tratado de Águas do México.) Com esse acordo, a bacia do Rio Colorado foi dividida em uma bacia superior e uma bacia inferior, arbitrariamente separadas

_____
*W. Stegner, *Beyond the Hundredth Meridian* (Boston, MA: Houghton Mifflin, 1954), p. 343.

por propósitos administrativos em Lees Ferry, próximo à fronteira entre Utah e Arizona (Figura 9.1.1). Em 1928, o Congresso autorizou a Barragem Hoover como o primeiro grande projeto de recuperação e o Canal All-American para levar água de irrigação ao Vale Imperial, o que exigiu a Barragem Imperial para desviar água até o canal. Los Angeles então iniciou seu projeto para trazer a água do Rio Colorado 390 km de outra represa e reservatório no rio para a cidade.

Após a construção da Barragem Hoover, que garantiu proteção contra enchentes para os recursos a jusante, os demais projetos foram rapidamente concluídos. Hoje há oito grandes represas e diversos canais e desvios em operação. O esforço mais recente para redistribuir a água do Rio Colorado foi o Projeto Arizona Central, que transporta água para a área de Phoenix (Figura 9.16).

Vazões fluviais altamente variáveis

A falha mais notável de planejamento de longo prazo e distribuição de água no sistema do Rio Colorado está relacionada à vazão altamente variável do rio, típica de cursos d'água exóticos. Por exemplo, em 1917, a vazão anual medida em Lees Ferry totalizou 24 milhões de acres-pé (maf), enquanto que em 1934 caiu quase 80%, chegando a apenas 5,03 maf. Em 1977, a vazão sofreu nova redução para 5,02 maf, mas em 1984 ela subiu para um valor recorde de 24,5 maf. Embora a medição da vazão nesse local também reflita retiradas de água a montante para uso humano, a conexão geral entre variabilidade de fluxo e clima é aparente.

O período entre 2000 e 2010 marcou a menor média de vazão em dez anos em todo o registro de 103 anos, com 2002 caindo até uma baixa recorde de 3,1 maf. Em setembro de 2010, o nível do Lago Mead atrás da Barragem Hoover caiu até 330 m, muito abaixo da capacidade plena de 375 m que a represa atingira em julho de 1983.

O governo baseou os termos do Acordo do Rio Colorado nas vazões anuais médias do rio de 1914 até a assinatura do acordo, em 1923 – uma alta excepcional, de 18,8 maf. Essa quantidade era percebida como sendo mais que suficiente para abastecer as bacias superiores e inferiores, cada uma devendo receber 7,5 maf e, posteriormente, cabendo ao México 1,5 maf (nos termos do Tratado das Águas do México, de 1944).

Será que o planejamento de longo prazo deveria ser baseado em dados de um período tão curto quando se trata de um

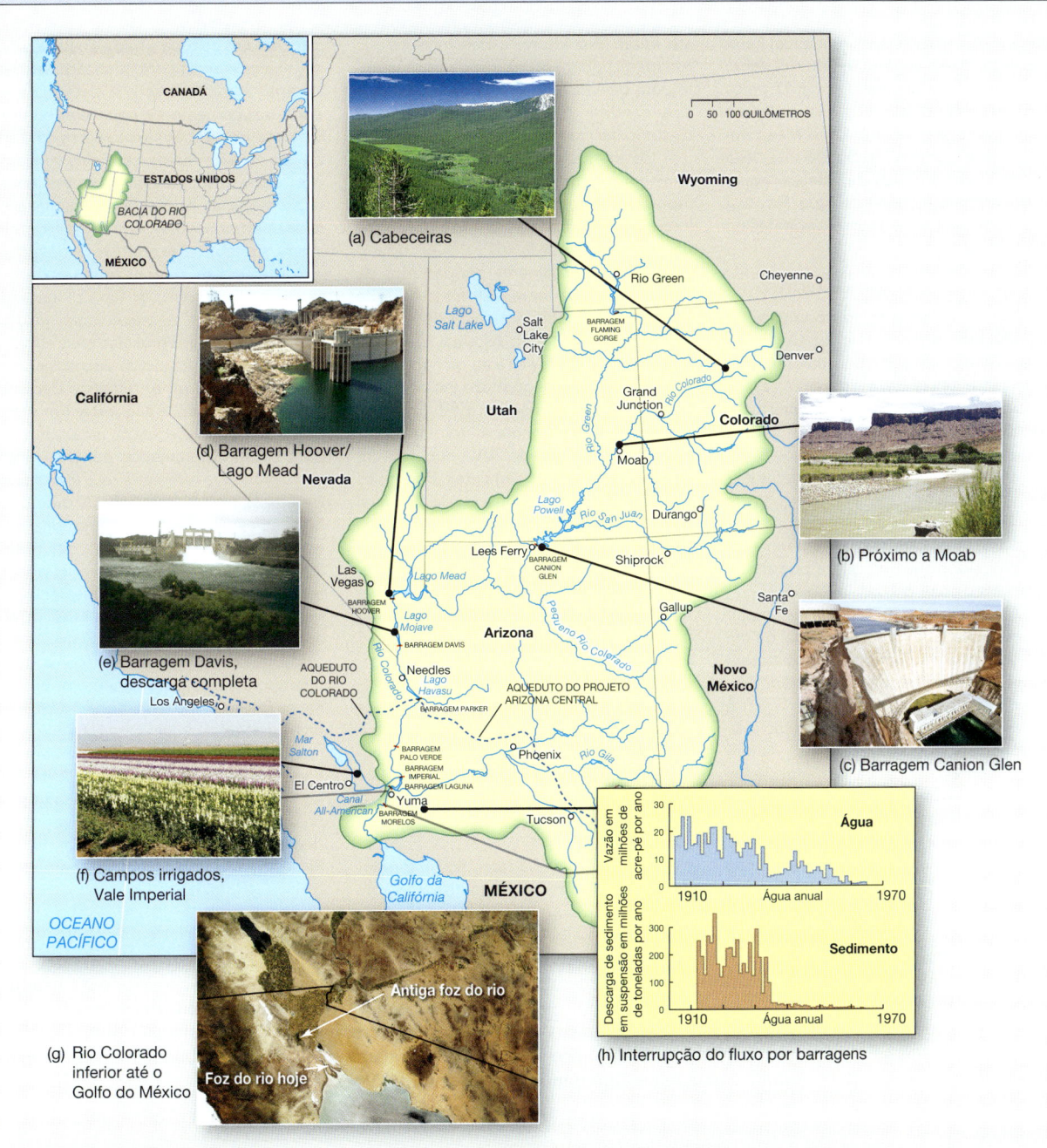

▲**Figura 9.1.1 A bacia de drenagem do Rio Colorado.** A bacia do Rio Colorado é dividida nas bacias superior e inferior próximo a Lees Ferry, norte do Arizona. [(a), (c), (d), (f) Bobbé Christopherson. (b), (e) Autor. (g) Imagem do *Terra*, NASA/GSFC. (h) Dados de USGS, *National Water Summary 1984*, Water Supply Paper 2275, p. 55.]

rio de vazão altamente variável? Reconstituições climáticas dos últimos 1000 anos, aproximadamente, sugerem que a única outra vez em que o fluxo do Rio Colorado esteve tão alto quanto o nível entre 1914-1923 foi entre 1606 e 1625. A tendência geral mostra que o período de 1900-2000 teve vazões regularmente mais altas do que qualquer outro intervalo dos últimos 500 anos. Desde então, os planejadores comumente superestimaram os fluxos de corrente, uma situação que criou episódios de escassez quando a demanda supera o suprimento no balanço hídrico.

Os sete estados desejam ter direitos sobre a água do Rio Colorado que, no total, somam até 25,0 maf por ano. Quando adicionado à garantia ao México, esse valor

(continua)

◊ Estudo Específico 9.1 (continuação)

chega a 26,5 maf de demanda anual (muito mais do que a capacidade do rio). Além disso, um tratado assinado em 2012 pelos EUA e pelo México concede a este o direito de armazenagem sobre o Lago Mead em épocas de excedente, embora o país deva abrir mão dos direitos de armazenagem em períodos de escassez de água. Na atual seca no oeste, não existem excedentes no balanço hídrico do rio.

A seca atual e o balanço hídrico

De 2000 até o presente, há condições de seca afetando o sistema do Rio Colorado. A seca atual é causada por maiores temperaturas e taxas de evaporação, assim como por menor cobertura de neve nas montanhas e degelo precoce na primavera. Conforme os registros regionais de anéis de crescimento de árvores, nove secas afetaram o sudoeste norte-americano desde 1226. Entretanto, a estiagem atual é a primeira a ocorrer com demandas humanas crescentes por água, já que a população continua a crescer em toda a região.

Ainda investiga-se se essa seca é parte da variabilidade climática natural ou um sinal de mudança climática. Dados meteorológicos e modelos computadorizados sugerem que a seca está diretamente ligada à expansão de sistemas de alta pressão subtropicais para latitudes mais altas, em função da mudança climática. As variações de temperatura e umidade associadas a essas mudanças climáticas levaram os cientistas a considerar que esta é uma mudança do *clima médio permanente* da região, e não uma seca, como ela vinha sendo descrita até então. No futuro, a palavra *seca* (ou *estiagem*) poderá ser reservada estritamente para déficits hídricos maiores do que a nova condição climática, mais seco do que o estado básico regional.

Os efeitos da seca prolongada evidenciam-se nos níveis decrescentes das represas em todo o sistema do Rio Colorado. Essas represas armazenam água para compensar os fluxos variáveis do Rio Colorado, especialmente em períodos de seca. As maiores represas – Lago Mead e Lago Powell – totalizam cerca de 80% da armazenagem total do sistema. O influxo de água no Lago Powell está menor do que 1/3 da média de longo prazo (no ano mais baixo, 2002, foi de apenas 25%). Os níveis das represas do sistema atingiram baixas recorde na metade de 2010, subindo um pouco nos dois anos seguintes. Porém, os cientistas concordam a tendência geral de redução da precipitação de neve e seca contínua permanecerá.

Engenheiros estimam que seriam necessários 13 invernos de cobertura de neve normal nas Montanhas Rochosas e precipitação normal em toda a bacia para "zerar" o sistema. Isso é muito mais do que foi necessário nas recuperações de secas anteriores, devido à maior evaporação associada aos aumentos das temperaturas em todo o sudoeste e do maior uso de água pelos humanos. Estimativas para o período pós-2016 deixam as chances de vazão excedente no Rio Colorado em qualquer ano em apenas 20%.

Em 2007, o Departamento do Interior dos EUA assinou um acordo histórico com *stakeholders* de toda a bacia do Rio Colorado, fixando regras para lidar com escassez de água durante a seca e determinando onde o suprimento de água será cortado. Esse acordo também fixou regras de distribuição de excedentes, caso eles venham a ocorrer de novo, e estimulou a implementação de iniciativas de preservação de água (acesse http://www.usbr.gov/lc/region/programs/strategies/RecordofDecision.pdf).

Claramente, as práticas atuais de gestão hídrica no sistema do Rio Colorado não são sustentáveis. A preservação (uso de menos água) e eficiência (uso mais eficaz da água) só hoje estão sendo discutidas como maneiras de reduzir a tremenda demanda por água em todo o sudoeste. Por exemplo, o sul do Nevada lançou uma campanha para substituir gramados por paisagismo com xerófitas resistentes à seca (paisagismo desértico); porém, com 150.000 quartos de hotel no estado, seria de se questionar a escolha de estratégia. Las Vegas, que recebe 90% de sua água do Rio Colorado, poderia reduzir o uso em 30% simplesmente exigindo de hotéis e residências instalações e aparelhos eficientes em água.

Limitar ou interromper construções metropolitanas e o crescimento populacional na Bacia do Rio Colorado não faz parte das estratégias atuais para diminuir a demanda. O foco persiste no suprimento de água. Podemos imaginar o que John Wesley Powell pensaria se estivesse vivo hoje para testemunhar essas tentativas desordenadas de controlar o poderoso e variável Rio Colorado. Ele previu tal "herança de conflitos e litígios".

---

eletricidade de 31 usinas hidrelétricas de operação federal na bacia do Rio Columbia.

No sudeste dos EUA, a Tennessee Valley Authority opera 29 barragens e unidades hidrelétricas no Vale do Tennessee. No sudoeste, o Rio Colorado é uma fonte importante de energia hidrelétrica; o *Estudo Específico* 9.1 examina os impactos de diversos projetos hídricos (muitos deles unidades hidrelétricas) sobre esse sistema fluvial que está sendo desgastado pela mudança climática e pelo aumento das demandas por água.

GEOrelatório 9.3 O Satélite GRACE possibilita medições da água subterrânea

A água subterrânea é um recurso difícil de estudar e medir, uma vez que fica escondida embaixo da superfície terrestre. Em 2002, a NASA lançou seus satélites do Experimento de Recuperação Gravitacional e Clima (*GRACE*) a fim de medir o campo gravitacional da Terra pelo registro de alterações mínimas associadas a mudanças na massa da Terra. Atualmente, os cientistas estão usando os dados do *GRACE* para estudar alterações no armazenamento de água subterrânea em terra. Análises recentes revelam quedas nos lençóis freáticos do norte da Índia de até 33 cm entre 2002 e 2008, causadas quase exclusivamente pelo uso humano, que está consumindo o recurso mais rapidamente do que pode repô-lo. No Oriente Médio, os dados do *GRACE* mostram que os volumes das represas despencaram, e os cientistas atribuem a causa ao bombeamento da água subterrânea pelos humanos. O *GRACE* deu aos cientistas uma "régua no céu" para acompanhar as alterações da água subterrânea, proporcionando informações que podem se mostrar cruciais para dar início à conservação de água nessas regiões.

Nos Estados Unidos, já foram construídas represas nas localidades com maior potencial para barragens, com diversos danos para os ambientes fluviais. Muitos dos maiores projetos hidrelétricos estão velhos, e a produção geral de energia elétrica está caindo. O Capítulo 14 examina os efeitos ambientais das barragens e represas sobre os ecossistemas fluviais e informa sobre recentes remoções de barragens. Em escala global, contudo, a energia hídrica está crescendo; só no Brasil, vários projetos grandes estão sendo propostos e construídos.

Projetos de transferência de água A transferência de água por longas distâncias em tubulações e aquedutos é especialmente importante nas regiões secas, onde os recursos hídricos mais confiáveis ficam longe dos centros populacionais. O California Water Project é um sistema de represas de armazenamento, aquedutos e unidades de bombeamento que rearranjam o balanço hídrico do estado: a distribuição da água no tempo é alterada retendo-se o escoamento de inverno para liberação no verão, e a distribuição da água no espaço é alterada bombeando-se água da parte norte para a parte sul do estado. Concluído em 1971, o Aqueduto da Califórnia, com 1207 km de extensão, é um "rio" que escoa do delta do Rio Sacramento para a região de Los Angeles. No seu trajeto, atende à agricultura irrigada no Vale San Joaquin. O Central Arizona Project, mais um sistema de aquedutos, movimenta água do Rio Colorado para as cidades de Phoenix e Tucson (Figura 9.16).

Atualmente, a China está construindo uma imensa infraestrutura de canais de transferência para conduzir água para as regiões setentrionais industrializadas do país. Com meta de conclusão para 2050, o projeto construirá três grandes desvios para ligar quatro grandes rios, deslocando centenas de milhares de pessoas.

Terras úmidas

Uma **terra úmida** é uma área que está permanente ou sazonalmente saturada de água, caracterizada por vegetação adaptada a solos *hídricos* (solos saturados por tempo o bastante para desenvolver condições anaeróbicas, isto é, sem oxigênio). A água encontrada nas terras úmidas pode ser doce ou salgada (o Capítulo 16 fala sobre terras úmidas de água salgada). Charcos, pântanos, brejos e turfeiras (áreas alagadas compostas de turfa, vegetação parcialmente decomposta) são tipos de terras úmidas de água doce que se verificam em todo o mundo junto a canais fluviais e margens de rios, em depressões de superfície, como caldeirões nas pradarias da região das Grandes Planícies dos EUA, e nas regiões frias, de terras baixas e de alta latitude do Canadá, do Alasca e da Sibéria. A Figura 9.14 mostra a distribuição global das terras úmidas.

Terras úmidas extensas são fontes importantes de água doce e recarga do suprimento de água subterrânea. Quando os rios transbordam, as terras úmidas absorvem e espalham as águas inundadas. Por exemplo, a planície de inundação do Rio Amazonas é uma importante terra úmida que armazena água e atenua as inundações no sistema fluvial – o rio e as terras úmidas associadas proveem cerca de um quinto da água doce que desemboca nos oceanos do mundo. As terras úmidas também são importantes para melhorar a qualidade da água, retendo sedimentos e removendo nutrientes e poluentes. E de fato, terras úmidas artificiais estão sendo cada vez mais usadas para purificar água em todo o mundo. (Vide Capítulo 19 para mais sobre terras úmidas de água doce.)

▲**Figura 9.16 O Projeto Arizona Central.** Um canal do Projeto Arizona Central transporta água pelo deserto a oeste de Phoenix. [Projeto Arizona Central.]

Recursos hídricos subterrâneos

Embora a **água subterrânea** fique abaixo da superfície, além da zona de umidade do solo e do alcance da maioria das raízes, ela é uma parte importante do ciclo hidrológico. Na verdade, ela constitui a maior fonte potencial de água doce do planeta – maior do que todos os lagos e cursos d'água superficiais combinados. No mundo inteiro, na região que vai da zona de umidade do solo até uma profundidade de 4 km, há um total de 8.340.000 km³ de água, um volume comparável a 70 vezes todos os lagos de água doce do mundo. A água subterrânea não é uma fonte independente de água: ela está ligada aos suprimentos em superfície por meio dos poros do solo e das rochas. Uma consideração importante para muitas regiões é que o acúmulo de água subterrânea tenha ocorrido durante milhões de anos. Desta maneira, cuidados devem ser tomados para não esgotar esse acúmulo de longo prazo com as excessivas demandas de curto prazo.

A água subterrânea provê cerca de 80% da água de irrigação agrícola do mundo e cerca de metade da água potável mundial. Ela geralmente não contém sedimentos, cor e organismos patológicos; contudo, águas subterrâneas poluídas são consideradas irreversíveis. Quando ocorre poluição da água subterrânea, isso ameaça a qualidade da água. O consumo excessivo é outro problema, fazendo uso do volume de água subterrânea em quantidades além das taxas de reposição natural e ameaçando, assim, a segurança alimentar global.

Aproximadamente 50% da população norte-americana captam uma porção da sua água potável de mananciais subterrâneos. Em alguns estados, como Nebraska, águas subterrâneas suprem 85% das demandas hídricas, alcançando até 100% nas zonas rurais. Entre 1950 e 2000, a retirada anual de água subterrânea nos Estados Unidos e no Canadá aumentou mais do que 150%. A Figura 9.17 apresenta o potencial dos recursos hídricos subterrâneos em ambos os países. Para as últimas pesquisas sobre os recursos de águas subterrâneas dos EUA, acesse http://water.usgs.gov/ogw/gwrp/; para mapas e dados, acesse http://groundwaterwatch.usgs.gov/.

O ambiente da água subterrânea

A seção *Geossistemas em Ação*, Figura GEA 9.1, reúne muitos conceitos de água subterrânea em uma única ilustração. Siga os 13 números da ilustração GEA ao ler sobre cada parte do ambiente da água subterrânea.

A precipitação é a principal fonte da água subterrânea, percolando como água gravitacional a partir da zona de umidade do solo. Essa água passa pela **zona de aeração**, na qual solo e rocha estão menos que saturados (alguns poros contêm ar), uma área também chamada de *zona insaturada* (GEA número 1).

Por fim, a água gravitacional acumula-se na **zona de saturação**, onde os poros ficam completamente cheios de água (GEA número 2). Similar a uma esponja rígida, feita de areia, cascalho e rocha, a zona de saturação armazena água nos seus incontáveis poros e espaços vazios. Ela é limitada no fundo por uma camada impermeável de rocha que obstrui o movimento adicional de água descendente. O limite superior da zona de saturação é o **lençol freático**, o ponto de transição entre a zona de aeração e a zona de saturação (observe as linhas tracejadas brancas que cortam a Figura GEA 9.1). A inclinação do lençol freático, que geralmente

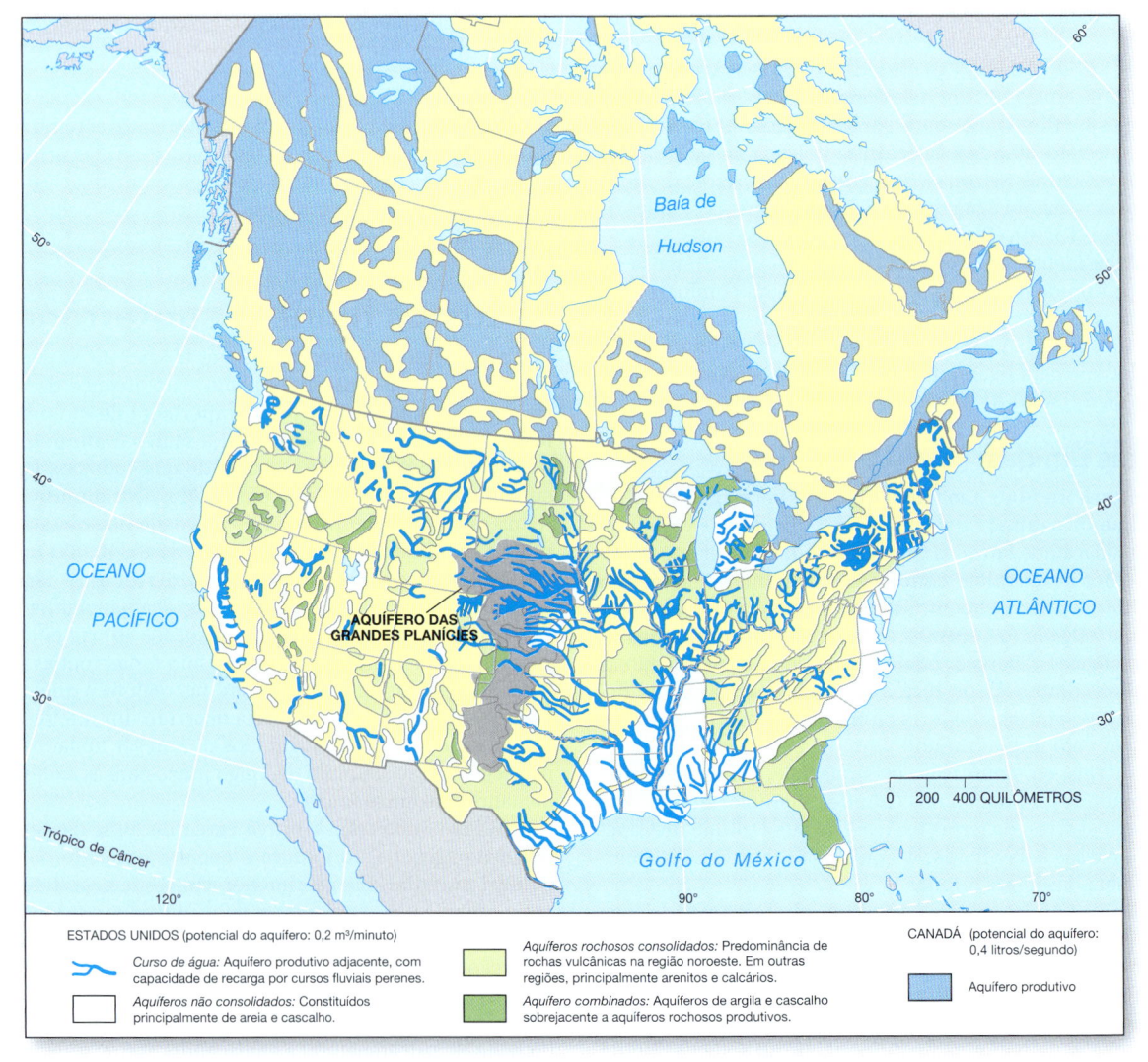

▲**Figura 9.17 O potencial do recurso de água subterrânea para Estados Unidos e Canadá.** As áreas dos Estados Unidos assinaladas em azul-escuro possuem aquíferos produtivos que são capazes de produzir água potável de poços com a vazão de 0,2 m³/min ou mais (para o Canadá, 0,4 l/s). [Cortesia do Water Resources Council para os Estados Unidos e do Inquiry on Federal Water Policy para o Canadá.]

segue os contornos da superfície da terra, dirige o movimento da água subterrânea para áreas de menor elevação e menor pressão (GEA número 3).

Aquíferos e poços Como discutido anteriormente, rochas ou materiais permeáveis conduzem água imediatamente, ao passo que rocha impermeável obstrui o fluxo de água. Um **aquífero** é uma camada subsuperficial de rocha permeável ou materiais não consolidados (silte, areia ou cascalho) pelo qual a água subterrânea corre em quantidades suficientes para poços e fontes. A área subterrânea azul na Figura GEA 9.1 é um aquífero não confinado; observe os poços de água no lado esquerdo. Um **aquífero não confinado** possui uma camada permeável em cima, que permite a passagem de água, e uma camada impermeável embaixo (GEA número 4). Um **aquífero confinado** é limitado em cima e embaixo por camadas impermeáveis de rocha ou materiais não consolidados (GEA número 9). A camada sólida e impermeável que forma esse limite é chamada de *aquiclude*. Um *aquitardo* é uma camada que possui baixa permeabilidade, mas não conduz água em quantidades utilizáveis. A zona de saturação pode incluir a porção saturada do aquífero e uma parte do aquiclude subjacente (GEA número 7).

Os humanos normalmente extraem água subterrânea usando poços perfurados verticalmente no chão até que se penetre no lençol freático. Perfuração rasa produz um "poço seco" (GEA número 6); perfuração profunda demais atravessa o aquífero e entra na camada impermeável abaixo, o que também gera pouca água. A água de um poço perfurado em um aquífero não confinado não tem pressão, devendo portanto ser bombeada para subir acima do lençol freático (GEA número 5). Em contraste, a água em um aquífero confinado está sob a pressão do seu próprio peso, criando um nível de pressão chamado de **superfície potenciométrica**, sob o qual a água sobe sozinha.

A superfície potenciométrica pode estar acima do nível do solo (GEA número 10). Sob esta condição, **água artesiana**, ou água subterrânea confinada sob pressão, pode subir dentro do poço e até mesmo fluir até a superfície sem bombeamento, se o topo do poço for mais baixo que a superfície potenciométrica (GEA número 11). (Esse tipo de poço é chamado de *artesiano* em referência à região de Artois, na França, onde é comum.) Em outros poços, no entanto, a pressão pode ser inadequada e, assim, a água artesiana deve ser bombeada pela distância que falta até a superfície.

O tamanho da *área de recarga do aquífero*, onde a água superficial se acumula e desce por percolação, é diferente em aquíferos confinados e não confinados. Em um aquífero não confinado, a área de recarga normalmente estende-se sobre todo o aquífero; a água simplesmente percola até o lençol freático. Contudo, em um aquífero confinado, a área de recarga é muito mais restrita. A poluição dessa área limitada provoca contaminação da água subterrânea; observe na Figura GEA 9.1, número 12, a poluição causada por vazamento da lagoa de descarte de rejeitos na área de recarga do aquífero, contaminando o poço próximo.

Água subterrânea na superfície Onde o lençol freático intersecta a superfície (GEA número 8), a água aflora na forma de fontes, riachos, lagos e terras úmidas. Fontes são comuns em ambientes cársticos, onde a água dissolve a rocha (mormente calcário) mediante processos químicos e corre pelo subterrâneo até encontrar uma saída para a superfície (discute-se o ambiente cárstico no Capítulo 14). Fontes quentes são comuns em ambientes vulcânicos, onde a água é aquecida no subsolo antes de emergir sob pressão na superfície. No sudoeste dos Estados Unidos, uma ciénega (termo em espanhol para *pântano*) é um charco onde a água subterrânea aflora à superfície.

A água subterrânea interage com o fluxo de corrente e fornece fluxo basal nos períodos secos em que não há escoamento. Inversamente, o fluxo de corrente complementa a água subterrânea em períodos de excedente de água. *Geossistemas em Ação* 9.2 ilustra a relação entre água superficial e fluxos superficiais em duas situações climáticas diferentes. Nos climas úmidos, o lençol freático é mais alto em elevação do que o canal da corrente e geralmente provê um fluxo basal contínuo para a corrente. Nesse ambiente, a corrente é *efluente*, pois recebe a água que emana do chão em volta. O Rio Mississipi é um exemplo clássico, entre muitos outros rios e regiões úmidas. Nos climas secos, o lençol freático fica abaixo da corrente, criando condições *influentes*, em que o fluxo da corrente alimenta a água subterrânea, sustentando vegetação de raízes profundas junto ao rio. O Rio Colorado e o Rio Grande, da região oeste dos Estados Unidos, são exemplos de rios influentes.

Quando o lençol freático cai tanto que o fundo do leito fluvial não está mais em contato com ele, o fluxo do rio infiltra-se para dentro do aquífero. No centro e oeste do Kansas, o canal do Rio Arkansas hoje está seco como resultado do uso excessivo do Aquífero das Grandes Planícies (vide foto na Figura GEA 9.2).

Sobreuso de águas subterrâneas

À medida que a água é bombeada de um poço, o nível de um aquífero não confinado pode apresentar um **rebaixamento**, ou depressão de seu nível. O rebaixamento ocorre se a intensidade da retirada d'água excede o fluxo da recarga do aquífero ou o fluxo horizontal em torno do poço. A depressão resultante do lençol freático em torno do poço é um **cone de depressão** (Figura GEA 9.1, lado esquerdo).

Um problema a mais surge quando os aquíferos são excessivamente bombeados próximo ao oceano ou litoral. Na costa, a água subterrânea doce e a água marinha salgada estabelecem uma interface natural, ou *superfície de contato*, com a água doce, menos densa, correndo por cima. A retirada excessiva da água doce pode fazer essa interface migrar continente adentro. Em consequência, os poços perto da orla contaminam-se com água salgada, e o aquífero é inutilizado como fonte de água doce (GEA número 13). O bombeamento de água doce de volta ao aquífero pode conter a intrusão da água marinha; contudo, uma vez contaminado, é difícil recuperar o aquífero.

Exploração de água subterrânea A utilização dos aquíferos além das suas capacidades de vazão e recarga é conhecida como **extração de água subterrânea**. Nos Estados Unidos, a extração excessiva crônica de água subterrânea ocorre no meio-oeste, no oeste, no baixo Vale do Mississipi, na Flórida e na região intensamente cultivada de Palouse,

geossistemas em ação 9 — ÁGUA SUBTERRÂNEA

A *água subterrânea* forma-se quando a chuva e a neve derretida penetram no solo e se acumulam nos poros de um leito rochoso fraturado ou sedimento. GEA 9.1 mostra a estrutura dos depósitos de água subterrânea, chamados *aquíferos*, e ameaças a este recurso originadas de poluição e uso excessivo. GEA 9.2 mostra como a água subterrânea ajuda a manter a vazão das correntes.

Uma fonte artesiana em Manitoba, Canadá
[Gilles DeCruyenaere/Shutterstock]

9.1 O LENÇOL FREÁTICO E OS AQUÍFEROS

O *lençol freático* é um limite entre as zonas de aeração e saturação. Embaixo da zona de saturação, uma camada impermeável de rocha impede que a água desça ainda mais. Um *aquífero* contém água subterrânea armazenada na zona de saturação.

(1) Zona de aeração
Nesta camada, alguns espaços contêm ar.

(2) Zona de saturação
Nesta camada, a água preenche os espaços entre as partículas de areia, cascalho e rocha.

(3) Inclinação e fluxo
O lençol freático segue a inclinação da superfície de terra sobre ele. A água em um aquífero corre em direção às áreas de menor elevação e menor pressão. Uma coluna de água poluída vinda de sistemas sépticos ou aterros sanitários pode atravessar um aquífero, contaminando poços.

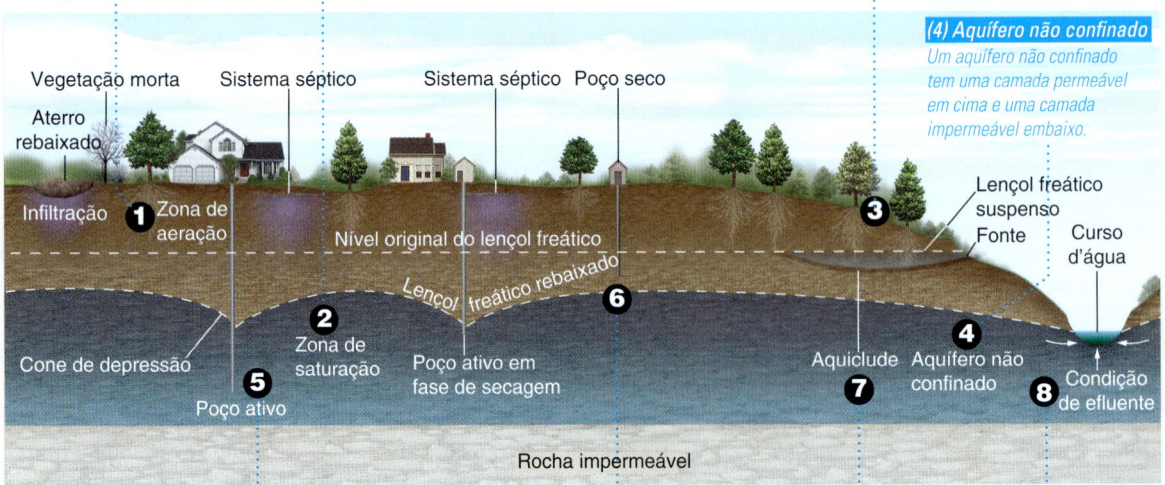

(4) Aquífero não confinado
Um aquífero não confinado tem uma camada permeável em cima e uma camada impermeável embaixo.

(5) Poços em um aquífero não confinado
A água de um aquífero não confinado não está sob pressão, devendo ser bombeada até a superfície.

(6) Poços secos e uso excessivo de aquíferos
Os poços bombeiam água subterrânea até a superfície, rebaixando o lençol freático. Uso excessivo, ou exploração de água subterrânea, ocorre quando o rebaixamento excede a capacidade de recarga do aquífero. Tem-se um poço seco quando o poço não é perfurado fundo o suficiente ou se o lençol freático cai abaixo da profundidade do poço.

(7) Aquicludes e fontes
Um *aquiclude* é uma camada de rocha ou material não consolidado impermeável que impede que a água infiltre-se mais para baixo. *Fontes* formam-se onde o lençol freático suspenso faz intersecção com a superfície.

(8) Lençol freático na superfície
Cursos d'água, lagos e terras úmidas formam-se onde o lençol freático faz intersecção com a superfície.

Deduza: Em que direção a água corre neste aquífero? Como você sabe?

244

9.2 INTERAÇÃO DA ÁGUA SUBTERRÂNEA COM O FLUXO DE CORRENTE

Juntos, o escoamento e a água subterrânea fornecem a água que mantém os cursos d'água fluindo. Quando não ocorre escoamento, a água subterrânea pode manter o fluxo de corrente. Os diagramas mostram a relação entre o lençol freático e o fluxo de corrente em climas úmidos e secos.

Canal de rio seco, condições influentes
[Bobbé Christopherson]

Clima úmido – condições efluentes
O lençol freático está mais alto do que o canal fluvial, então a água corre do solo circundante para o rio.

Clima seco – condições influentes
O lençol freático está mais baixo do que o canal fluvial, então a água do cursos d'água corre para o subterrâneo.

(9) Aquífero confinado
Um aquífero confinado é delimitado em cima e embaixo por camadas impermeáveis (aquicludes).

(10) Superfície potenciométrica
A superfície potenciométrica é o nível até onde a água subterrânea sob pressão consegue subir por conta própria, podendo ser acima do nível da superfície.

(11) Poços artesianos
Água artesiana é água subterrânea em um aquífero confinado inclinado em que a água está sob pressão. Se a boca do poço ficar abaixo da superfície potenciométrica, a água artesiana pode subir dentro do poço e atingir a superfície sem bombeamento.

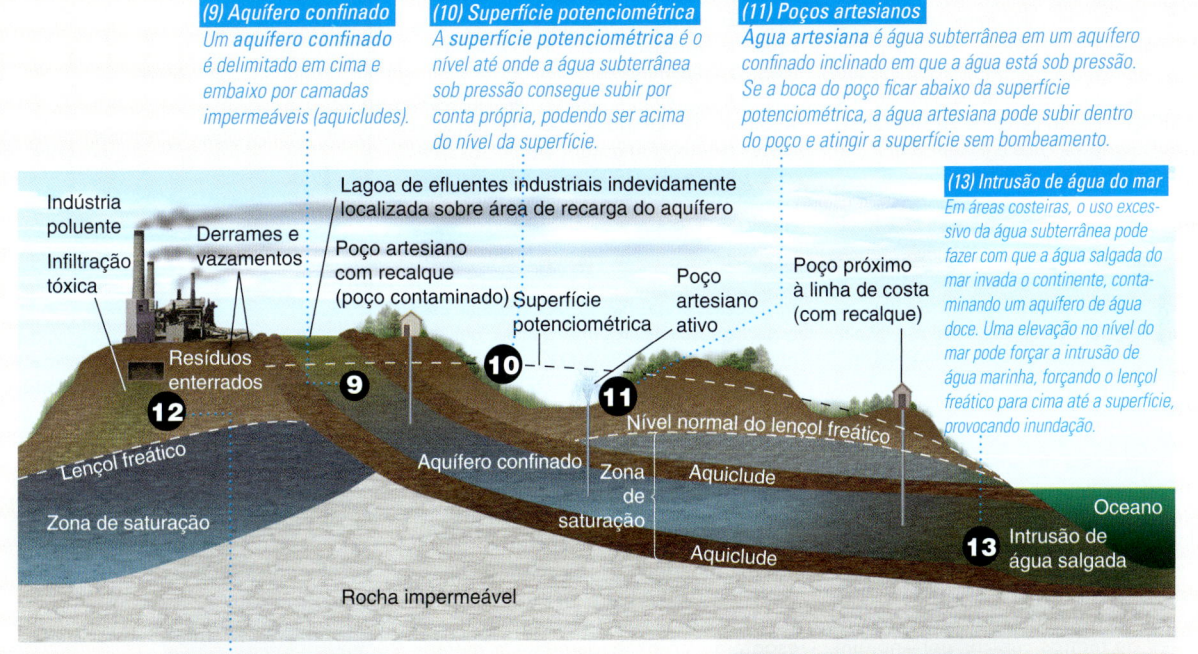

(13) Intrusão de água do mar
Em áreas costeiras, o uso excessivo da água subterrânea pode fazer com que a água salgada do mar invada o continente, contaminando um aquífero de água doce. Uma elevação no nível do mar pode forçar a intrusão de água marinha, forçando o lençol freático para cima até a superfície, provocando inundação.

(12) Poluição do aquífero
Em áreas industriais, derrames, vazamentos e descarte indevido de resíduos podem poluir a água subterrânea. Observe a localização imprópria da lagoa de descarte na área de recarga do aquífero.

Explique: Sugira medidas para evitar a poluição da água subterrânea.

Surgem fontes onde o lençol freático encontra-se com a superfície do solo (vide número 8 em GEA 9.1).
[holbox/Shutterstock.]

geossistemas em ação 9 — ÁGUA SUBTERRÂNEA

Ọ Estudo Específico 9.2 Recursos sustentáveis
Exploração excessiva do Aquífero das Grandes Planícies

O maior aquífero conhecido da América do Norte é o Aquífero das Grandes Planícies, que se estende sob uma área de 450.600 km² dividida por oito estados, indo da Dakota do Sul meridional até o Texas. Também conhecido como Aquífero Ogallala em função da principal unidade geológica que compõe o sistema, ele é composto primordialmente de areia e cascalho, com alguns depósitos de silte e argila. A espessura média das porções saturadas do aquífero é maior no Nebraska, sudoeste do Kansas e no Panhandle de Oklahoma (Figura 9.2.1). Em toda a região, a água subterrânea geralmente corre do leste para o oeste, descarregando em cursos d'água e fontes de superfície. A precipitação, que varia muito na região, é a principal fonte de recarga; a precipitação média anual varia de cerca de 30 cm, no sudoeste, a 60 cm, no nordeste. Condições de seca predominam em toda essa região desde 2000.

A extração pesada da água subterrânea das Grandes Planícies para fins de irrigação começou cerca de 70 anos atrás, intensificando-se após a II Guerra Mundial com a introdução da irrigação com pivô central, em que grandes máquinas circulares fornecem água para trigo, sorgo, algodão, milho e cerca de 40% dos cereais dados como ração ao gado nos Estados Unidos (Figura 9.2.2). O U. S. Geological Survey (USGS) iniciou em 1988 o monitoramento da exploração da água subterrânea, com amostragem de mais de 7 mil poços.

Hoje, o Aquífero das Grandes Planícies irriga cerca de um quinto de todas as terras agrícolas dos EUA, com mais de 160.000 poços fornecendo água para 5,7 milhões de hectares. O aquífero também provê água potável para quase 2 milhões de pessoas. Em 1980, a água foi bombeada do aquífero a uma velocidade de 26 bilhões de metros cúbicos por ano, um aumento de mais de 300% desde 1950. Em 2000, as retiradas haviam decrescido ligeiramente em função do menor rendimento dos poços e maior custo de bombeamento, o que levou ao abandono de milhares de poços.

O efeito total das retiradas de água subterrânea foi uma queda de mais de 30 m no lençol freático na maior parte da região. Durante a década de 1980, o lençol freático desceu uma média de 2 m por ano. No período que vai do pré-desenvolvimento (cerca de 1950) até 2011, o nível do lençol freático caiu mais de 45 m em partes do norte do Texas, onde a espessura saturada do aquífero atinge seu mínimo, e no oeste do Kansas (Figura 9.2.3). Níveis crescentes de água são observados no Nebraska e em pequenas áreas do Texas devido à recarga proveniente das águas de irrigação em superfície, um período de anos com precipitação acima da média e percolação de canais e represas. (Acesse http://ne.water.usgs.gov/ogw/hpwlms/.)

A USGS estima que a recuperação do Aquífero das Grandes Planícies (aquelas partes que não entraram em colapso) levaria pelo menos 1000 anos, se a extração das águas subterrâneas parasse hoje. Obviamente, bilhões de dólares de atividade agrícola não podem ser abruptamente encerrados, mas também a exploração irrestrita dessas águas não pode continuar. Essa questão suscita perguntas difíceis: qual é a melhor forma de gerenciar terras agrícolas? A irrigação extensiva pode continuar? A região pode continuar a cumprir a demanda da produção de commodities para a exportação? Devemos continuar a produção intensiva de determinadas culturas que apresentam excedentes de oferta?

Cientistas estão sugerindo que a agricultura irrigada é insustentável no sul da região das Grandes Planícies. As práticas de irrigação correntes, se continuadas, esgotarão aproximadamente a metade do Aquífero das Grandes Planícies (e dois

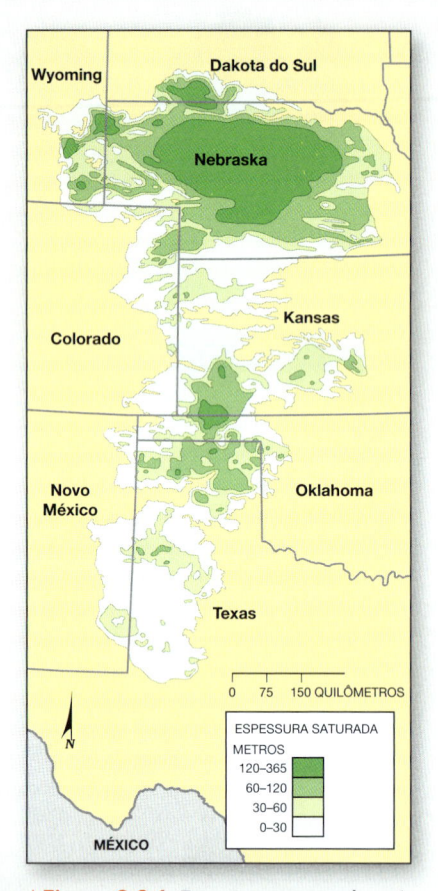

▲Figura 9.2.1 Espessura saturada média do Aquífero das Grandes Planícies. [Baseado em D. E. Kromm and S. E. White, "Interstate groundwater management preference differences: The High Plains region," *Journal of Geography* 86, no. 1 (January–February 1987): 5.]

no leste de Washington. Em muitos lugares, o lençol freático ou mesmo o nível da água artesiana foi rebaixado mais que 12 m. A exploração de água subterrânea é de especial preocupação no imenso Aquífero das Grandes Planícies, discutido no *Estudo Específico* 9.2.

Na Índia, quase a metade da demanda por água para irrigação e a metade da água utilizada pela indústria e pelos meios urbanos provêm das reservas subterrâneas. Nas áreas rurais, a água subterrânea fornece 80% da água de uso doméstico, a partir de, aproximadamente, 3 milhões de poços de bombas manuais. Em aproximadamente 20% dos distritos agrícolas da Índia, a exploração de águas subterrâneas está além da possibilidade de recarga, compreendendo cerca de 17 milhões de poços.

No Oriente Médio, o sobreuso da água subterrânea é ainda mais grave. Os recursos de água subterrânea sob a Arábia Saudita acumularam-se ao longo de dezenas de milhares de anos, formando "aquíferos fósseis", chamados assim porque recebem pouca ou nenhuma recarga no clima desértico hoje existente na região. Assim, as crescentes retiradas na Arábia Saudita não estão sendo naturalmente recarregadas – em essência, a água subterrânea

(a) Sistema de irrigação por pivô central rega um trigal.

(b) Cria-se um padrão de campos circulares de um quarto de seção com sistemas de irrigação por pivô central perto de Dalhart, Texas. Em cada campo, um braço pulverizador gira em torno de um centro, soltando cerca de 3 cm de água do Aquífero das Grandes Planícies por rotação.

▲**Figura 9.2.2 Irrigação por pivô central.** [(a) Gene Alexander, USDA/NRCS. (b) USDA National Agricultural Imagery Program, 2010.]

◄**Figura 9.2.3 Mudanças no nível do Aquífero das Grandes Planícies, de 1950 até 2011.** A escala de cores indica declínios generalizados e algumas áreas com aumento do nível d'água. [Adaptado de "Water-level and storage changes in the High Plains aquifer, predevelopment to 2011 and 2009–2011", por V. L. McGuire, USGS Scientific Investigations Report 2012–5291, 2013, Fig. 1; disponível em http://ne.water.usgs.gov/ogw/hpwlms/.]

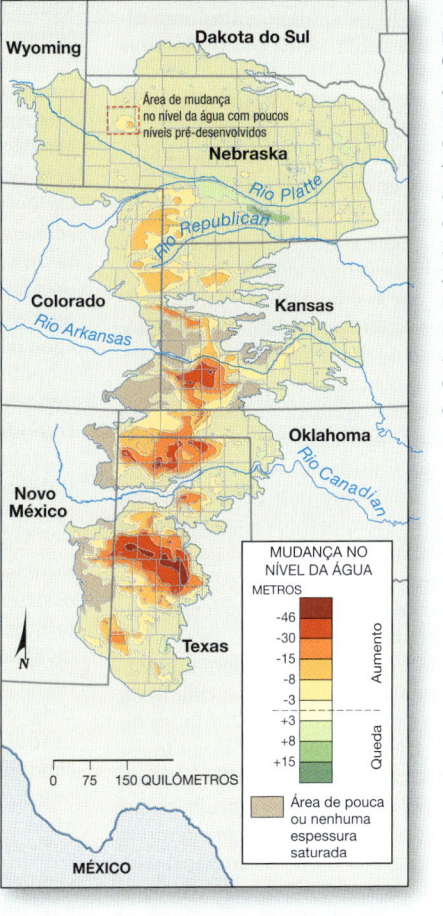

terços da porção do Texas) até o ano de 2020. No fim, os agricultores serão forçados a trocar para cultivos não irrigados, como sorgo, sendo que eles são mais vulneráveis a condições de seca (e também geram retornos econômicos menores). A esses números somam-se aproximadamente 10% de perda de umidade do solo devido ao aumento da demanda de evapotranspiração (projetada pelos modelos climáticos) relativa ao aquecimento global nessa região até 2050, o que dá uma ideia do grave problema regional de falta de água.

tornou-se um recurso não renovável. O suprimento de água da Líbia vem principalmente de aquíferos fósseis, alguns deles tendo 75.000 anos; um elaborado sistema de tubulação e reservatórios de armazenamento, ativo desde a década de 1980, disponibiliza essa água para a população do país. Alguns pesquisadores sugerem que a água subterrânea da região será esgotada em uma década, embora problemas de qualidade da água já sejam aparentes e estejam piorando. No Iêmen, o maior aquífero fóssil está chegando aos seus derradeiros anos de água passível de extração.

Dessalinização No Oriente Médio e em outras áreas com reservas decrescentes de água subterrânea, a **dessalinização** da água do mar é um método cada vez mais importante de se obter água doce. Os processos de dessalinização removem compostos orgânicos, detritos e salinidade da água do mar, da água salobra (ligeiramente salina) presente nas costas e da água subterrânea salina, gerando água potável para uso doméstico. Hoje há mais de 14.000 usinas de dessalinização em operação em todo o mundo; projeta-se que o volume de água doce produzida por dessalinização no mundo praticamente dobrará entre 2010 e 2020. Aproximadamente

50% de todas as usinas de dessalinização encontram-se no Oriente Médio; a maior do mundo é a Usina de Dessalinização de Jebel Ali, nos Emirados Árabes Unidos, capaz de produzir 300 milhões m³/ano de água. Na Arábia Saudita, atualmente 30 usinas de dessalinização atendem a 70% das necessidades de água potável do país, oferecendo uma alternativa à exploração da água subterrânea e a problemas com intrusão de água salgada.

Nos Estados Unidos, especialmente na Flórida e na costa do sul da Califórnia, a dessalinização está lentamente sendo mais utilizada. Ao redor de Tamba Bay-St. Petersburg, Flórida, o nível da água dos lagos e terras úmidas da região está caindo, e as superfícies terrestres estão descendendo com o aumento do rebaixamento da água subterrânea para exportar para as cidades. A usina de dessalinização de Tampa Bay foi concluída em 2008, após ser assolada por problemas financeiros e técnicos durante os 10 anos da sua construção. A usina atingiu as metas finais de desempenho para funcionamento em 2013, tornando-se plenamente operacional.

O Projeto de Dessalinização Carlsbad, que inclui uma usina de dessalinização e uma tubulação de fornecimento de água, próximo a San Diego, Califórnia, será o maior dos Estados Unidos quando for finalizado, em 2016. A usina usará *osmose reversa*, um processo que força a água através de membranas semipermeáveis a fim de separar os solutos (sais) do solvente (água), o que tem como resultado a remoção do sal e a geração de água doce (acesse http://carlsbad-desal.com/pipeline para mais informações).

A dessalinização de aquíferos salinos também aumentou no Texas na última década. Estima-se a quantidade de água subterrânea salobra sob a superfície em 2,7 bilhões de acres-pé, e já há 44 usinas de dessalinização explorando essas reservas (nenhuma das usinas dessaliniza água do mar). A maior das usinas fica em El Paso. Há mais projetos em progresso à medida que a rigorosa seca dos últimos tempos persiste no estado. As desvantagens da dessalinização são que o processo demanda intensa energia e é caro, e os sais concentrados precisam ser descartados de modo que não contaminem os suprimentos de água doce.

Aquíferos em colapso Um possível efeito de se remover água de um aquífero é que o solo perde seu suporte interno e desaba como resultado (lembre-se de que os aquíferos são camadas de rocha ou material não consolidado). A água que preenche os espaços porosos não é comprimível, fortalecendo, portanto, a resistência estrutural da rocha ou dos outros materiais. Se a água for removida por meio do bombeamento, o ar se infiltra nos poros da rocha. O ar, facilmente comprimível, e a enorme massa rochosa sobrejacente podem esmagar o aquífero. Na superfície, alguns dos resultados mais visíveis podem ser subsidência do relevo, rachaduras nas fundações de obras civis e alterações na drenagem superficial.

Em Houston, Texas, a remoção de águas subterrâneas e petróleo causou uma subsidência de mais de 3 m na terra em um raio de 80 km da cidade. Na área de Fresno, no Vale San Joaquin da Califórnia, após anos de intenso bombeamento das águas subterrâneas para irrigação, o relevo sofreu subsidência de quase 10 m por causa de uma combinação de remoção da água e a compactação do solo devido às atividades agrícolas.

Poluição das águas subterrâneas

Se a água superficial é poluída, a água subterrânea inevitavelmente é contaminada durante a recarga. Ao passo que a poluição da água superficial é arrastada a jusante, a lenta água subterrânea, uma vez contaminada, fica poluída praticamente para sempre.

Os poluentes podem contaminar a área subterrânea a partir de diversos pontos: poços de injeção de resíduos industriais (que bombeiam resíduos para o subsolo), descargas de fossas sépticas, vazamento de dejetos perigosos de áreas de descarte, dejetos industriais tóxicos, resíduos da agricultura (pesticidas, herbicidas e fertilizantes) e resíduos sólidos de aterros de áreas urbanas. Um exemplo é a suspeita de vazamento de cerca de 10.000 tanques subterrâneos de armazenagem de postos de gasolina nos EUA, que podem estar contaminando milhares de suprimentos locais de água com aditivos cancerígenos da gasolina. Cerca de 35% da poluição subterrânea vêm de *fontes pontuais*, como tanques de gasolina ou fossas sépticas; 65% são categorizados como *fontes não pontuais*, vindo de uma área ampla, como escoamento de um campo agrícola ou comunidade urbana. Independentemente da natureza espacial da fonte, o poluente pode espalhar-se por uma distância muito grande.

Uma fonte controversa de contaminação da água subterrânea é a extração do gás de folhelho, discutida no *Geossistemas Hoje* do Capítulo 1. O processo de fraturamento hidráulico (ou *fracking*) exige que grandes quantidades de água e químicos sejam bombeadas sob alta pressão até a rocha subsuperficial, fraturando-a para liberar gás natural. A água residual produzida é contaminada com os químicos usados como lubrificantes no processo de fraturamento, sendo frequentemente mantida em poços ou açudes de contenção. Vazamentos ou derrames lançam águas residuais tóxicas nos suprimentos de água superficial e subterrânea. Já existem mais de 500.000 desses poços nos Estados Unidos, sendo que mais de 50.000 deles estão apenas na Pensilvânia, e os números estão crescendo. O gás natural também pode vazar para a água subterrânea, provocando contaminação e acúmulo de metano nos poços de água potável – diversos estudos atribuem a presença de metano em poços às operações de fraturamento hidráulico. No entanto, é preciso mais pesquisa, especialmente porque os efeitos do fraturamento hidráulico sobre a água subterrânea estão relacionados à geologia regional e a outras condições específicas do local.

Como discutido no *GeoRelatório* 9.3, os cientistas estão empregando dados de satélite para estimar o volume geral das água subterrânea. A avaliação da qualidade da água subterrânea continua sendo problemática, já que os aquíferos, via de regra, são inacessíveis para medição e análise.

O nosso suprimento de água

A sede humana por suprimentos adequados de água, tanto em quantidade quanto em qualidade, será uma das principais questões neste século. Internacionalmente, o aumento do uso da água *per capita* está duas vezes maior do que a velocidade de crescimento populacional. Considerando que nós, seres humanos, somos tão dependentes da água, é lógico assumir que devemos nos aglomerar justamente onde existe boa água em quantidade. No entanto, os mananciais

TABELA 9.1 Comparação regional dos fatores que influenciam o suprimento global de água

Região	População em 2012 (em milhões)	Proporção da população global	Área terrestre em milhares de km²	Parcela da área terrestre global	Fluxo de corrente médio anual (BGD) (km³/dia)	Parcela do fluxo de corrente anual	População em 2050 como múltiplo de 2012	Emissões de CO_2 per capita em 2006 (toneladas métricas)
África	1072	15%	30.600	23%	11,583	11%	2,2	0,9
Ásia	4260	60%	44.600	33%	36,113	34%	1,2	3,0
Austrália-Oceania	37	0,5%	8.420	6%	5,375	5%	1,6	19,0 (Aust.)
Europa	740	10,5%	9.770	7%	8,631	8%	1,0	8,4
América do Norte*	*465	6,6%	22.100	16%	16,315	15%	1,4	18,4**
América Central e do Sul	483	6,8%	17.800	13%	28,428	27%	1,3	2,5
Global (excluindo Antártica)	7058	—	134.000	—	106,370	—	1,4	4,1

*Inclui Canadá, México e Estados Unidos.
Observação: Dados populacionais de 2012 World Population Data Sheet (Washington, DC: Population Reference Bureau, 2012). Dados do CO_2 do PRB 2009.
**Dados do CO_2 para EUA e Canadá; emissão *per capita* no México é de 4,0 toneladas métricas.

acessíveis não são bem correlacionados com a distribuição da população nem com as regiões onde o crescimento da população é maior.

A Tabela 9.1 apresenta estatísticas que, tomadas em conjunto, indicam a irregularidade do suprimento de água do planeta. Esses dados incluem população, área continental, fluxo anual de correntes e mudança populacional projetada para seis regiões do mundo. Observe também os dados de 2006 sobre as emissões de dióxido de carbono *per capita* em cada região. A adequação do suprimento de água da Terra está vinculada, primeiro, à variabilidade climática e, segundo, ao uso de água, que, por sua vez, está ligado ao nível de desenvolvimento, abundância e consumo *per capita*.

Por exemplo, as médias anuais de fluxo de corrente na América do Norte é de 16,315 km³/dia e a da Ásia é de 36,113 km³/dia. No entanto, a América do norte só possui 6,6% da população mundial, ao passo que a Ásia tem 60%, com um tempo de duplicação da população inferior à metade do tempo da América Norte. No norte da China, 550 milhões de habitantes de aproximadamente 500 cidades não possuem suprimentos de água adequados. Como comparação, observe que as enchentes chinesas de 1990 custaram US$ 10 bilhões, ao passo que os custos da escassez da água são contabilizados em US$ 35 bilhões por ano para a economia chinesa.

Na África, 56 países se abastecem de uma base variada de recursos hídricos; esses países dividem mais de 50 bacias de irrigação fluviais e lacustres. O crescimento populacional, cada vez mais concentrado nas áreas urbanas, e a necessidade de mais irrigação em períodos de estiagem estão potencializando a demanda por água. Atualmente, verificam-se condições de estresse hídrico (quando as pessoas têm menos de 1700 m³ de água *per capita* ao ano) em 12 países africanos; ocorre escassez de água (menos de 1000 m³ *per capita* ao ano) em 14 países. Contudo, pesquisas recentes indicam

PENSAMENTO Crítico 9.2
Calcule a sua pegada hídrica

Quanta água você usou hoje? De tomar banho a escovar os dentes, cozinhar, lavar a louça e matar a sede, nossas residências possuem uma "pegada" hídrica relacionada a abundância e tecnologia. Assim como você calculou a sua pegada de carbono no Capítulo 1, PC 1.1, você pode calcular sua pegada hídrica em http://www.gracelinks.org/1408/water-footprint-calculator. Como fica o seu uso individual de água em comparação com a do norte-americano médio? Você consegue achar modos de reduzir a sua pegada hídrica? •

GEOrelatório 9.4 A água necessária para alimentos e necessidades

Para fornecer a variedade de alimentos que apreciamos, são necessárias quantidades volumosas d'água. Por exemplo, 77 g de brócolis demandam 42 litros de água para crescerem e serem processados; a produção de 250 mL de leite demanda 182 L de água; a produção de 28 g de queijo requer 212 L; são necessários 238 L para produzir um ovo; e um bife de carne moída de 113 g exige 2314 L. Existem também os reservatórios dos vasos sanitários que, na sua maioria, usam aproximadamente 15 L d'água por descarga. Nesse sentido, imagine a complexidade espacial de atender à demanda da descarga d'água pela cidade de Las Vegas, Nevada, EUA – uma cidade no deserto – com 135 mil quartos de hotel, que dão descarga em seus vasos sanitários várias vezes ao dia. Considere o fornecimento de todo o serviço de apoio para 38 milhões de visitantes por ano, mais 38 campos de golf. Um hotel lava 14 mil fronhas de travesseiros por dia.

que o volume total de água subterrânea no continente africano é muito maior do que o que se achava, com consideráveis reservas sob os secos países setentrionais Líbia, Argélia e Chade. Ainda assim, com a seca que persiste nessa região, mesmo essas reservas podem se esgotar rapidamente.

Os recursos hídricos diferem de outros recursos porque *não existe uma substância alternativa para a água*. A escassez da água aumenta a probabilidade de conflitos internacionais; põe a saúde pública em risco; reduz a produtividade da agricultura e danifica os sistemas ecológicos que sustentam a vida. O desgaste dos recursos hídricos relacionado a menor quantidade e qualidade dominará as pautas políticas do futuro. Neste século, precisamos fazer a transição de projetos grandes e centralizados de desenvolvimento hídrico para estratégias descentralizadas e comunitárias, com tecnologias mais eficientes e maior conservação da água.

O suprimento hídrico nos Estados Unidos

O suprimento hídrico dos Estados Unidos (excluídos Alasca e Havaí) origina-se das reservas em superfície e das subterrâneas, alimentadas por uma média de precipitação de 15,9 bilhões de litros/dia (15.899 km^3/dia). Em termos de espaço, essa entrada é distribuída irregularmente entre os 48 estados contíguos; em termos de tempo, ela é distribuída irregularmente durante o ano. (A precipitação média anual nos estados norte-americanos contíguos é de 76,2 cm; examine o mapa da Figura 9.7.) Por exemplo, o suprimento de água da Nova Inglaterra é tão abundante que apenas cerca de 1% da água disponível é consumido por ano.

Se analisado pelo percentual diário, o balanço hídrico nacional apresenta duas saídas genéricas de água: 71% de evapotranspiração real e 29% de excedente (Figura 9.20). Os 71% de evapotranspiração real ocorrem em terra com vegetação não agrícola, lavouras e pastagens e florestas e terras de poda animal (arbustos e vegetação lenhosa comidos pela fauna). Os 29% excedentes que restam é o que nós usamos diretamente.

Observe que a água subterrânea é considerada parte da água doce superficial (lembre-se de que ela está ligada aos suprimentos da superfície). Em 2005, cerca de 67% das retiradas de água subterrânea foram para irrigação, e 18% foram para as necessidades de abastecimento público de água. Seis estados foram responsáveis por 50% das retiradas: Califórnia, Texas, Nebraska, Arkansas, Idaho e Flórida, onde mais da metade do abastecimento público de água vem da água subterrânea.

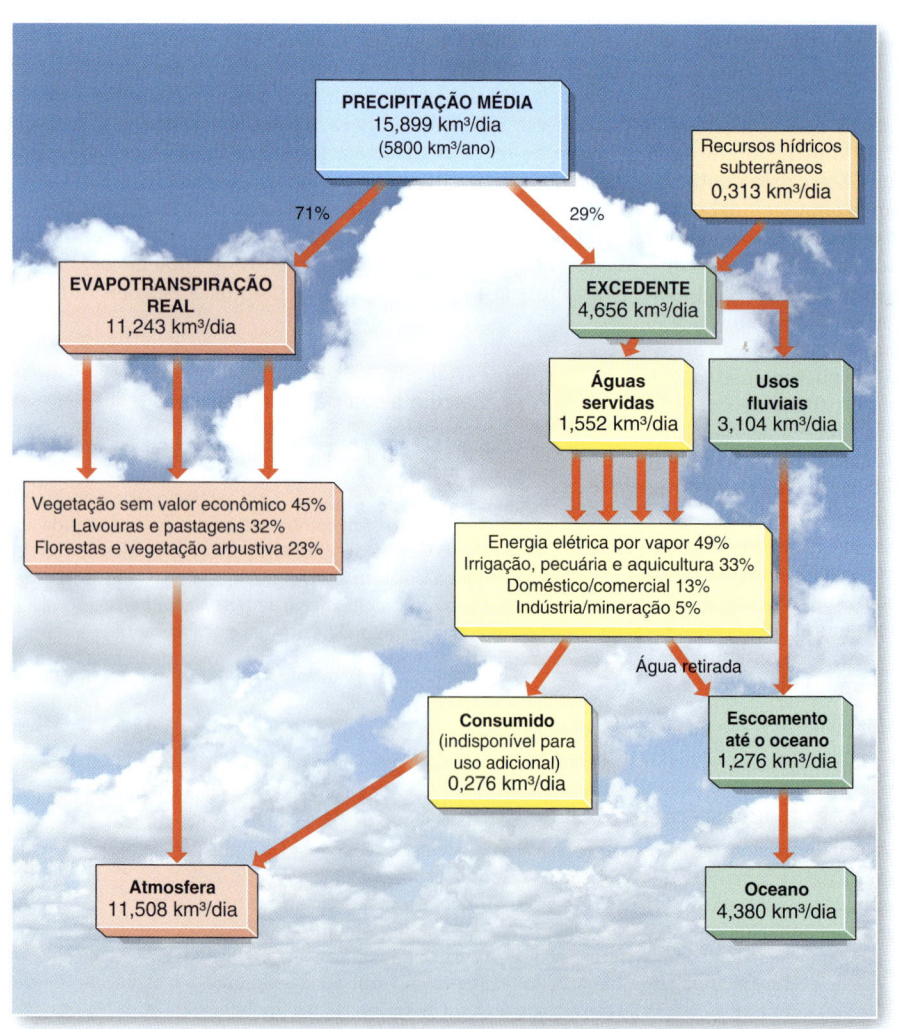

◀Figura 9.18 Balanço hídrico para os 48 estados norte-americanos contíguos, em bilhões de km^3 por dia. [Dados de J. Kenny, N. Barber, S. Hutson, K. Linsey, J. Lovelace, and M. Maupin, "Estimated Use of Water in the United States in 2005," USGS Circular 1344, 2005 – o último ano para o qual há dados disponíveis.] [Bobbé Christopherson.]

Retirada e consumo de água

Rios e cursos d'água representam apenas uma porcentagem minúscula (0,003%) da água superficial total da Terra (veja a Figura 9.3). Em termos de volume, eles representam 1250 km³, a menor de todas as categorias de água doce. Contudo, os fluxos de rios representam cerca de quatro quintos de toda a água que compõe os 4,656 km³/dia excedentes disponíveis para retirada, consumo e vários usos fluviais.

- **Retirada de água**, às vezes chamada de *uso não consuntivo* ou *uso extrafluvial*, diz respeito à remoção ou ao desvio de água dos suprimentos superficiais ou subterrâneos, seguidos pela devolução subsequentes dessa água ao mesmo suprimento. Exemplos incluem o uso de água pela indústria, agricultura e por municípios e a geração de energia elétrica por vapor. Uma parte da retirada da água pode ser consumida.
- **Uso consuntivo** diz respeito à remoção permanente de água do ambiente hídrico imediato. Essa água não é devolvida e portanto não fica disponível para um segundo ou terceiro uso. Exemplos incluem água perdida em evapotranspiração, consumida por humanos ou animais ou usada na produção fabril.
- *Uso fluvial* diz respeito aos usos dos fluxos de corrente dentro do canal, sem sua remoção. Exemplos incluem transporte, diluição e remoção de água, geração de energia hidrelétrica, pesca, lazer e manutenção do ecossistema, como a sustentação da fauna.

A retirada de água dá a oportunidade de ampliar o recurso hídrico pela reutilização. Os quatros principais usos da água retirada nos Estados Unidos em 2005 foram (1) energia elétrica a vapor (49%, dos quais 30% são realizados com água salina do oceano e litoral), (2) irrigação, pecuária e aquicultura (33%), (3) uso doméstico e comercial (14%) e (4) indústria e mineração (5%; veja a Figura 9.18). Entretanto, quando a água retorna ao sistema fluvial, sua qualidade geralmente está alterada – contaminada quimicamente (por poluentes ou resíduos) ou então termicamente (acrescida de energia térmica).

Contaminada ou não, a água devolvida torna-se parte de todos os sistemas hídricos a jusante, à medida que o escoamento ruma aos oceanos. Em New Orleans, a última cidade a retirar água municipal do Rio Mississipi, os fluxos de corrente incluem contaminantes diluídos e misturados vindos de todo o sistema do Rio Missouri-Ohio-Mississipi. Essa carga de poluentes inclui os efluentes de indústrias químicas, águas escoadas de terras agrícolas que foram tratadas com fertilizantes e pesticidas, derrames de óleo e vazamentos de gasolina, esgotos tratados e não tratados, efluentes líquidos de milhares de indústrias, esgotamento pluvial de canais e vias urbanas e, também, particulados oriundos de um número incontável de áreas com atividade de construção civil, mineração, terras aradas e corte florestal. Em especial, os níveis anormais de câncer entre as pessoas que vivem às margens do rio Mississipi (o segmento entre Baton Rouge e New Orleans) deixaram essa região com o triste rótulo de Corredor do Câncer (Cancer Alley). Quando alguns diques marginais ruíram em 2005, após o furacão Katrina, a região ficou coberta por uma lama que continha uma parte desses contaminantes.

A retirada de água dos EUA estimada em 2005 foi de 1,552 km³/dia, o dobro do uso de 1950, mais 5% menos do que o ano de pico de uso, 1980. O aumento do preço da água ajudou a criar a tendência decrescente dos últimos tempos. Para ver estudos sobre o uso da água nos Estados Unidos e relatórios atualizados de Uso Estimado da Água do USGS (disponível para download), acesse http://water.usgs.gov/public/watuse/.

> ✋ **PENSAMENTO Crítico 9.3**
> **O próximo copo d'água**
>
> Sem dúvida, você já tomou vários copos d'água hoje. De onde vem essa água? Procure saber o nome da empresa ou agência que a forneceu. Para atender à demanda, determine se o manancial usado é superficial ou subterrâneo. Verifique como a água é medida e cobrada. Se o seu estado ou região requer relatórios da qualidade da água, procure obter junto à companhia de água uma cópia da análise da água que corre na sua torneira. •

Considerações futuras

Quando se examinam o suprimento e a demanda de água em termos de balanços hídricos, os limites dos recursos hídricos tornam-se aparentes. Na equação do balanço hídrico da Figura 9.10, qualquer mudança em um dos lados (com aumento da demanda por água excedente) deve ser equilibrada por um ajuste no outro lado (como um aumento na precipitação). Como podemos satisfazer a crescente demanda por água? A disponibilidade de água por pessoa decresce à medida que a população aumenta, bem como a demanda individual aumenta na mesma medida do desenvolvimento econômico e tecnológico e da afluência da população. Desde os anos 1970, o crescimento da população mundial tem reduzido o abastecimento de água *per capita* em 1/3. Além disso, a poluição também limita a base disponível dos recursos hídricos; portanto, mesmo antes de perceber as restrições na sua quantidade, os problemas da qualidade do recurso hídrico podem limitar a saúde de uma determinada população e o crescimento de uma região.

Uma vez que os recursos superficiais e subterrâneos não respeitam as fronteiras políticas, os países precisam dividir os recursos hídricos, uma situação que inevitavelmente cria problemas. Por exemplo, 145 países do mundo compartilham uma bacia fluvial com ao menos um outro país. Os fluxos de corrente são um verdadeiro patrimônio conjunto global.

A seção sobre o denominador humano relaciona algumas das interações entre humanos e recursos hídricos, além de algumas questões relacionadas à água para o século que se descortina. Um dos maiores desafios para os seres humanos será a escassez hídrica que se projeta em conexão com o aquecimento global e a mudança climática.

A cooperação internacional é claramente necessária. Mesmo assim, continuamos em direção a uma crise nos recursos hídricos, sem um conceito sobre a economia mundial da água como referência básica. Uma das dúvidas mais importantes é: quando iniciará uma maior coordenação internacional e qual nação ou grupo de nações ocupará a liderança na busca por sustentar os recursos hídricos no futuro? A abordagem de balanço hídrico, detalhada neste capítulo, é um bom ponto de partida.

O DENOMINADOR humano 9 Uso da água

RECURSOS HÍDRICOS ⇨ HUMANOS
- A água doce, armazenada em lagos, rios e água subterrânea, é um recurso crucial para a sociedade humana e a vida na Terra.
- As secas provocam déficits hídricos, diminuição dos suprimentos regionais de água e quedas agrícolas.

HUMANOS ⇨ RECURSOS HÍDRICOS
- A mudança climática afeta a profundidade, a estrutura térmica e os organismos associados aos lagos.
- Projetos hídricos (barragens e transposições) redistribuem a água no espaço e no tempo.
- O sobreuso e a poluição da água subterrânea esgotam e degradam o recurso, com efeitos colaterais como colapso de aquíferos e contaminação por água salina.

9a A dessalinização é um importante complemento para os suprimentos de água em regiões com grandes variações de chuva durante o ano e reservas subterrâneas decrescentes. Esta planta na Andaluzia, Espanha, usa o processo da osmose reversa para remover sais e impurezas. [Jerónimo Alba/Alamy.]

9b A terceira maior represa do mundo, o Lago Nasser, é criada pela Barragem de Assuã no Rio Nilo, no Egito. Sua água é empregada para fins agrícolas, industriais e domésticos, assim como para energia hídrica. [WitR/Shutterstock.]

9d A Barragem e Usina de Itaipu no Rio Paraná, na divisa entre Brasil e Paraguai, gera anualmente mais eletricidade do que a Represa das Três Gargantas, na China. A Represa de Itaipu desalojou mais de 10.000 pessoas e submergiu as Sete Quedas de Guaíra, antigamente a maior queda d'água do mundo em volume. [Mike Goldwater/Alamy.]

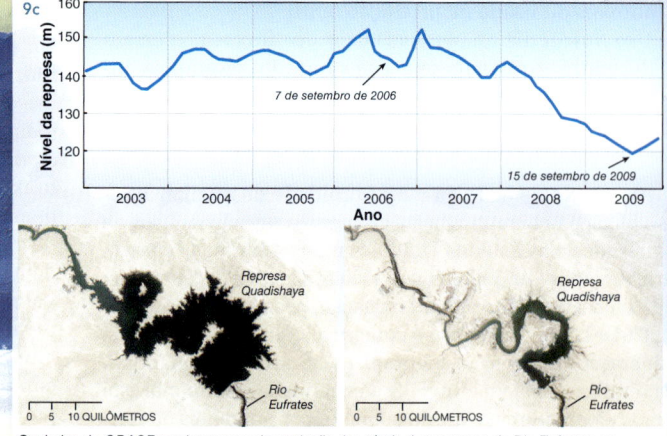

9c Os dados do *GRACE* revelam uma veloz redução dos níveis das represas do Rio Eufrates, no Oriente Médio, entre 2003 e 2009; a Represa Quadishaya é um exemplo. O gráfico mostra o declínio do nível superficial, com as datas das imagens assinaladas. Cerca de 60% da perda de volume são atribuídos a retiradas de água subterrânea na região. [Imagem: Landsat-5, NASA. Gráfico baseada em dados do UC Center for Hydrologic Monitoring.]

QUESTÕES PARA O SÉCULO XXI
- Manter a quantidade e a qualidade adequadas de água será uma questão importante. A dessalinização aumentará para elevar os suprimentos de água doce.
- Energia hídrica é um recurso energético renovável; no entanto, declínios de vazão e quedas no armazenamento das represas relacionados a secas interferem na geração.
- Em algumas regiões, a seca se intensificará, com a correspondente demanda sobre os suprimento hídricos subterrâneos e superficiais.
- Nos próximos 50 anos, a disponibilidade de água por pessoa cairá com os aumentos populacionais, e o desenvolvimento econômico contínuo elevará a demanda hídrica.

conexão GEOSSISTEMAS

Neste capítulo, examinamos os recursos hídricos por meio de uma abordagem de balanço hídrico. Essa visão sistêmica, que considera tanto o suprimento quanto a demanda por água, é o melhor método para compreender o recurso água. A estiagem prolongada no oeste dos Estados Unidos leva a primeiro plano a necessidade de uma estratégia de balanço hídrico. Sendo os recursos hídricos a saída final do sistema água-meteorologia, passamos nossa atenção agora para o clima. No Capítulo 10, examinamos os climas do mundo, e no Capítulo 11 discutimos as mudanças climáticas de causa natural e humana.

REVISÃO DOS CONCEITOS-CHAVE DE
aprendizagem

■ *Descrever* a origem das águas da Terra, *informar* o volume de água que existe hoje e *listar* a distribuição da água potável na Terra.

Em períodos de bilhões de anos, moléculas de água saem de dentro da Terra pelo processo de **desgaseificação**. Assim teve início o interminável ciclo de água pelo sistema hidrológico de evaporação-condensação-precipitação. A água cobre aproximadamente 71% da superfície da Terra. Cerca de 97% dela é composta de água salgada, e os restantes 3% de água doce – a maior parte dela congelada.

Estima-se que o atual volume de água na Terra seja de 1,36 bilhão de km^3, uma quantidade atingida há cerca de 2 bilhões de anos. Esse estado de equilíbrio constante geral pode parecer estar em conflito com as várias alterações que ocorreram no nível do mar durante a história da Terra, mas não está. **Eustasia** refere-se a variações mundiais no nível do mar, estando relacionada a alterações no volume de água dos oceanos. A quantidade de água armazenada em geleiras e mantos de gelo explica essas mudanças como fatores *glácio-eustáticos*. Atualmente, o nível do mar está subindo devido a aumentos na temperatura dos oceanos e ao derretimento recorde de gelo glacial.

desgaseificação (p. 224)
eustasia (p. 225)

1. Aproximadamente onde e quando a água da Terra se originou?
2. Se a quantidade de água na Terra tem sido constante em volume por pelo menos 2 bilhões de anos, como o nível dos mares pode ter flutuado? Explique.
3. Descreva os locais da água na Terra, tanto oceânica quanto doce. Qual é o maior repositório de água doce neste momento? De que formas essa distribuição de água é significativa para a sociedade moderna?
4. Por que a mudança climática é um motivo de preocupação devido a essa distribuição de água?
5. Por que é possível descrever a Terra como o planeta água? Explique.

■ *Ilustrar* o ciclo hidrológico com um diagrama simples e *nomear* as definições para cada curso da água.

O **ciclo hidrológico** é um modelo que descreve o sistema do fluxo da água na Terra. Esse sistema atua há bilhões de anos, da baixa atmosfera até vários quilômetros abaixo da superfície da Terra. A **evaporação** é o movimento de moléculas de água livres que se afastam da superfície molhada para a atmosfera. A **transpiração** é o movimento da água através das plantas que volta para a atmosfera, definindo um mecanismo de resfriamento para as plantas. A evaporação e a transpiração combinam para formar o termo **evapotranspiração**.

A **interceptação** ocorre quando a precipitação atinge a vegetação ou a superfície do substrato. A água é absorvida para dentro do subsolo por meio da **infiltração**, ou penetração da superfície do solo. A água pode formar poças na superfície ou escorrer por ela até os canais fluviais. Esse **escoamento superficial** pode tornar-se *fluxo de corrente* ao entrar em canais na superfície.

A água superficial torna-se água subterrânea quando permeia solo ou rocha pelo movimento vertical descendente chamado de **percolação**. A **zona de umidade do solo** contém o volume de água subsuperficial armazenada no solo que está acessível às raízes das plantas. A água subterrânea é potencialmente uma das maiores fontes de água doce no ciclo hidrológico e está ligada aos mananciais em superfície. A parte do fluxo de corrente que é descarregada naturalmente da água subterrânea na superfície é o **fluxo basal**.

ciclo hidrológico (p. 226)
evaporação (p. 226)
transpiração (p. 227)
evapotranspiração (p. 227)
intercepção (p. 227)
infiltração (p. 227)
escoamento superficial (p. 227)
percolação (p. 228)
zona de umidade do solo (p. 228)
fluxo basal (p. 228)

6. Esboce um modelo simplificado da complexidade dos fluxos d'água na Terra, o ciclo hidrológico, e descreva-o.
7. Quais são os caminhos possíveis para uma gota de chuva sobre a superfície ou para dentro do solo?
8. Compare os volumes de precipitação e evaporação do oceano com aqueles sobre áreas continentais. Descreva os fluxos de advecção da umidade e os fluxos contrários de escoamento superficial e subsuperficial.

■ *Montar* a equação do balanço hídrico, *definir* cada componente e *explicar* sua aplicação.

O **balanço hídrico** pode ser estabelecido por meio da medição da entrada da precipitação e da saída de diversas demandas de água para qualquer parte da superfície terrestre. Se as demandas são atendidas e sobra água, verifica-se um **excedente**. Se a demanda ultrapassa o suprimento, verifica-se um **déficit** ou escassez de água. O entendimento tanto da oferta como das demandas naturais pelo recurso água é essencial para a interação sustentável entre a humanidade e o ciclo hidrológico. **Precipitação** (PRECIP) é o suprimento de umidade da superfície da Terra, chegando como chuva, neve e granizo, sendo medida com o **pluviômetro**. A demanda final por umidade é a **evapotranspiração potencial** (ETP), que determina a quantidade de água que evapora e transpira sob condições ótimas de umidade (precipitação e umidade do solo adequadas). Ao subtrairmos o déficit da ETP, determinamos a **evapotranspiração real**, ou ETR. A evapotranspiração é medida com um *tanque de evaporação* (evaporímetro) ou por um equipamento mais sofisticado, o *lisímetro*.

O **armazenamento de umidade do solo** (STRGE) é o volume de água armazenada no solo que está acessível às raízes das plantas. Essa é a "poupança" de água, que recebe depósitos e fornece retiradas à medida que as condições de balanço hídrico mudam. No solo, a **água higroscópica** reveste todas as partículas do solo mediante as pontes de hidrogênio, formando uma camada inacessível às plantas, por ser muito fina (poucas moléculas de espessura). À medida que a água disponível é utilizada, o solo atinge o **ponto de murcha** (a água que permanece no solo não pode ser extraída).

A **água capilar** em geral é acessível às raízes das plantas porque é mantida no solo devido à tensão superficial e às ligações de hidrogênio entre a água e o solo. Quase toda a água capilar é água disponível no armazenamento de umidade do solo. Após a drenagem da água dos poros maiores entre as partículas, a quantidade de água disponível para as plantas é denominada **capacidade de campo**, ou capacidade de armazenamento. Quando o solo fica saturado após um evento de precipitação, a água excedente no solo torna-se **água gravitacional** e percola (filtra) até o lençol freático. A **utilização da umidade do solo** remove água do solo, ao passo que a **recarga da umidade do solo** é a taxa à qual a umidade necessária entra no solo. A textura e a estrutura do solo determinam a disponibilidade dos poros, ou *porosidade*. A **permeabilidade** define o grau de infiltração da água no solo. A permeabilidade depende do tamanho, da forma e da compactação das partículas que compõem o solo.

A ETP não satisfeita é um déficit. Se a ETP é satisfeita e o solo está repleto de umidade, então a entrada de mais água torna-se excedente. **Seca** pode ocorrer em ao menos quatro formas: seca meteorológica, seca agrícola, seca hidrológica e/ou seca socioeconômica.

    balanço hídrico (p. 228)
    excedente (p. 228)
    déficit (p. 228)
    precipitação (p. 229)
    pluviômetro (p. 229)
    evapotranspiração potencial (p. 229)
    evapotranspiração real (p. 230)
    armazenamento de umidade do solo (p. 231)
    água higroscópica (p. 231)
    ponto de murcha (p. 231)
    água capilar (p. 231)
    capacidade de campo (p. 231)
    água gravitacional (p. 231)
    utilização da umidade do solo (p. 231)
    recarga da umidade do solo (p. 232)
    permeabilidade (p. 232)
    seca (p. 234)

9. Quais são os componentes da equação do balanço hídrico? Monte a equação e coloque a definição de cada termo abaixo de sua abreviatura na equação.
10. Explique como obter a evapotranspiração real (ETR) na equação do balanço hídrico.
11. O que é a evapotranspiração potencial (ETP)? Qual é o procedimento para avaliá-la? Quais são os fatores empregados por Thornthwaite para determinar esse valor?
12. Explique a diferença entre utilização da umidade do solo e recarga da umidade do solo. Contemple também a água capilar e os conceitos de capacidade de campo e ponto de murcha.
13. Considerando o exemplo de solo siltoso-franco, apresentado Figura 9.9, qual é a capacidade disponível de água? Como se deriva esse valor?
14. Use a equação do balanço hídrico para explicar a relação alternante entre PRECIP e ETP na tabela de balanço hídrico anual de Kingsport, Tennessee.
15. Como o conceito de balanço hídrico auxilia na sua compreensão do ciclo hidrológico, dos recursos hídricos e da umidade do solo para um local específico? Dê um exemplo específico.
16. Descreva as quatro definições de seca. Descreva a atual concepção científica sobre as causas das recentes condições de seca no sudoeste dos EUA.

■ *Discutir* o armazenamento de água em lagos e terras úmidas e *descrever* diversos projetos hídricos de grande porte envolvendo produção de energia hidrelétrica.

A água superficial é transferida em canais e tubulações para redistribuição espacial e armazenada em represas para redistribuição temporal a fim de atender à demanda hídrica. A energia hidrelétrica, ou **energia hídrica**, fornece 20% da eletricidade mundial, e muitos projetos de grande porte alteraram sistemas fluviais e afetaram populações humanas.

Lagos e terras úmidas são importantes áreas de armazenagem de água doce. Uma **terra úmida** é uma área que está permanentemente ou sazonalmente saturada de água, caracterizada por vegetação adaptada a solos *hídricos* (solos saturados por tempo o bastante para desenvolver condições anaeróbicas, isto é, sem oxigênio).

    energia hídrica (p. 237)
    terra úmida (p. 241)

17. Quais mudanças ocorrem nos rios como resultado da construção de grandes instalações hidrelétricas?
18. Defina terras úmidas e discorra sobre a distribuição de lagos e terras úmidas no planeta.

■ *Descrever* a natureza da água subterrânea e *definir* os elementos do ambiente aquífero.

A **água subterrânea** fica sob a superfície, além da zona radicular de umidade do solo, e sua reposição está vinculada a excedentes superficiais. A água superficial excedente movimenta-se pela **zona de aeração**, onde solo e rocha são menos saturados. Por fim, a água atinge a **zona de saturação**, onde os poros estão completamente ocupados pela água. O limite superior da água armazenada na zona de saturação é o **lençol freático**, definindo a superfície de contato entre as zonas de saturação e aeração.

A permeabilidade das rochas subsuperficiais depende da capacidade de conduzir água prontamente (maior permeabilidade) ou a tendência de obstruir o fluxo da água (menor permeabilidade). Elas podem inclusive ser impermeáveis. Um **aquífero** é uma camada de rocha permeável ao fluxo da água subterrânea, contendo uma quantidade satisfatória para extração. Um **aquífero não confinado**, ou livre, tem uma camada permeável acima e outra camada impermeável abaixo. Um **aquífero confinado** é limitado em cima e embaixo por camadas impermeáveis de rocha ou materiais não consolidados. Um *aquiclude* é uma camada sólida e impermeável que forma esse limite, enquanto um *aquitardo* possui baixa permeabilidade, mas não conduz água em quantidades aproveitáveis.

A água em um aquífero confinado está sob pressão de seu próprio peso, criando um nível de pressão no qual a água pode elevar-se naturalmente. Esta **superfície potenciométrica** pode estar acima do nível do solo. Água subterrânea confinada sob pressão é **água artesiana**; ela pode subir dentro dos poços e mesmo subir até a superfície sem bombeamento, caso a abertura do poço esteja abaixo da superfície potenciométrica.

À medida que a água é bombeada de um poço, a água circundante do lençol freático de um aquífero não confinado sofrerá um **rebaixamento**, ou diminuição do nível, se a velocidade do bombeamento exceder ao fluxo horizontal da água do aquífero. O bombeamento em excesso promove um **cone de depressão**. Os aquíferos frequentemente são bombeados além das suas capacidades de fluxo e recarga, uma condição conhecida como mineração ou **extração de água subterrânea**.

Em muitas regiões, especialmente onde os níveis de água subterrânea estão em declínio, a dessalinização está se tornando um método cada vez mais importante para atender às demandas de água. A **dessalinização** de água marinha e água subterrânea salina envolve a remoção de matéria orgânica, detritos e salinidade por meio da destilação ou osmose reversa. Esse processo produz água potável para uso doméstico.

> água subterrânea (p. 241)
> zona de aeração (p. 242)
> zona de saturação (p. 242)
> lençol freático (p. 242)
> aquífero (p. 243)
> aquífero não confinado (p. 243)
> aquífero confinado (p. 243)
> superfície potenciométrica (p. 243)
> água artesiana (p. 243)
> rebaixamento (p. 243)
> cone de depressão (p. 243)
> extração de água subterrânea (p. 243)
> dessalinização (p. 247)

19. Os recursos hídricos subterrâneos são independentes dos recursos em superfície ou os dois recursos hídricos são inter-relacionados? Justifique sua resposta.
20. Faça um esboço simples do ambiente hídrico de subsuperfície e marque as zonas de aeração e saturação e o lençol freático em um aquífero não confinado. Em seguida, adicione um aquífero confinado ao esquema.
21. Em que ponto a utilização de água subterrânea configura a extração de água subterrânea? Use o exemplo do Aquífero das Grandes Planícies para elaborar a sua resposta.
22. Qual é a natureza da poluição das águas subterrâneas? É possível limpar facilmente águas subterrâneas contaminadas? O que é o fraturamento hidráulico e qual é o seu impacto sobre a água subterrânea?

■ *Avaliar* o balanço hídrico dos EUA e *identificar* aspectos críticos dos suprimentos atuais e futuros de água doce.

O suprimento de água mundial é distribuído irregularmente sobre a superfície do planeta. Nos Estados Unidos, os excedentes de água são empregados de diversas formas. A **retirada de água**, também chamada de *uso não consuntivo* ou *uso extrafluvial*, remove temporariamente água do suprimento, devolvendo-a mais tarde. O **uso consuntivo** remove permanentemente água de um curso d'água. O *uso fluvial* deixa a água no canal fluvial; exemplos são lazer e geração hidrelétrica. A população norte-americana dos 48 estados contíguos retira cerca de um terço do excedente de água disponível para irrigação, indústria e usos urbanos.

> retirada de água (p. 251)
> uso consuntivo (p. 251)

23. Descreva os principais caminhos envolvidos no balanço hídrico dos 48 estados contíguos norte-americanos. Qual é a diferença entre a retirada e o uso consuntivo de um recurso hídrico? Compare esses usos com uso fluvial.
24. Resumidamente, avalie o estado dos recursos hídricos mundiais. Quais são os desafios para satisfazer as necessidades futuras do crescimento das populações e das economias?
25. Considerando a previsão de que as guerras do século XXI serão em função da disponibilidade de água em quantidade e qualidade suficientes, que medidas podemos tomar para compreender tais questões e evitar os conflitos?

Sugestões de leituras em português

BRAGA, B.; TUNDISI, J. G.; REBOUÇAS, A. D. *Águas doces no Brasil*. São Paulo: Escrita, 2006.

POLETO, C. (Org.). *Bacias hidrográficas e recursos hídricos*. Rio de Janeiro: Interciência, 2013.

TUCCI, E. M. *Hidrologia*: ciência e aplicações. Porto Alegre: ABRH, 2007.

VAZ, A. C.; HIPÓLICO, J. R. *Hidrologia e recursos hídricos*. Portugal: IST Press, 2011.

▶Figura 9.19 **O Salton Sea.** O maior lago da Califórnia é o Salton Sea (localizado no mapa da Figura 9.1.1, página 239). O leito desse lago, que foi sendo preenchido e esvaziado pela mudança climática ao longo de milhares de anos, foi recentemente formado em 1905, quando os canais de irrigação da bacia do Rio Colorado foram rompidos por água de inundações. O lago, que não possui saída para o mar, vem desde então ficando cada vez mais salino por causa do escoamento agrícola. Esta imagem de março de 2013 mostra a agricultura irrigada do Vale Coachella, a noroeste, e o Vale Imperial, a sudeste. [Imagem de LDCM por Matthew Montanaro e Robert Simmon utilizando o instrumento *Landsat-8*, NASA/USGS.]

10
O sistema climático global

CONCEITOS-CHAVE DE
aprendizagem

Após a leitura deste capítulo, você conseguirá:

- *Definir* clima e climatologia, e *revisar* os principais componentes do sistema climático da Terra.
- *Descrever* sistemas de classificação climática, *listar* as principais categorias dos climas do mundo e *localizar* em um mapa-múndi as regiões caracterizadas por cada tipo de clima.
- *Discutir* as subcategorias dos seis grupos climáticos mundiais, incluindo seus fatores causais.
- *Explicar* os critérios de precipitação e umidade utilizados para classificar os climas áridos e semiáridos.

A maior parte da Indonésia encontra-se entre as latitudes 5° N e 10° S, recebendo chuva durante todo o ano, tornando-a parte da região climática de floresta pluvial tropical. As ilhas Molucas, no leste da Indonésia, vistas aqui com a ilha vulcânica de Ternate ao longe, já foram as maiores produtoras de cravo do mundo. Em 2011, o Monte Gamalama entrou em erupção em Ternate, fechando o aeroporto e obrigando milhares de habitantes a evacuar o local, sem deixar mortes. [Fadil/Corbis.]

GEOSSISTEMAS HOJE

Um olhar em grande escala sobre o clima de Porto Rico

Porto Rico, um território oficial dos Estados Unidos, fica entre os arquipélagos das Antilhas Grandes e Pequenas, separando o Oceano Atlântico do Mar do Caribe. A ilha é praticamente retangular, com 65 km de norte ao sul e 180 km de leste ao este. O clima de Porto Rico, que é determinado pelo padrão geral do tempo ao longo de muitos anos, é de natureza "tropical", pois todos os meses possuem temperaturas quentes (com média acima de 18°C) e alta umidade.

Mapas dos climas mundiais em pequena escala, como na Figura 10.2, apresentam generalizações. Mapas de regiões específicas em grande escala, como a Figura GH 10.1, mostram detalhes locais – por exemplo, o padrão de precipitação e temperaturas em sua relação com diferenças de elevação e orientação aos alísios na ilha de Porto Rico. Essas variações climáticas locais são refletidas pelos tipos de vegetação em toda a ilha.

Diversos fatores interagem para determinar as zonas climáticas de Porto Rico. O paralelo 18 passa pela costa sul da ilha, posicionando-a de forma a receber ventos alísios do nordeste. As montanhas da Cordilheira Central, que chegam até 1338 m, dividem Porto Rico longitudinalmente, e a Sierra de Luquillo eleva-se a 650 m no leste. Essas montanhas trazem um componente orográfico aos padrões climáticos da ilha, aumentando a precipitação anual enquanto as encostas setentrionais e orientais interceptam a umidade trazida pelos alísios; observe o total anual de precipitação nessas áreas. Em contraste, as encostas e a planície costeira da região sul ficam na sombra de chuva dessas montanhas.

Climas de floresta pluvial tropical, onde a precipitação passa de 6 cm todos os meses, dominam a maior parte da ilha. Nas encostas a sotavento das montanhas meridionais, verifica-se um clima de monção tropical, onde a precipitação é inferior a 6 cm em 3-5 meses por ano. Um clima de savana tropical, com chuva inferior a 6 cm durante seis meses, ocorre nas terras planas do sul, próximo de Ponce, e junto à costa. Essa região é caracterizada por acácias e gramíneas, normalmente chamadas de savanas. Ao examinarmos a distribuição global dos climas da Terra neste capítulo, tenha em mente a variação local que ocorre quando os climas são estudados em maior escala.

▲Figura GH 10.1 Climas locais de Porto Rico. Climas locais de Porto Rico, com o total de precipitação anual para cada localidade. [Bobbé Christopherson.]

San Juan, 150,9 cm
Floresta Nacional El Yunque, 508 cm
Próximo a Ponce, 69,7 cm
Norte de Adjuntas, 198,3 cm

O clima onde você vive pode ser úmido, com estações distintas, seco e quente, ou úmido e fresco – quase qualquer combinação é possível. Existem lugares onde a precipitação é maior que 20 cm a cada mês, com uma temperatura média mensal acima de 27°C ao longo do ano. Outros lugares podem passar até uma década sem chuva. Um clima pode ter temperaturas médias acima do ponto de congelamento a cada mês e mesmo assim ameaçar a agricultura com fortes geadas. Aqueles que vivem em Cingapura presenciam precipitações todo mês, totalizando 228,1 cm em um ano médio, ao passo que moradores de Karachi, Paquistão, registram somente 20,4 cm de precipitação anual.

Clima é o padrão conjunto do tempo meteorológico ao longo de muitos anos. Como vimos, em um dado tempo e lugar, a Terra passa por uma variedade quase infinita de *tempos meteorológicos*. Porém, se considerarmos uma escala cronológica mais longa e a variabilidade e os extremos do tempo ao longo dessa escala, emerge um padrão que constitui o clima. Em uma dada região, esse padrão é dinâmico, e não estático; isto é, o clima muda ao longo do tempo (examinaremos isso no Capítulo 11).

A **climatologia** é o estudo do clima e da sua variabilidade, incluindo padrões do tempo meteorológico de longo prazo, no tempo e no espaço, além dos fatores que produzem as condições climáticas da Terra. Não existem dois lugares na superfície da Terra que tenham exatamente as mesmas condições climáticas; na verdade, a Terra é uma vasta coleção de microclimas. Entretanto, semelhanças gerais entre os climas locais permitem seu agrupamento em **regiões climáticas**, que são áreas com semelhança nas estatísticas meteorológicas. Como você verá no Capítulo 11, as designações climáticas que estudamos neste capítulo estão mudando com a elevação das temperaturas no planeta.

Neste capítulo: Muitos dos sistemas físicos estudados nos primeiros nove capítulos deste livro interagem para explicar os climas. Aqui, revisamos os padrões do clima utilizando uma série de cidades como exemplo. Este livro utiliza um sistema de classificação climática simplificada com base em fatores físicos que ajuda a desvendar por que os climas existem em certos locais. Embora imperfeito, este método é facilmente compreendido e tem referência em um sistema de classificação amplamente utilizado, desenvolvido pelo climatologista Wladimir Köppen.

Revisão do sistema climático da Terra

Várias componentes importantes do sistema energia-atmosfera trabalham juntas para determinar as condições climáticas na Terra. A simples combinação de duas componentes principais climáticas – temperatura e precipitação – revelam tipos climáticos gerais algumas vezes denominados *regimes climáticos*, como desertos tropicais (quente e seco), mantos de gelo polar (frio e seco) e florestas pluviais equatoriais (quente e úmido).

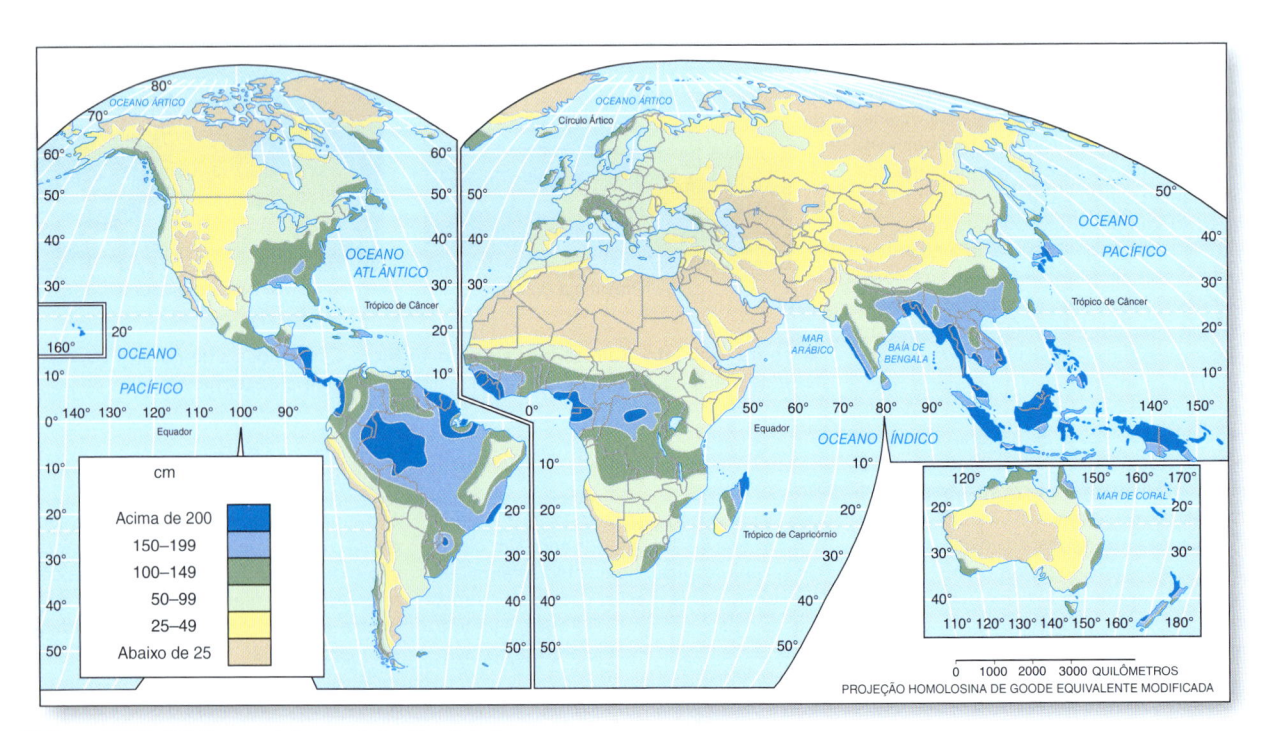

▲Figura 10.1 Média anual da precipitação global.

A Figura 10.1 mapeia a distribuição global da precipitação. Esses padrões refletem a interação de diversos fatores que já devem ser familiares, como distribuições de temperatura e pressão; tipos de massas de ar; mecanismos de elevação do ar convergente, convectiva, orográfica e frontal; e a decrescente disponibilidade de energia em direção aos polos. Os principais componentes do sistema climático da Terra são sintetizados nas páginas 260-261, em *Geossistemas em Ação*.

Classificação dos climas da Terra

Classificação é o ordenamento ou agrupamento de dados ou fenômenos em categorias de generalidade variável. Tais generalizações são ferramentas importantes para a ciência e são especialmente úteis para a análise espacial das regiões climáticas. Padrões observados confinados em regiões específicas formam o núcleo da classificação climática. Ao utilizar classificações, devemos recordar que os limites entre essas regiões são *zonas de transição*, ou áreas de mudança gradual. A localização de limites climáticos depende de padrões climáticos gerais, e não de localizações precisas onde as classificações mudam.

Uma classificação climática com base em fatores *causais* – por exemplo, a interação entre massas de ar – é uma **classificação genética**. Essa abordagem explora "por que" uma certa mistura de ingredientes climáticos ocorre em determinadas localidades. Uma classificação climática baseada em estatísticas ou outros dados determinados pela medição de efeitos observados é uma **classificação empírica**.

Classificações climáticas baseadas em temperatura e precipitação são exemplos da abordagem empírica. Um sistema de classificação empírica publicado por C. W. Thornthwaite identifica as regiões climáticas de acordo com a umidade, usando aspectos da abordagem do balanço hídrico (apresentada no Capítulo 9) e tipos de vegetação. Outro sistema empírico é a classificação climática de Köppen, amplamente reconhecida, concebida por Wladimir Köppen (1846-1940), um climatologista e botânico alemão. Seu trabalho de classificação iniciou com um artigo sobre as zonas quentes em 1884 e continuou por toda a sua carreira. O primeiro mapa-múndi ilustrando os climas, elaborado junto a seu estudante Rudolph Geiger, foi apresentado em 1928 e rapidamente tornou-se amplamente utilizado. Köppen continuou a aprimorá-lo até a sua morte. No Apêndice B, você encontrará uma descrição desse sistema e dos critérios utilizados para distinguir as regiões climáticas e seus limites.

O sistema de classificação utilizado em *Geossistemas* é um meio-termo entre os sistemas genético e empírico. Ele se concentra em medições de temperatura e precipitação (e, para as áreas desérticas, umidade) e também nos fatores causais que produzem os climas. Seis categorias climáticas básicas proporcionam a estrutura da discussão neste capítulo.

- Climas tropicais: latitudes tropicais, sem inverno
- Climas mesotérmicos: latitudes médias, invernos brandos
- Climas microtermais: médias e altas latitudes, invernos frios
- Climas polares: altas latitudes e regiões polares
- Climas de montanha: altas elevações em todas as latitudes
- Climas secos: déficits permanentes de umidade em todas as latitudes

Cada um desses climas é dividido em subcategorias, apresentadas no mapa-múndi climático da Figura 10.2 e descritas nas seções que seguem. A exposição a seguir também inclui no mínimo um **climograma** para cada subcategoria climática, mostrando a temperatura e precipitação mensal de uma estação meteorológica de uma cidade selecionada. Acima de cada climograma são descritas as características predominantes do tempo meteorológico que influenciam as características daquele clima. Um mapa da localidade e estatísticas seletas – incluindo coordenadas de localização, temperatura média anual, precipitação total anual e altitude – completam as informações de cada estação meteorológica. Para cada categoria climática principal, uma caixa de texto apresenta as características climáticas e os elementos causais, incluindo um mapa-múndi mostrando a distribuição geral daquele tipo de clima e, na maioria dos casos, a localização de estações meteorológicas representativas.

Os climas influenciam os *ecossistemas*, comunidades autorreguladas, naturais, formadas por plantas e animais no seu ambiente físico. Em terra, as regiões climáticas básicas determinam, em grande parte, a localização dos principais ecossistemas do mundo. Essas amplas regiões, com seu solo, vegetação e comunidade animal, são chamadas de *biomas*; exemplos incluem floresta, campo, savana, tundra e deserto. Discussões sobre os principais biomas terrestres que integram plenamente esses padrões climáticos globais constam na Parte IV deste livro (vide Tabela 20.1). Neste capítulo, mencionamos os ecossistemas e biomas associados com cada tipo de clima.

> **PENSAMENTO Crítico 10.1**
> **Encontre o seu clima**
>
> Usando a Figura 10.2, localize o seu *campus* e o seu local de nascimento, com a descrição climática associada. Então, obtenha dados de precipitação e temperatura mensais para esses lugares. Descreva brevemente as fontes de informação que você utilizou: biblioteca, Internet, o professor e contatos com climatologistas locais. Depois, consulte o Apêndice B para refinar a sua avaliação do clima para essas duas localidades. Apresente sucintamente como você trabalhou com os critérios de classificação climática de Köppen, oferecidos no Apêndice, para estabelecer as classificações climáticas para as duas localidades. •

geossistemas em ação 10 — O SISTEMA CLIMÁTICO DA TERRA

O sistema climático da Terra é o resultado de interações de diversos componentes. Isso inclui a entrada e transferência da energia vinda do Sol (GEA 10.1 e 10.2), as alterações resultantes de temperatura e pressão atmosféricas (GEA 10.3 e 10.4), os movimentos e interações das massas de ar (GEA 10.5), e a transferência de água – como vapor, líquido ou sólido – por todo o sistema (GEA 10.6).

10.1 INSOLAÇÃO

A radiação solar de entrada é a fonte de energia do sistema climático. A insolação varia com a altitude, assim como (diária e sazonalmente) com a alteração da duração do dia e do ângulo solar. (Capítulo 2; *revise as Figuras 2.8, 2.10 e GEA 2*)

Raios solares

Sol da meia-noite do Cabo Norte, Nordkapp, Noruega [marcokenya/Shutterstock]

10.2 BALANÇO DE ENERGIA DA TERRA

O desequilíbrio criado pelos excedentes de energia no equador e pelos déficits de energia nos polos provoca os padrões de circulação global dos ventos e das correntes oceânicas que determinam os sistemas meteorológicos. (Capítulo 4; *revise a Figura 4.10*)

Polo Norte
Déficits energéticos das latitudes altas
Transporte de excedentes de energia para os polos
Excedente energético equatorial e tropical

Deduza: Qual é o padrão geral do fluxo de energia na atmosfera? Explique sua resposta.

10.3 TEMPERATURA

Os controles primários da temperatura são latitude, elevação, nebulosidade e diferenças de aquecimento entre terra e água. O padrão das temperaturas globais é afetado pelos ventos globais, pelas correntes oceânicas e pelas massas de ar. (*Capítulo 5; revise as Figuras 5.12 a 5.15*)

EQUADOR TERMAL — JANEIRO

Formação de nuvens

Evaporação Transpiração

Escoamento

10.4
PRESSÃO ATMOSFÉRICA

Os ventos sopram das áreas de alta pressão para as de baixa pressão. A baixa equatorial cria um cinturão de climas úmidos. As altas subtropicais criam áreas de climas secos. Os padrões de pressão influenciam a circulação atmosférica e o movimento das massas de ar. A circulação oceânica e as oscilações multianuais dos padrões de pressão e temperatura sobre os oceanos também afetam o tempo meteorológico e o clima. (*Capítulo 6; revise as Figuras 6.10 e GEA 6*)

Explique: Onde estão os ventos alísios nessa visão do globo? Explique e localize áreas de climas quentes e úmidos e climas quentes e secos em relação às Células de Hadley.

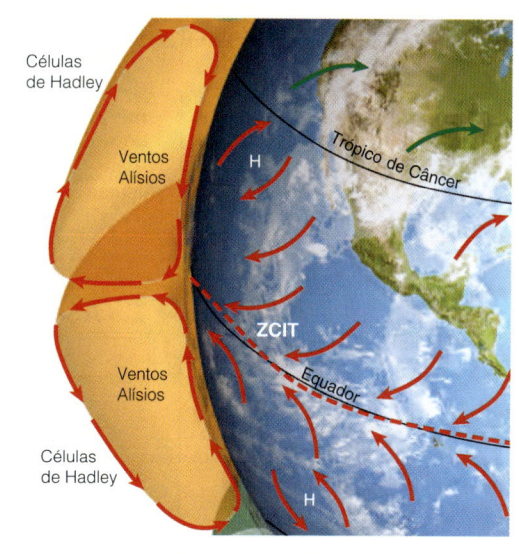

Células de Hadley
Ventos Alísios
Trópico de Câncer
ZCIT
Ventos Alísios
Equador
Células de Hadley

Advecção atmosférica de vapor
Formação de nuvens
Precipitação
Evaporação

10.5
MASSAS DE AR

Imensos corpos de ar homogêneo formam-se sobre as regiões-fonte oceânicas e continentais, assumindo as características dessas superfícies. Quando essas massas de ar migram, elas levam suas condições de temperatura e umidade para outras regiões. Nas frentes, onde as massas de ar se encontram, pode ocorrer precipitação ou tempo severo. (*Capítulo 8; revise a Figura 8.1*)

A massa de ar mT tépida e tropical traz ar úmido e instável para o Leste e Meio-Oeste dos EUA. Aqui, uma tempestade aproxima-se de Miami Beach. [Jorg Hackemann/Shutterstock]

[cpphotoimages/Shutterstock]

10.6
UMIDADE ATMOSFÉRICA

O ciclo hidrológico transfere umidade para o sistema climático da Terra. Dentro desse ciclo, os processos de evaporação, transpiração, condensação e precipitação são componentes essenciais do tempo meteorológico. (*Capítulos 7 e 9; revise a Figura 9.4*)

▲Figura 10.2 Mapa-múndi de classificação climática. Neste mapa são apresentadas as massas de ar, as correntes oceânicas próximas à costa, os sistemas de pressão e a localização da Zona de Convergência Intertropical (ZCIT) em janeiro e julho. Use as cores da legenda para localizar os diversos tipos de clima; alguns tipos climáticos aparecem em itálico para facilitar a compreensão.

Capítulo 10 • O sistema climático global **263**

CLIMAS MICROTÉRMICOS

- Continental úmido
  Verão quente: úmido o ano todo
  Ásia (inverno seco)
- Continental úmido
  Verão brando: úmido o ano todo
  Ásia (inverno seco)
- Regiões subárticas
  Verões frescos
- Regiões subárticas
  Invernos muito frios

CLIMAS POLARES
CLIMAS DE ALTA MONTANHA

- Tundra
- Calota de gelo e manto de gelo
  Efeitos de alta montanha na temperatura

CLIMAS SECOS

- Desertos (áridos)
  Tropical, subtropical (quente)
  Latitude média (frio)
- Estepes (semiárido)
  Tropical, subtropical (quente)
  Latitude média (frio)

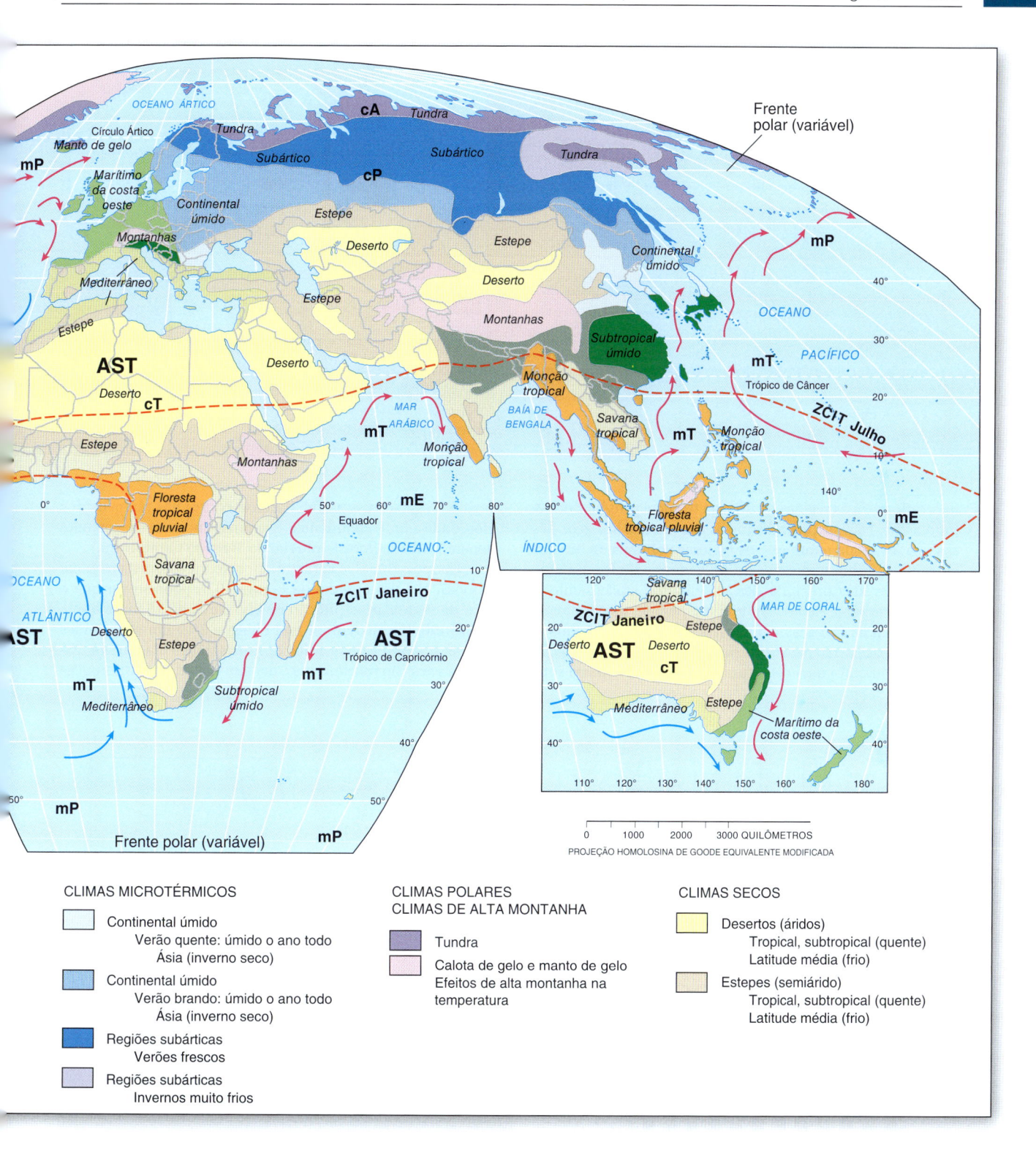

Climas de floresta tropical pluvial

Os climas de *floresta tropical pluvial* são constantemente úmidos e tépidos. Tempestades de origem convectiva, desencadeadas pela convergência de aquecimento local e dos ventos alísios, têm seu máximo de atividade diária do meio da tarde até o início da noite no continente. Nas regiões costeiras, esta atividade é antecipada durante o dia, onde a influência marítima é marcante. A precipitação segue a migração da ZCIT (revise o Capítulo 6), que se desloca para o norte e para o sul acompanhando o Sol ao longo do ano,

Clima tropicais (latitudes tropicais)

Os climas tropicais são os mais extensos, ocupando cerca de 36% da superfície do planeta, incluindo área oceânicas e terrestres. Os climas tropicais se estendem de aproximadamente 20° N até 20° S, entre os trópicos de Câncer e Capricórnio, daí o nome. Os climas tropicais estendem-se ao norte até a ponta da Flórida e o centro-sul do México, Índia central e sudeste da Ásia, e ao sul no norte da Austrália, Madagascar, África central e norte do Brasil. Esses climas realmente não têm inverno. Os elementos importantes são:

- duração do dia e insolação consistentes, que produzem temperaturas tépidas constantes;
- efeitos da Zona de Convergência Intertropical (ZCIT), que traz chuva em sua migração sazonal com ângulo solar alto;
- temperaturas tépidas do oceano e massas de ar marítimas instáveis.

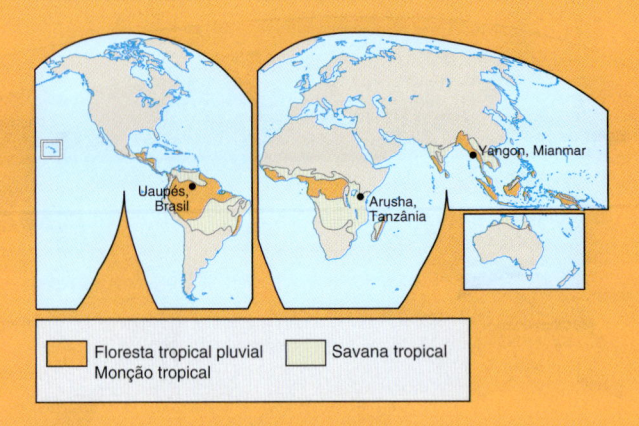

Os climas tropicais apresentam três regimes distintos: *floresta tropical pluvial* (ZCIT presente durante o ano todo), *monção tropical* (ZCIT presente de 6 a 12 meses por ano) e *savana tropical* (ZCIT presente por menos de 6 meses).

mas influencia as regiões de floresta tropical pluvial durante todo o ano. Não surpreende que os excedentes hídricos nessas regiões sejam enormes – os maiores volumes de fluxo de corrente ocorrem nas bacias do Amazonas e do Rio Congo.

As elevadas precipitações sustentam o crescimento da vegetação arbórea densa, ombrófila e perene, desta maneira produzindo as florestas equatoriais e tropicais pluviais da Terra. O dossel é tão denso que pouca luz atinge o chão da floresta, produzindo uma cobertura vegetal rala e esparsa sobre o solo. Vegetação superficial densa ocorre nas margens dos rios, onde a luz é abundante. (Examinaremos o desmatamento generalizado da floresta pluvial da Terra no Capítulo 20.)

Uaupés, Brasil, é característico de uma floresta tropical pluvial. No climograma da Figura 10.3, pode-se ver que o mês de menor precipitação recebe cerca de 15 cm e que a amplitude térmica anual mal chega a 2°C. Em todos esses climas, a amplitude térmica dioturna (entre dia e noite) excede a variação mínima-máxima anual média: as diferenças

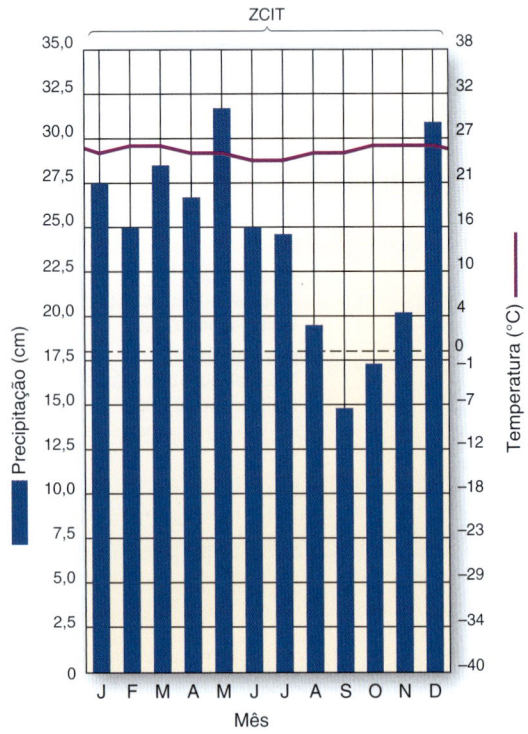

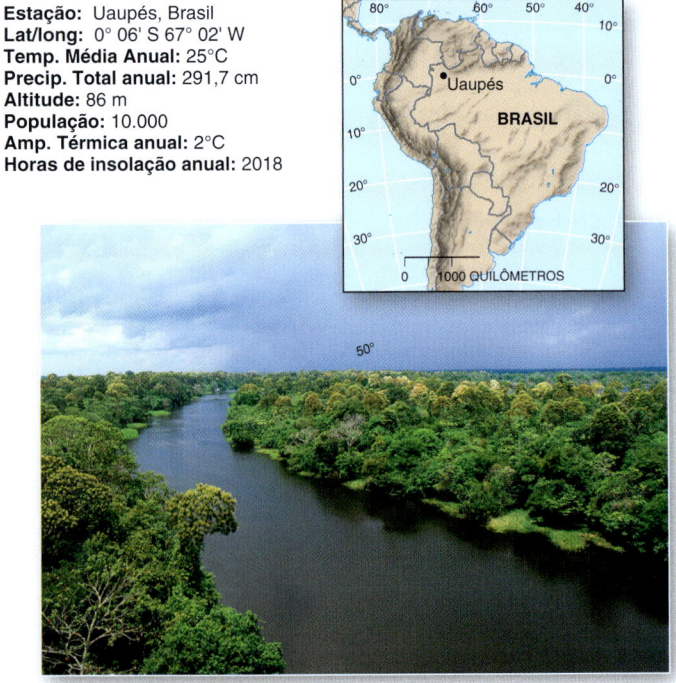

Estação: Uaupés, Brasil
Lat/long: 0° 06' S 67° 02' W
Temp. Média Anual: 25°C
Precip. Total anual: 291,7 cm
Altitude: 86 m
População: 10.000
Amp. Térmica anual: 2°C
Horas de insolação anual: 2018

(a) Climograma de Uaupés, Brasil.

(b) A floresta pluvial junto a um tributário do Rio Negro, Amazonas, Brasil.

▲**Figura 10.3 Clima de floresta tropical pluvial.** [(b) Sue Cunnigham Photographic/Alamy.]

▼Figura 10.4 Clima de monção tropical. [shaileshnanal/Shuttershock.]

Estação: Yangon, Mianmar*
Lat/long: 16° 47' N 96° 10' E
Temp. Média Anual: 27,3°C
Precip. Total Anual: 268,8 cm
Altitude: 23 m
População: 6.000.000
Amp. Térmica Anual: 5,5°C
*(ex-Rangoon, Birmânia)

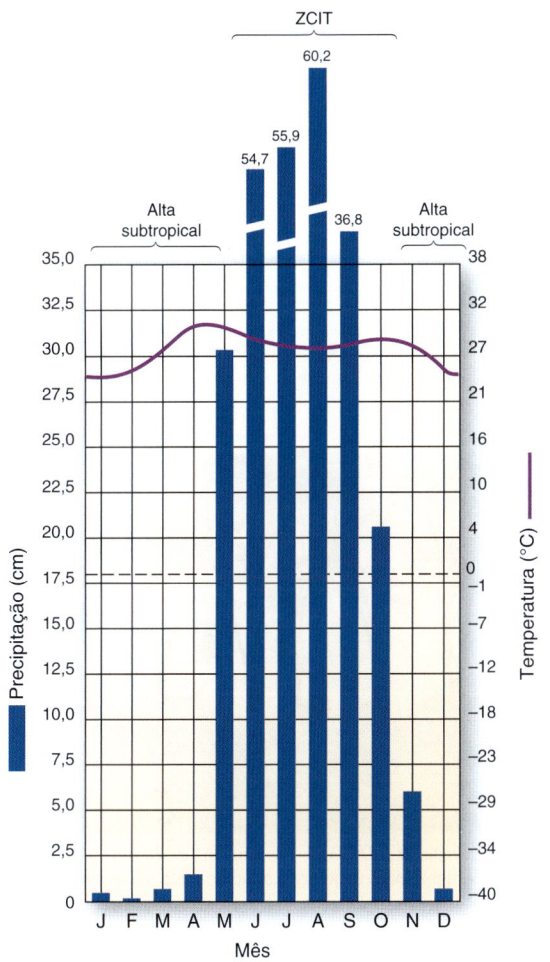

(a) Climograma de Yangon, Mianmar (antiga Rangoon; a cidade de Sittwe também está assinalada no mapa.

(b) Floresta monçônica mista e arbustos característicos da região no leste da Índia.

dioturnas podem passar de 11°C, mais que cinco vezes a amplitude mensal média do ano.

A única interrupção na distribuição dos climas de floresta tropical pluvial na região equatorial está nas terras montanhosas dos Andes na América do Sul e no leste africano (veja a Figura 10.2). Nestas regiões, as elevações mais altas produzem temperaturas mais baixas; o monte Kilimanjaro está a menos de 4° ao sul do equador, mas a 5895 m, tendo uma cobertura glacial permanente no seu topo (embora essa geleira hoje tenha praticamente desaparecido devido às temperaturas mais altas). Tais regiões montanhosas se enquadram na categoria de climas de montanha.

Climas de monção tropical

Os climas de *monção tropical* apresentam uma estação seca que dura um ou mais meses. Chuvas trazidas pela ZCIT caem nessas áreas de 6 a 12 meses por ano. (Lembre-se de que a ZCIT afeta a região climática da floresta tropical pluvial durante todo o ano.) A estação seca ocorre quando a ZCIT se afastou, de modo que os efeitos de convergência não se verificam. Yangon, Mianmar (antiga Rangoon, Burma), é um exemplo deste tipo climático (Figura 10.4). As montanhas impedem que as massas de ar frio provenientes da Ásia central cheguem a Yangon; assim, este local possui elevadas temperaturas médias anuais.

A aproximadamente 480 km ao norte, em outra cidade costeira, Sittwe (Akyab), Mianmar, na Baía de Bengala, a precipitação anual atinge 515 cm, consideravelmente superior aos 269 cm de Yangon. Logo, Yangon é uma área mais seca do que mais ao norte no litoral, mas ainda assim excede o critério de 250 cm de precipitação anual usado para a classificação de monção tropical.

Os climas de monção tropical situam-se principalmente ao longo das áreas costeiras dentro do domínio da floresta tropical pluvial e apresentam uma variação sazonal de vento e precipitação. A vegetação desse tipo de clima geralmente consiste em árvores perenes, que fazem transição para florestas espinhosas nas margens mais secas, próximo aos climas de savana tropical adjacentes.

Climas de savana tropical

Os climas de *savana tropical* existem ao norte dos climas de floresta tropical pluvial. A foto em *Geossistemas Hoje* mostra que Ponce, Porto Rico, é uma região dessas. A ZCIT atinge

▼**Figura 10.5 Clima de savana tropical.** [(b) Blaine Harrington III/Corbis.]

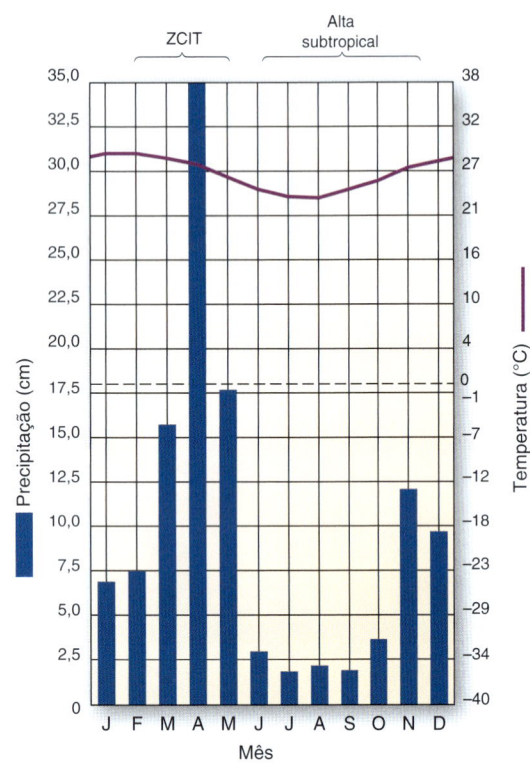

Estação: Arusha, Tanzânia
Lat/long: 3° 24' S 36° 42' E
Temp. Média Anual: 26,5°C
Precip. Total Anual: 119 cm

Altitude: 1387 m
População: 1.368.000
Amp. Térmica Anual: 4,1°C
Horas de insolação anual: 2600

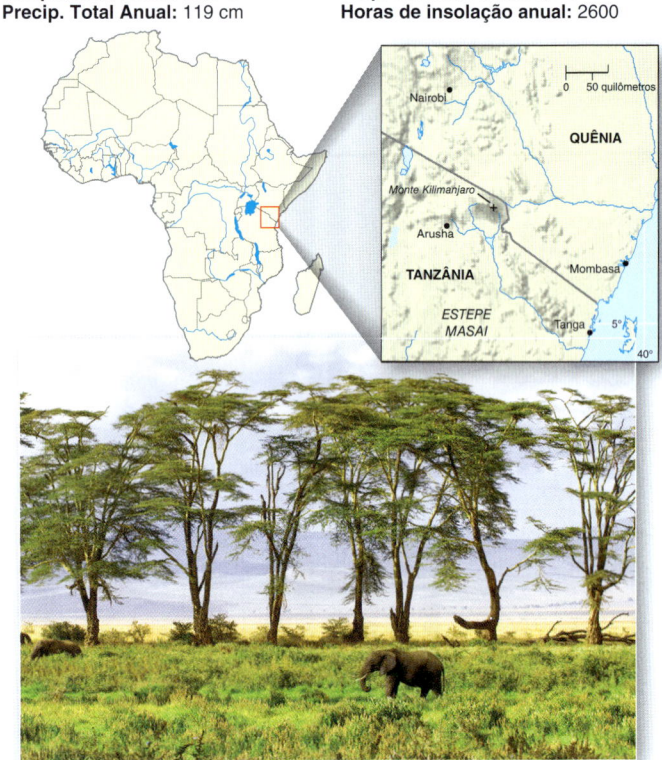

(a) Climograma de Arusha, Tanzânia; observe o intenso período seco.

(b) Paisagem características da Área de Preservação de Ngorongoro, Tanzânia, perto de Arusha, com vegetação adaptada aos balanços hídricos sazonalmente secos.

estas regiões climáticas por aproximadamente 6 meses ou menos no ano, quando migra acompanhando o sol de verão. Os verões são mais úmidos que os invernos devido à contribuição das chuvas convectivas influenciadas pela migração da ZCIT. Em contraste, quando a ZCIT está no máximo de afastamento e a alta pressão domina, as condições são notavelmente secas. Portanto, o POTET (demanda de umidade natural) excede a PRECIP (disponibilidade de umidade natural) no inverno, causando déficit no balanço hídrico.

As temperaturas variam mais nos climas de savana tropical do que nas regiões de floresta tropical pluvial. O regime de savana tropical pode apresentar dois máximos durante o ano por causa da dupla incidência de radiação solar na vertical – antes e depois do solstício de verão em cada hemisfério, quando o sol se movimenta entre o equador e o trópico. Pradarias com árvores esparsas, que são resistentes à seca para suportar regimes de grande variabilidade de precipitação, dominam as regiões de savana tropical.

O clima de Arusha, Tanzânia, representa as condições de savana tropical (Figura 10.5). Essa área metropolitana fica próxima às planícies relvosas do Serengeti, um parque nacional muito visitado que abriga uma das maiores migrações anuais de mamíferos do mundo. Apesar da elevação (1387 m) da estação meteorológica, as temperaturas são compatíveis com os climas tropicais. No climograma, observe a aridez de junho a outubro que indica alteração nos sistemas de pressão predominantes em vez de alteração anual da temperatura. Essa região fica próxima da transição para os climas mais secos de *estepe tropical quente*, no nordeste (discutidos mais além neste capítulo).

GEOrelatório 10.1 Zonas de clima tropical avançam para latitudes mais altas

O cinturão de climas tropicais que cruza o equador está se expandindo. Pesquisas recentes sugerem que essa zona aumentou mais de 2° de latitude desde 1979, com um avanço total de 0,7° de latitude por década. Evidências indicam que o avanço ao sul desse limite climático é afetado pela destruição do ozônio atmosférico sobre a região antártica, enquanto que o avanço ao norte está relacionado a aumentos dos aerossois de carbono negro e ozônio troposférico (camada junto ao solo) causados por queima de combustíveis fósseis no Hemisfério Norte (esses poluentes absorvem luz solar e aquecem a atmosfera). Com os climas tropicais movendo-se em direção aos trópicos, as regiões subtropicais secas estão ficando mais secas, com estiagens mais frequentes.

Climas mesotérmicos (latitudes médias, invernos brandos)

Mesotérmicos, que significa "de temperatura média", descreve esses climas tépidos e temperados, nos quais a verdadeira sazonalidade inicia. Mais da metade da população mundial habita em climas mesotérmicos, que ocupam cerca de 27% da superfície terrestre e marítima do planeta – o segundo maior percentual depois dos climas tropicais.

Os climas mesotérmicos, além de porções adjacentes de climas microtérmicos (invernos frios), são regiões de grande variabilidade do tempo meteorológico, porque são latitudes onde há a maior interação entre as massas de ar. Os elementos importantes são:

- efeitos latitudinais sobre insolação e temperatura, pois os verões passam de quentes para frios dos trópicos para os polos;
- deslocamento das massas de ar marítimas e continentais, sendo guiadas pelos ventos de oeste superiores;
- migração de sistemas ciclônicos (baixa pressão) e anticiclônicos (alta pressão), promovendo mudanças nas condições meteorológicas e interações entre massas de ar;
- efeitos das temperaturas da superfície do mar sobre a força da massa de ar: temperaturas mais frias nas costas ocidentais enfraquecem as massas de ar, ao passo que temperaturas mais quentes nas costas orientais as fortalecem.

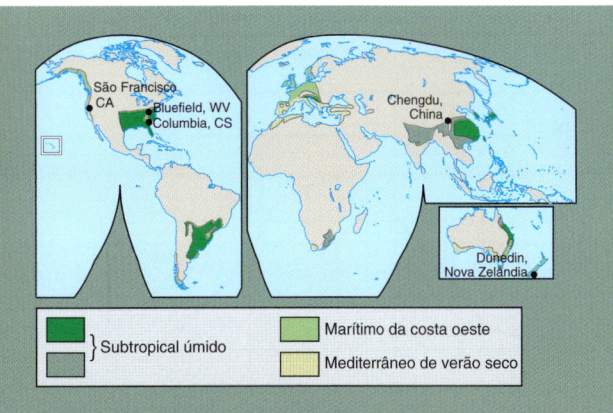

Os climas mesotérmicos são úmidos, a não ser onde a alta pressão subtropical produz verões secos. Seus quatro regimes distintos com base na disponibilidade de precipitação são: *subtropical úmido de verão quente* (úmido todo o ano), *subtropical úmido de inverno seco* (de verões quentes para tépidos, na Ásia), *marítimo da costa oeste* (verões mornos a frios, úmido o ano todo) e *mediterrâneo de verão seco* (verões mornos a quentes).

Climas subtropicais úmidos de verão quente

Os climas *subtropicais úmidos de verões quentes* ou são úmidos durante o ano inteiro ou apresentam um período seco no inverno, como é o caso do leste e sul asiático. As massas de ar tropicais marítimas, geradas sobre as águas quentes nas costas orientais, influenciam esses climas durante o verão. Esse ar quente, úmido e instável produz chuvas convectivas sobre o continente. No outono, inverno e verão, massas de ar continental polar e marítima tropical interagem, gerando atividade frontal e, com frequência, tempestades ciclônicas de latitude média. Esses dois mecanismos produzem precipitação o ano inteiro, com médias de 100–200 cm por ano.

Na América do Norte, os climas suptropicais úmidos de verão quente são verificados no Sudeste dos Estados Unidos. Columbia, Carolina do Sul, é uma estação representativa (Figura 10.6), com precipitação de inverno característica, oriunda de atividade de tempestade ciclônica (outros exemplos são Atlanta, Memphis e New Orleans). Nagasaki, Japão, é característica de uma estação asiática suptropical úmida com verão quente (Figura 10.7), onde a precipitação de inverno é inferior devido aos efeitos da monção do leste asiático. No entanto, a menor precipitação no inverno não é baixa o suficiente para alterar a categoria climática para *subtropical úmido de inverno seco*. Nagasaki recebe mais precipitação anual total (196 cm) do que climas semelhantes dos Estados Unidos, em função do padrão de fluxo monçônico.

Climas subtropicais úmidos de inverno seco

Climas *subtropicais úmidos de invernos secos* são relacionados a invernos secos, com pulsos sazonais de monção. Estes climas estendem-se para o norte de climas de savana tropical e têm um mês no verão que recebe 10 vezes mais precipitação que o mês de inverno mais seco. Chengdu, China, é a estação representativa da Ásia. A Figura 10.8 demonstra a forte correlação entre a precipitação e o sol mais alto.

Um grande número de pessoas vive nos climas subtropical úmido de verão quente e subtropical úmido de inverno seco, o que se demonstra pelas grandes populações do Centro-Norte da Índia, Sudeste da China e Sudeste dos Estados Unidos. Embora esses climas sejam relativamente habitáveis por humanos, existem riscos naturais; por exemplo, as intensas chuvas de verão da monção asiática causam enchentes na Índia e em Bangladesh que afetam milhões de pessoas. No Sudeste dos EUA, tremendas tempestades elétricas são comuns, frequentemente gerando tornados, e a chuva associada aos furacões podem ocasionar enchentes sazonais.

Climas marítimos da costa oeste

Climas *marítimos da costa oeste* apresentam invernos brandos e verões frescos, sendo característicos da Europa e de outros segmentos costeiros ocidentais das médias para altas latitudes (veja Figura 10.2). Nos Estados Unidos, estes climas, com seus verões mais frescos, contrastam com o clima subtropical úmido de verão quente encontrado no Sudeste norte-americano.

Massas de ar polar marítimas – frescas, úmidas e instáveis – dominam os climas marítimos da costa oeste. Os sistemas meteorológicos que se formam ao longo da frente polar e das massas de ar polar marítimas se movem para estas regiões durante o ano todo, tornando difícil a previsibilidade do tempo meteorológico. A neblina costeira, presente de 30 a 60 dias no ano, faz parte da influência moderadora do meio marinho. O período de crescimento da vegetação pode ser encurtado pela possibilidade de ocorrência de geadas.

Os climas marítimos da costa oeste geralmente são brandos, se considerarmos as suas latitudes. Estes estendem-se

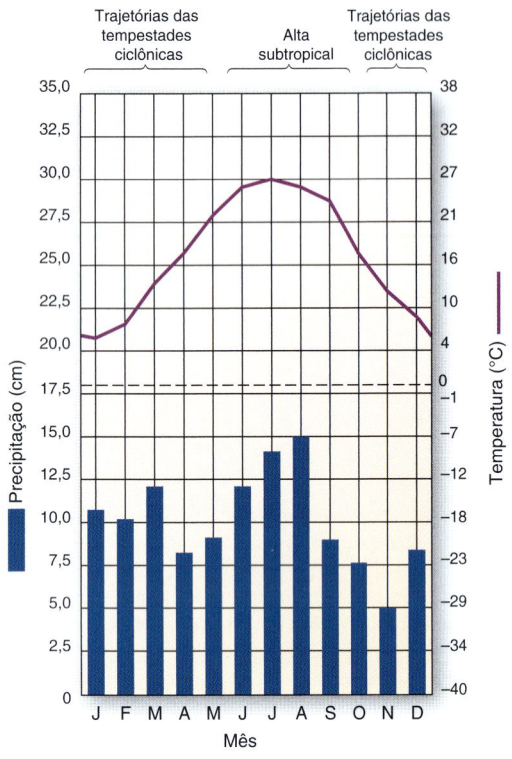

268 Parte II • A Água e os Sistemas Meteorológico e Climático

(a) Climograma de Columbia, Carolina do Sul.

Estação: Columbia, Carolina do Sul
Lat/long: 34° N 81° W
Temp. Média Anual: 17,3°C
Precip. Média Anual: 126,5 cm
Altitude: 96 m
População: 116.000
Amp. Térmica Anual: 20,7°C

Horas de insolação anual: 2800

(b) Lírios em uma floresta perene de ciprestes e pinheiros no sul da Geórgia.

▲**Figura 10.6 Clima subtropical úmido de verão quente, região norte-americana.** [(b) Bobbé Christopherson.]

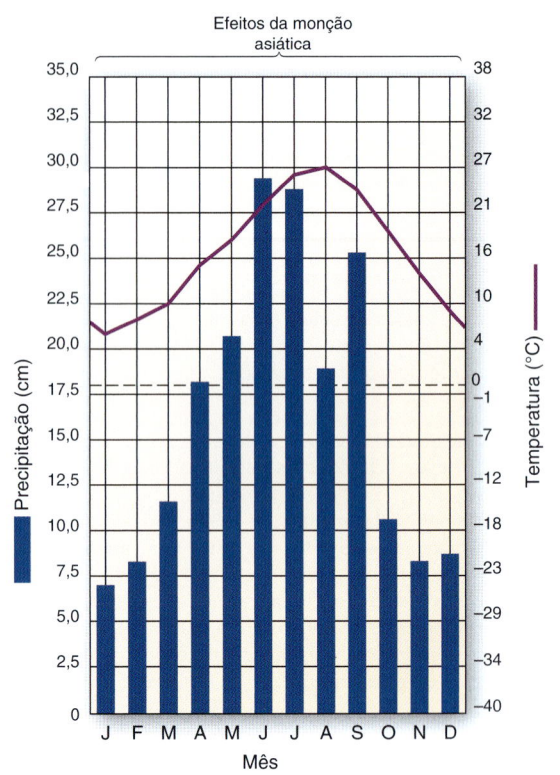

(a) Climograma para Nagasaki, Japão.

Estação: Nagasaki, Japão
Lat/long: 32° 44' N 129° 52' E
Temp. Média Anual: 16°C
Precip. Média Anual: 195,7 cm
Altitude: 27 m
População: 1.585.000
Amp. Térmica Anual: 21°C
Horas de insolação anual: 2131

(b) Paisagem na ilha Kitakyujukuri, próximo a Nagasaki e Sasebo, Japão, na primavera.

▲**Figura 10.7 Clima subtropical úmido de verão quente, região asiática.** [(b) JTB Photo/photolibrary.com.]

pelas margens costeiras das ilhas Aleutas no Pacífico Norte, cobrem o terço meridional da Islândia no norte do Atlântico Norte e a costa da Escandinávia e dominam as ilhas Britânicas. É difícil imaginar que tais localidades de altas latitudes possam apresentar temperaturas médias mensais acima do ponto de congelamento durante o ano inteiro. Ao contrário da Europa, onde as regiões marítimas da costa oeste estendem-se bastante continente adentro, as montanhas do Canadá, Alasca, Chile e da Austrália restrigem esse clima a ambientes costeiros relativamente estreitos. Na Nova Zelândia, no Hemisfério Sul, o clima marítimo de costa oeste estende-se por todo o país. O climograma de Dunedin, Nova Zelândia, demonstra os padrões de temperatura moderada e a amplitude da temperatura anual para esse tipo de clima (Figura 10.9).

Uma anomalia interessante ocorre no leste dos Estados Unidos. Em partes das terras altas dos Montes Apalaches, que é a região de clima subtropical úmido de verão quente do continente, a elevação maior afeta as temperaturas, provocando um verão mais fresco e uma área isolada de clima marítimo da costa oeste. O climograma para Bluefield, West Virginia (Figura 10.10), revela padrões de precipitação e temperatura de clima marítimo da costa oeste, apesar de sua localização a leste. As similaridades da vegetação entre os Apalaches e a costa noroeste do Pacífico atraíram muitos imigrantes do leste americano, desta maneira promovendo a imigração para os ambientes climaticamente familiares do noroeste dos Estados Unidos.

Climas mediterrâneos de verão seco

A designação de clima *mediterrâneo de verão seco* especifica que ao menos 70% da precipitação anual ocorre nos meses de inverno. Isso contrasta com os climas da maior parte do mundo, que exibem precipitação máxima no verão. Em faixas estreitas do planeta, a alteração sazonal dos centros de alta pressão subtropical bloqueia ventos carregados de umidade de regiões adjacentes durante os meses de verão. Essa mudança de ar tépido e estável para quente e seco sobre uma determinada área no verão, e o afastamento delas no inverno criam um padrão marcado por verões secos e invernos úmidos. Por exemplo, as massas de ar tropical continental sobre o Saara, na África, movem-se para norte no verão, sobre a região do Mediterrâneo, bloqueando as massas de ar marítimas e as tempestades ciclônicas.

Globalmente, correntes oceânicas frias (corrente da Califórnia, do Peru, das Canárias, de Benguela e a corrente ocidental da Austrália) produzem estabilidade nas camadas das massas de ar ao longo das linhas das costas ocidentais, em direção aos centros de alta pressão subtropicais. O mapa-múndi climático na Figura 10.2 mostra os climas Mediterrâneo de verão seco nas margens ocidentais da América do Norte, no Chile central, na extremidade sudoeste da África, assim como na margem sul da Austrália e da bacia do Mediterrâneo, sendo desta última região que este grupo climático recebe seu nome. Examine as correntes oceânicas ao longo da costa dessas regiões no mapa.

A Figura 10.11 compara os climogramas das cidades de clima Mediterrâneo de verão seco de São Francisco, Estados Unidos, e Sevilha, na Espanha. Os efeitos marítimos costeiros moderam o clima de São Francisco, desta maneira produzindo um verão mais fresco. A transição para um verão quente ocorre entre 24–32 km de distância da costa de São Francisco.

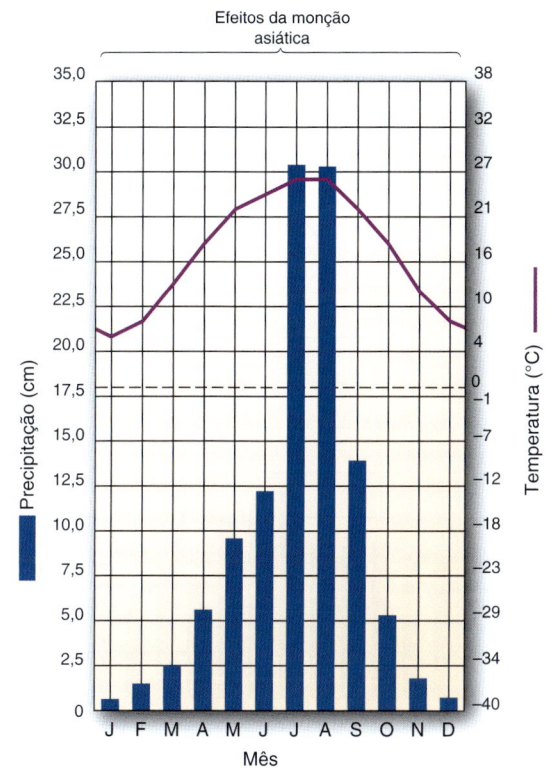

(a) Climograma de Chengdu, China. Observe a precipitação monçônica no verão úmido.

Estação: Chengdu, China
Lat/long: 30° 40′ N 104° 04′ E
Temp. Média Anual: 17°C
Precip. Anual Total: 114,6 cm
Altitude: 498 m
População: 2.500.000
Amp. Térmica Anual: 20°C
Horas de insolação anual: 1058

(b) Campos lavrados perto de Chengdu, Sichuaun, China.

▲**Figura 10.8 Clima subtropical úmido de inverno seco.**
[(b) TAO Images Limited/Alamy.]

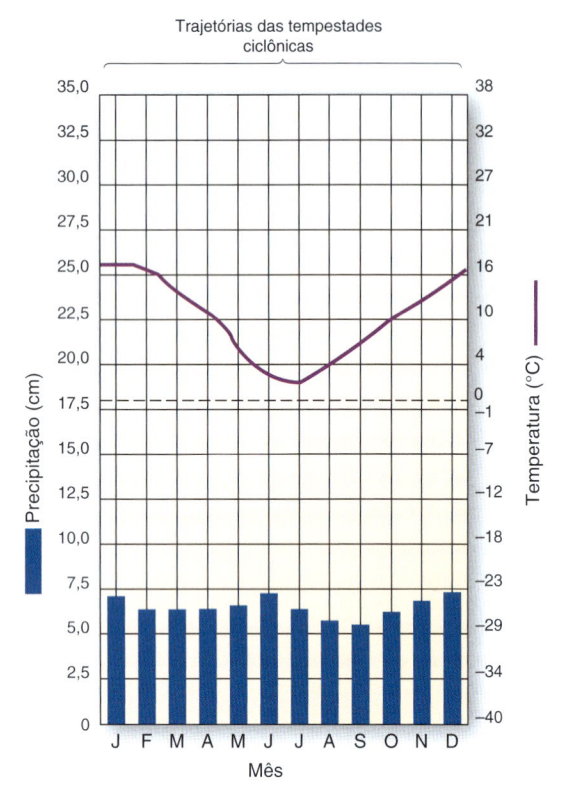

270 Parte II • A Água e os Sistemas Meteorológico e Climático

(a) Climograma de Dunedin, Nova Zelândia.

Estação: Dunedin, Nova Zelândia
Lat/long: 45° 54' S 170° 31' E
Temp. Média Anual: 10,2°C
Precip. Total Anual: 78,7 cm
Altitude: 1,5 m
População: 120.000
Amp. Térmica Anual: 14,2°C

(b) Campos, florestas e montanhas em South Island, Nova Zelândia.

▲**Figura 10.9** Clima marítimo de costa oeste no Hemisfério Sul. [Foto de Brian Enting/Photo Researchers, Inc.]

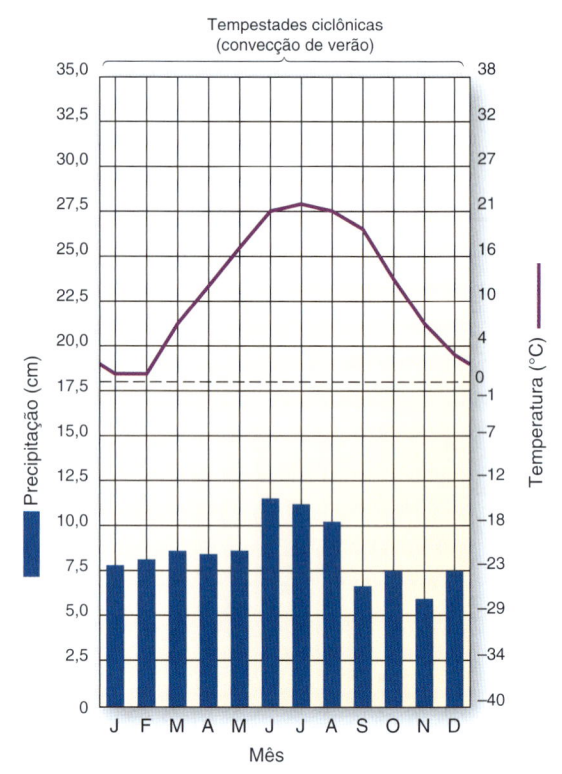

(a) Climograma de Bluefield, Virgínia Ocidental.

Estação: Bluefield, West Virginia
Lat/long: 37° 16' N 81° 13' W
Temp. Média Anual: 12°C
Precip. Total Anual: 101,9 cm
Altitude: 780 m
População: 11.000
Amp. Térmica Anual: 21°C

(b) Floresta mista característica dos Apalaches no inverno.

▲**Figura 10.10** Clima marítimo de costa oeste nos Montes Apalaches, Leste dos Estados Unidos. [Autor.]

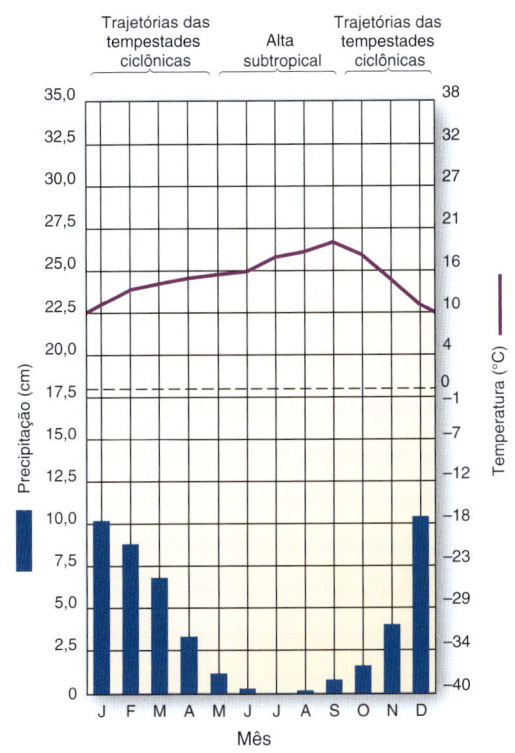

(a) Climograma de São Francisco, Califórnia, com seu verão seco e fresco.

Estação: São Francisco, Califórnia, EUA
Lat/long: 37° 37' N 122° 23' W
Temp. Média Anual: 14,6°C
Precip. Média Anual: 56,6 cm
Altitude: 5 m
População: 777.000
Amp. Térmica Anual: 11,4°C
Horas de insolação anual: 2975

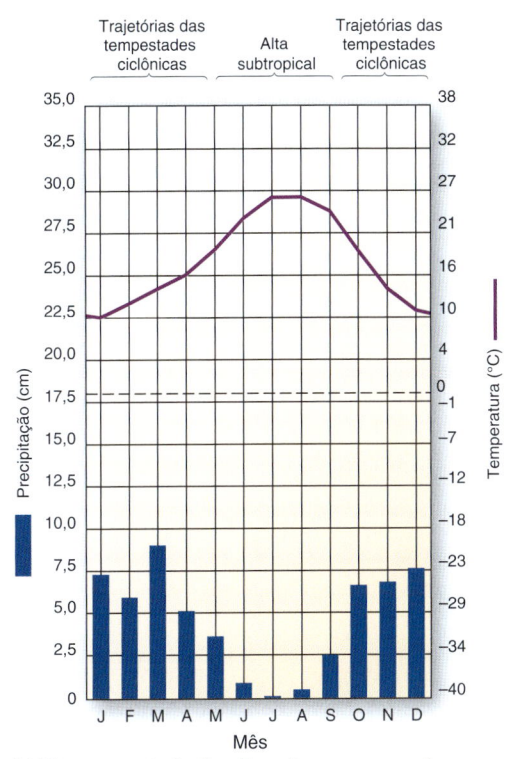

(b) Climograma de Sevilha, Espanha, com seu verão seco e quente.

Estação: Sevilha, Espanha
Lat/long: 37° 22' N 6° W
Temp. Média Anual: 18°C
Precip. Total Anual: 55,9 cm
Altitude: 13 m
População: 1.764.000
Amp. Térmica Anual: 16°C
Horas de insolação anual: 2862

(c) Paisagem mediterrânea da região central da Califórnia, savana de carvalhos.

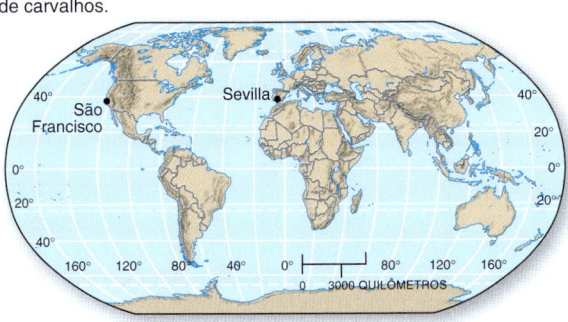

(d) Sevilha, Espanha, com os Montes El Peñon ao fundo.

▲**Figura 10.11 Climas mediterrâneo, Califórnia e Espanha.** [(c) Bobbé Christopherson. (d) Michael Thornton/Design-Pics/Corbis.]

O Clima Mediterrâneo de verão seco apresenta déficit no balanço hídrico no verão. As precipitações de inverno repõem a umidade do solo, mas o uso da água exaure a umidade do solo até o final da primavera. Nesse clima, a agricultura de larga escala requer irrigação, embora algumas frutas subtropicais, nozes e hortaliças sejam adaptadas a estas condições. É comum uma vegetação de folhas rígidas e resistente a secas, conhecida localmente como *chaparral* no oeste dos Estados Unidos. (O Capítulo 20 discute esse tipo de vegetação em outras partes do mundo.)

Climas microtermais (médias e altas latitudes, invernos frios)

Os climas microtermais úmidos possuem um inverno com uma certa tepidez de verão. Aqui a expressão *microtérmico* significa temperaturas frescas a frias. Aproximadamente 21% da superfície continental são influenciados por estes climas, representando cerca de 7% do total da superfície terrestre.

Esses climas ocorrem adjacentemente aos climas mesotermais, apresentando uma grande amplitude térmica relacionada à continentalidade e ao encontro de massas ar. As temperaturas diminuem com o aumento da latitude e para o interior dos continentes, resultando assim em invernos com frio intenso. Em contraste com as regiões com umidade o ano inteiro (seção setentrional dos Estados Unidos; sul do Canadá; e leste da Europa até os Montes Urais), o padrão de inverno seco é associado à monção seca asiática e a massas de ar frio.

Na Figura 10.2, observe a ausência dos climas microtermais no Hemisfério Sul. Isto ocorre porque o Hemisfério Sul carece de uma massa continental substancial, assim os climas microtermais se desenvolvem somente nas áreas elevadas. Os elementos importantes são:

- maior sazonalidade (duração do dia e altura do sol) e grande amplitude térmica (diária e anual);
- efeitos latitudinais sobre insolação e temperatura: os verões ficam mais frios quanto mais ao norte, com os invernos tornando-se frios ou gelados;
- ventos de oeste em altitude, guiados pelas ondas de Rossby, trazem ventos tépidos para o norte, ar frio para o sul, devido à atividade ciclônica, em oposição às tempestades convectivas originárias das massas de ar tropical marítimo no verão;
- o interior dos continentes serve como área fonte para massas de ar polar continental (cP) intensas que predominam no inverno, bloqueando as tempestades ciclônicas;
- alta pressão continental e massas de ar relacionadas, aumentando dos Montes Urais para o leste, em direção ao Oceano Pacífico, geram o padrão asiático de inverno seco.

Os climas microtermais possuem quatro regimes distintos, com base no frio que cresce com a latitude e a variabilidade de precipitação: continental úmido de verão quente (Chicago, Nova York); continental úmido com verão brando (Duluth, Toronto, Moscou); subártico de verão fresco (Churchill); e os incríveis extremos de invernos muito frios (Verkhoyansk e Sibéria setentrional) do frígido subártico.

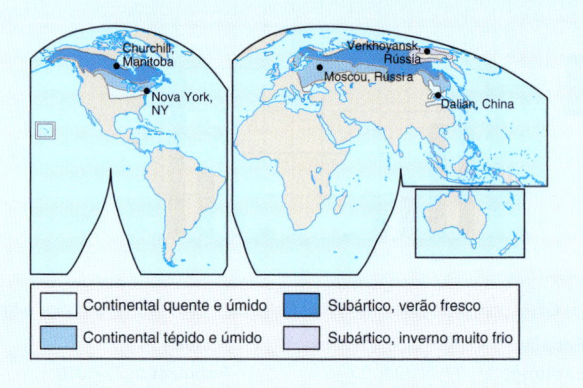

Continental quente e úmido

Os climas *continentais úmidos de verão quente* possuem as temperaturas de verão mais quentes da categoria microtermal. No verão, massas de ar marítimo tropical influenciam a precipitação, que pode ser regular durante o ano ou apresentar um período distinto de verão seco. Na América do Norte, o encontro frequente de massas de ar gera uma contínua atividade meteorológica – tropical marítima e continental polar –, especialmente no inverno. Nova York, Estados Unidos e Dalian, China (Figura 10.12), exemplificam os dois tipos de clima microtermal de verão quente – *úmido o ano inteiro* e de *inverno seco*. O climograma de Dalian demonstra uma tendência de inverno seco provocada pela intrusão de fluxos de ar frio continental que força condições de monção seca.

Anterior à colonização europeia na costa leste dos Estados Unidos, as florestas cobriam toda a região de clima continental úmido de verão quente, estendendo-se até o limite ocidental dos atuais Estados de Indiana e Illinois. Além deste limite, as pradarias de gramíneas altas estendiam-se para oeste até aproximadamente 98° W (região central do atual Estado do Kansas), coincidindo aproximadamente com a *isoieta* (linha de igual precipitação) de 51 cm. Mais a oeste, a presença de pradarias de gramíneas baixas reflete precipitações menores.

A camada espessa de turfa dificultou a agricultura para os primeiros colonizadores das pradarias da América do Norte; entretanto, lavouras domesticadas, como trigo e cevada, logo substituíram as gramíneas nativas. Várias invenções (arame farpado, arado com lâmina de aço, técnicas de perfuração de poços, cataventos e ferrovias) auxiliaram a expansão da agricultura e da pecuária na região. Atualmente, a região continental úmida de verão quente nos Estados Unidos produz milho, soja, suínos, gado de corte e leiteiro (Figura 10.13).

Climas continentais úmidos de verão brando

Localizados mais em direção aos polos, os climas *continentais úmidos de verão brando* são ligeiramente mais frescos. A Figura 10.14 apresenta o climograma para Moscou, 55° N, aproximadamente na mesma latitude da costa meridional da baía de Hudson, no Canadá. Nos Estados Unidos, uma cidade característica a ter esse clima de verão ameno é Duluth, Minnesota.

A atividade agropecuária mantém sua importância nos climas microtérmicos mais frios, incluindo lacticínios, avicultura, linho, girassol, beterraba, trigo e batatas. Períodos livres de congelamento estendem-se por menos de 90 dias na porção norte dessas regiões até 225 dias na porção sul. Em geral, a precipitação é menor do que nas regiões de verão quente ao sul; porém, a queda de neve é consideravelmente maior, e seu degelo é importante para a recarga da umidade do solo. Diversas estratégias de captura da neve são empregadas, incluindo cercas e restolho alto para criar barreiras de contenção da neve, sendo uma forma de reter umidade sobre o solo.

O aspecto de inverno seco do clima de verão brando ocorre somente na Ásia, no extremo leste da área ao norte dos climas mesotermais de inverno seco. Vladivostok representa o clima continental úmido de verão brando ao longo da costa leste da Rússia, sendo um dos dois portos livres de gelo desta região.

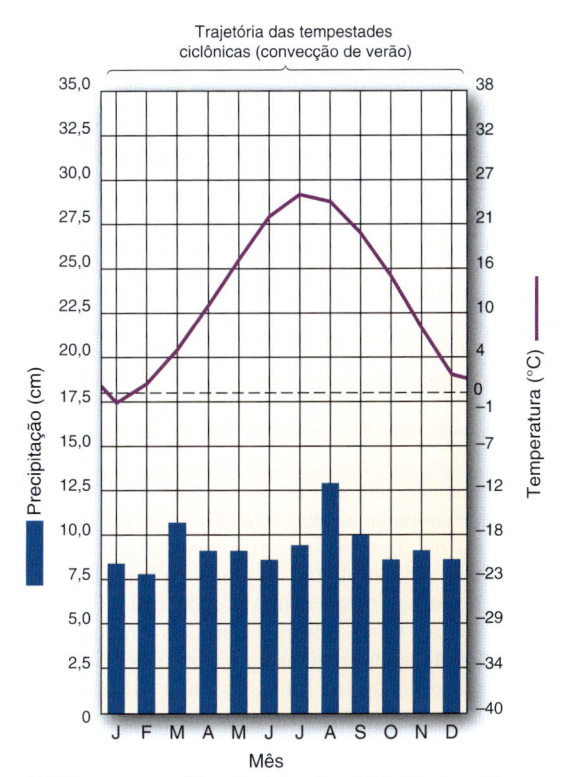

(a) Climograma de Nova York (continental úmido de verão quente, úmido todo o ano).

Estação: Nova York, Nova York
Lat/long: 40° 46' N 74° 01' W
Temp. Média Anual: 13°C
Precip. Total Anual: 112,3 cm
Altitude: 16 m
População: 8.092.000
Amp. Térmica Anual: 24°C
Horas de insolação anual: 2564

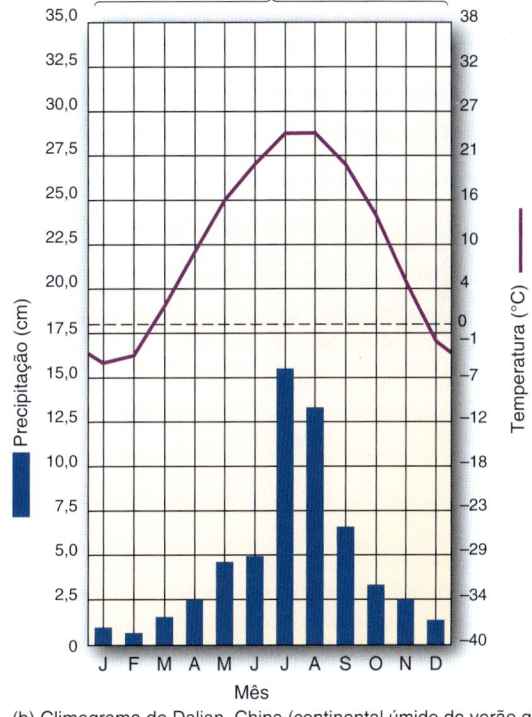

(b) Climograma de Dalian, China (continental úmido de verão quente, inverno seco).

Estação: Dalian, China
Lat/long: 38° 54' N 121° 54' E
Temp. Média Anual: 10°C
Precip. Total Anual: 57,8 cm
Altitude: 96 m
População: 5.550.000
Amp. Térmica Anual: 29°C
Horas de insolação anual: 2762

(c) Castelo Belvedere, construído em 1872, no Central Park de Nova York; localização da estação meteorológica de 1919 a 1960.

(d) Dalian, China, paisagem urbana de um parque no verão.

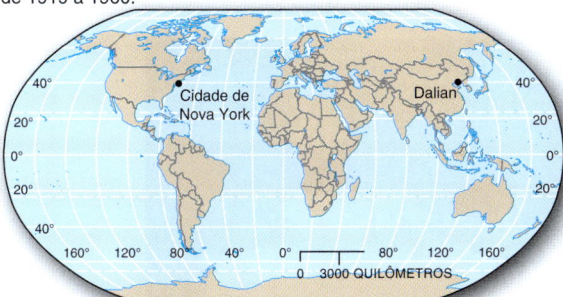

▲**Figura 10.12 Clima continental úmido de verão quente, Nova York e Dalian.** [(c) Bobbé Christopherson. (d) Paul Louis Collection.]

Climas subárticos

As maiores mudanças sazonais ocorrem em direção aos polos. A curta estação de crescimento é mais intensa durante os longos dias de verão. Os climas subárticos incluem vastas extensões do Alasca, do Canadá e do norte da Escandinávia com os verões frescos e a Sibéria com seus invernos muito frios (Figura 10.2).

As áreas que recebem 25 cm de precipitação ou mais por ano nas margens continentais setentrionais e que são cobertas pelas conhecidas florestas de neve compostas por pinaceae, abeto e bétula formam a *floresta boreal* no Canadá e a *taiga* na Rússia. Essas florestas encontram-se em transi-

▲Figura 10.13 **Milharais na pradaria continental úmida.** Leste de Minneapolis, próximo ao limite entre regiões de clima continental úmido de verão quente e de verão brando. [Bobbé Christopherson.]

ção conforme se estendem para o norte, de florestas mais abertas para tundra no extremo norte. As florestas rareiam ao norte sempre que o mês mais quente cai a uma temperatura média inferior a 10°C. Modelos climáticos e previsões sugerem que nas próximas décadas, as florestas boreais migrarão para o norte, adentrando na tundra, em resposta às temperaturas mais altas.

Tanto a precipitação quanto a evapotranspiração potencial são baixas, logo, os solos são geralmente úmidos e parcialmente ou totalmente congelados abaixo da superfície. Este fenômeno é conhecido como *permafrost* (discutido no Capítulo 17). O climograma para Churchill, Manitoba, no Canadá (Figura 10.15), apresenta uma temperatura média mensal abaixo do ponto de congelamento por sete meses do ano, onde durante este tempo persiste uma fina cobertura de neve e o solo congelado. As altas pressões dominam Churchill durante os meses de inverno frio – esta é uma área fonte para as massas de ar polar continental. Churchill representa o clima *subártico de verão fresco*, com amplitude térmica anual de 40°C e uma baixa precipitação de 44,3 cm.

Os climas subárticos que apresentam invernos muito frios e secos ocorrem somente na região da Rússia. O frio intenso da Sibéria e das regiões centro, norte e leste da Ásia são difíceis de compreender, pois estas áreas apresentam temperaturas médias abaixo do ponto de congelamento por 7 meses e temperaturas mínimas abaixo de –68°C, como descrito no Capítulo 5. Mesmo assim, as temperaturas máximas de verão destas regiões podem exceder 37°C.

Um exemplo deste clima *subártico extremo, com invernos muito frios*, é Verkhoyansk, Sibéria (Figura 10.16). Durante 4 meses do ano, as temperaturas médias caem

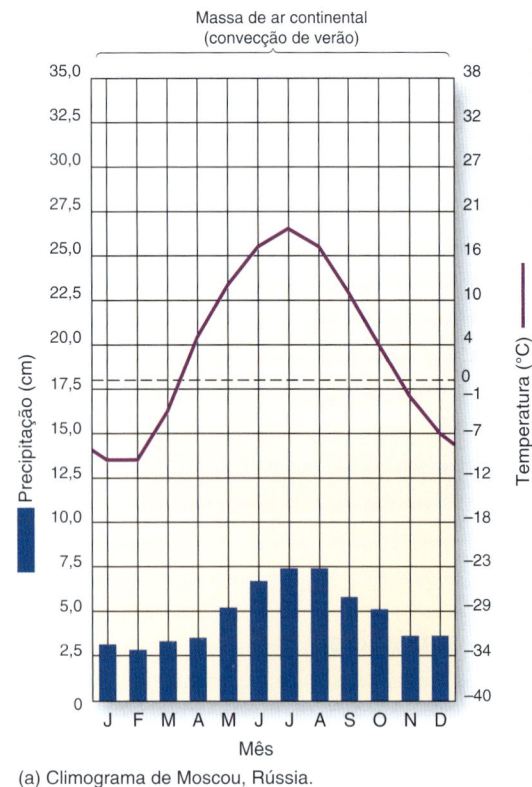

Estação: Moscou, Rússia
Lat/long: 55° 45' N 37° 34' E
Temp. Média Anual: 4°C
Precip. Total Anual: 57,5 cm
Altitude: 156 m
População: 11.460.000
Amp. Térmica Anual: 29°C
Horas de insolação anual: 1597

(a) Climograma de Moscou, Rússia.

(b) Paisagem entre Moscou e São Petersburgo ao longo do Rio Volga.

(c) Cena de inverno na floresta mista perto de Brunswick, Maine, no norte da região norte-americana que tem esse tipo de clima.

▲Figura 10.14 **Clima continental úmido de verão brando.** [(b) Dave G. Houser/Corbis. (c) Bobbé Christopherson.]

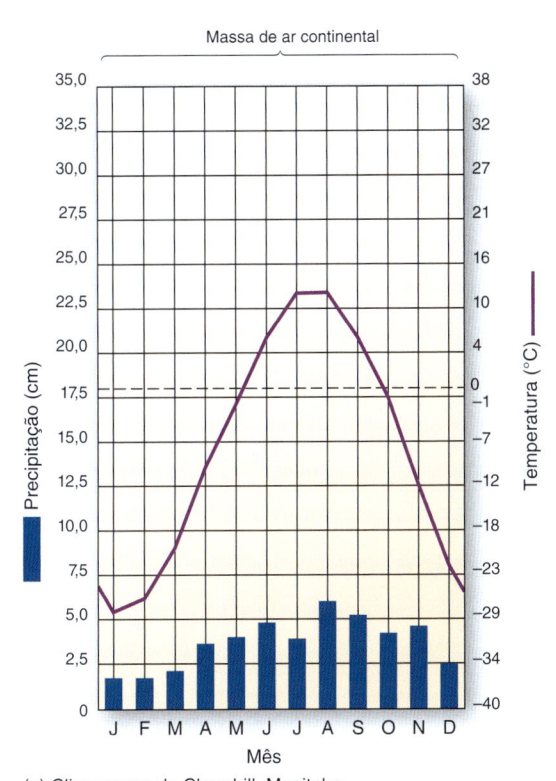

Capítulo 10 • O sistema climático global 275

(a) Climograma de Churchill, Manitoba.

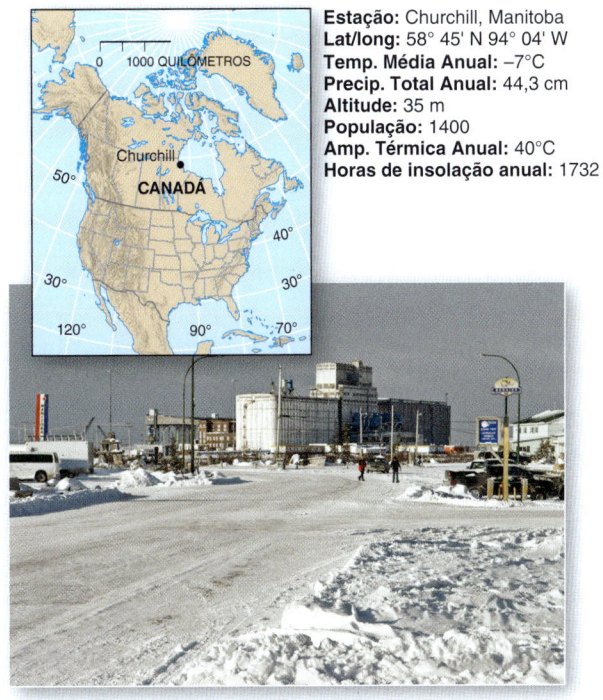

Estação: Churchill, Manitoba
Lat/long: 58° 45' N 94° 04' W
Temp. Média Anual: –7°C
Precip. Total Anual: 44,3 cm
Altitude: 35 m
População: 1400
Amp. Térmica Anual: 40°C
Horas de insolação anual: 1732

(b) Essa e outras instalações portuárias na Baía Hudson podem se expandir com o interesse renovado nas reservas minerais e petrolíferas nas regiões subárticas.

▲**Figura 10.15 Clima subártico de verão fresco.**
[(b) Bobbé Christopherson.]

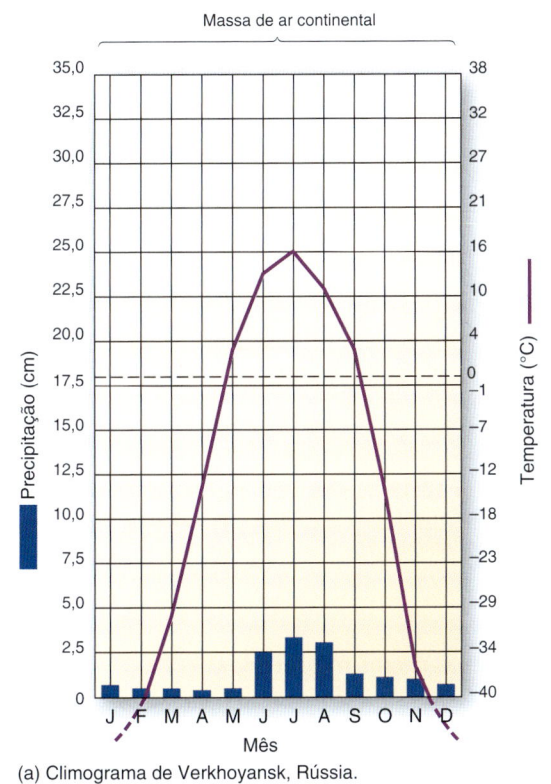

(a) Climograma de Verkhoyansk, Rússia.

Estação: Verkhoyansk, Rússia
Lat/long: 67° 35' N 133° 27' E
Temp. Média Anual: –15°C
Precip. Total Anual: 15,5 cm
Altitude: 137 m
População: 1500
Amp. Térmica Anual: 63°C

(b) Uma cena de verão mostrando um dos vários açudes criados pelo degelo do permafrost.

▲**Figura 10.16 Clima subártico de inverno frio extremo.** [(b) Dean Conger/Corbis.]

abaixo de −34°C. Verkhoyansk provavelmente tem a maior amplitude térmica anual do mundo entre inverno e verão: espantosos 63°C. Em Verkhoyansk, metais e plásticos ficam quebradiços no inverno; as pessoas instalam vidraças triplas nas janelas, para que resistam a essa grande amplitude térmica.

Climas polares e de montanha

Estes climas polares não possuem um verão verdadeiro como aquele definido nas latitudes menores. O Polo Sul é localizado no continente antártico, cercado pelo Oceano Austral, ao passo que a região do Polo Norte é localizada no Oceano Ártico, sendo circundada pelos continentes da América do Norte e Eurásia. Dos Círculos Polares até os respectivos polos, a duração do dia aumenta no verão até a luz ficar contínua, mas as temperaturas mensais médias nunca passam de 10°C. Essas condições impossibilitam o crescimento de árvores. (Repasse os mapas de temperatura da região polar em janeiro e julho das Figuras 5.14 e 5.15.) Elementos causais importantes dos climas polares incluem:

- o baixo ângulo solar, mesmo durante os longos dias de verão, que é o principal fator climático;
- extremos de duração do dia entre o inverno e o verão, o que determina a quantidade de insolação recebida;
- umidade extremamente baixa, que produz baixas quantidades de precipitação – essas regiões são os desertos gelados da Terra;
- impactos de albedo de superfície, pois as superfícies claras do gelo e da neve refletem muita energia no solo, assim reduzindo a radiação líquida.

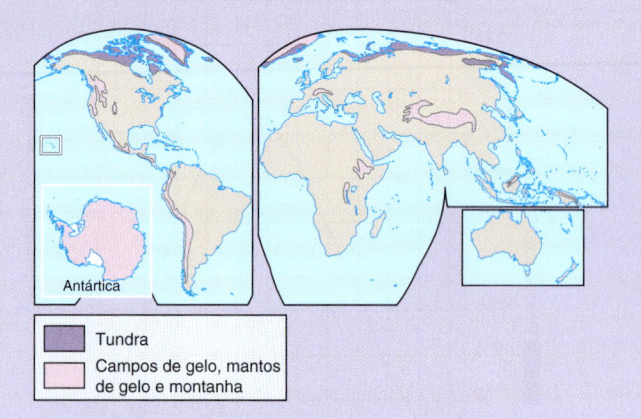

Os climas polares possuem três regimes: *tundra* (latitudes ou elevações altas), *campo de gelo* e *manto de gelo* (permanentemente congelado) e *marítimo polar* (com uma associação oceânica e ligeira moderação do frio extremo).

Nesta categoria climática encaixam-se também os climas *de montanha*, em que condições polares e de tundra ocorrem em latitudes não polares em virtude da elevação. As geleiras nos cumes de montanhas tropicais atestam os efeitos de queda na temperatura média com a altitude. Os climas de montanha apresentados no mapa coincidem com as regiões montanhosas do planeta.

Climas de tundra

O termo *tundra* diz respeito à vegetação característica das altas latitudes e elevações, onde o crescimento vegetal é restringido pelas temperaturas frias e por uma curta estação de crescimento. Nos climas de tundra, a terra tem cobertura de neve durante 8-10 meses, com o mês mais quente com temperatura superior a 0°C, mas nunca acima de 10°C. Esses climas ocorrem estritamente no Hemisfério Norte, com exceção dos locais elevados de montanha do Hemisfério Sul e de áreas da Península Antártica. Por causa da sua elevação, o cume do Monte Washington, em New Hampshire (1914 m), qualifica-se estatisticamente como clima de tundra de montanha em pequena escala. Em uma escala maior, aproximadamente 410.500 km² da Groenlândia compõem uma área de tundra e rocha aproximadamente do tamanho da Califórnia, EUA.

Na primavera, quando a neve derrete, diversas plantas surgem – ciperáceas, musgos, arbustos-anões, flores e líquens –, persistindo durante todo o curto verão (Figura 10.17). Al-

▲Figura 10.17 **Tundra da Groenlândia.** Fim de setembro no leste da Groenlândia, com cores de outono e bois-almiscarados. [Bobbé Christopherson.]

GEOrelatório 10.2 Considerações sobre limites e climas migratórios

O limite entre climas mesotérmicos e microtermais às vezes é colocado na isoterma onde o mês mais frio registra −3°C ou menos. Esse pode ser um critério adequado para a Europa, mas para os Estados Unidos a isoterma de 0°C é considerada mais apropriada. A diferença entre as isotermas de 0 e −3°C cobre uma área da largura do Estado de Ohio (aproximadamente 400 km). Na Figura 10.2, o limite utilizado é 0°C.

Os cientistas estimam que a migração para os polos das regiões climáticas será de 150 a 550 km nas latitudes médias durante este século. Ao examinar a América do Norte na Figura 10.2, empregue uma escala gráfica para compreender a magnitude dessas alterações em potencial.

(a) Na Enseada Antártica, entre o Estreito de Bransfield e o Mar de Weddel, as montanhas se sobressaem dentre a névoa por trás de um flanco de icebergs tabulares.

(b) Geleiras movem-se rumo ao oceano no oeste da Groenlândia, com o manto de gelo no horizonte.

▲Figura 10.18 Os mantos de gelo da Terra – Antártica e Groenlândia. [Bobbé Christopherson.]

guns dos salgueiros-anões (7,5 cm de altura) podem passar dos 300 anos de idade. A maior parte dessa área apresenta condições de permafrost e terreno congelado; essas são as regiões periglaciais da terra (vide Capítulo 17).

Climas de calota de gelo e manto de gelo

Um *manto de gelo* é uma camada contínua de gelo que cobre uma extensa região continental. Os dois mantos de gelo da Terra cobrem o continente antártico e a maior parte da ilha da Groenlândia (Figura 10.18). *Calotas de gelo* são menores em extensão, aproximadamente menores que 50.000 km², mas cobrem completamente a paisagem, similar ao manto de gelo. A calota de gelo de Vatnajökull, no sudeste da Islândia, é um exemplo (veja a imagem da NASA na Figura 17.5).

A maior parte da Antártica e da Groenlândia central encaixa-se na categoria climática de *campo de gelo e manto de gelo*, assim como o Polo Norte, com todos os meses tendo médias abaixo do ponto de congelamento (a área do Polo Norte é na verdade um mar coberto de gelo, e não uma massa de terra continental). Ambas as regiões são dominadas por massas de ar frio e seco, com enormes extensões que nunca atingem temperaturas acima do ponto de congelamento. As temperaturas mínimas de inverno na região central da Antártica (julho) frequentemente se encontram abaixo da temperatura do dióxido de carbono em estado sólido, ou "gelo seco" (−78°C). A Antártica é constantemente coberta por neve, mas recebe menos de 8 cm de precipitação ao ano. No entanto, o gelo antártico se acumula e atinge 5 km de espessura, tornando-se o maior repositório de água doce da Terra.

Clima polar marítimo

Climas *polares marítimos* apresentam condições ambientais mais moderadas no inverno do que outras áreas de climas polares, com nenhum mês registrando temperaturas abaixo de −7°C; mesmo assim, não são tão tépidos quanto os climas de tundra. A amplitude térmica anual é baixa devido à influência marítima. Este tipo climático ocorre ao longo do mar de Bering, extremo sul da Groen-

▲Figura 10.19 Ilha Geórgia do Sul, um clima marítimo polar. A estação baleeira abandonada de Grytviken, Geórgia do Sul, processou mais de 50.000 baleias entre 1904 e 1964, cerca de um terço de todas as baleias processadas na ilha durante esse período. As baleias do Oceano Austral foram quase levadas à extinção. [Bobbé Christopherson.]

GEOrelatório 10.3 Os climas de tundra respondem ao aquecimento

O aquecimento global está trazendo alterações drásticas às regiões de clima de tundra, onde as temperaturas no Ártico estão aumentando a uma taxa duas vezes maior do que o aumento médio global. Em partes do Canadá e do Alasca, temperaturas recorde até 5-10°C acima da média são uma ocorrência regular. Conforme os depósitos de turfa descongelam na tundra, quantidades enormes de carbono e metano são liberadas para a atmosfera, agravando o problema dos gases estufa (discute-se mais nos Capítulos 11, 17 e 18).

lândia, norte da Islândia e norte da Noruega; no Hemisfério Sul, geralmente ocorre sobre os oceanos entre 50° S e 60° S. O clima da ilha Macquarie (54° S) ao sul da Nova Zelândia, no Oceano Austral, é classificado como polar marítimo.

A Ilha Geórgia do Sul, que ficou famosa com o local onde Ernest Shackleton buscou socorro para si e seus homens em 1916 após sua expedição antártica fracassar, é um exemplo de clima polar marítimo (Figura 10.19). Embora a ilha fique no Oceano Austral e faça parte da Antártica, a amplitude térmica anual é de apenas 8,5°C entre as estações (as médias são de 7°C em janeiro e −1,5°C em julho), com 7 meses tendo médias ligeiramente acima do ponto de congelamento. As temperaturas do oceano, que variam entre 0°C e 4°C, ajudam a moderar o clima, de modo que as temperaturas são mais quentes do que o esperado para sua localização em 54° S de latitude. A precipitação média é de 150 cm, e pode nevar em qualquer mês.

Climas secos (déficits permanentes de umidade)

Para compreendermos os climas secos, levamos em conta a eficiência de umidade (tanto a cronologia quanto a quantidade da umidade) junto à temperatura. Essas regiões ocupam mais de 35% das áreas continentais da Terra, sendo de longe as áreas climáticas mais extensas nos continentes. A vegetação esparsa deixa a paisagem nua; a demanda hídrica excede sempre o suprimento de água por precipitação, criando déficits hídricos permanentes. A extensão desses déficits distingue dois tipos de região climática seca: *desertos áridos*, onde o suprimento de precipitação é aproximadamente menos da metade da demanda natural de umidade; e *estepes semiáridas*, onde o suprimento de precipitação é aproximadamente mais da metade da demanda natural de umidade. (Revise os sistemas de pressão no Capítulo 6 e os controles de temperatura, incluindo as maiores temperaturas registradas, no Capítulo 5. Os meios ambientes desérticos são discutidos no Capítulo 20.)

Importantes elementos causais dessas terras secas incluem:

- Presença dominante de ar seco subsidente em sistemas de alta pressão subtropicais
- Localização na encosta seca (ou encosta a sotavento) de montanhas, onde o ar seco subside após a umidade ser interceptada na encosta úmida (a barlavento)
- Localização no interior dos continentes, particularmente na Ásia central, que estão longe das massas de ar carregadas de umidade

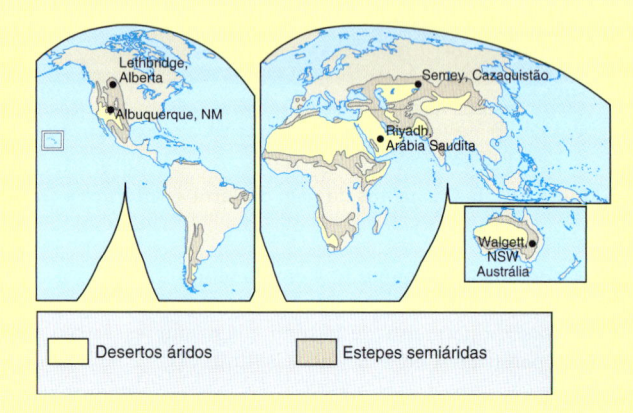

- Localização ao longo da margem continental oeste, com correntes frias
- A migração de sistemas de alta pressão subtropical, que produz ambientes de estepe semiárida na periferia dos desertos áridos

Os climas secos dividem-se em quatro regimes distintos, de acordo com a latitude e com a quantidade de déficit de umidade: os climas secos abrangem os *regimes de deserto tropical e subtropical quente* e de *deserto de latitude média fria*; os climas semiáridos abrangem os *regimes de estepe tropical e subtropical quente* e de *estepe de latitude média fria*.

Características dos climas secos

Os climas secos são subdivididos em desertos e estepes, conforme a umidade – os desertos têm maiores déficits de umidade do que as estepes, mas ambos têm escassez permanente de água. **Estepe** é um termo regional referente ao vasto bioma de campo semiárido do leste da Europa e Ásia (o bioma equivalente da América do Norte é a pradaria de gramíneas baixas; na África, é a savana; vide Capítulo 20). Neste capítulo, vamos utilizar o termo em um contexto climático; um *clima de estepe* é considerado seco demais para abrigar florestas, mas úmido demais para ser um deserto.

A cronologia da precipitação (chuvas de inverno com verões secos, chuvas de verão com invernos secos, ou distribuição regular durante o ano) afeta a disponibilidade de umidade nessa terras secas. As chuvas de inverno são mais eficazes porque elas ocorrem em um momento em que a demanda por umidade é baixa. Com relação à temperatura, os desertos e as estepes de baixa latitude tendem a ser mais quentes e com menos alterações ou mudanças sazonais do que desertos e estepes das latitudes médias, onde as temperaturas médias anuais são menores que 18°C e temperaturas de inverno congelantes são possíveis.

Os climas secos do planeta cobrem regiões extensas entre 15° e 30° de latitude nos Hemisférios Norte e Sul, onde as células de alta pressão subtropicais predominam, com ar subsidente e estável e umidade relativa baixa. Com o céu relativamente livre de nuvens, esses desertos subtropicais estendem-se até as margens continentais a oeste, onde as correntes oceânicas frias estabilizam a atmosfera, promovendo a advecção de bancos de neblina na costa no verão. O deserto de Atacama, no Chile, o deserto da Namíbia, na Namíbia, o Saara ocidental, no Marrocos, e o deserto Australiano encontram-se adjacentes a esse tipo de costa (Figura 10.20).

Todavia, as regiões secas também estendem-se para as latitudes mais altas. Desertos e estepes ocorrem em consequência da ascensão orográfica sobre cordilheiras, que intercepta sistemas meteorológicos portadores de umidade e cria sombras de chuva, especialmente na América do Norte e do Sul (Figura 10.20). O interior isolado da Ásia, distante de qualquer massa de ar carregada de umidade, é também categorizado como clima seco.

O maior deserto do planeta, se definido por critérios de umidade, é a região antártica. Os maiores desertos não polares em área são o Saara (9 milhões de km^2), o da Arábia, o Gobi na China e Mongólia, o da Patagônia na Argentina, o

Capítulo 10 • O sistema climático global 279

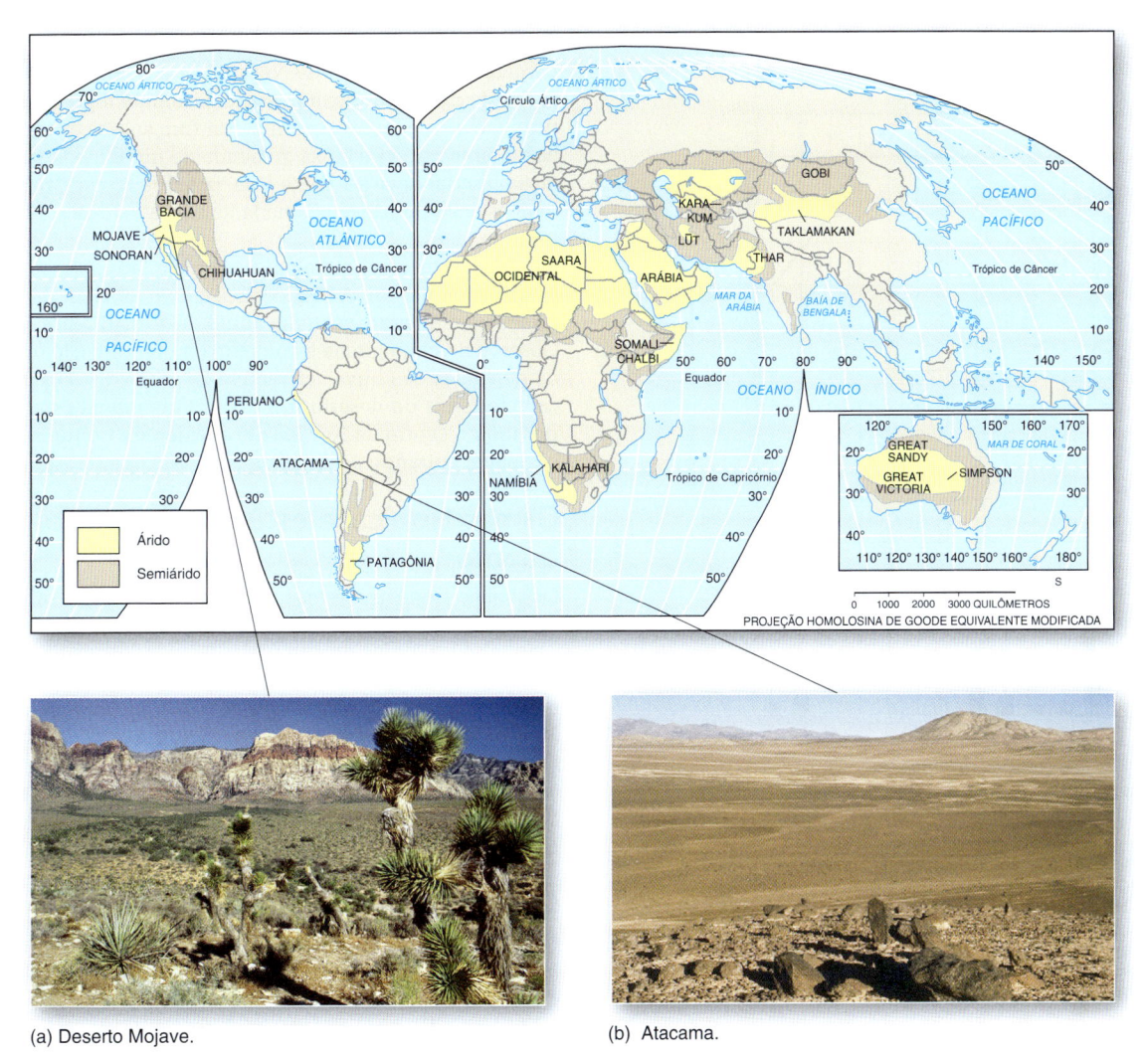

(a) Deserto Mojave.
(b) Atacama.

▲Figura 10.20 **Desertos e estepes importantes.** Distribuição mundial dos climas áridos e semiáridos, com os principais desertos e estepes do mundo assinalados. [(a) Bobbé Christopherson. (b) Jacques Jangoux/Photo Researchers, Inc.]

Great Victoria na Austrália, o Kalahari na África do Sul e a Grande Bacia do oeste dos Estados Unidos.

Climas de deserto tropical e subtropical quente

Os climas de *deserto tropical e subtropical quente* são os verdadeiros desertos tropicais e subtropicais do planeta, apresentando temperaturas médias anuais superiores a 18°C. Eles geralmente são encontrados nos lados ocidentais dos continentes, embora Egito, Somália e Arábia Saudita também se encaixem na classificação. A precipitação se dá através de pancadas locais de chuva convectiva no verão. Algumas regiões recebem quase nenhuma precipitação, enquanto outras podem ter até 35 cm de precipitação ao ano. Uma cidade representativa do deserto subtropical quente é Riyadh, Arábia Saudita (Figura 10.21).

A região ao longo da margem meridional do Saara, o Sahel, é castigada pela seca; as populações humanas sofrem grandes dificuldades à medida que as condições desérticas gradualmente se estendem sobre os seus territórios. O *Geossistemas Hoje* do Capítulo 18 examina o processo de desertificação (expansão de condições desérticas), um problema atual em muitas regiões secas do mundo.

Na Califórnia, o Vale da Morte detém o recorde da maior temperatura já registrada: 57°C, em julho de 1913. Temperaturas de verão extremamente altas verificam-se em outros climas de deserto quente, como em Bagdá, Iraque, onde as temperaturas do ar regularmente atingem 50°C ou mais na cidade. Bagdá registra zero de precipitação entre maio e setembro, pois é dominada por um intenso sistema de alta pressão subtropical. Em janeiro, as médias do Vale da Morte (11°C) e Bagdá (9,4°C) são comparáveis. O Vale da Morte é mais seco, com 5,9 cm de precipitação, em comparação com os 14 cm de Bagdá, ambos muito baixos.

Climas de deserto frio de latitude média

Os climas de *deserto frio de latitude média* cobrem somente uma pequena área ao longo dos limites meridionais de

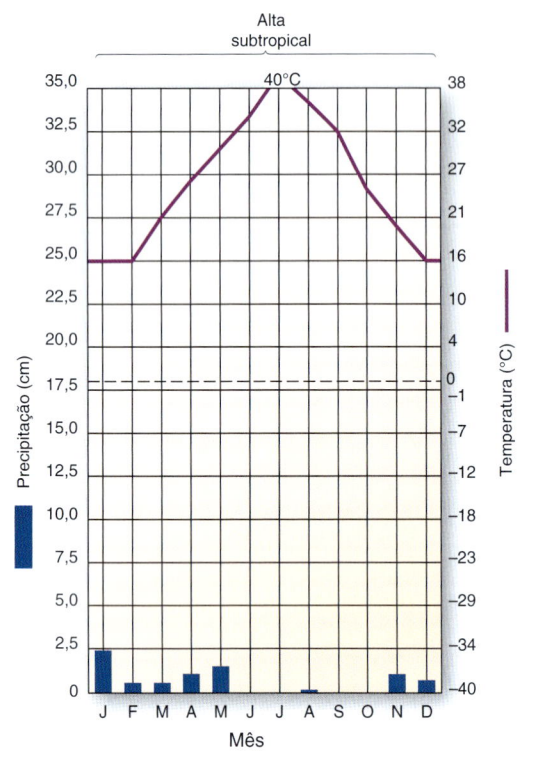

(a) Climograma de Riad, Arábia Saudita.

Estação: Riad, Arábia Saudita
Lat/long: 24° 42' N 46° 43' E
Temp. Média Anual: 26°C
Precip. Total Anual: 8,2 cm
Altitude: 609 m
População: 5.024.000
Amp. Térmica Anual: 24°C

(b) A paisagem desértica arábica de Areias Vermelhas, próximo a Riad.

▲**Figura 10.21** Climas de deserto tropical e subtropical quente. [(b) Andreas Wolf/agefotostock.]

regiões da Ásia (Rússia, deserto de Gobi e Mongólia); uma parcela da área central de Nevada, EUA, e outras áreas do sudoeste norte-americano, particularmente aquelas em altitude; e a Patagônia argentina. Em função dos critérios de baixa temperatura e baixa demanda de umidade, a precipitação pluvial deve ser baixa – na casa dos 15 cm – para que uma estação possa ser chamada de clima de deserto frio de latitude média.

Uma estação climatológica representativa desse clima é Albuquerque, Novo México, EUA, com 20,7 cm de precipitação e temperatura média anual de 14°C (Figura 10.22). Observe no climograma o aumento da precipitação oriunda de pancadas de chuva convectiva de verão. Essa expansão característica do deserto frio de latitude média estende-se por todo o centro de Nevada até a região da fronteira Utah-Arizona, entrando no norte do Novo México.

Climas tropical e estepe subtropical quente

Os climas *tropical e estepe subtropical quente* geralmente ocorrem na periferia dos desertos quentes, onde a migração sazonal das células de alta pressão subtropicais criam um padrão distinto de verão seco e inverno úmido. A precipitação anual média nesses climas costuma ficar abaixo de 60 cm. Walgett, interior de New South Wales, Austrália, oferece um exemplo desse clima no Hemisfério Sul (Figura 10.23). Este clima também é observado na periferia do Saara e na região formada por Irã, Afeganistão, Turcomenistão e Cazaquistão.

Climas de estepe fria de latitude média

Os climas de *estepe fria de latitude média* ocorrem em direção aos polos a partir de cerca de 30° de latitude e dos climas de deserto frio de latitude média. Essas estepes de latitude média geralmente não são encontradas no Hemisfério Sul. Assim como em outras regiões de clima árido, a precipitação nas estepes é muito variável e incerta, ficando entre 20 e 40 cm. Nem toda a chuva é convectiva, pois as tempestades ciclônicas penetram no continente; no entanto, a maioria das tempestades produz pouca chuva.

A Figura 10.24 apresenta a comparação entre os climas de estepe fria de latitude média da Ásia e da América do Norte. Considere Semey (Semipalatinsk), no Cazaquistão, com sua amplitude térmica maior e precipitação distribuída mais regularmente, e Lethbridge, Alberta, com sua amplitude térmica menor e precipitação máxima por convecção no verão.

Regiões climáticas e mudança climática

Os limites das regiões climáticas estão mudando em todo o mundo. A atual expansão dos climas tropicais para latitudes mais altas significa que as áreas de alta pressão subtropicais e as condições secas também estão indo para latitudes mais altas. Além disso, o aquecimento das temperaturas está tornando essas áreas mais propensas a secas. Ao mes-

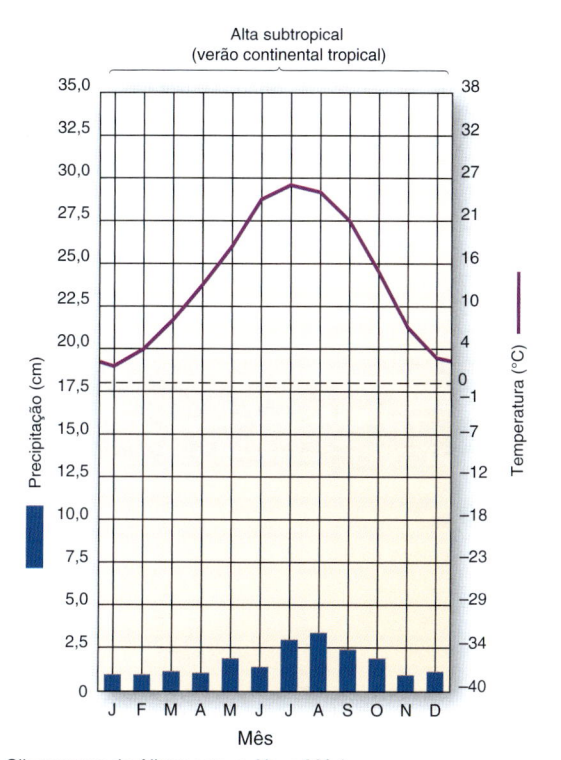

(a) Climograma de Albuquerque, Novo México.

Estação: Albuquerque, Novo México
Lat/long: 35° 03' N 106° 37' W
Temp. Média Anual: 14°C
Precip. Total Anual: 20,7 cm
Altitude: 1620 m
População: 522.000
Amp. Térmica Anual: 24°C
Horas de insolação anual: 3420

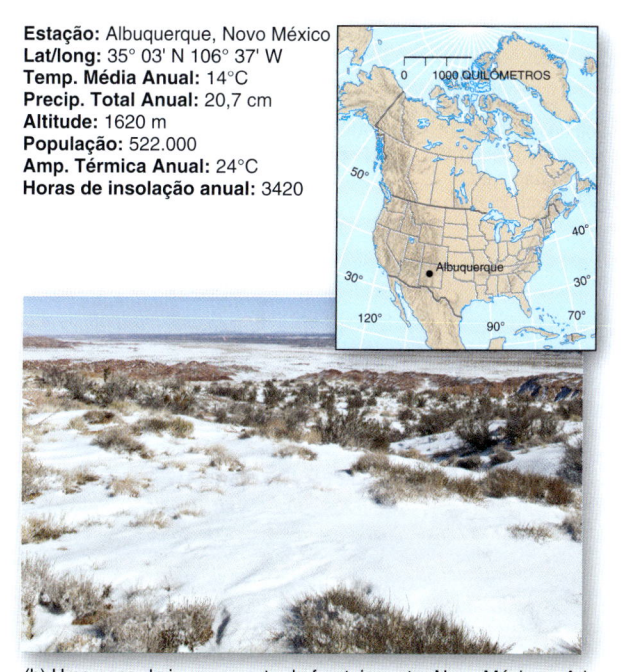

(b) Uma cena de inverno perto da fronteira entre Novo México e Arizona.

▲**Figura 10.22 Clima de deserto frio de latitude média.** [(b) Bobbé Christopherson.]

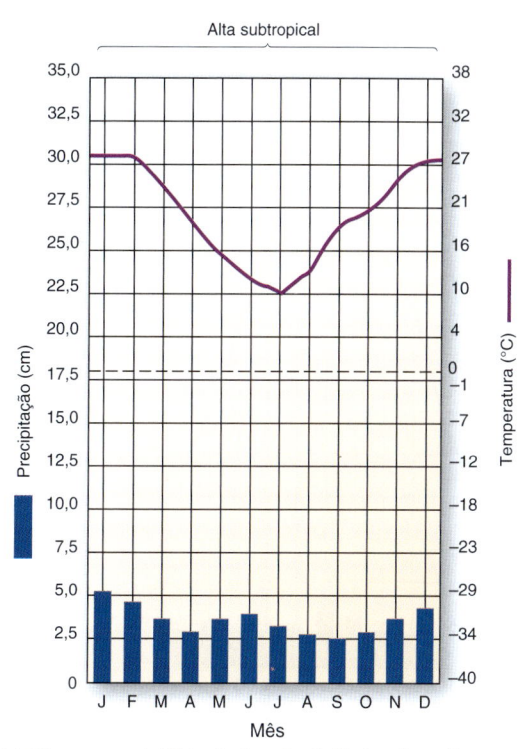

(a) Climograma de Walgett, New South Wales, Austrália.

Estação: Walgett, New South Wales, Austrália
Lat/long: 30° S 148° 07' E
Temp. Média Anual: 20°C
Precip. Total Anual: 45,0 cm
Altitude: 133 m
População: 8200
Amp. Térmica Anual: 17°C

(b) Amplas planícies características do centro-norte de New South Wales.

▲**Figura 10.23 Climas de estepe tropical e subtropical quente.** [(b) Prisma/SuperStock.]

mo tempo, os sistemas de tempestade estão sendo empurrados mais para dentro das latitudes médias. Em muitos casos, a evidência da migração das regiões climáticas vem de alterações nos ecossistemas associados; por exemplo, o crescimento de árvores em regiões climáticas de tundra, ou a expansão do pasto animal para latitudes mais altas ou elevações maiores em montanhas. Fala-se mais sobre ecossistemas, pastagens e biomas nos Capítulos 19 e 20.

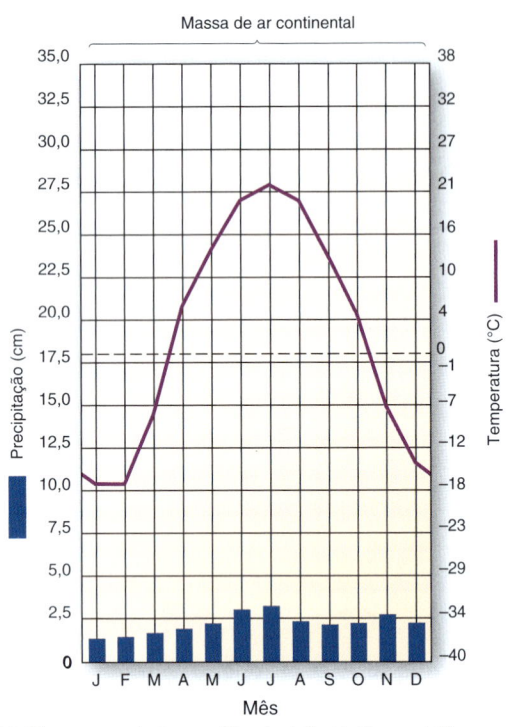

(a) Climograma de Semey (Semipalatinsk), Cazaquistão.

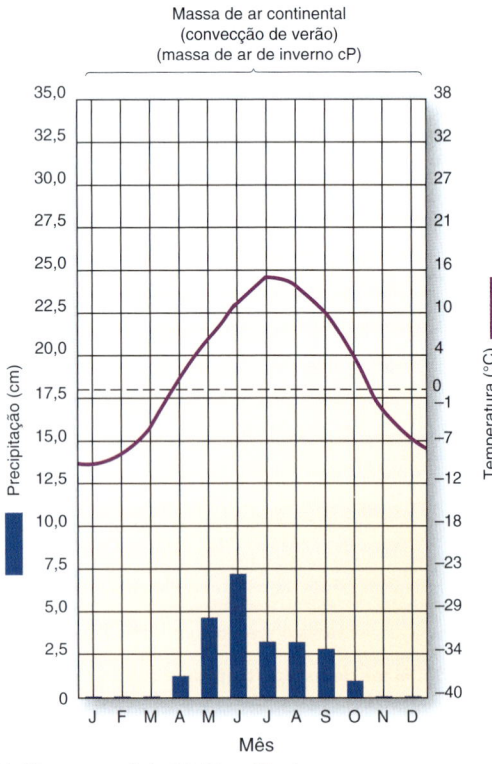

Estação: Semey (Semipalatinsk), Cazaquistão
Lat/long: 50° 21' N 80° 15' E
Temp. Média Anual: 3°C
Precip. Total Anual: 26,4 cm
Altitude: 206 m
População: 270.500
Amp. Térmica Anual: 39°C

(b) Visão aérea de Semey e do Rio Ertis.

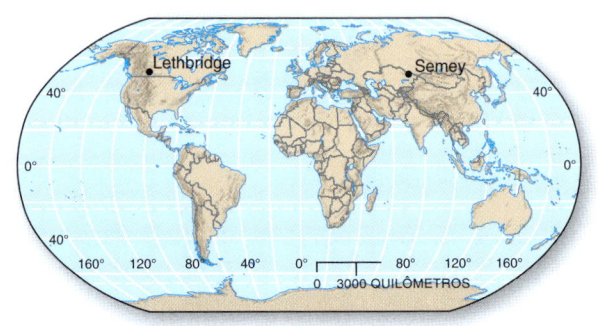

Estação: Lethbridge, Alberta
Lat/long: 49° 42' N 110° 50' W
Temp. Média Anual: 2,9°C
Precip. Total Anual: 25,8 cm
Altitude: 910 m
População: 73.000
Amp. Térmica Anual: 24,3°C

(c) Climograma de Lethbridge, Alberta.

(d) Elevadores de cereal dão destaque a uma paisagem de Alberta, Canadá.

▲**Figura 10.24 Estepe fria de latitude média, Cazaquistão e Canadá.** [(b) Dinara Sagatova. (d) Design Pics RF/Getty Images.]

O DENOMINADOR **humano** 10 Regiões climáticas

CLIMAS ⇒ HUMANOS
- O clima afeta muitas facetas da sociedade humana, incluindo agricultura, disponibilidade de água e desatres naturais, como enchentes, secas e ondas de calor.

HUMANOS ⇒ CLIMAS
- A mudança climática antropogênica está alterando os sistemas terrestres que afetam a temperatura, a umidade e, portanto, o clima.

10a Na tundra ártica da Eurásia, 30 anos de aumento nas temperaturas do ar permitiram que arbustos de salgueiro e amieiro crescessem até tornarem-se pequenas árvores. Novas pesquisas sobre as partes meridionais dessa região mostram que os arbustos, antigamente com 1 m altura, hoje passam de 2 m. Essa tendência pode levar a alterações no albedo regional à medida que as árvores escurecem a paisagem e fazem com que mais luz solar seja absorvida. [AlxYago/Shutterstock.]

10c Com a expansão dos trópicos em direção aos polos, os sistemas convectivos migram para as latitudes médias, e os subtrópicos ficam mais secos. A seca no Texas devastou lavouras; nesta foto, um fazendeiro mede seu algodoal em 2011. Em condições normais, as plantas deveriam estar na altura dos joelhos, mas aqui elas mal irromperam do solo. A seca também afetou o gado de corte e diminuiu o nível das represas, cortando a água de irrigação para os arrozais – com milhões de dólares de prejuízo. [Scott Olsen/Getty Images.]

10b A febre da dengue, espalhada pelo mosquito *Aedes aegypti*, é uma das várias doenças que estão se disseminando para novas regiões com a mudança das condições climáticas. A dengue se espalhou para partes antes não afetadas da Índia e para o Nepal e Butão. Nos Estados Unidos, a doença ainda é incomum, mas os relatos de casos estão aumentando. [Nigel Cattlin/Alamy.]

QUESTÕES PARA O SÉCULO XXI
- O aquecimento global causado pelos humanos está provocando uma migração dos limites entre regiões climáticas em direção aos polos.

conexão GEOSSISTEMAS

Coletivamente, as regiões climáticas apresentadas no Capítulo 10 dão uma síntese dos sistemas estudados nos Capítulos 2 a 9 de *Geossistemas*. As categorias de classificação climática são retratos da interação entre insolação, umidade e condições meteorológicas que determinam os climas e seus ecossistemas associados. A seguir, passamos para o último capítulo da Parte II, no qual investigamos e explicamos as muitas facetas da mudança climática que se opera hoje. Examinamos o método que os cientistas utilizam para avaliar os climas do passado e a variabilidade climática natural. Também analisamos as alterações presentes na composição atmosférica que estão elevando as temperaturas globais, com efeitos associados sobre todos os sistemas terrestres.

REVISÃO DOS CONCEITOS-CHAVE DE aprendizagem

■ *Definir* clima e climatologia, e *revisar* os principais componentes do sistema climático da Terra.

Clima é uma síntese dos fenômenos meteorológicos, de escala planetária a local. Em contrapartida, o tempo meteorológico é a condição da atmosfera em um dado tempo e lugar. A Terra possui uma ampla varidade de condições climáticas que podem ser agrupadas em características gerais, resumindo climas regionais. **Climatologia** é o estudo do clima, buscando compreender as estatísticas dos tempos meteorológicos similares e identificar as **regiões climáticas**. Os principais fatores a influenciar os climas da Terra incluem insolação, desequilíbrios energéticos entre o equador e os polos, temperatura, pressão atmosférica, massas de ar e umidade atmosférica (incluindo umidade e suprimento de umidade a partir da precipitação).

clima (p. 258)
climatologia (p. 258)
regiões climáticas (p. 258)

1. Defina clima e compare com tempo meteorológico. O que é a climatologia?

■ *Descrever* sistemas de classificação climática, *listar* as principais categorias dos climas do mundo e *localizar* em um mapa-múndi as regiões caracterizadas por cada tipo de clima.

Classificação é o ordenamento ou agrupamento de dados ou fenômenos em categorias. A **classificação genética** toma como base os fatores causais, como a interação entre as massas de ar. Uma **classificação empírica** apoia-se em dados estatísticos, como a temperatura e a precipitação. Este texto analisa o clima usando aspectos de ambas as abordagens. Dados de temperatura e precipitação são aspectos mensuráveis do clima, sendo dispostos em **climogramas** a fim de exibir as características básicas que determinam as regiões climáticas.

Os climas do mundo são agrupados em seis categorias básicas. As considerações sobre temperatura e precipitação formam a base para as cinco categorias do clima e seus tipos regionais:

- Tropicais (latitudes tropicais)
- Mesotérmicos (latitudes médias, invernos brandos)
- Microtermal (médias e altas latitudes, invernos frios)
- Polar (altas latitudes e regiões polares)
- Montanha (altas elevações em todas as latitudes)

Somente uma categoria baseia-se na eficiência hídrica além da temperatura:

- Seco (déficits permanentes de umidade)

classificação (p. 259)
classificação genética (p. 29)
classificação empírica (p. 259)
climograma (p. 259)

2. Quais são as diferenças entre os sistemas de classificação genético e empírico?
3. Quais são alguns dos elementos climáticos empregados para classificar os climas? Por que cada um deles é usado? Use a abordagem do mapa de classificação climática da Figura 10.2 ao elaborar a sua resposta.
4. Aponte e discuta cada uma das principais categorias do clima. Em qual desses tipos gerais você vive? Qual dessas categorias é o único tipo associado com a distribuição e o volume anual da precipitação?
5. O que é um climograma e como ele é empregado para apresentar as informações climáticas?
6. Qual dos tipos climáticos principais ocupa a maior parte da área continental e oceânica da Terra?
7. Como o aporte de radiação, a temperatura, a pressão do ar e os padrões de precipitação interagem para produzir os tipos climáticos? Dê um exemplo para um ambiente úmido e outro para um ambiente árido.

■ *Discutir* as subcategorias dos seis grupos climáticos mundiais, incluindo seus fatores causais.

Os climas tropicais incluem *floresta pluvial tropical* (chuvoso o ano inteiro), *monção tropical* (6 a 12 meses chuvosos) e *savana tropical* (menos de 6 meses chuvosos). A migração da ZCIT é um importante fator causal da umidade sazonal nesses climas. Os climas mesotérmicos incluem o *subtropical úmido* (verões tépidos a quentes), *marítimo da costa oeste* (verões tépidos a frescos) e *mediterrâneo* (verões secos). Esses climas tépidos e temperados são úmidos, a não ser onde a alta pressão produz verões secos. Os climas microtérmicos possuem invernos frios, com seu rigor dependendo da latitude; subcategorias incluem o *continental úmido* (verões quentes ou amenos) e *subártico* (de verões frescos a invernos muito frios). Os climas polares não possuem um verão de verdade e incluem climas de *tundra* (alta latitude ou elevação), *calota de gelo e manto de gelo* (congelamento perpétuo) e *marítimo polar* (polar moderado).

8. Caracterize os climas tropicais com base na temperatura, na umidade e na localização.
9. Empregando os climas tropicais da África como exemplo, caracterize os climas produzidos a partir da mudança sazonal da ZCIT com o solstício de verão.
10. Os climas mesotermais ocupam a segunda maior porção da superfície da Terra. Descreva suas características de temperatura, umidade e precipitação.
11. Explique a distribuição dos climas *subtropical úmido com verão quente* e *Mediterrâneo com verão seco* que se encontram em latitudes similares e as diferenças nos padrões de precipitação entre os dois tipos. Descreva a diferença de vegetação associada com estes dois tipos climáticos.
12. Quais climas são característicos da região de monção da Ásia?
13. Explique como o tipo climático *marítimo da costa oeste* pode ocorrer na região dos Apalaches, no leste dos Estados Unidos.
14. Qual é o papel das correntes oceânicas na distribuição dos climas *marítimos da costa oeste*? Que tipo de neblina se forma nessas regiões?

15. Apresente as condições climáticas para os lugares mais frios da Terra que não sejam as regiões polares.

■ *Explicar* os critérios de precipitação e eficiência de umidade utilizados para classificar os climas áridos e semiáridos.

Os climas secos dos trópicos e latitudes médias consistem em desertos áridos e estepes semiáridas. Nos desertos áridos, a precipitação (o suprimento natural de água) é inferior à metade da demanda natural por água. Nas *estepes semiáridas*, a precipitação, posto que insuficiente, é maior que a metade da demanda natural por água. **Estepe** é um termo regional relativo ao vasto bioma semiárido de gramíneas do leste da Europa e da Ásia. Os climas secos são subdivididos em *desertos quentes tropicais e subtropicais*; *desertos frios de latitude média*; *estepes quentes tropicais e subtropicais*; e *estepes frias de latitude média*.

estepe (p. 278)

16. Em termos gerais, quais são as diferenças entre as quatro classificações de deserto? Quais são as distribuições de umidade e temperatura empregadas para diferenciar estes subtipos?
17. Descreva os fatores que contribuem para a localização de climas áridos e semiáridos no Oeste dos Estados Unidos. O que explica a presença desses climas na África setentrional?

Sugestões de leituras em português

BARRY, R. G.; CHORLEY, R. *Atmosfera, tempo e clima*. 9. ed. Porto Alegre: Bookman, 2012.

MENDONÇA, F.; DANNI-OLIVEIRA, I. M. *Climatologia*: noções básicas e climas do Brasil. São Paulo: Oficina de Textos, 2007.

IRACEMA, F. A. C.; FERREIRA, N. J.; SILVA DIAS, M. A. F. (Org.). *Tempo e clima no Brasil*. São Paulo: Oficina de Textos, 2009.

◄Figura 10.25 Waimea Canyon, Kauai, Havaí. A foto da capa deste livro mostra o Waimea Canyon, conhecido como "o Grand Canyon do Pacífico", no lado ocidental de Kauai. O Rio Waimea e seus tributários escavaram esse cânion de 900 m de profundidade, que recebe o escoamento das encostas do Monte Wai'ale'ale (1569 m), uma das localidades mais úmidas do mundo. (Leia o *GeoRelatório 8.2*, página 197, que descreve a precipitação orográfica na ilha de Kauai.) Nesta foto aérea, voltada ao nordeste a 1060 m de altitude, o Rio Po'amau corre através de camadas de antigos derrames de lava. Apesar da abundante precipitação no lado a barlavento da ilha, a chuva anual aqui na sombra de chuva, sotavento, do Wai'ale'ale varia de 76 cm a 152 cm por ano, com um distinto padrão de verão seco. As temperaturas são típicas dos trópicos, com todos os meses tendo médias acima de 18°C. O Monte Wai'ale'ale tem um clima de floresta pluvial tropical, ao passo que, meros 18 km a oeste, o Waimea Canyon é caracterizado por um clima tropical de verão seco – uma raridade entre os tipos de clima tropical, com pouca extensão espacial no planeta. [Bobbé Christopherson.]

11 Mudança climática

CONCEITOS-CHAVE DE aprendizagem

Após a leitura deste capítulo, você conseguirá:

- **Descrever** ferramentas científicas usadas para estudar paleoclimatologia.
- **Discutir** diversos fatores naturais que influenciam o clima da Terra e **descrever** retroalimentações climáticas, usando exemplos.
- **Listar** as principais linhas de evidência da atual mudança climática global e **sintetizar** as evidências científicas do forçamento antropogênico do clima.
- **Discutir** modelos climáticos e **resumir** diversas projeções de cenários climáticos.
- **Descrever** várias medidas de mitigação para desacelerar as taxas de mudança climática.

Em março de 2013, os cientistas iniciaram o quinto ano da Operação IceBridge, o levantamento aéreo multi-instrumental que a NASA faz da rápida alteração do gelo polar da Terra. Essa fotografia da ilha Saunders e do fiorde Wolstenholme, noroeste da Groenlândia, em abril de 2013, mostra o gelo marinho ártico à medida que a temperatura do ar e do oceano sobem. O gelo sazonal, mais fino e translúcido, aparece no primeiro plano; o gelo *plurianual*, mas espesso e branco, está ao longe. Muito do Oceano Ártico hoje é dominado pelo gelo sazonal, que derrete rapidamente em cada verão. O derretimento do gelo nas regiões polares e nas altitudes elevadas é um indicador importante da mudança climática da Terra, o tema deste capítulo. [NASA/Michael Studinger.]

GEOSSISTEMAS HOJE

Os gases de efeito estufa despertam no Ártico

Nas regiões de clima subártico e de tundra do Hemisfério Norte, solos e sedimentos permanentemente congelados, conhecidos como permafrost, cobrem cerca de 24% da área emersa. Com as temperaturas árticas subindo atualmente a uma taxa mais que duas vezes maior que as das latitudes médias, as temperaturas do solo estão aumentando, causando descongelamento do permafrost. Isso resulta em alterações na superfície terrestre, principalmente afundamento e deslizamento, o que danifica edificações, florestas e litorais (Figura GH 11.1). O descongelamento do permafrost também leva à degradação do material do solo, um processo que libera imensas quantidades de carbono na atmosfera, sob a forma dos gases de efeito estufa dióxido de carbono (CO_2) e metano (CH_4).

Carbono nos solos de permafrost Permafrost é, por definição, solo e sedimentos que ficaram congelados por dois ou mais anos consecutivos. A "camada ativa" é o solo sazonalmente congelado sobre o permafrost subsuperficial. Essa fina camada de solo descongela todo verão, proporcionando substrato para gramíneas sazonais e outras plantas que absorvem CO_2 da atmosfera. No inverno, a camada ativa congela, retendo material vegetal e animal antes que eles se decomponham completamente. Ao longo de centenas de milhares de anos, esse material rico em carbono incorporou-se ao permafrost e hoje compõe aproximadamente metade de toda a matéria orgânica estocada nos solos da Terra – o dobro da quantidade de carbono armazenada na atmosfera. Em termos de números absolutos, a estimativa mais recente da quantidade de carbono armazenado nos solos de permafrost árticos é 1,7 gigatonelada.

Um ciclo de retroalimentação positiva
À medida que os verões vão ficando mais quentes no Ártico, a irradiação de calor através do chão descongela as camadas de permafrost. A atividade microbiana nessas camadas aumenta, intensificando a decomposição da matéria orgânica. Quando isso ocorre, bactérias e outros organismos liberam CO_2 na atmosfera, em um processo conhecido como *respiração microbiana*. Em ambientes anaeróbicos (sem oxigênio), como lagos e terras úmidas, esse processo libera metano. Estudos mostram que milhares de vazamentos de metano podem se formar sob um único lago, uma quantidade enorme quando multiplicada pelas centenas de milhares de lagos nas latitudes setentrionais (Figura GH 11.2).

O dióxido de carbono e o metano são os principais gases de efeito estufa, que absorvem a radiação de ondas longas emitida e a irradiam de volta para a Terra, intensificando o efeito estufa e levando ao aquecimento atmosférico. O metano é especialmente relevante porque, embora sua porcentagem relativa seja pequena na atmosfera, é 20 vezes mais eficiente do que o CO_2 na retenção do calor atmosférico. Assim, forma-se um ciclo de retroalimentação positiva: quando as temperaturas sobem, o permafrost derrete, causando liberação de CO_2 e CH_4 na atmosfera, o que provoca mais aquecimento, levando a mais derretimento de permafrost.

Derretimento de gelo do solo Além de solo e sedimentos congelados, o permafrost também contém gelo, que derrete quando o permafrost descongela. Quando a estrutura de apoio proporcionada pelo gelo é removida, as superfícies de terra desabam e deslizam. Isso expõe os solos subsuperficiais à luz solar, que acelera os processos microbianos, e à erosão hídrica, que leva carbono orgânico aos rios e lagos, onde ele é mobilizado para a atmosfera. Pesquisas sugerem que esse processo pode liberar ejeções de CO_2 e CH_4 na atmosfera, em contraste com o derretimento de cima para baixo do permafrost, mais lento.

Hoje, os solos de permafrost estão aquecendo a uma taxa mais rápida do que o ar ártico, liberando imensas quantidades de carbono "antigo" na atmosfera. Os cientistas estão pesquisando ativamente os locais e as quantidades de permafrost vulnerável, as taxas atuais e projetadas de descongelamento e os potenciais impactos da retroalimentação positiva permafrost-carbono. O descongelamento do Ártico é uma das muitas preocupações imediatas que discutimos neste capítulo em relação às causas e aos impactos da mudança climática sobre os sistemas terrestres.

▲Figura GH 11.1 Blocos de permafrost em derretimento desabam no mar de Beaufort, Alasca. [USGS Alaska Science Center.]

▲Figura GH 11.2 O metano fica sob o leito dos lagos árticos, sendo altamente inflamável, como o gás natural. [Todd Paris/AP Images.]

Tudo que aprendemos em *Geossistemas* até agora monta o cenário para explorarmos a **ciência das mudanças climáticas** – o estudo interdisciplinar das causas e consequências da mudança climática em relação a todos os sistemas terrestres e à sustentabilidade das sociedades humanas. A mudança climática é uma das questões mais críticas com que a humanidade se depara no século XXI, sendo hoje uma parte integrante da geografia física e da ciência dos sistemas terrestres. Os elementos centrais da ciência das mudanças climáticas são o estudo dos climas passados, a mensuração das mudanças climáticas atuais, e a previsão e modelagem dos cenários climáticos futuros – sendo todos eles discutidos neste capítulo. Repassaremos alguns dos princípios do método científico ao explorarmos a mudança climática global e, ao fazê-lo, deslindaremos um pouco da confusão que complica a discussão pública desse tema.

A evidência física da mudança climática global é extensa e observável tanto por cientistas e não cientistas – temperaturas médias globais recordes no ar, nas superfícies emersas, em lagos e oceanos; perda de gelo em geleiras de montanha e nos mantos de gelo da Groenlândia e Antártica; declínio das condições de umidade do solo e os efeitos resultantes sobre a produtividade das colheitas; mudança na distribuição da flora e da fauna; e o impacto onipresente da elevação global do nível médio dos mares, que ameaça as populações costeiras e o desenvolvimento em todo o mundo (Figura 11.1). Essas são apenas algumas das muitas questões complexas e abrangentes que a ciência das mudanças climáticas deve abordar para compreender e atenuar as mudanças ambientais por vir.

Embora o clima tenha flutuado naturalmente durante a longa história da Terra, os cientistas hoje concordam que a mudança climática moderna advém de atividades humanas que produzem gases de efeito estufa. O consenso é esmagador, incluindo praticamente todas as sociedades profissionais, associações e conselhos científicos dos Estados Unidos da América e de todo o mundo. Os cientistas concordam que a variabilidade climática natural, que expomos neste capítulo, não consegue explicar a tendência atual de aquecimento.

As alterações observadas no clima global estão ocorrendo em um ritmo muito mais veloz do que o visto nos registros climáticos históricos ou nas reconstituições climáticas, que hoje estendem-se milhões de anos no passado.

Neste capítulo: Examinamos as técnicas usadas para estudar os climas do passado, incluindo análise de isótopos de oxigênio em testemunhos de sedimentos do fundo oceânico e testemunhos de gelo, análise de isótopos de carbono e métodos de datação que usam anéis de crescimento de árvores, espeleotemas e corais. Examinamos tendências climáticas de longo prazo e discutimos mecanismos de flutuação climática natural, incluindo ciclos de Milankovitch, variabilidade solar, tectônica de placas e fatores atmosféricos. Inventariamos as evidências da acelerada mudança climática atualmente em curso, medidas por temperaturas recordes do oceano, da terra e da atmosfera; aumento da acidez dos oceanos; redução do gelo glacial e perdas de manto de gelo em todo o mundo, com perdas recorde de gelo marinho ártico; taxas aceleradas de elevação do nível dos mares; e ocorrência de eventos meteorológicos extremos. Então, examinamos as causas humanas da mudança climática contemporânea e os modelos climáticos que fornecem evidências e cenários das tendências futuras. Este capítulo termina com um olhar sobre o caminho e as medidas que podem ser tomadas hoje, em nível individual, nacional e global.

Crescimento populacional e combustíveis fósseis – o contexto da mudança climática

Conforme discutido em capítulos anteriores, o dióxido de carbono (CO_2) produzido por atividades humanas está intensificando o efeito estufa natural do planeta. Ele é liberado na atmosfera naturalmente por desgaseificação (discutida no Capítulo 9) e pela respiração e decomposição microbiana e vegetal em terra e nos oceanos (discutida no Capítulo 19). Essas fontes naturais têm contribuído para o CO_2 atmosférico há mais de um bilhão de anos, sem serem afetadas pela presença dos seres humanos. A principal fonte antropogênica é a queima de combustíveis fósseis (carvão, petróleo e gás natural), que aumentou drasticamente nos últimos séculos, adicionando-se às concentrações de gás de efeito estufa já existentes. A fim de ilustrar o aumento, a Figura 11.2 mostra os níveis de dióxido de carbono (CO_2) nos últimos 800.000 anos, incluindo a tendência continuamente crescente do CO_2 desde que a Revolução Industrial começou, no final do século XVIII–início do século XIX.

No século XX, a população cresceu de cerca de 1,6 bilhão de pessoas para aproximadamente 6,1 bilhões (reveja a Figura 1.5 e veja a Figura 11.3). Ao mesmo tempo, as emissões de CO_2 aumentaram 10 vezes ou mais. A queima de combustíveis fósseis como fonte de energia foi o que mais contribuiu para esse aumento, com efeitos secundários vindos de desmatamento e queimadas para urbanização e agricultura. Observe na Figura 11.3 que a maioria do crescimento populacional hoje ocorre nos países menos desenvolvidos (PMeDs). Ele é especialmente rápido na China e na Índia. Embora os países mais desenvolvidos (PMaDs) estejam emitindo a maior porcentagem do total de gases de efeito estufa e liderem as emissões per capita, essa porção

▲**Figura 11.1 A elevação do nível do mares nos litorais do mundo.** Entre 1993 e 2010, a elevação do nível médio do mares se deu à taxa de 3,2 mm/ano, fazendo com que marés altas e ressacas avançassem sobre áreas urbanizadas, apressando os processos de erosão costeira (discutidos neste capítulo e no Capítulo 16). Aqui são vistas casas próximas do cabo Hatteras, Carolina do Norte, EUA, em 2011. [Archive Image/Alamy]

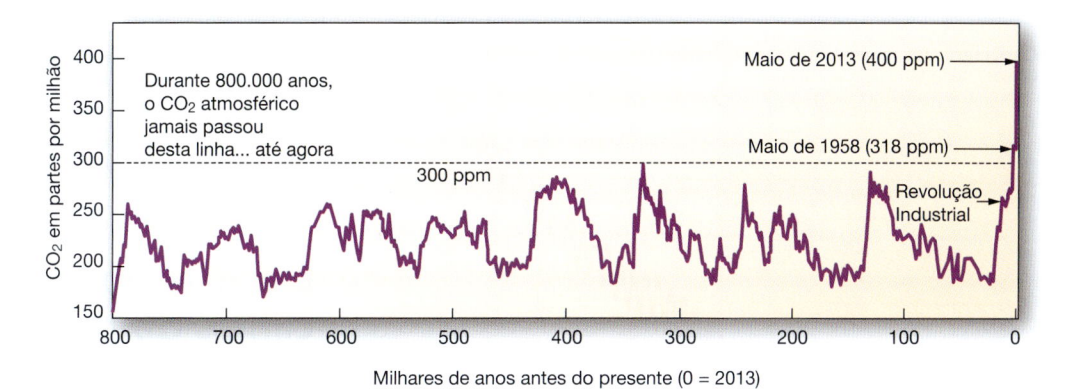

▲Figura 11.2 **Concentrações de dióxido de carbono nos últimos 800.000 anos.** Os dados são de amostras atmosféricas contidas em testemunhos de gelo e medições diretas de CO_2. Observe a elevação do CO_2 nas últimas centenas de anos desde a Revolução Industrial. [NOAA.]

está mudando. De acordo com algumas projeções, até 2050 os PMeDs estarão contribuindo com mais de 50% das emissões globais de gases de efeito estufa (Figura 11.4).

A taxa de crescimento populacional subiu vertiginosamente a partir de 1950 (vide Figura 11.3), e essa tendência tem correlação com um aumento drástico no CO_2 atmosférico desde então. Em 1953, Charles David Keeling, do Scripps Institute of Oceanography, começou a coletar medições detalhadas do dióxido de carbono (CO_2) atmosférico na Califórnia, resultando no que é considerado por muitos cientistas o conjunto de dados ambientais mais importante do século XX. A Figura 11.5 mostra o gráfico (conhecido como "Curva de Keeling") das concentrações mensais médias de dióxido de carbono (CO_2) de 1958 até o presente, registradas no Observatório Mauna Loa, no Havaí.

A linha irregular do gráfico da Figura 11.5 mostra flutuações de CO_2 ocorrendo durante todo o ano, sendo que maio e outubro normalmente são os meses com mais alta e baixa leituras de CO_2, respectivamente. Essa flutuação anual entre primavera e outono reflete mudanças sazonais na cobertura vegetal nas latitudes mais altas do Hemisfério Norte. No inverno do Hemisfério Norte, a vegetação está dormente, o que permite o aumento da concentração de CO_2 na atmosfera; na primavera, quando o crescimento vegetal é retomado, a vegetação absorve CO_2 pela fotossíntese (discutida no Capítulo 19), ocasionando uma queda no CO_2 atmosférico. Mais importante do que essas flutuações anuais, porém, é a tendência geral: entre 1992 e 2012, o CO_2 atmosférico aumentou 16%, e em maio de 2013 as concentrações de CO_2 cruzaram o limiar de 400 ppm – um nível sem precedentes nos últimos 800.000 anos, talvez mais. Esses dados estão de acordo com os registros de centenas de outras estações em todo o planeta.

O registro de CO_2 no Mauna Loa é hoje um dos gráficos mais conhecidos da ciência moderna, sendo um símbolo icônico dos efeitos dos seres humanos sobre os sistemas terrestres. Os aumentos correspondentes de população humana, uso de combustíveis fósseis e CO_2 atmosférico são os ingredientes básicos para compreender as causas da mudança climática atual e mitigar seus efeitos.

▲Figura 11.3 **Crescimento da população humana desde 1950, com projeção para 2050.** Desde 1950, a população cresceu muito mais nos PMeDs do que nos PMaDs, uma tendência que deverá aumentar até 2050. [Reimpresso com permissão do Population Reference Bureau, em http://www.prb.org/Publications/Datasheets/2012/world-population-data-sheet/factsheet--world-population.aspx]

▲Figura 11.4 **Crescimento industrial e aumento das emissões de CO_2 na Índia.** Agricultores aram um campo perto de uma das muitas fábricas da Índia. Hoje, a população da Índia perfaz cerca de 18% do total do planeta, e a economia em rápido crescimento do país depende muito do uso de combustíveis fósseis para a geração de energia. [Tim Graham/Alamy.]

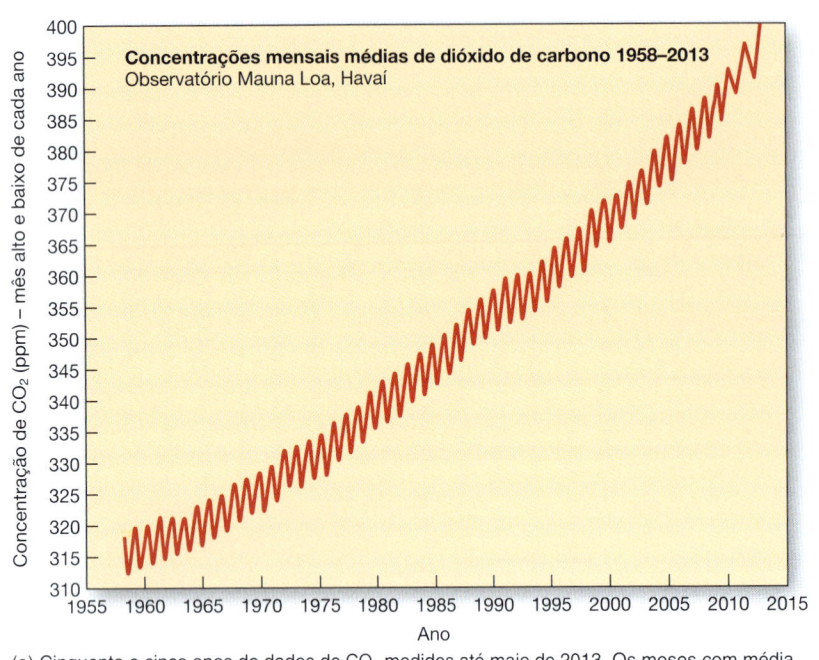

◀ **Figura 11.5 A Curva de Keeling.** Aumento da concentração de dióxido de carbono, 1958–2013, medida no Observatório Mauna Loa. [(a) Dados da NOAA publicados em ftp://ftp.cmdl.noaa.gov/ccg/co2/trends/co2_mm_mlo.txt.(b) Jonathan Kingston/Getty Images.]

(a) Cinquenta e cinco anos de dados de CO_2 medidos até maio de 2013. Os meses com média mais alta e mais baixa, geralmente maio e outubro, respectivamente, estão traçados para cada ano no gráfico em partes por milhão por volume (ppm).

(b) O Observatório de Mauna Loa está localizado na encosta norte do vulcão Mauna Loa, a 3397 m de altura, na Big Island do Havaí. A localização remota minimiza a poluição e os efeitos da vegetação, estando acima da camada de inversão atmosférica, o que torna os dados de qualidade do ar representativos dos valores globais.

PENSAMENTO Crítico 11.1
Cruzando o limiar de 450 ppm de dióxido de carbono

Utilizando a tendência em aceleração das concentrações atmosféricas de CO_2 nos últimos 10 anos, exibida na Figura 11.5, calcule o ano em que podemos cruzar o limiar de 450 ppm de dióxido de carbono atmosférico. Para ajudar a estabilizar os efeitos da mudança climática, os cientistas pensam que devemos implementar políticas para que o nível de CO_2 volte a 350 ppm. Em que porcentagem anual teríamos que reduzir as concentrações atmosféricas de CO_2 para atingir essa meta até 2020? •

Decifrando os climas do passado

Para entender as mudanças climáticas presentes, começamos com uma exposição sobre os climas do passado; mais especificamente, como os cientistas reconstituem climas que ocorreram antes que os humanos mantivessem registros. Há pistas sobre os climas passados armazenadas em diversos ambientes da Terra. Entre esses indicadores climáticos há bolhas de gás no gelo glacial, plâncton fóssil em sedimentos do fundo oceânico, pólen fóssil de plantas antigas, anéis de crescimento de árvores, espeleotemas (formações minerais em cavernas) e corais. Os cientistas acessam esses indicadores ambientais extraindo testemunhos profundos desses materiais e analisando-os por diversos métodos para determinar sua idade e características relacionadas ao clima. Dessa maneira, os cientistas conseguem estabelecer uma cronologia de condições ambientais ao longo de períodos de milhares ou milhões de anos.

O estudo dos climas passados da Terra é a ciência da **paleoclimatologia**, que nos diz como o clima do planeta flutuou ao longo de milhões de anos. Para saber mais sobre os climas passados, os cientistas usam **métodos indiretos***, ao invés de medições diretas. Um *indicador climático indireto* é uma informação oriunda do ambiente natural que pode ser usada para reconstituir o clima e que recua no tempo além do possibilitado pela nossa instrumentação atual. Por exemplo, a largura dos anéis de crescimento das árvores indica condições climáticas que ocorreram milhares de anos antes que se começassem a registrar temperaturas. Analisando evidências de fontes indiretas, os cientistas conseguem reconstruir o clima por maneiras que não são possíveis pelo registro direto de medições científicas realizadas nos últimos 140 anos, aproximadamente.

O estudo de rochas e fósseis deu aos geólogos ferramentas para compreender e reconstituir os climas passados em períodos de milhões de anos (no Capítulo 12, discutimos a escala de tempo geológico e alguns métodos para reconstituir os ambientes do passado). Os geólogos estudam os ambientes passados usando técnicas que vão de simples observações de campo das características e composição de depósitos rochosos (por exemplo, se eles são feitos de poeira, areia ou antigos depósitos de carvão) até complexas e caras análises laboratoriais de amostras de rocha (por exemplo, a espectro-

---

*N. de R.T.: Em inglês, *proxy methods*. Um *indicador indireto* é um ente ou objeto que representa ou substitui outra coisa.

metria de massa analisa a composição química de moléculas isoladas de rocha e outros materiais). Fósseis de material animal e vegetal preservadas em camadas de rocha também dão importantes pistas climáticas; por exemplos, fósseis de plantas tropicais indicam condições climáticas mais quentes; fósseis de criaturas oceânicas indicam antigos ambientes marinhos. Os leitos de carvão, do qual depende nossa energia hoje, foram formados por matéria orgânica de plantas que cresciam em condições climáticas tropicais, úmidas e quentes, há cerca de 325 milhões de anos.

Reconstituições climáticas que cobrem milhões de anos indicam que o clima da Terra passou por ciclos de períodos mais frios e quentes do que hoje. Um período extenso de frio (não um breve intervalo de frio), em alguns casos durando vários milhões de anos, é conhecido como *idade do gelo* ou *idade glacial**. Uma idade do gelo é uma época de clima frio em geral, que inclui um ou mais *glaciais* (períodos glaciais, caracterizados por avanço glacial), interrompidos por breves períodos quentes conhecidos como *interglaciais*. O período glacial mais recente é conhecido como Época Pleistocênica, discutida no Capítulo 17, que vai de cerca de 2,6 milhões de anos atrás até aproximadamente 11.700 anos atrás. A escala de tempo geológico, que coloca o Pleistoceno dentro do contexto dos 4,6 bilhões de anos da história terrestre, é apresentada no Capítulo 12, Figura 12.1, na página 327.

Métodos de reconstituição climática de longo prazo

Algumas técnicas paleoclimáticas geram registros de longo prazo que cobrem de centenas de milhares a milhões de anos. Esses registros vêm de perfurações feitas nos sedimentos do fundo do oceano ou nos mantos de gelo mais espessos do planeta. Após os testemunhos serem extraídos, camadas contendo fósseis, bolhas de ar, particulados e outros materiais dão informações sobre os climas do passado.

A base da reconstituições climática de longo prazo é a **análise de isótopos**, uma técnica que usa a estrutura atômica dos elementos químicos (mais especificamente, a quantidade relativa dos seus isótopos) para identificar a composição química dos oceanos e das massas de gelo do passado. Empregando esse conhecimento, os cientistas conseguem reconstituir condições de temperatura. Recorde que os núcleos dos átomos de um dado elemento químico, como o oxigênio, sempre contêm o mesmo número de prótons, mas podem variar no número de nêutrons. Cada número de nêutrons encontrado no núcleo representa um diferente *isótopo* do elemento. Os diferentes isótopos possuem massas ligeiramente diferentes e, portanto, propriedades físicas ligeiramente diferentes.

Análise dos isótopos de oxigênio
Um átomo de oxigênio contém 8 prótons, mas pode ter 8, 9 ou 10 nêutrons. O peso atômico do oxigênio, que é aproximadamente igual ao número de prótons e nêutrons combinados, pode então variar de 16 unidades de massa atômica (oxigênio "leve") a 18 (oxigênio "pesado"). O oxigênio-16, ou ^{16}O, é o isótopo de oxigênio mais comum encontrado na natureza, totalizando 99,76% de todos os átomos de oxigênio. O oxigênio-18, ou ^{18}O, perfaz apenas cerca de 0,20% do total de átomos de oxigênio.

No Capítulo 7, aprendemos que a água, H_2O, é feita de dois átomos de hidrogênio e um átomo de oxigênio. Tanto o isótopo ^{16}O quanto o ^{18}O ocorre nas moléculas de água. Quando a água contém oxigênio "leve" (^{16}O), ela evapora mais facilmente, mas condensa com mais dificuldade. O inverso vale para água que contém oxigênio "pesado" (^{18}O), que evapora com mais dificuldade, mas condensa mais facilmente. Essas diferenças de propriedades afetam o ponto no qual é mais provável que cada isótopo se acumule no vasto ciclo hidrológico da Terra. Consequentemente, a quantidade relativa (ou *razão*) entre os isótopos de oxigênio pesado e leve ($^{18}O/^{16}O$) na água varia com o clima; em particular, com a temperatura. Comparando a razão entre isótopos com um padrão aceito, os cientistas conseguem determinar em que grau a água é enriquecida ou empobrecida em ^{18}O relativamente ao ^{16}O.

Uma vez que o ^{16}O evapora mais facilmente, com o tempo a atmosfera fica relativamente rica em oxigênio "leve". À medida que o vapor d'água vai em direção aos polos, o enriquecimento em ^{16}O continua e, no fim, esse vapor condensa e cai no chão na forma de neve, acumulando-se em geleiras e mantos de gelo (Figura 11.6). Ao mesmo tempo, os oceanos tornam-se relativamente ricos em ^{18}O – parcialmente como resultado da maior taxa de evaporação do ^{16}O e parcialmente como resultado da maior taxa de condensação e precipitação do ^{18}O após ingressar na atmosfera.

Em períodos de temperaturas mais frias, quando o oxigênio "leve" fica retido na neve e no gelo das regiões polares, as concentrações de oxigênio "pesado" são maiores nos oceanos (Figura 11.7a). Em períodos mais quentes, quando o derretimento da neve e do gelo devolve ^{16}O aos oceanos, a concentração de ^{18}O nos oceanos diminui relativamente – em essência, a proporção entre os isótopos está em equilíbrio (Figura 11.7b). O resultado é que níveis mais altos de oxigênio "pesado" (uma razão mais alta de $^{18}O/^{16}O$) na água do oceano indicam climas mais frios (mais água presa em neve e gelo), ao passo que níveis menores de oxigênio "pesado" (uma razão menor de $^{18}O/^{16}O$) nos oceanos indica climas mais quentes (derretimento de geleiras e mantos de gelo).

Testemunhos de sedimentos oceânicos
Os isótopos de oxigênio estão presente não apenas nas moléculas de água, mas também no carbonato de cálcio ($CaCO_3$), o componente principal dos exoesqueletos (ou carapaças) dos micro-organismos marinhos chamados *foraminíferos*. Hoje, os foraminíferos flutuantes (planctônicos) ou do fundo do oceano (bentônicos) são alguns dos organismos marinhos com carapaça mais abundantes do mundo, vivendo em uma variedade de ambientes que vão do equador aos polos. Após a morte do organismo, as carapaças dos foraminíferos acumulam-se no fundo do oceano, empilhando-se em camadas de sedimento. Ao extrair um testemunho desses sedimentos no fundo oceânico e comparar a proporção entre os isótopos de oxigênio nas carapaças de $CaCO_3$, os cientistas podem determinar a proporção entre isótopos da água do mar na época em que as conchas se formaram. Carapaças de foraminíferos com uma proporção alta de $^{18}O/^{16}O$ formaram-se em períodos frios; aquelas com proporções baixas formaram-se em períodos quentes. Em um testemunho de sedimento oceânico, as carapaças acumulam-se em camadas que refletem essas condições de temperatura.

---

*N. de R.T.: Na literatura não especializada aparece o termo "era glacial", mas este termo não deve ser utilizado, pois "era" é uma divisão de um éon no tempo geológico.

últimos 50 anos, o Integrated Ocean Drilling Program extraiu cerca de 2000 testemunhos do fundo oceânico, gerando mais de 35.000 amostras para os pesquisadores (consulte http://www.oceandrilling.org/). Esse programa internacional compreende dois navios perfuradores: o *JOIDES Resolution* dos EUA, em operação desde 1985 (Figura 11.8b), e o *Chikyu* do Japão, que opera desde 2007. Em 2012, o *Chikyu* atingiu um novo recorde para poço mais profundo já perfurado no fundo oceânico – 2466 m –, e é capaz de perfurar 10.000 m abaixo da superfíce do mar, gerando amostras de testemunho não alteradas. Melhorias recentes nas técnicas de análise de isótopos e na qualidade das amostras de testemunhos oceânicos levaram a uma melhor resolução dos registros climáticos para os últimos 70 milhões de anos (vide Figura 11.10 na página 294).

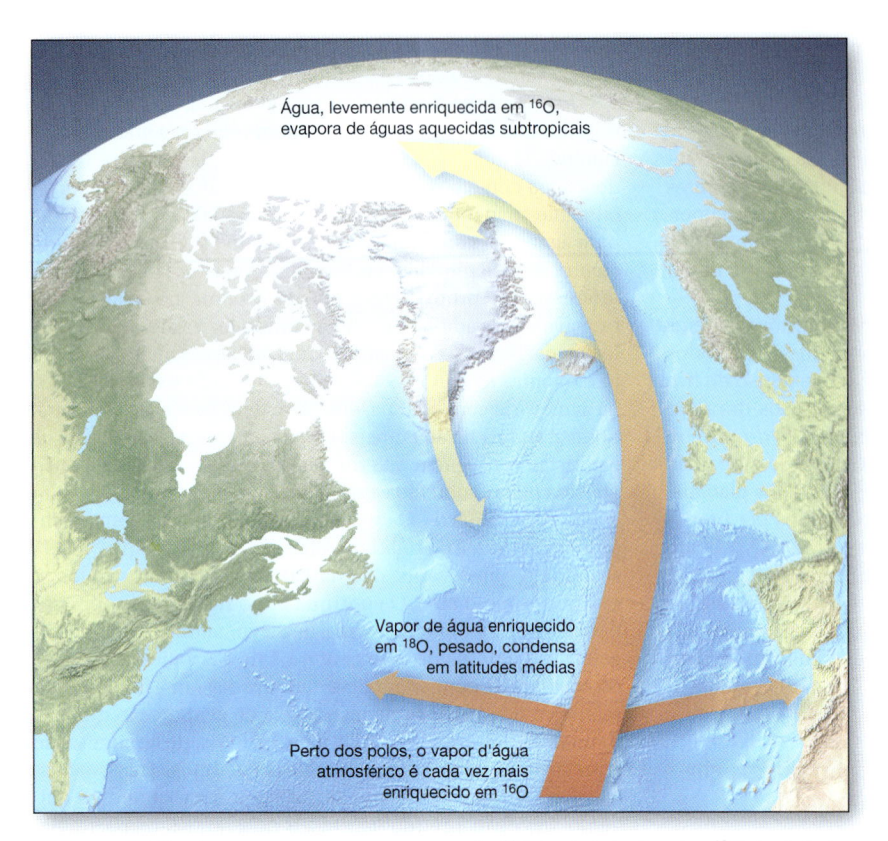

▲**Figura 11.6** Alteração nas concentrações de ^{16}O (oxigênio leve) e ^{18}O (oxigênio pesado) no vapor d'água entre o equador e o Polo Norte. [Modificado de ilustração de Robert Simmon, NASA GSFC.]

Navios de perfuração especializados possuem poderosas brocas rotatórias que conseguem penetrar as rochas e os sedimentos do fundo do mar, extraindo um cilindro de material – uma *amostra de testemunho* – dentro de um tubo metálico oco. Esse testemunho pode conter poeira, minerais e fósseis que se acumularam em camadas ao longo de grandes períodos de tempo no fundo oceânico (Figura 11.8a). Nos

Testemunhos de gelo Nas regiões frias do mundo, a neve acumula-se anualmente em camadas, e, nas regiões onde a neve é permanente na paisagem, essas camadas de neve terminam formando gelo glacial (Figura 11.9a). Os maiores acúmulos de gelo glacial do mundo ocorrem na Groenlândia e na Antártica, e é desses mantos de gelo que os cientistas extraem testemunhos para reconstruir o clima. Esses testemunhos de gelo, retirados a milhares de metros de profundidade na parte mais espessa do manto de gelo, proporcionam um registro climático mais curto, porém mais detalhado, do que os testemunhos de sedimentos oceânicos, o que atualmente leva o registro até 800.000 anos atrás.

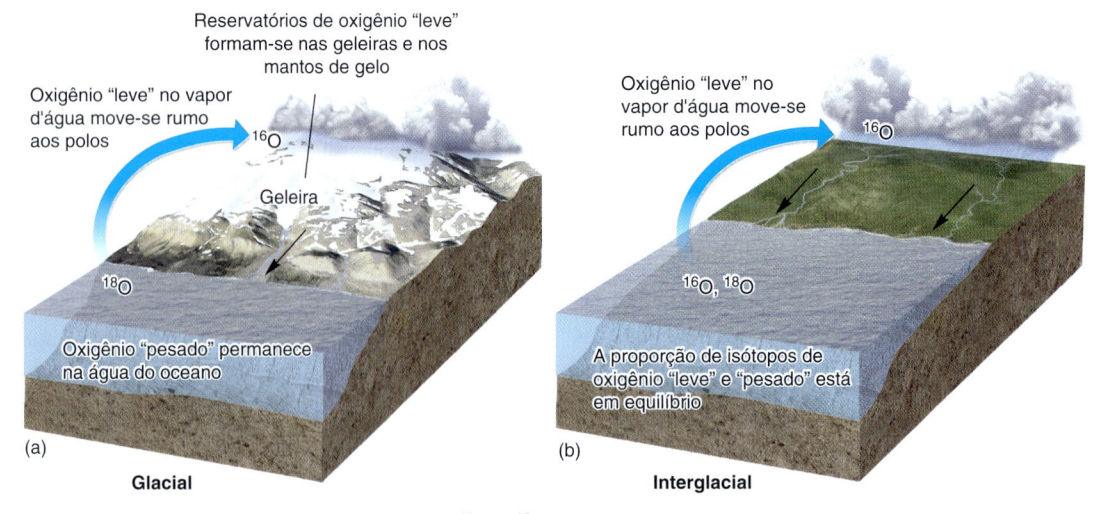

▲**Figura 11.7** Concentrações oceânicas relativas de ^{16}O e ^{18}O nos períodos frios (glaciais) e quentes (interglaciais). [Baseado em *Analysis of Vostok Ice Core Data*, Global Change, disponível em http://www.globalchange.umich.edu/globalchange1/current/labs/Lab10_Vostok/Vostok.htm.]

(a) As amostras de testemunhos de sedimentos oceânicos são abertas para análise.

(b) O navio de perfuração dos EUA *JOIDES Resolution*.

▲Figura 11.8 **Amostra de testemunho do fundo do mar e navio de perfuração oceânica.** [IODP.]

Extraídos de áreas onde o gelo não está deformado, os testemunhos de gelo têm cerca de 13 cm de diâmetro e são compostos de camadas distintas de gelo mais novo em cima e camadas menos definidas de gelo mais antigo embaixo (Figura 11.9b). No fundo do testemunho, as camadas mais antigas ficam deformadas por causa do peso do gelo acima*. Nessa parte do testemunho, as camadas podem ser definidas com base nos horizontes de poeira e cinza vulcânica que caíram na superfície do gelo, marcando períodos de tempo específicos**. Por exemplo, os cientistas conseguem identificar o início exato da Idade do Bronze – cerca de 3000 a.C. – devido às concentrações de cinzas e particulados de fumaça associados à fundição de cobre.

Em um testemunho, a acumulação de um dado ano consiste em uma camada de gelo de inverno e uma camada de gelo de verão, diferentes em sua química e textura. Os cientistas usam proporções entre isótopos de oxigênio para correlacionar essas camadas com as condições de temperatura do ambiente. Anteriormente, falamos sobre as proporções entre os isótopos de oxigênio na água do oceano e sua aplicação na análise dos testemunhos de sedimentos oceânicos. Agora discutimos as razões entre isótopos de oxigênio no gelo, que possuem uma relação diferente com o clima.

Nos testemunhos de gelo, uma proporção *menor* de $^{18}O/^{16}O$ (menos oxigênio "pesado" no gelo) sugere climas mais frios, quando mais ^{18}O está preso nos oceanos, mais oxigênio leve está retido em geleiras e mantos de gelo. Inversamente, uma proporção *maior* de $^{18}O/^{16}O$ (mais oxigênio "pesado" no gelo) indica um clima mais quente, no qual mais ^{18}O evapora e precipita-se sobre superfícies de mantos de gelo. Por conseguinte, os isótopos de oxigênio nos testemunhos de gelo são um indicador indireto (*proxy*) da temperatura do ar.

Os testemunhos de gelo também mostram informações sobre a composição atmosférica do passado. Nas camadas de gelo, as bolhas de ar presas indicam concentrações de gases – mormente dióxido de carbono e metano – indicativas das condições ambientais da época em que a bolha foi isolada dentro do gelo (Figura 11.9c e d).

Vários projetos de testemunhos de gelo na Groenlândia geraram dados que se estendem por mais de 250.000 anos. Na Antártica, o testemunho de gelo do Domo C (parte do Projeto Europeu de Testemunhos de Gelo na Antártica, ou EPICA***), concluído em 2004, atingiu uma profundidade de 3270,2 m, gerando o registro de testemunho de gelo mais longo até então: 800.000 anos de história climática passada da Terra. Esse registro foi correlacionado com um registro de testemunho de 420.000 anos oriundo da Estação Vostok próxima, sendo combinada com registros de testemunhos de sedimentos oceânicos, o que forneceu aos cientistas uma boa reconstituição das mudanças climáticas durante todo esse período de tempo. Em 2011, cientistas norte-americanos extraíram um testemunho de gelo do manto de gelo da Antártica Ocidental (WAIS****) que revelará 30.000 anos de história climática anual e 68.000 anos em resoluções entre anual e decenal – uma resolução temporal mais alta do que os projetos anteriores de testemunhos. (Para mais informações, consulte o Byrd Polar Research Center da Ohio State University http://bprc.osu.edu/Icecore/ e o WAIS Divide Ice Core http://www.waisdivide.unh.edu/news/.)*****

A história climática de longo prazo da Terra

Reconstituições climáticas utilizando fósseis e testemunhos de sedimentos do oceano profundo mostram mudanças de longo prazo no clima do planeta, exibidas na Figura 11.10 em duas escalas de tempo diferentes. No intervalo de 70 milhões de anos, vemos que o clima da Terra era muito mais quente no passado distante, quando condições tropicais estendiam-se por grande parte do planeta. Desde os tempos mais quentes

---

*N. de R.T.: Mais corretamente, as camadas são deformadas porque ficam cada vez mais finas e podem dobrar quando estiverem muito perto do contato gelo-substrato devido às tensões internas.

**N. de R.T.: Mais corretamente, o método de datação mais usado é a variação sazonal da razão de isótopos estáveis. Horizontes de referência, como uma camada de cinzas vulcânicas, servem para datação absoluta do testemunho de gelo.

***N. de R.T.: *European Project for Ice Coring in Antarctica* – EPICA.

****N. de R.T.: *West Antarctic Ice Sheet*.

*****N. de R.T.: Para saber sobre as pesquisas brasileiras de testemunhos de gelos antárticos e andinos, consulte o sítio do Instituto Nacional de Ciência e Tecnologia da Criosfera (http://www.ufrgs.br/inctcriosfera/).

(a) Um cientista em uma trincheira de neve no manto de gelo da Antártica Ocidental, onde camadas de neve e gelo que mostram diferentes eventos de precipitação de neve são iluminados por trás por luz vinda de um poço vizinho.

(b) Cientistas inspecionam um segmento de testemunho de gelo no Domo C. Um quarto de seção de cada testemunho de gelo é mantido no local, para o caso de um acidente durante o transporte até os laboratórios na Europa.

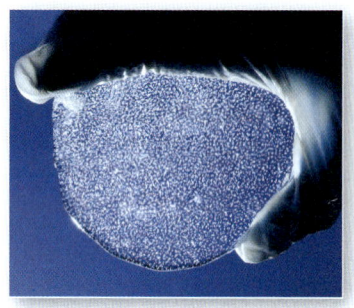

(c) A luz atravessa uma fina seção de um testemunho de gelo, mostrando bolhas de ar presas no gelo.

(d) As bolhas de ar no gelo glacial indicam a composição das atmosferas passadas.

▲Figura 11.9 Análise de testemunhos de gelo. [(a) NASA LIMA. (b) e (c) British Antarctic Survey, http://www.antarctica.ac.uk. (d) Bobbé Christopherson.]

de aproximadamente 50 milhões de anos atrás, o clima em geral esfriou (Figura 11.10a).

Um curto período distinto de calor ocorreu há cerca de 56 milhões de anos (conhecido como Máximo Termal do Paleoceno-Eoceno, ou MTPE; vide a escala de tempo geológico na Figura 12.1). Os cientistas acreditam que essa máxima de temperatura foi provocada por um súbito aumento do carbono atmosférico, cuja causa ainda é desconhecida. Uma hipótese proeminente é que ocorreu uma imensa liberação de carbono, na forma de metano, oriunda do derretimento

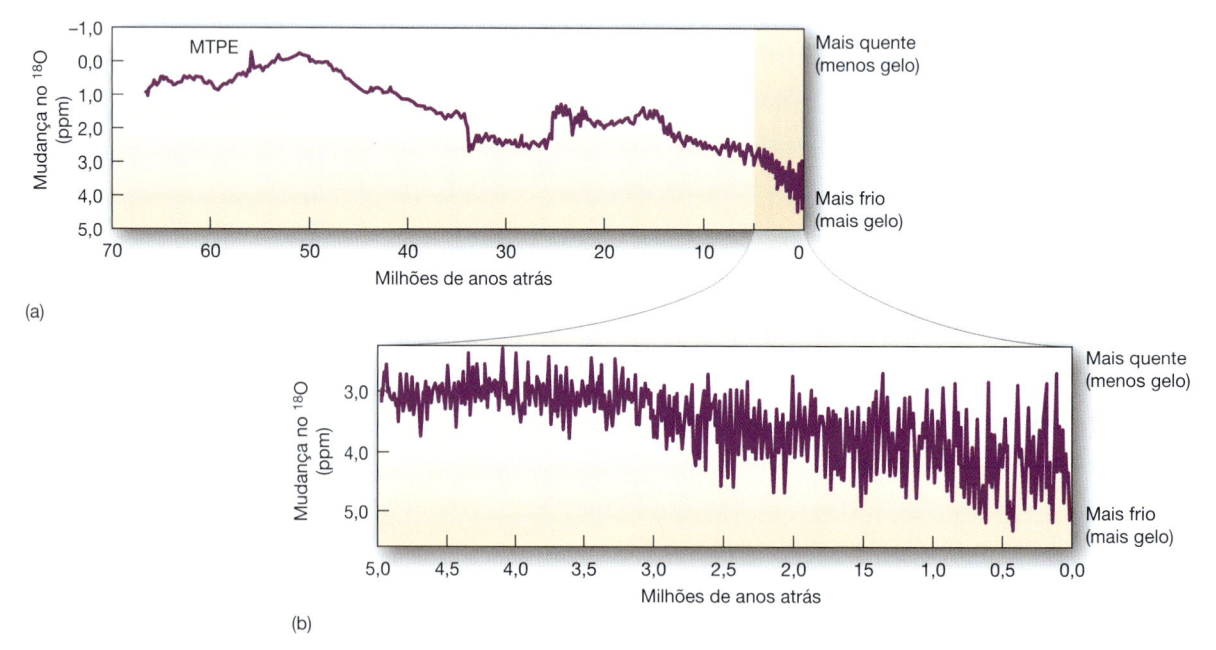

▲Figura 11.10 Reconstituições climáticas usando isótopos de oxigênio (^{18}O) em duas escalas temporais. O eixo vertical (eixo y) mostra a mudança em partes por mil (ppm) de ^{18}O, indicando períodos mais quentes e mais frios ao longo dos últimos 70 milhões de anos (gráfico superior) e nos últimos 5 milhões de anos (gráfico inferior). Observe o breve e distinto aumento da temperatura cerca de 56 milhões de anos atrás, durante o Máximo Termal do Paleoceno-Eoceno (MTPE). O gráfico inferior mostra períodos alternados de temperaturas mais quentes e mais frias dentro do intervalo temporal de 5 milhões de anos. [Baseado em Edward Aguado and James Burt, *Understanding Weather and Climate*, 6th edition, © 2013 by Pearson Education, Inc. Reimpresso e reproduzido eletronicamente com permissão de Pearson Education, Inc., Upper Saddle River, New Jersey.]

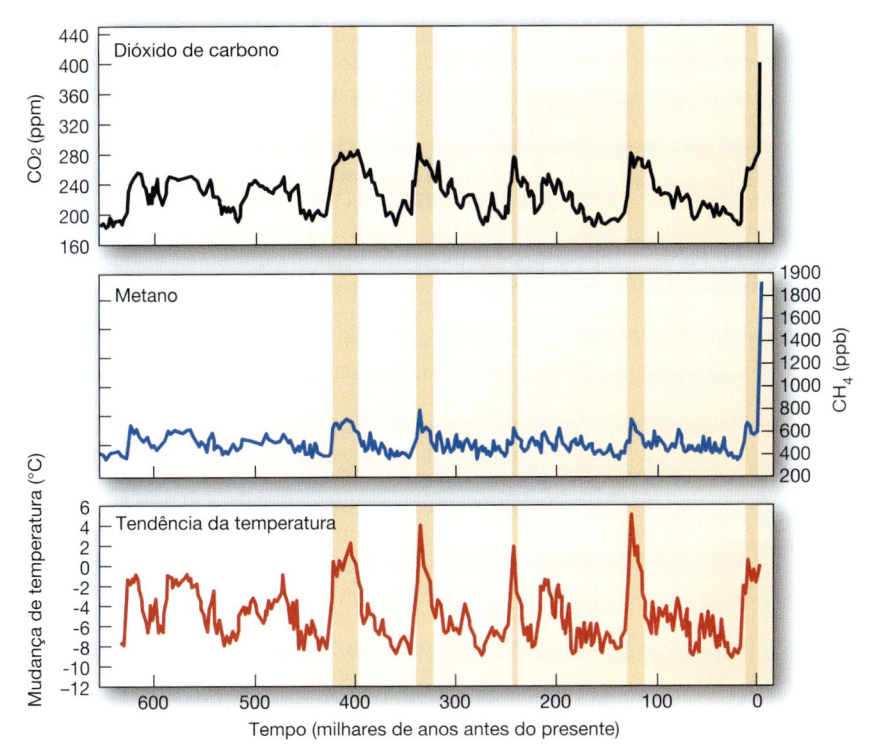

▲Figura 11.11 O registro de 650.000 anos para dióxido de carbono (CO₂), metano (CH₄) e temperatura, obtido de dados de testemunhos de gelo. As faixas hachuradas são interglaciais, períodos de elevadas temperaturas e concentrações de gases de efeito estufa. [Adaptado de *Climate Change 2007: Working Group I: The Physical Science Basis*, IPCC, disponível em http://www.ipcc.ch/publications_and_data/ar4/wg1/en/tssts-2-1-1.html.]

de hidratos de metano, compostos químicos parecidos com gelo (constituídos por uma molécula de metano cercada por um retículo de moléculas de água) que são estáveis quando congelados a baixa temperatura e alta pressão. Se um evento de aquecimento (como um abrupto aquecimento oceânico em virtude de uma alteração súbita na circulação oceânica) tiver derretido grandes quantidades de hidratos, a liberação de grandes quantidades de metano, um gás de efeito estufa de vida curta, porém potente, pode ter alterado drasticamente a temperatura da Terra. (Mais adiante neste capítulo, o *Estudo Específico* 11.1 discute os hidratos de metano e seus potenciais impactos sobre o aquecimento atual.)

Durante o MTPE, o aumento do carbono atmosférico provavelmente aconteceu ao longo de um período de cerca de 20.000 anos ou menos – um aumento "súbito", em termos da vasta escala do tempo geológico. A aceleração atual das concentrações de CO_2 atmosférico tem um ritmo mais rápido. Estima-se que a quantidade de carbono que entrou na atmosfera durante o MTPE seja semelhante à quantidade de carbono que a atividade humana liberaria na atmosfera com a queima de todas as reservas de combustíveis fósseis do planeta.

Para os últimos 5 milhões de anos, reconstituições climáticas de alta resolução, utilizando foraminíferos de testemunhos de sedimentos do fundo do oceano, mostram uma série de glaciais e interglaciais (Figura 11.10b). Esses períodos são chamados de estágios isotópicos marinhos (EIMs, ou MIS na sigla em inglês), ou estágios isotópicos de oxigênio; muitos receberam números que correspondem a uma cronologia específica de períodos frios e quentes durante o tempo coberto. Esses dados de testemunhos oceânicos são correlacionados com registros de testemunhos de gelo, que apresentam tendências praticamente idênticas.

Durante esse tempo, a última vez em que as temperaturas foram parecidas com o período interglacial atual foi durante o interglacial Eemiano, cerca de 125.000 anos atrás, quando as temperaturas eram mais altas do que no presente. Chama a atenção que o dióxido de carbono atmosférico durante o Eemiano esteve abaixo de 300 ppm, um nível menor do que o esperado e que os cientistas interpretam como resultado do efeito de tamponamento da absorção do excesso de CO_2 atmosférico por parte do oceano. (Discutiremos a circulação do CO_2 no balanço de carbono da Terra mais adiante no capítulo.)

Como já discutido, os testemunhos de gelo também fornecem dados sobre a composição atmosférica, especificamente sobre as concentrações de CO_2 e metano, medidas nas bolhas de ar presas no gelo. A Figura 11.11 mostra as concentrações variantes desses dois gases de efeito estufa, assim como as mudanças da temperatura, ao longo dos últimos 650.000 anos. Observe nos gráficos a estreita correlação entre as concentrações dos dois gases e deles com a temperatura. Análises mostram que as concentrações dos gases de efeito estufa estão em defasagem em relação às mudanças de temperatura (geralmente com 1000 anos de atraso). Essa interessante relação sugere a presença e a importância das retroalimentações climáticas, discutidas mais adiante neste capítulo.

Métodos para reconstituição climática de curto prazo

Com base nas evidências paleoclimáticas recém-discutidas, os cientistas sabem que a Terra passou por ciclos climáticos de longo prazo envolvendo condições mais quentes e mais frias do que as atuais. Usando um conjunto diferente de indicadores, eles também determinaram e verificaram tendências climáticas em escalas temporais menores, da ordem de centenas ou milhares de anos. As ferramentas da análise climática de curto prazo consistem principalmente na datação por radiocarbono e na análise de anéis de crescimento de árvores, espeleotemas e corais.

Análise de isótopos de carbono Como o oxigênio, o carbono é um elemento com vários isótopos estáveis. Os cientistas usam ^{12}C (carbono-12) e ^{13}C (carbono-13) para decifrar as condições ambientais passadas analisando a razão $^{13}C/^{12}C$, parecido com a análise de isótopos de oxigênio. Ao converter a energia luminosa do Sol em energia alimentar para crescer, as diferentes plantas utilizam diferentes tipos de fotossíntese, sendo que cada uma produz uma proporção diferente de isótopos de carbono nos produtos vegetais. Assim, os cientistas podem usar a razão de isótopos de carbono no material vegetal morto para determinar os agrupamentos vegetais antigos e as condições associadas de precipitação e temperatura.

Até este momento, falamos sobre isótopos "estáveis" de oxigênio e carbono, em que os prótons e nêutrons permanecem juntos no núcleo do átomo. Entretanto, certos isótopos são "instáveis" porque o número de nêutrons em comparação com o de prótons é grande o suficiente para que o isótopo decaia (ou se decomponha), tornando-se um elemento diferente. Nesse processo, o núcleo emite radiação. Esse tipo de isótopo instável é um **isótopo radiativo**.

O carbono atmosférico inclui o isótopo instável ^{14}C, ou carbono-14. Nesse isótopo, os nêutrons adicionais em relação aos prótons fazem com que ele decaia em um átomo diferente, ^{14}N, ou nitrogênio-14. A taxa de decaimento é constante e é medida como *meia-vida*, ou o tempo que a metade de uma amostra leva para decair. A meia-vida do ^{14}C é de 5730 anos. Essa taxa de decaimento pode ser usada para datar material vegetal, uma técnica chamada de *datação por radiocarbono*.

Como exemplo, o pólen é um material vegetal encontrado no gelo e em sedimentos lacustres, sendo frequentemente datado por técnicas de datação por radiocarbono. Uma vez que as plantas terrestres usam o carbono do ar (especificamente dióxido de carbono para fotossíntese), elas contêm ^{14}C em alguma medida, assim como seu pólen. Com o passar do tempo, esse carbono radioativo decai: após 5730 anos, metade dele se vai, e um dia não restará nada. A quantidade de ^{14}C no pólen diz aos cientistas há quanto tempo ele estava vivo. Os isótopos radiativos são úteis para datar material orgânico com idade de até 50.000 anos antes do presente.

Testemunhos lacustres Os sedimentos do fundo de lagos glaciais fornecem um registro da mudança climática que se estende até 50.000 anos no passado. As camadas dos sedimentos dos lagos, chamadas de *varves*, contêm pólen, carvão e fósseis que podem ser datados mediante isótopos de carbono. As camadas são perfuradas para gerar testemunhos de sedimentos lacustres, semelhantes aos testemunhos de gelo e do fundo do oceano. Os materiais das camadas refletem variações de precipitação, taxas de acumulação de sedimento e crescimento das algas, sendo que tudo isso pode servir como indicador indireto do clima.

Anéis de crescimento de árvores A maioria das árvores fora dos trópicos ganha um anel de madeira nova por ano, que cresce sob sua casca. É fácil ver esse anel em uma seção transversal do tronco de uma árvore ou em uma amostra de testemunho analisada em laboratório (Figura 11.12). O crescimento de um ano inclui a formação de lenho inicial (geralmente de cor mais clara, com células de diâmetro grande) e lenho tardio (mais escuro, com células de diâmetro pequeno). A largura dos anéis de crescimento indica as condições climáticas: anéis mais largos sugerem condições favoráveis de crescimento; anéis mais finos sugerem con-

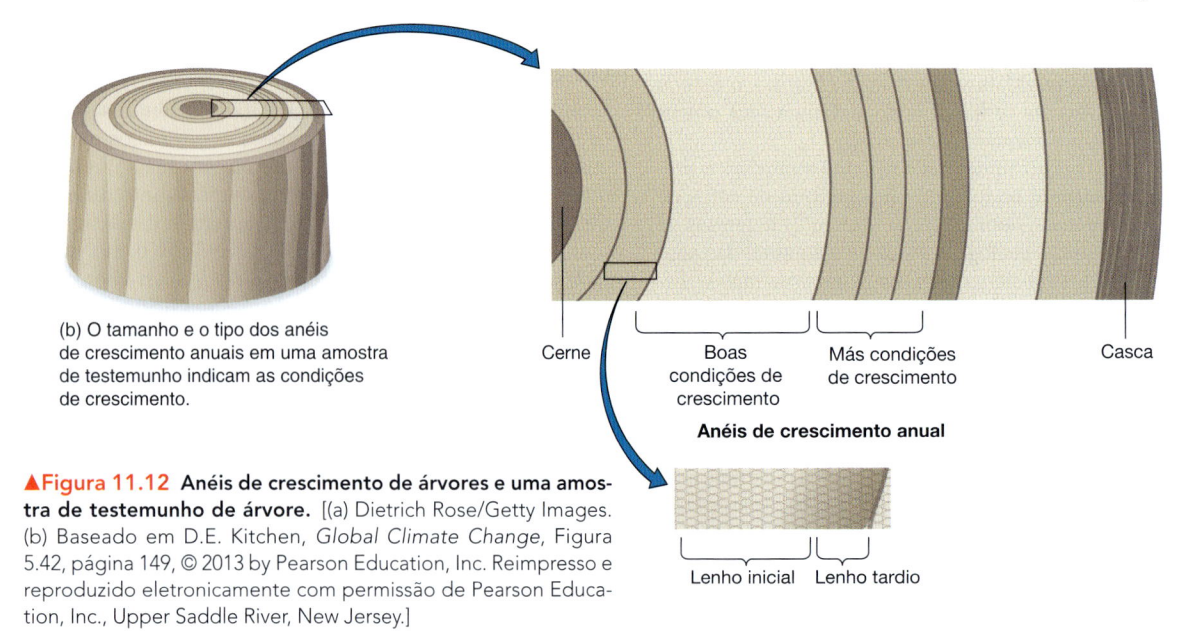

(a) Uma seção transversal de um tronco de árvore mostrando os anéis de crescimento; as árvores geralmente ganham um anel por ano.

(b) O tamanho e o tipo dos anéis de crescimento anuais em uma amostra de testemunho indicam as condições de crescimento.

Cerne — Boas condições de crescimento — Más condições de crescimento — Casca

Anéis de crescimento anual

Lenho inicial — Lenho tardio

▲**Figura 11.12 Anéis de crescimento de árvores e uma amostra de testemunho de árvore.** [(a) Dietrich Rose/Getty Images. (b) Baseado em D.E. Kitchen, *Global Climate Change*, Figura 5.42, página 149, © 2013 by Pearson Education, Inc. Reimpresso e reproduzido eletronicamente com permissão de Pearson Education, Inc., Upper Saddle River, New Jersey.]

dições mais rigorosas ou estresse vegetal (frequentemente relacionado a umidade ou temperatura). Se for possível estabelecer uma cronologia para uma região por correlações cruzadas entre diversas árvores, essa técnica pode ser eficaz para avaliar as condições climáticas do passado recente. A datação dos anéis de crescimento das árvores por esses métodos é a *dendrocronologia*; o estudo dos climas do passado por meio dos anéis de crescimento das árvores é a **dendroclimatologia**.

A fim de usar os anéis de crescimento das árvores como indicador climático indireto, os dendroclimatólogos comparam as cronologias dos anéis com os registros climáticos locais. Essas correlações são então usadas para estimar relações entre o crescimento das árvores e o clima, o que em alguns casos pode gerar um registro contínuo para centenas ou mesmo milhares de anos. Espécies de vida longa, como o pinheiro *Pinus longaeva* do oeste dos Estados Unidos, são as mais úteis para os estudos dendroclimatológicos – trata-se de um dos organismos vivos mais antigos do planeta, atingindo até 5000 anos de idade. As evidências de anéis de crescimento de árvores do sudoeste dos EUA são particularmente importantes para avaliar a magnitude da estiagem atual, como discutido a respeito da bacia do rio Colorado no Capítulo 9, *Estudo Específico* 9.1, páginas 238–240.

Espeleotemas O calcário é uma rocha sedimentar facilmente dissolvida pela água (rochas e minerais são discutidos no Capítulo 12). Processos químicos naturais que se dão sobre superfícies calcárias muitas vezes formam grutas e rios subterrâneos, produzindo uma paisagem de *topografia cárstica* (discutida no Capítulo 14). Dentro das grutas e cavernas existem depósitos minerais de carbonato de cálcio ($CaCO_3$), chamados de **espeleotemas**, que levam milhares de anos para se formar. Os espeleotemas abrangem *estalactites*, que crescem para baixo a partir do teto da gruta, e *estalagmites*, que crescem para cima a partir do chão da gruta. Os espeleotemas formam-se quando a água goteja ou se infiltra pela rocha e subsequentemente evapora, deixando um resíduo de $CaCO_3$ que se acumula com o tempo (Figura 11.13).

A taxa de crescimento dos espeleotemas depende de vários fatores ambientais, incluindo a quantidade de água da chuva que percola através das rochas que formam a gruta, sua acidez e as condições de temperatura e umidade da gruta. Como as árvores, os espeleotemas possuem anéis de crescimento cujo tamanho e propriedades refletem as condições ambientais presentes quando eles se formaram e que podem ser datados por isótopos de urânio. Esses anéis de crescimento também contêm isótopos de oxigênio e carbono, cujas proporções indicam temperatura e volume de chuva.

Os cientistas já correlacionaram cronologias de anéis de espeleotemas com os padrões de temperatura da Nova Zelândia e da Rússia (especialmente da Sibéria) e com a temperatura e precipitação do sudoeste dos EUA, dentre muitos outros lugares. Algumas cronologias de espeleotemas recuam até 350.000 anos e muitas vezes são combinadas com outros dados paleoclimáticos para corroborar evidências da mudança climática.

Corais Como os organismos marinhos com concha encontrados nos testemunhos de sedimentos oceânicos, os corais são invertebrados marinhos com um corpo chamado *pólipo*, que extrai carbonato de cálcio da água do mar e depois o excreta, formando um exoesqueleto de carbonato de cálcio. Ao longo do tempo, esses esqueletos acumulam-se nos mornos oceanos tropicais, formando recifes de coral (vide discussão no Capítulo 16). Raios X de amostras de testemunho extraídas de recifes de coral mostram bandas sazonais de crescimento semelhante às das árvores, dando informações sobre a química da água na época em que os exoesqueletos se formaram (Figura 11.14). Dados climáticos cobrindo centenas de anos podem ser obtidos dessa maneira. Embora o processo danifique os pólipos que vivem na superfície do local da perfuração, ele não danifica o recife, e os orifícios são recolonizados por pólipos dentro de alguns anos.

(a) Espeleotemas em Royal Cave Buchanan, Victoria, Austrália.

(b) Bandas de crescimento na seção transversal de um espeleotema.

▲Figura 11.13 **Espeleotemas em uma caverna e em seção transversal.** [(a) Chris Howes/Wild Places Photography/Alamy. (b) Pauline Treble, Australian Nuclear Science and Technology Organisation.]

◀ **Figura 11.14 Extração e seção transversal de amostras de testemunhos de coral.** [(a) Maris Kazmers, NOAA Paleoclimatology Program. (b) Thomas Felis, Research Center Ocean Margins, Bremen/NASA.]

(a) Cientistas perfuram corais no atol Clipperton, um recife de coral despovoado no Oceano Pacífico, próximo à costa ocidental da América Central.

(b) Raio X de uma seção transversal de testemunho mostrando as faixas; cada faixa claro/escuro indica um ano de crescimento.

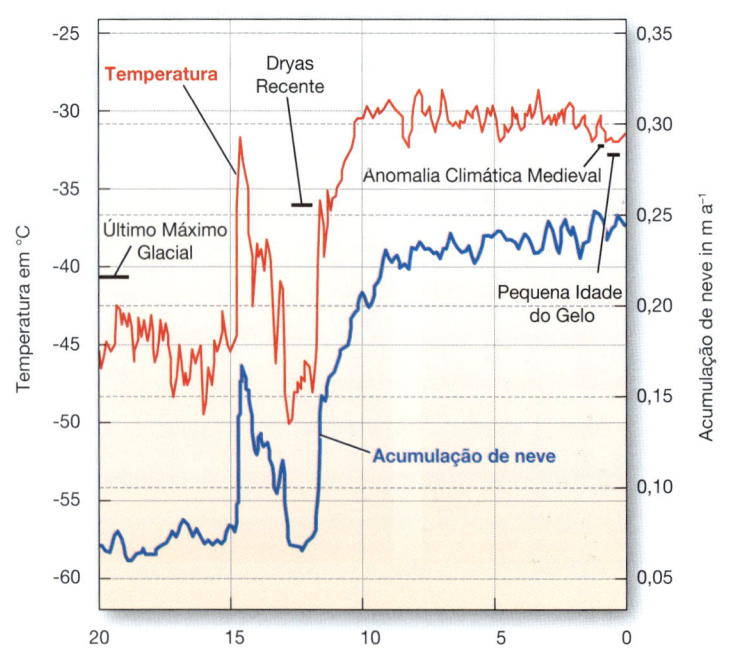

A história climática de curto prazo da Terra

O Pleistoceno, o período da Terra mais recente com repetidas glaciações, começou 2,6 milhões de anos atrás. O último período glacial da Terra começou cerca de 110.000 anos atrás, terminando cerca de 11.700 anos atrás, e o *último máximo glacial* (UMG), a época de maior extensão de gelo do último período glacial, ocorreu cerca de 20.000 anos atrás. O Capítulo 17 discute mudanças nas paisagens do planeta nesse tempo, e a Figura 17.25 mostra a extensão da glaciação nesse prolongado período gelado. O registro climático dos últimos 20.000 anos mostra que as temperaturas mais frias e a menor acumulação de neve desse intervalo ocorreu do UMG até cerca de 15.000 anos atrás (Figura 11.15).

Cerca de 14.000 anos atrás, as temperaturas médias subitamente aumentaram durante vários milhares de anos e depois caíram de volta no período mais frio chamado de *Dryas Recente*. O aquecimento abrupto há cerca de 11.700 anos marcou o fim do Pleistoceno. Observe na Figura 11.15 que a acumulação de neve é inferior nos períodos glaciais mais frios. Conforme aprendemos nos Capítulos 7 e 8, a capacidade do ar frio de absorver vapor d'água é menor do que a do ar quente, resultando em menos precipitação de neve nos períodos glaciais, apesar de haver um maior volume de gelo na superfície da Terra.

De 800 d.C. a 1200 d.C., diversos indicadores climáticos indiretos (anéis de crescimento de árvores, corais e testemunhos de gelo) acusam um episódio climático ameno, hoje conhecido como *Anomalia Climática Medieval** (um período em que os vikings colonizaram a Islândia e a Groenlândia). Nessa época, temperaturas mais quentes – tão ou mais quentes do que hoje – ocorreram em algumas regiões, ao passo que outras regiões esfriaram. O calor sobre a região do Atlântico Norte permitiu que diversos gêneros agrícolas crescessem em latitudes mais altas na Europa, deslocando para o norte os padrões de colonização. Os

---

*N. de R.T.: Também chamado de Ótimo do Clima Medieval.

◀ **Figura 11.15 Os últimos 20.000 anos de temperatura e de acumulação de neve.** Evidências de testemunhos de gelo da Groenlândia mostram períodos com temperaturas mais frias ocorrendo no último máximo glacial e no *Dryas Recente*, e uma elevação abrupta da temperatura ocorrendo cerca de 14.000 anos atrás e, novamente, cerca de 12.000 anos atrás, no fim do *Dryas Recente*. Embora este gráfico utilize dados de testemunhos de gelo, essas tendências de temperatura estão correlacionadas com outros registros climáticos indiretos. [Retirado de R.B. Alley, "The Younger Dryas cold interval as viewed from central Greenland," *Quaternary Science Reviews* 19 (Janeiro 2000): 213-226; disponível em http://www.ncdc.noaa.gov/paleo/pubs/alley2000/.]

cientistas acham que o resfriamento de alguns lugares nessa época está ligado à fase fria de La Niña do fenômeno ENOS sobre o Pacífico tropical.

De aproximadamente 1250 d.C. até cerca de 1850, as temperaturas esfriaram globalmente, em um período conhecido como *Pequena Idade do Gelo*. Partes do Oceano Atlântico Norte congelaram, e as geleiras em expansão da Europa Ocidental bloquearam muitos passos em montanhas importantes. Nos anos mais frios, as linhas de neve na Europa baixaram cerca de 200 m em elevação. Esse foi um intervalo de 600 anos de temperaturas mais frias mas pouco consistentes, uma época de flutuações climáticas rápidas e de curto prazo que duravam algumas décadas e provavelmente estavam relacionadas a oscilações multianuais nos padrões globais de circulação, especificamente a Oscilação do Atlântico Norte (OAN) e a Oscilação do Ártico (OA) (vide discussão no Capítulo 6). Após as temperaturas da *Pequena Idade do Gelo* gradualmente subirem, e com o crescimento da população humana e o advento da Revolução Industrial, esse aquecimento prosseguiu – uma tendência que hoje está acelerando.

Mecanismos de flutuação climática natural

Ao examinarmos os registros climáticos em várias escalas, vimos que os clima do planeta tem ciclos de períodos mais quentes e períodos mais frios. Quando a temperatura é observada em determinadas escalas temporais, como em períodos de aproximadamente 650.000 anos (ilustrado na Figura 11.11), ficam aparentes padrões que parecem seguir ciclos de cerca de 100.000, 40.000 e 20.000 anos. Os cientistas avaliaram diversos mecanismos naturais que afetam o clima da Terra e que podem causar essas variações climáticas cíclicas de longo prazo.

Variabilidade solar

Como aprendemos nos capítulos anteriores, a energia do Sol é a forçante mais importante do sistema climático Terra-atmosfera. A saída de energia do Sol em direção à Terra, chamada de *irradiação solar*, varia em diversas escalas de tempo, e essas variações naturais podem afetar o clima. Ao longo de bilhões de anos, a atividade do Sol aumentou, em geral; no total, ela cresceu cerca de um terço desde a formação do sistema solar. Dentro dessa janela de tempo, variações na escala de milhares de anos estão vinculadas a mudanças no campo magnético solar. Ao longo das últimas décadas, os cientistas mediram, por meio de dados de satélite, leves variações na quantidade de radiação recebida no topo da atmosfera, correlacionando essas variações com a atividade das manchas solares.

Como dito no Capítulo 2, o número de manchas solares varia em um ciclo solar de 11 anos. Quando as manchas solares são abundantes, a atividade solar aumenta; quando a quantidade delas é baixa, a atividade solar diminui. Os cientistas determinaram que essas relações são refletidas nas variáveis climáticas como a temperatura. Por exemplo, o registro de ocorrência de manchas solares apresenta uma prolongado mínimo solar (um período com pouca atividade de manchas solares) aproximadamente entre 1645 e 1715, um dos períodos mais frios da Pequena Idade do Gelo. Conhecido como **Mínimo de Maunder**, esse período de 70 anos sugere um efeito causal entre a menor quantidade de manchas solares e o resfriamento na região do Atlântico Norte. Porém, os aumentos recentes de temperatura ocorreram em uma mínimo solar prolongado (entre 2005 e 2010)*, o qual corresponde a um período de irradiação solar reduzida. Portanto, o efeito causal não é conclusivo. O Quinto Relatório de Avaliação do IPCC inclui a irradiação solar como uma forçante climática (discutida mais adiante no capítulo), mas os cientistas concordam que a irradiação solar não parece ser o impulsionador principal das recentes tendências de aquecimento global (como exemplo, vide http://www.giss.nasa.gov/research/news/20120130b/).

Para explicar essa correlação aparente entre emissão solar e temperaturas mais frias durante o Mínimo de Maunder, muitos cientistas pensam que a energia solar reduzida, embora não seja causa do resfriamento, tenha servido para reforçar as temperaturas mais frias por mecanismos de retroalimentação, como aquela do gelo-albedo (discutida adiante). Pesquisas recentes sugerem que a atividade solar tem algum efeito sobre o clima regional, como o ocorrido no Mínimo de Maunder, sem afetar as tendências gerais do clima global (vide http://science.nasa.gov/science-news/science-at-nasa/2013/08jan_sunclimate/).

Os ciclos orbitais da Terra

Se a quantidade total de energia vinda do Sol não impele a mudança climática, então outra hipótese lógica é que as relações Terra-Sol afetam o clima – uma conexão razoável, dado que as relações orbitais afetam o aporte de energia e a sazonalidade na Terra. Essas relações incluem a distância entre a Terra e o Sol, que varia em sua trajetória orbital, e a

(a) A órbita elíptica da Terra varia amplamente em um ciclo de 100.000 anos.

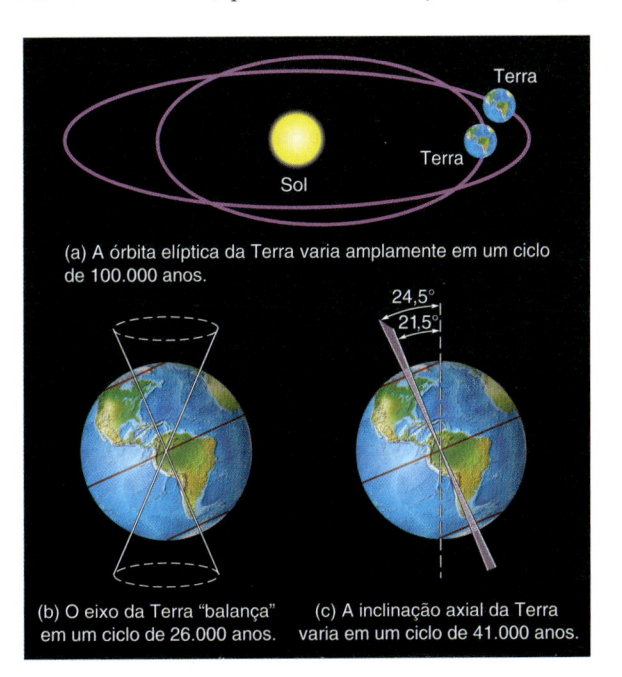

(b) O eixo da Terra "balança" em um ciclo de 26.000 anos.

(c) A inclinação axial da Terra varia em um ciclo de 41.000 anos.

▲**Figura 11.16** Fatores astronômicos que podem afetar ciclos climáticos longos. As figuras exageram as trajetórias orbitais, o balanço axial (precessão dos equinócios) e a inclinação axial reais.

---

*N. de R.T.: Apesar das temperaturas recordes no período 2005-2014, a temperatura média da atmosfera à superfície se estabilizou. Para alguns cientistas, a parte do aumento devido à atividade antrópica (maior concentração de gases estufa) foi atenuada exatamente pela menor atividade solar. Em 2015 e 2016, a temperatura média à superfície voltou a aumentar.

orientação da Terra em relação ao Sol, que varia em resultado do "balanço" da Terra sobre seu eixo e por causa da inclinação axial variável da Terra (repasse o Capítulo 2, em que discutimos as relações Terra-Sol e as estações).

Milutin Milankovitch (1879–1958), um astrônomo sérvio, estudou as irregularidades da órbita da Terra em torno do Sol, sua rotação sobre seu eixo e sua inclinação axial e identificou ciclos regulares relacionados a padrões climáticos (Figura 11.16).

- A *excentricidade* da órbita elíptica da Terra ao redor do Sol não é constante, mudando em ciclos de diversas escalas de tempo. O mais conspícuo é um ciclo de 100.000 anos em que a forma da elipse varia em mais de 17,7 milhões de quilômetros, de uma forma quase circular a uma mais elíptica (Figura 11.16a).
- O eixo da Terra "oscila" ao longo de um ciclo de 26.000 anos, em um movimento muito semelhante ao de um pião girando (Figura 11.16b). A oscilação da Terra, chamada de *precessão*, altera a orientação dos hemisférios e das massas continentais em relação ao Sol.
- A inclinação atual do eixo da Terra é 23,5°, variando entre 21,5° e 24,5° ao longo de um período de 41.000 anos (Figura 11.16c).

Embora muitas das suas ideias tenham sido rejeitadas pela comunidade científica da época, esses ciclos orbitais regulares, agora chamados de **ciclos de Milankovitch**, são hoje aceitos como um fator causal das flutuações climáticas de longo prazo, apesar de seu papel ainda estar sendo investigado. Evidências científicas de testemunhos de gelo da Groenlândia e da Antártica e dos sedimentos acumulados no lago Baikal, Rússia, confirmaram um ciclo climático de aproximadamente 100.000 anos; outras evidências apoiam o efeito de ciclos de períodos mais curtos, aproximadamente 40.000 e 20.000 anos. Os ciclos de Milankovitch parecem ser uma causa importante dos ciclos glacial-interglacial, embora outros fatores provavelmente amplifiquem os efeitos (como alterações no Oceano Atlântico Norte, efeitos de albedo oriundos de ganhos ou perdas de gelo marinho ártico e variações nas concentrações de gás de efeito estufa, discutidas em seguida).

Posição continental e topografia

Nos Capítulos 12 e 13, discutimos a tectônica de placas e o movimento dos continentes ao longo dos últimos 400 milhões de anos. Como a crosta terrestre é composta de placas móveis, houve rearranjo dos continentes durante toda a história geológica (vide Figura 12.13, mais adiante). Esse movimento afeta o clima, uma vez que as massas de terra exercem fortes efeitos sobre a circulação geral da atmosfera. Como discutido nos capítulos anteriores, as proporções relativas de área de terra e de oceano afetam o albedo superficial, assim como a posição das massas de terra em relação aos polos ou ao equador. A posição dos continentes também afeta as correntes oceânicas, que são cruciais para a redistribuição do calor pelos oceanos do planeta. Por fim, o movimento das placas continentais provoca episódios de criação de montanhas e expansão do fundo oceânico, discutidos no Capítulo 13. Esses processos afetam o sistema climático do planeta à medida que cadeias de montanhas de alta elevação acumulam neve e gelo nos períodos glaciais e à medida que o CO_2 da desgaseificação vulcânica entra na atmosfera (vindo dos vulcões) e no oceano (vindo da expansão do fundo oceânico).

Gases e aerossóis atmosféricos

Processos naturais podem liberar gases e aerossóis na atmosfera terrestre, com impactos variados sobre o clima. A desgaseificação natural vinda do interior da Terra através de vulcões e aberturas no fundo oceânico é a principal fonte natural de emissões de CO_2 na atmosfera. O vapor d'água é um gás natural de efeito estufa presente na atmosfera terrestre, sendo discutido mais adiante em relação às retroalimentações climáticas. Em escalas de tempo longas, níveis mais altos de gases de efeito estufa geralmente estão relacionados a interglaciais mais quentes, e níveis mais baixos, a glaciais mais frios. Com a alteração das concentrações de gás de efeito estufa, a superfície da Terra esquenta ou esfria. Além disso, esses gases podem amplificar as tendências climáticas (discutida adiante, junto às retroalimentações climáticas). Em casos em que quantidades imensas de gases de efeito estufa são liberadas na atmosfera, como pode ter acontecido durante o MTPE, esses gases podem potencialmente forçar uma mudança climática.

Além da desgaseificação, as erupções vulcânicas também produzem aerossóis, que os cientistas associaram definitivamente ao resfriamento climático. O acúmulo de aerossóis ejetados na estratosfera pode criar uma camada de particulados que aumenta o albedo, de modo que mais insolação seja refletida e menos energia solar chegue à superfície do planeta. Estudos sobre as erupções do século XX mostraram que o aumento de aerossóis sulfúricos afeta as temperaturas em escalas de tempo que vão de meses a anos. Como exemplo, as nuvens de aerossóis da erupção de 1982 do El Chichón, México, reduziu as temperaturas do mundo todo por vários meses, e a erupção do monte Pinatubo em 1991 reduziu as temperaturas durante 2 anos (discutido no Capítulo 6, Figura 6.1; vide também a Figura 11.17, à frente). Evidências científicas também sugerem que uma série de grandes erupções vulcânicas pode ter dado início às temperaturas mais baixas da Pequena Idade do Gelo na segunda metade do século XIII.

Retroalimentações climáticas e o balanço de carbono

O sistema climático da Terra está sujeito a diversos mecanismos de retroalimentação. Como discutido no Capítulo 1, os sistemas podem produzir saídas que às vezes influenciam seu próprio funcionamento por meio de ciclos de retroalimentação positivos ou negativos. A retroalimentação positiva amplifica as mudanças do sistema e tende a desestabilizá-lo; a retroalimentação negativa inibe as mudanças do sistema e tende a estabilizá-lo. **Retroalimentações climáticas** são processos que amplificam ou reduzem as tendências climáticas em direção ao aquecimento ou resfriamento.

Um bom exemplo de retroalimentação climática positiva é a *retroalimentação gelo-albedo* apresentada no Capítulo 1 (vide Figura 1.8) e discutida na seção Geossistemas Hoje do Capítulo 4. Essa retroalimentação está acelerando a tendência climática atual rumo ao aquecimento global. Entretanto, essa retroalimentação de albedo pode também amplificar o resfriamento global, uma vez que temperaturas menores levam a mais cobertura de neve e gelo, o que aumenta o albedo (ou refletividade) e faz com que menos luz solar seja absorvida pela superfície terrestre. Os cientistas acreditam que a retroalimentação gelo-albedo pode ter amplificado o resfriamento global que se seguiu às erupções vulcânicas no início da Pequena Idade do Gelo. Com o aumento dos aerossóis atmosféricos e a diminuição da temperatura, formou-se mais gelo, aumentando ainda mais o albedo, o que levou a mais resfriamento e mais formação de gelo. Essas condições persistiram até o recente influxo dos gases de efeito estufa antropogênicos na atmosfera, com o advento da Revolução Industrial no início do século XIX.

O balanço de carbono da Terra

Muitas retroalimentações climáticas envolvem a circulação do carbono pelos sistemas terrestres e o seu equilíbrio ao longo do tempo dentro desses sistemas. O carbono da Terra movimenta-se pelos sistemas atmosférico, oceânico, terrestre e biológico do planeta em um ciclo biogeoquímico chamado de *ciclo do carbono* (discutido e ilustrado no Capítulo 19). Áreas de liberação de carbono são fontes de carbono; áreas de armazenamento são **sumidouros de carbono**, ou reservatórios de carbono. A troca geral de carbono entre os diferentes sistemas da Terra é o **balanço global de carbono**, que deve permanecer naturalmente equilibrado à medida que o carbono movimenta-se entre fontes e sumidouros. A seção *Geossistemas em Ação*, Figura GEA 11, ilustra os componentes naturais e antropogênicos do balanço de carbono da Terra.

Diversas áreas do planeta são importantes sumidouros de carbono. O oceano é uma grande área de armazenamento de carbono, absorvendo CO_2 por processos químicos, quando ele se dissolve na água do mar, e por processos biológicos, pela fotossíntese de organismos marinhos microscópicos chamados de fitoplâncton. As rochas, outro sumidouro de carbono, contêm carbono "antigo" de matéria orgânica morta que solidificou sob calor e pressão, incluindo conchas de organismos marinhos antigos que se litificaram, tornando-se calcário (discutido no Capítulo 12). Florestas e solos, onde o carbono é armazenado em matéria orgânica viva e morta, também são importantes sumidouros de carbono. Por fim, a atmosfera talvez seja a área de armazenamento de carbono mais crítica atualmente, pois as atividades humanas liberam concentrações crescentes de CO_2 na atmosfera, alterando o equilíbrio do carbono na Terra.

Os humanos afetam o balanço de carbono há milhares de anos, começando com o desmatamento das florestas para agricultura, o que reduz a extensão em área de um dos sumidouros naturais de carbono da Terra (as florestas) e transfere carbono para a atmosfera. Com o advento da Revolução Industrial, por volta de 1800, a queima de combustíveis fósseis tornou-se uma grande fonte de CO_2 atmosférico e iniciou a sangria do carbono fossilizado armazenado nas rochas. Essas atividades transformam carbono sólido armazenado em vegetais e rochas em carbono gasoso na atmosfera.

Dadas as grandes concentrações de CO_2 que atualmente são liberadas pelas atividades humanas, há várias décadas os cientistas se perguntam por que a quantidade de dióxido de carbono na atmosfera da Terra não é maior. Onde está o carbono que falta? Estudos sugerem que a absorção de carbono pelos oceanos está contrabalançando um pouco o aumento atmosférico. Quando o CO_2 dissolvido se mistura na água do mar, forma-se ácido carbônico (H_2CO_3), em um processo de *acidificação dos oceanos*. A maior acidez afeta a química da água do mar e prejudica os organismos marinhos, como os corais e alguns tipos de plâncton, que criam conchas e outras estruturas externas com carbonato de cálcio (discutido no Capítulo 16). Os cientistas estimam que os oceanos absorveram cerca de 50% das concentrações crescentes de carbono atmosférico, desacelerando o aquecimento da atmosfera. Entretanto, quando os oceanos aumentam de temperatura, sua capacidade de dissolver CO_2 é reduzida. Portanto, com as temperaturas do ar global e a do oceano aumentando, é provável que mais CO_2 permaneça na atmosfera, com impactos relacionados sobre o clima do planeta.

Absorção do excesso de carbono também está ocorrendo nos ambientes emersos, com níveis maiores de CO_2 na atmosfera intensificando a fotossíntese vegetal. Pesquisas sugerem que isso cria um efeito de "verdejamento", com as plantas produzindo mais folhas em algumas regiões do mundo (vide Capítulo 19, Figura DH 19c, página 588).

Retroalimentação do vapor d'água

O vapor d'água é o gás de efeito estufa natural mais abundante do sistema atmosférico terrestre. A retroalimentação do vapor d'água é uma função do efeito da temperatura do ar sobre a quantidade de vapor d'água que o ar consegue absorver, um assunto discutido nos Capítulos 7 e 8. Quando a temperatura do ar sobe, a evaporação aumenta, porque a capacidade de absorver vapor d'água é maior no ar quente do que no ar frio. Logo, mais água vinda de superfícies terrestres e oceânicas entra na atmosfera, a umidade aumenta e o aquecimento pelo efeito estufa acelera. Quanto mais as temperaturas sobem, mais vapor d'água entra na atmosfera, o aquecimento pelo efeito estufa aumenta mais e a retroalimentação positiva continua.

A retroalimentação climática do vapor d'água ainda não é bem compreendida, em grande parte porque as medições do vapor d'água global são limitadas, especialmente se comparados aos conjuntos de dados relativamente fortes dos outros gases de efeito estufa, como CO_2 e metano. Outro fator complicador é o papel das nuvens no balanço de energia da Terra. Com o aumento do vapor d'água atmosférico, taxas mais altas de condensação levam à formação de mais nuvens. Recorde, do Capítulo 4 (Figura 4.8, página 91), que uma cobertura de nuvens baixa e espessa aumenta o albedo da atmosfera e possui um efeito refrigerante sobre a Terra (forçante de albedo das nuvens). Em contraste, o efeito de nuvens altas e finas pode causar aquecimento (a chamada forçante de efeito estufa das nuvens).

Retroalimentações carbono-clima

Vimos anteriormente que, em períodos de tempo mais longos, as concentrações de CO_2 e metano acompanham as tendências da temperatura, com uma ligeira defasagem de tempo (Figura 11.11). Uma hipótese para essa relação é que o aumento da temperaturas atmosférica pode desencadear a liberação de gases de efeito estufa (tanto CO_2 quanto metano), o que então age como um mecanismo de retroalimentação positiva: o aquecimento inicial leva a aumentos nas concentrações desses gases; as concentrações elevadas dos gases amplificam o aquecimento; e assim por diante.

Na seção Geossistemas Hoje deste capítulo, discutimos essa retroalimentação carbono-clima como ocorre nas áreas de permafrost. A Figura GEA 11 ilustra a *retroalimentação permafrost-carbono* que hoje se processa no Ártico. Esse processo ocorre quando as temperaturas maiores levam ao descongelamento do permafrost. A maior concentração de CO_2 atmosférico leva a mais crescimento vegetal e atividade microbiana, o que acaba gerando uma maior quantidade de

geossistemas em ação 11 — O BALANÇO GLOBAL DE CARBONO

Diversos processos transferem carbono entre a atmosfera, a hidrosfera, a litosfera e a biosfera (GEA 11.1). Ao longo do tempo, o fluxo de carbono entre essas partes do sistema Terra – o balanço de carbono do planeta – ficou aproximadamente em equilíbrio. Atualmente, as atividades humanas, mormente a queima de combustíveis fósseis (GEA 11.2) e o desmatamento de florestas (GEA 11.3) estão aumentando a concentração atmosférica de dióxido de carbono, alterando o balanço de carbono e afetando o clima da Terra. Com a elevação das temperaturas globais, o permafrost ártico descongela, liberando mais carbono na atmosfera (GEA 11.4).

11.1 COMPONENTES DO BALANÇO DE CARBONO

O carbono é absorvido por plantas pela fotossíntese ou é dissolvido nos oceanos. Em terra, o carbono é armazenado na vegetação e nos solos. Carbono fóssil é armazenado nos estratos de rocha sedimentar sob a superfície terrestre. No fundo oceânico, as conchas com carbono do organismos marinhos acumulam-se em espessas camadas que formam calcário. O carbono entra e sai das principais áreas de armazenamento de carbono da Terra.

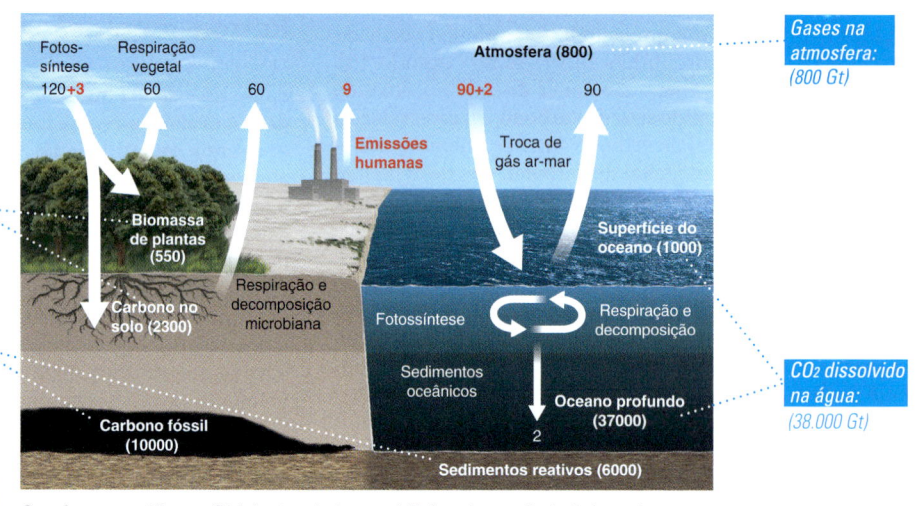

Gases na atmosfera: (800 Gt)
Material orgânico: Solos, vegetais, animais (2.850 Gt)
Rocha na crosta terrestre: Majoritariamente calcário e folhelho (16.000 Gt)
CO_2 dissolvido na água: (38.000 Gt)

Fluxos (Gt/ano): Fotossíntese 120+3; Respiração vegetal 60; 60; Emissões humanas 9; Troca de gás ar-mar 90+2, 90; Oceano profundo 2.

Reservatórios: Atmosfera (800); Biomassa de plantas (550); Carbono no solo (2300); Carbono fóssil (10000); Superfície do oceano (1000); Oceano profundo (37000); Sedimentos reativos (6000).

Análise: Quanto carbono deixa a atmosfera todo ano por processos em terra? Explique.

Os números estão em Gt (gigatoneladas, ou bilhões de toneladas) de carbono por ano. Os números brancos são fluxos naturais; os vermelhos são as contribuições humanas; os números em negrito são sumidouros de carbono, ou áreas de armazenamento de carbono. [Baseado em U.S. DOE e NASA.]

11.2 EMISSÕES DE CARBONO POR QUEIMA DE COMBUSTÍVEIS FÓSSEIS

As emissões de carbono provocadas por atividades humanas subiram durante todo o século XX e continuam subindo (GEA 11.2a). Uma importante contribuição para esse aumento é a queima de combustíveis fósseis, que libera dióxido de carbono na atmosfera. Como mostrado em GEA 11.2b, projeta-se que as emissões de dióxido de carbono continuarão subindo nas décadas por vir. (Os valores estão em Gt, ou gigatoneladas.)

Calcule: Em comparação com 1950, quantas vezes mais carbono os seres humanos produzem anualmente hoje?

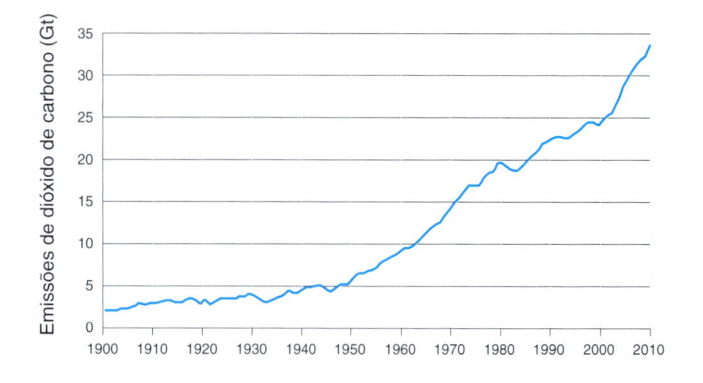

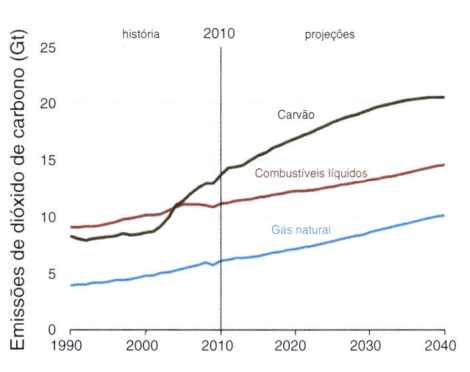

11.2a Emissões mundiais de dióxido de carbono, 1900–2010 [Carbon Dioxide Information Analysis Center, U.S. DOE, 2013.]

11.2b Emissões mundiais de dióxido de carbono relacionadas a energia, por tipo de combustível, 1990–2040 [U.S. EIA, 2013.]

11.3 EMISSÕES DE CARBONO POR DEFLORESTAMENTO

As florestas da Terra são um grande sumidouro de carbono, estocando grandes quantidades de carbono na sua madeira e nas folhas. Hoje, as florestas de todo o mundo estão ameaçadas, havendo cortes para obter produtos de madeira e conversão de áreas florestais em outros tipos de uso da terra. O deflorestamento libera na atmosfera cerca de uma Gt de carbono por ano, amplificando a mudança climática. [Climate Change and Environmental Risk Atlas, 2012, Maplecroft.]

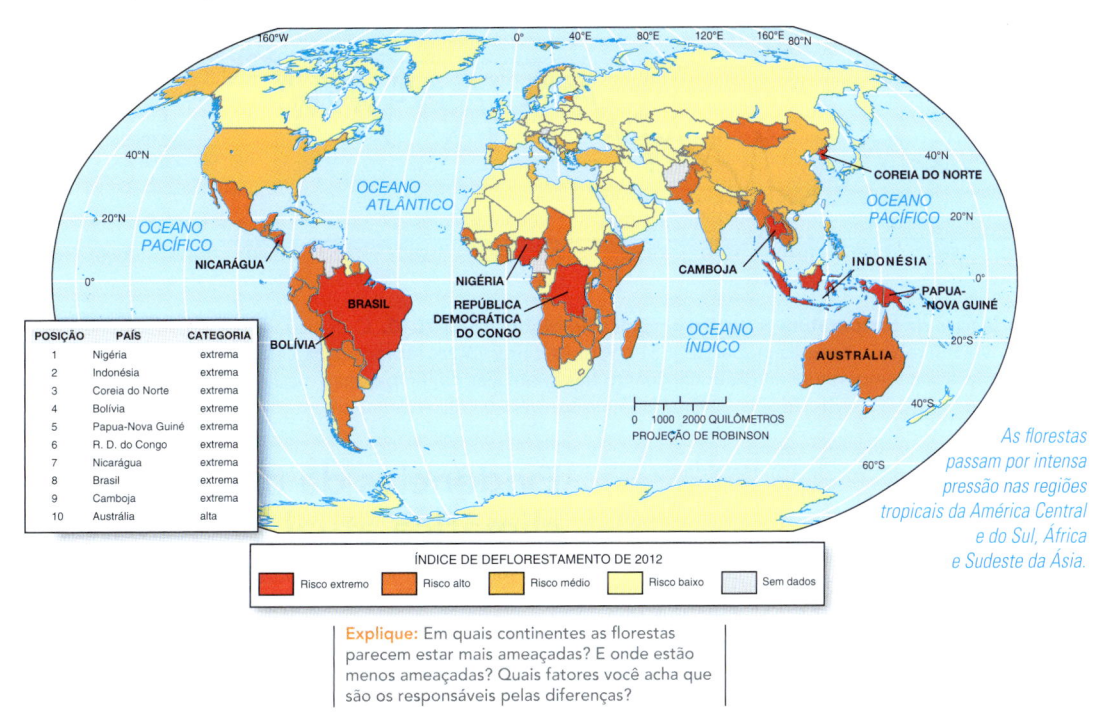

POSIÇÃO	PAÍS	CATEGORIA
1	Nigéria	extrema
2	Indonésia	extrema
3	Coreia do Norte	extrema
4	Bolívia	extrema
5	Papua-Nova Guiné	extrema
6	R. D. do Congo	extrema
7	Nicarágua	extrema
8	Brasil	extrema
9	Camboja	extrema
10	Austrália	alta

ÍNDICE DE DEFLORESTAMENTO DE 2012: Risco extremo | Risco alto | Risco médio | Risco baixo | Sem dados

As florestas passam por intensa pressão nas regiões tropicais da América Central e do Sul, África e Sudeste da Ásia.

Explique: Em quais continentes as florestas parecem estar mais ameaçadas? E onde estão menos ameaçadas? Quais fatores você acha que são os responsáveis pelas diferenças?

11.4 EMISSÕES DE CARBONO DO DESCONGELAMENTO DO PERMAFROST ÁRTICO

Quando o permafrost fica intacto, o balanço de carbono permanece em equilíbrio. Como a matéria orgânica do solo se decompõe lentamente (quando se decompõe) em temperaturas frias, os solos árticos absorvem e liberam apenas uma quantidade pequena de carbono (GEA 11.4a). O aumento da temperatura faz com que a vegetação e os solos absorvam mais carbono (GEA 11.4b), e à medida que o permafrost descongela, mais carbono do solo da tundra é liberado do que absorvido. (GEA 11.4c) [Baseado em Zina Deretsky, NSF, baseado em pesquisas de Ted Schuur, University of Florida.]

Carbono entrando: Fotossíntese das plantas
Carbono saindo: Respiração das plantas
Cunhas de gelo
Carbono liberado pelos micróbios decompositores
Balanço de carbono neutro

Carbono entrando: Plantas crescem mais rápido
Carbono saindo: Mais carbono antigo é liberado
Cunhas de gelo derretem
15+ anos depois
Mais carbono entrando do que saindo

Carbono entrando: Plantas ainda crescem mais rápido
Carbono saindo: Ainda mais carbono antigo liberado
35+ anos depois
Mais carbono saindo do que entrando

11.4a Permafrost intacto
A vegetação ártica absorve carbono pela fotossíntese nos meses quentes do verão. Ao mesmo tempo, a vegetação e a atividade microbiana liberam carbono na atmosfera por respiração.

11.4b Início do descongelamento
Com a elevação das temperaturas, a temporada de crescimento no Ártico aumenta, e a absorção de carbono da vegetação e do solo sobe. Concentrações mais altas de CO_2 atmosférico podem acelerar o crescimento vegetal, o que faz com que as plantas absorvam ainda mais carbono. Os micróbios do solo que decompõem material orgânico tornam-se mais abundantes e liberam mais carbono armazenado.

11.4c Mais descongelamento
Com o prosseguimento do aquecimento, o descongelamento do permafrost e do solo permite que os micróbios se proliferem e decomponham ainda mais material orgânico, assim liberando maiores quantidades de carbono.

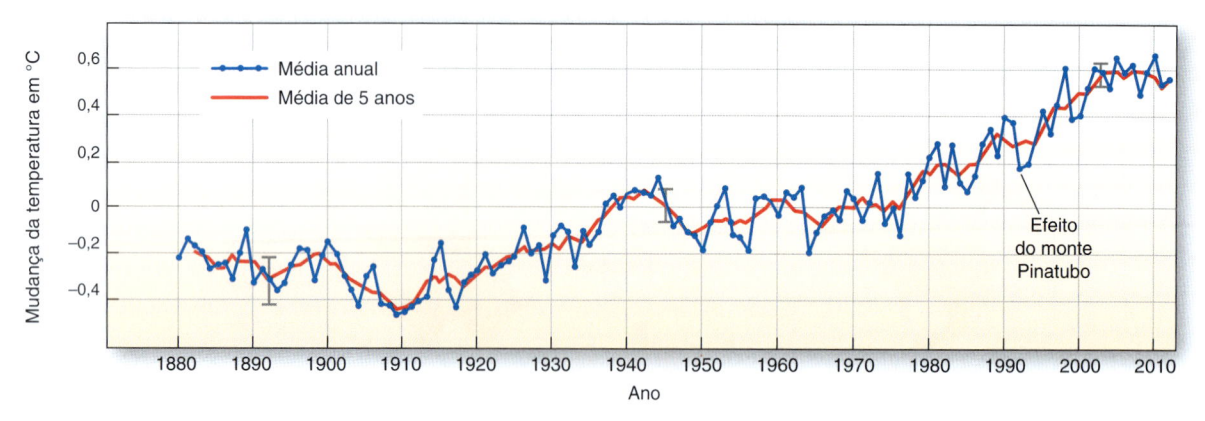

▲Figura 11.17 **Tendências da temperatura terrestre-oceânica no globo, 1880-2010.** O gráfico mostra a mudança nas temperaturas superficiais no planeta em relação à média global de 1951–1980. As barras cinzas representam a incerteza das medições. Observe a inclusão tanto das anomalias na temperatura média anual quanto das anomalias na temperatura média de 5 anos; juntas, elas dão uma ideia das tendências gerais. [Baseado em dados da NASA/GISS; disponível em http://climate.nasa.gov/key_indicators#co2.]

carbono emitida na atmosfera em vez de armazenada no solo – uma retroalimentação positiva que acelera o aquecimento.

Retroalimentação CO_2-intemperismo

Nem todos os ciclos de retroalimentação climática agem em escalas temporais curtas e nem todos têm um efeito positivo (ou amplificador) sobre as tendências climáticas. Algumas retroalimentações são negativas, causando a desaceleração da tendência de aquecimento ou resfriamento. Por exemplo, mais CO_2 armazenado na atmosfera aumenta o aquecimento global, o que aumenta a quantidade de vapor d'água presente na atmosfera (massas de ar quente absorvem mais umidade). Isto leva a uma maior precipitação. Com o aumento da chuva vem um aumento na decomposição das rochas da superfície por processos de intemperismo químico (discutido no Capítulo 14). Esse processo se dá quando o CO_2 na atmosfera é dissolvido na água da chuva, formando um ácido fraco (ácido carbônico, H_2CO_3), que cai no solo e age quimicamente na decomposição das rochas. Os produtos desse intemperismo, consistindo em compostos químicos dissolvidos em água, são levados aos rios e, por fim, aos oceanos, onde ficam armazenados por centenas de milênios na água, em sedimentos marinhos ou em corais. O resultado é que o CO_2, em períodos mais longos, é removido da atmosfera e transferido para o sumidouro de carbono oceânico. Isso gera uma retroalimentação climática negativa, pois o efeito total é a redução da tendência global de aquecimento.

A assim chamada *retroalimentação CO_2-intemperismo* serve como um tampão natural da mudança climática. Por exemplo, se a desgaseificação aumentar e o CO_2 atmosférico subir, ocorrerá aquecimento global. Então, o aumento subsequente da precipitação e a intensificação do intemperismo químico atuam como um tampão do aquecimento ao retirar CO_2 da atmosfera e transferi-lo para os oceanos. Se uma alteração nos ciclos orbitais ou na circulação oceânica desencadeia resfriamento global, a redução na precipitação e no intemperismo químico deixa mais CO_2 na atmosfera, causando aumento das temperaturas. Ao longo da história da Terra, esse tampão natural ajudou a evitar que o clima do planeta ficasse quente ou frio demais. A rapidez da atual mudança climática, porém, está evidentemente além da capacidade de moderação dos sistemas naturais.

Evidências da mudança climática atual

Nos capítulos anteriores, discutimos muitos aspectos da mudança climática contemporânea ao explorarmos a atmosfera e a hidrosfera da Terra. Nos capítulos subsequentes, examinamos os efeitos da mudança climática sobre a litosfera e a biosfera da Terra. A tarefa deste capítulo é examinar e consolidar as evidências da mudança climática, repassando algumas questões e apresentando outras.

As evidências de mudança climática vêm de uma variedade de medições que comprovam as tendências globais do último século, especialmente das duas últimas décadas. Dados coletados de estações meteorológicas, satélites em órbita, balões meteorológicos, navios, boias e aeronaves confirmam a presença de uma porção de indicadores-chave. Novas evidências e relatórios sobre a mudança climática estão surgindo regularmente; boas fontes para as últimas atualizações sobre a ciência das mudanças climáticas são o U.S. Global Change Research Program, em http://www.globalchange.gov/home, e o Painel Intergovernamental sobre Mudanças Climáticas (IPCC), em operação desde 1988, que publicou seu *Quinto Relatório de Avaliação* entre setembro de 2013 e abril de 2014 (acesse http://www.ipcc.ch/).

Nesta seção, apresentamos e discutimos os indicadores mensuráveis que comprovam inequivocamente o aquecimento climático:

- Aumento das temperaturas nas superfícies terrestres e oceânicas e na troposfera
- Aumento das temperaturas da superfície do mar e da quantidade de calor do oceano
- Derretimento do gelo glacial e do gelo marinho
- Elevação do nível do mar
- Aumento da umidade

Na Tabela 11.1, encontra-se um resumo das principais constatações do *Quinto Relatório de Avaliação* do IPCC que inclui uma revisão dos indicadores discutidos nesta seção, além de antecipar as causas e previsões de mudança climática discutidas mais adiante neste capítulo. Volte a essa tabela durante a sua leitura.

TABELA 11.1 Destaques do *Quinto Relatório de Avaliação* do IPCC, 2013-2014

Pontos-chave do Quinto Relatório de Avaliação*

- As três últimas décadas foram sucessivamente mais quentes na superfície da Terra do que qualquer década anterior desde 1850.

- O aquecimento oceânico domina o aumento de energia armazenada no sistema climático, totalizando mais de 90% da energia acumulada entre 1971 e 2010. Mais absorção de carbono pelo oceano aumentará a acidificação do oceano.

- Nas duas últimas décadas, os mantos de gelo da Groenlândia e da Antártica vêm perdendo massa, as geleiras continuam encolhendo praticamente no mundo todo e o gelo marinho ártico e a cobertura de neve de primavera do Hemisfério Norte continuam a diminuir em extensão.

- A taxa de elevação do nível dos mares desde a metade do século XIX foi maior do que a taxa média dos dois milênios anteriores. No período de 1901–2010, o nível médio dos mares subiu 0,19 m.

- As concentrações atmosféricas de dióxido de carbono (CO_2), metano e óxido nitroso subiram a níveis sem precedentes nos últimos 800.000 anos, pelo menos, vindo primordialmente de emissões de combustíveis fósseis e secundariamente de emissões líquidas por mudança do uso da terra. O oceano absorveu cerca de 30% do dióxido de carbono antropogênico, provocando acidificação oceânica.

- O forçamento radiativo total é positivo e levou à absorção de energia por parte do sistema climático. A maior contribuição para o forçamento radiativo total é causada pelo aumento da concentração atmosférica de CO_2 desde 1750.

- O aquecimento do sistema climático é inequívoco. Muitas das alterações de temperatura observadas desde a década de 1950 não têm precedentes em intervalos de décadas a milênios anteriores. É *extremamente provável* (95%–100%) que a influência humana tenha sido a causa dominante do aquecimento observado desde a metade do século XX.

- Os modelos climáticos foram aprimorados desde o *Quarto Relatório de Avaliação*. Os modelos reproduzem os padrões e as tendências observados da temperatura superficial em escala continental ao longo de muitas décadas, e incluem o aquecimento mais rápido desde a metade do século XX e o esfriamento imediatamente após grandes erupções vulcânicas.

- A emissão continuada de gases de efeito estufa causará mais aquecimento e alterações em todos os componentes do sistema climático. Limitar a mudança climática exigirá reduções consideráveis e sustentadas das emissões de gases de efeito estufa.

- As mudanças no ciclo hidrológico global não serão uniformes. A diferença de precipitação entre regiões úmidas e secas e entre estações úmidas e secas aumentará.

- O nível médio dos mares continuará subindo. É *muito provável* que a taxa de elevação do nível do mar exceda aquela observada entre 1971 e 2010, devido ao maior aquecimento do oceano e à maior perda de massa de geleiras e mantos de gelo.

*Fonte: *Climate Change 2013, The Physical Science Basis*, Summary for Policy Makers (SPM), Working Group I, Contribution to the Fifth Assessment Report of the IPCC.

Temperatura

Nos capítulos anteriores, discutimos a elevação das temperaturas atmosféricas neste século. No Capítulo 5, *O Denominador Humano*, Figura DH 5c, apresenta um gráfico importante com dados de quatro registros independentes de temperatura superficial, exibindo uma tendência de aquecimento desde 1880. Esses registros, cada um coletado e analisado por técnicas levemente diferentes, apresentam uma concordância notável. A Figura 11.17 projeta as anomalias da média anual da temperatura do ar à superfície, dados da NASA (em comparação com a linha de base da média de temperatura entre 1951 e 1980) e as temperaturas médias de 5 anos entre 1880 e 2012. (Recorde, do Capítulo 5, que anomalias de temperatura são as variações em relação à temperatura média em um período de registro.)

Os dados de temperatura inegavelmente mostram uma tendência de aquecimento. Desde 1880, no Hemisfério Norte, os anos mais quentes em terra foram 2005 e 2010 (um empate estatístico). No Hemisfério Sul, 2009 foi o ano mais quente do registro moderno. No Capítulo 5, vimos que o período entre 2000 e 2010 foi a década mais quente desde 1880 (reveja a Figura 5.17, página 125). Os dados de reconstituições climáticas de longo prazo de temperatura indicam que a época atual é a mais quente dos últimos 120.000 anos (vide Figura 11.11). Essas reconstituições também sugerem que o aumento da temperatura no século XX é, com *extrema probabilidade* (dentro de um intervalo de certeza maior que 95%), o maior de qualquer século nos últimos 1000 anos.

Temperaturas diurnas de verão recordes estão sendo registradas em muitos países. Por exemplo, em agosto de 2013, as temperaturas no Japão ocidental chegaram a 40°C durante quatro dias, e em 12 de agosto a temperatura no município de Kochi atingiu 41°C, a maior já registrada naquele país (o *Estudo Específico* 5.1, página 126, discute as temperaturas recordes da Austrália em 2013; veja também a Figura 11.18). Nos Estados Unidos, o número de dias de verão anormalmente quentes vem subindo desde 1990 (acesse http://www.epa.gov/climatechange/science/indicators/weather-climate/high-low-temps.html). O ano de 2012 quebrou todos os recordes dos EUA (desde 1895) em 0,7°C, com uma temperatura média anual de 12,9°C.

▲Figura 11.18 Onda de calor atinge o Reino Unido em 2013. As temperaturas chegaram a 32°C durante mais de uma semana no sul da Inglaterra em julho de 2013, o registro mais alto em sete anos. [Luke MacGregor/Reuters.]

As temperaturas oceânicas também estão subindo. Como discutido no Capítulo 5, as temperaturas da superfície do mar vêm subindo a uma taxa de aproximadamente 0,07°C por ano desde 1901, à medida que os oceanos absorvem calor atmosférico. Essa elevação é refletida nas medições da quantidade de calor da parte superior do oceano, o que abrange os 700 m superiores do oceano (http://www.ncdc.noaa.gov/indicators/, clique em "warming climate"). Essa maior quantidade de calor é consistente com a elevação do nível do mar resultante da expansão térmica da água (discutida adiante).

Derretimento do gelo

O aquecimento da atmosfera terrestre e dos oceanos está fazendo o gelo sobre terra e marinho derreter. O Capítulo 17 discute o caráter e a distribuição da neve e do gelo na criosfera do planeta.

Gelo glacial e permafrost O gelo sobre terra ocorre na forma de geleiras, mantos de gelo e no solo congelado. Essas massas de gelo de água doce são encontradas em latitudes altas e elevações altas do mundo inteiro. Com a elevação das temperaturas na atmosfera da Terra, as geleiras estão

(a) Geleira Muir no Alasca, 13 de agosto de 1941.

(b) Geleira Muir, 31 de agosto de 2004.

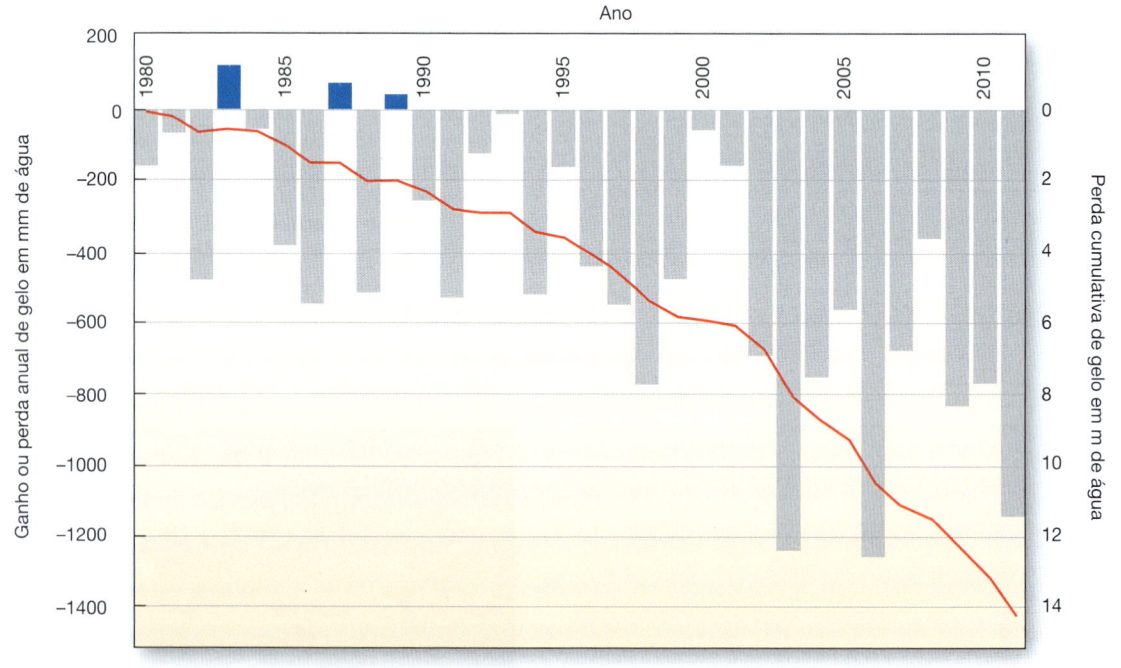

(c) Os dados das geleiras no mundo mostram um balanço de massa negativo em todos os anos desde 1990 (indicado pelas barras cinzas). A linha vermelha mostra o balanço anual cumulativo.

▲**Figura 11.19** A geleira Muir e o balanço anual de massa glacial (ganho de neve menos perdas por derretimento) acusam perdas líquidas de gelo glacial. As geleiras crescem quando a precipitação de neve anual excede as perdas anuais por derretimento de verão; quando a precipitação de neve e o derretimento são iguais, o balanço de massa glacial é igual a zero (veja a discussão no Capítulo 17). [Gráfico da NOAA adaptado de *State of the Climate in 2012*, relatório do Bulletin of the American Meteorological Society.]

perdendo massa, encolhendo de tamanho em um processo conhecido como "retração glacial" (Figura 11.19; veja também as fotos do Capítulo 5, Figura DH 5a, e a discussão no Capítulo 17).

Os dois maiores mantos de gelo do planeta, na Groenlândia e na Antártica, também estão perdendo massa. O derretimento de verão do manto de gelo da Groenlândia aumentou 30% entre 1979 e 2006, com cerca de metade da superfície do manto de gelo sofrendo algum derretimento nos meses de verão. Em julho de 2012, dados de satélite mostram que 97% da superfície do manto de gelo estava derretendo, a maior extensão no registro de 30 anos de medições por satélite.

Como mencionado na seção Geossistemas Hoje deste capítulo, o permafrost (solo permanentemente congelado) está descongelando no Ártico a taxas aceleradas. Hoje os cientistas estimam que entre um e dois terços do permafrost ártico descongelará nos próximos 200 anos, talvez antes; essas reservas de permafrost demoraram dezenas de milhares de anos para se formar. O aumento das temperaturas em terra e do oceano também pode ocasionar o descongelamento de hidratos de metano estocados no permafrost e nos sedimentos profundos do fundo oceânico (discutido no *Estudo Específico* 11.1, página 312).

Gelo marinho Nos capítulos anteriores, falamos sobre os efeitos do gelo marinho ártico sobre as temperaturas globais. O gelo marinho é composto de água do mar congelada nos oceanos (não inclui plataformas de gelo e icebergs, que são feitos de água doce de origem terrestre). O gelo ártico, também chamado de *banquisa*, é especialmente importante para o clima global em razão dos seus efeitos sobre o albedo global; lembre que a região ártica é um oceano cercado por massas de terra, e o gelo marinho dessa região ajuda a esfriar o planeta ao refletir a luz solar.

A extensão do gelo marinho ártico varia ao longo do ano, como demonstrado no Capítulo 4, *O Denominador Humano*, Figura DH 4d. Todo verão, alguma quantidade de gelo marinho derrete; no inverno, a água do mar recongela. Dados de satélite mostram que a extensão mínima do gelo marinho no verão (que ocorre em setembro) e a extensão máxima do gelo marinho no inverno (que ocorre em fevereiro ou início de março) diminuíram desde 1979 (Figura 11.20a). O gelo marinho de setembro está diminuindo à taxa de 11% por década (em comparação com a média de 1979–2000), tendo atingido sua extensão mínima da registro moderno em 2012 (Figura 11.20b). O declínio acelerado do gelo marinho de verão, em associação com perdas recorde de gelo marinho em 2007 e 2012, sugere que esse gelo possa desaparecer no verão antes do que o previsto pela maioria dos modelos; alguns cientistas estimam que nas próximas década teremos um Oceano Ártico livre de gelo no verão.

Como evidência de perdas aceleradas de gelo marinho ártico, os cientistas recentemente notaram um declínio no *gelo plurianual*, o gelo mais antigo e espesso, que sobreviveu a dois ou mais verões. O *gelo do ano*, mais novo e fino,

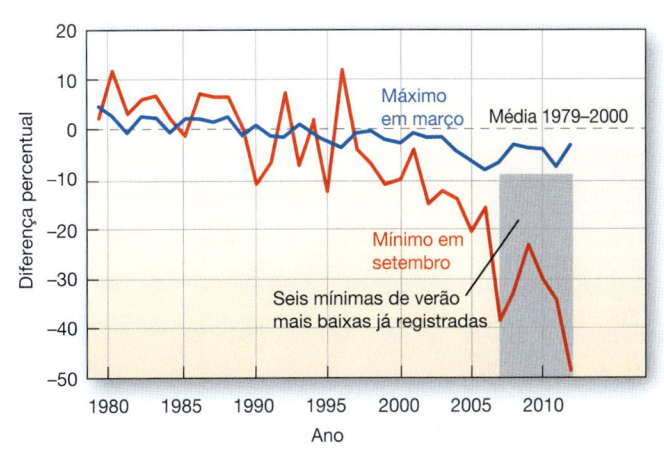

(a) Diferença percentual entre a máxima anual de inverno em março (linha azul) e a mínima de verão em setembro (linha vermelha) em comparação com a média de 1979–2000 (linha tracejada). Observe o rápido decréscimo na última década.

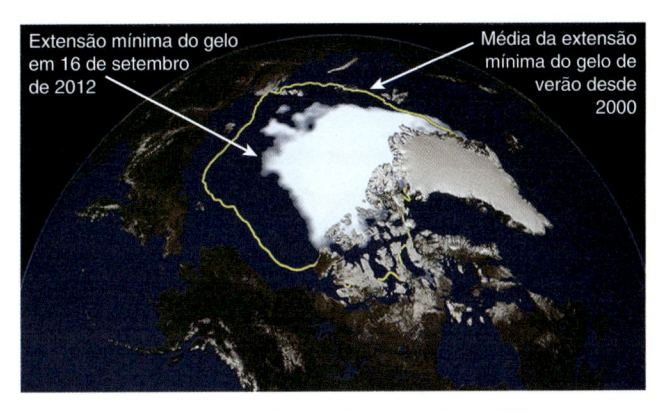

(b) O gelo marinho de verão caiu a uma baixa recorde em 2012.

▲**Figura 11.20 Mudanças recentes nas extensões anuais do gelo marinho ártico.** [(a) Baseado em *Sea ice extents since 1979*, disponível em http://www.climate.gov/sites/default/files/seaice1979-2012_final.png. (b) Baseado em *Arctic Sea Ice Hits Smallest Extent In Satellite Era*, NASA, disponível em http://www.nasa.gov/topics/earth/features/2012-seaicemin.html.]

GEOrelatório 11.1 Chuva na Austrália freia temporariamente a elevação global do nível dos mares

A descoberta de complicadas interações e inesperadas respostas sistêmicas dentro do sistema climático da Terra é comum na ciência das mudanças climáticas. Por exemplo, por um período de 18 meses a contar de 2010, o nível global do mar caiu cerca de 7 mm, contrapondo-se à consistente elevação anual nas décadas recentes. Novas pesquisas mostram que chuva abundante provocou a coleta de grandes quantidades de água no continente australiano em 2010 e 2011, temporariamente desacelerando a elevação global do nível do mar. A topografia e solos únicos da Austrália permitem que a água acumule no interior do continente, onde acaba evaporando ou infiltrando-se no solo, em vez de escoar para o oceano. A chuva abundante na Austrália foi gerada pela incomum convergência de padrões atmosféricos distintos sobre os Oceanos Índico e Pacífico. Desde então, a chuva sobre os oceanos tropicais voltou aos padrões normais de chuvas abundantes, e o nível do mar está subindo de novo.

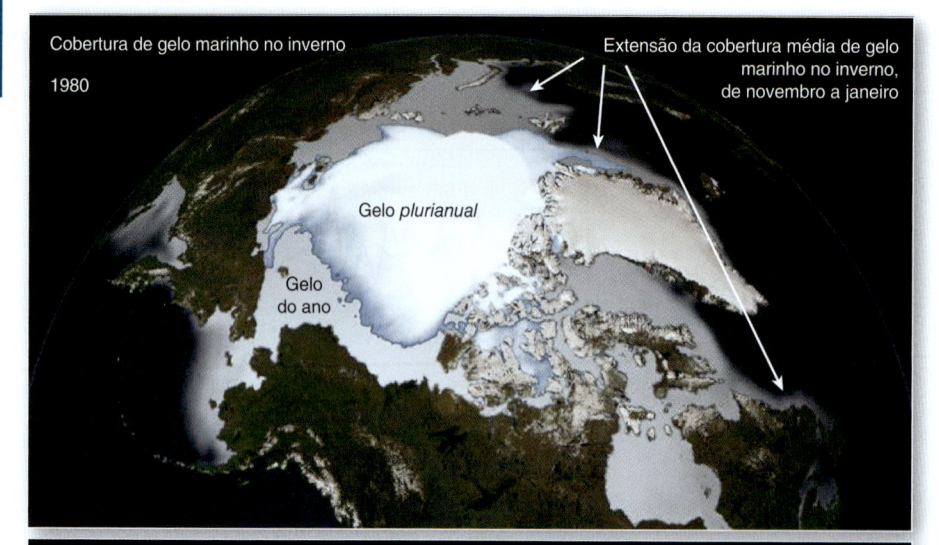

Figura 11.21 Comparação do gelo marinho ártico de inverno em 1980 e 2012, mostrando gelo plurianual e do ano. A foto mostra a borda da banquisa acima de 82° de latitude norte no Oceano Ártico em 2013, onde o gelo do ano é hoje dominante, em vez do gelo plurianual dominante poucos anos antes. [Imagens da NASA; foto de Bobbé Christopherson.]

forma-se durante o inverno e costuma derreter rapidamente no verão seguinte. A Figura 11.21 mostra o declínio da extensão do gelo *plurianual* entre 1980 e 2012. Nesse período, a extensão média do gelo do ano também diminuiu, mas a uma taxa muito menor. Os cientistas acreditam que o declínio do gelo *plurianual* causa um afinamento geral da banquisa ártica, que portanto se torna vulnerável ao descongelamento acelerado posterior. Além disso, à medida que a temporada de formação de gelo é abreviada, o gelo *plurianual* não consegue ser reposto. Apenas um período de frio persistente possibilitaria a formação de gelo *plurianual*, o que inverteria a tendência atual.

Elevação do nível dos mares

O nível dos mares está subindo mais rapidamente do que o previsto pela maioria dos modelos climáticos, e a taxa parece estar acelerando. No último século, o nível do mar subiu 17–21 cm, o que em algumas áreas (como a costa atlântica dos EUA) é o maior aumento dos últimos 2000 anos. Entre 1901 e 2010, os registros de marégrafos mostram que o nível do mar subiu a uma taxa de 1,7 mm por ano. Entre 1993 e 2013, dados de satélite mostram que o nível do mar subiu 3,16 mm por ano.

Atualmente, são dois os principais fatores que contribuem para a subida do nível dos mares. Aproximadamente dois terços da subida vêm do derretimento de geleiras e mantos de gelo. O outro terço vem da expansão térmica da água do mar, que ocorre quando os oceanos absorvem calor da atmosfera e expandem de volume. O Capítulo 16 aborda o nível dos mares e sua medição; o Capítulo 17 discute mais sobre as perdas de gelo.

Eventos extremos

Desde 1973, a umidade específica média global aumentou cerca de 0,1 g de vapor d'água por quilograma de ar por década. Essa alteração é consistente com as temperaturas atmosféricas crescentes, uma vez que o ar quente tem mais capacidade de absorver vapor d'água. Uma quantidade maior de vapor d'água na atmosfera afeta o tempo meteorológico de diversas maneiras, podendo levar a eventos "extremos" envolvendo temperatura, precipitação e intensidade das tempestades. O Índice Anual de Extremos Climáticos (IAEC, ou CEI na sigla em inglês) dos EUA, que acompanha eventos extremos desde 1900, mostra esse aumento nas últimas quatro décadas (veja os dados em http://www.ncdc.noaa.gov/extremes/cei/graph/cei/01-12). De acordo com a Organização Meteorológica Mundial, a década entre 2001 e 2010 apresentou evidências de um aumento mundial nos eventos extremos, mormente ondas de calor, maior precipitação e enchentes. Entretanto, para avaliar tendências meteorológicas extremas e vincular esses eventos de maneira definitiva à mudança climática, é preciso dados ao longo de uma janela de tempo maior do que hoje disponível.

Causas da mudança climática atual

Tanto os registros indiretos de longo prazo quanto os registros instrumentais de curto prazo mostram que as flutuações na temperatura superficial média da Terra estão correlacionadas com flutuações na concentração de CO_2 na atmosfera. Além do mais, como já exposto, estudos indicam que níveis altos de carbono atmosférico podem agir como uma retroalimentação climática que amplifica as mudanças de temperatura no curto prazo. No momento, os dados mostram que temperaturas globais recorde dominaram as duas décadas passadas – em terra e no oceano, de dia e à noite – *pari passu* com níveis recorde de CO_2 na atmosfera.

Os cientistas concordam que as concentrações crescentes de gases de efeito estufa na atmosfera são a causa principal dos aumentos recentes da temperatura mundial. Como discutido antes, as emissões de CO_2 associadas à queima de combustíveis fósseis, especialmente carvão, petróleo e gás natural, aumentaram com o crescimento da população humana e a elevação do padrão de vida. No entanto, como os cientistas podem ter tanta certeza de que as fontes principais de CO_2 atmosférico nos últimos 150 anos provêm de fatores humanos, e não naturais?

Os cientistas monitoram a quantidade de carbono queimada pelos seres humanos em períodos de anos ou décadas ao estimar a quantidade de CO_2 liberada por diferentes atividades. Por exemplo, a quantidade de CO_2 emitida em uma instalação específica pode ser calculada estimando-se a quantidade de combustível queimada multiplicada pela quantidade de carbono no combustível. Embora algumas usinas grandes hoje tenham dispositivos em suas chaminés que medem as taxas exatas de emissão, a estimativa é a prática mais comum, sendo hoje padronizada em todo o mundo.

Recentemente, os cientistas utilizaram isótopos de carbono para determinar com mais precisão o CO_2 atmosférico emitido por combustíveis fósseis. A base desse método é que o carbono fóssil – formado milhões de anos atrás a partir de matéria orgânica que hoje jaz profundamente enterrada em camadas de rocha – contém quantidades baixas do isótopo de carbono ^{13}C (carbono-13) e nada do isótopo radiativo ^{14}C (carbono-14), com sua meia-vida de 5730 anos. Isso significa que, quando a concentração de CO_2 produzido por combustíveis fósseis sobe, as proporções de ^{13}C e ^{14}C caem sensivelmente. Os cientistas descobriram a proporção decrescente do ^{14}C no CO_2 atmosférico nos anos 1950; a medição regular desse isótopo de carbono começou em 2003. Esses dados mostram que a maior parte do aumento do CO_2 vem da queima de combustíveis fósseis.

Contribuições dos gases de efeito estufa

No Capítulo 4, vimos o efeito dos gases de efeito estufa sobre o balanço de energia da Terra. Concentrações maiores de gases de efeito estufa absorvem radiação de ondas longas, atrasando as perdas de energia térmica para o espaço e causando uma tendência de aquecimento na atmosfera. O aquecimento global provoca complexas mudanças na baixa atmosfera, que desencadeiam as alterações climáticas discutidas anteriormente e examinadas nos capítulos seguintes. Hoje, os níveis de CO_2 excedem em muito a faixa natural que foi a norma por centenas de milhares de anos.

A contribuição de cada gás de efeito estufa para o aquecimento da atmosfera varia, dependendo dos comprimentos de onda de energia que o gás absorve e do *tempo de residência* do gás – o tempo em que ele fica na atmosfera. Os principais gases de efeito estufa da atmosfera terrestre são vapor d'água (H_2O), dióxido de carbono (CO_2), metano (CH_4), óxido nitroso (N_2O) e gases halogenados*. Deles, o vapor d'água é o mais abundante. No entanto, como discutido no Capítulo 7, o vapor d'água tem um curto tempo de residência na atmosfera (cerca de 90 dias) e está sujeito a trocas de fase em certas temperaturas. O dióxido de carbono, por outro lado, tem um tempo de permanência mais longo na atmosfera e permanece em estado gasoso em uma faixa maior de temperaturas.

Dióxido de carbono Como discutido anteriormente e mostrado nas Figuras 11.2, 11.5 e 11.11, a concentração presente de CO_2 na atmosfera do planeta é a mais alta dos últimos 800.000 anos, talvez mais tempo. O registro mostra o CO_2 variando entre 100 ppm e 300 ppm durante aquele período, porém nunca variando em 30 ppm para cima ou para baixo em intervalos menores que 1000 anos. Contudo, em maio de 2013, o CO_2 atmosférico atingiu 400 ppm após subir mais de 30 ppm apenas nos últimos 13 anos (tendo chegado a 370 em maio de 2000).

O dióxido de carbono tem um tempo de residência na atmosfera de 50 a 200 anos; entretanto, este tempo varia dependendo dos diferentes processos de remoção. Por exemplo, a absorção de CO_2 atmosférico por sorvedouros de longo prazo do carbono, como sedimentos marinhos, pode levar dezenas de milhares de anos. Como já mencionado, as emissões de CO_2 vêm de diversas fontes: queima de combustíveis fósseis; queima de biomassa (como a queima de resíduos sólidos como combustível); desmatamento de florestas; agricultura industrial; e produção de cimento. (O cimento é usado para fazer concreto, que é usado em todo o mundo para construção, sendo responsável por cerca de 2% das emissões totais de CO_2). A queima de combustíveis fósseis compreende 70% do total. Em geral, de 1990 a 1999,

---

*N. de R.T.: Gases derivados do flúor, cloro e bromo. Incluem os CFCs e os HCFCs.

GEOrelatório 11.2 China lidera as emissões totais de CO_2 do mundo

Durante os últimos anos, a China assumiu a liderança em emissões totais de dióxido de carbono (29%), com os Estados Unidos logo atrás (16%) e a União Europeia em terceiro lugar (11%). Em termos *per capita* em 2011, a China, com 19,5% da população global, produziu 7,2 toneladas por pessoas, perto da União Europeia, com 7,5 toneladas por pessoa. Os Estados Unidos, com 4,5% da população mundial, produziu 17,3 toneladas de emissões de CO_2 por pessoa. Dos principais países industrializados do mundo, a Austrália teve a maior produção *per capita* de CO_2, com 18,3 toneladas por pessoa em 2011.

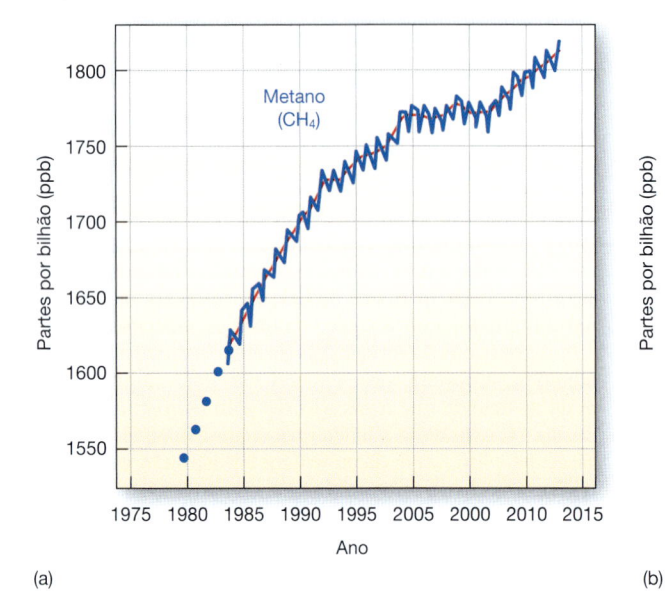

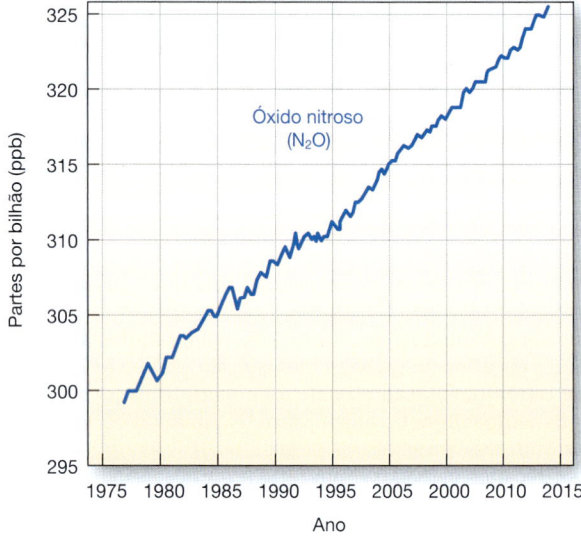

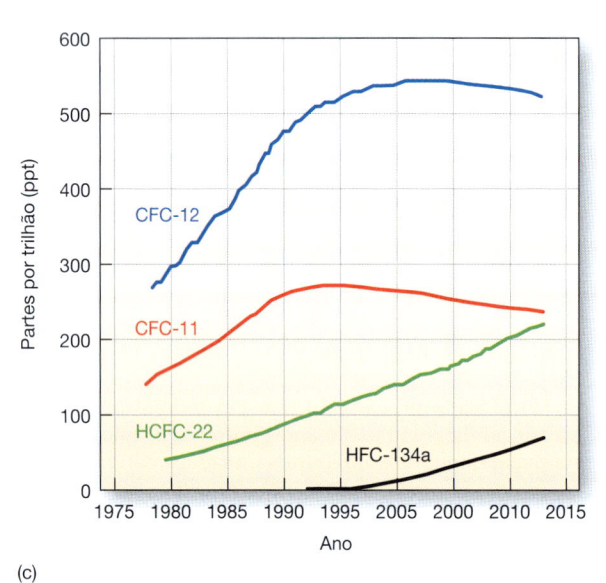

▲Figura 11.22 Concentrações de metano, óxido nitroso e fluorcarbonos desde 1978. As concentrações de gás estão em partes por bilhão (ppb) ou partes por trilhão (ppt), indicando o número de moléculas de cada gás por bilhão ou trilhão de moléculas de ar. [Retirado de *Greenhouse gases continue climbing; 2012 a record year*, NOAA, agosto de 2013, disponível em http://research.noaa.gov/News/NewsArchive/LatestNews/TabId/684/ArtMID/1768/ArticleID/10216/Greenhouse-gases-continue-climbing-2012-a-recordyear.aspx.]

as emissões de CO_2 subiram a uma média de 1,1% por ano; desde 2000, essa taxa subiu para 2,7% ao ano.

Metano Depois do CO_2, o metano é o segundo gás de efeito estufa mais predominante entre aqueles produzidos por atividades humanas. Hoje, as concentrações atmosféricas de metano estão aumentando a uma taxa ainda mais alta do que a do dióxido de carbono. Reconstituições dos últimos 800.000 anos mostram que os níveis de metano nunca passaram de 750 partes por bilhão (ppb) antes de tempos relativamente modernos, mas na Figura 11.22a vemos níveis atuais em 1890 ppb.

O metano possui um tempo de residência na atmosfera de aproximadamente 14 anos, muito menor do que o CO_2. Todavia, ele é mais eficiente na retenção da radiação de ondas longas. Em uma escala de tempo de 100 anos, o metano é 25 vezes mais eficaz na retenção do calor atmosférico do que o CO_2, elevando seu potencial de aquecimento global. Em uma escala de tempo mais curta, 20 anos, o metano é 72 vezes mais eficaz do que o CO_2. Depois de cerca de uma década, o metano oxida na atmosfera e transforma-se em CO_2.

As maiores fontes de metano atmosférico são antropogênicas, cobrindo cerca de dois terços do total. Do metano antropogênico liberado, aproximadamente 20% vêm da pecuária (resíduos e atividade bacteriana no trato intestinal dos animais); cerca de 20% vêm da extração de carvão, petróleo e gás natural, incluindo a extração de gás de folhelho (discutida no Capítulo 1, *Geossistemas Hoje*); cerca de 12% vêm de processos anaeróbicos (sem oxigênio) em campos inundados, associados à rizicultura; e aproximadamente 8% vêm da queima de vegetação em incêndios. Fontes naturais incluem metano liberado pelas terras úmidas (associado a processos anaeróbicos naturais, alguns dos quais ocorrendo em áreas de derretimento de permafrost, conforme descrito em *Geossistemas Hoje*) e ação bacteriana no sistema digestivo das populações de cupins. Por fim, a ciência sugere que metano é liberado em áreas de permafrost e nas plataformas continentais no Ártico quando os hidratos de metano descongelam – uma fonte potencialmente significativa. O *Estudo Específico* 11.1 discute os hidratos de metano (também chamados de hidratos gasosos), uma controversa fonte potencial de energia que pode ter sérias consequências para os climas globais se quantidades grandes de metano forem extraídas.

Óxido nitroso O terceiro gás de efeito estufa mais importante produzido pela atividade humana é o óxido nitroso (N_2O), que aumentou 19% em concentração atmosférica desde 1750, estando hoje em um nível mais alto do que em qualquer outro momento dos últimos 10.000 anos (Figura 11.22b). O óxido nitroso tem uma vida na atmosfera de aproximadamente 120 anos, o que lhe confere um alto potencial de aquecimento global.

Embora seja produzido naturalmente como parte do ciclo de nitrogênio da Terra (discutido no Capítulo 19), as atividades humanas – principalmente o uso de fertilizantes na agricultura, mas também a gestão de águas servidas, queima de combustíveis fósseis e algumas práticas industriais – também liberam N_2O na atmosfera. Os cientistas atribuem a subida recente das concentrações atmosféricas principalmente às emissões associadas a atividades agrícolas.

Gases halogenados Contendo flúor, cloro ou bromo, os gases halogenados são produzidos apenas por atividades humanas. Esses gases possuem um alto potencial de aquecimento global; mesmo quantidades pequenas podem acelerar o aquecimento pelo efeito estufa. Dentro desse grupo, os *gases fluorados*, às vezes chamados de *gases F*, compreendem uma grande porção. Os mais importantes são os clorofluorcarbonos (CFCs), especialmente o CFC-12 e o CFC-11, e os hidroclorofluorcarbonos (HCFCs), especialmente o HCFC-22. O CFC-12 e o CFC-11 respondem por uma porção pequena da acumulação crescente de gases de efeito estufa desde 1979, suas concentrações caíram nos últimos anos em virtude das regulamentações do Protocolo de Montreal (Figura 11.22c; veja também as discussão sobre o ozônio estratosférico no *Estudo Específico* 3.1). Os hidrofluorcarbonos (HFCs), gases fluorados usados como substitutos dos CFCs e outras substâncias destruidoras da camada de ozônio, vêm crescendo desde o início dos anos 1990. Em geral, os gases fluorados são os gases de efeito estufa mais potentes, com os maiores tempos de residência atmosférica.

Fontes de forçamento radiativo

No Capítulo 4, aprendemos que o balanço de energia da Terra é teoricamente zero, o que quer dizer que a quantidade de energia que chega à superfície do planeta é igual à quantidade de energia que acaba sendo finalmente reirradiada para o espaço. Entretanto, o clima da Terra já passou por ciclos em que esse equilíbrio não é atingido, com os sistemas terrestres ganhando ou perdendo calor. O termo **forçante radiativa**, também chamado de *forçante climática*, descreve a quantidade em que uma perturbação faz com que o balanço energético da Terra se desvie de zero; uma forçante positiva indica uma condição de aquecimento, uma forçante negativa indica resfriamento.

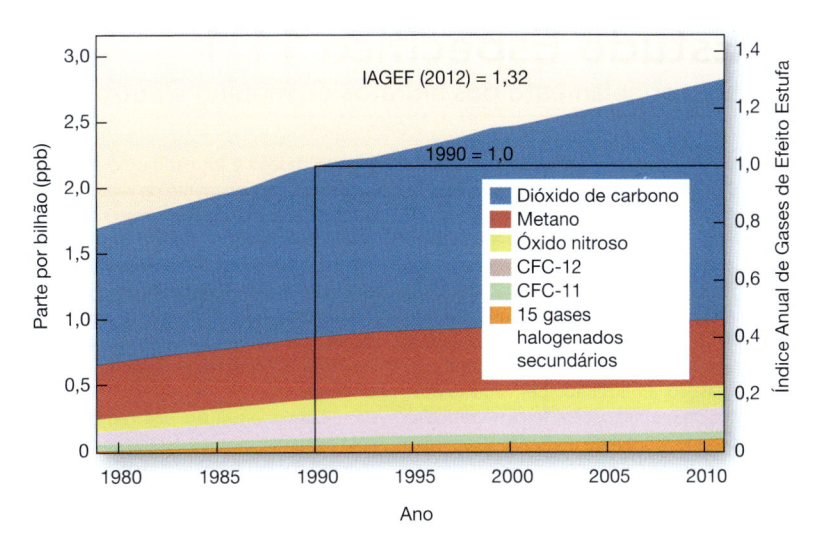

▲Figura 11.23 **Gases de efeito estufa: porcentagens relativas do forçamento radiativo.** As áreas coloridas indicam a quantidade de forçamento radiativo atribuída a cada gás, com base nas concentrações presentes da atmosfera do planeta. Observe que o CO_2 responde pela maior quantidade de forçamento radiativo. O lado direito do gráfico mostra o forçamento radiativo convertido para o Índice Anual de Gases de Efeito Estufa (IAGEF, AGGI na sigla em inglês), fixado em 1,0 em 1990. Em 2012, o IAGEF estava em 1,32, um aumento de 30% em 22 anos. [Retirado de *NOAA Annual Greenhouse Gas Index (AGGI)*, NOAA, atualizado no verão de 2013, disponível em http://www.esrl.noaa.gov/gmd/aggi/aggi.html.]

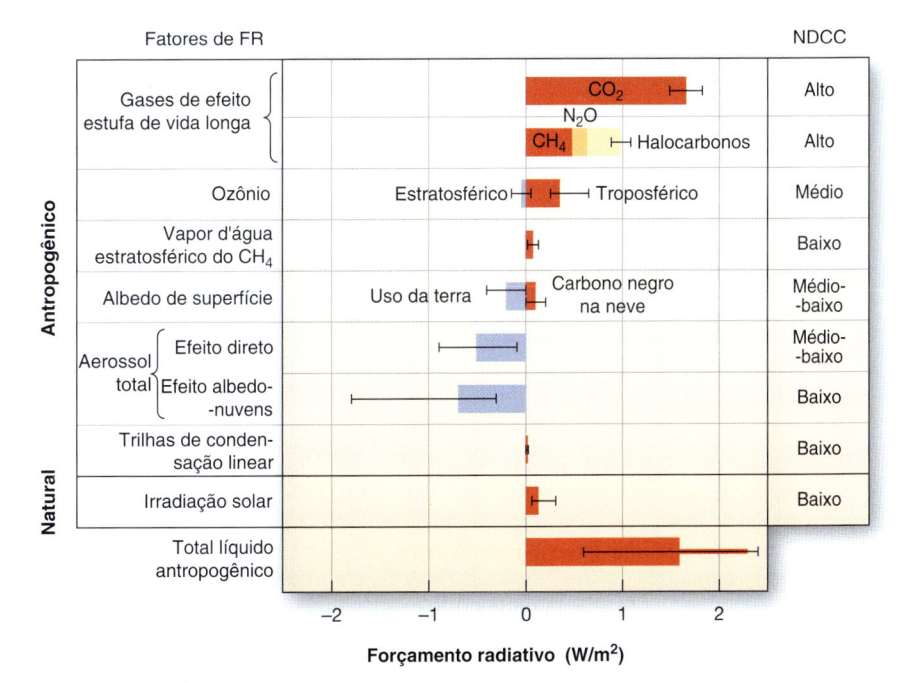

▲Figura 11.24 **Análise do forçamento radiativo das temperaturas.** O grupo superior de itens na tabela (por exemplo, gases de efeito estufa de vida longa) representa o forçamento radiativo antropogênico. A única forçante climática natural de vida longa é a irradiação solar. Observe que a direção total do forçamento é positiva (temperaturas crescentes), sendo causada principalmente pelo CO_2 atmosférico. No *Quinto Relatório de Avaliação* do IPCC, de 2013, Grupo de Trabalho I, o forçamento radiativo líquido total aumentou de 1,6 W/m² calculado em 2006 para 2,3 W/m², sendo exibido acima. [IPCC, Working Group I, *Fourth Assessment Report: Climate Change 2007: The Physical Science Basis*, Figura SPM-2, p. 4, e Figura 2.20, p. 203.]

⚲ Estudo Específico 11.1 Mudança climática
Descongelamento dos hidratos de metano – outro problema do metano ártico

No *Geossistemas Hoje* deste capítulo, discutimos a liberação de gases de efeito estufa – CO_2 e metano – na atmosfera quando o permafrost descongela na região ártica. Trata-se de um processo biogênico, produzido por organismos vivos, um resultado da ação bacteriana que decompõe a matéria orgânica nos solos e sedimentos rasos. Por outro lado, outra forma de metano existe como um hidrato gasoso, armazenado bem abaixo dos depósitos de permafrost em terra no Ártico e em depósitos marítimos no fundo oceânico. Chamados *hidratos de metano*, esses depósitos de gás natural consistem em moléculas de metano encapsuladas em gelo que se desestabilizam em temperaturas mais altas. O processo de derretimento decompõe as estruturas cristalinas dos hidratos, liberando nos oceanos e na atmosfera uma injeção de metano – o gás de efeito estufa mais potente do planeta*. Se essas injeções isoladas se multiplicarem em uma grande área, as concentrações atmosférica de metano podem aumentar o suficiente para acelerar o aquecimento global.

Fundamentos sobre o hidrato de metano

O hidrato de metano é um composto sólido e parecido com gelo, contendo uma molécula central de metano cercada por uma estrutura, ou "grade", de moléculas de água interconectadas. Os hidratos de metano só existem em condições de temperatura baixa e pressão extrema, geralmente em depósitos subsuperficiais de rocha sedimentar. O metano do

---

*N. de R.T.: Observação válida para gases naturais. Alguns dos artificiais, como os CFCs, retêm mais eficientemente a radiação infravermelha.

hidrato gasoso é formado pelo soterramento profundo e aquecimento de matéria orgânica, um processo termogênico (relacionado a calor) semelhante ao que forma o petróleo. Os depósitos de hidrato de metano são uma fonte potencial de energia, embora o processo de extração seja difícil e caro. Os cientistas acreditam que mais de 90% dos hidratos gasosos da Terra ocorrem em ambientes de oceano profundo.

Com a elevação das temperaturas no solo e nos oceanos, os depósitos de hidrato de metano correm risco de dissociação, ou derretimento, um processo que libera altas concentrações de metano gasoso na atmosfera (Figura 11.1.1). Por exemplo, o derretimento de 1 m³ de hidrato de metano libera cerca de 160 m³ de gás metano. Se todos esses hidratos de metano descongelassem, o resultado seria um pulso de metano tão grande que seria quase certa a ocorrência de uma abrupta mudança climática. Os cientistas pensam que uma imensa liberação de carbono, observada nos registros climáticos dos testemunhos de sedimento oceânico de cerca de 55 milhões de anos atrás, pode estar relacionada a um evento de dissolução de hidrato de gás (veja na Figura 11.10 a disparada da temperatura chamada MTPE).

Causas e efeitos do descongelamento do hidrato de metano

Existem diversos riscos relacionados à dissociação dos hidratos de metano e seu efeito sobre a mudança climática. Um é a possibilidade de um evento desestabilizador que cause uma súbita liberação de metano suficiente para acelerar o aquecimento global. Por exemplo, a dissociação de grandes depósitos de hidrato de gás – a decomposição dos sólidos em líquidos e gases – pode desestabilizar os sedimentos do fundo oceânico, provocando uma perda de suporte estrutural que pode levar a subsidência e colapso, sob a forma de deslizamentos de terra submarinos. Esse tipo importante de des-

▲**Figura 11.1.1 O "gelo que queima" é extraído de depósitos no fundo oceânico.** Hidrato de metano sólido extraído a cerca de 6 m abaixo do fundo oceânico próximo à ilha Vancouver, Canadá. Quando o hidrato de metano esquenta, ele libera metano suficiente para manter uma chama. [USGS.]

Gases de efeito estufa antropogênicos Os cientistas medem a forçante radiativa – quantificada em watts de energia por metro quadrado de superfície da Terra (W/m^2) – dos gases de efeito estufa sobre o balanço de energia da Terra desde 1979. A Figura 11.23, que compara a forçante radiativa (FR) exercida por 20 gases de efeito estufa, mostra que o CO_2 é o gás predominante a afetar o balanço de energia do planeta. No lado direito da figura está o Índice Anual de Gases de Efeito Estufa, medido pela NOAA, que atingiu 1,32 em 2012. Esse indicador converte a forçante radiativa total de cada gás em um índice, utilizando a proporção de FR em um ano específico comparada com a FR de 1990 (ano de linha de base). O gráfico mostra que a FR vem aumentando continuamente para todos os gases, sendo que a proporção atribuída ao CO_2 é a que mais sobe.

> ✋ **PENSAMENTO Crítico 11.2**
> **Formulando um plano de ação para reduzir a forçante climática humana**
>
> A Figura 11.24 ilustra alguns dos muitos fatores que forçam o clima. Consideremos como essas variáveis poderiam embasar a tomada de decisão a respeito de política e mitigação da mudança climática. Digamos que você seja um formulador de políticas e tenha o objetivo de reduzir a velocidade da mudança climática – isto é, reduzir o forçamento radiativo positivo no sistema climático. Que estratégias você sugere para alterar a extensão do forçamento radiativo ou ajustar a composição dos elementos que causam o aumento da temperatura? Atribua prioridades para cada estratégia, da mais efetiva para a menos efetiva na moderação das mudanças do clima. Crie e debata suas estratégias junto a seus colegas. Na sua opinião, como o salto para 2,29 W/m^2 no forçamento climático humano dos últimos seis anos deveria influenciar as políticas e as estratégias de ação? ●

lizamento poderia liberar grandes quantidades de metano. Um segundo risco é o potencial de grande liberação de metano como subproduto da extração de energia.

Hoje, os hidratos de metano são considerados a maior reserva de combustível baseada em carbono do planeta – os cientistas creem que há 10.000 gigatoneladas de metano presas em hidratos de gás pelo mundo, uma quantidade de energia maior do que a disponível em todas as reservas de carvão, petróleo e de outros gases naturais juntas. Esses depósitos ocorrem em profundidades maiores que 900 m sob os sedimentos do fundo oceânico. Diversos países estão explorando o uso dos hidratos de metano como fonte de energia. Em março de 2013, a plataforma de perfuração oceânica em águas profundas do Japão, a *Chikyu*, conseguiu extrair hidratos de gás de uma profundidade de 1000 m no Oceano Pacífico. A meta do país é chegar à produção comercial de hidratos de metano dentro de seis anos. Entretanto, a possibilidade de liberações acidentais não controladas de metano durante a extração é uma preocupação pertinente.

Nas condições atuais de aquecimento atmosférico, os cientistas pensam que o derretimento de hidratos de metano em duas das suas regiões gerais de origem tem potencial para afetar as concentrações atmosféricas de metano (Figura 11.1.2). Em terra, nas latitudes altas do Ártico, o permafrost pode descongelar até profundidades de 180 m, fazendo com que os hidratos de metano na rocha se dissociem. No Oceano Ártico, abaixo do permafrost submarino, nas profundidades rasas junto às plataformas continentais, a elevação das temperaturas oceânicas e terrestres também pode descongelar o permafrost em profundidades que comprometeriam as estruturas de hidrato. No mar Siberiano Oriental, ao largo do litoral setentrional da Rússia, os cientistas estimam que haja 50 bilhões de toneladas de metano armazenadas sob a forma de hidratos e que já começam a se dissociar, gerando plumas ascendentes de metano que atingem a atmosfera. Eles acreditam que esse processo é desencadeado por mudanças no gelo marinho de verão, cuja extensão caiu tanto abaixo da plataforma siberiana que as temperaturas oceânicas aumentaram em até 7°C, conforme dados de satélite. O aquecimento estende-se para baixo cerca de 50 m, até o fundo oceânico raso, derretendo os sedimentos congelados. Nas áreas em que o leito marinho é mais profundo, junto ao talude continental, os hidratos gasosos podem se dissociar se o aquecimento oceânico prosseguir, mas os cientistas ainda não sabem se o metano liberado atingiria a atmosfera.

O processos totais e efeitos ambientais do descongelamento do hidrato de metano são foco de pesquisas em andamento. Para mais informações, confira o artigo "Good Gas, Bad Gas" em http://ngm.nationalgeographic.com/2012/12/methane/lavelle-text e a página do U.S. Geological Survey Gas Hydrates Project em http://woodshole.er.usgs.gov/project-pages/hydrates/.

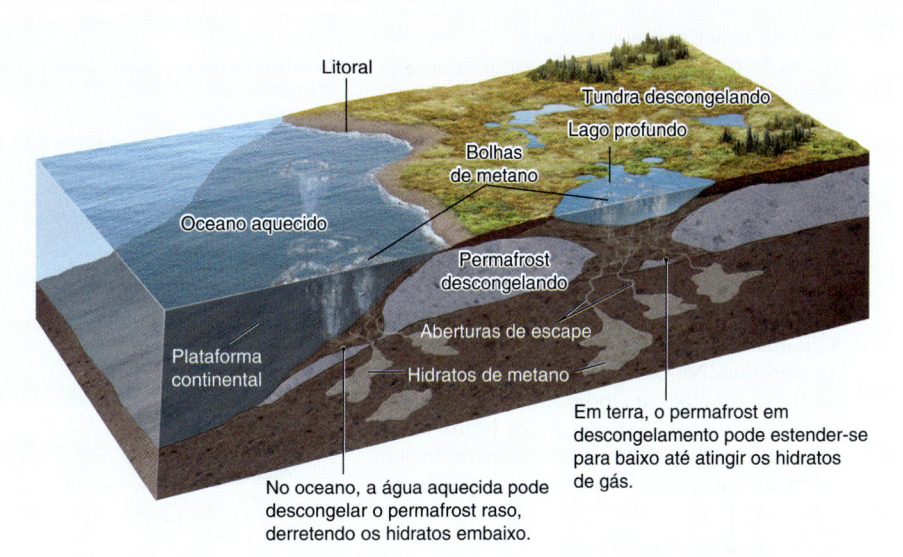

▲**Figura 11.1.2 Depósitos de hidrato de metano no permafrost ártico e sob as plataformas continentais.** Duas trajetórias teóricas para o descongelamento do hidrato de metano: em terra, o descongelamento do permafrost pode estender-se para baixo até atingir os hidratos de gás; no oceano, a água aquecida pode descongelar o permafrost raso, derretendo os hidratos embaixo. [De Walter Anthony, K. 2009. Methane: A menace surfaces. *Scientific American* 301: 68-75 doi:10.1038/scientificamerican1209-68.]

Comparação dos fatores FR Em seu *Quarto Relatório de Avaliação da Mudança Climática*, de 2007, o Painel Intergovernamental sobre Mudanças Climáticas (IPCC) estimou a quantidade de forçante radiativa para vários fatores naturais e antropogênicos (Figura 11.24). Os fatores incluídos na análise foram gases de efeito estufa de vida longa, ozônio estratosférico e troposférico, alterações no albedo superficial relacionadas a uso da terra e poluição, aerossóis atmosférico de fontes humanas e naturais, e irradiação solar (a energia que sai do Sol, já discutida).

GEOrelatório 11.3 Causas de eventos meteorológicos extremos em um clima em mudança

De acordo com o relatório de 2013 da NOAA, "Explicando os eventos extremos de 2012 a partir de uma perspectiva climática", *Bulletin of the American Meteorological Society*, volume 94 (9), análises científicas de 12 eventos meteorológicos e climáticos extremos de 2012 mostram que a mudança climática antropogênica foi fator contribuinte de metade dos eventos – seja em relação à sua ocorrência ou aos seus efeitos –, e que a magnitude e a probabilidade de todos foram aumentadas pela mudança climática. Também foi importante para esses eventos extremos o papel das flutuações climáticas e meteorológicas naturais, como o El Niño-Oscilação Sul e outros padrões globais de circulação, fatores que podem ser afetados pelo aquecimento global. A ciência incipiente da "atribuição de eventos" busca as causas dos eventos climáticos e meteorológicos extremos, tendo importantes aplicações na gestão de riscos, preparação para eventos futuros e atenuação geral dos efeitos da mudança climática.

Na Figura 11.24, os fatores que aquecem a atmosfera, provocando uma forçante radiativa positiva, estão em vermelho, laranja ou amarelo; os que esfriam a atmosfera, provocando uma forçante negativa, estão em azul. As estimativas da forçante radiativa (FR), em unidades de watts por metro quadrado, são dadas no eixo *x* (eixo horizontal). As linhas horizontais pretas superpostas às barras coloridas representam a faixa de incerteza para cada fator (por exemplo, o efeito nuvem-albedo tem uma grande faixa de incerteza). Na coluna da extrema direita, NDCC refere-se a "nível de compreensão científica". Os resultados totais dessa análise mostram que a FR dos gases de efeito estufa excede em muito a FR dos outros fatores, sejam de origem natural ou antrópica. No *Quinto Relatório de Avaliação* do IPCC, de 2013, o Grupo de Trabalho I afirma que a forçante antropogênica líquida total aumentou para 2,3 W/m^2, em comparação com 1,6 W/m^2 em 2006 (veja a notação no gráfico).

Consenso científico

O *Quinto Relatório de Avaliação* do IPCC, 2013-2014, diz que é 95%–100% certo que as atividades humanas são a causa principal da mudança climática atual. Essa assertiva representa o consenso dos principais climatologistas do mundo, sendo confirmada por toda a comunidade científica. O *Quinto Relatório de Avaliação* também conclui, com 95% de certeza, que os humanos são responsáveis por ao menos metade do aumento da temperatura entre 1951 e 2010. Em outras palavras, os cientistas do IPCC estão 95% certos de que o aquecimento observado durante esse período casa com a contribuição humana para o aquecimento. O *Quinto Relatório de Avaliação* está disponível em http://www.ipcc.ch/index.htm#.UiDyVj_pxfk.

O IPCC, formado em 1988 e sob os auspícios do Programa das Nações Unidas para o Meio Ambiente (PNUMA) e da Organização Meteorológica Mundial (OMM), é a organização científica internacional que coordena a pesquisa sobre mudança climática global, previsões climáticas e formulação de políticas – uma verdadeira colaboração global de cientistas e especialistas em políticas advindos de diversas disciplinas. Seus relatórios apresentam pareceres consensuais e revisados por pares, elaborados por especialistas da comunidade científica, a respeito das causas da mudança climática, assim como das incertezas e áreas nas quais é preciso mais pesquisa. Em 2007, o IPCC compartilhou o Prêmio Nobel da Paz pelas duas décadas de trabalhos que elevam o nível de compreensão e conscientização sobre a ciência das mudanças do clima.

Modelos e previsões climáticas

Além de usar registros paleoclimáticos e medições reais dos elementos climáticos atuais, os cientistas empregam modelos computadorizados do clima para avaliar as tendências passadas e prever as mudanças futuras. Um mo-

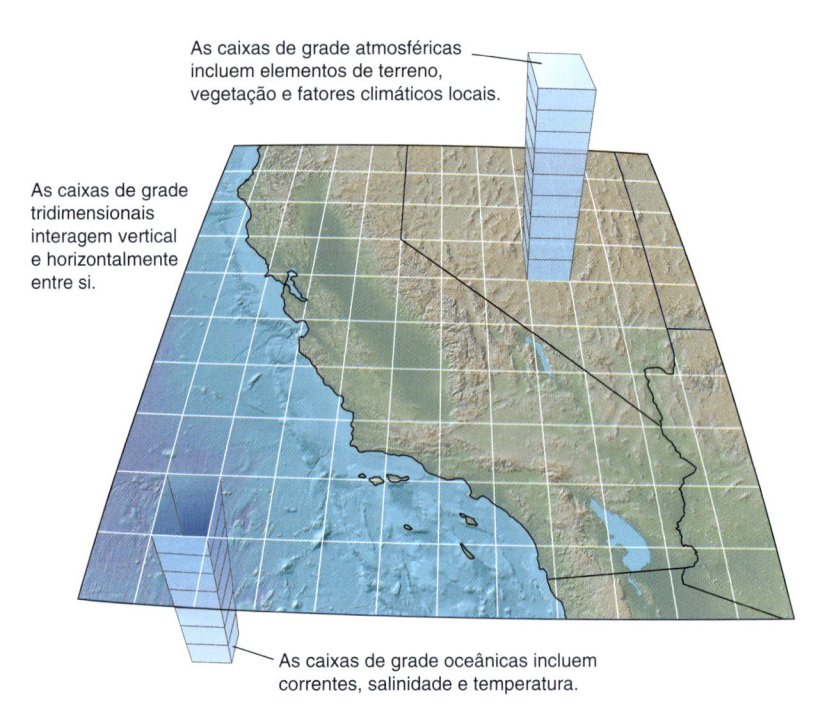

▲Figura 11.25 Caixas de grade e camadas em um modelo de circulação geral.

delo climático é uma representação matemática dos fatores interatuantes que compõem os sistemas climáticos do planeta, incluindo a atmosfera, os oceanos e toda a terra e gelo. Alguns dos modelos climáticos computadorizados mais complexos são os **modelos de circulação geral** (MCGs, ou GCMs na sigla em inglês), baseados em modelos matemáticos originalmente criados para previsão meteorológica.

O ponto de partida de tal modelo climático é uma "caixa de grade" tridimensional para uma determinada localização sobre ou acima da superfície da Terra (Figura 11.25). A atmosfera é dividida vertical e horizontalmente nessas caixas, cada uma possuindo características distintas em relação ao movimento de energia, ar e água. Dentro de cada malha de caixa, características físicas, químicas, geológicas e biológicas são representadas em equações baseadas em leis físicas. Todos esses componentes climáticos são traduzidos em códigos de computador para que possam "falar" uns com os outros, assim como interagir com os componentes de malhas de caixas de todos os lados.

Os MCGs incorporam todos os componentes climáticos, incluindo forçantes climáticas, para calcular os movimentos tridimensionais dos sistemas Terra-atmosfera. Eles podem ser programados para modelar os efeitos de ligações entre componentes climáticos específicos em janelas de tempo diferentes e em várias escalas. Programas que modelam somente a atmosfera, o oceano, a superfície terrestre, a criosfera e a biosfera podem ser usados dentro dos MCGs. Os modelos mais sofisticados acoplam submodelos de atmosfera e de oceano e são conhecidos como **Modelos de Circulação Geral Atmosfera-Oceano (MCGAO)**. Há pelo menos uma dúzia de MCGs em utilização no mundo.

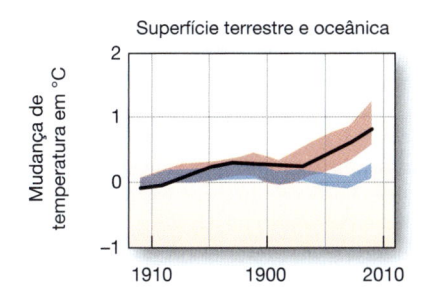

▲Figura 11.26 **Modelos climáticos mostram os efeitos relativos do forçamento natural e antropogênico.** Os modelos computadorizados monitoram a correspondência entre as anomalias observadas da temperatura (linha preta) com dois cenários de forçamento: forçamentos natural e antropogênico combinados (hachura rosa) e apenas forçamento natural (hachura azul). Os fatores de forçamento natural incluem atividade solar e vulcânica, que não bastam para explicar o aumentos da temperatura. [*Climate Change 2013: The Physical Science Basis, Working Group I, IPCC Fifth Assessment Report, September 27, 2013:* Fig. SPM-6, p. 32.]

Cenários de forçamento radiativo

Os cientistas podem utilizar os MCGs para determinar os efeitos relativos de diversas forçantes climáticas sobre a temperatura (lembre que uma forçante climática é uma perturbação do balanço de radiação da Terra que causa aquecimento ou esfriamento). Uma questão que os cientistas tentam responder é: "O forçamento radiativo positivo tem causas naturais ou antropogênicas?".

A Figura 11.26 compara os resultados de dois conjuntos de simulações climáticas com as observações reais da temperatura média em terra e oceano (linha preta) feitas entre 1906 e 2010. No gráfico, os dados de temperatura real são comparados com simulações em que as forçantes natural e antropogênica foram incluídas (área hachurada em rosa e linha preta). Esses dados são comparados com simulações que incluíram apenas o forçamento natural, modelado somente a partir da variabilidade solar e da produção vulcânica (área hachurada em azul), sem forçamento antropogênico.

O modelo que usa forçamento natural e antropogênico (incluindo concentrações de gases de efeito estufa) foi o que teve maior correspondência com as médias de temperatura efetivamente observadas. O forçamento natural por si só não fecha com a tendência crescente da temperatura. Esses modelos são consistentes com hipóteses que consideram os efeitos das atividades humanas sobre o clima; a principal entrada antropogênica no sistema climático do planeta é a maior quantidade de gases de efeito estufa.

Futuros cenários de temperatura

Os MCGs não preveem temperaturas específicas, mas oferecem diversos cenários futuros para o aquecimento global. Os mapas gerados por MCGs têm boa correlação com os padrões de aquecimento global observados desde 1990, e diversos cenários de previsão por MCGAO foram usados pelo IPCC para prever a mudança da temperatura neste século. A Figura 11.27 apresenta diversos desses cenários, cada um baseado em diferentes combinações de fatores econômicos, população, grau de cooperação global e nível de emissões de gases de efeito estufa. Os cenários "A" (A1F1, A1T e A1B) representam um futuro de crescimento econômico rápido e a introdução de novas tecnologias: o cenário A1F1 representa o uso continuado de combustíveis fósseis; A1T representa uma ênfase em fontes de energia não fósseis; e o A1B representa um equilíbrio entre os dois tipos de uso de energia. O cenário A2 representa um crescimento populacional contínuo e um nível menor de crescimento econômico e mudança tecnológica.

Os cenários "B" dão ênfase à sustentabilidade ambiental: o cenário B1 é similar ao A1, mas inclui o maior uso de tecnologias energéticas novas e limpas e um foco em soluções globais; B2 representa níveis menores de crescimento econômico e mudança tecnológica, com ênfase em soluções locais. A linha laranja é uma simulação em que as emissões de gases estufa são mantidas aos níveis do ano de 2000, sem aumentos. As linhas cinza à direita do gráfico são as melhores estimativas do aquecimento superficial (barra sólida dentro da área cinza) e a faixa provável (área cinza) de cada cenário. O cenário B1 prevê os menores níveis de aqueci-

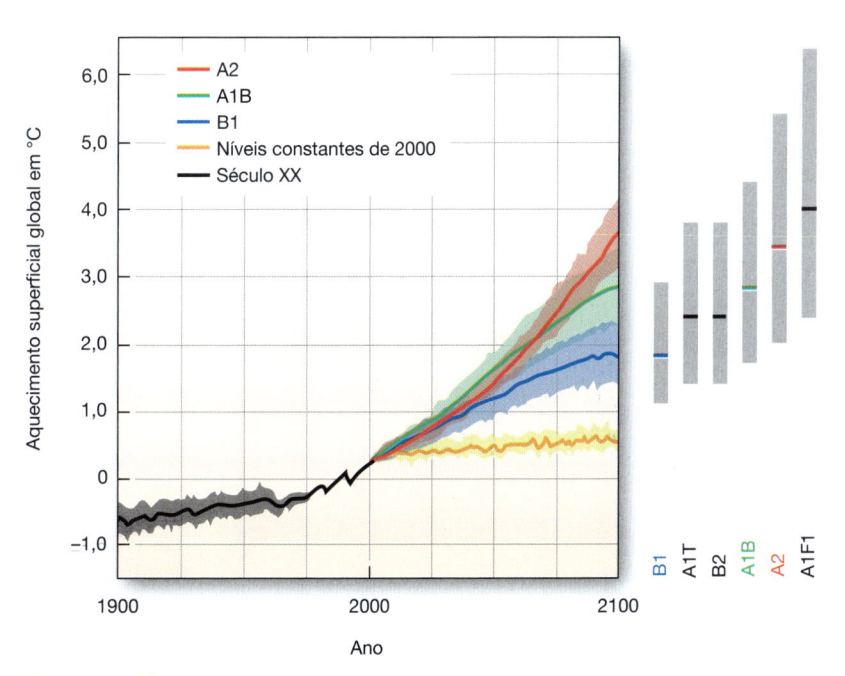

▲Figura 11.27 **Cenários de MCGAO para o aquecimento superficial neste século.** Os menores impactos na temperatura ocorrem quando os gases atmosféricos de efeito estufa são mantidos constantes nos níveis do ano 2000. Os cenários com menos emissão de CO_2 são B1 e A1T e correspondem àqueles com os menores aquecimentos globais. Os cenários de maior emissão são A1F1 e A2, correspondendo aos maiores aumentos de temperatura. [IPCC, Working Group I, *Fourth Assessment Report: Climate Change 2007: The Physical Science Basis*, Fig. SPM-5, p. 14.].

TABELA 11.2 Cenários globais de elevação do nível dos mares*

Cenário	Elevação do nível dos mares até 2100, em metros
Alta	2,0
Intermediária-alta	1,2
Intermediária-baixa	0,5
Baixa	0,2

*Dados da NOAA, Global Sea-Level Rise Scenarios for the United States, National Climate Assessment, Technical Report OAR CPO-1, 2012. (Disponível em http://cpo.noaa.gov/sites/cpo/Reports/2012/NOAA_SLR_r3.pdf.)

mento; o cenário A1F1 prevê os maiores níveis. Assim, de acordo com esses modelos, o uso continuado de combustíveis fósseis em uma economia de crescimento rápido provoca o maior aquecimento no século XXI. O *Quinto Relatório de Avaliação* de 2013-2014 do IPCC confirma esses cenários e análises do relatório anterior do IPCC.

Projeções para o nível dos mares

Em 2012, os cientistas da NOAA desenvolveram cenários para a elevação do nível dos mares com base nas perdas atuais dos mantos de gelo junto às perdas de geleiras de montanha e calotas de gelo em todo o mundo (Tabela 11.2). Esses modelos previram uma elevação do nível dos mares de 2 m até 2100, no extremo superior da faixa, sendo 1,2 m a previsão intermediária. Para fins de referência, uma elevação de 0,3 m no nível do mar ocasionaria um recuo de 30 m na linha de costa em alguns locais; uma elevação de 1 m desalojaria cerca de 130 milhões de pessoas.

▲**Figura 11.28** Áreas costeiras dos EUA com elevação entre 1–6 m do nível do mar. As cidades assinaladas em áreas vulneráveis têm mais de 300.000 habitantes (segundo o censo de 2000). [Adaptado com permissão de J. Wiess, J. Overpeck, and B. Strauss, 2011, Implications of recent sea level rise science for low-elevation areas in coastal cities of the conterminous U.S.A., *Climatic Change* 105: 635–645.]

Nos Estados Unidos, o nível do mar está subindo mais rapidamente na costa leste do que na oeste. A Figura 11.28 mostra os aumentos do nível do mar na costa leste e na costa do Golfo. As áreas com os efeitos mais graves ficam em torno das cidades de Miami e New Orleans. Muitos estados, inclusive a Califórnia, estão usando uma elevação de 1,4 m no nível do mar para este século como padrão de planejamento.

Os efeitos da elevação do nível do mar variam de local para local, com algumas regiões do mundo mais vulneráveis do que outras (veja o mapa da mudança do nível do mar entre 1992 e 2013 na Figura 11.30, página 321). Mesmo uma pequena elevação do nível do mar causaria níveis mais altos de água, marés mais altas, tempestades mais fortes em muitas regiões, particularmente impactantes em deltas de rios, vales agrícolas em planícies costeiras e áreas continentais baixas. Entre as cidades densamente povoadas com maior risco, estão Nova York, Miami e New Orleans, nos EUA, Mumbai e Calcutá, na Índia, e Xangai, na China, onde multidões terão de deixar as áreas costeiras. As consequências sociais e econômicas afetarão especialmente os estados insulares pequenos e de baixa elevação. Por exemplo, em Malé, a capital do arquipélago das Maldivas, no Oceano Índico, mais de 100.000 pessoas moram atrás de um dique com 2 a 2,4 m de altura. Se os cenários de alta elevação do nível do mar ocorrerem até 2100, grandes partes da ilha ficarão inundadas. Seria de se prever uma migração nacional e internacional – uma enxurrada de refugiados ambientais expulsos pela mudança climática – estendendo-se por décadas. Os aumentos no nível do mar irão continuar após 2100, mesmo que as concentrações dos gases estufa sejam estabilizadas hoje. Acesse http://geology.com/sea-level-rise para ver um mapa interativo dos efeitos do aumento do nível do mar sobre diferentes áreas do mundo.

O caminho à frente

Há mais de 25 anos, em um artigo da *Scientific American* de abril de 1988, os climatologistas descreveram a condição climática:

> O mundo está esquentando. As zonas climáticas estão se deslocando. As geleiras estão derretendo. O nível do mar está aumentando. Esses não são eventos hipotéticos de um filme de ficção científica; essas e outras mudanças já estão ocorrendo, e elas devem se acelerar nos próximos anos, à medida que as quantidades de dióxido de carbono, metano e outros gases traço se acumulem na atmosfera devido ao aumento das atividades humanas.

Em 1997, em face da ameaça crescente do aquecimento global acelerado e das mudanças climáticas associadas, 84 países assinaram o *Protocolo de Quioto* em uma conferência climática em Quioto, Japão, um acordo internacional juridicamente vinculante inserido no marco da Convenção-Quadro das Nações Unidas sobre Mudanças Climáticas (UNFCCC na sigla em inglês) que fixa metas específicas para reduzir as emissões de gases de efeito estufa. Os Estados Unidos estavam entre os países signatários; no entanto, nunca ratificaram o tratado. (Vide http://unfccc.int/kyoto_protocol/items/2830.php.) Desde a época dessas advertências climáticas e políticas iniciais, a ciência das mudanças climática progrediu, e a questão da mudança climática provocada pelos humanos passou de um debate científico e público para um consenso científico.

Tomando uma posição sobre a mudança climática

Em que pese o consenso entre os cientistas, ainda há considerável controvérsia em torno do tema entre o público em geral. A divergência assume duas formas: primeiro, conflito sobre se a mudança climática realmente está ocorrendo, e segundo, desacordo sobre se sua causa é antropogênica. O combustível para o "debate" contínuo sobre esse tópico parece vir, ao menos em parte, da cobertura da mídia, que por vezes é tendenciosa, alarmista ou factualmente incorreta. O viés frequentemente reflete a influência de grupos com interesses especiais, e alguns erros advêm da simples interpretação equivocada dos fatos. As informações erradas da mídia seguidamente originam-se de interesses corporativos cujos ganhos financeiros estarão em xeque se forem impostas soluções para a mudança climática. Outra fonte de informação errada é a grande quantidade de blogs e outras mídias sociais que muitas vezes apresentam resultados ainda não avaliados por outros cientistas. Essas informações podem ser imprecisas e estar sujeitas a sensacionalismo. A lição é que ter uma posição informada sobre a mudança climática exige uma compreensão das leis físicas e operações sistêmicas da Terra, além de ter em mente as evidências científicas e a pesquisa em andamento.

No Capítulo 1, discutimos o processo científico, que estimula avaliação por pares, crítica e ceticismo cauteloso durante todo o método científico. Muitos diriam que o ceticismo acerca da mudança climática é simplesmente parte desse processo. No entanto, os climatologistas em geral chegaram a um consenso: o argumento a favor da mudança climática antropogênica tornou-se mais convincente à medida que os cientistas reúnem mais dados e realizam mais pesquisas e à medida que vemos os eventos reais no ambiente. Porém, com novas informações vindo à tona, os cientistas terão de constantemente reavaliar as evidências e formular novas hipóteses.

Ao considerar os fatos por trás da mudança climática, diversas perguntas-chave podem ajudar a guiá-lo até um posicionamento baseado em uma abordagem científica:

- *Será que mais dióxido de carbono atmosférico provoca o aumento das temperaturas?*

   Sim. Os cientistas sabem que o CO_2 age como gás de efeito estufa e que maiores concentrações geram aquecimento na atmosfera inferior. Os cientistas compreendem os processos físicos relacionados ao CO_2 atmosférico há quase 100 anos, muito antes de os efeitos do aquecimento global tornarem-se perceptíveis para a comunidade científica ou para o público em geral.

- *A elevação das temperaturas globais provoca mudança climática global?*

   Sim. *Aquecimento global* é um aumento anormalmente rápido da temperatura superficial média do planeta. Com base em leis físicas e evidências empíricas, os cientistas sabem que o aquecimento global afeta o clima em geral: por exemplo, ele altera os padrões de precipitação, provoca derretimento do gelo, prolonga as temporadas de cultivo, afeta os ecossistemas, leva à elevação do nível dos mares e à erosão costeira.

- *As atividades humanas aumentaram a quantidade de gases de efeito estufa na atmosfera?*

   Sim. Conforme discutido anteriormente, os cientistas utilizam isótopos radiativos de carbono para medir a quantidade de CO_2 atmosférico que se origina da queima de combustíveis fósseis e outras atividades humanas. Hoje eles sabem que as fontes humanas respondem por uma porcentagem grande e crescente dessas concentrações de CO_2.

- *Se a mudança climática na Terra ocorria no passado, por que as condições presentes são problemáticas?*

   Hoje, as concentrações de dióxido de carbono estão subindo mais rapidamente do que na maior parte do registro climático de longo prazo. Essa taxa de mudança coloca os sistemas terrestres em território desconhecido para avaliação dos impactos, em um momento em que a população humana na Terra ultrapassa 7,3 bilhões de indivíduos.

- *Os cientistas podem atribuir definitivamente as mudanças que estamos vendo no clima (incluindo eventos extremos e anomalias meteorológicas) apenas a causas antropogênicas?*

   Não com 100% de certeza, embora cada vez mais pesquisas indiquem que sim. Uma questão polêmica entre os cientistas diz respeito ao efeito das oscilações multianuais nos padrões globais de circulação (como o ENOS) sobre mudanças de curto prazo no clima. Os cientistas ainda não sabem em que medida o aquecimento global está impulsionando mudanças na intensidade do ENOS e outras oscilações ou se as mudanças resultam parcialmente da variabilidade natural.

Ação agora significa "sem arrependimentos"

Dada essa base de conhecimento científico, a ação a respeito da mudança climática precisa enfocar a redução do CO_2 atmosférico. Conforme enfatizado nos relatório de 2007 e 2013-2014 do IPCC e muitos outros, há oportunidades para reduzir as emissões de dióxido de carbono, e seus benefícios compensam em muito seus custos. Essas são as chamadas oportunidades "sem arrependimento", uma vez que as sociedades têm pouco a perder e muito a ganhar ao empregar essas estratégias. Por exemplo, os benefícios de reduzir as emissões de gases de efeito estufa incluem melhor qualidade do ar, com os consequentes benefícios para a saúde humana, menor custo de importação de petróleo e menos derramamentos de óleo por petroleiros e aumento do desenvolvimento de energia renovável e sustentável, com as oportunidades comerciais relacionadas. Esses benefícios existem independentemente do fato de que todos eles ainda diminuirão a taxa de acumulação de CO_2 na atmosfera, assim desacelerando a mudança climática.

Para a Europa, os cientistas determinaram que as emissões de carbono podem ser reduzidas para menos da metade do nível registrado em 1990, até 2030, a um custo negativo para a sociedade. Um estudo do Departamento de Energia dos EUA constatou que os Estados Unidos poderiam atingir as metas de redução de emissão de carbono propostas pelo Protocolo de Quioto com uma economia de 7 a 34 bilhões de dólares dos EUA por ano.

Uma análise econômica abrangente elaborada pelo economista Nicholas Stern para o governo britânico em 2007 (*The Economics of Climate Change, The Stern Review*, Cambridge University Press, 2007) chegou a várias conclusões sobre ações a respeito da mudança climática. A principal foi que os piores impactos da mudança climática podem ser evitados se tomarmos medidas decisivas imediatamente; postergar a ação é uma alternativa perigosa e mais cara. Stern enfatizou a necessidade de ação em nível global, uma resposta internacional tanto de países ricos e pobres, e que já existem opções para cortar as emissões.

Atenuação da mudança climática: o que você pode fazer?

Seguidamente ouvimos as pessoas dizerem: "Eu sou um só; o que posso fazer?" Nossa resposta é que ações realizadas no plano individual por milhões de pessoas podem desacelerar a mudança climática para nós e para as gerações futuras. A principal maneira de fazer isso – como pessoas, como país e como comunidade internacional – é reduzir as emissões de carbono, especialmente a nossa queima de combustíveis fósseis. Talvez você possa começar examinando a sustentabilidade das suas práticas diárias e cortando estilos de vida perdulários. Por exemplo, colocar a louça no lava-louças sem pré-lavagem poupa 24 mil litros de água por ano. Dirigir um veículo que faz 13 km/l poupa 2,9 toneladas anuais de CO_2 em comparação com um que faz 8,5 km/l.

Esses esforços são oportunidades "sem arrependimentos", que poupam dinheiro ao mesmo tempo que poupam recursos, energia e materiais. Por exemplo, o uso de lâmpadas fluorescentes compactas (CFL) e de LED poupa milhares de dólares por ciclo de vida útil, pois a demanda de energia é diminuída. De forma semelhante, dirigir um automóvel com boa autonomia e manter-se próximo ao limite de velocidade economiza dinheiro e diminui as emissões.

No Capítulo 1, discutimos a ideia de que as pessoas têm uma "pegada", seja ela uma pegada ecológica, de carbono ou de estilo de vida. A maioria das avaliações de pegada são simplificações grosseiras, mas elas podem dar uma ideia do seu impacto e até mesmo uma estimativa de quantos planetas seriam necessários para sustentar determinado estilo de vida e economia se todos vivessem como você. Ações que reduzem a nossa pegada podem fazer a diferença; por exemplo, as decisões sobre o tipo e a origem do alimento que ingerimos (legumes ou carne vermelha, a partir de produtores locais ou de uma grande cadeia de supermercados). Cada ação, cada decisão que tomamos, tem uma consequência. Tudo no ambiente da Terra está ligado, e toda ação humana afeta outra coisa.

Em um nível coletivo como sociedade humana, nós podemos trabalhar para melhorar certas práticas de uso da terra, especialmente aquelas que desmatam florestas e outras vegetações, e podemos plantas árvores e expandir os espaços verdes nas áreas urbanas para absorver CO_2 e moderar as temperaturas mais altas. Podemos alterar nossas práticas agrícolas de forma que mais carbono seja retido no solo e mais variedades de cultivos sejam geradas para resistir a calor, seca ou enchentes. Podemos exigir e apoiar regulamentações governamentais para elevar os padrões de eficiência dos combustíveis dos automóveis. Nas áreas litorâneas, podemos alterar as práticas de urbanismo para aproveitar a proteção natural da linha de costa, como as dunas de areia, permitindo a modificação das feições naturais nas tempestades. Também podemos promover o uso eficiente da água, especialmente em áreas propensas a secas. Esses são apenas alguns exemplos dentre muitos para mitigar as causas e os efeitos da mudança climática (para links e mais informações, acesse http://www.unep.org/climatechange/mitigation/ e http://climate.nasa.gov/solutions).

As concentrações atuais de gases de efeito estufa permanecerão na atmosfera por muitas décadas, mas a hora de agir é agora. Os cientistas apontam 450 ppm como um limiar climático perto do qual os sistemas terrestres fariam a transição para um modo caótico; com a aceleração das emissões de CO_2, esse nível de dióxido de carbono poderá ocorrer na década de 2020. A meta de evitar esse limiar é um início prático para amenizar as piores consequências da nossa trajetória atual. Realmente, como dito no *Pensamento Crítico* 11.1, os cientistas sugerem que almejemos uma redução dos níveis atmosféricos de CO_2 para 350 ppm*. Aumentar a conscientização pública sobre esse objetivo é uma estratégia de mitigação da mudança climática (vide *O Denominador Humano*, Figura DH 11). As tecnologias necessárias para reduzir o CO_2 atmosférico até a meta de 350 ppm já existem. As informações apresentadas neste capítulo são oferecidas na esperança de proporcionar motivação e poder de ação – pessoal, local, regional, nacional e globalmente.

---

*Entre outras fontes, vide J. Hansen et al., "Target atmospheric CO_2: Where should humanity aim?" *Open Atmospheric Science Journal* 2 (March 2008): 217–231; e K. Zickfeld, M. Eby, H. D. Matthews, and A. J. Weaver, "Setting cumulative emissions targets to reduce the risk of dangerous climate change," *Proceedings of the National Academy of Sciences* 106, 38 (September 22, 2009): 16129–16134.

◀Figura 11.29 **Estratégias de mitigação da mudança climática nas cidades** As luzes nos Estados Unidos refletem os padrões populacionais, estando correlacionadas a muitas das grandes áreas urbanas que trabalham para reduzir as emissões de gases de efeito estufa. De acordo com o projeto sem fins lucrativos *Carbon Disclosure Project* (CDP), 110 cidades em todo o mundo informaram , em 2013, que ações de mitigação da mudança climática possuem benefícios conexos que poupam dinheiro, atraem novos negócios e melhoram a saúde dos habitantes. Leia o relatório do CDP em https://www.cdproject.net/CDPResults/CDP-Cities-2013-Global-Report.pdf. [*Suomi NPP*, instrumento VIIRS, NASA.]

O DENOMINADOR **humano** 11 Agindo a respeito da mudança climática

MUDANÇA CLIMÁTICA ⇨ HUMANOS
- A mudança climática afeta todos os sistemas terrestres.
- A mudança climática determina o tempo meteorológico e os eventos extremos, como seca, ondas de calor, tempestade e elevação do nível do mar, que provocam sofrimento e mortes.

HUMANOS ⇨ MUDANÇA CLIMÁTICA
- As atividades antropogênicas geram gases de efeito estufa que alteram o equilíbrio radiativo e desencadeiam a mudança climática.

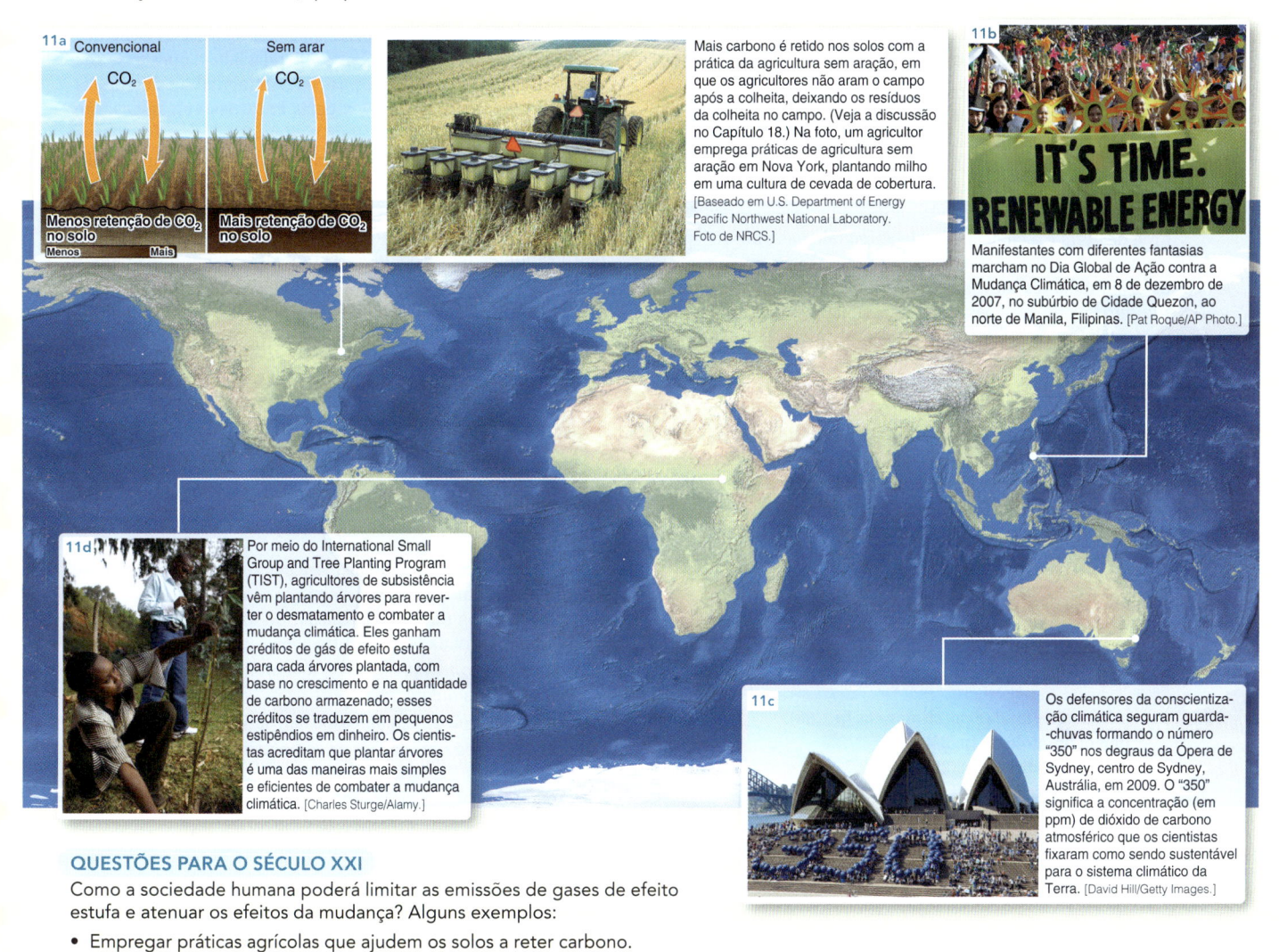

11a Convencional / Sem arar — CO_2 — Menos retenção de CO_2 no solo / Mais retenção de CO_2 no solo

Mais carbono é retido nos solos com a prática da agricultura sem aração, em que os agricultores não aram o campo após a colheita, deixando os resíduos da colheita no campo. (Veja a discussão no Capítulo 18.) Na foto, um agricultor emprega práticas de agricultura sem aração em Nova York, plantando milho em uma cultura de cevada de cobertura. [Baseado em U.S. Department of Energy Pacific Northwest National Laboratory. Foto de NRCS.]

11b Manifestantes com diferentes fantasias marcham no Dia Global de Ação contra a Mudança Climática, em 8 de dezembro de 2007, no subúrbio de Cidade Quezon, ao norte de Manila, Filipinas. [Pat Roque/AP Photo.]

11d Por meio do International Small Group and Tree Planting Program (TIST), agricultores de subsistência vêm plantando árvores para reverter o desmatamento e combater a mudança climática. Eles ganham créditos de gás de efeito estufa para cada árvores plantada, com base no crescimento e na quantidade de carbono armazenado; esses créditos se traduzem em pequenos estipêndios em dinheiro. Os cientistas acreditam que plantar árvores é uma das maneiras mais simples e eficientes de combater a mudança climática. [Charles Sturge/Alamy.]

11c Os defensores da conscientização climática seguram guarda-chuvas formando o número "350" nos degraus da Ópera de Sydney, centro de Sydney, Austrália, em 2009. O "350" significa a concentração (em ppm) de dióxido de carbono atmosférico que os cientistas fixaram como sendo sustentável para o sistema climático da Terra. [David Hill/Getty Images.]

QUESTÕES PARA O SÉCULO XXI
Como a sociedade humana poderá limitar as emissões de gases de efeito estufa e atenuar os efeitos da mudança? Alguns exemplos:
- Empregar práticas agrícolas que ajudem os solos a reter carbono.
- Plantar árvores para ajudar a sequestrar carbono nos ecossistemas terrestres.
- Apoiar a energia renovável e modificar estilos de vida para usar menos recursos.
- Proteger e recuperar os ecossistemas naturais que são reservatórios de carbono.

conexão GEOSSISTEMAS

O Capítulo 11 apresenta uma síntese das evidências da mudança climática e suas causas humanas, encerrando a Parte II e o foco na atmosfera da Terra. Em seguida, passamos para a Parte III, Capítulo 12 a 17, "A Interface Terra-Atmosfera" – na qual os sistemas se encontram na litosfera. Iniciamos com o sistema endogênico, nos Capítulos 12 e 13, descrevendo como a energia irrompe de dentro da Terra com força suficiente para arrastar e empurrar porções da crosta terrestres à medida que os continentes migram. Também estudamos os processos de formação das rochas e a natureza da deformação crustal, assim como os catastróficos eventos de terremotos e erupções vulcânicas.

REVISÃO DOS CONCEITOS-CHAVE DE
aprendizagem

■ *Descrever* ferramentas científicas usadas para estudar paleoclimatologia.

O estudo das causas e consequências da mudança climática sobre os sistemas terrestres é a **ciência das mudanças climáticas**. O crescimento da população humana na Terra levou a um uso acelerado dos recursos naturais, aumentando a liberação dos gases de efeito estufa – mais notavelmente, de CO_2 – na atmosfera.

O estudo da variabilidade natural do clima ao longo da história da Terra é a ciência da **paleoclimatologia**. Uma vez que os cientistas não têm medições diretas dos climas passados, eles utilizam **métodos indiretos (*proxy*)**, ou *indicadores climáticos indiretos* – informações sobre os ambientes passados que representam mudanças no clima. Reconstituições climáticas que cobrem milhões de ano mostram que o clima da Terra passou por ciclos de períodos mais frios e mais quentes do que hoje. Uma ferramenta para a reconstituição climática de longo prazo é a **análise de isótopos**, uma técnica que usa as quantidades relativas dos isótopos de elementos químicos para identificar a composição dos oceanos e das massas de gelo do passado. **Isótopos radiativos**, como o ^{14}C (carbono-14), são instáveis e decaem a uma taxa constante, medida como *meia-vida* (o tempo que demora para que metade da amostra se decomponha). A ciência que usa os anéis de crescimento das árvores para estudar os climas passados é a **dendroclimatologia**. A análise dos depósitos minerais em cavernas que formam **espeleotemas** e os anéis de crescimento dos corais oceânicos também são capazes de identificar as condições ambientais do passado.

ciência das mudanças climáticas (p. 288)
paleoclimatologia (p. 290)
métodos indiretos (p. 290)
análise de isótopos (p. 291)
isótopo radiativo (p. 296)
dendroclimatologia (p. 297)
espeleotemas (p. 297)

1. Descreva a mudança no CO_2 atmosférico ao longo dos últimos 800.000 anos. O que é a Curva de Keeling? Onde as suas medições nos põem hoje em relação aos 50 anos anteriores?
2. Descreva um exemplo de indicador climático indireto usado no estudo da paleoclimatologia.
3. Explique como os isótopos de oxigênio podem identificar glaciais e interglaciais.
4. Quais dados climáticos os cientistas obtêm com os testemunhos de gelo? Em que parte da Terra os cientistas perfuraram os testemunhos de gelo mais longos?
5. Como o pólen pode ser usado na datação por radiocarbono?
6. Descreva como os cientistas usam anéis de crescimento de árvores, corais e espeleotemas para determinar os climas passados.

■ *Discutir* diversos fatores naturais que influenciam o clima da Terra e *descrever* retroalimentações climáticas, usando exemplos.

Vários mecanismos naturais podem potencialmente causar flutuações climáticas. A emissão de energia solar varia ao longo do tempo, mas essa variação ainda não foi vinculada definitivamente às mudanças climáticas. O **Mínimo de Maunder**, um mínimo solar aproximadamente entre os anos de 1645 e 1715, corresponde a um dos períodos mais frios da Pequena Idade do Gelo. No entanto, outras mínimas solares não estão correlacionadas a períodos mais frios. Os ciclos orbitais da Terra, chamados de **ciclos de Milankovitch**, parecem afetar o clima do planeta – especialmente os ciclos glaciais e interglaciais –, apesar de seu papel ainda ser estudado. A posição continental e os aerossóis atmosféricos, como os gerados pelas erupções vulcânicas, são outros fatores naturais que afetam o clima.

Retroalimentações climáticas são processos que amplificam ou reduzem as tendências climáticas em direção a aquecimento ou resfriamento. Muitas retroalimentações climáticas envolvem a circulação do carbono pelos sistemas terrestres, entre as fontes de carbono, áreas onde o carbono é liberado, e **sumidouros de carbono**, áreas onde o carbono é armazenado (reservatórios de carbono) – a troca geral entre fontes e sumidouros é o **balanço global de carbono**. A *retroalimentação permafrost-carbono* e a *retroalimentação CO_2-intemperismo* envolvem a circulação do CO_2 dentro do balanço de carbono da Terra.

Mínimo de Maunder (p. 299)
ciclos de Milankovitch (p. 300)
retroalimentações climáticas (p. 300)
sumidouros de carbono (p. 301)
balanço global de carbono (p. 301)

7. Qual é a conexão entre as manchas solares e a emissão de energia solar? O que aconteceu com a atividade das manchas solares durante o Mínimo de Maunder? Qual era o status da atividade solar entre 2005 e 2010?
8. Quais são os três períodos de tempo de variação cíclica nos ciclos de Milankovitch?
9. Descreva o efeito dos aerossóis vulcânicos sobre o clima.
10. Cite diversos sumidouros de carbono importantes no balanço global de carbono. Quais são as fontes de carbono mais importantes?
11. Defina uma retroalimentação climática e faça o esboço de um exemplo de ciclo de retroalimentação.
12. A retroalimentação CO_2-intemperismo age em direção positiva ou negativa? Explique.

■ *Listar* as principais linhas de evidência da atual mudança climática global e *sintetizar* as evidências científicas do forçamento antropogênico do clima.

Diversos indicadores fornecem fortes evidências do aquecimento climático: aumento das temperaturas atmosféricas sobre terra e oceanos, aumento das temperaturas na superfície do mar e da quantidade de calor no oceano, derretimento do gelo glacial e do gelo marinho, elevação global do nível dos mares e aumento da umidade específica. O consenso científico é que a atual mudança climática é causada principalmente pelas maiores concentrações de gases atmosféricos de efeito estufa originados pelas atividades humanas. Os principais gases de efeito estufa produzidos pelas atividades humanas são CO_2, metano, óxido nitroso e gases halogenados, como clorofluorcarbonos (CFCs) e hidrofluorcarbonos (HFCs). A maior presença desses gases está causando um **forçamento radiativo** (ou forçante climática) positivo, que é a medida que alguma perturbação faz o balanço de energia Terra-atmosfera se desviar de zero. Estudos mostram que o CO_2 possui o maior forçamento radiativo entre os gases de efeito estufa, e que esse forçamento excede os demais fatores naturais e antropogênicos que forçam o clima.

forçamento radiativo (p. 311)

13. Qual é o papel do gelo plurianual nas perdas totais de gelo marinho global? Qual é o estado desse gelo hoje? (Verifique sites como o do National Snow and Ice Data Center.)
14. Quais são os dois fatores mais importantes que contribuem atualmente para a elevação global do nível dos mares?
15. Quais são as principais fontes de dióxido de carbono? Quais são as principais fontes de metano atmosférico? Por que o metano é considerado um gás de efeito estufa mais potente do que o CO_2?
16. O que são hidratos de metano? Como eles podem potencialmente afetar as concentrações atmosféricas de gases de efeito estufa?

■ *Discutir* modelos climáticos e *resumir* diversas projeções de cenários climáticos.

Um **modelo de circulação geral (MCG)** é um complexo modelo climático computadorizado utilizado para avaliar as tendências climáticas passadas e suas causas, bem como projetar mudanças futuras no clima. Os submodelos de atmosfera e de oceano mais sofisticados são conhecidos como **Modelos de Circulação Geral Atmosfera-Oceano (MCGAO)**. Os modelos climáticos mostram que o forçamento radiativo positivo é causado por gases de efeito estufa antropogênicos, e não por fatores naturais, como variabilidade solar e aerossóis vulcânicos.

modelos de circulação geral (MCG) (p. 314)
Modelos de Circulação Geral Atmosfera-Oceano (MCGAO) (p. 314)

17. O que os modelos climáticos nos dizem sobre o forçamento radiativo e os cenários futuros da temperatura?
18. Como poderíamos alterar os cenários futuros modificando as políticas nacionais relativas ao uso de combustíveis fósseis?

■ *Descrever* várias medidas de mitigação para desacelerar as taxas de mudança climática.

Ações realizadas no plano individual por milhões de pessoas podem desacelerar a mudança climática para nós e para as gerações futuras. A principal maneira de fazer isso – como pessoas, como país e como comunidade internacional – é reduzir as emissões de carbono, especialmente as da queima de combustíveis fósseis.

19. Quais são as ações em andamento para retardar os efeitos das mudanças climáticas globais? O que é o Protocolo de Quioto?
20. Separe um momento para refletir sobre possíveis ações mitigadoras em nível pessoal, local, regional, nacional e internacional para reduzir os impactos da mudança climática.

Sugestões de leituras em português

BARRY, R. G.; CHORLEY, R. *Atmosfera, tempo e clima*. 9. ed. Porto Alegre: Bookman, 2012.

RUDDIMAN, W. *A terra transformada*. Porto Alegre: Bookman, 2015.

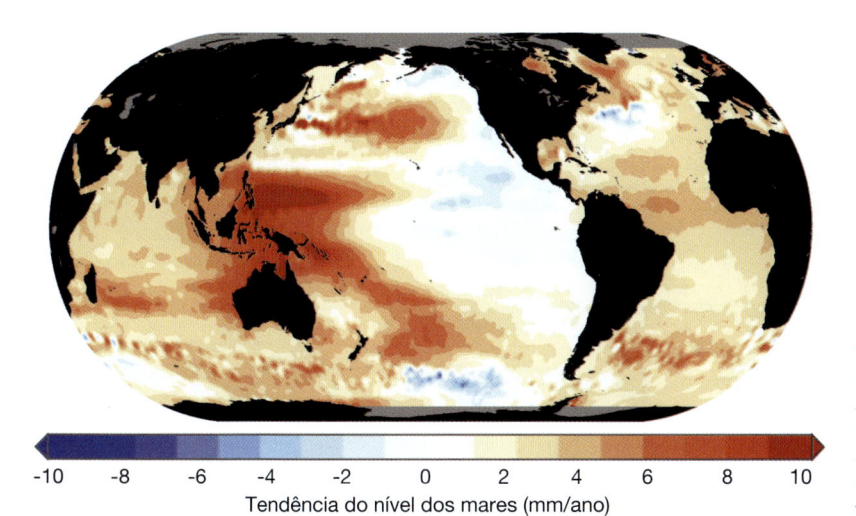

◀ **Figura 11.30** Taxa da mudança global do nível médio dos mares, 1992–2013. As tendências do nível dos mares como medido pelos satélites *TOPEX/Poseidon*, *Jason*-1 e *Jason*-2 varia com a localização geográfica. [Laboratory for Satellite Altimetry/NOAA.]

III A Interface Terra-Atmosfera

CAPÍTULO 12
O planeta dinâmico 324

CAPÍTULO 13
Tectônica, terremotos e vulcanismo 356

CAPÍTULO 14
Intemperismo, paisagem cárstica e movimento de massa 392

CAPÍTULO 15
Sistemas fluviais 420

CAPÍTULO 16
Oceanos, sistemas costeiros e processos eólicos 454

CAPÍTULO 17
Paisagens glaciais e periglaciais 494

A Terra é um planeta dinâmico cuja superfície é moldada por ativos agentes físicos de mudança. Dois amplos sistemas – o endógeno e o exógeno – organizam esses agentes na Parte III. O *sistema endógeno* (Capítulos 12 e 13) compreende os processos internos que produzem fluxos de calor e material das profundezas abaixo da crosta terrestre. O decaimento radioativo é a principal fonte de energia desses processos. Os materiais envolvidos constituem o

▼ O rio Colorado, próximo a Moab, Estado de Utah, EUA [Scott Prokop/Shutterstock].

ENTRADAS
Calor do interior da Terra
Energia solar que chega à Terra
Precipitação
Vento

AÇÕES
Formação de rochas e minerais
Processos tectônicos
Intemperismo
Erosão, transporte, deposição

SAÍDAS
Deformação crustal
Orogênese e vulcanismo
Relevos: cársticos, fluviais, eólicos, costeiros, glaciais

RELAÇÃO HUMANOS-TERRA
Percepção de riscos
Energia geotermal
Gestão de planície de inundações
Elevação do nível dos mares

domínio sólido da Terra. A superfície terrestre responde ao se mover, entortar e quebrar, às vezes em episódios impressionantes de terremotos e erupções vulcânicas, construindo a crosta.

O *sistema exógeno* (Capítulos 14 a 17) consiste em processos externos na superfície da Terra que movimentam ar, água e gelo, tudo suprido por energia solar. Esses meios esculpem, modelam e desgastam a paisagem. Um desses processos, o *intemperismo*, quebra e dissolve a crosta. A *erosão* colhe esses materiais, transporta-os nos rios, nas ondas costeiras, nos ventos e pelo fluxo das geleiras e os deposita em novas locais. Desta forma, a superfície terrestre é a interface entre dois vastos sistemas abertos: um que constrói a paisagem e cria o relevo topográfico, e outro que a destrói em planos de elevação relativamente baixa de depósitos sedimentares.

12 O planeta dinâmico

CONCEITOS-CHAVE DE aprendizagem

Após a leitura deste capítulo, você conseguirá:

- *Distinguir* entre os sistemas endógeno e exógeno que formam a Terra e *determinar* a força que propulsiona cada um deles.
- *Explicar* o princípio do uniformitarismo e *discutir* os intervalos de tempo em que a história geológica da Terra é dividida.
- *Representar* o interior da Terra em corte transversal e *descrever* cada camada.
- *Descrever* os três principais grupos de rocha e *fazer um diagrama* do ciclo das rochas.
- *Descrever* o Pangea e sua fragmentação e *relacionar* diversas evidências físicas de que o deslocamento crustal ocorre ainda hoje.
- *Retratar* o padrão das principais placas terrestres em um mapa-múndi e *relacioná-lo* à ocorrência de terremotos, atividade vulcânica e pontos quentes.

As paisagens vulcânicas da Islândia são uma expressão superficial do sistema endógeno (ou interno) da Terra. O ambiente coberto de cinzas e a nuvem de vapor resultam da atividade do vulcão Eyjafjallajökull, que entrou em erupção em 2010. (Veja a pluma de cinza produzida por esta erupção na Figura 13.21.) Este capítulo examina os materiais e os processos que moldam a superfície terrestre, estabelecendo os fundamentos do nosso estudo da interface Terra-atmosfera. [Kersten Langenberger/Imagebroker/Corbis.]

GEOSSISTEMAS HOJE

A migração dos polos magnéticos da terra

No Capítulo 1, discutimos o Polo Norte geográfico – o polo axial, tendo seu centro onde os meridianos de longitude convergem. Esse é o norte verdadeiro e é um ponto fixo. Existe também outro "polo norte", associado ao campo magnético da Terra. Esse é o ponto para onde a agulha da bússola aponta, sendo chamado de Polo Norte magnético (PNM). Antes do uso generalizado do Sistema de Posicionamento Global (GPS), as pessoas dependiam da bússola para se orientar, o que tornava a localização desse polo essencial para a navegação. Uma vez que a localização desse polo muda, o PNM deve ser periodicamente detectado e fixado por levantamentos magnéticos.

O interior profundo da Terra – o núcleo – tem uma região interna sólida e uma região externa fluida. O campo magnético terrestre é gerado primordialmente por movimentos do material fluido no núcleo externo. Como um ímã de barra, o campo magnético tem polos com cargas opostas. No PNM, a atração do campo magnético tem direção vertical descendente; imagine essa atração como uma seta apontando para baixo, fazendo intersecção com a superfície terrestre nos polos magnéticos norte e sul*. O movimento dos polos magnéticos origina-se de mudanças no campo magnético da Terra.

*N. de R.T.: Evidentemente, no Polo Sul magnético a seta do campo magnético aponta para cima.

Declinação magnética Hoje, a agulha da bússola não aponta para o norte verdadeiro. A distância angular em graus entre a direção da agulha da bússola e a linha de longitude de uma dada localidade é conhecida como *declinação magnética*. Uma vez que o PNM está constantemente se mexendo, o conhecimento da sua localização atual é essencial para determinar a declinação magnética. Assim, para calcular o norte verdadeiro a partir de uma leitura de bússola, deve-se acrescentar ou subtrair (dependendo da sua longitude em relação ao PNM) a declinação magnética apropriada para a sua localização. Por exemplo, em 2008, ao norte de São Francisco, Califórnia, a declinação era 15° oeste. No entanto, na junção dos limites dos estados de Iowa, Missouri e Illinois (nos EUA), a declinação era 0° – nesse local, o PNM e o norte verdadeiro estavam alinhados. Ao mesmo tempo, em Boston, a declinação era 15° leste.**

Movimentação dos polos No século passado, o PNM deslocou-se 1100 km pelo Ártico canadense. Atualmente, o PNM está indo para o noroeste, em direção à Sibé-

**N. de R.T.: No Brasil, a declinação magnética de uma localidade pode ser obtida no sítio do Observatório Nacional (http://extranet.on.br/jlkm/magdec/index.html). Exemplos: No final de 2014 a declinação em Manaus (AM), Brasília (DF), Rio de Janeiro (RJ) e Porto Alegre (RS) era, respectivamente, 15,3° W, 21,2° W, 22,5° W e 16,4° W.

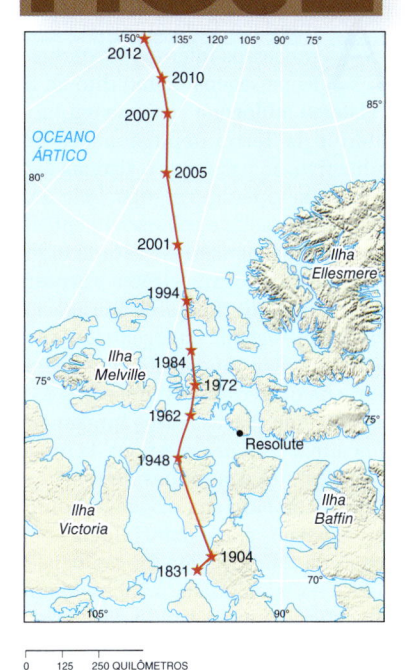

▲Figura GH 12.1 Movimento do Polo Norte magnético, de 1831 a 2012.

ria, a aproximadamente 55 a 60 km por ano. As posições observadas entre 1831 e 2012 são marcadas na Figura GH 12.1. Todo dia, o polo magnético real migra, descrevendo um pequeno padrão oval em torno das localizações médias dadas no mapa. O Geological Survey of Canada (GSC) acompanha a localização e o movimento do PNM (acesse http://geomag.nrcan.gc.ca/index-eng.php).

Em 2012, o PNM estava próximo a 85,9° N e 147° O, no Ártico canadense. A sua *antípoda*, ou polo oposto, o Polo Sul magnético (PSM), estava na costa da Terra de Wilkes, Antártica***. O PSM move-se separadamente em relação ao PNM, e ele está indo atualmente na direção noroeste, a menos 5 km por ano. Ao explorarmos o interior da Terra neste capítulo, discutimos a mudança de intensidade do campo magnético da Terra e como esse campo inverte periodicamente sua polaridade. Nos capítulos seguintes, discutiremos os efeitos do campo magnético sobre a migração animal e como pássaros e tartarugas, entre outros, são capazes de ler a declinação magnética.

***N. de R.T.: Em 2015, o PNM estava no Oceano Ártico na posição 86,3° N, 160° W (cerca de 411 km ao sul do PNG), o PSM estava no Oceano Austral na posição 64,3° S, 136,6° E (cerca de 2858 km ao norte do PSM; note que essa posição é inclusive ao norte do Círculo Antártico).

TABELA GH 12.1 Coordenadas aproximadas do Polo Norte magnético, 2003 a 2015

Ano	Latitude (°N)	Longitude (°W)
2003	82,0	112,4
2004	82,3	113,4
2005	82,7	114,4
2006	83,9	119,9
2007	84,4	121,7
2008	84,2	124,9
2009	84,9	131,0
2010	85,0	132,6
2011	85,1	134,0
2012	85,9	147,0
2013	85,9	148,0
2014	86,1	153,9
2015	86,3	160,0

A interface Terra-atmosfera é o ponto de encontro de processos internos e externos que criam e degastam as paisagens. Como dito na introdução da Parte III, o **sistema endógeno** consiste em processos que operam no interior da Terra, impulsionados por calor e decaimento radioativo, ao passo que o **sistema exógeno** consiste em processos que operam na superfície da Terra, impulsionados pela energia solar e pelo movimento do ar, da água e do gelo. *Geologia* é a ciência que estuda todos os aspectos da Terra – sua história, composição e estrutura interna, suas feições superficiais e os processos que agem sobre elas. O nosso panorama do sistema *endógeno* (ou interno) da Terra neste capítulo cobre os fundamentos da geologia, incluindo os tipos de rocha da Terra, seus processos de formação e a teoria da tectônica de placas. Esses fundamentos dão uma estrutura conceitual para nosso estudo da litosfera neste livro.

O estudo das formas de relevo da superfície terrestre, especificamente sua origem, evolução, forma e distribuição espacial, é a **geomorfologia** – um subcampo tanto da geografia física quanto da geologia. Embora a geomorfologia esteja relacionada principalmente ao sistema *exógeno* (ou externo), nosso estudo do exterior da Terra começa com uma explicação do interior do planeta, os materiais e processos básicos que moldam a superfície da Terra.

Neste capítulo: O interior da Terra é organizado como um núcleo cercado por camadas aproximadamente concêntricas de material. Ele é aquecido de forma desigual pelo decaimento radioativo de elementos instáveis. Um ciclo de rochas produz três classes de rochas por meio de processos ígneos, sedimentares e metamórficos. Um ciclo tectônico movimenta imensas seções da crosta terrestre, chamadas de placas, acompanhado pela expansão do assoalho oceânico. As colisões dessas placas produzem fraturas superficiais irregulares e cordilheiras, tanto em terra quanto no assoalho oceânico. Essa movimentação de material crustal origina-se de forças endógenas dentro da Terra; as expressões superficiais dessas forças incluem terremotos e eventos vulcânicos.

O ritmo da mudança

No Capítulo 11, discutimos técnicas paleoclimáticas que estabelecem cronologias de ambientes passados, permitindo que os cientistas reconstituam a idade e o caráter dos climas do passado. Um pressuposto dessas reconstituições é que os movimentos, sistemas e ciclos que ocorrem hoje também atuavam no passado. Esse princípio norteador da ciência da Terra, o chamado **uniformitarismo**, pressupõe que os mesmos princípios físicos ativos hoje no ambiente operaram durante toda a história do planeta. A expressão "o presente é a chave do passado" descreve esse princípio. Por exemplo, assume-se que os processos pelos quais os rios escavam vales no presente são os mesmos que escavaram vales há 500 milhões de anos. Evidências do registro geológico, preservado em camadas de rocha que se formaram ao longo dos milênios, dão respaldo a esse conceito, que foi levantado em hipótese pela primeira vez pelo geólogo James Hutton, no século XVIII, e mais tarde ampliado por Charles Lyell em seu livro seminal, *Princípios de Geologia* (1830).

Embora o princípio do uniformitarismo se aplique principalmente aos processos graduais da mudança geológica, ele também inclui eventos súbitos e catastróficos, como grandes deslizamentos de terra, terremotos, episódios vulcânicos e impactos de asteroides. Esses eventos têm importância geológica e podem ocorrer como pequenas interrupções nos processos geralmente uniformes que modelam a paisagem que evolui lentamente. Portanto, uniformitarismo quer dizer que as leis naturais que governam os processos geológicos não mudaram ao longo do tempo geológico, embora a taxa em que esses processos operam seja variável.

O escopo completo da história da Terra pode ser representado em uma linha do tempo resumida chamada de **escala de tempo geológico** (Figura 12.1). Para os últimos 4,6 bilhões de anos, a escala é dividida em *éons*, o maior período de tempo (embora alguns se refiram ao Pré-Cambriano como um *superéon*), e então em intervalos de tempo cada vez mais curtos de *eras*, *períodos* e *épocas*. Os principais eventos da história terrestre determinam os limites entre esses intervalos, que não têm duração igual. Exemplos são as seis grandes extinções de formas de vida na história do planeta, marcadas na Figura 12.1. A cronologia desses eventos varia entre 440 milhões de anos atrás (m.a.a.) até o episódio de extinção causado pela civilização moderna, que se estende até hoje (discutido no Capítulo 19; para saber mais sobre a escala de tempo geológico, acesse http://www.ucmp.berkeley.edu/exhibit/geology.html).

Os geólogos atribuem idades a eventos ou rochas específicas, estruturas e paisagens usando essa escala de tempo, com base tanto no tempo relativo (o que aconteceu em qual ordem) ou no tempo numérico (o número real de anos antes do presente). *Idade relativa* refere-se à idade de uma feição em relação a outra dentro de uma sequência de eventos, sendo deduzida a partir da posição relativa dos estratos rochosos em cima ou embaixo uns dos outros. Hoje, a *idade numérica* (às vezes chamada de idade absoluta) é determinada com mais frequência por meio de técnicas de datação isotópica (discutidas no Capítulo 11).

Determinações de idade relativa são baseadas no princípio geral da *sobreposição*, que afirma que as rochas e partículas não consolidadas estão dispostas com as camadas mais jovens "sobrepostas" em cima de uma formação rochosa, com as mais antigas na base. Esse princípio se aplica contanto que os materiais não tenham sido perturbados. As camadas rochosas em disposição horizontal do Grand Canyon e de muitos outros cânions do sudoeste dos EUA são um exemplo. O estudo científico dessas sequências é a **estratigrafia**. Importantes pistas temporais – por exemplo, *fósseis*, os resquícios de antigas plantas e animais – encontram-se incrustadas nesses estratos. Desde aproximadamente 4,0 bilhões de anos atrás, a vida deixa sua impressão evolutiva nas rochas.

A idade numérica é determinada por métodos científicos, como a *datação radiométrica*, que usa a taxa de decaimento de diferentes isótopos instáveis para obter um relógio estável, fixando as idades dos materiais terrestres. O conhecimento preciso das taxas de decaimento radioativo permite que os cientistas determinem a data em que uma rocha se formou, comparando a quantidade de isótopo original na amostra com a quantidade de produto final decaído na amostra. As idades numéricas possibilitam que os cientistas refinem a escala geológica e aprimorem a precisão das sequências de datação relativa.

Capítulo 12 • O planeta dinâmico

História da Terra

Porcentagem da história da Terra	Éon	Era	Milhões de anos atrás
↑ 11,7% ↓	FANEROZOICO	CENOZOICO	65,5
		MESOZOICO	251
		PALEOZOICO	542
↑ 88,3% ↓	PRÉ-CAMBRIANO / PROTEROZOICO	Superior • A atmosfera moderna da Terra evolui	900
		Médio	1600
		Inferior	2500
	ARQUEANO	Superior	3000
		Médio • A atmosfera viva • 1ª fotossíntese – cianobactéria	3400
		Inferior • 1ª quimiossíntese – microfósseis de bactéria • A atmosfera evolucionária • Mais antiga rocha terrestre conhecida (4000)	3800
	Éon Hadeano	• Mais antiga rocha lunar conhecida	4100
			4600

Últimos 570 milhões de anos

Era	Período		Época	Milhões de anos atrás	Principais extinções atuais
CENOZOICO •1ºs humanos •1ºs hominídeos •1ªs gramíneas •1ºs grandes mamíferos	QUATERNÁRIO		Holoceno	0,01	1,4%
			Pleistoceno	2,6	
	TERCIÁRIO	Neogeno	Plioceno	5,3	
			Mioceno	23,0	
		Paleogeno •Orogenia himalaiana	Oligoceno	33,9	
			Eoceno	55,8	
			Paleoceno	65,5	
MESOZOICO	CRETÁCEO •Grandes extinções (65 m.a.a.) •Orogenia Laramide •Orogenia do Nevada •Fissura da Bacia do Atlântico •Predomínio dos dinossauros •Angiospermas			145,5	5,4%
	JURÁSSICO •1ºs pássaros e mamíferos			200	
	TRIÁSSICO •Grandes extinções (210 m.a.a.) •Forma-se o Pangea •Início da idade dos dinossauros			251	
PALEOZOICO	PERMIANO •Grandes extinções (250 m.a.a.) (a maior de todas) •Orogenia Alleghany			299	11,7%
	Carbonífero	PENNSYLVANIANO •1ºs répteis		323	
		MISSISSIPIANO •1ºs insetos com asas		359,2	
	DEVONIANO •Grandes extinções (370 m.a.a.) •1ªs árvores; anfíbios			416	
	SILURIANO •1ªs plantas terrestres; insetos			443,7	
	ORDOVICIANO •Grandes extinções (440 m.a.a.)			488,3	
	CAMBRIANO •1ºs peixes e moluscos			542	
PRÉ-CAMBRIANO					

11,7% Éon Fanerozoico:
- 1,4% Era Cenozoica — Época Holoceno
- 4,0% Era Mesozoica
- 6,3% Era Paleozoica

88,3% Éon Pré-Cambriano

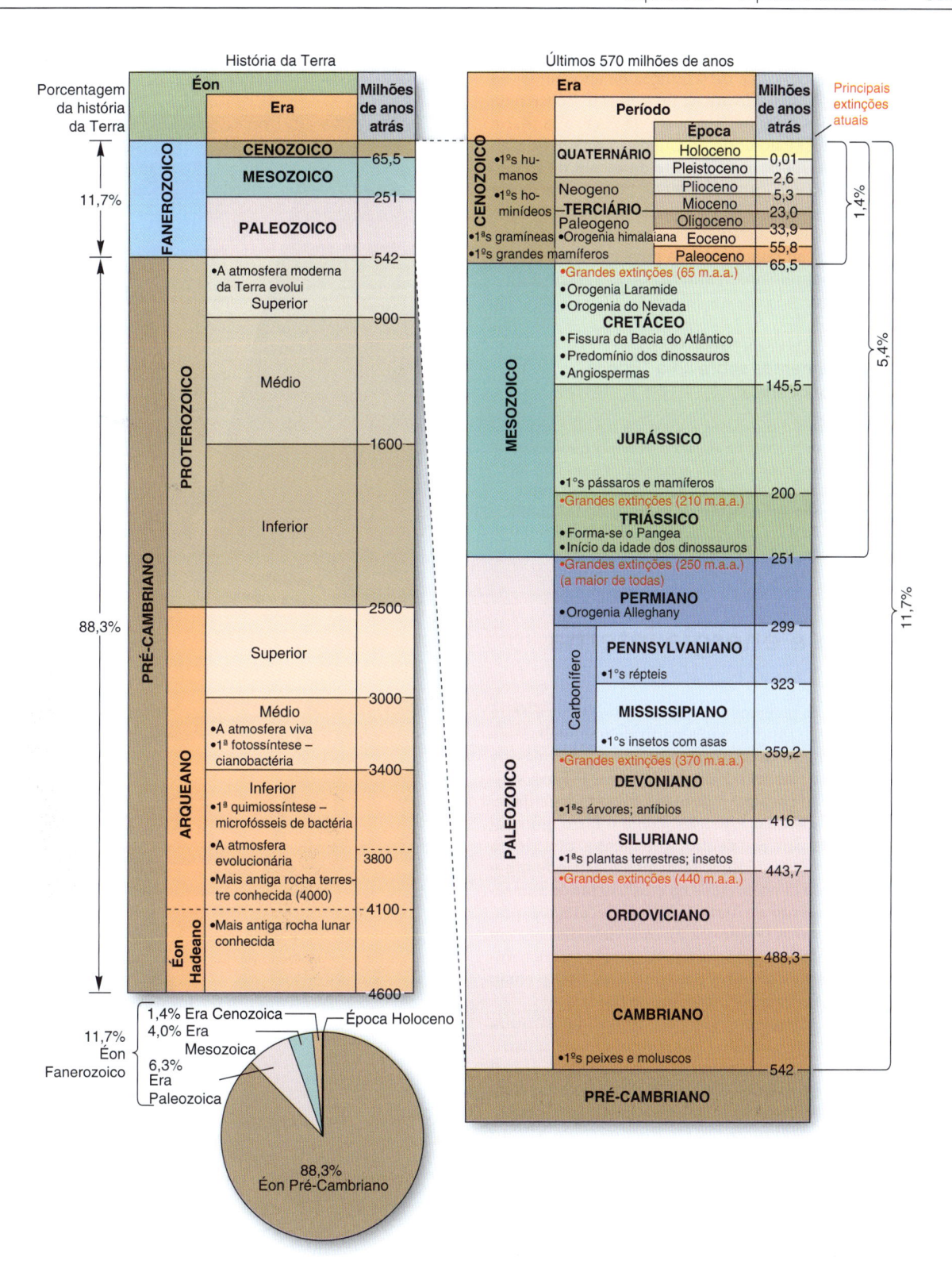

▲**Figura 12.1 Escala de tempo geológico, mostrando pontos de destaque da história da Terra.** As datas aparecem em m.a.a. (milhões de anos atrás). A escala usa os nomes atualmente aceitos dos intervalos de tempo, salvo o Éon Hadeano, que, embora não seja uma designação oficial, é o nome proposto para o período anterior ao Arqueano. As seis principais extinções ou reduções de formas de vida são mostradas em vermelho. Na coluna à esquerda, observe que o Éon Pré-Cambriano cobre 88,3% do tempo geológico. [Dados da Geological Society of America e de *Nature 429* (May 13, 2004): 124–125.]

As rochas superficiais mais antigas da Terra formaram-se no Éon Arqueano, cerca de 4 bilhões de anos atrás, na Groenlândia (3,8 bilhões de anos), no noroeste do Canadá (cerca de 4 bilhões de anos), no oeste da Austrália (4,2 a 4,4 bilhões de anos) e no norte do Quebec, Canadá (4,3 bilhões de anos). A época mais recente da escala de tempo geológico é o *Holoceno*, consistindo nos 11.500 anos desde o último período glacial. Com o aumento dos impactos dos seres humanos sobre os sistemas terrestres, muitos cientistas concordam que entramos em uma nova época, chamada Antropoceno (discutido no Capítulo 1, *GeoRelatório* 1.1).

PENSAMENTO Crítico 12.1
Pensamentos sobre uma "Época Antropocênica"

Reflita um momento e explore a ideia de dar um nome para a nossa época atual na escala de tempo geológico dos humanos. Desenvolva alguns argumentos para fazê-lo considerando a alteração da paisagem, o desflorestamento e a mudança climática. Se fôssemos designar o Holoceno tardio como Antropoceno, quais deveriam ser os critérios para a data de seu início? •

Estrutura e energia interna da Terra

Junto com os outros planetas e o Sol, acredita-se que a Terra tenha condensado e solidificado a partir de uma nébula de poeira, gás e cometas de gelo há cerca de 4,6 bilhões de anos (discutido no Capítulo 2). À medida que a Terra solidificava, a gravidade separava os materiais por densidade. Substâncias mais pesadas e densas, como o ferro, gravitaram gradualmente para seu centro, e elementos mais leves e menos densos, como a sílica, lentamente ascenderam à superfície e ficaram concentrados na crosta exterior. Consequentemente, o interior da Terra consiste em camadas praticamente concêntricas (Figura 12.2), cada uma distinta em composição química ou temperatura. A energia térmica migra para fora a partir do centro por condução, assim como por convecção, nas camadas *plásticas*, ou fluidas.

Os cientistas possuem evidências diretas da estrutura interna do planeta até cerca de 12 km profundidade, a partir de testemunhos de rocha perfurados na camada superficial externa da Terra. Abaixo dessa região, o conhecimento científico das camadas internas da Terra é adquirido inteiramente mediante evidências indiretas. No fim do século XIX, os cientistas descobriram que as ondas de choque criadas pelos terremotos tinham utilidade para identificar os materiais internos da Terra. Terremotos são as vibrações superficiais sentidas quando rochas próximas da superfície subitamente fraturam, ou quebram (discutido em pormenores no Capí-

▶ **Figura 12.2 A Terra em corte transversal.** (a) Corte mostrando o interior da Terra. (b) Interior da Terra em seção transversal, do núcleo central para a crosta. (c) Detalhe da estrutura da litosfera e sua relação com a astenosfera. (Para comparação com as densidades indicadas, note que a densidade da água é 1,0 g/cm³, e a do mercúrio, um metal líquido, é 13,0 g/cm³.)

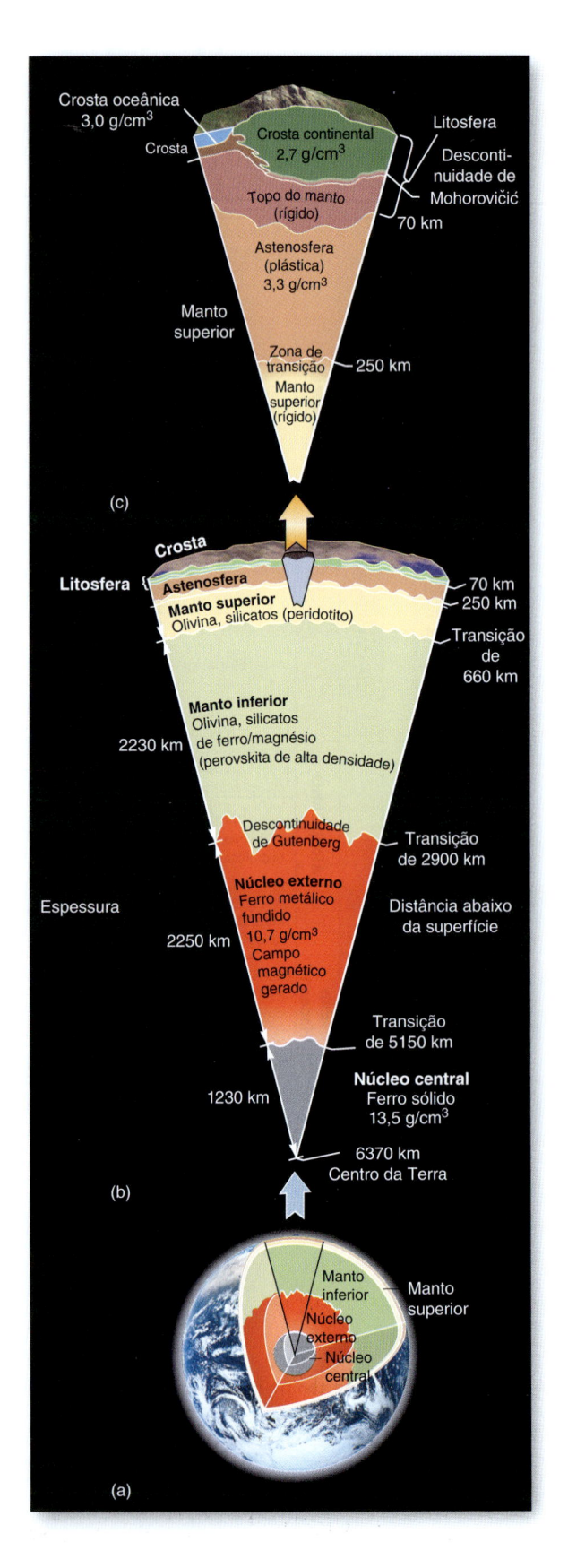

tulo 13). Essas fraturas geram **ondas sísmicas**, ou ondas de choque, que viajam por todo o planeta. A velocidade das ondas varia à medida que elas passam por diferentes materiais – áreas mais frias e rígidas transmitem as ondas sísmicas a uma velocidade maior do que as áreas mais quentes e fluidas. As zonas plásticas não transmitem algumas ondas sísmicas; elas as absorvem. As ondas também podem ser refratadas (desviadas) ou refletidas, dependendo da densidade do material. Portanto, hoje os cientistas podem identificar os limites entre diferentes camadas dentro da Terra medindo a profundidade das mudanças na velocidade e direção das ondas sísmicas. É a ciência da *tomografia sísmica*; para animações e informações, acesse http://www.iris.edu/hq/programs/education_and_outreach/animations/7.

Núcleo e manto da terra

Um terço de toda a massa terrestre, mas apenas um sexto de seu volume, encontra-se em seu núcleo denso. O **núcleo** é diferenciado em duas regiões – *núcleo interno* e *núcleo externo* –, divididas por uma zona de transição com várias centenas de quilômetros de extensão (ver Figura 12.2b). Os cientistas acreditam que o núcleo interno formou-se antes do núcleo externo, logo após a Terra condensar. O núcleo interno é de ferro sólido muito acima da temperatura de fusão do ferro à superfície, mas que permanece sólido devido à enorme pressão. O ferro no núcleo é impuro, sendo provavelmente combinado com silício e, possivelmente, oxigênio e enxofre. O núcleo externo é de ferro metálico fundido, com densidades mais leves do que o núcleo central. As altas temperaturas mantêm o núcleo externo em estado líquido, e o fluxo desse material gera o campo magnético da Terra (discutido logo em seguida).

O núcleo externo da Terra é separado do manto por uma zona de transição com várias centenas de quilômetros de largura, a uma profundidade média de aproximadamente 2900 km (veja a Figura 12.2b). Essa zona é uma *descontinuidade*, ou um local onde diferenças físicas ocorrem entre regiões contíguas do interior da Terra. Estudando as ondas sísmicas de mais de 25.000 terremotos, os cientistas constataram que essa área de transição, chamada de *descontinuidade de Gutenber*, é irregular, com formações acidentadas na forma de picos e vales.

Juntos, os **mantos** inferior e superior representam cerca de 80% do volume total do planeta. O manto é rico em óxidos de ferro e magnésio e em silicatos, que são densos e compactos nas profundezas, passando para densidades menores em direção à superfície. As temperaturas são mais altas no fundo, diminuindo rumo à superfície; os materiais são mais espessos no fundo, com viscosidade maior, em função da maior pressão. Uma larga zona de transição de várias centenas de quilômetros, centrada entre 410 e 660 km abaixo da superfície, separa o manto superior do manto inferior. As rochas no manto inferior estão a uma temperatura alta o suficiente para amolecerem e fluírem lentamente, deformando-se ao longo de escalas temporais de milhões de anos.

O limite entre a porção mais superior do manto e a crosta acima é outra descontinuidade, chamada de **descontinuidade de Mohorovičić** (ou **Moho**, para encurtar). É uma homenagem ao sismologista iugoslavo que determinou que as ondas sísmicas mudam nessa profundidade em função de contrastes acentuados de composição e densidade dos materiais.

A crosta terrestre

Acima do Moho há a camada exterior, a **crosta**, que perfaz apenas uma fração da massa total da Terra. A crosta também perfaz apenas uma porção pequena da distância total entre o centro da Terra e sua superfície (Figura 12.3). Uma comparação das distâncias no interior da Terra com as distâncias na América do Norte dão uma noção de tamanho e escala: um avião indo de Anchorage, Alasca, para Fort Lauderdale, Flórida, viajaria a mesma distância* que existe entre o centro da Terra e sua superfície. Os últimos 30 km dessa jornada representam a espessura da crosta terrestre.

A espessura da crosta da Terra varia pelo planeta. As áreas crustais por baixo de massas de montanha são mais espessas, estendendo-se até cerca de 50–60 km, enquanto a crosta por baixo de interiores continentais tem média de 30 km de espessura. A média da crosta oceânica é de apenas 5 km de espessura. Perfurar a crosta e a descontinuidade de Moho (o limite crosta-manto) até a porção mais superior do manto continua sendo um objetivo científico elusivo.

Apenas oito elementos naturais compõem mais de 98% da crosta terrestre em peso, e dois deles – oxigênio e silício – respondem sozinhos por 74,3% (Tabela 12.1). O oxigênio é o gás mais reativo na baixa atmosfera, prontamente combinando-se com outros elementos. Por esse motivo, a porcentagem de oxigênio é maior na crosta (46%) do que na atmosfera, onde ele totaliza 21%. O processo de diferenciação interna, em que os elementos menos densos ficam mais perto da superfície, explica as porcentagens relativamente grandes de elementos como silício e alumínio na crosta.

A crosta continental é muito diferente da oceânica em composição e textura, e a diferença tem consequências na dinâmica da tectônica de placas e na deriva continental, discutidas mais adiante neste capítulo.

- A crosta continental é relativamente baixa em densidade, com média de 2,7 g/cm^3 (ou 2700 kg/m^3), e é composta principalmente de *granito***. Ela é cristalina e rica em sílica, alumínio, potássio, cálcio e sódio. Às vezes,

---

*N. de R.T.: Na América do Sul, esta é aproximadamente a mesma distância entre Ushuaia, Terra do Fogo, Argentina, e a capital do Equador, Quito.

**N. de R.T.: Mais corretamente predominam na crosta continental rochas quartzo-feldspáticas com composição química semelhante às rochas graníticas.

GEOrelatório 12.1 Elementos radioativos originam o aquecimento interno da Terra

O calor interno que abastece os processos endógenos sob a superfície da Terra vem do calor residual que sobrou da formação do planeta e do decaimento de elementos radioativos – especificamente, o decaimento radioativo dos isótopos potássio-40 (^{40}K), urânio-238 e 235 (^{238}U e ^{235}U) e tório-232 (^{232}Th).

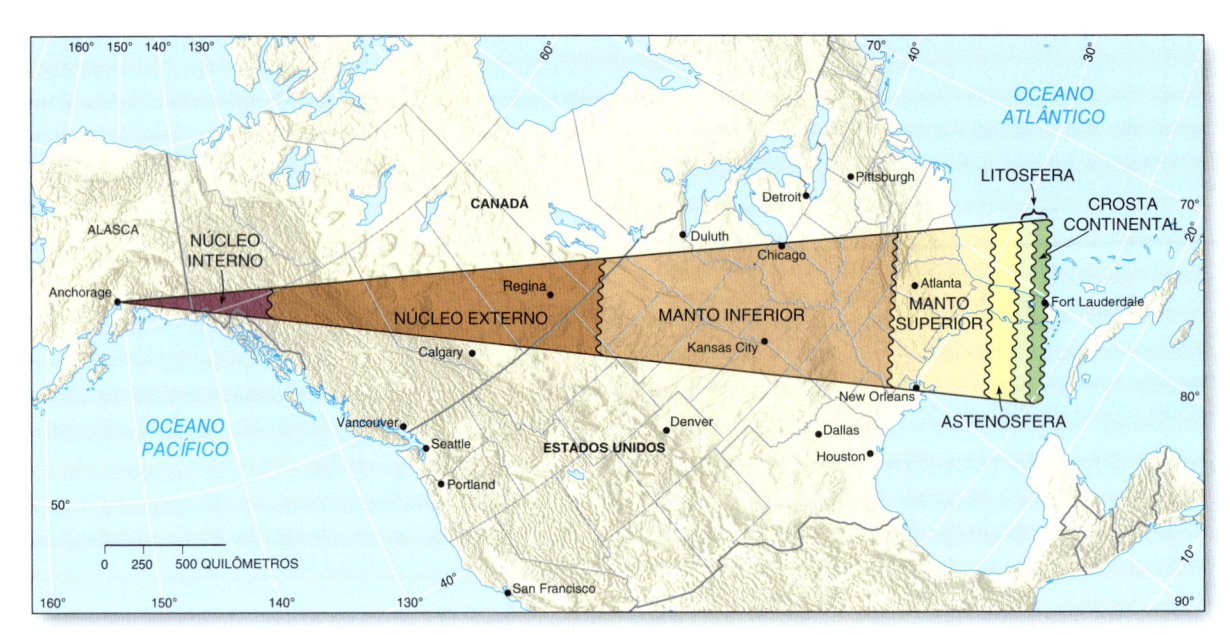

▲**Figura 12.3 Distâncias do núcleo à crosta.** A distância entre Anchorage (Alasca) e Fort Lauderdale (Flórida) é a mesma que existe entre o centro da Terra e a crosta externa (esta é aproximadamente a mesma distância entre Ushuaia, Terra do Fogo, Argentina, e a capital do Equador, Quito). A distância entre Boca Raton, Flórida, e Fort Lauderdale (30 km, isto é, menos do que a distância entre o centro do Rio de Janeiro e Nova Iguaçu, no Estado do Rio de Janeiro) representa a espessura da crosta continental.

a crosta continental é chamada de *sial*, abreviatura dos elementos dominantes, *sí*lica e *a*lumínio.

- A crosta oceânica é mais densa do que a continental, com média de 3,0 g/cm³ (ou 3000 kg/m³), e é composta de *basalto**. Ela é granular e rica em sílica, magnésio e ferro. Às vezes, a crosta oceânica é chamada de *sima*, abreviatura dos elementos dominantes, *sí*lica e *ma*gnésio.

A astenosfera e a litosfera

As camadas interiores do núcleo, do manto e da crosta são diferenciadas pela composição química. Outra maneira de distinguir camadas dentro da Terra é por seu caráter rígido ou plástico. Uma camada rígida não flui quando uma força age sobre ela; em vez disso, ela se quebra. Uma camada plástica lentamente flui quando há uma força presente. Usando esse critério, os cientistas dividem a porção externa do planeta em duas camadas: **litosfera**, ou camada rígida (do grego *lithos*, "rochoso"), e a **astenosfera**, ou camada plástica (do grego *asthenos*, "fraco").

A litosfera inclui a crosta e o manto superior, indo até 70 km de profundidade, e forma a camada rígida e mais fria da superfície terrestre (Figura 12.2c). Observe que os termos *litosfera* e *crosta* não são a mesma coisa: a crosta perfaz a porção superior da litosfera.

*N. de R.T.: Mais corretamente, a composição química é semelhante a dos basaltos, também chamada crosta basáltica.

A astenosfera fica dentro do manto, indo de 70 km a 250 km de profundidade. Essa é a região mais quente do manto – cerca de 10% da astenosfera estão fundidos em padrões irregulares. O movimento das correntes de convecção nessa zona causa em parte o deslocamento das placas litosféricas, discutido mais adiante no capítulo.

Ajustes na crosta

No Capítulo 7, discutimos a *força de empuxo* em relação a pacotes de ar – se um pacote de ar é menos denso que o ar circundante, ele é flutuante e subirá, em função da chamada *força de empuxo*. Em essência, empuxo é o princípio segundo o qual algo menos denso, como madeira, flutua em algo mais denso, como água. O equilíbrio entre as forças do empuxo e da gravidade é o princípio da **isostasia**, que explica as elevações dos continentes e as profundidades dos assoalhos oceânicos, determinadas pelos movimentos verticais da crosta terrestres.

A litosfera terrestre flutua sobre camadas mais densas, como um barco que flutua sobre a água. Se uma carga é colocada sobre a superfície, como o peso de uma geleira, uma cordilheira ou uma área de acúmulo de sedimentos (material rochoso que foi transportado por processos exógenos), a litosfera tende a afundar, ou situar-se mais baixo na astenosfera (Figura 12.4, página 332). Quando isso acontece, a litosfera rígida dobra-se, e a astenosfera plástica flui para os lados. Se a carga é retirada, como quando uma geleira derrete, a crosta sobe, e a astenosfera volta à região onde a litosfe-

GEOrelatório 12.2 A Terra na balança

Quanto pesa nosso planeta? Uma estimativa revisada da massa (ou peso) terrestre feita em 2000 foi de 5,972 sextilhões de toneladas métricas (5972 seguido de 18 zeros).

TABELA 12.1 Elementos comuns na crosta terrestre

Elemento	Porcentagem da crosta terrestre por peso
Oxigênio (O)	46,6
Silício (Si)	27,7
Alumínio (Al)	8,1
Ferro (Fe)	5,0
Cálcio (Ca)	3,6
Sódio (Na)	2,8
Potássio (K)	2,6
Magnésio (Mg)	2,1
Todos os outros	1,5
Total	100,00

Um cristal de quartzo (SiO_2) consiste em dois dos mais abundantes elementos na Terra: silício (Si) e oxigênio (O).

[Quartzo: Stefano/Shuttestock]

ra ascende. A ascensão após a retirada da carga superficial é conhecida como *compensação isostática*. Toda a crosta está em um estado constante de ajuste isostático, lentamente subindo e descendo em resposta ao peso na superfície.

No sul do Alasca, a retração do gelo glacial após a última idade do gelo, cerca de 10.000 anos atrás, retirou peso da crosta. Utilizando uma linha de receptores de GPS para medir a compensação isostática, os pesquisadores hoje esperavam encontrar uma taxa reduzida de soerguimento crustal no sudeste do Alasca, quando comparado com a resposta mais rápida no passado distante, quando o gelo recuou pela primeira vez. Em vez disso, detectaram um dos mais rápidos movimentos verticais da Terra, com média de 36 mm por ano. Os cientistas atribuem essa compensação isostática à perda de geleiras modernas na região, principalmente nas áreas entre a baía Yakutat e as montanhas Saint Elias no norte, passando pela baía Glacier e Juneau no sul. Essa rápida compensação é atribuível à mudança climática – ocasionando derretimento glacial e retração ao longo dos últimos 150 anos – e está correlacionada ao aquecimento recorde em todo o Alasca.

O magnetismo da Terra

Como já mencionado, o núcleo externo líquido da Terra gera a maior parte (pelo menos 90%) do campo magnético terrestre e a magnetosfera que circunda e protege a Terra do vento solar e da radiação cósmica. Uma hipótese explica que a circulação no núcleo externo converte energia térmica e gravitacional em energia magnética, assim produzindo o campo magnético. As localizações dos polos magnéticos norte e sul são expressões superficiais do campo magnético, e migram conforme traçado no mapa do *Geossistemas Hoje* deste capítulo.

Em diversas épocas da história terrestre, o campo magnético reduziu-se até zero e depois voltou com força plena e polaridade invertida (isto é, com o polo norte magnético perto do polo sul geográfico, de forma que a agulha da bússola apontaria para o sul). No processo, o campo não fica inconstante, mas diminui lentamente até uma baixa intensidade, talvez com força de 25%, e depois rapidamente recupera sua potência total. Essa **reversão geomagnética** já ocorreu nove vezes durante os últimos 4 milhões de anos e centenas de vezes ao longo da história da Terra. Durante o intervalo de transição de baixa força, a superfície terrestre recebe níveis maiores de radiação cósmica e partículas solares, mas não a ponto de causar extinção de espécies. A vida na Terra resistiu a muitas dessas transições.

O período médio de uma reversão magnética é de aproximadamente 500.000 anos, variando de 20.000 anos até 50 milhões de anos. A última reversão foi há 790.000 anos, precedida por uma transição variando de 2000 anos ao longo do equador a até 10.000 anos nas latitudes médias. Considerando as taxas de decaimento do campo magnético medidas nos últimos 150 anos, talvez estejamos a 1000 anos de entrar na próxima fase de mudanças de campo, embora não exista um padrão esperado para prever o momento exato.

As razões para essas reversões magnéticas são desconhecidas. Contudo, elas tornaram-se uma ferramenta essencial para entender a evolução das massas de terra e os movimentos dos continentes. Quando as rochas esfriam e se solidificam a partir de material fundido (lava) na superfície terrestre, as pequenas partículas magnéticas do material se alinham de acordo com a orientação dos polos magnéticos naquele momento, e esse alinhamento é fixo.

Em todo o planeta, as rochas de mesma idade apresentam alinhamentos idênticos dos materiais magnéticos, como as partículas de ferro. No assoalho oceânico, os cientistas encontraram um registro das reversões magnéticas

GEOrelatório 12.3 Perfuração profunda da crosta continental

O Poço Kola, na Rússia, ao norte do Círculo Ártico, tem 12,23 km de profundidade e foi perfurado ao longo de um período de 20 anos especialmente para fins de exploração e ciência. Esse é o empreendimento de perfuração mais profundo para fins científicos na crosta continental; a perfuração de poços de petróleo já foi mais longe – o recorde é 12,289 m, no campo de óleo de Al Shaheen, Catar. O Poço Kola atingiu rochas de 1,4 bilhão de anos a 180°C na crosta da Terra e durante duas décadas foi o poço mais profundo já perfurado (acesse http://www.icdp-online.org/front_content.php?idcat=695).

na forma de "faixas" rochosas mensuráveis que indicam períodos de polaridade normal e polaridade invertida registrados nas rochas recém-formadas. Essas faixas ilustram os padrões globais das mudanças no magnetismo. Mais além neste capítulo, veremos a importâncias dessas reversões magnéticas.

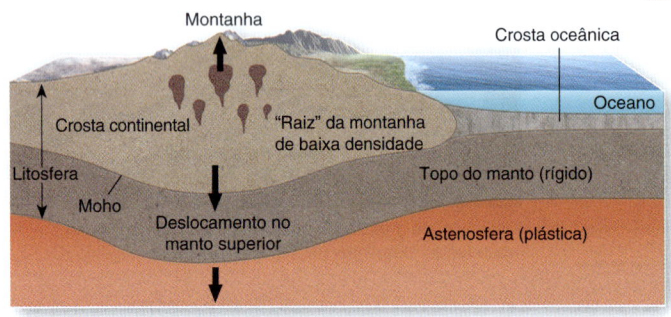

(a) A massa da montanha afunda lentamente, deslocando o material do manto.

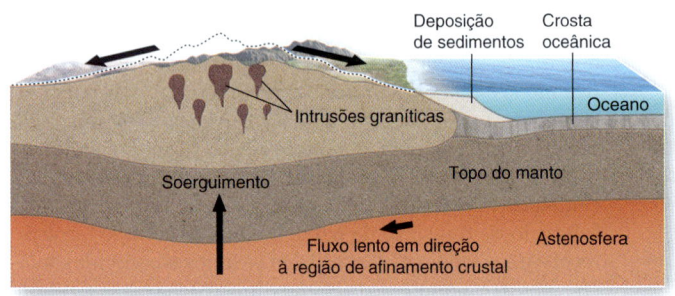

(b) Intemperismo e erosão transportam sedimentos da terra para os oceanos; à medida que a terra perde massa, a crosta ajusta-se isostaticamente para cima.

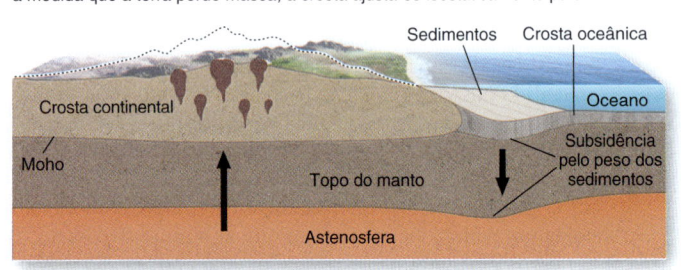

(c) À medida que a crosta continental é erodida, a pesada carga de sedimentos no litoral deforma a litosfera sob o oceano.

(d) Acredita-se que o derretimento de gelo da última idade do gelo e as perdas de sedimentos sobrejacentes produzam uma contínua elevação isostática de partes do batólito da Sierra Nevada.

▲Figura 12.4 **Ajuste isostático da crosta.** Toda a crosta terrestre está em um constante estado de ajuste, conforme sugerido por esses três estágios sequenciais. [(d) Bobbé Christopherson.]

Materiais terrestres e o ciclo das rochas

Já mencionamos diversos tipos de rocha, como granito e basalto, e descrevemos processos envolvendo rochas e sua formação. Para entender e classificar as rochas do ponto de vista científico, temos de começar com os minerais, que são os componentes das rochas. Um **mineral*** é um composto natural inorgânico, ou não vivo, que tem uma fórmula química específica e geralmente possui uma estrutura cristalina. Cada mineral possui sua própria cor característica, textura, forma cristalina e densidade, entre outras propriedades únicas. Por exemplo, o mineral comum *quartzo* é dióxido de silício, SiO_2, e tem um distintivo cristal de seis lados. O gelo se enquadra na definição de mineral, embora a água não.

Mineralogia é o estudo da composição, das propriedades e da classificação dos minerais (acesse http://www.mindat.org/). Dos mais de 4200 minerais conhecidos, cerca de 30 são os componentes mais comuns das rochas. Aproximadamente 95% da crosta terrestre é composta de *silicatos*, uma das famílias minerais mais disseminadas – o que não surpreende, considerando as porcentagens de silício e oxigênio na Terra e a facilidade que se combinam entre si e com outros elementos. Essa família de minerais inclui quartzo, feldspato, minerais de argila e numerosas pedras preciosas. Diversos outros grupos de minerais também são importantes: *óxidos* são minerais em que o oxigênio se combina com elementos metálicos; *sulfetos* e *sulfatos* são minerais em que compostos de enxofre se combinam com elementos metálicos; e os *carbonatos* apresentam carbono em combinação com oxigênio e outros elementos, como cálcio, magnésio e potássio.

Uma **rocha** é um agregado de minerais (como o granito, uma rocha que contém três minerais); ou uma massa composta de um único mineral (como o sal-gema) ou de material não diferenciado (como a obsidiana vítrea não cristalina); ou mesmo um material orgânico sólido (como o carvão). Os cientistas já identificaram milhares de rochas diferentes, sendo que todas elas podem ser classificadas em três tipos, de acordo com os processos que as formaram: *ígnea* (formada a partir de material fundido), *sedimentar* (formada a partir de compactação ou processos químicos) e *metamórfica* (modificada por calor e pressão). A circulação de material através desses processos é chamada de *ciclo das rochas* e está resumida no fim desta seção.

Processos ígneos

Uma **rocha ígnea** é aquela que se solidifica e cristaliza a partir de um estado fundido. As rochas ígne-

---

*N. de R.T.: Mais corretamente, o mineral é uma substância natural, sólida, cristalina, geralmente inorgânica, com composição química específica.

(a) Granito moldado por processos de intemperismo próximo ao Parque Nacional Joshua Tree, Califórnia, a região meridional do extenso batólito californiano (examinamos o intemperismo no Capítulo 14).

(b) Lava basáltica escorrendo no Havaí. A abertura brilhante é uma janela que dá vista a um tubo ativo onde corre lava derretida; a superfície brilhante é onde lava saiu há pouco da janela.

▲**Figura 12.5 Exemplos de granito intrusivo e basalto extrusivo.** [(a) Egon Bömsch/Imagebroker/SuperStock. (b) Bobbé Christopherson.]

as formam-se do **magma**, que é rocha fundida embaixo da superfície (daí o nome *ígneo*, que significa "formado pelo fogo" em latim). Quando o magma emerge à superfície, é chamado de **lava**, embora retenha as suas características fundidas. No total, as rochas ígneas perfazem aproximadamente 90% da crosta terrestre, embora as rochas sedimentares, o solo ou os oceanos frequentemente as cubram.

Ambientes ígneos O magma é um fluido altamente gasoso e sob enorme pressão. O resultado é que ele penetra (*intrusão*) nas rochas crustais, esfriando e endurecendo abaixo da superfície e formando uma **rocha ígnea intrusiva**, ou ele é expelido *(extrusão)* para a superfície na forma de lava e esfria, formando uma **rocha ígnea extrusiva**. As rochas ígneas extrusivas originam-se das erupções e derrames vulcânicos, sendo discutidas em maiores detalhes no Capítulo 13.

A localização e a taxa de resfriamento determinam a textura cristalina da rocha, isto é, se ela é feita de materiais mais grossos (maiores) ou mais finos (menores). Assim, a textura indica o ambiente em que a rocha se formou. O resfriamento mais lento do magma abaixo da superfície dá mais tempo para os cristais se formarem, resultando em rochas de granulação grossa, como o **granito**. Embora essa rocha resfrie embaixo da superfície, o soerguimento subsequente da paisagem expôs as rochas graníticas (Figura 12.5a), e algumas delas formam as escarpas e os destinos de escalada mais famosos do mundo – El Capitan e Half Dome, no Vale Yosemite, Califórnia, e a Torre Great Tango, no Paquistão, são exemplos. O resfriamento mais veloz da lava na superfície forma rochas de granulação mais fina, como o **basalto**, a rocha ígnea extrusiva mais comum. Como discutido mais adiante neste capítulo, é de basalto a maior parte do assoalho oceânico, totalizando 71% da superfície do planeta. Há basalto formando-se ativamente na Big Island, Havaí, onde os derrames de lava são um importante destino turístico (Figura 12.5b).

Quando o resfriamento é tão rápido que não se formam cristais, o resultado é uma rocha vítrea, como a *obsidiana*, ou vidro vulcânico. *Pedra-pomes* (ou púmice) é outra rocha vítrea (isto é, que não tem estrutura cristalina), formando-se quando bolhas dos gases que escapam criam uma textura espumosa na lava. A pedra-pomes é repleta de pequenos orifícios, tem peso leve e densidade baixa o bastante para flutuar na água.

Classificação das rochas ígneas Os cientistas classificam os vários tipos de rochas ígneas conforme sua textura e composição (Tabela 12.2). O mesmo magma que produz granito de granulação grossa (quando resfria abaixo da superfície) pode formar o basalto afanítico* (quando resfria acima da superfície). A composição mineral de uma rocha, especialmente o teor relativo de sílica (SiO_2), dá informações sobre a fonte do magma que a formou e afeta suas características físicas. As rochas ígneas *félsicas*, como o granito, são ricas em silicatos, como feldspato e quartzo (sílica pura) e têm ponto de fusão baixo. O nome da categoria é derivado de *fel*dspato e *sí*lica. As rochas formadas de minerais félsicos em geral têm cor mais clara e são menos densas do que as rochas minerais máficas. As rochas ígneas *máficas*, como o basalto, são derivadas do *ma*gnésio e do *f*erro. As rochas máficas têm pouca sílica, são mais ricas em magnésio e ferro e têm ponto de fusão alto. As rochas formadas de minerais máficos têm cor mais escura e densidade maior do que as rochas minerais félsicas. As rochas ultramáficas são as com o menor teor de sílica; um exemplo é o peridotito (menos de 45% de sílica).

Relevos ígneos Se as rochas ígneas são soerguidas por processos exógenos, é o trabalho do ar, da água e do gelo que as esculpe em relevos únicos. A Figura 12.6 ilustra os ambientes formadores de diversos tipos de rocha e relevos ígneos intrusivos e extrusivos.

---

*N. de R.T.: Com granulação tão fina que os cristais não são distinguidos a olho nu.

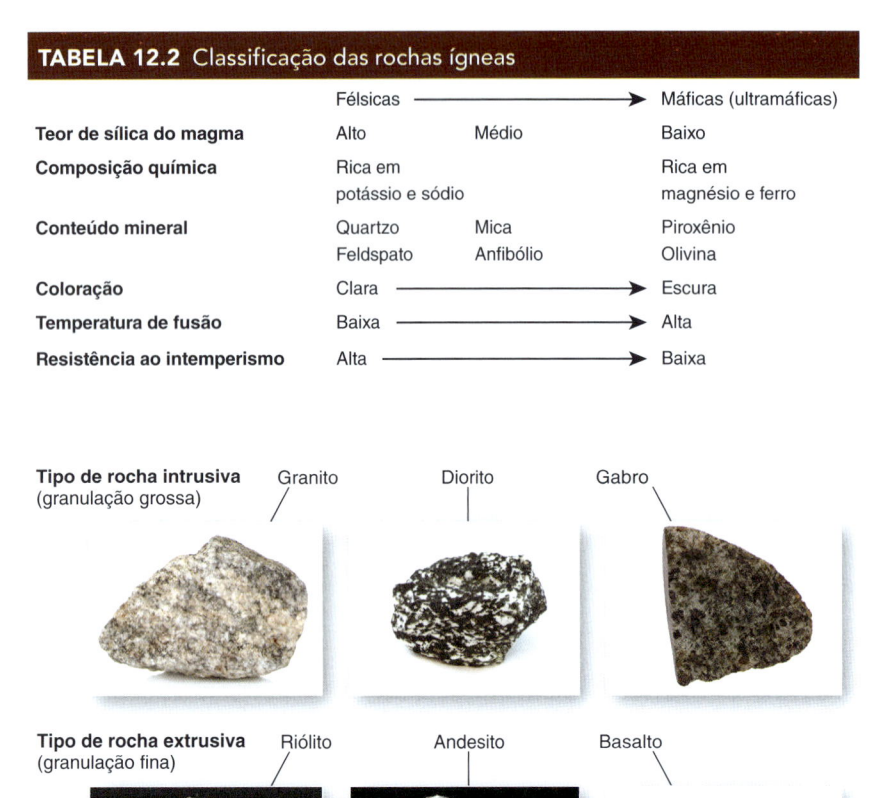

TABELA 12.2 Classificação das rochas ígneas			
	Félsicas ──────────→		Máficas (ultramáficas)
Teor de sílica do magma	Alto	Médio	Baixo
Composição química	Rica em potássio e sódio		Rica em magnésio e ferro
Conteúdo mineral	Quartzo Feldspato	Mica Anfibólio	Piroxênio Olivina
Coloração	Clara ──────────→		Escura
Temperatura de fusão	Baixa ──────────→		Alta
Resistência ao intemperismo	Alta ──────────→		Baixa

Tipo de rocha intrusiva (granulação grossa): Granito, Diorito, Gabro

Tipo de rocha extrusiva (granulação fina): Riólito, Andesito, Basalto

[Granito: Givaga/Shutterstock. Diorito e basalto: Tyler Boyes/Shutterstock. Gabro: Siim Sepp/Shutterstock. Andesito: Susan E. Degginger/Alamy.]

Uma rocha ígnea intrusiva que esfria lentamente na crosta forma um **plúton**, o termo geral para qualquer corpo ígneo intrusivo, a despeito de tamanho ou forma. (O deus romano do mundo ínfero, Plutão, é quem lhe dá o nome.) A maior forma plutônica é o **batólito**, definido como uma massa de forma irregular com uma superfície exposta maior do que 100 km². Os batólitos formam a massa de muitas grandes cordilheiras – por exemplo, o batólito da Sierra Nevada na Califórnia (vide Figura 12.4d), o batólito de Idaho e o batólito do Coast Range da Colúmbia Britânica e do Estado de Washington.

Plútons menores incluem os condutos de magma de antigos vulcões que resfriaram e endureceram. Aqueles que se formam paralelamente às camadas de rocha sedimentar são *sills* (concordantes com as camadas); aqueles que atravessam as camadas da rocha invadida são *diques* (Figura 12.6). O magma também pode se projetar entre os estratos rochosos e produzir um corpo com forma de lente chamado de *lacólito*, um tipo de sill. Além disso, os condutos de magma em si podem se solidificar em formas quase cilíndricas que permanecem rígidas acima da paisagem quando finalmente expostas por intemperismo e erosão. O neck vulcânico de Shiprock, no Novo México, é um exemplo disso, com 518 m de altura acima da planície circundante; observe os diques radiantes na foto aérea da Figura 12.6.

Processos sedimentares

A energia solar e a gravidade desencadeiam os processos que formam **rochas sedimentares**, em que *clastos* (grãos ou fragmentos) soltos são cimentados juntos (Figura 12.7). Os clastos, que se tornam rocha sólida, derivam de diversas fontes: intemperismo e erosão de rochas existentes (origem da areia que forma o arenito), acúmulo de conchas no fundo do oceano (compondo uma das formas do calcário), acúmulo de matéria orgânica de vegetais antigos (formando o carvão) e precipitação de minerais de uma solução aquosa (origem do carbonato de cálcio, $CaCO_3$, que forma o calcário químico). As rochas sedimentares são divididas em categorias – clásticas; bioquímicas; orgânicas; e químicas – conforme sua origem.

Rochas sedimentares clásticas

A formação das rochas sedimentares clásticas envolve diversos processos. *Intemperismo e erosão*, discutidos em detalhes no Capítulo 14, desintegram e dissolvem as rochas existentes em clastos. *Transporte* por gravidade, água, vento e gelo carrega então essas partículas rochosas pelas paisagens; nesse ponto, o material em movimento é chamado de **sedimento**. O transporte se dá de locais de "maior energia", onde o meio de transporte tem a energia para colher e mover o material, para locais de "menor energia", onde o sedimento é depositado. *Deposição* é o processo pelo qual sedimentos repousam, saindo do meio de transporte, o que resulta em material sendo deixado em canais fluviais, em praias e no fundo do mar, onde acaba sendo soterrado.

Litificação ocorre quando sedimentos soltos endurecem em rocha sólida. Esse processo envolve a *compactação* dos sedimentos soterrados, quando o peso do material em cima espreme a água e o ar entre os clastos, e a *cimentação* por parte de minerais, que preenchem os espaços vazios e fundem os clastos – especialmente quartzo, feldspato e minerais argilosos – em uma massa coerente. O tipo de cimento varia com os diferentes ambientes. O carbonato de cálcio ($CaCO_3$) é o mais comum, seguido pelos óxidos de ferro e pela sílica. Secagem (desidratação) e aquecimento também podem unir as partículas.

Os diferentes sedimentos que compõem as rochas sedimentares variam em tamanho, indo de matacões, cascalho, areia até partículas microscópicas de argila (Tabela 12.3). Após a litificação, essas classes de tamanho, juntamente a

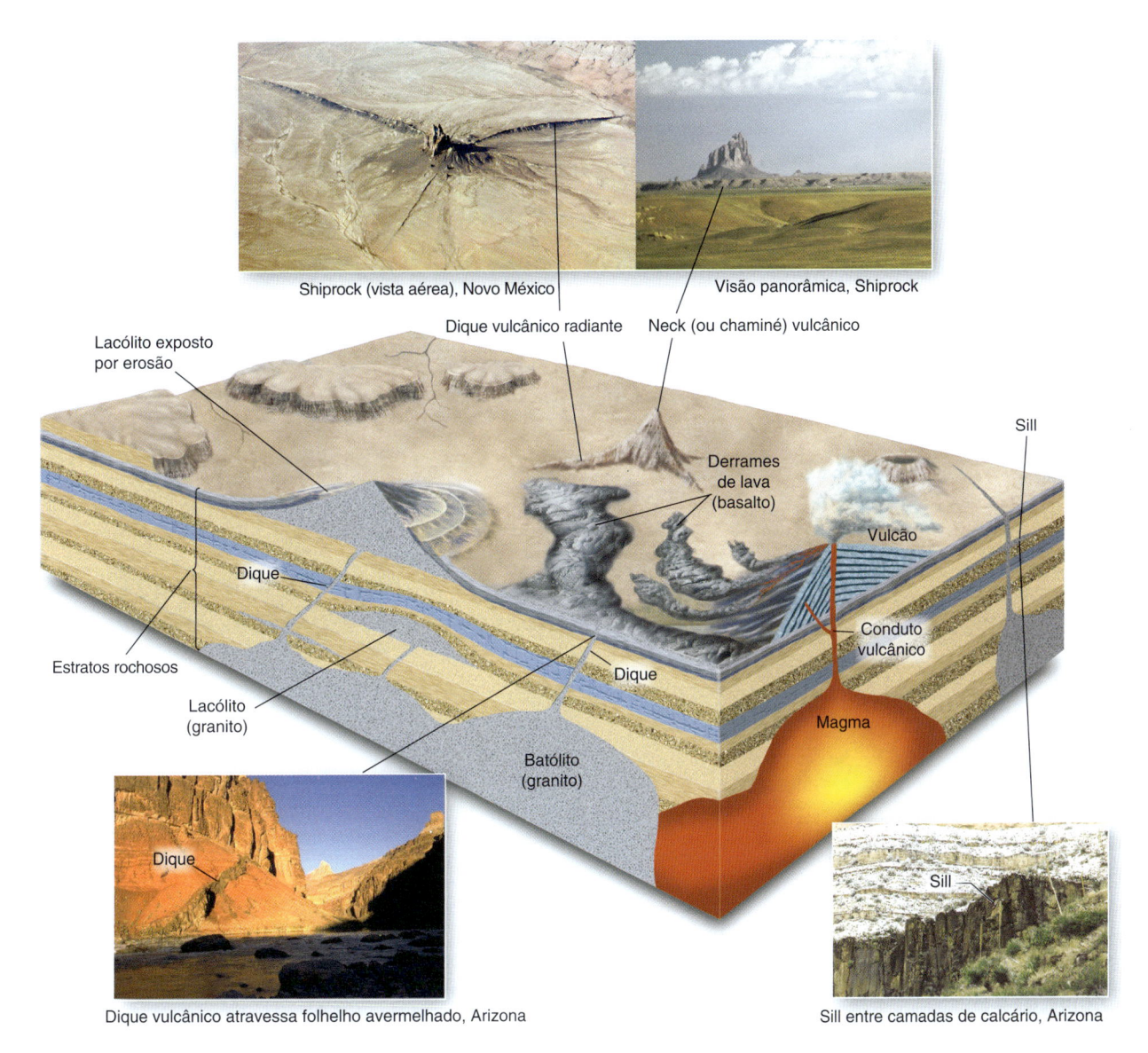

▲Figura 12.6 Relevos ígneos. Variedades de rochas ígneas, intrusivas (abaixo da superfície) e extrusivas (na superfície) e relevos associados. [Visão aérea: Bobbé Christopherson; visão de perfil: Autor. Dique: NPS. Sill: Larry fellows, Arizona Geological Survey.]

suas características de composição, classificação e cimentação, determinam os tipos comuns de rochas sedimentares. Por exemplo, seixos e cascalhos tornam-se conglomerados; partículas do tamanho de silte tornam-se siltitos ou lamitos; e partículas do tamanho de argila tornam-se folhelho.

Rochas sedimentares químicas Algumas rochas sedimentares são formadas não por pedaços de rocha, mas a partir de conchas de organismos que contêm carbonato de cálcio (um processo bioquímico) ou de minerais dissolvidos que são precipitados de soluções aquosas (um processo químico) e se acumulam para formar rochas. *Precipitação química* é a formação de uma substância sólida separada a partir de uma solução, como quando a água evapora e deixa um resíduo de sais. Esses processos são especialmente importantes nos ambientes oceânicos, assim como em áreas de topografia cárstica (discutida no Capítulo 14).

A rocha sedimentar química mais comum é o **calcário**, e a forma mais comum de calcário é o calcário bioquímico, de origem orgânica marítima. Como discutido no Capítulo 11, muitos organismos extraem $CaCO_3$ dissolvido da água do mar para construir conchas sólidas. Quando esses organismos morrem, o material sólido da concha acumula-se no assoalho oceânico, sendo então litificado e tornando-se calcário (Figura 12.7b).

O calcário também é formado por um processo químico no qual o $CaCO_3$ em solução é quimicamente precipitado da água subterrânea que se infiltrou até a superfície. Esse processo forma o *travertino*, um depósito mineral que costuma formar terraços ou montículos perto de nascentes

(a) Estratos de arenito mostrando acamamento cruzado de antigos ambientes de dunas de areia, Utah (EUA).

(b) Calcário químico no centro-sul de Indiana (EUA); as amostras no detalhe mostram calcário bioquímico com conchas e clastos cimentados juntos.

Arenito

Calcário

▲Figura 12.7 Tipos de rocha sedimentar. [(a) e (b) Bobbé Christopherson. (c) Mars Global Surveyor, NASA/JPL/Malin Space Science Systems. Arenito: michal812/Shutterstrock]

(c) A deposição de sedimentos antigos é evidente em Marte, na Arabia Terra ocidental.

TABELA 12.3 Tamanhos de clasto e rochas sedimentares relacionadas

Tamanho do clasto	Tipo de sedimento	Tipo de rocha
>80 mm (muito grosso)	Matacões, blocos	Conglomerado (brecha, se os pedaços forem angulares)
>2 mm (grosso)	Seixos, cascalho	Conglomerado
0,5–2,0 mm (grosso a médio)	Areia	Arenito
0,062–0,5 mm (médio a fino)	Areia	Arenito
0,0039-0,062 mm (fino)	Silte	Siltito (lamito)
<0,0039 mm (muito fino)	Argila	Folhelho

(Figura 12.8). A precipitação de carbonatos da água dessas fontes naturais é desencadeada em parte pela "desgaseificação": o dióxido de carbono sai borbulhando da solução até a superfície, tornando mais provável que os solutos remanescentes precipitem. Feições de cavernas, como os espeleotemas, discutidos no Capítulo 11, são outro tipo de depósito travertino.

Depósitos hidrotermais, consistindo em minerais metálicos acumulados por precipitação química a partir de água quente, costumam ser encontrados perto de fontes no assoalho oceânico – frequentemente junto a dorsais meso-oceânicas criadas pela expansão do assoalho oceânico (discutida mais adiante neste capítulo). Quando a água se infiltra no magma abaixo da crosta, ela superaquece e então dispara em alta velocidade para fora do assoalho oceânico. Essas "chaminés hidrotermais", chamadas de fumarolas negras, expelem nuvens negras de sulfatos de hidrogênio, minerais e metais que a água quente (acima de 380°C) lixiviou do basalto (Figura 12.9). Esses materiais podem se acumular, formando torres em torno das fontes que abrigam formas de vida adaptadas especialmente às condições químicas dos fluidos das fontes. Os depósitos são provocados pela

▲**Figura 12.8 Rocha sedimentar química.** Travertino, um calcário químico composto de carbonato de cálcio, nas fontes quentes naturais de Pamukkale, sudoeste da Turquia. [funkyfood London-Paul Williams/Alamy.]

precipitação mineral, mas estão intimamente associados à atividade ígnea dentro da crosta de formação recente.

Os depósitos de sais que precipitam quando a água evapora podem se acumular e formar outro tipo de rocha sedimentar química. Exemplos desses *evaporitos* são encontrados no Estado de Utah, na planície de sal* Bonneville, criada quando um antigo lago salgado desapareceu, e nas paisagens secas do Sudoeste norte-americano. As duas fotografias na Figura 12.10 demonstram explicitamente esse processo; uma foi tirada no Parque Nacional do Vale da Morte (no estado da Califórnia, EUA) um dia após uma precipitação recorde de 2,57 cm, e a outra foto foi feita um mês depois, exatamente no mesmo lugar, após a água evaporar e o vale ficar coberto de evaporitos.

Tanto as rochas sedimentares clásticas quanto as químicas são depositadas em camadas estratificadas que for-

▲**Figura 12.9 Sedimentos químicos em uma chaminé hidrotermal.** Fumarolas negras e depósitos de minerais associados junto à Dorsal Mesoatlântica. [Scripps Institution of Oceanography, University of California, San Diego.]

mam um registro importante das eras passadas. Usando o princípio da sobreposição discutido anteriormente, os cientistas usam a estratigrafia (a ordem das camadas), a espessura e a distribuição espacial dos estratos para determinar a idade relativa e a origem das rochas. A foto de abertura da Parte III mostra a estratigrafia ao longo do rio Colorado, perto de Moab, Utah. Observe os diferentes estratos, que formam escarpas ou encostas dependendo da resistência da rocha a forças exógenas, como intemperismo e erosão.

(a) No dia seguinte a uma precipitação recorde, muitos quilômetros quadrados estavam cobertos por alguns centímetros de água.

▲**Figura 12.10 Evaporitos no Vale da Morte após uma chuva.** [Autor. Detalhe por Andrea Paggiaro/Shutterstock.]

(b) Um mês depois, a água tinha evaporado e a superfície do vale estava coberta por evaporitos (a foto do detalhe mostra os depósitos salinos cristalizados vistos de perto).

---

*N. de R.T.: Na América do Sul, o ambiente similar é o Salar de Uyuni, na Bolívia.

Os estratos também indicam a história climática da região, uma vez que cada camada formou-se sob condições ambientais diferentes.

Processos metamórficos

Qualquer rocha ígnea ou sedimentar pode ser transformada em uma **rocha metamórfica**, passando por profundas mudanças físicas ou químicas sob pressão e por aumento de temperatura. (O nome *metamórfico* vem de uma palavra grega que significa "mudar de forma".) As rochas metamórficas geralmente são mais compactas do que a rocha original e, portanto, são mais duras e mais resistentes ao intemperismo e à erosão (Figura 12.11)*.

Os quatro processos que podem provocar metamorfismo são aquecimento, pressão, aquecimento e pressão juntos, e compressão e cisalhamento. Quando se aplica calor a uma rocha, os átomos dentro dos minerais podem romper suas ligações químicas, mexer-se e formar novas ligações, levando a novas assembleias minerais, que se desenvolvem em rochas sólidas. Quando pressão é aplicada sobre uma rocha, a estrutura mineral pode mudar quando os átomos são apertados uns contra os outros. Quando uma rocha é sujeita a calor e pressão em profundidade, a assembleia mineral original torna-se instável e muda. Por fim, as rochas podem ser comprimidas por peso em cima e ser sujeitas a cisalhamento, quando uma parte da massa move-se lateralmente em relação à outra. Esses processos alteram a forma da rocha, levando a mudanças nos alinhamentos minerais dentro dela.

▼Figura 12.11 **Rochas metamórficas.** Um afloramento de rocha metamórfica na Groenlândia, o gnaisse de Amitsoq, com 3,8 bilhões de anos de idade, uma das mais antigas formações rochosas da Terra. [Kevin Schafer/Photolibrary/Peter Arnold, Inc.]

Rochas metamórficas podem formar-se a partir de rochas ígneas quando as placas litosféricas se movem, especialmente quando uma placa é empurrada para baixo de outra (discutido com a tectônica de placas logo adiante). *Metamorfismo de contato* ocorre quando o magma que ascende dentro da crosta "cozinha" a rocha adjacente; este tipo de metamorfismo acontece em contiguidade com intrusões ígneas e resulta do aquecimento apenas. *Metamorfismo regional* ocorre quando uma grande extensão de rocha é sujeita a metamorfismo. Isso pode ocorrer quando sedimentos se acumulam em amplas depressões na crosta terrestre e, em função de seu próprio peso, criam pressão suficiente nas camadas mais profundas para transformar os sedimentos em rocha metamórfica. O metamorfismo regional também ocorre quando placas litosféricas colidem e montanhas são criadas (discutido no Capítulo 13).

As rochas metamórficas possuem texturas foliadas ou não foliadas, dependendo da disposição dos minerais após o metamorfismo (Tabela 12.4). Rochas *foliadas* possuem uma aparência em faixas ou camadas, demonstrando o alinhamento dos minerais, que podem aparecer como estrias onduladas (fitas ou linhas) na rocha nova. Rochas *não foliadas* não apresentam esse alinhamento.

Na ilha de Lewis, no grupo insular conhecido como Hébridas, na costa noroeste da Escócia, povos construíram as Pedras Eretas de Calanais (Callanish) a partir de aproximadamente 5000 anos atrás (Tabela 12.4, foto na extrema direita). Esses povos antigos usaram o gnaisse lewisiano metamórfico de 3,1 bilhões de anos de idade para seu monumento, dispondo as pedras de forma que as foliações se alinhassem verticalmente. A pedra em pé na foto tem cerca de 3,5 m de altura.

O ciclo das rochas

Embora as rochas pareçam estáveis e imutáveis, não o são. O **ciclo das rochas** é o nome da contínua alteração dos materiais da Terra de um tipo de rocha para outro (Figura 12.12). Por exemplo, rochas ígneas formadas a partir de magma podem se decompor em sedimentos por intemperismo e erosão, que depois litificam-se em uma rocha sedimentar. Subsequentemente, essa rocha pode ser soterrada e submetida a pressão e calor nas profundezas da Terra, formando uma rocha metamórfica. Esta, por sua vez, pode decompor-se e tornar-se uma rocha sedimentar. As rochas ígneas também podem tomar um atalho no ciclo, tornando-se metamórficas diretamente. Como a seta indica, existem muitos percursos dentro do ciclo das rochas.

Dois sistemas cíclicos impulsionam o ciclo das rochas. Na superfície terrestre e acima dela, o ciclo hidrológico, forçado pela energia solar, desencadeia os processos exógenos. Abaixo da superfície e dentro de crosta, o ciclo tectônico, forçado pelo calor interno, desencadeia os processos endógenos. Agora discutiremos a teoria da tectônica de placas e o ciclo tectônico.

*N. de R.T.: As próprias rochas metamórficas podem sofrer novos processos de metamorfismo.

TABELA 12.4 Rochas metamórficas

Rocha-mãe	Equivalente metamórfico	Textura
Folhelho (minerais de argila)	Ardósia	Foliada
Granito, ardósia, folhelho	Gnaisse	Foliada
Basalto, folhelho, peridotito	Xisto	Foliada
Calcário, dolomita	Mármore	Não foliada
Arenito	Quartzito	Não foliada

Gnaisse   Mármore   Ardósia

Gnaisse lewisiano

[Fotos de ardósia e gnaisse por Bobbé Christopherson; fotos de mármore e gnaisse: *Laboratory Manual in Physical Geology*, 3ª ed., R. M. Busch, ed. © 1993 por Macmillan Publishing Co.]

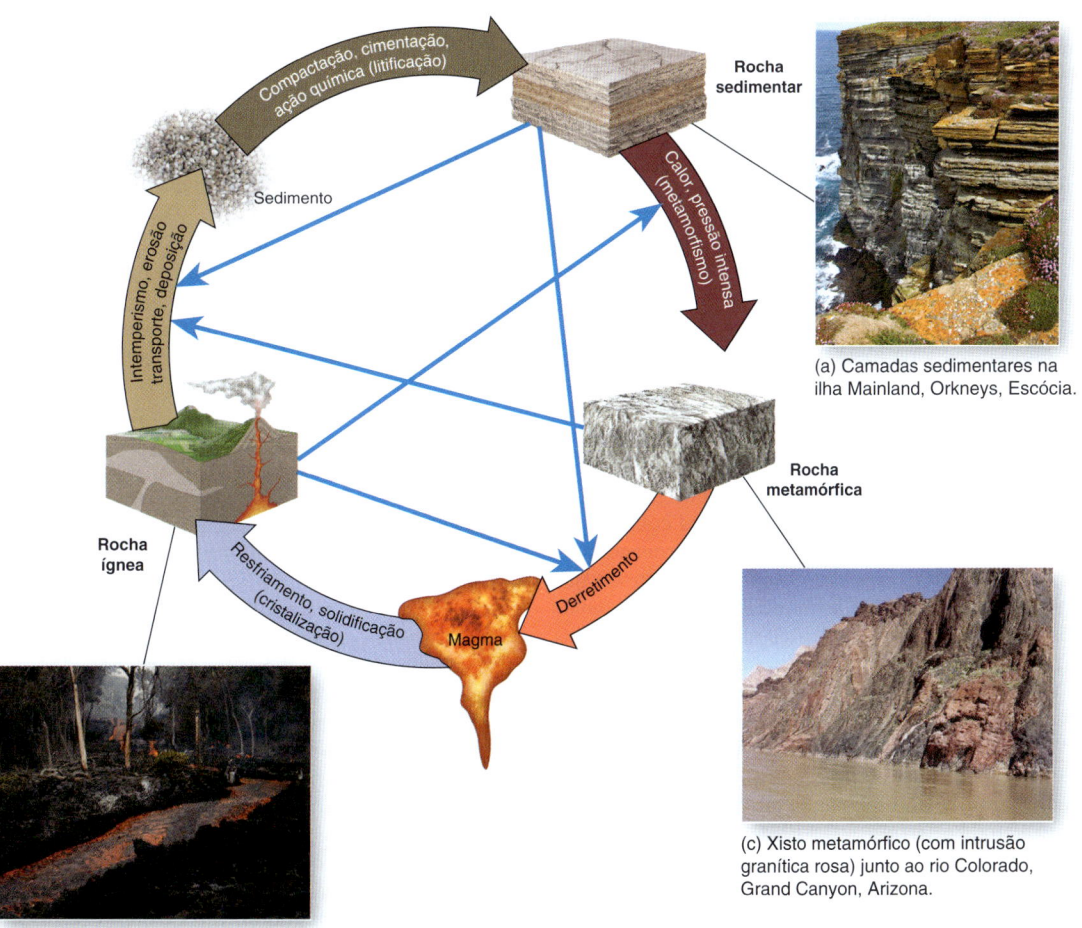

(a) Camadas sedimentares na ilha Mainland, Orkneys, Escócia.

(c) Xisto metamórfico (com intrusão granítica rosa) junto ao rio Colorado, Grand Canyon, Arizona.

(b) Derrame ativo de lava e basalto circundante, Big Island, Havaí.

▲Figura 12.12 **O ciclo das rochas.** Neste esquema das relações entre processos ígneos, sedimentares e metamórficos, as finas setas azuis indicam "atalhos" – como quando rochas ígneas são derretidas e tornam-se metamórficas sem antes passar por um estágio sedimentar. [(a) Bobbé Christopherson. (b) USGS. (c) NPS.]

Tectônica de placas

Você já olhou para um mapa-múndi e percebeu que algumas das massas de terra continentais parecem ter formatos que se encaixam, como peças de quebra-cabeça – especialmente a América do Sul e a África? A incrível realidade é que as peças continentais já estiveram encaixadas. As massas terrestres continentais não apenas migraram para seus locais atuais como continuam a se mover a velocidades de até 6 cm por ano. Dizemos que os continentes estão *à deriva* porque as correntes de convecção na astenosfera e no manto superior geram forças de ressurgência e subsidência que empurram e puxam porções da litosfera. Portanto, a disposição dos continentes e oceanos que vemos hoje não é permanente, mas um estado contínuo de mudança. No início, essa teoria era controversa, mas agora, além de aceita, é o fundamento básico de muito da ciência dos sistemas da Terra. Vamos averiguar as descobertas que levaram à teoria que hoje chamamos de tectônica de placas.

Deriva continental

Quando a cartografia antiga ganhou mais precisão, alguns observadores notaram a correspondência dos perfis dos continentes, particularmente os da América do Sul e da África. O geógrafo Abraham Ortelius (1527–1598) observou o aparente encaixe de algumas linhas de costa continentais em seu *Thesaurus Geographicus* (1596). Em 1620, o filósofo inglês Sir Francis Bacon observou semelhanças gerais entre as bordas da África e da América do Sul (embora não sugerisse que haviam se separado). Benjamin Franklin escreveu em 1780 que a crosta da Terra devia ser uma casca que pudesse quebrar e se deslocar por movimentos de fluidos abaixo dela. Outros escreveram – não cientificamente – sobre tais relações aparentes, mas somente muito mais tarde foi apresentada uma explicação válida.

Em 1912, o geofísico e meteorologista alemão Alfred Wegener apresentou uma ideia que contestou pressupostos tradicionais da geologia, e três anos depois publicou sua ideia no livro *Origem dos Continentes e Oceanos*. Após estudar o registro geológico representado nos estratos rochosos, Wegener encontrou evidências de que as assembleias rochosas no costa oriental da América do Sul eram iguais às da costa ocidental da África, sugerindo que esses continentes já haviam estado conectados. O registro fóssil forneceu mais evidências, assim como o registro climático encontrado nas rochas sedimentares. Wegener levantou a hipótese de que os depósitos de carvão encontrados hoje nas latitudes médias existem porque essas regiões já estiveram mais próximas ao equador e eram cobertas por abundante vegetação, que mais tarde tornou-se o material orgânico litificado que forma o carvão. Wegener concluiu que todas as massas continentais migram e que, há cerca de 225 milhões de anos, elas formavam um único supercontinente, que ele chamou de **Pangea**, que significa "toda a Terra".

Hoje, os cientistas consideram Wegener o pai da tectônica de placas, que ele inicialmente chamou de **deriva continental**. Entretanto, os cientistas daquela época não foram receptivos à proposta revolucionária de Wegener. Um grande debate foi iniciado pelo livro de Wegener, durante quase 50 anos. Quando os recursos científicos modernos levaram a descobertas que deram suporte à deriva continental, as décadas de 1950 e 1960 foram marcadas por uma nova onda de interesse nos conceitos de Wegener e, finalmente, sua confirmação. Embora seu modelo inicial mantivesse as massas terrestres juntas por muito tempo e sua proposta incluísse um mecanismo propulsor incorreto para os continentes em movimento, a disposição do Pangea por Wegener e sua fragmentação estavam corretas.

A Figura 12.13 mostra a mudança da disposição dos continentes, começando com a configuração pré-Pangea de 465 m.a.a. (no Período Ordoviciano Médio; Figura 12.13a) e passando para uma versão atualizada do Pangea de Wegener, 225–200 m.a.a. (Período Triássico-Jurássico; Figura 12.13b); segue-se a configuração que ocorreu por volta de 135 m.a.a., com os continentes de Gondwana e Laurásia (o início do Período Cretáceo; Figura 12.13c); a disposição em 65 m.a.a. (logo após o começo do Período Terciário; Figura 12.13d); e, finalmente, a atual disposição no tempo geológico moderno (final da Era Cenozoica; Figura 12.13e).

A palavra *tectônica*, do grego *tektonikùs*, que significa "edifício" ou "construção", refere-se a mudanças na configuração da crosta terrestre resultantes de forças internas. A **tectônica de placas** é a teoria de que a litosfera é dividida em diversas placas que flutuam independentemente sobre o manto, sendo que nos seus limites ocorrem a formação de crosta nova, a criação das montanhas e a atividade sísmica que provoca os terremotos. A teoria da tectônica de placas descreve o movimento da litosfera terrestre; discutimos os vários princípios dessa teoria na continuação desta seção e no Capítulo 13.

Expansão do assoalho oceânico

A chave para estabelecer a teoria da deriva continental foi um melhor conhecimento da crosta do assoalho oceânico. À medida que os cientistas foram adquirindo informações sobre a batimetria (variações de profundidade) do assoalho oceânico, eles descobriram uma cadeia montanhosa mundialmente interconectada, formando uma dorsal de 64.000 km de extensão e em média com mais de 1000 km de largura (veja o mapa na abertura do Capítulo 13). Os sistemas montanhosos submarinos que formam essa cadeia são chamados de **dorsais meso-oceânicas** (Figura 12.14).

No início da década de 1960, o geofísico Harry H. Hess propôs que essas dorsais meso-oceânicas são assoalho oceânico novo formado por fluxos ascendentes de magma vindos de áreas quentes do manto superior e da astenosfera, talvez até mesmo do manto inferior, mais profundo. Quando ocorre ascedência, o novo assoalho oceânico sai da dorsal quando as placas se separam, e uma nova crosta é formada. Esse processo, hoje chamado de **expansão do assoalho oceânico**, é o mecanismo que cria as dorsais meso-oceânicas e impele o movimento continental.

Hess e outros geólogos defrontaram-se então com um problema novo: se a expansão do assoalho oceânico e a criação de crosta nova estão ocorrendo, então a crosta oceânica antiga deve ser consumida em algum lugar; de outra forma, a Terra estaria expandindo. Harry Hess e outro geólogo, Robert S. Dietz, propuseram que o assoalho oceânico antigo mergulha de volta no manto da Terra em fossas abissais e zonas de subducção onde as placas colidem. Hoje os cientistas sabem que, em áreas das bacias oceânicas mais distantes das dorsais meso-oceânicas, as seções mais antigas da litosfera oceânicas estão lentamente entrando para baixo da litosfera continental junto às fossas abissais da Terra.

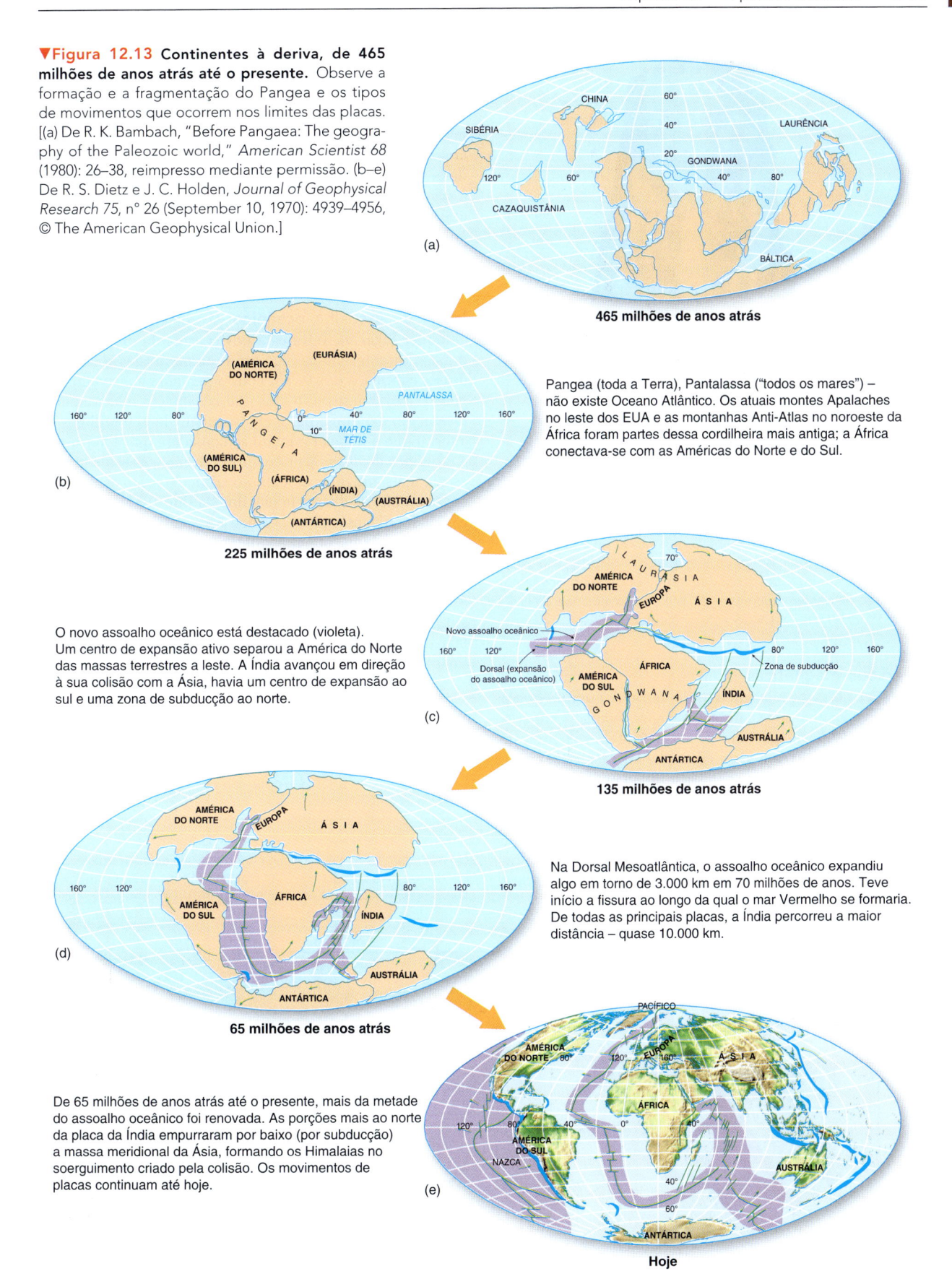

Capítulo 12 • O planeta dinâmico 341

▼**Figura 12.13 Continentes à deriva, de 465 milhões de anos atrás até o presente.** Observe a formação e a fragmentação do Pangea e os tipos de movimentos que ocorrem nos limites das placas. [(a) De R. K. Bambach, "Before Pangaea: The geography of the Paleozoic world," *American Scientist 68* (1980): 26–38, reimpresso mediante permissão. (b–e) De R. S. Dietz e J. C. Holden, *Journal of Geophysical Research 75*, nº 26 (September 10, 1970): 4939–4956, © The American Geophysical Union.]

(a) **465 milhões de anos atrás**

(b) **225 milhões de anos atrás**

Pangea (toda a Terra), Pantalassa ("todos os mares") – não existe Oceano Atlântico. Os atuais montes Apalaches no leste dos EUA e as montanhas Anti-Atlas no noroeste da África foram partes dessa cordilheira mais antiga; a África conectava-se com as Américas do Norte e do Sul.

O novo assoalho oceânico está destacado (violeta). Um centro de expansão ativo separou a América do Norte das massas terrestres a leste. A Índia avançou em direção à sua colisão com a Ásia, havia um centro de expansão ao sul e uma zona de subducção ao norte.

(c) **135 milhões de anos atrás**

(d) **65 milhões de anos atrás**

Na Dorsal Mesoatlântica, o assoalho oceânico expandiu algo em torno de 3.000 km em 70 milhões de anos. Teve início a fissura ao longo da qual o mar Vermelho se formaria. De todas as principais placas, a Índia percorreu a maior distância – quase 10.000 km.

De 65 milhões de anos atrás até o presente, mais da metade do assoalho oceânico foi renovada. As porções mais ao norte da placa da Índia empurraram por baixo (por subducção) a massa meridional da Ásia, formando os Himalaias no soerguimento criado pela colisão. Os movimentos de placas continuam até hoje.

(e) **Hoje**

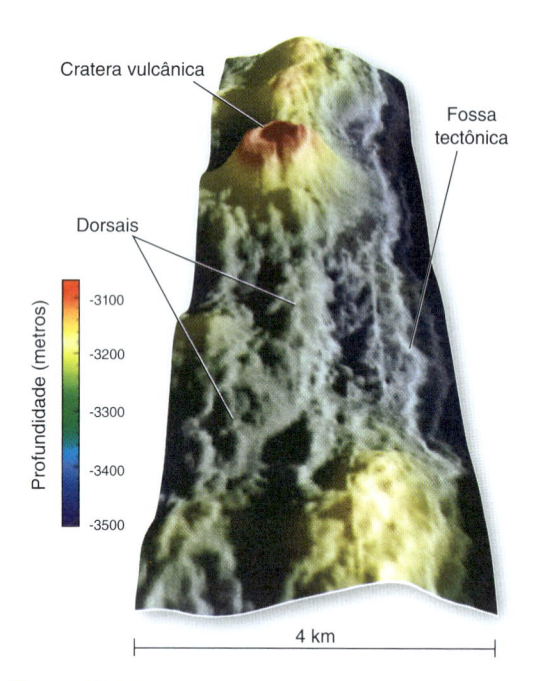

▲**Figura 12.14 A Dorsal Mesoatlântica.** Uma imagem de 4 km de largura da Dorsal Mesoatlântica mostrando uma cratera vulcânica, fossas tectônicas e dorsais. A imagem foi feita pelo *TOBI* (um tipo de sonar rebocado que investiga o assoalho oceânico) na latitude de aproximadamente 29° N. [Imagem cortesia de D. K. Smith, Woods Hole Oceanographic Institute.]

Inversões magnéticas Já falamos sobre a história das inversões do campo magnético da Terra. À medida que o assoalho oceânico se expande e o magma emerge à superfície, as partículas magnéticas na lava orientam-se conforme o campo magnético em vigor quando a lava resfria e endurece. As partículas fixam-se nesse alinhamento como parte do novo assoalho oceânico, criando um registro magnético contínuo da polaridade da Terra. Usando métodos de datação isotópica, os cientistas conseguiram estabelecer uma cronologia dessas inversões – isto é, os anos em que as inversões de polaridade aconteceram. A idade dos materiais no assoalho oceânico mostrou-se uma peça fundamental do quebra-cabeça das placas tectônicas.

A Figura 12.15 mostra um registro retirado da Dorsal Mesoatlântica, ao sul da Islândia, ilustrando as faixas magnéticas preservadas nos minerais – as bandas coloridas são áreas de polaridade invertida; as áreas entre elas têm polaridade normal. As idades relativas das rochas aumentam com a distância em relação à dorsal, e as imagens espelhadas que se desenvolvem em ambos os lados da dorsal meso-oceânica são resultado da expansão quase simétrica do assoalho oceânico. Essas descobertas foram um passo importante no caminho para completar a teoria da tectônica de placas.

Idade do assoalho oceânico A crosta mais jovem em qualquer lugar na Terra está nos centros de expansão das dorsais meso-oceânicas e, com o aumento das distâncias desses centros, a crosta fica constantemente mais velha (Figura 12.16). Em geral, o assoalho oceânico é relativamente jovem; em nenhuma parte ele tem mais de 280 milhões de anos, o que é notável quando se considera que a Terra tem 4,6 bilhões de anos. No Oceano Atlântico, a área de grande escala mais antiga de assoalho oceânico é junto às margens continentais, na distância máxima da Dorsal Mesoatlântica. No Pacífico, o assoalho oceânico mais antigo está na região ocidental próxima ao Japão (datando do Período Jurássico). Observe no mapa a distância entre essa parte da bacia e seu centro em expansão no Pacífico Sul, a oeste da América do Sul. Partes do mar Mediterrâneo contêm os resquícios mais antigos de assoalho oceânico, que podem ter sido parte do mar de Tétis, de cerca de 280 milhões de anos atrás (vide Figura 12.13).

▼**Figura 12.15 Reversões magnéticas registradas no assoalho oceânico.** Reversões magnéticas registradas junto à Dorsal Mesoatlântica, ao sul da Islândia; as cores indicam faixas magnéticas no assoalho oceânico com polaridade invertida; as áreas intermédias possuem polaridade normal. Faixas de mesma cor em ambos os lados da dorsal indicam expansão simétrica do fundo do mar, com as faixas rochosas mais antigas estando mais longe da dorsal. [Adaptado de J. R. Heirtzler, S. Le Pichon, and J. G. Baron, *Deep-Sea Research 13*, © 1966, Pergamon Press, p. 247.]

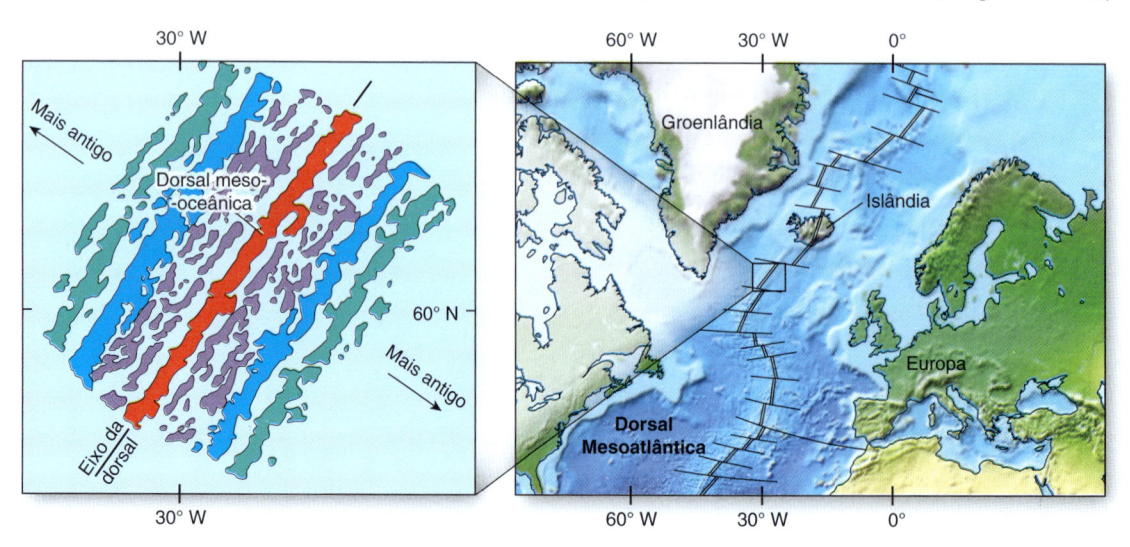

Capítulo 12 • O planeta dinâmico **343**

Idade (milhões de anos atrás)

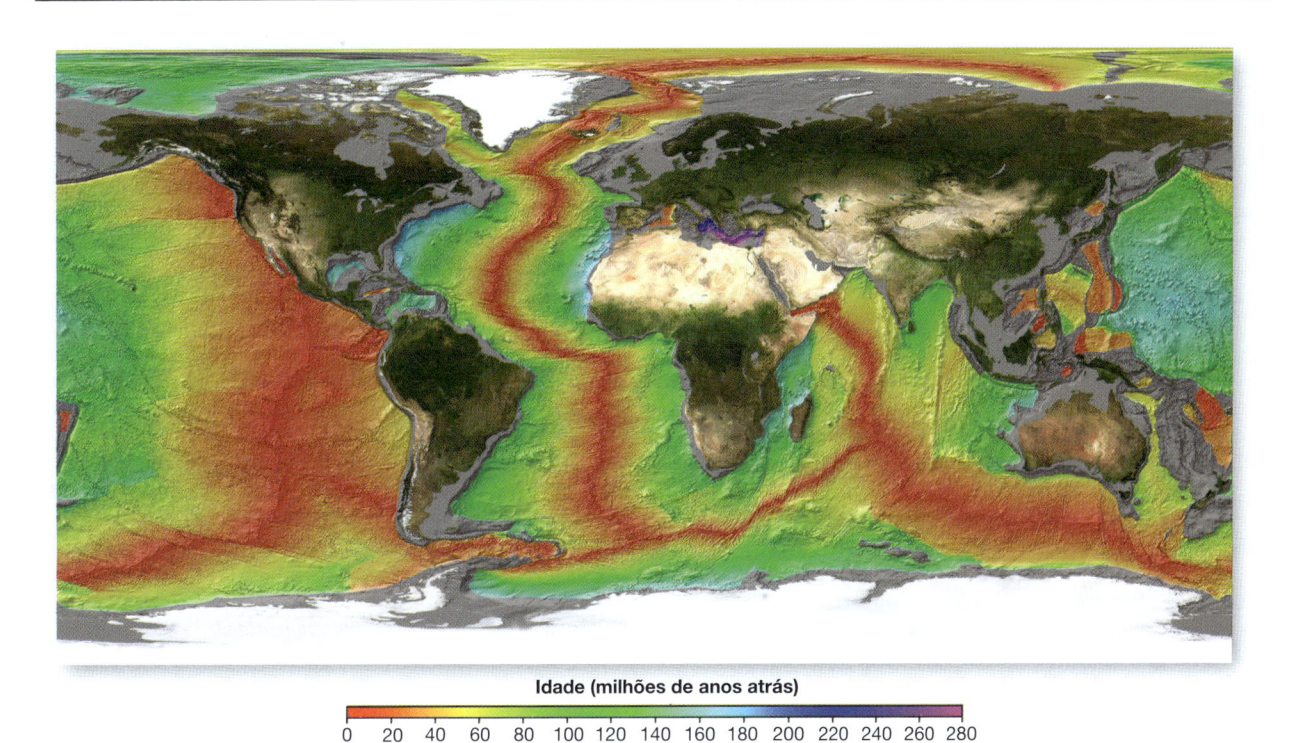

0 20 40 60 80 100 120 140 160 180 200 220 240 260 280

▲**Figura 12.16 Idades relativas da crosta oceânica.** Compare a largura da cor vermelha (crosta jovem) próximo à Dorsal do Pacífico oriental com a largura da cor vermelha na Dorsal Mesoatlântica. O que a diferença em largura diz sobre as taxas de movimento de placas nos dois locais? [Imagem por Elliot Lim, CIRES.]

Hoje, os cientistas sabem que as dorsais meso-oceânicas ocorrem onde as placas estão se distanciando (Figura 12.17). À medida que o assoalho oceânico se expande, o magma ascende e se acumula em câmaras magmáticas sob a linha central da dorsal. Um pouco de magma sobe e entra em erupção através de fraturas e pequenos vulcões ao longo da dorsal, formando nova crosta oceânica. Os cientistas acreditam que esse movimento ascendente do material sob a dorsal oceânica é uma consequência da expansão do assoalho oceânico, e não sua causa. Enquanto as placas continuam a se distanciar, mais magma vem de baixo para preencher os vazios.

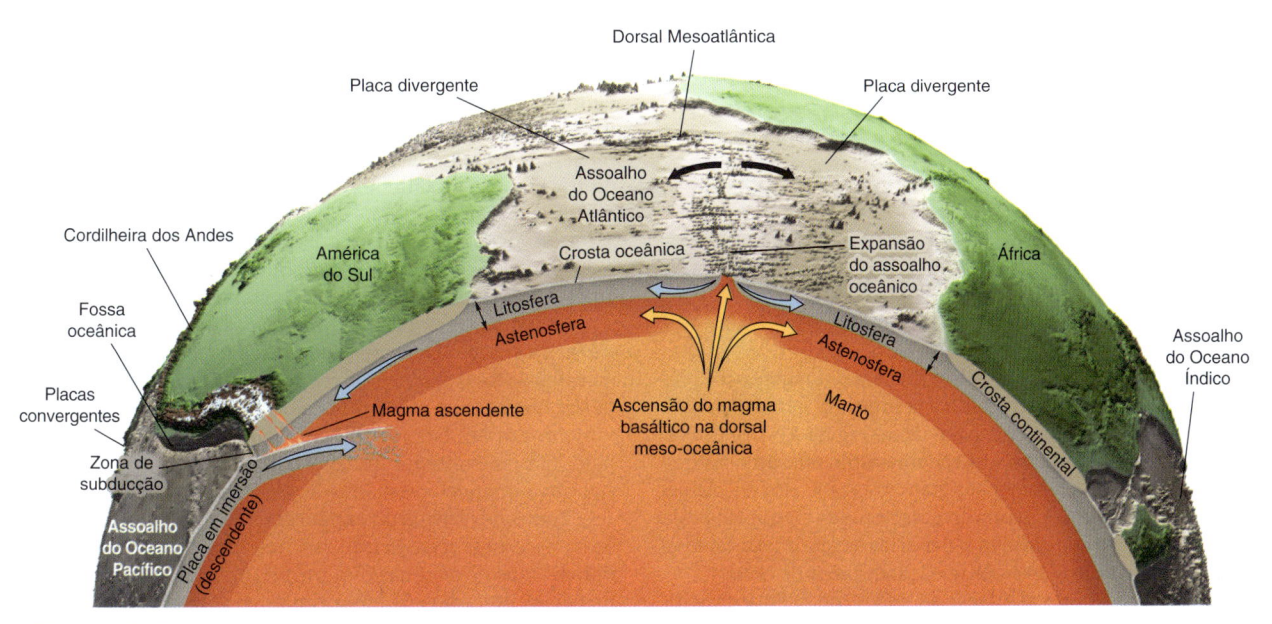

▲**Figura 12.17 Movimentos das placas.** Expansão do assoalho oceânico, correntes de ascensão, subducção e movimentos de placa mostrados em corte transversal. As setas indicam a direção da expansão.

Subducção

Quando uma porção da litosfera afunda sob outra e mergulha no manto, o processo é chamado de *subducção* e a área é uma **zona de subducção**. Como discutido anteriormente, a crosta oceânica basáltica possui uma densidade de 3,0 g/cm³, ao passo que a crosta continental é em média mais leve, 2,7 g/cm³. Como resultado, quando a crosta continental e a crosta oceânica lentamente colidem, o assoalho oceânico mais denso é triturado abaixo da crosta continental mais leve, formando uma zona de subducção.

As fossas abissais do mundo coincidem com essas zonas de subducção e são as feições mais baixas da superfície terrestre. As Fossas das Marianas, perto de Guam, são as mais profundas de todas, descendo a −11.030 m em relação ao nível do mar. A Fossa de Tonga, também no Pacífico, é a segunda mais profunda, com −10.882 m. Para fins de comparação, no Oceano Atlântico, a Fossa de Porto Rico tem −8.605 m, e a Fossa de Java, no Oceano Índico, tem −7.125 m.

A subducção ocorre onde as placas colidem. A placa de crosta subductora exerce uma atração gravitacional no resto da placa – hoje sabe-se que esta atração é uma importante força propulsora do movimento de placas. A porção subduzida viaja para dentro da astenosfera, onde derrete novamente e acaba sendo reciclada como magma, subindo mais uma vez à superfície por meio de fissuras e rachaduras profundas na rocha crustal (lado esquerdo da Figura 12.17). Montanhas vulcânicas, como os Andes na América do Sul e a Cordilheira Cascade do norte da Califórnia à fronteira canadense, formam-se no interior dessas zonas de subducção como resultado de plumas ascendentes de magma. Em algumas ocasiões, a placa em imersão permanece intacta por centenas de quilômetros, enquanto em outras ela pode se quebrar em pedaços grandes, o que talvez possa ser o caso sob a Cordilheira das Cascades com sua distribuição fragmentada de vulcões.

> **PENSAMENTO Crítico 12.2**
> **Acompanhe a sua localização desde o Pangea**
>
> Usando os mapas deste capítulo, determine sua localização atual em relação às placas crustais da Terra. Agora, usando a Figura 12.13b, identifique aproximadamente onde sua posição atual estava há 225 milhões de anos; expresse-a em uma estimativa aproximada usando o equador e as longitudes indicadas no mapa. Você consegue acompanhar a sua localização nas partes c e d da Figura 12.13? •

Limites entre as placas

A presente crosta terrestre é dividida em pelo menos 14 placas, das quais cerca da metade é grande, e a outra metade é de placas menores em termos de área (Figura 12.18). Centenas de pedaços menores e talvez dúzias de microplacas que migram juntas compõem essas grandes placas móveis. As setas na figura indicam a direção atual em que cada placa está se movendo, e o comprimento das setas sugere a taxa relativa de movimento durante os últimos 20 milhões de anos.

Os limites onde as placas se encontram são locais dinâmicos se considerados ao longo das escalas de tempo geológico, embora lentos na perspectiva temporal humana.

Os bloco-diagramas da Figura 12.18 mostram os três tipos gerais de limites e movimentos interativos das placas nesses locais.

- *Limites convergentes* ocorrem em áreas de colisão e subducção crustal. Conforme dito anteriormente, onde áreas de litosfera continental e oceânica se encontram, a crosta é comprimida e perdida em um processo destrutivo à medida que ela desce para dentro do manto. Os limites convergentes formam zonas de subducção, como ao largo da costa oeste da América Central e do Sul, ao longo das fossas das ilhas Aleutas (veja a Figura 12.21, adiante) e na costa oriental do Japão, atingida por um terremoto de magnitude 9,0 em 2011. Limites convergentes também ocorrem onde duas placas de crosta continental colidem, como na zona de colisão entre Índia e Ásia, e onde placas oceânicas colidem, como junto às fossas profundas do Oceano Pacífico ocidental.
- *Limites divergentes* ocorrem em áreas de expansão do assoalho oceânico, onde o material que ascende do manto forma um novo fundo oceânico e as placas litosféricas se separam, em um processo construtivo. Um exemplo é o limite divergente na Dorsal do Pacífico Oriental, que dá origem à placa de Nazca (movendo-se para o leste) e à placa do Pacífico (movendo-se para o noroeste). Enquanto a maioria dos limites divergentes ocorre nas dorsais meso-oceânicas, algumas ocorrem dentro dos próprios continentes. Um exemplo é o Grande Rift Valley da África Oriental, onde a crosta continental está sendo fendida.
- *Limites transformantes* ocorrem onde as placas deslizam uma em relação à outra, geralmente em ângulo reto ao centro de expansão do assoalho oceânico. Essas são as fraturas que se estendem por todo o sistema mundial de dorsais meso-oceânicas, sendo descritas pela primeira vez pelo geofísico Tuzo Wilson, da Universidade de Toronto, em 1965. Quando as placas se movem horizontalmente uma em relação à outra, elas formam uma espécie de *falha*, ou fratura, na crosta terrestre, chamada de **falha transformante**.

Junto a essas zonas de fratura que fazem intersecção com dorsais, uma falha transformante só ocorre junto à seção de falha que fica *entre* dois segmentos da dorsal meso-oceânica fragmentada (Figura 12.18). Ao longo da zona de fratura fora da falha transformante, a crosta move-se na mesma direção das placas em expansão (para longe da dorsal meso-oceânica). O movimento junto às falhas transformantes é de deslocamento horizontal – não há formação de crosta nova nem subducção de crosta antiga.

O nome *transformante* foi atribuído a essas feições por causa da aparente transformação na direção do movimento da falha – essas falhas podem ser distinguidas das demais falhas horizontais (discutidas no Capítulo 13) porque o movimento em um lado da linha de falha é oposto ao do outro lado. Esse movimento único origina-se da criação de material novo quando o assoalho oceânico se expande.

Todos os centros de expansão do assoalho oceânico da Terra apresentam essas fraturas, que são perpendiculares às dorsais meso-oceânicas (Figura 12.19). Algumas têm centenas de quilômetros de comprimento; outras, como aquelas ao longo da Dorsal do Pacífico Oriental, estendem-se por 1000 km ou mais.

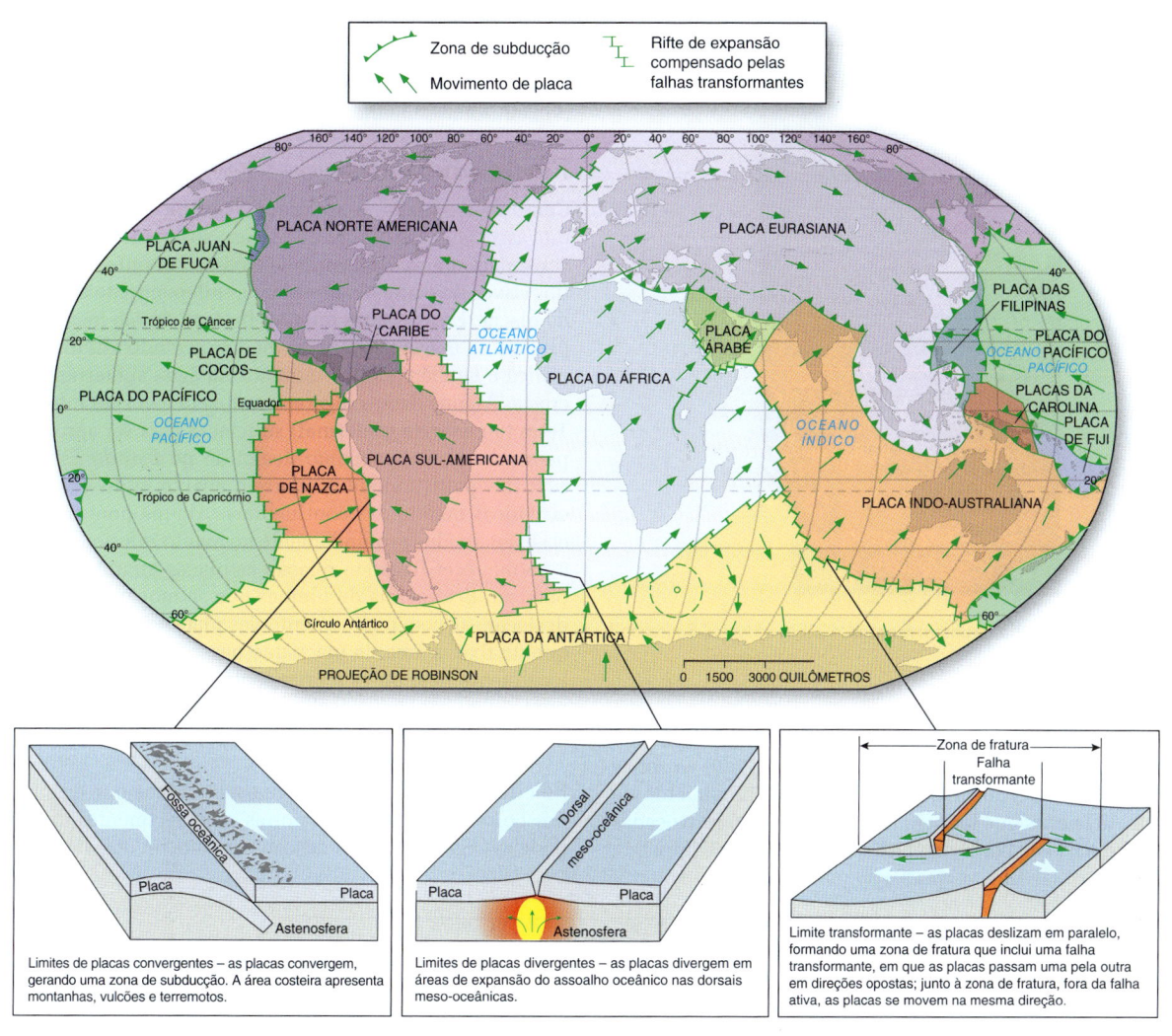

▲Figura 12.18 **Principais placas litosféricas da Terra e seus movimentos.** Cada seta representa 20 milhões de anos de movimento. As setas mais longas indicam que as placas do Pacífico e de Nazca estão se movendo mais rapidamente do que as placas do Atlântico. Compare o comprimento dessas setas com as áreas em violeta da Figura 12.13. [Adaptado de U.S. Geodynamics Committee, National Academy of Sciences and National Academy of Engineering.]

Os limites transformantes estão associados à atividade sísmica, especialmente quando eles cortam porções da crosta continental, como na falha de San Andreas, no sul da Califórnia, onde as placas do Pacífico e da América do Norte se encontram, ou na falha Alpina, na Nova Zelândia, o limite entre as placas Indo-Australiana e Pacífica. A de San Andreas, que corta diversas áreas metropolitanas da Califórnia, talvez seja a falha transformante mais famosa do mundo, e é discutida no Capítulo 13.

Terremotos e atividade vulcânica

Os limites de placas são os principais locais de terremotos e atividade vulcânica, e a correlação desses fenômenos é um aspecto importante da tectônica de placas. Os grandes terremotos que atingiram Haiti, Chile, Nova Zelândia e Japão em 2010 e 2011, assim como a erupção vulcânica na Islândia em 2010, atraíram a atenção mundial a esses limites de placas e aos princípios da tectônica de placas. O próximo capítulo discute os terremotos e a atividade vulcânica mais detalhadamente.

GEOrelatório 12.4 Expansão junto à Dorsal do Pacífico Oriental

A taxa mais rápida de expansão do assoalho oceânico na Terra ocorre junto à Dorsal do Pacífico Oriental, que corre praticamente do norte ao sul ao longo da borda oriental da placa do Pacífico, de perto da Antártica até a América do Norte. A expansão está ocorrendo a uma taxa de 6 a 16 cm por ano, dependendo da localização. Para fins de comparação, as unhas humanas crescem a uma taxa de cerca de 4 cm por ano.

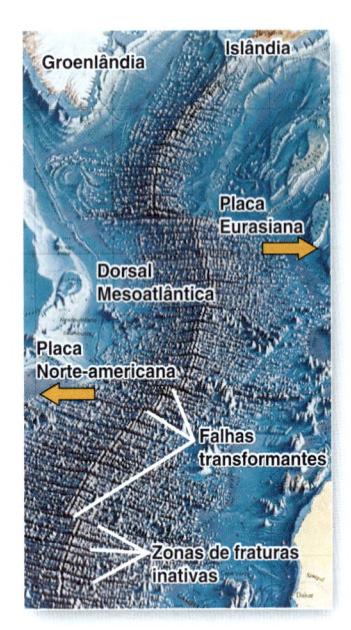

▲Figura 12.19 **Falhas transformantes.** [Office of Naval Research.]

O "círculo de fogo" que cinge a Bacia Pacífica tem esse nome por causa da incidência frequente de vulcões em seu limite, ficando evidente no mapa da Figura 12.20 as zonas sísmicas, sítios vulcânicos, pontos quentes e movimento de placas. As feições que formam esse "círculo" são provocadas pela subducção da borda da placa do Pacífico, que é impelida para o fundo da crosta e do manto e produz material fundido que retorna à superfície. O magma ascendente forma vulcões ativos ao longo da margem do Pacífico. Esses processos ocorrem em zonas semelhantes de subducção em todo o mundo.

Pontos quentes

Como mencionado, a atividade vulcânica frequentemente está associada aos limites de placas. No entanto, os cientistas constataram a existência de aproximadamente 50 a 100 sítios ativos de material ascendente, independente dos limites de placas. Esses **pontos quentes** (*hot spots*) são lugares onde plumas de magma sobem do manto, gerando atividade vulcânica e também efeitos térmicos na água subterrânea e na crosta. Alguns desses lugares produzem calor do interior da Terra (ou **energia geotermal**) suficiente para ser aproveitado para usos humanos, como discutido no *Estudo Específico* 12.1. Os pontos quentes ocorrem abaixo tanto das crostas oceânicas quanto das continentais. Alguns pontos quentes estão ancorados profundamente no manto inferior, tendendo a permanecer fixos em relação às placas migratória; outros parecem ficar acima de plumas que se movem sozinhas ou deslocam-se com o movimento das placas. No caso de ponto quente fixo, a área da placa que passa sobre ele é aquecida localmente pelo breve tempo geológico em que fica sobre o ponto (algumas centenas de milhares ou milhões de anos), às vezes gerando uma cadeia de feições vulcânicas.

Feições hidrotérmicas A água subterrânea que é aquecida por bolsões de magma ou outras porções quentes da crosta pode emergir como uma nascente quente ou disparar do solo

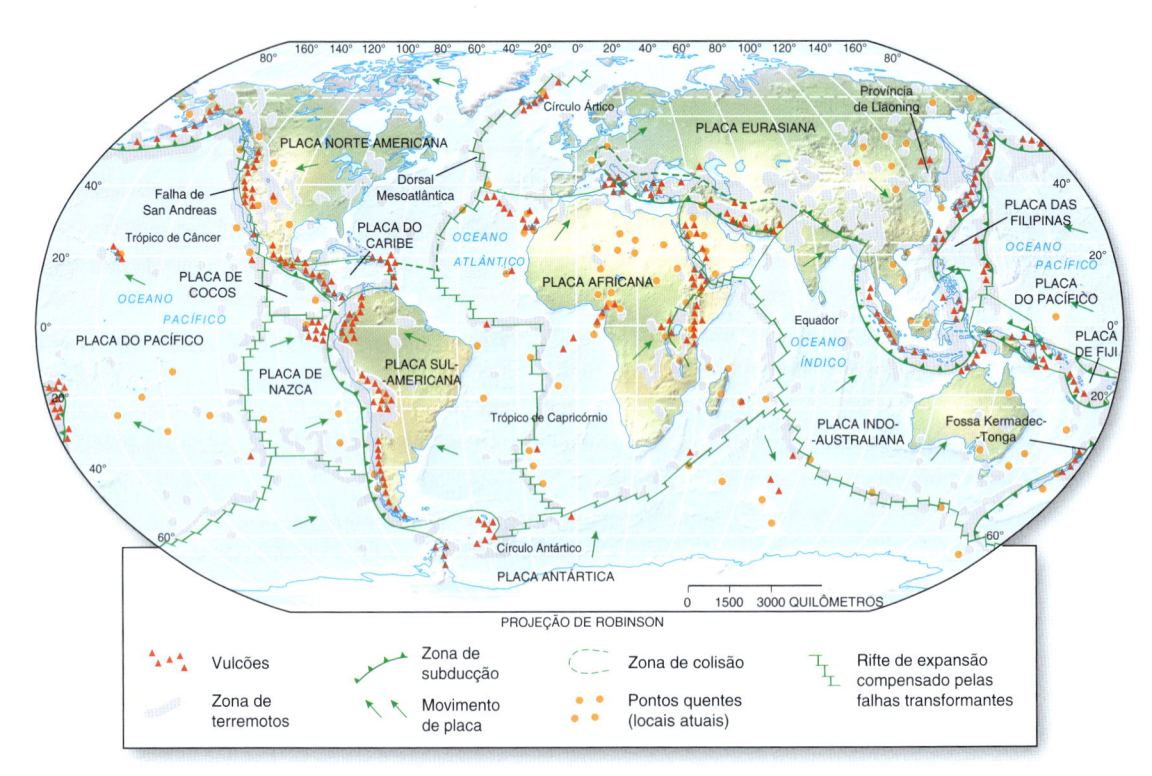

▲Figura 12.20 **Locais com terremotos e atividade vulcânica.** Terremotos e atividade vulcânica em relação aos principais limites de placas tectônicas e principais pontos quentes. [Dados sobre terremotos, vulcões e pontos quentes adaptados do U.S. Geological Survey.]

explosivamente como *gêiser* – uma nascente caracterizada por descarga intermitente de água e vapor. Um ponto quente embaixo do Parque Nacional Yellowstone, nos estados de Montana e Wyoming, produz vários tipos de feições hidrotérmicas, incluindo gêiseres, vulcões de lama e fumarolas (veja a seção *O Denominador Humano*, Figura DH 12a, na página 351). *Vulcões de lama* são poças borbulhantes altamente ácidas com suprimento limitado de água, assim produzindo principalmente gases que são decompostos por microrganismos, liberando ácido sulfúrico, que, por sua vez, decompõe a rocha em argilas que formam a lama. Quando os gases escapam através da lama, produzem o borbulhamento que distingue essa feição. *Fumarolas* são escapes de vapor que emitem gases que podem conter dióxido de enxofre, cloreto de hidrogênio ou sulfeto de hidrogênio – algumas áreas do Parque Yellowstone são conhecidas pelo odor característico de "ovo podre" causado pelo sulfeto de hidrogênio gasoso.

Cadeias de ilhas de pontos quentes

Um ponto quente do Oceano Pacífico gerou (e continua gerando) a cadeia Havaí–Ilhas Emperor, incluindo vários montes submarinos que não atingem a superfície (Figura 12.21). A placa do Pacífico moveu-se sobre essa pluma ascendente quente com erupções ao longo dos últimos 80 milhões de anos, criando um conjunto de ilhas vulcânicas e montes submarinos que se estende para o noroeste, na direção contrária ao ponto quente. A ilha mais antiga da parte havaiana da cadeia é Kauai, com aproximadamente 5 milhões de anos; hoje, ela está intemperizada e erodida em cânions e vales profundos.

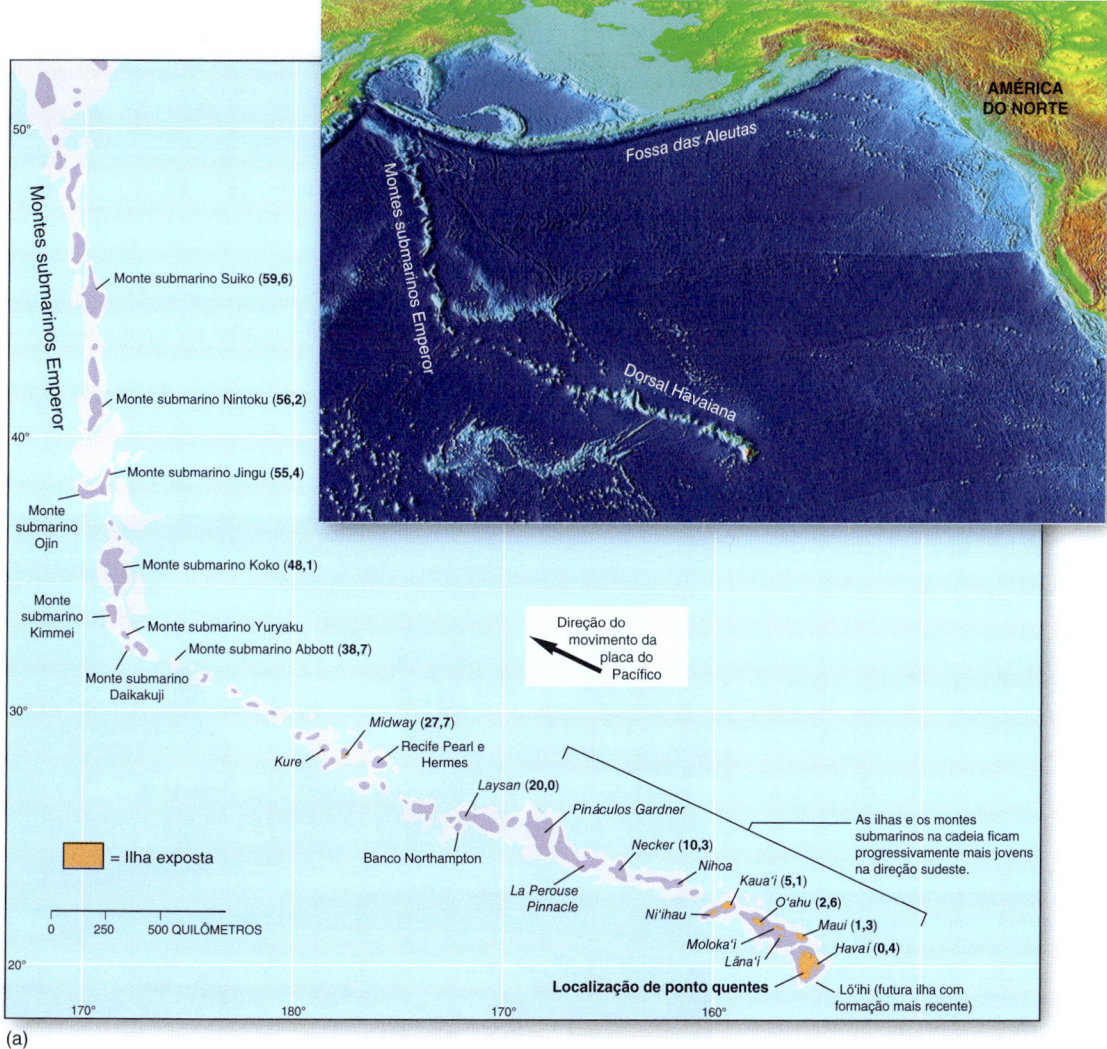

▲**Figura 12.21 Trilhas de pontos quentes no Pacífico Norte.** O Havaí e a cadeia vulcânica linear de ilhas conhecida como montes submarinos Emperor. (a) As ilhas e os montes submarinos na cadeia ficam progressivamente mais jovens na direção sudeste. As idades, em milhões de anos atrás, aparecem entre parênteses. Observe que a ilha Midway tem 27,7 milhões de anos, o que quer dizer que o local esteve sobre a pluma há 27,7 de anos [(a) Baseado em D. A. Clague, "Petrology and K–Ar (Potassium–Argon) ages of dredged volcanic rocks from the western Hawaiian ridge and the southern Emperor Seamount chain," *Geological Society of America Bulletin 86* (1975): 991; mapa do detalhe cortesia da NOAA.]

○ Estudo Específico 12.1 Recursos sustentáveis
Calor da Terra – Energia e eletricidade geotermal

A *energia geotérmica (ou geotermal)*, grande quantidade de calor endógeno no interior da Terra, pode, em alguns lugares, ser explorada para aquecimento e geração elétrica por poços e tubos que levam água aquecida ou vapor até a superfície. Reservatórios subterrâneos de água quente a diversas profundidades e temperaturas estão entre os recursos geotérmicos que podem ser explorados e trazidos à superfície. Recursos desse tipo fornecem *aquecimento geotérmico direto*, que emprega água em temperaturas baixas a moderadas (de 20°C a 150°C) em sistemas de troca de calor em edifícios, estufas comerciais e criadouros de peixes, entre muitos exemplos. Onde disponível, o aquecimento geotérmico direto fornece energia barata e limpa.

Em Boise, Estado de Idaho (EUA), que utiliza recursos geotérmicos há décadas, a sede do legislativo estadual usa aquecimento geotérmico direto, e a maioria dos centros urbanos devolve a água geotérmica usada ao aquífero por meio de poços de injeção. Em Reykjavík, Islândia, a maioria dos sistemas de aquecimento de ambientes (mais de 87%) é geotérmica.

Geração de eletricidade geotermal

Eletricidade geotérmica é gerada usando-se o vapor de um reservatório natural subterrâneo para mover uma turbina que abastece um gerador. Como o vapor vem diretamente do interior da Terra (sem queima de combustível para gerá-lo), a eletricidade *geotérmica* é uma energia relativamente limpa. Idealmente, a água subterrânea para esses fins deve ter uma temperatura entre 180°C e 350°C e circular através de rochas de alta porosidade e permeabilidade (permitindo que a água circule livremente entre os espaços que conectam os poros). O Campo Geotermal dos Gêiseres do norte da Califórnia (apesar do nome, não há gêiseres na área) é a maior planta de geração de eletricidade geotérmica a usar esse método no mundo (Figura 12.1.1).

Hoje, há aplicações geotérmicas em uso em 70 países, compreendendo mais de 200 usinas que geram um total de aproximadamente 11.000 MW. Os países com mais geração elétrica geotérmica instalada são Estados Unidos, Filipinas, Indonésia, México, Itália, Nova Zelândia, Islândia e Japão. Nas Filipinas, quase 27% da geração elétrica total vêm da energia geotérmica; na Islândia, a porcentagem é de 30% (Figura 12.1.2).

▲Figura 12.1.1 **O Campo Geotermal de Gêiseres, Califórnia.** [James P. Blair/National Geographic.]

Nos Estados Unidos, o setor geotérmico cresceu 5% em 2012, com a eletricidade totalizando 3300 MW hoje, havendo operações no Alasca, Califórnia, Havaí, Idaho, Nevada, Oregon, Utah e Wyoming. Para mais informações, acesse http://geology.com/geothermal/ e http://www1.eere.energy.gov/geothermal/.

As últimas tecnologias geotermais buscam criar condições para a geração de

▲Figura 12.1.2 **Atividade geotermal de superfície na Islândia.** Na península de Reykjavík, Islândia, a usina geotérmica de Svartsengi produz eletricidade e fornece água quente para residências e empresas. Próximo a ela fica o Spa Blue Lagoon, com águas geotermais. [Eco Images/Universal Images Group/Getty.]

eletricidade geotérmica em locais onde a temperatura da rocha subterrânea é alta, mas falta água ou permeabilidade. Em um *sistema geotérmico otimizado* (SGO), água fria é bombeada até a rocha quente subterrânea, fazendo com que a rocha frature e se torne permeável ao fluxo de água; a água fria, por sua vez, é aquecida até virar vapor, de forma a atravessar a rocha em alta temperatura.

Há diversos projetos de SGO em operação ou desenvolvimento em todo o mundo; o maior deles fica na bacia Cooper, Austrália. O potencial do SGO (e das demais tecnologias geotérmicas) é mais alto no oeste dos Estados Unidos e em áreas do mundo junto aos limites de placas que produzem bolsões ascendentes de magma e atividade vulcânica (Figura 12.1.3).

O recurso geotérmico sustentável

A geração de eletricidade geotérmica possui muitas vantagens, incluindo produção mínima de dióxido de carbono (libera-se CO_2 durante a extração do vapor, mas em quantidades pequenas, especialmente se comparado com as quantidades de CO_2 geradas pelo uso de combustíveis fósseis). A energia geotérmica pode ser produzida 24 horas por dia, uma vantagem em comparação com a energia solar ou eólica, em que o tempo de geração está ligado à luz do dia ou a outras variações naturais do recurso.

Embora a energia geotérmica seja rotulada de renovável e autossustentável, pesquisas mostram que alguns gêiseres e jazidas geotérmicas estão sendo esgotados, uma vez que a taxa de extração é maior que a taxa de recarga. Além disso, a perfuração de poços ou remoção de água conectada aos projetos de energia geotérmica pode apresentar risco de *sismicidade induzida* (isto é, pequenos terremotos e tremores produzidos em associação com atividades humanas, discutido mais adiante no Capítulo 13). Na Suíça, os desenvolvedores de eletricidade geotérmica estão trabalhando em tecnologias para reduzir os riscos sísmicos após diversos projetos geotérmicos de lá terem provocado pequenos terremotos. Nos Estados Unidos, os cientistas correlacionaram a atividade sísmica com o desenvolvimento geotérmico em diversas localidades. Há pesquisas em andamento para abordar e atenuar as questões da sismicidade. A despeito desses problemas, a energia geotérmica segue sendo uma promissora fonte de energia limpa para o futuro.

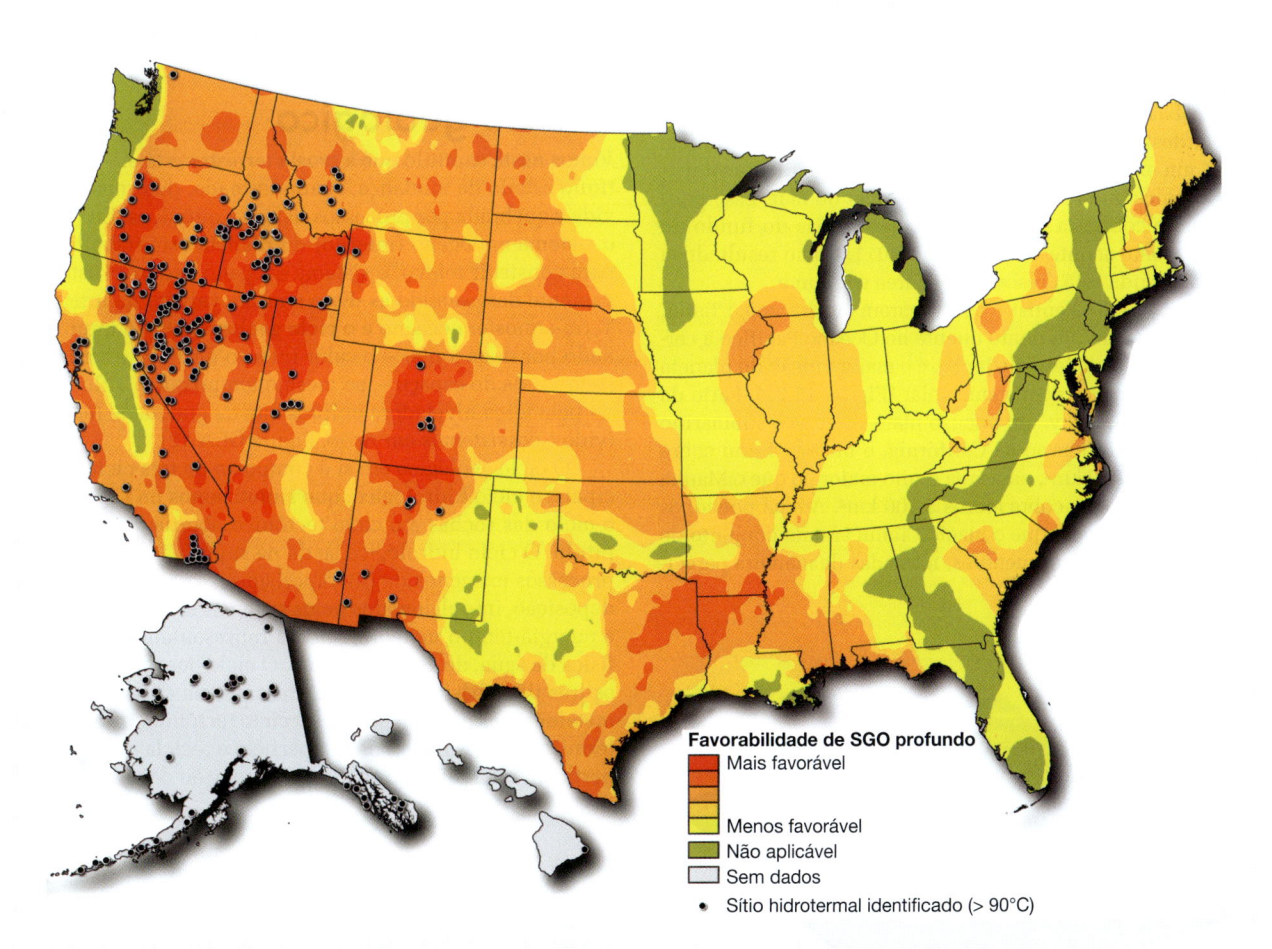

▲Figura 12.1.3 **Potencial de recursos geotérmicos nos Estados Unidos.** Recursos hidrotermais identificados (círculos pretos) e recursos geotérmicos otimizados potenciais (do mais favorável para o menos favorável). [NREL.]

A noroeste do Havaí, a ilha de Midway surge como parte do mesmo sistema. A partir daí, os montes submarinos Emperor espalham-se para o noroeste, com idades progressivamente maiores até atingirem cerca de 40 milhões de anos. Nesse ponto, o arquipélago linear muda de direção, indo para o norte. Essa curvatura na cadeia é hoje considerada oriunda tanto do movimento da pluma quanto de uma possível mudança do movimento da placa em si, uma revisão da ideia anterior de que todas as plumas de pontos quentes permaneciam fixas em relação à placa migratória. No extremo setentrional, os montes submarinos que se formaram há 80 milhões de anos estão agora se aproximando da fossa das Aleutas, onde acabarão imergindo abaixo da placa Eurasiana.

A grande ilha do Havaí, a mais recente do arquipélago, na verdade levou menos de 1 milhão de anos para chegar à sua estatura atual. A ilha é um enorme monte de lava, formado do magma de diversas fissuras do fundo do mar e vulcões, erguendo-se do assoalho oceânico 5.800 m até a superfície oceânica. A partir do nível do mar, seu maior pico, Mauna Kea, atinge 4.205 m de elevação. Essa altura total de quase 10.000 m representa a maior montanha da Terra, se medida desde o fundo oceânico.

O novo acréscimo à cadeia havaiana é também um monte submarino. Ele eleva-se 3.350 m desde sua base, mas ainda está 975 m abaixo da superfície oceânica. Mesmo que essa nova ilha não vá receber o sol tropical por aproximadamente 10.000 anos, ela já recebeu o nome de Loihi (indicada no mapa).

A Islândia é outra ilha originada de um ponto quente ativo, desta vez cavalgando sobre a dorsal meso-oceânica. Ela é um excelente exemplo de um segmento de dorsal meso-oceânica que se eleva acima do nível do mar. Esse ponto quente continua gerando erupções vindas do fundo do manto, como aconteceu em 2010 e 2011. Como resultado, a Islândia ainda está crescendo em área e volume.

Em 2013, os cientistas confirmaram que o maciço Tamu, localizado sobre um ponto quente no Oceano Pacífico a cerca de 1.600 km ao leste do Japão, é o maior vulcão do planeta e um dos maiores do sistema solar (Figura 12.22). Parte da Elevação de Shatsky, um imenso platô vulcânico submarino de tamanho similar ao da Califórnia, o maciço Tamu cobre cerca de 310.800 km², uma área muito maior do que o Mauna Loa do Havaí, que cobre meros 5.200 km². Até há pouco, os cientistas pensavam que o maciço Tamu era um conjunto de estruturas vulcânicas menores, formadas de maneira parecida à ilha do Havaí. Porém, pesquisas recentes constataram que essa feição é composta de materiais relacionados, formados cerca de 145 milhões de anos atrás, acima de um ponto quente que coincide com os limites de três placas tectônicas. A forma e os processos dessa feição submarina são mais um indício de que, de fato, a Terra é um planeta dinâmico.

> **PENSAMENTO Crítico 12.3**
> **Com que velocidade a placa do Pacífico está se movendo?**
>
> O acompanhamento do movimento da placa do Pacífico exibido na Figura 12.21 (observe a escala gráfica do mapa, no canto inferior esquerdo) revela que a ilha Midway formou-se 27,7 m.a.a. acima do ponto quente que hoje está ativo sob a costa sudeste da ilha grande do Havaí. Considerando a escala do mapa, determine aproximadamente a velocidade anual média da placa do Pacífico em centímetros por ano para que Midway percorresse essa distância. Dado o seu cálculo da velocidade da placa e considerando que as direções de movimento permanecem as mesmas, aproximadamente quantos anos levará para que os resquícios da Midway alcancem 50° N, no canto superior esquerdo do mapa? •

O ciclo geológico

Vimos neste capítulo que a crosta terrestre está em um contínuo estado de mudança, sendo formada, deformada, movida e quebrada por processos físicos e químicos. Enquanto o sistema endógeno (interno) do planeta está trabalhando para construir relevo, o sistema exógeno (externo) está ativamente desgastando-as. Esse enorme vaivém na interface Terra-atmosfera-oceano é o **ciclo geológico**. Ele é impulsionado por duas fontes – o calor interno da Terra e a energia solar vinda do espaço –, ao mesmo tempo que é influenciado pela força niveladora onipresente da gravidade terrestre (vide *Geossistemas em Ação*, Figura GEA 12).

O ciclo geológico em si é composto de três ciclos principais: o ciclo hidrológico, que sintetizamos no Capítulo 9, o ciclo das rochas e o ciclo tectônico abordados neste capítulo. O ciclo hidrológico se dá na superfície da Terra por processos exógenos de intemperismo, erosão, transporte e deposição, impulsionados pelos sistemas energia-atmosfera e energia-tempo meteorológico e representados pela ação física da água, do gelo e do vento. O ciclo das rochas produz os três tipos básicos de rocha presentes na crosta – ígneas, metamórficas e sedimentares. O ciclo tectônico traz energia térmica e novos materiais à superfície e recicla material superficial, criando movimento e deformação da crosta.

◂**Figura 12.22 Maciço Tamu, o maior vulcão da Terra.** Esta imagem do assoalho marinho mostra a forma e o tamanho do Maciço Tamu no Oceano Pacífico setentrional. O Mauna Loa no Havaí é mais alto do que o Maciço Tamu acima do assoalho oceânico, mas é muito menor na área total. [Imagem cortesia de Will Sager.]

O DENOMINADOR **humano** 12   Materiais terrestres e tectônica de placas

PROCESSOS ENDÓGENOS ⇨ HUMANOS
- Os processos endógenos provocam riscos naturais, como terremotos e eventos vulcânicos, que afetam os seres humanos e os ecossistemas.
- As rochas fornecem materiais de uso humano; a energia geotérmica é um recurso renovável.

HUMANOS ⇨ PROCESSOS ENDÓGENOS
- Poços perfurados na crosta da Terra, em associação com perfuração para óleo e gás e Sistemas Geotérmicos Otimizados, podem causar terremotos.

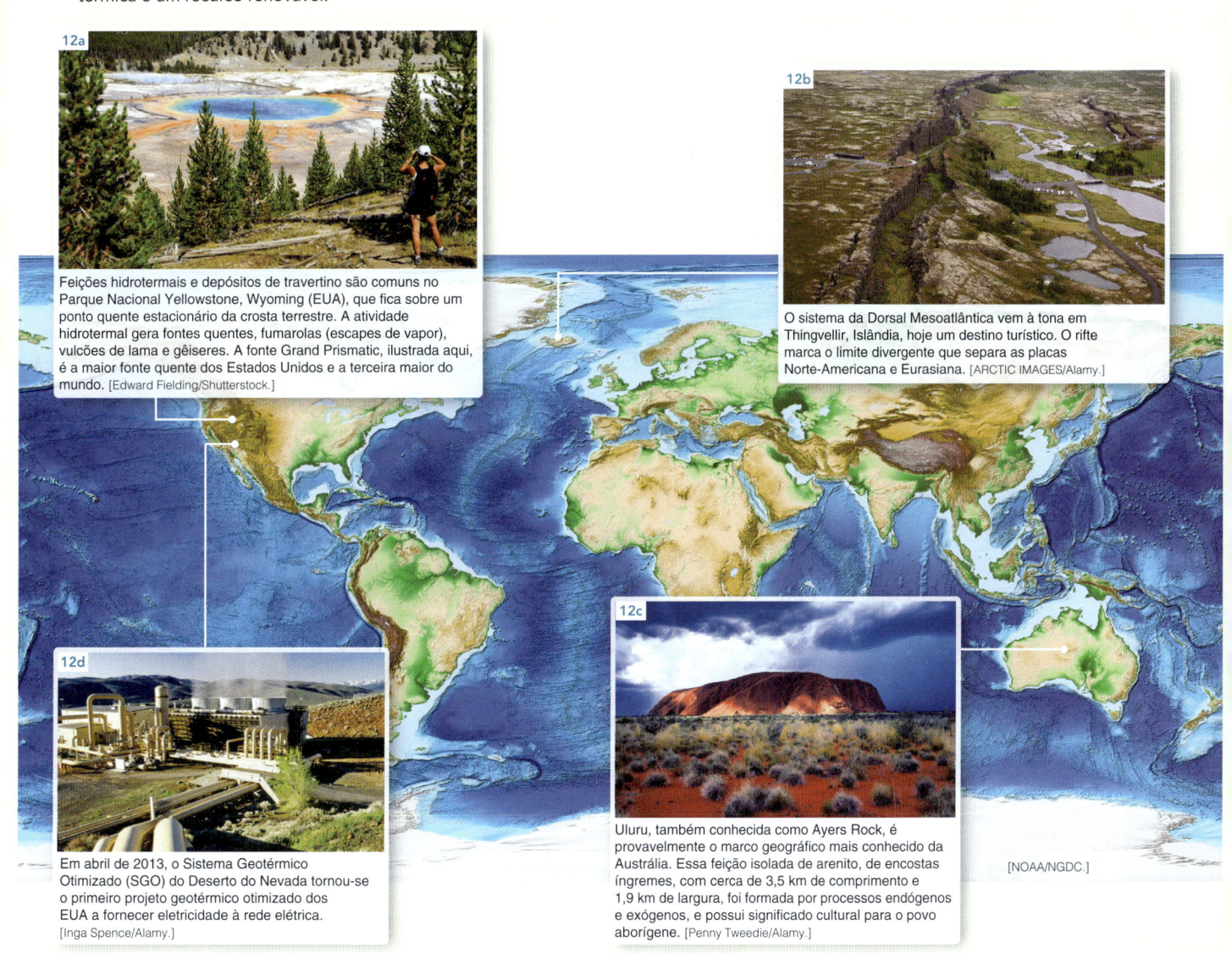

12a Feições hidrotermais e depósitos de travertino são comuns no Parque Nacional Yellowstone, Wyoming (EUA), que fica sobre um ponto quente estacionário da crosta terrestre. A atividade hidrotermal gera fontes quentes, fumarolas (escapes de vapor), vulcões de lama e gêiseres. A fonte Grand Prismatic, ilustrada aqui, é a maior fonte quente dos Estados Unidos e a terceira maior do mundo. [Edward Fielding/Shutterstock.]

12b O sistema da Dorsal Mesoatlântica vem à tona em Thingvellir, Islândia, hoje um destino turístico. O rifte marca o limite divergente que separa as placas Norte-Americana e Eurasiana. [ARCTIC IMAGES/Alamy.]

12c Uluru, também conhecida como Ayers Rock, é provavelmente o marco geográfico mais conhecido da Austrália. Essa feição isolada de arenito, de encostas íngremes, com cerca de 3,5 km de comprimento e 1,9 km de largura, foi formada por processos endógenos e exógenos, e possui significado cultural para o povo aborígene. [Penny Tweedie/Alamy.]

12d Em abril de 2013, o Sistema Geotérmico Otimizado (SGO) do Deserto do Nevada tornou-se o primeiro projeto geotérmico otimizado dos EUA a fornecer eletricidade à rede elétrica. [Inga Spence/Alamy.]

[NOAA/NGDC.]

QUESTÕES PARA O SÉCULO XXI
- A capacidade geotérmica continuará sendo explorada como uma fonte de energia alternativa aos combustíveis fósseis.
- O mapeamento das regiões tectonicamente ativas continuará apoiando ações políticas no que tange a riscos sísmicos.

conexão GEOSSISTEMAS

Nós investigamos a estrutura interna da Terra e discutimos o fluxo de energia interna. O movimento da crosta terrestre origina-se dessa dinâmica interna. A tectônica de placas é a teoria unificadora que descreve a litosfera em termos de pedaços migratórios da crosta, do tamanho de continentes, que podem colidir com outras placas. O atual mapa da superfície do planeta é o resultado dessas imensas forças e movimentos. No Capítulo 13, concentramo-nos mais nas expressões superficiais de toda essa energia e matéria em movimento: a tensão e a deformação dos dobramentos, falhamentos e deformações; a formação das montanhas; e a atividade por vezes devastadora dos terremotos e vulcões.

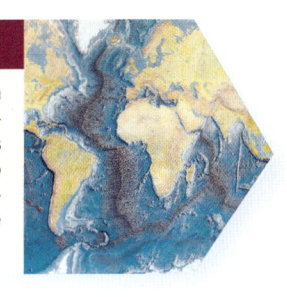

geossistemas em ação 12 — O CICLO GEOLÓGICO

O ciclo geológico é um modelo composto dos ciclos hidrológico, das rochas e tectônico (GEA 12.1). Os sistemas exógeno (externo) e endógeno (interno) da Terra, impulsionados pela energia solar e pelo calor interno do planeta, interagem dentro do ciclo geológico (GEA 12.2). Os processos do ciclo geológico criam paisagens distintas (GEA 12.3).

12.1 INTERAÇÕES DENTRO DO CICLO GEOLÓGICO

Os ciclos que compõem o ciclo geológico influenciam um ao outro. Por exemplo, ao longo de milhões de anos, o ciclo tectônico lentamente leva à criação de montanhas, o que afeta os padrões globais de precipitação, um aspecto do ciclo hidrológico (GEA 12.3).

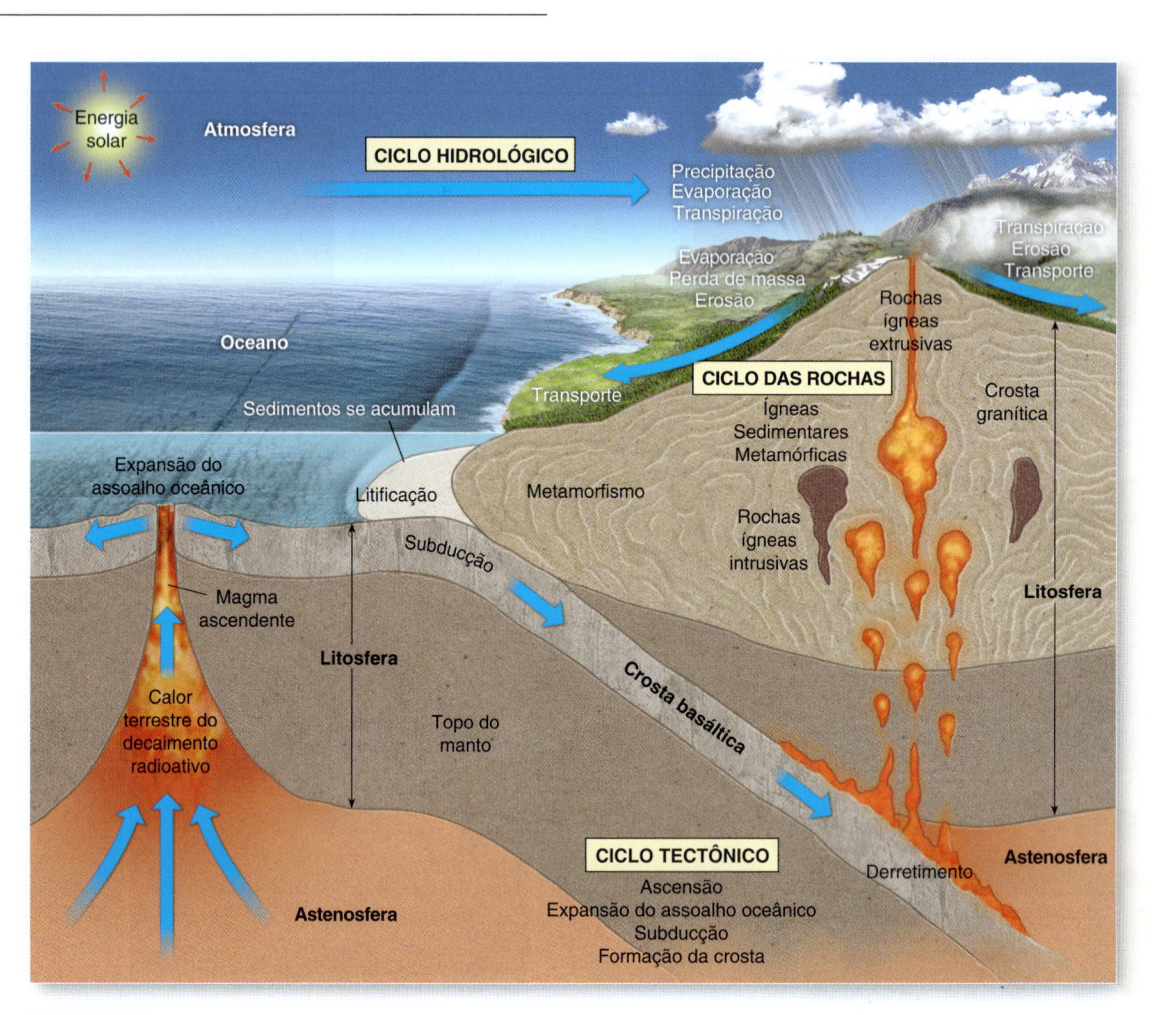

12.2 PAPEL DOS SISTEMAS EXÓGENO E ENDÓGENO

Processos exógenos impulsionam o ciclo hidrológico; tanto os processos endógenos como exógenos contribuem para o ciclo das rochas; e processos endógenos impulsionam o ciclo tectônico.

Dê exemplos: Liste mais dois exemplos de como os ciclos dentro do ciclo geológico podem afetar uns aos outros.

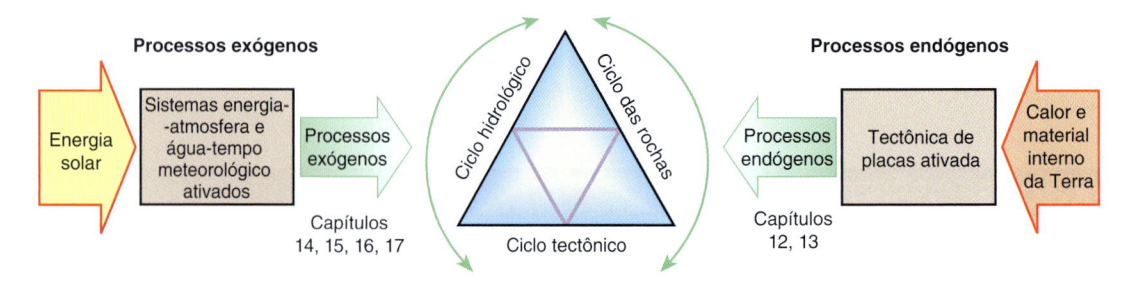

12.3 PROCESSOS E PAISAGENS DO CICLO GEOLÓGICO

Durante a monção da Índia, umidade atmosférica entra na circulação continental vinda do Oceano Índico, precipitando-se como pesadas chuvas. [Annie Owen/Getty Images.]

12.3a

CICLO HIDROLÓGICO
A água do planeta circula continuamente entre atmosfera, hidrosfera, geosfera e biosfera*.

Fontes de energia:
A energia solar fornece o calor necessário para que água evapore. A gravidade faz a precipitação cair.

Exemplos de interação entre os sistemas:
A água intemperiza, erode e deposita sedimentos – processos que fazem parte do ciclo das rochas.

Essas camadas de arenito no Parque Nacional Canyonlands, no estado de Utah (EUA), formaram-se a partir de outras rochas, prensadas e cimentadas. [Tom Grundy/Shutterstock]

12.3b

CICLO DAS ROCHAS
Os processos que formam rochas ígneas, sedimentares e metamórficas funcionam de modo que qualquer rocha pode entrar no ciclo e se transformar em outros tipos de rocha.

Fontes de energia:
A energia solar impulsiona os processos envolvidos em intemperizar, erodir e transportar sedimentos. A gravidade provoca deposição e compactação dos sedimentos. O calor interno da Terra faz a rocha fundir.

Exemplos de interação entre os sistemas:
As rochas ígneas formam-se do resfriamento e endurecimento de rocha fundida, um processo que faz parte do ciclo tectônico.

12.3c

CICLO TECTÔNICO
As placas do planeta divergem, colidem, passam por subducção e deslizam entre si, alterando os continentes e bacias oceânicas e provocando terremotos, vulcões e formação de montanhas.

Fontes de energia:
O calor interno da Terra fornece a energia que impulsiona o movimento das placas e funde rochas para formar magma. A gravidade impulsiona a subducção das placas litosféricas.

Exemplos de interação entre os sistemas:
A atividade vulcânica libera gases e partículas que modificam a atmosfera, logo afetando o ciclo hidrológico.

Processos tectônicos criaram os vários vulcões ativos da Indonésia, incluindo estes no Parque Nacional Bromo, Indonésia. [Somchai Buddha/Shutterstock.]

Explique: Como processos do ciclo tectônico podem contribuir para a formação de rochas metamórficas no ciclo das rochas?

*N. de R.T.: E também na criosfera.

geossistemas em ação 12 — O CICLO GEOLÓGICO

REVISÃO DOS CONCEITOS-CHAVE DE
aprendizagem

■ *Distinguir* entre os sistemas endógeno e exógeno que formam a Terra e *citar* a força que impulsiona cada um deles.

A interface Terra-atmosfera é onde o **sistema endógeno** (interno), impulsionado pela energia térmica de dentro do planeta, interage com o **sistema exógeno** (externo), impulsionado pela insolação e influenciado pela gravidade. Esses sistemas trabalham em conjunto para produzir a paisagem diversa da Terra. **Geomorfologia** é o subcampo da geografia física que estuda o desenvolvimento e a distribuição espacial dos relevos. O conhecimento dos processos endógenos da Terra nos ajuda a compreender essas feições superficiais.

    sistema endógeno (p. 326)
    sistema exógeno (p. 326)
    geomorfologia (p. 326)

1. Defina os sistemas endógeno e exógeno. Descreva as forças propulsoras que energizam esses sistemas.

■ *Explicar* o princípio do *uniformitarismo* e *discutir* os intervalos de tempo em que a história geológica da Terra é dividida.

O princípio basilar da ciência da Terra é o **uniformitarismo**, que presume que os mesmos processos físicos ativos no ambiente atual operaram ao longo do tempo geológico. Eventos dramáticos e catastróficos, como grandes deslizamentos de terra ou erupções vulcânicas, podem interromper os processos de longo prazo que lentamente moldam a superfície da Terra. A **escala de tempo geológico** é um recurso eficaz para organizar o vasto alcance do tempo geológico. Os geólogos atribuem uma *idade relativa* com base na idade de uma feição em relação à outra em sequência, ou uma *idade numérica* adquirida pela datação isotópica ou outra técnica de datação. **Estratigrafia** é o estudo das camadas rochosas estratificadas, incluindo sua sequência (sobreposição), espessura e distribuição espacial, que fornecem pistas em relação à idade e à origem das rochas.

    uniformitarismo (p. 326)
    escala de tempo geológico (p. 326)
    estratigrafia (p. 326)

2. Explique o princípio do uniformitarismo nas ciências da Terra.
3. Como a escala de tempo geológico está organizada? Em que era, período e época estamos vivendo hoje? Qual é diferença entre as idades relativa e numérica das rochas?

■ *Representar* o interior da Terra em corte transversal e *descrever* cada camada.

Aprendemos sobre o interior da Terra indiretamente, a partir da maneira como suas várias camadas transmitem **ondas sísmicas**. O **núcleo** é diferenciado em um núcleo interno e um núcleo externo, dividido por uma zona de transição. Acima do núcleo da Terra está o **manto**, dividido em manto inferior e manto superior. Ele passa por um gradual aumento de temperatura com a profundidade e, com o tempo, flui lentamente na profundidade, onde é quente e a pressão é maior. O limite entre o topo do manto e a crosta é a **descontinuidade de Mohorovičić, Moho**. A camada externa é a **crosta**.

O manto superior divide-se em três camadas bem distintas. O topo do manto, junto à crosta, forma a **litosfera**. Abaixo da litosfera está a **astenosfera**, ou camada plástica. Ela contém bolsões de calor elevado do decaimento radioativo e é suscetível a lentas correntes convectivas nesses materiais mais quentes. Os princípios do empuxo e do equilíbrio produzem o importante princípio da isostasia. A **isostasia** explica determinados movimentos verticais da crosta terrestre, como a compensação isostática quando o peso do gelo é retirado.

O campo magnético da Terra é gerado quase inteiramente dentro do núcleo externo. As reversões de polaridade no magnetismo terrestre são registradas no magma em resfriamento que contém minerais ferrosos. Os padrões de **reversão geomagnética** na rocha ajudam os cientistas a juntar as peças da história da crosta terrestre móvel.

    ondas sísmicas (p. 329)
    núcleo (p. 329)
    mantos (p. 329)
    descontinuidade de Mohorovičić (Moho) (p. 329)
    crosta (p. 329)
    litosfera (p. 330)
    astenosfera (p. 330)
    isostasia (p. 330)
    reversão geomagnética (p. 331)

4. Faça um esboço simples do interior da Terra, nomeie cada camada e liste as características físicas, a temperatura, a composição e a profundidade de cada uma em seu desenho.
5. Como a Terra gera seu campo magnético? O campo magnético é constante ou ele muda? Explique as implicações de sua resposta.
6. Descreva a astenosfera. Por que ela também é conhecida como camada plástica? Quais são as consequências de suas correntes de convecção?
7. O que é uma descontinuidade? Descreva as principais descontinuidades dentro da Terra.
8. Defina isostasia e compensação isostática e explique o conceito de equilíbrio crustal.
9. Faça um diagrama do topo do manto e a crosta. Informe a densidade das camadas em gramas por centímetro cúbico. Quais foram os dois tipos de crosta descritos no texto em termos de composição de rocha?

■ *Descrever* os três principais grupos de rocha e *fazer um diagrama* do ciclo das rochas.

Um **mineral** é um composto natural inorgânico que tem uma fórmula química específica e possui uma estrutura cristalina. Uma **rocha** é uma assembleia de minerais agrupados (como o granito, uma rocha que contém três minerais) ou uma massa de um único mineral (como o sal-gema).

As **rochas ígneas** formam-se do **magma**, que é rocha fundida abaixo da superfície. **Lava** é o nome do magma após ter emergido à superfície. O magma penetra (intrusão) nas rochas crustais, esfria e endurece, formando uma **rocha ígnea intrusiva**, ou é expelido (extrusão) para a superfície, formando uma **rocha ígnea extrusiva**. A textura cristalina das rochas ígneas está relacionada à velocidade de resfriamento. **Granito** é uma rocha ígnea intrusiva de granulação grossa: é cristalina e rica em sílica, alumínio, potássio, cálcio e sódio. **Basalto** é uma rocha ígnea extrusiva de granulação fina; ela é granular e rica em sílica, magnésio e ferro. A rocha ígnea intrusiva que resfria lentamente na crosta forma um **plúton**. A maior forma de plúton é um **batólito**.

Rocha sedimentar é formada quando *clastos* (grãos ou fragmentos) soltos derivados de várias fontes são compactados e cimentados juntos no processo de **litificação**. Rochas sedimentares clásticas derivam de fragmentos de rochas intemperizadas e erodidas e do material que é transportado e depositado como **sedimento**. As rochas sedimentares químicas são formadas por processos bioquímicos ou pela dissolução química de minerais em solução; a mais comum é o **calcário**, que é carbonato de cálcio litificado, $CaCO_3$.

Qualquer rocha ígnea ou sedimentar pode ser transformada em uma **rocha metamórfica**, passando por profundas mudanças físicas ou químicas sob pressão e por aumento de temperatura. O **ciclo de rochas** descreve os três principais processos de formação de rochas e as rochas que eles produzem.

> **mineral (p. 332)**
> **rocha (p. 332)**
> **rocha ígnea (p. 332)**
> **magma (p. 333)**
> **lava (p. 333)**
> **rocha ígnea intrusiva (p. 333)**
> **rocha ígnea extrusiva (p. 333)**
> **granito (p. 333)**
> **basalto (p. 333)**
> **plúton (p. 334)**
> **batólito (p. 334)**
> **rochas sedimentares (p. 334)**
> **sedimento (p. 334)**
> **litificação (p. 334)**
> **calcário (p. 335)**
> **rocha metamórfica (p. 338)**
> **ciclo das rochas (p. 338)**

10. O que é um mineral? E uma família de minerais? Cite os minerais mais comuns da Terra. O que é uma rocha?
11. Descreva os processos ígneos. Qual é a diferença entre os tipos intrusivos e extrusivos de rochas ígneas?
12. Explique o que as texturas grossas e finas dizem a respeito da história de resfriamento de uma rocha.
13. Descreva brevemente os processos sedimentares e a litificação. Descreva as fontes e os tamanhos de partículas das rochas sedimentares.
14. O que é o metamorfismo e como as rochas metamórficas são produzidas? Cite algumas rochas-mãe originais e seus equivalentes metamórficos.

■ *Descrever* o Pangea e sua fragmentação e *explicar* as evidências físicas de que o deslocamento crustal ocorre ainda hoje.

A atual configuração das bacias oceânicas e dos continentes é resultado dos processos tectônicos envolvendo a dinâmica do interior da Terra e a crosta. **Pangea** foi o nome que Alfred Wegener deu a um único agrupamento de crosta continental existente há 225 milhões de anos, e que subsequentemente se separou. Wegener cunhou o termo **deriva continental** para descrever sua ideia de que a crosta é movida por enormes forças dentro do planeta. A teoria da **tectônica de placas** diz que a litosfera terrestre é fraturada em enormes lajes ou placas, cada uma se movendo em resposta à atração gravitacional e a fluxos de correntes no manto que criam arrasto friccional na placa. As reversões geomagnéticas ao longo de **dorsais meso-oceânicas** no assoalho oceânico oferecem evidências da **expansão do assoalho oceânico** que acompanha o movimento das placas em direção às margens continentais das bacias oceânicas. Em alguns limites de placas, a crosta oceânica mais densa mergulha sob a crosta continental mais leve junto às **zonas de subducção**.

> **Pangea (p. 340)**
> **deriva continental (p. 340)**
> **tectônica de placas (p. 340)**
> **dorsais meso-oceânicas (p. 340)**
> **expansão do assoalho oceânico (p. 340)**
> **zona de subducção (p. 344)**

15. Faça uma breve revisão da história da teoria das placas tectônicas, incluindo os conceitos de deriva continental e expansão do assoalho oceânico. Qual foi o papel de Alfred Wegener?
16. O que foi o Pangea? O que aconteceu com ele durante os últimos 225 milhões de anos?
17. Descreva o processo de ascendência no que diz respeito ao magma sob o assoalho oceânico. Defina subducção e explique o processo.
18. Caracterize os três tipos de limites de placas e as ações associadas a cada tipo.

■ *Desenhar* o padrão das principais placas terrestres em um mapa-múndi e *relacioná-lo* à ocorrência de terremotos, atividade vulcânica e pontos quentes.

A litosfera da Terra é composta por 14 grandes placas e muitas outras pequenas, que se movem e interagem para formar três tipos de limites de placa: divergente, convergente e transformante. Nas partes de compensação das dorsais meso-oceânicas, movimentos horizontais produzem **falhas transformantes**. Terremotos e vulcões muitas vezes estão correlacionados aos limites de placas. Existem entre 50 e 100 **pontos quentes** na superfície do planeta, onde plumas de magma – algumas ancoradas no manto inferior, outras originárias de fontes rasas no manto superior – geram um fluxo ascendente. Alguns pontos quentes geram **energia geotermal**, ou calor vindo do interior da Terra, que pode ser utilizada para aquecimento geotérmico direto ou eletricidade geotérmica. O **ciclo geológico** é um modelo das interações internas e externas que modelam a crosta – incluindo os ciclos hidrológico, tectônico e das rochas.

> **falha transformante (p. 344)**
> **pontos quentes (p. 346)**
> **energia geotermal (p. 346)**
> **ciclo geológico (p. 350)**

19. Qual é a relação entre os limites de placas e atividade vulcânica e terremotos?
20. Qual é a natureza do movimento em uma falha transformante?
21. O que é energia geotérmica?
22. Ilustre o ciclo geológico e defina cada componente: ciclo de rochas, ciclo tectônico e ciclo hidrológico.

Sugestões de leituras em português

ALLÈGRE, C. *Da pedra à estrela*. Lisboa: Dom Quixote, 1987.

ASSUMPÇÃO, M. Terremotos no Brasil. *Ciência Hoje*, v. 1, n. 6, p. 13-20, 1983.

ERNST, W.G. *Minerais e rochas*. São Paulo: Edgar Blucher, 1996.

GROTZINGER, J.; JORDAN, T. *Para entender a Terra*. 6. ed. Porto Alegre: Bookman, 2013.

KEAREY, P.; KLEPPENIS, K. A.; VINI, F. J. *Tectônica global*. 3. ed. Porto Alegre: Bookman, 2014.

SKINNER, B. *Recursos minerais da Terra*. São Paulo: Edgar Blucher, 1996.

SYMES, R. F. *Rochas e minerais*. Lisboa: Verbo, 1995. (Enciclopédia visual).

WINCHESTER, S. *Krakatoa*: o dia em que o mundo explodiu. São Paulo: Objetiva, 2003.

WYLLIE, P. J. *A Terra*: nova tectônica global. Lisboa: Fundação Calouste Gulbenkian, 1995.

13 Tectônica, terremotos e vulcanismo

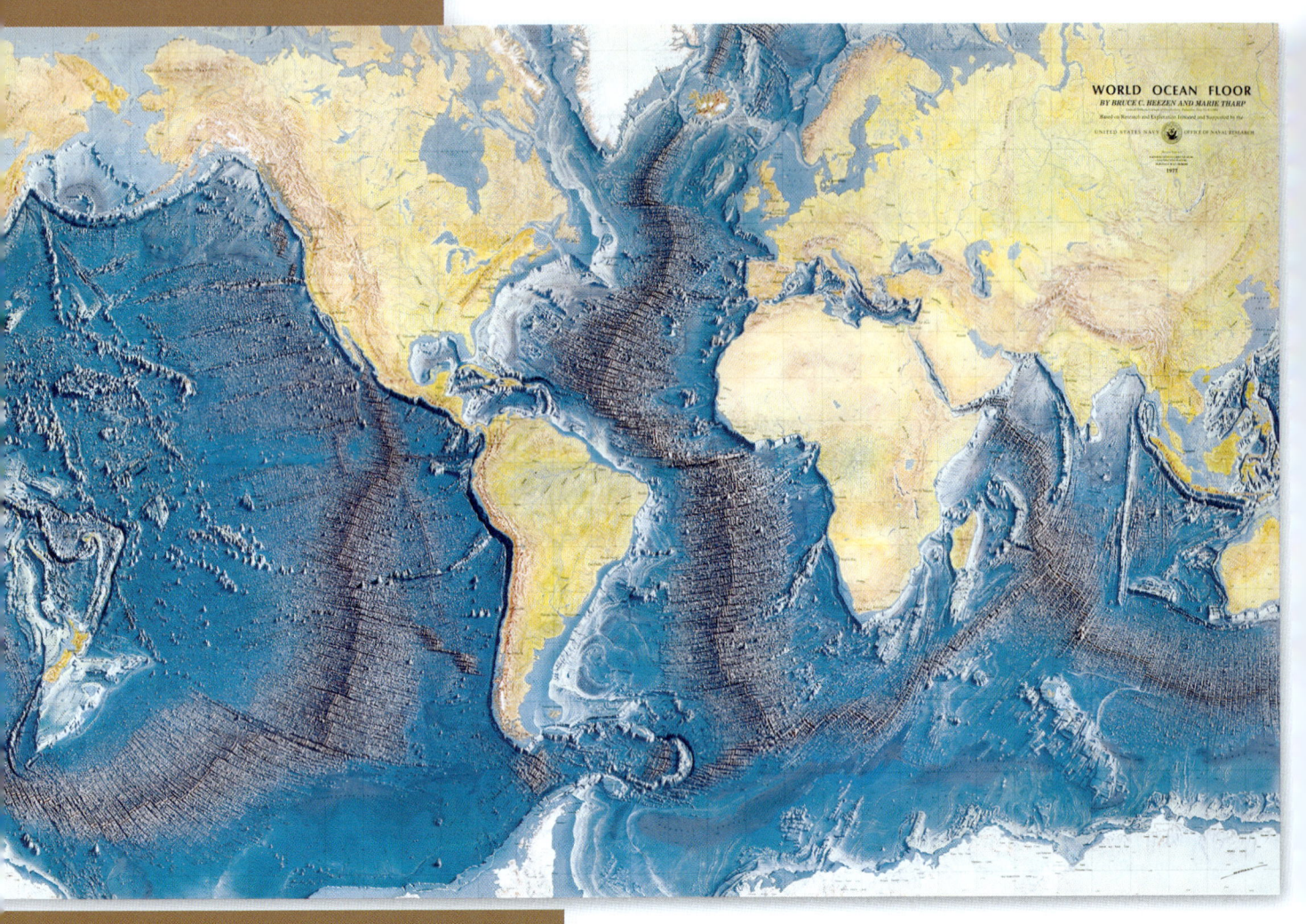

CONCEITOS-CHAVE DE aprendizagem

Após a leitura deste capítulo, você conseguirá:

- *Descrever* a primeira, a segunda e a terceira ordem de elevação e *listar* os seis principais tipos de relevo da Terra.
- *Descrever* a formação da crosta continental e *definir* terrenos acrescionários*.
- *Explicar* o processo de dobramento e *descrever* os principais tipos de falhas e as formas de relevo características.
- *Listar* os três tipos de colisão de placa associados à orogênese e *identificar* exemplos de cada um.
- *Explicar* as características e a medição dos terremotos, *descrever* a mecânica de falhas associadas a terremotos e *discutir* o status da previsão de terremotos.
- *Descrever* as formas de relevo vulcânicas e *distinguir* entre uma erupção vulcânica efusiva e uma explosiva.

*N. de R.T.: Também chamados de terrenos suspeitos, terrenos exóticos ou microplacas.

Em 1977, os geólogos e oceanógrafos Marie Tharp e Bruce Heezen, auxiliados pelo artista Heinrich Berann, publicaram este abrangente mapa das bacias oceânicas, permitido que os cientistas olhassem pela primeira vez o assoalho oceânico global. O trabalho que Tharp e Heezen fizeram nos anos 1950, processando milhares de medições de profundidade por sonares, levou à primeira identificação da vasta Dorsal Mesoatlântica, proporcionando evidências sólidas para a teoria da tectônica de placas. No mapa, centros de expansão do assoalho oceânico são marcados por dorsais oceânicas que se estendem por mais de 64.000 km, as zonas de subducção são indicadas pelas profundas fossas oceânicas, e as falhas transformantes fendem transversalmente às dorsais.
No fim do capítulo, o *Estudo Específico* 13.2 reexamina este mapa para aplicar alguns dos conceitos abordados nos Capítulo 12 e 13. [Office of Naval Research.]

GEOSSISTEMAS HOJE

A conexão da falha de San Jacinto

No sul da Califórnia, as pessoas convivem com terremotos e com a pergunta que não quer calar: "Quando acontecerá o 'Big One'". As centenas de falhas que compõem o sistema da falha de San Andreas nessa região são produzidas por movimentos horizontais relativos (aproximadamente 5 cm por ano) da placa do Pacífico, que se move para noroeste, contra a placa da América do Norte, que se move no sentido sudeste. A falha de San Jacinto, que vai de San Bernardino até a fronteira mexicana ao sul, é uma parte ativa desse sistema. A San Jacinto corre mais ou menos em paralelo com a falha de Elsinore, a qual entra no Condado de Orange ao norte, e com a falha de Whittier, que atravessa Los Angeles. Diversas outras falhas relacionadas perpassam essa região tendo o mesmo alinhamento (Figura GH 13.1).

Potencial para um grande terremoto

Em 1994, o terremoto Northridge, no Vale São Francisco, ao norte de Los Angeles, matou 66 pessoas e bateu o recorde (ainda válido) de danos materiais relacionados a um terremoto nos Estados Unidos – US$ 30 bilhões. O Serviço Geológico dos Estados Unidos (USGS – U.S. Geological Survey) considera a falha de San Jacinto capaz de um sismo M 7,5 ("M" é abreviatura de magnitude de momento, referindo-se a uma escala de classificação de terremotos discutida neste capítulo). Um M 7,5 liberaria quase 30 vezes mais energia do que a produzida pelo terremoto Northridge, de M 6,7 – portanto, um M 7,5 é um grande sismo, quando comparado com um sismo forte de M 6,7.

As evidências científicas a respeito da natureza das falhas e do movimento crustal sugerem que um grande terremoto pode ser precedido por diversos terremotos pequenos que ocorrem em um "padrão de onda" à medida que a ruptura se espalha ao longo da falha. A atividade sísmica recente nas falhas de San Jacinto e Elsinore pode estar seguindo esse padrão.

Os registros mostram que pelo menos seis sismos ocorreram junto à falha de San Andreas no últimos 50 anos: um M 5,8 e outro M 6,5 em 1968, um M 5,3 em 1980, um M 5,0 em 2005 e um M 4,1 em 2010, ao sul de Palm Springs. Então, em abril de 2010, um terremoto ocorreu junto a um sistema vizinho de pequenas falhas, transferindo esforço à San Jacinto; o sismo El Mayor-Cucapah M 7,2, localizado a sudeste de El Centro, em Baja, México, foi o maior a afetar a região desde 1994 (Figura GH 13.2). Esse tremor aconteceu junto a um sistema de falhas complexo, até então desconhecido, que conecta o golfo da Califórnia (vide Figura 13.12a) à falha de Elsinore, causando grandes aglomerados de réplicas (abalos secundários) em direção ao norte ao longo da estrutura da falha de San Jacinto. O sismo Borrego M 5,4 aconteceu vários meses depois, novamente com réplicas expandindo-se para o noroeste. Esse padrão indica que há esforços movendo-se para o norte ao longo do sistema – uma causa de inquietação no sentido de que essa sequência de eventos sísmicos pode estar levando ao "Big One".

Planejamento para terremotos

O Sistema de Posicionamento Global (GPS) é hoje parte essencial da previsão de terremotos, e uma rede de 100 estações de GPS monitora a alteração crustal em todo o sul da Califórnia. Dados os progressos científicos na análise e previsão de terremotos, um forte terremoto junto à falha de San Jacinto e as falhas associadas não deverão pegar a região de surpresa, assumindo-se que urbanismo, zoneamento e preparativos adequados sejam realizados hoje. Este capítulo examina os terremotos e outros processos tectônicos que determinam a topografia superficial da Terra.

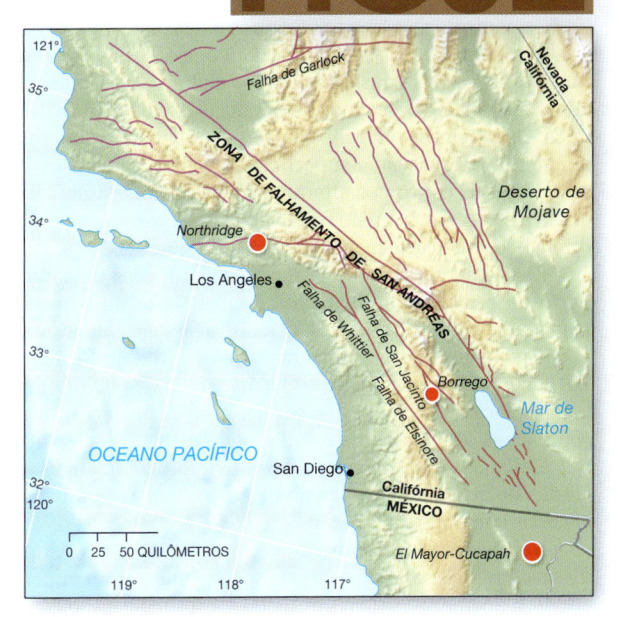

▲Figura GH 13.1 Mapa sísmico do sul da Califórnia. [Baseado em dados do USGS e do California Geological Survey.]

▲Figura GH 13.2 Deslocamento da superfície terrestre em até 3 m na falha de Borrego causado pelo tremor El Major-Cucapah. [John Fletcher, CICESE/NASA.]

A conformação dos continentes e oceanos, a topografia da terra e do assoalho oceânico, a ascensão e erosão das cordilheiras e os padrões globais de terremotos e atividade vulcânica são todos evidências da nossa Terra dinâmica. Os sistemas endógenos da Terra enviam fluxos de calor e material em direção à superfície para formar a crosta. Esses processos contínuos alteram as paisagens continentais e criam a crosta oceânica no fundo do mar, às vezes em eventos dramáticos que chegam às manchetes dos jornais.

Riscos naturais, como terremotos e erupções vulcânicas perto de centros populacionais, representam uma ameaça para a vida e as propriedades. O mundo ficou espantado com as imagens dos enormes terremotos no Haiti e no Chile, em 2010, e na Nova Zelândia e no Japão, em 2011, quando limites de placas instáveis saltaram para novas posições. (Mais sobre esses eventos no *Estudo Específico* 13.1, neste capítulo.) A ciência dos sistemas da Terra tem fornecido análises e alertas de atividade sísmica e vulcânica para as populações afetadas como nunca fez antes.

Neste capítulo: Examinamos os processos que criam os diversos relevos e feições crustais que compõem a superfície do planeta. A crosta continental foi formada ao longo de grande parte dos 4,6 bilhões de anos de existência da Terra. Processos tectônicos deformam a crosta da Terra, que é então intemperizada e erodida em relevos reconhecíveis: montanhas, bacias, falhas, dobras e vulcões. Às vezes, esses processos acontecem de súbito, como no caso dos terremotos; mais frequente, porém, os movimentos que moldam a paisagem são graduais, como o soerguimento regional e os dobramentos.

Iniciamos nossa abordagem com a tectônica e o vulcanismo do assoalho oceânico, que não podem ser observados diretamente. O mapa que abre este capítulo, destacando os detalhes do assoalho oceânico, é uma representação impressionante dos conceitos aprendidos no Capítulo 12, que dá os fundamentos deste capítulo e dos seguintes. Tente correlacionar essa ilustração do assoalho oceânico com os mapas de placas crustais e limites de placas exibidos na Figura 12.18.

O relevo superficial da Terra

As paisagens do planeta ocorrem em elevações diferentes; pense nas baixas planícies litorâneas da Índia e de Bangladesh, nas encostas de elevação média e nos sopés das montanhas da Índia e do Nepal e nas altas elevações do Himalaia, no Nepal e no Tibete. Essas diferenças de **elevação** em uma superfície são chamadas de topografia. O termo geral para as ondulações e outras variações na forma da superfície terrestre é **relevo** – a configuração da terra.

O relevo e a elevação das formas da Terra exerceram um papel vital na história humana: as passagens pelas montanhas altas protegiam e isolavam sociedades; cordilheiras e vales ditavam as rotas de transporte; e planícies extensas estimulavam o desenvolvimento de meios mais rápidos de comunicação e locomoção. O relevo da Terra estimulou a invenção humana e impulsionou a adaptação.

Estudo da topografia da Terra

Para estudar o relevo e a topografia da Terra, os cientistas usam radar de satélite, sistemas LiDAR (que usam scanners a laser) e ferramentas como o Sistema de Posicionamento Global – GPS (que informam localização e elevação; vide o Capítulo 1 para uma discussão sobre essas ferramentas). Em um período de 11 dias em 2000, os instrumentos da Shuttle Ra-

(a) Segunda ordem de elevação na Península de Kamchatka, Rússia.

(b) A terceira ordem de elevação, demonstrada pela paisagem local próximo de San José, Costa Rica, com os vulcões Irazu (3401 m) e Turrialba (3330 m) ao longe.

▲**Figura 13.1 Segunda e terceira ordens de elevação.** [Shuttle Radar Topography Mission, cortesia de JPL/NGA/NASA–CalTech.]

dar Topography Mission (SRTM) a bordo do ônibus espacial *Endeavor* esquadrinharam quase 80% da superfície terrestre do planeta; a Figura 13.1 mostra exemplos de imagens da SRTM (vide a galeria de imagens em http://www2.jpl.nasa.gov/srtm). Os dados adquiridos por essa missão são o mais completo conjunto de dados topográficos em alta resolução disponível, sendo comumente usado com uma imagem de satélite sobreposta para exibição topográfica.

Um progresso recente no estudo do relevo é o desenvolvimento de modelos digitais de elevação (MDE) para exibir dados de elevação em forma digital. O LiDAR, que proporciona a resolução mais alta no mapeamento da superfície terrestre, costuma ser usado em conjunto com os MDE para fins científicos. O USGS, conhecido por seu abrangente programa de mapeamento topográfico dos Estados Unidos, está colaborando com a NASA e como o National Park Service para adquirir dados LiDAR para mapear os Parques Nacionais dos EUA (vide http://ngom.usgs.gov/dsp/mapping/lidar_topographic_mapping.php).

Em outro projeto do USGS, a topografia e a geologia são combinadas em um mapa de relevo sombreado dos Estados Unidos, chamado "Uma tapeçaria de tempo e terreno"*. Esse mapa é composto por 12 milhões de elevações pontuais, com menos de 1 km entre cada uma, que oferecem uma detalha-

---

*N. de R.T.: Em inglês, "A tapestry of time and terrain". Trata-se do mapa mais detalhado e acurado com dados de superfície e da idade das formações rochosas dos Estados Unidos em uma única imagem. Para visualizar um mapa similar do relevo do Brasil, embora sem informações geológicas, acesse o site "Brasil em relevo", elaborado pela Embrapa e disponível em http://www.relevobr.cnpm.embrapa.br/.

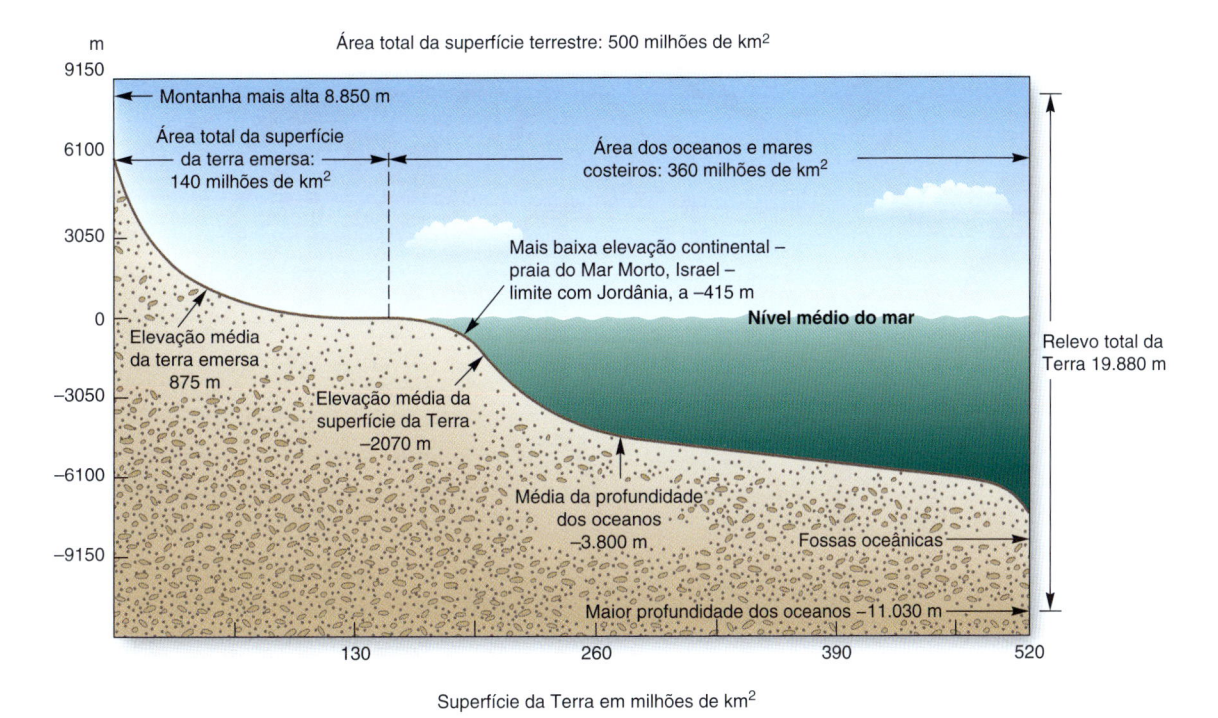

▲ **Figura 13.2 Hipsometria da Terra.** Curva hipsométrica da área e elevação da Terra em relação ao nível do mar. Desde o ponto mais alto acima do nível do mar (Monte Everest) até o mais profundo na fossa oceânica (Fossa das Ilhas Marianas), a diferença de elevação total da Terra é de 20 km.

da ilustração composta colorida das superfícies terrestres e da idade das formações rochosas subjacentes (acesse http://tapestry.usgs.gov/).

Ordens de elevação

Para facilitar a descrição, os geógrafos agrupam as variações verticais das paisagens em três *ordens de elevação*. Essas ordens classificam as paisagens por escala, desde vastas bacias oceânicas e amplos continentes até colinas e vales locais. A primeira ordem de elevação representa o nível mais amplo das formas da superfície: o dos continentes e oceanos. As **grandes massas continentais** são aquelas porções da crosta que se situam acima ou próximas do nível do mar, incluindo as plataformas continentais submersas ao largo da costa. As **bacias oceânicas**, apresentadas na ilustração do mapa que abre o capítulo, são porções da crosta inteiramente abaixo do nível do mar. Aproximadamente 71% da superfície terrestre estão cobertos pelos oceanos.

A segunda ordem de elevação corresponde ao nível intermediário de formas de relevo, tanto nos continentes, quanto nas bacias oceânicas (Figura 13.1a). Nos continentes, essas feições incluem maciços de montanhas, planícies e depressões. Para citar alguns exemplos, temos os Alpes, as Rochosas Canadenses e Americanas, a depressão do oeste da Sibéria e o Planalto do Tibete. Essa ordem inclui os grandes "escudos" rochosos que formam o coração de cada massa continental. Nas bacias oceânicas, a segunda ordem de elevação inclui sopés continentais*, taludes e planícies abissais, dorsais meso-oceânicas, cânions submarinos e fossas oceânicas (zonas de subducção) – todas visíveis no mapa do assoalho oceânico que abre este capítulo.

*N. de R.T.: Também chamados de elevações continentais.

A terceira e mais detalhada ordem de elevação inclui montanhas individuais, falésias, vales, morros e outras formas superficiais de menor escala (Figura 13.1b). Essas feições caracterizam as paisagens locais.

Hipsometria da Terra

Hipsometria (do grego *hypsos*, com o significado de "altura") é a medição da elevação da terra em relação ao nível do mar (a medição das elevações subaquáticas é a batimetria, mencionada no Capítulo 12). A Figura 13.2 é uma curva hipsográfica que mostra a distribuição da área superficial da Terra de acordo com a elevação acima e abaixo do nível do mar. Quando comparada ao diâmetro da Terra de 12.756 km, a superfície apresenta pouca mudança de elevação, sendo de somente 20 km, aproximadamente, desde o pico mais alto até o ponto mais baixo situado na fossa oceânica. Nessa perspectiva, o Monte Everest está 8,8 km acima e a Fossa das Ilhas Marianas está 11 km abaixo do nível do mar.

A elevação média da superfície sólida da Terra está na verdade submersa: 2070 m abaixo do nível médio do mar. A elevação média das terras emersas é de apenas 875 m. Para as profundezas oceânicas, a elevação média é de –3800 m. A partir dessa descrição, você pode ver que, em média, as profundidades dos oceanos são muito mais significativas do que as elevações nas regiões continentais. Em seu conjunto, as bacias oceânicas, o assoalho oceânico e as dorsais meso-oceânicas formam a mais ampla "paisagem" da Terra.

Tipos de relevo da Terra

As paisagens da Terra podem ser generalizadas em seis tipos de relevos: planícies, planaltos elevados, morros e planaltos baixos, montanhas, montanhas bem espaçadas e depressões (Figura 13.3). Uma elevação arbitrária ou um limite descritivo

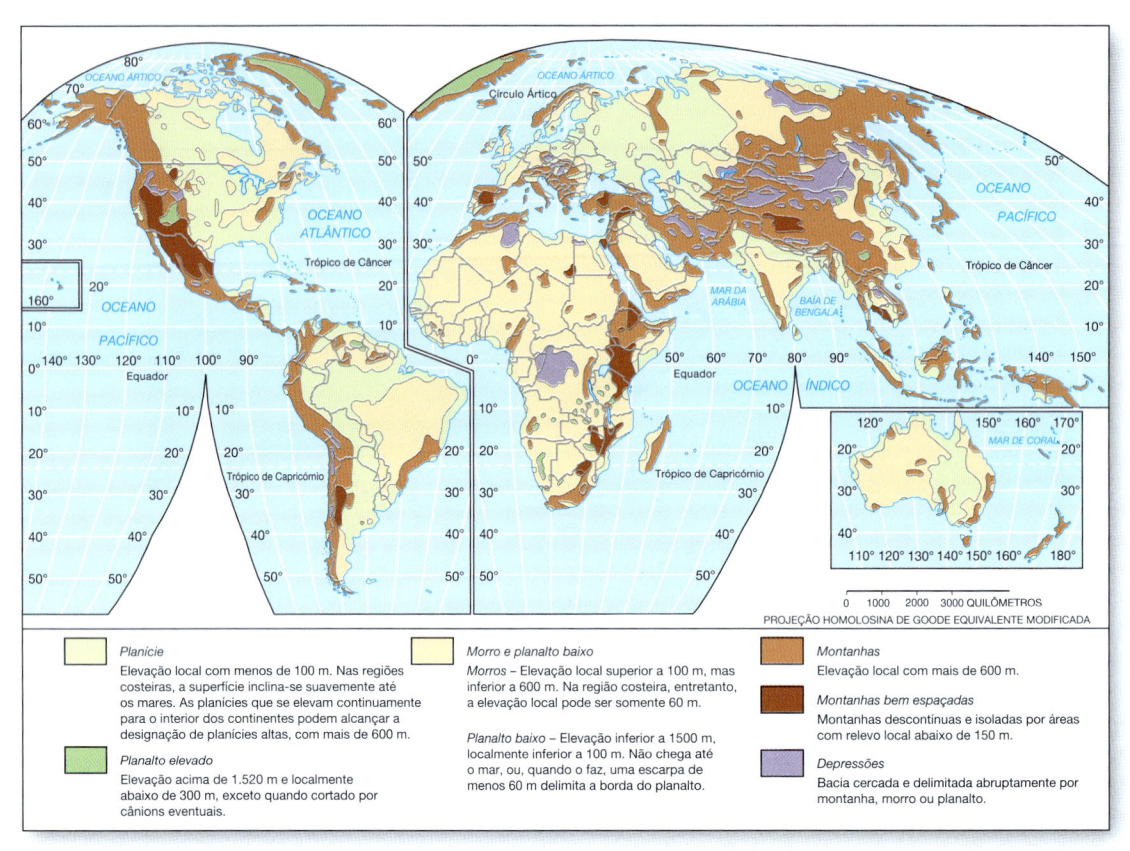

▲ **Figura 13.3 Regiões de relevo da Terra.** Compare o mapa e a legenda com o mapa-múndi físico na parte interna da contracapa do livro. [Baseado em R. E. Murphy, "Landforms of the world," *Annals of the Association of American Geographers 58*, 1 (March 1968). Adaptado com permissão.]

comumente utilizado define cada tipo de relevo (ver a legenda do mapa).

A América do Norte e do Sul, a Ásia e a Austrália possuem *planícies* extensas. *Morros* e *planaltos baixos* dominam a África e parte da Europa e Austrália. O Planalto do Colorado, a Groenlândia e a Antártica são notáveis *planaltos elevados* (sendo os dois últimos compostos de gelo). *Montanhas* ocorrem em todos os continentes; *depressões*, ou bacias, ocorrem somente na Ásia e na África. O relevo e a elevação da superfície da Terra estão sob constantes mudanças, resultantes dos processos que formam e rearranjam a crosta.

Formação crustal

Como a crosta continental da Terra se formou? O que levou à formação das três ordens de elevação discutidas anteriormente? A superfície do planeta é o campo de batalha de processos opostos: de um lado, a atividade tectônica, impelida

PENSAMENTO Crítico 13.1
Comparação de regiões de elevação em diferentes escalas

Usando as definições da Figura 13.3, identifique o tipo de relevo representado por uma área de 100 km ao redor de seu *campus* e depois faça o mesmo para uma área de 1000 km ao redor de seu *campus*. Use o Google Earth™ ou consulte mapas e atlas para descrever o relevo e a variedade de elevações nessas duas escalas regionais. Na sua opinião, o tipo de relevo regional influenciou os estilos de vida? E as atividades econômicas? E o transporte? A topografia influenciou a história da região? •

GEOrelatório 13.1 Monte Everest medido por GPS

Em 1999, alpinistas determinaram a altura do Monte Everest* com a colocação direta de GPS no cume gelado da montanha. A nova elevação medida, de 8850 m, substituiu a medida oficial anterior de 8848 m, feita em 1954 pela Survey of India. As leituras de GPS de 1999 também indicaram que o Himalaia está se deslocando para nordeste a uma velocidade de até 6 mm por ano, pois a cordilheira está sendo empurrada para dentro da Ásia pela colisão contínua entre as massas de terra indiana e asiática.

---

*N. de R.T.: Ou Monte Sagarmatha, na língua nepalesa, que significa "a montanha mais alta do mundo".

pela energia interna do planeta, cria crosta; do outro lado, os processos exógenos de intemperismo e erosão, forçados pelo calor do Sol que desencadeia ações do ar, da água, das ondas e do gelo, desgasta a crosta.

A atividade tectônica geralmente é lenta, envolvendo milhões de anos. Os processos endógenos (internos) resultam em um soerguimento gradual e em novas formas superficiais, sendo que os principais eventos de formação de montanhas ocorrem nos limites de placas. As regiões de soerguimento crustais são muito diversas, mas podem ser agrupadas em três categorias gerais:

- Montanhas residuais e crátons continentais estáveis, consistindo em remanescentes inativos de atividade tectônica antiga
- Montanhas e outras formas de relevo tectônico, produzidas por dobramento, falhamento e movimentos crustais ativos
- Feições vulcânicas, formadas pela acumulação superficial de rocha fundida a partir de erupções de materiais da subsuperfície

Os vários processos mencionados nessas descrições operam em conjunto para produzir a crosta continental que vemos ao nosso redor.

Escudos continentais

Todos os continentes possuem um núcleo, chamado de *cráton*, de rochas cristalinas antigas a partir do qual o continente "cresceu" pela adição de fragmentos crustais e sedimentos. Os crátons geralmente são massas antigas e estáveis de crosta continental que foram erodidas até atingir elevações e relevos baixos. A maioria data do Éon Pré-Cambriano, podendo ultrapassar 2 bilhões de anos. A ausência de unidades basálticas nesses crátons é um indício de sua estabilidade. A litosfera sob os crátons geralmente é mais espessa do que sob porções mais jovens dos continentes e da crosta oceânica.

Um **escudo continental** é uma grande região onde um cráton está exposto na superfície (Figura 13.4). Camadas de rochas sedimentares mais novas – chamadas de plataformas continentais – circundam esses escudos** e parecem ser muito estáveis ao longo do tempo. Entre os exemplos de plataformas estáveis encontram-se, na América do Nor-

(b) Paisagem do escudo canadense no norte do Quebec (Canadá), estável por centenas de milhões de anos, desnudado pelas glaciações passadas e marcado por diques ígneos intrusivos (intrusões magmáticas).

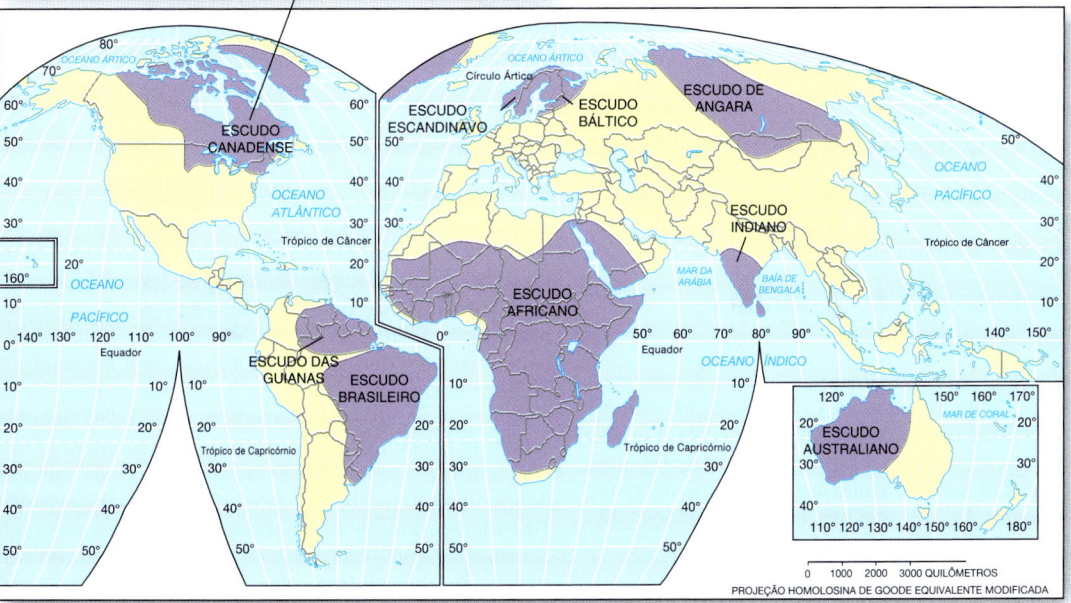

(a) Os principais escudos continentais* da Terra expostos por erosão. As porções adjacentes a esses escudos permanecem cobertas por camadas sedimentares mais novas.

▲**Figura 13.4 Escudos continentais.** [(a) Baseado em R. E. Murphy, "Landforms of the world," *Annals of the Association of American Geographers* 58, 1 (March 1968). Adaptado com permissão. (b) Bobbé Christopherson.]

---

*N. de R.T.: O "Escudo Brasileiro" aparece nesse mapa de maneira simplificada, pois se divide em escudo do Brasil Central (na região Norte e Centro-Oeste), separado do escudo Atlântico (próximo à costa do Atlântico, desde o Nordeste até o sul do Brasil).
**N. de R.T.: Escudo também é um conceito geomorfológico, ou seja, uma janela do embasamento circundada por rochas sedimentares.

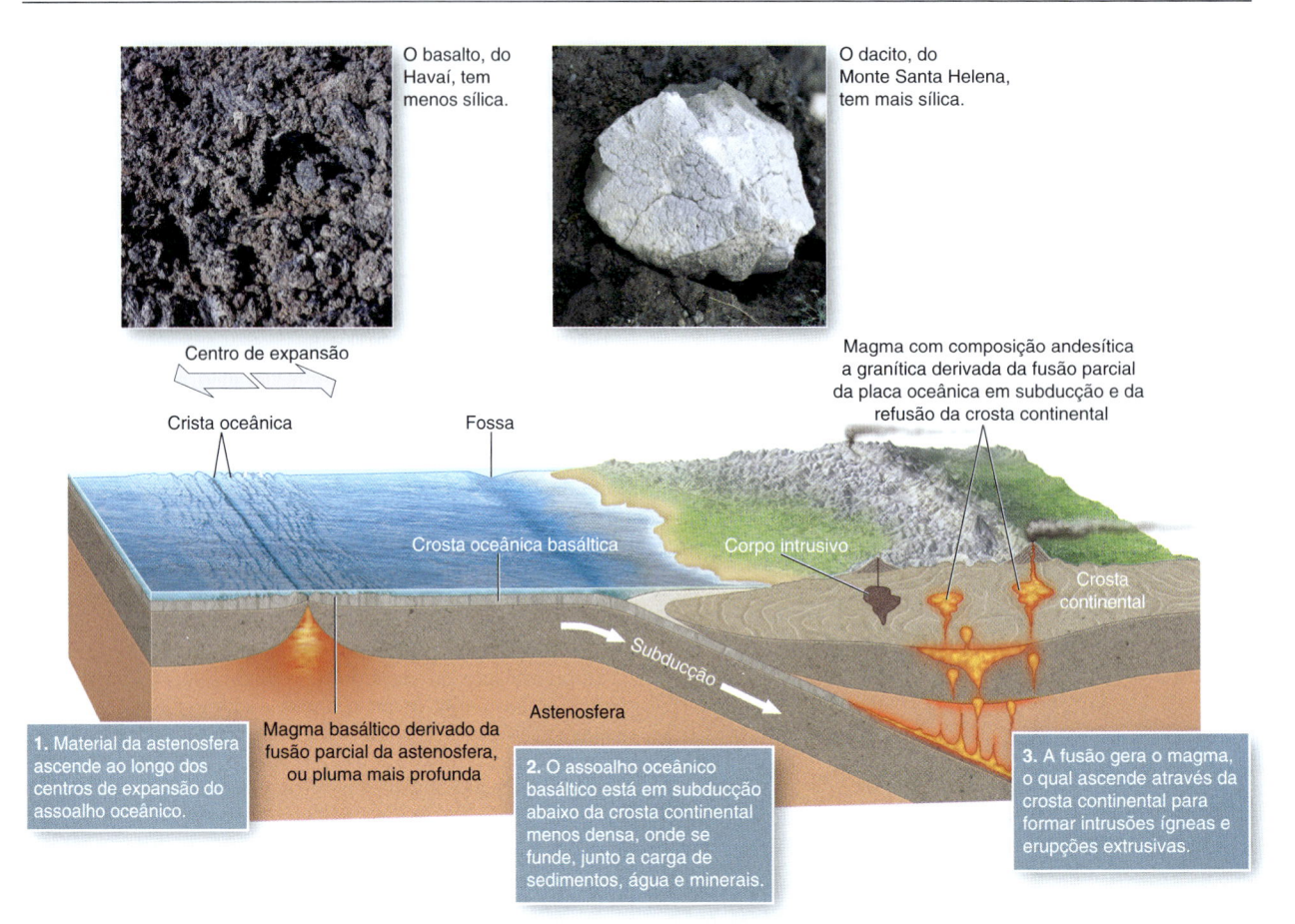

▲**Figura 13.5 Formação da crosta.** Material da astenosfera ascende ao longo dos centros de expansão do assoalho oceânico. O assoalho oceânico basáltico está em subducção abaixo da crosta continental menos densa, onde se funde, junto a sua carga de sedimentos, água e minerais. Essa fusão gera o magma, o qual migra pela crosta para formar intrusões ígneas e erupções extrusivas. [Fotos de Bobbé Christopherson.]

te, as regiões que se estendem desde o leste das montanhas Rochosas até os Apalaches e, em direção ao norte, desde a região central até o leste do Canadá; na Ásia, uma ampla porção da China, o leste da Europa até os montes Urais e ao longo de uma grande extensão da Sibéria.*

Formação da crosta continental e acreção de terrenos

A formação da crosta continental é complexa e levou centenas de milhões de anos. Ela envolve toda a sequência de expansão do assoalho oceânico e formação de crosta oceânica, sua posterior subducção e refusão até a subsequente ascensão do material fundido como um magma novo, como resumido na Figura 13.5. Nesse processo de formação da crosta, você pode literalmente acompanhar o ciclo dos materiais ao longo do ciclo tectônico.

Para entender esse processo, estude a Figura 13.5 e as fotos nos detalhes. Comece pelo local onde há a geração do magma na astenosfera e irrupção ao longo da dorsal meso-oceânica. O magma basáltico é formado de minerais do manto superior que são ricos em ferro e magnésio. Tal magma tem menos de 50% de sílica e possui textura fina e baixa viscosidade – ele tende a fluir. Esse material máfico ascende e irrompe nos centros de expansão, onde se resfria e forma o novo assoalho basáltico, o qual se expande lateralmente até colidir, ao longo de seu distante lado oposto, com a crosta continental. Essa crosta oceânica, sendo mais densa, mergulha sob a crosta continental mais leve até atingir o manto, onde se funde. Então, o novo magma ascende e resfria-se, vindo a criar mais crosta continental, na forma de rochas graníticas intrusivas.

Conforme a subducção da placa oceânica acontece sob a placa continental, ela transporta a água do mar que está aprisionada no pacote sedimentar que resultou da erosão da crosta continental. Assim, a refusão incorpora água do mar, sedimentos e a crosta das proximidades, originando uma mistura. Como resultado, o magma, geralmente referido como *rocha em fusão* (ou um líquido), migrando para cima desde a placa que está em subducção, contém 50 a 75% de

---

*N. de T.: No Brasil, dois exemplos são notáveis: o cráton Amazonas, sendo segmentado pelas bacias do Amazonas e do Solimões, possui uma área exposta ao norte (o Escudo das Guianas) e outra ao sul (o Escudo do Brasil-Central); e o cráton São Francisco, que se estende desde o norte de Minas Gerais até o sul da Bahia. Outros crátons menores são: cráton São Luís (Pará-Maranhão), cráton Luís Alves (Santa Catarina) e o cráton Rio de La Plata (Rio Grande do Sul).

Figura 13.6 Terrenos da América do Norte. [(a) Baseado em dados do USGS. (b) Imagem do MODIS *Terra*, NASA/GSFC.]

(a) Os terrenos Wrangellia ocorrem em quatro segmentos, realçados em vermelho entre outros terrenos demarcados ao longo da margem oeste da América do Norte (área hachurada em azul-claro).

(b) As Montanhas Wrangell, cobertas de neve, estendem-se do centro-leste do Alasca até a fronteira canadense. O Monte McKinley (Denali), a maior elevação da América do Norte (6184 m), é um batólito granítico cercado por terrenos acrescionários de idades variadas. O McKinley é relativamente jovem em comparação, e ainda está ganhando altura em consequência de convergência de placas.

sílica e alumínio. Isso dá a rocha em fusão uma textura espessa de alta viscosidade, e assim ele tende a bloquear e obstruir os condutos que o levam até a superfície.

Os corpos de tais magmas ricos em sílica podem alcançar a superfície em erupções vulcânicas explosivas, ou estacionar definitivamente e tornar-se corpos intrusivos na subsuperfície crustal, esfriando lentamente para formar plútons cristalinos graníticos, como os batólitos (ver Figura 12.6). Como já observado, a sua composição é muito diferente daquela dos magmas que ascendem diretamente a partir da astenosfera nos centros de expansão do assoalho oceânico.

Cada uma das principais placas litosféricas hoje existentes na Terra resultou de uma colagem de muitas porções crustais adquiridas a partir de uma variedade de fontes. Ao longo do tempo, fragmentos crustais de assoalho oceânico em migração lenta, cadeias em curva (ou arcos) de ilhas vulcânicas* e porções da crosta de outros continentes foram pressionados contra os bordos dos escudos e das plataformas continentais. Essas variadas peças crustais que foram anexadas ou acrescidas às placas são chamadas de **terrenos** (não confundir com porção de terra, que se refere à superfície de uma região). Esses terrenos acrescionários, às vezes denominados *microplacas* ou *terrenos exóticos*, têm histórias diferentes daquelas dos continentes que os capturaram. Eles são comumente delimitados por fraturas de zonas de falha, e suas rochas possuem composição e estrutura diferentes daquelas da "nova casa" continental.

Na região da costa oeste da América do Norte, os terrenos acrescionários são particularmente predominantes. Pelo menos 25% do crescimento desse continente podem ser atribuídos à acreção de mais de 50 terrenos desde o início do Período Jurássico (190 milhões de anos atrás). Um bom exemplo são as montanhas Wrangell, as quais se localizam exatamente a leste do braço de mar Príncipe William e da cidade de Valdez, Alasca. Os *terrenos Wrangellia* – anteriormente um arco de ilhas vulcânicas e sedimentos marinhos associados localizados próximos ao equador – migraram aproximadamente 10.000 km para formar as Montanhas Wrangell e três outras formações distintas ao longo da margem oeste desse continente (Figura 13.6).

Os Montes Apalaches, que se estendem desde o Estado do Alabama (EUA) até as províncias marítimas do Canadá, possuem pequenas porções de terra anteriormente anexadas às ancestrais Europa, África, América do Sul, Antártica e várias ilhas oceânicas. A descoberta de terrenos, feita somente na década de 1980, revelou uma das formas pelas quais os continentes são montados.

Deformação crustal

As rochas, sejam ígneas, sedimentares ou metamórficas, estão sujeitas às intensas tensões produzidas pelas forças tectônica e gravitacional e pelo peso das rochas sobrejacentes.

---
*N. de R.T.: Denominadas "arcos de ilhas".

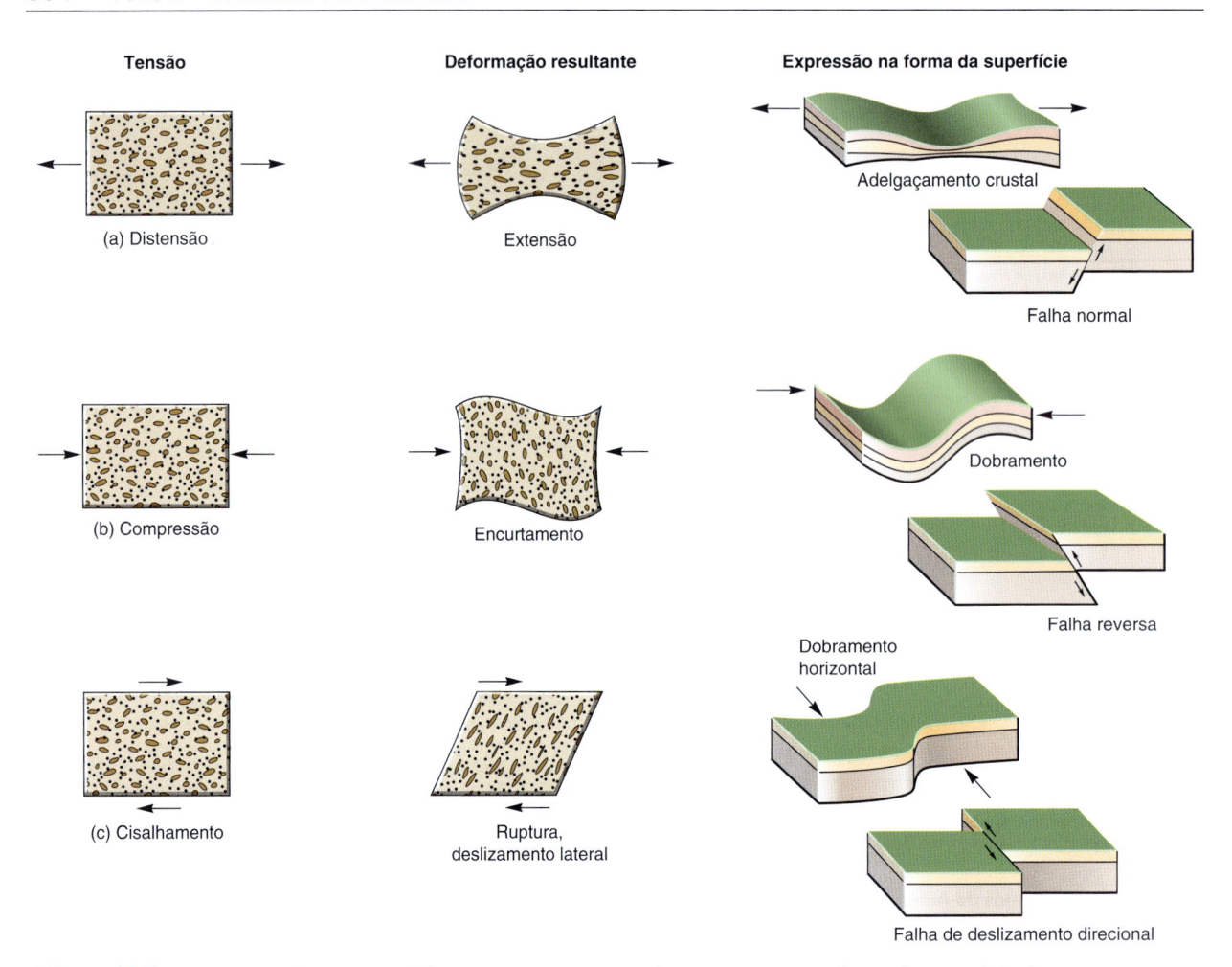

Figura 13.7 Os três tipos de tensão e deformação, e a correspondente expressão na forma da superfície da crosta terrestre.

Tensão (em sentido lato) é qualquer força que afeta um objeto, medida como força por unidade de área; observe que essas unidades são as mesmas da pressão (definida no Capítulo 3). São três os tipos de tensão importantes para a deformação crustal: *distensão*, que causa extensão; *compressão*, que causa encurtamento; e *cisalhamento*, que causa torção ou ruptura quando objetos se deslocam em paralelo (Figura 13.7).

Embora a tensão seja uma força importante na formação da crosta terrestres, as formas resultantes que vemos originam-se da deformação, que é como as rochas respondem à tensão. A *deformação* é, por definição, uma medida adimensional da quantidade de deformação sofrida por um objeto. Deformação é extensão, encurtamento e torção que resultam da tensão, e nas rochas se expressa como *dobramento* (encurvamento) ou *falhamento* (quebra). Uma rocha dobra-se ou rompe-se dependendo de vários fatores, incluindo sua composição e quanta pressão é exercida sobre ela. A Figura 13.7 ilustra cada tipo de tensão, a respectiva deformação resultante e as formas de relevo que se desenvolvem.

Dobramentos e arqueamentos extensos

Quando os estratos rochosos acamadados horizontalmente são submetidos a esforços compressivos, eles deformam-se (Figura 13.8). **Dobramento** ocorre quando as rochas são deformadas em consequência de tensão compressiva e encurtamento. Como analogia, pode-se visualizar esse processo empilhando-se vários retalhos de tecido grosso esticado em uma mesa e, então, empurrando lentamente as extremidades opostas da pilha. As camadas de tecidos ficarão dobradas e amarrotadas em dobras parecidas com as da paisagem da Figura 13.8a, com algumas dobras formando arcos (dobras convexas) e outras formando fossas (dobras côncavas).

Uma dobra convexa arqueada é uma **anticlinal**; as camadas rochosas mergulham a partir de um eixo central imaginário que divide a dobra em duas partes. Uma dobra côncava cavada é uma **sinclinal**; as camadas de cada flanco mergulham em direção ao eixo central. A erosão de uma sinclinal pode formar uma *crista sinclinal*, gerada quando os diferentes estratos rochosos oferecem diferentes graus de resistência a processos de intemperismo (Figura 13.8b).

A *charneira* é a linha horizontal que define a parte da dobra com a curvatura mais aguda. Se a charneira não é horizontal, isto é, não está "nivelada" (paralela à superfície da Terra), a dobra tem *caimento*, está inclinada a um certo ângulo. Se o *plano axial da dobra* (uma superfície imaginária paralela à charneira, mas que desce atravessando cada camada) está inclinado em relação à vertical, a configuração resultante é uma *anticlinal revirada*, em que as dobras foram tão comprimidas que se inverteram sobre os próprios estratos. Mais tensão acaba fraturando os estratos rochosos em linhas distintas, um processo que forma um falha de empurrão

Capítulo 13 • Tectônica, terremotos e vulcanismo **365**

(a) Tipos de dobra e suas feições.

(c) Estratos dobrados na falha de San Andreas.

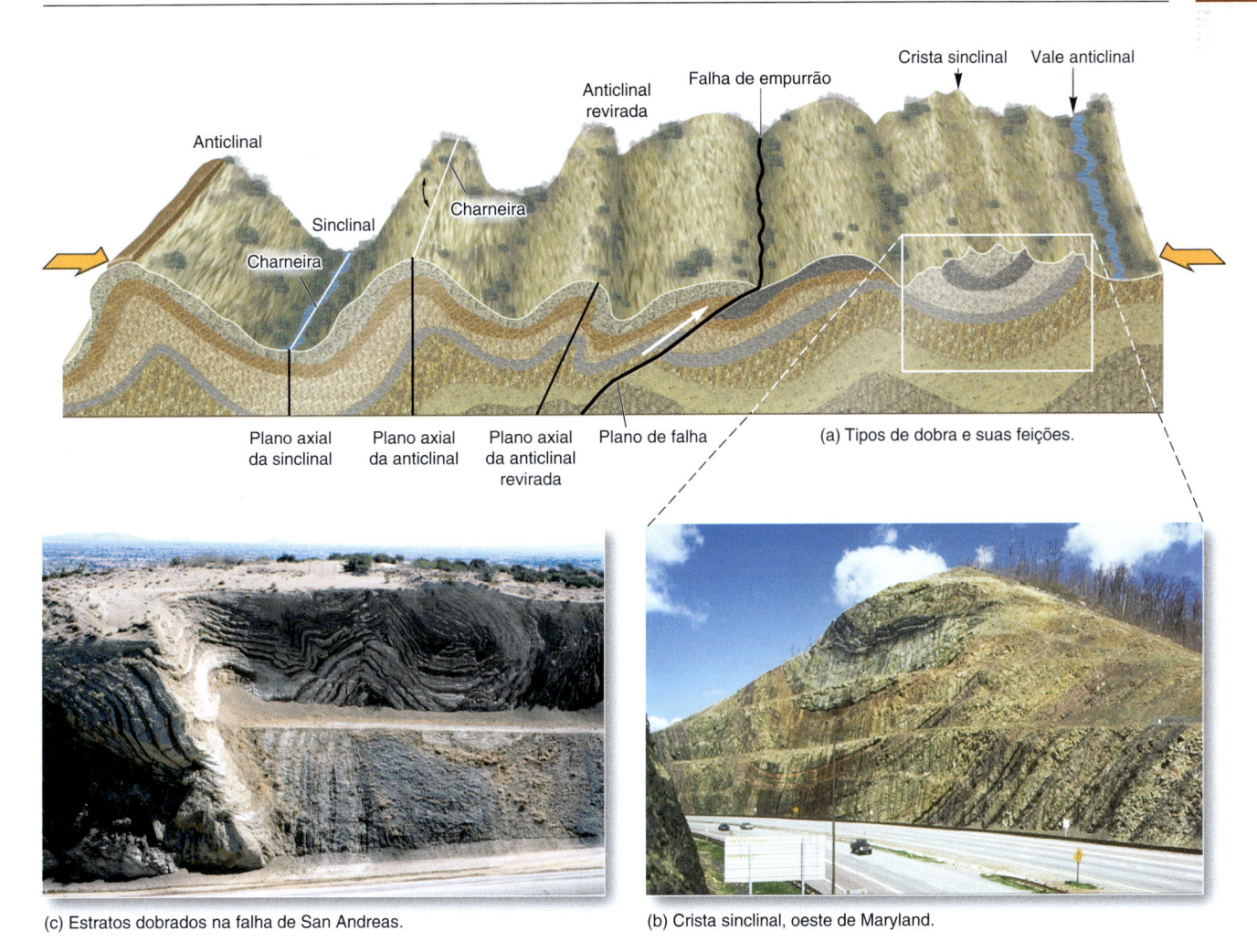

(b) Crista sinclinal, oeste de Maryland.

▲**Figura 13.8 Paisagens de dobras.** [(b) Mike Boroff/Photri-Microstock. (c) Bobbé Christopherson.]

(ou cavalgamento) (vide Figura 13.8; as falhas são discutidas mais adiante); algumas dobras reviradas são deslocadas para cima, causando considerável encurtamento dos estratos originais. Áreas de intensa tensão, dobramentos compressivos e falhamentos são visíveis na falha de San Andreas, no sul da Califórnia (Figura 13.8c).

O conhecimento das dobras e da estratigrafia é importante para a indústria do petróleo. Por exemplo, os geólogos do petróleo sabem que o óleo e o gás natural devem ser coletados nas camadas de rochas porosas, como as de um arenito, que estiverem localizadas nas porções superiores de uma dobra anticlinal.

Com o tempo, as estruturas dobradas podem passar por erosão e gerar relevos interessantes (Figura 13.9). Um exemplo é o *domo*, uma área de estratos rochosos soerguidos que lembram uma anticlinal fortemente erodida ao longo do tempo (Figura 13.9a). Uma vez que uma anticlinal é uma dobra convexa com direção ascendente, a erosão expõe as rochas mais antigas no centro do domo, que frequentemente possui um padrão circular que, visto de cima, parece um alvo de tiro – um exemplo é a estrutura Richat, na Mauritânia. Os Black Hills da Dakota do Sul são outra estrutura em domo. Uma *bacia* forma-se quando uma área parecida com uma sinclinal é soerguida e depois erodida ao longo do tempo;

nessa estrutura, os estratos rochosos mais antigos ficam na parte externa da estrutura circular (Figura 13.9b). Já que uma sinclinal é côncava se examinada de cima, a erosão expõe as rochas mais jovens no centro da estrutura.

As cordilheiras da América do Norte, como as Rochosas canadenses e os Montes Apalaches, e do Oriente Médio exibem a complexidade que o dobramento pode produzir. A área ao norte do Golfo Pérsico, nas Montanhas Zagros, Irã, por exemplo, era um terreno acrescionário que havia se separado da placa Eurasiana. Entretanto, o movimento que empurra a placa da Arábia em direção ao norte está impelindo este terreno de volta para a Eurásia. Ao mesmo tempo, está formando uma margem ativa, conhecida como zona de colisão de Zagros, a qual possui mais de 400 km de largura. Na imagem de satélite dessa zona na Figura 13.10, as anticlinais formam cristas paralelas; a ação do intemperismo e dos processos de erosão está expondo as camadas subjacentes.

Além dos tipos de dobramento discutidos anteriormente, ações de arqueamento extenso são outra causa de curvamento da crosta continental. As curvaturas geradas por essas ações, porém, têm extensão muito maior do que as dobras produzidas por compressão. As forças responsáveis por tal arqueamento extenso incluem a convecção do manto, os reajustes isostáticos semelhantes àqueles causados pelo peso do manto

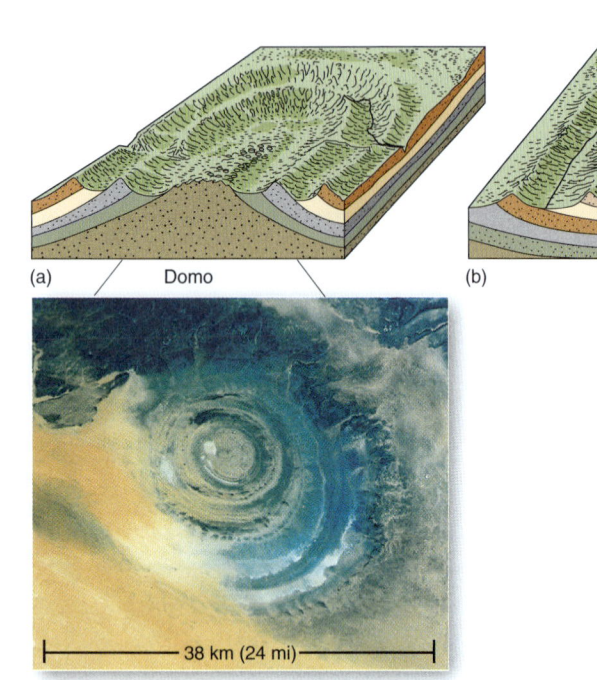

◀ **Figura 13.9 Domos e bacias.**
[(c) Imagem do ASTER Terra, NASA/GSFC/MITI.]

(a) Domo
(b) Bacia

(c) O domo Richat, na Mauritânia; observe os cômoros de areia indo para o domo vindos do sudeste.

de gelo sobre o norte do Canadá durante a última glaciação e a intumescência na crosta devido a um ponto quente subjacente.

Falhamento

Uma calçada de concreto recém-feita é lisa e já possui certa resistência. No entanto, se um equipamento pesado passar sobre ela, tensionando-a, os esforços resultantes poderão causar uma fratura. Os pedaços de cada lado da fratura poderão mover-se para cima, para baixo, ou ainda horizontalmente, dependendo da direção da tensão exercida sobre a calçada. Da mesma maneira, quando as camadas rochosas são tencionadas além da sua coesão ou da capacidade de permanecerem como um bloco único, elas deformarão, fraturando-se. **Falhamento** ocorre quando as rochas de cada lado da fratura deslocam-se uma em relação à outra. *Zonas de falha* são áreas onde as fraturas das rochas evidenciam o movimento crustal.

Tipos de falha A superfície da fratura ao longo da qual os blocos de cada lado da falha se movem é conhecida como *plano de falha*; a inclinação e orientação desse plano é a base para diferenciar os três principais tipos de falha introduzidos na Figura 13.7: normal, inversa (ou de empurrão) e de deslizamento direcional, causadas, respectivamente, por tensão de tração, tensão compressiva e tensão de cisalhamento lateral.

Quando forças separam rochas, a tensão de tração provoca uma **falha normal**, em que a rocha de uma lado move-se verticalmente ao longo de um plano de falha inclinado (Figura 13.11a). O bloco que se move para baixo é o *teto*; ele desce em relação ao bloco chamado de *muro**. Um plano de falha exposto é observado, às vezes, ao longo da base de montanhas falhadas, onde os espigões individuais foram truncados pelo movimento da falha, exibindo faces triangulares em suas extremidades. Um penhasco formado por falhamento geralmente é denominado *escarpa de falha* ou *escarpamento*.

Quando forças empurram rochas umas contra as outras (como quando placas convergem), a compressão provoca uma **falha inversa**, em que as rochas movem-se para cima ao longo do plano de falha (Figura 13.11b). Considerando-se a superfície da falha, ela assemelha-se com a da falha normal, embora possa ocorrer maior colapso e deslizamento de terra no bloco de teto. Na Inglaterra, quando os mineiros trabalhavam ao longo de uma falha inversa, eles caminhavam sobre o bloco inferior (o muro) e penduravam suas lanternas no bloco superior (o teto), evidenciando esses elementos estruturais.

---

*N. de R.T.: Ou seja, chama-se de "teto" ou "capa" o bloco que fica acima do plano de falha; e de "muro" ou "lapa", aquele que fica sob esse plano.

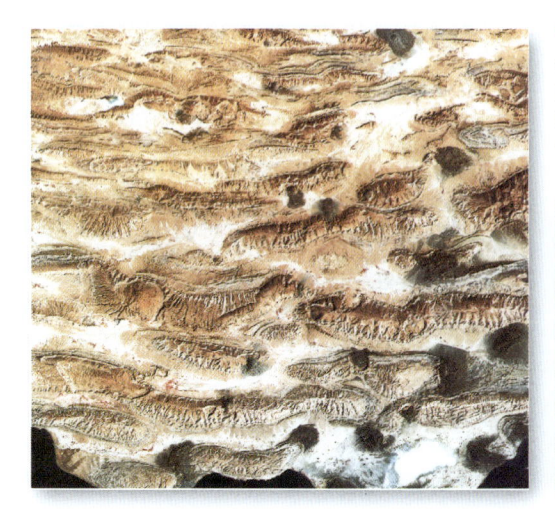

▼**Figura 13.10 Dobramento na zona de colisão de Zagros, Irã.** Os Montes Zagros são um produto da zona de colisão de Zagros, onde a placa da Arábia faz pressão para o norte para dentro da placa da Eurásia. [NASA.]

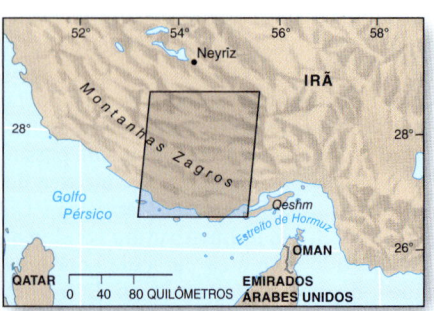

Uma **falha de empurrão** ou *cavalgamento* ocorre quando o plano de falha forma um ângulo baixo em relação à horizontal, de maneira que o bloco superior desloca-se bastante sobre o bloco inferior (vide Figura 13.8). Coloque suas mãos de palmas para baixo sobre uma mesa, com os dedos de uma mão levemente sobrepostos aos da outra. Depois, deslize uma mão contra a outra – esse é o movimento de uma falha de cavalgamento de baixo ângulo, com um bloco sendo empurrado sobre o outro.

Nos Alpes, diversas falhas de cavalgamento resultaram de forças compressivas da colisão, ainda em curso, entre as placas da África e da Eurásia. Sob a bacia de Los Angeles, as falhas de cavalgamento provocaram vários terremotos no século XX, incluindo o Northridge, em 1994, que custou US$ 30 bilhões. Muitas das falhas sob a região de Los Angeles são "falhas de cavalgamento ocultas", ou seja, não existem traços da ruptura na superfície. Essas falhas ficam

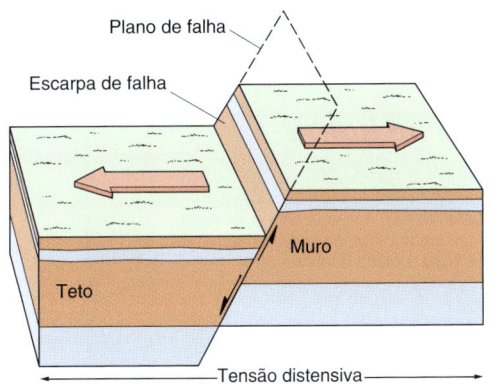

(a) Falha normal (distensão)

(a) Uma falha normal visível nos bordos das cadeias montanhosas da Califórnia e de Utah.

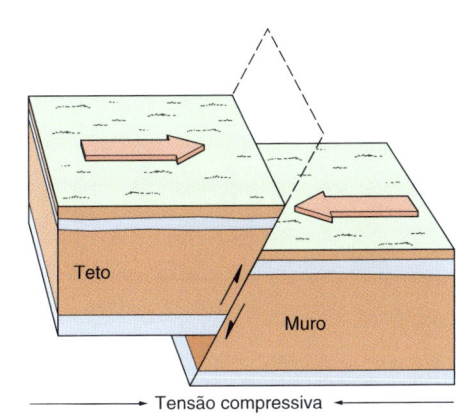

(b) Falha inversa ou de empurrão (compressão)

(b) Uma falha inversa ou de empurrão, visível nestes blocos deslocados constituídos de camadas de carvão intercaladas com estratos de cinza vulcânica, na Colúmbia Britânica.

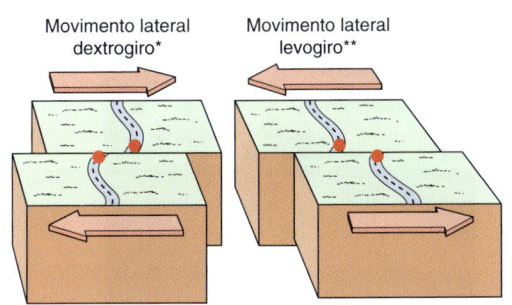

(c) Falha de deslizamento direcional (cisalhamento lateral)

* Vista a partir de cada um dos pontos da rodovia, o movimento dos blocos opostos é *para a direita*.
** Vista a partir de cada um dos pontos da rodovia, o movimento dos blocos opostos é *para a esquerda*.

(c) Visão aérea de uma falha de deslizamento direcional dextrogira no sul de Nevada.

▲Figura 13.11 **Tipos de falhas.** [Fotografias de (a) Bobbé Christopherson. (b) Fletcher and Baylis/Photo Researchers, Inc. (c) Marli Miller.]

(a) A margem ocidental da América do Norte é o ponto de encontro de três placas com diferentes tipos de limite. Entre as placas do Pacífico e Juan de Fuca, há um centro de expansão com falhas transformantes que ligam dorsais meso-oceânicas. Entre a placa da América do Norte e a Juan de Fuca, existe a zona de subducção de Cascadia. A falha transformante de San Andreas separa as placas do Pacífico e da América do Norte. O ponto de encontro das três placas é uma "junção tríplice".

(b) A falha de San Andreas, Condado de San Luis Obispo, Califórnia.

▲Figura 13.12 **Limites de placa no oeste da América do Norte e a falha de San Andreas.** [(a, b) Lloyd Cluff/Corbis.]

essencialmente enterradas sob a crosta, mas seguem oferecendo grande risco de terremoto.

Quando o cisalhamento lateral provoca movimentação lateral em um plano de falha, como a produzida junto a um limite de placa transformante e às falhas transformantes associadas, a falha é chamada de **falha de deslizamento direcional*** (Figura 13.11c). O movimento é dextrogiro (para direita) ou levogiro (para esquerda) dependendo do deslocamento percebido pelo observador de um lado da falha em relação a outro lado.

O sistema da falha de San Andreas é um exemplo célebre de falha transformante e de deslizamento direcional. Recorde, do Capítulo 12, que as falhas transformantes se dão junto aos limites de placa transformantes; a maio-

---

*N. de R.T.: *Strike-slip fault*, em inglês, ou falha de rejeito direcional.

ria encontra-se nas bacias oceânicas ao longo das dorsais meso-oceânicas, mas algumas cruzam a crosta continental. A crosta dos lados da falha transformante move-se em paralelo à falha em si; portanto, as falhas transformantes são um tipo de falha de deslizamento direcional. Porém, como algumas falhas de deslizamento direcional ocorrem em localidades longe de limites de placa, nem todas as falhas de deslizamento direcional são transformantes.

Na margem ocidental da América do Norte, os limites de placa assumem diversas formas. A falha transformante de San Andreas é o produto de uma placa continental (a placa da América do Norte) que se sobrepôs a um limite transformante de placa oceânica. A falha de San Andreas encontra-se em um centro de expansão do assoalho oceânico e uma zona de subducção na Junção Tríplice de Mendoncino (*junção tríplice* é a intersecção de três placas). Todos esses limites de placa são ilustrados na Figura 13.12a.

Falhas de deslizamento direcional muitas vezes criam vales lineares (ou calhas) junto à zona de fratura, como ao longo da falha de San Andreas (Figura 13.12b). Rios deslocados são outra forma associada a falhas de deslizamento direcional, caracterizados por uma curvatura abrupta no curso d'água onde ele atravessa a falha.

Paisagens falhadas Em algumas paisagens, pares de falhas agem em conjunto, formando relevos distintos. O termo **horst** aplica-se a blocos falhados soerguidos; **graben*** diz respeito a blocos falhados afundados (Figura 13.13). O Grande Vale em Rifte do leste da África, associado à expansão crustal, é um exemplo de paisagem de horst e graben. Esse rifte estende-se para o norte até o Mar Vermelho, que preenche o rifte formado por falhas normais paralelas. O Lago Baikal, na Sibéria, discutido no *Geossistemas Hoje* do Capítulo 9, também é um graben. A bacia desse lago é o "vale em rifte" continental mais profundo do planeta e continua se alargando a uma taxa média de aproximadamente 2,5 cm ao ano. Outro exemplo é o graben do Reno, na Europa, ao longo do qual corre o rio homônimo.

Uma grande região que é identificada por vários traços geológicos ou topográficos é uma *província fisiográfica*. No interior do oeste dos Estados Unidos, a **Província Basin and Range** é uma província fisiográfica reconhecida por suas bacias e montanhas com tendência norte-sul – as bacias (em inglês, *basin*) são áreas de baixa elevação que mergulham em direção ao centro; as serras (em inglês, *range*) são montanhas interconectadas de elevações variadas acima das bacias. Essas montanhas e vales mais ou menos paralelos (conhecidas como *relevo de bacia e serra*) são pares alinhados de falhas normais, um exemplo de paisagem de horst e graben (Figura 13.14a e b).

A força por trás da formação dessa paisagem é o movimento para oeste da placa da América do Norte; o falhamento origina-se das forças de tração causadas pelo soerguimento e afinamento da crosta. O relevo de bacia e serra é abrupto e suas estruturas rochosas são angulares e ásperas. Com a erosão das serras, os materiais transportados acumulam-se nas bacias em grandes profundidades, gradualmente criando extensas planícies. A elevação das bacias está, em média aproximada, 1200-1500 m acima do nível do mar, com as cristas montanhosas elevando-se mais 900-1500 m.

O Vale da Morte, na Califórnia, é a mais baixa dessa bacias, com elevação de –86 m. Diretamente a oeste, a Cadeia Panamint eleva-se a 3368 m no Pico Telescope, gerando quase 3,5 quilômetros verticais de relevo entre o vale desértico e o pico montanhoso.

Diversas outras formas estão associadas ao relevo de bacia e serra. A área composta de encostas e bacia entre as cristas de duas dorsais adjacentes em uma região seca de drenagem interna é chamada de **bolson** (Figura 13.14b). Uma *playa* é uma leito seco de lago caracterizado por uma área de crosta salina deixada pela evaporação da água em um bolson ou vale (Figura 13.14c e d). O Capítulo 15 discute outras formas de relevo associadas à água corrente nessa região seca.

Orogênese (formação de montanhas)

O termo geológico para a formação de montanhas é **orogênese**, que significa literalmente o nascimento das montanhas (*oros* vem da palavra grega para "montanha"). Uma *orogenia* é um episódio de formação de montanhas que ocorre ao longo de milhões de anos, geralmente devido à deformação e ao soerguimento da crosta em escalas amplas. Uma orogenia pode começar com a captura e migração de terrenos exóticos e sua acreção às margens continentais, ou com a intrusão de magmas graníticos para formar plútons. O resultado final dessa acumulação de material é o espessamento da crosta. O próximo evento no ciclo orogênico é o soerguimento, que é seguido pelo trabalho do intemperismo e da erosão, expondo os plútons de granito e criando o irregular relevo montanhoso.

Os locais das principais cadeias de montanhas da Terra, dobradas e falhadas, chamados de *orógenos*, correlacionam-se muito bem com o modelo da tectônica de placas. Os dois maiores exemplos são o sistema montanhoso cordilheirano, na América do Norte e do Sul, e o sistema eurasiano-himalaiano, que se estende dos Alpes até o Himalaia, na Ásia.

Nenhuma orogenia é um evento simples; muitas envolvem estágios de desenvolvimento prévio que remetem para idades muito antigas do passado da Terra, cujos processos ainda hoje estão atuantes. As principais cadeias montanhosas (e as mais recentes orogenias relacionadas que as geraram) incluem as seguintes (reveja a Figura 12.1 para ver as datas de orogenia dentro do contexto da escala do tempo geológico):

- Os Montes Apalaches e a Província Ridge and Valley** dobrada do leste dos Estados Unidos e das Províncias Marítimas do Canadá – formadas durante a *orogenia Allegheniana*, 250-300 milhões de anos atrás (m.a.a.), associada à colisão da África com a América do Norte.
- As Montanhas Rochosas da América do Norte – formadas principalmente durante a *orogenia Laramidiana*, 40-80 m.a.a., mas também durante várias orogenias anteriores, começando 170 m.a.a. (incluindo a *orogenia de Sevier*).

---

*N. de R.T.: Vocábulo de origem alemã, geralmente não traduzido em várias línguas, que significa "fossa tectônica".

**N. de R.T.: Província de Cristas e Vales (cristas e vales aproximadamente paralelos).

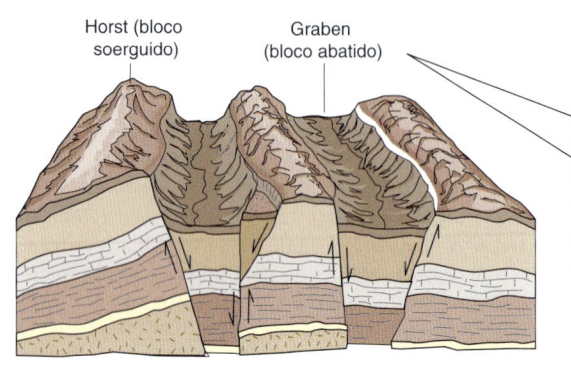

Horst (bloco soerguido) Graben (bloco abatido)

◀ **Figura 13.13 Paisagens de falhas.** [(b) Airphoto-Jim Wark.]

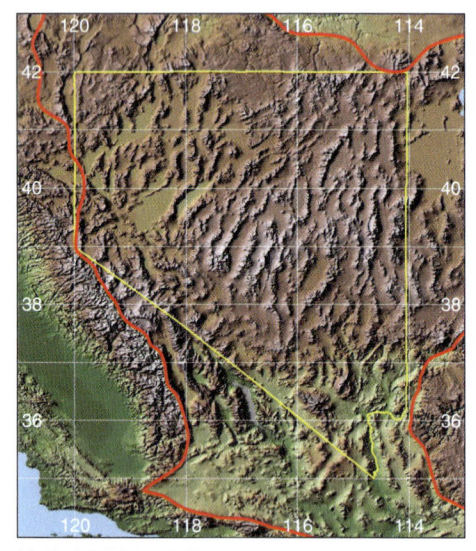

(a) Pares de falhas produzem uma paisagem de horst e graben.

(b) Horsts e grabens originam-se de falhas normais no Parque Nacional de Canyonlands, Utah.

Cones aluviais Horst ←Bolson→ Playa (deserto de sal central) Graben Bajada

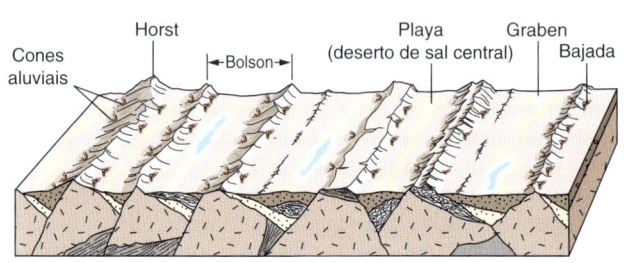

(b) Falhas paralelas produzem uma série de cordilheiras e bacias. Eventos infrequentes de precipitação deixam depósitos em cone aluvial na embocadura dos cânions; cones aluviais coalescidos juntam-se, formando uma bajada.

(a) Modelo Digital do Terreno sombreado no mapa de relevo, apresentando a Província Basin and Range contornada de vermelho.

- Sierra Nevada e Montanhas Klamath, na Califórnia – formadas durante a *orogenia Nevadiana*, com falhamento 29-35 m.a.a. (as intrusões batolíticas mais antigas datam de 80-180 m.a.a.).
- Os Alpes da Europa – formados durante a *orogenia Alpina*, 2-66 m.a.a., especialmente no Período Terciário, e prosseguindo até o presente na Europa Meridional e Mediterrânea, com muitos episódios anteriores (vide Figura 13.15).
- O Himalaia da Ásia — orogenia Himalaiana, 45-54 m.a.a., começando com a colisão das placas da Índia e da Eurásia e prosseguindo até o presente.

Tipos de orogenia

Três tipos de atividade tectônica causam formação de montanhas junto às margens de placa convergentes (ilustrado em *Geossistemas em Ação*, Figura GEA 13.2a). Como exposto no Capítulo 12, um *colisão entre placa oceânica e placa continental* produz uma zona de subducção, com a placa oceânica, mais densa, mergulhando sob a placa continental. Essa convergência cria magma sob a superfície da Terra, que é forçado para cima e forma intrusões de magma, origi-

(c) Uma playa no Vale da Morte, Califórnia.

(d) Cadeias de montanhas paralelas, bolsons e playas em Nevada.

▲ **Figura 13.14 Formas de relevo da Província Basin and Range.** [(a) GSFC/NASA. (c) Autor. (d) Bobbé Christopherson.]

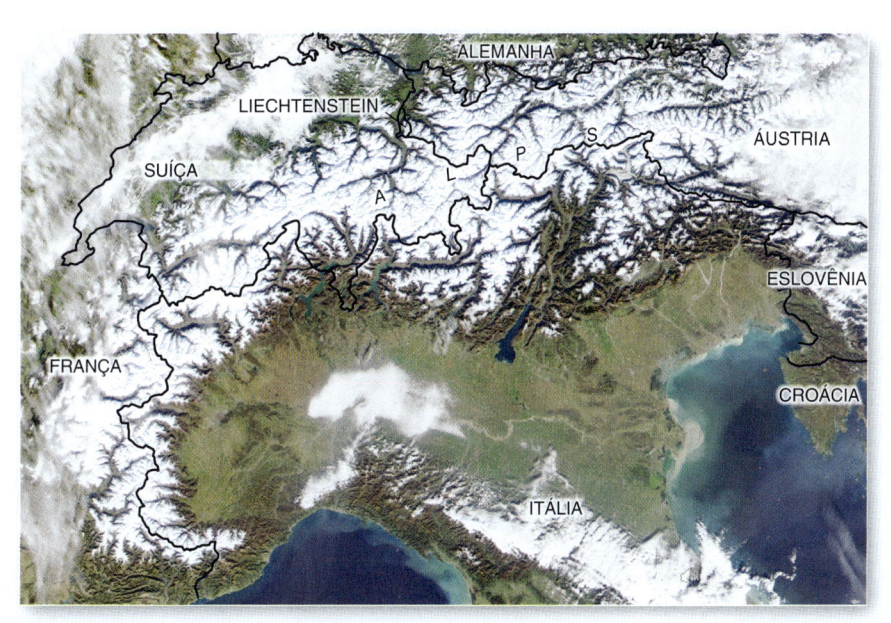

▲**Figura 13.15 Alpes europeus.** Os Alpes possuem cerca de 1200 km de extensão, ocupando um crescente de 207.000 km², com segmentos ocidental (França), central (Itália) e oriental (Áustria). Observe a cobertura de neve nessa imagem de dezembro. [Imagem do MODIS *Terra*, NASA/GSFC.]

nando plútons graníticos e, por vezes, atividade vulcânica na superfície. As forças de compressão fazem a crosta se soerguer e abaular. Esse tipo de convergência está ocorrendo agora ao longo do sistema montanhoso cordilheirano que segue a costa oeste das Américas, tendo originado os Andes, a Sierra Madre na América Central e as Rochosas (Figura GEA 13.1).

Uma *colisão entre placa oceânica e placa oceânica* pode gerar cinturões curvos de montanhas, denominados arcos de ilhas, que se elevam a partir do assoalho oceânico. Quando as placas colidem, uma é forçada para baixo da outra, criando uma fossa oceânica. Forma-se magma nas profundezas, que ascende e entra em erupção ao atingir o fundo do oceano, iniciando a construção de uma ilha vulcânica. À medida que o processo continua ao longo da fossa, as erupções e o acúmulo de material vulcânico formam um arco de ilhas vulcânicas (Figura GEA 13.2b). Esses processos formaram as cadeias de arcos de ilhas e os vulcões que se prolongam desde o sudoeste até o oeste do Pacífico, nas Filipinas, nas ilhas Kuril* e ao longo das Aleutas.

Esses dois tipos de colisão de placas estão ativos em toda a orla (ou anel costeiro) do Pacífico e ambos têm natureza em parte termal, pois a placa que mergulha funde-se e migra de volta à superfície sob a forma de rocha fundida. A região de vulcões ativos e terremotos ao redor do Pacífico é conhecida como **Cinturão Circumpacífico** ou, mais popularmente, como **Cinturão de Fogo**.

O terceiro tipo de orogênese ocorre na *colisão de placa continental com placa continental*. Esse processo é primordialmente mecânico, com grandes massas de crosta continental sendo submetidas a um intenso dobramento, cavalgamento, falhamento e soerguimento (Figura 13.2c). A convergência das placas comprime e deforma tanto os sedimentos marinhos quanto a crosta oceânica basáltica. Os Alpes europeus são um resultado dessas forças compressivas, exibindo considerável encurtamento crustal em conjunção com grandes dobras reviradas, chamadas de *nappes***.

Estima-se que a colisão da Índia com a massa de terra eurasiana, resultando no Himalaia, tenha produzido um encurtamento crustal de até 1.000 km e originado sequências telescópicas***, por meio de falhas de cavalgamento, com espessura de 40 km. O Himalaia possui as maiores montanhas acima do nível do mar da Terra, incluindo todos os dez maiores picos do planeta.

Os Montes Tetons e a Sierra Nevada

As paisagens montanhosas podem ser alteradas quando uma falha normal de um lado da cadeia produz uma paisagem linear inclinada com relevo muito acidentado, chamando-se cadeia montanhosa de *blocos falhados inclinados*. Os Montes Tetons, no Estado do Wyoming (EUA), e a Sierra Nevada, na Califórnia, são exemplos recentes desse estágio da formação das montanhas. Em ambas as cadeias, a formação montanhosa iniciou centenas de milhões de anos atrás, quando intrusões de magma resfriaram e formaram núcleos graníticos de rocha cristalina de granulação grossa. Seguiu-se soerguimento tectônico, com falhamento e inclinação subsequentes acontecendo menos de 10 m.a.a. Então, a remoção do material de cobertura por intemperismo, erosão e transporte expôs as massas graníticas, deixando a topografia acidentada e o íngreme relevo vertical que vemos hoje (Figura 13.16).

---

*N. de R.T.: Também grafadas como ilhas "Curilas" ou "Curilhas", formam um arco que se prolonga desde a Península de Kamchatka, extremo oriental da Rússia, até a ilha japonesa de Hokkaido. Esse arco de ilhas constitui-se no limite meridional do Mar de Okhotsk, a nordeste do Mar do Japão. Alguns dos arcos são complexos, como a Indonésia e o Japão, exibindo deformação rochosa superficial e metamorfismo de rochas e intrusões graníticas.

**N. de R.T.: Vocábulo de origem francesa que significa lençol, toalha, superfície extensa de um gás ou líquido (lençol de petróleo), não sendo traduzido na literatura técnica internacional.

***N. de R.T.: Diz-se também sequências sobre-empilhadas.

geossistemas em ação 13 — FORMAÇÃO DAS MONTANHAS

A orogênese, ou formação das montanhas, é o resultado da interação entre as placas e os processos relacionados que engrossam e soerguem a crosta, como dobramentos, falhamentos e vulcanismo. Combinados com intemperismo, erosão e ajuste isostático, esses processos produzem as impressionantes paisagens das cordilheiras da Terra (GEA 13.1). As colisões entre as placas da Terra produzem três tipos distintos de orogênese (GEA 13.2).

13.1 PRINCIPAIS CORDILHEIRAS E OROGENIAS

As cordilheiras que vemos hoje têm suas raízes nos confins do tempo geológico – algumas, como os montes Apalaches, já foram repetidamente formadas, erodidas e novamente soerguidas à medida que as placas interagiram ao longo de centenas de milhões de anos.

Three Sisters, Rochosas canadenses, Alberta [Bradley L. Grant/Getty Images.]

Montanhas Rochosas: Formadas principalmente durante a **orogenia Laramidiana**, 40-80 m.a.a., mas também durante várias orogenias anteriores, começando 170 m.a.a. (incluindo a **orogenia de Sevier**).

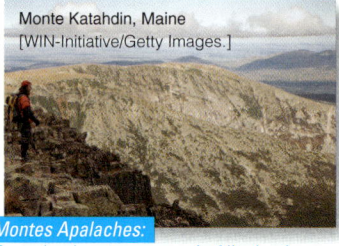

Monte Katahdin, Maine [WIN-Initiative/Getty Images.]

Montes Apalaches: Formados durante a **orogenia Allegheniana**, 250-300 milhões de anos atrás (m.a.a.), quando a África e a América do Norte colidiram. Inclui a Província dobrada de Ridge and Valley, no leste dos Estados Unidos, e estende-se até as Províncias Marítimas do Canadá.

Alpes franceses [Calin Tatu/Shutterstock.]

Alpes: Formados durante a **orogenia Alpina**, 2-66 m.a.a., e prosseguindo até o presente no sul da Europa e no Mediterrâneo, com muitos episódios anteriores (vide Figura 13.15).

Montes Klamath, Oregon [Spring Images/Alamy.]

Sierra Nevada e Montes Klamath: Formados durante a **orogenia Nevadiana**, com falhamento 29-35 m.a.a. (as intrusões batolíticas mais antigas datam de 80-180 m.a.a.).

Chimborazo, Equador [Michael Mellinger/Getty Images.]

Andes: Formados durante a **orogenia Andina** ao longo dos últimos 65 milhões de anos, os Andes são o segmento sul-americano de um vasto cinturão norte-sul de montanhas que corre pela margem ocidental das Américas, da Terra do Fogo até o Alasca.

Himalaia, Paquistão [Microstock Man/Shutterstock.]

Himalaia: Formado durante a **orogenia Himalaiana**, 45-54 m.a.a., começando com a colisão das placas da Índia e da Eurásia e prosseguindo até o presente.

Identifique: Qual evento geológico desencadeou a orogenia Alleghaniana, que formou os montes Apalaches?

13.2 FORMAÇÃO DE MONTANHAS EM LIMITES CONVERGENTES

Três tipos diferentes de colisão de placas litosféricas resultam na formação de montanhas:

- placa oceânica-placa continental
- placa oceânica-placa oceânica
- placa continental-placa continental

Cada interação entre placas leva a uma espécie diferente de orogênese.

Placa oceânica-placa continental
Quando uma placa oceânica densa colide com uma placa continental menos densa, forma-se uma zona de subducção, e a placa oceânica é subduzida. Forma-se magma sobre a placa descendente. Onde o magma sobe à superfície por erupção através da placa continental, formam-se montanhas vulcânicas. O magma também pode endurecer sob a superfície, formando batólitos.
Exemplo: Os Andes da América do Sul formaram-se em consequência da subducção da placa oceânica de Nazca sob a placa continental da América do Sul.

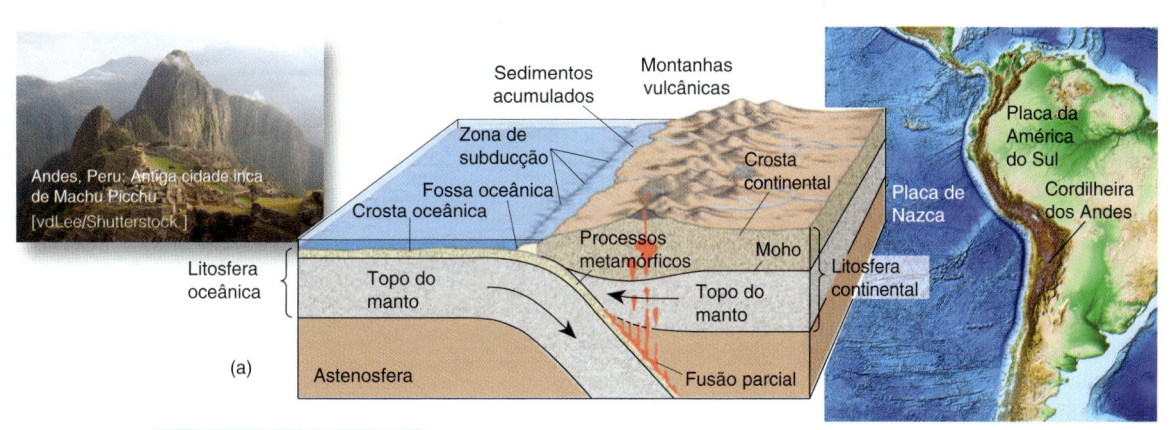

Placa oceânica-placa oceânica
Quando duas placas oceânicas colidem, uma delas é subduzida sob a outra. Forma-se magma sobre a placa descendente, dando origem a um arco de ilhas vulcânicas.
Exemplo: Como parte do "Cinturão de Fogo", há diversos arcos de ilhas vulcânicas onde a placa do Pacífico interage com outras placas oceânicas. Esses arcos estendem-se do sudoeste do Pacífico (mostrado aqui) até as Aleutas, passando pela Indonésia, pelas Filipinas e pelo Japão.

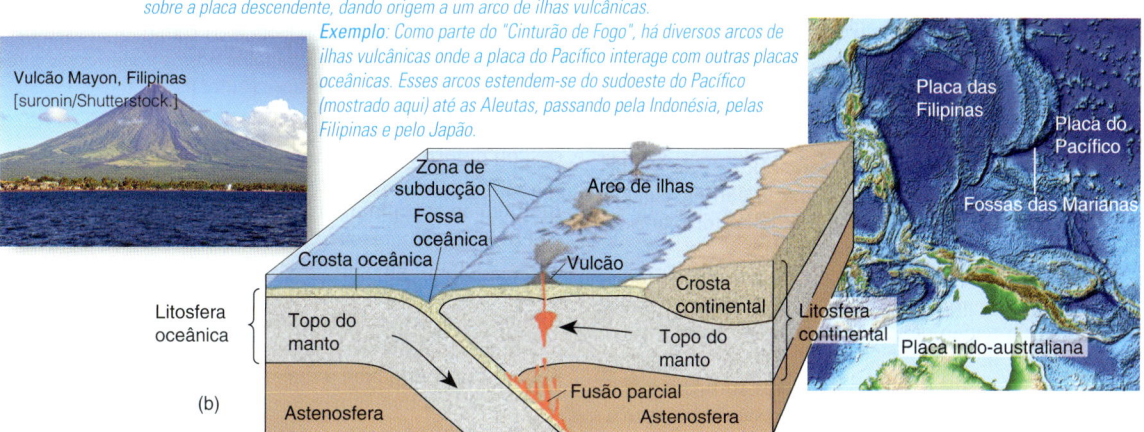

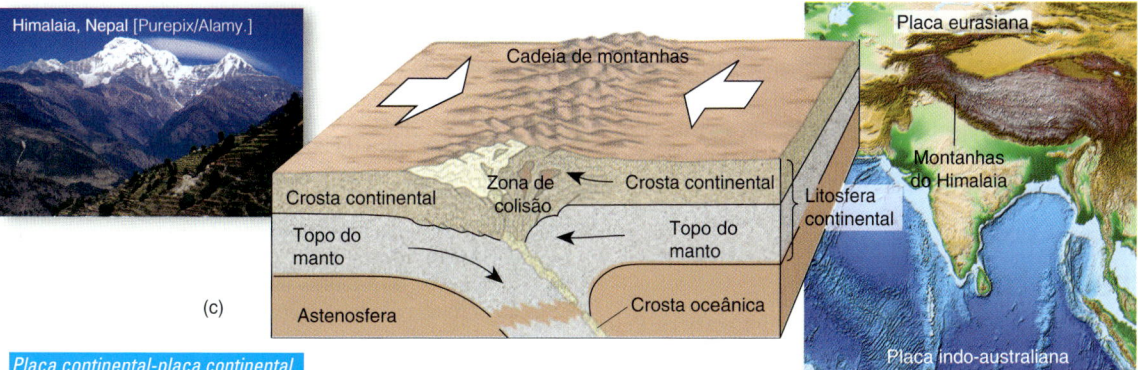

Placa continental-placa continental
Quando duas placas continentais colidem, nenhuma delas é subduzida. Em vez disso, a colisão sujeita as placas a poderosas forças de compressão que dobram, falham e soerguem a crosta, empurrando para cima imensas cadeias montanhosas.
Exemplo: O Himalaia formou-se como resultado da colisão contínua das placas da Índia e da Eurásia. Ele faz parte de um longo cinturão montanhoso leste-oeste, que se estende da Europa até a Ásia, formado por processos semelhantes de colisão.

Deduza: Por que não acontece subducção quando duas placas continentais colidem?

geossistemas em ação 13 — FORMAÇÃO DAS MONTANHAS

373

Pesquisas recentes na Sierra Nevada apontam que alguns dos soerguimentos nessa cadeia foram isostáticos, em resposta à erosão da carga de cobertura e do derretimento do gelo que se seguiu à última idade do gelo, cerca de 18.000 anos atrás*. A acumulação de sedimentos no vale contíguo em direção a oeste deprimiu a crosta e, com isso, acentuou ainda mais o relevo na paisagem.

Os Montes Apalaches

A origem dos Montes Apalaches, no leste dos Estados Unidos e sudeste do Canadá, data da formação do Pangea e da colisão da África com a América do Norte (250-300 m.a.a.). A complexidade da *orogenia Alleghaniana* deriva de soerguimentos e acreções de diversos terrenos resultantes de, pelo menos, dois ciclos orogênicos anteriores.

Cordilheiras que estavam ligadas na época do Pangea, mas que hoje são separadas pelo Oceano Atlântico, têm estrutura e composição semelhantes. Essas semelhanças indicam que os montes Atlas Menores da Mauritânia e o noroeste da África já estiveram conectados aos Apalaches no passado (Figura 12.13). O movimento de placas subsequente criou limites de placa ativos e diversos períodos orogênicos que deram origem às montanhas atuais, que se estendem da Terra Nova, Canadá, até o centro do Estado do Alabama, nos Estados Unidos.

A região central dos Montes Apalaches compreende diversas sub-regiões de paisagem. O Planalto das Apalaches, no lado ocidental, é um platô de rocha sedimentar erodida; a Província Ridge and Valley consiste em sequências alongadas de estratos sedimentares dobrados; a Província da Crista Azul** é uma área principalmente de rochas cristalinas, sendo mais alta onde os Estados da Carolina do Norte, da Virgínia e do Tennessee convergem; o Piemonte é um terreno de montanhoso a suavemente ondulado ao longo da maior parte do bordo leste e sul das montanhas; e a planície costeira consiste em suaves colinas descendo até planícies que se estendem até a costa atlântica (Figura 13.17).

Na Província Ridge and Valley, anticlinais e sinclinais dobradas formam proeminentes dorsais lineares. Rios como o Susquehanna, na região centro-leste da Pensilvânia, possuem *passagens**** de cursos d'água que atravessam uma cadeia montanhosa. Essas passagens geralmente indicam que o rio é mais antigo do que a cadeia que corta, sugerindo que o rio havia estabelecido a sua posição antes do soerguimento da paisagem, podendo assim erodir através do soerguimento e manter seu curso.

As passagens dos acidentados Montes Apalaches foram importantes interrupções topográficas, influenciando muito a migração humana, os padrões de colonização e a difusão de traços culturais no século XVIII. O fluxo inicial de pessoas, mercadorias e ideias para o oeste foi guiado por essas feições geomórficas.

Terremotos

As placas crustais não deslizam suavemente entre si. Pelo contrário, existe um atrito imenso ao longo dos limites de placas. A tensão (força) do movimento da placa origina esfor-

---

*N. de R.T.: 18.000 anos atrás foi o máximo da última idade de gelo.
**N. de R.T.: Em inglês, *Blue Ridge*.
***N. de R.T.: Em inglês, *Water gaps*.

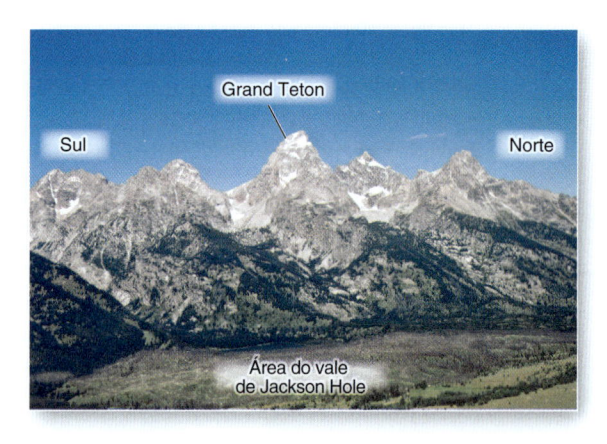

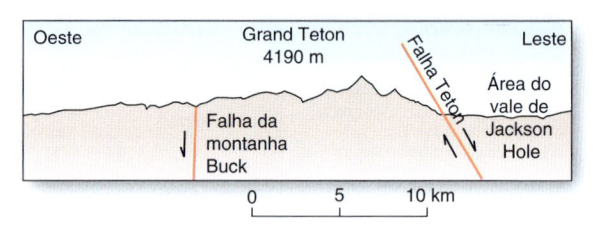

▲**Figura 13.16 Bloco falhado e inclinado.** Os Montes Tetons, em Wyoming, são um exemplo de cadeia montanhosa em blocos de falha inclinados, apresentando do elevação de 2130 m entre o fundo do vale do Jackson Hole e os cumes. A erosão do teto soerguido da falha Teton (uma falha normal) ocasionou o relevo acidentado e a elevação vertical. [Autor.]

ços, ou deformação, nas rochas até que o atrito seja suplantado, quando então os bordos das placas ou das linhas de falha rompem-se abruptamente, deslocando-se. A súbita descarga de energia que ocorre no momento da fratura, gerando ondas sísmicas, é um **terremoto**, ou *sismo*. Os dois lados do plano de falha saltam para novas posições, movendo-se desde centímetros até vários metros, e liberam muita energia sísmica na crosta circundante. Essa energia irradia-se por todo o planeta, diminuindo com a distância.

A Índia move-se para o nordeste a cerca de 2 m ao ano, criando distúrbios que já chegaram até a China, provocando terremotos frequentes. Como evidência dessa deformação em curso, o terremoto de janeiro de 2001, em Gujarat, Índia, ocorreu ao longo de uma falha cavalgante rasa, que cedeu à pressão da placa indo-australiana, que a empurrou para o norte. Mais de 1 milhão de prédios foram destruídos ou danificados nesse evento. Em outubro de 2005, um segmento de 40 km da zona de falha de 2500 km que marca o limite das placas deslocou-se, atingindo a região da Caxemira, no Paquistão, com um abalo de M 7,6, matando mais de 83.000 pessoas.

Os *terremotos tectônicos* são aqueles associados com o falhamento. Terremotos também podem ocorrer em associação com atividade vulcânica. Pesquisas recentes sugerem que a injeção de águas servidas vindas de perfuração de óleo e gás em áreas subsuperficiais é outra causa de episódios de *sismicidade induzida* (discutida adiante junto à mecânica das falhas).

Anatomia de um terremoto

O *foco* (ou hipocentro) do terremoto (veja o exemplo na Figura 13.18a) é a área de um plano de falha em subsuperfície

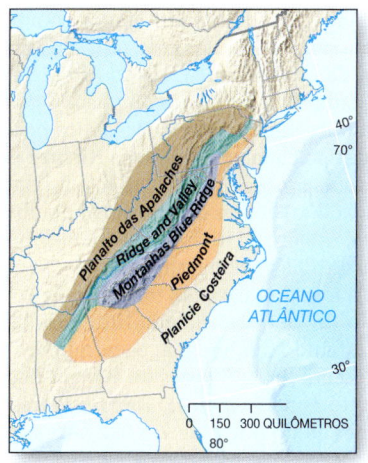

(a) Sub-regiões da paisagem do centro dos Montes Apalaches. A Província dobrada de Ridge and Valley estende-se para o sul dos Estados da Pensilvânia até Maryland, Virgínia e Virgínia Ocidental, nos EUA.

(b) Fotografia tirada do Apalaches centrais, da Pensilvânia até a Virgínia Ocidental, por astronauta.

(c) As cores outonais salientam as cristas do vale do Rio Susquehanna, Pensilvânia

▲**Figura 13.17 A Província dobrada de Ridge and Valley, nos Montes Apalaches.** [(a) USGS. (b) *ISS* Crew Earth Observations Experiment and Image Science & Analysis Laboratory, Johnson Space Center, NASA. (c) *Landsat-7*, NASA.]

onde o movimento das ondas sísmicas é iniciado. A área na superfície imediatamente acima do foco é o *epicentro*. As ondas de choque produzidas por um terremoto propagam-se a partir do foco e do epicentro pela crosta. Como discutido anteriormente, os cientistas utilizam os padrões das ondas sísmicas e a natureza da sua transmissão para investigar as camadas profundas do interior da Terra.

Abalo precursor é o sismo que precede o abalo principal. O padrão dos abalos precursores é hoje tido como um importante elemento na previsão dos terremotos. *Abalos secundários* (ou réplicas) ocorrem após o abalo principal, tendo a mesma área geral do epicentro; alguns abalos secundários rivalizam com o abalo principal em magnitude. Por exemplo, na ilha Sul da Nova Zelândia, um abalo M 7,1 deu-se em setembro de 2010, com epicentro a 45 km de Christchurch, causando US$ 2,7 bilhões em danos, mas sem mortes. Dezessete dias depois, um abalo secundário de 6,3, tendo seu epicentro a apenas 6 km ao norte da cidade, causou quedas de prédios, 250 mortes e mais de US$ 15 bilhões em danos. Esses eventos mostram que a distância do epicentro é um fator importante para determinar os efeitos totais de um terremoto sobre centros populacionais.

Em 1989, o terremoto Loma Prieta atingiu o sul de São Francisco, Califórnia, a leste de Santa Cruz. Os danos somaram US$ 8 bilhões, 14.000 pessoas foram desalojadas, 4.000 feridas e 63 mortas. Diferentemente de terremotos anteriores – como aquele de 1906 em San Francisco, quando as placas deslocaram-se até um máximo de 6,4 m uma em relação à outra –, não houve traços de plano de falha ou abertura de rifte na superfície no Loma Prieta. Em vez disso, as placas do Pacífico e da América do Norte mexeram-se horizontalmente cerca de 2 m uma em relação à outra muito abaixo da superfície, com a placa do Pacífico sendo projetada 1,3 m para cima (Figura 13.18). Esse movimento vertical é incomum para a falha de San Andreas, indicando que essa porção do sistema San Andreas é mais complexa do que se achava.

Intensidade e magnitude de um terremoto

Um **sismógrafo** (também chamado de sismômetro) é um instrumento usado para detectar e registrar o movimento do solo durante um terremoto. Esse instrumento registra o movimento em apenas uma direção, então os cientistas utilizam uma combinação de sismógrafo de movimento vertical e horizontal para determinar a fonte e força das ondas sísmicas. O instrumento detecta primeiro as ondas de corpo (que viajam pelo interior da Terra), seguidas pelas ondas de superfície, registrando ambas em um gráfico chamado

GEOrelatório 13.2 Atividade sísmica em curso em Sumatra, Indonésia

Em 2009, um terremoto M 7,6 ocasionou mais de 1000 mortes no sul de Sumatra, Indonésia, perto do mesmo limite de placas onde seis tremores maiores que M 7,9 já haviam se verificado desde 1998. Em 2010, mais dois sismos atingiram a região, um pouco ao norte. Nesse limite, a placa indo-australiana move-se para o nordeste, entrando em subducção sob a placa de Sunda a uma velocidade relativa de 6,6 cm/ano. Esse é o local do terremoto de Sumatra-Andaman, de magnitude M 9,1, em 26 de dezembro de 2004, o qual desencadeou o devastador tsunami no Oceano Índico (veja mais sobre isso no Capítulo 16); o abalo e o maremoto custaram 228.000 vidas. Para listas completas desses e outros terremotos, acesse http://earthquake.usgs.gov/earthquakes/.

de *sismograma*. Os cientistas usam uma rede mundial de mais de 4000 sismógrafos para detectar terremotos, e esses sismos são depois classificados com base em densidade de danos ou magnitude da energia liberada.

Antes da invenção da instrumentação moderna para terremotos, o dano ao terreno e a estruturas e a gravidade do tremor eram usados para avaliar o tamanho dos terremotos. Esses efeitos na superfície são uma medida da *intensidade* do terremoto. A *escala de Mercalli Modificada de Intensidade (MMI)* é uma escala em números romanos que vai de I a XII, indo de terremotos que "mal são sentidos" (números baixos) até aqueles que provocam "destruição catastrófica total" (números altos). Ela foi elaborada em 1902 e modificada em 1931.

A *magnitude* de um terremoto é a medida da energia liberada, proporcionando um modo de comparar o tamanho dos terremotos. Em 1935, Charles Richter concebeu um sistema para estimar a magnitude dos terremotos com base na medida da máxima amplitude de onda no sismógrafo. *Amplitude* é a altura da onda sísmica, sendo diretamente relacionada à quantidade de movimento do chão. O tamanho e o momento da altura máxima de onda sísmica podem ser traçados em um gráfico chamado de **escala Richter**, que fornece um número de magnitude do terremoto em relação a uma estação localizada a 100 km do epicentro do abalo. (Para mais detalhes sobre a escala Richter, acesse http://earthquake.usgs.gov/learn/topics/richter.php)

A escala Richter é logarítmica: cada número inteiro representa um aumento de 10 vezes na amplitude da onda sísmica medida. Traduzindo em energia, cada número inteiro significa um aumento de 31,5 vezes da energia liberada. Assim, uma magnitude de 3 na escala Richter representa 31,5 vezes mais energia do que a de 2 e 992 vezes mais

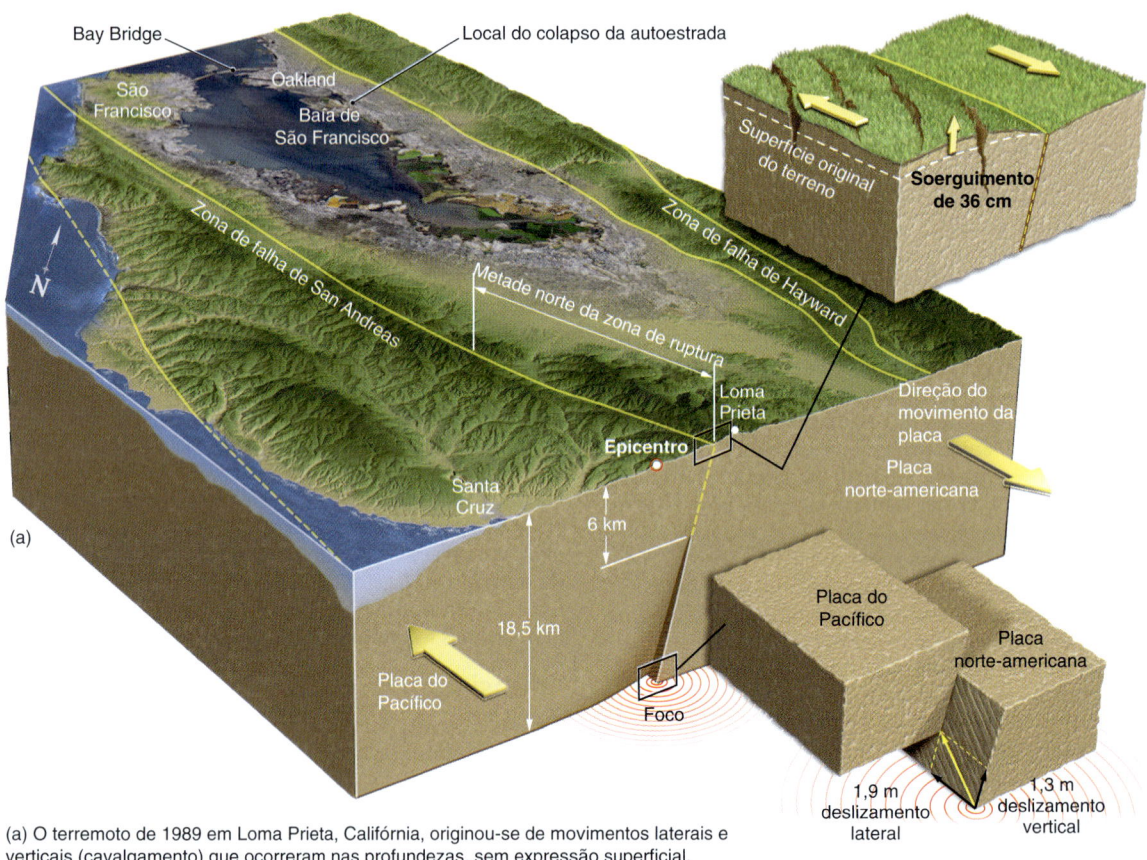

(a) O terremoto de 1989 em Loma Prieta, Califórnia, originou-se de movimentos laterais e verticais (cavalgamento) que ocorreram nas profundezas, sem expressão superficial.

(b) Mais de 2 km da autoestrada Route 880 Cypress desabaram, em parte devido à liquefação das lamas macias sobre as quais a estrada foi construída.

▲**Figura 13.18 Anatomia de um terremoto.**
[(a) USGS. (b) Cortesia do California Department of Transportation.]

TABELA 13.1 Intensidade, magnitude e frequência esperada de terremotos

Descrição	Efeitos em áreas povoadas	Escala de Mercalli Modificada	Escala de magnitude de momento	Frequência anual esperada*
Muito forte	Destruição quase total	XII	Maior ou igual a 8,0	1
Bastante forte	Grande destruição	X–XI	7-7,9	17
Forte	Destruição considerável a acentuada em edificações; trilhos de trem encurvados	VIII–IX	6-6,9	134
Moderado	Sentido por todos, com leves danos nas edificações	V–VII	5-5,9	1319
Leve	Sentido por poucas até muitas pessoas	III–IV	4-4,9	13.000 (estimado)
Bastante fraco	Leve, apenas alguns sentem	I–II	3-3,9	130.000 (estimado)
Muito fraco	Não sentido, mas registrado	Nenhum a I	2-2,9	1.300.000 (estimado)

*Baseado em observações desde 1990.
Fonte: USGS, Earthquake Information Center.

energia do que a de 1. Embora seja útil para medir terremotos amenos bem próximos às estações sísmicas, a escala Richter não faz uma medição ou diferenciação adequada entre sismos de alta intensidade.

A **escala de magnitude de momento (M)**, em uso desde 1993, é mais acurada para grandes terremotos do que a escala de *magnitude da amplitude*, ou Richter. A magnitude do momento considera o tamanho do deslizamento da falha produzido pelo terremoto, a forma da superfície (ou subsuperfície) que se rompeu e a natureza dos materiais em que ocorreu a falha, incluindo o quanto eram resistentes a rupturas. Tecnicamente, o M é igual à rigidez da Terra multiplicada pela quantidade média de deslizamento na falha e sua área. Esta escala considera a aceleração extrema do solo (movimento ascendente), que é subestimada pelo método de magnitude de amplitude de Richter.

A Tabela 13.1 mostra as escalas MMI e M e o número esperado de sismos em cada categoria por ano. Em 1960, um terremoto M 9,5 no Chile produziu danos Mercalli XII – sendo o terremoto mais forte já registrado.

A reavaliação dos terremotos pré-1993 usando a escala de magnitude de momento levou ao aumento da classificação de alguns e à diminuição de outros. Como exemplo, o terremoto do braço de mar Príncipe William, no Alasca, em 1964, tinha magnitude de amplitude de 8,6 (na escala Richter), mas, ao considerar-se a escala de magnitude de momento, foi aumentada para M 9,2.

Para diversas informações sobre terremotos, acesse http://earthquake.usgs.gov/regional/neic/ ou http://www.ngdc.noaa.gov/hazard/earthqk.shtml. O *Estudo Específico* 13.1 traz mais detalhes sobre os tremores no Haiti, no Chile e no Japão em 2010 e 2011.*

Mecânica das falhas

No início do capítulo, descrevemos o falhamento, os tipos de falha e a direção dos movimentos de falha. A mecânica específica de como uma falha se rompe, porém, ainda está sendo estudada. O processo básico é descrito pela **teoria do rebote elástico**. De modo geral, os dois lados ao longo de uma falha mostram-se resistentes ao atrito, resistindo a qualquer movimento, apesar da intensidade das forças que agem em cada lado do bloco crustal submetido a esse esforço. A tensão continua a exercer um esforço ao longo da superfície do *plano de falha*, que armazena energia elástica como se fosse uma mola apertada. Quando o esforço exercido supera finalmente o atrito, ambos os lados da falha movem-se abruptamente para uma situação em que os esforços exercidos sejam menores, liberando, com isso, muita energia mecânica.

Pense no plano de falha como uma superfície com irregularidades que atuam como pontos de travamento, impedindo o movimento, de modo similar a duas peças de madeira unidas por pingos de cola de diferentes tamanhos, em vez de uma camada contínua. Essas áreas pequenas são pontos de grande esforço, conhecidos como *rugosidades* – quando esses pontos de aderência rompem, eles soltam os lados da falha.

Se a fratura ao longo da linha de falha ocorre em razão à quebra de uma pequena rugosidade, o terremoto será de pequena magnitude. Conforme algumas rugosidades quebram (talvez registradas como pequenos sismos precursores), o esforço aumenta no entorno das rugosidades que permaneceram intactas (Figura 13.19). Assim, terremotos pequenos em uma área podem ser precursores de um maior. Entretanto, se a ruptura envolve a liberação de esforços ao longo de muitas rugosidades, o sismo será maior em extensão e incluirá o movimento de uma grande parcela da crosta. As últimas evidências sugerem que o movimento ao longo da falha ocorre em um padrão de onda, com a ruptura espalhando-se pelo plano de falha, em vez de ocorrer o desenvolvimento de uma superfície única.

As atividades humanas podem exacerbar os processos naturais que ocorrem nas falhas, em um processo chamado de *sismicidade induzida*. Por exemplo, se a pressão sobre os poros e as fraturas da rocha for aumentada pela adição de fluidos (injeção de fluidos), a atividade sísmica pode ser acelera-

---

*N. de R.T.: Para dados de terremotos do Brasil, acesse os excelentes sites http://www.obsis.unb.br/, mantido pelo Observatório Sismológico do Instituto de Geociências da Universidade de Brasília, e http://moho.iag.usp.br/eq/, elaborado pelo Centro de Sismologia do Instituto Astronomia, Geofísica e Ciências Atmosféricas da Universidade de São Paulo.

Estudo Específico 13.1 Riscos naturais
Terremotos no Haiti, Chile e Japão: uma análise comparativa

Em 2010 e 2011, três abalos atingiram áreas próximas a importantes centros populacionais, provocando estragos imensos e mortes. Todos esses terremotos – nos países do Haiti, Chile e Japão – ocorreram em limites de placas, com magnitude variando entre M 7,0 e M 9,0 (Figura 13.1.1 e Tabela 13.1.1).

A dimensão humana

O terremoto de 2010 no Haiti atingiu um país empobrecido, onde pouco da infraestrutura fôra construído para resistir a terremotos. Mais de 2 milhões de pessoas vivem na capital, Porto Príncipe, que já foi destruída por terremotos várias vezes, em especial em 1751 e 1770. O dano total do sismo de 2010 foi maior que o produto interno bruto (PIB) do país, de US$ 14 bilhões. Em países em desenvolvimento, como o Haiti, o dano dos terremotos é agravado por construções inadequadas, falta de fiscalização das normas de construção e dificuldade de levar alimentos, água e auxílio médico aos necessitados.

O terremoto de Maule, Chile, que ocorreu apenas seis semanas mais tarde, causou danos mínimos, em grande parte devido à implementação rigorosa de normas de construção em 1985. O resultado foi uma fração do custo humano do terremoto do Haiti.

O sismo no Japão causou um enorme e trágico número de baixas humanas, principalmente por causa do imenso tsunami no Oceano Pacífico (definido como um conjunto de ondas sísmicas no mar; discutido no Capítulo 16). Quando uma área de assoalho oceânico de aproximadamente 338 km (N-S) por 150 km desalojou-se e foi abruptamente soerguida em até 80 m, o oceano sobre ela foi deslocado. Esse distúrbio causou o tsunami, em que a maior onda tinha uma média de 10 m na costa de Honshu (Figura 13.1.1d).

(a) A destruição em Porto Príncipe, Haiti, em 2010. O epicentro do sismo deu-se em múltiplas falhas de superfície e uma falha de cavalgamento subsuperficial até então desconhecida.

(b) Uma ponte desabada em Santiago, Chile, após o terremoto M 8,8 atingir Maule, a 95 km de distância. O epicentro foi em um limite de placa convergente entre as placas de Nazca e da América do Sul.

(c) Ilha Honshu, Japão, após o abalo e o tsunami. O epicentro foi em um limite de placa convergente entre as placas do Pacífico e da América do Norte.

(d) O tsunami aproxima-se da costa, Iwanuma, Japão. Iwanuma fica 20 km ao sul de Sendai, a cidade mais próxima do epicentro.

▲Figura 13.1.1 Os terremotos do Haiti, Chile e Japão e o tsunami do Japão. [(a) Julie Jacobson/AP Images. (b) Martin Bernetti/Getty Images. (c) e (d) Kyodo/Reuters.]

TABELA 13.1.1 Resumo dos três principais terremotos em 2010 e 2011					
Localização, data e horário local	Magnitude de momento*	Profundidade do foco	Distância entre o epicentro e a cidade mais próxima	Dimensão humana	Custo dos danos (US$)
Porto Príncipe, Haiti 12 de janeiro de 2010, 16h53	M 7,0	13 km Oceano	15 km a oeste de Porto Príncipe	222.570 mortos, 300.000 feridos, 1,3 milhão de desalojados	US$ 25 bilhões
Maule, Chile 27 de fevereiro de 2010, 3h34	M 8,8	35 km Oceano	95 km de Santiago	521 mortos, 12.000 feridos 800.000 desalojados	US$ 30 bilhões
Tohoku, Honshu, Japão 11 de março de 2011, 14h46	M 9,0	32 km Oceano	129 km de Sendai	15.856 mortos, 6000 feridos, 3000 desaparecidos (até abril de 2012)	~US$ 325 bilhões (talvez chegando a US$ 500 bilhões)

*Informado pelo USGS.

Nos pontos em que ela entrou em atracadouros e enseadas, a altura da onda beirou os 30 m. Embora o sistema de alerta de tsunamis do Japão tenha enviado alertas imediatos, não houve tempo suficiente para evacuação. Esse acontecimento ilustra o dano e o custo humano associados a um terremoto e tsunami, mesmo em um país com extensos e rigorosos padrões de preparo para terremotos.

Falhamento e interações entre placas

Os abalos do Chile e do Japão ocorreram, ambos, em zonas de subducção. Na costa do Chile, a placa de Nazca está movendo-se para o leste sob a placa da América do Sul (de movimento a oeste) a uma velocidade relativa de 7-8 cm ao ano. Essa é a mesma zona de subducção que provocou o abalo de M 9,6 que atingiu o Chile em 1960, o maior terremoto do século XX. Ao largo da costa do Japão, a fossa do Japão define a zona de subducção em que a placa do Pacífico, que se move para o oeste, é puxada para baixo da placa Eurasiana a uma taxa média de 8,3 cm/ano. Diversas microplacas formam esse limite de placas, visível no mapa do assoalho oceânico que abre este capítulo e na Figura 12.18.

O terremoto do Haiti envolveu interações mais complexas entre falhas. A princípio, os cientistas pensavam que esse terremoto ocorrera em uma seção de 50 km da falha de deslizamento direcional Enriquillo–Plantain Garden, onde a placa do Caribe move-se para o leste em relação ao deslocamento para oeste da placa da América do Norte. Após extensa análise, os especialistas hoje pensam que o sismo originou-se de um deslizamento entre múltiplas falhas, especialmente junto a uma falha de cavalgamento subsuperficial antes desconhecida.

Importantes dados para a análise vieram de *interferogramas* de radar, imagens de sensoriamento remoto produzidas comparando-se medições topográficas de radar antes e depois de terremotos. O interferograma do Haiti mostra deformação superficial na área da ruptura da falha; os anéis coloridos estreitos representam contornos de movimento do solo (Figura 13.1.2). No total, o terremoto deslocou Léogâne cerca de 0,5 m para cima. Os cientistas não encontraram evidências de ruptura superficial após um levantamento de campo na falha de Enriquillo. Como o deslizamento não se deu próximo à superfície, os cientistas acreditam que os esforços seguem se acumulando, tornando provável uma futura ruptura na superfície.

Acesse http://earthquake.usgs.gov/earthquakes/world/10_largest_world.php para ver uma lista e detalhes dos dez maiores terremotos da história, incluindo os eventos no Chile (6º lugar) e no Japão (4º lugar).

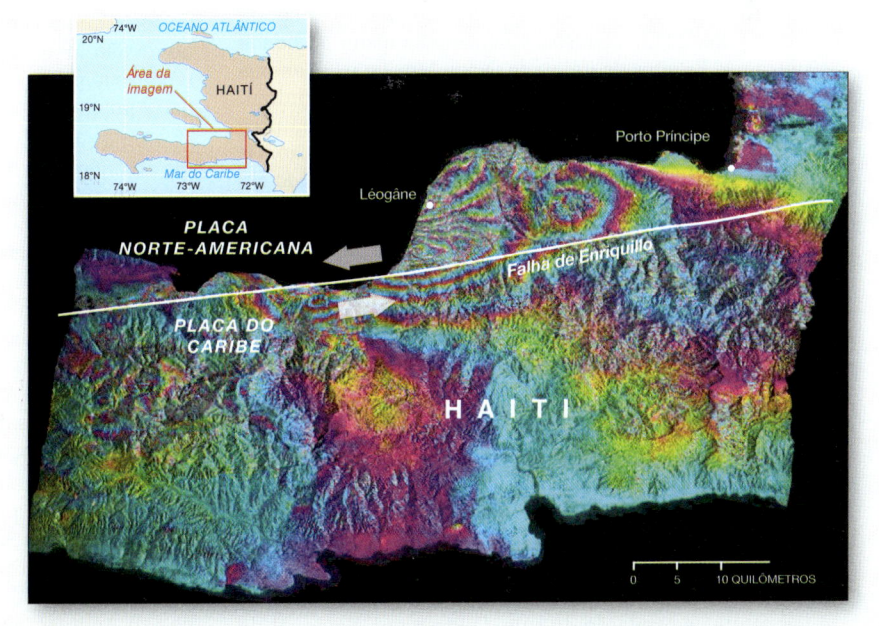

▲**Figura 13.1.2 Imagem de radar das falhas do terremoto no Haiti.** Imagem de radar de abertura sintética mostrando a deformação do solo perto de Légâne, a oeste de Porto Príncipe; as faixas estreitas coloridas são linhas de contorno, cada uma representando 11,8 cm de movimento do solo. Este interferograma de radar combina dados de levantamentos topográficos antes e depois do terremoto. [NASA/JPL/JAXA/METI.]

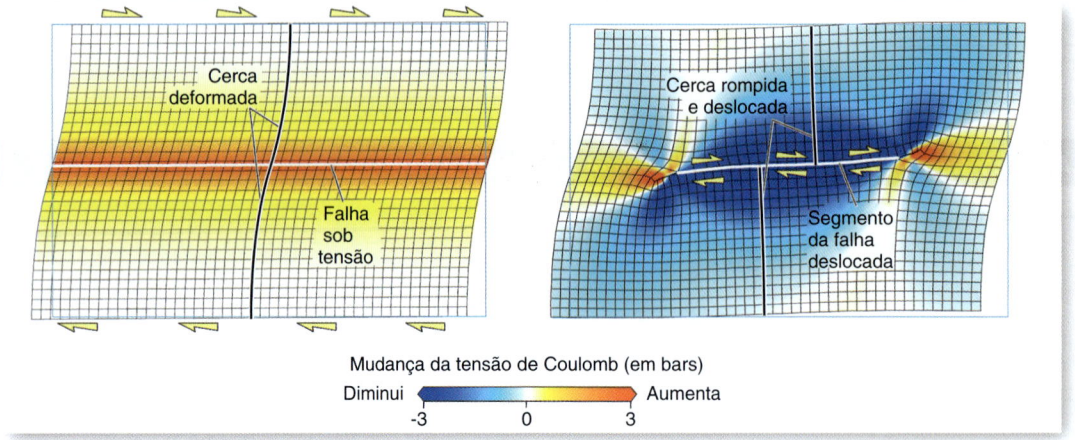

(a) Note a linha indicando uma cerca que cruza a linha de falha. Quando a tensão em uma falha cresce até o ponto de ruptura, os dois lados saltam para novas posições, a deformação é liberada e a cerca não mais forma uma linha contínua.

(b) Os segmentos da falha que não se deslocaram entre si, permanecendo travados, agora têm esforço adicional.

▲Figura 13.19 **Concentração e liberação de tensão ao longo de um sistema de falhas.** Um coulomb é uma unidade de mudança de tensão de cisalhamento em uma falha, medida em bars (unidade de pressão; 1 bar é aproximadamente igual à pressão atmosférica ao nível do mar); a escala de cores vai do azul (diminuição de tensão) ao vermelho (aumento de tensão). [Ilustrações cortesia de Serkan Bozkurt, USGS.]

da. A extração de fluidos, especialmente a uma taxa rápida, também pode induzir sismicidade ao causar subsidência do solo e incrementar o deslizamento ao longo das falhas.

Tanto a injeção quanto a extração de fluidos são atividades comuns associadas à perfuração de petróleo e gás natural e à geração de energia geotérmica. O fraturamento hidráulico (*fracking*) associado à extração de gás de folhelho injeta grandes quantidades de fluido para quebrar rochas subterrâneas, o que faz desse processo uma provável causa de sismicidade induzida (reveja o *Geossistemas Hoje* do Capítulo 1 e consulte a Figura DH 13 da seção *O Denominador Humano* no fim deste capítulo). Em 2013, cientistas vincularam a maior atividade sísmica nos Estados do Colorado, Novo México e Oklahoma (EUA) à injeção de fluidos associada ao fraturamento hidráulico. Na região de Los Angeles, o fraturamento hidráulico perto de zonas de falha ativas é motivo de preocupação. Os Sistemas Geotérmicos Otimizados, discutidos no *Estudo Específico* 12.1, também usam fraturamento hidráulico, o que provocou atividade sísmica em diversas localidades, inclusive nos Geysers, Califórnia. Um relatório de 2012 do Conselho Nacional de Pesquisa dos EUA constatou apenas risco mínimo de sismicidade associado com tecnologias energéticas.

Previsão de terremotos

A probabilidade de terremotos varia nos Estados Unidos, com algumas regiões possuindo um risco particularmente alto (como o sul da Califórnia e a área do Parque Nacional de Yellowstone nos Estados de Wyoming, Idaho e Montana). O mapa da Figura 13.20 traça o risco de terremoto nos Estados Unidos em termos de probabilidade de movimento do solo; os dados desse mapa vêm das informações sísmicas, geológicas e geodésicas mais recentes relativas a terremotos e oscilação do solo. O Programa Nacional de Redução de Riscos de Terremoto é um programa multiagência que inclui o Sistema Sísmico Nacional Avançado, que fornece dados-chave para os mapas de risco (acesse http://earthquake.usgs.gov/monitoring/anss/).

Prever a ocorrência dos terremotos é um grande desafio para os cientistas. Uma abordagem de previsão de terremotos é a ciência da *paleosismologia*, que estuda a história dos limites de placa e a frequência dos terremotos passados. Os paleosismólogos elaboram mapas que estimam a atividade esperada de terremotos com base no histórico. Uma área sem atividade e com terremotos "em atraso" chama-se *lacuna sísmica*; essas áreas possuem esforços acumulados. A área ao longo da zona de subducção da fossa das Aleutas tinha três lacunas antes da ocorrência do grande terremoto do Alasca de 1964, que preencheu um dos segmentos. As áreas em torno de São Francisco e a nordeste e sudeste de Los Angeles representam outras lacunas sísmicas no sistema da falha de San Andreas.

Uma segunda abordagem de previsão é observar e medir os fenômenos que podem preceder terremotos. *Dilatação* refere-se ao leve aumento de volume das rochas produzido pelas pequenas fraturas que se formam quando submetidas à tensão e acumulação de esforços. Um indicativo de dilatação é a inclinação e o inchaço na região afetada em resposta à deformação, medida por um instrumento chamado *clinômetro*. Outra indicação da dilatação é o aumento do radônio (um gás de ocorrência natural e levemente radioativo) dissolvido na água subterrânea. Atualmente, certas zonas de perigo sísmico possuem milhares de monitores de radônio para testar amostras de água de poços específicos.

Clinômetros e poços de monitoramento de gás são usados para prever terremotos na área sísmica mais estudada do mundo, a falha de San Andreas, perto de Parkfield, Califórnia. Essa área também possui um poço de perfuração recém-concluído, chamado de Observatório em Profundidade da Falha de San Andreas, que permite que se coloquem instrumentos no fundo da falha (entre 2 e 3 km) com o objetivo de medir os processos físicos e químicos que ocorrem dentro de uma falha ativa. Sítios de pesquisa como este oferecem dados cruciais para prever futuros eventos sísmicos.

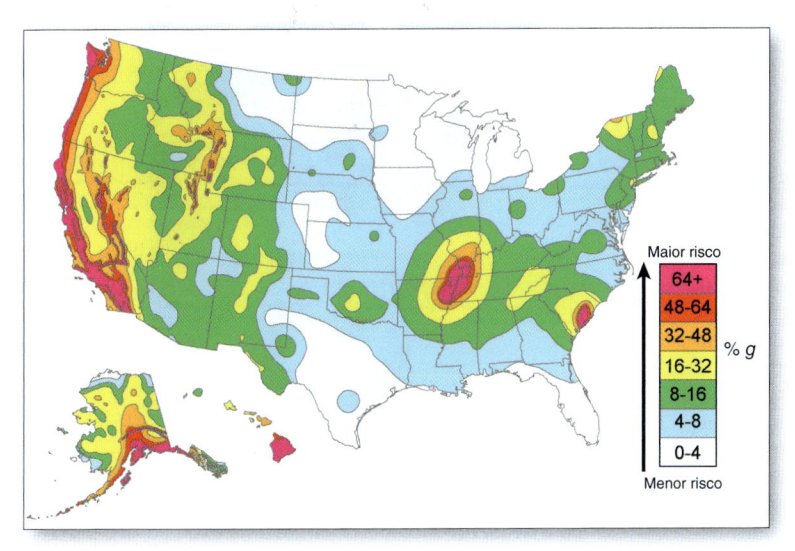

▲Figura 13.20 **Mapa de risco de terremoto nos Estados Unidos.** As cores no mapa mostram os níveis de tremor horizontal que têm 2 chances em 100 de serem excedidos em um período de 50 anos. O tremor é expresso como uma porcentagem de *g* (a aceleração de um objeto que cai com a gravidade), sendo o rosa o tremor mais alto. Entre as regiões sísmicas ativas, encontram-se a Costa Oeste, Wasatch Front*, desde Utah, EUA, e, em direção ao norte, até o Canadá, a região central do vale do Mississipi, sul dos Apalaches, certas regiões da Carolina do Sul, norte do Estado de Nova York e Ontario. [USGS; acesse http://earthquake.usgs.gov/hazards/products/.]

Embora os cientistas ainda não sejam capazes de prever acuradamente terremotos, eles fizeram progresso na previsão da probabilidade de terremotos em períodos de décadas. Por exemplo, em 2008, um grupo de trabalho de cientistas e engenheiros relatou que a probabilidade de um terremoto M 6,7 entre 2007 e 2030 no sistema da falha de San Andreas, na área da baía de São Francisco, é de 63%. O risco apresentado por esse abalo é acrescido pela extensão de aterro na área da baía, onde cerca de metade de baía original está hoje aterrada e ocupada com edificações. Em um terremoto, esse tipo de aterro cede em um processo de *liquefação*, em que o tremor traz água à superfície e liquefaz o solo.

Em 2013, pesquisadores informaram que a probabilidade de um terremoto M 8,0 no Japão era mais alta na região norte do que na sul. Esses resultados, fundamentados em novas metodologias que combinam dados de diversos tipos em um modelo de probabilidade matemática, contradizem frontalmente o mapa nacional de risco sísmico do Japão, que indica maior risco sísmico no sul. Após ser refinada, a capacidade de predizer terremotos em escalas de tempo longas será útil para planejamento de risco.

*N. de R.T.: Chama-se de "Wasatch Front" uma série de cidades e povoados alinhados ao longo do sopé da cordilheira Wasatch. Cerca de 80% da população do Estado de Utah vive nessa região.

Nesse ínterim, sistemas de alerta de terremotos foram implantados com sucesso em alguns países. Um sistema de alerta da Cidade do México dá um aviso com 70 segundos de antecedência à chegada das ondas sísmicas. O sistema foi eficaz em março de 2012, quando uma sessão legislativa no capitólio foi interrompida pelas sirenes que indicavam terremoto iminente. Os tremores começaram cerca de um minuto depois. No Japão, um sistema de alerta foi ativado durante o terremoto de Tohoku, enviando alertas para as televisões e celulares e automaticamente desativando alguns serviços de transporte e indústria. (O sistema de alerta de tsunamis no Pacífico é discutido no Capítulo 16.)

Nos Estados Unidos, um sistema de alerta precoce de terremotos ainda está sendo desenvolvido. A Rede Sismográfica do Sul da Califórnia monitora 350 instrumentos de análise imediata da localidade de terremotos e coordenação de desastre (acesse http://www.scsn.org/ para mais informações).

Planejamento de terremotos

Algum dia, previsões de terremotos precisas poderão ser uma realidade, porém muitas questões ficam abertas: como as pessoas vão responder às previsões? Será possível evacuar uma grande região metropolitana em um curto período de tempo? As cidades poderiam ser transferidas, depois de um desastre, para áreas de menor risco?

É difícil efetuar a implementação concreta de um plano de ação para reduzir a quantidade de mortos, feridos e danos materiais ocasionados por terremotos. Por exemplo, um plano desses provavelmente será politicamente impopular, uma vez que envolve grandes dispêndios econômicos antes mesmo da ocorrência de um tremor. Além disso, a imagem negativa criada pela ideia da possibilidade de terremotos em um dado município certamente não será bem-vinda para bancos, imobiliárias, políticos ou câmaras de comércio. Esses fatores atuam contra a adoção de métodos e planejamentos efetivos de previsão.

Uma generalização válida e aplicável é a de que os *humanos e suas instituições parecem não ser capazes ou não estar dispostos a perceber o risco em um ambiente familiar.* Em outras palavras, as pessoas tendem a se sentir seguras em seus lares, mesmo em comunidades que sabidamente situam-se em uma zona de falha silenciosa. Tal premissa do comportamento humano certamente ajuda a explicar por que grandes contingentes populacionais continuam vivendo e trabalhando em locais propensos à ocorrência de terremotos. Afirmações semelhantes podem ser feitas também a respeito de populações em áreas vulneráveis a enchentes, furacões e outros riscos naturais. (Consulte o Centro de

GEOrelatório 13.3 Grandes terremotos afetam a inclinação axial da Terra

As evidências científicas de que os grandes terremotos possuem influência global vêm aumentando. Tanto o tremor de Sumatra-Andaman, de 2004, quanto o de Tohoku, Japão, de 2011, deslocaram a inclinação axial da Terra em vários centímetros. Cientistas da NASA estimam que a redistribuição de massa pelos abalos encurtou a duração do dia em 6,8 milionésimos de segundo no evento de 2004 e em 1,8 milionésimo de segundo em 2011.

Riscos Naturais da Universidade de Colorado, http://www.colorado.edu/hazards/index.html.)

Vulcanismo

As erupções vulcânicas em todo o globo nos lembram da tremenda energia interna da Terra e das forças dinâmicas que moldam a superfície do planeta. A distribuição da atividade vulcânica atual corresponde à distribuição dos limites de placas, como mostrado no mapa da Figura 12.20, assim como à indicação da localização dos pontos quentes. Existem mais de 1.300 montanhas e cones vulcânicos identificados na Terra, embora menos de 600 estejam ativos.

Um vulcão *ativo* é definido como aquele que teve ao menos uma erupção registrada na história. Na média anual, cerca de 50 vulcões entram em erupção ao redor do mundo, variando desde modestos escapes de lava ou gases até grandes explosões. A América do Norte tem cerca de 70 vulcões (a maioria inativa) ao longo da margem ocidental do continente. O Programa Global de Vulcanismo lista informações sobre mais de 8.500 erupções em http://www.volcano.si.edu/gvp/, e o USGS fornece informações abrangentes sobre a atividade vulcânica atual em http://volcanoes.usgs.gov/.

As erupções em locais remotos ou nas profundezas do assoalho marinho quase nunca são observadas, mas as erupções ocasionais de grande magnitude próximas a locais povoados resultam em manchetes nos jornais. Mesmo uma erupção distante possui efeitos atmosféricos globais. Por exemplo, em abril de 2010, a erupção do vulcão Eyjafjallajökull, no sul da Islândia, atraiu atenção mundial pelos seus efeitos no transporte aéreo (Figura 13.21). A primeira erupção desse vulcão desde a década de 1820 gerou uma nuvem de cinzas que subiu até 10.660 m e rapidamente se dispersou rumo à Europa e aos corredores das companhias aéreas comerciais. O espaço aéreo ficou fechado por 5 dias, cancelando mais de 100.000 voos. Quando os voos foram reiniciados, as rotas foram alteradas para evitar a cinza remanescente. O Escritório Meteorológico da Islândia monitorou a erupção com sua rede sísmica de 56 estações.

▲Figura 13.21 A erupção do Eyjafjallajökull na Islândia em 10 de maio de 2010. A pluma de cinzas é vista subindo a 5-6 km de altura. [*Aqua*, sensor MODIS, NASA/GSFC.]

Situações de atividade vulcânica

A atividade vulcânica se dá em três situações, listadas abaixo com exemplos representativos e ilustradas na Figura 13.22:

- Ao longo de *zonas de subducção* em limites de convergência de placa continental-placa oceânica (Monte Santa Helena, EUA, e Kliuchevskoi, Sibéria) ou de placas oceânica-oceânica (Filipinas e Japão).
- Ao longo de *centros de expansão do assoalho oceânico* (Islândia, na Dorsal Mesoatlântica, ou na no litoral de Oregon e Washington, EUA) e em áreas de ruptura tectônica em placas continentais (a zona de rifte no leste da África)
- Em *pontos quentes*, onde plumas individuais de magma ascendem até a crosta (Havaí; Parque Nacional de Yellowstone, EUA).

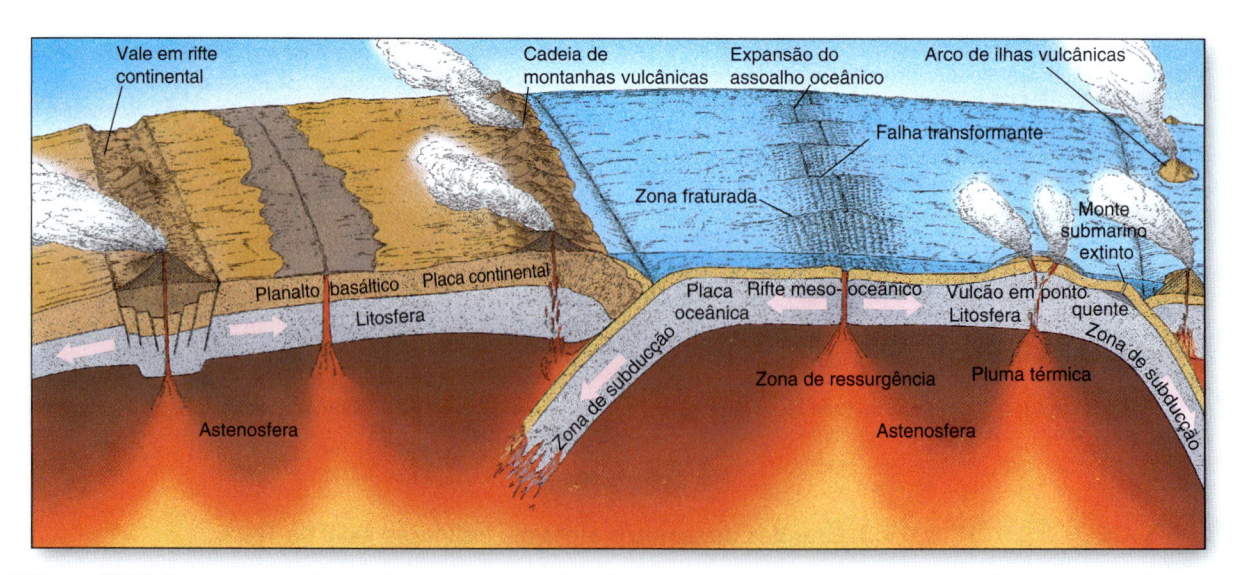

▲Figura 13.22 Contextos tectônicos da atividade vulcânica. O magma ascende e a lava emerge nos riftes, na crosta sobre zonas de subducção e nos pontos quentes, onde as plumas térmicas irrompem através da crosta. [Adaptado de U.S. Geological Survey, *The Dynamic Planet* (Washington, DC: Government Printing Office, 1989).]

Materiais vulcânicos

Um **vulcão** é uma estrutura na crosta terrestre que contém uma abertura na extremidade de uma chaminé ou abertura central através do qual o magma sobe vindo da astenosfera e do manto superior. O magma ascende e concentra-se em uma câmara magmática situada em certa profundidade sob o vulcão até que as condições sejam apropriadas para ocorrer uma erupção. O magma subterrâneo emite muito calor; em algumas áreas, ele aquece a água subterrânea até o ponto de ebulição, como em fontes termais e gêiseres do Parque Nacional Yellowstone e outras partes do mundo com expressão superficial de energia geotermal.

Diversos materiais passam pela chaminé central até a superfície e criam relevos vulcânicos, incluindo lava (rocha derretida), gases e **piroclastos** – rocha pulverizada e materiais clásticos de diversos tamanhos, violentamente ejetados durante a erupção. Esses materiais podem emergir explosivamente ou então emergir efusivamente (escorrendo suavemente) da chaminé (os tipos de erupção são discutidos adiante).

Como discutido no Capítulo 12, o magma solidificado forma rochas ígneas. Quando o magma emerge à superfície, torna-se *lava*. A química da lava determina seu comportamento (se ela é fina e líquida, ou espessa e forma tampões).

Os geólogos classificam a lava como félsica, intermediária ou máfica, dependendo da sua composição química (revise a Tabela 12.2). A lava máfica (ou basáltica) tem duas formas principais, ambas conhecidas por nomes havaianos (Figura 13.23). A composição de ambas as formas de lava é a mesma; a diferença de textura resulta da maneira como a lava escorre enquanto esfria. Basalto áspero e entrecortado, com bordos afilados, é chamado de **aa**; ele se forma como uma pele grossa sobre a superfície de um derrame lento de lava, rachando e quebrando à medida que resfria e se solidifica. Basalto liso e brilhante, lembrando uma corda enrolada e torcida, é chamado de **pahoehoe**; ele se forma como uma crosta fina que cria dobras quando a lava resfria. Ambas as formas podem originar-se de uma mesma erupção e, às vezes, a pahoehoe torna-se uma aa à medida que o fluxo avança. Outros tipos de magmas basálticos serão descritos posteriormente nesta seção.

Em uma única erupção, um vulcão pode se comportar de várias maneiras, dependendo primordialmente da química e do teor de gás da lava. Esses fatores determinam a *viscosidade* da lava, ou sua resistência ao escorrimento. A viscosidade pode variar de baixa (muito fluida) a alta (grossa e de escorrimento lento). Por exemplo, a pahoehoe tem viscosidade mais baixa do que aa.

Relevos vulcânicos

As erupções vulcânicas geram estruturas que podem ter diversas formas, como colina, cone ou montanha. Em uma montanha vulcânica, uma **cratera**, ou depressão superficial circular, geralmente é encontrada no cume ou perto dele (vide Figuras 13.29b e 13.30b).

Um **cone de cinzas** é um morro pequeno com a forma de um cone e elevação menor que 450 m, com um topo truncado formado de cinzas que se acumularam durante erupções moderadamente explosivas. Os cones de cinzas são constituídos de material piroclástico e *escória* (rocha formada por cinza vulcânica e cheia de vesículas). Há diversos cones de cinza notáveis no campo vulcânico de São Francisco, no norte do Arizona. Na ilha de Ascensão, a cerca de 8° de latitude S no Oceano Atlântico, mais de 100 cones de cinza e crateras marcam a história vulcânica da ilha (Figura 13.24).

Uma **caldeira** é uma depressão grande com forma de bacia, que se origina quando o material no topo de uma montanha vulcânica colapsa para dentro depois de uma erupção ou outro tipo de perda de magma. A caldeira pode ser preenchida por água da chuva, formando um lago, como o Lago da Cratera (Crater Lake), no sul do Estado de Oregon (EUA).

A caldeira Long Valley (Figura 13.25), perto da fronteira dos Estados da Califórnia e Nevada, foi formada há 760.000 anos por uma poderosa erupção vulcânica. A área é caracterizada hoje por atividade hidrotérmica, como nascentes quentes e fumarolas que abastecem a usina geotermal Casa Diablo, que abastece cerca de 40.000 residências. Aproximadamente 1200 toneladas de dióxido de carbono sobem através do solo da caldeira todos os dias, matando hectares de floresta em seis áreas diferentes na superfície da caldeira. A fonte é ativa, com magma em movimento a uma profundidade de cerca de 3 km. Essas emissões de gás sinalizam atividade vulcânica, sendo úteis indicadores de potenciais erupções. Para atualizações, visite http://volcanoes.usgs.gov/volcanoes/long_valley/.

(a) Aa é uma lava áspera, de bordos afilados – dizem que seu nome vem do som que as pessoas fazem ao tentar caminhar descalças sobre ela.

(b) A pahoehoe forma cordas enroladas em dobras retorcidas.

▲Figura 13.23 **Dois tipos de lavas basálticas – exemplos do Havaí, vistos de perto.** [Bobbé Christopherson.]

▲Figura 13.24 **Cones de cinza na ilha de Ascensão.** A ilha Ascensão, no Oceano Atlântico Sul, é um imenso vulcão composto que se ergue a mais de 3000 m acima do assoalho oceânico, com 858 m acima do nível do mar. [Bobbé Christopherson.]

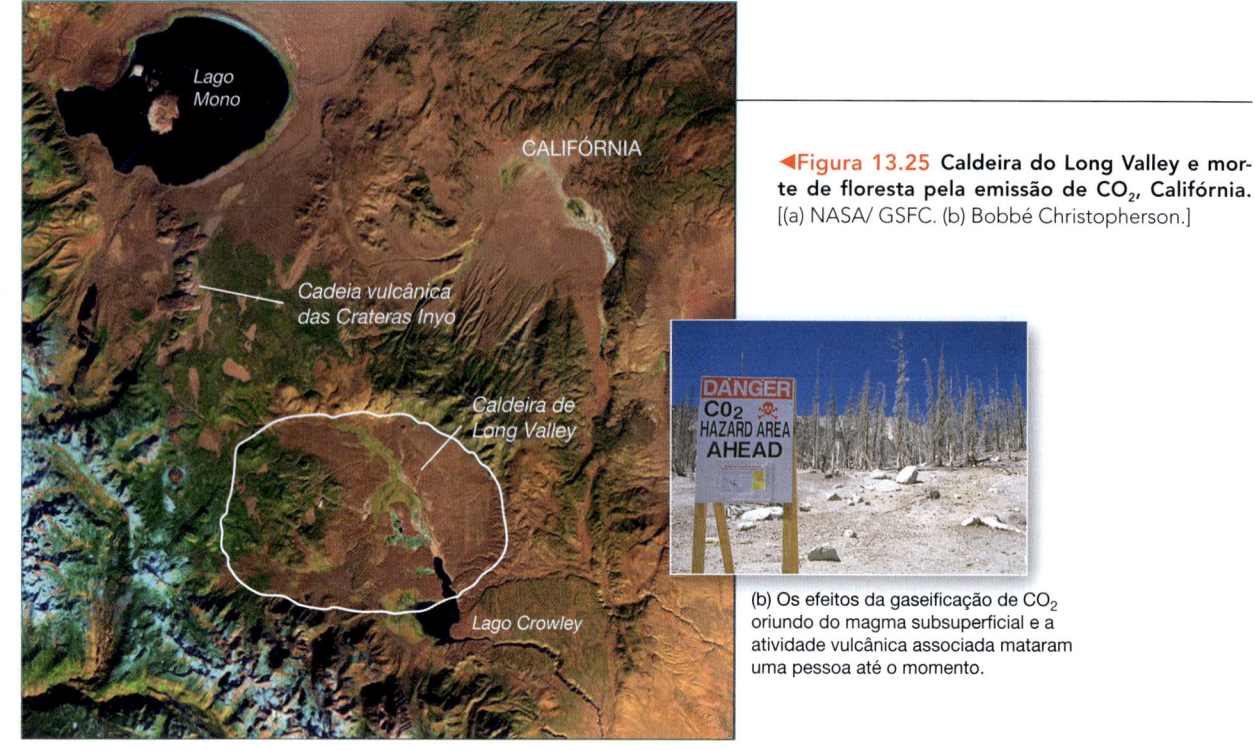

◀ **Figura 13.25 Caldeira do Long Valley e morte de floresta pela emissão de CO_2, Califórnia.**
[(a) NASA/ GSFC. (b) Bobbé Christopherson.]

(b) Os efeitos da gaseificação de CO_2 oriundo do magma subsuperficial e a atividade vulcânica associada mataram uma pessoa até o momento.

(a) A caldeira do Long Valley, no leste da Califórnia, formou-se há mais de 700.000 anos.

Erupções efusivas

As **erupções efusivas** são afloramentos de magma de baixa viscosidade que produzem anualmente um volume considerável de lava no assoalho oceânico e em locais como o Havaí e a Islândia. Essas erupções se originam diretamente da astenosfera e do manto superior, liberando magma fluido que se resfria, formando uma rocha basáltica escura com baixos teores de sílica (menos de 50%) e ricas em ferro e magnésio. Os gases escapam facilmente desse magma em função da sua baixa viscosidade. Erupções efusivas irrompem à superfície com explosões relativamente pequenas e poucos piroclastos. Entretanto, fontes de lava basáltica às vezes ascendem de forma impressionantemente explosiva, impulsionadas por jatos de gases que se expandem rapidamente.

Uma erupção efusiva pode ocorrer a partir de uma única abertura ou a partir de um flanco de um vulcão, por meio de um orifício lateral. Quando tais saídas têm forma linear, são chamadas de *fissuras*, que às vezes entram em erupção em um notável "cortina de fogo", em que lençóis de rocha fundida são borrifados no ar.

Na ilha do Havaí, a erupção contínua do Kilauea é a mais longa já registrada – está ativa desde 3 de janeiro de 1983 (Figura 13.26). Embora essa erupção esteja localizada nas encostas do imenso vulcão Mauna Loa, os cientistas constataram que o Kilauea possui seu próprio sistema magmático, que desce até cerca de 60 km para dentro da Terra. Até o momento, a cratera ativa do Kilauea (chamada de Pu'u O'o) já produziu mais lava do que qualquer outra na História – cerca de 3,1 km³.

Uma forma de montanha típica originada a partir de erupções efusivas é suavemente inclinada, elevando-se gradualmente na paisagem circundante até constituir uma cratera no topo. Em linhas gerais, a forma é similar à de um escudo de uma armadura assentado sobre o solo com a concavidade para cima e, por isso, é chamada de **vulcão-escudo**. O Mauna Loa é um dos cinco vulcões-escudo que compõem a ilha do Havaí. A altura do vulcão-escudo Mauna Loa é resultante de sucessivas erupções, que se derramam umas sobre as outras. Foi preciso ao menos 1 milhão de anos para acumular esse vulcão-escudo, formando, individualmente, a maior montanha da Terra (embora o Mauna Kea, também no Havaí, seja ligeiramente mais alto). O tamanho e a forma do escudo do Mauna Loa são distintos quando comparados com os do Monte Rainier, em Washington, EUA, o qual é um tipo diferente de vulcão (explicado logo adiante) e o maior da Cadeia Cascade (Figura 13.27).

Em ambientes vulcânicos acima de pontos quentes e em vales de rifte continentais, as erupções efusivas emitem material através de fissuras alongadas, formando extensos mantos de lava basáltica na superfície (vide Figura 13.22). O Planalto Columbia, no noroeste dos Estados Unidos, com cerca de 2-3 km de espessura, é o resultado da erupção des-

▲ **Figura 13.26 Vista aérea do Kilauea.** Os mais novos terrenos do planeta produzidos pelos grandes derrames de lavas basálticas do vulcão Kilauea, no Parque Nacional dos Vulcões do Havaí. À distância, a água do oceano entra em contato com lava a 1200°C, gerando vapor e névoa de hidroclorido. [Bobbé Christopherson.]

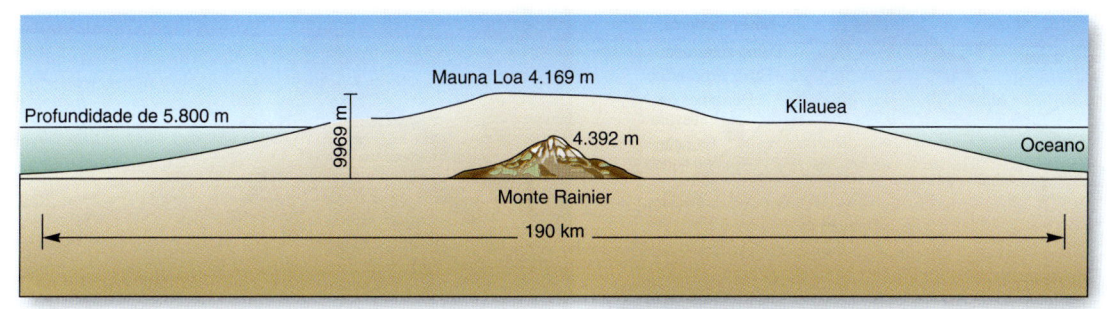

Figura 13.27 Comparação entre vulcões compostos e vulcões-escudo. [(a) Baseado em USGS, Eruption of Hawaiian Volcanoes, 1986. (b) Bobbé Christopherson.]

(a) Comparação entre o vulcão-escudo Mauna Loa, no Havaí, e o vulcão composto Monte Rainier, no Estado de Washington, EUA. Seus perfis claramente diferentes revelam suas origens tectônicas diversas.

(b) A forma do escudo suavemente inclinado do Mauna Loa domina o horizonte.

ses **basaltos em camadas** (às vezes denominados *basaltos em derrames*).

Os basaltos em camadas cobrem várias grandes regiões da Terra, às vezes chamadas de *províncias ígneas* (Figura 13.28). O Planalto do Deccan é uma província ígnea no centro-oeste da Índia, com mais que o dobro do tamanho do Planalto da Columbia. *Trap* é uma palavra holandesa que significa "escada", referindo-se às feições escalonadas típicas dos basaltos em derrames de lava erodidos. Os traps da Sibéria têm mais que o dobro da área da província ígnea da Índia, sendo ultrapassados em tamanho apenas pelo Planalto de Ontong Java, que cobre uma extensa área do assoalho oceânico do Pacífico*. Nenhuma área formadora de basaltos em derrames atualmente ativos (como em Mauna Loa) chega perto em tamanho das maiores províncias ígneas extintas, algumas das quais formadas há mais de 200 milhões de anos.

---

*N. de R.T.: O Planalto Meridional, no sul do Brasil, é formado por várias unidades sedimentares encimadas por um espesso pacote de derrames vulcanogênicos (basaltos, riodacitos, riolitos e piroclásticas) com cerca de 1.700 m de espessura. Esses derrames recebem o nome de Formação Serra Geral e pertencem à Bacia do Paraná. Tal formação possui um volume de 650.000 km^3 e ocupa uma área de 1.200.000 km^2.

▼**Figura 13.28 As províncias ígneas da Terra.** As províncias de basalto em derrames incluem regiões de atividade vulcânica antiga, assim como derrames ativos. A foto do detalhe mostra basaltos de derrames no Planalto de Columbia, Oregon, no primeiro plano, e o Monte Hood, um vulcão composto, no fundo. [(a) Baseado em M. F. Coffin and O. Eldholm, "Large igneous provinces", *Scientific American* (October 1993): 42–43. © Scientific American, Inc. (b) Autor.]

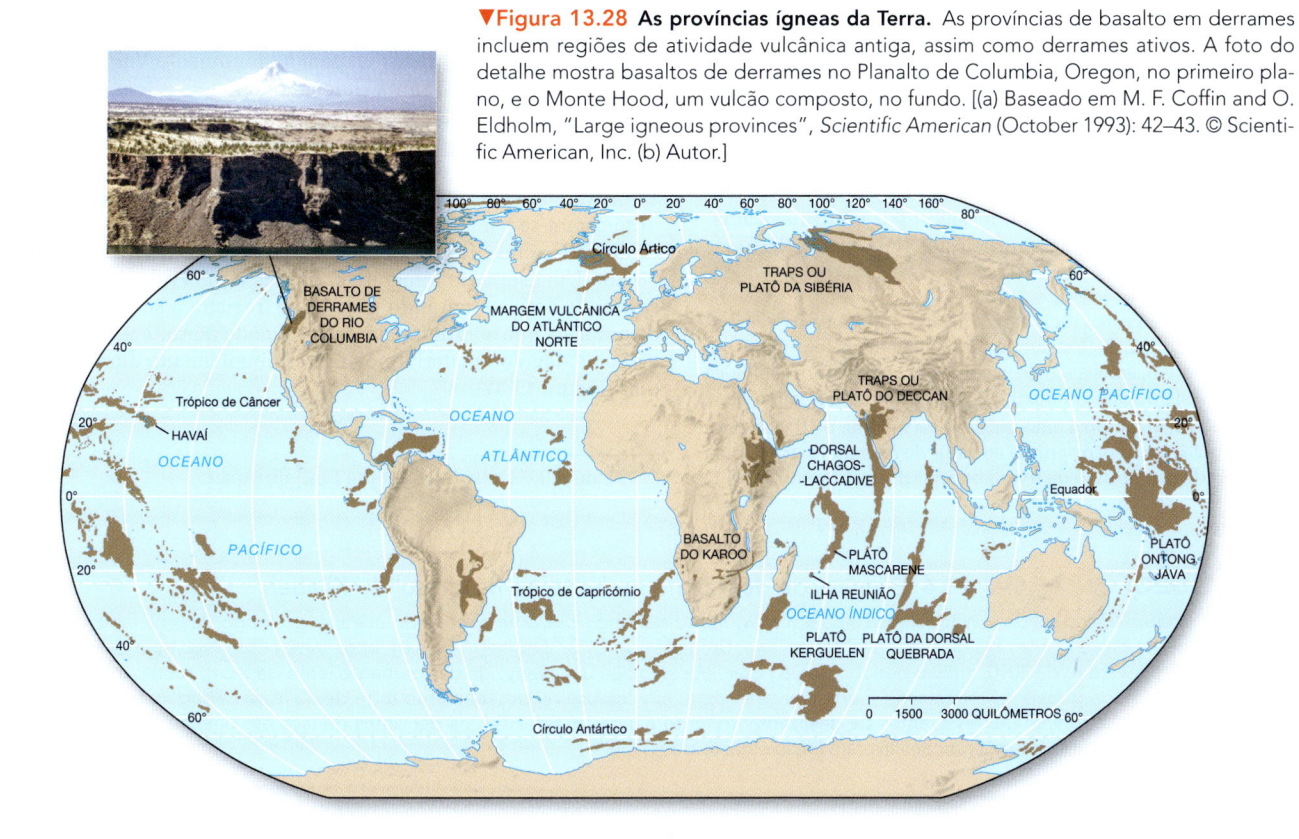

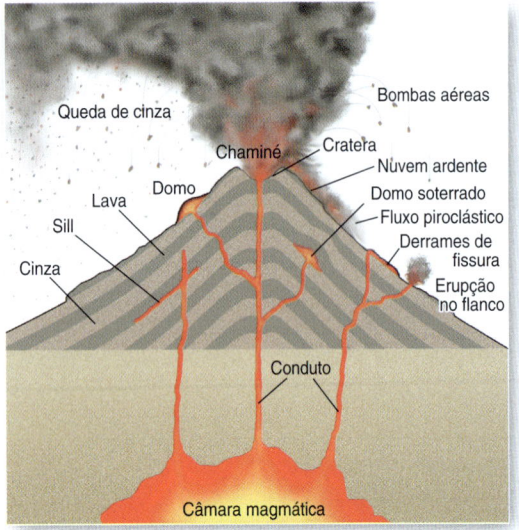

(a) A estrutura de um vulcão composto típico, com sua forma em cone, em uma erupção explosiva.

(b) O monte Redoubt, Alasca, em erupção em 2009.

▲Figura 13.29 **Um vulcão composto.** [(b) Game McGimsey, USGS.]

Erupções explosivas

Erupções explosivas são violentas explosões de magma, gás e piroclastos desencadeadas pelo acúmulo de pressão em um conduto de magma. Esse acúmulo se dá porque o magma produzido pela fusão da placa oceânica que subduziu*, e de outros materiais, é mais espesso e viscoso do que aquele dos vulcões efusivos. Consequentemente, ele tende a bloquear o conduto de magma ao formar um tampão perto da superfície. O bloqueio prende e comprime os gases (a ponto de eles serem liquefeitos) até que sua pressão seja grande o suficiente para provocar uma erupção explosiva.

Uma explosão dessas é equivalente a vários megatons** de TNT estourando no topo e nos flancos da montanha. Esse tipo de erupção produz muito menos lava do que as erupções efusivas, mas quantidades maiores de piroclastos, como cinza vulcânica (com diâmetro < 2 mm), poeira, fuligem, escória (rocha formada por cinza vulcânica de cor escura, com buracos de bolhas de gás), pedra-pomes (rocha clara e pouco densa, com buracos de bolhas de gás) e *bombas aéreas* (bolotas de lava incandescente ejetadas explosivamente). Uma *nuvem ardente*, ou nuée ardente (palavra francesa que designa "nuvem candente"), é uma nuvem incandescente, quente e turbulenta de gás, cinzas e piroclastos que pode jorrar pela paisagem nesses tipos de erupção (Figura 13.29).

Um montanha criada por uma série de erupções explosivas é um **vulcão composto**, formado por múltiplas camadas de lava, cinza, rocha e piroclastos (Figura 13.29). Esses relevos são às vezes chamados de *estratovulcões* porque são estruturados em camadas alternadas de cinza, rocha e lava, mas os vulcões-escudo também podem exibir uma estrutura estratificada, por isso o termo composto é preferível. Vulcões compostos tendem a ter encostas íngremes e uma forma cônica distinta, e por isso são também conhecidos como *cones compostos*. Se uma única abertura no topo irrompe repetidamente, uma impressionante simetria pode se desenvolver quando a montanha aumenta de tamanho, como demonstrado pelo Popocatépetl, no México (vide Figura DH 13c, na página 389) e pela forma do Monte Santa Helena antes da erupção de 1980, em Washington (Figura 13.30a).***

Monte Santa Helena. Provavelmente o vulcão composto mais estudado e fotografado da Terra é o Monte Santa Helena (Figura 13.30), o vulcão mais jovem e ativo da Cadeia Cascade, que se estende do Monte Lassen, na Califórnia, até o Monte Meager, na Colúmbia Britânica. A Cadeia Cascade é o produto da zona de subducção entre as placas de Juan de Fuca e da América do Norte (vide Figura 13.12). Hoje, mais de 1 milhão de turistas visitam o Monumento Vulcânico Nacional do Monte Santa Helena todo ano.

Em 1980, após 123 anos em dormência, o Monte Santa Helena entrou em erupção. Quando o conteúdo da montanha explodiu, uma onda de gás quente (a cerca de 300°C), cinza misturada com vapor, piroclastos e uma nuvem ardente deslocaram-se para o norte, roçando o solo e viajando a uma velocidade acima de 400 km/h ao longo de uma trajetória de 28 km. Uma série de fotografias, tiradas a intervalos de 10 segundos do leste mirando para oeste, registra a sequência da erupção, que continuou com intensidade durante 9 horas e depois denotou material novo intermitentemente durante dias (Figura 13.31).

---

*N. de R.T.: Não estão dicionarizados em português os vocábulos subducção (em inglês, subduction) e subduzir (em inglês, to subduct). Porém, ambos são de uso intenso na literatura geológica brasileira e significam conduzir, levar, transportar por baixo de.

**N. de R.T.: Megaton é uma unidade de medida utilizada para armas nucleares e corresponde ao valor de energia liberada pela explosão de um milhão de toneladas de trinitrotolueno (TNT).

***N. de R.T.: Ou como o Monte Fuji, no Japão.

GEOrelatório 13.4 Eventos de deslizamento lento no flanco sul do Kilauea

Todo o flanco sul do vulcão Kilauea está em movimento de longo prazo na direção do oceano, ao longo de uma falha de ângulo baixo a uma taxa de cerca de 7 cm ao ano. Unidades de GPS, clinômetros e pequenos terremotos registram o lento movimento. Em fevereiro de 2010, em um período de 36 horas, observou-se um evento de deslizamento lento de 3 cm, acompanhado por uma sequência de pequenos terremotos. É possível que ocorra um colapso ou desabamento forte dessa nova paisagem basáltica no mar, mas o resultado final desses eventos de deslizamento lento é incerto. Em 2011, os derrames de lava em direção ao oceano mudaram de curso quando novas erupções tiveram início a oeste de Pu'u O'o.

(a) Monte Santa Helena antes da erupção de 1980.

(b) Após a erupção, a área de terra calcinada e árvores derrubadas cobria cerca de 38.950 hectares.

▲**Figura 13.30 Monte Santa Helena, antes e depois da erupção de 1980.** [(a) Pat e Tom Lesson/Photo Researchers. (b) Krafft-Explorer/Photo Researchers, Inc.]

O escorregamento que aconteceu na face norte da montanha produziu o maior movimento de massa testemunhado no registro histórico; cerca de 2,75 km³ de rocha, gelo, e ar aprisionado, misturados e fluidizados com o vapor, irrompendo a uma velocidade aproximada de 250 km/h. Os materiais do deslizamento de terra deslocaram-se por 21 km dentro do vale, soterrando a floresta, cobrindo um lago e preenchendo os rios a jusante.

Embora destrutivas, essas erupções também são construtivas, pois esse é o modo pelo qual um vulcão acaba crescendo. Antes da erupção, o Monte Santa Helena tinha 2950 m de altura; a erupção destruiu 418 m. Hoje, o Monte Santa Helena está formando um domo de lava dentro da sua cratera. A lava espessa, de forma rápida e repetida, inicia e interrompe em uma série de erupções em domos menores que pode continuar durante várias décadas. O domo de lava já está com mais de 300 m de altura, de modo que uma nova montanha está nascendo da erupção antiga.

Monte Pinatubo A erupção de 1991 do Monte Pinatubo, nas Filipinas, foi a segunda maior daquele século (a maior foi a do Novarupta, Alasca, em 1912) e a maior a afetar uma área densamente povoada. A erupção produziu de 15 a 20 milhões de toneladas de cinzas e 12 km³ de magma, cinzas e piroclastos – cerca de 12 vezes o volume de material produzido pelo Monte Santa Helena. A perda de quantidade tão grande de material fez com que o cume do vulcão desabasse, formando uma caldeira de 2,5 km de diâmetro. A erupção matou 800 pessoas e devastou muitas aldeias vizinhas. Contudo, a predição precisa desse evento salvou muitas vidas, pois aproximadamente 60.000 abandonaram seus lares antes da erupção.

Embora os vulcões sejam eventos locais, eles possuem efeitos globais. Como discutido nos Capítulos 1 e 6, a erupção do Monte Pinatubo afetou o clima da Terra*, liberando uma nuvem de aerossóis que mudou o albedo atmosférico, afetou a absorção atmosférica de insolação e alterou a radiação líquida na superfície do planeta (reexamine as Figuras 1.11 e 6.1).

Planejamento e previsão de erupções

Após 23.000 pessoas morrerem na erupção de 1985 do Nevado del Ruiz, Colômbia, o USGS e o Gabinete de Assistência a Desastres no Exterior criaram o Programa de Assistência a Desastres Vulcânicos (VDAP; acesse http://vulcan.wr.usgs.gov/Vdap/).

> **PENSAMENTO Crítico 13.2**
> **Tour pela tectônica do assoalho oceânico**
>
> Usando o mapa que abre este capítulo, acompanhe a dorsal do Pacífico Oriental** (uma elevação oceânica e um centro de expansão do assoalho) em direção ao norte, observe que ela flexiona sob a costa oeste da placa da América do Norte, desaparecendo sob a zona com propensão a terremotos da Califórnia, EUA. Localize no mapa continentes, plataformas continentais submersas no mar e planícies abissais expandidas cobertas por sedimento.
>
> No assoalho do Oceano Índico, você pode ver o extenso rastro ao longo do qual a placa da Índia deslocou-se em direção ao norte até colidir com a placa da Eurásia. Vastos depósitos de sedimentos cobrem o fundo do Oceano Índico, desde ao sul do Rio Ganges até o leste da Índia. Os sedimentos provenientes da Cordilheira do Himalaia cobrem o fundo da baía de Bengala (sul de Bangladesh) até uma profundidade de 20 km***. Esses sedimentos resultam de séculos de erosão do solo na terra das monções.
>
> No Pacífico, uma cadeia de ilhas e montes submarinos marca a trajetória dos pontos quentes na placa do Pacífico, do Havaí até as Aleutas. As zonas de subducção ao sul e leste do Alasca e do Japão, bem como aquela ao longo da costa oeste das Américas do Sul e Central, são visíveis como estreitas fossas escuras. Siga o centro de expansão da dorsal Mesoatlântica por todo a extensão do Atlântico, até onde ela atravessa a Islândia, assentada sobre a dorsal. Detenha-se sobre esse mapa e encontre nele outros exemplos dos muitos conceitos expostos nos Capítulos 12 e 13. •

---

*N. de R.T.: A erupção do Monte Pinatubo causou uma queda de 0,5°C na temperatura média do Hemisfério Norte em 1991.

**N. de R.T.: Essa dorsal também é chamada de Dorsal do Leste do Pacífico ou (menos preferível, contudo) Cadeia do Leste do Pacífico.

***N. de R.T.: O leque de assoalho de Bengala é o maior e mais espesso relatado até agora pela literatura geológica. Ele resulta do rápido soerguimento e concomitante erosão do Himalaia. Esses sedimentos resultaram da erosão secular que se verifica no solo da região das monções.

Nos Estados Unidos, o VDAP* ajuda os cientistas locais a prever erupções ao montar sistemas móveis de monitoramento vulcânico em lugares com atividade ou populações vulneráveis. Várias "câmeras vulcânicas" são posicionadas em todo o mundo para se ter vigilância 24 horas (acesse http://vulcan.wr.usgs.gov/Photo/volcano_cams.html).

No Monte Santa Helena, uma dúzia de marcos topográficos de medição e diversos clinômetros foram colocados dentro da cratera para monitorar a formação do domo de lava. O monitoramento (acompanhado por intensas pesquisas científicas) compensou, pois todas as erupções desde 1980 foram previstas com sucesso e razoável antecedência, que vai desde dias até intervalos bem mais longos, de 3 semanas (a única exceção foi uma pequena erupção ocorrida em 1984). Ocorreram inúmeros terremotos menores ao longo do flanco norte da montanha em 2001, e erupções nos domos de intensidades variadas ocorreram ao longo de 2007.

Hoje, sistemas de alerta precoce de atividade vulcânica são possíveis por meio de redes de sismógrafos integrados e monitoramento. Além disso, o sensoriamento remoto por satélite permite que os cientistas monitorem a dinâmica das nuvens de erupção e os efeitos climáticos das emissões vulcânicas, estimando o potencial risco vulcânico. Em 2005, o USGS identificou 57 vulcões prioritários nos Estados Unidos que precisavam de melhor monitoramento, como parte do Sistema Nacional de Alerta Vulcânico Precoce.

---

*N. de R.T.: Em inglês, "Volcano Disaster Assistance Program – VDAP."

▲Figura 13.31 **A sequência da erupção do Monte Santa Helena e o esquema correspondente.** [Sequência de fotos de Keith Ronnholm. Todos os direitos reservados.]

O DENOMINADOR humano 13 Tectônica

PROCESSOS TECTÔNICOS ⇨ HUMANOS
- Terremotos provocam danos e mortes; a destruição é amplificada nos países em desenvolvimento como o Haiti.
- Erupções vulcânicas podem devastar centros populacionais, arruinar os transportes humanos e afetar o clima global.

HUMANOS ⇨ PROCESSOS TECTÔNICOS
- Atividades humanas, como injeções de fluidos subsuperficiais associadas à perfuração de gás, podem causar terremotos.

13a Em 1959, um terremoto M 7,5 atingiu a área próxima ao Yellowstone ocidental, Estado de Montana (EUA), rachando as estradas junto às margens do Lago Hebgen. Esse tremor provocou um deslizamento de terra que represou o Rio Madison, discutido no Capítulo 14. [USGS.]

13b Em 2012, o governo aprovou a perfuração exploratória de gás de folhelho na Grã-Bretanha, apesar das preocupações ambientais. Pesquisas recentes vinculam poços de injeção de petróleo e gás à maior atividade sísmica em diversos estados norte-americanos. [Christopher Furlong/Getty Images.]

13c O Popocatépetl, no México, é um vulcão composto ativo localizado a cerca de 70 km da Cidade do México. A atividade em andamento, desde 1994, inclui crescimento do domo de lava dentro da cratera, episódios de vaporização e emissão de cinzas e ejeção de material. As rotas de evacuação e os abrigos estão prontos para mais uma erupção, que poderia afetar milhões de pessoas que habitam na região. [Violeta Schmidt/Reuters.]

13d Um cientista do Observatório Vulcânico Havaiano colhe uma amostra de lava do Kilauea, parte do esforço para compreender mudanças na química da lava em Mauna Loa. [USGS.]

QUESTÕES PARA O SÉCULO XXI
- O crescimento dos centros populacionais humanos em regiões propensas a atividades sísmicas e perto de vulcões ativos aumenta os riscos.
- Faz-se necessária pesquisa científica para previsão de atividade sísmica e vulcânica.

conexão GEOSSISTEMAS

O Capítulo 13 conclui nosso estudo do sistema endógeno da Terra, lançando um olhar aos processos que formam a crosta continental e criam o relevo da Terra. Formação de montanhas, terremotos e vulcanismo são as saídas desse sistema, que é forçado pelo decaimento radioativo do interior do planeta. Nos quatro próximos capítulos, enfocamos o sistema exógeno, no qual a energia solar e a gravidade impulsionam intemperismo, erosão e transporte de material mediante gravidade, água, vento, ondas e gelo – os processos que reduzem o relevo da paisagem.

REVISÃO DOS CONCEITOS-CHAVE DE
aprendizagem

■ *Descrever* a primeira, a segunda e a terceira ordem de elevação e *listar* os seis principais tipos de relevo da Terra.

As forças tectônicas originadas no interior do planeta modelam de forma impressionante a superfície da Terra. **Elevação** é a variação vertical entre pontos de uma paisagem local. As variações na superfície física da Terra, incluindo a elevação, são o **relevo**. *Ordens de elevação* são categorias descritivas convenientes para as formas de relevo; o nível maior abrange as **grandes massas continentais** (porções de crosta que hoje estão acima ou próximo do nível do mar) e **bacias oceânicas** (porções da crosta inteiramente abaixo do nível do mar), e em um menor nível compreende morros e vales locais.

elevação (p. 358)
relevo (p. 358)
grandes massas continentais (p. 359)
bacias oceânicas (p. 359)

1. Como o mapa do assoalho oceânico da ilustração de abertura do capítulo evidencia os princípios da tectônica de placas? Faça uma breve análise.
2. O que significa uma "ordem de elevação"? Dê exemplos de cada uma das ordens.
3. Explique a diferença entre elevação e relevo.

■ *Descrever* a formação da crosta continental e *definir* terrenos acrescionários.

Um continente tem um núcleo de rochas cristalinas antigas chamadas de *cráton*. Uma região onde um cráton está exposto é chamada de **escudo continental**. À medida que se forma a crosta continental, ela é aumentada por meio da acreção de **terrenos** dispersos. Um exemplo é o terreno Wrangellia na costa noroeste dos Estados Unidos e do Alasca.

escudo continental (p. 361)
terrenos (p. 363)

4. O que é um cráton? Descreva a relação dos crátons com os escudos e as plataformas continentais e descreva essas regiões na América do Norte.
5. O que é um terreno acrescionário e como ele contribui para a formação das massas continentais? Descreva brevemente a trajetória e a localização atual do terreno Wrangellia.

■ *Explicar* o processo de dobramento e *descrever* os principais tipos de falhas e as formas de relevo características.

Dobramentos, arqueamentos amplos e falhamentos deformam a crosta e produzem formas características na superfície. A compressão leva as rochas a se deformarem em um processo conhecido como **dobramento**, no qual a camada rochosa encurva-se e pode inclinar-se. Ao longo de uma crista de uma dobra, as camadas mergulham a partir do eixo para ambos os lados, formando uma **anticlinal**. Na calha de uma dobra, entretanto, as camadas mergulham em direção ao eixo, com ela sendo chamada de **sinclinal**.

Quando as camadas rochosas são tensionadas para além de sua capacidade de manterem-se como um corpo sólido coeso, elas evidenciam a deformação por meio de fraturas. As rochas de cada lado da fratura são deslocadas relativamente ao outro lado, em um processo conhecido como **falhamento**. Assim, as zonas de falha são áreas onde as fraturas das rochas evidenciam o movimento crustal.

Quando as forças separam os blocos rochosos falhados, a tensão causa uma **falha normal**, às vezes visível na paisagem como uma escarpa ou escarpamento. As forças compressivas associadas com placas convergentes fazem com que os blocos rochosos falhados movam-se para cima, produzindo uma **falha inversa**. Um plano de falha de baixo ângulo é referido como sendo uma **falha de empurrão** (ou cavalgamento). O movimento horizontal ao longo de um plano de falha, frequentemente produzindo um vale em rifte linear, é uma **falha de deslizamento direcional**. O termo **horst** aplica-se a blocos com falha ascendente; **graben** diz respeito a blocos com falha descendente. No interior do oeste dos Estados Unidos, a **Província de Basin and Range** é um exemplo de pares alinhados de falhas normais e uma singular paisagem de horst e graben. Um **bolson** é uma área de encosta e bacia entre cadeias montanhosas nesse tipo de região árida.

dobramento (p. 364)
anticlinal (p. 364)
sinclinal (p. 364)
falhamento (p. 366)
falha normal (p. 366)
falha inversa (p. 366)
falha de empurrão (p. 367)
falha de deslizamento direcional (p. 368)
horst (p. 369)
graben (p. 369)
Província Basin and Range (p. 369)
bolson (p. 369)

6. Desenhe uma seção de uma paisagem com uma dobra simples e identifique as feições geradas pelas camadas dobradas.
7. Defina os quatro tipos básicos de falhas. Como eles são relacionados com terremotos e atividade sísmica?
8. Como a Província Basin and Range evoluiu no oeste dos Estados Unidos? Que outros exemplos existem com esse tipo de paisagem?

■ *Listar* os três tipos de colisão de placa associados à orogênese e *identificar* exemplos de cada um.

A **orogênese** é o nascimento das montanhas. Uma *orogenia* é um episódio de formação de montanhas, ocorrendo ao longo de milhões de anos, que espessa a crosta continental. Ela pode ocorrer por meio de deformação e soerguimento da crosta em grande escala. Também pode envolver a captura e a cimentação de terrenos migratórios nas margens continentais e a intrusão de magmas graníticos, formando plútons.

Três tipos de atividade tectônica provocam a formação de montanhas nas margens de placas convergentes. *Colisões de placa oceânica-placa continental* estão hoje ocorrendo na costa pacífica da América, formando os Andes, a Sierra Madre da América Central, as Montanhas Rochosas e outras montanhas ocidentais. *Colisões de placa oceânica-placa oceânica* produzem arcos de ilhas vulcânicas, como o Japão, as Filipinas, as ilhas Kuril e parte das Aleutas. A região ao redor do Pacífico contém expressões de cada tipo de colisão, sendo conhecida como **Cinturão Circumpacífico** ou **Cinturão de Fogo**. Na *colisão de placa continental-placa continental*, grandes massas da crosta continental, como as da cordilheira do Himalaia, estão submetidas a intenso dobramento, cavalgamento, falhamento e soerguimento.

orogênese (p. 369)
Cinturão Circumpacífico (p. 371)
Cinturão de Fogo (p. 371)

9. Defina *orogênese*. O que é entendido por nascimento das cadeias de montanhas?
10. Cite algumas orogenias importantes.
11. Identifique em um mapa várias cadeias de montanhas da Terra. Que processos contribuíram para a sua formação?
12. Como os limites de placas estão relacionados com os episódios de formação de montanhas? Explique como os diferentes tipos de limites de placas produzem episódios orogênicos diferentes e paisagens distintas.
13. Relacione os processos tectônicos para a formação da orogenia dos Apalaches e da orogenia Alleghaniana.

■ *Explicar* as características e a medição dos terremotos, *descrever* a mecânica de falhas associadas a terremotos e *discutir* o status da previsão de terremotos.

Um **terremoto** é a liberação de energia que acontece no momento da fratura em uma falha na crosta, produzindo ondas sísmicas. Em geral, os terremotos acontecem nos limites de placas. Os movimentos sísmicos são medidos com um **sismógrafo**, também chamado de sismômetro.

Os cientistas medem a magnitude dos terremotos utilizando a **escala de magnitude de momento**, uma escala mais precisa e quantitativa do que a **escala Richter**, que era uma medida eficaz principalmente para sismos de pequena magnitude. A **teoria do rebote elástico** descreve o processo básico de como uma falha rompe, embora os detalhes específicos ainda estejam sendo estudados. As áreas pequenas dos pontos de aderência em uma falha são pontos de altos esforços, conhecidos como *rugosidades* – quando esses pontos de aderência rompem, eles soltam os lados da falha. Quando a energia elástica é liberada abruptamente no momento em que as rochas se rompem, ambos os lados da falha retornam a uma condição de menor esforço. A previsão de terremotos segue sendo um grande desafio dos cientistas.

terremoto (p. 374)
sismógrafo (p. 375)
escala Richter (p. 376)
escala de magnitude de momento (M) (p. 377)
teoria do rebote elástico (p. 377)

14. Qual é a relação entre um epicentro e o foco de um terremoto? Dê um exemplo retirado do terremoto Loma Prieta, Califórnia.
15. Diferencie entre as escalas Mercalli, de magnitude de momento (M) e magnitude de amplitude (Richter). Como essas escalas podem ser utilizadas para descrever um terremoto? Faça referência a sismos recentes.
16. Como a teoria do rebote elástico e as rugosidades ajudam a explicar a natureza de um falhamento? Em sua explanação, relacione os conceitos de tensão (força) e esforços (deformação) ao longo da falha. Como isso leva à ruptura e ao terremoto?
17. Descreva a falha de San Andreas e sua relação com os movimentos antigos de expansão do assoalho oceânico ao longo de falhas transformantes.
18. Como a paleosismologia e o conceito de lacuna sísmica se relacionam com a ocorrência esperada de terremotos?
19. Qual é o obstáculo mais importante que você vê para a predição de terremotos efetiva?

■ *Descrever* as formas de relevo vulcânicas e *distinguir* entre uma erupção vulcânica efusiva e uma explosiva.

Um **vulcão** forma-se na extremidade de uma chaminé ou abertura central que se eleva desde a astenosfera e atravessa a crosta. As erupções produzem lava (rocha fundida), gases e **piroclastos** (rocha pulverizada e materiais clásticos ejetados violentamente durante a erupção) que passam pela abertura da chaminé e das fissuras da superfície e constroem as paisagens vulcânicas. Os derrames de lavas basálticas ocorrem com duas texturas principais: **aa**, lava áspera e com bordos afilados, e a **pahoehoe**, dobras uniformes de lava, que lembram cordas enroladas.

Relevos produzidos pela atividade vulcânica incluem **crateras**, ou depressões superficiais circulares, geralmente formadas no cume de uma montanha vulcânica; **cones de cinzas**, que são pequenas colinas de forma cônica; e **caldeiras**, grandes depressões em forma de bacia às vezes causadas pelo colapso do cume de um vulcão.

Os vulcões são de dois tipos gerais, baseados na química e no teor de gás do magma envolvido. Uma **erupção efusiva** produz um **vulcão-escudo** (como o Kilauea, no Havaí) e depósitos extensos de *basaltos em derrames* ou **basaltos em camadas**. Erupções explosivas (como as do monte Pinatubo, nas Filipinas) produzem um **vulcão composto**. A atividade vulcânica tem originado vários momentos destrutivos na história, mas, ao mesmo tempo, gera constantemente novo assoalho oceânico, terrenos e solos.

vulcão (p. 383)
piroclastos (p. 383)
aa (p. 383)
pahoehoe (p. 383)
cratera (p. 383)
cone de cinzas (p. 383)
caldeira (p.383)
erupções efusivas (p. 384)
vulcão-escudo (p. 384)
basalto em camadas (p. 385)
erupções explosivas (p. 386)
vulcão composto (p. 386)

20. O que é um vulcão? Em termos gerais, descreva algumas feições relacionadas.
21. Onde você espera encontrar atividade vulcânica no mundo? Por quê?
22. Compare as erupções efusivas e explosivas. Por que elas são diferentes? Quais são as formas de superfícies originadas por cada uma delas? Dê exemplos para ambas.
23. Descreva diversas erupções vulcânicas recentes, como no Havaí e na Islândia. Qual é o status presente de cada local? Especificamente, quais mudanças estão acontecendo no Havaí?

Sugestões de leituras em português

BIGARELLA, J. J.; BECKER, R. D.; SANTOS, G. F. *Estrutura e origem das paisagens tropicais e subtropicais: fundamentos geológicos-geográficos, alteração química e física das rochas, relevo cárstico e dômico*. Florianópolis: Editora da UFSC, 1994. v. 1.

CUNHA, S. B.; GUERRA, A. J. T. (Org.). *Geomorfologia do Brasil*. Rio de Janeiro: Bertrand-Russel-Brasil, 1998.

GROTZINGER, J.; JORDAN, T. *Para entender a Terra*. 6. ed. Porto Alegre: Bookman, 2013.

KEAREY, P.; KLEPPENIS, K. A.; VINI, F. J. *Tectônica global*. 3. ed. Porto Alegre: Bookman, 2014.

14 Intemperismo, paisagem cárstica e movimento de massa

CONCEITOS-CHAVE DE aprendizagem

Após a leitura deste capítulo, você conseguirá:

- *Descrever* a abordagem de equilíbrio dinâmico no estudo dos relevos e *ilustrar* as forças em ação sobre os materiais presentes em uma encosta.
- *Definir* intemperismo e *explicar* a importância da rocha parental e das juntas e fraturas na rocha.
- *Descrever* os processos de intemperismo físico originados do congelamento, crescimento de cristais de sal e fraturas por alívio de pressão.
- *Explicar* os processos de intemperismo químico de hidratação, hidrólise, oxidação, carbonatação e dissolução.
- *Revisar* os processos e as características associadas à paisagem cárstica.
- *Categorizar* os vários tipos de movimentos de massa e *identificar* exemplos de cada um por teor de umidade e velocidade de movimento.

Em março de 2011, semanas de chuvas torrenciais desencadearam deslizamentos de terra que devastaram diversos bairros de La Paz, Bolívia, deformando ruas e esmagando centenas de casas. Não houve mortes nesse evento, embora os deslizamentos de terra matem em média 8000 pessoas por ano no mundo. Deslizamentos de terra representam um tipo de processo de movimento de massa (ou perda de massa) em que grandes corpos de material terroso são levados encosta abaixo em episódios súbitos. [Aizar Raldes, AFP/Getty Images.]

GEOSSISTEMAS HOJE

Movimento de massa causado por humanos na Usina a Vapor de Kingston, Tennessee

Nas primeiras horas da manhã de 22 de dezembro de 2008, um catastrófico deslocamento de solo e sedimentos aconteceu nos tanques de contenção da usina de energia a carvão de Kingston, no Tennessee. Esse evento, em que o aterro de um tanque de contenção de cinzas em suspensão rompeu-se, liberou 4,13 milhões de m² de cinzas tóxicas (associadas com diversos poluentes potencialmente prejudiciais) no Rio Emory e sobre a área circundante.

O termo *movimento de massa* ou *perda de massa* é usado para descrever o movimento de uma massa de materiais terrosos pela gravidade; exemplos seriam deslizamentos de terra e derrames de lama (inclusos neste capítulo, juntamente a outros tipos de movimento de massa). Em áreas em que os seres humanos perturbaram a paisagem, o movimento de massa pode ocorrer com mais frequência, com consequências desastrosas. Foi o caso desse vazamento de cinzas volantes na Usina a Vapor de Kingston (KSP).

A KSP está situada no Condado de Roane, perto da cidade de Kingston. Construída pela Tennessee Valley Authority (TVA) em 1950 para fornecer eletricidade às instalações de energia atômica em Oak Ridge, essa usina elétrica de queima de carvão de 1456 MW queima 14.000 toneladas de carvão pulverizado por dia. Antes que a fumaça de exaustão deixe as chaminés de 105 m, as cinzas em suspensão são extraídas dela (para reduzir a poluição atmosférica), fluidizadas com água e removidas como pasta para tanques de cinzas (Figura GH 14.1a). Nesses tanques, os sólidos assentam e são gradualmente coletados por dragas de contenção instaladas na planície de inundação do Rio Emory.

Os aterros que cercam as dragas (marcadas na foto aérea) consistiam originalmente em argila e depois foram incrementados com materiais derivados do produto de cinza residual, sem o benefício de especificações de projeto de engenharia. Com o acréscimo de mais cinza residual, as barragens chegaram a 18 m de altura. Ao longo do tempo, foram constatadas infiltrações e vazamentos.

Nas primeiras três semanas de dezembro de 2008, chuvas acima do normal (mais de 16 cm) caíram na região. Em 22 de dezembro, todo o canto noroeste e arredores do aterro do tanque de cinzas cederam, desencadeando um evento de perda de massa que liberou lama de cinza volante na paisagem, destruindo casas e infraestrutura. O volume do derramamento foi equivalente a 4,16 bilhões de litros, ou cerca de 100 vezes o derramamento de óleo do *Exxon-Valdez* em 1989, no Alasca (Figura GH 14.1b). Ainda pior, a lama continha metais tóxicos e outros poluentes, como arsênico, cobre, bário, cádmio, cromo, chumbo, mercúrio, níquel e tálio. Esses contaminantes oferecem um risco considerável à saúde humana.

Quase um ano após o desastre, a TVA havia retirado cerca de dois terços das cinzas do Rio Emory, levando-a de trem até um aterro sanitário no Alabama. A próxima fase da limpeza – em que a TVA começou a armazenar permanentemente no local todas as cinzas liberadas na enseada, assim reduzindo os riscos de transporte – foi concluída em 2010. A fase final, hoje em andamento, envolve a escavação das cinzas da enseada para um aterro sanitário no local e a recuperação dos ecossistemas aquáticos e ciliários; espera-se que ela seja terminada em 2015, com custo total de cerca de US$ 1,1 bilhão.

Esse evento de movimento de massa de causa humana ilustra os riscos de ignorar princípios científicos e de engenharia, em ambientes tanto naturais quanto modificados pelo homem.

(a) Antes

(b) Depois – 23 de dezembro de 2008

▲**Figura GH 14.1 Antes e depois do desastre do derramamento de lama de cinzas da TVA.**
(a) O Rio Emory vem pelo norte e junta-se ao Rio Clinch próximo ao centro desta foto aérea. As dragas, o tanque de cinzas principal e o tanque de estabilização estão na planície de inundação do rio. A usina em si está além da margem inferior da foto. (b) Em 23 de dezembro, no dia subsequente ao derramamento, a extensão do derrame contaminado é claramente visível. [Cortesia de TVA.]

Como mencionado nos capítulos anteriores, os processos exógenos que atuam nas paisagens da Terra incluem intemperismo, erosão, transporte e deposição de materiais. Neste capítulo, e nos quatro seguintes, examinamos os agentes exógenos e seu trabalho – processos de intemperismo e movimento de massa, sistemas fluviais e relevo, paisagens moldadas por ondas e ventos e relevos trabalhados por gelo e geleiras. Tudo isso é tema da geomorfologia, a ciência da origem, do desenvolvimento e da distribuição espacial dos relevos. Qualquer que seja seu hobby (escalar montanhas, passear ao longo de rios, visitar dunas no deserto ou pegar ondas no litoral) ou local de residência (pode ser em um lugar onde as geleiras antigamente esculpiram a terra), você encontrará alguma coisa de interessante neste capítulo.

Começamos nosso estudo sobre os sistemas exógenos da Terra com o intemperismo, o processo que fragmenta as rochas desintegrando-as em partículas minerais ou dissolvendo-as em água. O intemperismo produz um enfraquecimento geral das rochas superficiais, o que as torna mais suscetíveis aos demais processos exógenos. A diferença entre intemperismo e erosão é importante: *intemperismo* é a decomposição de materiais, ao passo que *erosão* inclui a remoção de materiais intemperizados para locais diferentes.

Junto a terremotos e vulcões, que enfocamos no Capítulo 13, muitos eventos relacionados a processos exógenos aparecem frequentemente nos noticiários: por exemplo, uma avalancha de detritos na Áustria ou no Paquistão, um deslizamento de terra na China ou na Turquia, um grande desabamento de rochas na região de cânions de Utah ou o deslizamento de uma ribanceira em um subúrbio do sul da Califórnia. Em 2008, o mundo assistiu ao Haiti sendo assolado por três furacões que provocaram imensos deslizamentos de terra e lama oriundos de encostas desmatadas. Mais tarde, em 2010, o Haiti passou por mais deslizamentos de terra, causados pelo terremoto descrito no *Estudo Específico* 13.1.

Neste capítulo: Analisamos os processos físicos (mecânicos) e químicos de intemperismo que rompem, dissolvem e geralmente reduzem a paisagem. Esse intemperismo libera minerais essenciais do substrato rochoso para formação e enriquecimento do solo. Em regiões calcárias, o intemperismo químico produz dolinas, grutas e cavernas. Nesses ambientes cársticos, a água dissolveu enormes áreas subterrâneas que ainda estão sendo descobertas por cientistas e exploradores. Além disso, examinamos os tipos de movimento de massa e discutimos os processos que os causam.

Denudação continental

Denudação é qualquer processo que desgasta ou rearranja o relevo. Os principais processos de denudação que afetam os materiais de superfície incluem *intemperismo, movimento de massa, erosão, transporte* e *deposição*, produzidos por água, ar, ondas e gelo em movimento – todos influenciados pela força da gravidade.

As interações entre os elementos estruturais da terra e os processos de denudação são complexas. Elas representam uma oposição contínua entre as forças do intemperismo e da erosão e a resistência dos materiais da Terra.

▲**Figura 14.1 Arco Delicado, Parque Nacional dos Arcos, Utah.** Estratos resistentes de rocha no topo da estrutura ajudaram a preservar o arco à medida que a rocha circundante sofreu erosão. Observe a pessoa perto da base na foto ao lado para ter uma noção de escala. À distância, as Montanhas La Sal, cobertas de neve, um exemplo de lacólito (um tipo de instrusão ígnea) exposto por erosão. [Bobbé Christopherson.]

O icônico Arco Delicado, com altura de um prédio de 15 andares, em Utah, é uma prova impressionante desse conflito (Figura 14.1). Uma seleção de processos de intemperismo agiu em conjunção com as diferentes resistências das rochas para produzir essa delicada escultura – um exemplo de **intemperismo diferencial**, no qual uma rocha capeadora mais resistente protege os estratos de suporte abaixo.

As torres, os pináculos e as mesas do sudoeste dos EUA são outros exemplos de resistentes estratos de rocha horizontal que erodiram de forma diferente. A remoção dos estratos menos resistentes produz incomuns esculturas desérticas – arcos, janelas, pedestais e rochas em delicados equilíbrios. Para ter uma ideia da quantidade de material removido por intemperismo e erosão para produzir essas paisagens, imagine uma linha que corte os cimos das Torres Mitten, mostradas na Figura 14.2. Essas torres ultrapassam os 300 m de altura, semelhante ao prédio da Chrysler, em Nova York, ou ao U.S. Bank Tower (Library Tower), em Los Angeles.

Como dito em capítulos anteriores, os processos endógenos, como soerguimento tectônico e atividade vulcânica, criam o relevo em *paisagens iniciais*, enquanto os processos exógenos desgastam o relevo, desenvolvendo *paisagens sequenciais* caracterizadas por menor elevação, mudança gradual e estabilidade. Entretanto, esses conjuntos opostos de processos se dão ao mesmo tempo. Os cientistas já propuseram diversas hipóteses a fim de modelar os processos denundacionais e explicar a aparência da paisagem.

Abordagem geomorfológica pelo equilíbrio dinâmico

Uma paisagem é um sistema aberto, com entradas altamente variáveis de energia e materiais. O Sol provê energia radiante que, convertida em *energia térmica*, impulsiona o ciclo hidrológico e outros sistemas terrestres. O ciclo hidrológico contribui com *energia cinética* pelo movimento mecânico do ar e da água. A *energia química* é disponibilizada a partir da atmosfera e de várias reações na crosta. Além

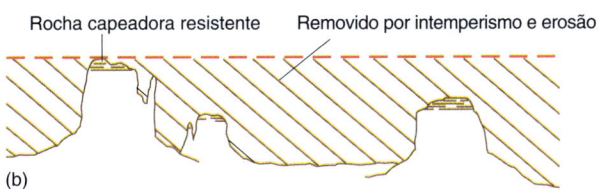

Figura 14.2 Paisagem de Monument Valley. (a) Torres Mitten, Torre Merrick e arco-íris no Vale Monument, Parque Tribal Navajo, que apareceram como cenário de diversos filmes, na fronteira Utah-Arizona. (b) Um esquema da enorme remoção de material por intemperismo, erosão e transporte. [Autor.]

disso, o soerguimento da terra por processos tectônicos cria *energia potencial de posição* à medida que a terra se eleva acima do nível do mar. Recorde, do Capítulo 4, que a energia potencial é a energia armazenada que tem capacidade de exercer trabalho nas condições adequadas, como a força da gravidade morro abaixo.

Com a mudança das paisagens e das forças que agem sobre elas, a superfície está constantemente respondendo em busca de equilíbrio. Toda mudança produz ações e reações compensatórias. O soerguimento tectônico cria desequilíbrio, uma desigualdade entre a elevação e a energia necessária para manter a estabilidade. A ideia da formação da paisagem com um ato de equilíbrio entre soerguimento e redução por intemperismo e erosão é o **modelo de equilíbrio dinâmico**. Paisagens em equilíbrio dinâmico apresentam adaptações contínuas às condições eternamente variáveis de elevação local, estrutura da rocha e clima.

Eventos endógenos (como falhamento ou erupções vulcânicas) ou eventos exógenos (como chuva torrencial ou incêndio florestal) podem alterar as relações entre os elementos da paisagem e dentro dos sistemas da paisagem. Durante ou após um evento desestabilizador, um sistema de relevo às vezes chega a um **limiar geomórfico**, ou ponto de ruptura, onde o sistema é lançado em um novo nível operacional. Esse limite é atingido quando um sistema de relevo passa do lento acúmulo de pequenos ajustes (como o que ocorre em um estado de equilíbrio constante) para um ponto de mudança abrupta que o leva a um novo estado de sistema (como o que ocorre em um equilíbrio dinâmico) – por exemplo, quando uma enchente cria um novo canal fluvial ou uma encosta se ajusta após um deslizamento de terra. Esse limiar também pode ser visto no momento preciso em que a força supera a resistência dentro do sistema; por exemplo, quando a estabilidade de uma encosta cede seguida pelo movimento declive abaixo (como em um deslizamento). Após cruzar esse limiar, o sistema estabelece um novo conjunto de relações de equilíbrio. (Revise a Figura 1.9 no Capítulo 1.)

O modelo do equilíbrio dinâmico compreende uma série de etapas, que geralmente seguem uma sequência temporal. A primeira é a estabilização do equilíbrio, em que o sistema flutua em torno de uma certa média. A seguir, um evento desestabilizador, seguido por um período de ajuste. Por último, o desenvolvimento de uma condição nova e diferente de estabilização do equilíbrio. Eventos lentos e de mudança contínua, como desenvolvimento do solo e erosão, tendem a manter uma condição de quase equilíbrio no sistema. Eventos drásticos, como um grande deslizamento de terra, demandam longo tempo de recuperação até que o equilíbrio seja restabelecido. A Figura GEA 14.1 dá um exemplo em que a falha de encostas saturadas provocou um deslizamento de terra que levou sedimentos e detritos a um rio, introduzindo uma condição de desequilíbrio.

Encostas

O material solto pelo intemperismo é suscetível à erosão e ao transporte. Entretanto, para que o material desça, as forças de erosão devem superar outras forças: fricção, inércia (a resistência ao movimento) e a coesão das partículas entre si (GEA). Se o ângulo for íngreme o suficiente para que a gravidade supere as forças friccionais, ou se o impacto das gotas de chuva ou animais em movimento (ou mesmo do vento) deslocar material, pode ocorrer erosão de partículas e transporte encosta abaixo.

Encostas, ou *declives*, são superfícies curvas inclinadas que formam os limites das formas de relevo. Os componentes básicos de uma encosta, ilustrados na seção *Geossistemas em Ação*, Figura GEA 14, variam com as condições da estrutura da rocha e do clima. As encostas geralmente apresentam uma *superfície convexa* superior próxima ao topo. Essa superfície convexa curva-se para baixo, podendo chegar a uma *face livre*, uma escarpa ou face íngreme cuja presença indica um afloramento de rocha resistente.

Descendo a encosta a partir da face livre encontra-se uma *zona de deposição de detritos*, que recebe fragmentos de rocha e materiais de cima. A condição de uma zona de deposição de detritos reflete o clima local. Em climas úmidos, a água em contínuo movimento carrega o material, abaixando o ângulo da zona de deposição de detritos. Contudo, nos climas áridos, as zonas de deposição de detritos acumulam material. Uma zona de deposição de detritos sofre transição

geossistemas em ação 14 — ENCOSTAS COMO SISTEMAS ABERTOS

Uma encosta, como aquela recentemente pertubrada em GEA 14.1, é um sistema aberto que tende ao equilíbrio dinâmico. Quando as forças que agem sobre os materiais da encosta – mostradas em GEA 14.2 – estão equilibradas, a encosta fica estável. Quando as forças são desequilibradas, a encosta muda até que um novo equilíbrio seja atingido. Com o tempo, esse processo de busca por equilíbrio dá às encostas uma estrutura característica, ou "anatomia" (GEA 14.3).

14.1 UMA ENCOSTA EM DESEQUILÍBRIO
Nesta encosta, solos instáveis e saturados cederam, deixando uma barragem de detritos bloqueando o rio. A encosta, o rio e o ecossistema da floresta ficam em desequilíbrio enquanto ocorrem ajustes para chegar a novas condições. [Autor.]

14.2 FORÇAS EM UMA ENCOSTA
Forças direcionais (indicadas pelas flechas) agem sobre os materiais em uma encosta inclinada. Se as forças opostas ao movimento caem abaixo da força da gravidade, a encosta é desestabilizada e o material desce encosta abaixo. Diversos eventos podem desestabilizar uma encosta, incluindo chuva torrencial, incêndio espontâneo que destrua a cobertura vegetal protetora ou terremoto.

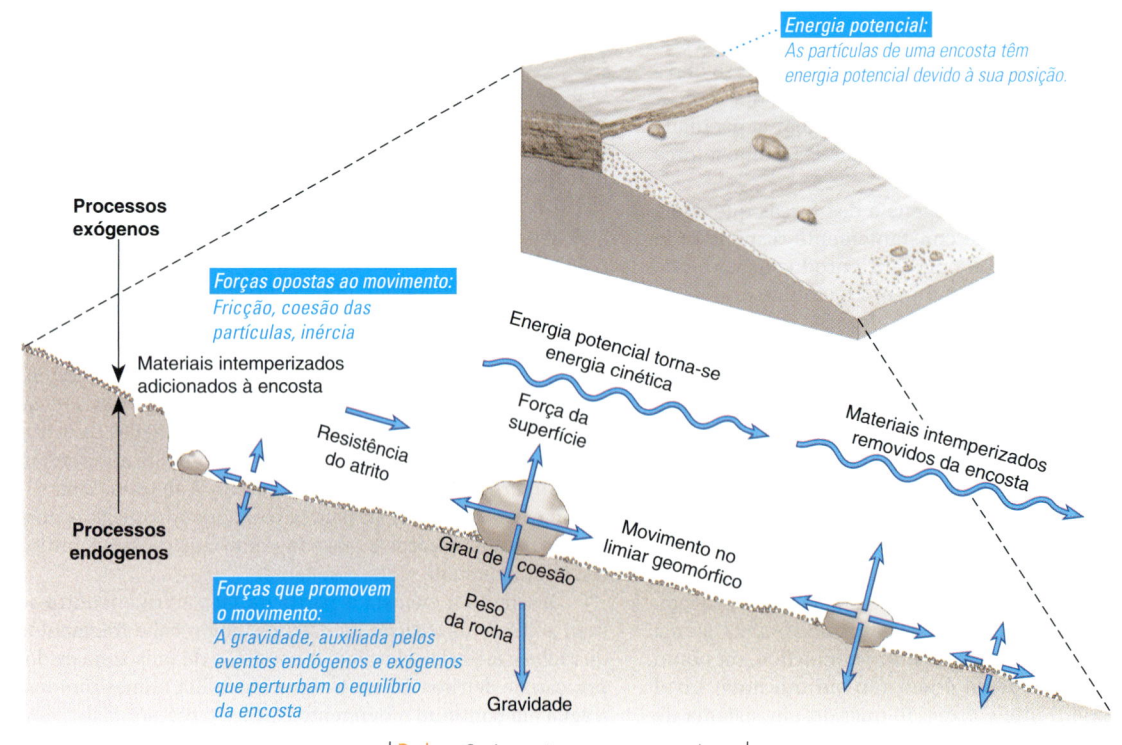

Energia potencial: As partículas de uma encosta têm energia potencial devido à sua posição.

Processos exógenos

Forças opostas ao movimento: Fricção, coesão das partículas, inércia

Materiais intemperizados adicionados à encosta

Energia potencial torna-se energia cinética

Resistência do atrito

Força da superfície

Materiais intemperizados removidos da encosta

Processos endógenos

Forças que promovem o movimento: A gravidade, auxiliada pelos eventos endógenos e exógenos que perturbam o equilíbrio da encosta

Grau de coesão

Movimento no limiar geomórfico

Peso da rocha

Gravidade

Deduza: Quais eventos ou processos podem reduzir o grau de coesão das partículas de uma encosta?

14.3 ANATOMIA DE UMA ENCOSTA

Normalmente, as encostas desenvolvem uma estrutura composta de diversos elementos: uma *encosta convexa*, afloramento rochoso, zona de deposição de detritos e uma *encosta côncava*. Um processo principal predomina em cada parte da encosta: intemperismo físico e químico na encosta superior, transporte na zona de deposição de detritos e deposição na encosta côncava inferior.

Afloramento rochoso (face livre):
O afloramento rochoso interrompe a encosta. O acunhamento por gelo solta fragmentos de pedra do afloramento, formando a zona de deposição de detritos.

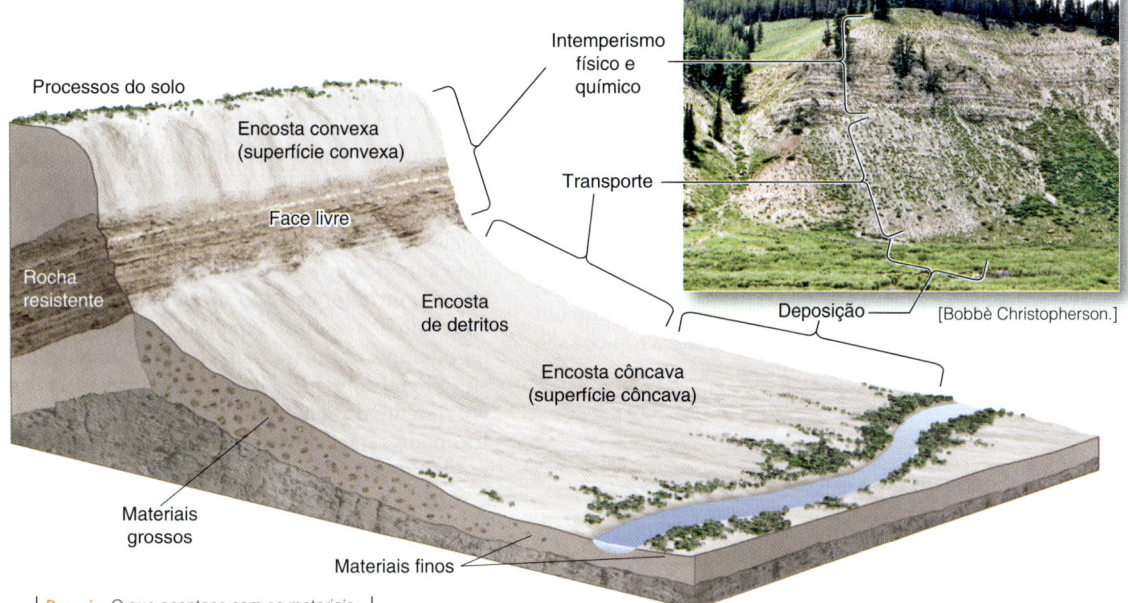

[Bobbé Christopherson.]

- Processos do solo
- Encosta convexa (superfície convexa)
- Face livre
- Rocha resistente
- Encosta de detritos
- Encosta côncava (superfície côncava)
- Materiais grossos
- Materiais finos
- Intemperismo físico e químico
- Transporte
- Deposição

Preveja: O que acontece com os materiais grossos na zona de deposição de detritos?

Muito elementos de encosta são visíveis na Cadeia Gros Ventre, perto do Aeroporto Jackson Hole, Jackson, Wyoming. Localize algumas das feições citadas na ilustração acima e em GEA 14.2. [Bobbé Christopherson.]

geossistemas em ação 14 — ENCOSTAS COMO SISTEMAS ABERTOS

para uma *encosta côncava*, que é uma superfície côncava na base da encosta. Essas componentes e condições de encostas são identificadas na imagem mostrada em GEA.

Encostas são sistemas abertos que buscam um *ângulo de equilíbrio* entre as forças descritas aqui. Forças conflitantes trabalham simultaneamente sobre as encostas para estabelecer um meio-termo de inclinação otimizada que equilibre essas forças. Quando qualquer condição no equilíbrio é alterada, todas as forças sobre a encosta compensam por meio de um ajuste a um novo equilíbrio dinâmico.

Em resumo, os índices de intemperismo e a quebra de materiais da encosta, junto aos índices de movimento de massa e erosão de materiais, determinam a forma e estabilidade da encosta. Uma encosta é *estável* se a força excede esses processos de denudação, e *instável* se seus materiais são mais fracos do que esses processos. Por que as encostas apresentam determinadas formas? Como a anatomia das encostas evolui? Como as encostas se comportam durante um levantamento rápido, moderado ou lento? Esses tópicos são objeto de estudo e pesquisa científicos.

> **PENSAMENTO Crítico 14.1**
> **Encontre uma encosta; aplique os conceitos**
>
> Localize uma encosta, possivelmente perto do *campus*, da sua casa ou exposta em uma estrada local. Usando o GEA, você consegue identificar as diferentes partes da encosta? Quais são as forças que atuam sobre ela e quais são as evidências da sua atividade? Como você faria para avaliar a estabilidade da encosta? Você vê traços de instabilidade em uma encosta próxima ao seu *campus* ou na sua região (talvez em uma obra ou outra área perturbada)? •

Processos de intemperismo

Intemperismo é o processo que decompõe as rochas na superfície da Terra e ligeiramente abaixo, seja desintegrando a rocha em partículas minerais ou dissolvendo-a em água. O intemperismo enfraquece a rocha superficial, tornando-a mais suscetível à força da gravidade. Os processos de intemperismo são tanto físicos (mecânicos), como na ação de esforço do congelamento nas rachaduras da superfície rochosa, quanto químicos, como na dissolução de minerais em água. A interação entre esses dois grandes tipos de intemperismo é complexa; em muitos casos, o conjunto de processos se combina sinergeticamente e produz relevos únicos, como o Arco Delicado da Figura 14.1.

Em uma típica vertente, materiais superficiais soltos, como cascalho, areia, argila ou solo, estão em cima de rocha consolidada (ou sólida), chamada de **substrato rochoso** (rocha-matriz ou rocha-mãe). Na maioria das áreas, a superfície superior do substrato rochoso é submetida a intemperismo contínuo, criando um manto de alteração da rocha chamado de **regolito**. À medida que o regolito continua sendo intemperizado, ou transportado e depositado, o material superficial solto que é produzido torna-se a base do desenvolvimento do solo (Figura 14.3). Em algumas áreas, o regolito pode estar faltando ou ser subdesenvolvido, expondo um afloramento de substrato rochoso não intemperizado.

Como resultado desse processo, o substrato rochoso é conhecido como a *rocha parental* a partir da qual o regolito intemperizado e os solos se desenvolvem. Onde quer que um solo seja relativamente jovem, sua rocha parental é rastreável por meio de semelhanças de composição. Por exemplo, na região dos cânions do sudoeste dos EUA, os sedimentos derivam sua cor e caráter da rocha parental, que é a substância das escarpas mostradas na Figura 14.4a, assim com os sedimentos em Marte derivam suas características do material de origem intemperizado exibido na Figura 14.4b. **Material de origem** é o material consolidado ou não consolidado do qual os solos se desenvolvem, variando de sedimentos não consolidados e rocha intemperizada (os fragmentos da Figura GEA 14.3) a substrato rochoso (a escarpa da Figura 14.4a). Solos são discutidos no Capítulo 18.

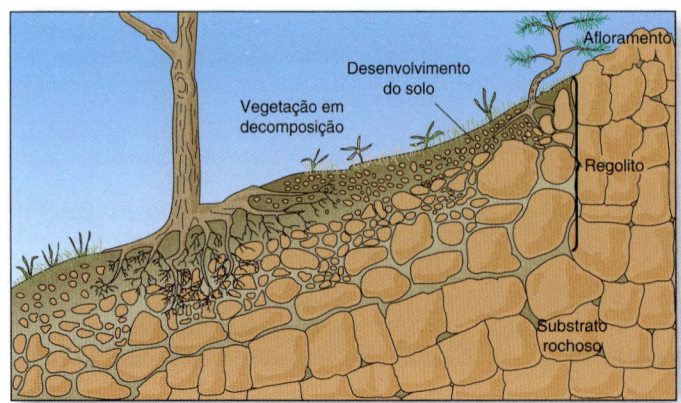

(a) Seção transversal de uma encosta típica.

▲Figura 14.3 Regolito e solo. [Autor.]

(b) Um penhasco expõe os componentes da encosta.

(a) Dunas de cor avermelhada no Parque Nacional Navajo, próximo à fronteira entre Utah e Arizona, derivam sua cor dos materiais de origem do arenito vermelho no segundo plano.

(b) Rochas intemperizadas e areia soprada pelo vento (em cores reais aproximadas) em Marte, em direção às Colinas Colúmbia, capturadas pela Sonda de Exploração de Marte *Spirit* em 2004.

▲Figura 14.4 **Materiais de origem.** [(a) Autor. (b) Imagem de Marte cortesia da NASA/JPL e Cornell University.]

Fatores que influenciam os processos de intemperismo

Vários fatores influenciam os processos de intemperismo.

- Composição e estrutura (juntas) da rocha. O caráter do substrato rochoso (duro ou macio, solúvel ou insolúvel, quebrado ou não) e sua composição mineral (minerais diferentes intemperizam a velocidades diferentes) influenciam a taxa de intemperismo. **Juntas** são fraturas ou separações na rocha que ocorrem sem deslocamento dos lados (como seria o caso do falhamento). Juntas aumentam a área de superfície da rocha exposta ao intemperismo físico e químico.
- Clima (precipitação e temperatura). Ambientes mais úmidos e tépidos aceleram os processos de intemperismo químico; ambientes mais frios possuem ciclos de congelamento-degelo que causam intemperismo físico. Rochas que intemperizam velozmente em climas tépidos e úmidos podem ser resistentes a intemperismo em climas secos (um exemplo é o calcário).
- Orientação da escarpa. A orientação da escarpa para norte, sul, leste ou oeste controla sua exposição à luz do Sol, vento e precipitação. As escarpas voltadas para o lado oposto dos raios solares tendem a ser mais frias, úmidas e vegetadas do que as escarpas expostas à luz solar direta. Esse efeito de orientação é particularmente observável em latitudes médias e altas.
- Água subsuperficial. A posição do lençol freático e a movimentação da água dentro do solo e das estruturas rochosas influenciam o intemperismo.
- Vegetação. Embora a cobertura vegetal possa proteger a rocha abrigando-a do impacto das gotas de chuva e fornecendo raízes para estabilizar o solo, ela também produz ácidos orgânicos a partir da decomposição parcial de matéria orgânica, que contribuem para o intemperismo químico. Além disso, as raízes das plantas entram nas fendas e quebram mecanicamente a rocha, exercendo pressão suficiente para separar fragmentos de rocha e expondo uma área de superfície maior a outros processos de intemperismo (Figura 14.5). Você já deve ter percebido como as raízes das árvores podem deslocar as seções de uma calçada ou entrada de veículos o suficiente para levantar e rachar o concreto.

Processos de intemperismo ocorrem tanto em escalas micro quanto em macroscópicas. Especificamente, a pesquisa em níveis de *microescala* revela uma relação entre clima e intemperismo mais complexa do que se pensava. Na pequena escala de locais de reação real na superfície rochosa, processos de intemperismo físico e químico podem

▲Figura 14.5 **Intemperismo físico por raízes de árvores.** [Bobbé Christopherson.]

ocorrer em diversos tipos de clima. Nessa escala, a umidade do solo (água higroscópica e água capilar) ativa processos de intemperismo químico mesmo na paisagem mais seca. (Revise os tipos de umidade do solo na Figura 9.9.) De forma semelhante, o papel das bactérias no intemperismo é uma importante área nova de pesquisa, pois esses organismos podem afetar os processos físicos (ao colonizar superfícies rochosas) e químicos (ao metabolizar determinados minerais e secretar ácidos).

Tenha em mente que, na complexidade da natureza, todos esses fatores que influenciam as taxas de intemperismo operam em conjunto, e que os processos de intemperismo físico e químico geralmente operam juntos. O *tempo* é o fator crítico final a afetar o intemperismo, pois esses processos demandam longos períodos. Normalmente, quanto maior a duração de exposição de uma superfície específica, mais ela será intemperizada.

Processos de intemperismo físico

Intemperismo físico, ou *intemperismo mecânico*, é a desintegração da rocha sem alterações químicas. Ao quebrar a rocha, o intemperismo físico produz mais área de superfície sobre a qual todo tipo de intemperismo pode atuar. Por exemplo, quebrar uma pedra maciça em oito pedaços duplica a área suscetível a processos de intemperismo. O intemperismo físico se dá principalmente por ação de congelamento, crescimento de cristais de sal e esfoliação.

Acunhamento por gelo Quando a água congela, seu volume expande em até 9% (vide Capítulo 7). Essa expansão gera uma poderosa força mecânica que pode superar a força tensional da rocha. O congelamento (expansão) e degelo (contração) repetidos da água, na dita *ação de congelamento* ou *congelamento-degelo*, quebra as rochas no processo de **acunhamento por gelo** (Figura 14.6).

O trabalho do gelo começa em pequenas aberturas nas juntas e fraturas existentes, gradualmente expandindo-as e rachando-as ou dividindo-as em formas variadas, dependendo da estrutura da rocha. Às vezes, o acunhamento por gelo produz blocos de rocha, ou *separação por bloco de juntas* (Figura 14.7).

O acunhamento por gelo é um importante processo de intemperismo nos climas microtermais úmidos (*úmido continental* e *subártico*) e nos climas polares, assim como nos climas de montanha de elevação alta do mundo inteiro. Nas latitudes altas, a ação do gelo é importante nos solos afetados por permafrost (discutidos em mais detalhes nos Capítulos 17 e 18).

▲Figura 14.6 **Intemperismo físico por acunhamento por gelo.** A expansão do gelo acarretada pelos processos de congelamento-degelo racharam este mármore (uma rocha metamórfica). [Bobbé Christopherson.]

Com o fim do inverno e o aumento da temperatura nas elevações montanhosas, a queda de rochas dos paredões escarpados ocorre mais frequentemente. As temperaturas crescentes que derretem o gelo do inverno fazem com que pedaços recém-fraturados caiam sem aviso prévio, às vezes iniciando desmoronamentos de rochas. Muitos incidentes desse tipo são verificados nos Alpes europeus e parecem estar ficando mais frequentes. Os pedaços de rocha que caem se estilhaçam com o impacto – outra forma de intemperismo físico (Figura 14.8).

Crescimento de cristais de sal (intemperismo salino) Especialmente nos climas áridos, onde o aquecimento é intenso, a evaporação puxa a umidade até a superfície das rochas, deixando minerais dissolvidos na forma de cristais (um processo chamado de cristalização). Com o tempo, à medida que os cristais se acumulam e crescem, eles exercem uma força grande o suficiente para separar os grãos que compõem a rocha e quebrá-la em pedaços, em um processo conhecido como *crescimento de cristais de sal* ou *intemperismo salino*.

Em muitas áreas do sudoeste dos EUA, a água subterrânea que é confinada com uma camada rochosa impermeável, como folhelho, dentro de estratos calcários, flui lateralmente até emergir à superfície. Aí a água evapora e deixa cristais de sal, que afrouxam os grãos de areia na rocha. A erosão subsequente dos grãos pela água e pelo vento completa o processo

GEOrelatório 14.1 Desmoronamentos de rochas em Yosemite

Os registros indicam que, nos últimos 150 anos, ao menos 600 desmoronamentos de rochas ocorreram no Vale Yosemite, localizado na Sierra Nevada, Califórnia. Em julho de 1996, uma laje de granito de 162.000 toneladas caiu 670 m a 260 km/h, derrubando mais de 500 árvores antes de se pulverizar em uma poeira fina que cobriu 50 acres. Em 1999, aconteceu outro desmoronamento de rocha, causando uma morte. Mais recentemente, grandes desmoronamentos de rochas ocorreram no Half Dome (vide Figura 14.10b), em 2006, no Glacier Point, em 2008, e no Ahwiyah Point, em 2009. Um mapa dos desmoronamentos de rochas entre 1857 e 2011 elaborado pelo National Park Service (NPS) pode ser visto em http://www.nps.gov/yose/naturescience/rockfall.htm. Observe no mapa do NPS que eventos de inverno e primavera predominam no registro, embora grandes desmoronamentos de rochas possam acontecer também nos meses mais quentes.

(a) Intemperismo físico em juntas no arenito produz blocos discretos no Parque Nacional de Canyonlands, Utah. Observe o intemperismo diferencial, o modo como a rocha de suporte mais macia sob as lajes já foi intemperizada e erodida.

(b) Separação por bloco de juntas em ardósia em Alkehornet, Isfjord, na ilha de Spitsbergen no Oceano Ártico, onde o congelamento é intenso.

▲Figura 14.7 **Intemperismo físico em juntas.** [(a) Autor. (b) Bobbé Christopherson.]

▲Figura 14.8 **Queda de rocha.** Detritos de rocha estilhaçada de uma grande queda de rocha no Parque Nacional Yosemite. A rocha recentemente exposta e de coloração clara mostra onde se originou a queda de rocha. [Autor.]

de escultura, formando alcovas na base das escarpas calcárias. Há mais de 1000 anos, os povos indígenas norte-americanos construíram vilarejos inteiros nesses nichos intemperizados como em Mesa Verde, no Colorado, e no cânion de Chelly, Arizona (pronunciado "du chei"; Figura 14.9).

Esfoliação O processo pelo qual a rocha descasca ou se desfaz em folhas, em vez de se quebrar em grãos, é chamado de **esfoliação**, um termo que geralmente diz respeito à remoção ou ao descolamento de uma camada externa. Esse processo também é chamado de *folheamento*. A esfoliação cria feições em forma de arco e domo no relevo exposto. Esses *domos de esfoliação* provavelmente são as maiores áreas de intemperismo (em área) da Terra (Figura 14.10).

Concebe-se a esfoliação como a pressão liberada com a remoção do estrato rochoso sobrejacente. Recorde, do Capítulo 12, que o magma que sobe até a crosta e depois fica profundamente soterrado sob alta pressão forma rochas ígneas intrusivas chamadas plútons. Esses plútons resfriam lentamente e tornam-se rochas graníticas cristalinas de granulação grossa, que podem então ser soerguidas e sujeitas a intemperismo e erosão. Conforme o gigantesco peso do material sobrejacente é removido do plúton granítico, a pressão de soterramento profundo é aliviada. Ao longo de milhões de anos, o granito lentamente responde com um enorme deslocamento físico, iniciando um processo conhecido como *juntas de pressão e liberação*, em que a rocha é rachada em juntas. Esfoliação é o intemperismo mecânico que separa as juntas em camadas semelhantes a lajes ou placas curvadas, frequentemente mais finas no topo da estrutura rochosa e mais grossas nas laterais. Porém, pesquisas recentes sugerem que a esfoliação pode originar-se da força da gravidade trabalhando uma superfície curvada, criando tensão sob um domo, em vez de apenas mediante processos de pressão e liberação.

Processos de intemperismo químico

Intemperismo químico refere-se à decomposição química (sempre com a presença de água) dos minerais constituintes de uma rocha. A decomposição e o decaimento químico intensificam-se com o aumento da temperatura e da precipitação. Embora minerais individuais variem em susceptibilidade, todo mineral formador de rocha é sensível a algum grau de intemperismo químico.

Um exemplo conhecido de intemperismo químico é o desgaste de fachadas de catedrais e a corrosão de lápides por precipitação ácida. Na Europa, onde chuvas ácidas cada vez mais resultam da queima do carvão, os processos de intemperismo químico são visíveis em muitos prédios. Um exemplo é a Catedral de Saint Magnus, nas Ilhas Orkney, ao norte da Escócia, que foi construída com arenito vermelho e amarelo a partir de aproximadamente 1137 d.C. Quase nove séculos de intemperismo químico dissolveram os materiais cimentadores do arenito, decompondo a rocha e dando um visual "derretido" e "desfocado" às intrincadas esculturas decorativas da edificação (Figura 14.11).

Intemperismo esferoidal é o intemperismo químico que suaviza e arredonda cantos e arestas afilados das rochas com

(a) Antigo abrigo em penhasco em um nicho formado parcialmente por intemperismo salino, Cânion de Chelly, Arizona. As faixas escuras na escarpa são finas camadas de verniz do deserto, composto de manganês que é absorvido e metabolizado por micróbios e transformado em minerais de óxidos.

(b) Água e uma camada de rocha impermeável ajudaram a concentrar os processos de intemperismo em um nicho no arenito sobrejacente.

▲**Figura 14.9 Intemperismo físico no arenito.** [Bobbé Christopherson.]

juntas (daí o nome *esferoidal*) à medida que a água penetra nas juntas e dissolve minerais mais fracos ou materiais de cimentação (Figura 14.12). Um matacão pode ser atacado por esse intemperismo de todos os lados, desprendendo conchas esféricas de rocha decomposta, como as camadas de uma cebola. O intemperismo esferoidal da rocha assemelha-se à esfoliação, mas não resulta da junta de liberação de pressão.

Hidratação e hidrólise A decomposição química da rocha por água pode ocorrer pela simples combinação de água com um mineral, no processo de *hidratação,* e pela reação química da água com um mineral, no processo de *hidrólise*. **Hidratação**, que significa "combinação com água", envolve pouca alteração química (não são formados novos compostos químicos), mas envolve mudança de estrutura. A água torna-se parte da composição química do mineral, formando um hidrato. Um desses hidratos é o gesso, sulfato hidratado de cálcio ($CaSO_4 \cdot 2H_2O$).

Quando alguns minerais passam por hidratação, eles se expandem, criando um forte efeito de acunhamento mecânico que cria tensão na rocha, forçando a separação dos grãos em um processo de intemperismo físico. Um ciclo de hidratação e desidratação pode levar à desintegração granular e à posterior susceptibilidade da rocha ao intemperismo químico. A hidratação também age em associação com outros processos para converter o feldspato, um mineral comum em muitas rochas, em minerais de argila.

O processo de hidratação também atua nos nichos de arenito exibidos na Figura 14.9.

Hidrólise é a decomposição de um composto químico pela reação com a água. Na geomorfologia, a hidrólise é interessante como processo que decompõe os minerais silicatos nas rochas. Em contraste com a hidratação, em que a água meramente se combina com os minerais da rocha, a hidrólise decompõe quimicamente o mineral, assim produzindo um mineral diferente por reação química.

Por exemplo, o intemperismo dos minerais de feldspato no granito pode ser causado por uma reação a ácidos fracos normais dissolvidos em precipitação:

feldspato (K, Al, Si, O) + ácido carbônico e água →
argilas residuais + minerais dissolvidos + sílica

Os produtos do intemperismo químico do feldspato no granito incluem argila (como caulinita) e sílica. As partículas de quartzo (sílica, ou SiO_2) formadas nesse processo são resistentes à decomposição química posterior e podem ser levadas a jusante, tornando-se um dia areia em uma praia distante. Os minerais da argila tornam-se um importante componente no solo e no folhelho, uma rocha sedimentar comum.

Quando os minerais na rocha são modificados pela hidrólise, a rede de cristais interligados que consolida a rocha se quebra, verificando-se a *desintegração granular*. Essa desintegração no granito pode fazer com que a rocha pareça corroída e até esfarelada (Figura 14.12b).

Na Tabela 12.2, Classificação das rochas ígneas, a sexta linha compara a resistência de diversas rochas ao intemperismo químico. Ela mostra que os minerais "ultramáficos" (pobres em sílica) piroxênio e olivina (na extrema direita da tabela) são os mais suscetíveis ao intemperismo químico. Minerais ricos em sílica, como feldspato e quartzo, são mais resistentes. As propriedades químicas dos minerais determinam a resistência da rocha ao intemperismo: por exemplo, o basalto (uma rocha máfica) intemperiza quimicamente mais depressa do que o granito (uma rocha félsica).

Oxidação Outro tipo de intemperismo químico ocorre quando certos elementos metálicos se combinam com o oxigênio para formar óxidos. Esse processo é chamado de **oxi-**

(a) Granito esfoliado, Montanhas White, New Hampshire.

(b) A esfoliação forma domos graníticos característicos, como o Domo Half em Yosemite, Califórnia.

▲Figura 14.10 **Esfoliação no granito.** A esfoliação afrouxa placas de granito, libertando-as para mais intemperismo e movimento encosta abaixo. [(a) e (c) Bobbé Christopherson. (b) Autor.]

(c) Processo de formação de juntas de alívio em Beverly Sund, ilha de Nordaustlandet, no Oceano Ártico.

Dissolução de carbonatos O intemperismo químico também ocorre quando um mineral se dissolve em solução – por exemplo, quando o cloreto de sódio (sal de cozinha) se dissolve em água. Lembre-se de que a água é chamada de solvente universal em razão de sua capacidade de dissolver no mínimo 57 dos elementos naturais e muitos de seus compostos.

O vapor d'água rapidamente dissolve o dióxido de carbono, gerando precipitação que contém ácido carbônico (H_2CO_3). Esse ácido é forte o suficiente para dissolver muitos minerais, principalmente o calcário, em um tipo de reação chamado de **carbonatação**. Este tipo de intemperismo químico decompõe minerais que contêm cálcio, magnésio,

dação. Talvez a oxidação mais conhecida seja o "enferrujamento" do ferro, gerando óxido férrico (Fe_2O_3). O resultado desta oxidação é visto quando se deixa uma ferramenta ou pregos na rua, encontrando-os semanas mais tarde recobertos de uma substância marrom-avermelhada esfarelada. Sua cor enferrujada é visível nas superfícies de rochas e em solos altamente oxidados, como os do úmido sudeste dos Estados Unidos, no sudoeste árido desse país ou nos trópicos (Figura 14.13). Esta é uma reação simples de oxidação do ferro:

ferro (Fe) + oxigênio (O_2) →
óxido férrico (hematita; Fe_2O_3)

Quando reações de oxidação retiram ferro dos minerais de uma rocha, a ruptura das estruturas cristalinas torna a rocha mais suscetível a intemperismo químico e desintegração adicionais.

▼Figura 14.11 **Intemperismo químico no arenito.** A Catedral Saint Magnus, em Kirkwall, Escócia, exibe as marcas de quase nove séculos de intemperismo químico. [Bobbé Christopherson.]

(a) Os processos de intemperismo químico agem sobre as juntas no granito para dissolver minerais mais fracos, levando a um arredondamento das bordas das fendas nas Montanhas do Alabama. Ao fundo, vê-se o Monte Whitney na crista da Sierra Nevada.

(b) O afloramento de granito arredondado demonstra o intemperismo esferoidal e a desintegração da rocha. Na verdade, a superfície está esfarelada.

◄ **Figura 14.12 Intemperismo químico e intemperismo esferoidal.** [Bobbé Christopherson.]

potássio ou sódio. Quando a água da chuva ataca formações de calcário (basicamente o carbonato de cálcio, $CaCO_3$), os minerais constituintes dissolvem e são carregados pela água da chuva levemente ácida:

carbonato de cálcio + ácido carbônico e água → bicarbonato de cálcio ($Ca_2^{2+}CO_2H_2O$)

A dissolução do mármore, uma forma metamórfica de calcário, é aparente nas lápides de muitos cemitérios (Figura 14.14). Em ambientes onde há água suficiente à disposição para dissolução, o calcário e o mármore intemperizados assumem uma aparência esburacada e gasta. A precipitação ácida também potencializa os processos de carbonatação (vide *Estudo Específico* 3.2, Deposição ácida: danosa aos ecossistemas).

(a) A oxidação dos minerais de ferro cria essas cores nos solos de floresta tropical pluvial no leste de Porto Rico.

(b) Solos produzidos por condições quentes e úmidas, em Sumter County, Geórgia, têm a cor dos óxidos férrico e de alumínio. A plantação é de amendoim.

▲ **Figura 14.13 Processos de oxidação na rocha e no solo.** [Bobbé Christopherson.]

GEOrelatório 14.2 O intemperismo das pontes do Central Park, Nova York

No Central Park de Nova York, 36 pontes são feitas de diversos tipos de pedra, vindos de fontes de todo o nordeste dos EUA e Canadá. Há mais de 140 anos, processos físicos e químicos estão intemperizando essas pontes. Como a poluição atmosférica oriunda da queima de combustíveis fósseis aumentou, a acidez da neve e da chuva acelerou as taxas de intemperismo, um problema potencializado pelo uso de sal nas vias sobre as pontes durante o inverno. Os elementos decorativos das pontes estão desaparecendo com o desgaste da superfície rochosa pelo intemperismo. Alguns blocos de arenito severamente intemperizados tiveram de ser substituídos por concreto pré-moldado.

Topografia cárstica

Em certas áreas do mundo com extensas formações calcárias, o intemperismo químico envolvendo dissolução de carbonatos domina paisagens inteiras (Figura 14.15). Essas áreas são caracterizadas por topografia de superfície esburacada e acidentada, drenagem deficiente da superfície e *canais de solução* bem desenvolvidos (aberturas e condutos dissolvidos) no subsolo. Nas paisagens desse tipo, o intemperismo e a erosão causados pela água subterrânea podem gerar curiosos labirintos de grutas abaixo do solo.

Essas são as feições e os relevos clássicos da **topografia cárstica**, que leva esse nome por causa do platô Krš, na Eslovênia (ex-Iugoslávia), onde os processos cársticos foram estudados pela primeira vez. Aproximadamente 15% da área terrestre do planeta apresentam algumas características cársticas, com exemplos notáveis no sul da China, no Japão, em Porto Rico, na Jamaica, no Yucatán do México e nos estados de Kentucky, Indiana, Novo México e Flórida, nos EUA.

Formação de carste

Para que uma paisagem de calcário se torne uma topografia cárstica, diversas condições são necessárias:

- A formação de calcário deve conter 80% ou mais de carbonato de cálcio para que os processos de dissolução prossigam efetivamente.
- Padrões complexos de juntas no calcário impermeável sob outras circunstâncias são necessários para que a

▲Figura 14.14 **Dissolução do calcário.** Uma lápide de mármore sofre intemperismo químico em um cemitério escocês, ficando irreconhecível. O mármore é uma forma metamórfica do calcário. As datas legíveis nas lápides vizinhas sugerem que esta tem cerca de 228 anos. [Bobbé Christopherson.]

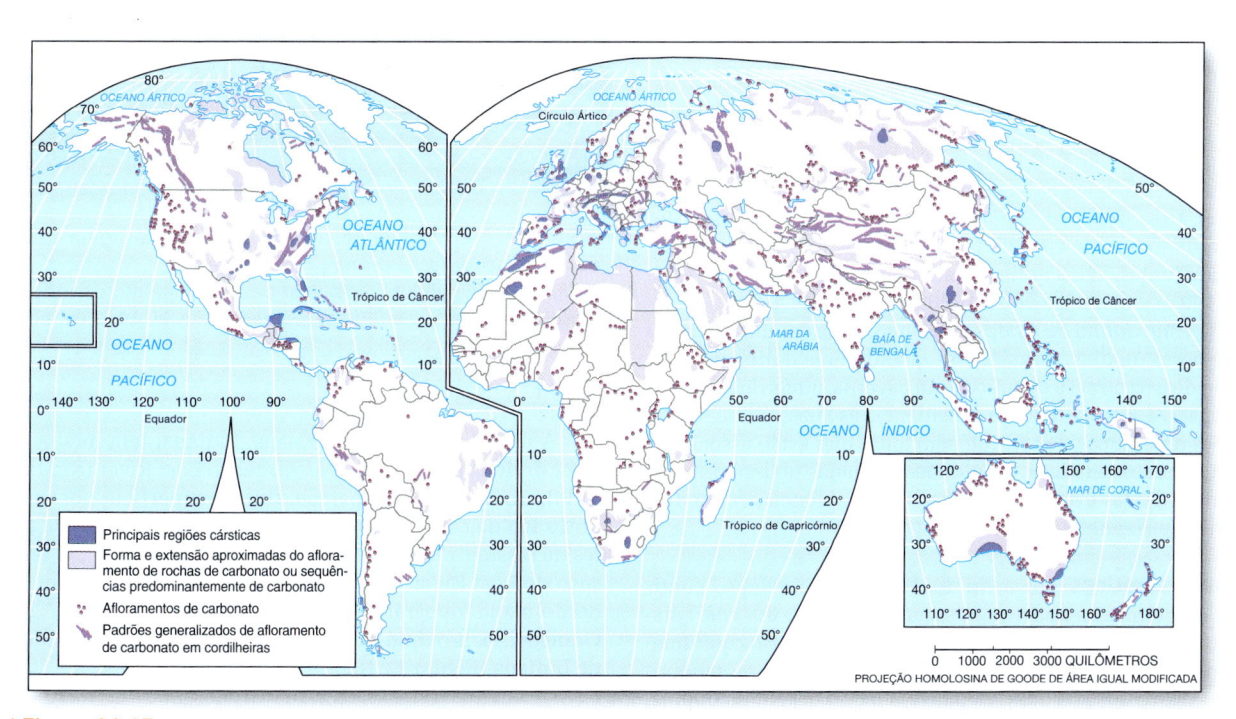

▲Figura 14.15 **Paisagens cársticas e regiões de calcário.** Grandes regiões cársticas estão presentes em todos os continentes (com exceção da Antártica). Os afloramentos de rochas de carbonato ou as sequências predominantemente de carbonato são calcário e dolomita (cálcio, carbonato de magnésio), mas podem conter outras rochas de carbonato. [Mapa adaptado por Pam Schaus, baseado em fontes do USGS; e D. C. Ford and P. Williams, *Karst Geomorphology and Hydrology*, p. 601. © 1989 by Kluwer Academic Publishers. Adaptado com permissão.]

água forme rotas para canais de drenagem abaixo da superfície.
- Uma zona aerada (contendo ar) deve existir entre a superfície do solo e o lençol freático.
- Cobertura vegetal é necessária para suprir diferentes quantidades de ácidos orgânicos que intensificam os processos de dissolução.

A função do clima no fornecimento de condições otimizadas para os processos cársticos permanece em discussão, embora a quantidade e a distribuição de precipitação pareçam importantes. As feições cársticas encontradas hoje nas regiões áridas formaram-se em antigas condições climáticas de maior umidade. O carste é raro nas regiões árticas e antárticas porque a água subsuperficial, embora presente, geralmente está congelada.

Como acontece com todos os processos de intemperismo, o tempo é um fator importante. No início do século XX, os cientistas propuseram que as paisagens cársticas progrediam por estágios identificáveis de desenvolvimento, da juventude à velhice. As evidências não deram respaldo a essa teoria, e hoje pensa-se que as paisagens cársticas são únicas em cada local, sendo um resultado das condições específicas do lugar. Apesar disso, paisagens cársticas maduras apresentam certas formas características.

Feições das paisagens cársticas

Diversas formas de relevo são típicas das paisagens cársticas. Cada forma origina-se da interação entre processos de intemperismo superficial, movimentação da água subterrânea e processos que se dão nas redes de grutas subterrâneas (descritas logo adiante).

Linhas de subsidência O intemperismo por dissolução de paisagens calcárias cria **linhas de subsidência**, ou *dolinas*, que são depressões circulares em que a superfície do solo pode atingir até 600 m de profundidade. Dois tipos de linhas de subsidência são mais proeminentes no relevo cárstico. Uma *dolina de solução* forma-se pela lenta subsidência de materiais superficiais nas juntas ou na intersecção entre juntas. Essas dolinas geralmente têm profundidade de 2-100 m e diâmetro de 10-1000 m. (Figura 14.16).

Uma *dolina de colapso* desenvolve-se em um intervalo de horas ou dias, formando-se quando uma dolina de solução desaba através do teto de um caverna subterrânea (Figura 14.17). Essas linhas de subsidência às vezes possuem feições dramáticas, sendo que nem todas elas estão associadas a processos cársticos. Atividades humanas podem originar vários desses eventos de linhas de subsidência, como descrito no *GeoRelatório* 14.3.

Vales cársticos Por meio de dissolução e colapso contínuos, as dolinas podem coalescer para formar um *vale cárstico* – uma depressão alongada que pode ter vários quilômetros de comprimento. Esse vale pode ter brejos ou tanques nas depressões de dolina e padrões de drenagem incomuns. Os rios superficiais podem inclusive "desaparecer" (sumidouro), juntando-se ao fluxo de água subterrânea típico das paisagens cársticas; eles podem fazer isso através de juntas ou buracos ligados a sistemas cavernosos ou correndo diretamente para dentro das cavernas.

▲**Figura 14.16 Buraco das Araras, uma dolina de solução perto de Goiás, Brasil.** [J. Carvalho/Getty Images.]

▲**Figura 14.17 Dolina de colapso em uma paisagem calcária.** O colapso dessa dolina perto of Frederick, Maryland, em 2003, provavelmente foi agravado pelo escoamento da rodovia (observe na foto o cano de escoamento pluvial sob a estrada). [Randall Orndorff, USGS.]

A área a sudoeste de Orleans, Indiana, tem média de 1022 dolinas por 2,6 km^2. Nessa área, o Lost River (Rio Perdido), um rio que desaparece, flui da superfície por mais de 13 km de canais subterrâneos de dissolução cárstica antes de ressurgir em uma nascente, ou "olho d'água". O leito seco do Lost River pode ser visto no canto inferior esquerdo do mapa topográfico na Figura 14.18b. O Olho D'Água Orangeville, próximo a Orleans, é a segunda maior nascente de Indiana (Figura 14.18e).

Carste tropical Nos climas tropicais, a topografia cárstica inclui duas formas de relevo características – cockpits e cones –, com exemplos proeminentes na região caribenha (Porto Rico, Jamaica) e no sudeste asiático (China, Vietnã e Tailândia). Nesses climas úmidos, onde grossos leitos de

▶ **Figura 14.18 Características da topografia cárstica em Indiana.** [(d) Mitchell, quadrângulo de Indiana, USGS. (b), (c) e (e) Bobbé Christopherson.]

(b) Paisagem cárstica com rolamento e campos de milho próximos a Orleans, Indiana.

(c) Lago em uma depressão de dolina próximo a Palmyra, Indiana.

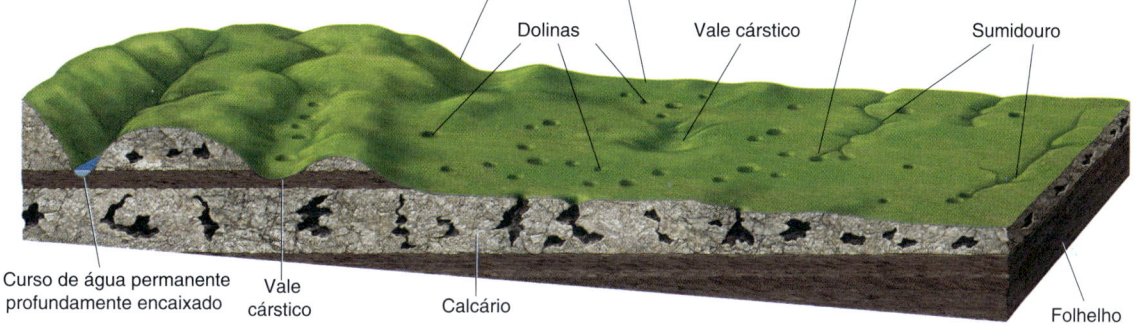

(a) Características idealizadas da topografia cárstica no sul de Indiana.

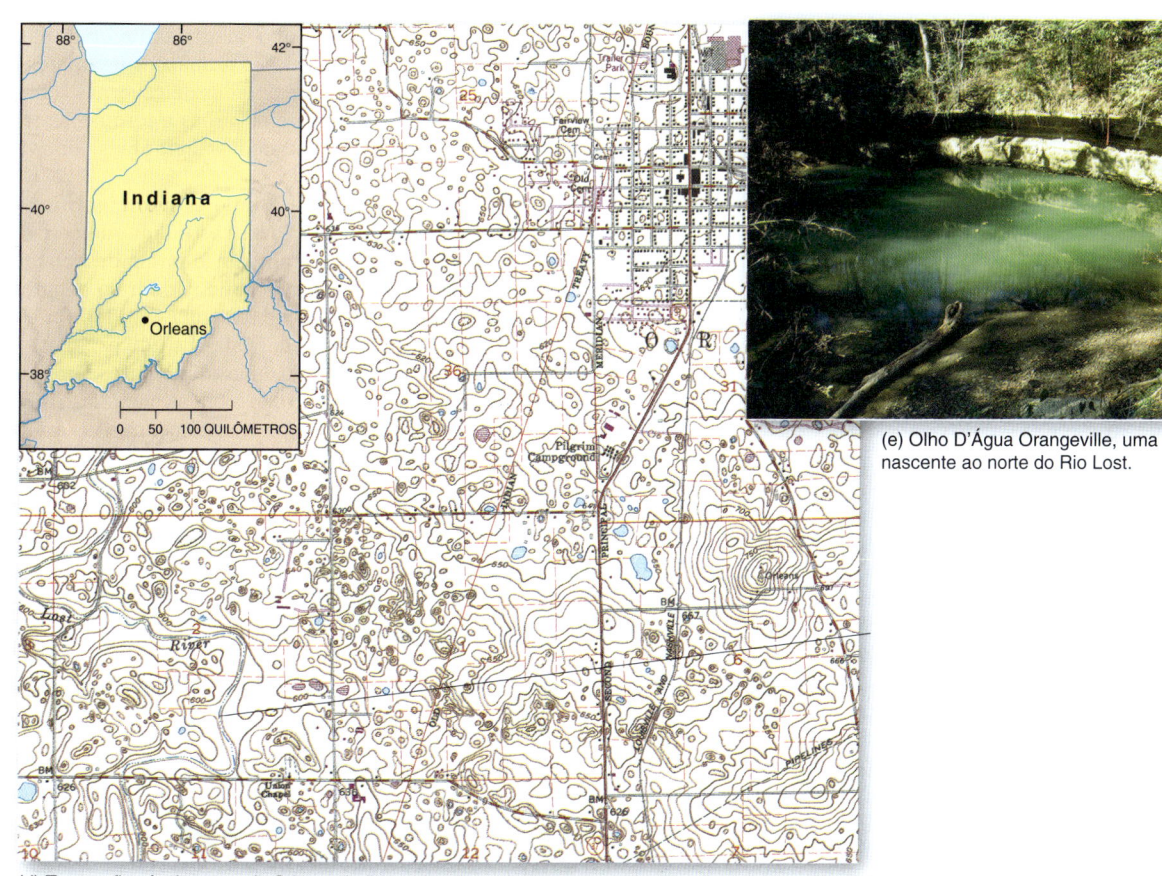

(d) Topografia cárstica perto de Orleans, Indiana; observe as linhas de contorno e as depressões, indicadas por pequenas hachuras (marcas indicativas) no lado descendente das linhas de contorno.

(e) Olho D'Água Orangeville, uma nascente ao norte do Rio Lost.

GEOrelatório 14.3 Dolinas criadas por atividades humanas

Junto ao riacho Bushkill, a jusante da pedreira Hercules, dúzias de dolinas entraram em colapso desde 2000, levando abaixo uma das pontes da estrada estadual State Route 33 e ameaçando bairros de Stockertown, Condado de Northampton, Pensilvânia (EUA). O desenvolvimento das dolinas estava correlacionado com o bombeamento de água subterrânea na pedreira vizinha, que baixou os níveis do lençol freático. Em Chicago, uma dolina abriu-se no meio da rua em 2013, engolindo três carros. Uma tubulação de água rompida causou o colapso, que provocou apenas ferimentos leves.

◀ **Figura 14.19 Pesquisa das profundezas do espaço utilizando a topografia cárstica de cockpits.** A topografia cárstica de cockpits próximo a Arecibo, Porto Rico, é onde está instalado o maior telescópio da Terra. A descoloração da parabólica não afeta a recepção do telescópio. O sinal é focado em receptores móveis suspensos a 168 m da parabólica. [Bobbé Christopherson; detalhe da Cornell University.]

calcário têm juntas profundas (expondo uma grande área aos processos de dissolução), o intemperismo forma uma topografia complexa chamada de *cockpit carste*, que lembra a forma de uma caixa de ovos (Figura 14.19). Os "cockpits" são ocos em forma de estrela, com laterais íngremes, com a drenagem hídrica ocorrendo por percolação do fundo do cockpit até a corrente de água subterrânea. Podem se formar linhas de subsidência no fundo dos cockpits, e, de acordo com algumas teorias, o colapso das dolinas de solução é uma causa importante da topografia de cockpit carste.

Nos trópicos, o intemperismo por dissolução também deixa blocos calcários resistentes e isolados que formam cones conhecidos como *carste de torre*. Esses cones e torres resistentes são notáveis em diversas áreas da China, onde torres de até 200 m de altura interrompem um plano que, fora isso, é de baixa elevação (Figura 14.20).

Cavernas e grutas

Cavernas são definidas como áreas subterrâneas naturais grandes o suficiente para a entrada de seres humanos. As cavernas se formam no calcário porque ele se dissolve com facilidade por carbonatação; uma caverna grande formada por processos químicos é uma *gruta*. As maiores grutas de calcário dos Estados Unidos são a caverna Mammoth, no Kentucky (também a mais extensa caverna pesquisada do mundo, com 560 km), as cavernas Carlsbad, no Novo México, e a caverna Lehman, em Nevada.

As cavernas Carlsbad estão em formações de calcário de 200 milhões de anos, depositadas quando mares rasos cobriram a região. Levantamentos regionais associados à construção das Rochosas (a orogenia Laramide, há 40-80 milhões de anos) elevaram a região acima do nível do mar, subsequentemente levando à formação ativa de grutas.

As cavernas geralmente se formam um pouco abaixo do nível de água, onde a posterior redução do nível as expõe a um maior desenvolvimento (Figura 14.21). Como discutido no Capítulo 11, espeleotemas são formações compostas por depósitos minerais dentro de cavernas, ocorrendo em diversas formas características. *Formas colunares* são espeleotemas que se formam à medida que a água contendo minerais pinga lentamente do teto da caverna. O carbonato de cálcio se precipita da solução em evaporação, literalmente uma camada molecular por vez, e se acumula em um ponto abaixo do chão da caverna.

Assim, formas colunares são feições deposicionais – *estalactites*, se descendo do teto, e *estalagmites*, se subindo do chão. Às vezes, uma estalactite e uma estalagmite crescem até se ligar e formar uma *coluna* contínua (Figura 14.21b e c). Canudos são um tipo de estalactite longa e fina (Figura 14.21e). *Escorrimentos* são formações laminares de carbonato de cálcio no chão e paredes de cavernas (Figura 14.21d). Para saber mais sobre cavernas e formações relacionadas, acesse http://www.goodearthgraphics.com/virtcave/virtcave.html.

Espeleologia é a exploração e o estudo científico de cavernas. Cientistas e exploradores estimam que cerca de 90% das cavernas do mundo ainda não foram descobertos, e mais de 90% das descobertas ainda não foram examinados biologicamente, o que faz delas uma grande frente de pesquisa. Esses habitats são ecossistemas únicos, quase fechados e autocontidos, com cadeias alimentares simples e grande estabilidade. Na escuridão total, as bactérias sintetizam elementos inorgânicos e produzem compostos orgânicos que mantêm muitos tipos de vida na caverna, incluindo algas, pequenos invertebrados, anfíbios e peixes. *Bioespeleologia* é o estudo dos organismos das cavernas.

Em uma caverna descoberta em 1986, próximo a Movile, no sudeste da Romênia, invertebrados adaptados a cavernas foram encontrados após milhões de anos de isolação sem sol. Trinta e um desses organismos eram até então

▲ **Figura 14.20 Torre cárstica, vale do Rio Li, China.** [Keren Su/Corbis.]

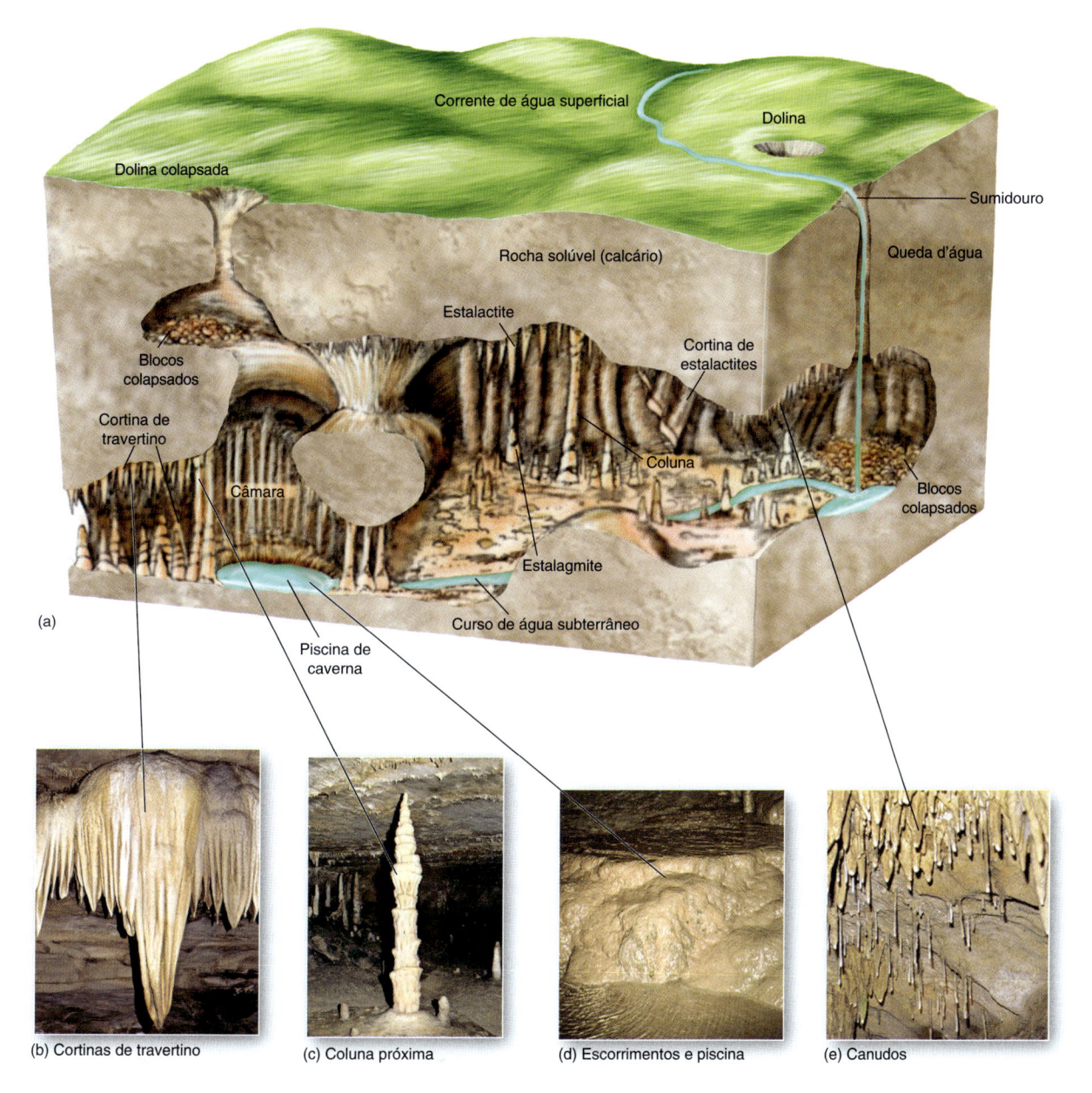

Capítulo 14 • Intemperismo, paisagem cárstica e movimento de massa   **409**

(a) (b) Cortinas de travertino (c) Coluna próxima (d) Escorrimentos e piscina (e) Canudos

▲**Figura 14.21 Uma caverna subterrânea e formas relacionadas no calcário.** Cria-se uma coluna quando estalactites do teto e estalagmites do chão se conectam. Todas as fotos de caverna são das Cavernas Marengo, Marengo, Indiana (vide *GeoRelatório* 14.4). [Todas as fotos de Bobbé Christopherson.]

GEOrelatório 14.4 Amadores descobrem cavernas

No início da década de 1940, perto de Bedford, Indiana, um homem acordou e percebeu que o lago de sua fazenda estava no fundo de uma profunda dolina desmoronada. Essa dolina agora é a entrada do extenso sistema de cavernas Marengo, que inclui uma corrente de água subterrânea navegável. Muitos anos atrás, no Vietnã, um camponês anunciou a entrada para uma grande caverna desconhecida em uma selva remota. Em 2010, esse camponês liderou uma expedição britânica-vietnamita na que hoje é considerada a maior passagem cavernosa do mundo. Fica evidente que, para além das atividades contínuas dos cientistas nesse campo, moradores locais e exploradores de cavernas amadores – espeleólogos – fizeram muitas descobertas importantes, um fato que mantém vivo esse esporte popular. Para obter quase mil links com informações de todo o mundo, acesse http://www.cbel.com/speleology.

desconhecidos. Sem a luz solar, o ecossistema em Movile é sustentado por bactérias metabolizadoras de enxofre que sintetizam matéria orgânica usando a energia dos processos de oxidação. Essas bactérias quimiossintéticas alimentam outras bactérias e fungos que, por sua vez, sustentam os animais da caverna. As bactérias do enxofre produzem compostos de ácido sulfúrico que podem ser importantes no intemperismo químico de algumas cavernas.

Processos de movimento de massa

Na Colômbia, Nevado del Ruiz é o mais setentrional de duas dúzias de picos vulcânicos dormentes (não extintos e por vezes ativos) da Cordilheira Central. Esse vulcão entrou em erupção seis vezes nos últimos 3000 anos, matando 1000 pessoas em sua última erupção, em 1845. Em 13 de novembro de 1985, às 23h, após um ano de terremotos e tremores harmônicos (energia sísmica liberada em associação com vulcões), uma saliência crescente em seu flanco nordeste, e meses de pequenas erupções no cume, o Nevado del Ruiz entrou em erupção violentamente em uma explosão lateral, desencadeando um derrame de lama que desceu suas encostas rumo à cidade e às aldeias que dormiam abaixo.

O deslizamento de lama era uma mistura de lama liquefeita com cinza vulcânica que se desenvolveu quando a erupção quente derreteu o gelo do pico nevado da montanha. Esse *lahar* (palavra indonésia para derrames de lama de origem vulcânica) desceu rapidamente o Rio Lagunilla em direção às aldeias. A parede de lama tinha, no mínimo, 40 m de altura enquanto se aproximava de Armero, um centro regional com população de 25.000 pessoas. O lahar soterrou a cidade adormecida: 23.000 pessoas morreram; milhares ficaram feridos; 60.000 pessoas ficaram desabrigadas na região. O fluxo de detritos gerado pela erupção de 1980 do Monte Santa Helena também foi um lahar.

Deslizamentos de terra são outro tipo de movimento de massa que oferece um grande risco, provocando uma média de 25 mortes por ano nos Estados Unidos. Para mais informações, visite http://landslides.usgs.gov/ ou o blog de deslizamentos de terra da American Geophysical Union em http://blogs.agu.org/landslideblog/.

Mecânica do movimento de massa

Movimento de massa, também chamado de **perda de massa**, é o movimento encosta abaixo de um corpo de materiais (composto de solo, sedimento ou rocha) impelido pela força da gravidade. Movimentos de massa podem ocorrer em terra ou sob o oceano (deslizamentos de terra submarinos).

Ângulo da encosta e forças Todos os movimentos de massa ocorrem em encostas sob a influência do estresse gravitacional. Se empilharmos areia seca em uma praia, os grãos fluirão encosta abaixo até que o equilíbrio seja atingido. A inclinação da encosta resultante, chamada de **ângulo de repouso**, depende do tamanho e da textura dos grãos. Esse ângulo representa um equilíbrio entre a força impulsora (gravidade) e a força de resistência (atrito e cisalhamento). O ângulo de repouso para vários materiais varia entre 33° e 37° (em relação à horizontal) e entre 30° e 50° para encostas com avalancha de neve.

Como assinalado, a *força impulsora* no movimento de massa é a gravidade. Ela age em conjunto com o peso, o tamanho e a forma do material de superfície; o grau em que a encosta excede seu ângulo de repouso; e a quantidade e a forma de umidade disponível (congelada ou fluida). Quanto maior o ângulo da encosta, mais suscetível é o material de superfície aos processos de perda de massa.

A *força de resistência* é a força de cisalhamento do material da encosta – ou seja, sua coesão e atrito interno, que age contra a gravidade e a perda de massa. Reduzir a força de cisalhamento é aumentar a tensão de cisalhamento, que acaba por atingir o ponto em que a gravidade supera o atrito, iniciando a falha da encosta.

Condições de falha de encosta Diversas condições podem levar à falha de encosta que provoca o movimento de massa. A falha pode ocorrer quando uma encosta fica saturada com chuva abundante; quando a encosta fica excessivamente íngreme (ângulo de 40° a 60°), como quando um rio ou ondas realizam erosão da base; quando uma erupção vulcânica derrete gelo e neve, como aconteceu no Nevado del Ruiz e no Monte Santa Helena; ou quando um terremoto solta detritos ou fratura a rocha que mantém estável uma encosta muito íngreme.

O teor de água é um fator importante para a estabilidade da encosta; um aumento nesse teor pode fazer a rocha ou o regolito começar a fluir. Superfícies argilosas são altamente suscetíveis à hidratação (inchaço físico em resposta à presença de água). Quando superfícies argilosas são molhadas, elas lentamente se deformam na direção do movimento; quando ficam saturadas, formam um fluido viscoso que cede facilmente sob o peso em cima. O deslizamento de lama de 1995 em La Conchita, Califórnia (vide Figura 14.23a), aconteceu em um ano anormalmente úmido. A mesma encosta cedeu novamente em 2005, após um período de duas semanas de neve quase recorde.

Os choques e as vibrações associados aos terremotos muitas vezes causam movimento de massa, como aconteceu no Cânion do Rio Madison, perto de West Yellowstone, Montana. Por volta da meia-noite de 17 de agosto de 1959, um terremoto M 7,5 rompeu um bloco de dolomita (um tipo de calcário) no sopé de uma encosta profundamente intemperizada e íngreme (área branca da Figura 14.22), soltando 32 milhões de m³ do flanco da montanha. Esse material desceu a encosta a 95 km/h, gerando ventos fortíssimos no cânion. O impulso moveu o material por mais de 120 m verticais no lado oposto do cânion, aprisionando várias centenas de campistas com aproximadamente 80 m de rochas e matando 28 pessoas.

A massa de material que represou o Rio Madison em consequência desse evento criou um novo lago, denominado Lago Quake (*quake* é sismo, em inglês). Para evitar o transbordamento e a consequente erosão e enchente a jusante, o Corpo de Engenheiros do exército norte-americano escavou um canal para que o lago pudesse ser drenado.

O terremoto M 8,0 na Província de Sichuan, China, em 2008 provocou milhares de deslizamentos de terra em toda

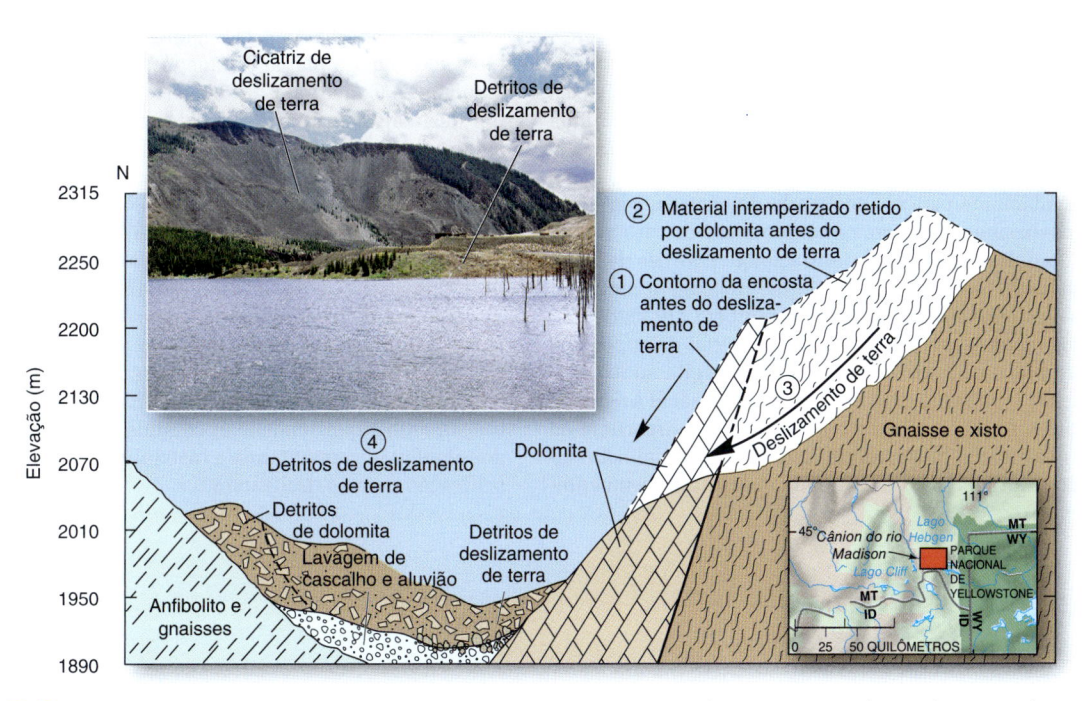

▲**Figura 14.22 Deslizamento de terra no Rio Madison.** Seção transversal mostrando a estrutura geológica do cânion do Rio Madison em Montana, onde um terremoto causou um deslizamento de terra em 1959. Os detritos do deslizamento bloquearam o cânion e represaram o Rio Madison, visível na foto do detalhe. [USGS Professional Paper 435-K, August 1959, p. 115. Foto do detalhe de Bobbé Christopherson.]

a região, muitos dos quais formaram barragens em rios e lagos sísmicos. Na maior dessas represas de deslizamento de terra, no Rio Qianjiang, a dragagem do canal conseguiu evitar o transbordamento e a inundação a jusante. Em 2010, no norte do Paquistão, um imenso deslizamento de terra represtou o Rio Hunza. Neste caso, a dragagem era impossível por causa do barro no local. A represa sobreviveu a repetidos transbordamentos; em 2012, um respiradouro foi dinamitado para rebaixar o nível da água do lago.

Classes de movimentos de massa

Em qualquer movimento de massa, a gravidade exerce uma força sobre a massa de material até que seja atingido o ponto crítico de falha por cisalhamento – um limiar do relevo. O material então pode *cair*, *deslizar*, *fluir* ou *rastejar* – as quatro classes de movimentos de massa. Essas classes variam em volume de material (de pequeno a imenso), teor de umidade (de seco a úmido) e velocidade de movimento (de rocha em queda livre a rastejamento lento). A Figura 14.23 exibe os tipos específicos de movimento de massa discutidos adiante de acordo com as categorias de umidade e velocidade.

Quedas de rochas e avalanchas de detritos Quedas de rochas e avalanchas de detritos são tipos de movimento de massa que ocorrem em altas velocidades e em materiais com teor de água pequeno a intermediário. Uma **queda de rocha** é simplesmente um volume de rocha que cai pelo ar e atinge uma superfície. Durante uma queda de rocha, os pedaços individuais caem independentemente e constituem pilhas características, de forma cônica, feitas de rochas quebradas irregulares – os chamados cones de tálus, que coalescem em uma **encosta de tálus** na base de uma encosta íngreme (Figura 14.24, página 414).

Uma **avalancha de detritos** é uma massa de rochas, detritos e solos que caem e rolam em alta velocidade devido à presença de gelo e água, que fluidizam os detritos. O extremo perigo de uma avalancha de detritos resulta de sua enorme velocidade. Em 1962 e em 1970, avalanchas de detritos causaram estrondo pela face oeste de Nevado Huascarán, o pico mais alto dos Andes peruanos. Um terremoto deu início ao episódio de 1970, em que mais de 100 milhões de m³ de detritos a 300 km/h soterraram a cidade de Yungay, matando 18.000 pessoas (Figura 14.25, página 414).

Deslizamentos de terra Um rápido movimento repentino de uma massa coesa de regolito que não está saturada com umidade é um **deslizamento de terra** – uma grande quantidade de material que cai simultaneamente. A surpresa cria o perigo, pois a força da gravidade ganha a luta pelo equilíbrio em um instante. O *Estudo Específico* 14.1 descreve um desses eventos-surpresa que ocorreu próximo a Longarone, Itália, em 1963.

A fim de eliminar o elemento surpresa, os cientistas estão usando o Sistema de Posicionamento Global (GPS) para monitorar o movimento de deslizamentos de terra. Com o GPS, os cientistas medem pequenos deslocamentos de terra em áreas vulneráveis para obter pistas em relação a perigo iminente de perdas de massa. O GPS foi aplicado em dois casos no Japão e efetivamente identificou movimentos pré-

-deslizamento de terra de 2-5 cm por ano, fornecendo informações para expandir a área de perigo e alerta.

Os deslizamentos ocorrem em duas formas básicas: translacional ou rotacional (a Figura 14.23 apresenta uma visão idealizada de cada uma). Os *deslizamentos translacionais* envolvem movimento ao longo de uma superfície plana aproximadamente paralela ao ângulo da encosta, sem rotação. O deslizamento de terra no cânion Madison, descrito há pouco, foi um deslizamento translacional. Padrões de fluxo e rastejamento são considerados translacionais por natureza.

Os *deslizamentos rotacionais*, também chamados de *escorregamentos*, ocorrem quando o material de superfície se move por uma superfície côncava. A argila subjacente geralmente representa uma barreira impermeável à água de percolação. Como resultado, a água flui pela superfície de argila, minando o bloco sobrejacente. O material sobrejacente pode girar como uma unidade independente ou apresentar uma aparência escalonada. Contínuos deslizamentos rotacionais de lama em resposta a chuvas abundantes assolam La Conchita, Califórnia (Figura 14.23a). Em 1995, um deslizamento rotacional soterrou residências lá, e em janeiro de 2005 um episódio de deslizamento de lama após um período de chuvas torrenciais soterrou 30 casas e matou 10 pessoas.

Em outubro de 2007, um deslizamento rotacional aconteceu em La Jolla, Califórnia, causando danos a mais de 100 residências na Soledad Mountain Road. Essa área é inerentemente instável, tendo tido três outros episódios de colapso desde 1961. Sinais precoces de alerta sobre a ocorrência de 2007 começaram em julho. A causa é atribuída à irrigação irrestrita de pátios e jardins, levando a água por escoamento superficial até os estratos subsuperficiais e, em consequência, aumentando a instabilidade e fornecendo lubrificação para os deslizamentos.

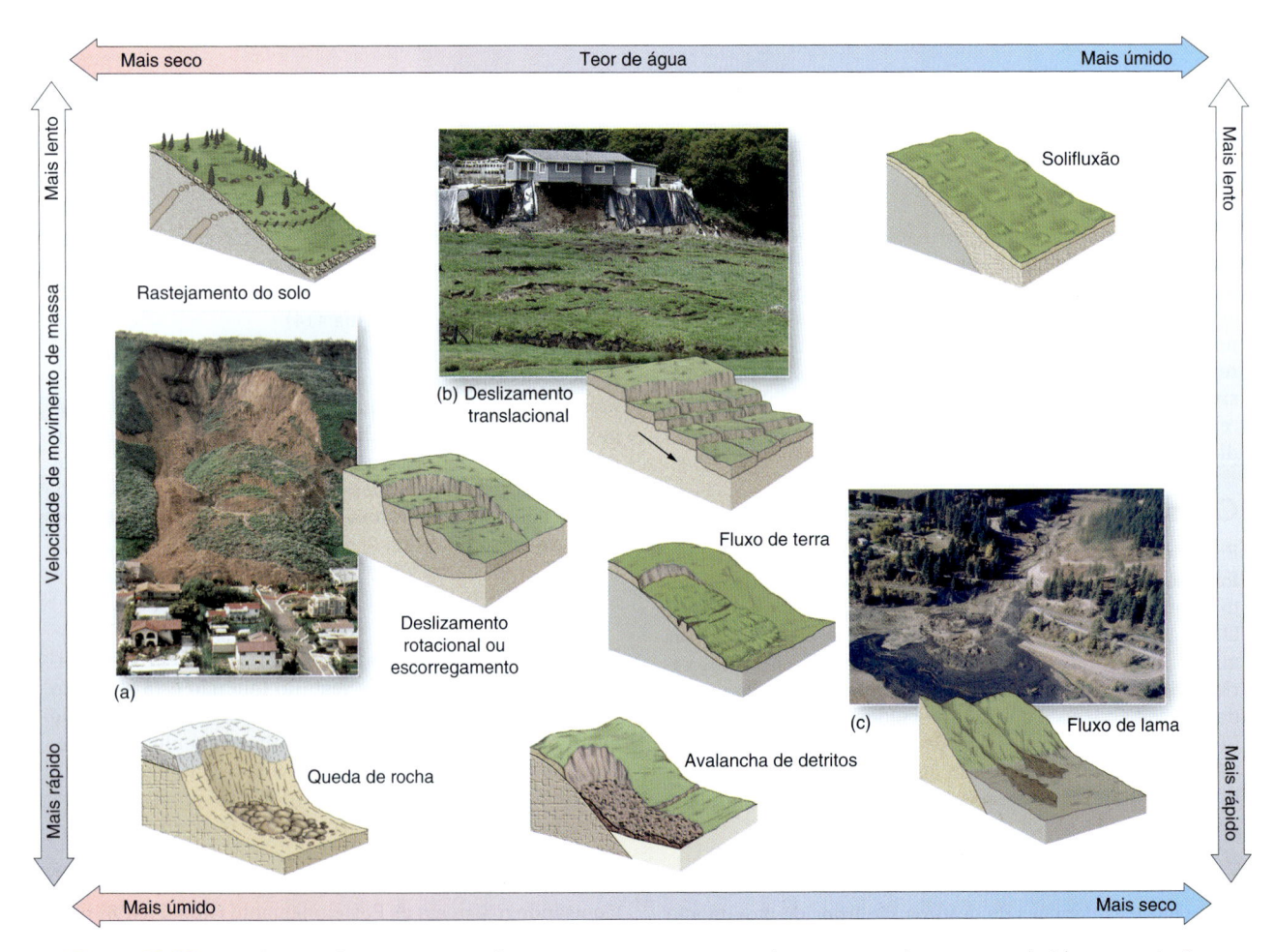

▲**Figura 14.23 Classificação dos movimentos de massa.** Os principais tipos de movimento de massa produzidos por variações no teor de água e nas velocidades de movimento. (a) Um deslizamento de 1995 em La Conchita, Califórnia, palco também de um episódio de deslizamento de lama em 2005. (b) Encostas saturadas cedendo, Condado de Santa Cruz, Califórnia. (c) Em 1998, um fluxo de lama soterrou parte de uma linha férrea e rodovia perto da Ferrovia Bonner, norte de Idaho. [(a) Robert L. Schuster/USGS. (b) Alexander Lowry/Photo Researchers, Inc. (c) NOAA/NGDC, D. Krammer, Disaster Services Boundary County, Idaho.]

⚥ Estudo Específico 14.1 Riscos naturais
O desastre de deslizamento de terra da represa Vaiont

No início dos anos 1960, um dos piores desastres da história envolvendo deslizamentos de terra e barragens aconteceu no Cânion Vaiont, nos Alpes italianos, nordeste da Itália. O deslizamento de terra aconteceu durante o preenchimento de uma represa atrás de uma barragem hidrelétrica. A Barragem Vaiont, de 262 m de altura, construída em um cânion estreito que desembocava em terras baixas povoadas ao oeste, estava próxima de sua conclusão, em fevereiro de 1960, quando o preenchimento da represa começou. Nesta fase, como os cientistas haviam alertado em seu relatório pré-construção, as encostas de ambos os lados da barragem ficaram instáveis.

Análise geológica pré-construção

Uma análise da geologia da área e da estabilidade da encosta no local da represa apresentou diversos pontos importantes. Primeiro, as paredes íngremes do cânion eram compostas de calcário e folhelho intercalados, com fraturas abertas no folhelho inclinadas em direção ao futuro corpo da represa. O declive das paredes do cânion aumentava a intensa força impulsora gravitacional que agia sobre as estruturas rochosas.

A análise pré-construção também indicou alto potencial de armazenamento pelas margens (absorção de água pelas paredes do cânion) no sistema de águas subterrâneas, que aumentaria a pressão da água sobre todas as rochas em contato com a represa. A natureza dos leitos de folhelho era tal que a coesão seria reduzida à medida que seus minerais de argila se tornassem saturados. Por fim, a análise apontava evidências de antigas quedas de rochas e deslizamentos de terra na face norte do cânion e traços de atividade de rastejamento na face sul.

Apesar do potencial de perda de massa identificado pela análise, as autoridades decidiram dar início ao projeto e à construção de uma barragem de arcos finos experimental no local.

Acontecimentos durante a construção e o preenchimento

Grandes volumes de concreto foram injetados no substrato rochoso como se fossem "obturações", isto é, com a finalidade de reforçar a rocha fraturada. Apesar dessas precauções, durante o preenchimento da represa em 1960, 700.000 m³ de rocha e solo deslizaram para a represa a partir do lado sul. Um rastejamento lento de materiais de encosta por todo o lado sul teve início logo após, aumentando cerca de 1 cm por semana até janeiro de 1963. A taxa de rastejamento aumentou proporcionalmente ao nível de água da represa. Em meados de setembro de 1963, a taxa de rastejamento excedia 40 cm diários.

Essa sequência de acontecimentos preparou o cenário do desastre. Começou a chover intensamente em 28 de setembro de 1963. Alarmados com o volume do escoamento para a represa e com o aumento na taxa de rastejamento pela parede sul, os engenheiros abriram os túneis de escape em 8 de outubro para tentar reduzir o nível da represa – mas era tarde demais.

Na noite seguinte, levou apenas 30 segundos para que um deslizamento de terra de 240 milhões de m³ atingisse a represa, abalando sismógrafos por toda a Europa. Uma laje da lateral da montanha, com 150 m de espessura e 2 × 1,6 km de área, cedeu, enviando ondas de choque de vento e água 2 km acima do cânion e lançando uma onda de 100 m sobre a barragem. O antigo reservatório ficou repleto de substrato rochoso, regolito e solo que quase deslocaram completamente sua água (Figura 14.1.1). Surpreendentemente, a barragem do projeto experimental resistiu.

A jusante, na tranquila cidade de Longarone, próximo à foz do Cânion Vaiont no Rio Piave, as pessoas ouviram um estrondo distante, rapidamente seguido por uma onda de 69 m que saiu do cânion. Naquela noite, 3.000 pessoas morreram. Em 2008, a ONU classificou essa tragédia como um dos cinco eventos exemplares provocados por culpa de geólogos e engenheiros.

(a) Barragem de Vaiont e detritos do deslizamento de terra, outubro de 1963.

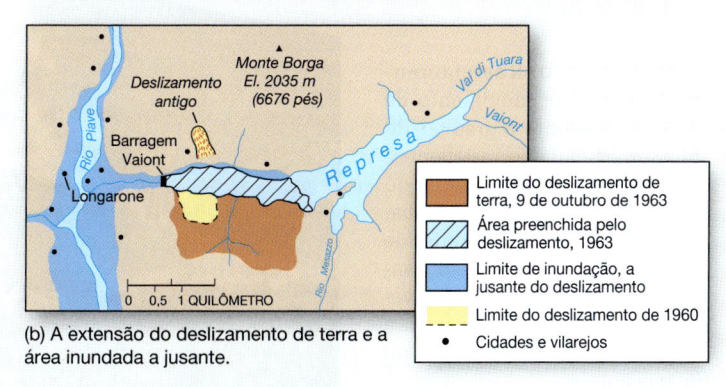

(b) A extensão do deslizamento de terra e a área inundada a jusante.

▲Figura 14.1.1 **Desastre da Represa Vaiont.** [(a) Arquivo Cameraphoto Epoche/Getty Images. (b) Baseado em G. A. Kiersch, "The Vaiont Reservoir disaster," *Mineral Information Service* (California Division of Mines and Geology), 18, 7 (1964): 129–138.]

▲Figura 14.24 **Encosta de tálus.** Queda de rocha e depósitos de tálus na base de uma encosta íngreme no Fiord Duve, Ilha de Nordaustlandet. Você consegue ver os estratos rochosos mais claros acima que são a fonte dos três cones de tálus? [Bobbé Christopherson.]

Fluxos Quando o teor de umidade do material em movimento é alto, a palavra *fluxo* é utilizada, como em *fluxos de terra* e os mais fluidos **fluxos de lama**. Chuvas intensas podem saturar encostas de montanhas estáveis e colocá-las em movimento, como aconteceu no vale do Rio Gros Ventre, a leste de Jackson Hole, Wyoming, na primavera de 1925. Aproximadamente 37 milhões de m^3 de solo úmido e rocha desceram um lado do cânion e se elevaram a 30 m no outro lado, represando o rio e formando um lago. O teor de água desse evento de perda de massa foi grande o suficiente para classificá-lo como fluxo de terra, causado por formações de arenito que repousavam sobre folhelho e siltito fracos, que ficaram úmidos e moles e acabaram cedendo ao peso dos estratos sobrejacentes (Figura 14.26).

Em 1925 não havia equipamentos disponíveis para escavar um canal, então o novo lago se encheu. Dois anos mais tarde, o lago rompeu a represa temporária de fluxo de terra, transportando uma grande quantidade de detritos sobre a região a jusante.

Rastejamento **Rastejamento do solo** é um movimento de massa persistente e gradual do solo superficial. No rastejamento, partículas individuais do solo são levantadas e perturbadas pela expansão de umidade do solo à medida que ele congela, por ressecamentos, por variações diurnas de temperatura ou por animais em pastagem ou escavação.

No ciclo congelamento-degelo, partículas são levantadas em ângulos retos à encosta pelo

▲Figura 14.25 **Avalancha de detritos, Peru.** Em 1970, uma avalancha de detritos caiu a mais de 4100 m sobre a face oeste de Nevado Huascarán, soterrando a cidade de Yungay, Peru. A mesma área foi devastada por uma avalancha semelhante em 1962 e por outras em eras pré-colombianas. As cidades do vale pemanecem em grande risco de possíveis movimentos de massa no futuro. [George Plafker, USGS.]

Esta massa florestada é a porção principal do fluxo de terra.

▲Figura 14.26 **O fluxo de terra de Gros Ventre, próximo a Jackson, Wyoming.** Evidências do fluxo de terra de 1925 ainda são visíveis após mais de 90 anos. [Steven K. Huhtala.]

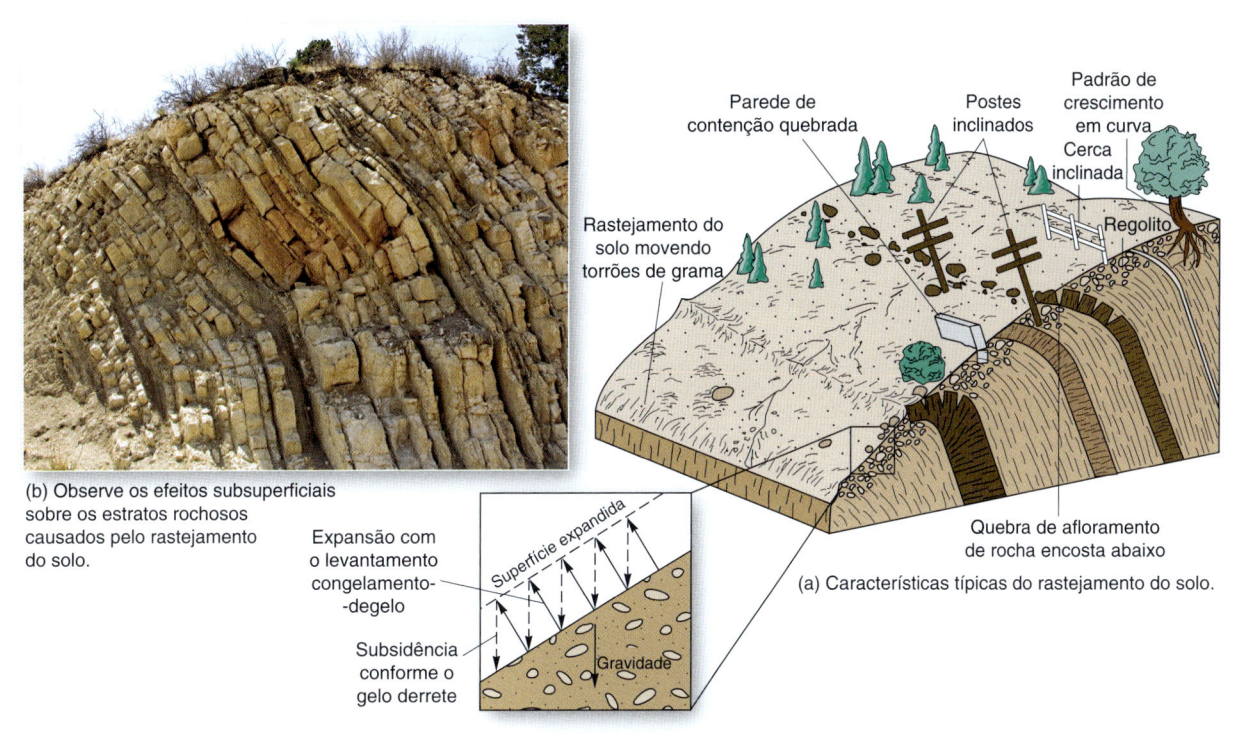

▲Figura 14.27 **Rastejamento do solo e seus efeitos.** [(b) Bobbé Christopherson.]

congelamento da umidade do solo, conforme mostrado na Figura 14.27. Quando o gelo derrete, porém, as partículas caem diretamente para baixo em resposta à gravidade. Conforme o processo se repete, o solo superficial rasteja gradualmente encosta abaixo.

A perda geral de uma encosta em rastejamento pode cobrir uma ampla área e fazer com que cercas, postes e até mesmo árvores se inclinem encosta abaixo. Várias estratégias são usadas para parar o movimento de massa do material de encosta – criar níveis no terreno, construir terraços e paredes de contenção, plantar cobertura do solo –, mas a persistência do rastejamento frequentemente neutraliza essas estratégias.

Nas regiões polares e nas altas elevações, os processos de congelamento-degelo são críticos para a perda de massa. No verão, quando as camadas superiores do solo degelam e ficam saturadas, dá-se um lento movimento encosta abaixo, chamado *solifluxão* (mostrado na Figura 14.23 e discutido junto com os meios ambientes periglaciais no Capítulo 17).

Humanos como agente geomórfico

Toda perturbação humana de uma encosta – cortes para construção de rodovias, mineração de superfície ou um novo shopping center, conjunto habitacional ou residência – pode acelerar a perda de massa. Grandes minas de superfície a céu aberto – como a mina de cobre do Bingham Canyon, a oeste de Salt Lake City; a mina abandonada Berkeley Pit, em Butte, Montana; várias minas de ferro na floresta pluvial brasileira; e diversas minas de carvão de superfície no leste e oeste dos Estados Unidos, como a Black Mesa (Arizona) – são exemplos de impactos humanos que movimentam sedimentos, solos e rochas, em um processo conhecido como **escarificação**.

Na mina de cobre de Bingham Canyon, uma montanha foi literalmente eliminada desde que a mineração iniciou, em 1906, formando uma vala de 4 km de largura e 1,2 km de profundidade. Esta é de longe a maior escavação humana da Terra. Em abril de 2013, um grande

GEOrelatório 14.5 Mina a céu aberto na região do Amazonas

A Mina de Carajás, no norte do Brasil, é a maior mina de ferro do mundo. Desde 1980, a operação a céu aberto em Carajás já destruiu grandes áreas da floresta pluvial, provocando perda de sedimentos e entrada de poluentes nos canais, além de disparar conflitos sobre terras indígenas protegidas por lei. De acordo com estimativas de 2009, a região contém reservas de 7,2 bilhões de toneladas métricas de minério de ferro. Para imagens de satélite da mina a céu aberto, acesse earthobservatory.nasa.gov/IOTD/view.php?id=39581.

(a) Grande deslizamento de terra em 2013 na Mina Bingham Canyon, redondeza de Salt Lake City, Utah.

(b) Remoção do cume da Montanha Kayford, Virgínia Ocidental.

▲Figura 14.28 Exemplos de escarificação. [(a) Ravell Call/AP Photo (b) Dr. Chris Mayda, Eastern Michigan University, todos os direitos reservados.]

deslizamento de terra aconteceu dentro da vala aberta, em uma encosta instável que estava sendo monitorada atentamente por motivos de segurança (Figura 14.28a). Não houve mortes.

A eliminação de rejeitos (minérios de pouco valor) e de resíduos materiais é um problema importante em qualquer mina. Essas escavações grandes produzem pilhas de rejeitos instáveis e suscetíveis a intemperismo, perda de massa ou dispersão eólica adicionais. Além disso, a lixiviação de materiais tóxicos de rejeitos e pilhas de resíduos consiste em um problema cada vez maior para cursos de água, aquíferos e saúde pública por todo o país.

Nos pontos onde a mineração subterrânea é comum, especialmente de carvão nos Apalaches, subsidência e colapso de terra produzem movimentos de massa nos declives. Lares, estradas, correntes de água, poços e valores de propriedade são gravemente afetados. Uma forma controversa de mineração chamada de *remoção do topo de montanhas* é feita pela remoção de cordilheiras e de cumes de montanhas e depósito de detritos em vales escavados por correntes de água, expondo as camadas de carvão para mineração e soterrando os canais dos cursos d'água. A remoção do topo da Montanha Kayford, Virgínia Ocidental, retirou o que se estima em 1,2 milhão de acres, enchendo 2000 km de cursos d'água com rejeitos (Figura 14.28b). Essas depósitos de vales afetam a qualidade da água ajusante com concentrações potencialmente tóxicas de níquel, chumbo, cádmio, ferro e selênio que geralmente excedem as normas governamentais. Colapsos de depósitos de vales já provocaram inundações, assim como as rupturas de contenções de lama de carvão e cinzas, como vimos no *Geossistemas Hoje* deste capítulo.

Cientistas fizeram comparações quantitativas (informais, mas impressionantes) entre os processos de escarificação e de denudação natural. O geólogo R. L. Hooke usou estimativas de escavações nos Estados Unidos para novas residências, produção mineral (incluindo os três maiores tipos – pedra, areia e cascalho, e carvão) e construção de rodovias. A seguir, ele calculou proporcionalmente essas quantidades de terra movida para todos os países, usando seu produto interno bruto (PIB), consumo de energia e efeito da agricultura sobre cargas de sedimentos em rios. A partir desses dados, ele calculou uma estimativa global da remoção de terra por humanos. Pesquisadores posteriores confirmaram e expandiram essas conclusões.

No início da década de 1990, Hooke estimou que os humanos, como agentes geomórficos, movimentavam 40-45 bilhões de toneladas (Gt) da superfície do planeta anualmente. Compare essa quantidade com o movimento natural dos sedimentos fluviais (14 Gt/ano), com o movimento devido à ação das ondas e da erosão nos litorais (1,25 Gt/ano) ou à sedimentação no fundo do oceano (7 Gt/ano). Em 2005, o geólogo Bruce Wilkinson corroborou essas medições, concluindo que os seres humanos são dez vezes mais ativos do que os processos naturais na modelagem da paisagem. Conforme Hooke concluiu sobre nós,

> o *Homo sapiens* tornou-se um impressionante agente geomórfico. Combinando nossa proficiência em mover a terra com nossa adição inadvertida de carga de sedimentos para os rios e o impacto visual de nossas atividades na paisagem, sentimo-nos compelidos a reconhecer que, para o bem ou para o mal, esse agente biogeomórfico pode ser o mais importante agente geomórfico de nossa época.*

---

*R.L. Hooke, "On the efficacy of humans as geomorphic agents," *GSA Today* (The Geological Society of America), 4, 9 (September 1994): 217–226.

O DENOMINADOR **humano** 14   Intemperismo, carste e encostas

PROCESSOS GEOMÓRFICOS ⇨ HUMANOS
- Os processos de intemperismo químico decompõem as rochas talhadas pelo ser humano, como lápides, fachadas de catedrais e pontes.
- A formação súbita de dolinas em áreas povoadas pode provocar danos e vítimas.
- Movimentos de massa causam mortes e eventuais danos catastróficos, soterrando cidades, represando rios e lançando ondas de inundação a jusante.

HUMANOS ⇨ PROCESSOS GEOMÓRFICOS
- A mineração causa escarificação, muitas vezes levando sedimentos contaminados para sistemas hídricos superficiais e de água subterrânea.
- A remoção da vegetação de encostas pode levar à falha da encosta, desestabilizando cursos d'água e ecossistemas associados.
- O rebaixamento dos lençóis freáticos em função de bombeamento de água subterrânea provoca o colapso de dolinas em centros populacionais.

14a O Grande Buda de 71 m de Leshan, na província de Sichuan, sul da China, é um exemplo de intemperismo químico acelerado pela poluição atmosférica. Esculpida há mais de 1000 anos, a estátua está sendo corroída pela chuva ácida proveniente do desenvolvimento industrial próximo. [Bennett Dean/Corbis.]

14c Buracos azuis são típicas dolinas cársticas localizadas no que hoje são zonas marítimas, mas que se formaram em épocas em que o nível do mar era menor. O Grande Buraco Azul próximo de Belize faz parte do Sistema da Reserva do Recife de Belize, classificado como Patrimônio da Humanidade pelas Nações Unidas. [Schafer & Hill/Getty Images.]

14b Em abril de 2010, um enorme deslizamento de terra cobriu parte de uma rodovia perto de Taipei, Taiwan. A causa desse deslizamento translacional é incerta, pois aparentemente não teve relação com atividade sísmica ou chuva excessiva. [Patrick Lin/Getty Images.]

QUESTÕES PARA O SÉCULO XXI
- A mudança climática global afetará a saúde das florestas; a redução das florestas (por doença ou seca) aumentará a instabilidades das encostas e os eventos de movimento de massa.
- A mineração a céu aberto em escala mundial continuará a mover quantidades imensas de materiais terrestres, com impactos associados sobre os ecossistemas e a qualidade da água. A recuperação ajudará a atenuar os impactos de longo prazo da mineração.
- Uma melhor engenharia dos tanques de contenção de subprodutos industriais evitará a disseminação de materiais tóxicos.

conexão GEOSSISTEMAS

Começamos nosso estudo dos processos exógenos da Terra com os princípio básicos de denudação do relevo e de morfologia das encostas. Então, passamos para os processos que fornecem material para erosão e transporte: o intemperismo físico e químico das rochas, a dissolução das paisagens calcárias e os processos de movimento de massa. No próximo capítulo, examinamos os sistemas fluviais e os relevos resultantes dos processos fluviais. As atividades erosionais e deposicionais de água corrente, vento, ação das ondas e litorais e gelo são abordadas nos próximos quatro capítulos.

REVISÃO DOS CONCEITOS-CHAVE DE aprendizagem

■ *Descrever* a abordagem de equilíbrio dinâmico no estudo das formas de relevo e *ilustrar* as forças em ação sobre os materiais presentes em uma encosta.

A geomorfologia é a ciência que analisa e descreve a origem, evolução, forma e distribuição espacial das formas de relevo. O sistema exógeno da Terra, movimentado pela energia solar e pela gravidade, modifica a paisagem por meio de processos de **denudação** de massa de terra envolvendo intemperismo, movimento de massa, erosão, transporte e deposição. Rochas diferentes oferecem resistências diferentes a esses processos de intemperismo e produzem **intemperismo diferencial** sobre a paisagem.

Os agentes de mudança incluem o ar, a água, as ondas e o gelo em movimento. Desde a década de 1960, as pesquisas e o entendimento dos processos de denudação avançaram em direção ao **modelo de equilíbrio dinâmico**, que considera a estabilidade de encostas e as formas de relevo como sendo consequências da resistência dos materiais rochosos ao ataque dos processos de denudação. Quando um evento desestabilizador ocorre, um relevo ou sistema pode atingir um **limiar geomórfico**, onde a força supera a resistência, e o sistema passa para um novo nível, rumo a um novo estado de equilíbrio.

As **encostas** são modeladas pela relação entre os índices de intemperismo e quebra de materiais da encosta, junto aos índices de movimento de massa e erosão desses materiais. As encostas que formam os limites de relevo têm diversos componentes gerais: *encosta convexa*, *face livre*, *encosta de detritos* e *encosta côncava*. As encostas buscam um *ângulo de equilíbrio* entre as forças atuantes.

denudação (p. 394)
intemperismo diferencial (p. 394)
modelo de equilíbrio dinâmico (p. 395)
limiar geomórfico (p. 395)
encostas (p. 395)

1. Defina *denudação de massa de terra*. Quais processos são compreendidos por esse conceito?
2. Qual é a ação recíproca entre a resistência das estruturas rochosas e o intemperismo diferencial?
3. Descreva o que age para produzir o relevo na Figura 14.1.
4. Quais são as principais considerações no modelo de equilíbrio dinâmico?
5. Descreva as condições de uma encosta que está exatamente no limiar geomórfico. Que fatores podem forçar a encosta a ultrapassar esse ponto?
6. Considerando todas as variáveis de interação, você acha que uma paisagem pode chegar a atingir uma condição estável e duradoura? Explique.
7. Quais são os componentes gerais de uma encosta ideal?
8. Com relação a encostas, o que significa *ângulo de equilíbrio*? Você pode aplicar esse conceito à fotografia na Figura GEA 14.3?

■ *Definir* intemperismo e *explicar* a importância da rocha parental e das juntas e fraturas na rocha.

Os processos de **intemperismo** desintegram a rocha superficial e subsuperficial em partículas minerais ou as dissolvem em água. Em um declive típico, materiais superficiais soltos estão em cima de rocha consolidada (ou sólida), chamada de **substrato rochoso** (rocha parental, rocha-matriz ou rocha-mãe). Na maioria das áreas, a superfície superior do substrato rochoso é submetida a intemperismo contínuo, criando um manto de rocha alterada chamado de **regolito**. O material fragmentado e não consolidado que é carregado pelas paisagens por erosão, transporte e depósito é o sedimento, que, junto à rocha intemperizada, forma o **material de origem** a partir do qual o solo evolui.

Nos processos de intemperismo, as **juntas** (fraturas e separações na rocha) são importantes. As juntas abrem superfícies rochosas onde processos de intemperismo atuam. Fatores que influenciam o intemperismo incluem o caráter do substrato rochoso (duro ou suave, solúvel ou insolúvel, quebrado ou inteiro), elementos climáticos (temperatura, precipitação, ciclos congelamento-degelo), posição do nível de água, orientação da escarpa, vegetação superficial e suas raízes subsuperficiais e o tempo.

intemperismo (p. 398)
substrato rochoso (p. 398)
regolito (p. 398)
material de origem (p. 398)
juntas (p. 399)

9. Descreva os processos de intemperismo que operam em um espaço aberto de substrato rochoso. Como o regolito se desenvolve? Como o sedimento é derivado?
10. Descreva a relação entre clima e intemperismo nos níveis de microescala.
11. Qual é a relação entre material de origem, rocha parental, regolito e solo?
12. Qual é a função das juntas nos processos de intemperismo? Dê um exemplo retirado deste capítulo.

■ *Descrever* os processos de intemperismo físico originados do congelamento, crescimento de cristais de sal e fraturas por alívio de pressão.

O **intemperismo físico** refere-se à quebra da rocha em pedaços menores sem alteração de identidade mineral. A ação física da água quando congela (expansão) e degela (contração) ocasiona o rompimento das rochas, no processo de **acunhamento por gelo**. Trabalhando nas juntas, o gelo expandido pode produzir uma *separação por bloco de juntas* por esse processo. Outro processo de intemperismo físico é o *crescimento de cristais de sal* (*intemperismo salino*); à medida que os cristais na rocha crescem e aumentam com o tempo pela cristalização, eles forçam a separação dos grãos de minerais e quebram a rocha.

A remoção da sobrecarga de um batolito granítico libera a pressão do soterramento profundo, produzindo juntas. **Esfoliação** (ou *folheamento*) ocorre quando forças mecânicas alargam as juntas, separando a rocha em camadas de lajes ou placas curvas (em vez da desintegração granular que acontece em muitos processos de intemperismo). A feição resultante, com forma de arco ou domo, é um *domo de esfoliação*.

intemperismo físico (p. 400)
acunhamento por gelo (p. 400)
esfoliação (p. 401)

13. O que é o intemperismo físico? Dê um exemplo.
14. Por que a água congelada é um agente de intemperismo físico tão eficaz?
15. Que processos de intemperismo produzem um domo de granito? Descreva a sequência de eventos.

Capítulo 14 • Intemperismo, paisagem cárstica e movimento de massa

■ *Explicar* os processos de intemperismo químico de hidratação, hidrólise, oxidação, carbonatação e dissolução.

Intemperismo químico é a decomposição química de minerais na rocha. Ele pode originar **intemperismo esferoidal**, em que o intemperismo químico que ocorre nas frinchas da rocha remove os materiais de cimentação e liga, de forma que as arestas e cantos afilados da rocha se desintegram e arredondam.

Hidratação ocorre quando um mineral absorve água e se expande, assim modificando a estrutura mineral. Esse processo também cria uma forte força mecânica (intemperismo físico) que deforma as rochas. A **hidrólise** decompõe os minerais de sílica na rocha por meio da reação com água, como no intemperismo químico do feldspato em argila e sílica. **Oxidação** é um processo de intemperismo químico em que o oxigênio reage com certos elementos metálicos, sendo que o exemplo mais conhecido é a ferrugem do ferro, que produz óxido férrico. A *dissolução* de materiais em solução também é considerada intemperismo químico. Um tipo importante de dissolução é a **carbonatação**, que ocorre quando o ácido carbônico presente na água da chuva reage e decompõe certos minerais, como aqueles que contêm cálcio, magnésio, potássio ou sódio.

    intemperismo químico (p. 401)
    intemperismo esferoidal (p. 401)
    hidratação (p. 402)
    hidrólise (p. 402)
    oxidação (p. 403)
    carbonatação (p. 403)

16. O que é intemperismo químico? Contraste esse conjunto de processos com o intemperismo físico.
17. O que significa o termo *intemperismo esferoidal*? Como ocorre o intemperismo esferoidal?
18. O que é hidratação? O que é hidrólise? Faça a distinção entre esses processos. Como eles afetam as rochas?
19. Minerais de ferro na rocha são suscetíveis a que forma de intemperismo químico? Que cor característica é associada com esse tipo de intemperismo?
20. Com que tipos de mineral o ácido carbônico reage, e quais circunstâncias dão ensejo a esse tipo de reação? Como se chama esse processo de intemperismo?

■ *Revisar* os processos e as características associados à topografia cárstica.

A **topografia cárstica** refere-se a paisagens de calcário distintamente esburacadas e intemperizadas. Dolinas ou **linhas de subsidência** são depressões superficiais circulares, podendo ser *dolinas de solução*, formadas por subsidência lenta, ou *dolinas de colapso*, formadas pela súbita queda através do teto de uma gruta subterrânea embaixo. Nos climas tropicais, os relevos cársticos compreendem o *cockpit carste* e o *carste de torre*. A formação de cavernas é resultado dos processos cársticos e da erosão nas águas subterrâneas. Cavernas de calcário apresentam características únicas de erosão e deposição.

    topografia cárstica (p. 405)
    linhas de subsidência (p. 406)

21. Descreva o desenvolvimento da topografia de calcário. Qual é o nome aplicado a essas paisagens? De que área esse nome é derivado?
22. Explique e diferencie a formação de dolinas, vales cársticos, cockpit carste e carste de torre. Quais formas são encontradas nos trópicos?
23. Em geral, como você caracterizaria a região a sudoeste de Orleans, Indiana?
24. Quais são algumas feições características de erosão e deposição encontradas em uma caverna de calcário?

■ *Categorizar* os vários tipos de movimentos de massa e *identificar* exemplos de cada um por teor de umidade e velocidade de movimento.

Qualquer movimento de um corpo de material, impelido e controlado pela gravidade, é **movimento de massa** ou **perda de massa**. O **ângulo de repouso** de grãos de sedimento soltos representa um equilíbrio entre forças impulsoras e de resistência em uma encosta. Movimentos de massa na superfície terrestre provocam alguns incidentes dramáticos, incluindo **quedas de rocha** (um volume de rocha que cai) que podem formar uma **encosta de tálus** de rochas soltas na base de um penhasco, **avalanchas de detritos** (uma massa de rocha, detritos e solo que cai a alta velocidade), **deslizamentos de terra** (uma grande quantidade de material que cai simultaneamente), **fluxos de lama** (material em movimento com alto conteúdo de umidade) e **rastejamento do solo** (movimento persistente de partículas individuais do solo que são levantadas pela expansão da umidade do solo à medida que congela, por ciclos de umidade e secura, por variações de temperatura ou pelo impacto de animais em pastagem). Além disso, atividades humanas de mineração e construção modificaram drasticamente a paisagem (**escarificação**).

    movimento de massa (p. 410)
    perda de massa (p. 410)
    ângulo de repouso (p. 410)
    queda de rocha (p. 411)
    encosta de tálus (p. 411)
    avalancha de detritos (p. 411)
    deslizamento de terra (p. 411)
    fluxos de lama (p. 414)
    rastejamento do solo (p. 414)
    escarificação (p. 415)

25. Defina o papel de encostas em movimentos de massa, usando os termos *ângulo de repouso*, *força impulsora*, *força de resistência* e *limiar geomórfico*.
26. Que eventos ocorreram no cânion do Rio Madison em 1959?
27. Quais são as classes de movimento de massa? Descreva cada uma brevemente e faça a distinção entre essas classes.
28. Cite e descreva o tipo de fluxo de lama associado com uma erupção vulcânica.
29. Descreva a diferença entre um deslizamento de terra e o que aconteceu com as encostas de Nevado Huascarán.
30. O que é escarificação e qual é a sua relação com o movimento de massa? Dê exemplos de escarificação. Por que os humanos são um agente geomórfico significativo?

Sugestões de leituras em português

BIGARELLA, J. J.; BECKER, R. D.; SANTOS, G. F. *Estrutura e origem das paisagens tropicais e subtropicais: fundamentos geológicos-geográficos, alteração química e física das rochas, relevo cárstico e dômico*. Florianópolis: Editora da UFSC, 1994. v. 1.

CUNHA, S. B.; GUERRA, A. J. T. (Org.). *Geomorfologia do Brasil*. Rio de Janeiro: Bertrand-Russel-Brasil, 1998.

GROTZINGER, J.; JORDAN, T. *Para entender a Terra*. 6. ed. Porto Alegre: Bookman, 2013.

15 Sistemas fluviais

CONCEITOS-CHAVE DE aprendizagem

Após a leitura deste capítulo, você conseguirá:

- *Construir* um modelo básico de uma bacia de drenagem e *identificar* os diferentes tipos de padrões de drenagem e drenagem interna, com exemplos.
- *Explicar* os conceitos de gradiente fluvial e nível de base e *descrever* a relação entre velocidade, profundidade, largura e vazão de um rio.
- *Explicar* os processos envolvidos na erosão fluvial e no transporte sedimentar.
- *Descrever* os padrões comuns de canal fluvial e *explicar* o conceito de rio em equilíbrio.
- *Descrever* os relevos deposicionais associadas a planícies de inundação e ambientes de leque aluvial.
- *Listar* e *descrever* vários tipos de delta de rio e *explicar* as estimativas de probabilidade de enchente.

Esculpindo os estratos vulcânicos do acidentado planalto Owyhee, o Rio Owyhee parte do norte de Nevada, passa por Idaho e pelo sudeste de Oregon e desemboca no Rio Snake, na fronteira Idaho-Oregon. Os remotos cânions do alto deserto do Owyhee e seus tributários são considerados por muitos como os últimos terrenos realmente nativos do oeste Americano. Mais de 560 km do Owyhee, em vários segmentos, são protegidos como parte do Sistema Nacional de Rios Nativos e Cênicos dos EUA, que determina a preservação do fluxo livre de cada segmento do rio. [Michael Melford/Getty Images.]

GEOSSISTEMAS HOJE

Os efeitos ambientais das barragens no Rio Nu, China

Nos Estados Unidos, a demolição de barragens e a recuperação de rios tornou-se uma indústria de vários bilhões de dólares, sendo discutida no Estudo Específico 15.1, neste capítulo. Na China, contudo, a tendência é bem diferente. Lá e em alguns outros países, a construção de barragens e o desenvolvimento hidrelétrico continuam a fim de atender às demandas energéticas crescentes. Em 2013, o governo chinês anunciou planos para construir uma série de grandes barragens no Rio Nu – o mais longo curso d'água de fluxo livre do sul da Ásia.

O Rio Nu, conhecido como Salween na Tailândia e na Birmânia, corre das montanhas do Tibete através da província de Yunnan, sudoeste da China, até o Mar de Andaman (Figura GH 15.1). As cabeceiras do rio são adjacentes às dos Rios Mekong e Yangtzé, dentro do Patrimônio Mundial dos Três Rios Paralelos, famosos por sua diversidade biológica. A bacia hidrológica superior abriga pessoas de 13 grupos étnicos, muitas delas dependendo da agricultura de subsistência para ganhar a vida (Figura GH 15.2). O governo chinês está propondo o realojamento de cerca de 60.000 pessoas dessas comunidades a fim de abrir espaço para as represas que fazem parte do desenvolvimento hidrelétrico. Em algumas áreas, o reassentamento já começou, com as localidades das barragens sendo preparadas para a construção.

▲Figura GH 15.2 Nativos cruzando uma ponte suspensa sobre o Rio Nu, Yunnan, China. [Redlink/Corbis.]

▲Figura GH 15.1 Mapa do sistema do Rio Nu/Salween, sudeste da Ásia.

Interrupções dos fluxos de água e sedimentos

Os rios movimentam tanto água quanto sedimentos, um processo que cria solos férteis no fundo dos vales e nas terras planas onde os rios desembocam no mar. As barragens interrompem esse processo, privando as áreas a jusante de sedimentos e nutrientes que naturalmente abastecem a terra rural no ciclo de inundações anuais de primavera. Os camponeses das regiões inferiores do Rio Nu correm o risco de sofrer degradação do solo e perdas de lavoura se as barragens forem construídas conforme o planejado.

Os sedimentos também são cruciais para manter o habitat do rio, assim como das terras úmidas costeiras próximas da foz do rio. Quando os sedimentos ficam presos em uma barragem, ocorre erosão excessiva a jusante, levando à degradação das margens e do leito do rio. Alterações na movimentação da água e dos sedimentos também possuem efeitos prejudiciais sobre a pesca, que constitui um recurso alimentar crucial para as populações das porções a jusante no sistema fluvial.

Sismicidade induzida

Recentemente, os cientistas vêm alertando que as represas podem estar ligadas à atividade sísmica no sudoeste da China, que é tectonicamente ativo. Embora a ideia de "sismicidade induzida por represas" (terremotos induzidos pela localização de grandes represas junto a linhas de falha) não seja nova, as barragens que se propõe para o Rio Nu levaram os cientistas a um novo olhar sobre esse fenômeno. A massa de uma grande represa cria pressão que força água para dentro de rachaduras e fissuras no solo abaixo, aumentando a instabilidade e possivelmente lubrificando as zonas de falha. Eventos sísmicos induzidos por grandes represas podem danificar as barragens, aumentando o risco de inundações catastróficas no caso de a barragem ceder.

Propostas pela primeira vez há quase 10 anos, as barragens do Rio Nu foram atrasadas em vista de questões ambientais, sendo as principais os altos números de espécies sensíveis na bacia hidrológica e o potencial risco de terremotos. No entanto, desde 2006, a preparação do rio para a construção da barragem vem sendo desenvolvida.

A China já sofre de má qualidade do ar devido à poluição industrial; com o aumento da demanda energética, o governo continua desenvolvendo a energia hidrelétrica em seus rios, apesar dos riscos ambientais. Este capítulo examina os sistemas fluviais – seus processos naturais e o papel dos seres humanos em sua alteração.

Os rios e as vias hídricas da Terra formam enormes redes arteriais que drenam os continentes, havendo cerca de 1250 km³ de água correndo a qualquer dado momento. Embora esse volume seja apenas 0,003% de toda a água doce, o trabalho realizado por esse fluxo energético torna-o um agente dominante natural de denudação de massa terrestre. Os rios modelam a paisagem ao remover os produtos do intemperismo, do movimento de massas e da erosão e transportá-los a jusante. Os rios servem à sociedade de diversas maneiras. Eles não apenas nos fornecem suprimentos hídricos essenciais, mas também recebem, diluem e transportam resíduos, proveem a importante água de arrefecimento para a indústria e formam importantes redes de transporte.

Dos rios mundiais, aqueles com maior *vazão* (volume do fluxo de corrente que passa por um ponto em uma determinada unidade de tempo) são o Amazonas, na América do Sul, o Congo, na África, o Chang Jiang (Yangtz), na Ásia e o Orinoco, na América do Sul. Na América do Norte, as maiores vazões são dos sistemas fluviais Missouri-Ohio-Mississipi, São Lourenço e Mackenzie (Tabela 15.1).

Hidrologia é a ciência da água, sua circulação, distribuição e propriedades globais – concentrando-se especificamente na água na superfície terrestre e abaixo dela. Processos expressamente relacionados a rios e cursos d'água são ditos **fluviais** (do latim *fluvius*, que significa "rio"). Há alguma sobreposição de uso entre os termos *rio* e *curso d'água*. Especificamente, o termo *rio* é aplicado ao tronco ou curso d'água principal da rede de tributários que forma o *sistema fluvial. Curso d'água* é um termo mais geral para água correndo em um canal, não estando necessariamente relacionado ao tamanho. Como todos os sistemas naturais, os sistemas fluviais possuem processos característicos e geram relevos reconhecíveis, porém também podem se comportar com aleatoriedade e aparente desordem.

Neste capítulo: Começamos examinando a organização dos sistemas fluviais em bacias de drenagem e os tipos de padrão de drenagem. Com este fundamento, examinamos gradiente, nível de base e vazão. Então discutimos fatores que afetam as características e o trabalho realizado pelo fluxo de água, incluindo erosão e transporte. Também examinamos os efeitos da urbanização sobre a hidrologia fluvial e o impactos das barragens sobre os regimes sedimentares. As feições deposicionais são ilustradas por um exame detalhado das planícies de inundação e do delta do Rio Mississipi. Por fim, examinamos enchentes, gestão de planícies de inundação e recuperação de rios.

Bacias de drenagem e padrões de drenagem

Os cursos d'água, que se reúnem e formam sistemas fluviais, situam-se dentro de bacias de drenagem, as porções da paisagem da qual eles recebem água. Todo curso d'água tem uma **bacia de drenagem**, ou *bacia hidrográfica*, variando de minúscula a enorme em termos de tamanho. Um grande sistema de bacia de drenagem é composto de diversas bacias de drenagem menores, com cada uma coletando e levando seu escoamento e sedimentos a uma bacia maior e,

TABELA 15.1 Maiores rios da Terra ordenados por vazão

Ordem por volume	Vazão média na foz em milhares de m³/s	Rio (com tributários)	Escoamento/localização	Comprimento em km	Ordem por comprimento
1	180	Amazonas (Ucayali, Tambo, Ene, Apurimac)	Oceano Atlântico/Amapá-Pará, Brasil	6800	1*
2	41	Congo (Lualaba)	Oceano Atlântico/Angola, Congo	4630	10
3	34	Yangtze (Chang Jiang)	Mar do Leste da China/Kiangsu, China	6300	3
4	30	Orinoco	Oceano Atlântico/Venezuela	2737	27
5	21,8	Rio da Prata (Paraná, Uruguai)	Oceano Atlântico/Argentina	3945	16
6	19,6	Ganges (Brahmaputra)	Baía de Bengala/Índia	2510	23
7	19,4	Yenisey (Angara, Selenga ou Selenge, Ider)	Golfo do Mar de Kara/Sibéria	5870	5
8	18,2	Mississipi (Missouri, Ohio, Tennessee, Jefferson, Beaverhead, Red Rock)	Golfo do México/Louisiana	6020	4
9	16,0	Lena	Mar de Laptev/Sibéria	4400	11
17	9,7	São Lourenço	Golfo de São Lourenço/Canadá e Estados Unidos	3060	21
36	2,83	Nilo (Kagera, Ruvuvu, Luvironza)	Mar Mediterrâneo/Egito	6690	2*

*A medição de 2007 põe o Amazonas em primeiro lugar; veja a Figura 15.1.

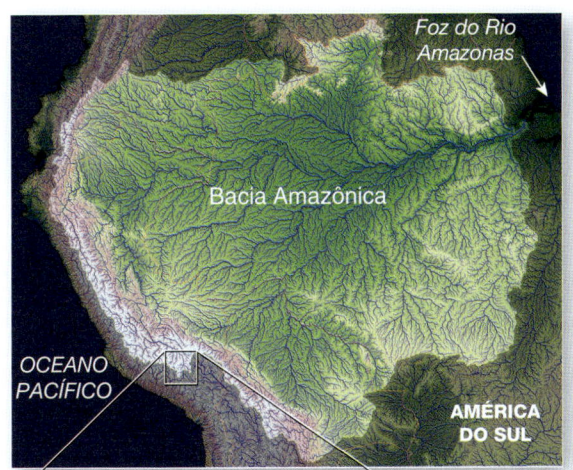

Capítulo 15 • Sistemas fluviais **423**

a) Imagens de radar mostrando elevação são combinadas com canais fluviais digitalmente mapeados nesta visão da bacia do Rio Amazonas. As elevações variam do nível do mar, em verde, para mais de 4500 m, em branco. Em 2007, pesquisadores brasileiros informaram ter encontrado uma nova nascente para o Amazonas (caixa branca), perto do Nevado Mismi, no sul do Peru, e uma nova medição de extensão de 6800 km, tornando-o mais longo do que o Nilo.

(b) A foz do Amazonas tem 160 km de largura e dá vazão a um quinto de toda a água doce que ingressa nos oceanos do mundo. Grandes ilhas de sedimento são depositadas onde a corrente entra no Atlântico.

▲**Figura 15.1 Bacia de drenagem e foz do Rio Amazonas.** [(a) Imagem do NASA SRTM por Jesse Allen, University of Maryland, Global Land Cover Facility; dados fluviais por World Wildlife Fund, projeto HydroSHEDS (vide http://hydrosheds.cr.usgs.gov/). (b) Imagem Terra, NASA/GSFC/JPL.]

O terreno elevado que separa um vale de outro e direciona o fluxo laminar é chamado de *interflúvio* (Figura 15.2). Cristas atuam como *divisores de drenagem* que definem a *área de captação* (receptora de água) da bacia de drenagem; essas cristas são as linhas divisoras que definem em qual bacia o escoamento superficial será drenado.

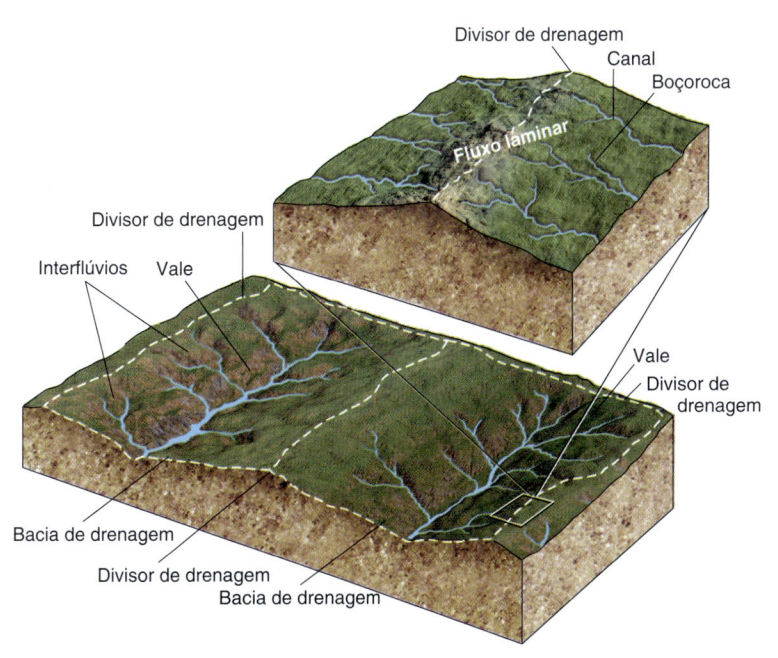

por fim, concentrando o volume no curso principal. A Figura 15.1 ilustra a bacia de drenagem do Rio Amazonas, das cabeceiras até a foz do rio (onde ele deságua no oceano). O Amazonas tem uma vazão média maior que 175.000 m³/s, movimentando toneladas de sedimentos pela bacia de drenagem, que é do tamanho do continente australiano.

Divisores de drenagem

Em toda bacia de drenagem, a água inicialmente desce encostas sob a forma de *escoamento superficial*, que assume duas formas: pode correr como **fluxo laminar**, uma fina película espalhada sobre a superfície do solo, ou pode se concentrar em *canais*, pequenas ranhuras no relevo criadas pelo movimento da água encosta abaixo. Os canais podem crescer até formar *boçorocas* e, depois, canais fluviais orientados pelo assoalho do vale.

▲**Figura 15.2 Bacias de drenagem.** Um divisor de drenagem separa bacias de drenagem.

Uma classe especial de divisores de drenagem, os **divisores continentais**, separa as bacias de drenagem que deságuam em diferentes corpos d'água em torno de um continente; na América do Norte, esses corpos são o Pacífico, o Golfo do México, o Atlântico, a Baía de Hudson e o Oceano Ártico. Os principais divisores e bacias de drenagem nos Estados Unidos e no Canadá são mostrados no mapa da Figura 15.3. Esses divisores formam regiões de recursos hídricos e fornecem uma estrutura espacial para planejamento de gestão hídrica.

Na América do Norte, o grande sistema fluvial Mississipi-Missouri-Ohio drena algo em torno de 3,1 milhões de km^2, ou 41% dos Estados Unidos continentais (Figura 15.3). Dentro dessa bacia, a precipitação pluviométrica do norte da Pensilvânia alimenta centenas de pequenos cursos d'água que fluem para o Rio Allegheny. Ao mesmo tempo, a precipitação pluviométrica do oeste da Pensilvânia alimenta centenas de cursos d'água que fluem para o Rio Monongahela. A seguir, os dois rios se juntam em Pittsburgh para formar o Rio Ohio. O Ohio flui na direção sudoeste e, em Cairo, Illinois, conecta-se ao Rio Mississipi, que passa por New Orleans e se dispersa no Golfo do México. Cada tributário contribuinte, grande ou pequeno, adiciona sua vazão, poluição e carga de sedimentos ao rio maior. Em

▲**Figura 15.3 Bacias de drenagem e divisores continentais.** Os divisores continentais (linhas vermelhas) separam as principais bacias de drenagem dos Estados Unidos que deságuam no Pacífico, Atlântico, Golfo do México e, ao norte, passando pelo Canadá, pela Baía de Hudson e pelo Oceano Ártico. As principais bacias fluviais subdividem essas grandes bacias de drenagem. [Baseado em U.S. Geological Survey; *The National Atlas of Canada*, 1985, "Energy, Mines, and Resources Canada"; e Environment Canada, *Currents of Change–Inquiry on Federal Water Policy–Final Report 1986*.]

nosso exemplo, sedimentos intemperizados e erodidos na Pensilvânia são transportados por milhares de quilômetros e se acumulam no fundo do Golfo do México, onde formam o delta do Rio Mississipi.

> **PENSAMENTO Crítico 15.1**
> **Localize a sua bacia de drenagem**
>
> Determine o nome da bacia de drenagem na qual seu *campus* está localizado. Onde ficam suas cabeceiras? Onde fica a foz do rio? Se você está nos Estados Unidos ou no Canadá, use a Figura 15.3 para localizar as maiores bacias e divisores de drenagem da sua região, e depois procure essa região no Google Earth. Há alguma organização regulatória que fiscalize o planejamento e a coordenação da bacia de drenagem que você identificou? Você consegue encontrar mapas topográficos dessa região na Internet? •

Bacias de drenagem como sistemas abertos

As bacias de drenagem são sistemas abertos. As entradas incluem precipitação e os minerais e as rochas da geologia regional. Energia e materiais são redistribuídos conforme a corrente constantemente se adapta à sua paisagem. As saídas do sistema de água e sedimentos se dispersam pela foz do curso d'água ou rio, para um lago, outro curso d'água ou rio, ou oceano, conforme mostrado na Figura 15.1.

Uma alteração que ocorre em qualquer parte de uma bacia de drenagem pode afetar todo o sistema. Se o curso d'água chega a um limiar geomorfológico em que não pode mais manter sua forma atual, o sistema fluvial pode ser desestabilizado, dando início a um período de transição para uma condição mais estável. Os sistemas fluviais estão em constante busca pelo equilíbrio entre as diversas variáveis da vazão, inclinação do canal, forma do canal e carga de sedimentos, sendo todos esses fatores discutidos adiante no capítulo.

Bacias de drenagem internacionais

O Rio Danúbio, na Europa, que percorre 2850 km, indo da Floresta Negra alemã até o Mar Negro, exemplifica a complexidade política de uma bacia de drenagem internacional. Esse rio atravessa ou forma parte das fronteiras de nove países (Figura 15.4). Uma área total de 817.000 km² é compreendida pela bacia de drenagem, incluindo aproximadamente 300 tributários.

O Danúbio tem muitas funções econômicas: transporte comercial, fonte municipal de água, irrigação agrícola, pesca e produção de energia hidrelétrica. Uma batalha internacional está ocorrendo para salvar o rio de sua sobrecarga de resíduos industriais e de mineração, esgotos, descarga de produtos químicos, escoamento agrícola e drenagem de navios. Os vários canais de navegação espalharam poluição e agravaram as condições biológicas no rio. Toda essa poluição passa pela Romênia e pelos ecossistemas deltaicos do Mar Negro. Este rio é geralmente considerado um dos mais poluídos do planeta.

As mudanças políticas na Europa em 1989 permitiram a primeira análise de todo o sistema do Rio Danúbio. O Programa das Nações Unidas para o Meio Ambiente (PNUMA) e a União Europeia, juntamente a outras organizações, estão se dedicando à melhoria da qualidade da água e à recuperação de planícies de inundação e ecossistemas deltaicos; acesse http://www.icpdr.org/.

Drenagem interna

Como já dito, a descarga final da maioria das bacias de drenagem dá-se no oceano. No entanto, em algumas regiões, a drenagem do curso d'água não atinge o oceano. Em vez disso, a água deixa a bacia de drenagem por meio de evaporação ou fluxo gravitacional subsuperficial. Diz-se que estas bacias possuem **drenagem interna**.

Há regiões de drenagem interna na Ásia, África, Austrália, México e oeste dos Estados Unidos, como a Província Fisiográfica Great Basin, em Nevada e Utah, mostrada na Figura 13.14 e Figura 15.3. Um exemplo dentro dessa região é o Rio Humboldt, que flui através de Nevada rumo a oeste e acaba desaparecendo no "sumidouro" Humboldt em consequência de evaporação e perdas de infiltração para a água subterrânea. A área em torno do Great Salt Lake, em Utah, escoamento de muitos cursos d'água que drenam as Montanhas Wasatch, também é um exemplo de drenagem interna, uma vez que sua única descarga é por evaporação. A drenagem interna também é característica da região do Mar Morto, no Oriente Médio, e da região em volta do Mar Aral e do Mar Cáspio, na Ásia.

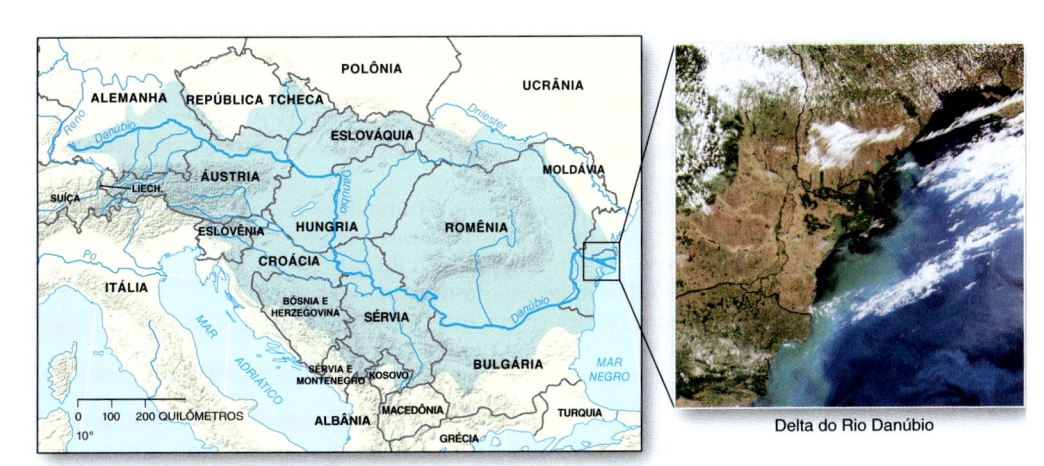

▲**Figura 15.4 Uma bacia de drenagem internacional – o Rio Danúbio.** O Danúbio atravessa ou forma parte da fronteira de nove países à medida que flui pela Europa até o Mar Negro. O rio expele vazão poluída no Mar Negro por meio de seu delta com forma curvada. [Imagem do *Terra*, 15 de junho de 2001, NASA/GSFC.]

Padrões de drenagem

Uma característica básica de qualquer bacia de drenagem é sua **densidade de drenagem**, que é determinada dividindo-se o comprimento total de todos os canais da corrente na bacia pela área da bacia. O número e o comprimento dos canais em uma determinada área refletem a geologia e topografia regional da paisagem.

O **padrão de drenagem** é a disposição de canais em uma área. Os padrões são bastante distintos, sendo determinados por uma combinação de inclinação e relevo regionais; variações na resistência das rochas, no clima e na hidrologia; e controle estruturais impostos pelas rochas subjacentes. Consequentemente, o padrão de drenagem de qualquer área do planeta é um notável resumo visual de todas as características geológicas e climáticas daquela região.

Os sete tipos mais comuns de padrão de drenagem são exibidos na Figura 15.5. Um dos padrões mais conhecidos é a *drenagem dendrítica* (Figura 15.5a). Esse padrão de forma arborescente (do grego *dendron*, "árvore") é semelhante ao de muitos sistemas naturais, como os vasos capilares no sistema circulatório humano ou os padrões venosos nas folhas e raízes das árvores. O gasto energético consumido na movimentação de água e sedimentos neste sistema de drenagem é eficiente porque o comprimento total das ramificações é minimizado.

O padrão de *drenagem em treliça* (Figura 15.5b) é característico da topografia submersa ou dobrada. Essa drenagem é verificada nas dobras de montanhas praticamente paralelas da Província Ridge and Valley, no leste dos Estados Unidos (mostrado na Figura 13.17). Ali, os padrões de drenagem são influenciados por estruturas de rocha dobrada que variam em sua resistência a erosão. Estruturas paralelas direcionam as correntes principais, enquanto tributários dendríticos menores atuam nas encostas vizinhas, juntando-se às correntes principais em ângulos retos, como em treliças de uma planta.

Os outros padrões de drenagem da Figura 15.5c-f são respostas a outras condições estruturais específicas:

- Um padrão de drenagem *radial* (c) resulta quando as correntes fluem a partir de um pico ou domo central, como ocorre em uma montanha vulcânica.
- A drenagem *paralela* (d) é associada a encostas inclinadas.
- Um padrão *retangular* (e) se forma por uma paisagem com falhas e articulada, que direciona os cursos da corrente em padrões de curvas em ângulos retos.
- Os padrões *anulares* (f) ocorrem em domos estruturais, com padrões concêntricos de estratos rochosos que guiam cursos de correntes (discutidos no Capítulo 13).
- Um padrão *irregular* (e), sem geometria definida ou vale fluvial verdadeiro, verifica-se em áreas como as regiões de escudo glaciado da Europa, norte da Europa e algumas partes de Michigan e outros estados norte-americanos.

Eventualmente, ocorrem padrões de drenagem que parecem em desacordo com a paisagem pela qual passam. Por exemplo, um sistema de drenagem pode inicialmente desenvolver-se sobre estratos horizontais que foram depositados sobre estruturas soerguidas dobradas. À medida que os cursos d'água erodem os estratos dobrados mais antigos, eles mantêm seu curso original, cortando a rocha para baixo em um padrão contrário à sua estrutura. Trata-se de uma *corrente superposta*, em que um padrão de canal preexistente foi imposto sobre estruturas rochosas subjacentes mais antigas. Alguns exemplos são o Wills Creek, atualmente cortando uma fenda d'água através da Montanha Haystack em Cumberland, Maryland; o Rio Colúmbia, que corre através da Cordilheira das Cascatas de Washington; e o Rio Arun, que atravessa o Himalaia.

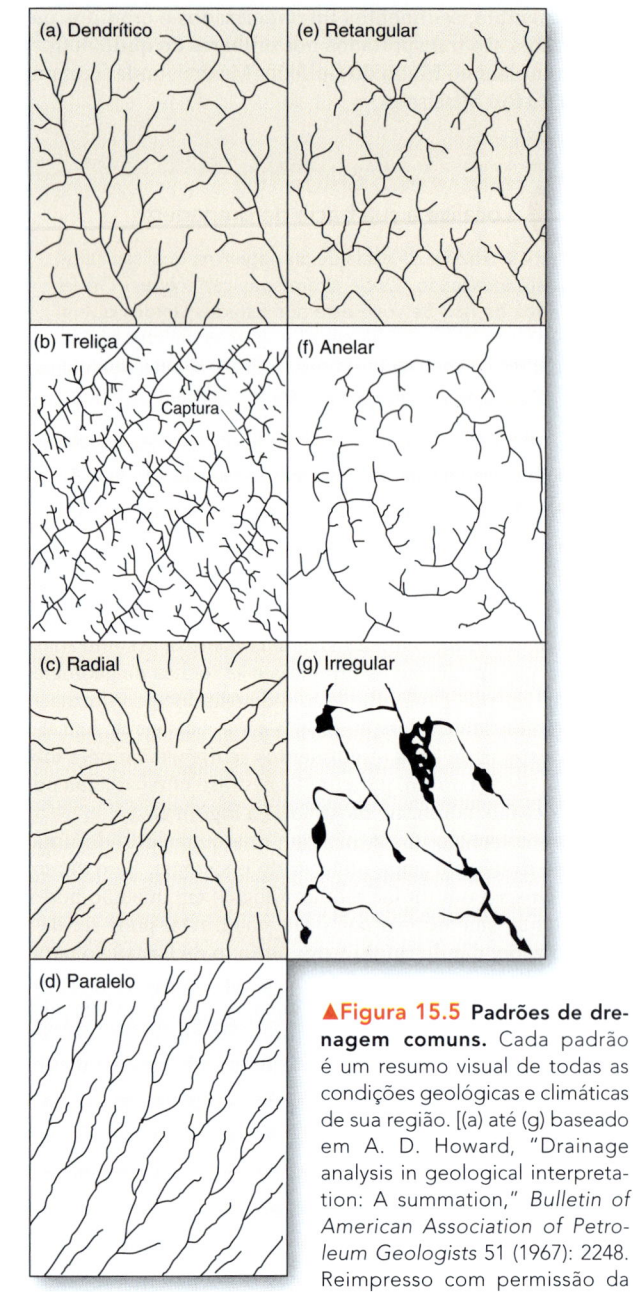

▲**Figura 15.5 Padrões de drenagem comuns.** Cada padrão é um resumo visual de todas as condições geológicas e climáticas de sua região. [(a) até (g) baseado em A. D. Howard, "Drainage analysis in geological interpretation: A summation," *Bulletin of American Association of Petroleum Geologists* 51 (1967): 2248. Reimpresso com permissão da AAPG, cuja autorização é necessária para usos posteriores.]

> **PENSAMENTO Crítico 15.2**
> **Identificando padrões de drenagem**
>
> Examine a fotografia da Figura PC 15.2.1, onde são vistos dois padrões de drenagem distintos. Dos sete tipos ilustrados na Figura 15.5, quais dois padrões são mais parecidos com o da foto aérea? Olhando novamente a Figura 15.1a, qual padrão de drenagem predomina em torno do Monte Mismi no Brasil? Justifique sua resposta. Na próxima vez em que viajar de avião, olhe pela janela e observe os vários padrões de drenagem na paisagem. •

▲**Figura PC 15.2.1** Dois padrões de drenagem dominam esta cena do centro de Montana, em resposta à estrutura rochosa e à elevação local. [Bobbé Christopherson.]

Conceitos fluviais básicos

Os cursos d'água, uma mistura de água e sólidos, fornecem recursos e moldam o relevo. Eles criam paisagens fluviais por meio de erosão, transporte e deposição constantes de materiais a jusante. A energia de um curso d'água para realizar esse trabalho no relevo depende de vários fatores, incluindo gradiente, nível base e volume de fluxo (vazão), todos eles discutidos nesta seção.

Gradiente

Dentro de sua bacia de drenagem, todo curso d'água possui um grau de inclinação, ou gradiente, que também é conhecido como declividade do canal. O **gradiente** de um curso d'água é definido como a queda de elevação por unidade de distância, geralmente medida em metros por quilômetro (ou pés por milha). Via de regra, um rio possui maior declividade perto das cabeceiras e menor declividade a jusante. O gradiente do curso d'água afeta sua energia e capacidade de movimentar material; em específico, afeta a velocidade da corrente (discutido adiante).

Nível de base

O nível abaixo do qual o curso d'água não pode erodir seu vale é chamado de **nível de base**. Em geral, o *nível de base definitivo* é o nível do mar, o nível médio entre as marés alta e baixa. O nível de base pode ser visualizado como uma superfície que se estende para o continente a partir do nível do mar, levemente inclinada para cima sob os continentes. Em teoria, esse é o menor nível operativo para todos os processos de denudação (Figura 15.6a).

O geólogo e explorador norte-americano John Wesley Powell, mencionado no *Estudo Específico* 9.1, propôs a ideia de nível de base em 1875. Powell reconhecia que nem toda paisagem é degradada inteiramente até o nível do mar; claramente, há outros níveis de base intermediários em operação. Um *nível de base local*, ou temporário, pode determinar o limite inferior da erosão fluvial local ou regional. Um rio ou lago é um nível de base local natural; a represa atrás de uma barragem é um nível de base local criado pelo ser humano (Figura 15.6b). Em paisagens áridas com drenagem interna, vales, planícies e outros pontos baixos funcionam como nível de base local.

Vazão fluvial

Uma massa de água posicionada acima do nível de base em uma corrente tem energia potencial. Conforme a água flui encosta abaixo, sob a influência da gravidade, essa energia

▼**Figura 15.6** Nível de base definitivo e local. [(b) Bobbé Christopherson.]

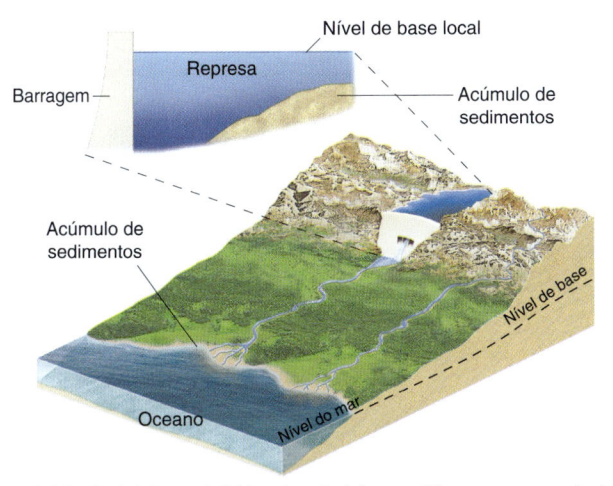

(a) O nível de base definitivo é o nível do mar. Observe como o nível de base se curva levemente para cima a partir do mar conforme entra no continente; esse é o limite teórico da erosão do rio. A represa atrás de uma barragem é um nível de base local.

(b) O Lago Powell, atrás da Barragem de Cânion Glen, é um nível de base local do Rio Colorado.

torna-se energia cinética. A taxa dessa conversão de energia potencial em cinética determina a capacidade do curso d'água de exercer trabalho no relevo, e depende em parte do volume de água envolvido.

O volume de fluxo de um curso d'água por unidade de tempo é sua **vazão**, sendo ela calculada multiplicando-se três variáveis medidas em uma dada seção transversal do canal. Ela é sintetizada pela simples expressão

$$Q = wdv$$

onde Q = vazão, w = largura do canal, d = profundidade do canal e v = velocidade da corrente.

A vazão é expressa em metros cúbicos por segundo (m^3/s) ou pés cúbicos por segundo (cfs). De acordo com essa equação, à medida que Q aumenta, uma ou mais das outras variáveis – largura do canal, profundidade do canal, velocidade da corrente – também deve aumentar. A maneira em que essas variáveis interagem depende do clima e da geologia do sistema fluvial.

Mudanças de vazão com a distância a jusante Na maioria das bacias fluviais em regiões úmidas, a vazão aumenta a jusante. O Rio Mississipi é um caso típico, começando como vários pequenos riachos que vão se fundindo sucessivamente com tributários e formam um rio de grande volume que deságua no Golfo do México. Todavia, se um curso d'água origina-se em uma região úmida e depois corre por uma região árida, essa relação pode mudar. Altas taxas de evapotranspiração potencial nas regiões áridas podem fazer a vazão diminuir com a distância a jusante, um processo frequentemente incrementado pela retirada de água para irrigação (Figura 15.7).

O Rio Nilo, um dos mais longos do planeta, drena grande parte do nordeste africano. Porém, à medida que passa pelos desertos do Sudão e Egito, perde água, em vez de ganhá-la, por causa da evaporação e da retirada para agricultura. Quando o rio Nilo deságua no Mar Mediterrâneo, seu fluxo já foi tão reduzido que está apenas na 36ª posição na classificação por vazão.

Nos Estados Unidos, a vazão do Rio Colorado diminui proporcionalmente à distância de sua fonte; na verdade, o rio não produz mais vazão natural suficiente para atingir sua foz no Golfo da Califórnia – apenas um pouco de escoamento agrícola permanece em seu delta. O rio é enfraquecido pela alta evapotranspiração e pela retirada de água para fins agrícolas e urbanos; as alterações dos padrões climáticos estão aumentando às perdas de água do rio (repasse o *Estudo Específico* 9.1).

Enquanto a vazão aumenta a jusante, a velocidade também cresce. A velocidade da corrente é afetada pela fricção entre o fluxo e a aspereza do leito e margens do canal. A fricção é mais alta nos rasos riachos de montanha, com matacões e outros obstáculos que acrescentam rugosidade e desaceleram o fluxo. Em cursos d'água, onde há alto contato com o leito e as margens, ou onde o canal é rugoso, como em uma seção de corredeiras, há *fluxo turbulento*, e a maior parte da energia do curso d'água é gasta em turbulentos redemoinhos. Em rios largos de terras baixas, onde a fricção é reduzida pelo menor contato do fluxo com o leito e as margens, a aparente tranquilidade e a lisura do fluxo mascaram a maior velocidade (Figura 15.8). A energia desses rios é suficiente para movimentar grandes quantidades de sedimentos, o que se discute na próxima seção.

Mudanças de vazão com o tempo Na maioria dos cursos d'água, a vazão varia durante todo o ano, dependendo da precipitação e da temperatura. Rios e cursos d'água em regiões áridas e semiáridas podem apresentar vazão perene, efêmera ou intermitente. *Cursos d'água perenes* correm

▲**Figura 15.7 Queda da vazão com a distância a jusante.** O Rio Virgin, no sudoeste de Utah, um tributário do Rio Colorado, é um curso d'água perene em que a vazão diminui nas regiões inferiores à medida que água é retirada para irrigação, transpirada pela vegetação ciliar (vegetais hidrófilos) e perdida para a evapotranspiração nesse clima semiárido. [Bobbé Christopherson.]

▲**Figura 15.8 Aumento da velocidade e vazão a jusante.** O fluxo de alta vazão, alta velocidade e águas tranquilas do Rio Ocmulgee, perto de Jacksonville, Geórgia. [Bobbé Christopherson.]

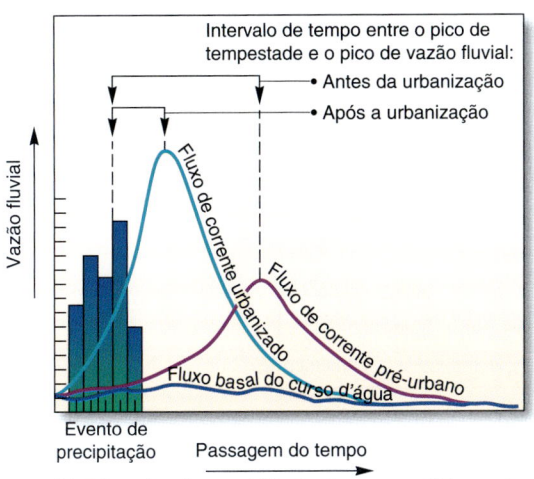

(a) O fluxo basal normal é indicado com uma linha azul-escuro. A linha violeta indica a vazão pós-tempestade antes da urbanização. Após a urbanização, a vazão do rio sobe drasticamente, conforme mostrado pela linha azul-claro.

(b) O aumento da urbanização piorou as enchentes em muitas partes da Ásia, incluindo Bangcoc, Tailândia, mostrada aqui em 2011.

▲**Figura 15.9 Efeito da urbanização sobre um hidrográfico fluvial típico.** [(b) Apichart Weerawong/AP.]

durante o ano todo, sendo alimentados por neve derretida, chuvas, água subterrânea ou alguma combinação desses recursos. *Cursos d'água efêmeros* correm apenas após episódios de precipitação e não estão conectados aos sistemas de água subterrânea. Podem se passar anos entre os eventos com fluxo de água nesses canais fluviais secos. *Cursos d'água intermitentes* correm durante várias semanas ou meses por ano, podendo ter algumas entradas de água subterrânea.

A vazão muda ao longo do tempo em qualquer dada seção transversal do canal. Um gráfico da vazão de um curso d'água ao longo de um período de tempo para uma localidade específica é chamado de **hidrograma**. A escala de tempo do hidrograma pode variar. Por exemplo, *hidrogramas anuais* mostram a vazão ao longo de um ano inteiro, geralmente com a maior vazão dando-se na primavera, quando a neve derrete. *Hidrogramas de tempestade* podem cobrir apenas alguns dias, refletindo mudanças de vazão ocasionadas por eventos específicos de precipitação que levam à inundação local. O hidrográfico na Figura 15.9a mostra a relação entre entrada de precipitação (gráfico de barras) e a vazão da corrente (curvas). Em períodos secos, a vazão baixa é descrita como *fluxo basal* (linha azul-escura) e é em grande parte mantida pela água subterrânea local (revise a discussão do Capítulo 9).

Quando ocorre precipitação em alguma parte da vertente, o escoamento se concentra em cursos d'água e tributários daquela área. A quantidade, a localização e a duração do episódio pluvial determinam o *pico de fluxo*, a maior vazão que ocorre durante um evento de precipitação. A natureza da superfície de uma bacia hidrológica, se permeável ou impermeável, afeta o pico de fluxo e a sequência das mudanças registradas no hidrograma. Nos desertos, onde as superfícies possuem solos finos e impermeáveis e pouca vegetação, o escoamento pode ser alto durante temporais. Um evento de precipitação raro ou de grande porte em um deserto pode encher um canal fluvial com uma torrente chamada de **enxurrada**. Esses canais muitas vezes são preenchidos em alguns minutos e transbordam rapidamente durante e após uma tempestade.

As atividades humanas têm um impacto enorme sobre os padrões de vazão de uma bacia de drenagem. O hidrograma de uma porção específica de um curso d'água é alterado após um distúrbio como um incêndio florestal ou a urbanização da bacia hidrográfica, com picos de fluxo verificando-se mais cedo durante o evento de precipitação. Os efeitos da urbanização são muito expressivos, aumentando e acelerando o pico de fluxo, como vemos ao comparar a vazão pré-urbana (curva violeta) com a vazão pós urbanização (curva azul-claro) na Figura 15.9a. Na realidade, as áreas urbanas produzem padrões de escoamento muito parecidos com os dos desertos, uma vez que as superfícies seladas da cidade reduzem drasticamente a infiltração e a recarga da umidade do solo. Essas questões se intensificarão com a continuação da urbanização (Figura 15.9b).

Mensuração da vazão É preciso medições da largura, profundidade e velocidade em uma seção transversal do curso d'água a fim de calcular a vazão. Dependendo do tamanho e da corrente do curso d'água, medições de campo dessas variáveis podem ser difíceis de obter. A prática comum é medir a velocidade em diferentes subseções da seção transversal do curso d'água por meio de um medidor de corrente móvel (Figura 15.10a). Então combina-se a largura e a profundidade de cada subseção com a velocidade para calcular a vazão por subseção, somando-se a vazão de todas as subseções da seção transversal (vide Figura 15.10). Uma vez que os leitos fluviais são frequentemente compostos de sedimentos em suspensão que podem mudar de lugar em curtos períodos de tempo, a profundidade do curso d'água é medida como a altura da superfície da água sobre uma elevação de referência constante chamada *nível*. Os cientistas podem usar uma *régua linimétrica* (um bastão marcado com níveis de água) ou um *poço piezométrico* na margem com uma escala montada para medir a altura (Figura 15.10c).

Aproximadamente 11.000 estações de medição de corrente estão em uso nos Estados Unidos (uma média de

(a) Uma típica instalação de medição de fluxo.

(b) Uma estação hidrográfica automatizada.

(c) Um poço piezométrico.

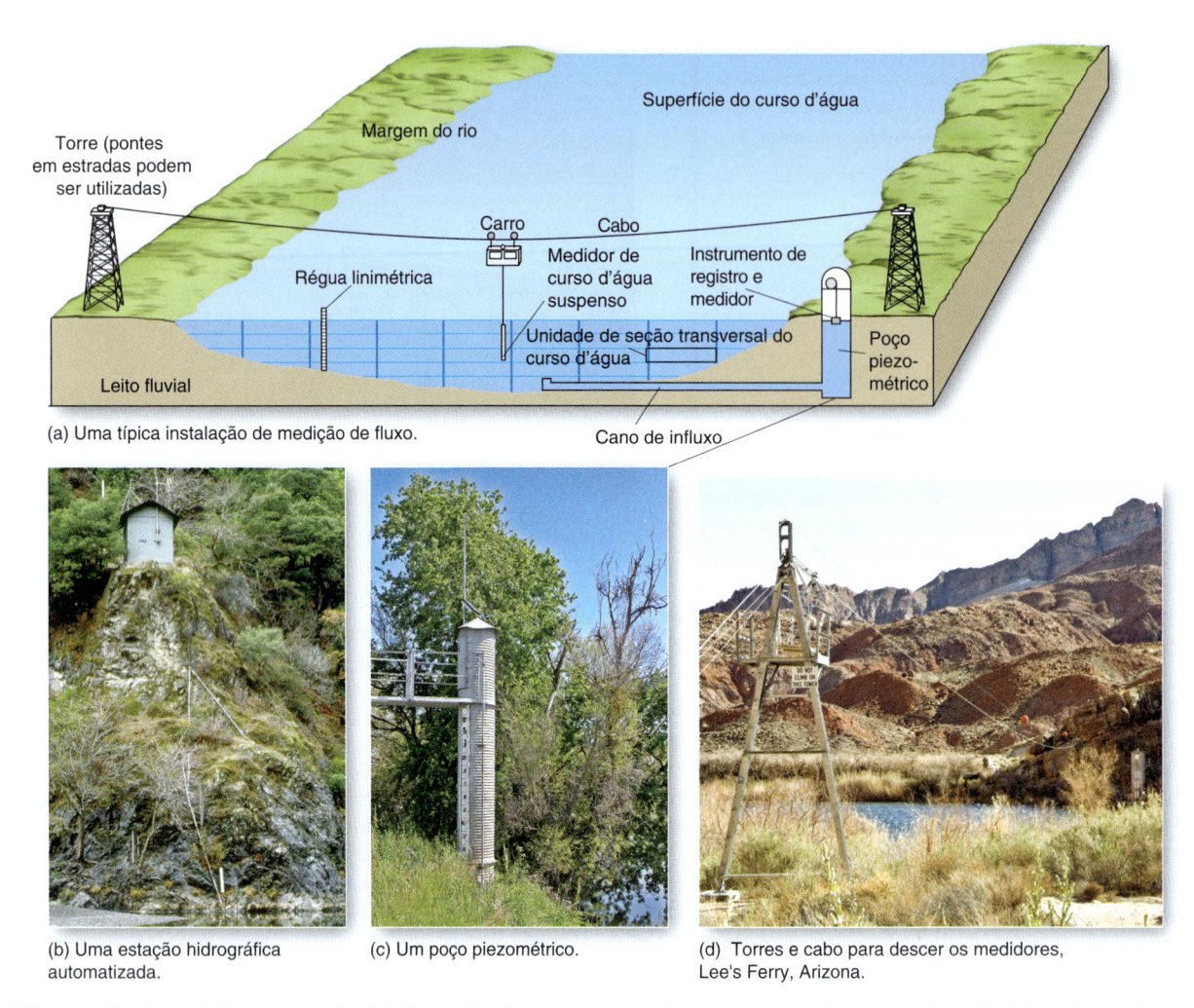

(d) Torres e cabo para descer os medidores, Lee's Ferry, Arizona.

▲Figura 15.10 **Medição da vazão fluvial.** [(b) California Department of Water Resources. (c) e (d) por Bobbé Christopherson.]

mais de 200 por estado). Delas, 7500 são operadas pela Pesquisa Geológica dos Estados Unidos (USGS) e têm gravadores contínuos de nível e vazão (acesse http://pubs.usgs.gov/circ/circ1123/). Muitas dessas estações automaticamente enviam dados de telemetria para satélites, dos quais as informações são retransmitidas para centros regionais (Figura 15.10b e c). A estação de medição do Rio Colorado em Lees Ferry, ao sul da Barragem de Cânion Glen, foi fundada em 1921 e usada para determinar os fluxos do Acordo do Rio Colorado, discutido no Estudo Específico 9.1 (Figura 15.10d).

Processos e relevos fluviais

A interação contínua entre erosão, transporte e deposição em um sistema fluvial produz relevos fluviais. **Erosão** em sistemas fluviais é o processo pelo qual a água desloca, dissolve ou remove material superficial intemperizado. Esse material é então transportado para novas localidades, onde assenta pelo processo de **deposição**. Erosão, transporte e deposição são afetados pela vazão e pelo gradiente do canal. A água corrente é uma importante força erosional; nas paisagens desérticas é também o agente mais significativo de erosão, apesar de os eventos de precipitação serem incomuns. Nesta seção, discutimos os processos de erosão e deposição, com seus relevos característicos.

Processos no canal fluvial

O trabalho geomórfico exercido por um curso d'água inclui erosão e deposição, que dependem do volume de água e da quantidade total de sedimento na corrente. **Ação hidráulica** é um tipo de trabalho erosional realizado pela água corrente apenas, uma ação de compressão e descompressão que solta e levanta pedras. A ação hidráulica atinge seu máximo nos tributários a montante de uma bacia de drenagem, onde a carga de sedimento é pequena e a corrente é turbulenta (Figura 15.11). No entanto, as partes a jusante de um rio movimentam volumes muito maiores de água a partir de um determinado ponto e carregam maiores quantidades de sedimentos. À medida que esses fragmentos se movem, eles erodem mecanicamente o leito fluvial mais adiante, por meio do processo de **abrasão**,

▲Figura 15.11 **Um rio turbulento.** O Rio Maligne, turbulento e de gradiente alto, atravessa um cânion de rocha-matriz nas Montanhas Rochosas do Canadá. [Ashley Cooper/Corbis.]

▲Figura 15.12 **Erosão em direção às cabeceiras.** Erosão em direção às cabeceiras em diversos tributários de um rio de região árida em Baja California Sur, México. [RGB Ventures LLC dba SuperStock/Alamy.]

com pedras e sedimentos triturando e esculpindo o leito fluvial como uma lixa líquida.

A erosão fluvial mediante ação hidráulica e abrasão faz com que os cursos d'água erodam para baixo (aprofundamento), para os lados (alargamento) e na direção a montante (alongamento). O processo pelo qual os cursos d'água aprofundam seus canais é chamado de *erosão vertical* (um exemplo é o Rio San Juan, discutido em breve). O processo de *erosão lateral* é discutido na próxima seção, junto aos canais fluviais meandrantes.

O processo pelo qual um curso d'água alonga seu canal a montante é chamado de *erosão a montante*. Esse tipo de erosão se dá quando um fluxo que entra no canal principal tem força suficiente para escavá-lo, como ocorre na quebra de encosta onde uma boçoroca ingressa em um vale profundo (Figura 15.12). A erosão a montante também pode acontecer por enfraquecimento subterrâneo, quando a água subterrânea se infiltra na cabeceira do canal oriunda do solo e enfraquece o ponto final do canal a montante. A erosão em direção à cabeceira pode acabar fazendo com que uma parte erosiva de um canal fluvial rompa um divisor de drenagem e *capture* as cabeceiras de outro curso d'água em um vale adjacente – um evento chamado de *captura fluvial*.

Carga de sedimentos Quando a energia do curso d'água é alta e há um suprimento de sedimentos, o fluxo da corrente impele areia, seixos, cascalhos e blocos a jusante, em um processo chamado de **transporte sedimentar**. O material carregado pela corrente é a sua *carga sedimentar*, e o suprimento de sedimento depende da topografia do relevo, da natureza da rocha e do solo pela qual a corrente flui, do clima, da vegetação e da atividade humana em uma bacia de drenagem. A turbulência na água, com movimento ascendente aleatório, – mais vazão movimenta uma quantidade maior de sedimentos, frequentemente fazendo os cursos d'água mudarem de translúcidos para marrons turbos após chuvas torrenciais ou prolongadas. Os sedimentos são movimentados como carga dissolvida, carga suspensa ou carga de fundo por meio de quatro processos primários: solução, suspensão, saltação e tração (Figura 15.13).

A **carga dissolvida** de um curso d'água é o material que viaja em solução, especialmente os compostos químicos dissolvidos derivados de minerais, como calcário ou dolomita, ou de sais solúveis. O processo que mais agrega material em solução é o intemperismo químico. Nos Rios San Juan e Little Colorado, que deságuam no Rio Colorado, perto da divisa Utah-Arizona, o teor de sal da carga dissolvida é tamanho que o uso humano da água é limitado.

A **carga suspensa** consiste em partículas clásticas de granulação fina (pedaços de rocha). Elas ficam em suspensão na corrente até que a velocidade da corrente chega a praticamente zero, quando então mesmo as partículas mais finas são depositadas. A turbulência na água, é um impor-

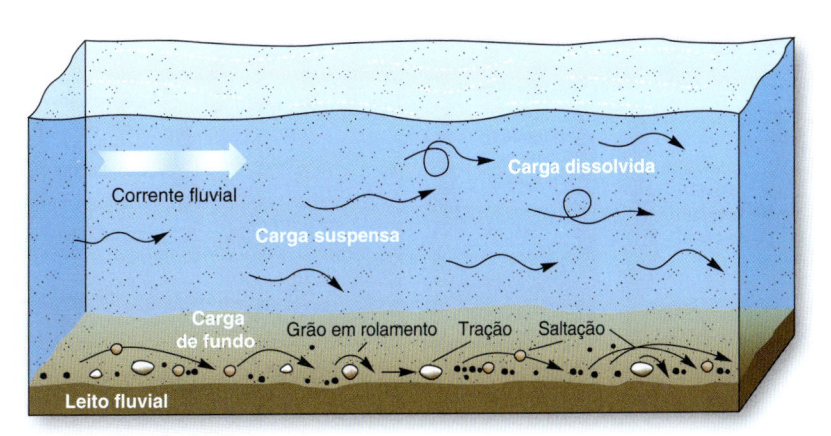

▲Figura 15.13 **Transporte fluvial.** Transporte fluvial de materiais erodidos como carga dissolvida, carga suspensa e carga de fundo.

tante fator mecânico que mantém a carga de sedimentos em suspensão.

Carga de fundo refere-se a materiais mais grossos que são movimentados por **tração**, que é o rolamento ou arrastamento de materiais pelo leito fluvial, ou por **saltação**, um termo que se relaciona com o modo como as partículas se movem em pequenos saltos e pulos (do latim *saltim*, que significa "por saltos ou pulos"). As partículas transportadas por saltação são grandes demais para permanecer em suspensão, mas não são limitadas ao movimento de deslizamento e rolamento da tração (vide Figura 15.13). A velocidade do curso d'água afeta esses processos, especialmente a capacidade do curso d'água de reter partículas em suspensão. Com o aumento da energia cinética no curso d'água, partes da carga de fundo são transportadas para cima e se tornam carga suspensa.

Em uma inundação (um grande fluxo que transborda as margens do canal), um rio pode carregar uma enorme carga de sedimentos, pois materiais maiores são apanhados e carregados pelo fluxo aumentado. A *competência* de um curso d'água é sua capacidade de movimentar partículas de um tamanho específico, sendo uma função da velocidade da corrente e da energia disponível para movimentar materiais. A *capacidade* de um curso d'água é a carga de sedimentos total possível de transportar, sendo uma função da vazão; portanto, um rio grande tem mais capacidade do que um córrego. À medida que os fluxos de inundação aumentam, a energia da corrente cresce junto, e a competência do curso d'água torna-se grande o suficiente para que ocorra transporte de sedimentos. Como resultado, o canal é erodido, em um processo chamado **degradação**. Com a volta dos fluxos ao normal, a energia da corrente é reduzida, e o transporte de sedimentos para ou desacelera. Se a carga excede a capacidade do curso d'água, os sedimentos se acumulam no leito, e o canal fluvial se constrói por deposição; trata-se do processo de **agradação**.

Transporte sedimentar em uma enchente Vimos na seção anterior que a vazão pode mudar rapidamente em resposta a episódios de precipitação na bacia hidrológica. Maior vazão aumenta a velocidade do fluxo e, portanto, a competência do rio em transportar sedimentos conforme a enchente progride. Em consequência, a capacidade do rio de desprender materiais do seu leito é potencializada.

Como exemplo, a Figura 15.14 mostra mudanças no canal do Rio San Juan, em Utah, que ocorreram durante uma enchente. O canal atingiu sua profundidade máxima em 14 de outubro, quando as águas da enchente chegaram na sua altura máxima (a linha azul traçada na Figura 15.14a). Nesse período, o leito do canal foi erodido. A enchente e o processo de desprendimento movimentaram uma profundidade de cerca de 3 m de sedimentos da seção transversal retratada. Até 26 de outubro, à medida que a vazão retornava ao normal, a energia cinética do rio foi reduzida, e o leito novamente se encheu conforme os sedimentos eram depositados. Esse tipo de ajuste de canal é contínuo, à medida

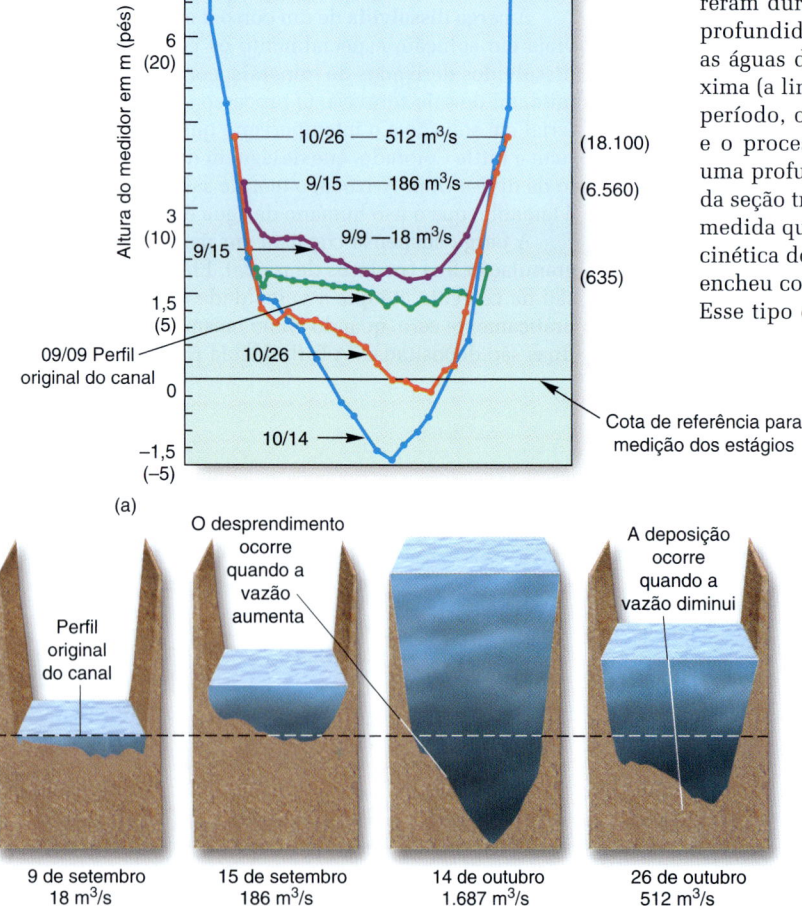

◀**Figura 15.14 Como uma enchente afeta um canal fluvial.** (a) Seções transversais de um canal mostrando os efeitos de uma enchente no Rio San Juan, próximo a Bluff, Utah. (b) Detalhes de perfis do canal em quatro estágios da enchente. [Adaptado de "The Hydraulic Geometry of Stream Channels and Some Physiographic Implications," por L. Leopold and T. Maddock, USGS Professional Paper 252, p. 32, 1941.]

que o sistema trabalha continuamente buscando o equilíbrio, mantendo o balanço entre vazão, carga de sedimentos e forma do canal.

Efeitos das barragens sobre o transporte sedimentar
Como discutido no *Geossistemas Hoje* no início do capítulo, as barragens perturbam a vazão e os regimes sedimentares naturais dos rios, geralmente com efeitos prejudiciais sobre os sistemas fluviais. Por exemplo, a Barragem de Cânion Glen no Rio Colorado, perto da divisa Utah-Arizona, controla a vazão e bloqueia o fluxo dos sedimentos no Grand Canyon a jusante (veja a Figura 15.6 e o mapa do *Estudo Específico* 9.1). Consequentemente, ao longo dos anos, o suprimento de sedimentos do rio foi cortado, diminuindo a areia das praias do rio, impedindo a pesca e esgotando os nutrientes dos canais represados.

Em 1996, 2004, 2008 e 2012, o Grand Canyon foi artificialmente inundado com descargas controladas por barragens, em uma série inédita de experimentos de desprendimento-redistribuição-deposição com a finalidade de movimentar sedimentos. O primeiro teste durou sete dias. Os testes posteriores tiveram menor duração, sendo programados para coincidir com inundações dos tributários que supriam sedimentos novos ao sistema.

Os resultados foram mistos, e os benefícios mostraram-se limitados – a enchente destruiu ecossistemas e erodiu alguns depósitos de sedimentos enquanto criava outros. Assim, com um suprimento de sedimentos limitado não há sedimentos suficientes no sistema para formar praias e melhorar o habitat, mesmo com maior vazão ocorrendo (mais informações em http://www.gcmrc.gov/).

As recentes retiradas de barragens permitiram que os cientistas estudassem a redistribuição de sedimentos pós-barragem. O *Estudo Específico* 15.1 discute a desconstrução de barragens e outras práticas de recuperação fluvial. Consulte a Figura 15.1.2 para ver uma foto da descarga de sedimentos no Estreito de Juan de Fuca, Washington, após a remoção de duas barragens do Rio Elwha.

Padrões de canal

Vários fatores, incluindo a carga de sedimentos, afetam o padrão do canal. Canais múltiplos, sejam entrelaçados ou anastomosados, tendem a ocorrer em áreas com sedimentos abundantes ou nas regiões inferiores dos grandes sistemas fluviais. Canais de uma linha são retos ou meandrantes. Canais retos tendem a ocorrer em áreas de cabeceira, onde o gradiente é alto. Em áreas de gradiente menor, com sedimentos mais finos, meandros são mais comuns; esse é o padrão fluvial clássico, em que um único canal serpenteia em um vale ou cânion.

Múltiplos canais
Com sedimento em excesso, uma corrente pode tornar-se um labirinto de canais interconectados que formam um padrão de **canal entrelaçado** (Figura 15.15). O entrelaçamento geralmente ocorre quando a redução de vazão diminui a capacidade de transporte de um curso d'água, como em uma enchente, quando ocorre um deslizamento de terra a montante ou quando aumenta a carga de sedimentos em canais com bancos de areia ou cascalho fracos. Rios entrelaçados costumam ocorrer em ambientes glaciais, onde há abundância de sedimentos grossos e as encostas são íngremes, como Nova Zelândia, Alasca, Nepal e Tibete. Esse padrão também se verifica em canais largos e rasos com vazão variável, como no sudoeste dos EUA.

▲**Figura 15.15 Um curso d'água entrelaçado.** O canal entrelaçado do Rio Waiho na paisagem glaciada da costa ocidental da Ilha Sul da Nova Zelândia. [David Wall/Alamy.]

▲**Figura 15.16 Um canal de padrão anastomosado.** Os canais anastomosados do Rio Paraná. [NASA.]

♀ Estudo Específico 15.1 Recuperação ambiental
Recuperação fluvial: unindo ciência e prática

Como mencionado no Capítulo 1, a ciência "básica" é concebida majoritariamente para fazer o conhecimento progredir e criar teorias científicas. A ciência "aplicada" resolve problemas do mundo real e, ao fazê-lo, frequentemente fomenta novas tecnologias e desenvolve estratégias de gestão dos recursos naturais. A partir do fim dos anos 1980, a recuperação de rios e cursos d'água tornou-se um dos focos da geomorfologia básica e aplicada.

Recuperação fluvial, também chamada de *recuperação de rios*, é o processo de restabelecimento da saúde de um ecossistema fluvial, incluindo forma e processos do canal, vegetação ciliar e pesca. Todo projeto de recuperação fluvial tem um foco específico, que varia com os problemas e impactos do curso d'água em questão. Objetivos comuns de recuperação são restituir o fluxo fluvial, recuperar a passagem de peixes, evitar a erosão marginal e restabelecer a vegetação do canal ou planície de inundação. A escala da recuperação de um rio varia de alguns quilômetros de riachos a centenas de quilômetros de rio, podendo chegar a toda a bacia hidrológica.

Remoção de barragens

Uma vez que várias barragens fiscalizadas pela Comissão Federal de Regulamentação de Energia (FERC) pediram um novo licenciamento nos últimos 25 anos, cientistas e grupos ambientais vêm trabalhando junto a órgãos municipais, estaduais e federais a fim de identificar barragens que devem ter sua remoção considerada. Diversas barragens foram desconstruídas porque eram inseguras, obsoletas ou seu objetivo original não era mais válido. Em 1999, a Barragem Edwards do Rio Kennebec, em Augusta, Maine, foi desconstruída, marcando a primeira remoção de barragem nos Estados Unidos por razões ecológicas (nesse caso, primordialmente para restaurar a passagem de peixes migratórios entre o rio e o mar).

Em 2013, a desconstrução das Barragens do Elwah e do Cânion Glines (ambas com mais de 80 anos), no noroeste de Washington, tornou-se a maior remoção de barragem das história norte-americana, recuperando a passagem de peixes e os ecossistemas fluviais associados do Rio Elwah, de 72 km de extensão (Figura 15.1.1; consulte de novo a Figura 1.1, Capítulo 1). O fluxo livre do Rio Elwha permitirá o retorno de cinco espécies de salmão do Pacífico à bacia hidrológica, e espera-se que o número de peixes aumente de 3.000 para 390.000 nos próximos 30 anos. Essas espécies são *anádromas* (do grego *anadromos*, "que corre para cima"), isto é, migram a montante, do mar para os rios de água doce, a fim de se reproduzir.

Um ano após o início da remoção da barragem, os cientistas informavam que a truta, o salmão-real, o salmão-prateado e o salmão-rosa já estavam chegando a áreas do rio anteriormente inacessíveis. Arvoretas de salgueiro e choupo-do-canadá estavam começando a se fixar no leito fluvial cheio de silte recentemente exposto. Naquele primeiro ano, estima-se que meio milhão de tonelada de sedimentos antes presos atrás das barragens começou a correr a jusante e sair na foz do rio (Figura 15.1.2). Para mais informações, acesse http://www.nps.gov/olym/naturescience/elwha-restoration-docs.htm.

Um processo cooperativo

A recuperação fluvial envolve a cooperação de diversos proprietários de terras e agências reguladoras dentro da bacia hidrológica. Por exemplo, a erosão das margens em uma dada localidade pode estar ligada a processos ocorrendo a montante e, por sua vez, pode afetar processos a jusante. Assim, recuperar um curso d'água ao seu estado natural envolve todo o sistema, e não apenas um segmento isolado. A recuperação também envolve equilibrar diferentes necessidades de uso da água dentro de uma bacia de drenagem.

Na maior bacia hidrológica do Maine, o projeto de recuperação do Rio Penobscot está tentando recuperar a pesca ao mesmo tempo em que se mantém a produção hidrelétrica. O projeto de recuperação do Penobscot envolve uma grande coalizão de grupos de interesse, incluindo seis grupos ambientais, a Nação Indígena Penobscot, o Estado do Maine, o Departamento do Interior dos EUA, a Administração Nacional Oceânica e Atmosférica e empresas hidrelétricas. A recuperação abrange a remoção de duas barragens, a construção de um elevador de peixes em outra barragem e a construção de um desvio para peixes em uma quarta barragem, assim restaurando o acesso aos peixes por centenas de quilômetros de rios. O custo estimado total do projeto é de US$ 62 milhões; a primeira fase foi concluída em

(b) Um martelo hidráulico montado em uma balsa quebra o topo da Barragem do Cânion Glines em 2012.

(a) Localização das antigas barragens do Rio Elwha.

▲Figura 15.1.1 **Remoção da Barragem do Cânion Glines, Rio Elwha.** [(a) NPS/USGS. (b) NPS.]

▲Figura 15.1.2 Sedimentos saindo da foz do Rio Elwha após a remoção da barragem. [Tom Roorda.]

2010, com a remoção da Barragem Great Works.

Projetos de recuperação fluvial de menor escala podem constituir partes de esforços maiores envolvendo estuários, baías e portos. Perto do Porto de New Bedford, Massachusetts, agências estaduais, federais e municipais implementaram diversos pequenos projetos fluviais como parte de um esforço maior de limpeza da poluição e recuperação da passagem dos peixes migratórios. Em 2007, especialistas em recuperação fizeram uma ruptura parcial da Barragem Sawmill e construíram uma estrutura de passagem, ou "peixovia", composta por um sistema de piscina em degraus de pedra projetado para mimetizar as condições naturais (Figura 15.1.3). Dados coletados entre 2007 e 2011 mostram que os arenques do rio (alosa-cinzenta e alosa-azul) cresceram mais de 1000% após a passagem para peixes em torno da Sawmill e outra barragem próxima darem acesso às melhores áreas de reprodução.

Ciência da recuperação fluvial

As práticas de recuperação fluvial tornaram-se um negócio lucrativo para centenas de empresas em todos os Estados Unidos, sendo que os norte-americanos gastam US$ 1 bilhão estimado em projetos fluviais por ano. Entretanto, a ciência da restauração fluvial ainda está engatinhando. Na Universidade da Califórnia, em Berkeley, os cientistas estão fazendo experimentos em laboratório com um modelo em escala de um rio meandrante de leito de cascalho para compreender as interações entre cascalho, areia, vegetação e processos de erosão e deposição de meandros – um projeto cujos resultados encontrarão aplicação útil nas práticas de recuperação. No multidisciplinar Centro Nacional de Dinâmica Superficial da Terra da Universidade de Minnesota, um objetivo de pesquisa é desenvolver um conjunto de ferramentas com base científica e de livre acesso que promovam métodos quantitativos de recuperação (vide http://www.nced.umn.edu/content/streams-science-restoration).

Dadas as complexidades dos cursos d'água e seus ecossistemas, é concedida uma certa licença artística e intuitiva ao se desenhar um curso d'água, e nem todos os desenhos resistem ao teste do tempo. Além do mais, o monitoramento intensivo necessário para avaliar o sucesso ou fracasso após o término do projeto é frequentemente negligenciado devido à falta de fundos. Um exemplo dos estudos ecológicos de longo prazo necessários para se obter progresso e melhorias na ciência da recuperação fluvial é o Estudo de Ecossistemas de Baltimore da Rede de Pesquisa Ecológica de Longo Prazo, financiado pela National Science Foundation (http://www.lternet.edu/sites/bes).

A atual remoção de barragens e a contínua ênfase da sociedade e da ciência quanto à saúde dos ecossistemas fizeram da ciência da recuperação fluvial um campo crescente de geomorfologia fluvial aplicada, para o qual geógrafos e outros cientistas dos sistemas terrestres poderão contribuir.

▲Figura 15.1.3 Construção de passagem em degraus para peixes no Rio Acushnet, Massachusetts. [Steve Block, NOAA.]

Em sistemas fluviais de grande porte, às vezes verifica-se um *padrão anastomosado*, em que há diversos canais grandes em uma vasta planície de inundação (Figura 15.16). O Paraná e outros rios sul-americanos apresentam esse padrão, assim como rios do Canadá, do Alasca e de partes da Ásia.

Canais únicos Embora rios perfeitamente retos sejam raros ou inexistentes na natureza, muitos cursos d'água em regiões montanhosas íngremes ou canais controlados pela rocha-matriz possuem um padrão de canal relativamente reto (Figura 15.17). Frequentemente, são cursos d'água de gradiente alto e com sinuosidade tão pequena que não podem ser classificados como típicos cursos meandrantes. (*Sinuosidade* é a razão entre a distância entre dois pontos medidos ao longo de um curso d'água ao fazer uma curva e a menor distância em linha reta entre esses mesmos dois pontos.)

Quando a inclinação do canal é gradual, os cursos d'água desenvolvem uma forma mais sinuosa (serpenteada), indo de lá para cá em um padrão de **curso d'água meandrante** e adquirindo características distintas de fluxo e canal. A tendência a criar meandros evidencia a propensão dos sistemas fluviais (como de qualquer sistema natural) de encontrar o caminho do menos esforço rumo a um meio-termo entre ordem autorregulatória e desordem caótica.

A seção *Geossistemas em Ação*, Figura GEA 15, ilustra alguns dos processos associados aos cursos d'água meandrantes. Uma visão em seção transversal de um canal meandrante mostra as características de fluxo que criam os depósitos de canal típicos desses cursos d'água. Em um canal ou seção reta, as maiores velocidades de corrente são no centro, próximo à superfície, no local mais fundo da corrente (Figura GEA 15.1a). As velocidades diminuem mais próximo das margens e do fundo do canal devido à força de fricção no fluxo de água. Quando a corrente faz uma curva de meandro, a velocidade máxima de corrente desloca-se do centro para a borda externa da curva. Quando a corrente fica reta, a velocidade máxima volta para o centro, até o próximo cotovelo, quando passa para a parte de fora da curva do meandro. Portanto, a parte da corrente que flui com velocidade máxima se move diagonalmente pela corrente, de curva a curva.

Como a parte externa de cada curva meandrante está sujeita à velocidade mais rápida da água, ela sofre a maior ação erosiva, ou desprendimento. Isso pode formar um **banco de erosão basal**, ou *erosão basal* (Figura GEA 15.1b). Em contraste, a porção interior do meandro tem a menor velocidade de água, sendo portanto uma zona de preenchimento (ou agradação) que gera uma **barra de pontal**, um acúmulo de sedimentos na parte interna de uma curva de meandro. Com a criação dos meandros, esses processos de desprendimento e preenchimento vão gradualmente agindo sobre as margens, fazendo com que elas se movam lateralmente pelo vale – é o processo de erosão lateral. Como resultado, a paisagem próxima de um rio meandrante apresenta marcas chamadas de *cicatrizes de meandros*, que são os depósitos residuais dos antigos canais fluviais (visíveis no mapa e na imagem dos meandros do Rio Mississipi da Figura 15.24, página 443).

Os canais meandrantes criam um notável padrão ondulado na paisagem, conforme mostrado na Figura GEA 15.2. Os cursos d'água ativamente meandrantes erodem suas margens externas ao migrar, muitas vezes formando um estreito gargalo de terra que acaba sendo erodida e formando um *corte*. Um corte marca uma mudança abrupta nos movimentos laterais da corrente – a corrente fica mais retilínea.

Após o antigo meandro se isolar do resto do rio, o **meandro abandonado** resultante pode ser gradualmente preenchido com fragmentos e silte ou também pode se tornar novamente parte do rio quando inunda. O Rio Mississipi hoje é muitos quilômetros mais curto do que era na década de 1830 em função de cortes artificiais que foram escavados em gargalos de meandros para melhorar a navegação e a segurança. Quantas dessas feições fluviais – meandros, meandros abandonados, cortes – você consegue localizar na Figura 15.24?

Os rios frequentemente formam fronteiras políticas naturais, como vimos no caso do Rio Danúbio. Contudo, po-

▲Figura 15.17 **Um padrão de canal reto.** Padrão de canal relativamente reto controlado pelo substrato rochoso no Rio Ottauquechee, em Quechee Gorge, Vermont. [Fraser Hall/ Robert Harding World Imagery/Corbis.]

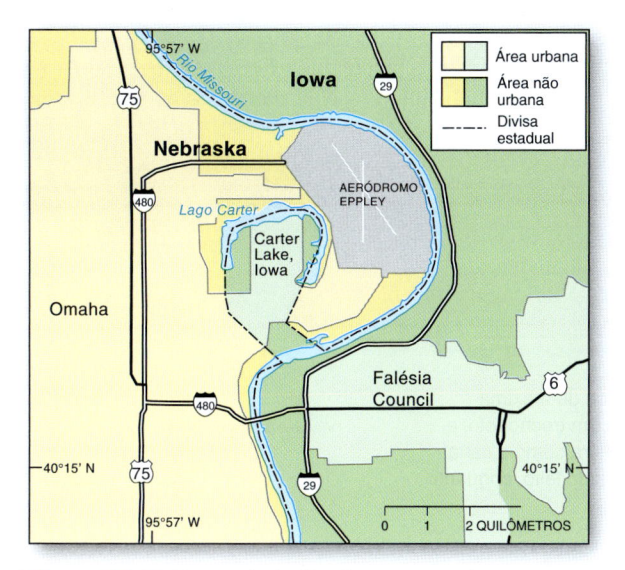

▲Figura 15.18 **Uma cidade ilhada por meandros em movimento.** Carter Lake, Iowa, fica numa curva de um antigo meandro que foi cortado pelo Rio Missouri. A cidade e o meandro abandonado permanecem parte de Iowa, mesmo que estejam em sua maior parte cercados por Nebraska.

dem surgir problemas quando as fronteiras são baseadas em canais fluviais que mudam de curso. Por exemplo, os Rios Ohio, Missouri e Mississipi, que constituem as fronteiras de vários estados norte-americanos, podem mudar de posição bem depressa em épocas de enchente. Pense na fronteira entre Nebraska e Iowa, originalmente posicionada no meio do canal do Rio Missouri. Em 1877, o rio fez um corte na volta do meandro em volta de uma cidade, "capturando" a cidade para o Nebraska (Figura 15.18). O novo meandro abandonado foi chamado de Lago Carter, e segue sendo a divisa estadual. Hoje, a cidade de Carter Lake é a única parte de Iowa a oeste do Rio Missouri. Outros estados tomaram precauções contra esses eventos. Para evitar controvérsias sobre fronteiras no Rio Grande, próximo a El Paso, Texas, e ao longo do Rio Colorado, entre Arizona e Califórnia, levantamentos estabeleceram fronteiras políticas independentes de canais fluviais em mutação.

Rios em equilíbrio

As mudanças no gradiente de um rio de suas cabeceiras até sua foz geralmente são representadas em uma visão lateral chamada *perfil longitudinal*. A curva do gradiente total de um rio geralmente é côncava (Figura 15.19). Como já mencionado, um rio normalmente possui inclinação mais íngreme perto das cabeceiras e mais gradual a jusante. Os motivos desse formato estão relacionados à energia disponível no rio para transportar a carga que recebe.

A tendência dos sistemas naturais (incluindo cursos d'água) é passar para um estado de equilíbrio que faz com que os canais fluviais, em um período de anos, ajustem suas características de forma que a corrente consiga movimentar os sedimentos supridos pela bacia de drenagem. Um **rio em equilíbrio** é aquele em que a inclinação do canal ajustou-se, dada a vazão e as condições do canal, de modo que a velocidade da corrente é apenas suficiente para transportar a carga de sedimentos.

Um rio em equilíbrio possui o perfil longitudinal característico ilustrado na Figura 15.19. Qualquer variação ou perturbação no perfil, como a forte queda de uma cascata, será aplainada ao longo do tempo à medida que o rio se ajustar em direção à condição de equilíbrio. A obtenção de uma condição de equilíbrio não significa que o curso d'água está em seu gradiente mínimo, mas que ele atingiu um estado de *equilíbrio dinâmico* entre seu gradiente e sua carga de sedimentos. Esse equilíbrio depende de muitos fatores que atuam juntos na paisagem e dentro do sistema fluvial.

Uma corrente individual pode ter partes com ou sem equilíbrio, além de seções em equilíbrio sem ter um declive geral equilibrado. Na verdade, variações e interrupções são a regra, e não a exceção. Distúrbios na bacia de drenagem, como perda de massa em encostas que levam material para os canais, ou a pastagem excessiva da vegetação ciliar associada à instabilidade das margens, podem causar rupturas nessa condição de equilíbrio. O conceito de equilíbrio de um rio está intimamente ligado ao seu gradiente: qualquer

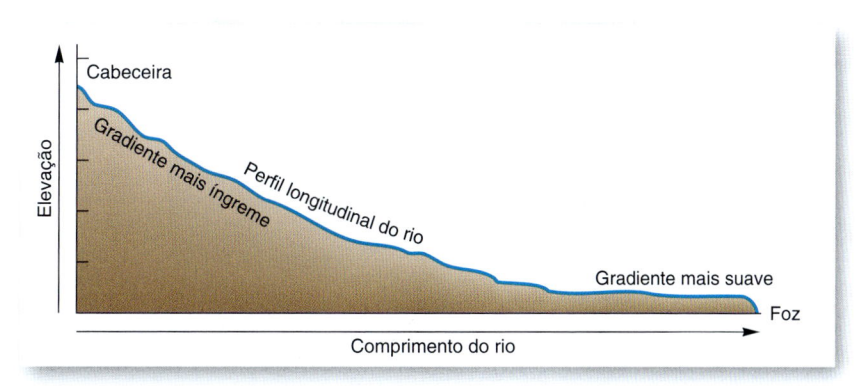

▲Figura 15.19 **Um perfil longitudinal característico.** O perfil inclinado característico de um curso d'água das cabeceiras até a foz. Os segmentos do perfil a montante possuem gradiente mais íngreme; a jusante, o gradiente é mais suave.

geossistemas em ação 15 — CANAIS MEANDRANTES

Canais de fluxo meandrante, ou curvo de lado a lado em um "padrão de cobra", onde o gradiente de vazão é baixo e no qual fluem sedimentos finos. A parte do canal meândrico com velocidades máximas muda de um lado para o outro do leito do rio, afetando a erosão e deposição ao longo dos bancos do canal (GEA 15.1). Esse constante processo de "escorregar e preencher" move a posição do meandro lateralmente pelo vale, criando um distinto relevo.

15.1a PERFIL DE UM CANAL MEANDRANTE
A sessão transversal mostra como a localização dos fluxos de máxima velocidade muda ao longo do canal e migra ao centro de um trecho reto, e depois para o lado oposto ao anterior. A vista oblíqua mostra como o canal erode, ou marca, o banco de erosão basal no lado de fora do leito, enquanto deposita uma barra em pontal no lado interno do leito.

[Vladimir Melnikov/Shutterstock.]

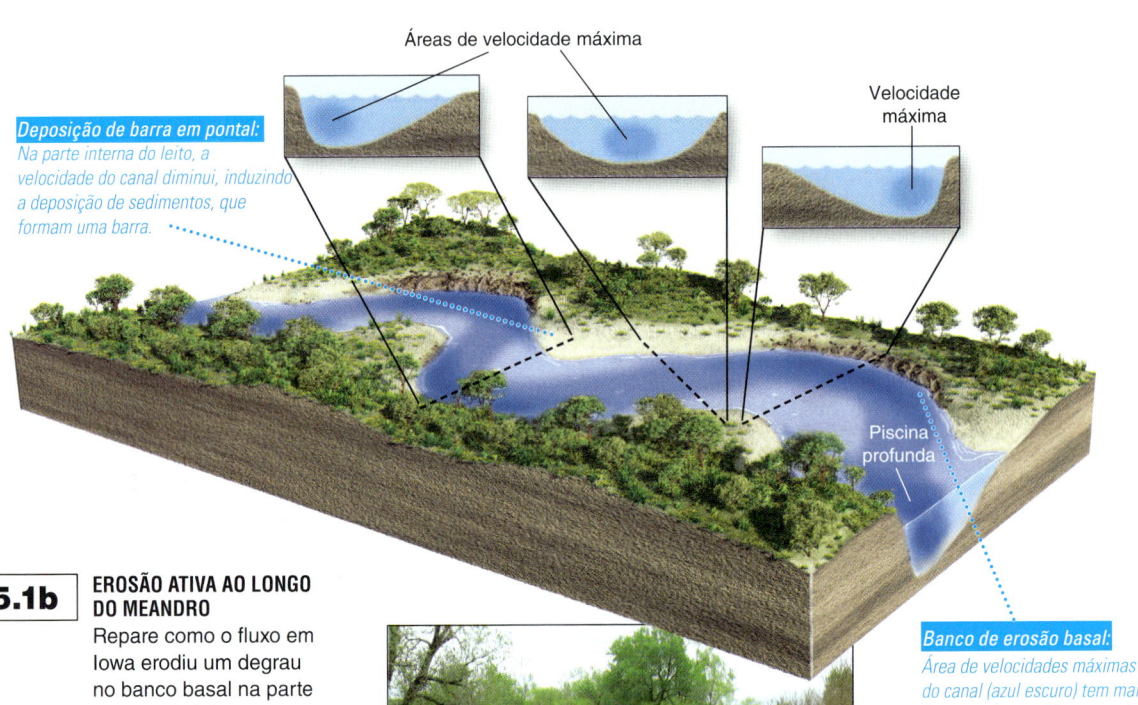

Áreas de velocidade máxima

Velocidade máxima

Deposição de barra em pontal: Na parte interna do leito, a velocidade do canal diminui, induzindo a deposição de sedimentos, que formam uma barra.

Piscina profunda

Banco de erosão basal: Área de velocidades máximas do canal (azul escuro) tem maior força erosiva, então os canais erodem o banco basal no lado externo do leito.

15.1b EROSÃO ATIVA AO LONGO DO MEANDRO
Repare como o fluxo em Iowa erodiu um degrau no banco basal na parte externa do leito.

Banco basal

[USDA NRCS.]

Explique: Explique a relação entre a velocidade do canal, erosão e deposição na formação do meandro.

geossistemas em ação 15 — CANAIS MEANDRANTES

15.2a PROCESSO DE MEANDRAMENTO DO CANAL

Ao longo do tempo, o canal meandrante migra lateralmente através do vale do curso, erodindo o lado externo e enchendo a parte interna do leito. As áreas mais estreitas entre os meandros se chamam gargalos. Quando o fluxo se intensifica, o curso pode cavar através do gargalo, formando um corte, como podemos ver na fotografia.

Paisagem do vale do canal:
Um gargalo foi recentemente erodido, formando um corte e estreitamento do curso do canal. A porção que transpassa o curso pode se transformar em uma cicatriz de meandro ou em um meandro abandonado.

Direção do fluxo
Corte
Gargalo
Rio Itkillik no Alasca [USGS]

15.2b FORMAÇÃO DE UM MEANDRO ABANDONADO

Os diagramas abaixo mostram as etapas envolvidas na formação de meandros abandonados. Conforme o canal muda, esse processo deixa formas de relevo características na planície de inundação.

Passo 1:
Um gargalo estreito é formado onde a volta do meandro se alonga voltado para si mesmo.

Gargalo
Meandro do curso d'água

Passo 2:
O gargalo fica ainda mais estreito durante a erosão do banco basal

Barra em pontal
Banco de erosão basal

Passo 3:
O curso erode através do gargalo, o cortando.

Corte

Passo 4:
Forma-se um lago do meandro abandonado cheio de sedimentos da área entre o novo curso do canal e o antigo meandro.

Meandro abandonado

A seguir: Com suas palavras, descreva a sequência dos passos do processo que formam um lago de meandro abandonado.

alteração no perfil longitudinal característico de um rio fará com que o sistema responda, buscando uma condição de equilíbrio. As discussões a seguir sobre soerguimento tectônico e *nickpoints* aprofundam esse conceito.

Soerguimento tectônico Um rio em equilíbrio pode ser afetado por soerguimento tectônico, que altera a elevação do curso d'água em relação ao seu nível de base. Esse soerguimento da paisagem aumentaria o gradiente fluvial, estimulando a atividade erosiva. Um rio com baixa energia que corre por uma paisagem soerguida é *rejuvenescido*, isto é: o rio ganha energia e retorna ativamente à incisão vertical. A degradação do canal pode acabar formando *meandros encaixados* profundamente incisos no relevo (Figura 15.20). Diz-se que um curso d'água desses é uma *corrente antecedente* (do grego *ante*, "antes") porque ele realiza incisão vertical à mesma taxa do soerguimento, assim mantendo seu curso. Observe que as correntes superpostas mencionadas anteriormente não realizam incisão vertical quando ocorre soerguimento; em vez disso, superpõem seu curso original a estratos rochosos mais antigos, que assim ficam expostos a erosão.

Nickpoints Quando o perfil longitudinal de uma corrente apresenta mudança abrupta de gradiente, como em uma queda d'água ou em uma área de corredeiras, o ponto de interrupção é um **nickpoint** (também escrito *knickpoint*). *Nickpoints* podem se formar quando um curso d'água corre por uma camada rochosa resistente ou em uma linha de falha ou área de deformação superficial recente. O bloqueio temporário em um canal, causado por um deslizamento de terra ou por sobras de madeira, também pode ser considerado um *nickpoint*; quando ocorre a desobstrução, a corrente rapidamente reajusta seu canal à sua graduação antiga. Assim, um *nickpoint* é uma característica relativamente temporária e móvel na paisagem.

A Figura 15.21a apresenta dois *nickpoints* – uma área de corredeiras (com gradiente aumentado) e uma queda d'água (gradiente ainda mais íngreme). Na queda d'água, a conversão de energia potencial na água à beira das quedas em energia cinética concentrada na base serve para eliminar a interrupção de *nickpoint* e suavizar o gradiente. Na beira de uma queda d'água, um curso d'água tem queda livre, movendo-se a alta velocidade sob a aceleração da gravidade, causando abrasão e ação hidráulica no canal abaixo. Com o tempo, a maior ação erosiva lentamente efetua a incisão vertical da queda d'água. No fim, a borda rochosa da queda cede, e a altura da cachoeira é gradualmente reduzida à medida que se acumulam detritos em sua base (Figura 15.21b). Portanto, um *nickpoint* migra a montante, às vezes por quilômetros, até que se torne uma série de corredeiras e seja, finalmente, eliminado.

Na região das Cataratas do Niágara, na fronteira entre Ontário e Nova York, as geleiras avançaram e depois retrocederam há aproximadamente 13.000 anos. Ao fazê-lo, elas expuseram estratos rochosos resistentes que são sustentados por folhelhos menos resistentes. A formação inclinada resultante é uma *cuesta*, uma cordilheira com encosta íngreme de um lado (também chamada de escarpamento) e leitos suavemente entrando em declive do outro lado (Fi-

▲**Figura 15.20 Visão aérea de meandros encaixados.** Visão aérea de meandros encaixados do Rio Escalante, Utah, no Planalto do Colorado, um planalto que foi soerguido durante a orogenia Laramide. [SCPhotos/Alamy.]

gura 15.22a). Na verdade, a escarpa do Niágara se estende por mais de 700 km; a partir do leste das cataratas, expande-se rumo ao norte passando por Ontário, Canadá, e pela Península Superior de Michigan, fazendo então curvas ao sul através de Wisconsin ao longo da costa oeste do Lago Michigan e da Península de Door. Como o material menos resistente continua intemperizando, os estratos rochosos sobrejacentes cedem, e as Cataratas do Niágara erodem a montante em direção ao Lago Erie (é o processo de erosão em direção às cabeceiras, descrito no início do capítulo). Ocasionalmente, os engenheiros utilizam instalações de controle a montante para reduzir os fluxos sobre as Cataratas Americanas do Niágara para examinar a erosão do penhasco, que já deslocou a localização das cataratas mais de 11 km a montante a partir da face íngreme do escarpamento do Niágara (Figuras 15.22b e c).

Relevos deposicionais

O termo geral para argila, silte, areia, cascalho e fragmentos minerais não consolidados depositados pela água corrente é **aluvião**, que pode se acumular sob a forma de sedimento

Capítulo 15 • Sistemas fluviais **441**

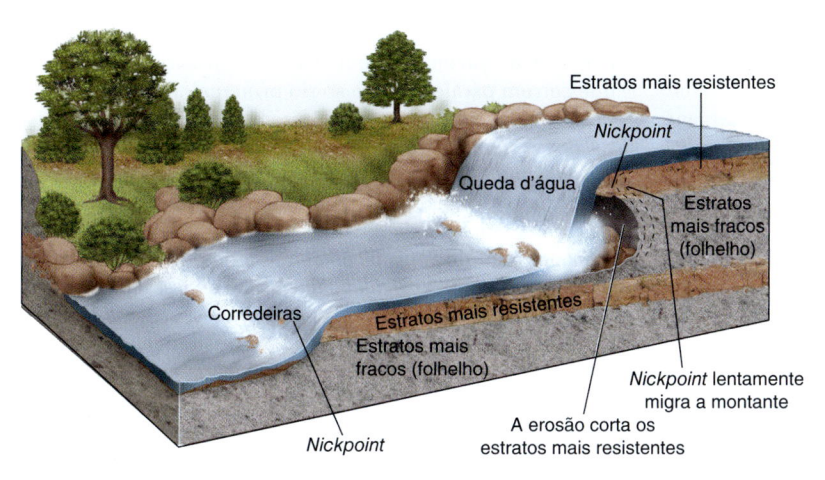

(a) Perfil longitudinal de uma seção de rio mostrando *nickpoints* produzidos por estratos rochosos resistentes. A energia fluvial é concentrada no *nickpoint*, acelerando a erosão, que, por fim, eliminará a característica.

(b) Quedas e corredeiras quebram o fluxo do Rio Big Sioux em Sioux Falls, Dakota do Sul.

▲**Figura 15.21 Nickpoints interrompem um perfil do canal.** [(b) Bobbé Christopherson.]

selecionado ou semiselecionado. O processo de *deposição fluvial* ocorre quando um curso d'água deposita aluvião, assim criando relevos deposicionais, como barras, planícies de inundação, terraços e deltas.

Planícies de inundação A área plana e de nível baixo adjacente a um canal e que está sujeita a enchentes recorrentes é uma **planície de inundação**. É a área que é inundada quando o rio transborda seu canal em épocas de alto fluxo. Quando a água recua, deixa para trás depósitos aluviais que geralmente mascaram a rocha subjacente com o espesso acúmulo. O atual canal fluvial está inserido nesses depósitos aluviais. Conforme discutido anteriormente, os meandros fluviais tendem a migrar lateralmente pelo vale; com o tempo, eles geram relevos deposicionais na planície de inundação, alguns dos quais são retratados na Figura 15.23.

▼**Figura 15.22 Recuo das Cataratas do Niágara.** [(a) Baseado em W. K. Hamblin, *Earth's Dynamic Systems*, 6th ed., Pearson Prentice Hall, Inc. © 1992, Figura 12.15, p. 246. (b) Cortesia de New York Power Authority. (c) Bobbé Christopherson.]

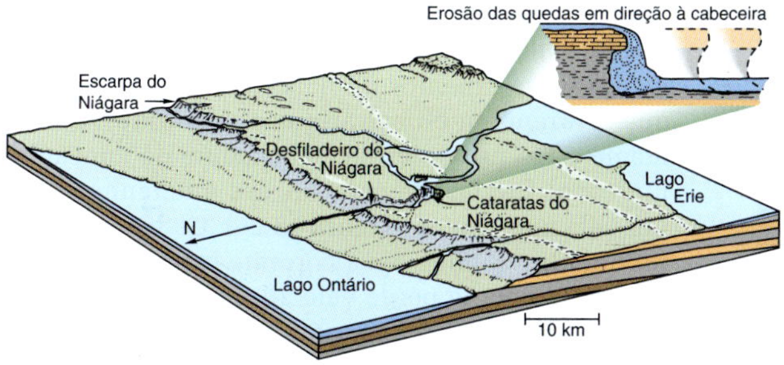

(a) O recuo em direção às cabeceiras das Cataratas do Niágara a partir do escarpamento em Niágara tomou cerca de 12.000 anos, a um ritmo de aproximadamente 1,3 m por ano.

(b) Cataratas do Niágara, com a parte das Cataratas Americanas bloqueada para inspeção de engenharia. As Cataratas Horseshoe no plano de fundo ainda estão fluindo sobre seu mergulho de 57 m.

(c) Cataratas Americanas com descarga total.

Em ambas as margens de alguns rios, formam-se cristas baixas de sedimentos grossos chamadas de **diques marginais** como subprodutos da inundação. Quando a vazão aumenta durante uma inundação, o rio transborda suas margens, perde competência e capacidade fluvial à medida que se espalha e libera parte de sua carga de sedimentos. Partículas do tamanho de grãos de areia (ou maiores) são depositadas primeiro, formando o principal componente dos diques marginais; siltes e argilas mais finos são depositados mais distante do rio. Enchentes sucessivas aumentam a altura dos diques marginais. Os diques podem crescer em altura até que o canal fluvial se torne elevado, ou *empoleirado*, acima da planície de inundação circundante.

Nas planícies de inundação de rios meandrantes, frequentemente formam-se terras úmidas chamadas de *pântanos de represamento* nos sedimentos finos mal-drenados depositados por fluxos transbordantes (Figura 15.23b). Outra característica das planícies de inundação são os **tributários padrão yazoo**, também chamados de *tributários yazoo*, que correm paralelamente ao rio principal, mas não podem juntar-se a ele em função da presença de diques marginais. (O nome vem do Rio Yazoo, na parte sul da planície de inundação do Mississipi.)

Cristas baixas de aluvião que se acumulam na parte interna das dobras de meandro à medida que eles migram pela planície de inundação frequentemente formam uma paisagem chamada de *relevo de barra e depressão* (as barras formam as áreas mais altas; as depressões, as mais baixas). O mapa e a imagem da Figura 15.24 ilustram as mudanças no relevo ao longo do tempo em uma porção da planície de inundação meandrante do Rio Mississipi.

Terraços fluviais Como explicado anteriormente, um soerguimento do relevo ou um rebaixamento do nível de base pode rejuvenescer a energia do curso d'água de forma que ele novamente force e eroda com mais intensidade para baixo. O maior encaixe resultante do rio em sua própria planície de inundação produz **terraços aluviais** em ambas as margens do vale, que têm o aspecto de degraus topográficos acima do rio. Os terraços aluviais geralmente aparecem pareados em elevações semelhantes em cada lado do vale (Figura 15.25). Se mais de um conjunto de terraços pareados estiver presente, o vale provavelmente foi submetido a mais de um episódio de rejuvenescimento.

Se os terraços nos lados do vale não forem equivalentes em termos de elevação, então as ações de entrincheiramento devem ser contínuas à medida que há meandros do rio de um lado a outro, sendo que cada meandro corta um terraço com elevação um pouco mais baixa. Logo, os terraços aluviais representam uma feição deposicional original, uma planície de inundação, que é subsequentemente erodida por um curso d'água que passou por uma mudança de gradiente e está fazendo incisão vertical.

Leques aluviais **Leques aluviais** são depósitos proeminentes de sedimentos fluviais em forma de cone ou leque que ocorrem em climas áridos e semiáridos. Eles normalmente estão presentes na embocadura de um cânion onde um canal fluvial efêmero sai das montanhas e entra em um vale mais plano (Figura 15.26). Os leques aluviais são produzidos quando água corrente (como de uma enchente) abruptamente perde velocidade conforme sai do canal estreito de um cânion e, portanto, deposita camada sobre camada de sedimentos ao longo da base do bloco de montanhas. A água então flui sobre a superfície do leque e produz um padrão de drenagem anastomosada, por vezes mudando de canal para canal. Uma cobertura contínua, ou **bajada**

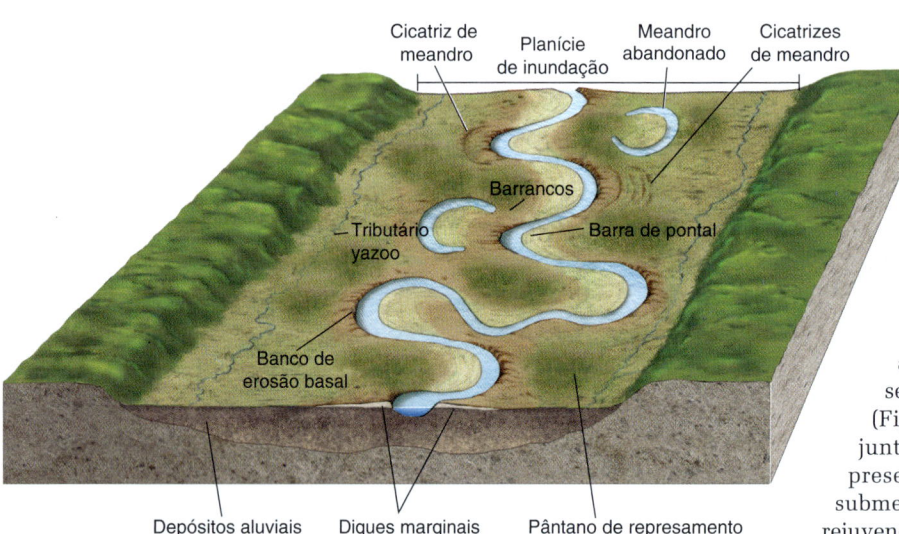

(a) Paisagem típica de planície de inundação e feições relacionadas da paisagem.

(b) Brejos ripários, ou pântanos de represamento, são terras úmidas de planície de inundação que armazenam águas de inundação e proporcionam habitat para fauna. Muitas dessas terras úmidas foram preenchidas durante o século XX; hoje, a recuperação é uma prioridade, uma vez que o armazenamento hídrico das terras úmidas alimenta o fluxo de corrente durante as secas.

▲Figura 15.23 Relevo das planícies de inundação.
[(b) USDA NRCS.]

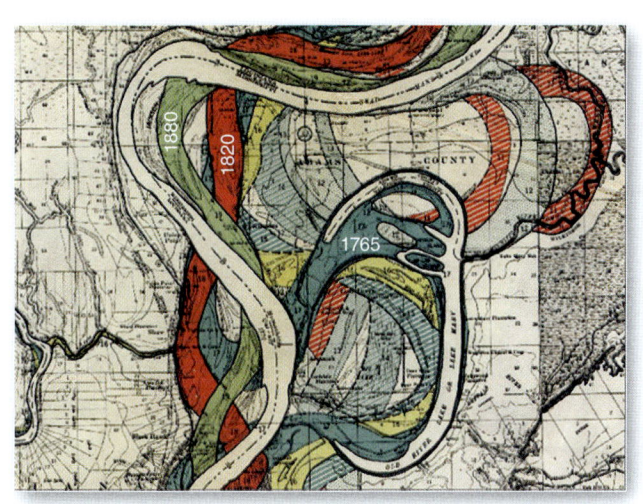

(a) Mapa do canal em 1944 (branco) com os canais anteriores de 1765 (azul), 1820 (vermelho) e 1880 (verde).

(b) Imagem da mesma porção do canal fluvial em 1999.

▲**Figura 15.24 Deslocamento histórico do Rio Mississipi.** O mapa e a imagem mostram a porção do rio ao norte da Estrutura de Controle do Rio Velho (veja a Figura 15.29b). [(a) Corpo de Engenheiros do Exército, *Geological Investigation of the Alluvial Valley of the Lower Mississipi*, 1944. (b) Imagem do *Landsat*, NASA.]

("baixada", em espanhol), pode se formar se leques aluviais individuais coalescerem em uma superfície inclinada (ver Figura 13.4d). Leques aluviais também pode ocorrer em climas úmidos junto a frentes montanhosas, como no Japão, no Nepal e na Venezuela.

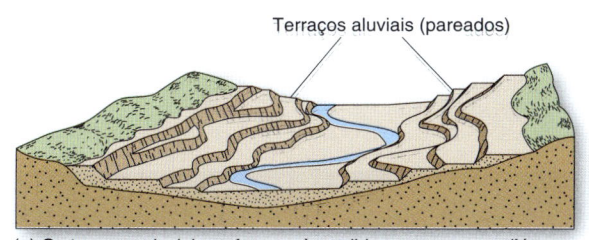

(a) Os terraços aluviais se formam à medida que um curso d'água corta um vale.

(b) Terraços aluviais ao longo do Rio Rakaia, na Nova Zelândia.

▲**Figura 15.25 Terraços aluviais.** [(a) Baseado em W. M. Davis, *Geographical Essays* (New York: Dover, 1964 [1909]), p. 515. (b) Bill Bachman/ Photo Researchers, Inc.]

O sedimento que compõe os leques aluviais é naturalmente classificado por tamanho. Os materiais mais grossos (cascalhos) são depositados próximo da embocadura do cânion, no cume do leque, fazendo uma lenta transição para seixos e cascalhos mais finos e depois para areias e siltes, com as argilas mais finas e sais dissolvidos carregados em suspensão e solução por todo o trajeto até o fundo do vale. Quando a água evapora, crostas de sais podem se formar no chão desértico em uma **playa** (vide Figura 13.14c). Essa área mais baixa intermitentemente úmida e seca de uma bacia de drenagem fechada é o local de um *lago efêmero* quando há água.

Leques aluviais bem desenvolvidos também podem ser uma fonte importante de água subterrânea. Algumas cidades – San Bernardino, Califórnia, por exemplo – são construídas sobre leques aluviais e extraem deles seu fornecimento de água municipal. Em outras partes do mundo, esses leques aluviais com água são conhecidos como *qanat* (Irã), *karex* (Paquistão) ou *foggara* (Saara Ocidental).

▲**Figura 15.26 Leque aluvial de Badwater, Vale da Morte, Califórnia.** [USGS.]

Deltas de rios A foz de um rio é onde ele atinge o nível de base. Lá, a velocidade do rio desacelera rapidamente à medida que ele entra em um corpo de água maior e parado. A menor energia do rio provoca a deposição da carga de sedimentos. Areia grossa é depositada mais perto da foz do rio. Materiais mais finos, como lama siltosa e argilas, são carregados mais adiante e formam a extremidade do depósito, que pode ser *subaquático* mesmo em maré baixa. A planície de deposição nivelada ou praticamente nivelada que se forma na foz do rio é um **delta**, assim chamado por seu formato triangular característico, inspirado na letra grega delta (Δ).

Cada inundação deposita uma nova camada de aluvião sobre partes do delta, estendendo-o para fora. Como nos rios entrelaçados, os canais que correm pelo delta dividem-se em cursos menores chamados de *distributários*, que parecem um negativo do padrão de drenagem dendrítico apresentado anteriormente.

O complexo do delta dos Rios Ganges e Brahmaputra, no sul da Ásia, é o maior do mundo, com cerca de 60.000 km². Esse delta apresenta uma extensa planície inferior coberta por um intrincado labirinto de distributários formados em padrão *arqueado* (Figura 15.27). Devido à alta carga de sedimentos desses rios, as ilhas deltaicas são numerosas.

O delta do Rio Nilo é outro delta arqueado (Figura 15.28 e *GeoRelatório* 15.1), como o delta do Rio Danúbio, na Romênia, onde o rio entra no Mar Negro, e o delta do Rio Indo, no Paquistão. O Rio Tibre, na Itália, tem um *delta estuarino*, ou seja, encontra-se no processo de preencher um **estuário**, que é o corpo d'água na foz de um rio onde a água doce do rio encontra a água marinha.

Diversos rios de todo o mundo não têm um delta verdadeiro. De fato, o rio com a maior vazão do planeta, o Amazonas, leva sedimentos até o alto-mar atlântico, mas carece de um delta. Sua foz, com 160 km de largura, formou um depósito subaquático em uma plataforma continental inclinada. Como resultado, o rio termina trançando-se em um amplo labirinto de ilhas e canais (vide Figura 15.1).

Outros rios sem delta incluem o Rio da Prata, na Argentina, e o Rio Sepik, em Papua-Nova Guiné. As formações deltaicas também estão ausentes em rios que não produzem sedimentos significativos ou que descarregam em fortes correntes erosivas. O Rio Colúmbia, no noroeste dos Estados Unidos, não tem um delta porque as correntes longe da costa removem os sedimentos tão logo eles são depositados. Examine o delta e suas formações na Figura 15.33 no final deste capítulo.

Delta do Rio Mississipi Nos últimos 120 milhões de anos, o Rio Mississipi transportou aluvião de toda a sua vasta bacia para o Golfo do México. Durante os últimos 5000 anos, o rio formou uma sucessão de sete complexos deltaicos ao longo da costa da Louisiana. Cada novo complexo foi formado após o rio mudar de curso, provavelmente em episódios de enchentes catastróficas. O primeiro desses deltas situava-se perto da foz do Rio Atchafalaya. O sétimo e atual delta vem sendo construído por pelo menos 500 anos e é um exemplo clássico de um *delta pé-de-pássaro* – um longo canal com muitos distributários e sedimentos carregados além da ponta do delta e para o Golfo do México (Figura 15.29).

▲**Figura 15.27 O delta do Rio Ganges.** O complexo padrão distributário da "Foz do Ganges", no sul da Ásia, também chamado de delta do Ganges-Brahmaputra ou delta de Sundarbands, é o maior delta do planeta e o maior mangue remanscente na Terra. O Parque Nacional de Sundarbands é Patrimônio da Humanidade da UNESCO, abrigando tigres-de-bengala, golfinhos-do-ganges, golfinhos-do-irrawaddy e o raro boto-do-índico; acesse http://whc.unesco.org/en/list/452 para mais informações. [MODIS *Terra*, NASA.]

▲**Figura 15.28 O delta arqueado do Rio Nilo.** Intensa atividade agrícola e pequenas ocupações são visíveis no delta e ao longo da planície de inundação do Rio Nilo. Os dois principais distributários são o Damietta, ao leste, e o Rosetta, ao oeste (veja as setas). [Imagem do *Terra*, NASA/GSFC/JPL.]

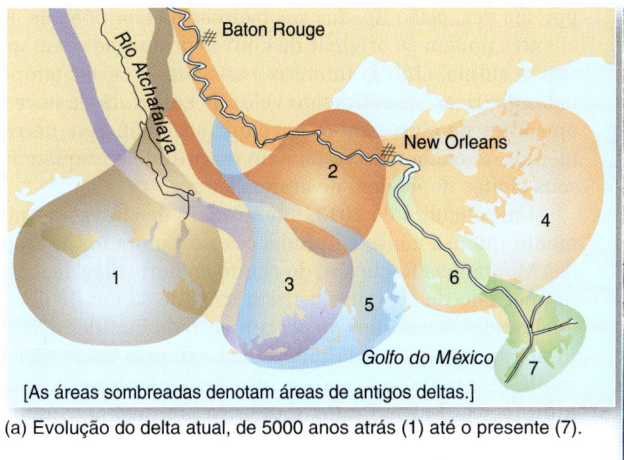

(a) Evolução do delta atual, de 5000 anos atrás (1) até o presente (7).

[As áreas sombreadas denotam áreas de antigos deltas.]

(b) O delta pé-de-pássaro do Rio Mississipi recebe um suprimento contínuo de sedimentos, visando ao controle dos diques, embora a subsidência do delta e o aumento do nível do mar tenham diminuído a área superficial total.

(c) Localização das antigas estruturas de controle e potencial ponto de captura onde o Rio Atchafalaya pode, um dia, desviar o canal atual.

(d) Estrutura Auxiliar de Controle do Rio Velho, uma das represas para manter o Mississipi em seu canal.

▲**Figura 15.29 O delta do Rio Mississipi.** [(a) Adaptado de C. R. Kolb e J. R. Van Lopik, "Depositional environments of the Mississipi River deltaic plain," em *Deltas in Their Geologic Framework* (Houston, TX: Houston Geological Society, 1966). (b) Imagem do *Terra* cortesia de Liam Gumley, Centro de Engenharia e Ciência Espacial, Universidade de Wisconsin, e NASA. (d) Bobbé Christopherson.]

A história do delta do Rio Mississipi mostra um sistema dinâmico, com entradas e saídas de sedimentos e distributários migratórios. A bacia de drenagem do Mississipi, com 3,25 milhões de km², produz 550 milhões de toneladas métricas por ano – o suficiente para estender a costa de Louisiana 90 m por ano. Entretanto, vários fatores estão causando danos à área do delta todos os anos.

A compactação e o enorme peso dos sedimentos no Rio Mississipi criam ajustes isostáticos na crosta terrestre. Esses ajustes estão ocasionando a subsidência de toda a

GEOrelatório 15.1 O desaparecimento do delta do Rio Nilo

Ao longo de vários séculos, mais de 9000 km de canais foram construídos no delta do Rio Nilo, no norte do Egito, para ampliar o sistema distributário natural do rio que leva água e sedimentos para o mar. À medida que a vazão do rio entra na rede de canais, a velocidade do fluxo é reduzida, a competência e a capacidade fluviais diminuem e a carga de sedimentos é depositada bem antes de onde o delta toca o Mar Mediterrâneo. Em 1964, o fechamento da Barragem Alta de Assuã bloqueou o movimento a jusante dos sedimentos, diminuindo o suprimento do delta. Em consequência, a linha de praia do delta está retrocedendo da costa a uma alarmante taxa de 50 a 100 m por ano. A água marinha está penetrando cada vez mais no continente, tanto na água superficial como na água subterrânea. O delta, que fornece os solos férteis que produzem 60% do alimento do país, também é ameaçado pela elevação do nível do mar: uma subida de 1 m, que os especialistas julgam ser provável nos próximos 100 anos, inundaria cerca de 20% do delta.

região do delta, um processo natural que ocorreu durante toda a evolução da bacia do rio. No passado, a subsidência era contrabalançada por acréscimos de sedimentos que provocavam crescimento da área do delta. Com o advento de atividades humanas como construção de barragens a montante e escavação de canais e vias hídricas através do delta para transporte e extrativismo, o suprimento de sedimentos aluviais diminuiu. Hoje, o delta sofre subsidência sem reposição de sedimentos. Acredita-se que atividades como o bombeamento de enormes quantidades de petróleo e gás de milhares de poços em terra firme e em alto-mar seja uma causa adicional da subsidência regional.

O atual canal principal do Rio Mississipi persiste em grande parte pelo esforço e custo empregados na manutenção do extenso sistema de diques artificiais. Como no passado, o pior cenário possível de enchente faria o rio romper seu canal existente e buscar uma nova rota até o Golfo do México. Esse processo, chamado de *avulsão fluvial*, ocorre quando um rio subitamente muda de canal – geralmente para um mais curto e com curso mais direto – em uma enchente.

O mapa da Figura 15.29c e a pluma de sedimentos a oeste do delta principal na imagem de satélite da Figura 15.29b mostram que uma alternativa óbvia ao canal atual do Mississipi é o Rio Atchafalaya. O Atchafalaya tem um gradiente mais íngreme do que o Mississipi e proporcionaria uma rota muito mais curta para o Golfo do México, menos da metade da atual distância de onde os rios se separam. Atualmente, esse distributário carrega cerca de 30% da vazão total do Mississipi. Se o Mississipi alternasse para esse outro curso, ele evitaria New Orleans completamente, eliminando a ameaça de enchente a essa área urbana. No entanto, essa mudança seria um desastre financeiro, já que um importante porto dos Estados Unidos seria obstruído com silte, e a água marinha penetraria em recursos de água doce.

No momento, barreiras artificiais impedem que o Atchafalaya atinja o Mississipi no ponto mostrado na Figura 15.29c. O Projeto de Controle do Rio Velho (1963) tem três estruturas e uma eclusa a aproximadamente 320 km da foz do Mississipi para manter esses rios em seus canais (Figura 15.29d). Outra grande enchente – uma que fizesse o canal do rio voltar para o Atchafalaya – é apenas uma questão de tempo.

Enchentes e gerenciamento fluvial

Uma **enchente** é definida como um alto nível de água que transborda os bancos naturais do rio ao longo de qualquer parte do curso d'água. Como discutido anteriormente, as enchentes de uma bacia de drenagem estão fortemente conectadas à precipitação e ao derretimento de neve, que, por sua vez, estão ligados aos padrões meteorológicos. Enchentes podem se originar de chuvas prolongadas em uma região ampla, chuvas intensas associadas a curtas tempestades elétricas, derretimento veloz da cobertura de neve ou episódios de chuva sobre neve que aceleram esse derretimento. As enchentes variam em magnitude e frequência e seus efeitos dependem de muitos fatores.

Em setembro de 2013, um episódio de chuva anormalmente intensa causou inundações no Colorado, na frente das Montanhas Rochosas, do centro ao norte do estado. Em um período de sete dias, caíram mais de 43 cm de chuva, quebrando os recordes de precipitação de Boulder e outras locais da região. O resultado foram extensas enchentes na frente montanhosa e mais a leste, nas planícies da bacia hidrológica do Rio Platte, desabrigando mais de 12.000 e provocando várias mortes e bilhões de dólares em danos.

Os seres humanos e as planícies de inundação

Ao longo da história, as civilizações colonizaram planícies de inundação e deltas, principalmente desde a revolução cultural de 10.000 anos atrás, quando foi descoberta a fertilidade dos solos da planície de inundação. Os povoados geralmente eram construídos longe da área de enchentes, ou sobre terraços fluviais, porque a planície de inundação era dedicada exclusivamente à agricultura. Com o tempo, o comércio cresceu e o transporte fluvial também ganhou mais importância, fazendo o desenvolvimento junto aos rios crescer. Além disso, a água é uma matéria-prima industrial básica usada para resfriar e para diluir e remover resíduos; portanto, unidades industriais à margem de rios e mares tornaram-se desejáveis, o que permanece até hoje. Em resumo, apesar do nosso conhecimento histórico sobre eventos de inundação e seus efeitos, as planícies de inundação seguem sendo importantes locais de atividade e moradia humanas. Essas atividades põem vidas e propriedades em risco nas enchentes.

Os efeitos das enchentes são especialmente desastrosos em regiões menos desenvolvidas do mundo. Bangladesh talvez seja o exemplo mais persistente: é um dos países mais densamente povoados do mundo, e mais de três quartos da sua área terrestre ficam em um complexo de planície de inundação e delta. A vasta planície aluvial do país espraia-se por uma área do tamanho do Alabama (130.000 km²).

Em Bangladesh, os graves efeitos das enchentes, tanto em custos materiais quanto com mortes, são uma consequência das atividades econômicas humanas, juntamente a episódios de precipitação torrencial. O desmatamento excessivo durante todo o século XX nas partes a montante das vertentes do Rio Ganges-Brahmaputra aumentou o escoamento e carga de sedimentos. Com o tempo, a maior carga de sedimentos

---

GEOrelatório 15.2 O que é um bayou?

Bayou é o termo geral para um corpo d'água em uma região plana e baixa, geralmente um curso d'água lento ou via hídrica secundária. Esses cursos d'água por vezes estagnados e espiralados passam por marismas e pântanos costeiros, permitindo que as águas da maré acessem terras baixas deltaicas.

(a) Em 2011, águas de inundação correm por parte de uma ruptura intencional do dique de Bird's Point, em Missouri.

(b) Ovelhas pastam nas encostas de um dique artificial no Rio Sacramento, na Califórnia. Observe que os campos de lavoura estão numa elevação menor do que a rio, em função da subsidência do delta do Rio Sacramento.

▲Figura 15.30 Diques artificiais. [(a) Scott Olsen/Getty Images. (b) California Department of Water Resources.]

foi depositada na Baía de Bengala, criando novas ilhas. Essas ilhas, um pouco acima do nível do mar, tornaram-se locais de fazendas e povoados. Como resultado das enchentes e marés de tempestade de 1988 e 1991, cerca de 150.000 pessoas morreram nessa região (reveja a Figura 15.27).

Proteção contra enchentes

Nos Estados Unidos, as enchentes causam um prejuízo anual médio de aproximadamente US$ 6 bilhões. As catastróficas inundações do Rio Mississipi e seus tributários em 1993 e 2001 geraram danos de mais de US$ 30 bilhões por evento. Em 2010 aconteceram enchentes em 30 estados dos EUA e em tantos outros países pelo mundo, conforme as massas de ar eram abastecidas de calor pelas temperaturas recordes sobre os continentes e oceanos subiam, gerando totais de precipitação acima da média. A proteção contra enchentes normalmente assume a forma de barragens (discutidas no Capítulo 9), vertedouros e construção de diques artificiais ao longo dos canais fluviais.

Geralmente, o termo *dique* conota um elemento de construção humana, e essas feições artificiais são comuns em todos os Estados Unidos e no mundo (Figura 15.30). **Diques artificiais** são aterros, frequentemente construídos em cima de diques marginais. Eles correm em paralelo ao canal (e não o atravessando, como uma barragem) e aumentam a capacidade do canal ao elevar a altura das margens. Para fins de eficiência de tempo e material, os canais muitas vezes são retificados durante a construção dos diques. O objetivo dos diques é reter enchentes no canal, mas não impedi-las totalmente. Sob condições severas o suficiente, um dique artificial transborda ou é danificado pela enchente. Quando ocorre transbordamento ou rompimento do dique, pode haver extensos danos e erosão a jusante. Nos Estados Unidos, cerca de 85% dos diques são de operação local, com os 15% restantes sendo mantidos pelo Corpo de Engenheiros do Exército dos EUA ou outras agências estaduais ou federais.

As enchentes do Rio Mississipi de 2011 quebraram recordes que datavam de 1927, ultrapassando as enchentes de 1993. No mês de abril, chuvas recorde associadas a degelo da neve provocaram essa inundação (avaliou-se a probabilidade de isso acontecer nessa região em uma vez a cada 500 anos). Durante a enchente, que se estendeu por toda a bacia do Rio Mississipi no centro dos Estados Unidos, alguns diques artificiais foram intencionalmente rompidos, com a meta de

▲Figura 15.31 Abertura do Vertedouro Morganza, Louisiana. Em maio de 2011, o Corpo de Engenheiros do Exército dos EUA abriu parcialmente o Vertedouro Morganza para desviar água para o Rio Atchafalaya e atenuar a inundação do Mississipi. [Corpo de Engenheiros do Exército dos EUA.]

rebaixar os picos de inundação que desciam o rio em direção às cidades. No Condado de Mississipi, Missouri, perto da confluência dos Rios Ohio e Mississipi, os engenheiros estouraram um buraco no dique de Bird's Point a fim de atenuar a ameaça de enchente na cidade próxima de Cairo, Illinois. O rompimento do dique provocou a inundação de mais de 100 casas e 518 km² de terra rural (Figura 15.30a).

Quando o nível da água atingiu seu pico em Mississipi e Louisiana, o Vertedouro Morganza (logo ao sul do Projeto de Controle do Rio Velho, mostrado na Figura 15.29) foi aberto pela segunda vez em 40 anos. A planície de inundação abaixo dessa estrutura é um *canal de derivação*, projetado para carregar a vazão de enchentes sazonais. Quando não está inundado, o canal de derivação serve como floresta ou campo agrícola, geralmente se beneficiando da eventual inundação que reabastece o solo. Quando o rio atinge o estágio de enchente, grandes portões são abertos, permitindo que a água entre no canal de derivação. Em 2011, as comportas do Vertedouro Morganza foram abertas durante dias, inundando áreas rurais no canal de derivação, mas reduzindo a crista da enchente a jusante nas cidades de Baton Rouge e New Orleans (Figura 15.31).

Em muitos casos, as estruturas de proteção contra enchentes não protegeram as planícies de inundação conforme o projetado – diques, vertedouros e até as próprias barragens falharam. Por exemplo, em 2006, a barragem Ka Loko da ilha de Kauai, Havaí, cedeu subitamente após várias semanas de chuva abundante; as águas da enchente mataram sete pessoas. Falhas de diques são mais comuns, como discutido no Capítulo 8 a respeito da inundação de New Orleans após o Furacão Katrina.

No Rio Indo, na Ásia, que atravessa o Paquistão até o Mar da Arábia, as abundantes chuvas monçônicas de julho de 2010 aumentaram o fluxo do rio e de seus vários tributários, o que levou a falhas de diques e barragens, causando inundação extrema das áreas a jusante. Nesse episódio, as rupturas de dique levaram à avulsão do canal. Os danos desse evento foram maiores do que os do tsunami de 2004 no Oceano Índico, quando enchentes inundaram cidades inteiras e arruinaram 3,6 milhões de hectares de terra agrícola produtiva. Mais de 2000 pessoas morreram e 20 milhões ficaram desabrigadas (Figura 15.32). Além disso, mais de 5,4 milhões de trabalhadores agrícolas ficaram desempregados na temporada 2010-2011.

Probabilidade de enchentes

A manutenção de extensos registros históricos da vazão durante eventos de precipitação é crucial para prever o comportamento dos cursos d'água atuais em condições semelhantes. O U.S Geological Survey possui registros detalhados da vazão fluvial em estações de medição de corrente apenas para cerca de 100 anos – especificamente, desde a década de 1940. As previsões de enchentes são baseadas nesses dados de relativo curto prazo. Os cientistas esperam a continuidade adequada de financiamento para dar suporte ao monitoramento hidrológico por redes de medição de corrente, pois os dados são essenciais para a avaliação do risco de enchente.

Com base nesses dados históricos, as vazões das enchentes são classificadas estatisticamente de acordo com os intervalos de tempo esperado entre vazões de porte similar. Assim, uma "enchente de 10 anos" tem um intervalo de recorrência de 10 anos, uma "enchente de 50 anos" tem um intervalo de recorrência de 50 anos, etc. Em outras palavras, uma enchente de 10 anos possui uma vazão com probabilidade estatística de ocorrer uma vez a cada 10 anos, com base nos dados sobre a vazão daquele curso d'água em particular. Isso também significa que uma inundação desse porte tem apenas 10% de probabilidade de acontecer em qualquer ano determinado e pode ocorrer cerca de 10 vezes a cada século. O uso de dados históricos funciona bem se disponíveis; entretanto, complicações são introduzidas pela urbanização e pela construção de barragens, que podem alterar a magnitude e a frequência dos episódios de inundação em um curso d'água ou bacia hidrológica.

Essas estimativas estatísticas são probabilidades de que eventos ocorram aleatoriamente em um período dado; isso não significa que os eventos ocorrerão regularmente nesse período. Por exemplo, podem se passar duas décadas sem uma enchente de 50 anos, ou um nível de enchente de 50 anos pode ocorrer em três anos seguidos. As enchentes recorde do Rio Mississipi em 1993 e novamente em 2011 excederam de longe uma probabilidade de enchente de 1000 anos.

Recentemente os cientistas estão descrevendo inundações e precipitações usando a Probabilidade de Superação Anual (AEP, na sigla em inglês), termo que melhor representa a probabilidade estatística de ocorrência. Por essa medida, uma inundação de 100 anos tem uma probabilidade de excedência anual de 1%. Os cientistas estimam que a AEP das chuvas que duraram sete dias em setembro de 2013, causando grandes inundações ao longo da frente do Colorado, mencionada anteriormente, foi de 0,1% (um evento de 1000 anos). No entanto, a AEP da inundação resultante em Boulder foi 5%, (apenas um evento de 50 anos). Se a chuva tivesse caído com a neve derretida, a gravidade da inundação teria sido muito maior.

Gestão de planícies de inundação

O intervalo de recorrência de enchentes é útil para a gestão das planícies de inundação e avaliação dos riscos. Uma enchente de 10 anos indica um risco moderado a uma planície de inundação. Uma enchente de 50 anos ou de 100 anos tem consequências maiores, e talvez mais catastróficas, mas sua

---

GEOrelatório 15.3 Os diques dos Estados Unidos

Segundo várias estimativas, existem mais de 160.000 quilômetros de diques nos rios e cursos d'água dos Estados Unidos, sendo a maioria deles de propriedade privada. As populações norte-americanas que vivem em áreas protegidas por diques são estimadas em dezenas de milhões; algumas importantes áreas urbanas com sistemas de diques são New Orleans, Sacramento, Dallas-Fort Worth, St. Louis, Portland e Washington, D.C. Na verdade, mais de 30 cidades grandes dos EUA estão localizadas em planícies de inundação. Atualmente, não existe uma política nacional a respeito da segurança dos diques. Para mais informações, acesse http://www.leveesafety.org/docs/NCLS-Recommendation-Report_012009_DRAFT.pdf.

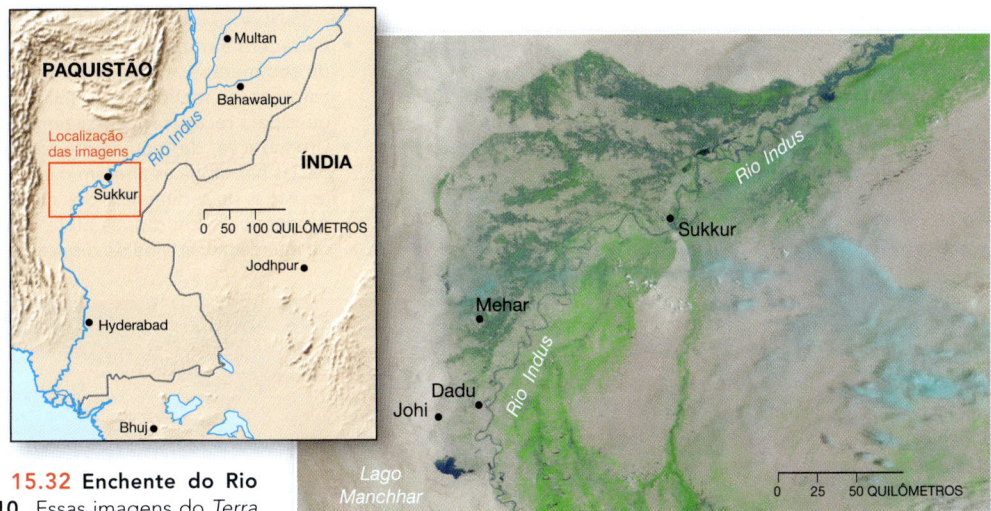

▶Figura 15.32 **Enchente do Rio Indo, 2010.** Essas imagens do *Terra* combinam luz visível e infravermelho para aumentar o contraste entre rio inundado e terra; a água aparece em azul e as nuvens aparecem em azul-esverdeado. [NASA/GSFC.]

(a) 19 de julho de 2010: O canal entrelaçado pré-inundação.

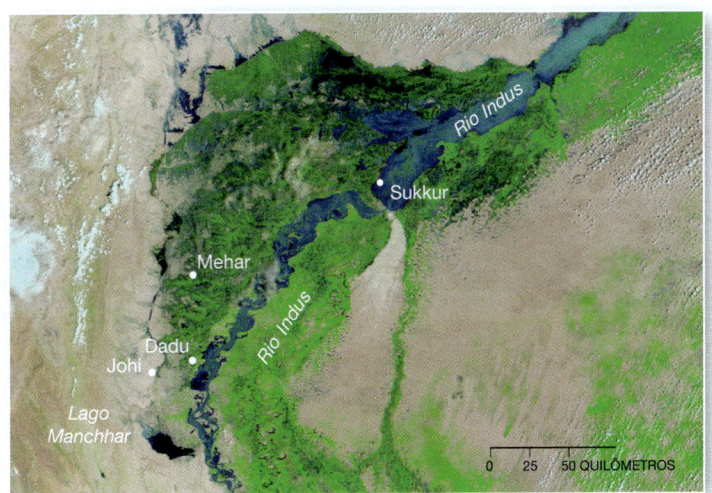

(b) 11 de agosto de 2010: Fortes chuvas monçônicas provocam maior vazão; a inundação foi iniciada por uma quebra de dique perto de Sukkur em 16 de agosto, seguida por avulsão de canal ao oeste.

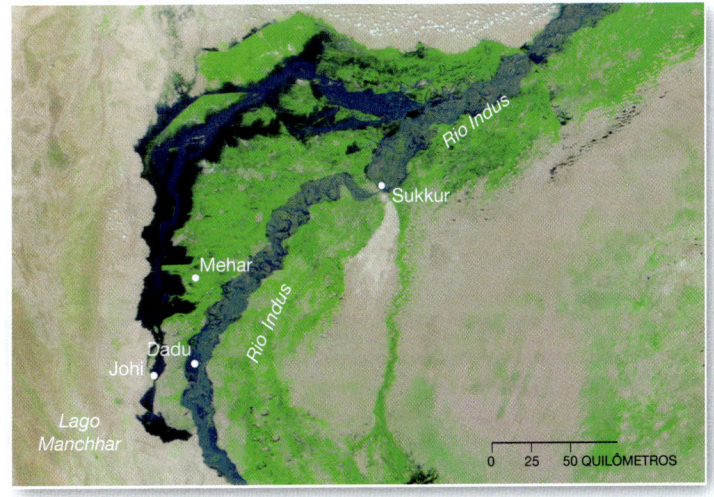

(c) 7 de setembro de 2010: A crescente avulsão de canal forma um rio separado que corre para o Lago Manchhar, ameaçando as cidades de Johi e Dadu.

ocorrência em um determinado ano é menos provável. Para um sistema fluvial dado ou uma porção dele, os intervalos de recorrência de enchentes podem ser mapeados e utilizados para definir as planícies de inundação conforme a probabilidade de enchente, como "planície de inundação de 50 anos" ou "planície de inundação de 100 anos". Dessa maneira, cientistas e engenheiros pode desenvolver a melhor estratégia possível para gestão de enchentes. O zoneamento restritivo que usa essas designações de planície de inundação é uma maneira eficiente de evitar potenciais danos. O mapeamento do risco de enchente mostra os diferentes graus de risco para partes da planície de inundação, sendo usado para determinar os custos de seguros contra enchentes (acesse http://www.fema.gov/floodplain-management).

O zoneamento restritivo baseado em mapeamento de risco de enchente nem sempre é cumprido, e a situação às vezes é a seguinte: (1) precauções mínimas de zoneamento não são cuidadosamente fiscalizadas; (2) ocorre um desastre causado por uma enchente; (3) as pessoas ficam indignadas por terem sido surpreendidas; (4) surpreendentemente, o comércio e os proprietários de residências são resistentes a leis e fiscalização mais rígidas; (5) por fim, outra enchente refresca a memória e promove mais reuniões e questões de planejamento. Por mais estranho que pareça, há poucos indícios de que nossa percepção de risco melhore à medida que o risco aumenta.

Para informações sobre enchentes em todo o mundo, acesse o Observatório de Enchentes de Dartmouth em http://floodobservatory.colorado.edu/. Para alertas meteorológicos e de enchentes, acesse http://www.noaawatch.gov/floods.php.

O DENOMINADOR **humano** 15 Rios, enchentes e deltas

SISTEMAS FLUVIAIS ⇨ HUMANOS
- Os seres humanos usam os rios para recreação e trabalham os solos férteis das planícies de inundação há séculos.
- As enchentes afetam os assentamentos humanos em planícies de inundação e deltas.
- Os rios são corredores de transporte e fornecem água para uso urbano e industrial.

HUMANOS ⇨ SISTEMAS FLUVIAIS
- Barragens e transposições alteram o fluxo dos rios e as cargas de sedimentos, afetando os ecossistemas e habitats fluviais. Esforços de recuperação fluvial incluem remoção de barragens para recuperar ecossistemas e espécies ameaçadas.
- Urbanização, desmatamento e outras atividades humanas em bacias hidrológicas alteram o escoamento, os picos de fluxo e as cargas de sedimentos dos cursos d'água.
- A construção de diques afeta os ecossistemas das planícies de inundação; a falha de diques causa inundações destrutivas.

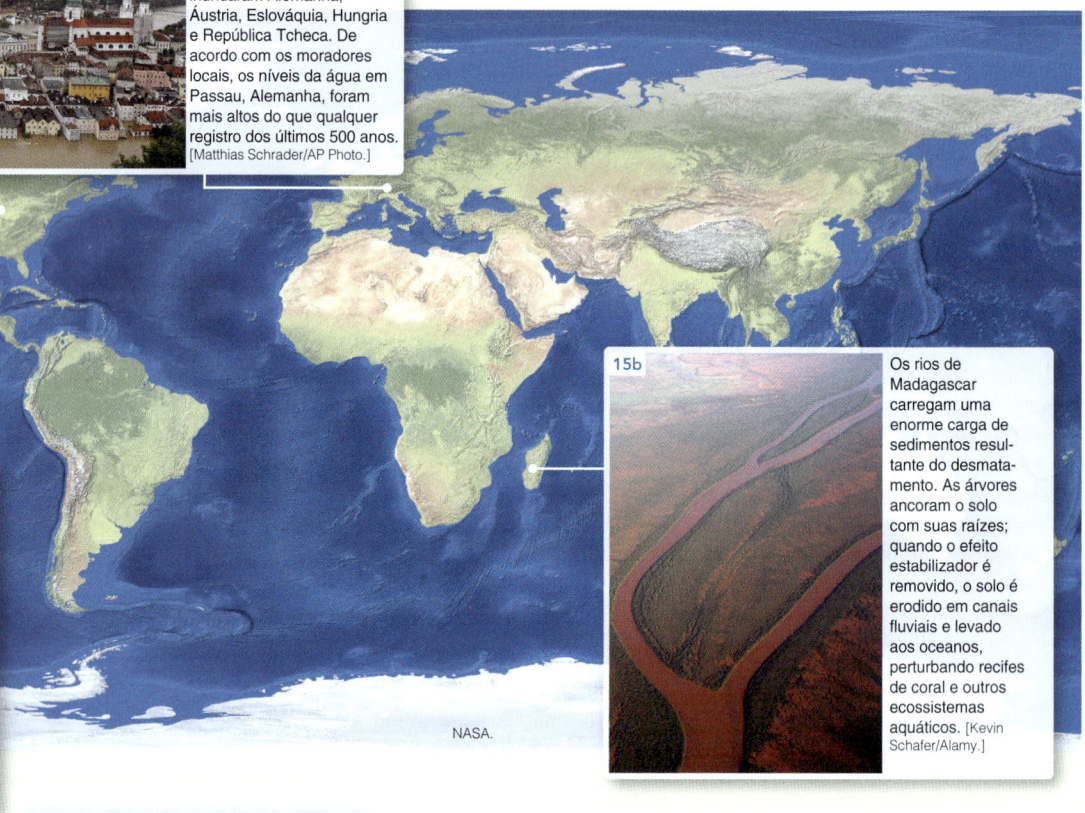

15a Em junho de 2013, enchentes que se seguiram a dias de chuva torrencial inundaram Alemanha, Áustria, Eslováquia, Hungria e República Tcheca. De acordo com os moradores locais, os níveis da água em Passau, Alemanha, foram mais altos do que qualquer registro dos últimos 500 anos. [Matthias Schrader/AP Photo.]

15b Os rios de Madagascar carregam uma enorme carga de sedimentos resultante do desmatamento. As árvores ancoram o solo com suas raízes; quando o efeito estabilizador é removido, o solo é erodido em canais fluviais e levado aos oceanos, perturbando recifes de coral e outros ecossistemas aquáticos. [Kevin Schafer/Alamy.]

15c Em 2011, os norte-americanos gastaram US$ 42 milhões em atividades relacionada à pesca. Os rios de Montana, Missouri, Michigan, Utah e Wisconsin têm qualidade alta o suficiente para receberem a designação de "pesca de primeira linha", com base em critérios de sustentabilidade como qualidade e quantidade de água, acessibilidade e as espécies específicas presentes. [Karl Weatherly/Corbis.]

NASA.

QUESTÕES PARA O SÉCULO XXI
- O aumento da população intensificará o povoamento das planícies de inundação e deltas de todo o mundo, especialmente nos países em desenvolvimento, tornando as pessoas vulneráveis aos impactos de enchentes.
- A recuperação fluvial prosseguirá, incluindo desativação e remoção de barragens, recuperação de fluxo, restabelecimento de vegetação e recuperação da geomorfologia fluvial.
- A mudança climática global poderá intensificar os sistemas de tempestade, incluindo furacões, aumentando o escoamento e as inundações nas regiões afetadas. A elevação do nível do mar tornará as áreas de delta mais vulneráveis a enchentes.

conexão GEOSSISTEMAS

Ao acompanhar o curso da água pelos rios, examinamos processos e relevos fluviais e as saídas dos sistemas fluviais (vazão e sedimentos). Vimos que uma compreensão científica de dinâmica fluvial, relevos de planícies de inundação e riscos relacionados a enchentes são parte integral da capacidade que uma sociedade tem de perceber riscos nos ambientes conhecidos em que vivemos. No próximo capítulo, examinamos as atividades erosionais das ondas, marés, correntes e ventos que esculpem os litorais e regiões desérticas do planeta. Uma porção significativa da população humana vive em áreas costeiras, fazendo das dificuldades da percepção de riscos e da necessidade de se planejar para a elevação futura do nível do mar importantes aspectos do Capítulo 16.

REVISÃO DOS CONCEITOS-CHAVE DE
aprendizagem

■ *Construir* um modelo básico de uma bacia de drenagem e *identificar* os diferentes tipos de padrões de drenagem e drenagem interna, com exemplos.

Hidrologia é a ciência da água, sua circulação, distribuição e propriedades globais – especificamente, a água na superfície terrestre e abaixo dela. Processos **fluviais** são aqueles relacionados a cursos d'água. O sistema fluvial básico é uma **bacia de drenagem**, ou *bacia hidrológica*, que é um sistema aberto. *Divisores de drenagem* definem a área de captação da bacia de drenagem (recebimento de água). Em qualquer bacia de drenagem, a água inicialmente se move encosta abaixo em um filme fino chamado de **fluxo laminar** ou *escoamento superficial*. Esse escoamento superficial concentra-se em *canais*, ou sulcos descendentes em pequena escala, que podem se desenvolver em *boçorocas* mais profundas e, posteriormente, em um curso d'água em um vale. O terreno elevado que separa um vale de outro e direciona o fluxo laminar é um *interflúvio*. Extensas regiões montanhosas e de planaltos atuam como **divisores continentais** que separam grandes bacias de drenagem. Algumas regiões, como a bacia de Great Salt Lake, têm **drenagem interna** que não atinge o oceano, sendo que a única vazão é por meio de evaporação e fluxo gravitacional subsuperficial.

A **densidade de drenagem** é determinada pelo número e comprimento dos canais em uma determinada área e é uma expressão da aparência superficial topográfica de uma paisagem. **Padrão de drenagem** refere-se à disposição de canais em uma área conforme determinado pela declividade, pela resistência rochosa variável, pelo clima variável, pela hidrologia, pelo relevo da terra e pelos controles estruturais impostos pela paisagem. Sete padrões básicos de drenagem são geralmente encontrados na natureza: dendrítico, treliça, radial, paralelo, retangular, anelar e irregular.

    hidrologia (p. 422)
    fluviais (p. 422)
    bacia de drenagem (p. 422)
    fluxo laminar (p. 423)
    divisores continentais (p. 424)
    drenagem interna (p. 425)
    densidade de drenagem (p. 426)
    padrão de drenagem (p. 426)

1. Defina o termo *fluvial*. O que é um processo fluvial?
2. Que papel é desempenhado pelos rios no ciclo hidrológico?
3. Quais são os cinco maiores rios da Terra em termos de vazão? Relacione-os com os padrões meteorológicos em cada área e com a evapotranspiração e a precipitação potencial regional – conceitos discutidos no Capítulo 9.
4. Qual é a unidade organizacional básica de um sistema fluvial? Como ela é identificada na paisagem? Defina os principais termos usados.
5. Na Figura 15.3, acompanhe o sistema dos rios Allegheny, Ohio e Mississipi até o Golfo do México. Analise os padrões de tributários e descreva o canal. Que papel os divisores continentais desempenham nessa drenagem?
6. Descreva os padrões de drenagem. Defina os vários padrões que normalmente aparecem na natureza. Que padrões de drenagem existem em sua cidade natal? E onde você estudou?

■ *Explicar* os conceitos de gradiente fluvial e nível base e *descrever* a relação entre velocidade, profundidade, largura e vazão de um rio.

O **gradiente** de um curso d'água é sua inclinação ou caimento de elevação por unidade de distância. **Nível de base** é o limite de menor elevação de erosão fluvial em uma região. Um *nível de base local* ocorre quando algo interrompe a capacidade do curso d'água de atingir o nível de base, como acontece com uma represa ou um deslizamento de terra que bloqueia um canal de corrente.

Vazão, o volume de fluxo por unidade de tempo, é calculada multiplicando a velocidade do curso d'água por sua largura e profundidade para uma seção transversal específica do canal. Um curso d'água pode ter um regime de fluxo *perene*, *efêmero* ou *intermitente*. A vazão geralmente aumenta a jusante; entretanto, em rios de região áridas ou semiáridas, a vazão pode decrescer com a distância a jusante à medida que se perde água por evapotranspiração e transposições hídricas.

Um gráfico da vazão de um curso d'água ao longo de um período de tempo para um lugar específico é chamado de **hidrograma**. Episódios de precipitação em áreas urbanas geram picos de fluxo maiores durante as enchentes. Nos desertos, uma torrente de água que enche um canal fluvial durante um temporal ou logo após é uma **enxurrada**.

    gradiente (p. 427)
    nível de base (p. 427)
    vazão (p. 428)
    hidrograma (p. 429)
    enxurrada (p. 429)

7. Explique o conceito de nível de base. O que acontece com o nível de base de um curso d'água quando se constrói um reservatório?
8. Qual foi o impacto da descarga da enchente no canal do Rio San Juan próximo a Bluff, Utah? Por que essas mudanças ocorreram?
9. Faça a distinção entre um hidrograma de um curso d'água natural e outro de uma área urbanizada.

■ *Explicar* os processos envolvidos na erosão fluvial e no transporte de sedimentos.

A água desloca, dissolve ou remove material superficial e o leva a novas localidades pelo processo de **erosão**. Os sedimentos são depositados pelo processo de **deposição**. **Ação hidráulica** é a ação erosiva da água causada pela compressão e liberação hidráulica, soltando e levantando rochas e sedimentos. À medida que esses fragmentos se movem, eles erodem mecanicamente o leito fluvial mais adiante, por meio de um processo de **abrasão**. Os cursos d'água podem aprofundar seu vale por incisão de canal, estender-se no processo de erosão em direção às cabeceiras ou erodir o vale lateralmente no processo de meandros.

Quando a energia fluvial é alta, as partículas descem a jusante no processo de **transporte sedimentar**. A carga de sedimentos de um curso d'água pode ser dividida em três tipos principais. A **carga dissolvida** viaja em solução, especialmente os químicos dissolvidos derivados de minerais, como calcário ou dolomita, ou de sais solúveis. A **carga suspensa** consiste em partículas de granulação fina, partículas clásticas mantidas no alto do curso d'água, sendo que as partículas mais finas somente são depositadas quando a velocidade da corrente desacelera até chegar próximo a zero. **Carga de fundo** refere-se a materiais mais grossos que são arrastados, rolados ou empurrados ao longo de um leito fluvial por **tração** ou que são movimentados por **saltação**.

Degradação ocorre quando os sedimentos são erodidos e acontece incisão de canal. Quando a carga no curso d'água excede a sua capacidade, ocorre **agradação**, com a deposição de sedimentos agregando ao canal.

> **erosão (p. 430)**
> **deposição (p. 430)**
> **ação hidráulica (p. 430)**
> **abrasão (p. 430)**
> **transporte sedimentar (p. 431)**
> **carga dissolvida (p. 431)**
> **carga suspensa (p. 431)**
> **carga de fundo (p. 432)**
> **tração (p. 432)**
> **saltação (p. 432)**
> **degradação (p. 432)**
> **agradação (p. 432)**

10. Qual é a sequência de eventos que acontece à medida que um curso d'água desaloja materiais?
11. Como a vazão fluvial realiza seu trabalho erosivo? Quais são os processos em ação no canal?
12. Faça a distinção entre competência e capacidade fluvial.
13. Como um curso d'água transporta sua carga sedimentar? Que processos estão em ação?

■ *Descrever os padrões comuns de canal fluvial e explicar o conceito de rio em equilíbrio.*

Com sedimento em excesso, um curso d'água pode tornar-se um labirinto de canais interconectados que formam um padrão de **canal entrelaçado**. Onde o declive é gradual, os canais fluviais desenvolvem uma forma sinuosa chamada de **curso d' água meandrante**. A parte externa de cada curva meandrante está sujeita à velocidade mais rápida da água e pode ser o local de um **banco de erosão basal**. A parte interna de um meandro sofre a menor velocidade da água, formando um depósito de **barra de pontal**. Quando um gargalo de meandro é cortado conforme dois bancos de erosão basal se fundem, o meandro torna-se isolado e forma um **meandro abandonado**.

A queda da elevação de um rio, das cabeceiras até a foz, geralmente é representada em uma visão lateral chamada de *perfil longitudinal*. Verifica-se um **rio em equilíbrio** quando a inclinação é ajustada de tal modo que o canal tem exatamente a energia necessária para transportar sua carga de sedimentos, e não mais; isso representa um equilíbrio entre inclinação, vazão, características do canal e a carga fornecida pela bacia de drenagem. O soerguimento tectônico pode fazer o curso d'água desenvolver meandros entrincheirados à medida que ele esculpe o relevo ao se soerguer. Uma interrupção em um perfil longitudinal de um curso d'água é chamada de **nickpoint**. Essa mudança abrupta na inclinação pode ocorrer quando a corrente passa por uma rocha dura e resistente ou após episódios de soerguimento tectônico.

> **canal entrelaçado (p. 433)**
> **curso d'água meandrante (p. 436)**
> **banco de erosão basal (p. 436)**
> **barra de pontal (p. 436)**
> **meandro abandonado (p. 436)**
> **rio em equilíbrio (p. 437)**
> *nickpoint* **(p. 440)**

14. Descreva as características de fluxo de um curso d' água meandrante. Qual é o padrão de fluxo no canal? Quais são as características de erosão e deposição e as formas de relevo típicas criadas?
15. Explique estas afirmações: (a) Todos os cursos d'água têm um gradiente, mas nem todos os cursos estão em equilíbrio. (b) Rios em equilíbrio podem ter segmentos desequilibrados.
16. Por que as Cataratas do Niágara são um exemplo de *nickpoint*? Sem intervenção humana, o que você acha que acabaria acontecendo nas Cataratas do Niágara?

■ *Descrever os relevos deposicionais associados a planícies de inundação e ambientes de leque aluvial.*

Aluvião é o termo geral para argila, silte, areia, cascalho e outras rochas não consolidadas e fragmentos minerais depositados pela água corrente. A área plana e de nível baixo adjacente a um canal e que está sujeita a enchentes recorrentes é uma **planície de inundação**. Em qualquer das margens de alguns cursos d'água, **diques marginais** se desenvolvem como produtos derivados da enchente. Em uma planície de inundação, pântanos ribeirinhos são comuns, e podem se formar **tributários padrão yazoo**, que correm em paralelo com o canal do rio, mas são separados dele por diques marginais. O entrincheiramento de um rio em sua própria planície de inundação forma **terraços aluviais**.

Junto às frentes montanhosas em climas áridos, desenvolvem-se **leques aluviais** onde os canais dos cursos d'água efêmeros saem dos cânions para o vale abaixo. Pode se formar uma **bajada** onde leques aluviais individuais coalescem junto a um bloco montanhoso. O escoamento pode chegar até o assoalho do vale, formando uma **playa**, uma área baixa intermitentemente úmida em uma região de drenagem interna.

> **aluvião (p. 440)**
> **planície de inundação (p. 441)**
> **diques marginais (p. 442)**
> **tributários padrão yazoo (p. 442)**
> **terraços aluviais (p. 442)**
> **leques aluviais (p. 442)**
> **bajada (p. 442)**
> **playa (p. 443)**

17. Descreva a formação de uma planície de inundação. Como são produzidos diques marginais, meandros abandonados, pântanos de represamento e tributários padrão yazoo?
18. Descreva alguma planície de inundação próxima a onde você vive ou estuda. Você já viu alguma das características de planície de inundação discutidas neste capítulo? Se sim, quais?
19. Quais processos estão envolvidos na formação de um leque aluvial? Qual é a disposição ou classificação do material aluvial no leque?

■ *Listar* e *descrever* vários tipos de delta de rio e *explicar* as estimativas de probabilidade de enchente.

Uma planície de deposição formada na foz de um rio é chamada de **delta**. Os deltas podem ter forma de arco ou de pé de pássaro, ou ser de natureza estuarina. Alguns rios não possuem delta. Quando a foz de um rio entra no mar e é inundada por água marinha em uma mistura com água doce, é chamada de **estuário**. Apesar da devastação histórica causada pelas enchentes, as planícies de inundação e os deltas são locais importantes de atividade e colonização humanas. Os esforços para reduzir as enchentes incluem a construção de diques artificiais, canais de derivação, canais retificados, desvios, represas e reservatórios.

Uma **enchente** ocorre quando um alto nível de água transborda os bancos naturais ao longo de qualquer parte do curso d'água. **Diques artificiais** de construção humana são feições comuns em muitos rios dos Estados Unidos, onde é necessário proteger as planícies de inundação desenvolvidas de enchentes. Tanto enchentes quanto as planícies de inundação que elas podem ocupar são classificadas estatisticamente de acordo com os intervalos de tempo esperados entre as enchentes de certa vazão. Por exemplo, uma enchente de 10 anos tem a probabilidade estatística de acontecer uma vez a cada 10 anos. As probabilidades de enchente são úteis para o zoneamento das planícies de inundação.

delta (p. 444)
estuário (p. 444)
enchente (p. 446)
diques artificiais (p. 447)

20. O que é um delta de rio? Quais são as várias formas deltaicas? Dê alguns exemplos.
21. Descreva o delta do Rio Ganges. Que fatores a montante explicam sua forma e padrão? Avalie as consequências do povoamento nesse delta.
22. O que significa a afirmação de que "o delta do Rio Nilo está desaparecendo"?
23. Especificamente, o que é uma enchente? Como esses fluxos são medidos e monitorados e como eles são usados na gestão das planícies de inundação?
24. O que é avulsão de canal e como ela ocorre?

Sugestões de leituras em português

CHRISTOFOLETTI, A. *Geomorfologia fluvial*. São Paulo: Edgar Blücher, 1981.

CUNHA, S. B.; GUERRA, A. J. T. (Org.). *Geomorfologia do Brasil*. Rio de Janeiro: Bertrand-Russel-Brasil, 1998.

◀Figura 15.33 **O delta do Rio Horton, Territórios do Noroeste, Canadá.** Até aproximadamente 1800, o Rio Horton seguia um curso meandrante ao percorrer mais de 100 km para o norte seguindo a costa do Mar de Beaufort. Quando o rio desprendeu a parte externa das curvas de meandro, acabou formando uma nova saída para a Baía de Franklin. Esta imagem do satélite *EO-1 (Earth Observing-1)* mostra o delta em leque do rio, formado durante os últimos 200 anos ao longo dessa seção antes reta da costa. Nos pontos em que o rio abandonou seu canal antigo, formaram-se meandros abandonados. Quantos você consegue contar na imagem? [Equipe NASA *EO–1*]

16 Oceanos, sistemas costeiros e processos eólicos

CONCEITOS-CHAVE DE aprendizagem

Após a leitura deste capítulo, você conseguirá:

- *Descrever* a composição química da água marinha e a estrutura física do oceano.
- *Identificar* os componentes do ambiente costeiro, *definir* nível médio do mar e *explicar* a ação das marés.
- *Descrever* o movimento das ondas no mar e próximo à praia e explicar a estabilidade costeira e suas formas de relevo.
- *Descrever* praias e ilhas barreira e seus riscos em relação à ocupação humana.
- *Descrever* a natureza dos recifes de coral e das terras úmidas costeiras e *avaliar* os impactos humanos sobre esses sistemas vivos.
- *Descrever* o transporte eólico de poeira e areia e *discutir* a erosão eólica e as formas de relevo resultantes.
- *Explicar* a formação das dunas de areia e *descrever* os depósitos de loess e suas origens.

As Rochas Pancake, perto de Punakaiki, na Costa Oeste da Ilha Sul da Nova Zelândia, são camadas de calcário formadas cerca de 30 milhões de anos atrás pelas conchas litificadas de organismos marinhos. O soerguimento subsequente nessa costa tectonicamente ativa expôs os estratos calcários a processos exógenos. A ação das ondas, ventos e precipitação moderadamente ácida nesse clima marítimo da costa oeste esculpiu as camadas, formando "poros" através dos quais a água do mar passa na maré alta. Este capítulo discute processos e relevos costeiros e as forças erosivas da ação das ondas e dos ventos. [Shay Yacobinski/Shutterstock.]

GEOSSISTEMAS HOJE

Dunas de areia evitam a erosão do litoral durante o furacão Sandy

No inverno de 2013, após a passagem do furacão Sandy, muitos habitantes do litoral de New Jersey puseram suas árvores de Natal descartadas em linhas cuidadosamente empilhadas pensadas para servir como "sementes" para a formação de novas dunas em várias praias. A esperança é que as árvores prendam a areia soprada pelo vento para iniciar o processo de formação de dunas de areia, em um de vários esforços semelhantes de recuperação na costa atlântica. Ao enfrentar os ventos do Sandy, as casas e os bairros com dunas protetoras tiveram menos estragos do que aqueles mais expostos e mais próximos ao oceano.

Proteção pelas dunas *versus* vista para o mar A eficácia dos sistemas de dunas como proteção contra a erosão das ondas e as marés de tempestade durante o furacão Sandy, longe de ser um sutil fenômeno estatístico, foi facilmente observável pelos moradores locais. Entretanto, o estímulo para a criação de grandes dunas, às vezes invasivas, perto da orla é controverso em comunidades litorâneas com casas milionárias. Para que essas dunas funcionem como barreiras à erosão, precisam ficar entre os imóveis à beira-mar e o oceano, assim bloqueando a vista para o mar e diminuindo o valor das propriedades (Figura GH 16.1). Para muitos proprietários, criar dunas de proteção contra tempestades significa um sério prejuízo financeiro no curto prazo, mesmo que o resultado seja proteção no longo prazo.

Geomorfologia das dunas costeiras As dunas de areia costeiras originam-se de sedimentos supridos pela ação das ondas do mar e por processos fluviais que levam sedimentos até deltas e estuários. Após a areia ser depositada na orla, ela é retrabalhada por processos eólicos até tomar a forma de duna. As dunas litorâneas são ou *dunas frontais*, em que a areia é empurrada até subir a encosta de frente para o mar, ou *dunas anteriores*, que se formam mais longe da praia e ficam ao abrigo dos ventos do mar; as anteriores são mais estáveis e podem chegar a centenas de anos de idade. A maioria das áreas de dunas costeiras tem tamanho relativamente pequeno (especialmente se comparadas aos campos de dunas desérticas, que podem cobrir grandes porções dos continentes).

Na costa atlântica, as dunas frontais estão deslocando-se para dentro do continente à medida que o nível do mar sobe e a energia das tempestades aumenta com a mudança climática. Nas áreas urbanizadas, as dunas frontais não podem recuar para o continente sem perturbar o desenvolvimento humano. Quando há tempestade, o movimento das dunas é intensificado, e ocorre erosão e/ou deposição das dunas na área urbanizada da costa (Figura GH 16.2).

Esforços de recuperação de dunas O estabelecimento de novas dunas frontais repõe o suprimento de areia e protege estruturas e infraestruturas, o que faz disso um investimento de dinheiro e esforço potencialmente vantajoso para comunidades do litoral de New Jersey. Muitos especialistas apontam que as dunas não são uma garantia de proteção contra tempestades e que os ventos e as marés de tempestade do Sandy foram fortes o suficiente para erodir alguns grandes sistemas de dunas naturais na costa atlântica. No entanto, em Bradley Beach, New Jersey, onde a tempestade erodiu vários quilômetros de dunas restauradas, de cerca de 4,6 m de altura, a comunidade ainda assim escapou de danos maiores, pois as dunas absorveram muito do impacto da tempestade.

Assim, as comunidades locais estão apoiando a recuperação das dunas, como evidenciado pela iniciativa das árvores de Natal. Como a vegetação é importante para a estabilização das dunas, o plantio de gramíneas é outra estratégia protetiva que está sendo adotada pelos moradores de New Jersey. Neste capítulo, discutimos sistemas costeiros, processos eólicos e processos de formação de dunas.*

▲**Figura GH 16.1 Dunas construídas.** Cômoros recuperados protegem casas em Mantoloking, New Jersey, de um nor'easter que chegou algumas semanas depois do furacão Sandy. [Sharon Karr/FEMA.]

▲**Figura GH 16.2 Danos costeiros do furacão Sandy em Mantoloking, New Jersey.** Vista para o oeste na linha de costa de New Jersey antes e depois do furacão Sandy. A seta amarela indica a mesma feição em cada foto. [USGS.]

21 de maio, 2009

5 de novembro, 2012

---

*W. Parry, "Dune vs. Property Rights in Storm Battered NJ," AP, 17 de março de 2013.

Os imensos sistemas oceânico, atmosférico e litosférico da Terra se encontram no litoral. Às vezes, o oceano ataca a costa com uma fúria tempestuosa de poder erosivo; em outras, a úmida brisa marinha, a maresia e o movimento repetitivo da água são gentis e harmônicos. As linhas de costa são belas áreas dinâmicas.

Comércio e acesso a rotas marítimas, pesca e turismo induzem muitas pessoas a se instalar perto do oceano. Com efeito, cerca de 40% da população do planeta vivem dentro de 100 km do litoral (Figura 16.1). Nos Estados Unidos, cerca de 50% das pessoas vivem em áreas designadas como costeiras (isso inclui os Grandes Lagos). Um estudo de 2007 concluiu que, globalmente, 634 milhões de pessoas vivem em áreas costeiras de baixa elevação que estão menos de 30 m acima do nível do mar, o que quer dizer que uma em cada dez pessoas da Terra vive em uma zona altamente vulnerável a danos por tempestades tropicais, enchentes e elevação do nível do mar. Dado esse processo de distribuição populacional, a compreensão dos processos e relevos costeiros é importante para planejamento e urbanismo.

A poluição também é uma grande questão nas áreas costeiras. Conforme o Programa das Nações Unidas para o Meio Ambiente (PNUMA), cerca de 22 bilhões de metros cúbicos de esgoto são descarregados por ano nas águas costeiras, junto a cerca de 50.000 toneladas de químicos orgânicos tóxicos e 68.000 toneladas de metais tóxicos. Além dos riscos biológicos potencialmente perigosos que ela apresenta, a poluição costeira e marinha afeta o turismo litorâneo, que é um grande componente da economia de muitas cidades na orla.

Os oceanos estão intimamente ligados à vida no planeta e atuam como um tampão das mudanças nos demais sistemas terrestres, absorvendo o dióxido de carbono atmosférico e a energia térmica excessivos; porém, as alterações climáticas das últimas várias décadas podem estar sobrecarregando os sistemas oceânicos. Em 2009, a segunda Conferência sobre o Sistema de Observação Oceânica Climática foi realizada em Veneza, Itália, sintetizando as profundas mudanças que afetaram o sistema oceânico nos 10 anos que haviam transcorrido desde a primeira conferência – acesse http://www.oceanobs09.net/.

O vento é um importante agente do relevo nas costas, assim como em outros ambientes. Embora a capacidade do vento de erodir, transportar e depositar materiais seja pequena em comparação com a da água e do gelo, os processos eólicos podem deslocar quantidades significativas de areia e moldar o relevo. O vento contribui para a formação do solo (discutida no Capítulo 18), enche a atmosfera com poeira que cruza os oceanos que separam os continentes (discutido no Capítulo 3) e dissemina organismos vivos. Um estudo encontrou musgos, hepáticas e líquens distribuídos por ilhas separadas por milhares de quilômetros no Oceano Austral.

Neste capítulo: Após analisarmos brevemente oceanos e mares globais, discutimos as propriedades físicas e químicas da água do mar. Em seguida, examinamos os sistemas costeiros, discutindo marés, ondas, erosão costeira e relevos deposicionais, como praias e ilhas barreira. Nossa discussão é organizada em uma estrutura sistêmica concentrada em entradas (componentes e forças impulsoras), ações (movimentos e processos) e saídas (resultados e consequências). Também dirigimos nossa atenção aos importantes processos orgânicos que criam corais, marismas e manguezais. Por fim, examinamos os processos eólicos – primeiro, erosão eólica e os relevos resultantes; depois, deposição eólica, dunas e campos de dunas.

▼Figura 16.1 **Bondi Beach, Sydney, Austrália.** Na Austrália, mais de 85% da população vivem a 50 km de uma costa. O país como um todo possui 36.000 km de linha costeira e mais de 10.000 praias. Aqui são vistos surfistas e banhistas em uma das praias mais populares de Sydney. [Patrick Ward/Corbis.]

Oceanos e mares

Os oceanos são uma das últimas grandes fronteiras científicas da Terra. Hoje, o sensoriamento remoto por parte de espaçonaves e satélites em órbita, aeronaves, embarcações de superfície e submersíveis provê uma variedade de dados e uma nova capacidade para compreender os sistemas oceânicos. Os capítulos anteriores tocaram em vários tópicos relacionados aos oceanos. Discutimos a temperatura da superfície do mar no Capítulo 5 (repasse a Figura 5.9), e correntes oceânicas, tanto superficiais quanto profundas, no Capítulo 6 (Figuras 6.18 e 6.20). A localização e a área dos oceanos do mundo constam no Capítulo 9 (Figura 9.3).

Um *mar* é geralmente menor do que um oceano e tende a ser associado a uma massa de terra. A Figura 16.2 mostra os principais mares do mundo. O termo *mar* também pode se referir a um grande corpo d'água salgado continental, como o Mar Negro, na Europa. O National Ocean Service coordena muitas atividades científicas relacionadas aos oceanos; há informações disponíveis em http://www.nos.noaa.gov/.

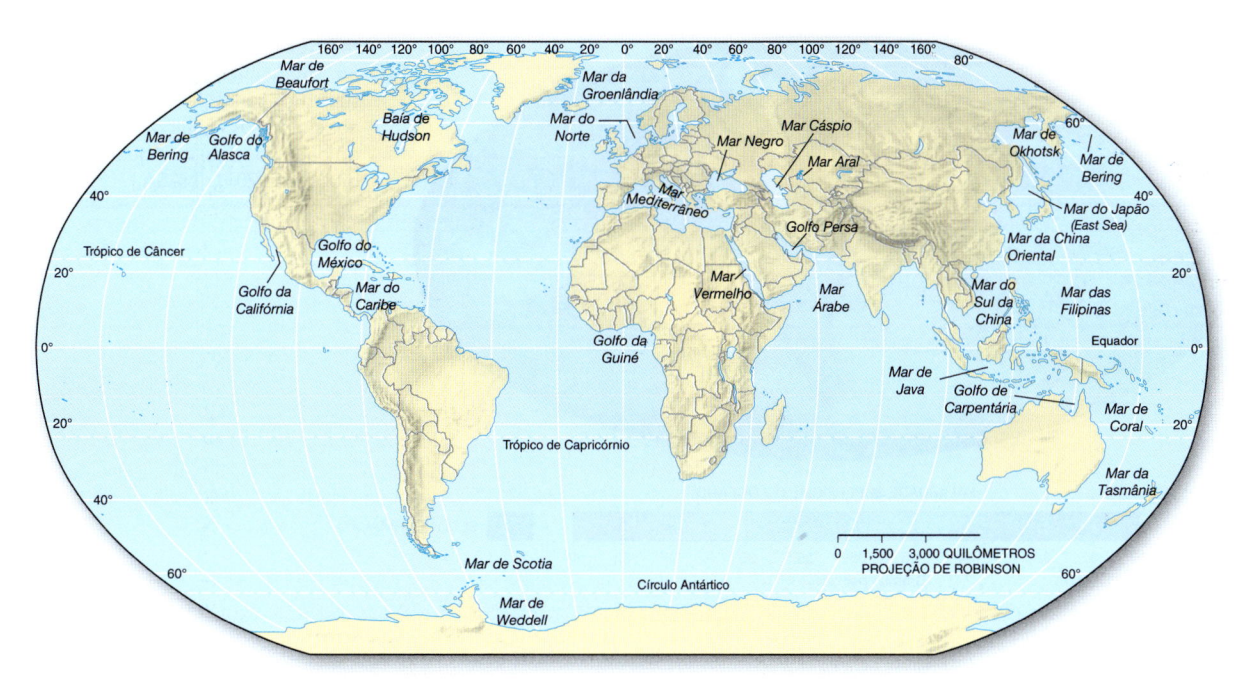

▲Figura 16.2 Principais mares do mundo.

Propriedades da água do mar

Como mencionado no Capítulo 14, a água dissolve no mínimo 57 dos 92 elementos encontrados na natureza, sendo conhecida como o "solvente universal". Na verdade, a maioria dos elementos naturais e dos compostos que eles formam é encontrada nos oceanos e mares na forma de sólidos dissolvidos, ou *solutos*. Logo, a água do mar é uma solução, e a concentração de sólidos dissolvidos nessa solução é chamada de **salinidade**, normalmente expressa como sólidos dissolvidos por volume. Como você deve lembrar, a água está continuamente circulando pelo ciclo hidrológico, impulsionada pela energia do Sol, mas os sólidos dissolvidos ficam no oceano. A água que você bebe hoje pode ter moléculas de água que, há pouco tempo, estavam no Oceano Pacífico, no Rio Yang-Tsé, nas águas subterrâneas da Suécia ou que foram carregadas pelas nuvens sobre o Peru.

Composição química A composição química uniforme da água do mar foi demonstrada pela primeira vez em 1874 por cientistas que coletaram amostras ao dar a volta ao mundo a bordo do navio britânico HMS *Challenger*. O oceano ainda hoje é uma mistura notavelmente homogênea – a razão de sais individuais não muda, apesar de pequenas flutuações na salinidade geral.

A composição química da água do mar é afetada por atmosfera, minerais, sedimentos do fundo e organismos vivos. Por exemplo, os fluxos de água rica em minerais vinda de aberturas hidrotérmicas (água quente) no assoalho oceânico ("chaminés hidrotermais", como visto na Figura 12.9) alteram a química oceânica nessa área. Porém, a mistura contínua entre as bacias oceânicas interconectadas mantém a composição química geral bastante uniforme. Até há pouco, os especialistas achavam que a química da água do mar fora razoavelmente constante nos últimos 500 milhões de anos. Contudo, amostras de água do mar antiga obtida de inclusões fluidas em formações marinhas, como depósitos de calcário e evaporitos, sugerem que ligeiras variações químicas ocorreram na água do mar com o tempo. As variações condizem com as mudanças nas taxas de expansão do assoalho oceânico, na atividade vulcânica e no nível dos mares.

Sete elementos correspondem a mais de 99% dos sólidos dissolvidos na água do mar. Em solução, eles assumem sua forma iônica (mostrada aqui entre parênteses): cloro (como íons cloreto Cl^-), sódio (como Na^+), magnésio (como Mg^{2+}), enxofre (como íons sulfato, SO_4^{2-}), cálcio (como Ca^{2+}), potássio (como K^+) e bromo (como íons brometo, Br^-). A água do mar também contém gases dissolvidos (como dióxido de carbono, nitrogênio e oxigênio), matéria orgânica em suspensão e dissolvida e inúmeros elementos-traço.

Comercialmente, apenas o cloreto de sódio (sal de cozinha), o magnésio e o bromo são extraídos em quantidade significativa do oceano. A mineração de minerais do assoalho oceânico é tecnicamente exequível, embora não seja comercialmente viável.

Salinidade média Os cientistas expressam a salinidade média mundial da água do mar de diversas maneiras:

- 3,5% (partes por centena)
- 35.000 ppm (partes por milhão)
- 35.000 mg/l
- 35 g/kg
- 35‰ (partes por mil); essa é a notação mais comum

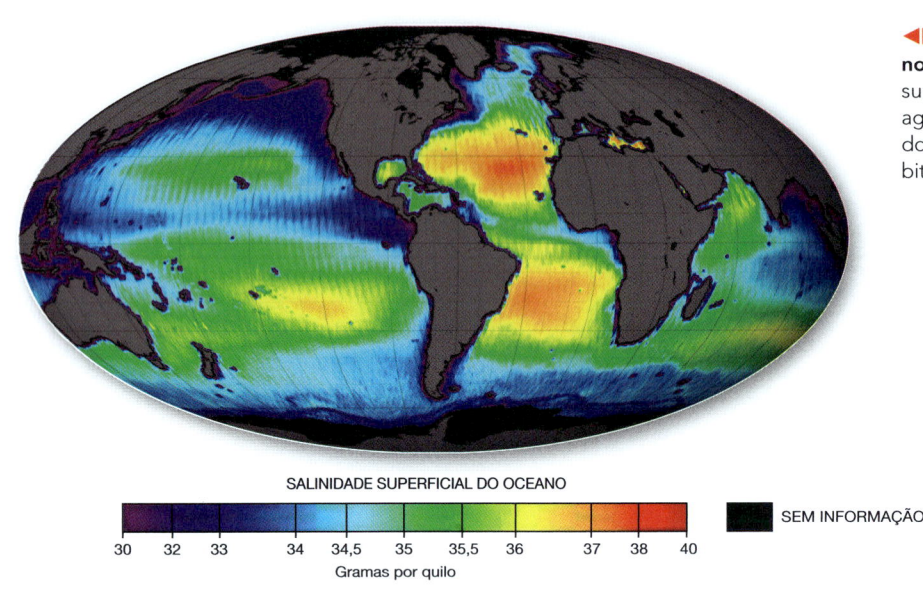

◀ **Figura 16.3 Salinidade do oceano.** Imagem composta da salinidade superficial global do oceano entre agosto de 2011 e julho de 2012, usando dados do satélite *Aquarius*, em órbita desde 2011. [NASA.]

A salinidade normalmente varia entre 34‰ e 37‰; as variações são atribuídas a condições atmosféricas e ao volume de influxos de água doce. A Figura 16.3 apresenta uma imagem das variações globais de salinidade (acesse http://aquarius.nasa.gov/). A alta precipitação anual sobre os oceanos equatoriais leva a valores de salinidade ligeiramente menores nessas regiões, ficando em torno de 34,5‰ (observe os valores mais baixos no Oceano Pacífico junto à Zona de Convergência Intertropical na Figura 16.3). Nos oceanos subtropicais – onde as taxas de evaporação atingem o máximo por causa da influência de células quentes e secas de alta pressão subtropical –, a salinidade é mais concentrada. Nessas regiões, a salinidade está aumentando, pois as temperaturas em ascensão levam a maiores taxas de evaporação.

Em geral, os oceanos têm menos salinidade perto das massas de terra por causa das entradas de água doce. O termo **salobra** aplica-se a água com menos de 35‰ de sais. Exemplos extremos incluem o Mar Báltico (norte da Polônia e Alemanha) e o Golfo de Bótnia (entre a Suécia e a Finlândia), que têm média de salinidade de 10‰ ou menos devido à grande vazão de água doce e aos baixos índices de evaporação. Em geral, os oceanos de alta latitude vêm se dessalinizando na última década com o maior derretimento das geleiras e mantos de gelo, como mencionado no Capítulo 6.

Em contraste, o Mar dos Sargaços, dentro do giro subtropical do Atlântico Norte, tem média de 38‰ (Figura 16.3). O Golfo Pérsico tem salinidade de 40‰ como resultado dos altos índices de evaporação em uma bacia praticamente confinada. O termo **salmoura** aplica-se à água que excede a média de salinidade de 35‰. Bolsões profundos, ou "lagos de salmoura", no assoalho do Mar Vermelho e do Mar Mediterrâneo, registram salinidade de até 225‰.

Estrutura física e impactos humanos

A estrutura física básica do oceano consiste em três camadas horizontais (Figura 16.4). Na camada superficial, aquecida pelo Sol, a mistura é impulsionada pelos ventos. Nessa *camada mista*, que representa somente 2% da massa oceânica, as variações de temperatura da água e solutos são rapidamente misturadas. Abaixo da camada mista existe a *zona de transição termoclina*, uma região de mais de 1 km de profundidade que não tem a movimentação da superfície e possui um gradiente de temperatura que decresce com a profundidade. O atrito nessas profundidades diminui o efeito das correntes superficiais. Além do mais, as temperaturas mais frias da água no limite inferior da zona

GEOrelatório 16.1 O Mar Mediterrâneo está ficando mais salgado

O Mar Mediterrâneo está esquentando a um ritmo mais rápido do que os oceanos – observe os altos níveis de salinidade na Figura 16.3. O aumento da salinidade e das temperaturas está se dando nas camadas mais profundas, abaixo de 600 m de profundidade. Condições mais salgadas modificam a densidade da água e provocam saídas líquidas pelo Estreito de Gibraltar, assim bloqueando a mistura natural com o Oceano Atlântico. Com a mudança climática, o aquecimento está perturbando a mistura natural nos grandes corpos d'água, incluindo lagos, como relatado no *Geossistemas Hoje* do Capítulo 9.

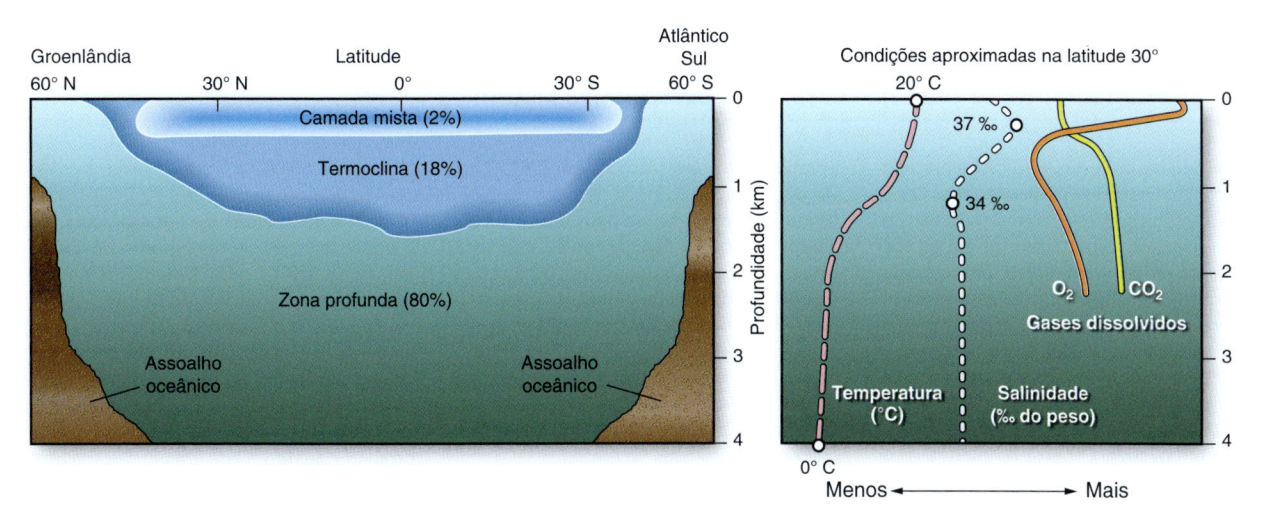

▲Figura 16.4 **A estrutura física do oceano.** Esquema da estrutura física média observada no perfil vertical do oceano segundo amostra retirada de uma linha da Groenlândia ao Atlântico Sul. Temperatura, salinidade e gases dissolvidos são mostrados no gráfico por profundidade.

de transição termoclina tendem a inibir os movimentos convectivos.

Nas duas camadas superiores do oceano, a temperatura média, a salinidade, o dióxido de carbono e o oxigênio dissolvidos variam com o aumento da profundidade. Em contraste, a partir de uma profundidade de 1-1,5 km a partir do fundo do mar, os valores de temperatura e salinidade são bastante uniformes. As temperaturas nessa *zona gelada profunda* ficam próximas a 0°C, sendo que a água mais gelada geralmente fica junto ao fundo. Porém, a água da zona fria profunda não congela porque o ponto de congelamento da água do mar é menor do que o da água doce, em função da presença de sais dissolvidos. (Na superfície, a água do mar congela a cerca de −2°C.)

Acidificação oceânica O oceano também reflete a mudança na composição da atmosfera terrestre. Quando o oceano absorve o excesso de dióxido de carbono da atmosfera, o processo de carbonatação (discutido no Capítulo 14) forma ácido carbônico na água do mar, resultando na redução do pH oceânico – uma acidificação. Um oceano mais ácido faz com que certos organismos marinhos, como os corais e alguns plânctons, tenham dificuldade em manter suas estruturas externas de carbonato de cálcio. O pH médio do oceano hoje é 8,2, mas pode cair 0,4-0,5 unidades neste século. A escala do pH é logarítmica, então uma queda de 0,1 é igual a um aumento de 30% na acidez (veja a escala do pH no Capítulo 18, Figura 18.7). A biodiversidade e as cadeias alimentares do oceano responderão a essa mudança de maneiras ainda desconhecidas.

Poluição Os oceanos do planeta tornaram-se depósitos de grande parte do lixo mundial, seja intencionalmente descartado ou acidentalmente vazado ou derramado no oceano. A poluição marítima e terrestre com petróleo é um problema persistente nas regiões costeiras, pois o petróleo residual descartado inadequadamente infiltra-se e vaza para os oceanos, além de derrames oriundos de perfuração em alto-mar e problemas de transporte.

Quando petróleo é derramado na água do mar, ele primeiro se espalha na superfície, formando uma película que pode ser coesa ou dividida por mares agitados. A película pode flutuar à deriva por grandes áreas de oceano aberto, afetando o habitat marinho, ou ir em direção às linhas de praia, causando impactos nas terras úmidas costeiras e na fauna associada. O petróleo pode evaporar parcialmente, tornando a película restante mais densa, dissolver-se parcialmente na água ou se combinar com particulados e descer até o fundo. No longo prazo, parte desse óleo pode dissolver-se, impulsionada por processos conduzidos pela radiação solar e pela decomposição de micro-organismos – a taxa dessa deterioração depende da temperatura e da disponibilidade de oxigênio e nutrientes. Ao longo da costa, o petróleo espalha-se sobre os sedimentos da praia, podendo atingir manguezais e marismas, contaminando e envenenando organismos aquáticos e a fauna, além de perturbar atividades humanas como pesca e recreação. O *Estudo Específico* 16.1 discute as causas e os efeitos sistêmicos dos derrames de petróleo em alto-mar.

Componentes do sistema costeiro

Embora muitas das feições da Terra, como montanhas e placas tectônicas, tenham se formado ao longo de milhões de anos, a maior parte dos litorais relativamente jovem e está em mudança contínua. Terra, oceano, atmosfera, Sol e Lua interagem na geração de marés, correntes e ondas responsáveis pelas feições erosionais e deposicionais nas margens continentais.

Estudo Específico 16.1 Poluição
Derramamento de óleo na costa: uma perspectiva sistêmica

O tanque de um petroleiro racha em alto-mar e libera sua carga de petróleo. O petróleo é carregado por correntes oceânicas até a margem, onde cobre as águas costeiras, as praias e os animais. Em resposta, cidadãos preocupados mobilizam-se e tentam salvar o máximo possível do ambiente danificado (Figura 16.1.1). No entanto, o problema real vai muito além das consequências imediatas do derramamento. Quais são as relações espaciais e sistêmicas entre um pássaro coberto de óleo, a recuperação da costa, a demanda e consumo de energia e a mudança climática global contínua?

Estreito de Príncipe William, Alasca

No Estreito de Prince William, junto à costa sul do Alasca, com tempo limpo e mar calmo, o *Exxon Valdez*, um superpetroleiro com casco simples operado pela Exxon Corporation, bateu em um recife em 1989. O navio derramou 42 milhões de litros de óleo. Levou apenas 12 horas para que o *Exxon Valdez* esvaziasse seu conteúdo, mas uma limpeza completa é impossível, e os custos e pedidos privados de indenização excederam US$ 15 bilhões. Os cientistas ainda encontram danos e derramamento de óleo residual. No final das contas, mais de 2400 km da delicada linha de costa foram arruinados, afetando três parques nacionais e outras oito áreas protegidas do Alasca.

O número de animais atingidos foi imenso: ao menos 5000 lontras-marinhas morreram, cerca de 30% dos animais dessa espécie que habitavam as áreas afetadas; aproximadamente 300.000 pássaros e inúmeros peixes, crustáceos, plantas e micro-organismos aquáticos também pereceram. Embora algumas espécies, como a águia-americana e o airo, tenham se recuperado, o arenque *Clupea pallasii* ainda sofre um declínio considerável, assim como as focas-comuns. Efeitos subletais – a saber, mutações – agora estão manifestando-se nos peixes. Mais de duas décadas mais tarde, o óleo permanece em planícies de maré e charcos embaixo de rochas.

Em média, 27 acidentes de vazamento de óleo ocorrem por dia, o que totaliza 10.000 por ano no mundo inteiro, indo de alguns derramamentos desastrosos a vários pequenos (Figura 16.1.2a). Já houve 50 derramamentos iguais ao do *Exxon Valdez* ou maiores desde 1970. Além dos derramamentos de óleo oceânicos, as pessoas inapropriadamente jogam fora o óleo do motor de seus automóveis em um volume que anualmente excede todos esses derramamentos de navios-petroleiros.

Costa da Luisiana, Golfo do México

O maior derramamento de óleo da história dos EUA aconteceu em 2010, no Golfo do México (Figura 16.1.2b). A explosão de uma cabeça de poço rompida no fundo do oceano liberou algo entre 50.000 e 95.000 barris de óleo por dia durante 86 dias; isso equivale a algo entre 8 e 15 milhões de litros por dia, ou o equivalente ao derramamento do *Exxon Valdez* de 1989 a cada 4 dias. A diferença entre as estimativas do óleo derramado são consequência dos esforços intencionais da empresa petroleira para encobrir a verdadeira natureza do vazamento por causa de possíveis responsabilidades financeiras.

O poço *Deepwater Horizon*, a uma profundidde de 1,6 km, era um dos maiores empreendimentos de perfuração já tentados, e muito da tecnologia da operação ainda é desconhecida ou não foi testada. Os cientistas estão analisando muitos aspectos da tragédia a fim de determinar a extensão dos efeitos biológicos sobre o mar aberto, as praias, as terras úmidas e a fauna do Golfo. O assoalho oceânico da região afetada está praticamente morto, coberto de petróleo. Os primeiros relatos sobre a eficácia da digestão microbiana na limpeza do óleo na coluna d'água foram superestimados; esses processos devem ter eliminado apenas 10% da massa derramada.

Questionamentos daqui para frente

O efeito imediato de derramamentos globais de óleo é contaminação e morte, mas as questões envolvidas são muito maiores do que aves mortas. Exercitando a perspectiva obtida com a abordagem sistêmica deste livro, façamos algumas perguntas fundamentais a respeito da demanda internacional e do transporte de petróleo:

- Por que o petroleiro de casco simples estava nas vulneráveis águas do Alasca? Por que é necessário perfurar em águas profundas do Golfo usando tecnologias e equipamentos não testados?
- Por que quantidades tão grandes de petróleo são importadas para a área continental dos Estados Unidos? A demanda por derivados do petróleo é baseada em necessidade real e eficiência máxima? Ocorrem desperdícios e ineficiência?

▲ **Figura 16.1.1 Aves cobertas de petróleo.** Pelicanos-marrons (*Pelecanus occidentalis*) lutam enquanto esperam pela limpeza após o derramamento de óleo da BP em 2010, no Golfo do México. [Jim Celano, Reuters.]

Os agentes dos ambientes costeiros incluem muitos elementos discutidos nos capítulos anteriores:

- Entradas de *energia solar* impulsionam a atmosfera e a hidrosfera. A conversão de insolação em energia cinética produz ventos, sistemas meteorológicos e climas característicos.
- *Ventos atmosféricos*, por sua vez, geram correntes e ondas oceânicas, entradas essenciais ao ambiente costeiro.
- *Regimes climáticos*, que resultam da insolação e umidade, influenciam fortemente os processos geomorfológicos costeiros.

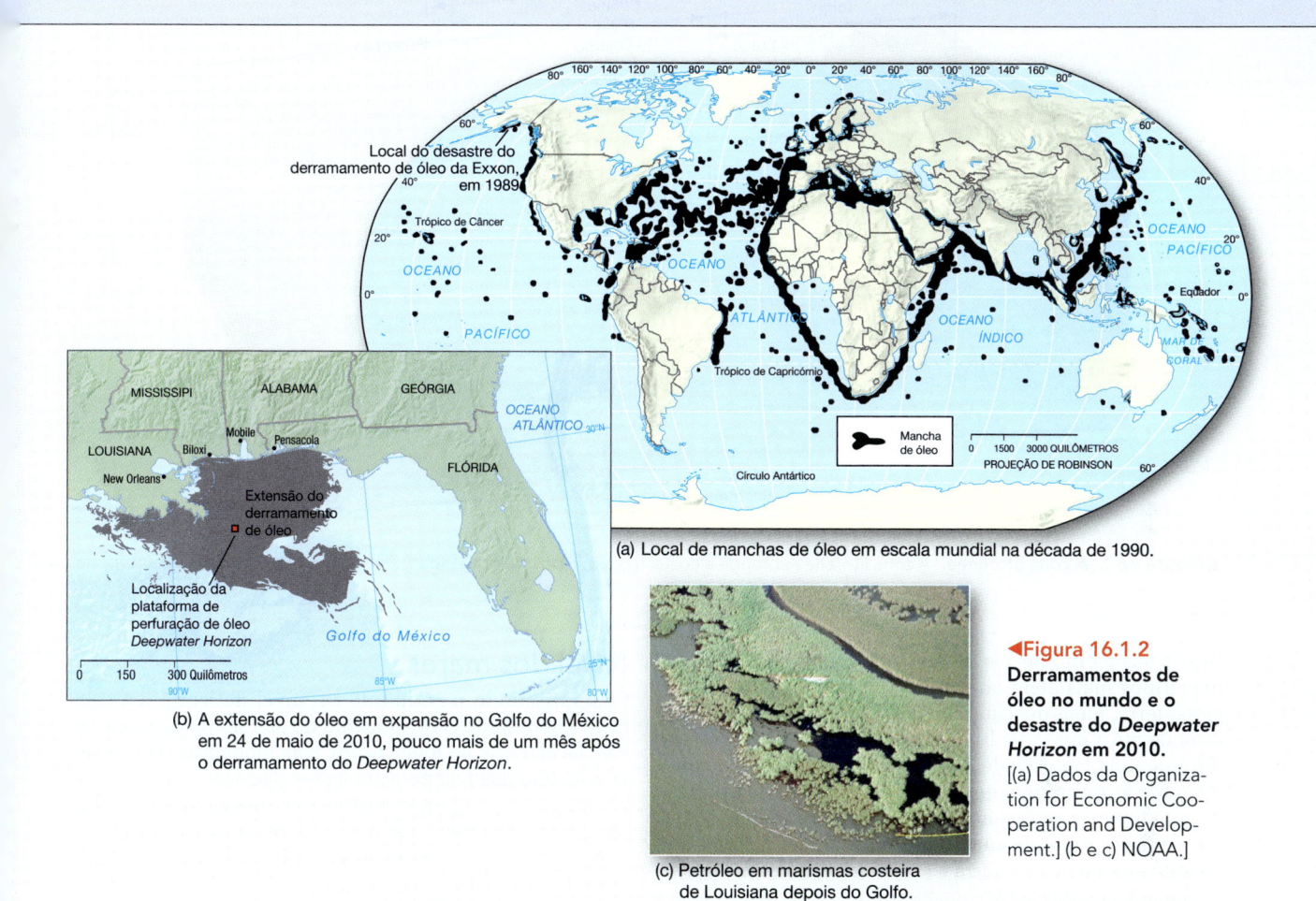

(a) Local de manchas de óleo em escala mundial na década de 1990.

(b) A extensão do óleo em expansão no Golfo do México em 24 de maio de 2010, pouco mais de um mês após o derramamento do *Deepwater Horizon*.

(c) Petróleo em marismas costeira de Louisiana depois do Golfo.

◀ **Figura 16.1.2**
Derramamentos de óleo no mundo e o desastre do *Deepwater Horizon* em 2010.
[(a) Dados da Organization for Economic Cooperation and Development.] (b e c) NOAA.]

- A demanda por petróleo per capita norte-americana é maior do que a de qualquer outro país. Eficiência e rendimento de combustível no setor de transportes dos EUA melhoraram pouco para carros, caminhões e SUVs (caminhonetes) em comparação com outros países. Por quê? A tecnologia híbrida gás-elétrica fez alguma diferença?

A disparada dos preços de petróleo e gasolina com início em 2007 coincidiu com uma diminuição recorde de quilômetros rodados, pois os motoristas ajustaram seus hábitos de direção, com algumas dificuldades – ilustrando o princípio econômico conhecido como *elasticidade-preço* da demanda, assim como a eficácia das estratégias de preservação e eficiência dos consumidores. (Estranhamente, a palavra *preservação* não foi usada pela mídia ou pelos discursos políticos nessa época de preços recorde e acidentes com derramamento.)

A recuperação costeira do Golfo continua, embora os efeitos mais imediatos e dramáticos já tenham sido atenuados. O petróleo tem a capacidade de permanecer no ambiente por décadas, revestindo os sedimentos arenosos das praias e percolando até o fundo lodoso dos marismas. Em maio de 2013, quase três anos após o derramamento inicial no Golfo, a recuperação de longo prazo dos ecossistemas e economias do Golfo ainda está no estágio de planejamento, com ênfase em proteção e revitalização futuras. Ao examinarmos os derramamentos de óleo e suas conexões com os sistemas terrestres, as sociedades humanas e questões de sustentabilidade global, temos muita coisa a levar em consideração.

- As características locais das *rochas* e geomorfologia costeira são importantes para determinar as taxas de erosão e produção de sedimentos.
- As *atividades humanas* são um dos agentes atuais mais significativos a produzir mudança nas costas.

Todos esses agentes atuam sob a influência onipresente da tração gravitacional – exercida não apenas pela Terra, mas também pela Lua e pelo Sol. A gravidade gera a energia potencial de posição e produz as marés. Um equilíbrio dinâmico entre todos esses componentes gera as feições costeiras.

O meio ambiente costeiro

A área costeira e o prisma praial submerso formam a **zona litorânea**, da palavra latina *litoris*, "praia". A Figura 16.5

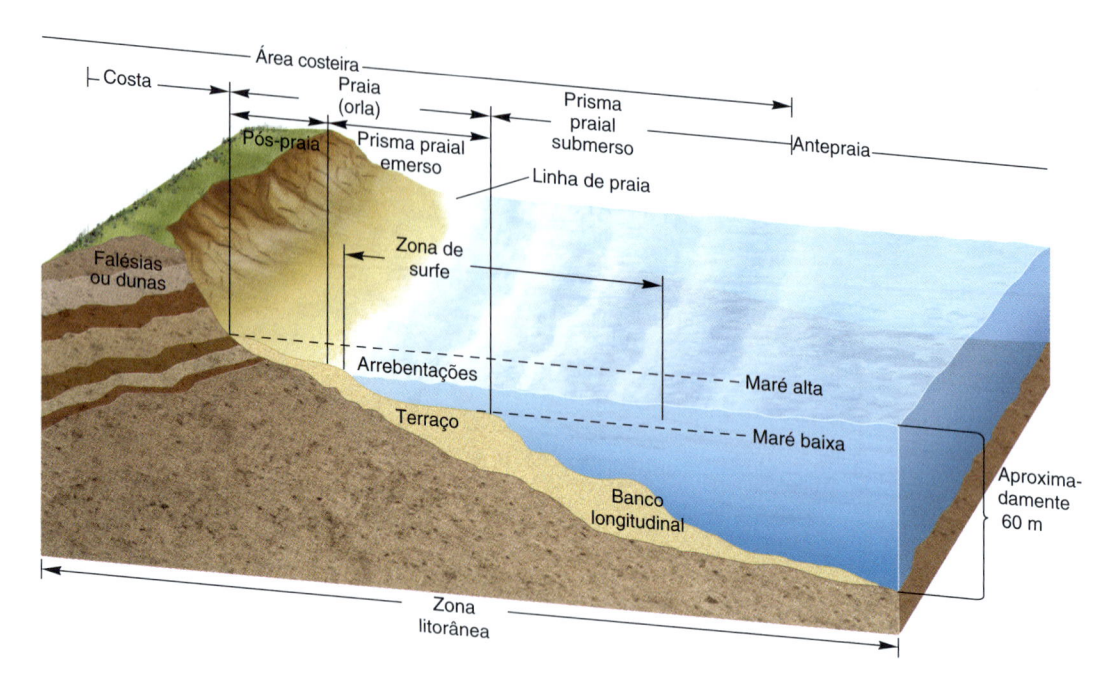

▲ **Figura 16.5 A zona litorânea.** A zona litorânea abrange a costa, a praia, o prisma praial submerso e parte do ambiente da antepraia.

ilustra a zona litorânea e inclui componentes específicos discutidos mais além no capítulo. A zona litorânea engloba terra, além de água. Em direção ao continente, se estende até a mais alta linha d'água encontrada na praia durante uma tempestade. Em direção ao mar, se estende até onde a profundidade permite as ondas da tempestade movimentar sedimentos no assoalho oceânico – geralmente em torno de 60 m de profundidade. A linha de contato entre o mar e a terra é a *linha de praia*, que muda com marés, tempestades e ajustes do nível do mar. A *costa* continua além da maré alta até a primeira importante mudança no relevo e pode incluir áreas locais consideradas como parte dela. O prisma praial emerso (*foreshore*) também é chamado de *zona de intermarés* (faixa de terra localizada entre a maré mais baixa e a mais alta).

Como o nível do oceano varia, a zona litorânea naturalmente troca de posição de tempos em tempos. Um aumento no nível do mar causa a submersão da terra, enquanto uma queda no nível do mar expõe novas áreas costeiras. Além disso, o soerguimento e a subsidência das terras emersas iniciam mudanças na zona litorânea.

Nível dos mares

Como discutido no Capítulo 11, nível do mar é um conceito importante. O nível médio do mar muda diariamente com as marés e, no longo prazo, com mudanças climáticas, movimento das placas tectônicas e glaciação. Portanto, nível do mar é um termo relativo. No momento, não existe um sistema internacional para determinar o nível exato do mar ao longo do tempo. O Sistema Global de Observação do Nível do Mar (GLOSS) é um grupo internacional que trabalha ativamente em questões relacionadas ao nível do mar, fazendo parte do organismo maior Serviço Permanente de Nível Médio do Mar (acesse http://www.psmsl.org/).

A referência para a elevação na Terra é o nível médio do mar. **Nível Médio do Mar (NMM)** é um valor baseado em níveis médios de marés registrados por hora em um determinado local ao longo de muitos anos. O NMM varia espacialmente em função de correntes oceânicas e ondas, variações de maré, temperatura atmosférica, diferenças de pressão e padrões eólicos, variações na temperatura do oceano, leves variações na gravidade terrestre e mudanças no volume oceânico. No longo prazo, as flutuações do nível do mar expõem o relevo costeiro aos processos das marés e das ondas. A atual elevação do nível do mar é espacialmente

GEOrelatório 16.2 Variações do nível do mar na linha costeira norte-americana

Em um dado momento, o nível do mar varia em toda a extensão das linhas costeiras norte-americanas, medido como a altura da água em relação a um ponto específico em terra. O nível médio do mar (NMM) da Costa do Golfo nos Estados Unidos é aproximadamente 25 cm maior do que a costa leste da Flórida, que é a menor da América do Norte. Os valores do NMM sobem quando se vai para o norte na costa leste, sendo ele 38 cm mais alto no Maine do que na Flórida. Pela costa oeste dos Estados Unidos, o NMM é maior do que o da Flórida em cerca de 58 cm em San Diego e em torno de 86 cm no Oregon. No geral, o NMM da costa do Pacífico da América do Norte é em média 66 cm maior do que o NMM da costa do Atlântico. Para os Estados Unidos, veja os Níveis do Mar Online em http://tidesandcurrents.noaa.gov/sltrends/index.shtml.

irregular, assim como o NMM; por exemplo, a taxa de elevação na costa da Argentina é quase 10 vezes maior do que a taxa na costa da França.

Atualmente, o NMM geral dos Estados Unidos é calculado em aproximadamente 40 localizações pelas margens costeiras do continente. Esses locais estão sendo atualizados com equipamentos novos no Sistema de Medição do Nível da Água de Última Geração, que usa medidores de maré de última geração, especificamente na costa atlântica norte-americana e canadense, nas Bermudas e nas ilhas havaianas (acesse http://co-ops.nos.noaa.gov/levelhow.html). Os satélites *NAVSTAR* do Sistema de Posicionamento Global (GPS) possibilitam a correlação de dados em uma rede de medições em terra e oceano.

A elevação do nível do mar é potencialmente devastadora para muitas localidades costeiras. Uma elevação de apenas 0,3 km faria com que as linhas costeiras de todo o mundo avançassem uma média de 30 m continente adentro, inundando cerca de 20.000 km^2 (7800 mi^2) de terra nas costas norte-americanas, com prejuízos econômicos da ordem de trilhões de dólares. Um aumento de 0,95 m no nível do mar poderia inundar 15% da terra arável do Egito, 17% de Bangladesh e quase toda a área terrestre de alguns países insulares.

> **PENSAMENTO Crítico 16.1**
> **Previsão da elevação do nível do mar**
>
> A NOAA fornece um mapa interativo para visualizar o potencial de elevação do nível do mar e inundação costeira em http://www.csc.noaa.gov/slr/viewer/#. Use "Sea-Level Rise and Coastal Flooding Impacts Viewer" para observar a inundação costeira em partes dos Estados Unidos em diferentes cenários. Ajuste a altura da elevação do nível do mar usando o cursor à esquerda. Analise brevemente o resultado. Será que o custo extra no desenvolvimento de energias alternativas pode desacelerar as emissões de gases de efeito estufa, balizando os danos e as estimativas de inundação costeira? •

Agentes do sistema costeiro

A costa é cenário de complexas flutuações de maré, ventos, ondas, correntes oceânicas e tempestades ocasionais. Essas forças moldam o relevo, que pode ser suaves praias ou penhascos íngremes, sustentando delicados ecossistemas.

Marés

As **marés** são complexas oscilações no nível do mar que ocorrem duas vezes ao dia, oscilando ao redor do mundo, às vezes quase imperceptíveis às vezes subindo vários metros. Elas podem variar muito por todo o planeta. A ação das marés é um agente incansável e enérgico de mudança do relevo. Conforme ocorrem as marés de enchente (subida) e de vazante (descida), a linha de praia varia, rumo à terra e ao mar, produzindo efeitos significativos como a erosão e o transporte sedimentar.

As marés são importantes para as atividades humanas, como a navegação, a pesca e a recreação. Elas são especialmente relevantes para os navios porque a entrada em vários portos é limitada pela água rasa, sendo, portanto, a maré alta necessária para passagem. Inversamente, navios de mastro alto podem precisar de maré baixa para passar embaixo de pontes. Também há marés em lagos grandes, mas elas são difíceis de distinguir de alterações causadas por ventos nesses corpos d'água porque a variação da maré é pequena. O Lago Superior, por exemplo, tem variação de maré de apenas 5 cm.

Causas das marés As marés são produzidas pela atração gravitacional do Sol e da Lua. O Capítulo 2 discute a relação da Terra com o Sol e a Lua e o motivo das estações. A in-

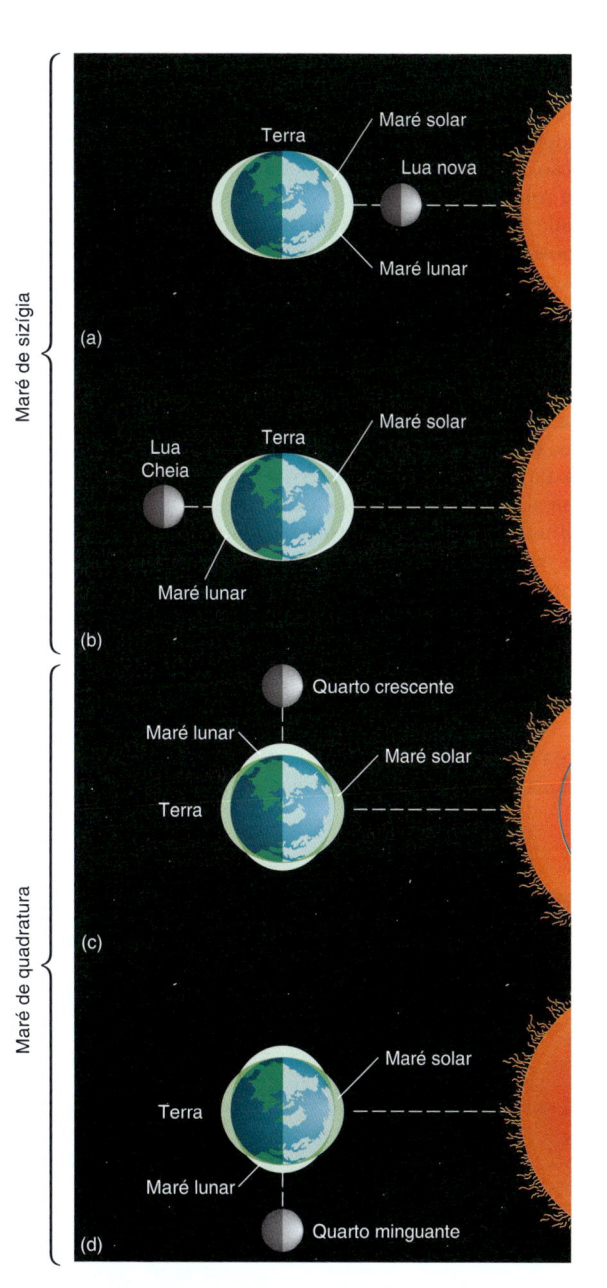

▲**Figura 16.6 A causa das marés.** Relações gravitacionais entre o Sol, a Lua e a Terra se combinam para produzir marés de sizígia (a, b) e marés de quadratura (c, d). (As marés estão exageradas para fins de ilustração.)

fluência do Sol é menor que a da Lua em função da maior distância entre o Sol e a Terra, embora seja uma força significativa. A Figura 16.6 ilustra a relação entre a Lua, o Sol e a Terra, e a geração de protuberâncias de maré variáveis nos lados opostos do planeta.

A atração gravitacional da Lua puxa a atmosfera, os oceanos e a litosfera da Terra. O Sol também exerce atração gravitacional, em menor medida. Todas as superfícies sólidas e fluidas da Terra expandem como resultado dessas forças. A expansão aumenta os *bojos de maré* na atmosfera (que não conseguimos ver), os bojos de maré menores no oceano e os bojos muito pequenos na crosta rígida da Terra. Nossa ênfase aqui é com os bojos de maré no oceano.

A gravidade e a inércia são elementos cruciais para entender as marés. *Gravidade* é a força de atração entre dois corpos. *Inércia* é a tendência dos objetos de permanecerem parados, se imóveis, ou de continuar se movendo na mesma direção, se em movimento. O efeito gravitacional no lado da Terra voltado para a Lua ou o Sol é maior do que aquele sofrido pelo outro lado, onde as forças de inércia são levemente maiores. Por causa da inércia, quando a água e a terra do lado mais próximo são atraídas pela Lua ou Sol, a água do lado mais distante fica para trás por causa da tração gravitacional levemente mais fraca. Essa disposição produz os dois bojos de maré que se contrapõem nos lados opostos da Terra.

As marés parecem se mover para dentro e para fora da linha de praia, mas, na verdade, isso não acontece. Em vez disso, a superfície terrestre gira para dentro e para fora dos bojos de maré relativamente "fixos" conforme a Terra muda sua posição em relação à Lua e ao Sol. A cada 24 horas e 50 minutos, qualquer ponto da Terra gira através de dois bojos como resultado direto desse posicionamento rotativo. Assim, todos os dias, a maioria das regiões costeiras sofre duas marés altas (elevando), conhecidas como **marés de enchente**, e duas marés vazantes (descendo), chamadas de **marés de vazante**. A diferença entre as marés altas e baixas consecutivas é considerada a *amplitude de maré*.

Marés de quadratura e de sizígia O efeito gravitacional combinado do Sol e da Lua atinge seu máximo de força no alinhamento de conjunção – quando a Lua e o Sol estão no mesmo lado da Terra – e dá origem à maior amplitude entre marés alta e baixa, chamada de **marés de sizígia** (Figura 16.6a). A Figura 16.6b mostra o outro alinhamento que dá origem a marés de sizígia, quando a Lua e o Sol estão em *oposição* – em lados opostos da Terra. Nessa configuração, a Lua e o Sol causam protuberâncias de maré separadas, pois cada corpo celeste afeta a água próxima a si. Além disso, a água que fica para trás resultante da atração do corpo no lado oposto aumenta cada bojo.

Quando Sol e Lua não estão nem em conjunção, nem em oposição, mas mais ou menos nas posições indicadas na Figura 16.6c e d, suas influências gravitacionais são compensadas e se contrapõem uma à outra, gerando uma amplitude de maré mínima chamada de **maré de quadratura**.

As marés são influenciadas por outros fatores, incluindo características da bacia oceânica (tamanho, profundidade e relevo), latitude e formato da linha de praia. Esses fatores originam uma grande variedade de amplitudes de maré. Por exemplo, algumas localizações podem apresentar quase nenhuma diferença entre as marés alta e baixa. As marés mais altas ocorrem em águas abertas quando forçadas a entrar em golfos ou baías. A Baía de Fundy, em Nova Escócia, registra a maior amplitude de maré da Terra, com uma diferença de 16 m (Figura 16.7). Para ver previsões de marés nos Estados Unidos e no Caribe, acesse http://tidesandcurrents.noaa.gov/tide_predictions.shtml

Energia maremotriz O fato de que o nível do mar muda diariamente com as marés sugere uma possibilidade: será que esses fluxos previsíveis podem ser capturados para gerar eletricidade? A resposta é sim, considerando as condições adequadas. Baías e estuários tendem a concentrar a energia das marés, agrupando-a em uma área menor do que no oceano aberto. Nesses lugares, pode-se obter geração de eletricidade com a construção de uma barragem (chamada de "barragem de marés") que crie uma diferença de altura retendo a água na maré alta e liberando-a na maré baixa. A primeira usina de eletricidade maremotriz foi erguida em 1967 no estuário do Rio Rance, na costa bretã da França, utilizando

a) Maré de enchente no Pier Halls, Nova Escócia, Canadá (próximo à Baía Fundy).

b) Maré de vazante no Pier Halls.

▲Figura 16.7 **Amplitude de maré.** [Bobbé Christopherson.]

a) A estação geradora maremotriz de La Rance, na França, obtém energia das marés por barragem de marés, semelhante a uma barragem hidrelétrica.

b) Turbina obtendo energia das correntes de maré em Strangford Lough, Irlanda do Norte.

▲Figura 16.8 **Geração de energia maremotriz.** [(a) Environment Images/UIG/Getty. (b) Robert Harding Picture Library Ltd./Alamy.]

esse método de produção de energia. As marés do estuário La Rance flutuam até 13 m, proporcionando uma capacidade de geração elétrica de moderados 240 MW (aproximadamente 20% da capacidade da Barragem Hoover; Figura 16.8a). A primeira geração de energia maremotriz na América do Norte também utiliza uma barragem de marés, na Estação Geradora Maremotriz de Annapolis, Baía de Fundy, Nova Escócia, Canadá, construída em 1984. A Nova Scotia Power Incorporated opera essa planta de 20 MW.

A geração de eletricidade maremotriz também pode ser obtida com o uso de geradores de corrente de maré, turbinas subaquáticas que são impulsionadas pelo movimento das marés altas e baixas para gerar eletricidade. Este é um método mais sustentável, com menos impactos ambientais, pois não se constrói uma barragem no estuário. O primeiro gerador de corrente de maré foi concluído em 2007, em Strangford Lough, Irlanda do Norte (Figura 16.8b). Em 2013, as primeiras turbinas subaquáticas dos Estados Unidos começaram a gerar energia perto de Eastport, Maine, na foz da Baía de Fundy. A principal limitação da energia maremotriz é que apenas 30 localidades do mundo têm energia maremotriz suficiente para girar as turbinas. Entretanto, muitos cientistas sugerem que esse recurso energético possui imenso potencial em algumas regiões.

Ondas

A fricção entre o ar em movimento (ventos) e a superfície do oceano gera ondulações de água em **ondas**, que viajam em grupos conhecidos como trens de onda. As ondas variam imensamente em escala: em pequena escala, um barco em movimento cria uma esteira de pequenas ondas; em uma escala maior, as tempestades criam grandes *trens de ondas*. No extremo estão os fracos ventos produzidos devido à presença das Ilhas Havaianas, que podem ser monitoradas em direção ao oeste ao longo da superfície do Oceano Pacífico por 3000 km. Essa é uma consequência da quebra que as ilhas operam nos ventos alísios estáveis, o que também provoca alterações na temperatura superficial.

Uma área tempestuosa no mar pode ser uma *região geradora* de grandes trens de ondas, que irradiam em todas as direções. O oceano é entrelaçado com padrões intricados dessas ondas multidirecionais. As ondas vistas em uma costa podem ser o produto de um centro de tempestade a milhares de quilômetros de distância.

Padrões regulares de ondas suaves e arredondadas – as ondulações maduras do oceano aberto – são os **swells**. Quando estes e a energia que eles contêm deixam a região geradora, podem variar de pequenas marolas a ondas muito grandes de crista chata. Uma onda que deixa uma região geradora em águas profundas tende a estender seu comprimento de onda horizontalmente em muitos metros (lembre, do Capítulo 2, que comprimento de onda é a distância entre pontos correspondentes de duas ondas sucessivas quaisquer). Eventualmente, acumula-se uma energia tremenda para formar ondas extraordinariamente grandes. Em uma noite de lua cheia em 1933, o navio-tanque da Marinha dos Estados Unidos *Ramapo* relatou uma onda no Pacífico maior do que seu mastro principal, com aproximadamente 34 m!

O movimento das ondas em alto-mar sugere ao observador que a água está migrando na direção para onde a onda viaja, mas na realidade só uma pequena quantidade de água está realmente avançando. A aparência de movimento é produzida pela *propagação da onda* que se move através do meio flexível da água. A água dentro da onda em alto-mar está transferindo energia de molécula para molécula em ondulações cíclicas simples chamadas de *ondas de transição* (Figura 16.9). As partículas individuais de água avançam só um pouco, em um padrão vertical de círculos. O diâmetro das trajetórias descritas pelas partículas de água em órbita diminui com a profundidade.

Quando uma onda do oceano profundo se aproxima da linha de costa e entra em águas mais rasas (10-20 m), as partículas de água em órbita são verticalmente limitadas, formando órbitas elípticas e achatadas de partículas de água perto do fundo. Essa mudança de órbitas circulares para elípticas desacelera toda a onda, embora mais ondas continuem chegando. O resultado são ondas menos espaçadas, com altura e inclinação crescentes e cristas mais aguçadas. À medida que a crista de cada onda sobe, atinge-se um ponto em que sua altura excede a estabilidade vertical e a onda precipita em uma **arrebentação** característica, quebrando na praia (Figura 16.9b).

Na arrebentação, o movimento orbital de transição cede lugar a *ondas de águas rasas* elípticas, em que tanto a energia quanto a água se movem em direção à orla. A inclinação da margem determina o tipo de onda. Arrebentações mergulhantes e colapsantes indicam um perfil de fundo íngreme, enquanto arrebentações deslizantes indicam um perfil de fundo gentil e raso. Em algumas áreas, ondas altas inesperadas podem erguer-se de súbito, criando perigos inesperados nas linhas costeiras.

Outro perigo potencial é a breve corrente chamada de *corrente de retorno*, criada quando o repuxo produzido pelas arrebentações volta para o oceano em uma coluna concentrada, geralmente em ângulo reto com a linha de arrebentação (Figura 16.9c). Uma pessoa apanhada em uma dessas pode ser levada para o alto mar, mas normalmente por apenas uma distância curta.

À medida que trens de ondas se movem no mar aberto, eles interagem por *interferência*. Quando essas ondas interferentes estão alinhadas, ou em fase, de forma que as cristas e depressões de um trem de ondas estão em fase com as de um outro, a altura das ondas é amplificada, às vezes extremamente. As ondas que daí se originam, chamadas de "va-

▼**Figura 16.9 Formação de ondas e arrebentações.**
[(b, c) Bobbé Christopherson.]

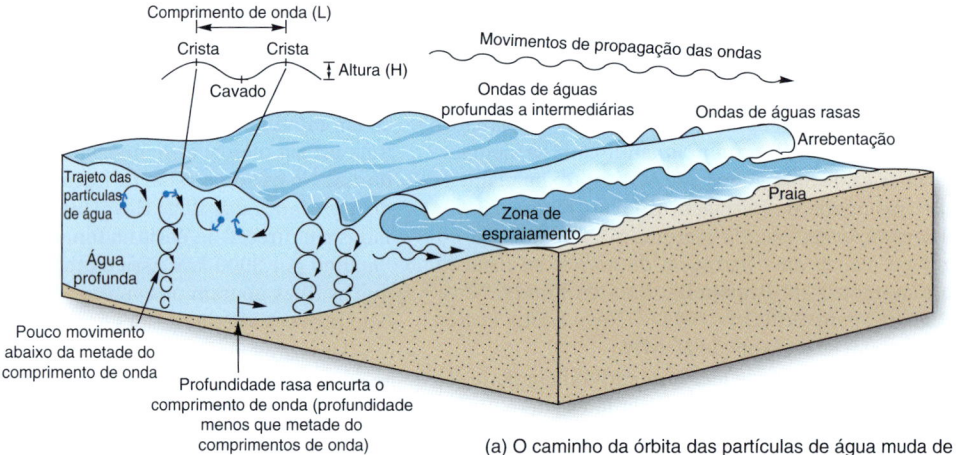

(a) O caminho da órbita das partículas de água muda de movimentos circulares (ondas de águas profundas ou intermediárias) para órbitas mais elípticas (ondas de águas profundas).

(b) Arrebentações na costa de Baja Califórnia, México.

(c) Uma perigosa corrente de retorno interrompe as arrebentações que se aproximam. Observe a água revolvida onde a corrente de retorno entra na zona de espraiamento.

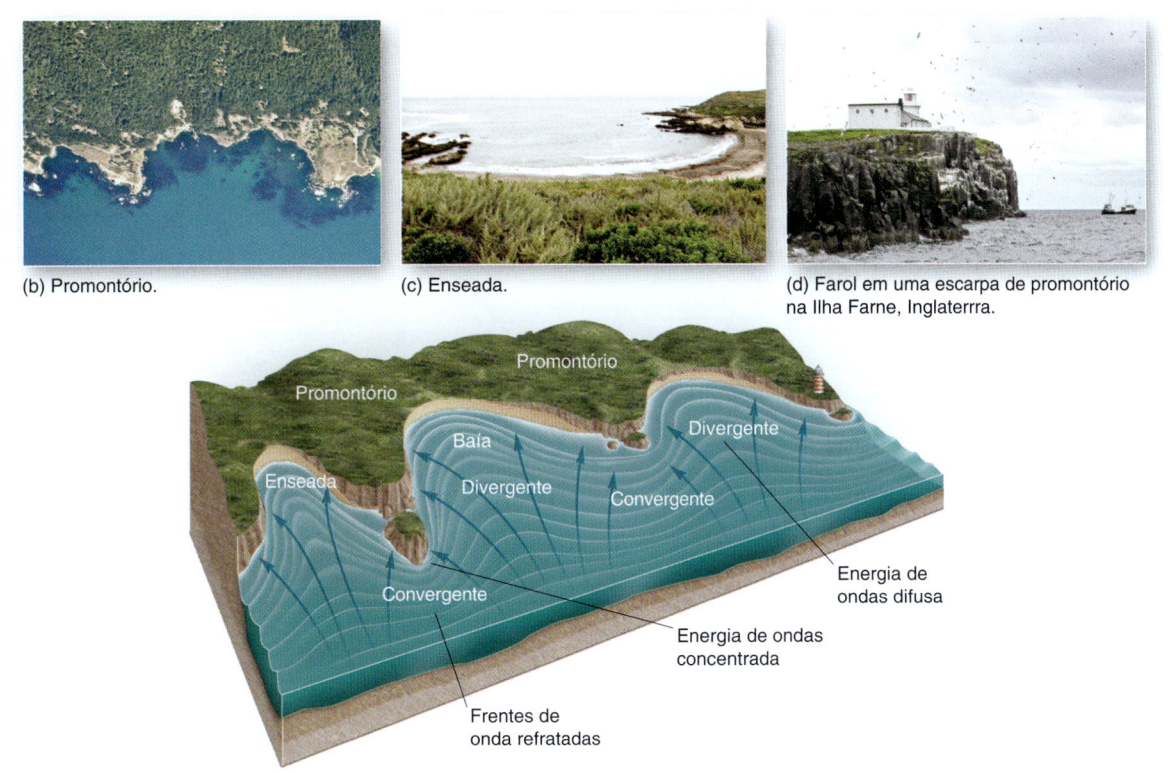

(b) Promontório.   (c) Enseada.   (d) Farol em uma escarpa de promontório na Ilha Farne, Inglaterrra.

(a) A energia de ondas é concentrada conforme ela converge sobre os promontórios e é difusa à medida que diverge em enseadas e baías.

▲Figura 16.10 **Refração de ondas e estabilização costeira.** [(b, c, d) Bobbé Christopherson.]

galhões", podem chegar de surpresa e surpreender vítimas desprevenidas. Em partes da costa da Califórnia, Oregon, Washington e Colúmbia Britânica, placas alertam os banhistas para ter cuidado com essas ondas. Em novembro de 2012, no norte da Califórnia, três pessoas se afogaram em um incidente que começou quando o cachorro da família foi levado por um vagalhão. Pouco mais de um mês depois, outra pessoa e seu cão morreram em Shelter Cove, Califórnia, vítimas de um vagalhão. Em 2009, uma pessoa morreu quando várias ondas gigantescas atingiram a costa do Maine; neste caso, a fonte de energia da onda foi o furacão Bill, no Atlântico.

Em contraste, trens de onda fora de fase amortecem a energia das ondas na margem. A origem das mudanças nos ritmos das arrebentações ao longo da praia observadas por você são produzidas pelos padrões de interferência nas ondas que ocorrem distantes das praias.

Refração de ondas Em geral, a ação das ondas tende a concentrar-se na linha de costa. Quando as ondas se aproximam de uma costa irregular, o relevo submarino refrata, ou curva, as ondas em torno de promontórios, que são relevos protuberantes geralmente compostos de rochas resistentes (Figura 16.10). A energia refratada foca-se em volta dos promontórios e se dissipa em enseadas, baías e nos vales costeiros submersos entre promontórios. Desta forma, os promontórios recebem o impacto maior do ataque de ondas em uma linha de costa. O resultado da **refração de ondas** é uma redistribuição da energia das ondas, de modo que diferentes seções da linha costeira variam em potencial erosivo, podendo, no longo prazo, deixar a costa retilínea.

GEOrelatório 16.3 Ondas inesperadas inundam um cruzeiro

Em 3 de março de 2010, um grande navio cruzeiro que navegava no oeste do Mar Mediterrâneo, seguindo a costa de Marselha, França, foi atingido por três ondas inesperadas de aproximadamente 7,9 m de altura. Dois passageiros morreram e muitos se feriram quando as janelas estilhaçaram e a água inundou partes do interior do navio. As equipes de resgate levaram os feridos para hospitais em Barcelona, Espanha. Os cientistas estão estudando o que causa essas ondas anormais, que costumam acontecer em mar aberto; elementos incluem ventos fortes e interferência de ondas.

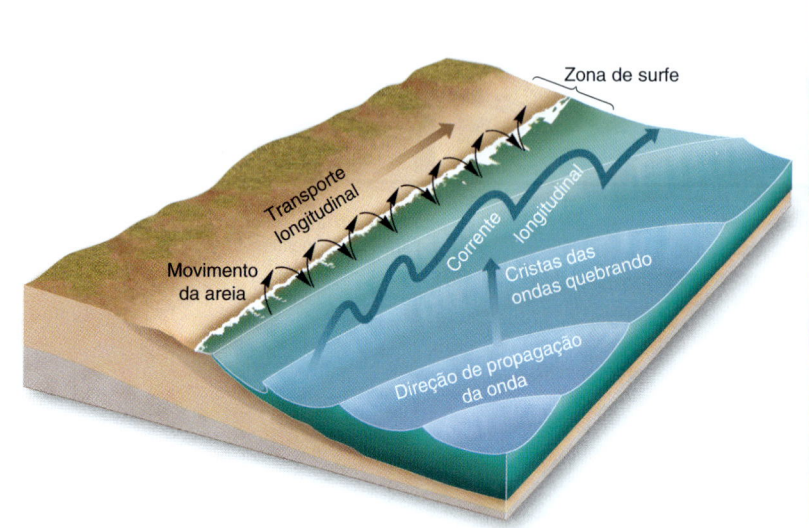

(a) Correntes longitudinais são produzidas à medida que as ondas se aproximam da zona de surfe e de águas mais rasas. O transporte longitudinal e a deriva litorânea ocorrem conforme volumes consideráveis de material são movidos pela orla.

(b) Processos em ação na praia de Point Reyes, Point Reyes National Seashore, Califórnia (visão aérea voltada ao sul).

▲Figura 16.11 **Corrente e transporte longitudinal.** [(b) Bobbé Christopherson.]

As ondas normalmente chegam à costa em um leve ângulo (Figura 16.11). Em consequência, quando a onda chega às águas rasas na linha de costa, ela desacelera seu topo, a porção da onda em águas mais profundas continua a se mover mais rapidamente. A diferença de velocidade refrata a onda, gerando uma corrente que flui em paralelo à costa, ziguezagueando na direção predominante das ondas que chegam. Essa **corrente longitudinal**, ou *corrente litorânea*, depende da direção do vento e da direção das ondas resultante. Correntes longitudinais são geradas apenas na zona de arrebentação e agem em conjunto com a ação das ondas no transporte de grandes quantidades de areia, cascalho, sedimentos e detritos na margem. Esse processo, chamado de **transporte longitudinal**, movimenta partículas na praia com a corrente longitudinal, jogando-as da terra para a água, cada vez que as ondas arrebentam na praia (*espraiamento*) e voltam ao oceano (*refluxo*). **Deriva litorânea** é o termo para a ação combinada do transporte e corrente longitudinal.

Você já deve ter ficado em uma praia escutando o som da deriva litorânea, com a miríade de grãos de areia misturados na água do mar do refluxo da arrebentação. Esses materiais deslocados estão disponíveis para transporte e futura deposição em baías e enseadas, podendo representar um volume significativo de sedimento.

Tsunami Uma série de ondas geradas por um grande distúrbio submarino é chamada de **tsunami**, que em japonês significa "onda de porto" (por causa do grande porte e dos efeitos devastadores dessas ondas quando sua energia concentra-se em portos). Geralmente, os tsunamis são chamados incorretamente de "ondas de maré", mas não têm relação com as marés. Movimentos súbitos e agudos no assoalho oceânico, causados por terremotos, deslizamentos de terra submarinos, erupções de vulcões subaquáticos ou impactos de meteoritos no oceano, provocam tsunamis. Também são conhecidos como *ondas sísmicas*, uma vez que aproximadamente 80% dos tsunamis acontecem na região tectonicamente ativa associada ao círculo de Fogo do Pacífico. Entretanto, os tsunamis também podem ser provocados por eventos não sísmicos. Muitas vezes, a primeira onda do tsunami é a maior, estimulando a crença errônea de que um tsunami é uma única onda. Entretanto, as ondas sucessivas podem ser maiores do que a primeira, e o perigo do tsunami pode perdurar por horas após a chegada da primeira onda.

Os tsunamis geralmente excedem 100 km de comprimento de onda (de crista a crista), mas têm apenas aproximadamente um metro de altura. Eles se propagam a grandes velocidades nas águas oceânicas profundas – velocidades de 600 a 800 km/h não são incomuns –, mas costumam passar despercebidos no mar aberto porque seu grande comprimento de onda dificulta a observação da subida e descida da água.

Quando um tsunami se aproxima da costa, a profundidade cada vez mais rasa força o comprimento de onda a encurtar. Como resultado, a altura da onda pode crescer até 15 m ou mais, com potencial de destruir a área costeira muito além da zona de intermarés, custando muitas vidas humanas. Em 1992, um tsunami de 12 m matou 270 pessoas em Casares, Nicarágua. Em 1998, um tsunami em Papua-Nova Guiné desencadeado por um imenso deslizamento de terra submarino de aproximadamente 4 km^3 (1 mi^3), matou 2000 pessoas. No século XX, os registros acusam 141 tsunamis com danos e talvez 900 outros me-

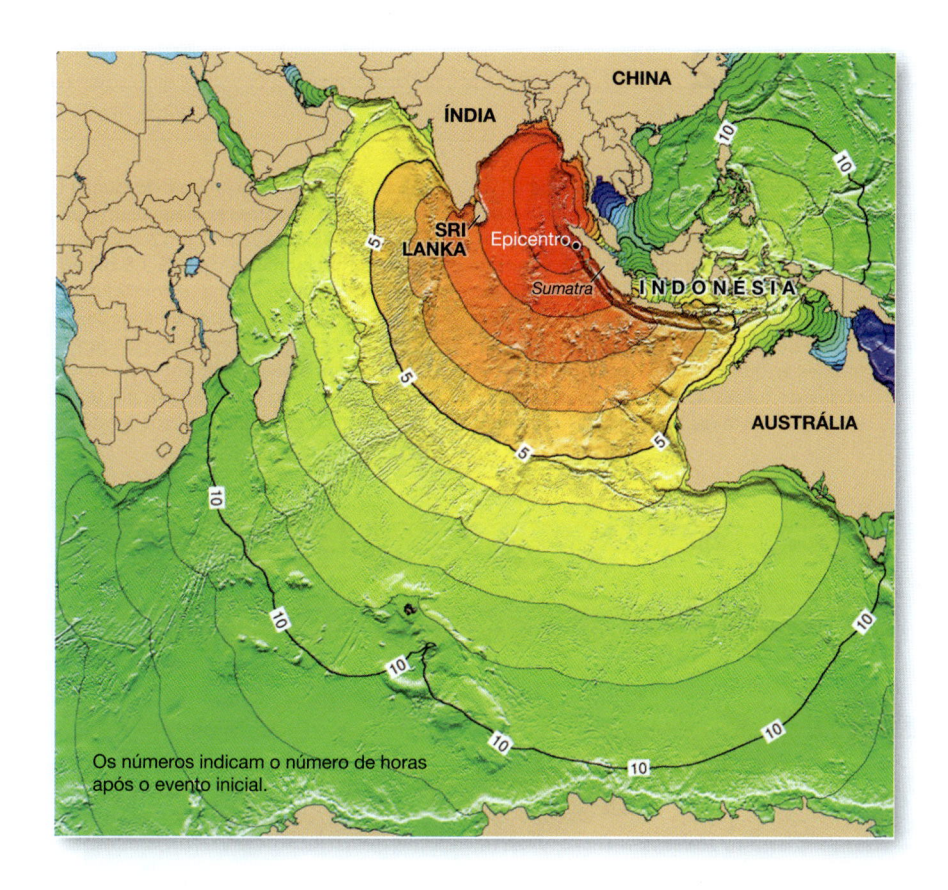

◄Figura 16.12 Tempos de viagem do tsunami de 2004 no Oceano Índico. O círculo preto indica o epicentro do terremoto, localizado no mar a 250 km da costa ocidental do norte de Sumatra, Indonésia. Os números indicam o número de horas após o evento inicial. Mapa compilado com dados integrados de diversas fontes. [NOAA.]

nores, com um número total de mortos de aproximadamente 70.000. Não havia um sistema de alerta quando esses tsunamis ocorreram.

Em 26 de dezembro de 2004, o terremoto M 9,3 Sumatra-Andaman atingiu a costa oeste do norte de Sumatra, junto à zona de subducção, onde a placa indo-australiana subside na placa de Burma, na Fossa de Sunda. (Revise o mapa de abertura do Capítulo 13 para encontrar essa fossa, seguindo a costa da Indonésia no leste da Bacia do Oceano Índico.)

O terremoto fez com que a ilha de Sumatra subisse cerca de 13,7 m acima da sua elevação original, desencadeando um imenso tsunami que atravessou o Oceano Índico (Figura 16.12). A energia das ondas dos tsunamis deu a volta no mundo várias vezes, cruzando as bacias oceânicas globais, antes de se dissipar. Com a cadeia montanhosa meso-oceânica da Terra servindo como guia, grandes ondas relacionadas chegaram às margens de Nova Escócia, Antártica e Peru.

O número total de mortos do sismo e tsunami da Indonésia talvez nunca seja determinado, mas passou de 150.000 pessoas. Em resposta a esse tsunami, criou-se o Sistema de Alerta e Atenuação de Tsunamis do Oceano Índico, como parte do projeto em andamento que as Nações Unidas têm para um sistema de alerta de tsunamis (visite http://itic.ioc-unesco.org/). Esse acontecimento também deu ocasião ao acréscimo de 32 estações oceânicas (sensores de pressão no assoalho oceânico com boias de superfície associadas) como parte da Avaliação e Relatório sobre Tsunamis no Oceano Profundo (DART), um sistema global de alerta de tsunamis criado pela NOAA nos Estados Unidos. (Para ver o programa de pesquisa sobre tsunamis da NOAA, acesse http://nctr.pmel.noaa.gov/.)

O terremoto de 2011 em Tohoku, Japão (discutido no *Estudo Específico* 13.1), criou um tsunami que matou mais de 15.000 pessoas. Apesar de os sistemas de alerta do Japão serem um dos sistemas tecnologicamente mais avançados do mundo, houve pouco tempo para evacuação. O *Estudo Específico* 16.2 descreve o tsunami e seus efeitos em toda a bacia do Oceano Pacífico. Reveja as fotos do *Estudo Específico* 13.1 para ver danos relacionados ao tsunami no Japão e a onda entrando em terra.

Para o Havaí e os países que circundam o Pacífico, o Centro de Alerta de Tsunamis do Pacífico (PTWC) emite alertas de tsunamis. O Alasca e a Costa Oeste dos EUA dependem do Centro de Alerta de Tsunamis da Costa Oeste/Alasca. Esses e outros centros de alerta ao redor do mundo utilizam a rede DART de 39 estações nos Oceanos Pacífico, Índico e Atlântico, discutida no *Estudo Específico* 16.2. Quando um tsunami ativa os sensores DART, centros regionais de alerta emitem boletins para as regiões que poderão ser afetadas. A eficácia desses alertas varia; para aqueles mais próximos da perturbação submarina, mesmo o alerta mais preciso não tem muita valia quando há apenas poucos minutos para se proteger.

⚲ Estudo Específico 16.2 Riscos naturais
O tsunami de 2011 no Japão

Em 11 de março de 2011, alguns minutos após o terremoto Tohoku atingir o Japão, com epicentro a aproximadamente 129 km ao largo da ilha de Honshu (discutido no Capítulo 13, *Estudo Específico* 13.1), alarmes de tsunami dispararam em todo o país. De oito a dez minutos após o tremor, a primeira onda do tsunami atingiu a costa nordeste de Honshu, a linha de costa mais próxima do epicentro do sismo.

As ondas tinham uma média de 10 m de altura em algumas áreas, atingindo 30 m em portos estreitos. Em Ofunato, o tsunami avançou 3 km terra adentro; em outras áreas, as ondas invadiram 10 km de terra. Embora aproximadamente 40% da linha costeira do Japão sejam protegidos por molhes e quebra-mares projetados para ondas de tufões e tsunamis, as profundas enseadas costeiras ao largo das muralhas acabaram ampliando a energia do tsunami, de modo que as barreiras ofereceram pouca proteção (Figura 16.2.1). Em Kamaishi, o molhe contra tsunamis de US$ 1,5 bilhão, ancorado no fundo do mar e com 2 km de extensão, foi rompido por uma onda de 6,8 m, submergindo o centro da cidade.

O sistema de alerta antecipado de tsunamis do Japão é ativado por um terremoto, usando os sinais sísmicos medidos

▲**Figura 16.2.1 Onda de tsunami quebra sobre um molhe, Miyako, Japão.** Uma onda de tsunami quebra sobre um muro de proteção, caindo sobre as ruas de Miyako, Município de Iwate, no nordeste do Japão, desencadeada por um catastrófico terremoto M 9,0, em 11 de março de 2011. Prédios, carros, casas e vítimas foram arrastados longe para dentro da terra. Miyako fica cerca de 120 km ao norte do epicentro do abalo e 200 km ao norte do desastre na usina nuclear de Fukushima Daiichi (discutido no *Estudo Específico* 13.1). [Mainichi Shimbun/Reuters.]

Saídas do sistema costeiro

As linhas de costa são locais ativos e energéticos, com sedimentos sendo continuamente supridos e retirados. A ação de marés, correntes, ventos, ondas e as mudanças de nível do mar produzem uma variedade de relevos por erosão e deposição. Primeiro, estudaremos as linhas de costa erosionais, como a Costa Oeste dos EUA, onde via de regra remove-se mais sedimento do que se deposita. Então, examinamos as linhas de costa deposicionais, como a Costa Leste e do Golfo dos EUA, onde em geral se deposita mais sedimento (primordialmente vindo de rios) do que o que é erodido. Nesta era de elevação do nível do mar, as linhas de costa estão ficando cada vez mais dinâmicas.

Erosão costeira

A margem ativa do Oceano Pacífico na América do Norte e do Sul é um exemplo típico de uma linha de costa erosiva. As *linhas de costas erosivas* tendem a ser acidentadas, de no primeiro minuto do abalo com a entrada de modelos computadorizados projetados para estimar o tamanho da onda do tsunami. Então, a Agência Meteorológica do Japão (JMA) emite alertas, incluindo o tamanho projetado das ondas do tsunami para cada município.

Instantes após o abalo Tohoku, a JMA emitiu um alerta de tsunami que, conforme sabemos hoje, subestimava o tamanho real das ondas. O abalo prosseguiu por mais de dois minutos após os cálculos do modelo de tsunami começarem, e durante esse tempo a energia do tsunami crescia. Emitiu-se um alerta retificado, mas apenas 20 minutos após o tremor, tarde demais para uma evacuação.

Nove minutos após o terremoto inicial, o Centro de Alerta de Tsunamis do Pacífico (PTWC) emitiu alertas de tsunami para as ilhas do Pacífico e continentes em torno da Bacia do Pacífico. O processo de alerta de tsunamis utilizado pelo PWTC inicia quando sensores no fundo do mar registram uma alteração de pressão associada a um distúrbio oceânico. Os dados são transmitidos a uma boia de superfície e depois para o PWTC via satélite. A rede de 32 estações no Oceano Pacífico, incluindo sensores e boias, faz parte da Avaliação e Relatório sobre Tsunamis no Oceano Profundo (DART), que monitora a altura das ondas de tsunamis. Essas estações incluem boias DART convencionais, mais pesadas e difíceis de mobilizar em alto-mar, e novas boias Easy--to Depoly (ETD, "fáceis de mobilizar") de baixo peso (Figura 16.2.2).

Durante a hora seguinte, previsões e alertas de tsunami continuaram na região do Pacífico, e a NOAA publicou previsões de altura de ondas. O tsunami cruzou o Pacífico, com sua energia sendo guiada e desviada pelo relevo do fundo do mar. Quatro horas após o abalo, o tsunami encobria partes das Ilhas Midway, noroeste do Havaí. Sete horas após o abalo, ondas entre 1 e 2,2 m atingiam Oahu, Maui e Havaí. Por fim,

quase 12 horas após o sismo Tohoku, ondas de 2,1 m de altura atingiam o litoral norte e central da Califórnia, causando danos de vários milhões de dólares em portos, barcos e píers. Ondas de 30 a 70 cm de altura chegaram até a Nova Zelândia.

Em geral, os alertas de tsunami não ajudaram os japoneses nesse episódio de ondas imensas. O povo do Japão não apenas teve pouco tempo para fugir das áreas costeiras vulneráveis como também se fiou na proteção de quebra-mares e molhes de proteção para tsunami – estruturas que, em retrospecto, podem ter dado uma falsa sensação de segurança. Contudo, os alertas foram eficazes na preparação de outras regiões do Pacífico em relação às ondas. Ao mesmo tempo, apesar dos alertas no Havaí e no continente norte-americano, algumas pessoas realmente desceram até a costa com câmeras na mão para captar imagens do perigo que se avizinhava.

(a) Boia DART convencional.

(b) Boia DART ETD.

▼Figura 16.2.2 Boias DART da NOAA. A boia de superfície é ancorada sobre um leitor de pressão no fundo, sendo ambos ligados por telemetria acústica para proporcionar comunicação em tempo real. A boia transmite as leituras do leitor no assoalho oceânico a estações de superfície em terra pelo sistema de satélite *Iridium*. O Centro Nacional de Dados Geofísicos é o arquivo de dados do DART. [NOAA.]

alto relevo e tectonicamente ativas, como esperado de sua associação com a frente principal de placas litosféricas à deriva (revise a discussão com este tipo margem de placa no Capítulo 12). A Figura 16.13 apresenta características comumente observadas em uma costa erosiva. Algumas das formas de relevo podem ser formadas por processos deposicionais, apesar da natureza erosional do relevo como um todo.

As *falésias* se formam pela ação erosiva do mar. À medida que as reentrâncias lentamente crescem no nível da água, a escarpa marinha fica denteada e acaba cedendo e recuando (Figura 16.13d). Outras formas erosionais que se desenvolvem em linhas costeiras dominadas por escarpas incluem *cavernas marinhas* e *arcos marinhos* (Figura 16.13a). Com o prosseguimento da erosão, os arcos podem desabar, deixando um *leixão* isolado na água (Figura 16.13c).

A ação das ondas pode cortar um banco horizontal na zona de marés, estendendo-se do sopé de uma escarpa até dentro do mar. Tal estrutura é uma **plataforma de abrasão marinha**, ou *terraço de abrasão*. Em lugares onde a eleva-

(a) Arco, Ilha Ascensão, Oceano Atlântico.

(b) Plataforma de abrasão marinha, Condado de Monterey, Califórnia.

Antigas falésias marinhas

Terraço

Plataforma de abrasão marinha (terraço)

Arco marinho

Gruta

Falésia marinha

Deslizamentos de terra

Penhasco entalhado

Monte marinho

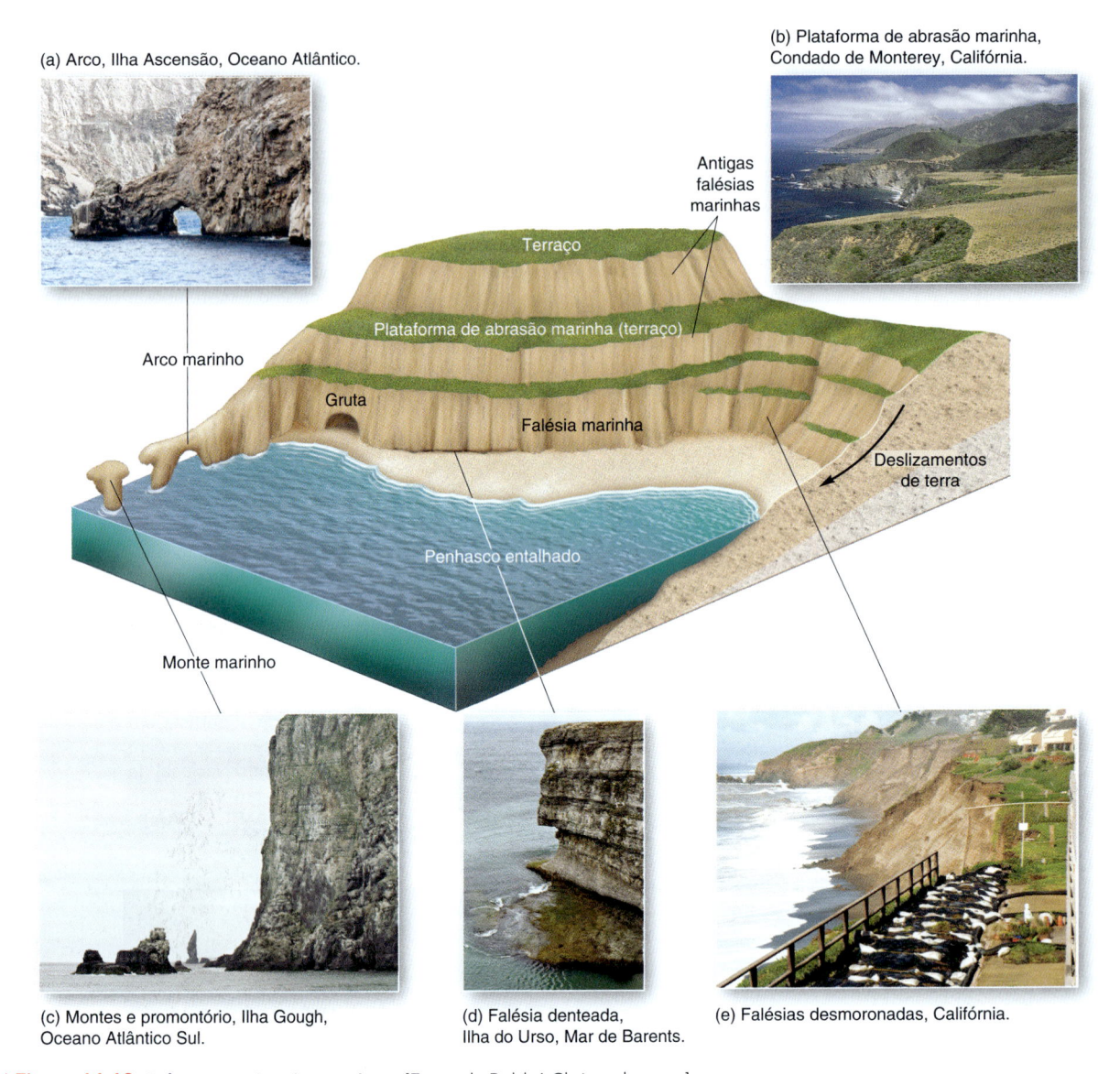

(c) Montes e promontório, Ilha Gough, Oceano Atlântico Sul.

(d) Falésia denteada, Ilha do Urso, Mar de Barents.

(e) Falésias desmoronadas, Califórnia.

▲ **Figura 16.13 Relevos erosionais costeiros.** [Fotos de Bobbé Christopherson.]

ção da terra em relação ao nível do mar modificou-se com o tempo, várias plataformas ou terraços podem se erguer, como degraus distanciando-se da costa; alguns terraços podem chegar a mais de 370 m acima do nível do mar. Uma região tectonicamente ativa, como a costa californiana, possui muitos exemplos de múltiplas plataformas escavadas pelas ondas, que às vezes podem ser instáveis e tender à perda de massa (Figura 16.13b e e).

Deposição costeira

Costas deposicionais geralmente se verificam junto a linhas de costa onde a elevação é suave e há muitos sedimentos disponíveis vindos dos sistemas fluviais. Esse é o caso das planícies costeiras do Atlântico e do Golfo dos Estados Unidos, que se situam no limite de uma borda relativamente passiva da placa litosférica da América do Norte. Embora as formas de relevo dessas linhas costeiras sejam geralmente classificadas como deposicionais, também há processos erosionais em ação, especialmente durante tempestades.

A Figura 16.14 ilustra feições costeiras características originadas do ataque erosivo por ondas e correntes. **Pontais de barreira** consistem em material depositado em uma longa crista que se estende a partir da costa, às vezes cruzando e bloqueando parcialmente a embocadura da baía. Um pontal de barreira clássico é o Sandy Hook, em New Jersey (ao sul da cidade de Nova York). Essas formações de pontal de barreira também são encontradas em Point Reyes (Figura 16.14a) e Morro Bay (Figura 16.14b), na Califórnia.

Quando um pontal cresce a ponto de isolar a baía completamente do oceano, torna-se uma **barreira de baía**. Pontais e barreiras são compostos de materiais transportados por deriva litorânea. Para que sedimentos sejam acumulados, as correntes oceânicas devem ser fracas, uma vez

(a) O pontal de barreira Limantour praticamente bloqueia a entrada ao Drakes Estero, em Point Reyes.

(b) Um pontal de barreira forma a Baía Morro, com a angra abrindo-se para o mar perto da rocha Morro, um plugue vulcânico de 178 m.

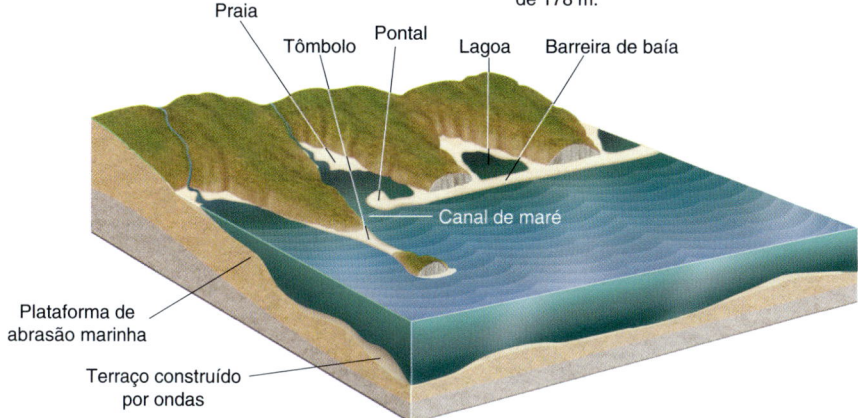

(c) Um tômbolo em Point Sur na costa da Califórnia central, onde depósitos de sedimentos conectam a orla com uma ilha.

(d) Uma praia de conchas depositadas pelo oceano.

▲Figura 16.14 Relevos deposicionais costeiros: pontais de barreira, lagoa, tômbolos e praias. [Fotos de Bobbé Christopherson.]

que correntes fortes carregam o material para longe antes de ele ser depositado. As barreiras de baía frequentemente formam uma **lagoa** interna, um corpo de água salgada raso isolado do oceano. Um **tômbolo** (ou istmo) ocorre quando depósitos de sedimentos se conectam à costa com uma ilha ou monte marinho pelo acúmulo em um terraço submarino construído por ondas (Figura 16.14c).

Praias De todos os relevos deposicionais nas linhas de costa, as praias provavelmente são os mais conhecidos. Tecnicamente, uma **praia** é a faixa relativamente estreita em uma costa onde os sedimentos são retrabalhados e depositados por ondas e correntes. Os sedimentos permanecem temporariamente na praia durante seu trânsito ativo ao longo da margem. Praias são encontradas em costas marítimas, margens de lagos e rios. Nem todas as praias do mundo são compostas de areia; elas podem ser formadas de clastos (cascalho de praia) e conchas, entre outros materiais (Figura 16.14d). O cascalho reflete a contribuição dos sedimentos fluviais nas áreas costeiras; as conchas refletem a contribuição dos materiais vindos de fontes oceânicas. As praias variam em tipo e estabilidade, principalmente entre as linhas de costa dominadas pela ação das ondas.

Em média, a zona de praia engloba a área entre aproximadamente 5 m acima da maré alta até 10 m abaixo da maré baixa (vide Figura 16.5). No entanto, o tamanho e a localização da zona de praia variam muito entre as diferentes linhas de costa. O quartzo (SiO_2) domina a areia de todas as praias do mundo porque resiste ao intemperismo, permanecendo após os demais minerais serem removidos. Em áreas vulcânicas, as praias são derivadas da lava processada pelas ondas. O Havaí e a Islândia, por exemplo, apresentam algumas praias de areia negra.

Muitas praias, como as do sul da França e oeste da Itália, não têm areia e são compostas de seixos e cascalhos – um tipo de *praia de seixos*. Algumas costas não têm praia, sendo cobertas de matacões e penhascos. As costas do Estado de Maine (EUA) e de partes de províncias do Atlântico canadense são exemplos clássicos. Essas costas, compostas de rocha granítica resistente, são cenicamente irregulares e têm pequenas praias.

Uma praia age na estabilização da linha de costa ao absorver a energia das ondas, como fica evidente pela quantidade de material em movimento quase constante (vide "Movimento da areia" na Figura 16.11a). Outras possuem ciclos sazonais de deposição, erosão e deposição. Muitas praias acumulam sedimentos durante o verão; são erodidas por ondas de tempestades durante o inverno, formando um pontal submerso; e recebem os sedimentos de volta no verão seguinte. Áreas protegidas em uma linha de costa tendem a acumular sedimentos, o que pode formar grandes dunas eólicas. Ventos e tempestades dominantes frequentemente arrastam essas dunas para o continente, às vezes soterrando árvores, rodovias e empreendimentos imobiliários, como descrito em *Geossistemas Hoje*.

Proteção das praias Alterações no transporte de sedimento costeiro podem perturbar as atividades humanas quando praias são perdidas, portos são fechados, rodovias costeiras e casas de praia são soterradas por sedimentos. Assim, as pessoas empregam várias estratégias para interromper a deriva litorânea (Figura 16.15). O objetivo é interromper o acúmulo de areia, forçar um tipo mais desejável de acúmulo com a construção de estruturas projetadas ou proteção "firme" de linha costeira. Abordagens comuns incluem construção de *espigão* para desacelerar a ação da

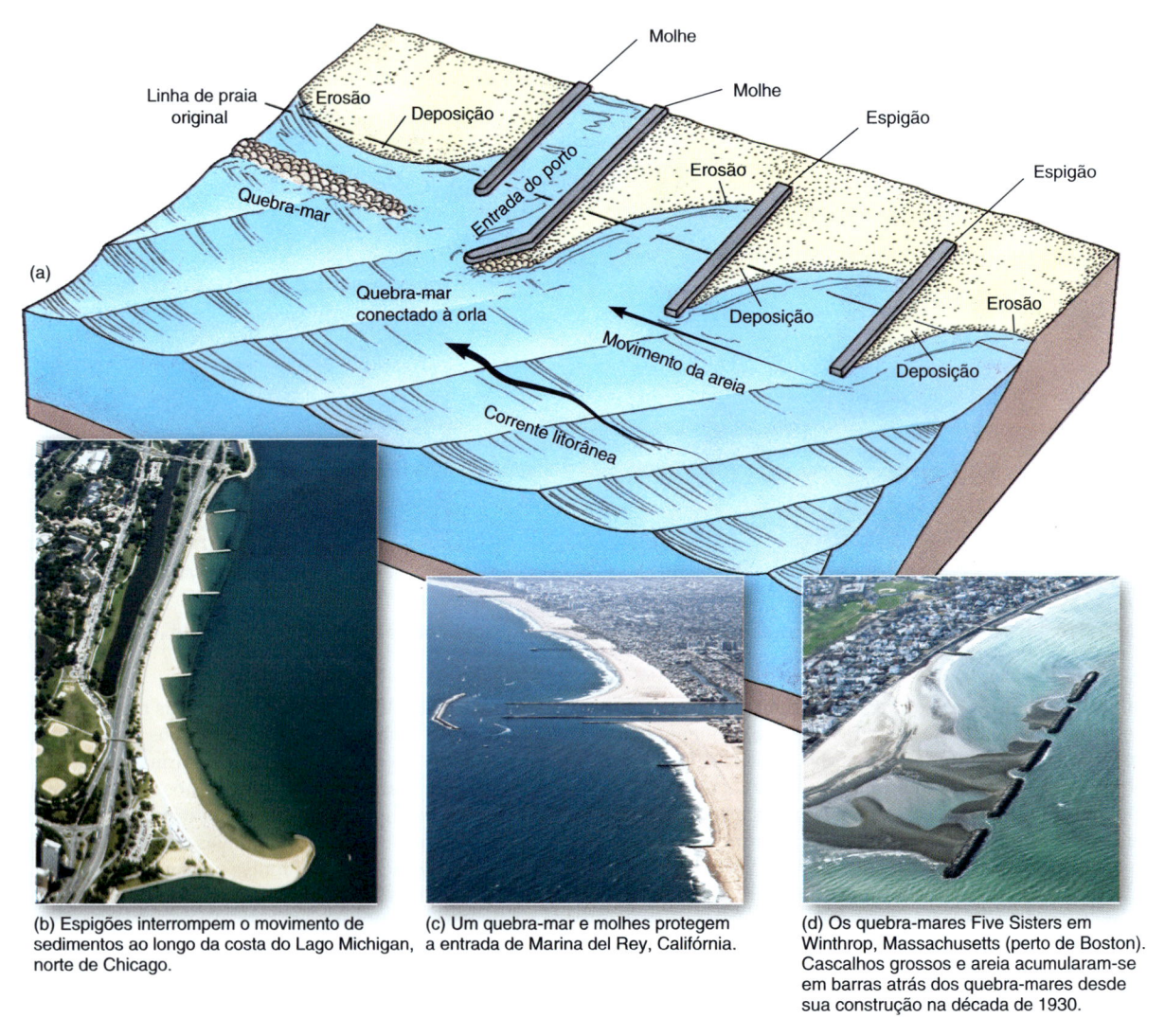

▲Figura 16.15 **Interferência na deriva litorânea.** Quebra-mares, molhes e espigões são construções que tentam controlar a deriva litorânea e o transporte longitudinal na costa. [(b), (c) e (d) Bobbé Christopherson.]

(b) Espigões interrompem o movimento de sedimentos ao longo da costa do Lago Michigan, norte de Chicago.

(c) Um quebra-mar e molhes protegem a entrada de Marina del Rey, Califórnia.

(d) Os quebra-mares Five Sisters em Winthrop, Massachusetts (perto de Boston). Cascalhos grossos e areia acumularam-se em barras atrás dos quebra-mares desde sua construção na década de 1930.

deriva litorânea, *molhes* para impedir que materiais entrem nos portos e *quebra-mares* para criar zonas de águas tranquilas perto da linha de praia. Contudo, interromper a deriva litorânea perturba o processo natural de reposição das praias, podendo levar a alterações indesejadas na distribuição de sedimentos em áreas próximas. O planejamento cuidadoso e a avaliação de impacto devem fazer parte de qualquer estratégia para preservar e alterar uma praia.

Em contraste à proteção "firme", o transporte de areia para reposição de uma praia é considerado proteção "suave" de linhas costeiras. *Reposição de areia* quer dizer a substituição artificial de areia em uma praia. Teoricamente, por meio desses esforços, uma praia que normalmente sofre perdas líquidas de sedimentos será fortificada com a areia nova. Entretanto, anos de despesas e esforço humano para desenvolver praias podem ser liquidados por uma única tormenta. Além disso, pode ocorrer perturbação dos ecossistemas da zona marinha e litorânea se a areia nova não corresponder à existente em termos físicos e químicos.

Na Flórida, órgãos municipais, estaduais e federais gastam mais de US$ 100 milhões por ano em projetos de reposição, administrando mais de 320 km de praias restauradas. Até há pouco, areias do alto-mar eram bombeadas para a praia. Porém, mais de 30 anos de dragagem de areia esgotaram os suprimentos de areia em alto-mar, e agora é necessário transporte de fontes distantes. Em Virginia Beach, Virgínia, um projeto de reposição de praia de US$ 9 milhões de 2013 reconstruiu uma faixa de areia pela 49ª vez desde 1951. O Corpo de Engenheiros do Exército, que é quem normalmente executa esses projetos na Costa Leste dos EUA, afirma que a reposição de praias poupa dinheiro no longo prazo ao evitar danos ao urbanismo costeiro. Outros, incluindo cientistas e políticos, discordam. No momento, o governo federal paga cerca de 65% de todos os projetos de reposição de praias, com o resto da despesa sendo arcado pelas comunidades estaduais e locais. Como discutido em relação aos impactos do furacão Sandy em *Geossistemas Hoje*, a controvérsia continua.

Praias e ilhas barreira

As **barreiras costeiras** são feições deposicionais longas e estreitas, geralmente de areia, que se formam em alto-mar (*offshore*) de modo quase paralelo à costa. Quando essas feições são mais largas e extensas, são chamadas de **ilhas barreira**. O sedimento fornecido a essas praias frequentemente vem de planícies costeiras aluviais, e a amplitude de maré perto dessas feições usualmente é de moderada a baixa. Barreiras costeiras e ilhas barreira são muito comuns no mundo inteiro, encontrando-se próximo às orlas de quase 10% das linhas de costa da Terra. Exemplos são encontrados na costa da África, no leste da Índia, no Sri Lanka, na Austrália e costa norte do Alasca, assim como no Mar Báltico e no Mediterrâneo. A cadeia de ilhas barreira mais extensa da Terra encontra-se ao longo das Costas do Golfo e do Atlântico dos Estados Unidos, estendendo-se por cerca de 5000 km de Long Island até o Texas e o México.

Os famosos Outer Banks da Carolina do Norte são uma cadeia de 320 km de ilhas e penínsulas que separam o Oceano Atlântico do continente. Os Outer Banks partem da Virginia Beach, Virgínia, para o sul até o Cabo Lookout, e são

▲**Figura 16.16 Cadeia de ilhas barreira na costa da Carolina do Norte.** Outer Banks, na Carolina do Norte. A área é atualmente considerada uma das 10 reservas nacionais de praia supervisionadas pelo Serviço Nacional de Parques dos Estados Unidos. [*Terra* MODIS, NASA/GSFC.]

separados do continente pelo Estreito Pamlico (*estreito* é um termo geral para um corpo de água que forma um canal) e dois outros estreitos ao norte (Figura 16.16). Terras alagadiças e marismas (um tipo de terra úmida costeira) são ambientes característicos de baixa elevação no lado continental da barreira, onde a influência das marés é maior do que a ação das ondas. Relevos típicos são dunas frontais em direção ao mar ao lado de antidunas e lagunas. A Figura 16.17 mostra os relevos e as vegetações associadas, além de usos humanos básicos e recomendações de uma perspectiva de planejamento, para uma ilha barreira típica na Costa Leste dos EUA.

Processos de ilhas barreira Várias hipóteses explicam a formação das ilhas barreira. Elas podem iniciar no mar como pontais ou cristas baixas de sedimentos submersos perto da margem e, então, gradualmente migrar em direção à margem pela ação das ondas ou pela elevação do nível do mar. As barreiras costeiras mudam naturalmente de posição em resposta à ação das ondas e às correntes longitudinais. O nome "barreira" é apropriado, pois essas formações absorvem o grosso da energia das tempestades, migrando ao longo do tempo com a erosão e a deposição. Por exemplo, durante o furacão Sandy em 2012, a Fire Island, uma ilha barreira e popular destino de verão na costa sul de Long Island, Nova York, moveu-se de 19 a 25 m em direção ao continente (Figura 16.18). Os processos que atuaram são típicos dos efeitos das tempestades sobre ilhas barreira: erosão da

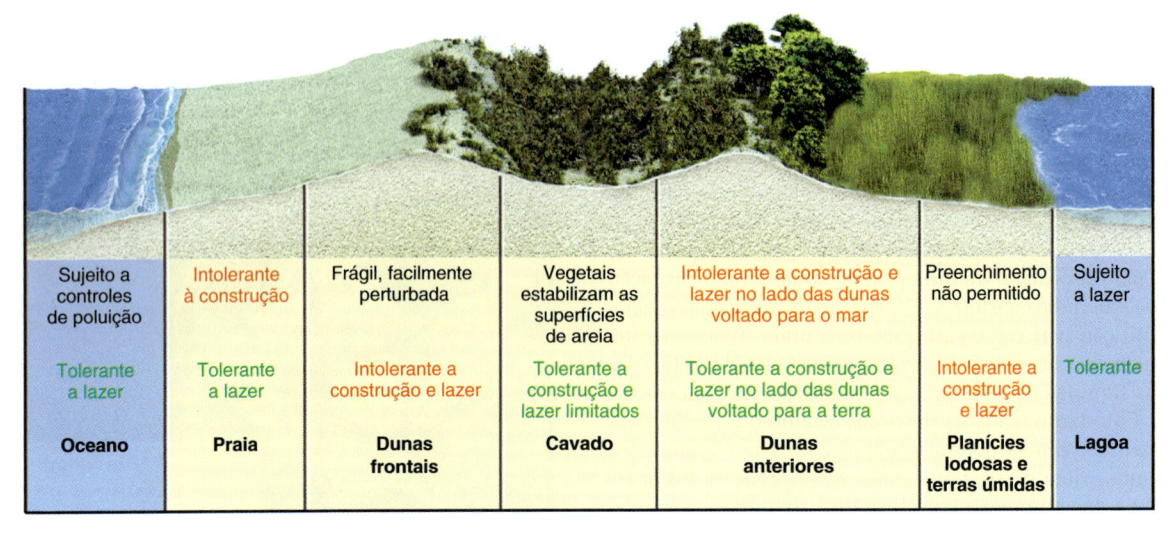

▲Figura 16.17 **Relevos e ecossistemas de ilhas barreira, com diretrizes de planejamento baseadas no meio ambiente costeiro de New Jersey.** [Conteúdo de planejamento baseado em Ian McHarg, *Design with Nature*, Copyright © 1969.]

praia e da duna frontal, deposição na área de antidunas e na laguna, formação de novas enseadas e deslocamento geral da formação de barreiras em direção à margem em resposta a ondas e marés de tempestade.

Desenvolvimentos sobre ilhas barreira Estruturas de construção humana sobre ilhas barreira são vulneráveis a erosão e deposição de sedimentos costeiros por tempestades tropicais e elevação do nível do mar. Como comprovado após o furacão Sandy, os efeitos dos furacões sobre as ilhas barreira infligiram tremendos prejuízos econômicos, reveses humanos e óbitos.

Vários furacões alcançaram notoriedade por sua destruição e seus impactos sobre a geomorfologia das ilhas barreira. Em 1989, o furacão Hugo atingiu a costa da Carolina do Sul, varrendo várias toneladas de areia constru-

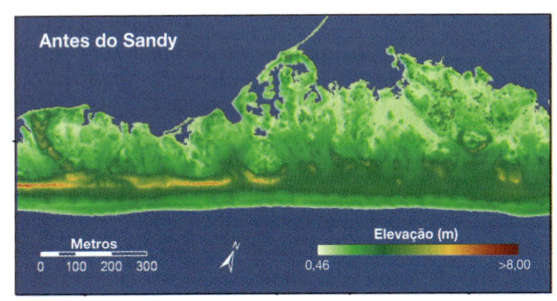

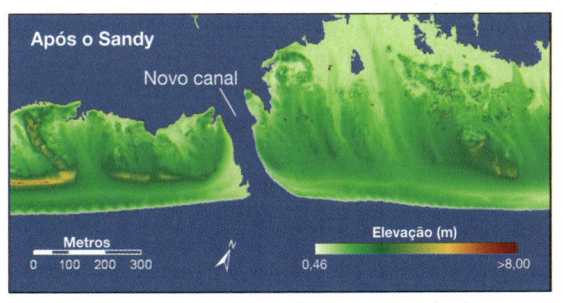

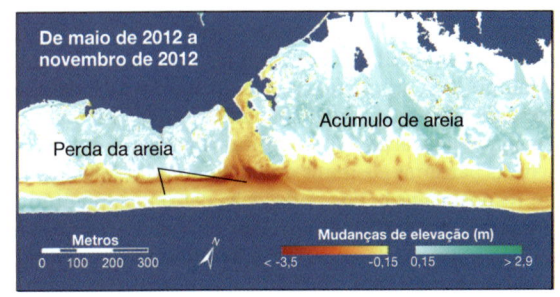

▲Figura 16.18 **Alteração da costa em Fire Island, Nova York, após o furacão Sandy.** [(a, b, c) USGS.]

ções feitas sobre a ilha barreira; o furacão destruiu até 95% das residências familiares de uma comunidade. Em 1998, o furacão Georges destruiu grandes faixas das Ilhas Chandeleur, ao largo da Costa do Golfo em Louisiana-Mississipi; mais tarde, em 2005, o furacão Katrina e, em menor medida, o Dennis destruiram muito do que sobrara, deixando apenas pontais de areia. Em 2008, o furacão Ike abateu-se sobre a Costa do Golfo em Texas-Louisiana, incluindo a Ilha Galveston e a Península Bolivar, um pontal de barreira perto de Galveston. Nessa área, US$ 30 bilhões em estruturas foram devastados (80 a 95% das casas), com 195 vidas perdidas.

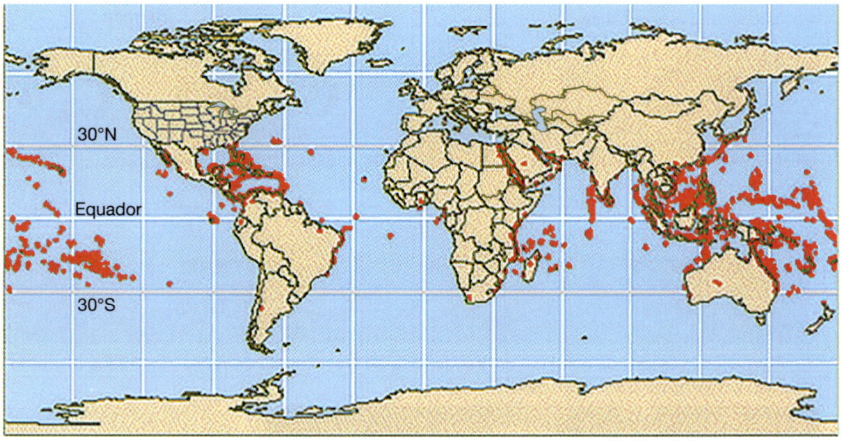

Apesar da nossa compreensão da migração de praias e ilhas barreira e dos efeitos das tempestades, juntamente a alertas de cientistas e agências governamentais, o urbanismo costeiro nem sempre inclui precauções para limitar a erosão. Urbanistas e construtores ainda ignoram as evidências científicas de que praias e ilhas barreira são feições instáveis e temporárias da paisagem. Uma maneira de encorajar o planejamento e o zoneamento ambiental sustentável seria *alocar custos e responsabilidades no caso de desastre*. Poderia ser elaborado um sistema que atribuísse um imposto de risco sobre a terra, baseado em risco avaliado, e restringisse a responsabilidade do governo em financiar a reconstrução ou o direito individual em locais que sofrem danos frequentes. O mapeamento abrangente de áreas com risco de erosão ajudaria a evitar os custos cada vez mais altos resultantes de desastres recorrentes. (Volte e observe as diretrizes de planejamento da Figura 16.17.)

▲Figura 16.19 **Distribuição mundial de formações de corais vivos.** Os pontos vermelhos representam grandes colônias de corais formadoras de recifes. A distribuição das colônias de corais varia entre 30° N e 30° S. [NOS/NOAA, 2008.]

> **PENSAMENTO Crítico 16.2**
> **Alocação de responsabilidade e custos por riscos costeiros**
>
> O que você acha da ideia de alocar a responsabilidade entre os proprietários individuais no caso de desastre? Como uma estratégia como essa poderia ser implantada? Quais interesses especiais poderiam se opor a essa abordagem? Que resposta você esperaria da prefeitura municipal ou dos interesses comerciais? E dos bancos? E do setor imobiliário? •

Formações de corais

Nem todas as linhas de costa se formam por processos puramente físicos. Algumas se formam como resultado de processos biológicos, como o crescimento de corais. Um **coral** é um animal marinho simples com um corpo pequeno, cilíndrico e semelhante a um saco chamado de *pólipo*; ele está relacionado a outros invertebrados marinhos, como anêmonas e medusas. Os corais secretam carbonato de cálcio ($CaCO_3$) da metade inferior de seus corpos, formando um exoesqueleto duro e calcificado.

Corais e algas convivem em uma relação *simbiótica*, um arranjo de colaboração mútua em que cada um depende do outro para sobreviver. Os corais não conseguem realizar a fotossíntese, mas obtêm parte do seu próprio sustento. As algas realizam fotossíntese, convertendo energia solar em energia química e dando ao coral cerca de 60% da sua nutrição; elas também assistem o coral no processo de calcificação. Por sua vez, os corais oferecem certos nutrientes às algas. Os recifes de coral são os ecossistemas marinhos mais diversos. Estimativas preliminares de espécies vivendo em recifes de coral afirmam haver um milhão no mundo inteiro, porém, como na maioria dos ecossistemas em água ou em terra, a biodiversidade está diminuindo nessas comunidades.

A Figura 16.19 mostra a distribuição global de formações de corais vivos. Os corais se desenvolvem basicamente em oceanos tropicais quentes; logo, a diferença de temperatura oceânica entre as costas oeste e leste dos continentes é essencial à sua distribuição. As águas costeiras ocidentais tendem a ser mais frias, não sendo propícias ao desenvolvimento de corais, enquanto as correntes costeiras orientais são mais quentes e, portanto, estimulam o crescimento de corais.

Colônias de corais vivos apresentam distribuição variada de aproximadamente 30° N a 30° S. Os corais ocupam uma zona ecológica muito específica: 10 a 55 m de profundidade, 27-40‰ de salinidade e 18-29°C de temperatura da água. Seu limiar superior de temperatura da água é 30°C; acima desse limite, os corais começam a branquear e morrem. Os corais precisam de água limpa e sem sedimentos e, consequentemente, não se localizam próximos às desembocaduras de correntes de água doce repletas de sedimentos. Por exemplo, observe a falta dessas estruturas na Costa do Golfo dos Estados Unidos. Os corais têm baixa diversidade genética ao redor do mundo e longos tempos de regeneração, o que, em conjunto, significa que eles se adaptam lentamente e são vulneráveis a mudanças de condições.

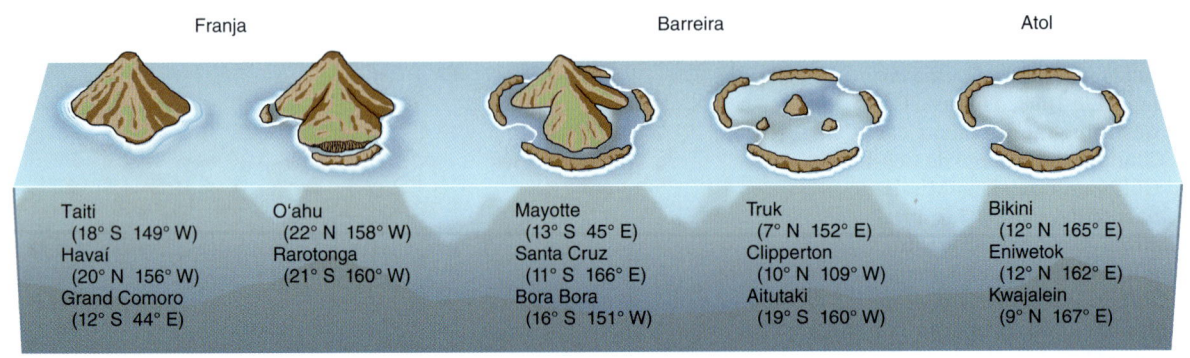

▲Figura 16.20 **Formações de coral.** [(a) Baseado em D. R. Stoddart, *The Geographical Magazine* 63 (1971): 610. (b), (c) Imagem do EO-1, NASA. (d) Willar/Shutterstock.]

No entanto, uma exceção interessante a esses parâmetros ambientais para corais são várias espécies de corais que existem em águas profundas e frias no oceano profundo, a temperaturas de até 4°C e em profundidades de 2000 m, muito além da variação esperada. Os cientistas estudam essas incríveis espécies, que não dependem de algas, mas colhem nutrientes de plânctons e partículas em suspensão.

Recifes de coral Existem corais avulsos e em formações de colônia. Os corais coloniais produzem estruturas enormes, formadas pelo acúmulo de esqueletos em carbonato de cálcio que se litificam em rochas. *Recifes de coral* formam-se ao longo de muitas gerações, com os corais vivos próximos à superfície oceânica se desenvolvendo sobre a fundação de esqueletos de corais mais antigos que, por sua vez, podem estar sobre um monte submarino vulcânico ou outra feição submarina formada no assoalho oceânico. Assim, um recife de coral é uma rocha sedimentar biologicamente derivada que pode assumir diversas formas.

Em 1842, Charles Darwin propôs uma hipótese sobre a formação de recifes. Ele sugeriu que, à medida que recifes se desenvolvem em torno de uma ilha vulcânica e a ilha gradualmente descende, mantém-se um equilíbrio entre a subsidência da ilha e o crescimento ascendente dos corais (para manter os corais vivos em sua profundidade ideal, não muito longe da superfície). Essa ideia, geralmente aceita hoje, é retratada na Figura 16.20. Observe os exemplos específicos de cada estágio do recife: *franjas recifais* (plataformas de rocha de coral circundante), *barreiras de coral* (recifes que delimitam lagunas fechadas) e *atóis* (circulares, em forma de anel).

O recife de franja mais extenso da Terra é a plataforma das Bahamas, no Atlântico ocidental (Figura 16.21), cobrindo algo em torno de 96.000 km². A maior barreira de coral, a Grande Barreira de Corais na costa do Estado de

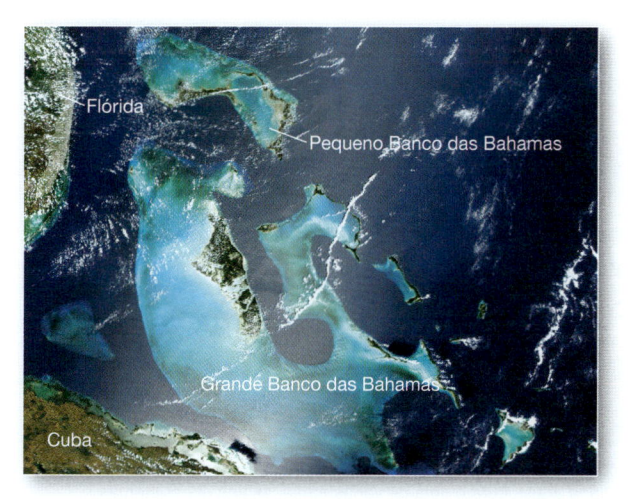

▲**Figura 16.21 A Plataforma Bahama.** A Plataforma Bahama é composta de duas plataformas de carbonato consistindo em formações calcárias de águas rasas (azul-claro). As encostas das plataformas atingem profundidades de 4000 m (azul-escuro). [Imagem do *Terra*, NASA/GSFC.]

▲**Figura 16.22 Marisma.** Essa terra úmida na costa de Long Island, Nova York, é protegida da urbanização por uma comunidade de preservação de terras. Trata-se de organizações independentes sem fins lucrativos que trabalham junto aos proprietários de terras para preservar os recursos naturais e o espaço aberto. Uma vez que a grande maioria das áreas costeiras é de propriedade privada, as comunidades de preservação tornaram-se ferramentas cruciais para proteção das terras úmidas. [Brooks Craft/Corbis.]

Queensland, Austrália, excede 2025 km de comprimento, tem 16-145 km de largura e inclui pelo menos 700 ilhas formadas de coral e keys (ilhotas de coral ou ilhas barreira).

Branqueamento de corais Como dito, os recifes de coral podem passar por um fenômeno chamado *branqueamento*, em que corais normalmente coloridos ficam brancos como papel ao expelir suas próprias algas fornecedoras de nutrientes. Não se sabe exatamente por que os corais ejetam seu parceiro simbiótico, pois sem as algas os corais morrem. Atualmente, os cientistas estão monitorando esse fenômeno mundial, que está acontecendo no Mar do Caribe e no Oceano Índico, assim como ao largo das costas da Austrália, Indonésia, Japão, Quênia, Flórida, Texas e Havaí. Causas possíveis incluem poluição local, doenças, sedimentação, mudanças na salinidade oceânica e aumento da acidez oceânica.

Desde 2000, os cientistas reconhecem que o aquecimento das temperaturas da superfície do mar, vinculado ao aquecimento da atmosfera por efeito estufa, é uma ameaça maior aos corais do que a poluição local ou outros problemas ambientais. Embora seja um processo natural, o branqueamento de corais hoje ocorre a uma velocidade sem precedentes, uma vez que as temperaturas médias do oceano estão subindo mais com a mudança climática. O episódio recorde de El Niño em 1998 provocou a morte de talvez 30% dos recifes mundiais. Em 2010, os cientistas relataram um dos eventos mais velozes e graves de branqueamento e mortalidade de corais já registrados próximo a Aceh, Indonésia, na ponta norte da ilha de Sumatra. Algumas espécies registraram queda de 80% em poucos meses, em resposta à maior temperatura da superfície do mar nessa região. Muitos desses corais haviam resistido a outras perturbações de ecossistema, incluindo o tsunami de Sumatra-Andaman de 2004.

Conforme as temperaturas da superfície do mar continuarem a subir e a acidificação oceânica piorar, as perdas de corais continuarão. Para mais informações e links, consulte a Global Coral Reef Monitoring Network em http://www.gcrmn.org/.

Terras úmidas costeiras

Em algumas áreas costeiras, os sedimentos são ricos em matéria orgânica armazenada e, por consequência, possuem grande produtividade biológica – abundante crescimento vegetal e zona de reprodução de peixes, crustáceos e outros organismos. Um ambiente de pântano costeiro desse tipo pode exceder grandemente a produção de um trigal em vegetação bruta por hectare, proporcionando um habitat ideal para uma fauna variada. Infelizmente, esses ecossistemas são muito frágeis e estão ameaçados pelo desenvolvimento humano (Figura 16.22).

GEOrelatório 16.4 Impacto da acidificação oceânica sobre os corais

À medida que os oceanos absorvem o excesso de dióxido de carbono, sua acidez aumenta e potencialmente ataca as formações corais, interação que os cientistas estão pesquisando ativamente. Um estudo de 2013 examinou colônias de coral vermelho mediterrâneo (*Corallium rubrum*) em condições mais ácidas de laboratório e descobriu taxas de crescimento reduzidas a 59% e desenvolvimento anormal de esqueleto se comparado com colônias que cresciam nas condições oceânicas atuais. As condições do ensaio foram de pH de 7,8 (que se verificaria com níveis de CO_2 de 800 ppm, previstos para o ano de 2100) em comparação com as condições recentes de pH 8,1 (380 ppm).

(b) Uma criação de camarões ocupa parte de um manguezal desmatado na Tailândia; a aquicultura é uma de várias ameaças aos ecossistemas de manguezal.

▲**Figura 16.23 Manguezais.** [(a) USGS. (b) think4photop/Shutterstock].

(a) Corais, esponjas, anêmonas, peixes e invertebrados vivem entre as raízes do mangue-vermelho (*Rhizophora mangle*) em St. John, Ilhas Virgens Americanas. Nenhum outro sistema de manguezal do Caribe, ao que se sabe, abriga tal diversidade de corais.

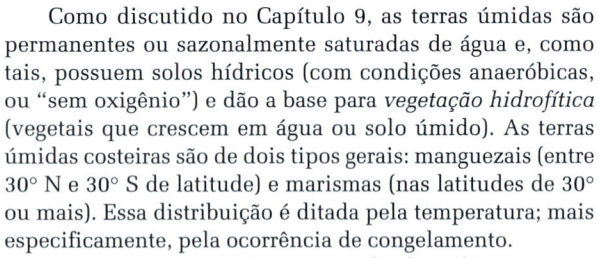

Como discutido no Capítulo 9, as terras úmidas são permanentes ou sazonalmente saturadas de água e, como tais, possuem solos hídricos (com condições anaeróbicas, ou "sem oxigênio") e dão a base para *vegetação hidrofítica* (vegetais que crescem em água ou solo úmido). As terras úmidas costeiras são de dois tipos gerais: manguezais (entre 30° N e 30° S de latitude) e marismas (nas latitudes de 30° ou mais). Essa distribuição é ditada pela temperatura; mais especificamente, pela ocorrência de congelamento.

Nas regiões tropicais, o acúmulo de sedimentos nas linhas costeiras provê locais de mangue, o nome que se dá para as árvores, arbustos, palmeiras e samambaias que crescem nessas áreas intermarés, assim como para o habitat, que é chamado de **manguezal**. Esses ecossistemas possuem uma alta diversidade de espécies tolerantes a inundações de água salgada, mas em geral intolerantes a temperaturas de congelamento (especialmente quando mudas). As raízes nos mangues costumam ser visíveis acima da linha da água, mas as porções das raízes abaixo da superfície da água proporcionam habitat para diversas formas de vida especializadas (Figura 16.23a). Os sistemas radiculares mantêm a qualidade da água prendendo sedimentos e absorvendo nutrientes em excesso, além de evitar a erosão ao estabilizar os sedimentos acumulados.

Os ecossistemas de mangue são ameaçados pela constante remoção, devido ao medo infundado de doenças ou pestilência; pela poluição, especialmente do escoamento agrícola; pela derrubada excessiva, especialmente nos países em desenvolvimento, onde eles fornecem lenha; pelas marés de tempestade em áreas onde a proteção de ilhas barreira e recifes de coral desapareceu; e pela mudança climática, uma vez que os mangues exigem um nível do mar estável para sobreviver no longo prazo. De acordo com a Organização das Nações Unida para Alimentação e Agricultura, 20% dos manguezais do mundo foram perdidos entre 1980 e 2005 (Figura 16.23b). Um estudo de 2011 que utilizou dados de satélite relatou que a extensão restante dos manguezais do mundo é 12% inferior ao que se pensava. A perda desses ecossistemas também afeta o clima, uma vez que os manguezais armazenam carbono em quantidade maior do que as demais florestas tropicais.

Marismas consistem principalmente em vegetais (principalmente gramíneas) halofíticos (tolerantes a sais), e normalmente formam-se em estuários e nas planícies de marés inundáveis, atrás de pontais em barreiras costeiras. Esses pântanos são encontrados na zona intermarés (estirâncio) e costumam ser caracterizados por canais hídricos sinuosos e ramificadas criados pelas águas de maré de enchente e vazante que entram e saem do marisma. A vegetação dos marismas prende e filtra sedimentos, espalha águas de inundação e amortece as marés de tempestade que, originadas de furacões, atingiriam a linha de costa. Entretanto, em muitas regiões, essas terras úmidas costeiras são ameaçadas pelas atividades humanas e pelos efeitos da mudança climática.

A maior parte da área costeira da Louisiana, que representa cerca de 40% dos marismas nos Estados Unidos, está profundamente alterada e perturbada pela construção de represas e diques, por alterações de fluxo, exploração de petróleo e gás e bombeamento, tubulações e dragagens para necessidades industriais e navais. As terras úmidas do delta do Mississipi estão desaparecendo a uma taxa de 65 km² ao ano.

Capítulo 16 • Oceanos, sistemas costeiros e processos eólicos **481**

(a) Árvores esculpida pelo vento perto de South Point, Havaí. Os ventos alísios praticamente constantes mantêm esta árvore naturalmente podada.

(b) Neve erodida pelo vento, chamada de *sastrugi*, geralmente forma sulcos ou calhas irregulares em paralelo à direção do vento.

▲**Figura 16.24 O trabalho do vento.** [Bobbé Christopherson.]

Processos eólicos

Os efeitos do vento como agente de mudança do relevo são mais facilmente visualizados em ambientes costeiros e desérticos. O ar é um fluído em movimento, como a água, e, tal qual ela, causa erosão e deposição, deslocando ou transportando materiais como poeira, areia e neve. A ação do vento é chamada de **eólica** (de Éolo, que na mitologia grega comanda os ventos).

Como a viscosidade e a densidade do ar são muito menores do que as de outros agentes de transporte, como água e gelo, a capacidade do vento de movimentar materiais é proporcionalmente mais fraca. Ainda assim, ao longo do tempo, o vento realiza um enorme trabalho. Um vento local consistente pode podar e moldar a vegetação e esculpir superfícies nevadas (Figura 16.24).

Transporte eólico de poeira e areia

Assim como a água de um rio levando sedimentos, o vento exerce um arrasto ou força de fricção sobre partículas de superfície até que elas flutuem no ar. O tamanho do grão, também chamado de tamanho da partícula, é importante na erosão eólica. Grãos de tamanho intermediário se movem com mais facilidade, enquanto que o movimento das partículas maiores e menores de areia exigem ventos fortes. O vento forte é necessário para as partículas grandes, porque elas são mais pesadas; para as pequenas, porque elas são mutuamente coesas e, geralmente apresentam uma superfície lisa (aerodinâmica) que minimiza a tração friccional. Os processos eólicos só funcionam em materiais superficiais secos, uma vez que solos e sedimentos úmidos são coesos demais para que ocorra movimento.

A distância em que o vento é capaz de transportar partículas em *suspensão* também varia muito com o tamanho da partícula (a Figura 15.13 mostra o transporte de sedimentos fluviais em suspensão, um processo similar). O material mais fino suspenso em uma tempestade de pó é elevado muito mais alto do que as partículas mais grossas de uma tempestade de areia (Figura 16.25). Portanto, as partículas

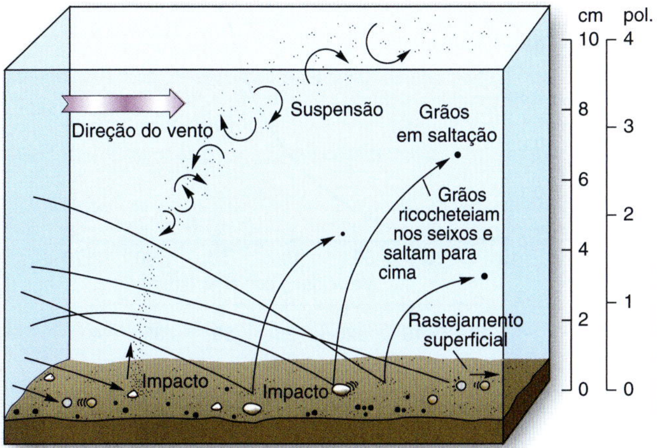

(a) Suspensão eólica, saltação e rastejamento superficial são mecanismos de transporte.

(b) Grãos de areia em saltação pela superfície no campo de dunas de Stovepipe Wells, Vale da Morte, Califórnia, EUA.

▲**Figura 16.25 Como o vento move a areia.** [Autor.]

▲Figura 16.26 **Tempestade de areia engolfando Phoenix, Arizona, EUA.** Uma imensa tempestade de poeira conhecida como *haboob* atravessa Phoenix, Arizona, em julho de 2011. Em regiões secas, uma muralha de pó dessas frequentemente precede uma tempestade elétrica, com os ventos soprando na direção oposta da tempestade que se aproxima. [Ross D. Franklin/AP Photo.]

mais finas de poeira viajam as maiores distâncias. Como discutido nos capítulos anteriores, a circulação atmosférica pode transportar material fino (como detritos vulcânicos, fuligem e fumaça de incêndios e poeira) pelo mundo inteiro em questão de dias (revise o Capítulo 3, Figura 3.7, e o Capítulo 6, Figura 6.1). Em algumas regiões áridas e semiáridas, os ventos associados às tempestades elétricas podem provocar enormes tempestades de poeira (Figura 16.26), consistindo em partículas finas que se infiltram nas frestas mais ínfimas de casas e lojas.

Os processos eólicos transportam partículas maiores que aproximadamente 0,2 mm pelo chão mediante *saltação*, a ação de saltos e ricochetes discutida no Capítulo 15 em relação à movimentação de partículas pela água. Aproximadamente 80% do transporte eólico de partículas são realizados por saltação (Figura 16.25). No transporte fluvial, a saltação é efetuada por suspensão hidráulica; no transporte eólico, a saltação ocorre por suspensão aerodinâmica, ricochete elástico e impacto com outras partículas (compare a Figura 16.25a com a Figura 15.13).

Partículas grandes demais para saltação vão deslizando e rolando pela superfície do chão, um tipo de movimento denominado **rastejamento superficial**. Partículas saltantes podem colidir com partículas deslizantes e rolantes, soltando-as e impulsionando-as, o que afeta cerca de 20% do material transportado pelo vento. Em um deserto ou ao longo de uma praia, às vezes pode-se ouvir um leve assobio, quase como o escape de vapor, produzido pela infinidade de grãos de areia em saltação conforme pulam e colidem com partículas superficiais. Após as partículas serem postas em movimento, a velocidade do vento não precisa ser tão alta para mantê-las movimentando-se.

O major do Exército britânico Ralph Bagnold, um oficial engenheiro lotado no Egito em 1925, foi o pioneiro dos estudos com transporte eólico, sendo o autor de uma obra clássica da geomorfologia, *The Physics of Blown Sand and Desert Dunes*, publicado em 1941. Um dos resultados do trabalho de Bagnold foi um gráfico mostrando o aumento da taxa da quantidade de areia transportada sobre a superfície de uma duna com o aumento da velocidade do vento (Figura 16.27). O gráfico mostra que, com velocidades menores de vento, a areia se mexe apenas em quantidade pequenas; porém, acima de uma velocidade de vento de aproximadamente 30 km/h, a quantidade de areia movimentada aumenta rapidamente. Um vento constante de 50 km/h pode mover aproximadamente meia tonelada de areia por dia por uma seção transversal de um metro da duna.

Erosão eólica

A erosão da superfície do solo que resulta do levantamento e da remoção de partículas individuais pelo vento é chamada de **deflação**. Onde quer que o vento encontre sedimentos soltos, a deflação pode remover material suficiente para formar depressões no relevo, variando em tamanho de pequenas reentrâncias de menos de um metro de

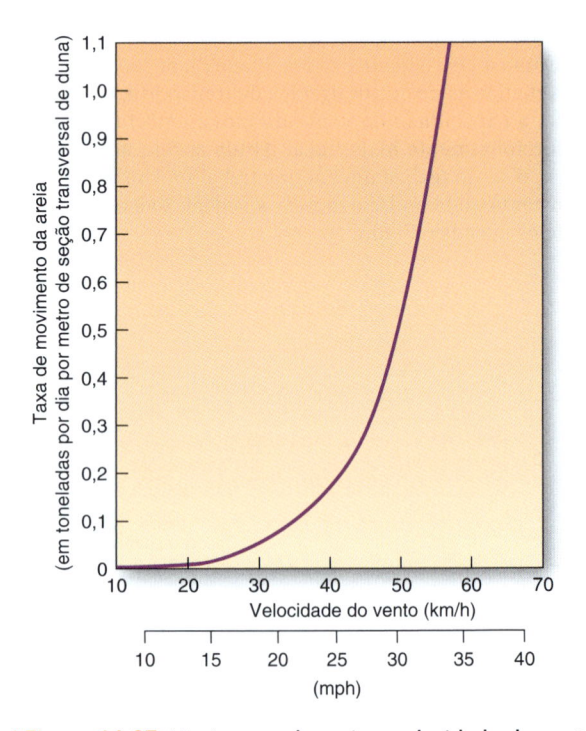

▲Figura 16.27 **Movimento de areia e velocidade do vento.** Movimento de areia relativo à velocidade do vento, medido por uma seção transversal de um metro de superfície do solo. [Criado a partir de dados de *The Physics of Blown Sand and Desert Dunes*, de R.A. Bagnold, © 1941, 1954 (Methuen and Co., 1954).]

▲**Figura 16.28 Um ventifacto.** Uma das rochas erodidas pelo vento na área dos Vales Secos da Antártica, um deserto polar sem neve com ventos de até 320 km/h. [Scott Darsney/Lonely Planet Images/Getty.]

rochas superficiais e a velocidade e a constância do vento.

Rochas esburacadas, sulcadas ou polidas por erosão eólica são chamadas de **ventifactos** (literalmente, "artefatos de vento", mostradas na Figura 16.28). Elas normalmente assumem forma aerodinâmica em uma direção determinada pelo fluxo regular de partículas aéreas nos ventos predominantes. Em uma escala maior, deflação e abrasão juntas são capazes de dar forma aerodinâmica a múltiplas estruturas rochosas em uma paisagem, em alinhamentos paralelos à direção mais eficiente do vento, produzindo formações singulares e alongadas, chamadas de **yardangs**. A abrasão é concentrada na extremidade a barlavento de cada yardang, sendo que a deflação opera nas porções a sotavento. Essas feições esculpidas pelo vento podem variar de metros a quilômetros em comprimento e ter até vários metros de altura (Figura 16.29).

Na Terra, alguns yardangs são suficientemente grandes para serem detectados por imagem de satélite. O Vale Ica, no sul do Peru, contém yardangs que atingem 100 m de altura e vários quilômetros de comprimento. A Esfinge no Egito talvez tenha sido parcialmente formada como um yardang cuja forma natural sugeria uma cabeça e um corpo. Alguns cientistas acreditam que essa forma levou os antigos a completarem a parte principal da escultura artificialmente ao talhar a pedra.

largura até áreas de centenas de metros de largura e muitos metros de profundidade. As menores delas são conhecidas como *depressões de deflação*. Elas geralmente ocorrem em ambientes de dunas onde os ventos removem areia de áreas específicas, frequentemente em conjunção com a remoção da vegetação estabilizadora (possivelmente por fogo, pastagem ou seca). As grandes depressões do Deserto do Saara são ao menos parcialmente formadas por deflação, mas também são afetadas por processos tectônicos de grande escala. O enorme Munkhafad el Qattâra (Depressão de Qattara), que cobre 18.000 km² próximo ao Mar Mediterrâneo no Deserto Ocidental do Egito, está hoje 130 m abaixo do nível do mar em seu ponto mais baixo.

O desgaste e a moldagem de superfícies rochosas pela ação de "jateamento" das partículas capturadas pelo ar é a **abrasão**. Como o jateamento de ruas e edifícios para fins de manutenção, esse processo é realizado por um fluxo de ar comprimido cheio de grãos de areia que rapidamente causam a abrasão da superfície. Uma vez que os grãos de areia não são erguidos a grandes alturas acima do chão, a ação abrasiva da natureza geralmente restringe-se a uma distância de não mais que um metro ou dois acima do solo. As variáveis que afetam os índices naturais de abrasão incluem a dureza das

▲**Figura 16.29 Um campo de yardangs.** A abrasão de ventos unidirecionais uniformes formou esses yardangs na Bacia de Qaidam, noroeste da China. [Xinhua/Photoshot.]

Pavimento desértico

A ação da deflação eólica é importante para a formação do **pavimento desértico**, uma superfície dura e pedregosa – em oposição à areia comum – que costuma ocorrer em regiões áridas (Figura 16.30a). Os cientistas já propuseram várias explicações sobre a formação do pavimento desértico. Uma explicação é que a deflação literalmente sopra e desprende os sedimentos soltos ou não coesos, erodindo poeira fina, argila e areia e deixando uma concentração compacta de cascalhos e seixos (Figura 16.30b).

Outra hipótese que explica melhor algumas superfícies de pavimento desértico afirma que a deposição de sedimentos carregados pelo vento (e não sua remoção) é o agente de formação. Partículas carregadas pelo vento sedimentam entre e abaixo de rochas e seixos, que são gradualmente deslocados para cima. A água da chuva está envolvida no processo, na medida em que episódios úmidos e secos incham e encolhem partículas do tamanho de argila. Os fragmentos de cascalho são gradualmente erguidos a posições superficiais para formar o pavimento (Figura 16.30c).

Os pavimentos desérticos são tão comuns que muitos nomes locais são usados para ele – por exemplo, *gibber plain* na Austrália, *gobi* na China e, na África, *serir*, ou *deserto de reg* caso permaneçam algumas partículas finas. A maioria dos pavimentos desérticos é forte o suficiente para suportar o peso humano, e alguns suportam automóveis; contudo, essas superfícies em geral são frágeis. Elas também são de importância crucial, uma vez que protegem os sedimentos subjacentes de mais deflação e erosão hídrica.

Deposição eólica

As menores feições modeladas pelo movimento de areia soprada pelo vento são ondulações, que se formam em cristas e vales, posicionadas transversalmente (com ângulo reto) à direção do vento. Depósitos maiores de grãos de areia são **dunas** ou cômoros, definidos como cristas ou colinas temporárias de areia esculpidas pelo vento. Uma área extensa de areia soprada pelo vento (em geral, maior que 125 km²) é chamada de **erg** (a palavra em árabe para "campo de dunas"), ou **mar de areia**.

O Grande Erg Oriental no Saara central, ativo há mais de 1,3 milhão de anos, ultrapassa 1200 m de profundidade e cobre 192.000 km², comparável à área do Estado de Nebraska*, EUA. Desertos de areia similares, como o Grand Ar Rub'al Khālī Erg, estão ativos na Arábia Saudita. No leste da Argélia, o Erg Issaouane cobre 38.000 km² do Deserto do Saara (Figura 16.31a). Extensos campos de dunas caracterizam os mares de areia, que também estão presentes em regiões semiáridas das Grandes Planícies dos Estados Unidos (Figura 16.31b), assim como em Marte.

Formação e movimentação das dunas Quando grãos de areia em saltação encontram pequenas manchas de areia, sua energia cinética (movimento) é dissipada e eles se acumulam. Após a altura desse acúmulo ultrapassar 30 cm, formam-se uma *face de avalancha* e feições características

*N. de T.: Aproximadamente a área do estado brasileiro do Paraná (199.314 km).

(a) Um típico pavimento desértico.

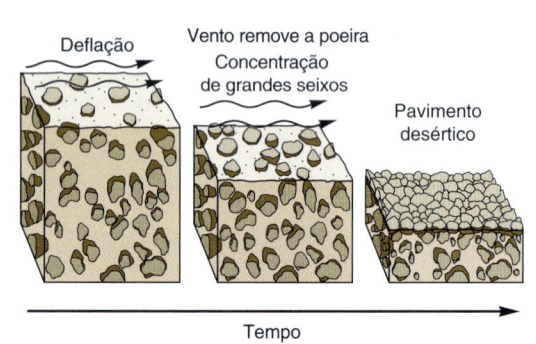

(b) A hipótese da deflação: o vento remove as partículas finas, deixando seixos, cascalhos e pedras maiores, que se consolidam no pavimento desértico.

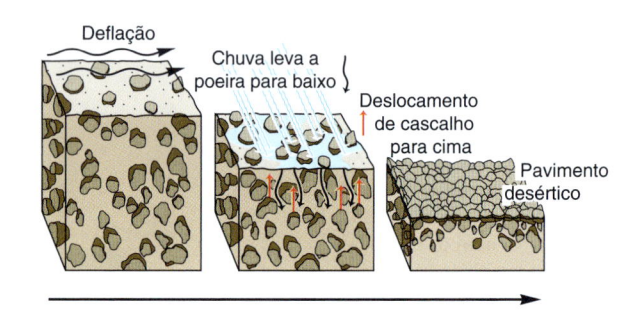

(c) A hipótese do acúmulo de sedimentos: o vento traz partículas finas que assentam e são enxaguadas para baixo à medida que ciclos de dilatação e contração fazem os cascalhos migrar para cima, formando o pavimento desértico.

▲**Figura 16.30 Pavimento desértico.** [(a) Bobbé Christopherson.]

de duna. A seção *Geossistemas em Ação*, Figura GEA 16, ilustra um perfil de duna e várias formas de cômoros.

Uma duna geralmente é assimétrica em uma ou mais direções. Os ventos tipicamente criam um *lado a barlavento*, com inclinação suave, e uma face de avalancha de inclinação mais íngreme no *lado a sotavento* (Figura GEA 16.1). O ângulo de uma face de avalancha é o ângulo mais acentuado no qual o material solto permanece estável – seu *ângulo de repouso*. Desta forma, o fluxo constante de novos

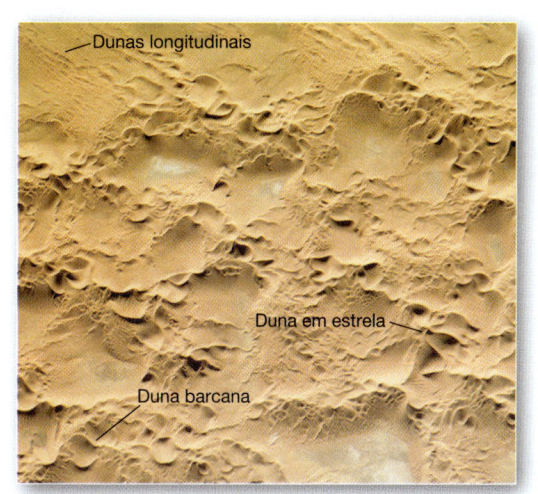

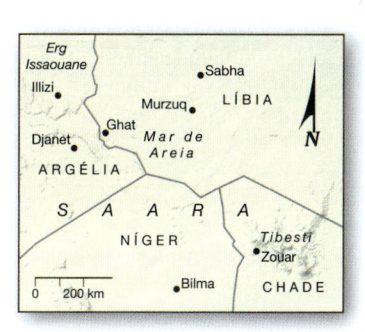

◀ **Figura 16.31 Exemplos de deserto de areia, ou ergs.** [(a) Foto de astronauta da ISS, NASA/ GSFC. (b) NASA.]

(a) O Erg Issaouane, no leste da Argélia, consiste de dunas em estrela, dunas barcanas e dunas longitudinais, revelando a história dos ventos dominantes da região.

(b) O Vale Sand, no centro de Nebraska, é um depósito de areia e silte derivados de regiões glaciadas ao norte e oeste. Essas dunas barcanas de compactação densa, inativas há no mínimo 600 anos, hoje são estabilizadas pela vegetação (verde). A água está em azul.

de repouso (normalmente 30° a 34°). Dessa maneira, a duna migra na direção em que o vento está soprando efetivamente – isto é, transportando areia –, como sugerido pelos perfis das dunas sucessivas em GEA 16.1. (Ventos sazonais mais intensos ou ventos de uma tempestade passageira podem, por vezes, ser mais eficientes nesse aspecto do que ventos predominantes médios.)

As dunas têm muitas formas modeladas pelo vento, o que dificulta a classificação. Os cientistas geralmente classificam as dunas de acordo com três formas gerais – *crescentes* (em forma curva), *lineares* (retas) e as imensas *dunas em estrela*. A Figura 16.2 GEA mostra oito tipos de dunas que se encaixam nessas classes ou que são um complexo misto dessas formas gerais. A classe crescente abrange dunas *barcanas*, *transversais*, *parabólicas* e de *crista barcanoide*. As dunas lineares incluem dunas *longitudinais* e *seif* (não ilustradas). As dunas seif têm esse nome por causa da palavra árabe para "espada", sendo dunas longitudinais mais curtas e com uma crista mais sinuosa. As dunas em estrela são a de maior tamanho. Dunas em *domo* são raras e frequentemente ocorrem nas margens de mares de areia. Dunas *reversas* formam-se onde os ventos invertem sua direção com frequência.

Cômoros ativos cobrem cerca de 10% dos desertos do planeta e a migração de dunas pode ameaçar áreas povoadas (veja a seção *O denominador humano*, Figura DH 16) Campos de dunas também estão presentes em climas úmidos, como na costa de Oregon, na margem sul do Lago Michigan e nas linhas costeiras do Atlântico e do Golfo dos EUA.

Esses mesmos princípios e termos relacionados a dunas se aplicam a paisagens cobertas de neve. *Dunas de neve* são formadas à medida que o vento acumula neve em depósitos. Em áreas agrícolas semiáridas, a captura de neve à deriva por cercas e restolhos altos deixados nos campos contribui significativamente para a umidade do solo quando a neve derrete.

materiais torna uma face de avalancha um tipo de vertente de avalancha. A areia se acumula conforme se move sobre a crista da duna até a extremidade; então uma avalancha é criada, e a areia cai como uma cascata conforme a face de avalancha continuamente se ajusta, procurando seu ângulo

GEOrelatório 16.5 Atividades humanas perturbam relevos eólicos

Nos Estados Unidos, veículos off-road (ORVs) e todo-terreno (ATVs) atualmente totalizam mais de 15 milhões. Esses veículos erodem as dunas desérticas, perturbam o pavimento desértico e criam sulcos que facilmente concentram escoamento superficial em boçorocas que se aprofundam com a erosão contínua.

Atividades militares, como explosões e movimentação de veículos pesados, também destroem o pavimento desértico, como no Iraque e no Afeganistão, onde o rompimento de milhares de quilômetros quadrados de pavimento desértico lançou poeira e areia nas cidades e lavouras próximas. No Deserto de Registan, no sul do Afeganistão, ao sul da cidade de Candaar, as condições de seca foram exacerbadas pelas atividades militares. A ruptura das superfícies de pavimento desértico criou um movimento de areia que invadiu áreas de atividades agrícola esparsa e cobriu mais de 100 vilarejos.

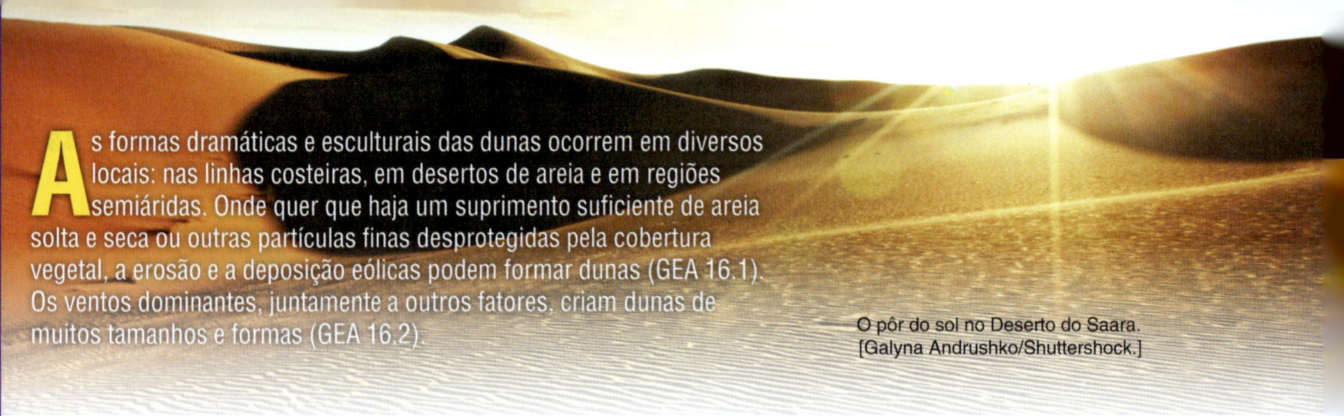

geossistemas em ação 16 — **FORMAS DE DUNA MOLDADAS PELO VENTO**

As formas dramáticas e esculturais das dunas ocorrem em diversos locais: nas linhas costeiras, em desertos de areia e em regiões semiáridas. Onde quer que haja um suprimento suficiente de areia solta e seca ou outras partículas finas desprotegidas pela cobertura vegetal, a erosão e a deposição eólicas podem formar dunas (GEA 16.1). Os ventos dominantes, juntamente a outros fatores, criam dunas de muitos tamanhos e formas (GEA 16.2).

O pôr do sol no Deserto do Saara.
[Galyna Andrushko/Shuttershock.]

16.1 PERFIL DE UMA DUNA

A erosão e a deposição eólicas agem juntas na criação do perfil característico das dunas. Uma duna se forma quando partículas em suspensão no ar acumulam-se na encosta mais suave a barlavento e depois rolam para baixo da face íngreme de avalancha da encosta a sotavento.

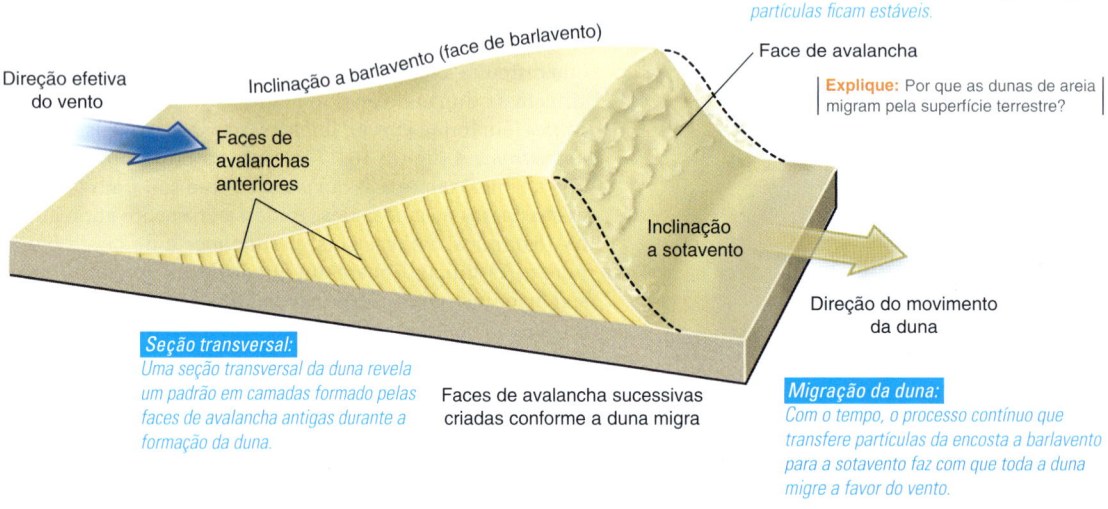

Ângulo de repouso:
As partículas soltas da face de avalancha tendem a escorregar e deslizar morro abaixo até que a encosta se estabilize em seu ângulo de repouso – cerca de 30-34° –, o ângulo mais agudo em que as partículas ficam estáveis.

Direção efetiva do vento
Inclinação a barlavento (face de barlavento)
Face de avalancha
Faces de avalanchas anteriores
Inclinação a sotavento
Direção do movimento da duna

Explique: Por que as dunas de areia migram pela superfície terrestre?

Seção transversal:
Uma seção transversal da duna revela um padrão em camadas formado pelas faces de avalancha antigas durante a formação da duna.

Faces de avalancha sucessivas criadas conforme a duna migra

Migração da duna:
Com o tempo, o processo contínuo que transfere partículas da encosta a barlavento para a sotavento faz com que toda a duna migre a favor do vento.

16.2 FORMAS DE DUNA

Os diferentes tipos de dunas de areia variam em forma e tamanho, dependendo de diversos fatores, como:
- variabilidade direcional e força (ou "eficácia") do vento
- suprimento de areia (limitado ou abundante)
- presença ou ausência de vegetação

Barcana:
Duna em formato crescente com as pontas na direção do vento; presente em áreas com ventos constantes e pouca variabilidade direcional, e onde há areia limitada à disposição.

Transversal:
Duna longa e ligeiramente sinuosa com uma crista assimétrica e apenas uma face de avalancha, alinhada transversal ou perpendicularmente à direção do vento; resulta de vento relativamente ineficaz e abundante suprimento de areia.

16.2 FORMAS DE DUNA *(Continuação)*

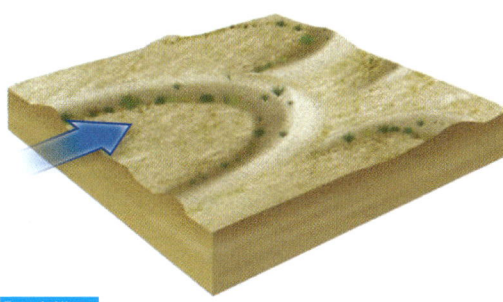

Parabólica:
Duna em forma de crescente com o lado aberto voltado contra o vento; depressão em forma de U e braços ancorados pela vegetação, que estabiliza a forma da duna.

Crista barcanoide:
Duna ondulada e assimétrica formada por barcanas coalescidas, com cristas alinhadas transversalmente aos ventos eficazes; lembram luas crescentes conectadas em fileiras, com áreas abertas entre elas.

Longitudinal:
Duna linear, levemente sinuosa, em forma de crista, alinhada paralelamente à direção do vento. Média de 100 m de altura e 100 km de comprimento, mas pode chegar a 400 m de altura.

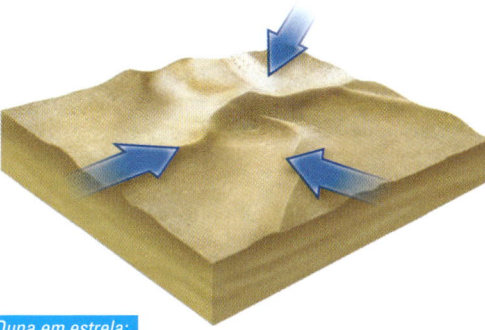

Duna em estrela:
Estrutura em forma piramidal com três ou mais braços sinuosos, estendendo-se para fora a partir de um pico central; resulta de ventos que mudam em todas as direções.

Domo:
Duna circular ou elíptica sem face de avalancha; às vezes modificada em formas barcanoides e às vezes estabilizada por vegetação.

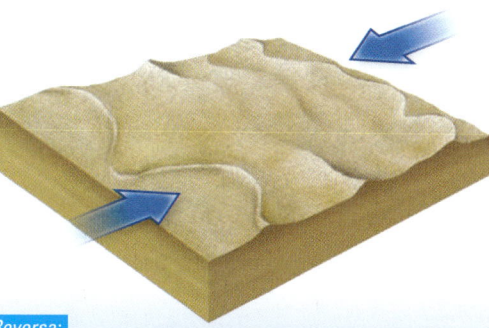

Reversa:
Duna com crista assimétrica, intermediária entre a duna em estrela e a duna transversal; a variabilidade do vento pode alterar a configuração entre essas formas.

Compare: Qual é a semelhança entre as dunas barcanas e parabólicas? E a diferença?

O Deserto do Saara, na Líbia.
[Denis Burdin/Shutterstock.]

geossistemas em ação 16 — FORMAS DE DUNA MOLDADAS PELO VENTO

▲Figura 16.32 **Estratificação cruzada em rochas sedimentares.** O padrão de acamamento de estratificação cruzada nessas rochas de arenito informa sobre os ambientes de duna antes da litificação (endurecimento em rocha). [Bobbé Christopherson.]

Em alguns ergs, ventos de direções diferentes geram dunas em estrela com múltiplas faces de avalancha (Figura 16.31a). *Duna em estrela* são os gigantes montanhosos do deserto arenoso. Elas têm forma de cata-vento, com diversos braços radiados que surgem e se combinam para formar um pico central comum que pode chegar a 200 m de altura. (Algumas do Deserto de Sonora têm quase esse tamanho.) Na imagem, você pode ver algumas dunas crescentes, o que sugere que a região passou por mudanças nos padrões de vento durante o tempo, pois (em contraste com as dunas em estrela) as dunas crescentes formam-se a partir de um único fluxo principal de vento.

Dunas de areia antigas podem ser litificadas em rochas sedimentares que apresentam padrões de acamamento cruzado, ou *estratificação cruzada*. Enquanto a duna antiga se acumulava, a areia que descia cascateando por sua face de avalancha criou distintos planos de acamamento (camadas) que permaneceram quando a duna se litificou. Essas camadas hoje são visíveis como acamamento cruzado, que tem esse nome porque se forma em ângulo com as camadas horizontais dos estratos principais (Figura 16.32). Marcas de ondulações, rastros de animais e fósseis também são encontrados em estado de preservação nesses arenitos desérticos.

Depósitos de loess Como já mencionado, o vento pode transportar partículas menores, como poeira e silte, por longas distâncias. Em muitas regiões do mundo, sedimen-

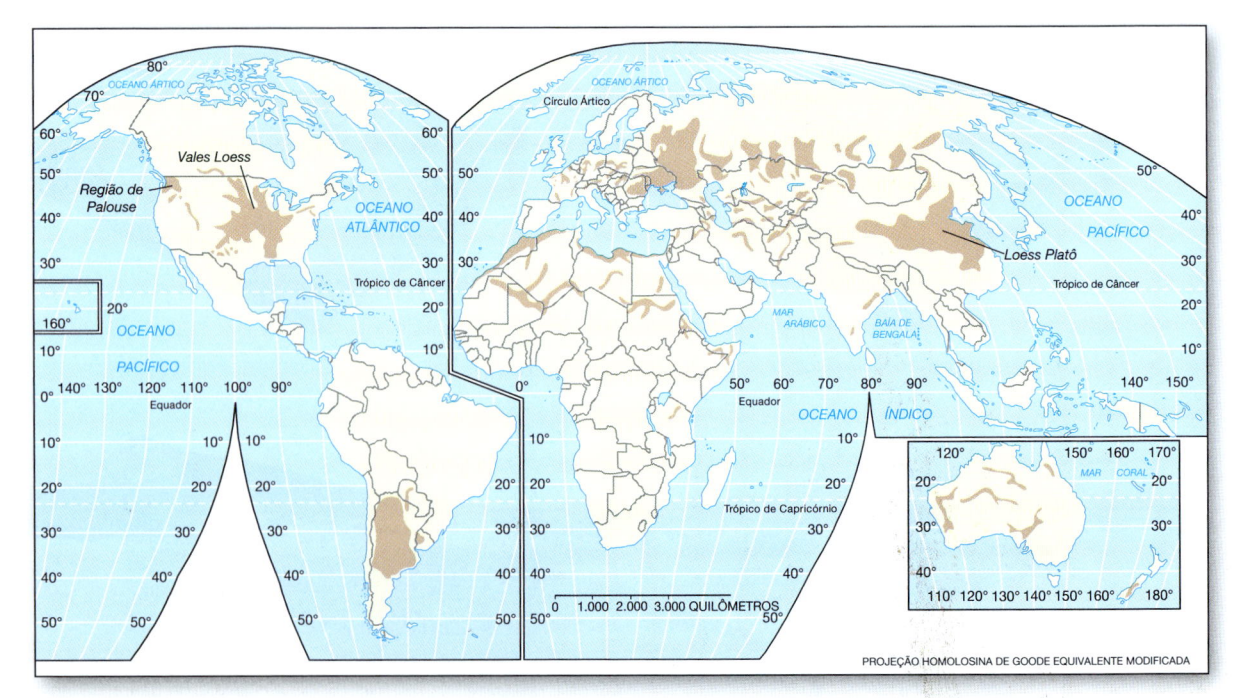

▲Figura 16.33 **Depósitos de loess do mundo.** Principais acúmulos de loess. [Adaptado de dados de NRCS, FAO e USGS.]

tos de grão fino (argilas, siltes e areia fina) acumularam-se em depósitos não estratificados e homogêneos (de mistura regular) chamados **loess**, originalmente batizados pelos camponeses que trabalhavam no vale do Rio Reno, na Alemanha. Os depósitos de loess formam um grosso lençol de material que cobre relevos anteriormente existentes. A Figura 16.33 mostra a distribuição desses acúmulos pelo mundo.

Pensa-se que os depósitos de loess na Europa e na América do Norte derivam principalmente de fontes glaciais e periglaciais, especificamente dos depósitos aluviais de águas derretidas (chamados de lavagem glacial, discutidos no Capítulo 17). Esses sedimentos foram deixados por geleiras do Pleistoceno que retrocederam em diversos episódios cerca de 15.000 anos atrás. Nos Estados Unidos, acúmulos consideráveis de loess com origem glacial ocorrem em todo o Vale do Mississipi e do Missouri, formando depósitos contínuos de 15-30 m de espessura. As Colinas Loess, em Iowa, atingem alturas de aproximadamente 61 m acima dos campos planos agrícolas próximos, estendendo-se do norte ao sul por mais de 322 km (Figura 16.34a). Somente a China tem depósitos que excedem essas dimensões em área.

Os vastos depósitos de loess na China, cobrindo mais de 300.000 km^2, originam-se de sedimento desértico transportado pelo vento. Os acúmulos no Planalto de Loess da China excedem 300 m de espessura, formando complexas terras estéreis intemperizadas e porções com terra agrícola boa. Esses depósitos carregados pelo vento estão relacionados com grande parte da história e dos costumes sociais chineses; em algumas áreas, há moradias entalhadas na forte estrutura vertical dos penhascos de loess. Os depósitos de loess também cobrem grande parte da Ucrânia, da Europa central, a região do Pampa Argentino e a Nova Zelândia.

Devido à sua força de coesão e coerência interna, o loess se desgasta e erode em barrancos íngremes ou faces verticais. Quando um banco é cortado em um depósito de loess, ele geralmente permanecerá na posição vertical, embora possa cair se saturado (Figura 16.34b). Os depósitos de loess são bem-drenados, profundos e têm excelente retenção de umidade. Os solos derivados do loess são a base de alguns dos "celeiros" da Terra.

(a) Os Vales Loess, em Iowa, perto do Rio Missouri, são compostos de cristas e promontórios erodidos.

(b) Um promontório de loess, ou penhasco alto, exposto pela erosão é estruturalmente forte.

▲**Figura 16.34 Vales Loess e promontório, oeste de Iowa, EUA.** [(a) Clint Farlinger/Alamy. (b) Bobbé Christopherson.]

PENSAMENTO Crítico 16.3
As feições eólicas mais próximas

Quais são as feições eólicas mais próximas da sua localidade atual? São dunas costeiras, lacustres ou desérticas? Quais fatores discutidos neste capítulo explicam a localização ou a forma dessas feições? Você tem condições de visitar o local? •

O DENOMINADOR **humano** 16 Oceanos, costas e dunas

SISTEMAS COSTEIROS ⇨ HUMANOS
- A elevação do nível do mar tem o potencial de inundar as comunidades costeiras.
- Os tsunamis causam danos e vítimas nas linhas costeiras vulneráveis.
- A erosão costeira modifica o relevo costeiro, afetando as áreas urbanizadas; o desenvolvimento humano em feições deposicionais, como cadeias de ilhas barreira, correm riscos oriundos de tempestades, especialmente furacões.

HUMANOS ⇨ SISTEMAS COSTEIROS
- A elevação das temperaturas oceânicas, a poluição e a acidificação oceânica afetam os ecossistemas de corais e recifes.
- O desenvolvimento humano drena e aterra áreas úmidas costeiras e manguezais, eliminando seu efeito de amortecimento de tempestades.

16a Um navio-tanque encalhado na Ilha Nightingale, Atlântico Sul, em 2001, derramando estimadas 800 toneladas de combustível e cobrindo pinguins em risco de extinção com óleo. Releia o *Geossistemas Hoje* do Capítulo 6. [Trevor Glass/AP Photo.]

16b O Aterro Saida, no Líbano, fica na costa do Mediterrâneo. Ventos e tormentas levam lixo para o mar, degradando a qualidade da água e os ecossistemas costeiros. [Tomasz Grzyb/Demotix/Corbis.]

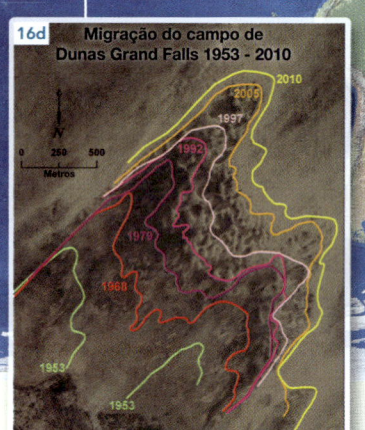

16d Migração do campo de Dunas Grand Falls 1953 - 2010

Nas terras da Nação Navajo no Sudoeste dos EUA, a migração das dunas está ameaçando moradias e transporte, além de afetar a saúde humana. Um estudo recente do USGS revelou que o campo de dunas Grand Falls, no nordeste de Arizona, aumentou sua área em 70% entre 1997 e 2007. O clima cada vez mais seco dessa região provocou a migração acelerada das dunas e a reativação de dunas inativas. [USGS.]

[NASA.]

QUESTÕES PARA O SÉCULO XXI
- A degradação e a perda de ecossistemas costeiros – terras úmidas, corais, manguezais – continuarão com a urbanização costeira e a mudança climática.
- A continuação da construção sobre relevos costeiros vulneráveis exigirá custos e esforços de recuperação, especialmente se os sistemas de tempestade se intensificarem com a mudança climática.

16c Em Aceh, Indonésia, perto do local do tsunami de 2004 no Oceano Índico, as autoridades estimulam as pessoas a plantar manguezais para proteção contra futuros tsunamis. [Nani Afrida/epa/Corbis.]

conexão GEOSSISTEMAS

Nos Capítulo 14, 15 e 16, examinamos aspectos de intemperismo e erosão realizados por forças da gravidade, cursos d'água, ondas e vento. Neste capítulo, vimos os efeitos da ação do vento e das ondas em costas, desertos e outros meios ambientes. Em seguida, no último capítulo do nosso estudo dos processos exógenos, examinamos os agentes de relevo em ação na criosfera – os ambientes de neve e gelo do planeta. Esses sistemas de regiões frias estão sofrendo a taxa de alteração mais alta da mudança climática da Terra.

REVISÃO DOS CONCEITOS-CHAVE DE
aprendizagem

■ *Descrever* a composição química da água marinha e a estrutura física do oceano.

Como a água é o "solvente universal", dissolvendo ao menos 57 dos 92 elementos encontrados na natureza, a água do mar é uma solução, e a concentração de sólidos dissolvidos nela é sua *salinidade*. **Água salobra** tem menos de 35‰ (partes por mil) de salinidade; *salmoura* ultrapassa a média de 35‰. O oceano é dividido por profundidade em camada estreita mista na superfície, zona de transição termoclina e zona fria profunda.

salinidade (p. 457)
água salobra (p. 458)
salmoura (p. 458)

1. Descreva a salinidade e a composição da água do mar e a distribuição dos seus solutos.
2. Analise a distribuição latitudinal da salinidade discutida no capítulo. Por que a salinidade é menor no equador e maior nos subtrópicos?
3. Quais são as três zonas gerais da estrutura física do oceano? Caracterize cada uma por temperatura, salinidade, oxigênio dissolvido e dióxido de carbono dissolvido.

■ *Identificar* os componentes do ambiente costeiro, *definir* nível médio do mar e *explicar* a ação das marés.

O ambiente costeiro é a **região litorânea** e existe onde o mar impulsionado por marés e ondas confronta a terra. Os agentes do ambiente costeiro incluem energia solar, vento e condições meteorológicas, variação climática, a geomorfologia costeira e as atividades humanas.

O **Nível Médio do Mar (NMM)** é baseado em níveis médios de marés registrados por hora em um determinado local ao longo de muitos anos. O NMM varia espacialmente por causa das correntes e ondas oceânicas, variações das marés, temperatura atmosférica e diferenças de pressão, variações de temperatura oceânica, pequenas variações na gravidade terrestre e mudanças no volume oceânico. O NMM ao redor do mundo está subindo em resposta ao aquecimento global da atmosfera e dos oceanos.

As **marés** são oscilações diárias complexas no nível do mar, com variação mundial indo de praticamente imperceptível até diversos metros. As marés são produzidas pela atração gravitacional do Sol e da Lua. A maioria das localizações costeiras passa por duas **marés de enchente** (maré alta) e duas **marés de vazante** (maré baixa). A diferença entre as marés altas e baixas consecutivas é a amplitude de maré. **Marés de sizígia** exibem a maior amplitude de maré, quando a Lua e o Sol estão em conjunção ou em oposição. **Marés de quadratura** produzem uma amplitude de maré menor.

região litorânea (p. 461)
Nível Médio do Mar (NMM) (p. 462)
marés (p. 463)
marés de enchente (p. 464)
marés de vazante (p. 464)
maré de sizígia (p. 464)
maré de quadratura (p. 464)

4. Quais são os termos principais usados para descrever o ambiente costeiro?
5. Defina nível médio do mar. Como esse valor é determinado? Ele é constante ou variável em todo o mundo? Explique.
6. Que forças de interação geram o padrão das marés?
7. Que marés características são esperadas durante uma lua nova ou cheia? E durante as fases de quarto crescente e quarto minguante da lua? O que significa maré de enchente? E maré de vazante?
8. Explique brevemente como a energia maremotriz é usada para gerar eletricidade. Existe alguma usina de energia maremotriz na América do Norte? Em caso positivo, descreva brevemente onde elas ficam e como elas funcionam.

■ *Descrever* o movimento das ondas no mar e próximo à praia e *explicar* a estabilidade costeira e suas formas de relevo.

O atrito entre o ar em movimento (vento) e a superfície oceânica gera ondulações de água chamadas de **ondas**. A energia das ondas no mar aberto se propaga pela água, mas a água em si permanece no mesmo lugar. Padrões regulares de ondas lisas e arredondadas – as ondulações maduras do alto-mar – são **swells**. Próximo à orla, a profundidade restrita da água desacelera a onda, formando **ondas de translação**, em que tanto a energia quanto a água se movem de fato para frente rumo à orla. À medida que a crista de cada onda sobe, a onda cai em uma **arrebentação** característica.

A **refração de onda** redistribui a energia delas pela linha de costa. Promontórios são erodidos, enquanto enseadas e baías são áreas de deposição, sendo o efeito de longo prazo dessas diferenças a estabilização da costa. Conforme as ondas se aproximam de uma orla a um ângulo, a refração produz uma **corrente longitudinal** de água se movendo paralelamente à orla. Partículas movem-se na praia como **transporte longitudinal**, deslocando-se para frente e para trás entre a água e a terra. A ação combinada da corrente e do transporte longitudinal produz uma **deriva litorânea** de areia, sedimentos, cascalhos e materiais diversos na margem. Um **tsunami** é uma onda marítima sísmica desencadeada por um deslizamento de terra submarino ou terremoto. Ele viaja a grande velocidade no mar aberto e ganha altura à medida que se aproxima da orla, representando um risco costeiro.

A ação de ondas em *feições erosionais* costeiras lapida bancos horizontais na zona de intermaré, entendendo-se da falésia para o mar. Tal estrutura é uma **plataforma de abrasão marinha**, ou *terraço de abrasão*. Em contrapartida, as *costas de deposição* geralmente se encontram em terras de relevo suave, onde sedimentos de muitas fontes estão disponíveis. Feições características formadas pela ação das ondas e correntes são um **pontal de barreira** (material depositado em uma longa ponta que se estende afastada da costa); uma **barreira de baía**, ou *língua de baía* (um esporão arenoso que corta a baía do oceano e forma uma **laguna** interna); um **tômbolo** (onde depósitos de sedimentos conectam a linha de costa com uma ilha afastada da orla ou monte marinho); e uma **praia** (terra ao longo de uma costa onde os sedimentos estão em movimento, depositados por ondas, correntes e ventos).

ondas (p. 465)
swells (p. 465)
arrebentação (p. 466)
refração de onda (p. 467)
corrente longitudinal (p. 468)

transporte longitudinal (p. 468)
deriva litorânea (p. 468)
tsunami (p. 468)
plataforma de abrasão marinha (p. 471)
pontais de barreira (p. 472)
barreira de baía (p. 472)
lagoa (p. 473)
tômbolo (p. 473)
praia (p. 473)

9. O que é uma onda? Como as ondas são geradas e como elas se propagam pelo oceano? A água viaja com a onda? Discuta o processo de formação e transmissão de onda.
10. Descreva o processo de refração que ocorre quando as ondas chegam a uma linha de costa irregular. Por que a linha de costa é estabilizada?
11. Descreva o processo do transporte longitudinal e o movimento das correntes longitudinais que produzem a deriva litorânea.
12. Explique como uma onda marinha sísmica atinge velocidades enormes. Por que recebe o nome de "tsunami"?
13. O que significa costa erosiva? Quais são as características desse tipo de costa?
14. O que significa costa deposicional? Quais são as características desse tipo de costa?
15. Como as pessoas tentam bloquear a deriva litorânea? Quais estratégias elas empregam? Quais são os impactos positivos e negativos dessas ações?
16. Descreva uma praia – sua forma, composição, função e evolução.
17. A reposição de praias é uma estratégia prática?

■ *Descrever praias e ilhas barreira e seus riscos em relação à ocupação humana.*

Barreiras são feições arenosas longas, estreitas e deposicionais, que se formam em alto-mar de modo quase paralelo à costa. Formas comuns são **barreiras costeiras** ou as mais amplas e extensas **ilhas barreira**. As barreiras são feições costeiras transitórias, sempre em movimento, sendo uma escolha ruim, mas comum, de desenvolvimento urbano.

barreiras costeiras (p. 475)
ilhas barreira (p. 475)

18. Que tipos de impacto os furacões Katrina e Sandy tiveram sobre as praias e ilhas barreira no Golfo e na costa atlântica?
19. Com base nas informações do texto e de qualquer outra fonte disponível, você acha que as ilhas barreira e as barreiras costeiras devem ser utilizadas para o desenvolvimento urbano? Se sim, sob quais condições? Caso negativo, por que não?

■ *Descrever a natureza dos recifes de coral e das terras úmidas costeiras e avaliar os impactos humanos sobre esses sistemas vivos.*

Um **coral** é um invertebrado marinho simples que forma um exoesqueleto duro, calcificado e externo. Ao longo de gerações, os corais se acumulam em grandes estruturas de recifes. Os corais vivem em uma relação *simbiótica* (mutuamente útil) com as algas; um depende do outro para sobreviver.

Terras úmidas são terras saturadas de água que abrigam vegetais específicos adaptados a condições úmidas. As terras úmidas costeiras se formam como **marismas** em direção aos polos no paralelo 30 de cada hemisfério e como **manguezais** em direção ao equador desses paralelos.

coral (p. 477)
marismas (p. 480)
manguezal (p. 480)

20. Como os corais conseguem construir recifes e ilhas?
21. Descreva uma tendência nos corais que está preocupando os cientistas e discuta algumas das causas possíveis.
22. Por que as terras úmidas costeiras em direção aos polos da latitude 30° N e S são diferentes daqueles em direção ao equador? Descreva as diferenças.

■ *Descrever o transporte eólico de poeira e areia e discutir a erosão eólica e as formas de relevo resultantes.*

Os processos **eólicos** modificam e movimentam acúmulos de areia ao longo de praias e desertos. O vento exerce um arrasto ou força de fricção sobre partículas de superfície até que elas se tornem aerotransportadas. O material mais fino suspenso em uma tempestade de poeira é elevado muito mais alto do que as partículas mais grossas de uma tempestade de areia, apenas as partículas mais finas de pó viajam distâncias significativas. Partículas em saltação colidem com outras partículas, soltando-as e empurrando-as adiante. O movimento chamado **rastejamento superficial** desliza e rola as partículas grandes demais para a saltação.

A erosão da superfície do solo que resulta do levantamento e da remoção de partículas pelo vento é a **deflação**. Onde quer que o vento encontre sedimentos soltos, a deflação pode remover material suficiente para formar *depressões de deflação*, variando em tamanho de pequenas reentrâncias de menos de um metro de largura até áreas de centenas de metros de largura e muitos metros de profundidade. **Abrasão** é o "jateamento" de superfícies rochosas com partículas capturadas no ar. Rochas que apresentam evidência de erosão eólica são **ventifactos**. Em escala maior, a deflação e a abrasão são capazes de modelar estruturas rochosas, criando formações rochosas distintas ou estruturas alongadas chamadas de **yardangs**. **Pavimento desértico** é o nome da superfície dura e pedregosa que se forma em alguns desertos, protegendo o sedimento subjacente da erosão.

eólica (p. 481)
rastejamento superficial (p. 482)
deflação (p. 482)
abrasão (p. 483)
ventifactos (p. 483)
yardang (p. 483)
pavimento desértico (p. 484)

23. Explique o termo "eólico". Como você caracterizaria a capacidade do vento de mover materiais?
24. Faça a distinção entre uma tempestade de poeira e uma tempestade de areia.
25. Qual é a diferença entre a saltação eólica e a saltação fluvial?
26. Explique o conceito de rastejamento superficial.
27. Quem foi Ralph Bagnold? Qual foi sua contribuição para os estudos eólicos?
28. Explique a deflação. Que papel a deflação tem na formação do pavimento desértico?
29. Como os ventifactos e yardangs são formados pelos processos eólicos?

■ *Explicar a formação das dunas de areia e descrever os depósitos de loess e suas origens.*

Dunas são acúmulos de areia esculpidos pelo vento que se formam em climas áridos e semiáridos e em algumas linhas costeiras onde há areia. Uma área extensa de dunas, como a encontrada na África do Norte, é um **deserto de areia** ou **erg**. Quando grãos de areia em saltação encontram pequenos trechos de areia, a energia cinética é dissipada e eles começam a se acumular para formar uma duna. Conforme a altura da pilha de areia sobe acima de 30 cm, formam-se uma *face de avalancha* acentuada a sotavento, e feições características de dunas são formadas. As formas de dunas são, de modo geral, classificadas de *crescente*, *linear* e em *estrela*.

Depósitos de **loess** carregados pelo vento ocorrem no mundo inteiro e podem se transformar em bons solos agrícolas. Essas argilas e siltes de grãos finos são movidos pelo vento por muitos quilômetros e depositados como uma camada não estratificada e homogênea de material.

   dunas (p. 484)
   erg (p. 484)
   deserto de areia (p. 484)
   loess (p. 489)

30. O que é um erg? Cite um exemplo de deserto de areia. Onde se localiza o exemplo?
31. Quais são as três classes de formas de dunas? Descreva um exemplo de cada classe. Qual você acha que é a principal força modeladora para as dunas de areia?
32. Que forma de duna é a gigante montanhosa do deserto? Quais são os padrões de vento característicos que produzem essas dunas?
33. De onde vem o sedimento que forma os depósitos de loess da China? Qual é a origem do loess em Iowa? Cite vários outros depósitos de loess importantes na Terra.

Sugestões de leituras em português

BAPTISTA NETO, J. A.; PONZI, V. R. A.; SICHEL, S. E. (Org.). *Introdução à geologia marinha*. Rio de Janeiro: Interciência, 2004.

CASTRO, P.; HUBER, M. E. *Biologia marinha*. 8. ed. Porto Alegre: Bookman, 2012.

GARRISON, T. *Fundamentos de oceanografia*. 7. ed. São Paulo: Cengage Learning, 2017.

SCHMIEGELOW, J. M. M. *O planeta azul*: uma introdução às ciências marinhas. Rio de Janeiro: Interciência, 2004.

CUNHA, S. B.; GUERRA, A. J. T. (Org.). *Geomorfologia do Brasil*. Rio de Janeiro: Bertrand Brasil, 1998.

BRASIL. Ministério do Meio Ambiente. *Programa Nacional de Combate à Desertificação e Mitigação dos Efeitos da Seca-Pan-Brasil*. Brasília: Ministério do Meio Ambiente, 2004.

SCHENKEL, C. S.; MATALLO JÚNIOR, H. (Org.). *Desertificação*. 2. ed. Brasília: UNESCO, 2003.

VASCONCELOS SOBRINHO, J. *Desertificação no Nordeste do Brasil*. Recife: FADURPE, 2002. Coletânea de trabalhos publicados pelo Departamento de Planejamento de Recursos Naturais da SUDENE.

VERDUM, R. et al. Desertificação: questionando as bases conceituais, escalas de análise e consequências. *GEOgraphia*, v. 3, n. 6, p. 119-132, 2002.

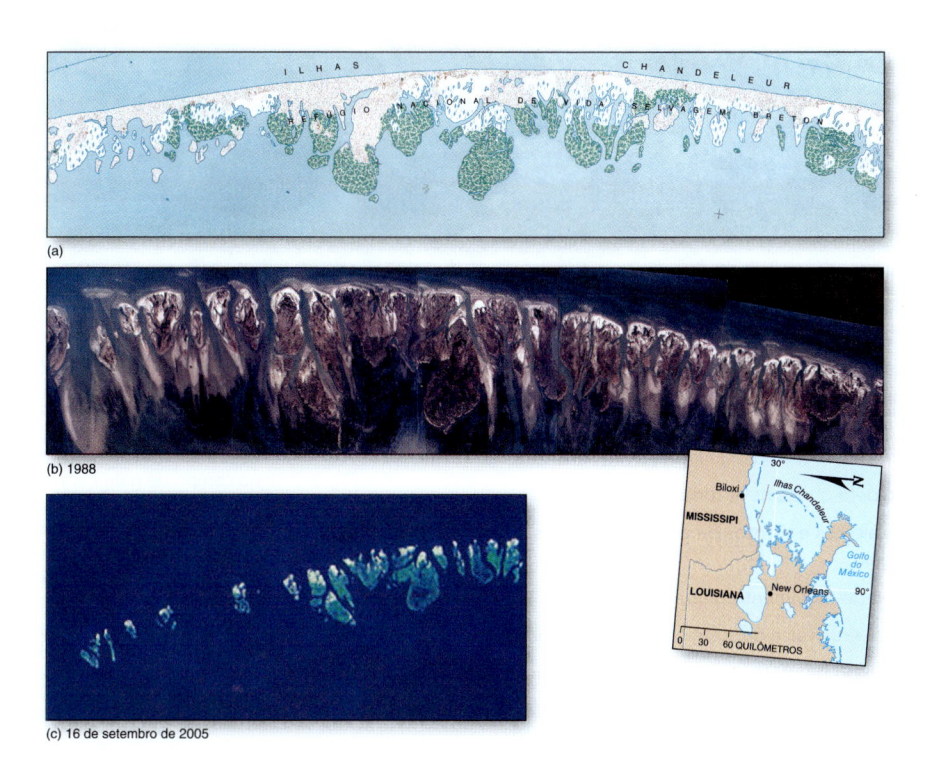

▲**Figura 16.35** O furacão Katrina descarrega sua fúria em uma cadeia de ilhas barreira. Em 2005, o furacão Katrina erodiu grandes quantidades de areia das Ilhas Chandeleur, ao largo do Golfo de Louisiana e Mississipi. Compare o mapa topográfico de "antes" (a) na composição de fotos aéreas (b) com a imagem de 2005 (c), feita cerca de 3 semanas após a passagem do Katrina. A tempestade levou mais de 80% da areia, deixando pouco da cadeia de ilhas barreira visíveis acima do nível do mar. As ilhas não parecem estar crescendo de volta desde o Katrina, devido principalmente à falta de entradas de sedimento do sistema do Rio Mississipi. [(a) USGS. (b) Aerial Data Service, Earth Imaging. (c) USGS Hurricane Impact Studies.]

17 Paisagens glaciais e periglaciais

CONCEITOS-CHAVE DE aprendizagem

Após a leitura deste capítulo, você conseguirá:

- **Explicar** o processo pelo qual a neve torna-se gelo glacial*.
- **Diferenciar** geleiras alpinas e mantos de gelo continentais e **descrever** calotas de gelo e campos de gelo.
- **Ilustrar** o mecanismo do movimento glacial.
- **Descrever** geoformas erosivas e deposicionais típicas criadas pela glaciação.
- **Discutir** a distribuição do permafrost e **explicar** diversos processos periglaciais.
- **Descrever** paisagens da época da idade do gelo do Pleistoceno e **listar** as mudanças que estão ocorrendo hoje nas regiões polares.

O Monte Fitz Roy eleva-se a 3375 m na paisagem glacial do sul dos Andes, na Argentina e no Chile. Laguna Torre, no primeiro plano, é um dos muitos lagos glaciais do Parque Nacional Los Glaciares, situado perto do lago Viedma, no campo de gelo Patagônico Sul (vide Figura 17.5). Usando dados de satélite de 2000 a 2012, os cientistas constataram que em todo esse campo de gelo as geleiras estão ficando mais finas, mesmo nas elevações mais altas, a uma taxa de cerca de 1,8 m ao ano. O aumento das temperaturas com a mudança climática está provocando um derretimento dos campos de gelo da Patagônia que contribui com aproximadamente 0,067 mm/ano à elevação do nível do mar; essas perdas de água doce afetarão os suprimentos regionais de água nos próximos anos. [Pichugan Dmitry/Shutterstock.]

---

*N. de R.T.: Também chamado de "gelo de geleira".

GEOSSISTEMAS HOJE

Geleiras de maré e plataformas de gelo cedem ao aquecimento

O aumento das temperaturas da atmosfera e do oceano está provocando alterações nas feições de neve e gelo de todo o globo, e essas mudanças são talvez mais visíveis nas costas da região ártica, na Groenlândia e na Antártica. Com o aquecimento contínuo, as geleiras de maré – grandes massas de gelo glacial que descem encostas em direção ao mar – estão aumentando sua taxa de fluxo e desprendendo-se com mais frequência, fragmentando grandes icebergs no oceano circundante. Plataformas de gelo – espessas plataformas de gelo flutuante que se estendem pelo mar, mas ainda presas ao gelo continental – estão ficando mais finas e quebrando-se, formando grandes icebergs de tamanho equivalente a pequenos estados norte-americanos*. Vamos examinar alguns exemplos notáveis desses efeitos.

Geleira Petermann, Groenlândia No noroeste da Groenlândia, o desprendimento de icebergs da geleira Petermann vem soltando enormes torrões de gelo no mar durante os últimos anos. Em agosto de 2010, uma ilha de gelo medindo 251 km² se desprendeu, formando o maior iceberg do Ártico em meio século (equivalente a 25% de toda a plataforma de gelo flutuante dessa geleira). Mais tarde, em julho de 2012, outro grande iceberg desprendeu-se da língua da geleira, mais a montante do que o episódio de 2010 (Figura GH 17.1).

Com o ar mais quente derretendo o gelo por cima, e as temperaturas mais altas do mar derretendo o gelo por baixo, a taxa de perda glacial sobe; os cientistas estão estudando como esses processos se aplicam à geleira Petermann. Novas rachaduras estão se abrindo a montante, nos bordos acidentados da geleira, demonstrando a tensão do movimento adiante. Dados mostram que o manto de gelo da Groenlândia como um todo, que cobre cerca de 80% da superfície dessa ilha, está derretendo a uma taxa três vezes mais rápida do que nos anos 1990. Geleiras nos bordos do manto de gelo**, como a Petermann, estão derretendo mais rapidamente do que o manto de gelo em si.

Plataforma de Gelo Ward Hunt, Canadá Na costa setentrional da ilha Ellesmere, há a plataforma de gelo Ward Hunt, a maior do Ártico. Após ficar estável por quase 4500 anos, a plataforma começou a se romper em 2003, separando-se em pedaços em 2011.

O rompimento de uma plataforma de gelo não influencia diretamente o nível dos mares, pois a massa da plataforma já deslocou seu próprio volume em água do mar. Entretanto, as plataformas de gelo retêm o fluxo do gelo que está assentado sobre terra, que embora ainda não esteja deslocando água oceânica, está indo em direção ao mar. Quando as plataformas desaparecem, seu efeito de escoramento é perdido, permitindo que as geleiras fluam mais rapidamente. Essa região do Arquipélago Canadense está em segundo lugar (atrás dos mantos de gelo da Antártica e da Groenlândia) em termos de perda de massa de gelo na Terra, e esse gelo em derretimento está contribuindo consideravelmente para a elevação média do nível dos mares.

Geleira Pine Island, Antártica A oeste da Península Antártica, a geleira de Pine Island flui do manto de gelo da Antártica Ocidental até o mar de Amundsen (assinalado na Figura 17.7). Essa geleira é uma das maiores correntes de gelo da Antártica – um tipo de geleira que flui a uma taxa mais veloz do que a massa de gelo circundante. A taxa de fluxo da geleira Pine Island está acelerando, tendo aumentado 30% nos últimos 10 anos.

A plataforma de gelo de 40 km de largura da geleira Pine Island também está se desprendendo e afinando a taxas mais rápidas do que registrado anteriormente. Essa pequena plataforma de gelo e geleira atua como escora contra o movimento encosta abaixo do manto de gelo da Antártica Ocidental, que já contribui com 0,15-0,30 mm/ano para a elevação do nível do mar.

As tendências de aquecimento demonstradas nesses exemplos continuaram durante todo o ano de 2013, impulsionando a elevação do nível dos mares em todo o planeta. Este capítulo examina a neve, o gelo e o solo congelado, além das rápidas mudanças que estão ocorrendo nesses ambientes devido às mudança do clima.

▲**Figura GH 17.1 Rompimento de geleira de maré na Groenlândia, 2012.** Um iceberg desprende-se da geleira Petermann. Observe que há no mínimo cinco geleiras tributárias. [MODIS Aqua, NASA.]

---

*N. de R.T.: Icebergs do tamanho do Distrito Federal brasileiro (5.764 km²) não são raros. O maior iceberg já observado na Antártica tinha 90 km x 210 km, ou seja, mais de 18.000 km² (compare com a área do estado de Sergipe, 21.863 km²).

**N. de R.T.: Na literatura técnica em português ainda aparece *inlândsis* ou *inlandis* para referir-se aos mantos de gelo. Trata-se de galicismo e arcaísmo. O termo, originário do dinamarquês, foi usado inicialmente para referir-se ao *manto de gelo* groenlandês. Trata-se, no caso, de um manto circundado pelo cinturão rochoso, ou seja, o gelo do interior. O uso portanto não é recomendando

Cerca de três quartos da água doce da Terra estão congelados. Atualmente, um volume de mais de 32,7 milhões de km³ de água está retido como gelo: na Groenlândia, na Antártica e em calotas de gelo e geleiras de montanha espalhadas pelo mundo*. O grosso da neve e do gelo está em apenas dois lugares – Groenlândia (2,4 milhões de km³) e Antártica (30,1 milhões de km³). O resto da neve e do gelo (180.000 km³) cobre áreas perto das regiões polares e diversas montanhas e vales alpinos (Figura 17.1).

A **criosfera** da Terra consiste em porções da hidrosfera e da litosfera que estão permanentemente congeladas, incluindo a água doce que compõe neve, gelo, geleiras e solo congelado, e a água salgada congelada do gelo marinho. Essas regiões geladas normalmente são encontradas em latitudes altas e, em todo o mundo, em montanhas de elevação alta. A extensão da criosfera muda sazonalmente, uma vez que mais neve se acumula e mais solo e água doce congelam no inverno.

Com as temperaturas crescentes provocando derretimento mundial do gelo glacial e polar, a criosfera está hoje em um estado de mudança drástica. Em 2012, as temperaturas atmosféricas do Ártico bateram recordes de mais de 5°C acima do normal, e o gelo marinho do Oceano Ártico decresceu até sua menor extensão em área em um século. A perda de gelo superficial em 2007 ficou em segundo lugar, e a de 2008, em terceiro.

Neste capítulo: Enfocamos primeiro a neve e os processos pelos quais a neve permanente forma o gelo glacial. Então abordamos os extensos depósitos de gelo da Terra – sua formação, seu movimento e as maneiras pelas quais eles produzem várias formas de relevo erosivo e deposicional. Geleiras, elas mesmas formas de relevo transitórias, deixam em seus rastros uma variedade de feições na paisagem. Os processos glaciais são intimamente ligados a alterações na temperatura global e à elevação ou queda do nível dos mares. Também examinamos as condições de congelamento que criam o permafrost e os processos periglaciais que modelam o relevo, como a ação do congelamento. O capítulo encerra com um exame das regiões polares em mudança.

De neve para gelo – a origem das geleiras

Nos capítulos anteriores, discutimos alguns dos aspectos importantes da cobertura de neve sazonal e permanente da Terra. A água armazenada como neve é liberada gradualmente nos meses de verão, alimentando riachos e rios e os recursos que eles fornecem (discutido no Capítulo 9). Por exemplo, muitos estados do oeste dos EUA dependem muito do derretimento da neve para suprir sua água de uso urbano**. Ao mesmo tempo, a neve pode criar riscos em ambientes montanhosos (discutido adiante).

Outro papel da cobertura de neve sazonal é que ela aumenta o albedo (ou refletividade) da Terra, afetando o balanço de energia Terra-atmosfera (discutido no Capítulo 4). À medida que as temperaturas sobem com a mudança climática, a cobertura de neve sazonal diminui, criando um ciclo de retroalimentação positiva em que a cobertura de neve decrescente abaixa o albedo global, levando a mais aquecimento e, por sua vez, a mais decréscimo da cobertura de neve sazonal.

Propriedades da neve

Quando faz frio suficiente, a precipitação cai ao solo em forma de neve. Como discutido no Capítulo 7, todos os flocos de neve têm seis lados devido à estrutura molecular da água; contudo, cada floco é único, pois seu crescimento é

(a) Geleiras alpinas fundem-se a partir de vales glaciais adjacentes na região nordeste da Ilha Ellesmere, no Ártico canadense.

(b) Rachaduras indicam movimento do manto de gelo da Groenlândia, um acúmulo de gelo com talvez 100.000 anos de história. Os picos que se elevam acima da neve são chamados de *nunataks****.

▲**Figura 17.1 Rios**** e mantos de gelo.** [(a) MODIS *Terra*, NASA. (b) Bobbé Christopherson.]

---

*N. de R.T.: Estimativas mais atualizadas indicam que o volume total de gelo de geleira na Terra soma cerca de 28 milhões de km³. Se transferíssemos todo este gelo para o território brasileiro, 8,5 milhões de km², todo o país seria coberto por uma capa de gelo com quase 3300 m de espessura! Ainda, se todo o gelo de geleiras fosse derretido, o nível dos mares aumentaria cerca de 70 metros. No entanto, não existem evidências que tal fato tenha ocorrido alguma vez nos últimos 35 milhões de anos.

**N. de R.T.: O mesmo é verdade para várias regiões dos Andes e sua periferia; por exemplo, a região vinícola da cidade de Mendoza, na Argentina.

***N. de R.T.: Um rochedo, muitas vezes o topo de uma montanha, circundada por uma geleira, uma calota ou um manto de gelo.

****N. de R.T: Muitos autores, como este, fazem uma analogia entre geleiras e rios, chamando as primeiras de "rios de gelo". Os glaciólogos consideram tal comparação inadequada; as geleiras são corpos sólidos e movimentam-se por deformação interna e deslizamento basal. Os processo erosivos, de transporte e deposição glacial devem suas peculiaridades ao estado sólido. O comportamento dinâmico das geleiras é mais próximo à deformação do manto rochoso do planeta do que a um rio.

ditado pelas condições de temperatura e umidade da nuvem que o forma. Quando os flocos de neve atravessam as camadas de nuvens, seu crescimento segue diferentes padrões, resultando nos padrões intrincados que chegam à Terra. Como a temperatura em que cada floco de neve está é muito próxima ao seu ponto de fusão, os flocos podem se alterar muito velozmente após chegar ao solo, em um processo conhecido como *metamorfismo da neve**.

Quando a neve cai na Terra, ela acumula ou derrete. No inverno em altas latitudes ou altas altitudes, as temperaturas frias permitem que a neve se acumule sazonalmente. Cada tempestade é diferente, então a cobertura de neve é depositada em camadas distinguíveis, parecidas com os estratos de rochas sedimentares acamadadas do Grand Canyon. As propriedades de cada camada e a relação entre elas determina a suscetibilidade de uma encosta montanhosa a avalanchas de neve, que às vezes são grandes o suficiente para destruir florestas ou vilarejos inteiros (vide *Estudo Específico* 17.1).

Formação do gelo de geleira

Em algumas regiões da Terra, a neve é permanente na paisagem, e é nessas regiões – tanto em latitudes altas quando em altas altitudes de qualquer latitude – que se formam as geleiras. Como dito no Capítulo 5, **linha de neve**** é a menor elevação onde há neve durante todo o ano; especificamente, é a linha mais baixa onde o acúmulo de neve de inverno persiste por todo o verão. Nas montanhas equatoriais, a linha de neve fica a aproximadamente 5000 m acima do nível do mar; nas montanhas de latitude média, como os Alpes europeus, as linhas de neve ficam numa média de 2700 m a.n.m.; no sul da Groenlândia, as linhas de neves chegam a 600 m a.n.m.

As geleiras são formadas pelo contínuo acúmulo de neve que se recristaliza sob seu próprio peso em uma massa de gelo. Já o gelo é tanto um mineral (um composto natural inorgânico de composição química específica e estrutura cristalina) quanto uma rocha (uma massa de um ou mais minerais). Como já mencionado, o acúmulo de neve em depósitos acamadados é semelhante às camadas de rocha sedimentar. Para originar uma geleira, a neve e o gelo são transformados sob pressão, recristalizando em um tipo de rocha metamórfica.

Considere que, com o acúmulo de neve no inverno, a espessura crescente resulta em mais peso e pressão sobre as camadas subjacentes. No verão, a chuva e a fusão da neve contribuem com água, o que estimula ainda mais o derretimento, e a água fundida infiltra-se para dentro do campo de neve e recongela***. Os espaços de ar entre os cristais de gelo são comprimidos à medida que a neve atinge maior densidade, recristalizando-se e consolidando-se com o aumento da pressão. Através desse processo, a neve que sobrevive ao verão e chega ao próximo inverno inicia uma lenta transformação em gelo glacial. Em uma etapa de transição, a neve torna-se **firn******, uma neve granular parcialmente compactada que é intermediária entre neve e gelo.

O denso **gelo glacial** é produzido ao longo de muito anos à medida que esse processo continua. Na Antártica, a formação de gelo glacial pode levar 1000 anos devido à secura do clima à precipitação mínima de neve*****, enquanto em climas úmidos o tempo é reduzido para alguns anos devido à constante e pesada precipitação de neve.

Tipos de geleiras

Uma **geleira** é definida como uma grande massa de gelo que repousa sobre terra ou flutua no mar estando ligada a uma massa de terra (esta última é uma plataforma de gelo******, discutida em *Geossistemas Hoje* e mais adiante neste capítulo). As geleiras não são estacionárias; elas movem-se sob a pressão de seu grande peso e a atração da gravidade. Elas se movem lentamente em padrões que lembram correntes, fundindo-se como tributários em grandes rios de gelo que fluem lentamente até o oceano (Figura 17.1). Para um inventário das geleiras mundiais, acesse http://glims.colorado.edu/glacierdata/db_summary_stats.php.

Embora as geleiras sejam tão variadas quanto a paisagem em si, encaixam-se em dois grupos gerais com base em sua forma, tamanho e características de fluxo: geleiras alpinas e mantos de gelo continentais (também chamados de geleiras continentais). Os mantos de gelo, que ocorrem somente na Groenlândia e na Antártica, são extensas áreas de gelo glacial que cobrem grandes massas de terra. Hoje, geleiras alpinas e mantos de gelo cobrem cerca de 10% da área terrestre do planeta, indo das regiões polares a cordilheiras de latitude média e algumas altas montanhas no equador, como os Andes, na América do Sul, e o monte Kilimanjaro, na Tanzânia, África. Nos episódios de clima mais frio do passado, o gelo glacial cobriu até 30% da terra emersa. Nessas "idades do gelo", temperaturas abaixo

---

*N. de R.T.: Metamorfismo da neve em gelo. Em Glaciologia, o termo é frequentemente usado para se referir aos processos de transformação da neve em gelo. Essa transformação envolve diminuição da porosidade e da permeabilidade, mudança na forma e no tamanho dos cristais e deformações internas produzidas por agentes externos. O termo é consagrado na literatura glaciológica.

**N. de R.T.: Frequentemente na literatura brasileira aparece o termo "linhas de neve eternas". Ora, trata-se de termo sem sentido, pois a altura da linha de neve não é estacionária e varia mesmo ao longo do ano. Ou seja, é uma linha de neve transitória. Mesmo a posição mais elevada dessa linha (geralmente no final do verão) varia de ano para ano, devido às condições meteorológicas.

***N. de R.T.: Este processo ocorre com derretimento e percolação de água somente em geleiras situadas em locais onde ocorre derretimento da neve superficial. No interior da Antártica e no norte da Groenlândia, esse processo ocorre totalmente a seco, pois as temperaturas estão muito abaixo de 0°C mesmo no auge do verão.

****N. de R.T.: Estágio intermediário entre a neve e o gelo. O limite entre a neve e o firn não é bem definido, geralmente é identificado por características como cristais soldados uns aos outros, mas nos quais ainda persiste a conexão dos espaços intergranulares (ou seja, ainda é permeável). O limite firn-gelo, por sua vez, é marcado pelo fechamento da conexão entres os poros e ocorre quando a densidade atinge 0,83 g cm^{-3}.

*****N. de R.T.: E devido às baixíssimas temperaturas, que impedem o derretimento da neve superficial mesmo no auge do verão.

******N. de R.T.: As plataformas de gelo antárticas têm geralmente grande extensão horizontal e superfície plana ou suavemente ondulada. As maiores, Filchner-Ronne e Ross, ultrapassam respectivamente 400.000 e 500.000 km^2. Ou seja, a Plataforma de Gelo Ross é mais de duas vezes maior do que o Estado de São Paulo, 248.256 km^2). Aproximadamente 42% da costa antártica são cobertas por plataformas de gelo.

♀ Estudo Específico 17.1 Riscos naturais
Avalanchas de neve

Um esquiador desce velozmente uma empinada encosta nevada. Subitamente, a cobertura de neve racha como uma vidraça e se estilhaça em uma avalancha de neve, levando o esquiador e milhares de toneladas de neve ladeira abaixo (Figura 17.1.1 e foto de abertura do Capítulo 1). Avalanchas movimentam-se com forças iguais ou maiores que as de tornados e furacões, podendo destruir cidades inteiras. Por exemplo, uma enorme avalancha destruiu a cidade de Alta, estado de Utah, EUA, em 1874, matando mais de 60 pessoas. Que condições provocam as avalanchas, e como as pessoas as desencadeiam?

Avalanchas de neve são definidas como a súbita liberação e movimento de imensas quantidades de neve para baixo de uma encosta montanhosa. Uma avalancha de neve é um tipo de evento de perda de massa em que a neve se move sob a influência da gravidade, podendo carregar outros materiais coletados enquanto desce a encosta. Entretanto, esses riscos naturais estão associados à neve, e não a solos ou rochas, e são compreendidos examinando-se as características da neve.

O papel do terreno, da cobertura de neve e do tempo meteorológico

As avalanchas ocorrem em condições específicas relacionadas a terreno, condições da cobertura de neve e tempo meteorológico. Terreno de avalancha consiste em encostas montanhosas com mais de 30 graus de inclinação e majoritariamente desflorestadas. Nessas encostas, a cobertura de neve da montanha acumula-se em camadas que refletem as diferenças de condições atmosféricas, temperaturas e ventos associados a cada tempestade. Uma vez depositadas, essas camadas mudam constantemente, pois processos de metamorfismo de neve as diferenciam ainda mais. A cobertura de neve geralmente consiste em camadas fortes e fracas; quando uma camada forte (chamada de laje ou placa) fica por cima de uma camada fraca, há a possibilidade de avalanchas.

A meteorologia, especialmente uma nova precipitação de neve, também têm papel importante nas avalanchas. O peso da neve nova acresce tensão considerável à cobertura de neve, aumentando a probabilidade de avalanchas. O vento também é importante na formação das avalanchas, pois é capaz de transportar imensos volumes de neve do lado a barlavento das cristas e ravinas para as encostas a sotavento, onde o peso extra aumenta o perigo de avalancha.

Em certas áreas – onde há terreno, cobertura de neve e condições meteorológicas certas –, avalanchas de neve acontecem repetidamente. Nessas regiões montanhosas, *caminhos de avalancha* são feições visíveis da paisagem (Figura 17.1.2). Nas encostas florestadas, as árvores às vezes são completamente varridas desses caminhos: a atividade contínua de avalancha impede que novas árvores se fixem.

Estopins de avalancha

Havendo condições favoráveis para a liberação de uma avalancha, o único ingrediente que falta é um estopim. Os estopins podem ser naturais, como uma carga adicional de neve nova ou o peso de uma cornija que cai (um ressalto suspenso de neve formado

▲**Figura 17.1.1** Esquiador provocando uma avalancha na cadeia Wasatch, estado de Utah, EUA. [Lee Cohen/Corbis.]

---

do ponto de congelamento ocorriam por períodos maiores e em latitudes mais baixas do que hoje, permitindo que a neve se acumulasse e persistisse ano após ano.

Geleiras alpinas

Com algumas exceções, uma geleira em uma cadeia montanhosa é uma **geleira alpina**, ou *geleira de montanha*. O nome vem dos Alpes, na Europa Central, onde essas geleiras são numerosas. As geleiras alpinas formam-se em vários subtipos. *Geleiras de vale* são massas de gelo confinadas dentro de um vale que originalmente foi formado pela ação de um curso d'água. Tais geleiras variam em extensão, de apenas 100 m a mais de 100 km. Quantas geleiras você vê juntando-se à geleira principal na Figura 17.1a? A Figura 17.2 mostra uma geleira de vale em Tian Shan, na Ásia Central, uma das maiores cordilheira contínuas do mundo. Os dois picos mais elevados da parte central da cadeia, mostrados na foto, são o Xuelin Feng, com 6527 m, e o Pico 6231, justamente denominado por causa dos seus 6231 m acima do nível do mar.

Uma geleira que se forma pela neve que preenche um anfiteatro (**circo**), ou recesso em forma de tigela na cabeceira de um vale, é uma *geleira de circo* (ou *de anfiteatro*). Várias geleiras de circo podem alimentar juntas uma geleira

▲**Figura 17.2** Geleiras no Tien Shan, Ásia Central, 2011. O local desta foto é no centro de Tien Shan, ao norte do Himalaia, logo a leste da fronteira tríplice entre China, Cazaquistão e Quirguistão. [Foto de astronauta da *ISS*, NASA/GSC.]

pelo vento, geralmente no topo de uma crista de montanha) ou de humanos, como um esquiador. Estopins humanos geralmente tornam-se vítimas da avalancha.

No final do século XIX, o incidente típico com avalanchas nos EUA era um mineiro trabalhando nas montanhas altas do sudoeste do estado do Colorado ou na cadeia Wasatch, no estado de Utah. Hoje, o estopim e a vítima típicos de uma avalancha são alguém esquiando, fazendo snowboard, andando de moto-de-neve ou escalando. Avalanchas de neve custam cerca de 30 vidas por ano nos Estados Unidos.

As condições da cobertura de neve são altamente variáveis em uma cadeia montanhosa e mesmo numa única encosta. Desavisados divertindo-se em terras inóspitas no inverno tendem a desencadear avalanchas de áreas fracas da encosta, onde a neve costuma ser mais fina. Um esquiador que chega ao meio da encosta pode causar uma fratura em cascata que desencadeia uma avalancha de laje, da qual é difícil (senão impossível) escapar. Como os cientistas da neve ainda não criaram ferramentas para identificar de forma definitiva essas áreas de cobertura de neve mais fraca, a avaliação das condições de avalancha permanece sendo um desafio.

Controle, previsão e segurança em avalanchas

O controle de avalanchas por patrulheiros em esqui nas áreas do esporte e por trabalhadores rodoviários nos passos montanhosos consiste no uso de explosivos de mão e, em alguns casos, artilharia militar para desencadear avalanchas seguras que removam neve instável quando não há gente nas trilhas de esqui e estradas afetadas. Após o trabalho de controle de avalancha ser realizado, essas áreas podem ser abertas ao público com segurança. Esse trabalho possibilita que as estações de esqui operem com menos risco em terreno de avalanchas e que os passos montanhosos permaneçam abertos no inverno.

Nos Estados Unidos, uma rede de centros de avalancha fornece previsões diárias para atenuar o perigo de avalanchas para o público. Para ficar em segurança no interior durante o inverno, as pessoas precisam conhecer as condições gerais atuais, escolher um terreno apropriado para essas condições, avaliar o perigo específico de avalancha nas encostas onde estão se divertindo e expor apenas uma pessoa por vez, de modo que os companheiros possam resgatá-la no caso de avalancha. Acesse http://www.avalanche.org/ para mais informações.

▲**Figura 17.1.2** Caminhos de avalancha na cadeia Madison, perto do lago Hebgen, sudoeste do estado de Montana, EUA. [Karl Birkeland.]

---

de vale (Figura 17.2). Uma *geleira de piemonte** forma-se quando várias geleiras de vale extravasam para fora de seus vales confinantes e coalescem na base de uma cordilheira. Uma geleira de piemonte espalha-se livremente sobre as terras baixas, como demonstrado pelos resquícios da geleira Malaspina, que flui para a baía Yakutat, Alasca.

À medida que a geleira de vale flui lentamente vertente abaixo, ela erode montanhas, cânions e vales fluviais sob sua massa, transportando material dentro ou ao longo da sua base. Uma porção dos detritos transportados também pode ser carregada em sua superfície gelada, visível como faixas e estrias escuras. Esse material superficial é conhecido como *detritos supraglaciais*, que se originam de quedas de rochas ou de outros processos impulsionados pela gravidade que carregam material de cima para baixo ou de processos que fazem material flutuar para cima a partir do leito da geleira.

Uma *geleira de maré* termina no mar. Essas geleiras são caracterizadas pelo **desprendimento**, um processo em que pedaços de gelo se soltam e formam massas de gelo conhe-

---

*N. de R.T.: Esta definição não é aceita pelos glaciólogos, geleira de piemonte é apenas a parte terminal de uma geleira de vale, na forma de leque e que ocupa extensa área na base de uma montanha.

GEOrelatório 17.1 Perdas globais de gelo glacial

Em todo o mundo, o gelo de geleiras está recuando, derretendo em taxas superiores a qualquer coisa já registrada pelos cientistas. Os Alpes europeu já perderam mais de 50% da sua massa de gelo no último século, com uma aceleração nas taxas de derretimento desde 1980, e quase 20% do seu gelo foi perdido nos últimos 20 anos. No Alasca, 98% das geleiras examinadas encontram-se no que os cientistas descrevem como um "recuo rápido". Perdas de gelo semelhantes e coberturas de neve reduzidas são constatadas nas montanhas Rochosas, em Sierra Neva, no Himalaia e nos Andes. O USGS está registrando essas mudanças drásticas em um Projeto de Fotografias Repetidas (acesse http://nrmsc.usgs.gov/repeatphoto/).

▲Figura 17.3 **Desprendimento glacial.** O desprendimento ativo enche o mar de escombros de gelo, blocos de gelo e icebergs na borda da calota de gelo Austfonna, na ilha Nordaustlandet do arquipélago de Svalbard, Noruega. A frente da geleira recuou cerca de 2 km entre 2012 e 2013. [Bobbé Christopherson.]

▲Figura 17.4 **Calotas de gelo.** A calota de gelo Vatnajökull no sudeste da Islândia, é a maior das quatro calotas de gelo da ilha (*jökull* significa "calota de gelo" em dinamarquês). Observe as cinzas na calota oriundas da erupção de 2004 do Grímsvötn [NASA/GSFC].

cidas como *icebergs**, geralmente presentes onde as geleiras se encontram com um oceano, uma baía ou um fiorde (Figura 17.3). Os icebergs são inerentemente instáveis, pois seu centro de gravidade muda de lugar com o derretimento e a posterior fragmentação (reveja a exposição sobre icebergs no Capítulo 7).

Mantos de gelo continentais

Um **manto de gelo** é uma massa extensa e contínua de gelo que pode ocorrer em escala continental. A maioria do gelo de geleira da Terra existe nos mantos de gelo que cobrem 81% da Groenlândia – 1,7 milhão km² de gelo – e 90% do continente Antártico – 14,2 milhões de km² de gelo. A Antártica contém sozinha 92% de todo o gelo glacial do planeta (revise os volumes de gelo na introdução do capítulo).

Os mantos de gelo da Antártica e da Groenlândia têm massas de gelo tão enormes que grandes partes da massa continental subjacente ao gelo estão isostaticamente deprimidas (pressionadas pelo peso) abaixo do nível do mares. Cada manto de gelo atinge espessuras que ultrapassam 3000 m, com espessura média ao redor dos 2000 m**, enterrando tudo menos os picos mais altos do terreno.

Na borda dos mantos de gelo ficam as *plataformas de gelo*, massas permanentes de gelo que avançam sobre o mar. Essas plataformas frequentemente são encontradas em enseadas e baías protegidas, cobrem milhares de quilômetros quadrados e atingem espessuras de 1000 m.

Calotas de gelo e campos de gelo são outros dois tipos de geleira com cobertura contínua de gelo, em uma escala levemente menor do que a do manto de gelo. Uma **calota de gelo** é aproximadamente circular e, por definição, cobre uma área inferior a 50.000 km² e cobre completamente a paisagem subjacente.

A ilha vulcânica da Islândia apresenta várias calotas de gelo; um exemplo é a calota de gelo Vatnajökull, mostrada na Figura 17.4. Há vulcões sob essas superfícies geladas. O vulcão islandês Grímsvötn entrou em erupção em 1996 e 2004, produzindo grandes quantidades de água glacial derretida em uma inundação súbita chamada *jökulhlaup*, um termo em islandês que hoje é amplamente usado para descrever uma forte enxurrada glacial. A erupção mais recente, em 2011, foi a maior do século, mas não provocou uma enxurrada glacial.

Um **campo de gelo** estende-se em um padrão alongado característico sobre uma região montanhosa e não é extenso o suficiente para formar o domo*** de uma calota de gelo. O campo de gelo da Patagônia****, entre a Argentina e o Chile, é um dos maiores da Terra. Ele tem apenas 90 km de largura, mas estende-se por 360 km, entre 46° e 51° s de latitude (Figura 17.5).

Mantos e calotas de gelo podem ser drenados por velozes *correntes de gelo*, feitas de gelo sólido que flui a uma taxa mais rápida do que a massa de gelo principal em direção a terras baixas ou ao mar. Por exemplo, várias correntes de gelo correm pela periferia da Groenlândia e da Antártica. Uma *geleira de descarga* é uma corrente de gelo que sai de um manto ou uma calota de gelo, geralmente limitada em ambos os lados pelo substrato rochoso de um vale montanhoso.

Processos glaciais

Uma geleira é um corpo dinâmico, movendo-se continuamente declive abaixo em taxas que variam dentro de sua massa, escavando a paisagem pela qual ela flui. Como muitos dos sistemas descritos neste livro, os processos glaciais estão ligados ao conceito de equilíbrio. Uma geleira em equilíbrio mantém seu tamanho porque a neve que entra é aproximadamente igual à taxa de derretimento. Em um estado de desequilíbrio, a geleira se expande (levando seu término a descer a encosta) ou se retrai (levando seu término a subir a encosta).

---

*N. de R.T.: A proporção emersa/imersa de um iceberg varia com a distribuição de densidade interna, que não é homogênea pois ele é constituído de neve e gelo. Assim, a parte emersa pode variar de 15 a 20%. Infelizmente, na literatura técnica e geral no Brasil se repete o mito de que somente 1/10 do gelo está emerso.
**N. de R.T.: A espessura máxima do gelo constatada na Antártica é 4.776 m.

***N. de R.T.: Os domos de gelo são feições morfológicas características das calotas e dos mantos de gelo. No caso da Antártica podem ultrapassar 4.000 m de altitude.
****N. de R.T.: Aqui o autor cita especificamente o campo de gelo Patagônico Sul, que tem 16.800 km², o campo de gelo Patagônico Norte tem 4.200 km².

◀ Figura 17.5 Os campos de gelo patagônicos da Argentina e do Chile. [NASA/GSFC.]

veis entre 1955 e 2010. Como resultado desse balanço de massa negativo, em alguns anos o término recuou dezenas de metros e vem recuando em todos os anos registrados, exceto em 1972. A Figura GEA 17.3 apresenta uma comparação fotográfica do geleira South Cascade entre 1979 e 2010.

Uma comparação do balanço de massa dessa geleira com aqueles de outras no mundo mostra que mudanças na temperatura aparentemente estão causando reduções generalizadas do gelo glacial em elevações média e baixa. Considera-se que a presente perda de gelo das geleiras alpinas do mundo contribua com 25% da elevação medida do nível médio dos mares. No fim deste capítulo, a Figura 17.32 mostra uma geleira em recuo e a paisagem deixada para trás.

Balanço de massa glacial

Uma geleira é um sistema aberto, com *entradas* de neve e *saídas* de gelo, água de derretimento e vapor d'água como ilustrado neste capítulo em *Geossistemas em Ação*, Figura GEA 17. As geleiras adquirem neve na sua zona de acumulação*, um campo de neve na elevação mais alta de um manto de gelo ou calota de gelo, ou na cabeceira de uma geleira de vale, em geral em um circo (Figura GEA 17.1). Avalanchas de neve nas encostas de íngremes montanhas circundantes podem acrescer à espessura do campo de neve. Essa zona de acúmulo termina na **linha de firn****, que marca a elevação acima da qual a neve e o gelo de inverno ficam intactos durante todo o derretimento de verão; abaixo dela, ocorre derretimento. Na extremidade inferior da geleira, muito abaixo da linha de firn, a geleira passa por perda (redução) por vários processos: derretimento na superfície, internamente e na base; remoção de gelo pela deflação eólica; desprendimento de blocos de gelo; e sublimação (relembre-se, do Capítulo 7, de que essa é a mudança de fase de gelo sólido diretamente para vapor d'água). Coletivamente, esses processos causam perdas de massa da geleira e são conhecidos como **ablação**.

Esses ganhos (acumulação) e perdas (ablação) de gelo glacial determinam o *balanço de massa* da geleira, a propriedade que decide se a geleira avançará (crescerá) ou recuará (diminuirá). Em períodos frios com precipitação adequada, uma geleira possui um *balanço de massa líquido positivo*, e avança. Em épocas mais quentes, a geleira possui um *balanço de massa líquido negativo*, e recua. Internamente, a gravidade continua a mover a geleira para frente, embora seu término mais abaixo possa estar recuando devido à ablação. Dentro da geleira existe uma zona onde a acumulação contrabalança a ablação; ela é chamada de *linha de equilíbrio*, geralmente coincidindo com a linha de firn (Figura GEA 17.2).

Ilustrando a tendência global, o balanço de massa líquido da geleira South Cascade no estado de Washington (noroeste dos Estados Unidos) mostrou perdas considerá-

Movimento glacial

O gelo glacial é bem diferente dos cubinhos quebradiços de gelo que temos no congelador. Em particular, o gelo glacial comporta-se de maneira plástica (maleável); em sua porções subjacentes, ele é distorcido e flui em resposta ao peso e à pressão da neve sobrejacente e ao declive do sua base. Em contraste, a porção superior da geleira é mais frágil. A taxa de fluxo varia entre quase nada a um ou dois quilômetros de movimento por ano em uma encosta íngreme. A taxa de acumulação de neve na área de formação da geleira é crucial para a velocidade do gelo.

As geleiras, portanto, não são blocos rígidos que simplesmente deslizam declive abaixo. A maior parte do movimento em uma geleira de vale ocorre *internamente****, abaixo da camada superficial rígida, o qual se fratura enquanto a zona subjacente move-se plasticamente para frente (Figura 17.6a). Ao mesmo tempo, a base se arrasta e desliza, variando sua velocidade com a temperatura e a presença de qualquer água lubrificante embaixo do gelo.

Irregularidades no relevo sob o gelo podem fazer a pressão variar, derretendo parte do gelo basal por compressão em um primeiro momento, para depois recongelá-lo. Este processo é a *regelação do gelo*, o que significa recongelar (regelar). Essa ação de derretimento/recongelamento incorpora detritos rochosos à geleira. Consequentemente, a camada de gelo basal, a qual pode estender-se dezenas de metros acima da base da geleira, tem um conteúdo de detritos muito maior do que o gelo acima.

Uma geleira alpina ou corrente de gelo que flui pode desenvolver fissuras verticais conhecidas como **fendas** (Figura 17.6). As fendas resultam do atrito com as paredes do

---

*N. de R.T.: A acumulação inclui todos os processos pelos quais a neve, o gelo e a água são adicionados a uma geleira precipitação direta de neve, gelo ou chuva, condensação de gelo a partir de vapor de água, transporte de neve e gelo para uma geleira e avalancha.

**N. de R.T.: A linha ou zona na superfície de uma geleira que separa o gelo à mostra e o firn no final do período de ablação (cf. linha de equilíbrio e linha de neve).

***N. de R.T.: Esta observação só é verdadeira para geleiras sem água na interface gelo-substrato rochoso, em que realmente o deslizamento basal é muito menor, ou quase nulo, em relação ao fluxo visco-plástico interno. Quando existe água, ou sedimentos saturados d'água, na interface gelo-rocha, o deslizamento basal constitui-se no principal mecanismo de movimento das geleiras, ultrapassando em muito a deformação interna.

geossistemas em ação 17 — GELEIRAS COMO SISTEMAS DINÂMICOS

Sendo um sistema aberto, uma geleira está em equilíbrio quando não está avançando nem recuando. Porém, se as entradas de neve são maiores do que perdas por derretimento, deflação por vento, sublimação e desprendimento, a geleira se expande. Se as perdas de gelo são maiores que as entradas, a geleira recua (GEA 17.1). Pode-se determinar se uma geleira está em equilíbrio a partir do seu balanço de massa (GEA 17.2). Hoje, muitas geleiras alpinas de todo o mundo estão recuando à medida que derretem em função do aquecimento relacionado à mudança climática (GEA 17.3).

17.1 SEÇÃO TRANSVERSAL DE UMA TÍPICA GELEIRA ALPINA EM RECUO

Os diagramas mostram a relação entre a zona de acumulação, a linha de equilíbrio e a zona de ablação de uma geleira em recuo. O gelo continua a deslizar encosta abaixo à medida que o término da geleira recua encosta acima, depositando morainas terminais e recessionais. Entradas extras de gelo podem vir de geleiras tributárias quando as geleiras se fundem. [Bobbé Christopherson.]

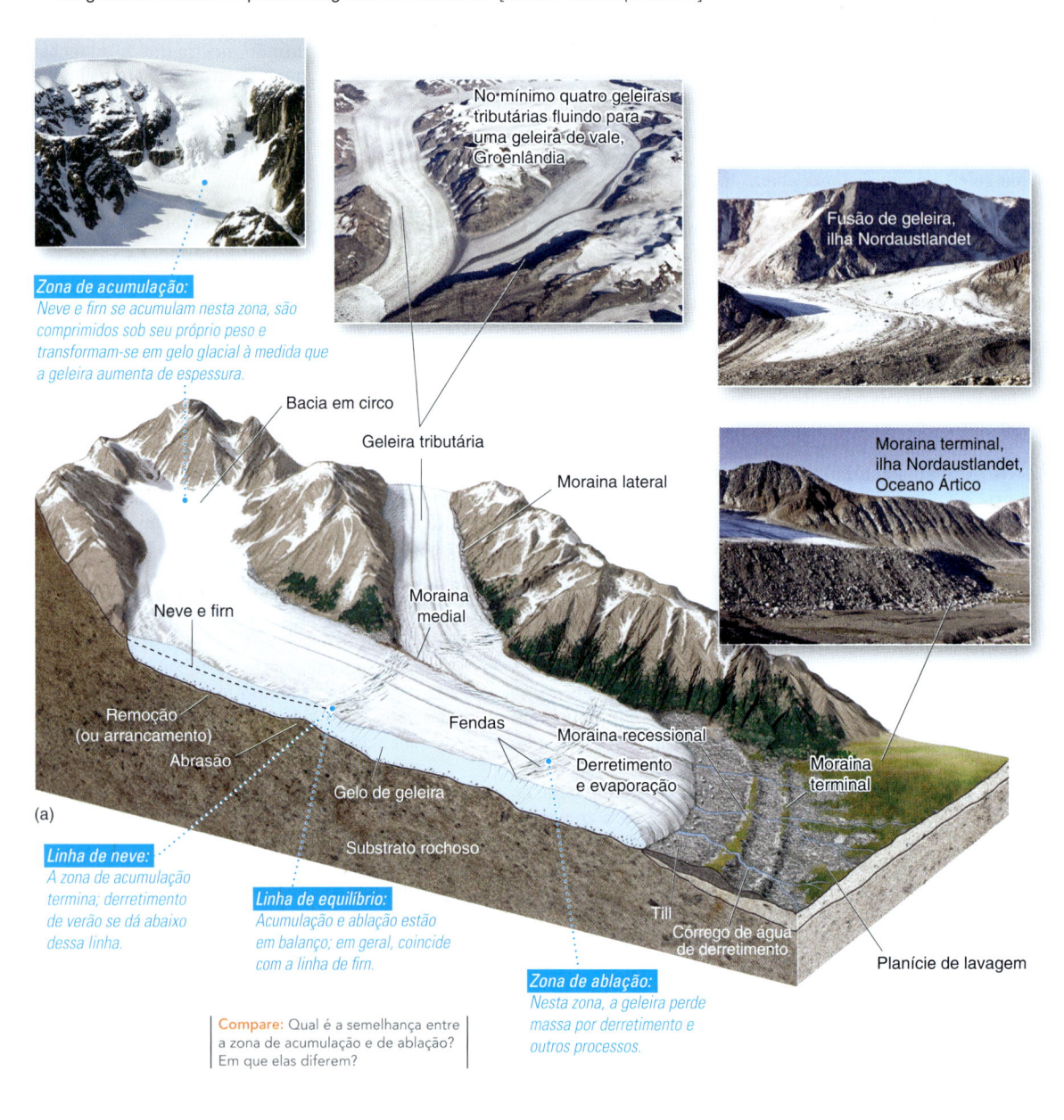

No mínimo quatro geleiras tributárias fluindo para uma geleira de vale, Groenlândia

Fusão de geleira, ilha Nordaustlandet

Moraina terminal, ilha Nordaustlandet, Oceano Ártico

Zona de acumulação: Neve e firn se acumulam nesta zona, são comprimidos sob seu próprio peso e transformam-se em gelo glacial à medida que a geleira aumenta de espessura.

Rótulos do diagrama (a):
- Bacia em circo
- Geleira tributária
- Moraina lateral
- Neve e firn
- Moraina medial
- Remoção (ou arrancamento)
- Abrasão
- Fendas
- Moraina recessional
- Derretimento e evaporação
- Moraina terminal
- Gelo de geleira
- Substrato rochoso
- Till
- Córrego de água de derretimento
- Planície de lavagem

Linha de neve: A zona de acumulação termina; derretimento de verão se dá abaixo dessa linha.

Linha de equilíbrio: Acumulação e ablação estão em balanço; em geral, coincide com a linha de firn.

Zona de ablação: Nesta zona, a geleira perde massa por derretimento e outros processos.

Compare: Qual é a semelhança entre a zona de acumulação e de ablação? Em que elas diferem?

[Leksele/Shutterstock.]

17.2 BALANÇO DE MASSA GLACIAL

O diagrama mostra o balanço de massa anual de um sistema glacial, que determina a localização da linha de equilíbrio. Em geral, uma geleira com balanço de massa positivo se expande, ao passo que uma geleira com balanço de massa negativo recua.

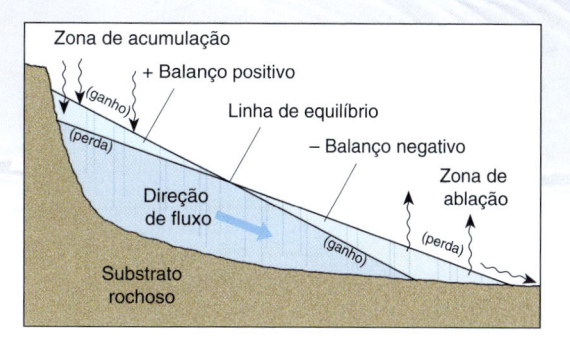

Zona de acumulação
+ Balanço positivo
(ganho)
(perda)
Linha de equilíbrio
− Balanço negativo
Direção de fluxo
Zona de ablação
(ganho)
(perda)
Substrato rochoso

17.3 RETRATO DE UMA GELEIRA EM RECUO, 1979–2010

A geleira South Cascade, no estado de Washington, é uma das três geleiras que o United States Geological Survey (USGS) monitora intensamente (as outras duas ficam no Alasca) para obter dados de referência de longo prazo sobre alterações em geleiras em relação ao clima. Estas fotografias e outros dados do USGS mostram que, com a elevação das temperaturas, a geleira South Cascade recuou vale acima, com declínio contínuo do seu balanço de massa. [USGS.]

1979

2010

Deduza: Com base no que você pode ver nas fotos, determine a maior área antigamente ocupada pela geleira South Cascade. Quais evidências o ajudaram a chegar a essa conclusão?

Gelo desprendendo-se da geleira Perito Moreno, Patagônia, Argentina. [PSD Photography/Shutterstock].

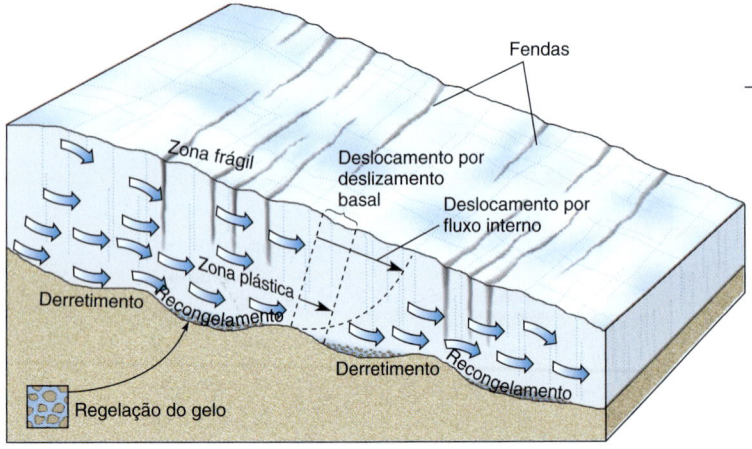

(a) Uma seção longitudinal de uma geleira, mostrando seu movimento para frente, o fraturamento frágil na superfície e o fluxo ao longo de sua camada basal.

(b) Fendas superficiais são evidência de movimento para frente na geleira Fox, ilha Sul, Nova Zelândia.

▲Figura 17.6 **Movimento glacial.** [(b) David Wall/Alamy.]

medições de radar por satélite entre 1996 e 2009 (Figura 17.7). O mapa revela que muitos dos tributários ao redor das plataformas de gelo estendem-se mais terra adentro do que o esperado e que eles se movimentam por deslizamento basal (escorregando sobre o embasamento), em vez de se deformarem lentamente sob o peso do gelo. A identificação da extensão em área desse tipo de movimento no manto de gelo é importante porque uma perda de gelo nas costas quando as plataforma de gelo se rompem pode dar passagem a imensas quantidades de gelo, que então podem fluir mais depressa vindas do interior, com implicações para a elevação do nível dos mares.

Pulso de geleiras Embora as geleiras fluam plástica e previsivelmente na maior parte do tempo, algumas avançam rapidamente a velocidades muito maiores do que o normal, em um **pulso de geleira**. Um pulso não é tão abrupto quanto parece; em termos glaciais, um pulso pode ser de dezenas de metros por dia. A geleira Jakobshavn, na costa oeste da Groenlândia, por exemplo, é uma das mais rápidas, deslocando-se entre 7 e 12 km por ano.** Em 2012, cientistas relataram que, embora a tendência geral da Groenlândia se inclinasse aos pulsos de geleira, as geleiras de algumas regiões desaceleraram entre 2005 e 2010, assinalando a complexidade do comportamento glacial.

Os cientistas estão investigando as causas exatas dos pulsos de geleira. Alguns eventos de pulso resultam de um acúmulo da pressão d'água abaixo da geleira, o qual algumas vezes é suficiente para flutuar levemente a geleira, descolando-a de sua base durante o pulso. Outra causa de pulsos nas geleiras é a presença de uma camada de sedimentos saturada de água, uma *camada macia* embaixo da geleira. Esta é uma camada deformável que não pode resistir à tremenda tensão cisalhante produzida pelo gelo em movimento da geleira. Na Antártica, os cientistas, ao examinarem testemunhos obtidos de várias correntes de gelo que agora estão em aceleração no manto de gelo da Antártica Ocidental, pensam ter identificado lá a ocorrência desse tipo de pulso de geleira – embora a pressão d'água ainda seja importante. Quando qualquer tipo de pulso inicia, tremores no gelo (*icequakes*) são detectáveis e falhas no gelo são visíveis.

Os cientistas acham que os pulsos glaciais na Groenlândia estão relacionados à água de derretimento, que pe-

vale, de tensão extensiva quando a geleira passa sobre encostas convexas, ou de compressão quando a geleira passa por declives côncavos*. Atravessar uma geleira, tanto uma geleira alpina ou um manto de gelo, é perigoso porque algumas vezes um vernier de neve pode mascarar a presença de uma fenda.

Os cientistas recentemente concluíram um mapa do movimento do gelo no continente antártico com base em

---

*N. de R.T.: Mais corretamente, fendas podem ocorrer na superfície (primeiros 30 a 50 m) de uma massa de gelo quando houver diferença de tensões mecânicas. Nessa parte, o gelo tem comportamento elástico (é um sólido rígido e frágil) e por isso se fratura. Em profundidades maiores, ele tem comportamento visco-plástico e deforma-se sem ocorrer ruptura.

**N. de R.T.: A geleira Jakobshavn normalmente tem alta velocidade; portanto, não se trata de um pulso de geleira.

GEOrelatório 17.2 Derretimento do manto de gelo da Groenlândia

O manto de gelo da Groenlândia está com a maior perda de gelo e maior área de derretimento superficial desde que o monitoramento sistemático por satélite começou, na década de 1970. Os cientistas calcularam que 98% da superfície do manto de gelo apresentaram derretimento em julho de 2012, uma ocorrência nunca antes vista no registro por satélite. Um derretimento típico de verão ocorre em 50% da superfície. As temperaturas atmosféricas próximas à superfície na estação mais alta e fria do manto de gelo aumentaram 0,12°C ao ano desde 1992, seis vezes mais rápido do que a elevação média da temperatura global. Em resposta, a linha de equilíbrio (onde a acumulação anula a ablação) vem subindo pelo manto de gelo a uma média de 35 m/ano.

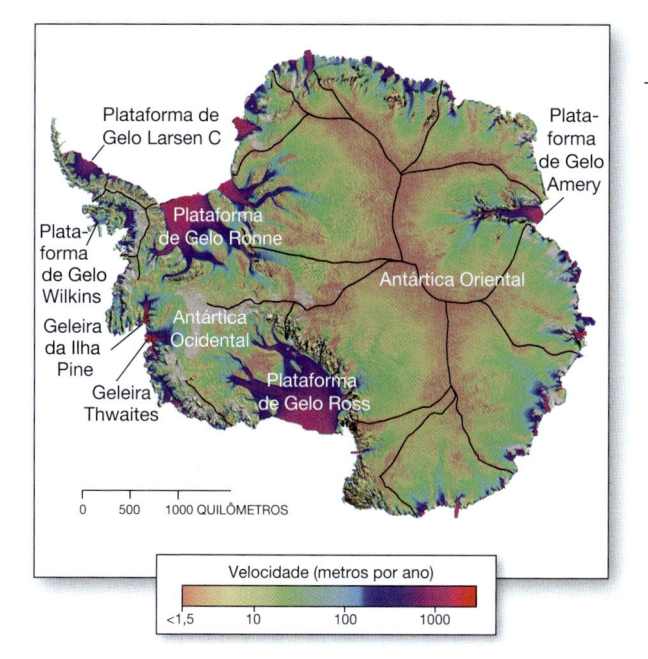

▲**Figura 17.7 Primeiro mapa completo da velocidade do gelo na Antártica.** As linhas pretas mostram os divisores de gelo, semelhantes aos divisores de drenagem. As cores indicam a velocidade do movimento do gelo; o movimento mais rápido está em vermelho e roxo. Observe que os canais de gelo de fluxo veloz estendem-se muito terra adentro, uma surpresa para os cientistas. Os tributários, mostrados em azul, movem-se mais rapidamente do que o manto de gelo ao seu redor, mas não mais rapidamente quanto uma corrente de gelo. Este mapa foi elaborado usando-se dados de um grupo de satélites internacionais das Agências Espaciais do Canadá, do Japão e da Europa. [RADARSAT–SAR, NASA/JPL.]

▲**Figura 17.8 Lixação glacial de rocha.** Polimento glacial e estrias são exemplos de abrasão e erosão glacial. A superfície polida e marcada é vista embaixo de um errático glacial – uma rocha deixada para trás por uma geleira em retração. [Bobbé Christopherson.]

netra até a camada basal, lubrificando a interface entre a geleira e o substrato rochoso embaixo. Além disso, as águas superficiais mais quentes que drenam por baixo da geleira trazem calor, que aumenta as taxas de derretimento basal. Contudo, um estudo de 2013 concluiu que a água de derretimento corre em diferentes canais sob o gelo, não necessariamente lubrificando amplas áreas do manto de gelo.

Erosão glacial O processo pelo qual uma geleira erode a paisagem é similar a um grande projeto de escavação, com a geleira arrastando detritos de um local a outro para deposição. A geleira, ao passar, recolhe mecanicamente o material rochoso e leva-o para outro lugar, em um processo chamado de *remoção glacial* (ou *arrancamento glacial**). Os detritos são carregados na sua superfície e também transportados internamente, ou *englacialmente*, embutidos na própria geleira.

Quando uma geleira recua, pode deixar para trás blocos ou matacões (às vezes do tamanho de uma casa) que são "forasteiros" em composição e origem em relação ao terreno em que são depositados. Esses *erráticos glaciais*, repousando em localidades estranhas sem evidências óbvias de como foram parar lá, foram uma das primeiras pistas de que ocorreu remoção glacial em épocas em que a terra estava coberta de gelo (como ilustrado na Figura 17.11).

Os pedaços de rocha congelados nas camadas basais da geleira permitem que a massa de gelo raspe a paisagem como uma lixa ao se mover. Esse processo, chamado de **abrasão**, produz uma superfície lisa de rocha exposta, a qual brilha pelo polimento glacial quando a geleira recua (Figura 17.8). As rochas maiores na geleira agem como formões, sulcando a superfície subjacente e produzindo estrias glaciais paralelas à direção de fluxo.

Formas de relevo glacial

Erosão e deposição glacial produzem formas de relevo distintas que diferem grandemente daquelas antes da presença e do desaparecimento do gelo. Geleiras alpinas e mantos de gelo continentais produzem paisagens características, embora alguns relevos existam em ambos os tipos de ambiente glacial.

Relevos erosionais

Uma feição de relevo produzida pela remoção e abrasão glacial é a **rocha moutonnée**** ("rocha em carneiro", em francês), um ressalto assimétrico de substrato rochoso exposto. Esse relevo possui o lado a montante com suave inclinação, polido pela ação glacial, e um lado a jusante íngreme e abrupto, onde a geleira removeu pedaços de rocha (Figura 17.9).

Vales glaciais Os efeitos da glaciação alpina criaram os dramáticos relevos das montanhas Rochosas canadenses, dos Alpes suíços e dos picos do Himalaia. O geomorfólogo William Morris Davis representou os estágios de uma geleira de vale em desenhos publicados em 1906 e mostrados nas Figuras 17.10 e 17.11. O estudo dessas figuras revela a obra do gelo como um escultor nos ambientes montanhosos.

A Figura 17.10a mostra a forma em V de um vale típico cortado por corrente fluvial antes da glaciação. A Figura 17.10b mostra a mesma paisagem durante a glaciação subsequente. A erosão glacial remove ativamente grande parte do regolito (substrato rochoso intemperizado) e do solo que cobriam a paisagem de vales escavados por cursos d'água. Quando geleiras erodem vales paralelos, forma-se uma crista fina e afilada entre eles, chamada de **arestas** (arêtes em francês, o que significa "fio de faca"). Arestas também podem se formar entre circos (anfiteatros) adjacentes à medida que eles erodem em direção às cabeceiras. Dois circos erosivos podem

---
*N. de R.T.: *Glacial plucking* em inglês.

**N. de R.T.: Pronuncia-se [mutənê]; o termo não é traduzido e é assim grafado em vários idiomas.

(a) Domo Lembert, na área dos Tuolumne Meadows do Parque Nacional Yosemite, estado da Califórnia, EUA.

◀ **Figura 17.9 Rocha moutonnée.** [Autor.]

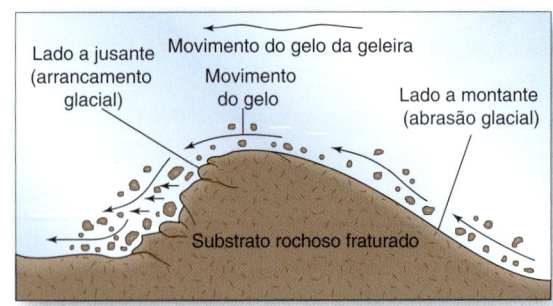

(b) Os processos de formação erosiva em ação no domo Lembert (a cor branca representa o gelo glacial).

reduzir uma aresta a uma depressão na forma de sela ou passo, formando um **colo**. Um **esporão*** (ou pico piramidal) resulta quando várias geleiras de anfiteatro escavam um cume individual de montanha por todos os lados. O mais famoso é o Matterhorn nos Alpes suíços, mas muitos outros ocorrem no mundo. Um **bergschrund** é uma fenda ou rachadura larga que separa o gelo estagnado daquele que está fluindo nas partes superiores de uma geleira ou em um circo. Bergschrunds frequentemente ficam cobertos de neve no inverno, mas ficam aparentes no verão quando essa cobertura derrete.

---

*N. de R.T.: *Horn* no original. Em espanhol, usa-se comumente "cuernos", como os "Cuernos del Paine" na Patagônia chilena. "Corno" não é um termo geomorfológico frequente na literatura técnica brasileira.

A Figura 17.11 mostra a mesma paisagem em um momento de clima mais quente, quando o gelo já retraiu. Os vales glaciados agora são em forma de U, muito modificados em relação a suas formas prévias em V moldadas por cursos d'água. O intemperismo físico resultante do ciclo congelamento-descongelamento enfraqueceu a rocha ao longo dos penhascos íngremes, onde ela caiu para formar *encostas de tálus* nos lados do vale. Nos circos onde as geleiras de vale se originaram, formaram-se pequenos lagos de montanha chamados **tarns**. Alguns circos contêm lagos pequenos, circulares e em degraus chamados **lagos paternoster** ("pai-nosso") por sua semelhança com contas de um rosário. Lagos pater-

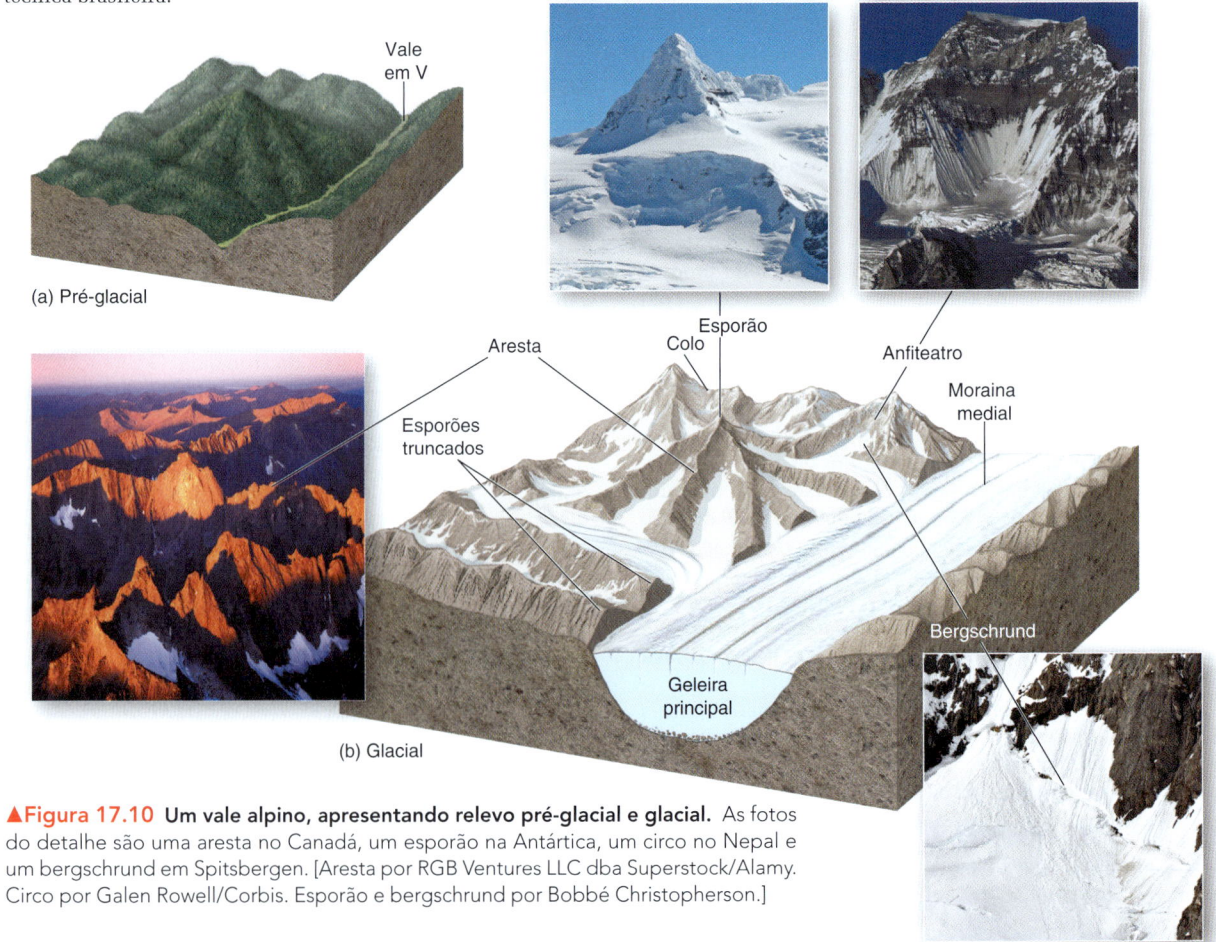

▲**Figura 17.10 Um vale alpino, apresentando relevo pré-glacial e glacial.** As fotos do detalhe são uma aresta no Canadá, um esporão na Antártica, um circo no Nepal e um bergschrund em Spitsbergen. [Aresta por RGB Ventures LLC dba Superstock/Alamy. Circo por Galen Rowell/Corbis. Esporão e bergschrund por Bobbé Christopherson.]

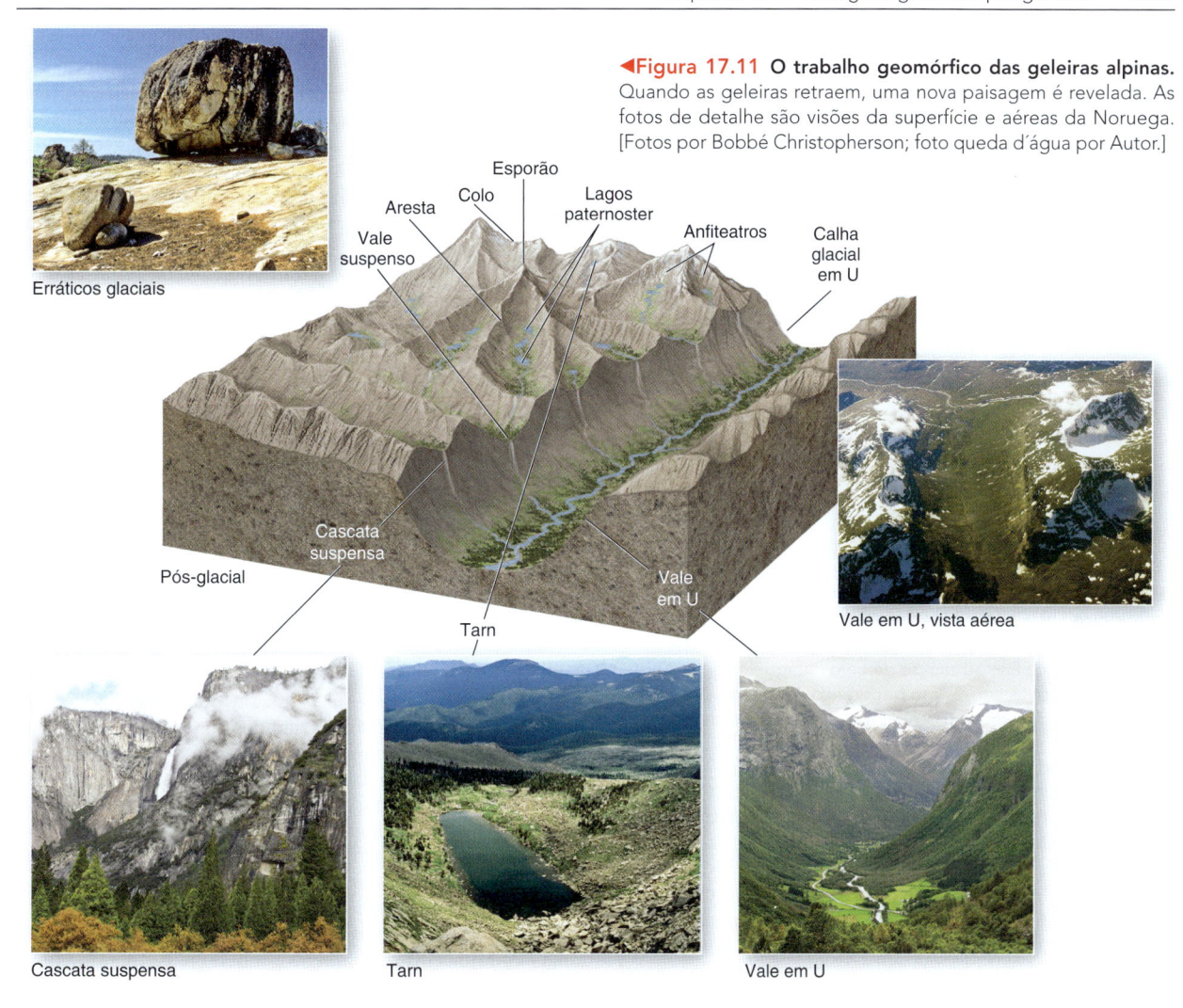

◄Figura 17.11 O trabalho geomórfico das geleiras alpinas. Quando as geleiras retraem, uma nova paisagem é revelada. As fotos de detalhe são visões da superfície e aéreas da Noruega. [Fotos por Bobbé Christopherson; foto queda d'água por Autor.]

noster podem ter se formado devido à resistência diferenciada das rochas aos processos glaciais ou pelo represamento por depósitos glaciais.

Em alguns casos, os vales escavados por geleiras tributárias são deixados bem acima do assoalho do vale porque a geleira primária erodiu o fundo do vale muito profundamente. Estes *vales suspensos* são locais de cascatas espetaculares. Quantas das formas erosionais das Figuras 17.10 e 17.11 você consegue identificar na Figura 17.12? (Procure arestas, colos, esporões, circos, geleiras de circo, vales em U e tarns.)

Fiordes Onde uma calha glacial intersecta o oceano, a geleira pode continuar a erodir a paisagem, mesmo abaixo do nível do mar. Quanto a geleira retrai, a calha é inundada e forma um **fiorde** profundo no qual o mar estende-se terra adentro, enchendo as partes mais baixas do vale de lados íngremes (Figura 17.13). O fiorde pode ser inundado ainda mais pela elevação do nível do mares ou por mudanças na elevação da região costeira. Ao longo de toda a costa glaciada do Alasca, as geleiras alpinas em recuo estão abrindo muitos fiordes novos que previamente estavam bloqueados pelo gelo. As linhas de costa com fiordes dignos de nota incluem aquelas da Noruega (Figura 17.14), da Groenlândia, do Chile, da ilha Sul da Nova Zelândia, do Alasca e da Colúmbia Britânica.

Fiordes também ocorrem nos bordos dos mantos de gelo do planeta. Na Groenlândia, o aumento das temperatu-

▲Figura 17.12 Feições erosivas de glaciação alpina. Quantas feições glaciais erosivas você consegue encontrar nesta foto dos montes Chugach, no Alasca? Vide Pensamento Crítico 17.1. [Bruce Molnia, USGS.]

▲Figura 17.13 **Fiordes no lado do Oceano Pacífico do campo de gelo Patagônico Sul, Chile.** Quando o gelo da geleira Penguin e do HPS 19 flui até os fiordes, provoca desprendimentos e forma icebergs. (HPS é o acrônimo de Hielo Patagónico Sur, ou campo de gelo Patagônico Sul, no sistema de numeração para geleiras sem nome geográfico.) O maior iceberg da imagem tem cerca de 2 km de largura. [Foto de astronauta da ISS da NASA.]

ras da água em alguns dos mais longos sistemas de fiordes do mundo parece estar acelerando as taxas de derretimento onde as geleiras se encontram com o mar. Na Antártica, o uso recente de radar que penetra no gelo identificou diversos fiordes sob o manto de gelo da Antártica, indicando que o manto de gelo atual tinha área menor antigamente.

PENSAMENTO Crítico 17.1
Procurando feições glaciais

Após tentar identificar feições glaciais na Figura 17.12, volte para as fotos de abertura do capítulo e para as Figuras 17.1 e 17.2, depois reexamine a Figura 17.12. Liste todas as formas glaciais que conseguir identificar nessas fotos. Além das geleiras em si, existe algum relevo erosional que aparece em todas as fotos? •

Relevos deposicionais

As geleiras transportam materiais em cima e dentro do gelo, produzindo depósitos de sedimentos não selecionados, a ação das correntes de água derretida na extremidade a jusante da geleira produz depósitos selecionados. O termo geral para todos os depósitos glaciais, tanto não selecionados como selecionados, é **drift glacial***.

Morainas Como mencionado anteriormente, quando uma geleira flui para uma elevação mais baixa, uma grande variedade de fragmentos rochosos é *mobilizada* (carregada)

---

*N. de R.T.: O termo *drift* não possui tradução, sendo assim grafado em vários idiomas; *drift glacial* significa pilha de detritos glaciais ou depósito glacial.

na sua superfície ou encravada dentro de sua massa ou em sua base. Quando a geleira derrete, os detritos não selecionados e não estratificados são depositados no solo como **till**, geralmente demarcando as antigas margens da geleira.

O depósito de sedimentos glaciais também produz uma classe de relevo chamada de **moraina**, a qual pode assumir várias formas. Em áreas que passaram por glaciações alpinas, **morainas laterais** são cristas compridas de till em ambos os lados de uma geleira. Se duas geleiras com morainas laterais se juntam, uma **moraina medial** (ou central) pode se formar (vide Figura 17.1). Em áreas anteriormente cobertas por apenas um grande manto de gelo, inexistem morainas laterais e mediais.

Morainas terminais acumulam-se no *término* da geleira, ou ponta final, sendo associadas à glaciação alpina e à de escala continental. Detritos erodidos soltos na extensão máxima da geleira formam uma **moraina terminal** (Figura 17.15). *Morainas recessionais* também podem estar presentes, tendo se formado em outros pontos onde uma geleira fez uma pausa após atingir um novo equilíbrio entre a acumulação e a ablação.

Planície de till Quando os mantos de gelo recuaram da sua extensão máxima, cerca de 18.000 anos atrás, durante a glaciação mais recente da América do Norte e Europa (ilustrada na Figura 17.25), deixaram relevos distintos que vemos hoje. Uma **planície de till**, também chamada de *moraina basal*, é um depósito de till que se forma atrás de uma moraina terminal quando a geleira recua, sendo geralmente bem espalhada pela superfície do solo, criando um relevo irregular, mas não as cristas características das demais morainas. Essas planícies geralmente ocultam o relevo anterior, sendo encontradas em partes do meio-oeste norte-americano. A Figura 17.16 ilustra feições deposicionais comuns associadas ao recuo de um manto de gelo continental.

Planícies de till são compostas por till grosso, têm relevo baixo e ondulado e possuem um padrão de drenagem desorganizado que inclui terras úmidas dispersas (Figura 17.16b; veja também a Figura 15.5g). Feições comuns das planícies de till são os **drumlins**, colinas de till depositado

▲Figura 17.14 **Fiorde norueguês.** O sedimento carregado pelo escoamento é visível neste fiorde, preenchendo um vale em U escavado glacialmente. [Bobbé Christopherson.]

▲Figura 17.15 **Moraina terminal.** Uma moraina terminal de till não selecionado forma a ilha Isispynten, parte do arquipélago Svalbard, no Oceano Ártico; a moraina está a mais de um quilômetro da calota de gelo atual. [Bobbé Christopherson.]

que são alinhadas com a direção do movimento do manto de gelo, com a extremidade arredondada a montante e a extremidade afilada a jusante. A forma de um drumlin às vezes lembra a cavidade de uma colher de chá virada de boca para baixo. Drumlins múltiplos, conhecidos como *"enxames" de drumlins*, ocorrem ao longo da paisagem em partes dos estados de Nova York e Wisconsin nos EUA, entre outras áreas (Figura 17.17).

Drumlins podem atingir comprimentos de 100-5000 m e altura de até 200 m. Embora tenham forma semelhante à de uma rocha moutonnée erosional, um drumlin* é uma feição deposicional com uma extremidade arredondada, ou íngreme, a montante e uma extremidade afilada a jusante. A Figura 17.17a mostra uma parte de um mapa topográfico de uma área ao sul de Williamson, no estado de Nova York (EUA). Você consegue identificar os diversos

---

*N. de R.T.: Pronuncia-se [drum'lin]; o termo não é traduzido e é assim grafado em vários idiomas.

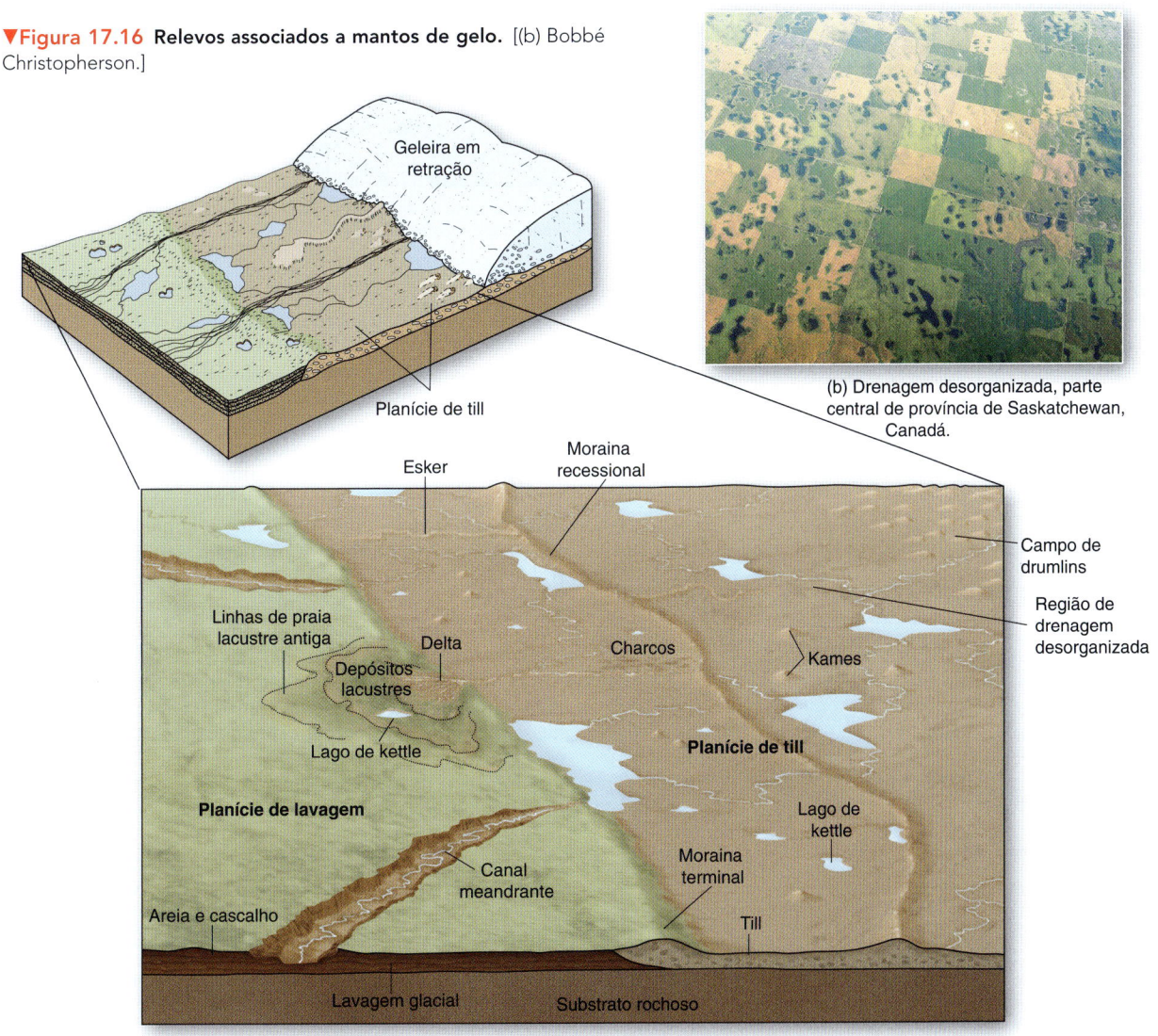

▼Figura 17.16 **Relevos associados a mantos de gelo.** [(b) Bobbé Christopherson.]

(b) Drenagem desorganizada, parte central de província de Saskatchewan, Canadá.

(a) Formas de relevo deposicionais comuns produzidas por geleiras continentais.

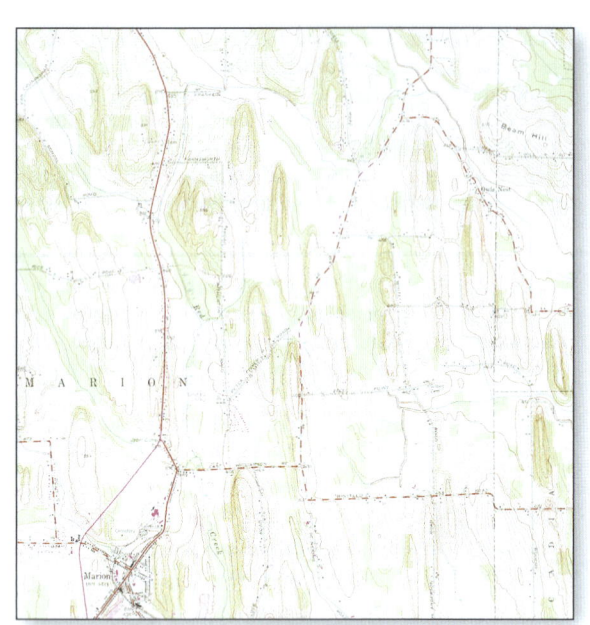

◀Figura 17.17 **Drumlins.**
[(a) Mapa do USGS.
(b) Bobbé Christopherson.]

(a) Mapa topográfico do sul de Williamson, perto de Marion, no estado de Nova York (EUA), apresentando muitos drumlins (mapa de quadrícula de 7,5 minutos, originalmente confeccionado na escala 1:24.000; intervalo de contorno de 10 pés).

(b) Visão aérea de enxame de drumlins; os drumlins com cobertura vegetal são os mais visíveis.

drumlins no mapa? Em que direção você acha que os mantos de gelo moveram-se nesta região?

Lavagem glacial Além do término glacial, a água de derretimento corre a jusante e é normalmente de cor leitosa devido à carga de sedimento de materiais de grão fino, às vezes chamada de "farinha de rocha". Esse fluxo de água de derretimento ocorre quando a geleira está recuando, ou em qualquer período de ablação; o volume do fluxo é mais alto nos meses quentes do verão.

Os sedimentos depositados pela água de degelo glacial são selecionados por tamanho, tornando-se **drift estratificado**. A seleção advém do efeito combinado dos processos *glaciofluviais* (glaciais e fluviais) – a água corrente seleciona os sedimentos de acordo com o tamanho, frequentemente com as partículas maiores desgarrando-se da carga de sedimento mais perto do término glacial (formando um leque aluvial) e as partículas menores sendo levadas mais adiante a jusante. Esses sedimentos glaciofluviais são também estratificados, com sedimentos depositados em camadas.

A área de deposição de sedimentos além do término glacial pode formar uma extensa **planície de lavagem**, também chamada de *sandur* (um termo originado na Islândia). As planícies de lavagem apresentam canais fluviais entrelaçados (ou anastomosado), que geralmente se formam quando os cursos d'água carregam uma grande carga de sedimentos. Quando o material é movimentado e depositado por córregos glaciais em um vale, como no término de geleiras de vale, a lavagem forma um *depósito de trilha de vale*. A geleira Peyto, em Alberta, Canadá, gerou um depósito desses, composto principalmente de areia e cascalho. Hoje, essa geleira está recuando ativamente a partir do lago Peyto (a geleira está na extrema esquerda da Figura 17.18). A geleira Peyto tem experimentado perdas de gelo enormes desde 1966 e está em retração devido à ablação crescente e ao decréscimo de acumulação relacionados à mudança climática.

Um relevo típico que é composto de lavagem glacial, mas situa-se em uma planície de till, é uma crista estreita e sinuosa de areia grossa e cascalho chamada de **esker***.

▲Figura 17.18 **Sequência de depósitos de trilha de vale.** Observe os canais distributários do canal entrelaçado e a água de derretimento glacial de cor leitosa embaixo da geleira Peyto, província de Alberta, Canadá. [Autor.]

---

*N. de R.T.: Pronuncia-se [es'kər]; o termo não é traduzido e é assim grafado em vários idiomas.

O esker se forma ao longo de canais de corrente de água de degelo que fluem embaixo de uma geleira, em um túnel de gelo ou entre as paredes de gelo. Quando a geleira retrai, o esker de lados íngremes é deixado para trás em um padrão aproximadamente paralelo ao trajeto da geleira (Figura 17.16). A crista pode não ser contínua e em alguns lugares aparecer ramificada, seguindo o caminho determinado pelo curso d'água subglacial. Depósitos de areia e cascalho com valor comercial são minerados em alguns eskers.

Outra feição composta de depósitos glaciofluviais é o **kame***, uma pequena colina, calombo ou montículo de areia e cascalho selecionados que são depositados pela água na superfície de uma geleira (por exemplo, após terem sido recolhidos em uma fenda), ficando na superfície terrestre após a geleira recuar. Kames também podem ser encontrados em formas deltaicas, depósitos de material que formam deltas nas bordas de lagos glaciais, e em terraços ao longo dos paredões dos vales.

Algumas vezes, um bloco isolado de gelo, possivelmente com mais de um quilômetro de extensão, permanece em uma moraina basal, em uma planície de lavagem glacial ou em um fundo de um vale após a retração da geleira. Até 20 ou 30 anos são necessários para derretê-lo. No ínterim, material continua a se acumular ao redor do bloco de gelo em derretimento. Quando o bloco finalmente derrete, ele deixa um buraco de paredes íngremes que frequentemente se enche de água, formando um **kettle****, também chamado de *lago de kettle*. O famoso lago Walden de Thoreau***, em Massachusetts, é um kettle glacial.

Paisagens periglaciais

Em 1909, o geólogo polonês Walery von Lozinski criou o termo **periglacial** para descrever processos de intemperismo por congelamento e o despedaçamento da rocha por congelamento-descongelamento nas montanhas dos Cárpatos. Hoje, o termo é usado para descrever lugares onde ocorrem processos geomórficos relacionados a água congelada. Essas regiões periglaciais ocupam mais de 20% da superfície emersa da Terra. Paisagens periglaciais em latitudes altas possuem cobertura de gelo quase permanente; nas altas elevações em latitudes baixas, essas paisagens ficam sazonalmente sem neve. Essas regiões situam-se nas zonas climáticas *subárticas* e *polares*, especialmente no clima de *tundra*, em latitudes altas ou em montanhas altas de latitudes baixas (ambientes alpinos; revise os tipos de clima no Capítulo 10).

Permafrost e sua distribuição

Quando a temperatura do solo, do sedimento ou da rocha permanece abaixo de 0°C por pelo menos 2 anos, o

---

*N. de R.T.: Pronuncia-se [kêm]; o termo não é traduzido e é assim grafado em vários idiomas.

**N. de R.T: Pronuncia-se [ket'əl]; o termo não é traduzido e é assim grafado em vários idiomas.

***N. de R.T: O autor refere-se ao ensaísta, poeta e precursor do ambientalismo Henry David Thoreau 1817–1862, autor da famosa obra "A Desobediência Civil".

permafrost (solo permanentemente congelado) se desenvolve. Uma área de permafrost não coberta por geleiras é considerada periglacial; a maior extensão dessas terras fica na Rússia (Figura 17.19). Aproximadamente 80% do Alasca tem permafrost sob sua superfície, assim como partes do Canadá, da China, da Escandinávia, da Groenlândia e da Antártica, além das regiões de montanha alpina do mundo. Note que o critério para a designação de permafrost se baseia unicamente na *temperatura*, sem relação com o volume de água presente. Outros dois fatores além da temperatura também contribuem para as condições e a ocorrência de permafrost: a presença de permafrost fóssil de condições prévias da idade do gelo e o efeito de isolamento da cobertura de neve ou da vegetação que inibe a perda de calor.

Zonas contínuas e descontínuas As regiões de permafrost são divididas em duas categorias gerais: contínua e descontínua, as quais unem-se ao longo de uma zona transicional geral. O *permafrost contínuo* está na região de frio mais severo e é perene, ocorre em direção ao polo aproximadamente a partir da isoterma de temperatura anual média de −7°C (área branca na Figura 17.19). Ele afeta todas as superfícies, exceto aquelas debaixo de lagos profundos

Legenda:
- Permafrost submarino
- Permafrost contínuo
- Permafrost descontínuo
- Permafrost alpino

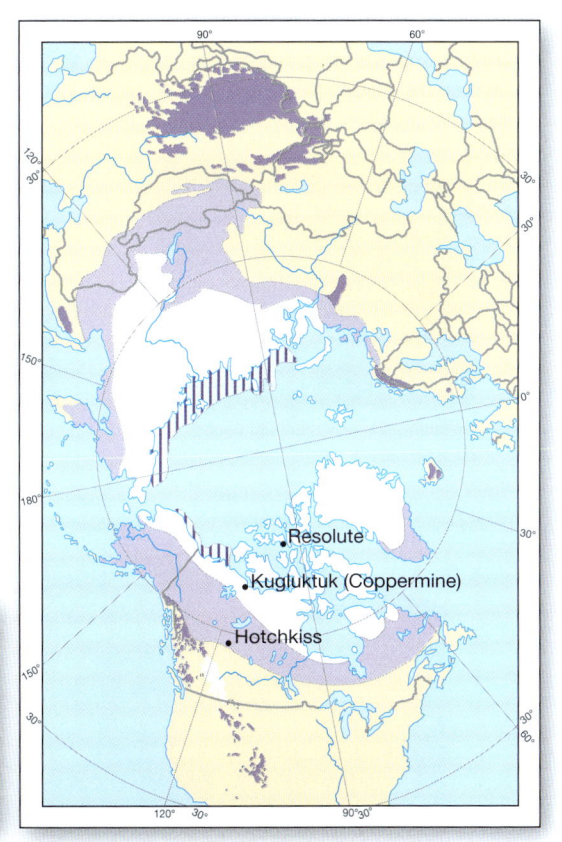

▲**Figura 17.19 Distribuição do permafrost.** Distribuição do permafrost no Hemisfério Norte. O permafrost alpino é identificado, exceto para pequenas ocorrências no Havaí, no México, na Europa e no Japão. Permafrost submarino ocorre no fundo do Oceano Ártico ao longo das margens dos continentes, como mostrado. Note os povoados de Resolute e Kugluktuk (Coppermine) em Nunavut (antigamente parte dos Territórios do Noroeste) e Hotchkiss, em Alberta. Uma seção transversal do permafrost abaixo desses povoados é mostrada na Figura 17.20. [Adaptado de T. L. Péwé, "Alpine permafrost in the contiguous United States: A review," *Arctic and Alpine Research* 15, no. 2 (May 1983): 146. © University of Colorado. Reproduzido com permissão.]

e rios. A profundidade do permafrost contínuo tem média aproximada de 400 m, podendo ultrapassar 1000 m.

Partes desconectadas de *permafrost descontínuo* gradualmente coalescem em direção ao polo, indo da isoterma de –1°C de temperatura anual média (área violeta da Figura 17.19) até a zona contínua. Em contraste, dessa isoterma para o equador, o permafrost torna-se disperso ou esporádico até desaparecer gradualmente. Na zona descontínua do Hemisfério Norte, o permafrost está ausente nas faces sul expostas ao Sol, em áreas de solo quente ou em áreas isoladas pela neve. No Hemisfério Sul, as encostas viradas para o norte experimentam mais calor.

As zonas de permafrost descontínuo são as mais suscetíveis ao descongelamento com a mudança climática. Solos afetados ricos em turfa (Gelisols e Histosols, discutidos no Capítulo 18) contêm praticamente o dobro do carbono que atualmente está na atmosfera, criando uma poderosa retroalimentação positiva à medida que esses solos descongelam e a oxidação libera mais dióxido de carbono na atmosfera. Além disso, as perdas de carbono a partir dos solos em descongelamento superam todos os aumentos de absorção de carbono que as condições mais quentes e os níveis mais altos de dióxido de carbono criam, fazendo do descongelamento do permafrost uma fonte importante de gases de efeito estufa. (Releia o *Geossistemas Hoje* do Capítulo 11.)

Comportamento do permafrost

A Figura 17.20 mostra uma seção transversal de uma região periglacial no norte do Canadá, estendendo-se de aproximadamente 75° N a 55° N através dos três locais situados no mapa da Figura 17.19. A zona de solo sazonalmente congelado que existe entre a camada de permafrost subsuperficial e a superfície do solo é chamada de **camada ativa** e está sujeita a ciclos regulares de congelamento-descongelamento diário e sazonal. Esse derretimento cíclico da camada ativa afeta apenas os primeiros 10 cm de profundidade no norte da região periglacial (Ilha Ellesmere, 78° N), até 2 m nas margens meridionais (55° N) da região periglacial e 15 m no permafrost alpino das montanhas Rochosas do estado do Colorado, EUA (40° N).

O permafrost se ajusta ativamente a condições climáticas em modificação: temperaturas mais altas reduzem a espessura do permafrost e aumentam a espessura da camada ativa; temperaturas mais baixas gradualmente aumentam a espessura do permafrost e reduzem a espessura da camada ativa. Embora um pouco lenta na resposta, a camada ativa é um sistema dinâmico aberto impulsionado por ganhos e perdas de energia no ambiente de subsuperfície.

Com as temperaturas crescentes registradas no Ártico canadense e siberiano desde 1990, mais perturbações das superfícies de permafrost estão ocorrendo – gerando danos nas autoestradas, nas ferrovias e nas construções. Na Sibéria, muitos lagos desapareceram na região de permafrost descontínuo pois o degelo do permafrost abre caminho para a drenagem subsuperficial; porém, na região contínua, formaram-se novos lagos, pois os solos degelados ficaram

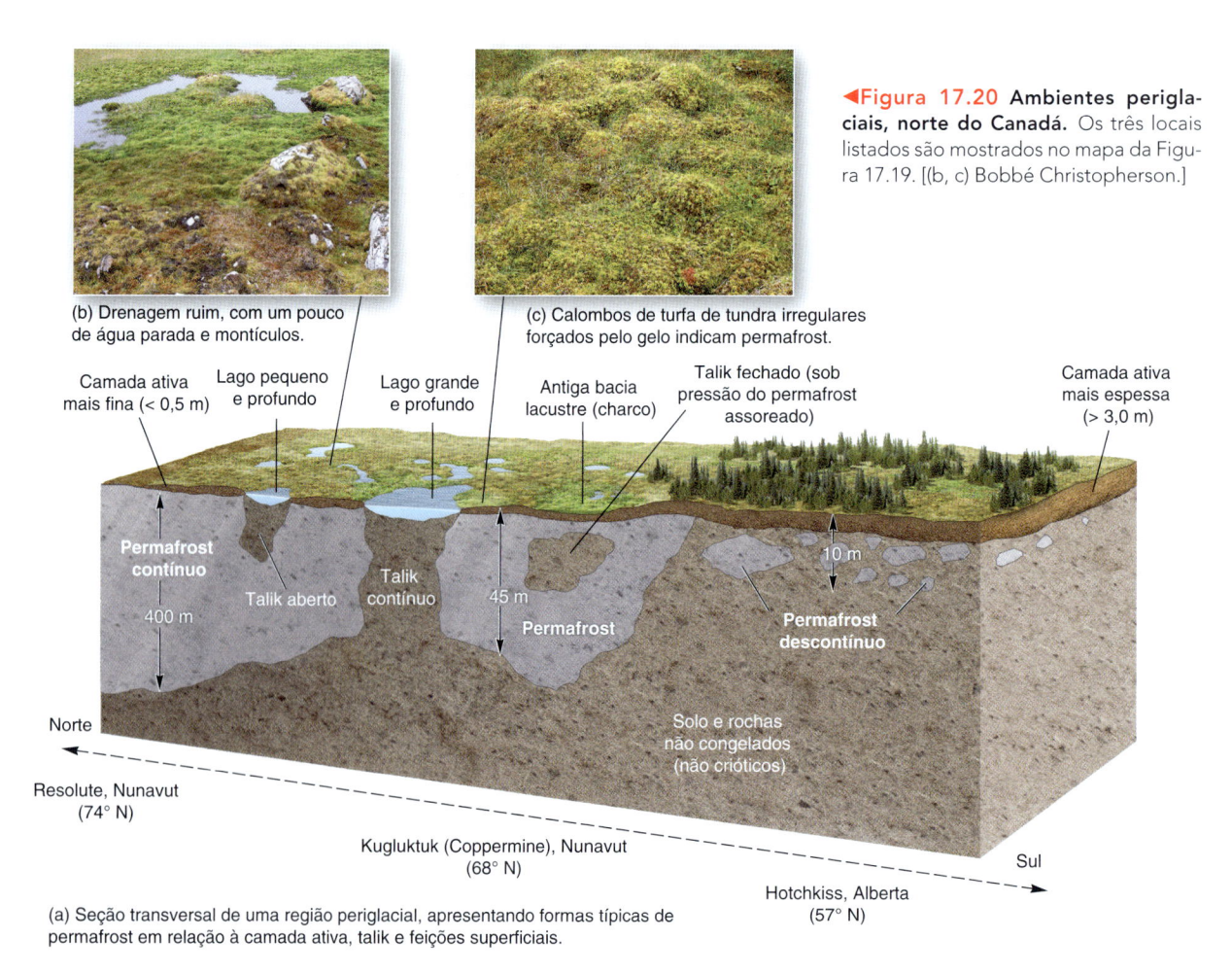

◄ **Figura 17.20 Ambientes periglaciais, norte do Canadá.** Os três locais listados são mostrados no mapa da Figura 17.19. [(b, c) Bobbé Christopherson.]

(b) Drenagem ruim, com um pouco de água parada e montículos.

(c) Calombos de turfa de tundra irregulares forçados pelo gelo indicam permafrost.

(a) Seção transversal de uma região periglacial, apresentando formas típicas de permafrost em relação à camada ativa, talik e feições superficiais.

saturados d'água. No Canadá, centenas de lagos desapareceram devido à evaporação excessiva para o ar em aquecimento. Estas tendências são mensuráveis em imagens de satélite.

Um *talik* é uma área de solo descongelado que pode ocorrer acima, abaixo ou dentro de um corpo de permafrost descontínuo ou abaixo de um corpo d'água em regiões de permafrost contínuo. Taliks ocorrem abaixo de lagos profundos e podem estender-se até o substrato rochoso e aos solos não crióticos sob grandes lagos profundos (ver Figura 17.20). Taliks em áreas de permafrost descontínuo formam conexões entre a camada ativa e a água subterrânea, enquanto no permafrost contínuo a água subterrânea é essencialmente separada da água de superfície. Dessa forma, o permafrost perturba aquíferos e interrompe taliks, levando a problemas de suprimento de água.

Processos periglaciais

Nas regiões de permafrost, a água subterrânea congelada é chamada de **gelo de solo**. A quantidade de gelo de solo presente varia com o teor de umidade, indo de uma pequena porcentagem na regiões mais secas até quase 100% em regiões de solo saturado. A presença de água congelada no solo inicia processos geomórficos associados à *ação do congelamento*.

Processos de ação de congelamento A expansão de 9% da água quando ela congela gera poderosas forças mecânicas que fraturam rochas e alteram o solo na superfície ou abaixo dela. Se água suficiente congela, o solo e a rocha saturados estão sujeitos ao *levantamento* (movimento vertical) e ao *empurrão* (movimento horizontal) por congelamento. Matacões e lajes de rocha podem ser empurrados para a superfície. Horizontes do solo (camadas) podem ser interrompidos pela ação de congelamento e parecerem mexidos ou perturbados. A ação de congelamento também pode produzir contrações no solo e na rocha, abrindo gretas em que cunhas de gelo podem ser formar.

Uma *cunha de gelo* desenvolve-se quando a água entra em uma greta no permafrost e congela (Figura 17.21). Uma contração térmica em solo rico em gelo forma uma rachadura cônica – mais larga no topo, estreitando-se em direção ao fundo. O congelamento e o derretimento sazonais repetidos aumenta progressivamente a cunha, podendo ela ir de poucos milímetros até 5-6 m de largura e atingir até 30 m de profundidade. O alargamento pode ser pequeno a cada ano, mas depois de muitos anos a cunha pode tornar-se expressiva, como na Figura 17.21c.

Em algumas regiões periglaciais, a expansão e a contração pela ação de congelamento provocam o movimento de partículas de solo, pedras e pequenos matacões em formas

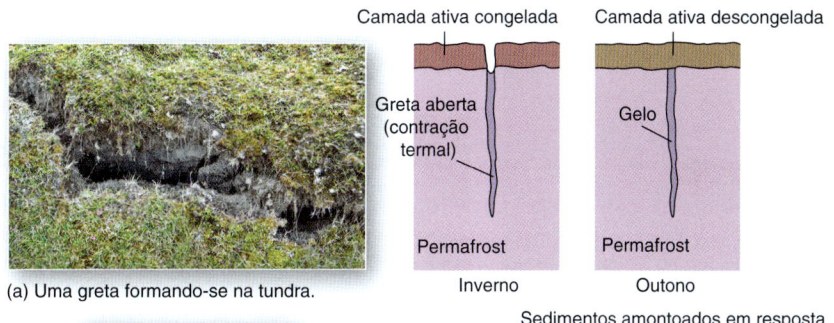

(a) Uma greta formando-se na tundra.

(c) Um exemplo de cunha de gelo e gelo de solo no norte do Canadá.

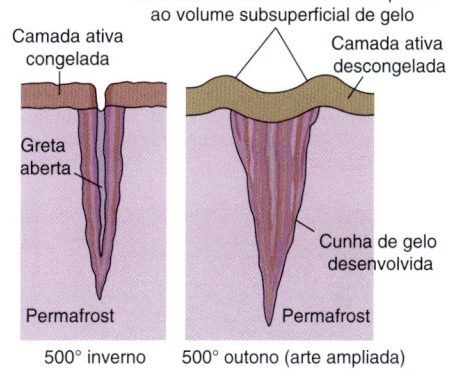

(b) Em um intervalo de centenas de anos, a greta torna-se uma cunha de gelo

▲**Figura 17.21 Evolução de uma cunha de gelo.** Ilustração sequencial da formação de uma cunha de gelo. [(a) Bobbé Christopherson. (b) Ilustração adaptada de A. H. Lachenbruch, "Mechanics of thermal contraction and ice-wedge polygons in permafrost," *Geological Society of America Bulletin Special Paper 70* (1962). (c) H. M. French.]

distintas chamadas de **solo estruturado*** (Figura 17.22). Esse processo de congelamento-descongelamento ocasiona uma auto-organização em que pedras vão para domínios de pedras (áreas ricas em pedras) e partículas de solo vão para domínios de solo (áreas ricas em solo). Os polígonos com centro em pedras da Figura 17.22b indicam maiores concentrações de pedra, e os polígonos com centro em solos da Figura 17.22c indicam maiores concentrações de partículas de solo, com menos disponibilidade de pedras. Solos estruturados podem levar séculos para se formar. O ângulo de inclinação também afeta a conformação – inclinações maiores geram padrões em listras, ao passo que inclinações menores resultam em polígonos ordenados.

Essas redes de polígonos em solos estruturados oferecem evidências de água congelada no subsolo de Marte (Figura 17.22d). Nesta imagem de 1999, o *Mars Global Surveyor* detectou uma região com essas feições nas planícies setentrionais de Marte. Até hoje, cerca de 600 locais em Marte mostram tal solo estruturado. Em 2008, quando a sonda espacial *Phoenix* aterrissou no meio de uma planície ártica marciana coberta de formas poligonais, a aeronave escavou a superfície de Marte e verificou a presença de água sob a forma de gelo de solo.

Processos em encostas: gelifluxão e soliflução A drenagem do solo é pobre em áreas de permafrost e gelo de solo.

---

*N. de R.T.: *Pattern grounds* em inglês. Na literatura técnica na língua portuguesa, usa-se frequentemente "padrão poligonal" para referir-se a esse tipo de solo.

◀ **Figura 17.22 Fenômenos de terreno em padrão regular.** [(a) Cortesia de Joan Myers. (b), (c) Bobbé Christopherson. (d) Malin Space Science Systems.]

(a) Solo com padrão poligonal no vale Beacon dos Vales Secos de McMurdo na Antártica Oriental.

(b) Polígonos e círculos (cerca de 1 m de diâmetro) em uma área dominada por pedras na ilha Nordaustlandet, Oceano Ártico.

(c) Polígonos e círculos em uma área dominada por solo, ilha Spitsbergen.

(d) Em Marte, polígonos de 100 m de diâmetro nas planícies setentrionais.

A camada ativa do solo e o regolito estão saturados com a umidade do solo durante o ciclo de degelo (verão), e toda a camada começa a fluir de elevações mais altas para as mais baixas mesmo que a paisagem seja pouco inclinada. Esse fluxo de solo é chamado, em geral, de *solifluxão*. Na presença de gelo de solo ou permafrost, o termo mais específico *gelifluxão* é usado. Neste tipo de fluxo de solo forçado pelo gelo, um movimento de até 5 cm por ano pode ocorrer em declives suaves de um ou dois graus.

O efeito acumulativo deste fluxo pode ser um aplainamento geral de uma paisagem ondulada, combinada com superfícies vergadas identificáveis e padrões encurvados e lobulosos nos movimentos do solo encosta abaixo. Outros tipos de movimento de massa periglacial incluem a ruptura na camada ativa, produzindo deslizamentos de transladação e rotatórios e fluxos rápidos associados com o derretimento do gelo de solo. Os processos de movimento de massa periglacial estão relacionados à dinâmica das vertentes e aos processos discutidos no Capítulo 14.

Seres humanos e as paisagens periglaciais

Em áreas de permafrost, as pessoas deparam-se com certos problemas relacionados ao relevo e aos fenômenos periglaciais. Como o terreno descongelado acima da zona de permafrost frequentemente se desloca, estradas e linhas ferroviárias podem ser empenadas ou torcidas, e as redes de serviços essenciais são interrompidas. Além disso, qualquer edificação situada diretamente sobre solo congelado irá "derreter" (subsidir) para dentro do solo em descongelamento (Figura 17.23).

Nas regiões periglaciais, as estruturas precisam ser suspensas um pouco acima do solo para permitir que o ar circule por baixo delas. O fluxo de ar permite que o chão siga seu ciclo normal do padrão de temperatura anual. Serviços essenciais, como tubulação de água e esgoto, devem ser construídos acima da superfície em corredores de galeria para protegê-los do congelamento e descongelamento do solo. O oleoduto Trans-Alasca foi construído acima da superfície sobre cavaletes em 675 dos seus 1285 km de extensão para evitar o derretimento do solo congelado, o que causaria deslocamentos que poderiam romper o duto (Figura 17.24). A parte subterrânea do oleoduto utiliza um sistema de refrigeração para manter estável o permafrost ao redor dele.

A Época Pleistocênica

Imagine quase um terço da superfície emersa do planeta soterrada sob mantos de gelo e geleiras – a maior parte no Canadá, no meio-oeste norte americano, na Inglaterra, no norte da Europa e em muitas cadeias de montanhas – por milhares de metros de gelo. Isso ocorreu no auge da Época Pleistocênica, no fim da Era Cenozoica (vide Capítulo 12, Figura 12.1). Nessa última idade do gelo, regiões periglaciais nas margens do gelo cobriam aproximadamente o dobro da área das regiões periglaciais de hoje.

GEOrelatório 17.3 Ciclos de retroalimentação da exploração de combustíveis fósseis ao degelo do permafrost

Os períodos mais longos de degelo da camada ativa da tundra do Alasca reduziram o número de dias por ano em que os equipamentos de exploração de petróleo podem operar. Antigamente, o solo congelado perdurava por mais de 200 dias, permitindo que as pesadas plataformas e caminhões trabalhassem sobre a superfície sólida. Com o aumento do degelo e as superfícies macias e instáveis, a exploração hoje é restrita a somente 100 dias por ano. Considere essa tendência a partir de uma abordagem sistêmica: a exploração é de combustíveis fósseis que, quando queimados, aumentam os níveis de dióxido de carbono na atmosfera, que intensificam o aquecimento pelo efeito estufa, que eleva as temperaturas e gera degelo do permafrost, que diminui o número de dias para explorar combustíveis fósseis – uma retroalimentação negativa no sistema.

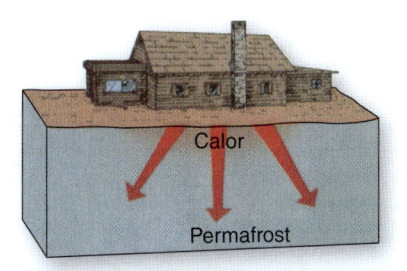

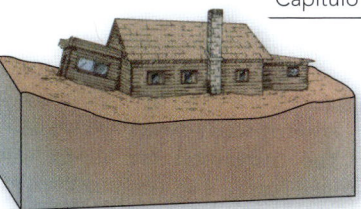

Figura 17.23 Degelo do permafrost e desabamento de estruturas. Colapso de edificação devido à construção imprópria quando o permafrost degela, ao sul de Fairbanks, Alasca. [Adaptado de USGS: foto de Steve McCutcheon; baseado no panfleto "Permafrost" do U. S. Geological Survey, de L. L. Ray.]

Acredita-se que a Época Pleistocênica tenha iniciado há cerca de 2,5 milhões de anos, sendo um dos períodos de frio mais prolongados da história da Terra. Como discutido no Capítulo 11, o termo **idade do gelo**, ou *idade glacial*, é aplicado a qualquer período prolongado de frio (e não a um período de frio breve e único) e, em alguns casos, pode durar vários milhões de anos. Uma idade do gelo inclui um ou mais *glaciais*, caracterizados por avanço glacial, interrompidos por breves períodos quentes conhecidos como *interglaciais*. O Pleistoceno não é caracterizado apenas por um avanço e recuo glacial, mas por pelo menos 18 expansões de gelo sobre a Europa e a América do Norte*, cada uma destruindo e embaralhando as evidências da anterior. Aparentemente, uma glaciação dura cerca de 100.000 anos, enquanto a deglaciação é rápida, exigindo aproximadamente menos de 10.000 anos para que a acumulação derreta.

Paisagens da Idade do Gelo

Os mantos de gelo continentais que cobriram partes do Canadá, dos Estados Unidos, da Europa e da Ásia há aproximadamente 18.000 anos são ilustrados nos mapas da Figura 17.25. A espessura dos mantos de gelo variou, atingindo mais de 2 km. Na América do Norte, os sistemas dos rios Ohio e Missouri marcam o limite meridional de gelo contínuo no momento de sua maior extensão durante o Pleistoceno. O manto de gelo desapareceu por volta de 7.000 anos atrás.

Quando as geleiras da última idade do gelo recuaram, elas expuseram uma paisagem drasticamente alterada: os solos rochosos da Nova Inglaterra, as superfícies polidas e marcadas das províncias canadenses da costa atlântica, as cristas afiadas da cadeia Sawtooth e dos Tetons de Idaho e do Wyoming, o panorama das Rochosas canadenses e da Serra Nevada, os Grandes Lagos dos Estados Unidos e Canadá, o Matterhorn da Suíça e muito mais. No Hemisfério Sul, há evidências dessa idade do gelo sob a forma de fiordes e montanhas esculpidas na Nova Zelândia e no Chile.

A glaciação continental ocorreu várias vezes sobre a região que conhecemos como os Grandes Lagos (Figura 17.26). O gelo aumentou e aprofundou vales fluviais para formar as bacias dos futuros lagos. Essa história complexa produziu cinco lagos que hoje cobrem 244.000 km^2 e armazenam cerca de 18% de toda a água lacustre da Terra. A Figura 17.26 mostra a sequência final da formação dos atuais Grandes Lagos, que envolveu dois estágios de avanço e dois estágios de recuo – entre 13.200 e 10.000 anos antes do presente. Na retração final, tremendas quantidades de água de degelo glacial fluíram para as bacias isostaticamente deprimidas – isto é, bacias que foram rebaixadas pelo peso do gelo. A drenagem primeiramente foi para o rio Mississipi, via o rio Illinois, para o rio São Lourenço via o rio Ottawa e para o rio Hudson a leste. Mais recentemente, a drenagem se dá apenas pelo sistema do rio São Lourenço.

O nível médio dos mares 18.000 anos atrás era aproximadamente 100 m mais baixo do que é hoje porque muita água da Terra estava congelada em geleiras. Imagine o litoral de Nova York 100 km mais a leste, o Alasca e a Rússia ligados por terra pelo estreito de Bering e a Inglaterra e a França unidas por um istmo. Na verdade, o gelo marinho se estendia para o sul no Atlântico Norte e no Pacífico, e para o norte no Hemisfério Sul, cerca de 50% mais distante do que hoje.

Paleolagos

Entre 12.000 e 30.000 anos atrás, o oeste norte-americano era pontilhado por grandes e antigos lagos – os chamados **paleolagos**, ou *lagos pluviais* (Figura 17.27). O termo *plu-*

Figura 17.24 Oleoduto Trans-alasca. O oleoduto tem 1,2 m de diâmetro, apoiando-se sobre estruturas em média a 1,5–3,0 m acima do solo para evitar o degelo do permafrost. [a96/Zuma Press/Newscom.]

---

*N. de R.T.: E também na América do Sul, Antártica, Himalaia e Nova Zelândia.

◀ **Figura 17.25 Extensão da glaciação do Pleistoceno.** Episódios anteriores resultaram em mantos de gelo de extensão ligeiramente maior. Note a espessura dos mantos de gelo continentais na América do Norte (em metros). [De A. McIntyre, CLIMAP (Climate: Long-Range Investigation, Mapping and Prediction) Project, Lamont-Doherty Earth Observatory. © 1981 pela GSA. Adaptado com permissão.]

a) 18.000 anos atrás

(c) 9.000 anos atrás

(b) Perspectiva polar, 18.000 anos atrás

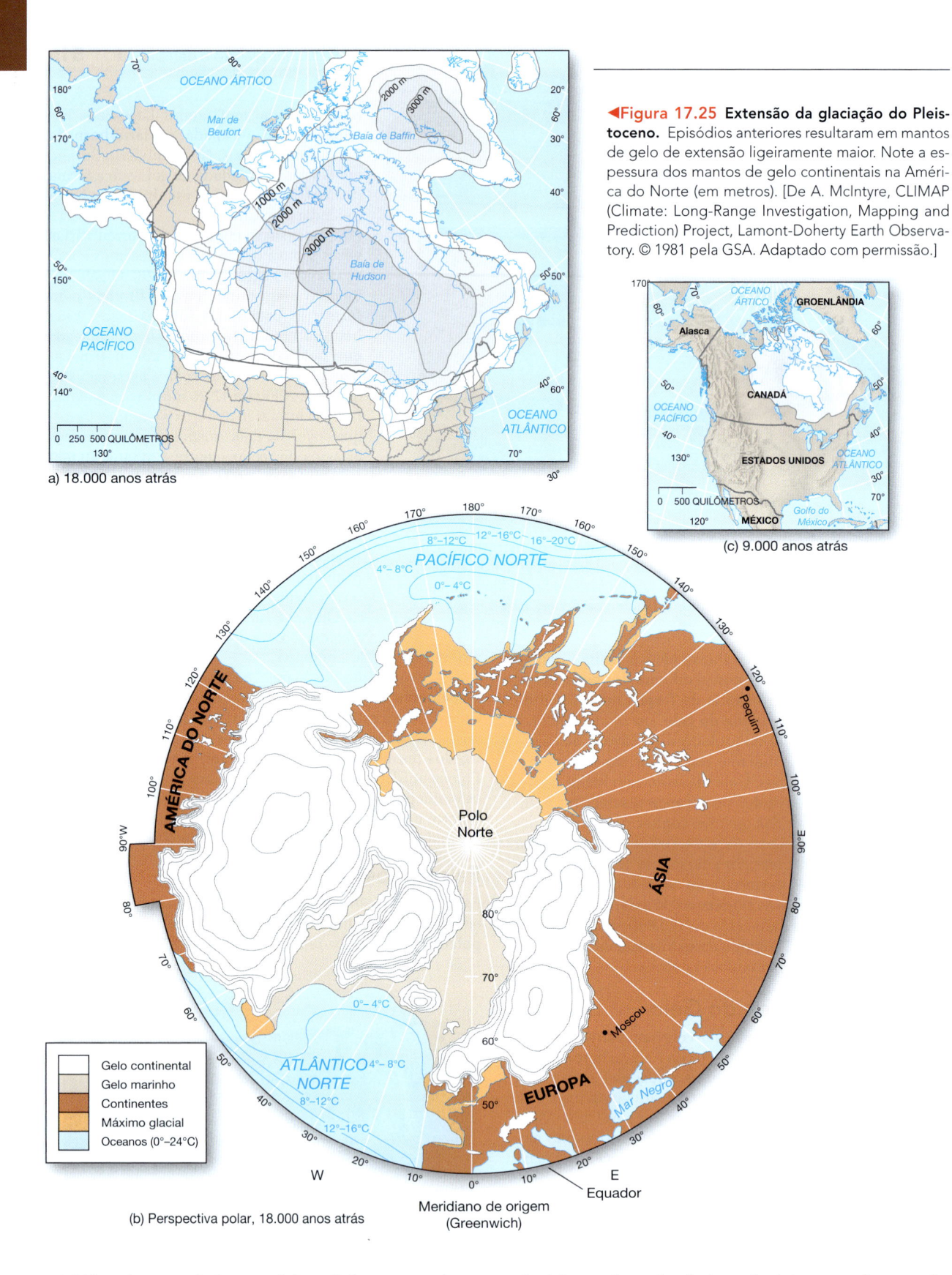

vial (da palavra em latim para "chuva") descreve qualquer período extenso de condições úmidas, como aquele que ocorreu durante a época pleistocênica. Em períodos pluviais em regiões áridas, o nível dos lagos cresce em bacias fechadas de drenagem interna. Os períodos mais secos entre os pluviais são chamados de *interpluviais* e marcados com **depósitos lacustres**, que são sedimentos de lagos que formam terraços ao longo de linhas de praia. Exceto para o Grande Lago Salgado no estado de Utah, nos EUA (um remanescente do antigo Lago Bonneville; Figura 17.27a) e alguns lagos menores, só bacias secas, linhas de costa antigas e sedimentos lacustres permanecem hoje.

Os cientistas já tentaram correlacionar eventos pluviais e glaciais, dada a coincidência entre eles durante o Pleistoceno. No entanto, poucos sítios realmente demonstram uma relação direta. Por exemplo, no oeste dos Estados Unidos, o volume estimado de gelo derretido das geleiras é apenas uma pequena parte do volume real de água que estava nos paleolagos. Além disso, esses lagos tendem a preceder períodos glaciais e, em vez disso, estão correlacionados com períodos de clima mais úmido ou períodos que talvez tenham tido menores taxas de evaporação.

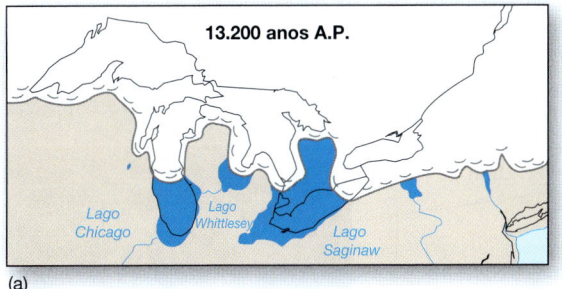

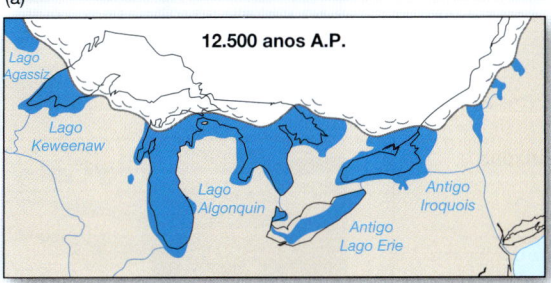

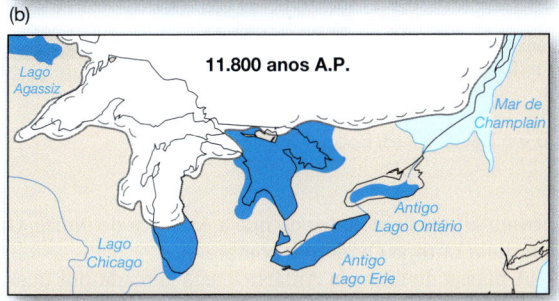

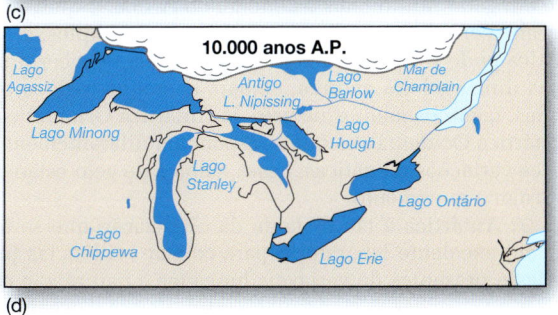

Paleolagos existiram na América do Norte e do Sul, África, Ásia e Austrália. Hoje, o mar Cáspio, no Cazaquistão e sul da Rússia, está 30 m abaixo do nível médio global dos mares, mas as linhas de praias antigas são visíveis cerca de 80 m acima do nível atual. Na América do Norte, os dois maiores lagos do Pleistoceno tardio foram o lago Bonneville e o lago Lahontan, localizados na província Basin and Range do oeste dos Estados Unidos. Esses dois lagos eram muito maiores do que seus resquícios atuais.

O Grande Lago Salgado, perto de Salt Lake City, em Utah, e as planícies de sal* Bonneville, no oeste do mesmo estado, são resquícios do lago Bonneville; hoje, o Grande Lago Salgado é o quarto maior lago salino do mundo. Em sua maior extensão, este paleolago abrangeu mais de 50.000 km² e chegou a profundidades de 300 m, transbordando para a drenagem do rio Snake ao norte. Atualmente, é um lago terminal de bacia fechada, sem drenagem, exceto uma saída artificial para o oeste, onde o excesso de água do Grande Lago Salgado pode ser bombeado nas raras inundações. O nível dos lagos continua baixando em resposta à mudança climática para condições mais secas.

Novas evidências sugerem que a ocorrência desses lagos na América do Norte estava relacionada a mudanças específicas na corrente de jato polar que dirigiu as rotas de tempestades (*storm tracks*) pela região, criando condições pluviais. O manto de gelo continental, evidentemente, influenciou a posição da corrente de jato.

Regiões ártica e antártica

Os climatologistas usam critérios ambientais para designar as regiões ártica e antártica. A isoterma de 10°C em julho define a **região ártica** (linha verde no mapa da Figura 17.28a). Essa linha coincide com a linha da árvore visível – o limite entre as florestas boreais e a tundra. O Oceano

◀Figura 17.26 **Estágios finais da formação dos Grandes Lagos.** Quatro "instantâneos" ilustram a evolução dos Grandes Lagos durante a retração da glaciação Wisconsiniana**. Observe a mudança nos padrões dos rios entre (b) e (d). O tempo está em anos antes do presente (A.P.). [Baseado em *The Great Lakes—An Environmental Atlas and Resource Book*, Environment Canada, U.S. EPA, Brock University, and Northwestern University, 1987.]

---

*N. de R.T.: *Salt flat* em inglês. Na América do Sul, é muito comum o uso do termo *salar*, como o salar de Uyuni na Bolívia.

**N. de R.T.: A última idade do gelo, aproximadamente entre 120.000 e 12.000 anos antes do presente. Wisconsiano é usado somente na América do Norte. Nos Alpes europeus usa-se glaciação Würm; além disso, usa-se Devensiana na Grã-Bretanha e Weichselian na Escandinávia.

GEOrelatório 17.4 O gelo glacial talvez protegesse as montanhas subjacentes

Pesquisadores estão estudando como o gelo glacial afetou o relevo subjacente no último máximo glacial. A temperatura na base do gelo era um fator determinante. Na parte mais ao sul dos Andes patagônico, fazia tanto frio que o gelo glacial congelou até o substrato rochoso. Evidências sugerem que isso protegeu o substrato rochoso da erosão e da típica escavação glacial, resultando em pico montanhosos mais altos e um cinturão de montanhas mais largo no sul dos Andes do que na parte setentrional da cordilheira, onde a superfície das montanhas foi desgastada e estreitada pela ação glacial.

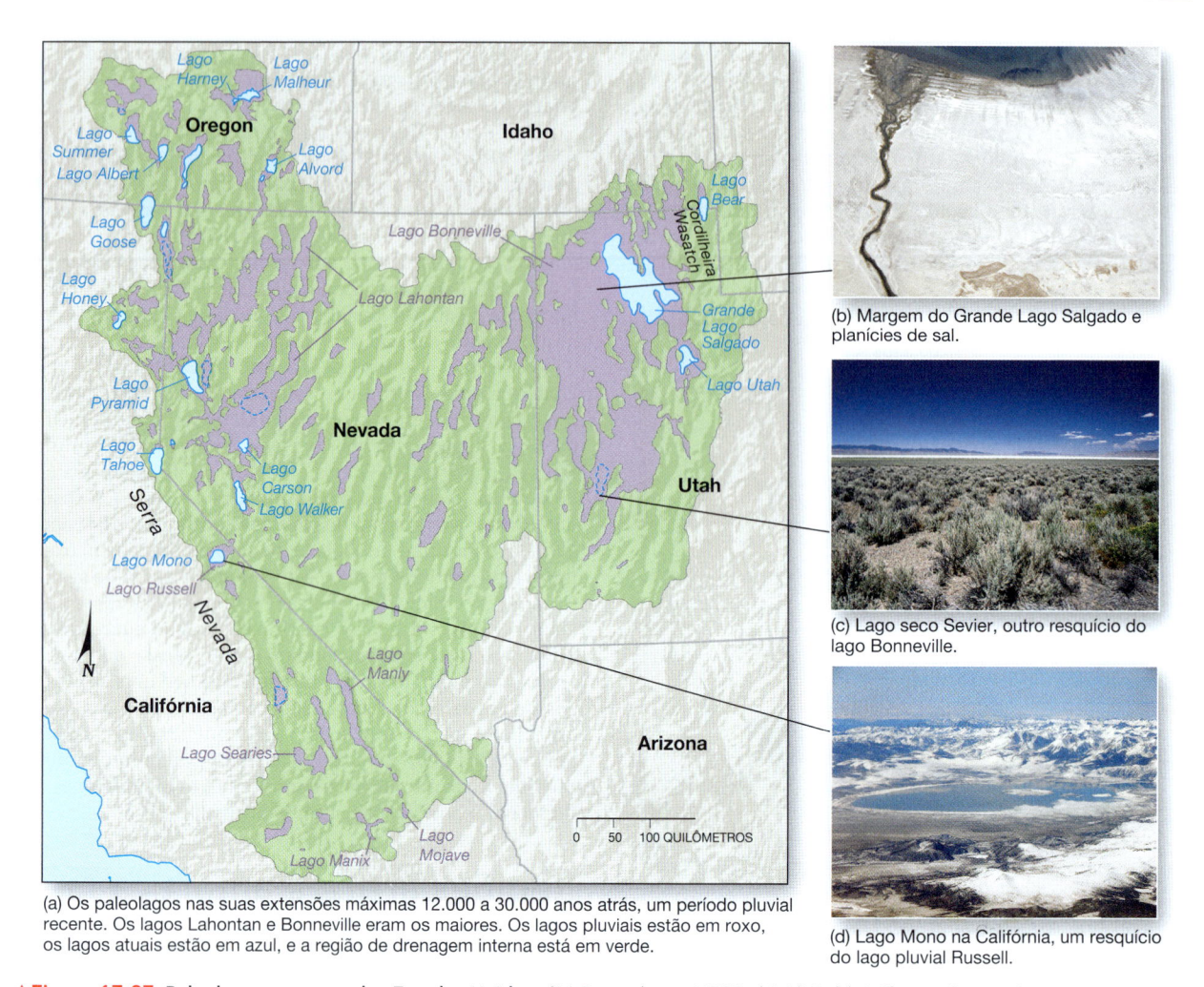

Figura 17.27 Paleolagos no oeste dos Estados Unidos. [(a) Baseado em USGS; (b)-(d) Bobbé Christopherson.]

(a) Os paleolagos nas suas extensões máximas 12.000 a 30.000 anos atrás, um período pluvial recente. Os lagos Lahontan e Bonneville eram os maiores. Os lagos pluviais estão em roxo, os lagos atuais estão em azul, e a região de drenagem interna está em verde.

(b) Margem do Grande Lago Salgado e planícies de sal.

(c) Lago seco Sevier, outro resquício do lago Bonneville.

(d) Lago Mono na Califórnia, um resquício do lago pluvial Russell.

Ártico é coberto por *banquisa** (massas de gelo à deriva, sem estarem presas à margem), basicamente *gelo marinho flutuante* (água do mar congelada). Esta banquisa afina nos meses do verão e, por vezes, rompe-se (Figura 17.28b). Icebergs e pedaços menores de *água doce congelada* (gelo de geleiras) podem estar no meio da banquisa.

A **região antártica** é definida pela Convergência Antártica**, uma zona estreita que marca o limite entre as águas frias da Antártica e as águas mais amenas de latitudes mais baixas. Este limite estende-se ao redor do continente, seguindo aproximadamente a isoterma de 10°C em fevereiro, no verão no Hemisfério Sul, e está localizado perto dos 60° S de latitude (linha verde na Figura 17.28c). A parte da região antártica que é coberta apenas por gelo marinho representa uma área maior do que a América do Norte, Groenlândia e Europa Ocidental combinadas***.

A massa de terra da Antártica está cercada por oceano e é em geral muito mais fria do que o Ártico, o qual é um oceano cercado por terra. Em termos mais simples, a Antártica pode ser pensada como um continente coberto por uma única geleira enorme, embora contenha regiões distintas, como os mantos de gelo da Antártica Oriental e da Antártica Ocidental, os quais respondem diferentemente a leves variações climáticas. Esses mantos de gelo estão em constante movimento.

A Antártica é tão distante da civilização que se torna um excelente laboratório para coletar evidências passadas e presentes de variáveis humanas e naturais, e que são transportadas pela circulação atmosférica e oceânica a esse ambiente pristino. Elevação alta, inverno frio e escuro, e distância de fontes de poluição fazem dessa região polar um local ideal para certas observações astronômicas e atmosféricas.

---

*N. de R.T.: Qualquer área de gelo marinho, com exceção do gelo marinho fixo à linha de costa, não importando a forma ou a disposição. Etimologia: "bank-is", banco de gelo nas línguas escandinavas, através do francês ("banquise"). É importante observar que as plataformas de gelo e icebergs não fazem parte da banquisa, pois são gelo de geleiras.

**N. de R.T: Atualmente, o termo mais usado é "Zona da Frente Polar Antártica".

***N. de R.T: A área coberta por gelo marinho no Oceano Austral oscila, em média, sazonalmente entre 1,8 milhão e 20 milhões de km^2.

Capítulo 17 • Paisagens glaciais e periglaciais 519

(a) Observe a isoterma de 10°C de metade do verão, a qual designa a região ártica, dominada pela banquisa.

(b) Gelo marinho ártico a cerca de 965 km do Polo Norte.

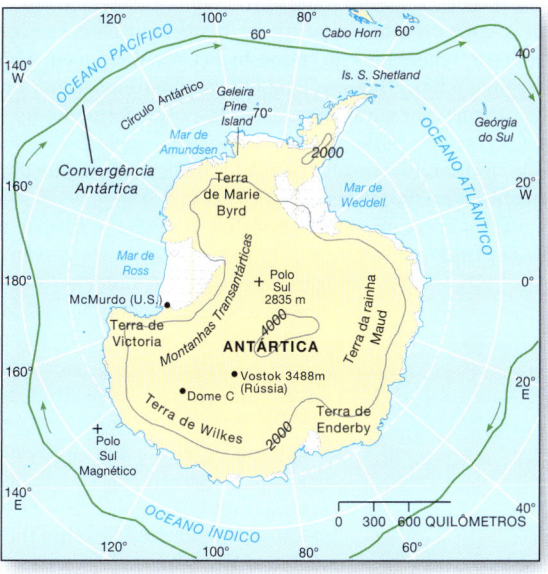

◄Figura 17.28 **As regiões ártica e antártica.** [(b) Bobbé Christopherson.]

(c) A convergência antártica limita a região antártica.

Mudanças recentes na região polar

Como mencionado, a menor extensão de gelo marinho ártico já registrada deu-se no ano de 2012. Cerca de metade do volume do gelo marinho ártico desapareceu desde 1970 devido ao aquecimento em toda a região. Como exposto no *Geossistemas Hoje* do Capítulo 4, a fabulosa passagem do Atlântico ao Pacífico pelo Ártico hoje não tem gelo durante uma parte do verão, pois o gelo ártico continua derretendo. A Passagem do Nordeste, pelo norte da Rússia, esteve livre de gelo ao longo dos últimos anos. Essas alterações afetam o albedo superficial, o que afeta o clima global (revise o *Geossistemas Hoje* do Capítulo 4).

Escurecimento do manto de gelo Medições de satélite mostram que, no manto de gelo da Groenlândia, a refletividade da neve e do gelo vem caindo na última década com o escurecimento da superfície. Nos bordos externos, o derretimento do gelo expôs terra, vegetação e superfícies aquosas escuras. No interior, carbono negro (*black carbon*) de incêndios espontâneos na Ásia e na América do Norte acumula-se no gelo e pode estar contribuindo para o escurecimento generalizado (Figura 17.29). Outro fator pode estar relacionado aos processos básicos de metamorfismo da neve: à medida que as temperaturas sobem, os cristais de neve coalescem na cobertura de neve, refletindo menos luz do que os cristais isolados, menores e com várias facetas. O efeito total é que hoje o manto de gelo absorve mais luz solar, o que acelera o derretimento e provoca uma retroalimentação positiva que acelera o aquecimento.

PENSAMENTO Crítico 17.2
Uma amostra da vida na estação polar*

Leia alguns dos posts em http://www.snowbetweenmytoes.blogspot.com/ a respeito da vida na estação Amundsen-Scott (dos EUA) no Polo Sul, Antártica. Mais atualizações, links para blogs e notícias sobre o Polo Sul em http://www.southpolestation.com/. Das aproximadamente 50 pessoas que passam o inverno na estação (entre a última partida de avião, na metade de fevereiro, até a chegada do próximo voo, no meio de outubro), muitos trabalham como cientistas, técnicos e equipe de apoio. Quais são alguns dos aspectos únicos da vida como "polariano"? Na sua opinião, quais são os aspectos positivos e negativos de viver e trabalhar lá? Como você combateria os elementos, o isolamento e a escuridão? •

---

*N. de R.T.: Para saber mais sobre o Programa Antártico Brasileiro (PROANTAR) e a Estação Antártica Comandante Ferraz, consulte o site https://www.mar.mil.br/secirm/portugues/proantar.html.

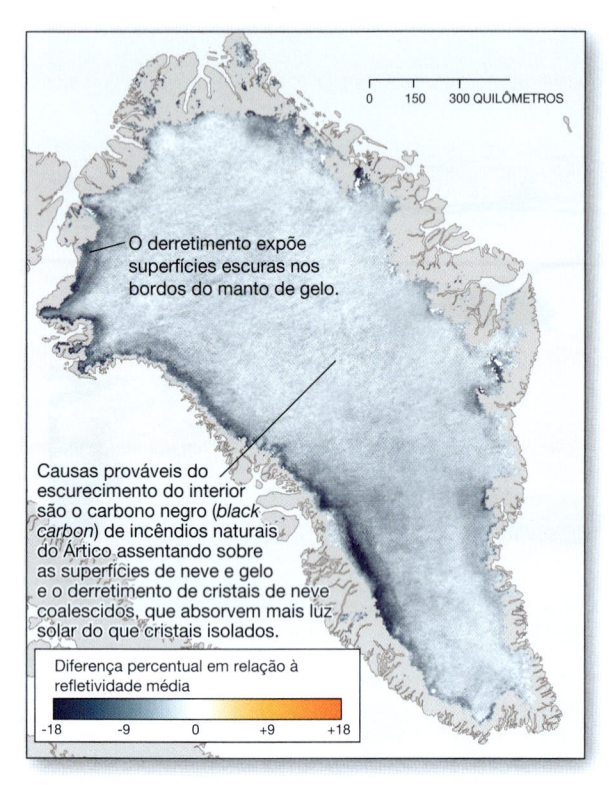

Figura 17.29 Escurecimento das superfícies de gelo da Groenlândia. Os dados desta imagem de 2011 indicam que algumas áreas do manto de gelo refletem 20% menos luz solar do que há uma década. [MODIS *Terra/Aqua*, NASA.]

Labels in figure:
- O derretimento expõe superfícies escuras nos bordos do manto de gelo.
- Causas prováveis do escurecimento do interior são o carbono negro (*black carbon*) de incêndios naturais do Ártico assentando sobre as superfícies de neve e gelo e o derretimento de cristais de neve coalescidos, que absorvem mais luz solar do que cristais isolados.
- Diferença percentual em relação à refletividade média

(a) Os lagos de derretimento estão aumentando em número no manto de gelo da Groenlândia (conforme mostrado), assim como em icebergs e plataformas de gelo em todo o Ártico.
- Zona de derretimento (lagos de derretimento e gelo saturado de água)
- Fiordes
- Manto de gelo
- Lagos de derretimento

(b) Lagos de derretimento.

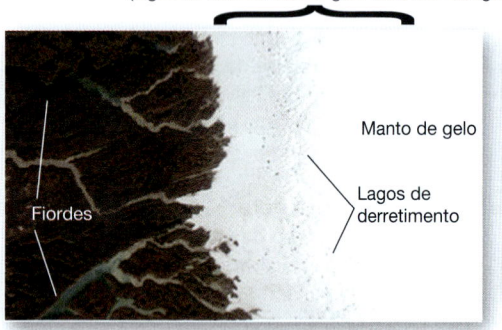

(c) Detalhe de um lago de derretimento.

(d) Lagos e córregos de derretimento, sudoeste da Groenlândia, 2008.

(e) Água de derretimento correndo para um moulin.

Figura 17.30 Lagos de derretimento, córregos de derretimento e moulins crescendo na Groenlândia. Por que os lagos de derretimento são indicadores climáticos de retroalimentação positiva? [(a) Imagem do MODIS *Terra*, NASA/GSFC. (b), (c) Bobbé Christopherson. (d), (e) Cortesia de JPL/NASA.]

Lagos de derretimento e lagos supraglaciais Outro indicador da mudança das condições superficiais é um aumento dos lagos de derretimento nas regiões polares. Lagos de derretimento são acúmulos de água que se formam a partir do derretimento de gelo marinho, geleiras e plataformas de gelo. Nas regiões polares, esses lagos de derretimento fazem parte do ciclo de retroalimentação positiva do albedo – eles proporcionam uma superfície mais escura do que a neve e o gelo, o que os faz absorver mais insolação e esquentar, o que, por sua vez, derrete mais gelo, produzindo mais lagos de derretimento e assim por diante. Satélites e aeronaves encontraram um aumento na ocorrência de lagos de derretimento em geleiras, icebergs, plataformas de gelo e no manto de gelo da Groenlândia. Em setembro de 2012, uma porção recorde (97%) do manto de gelo da Groenlândia estava coberta por água de derretimento (vide *O Denominador Humano*, Figura DH 17d).

A Figura 17.30a é uma imagem do satélite *Terra* do oeste da Groenlândia em junho de 2003. A linha de neve recuou para elevações maiores, expondo a rocha nua. A imagem mostra diversos lagos de derretimento e áreas de gelo saturado com água na zona de derretimento, que avançou 400% entre 2001 e 2003. Os lagos de derretimento parecem pequenos pontos azuis espalhados pelo gelo (também visíveis na Figura 17.30b e d, registradas no sudoeste da Groenlândia em 2008). Córregos de derretimento também são comuns em períodos mais quentes em ambientes glaciados, especialmente no verão. Os córregos podem entrar no manto de gelo por derretimento, formando *moulins*, ou canais de drenagem, que penetram até a base da geleira (Figura 17.30d e e).

Várias córregos podem confluir no verão e formar um *lago supraglacial* em cima do gelo. Quando a pressão da água sobe até um nível alto o suficiente, o gelo embaixo do lago fratura e o drena através de um moulin quase vertical em relação ao leito da geleira. Essa drenagem podem fazer com que um grande volume de água chegue subitamente à base da geleira. Os cientistas já presenciaram tais episódios e estão estudando seus efeitos sobre o movimento glacial.

Plataformas de gelo Outra mudança recente nas regiões polares é a desintegração das plataformas de gelo, como discutido em *Geossistemas Hoje*. As plataformas de gelo circundam as margens da Antártica, constituindo cerca de 11% da sua área superficial (consulte a

31 de janeiro de 2002 — 7 de março de 2002

▲**Figura 17.31 Plataformas de gelo em desintegração ao longo da costa antártica.** Desintegração e retração da plataforma de gelo Larsen B entre 31 de janeiro e 7 de março de 2002. Note os lagos supraglaciais na imagem de janeiro. [Imagens do *Terra*, NASA.]

Figura 17.7 para ver algumas das principais plataformas de gelo). Embora as plataformas de gelo estejam constantemente se rompendo e formando icebergs, nas últimas duas décadas desprenderam-se mais seções grandes do que o esperado. Por exemplo, em março de 2000, um iceberg designado como B-15, medindo o dobro da área de Delaware (300 x 40 km)*, desprendeu-se da plataforma de gelo Ross (cerca de 3027 km a oeste da Península Antártica). Em 2013, a plataforma de gelo Wilkins sofreu mais desintegração após os grandes eventos de rompimento em 2008 e 2009. Os cientistas acreditam que os rompimentos recentes deixaram o gelo remanescente mais vulnerável, especialmente nos locais onde os resquícios da plataforma estão em contato direto com o mar aberto e com a força das ondas oceânicas.

Desde 1993, sete plataformas de gelo se desintegraram na Antártica. Mais de 8.000 km² de plataformas de gelo** se foram, exigindo uma significativa revisão nos mapas, liberando ilhas para circum-navegação e criando milhares de icebergs. A plataforma de gelo Larsen, ao longo da costa leste da Península Antártica, recuou lentamente durante anos. A Larsen A se desintegrou de repente em 1995. Então, em apenas 35 dias, no início de 2002, a Larsen B entrou em colapso, formando icebergs (Figura 17.31). A Larsen B tinha no mínimo 11.000 anos.

A Larsen C, o próximo segmento ao sul, está perdendo massa tanto no lado do oceano (ou seja, por baixo) quanto no da atmosfera. Uma vez que a temperatura da água é 0,65°C mais quente do que o ponto de fusão do gelo a uma profundidade de 300 m, essa perda de gelo provavelmente é um resultado da água mais quente, assim como do aumento da temperatura atmosférica na região peninsular nos últimos 50 anos. Como resultado do aquecimento, a Península Antártica também está tendo crescimento de vegetação não observado anteriormente, redução do gelo marinho e perturbações na alimentação, nidificação e troca de plumagem dos pinguins. (Entre muitas alterações, carrapatos são um novo problema para esses animais.)

PENSAMENTO Crítico 17.3
A mobilização do API continua

O Ano Polar Internacional (API)*** estendeu-se de março de 2007 a março de 2009, cobrindo dois verões polares – foi o quarto API realizado desde 1882. Esse esforço global de pesquisa interdisciplinar, exploração e descoberta envolveu 50.000 cientistas em centenas de projetos colaborativos. Cerca de 65% da pesquisa deram-se na região ártica, com 35% na região antártica. Empregou-se uma abordagem sistêmica para encontrar ligações entre os ecossistemas e a atividade humana. A mobilização de pesquisa também fez uso do conhecimento tradicional dos povos autóctones em toda a região circum-ártica – as experiências reais dos primeiros povos, que enfrentam a mudança climática em primeira mão.

Utilize as suas habilidades de pensamento crítico em uma breve exploração desse API. Comece em http://www.ipy.org. Você pode escolher "focar" ("Focus On") atmosfera, gelo, pessoas ou outros tópicos na lista que fica no canto superior esquerdo da página inicial.●

---

*N. de R.T.: Compare com a área do Distrito Federal brasileiro (5.764 km²).

**N. de R.T.: Os levantamentos mais recentes dão conta de que a plataforma de gelo Larsen já perdeu mais de 12.000 km² de gelo, em um processo muito rápido iniciado na década de 1990.

***N. de R.T.: Você pode baixar a publicação sobre a participação do Brasil no API em http://www.mct.gov.br/index.php/content/view/46688.html.

O DENOMINADOR **humano** 17 Geleiras e permafrost

AMBIENTES GLACIAIS ⇨ HUMANOS
- O gelo glacial é um recurso de água doce; as massas de gelo afetam o nível dos mares, o que está ligado à segurança dos centros de população humana nas costas.
- Avalanchas de neve são um risco natural importante nos ambientes montanhosos.
- Os solos de permafrost são um sumidouro de carbono, e estima-se que contenham metade do reservatório global de carbono.

HUMANOS ⇨ AMBIENTES GLACIAIS
- As temperaturas crescentes associadas com a mudança climática causada pela humanidade estão acelerando as perdas do manto de gelo e o derretimento glacial, além de apressar o degelo do permafrost.
- Os particulados atmosféricos oriundos de fontes naturais e humanas escurecem as superfícies de neve e gelo, o que acelera o derretimento.

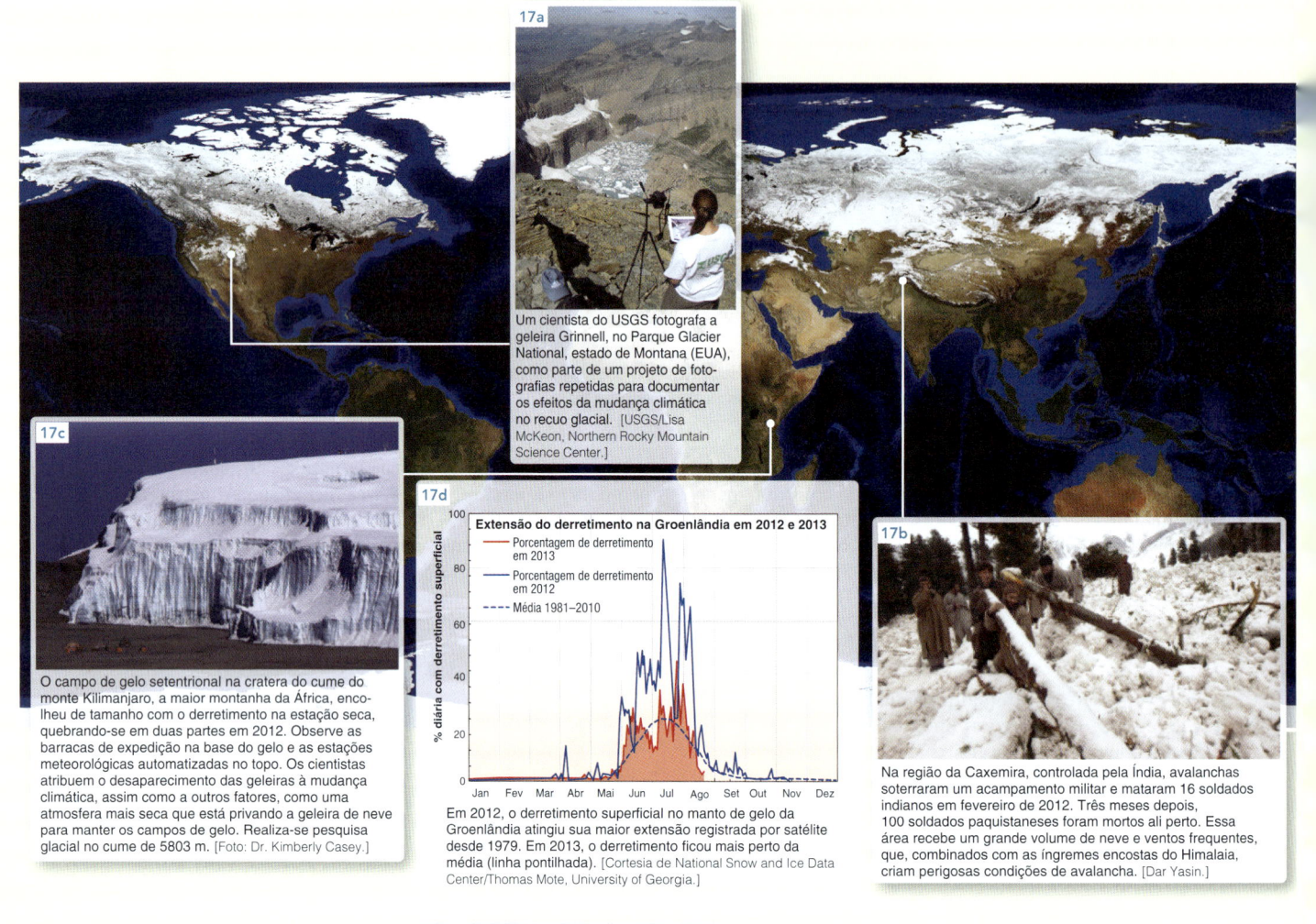

17a Um cientista do USGS fotografa a geleira Grinnell, no Parque Glacier National, estado de Montana (EUA), como parte de um projeto de fotografias repetidas para documentar os efeitos da mudança climática no recuo glacial. [USGS/Lisa McKeon, Northern Rocky Mountain Science Center.]

17c O campo de gelo setentrional na cratera do cume do monte Kilimanjaro, a maior montanha da África, encolheu de tamanho com o derretimento na estação seca, quebrando-se em duas partes em 2012. Observe as barracas de expedição na base do gelo e as estações meteorológicas automatizadas no topo. Os cientistas atribuem o desaparecimento das geleiras à mudança climática, assim como a outros fatores, como uma atmosfera mais seca que está privando a geleira de neve para manter os campos de gelo. Realiza-se pesquisa glacial no cume de 5803 m. [Foto: Dr. Kimberly Casey.]

17d Extensão do derretimento na Groenlândia em 2012 e 2013
— Porcentagem de derretimento em 2013
— Porcentagem de derretimento em 2012
-- Média 1981–2010

Em 2012, o derretimento superficial no manto de gelo da Groenlândia atingiu sua maior extensão registrada por satélite desde 1979. Em 2013, o derretimento ficou mais perto da média (linha pontilhada). [Cortesia de National Snow and Ice Data Center/Thomas Mote, University of Georgia.]

17b Na região da Caxemira, controlada pela Índia, avalanchas soterraram um acampamento militar e mataram 16 soldados indianos em fevereiro de 2012. Três meses depois, 100 soldados paquistaneses foram mortos ali perto. Essa área recebe um grande volume de neve e ventos frequentes, que, combinados com as íngremes encostas do Himalaia, criam perigosas condições de avalancha. [Dar Yasin.]

QUESTÕES PARA O SÉCULO XXI
- O derretimento das geleiras e dos mantos de gelo continuará elevando o nível dos mares, com consequências potencialmente devastadoras para as comunidades costeiras e as nações insulares de baixa elevação.
- O degelo do permafrost em resposta à mudança climática liberará imensas quantidades de carbono na atmosfera, acelerando o aquecimento global.

conexão GEOSSISTEMAS

Nosso exame da criosfera e dos processos e relevos glaciais e periglaciais encerra a Parte III, "A Interface Terra-Atmosfera". Examinamos as glaciações alpinas e continentais passadas e presentes e as maneiras como o relevo da Terra traz a marca das fases glaciais passadas. As regiões polares estão passando por uma rápida mudança a um ritmo mais rápido do que as latitudes menores. Agora passamos para a Parte IV, "Solos, Ecossistemas e Biomas". Sendo uma síntese das Partes I a III, ela aborda a biosfera e a subdisciplina da biogeografia.

REVISÃO DOS CONCEITOS-CHAVE DE
aprendizagem

■ *Explicar* o processo pelo qual a neve torna-se gelo glacial.

Mais de 77% da água doce da Terra estão congelados. O gelo cobre aproximadamente 11% da superfície da Terra; e feições periglaciais ocupam outros 20%, em paisagens sem gelo, porém dominadas pelo frio. A **criosfera** terrestre é a parte da hidrosfera e do solo que fica permanentemente congelada, geralmente em altas latitudes e elevações.

Uma **linha de neve** é a mais baixa altitude onde a neve ocorre o ano todo, e sua elevação varia com a latitude – mais elevada perto do equador, menor em direção aos polos. A neve transforma-se em gelo de geleira por estágios de acumulação, aumentando a espessura e a pressão sobre as camadas subjacentes, e recristalização. A neve avança pelas etapas da transição entre o **firn** (compacto e granular) para um gelo de geleira (ou **gelo glacial**) mais denso depois de muitos anos.

> **criosfera** (p. 496)
> **linha de neve** (p. 497)
> **firn** (p. 497)
> **gelo glacial** (p. 497)

1. Descreva onde se encontra hoje a maior parte da água doce da Terra.
2. Trace a evolução do gelo de geleira a partir da neve recém-caída.

■ *Diferenciar* geleiras alpinas e mantos de gelo continentais e *descrever* calotas de gelo e campos de gelo.

Uma **geleira** é uma massa de gelo sobre terra ou flutuante como uma plataforma de gelo no oceano, próxima à terra. As geleiras se formam em áreas de neve permanente. A geleira de uma cadeia de montanhas é uma **geleira alpina**. Se confinada dentro de um vale, ela é denominada uma *geleira de vale*. A área de origem é um campo de neve, geralmente em uma forma de relevo erosivo chamada de **anfiteatro** ou **circo**. Onde as geleiras alpinas descem até o mar, o processo de **desprendimento** ocorre quando massas de gelo se separam da geleira e entram no mar, formando *icebergs*. Um **manto de gelo** é uma massa extensa e contínua de gelo que pode ocorrer em escala continental. Uma **calota de gelo** é uma massa de gelo menor, mais ou menos circular, com menos de 50.000 km^2 de tamanho. Uma massa de gelo que cobre uma região montanhosa é um **campo de gelo**.

> **geleira** (p. 497)
> **geleira alpina** (p. 498)
> **anfiteatro ou circo** (p. 498)
> **desprendimento** (p. 499)
> **manto de gelo** (p. 500)
> **calota de gelo** (p. 500)
> **campo de gelo** (p. 500)

3. O que é uma geleira? O que podemos aprender sobre os padrões climáticos existentes a partir das condições nas regiões glaciais e dos balanços de massa glacial?

4. Diferencie uma geleira alpina, um manto de gelo, uma calota de gelo e um campo de gelo. Qual ocorre em montanhas? Qual cobre a Antártica e a Groenlândia?
5. Como os icebergs são gerados? Descreva suas características de flutuação a partir da discussão deste capítulo e da seção sobre gelo no Capítulo 7. Por que você acha que um iceberg vira de tempos em tempos enquanto ele derrete?

■ *Ilustrar* o mecanismo do movimento glacial.

Uma geleira é um sistema aberto. A **linha de firn** é a elevação acima da qual a neve e o gelo de inverno ficam intactos durante todo o derretimento de verão; abaixo dela, ocorre derretimento. Uma geleira é alimentada pela precipitação de neve e é consumida pela **ablação** (perdas nas superfícies superiores e inferiores e em suas margens). A acumulação e a ablação determinam o balanço de massa em cada geleira.

Enquanto uma geleira movimenta-se vale abaixo, **fendas** verticais podem se desenvolver. Às vezes, uma geleira se move rapidamente, em um evento conhecido como **pulso de geleira**. A presença de água ao longo da camada basal parece ser importante* nos movimentos glaciais. Quando a geleira se move, ela remove pedaços de rocha e detritos, incorporando-os ao gelo, e esses detritos arranham e lixam a rocha subjacente por **abrasão**.

> **linha de firn** (p. 501)
> **ablação** (p. 501)
> **fendas** (p. 501)
> **pulso de geleira** (p. 504)
> **abrasão** (p. 505)

6. O que se entende por balanço de massa glacial (ou da geleira)? Quais são as entradas e saídas que contribuem para este balanço?
7. O que se entende por um pulso de geleira? Segundo os cientistas, o que produz episódios de pulsos?

■ *Descrever* relevos erosivos e deposicionais típicos criados pela glaciação.

Uma **rocha moutonnée** é um relevo erosional produzida por remoção (arrancamento) e abrasão. Consiste em um ressalto assimétrico do substrato rochoso exposto, com inclinação suave na face a montante e inclinação abrupta na face a jusante.

Extensas geleiras de vale remodelaram profundamente as montanhas em todo o mundo, transformando os vales de correntes d'água em forma de V em vales glaciados em forma de U e produzindo muitas outras formas de relevo erosivas e deposicionais. Quando as paredes em anfiteatro são erodidas, **arestas** afiadas (cumes serrilhados) se formam, dividindo bacias de circo adjacentes. Dois anfiteatros em erosão podem reduzir uma aresta a um **colo** em forma de sela. Um **esporão** resulta quando várias geleiras de anfiteatro escavam um cume da montanha por todos os lados, formando um pico piramidal. Um **bergschrund** forma-se quando uma fenda ou rachadura larga se abre na borda entre o gelo em movimento e gelo estagnado, frequentemente perto da cabeceira de uma geleira; ele fica mais visível no verão, quando a neve sazonal desaparece. Após a retração da geleira, uma

---

*N. de R.T.: Pelo conhecimento glaciológico, podemos ser mais incisivos: a presença de água ao longo da camada basal é importante nos movimentos das masssa de gelo.

bacia rochosa esculpida pelo gelo pode encher-se com água, formando um **tarn**; tarns alinhados separados por morainas são **lagos paternoster**. Onde uma calha glacial se une ao oceano e a geleira retrai, o mar avança terra adentro, formando um **fiorde**.

Todos os depósitos glaciais, quer transportados pelo gelo ou pela água, constituem o **drift glacial**. Depósitos diretos de gelo consistem em **till**, não selecionado e não estratificado. Formas de relevo específicas produzidas pela deposição de till nas margens glaciais são **morainas**. Uma **moraina lateral** forma-se ao longo de cada lado de uma geleira; morainas laterais de geleiras que se juntam formam uma **moraina medial**; os detritos erodidos deixados na extremidade do término da geleira formam uma **moraina terminal**. Morainas recessionais marcam as pontas extremas temporárias à medida que a geleira avança e recua ao longo do tempo.

Uma **planície de till** forma-se atrás de uma moraina terminal, contendo till grosso não estratificado, relevo baixo e ondulado e drenagem desordenada. **Drumlins** são colinas alongadas de till depositado, esculpidos aerodinamicamente na direção do movimento do gelo continental (extremidade arredondada a montante e extremidade afilada a jusante).

Os depósitos pela água glacial derretida são selecionados e estratificados, sendo chamados de **drift estratificado**, formando **planícies de lavagem** que apresentam canais fluviais entrelaçados que portam uma pesada carga de sedimentos. Um **esker** é uma crista sinuosa encurvada e estreita de areia grossa e cascalho que se forma ao longo do canal de uma corrente d'água de degelo, debaixo de uma geleira. Um **kame** é uma pequena colina, calombo ou montículo de areia e cascalhos mal-selecionados que são depositados diretamente em cima do gelo glacial, sendo então depositados no chão quando a geleira derrete. Um bloco isolado de gelo deixado por uma geleira que recua fica cercado por detritos; quando o bloco finalmente derrete, deixa uma depressão de lados íngremes chamada de **kettle**, que, quando cheia de água, forma um *lago de kettle*.

> **rocha moutonnée (p. 505)**
> **arestas (p. 505)**
> **colo (p. 506)**
> **esporão (p. 506)**
> **bergschrund (p. 506)**
> **tarns (p. 506)**
> **lagos paternoster (p. 506)**
> **fiorde (p. 507)**
> **drift glacial (p. 508)**
> **till (p. 508)**
> **moraina (p. 508)**
> **morainas laterais (p. 508)**
> **morainas mediais (p. 508)**
> **morainas terminais (p. 508)**
> **planície de till (p. 508)**
> **drumlins (p. 508)**
> **drift estratificado (p. 510)**
> **planície de lavagem (p. 510)**
> **esker (p. 510)**
> **kame (p. 511)**
> **kettle (p. 511)**

8. Como uma geleira realiza a erosão?
9. Descreva a transformação de um vale de curso d'água em forma de V em um vale glaciado em forma de U. Quais feições são visíveis após a retração da geleira?
10. Como uma aresta é formada? E um colo? E um esporão? Resumidamente, diferencie-os.
11. Discrimine as duas formas de drift glacial (till e lavagem glacial).
12. O que é um depósito morâinico? Quais são as morainas especificamente criadas pelas geleiras alpinas?
13. Qual é uma feição deposicional comum encontrada em planícies de till?
14. Contraste uma rocha moutonnée e um drumlin quanto a aparência, orientação e maneira de formação.

■ *Discutir a distribuição do permafrost e explicar vários processos periglaciais.*

O termo **periglacial** descreve processos de clima frio, formas de relevo e feições topográficas que existem ao longo das margens das geleiras, no passado e no presente. Quando a temperatura do solo ou da rocha permanece abaixo de 0°C por pelo menos 2 anos, o **permafrost** (solo permanentemente congelado) se desenvolve. Note que este critério de definição do permafrost se baseia unicamente na temperatura, nada tendo a ver com o volume de água presente. A **camada ativa** é a zona de solo sazonalmente congelada e que existe entre a camada de permafrost na subsuperfície e a superfície do solo. Nas regiões de permafrost, a água subterrânea congelada forma o **gelo de solo**. O **solo estruturado** forma-se no ambiente periglacial onde o congelamento e descongelamento do solo cria formas poligonais em círculos, polígonos, listras, redes e degraus.

> **periglacial (p. 511)**
> **permafrost (p. 511)**
> **camada ativa (p. 512)**
> **gelo de solo (p. 513)**
> **solo estruturado (p. 513)**

15. Em termos de tipos climáticos, descreva as áreas da Terra onde as paisagens periglaciais ocorrem. Inclua tanto os tipos de clima de alta latitude como os de altitude elevada.
16. Defina os dois tipos de permafrost e diferencie a ocorrência deles na Terra. Quais são as características de cada um?
17. Descreva a zona ativa nas regiões de permafrost e relacione o grau de desenvolvimento com latitudes específicas.
18. O que é um talik? Onde você pode esperar encontrar taliks e em que profundidade eles ocorrem?
19. Qual é a diferença entre permafrost e gelo de solo?
20. Descreva o papel da ação do congelamento na formação de diversos tipos de relevo na região periglacial, como solos estruturados.
21. Explique alguns dos problemas específicos que os humanos enfrentam ao erguerem construções em paisagens periglaciais.

■ *Descrever paisagens da época da idade do gelo do Pleistoceno e listar as mudanças que estão ocorrendo hoje nas regiões polares.*

Uma **idade do gelo** é qualquer período extenso de frio. A Era Cenozoica tardia mostrou condições de idade do gelo marcadas durante o Pleistoceno. Além do gelo, **paleolagos** formaram-se devido às condições mais úmidas. **Depósitos lacustres** são sedimentos de lagos que formam terraços ao longo de linhas de praia.

A isoterma de 10°C para julho define a **região ártica**. Esta linha coincide com a linha da árvore visível – o limite entre as florestas boreais e a tundra. A convergência antártica define a **região antártica** dentro de uma zona estreita que se estende no oceano ao redor do continente como um limite entre as águas frias da Antártica e as águas mais amenas de latitudes mais baixas. Este limite segue aproximadamente a isoterma de 10°C em fevereiro, o verão no Hemisfério Sul, e está localizado perto dos 60° S de latitude. As mudanças que estão ocorrendo nas regiões polares estão causando ciclos de retroalimentação positiva relacionados a mudanças no albedo superficial. O aumento das temperaturas está causando o colapso das plataformas de gelo.

idade do gelo (p. 515)
paleolagos (p. 515)
depósitos lacustres (p. 516)
região ártica (p. 517)
região antártica (p. 518)

22. Defina uma idade do gelo. Quando foi a mais recente? Explique os termos "glacial" e "interglacial" em sua resposta.
23. Explique a relação entre os critérios de definição das regiões ártica e antártica. Existe alguma coincidência entre os critérios para o Ártico e a distribuição das florestas do Hemisfério Norte?
24. Com base nas informações contidas neste capítulo e no resto do livro, resuma algumas das mudanças em curso nas duas regiões polares.

Sugestões de leituras em português

*BRASIL. Ministério da Ciência e Tecnologia. *Ciência Brasileira no IV ano polar*. Brasília: MCT, 2009.

*BRITO, T. *O Brasil e meio ambiente antártico*. Brasília: Ministério da Educação, 2006. (Coleção Explorando o Ensino).

*MACHADO, M. C. S.; BRITO, T. (Coord.). *Antártica*. 2. ed. Brasília, Ministério da Educação, 2008. (Coleção Explorando o Ensino).

ROCHA-CAMPOS, A. C.; SANTOS, P. R. Ação geológica do gelo. In: TEIXEIRA, W. et al. (Org.). *Decifrando a Terra*. 2. ed. São Paulo: Oficina de Textos, 2009.

SIMÕES, J. C. Glossário da língua portuguesa da neve e do gelo e termos correlatos. *Pesquisa Antártica Brasileira*, v. 4, p. 119–154, 2004.

SIMÕES, J. C. et al. *Antártica e as mudanças globais*. São Paulo: Blucher, 2011.

SIMÕES, J. C. Mantos de gelo e o nível dos mares. *Ciência Hoje*, v. 225, p. 12–14, 2006.

SIMÕES, J. C. Por que o gelo antártico está se rompendo? *Ciência Hoje*, v. 21, p. 6–8, 1997.

*Estas publicações estão disponíveis gratuitamente na página do Ministério da Ciência e Tecnologia do Brasil (http://www.mct.gov.br/index.php/content/view/46688.html).

Na Internet

Página do Centro Polar e Climático da UFRGS (www.centropolar.com)

Página do Instituto Nacional de Ciência e Tecnologia da Criosfera (www.ufrgs.br/inctcriosfera)

◄**Figura 17.32 Retração glacial no arquipélago de Svalbard, Noruega.** Esta geleira em retração jaz ao longo do Raudfjorden, um fiorde de 20 km de extensão na costa noroeste de Spitsbergen na latitude de 79,5° N. As vertentes limpas ao fundo dão uma ideia da espessura da geleira cerca de 10 anos atrás. Que outra evidência de uma geleira em retração você observa na foto? [Bobbé Christopherson.]

IV Solos, Ecossistemas e Biomas

CAPÍTULO 18
A geografia dos solos 528

CAPÍTULO 19
Princípios básicos dos ecossistemas 558

CAPÍTULO 20
Biomas terrestres 592

A Terra é a morada da única biosfera conhecida no Sistema Solar – um sistema singular, complexo e interativo de componentes abióticos (não vivos) e bióticos (vivos) trabalhando juntos para sustentar uma tremenda diversidade de vida. A energia entra na biosfera por meio da conversão de energia solar pela fotossíntese nas folhas dos vegetais.

A vida é organizada em uma hierarquia de alimentação, de produtores a consumidores e, por fim, os decompositores. Juntos, esses organismos variados, em conjunto com os componentes abióticos da Terra, produzem ecossistemas aquáticos e terrestres, em geral organizados em diversos biomas. O solo é o elo essen-

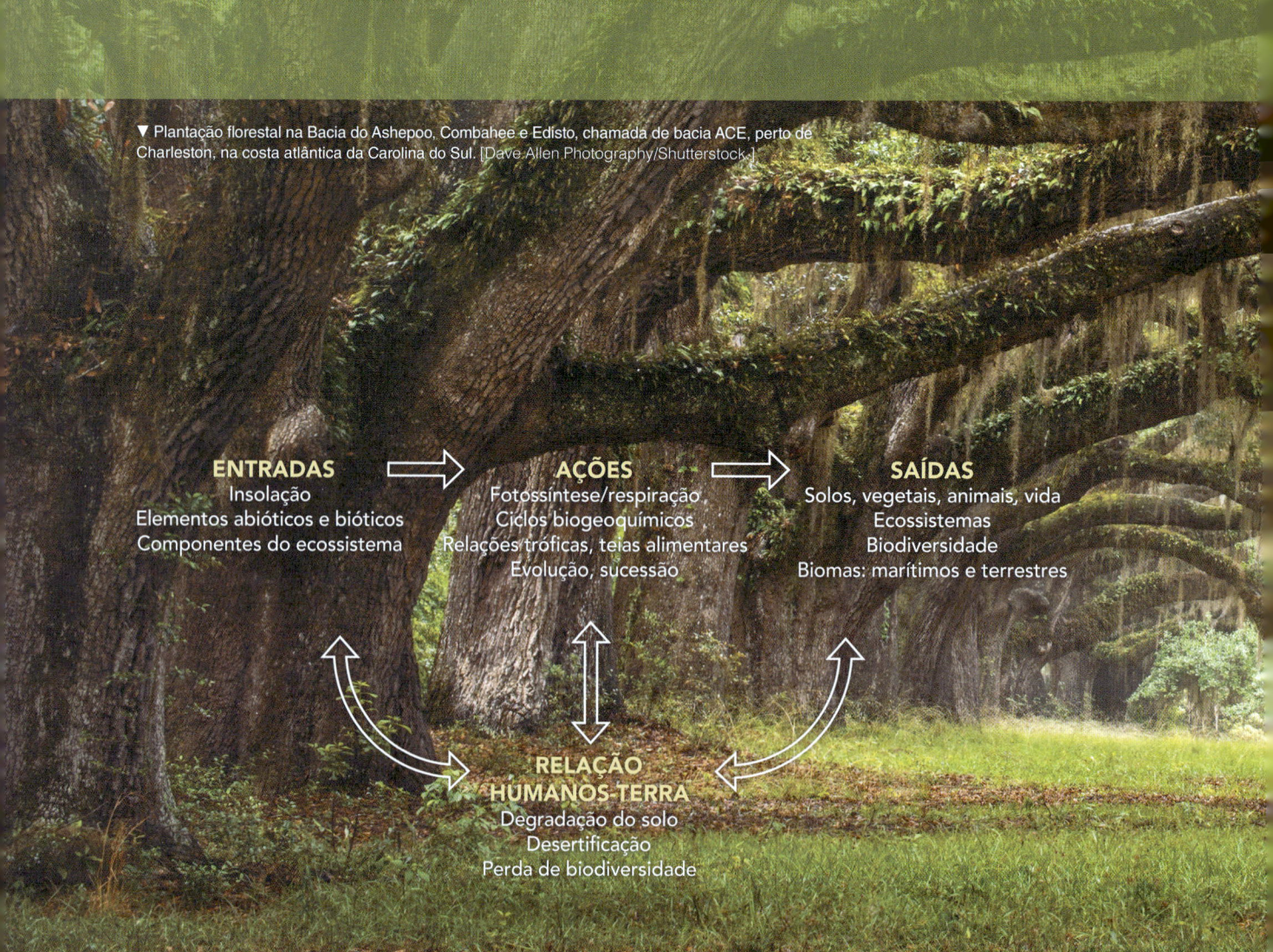

▼ Plantação florestal na Bacia do Ashepoo, Combahee e Edisto, chamada de bacia ACE, perto de Charleston, na costa atlântica da Carolina do Sul. [Dave Allen Photography/Shutterstock.]

ENTRADAS
Insolação
Elementos abióticos e bióticos
Componentes do ecossistema

AÇÕES
Fotossíntese/respiração
Ciclos biogeoquímicos
Relações tróficas, teias alimentares
Evolução, sucessão

SAÍDAS
Solos, vegetais, animais, vida
Ecossistemas
Biodiversidade
Biomas: marítimos e terrestres

RELAÇÃO HUMANOS-TERRA
Degradação do solo
Desertificação
Perda de biodiversidade

cial que conecta o mundo vivo com a litosfera e o resto dos sistemas físicos da Terra. Assim, o solo é ponte adequada entre a Parte III e a Parte IV deste livro.

Hoje, deparamo-nos com temas cruciais, principalmente a preservação da diversidade da vida na biosfera. Padrões das temperaturas dos continentes e dos oceanos, precipitações, fenômenos meteorológicos e ozônio estratosférico, entre muitos outros fenômenos geográficos, estão mudando junto ao sistema climático global. A resiliência da biosfera como a conhecemos está sendo testada em tempo real, em um único experimento. Estes temas importantes da biogeografia são tratados na Parte IV.

18 A geografia dos solos

CONCEITOS-CHAVE DE aprendizagem

Após a leitura deste capítulo, você conseguirá:

- *Definir* solo e ciência do solo, e *listar* os quatro componentes do solo.
- **Descrever** os principais fatores de formação do solo e *descrever* os horizontes de um perfil de solo típico.
- *Descrever* as propriedades físicas usadas para classificar os solos: cor, textura, estrutura, consistência, porosidade e umidade do solo.
- *Explicar* a química básica do solo, incluindo a capacidade de troca de cátions, e *relacionar* esses conceitos à fertilidade do solo.
- *Discutir* os impactos humanos sobre os solos, incluindo a desertificação.
- *Descrever* as 12 ordens de solos do sistema norte-americano de classificação, *Soil Taxonomy*, e *explicar* sua distribuição geral pelo planeta.

Por mais de 2000 anos, os habitantes dos Terraços de Arroz de Bangaan cultivaram as íngremes encostas das montanhas da ilha de Luzon, Filipinas, que alcançam uma altitude superior a mil e quinhentos metros. Os terraços são construídos com muros (taipas, no Brasil) de pedra e lama, criando uma série de tabuleiros com arrozais alagados. Os arrozais evitam a erosão ao reter o solo e a água obtidos dos riachos provenientes das montanhas acima. Plantados, mantidos e ceifados pelo trabalho comunitário, os terraços exemplificam a agricultura sustentável em um país que sofre com problemas de erosão dos solos. Em 2001, essa região terraceada entrou na lista do Patrimônio Mundial em Risco da UNESCO, pois o declínio das práticas tradicionais de cultivo levou à deterioração dos terraços. Sua conservação está em andamento. Em todo o mundo, os arrozais alagados são uma significativa fonte de metano atmosférico, um gás de efeito estufa. [Dave Stamboulis/Alamy.]

GEOSSISTEMAS HOJE

Desertificação: solos em declínio e a agricultura nas terras secas do planeta

Em setembro de 2012, na borda do Deserto de Gobi, na Província Autônoma da Mongólia Interior, China, um grupo de voluntários plantou a milionésima árvore em uma tentativa de combater a desertificação, a degradação das terras secas. Em uma região devastada por tempestades de areia e terras em deterioração, esse esforço de recuperação florestal, fundado por uma organização privada em 2007, planta árvores (principalmente álamos conhecidos como choupo-do-canadá), monitora a disponibilidade de água para o crescimento e educa as comunidades sobre a importância das árvores para evitar erosão, produzir oxigênio e armazenar dióxido de carbono. Para o oeste, no Deserto Taklamakan, no centro da Ásia, os álamos nativos estão escasseando com a seca prolongada (Figura GH 18.1).

A desertificação é definida pelas Nações Unidas (ONU) como "a degradação persistente de ecossistemas de terras secas por atividades humanas e mudança climática". Esse processo nas margens de terras áridas e semiáridas é em parte causado pelo abuso humano da estrutura e fertilidade dos solos – um dos assuntos deste capítulo (veja um mapa do risco global de desertificação na Figura 18.10).

Ásia Central Por toda a Ásia Central, a exploração excessiva dos recursos hídricos combinou-se com a seca para provocar a desertificação. O Mar de Aral, antigamente um dos quatro maiores lagos do mundo, vem progressivamente encolhendo em tamanho desde a década de 1960, quando os rios que desaguavam nele foram transpostos para fins de irrigação (vide Figura DH 18 no fim deste capítulo). Os sedimentos finos e o pó de álcalis do antigo leito ficaram disponíveis para deflação eólica, levando a enormes tempestades de pó. Esses sedimentos continham fertilizantes e outros poluentes do escoamento agrícola, então sua mobilização e disseminação na terra causou danos agrícolas e problemas à saúde humana, incluindo maiores taxas de câncer.

Sahel na África Na África, o Sahel é a região de transição entre o Deserto do Saara, nos subtrópicos, e as regiões equatoriais mais úmidas. A expansão rumo ao sul das condições desérticas em porções da região do Sahel deixou muitos povos africanos em terras que não possuem a mesma precipitação que existia apenas três décadas atrás (Figura GH 18.2). Contudo, a mudança climática é apenas uma parte da história: outros fatores que contribuem para a desertificação do Sahel são aumentos populacionais, degradação da terra por desflorestamento e pastagem bovina excessiva, pobreza e falta de uma política ambiental coerente.

Figura GH 18.2 Desertificação no Sahel. Pastores levam palha para o gado nos arredores de um vilarejo em Mali. As tensões étnicas nesse país situado no oeste do Sahel africano estão interferindo com as atividades agrícolas, piorando a escassez de alimentos e freando esforços voltados à responsabilidade agrária sustentável. [Nic Bothma/epa/Corbis.]

Um problema crescente A ONU estima que as terras degradadas do mundo cobrem cerca de 1,9 bilhão de hectares e afetam 1,5 bilhão de pessoas; muitos milhões de hectares extras são acrescentados todo ano. As causas principais da desertificação são pastagem excessiva, práticas agrícolas não sustentáveis e desmatamento. Entretanto, a desertificação é um fenômeno complexo que está relacionado a questões populacionais, pobreza, gestão de recursos e políticas governamentais.

As iniciativas para combater a desertificação começaram em 1994, com a Convenção de Combate à Desertificação, um esforço ainda ativo. Em agosto de 2010, a *Conferência Internacional: Clima, Sustentabilidade e Desenvolvimento em Regiões Semiáridas* reuniu-se pela segunda vez (http://www.unccd.int/). Nessa conferência, foi lançado um esforço global para a próxima década – a Década das Nações Unidas para os Desertos e a Luta contra a Desertificação (UNDDD, na sigla em inglês). A desertificação ameaça a sobrevivência e os recursos alimentares em muitas áreas do mundo. Mais atraso no enfrentamento do problema gerará custos muito mais altos se comparados ao custo de tomar medidas agora.

Figura GH 18.1 Árvores estabilizam o solo e desaceleram a degradação da terra. Álamos estabilizam os solos na beirada do Deserto Taklamakan, na Região Autônoma de Xinjiang Uyghur, China. Essas árvores ajudam a desacelerar a desertificação, mas estão em declínio após anos de seca. Há esforços de recuperação em andamento. [TAO Images Limited/Getty.]

O relevo da Terra geralmente é coberto de **solo**, um material natural dinâmico composto de água, ar e partículas finas – tanto fragmentos minerais (areias, siltes, argilas) quanto matéria orgânica – onde crescem os vegetais. O solo é a base do funcionamento dos ecossistemas: ele retém e filtra água; é o habitat de uma grande quantidade e diversidade de organismos microbianos, muitos dos quais produzem antibióticos que combatem doenças humanas; serve como fonte de nutrientes de liberação lenta; e armazena dióxido de carbono e outros gases de efeito estufa. Cerca de 80% do carbono orgânico e inorgânico terrestre são armazenados no solo, e cerca de um quarto desse número está armazenado em terras úmidas, que são definidas pela presença de solos hidromórficos (solos saturados de água, discutidos no Capítulo 9 e mais adiante neste capítulo). O acervo de carbono do solo é aproximadamente três vezes maior do que o da atmosfera; apenas o oceano armazena mais carbono do que o solo. Recorde, do Capítulo 11, que, embora dois terços do aumento recente do dióxido de carbono atmosférico venham da queima de combustíveis fósseis, um terço vem da perda de solo associada a alterações no uso da terra.

Os solos desenvolvem-se em longos intervalos de tempo; de fato, muitos solos trazem o legado de climas e processos geológicos dos últimos 15.000 anos ou mais. Os solos não reproduzem, nem podem ser recriados – são um recurso natural não renovável. Isso significa que o uso humano e o abuso dos solos estão se dando a taxas muito mais rápidas do que a formação ou substituição dos solos.

O solo é uma substância complexa, cujas características variam de quilômetro a quilômetro – até mesmo de centímetro a centímetro. Os geógrafos estão interessados nas distribuições espaciais dos tipos de solo e nos fatores físicos que interagem para produzi-los. Conhecimento sobre solos também é crucial para a agricultura e a produção de alimentos. **Ciência do solo** é o estudo interdisciplinar do solo como recurso natural na superfície da Terra; o campo envolve aspectos de física, química, biologia, mineralogia, hidrologia, taxonomia, climatologia e cartografia. *Pedologia* trata da origem, classificação, distribuição e descrição dos solos (*ped* vem do grego *pedon*, "solo" ou "terra"). A camada do solo é ocasionalmente chamada de pedosfera ou edafosfera (*edaphos* significa "solo" ou "chão"). A *edafologia* enfoca particularmente o estudo do solo como um meio de sustentação do crescimento de plantas superiores.

Neste capítulo: Começamos com um exame do desenvolvimento do solo e dos horizontes de solo de um perfil de solo típico. Examinamos as propriedades que afetam a fertilidade do solo e determinam sua classificação, incluindo cor, textura, estrutura, consistência, porosidade, umidade e química. Também discutimos os impactos humanos sobre os solos e a desertificação. Concluímos com um breve exame da *Soil Taxonomy* dos Estados Unidos, enfocando as 12 principais ordens do solo e suas distribuições espaciais.

Fatores de formação do solo e perfis de solo

O solo é composto de aproximadamente 50% de matéria mineral e orgânica; os 50% restantes são ar e água armazenados nos poros em torno das partículas de solo. A matéria orgânica, embora componha apenas cerca de 5% de um dado volume de solo, é crucial para a funcionalidade do solo, abrangendo microrganismos vivos e raízes vegetais, matéria vegetal morta e parcialmente decomposta e material vegetal totalmente decomposto que forma uma mistura rica em nutrientes chamada húmus (discutido adiante).

O solo é um sistema aberto, com entradas de insolação, água, rochas, sedimentos e microrganismos e saídas de ecossistemas vegetais que sustentam os animais e as sociedades humanas e melhor qualidade de ar e água. Os cientistas do solo reconhecem cinco principais fatores naturais de formação do solo: material de origem, clima, organismos, topografia e relevo, e tempo. As atividades humanas, especialmente as relacionadas a agricultura e pastagem pecuária, também afetam o desenvolvimento do solo, sendo discutidas mais adiante neste capítulo. Os solos são avaliados e classificados usando seções transversais de solo, via de regra estendendo-se da superfície do chão até o substrato rochoso ou sedimentos embaixo.

Fatores naturais do desenvolvimento do solo

Como discutido no Capítulo 14, o intemperismo físico e químico das rochas na litosfera superior, oferece os minerais primários à formação do solo. Substrato rochoso, fragmentos de rocha e sedimentos são o material de origem, e suas composições, texturas e naturezas químicas ajudam a determinar o tipo de solo que se forma. Argilo-minerais são os principais subprodutos desse desgaste encontrado no solo.

O clima também influencia o desenvolvimento dos solos; os tipos de solo estão intimamente relacionados aos tipos de clima do mundo. Os regimes de temperatura e umidade dos climas determinam as reações químicas, a atividade orgânica e a movimentação da água dentro dos solos. O clima presente é importante, mas muitos solos também exibem a marca dos climas passados, por vezes descrevendo milhares de anos. O exemplo mais notável é o efeito das glaciações. Entre outras contribuições, a glaciação produz um tipo de material para o solo, o *loess*, que foi carregado pelo vento por milhares de quilômetros até a sua localização atual (discutido no Capítulo 16).

A atividade biológica é um fator essencial do desenvolvimento do solo (vide *Geossistemas em Ação*, Figura GEA 18, página 535). A vegetação e as atividades dos animais e das bactérias – todos os organismos que vivem dentro, sobre e acima do solo, como algas, fungos, anelídeos e insetos – determinam o teor orgânico do solo. As características químicas da vegetação e de muitas outras formas de vida contribuem para a acidez ou alcalinidade da solução do solo (o pH do solo é discutido na próxima seção). Por exemplo, árvores de folhas largas tendem a aumentar a alcalinidade, ao passo que coníferas tendem a produzir maiores índices de acidez. Quando os seres humanos ocupam novas áreas e alteram a vegetação natural ao derrubar matas e arar o solo, os solos afetados também se alteram, amiúde de modo permanente.

O relevo e a topografia também afetam a formação do solo (Figura 18.1). Encostas muito íngremes não podem ter o desenvolvimento completo do solo, porque a gravidade e os processos erosionais removem os materiais. Terras em nível ou quase tendem a desenvolver solos mais espessos, mas podem estar sujeitas a problemas de drenagem de solo, como alagamento. A orientação das encostas em relação ao Sol tam-

Figura 18.1 Topografia e desenvolvimento do solo, Blue Mountains, Oregon, EUA. [Kevin Ebi/Alamy.]

bém é importante, pois controla a exposição à luz solar. No Hemisfério Norte, as encostas expostas para o Sul são mais quentes durante o ano inteiro, por receberem mais luz solar direta. Encostas voltadas para o Norte são mais frias, tornando o degelo mais lento e os índices de evaporação menores, oferecendo, assim, mais umidade às plantas do que nas encostas voltadas para o Sul, que secam mais rapidamente.*

Todos os fatores naturais identificados no desenvolvimento do solo exigem *tempo* para operar. Durante o tempo geológico, a tectônica de placas tem redistribuído a paisagem e, portanto, controlado os processos que formam o solo. A taxa de desenvolvimento do solo está intimamente atrelada à natureza do material de origem (os solos se de-

---
*N. de R.T.: No Hemisfério Sul, o fenômeno é o inverso, ou seja, encostas voltadas para o Norte são mais quentes e secas, enquanto as voltadas para o Sul são mais frias e úmidas.

---

senvolvem mais rapidamente a partir de sedimentos do que a partir do substrato rochoso) e ao clima (os solos se desenvolvem a uma taxa mais veloz em climas quentes e úmidos).

Horizontes do solo

Como um livro não pode ser julgado por sua capa, também os solos não podem ser avaliados apenas em sua superfície. Em vez disso, os cientistas avaliam os solos mediante um **perfil de solo**, uma seção vertical de solo que se estende da superfície até a mais profunda extensão do sistema radicular, ou até onde o regolito ou a rocha parental for encontrada. Os perfis de solo podem ser expostos por atividades humanas, como em canteiros de obra ou escavações, ou em cortes rodoviários. Quando o solo não é exposto por processos naturais ou atividades humanas, os cientistas cavam trincheiras para expor um perfil de solo para análise.

Para a classificação do solo, os pedólogos utilizam uma representação tridimensional do perfil de solo, conhecida como *pedon*. Um pedon de solo é a menor unidade de solo que representa todas as características e variabilidade empregadas para classificação (discutidas mais adiante no capítulo). Um perfil de solo representa um lado de um pedon, como mostrado na Figura 18.2a.

Dentro de um perfil de solo, os solos costumam ser organizados em camadas horizontais distintas conhecidas como **horizontes de solo**. Um horizonte é aproximadamente paralelo à superfície terrestre e tem características visivelmente distintas dos horizontes diretamente acima ou abaixo. Os quatro "horizontes-mestres" da maioria dos solos agrícolas são conhecidos como horizontes O, A, B e C (Figura 18.2).

O limite entre horizontes normalmente é distinguível quando visto de perfil, devido a diferenças em uma ou mais características físicas do solo, como cor, textura, estrutura, consistência (isto é, consistência ou coesão do solo), porosidade ou umidade. Essas e outras proprieda-

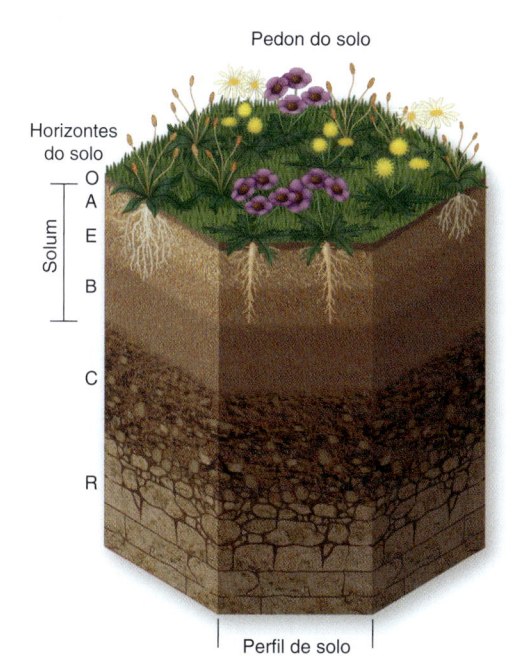

(a) Um perfil de solo idealizado dentro de um pedon.

(b) Perfil de um solo bem-drenado, com till como material-fonte (um Molisol), no sudeste de Dakota do Sul, EUA. Nódulos de carbonato são visíveis nos horizontes B inferior e C superior.

◄**Figura 18.2** Um perfil de solo típico dentro de um pedon, seguido de exemplo. [Marbut Collection, Soil Science Society of America, Inc.]

des do solo, todas afetando a funcionalidade do solo, são discutidas na próxima seção.

Horizonte O No topo do perfil do solo fica o *horizonte O*, assim denominado devido à sua composição orgânica, derivada de serapilheira vegetal e animal depositada na superfície e transformada em **húmus**, uma mistura de materiais orgânicos decompostos e sintetizados, geralmente de cor escura. Os microrganismos trabalham constantemente nestes detritos orgânicos, atuando em uma parte do processo de *humificação* (transformação em húmus). O horizonte O contém 20–30% ou mais de matéria orgânica, o que é importante devido à sua capacidade de reter água e nutrientes e à sua ação complementar aos minerais de argila.

Os horizontes A, E, B e C estendem-se para baixo do horizonte O até o horizonte R, que é composto de sedimento ou rocha parental. Essas camadas intermediárias são compostas de areia, silte, argila e outros subprodutos intemperizados.

Horizonte A No *horizonte A*, partículas de húmus e argila são particularmente importantes por fornecerem elos químicos essenciais entre os nutrientes do solo e as plantas. Este horizonte geralmente é mais rico em conteúdo orgânico (sendo, portanto, mais escuro) do que os horizontes mais baixos. As intervenções humanas por meio de aração, pastagem e outros usos se dão no horizonte A. Este horizonte é comumente chamado de *terra vegetal*.*

Horizonte E O horizonte A transiciona para baixo até o *horizonte E*, que é composto majoritariamente de areia grossa, silte e minerais resistentes à lixiviação. Do horizonte E, mais claro, argilo-silicatos e óxidos de alumínio e ferro são lixiviados (removidos pela água) e levados para horizontes inferiores com a água em sua percolação no solo. Esse processo de remoção de partículas finas e minerais pela água, deixando para trás areia e silte, é a **eluviação** – daí a designação E para este horizonte. A taxa de eluviação aumenta proporcionalmente à precipitação.

Horizonte B Em contraste com os horizontes A e E, os *horizontes B* acumulam argilas, alumínio e ferro. Os horizontes B são dominados pela **iluviação**, onde os materiais lixiviados pela água em uma camada entram e se acumulam em outra. Tanto a eluviação quanto a iluviação são tipos de *translocação*, em que materiais (como nutrientes, sais e argilas) são deslocados descendentemente no solo. Em contraste com a eluviação, que é erosional, a iluviação é um processo deposicional. Os horizontes B podem exibir matizes avermelhados ou amarelados devido à presença de minerais iluviados (argilo-silicatos, ferro e alumínio, carbonatos, gipsita) e óxidos orgânicos. Alguns materiais que ocorrem no horizonte B podem ter se formado no local a partir de processos de intemperismo, em vez de chegar lá por translocação, especialmente nos trópicos úmidos.

Juntos, os horizontes A, E e B são designados **solum**, considerado o solo verdadeiro definível do perfil (marcado na Figura 18.2). Os horizontes do solum passam por processos ativos de solo.

Horizonte C Abaixo do solum está o *horizonte C*, composto por rocha parental intemperizada ou material de origem intemperizado. Esta zona é identificada como *regolito* (embora o termo seja usado algumas vezes para incluir o solum). O horizonte C não é muito afetado pelas operações de solo no solum, ficando fora das influências biológicas que se dão nos horizontes mais rasos. Raízes vegetais e micro-organismos de solo são raros no horizonte C. Ele não possui concentrações de argila, sendo geralmente composto por carbonatos, gesso ou sais solúveis de ferro e sílica, que podem formar agentes cimentantes. Em climas secos, carbonato de cálcio comumente forma o material cimentante que causa o endurecimento desta camada.

Horizonte R No fundo do perfil do solo encontra-se o *horizonte R* (rocha), consistindo de material não consolidado (solto) ou rocha parental consolidada. Quando a rocha parental intemperiza física e quimicamente em regolito, ela pode ou não contribuir para os horizontes do solo acima.

Os cientistas do solo que usam o sistema de classificação dos EUA também empregam letras minúsculas para designar sub-horizontes dentro de cada horizonte-mestre, indicando condições específicas. Por exemplo, horizonte Ap refere-se a um horizonte A que passou por aração (*plowing*, em inglês); horizonte Bh refere-se à presença de material orgânico (húmico).

Características do solo

Diversas características físicas e químicas diferenciam os solos e afetam sua fertilidade e resistência à erosão. **Fertilidade do solo** é a capacidade do solo de sustentar plantas. Bilhões de dólares são gastos para criar condições de solo fértil; no entanto, os solos mais férteis da Terra estão ameaçados devido ao aumento mundial da erosão do solo.

Aqui, discutimos as propriedades de aplicação mais ampla para descrever e classificar os solos; no entanto, outras propriedades existem, podendo ter valor dependendo do local específico. O Capítulo 3 do *Soil Survey Manual* do Serviço de Preservação de Recursos Naturais do Departamento de Agricultura (NRCS) dos EUA apresenta informações adicionais sobre propriedades do solo (http://soils.usda.gov/technical/manual/contents/chapter3.html).

Propriedades físicas

As propriedades físicas que distinguem os solos e que podem ser observadas em perfis de solo são cor, textura, estrutura, consistência, porosidade e umidade.

Cor do solo A cor é importante porque sugere a composição e a estrutura química do solo. Entre as muitas possíveis variações das matizes encontram-se os vermelhos e amarelos presentes nos solos no sudeste dos Estados Unidos (altas concentrações de óxido de ferro), os solos negros das pradarias nas regiões produtoras de grãos dos Estados Unidos e na Ucrânia (ricos em elementos orgânicos) e matizes claros e pálidos encontrados nos solos com silicatos e óxidos de alumínio. A cor pode ser o traço mais óbvio de um solo exposto. Ao mesmo tempo, a cor pode ser enganosa: solos com alto conteúdo de húmus são frequentemente escuros, embora as argilas das regiões quentes para temperadas e tropicais, com menos de 3% de conteúdo orgânico, sejam alguns dos solos mais escuros da Terra.

---

*N de R.T.: No Brasil, o termo *terra vegetal* é mais utilizado para substrato usado em floricultura e hortas, oriundo de compostagem de restos vegetais e outros resíduos orgânicos.

Figura 18.3 Uma página da Carta de Munsell. Uma amostra de solo é visualizada através de orifícios na página, para comparar a sua cor com aquelas encontradas na carta. As características avaliadas por esse sistema são matiz, valor e croma. [Cortesia de Gretag Macbeth, Munsell Color.]

Para padronizar sua descrição, os cientistas do solo descrevem as cores do solo nas várias profundidades do seu perfil comparando-as com a *Carta de Cores Munsell* (desenvolvida pelo artista gráfico e professor Albert Munsell, em 1913 – Figura 18.3). Essa Carta apresenta 175 cores organizadas por seu *matiz* (ou *hue*, que define a cor espectral dominante, como vermelho), *valor* (ou *value*, que define o grau de brilho, de claro a escuro) e *croma* (ou *chroma*, que define a saturação e pureza da cor, aumentando com a diminuição do cinza). Uma observação pelo sistema de Munsell identifica cada cor por nome, possibilitando que os cientistas do solo façam comparações da cor do solo em nível mundial.

Textura do solo Textura diz respeito à mistura e às proporções de diferentes tamanhos de partícula, sendo talvez o atributo mais permanente do solo. Partículas minerais individuais são consideradas como o *separado do solo*. Todas as partículas menores que 2 mm, em diâmetro, como areia muito grossa, são consideradas parte do solo. Partículas maiores, como seixos, cascalhos ou blocos, não fazem parte do solo. (Areias são classificadas de grossa a média e fina, chegando até 0,05 mm; silte é mais fino, até 0,002 mm; e a argila é ainda mais fina, com menos de 0,002 mm.)

A Figura 18.4 é um *triângulo de textura do solo*, mostrando a relação entre as concentrações de areia, silte e argila nos solos. Cada canto do triângulo representa um solo constituído unicamente de um tamanho de partículas (contudo, os solos verdadeiros raramente são compostos de um único separado). Todos os solos na Terra podem ser observados dentro desse triângulo.

Franco é a designação comum para uma mistura balanceada de areia, silte e argila, benéfica para o crescimento vegetal (Figura 18.4). Os agricultores consideram o franco arenoso com conteúdo argilo-mineral abaixo de 30% (canto inferior esquerdo) como o solo ideal por causa das suas propriedades de armazenamento de água e da facilidade de trabalhar com esse solo. A textura do solo é importante para determinar as características de retenção e transmissão da água.

Para ver como o triângulo de textura do solo funciona, considere o tipo de solo *franco silte Miami*, comum em In-

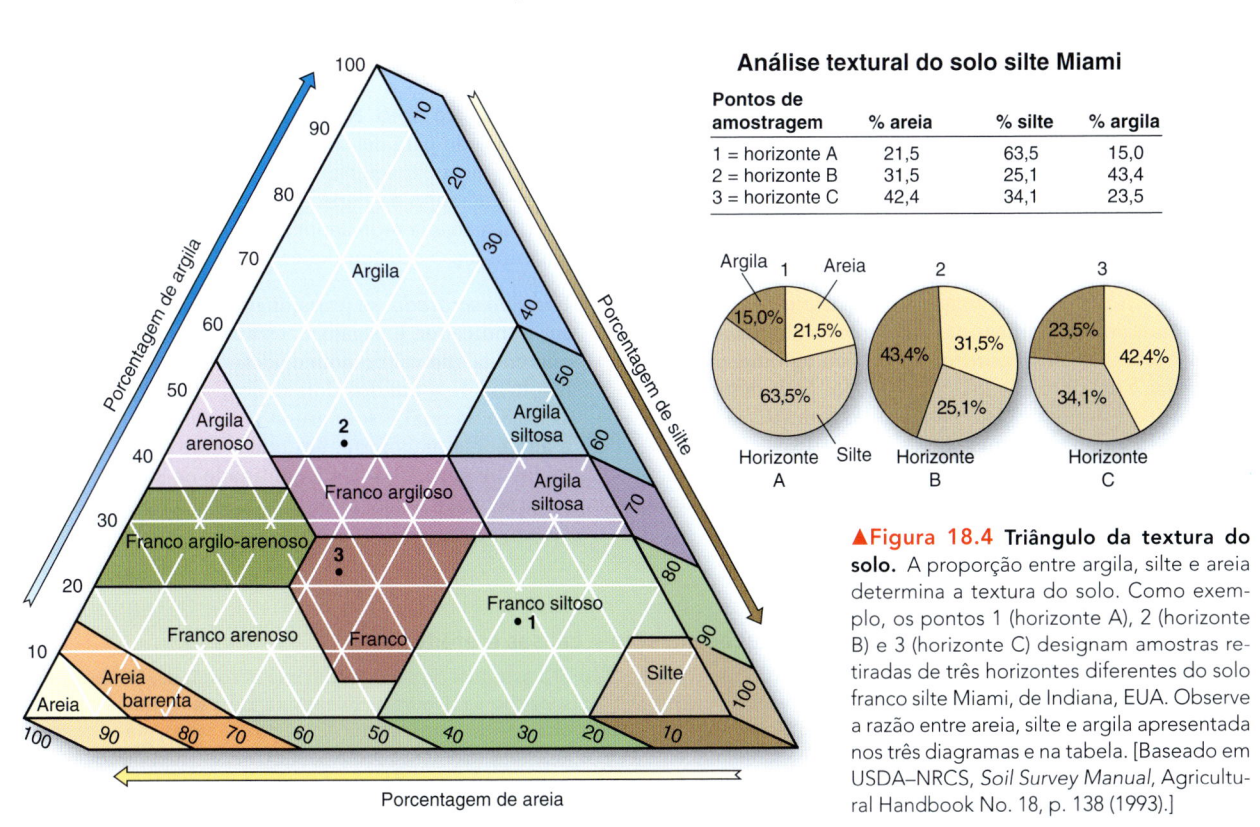

Análise textural do solo silte Miami

Pontos de amostragem	% areia	% silte	% argila
1 = horizonte A	21,5	63,5	15,0
2 = horizonte B	31,5	25,1	43,4
3 = horizonte C	42,4	34,1	23,5

▲Figura 18.4 Triângulo da textura do solo. A proporção entre argila, silte e areia determina a textura do solo. Como exemplo, os pontos 1 (horizonte A), 2 (horizonte B) e 3 (horizonte C) designam amostras retiradas de três horizontes diferentes do solo franco silte Miami, de Indiana, EUA. Observe a razão entre areia, silte e argila apresentada nos três diagramas e na tabela. [Baseado em USDA–NRCS, *Soil Survey Manual*, Agricultural Handbook No. 18, p. 138 (1993).]

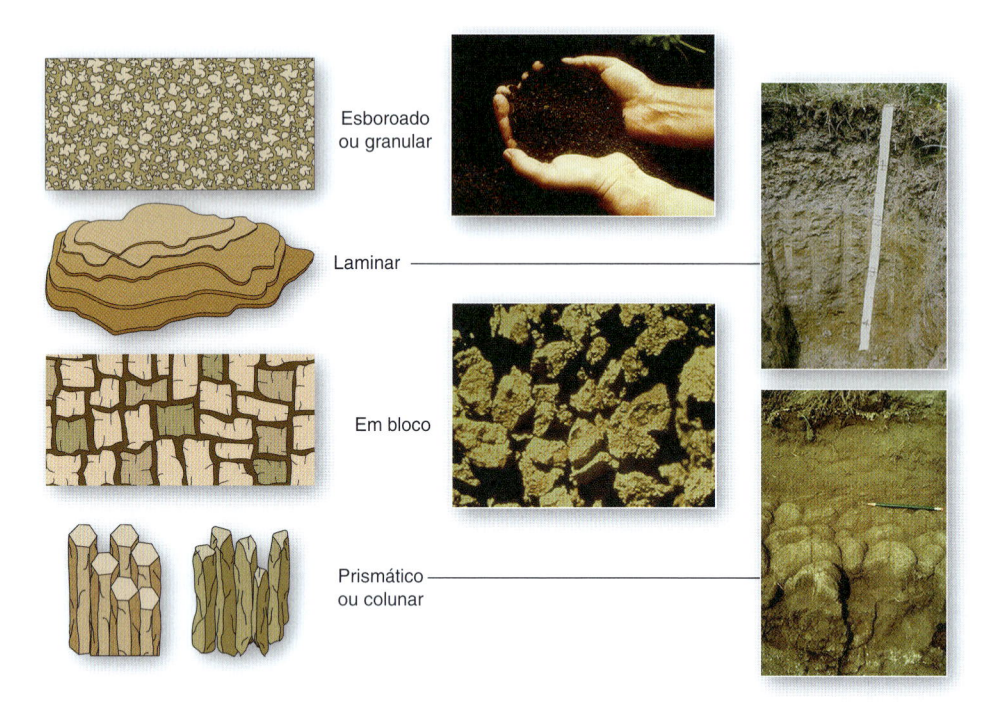

◀ **Figura 18.5 Tipos de estrutura do solo.** A estrutura é importante porque controla a drenagem, o enraizamento das plantas e a eficiência com que o solo oferece os nutrientes à planta. A forma dos diversos tipos de peds controla a estrutura do solo. [USDA–NRCS, National Soil Survey Center.]

Esboroado ou granular

Laminar

Em bloco

Prismático ou colunar

diana, EUA. Amostras desse tipo de solo estão plotadas no triângulo de textura do solo da Figura 18.4 como pontos 1, 2 e 3. O ponto 1 descreve uma amostra retirada próximo à superfície, no horizonte A; o ponto 2 descreve uma amostra retirada do horizonte B; e o ponto 3 descreve uma amostra retirada do horizonte C. Análises texturais dessas amostras estão resumidas na tabela e nos diagramas à direita do triângulo. Observe que o silte predomina na superfície; a argila, no horizonte B; e a areia, no horizonte C. O *Soil Survey Manual* apresenta diretrizes para estimar a textura do solo pelo tato, um método relativamente preciso quando usado por uma pessoa experiente. No entanto, métodos laboratoriais empregando peneiras graduadas e a separação pela análise mecânica por decantação na água permitem medidas mais precisas.

Estrutura do solo A textura do solo descreve o tamanho das partículas do solo; já a *estrutura* do solo refere-se ao tamanho e à forma dos agregados de partículas do solo. A estrutura pode modificar parcialmente os efeitos da textura do solo. A menor porção natural, ou aglomerado de partículas, é denominada *ped*. A forma dos peds determina o tipo de estrutura que o solo apresenta: granular, laminar, em blocos e em prismas ou colunas (Figura 18.5).

Os peds separam-se ao longo das zonas de fraqueza, criando espaços vazios, ou poros, que são importantes para armazenar ou drenar a umidade. Peds arredondados possuem mais espaços de poros entre eles e maior permeabilidade do que as outras formas. Portanto, são melhores para o crescimento vegetal do que peds em blocos, prismas ou laminares, em que pese a fertilidade comparável. Termos usados para descrever a estrutura do solo incluem *fina*, *média* e *grossa*. A adesão entre os peds varia de fraca a forte. O trabalho dos organismos do solo, ilustrado na Figura GEA 18, afeta a estrutura e aumenta a fertilidade do solo.

Consistência do solo Na ciência do solo, o termo *consistência* é usado para descrever a coerência de um solo ou a coesão de suas partículas. A consistência é um produto da textura (tamanho da partícula) e da estrutura (forma do ped). A consistência representa a resistência do solo a quebra e manipulação sob condições variadas de umidade:

- Um *solo saturado*, se pressionado entre os dedos polegar e indicador, é pegajoso, estabelecendo um grau de aderência que vai de pouco aderente (situação em que o solo adere a um dos dois dedos), passando por uma situação na qual o solo gruda entre os dois dedos, até a aderência mais forte, em que o solo gruda aos dois dedos. A *plasticidade* é a qualidade de ser maleável e pode ser avaliada ao rolar uma porção do solo entre os

GEOrelatório 18.1 Compactação do solo – causas e efeitos

Compactação do solo é a consolidação física do solo que destrói a estrutura do solo e reduz sua porosidade. O maior peso do maquinário agrícola atual, além dos plantios anteriores e a disposição da lavoura em fileiras, tende a aumentar a compactação do solo, podendo causar uma redução de 50% nos rendimentos agrícolas devido a crescimento limitado das raízes, má aeração da zona radicular e má drenagem. Hoje, os cientistas sugerem que práticas agrícolas sem aração, combinadas com a manutenção de uma cobertura contínua de vegetais em crescimento ativo, são a melhor maneira de reduzir a compactação do solo, uma vez que as raízes elevam a porosidade e disponibilidade de água, preservam o teor de matéria orgânica e reduzem a erosão superficial.

Um repertório diversificado de organismos habita os ambientes de solo (GEA 18.1). Os organismos desempenham um papel vital nos processos de formação do solo, ajudando a intemperizar a rocha tanto mecânica quanto quimicamente, decompondo e misturando as partículas do solo e enriquecendo o solo com matéria orgânica oriunda dos seus restos e dejetos.

As toupeiras podem provocar extensas perturbações no solo.
[D. Kucharski K. Kucharska /Shutterstock]
[Foto do fundo: DJTaylor/Shutterstock.]

18.1 ORGANISMOS DO SOLO

Os organismos do solo variam em tamanho de mamíferos terrestres que cavam túneis no chão, como texugos, cães-da-pradaria e ratos-do-campo; passando por minhocas que ingerem e secretam solo; até organismos microscópicos que decompõem a matéria orgânica. As ações desses organismos vivos ajudam a manter a fertilidade do solo.

Serrapilheira: Os restos de vegetais, de folhas e caules a troncos de árvore, acumulam-se na superfície e, ao decaírem, gradualmente acrescentam matéria orgânica ao solo.

Mamíferos: Os mamíferos provocam distúrbios mecânicos que misturam o solo, um processo conhecido como **bioturbação**.

Minhocas: As minhocas aumentam a porosidade do solo, fragmentando a matéria orgânica e então reciclando os agregados do solo em novas localidades (para cima ou para baixo na coluna de solo) ao ingerir e secretar material de solo.

Insetos e outros invertebrados: Uma ampla variedade de insetos, incluindo formigas e escaravelhos, habita o solo, juntamente a aranhas, ácaros e outros invertebrados. Todos contribuem para os processos de formação de solo.

Raízes: As raízes proporcionam canais para o movimento de água e ar dentro do solo; esses canais ficam intactos mesmo após a raiz se decompor. A área ao redor das raízes é biologicamente ativa e contém nutrientes advindos das secreções radiculares e de células radiculares.

Fungos: Os fungos possuem extensões em fios (**micélios**) que se estendem sob a superfície do solo e que prendem as partículas do solo umas às outras.

Nós da raiz

Nematódeos

Algumas bactérias vivem nos nós das raízes, onde "fixam" nitrogênio para que ele possa ser absorvido pelas plantas.

Descreva: Como as minhocas afetam o solo?

Microrganismos: Bactérias do solo e outros microrganismos como protozoários (organismos unicelulares) e nematoides (lombrigas não segmentadas) ajudam a decompor os restos mortais de organismos no solo ou liberam resíduos que outros organismos podem aproveitar.

geossistemas em ação 18 · ATIVIDADE BIOLÓGICA NOS SOLOS

dois dedos, para testar a capacidade de transformá-lo em um cilindro delgado.

- Um *solo úmido* está saturado até aproximadamente a metade da sua capacidade de campo (a capacidade de água que o solo pode absorver). Sua consistência segue uma graduação de solto (não coerente), para *friável* (facilmente pulverizado), até firme (não pode ser pulverizado entre os dedos).
- O *solo seco* é tipicamente quebradiço e rígido, e sua consistência varia de solto, para macio, para duro, até extremamente duro.

Porosidade do solo Porosidade diz respeito aos espaços de ar existentes dentro de um material; **porosidade do solo** denota a parte de um volume de solo que está preenchida por ar, gases ou água (em oposição a partículas de solo ou matéria orgânica). A porosidade, a permeabilidade e o armazenamento de umidade do solo foram discutidos no Capítulo 9.

Poros no horizonte do solo controlam o movimento da água – sua absorção, fluxo e drenagem – e a ventilação de ar, aeração. Os fatores mais importantes para a porosidade são *tamanho* dos poros, *continuidade* dos poros (se eles estão interconectados), *forma* dos poros (se eles são esféricos, irregulares ou tubulares), *orientação* dos poros (se o espaço entre eles é vertical, horizontal ou aleatório) e *localização* dos poros (se eles estão dentro ou entre os peds do solo).

A porosidade é melhorada pela presença de raízes de plantas, pela atividade animal de escavação de túneis realizada por toupeiras ou minhocas (vide Figura GEA 18) e pela intervenção humana, por meio da manipulação do solo com húmus ou areia, ou o cultivo de plantas que desenvolvem solo. Muito do trabalho de preparo de solo realizado pelos agricultores antes de plantar – e por quem tem hortas em casa também – é feito para melhorar a porosidade do solo.

Umidade do solo Conforme exposto no Capítulo 9 e mostrado na Figura 9.9, as plantas funcionam com maior eficiência quando o solo se encontra na *capacidade de campo*, que é a disponibilidade máxima de água para a planta após a drenagem da água de grandes espaços porosos. O tipo de solo determina a capacidade de campo. A profundidade na qual a planta desenvolve as suas raízes determina a quantidade de umidade do solo disponível para a planta. Se a umidade do solo fica abaixo da capacidade de campo, as plantas devem empenhar mais energia para obter a água disponível. Essa ineficiência na remoção de umidade se agrava até que a planta atinja seu ponto de murchamento. Além desse ponto, as plantas não conseguem extrair a água de que necessitam e morrem. Mais do que qualquer outro fator, os regimes de umidade do solo e os tipos climáticos associados formam as propriedades bióticas e abióticas do solo.

Propriedades químicas

Lembremos que os poros do solo podem ser preenchidos por ar, água ou uma mistura de ambos. Consequentemente, a química do solo envolve tanto o ar quanto a água. A atmosfera contida pelos poros do solo é primordialmente nitrogênio, oxigênio e dióxido de carbono. As concentrações de nitrogênio no solo são aproximadamente as mesmas que na atmosfera, mas a concentração de oxigênio é me-

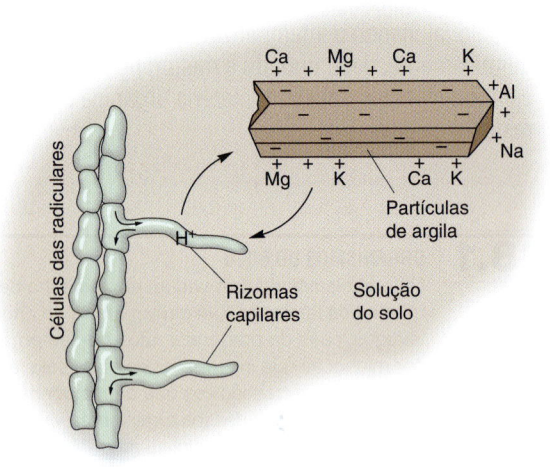

▲**Figura 18.6 Coloides do solo e a capacidade de troca de cátions (CTC).** Esse coloide típico do solo retém pela absorção, na superfície, os íons minerais (cargas opostas se atraem). Esse processo retém os íons até que eles sejam absorvidos pelos rizomas capilares das raízes.

nor e a de dióxido de carbono é maior, devido aos processos de respiração no solo.

A água presente nos poros do solo é conhecida por *solução do solo*, que é o veículo para as reações químicas no solo. Essa solução é uma fonte crítica de nutrientes para os vegetais, proporcionando o fundamento da fertilidade do solo. O dióxido de carbono combina com a água para produzir acido carbônico, e vários materiais orgânicos misturam-se com a água para produzir ácidos orgânicos. Esses ácidos são agentes ativos dos processos do solo, assim como os alcaloides e sais dissolvidos.

Uma breve revisão dos fundamentos da química nos ajuda a compreender como a solução do solo se comporta. Um íon é um átomo, ou um grupo de átomos, que possui uma carga elétrica (por exemplo: Na^+, Cl^-, HCO_3^-). Um íon tem uma carga positiva ou uma carga negativa. Por exemplo, quando NaCl (cloreto de sódio) dissolve em solução, ele é separado em dois íons: Na^+, que é um *cátion* (íon de carga positiva), e Cl^-, que é um *ânion* (íon de carga negativa). Alguns íons no solo têm carga única, ao passo que outros apresentam cargas duplas ou mesmo triplas (por exemplo, sulfato, SO_4^{2-}; e alumínio, Al^{3+}).

Coloides do solo e íons minerais As partículas minúsculas de argila e material orgânico (húmus) suspensas na solução do solo são os **coloides do solo**. Como eles possuem carga elétrica negativa, atraem qualquer íon de carga positiva no solo (Figura 18.6). Os íons positivos, muitos metálicos, são fundamentais para o crescimento das plantas. Se não fosse pelos coloides do solo negativamente carregados, os íons positivos seriam absorvidos na solução do solo e, portanto, não estariam disponíveis às raízes das plantas.

Individualmente, os coloides de argila são similares a plaquetas finas, com superfícies paralelas negativamente carregadas. Essas argilas coloides são mais quimicamente ativas que as partículas de silte e areia, mas menos ativas que os coloides orgânicos. Os cátions metálicos se prendem à

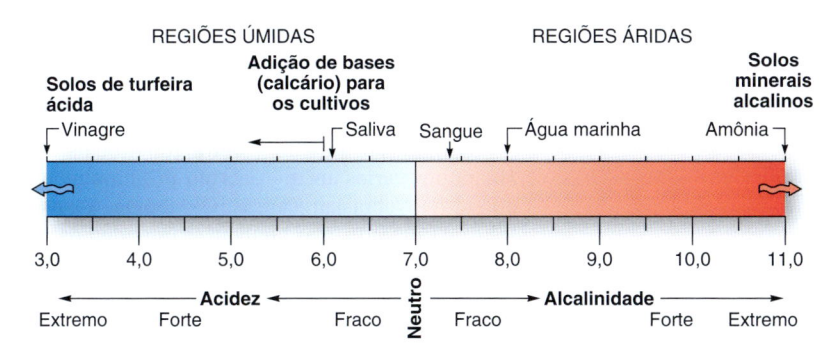

▲Figura 18.7 **Escala de pH.** A escala de pH mede a acidez (pH mais baixo) e alcalinidade (pH mais alto). (A escala completa de pH varia entre 0 e 14).

superfície dos coloides pela *adsorção* (distinto de absorção, que significa "entrar"). As superfícies dos coloides podem trocar cátions com a solução do solo, o que é denominado **capacidade de troca de cátions (CTC)**, que é a medida da fertilidade do solo. Uma CTC elevada significa que os coloides do solo podem armazenar ou trocar uma quantidade relativamente elevada de cátions da solução do solo, indicando uma boa fertilidade do solo (a não ser que exista um fator complicador, como um solo muito ácido). O solo é fértil quando contém substancias orgânicas e minerais de argila que *absorvem* água e *adsorvem* certos elementos necessários à planta.

Acidez e alcalinidade do solo Uma solução do solo pode conter uma quantidade significativa de íons de hidrogênio (H+), os cátions que estimulam a formação ácida. O resultado é um solo rico em íons de hidrogênio, ou *solo ácido*. Um solo que contém muitos cátions básicos (cálcio, magnésio, potássio e sódio) é um *solo básico*, ou *alcalino*. Tal acidez ou alcalinidade é expressa pela escala de pH (Figura 18.7).

A água pura possui um pH praticamente neutro de 7,0. Leituras abaixo de 7,0 indicam acidez crescente. Leituras acima de 7,0 indicam alcalinidade crescente. A acidez é considerada forte quando o valor na escala pH for igual ou abaixo de 5,0, ao passo que valores iguais ou maiores que 10,0 indicam forte alcalinidade.

A maior contribuinte para a acidez do solo na era moderna é a precipitação ácida (chuva, neve, neblina ou deposição seca), conforme exposto no Capítulo 3. Cientistas já mediram valores de precipitação ácida com pH inferior a 2,0 (a acidez do suco de limão) – incrivelmente baixo para precipitação natural. O aumento da acidez no solo acelera a intemperização química dos nutrientes minerais e eleva as taxas de depleção. Como a maioria dos cultivos é sensível a níveis de pH específicos, solos ácidos com pH abaixo de 6,0 requerem tratamentos para aumentar o pH. Esse tratamento do solo é obtido ao adicionar bases, na forma de minerais, que são ricos em cátions básicos, geralmente calcário (carbonato de cálcio, $CaCO_3$).

Impactos humanos sobre os solos

Diferentemente de espécies vivas, os solos não se reproduzem, nem podem ser recriados. Uns poucos centímetros de espessura de solo agricultável de alta qualidade podem precisar de *500 anos* para chegar à maturidade. Contudo, essa mesma espessura está sendo perdida anualmente por meio da erosão do solo que acontece quando os seres humanos removem vegetação e aram a terra, sem considerar a topografia (Figura 18.8). Perdas extras ocorrem quando estruturas de controle de inundação bloqueiam sedimentos e nutrientes, impedindo-os de reabastecer os solos das planícies de inundação. Como resultado da intervenção humana e de práticas agrícolas não sustentáveis, aproximadamente 35% das terras agricultáveis estão perdendo solo mais rápido do que ele consegue se formar – uma perda que excede 23 bilhões de toneladas por ano. O esgotamento do solo (como a perda de fertilidade que se verifica quando os solos têm seus cátions lixiviados) e a perda de solo estão em níveis recorde dos Estados Unidos à China, do Peru à Etiópia e do Oriente Médio às Américas. O impacto sobre as sociedades é potencialmente desastroso, à medida que a população e a demanda por alimentos aumentam.

Erosão do solo

O NRCS descreve *erosão do solo* como "a decomposição, o desprendimento, o transporte e a redistribuição de partículas de solo pela força do vento, da água ou da gravidade". Cultivo e aração excessivos, pastagem excessiva e desmatamento de encostas florestadas são algumas das principais atividades humanas que tornam os solos mais propensos à erosão. A erosão do solo remove os horizontes O e A, a camada mais rica em matéria orgânica e nutrientes. Milênios atrás, os agricultores ao redor do mundo aprenderam a plantar nas encostas "utilizando o contorno" – semear em sulcos ou montes que percorriam a encosta numa mesma elevação, em vez de subir e descer a encosta. Cada um desses sulcos descrevia uma elevação, em vez de seguir verticalmente para cima ou para baixo da vertente. O cultivo com linhas

▲Figura 18.8 **Degradação do solo.** Um exemplo de perda de solo por erosão laminar e de vossoroca em uma fazenda no noroeste de Iowa, EUA. Um milímetro de solo que se perde de 0,4 hectare pesa aproximadamente cinco toneladas. [USDA–NRCS, National Soil Survey Center.]

▼**Figura 18.9** Raízes de pés de trigo em solos arados e não arados. [NRCS.]

(a) A agricultura sem aração leva à maior retenção de umidade e a um solo mais solto, permitindo que o trigo desenvolva sistemas radiculares mais longos, que têm acesso a umidade e nutrientes mais abaixo da superfície.

(b) A agricultura convencional leva à compactação do solo e a sistemas radiculares vegetais mais curtos.

de contorno evita o fluxo superficial vertical pelas encostas e, dessa maneira, reduz a erosão do solo. A agricultura em contornos (usada em terras de encostas graduais) e em terraços (nivelamento de plataformas em terreno íngreme, usado em regiões montanhosas) está sendo utilizada para combater a erosão (veja a foto de abertura do capítulo).

Uma prática em expansão para desacelerar a erosão do solo é a *agricultura sem aração*. Nessa abordagem, os agricultores não aram mais o solo após a colheita. Em vez disso, eles deixam os resíduos da lavoura no campo entre os plantios, assim evitando a erosão do solo pelo vento e pela água. Depois, as sementes são inseridas no chão sem perturbar o solo, no chamado *plantio direto*. Plantar a nova safra em cima da antiga também preserva a umidade. No Texas, onde uma seca grave vem persistindo recentemente, alguns agricultores estão utilizando práticas sem aração com êxito. As fotos da Figura 18.9 comparam raízes de trigo plantado com práticas sem aração com as de trigo plantado mediante agricultura convencional. Como o solo é menos compactado, as raízes dos campos não arados conseguem crescer mais, atingindo umidade e nutrientes mais abaixo da superfície.

O Dust Bowl A remoção em larga escala da vegetação nativa associada à expansão da agricultura nas Grandes Planícies norte-americanas no fim do século XIX e início do século XX levou a um episódio catastrófico de erosão do solo conhecido como Dust Bowl. Agricultura intensiva e pastagem excessiva, em combinação com menos precipitação e temperaturas acima do normal, desencadearam um período de vários anos de severa erosão eólica e perda de terras rurais.

A deflação do solo – em alguns locais, até 10 cm por vários anos – ocorreu principalmente no sul de Nebraska, Kansas, Oklahoma, Texas e leste do Colorado, mas também se estendeu para o sul do Canadá e norte do México. A poeira transportada escureceu os céus de cidades do Meio-Oeste (exigindo que a iluminação pública ficasse ligada o dia inteiro) e deslocou-se sobre as terras agrícolas, cobrindo safras perdidas. Em 1940, dois milhões de pessoas haviam se retirado dos estados da planície – a maior migração da história norte-americana. A seca prolongada de 2012 no sudoeste dos EUA e no oeste e centro do Texas e Oklahoma é climaticamente parecida com as condições que levaram ao Dust Bowl (acesse http://www.pbs.org/wgbh/americanexperience/films/dustbowl/ para saber mais sobre o Dust Bowl).

Taxas e custos da erosão Em 2007, o NRCS informou um decréscimo de 43% na erosão do solo em terras agrícolas dos EUA entre 1982 e 2007, incluindo quedas na erosão por água e vento. A maior parte dessa diminuição deu-se entre 1982 e 1992, com as taxas de erosão apresentando menos variação desde 1992. O estudo também revelou que a erosão por água em canais e vossorocas nos Estados Unidos varia geograficamente, estando a maioria (54%) concentrada no Cinturão do Milho, que se estende de Ohio, no leste, até Iowa, no oeste, e nas Planícies do Norte, indo de Nebraska, ao sul, até Dakota do Norte. Noventa e sete por cento da erosão por vento ocorreram nas Grandes Planícies, na Região das Montanhas Rochosas e na Região dos Lagos de Minnesota e Wisconsin.

Em 2010, o Grupo de Trabalho Ambiental concluiu que, de acordo com cientistas da Iowa State University, as taxas de erosão do solo são muito mais altas do que as estimativas do NRCS. De acordo com esses novos estudos, os efeitos de episódios individuais de tempestade são muito mais significativos para a erosão do que as médias estaduais de longo prazo calculadas pelo NRCS. Com o aumento da intensidade dos eventos de tempestade ocasionado pela mudança climática, a erosão poderá acelerar.

A erosão do solo pode ser compensada em curto prazo pelo uso de mais fertilizantes, aumento da irrigação e plantio de culturas de maior rendimento. No entanto, os fertilizantes agrícolas poluem o escoamento, com efeitos devastadores sobre córregos, rios e deltas fluviais. A "zona

GEOrelatório 18.2 Escapando entre os nossos dedos

O Departamento de Agricultura dos EUA estimou que mais de 2 milhões de hectares das melhores terras agrícolas são perdidos a cada ano por causa de mau uso ou por conversão para usos não agrários. Cerca da metade de todas as terras agrícolas dos Estados Unidos e do Canadá (duas das poucas nações que monitoram a perda de solo) está sofrendo taxas excessivas de erosão do solo. Ao redor do mundo, aproximadamente 1/3 de toda a terra potencialmente agrícola tem sido perdida (muito desse volume nos últimos 40 anos). As causas da degradação do solo, por ordem de gravidade, incluem: sobrepastejo (ou pastejo excessivo), remoção da vegetação, práticas agrícolas, conversão para atividades não agrárias, sobre-exploração e usos industriais e bioindustriais.

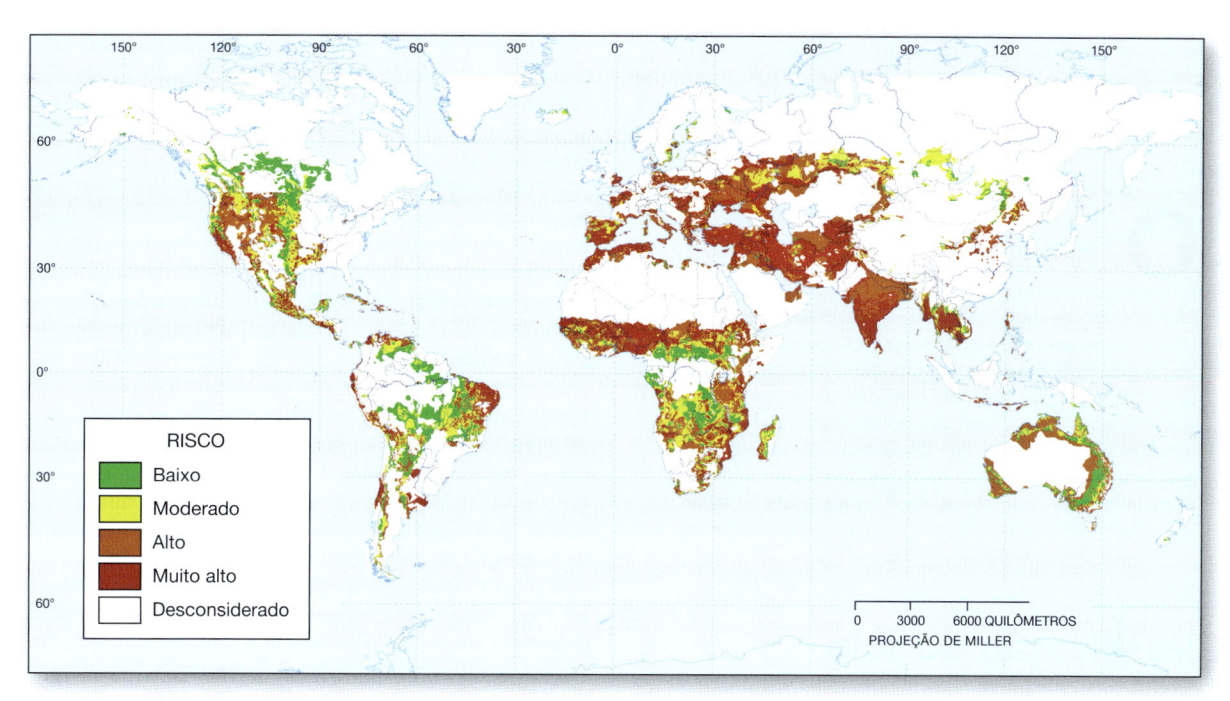

▲Figura 18.10 **Áreas em risco de desertificação.** [Mapa elaborado pelo Departamento de Agricultura dos EUA – Serviço de Preservação de Recursos Naturais, Divisão de Levantamentos de Solo; considera as densidades populacionais nas regiões afetadas, fornecidas pelo Centro Nacional de Análise de Informações Geográficas da Universidade da Flórida, Santa Barbara.]

morta" criada pelo nitrogênio e outros fertilizantes nas águas costeiras do Delta do Rio Mississipi está atingindo seu maior tamanho já registrado, comparável à área de New Jersey (vide discussão e ilustrações no Capítulo 19).

Um estudo recente tabulou o impacto monetário de nutrientes de solo perdidos e outras variáveis afetadas pela erosão, mostrando que a soma do dano direto (à terra agrícola) e dano indireto (a cursos d'água, infraestrutura social e saúde humana) é estimada em mais de US$ 25 bilhões por ano nos Estados Unidos e centenas de bilhões de dólares em todo o mundo. É claro, trata-se de uma avaliação controversa no setor agrícola. O custo para controlar a erosão nos Estados Unidos está estimado em aproximadamente 8,5 bilhões de dólares, ou aproximadamente 30 centavos de cada dólar respondem por prejuízo ou perda do solo.

Desertificação

A degradação da terra que ocorre nas regiões secas é conhecida como **desertificação**, a expansão dos desertos. Esse fenômeno mundial junto às margens das terras áridas e semiáridas é causado em parte por atividades humanas que degradam os solos, levando à perda de horizontes O e A e à queda na produção alimentar.

A desertificação resulta de uma combinação de fatores: más práticas agrícolas, como pastagem excessiva e atividades que abusam da estrutura e fertilidade do solo; manejo inadequado da umidade do solo; salinização (o acúmulo de sais na superfície do solo, discutido mais adiante neste capítulo) e esgotamento de nutrientes; e desmatamento. Uma causa de piora é a mudança climática, que está modificando os padrões de temperatura e precipitação e movimentando os sistemas de alta pressão subtropical para os polos (discutido nos capítulos anteriores). Atualmente, a desertificação está afetando mais de um bilhão de pessoas em todo o mundo. (Releia o *Geossistemas Hoje* deste capítulo para saber mais sobre este tópico.)

A Figura 18.10 apresenta regiões com risco de desertificação, definido pela perda de atividade agrícola. A gravidade desse problema é aumentada pela pobreza de muitas das regiões afetadas, pois a maioria das pessoas não tem capital

GEOrelatório 18.3 Efeitos da pastagem excessiva nas planícies argentinas

Pastagem excessiva ocorre quando o número de animais é maior que a capacidade produtiva da terra. Especificamente, a pastagem excessiva resulta em menor área foliar das plantas, o que as enfraquece e leva à deterioração da vegetação e dos solos. No sul da Argentina, a ovinocultura é a principal atividade econômica nas grandes planícies, que antigamente abrigavam o único mamífero nativo que pastava: o guanaco, um parente da lhama. Embora o número de cabeças de gado ovino tenha caído desde a década de 1950, a pastagem excessiva no último século levou à desertificação generalizada. Práticas de pastagem sustentável estão tornando-se uma prioridade enquanto a região busca preservar sua base econômica de produção de lã e carne, além de reverter a tendência de desertificação.

para alterar práticas agrícolas e implementar estratégias de preservação. Muitas das terras com o maior risco ficam na Índia e na Ásia Central. Um projeto de 2009 mostrou que 25% da Índia estão sofrendo desertificação.

> **PENSAMENTO Crítico 18.1**
> **Perdas de solo – o que fazer?**
>
> Utilizando as informações contidas na seção "Impactos humanos sobre os solos", página 537, desmembre a questão da perda de solo em causas forçantes, impactos produzidos e possíveis ações para desacelerar a degradação e a perda de solos. Em seguida, considere as ações possíveis em termos de escala, indo do nível individual ao municipal, estadual e nacional, por fim. Dado o problema, e determinando a escala na qual as soluções podem ser mais bem implementadas, que ações você sugere para inverter a situação da degradação do solo aqui e no exterior? •

Classificação do solo

A classificação do solo é complicada pela variedade de interações, que criam milhares de solos distintos – bem mais de 15.000 tipos de solo apenas nos Estados Unidos e no Canadá. Não surpreende que diversos sistemas de classificação diferentes estejam em uso no mundo, incluindo os dos Estados Unidos, Brasil, Canadá, Reino Unido, Alemanha, Austrália, Rússia e Organização das Nações Unidas para Alimentação e Agricultura (FAO). Cada sistema reflete o meio ambiente do país ou países de sua origem. Por causa do envolvimento de variáveis interatuantes, classificar solos é parecido com classificar climas.

Em muitos locais dos Estados Unidos, um *serviço de extensão agrícola* pode fornecer informações específicas e fazer uma análise detalhada dos solos locais. O NRCS oferece levantamentos de solo e mapas de solo local para a maioria dos condados dos Estados Unidos; acesse http://www.nrcs.usda.gov/wps/portal/nrcs/main/national/soils/.

Soil Taxonomy

O sistema de classificação de solos dos EUA, criado pelo NRCS em 1975, leva o nome de **Soil Taxonomy**. As informações deste capítulo baseiam-se na publicação *Keys to Soil Taxonomy*, já em 11ª edição (2010), disponível para download gratuito pelo NRCS em http://soils.usda.gov/technical/classification/tax_keys/.

A base do sistema da *Soil Taxonomy* é a observação em campo das propriedades e da morfologia do solo (aparência, forma e estrutura). A menor unidade de solo usada em levantamentos de solo é o **pedon**, uma coluna hexagonal de 1 a 10 m² na área superficial superior (vide Figura 18.2a). Um pedon é considerado um solo individual, e o perfil de solo contido nele é utilizado para avaliar seus horizontes de solo. Pedons com características semelhantes são agrupados em *séries de solo*, o menor e mais preciso nível do sistema de classificação.

A *Soil Taxonomy* é uma hierarquia classificada que emprega seis categorias, começando com 15.000 classificações de série de solo. As categorias de nível sequencialmente superior são *famílias de solo* (6000), *subgrupos de solo* (1200), *grandes grupos de solo* (230), *subordens de solo* (47) e, por fim, as doze *ordens de solo* discutidas nesta seção (Tabela 18.1).

O sistema é aberto a acréscimos e modificações conforme a base de dados de amostragem aumenta. Por exemplo, duas ordens de solo foram adicionadas nos anos 1990 – Andosols (solos vulcânicos), em 1990, e Gelisols (solos gelados e congelados), em 1998. Além disso, a *Soil Taxonomy* reconhece a importância das influências antropogênicas sobre os solos.

Horizontes diagnósticos de solo Os cientistas do solo utilizam horizontes diagnósticos de solo para agrupar os solos em cada série de solo. Um *horizonte diagnóstico* possui propriedades físicas distintas (cor, textura, estrutura, consistência, porosidade e umidade) ou um processo dominante de formação do solo (discutido no tópico de tipos de solo, abaixo). Um horizonte diagnóstico que ocorre na superfície ou logo abaixo dela é chamado de **epipedon**. Ele pode se estender para baixo do horizonte A, podendo mesmo incluir parte ou todo um horizonte B iluviado. Essa região do solo é visivelmente escurecida pela presença de material orgânico e, às vezes, é exaurida de minerais. São excluídos da consideração como parte do epipedon os depósitos aluviais, depósitos eólicos e áreas cultivadas, pois são superfícies de vida relativamente curta que os processos de formação do solo acabam eliminando. Um horizonte diagnóstico que se forma abaixo da superfície em profundidades variadas é chamado de **horizonte diagnóstico de subsuperfície**. Pode incluir partes dos horizontes A, B ou ambos.

Regimes pedogênicos Antes do sistema da *Soil Taxonomy*, os cientistas usavam **regimes pedogênicos** para descrever os solos. Esses regimes associam processos específicos de formação do solo a regiões climáticas. Embora esses regimes baseados em clima sejam convenientes para relacionar climas e processos de solo, o uso de variáveis climáticas como a única base de classificação do solo leva à incerteza e inconsistência. Neste capítulo, discutimos cada regime pedogênico com a ordem do solo em que ele ocorre mais comumente, apesar de todos os processos pedogênicos poderem estar ativos em diferentes ordens de solo e em diferentes climas.

Os cinco regimes pedogênicos são:

- **Laterização** – um processo de percolação em climas úmidos e quentes (discutido junto aos Oxisols e exibido na Figura 18.13)
- **Salinização** – um processo que concentra sais nos solos em climas com alto potencial de evapotranspiração (POTET) (discutido com os Aridisols)
- **Calcificação** – um processo que produz um acúmulo iluviado de carbonato de cálcio nos climas continentais (discutido com os Molisols e Aridisols e exibido na Figura 18.17)
- **Podzolização** – um processo de acidificação do solo associado com solos das florestas, de climas frios (discutido com os Spodosols e exibido na Figura 18.21)

TABELA 18.1 Ordens do solo

Ordem	Localização e clima gerais	Descrição
Oxisols	Solos tropicais; áreas quentes e úmidas	Intemperismo máximo do Fe e Al e eluviação; camada contínua de plintita.
Aridisols	Solos desérticos; áreas quentes e secas	Alterações limitadas do material-fonte, regime climático uniforme, cores claras, baixo conteúdo de húmus, subsuperfície iluvionada de carbonatos.
Molisols	Solos de pradaria; terras subúmidas, semi-áridas	Visivelmente escuro, com material orgânico; rico em húmus; superfície alta e friável, com horizontes bem-estruturados.
Alfisols	Solos de floresta moderadamente intemperizados; florestas úmidas temperadas	Horizonte B com muita argila; acúmulo de argila iluviada; sem alteração pronunciada de cor com a profundidade.
Ultisols	Solos florestados de alta intemperização; florestas subtropicais	Semelhante aos Alfisols; horizonte B com muita argila; forte intemperismo nos horizontes subsuperficiais; mais vermelho do que os Alfisols.
Spodosols	Solos de floresta de coníferas setentrionais; florestas úmidas, frias	Horizontre B iluvial de argilas de Fe/Al; acúmulo de húmus; sem estrutura; parcialmente cimentado; altamente lixiviado; fortemente ácido.
Entisols	Solos recentes, perfil não desenvolvido, todos os climas	Desenvolvimento limitado, propriedades herdadas do material-fonte, cores pálidas, baixo húmus, poucas propriedades específicas, duro e maciço quando seco.
Inceptisols	Solos pouco desenvolvidos; regiões úmidas	Desenvolvimento intermediário, solos embrionários, mas com poucas feições de diagnóstico, possíveis desgastes nos horizontes de subsuperfície alterados ou modificados.
Gelisols	Solos afetados por permafrost; altas latitudes do Hemisfério Norte, limites meridionais próximos à linha de árvores, altas elevações	Permafrost em até 100 cm da superfície do solo; evidência de crioturbação (ação mecânica do gelo) e/ou uma camada ativa; solo estruturado.
Andosols	Solos formados por atividades vulcânicas; áreas afetadas por atividade vulcânica frequente, especialmente na orla do Pacífico	Material-fonte vulcânico, particularmente cinza e vidro vulcânico; importante intemperização e transformação mineral; alta CTC e conteúdo orgânico, geralmente fértil
Vertisols	Solos argilosos expansíveis; subtrópicos, trópicos; período seco suficiente	Ao secar, forma grandes rachaduras, ação de automistura, menos de 30% de argilas expansíveis, cores claras, baixo conteúdo de húmus.
Histosols	Solos orgânicos; terras úmidas	Turfa ou solos alagados, mais de 20% de matéria orgânica, charco com mais de 40 cm de espessura de argila, superficial, camadas orgânicas, sem horizontes diagnósticos.

- **Gleização** – um processo que resulta em um acúmulo de húmus, apresentando abaixo desse uma camada espessa de argila cinza, saturada de água, que geralmente é associada a climas úmidos e frios e condições pobres de drenagem

As 12 ordens do solo da Soil Taxonomy

A *Soil Taxonomy* compreende 12 ordens gerais de solo, listadas na Tabela 18.1. Sua distribuição pelo mundo é mostrada na Figura 18.1 e em mapas avulsos fornecidos junto a cada descrição na exposição que segue. Enquanto você lê essas descrições, consulte essa tabela e os respectivos mapas; mais informações sobre cada ordem de solo estão em http://soils.ag.uidaho.edu/soilorders/. Como a *Soil Taxonomy* avalia cada ordem de solo com base nas suas próprias características, não existe prioridade nessa classificação. Entretanto, você perceberá uma progressão arranjada vagamente por latitude; começamos, como nos Capítulos 10 (sobre climas) e 20 (sobre biomas terrestres), no equador.

> **PENSAMENTO Crítico 18.2**
> **Observações de solo**
>
> Selecione uma pequena amostra de solo do terreno ao redor da sua instituição de ensino ou em uma área próxima de onde você mora. Com base nas seções deste capítulo sobre características, propriedades e formação dos solos, descreva a amostra com o máximo de detalhes. Ao empregar um mapa de distribuição de solos, ou qualquer outro recurso disponível (agente de extensão agrícola local, internet, etc.), é possível situar genericamente sua amostra de solo entre as ordens do solo? •

Oxisols A intensa umidade, a alta temperatura e a duração uniforme do dia das latitudes equatoriais afetam profundamente os solos. Nessas paisagens geralmente antigas, expostas a condições tropicais há milênios ou centenas de milênios, os solos são bem-desenvolvidos, e seus minerais são

▶**Figura 18.11 Soil Taxonomy.** Distribuição mundial das 12 ordens de solo da *Soil Taxonomy*. [Adaptado dos mapas produzidos pelo World Soil Resources Staff, Natural Resources Conservation Service, 1999, 2006.]

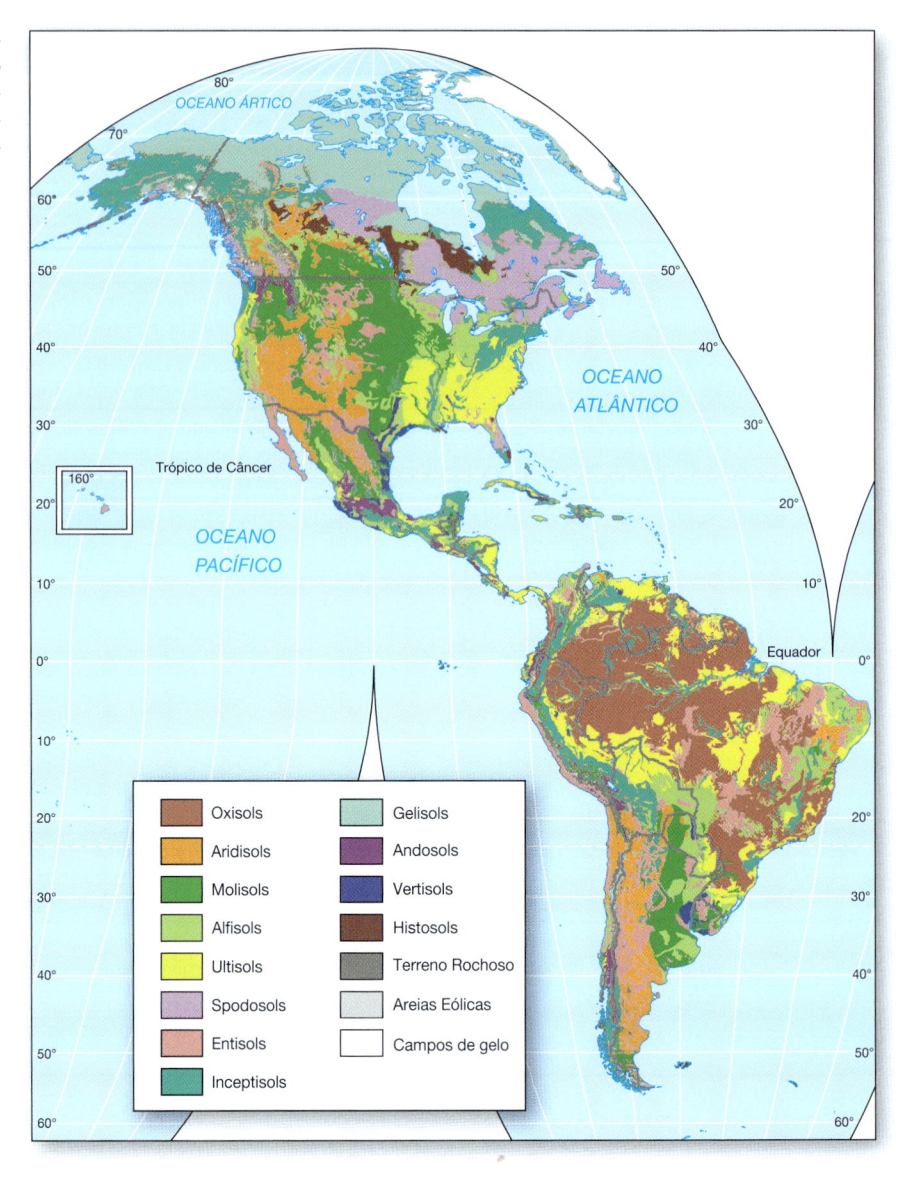

alterados (salvo em certos solos vulcânicos mais recentes na Indonésia – os Andosols). Logo, os Oxisols estão entre os solos mais maduros da Terra. Os horizontes distintos geralmente estão ausentes onde os solos são mais bem drenados (Figura 18.12a). As florestas tropicais pluviais e equatorial, densas e diversas, são as formações vegetais associadas a esse solo.

Os **Oxisols** (solos tropicais) são assim chamados devido a um horizonte distinto de óxidos de ferro e alumínio. A concentração de óxidos resulta da forte precipitação, que lixivia minerais solúveis e componentes de solo do horizonte A. Oxisols típicos são avermelhados (por causa do óxido férrico) ou amarelados (por causa dos óxidos de alumínio), com uma textura argilosa intemperizada, às vezes em uma estrutura de solo granular que é facilmente desmembrada. O alto grau de evolução remove os cátions e materiais coloidais básicos para horizontes eluvionais mais baixos. Portanto, os Oxisols têm baixas CTC (capacidade de troca de cátions) e fertilidade, a não ser em regiões com materiais aluviais ou vulcânicos. Consequentemente, os Oxisols, contendo óxidos de ferro e de alumínio, têm um horizonte diagnóstico de subsuperfície altamente intemperizado, com no mínimo 30 cm de espessura, e se encontram até dois metros da superfície (veja a Figura 18.12).

As exuberantes florestas pluviais do mundo estão situadas em regiões de Oxisols, apesar de esses solos serem pobres em nutrientes inorgânicos. Esse sistema florestal depende da reciclagem de nutrientes da matéria orgânica do solo para sustentar a fertilidade; no entanto, essa capacidade de reciclagem de nutrientes é rapidamente perdida quando o ecossistema é perturbado.

A Figura 18.13 ilustra a *laterização*, o processo de percolação que ocorre em solos bem drenados, em climas tropicais e subtropicais, quentes e úmidos. Quando os solos são sujeitos a umidade e secagem repetidas, desenvolve-se um *duripan* (camada de solo endurecido) – no caso, uma argila rica em ferro e pobre em húmus, com quartzo e outros minerais – no horizonte A inferior ou no B. Esse processo ocorre nos Oxisols e Vertisols (discutidos adiante), formando *plintita* (do grego *plinthos*, que significa "tijolo"), sendo também conhecida como *laterito*, que pode ser cortado em blocos e usado como material de construção (Figura 18.13b).

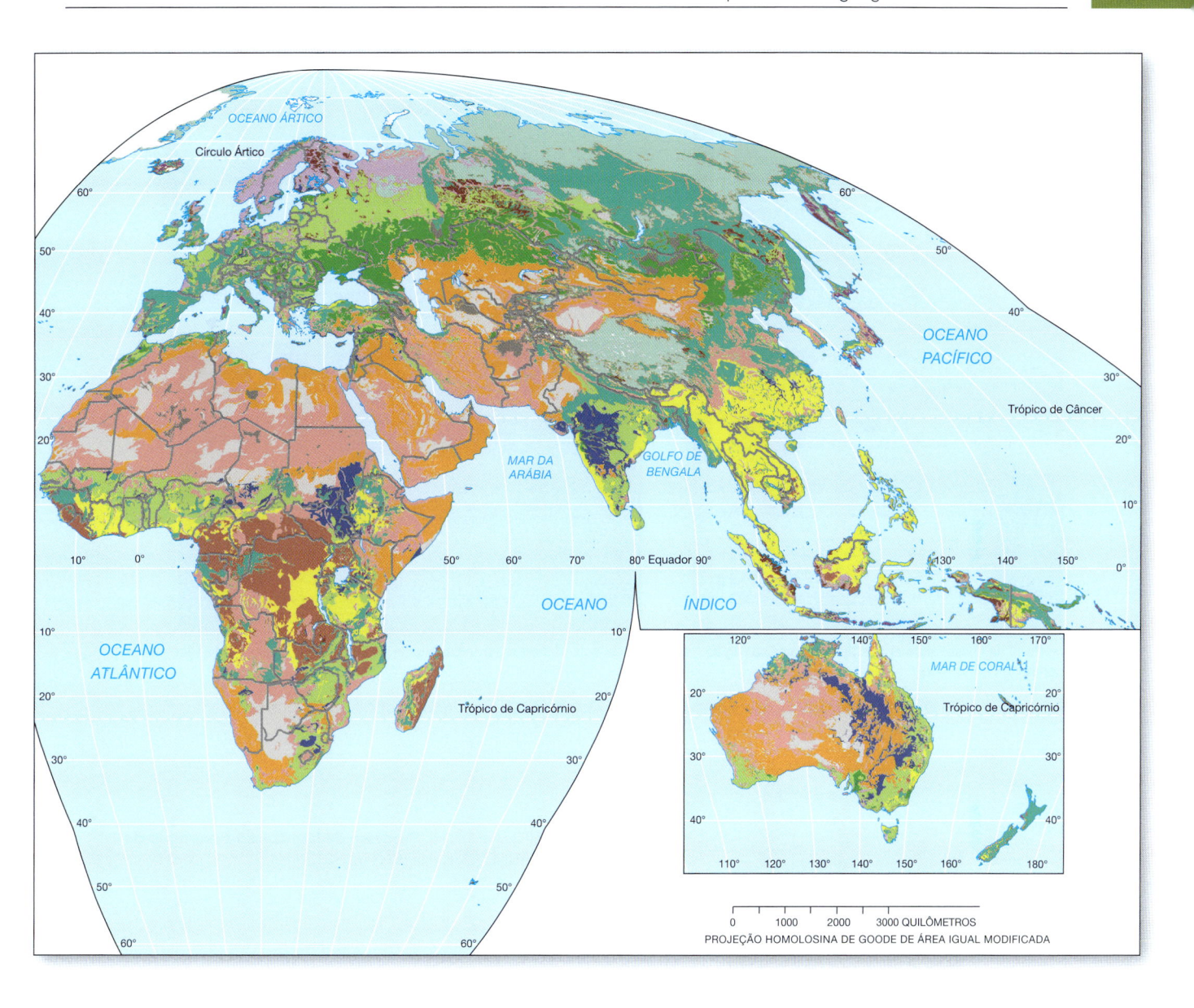

A prática agrícola tradicional de alternar cultivos, também chamada de *agricultura de corte e queima* ou *agricultura itinerante*, é comum em partes da Ásia, África e América do Sul. Esse estilo de rotação de culturas começa com o corte de pequenos lotes de floresta tropical em *clareiras* (vegetação cortada), que são então secas e queimadas. As cinzas resultantes proporcionam um ambiente de solo rico em nutrientes para cultivos, geralmente milho, feijão e abóbora. Todavia, após 3 a 5 anos, a fertilidade do solo cai por lixiviação em função das chuvas intensas, obrigando os agricultores a transferirem o cultivo para outro lote, onde o processo é repetido. Após um período de recuperação, um lote já usado pode ser novamente desmatado e queimado, repetindo-se o ciclo.

Embora essa prática ocorra há milhares de anos, a rotação ordenada de terra inerente ao seu sucesso agora é perturbada por influxo de interesses agrícolas estrangeiros, desenvolvimento pelos governos locais, pressões das populações muito maiores e conversão de grandes áreas de floresta em pasto. Lotes permanentes de terra desmatada, retirados do antigo modo de rotação, sofreram erosão severa. Quando os Oxisols são perturbados, a perda pode exceder 1000 toneladas por quilômetro quadrado por ano, sem contar a crescente extinção de espécies animais e vegetais que acompanha tal depleção do solo e a destruição das florestas

(a) Perfil de Oxisol altamente intemperizado na região central de Porto Rico

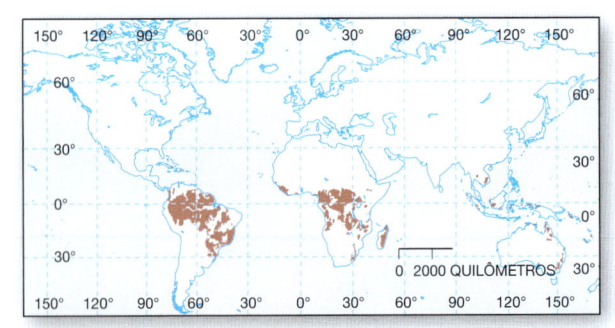

(b) Distribuição mundial do Oxisol

(c) Oxisols na floresta tropical pluvial da Sierra de Luquillo, Porto Rico

▲Figura 18.12 Oxisols. [(a) Marbut Collection, Soil Science Society of America, Inc. (c) Bobbé Christopherson.]

▼Figura 18.13 Processo de laterização e exemplo de plintita. [Cortesia de Henry D. Foth.]

Climas quentes e úmidos

Muito pouca matéria orgânica

Horizonte diagnóstico óxico

A Ferro e alumínio residuais; sílica (SiO$_2$) removida

B Acumulações de ferro e alumínio criam formação de plintita

C Muito material solúvel para o lençol freático

Lençol freático

Para os cursos d'água

(a) A laterização é característica dos regimes climáticos tropical úmido e subtropical.

(b) Os processos de laterização formam a plintina, aqui sendo extraída na Índia para uso como material de construção. A foto menor apresenta os tijolos de plintita mais detalhadamente.

(a) Perfil de Aridisol na região central do Arizona, EUA

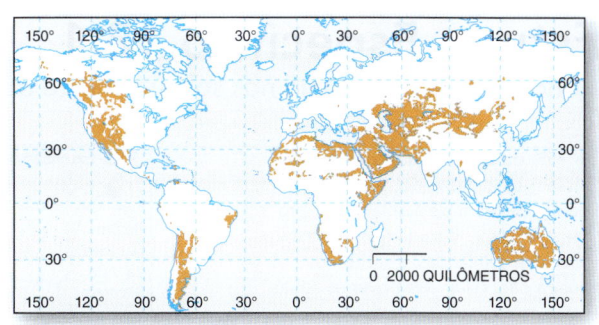

(b) Distribuição mundial do Aridisol

(c) Lavouras irrigadas e o deserto circundante, Vale Imperial, sul da Califórnia, EUA

(d) Salinização e um vinhedo irrigado, San Juan, Argentina

▲**Figura 18.14 Aridisols.** [(a) Marbut Collection, Soil Science Society of America, Inc. (c) Bobbé Christopherson. (d) Eduardo Pucheta/Alamy.]

pluviais. As regiões dominadas por Oxisols e por florestas pluviais têm sido foco de muita atenção quanto à questão ambiental.

Aridisols É a maior ordem de solos e ocorre nas regiões áridas do mundo. Os **Aridisols** (solos desérticos) ocupam aproximadamente 19% da superfície da Terra (Figura 18.11). Uma cor pálida e clara, próximo à superfície, é o horizonte diagnóstico (Figura 18.14a).

Não surpreende que o balanço hídrico nas regiões de Aridisols seja caracterizado por períodos de déficit da umidade do solo; geralmente a umidade do solo é inadequada para o crescimento das plantas. O alto potencial de evapotranspiração e a baixa precipitação produzem horizontes no solo muito rasos. Em geral, esses solos têm umidade adequada por apenas 3 meses no ano. Pela ausência de água e, portanto, de vegetação, os Aridisols também não apresentam matéria orgânica nos seus horizontes. Baixa precipitação significa percolação infrequente; mesmo assim os Aridisols são facilmente intemperizados quando expostos a volumes de água em excesso, devido à falta de uma estrutura coloidal significativa.

Os Aridisols podem ser produtivos para agricultura com o uso de irrigação. Dois problemas relacionados comuns nas terras irrigadas são a salinização e o alagamento. *Salinização* ocorre quando sais dissolvidos na água contida no solo migram para os horizontes superficiais e são depositados no solo à medida que a água evapora. Esses depósitos apresentam-se como horizontes salinos, que irão danificar ou matar a vegetação se ocorrerem próximo à zona radicular. A salinização é comum nos Aridisols e resulta da excessiva evapotranspiração potencial em regiões desérticas e semiáridas. O alagamento (saturação do solo que interfere com o crescimento vegetal) ocorre com a introdução de água de irrigação para agricultura, especialmente em solos mal drenados.

A agricultura irrigada aumentou muito desde o século XIX, quando havia somente 8 milhões de hectares irrigados ao redor do mundo. Hoje, aproximadamente 255 milhões de hectares são irrigados, muitos deles Aridisols, e essa ci-

○ Estudo Específico 18.1 Poluição
Concentração de selênio nos solos: a morte de Kesterson

Cerca de 95% da área irrigada dos Estados Unidos situam-se a oeste do meridiano 98, uma região cada vez mais assolada por problemas de salinização e alagamento. Nessas terras desertas e semiáridas, a vazão dos rios é inadequada para diluir e remover as águas servidas dos campos, que muitas vezes são propositadamente superirrigadas para manter os sais longe da profundidade de enraizamento efetivo das lavouras. Uma solução é colocar drenos de campo embaixo do solo para coletar a água gravitacional (Figura 18.1.1). Contudo, essa água terá que ir a algum lugar, e, no Vale San Joaquin, Califórnia central, esse problema desencadeou uma controvérsia de 25 anos acerca dos níveis tóxicos de selênio no ecossistemas de terras úmidas da Represa Kesterson.

Toxicidade do selênio

O selênio é um elemento residual que ocorre naturalmente no substrato rochoso, especialmente em folhelhos cretáceos encontrados em todo o oeste dos EUA. Os efeitos tóxicos do selênio foram relatados nos anos 1980, envolvendo animais domésticos que pastavam nas gramas associadas aos solos ricos em selênio da região de Great Plains. Na Califórnia, a região das Cordilheiras Costeiras é uma fonte significativa de selênio. Como os materiais de origem intemperizam, o aluvião rico em selênio é levado até os vales, formando Aridisols que se tornam produtivos com o acréscimo de água de irrigação. Então, o selênio concentra-se nas terras agrícolas por evaporação, e daí pode ser transportado por drenagem de irrigação até as terras úmidas, onde se bioacumula em níveis tóxicos. A parte leste do Vale San Joaquin, na Califórnia, é um de no mínimo nove locais do oeste dos Estados Unidos que está sofrendo contaminação por concentrações crescentes de selênio.

▲Figura 18.1.1 **Canal de drenagem.** Um canal de drenagem do solo coleta as águas contaminadas e as conduz até o Mar de Salton. Essas linhas de drenagem e canais de coleta de umidade do solo são empregados também no Vale San Joaquin. [Autor.]

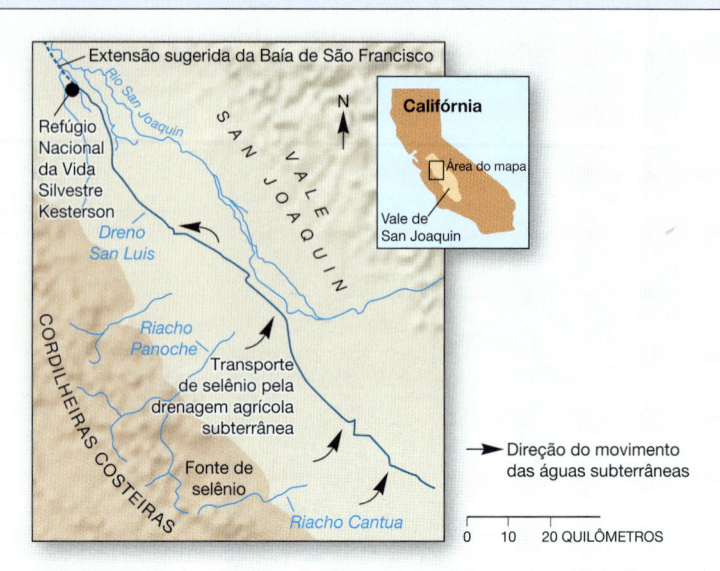

▲Figura 18.1.2 **Mapa localizador de Kesterson.** A fonte do selênio fica nas Cordilheiras Costeiras; o escoamento superficial leva esse elemento residual aos solos da região há anos. Os drenos agrícolas completam o percurso até o refúgio nativo. [USGS.]

Contaminação em Kesterson

As potenciais saídas de drenagem de águas residuais de agricultura são limitadas na Califórnia central. Contudo, no fim dos anos 1970, havia cerca de 130 km de dreno instalados no oeste do Vale San Joaquin, sem uma saída ou mesmo um plano formal para completar a drenagem. A irrigação em grande escala de campos de grandes empresas continuou, abastecendo os drenos de campo com escoamento salgado e carregado de selênio que corria pelo dreno inconcluso, terminando abruptamente no limite do Refúgio Nacional da Vida Silvestre Kesterson (Figura 18.1.2).

As águas contaminadas de selênio levaram somente três anos para destruir o refúgio, que foi declarado oficialmente uma área contaminada por resíduos tóxicos. O selênio foi absorvido primeiro pela vida aquática, (por exemplo, plantas aquáticas, plâncton e insetos) e depois subiu pela cadeia trófica, chegando até a dieta das formas de vida superiores do refúgio. De acordo com os cientistas do órgão governamental U.S. Fish and Wildlife Service, a toxicidade causa anomalias genéticas e morte na fauna, incluindo todas as variedades de pássaros que nidificavam em Kesterson; aproximadamente 90% dos pássaros expostos morreram ou sofreram anomalias. Como esse refúgio era um local de passagem e ponto de descanso para as aves que migravam por todo o Hemisfério Ocidental, sua contaminação também violou diversos tratados multinacionais de proteção à vida silvestre.

Esforços para recuperação

A drenagem instalada foi removida em 1986, após uma ordem judicial que forçou o governo federal a observar as leis existentes. A água de irrigação imediatamente começou a se concentrar nas áreas cultivadas, produzindo tanto alagamento quanto contaminação de solos com selênio.

A Unidade Kesterson tornou-se parte do Refúgio Nacional da Vida Silvestre San Luis – e o controle de selênio e a recuperação tornaram-se prioridade. Em 1996, o Projeto de Preservação das Pradarias foi implementado pela Agência de Recuperação dos EUA para evitar a descarga de água de drenagem agrícola nas terras úmidas e refúgios nativos da Califórnia central. Assim, a água da drenagem agrícola agora passa pelo antigo Dreno San Luis até o Mud Slough, uma via hídrica natural que atravessa o Refúgio Nacional da Vida Silvestre San Luis, e prossegue para o Rio San Joaquin, o delta San Joaquin-Sacramento e, por fim, para a Baía de San Francisco. Inicialmente, os níveis de selênio subiram nesses canais, embora tenham sido registradas também flutuações descendentes nas concentrações. O monitoramento biológico perdura até hoje.

A tragédia de Kesterson ensinou uma importante lição sobre práticas de irrigação e sobre a transferência de selênio da formação de rochas sedimentares para ecossistemas aquáticos. O trajeto do selênio, desde as fontes geológicas, passando pela drenagem agrícola e chegando às aves aquáticas, é conhecido como Efeito Kesterson.

fra está aumentando em algumas partes do mundo (Figura 18.14c). Entretanto, em muitas áreas, a produção agrícola decaiu ou até mesmo foi encerrada por causa do acúmulo de sal no solo. Exemplos desse problema incluem áreas ao longo dos rios Tigre e Eufrates, o vale do rio Indo no Paquistão, seções da América do Sul e da África e o oeste dos Estados Unidos.

Na Califórnia, a antiga reserva Refúgio Silvestre da Vida Silvestre Kesterson, situada em Aridisols, foi reduzida a uma área degradada de lixo tóxico nos anos 1980, devido à drenagem agrícola contaminada. O *Estudo Específico* 18.1 descreve a tragédia de Kesterson.

Molisols Alguns dos solos agrícolas mais significativos da Terra são **Molisols** (solos de pradaria). Este grupo abrange sete subordens reconhecidas que variam em fertilidade. O horizonte de diagnóstico dominante é uma camada superficial orgânica escura de, aproximadamente, 25 cm de espessura (Figura 18.15). Como a origem latina do nome implica (*mollis* significa "macio", como em *emoliente*), os Molisols são macios, mesmo quando secos. Esses solos apresentam peds granulares ou que facilmente se esfarelam e com um ordenamento inconsistente quando seco. Esses solos ricos em húmus têm alto conteúdo de cátions básicos (cálcio, magnésio e potássio) e apresentam uma alta CTC e, portanto, grande fertilidade. Quanto à umidade do solo, os Molisols são intermediários entre úmido e árido.

Os solos das estepes e pradarias do mundo – as Grandes Planícies norte-americanas, o Palouse do estado de Washington, o pampa argentino e a região que vai da Manchúria, na China, até a Europa – pertencem a este grupo. A agricultura nessas áreas vai de plantio comercial de cereais em grande escala até pastagens nas regiões mais secas. Com fertilização ou práticas de correção do solo, grandes safras são comuns. O "triângulo fértil" da Ucrânia, Rússia e porções ocidentais da antiga União Soviética têm este tipo de solo.

Na América do Norte, a região das Grandes Planícies estende-se ao longo do meridiano 98°, a leste da cadeia montanhosa das Rochosas. Esse setor coincide com a isoieta de 51 cm de precipitação anual – mais úmido para leste e mais seco para oeste. Os Molisols descrevem um limite histórico entre as gramíneas curtas e as gramíneas altas das pradarias (Figura 18.16).

Calcificação é um processo de solo característico de alguns Molisols e das áreas marginais adjacentes dos Aridisols. A calcificação é o acúmulo de carbonato de cálcio ou carbonato de magnésio nos horizontes B e C. A calcificação por carbonato de cálcio ($CaCO_3$) forma um horizonte diagnóstico de subsuperfície mais espesso no limite entre climas secos e úmidos (Figura 18.17).

(a) Perfil de Molisol no leste de Idaho, originário de loess rico em carbonato de cálcio, relacionado aos solos da região agrícola de Palouse

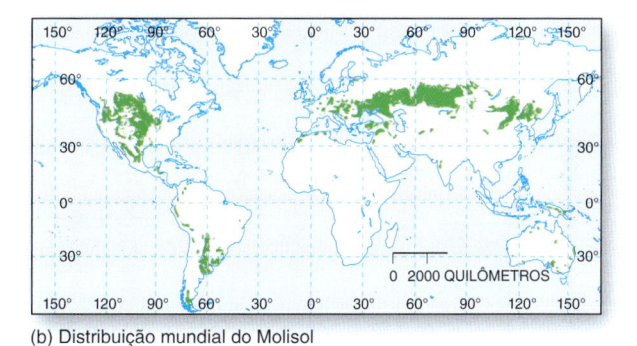

(b) Distribuição mundial do Molisol

(c) Trigo florescendo na região fértil de Palouse, leste de Washington

▲Figura 18.15 Molisols. [(a) Marbut Collection, Soil Science Society of America, Inc. (c) Bobbé Christopherson.]

Alfisols Espacialmente, os **Alfisols** (solos florestais moderadamente intemperizados) são a ordem de solo mais disseminada, estendendo-se em cinco subordens, de próximo ao equador até as latitudes altas. Algumas das regiões mais representativas dos Alfisols estão no interior da África Ocidental, em Boromo, Burkina Faso; em Fort Nelson, Colúmbia Britânica, Canadá; na região adjacente aos Grandes Lagos e nos vales da região central da Califórnia, EUA. A maioria dos Alfisols tem cor entre marrom-acinzentado e avermelhado, sendo consideradas versões úmidas do grupo de solo Molisol. Eluviação moderada está presente, assim como um horizonte subsuperficial de argilas iluviadas e formação de argilas em função de um padrão de maior precipitação (Figura 18.18).

Os Alfisols são férteis, concentrando reservas, moderadas a altas, de cátions básicos. No entanto, a produtividade depende da umidade e da temperatura. Os Alfisols geralmente recebem aplicação moderada de calcário e fertilizantes nas áreas agrícolas ativas. Algumas das melhores terras agrícolas dos EUA ocorrem nos climas continentais úmidos

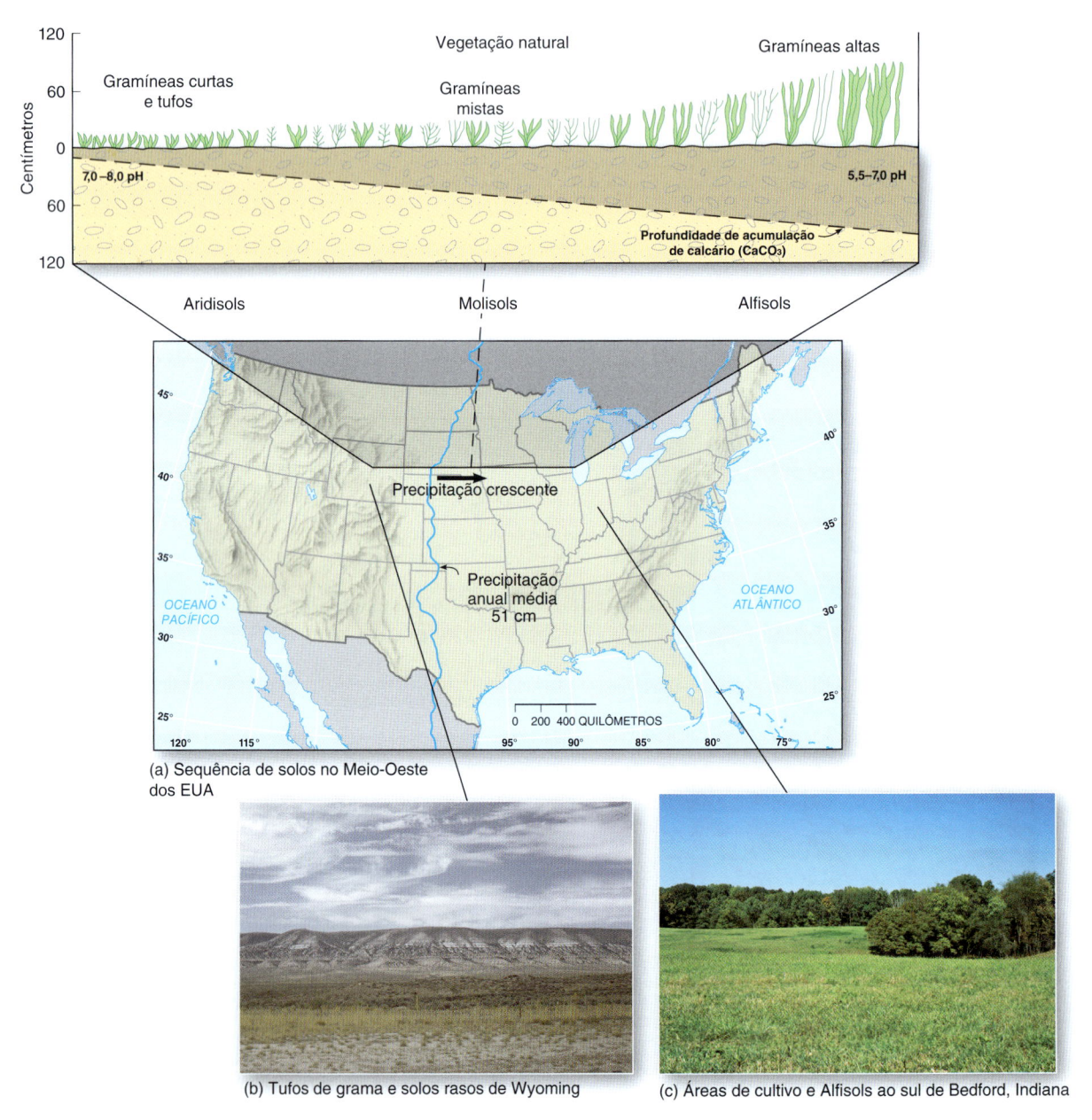

▲**Figura 18.16 Solos do Meio-Oeste norte-americano.** Aridisols (setor oeste), Molisols (setor central) e Alfisols (setor leste) fazem parte de uma sequência de solo nas pradarias da região centro-norte dos Estados Unidos e Canadá Meridional. Observe as mudanças graduais que ocorrem no pH do solo e as profundidades de acumulação de calcário. [(a) Ilustração adaptada de N. C. Brady, *The Nature and Properties of Soils*, 10th ed., © 1990 by Macmillan Publishing Company, adaptada com permissão. (b) Author. (c) Bobbé Christopherson.]

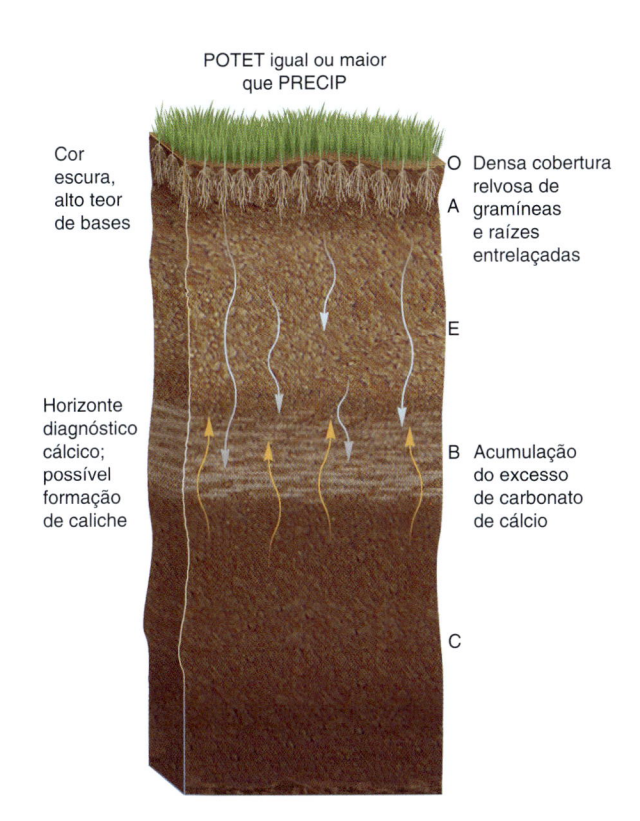

▲Figura 18.17 **Processo de calcificação no solo.** O processo de calcificação nos solos de deserto e pradaria ocorre em regimes climáticos que têm potencial de evapotranspiração igual ou maior que a precipitação.

(a) Perfil de Alfisol no loess do norte de Idaho

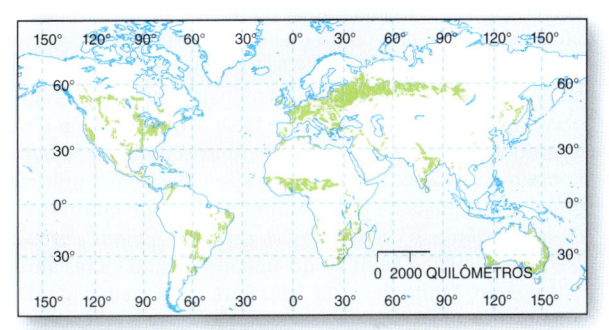

(b) Distribuição mundial do Alfisol

de verão quente ao redor dos Grandes Lagos. Esses Alfisols produzem cereais, feno e lacticínios. O padrão de inverno úmido e verão seco do clima mediterrâneo também produz Alfisols. Esses solos naturalmente produtivos são intensamente cultivados, com frutas subtropicais, nozes e culturas especiais que se desenvolvem somente em algumas localidades ao redor do mundo (por exemplo, uvas, olivas, citros, alcachofra, amêndoas e figos – Figura 18.18c).

Ultisols Na região meridional dos Estados Unidos encontram-se os **Ultisols** (solos muito intemperizados de floresta). Dado o tempo e a exposição à umidade, um Alfisol pode degenerar para tornar-se um Ultisol. Esses solos tendem a ser avermelhados por causa do conteúdo residual de óxidos de ferro e alumínio no horizonte A (Figura 18.19).

(c) Uma plantação de olivas no norte da Califórnia, onde se dá praticamente toda a produção de azeitonas dos EUA.

▲Figura 18.18 **Alfisols.** [(a) Marbut Collection, Soil Science Society of America, Inc. (c) Bobbé Christopherson.]

GEOrelatório 18.4 Perda de terras marginais sobrecarrega as terras de alta qualidade

Desde 1985, mais de 0,6 milhão de hectares de Aridisols e Alfisols irrigados foram tirados da produção na Califórnia em função de escassez de água e problemas de qualidade de solo, marcando o fim de várias décadas de atividade agrícola irrigada em terras climaticamente marginais. Sérios cortes na área irrigada com certeza continuarão acontecendo, salientando a necessidade de preservar as terras agrícolas de alta qualidade da Califórnia e em regiões mais úmidas do resto dos EUA.

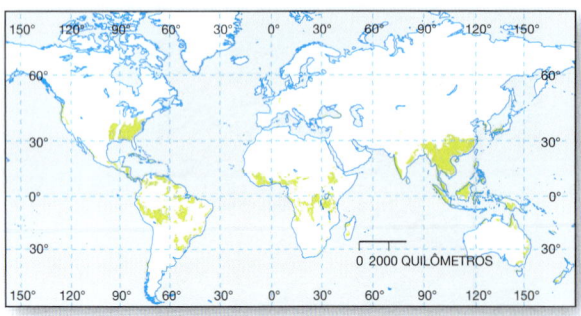

(a) Distribuição mundial do Ultisol

▲Figura 18.19 **Ultisols.** [(b) Bobbé Christopherson.]

(b) Ultisols plantados com fileiras de amendoins no centro-oeste da Geórgia apresentam a característica cor avermelhada

A precipitação relativamente mais alta na região de ocorrência dos Ultisols causa maior alteração mineral e maior percolação eluvial do que em outros solos. Portanto, o nível de cátions básicos e a fertilidade do solo são mais baixos. A fertilidade é ainda mais reduzida por práticas agrícolas específicas, como algodão e tabaco, que reduzem o nitrogênio do solo, e pelo efeito de culturas danosas ao solo, expondo-o à erosão. Esses solos respondem bem a práticas agrícolas adequadas – por exemplo, rotação de culturas repõe o nitrogênio, e certas práticas agrícolas evitam a erosão do solo e laminar. O cultivo do amendoim ajuda a restaurar o nitrogênio. Muito deve ser feito para obter a sustentabilidade desses solos.

Spodosols Os **Spodosols** (solos de floresta de coníferas setentrionais) geralmente ocorrem ao norte e leste dos Alfisols, principalmente em áreas florestadas dos climas continentais úmidos de verão ameno do norte da América do Norte e Eurásia, Dinamarca, Holanda e sul da Inglaterra. Como não existem climas comparáveis no Hemisfério Sul, este tipo de solo não é encontrado lá. Os Spodosols são formados por materiais de origem arenosos, sob o abrigo de florestas perenes de abetos e pinheiros. Spodosols com propriedades mais moderadas formam-se sob florestas mistas ou decíduas (Figura 18.20).

Os Spodosols não possuem húmus e argila no horizonte A. Estão presentes características do processo de podzolização: o horizonte A é arenoso e de cor esbranquiçada, eluviado e lixiviado de argilas e ferro; o horizonte B é composto de matéria orgânica iluviada e óxidos de ferro e alumínio (Figura 18.21). O horizonte superficial recebe toda a matéria orgânica das coníferas ácidas, pobres em teor de bases, que contribuem para a acumulação de acidez no solo. A solução em solos ácidos efetivamente percola as argilas, o ferro e o alumínio, que são conduzidos para o horizonte diagnóstico superior. Uma coloração cinza mediana é comum nos solos de florestas subárticas, caracterizando um processo de podzolização (Figura 18.20a).

Na tentativa de cultivar esses solos, o baixo conteúdo de cátions básicos dos Spodosols requer uma suplementação de nitrogênio, fosfatos e carbonato de potássio e, talvez, o manejo pela rotação de culturas. A correção do solo, como a adição de calcário, pode melhorar significativamente a produção, pois aumenta o pH desses solos ácidos. Por exemplo, a produtividade de diversas plantas (milho, aveia, trigo e feno), cultivadas em Spodosols específicos de Nova York, EUA, aumentou em até 1/3 com a aplicação de 1,8 tonelada métrica (2 toneladas) de calcário para cada 0,4 hectare, a cada período de seis anos de rotação.

Entisols Os **Entisols** (solos não desenvolvidos recentes) não apresentam desenvolvimento vertical dos seus horizontes. A presença dos Entisols não depende do clima, pois eles ocorrem em muitos climas de todo o mundo. Os Entisols são solos verdadeiros, mas que não tiveram tempo suficiente para gerar os horizontes usuais.

Os Entisols são geralmente solos agrícolas muito pobres, embora aqueles formados a partir de depósitos fluviais de silte sejam muito férteis. As mesmas condições que inibem o desenvolvimento completo também impedem a fertilidade adequada – muito ou muito pouca água, uma estrutura pobre e acúmulo insuficiente de nutrientes intemperizados. Esses solos são tipicamente encontrados em encostas ativas, planícies de inundação preenchidas por aluvião, tundra mal drenada, planícies de lodo de marés, dunas de areia e desertos erg (arenosos), e planícies de lavagem glacial. A Figura 18.22 apresenta um Entisol de clima desértico no qual o basalto é o material de origem.

Inceptisols Solos jovens são **Inceptisols** (solos fracamente desenvolvidos), embora sejam mais desenvolvidos do que os Entisols. Uma vez que não atingiram a maturidade, são inerentemente férteis. Esta ordem de solo inclui uma ampla variedade de solos, mas que têm em comum a falta de maturidade e a presença de intemperismo nos estágios iniciais.

Os Inceptisols são associados com regimes de solos úmidos e, por demonstrarem a perda de constituintes do solo em todo o seu perfil, são considerados eluvionais; entretanto, eles retêm alguns minerais intemperizáveis. Esse grupo não apresenta horizontes iluvionais distintos. A maioria do till de origem glacial e dos materiais de lavagem entre a região de Nova York e os Apalaches é Inceptisols, assim como o aluvião das planícies de inundação dos rios Mekong, na China, e Ganges, na Índia/Bangladesh.

Gelisols Os **Gelisols** (solos gelados e congelados) contêm permafrost até 2 m da superfície, sendo encontrados em latitudes altas (Canadá, Alasca, Rússia, ilhas do Oceano Ártico e Península Antártica) e elevações altas (montanhas). As temperaturas nessas regiões são de 0°C ou menores, fazendo com que o desenvolvimento do solo seja um processo lento; qualquer perturbação nesses solos permanece durante muito tempo. As temperaturas geladas desaceleram a decomposição dos materiais do solo, então os Gelisols são capazes de armazenar grandes quantidades de matéria orgânica (Figura 18.23). Apenas os Histosols (discutidos adiante) possuem um teor de matéria orgânica tão alto quanto os Gelisols.

Os Gelisols contêm cerca da metade do acervo global de carbono. A última estimativa do carbono contido nesses solos periglaciais é de 1,7 trilhão de toneladas. Quando o permafrost degela, quantidades consideráveis de gases de

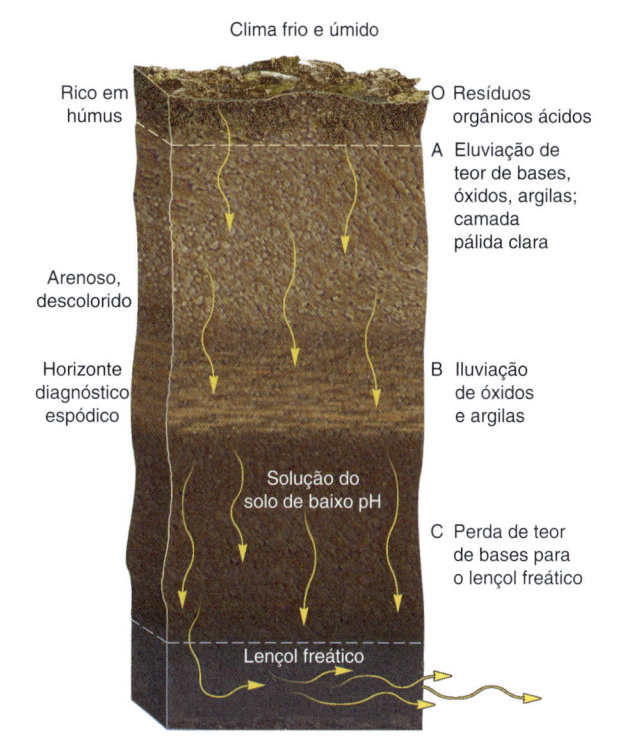

▼Figura 18.20 **Spodosols.** [(a) Marbut Collection, Soil Science Society of America, Inc. (c), (d) Bobbé Christopherson.]

(a) Perfil de Spodosol do setor norte de Nova York, EUA

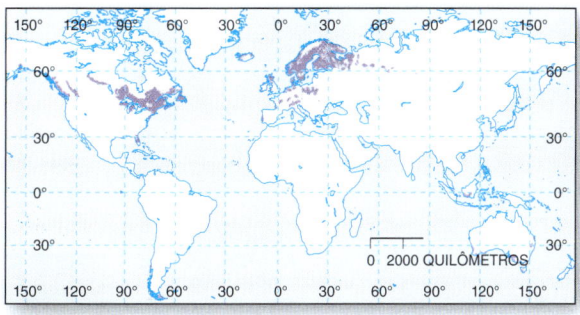

▲Figura 18.21 **Processo de podzolização no solo.** O processo de podzolização típico de regimes climáticos úmidos e frios e Spodosols.

(b) Distribuição mundial do Spodosol

(c) Florestas temperadas e Spodosols característicos do clima úmido e frio da região central da ilha de Vancouver, Canadá

(d) Spodosols recém-arados (solos Podzólicos, no Sistema Canadense) perto de Lakeville, Nova Scotia. Os solos formam-se sob florestas de coníferas antes que a terra seja limpa para agricultura.

▲Figura 18.22 **Entisols.** Um Entisol característico: solos não desenvolvidos jovens que se formam a partir de material de origem basáltica, no deserto Anza-Borrego, Califórnia, EUA. [Bobbé Christopherson.]

efeito estufa são liberadas na atmosfera. O processo inicia quando ocorre aquecimento nas latitudes mais altas. Os Gelisols podem rapidamente ficar molhados e moles com uma leve mudança em seu equilíbrio térmico. Com a progressão desse degelo, o conteúdo orgânico mal-decomposto do solo começa a decair, e sua decomposição libera imensas quantidades de dióxido de carbono na atmosfera através da maior respiração. Também é liberado um outro gás de efeito estufa, o metano (discutido no Capítulo 11).

Os Gelisols estão sujeitos à *crioturbação* (movimentação e mistura causada pelo congelamento), à medida que o ciclo de congelamento e descongelamento ocorre na camada ativa (Capítulo 17). Esse processo perturba os horizontes do solo ao deslocar o material orgânico para camadas inferiores e puxar material rochoso do horizonte C para a superfície, em um processo que frequentemente forma solo estruturado.

Andosols Áreas de atividade vulcânica apresentam **Andosols** (solos com materiais de origem vulcânica). Os Andosols derivam de cinza e vidro vulcânicos, frequentemente soterrando horizontes de solo anteriores com materiais de erupções repetidas. Os solos vulcânicos são únicos com relação ao seu conteúdo mineral, porque recebem as repetidas erupções que recarregam o solo.

O intemperismo e as transformações minerais são importantes para essa ordem de solos. Por exemplo, o vidro vulcânico é prontamente intemperizado em um coloide argiloso e óxidos de alumínio e ferro. Os Andosols apresentam uma alta CTC, uma alta capacidade de armazenamento d'água e desenvolvem uma fertilidade moderada, embora a disponibilidade de fósforo seja um problema ocasional. No Havaí, campos de Andosols produzem café, abacaxi, nozes de macadâmia e pequenas quantidades de cana-de-açúcar como importantes lavouras comerciais (Figura 18.24a). A distribuição dos Andosols possui pequena área; entretanto, são solos localmente importantes no cinturão de fogo vulcânico que cerca a Orla do Pacífico (Figura 18.24b).

Vertisols Solos argilosos pesados e expansíveis são **Vertisols**. Eles contêm mais de 30% de argilas expansíveis (argilas que aumentam significativamente de volume quando absorvem água), como a *montmorilonita*. Esses solos estão localizados em regiões que apresentam um balanço hídrico do solo altamente variável ao longo das estações. Essa ordem ocorre em áreas subúmidas até semiáridas e de moderadas a altas temperaturas. Os Vertisols frequentemente se formam sob savanas e campos de climas tropicais e subtropicais e, algumas vezes, são associados a uma estação marcada pela seca e seguida por

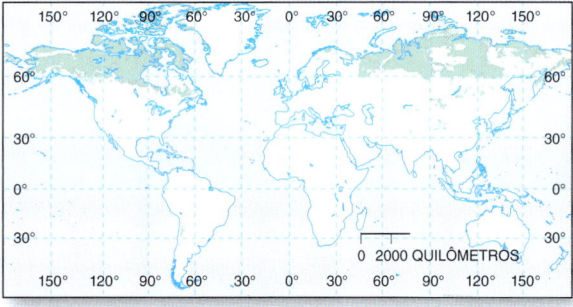

(a) Distribuição mundial do Gelisol

(b) A tundra fica verde no breve verão da Ilha Spitsbergen, quando a camada ativa degela.

(c) Conteúdo orgânico fibroso exposto no lado interno de um torrão de solo, Spitsbergen

▲Figura 18.23 **Gelisols.** [(b), (c) Bobbé Christopherson.]

uma estação úmida. Embora sejam solos bem distribuídos, as unidades distintas de Vertisols têm extensões limitadas.

As argilas de Vertisols ficam negras quando molhadas devido ao teor mineral específico, e não por altas quantidades de matéria orgânica. Quando secas, elas variam de marrom a cinza-escuro. Essas argilas profundas se expandem quando umedecidas e reduzem seu volume quando secas. No processo de secagem, podem formar gretas verticais de até 2-3 cm de largura e até 40 cm de profundidade. Material solto cai dentro dessas rachaduras, desaparecendo quando o solo novamente se expande e as gretas fecham. Após muitos ciclos, o conteúdo do solo tende a inverter ou misturar-se verticalmente, podendo transportar os materiais dos horizontes inferiores para a superfície (Figura 18.25).

Apesar de os solos argilosos ficarem plásticos e pesados quando úmidos e deixarem pouca umidade de solo disponível para as plantas, os Vertisols contêm altos teores de bases e nutrientes e, portanto, são alguns dos melhores solos agrícolas. Os Vertisols são frequentemente cultivados com grãos de sorgo, milho e algodão (Figura 18.25c).

Histosols Acumulações de matéria orgânica espessas podem formar **Histosols** (solos orgânicos). Nas latitudes médias, sob condições ideais, os leitos de antigos lagos podem tornar-se Histosols, nos quais a água é gradualmente substituída por material orgânico, formando charcos (Figura 18.26). (Sucessão lacustre e formação de charcos e alagados são discutidos no Capítulo 19.) Os Histosols também são formados em pequenas depressões mal-drenadas, onde pode haver condições ideais para depósitos significativos de turfa.

Os leitos de turfa, frequentemente com mais de 2 m de espessura, podem ser cortados manualmente com uma pá em blocos, que são secados, enfardados e vendidos como condicionador de solo (Figura 18.26a). Uma vez secos, os blocos de turfa podem ser queimados, produzindo calor e fumaça. A turfa é o primeiro estágio da formação natural do linhito, uma etapa intermediária no desenvolvimento do carvão. Os Histosols que se formaram em exuberantes ambientes pantanosos no Período Carbonífero (359 a 299 milhões de anos atrás) acabaram passando por carbonificação e se tornaram depósitos de carvão.

A maior parte dos Histosols são **solos hidromórficos**, definidos como solos saturados ou inundados por tempo suficiente para desenvolver condições anaeróbicas (sem oxigênio) na estação de crescimento vegetal. A presença de solos hidromórficos é a base para a delimitação jurídica das terras úmidas, que são protegidas contra dragagem, aterro e descarga de poluentes pela Lei da Água Limpa dos EUA. Charcos são um tipo de terra úmida, e muito Histosols se desenvolvem em ambientes de terras úmidas. Os Entisols são outra ordem de solo que frequentemente se desenvolve como solos hidromórficos em grandes vales fluviais e nas costas.

▼Figura 18.24 **Andosols na produção agrícola.** [(a) Bobbé Christopherson. (b) Alfredo Maiquez/Getty Images.]

(a) Bosques de macadâmia plantados em Andosols férteis da Big Island, Havaí

(b) Uma plantação de cebolas na província de Chiriqui, costa oeste do Panamá, América Central

554 Parte IV • Solos, Ecossistemas e Biomas

(a) Perfil de Vertisol no Vale Lajas em Porto Rico.

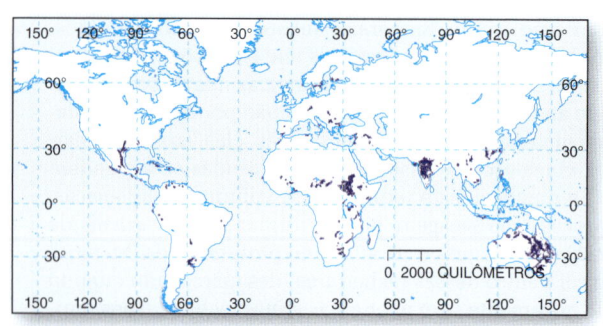

(b) Distribuição mundial do Vertisol.

(c) Lavoura de sorgo comercial plantado em Vertisols da planície costeira do Texas, a nordeste de Palacios. Observe a cor escura característica do solo.

▲Figura 18.25 Vertisols. [(a) Marbut Collection, Soil Science Society of America, Inc. (c) Bobbé Christopherson.]

(a) Um perfil de Histosol na Ilha Mainland, nas Orkneys, norte da Escócia. A foto do detalhe mostra a secagem de blocos de turfa, usados como combustível. Observe a textura fibrosa do musgo esfagno que cresce na superfície e as camadas que escurecem com a profundidade no perfil de solo à medida que a turfa é comprimida e quimicamente alterada.

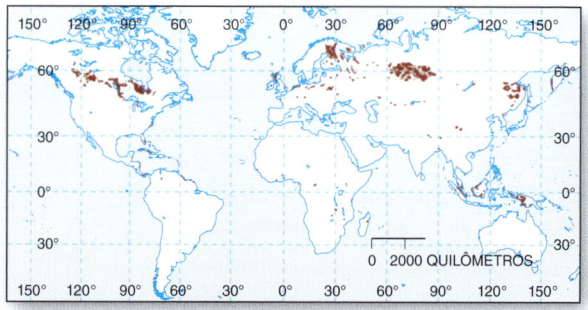

(b) Distribuição mundial do Histosol.

(c) Um charco na costa do Maine, próximo à área protegida Popham Beach State Park.

▲Figura 18.26 Histosols. [(a), (c) Bobbé Christopherson.]

O DENOMINADOR **humano** 18 Solos e uso da terra

SOLOS ⇨ HUMANOS
- Os solos são o fundamento da funcionalidade básica do ecossistema, sendo um recurso crucial para a agricultura.
- Os solos armazenam dióxido de carbono e outros gases de efeito estufa na sua matéria orgânica.

HUMANOS ⇨ SOLOS
- Os seres humanos modificam o solo através de atividades agrícolas. Recentemente, o uso de fertilizantes, o esgotamento de nutrientes e a salinização aumentaram a degradação do solo.
- Más práticas de uso da terra estão se combinando com a mudança do clima, causando desertificação, erosão do solo e perda de terras agrícolas de alta qualidade.

18a Vinhedos crescendo nos Andosols de Lanzarote, nas Ilhas Canárias, produzindo vinhos a partir das férteis cinzas negras de alguns dos vinhedos mais isolados do mundo. Os muros de pedra protegem as plantas dos ventos do Atlântico. [Raul Mateos Fotografia/Getty Images]

18b Mulheres nigerianas cavando uma valeta para coletar água da chuva na região do Sahel, África. Embora a chuva acima da média em 2012 tenha levado a uma colheita favorável, os efeitos da desertificação fazem-se presentes em toda a região. [AFP/Getty Images]

18d Campos de soja sendo preparados para o plantio no Mato Grosso, onde imensas áreas de floresta pluvial estão sendo desmatadas para agricultura industrial. Os Oxisols, os solos dos trópicos, possuem baixa fertilidade, exigindo o uso de fertilizantes que, juntamente aos pesticidas, estão afetando a qualidade da água em toda a região. [Latin Content/Getty Images]

18c 1977 1998 2010
A dessecação do Mar de Aral começou quando rios foram transpostos para irrigar lavouras de algodão. O encolhimento do lago levou a desertificação acelerada na bacia do Aral no Cazaquistão e Uzbequistão, afetando o clima local, que hoje é mais quente no verão sem a influência moderadora do antigo grande corpo d'água. [USGS EROS Data Center]

QUESTÕES PARA O SÉCULO XXI
- A continuação da erosão e degradação do solo provocará menor produtividade agrícola em todo o mundo, com possível escassez de alimento.
- O degelo dos solos congelados (Gelisols) nas latitudes setentrionais emite dióxido de carbono e metano na atmosfera, criando um ciclo de retroalimentação positiva que leva a ainda mais aquecimento.
- O maior uso de manejo do solo e práticas sustentáveis de uso da terra melhorará a qualidade do solo e a agricultura.

conexão GEOSSISTEMAS

A ciência do solo forma a ponte entre as Partes I, II e III, que cobrem os sistemas abióticos, e a Parte IV, que explora os sistemas bióticos da Terra. A formação do solo é afetada por temperatura, pressão, material de origem, topografia e organismos vivos, incluindo os seres humanos. Portanto, este capítulo combina aspectos do sistema energia-atmosfera com aspectos dos sistemas hídrico, meteorológico e climático, assim como dos processos de intemperismo que são a fonte das partículas e dos minerais do solo, em um estudo dos solos que cobrem a superfície do planeta. Em seguida, passamos para os componentes dos ecossistemas da Terra, e de lá seguimos para as operações bióticas que abastecem os sistemas vivos e as comunidades que organizam a vida.

REVISÃO DOS CONCEITOS-CHAVE DE aprendizagem

■ *Definir* solo e ciência do solo, e *listar* os quatro componentes do solo.

Solo é uma mistura natural dinâmica de materiais finos, incluindo tanto matéria mineral quanto orgânica. A **ciência do solo** é o estudo interdisciplinar dos solos, que envolve física, química, biologia, mineralogia, hidrologia, taxonomia, climatologia e cartografia. A *pedologia* ocupa-se da origem, classificação, distribuição e descrição do solo. A *edafologia* enfoca particularmente o estudo do solo como um meio de sustentação do crescimento de vegetais. O solo é composto por cerca de 50% de matéria mineral e orgânica e 50% de água e ar contidos nos poros entre as partículas do solo.

solo (p. 530)
ciência do solo (p. 530)

1. Os solos estabelecem a base para a vida animal e vegetal e, portanto, são fundamentais para os ecossistemas da Terra. Por que isso é verdade?
2. Quais são as diferenças entre ciência do solo, pedologia e edafologia?

■ *Descrever* os principais fatores de formação do solo e *descrever* os horizontes de um perfil de solo típico.

Os fatores ambientais que afetam a formação do solo incluem materiais de origem, clima, vegetação, topografia e tempo. Para avaliar solos, os cientistas utilizam um **perfil de solo**, uma seção vertical de solo que se estende da superfície até a mais profunda extensão do sistema radicular, ou até onde o regolito ou a rocha parental for encontrada. Cada camada discernível em um perfil de solo é um **horizonte do solo**. As designações dos horizontes são: O (contém **húmus**, uma mistura complexa de materiais orgânicos decompostos e sintetizados), A (rico em húmus e argila, mais escuro), E (zona de **eluviação**, remoção de partículas finas e minerais pela água), B (zona de **iluviação**, deposição de argilas e minerais translocados de outros espaços), C (*regolito*, leito rochoso intemperizado) e R (leito rochoso). Os horizontes do solo A, E e B apresentam os processos mais ativos do solo e, juntos, designam o **solum**.

perfil de solo (p. 531)
horizontes do solo (p. 531)
húmus (p. 532)
eluviação (p. 532)
iluviação (p. 532)
solum (p. 532)

3. Descreva sucintamente a contribuição dos seguintes fatores e seus efeitos na formação do solo: material de origem, clima, vegetação, topografia, tempo e seres humanos.
4. Caracterize os principais aspectos de cada horizonte do solo. Onde ocorre a acumulação principal de material orgânico? Onde se forma o húmus? Quais horizontes constituem o solum?
5. Explique a diferença entre os processos de eluviação e iluviação.

■ *Descrever* as propriedades físicas usadas para classificar os solos: cor, textura, estrutura, consistência, porosidade e umidade do solo.

Utilizamos diversas propriedades físicas para avaliar a **fertilidade do solo** (a capacidade do solo de sustentar vegetais) e classificar solos. A cor sugere a composição e a estrutura química. A textura do solo refere-se ao tamanho das partículas minerais individuais e à proporção entre os diferentes tamanhos. Por exemplo, franco é uma mistura balanceada de areia, silte e argila. A estrutura do solo refere-se ao formato e tamanho do *ped* do solo, que é o menor agrupamento natural de partículas do solo. A coesão entre as partículas de solo é denominada de consistência do solo. A **porosidade do solo** refere-se ao tamanho, ao alinhamento, à forma e à localização dos espaços dentro do solo preenchidos com ar, gases ou água. A umidade do solo refere-se à quantidade de água nos poros do solo e sua disponibilidade para as plantas.

fertilidade do solo (p. 532)
franco (p. 533)
porosidade do solo (p. 536)

6. Como a cor do solo pode ser um indicativo das qualidades do solo? Dê alguns exemplos.
7. Defina o separado do solo. Quais são os diversos tamanhos de partículas do solo? O que é franco? Por que o franco é tão valorizado pelos agricultores?
8. Qual é o método prático e rápido para determinar a consistência do solo?
9. Resuma o papel da umidade do solo nos solos maduros.

■ *Explicar* a química básica do solo, incluindo a capacidade de troca de cátions, e *relacionar* esses conceitos à fertilidade do solo.

Partículas de argila e material orgânico formam **coloides do solo**, negativamente carregados, que atraem e retêm íons minerais, positivamente carregados, no solo. A capacidade de troca de íons entre coloides e raízes é chamada de **capacidade de troca de cátions (CTC)**.

coloides do solo (p. 536)
capacidade de troca de cátions (CTC) (p. 537)

10. O que são coloides do solo? Como os coloides do solo estão relacionados com os cátions e ânions no solo? Explique a capacidade de troca de cátions.
11. O que se quer dizer com o conceito de fertilidade do solo, e como a química do solo afeta a fertilidade?

■ *Discutir* os impactos humanos sobre o solo, incluindo a desertificação.

Os solos essenciais para a agricultura e sua fertilidade são ameaçados pelas atividades humanas e pelo manejo incorreto. *Erosão do solo* é a decomposição e redistribuição dos solos por vento, água e gravidade. Para deter a erosão do solo, os agricultores vêm utilizando a *agricultura sem aração*, uma prática em que a terra não é arada após a colheita. **Desertificação** é a degradação contínua de terras secas causada por atividades humanas e pela mudança climática; atualmente, esse processo afeta cerca de 1,5 bilhão de pessoas.

desertificação (p. 539)

12. O que significa desertificação? Quais regiões do mundo são afetadas por esse fenômeno?
13. Explique alguns dos detalhes que sustentam a preocupação com a perda da maioria dos nossos solos férteis. Que tipo de estimativa de custo tem sido sugerida com relação à erosão do solo?

■ *Descrever* as 12 ordens de solo do sistema de classificação Soil Taxonomy, e *explicar* sua distribuição geral pelo planeta.

O sistema de classificação de **Soil Taxonomy** é estruturado de acordo com a análise de diversos horizontes diagnósticos e 12 ordens do solo, conforme observados em campo. A unidade de amostragem básica, empregada em análise do solo, é chamada de **pedon**. O sistema divide os solos em seis categorias hierárquicas. Do menor para o maior, são as séries, as famílias, os subgrupos, os grandes grupos, as subordens e as ordens. O sistema da *Soil Taxonomy* emprega dois horizontes diagnósticos para identificar o solo: o **epipedon**, ou solo de superfície, e o **horizonte diagnóstico de subsuperfície**, a camada de solo abaixo da superfície (em várias profundidades) que possui propriedades específicas daquele tipo de solo.

Os processos específicos de formação de solo ligados a regiões climáticas (que não são uma base de classificação) são chamados de **regimes pedogênicos**. Eles incluem **laterização** (percolação em climas quentes e úmidos), **salinização** (o acúmulo de resíduos de sal nos horizontes de superfície de climas quentes e secos), **calcificação** (acúmulo de carbonatos nos horizontes B e C de climas continentais secos), **podzolização** (acidificação do solo nas florestas de coníferas em climas frios) e **gleização** (acúmulo de húmus e argila em climas úmidos e frios, com pouca drenagem).

As 12 ordens do solo são **Oxisols** (solos tropicais), **Aridisols** (solos de deserto), **Molisols** (solos de pradaria), **Alfisols** (solos de floresta temperada, moderadamente intemperizados), **Ultisols** (solos de floresta subtropical, muito intemperizados), **Spodosols** (solos de floresta de coníferas setentrionais), **Entisols** (solos não desenvolvidos, recentes), **Inceptisols** (solos de regiões úmidas, pouco desenvolvidos), **Gelisols** (solos frios presentes em ambiente de permafrost), **Andosols** (solos formados a partir de material vulcânico), **Vertisols** (solos de argilas expansíveis) e **Histosols** (solos orgânicos). Solos que ficam saturados por períodos longos o suficiente para desenvolver condições anaeróbicas, ou "sem oxigênio", são **solos hidromórficos**.

Soil Taxonomy (p. 540)
pedon (p. 540)
epipedon (p. 540)
horizonte diagnóstico de subsuperfície (p. 540)
regimes pedogênicos (p. 540)
laterização (p. 540)
salinização (p. 540)
calcificação (p. 540)
podzolização (p. 540)
gleização (p. 541)
Oxisols (p. 542)
Aridisols (p. 545)
Molisols (p. 547)
Alfisols (p. 548)
Ultisols (p. 549)
Spodosols (p. 550)
Entisols (p. 550)
Inceptisols (p. 550)
Gelisols (p. 551)
Andosols (p. 552)
Vertisols (p. 552)
Histosols (p. 553)
solos hidromórficos (p. 553)

14. Qual é a base para o sistema *Soil Taxonomy*? Qual é o número de classificações em cada um dos seguintes: ordens, subordens, grandes grupos, subgrupos, famílias e séries de solo?
15. Defina epipedon e horizonte diagnóstico de subsuperfície. Dê um exemplo simples para cada um.
16. Quais foram as duas ordens mais recentemente acrescentadas ao sistema de classificação, e quais solos são compreendidos por essas novas ordens?
17. Descreva cada ordem do solo e localize a sua ocorrência no mapa-múndi.
18. Como era praticado o método de cultivo conhecido por coivara, antigamente?
19. Descreva o processo de salinização em solos áridos e semi-áridos. Quais são os horizontes do solo que se desenvolvem nesse processo?
20. Quais ordens do solo são associadas com as áreas agrícolas mais produtivas do planeta?
21. Por que a isoieta de 51 cm de precipitação anual no Meio-Oeste norte-americano é significativa para os vegetais? Como o pH e o teor de cal dos solos mudam em cada lado dessa isoieta?
22. Descreva o processo de podzolização associado com os solos de floresta de coníferas setentrionais. Quais características são associadas com os horizontes de superfície? Quais estratégias poderiam melhorar a fertilidade desses solos?
23. Descreva a localização, a natureza e os processos de formação dos Gelisols. Qual é a ligação entre esses solos e a mudança climática?
24. Que tipo de solo é usado para definir as terras úmidas?
25. Por que a questão da contaminação por selênio tem se tornado tão significativa em alguns solos do oeste norte-americano? Explique o impacto de práticas agrícolas sobre as concentrações de selênio.

Sugestões de leituras em português

EMPRESA BRASILEIRA DE PESQUISA AGROPECUÁRIA. *Sistema brasileiro de classificação de solos*. Rio de Janeiro: Embrapa, 1999.

KLEIN, V. A. *Física do solo*. Passo Fundo: UPF, 2008.

LEPSCH, I. F. *Formação e conservação dos solos.* São Paulo: Oficina de Textos, 2002.

MEURER, E. J. (Ed.). *Fundamentos de química do solo*. Porto Alegre: Genesis, 2004.

19 Princípios básicos dos ecossistemas

CONCEITOS-CHAVE DE aprendizagem

Após a leitura deste capítulo, você conseguirá:

- *Definir* ecologia, biogeografia e ecossistema.
- *Explicar* fotossíntese e respiração e *descrever* o padrão mundial de produtividade primária líquida.
- *Discutir* os ciclos do oxigênio, carbono e nitrogênio e *explicar* as relações tróficas.
- *Descrever* comunidades e nichos ecológicos e *listar* vários fatores limitantes da distribuição das espécies.
- *Definir* os estágios da sucessão ecológica nos ecossistemas terrestres e aquáticos.
- *Explicar* como a evolução biológica levou à biodiversidade na Terra.

A Mata Atlântica do Brasil consiste em ecossistemas tropicais altamente vulneráveis que rivalizam com a floresta pluvial amazônica em biodiversidade. Estendendo-se pela região costeira da parte mais populosa do Brasil e por porções do Paraguai e da Argentina, a Mata Atlântica está desaparecendo. Estimativas atualizadas descrevem essa floresta como tendo 7% do seu tamanho quando os europeus chegaram, no século XVI. A área remanescente é fragmentada, com muitas espécies em risco pelos efeitos de derrubadas, agricultura, indústria e urbanização. Área protegidas, incluindo o Parque Nacional da Serra dos Órgãos aqui mostrado, estão ajudando a preservar a diversidade de espécies. Este capítulo discute os processos essenciais dos ecossistemas funcionais, incluindo impactos sobre a diversidade advindos de atividades humanas e mudança climática provocada pelos humanos. [Kevin Schafer/Corbis.]

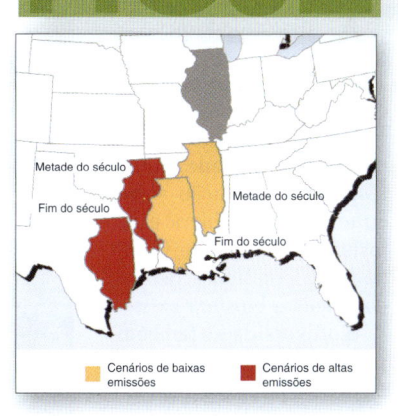

GEOSSISTEMAS HOJE

A distribuição das espécies se altera com a mudança climática

Toda espécie vegetal ou animal da natureza possui uma faixa de tolerância a variações nas características físicas do seu ambiente, e essa área de tolerância afeta a sua distribuição geográfica. Em especial, os requisitos de temperatura e umidade costumam ser fundamentais para determinar a área de vida de uma espécie. Portanto, o clima em mudança pode ter um efeito enorme sobre o destino de uma comunidade biológica. Quando as condições tornam-se muito difíceis (por exemplo, temperaturas muito altas ou muito baixas; muita ou pouca chuva), as espécies precisam se adaptar, buscar um habitat novo em outro lugar, ou acabam por extinguir-se.

Mudanças de área de vida por elevação Um corpo considerável de pesquisa em montanhas tropicais e temperadas está demonstrando que as espécies estão deslocando suas distribuições para elevações maiores. Um estudo de longo prazo no Parque Nacional Yosemite, Califórnia, constatou que, durante um século, comunidades de mamíferos de pequeno porte deslocaram suas distribuições em resposta ao aumento das temperaturas, em especial com o aumento de 3°C na temperatura mínima durante o século passado. Metade das espécies monitoradas acusou uma movimentação considerável rumo a temperaturas mais frias nas elevações maiores. Espécies antigamente de altas altitudes expandiram suas áreas de vida mais para o alto, e as espécies de altas altitudes contraíram sua área de vida, evitando as regiões mais baixas. Essas espécies também correm o risco de extinção de cume montanhoso, quando o aquecimento leva as condições climaticamente próprias para além do alcance dos picos das montanhas.

Esse estudo concorda com outros que sugerem que as espécies animais de altas altitudes estão perdendo habitat disponível com o aumento das temperaturas, uma situação que acaba ameaçando a sobrevivência das espécies. No sul da Serra Nevada, esse deslocamento ocorreu com o esquilo ameaçado de extinção, Iyo (*Tamias umbrinus inyoensis*), uma subespécie do esquilo Uinta. O animal não foi visto por mais de três anos naquela serra, suscitando temores de extinção. Nessas montanhas ocidentais, espécies de ratos-do-campo, morcegos e ochotonas, assim como outros esquilos, correm risco de extinção com a eliminação das suas áreas de vida.

Um estudo de 2013 informou que quase 90% das plantas nativas do Himalaia indiano deslocaram suas áreas de vida para maiores altitudes no último século. Uma constatação interessante foi que as espécies de baixas altitudes deslocaram suas áreas de vida para cima em uma extensão maior do que as espécies de altas altitudes, sugerindo que estas espécies já estão atingindo os limites do habitat montanhoso disponível.

Mudanças de área de vida por latitude Com o aumento das temperaturas, muitos vegetais e animais estão deslocando sua distribuição para áreas de latitude mais alta, com temperaturas mais favoráveis. Diversos estudos dos últimos 40 anos demonstraram que os deslocamentos máximos de área de vida variam de 200 a 1000 km; um estudo mais recente documentou deslocamentos de área de vida com média de 6,1 km por ano.

Em geral, as comunidades vegetais são mais lentas do que as espécies animais em responder à mudança ambiental; entretanto, pesquisas sugerem que a mudança climática global já está afetando a distribuição das florestas. Um estudo recente com 130 espécies de árvores da América do Norte sugere que as áreas de vida se deslocarão entre 330 e 700 km para o norte, dependendo do sucesso da dispersão para novos habitats. Portanto, as florestas decíduas que hoje são comuns nos Estados Unidos seriam encontradas no Canadá até o fim do século, e sua área de vida atual seria ocupada por pradarias, em algumas regiões, e por uma composição diferentes de espécies de árvores, em outras.

A fim de ilustrar a magnitude dessas mudanças de distribuição, a Figura GH 19.1 mostra a "migração" prevista no que hoje é Illinois durante este século, com base nas mudanças previstas de temperatura e precipitação – em particular, no verão. Até o meio do século, os verões de Illinois serão parecidos com os de Arkansas e norte de Louisiana; em 2090, o clima de Illinois será parecido com o do Texas e da Louisiana. Os vegetais e animais que hoje vivem em Illinois terão de se adaptar rapidamente a fim de sobreviver a tais modificações térmicas e de equilíbrio de umidade; essas comunidades se deslocarão para o norte a fim de permanecer dentro de seus limites de tolerância. Podemos esperar que, até o fim do século, as condições ambientais presentes de Illinois estarão no centro de Manitoba e Ontário, Canadá.

O Quarto Relatório de Avaliação do Painel Intergovernamental sobre Mudanças Climáticas, divulgado em 2007, estimou que um aquecimento de 1,9-3,0°C deixaria mais de 30% das espécies fora da sua área de vida preferencial, colocando-as em risco de extinção caso elas não conseguissem se adaptar ou deslocar suas áreas de vida para o norte ou morro acima. Um livro de geografia física escrito de 20 a 70 anos atrás pode trazer mapas de vegetação diferentes dos que hoje retratam a distribuição e o padrão da vegetação. Neste capítulo, falamos sobre ecossistemas e distribuição das espécies; os padrões mundiais de vegetação são o foco do Capítulo 20.

▲Figura GH 19.1 **Deslocamentos climáticos previstos para o Meio-Oeste.** As condições climáticas futuras relativas do Estado de Illinois (EUA) em resposta às mudanças na temperatura e na precipitação previstas até 2090 para dois cenários. [U.S. Global Change Research Program, 2009.]

A diversidade de organismos que vivem na Terra é uma das características mais impressionantes do nosso planeta. Essa diversidade é uma resposta à interação entre atmosfera, hidrosfera e litosfera, que produz a variedade de condições dentro das quais a biosfera existe. A biodiversidade também resulta da interação intricada dos próprios organismos. Cada espécie lança mão de estratégias que mantêm a biodiversidade e a coexistência das espécies.

A biosfera – a esfera da vida e da atividade orgânica – estende-se do assoalho oceânico até uma altitude de aproximadamente 8 km atmosfera adentro. Nela está inclusa uma miríade de ecossistemas, do simples ao complexo, cada um operando dentro de limites espaciais gerais. Um **ecossistema** é uma associação autossustentável entre plantas, animais e as partes abióticas de seus ambientes físicos. A própria biosfera terrestre é uma coleção de ecossistemas dentro do limite natural da atmosfera e crosta terrestre. Os ecossistemas naturais são sistemas abertos tanto em relação à energia solar como à matéria, com praticamente todos os seus limites funcionando como zonas de transição, e não como demarcações nítidas. Os ecossistemas variam em tamanho, de pequena escala, como o ecossistema de um parque urbano ou açude, a escala média, como o cume de uma montanha ou uma praia, até grande escala, como uma floresta ou um deserto. Internamente, cada ecossistema é um complexo de muitas variáveis interconectadas, todas funcionando independentemente, mas ao mesmo tempo interligadas, com complicados fluxos de energia e matéria.

Ecologia é o estudo das relações entre organismos e o seu ambiente e entre os diversos ecossistemas na biosfera. A palavra *ecologia*, criada pelo naturalista alemão Ernst Haeckel em 1869, vem do Grego *oikos* ("casa" ou "local onde se vive") e *logos* ("estudo de"). **Biogeografia** é o estudo da distribuição de plantas e animais, dos diversos padrões espaciais criados por eles e dos processos físicos e biológicos, do passado e do presente, que produzem a riqueza de espécies da Terra.

Os seres humanos são os agentes bióticos mais influentes da Terra. Isto não é arrogância; é um fato – influenciamos intensamente cada um dos ecossistemas do planeta. Desde que os seres humanos começaram a praticar agricultura, criar animais e usar o fogo, sua influência sobre os sistemas físicos da Terra só vem aumentando. Por exemplo, as terras úmidas da Costa do Golfo e o habitat costeiro associado (Figura 19.1) receberam o grosso do impacto do vazamento de óleo da BP em 2010; os pântanos costeiros ainda estão sob recuperação. A compreensão da biodiversidade terrestre e a conservação do legado de vida da Terra pela sociedade moderna determinarão a dimensão de nosso sucesso como espécie e a sobrevivência dela no longo prazo como um planeta habitável.

Neste capítulo: Exploramos os métodos pelos quais os vegetais usam fotossíntese e respiração para transformar a energia solar em formas utilizáveis a fim de energizar a vida. Em seguida, examinamos os sistemas abióticos relevantes e os importantes ciclos biogeoquímicos, contemplando a organização dos ecossistemas vivos em complexas cadeias e teias alimentares. Também examinamos as comunidades e as interações entre as espécies. Depois, consideramos como a biodiversidade dos organismos vivos resulta da evolução biológica dos últimos 3,6 bilhões de anos ou mais. Concluímos então com uma discussão sobre estabilidade e resiliência dos ecossistemas e sobre como as paisagens vivas mudam no espaço e no tempo através do processo de sucessão, hoje influenciado pelos efeitos da mudança climática global.

(a) As Terras Úmidas da Reserva de Barataria são um pântano no delta do Mississipi com ciprestes-calvos (*Taxodium distichum*).

(b) Uma garça-azul (*Ardea herodias*) num habitat de terras úmidas costeiras perto da Ilha Sanibel, Costa do Golfo da Flórida.

▲**Figura 19.1 Ecossistema de terras úmidas da Costa do Golfo.** [Bobbé Christopherson.]

Fluxos de energia e ciclos de nutrientes

Por definição, um ecossistema abrange componentes bióticos e abióticos. No centro dos componentes abióticos, há a entrada direta de energia solar, da qual praticamente todos os ecossistemas dependem; os pouquíssimos ecossistemas que existem dentro de cavernas escuras, poços ou no fundo do oceano dependem de reações químicas (quimiossíntese) para obter energia.

Os ecossistemas são divididos em subsistemas. As tarefas bióticas são realizadas por produtores primários (vegetais, cianobactérias e alguns outros organismos unicelulares), consumidores (animais) e saprófagos e decomposi-

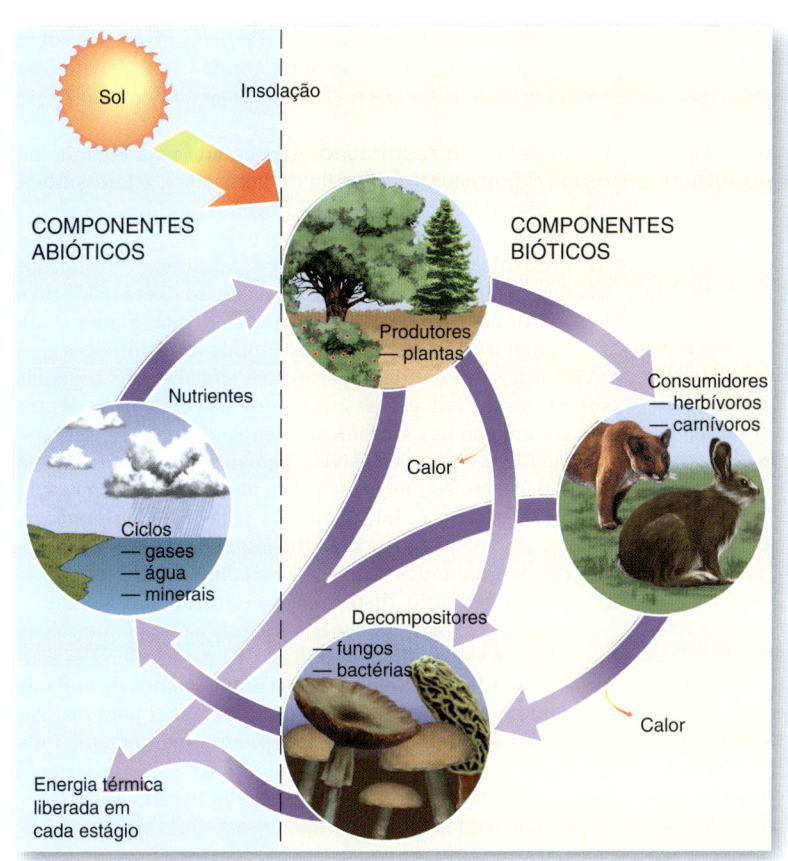

Figrura 19.2 Componentes bióticos e abióticos dos ecossistemas. [Bobbé Christopherson.]

(a) A entrada de energia solar impulsiona os processos bióticos e abióticos do ecossistema. Energia calorífica e biomassa são os produtos da biosfera.

(b) Ingredientes bióticos e abióticos trabalham juntos para formar este ecossistema rasteiro de floresta pluvial em Porto Rico.

(c) Cinco ou seis espécies de líquen vivem nas condições climáticas árticas extremas da Ilha do Urso, no Mar de Barents. Cada pequena reentrância da rocha proporciona algumas vantagens para o líquen.

(d) Coral-cérebro (*Diploria labyrinthiformis*) no Mar do Caribe, a 3 m de profundidade, vivendo em relação simbiótica com algas.

tores (anelídeos, acarídeos, bactérias, fungos). Os processos abióticos incluem os ciclos gasosos, hidrológicos e minerais. A Figura 19.2 ilustra esses elementos essenciais de um ecossistema e como eles funcionam em conjunto.

Conversão de energia em biomassa

A energia que abastece a biosfera vem primordialmente do Sol. A energia solar ingressa no fluxo de energia do ecossistema por meio da fotossíntese; energia térmica é dissipada pelo sistema como saída em muitos pontos. Da energia total interceptada pela superfície da Terra e disponível para exercer trabalho, apenas cerca de 1% é realmente fixado pela fotossíntese como carboidratos nas plantas, que então torna-se a fonte de energia ou o material de construção do resto do ecossistema. "Fixado" quer dizer quimicamente ligado aos tecidos vegetais.

As plantas (nos ecossistemas terrestres) e as algas (nos ecossistemas aquáticos) são o elo biótico essencial entre a energia solar e a biosfera. Organismos capazes de utilizar a energia do Sol diretamente para produzir o próprio alimento (usando o dióxido de carbono [CO_2] como sua única fonte de carbono) são *autótrofos* (autoalimentadores), ou **produtores**. Entre eles incluem-se os vegetais, as algas e as cianobactérias (um tipo de alga azul-esverdeada). Os autótrofos realizam essa transformação de energia de luz em energia química pelo processo de fotossíntese, como já dito. Em última análise, o destino de todos os membros da biosfera, incluindo os seres humanos, reside no sucesso desses organismos e na sua habilidade de transformar luz solar em alimento.

O gás oxigênio da atmosfera terrestre foi criado como um subproduto da fotossíntese. As primeiras bactérias fotossintetizadoras que produziram oxigênio apareceram nos oceanos do planeta cerca de 2,7 bilhões de anos atrás. Essas *cianobactérias* – microscópicas algas azuis-esverdeadas, geralmente unicelulares, que formam grandes colônias – foram fundamentais para a criação da atmosfera moderna da Terra. Esses organismos também foram cruciais na origem das plantas, uma vez que cianobactérias autônomas acabaram tornando-se os cloroplastos usados na fotossíntese vegetal. Embora essas bactérias sejam chamadas de algas azuis (mormente porque são fotossintéticas e aquáticas), não têm relação com os outros organismos que chamamos de algas. As *algas* verdadeiras são um grande grupo de organismos fotossintéticos unicelulares ou pluricelulares, com tamanho variando das diatomáceas microscópicas (um tipo de fitoplâncton) às laminárias gigantes.

Plantas (e animais) terrestres tornaram-se comuns há aproximadamente 430 milhões de anos, de acordo com registros fossilíferos. **Plantas vasculares** desenvolveram tecidos condutores e raízes verdadeiras para o transporte interno de fluidos e nutrientes. (*Vascular* vem da raiz latina que significa "vasos", referindo-se às células condutoras.)

Nas plantas, as folhas são fábricas químicas alimentadas pelo sol, onde reações fotoquímicas ocorrem. Veios na folha trazem água e nutrientes e carregam para fora os açúcares (alimentos) produzidos pela fotossíntese. Os veios de cada folha se conectam ao caule e aos ramos da planta e ao sistema de circulação principal.

Os fluxos de CO_2, água, luz e oxigênio entram e saem pela superfície de cada folha. Os gases fluem para dentro e para fora da folha por meio de pequenos poros, chamados de **estômatos**, os quais normalmente são mais numerosos na parte inferior da folha. Cada estômato é circundado por células-guarda que abrem e fecham o poro, dependendo da evolução das necessidades da planta. A água que circula pela planta sai das folhas pelos estômatos e evapora sobre a superfície foliar, ajudando assim na regulação da temperatura da planta. Quando a água evapora pelas folhas, cria-se um déficit de pressão que permite que a pressão atmosférica empurre água desde as raízes por toda a planta, como um canudo de refrigerante. Revise a discussão sobre neblina de verão, conservação de umidade e estômatos em sequoias costeiras no *Geossistemas Hoje* do Capítulo 7.

Fotossíntese e respiração Alimentada pela energia em certos comprimentos de onda da luz visível, a **fotossíntese** une o dióxido de carbono ao hidrogênio (o hidrogênio é derivado da água na planta). O termo é descritivo: *foto-* refere-se à luz solar, e *-síntese* descreve a "fabricação" de amidos e açúcares dentro das folhas. Este processo libera oxigênio e produz alimento rico em energia para a planta (Figura 19.3).

A maior concentração de estruturas fotossintéticas sensíveis à luz das células foliares fica embaixo das camadas superiores da folha. Essas unidades especializadas dentro das células são os *cloroplastos*, dentro dos quais existe um pigmento verde fotossensível chamado de **clorofila**. A luz estimula as moléculas desse pigmento, gerando uma reação fotoquímica, isto é, impulsionada pela luz. Consequentemente, a competição por luz é um fator dominante na formação das comunidades vegetais. Essa competição expressa-se na altura, orientação, distribuição e estrutura das plantas.

Apenas cerca de um quarto de toda a energia luminosa que chega na superfície da folha é útil para a clorofila sensível à luz. Ela absorve apenas os comprimentos de onda na faixa do laranja-vermelho e do violeta ao azul para realizar operações fotoquímicas e reflete predominantemente tons de verde (e um pouco de amarelo). Esse é o motivo pelo qual as árvores e outros tipos de vegetação são verdes.

A fotossíntese essencialmente segue esta equação:

$$6CO_2 + 6H_2O + \text{Luz} \rightarrow C_6H_{12}O_6 + 6O_2$$
(dióxido de carbono)   (água)   (energia solar)   (glicose, carboidrato)   (oxigênio)

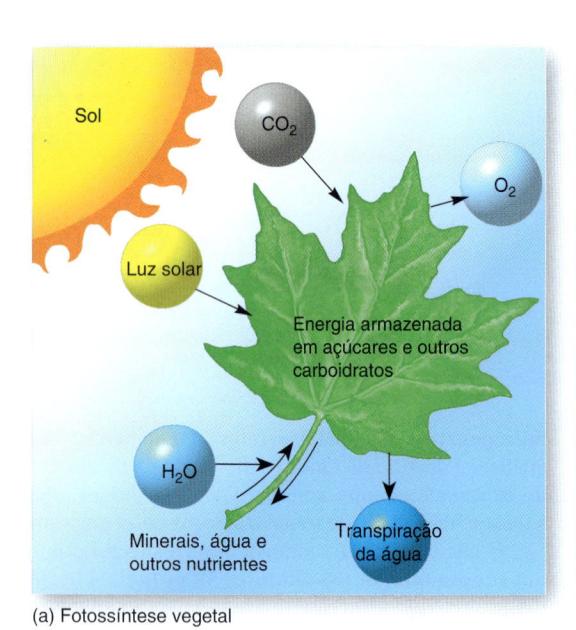

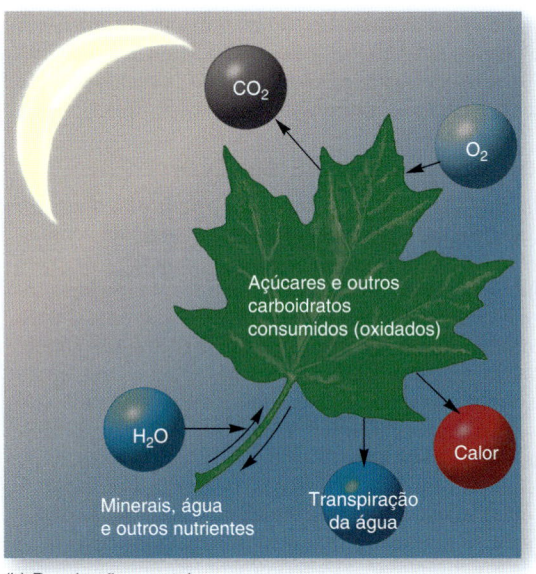

(a) Fotossíntese vegetal

(b) Respiração vegetal

▲**Figura 19.3 Fotossíntese e respiração.** No processo da fotossíntese, as plantas consomem luz, dióxido de carbono (CO_2), nutrientes e água (H_2O) e produzem saídas de oxigênio (O_2) e carboidratos (açúcares) na forma de energia química armazenada. A respiração vegetal, aqui ilustrada à noite, praticamente inverte esse processo. O balanço entre fotossíntese e respiração determina a fotossíntese líquida e o crescimento da planta.

A partir dessa equação, você pode ver que a fotossíntese retira o carbono (na forma de CO_2) da atmosfera terrestre. A quantidade é imensa: aproximadamente 91 bilhões de toneladas de CO_2 por ano. Carboidratos, o produto orgânico do processo fotossintético, são combinações de carbono, hidrogênio e oxigênio, e podem compor açúcares simples, como a *glicose* ($C_6H_{12}O_6$). As plantas usam a glicose para formar amido, que são carboidratos mais complexos e a principal fonte de alimento estocada nas plantas.

As plantas armazenam energia (nas ligações dos carboidratos) para uso posterior. Elas consomem essa energia, de acordo com a necessidade, pela respiração, que converte carboidratos em energia para ser utilizada em seus processos fisiológicos. Assim, a **respiração** é essencialmente o processo reverso da fotossíntese:

$$C_6H_{12}O_6 + 6O_2 \rightarrow 6CO_2 + 6H_2O + \text{energia}$$
(glicose, (oxigênio) (dióxido de (água) (energia
carboidrato) carbono) térmica)

Na respiração, as plantas oxidam carboidratos (quebram-no através da reação com o oxigênio), liberando CO_2, água e energia sob a forma de calor. A diferença entre a produção fotossintética de carboidratos e a perda de carboidratos pela respiração chama-se *fotossíntese líquida*. O crescimento global da planta depende da quantidade de fotossíntese líquida, o excedente de carboidratos além da quantidade perdida pela respiração da planta.

O *ponto de compensação* é o ponto de equilíbrio entre a produção e o consumo de matéria orgânica. Cada folha precisa operar no lado produtivo do ponto de compensação, senão a planta a elimina – você já deve ter observado que as plantas perdem folhas quando recebem água ou luz inadequada.

Os efeitos das atuais concentrações atmosféricas de CO_2 em veloz crescimento sobre a fotossíntese e crescimento vegetal estão sendo estudados por diversas unidades de Enriquecimento do Ar Livre com CO_2 (FACE) nos Estados Unidos. Essa pesquisa mostra que fumigar os ecossistemas naturais e agrícolas com concentrações elevadas de CO_2 estimula os processos fotossintéticos, aumentando o crescimento vegetal, mas também parece ter alguns efeitos colaterais complexos e variados. Ao mesmo tempo, a presença de ozônio no nível do solo (O_3), um gás tóxico (discutido no Capítulo 3) que está se multiplicando na atmosfera inferior, reduz o crescimento vegetal, anulando os efeitos do CO_2 aumentando quando os dois ocorrem juntos na atmosfera. (Para mais informações, acesse http://aspenface.mtu.edu/ ou http://climatechangescience.ornl.gov/content/free-air-co2-enrichment-face-experiment.)

Produtividade primária líquida A fotossíntese líquida para toda uma comunidade de plantas é sua **produtividade primária líquida**. Essa é a quantidade de energia química armazenada que o ecossistema gera. A matéria orgânica total (viva e recentemente viva, tanto animal quanto vegetal) em um ecossistema, com a energia química associada, é a **biomassa** do ecossistema, sendo muitas vezes medida como o peso seco líquido de todo o material orgânico. A produtividade primária líquida é um aspecto importante de qualquer tipo de ecossistemas porque determina a biomassa disponível para consumo pelos *heterótrofos*, ou **consumidores** – os organismos que se alimentam dos outros. A distribuição da produtividade na superfície terrestre é um aspecto importante da biogeografia.

A produtividade primária líquida é medida como carbono fixado por metro quadrado por ano. O mapa da Figura 19.4 mostra que, em terra, a produtividade primária líquida tende a ser maior entre os Trópicos de Câncer e de Capricórnio ao nível do mar e diminuir com o aumento da latitude e da elevação. Os níveis de produtividade também estão atrelados à luz solar e à precipitação, como é evidenciado pelas correlações de precipitação abundante com a alta produtividade adjacente ao equador e a precipitação reduzida

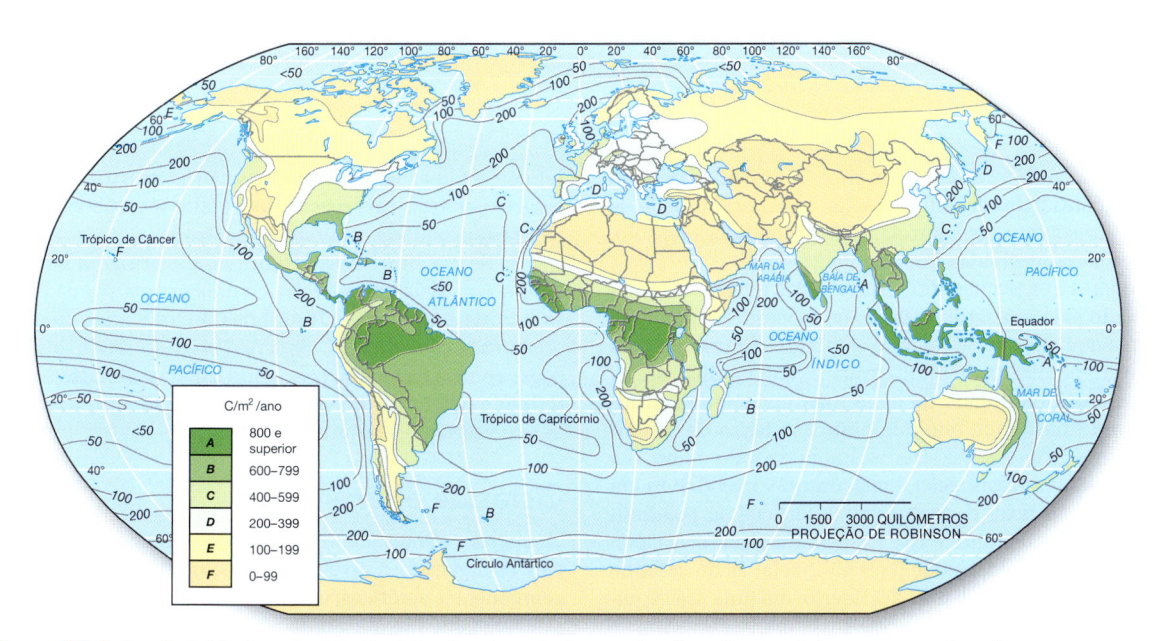

▲**Figura 19.4 Produtividade primária líquida.** Produtividade primária líquida mundial em gramas de carbono por metro quadrado por ano (valores aproximados). [Adaptado de D. E. Reichle, *Analysis of Temperate Forest Ecosystems* (Heidelberg, Germany: Springer, 1970).]

TABELA 19.1 Produtividade primária líquida e a biomassa vegetal da Terra

Ecossistema	Área (10^6 km²)	Produtividade primária líquida por unidade de área (g/m²/ano)		Biomassa líquida mundial (10^9 ton/ano)
		Faixa normal	Média	
Floresta tropical	17,0	1000–3500	2200	37,4
Floresta tropical estacional	7,5	1000–2500	1600	12,0
Floresta temperada perenifólia	5,0	600–2500	1300	6,5
Floresta temperada decidual	7,0	600–2500	1200	8,4
Floresta boreal	12,0	400–2000	800	9,6
Bosques e matagais	8,5	250–1200	700	6,0
Savanas	15,0	200–2000	900	13,5
Pradarias	9,0	200–1500	600	5,4
Tundra e região alpina	8,0	10–400	140	1,1
Matos de desertos e semidesertos	18,0	10–250	90	1,6
Deserto extremo, rocha, areia, gelo	24,0	0–10	3	0,07
Terras cultivadas	14,0	100–3500	650	9,1
Pântanos e brejos	2,0	800–3500	2000	4,0
Lagos e cursos d'água	2,0	100–1500	250	0,5
Total continental	149,0	—	773	115,17
Mar aberto	332,0	2–400	125	41,5
Zonas de ressurgência	0,4	400–1000	500	0,2
Plataforma continental	26,6	200–600	360	9,6
Bancos de algas e recifes	0,6	500–4000	2500	1,6
Estuários	1,4	200–3500	1500	2,1
Total marinho	361,0	—	152	55,0
Total geral	510,0	—	333	170,17

Fonte: De Whittaker, Robert C., *Communities and Ecosystems* 2nd Ed, © 1975, p. 224. Reimpresso e reproduzido eletronicamente com permissão de Pearson Education, Inc., Upper Saddle River, New Jersey.

nos desertos subtropicais. Apesar de os desertos receberem grandes quantidades de radiação solar, a disponibilidade de água e outros fatores de controle, com as condições do solo, limitam sua produtividade.

Em latitudes temperadas e altas, a taxa em que o carbono é fixado pela vegetação varia sazonalmente. Ela aumenta na primavera e no verão quando as plantas florescem com a maior disponibilidade de luz solar e, em algumas áreas, com a maior quantidade de água (não congelada), diminuindo no final do outono e inverno. As taxas de produtividade nos trópicos são altas ao longo de todo o ano, e o ciclo fotossíntese-respiração é mais rápido, excedendo em muitas vezes as taxas de ambientes desérticos ou nos limites setentrionais da tundra. Um exuberante hectare de cana-de-açúcar nos trópicos pode fixar 45 toneladas de carbono em um ano, enquanto plantas de deserto, em uma área equivalente, podem atingir apenas 1% desse montante.

Nos oceanos, diferentes níveis de nutrientes controlam e limitam a produtividade. Regiões com correntes de ressurgência ricas em nutrientes perto de costas ocidentais geralmente são as mais produtivas. A Figura 19.4 mostra que os oceanos tropicais e as áreas de alta pressão subtropical têm produtividade muito baixa.

A Tabela 19.1 lista a produtividade primária líquida de diversos ecossistemas e fornece uma estimativa da biomassa líquida mundial – 170 bilhões de toneladas de matéria orgânica seca por ano. Compare a produtividade dos vários ecossistemas da tabela, prestando especial atenção à produtividade das terras cultivadas em relação à produtividade das comunidades naturais.

Ciclos de elementos

Numerosos fatores abióticos físicos e químicos dão o suporte para os organismos vivos de todo ecossistema. Alguns desses componentes abióticos, como luz, temperatura e água, são essenciais para a operação do ecossistema. Nutrientes (os elementos químicos essenciais da vida) também são necessários; entretanto, os que se acumulam na forma de poluentes podem ter efeitos negativos sobre o funcionamento do ecossistema.

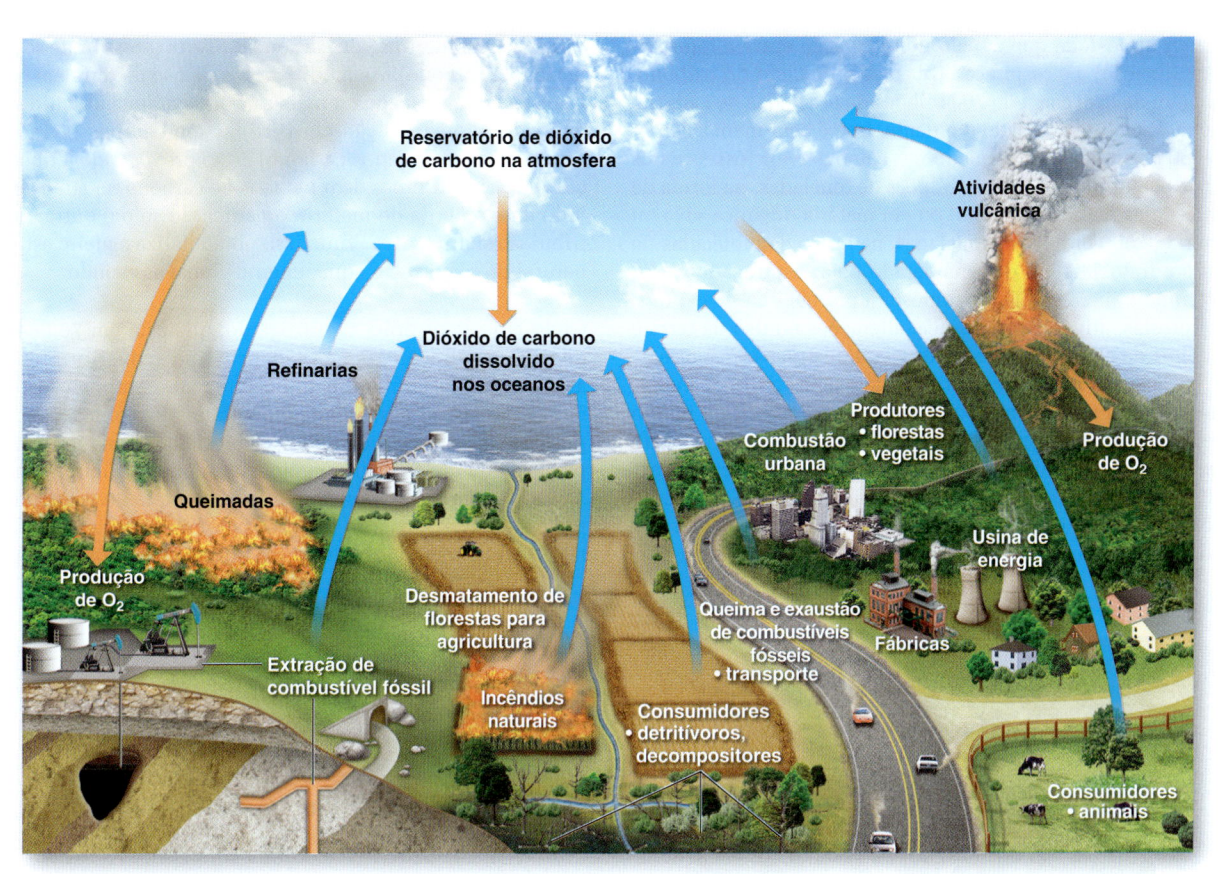

▲**Figura 19.5 Os ciclos do carbono e do oxigênio.** O carbono é fixado (setas laranja) através da fotossíntese, com o oxigênio como subproduto. A respiração dos organismos vivos, a queima de florestas e pradarias e a combustão de combustíveis fósseis liberam carbono na atmosfera (setas azuis). Estes ciclos são muitos influenciados pela atividade humana.

A circulação dos nutrientes e o fluxo de energia entre os organismos determinam a estrutura do ecossistema. Conforme a energia passa por este sistema, ela é constantemente reabastecida pelo Sol. No entanto, os nutrientes e minerais não podem ser reabastecidos a partir de fontes externas, então precisam de um ciclo constante dentro de cada ecossistema e por toda a biosfera.

Os elementos naturais mais abundantes na matéria viva são o hidrogênio (H), o oxigênio (O) e o carbono (C). Juntos, eles compõem mais de 99% da biomassa da Terra; na verdade, toda vida (por ser composta por moléculas orgânicas) contém hidrogênio e carbono. Além deles, nitrogênio (N), cálcio (Ca), potássio (K), magnésio (Mg), enxofre (S) e fósforo (P) são nutrientes importantes, elementos necessários para o crescimento de um organismo vivo.

Esses elementos-chave fluem pelo mundo natural em diversos ciclos químicos. Oxigênio, carbono e nitrogênio têm seus ciclos gasosos, uma parte dos quais se encontra na atmosfera. Outros elementos importantes, incluindo fósforo, cálcio, potássio e enxofre, possuem *ciclos sedimentares*, que envolvem primordialmente fases minerais e sólidas. Alguns elementos circulam por estágios tanto gasosos quanto sedimentares. A reciclagem de gases e materiais sedimentares (nutrientes) constitui os **ciclos biogeoquímicos** da Terra, assim chamados por envolverem reações químicas necessárias para o crescimento e desenvolvimento de sistemas vivos. Os próprios elementos químicos são reciclados continuamente no processo vital.

Ciclos do oxigênio e do carbono Tratamos os ciclos do oxigênio e do carbono conjuntamente porque ambos estão relacionados à fotossíntese e à respiração (Figura 19.5). A atmosfera é o principal reservatório de oxigênio disponível. Existem reservas maiores de oxigênio no interior da crosta terrestre, porém essas estão indisponíveis, estando quimicamente ligado a outros elementos, principalmente nos minerais de silicato (SiO_2) e carbonato (CO_3). Reservas não oxidadas de combustíveis fósseis e sedimentos também contêm oxigênio.

Os oceanos constituem enormes estoques de carbono – aproximadamente 42.900 bilhões de toneladas. Entretanto, todo este carbono está preso quimicamente no CO_2, no carbonato de cálcio e em outros compostos. Inicialmente, o oceano absorve CO_2 por meio da fotossíntese efetuada pelo fitoplâncton; ele se torna parte dos organismos vivos e, através deles, é fixado em determinados minerais carbonatados, como o calcário ($CaCO_3$). A água do oceano também é capaz de absorver CO_2 diretamente da atmosfera. No Capítulo 16, discutimos a acidificação do oceano, que é a diminuição do pH oceânico em função da absorção excessiva de CO_2 atmosférico pela água. Esta acidez torna mais difícil a tarefa de manter esqueletos de carbonato de cálcio por plâncton, corais e outros organismos.

A atmosfera, que é o elo de integração entre a fotossíntese (fixação) e a respiração (liberação) no ciclo do carbono, contém apenas cerca de 700 bilhões de toneladas de carbono (como CO_2) em um dado momento. Isso é bem menos carbono do que aquele armazenado nos combustíveis fósseis e nos xistos betuminosos (13.200 bilhões de toneladas, na forma de moléculas de hidrocarbono) ou em matéria orgânica viva ou morta (2.500 bilhões de toneladas, na forma de moléculas de carboidratos). Além de ser liberado pela respiração vegetal e animal, libera-se CO_2 na atmosfera por queima de campos e florestas, atividade vulcânica, alterações no uso da terra e queima de combustíveis fósseis pela indústria e transporte.

O carbono despejado na atmosfera pela atividade humana constitui um enorme experimento geoquímico em tempo real, usando a própria e exclusiva atmosfera da Terra como laboratório. Anualmente, adicionamos quatro vezes mais carbono na atmosfera do que fazíamos em 1950. As emissões globais de carbono da queima de combustíveis fósseis continuam subindo. O desflorestamento elimina uma porção dos "sumidouros" de carbono da Terra (áreas onde se armazenam carbono). As modificações de uso da terra em que florestas (que armazenam mais carbono em uma quantidade maior de biomassa) são convertidas em campos lavrados (que armazenam menos carbono) estão provocando a liberação de vários milhões de toneladas de carbono na atmosfera todo ano; a perda de matéria orgânica do solo é outra contribuição significativa. Tudo isso potencializa o efeito estufa natural do planeta e o aquecimento global associado.

Ciclo do nitrogênio

O nitrogênio, que está em 78,084% de cada aspiração nossa, é o principal constituinte da atmosfera. Ele também é importante na composição das moléculas orgânicas, especialmente das proteínas, sendo, portanto, essencial aos processos bióticos. Uma visão simplificada do ciclo do nitrogênio é retratada na Figura 19.6.

As bactérias fixadoras de nitrogênio, que vivem principalmente no solo e estão associadas às raízes de certas plantas, são fundamentais para levar o nitrogênio atmosférico aos

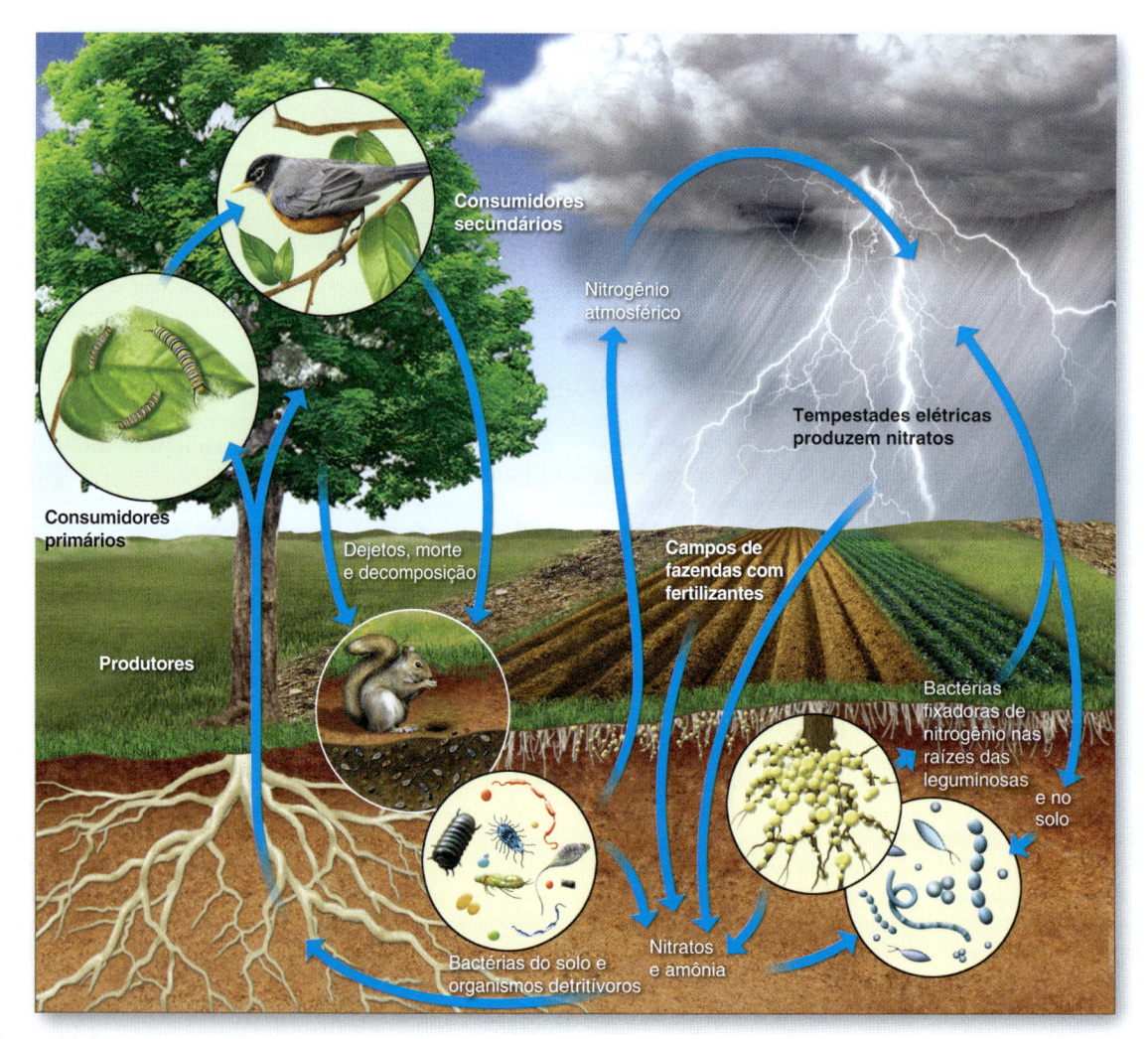

▲**Figura 19.6 O ciclo do nitrogênio.** A atmosfera é o reservatório do nitrogênio gasoso. O gás nitrogênio atmosférico é quimicamente fixado por bactérias na produção de amônia. Raios e incêndios florestais produzem nitratos, e a combustão de combustíveis fósseis forma compostos de nitrogênio que são lavados da atmosfera pela precipitação. Os vegetais absorvem compostos de nitrogênio e incorporam o nitrogênio ao material orgânico.

organismos vivos. As colônias dessas bactérias residem nos nódulos das raízes das leguminosas (vegetais como trevo, alfafa, soja, ervilha, feijão e amendoim) e ligam quimicamente o nitrogênio do ar em nitratos (NO_3) e amônia (NH_3). As plantas utilizam o nitrogênio dessas moléculas para produzir sua própria matéria orgânica. Qualquer um ou qualquer coisa que esteja se alimentando de plantas está, portanto, ingerindo nitrogênio. Finalmente, o nitrogênio nos restos orgânicos dos organismos consumidores é liberado pelas bactérias desnitrificantes, as quais o reciclam de volta à atmosfera.

Para aumentar a produção agrícola, muitos fazendeiros otimizam o nitrogênio disponível no solo por meio de fertilizantes inorgânicos sintéticos em vez de fertilizantes orgânicos formadores de solo (esterco e húmus). Os fertilizantes inorgânicos são quimicamente produzidos pela fixação artificial de nitrogênio nas fábricas. Atualmente, os seres humanos fixam mais nitrogênio como fertilizante sintético por ano do que o presente em todas as fontes terrestres combinadas – e a produção atual de fertilizantes sintéticos está dobrando a cada oito anos; em todo o mundo, é produzida aproximadamente 1,82 tonelada por semana. Em 1970, a fixação de nitrogênio por fontes antropogênicas superou a faixa normal do nitrogênio de fixação natural.

Este excedente de nitrogênio utilizável acumula-se nos ecossistemas da Terra. Uma parte fica na forma de nutrientes excedentes, que são lavados do solo e vão para os rios e, cedo ou tarde, chegam ao oceano. Esta carga excessiva de nitrogênio começa um processo de poluição da água que alimenta um crescimento excessivo de algas e fitoplâncton, aumenta a demanda bioquímica de oxigênio, diminui as reservas de oxigênio dissolvido e, finalmente, perturba o ecossistema aquático. Além disso, o excesso de compostos nitrogenados na poluição do ar é um fator da deposição ácida, alterando ainda mais o ciclo do nitrogênio nos solos e nos cursos d'água.

Zonas mortas O Rio Mississipi recebe escoamento de 41% da área dos Estados Unidos continentais. Ele leva fertilizantes agrícolas, esgoto rural e outros resíduos ricos em nitrogênio até o Golfo, provocando enormes florescimentos de fitoplâncton na primavera: uma explosão de produtividade primária. Quando o verão chega, a demanda por oxigênio biológico das bactérias que se alimentam da decomposição do florescimento de primavera excede o teor de oxigênio dissolvido da água; instala-se a hipoxia (esgotamento de oxigênio), matando todos os peixes que se aventuram na área. Essas condições de pouco oxigênio criam **zonas mortas** que limitam a vida marinha. *Geossistemas em Ação*, Figura GEA 19, ilustra as zonas mortas do Golfo do México e de outras partes. De 2002 em diante, a zona morta da Costa do Golfo vem expandindo-se mais de 22.000 km² por ano. As indústrias agrícolas, de confinamento de animais e de fertilizantes contestam a conexão entre o aporte de seus nutrientes e essa extensa zona morta. A criação de zonas mortas em corpos d'água pela ação humana é a eutrofização cultural, discutida mais adiante no capítulo.

Zonas mortas costeiras semelhantes ocorrem em consequência de descargas de nutrientes de mais de 400 sistemas fluviais em todo o mundo, afetando mais de 250.000 km² de oceanos e mares perto da costa (Figura GEA 19.2). Na Suécia e na Dinamarca, contudo, um esforço combinado para a redução do fluxo de nutrientes em direção aos rios reverteu as condições hipóxicas no Estreito de Kattegat (entre os mares Báltico e do Norte). Também, o uso de fertilizantes diminuiu mais de 50% nos países da antiga União Soviética desde o fim da agricultura estatal, em 1990. O Mar Negro não sofre mais hipoxia durante o ano inteiro nos deltas dos rios, pois as zonas mortas dessas áreas agora desaparecem durante vários meses por ano.

Há zonas mortas ocorrendo em lagos, também, como os que apareceram no Lago Erie, um dos Grandes Lagos, nos anos 1960. Em 2011, a zona morta desse lago atingiu sua maior extensão já registrada, em função dos fertilizantes (principalmente fósforo) que correm até o lago em combinação com a mistura natural mais lenta atribuída à mudança climática (vide discussão no *Estudo Específico* 19.2).

Assim como na maioria dos problemas ambientais, o custo da mitigação é menor do que o custo do contínuo dano aos ecossistemas marinhos. Os especialistas estimam que um corte de 20-30% no influxo de nitrogênio a montante aumentaria os níveis de oxigênio dissolvido em mais de 50% na região da zona morta do Golfo. Um estudo governamental aponta que o nível de aplicação de fertilizantes nitrogenados é 20% maior do que a necessidade dos solos e plantas nos Estados de Iowa, Illinois e Indiana (todos nos EUA). A etapa inicial para resolver essa questão poderia ser limitar a aplicação de fertilizante a apenas os níveis necessários – assim colhendo também economias nos custos acessórios da agricultura –; uma segunda etapa seria começar a lidar com os resíduos animais dos confinamentos pecuários.

Caminhos da energia

As relações de alimentação entre os organismos compõem os caminhos de energia do ecossistema. Essas *relações tróficas*, ou níveis alimentares, consistem em cadeias e teias alimentares que variam entre simples e complexas. Como já dito, os autótrofos são os produtores. Os organismos que dependem dos produtores como sua fonte de carbono são os heterótrofos, ou consumidores, e geralmente são animais.

GEOrelatório 19.1 A resposta do ciclo do carbono à erupção do Monte Pinatubo

Um mês após a erupção do Monte Pinatubo, em 1991, a segunda maior erupção vulcânica do século XX, as temperaturas no Hemisfério Norte caíram e os níveis globais de dióxido de carbono despencaram. Inicialmente, os cientistas pensavam que o aumento no CO_2 se devesse a um declínio na respiração vegetal ligado às temperaturas mais frias. Entretanto, hoje a pesquisa sugere que os aerossóis atmosféricos que se espalharam pelo planeta após a erupção causaram um aumento na luz difusa, permitindo que a luz do Sol atingisse mais folhas vegetais (em oposição à luz solar direta, que cria sombras). Essa alteração aumentou a fotossíntese das plantas e retirou mais CO_2 do ar. Em uma floresta decídua, a fotossíntese aumentou 23% em 1992 e 8% em 1993, em condições sem nuvens. Portanto, os aerossóis da erupção afetaram o ciclo global do carbono, reduzindo os níveis de carbono atmosférico e potencializando o sumidouro de carbono terrestre. (Revise os demais efeitos da erupção no Capítulo 1, Figura 1.11.)

geossistemas em ação 19 — ZONAS MORTAS COSTEIRAS

Águas oceânicas costeiras muitas vezes são ecossistemas altamente produtivos, fervilhantes de vida marinha. Porém, podem se tornar *zonas mortas*, onde os organismos morrem por causa do baixo oxigênio (GEA 19.1). As zonas mortas originam-se de um processo que inicia com o escoamento agrícola de fertilizantes e resíduos pecuários (GEA 19.2, 19.3 e 19.4). O tamanho das zonas mortas pode variar de ano para ano (GEA 19.5). Os lagos de água doce também estão sujeitos a "florescimentos" de algas que formam zonas mortas (GEA 19.6).

19.1 FORMAÇÃO DE UMA ZONA MORTA

Na camada superficial da água, o escoamento agrícola traz nitrogênio e fósforo, nutrientes que potencializam muito o crescimento das algas, fazendo-as florescer. Quando as algas morrem, afundam até a camada do fundo. Bactérias se alimentam das algas mortas e consomem o oxigênio da água, formando uma zona morta. Os organismos marinhos que não conseguem deixar a zona morta acabam morrendo.

Explique: Como a água de uma zona morta tem seu oxigênio consumido?

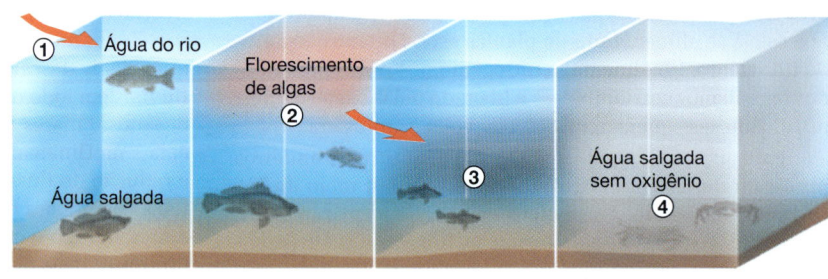

① O escoamento agrícola entra nos rios, que então deságuam no oceano ou em um lago.

② Os nutrientes, principalmente nitrogênio e fósforo, causam o florescimento de algas.

③ As algas morrem, afundam até a camada do fundo e são decompostas por bactérias, esgotando o oxigênio presente na água.

④ Forma-se uma zona morta (definida como água com menos de 2 mg/l de oxigênio dissolvido), matando os organismos que não conseguem fugir.

19.2 ZONAS MORTAS: UM PROBLEMA GLOBAL

Em geral, as zonas mortas estão relacionadas a grandes populações humanas, fozes de rio que trazem poluentes ricos em nitrogênio e corpos d'água semifechados, como mares, baías e estuários. [NASA.]

Lendo o mapa: A quantidade de matéria orgânica na camada superficial do oceano é mostrada em nuances de azul. As zonas mortas, que se formam onde há muita matéria orgânica, são exibidas como círculos vermelhos.

Deduza: O que você acha que explica o grande número de zonas mortas na costa leste dos Estados Unidos?

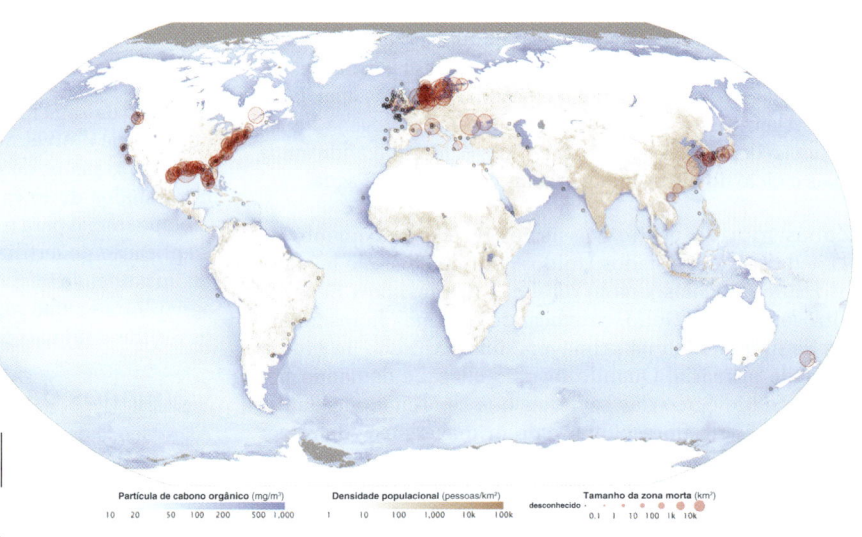

19.3 VISTAS DAS ZONAS MORTAS

Imagens de satélite revelam os efeitos da água rica em nutrientes que atinge o oceano (GEA 19.3a e 19.3b). A formação de zonas mortas é sazonal: os florescimentos de algas ocorrem na primavera, e as zonas mortas podem durar por todo o verão. [NASA.]

19.3a Zona morta do Golfo do México:
Os canais do delta do Rio Mississipi trazem nutrientes que abastecem os florescimentos de algas verdes mostrados nesta imagem e ajudam a formar a grande zona morta em expansão do Golfo.

19.3b Zona morta do Mar Báltico:
Plumas verdes e ondulantes de algas são visíveis no Mar Báltico, entre Suécia e Letônia. Países em torno desse mar reduziram seu escoamento de fertilizantes nitrogenados e a duração da zona morta.

19.4 FONTE DE NITROGÊNIO DA ZONA MORTA DO GOLFO DO MÉXICO

O escoamento agrícola da bacia hidrológica do Rio Mississipi fornece o nitrogênio para a zona morta do Golfo do México (GEA 19.4a). Em 2013, a zona morta estendia-se até grande parte da costa da Louisiana (GEA 19.4b).

Oxigênio dissolvido das águas profundas na plataforma de Louisiana em 22-28 de julho de 2013.

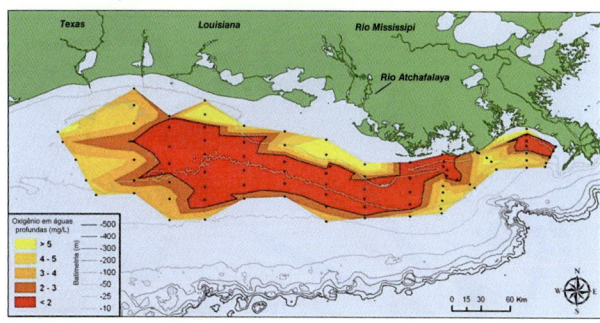

[Adaptado de R.B. Alexander, R.A. Smith, and G.E. Schwatz, 2000, "Effect of stream channel size on the delivery of nitrogen to the Gulf of Mexico," Nature 403: 761.]

19.4a O mapa mostra o total de nitrogênio na porção a montante da bacia hidrológica do Rio Mississipi.

[Fonte dos dados: N.N. Rabafais, Louisiana Universities Marine Consortium, R.E. Turner, Louisiana State University. Fundado por: NOAA, Center for Sponsored Coastal Ocean Research.]

19.4b Os nutrientes do Rio Mississipi enriquecem as águas costeiras do Golfo, causando imensos florescimentos de algas no início da primavera que mais tarde formam a zona morta (áreas vermelhas).

19.5 VARIAÇÕES ANUAIS NA ZONA MORTA DO GOLFO DO MÉXICO

O gráfico mostra as variações anuais no tamanho da zona morta (ou "área hipóxica" – "hipóxico" significa "de baixo oxigênio"), refletindo a entrada de nitrogênio vinda da bacia hidrológica do Rio Mississipi. A seca reduz o tamanho da zona morta (por diminuir o escoamento), ao passo que inundações a aumentam. [NOAA.]

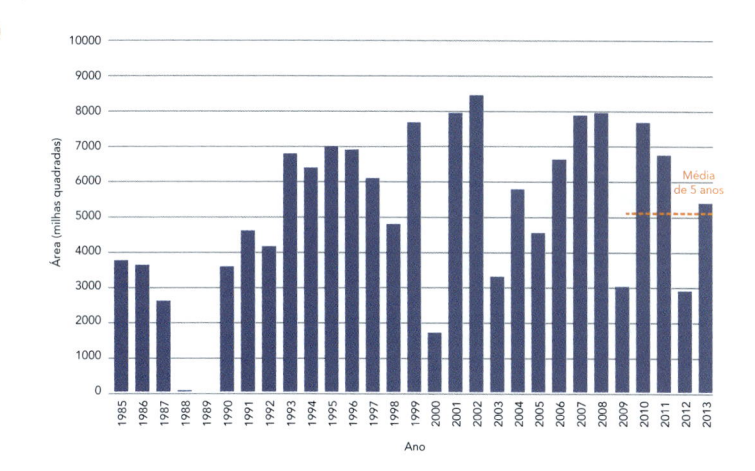

Calcule: A maior zona morta do gráfico é quantas vezes maior do que a menor?

19.6 FLORESCIMENTO DE ALGAS NO LAGO ERIE, 2011

As áreas verde-claras do lago são um florescimento de algas (GEA 19.6a e 19.6b). O florescimento de 2011 foi 2,5 vezes maior do que qualquer outro já observado no Lago Erie. [MODIS *Aqua*, NASA.]

19.6a

Explique: O que precisa acontecer para transformar o florescimento de fitoplâncton da imagem de satélite em uma zona morta?

19.6b Depósitos de algas na margem do Lago Erie durante o florescimento de 2011. [Brenda Culler/ODNR Coastal Management.]

geossistemas em ação 19 — ZONAS MORTAS COSTEIRAS

569

(a) O fluxo de energia, da ciclagem de nutrientes e das relações tróficas (alimentares) retratadas para um ecossistema geral. O processo é alimentado pela energia radiante fornecida pela luz solar e que é primeiramente capturada pelas plantas.

▲Figura 19.7 **Caminhos da energia, dos nutrientes e dos alimentos no ambiente.** [Fotos de Bobbé Christopherson.]

(b) Uma foca-barbuda (*Erignatus barbatus*) em cima de um pequeno pedaço de iceberg no Oceano Ártico.

(c) Um solitário urso polar macho (*Ursus maritimus*) arrasta sua presa, uma foca, pela banquisa.

(d) Uma ursa polar mãe e seus filhotes comem uma foca sobre um iceberg. Gaivotas-hiperbóreas (*Larus hyperboreus*) e gaivotas-marfim (*Pagophyla eburnea*) consomem parte dos restos.

Relações tróficas Os produtores de um ecossistema captam a energia luminosa e a convertem em energia química, incorporando o carbono, formando novos tecidos vegetais e biomassa e liberando oxigênio. Partindo dos produtores, que fabricam seu próprio alimento, a energia flui pelo sistema em um caminho unidirecional idealizado chamado de **cadeia alimentar**. A energia solar entra em cada cadeia alimentar pelos produtores, sejam eles plantas ou fitoplânctons, e subsequentemente vai chegando a consumidores de níveis cada vez mais altos. Os organismos que dividem um mesmo nível alimentar em uma cadeia alimentar estão no mesmo *nível trófico*. Em geral, as cadeias alimentares possuem de três a seis níveis, começando com os produtores primários e terminando com os *detritívoros*, que decompõem matéria orgânica e são o elo final da cadeia trófica (Figura 19.7).

As relações tróficas reais entre as espécies de um ecossistema normalmente são mais complexas do que o modelo simples da cadeia alimentar sugere. A disposição mais comum das relações alimentares é uma **teia alimentar**, uma complexa rede de cadeias alimentares interconectadas com ramificações multidirecionais. Em uma teia alimentar, os consumidores frequentemente participam de diversas cadeias alimentares diferentes.

A circulação de nutrientes é contínua na teia alimentar, auxiliada pelos **detritívoros**, organismos que se alimentam de *detritos* – restos orgânicos mortos (cadáveres, folhas mortas e produtos residuais) produzidos pelos organismos vivos. Os detritívoros incluem minhocas, ácaros, centopeias, lesmas, caracóis e caranguejos, nos ambientes terrestres, e os organismos que se alimentam do fundo dos ambientes marítimos. Esses organismos renovam todo o sistema ao de-

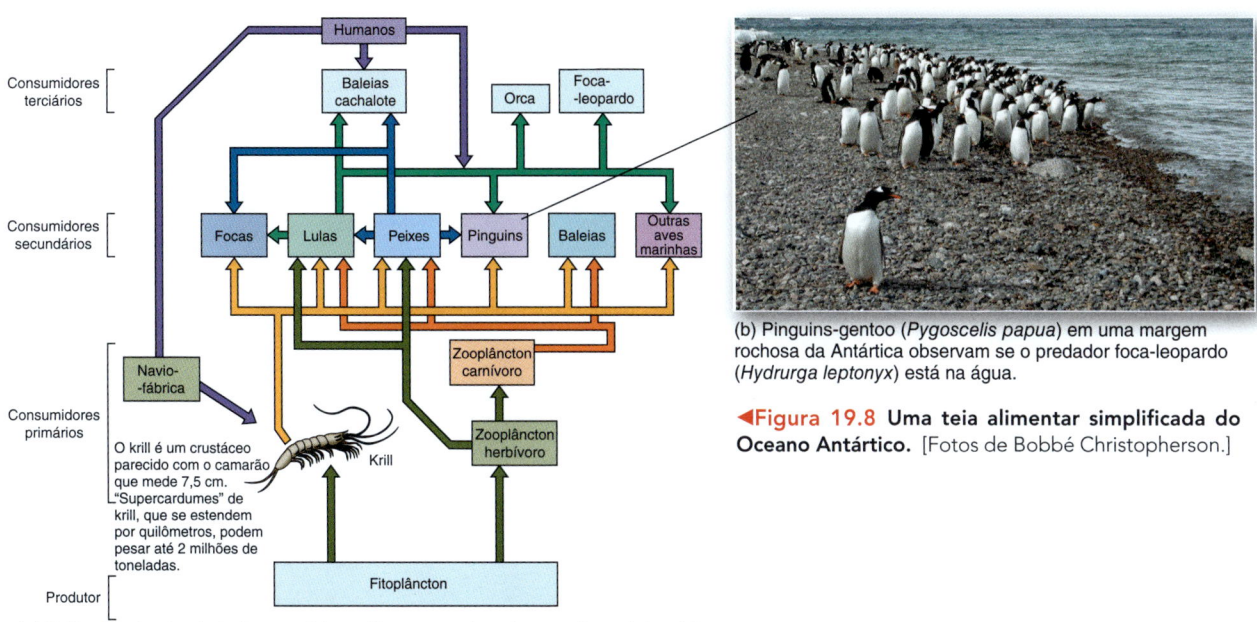

Figura 19.8 Uma teia alimentar simplificada do Oceano Antártico. [Fotos de Bobbé Christopherson.]

(a) O fitoplâncton (embaixo), o produtor, utiliza a energia solar para fazer fotossíntese. O krill e outros zooplâncton herbívoros alimentam-se do fitoplâncton. O krill, por sua vez, é consumido pelos organismos do próximo nível trófico.*

(b) Pinguins-gentoo (*Pygoscelis papua*) em uma margem rochosa da Antártica observam se o predador foca-leopardo (*Hydrurga leptonyx*) está na água.

compor esses materiais orgânicos e liberar compostos inorgânicos e nutrientes simples. Os **decompositores** são bactérias primitivas e fungos que digerem os restos orgânicos no exterior de seus corpos e absorvem e liberam nutrientes no processo. O trabalho metabólico dos micróbios causa o "apodrecimento" que decompõe os detritos. Os detritívoros e decompositores, embora tenham métodos diferentes, possuem uma função similar em um ecossistema.

Em uma teia alimentar, os organismos que se alimentam de produtores são os *consumidores primários*. Devido ao fato de os produtores serem sempre plantas, o consumidor primário é um **herbívoro**, ou comedor de vegetais. Um *consumidor secundário* come principalmente consumidores primários (herbívoros), sendo, portanto, **carnívoro**. Um *consumidor terciário* se alimenta de consumidores primários e/ou secundários e é chamado de "carnívoro de topo" na cadeia alimentar; exemplos são o urso polar, no Ártico, e a foca-leopardo e a orca, na Antártica (discutidos logo adiante). A orca, um golfinho de oceano, alimenta-se de peixes, pinguins e outras baleias, sendo encontrada nas águas do Ártico e da Antártica. Um consumidor que se alimenta tanto de produtores (plantas) quanto de consumidores (carne) é chamado de **onívoro** – categoria ocupada por humanos, entre outros animais.

Vários exemplos servem para ilustrar as teias alimentares. Nas águas árticas, a foca-barbuda (*Erignathus barbatus*), frequentemente com mais de 30% de gordura corporal, é um consumidor que se alimenta de peixes e moluscos (Figura 19.7b). Por sua vez, a foca é predada pelo urso polar (*Ursus maritimus*), outro mamífero marinho, o predador dominante do Ártico. Os ursos polares consumem a maior parte das focas, salvo os ossos e os intestinos, que são rapidamente devorados pelas aves carniceiras (Figura 19.7c e d). A Figura 19.24, no fim do capítulo, mostra vários mamíferos árticos de grande porte e discute o efeito das perdas de gelo marinho sobre as teias alimentares árticas.

Na região antártica, a teia alimentar inicia com o fitoplâncton, as algas microscópicas que coletam energia solar na fotossíntese (Figura 19.8). O zooplâncton herbívoro, como o krill (*Euphausia*), um crustáceo parecido com um camarão, come o fitoplâncton, sendo, portanto, um consumidor primário. Consumidores secundários, como baleias, peixes, aves marítimas, focas e lulas, formam o próximo nível trófico. Muitas aves marítimas que habitam a Antártica dependem do krill e de peixes que comem krill. Todos esses organismos participam de outras cadeias alimentares, alguns consumindo, outros sendo consumidos.

A Figura 19.9 mostra um exemplo de teia alimentar de floresta temperada no leste da América do Norte. Como nos diagramas anteriores, a figura é simplificada em comparação com a complexidade real da natureza.

Pirâmides de energia

A quantidade total de energia que passa pelos níveis tróficos decresce dos níveis baixos para os altos, um padrão que pode ser ilustrado em uma *pirâmide de energia*, em que as barras horizontais representam cada nível trófico. (As pirâmides ecológicas também compreendem *pirâmides de biomassa*, discutidas adiante.)

Na base da pirâmide ficam os produtores, que têm o máximo de energia e geralmente (mas nem sempre) o máximo de biomassa e de número de organismos. O próximo nível, o dos consumidores primários, representa menos energia, pois consome-se energia (por metabolismo e perdi-

---

*N. de R.T.: A Coalizão Antártica e do Oceano Austral (ASOC) desenvolve o Projeto de Conservação do Krill Antártico, acompanhando as relações entre as populações de krill, o consumo humano de produtos à base desse crustáceo e alterações no oceano que podem ameaçar as cadeias alimentares antárticas. Consulte www.natbrasil.org.br/antartica.html.

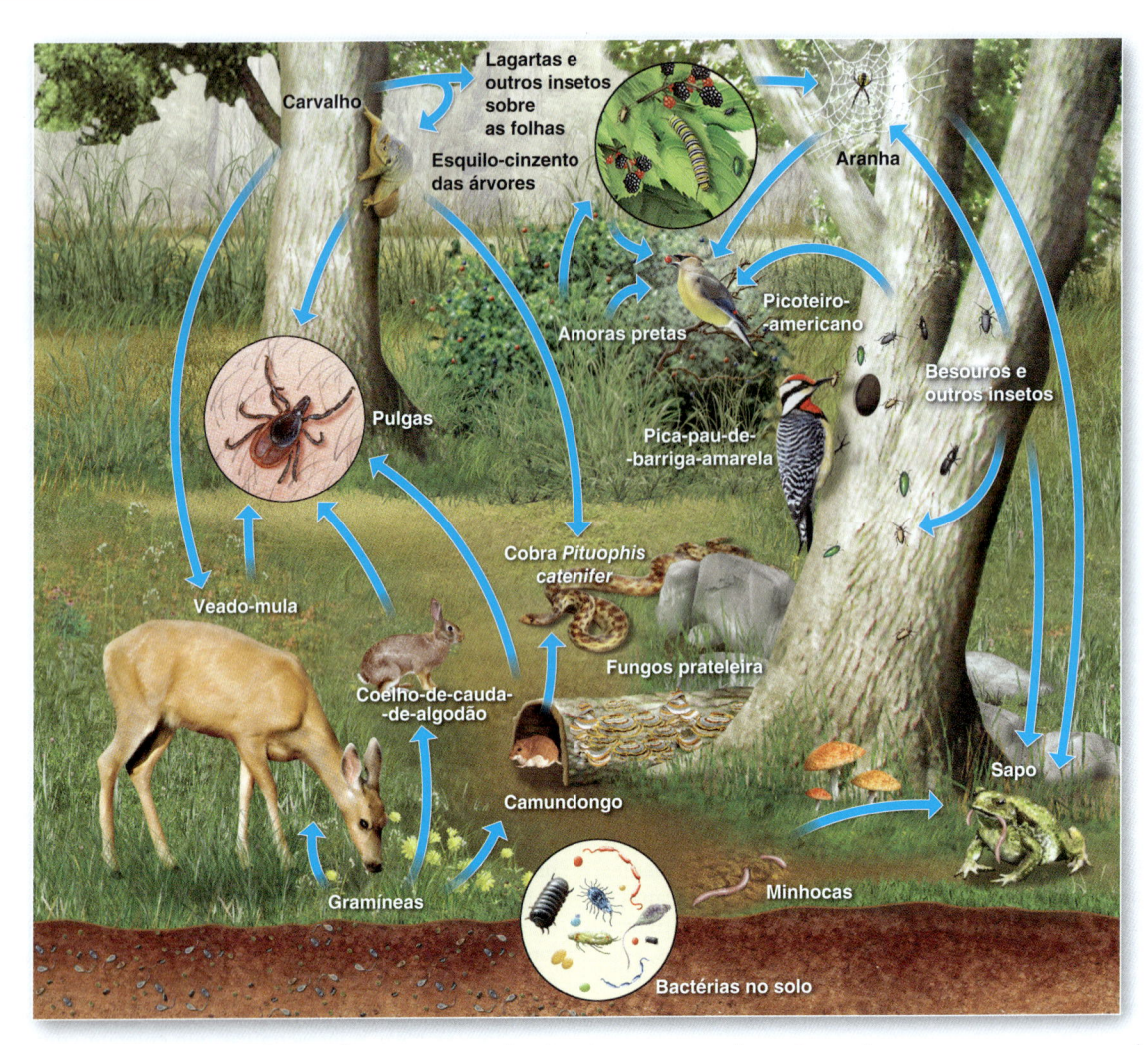

▲**Figura 19.9 Teia alimentar de uma floresta temperada.** Com base na nossa discussão, você consegue encontrar os produtores primários e então localizar os consumidores primários, secundários e terciários dessa teia? Qual é o papel desempenhado pelas minhocas e bactérias?

do como calor) à medida que um organismo come o outro. A energia cai novamente no próximo nível (consumidores secundários), com cada nível trófico possuindo (em geral) menos biomassa e menos organismos do que o nível abaixo (Figura 19.10a). Embora esse padrão geralmente se aplique para número de organismos e biomassa, existem exceções, e as pirâmides podem ser invertidas, como quando o número de árvores (produtores, grande porte) é inferior ao de insetos (consumidores primários, pequeno porte), ou quando a biomassa do fitoplâncton (que tem uma vida curta) é inferior à do zooplâncton que o come. Apenas a energia sempre cai entre níveis tróficos menores e maiores, mantendo a verdadeira forma piramidal.

Eficiência da teia alimentar Em termos de energia, apenas cerca de 10% das quilocalorias (calorias alimentares, e não térmicas) na matéria vegetal são passados dos produtores primários para os consumidores primários. Por sua vez, apenas cerca de 10% da energia dos consumidores primários são passados para os consumidores secundários e assim por diante. Logo, o consumo mais eficiente de recursos se dá na base da cadeia alimentar, onde a biomassa vegetal é mais alta e a entrada de energia para produção alimentar é mais baixa.

Esse conceito se aplica aos hábitos alimentares humanos e, em escala maior, aos recursos alimentares do mundo. Quando os seres humanos assumem o papel de herbívoros, ou consumidores primários, podem ingerir alimentos com o máximo de energia disponível na cadeia alimentar. Quando eles assumem o papel de carnívoros, ou consumidores secundários, ingerem alimentos em que a energia disponível foi cortada em 90% (os cereais são dados para o gado comer, e então o gado é consumido pelos homens). Em termos de biomassa, 810 kg de grão são reduzidos a 82 kg de carne. Em termos de número de organismos, se 1000 pessoas podem ser alimentadas como consumidores primários, apenas 100 pessoas podem ser alimentadas como consumidores secundários. Segundo esta última análise, muito mais pessoas podem ser alimentadas com a mesma área de terra produzindo cereais em vez de carne (Figura 19.10b).

Hoje, aproximadamente metade da área cultivada nos Estados Unidos e no Canadá é plantada para consumo animal – gado de corte e leiteiro, porcos, frangos e perus. Gran-

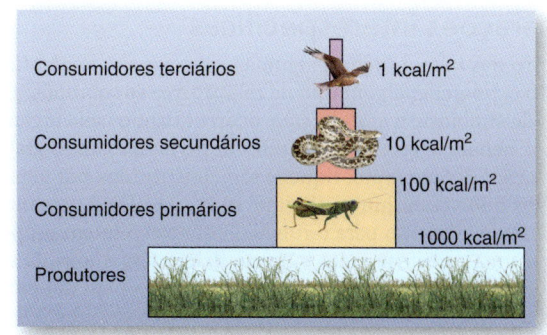

(a) Uma forma de pirâmide ilustra o decréscimo de energia entre níveis tróficos menores e maiores. As quantidades de quilocalorias são idealizadas a fim de mostrar a tendência geral do decréscimo de energia.

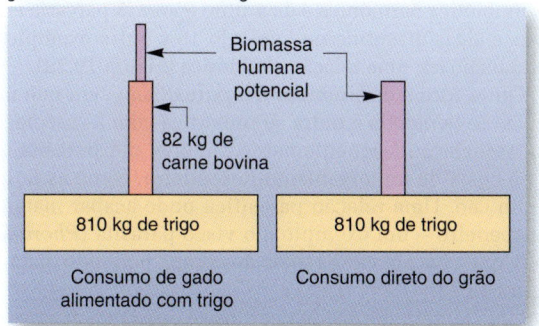

b) As pirâmides de biomassa ilustram a diferença de eficiência entre consumo de grãos direto e indireto.

▲Figura 19.10 Pirâmides de energia e pirâmides de biomassa.

de parte da produção de cereal dos EUA vai para a ração animal, em vez do consumo humano. Em algumas regiões do mundo, florestas estão sendo derrubadas e transformadas em pasto para produção bovina – na maioria dos casos, para exportar para os países desenvolvidos. Portanto, os padrões alimentares da Europa e da América do Norte estão perpetuando a ineficiência, uma vez que o consumo de produtos animais exige muito mais energia por caloria produzida do que o consumo de produtos vegetais.

Amplificação biológica Quando pesticidas químicos são aplicados a um ecossistema de produtores e consumidores, a teia alimentar acaba por concentrar alguns destes produtos químicos. Muitos desses produtos são degradados ou diluídos no ar ou na água e, então, tornam-se relativamente inofensivos. Outros produtos químicos, no entanto, são de vida longa, estáveis e solúveis nos tecidos gordurosos dos consumidores, tornando-se mais concentrados a cada nível trófico mais alto. Isso chama-se *amplificação biológica* ou *biomagnificação*. Nos anos 1970, os cientistas suspeitaram que o pesticida DDT sofria biomagnificação, especialmente em aves, acumulando-se em seus tecidos adiposos e provocando afinamento da casca de seus ovos, o que causava mortalidade dos filhotes chocados. Hoje, muitos especialistas creditam à subsequente proibição do DDT para uso agrícola o salvamento do pelicano-marrom e do falcão-peregrino da extinção.

Assim, a poluição em uma teia alimentar pode envenenar o organismo no topo da pirâmide. Os ursos polares do Mar de Barents, perto do norte da Europa, têm alguns dos níveis mais altos de *poluentes orgânicos persistentes* (POPs) de qualquer animal do mundo, apesar de seu isolamento da civilização. Muitas espécies são ameaçadas dessa maneira (veja as orcas na seção O Denominador Humano, Figura DH 19), e, é claro, os seres humanos estão no topo de muitas cadeias alimentares, portanto em risco de ingerir químicos concentrados desse modo.

Distribuição de comunidades e espécies

Os níveis de organização na ecologia e biogeografia vão da biosfera, no topo, que compreende toda a vida na Terra, até os organismos vivos individuais, na base. A biosfera pode ser agrupada, em termos gerais, em ecossistemas (que abrangem os biomas, discutidos no Capítulo 20), sendo que cada um deles pode ser agrupado em **comunidades**, compostas pelas populações interatuantes de vegetais e animais vivos em um local específico. Pode-se identificar uma comunidade de diversos jeitos – por sua aparência física, pelas espécies presentes e a abundância de cada uma delas, ou pelos complexos padrões de sua interdependência, como a estrutura trófica (alimentar).

Por exemplo, em um ecossistema florestal, uma comunidade específica pode existir na serapilheira, enquanto outra comunidade pode existir no dossel florestal nas alturas. Da mesma forma, em um ecossistema lacustre, as plantas e os animais que se desenvolvem nos sedimentos do fundo formam uma comunidade, enquanto aquelas perto da superfície constituem outra.

Seja vista em termos de seu ecossistema ou em termos da sua comunidade dentro de um ecossistema, cada espécie possui um **habitat**, definido como o ambiente que um organismo habita ou em que está biologicamente adaptada a viver. O habitat compreende os elementos tanto bióticos quanto abióticos do ambiente, e seu tamanho e caráter variam com as necessidades de cada espécie. Por exemplo, a gaivota-tridáctila (*Rissa tridactyla*) é um tipo de gaivota que prefere habitats pequenos para seus ninhos, nas faces íngremes de falésias em ilhas marítimas ou montes marítimos, onde seus filhotes ficam a salvo dos predadores (Figura 19.11). Quando a temporada de reprodução termina, essas gaivotas voltam ao mar aberto pelo resto do ano.

O conceito de nicho

Um **nicho ecológico** (do francês *nicher*, "aninhar") é a função ou ocupação de uma forma de vida dentro de uma dada comunidade. Um nicho é determinado pelas necessidades físicas, químicas e biológicas do organismo. Não é o mesmo conceito de habitat. Nicho e habitat diferem na medida em que o habitat é um meio ambiente que pode ser dividido por muitas espécies, enquanto o nicho é o papel exclusivo e específico que uma espécie desempenha nesse habitat.

Por exemplo, o *Sitta carolinensis* é um pequeno pássaro encontrado em todos os Estados Unidos e em partes do Canadá e do México em habitats florestais, especialmente em *florestas decíduas* (as que perdem as folhas no inverno). Como os demais da família *Sittidae*, essa espécie ocupa um nicho ecológico particular ao vascular todo o tronco das árvores atrás de insetos, bicando a casca com seu bico pontudo e muitas vezes ficando de cabeça para baixo e de

▲Figura 19.11 **Gaivota-tridáctila em seu habitat de nidificação, costa norte da Islândia.** [Bobbé Christopherson.]

Interações interespecíficas

Dentro das comunidades, algumas espécies são *simbióticas* – isto é, possuem algum tipo de relação que se sobrepõe. Um tipo de simbiose, o *mutualismo*, ocorre quando cada organismo se beneficia e se sustenta por um período extenso graças à relação. Por exemplo, liquens são constituídos por algas e fungos que vivem juntos (Figura 19.2c). A alga é produtora e fonte de alimento para o fungo, enquanto o fungo proporciona uma estrutura e um suporte físico para a alga. O seu mutualismo permite que as duas espécies ocupem um nicho no qual nenhuma delas poderia sobreviver sozinha. Os liquens se desenvolveram a partir de uma relação parasitária anterior em que fungos penetraram nas células das algas. Atualmente, os dois organismos evoluíram para uma relação simbiótica harmônica e de mútuo apoio. A parceria entre corais e algas discutida no Capítulo 16 é outro exemplo de mutualismo em uma relação simbiótica (Figura 19.2d).

Outra forma de simbiose é o *parasitismo*, em que uma espécie se beneficia e outra se prejudica com a associação. Essa associação frequentemente envolve um parasita que vive à custa de um organismo-hospedeiro, como as pulgas em um cão. Uma relação parasítica pode acabar matando o hospedeiro – um exemplo é o visco parasita (*Phoradendron*), que vive em vários tipos de árvore, podendo matá-las (Figura 19.13).

Uma terceira forma de simbiose é o *comensalismo*, em que uma espécie se beneficia e a outra não é prejudicada nem beneficiada. Um exemplo é a rêmora (um peixe-piolho), que vive acoplado a tubarões e consome os resíduos gerados pelo tubarão quando ele devora suas presas. As plantas epifíticas, como as orquídeas, são outro exemplo;

lado enquanto se movimenta (Figura 19.12). Esse comportamento permite que eles encontrem e extraiam insetos que os outros pássaros não acham. Eles também enfiam nozes e bolotas na casca das árvores, batendo nelas com o bico para retirar a semente. Embora os *Sittidae* e os pica-paus ocupem um habitat similar, o comportamento especial de alimentação dos *Sittidae* faz com que eles ocupem um nicho específico, diferente daquele do pica-pau.

O *princípio da exclusão competitiva* afirma que duas espécies jamais podem ocupar o mesmo nicho (usando o mesmo alimento ou espaço), pois uma espécie sempre excluirá a outra por competição. Portanto, espécies muito parecidas são separadas espacialmente, seja pela distância, seja por estratégias específicas de cada espécie. Em outras palavras, cada espécie atua a fim de reduzir a competição e maximizar sua própria taxa reprodutiva – pois, literalmente, a sobrevivência de uma espécie depende do seu sucesso reprodutivo. Essa estratégia, por sua vez, leva a uma maior diversidade, pois as espécies se deslocam e se adaptam, preenchendo nichos diferentes.

▲Figura 19.12 ***Sitta carolinensis* em seu nicho ecológico.** [Cally/Alamy.]

▲Figura 19.13 **Visco-anão crescendo em uma conífera *Pseudotsuga menziesii*, nas Montanhas Rochosas, Colorado.** O visco-anão (*Arceuthobium*) é um vegetal parasitário encontrado em coníferas de todo o oeste dos EUA. As árvores-hospedeiras sofrem redução de crescimento e produção de sementes, apresentando tendências a doenças contagiosas. Ao menos cinco espécies ocorrem na região das Montanhas Rochosas. [USFS.]

▲Figura 19.14 **Epífitas usando um tronco de árvores como suporte, Washington.** Licopódios epífitos são comuns na floresta pluvial temperada do Olympic National Park. [Don Johnston/Alamy.]

essas "plantas aéreas" crescem sobre os galhos e troncos de árvores, usando-as como suporte físico (Figura 19.14).

Uma última relação simbiótica é o *amensalismo*, em que uma espécie prejudica a outra, mas não é afetada. Isso normalmente acontece sob a forma de competição, quando um organismo priva outro de alimento ou habitat, ou quando uma planta produz toxinas químicas que danificam ou matam outras plantas. Por exemplo, a nogueira-preta excreta no solo uma toxina química por seus sistemas radiculares, inibindo o crescimento de outras plantas embaixo dela.

PENSAMENTO Crítico 19.1
Mutualismo? Parasitismo? Onde nos encaixamos?

Alguns cientistas estão questionando se a sociedade humana e os sistemas físicos da Terra constituem uma relação em escala global de mutualismo (sustentável) ou parasitismo (insustentável). Após repassar a definição desses termos, qual é a sua reação a essa assertiva? Como os nossos sistemas econômicos coexistem com a necessidade de sustentar os sistemas naturais de suporte à vida do planeta? Você caracteriza isso como mutualismo, parasitismo ou outra coisa? •

Influências abióticas

Uma porção de fatores ambientais abióticos influencia a distribuição, as interações e o crescimento das espécies. Por exemplo, a distribuição de alguns vegetais e animais depende do *fotoperíodo*, o tempo de luz e escuridão em um período de 24 horas. Muitas plantas precisam de dias mais longos para a floração e germinação das sementes, como as ambrósias (*Ambrosia sp*). Outras plantas precisam de noites mais longas para estimular a produção de sementes, como o bico-de-papagaio (*Euphorbia pulcherrima*), que precisa de ao menos dois meses com noites de 14 horas para começar a florescer. Essas espécies não sobrevivem nas regiões equatoriais, com pouca variação no comprimento do dia; em vez disso, limitam-se às latitudes com fotoperíodos apropriados, embora outros fatores também possam afetar sua distribuição.

Em termos de ecossistemas inteiros, a temperatura do ar e do solo é importante porque determina as taxas às quais as reações químicas se dão. A precipitação e a disponibilidade de água também são cruciais, assim como a qualidade da água – seu teor mineral, salinidade e níveis de poluição e toxicidade. Todos esses fatores atuam juntos para determinar as distribuições das espécies e comunidades em uma dada localidade.

O trabalho pioneiro no estudo da distribuição das espécies foi realizado pelo geógrafo e explorador Alexander von Humboldt (1769-1859), o primeiro cientista a escrever sobre a zonação distinta das comunidades vegetais com a mudança da altitude. Após vários anos de estudo nos Andes peruanos, von Humboldt levantou a hipótese de que os vegetais e animais ocorrem em agrupamentos relacionados sempre que condições climáticas semelhantes ocorrem. Suas ideias formaram a base do *conceito de zona de vida*, que descreve essa zonação de flora e fauna ao longo de um transecto altitudinal (Figura 19.15). Cada **zona de vida** possui seu próprio regime de temperatura e precipitação, possuindo, portanto, suas próprias comunidades bióticas.

O conceito de zona de vida alcançou notoriedade nos anos 1890, com o trabalho do ecólogo C. Hart Merriam, que mapeou 12 zonas de vida com distintas associações vegetais nos Picos San Francisco, norte do Arizona. Merriam também expandiu o conceito para incluir a mudança da zonação do equador até as latitudes mais altas. O Capítulo 20 fala mais sobre associações vegetais em relação a condições climáticas.

Como discutido neste capítulo, em *Geossistemas Hoje*, estudos científicos recentes demonstram que a mudança climática está fazendo os vegetais e animais deslocarem suas áreas de vida para altitudes mais elevadas, com climas

GEOrelatório 19.2 Tartarugas marinhas navegam usando o campo magnético da Terra

O fato de aves e abelhas detectarem o campo magnético da Terra e o utilizarem para se direcionar já é bem estabelecido. Pequenas quantidades de partículas magneticamente sensíveis no crânio dos pássaros e no abdômen das abelhas proporcionam orientação magnética. Recentemente, cientistas constataram que as tartarugas marinhas detectam campos magnéticos de diferentes forças e inclinações (ângulos). Isso significa que as tartarugas possuem um sistema de navegação embutido que as ajuda a encontrar certas localidades do planeta. As tartarugas-cabeçudas chocam na Flórida (EUA), eclodem, rastejam até a água e então passam os próximos 70 anos viajando milhares de milhas entre a América do Norte e a África, ao redor do giro de alta pressão subtropical do Oceano Atlântico. Para desovar, as fêmeas retornam para o local onde foram chocadas. Por sua vez, os filhotes ficam com uma impressão dos dados magnéticos específicos do lugar onde chocaram e acabam por desenvolver um senso mais global de posição à medida que passam suas vidas nadando pelos oceanos.

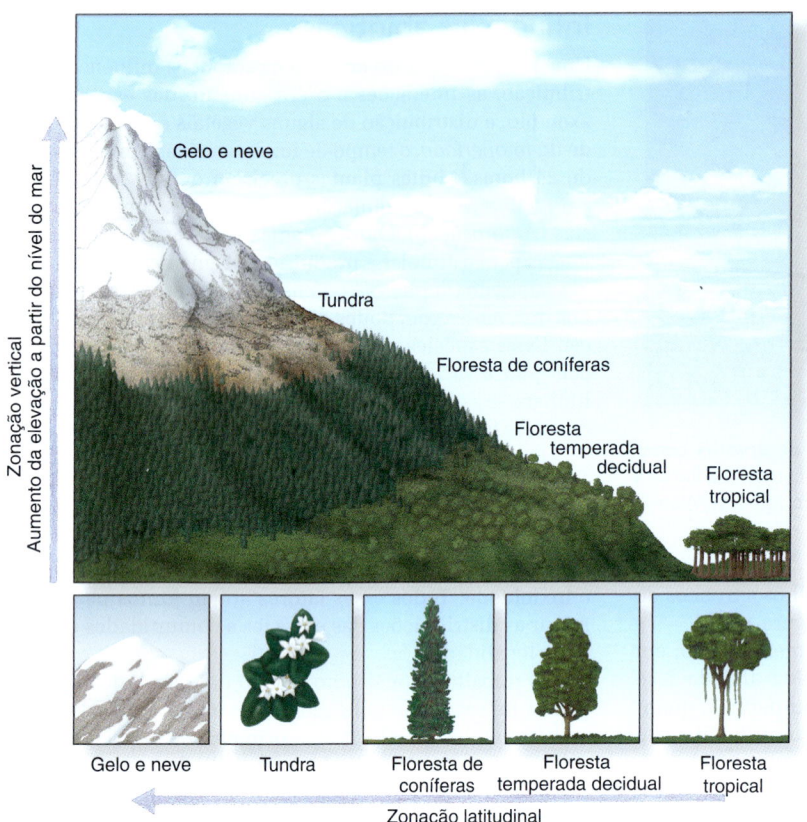

▲Figura 19.15 **Zonação vertical e latitudinal de comunidades vegetais.** [Autor.]

(a) Progressão latitudinal e de altitude de zonas de vida de comunidades vegetais.

(b) A linha de árvores de uma floresta de coníferas das Montanhas Rochosas canadenses marca o ponto acima do qual as árvores não conseguem crescer.

mais próprios na atual alteração das zonas de vida estabelecidas. Existem evidências de que algumas espécies não têm mais espaço nas montanhas, pois as condições ambientais as estão empurrando para elevações além do alcance das suas montanhas – em essência, "mandando-as embora", seja para outro lugar ou para a extinção.

Fatores limitantes

O termo **fator limitante** diz respeito às características físicas, químicas ou biológicas do ambiente que determinam a distribuição e o tamanho da população das espécies. Por exemplo, em alguns ecossistemas, a precipitação é um fator limitante do crescimento vegetal, por falta ou por excesso. Temperatura, níveis de luz e nutrientes do solo afetam os padrões e a abundância de vegetação:

- Temperaturas baixas limitam o crescimento de plantas em altas altitudes.
- Escassez de água limita o crescimento em um deserto; excesso de água limita o crescimento em um brejo.
- Alterações nos níveis de salinidade afetam ecossistemas aquáticos.
- Baixa quantidade de fósforo nos solos limita o crescimento das plantas.
- A escassez geral de clorofila ativa acima de 6100 m limita a produtividade primária.

Para populações animais, fatores limitantes podem ser o número de predadores, a disponibilidade de alimento e habitat adequados, a disponibilidade de locais de reprodução e a incidência de doenças. O gavião-caramujeiro (*Rostrhamus sociabilis*), uma ave de rapina tropical com um pequeno habitat nos Everglades da Flórida, é um especialista que se alimenta somente de um tipo específico de caramujo. Em contraste, o pato selvagem (*Anas platyrhynchos*) é um generalista, alimentando-se de uma variedade de fontes muito diversas, além de ser facilmente domesticável e ser encontrado na maior parte da América do Norte (Figura 19.16a).

Para algumas espécies, um fator limitante crítico determina sobrevivência e crescimento; para outras, há uma combinação de fatores em ação, sem que um fator individual seja dominante. Quando tomados em conjunto, os fatores limitantes determinam a resistência ambiental, o que acaba estabilizando as populações em um ecossistema.

Cada organismo possui uma *faixa de tolerância* em relação a características ambientais físicas e químicas. Dentro dessa faixa, a abundância da espécie é alta; nas extremidades da faixa, a espécie é escassa; e além dos limites da faixa, a espécie inexiste. Por exemplo, a sequoia costeira (*Sequoia sempervirens*) é abundante dentro de uma estreita faixa da costa da Califórnia e de Oregon, onde condições nebulosas proporcionam a condensação que satisfaz as necessidades hídricas da árvore (discutido na seção *Geossistemas Hoje* do Capítulo 7). Sequoias no limite da faixa – por exemplo, em altitudes maiores, acima da camada de névoa – são mais baixas, menores e menos abundantes. O bordo-vermelho (*Acer rubrum*) possui uma ampla faixa de tolerância, sendo distribuído em uma área grande com condições variáveis de umidade e temperatura (Figura 19.16b).

Distúrbios e sucessão

Ao longo do tempo, as comunidades passam por eventos de distúrbio natural, como temporais, enchentes graves, erupções vulcânicas ou infestação de insetos. Atividades

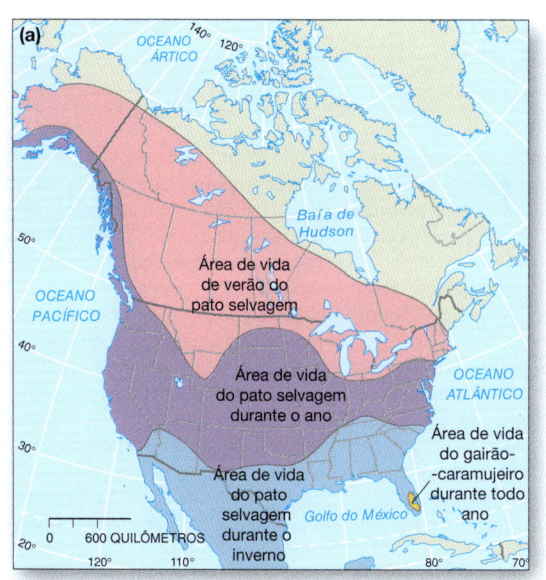

(a) A pequena área de vida do gavião-caramujeiro na América do Norte depende de uma única fonte de alimento; o pato selvagem é generalista e sua alimentação é ampla.

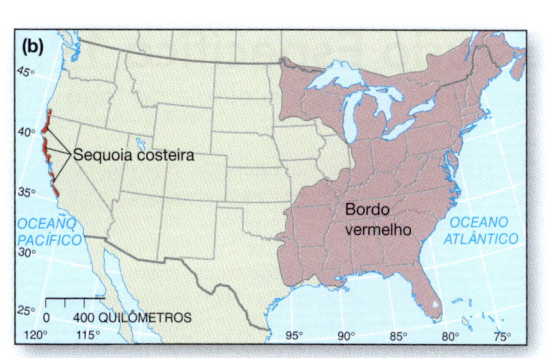

(b) As sequoias sempervirens são limitadas pela presença de névoa como fonte de umidade; o bordo-vermelho tolera uma variedade de condições ambientais.

▲Figura 19.16 Fatores limitantes que afetam a distribuição das espécies.

humanas, como a derrubada de uma mata ou a pastagem excessiva em um campo, também criam distúrbios (Figura 19.17). Esses eventos danificam ou eliminam os organismos existentes, abrindo espaço para novas comunidades.

Os incêndios espontâneos são um componente natural de muitos ecossistemas e uma causa comum de distúrbio de ecossistema. A ciência da **ecologia do fogo** examina o papel do fogo nos ecossistemas, incluindo as adaptações dos vegetais individuais aos efeitos do fogo e a gestão humana de ecossistemas adaptados ao fogo. O *Estudo Específico* 19.1 examina esse assunto importante.

Quando uma comunidade é perturbada o suficiente para que todas ou a maioria das espécies sejam eliminadas, dá-se um processo chamado de **sucessão ecológica**, em que a área evacuada passa por uma série de mudanças de composição de espécies à medida que comunidades mais novas de vegetais e animais substituem as antigas. Cada comunidade sucessiva modifica o ambiente físico de maneira que ele favoreça uma comunidade diferente. Durante as transições entre comunidades, as espécies que possuem uma vantagem competitiva, como a capacidade de produzir muitas sementes ou dispersá-las por longas distâncias, ganharão das outras espécies na competição por espaço, luz, água e nutrientes. Os processos sucessionais ocorrem tanto nos ecossistemas terrestres quanto nos aquáticos.

PENSAMENTO Crítico 19.2
Observe distúrbios ecológicos

Nos próximos dias, observe a paisagem ao percorrer o trajeto entre sua casa e a universidade, o trabalho ou outras localidades. Que tipos de distúrbios causados ao ecossistema você vê? Imagine que vários hectares da área que você está vendo escapem de distúrbios durante um século ou mais. Descreva como esses ecossistemas e comunidades poderiam ficar. •

(a) Os danos causados por um fluxo de detritos na Carolina do Norte, provocado pela chuva associada ao furacão Ivan em 2004.

(b) Os ventos de tempestades elétricas danificaram florestas no leste de Minnesota e noroeste de Wisconsin em julho de 2011; a velocidade dos ventos passou de 160 km/h.

▲Figura 19.17 Distúrbio de ecossistema abrindo caminho para novas comunidades. [NOAA.]

○ Estudo Específico 19.1 Riscos naturais
Incêndios naturais e ecologia do fogo

O fogo é um dos processos de ecossistema importantes da Terra e, em algumas áreas, tornou-se um fardo econômico. Em 2006, 2007 e mais uma vez em 2012, mais de 3,6 milhões de hectares foram queimados em incêndios naturais nos Estados Unidos. Na Austrália, os incêndios do "Sábado Negro" de 2009 destruíram mais de 2000 casas e mataram 173 pessoas, no episódio de incêndio espontâneo mais destrutivo da história do país. O custo do combate a incêndios nos Estados Unidos chegou a quase US$ 2 bilhões em 2012. (Conheça o Centro Nacional Interagências de Incêndios em http://www.nifc.gov/fireInfo/fireInfo_main.html.)

Incêndios naturais provocados por relâmpagos são um distúrbio natural, com um papel dinâmico na sucessão das comunidades. Muitos ecossistemas possuem propriedades que influenciam a intensidade e o tamanho dos incêndios espontâneos, o que, por sua vez, cria um mosaico de habitats, indo de áreas totalmente queimadas até aquelas parcialmente queimadas ou intactas. Essa colcha de retalhos de habitats acaba favorecendo a biodiversidade. Os incêndios afetam os solos, tornando-os mais ricos em nutrientes em alguns casos, porém mais suscetíveis à erosão em caso de incêndios muito quentes. Incêndios também afetam plantas e animais; algumas espécies são adaptadas ou mesmo dependentes da ocorrência frequente de incêndios.

Ecossistemas adaptados ao fogo

Várias pradarias, florestas e complexos arbustivos da Terra evoluíram através da interação com o fogo, sendo conhecidos como *ecossistemas adaptados ao fogo*. As espécies vegetais desses ambientes podem ter casca densa, que as protege do calor, ou não possuir galhos baixos, o que as protege dos incêndios no solo. As espécies adaptadas ao fogo geralmente brotam rapidamente após um incêndio destruir seus galhos ou troncos (vide Capítulo 20, Figura 20.15b).

Várias espécies de árvores norte-americanas dependem do fogo para reproduzir. Por exemplo, o *Pinus contorta* e o *Pinus banksiana* dependem do fogo para rachar e abrir a resina que sela suas pinhas e impede as sementes de se soltarem (Figura 19.1.1). As mudas da sequoia gigante crescem melhor em locais abertos e queimados, sem gramíneas ou outras vegetações competindo por recursos. Áreas perturbadas por incêndios recuperam-se rapidamente com estímulo de produção de sementes, crescimento lenhoso rico em proteínas e plantas jovens que proporcionam alimentação abundante para os animais (Figura 19.1.2).

Gestão de incêndios

A demanda da sociedade moderna por prevenção contra incêndios a fim de proteger propriedades começou com as práticas europeias de silvicultura do século XIX e continuou com a gestão florestal na América do Norte. Desde então, contudo, os especialistas em silvicultura aprenderam que, quando as estratégias de prevenção contra incêndios são seguidas rigidamente, podem levar a um acúmulo de vegetação rasteira que alimenta os grandes incêndios. Por exemplo, no Parque Nacional Yellowstone, após décadas de supressão de incêndios, os gestores florestais deram início a uma nova política nos anos 1970, deixando os incêndios naturais queimar; 18 anos depois, em 1988, após um dos verões mais secos já registrados, imensos incêndios grassaram por todo o parque, destruindo edificações e cerca de 485 mil hectares de florestas e pradarias. Hoje, seguindo os princípios da

▲Figura 19.1.1 **Recuperação após os incêndios naturais do Parque Nacional Yellowstone em 1988.** Décadas de contenção de incêndios em Yellowstone criaram um acúmulo de vegetação rasteira que abasteceu os gigantescos e incontroláveis incêndios de 1988. Dez anos depois, jovens *Pinus contorta* (uma espécie adaptada ao fogo) crescem entre os bosques queimados. [Jim Peaco, NPS.]

Sucessão terrestre Uma área onde haja apenas rochas nuas ou em um sítio perturbado sem vestígios de uma comunidade pode ser um local para uma **sucessão primária**, ou seja, o começo de um novo ecossistema. A sucessão primária pode acontecer em superfícies novas criadas por movimento de massa de terra, recuo glacial, erupções vulcânicas, mineração de superfície, desmatamento total ou movimento de cômoros. Em ecossistemas terrestres, a sucessão primária começa com a chegada de organismos bem-adaptados para colonizar novos substratos, formando uma **comunidade pioneira**. Por exemplo, uma comunidade pioneira de liquens, musgos e samambaias pode se estabelecer sobre rocha nua (Figura 19.18). Esses primeiros habitantes preparam o caminho para a posterior sucessão: os liquens secretam ácidos que decompõem a rocha, o que começa o processo de formação de solo, que torna o habitat favorável a outros organismos. À medida que novos organismos colonizam as superfícies de solo, eles trazem nutrientes que

▲Figura 19.18 **Sucessão primária.** Vegetais se estabelecendo na lava recentemente resfriada do vulcão Kilauea, Havaí, ilustram a sucessão primária. [Bobbé Christopherson.]

▲**Figura 19.1.2 Gramíneas nativas após um incêndio programado, África do Sul.** Impalas pastando no capim novo um ano após um incêndio programado no Parque Nacional Kruger em 2010. [Navashni Govender, SANParks/NASA.]

▲**Figura 19.1.3 Queimada programada para restauração de gramíneas, Colorado, EUA.** Uma queimada programada perto de Fort Lewis, Colorado, parte dos quase 5000 hectares de pradaria queimados em 2009 para eliminar espécies invasivas, como o arbusto *Cytisus scoparius*. [Ingrid Barrantine/U.S. Army.]

ecologia do fogo, os especialistas em incêndio de todo o mundo usam incêndios rasteiros controlados, deliberadamente acesos, para evitar o acúmulo de vegetação rasteira e manter a saúde do ecossistema. Esses "incêndios frios" controlados removem o combustível e evitam "incêndios quentes" catastróficos e destrutivos que atravessam a copa florestal. Cientistas e gestores florestais também usam essas queimadas programadas para controlar espécies invasivas e recuperar o habitat natural (Figura 19.1.3).

Incêndios naturais e mudança climática

Com a continuidade da mudança climática, a ameaça dos incêndios naturais está piorando. Os cientistas associam o recorde de incêndios naturais no oeste norte-americano desde 2000 a maiores temperaturas de primavera e verão e a um degelo de primavera precoce. Talvez mais importante seja o fato de que essas mudanças climáticas estão ocorrendo após 150 anos ou mais de contenção de incêndios em todos os Estados Unidos. Incêndios causados por raios relacionados a sistemas meteorológicos mais intensos também estão aumentando em algumas regiões. Em junho de 2013, o incêndio do Complexo West Fork, deflagrado por relâmpagos, queimou e explodiu o terreno acidentado do sudoeste de Colorado, abastecido por florestas ressecadas pela estiagem e pelas grandes mortes causadas pelo besouro *Dendroctonus rufipennis*.

A destruição causada por incêndios naturais está aumentando à medida que a urbanização toma áreas florestais, colocando residências em risco e ameaçando a segurança pública. Em 2013, o incêndio mais destrutivo da história do Colorado queimou mais de 500 casas ao norte de Colorado Springs. Incêndios espontâneos devastaram comunidades do sul da Califórnia, especialmente aquelas que se desenvolveram nos "sertões" de chaparral. Em 2007, o fogo destruiu mais de 2000 casas na região e queimou mais de 200.000 hectares em duas dúzias de incêndios naturais. Isso faz parte da tendência geral que segue até hoje.

---

modificam ainda mais o habitat, o que acaba levando ao crescimento de gramíneas, arbustos e árvores.

Mais frequente na natureza é a **sucessão secundária**, que acontece quando algum aspecto de uma comunidade anteriormente operante continua presente; por exemplo, uma área perturbada em que o solo subjacente fica intacto. Quando a sucessão secundária começa, novos vegetais e animais com nichos diferentes dos da comunidade anterior colonizam a área; os conjuntos de espécies podem mudar à medida que o solo se desenvolve, os habitats se alteram e a comunidade amadurece.

A maioria das áreas afetadas pela erupção e explosão do Monte Santa Helena em 1980, que queimou ou devastou cerca de 38.450 hectares, passou por sucessão secundária (Figura 19.19). Alguns solos, árvores jovens e outras plantas ficaram protegidos embaixo da cinza e da neve, de maneira que o desenvolvimento da comunidade iniciou quase que imediatamente após o evento. As áreas perto do vulcão do Monte Santa Helena que foram completamente destruídas ou soterradas pelo grande deslizamento de terra ao norte da montanha se tornaram candidatas a receber uma sucessão primária.

Tradicionalmente, pensava-se que as comunidades vegetais e animais passavam por vários estágios sucessionais, até chegarem a um estado maduro com uma *comunidade clímax* – um agrupamento estável e autossustentável de espécies que permanece até o próximo grande distúrbio. No entanto, a biogeografia e a ecologia contemporâneas assumem que há distúrbios constantemente quebrando a sequência e que a comunidade pode jamais voltar ao seu estado original. As comunidades maduras estão em um estado de constante adaptação – um equilíbrio dinâmico –, às vezes com um período de atraso em seu ajuste às mudanças ambientais. Hoje, os cientistas sabem que os processos sucessionais são impulsionados por um conjunto dinâmico de interações, às vezes com resultados imprevisíveis.

(a) Monte Santa Helena, 2008.
(b) Paisagem pré-erupção ao norte do vulcão, 1979.
(c) Paisagem pós-erupção na mesma região, 1980.
(d) Fotografia repetida da recuperação pós-erupção no Lago Meta, 1983 e 1999.
(e) Fotografia repetida mostrando sucessão secundária, 1983 e 1999. 

▲Figura 19.19 O ritmo das modificações na região do Monte Santa Helena. [(a) Foto de astronauta da ISS, NASA/GSFC; (a) todas as fotos de 1983 são do autor; (b) todas as fotos de 1999 são de Bobbé Christopherson.]

Os distúrbios frequentemente acontecem em unidades espaciais discretas na paisagem, criando habitats, ou *fragmentos*, em diferentes estágios sucessionais. O conceito de *dinâmica de fragmentos* diz respeito às interações entre e dentro desse mosaico de habitats, trazendo mais complexidade a toda a paisagem. A biodiversidade total de um ecossistema é, em parte, o resultado dessa dinâmica de fragmentos.

Sucessão aquática Ecossistemas aquáticos existem em lagos, estuários, terras úmidas e linhas costeiras, e as comunidades desses sistemas também sofrem sucessão. Por exemplo, lagos e açudes apresentam estágios sucessionais ao serem preenchidos com sedimentos e nutrientes, com plantas aquáticas fincando raízes e crescendo. O crescimento vegetal retém mais sedimentos e ainda adiciona restos orgânicos ao sistema (Figura 19.20). Este enriquecimento gradual de corpos d'água é conhecido como **eutrofização** (do grego *eutrophos*, que significa "bem nutrido").

Em climas úmidos, os lagos desenvolvem uma camada de vegetação flutuante que cria um charco a partir da margem. Taboas (*Typha sp.*) e outras plantas de brejos se estabelecem, e matéria orgânica parcialmente decomposta se acumula na bacia, com vegetação adicional se formando no resto da superfície do lago. O solo, a vegetação e um prado podem preencher este espaço quando a água é deslocada; na sequência podem aparecer salgueiros, choupo-do-canadá e, eventualmente, o lago pode evoluir para uma comunidade florestal. Portanto, quanto visto ao longo do tempo geológico, um lago ou açude é na verdade uma feição temporária da paisagem.

Os estágios da sucessão de um lago são denominados de acordo com o nível de nutrientes: *oligotrófico* (poucos nutrientes), *mesotrófico* (nível médio de nutrientes) e *eutrófico* (muitos nutrientes). O aumento na produtividade primária e a consequente diminuição da transparência da água marcam cada estágio, de modo que a fotossíntese fica concentrada perto da superfície. O fluxo de energia muda da produção para a respiração no estágio eutrófico, pois a demanda por oxigênio supera sua disponibilidade.

Os níveis de nutrientes também variam espacialmente dentro de um lago: condições oligotróficas ocorrem nas águas profundas, ao passo que condições eutróficas ocorrem nas margens, em baías rasas ou onde há entrada de esgoto, fertilizantes ou outros nutrientes. Até mesmo grandes corpos d'água podem ter áreas eutróficas perto da margem. Quando os seres humanos descarregam esgoto, escoamento agrícola e poluição nas vias hídricas, a carga de nutrientes é ampliada além da capacidade de limpeza dos processos biológicos naturais. Essa eutrofização causada pelos humanos, conhecida como *eutrofização cultural*, apressa a sucessão nos sistemas aquáticos.

Capítulo 19 • Princípios básicos dos ecossistemas 581

(a) Um lago é gradualmente preenchido com sedimentos orgânicos e inorgânicos, encolhendo a área de águas abertas. Forma-se um charco, depois um alagado e por fim um campo, o último dos estágios sucessionais.

(b) Lago Spring Mill, Estado de Indiana (EUA).

(c) O conteúdo orgânico aumenta à medida que a sucessão progride no lago de montanha.

(d) Turfeira com solos ácidos, Parque Natural de Richmond, perto de Vancouver, Colúmbia Britânica.

▲Figura 19.20 **Sucessão idealizada lago-charco-campo em condições temperadas, com exemplos do mundo real.** [Bobbé Christopherson.]

Biodiversidade, evolução e estabilidade do ecossistema

Longe de serem estáticos, os ecossistemas da Terra são dinâmicos – vigorosos, energéticos e em constante mudança – desde o início da vida no planeta. Ao longo do tempo, as comunidades vegetais e animais adaptaram-se e evoluíram, gerando grande diversidade e, por sua vez, moldando seus ambientes. Cada ecossistema está constantemente se ajustando a distúrbios e mudanças nas condições. Ironicamente, o conceito de mudança é crucial para compreender a estabilidade dos ecossistemas.

A dinâmica da mudança nos ecossistemas naturais pode variar de transições graduais em estados de equilíbrio

GEOrelatório 19.3 Outra visão da sucessão lago-charco

Em áreas recentemente deglaciadas, os cientistas descobriram um padrão que parece oposto à sucessão lago-charco, salientando a pouca compreensão sobre os processos sucessionais nos ecossistemas aquáticos. Evidências de lagos na região de Glacier Bay, Alasca, sugerem que esses corpos d'água ficaram mais diluídos, ácidos e improdutivos – em outras palavras, menos eutróficos – nos últimos 10.000 anos. Mudanças sucessionais na vegetação circundante e nos solos parecem estar ligadas a essas modificações do ecossistema aquático. Os estudos sugerem que, em diversos climas frios e úmidos de floresta pluvial temperada, com paisagens criadas pelo recuo glacial, atuam nos lagos processos diferentes daqueles descritos neste capítulo como típicos.

a alterações bruscas causadas por catástrofes extremas, como um impacto de asteroide ou vulcanismo severo. Durante a maior parte do século passado, os cientistas pensaram que um ecossistema não perturbado – seja ele florestal, de pastagem, lacustre ou qualquer outro – progrediria até um estágio de equilíbrio, um ponto estável, com armazenamento químico máximo e de biomassa. Entretanto, pesquisas recentes determinaram que os ecossistemas não progridem para uma fase final estática. Em outras palavras, não existe um "equilíbrio da natureza"; em vez disso, o "equilíbrio" é mais bem compreendido como uma constante interação de fatores físicos, químicos e bióticos em equilíbrio dinâmico.

A evolução biológica traz consigo a biodiversidade

Um aspecto importante da estabilidade e vitalidade de um ecossistema é a **biodiversidade**, ou riqueza de vida (uma combinação de *biol*ógico e *diversidade*). O conceito de biodiversidade abrange diversidade de espécies – o número e variedade de espécies diferentes; diversidade genética – o número de variações genéticas dentro dessas espécies; e diversidade de ecossistemas – o número e variedade de ecossistemas, habitats e comunidades em escala de paisagem.

A origem dessa diversidade faz parte da *teoria da evolução*. (A definição de teoria científica é dada no Capítulo 1.) A **evolução** define que organismos unicelulares adaptaram-se, modificaram-se e passaram adiante suas mudanças herdadas para organismos pluricelulares. A composição genética de sucessivas gerações se moldou graças a fatores ambientais, funções fisiológicas e comportamentais que levaram uma taxa maior de sobrevivência e reprodução. Portanto, nesse processo contínuo, traços que ajudam a espécie a sobreviver e reproduzir são passados adiante mais frequentemente do que os que não o fazem. Uma *espécie* é uma população capaz de se reproduzir sexuadamente e produzir descendentes férteis. Por definição, isso significa isolamento reprodutivo em relação a outras espécies.

Os traços herdados são regidos por um arranjo de genes, parte do material genético básico do organismo, o *DNA* (ácido desoxirribonucleico), presente nos cromossomos de cada núcleo celular. Esses traços – especialmente os que têm mais êxito em explorar nichos diferentes dos das outras espécies ou que ajudam as espécies a se adaptar a mudanças ambientais – são passados para as gerações subsequentes. Tal diferença reprodutiva e adaptativa é transferida com genes ou grupos de genes que tiveram sucesso por meio de um processo de favoritismo genético chamado de *seleção natural*. Geração após geração, o processo da evolução segue o caminho das características hereditárias que tiveram sucesso – as outras que não tiveram este êxito são extintas. Assim, os seres humanos de hoje são o resultado de bilhões de anos de seleção natural afirmativa.

Novos genes no *pool gênico*, a coleção de todos os genes possuídos pelos indivíduos de uma dada população, resultam de mutações. *Mutação* é um processo que ocorre quando uma ação aleatória, talvez um erro na duplicação do DNA, forma material genético alterado e insere novos traços no curso contínuo herdado. A geografia também entra em jogo, pois a variação espacial dos ambientes físicos afeta a seleção natural. Por exemplo, uma espécie pode se dispersar por migração (atravessando pontes de gelo ou conexões de terra em épocas de baixo nível do mar, por exemplo), chegando a um ambiente diferente, onde novos traços são favorecidos. Também, uma espécie pode ser separada das outras por um episódio de *vicariância* natural (fragmentação do meio ambiente). Um exemplo é a deriva continental, que criou barreiras naturais à movimentação das espécies, resultando na evolução de espécies novas. A evolução física e química dos sistemas da Terra, portanto, está intimamente ligada à evolução biológica da vida.

Biodiversidade promove a estabilidade do ecossistema

Nos anos 1990, experimentos de campo nos ecossistemas de pradaria de Minnesota começaram a confirmar um importante pressuposto científico: maior diversidade biológica em um ecossistema leva a maior estabilidade e produtividade de longo prazo. Por exemplo, no caso de seca, algumas espécies de plantas serão danificadas por causa do desgaste hídrico. Porém, em um ecossistema diverso, outras espécies com raízes mais profundas e maior capacidade de obtenção de água irão vingar. Experimentos em andamento também sugerem que uma comunidade vegetal mais diversificada retém e utiliza os nutrientes do solo com mais eficiência do que uma com menos diversidade. (Saiba mais sobre essa pesquisa no Cedar Creek Ecosystem Science Reserve em http://www.cedarcreek.umn.edu/about/.)

Estabilidade e resiliência No contexto dos ecossistemas, "estável" não significa imutável; os ecossistemas estáveis estão sempre mudando. Um ecossistema estável é aquele que não desvia muito de seu estado original, apesar das condições ambientais cambiantes (a resistência ambiental mencionada antes). *Resiliência* é a capacidade do ecossistema de se recuperar rapidamente de um distúrbio e voltar ao seu estado original. No entanto, alguns distúrbios são extremos demais, mesmo para um ecossistema altamente resiliente. Por exemplo, diversos dos devastadores episódios de impacto de asteroides que desencadearam extinções parciais nos últimos 440 milhões de anos superaram a resiliência das comunidades vegetais e animais, desestabilizando o ecossistema. Quando um ecossistema cruza esse limiar, ele passa para um novo estado estável.

Em um ecossistema, uma população de organismos pode ser estável sem ser resiliente. Uma floresta pluvial tropical é uma comunidade diversificada e estável que resiste à maioria dos distúrbios naturais. (Um ecossistema com *estabilidade inercial* tem a capacidade de resistir a um pouco de distúrbio de baixo nível.) Contudo, esse ecossistema possui baixa resiliência em termos de eventos severos; um lote desmatado de floresta pluvial recupera-se a uma taxa menor do que muitas outras comunidades porque a maioria dos nutrientes é armazenada na vegetação, e não no solo. Além do mais, mudanças nos microclimas podem dificultar o retorno das mesmas espécies. Em contraste, as pradarias de latitudes médias, embora menos diversificadas do que a floresta pluvial, possuem alta resiliência, pois o sistema tolera uma variedade de distúrbios e se recupera velozmente. Por exemplo, após um incêndio, as espécies da pradaria voltam a crescer rapidamente em função dos seus extensos sistemas radiculares.

◀ **Figura 19.21 Ruptura de uma comunidade florestal.** Um exemplo de derrubada de madeira de corte que devastou uma comunidade florestal estável e produziu mudanças drásticas nas condições microclimáticas. Somente 10% das antigas florestas do noroeste dos Estados Unidos permanecem, como identificado por imagens satelitais e análises por SIG. [Bobbé Christopherson.]

zante artificial e água de irrigação. A prática da colheita e remoção de biomassa da terra interrompe a circulação dos materiais para o solo e esgota seus nutrientes ao longo do tempo, uma perda que precisa ser reposta artificialmente.

No contexto de estabilidade e resiliência dos ecossistemas, considere a eliminação de toda uma seção de ecossistema florestal em propriedade privada no sul de Oregon, sul-sudeste do Lago Crater, mostrada na Figura 19.21. A prática de desmatamento total (a remoção completa das árvores) pode causar um distúrbio que supera a resiliência de uma comunidade florestal e a impede de voltar ao seu estado estável natural. As terras adjacentes administradas pelo Serviço Florestal dos EUA empregam regimes de extração mais sustentáveis (incluindo remoção parcial de árvores e desastre florestal) que não têm tantas chances de desestabilizar as comunidades florestais.

Ecossistemas agrícolas Quando os seres humanos eliminam intencionalmente a biodiversidade de uma área, como fazem na maior parte das práticas agrícolas, a área torna-se mais vulnerável a distúrbios. Uma comunidade de monocultura artificialmente produzida, como um trigal ou uma plantação de árvores, é vulnerável a infestações de insetos ou doenças vegetais (Figura 19.22). Em algumas regiões, o simples fato de plantar algumas culturas diferentes aumenta a estabilidade do ecossistema – esse é um princípio importante da agricultura sustentável.

Um ecossistema agrícola moderno exige quantidades enormes de energia, pesticidas e herbicidas químicos, fertili-

Declínio da biodiversidade

As atividades humanas têm um grande impacto sobre a biodiversidade global; a atual perda de espécies é irreversível e está acelerando. A extinção é definitiva, não importando o quão complexo é o organismo ou há quanto tempo ele existe. Estamos hoje enfrentando uma perda na diversidade genética que possivelmente nunca tenha ocorrido na história da Terra, mesmo se comparada com as grandes extinções espalhadas pelo registro geológico.

Desde que a vida surgiu no planeta, ocorreram seis grandes extinções. A quinta foi há 65 milhões de anos; a sexta está acontecendo ao longo das décadas atuais (vide Figura 12.1). De todos esses episódios de extinção, este é o único de origem biótica, causada na sua maior parte pela atividade humana.

Atualmente, cerca de 270.000 espécies de vegetais são conhecidas, com muitas outras ainda aguardando identificação. Elas representam uma grande base de recursos não explorados. Cerca de 20 espécies fornecem sozinhas 90% da alimentação humana; três delas – trigo, milho e arroz – perfazem metade desse abastecimento. Os vegetais também são uma importante fonte de novos remédios e compostos químicos que beneficiam a humanidade.

A Tabela 19.2 resume os números de espécies conhecidas e estimadas na Terra. Os cientistas classificaram apenas 1,75 milhão de espécies de plantas e animais de um total estimado em 13,6 milhões; esse número é maior do que os cientistas acreditavam ser a diversidade da vida na Terra. A larga faixa de estimativas do número total de espécies varia entre 3,6 milhões e 111,7 milhões. As estimativas da perda anual de espécies variam entre 1.000 e 30.000, embora esse intervalo possa ser conservador. Existe a possibilidade de que mais da metade das espécies atualmente presentes na Terra esteja extinta daqui a 100 anos. A seção O Denominador Humano, na Figura DH 19, na página 588, traz exemplos de causas humanas para o declínio da biodiversidade.

Cinco categorias de impacto humano oferecem o maior risco à biodiversidade:

- Perda de habitat, degradação e fragmentação à medida que áreas naturais são convertidas para agricultura e empreendimentos urbanos
- Poluição do ar, água e solos

▲ **Figura 19.22** Plantação de árvores, sul da Geórgia. [Bobbé Christopherson.]

TABELA 19.2 Espécies conhecidas e estimadas da Terra

Categorias de organismos vivos	Número de espécies conhecidas	Número estimado de espécies			Acurácia
		Máximo (x 1000)	Mínimo (x 1000)	Estimativa provisória (x 1000)	
Vírus	4000	1000	50	400	Muito ruim
Bactérias	4000	3000	50	1000	Muito ruim
Fungos	72.000	27.000	200	1500	Moderada
Protozoários	40.000	200	60	200	Muito ruim
Algas	40.000	1000	150	400	Muito ruim
Plantas	270.000	500	300	320	Boa
Nematódeos	25.000	1000	100	400	Ruim
Artrópodes:					
Crustáceos	40.000	200	75	150	Moderada
Aracnídeos	75.000	1000	300	750	Moderada
Insetos	950.000	100.000	2000	8000	Moderada
Moluscos	70.000	200	100	200	Moderada
Cordados	45.000	55	50	50	Boa
Outros	115.000	800	200	250	Moderada
Total	1.750.000	111.655	3635	13.620	Muito ruim

Fonte: Programa das Nações Unidas para o Meio Ambiente, *Global Biodiversity Assessment* (Cambridge, England: Cambridge University Press, 1995), Tabela 3.1–3.2, p. 118, usado com permissão.

- Exploração de recursos e extração vegetal e animal em níveis não sustentáveis
- Mudança climática induzida pelos seres humanos, discutida na seção *Geossistemas Hoje*
- Introdução de vegetais e animais não nativos, discutida no Capítulo 20

O Centro para Monitoramento da Conservação Mundial e sua União Internacional para a Conservação da Natureza (IUCN) mantêm uma "Lista Vermelha" global de espécies ameaçadas em http://www.iucnredlist.org/. Confira também a página de espécies ameaçadas do Serviço de Fauna e Peixes dos EUA em http://www.fws.gov/endangered/. Examinemos agora alguns exemplos específicos de espécies em declínio.*

Espécies ameaçadas – exemplos Pesquisas indicam que os anfíbios são vulneráveis a mudanças nos ecossistemas tanto terrestres quanto aquáticos, como destruição de habi-

---

*N. de R.T. : Acesse as Listas das Espécies da Fauna Brasileira Ameaçadas de Extinção vigentes (Portarias MMA nº 444/2014 e nº 445/2014), encontradas no portal do ICMBio: http://www.icmbio.gov.br/portal/faunabrasileira/lista-de-especies.

tats, poluição, espécies invasivas e alteração climática – isso os coloca em um risco maior do que mamíferos, peixes e aves. Embora o declínio de anfíbios possa também ser atribuído a causas naturais, como competição, predação e doenças, o que interessa é que essas espécies não estão evoluindo rapidamente o bastante para fazer frente à taxa de mudança.

Na região ártica, o urso polar (*Ursus maritimus*) enfrenta um habitat de gelo marinho em derretimento associado à mudança climática. Em 2006, a IUCN listou essa espécie em sua lista das "vulneráveis" à extinção, e ela foi classificada como "ameaçada" pela Lei das Espécies Ameaçadas dos EUA (ESA) em 2008. Pesquisas publicadas pelo USGS em setembro de 2007 previam que, com a perda do habitat de gelo marinho do Alasca, do Canadá e da Rússia, cerca de dois terços dos 23.000 ursos polares do mundo morrerão até 2050 ou antes. Os 7500 ursos restantes terão de lutar pela sobrevivência.

Na África, o rinoceronte-negro (*Diceros bicornis*) e o rinoceronte-branco (*Ceratotherium simum*) são exemplos de espécies em risco por causa de declínio de habitat e colheita excessiva. Houve uma época em que os rinocerontes pastavam nas savanas e nos matagais. Hoje, eles sobrevivem apenas em distritos protegidos em refúgios fortemente resguardados (Figura 19.23). Considere as seguintes estatísticas:

GEOrelatório 19.4 As espécies se adaptarão à mudança climática?

Um estudo de 2013 revela que, para se adaptarem às mudanças projetadas do clima até 2100, as espécies vertebradas terão de evoluir seus requisitos de nicho 10.000 vezes mais rapidamente do que as taxas do passado. Utilizando dados genéticos de mais de 500 espécies de vertebrados terrestres, incluindo sapos, cobras, aves e mamíferos, espalhados por mais de 17 árvores evolutivas, os cientistas examinaram o tempo que cada espécie levou para trocar seu nicho climático sob as condições ambientais do passado. Eles concluíram que, ao longo de cerca de um milhão de anos, as espécies conseguiram se adaptar a uma diferença de temperatura de 1°C. Esses resultados sugerem que a adaptação talvez não seja uma opção para a sobrevivência das espécies no clima atual em veloz aquecimento.

▲Figura 19.23 **O rinoceronte na África.** Rinoceronte-branco (*Ceratotherium simum*) com filhote, da população meridional, Parque Nacional Lago Nakuru, Quênia. [Ingo Arndt/naturepl.com.]

- Rinoceronte-negro: A população de 1960, 70.000, caiu para 2599 em 1998 – uma queda de 96%. A África do Sul abriga aproximadamente 50% do rebanho. Há uma lenta recuperação em curso; os números subiram para 4880 em 2010. O rinoceronte-negro-ocidental, uma subespécie, não é visto desde 2006, sendo considerado extinto.
- Rinoceronte-branco: Os 11 rinocerontes-brancos-setentrionais que ainda viviam em 1984 subiram para mais de 25 em 1998, mas então caíram quando os distúrbios políticos no Congo desaceleraram os esforços de proteção. Em 2013, só havia 4 espécimes na Reserva Ol Pejeta, Quênia. Os rinocerontes-brancos-meridionais estão aumentando; sua população bateu os 20.000 em 2010.

O chifre do rinoceronte é vendido, a US$ 29.000 o quilo, como afrodisíaco (na realidade, não possui efeitos medicinais). Esses enormes mamíferos terrestres estão perto da extinção e sobreviverão apenas como uma população diminuta em zoológicos. O *pool* genético limitado restante complica ainda mais a reprodução.

Relacionando análise de sistemas com extinção de espécies Os cientistas estão utilizando a análise de sistemas (discutida no Capítulo 1) para compreender a extinção da rã-arlequim (*Atelopus varius*) e do sapo-dourado (*Bufo periglenes*) na Reserva da Floresta Nebulosa de Monteverde, Costa Rica, e outras partes da América Central e do Sul. Mais especificamente, eles estão analisando como a mudança climática está alterando a exposição dos sapos a doenças e patógenos. Um agente infectante, o fungo quitrídio (*Batrachochytrium dendrobatidis*), disseminou-se até as regiões de elevação média (1000 m a 2400 m) da floresta nebulosa de montanha, onde hoje existem condições de temperatura ideais para o fungo. Como resultado, esse fungo não nativo hoje coexiste em habitats da rã-arlequim.

Para compreender a dizimação anfíbia, os cientistas analisam os registros de temperatura do oceano e do ar, empregando uma perspectiva sistêmica para fazer as conexões. Sua proposta é que a mudança climática forçada pelos humanos elevou a temperatura do oceano e da atmosfera, causando maiores taxas de evaporação, o que, por sua vez, afeta a condensação (discutida no Capítulo 7). Quando o ar quente e úmido chega à costa e atinge as montanhas, o ar ascende e esfria, fazendo a condensação ocorrer em altitudes mais altas do que antes. Mais umidade significa mais nebulosidade, e essas nuvens afetam a amplitude térmica diária: as nuvens noturnas, ao atuarem como isolamento, elevam as temperaturas mínimas noturnas, ao passo que as nuvens diurnas agem como refletores, reduzindo as temperaturas máximas diurnas (discutido no Capítulo 4).

As condições ideais para a ocorrência do fungo quitrídio são temperaturas entre 17°C e 25°C. A nova cobertura de nuvens mantém a máxima diurna abaixo de 25°C no solo florestal. Nessas condições mais favoráveis, o patógeno da doença prospera. As rãs-arlequins têm uma pele úmida e porosa na qual o fungo penetra, matando o animal. Alguns pesquisadores sugerem que a disseminação desse fungo pode estar relacionada a outros fatores além da mudança climática, incluindo o crescimento da população humana. Claramente, é necessário pesquisar mais para encontrar uma causa definitiva. Entre 1986 e 2006, aproximadamente 67% das 110 espécies conhecidas de rãs-arlequins estavam extintas.

Recuperação de espécies e ecossistemas Desde a década de 1990, os esforços de recuperação de espécies na América do Norte vêm se concentrando em reconduzir predadores, como lobos e condores, a partes do oeste dos EUA; e, mais recentemente, jaguares para o sudoeste. Outros esforços resultaram em maiores populações de doninhas-de-patas-pretas e grous-americanos nas regiões de pradaria e de esturjões-de-focinho-curto na costa atlântica. Esses projetos reintroduziram animais criados em cativeiro ou realocaram animais silvestres em seus antigos habitats, ao mesmo tempo em que limitaram práticas que tinham causado o declínio da espécie, como a caça. A preservação de habitats de grande porte também desempenhou um papel crucial na recuperação dessas e de outras espécies ameaçadas em todo o mundo.

Os esforços recentes de recuperação de ecossistemas vêm tendo algum sucesso em recuperar ou preservar a biodiversidade, embora ainda haja dúvidas quanto aos efeitos desse trabalho no funcionamento do ecossistema como um todo. Diversos projetos de recuperação fluvial (como as remoções de barragens mencionadas no Capítulo 15) estão conseguindo recuperar as condições naturais dos peixes e as terras úmidas ciliares no curto prazo. Nos Everglades da Flórida, um projeto de recuperação de US$ 9,5 bilhões começou em 2000 e encontra-se em curso. A meta é reconduzir o fluxo de água doce para os pântanos do sul da Flórida a fim de revitalizar o ecossistema moribundo. A recuperação dos Everglades é o maior e mais ambicioso projeto de recuperação de bacia hidrológica já visto (acesse http://www.evergladesplan.org/index.aspx).

A recuperação dos ecossistemas dos Grandes Lagos começou nos anos 1970 e ainda está em andamento. O *Estudo Específico* 19.2 discute as várias questões ambientais que assolaram essa região de intenso uso humano e urbanização, além das estratégias gerenciais empregadas para recuperar as condições naturais. Porém, nesses e muitos outros ecossistemas, perdura a questão sobre o que é "natural". O objetivo de restaurar os ecossistemas às condições predominantes antes da intervenção humana agora está sendo expandido, incluindo a possibilidade de criar "novos ecossistemas" – ecossistemas criados ou modificados pelos humanos, podendo conter espécies e habitats que nunca ocorreram juntos antes. Esses novos ecossistemas não têm análogos na natureza nos quais basear hipóteses científicas ou estratégias de recuperação – mesmo assim, a fim de sustentar a biodiversidade e a funcionalidade dos ecossistemas no nosso mundo em mudança, pode ser necessário considerar e gerenciar esses ecossistemas.

Estudo Específico 19.2 Recuperação ambiental
Os ecossistemas dos Grandes Lagos

Os Grandes Lagos – Superior, Michigan, Huron, Erie e Ontário – contêm 18% do volume total dos lagos de água doce do mundo. Com seus rios de conexão, eles formam uma via hídrica internacional que cobre mais de 2771 km de oeste a leste (Figura 19.2.1). Os 18.000 km de margem dos lagos compreendem diversos ambientes com dunas, praias de areia e cascalho, margens de substrato rochoso e terras úmidas.

Cerca de 10% da população norte-americana e 25% da população canadense vivem na bacia de drenagem dos Grandes Lagos. O uso da terra em torno dos lagos inclui agricultura, atividade industrial, comércio hidroviário e turismo. Os oito estados dos Grandes Lagos geram US$ 18 bilhões por ano em receita, majoritariamente com agricultura, celulose e papel, pesca, transporte e turismo.

Os impactos humanos sobre os ecossistemas aquáticos e terrestres dos lagos provocaram grave degradação ecológica – praticamente não há cobertura de solo original na região que não possua distúrbios. A restauração e recuperação da Bacia dos Grandes Lagos começou na década de 1970 e continua até hoje, enfatizando uma abordagem de gestão de ecossistemas voltada a equilibrar o funcionamento do ecossistema com o uso humano. Em 2010, o governo dos EUA aprovou US$ 475 milhões em financiamento para a Iniciativa de Recuperação dos Grandes Lagos, o maior investimento de recursos federais nos Grandes Lagos em 20 anos. Essa iniciativa visa algumas das maiores ameaças aos lagos – isto é, mudança climática, poluição da água e dos sedimentos e espécies invasivas (discutido no Capítulo 20). Entre as prioridades estão a restauração de terras úmidas e outros habitats críticos (acesse http://greatlakesrestoration.us/).

Nível dos lagos e estratificação

A Figura 19.2.2 dá o perfil das dimensões, elevações relativas e conexões entre os lagos. Em comparação com o tempo médio de retenção de água de 191 anos do Lago Superior (o maior dos lagos), o Lago Erie possui o menor tempo de retenção, 2,6 anos. A água que corre para o Rio St. Lawrence acaba sendo drenada para o Golfo de St. Lawrence na costa canadense.

O nível dos lagos flutua anualmente com a precipitação e a evaporação, sendo maior no verão devido às entradas de neve derretida e à maior precipitação máxima do verão. Recentemente, o nível da água vem ficando abaixo do nível médio (baseado em registros que vão até 1860), e é previsto que a mudança climática irá abaixar ainda mais o nível da água à medida que a evaporação da superfície dos lagos aumentar. Os modelos climáticos preveem reduções que vão de 0,3 m até 1,5 m, reduzindo a água descarregada no St. Lawrence em 20-40%. O aumento do consumo humano e da demanda hídrica na região acrescerão às retiradas de água.

A mudança climática também está afetando a estratificação do lago. No verão, os Grandes Lagos se estratificam, como a maioria dos lagos: as águas superficiais esquentam e ficam menos densas e as águas mais frias formam a camada inferior do lago. A produtividade acelera nas camadas superiores devido ao aumento de nutrientes e à penetração da luz, com pouca mistura ocorrendo entre as camadas. Com a chegada das temperaturas mais frias no outono, o padrão normal é que a água da superfície esfrie e afunde, desalojando a água mais profunda e criando uma rotatividade na massa do lago.

Em julho de 2007, as águas superficiais do Lago Superior atingiram 23,9°C. Em agosto de 2010, o Lago Superior estava 8°C acima da temperatura normal da água, e o Lago Michigan estava 4°C acima do normal – ambos novos recordes. Como exposto no Capítulo 9, o aquecimento das temperaturas prolonga o período de estratificação do lago, o que interrompe a rotatividade lacustre normal, iso-

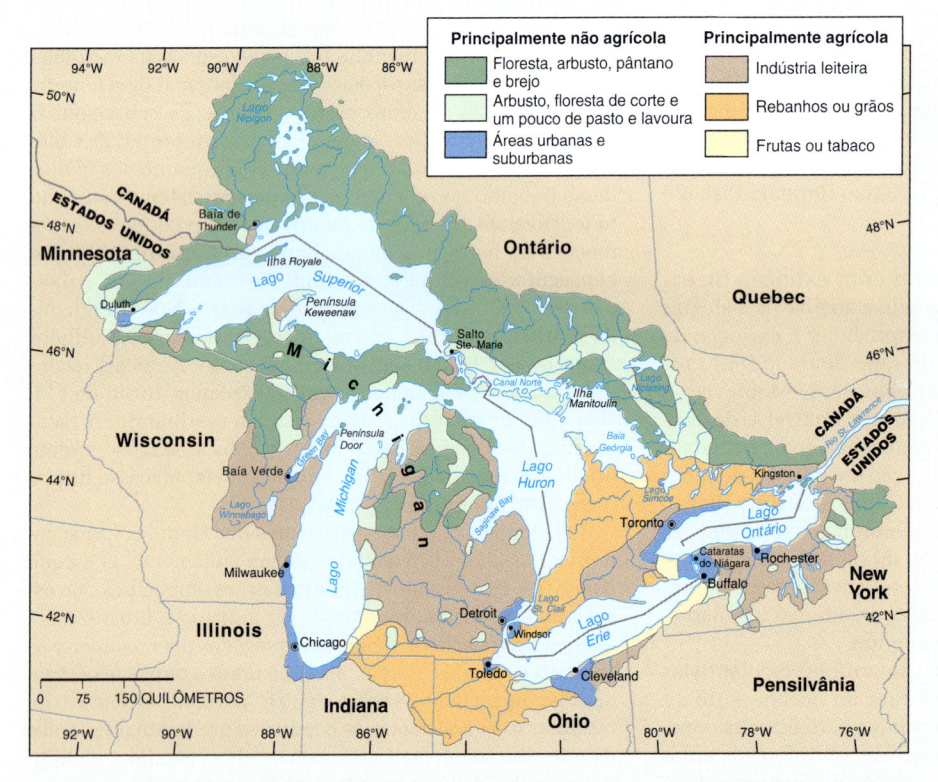

▲Figura 19.2.1 **Mapa da bacia dos Grandes Lagos, com principais usos da terra.** O mapa mostra a bacia de drenagem do sistema dos Grandes Lagos, juntamente aos principais usos da terra agrícolas e não agrícolas. [Mapa cortesia da Environment Canada, U.S. EPA, e cartografia da Brock University.]

lando as águas frias das profundezas por mais tempo por ano.

Ecossistemas de terras úmidas

As terras úmidas ocupam uma interface terra-água crítica, armazenando e fazendo circular materiais e nutrientes entre ecossistemas terrestre e aquáticos, filtrando poluentes, ancorando solos e sedimentos contra erosão das marés e proporcionando um habitat reprodutivo sazonal para aves silvestres migratórias, anfíbios e peixes. A saúde das terras úmidas dos Grandes Lagos está atrelada ao nível dos lagos, que determina a distribuição das terras úmidas, a composição da vegetação e a funcionalidade ecológica. Ecossistemas de terras úmidas de água doce – em essência, pântanos, charcos, brejos e banhados – existem por todos os Grandes Lagos, nas margens dos lagos e conectando canais fluviais e planícies de inundação. Níveis mais baixos dos lagos podem realmente drenar as terras úmidas, provocando perda de habitat para muitas espécies.

Mais de dois terços das terras úmidas dos Grandes Lagos foram aterrados ou drenados para diversas finalidades (agricultura, urbanização, lazer) neste século, e as terras que restaram são ameaçadas por urbanização, drenagem ou poluição. A perda desses ecossistemas afeta a qualidade da água, uma vez que eles diluem os resíduos das cidades e indústrias, dissipam a poluição térmica das usinas de energia e, ao mesmo tempo, fornecem água potável de uso urbano e água de irrigação.

Ecossistemas aquáticos e qualidade da água

Como qualquer ecossistema aquático, os Grandes Lagos sustentam uma teia alimentar de produtores e consumidores, e essa teia vem sofrendo com os impactos humanos ao longo dos anos. As populações nativas de peixes sofreram declínio por pesca abusiva, introdução de espécies não nativas, poluição por nutrientes excessivos, contaminação tóxica e distúrbio de habitats de reprodução. A pesca comercial atingiu seu auge na década de 1880, mas as populações de peixes só atingiram seus níveis mínimos nos anos 1960 e 1970, com o pico da poluição da água.

Químicos tóxicos, como os bifenilpoliclorados (PCBs) e o DDT – ambos proibidos nos Estados Unidos na década de 1970 –, acumulam-se e persistem nos sedimentos lacustres e organismos, estando sujeitos à amplificação biológica ao subir na cadeia alimentar. Nos Grandes Lagos, os cientistas detectaram PCBs no fitoplâncton, no eperlano-arco-íris (*Osmerus mordax*) e o salvelino-lacustre (*Salvelinus namaycush*), assim como mais acima na cadeia alimentar, como na casca do ovo da gaivota-prateada (*Larus argentatus*).

Em 1972, o Canadá e os Estados Unidos assinaram o Acordo de Qualidade da Água dos Grandes Lagos, que implementa fortes programas de controle de poluição, administrados pelos governos em conjunto com cidadãos, indústrias e organizações privadas. Esses esforços resultaram em níveis decrescentes de PCBs e DDT nos lagos até 1990, quando as taxas de queda nivelaram. Hoje, a maior parte dos peixes foi restaurada. Entretanto, eventualmente são publicados alertas de saúde a respeito do consumo de peixe de determinadas espécies, tamanhos e locais.

A zona morta do Lago Erie

Aproximadamente um terço da população total da Bacia dos Grande Lagos vive na bacia de drenagem do Lago Erie, o que faz dele o principal recebedor de efluentes de esgoto vindos de plantas de tratamento. Sendo o mais raso e tépido dos Grandes Lagos, o Lago Erie foi o primeiro a apresentar graves efeitos de eutrofização.

Ao longo dos anos, o nível de oxigênio dissolvido no lago caiu, originando zonas mortas. A população de algas cresceu muito sob essas condições eutróficas e cobriu as praias, dando ao lago uma cor marrom esverdeada. Nas décadas de 1950 e 1960, a superfície contaminada com óleo do Rio Cuyahoga, que deságua no Lago Erie por Cleveland, Ohio, pegou fogo várias vezes. O incêndio de 1969 acabou levando o público a exigir medidas.

Nos anos 1970, restrições ambientais reduziram as entradas de fósforo no Lago Erie em cerca de 90%. A zona morta gradualmente diminuiu. No entanto, na década de 1990, os cientistas novamente identificaram uma considerável zona morta no Lago Erie, e em 2011 essa zona se expandiu até sua maior área já registrada, atribuída a fortes tempestades de primavera que levaram escoamento de fertilizantes (principalmente fósforo) para o lago. A água mais quente e as velocidades de vento geralmente menores desaceleraram a mistura natural; os cientistas acreditam que as condições agrícolas e meteorológicas que geraram essa expansão persistirão no futuro.

Mais informações sobre os ecossistemas dos Grandes Lagos em http://www.ec.gc.ca/greatlakes/ em http://www.glerl.noaa.gov/.

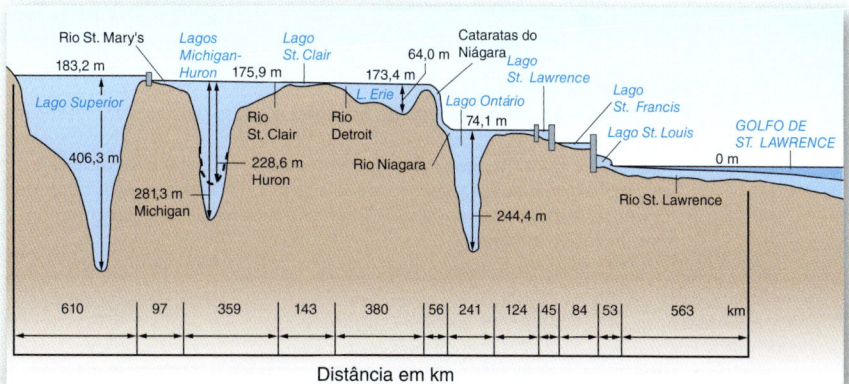

▲Figura 19.2.2 **Perfil de elevação e nível dos Grandes Lagos.** Profundidade média e nível superficial dos lagos, 2013. O Datum Internacional dos Grandes Lagos de 1985 é a linha de base padrão (seu último ajuste deu-se em 1992). [Dados cortesia do Canadian Hydrographic Service, Central Region, e do International Coordinating Committee on the Great Lakes Basin Hydraulic and Hydrographic Data.]

O DENOMINADOR humano 19   Ecossistemas e biodiversidade

PROCESSOS DO ECOSSISTEMA ⇨ HUMANOS

- Toda a forma de vida, incluindo os seres humanos, depende de ecossistemas saudáveis e funcionais que forneçam alimentos e todos os demais recursos naturais que os seres humanos utilizam.

HUMANOS ⇨ ECOSSISTEMAS

As atividades humanas causam declínio da biodiversidade. Por exemplo:
- Perda, degradação e fragmentação de habitats ocorrem quando áreas naturais são convertidas para agricultura e desenvolvimento urbano.
- Pesticidas e outros poluentes envenenam os organismos nas teias alimentares.
- A exploração excessiva da flora e da fauna levam à extinção de espécies.
- A mudança climática afeta as distribuições vegetais e animais, além da funcionalidade geral do sistema.
- Fertilizantes utilizados nas atividades industriais alteram os ciclos bioquímicos, como quando zonas mortas quebram o ciclo do nitrogênio.

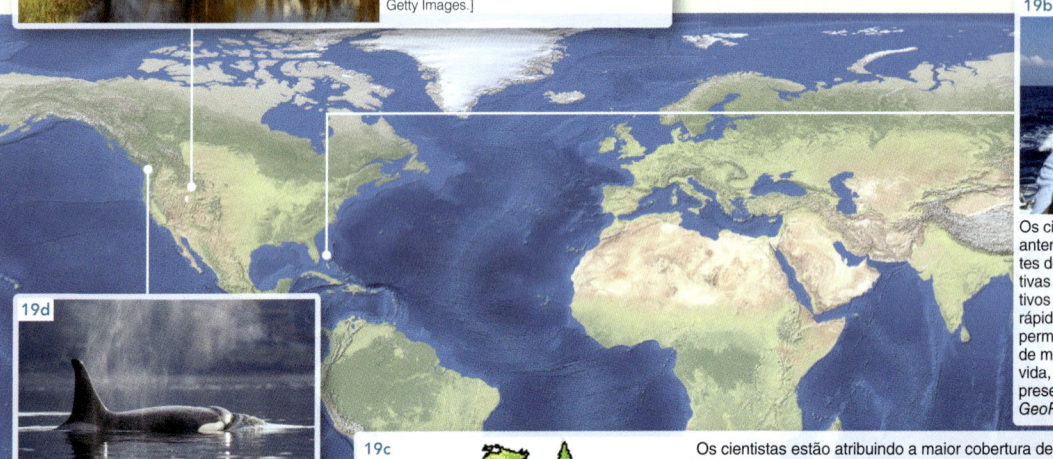

19a O castor é um roedor semiaquático de grande porte conhecido por construir barragens que modificam a paisagem e criam habitats de terras úmidas para muitas plantas e outros animais. Caçado até quase ser extinto no início do século XX, o castor-europeu (*Castor fiber*) conseguiu ser reintroduzido em quase toda a sua antiga área de vida. O castor-americano (*Castor canadensis*) também sofreu declínio, embora as populações tenham se recuperado na maioria das regiões. [Danita Delimont/Getty Images.]

19b Os cientistas confeccionaram as primeiras antenas de rastreamento por satélite de filhotes de tartaruga-cabeçuda em 2012. As tentativas anteriores de desenvolver esses dispositivos foram limitadas pelo pequeno porte e rápido crescimento do animal. As antenas permitirão que os especialistas sigam as rotas de migração durante todos os estágios de vida, fornecendo informações cruciais para a preservação das tartarugas marinhas. (Vide *GeoRelatório* 19.2.) [Jim Abernathy, NOAA.]

19d As orcas (*Orcinus orca*), também conhecidas como baleias assassinas, estão sendo ameaçadas por altos níveis de bifenilpoliclorados (PCBs), assim como por outros contaminantes, no Estreito Puget, Washington. Poluentes orgânicos persistentes depositam-se nos tecidos do cetáceo, podendo ser uma causa primária do declínio das populações residentes desses mamíferos marinhos. [Danita Delimont/Getty Images.]

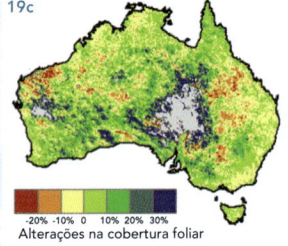

19c Alterações na cobertura foliar
-20% -10% 0 10% 20% 30%

Os cientistas estão atribuindo a maior cobertura de folhagem em partes da Austrália desde 1982 ao "efeito fertilizador do CO_2" – o aumento de fotossíntese causado pelos maiores níveis de CO_2 atmosférico. Nos climas quentes e secos da Austrália, a cobertura foliar é mais reativa a aumentos de CO_2 do que em outras regiões; quando as folhas absorvem CO_2 extra, perdem menos água, de forma que a planta cria mais folhas, produzindo um "verdejamento" que aparece nas imagens de satélite. Outras regiões quentes e áridas do mundo apresentam a mesma tendência. (Confira o mapa-múndi de alteração da cobertura foliar em http://www.csiro.au/Portals/Media/Deserts-greening-from-rising-CO2.aspx.) [© Copyright CSIRO, 2013. Reproduzido com permissão.]

QUESTÕES PARA O SÉCULO XXI

- A preservação e recuperação de espécies e ecossistemas será essencial para salvar as espécies da extinção.
- A ecologia do fogo ganhará cada vez mais importância à medida que a mudança climática levar a secas prolongadas em algumas áreas e as populações humanas ocuparem mais terras desabitadas.
- Enfrentar e atenuar a mudança climática é essencial para assegurar um futuro para todas as espécies, inclusive a humana.

conexão GEOSSISTEMAS

A biosfera da Terra é uma entidade incrivelmente funcional de componentes abióticos e bióticos, todos interagindo e inter-relacionados através de aproximadamente 13,6 milhões de espécies. As plantas coletam a luz solar através da fotossíntese, assim dando início a imensas teias alimentares de energia e nutrição. A vida na Terra evoluiu até essa estrutura biologicamente diversificada de organismos, comunidades e ecossistemas que ganham força e resiliência através da sua biodiversidade. A seguir, passamos para uma discussão sobre biomas e uma síntese dos temas dos Capítulos 2 a 19, reunindo todos os tópicos do livro em um retrato do nosso planeta.

REVISÃO DOS CONCEITOS-CHAVE DE
aprendizagem

■ *Definir* ecologia, biogeografia e ecossistema.

A biosfera do planeta é composta por **ecossistemas**, associações autossustentáveis entre plantas e animais e seu ambiente físico abiótico. **Ecologia** é o estudo das relações entre organismos e o seu ambiente e entre os diversos ecossistemas na biosfera. **Biogeografia** é o estudo da distribuição de animais e vegetais e dos vários padrões espaciais que eles criam.

    ecossistema (p. 560)
    ecologia (p. 560)
    biogeografia (p. 560)

1. Qual é a relação entre a biosfera e um ecossistema? Defina ecossistema e dê alguns exemplos.
2. O que a biogeografia inclui? Descreva a sua relação com a ecologia.
3. Resuma brevemente o que as operações do ecossistema indicam sobre a complexidade da vida.

■ *Explicar* fotossíntese e respiração, e *descrever* o padrão mundial de produtividade primária líquida.

Produtores, que fixam o carbono de que precisam a partir do CO_2, são as plantas, as algas e as cianobactérias (um tipo de alga azul). Com a evolução dos vegetais, as **plantas vasculares** desenvolveram tecidos de condução. Os **estômatos** nas folhas são os portais pelos quais a planta participa da atmosfera e da hidrosfera. As plantas (produtores primários) realizam a **fotossíntese** quando a luz solar estimula um pigmento sensível à luz chamado de **clorofila**. Este processo produz açúcares e oxigênio para forçar os processos biológicos. A **respiração** é essencialmente o contrário da fotossíntese e é o meio pelo qual as plantas produzem energia ao oxidar carboidratos. A **produtividade primária líquida** é a fotossíntese líquida (fotossíntese menos respiração) de toda uma comunidade. **Biomassa** é a matéria orgânica total derivada de todos os organismos vivos e recentemente mortos, sendo medida como o peso seco líquido de material orgânico. A produtividade primária líquida gera a energia necessária para os **consumidores** – em geral animais (incluindo o zooplâncton dos ecossistemas aquáticos) – que dependem dos produtores com sua fonte de carbono.

    produtor (p. 561)
    plantas vasculares (p. 562)
    estômatos (p. 562)
    fotossíntese (p. 562)
    clorofila (p. 562)
    respiração (p. 563)
    produtividade primária líquida (p. 563)
    biomassa (p. 563)
    consumidores (p. 563)

4. Defina plantas vasculares. Quantas espécies de planta existem na Terra?
5. Como as plantas realizam a ligação entre a energia solar e os organismos vivos? O que se forma dentro das células sensíveis à luz das plantas?
6. Compare fotossíntese e respiração em relação ao conceito de fotossíntese líquida, que resulta da subtração da respiração da fotossíntese. Qual é a importância de saber a produtividade primária líquida e quanta biomassa um ecossistema acumulou?
7. Descreva brevemente o padrão global de produtividade primária líquida.

■ *Discutir* os ciclos do oxigênio, carbono e nitrogênio, e *explicar* as relações tróficas.

A vida é sustentada por **ciclos biogeoquímicos**, pelos quais circulam os gases e nutrientes necessários para o crescimento e o desenvolvimento de organismos vivos. Entrada excessiva de nutrientes nos oceanos e lagos pode criar **zonas mortas** na água – áreas com condições de baixo oxigênio que limitam a vida submarina.

Em um ecossistema, a energia flui através de *níveis tróficos* ou alimentares, que são os elos que compõem uma **cadeia alimentar**, o fluxo linear de energia dos produtos pelos vários consumidores. Os produtores, estando no menor nível trófico, criam açúcares (usando luz solar, dióxido de carbono e água) para uso como energia e componente de tecidos. Dentro dos ecossistemas, as relações alimentares são organizadas em uma rede complexa de cadeias alimentares interconectadas chamada de **teia alimentar**.

Herbívoros (comedores de vegetais) são consumidores primários. **Carnívoros** (comedores de carne) são consumidores secundários. Um consumidor que come tanto produtores quanto outros consumidores é um **onívoro** – um papel ocupado pelos seres humanos. **Detritívoros** são devoradores de detritos (incluindo minhocas, ácaros, cupins e centopeias) que ingerem material orgânico morto e produtos residuais, produzindo composto inorgânicos simples e nutrientes. Os **decompositores** são as bactérias e os fungos que processam os restos orgânicos fora de seus corpos e absorvem nutrientes no processo, gerando o apodrecimento que desmancha os detritos. As pirâmides de energia e biomassa ilustram o fluxo de energia entre os níveis tróficos; a energia sempre decresce com o movimento dos níveis mais baixos para os níveis mais altos de alimentação de um ecossistema.

    ciclos biogeoquímicos (p. 565)
    zonas mortas (p. 567)
    cadeia alimentar (p. 570)
    teia alimentar (p. 570)
    detritívoro (p. 570)
    decompositor (p. 571)
    herbívoro (p. 571)
    carnívoro (p. 571)
    onívoro (p. 571)

8. O que são ciclos biogeoquímicos? Descreva vários dos ciclos essenciais.
9. Quais são os papéis desempenhados por produtores e consumidores em um ecossistema?
10. Descreva as relações tróficas comuns entre produtores, consumidores e detritívoros em um ecossistema. Qual é a posição dos humanos em um sistema trófico?
11. O que é uma pirâmide de energia? Descreva como ela está relacionada com a natureza dos níveis tróficos.

■ *Descrever comunidades e nichos ecológicos, e listar vários fatores limitantes da distribuição das espécies.*

Uma **comunidade** é formada pelas interações entre populações de animais e vegetais vivos. Dentro de uma comunidade, um **habitat** é a localização física específica de um organismo, ou seja, seu endereço. Um **nicho ecológico** é a função ou operação de uma forma de vida dentro da uma dada comunidade – a sua profissão.

Luz, temperatura, água e nutrientes constituem os componentes abióticos que sustentam a vida nos ecossistemas. A zonação das comunidades vegetais e animais com a altitude é o conceito de **zona de vida**, baseado nas diferenças visíveis entre os ecossistemas de diferentes elevações. Cada espécie possui uma *faixa de tolerância* que determina a distribuição. As populações das espécies são estabilizadas por **fatores limitantes**, que podem ser características físicas, químicas ou biológicas do ambiente.

comunidades (p. 573)
habitat (p. 573)
nicho ecológico (p. 573)
zona de vida (p. 575)
fator limitante (p. 576)

12. Defina uma comunidade em um ecossistema.
13. Quais são as implicações dos conceitos de hábitat e nicho? Relacione-os a algumas comunidades específicas de animais e vegetais.
14. Descreva relações mutualistas e parasíticas na natureza. Faça uma analogia entre estas relações e a relação dos seres humanos com nosso planeta. Explique.
15. Discorra sobre diversas influências abióticos sobre a função e distribuição das espécies e comunidades.
16. Descreva o que Alexander von Humboldt encontrou e que o levou a propor o conceito de zona de vida. O que são zonas de vida? Explique a interação entre altitude, latitude e os tipos de comunidade que se desenvolvem.
17. O que é um fator limitante? Como ele funciona para controlar as populações de espécies vegetais e animais?

■ *Definir os estágios da sucessão ecológica nos ecossistemas terrestres e aquáticos.*

Distúrbios naturais e antropogênicos são comuns na maioria dos ecossistemas. Os incêndios naturais podem ter efeitos de longo alcance sobre as comunidades; a ciência da **ecologia do fogo** examina o papel do fogo na manutenção dos ecossistemas. **Sucessão ecológica** descreve o processo pelo qual as comunidades vegetais e animais mudam ao longo do tempo, frequentemente após um distúrbio inicial.

Uma área com rocha e solo expostos, sem traços de uma comunidade anterior, pode ser um local para uma **sucessão primária**. As espécies que se estabelecem primeiro em uma área que sofreu distúrbios compõem a **comunidade pioneira**, que então altera o habitat de tal forma que espécies diferentes vêm até ali. A **sucessão secundária** começa em uma área que possui vestígios de uma comunidade anterior funcional. Em vez de progredir gradualmente até um ponto final estável definível, os ecossistemas tendem a operar em uma condição dinâmica, com distúrbios intermitentes que formam um mosaico de habitats em diferentes estágios sucessionais. Os ecossistemas aquáticos também passam por sucessão; **eutrofização** é o gradual enriquecimento dos corpos d'água que ocorre com a entrada de nutrientes, naturais ou de origem humana.

ecologia do fogo (p. 577)
sucessão ecológica (p. 577)
sucessão primária (p. 578)
comunidade pioneira (p. 578)
sucessão secundária (p. 579)
eutrofização (p. 580)

18. Como funciona a sucessão ecológica? Descreva o caráter de uma comunidade pioneira. Qual é a diferença entre sucessão primária e secundária?
19. Qual é a importância dos incêndios naturais para a sucessão ecológica? Como as espécies e os ecossistemas se adaptaram aos incêndios naturais frequentes?
20. Avalie o impacto das mudanças climáticas nas comunidades e nos ecossistemas naturais. Exemplos possíveis são modificações na distribuição das espécies ou as mudanças e efeitos dos incêndios naturais.
21. Resuma o processo de sucessão em um corpo d'água. O que significa eutrofização?
22. Há eutrofização ocorrendo no ecossistema dos Grandes Lagos? Qual é a relação da eutrofização com a formação de zonas mortas nos ecossistemas de água doce?

■ *Explicar como a evolução biológica levou à biodiversidade na Terra.*

Biodiversidade (uma combinação de *biológica* e *diversidade*) compreende o número e a variedade de diferentes espécies, a diversidade genética dentro das espécies e a diversidade de ecossistemas e habitats. Quanto maior for a biodiversidade de um ecossistema, maior serão a estabilidade, a resiliência e a produtividade do sistema. A agricultura moderna frequentemente cria monoculturas (sem diversidade) que são particularmente suscetíveis ao fracasso.

A **evolução** define que organismos unicelulares adaptaram-se, modificaram-se e passaram adiante suas mudanças herdadas para organismos pluricelulares. A composição genética de sucessivas gerações se moldou graças a fatores ambientais, funções fisiológicas e comportamentais que criaram uma taxa maior de sobrevivência e reprodução; esses traços bem-sucedidos foram passados adiante por meio da seleção natural.

biodiversidade (p. 582)
evolução (p. 582)

23. Cite algumas razões por que biodiversidade faz presumir ecossistemas mais estáveis, eficientes e sustentáveis.
24. Consultando o Capítulo 1, defina método científico e teoria e descreva os estágios progressivos que levam ao desenvolvimento de uma teoria.
25. O que significa estabilidade de um ecossistema?
26. O que os ecossistemas de pradaria nos ensinam sobre comunidades e biodiversidade?

Sugestões de leituras em português

BEGON, M.; TOWNSEND, C. R.; HARPER, J. L. *Ecologia*: de indivíduos a ecossistemas. 4. ed. Porto Alegre: Artmed, 2007.

CAIN, M. L.; BOWMAN, W. D.; HACKER, S. D. *Ecologia*. Porto Alegre: Artmed, 2011.

▲**Figura 19.24 Diminuição dos recursos alimentares durante a perda de gelo marinho na teia alimentar Ártica.** Um urso polar macho (*Ursus Maritmus*) anda entre o mar e as morsas (*Odobenus rosmarus*) arrastando-se na praia sem gelo de Phippsoya (Ilhas Phipps), Oceano Ártico, 2013. O gelo marinho, preferido pelos ursos polares para a caça da foca, tem estado assim desde o início dos anos 2000. Sem a plataforma de gelo para o urso polar caçar e se alimentar na terra, eles procuram ovos de grandes aves, ferindo focas e morsas, mastigando até mesmo algas marinhas. As morsas se alimentam, principalmente, de moluscos nas águas rasas próximas as áreas emersas, escovando os bigodes com areias e sedimentos, empurrando os moluscos para suas bocas com um incrível poder de sucção. As morsas macho pesam mais de 1000 kg cada. Os famintos ursos polares mantêm distância, se protegendo instintivamente da exposição às perigosas presas das morsas. (Bobbé Christopherson.)

20 Biomas terrestres

CONCEITOS-CHAVE DE aprendizagem

Após a leitura deste capítulo, você conseguirá:

- *Localizar* os reinos biogeográficos do mundo e *discutir* o fundamento da sua delineação.
- *Explicar* o fundamento do agrupamento das comunidades vegetais em biomas e *listar* os principais biomas aquáticos e terrestres da Terra.
- *Explicar* o impacto potencial de espécies não nativas sobre as comunidades bióticas, usando diversos exemplos.
- *Resumir* as características dos dez maiores biomas terrestres da Terra e localizá-los em um mapa-múndi.
- *Discutir* estratégias de gestão de ecossistemas e preservação de biodiversidade.

A vegetação de quase metade da África encaixa-se no bioma de savana tropical, consistindo em gramíneas com árvores e arbustos esparsos. No norte na Namíbia, a girafa, (*Giraffa camelopardalis giraffa*) é um dos vários herbívoros que pastam em 233.000 km² de savana tropical. Estima-se que ainda haja 12.000 indivíduos dessa subespécie soltos, mas os números estão caindo conforme os animais são caçados por causa de sua pele e carne. As savanas tropicais da África sustentam a maior diversidade de animais com casco que qualquer bioma da Terra. [Jim Zuckerman/Corbis.]

GEOSSISTEMAS HOJE

Espécies invasivas chegam a Tristão da Cunha

O Geossistemas Hoje do Capítulo 6 descreveu um acidente que deixou uma plataforma petrolífera à deriva nas correntes do Oceano Atlântico Sul. A plataforma acabou encalhando na Baía Trypot da remota ilha de Tristão da Cunha, trazendo novos organismos para um ecossistema marinho existente (Figura GH 20.1).

Espécies aquáticas na plataforma Como a sonda não havia sido limpa antes do reboque, a plataforma passou por uma cuidadosa vistoria de organismos indesejados após aterrar em Tristão. Embora as áreas transitáveis dentro da sonda não tivessem roedores ou outros animais terrestres, a porção submersa carregava uma comunidade praticamente intacta de recife subtropical, com 62 espécies, nenhuma delas nativa da ilha.

Espécie não nativa, também chamada de espécie exótica, é uma originária de fora da região examinada. Quando uma espécie não nativa invade um novo ambiente, ela supera as espécies nativas competidoras e pode introduzir novos predadores, patógenos ou parasitas no ecossistema. Espécies invasoras podem devastar a biodiversidade, especialmente em ecossistemas insulares isolados. Portanto, a chegada de uma comunidade marítima na plataforma de perfuração proporcionou uma oportunidade rara para os cientistas avaliarem uma potencial invasão biológica.

A avaliação científica Os cientistas fizeram diversos mergulhos para inspecionar os organismos recém-chegados a Tristão da Cunha. Eles criaram um sistema de quatro níveis de risco avaliado de invasão potencial: (1) ausência de risco por espécie que morreu em trânsito; (2) baixo risco por espécie que persiste apenas na sonda; (3) médio risco por espécie que pode se espalhar a partir da sonda; e (4) alto risco por espécie reprodutora com alto potencial invasivo.

No nível 1, os cientistas encontraram corais que morreram em trânsito, proporcionando micro-habitats esqueléticos para várias minhocas, caranguejos e anfípodas não nativos, mais outras espécies que ofereciam risco nível 2. Também havia cracas vivas e mortas; as cracas vivas *Sessilia*, as maiores da sonda, foram classificadas como nível 2. Entre as conchas deixadas pelas cracas mortas (classificadas como nível 1), viviam pequenas esponjas, mexilhões e ouriços-do-mar, classificados como nível 2 (Figura GH 20.2).

Foi encontrada na sonda uma população solta de peixes de barbatana que aparentemente acompanharam-na em sua deriva – a primeira vez registrada em que esses peixes de barbatana se estabeleceram após esse tipo de movimento. Duas dessas espécies, o *Diplodus argenteus* (mais de 60 contados em torno da sonda) e *Petroscirtes variabilis* (com tempo de duplicação reprodutiva de 15 meses), apresentam a maior ameaça às comunidades nativas – um risco nível 4. Os cientistas também encontraram caranguejos *Porcellanidae* e cracas *Balanidae*, ambos classificados como oferecendo um risco de invasão nível 4.

▲Figura GH 20.2 Esqueletos de coral e conchas de cracas mortas na parte submersa da sonda petrolífera. [Sue Scott. Todos os direitos reservados.]

Efeitos e lições aprendidas A população de cerca de 300 pessoas de Tristão depende da lagosta-de-tristão para exportação, a principal fonte de renda da ilha (Figura GH 20.1b). Em 2007, para evitar que as espécies invasoras ameaçassem a indústria da lagosta-de-tristão, a sonda sofreu salvatagem e foi rebocada para águas profundas distantes e afundada, com um custo total de US$ 20 milhões. Nove meses após a retirada da sonda, os cientistas não encontraram mais espécies exóticas no local do encalhe. Entretanto, o risco de invasão perdurará por um período desconhecido. A equipe científica concluiu que o reboque de sondas que não foram limpas adequadamente cria "oportunidades extraordinárias de invasão para uma ampla diversidade de espécies marinhas".

A chegada da plataforma petroleira e das espécies associadas nas águas de Tristão demonstram como os efeitos da globalização podem afetar mesmo o arquipélago mais distante. Os biomas aquáticos e terrestres e os efeitos das espécies invasoras são os temas deste capítulo.

(a) Floresta natural de laminárias.

(b) Lagosta-de-tristão nativa.

▲Figura GH 20.1 Meio ambiente marinho nativo ao largo da ilha de Tristão da Cunha. [Sue Scott. Todos os direitos reservados.]

Os padrões de distribuição das espécies na Terra são importantes temas de biogeografia. A biodiversidade da Terra é distribuída irregularmente pelo planeta, estando relacionada à geologia, ao clima e à história evolutiva das espécies individuais e agrupamentos de espécies. O ramo da biogeografia que se ocupa das distribuições passadas e presente dos animais é a *zoogeografia*; o ramo correspondente para os vegetais é a *fitogeografia*.

As comunidades vegetais e animais costumam ser agrupadas em *biomas*, também chamados de *ecorregiões*, representando os principais ecossistemas da Terra. Um bioma é uma comunidade grande e estável de vegetais e animais cujos limites estão intimamente vinculados ao clima. Idealmente, os biomas são definidos por vegetação madura natural; entretanto, a maioria dos biomas da Terra já foi afetada pelas atividades humanas, e muitas outras estão apresentando taxas aceleradas de alteração que podem produzir drásticas alterações na biosfera ainda nessa geração.

Neste capítulo: Iniciamos com uma discussão sobre os reinos biogeográficos da Terra – o agrupamento mais amplo das espécies. Em seguida, examinamos os biomas, explicando a fundamentação da sua classificação e considerando as espécies invasoras e seus impactos sobre as comunidades vegetais e animais dentro dos biomas. Este capítulo explora os dez maiores biomas terrestres do planeta, incluindo sua localização, estrutura comunitária e sensibilidade a impactos humanos. A Tabela 20.1 sintetiza as conexões entre vegetação, clima, solos e características de balanço hídrico de cada bioma.

Divisões biogeográficas

A biosfera da Terra pode ser dividida geograficamente em agrupamentos de comunidades vegetais e animais semelhantes. Uma classe de divisão geográfica – a região biogeográfica, ou reino – é determinada pela distribuição das espécies e sua história evolutiva. Outra classe – o bioma – baseia-se nas comunidades vegetais; ela é determinada principalmente pelas características de forma de vida vegetal e comunidade na sua relação com os climas e os solos.

Reinos biogeográficos

O reconhecimento da existência de regiões de flora e fauna muito distintas foi o começo da *biogeografia* como disciplina. Um **reino biogeográfico** (às vezes chamado de *ecozona*) é uma região geográfica onde um grupo de espécies vegetais e animais associadas evoluiu. Alfred Wallace (1823-1913), o primeiro estudioso da zoogeografia, criou em 1860 um mapa delimitando seis regiões zoogeográficas, aproveitando trabalhos anteriores de outros a respeito de distribuição das aves (Figura 20.1a). Os reinos de Wallace correspondem em linhas gerais às placas continentais, muito embora Wallace nada soubesse sobre a teoria da tectônica de placas à época. Reinos biogeográficos com base em associações vegetais também foram desenvolvidos e modificados ao longo do tempo, resultando nas divisões atuais (semelhantes, porém levemente mais detalhadas), mostradas na Figura 20.1b.

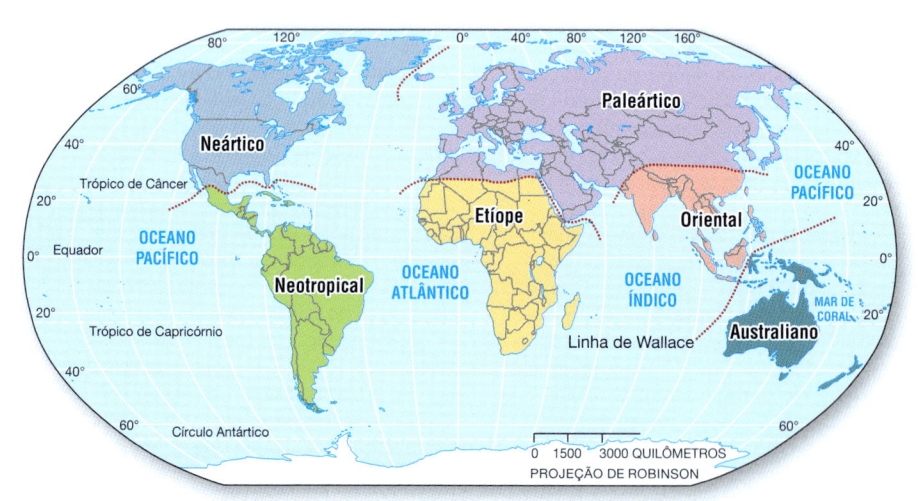

(a) Os seis reinos animais definidos pelo biogeógrafo Alfred Wallace em 1860.

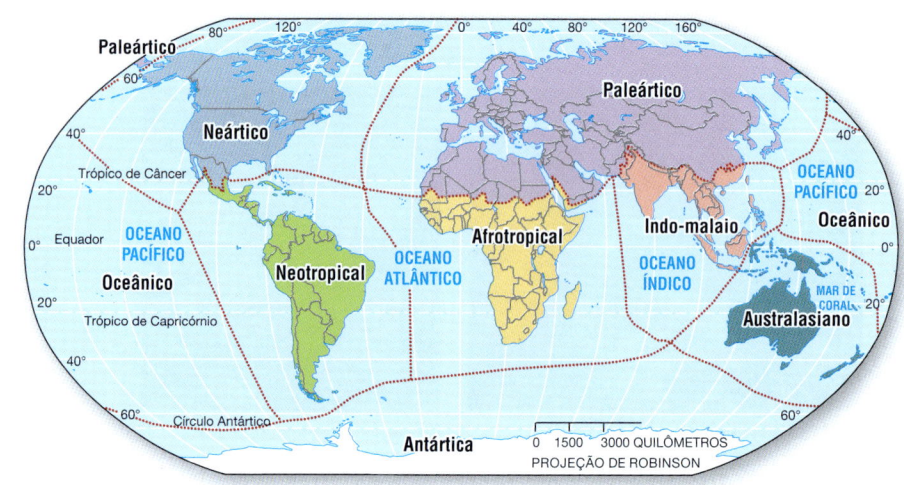

(b) Os oito reinos em uso hoje, com base nas associações e evolução dos vegetais e animais.

▲**Figura 20.1 Reinos biogeográficos.** [(b) Baseado em Olsen, et al., "Terrestrial Ecoregions of the World: A New Map of Life on Earth," *Bioscience* 51:933-938 (2004); modificado por UNEP/WCMC, 2011.]

▲**Figura 20.2 O singular reino biogeográfico australiano.** Fauna e flora australianas evoluíram em isolamento. Aqui, um canguru cinza do oeste (*Macropus fuliginosus*) perto de um rio seco com eucaliptos. [A. Held/www.agefotostock.com.]

Aconteciam interações entre espécies quando os continentes colidiam e ficavam ligados; as espécies foram separadas quando os continentes se distanciaram. Consequentemente, os organismos de cada reino são um produto da tectônica de placas e dos processos evolutivos. Por exemplo, o reino australiano é único, em função das suas praticamente 450 espécies de *Eucalyptus* entre suas plantas e suas 125 espécies de marsupiais – animais, como os cangurus, que carregam seus filhotes em bolsas após o término da gestação (Figura 20.2). A presença de monotremados, mamíferos que põem ovos (como é o caso do ornitorrinco), torna ainda maior a distinção deste reino.

Os limites das regiões biogeográficas geralmente são determinados por barreiras climáticas e topográficas, como desertos, rios, cadeias montanhosas e oceanos. A flora e a fauna nativas singulares da Austrália resultam de seu isolamento precoce dos outros continentes. Durante épocas críticas de evolução, a Austrália se afastou do Pangea (veja o Capítulo 12, Figura 12.13) e nunca mais se conectou por ponte terrestre, mesmo quando o nível do mar baixou durante repetidas eras glaciais. A Nova Zelândia, embora relativamente próxima em localização, está isolada da Austrália, o que explica por que não possui marsupiais nativos. Porém, outros fatores levaram ao agrupamento da Nova Zelândia dentro do reino australiano na classificação mais recente dos reinos biogeográficos.

Wallace percebeu o forte contraste de espécies animais entre várias das ilhas da atual Indonésia – Bornéu e Sulawesi, em particular – e as da Austrália. Isso o levou a delinear uma linha divisora entre o reino oriental e o australiano, acreditando que as espécies não a cruzavam. Essa barreira de águas profundas existiu mesmo com os menores níveis do mar da última máxima glacial, quando existiam conexões de terra entre os dois reinos. O seu limite hoje é conhecido como "linha de Wallace". Os biogeógrafos modernos modificaram essa linha, de modo que hoje ela compreende a região insular entre Java e Papua-Nova Guiné, uma área que nunca teve conexão com o continente e que hoje às vezes é chamada de *Wallacea*.

Biomas

Um **bioma** é definido como um ecossistema de grande escala, estável, terrestre ou aquático, classificado de acordo com o tipo de vegetação predominante e com as adaptações de organismos específicos a esse meio ambiente. Embora os cientistas identifiquem e descrevam biomas aquáticos (sendo que os maiores são separados em marinhos e de água doce), os biogeógrafos aplicam o conceito de bioma muito mais extensamente aos *ecossistemas terrestres*, associações de vegetais e animais de terra e seu meio ambiente abiótico.

Tipos de vegetação Os cientistas determinam os biomas com base em características de vegetação facilmente identificáveis (*vegetação* compreende toda a flora de uma região). Os tipos de vegetação da Terra podem ser agrupados de acordo com a *forma de crescimento* (às vezes chamada de *forma de vida*) das plantas predominantes. Exemplos de forma de crescimento são:

- *Árvores decíduas de inverno* – vegetais grandes, lenhosos e perenes que perdem as folhas na estação fria em resposta à temperatura
- *Touceiras decíduas de estiagem* – vegetais lenhosos menores, com ramificações no nível do solo, que perdem as folhas na estação seca
- *Ervas anuais* – pequenos vegetais produtores de sementes, sem ramificações lenhosas, que vivem durante uma estação de crescimento
- *Briófitas* – vegetais sem flores, produtores de esporos, como o musgo (vide GeoRelatório 20.2)
- *Cipós* – trepadeiras lenhosas
- *Epífitas* – plantas que crescem acima do solo sobre outras plantas, utilizando-as como suporte (vide Figura 19.14)

Esses são apenas alguns exemplos dentre muitas formas de crescimento baseadas em tamanho, lenhosidade, ciclo de vida, traços foliares e morfologia vegetal em geral. A vegetação também pode ser caracterizada pela estrutura da copa, especialmente em regiões florestais. Juntas, a forma de crescimento dominante e a estrutura de copa caracterizam o tipo de vegetação; o tipo de vegetação domi-

---

GEOrelatório 20.1 Uma nova visão das regiões zoogeográficas de Wallace

Em 2013, um grupo de cientistas publicou um novo mapa de reinos zoogeográficos com base na distribuição atual de anfíbios, aves e mamíferos não marinhos, assim como sua filogenia (a relação evolutiva entre os organismos com base em seus ancestrais e descendentes). O grupo de pesquisa identificou 11 reinos zoogeográficos, que são mais ou menos semelhantes aos seis reinos originais de Wallace, porém com mais detalhes. Esse mapa atualizado proporciona a linha de base para uma variedade de estudos biogeográficos voltados à preservação; veja o mapa, publicado na revista *Science, em* http://macroecology.ku.dk/resources/wallace/credit_journal_science_aaas.jpg/.

nante, portanto, caracteriza o bioma. (O tipo de vegetação dominante que se estende por uma região também pode ser chamado de *classe de formação.*)

Os biogeógrafos seguidamente designam seis grandes grupos de vegetação terrestre: floresta, savana, complexo arbustivo, campo, deserto e tundra. No entanto, a maior parte das classificações de bioma é mais específica, com o número total de biomas geralmente indo de 10 a 16, dependendo do sistema de classificação específica usado. Os tipos específicos de vegetação de cada bioma estimulam as associações animais relacionadas, que também ajudam a definir sua área geográfica.

Por exemplo, as florestas podem ser subdivididas em diversos biomas – florestas pluviais, florestas sazonais, florestas mistas latifoliadas e florestas aciculifoliadas (folhas em agulha) –, com base em regime de umidade, estrutura de copa e tipo de folha. *Florestas pluviais* ocorrem em áreas de alta precipitação; as florestas pluviais tropicais são compostas por *árvores latifoliadas* (folhas largas, em oposição às aciculifoliadas), em sua maioria perenes, e as florestas pluviais temperadas são compostas por *árvores aciculifoliadas* e latifoliadas também. *Florestas sazonais*, também chamadas de florestas secas, são caracterizadas por estações secas e úmidas distintas durante o ano, com árvores que são, em sua maioria, *decíduas* (caducifólias ou caducas, isto é, perdem as folhas durante uma parte do ano) na estação seca. *Florestas mistas latifoliadas* ocorrem em regiões temperadas e incluem árvores decíduas latifoliadas e também aciculifoliadas. *Florestas aciculifoliadas* são as florestas de coníferas das altas latitudes e regiões montanhosas de alta elevação. *Florestas de coníferas* são árvores com copa em cone e folhas perenes em agulhas ou escamadas, como pinheiros, abetos e lariços.

Em sua forma e distribuição, os vegetais refletem os sistemas físicos da Terra (os fatores abióticos discutidos no Capítulo 19), incluindo seus padrões de energia; composição atmosférica; temperatura e ventos; quantidade, qualidade e distribuição sazonal de precipitação; solos e nutrientes; trajetos químicos; e processos geomórficos. Os biomas geralmente correspondem diretamente a regimes de umidade e temperatura (Figura 20.3). Além disso, as comunidades vegetais também refletem a influência crescente dos seres humanos.

Os biomas são definidos pelas espécies nativas da região, isto é, cuja ocorrência é resultado de processos naturais. Hoje, restam poucas comunidades naturais de vegetais e animais; a maior parte dos biomas já foi muito alterada pela intervenção humana. Portanto, a "vegetação natural" identificada em muitos mapas de biomas mostra o que seria o potencial ideal da vegetação madura, dadas as características da região. Por exemplo, na Noruega, a antiga floresta aciculifoliada é hoje uma mistura de florestas de segundo ciclo, campos lavrados e paisagens alteradas (Figura 20.4). Contudo, a designação desse bioma como floresta boreal persiste, com base nas condições idealizadas antes dos impactos humanos (discutidos mais adiante neste capítulo).

Ecótonos Os limites entre os sistemas naturais, sejam eles biomas separados, ecossistemas ou pequenos habitats, frequentemente são zonas de transição gradual de composição de espécies, em vez de fronteiras rigidamente definidas marcadas por mudanças abruptas. Uma zona limítrofe entre ecossistemas diferentes adjacentes em qualquer escala é um **ecótono**. O ecótono muitas vezes é uma "zona de traços compartilhados" entre diferentes comunidades.

Como os diferentes ecótonos são frequentemente definidos por fatores físicos diferentes, eles podem variar em largura. Ecossistemas separados por condições climáticas diferentes geralmente possuem ecótonos graduais, ao passo que os separados por diferenças de solo ou topografia podem possuir limites abruptos. Por exemplo, o limite climático entre campos e florestas pode ocupar muitos quilômetros de terra, enquanto que um limite na forma de deslizamento de terra, rio, margem de lago ou crista montanhosa pode ocupar apenas alguns metros. Com os impactos humanos causando fragmentação dos ecossistemas, os ecótonos entre habitats e ecossistemas estão tornando-se mais numerosos na paisagem (Figura 20.4).

A gama de condições ambientais frequentemente encontradas nos ecótonos pode fazer deles áreas de alta biodiversidade; elas amiúde possuem densidades populacionais maiores do que as comunidades contíguas. Segundo os cientistas, algumas espécies vegetais e animais possuem uma faixa de tolerância para habitats variáveis; essas espécies "limítrofes" muitas vezes podem ocupar territórios dentro ou de qualquer dos lados do ecótono.

Espécies invasoras

As espécies nativas dos biomas naturais vieram a habitar essas áreas em consequência dos fatores evolutivos e físicos discutidos no início deste capítulo e no Capítulo 19. Todavia, comunidades, ecossistemas e biomas também podem ser habitados por espécies de outros lugares introduzidas pelos humanos, intencionalmente ou por acidente, como o relato sobre Tristão da Cunha em *Geossistemas Hoje*. Essas espécies não nativas também são conhecidas como *espécies exóticas*.

Após chegarem de um ecossistema diferente, provavelmente 90% das espécies não nativas introduzidas não conseguem ingressar nos nichos estabelecidos de sua nova comunidade ou habitat. Porém, algumas espécies conseguem, tomando nichos já ocupados por espécies nativas, assim tornando-se **espécies invasoras**. Esses 10% que se tornam

---

GEOrelatório 20.2 Comunidades vegetais sobrevivem sob gelo glacial

O recuo glacial expôs comunidades de briófitas que viviam 400 anos atrás, no período interglacial mais quente chamado de Pequena Idade do Gelo. Recentemente, os cientistas coletaram e dataram amostras dessas comunidades no Ártico canadense. Eles também conseguiram criar culturas das plantas no laboratório, usando uma única célula do material exumado para regenerar todo o organismo original. Portanto, as briófitas conseguem sobreviver por longos períodos soterradas sob grosso gelo glacial e, dadas as condições certas, poderiam recolonizar uma paisagem após a glaciação.

Capítulo 20 • Biomas terrestres **597**

(e) Tundra seca, Leste da Groenlândia

(f) Tundra úmida, Spitsbergen, Oceano Ártico

(g) Floresta aciculifoliada, Montana

(h) Floresta mista latifoliada, Alemanha

(d) Deserto frio, Arizona

(c) Deserto de Sonora, Sudoeste dos EUA

(b) Deserto subtropical, Arizona

(a) Gradientes de temperatura e precipitação

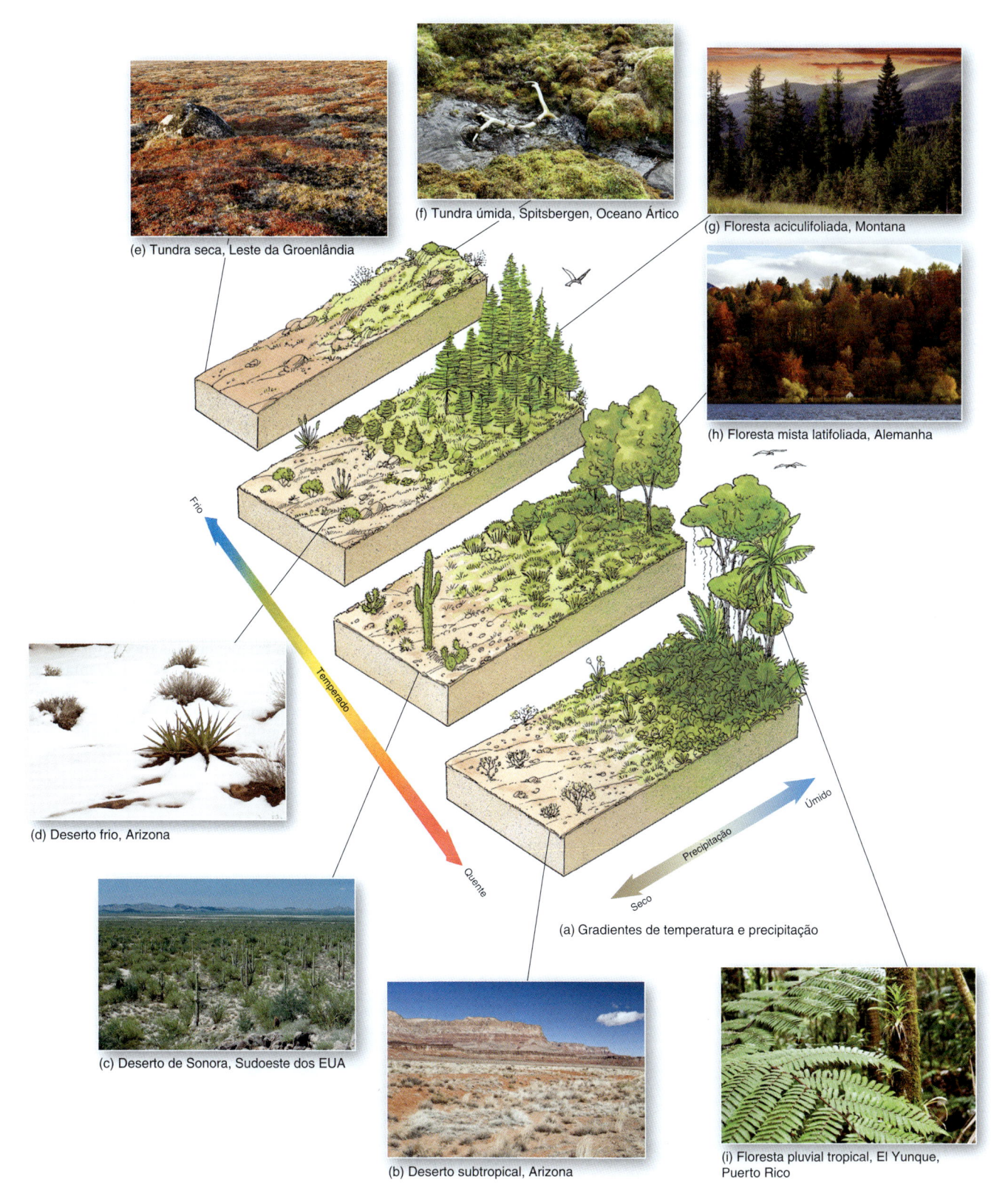

(i) Floresta pluvial tropical, El Yunque, Puerto Rico

▲**Figura 20.3 Padrões de vegetação em relação a temperatura e precipitação.** [(b, d, e, f, i) Bobbé Christopherson. (c) Autor. (g) SNEHIT/Shutterstock. (h) blickwinkel/Alamy.]

▲Figura 20.4 **Paisagem de uma floresta aciculifoliada modificada pela atividade humana, Noruega.** Espécies limítrofes frequentemente ocupam os habitats variados onde habitats naturais são vizinhos de terras com distúrbios. [Bobbé Christopherson.]

invasores podem alterar a dinâmica da comunidade, levando a declínios nas espécies nativas. Exemplos notórios são as "abelhas assassinas" africanizadas na América do Norte e do Sul; a cobra-arbórea-marrom em Guam, e o mexilhão-zebra e o mexilhão-quagga nos Grandes Lagos (Figura 20.5a); *Elaeagnus angustifolia* e árvores de *Tamarix* nos rios do sudoeste dos EUA (Figura 20.5b); e *Pueraria* no sudeste dos EUA (Figura 20.5c). Para informações sobre prevenção e gestão de espécies invasoras, acesse http://invasions.bio.utk.edu/ ou http://www.invasivespecies.gov/.

Considere o exemplo da salicária (*Lythrum salicaria*), trazida da Europa no século XIX como uma planta ornamental cobiçada com alguns usos medicinais. As sementes dessa planta também chegaram em navios que usavam terra como lastro. Essa planta resistente perene (isto é, que vive por mais de dois anos) escapou do cultivo e invadiu as regiões alagadas na parte leste dos Estados Unidos e do Canadá, passando pelo Meio-Oeste setentrional, até o extremo oeste, na Ilha de Vancouver, Colúmbia Britânica, substituindo plantas nativas que são a base da fauna nativa. As características invasivas da planta são sua capacidade de produzir grandes quantidades de sementes durante uma extensa estação de floração e se disseminar vegetativamente através de ramos subterrâneos, assim como sua tendência a formar touceiras densas e homogêneas após se estabelecer (Figura 20.6).

Em uma escala espacial grande, as invasões podem alterar a dinâmica de biomas inteiros. Por exemplo, no complexo arbustivo mediterrâneo do sul da Califórnia, a vegetação nativa está adaptada aos incêndios naturais. As espécies não nativas muitas vezes conseguem colonizar áreas queimadas com mais eficiência do que as espécies nativas; portanto, a presença de plantas exóticas pode alterar os processos sucessionais desse bioma. O estabelecimento de espécies não nativas leva a uma vegetação rasteira espessa, fornecendo mais combustível para os incêndios, que estão aumentando de frequência. A vegetação nativa está adaptada a incêndios que ocorrem em intervalos de 30 a 150 anos; o aumento da frequência dos incêndios com a mudança climática coloca essas espécies em desvantagem. Os incêndios mais frequentes na região, combinados com os números maiores de espécies não nativas, estão provocando a conversão do complexo arbustivo do sul da Califórnia em campos.

(a) Mexilhões-zebra (*Dreissena polymorpha*) cobrem a maior parte das superfícies rígidas dos Grandes Lagos; eles rapidamente formam colônias em qualquer superfície (até mesmo em areia) de meios ambientes de água doce.

◄Figura 20.5 **Espécies exóticas.** [(a) Purestock/Alamy. (b) Lindsay Reynolds, Colorado State University/USGS. (c) Bobbé Christopherson.]

(b) Os invasores *Elaeagnus angustifolia* (cinza-esverdeado) e *Tamarix* (verde-escuro à sombra) em *Chinle Wash*, Novo México, em um habitat ciliar antes ocupado por algodoeiros nativos.

(c) *Pueraria montana*, originalmente importado como ração de gado, espalhou-se do Texas até a Pensilvânia; aqui, ele tomou conta das pastagens e florestas no oeste da Geórgia, EUA.

▲Figura 20.6 Salicária-roxa no sul de Ontário, Canadá. [Gaertner/Alamy.]

Nos Estados Unidos e no Canadá, os seres humanos estão perpetuando um novo tipo de comunidade vegetal terrestre nas áreas urbanizadas. Essa nova comunidade, uma mistura de espécies nativas e não nativas usada em paisagismo, é algo entre campo e floresta. São necessários investimentos em água, energia e capital para sustentar as novas espécies. Além disso, em áreas de criação pecuária e lavoura, os seres humanos alteram os biomas naturais ao dar pasto para animais não nativos e plantar culturas de outras regiões (discutiremos os biomas antropogênicos mais para o fim do capítulo). Não se sabe se a terra voltaria à sua vegetação natural se as influências humanas fossem eliminadas.

Os biomas terrestres do planeta

Dado que extensas zonas de transição separam muitos dos biomas da Terra, a classificação dos biomas de acordo com as distintas associações de vegetais é difícil e um tanto arbitrária. O resultado são diversos sistemas de classificação – semelhantes em conceito, mas diferentes no detalhe – utilizados em livros-texto de biologia, ecologia e geografia. Neste capítulo de *Geossistemas*, descrevemos os dez biomas comuns à maioria dos sistemas de classificação: floresta equatorial e tropical, floresta tropical sazonal e complexos arbustivos, savana tropical, floresta de latitude média ombrófila e mista, floresta boreal e de altitude, floresta temperada pluvial, complexo arbustivo mediterrâneo, campos de latitude média, deserto, tundra ártica e alpina e deserto polar.

A distribuição global desses biomas é representada na Figura 20.7 e sintetizada na Tabela 20.1, que também inclui informações pertinentes a respeito de clima, solos e disponibilidade de água. As páginas seguintes trazem descrições de cada bioma, sintetizando tudo o que aprendemos nos capítulos anteriores sobre as interações entre atmosfera, hidrosfera, litosfera e biosfera. Como a vegetação responde às condições ambientais e reflete as variações do clima e do solo, o mapa climático do mundo da Figura 10.5, Capítulo 10, serve como uma referência útil para esta discussão.

> **PENSAMENTO Crítico 20.1**
> **Conferindo na realidade**
>
> Usando o mapa da Figura 20.7, as informações da Tabela 20.1 e a discussão deste capítulo, descreva o bioma da sua localização. Uma vez que todos vivemos em ambientes alterados ocasionados pelas atividades humanas, quais mudanças você vê na vegetação natural? Ao avaliar o seu bioma, considere as informações de classificação climática do Capítulo 10. Que generalizações você consegue fazer? •

Florestas tropicais pluviais

O bioma exuberante que cobre as regiões equatoriais da Terra é a **floresta tropical pluvial** (também conhecida como floresta equatorial tropical). Nos climas tropicais dessas florestas, com duração da luz do dia constante ao longo do ano (12 horas), há uma alta taxa de insolação, a temperatura média anual fica ao redor de 25°C com alta umidade, e as populações animais e vegetais têm respondido com a mais diversa das expressões de vida no planeta. As espécies da floresta tropical pluvial evoluíram durante o longo tempo de permanência das placas continentais próximo às latitudes equatoriais. Embora esse bioma seja estável em seu estado natural, áreas intactas de floresta pluvial estão ficando cada vez mais raras. O desmatamento talvez seja o impacto humano mais disseminado.

O maior trecho de floresta tropical pluvial ocorre na selva amazônica. As florestas tropicais pluviais também cobrem as regiões equatoriais da África, partes da Indonésia, as margens de Madagascar e do sudeste da Ásia, a costa do Equador e da Colômbia (costa oeste) e a costa leste da América Central, com pequenas manchas descontínuas em outras partes. As florestas ombrófilas de altitude, ou floresta de nevoeiro ou nublada (*cloud forests*) do oeste da Venezuela são florestas tropicais pluviais de altitudes mais elevadas, perpetuadas pela alta umidade e pela cobertura de nuvens. As florestas tropicais pluviais ocupam cerca de 7% da área terrestre total do mundo, mas representam aproximadamente 50% das espécies da Terra e cerca da metade das suas florestas remanescentes.

Flora e fauna da floresta pluvial O dossel da floresta pluvial forma três níveis (Figura GEA 20.1). O nível superior, chamado de árvores emergentes, não é contínuo, apresentando altas árvores cujas copas altas se sobressaem acima do dossel médio, que é contínuo. A biomassa da floresta pluvial concentra-se na densa massa de folhas acima do solo nessas duas áreas do dossel. O nível inferior é o *sub-bosque*, onde folhas largas bloqueiam muito da luz, de forma que o assoalho da floresta só recebe cerca de 1% da luz solar que chega ao dossel. O nível inferior da vegetação é composto por mudas, samambaias, bambus, deixando a superfície do solo coberta de serapilheira muito sombreada e bem aberta. A constante umidade, os odores de bolor e vegetação apodrecendo, as finas raízes de cipós que descem dos galhos acima, o ar parado e os sons ecoantes da fauna nas árvores criam um ambiente único.

Solos de baixa fertilidade, principalmente Oxisols, sustentam essas florestas biologicamente ricas. As árvores da floresta pluvial se adaptaram a esses solos com sistemas radiculares capazes de obter nutrientes da matéria orgânica que se decompõe na superfície do solo.

Esses tipos de florestas apresentam uma distribuição vertical dos nichos, em vez de horizontal, devido à competição pela luz. O dossel é ocupado pelas mais variadas plantas e animais. Lianas, ou cipós (trepadeiras lenhosas enraizadas no solo), alongam-se de árvore em árvore, entrelaçando-as com "cabos" que podem alcançar 20 cm de diâmetro. Epífitas abundam nessa área também – alguns exemplos são as orquídeas, as bromélias e as samambaias – amparadas física, mas não nutricionalmente, pela estrutura de outras plantas. No assoalho da floresta, os troncos lisos e finos das árvores dessas florestas são cobertos por uma fina casca e apoiados por grandes sapopembas como se fossem paredes que crescem para fora das árvores a fim de fortalecer os troncos. Essas sapopembas formam ocos angulares que são um habitat pronto para vários animais. Normalmente, não existem galhos até chegarmos ao segundo terço dos troncos.

Os animais e insetos da floresta pluvial são diversificados, indo de animais que vivem exclusivamente nos níveis superiores das árvores até os decompositores (bactérias) que agem na superfície do solo. Espécies *arbóreas* (da palavra em latim para "árvore"), isto é, as que residem nas árvores, incluem bichos-preguiça, macacos, lêmures, papagaios e cobras. Espalhados por todo o dossel, há aves exuberantes de muitas cores, sapos de árvores, lagartos, morcegos e uma rica comunidade de insetos que inclui mais de 500 espécies de borboletas. No chão da floresta, encontramos porcos, como o potamóquero (*Potamochoerus larvatus*) e o porco-gigante-da-floresta (*Hylochoerus meinertzhageni*) na África, o javali (*Sus scrofa*) e o javali-barbado (*Sus barbatus*) na Ásia, os pecaris (como o cateto, *Tayassu tajacu*) na América do Sul, pequenos antílopes e predadores mamíferos (o tigre na Ásia, a onça na América do Sul e o leopardo na África e na Ásia).

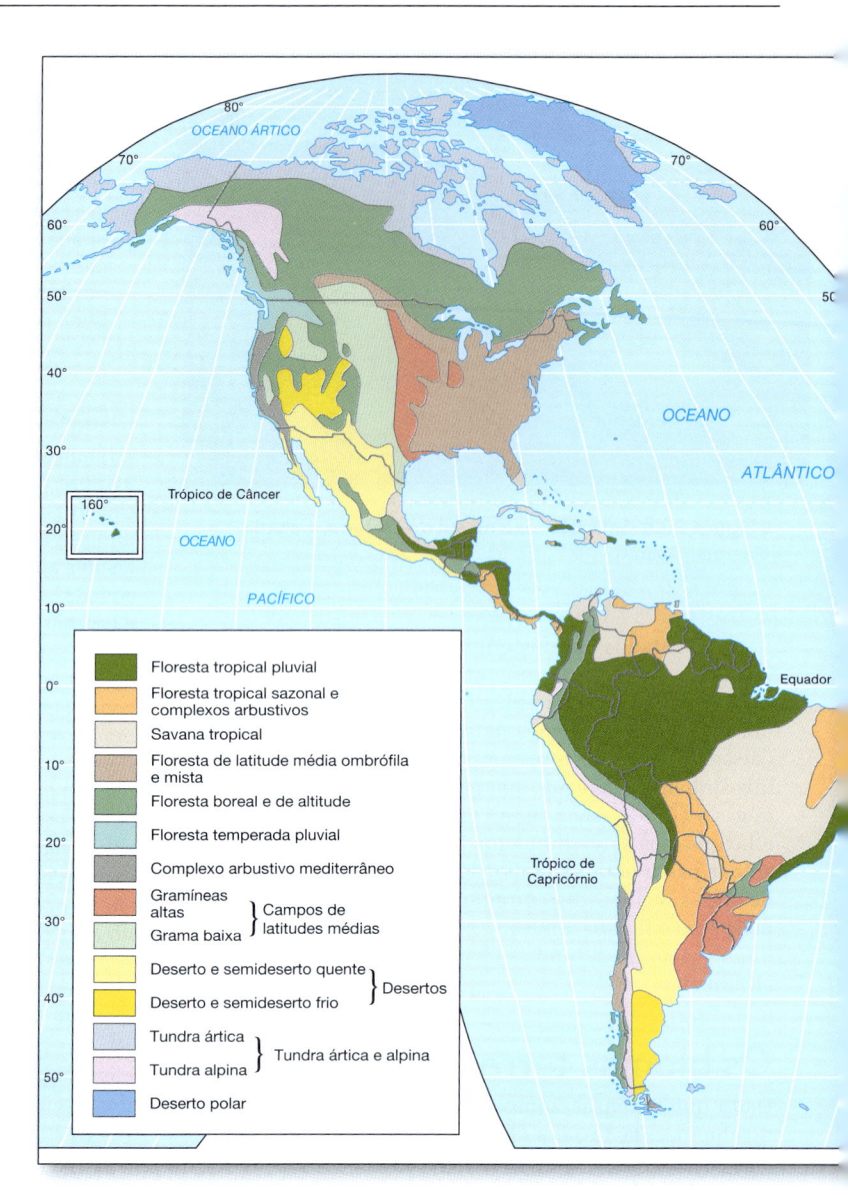

▲ **Figura 20.7 Os 10 principais biomas terrestres.** Os biomas são descritos na Tabela 20.1.

Desmatamento dos trópicos Mais da metade das florestas tropicais originais da Terra já desapareceu, tendo sido transformada em pastagens, madeira, combustível e áreas de cultivo agrícola. O desmatamento florestal está ameaçando as espécies nativas da floresta pluvial e, na perspectiva maior dos sistemas globais e das sociedades, está pondo em risco um importante sistema de reciclagem do dióxido de carbono atmosférico, assim como potenciais fontes de fármacos preciosos e novos alimentos – ainda há tanto para se descobrir.

A cada ano se desmata no mundo uma área um pouco maior do que a do Estado do Acre, 152.581 km^2, e mais ou menos 1/3 do resto é perturbado pela derrubada seletiva de árvores de dossel que ocorre ao longo das margens de áreas desmatadas. As variedades de árvores com valor econômico incluem o mogno, o ébano e o jacarandá. O corte seletivo imposto pela derrubada de espécies específicas é difícil porque as espécies são muito espalhadas; uma espécie pode ocorrer apenas uma ou duas vezes por quilômetro quadrado. Como resultado, a maior parte das derrubadas em florestas pluviais é para produção de celulose, o que inclui todas as espécies.

São usados incêndios a fim de limpar terrenos florestais para uso da agricultura, tanto para alimentar a população local quanto para produzir carne bovina, soja, borracha, café, óleo de dendê e outras *commodities*. Quando os astronautas em órbita olham para as florestas tropicais durante a noite, eles veem milhares de focos de incêndios causados por humanos. Durante o dia, a parte mais baixa da atmosfera nessas regiões está sufocada pela fumaça. O desmatamento e queima das florestas libera milhões de toneladas de carbono na atmosfera todo ano.

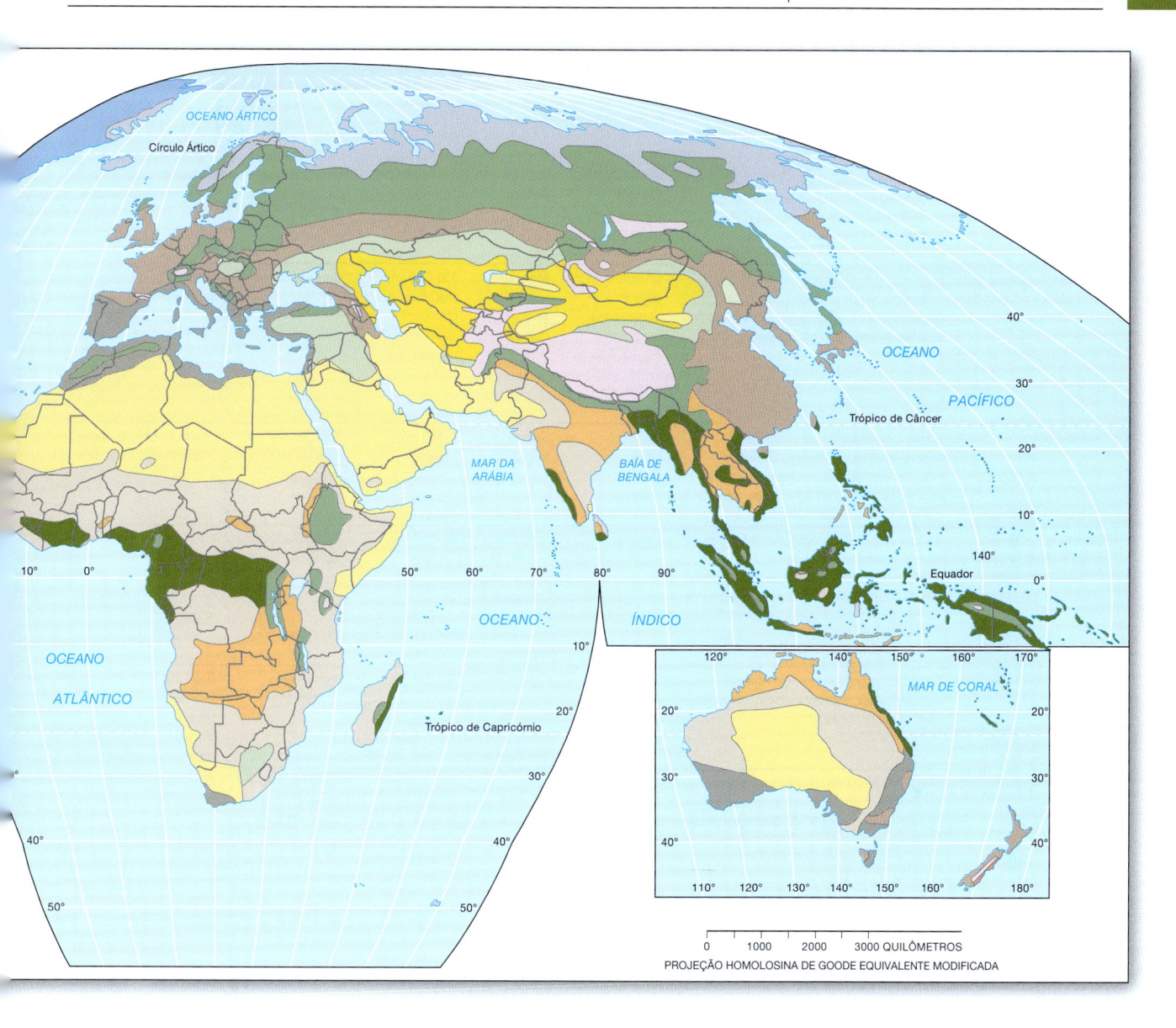

Por causa da má fertilidade do solo, a agricultura intensiva rapidamente exaure a produtividade das terras desmatadas, que geralmente são abandonadas em favor de terras recém-queimadas (exceto quando a fertilidade é mantida artificialmente por fertilizantes químicos). As árvores predominantes necessitam de entre 100 a 250 anos para se restabelecerem após esses grandes distúrbios. Uma vez desmatada e abandonada, a floresta se transforma em uma massa de pequenos arbustos interligados por trepadeiras e samambaias, retardando assim o retorno das árvores.

Imagens de satélite mostram a destruição da floresta pluvial nas últimas várias décadas. Por exemplo, novas estradas e remoções de floresta modificaram radicalmente a paisagem de Rondônia (Figura GEA 20.2; você pode ver claramente as invasões ao longo das novas estradas que partem da rodovia BR-364). As bordas de toda estrada e área desmatada representam uma porção considerável de distúrbio de habitat – ocorre mais impacto nessas bordas do que nos lotes de corte e queima total. As condições limítrofes, mais quentes, secas e ventosas, penetram até 100 m floresta adentro, afetando as espécies e a dinâmica das comunidades.

No Brasil, o desmatamento diminuiu nos últimos anos, com o governo mobilizando mais fiscalização para preservar a floresta; as perdas combinadas de 2009 e 2010 caíram a aproximadamente 18.000 km^2, cerca de 80% da área de New Jersey (Figura GEA 20.2c) (82% da área de Sergipe). As perdas são estimadas em mais de 50% na África, mais de 40% na Ásia e de 40% nas Américas Central e do Sul.

O desmatamento é uma questão altamente complexa, especialmente para o setor bovino crescente do Brasil, que utiliza terras desmatadas como pasto. Em 2010, o rebanho bovino atingiu mais de 60 milhões de cabeças, gerando US$ 3 bilhões

TABELA 20.1 Biomas terrestres e suas características

Bioma e ecossistemas	Características da vegetação	Ordens de solo	Tipo de clima	Amplitude anual de precipitação	Padrões de temperatura	Balanço hídrico
Floresta tropical pluvial Floresta latifoliada perene Selva	Dossel de folhagem espesso e contínuo; árvores sempre verdes, cipós, epífitas, samambaias e palmeiras	Oxisols Ultisols (em planaltos bem drenados)	Tropical	180–400 cm (>6 cm/mês)	Sempre quente (21–30°C; média 25°C)	Superávit durante todo o ano
Floresta tropical sazonal e complexos arbustivos Floresta tropical monçônica Floresta tropical decidual Bosques arbustivos e de espinho	Transicional entre floresta e campos; ombrófilas, algumas árvores decíduas; parque aberto a sub-bosque denso; acácias e outras árvores com espinhos em locais abertos	Oxisols Ultisols Vertisols (na Índia) Alguns Alfisols	Monção tropical, savana tropical	130–200 cm (>40 dias chuvosos durante os 4 meses mais secos)	Variável, sempre cálido (>18°C)	Superávit e déficit sazonais
Savana tropical Campo tropical Matagal de árvores com espinhos Bosques de espinhos	Transicional entre floresta estacional, floresta tropical e estepes e desertos tropicais semiáridos; árvores com copas achatadas, gramíneas agrupadas, arbustos e matagais; associação com o fogo	Alfisols Ultisols Oxisols	Savana tropical	9–150 cm, sazonal	Sem limites quanto ao tempo meteorológico frio	Tende ao déficit; assim, é suscetível a incêndios e secas
Floresta de latitude média ombrófila e mista temperada ombrófila de latitude decídua média Temperada de coníferas	Árvores ombrófilas e coníferas misturadas; ombrófilas decíduas perdem folhas no inverno; pinheiros perenefólios do leste e sul (dos EUA) mostram associação ao fogo	Ultisols Alguns Alfisols	Subtropical úmido (verão quente) Continental úmido (com verão quente)	75–150 cm	Temperado com estação fria	Padrão sazonal com PRECIP e POTET máximas no verão; não é necessário irrigar
Floresta boreal e de altitude Taiga	Coníferas, grande parte de pinheiros sempre verdes, espruces, abeto; lariço russo (uma conífera decídua)	Espodosols Histosols Inceptisols Alfisols	Continental úmido Subártico (verão frio) Terras altas	30–100 cm	Verão curto, inverno frio	Baixa POTET, PRECIP moderada; solos úmidos, alguns alagados e congelados no inverno; sem déficits
Floresta temperada pluvial Floresta da Costa Oriental Sequoias da costa dos EUA	Margem estreita de luxuriantes árvores perenefólias e decíduas nas vertentes a barlavento; sequoias (as árvores mais altas na Terra)	Espodosols Inceptisols (locais montanhosos)	Marinho de costa oriental	150–500 cm	Verão ameno e inverno ameno para a latitude	Grandes superávits e escoamento superficial
Complexo arbustivo mediterrâneo Arbustos esclerófilos Floresta de eucaliptos Australiana	Arbustos baixos, adaptados à seca, tendendo para bosques com gramíneas e chaparral	Alfisols Molisols	Mediterrânico (de verão seco)	25–65 cm	Quente, verão seco, inverno fresco	Déficit no verão, superávit no inverno
Campos de latitudes médias Pradarias Arbustos esclerófilos	Campos altos e estepes de grama curta, altamente modificado pela atividade humana; áreas principais de cultivo de grãos comerciais; planícies, pampas e velds (África do Sul); associação com fogo	Molisols Aridisols	Subtropical úmido Continental úmido (verão quente)	25–75 cm	Regimes continentais temperados	Utilização da umidade do solo e recarga equilibrada; irrigação e agricultura seca nas áreas mais secas
Deserto e semideserto quente Deserto subtropical e complexo arbustivo	Terreno exposto gradualmente passa para xerófitas, incluindo cactos suculentos e arbustos secos	Aridisols Entisols (dunas de areia)	Deserto árido	< 2 cm	Temperatura média anual ao redor de 18°C, as mais altas temperaturas na Terra	Déficits crônicos, eventos de precipitação irregulares, PRECIP < 1/2 POTET
Deserto e semideserto frio Deserto de latitude média, complexo arbustivo e estepe	Vegetação de deserto temperado, incluindo gramíneas baixas e arbustos secos	Aridisols Entisols	Estepe semiárida	2–25 cm	Temperatura média anual ao redor de 18°C	PRECIP >1/2 POTET
Tundra ártica e alpina	Sem árvores; arbustos-anões, ciperáceas atrofiadas, musgos, liquens, gramíneas curtas; prados de grama	Gelisols Histosols Entisols (permafrost)	Tundra Subártico (muito frio)	15–180 cm	Meses mais quentes > 10°C, apenas 2 ou 3 meses acima do congelamento	Não aplicável na maior parte do ano, má drenagem no verão
Deserto polar	Musgos, liquens	Permafrost	Manto de gelo, calota de gelo	<25 cm	Meses mais quentes <10°C	Não aplicável

em receita. Dentre muitos sites disponíveis, visite a Tropical Rainforest Coalition em http://www.rainforest.org/ ou a Rainforest Action Network em http://www.ran.org/.

> **PENSAMENTO Crítico 20.2**
> **Florestas tropicais: um recurso global ou local?**
>
> Dadas as informações apresentadas neste capítulo sobre o desmatamento nos trópicos, mais os dados sobre o declínio da biodiversidade no capítulo anterior, avalie a atual controvérsia sobre os recursos das florestas pluviais. Quais são os principais problemas? Como os países em desenvolvimento, que possuem a maior parte das florestas pluviais do mundo, enxergam a destruição dessas florestas? Como os países desenvolvidos, com suas empresas transnacionais, enxergam a destruição das florestas pluviais? Como é o equilíbrio entre os recursos naturais planetários e as necessidades dos povos e os direitos dos estados soberanos? Qual é a relação da mudança climática com essas questões? Que tipo de plano de ação você desenvolveria para acomodar todas as partes? •

Floresta tropical sazonal e complexos arbustivos

A área de mudanças sazonais de precipitação nas margens das florestas pluviais do mundo é o bioma de **floresta tropical sazonal e complexos arbustivos**, que ocupa as regiões de precipitação menor e mais inconstante das regiões equatoriais. Esse bioma abrange os climas de monção tropical e savana tropical, com menos de 40 dias chuvosos em seus quatro meses consecutivos mais secos e pesados aguaceiros de monção em seus verões (vide Capítulo 6, Figuras 6.15 e GEA 6). A migração da Zona de Convergência Intertropical (ZCIT) afeta os regimes de precipitação, trazendo umidade às latitudes superiores em julho e às latitudes inferiores em janeiro. Essa migração produz um padrão sazonal de déficits de umidade, afetando o florescimento e a perda de folhas da vegetação. O termo *semidecíduo* aplica-se a muitas árvores latifoliadas que perdem um pouco das suas folhas na estação seca.

Portanto, a floresta tropical sazonal e complexo arbustivo é um bioma variado que ocupa uma área transicional de climas tropicais mais úmidos para mais secos. A vegetação natural varia de florestas de monção até matagais abertos, florestas de espinhosas e complexos arbustivos semiáridos. As florestas de monção possuem uma altura média de 15 m, sem dossel contínuo de folhas, fazendo transição para áreas mais secas com áreas abertas de gramíneas ou para áreas sufocadas por vegetação rasteira densa. Nos terrenos mais abertos, a acácia é uma espécie comum em setores mais abertos, com seu topo achatado e normalmente com caules espinhosos. *Vegetação arbustiva* consiste em arbustos baixos e gramíneas com algumas adaptações a condições semiáridas.

Essas comunidades recebem nomes locais: a *caatinga* da Bahia; o *Chaco* (ou *Gran Chaco*) no sudoeste do Brasil, Paraguai e norte da Argentina (Figura 20.8a, página 606); o *brigalow* da Austrália; e o *dornveld* do sul da África. Na África, esse bioma estende-se de oeste a leste, de Angola até Zâmbia, Tanzânia e Quênia. Florestas tropicais sazonais também estão presentes no Sudeste da Ásia e em porções da Índia, do interior de Mianmar até o nordeste da Tailândia; também em partes da Indonésia.

A maioria das árvores desse bioma gera madeira de má qualidade, porém algumas, principalmente a teca (*Tectona grandis*), podem ser usadas para marcenaria fina e movelaria. Além disso, algumas das plantas adaptadas à seca produzem ceras e gomas, como a cera da carnaúba (*Copernicia prunifera*). A fauna inclui coalas e cacatuas na Austrália, além de elefantes, grandes felinos, roedores e aves terrestres em outras localidades desse bioma. Em todo o mundo, os humanos utilizam essas áreas para pecuária (Figura 20.8b); na África, esse bioma compreende diversas reservas e parques nativos.

Savana tropical

O bioma da **savana tropical** (no Brasil, o cerrado) consiste em grandes extensões de campo, interrompido por árvores e arbustos esparsos. Também podem ocorrer trechos de campo sem árvores, com gramíneas em grupos descontínuos separados por solo nu. As savanas tropicais recebem precipitação durante aproximadamente 6 meses do ano, quando são influenciadas pela migração da ZCIT. Durante o resto do ano, elas ficam sob a influência dos deslocamentos das células subtropicais de alta pressão, que são mais secas. Esse é um bioma de transição entre as florestas estacionais tropicais e as estepes tropicais semiáridas e desertos.

Os arbustos e árvores do bioma de savana são adaptados à seca, à pastagem de herbívoros grandes e a incêndios. A maioria das espécies é *xerofítica*, isto é, resistente a secas, com várias adaptações que as auxiliam a conservar a umidade durante a estação seca: folhas pequenas e grossas; casca áspera; ou folhas com superfície cerosa ou peluda. Muitas árvores dos matagais de savana possuem folhas pequenas para reter umidade e possuem formato característico de guarda-chuva ou topo chato, de modo a capturar o máximo possível de luz solar em suas pequenas superfícies foliares (Figura 20.9).

> **GEOrelatório 20.3 Florestas tropicais pluviais, a farmácia da natureza**
>
> A biodiversidade é como um armário cheio de remédios. Desde 1959, 25% de todos os medicamentos prescritos foram originalmente derivados de plantas superiores. Os cientistas já identificaram 3000 plantas, muitas delas de florestas tropicais pluviais, que possuem propriedades anticâncer. A vinca* (*Catharanthus roseus*) do Madagascar contém dois alcaloides que combatem duas formas de câncer. No entanto, menos de 3% das plantas florescentes foram analisados para determinar o seu conteúdo de alcaloides. É um desafio ao bom senso jogar fora um armário de remédios antes de pelo menos abrir a porta e ver o que há dentro.

---

*N. de R.T.: Também conhecida como vinca-de-gato ou boa-noite.

geossistemas em ação 20 — **FLORESTAS TROPICAIS PLUVIAIS E DESMATAMENTO AMAZÔNICO**

As florestas pluviais da Terra são a vegetação natural das regiões tropicais com precipitação abundante. As florestas pluviais também são uma vasta reserva de biodiversidade. A estrutura em camadas da floresta pluvial reflete intensa competição por luz solar e espaço entre as numerosas espécies de árvores e outras plantas (GEA 20.1). Durante várias décadas, os humanos desmataram florestas pluviais para fins de agricultura, pecuária bovina, exportação madeireira e produção de óleo de dendê (GEA 20.2).

20.1 ESTRUTURA VERTICAL DE UMA FLORESTA PLUVIAL

As árvores criam a "arquitetura" distintiva da floresta pluvial, composta de árvores emergentes, dossel e sub-bosque (mostrada abaixo). Cipós (trepadeiras longas enraizadas no solo) conectam essas camadas, ao passo que as folhas mortas formam a serapilheira sobre o solo profundamente sombreado da floresta.

Florestas pluviais nas montanhas da Costa Rica. [Ivalin/Shutterstock.]

20.1a

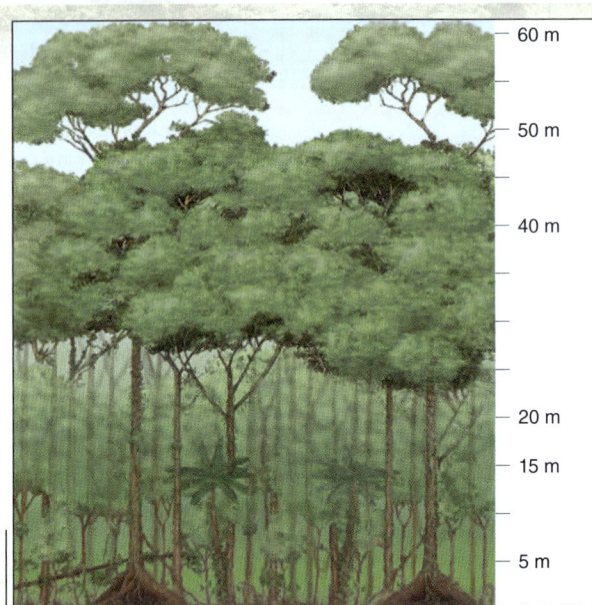

Árvores emergentes: O dossel superior é composto pelos topos de árvores imensas que se sobressaem dentre a floresta circundante.

Dossel médio: A mais pesada das três camadas. Formado pelas copas emaranhadas das árvores maduras, o dossel médio abriga muitos tipos de animais e vegetais. Estes últimos incluem epífitas, como as orquídeas.

Sub-bosque: O dossel inferior é composto por vegetais latifoliados que bloqueiam quase toda a luz solar direta.

Descreva: Quais são as características das três principais camadas da floresta pluvial?

20.1b Os cipós, mostrados aqui no dossel médio, pendem sobre galhos e troncos até o assoalho florestal. [Bobbé Christopherson.]

20.1c A serapilheira de folhas cobre o chão da floresta pluvial, vista aqui com um típico tronco de árvore com sapopembas e cipós no fundo. [Bobbé Christopherson.]

Solo da floresta pluvial: O solo da floresta pluvial é pobre em nutrientes. A maioria dos nutrientes do solo foi utilizada para ajudar a formar a biomassa das árvores e outros organismos de floresta pluvial. Esses nutrientes são reciclados velozmente conforme os restos vegetais e animais se decompõem no solo da floresta e são reabsorvidos pelas raízes das árvores.

20.2 DESTRUIÇÃO DA FLORESTA PLUVIAL AMAZÔNICA

No Brasil, a enorme floresta pluvial amazônica é desmatada para dar espaço para a agropecuária e para a exportação seletiva de madeira (por vezes, clandestina) de espécies como o mogno. Estradas que penetram em áreas subdesenvolvidas facilitam essa destruição, aumentando a fragmentação do habitat e a perda de biodiversidade. GEA 20.2a e 20.2b mostram como uma área mudou entre 2000 e 2009. Em um intervalo mais ou menos igual a esse, o Brasil perdeu em floresta pluvial o equivalente à área de todos os estados da Nova Inglaterra mais New Jersey (GEA 20.2cs).

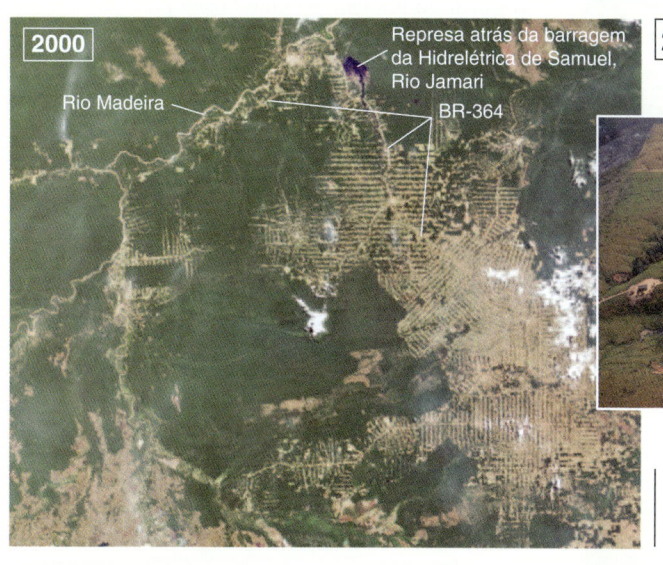

20.2a *Imagem de satélite em cores reais de Rondônia em 2000, mostrando o desmatamento junto à rodovia BR-364, a principal artéria da região.*

[Eco Images/Getty.]

Analise: Consulte as imagens de satélite em GEA 20.2. Como a área entre o Rio Madeira e a rodovia BR-364 mudou entre 2000 e 2009? Como essas mudanças podem ter afetado as populações silvestres? Explique.

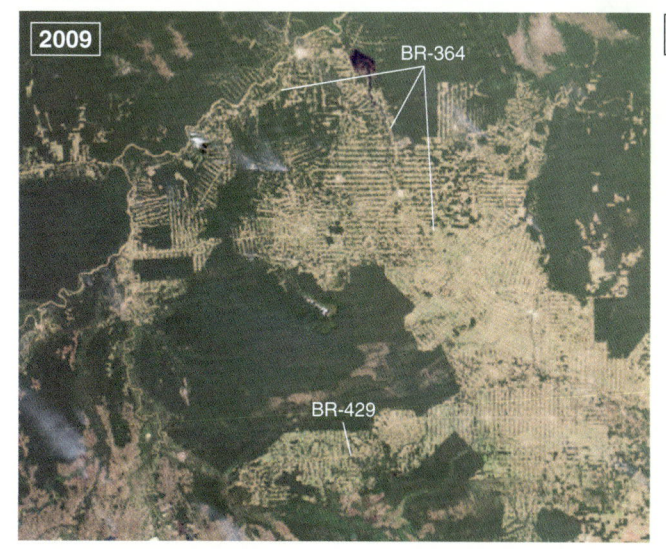

20.2b *A mesma região em 2009. O padrão ramificado das estradas vicinais provoca fragmentação do habitat.*
(a, b) [MODIS Terra, NASA.]

20.2c *Área relativa da extensão do desmatamento no Brasil nos EUA.*

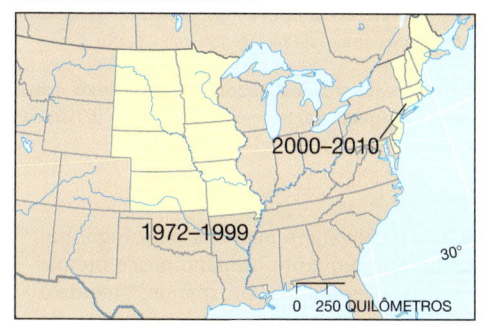

Floresta pluvial recém-queimada na Amazônia.
[Brasil2/Getty Images]

geossistemas em ação 20 — FLORESTAS TROPICAIS PLUVIAIS E DESMATAMENTO AMAZÔNICO

(a) *Tabebuia caraiba* é uma árvore decídua de estação seca comum na floresta sazonal e complexo arbustivo do Paraguai.

(b) A pecuária bovina é comum na região do Gran Chaco.

▲Figura 20.8 **Floresta tropical sazonal e complexo arbustivo, Gran Chaco, Paraguai.** [(a) Imagebroker/Alamy. (b) Universal Images/DeAgostini/Alamy.]

Os solos de savana tropical são muito mais ricos em húmus do que os solos dos trópicos úmidos e são mais bem drenados, assim proporcionando uma base forte para agricultura e pasto. Sorgo, trigo e amendoim são algumas das culturas comuns desse bioma.

Na África, encontramos a maior área de savana tropical do planeta, da qual fazem parte as famosas planícies do Serengeti (na Tanzânia e no Quênia) e a região do Sahel (sul do Sahara). Partes da Austrália, Índia e América do Sul também fazem parte do bioma savana. Nomes locais para as savanas tropicais incluem: *Llanos* na Venezuela, estendendo-se por toda a costa e também no continente, a leste do Lago Maracaibo e dos Andes; o *Cerrado* do Brasil e Guiana; e o *Pantanal* do sudoeste brasileiro.

Na África, particularmente, a savana é o lar de grandes mamíferos – zebras, girafas, búfalos, gazelas, gnus, antílopes, rinocerontes e elefantes. Esses animais pastam nas gramíneas da savana, ao passo que outros (leões e leopardos) se alimentam dos herbívoros. Algumas aves presentes na região são as avestruzes, a águia-belicosa (*Polemaetus bellicosus*, a maior de todas as águias) e o secretário (ou serpentário, *Sagittarius serpentarius*). Muitas espécies de serpentes venenosas, além de crocodilos, estão presentes nesse bioma.

Floresta de latitude média ombrófila e mista

Climas continentais úmidos dão suporte às florestas mistas em áreas com verões amenos a quentes e invernos frescos a frios. Esse bioma de **floresta de latitude média ombrófila** e **mista** inclui diversas comunidades nas Américas do Norte e do Sul*, na

---
*N. de T.: A América do Sul não é mencionada no original, mas este bioma ocorre nesse continente. Exemplos são as florestas ombrófilas no sul do Chile e em altitudes médias nos Andes tropicais, bem como no sul do Brasil (mata de araucária).

A vegetação da savana é mantida pelo fogo, um distúrbio tanto natural quanto humano nesse bioma. Na estação úmida, as gramíneas prosperam; quando a precipitação diminui, essa grossa cobertura serve de combustível para os incêndios, que muitas vezes são provocados intencionalmente para manter os campos abertos e deter o crescimento de árvores. Os incêndios quentes da estação seca matam árvores e mudas, depositando uma camada de cinza nutritiva sobre a paisagem. Essas condições estimulam o crescimento renovado das gramíneas, que novamente crescem vigorosamente quando a estação úmida retorna, brotando de extensos sistemas radiculares subterrâneos, que são uma adaptação para sobreviver ao distúrbio dos incêndios. No norte da Austrália, credita-se aos povos aborígenes a criação e manutenção de muitas das savanas tropicais da região; com o declínio da prática tradicional de provocar incêndios anuais, muitas savanas estão transformando-se de volta em florestas.

▲Figura 20.9 **Paisagem de savana nas Planícies Serengeti, leste da África.** Gnus, zebras e acácias. [Stephen F. Cunha.]

Europa e na Ásia. Nos Estados Unidos, florestas latifoliadas perenes relativamente exuberantes ocorrem no Golfo do México. Ao norte, há árvores decíduas mistas latifoliadas e aciculifoliadas associadas a solos arenosos e incêndios frequentes – pinheiros (*Pinus palustris, Pinus echinata, Pinus rigida, Pinus taeda*) predominam nas planícies do sudeste e da costa atlântica. Nas áreas dessa região protegidas do fogo, as árvores latifoliadas são dominantes. Na Nova Inglaterra (nordeste dos EUA) e para oeste, ao longo de um fino cinturão até os Grandes Lagos, pinheiros brancos (*Pinus strobus*) e vermelhos (*Pinus resinosa*) e a cicuta oriental (*Tsuga canadensis*) são as principais coníferas, misturadas com decíduas latifoliadas, como carvalhos, faias, carias, bordos, olmos e castanheiras, entre muitas outras (Figura 20.10a).

Esses bosques mistos contêm madeira de valor, e as derrubadas alteraram sua distribuição. Bosques nativos de pinheiro branco nos Estados de Michigan e Minnesota (ambos nos Estados Unidos) foram removidos antes de 1910, embora o reflorestamento sustente sua presença atualmente. No extremo norte da China, essas florestas praticamente desapareceram, resultado de séculos de desmatamentos. As espécies outrora abundantes nessa região são similares àquelas presentes no leste da América do Norte: carvalhos, freixos, nogueiras, olmos, bordo e bétulas. Esse bioma é bastante consistente quanto à sua aparência nos diversos continentes e já representou a principal vegetação de regiões de clima subtropical úmido (verão quente) da América do Norte, Europa e Ásia.

Uma grande variedade de mamíferos, aves, répteis e anfíbios está distribuída por todo o bioma. Alguns animais representativos (alguns deles migratórios) são raposa-vermelha (*Vulpes vulpes*), veado-de-cauda-branca (*Odocoileus virginianus*), esquilo-voador meridional (*Glaucomys volans*), gambás, ursos e uma grande diversidade de aves, incluindo os frigilídeos e cardeais. A oeste desse bioma, na América do Norte, ficam os solos ricos e climas de latitude média que favorecem as pradarias, e ao norte há a gradual transição para os solos mais pobres e climas mais frios que favorecem as árvores coníferas das florestas boreais setentrionais.

▲Figura 20.10 **Floresta latifoliada mista, sudeste dos Estados Unidos.** O Parque Nacional Great Smokey Mountains, no sul dos Montes Apalaches, contém um dos maiores trechos remanescentes de floresta primária da América do Norte, incluindo quase 100 espécies de árvores nativas, 66 espécies de mamíferos e mais de 200 espécies de aves. [BioLife Pics/Shutterstock.]

Floresta boreal e de altitude

Estendendo-se da costa leste do Canadá e das Províncias Atlânticas até as Montanhas Rochosas canadenses e porções do Alasca no oeste, e da Sibéria por toda a extensão da Rússia até a Planícies Europeia, existe o bioma de **floresta boreal,** também conhecido como **floresta aciculifoliada** setentrional (Figura 20.11). A parte setentrional desse bioma, com florestas menos densas, que faz a transição para o bioma de tundra ártica, é chamada de **taiga**. Esse bioma é característico dos climas microtermais (possuem um inverno frio e também um pouco de calor no verão); o Hemisfério Sul não possui esse bioma, salvo algumas localidades montanhosas. As florestas aciculifoliadas nas montanhas de grande elevação de todo o mundo são chamadas de **florestas de altitude**.

As florestas boreais de pinheiros, abetos e lariços ocupam a maior parte dos climas subárticos da Terra onde dominam as árvores. Apesar de essas florestas possuírem formas de vida vegetais semelhantes, existe uma variação entre espécies individuais da América do Norte e da Eurásia. O lariço (*Larix sp.*) é uma das poucas árvores aciculifoliadas que perdem suas agulhas nos meses de inverno, talvez como uma defesa contra o frio extremo de sua Sibéria nativa (veja o gráfico climático de Verkhoyansk e a foto da Figura 10.16). Os lariços também ocorrem na América do Norte.

▲Figura 20.11 **A floresta boreal do Canadá.** [Autor.]

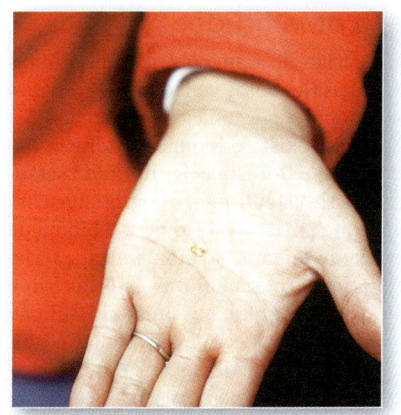

(a) Uma semente de sequoia. Cada pinha de sequoia tem aproximadamente 300 sementes.

(b) Uma muda com aproximadamente 50 anos de idade.

▲**Figura 20.12 Estágios de vida da sequoia, Parque Nacional Sequoia, Califórnia.** [Autor.]

(c) A árvore General Sherman, provavelmente mais larga do que uma sala de aula comum. O primeiro galho aparece a 45 m do chão e tem um diâmetro de 2 metros!

Esse bioma também ocorre nas grandes elevações das latitudes baixas, como em Sierra Nevada, Montanhas Rochosas, Alpes e Himalaia. O abeto de Douglas (*Pseudotsuga menziesii*) e o abeto branco (*Abies concolor*) crescem nas montanhas do oeste dos Estados Unidos e do Canadá. Economicamente, essas florestas são importantes para a produção de madeira nas margens meridionais do bioma, enquanto aquelas úteis para celulose são encontradas nas porções centrais e setentrionais. As práticas atuais da exploração florestal e a sustentabilidade dessa produção são assuntos de controvérsia crescente.

Nas florestas de altitude da Sierra Nevada da Califórnia, a sequoia gigante (*Sequoia gigantean*) ocorre naturalmente em 70 bosques isolados. As pequenas sementes dessas árvores tornam-se os maiores organismos da Terra (em termos de biomassa), com algumas maiores que 8 m de diâmetro e 83 m de altura (Figura 20.12). A maior delas é a "General Sherman" no Parque Nacional da Sequoia, estimada em 3500 anos de idade. A casca é fibrosa, com meio metro de espessura e sem resinas, portanto resiste efetivamente ao fogo. Tente imaginar os relâmpagos e incêndios que atingiram a Sherman em 35 séculos! Ficar parado ao lado dessas árvores gigantescas é uma experiência impressionante e fornece uma ideia do poder da biosfera.

Os solos da floresta boreal são tipicamente Espodosols (podzóis, sujeitos a podzolização), caracteristicamente ácidos e lixiviados de húmus e argilas. Em certas regiões, o permafrost (discutido no Capítulo 17) alia-se a solos rochosos e mal-desenvolvidos, de forma que apenas árvores com sistemas radiculares rasos estão presentes. As más condições de drenagem associadas ao degelo de verão da camada ativa resultam na presença característica de brejos de muskeg (cobertos de musgos). O aquecimento global está provocando mais degelo do permafrost em regiões florestais; as florestas afetadas estão morrendo em resposta aos solos alagados que daí resultam.

A fauna representativa desse bioma inclui lobos, o uapiti (*Cervus canadensis*), o alce (*Alces alces*, o maior membro da família dos cervos), ursos, linces, castores, o carcaju (*Gulo gulo*), martas, pequenos roedores e aves migratórias durante a breve temporada no verão (Figura 20.13). As aves incluem falcões e águias, várias espécies de tetrazes, o pintarroxo-de-bico-grosso (*Pinecola enucleator*), o quebra-nozes de Clark (*Nucifraga columbiana*) e diversas espécies de coruja. Cerca de 50 espécies de insetos adaptadas especialmente à presença de coníferas vivem nesse bioma.

Floresta temperada pluvial

As exuberantes florestas das regiões úmidas compõem o bioma da **floresta temperada pluvial**. Essas florestas de árvores latifoliadas e aciculifoliadas, epífitas, samambaias gigantes e vegetação rasteira abundante em geral correspondem aos climas marítimos de costa oeste (verificados nas costas ocidentais de latitudes médias a altas), com precipitação próxima a 400 cm por ano, temperaturas atmosféricas moderadas, névoa de verão e influência marítima geral. Na

▲**Figura 20.13** Um uapiti macho (*Cervus canadensis*) na floresta boreal. [Steven K. Huhtala.]

(a) Abeto de Douglas, sequoias e cedros antigos e um misto de árvores decíduas, samambaias e musgos na Floresta Nacional Gifford Pinchot, Washington. Apenas uma pequena porcentagem dessas antigas florestas (primárias) permanece no Noroeste do Pacífico.

▲Figura 20.14 **Floresta temperada pluvial.** [(a) Bobbé Christopherson. (b) Woodfall Wild Images/Photoshot.]

(b) A coruja *Strix occidentalis caurina*, aqui com cria, é uma "espécie indicadora" representando a saúde do ecossistema de floresta temperada pluvial.

América do Norte, esse bioma só ocorre ao longo de margens estreitas na costa ocidental do continente. Florestas temperadas pluviais similares ocorrem no sul da China, em algumas partes do sul do Japão, na Nova Zelândia e em algumas áreas do sul do Chile.

O bioma abriga ursos, texugos, veados, javalis, lobos, linces, raposas e diversas espécies de aves, incluindo a coruja-pintada (*Strix occidentalis caurina*) (Figura 20.14). Nos anos 1990, essa coruja tornou-se um símbolo do conflito entre esforços de preservação de espécies e o uso de recursos para abastecer as economias locais. Em 1990, o Serviço de Faunas e Peixes dos EUA listou a coruja como espécie "ameaçada" segundo a Lei das Espécies Ameaçadas dos EUA, citando a perda do habitat florestal original como a causa principal do seu declínio. No ano seguinte, as derrubadas madeireiras em áreas com habitat de coruja-pintada foram interrompidas por ordem judicial. A controvérsia que se seguiu opôs ambientalistas contra madeireiras e outros usuários da floresta, tendo como resultado final as mudanças de larga escala na gestão florestal em todo o Noroeste do Pacífico.

Pesquisas posteriores do Serviço Florestal dos EUA e cientistas independentes constataram a fragilidade das florestas temperadas pluviais e sugeriram que planos de gestão de madeira equilibrassem o uso dos recursos com a preservação do ecossistema. As práticas de silvicultura sustentável enfatizam a saúde e produtividade contínuas das florestas no futuro, cada vez mais baseadas em uma ética multiuso que sirva aos interesses locais, nacionais e globais.

As árvores mais altas do mundo são encontradas nesse bioma – a sequoia sempervires (*Sequoia sempervirens*) da costa da Califórnia e Oregon (discutida no *Geossistemas Hoje do Capítulo 7*). Essas árvores podem ultrapassar 1500 anos de idade e, normalmente, variam entre 60 a 90 metros de altura, sendo que algumas passam dos 100 metros. Bosques virgens de outras árvores representativas, como abeto de Douglas, outros abetos, cedros e cicutas, foram reduzidos pelo corte para madeira a pequenos vales nos Estados de Oregon e Washington nos Estados Unidos, restando apenas 10% da floresta original que existia quando os europeus chegaram. A maioria das florestas desse bioma tornou-se florestas secundárias, que cresceram após um grande distúrbio, geralmente de origem humana. Em florestas similares no Chile, o desmatamento em larga escala e novas serrarias começaram a operar em 2000. Atualmente, as corporações norte-americanas estão levando suas atividades madeireiras para essas florestas, muitas delas localizadas no Distrito dos Lagos do Chile e no norte da Patagônia.

Complexo arbustivo mediterrâneo

O bioma do **complexo arbustivo mediterrâneo**, também referido como complexo temperado arbustivo, ocupa regiões temperadas com verões secos, geralmente correspondendo aos climas mediterrâneos. As formações arbustivas dominantes que ocupam essas regiões são baixas e resistem à forte seca do verão quente. A vegetação é esclerófila (de sclero, para "duro", e phyllos, para "folha"). A maioria dos arbustos tem média de um a dois metros de altura, com raízes profundas e bem desenvolvidas, folhas coriáceas e ramos baixos irregulares.

Tipicamente, a vegetação varia de arbustos lenhosos que cobrem mais de 50% do solo a bosques com gramíneas que cobrem entre 25 e 60% do solo. Na Califórnia (EUA), a palavra em espanhol *chaparro*, que significa "arbustivo sempre verde", nos fornece o nome **chaparral** para definir este tipo de vegetação (Figura 20.15a). Esse complexo arbustivo inclui espécies como uva-de-urso (*Arctostaphylos manzanita*), toyon (*Heteromeles arbutifolia*), cercis (*Cercis occidentalis*), ceanothus (*Ceanothus sp.*), mogno-da-montanha (*Cercocarpus montanus*), carvalho-azul (*Quercus douglasii*) e o temido carvalho venenoso (*Toxicodendron diversilobum*).

Esse bioma situa-se mais para os polos a partir das células migratórias de alta pressão subtropical de ambos os hemisférios. A alta pressão estável produz o clima característico de verão seco e estabelece condições propícias para incêndios. A vegetação está adaptada a uma recuperação

(a) Vegetação de chaparral, sul da Califórnia.

(b) O chaparral adaptado ao fogo brotando das raízes, alguns meses após um incêndio natural nas Montanhas San Jacinto, sul da Califórnia.

▲Figura 20.15 Chaparral mediterrâneo e adaptações ao fogo. [Bobbé Christopherson.]

Campos de latitudes médias

Dentre todos os biomas naturais, os **campos de latitudes médias*** são as mais modificadas pela atividade humana. Nesses ambientes se encontram os maiores "celeiros" mundiais, ou seja, são regiões que produzem em abundância grãos (trigo, milho e soja) e que têm extensa atividade pecuária (suínos e bovinos). Nessas regiões, o que restou da vegetação natural são algumas árvores latifoliadas perto dos cursos d'água e em outros locais limitados. Essas áreas são chamadas também de pastagens devido à predominância de gramíneas antes da intervenção humana (Figura 20.16).

Na América do Norte, os campos com gramíneas longas chegavam a 2 metros de altura e estendiam-se até aproximadamente o meridiano 98° W; no extremo oeste havia os campos de gramínea baixa nas terras mais secas. Esse meridiano é a localização da isoieta de 51 cm, com condições mais úmidas a leste e mais secas a oeste (veja a Figura 18.16).

O resistente e espesso relvado desses campos, bem como o clima, constituíam um problema para os primeiros colonizadores europeus. O arado de aço em forma de aiveca, introduzido em 1837 por John Deere, permitiu a quebra do relvado de grama entrelaçada, liberando as terras para a agricultura. Outras invenções foram essenciais para a abertura dessa região e para a resolução de seus problemas espaciais únicos, como o arame farpado (o material para cercas em uma área sem árvores); técnicas desenvolvidas pelos rápida após incêndios – muitas espécies conseguem voltar a brotar a partir de raízes ou nós lenhosos após a queima, ou então possuem sementes que precisam de fogo para germinar (Figura 20.15b).

Um correspondente do chaparral californiano na América do Norte é o *maquis* da região mediterrânea da Europa, que compreende espécies do gênero *Quercus*, como o sobreiro (*Quercus suber*, fonte da cortiça), bem como pinheiros e oliveiras. No Chile, esse bioma é conhecido como *matorral*, e no sudoeste da Austrália é o *mallee scrub*. Na Austrália, em qualquer tipo de área em que ocorram, as espécies de eucalipto são majoritariamente esclerófilas em forma e estrutura.

Como descrito no Capítulo 10, a agricultura comercial dos climas mediterrâneos inclui frutas subtropicais, verduras e oleaginosas, com muitos tipos de alimento (por exemplo, alcachofras, azeitonas, amêndoas) crescendo apenas nesses climas. Os animais incluem diversos tipos de veados, coiotes, lobos, linces, uma variedade de roedores, outros animais de pequeno porte e várias aves. Na Austrália, esse bioma abriga o faisão-australiano (*Leipoa ocellata*), uma ave terrestre, e numerosos marsupiais.

▲Figura 20.16 Campos protegidos nos Estados Unidos. O Campo Nacional Buffalo Gap, no oeste da Dakota do Sul, é um dos 20 campos nacionais administrados pelo Serviço Florestal dos EUA (acesse http://www.fs.fed.us/grasslands/). [Jason Patrick Ross/Shutterstock.]

*N. de T.: Compreende o pampa do extremo sul do Brasil, do Uruguai e do norte da Argentina.

perfuradores de poços de petróleo da Pensilvânia (EUA) utilizadas para a perfuração de poços artesianos; moinhos de vento para bombeamento; e ferrovias para transportar materiais.

Apenas manchas dos campos (de grama alta) e estepes (de grama baixa) originais ainda existem nesse bioma. Considerando-se apenas os campos, a redução de sua vegetação natural foi de 100 milhões de hectares para poucas áreas de apenas algumas centenas de hectares cada. O mapa da Figura 20.7 mostra a localização natural dessas antigas estepes e campos.

Campos de latitudes médias características fora da América do Norte são o pampa argentino e uruguaio* e as estepes da Ucrânia. Na maioria das regiões onde esses campos eram a vegetação natural, o desenvolvimento humano deles foi fundamental para a expansão territorial.

Esse bioma é o lar dos grandes animais que pastam, incluindo cervos, antilocapras (*Antilocapra americana*) e bisões (*Bison bison* – o quase aniquilamento deste último faz parte da história norte-americana, Figura 20.17). Marmotas, cães-da-pradaria, esquilos de solo, urubus-de-cabeça-vermelha e tetrazes são comuns, assim como gafanhotos e outros insetos. Entre os predadores podemos encontrar coiotes, o quase extinto furão ou doninha-de-pés-negros (*Mustela nigripes*), texugos e aves de rapina (gaviões, águias e corujas).

▲**Figura 20.17 Bisão pastando na Reserva da Pradaria Big Basin, oeste do Kansas.** O detalhe mostra um macho e uma fêmea despindo suas coberturas de inverno. [Bobbé Christopherson.]

_____
*N. de R.T.: E do extremo sul do Brasil.

Desertos

Os biomas desérticos ocupam mais de 1/3 da superfície terrestre (Figura 20.7). Subdividimos os biomas desérticos em **deserto e semideserto quente**, causados pelo ar seco e baixa precipitação das células de alta pressão subtropical, e **deserto e semideserto frio**, que tendem a ocorrer em latitudes mais altas, onde a pressão alta subtropical afeta o clima durante menos de seis meses por ano. Uma terceira subdivisão, os **desertos polares** da Terra, verifica-se nas regiões de latitude alta, incluindo a maior parte da Antártica e Groenlândia, com climas gelados e secos. A vegetação, esparsa nessas regiões, com cobertura predominante de gelo e rochas, é composta principalmente por liquens e musgos.

A vegetação desértica compreende numerosas xerófitas, plantas que estão adaptadas às condições secas e dispõem de mecanismos para evitar a perda de água, como cactos e outras plantas suculentas (plantas que armazenam água em seus tecidos). As plantas xerófitas possuem várias adaptações, como raiz principal longa para acessar a água subterrânea (a alfarroba); sistemas radiculares rasos e espalhados para maximizar a absorção de água (*Parkisonia*); folhas pequenas para minimizar a área de contato para perda de água (acácia); folhas com cobertura cerosa para retardar a perda de água (*Larrea tridentata*); queda de folhas em períodos secos (*Fouquieria splendens*); e, como já dito, o tecido suculento (grosso e carnoso) para armazenar água. Várias plantas também desenvolveram espinhos, acúleos e tecidos com gosto ruim para desencorajar os herbívoros. Por fim, algumas plantas que crescem junto a arroios desérticos produzem sementes que precisam de *escarificação* – abrasão ou intemperismo da superfície – para que a semente se abra e permita a germinação. Isso pode ocorrer pela ação de centrifugação e mistura de uma enxurrada descendo pelo arroio; um episódio desses também proporciona a umidade para a germinação das sementes.

Algumas plantas desérticas são *efêmeras*, ou de vida curta, uma adaptação que aproveita a curta estação úmida ou mesmo um único evento de chuva nos ambientes desérticos. As sementes das plantas desérticas efêmeras ficam dormentes no chão até que uma chuva estimula sua germinação. As mudas rapidamente crescem, amadurecem, florescem e geram grandes números de novas sementes, que são então dispersas por longas distâncias pelo vento ou pela água. Aí as sementes ficam dormentes até a próxima chuva.

A vegetação da parte inferior do Deserto de Sonora, no sul do Arizona, é um exemplo de bioma de deserto quente (Figura 20.18). Essa paisagem é o lar do cacto saguaro (*Carnegiea gigantea*), que pode alcançar muitos metros de altura e viver até 200 anos se não for perturbado. Esses cactos não florescem antes dos 50 a 75 anos! Nos desertos frios, onde a precipitação é maior e as temperaturas são mais baixas, a vegetação característica inclui gramíneas, arbustos xerófi-

---

GEOrelatório 20.4 Biodiversidade e fontes de alimento

Trigo, milho e arroz, apenas três grãos, fornecem aproximadamente 50% das necessidades alimentares da população humana mundial. Algo em torno de 7000 espécies de plantas foram utilizadas como alimento ao longo da história da humanidade, mas mais de 30.000 espécies possuem partes comestíveis. Recursos alimentares naturais ainda por ser descobertos estão esperando para ser encontrados e desenvolvidos. A biodiversidade, se preservada em cada um dos biomas, proporciona uma proteção potencial para todas as necessidades futuras de alimentos, mas isso só será possível se as espécies forem identificadas, inventariadas e protegidas.

▲Figura 20.18 **Cena do deserto de Sonora.** Um cacto saguaro e outras vegetações características do Baixo Deserto de Sonora, a oeste de Tucson, Arizona, a uma altitude de aproximadamente 900 m. [Autor.]

tos (como o *Larrea tridentata*) e arbustos lenhosos, como a artemísia (*Artemisia tridentata*). As suculentas que retêm muita água, como o cacto saguaro, não sobrevivem em desertos frios que passam por dias ou noites consecutivas de temperaturas de inverno congelantes.

A fauna dos desertos, tanto dos quentes quanto dos frios, é limitada pelas condições extremas e inclui apenas alguns animais de grande porte. Os camelos, presentes nos desertos da África e do Oriente Médio, são bem adaptados às condições de deserto quente porque podem perder até 30% do seu peso corporal em água sem sofrer danos (para os seres humanos, uma perda de 10-12% já é perigosa). O carneiro-selvagem desértico é outro animal de grande porte, sendo encontrado em populações dispersas em montanhas e cânions inacessíveis, como o interior do Grand Canyon (mas não nas bordas). Os carneiros-selvagens desérticos declinaram acentuadamente entre mais ou menos 1850 e 1900 devido à competição por água e comida com os animais de pecuária, assim como exposição a parasitas e doenças. Em um esforço para restabelecer as populações desses carneiros, vários estados dos Estados Unidos estão transportando animais para seus antigos hábitats.

Outros animais desérticos representativos são o bassarisco (*Bassariscus astutus*), os ratos-canguru norte-americanos (*Dipodomys sp.*), lagartos, escorpiões e serpentes. A maioria desses animais é ativa apenas à noite, quando as temperaturas são mais baixas. Além disso, diversas aves se adaptaram ao deserto e à disponibilidade de alimentos, como o papa-léguas (*Geococcyx californianus*), o thrasher (*Toxotoma sp.*), corvos, carriças (*Troglodytes troglodytes*), falcões, tetrazes e bacuraus (*Chordeiles sp.*).

Tundras ártica e alpina

O bioma de **tundra ártica** encontra-se no extremo norte da América do Norte e Rússia, nas bordas do Oceano Ártico e geralmente ao norte da isoterma de 10°C no mês mais quente. A duração da luz diurna varia bastante ao longo do ano,

(a) Musgos de tundra com uma rocha moutonée erodida glacialmente no fundo (o formato denota movimento glacial da esquerda para a direita).

(b) Gramíneas, musgos e salgueiros-anões florescem nos gelados climas de latitude alta.

▲Figura 20.19 **Tundra ártica.** [Bobbé Christopherson.]

mudando sazonalmente entre dias quase contínuos para noites quase contínuas. A região, com a exceção de algumas poucas partes no Alasca e na Sibéria, esteve coberta por gelo durante todas as glaciações do Pleistoceno. Com a recente mudança climática, essas regiões vêm esquentando a uma taxa duas vezes maior do que o resto do planeta nas últimas décadas.

Esse bioma corresponde aos climas de tundra: os invernos são gelados e longos; os verões são frios e breves. A temporada de crescimento vegetal dura entre 60 a 80 dias e, mesmo assim, geadas podem ocorrer a qualquer momento. Os solos são superfícies periglaciais pouco desenvolvidas, com permafrost por baixo. Nos meses de verão, os horizontes superficiais descongelam, produzindo, portanto, uma superfície suja e mal-drenada (Figura 20.19a). As raízes podem penetrar apenas nas partes descongeladas do solo, geralmente até um metro abaixo da superfície.

A vegetação da tundra ártica consiste em espécies herbáceas rasteiras, como ciperáceas, musgos, poa ártica (*Poa arctica*), líquen da neve (*Sterocaulon*) e algumas espécies lenhosas, como o salgueiro-anão (Figura 20.19b). Devido à curta temporada de crescimento, algumas plantas perenes florescem em um ano e abrem as flores para polinização no seguinte. Os animais do bioma de tundra incluem o boi-almiscarado (*Ovibos moschatus*), o caribu ou rena*, coelhos, lagópodes, lemingues e outros pequenos roedores, importante fonte de alimento para os grandes carnívoros – lobos, raposas, doninhas, coruja-das-neves (*Bubo scandiacus*), ursos polares e, obviamente, mosquitos. A tundra é um importante terreno para a reprodução de gansos, cisnes e outras aves aquáticas.

A **tundra alpina** é similar à tundra ártica, mas pode ocorrer em latitudes mais baixas, pois está associada à altitude. Esse bioma costuma ocorrer acima da linha de árvores (a elevação acima da qual não crescem árvores), passando a maiores elevações quando mais perto do equador. As comunidades de tundra alpina ocorrem nos Andes perto do Equador, nas Montanhas Brancas e Serra da Califórnia, nas Montanhas Rochosas, nos Alpes, no Monte Kilimanjaro na África Equatorial e também nas montanhas do Oriente Médio à Ásia.

A tundra alpina apresenta gramíneas, herbáceas anuais (pequenos vegetais) e arbustos raquíticos, como salgueiros e a magriça (*Erica vulgaris*). Devido aos frequentes e fortes ventos nas localidades alpinas, muitas das plantas têm formas esculpidas por eles. A tundra alpina pode passar por condições de permafrost. A fauna característica inclui cabras-da-montanha, carneiros-selvagens das Montanhas Rochosas, uapiti e o rato-do-campo (Figura 20.20).

---

*N. de T.: Caribu é a designação da rena (*Rangifer tarandus*) na América do Norte.

▲Figura 20.20 **Condições da tundra alpina.** Uma tundra alpina e cabras-de-montanha pastando perto do Monte Evans, Estado do Colorado (EUA), a 3660 m de altitude. [Bobbé Christopherson.]

A vegetação do bioma de tundra tem crescimento lento, baixa produtividade e é sensível a distúrbios. Projetos hidrelétricos, exploração mineral e até mesmo trilhas de pneu deixam na paisagem marcas que persistem por centenas de anos. Com o crescimento da população e da demanda por energia, essa região enfrentará desafios ainda maiores oriundos do desenvolvimento de recursos de petróleo, incluindo vazamentos de óleo e contaminação, e perturbação da paisagem.

PENSAMENTO Crítico 20.3
Uma hipótese de deslocamento climático

Usando a Figura 20.7 (biomas), a Figura 10.2 (climas), as Figuras 9.7 e 10.1 (precipitação) e a Figura 8.1 (massas de ar), e observando as escalas gráficas impressas nesses mapas, considere a seguinte situação hipotética. Imagine um deslocamento climático de 500 km para o norte nos Estados Unidos e Canadá; em outras palavras, imagine puxar a América do Norte 500 km para o sul a fim de simular a migração das categorias climáticas para o norte. Descreva a sua análise das condições no Meio-Oeste, do Texas até as pradarias do Canadá. Descreva a sua análise das condições de Nova York até as Províncias Marítimas, atravessando a Nova Inglaterra. Como os biomas mudariam? Quais realocações econômicas você consegue imaginar? Expanda seu raciocínio para outra região do mundo: se a célula de alta pressão subtropical sobre a Austrália se expandisse e intensificasse, considere o novo padrão de categorias climáticas e ecossistemas. •

GEOrelatório 20.5 A manada de caribus Porcupine

A manada de caribus Porcupine é uma população de caribu da tundra que vive no Alasca, em Yukon e nos Territórios do Noroeste. A maioria da manada migra para a planície costeira da Encosta Norte do Alasca para dar cria no começo de junho. A área onde nascem os filhotes é relativamente pequena, e 80-85% da manada a usam ano após ano. Não é permitida exploração de óleo nessas áreas porque ela degrada o habitat e afeta a migração dos animais. Entretanto, sempre há intensa pressão política para relaxar a proteção, e há uma agressiva campanha para revogar proibições de exploração e perfuração. A possibilidade de perfuração para obter gás de folhelho e hidratos de metano é uma nova ameaça à região.

Conservação, gestão e biomas humanos

Em 2005, os biogeógrafos definiram um novo campo científico emergente chamado de *biogeografia da conservação*. Essa subdisciplina aplica princípios, teorias e análises biogeográficas para resolver problemas de conservação da biodiversidade. Entre os tópicos populares de pesquisa nesse campo estão a distribuição e os efeitos das espécies invasoras, os impactos da rápida mudança climática sobre a biodiversidade e a implementação do planejamento de conservação e estabelecimento de áreas protegidas. O Estudo Específico 20.1 discute esforços específicos para preservar a biodiversidade, sendo todos eles mais ou menos baseados no conceito de biomas naturais e princípios de biogeografia de ilhas.

Biogeografia de ilhas para preservação de espécies

Quando os primeiros colonizadores europeus desembarcaram nas ilhas do Havaí, no final do século XVIII, eles contaram no total 43 espécies de aves. Atualmente, 15 delas estão extintas e mais 19 estão ameaçadas ou em perigo de extinção, sobrando apenas 1/5 das espécies originais ainda bem estabelecidas. Na maior parte do Havaí, as espécies nativas não existem mais abaixo de altitudes de 1220 m por causa da introdução da gripe aviária. Esse é um de milhares de exemplos de extinção de espécies e declínio de biodiversidade em todo o globo. Os ecossistemas insulares são particularmente vulneráveis porque seus ecossistemas únicos evoluíram isoladamente das espécies do continente.

Os primeiros exploradores do Oceano Atlântico viam as ilhas remotas como lugares para cortar madeira para mastros e reparos e para se abastecer de água e provisões. Eles frequentemente soltavam bodes e coelhos nas ilhas para que se proliferassem e fornecessem alimentação rápida em visitas futuras. Esses animais dizimaram as populações das espécies nativas, assim como os ratos que foram introduzidos e atacaram os ninhos das aves. Hoje, os esforços de restauração em muitas ilhas incluem a erradicação de espécies não nativas e a criação de espécies vegetais nativas ameaçadas em estufas e criadouros para serem reintroduzidas nos ecossistemas naturais das ilhas (Figura 20.21). Em algumas ilhas do Atlântico, os cientistas encontraram espécies nativas consideradas extintas prosperando em escarpas remotas, de onde foi retirado material para criação.

Os princípios desenvolvidos no estudo da evolução de espécies isoladas em ilhas e seu declínio com a introdução de espécies exóticas são úteis na divulgação dos esforços globais de conservação. Uma estratégia de conservação de espécies é enfocar a preservação dos habitats, como a delimitação de parques e refúgios nativos. Contudo, essas áreas protegidas frequentemente são isoladas, cercadas por empreendimentos imobiliários e desconectadas de outros habitats naturais. Essa fragmentação de habitats é problemática para espécies que necessitam de grande área para

(a) Em Santa Helena, espécies nativas ameaçadas são cultivadas em estufas para um dia serem plantadas na natureza.

(b) Espécies endêmicas de toda a ilha foram gravemente reduzidas durante a era da exploração; aqui é mostrada Jamestown, a capital no litoral noroeste.

▲Figura 20.21 **Ilha de Santa Helena, devastação e restauração ecológica.** [(a) Autor. (b) Bobbé Christopherson.]

⚥ Estudo Específico 20.1 Recuperação ambiental
Estratégias de conservação global

Uma meta da biogeografia da conservação, da ecologia da restauração e de outros campos científicos correlatos é a preservação da biodiversidade pela conservação de habitats. A fragmentação de habitats é uma importante causa de declínio e extinção das espécies, e proteger e restaurar habitats tornou-se um foco de conservação. A mudança climática é uma variável importante a se considerar na delimitação de áreas protegidas, uma vez que os regimes de temperatura e precipitação de parques e reservas podem acabar saindo da faixa natural da espécie em questão.

Diversos conceitos são utilizados como base das estratégias de conservação para manter a biodiversidade. Implementada pela primeira vez pela Conservação Internacional em 1989, a ideia de *hotspots* de biodiversidade proporcionou um foco para os esforços de conservação, recebendo atenção científica e apoio financeiro. Para se considerada um *hotspot*, uma comunidade ou ecossistema precisa conter no mínimo 1500 espécies vegetais endêmicas (nativas) e ter perdido ao menos 70% do seu habitat original (mais informações em http://www.biodiversityhotspots.org/).

O World Wildlife Fund (WWF) utiliza o conceito de *ecorregiões* como base para suas estratégias de conservação, com a meta de implementar a conservação na escala de grandes habitats naturais semelhantes a biomas. Em 2000, uma equipe de cientistas apoiados pelo WWF identificou 238 ecorregiões, chamadas de "Global 200", como foco de esforços de conservação. A proteção desses habitats representativos pode salvar uma ampla diversidade de espécies da Terra (Figura 20.1.1).

O Programa Homem e Biosfera, lançado em 1971 pela UNESCO, estabelece reservas de biosfera com o objetivo de preservar a biodiversidade, assim como promover o desenvolvimento econômico e social e manter os valores culturais das comunidades locais. Essa abordagem integrada à preservação das espécies busca mesclar ativos biológicos com a atividade humana. A sua rede mundial de reservas vai de ecossistemas relativamente não perturbados, como a Glacier Bay, no Alasca, ao misto de cidadezinhas e espaços verdes no sul da Alemanha.

A intenção das reservas de biosfera do programa da ONU é promover o desenvolvimento sustentável estabelecendo um núcleo em que atributos naturais são protegidos de distúrbios externos, cercados por zonas de desenvolvimento local, gestão de recursos naturais e culturais e experimentos científicos. Algumas reservas ainda estão no estágio de planejamento, embora já estejam oficialmente designadas. Nos Estados Unidos, várias reservas de biosfera são parques nacionais, como o Everglades National Park, na Flórida, e o Olympic National Park, em Washington, ambos criados na década de 1970.

A meta final, quase atingida, é estabelecer pelo menos uma reserva em cada uma das 194 comunidades biogeográficas identificadas até hoje. Os cientistas preveem que por volta de 2015 não será mais possível designar nova reservas sem distúrbios, pois as áreas intactas terão desaparecido. Hoje, existem mais de 621 reservas de biosfera em 117 países (acesse http://www.unesco.org/new/en/natural-sciences/environment/ecological-sciences/man-and-biosphere-programme/).

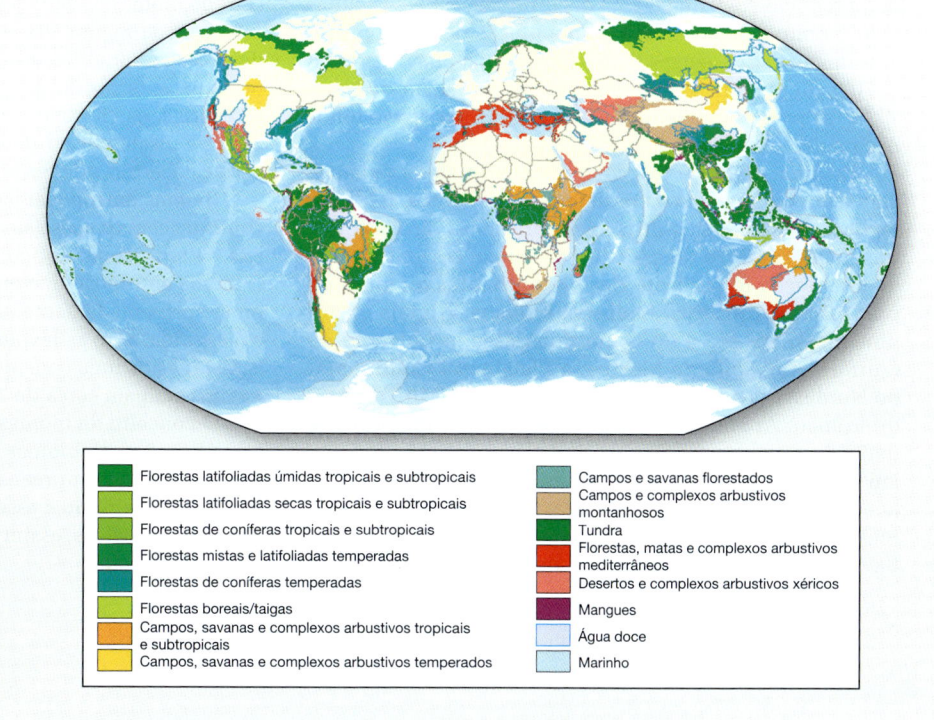

▶**Figura 20.1.1 Biomas contendo as ecorregiões "Global 200" do WWF importantes para a preservação da biodiversidade.** Os 14 biomas apresentados são as divisões amplas que contêm um total de 238 ecorregiões específicas que, se protegidas, pode preservar uma grande porcentagem da biodiversidade da Terra. [World Wildlife Fund; http://www.worldwildlife.org/science/ecoregions/global200.html.]

- Florestas latifoliadas úmidas tropicais e subtropicais
- Florestas latifoliadas secas tropicais e subtropicais
- Florestas de coníferas tropicais e subtropicais
- Florestas mistas e latifoliadas temperadas
- Florestas de coníferas temperadas
- Florestas boreais/taigas
- Campos, savanas e complexos arbustivos tropicais e subtropicais
- Campos, savanas e complexos arbustivos temperados
- Campos e savanas florestados
- Campos e complexos arbustivos montanhosos
- Tundra
- Florestas, matas e complexos arbustivos mediterrâneos
- Desertos e complexos arbustivos xéricos
- Mangues
- Água doce
- Marinho

sobreviver. Nos anos 1980, os pesquisadores descobriram que vários parques nacionais dos EUA haviam se tornado "ilhas" isoladas de biodiversidade, sendo que algumas espécies que neles habitavam estavam declinando ou desaparecendo completamente.

Um modelo conceitual crucial para a compreensão dos efeitos da fragmentação dos habitats foi a teoria da **biogeografia de ilhas**, de Robert MacArthur e E. O. Wilson, publicada em um livro homônimo em 1967. A teoria, baseada em trabalho científico em pequenas ilhas isoladas de mangue no arquipélago de Florida Keys, associa o número de espécies em uma ilha ao tamanho desta e sua distância em relação ao continente.

A teoria sintetiza três padrões de distribuição de espécies em ilhas: (1) o número de espécies aumenta com a área da ilha; (2) o número de espécies diminui com o isolamento da ilha (distância em relação ao continente); e (3) o número de espécies em uma ilha representa um equilíbrio entre as taxas de imigração e extinção. Ilhas maiores possuem uma maior variedade de habitats e nichos, e, portanto, menores taxas de extinção. Essa teoria proporcionou o fundamento para compreender "ilhas" de habitat fragmentado, inspirou milhares de estudos de biogeografia e ecologia, e aumentou a conscientização sobre a importância de um pensamento em escala de paisagem para a preservação das espécies. Ainda que a presente pesquisa vá além da teoria original, as ideias conceituais básicas informam a ciência da conservação, especialmente no tocante à adequada constituição de parques e reservas.

Gestão de ecossistemas aquáticos

As atividades humanas afetaram os ecossistemas aquáticos (de água doce ou salgada) de maneiras mais ou menos semelhantes aos ecossistemas terrestres. As águas oceânicas costeiras, em particular, continuam a deteriorar com a poluição e a degradação dos habitats, assim como por práticas de pesca não sustentáveis. O declínio das espécies aquáticas, como a queda brusca da população de arenques na área de pesca de Georges Bank, no Atlântico, na década de 1970, salienta a necessidade de uma abordagem de ecossistemas para compreender e gerenciar essas águas internacionais.

Essa necessidade foi parcialmente satisfeita pela designação de **grandes ecossistemas marinhos** (GEMs), regiões oceânicas distintivas identificadas com base nos organismos, relevo do assoalho oceânico, correntes, área de circulação ressurgente rica em nutrientes ou áreas de predação significativa, inclusive humana. Alguns exemplos de GEMs são a do Golfo do Alasca, a Corrente da Califórnia, o Golfo do México, a Plataforma Continental do Nordeste dos Estados Unidos e os mares Báltico e Mediterrâneo. Atualmente, existem 64 GEMs mundialmente definidos, cada um cobrindo áreas maiores que 200.000 km^2, como é mundialmente definido hoje (confira a lista em http://www.lme.noaa.gov/). Diversos desses GEMs incluem áreas protegidas pelo governo, como o Monterey Bay National Marine Sanctuary no GEM da Corrente da Califórnia e o Florida Keys Marine Sanctuary no GEM do Golfo do México (visite http://sanctuaries.NOAA.gov/).

Biomas antropogênicos

Em 1874, a Terra era vista como um planeta com poucos limites para as empreitadas da humanidade. Porém, o visionário e conservacionista diplomata norte-americano George Perkins Marsh percebeu a necessidade de gerir e conservar o ambiente: ele advertiu que nós, humanos, "já derrubamos florestas o suficiente em todos os lugares, e demais em muitos distritos".

O alerta de Marsh foi ignorado, e o desmatamento de florestas talvez seja a alteração mais fundamental operada pelos humanos na Terra. O desenvolvimento e a expansão da civilização foram baseados e abastecidos sobre o consumo de florestas e de outros recursos naturais. O trabalho "natural" fornecido pelos sistemas físicos, químicos e biológicos da Terra tem valor anual para a economia mundial estimado em 35 trilhões de dólares.

Os seres humanos tornaram-se o agente biótico mais poderoso da Terra, influenciando todos os ecossistemas em uma escala global. Existem vestígios de antiga colonização humana até mesmo em muitos dos ecossistemas mais intactos da Terra. Os cientistas estão medindo as propriedades dos ecossistemas e criando elaborados modelos computacionais a fim de simular o experimento humanos-ambiente que está evoluindo em nosso planeta – em particular, os padrões cambiantes dos fatores ambientais (temperaturas e alteração dos períodos com gelo; cronologia e quantidade da precipitação; química do ar, água e solo; e redistribuição dos nutrientes) forjados pelas atividades humanas.

Em 2008, dois geógrafos apresentaram o conceito de "biomas antropogênicos", com base nos ecossistemas atuais alterados pelo ser humano, como um retrato da biosfera terrestre atualizado e mais exato do que as comunidades vegetais naturais "intactas" descritas na maioria das classificações de biomas. O seu mapa, mostrado em *O denominador humano*, na Figura DH 20, exibe cinco grandes categorias de paisagens modificadas pelos humanos: povoados, lavouras, pastos, terras florestais e terras agrestes. Dentro dessas categorias, os cientistas definiram 21 biomas, que sintetizam o mosaico atual de paisagens ao combinar diversos usos e coberturas de terra.

Biomas antropogênicos resultam da interação humana contínua com os ecossistemas, estando ligados a práticas de uso da terra como agricultura, silvicultura e urbanização. O bioma antropogênico mais extenso são os pastos, que cobrem aproximadamente 32% da terra sem gelo do planeta; em seguida, vêm as lavouras, as terras florestais e as terras agrestes, cada uma com aproximadamente 20%; os assentamentos ocupam cerca de 7%.

O conceito de biomas antropogênicos não substitui as classificações de biomas terrestres, apenas oferece outra perspectiva. A compreensão dos biomas naturais apresentados neste capítulo é essencial para a restauração de ecossistemas e espécies, assim como para o progresso da ciência básica e aplicada.

O DENOMINADOR **humano** 20 Ambientes antropogênicos

BIOMAS ⇨ SERES HUMANOS
- As comunidades vegetais e animais naturais estão ligadas às culturas humanas, proporcionando recursos para alimentação e abrigo.
- Os ecossistemas intactos que ainda restam na Terra estão tornando-se foco de atenção de turismo, lazer e ciência.

SERES HUMANOS ⇨ BIOMAS
- As espécies invasoras, muitas delas introduzidas pelos humanos, perturbam os ecossistemas nativos.
- O desmatamento florestal prossegue, com mais da metade da floresta pluvial original da Terra já desmatada.

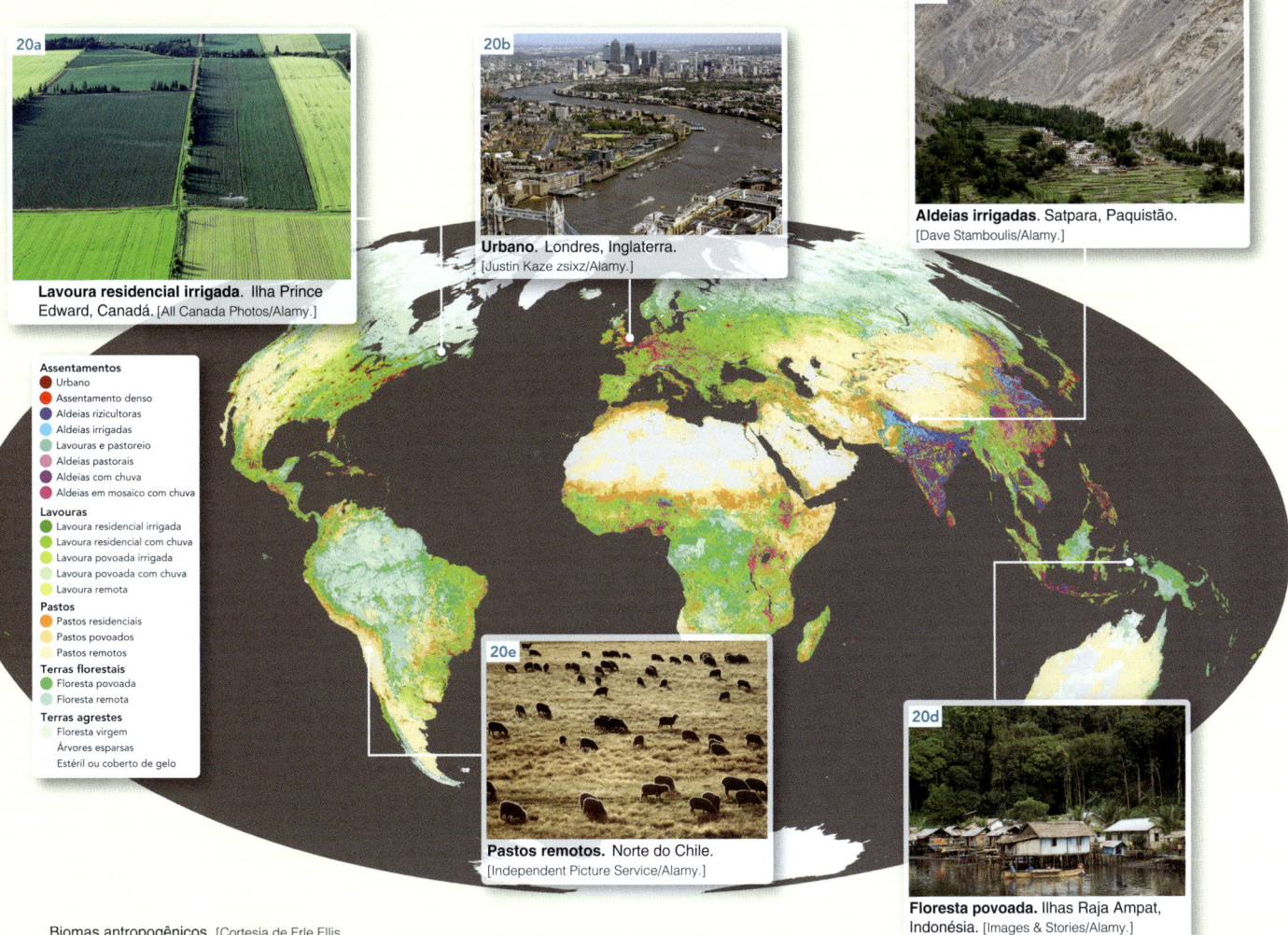

20a Lavoura residencial irrigada. Ilha Prince Edward, Canadá. [All Canada Photos/Alamy.]

20b Urbano. Londres, Inglaterra. [Justin Kaze zsixz/Alamy.]

20c Aldeias irrigadas. Satpara, Paquistão. [Dave Stamboulis/Alamy.]

20e Pastos remotos. Norte do Chile. [Independent Picture Service/Alamy.]

20d Floresta povoada. Ilhas Raja Ampat, Indonésia. [Images & Stories/Alamy.]

Assentamentos
- Urbano
- Assentamento denso
- Aldeias rizicultoras
- Aldeias irrigadas
- Lavouras e pastoreio
- Aldeias pastorais
- Aldeias com chuva
- Aldeias em mosaico com chuva

Lavouras
- Lavoura residencial irrigada
- Lavoura residencial com chuva
- Lavoura povoada irrigada
- Lavoura povoada com chuva
- Lavoura remota

Pastos
- Pastos residenciais
- Pastos povoados
- Pastos remotos

Terras florestais
- Floresta povoada
- Floresta remota

Terras agrestes
- Floresta virgem
- Árvores esparsas
- Estéril ou coberto de gelo

Biomas antropogênicos. [Cortesia de Erle Ellis, University of Maryland, Condado de Baltimore, e Navin Ramankutty, McGill University/NASA.]

QUESTÕES PARA O SÉCULO XXI
- A gestão de espécies e ecossistemas para a preservação da biodiversidade deve tornar-se uma prioridade a fim de evitar a extinção de espécies.
- O deslocamento da distribuição das espécies em resposta a fatores ambientais continuará ocorrendo com a mudança climática em curso.
- Controle populacional e educação global (incluindo as mulheres e minorias em todos os países) são essenciais para sustentar os biomas naturais e antropogênicos.

conexão GEOSSISTEMAS

Todos os sistemas físicos da Terra se combinam para produzir os dez biomas em que todas as regiões do planeta podem ser encaixadas. Vemos os padrões dessas interações em toda a biosfera e na diversidade das formas de vida. Há uma abundância de questões reais acerca da preservação dessa diversidade e da influência da mudança climática sobre as comunidades, ecossistemas e biomas. A geografia física e a ciência dos sistemas terrestres se prestam especialmente para estudar essas modificações.

Com o término da nossa exploração dos *Geossistemas*, a nossa jornada agora nos leva século XXI adentro. Estude bem e viaje com segurança – e vá pela sombra.

REVISÃO DOS CONCEITOS-CHAVE DE
aprendizagem

■ *Localizar* os reinos biogeográficos do mundo e *discutir* o fundamento da sua delineação.

A interação entre fatores evolutivos e abióticos nos ecossistemas da Terra determina a biodiversidade e a distribuição das comunidades vegetais e animais. Um **reino biogeográfico** é uma região geográfica na qual um grupo de espécies vegetais ou animais evoluiu. Essa percepção lançou as bases para a compreensão das comunidades de flora e fauna como biomas.

reino biogeográfico (p. 594)

1. O que é um reino biogeográfico? O que são os reinos zoológicos? O que é a linha de Wallace?

■ *Explicar* o fundamento do agrupamento das comunidades vegetais em biomas e *listar* os principais biomas aquáticos e terrestres da Terra.

Um **bioma** é um ecossistema grande e estável, terrestre ou aquático, classificado de acordo com o tipo de vegetação predominante e com as adaptações de organismos específicos a esse meio ambiente. Os biomas levam o nome da vegetação dominante porque é a feição mais facilmente identificada. As seis principais classificações de vegetação terrestre são floresta, savana, campos, complexos arbustivos, deserto e tundra. Dentro desses grupos gerais, as designações dos biomas são baseadas na forma de crescimento mais específica; por exemplo, as florestas são subdivididas em florestas pluviais, florestas sazonais, florestas mistas latifoliadas e florestas aciculifoliadas. Idealmente, um bioma representa uma comunidade madura de vegetação natural. Uma zona de transição entre ecossistemas adjacentes é um **ecótono**.

bioma (p. 595)
ecótono (p. 596)

2. Defina bioma. Qual é a base para sua designação?
3. Dê alguns exemplos de formas de crescimento vegetal.
4. Descreva uma zona de transição entre dois ecossistemas. Quão amplo é um ecótono? Explique.

■ *Explicar* o impacto potencial de espécies não nativas sobre as comunidades bióticas, usando diversos exemplos.

Comunidades, ecossistemas e biomas podem ser afetados por espécies externas introduzidas pelos humanos, seja por acidente ou intencionalmente. Essas espécies não nativas também são conhecidas como *espécies exóticas*. Após chegarem em um novo ecossistema, algumas espécies podem perturbar os ecossistemas nativos e tornar-se **espécies invasoras**.

espécies invasoras (p. 596)

5. Dê diversos exemplos de espécies invasoras descritas no livro e descreva seu impacto sobre os sistemas naturais.
6. O que aconteceu nas águas de Tristão da Cunha? Por que esse tema foi introduzido no Capítulo 6 e só foi concluído neste capítulo? Quais são as ligações entre os capítulos? Quais danos econômicos podem decorrer dos ecossistemas marinhos da ilha de Tristão?

■ *Resumir* as características dos dez maiores biomas terrestres da Terra e *localizá-los* em um mapa-múndi.

Para uma visão geral dos 10 principais biomas terrestres do planeta e suas características de vegetação, ordem de solos, denominações do tipo de clima, variação anual da precipitação, padrões de temperatura e características de balanço hídrico, consulte a Tabela 20.1. O bioma de floresta tropical está sendo desmatado rapidamente. Como essas florestas são os biomas mais diversos da Terra e são importantes para o sistema climático, essa perda cria grande preocupação para cidadãos, cientistas e nações.

floresta tropical pluvial (p. 599)
floresta tropical sazonal e complexo arbustivo (p. 603)
savana tropical (p. 603)
floresta de latitude média ombrófila e mista (p. 606)
floresta boreal (p. 607)
floresta aciculifoliada (p. 607)
taiga (p. 607)
floresta de altitude (p. 607)
floresta temperada pluvial (p. 608)
complexo arbustivo mediterrâneo (p. 609)
chaparral (p. 609)
campos de latitudes médias (p. 610)
deserto e semideserto quente (p. 611)
deserto e semideserto frio (p. 611)
desertos polares (p. 611)
tundra ártica (p. 612)
tundra alpina (p. 613)

7. Usando o gráfico integrativo da Tabela 20.1 e o mapa-múndi na Figura 20.7, selecione dois biomas e estude a correlação entre características de vegetação, solo, umidade e clima, com sua distribuição espacial. Então contraste os dois biomas em termos de cada característica.
8. Descreva as florestas tropicais pluviais. Por que o sub-bosque da floresta não apresenta relativo crescimento de plantas? Por que a exploração de madeira de espécies específicas é tão difícil lá?
9. Quais questões estão envolvidas no desmatamento das florestas tropicais pluviais? Qual é o impacto dessas perdas sobre o resto da biosfera? Quais são as novas ameaças para essas florestas tropicais pluviais?
10. A *caatinga*, o *chaco*, o *brigalow* e o *dornveld* referem-se a quê? Explique.
11. Descreva o papel do fogo no bioma de savana tropical e de floresta de latitude média ombrófila e mista.
12. Por que o bioma de floresta boreal não existe no Hemisfério Sul, exceto em regiões montanhosas? Onde esse bioma está localizado no Hemisfério Norte e qual é sua relação com o tipo de clima?
13. Em qual bioma encontramos as árvores mais altas da Terra? Qual bioma é dominado por pequenas plantas raquíticas, liquens e musgos?
14. Que tipo de vegetação predomina nos climas mediterrâneos (verão seco)? Descreva as adaptações necessárias para que essas plantas sobrevivam.

15. Qual é o significado do meridiano 98°W em termos de campos da América do Norte? Que tipos de invenções possibilitaram a agricultura nessas pradarias?
16. Descreva algumas das adaptações únicas das xerófitas.
17. Quais são os tipos de plantas e animais encontrados no bioma de tundra?
18. Como um exemplo dos impactos das mudanças do clima, reconstituímos as condições de temperatura e precipitação em Illinois no *Geossistemas Hoje* do Capítulo 19. Que impactos você acha que a mudança climática terá nos biomas do Brasil e em outros países?

■ *Discutir* estratégias de gestão de ecossistemas e conservação de biodiversidade.

Esforços estão em andamento em todo o mundo para separar e proteger os locais representativos restantes na maioria dos principais biomas da Terra. Os princípios de **biogeografia de ilhas** usados no estudo dos ecossistemas isolados são importantes para estabelecer reservas de biosfera. Comunidades insulares são especiais para esses estudos devido ao seu isolamento espacial e ao número relativamente pequeno de espécies presentes. A proteção dos ecossistemas aquáticos inclui a designação de **grandes ecossistemas marinhos (GEM)**. Na realidade, poucos biomas não perturbados existem no mundo, pois a maioria foi modificada pela atividade humana. O novo conceito de **biomas antropogênicos** leva em consideração os impactos do povoamento humano, da agricultura e das práticas florestais sobre os padrões de vegetação.

biogeografia de ilhas (p. 616)
grandes ecossistemas marinhos (p. 616)
biomas antropogênicos (p. 616)

19. Descreva a teoria da biogeografia de ilhas. Qual foi a importância dessa teoria para preservar a biodiversidade? Quais são os objetivos de uma reserva de biosfera?
20. Quais são as ameaças aos ecossistemas aquáticos costeiros? Cite um exemplo de grande ecossistema marinho protegido nos Estados Unidos.
21. Descreva o conceito de biomas antropogênicos. De acordo com as categorias apresentadas no mapa de *O denominador humano 20*, como você classificaria a área em que vive?

Sugestões de leituras em português

DAJOZ, R. *Princípios de ecologia*. 17. ed. Porto Alegre: Artmed, 2005.

ROSS, J. L. S. *Ecogeografia do Brasil*: subsídios para planejamento ambiental. São Paulo: Oficina de textos, 2006.

TOWNSEND, C. R.; BEGON, M.; HARPER, J. L. *Fundamentos em ecologia*. 3. ed. Porto Alegre: Artmed, 2010.

▲Figura 20.22 **As alterações humanas modificam biomas funcionais.** Em uma área rural da Polônia, próximo à vila de Lanckorona, sudoeste de Cracóvia, mais de um milênio de alterações humanas modificaram o bioma natural. A Cracóvia foi estabelecida no século dezessete e era a principal cidade da Europa em 1000 d.C. Originalmente essa área do país era um ecótono entre florestas de latitudes médias de ombrófilas e mistas e floresta boreal. Atualmente, a paisagem mostra agricultura ativa e área fragmentada, campos em pousio e algumas áreas protegidas; à direita, na foto, a floresta nacional preserva o que muitas gerações removeram da cobertura vegetal original. Este cenário rural nos conecta ao sistema terrestre, interconectado ao sistema que sustenta a vida – assim, essa é a nossa jornada pelos Geossistemas. (Bobbé Christopherson)

A Mapas

Mapas utilizados no livro

Geossistemas utiliza diversas projeções cartográficas: equivalente modificada de Goode, Robinson, cilíndrica de Miller, entre outras. Cada uma delas foi escolhida para melhor apresentar os diferentes tipos de dados. A **projeção equivalente modificada de Goode** é um mapa-múndi interrupto elaborado em 1923 pelo Dr. J. Paul Goode na Universidade de Chicago. O Atlas de Goode, de Rand McNally, utilizou-a pela primeira vez em 1925. A projeção equivalente modificada de Goode (Figura A 1) é uma combinação de duas projeções ovais (projeção homolográfica e senoidal).

Duas projeções equidistantes são cortadas e coladas em conjunto para melhorar a representação das formas da Terra. Uma *projeção senoidal* é utilizada entre as latitudes 40° N e 40° S. Seu meridiano central é uma linha reta; todos os outros meridianos são desenhados como curvas senoidais (com base em curvas de onda senoidal) e os paralelos são uniformemente espaçados. A *projeção de Mollweide*, também chamada de *projeção homolográfica*, é utilizada de 40° N ao Polo Norte e de 40° S ao Polo Sul. Seu meridiano central é uma linha reta, todos os outros meridianos são desenhados como arcos elípticos e os paralelos são espaçados de modo desuniforme – afastados no Equador e próximos em direção aos polos. Esta técnica de combinar duas projeções preserva o tamanho da área, sendo excelente para mapeamento de distribuição espacial quando a interrupção de continentes ou oceanos não for um problema.

Utilizamos a projeção equivalente modificada de Goode, por exemplo, no mapa climático mundial, em mapas menores de tipos climáticos no Capítulo 10, em mapas de escudos continentais e regiões topográficas (Figuras 13.3 e 13.4), no mapa mundial do *karst* (Figura 14.15), em regiões desérticas e depósitos de *loess* (Figura 16.33) e no mapa de biomas terrestres na Figura 20.7.

Outra projeção cartográfica que utilizamos foi a de **Robinson**, elaborada por Arthur Robinson em 1963 (Figura A.2). Esta projeção não mantém a área ou a forma, mas é um meio-termo entre esses elementos. Os polos Norte e Sul aparecem como linhas com comprimento pouco superior à metade da linha do Equador; assim, as latitudes maiores são menos exageradas do que em outras projeções ovais e cilíndricas. Alguns desses mapas incluem o mapa de zonas geográficas latitudinais no Capítulo 1 (Figura 1.15), o mapa de balanço de radiação diária (Figura 2.10), o mapa de amplitude térmica mundial no Capítulo 5 (Figura 5.16), os mapas de placas litosféricas da crosta e dos vulcões e terremotos no Capítulo 12 (Figuras 12.18 e 12.20) e o mapa de derramamento de petróleo no Capítulo 16 (Figura 16.1.2).

A **projeção cilíndrica de Miller** também foi utilizada Neste livro (Figura A.3). Exemplos dessa projeção incluem o mapa-múndi de fuso horário (Figura 1.19), mapas de temperatura global no Capítulo 5 (Figuras 5.12 e 5.13) e dois mapas de pressão atmosférica global na Figura 6.10. Esta projeção não mantém a forma ou a área, mas é um meio-termo que evita a grave distorção de escala da projeção de Mercator. A projeção cilíndrica de Miller aparece frequentemente nos atlas mundiais. A Sociedade Geográfica Americana apresentou a projeção de Osborn Miller em 1942.

Mapeamento, quadrículas e mapas topográficos

A expansão rumo a oeste pelo vasto continente norte-americano exigiu uma série de levantamentos topográficos para uma criação rigorosa de mapas. Os mapas eram neces-

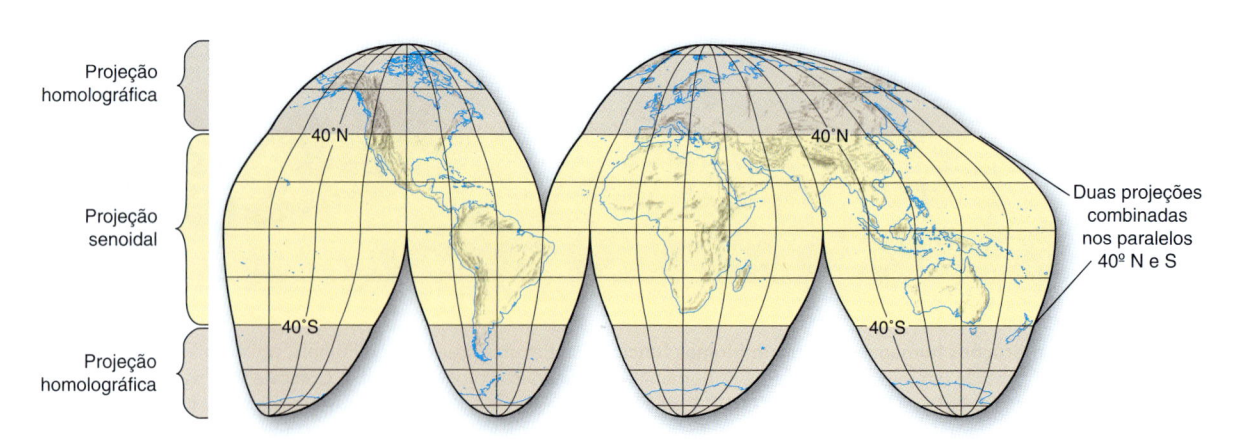

Figura A.1 Projeção homolosina de Goode. Um mapa equivalente. [Direitos autorais pela Universidade de Chicago. Utilizado com permissão da Imprensa da Universidade de Chicago.]

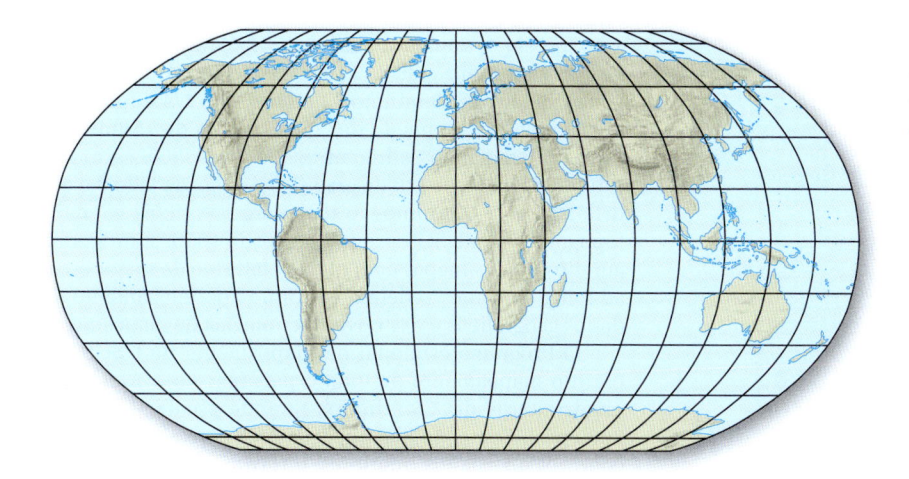

Figura A.2 Projeção de Robinson. Esta projeção não mantém a área nem a forma, mas é um meio-termo entre esses elementos. [Desenvolvido por Arthur H. Robinson, 1963.]

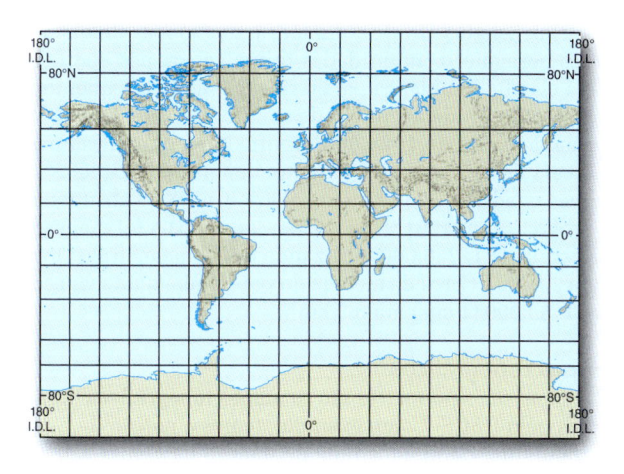

Figura A.3 Projeção cilíndrica de Miller. Esta projeção não mantém a área nem a forma, mas é um meio-termo entre esses elementos. [Desenvolvido por Osborn M. Miller, American Geographical Society, 1942.]

sários para subdivisão de terrenos, orientação de viagens, explorações, colonizações e transporte. Em 1785, o Sistema Público de Levantamento Topográfico iniciou o levantamento e o mapeamento das terras do governo nos Estados Unidos. Em 1836, o Levantamento Escriturário no Cartório de Registro de Terras do Departamento do Interior dirigiu o levantamento de terras públicas. O Gabinete de Gestão de Terras substituiu este Cartório de Registro de Terras em 1946. A própria preparação e o resguardo das informações levantadas ficaram a cargo do Levantamento Geológico dos Estados Unidos (USGS), também uma subdivisão do Departamento do Interior (visite **http://www.usgs.gov/pubprod/maps.html**). No Canadá, o *National Resources Canada* conduz o programa nacional de mapeamento. O mapeamento canadense inclui mapas-base, mapas temáticos, cartas aeronáuticas, mapas topográficos federais, bem como o Atlas Nacional do Canadá, agora em sua quinta edição (visite **http://atlas.nrcan.gc.ca/**).

Mapas de quadrículas

O USGS demonstra informações levantadas em mapas quadriculares, assim chamados por serem retangulares com quatro ângulos retos. Os ângulos são uma conjunção de paralelos de latitude e meridianos de longitude, em vez de fronteiras políticas. Estes mapas quadriculares utilizam a Projeção Equivalente de Albers, pertencente à classe das projeções cartográficas cônicas.

A precisão de conformidade (forma) e escala deste mapa-base é melhorada com a utilização de dois paralelos-padrão. (Lembre-se do Capítulo 1 de que as linhas padrão estão onde a projeção cônica toca a superfície do globo, produzindo maior precisão.) Nos Estados Unidos, estes paralelos são 29,5° N e 45,5° N de latitude (destacados na Projeção de Albers na Figura 1.21c). Os paralelos padrão se alteram para a projeção cônica do Alaska (55° N e 65° N) e para o Havaí (8° N e 18° N).

Devido a um único mapa em escala 1:24.000 dos Estados Unidos ser superior a 200 m de largura, um sistema teve que ser concebido para dividir o mapa em um tamanho manejável. Assim, um sistema quadricular utilizando coordenadas de latitude e longitude foi desenvolvido. Note que estes mapas não são retângulos perfeitos porque os meridianos convergem em direção aos polos. A largura dos quadriláteros reduz visivelmente à medida que você se desloca para o Norte (em direção ao polo).

Os mapas de quadrículas são publicados em diferentes séries, cobrindo diferentes montantes da superfície terrestre em diferentes escalas. Na Figura A.4 cada série é refe-

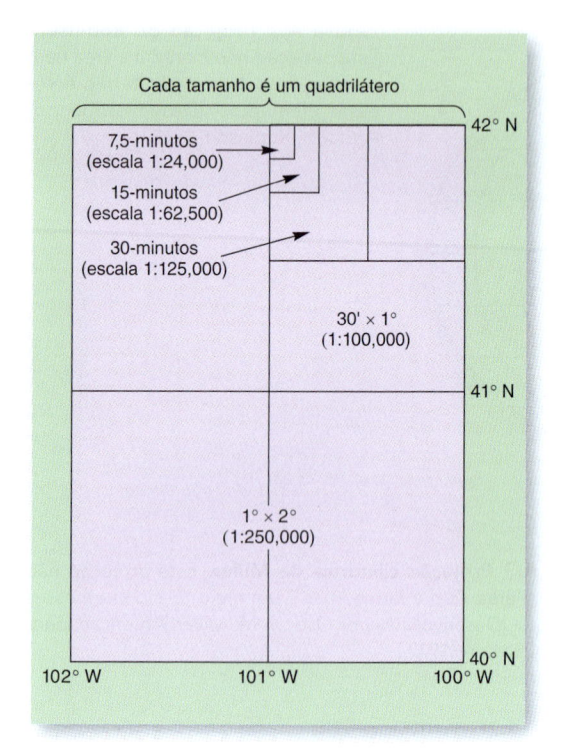

Figura A.4 Sistema quadrangular de mapas usado pela USGS.

renciada pelas suas dimensões angulares, que variam de 1° × 2° (escala 1: 250.000) para 7,5' × 7,5' (escala 1: 24.000). O mapa de meio grau (30') em cada lado é chamado de "quadrilátero de 30-minutos", e o mapa de 1/4 de grau (15°) em cada lado é chamado de "quadrilátero de 15-minutos" (este era o tamanho padrão utilizado pela USGS entre 1910 e 1950). O mapa de 1/8 de grau (7,5°) em cada lado é o quadrilátero de 7,5-minutos, o mais largo de todos os mapas topográficos da USGS e o padrão desde 1950. A progressão em direção aos mapas com mais detalhes e de maior escala ao longo dos anos reflete o contínuo aperfeiçoamento dos dados geográficos e das novas tecnologias de mapeamento.

O Programa Nacional de Mapeamento da USGS concluiu o mapeamento de todo o país (exceto o Alaska) em quadriláteros de 7,5-minutos (grande escala, 1 pol para 2000 pés). Foram 53.838 quadriláteros de 7,5-minutos para cobrir os 48 estados inferiores, o Hawaí e os territórios dos Estados Unidos. Uma série de menor escala, generalista, de quadriláteros de 15-minutos oferece a cobertura do Alaska.

Nos Estados Unidos, a maioria dos mapas de quadrículas permanece em unidades britânicas de pés e milhas. Uma eventual mudança para o sistema métrico requer uma revisão das unidades utilizadas em todos os mapas, desta forma, a escala de 1: 24.000 eventualmente mudaria para a escala de 1: 25.000. No entanto, depois de completas algumas quadrículas no sistema métrico, a USGS abandonou o programa em 1991. No Canadá, todo o país foi mapeado na escala de 1: 250.000, utilizando o sistema métrico (1 cm para 2,5 km). Cerca de metade do país também foi mapeado em 1: 50.000 (1 cm para 0,5 km).

Mapas topográficos

Os mapas mais populares são os **mapas topográficos** preparados pelo USGS. Como exemplo, temos a porção de Cumberland, Maryland, mostrada no quadro da Figura A.5. Os

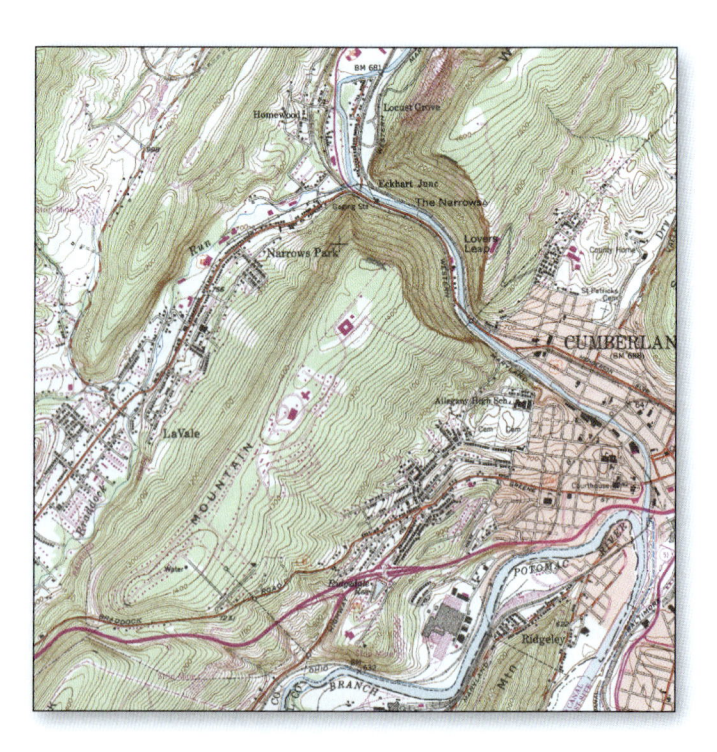

Figura A.5 Um exemplo de mapa topográfico a partir dos Apalaches. Cumberland, MD, PA, WV mapa topográfico com quadrilátero de 7,5-minutos preparado pela USGS. Note a coluna de água através da Montanha Haystack. Em *Applied Physical Geography*, 7a edição, neste mapa topográfico está acessível por meio do serviço de mapeamento do Google Earth™ onde você encontra o mapa em 3-D para visualizar a topografia em qualquer ângulo ou detalhe que você escolher a partir do seu computador.

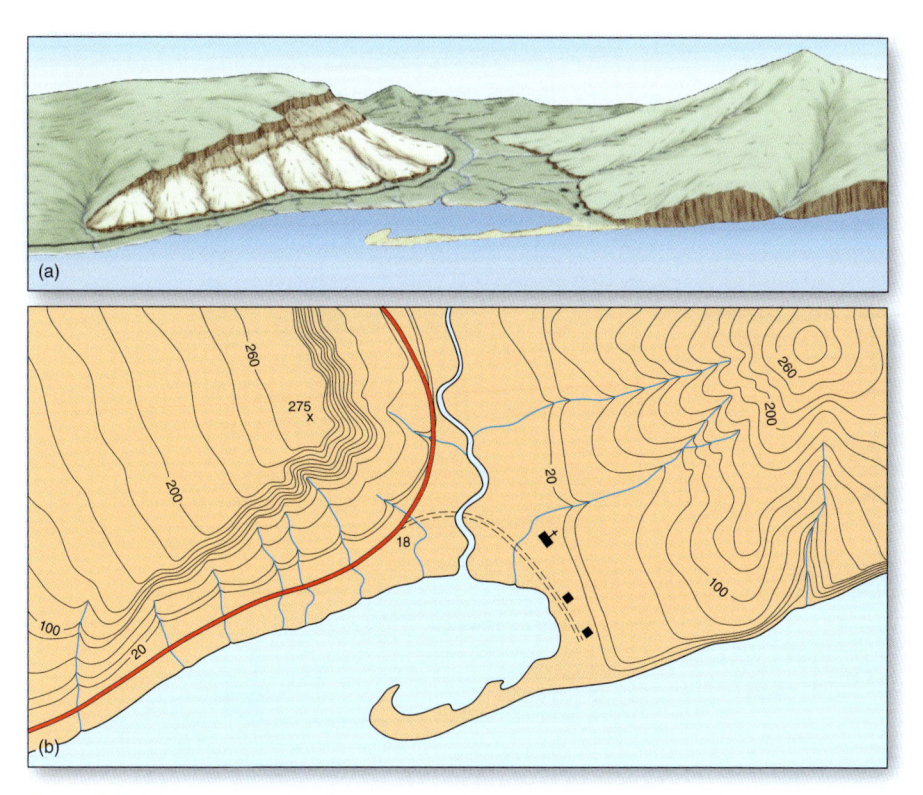

Figura A.6 Mapa topográfico de um cenário hipotético. (a) Perspectiva de um cenário hipotético. (b) Representação daquele cenário em um mapa topográfico. O intervalo das curvas de nível é de 20 pés (6,1 m). [Modificado do U.S. Geological Survey.]

mapas topográficos estão por todo o livro porque eles retratam paisagens de modo eficaz. Como exemplos, temos as Figuras 14.18, paisagens *karst* e *sinkholes* nos arredores de Orleans, Indiana, e a Figura 17.17, *drumlins* em Nova York.

Um **mapa planimétrico** mostra a posição horizontal (latitude/longitude) das fronteiras, características de uso e cobertura do solo, corpos de água e recursos econômicos e culturais. Um exemplo comum de um mapa planimétrico são os mapas rodoviários.

Um mapa topográfico acrescenta um componente vertical para mostrar a topografia (configuração da superfície terrestre), incluindo declividade e relevo (diferença vertical na elevação da paisagem). Estes detalhes são mostrados com a utilização das *curvas de nível* (Figura A.6) que ligam todos os pontos de mesma altitude. As elevações são mostradas acima e abaixo de um datum vertical ou de um nível de referência, que geralmente é o nível do mar. O intervalo entre as curvas de nível é a distância vertical em elevação entre duas curvas adjacentes (6,1 m na Figura A.6b).

O mapa topográfico da Figura A.6b mostra uma paisagem hipotética, demonstrando como as curvas de nível e os intervalos retratam declives e alívios, que são os aspectos tridimensionais do terreno. O padrão das curvas de nível e o espaçamento entre elas indicam o declive. Quanto maior a declividade, mais juntas as curvas de nível aparecem – na figura, o espaçamento entre as curvas de nível representam as falésias à esquerda da rodovia. Um espaçamento maior entre essas curvas de nível retrata um declive gradual, como pode ser visto a partir das curvas de nível da praia e à direita do vale do rio.

Na Figura A.7 estão os símbolos padrão utilizados nesses mapas topográficos. Estes símbolos e cores são o padrão em todos os mapas topográficos do USGS: preto para ação antrópica, azul para recursos hídricos, marrom para as características do relevo e curvas de nível, rosa para áreas urbanizadas e verdes para florestas, pomares e itens do gênero.

As margens de um mapa topográfico há muitas informações sobre o seu conteúdo: nome da quadrícula, nome dos quadros adjacentes, séries e tipos, posicionamento quanto a latitude e longitude e outros sistemas de coordenadas, título, legendas, declinação magnética (alinhamento do norte magnético) e informação de bússola, datum, símbolos utilizados para trilhos e estradas, as datas e os antecedentes do levantamento da quadrícula e mais.

Os mapas topográficos podem ser adquiridos diretamente no Centro de Informação Topográfica do USGS, NRC (**http://maps.nrcan.gc.ca/**). Muitos escritórios estaduais de levantamento geológico, sedes de parques nacionais e estaduais, fornecedores, lojas esportivas e livrarias também vendem mapas topográficos para auxiliar as pessoas no planejamento das suas atividades ao ar livre.

Dados de controle e monumentos

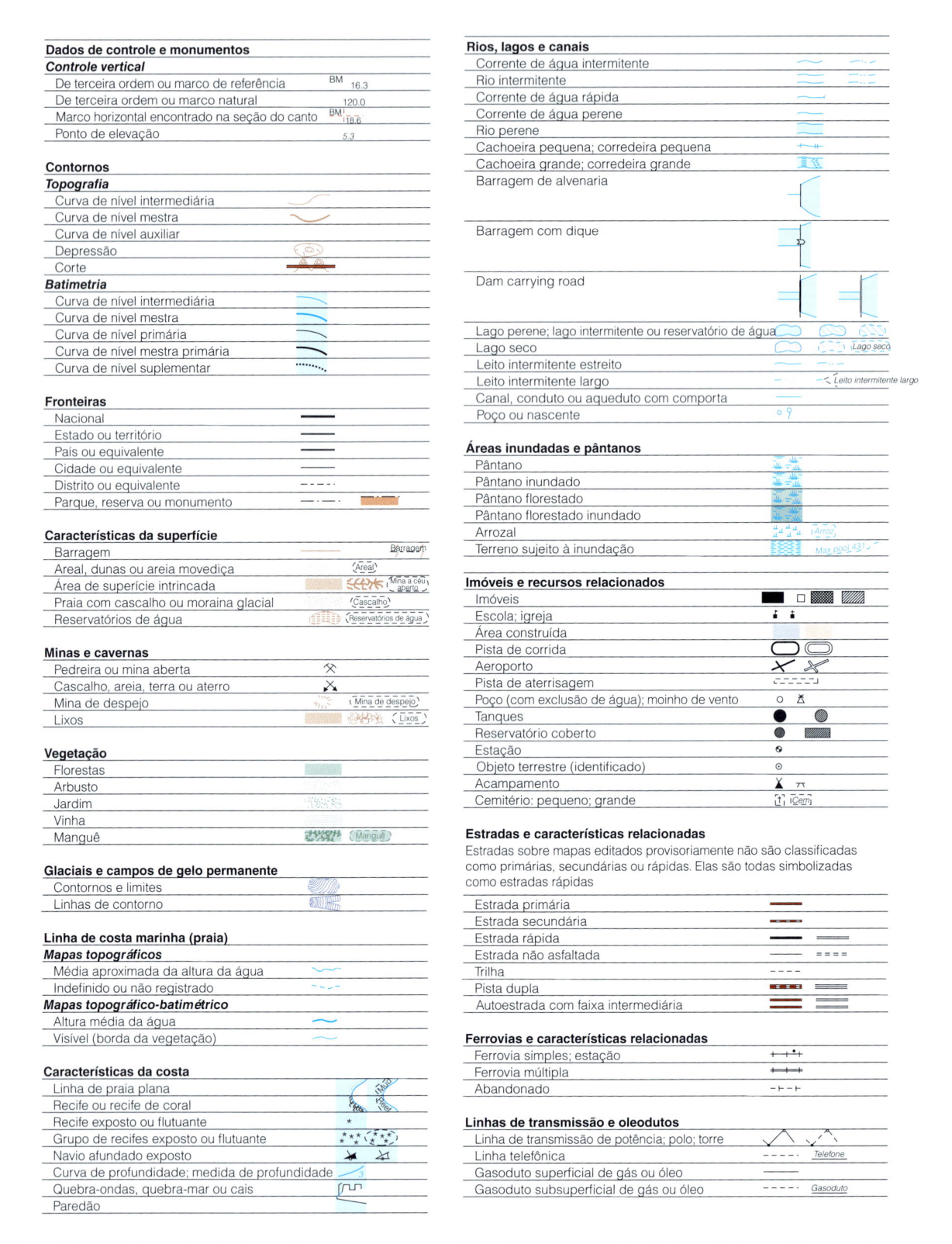

Controle vertical
De terceira ordem ou marco de referência	BM 16.3
De terceira ordem ou marco natural	120.0
Marco horizontal encontrado na seção do canto	BM 18.6
Ponto de elevação	5.3

Contornos

Topografia
- Curva de nível intermediária
- Curva de nível mestra
- Curva de nível auxiliar
- Depressão
- Corte

Batimetria
- Curva de nível intermediária
- Curva de nível mestra
- Curva de nível primária
- Curva de nível mestra primária
- Curva de nível suplementar

Fronteiras
- Nacional
- Estado ou território
- País ou equivalente
- Cidade ou equivalente
- Distrito ou equivalente
- Parque, reserva ou monumento

Características da superfície
- Barragem
- Areal, dunas ou areia movediça
- Área de superfície intrincada
- Praia com cascalho ou moraina glacial
- Reservatórios de água

Minas e cavernas
- Pedreira ou mina aberta
- Cascalho, areia, terra ou aterro
- Mina de despejo
- Lixos

Vegetação
- Florestas
- Arbusto
- Jardim
- Vinha
- Mangue

Glaciais e campos de gelo permanente
- Contornos e limites
- Linhas de contorno

Linha de costa marinha (praia)

Mapas topográficos
- Média aproximada da altura da água
- Indefinido ou não registrado

Mapas topográfico-batimétrico
- Altura média da água
- Visível (borda da vegetação)

Características da costa
- Linha de praia plana
- Recife ou recife de coral
- Recife exposto ou flutuante
- Grupo de recifes exposto ou flutuante
- Navio afundado exposto
- Curva de profundidade; medida de profundidade
- Quebra-ondas, quebra-mar ou cais
- Paredão

Rios, lagos e canais
- Corrente de água intermitente
- Rio intermitente
- Corrente de água rápida
- Corrente de água perene
- Rio perene
- Cachoeira pequena; corredeira pequena
- Cachoeira grande; corredeira grande
- Barragem de alvenaria
- Barragem com dique
- Dam carrying road
- Lago perene; lago intermitente ou reservatório de água
- Lago seco
- Leito intermitente estreito
- Leito intermitente largo
- Canal, conduto ou aqueduto com comporta
- Poço ou nascente

Áreas inundadas e pântanos
- Pântano
- Pântano inundado
- Pântano florestado
- Pântano florestado inundado
- Arrozal
- Terreno sujeito à inundação

Imóveis e recursos relacionados
- Imóveis
- Escola; igreja
- Área construída
- Pista de corrida
- Aeroporto
- Pista de aterrisagem
- Poço (com exclusão de água); moinho de vento
- Tanques
- Reservatório coberto
- Estação
- Objeto terrestre (identificado)
- Acampamento
- Cemitério: pequeno; grande

Estradas e características relacionadas

Estradas sobre mapas editados provisoriamente não são classificadas como primárias, secundárias ou rápidas. Elas são todas simbolizadas como estradas rápidas

- Estrada primária
- Estrada secundária
- Estrada rápida
- Estrada não asfaltada
- Trilha
- Pista dupla
- Autoestrada com faixa intermediária

Ferrovias e características relacionadas
- Ferrovia simples; estação
- Ferrovia múltipla
- Abandonado

Linhas de transmissão e oleodutos
- Linha de transmissão de potência; polo; torre
- Linha telefônica
- Gasoduto superficial de gás ou óleo
- Gasoduto subsuperficial de gás ou óleo

Figura A.7 Símbolos padronizados usados nos mapas topográficos da USGS. Unidades inglesas ainda prevalecem, embora poucos mapas USGS estejam no sistema métrico. [Fonte: USGS, Topographic Maps, 1969.]

B O sistema de classificação climática de Köppen

O sistema de classificação climática de Köppen, elaborado pelo climatologista e botânico alemão Wladimir Köppen (1846–1940), é muito utilizado por ser de fácil compreensão. A base de qualquer sistema empírico de classificação está na escolha dos critérios que serão adotados para delimitar climas distintos em um mapa. A classificação de Köppen-Geiger utiliza médias *mensais de temperatura* e de *precipitação* e a *precipitação total anual* para demarcar a distribuição espacial das categorias e seus limites. Porém, devemos lembrar que os limites, na verdade, são zonas de transição que mudam gradualmente. Estes padrões e a distribuição dos tipos climáticos são mais importantes do que a sua precisa localização, especialmente com as escalas pequenas em geral utilizadas nos mapas climáticos.

Dedique alguns minutos e examine o sistema de Köppen, seus critérios e as considerações para cada grupo climático principal. No entanto, o sistema modificado de Köppen-Geiger possui limitações: ele não considera os ventos, os extremos de temperatura, a intensidade da precipitação, a intensidade da radiação solar, a nebulosidade ou o balanço de radiação solar. Mesmo assim, este sistema é importante porque suas correlações com o mundo real permitem enquadrar qualquer tipo climático com os dados padronizados disponíveis atualmente.

Denominações adotadas na classificação de Köppen

Os fatores genéticos, ou causais, que formam a base das categorias climáticas de Köppen são apresentadas no mapa dos climas global na Figura 10.2, páginas 462-63. Aqui apresentamos os critérios atuais desenvolvidos por Köppen. O sistema de Köppen utiliza inicialmente letras maiúsculas (A, B, C, D, E, H) para designar os grupos de climas do equador aos polos. A definição de cada grupo é apresentada nas margens da Figura B.1.

Cinco destes grupos estão baseados no critério térmico:

A. Tropical (região equatorial)
C. Mesotérmico ou Temperado (mediterrâneo, subtropical úmido, marítimo das costas ocidentais)
D. Microtérmico ou Continental (continental úmido, região subártica) Polar (regiões polares)
H. Montanha (comparado com as terras baixas na mesma latitude, as montanhas possuem menor temperatura média do ar – relembre o gradiente térmico vertical médio – e precipitação mais eficiente devido à menor demanda de umidade)

Somente um grupo climático nesta classificação baseia-se na umidade:

B. Seco (desertos e estepes)

Cada grupo climático (letra maiúscula) é seguido por letras minúsculas utilizadas para identificar as condições de umidade e a temperatura do ar. Por exemplo, no clima de floresta tropical pluvial, *Af*, o *A* indica que a temperatura média do ar do mês mais frio fica acima de 18°C (média mensal), e o *f* indica que o ar é constantemente úmido, com o mês mais seco tendo pelo menos 60 mm de precipitação. A letra *f* vem da palavra alemã *feucht*, que significa umidade; como pode ser observado no mapa climático, o clima de floresta tropical pluvial *Af* predomina ao longo do equador e das florestas equatoriais pluvial.

No grupo *Dfa*, a letra *D* significa que a temperatura média do ar do mês mais quente é superior a 10°C, e pelo menos em um mês a temperatura média é inferior a 0°C, o *f* indica que chove no mínimo 30 mm em cada mês e a letra *a* informa que a temperatura média do mês mais quente do verão é superior a 22°C. Assim, o clima Dfa com verões quentes pertence ao grupo Continental Úmido.

Diretrizes da classificação de Köppen

As diretrizes da classificação climática de Köppen e o mapa-base são apresentadas na Figura B.1. Primeiramente observe os princípios de cada grupo climático, a convenção de cada tipo e a sua distribuição geográfica no mapa-múndi. Você pode comparar este mapa com o da Figura 10.2, que apresenta os fatores de cada tipo climático.

Cinco destes grupos estão baseados no critério térmico:

A. Tropical (região equatorial)
C. Mesotérmico ou Temperado (mediterrâneo, subtropical úmido, marítimo das costas ocidentais)
D. Microtérmico ou Continental (continental úmido, região subártica) Polar (regiões polares)
H. Montanha (comparado com as terras baixas na mesma latitude, as montanhas possuem menor temperatura média do ar – relembre o gradiente térmico vertical médio – e precipitação mais eficiente devido à menor demanda de umidade)

Somente um grupo climático nesta classificação baseia-se na umidade:

B. Seco (desertos e estepes)

Apêndice B • O sistema de classificação climática de Köppen

Diretrizes da Classificação de Köppen
Clima tropical — A

Constantemente quente com temperatura média mensal acima de 18°C; a disponibilidade hídrica anual é maior do que a demanda.

Af — Floresta pluvial tropical:
 f = precipitação excede 60 mm em todos os meses

Am — Monção:
 m = estação seca bem marcada com precipitação menor do que 60 mm em 1 ou mais meses; outra estação excessivamente chuvosa. A ZCIT predomina de 6–12 meses.

Aw — Savana tropical:
 w = Verão úmido, inverno seco; predomínio da ZCIT por 6 meses ou menos, déficit hídrico no inverno.

Clima temperado — C

Temperatura acima de 10°C no mês mais quente; acima de 0°C no mês mais frio, porém abaixo de 18°C; estações definidas.

Cfa, Cwa — Subtropical úmido:
 a = Verão quente; mês mais quente acima de 22°C.
 f = Precipitação bem distribuída no ano.
 w = Inverno seco, a precipitação no mês mais úmido do verão é 10 vezes maior do que a do mês mais seco do inverno

Cfb, Cfc — Marítimo da costa oeste, verão suave a fresco:
 f = Precipitação bem distribuída no ano.
 b = Temperatura abaixo de 22°C no mês mais quente; e acima de 10°C em 4 meses.
 c = Temperatura acima de 10°C de 1–3 meses.

Csa, Csb — Mediterrâneo com verão seco:
 s = Verão seco com 70% da precipitação concentrada no inverno.
 a = Verão quente com temperatura acima de 22°C no mês mais quente.
 b = Verão brando, com temperatura do mês mais quente abaixo de 22°C.

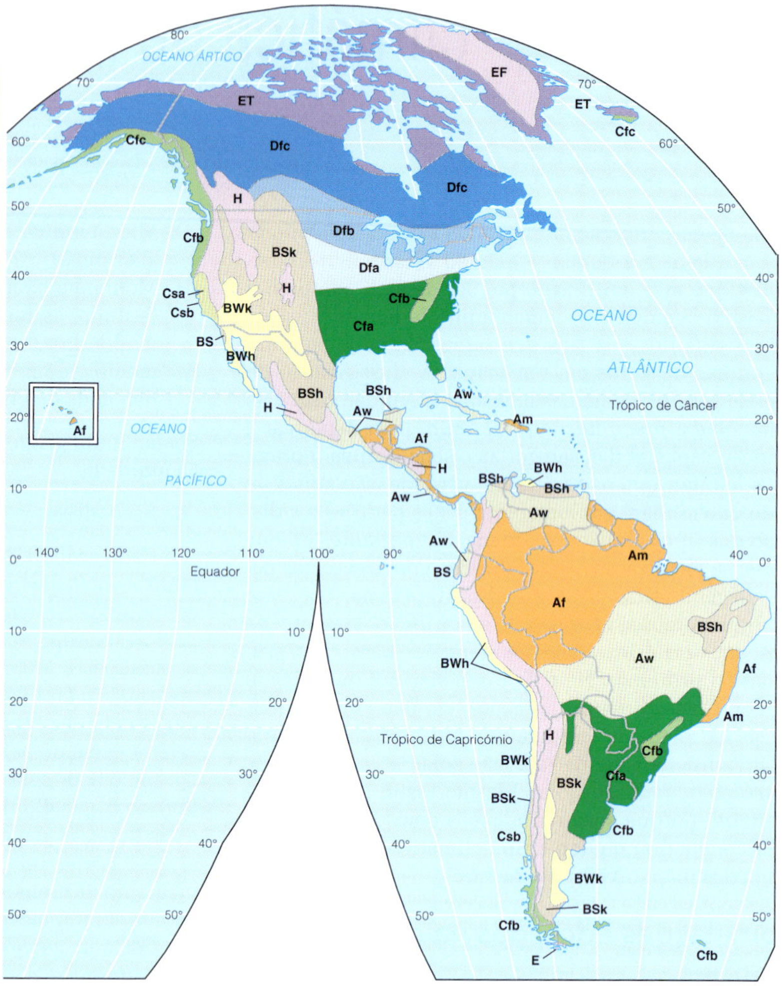

Clima continental — D

Mês mais quente tem temperatura acima de 10°C; mês mais frio com temperatura abaixo de 0°C; ambientes frescos-frios; clima nivoso. Este grupo não ocorre no Hemisfério Sul.

Dfa, Dwa — continental úmido:
 a = verão quente; mês mais quente com temperatura acima de 22°C
 f = Precipitação bem distribuída no ano.
 w = Inverno seco.

Dfb, Dwb — continental úmido:
 b = Verão brando; temperatura do mês mais quente fica abaixo de 22°C.
 f = Precipitação bem distribuída no ano.
 w = Inverno seco.

Dfc, Dwc, Dwd — Subártico:
Verão fresco, inverno frio.
 f = Precipitação bem distribuída no ano.
 w = Inverno seco.
 c = 1–4 meses com temperatura acima de 10°C
 b = Mês mais frio com temperatura abaixo –38°C, somente na Sibéria.

Climas áridos e semiáridos — B

Evapotranspiração potencial* (demanda natural de umidade) excede a precipitação (disponibilidade natural de umidade) em todos os climas do grupo B. Subdivisão baseada na época e quantidade da precipitação, e na temperatura média anual.

Climas áridos.

BWh — Deserto quente de baixa latitude
BWk — Deserto frio de latitude média
 BW = Precipitação inferior à metade da demanda natural de umidade.
 h = Temperatura média anual >18°C.
 k = Temperatura média anual <18°C.

Climas semiáridos.

BSh — Estepe quente de baixa latitude
BSk — Estepe fria de latitude média
 BS = Precipitação inferior à metade da demanda natural, porém não igual a ela.
 h = Temperatura média anual >18°C.
 k = Temperatura média anual <18°C.

Climas polares — E

Mês mais quente tem temperatura abaixo de 10°C; sempre frio; climas gélidos.

ET — Tundra:
 Mês mais quente entre 0–10°C; precipitação excede a pequena evapotranspiração potencial*; presença de neve superficial entre 8–10 meses.

EF — Manto de gelo:
 Mês mais quente tem temperatura abaixo de 0°C; Precipitação excede a reduzida evapotranspiração potencial*; regiões polares.

EM — Polar marítimo:
 Temperatura do ar acima de –7°C em todos os meses, mês mais quente está acima de 0°C; amplitude térmica anual de <17°C

*Quantidade de água que poderia evaporar ou transpirar se ela estivesse disponível – a demanda natural de umidade em um ambiente; veja o Capítulo 9.

Figura B.1 Os climas no mundo segundo o sistema de classificação de Köppen.

Apêndice B • O sistema de classificação climática de Köppen **627**

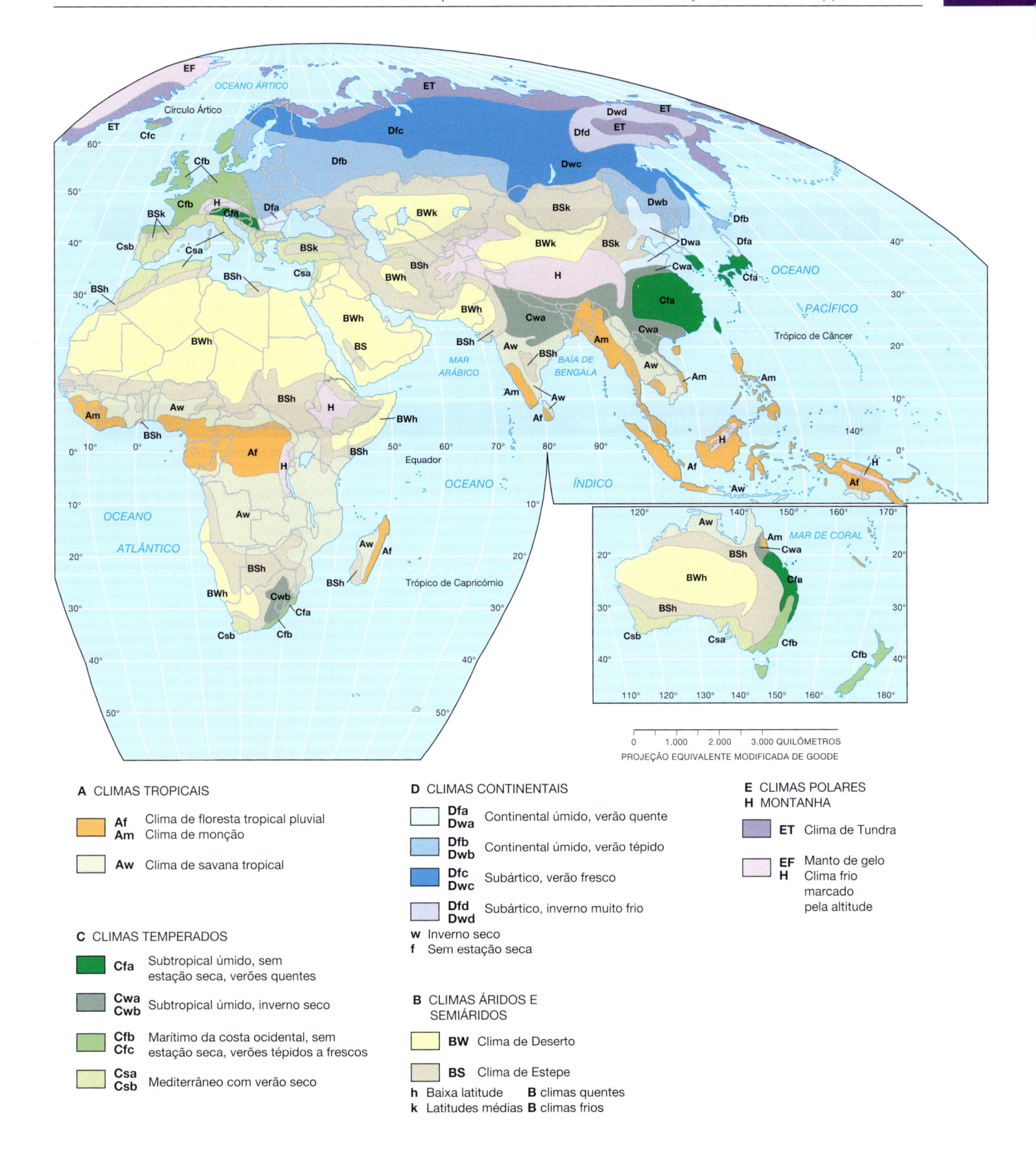

A CLIMAS TROPICAIS

- **Af** Clima de floresta tropical pluvial
- **Am** Clima de monção
- **Aw** Clima de savana tropical

C CLIMAS TEMPERADOS

- **Cfa** Subtropical úmido, sem estação seca, verões quentes
- **Cwa / Cwb** Subtropical úmido, inverno seco
- **Cfb / Cfc** Marítimo da costa ocidental, sem estação seca, verões tépidos a frescos
- **Csa / Csb** Mediterrâneo com verão seco

D CLIMAS CONTINENTAIS

- **Dfa / Dwa** Continental úmido, verão quente
- **Dfb / Dwb** Continental úmido, verão tépido
- **Dfc / Dwc** Subártico, verão fresco
- **Dfd / Dwd** Subártico, inverno muito frio

w Inverno seco
f Sem estação seca

B CLIMAS ÁRIDOS E SEMIÁRIDOS

- **BW** Clima de Deserto
- **BS** Clima de Estepe

h Baixa latitude   B climas quentes
k Latitudes médias B climas frios

E CLIMAS POLARES
H MONTANHA

- **ET** Clima de Tundra
- **EF** Manto de gelo
- **H** Clima frio marcado pela altitude

PROJEÇÃO EQUIVALENTE MODIFICADA DE GOODE

C Fatores de conversão

Medidas de energia e potência

1 watt (W) = 1 joule/s
1 joule = 0,239 calorias
1 caloria = 4,186 joules
1 W/m² = 0,001433 cal/min
697,8 W/m² = 1 cal/cm² min⁻¹

1 W/m² = 61,91 cal/cm² mês⁻¹
W/m² = 753,4 cal/cm² ano⁻¹
100 W/m² = 75 kcal/cm² ano⁻¹

Constante solar:
1372 W/m²
2 cal/cm² min⁻¹

Sistema inglês para o sistema métrico

Medida inglesa	Multiplicada por	Medida métrica equivalente
Comprimento		
Polegada (in.)	2,54	Centímetros (cm)
Pé (ft)	0,3048	Metros (m)
Jarda (yd)	0,9144	Metros (m)
Milha (mi)	1,6094	Quilômetros (km)
Milha terrestre	0,8684	Milhas náuticas
Área		
Polegada quadrada (in.²)	6,45	Centímetros quadrados (cm²)
Pé quadrado (ft²)	0,0929	Metros quadrados (m²)
Jarda quadrada (yd²)	0,8361	Metros quadrados (m²)
Milha quadrada (mi²)	2,5900	Quilômetros quadrados (km²)
Acres (a)	0,4047	Hectare (ha)
Volume		
Polegada cúbica (in.³)	16,39	Centímetros cúbicos (cm³)
Pé cúbico (ft³)	0,028	Metros cúbicos (m³)
Jarda cúbica (yd³)	0,765	Metros cúbicos (m³)
Milha cúbica (mi³)	4,17	Quilômetros cúbicos (km³)
4 quartos americanos (qt)	0,9463	Litros (L)
4 quartos ingleses (qt)	1,14	Litros (L)
Galão americano (gal)	3,8	Litros (L)
Galão inglês (gal)	4,55	Litros (L)
Massa		
Onça (oz)	28,3495	Gramas (g)
Libra (lb)	0,4536	Quilogramas (kg)
Tonelada curta americana (tn)	0,91	Tonelada métrica (t)
Velocidade		
Milha/hora (mi/h)	0,448	Metros/segundo (m/s)
Milha/hora (mi/h)	1,6094	Quilômetros/hora (km/h)
Milha/hora (mi/h)	0,8684	Nó (kn) (milha náutica por hora)
Temperatura		
Grau Fahrenheit (°F)	0,556 (depois de subtrair 32)	Graus Celsius (°C)
Medidas adicionais de volume:		
Galão (Americano)	0,833	Galões (Inglês)
Acre-pé	325.872	Galões (gal)

Notação científica

Múltiplos	Prefixos	
$1.000.000.000 = 10^9$	giga	G
$1.000.000 = 10^6$	mega	M
$1.000 = 10^3$	quilo	k
$100 = 10^2$	hecto	h
$10 = 10^1$	deca	da
$1 = 10^0$		
$0,1 = 10^{-1}$	deci	d
$0,01 = 10^{-2}$	centi	c
$0,001 = 10^{-3}$	mili	m
$0,000001 = 10^{-6}$	micro	μ

Glossário

O número entre parênteses após o termo informa em qual capítulo aquele conteúdo é abordado.

Aa (13) Lava basáltica áspera, recortada e semelhante ao clínquer, com bordos afilados. Essa textura ocorre porque a lava perde os gases aprisionados, flui lentamente e desenvolve uma espessa crosta que se rompe formando uma superfície recortada.

Abiótico (1) Não vivo; os sistemas não vivos de energia e materiais da Terra.

Ablação (17) Perda de gelo glacial por derretimento, sublimação, remoção pelo vento mediante deflação ou desprendimento de blocos de gelo (formação de icebergs). (Vide Deflação.)

Abrasão (16, 17) Desgaste e erosão mecânicos do leito rochoso realizado pelo rolamento e pela trituração de partículas e rochas levadas por uma corrente, removidas pelo vento em um "jateamento de areia" ou alojadas em gelo glacial.

Absorção (4) Assimilação e conversão de radiação de uma forma para outra em um meio. No processo, a temperatura da superfície absorvente é elevada, afetando, assim, a frequência e o comprimento de onda da radiação a partir daquela superfície.

Ação de congelamento (14) Uma poderosa força mecânica produzida quando a água expande até 9% do seu volume ao congelar. O congelamento da água na cavidade de uma rocha pode quebrá-la se exceder a força tensional da rocha.

Ação hidráulica (15) O trabalho erosivo realizado pela turbulência da água; provoca ação de compressão e liberação das juntas do leito rochoso; capaz de alavancar e levantar rochas.

Adiabático (7) Relativo ao resfriamento de uma porção ascendente de ar por meio da expansão ou do aquecimento de uma porção descendente de ar por meio de compressão, sem troca de calor entre a porção e o ambiente circundante.

Advecção (4) Movimento horizontal de ar ou água de um lugar ao outro. (Comparar Convecção.)

Aerossóis (3) Pequenas partículas de poeira, fuligem e poluentes suspensas no ar.

Aerossóis de sulfato (3) Composto de sulfato na atmosfera, principalmente ácido sulfúrico; as principais fontes estão ligadas à combustão de combustíveis fósseis; eles espalham e refletem a insolação.

Afélio (2) O ponto da Terra com a maior distância até o Sol em sua órbita elíptica; atingido em 4 de julho, com uma distância de 152.083.000 km (94,5 milhões milhas); variável em um ciclo de 100.000 anos. (Comparar Periélio.)

Agradação (15) O acúmulo geral de superfície de terra em razão da deposição de material; o oposto de degradação. Quanto a carga de sedimentos de um rio excede a capacidade do rio de transportá-la, o canal do rio é preenchido por esse processo.

Água artesiana (9) Água subterrânea pressurizada que se eleva em um poço ou estrutura rochosa acima do lençol freático local; pode afluir ao solo sem bombeamento. (Vide Superfície potenciométrica.)

Água capilar (9) Umidade do solo, sendo a maior parte dela acessível às raízes das plantas; é mantida no solo pela tensão superficial da água e por forças coesivas entre água e solo. (Vide também Água disponível, Capacidade de campo, Água higroscópica, Ponto de murcha.)

Água gravitacional (9) A porção de água excedente que percola da zona capilar para baixo, sendo puxada pela gravidade até a zona da água subterrânea.

Água higroscópica (9) A porção da umidade do solo que está tão fortemente ligada a cada partícula do solo, que fica indisponível para as raízes dos vegetais; a água, juntamente com um pouco de água capilar ligada, que fica no solo após o ponto de murcha ser atingido. (Vide Ponto de murcha.)

Água subterrânea (9) Água abaixo da superfície que está na zona de solo das raízes; uma fonte importante de água potável.

Albedo (4) A qualidade refletiva de uma superfície, expressa como a porcentagem da insolação refletida sobre a insolação de entrada; uma função de cor da superfície, ângulo de incidência e textura da superfície.

Aleta (6) Um instrumento meteorológico usado para determinar a direção do vento; os ventos recebem o nome da direção de onde se originam.

Alfisols (18) Uma ordem de solo na *Soil Taxonomy*. Solos florestais moderadamente intemperizados que são versões úmidas dos Molisols, com produtividade dependente de padrões específicos de umidade e temperatura; rico em elementos orgânicos. A mais abrangente das ordens de solo.

Alta da Antártica (6) Uma região uniforme de alta pressão com centro na Antártica; região-fonte de uma intensa massa de ar polar, seca e associada às menores temperaturas da Terra.

Alta das Bermudas (6) Uma célula de alta pressão subtropical que se forma no Atlântico Norte ocidental. (Vide Alta dos Açores.)

Alta do Pacífico (6) Uma célula de alta pressão que domina o Pacífico em julho, recuando rumo ao sul no Hemisfério Norte em janeiro; também conhecida como alta da Havaí.

Alta dos Açores (6) Uma célula de alta pressão subtropical que se forma no Hemisfério Norte no Atlântico oriental (vide Alta das Bermudas); associada a água quente e límpida e com grandes quantidades de sargaço, uma alga típica do Mar dos Sargaços.

Alta polar (6) Sistemas de pressão fracos, anticiclônicos e de origem térmica, posicionados aproximadamente em cima dos polos; a que está em cima do Polo Sul é a região com a menores temperaturas da Terra. (Vide Alta antártica.)

Alta subtropical (6) Um das várias áreas dinâmicas de alta pressão que cobrem aproximadamente a região das latitudes de 20° a 35° N e S; responsável pelas áreas quentes e secas dos desertos áridos e semiáridos da Terra. (Vide Anticiclone.)

Altitude (2) A distância angular entre o horizonte (um plano horizontal) e o Sol (ou qualquer ponto do céu).

Altocumulus (7) Nuvens infladas de nível médio que ocorrem em diversas formas: linhas remendadas, padrões de onda, "céu encarneirado" ou nuvens em forma de lentes (lenticulares).

Aluvião (15) Termo descritivo geral para argila, silte, areia, cascalho e outras rochas não consolidadas e fragmentos minerais transportados pela água corrente e depositados como sedimento classificado ou semiclassificado em uma planície de inundação, delta ou leito fluvial.

Análise de isótopos (11) Uma técnica de reconstituição climática de longo prazo que usa a estrutura atômica dos elementos químico (mais especificamente, as quantidades relativas dos seus isótopos) para identificar a composição química dos oceanos e massas de gelo do passado.

Análise espacial (1) O exame das interações, padrões e variações espaciais na área e/ou espaço; uma abordagem integrativa essencial da geografia.

Andisols (18) Uma ordem de solo na *Soil Taxonomy*; derivada de materiais-fonte vulcânicos em áreas de atividade vulcânica. Uma nova ordem, criada em 1990, contendo solos anteriormente considerados *Inceptisols* e *Entisols*.

Anemômetro (6) Um aparelho que mede a velocidade do vento.

Ângulo de repouso (14) A inclinação de uma encosta que se origina quando partículas soltas chegam ao repouso; um ângulo de equilíbrio entre forças impulsoras e de resistência, variando entre 33° e 37° em relação a um plano horizontal.

Anticiclone (6) Uma área de alta pressão atmosférica, de origem dinâmica ou térmica, com fluxos de ar descendentes e divergentes que giram no sentido horário no Hemisfério Norte e no sentido anti-horário no Hemisfério Sul. (Comprar Ciclone.)

Anticlinal (13) Estratos rochosos dobrados para cima, em que as camadas apresentam declive a partir do eixo da dobra, ou crista central. (Comparar Sinclinal.)

Aquiclude (9) Uma camada rochosa impermeável ou corpo de materiais não consolidados que bloqueia o fluxo da água subterrânea e forma o limite de um aquífero confinado. (Comparar Aquífero.)

Aquífero (9) Um corpo rochoso que conduz água subterrânea em quantidade utilizáveis; uma camada rochosa permeável. (Comparar Aquiclude.)

Aquífero confinado (9) Um aquífero delimitado acima e abaixo por camadas impermeáveis de rocha ou sedimento. (Vide Água artesiana, Aquífero não confinado.)

Aquífero não confinado (9) Um aquífero que não é limitado por estratos impermeáveis. É simplesmente a zona de saturação em estratos rochosos portadores de água sem manto impermeável de cobertura, e a recarga geralmente é realizada por água que percola vinda de cima. (Comparar Aquífero confinado.)

Aquitardo (9) Um corpo de rocha ou sedimentos não consolidados com baixa permeabilidade e que não conduz água subterrânea em quantidade utilizáveis.

Ar (3) Um mistura simples de gases (N, O, Ar, CO_2 e gases residuais) naturalmente inodora, incolor, insípida e amorfa, misturada tão bem que se comporta como se fosse um único gás.

Área de recarga do aquífero (9) A área superficial em que água entra em um aquífero para recarregar os estratos portadores de água em um sistema de águas subterrâneas.

Área igual (1, Apêndice A) Um traço de uma projeção cartográfica; indica a equivalência de todas as áreas na superfície do mapa, embora a forma seja distorcida. (Vide Projeção cartográfica.)

Aresta (17) Uma crista afiada que divide duas bacias de circo. Forma cristas serrilhadas em montanhas glaciadas.

Aridisols (18) Uma ordem de solo na *Soil Taxonomy*; a maior ordem de solo. Típica de climas secos; pobre em matéria orgânica e dominada por calcificação e salinização.

Armazenamento da umidade do solo (9) STRGE; a retenção de umidade dentro do solo; é uma conta-poupança que aceita depósitos (recarga da umidade do solo) e permite retiradas (utilização da umidade do solo) à medida que as condições mudam.

Ascensão convecional (8) O ar que passa sobre superfícies quentes ganha empuxo e ascende, iniciando processos adiabáticos.

Ascensão convergente (8) O ar que aflui de diferentes direções força a ascensão e o deslocamento do ar para cima, iniciando processos adiabáticos.

Ascensão orográfica (8) A ascensão de uma massa de ar migrante quando ela é forçada a subir por cima de uma cordilheira – uma barreira topográfica. O ar que ascende esfria adiabaticamente ao se mover encosta acima; podem-se formar nuvens, produzindo maior precipitação.

Astenosfera (12) Região do manto superior, logo acima da litosfera; a porção menos rígida do interior da Terra, conhecida como camada plástica, e que flui muito lentamente, sob calor e pressão extremos.

Atmosfera (1) O fino véu de gases que circunda a Terra, formando uma barreira protetora entre o espaço sideral e a biosfera; em geral, considera-se que ela se estende por 480 km a partir da superfície da Terra.

Atmosfera antropogênica (3) A atmosfera futura da Terra, assim chamada porque os humanos parecem ser o principal agente causal.

Aurora polar (2) Um espetacular fenômeno de luz brilhante na ionosfera, estimulado principalmente pela interação do vento solar com os gases oxigênio e nitrogênio e alguns outros átomos em latitudes altas; chamada de aurora boreal no Hemisfério Norte e de aurora austral no Hemisfério Sul.

Avalancha de detritos (14) Uma massa de rochas, detritos e solo que desmorona e cai; pode ser perigosa por causa das tremendas velocidades atingidas pelos materiais em precipitação.

Avanço em terra (8) A localização na costa onde uma tempestade entra litoral adentro.

Bacia de drenagem (15) A unidade geomórfica espacial básica de um sistema fluvial; distingue-se da bacia adjacente por cadeias e terras altas que formam divisores, marcando os limites da área de captação da bacia de drenagem.

Bacia oceânica (13) O continente físico (uma depressão na litosfera) que contém um oceano.

Baixa da Islândia (6) Vide Célula subpolar de baixa pressão.

Baixa das Aleutas (6) Vide Célula subpolar de baixa pressão.

Baixa equatorial (6) Uma área de baixa pressão de origem térmica que praticamente cinge a Terra, com ar convergindo e ascendendo por toda a sua extensão; também chamada de zona de convergência intertropical (ZCIT).

Baixa subpolar (6) Uma região de baixa pressão centrada aproximadamente sobre os 60° de latitude no Atlântico Norte, próximo à Islândia, e no Pacífico Norte, próximo às Aleutas, assim como no Hemisfério Sul. O fluxo de ar é ciclônico; ele enfraquece no verão e se fortalece no inverno. (Vide Ciclone.)

Bajada (15) Uma cobertura contínua de leques aluviais coalescidos, formada ao longo da base de montanhas em climas áridos; apresenta uma superfície de rolamento suave de leque para leque. (Vide Leque aluvial.)

Balanço global de carbono (11) A troca de carbono entre fontes e sumidouros na atmosfera, hidrosfera, litosfera e biosfera da Terra.

Balanço hídrico (9) Um sistema de contabilização hídrica de uma área da superfície da Terra que utiliza entradas de precipitação e saídas de evapotranspiração (evaporação das superfícies do solo e transpiração dos vegetais) e escoamento superficial. A "renda" de precipitação compensa as "despesas" de evaporação, transpiração e escoamento; o armazenamento de umidade do solo atua como a "poupança" do orçamento.

Banco de erosão basal (15) Em cursos d'água, um banco íngreme formado junto à porção exterior do canal meandrante; produzido pela ação erosiva lateral do curso d'água; às vezes chamado de erosão basal. (Comparar Barra de pontal.)

Barômetro aneroide (6) Um aparelho que mede a pressão do ar utilizando uma célula selada parcialmente evacuada. (Vide Pressão do ar.)

Barômetro de mercúrio (6) Um aparelho que mede a pressão do ar utilizando uma coluna de mercúrio em um tubo; uma extremidade do tubo é selada e a outra extremidade é inserida em uma vasilha aberta de mercúrio. (Vide Pressão do ar.)

Barra de pontal (15) Em um curso d'água, a porção interior de um meandro, onde o aporte de sedimentos é redepositado. (Comparar Banco de erosão basal.)

Barreira de baía (16) Um extenso pontal de barreira de areia ou cascalho que cerca uma baía, isolando-a completamente do oceano e formando uma laguna; produzida pela ação da deriva litorânea e das ondas; às vezes chamada de "língua de baía". (Vide Pontal de barreira, Laguna.)

Basalto (12) Uma rocha ígnea extrusiva comum, de grão fino, compreendendo o grosso da crosta do assoalho oceânico, derrames de lava e formas vulcânicas; o gabro é sua forma intrusiva.

Basalto em derrames (13) Um acúmulo de derrames horizontais formado quando a lava se espalha na superfície a partir de fissuras alongadas, em mantos extensos; associado a erupções efusivas. (Vide Basalto.)

Batólito (12) A maior forma plutônica exposta na superfície; uma massa intrusiva irregular; invade rochas crustais, resfriando lentamente, de forma que se desenvolvem grandes cristais. (Vide Plúton.)

Bergschrund (17) Forma-se quando uma fenda ou rachadura larga abre-se ao longo da parede da cabeceira de uma geleira; mais visível no verão, quando a neve sazonal desaparece.

Biodiversidade (19) Um princípio de ecologia e biogeografia: quando mais diversificada é a população de espécies em um ecossistema (em número de espécies, quantidade de membros de cada espécie e conteúdo genético), mais o risco é espalhado por toda a comunidade, o que resulta em maior estabilidade geral, maior produtividade e maior uso dos nutrientes, em comparação com uma monocultura de pouca ou nenhuma diversidade.

Biogeografia (19) O estudo da distribuição das plantas e animais e dos ecossistemas relacionados; as relações geográficas com seus meios ambientes ao longo do tempo.

Biogeografia de ilhas (20) Comunidades insulares são lugares especiais para esses estudos devido ao seu isolamento espacial e ao número relativamente pequeno de espécies presentes. Essas ilhas se parecem com experimentos naturais, pois o impacto de fatores individuais, como a civilização, é mais fácil de ser avaliado do que em grandes áreas continentais.

Bioma (2) Um ecossistema de grande escala, estável, terrestre ou aquático, classificado de acordo com o tipo de vegetação predominante e com as adaptações de organismos específicos a esse meio ambiente.

Bioma antropogênico (20) Um termo conceitual recente para ecossistemas estáveis e de larga escala que se originam da interação humana constante com os ambientes naturais. As modificações humanas estão frequentemente ligadas a práticas de uso da terra, como agricultura, silvicultura e urbanização.

Biomassa (19) A massa total de organismos vivos na Terra ou por área unitária de paisagem; também, o peso dos organismos vivos em um ecossistema.

Biosfera (1) A área em que a atmosfera, a litosfera e a hidrosfera atuam juntas para formar o contexto dentro do qual a vida existe; uma intrincada rede que conecta todos os organismos ao seu ambiente físico.

Biótico (1) Vivo; refere-se ao sistema vivo de organismos da Terra.

Bolson (bacia árida) (13) A área de encosta e bacia entre as cristas de duas cadeias adjacentes em uma região seca.

Brisa montanha-vale (6) Um vento leve produzido quando o ar mais frio da montanha desce a encosta à noite e o ar mais quente do vale sobre a encosta de dia.

Brisa terra-mar (6) Vento ao longo da costa e áreas interiores adjacentes criado pelas diferentes características de aquecimento das superfícies da terra e da água – brisa maral (soprando para a terra) durante a tarde e brisa terral (soprando para o mar) à noite.

Cadeia alimentar (19) O circuito pelo qual a energia flui dos produtores (vegetais), que geram seu próprio alimento, aos consumidores (animais); um fluxo unidirecional de energia química, terminando nos decompositores.

Calcário (12) A rocha sedimentar química (não clástica) mais comum; é carbonato de cálcio litificado; muito suscetível ao intemperismo químico por parte de ácidos no meio ambiente, incluindo o ácido carbônico das chuvas.

Calcificação (18) O acúmulo iluvionado (depositado) de carbonato de cálcio ou carbonato de magnésio nos horizontes do solo B e C.

Caldeira (13) Uma porção interior abatida da cratera de um vulcão composto; normalmente com lados íngremes e circular, às vezes contendo um lago; também pode ser encontrado em associação com vulcões-escudo.

Calor (4) O fluxo de energia cinética entre um corpo e outro em função de uma diferença de temperatura entre eles.

Calor específico (5) O aumento de temperatura de um material quando energia é absorvida; a água possui um calor específico mais alto (consegue armazenar mais calor) do que um mesmo volume de solo ou rocha.

Calor latente (7) A energia térmica é armazenada em um de três estados – gelo, água ou vapor d'água. A energia é absorvida ou liberada em cada mudança de fase de um estado para o outro. A energia térmica é absorvida como o calor latente do derretimento, vaporização ou evaporação. A energia térmica é liberada como o calor latente da condensação e do congelamento (ou fusão).

Calor latente da condensação (7) A energia térmica liberada no ambiente em uma mudança de fase de vapor para água líquida; sob a pressão normal do nível do mar, são liberadas 540 calorias para cada grama de água que muda de fase para vapor d'água na ebulição, e são liberadas 585 calorias para cada grama de vapor d'água que condensa a 20°C.

Calor latente da sublimação (7) A energia térmica absorvida ou liberada na mudança de fase de gelo para vapor ou de vapor para gelo, sem fase líquida. A mudança de vapor para gelo é também chamada de deposição.

Calor latente da vaporização (7) A energia térmica absorvida do ambiente em uma mudança de fase de água líquida para vapor no ponto de ebulição; na pressão normal do nível do mar, 540 calorias precisam ser acrescentadas a cada grama de água fervente para se atingir uma mudança de fase para vapor d'água.

Calor sensível (4) Calor que pode ser medido com um termômetro; a medida da concentração de energia cinética originária da movimentação molecular.

Calota de gelo (17) Uma geleira grande em forma de domo, menos extensa do que um manto de gelo, embora soterre picos de montanhas e a paisagem local; em geral, menor que 50.000 km².

Camada ativa (17) Uma zona de solo sazonalmente congelada que existe entre a camada de permafrost na subsuperfície e a superfície do solo. A camada ativa está sujeita a ciclos congelamento-descongelamento diários e sazonais regulares. (Vide Permafrost, Periglacial.)

Camada de ozônio (3) Vide Ozonosfera.

Campo de gelo (17) A forma menor de geleira que cobre área extensa, com superfície plana ou ondulada, com cristas e picos de montanhas visíveis acima do gelo; menor do que uma calota ou manto de gelo.

Canal entrelaçado (15) Um rio que se torna um labirinto de canais interconectados ligado por sedimentos em excesso. O entrelaçamento costuma ocorrer com uma redução da descarga que reduz a capacidade de transporte de um rio ou com um aumento na carga de sedimentos.

Canal meandrante (15) Um padrão sinuoso e curvo comum em rios em equilíbrio, com a porção exterior energética de cada curva estando sujeita ao máximo de ação erosiva e a porção interna de energia baixa recebendo depósitos de sedimentos. (Vide Rio em equilíbrio.)

Capacidade de campo (9) Água retida no solo pelas pontes de hidrogênio contra a atração gravitacional, remanescendo após a água ser drenada pelos espaços dos poros maiores; a água disponível para os vegetais. (Vide Água disponível, Água capilar.)

Capacidade de troca de cátions (CTC) (18) A capacidade dos coloides do solo de trocar cátions entre suas superfícies e a solução do solo; um potencial medido que indica fertilidade do solo. (Vide Coloide do solo, Fertilidade do solo.)

Carbonatação (14) Um processo de intemperismo químico em que um ácido carbônico fraco (água e dióxido de carbono) reage com vários minerais que contêm cálcio, magnésio, potássio e sódio (especialmente o calcário), transformando-o em carbonatos.

Carga de fundo (15) Materiais grossos que são arrastados pelo leito de um rio por tração ou pelo movimento de rolamento e ricochete da saltação; envolve partículas grandes demais para permanecer em suspensão. (Vide Tração, Saltação.)

Carga dissolvida (15) Materiais carregadas em solução química em um rio, derivados de minerais como calcário e dolomita ou de sais solúveis.

Carga suspensa (15) Partículas finas em suspensão em um curso d'água. As partículas mais finas só são depositadas quando a velocidade da água se aproxima de zero.

Carnívoro (19) Um consumidor secundário que come principalmente carne para seu sustento. O carnívoro do topo de uma cadeia alimentar é considerado um consumidor terciário. (Comparar Herbívoro.)

Cartografia (1) A confecção de mapas e cartas de navegação; uma ciência e arte especializada que mistura aspectos de geografia, engenharia, matemática, artes gráficas, computação e especialidades artísticas.

Chaparral (20) Formações de arbustos dominantes nos climas mediterrâneos (verão seco); caracterizado por arbustos esclerófilos e florestas baixas, raquíticas e resistentes; derivado do espanhol chaparro; específico da Califórnia. (Vide Complexo arbustivo mediterrâneo.)

Chuva-congelada (8) Chuva-gelo ou pelotas de gelo.

Ciclo biogeoquímico (19) Um dos diversos circuitos de elementos e materiais circulantes (carbono, oxigênio, nitrogênio, fósforo, água) que combinam os sistemas bióticos (vivos) e abióticos (não vivos) da Terra; o ciclo dos materiais é contínuo, sendo renovado pela biosfera e pelos processos vivos.

Ciclo de retroalimentação (1) Criado quando uma parte da entrada de um sistema é devolvida como uma entrada de informação, provocando mudanças que conduzem à operação do sistema. (Vide Retroalimentação negativa, Retroalimentação positiva.)

Ciclo de rochas (12) Um modelo que representa as inter-relações entre os três processos de formação rochosa: ígneo, sedimentar e metamórfico; mostra como cada um pode ser transformado em um outro tipo de rocha.

Ciclo geológico (12) Um termo geral que caracteriza os vastos ciclos que se dão na litosfera. Compreende ciclo hidrológico, ciclo tectônico e ciclo rochoso.

Ciclo hidrológico (9) Um modelo simplificado do fluxo de água, gelo e vapor d'água de um lugar ao outro. A água flui através atmosfera e pela terra, onde é armazenada como gelo e água subterrânea. A energia solar abastece o ciclo.

Ciclogênese (8) Um processo atmosférico que descreve o nascimento de um ciclone de onda de latitude média, geralmente ao longo da frente polar. Também refere-se ao fortalecimento e desenvolvimento de um ciclone de latitude média ao longo da encosta oriental das Rochosas, de outras barreiras montanhosas norte-sul e da costa leste da América do Norte e da Ásia. (Vide Ciclone de latitude média, frente polar.)

Ciclone (6) Uma área de baixa pressão atmosférica, de origem dinâmica ou térmica, com fluxos de ar ascendentes e convergentes que giram no sentido anti-horário no Hemisfério Norte e no sentido horário no Hemisfério Sul. (Comparar Anticiclone; vide Ciclone de latitude média, Ciclone tropical.)

Ciclone de latitude média (8) Uma área organizada de baixa pressão, com fluxo de ar convergente e ascendente produzindo uma interação de massas de ar; migra seguindo as trajetórias das tempestades. Essas baixas ou depressões formam o padrão meteorológico dominante das latitudes médias e altas de ambos os hemisférios.

Ciclone de onda (8) Vide Ciclone de latitude média.

Ciclone tropical (8) Uma circulação ciclônica que se origina nos trópicos, com ventos entre 30 e 64 nós (39 e 73 mph); caracterizado por isóbaras próximas, organização circular e chuvas pesadas. (Vide Furacão, Tufão.)

Ciclos de Milankovitch (11) Os ciclos orbitais uniformes – baseados nas irregularidades da órbita da Terra ao redor do Sol, sua rotação em torno do seu eixo, e sua inclinação axial – relacionados a padrões climáticos e que podem ser uma causa importante dos períodos glaciais e interglaciais. Milutin Milankovitch (1879-1958), um astrônomo sérvio, foi o primeiro a correlacionar esses ciclos às mudanças de insolação que afetavam as temperaturas da Terra.

Ciência da mudança do clima (11) O estudo interdisciplinar das causas e consequências da mudança do clima em todos os sistemas da Terra e da sustentabilidade das sociedades humanas.

Ciência da sustentabilidade (1) Uma disciplina científica emergente e integrada que se baseia nos conceitos de desenvolvimento sustentável relacionado aos sistemas do funcionamento da Terra.

Ciência do sistema terrestre (1) Uma ciência emergente sobre a Terra como um ente completo e sistemático. Um conjunto interatuante de sistemas físicos, químicos e biológicos que produzem os processos de todo o sistema terrestre. Um estudo da mudança planetária oriunda de operações sistêmicas; abrange o desejo de uma compreensão mais quantitativa dos componentes, ao invés de uma descrição qualitativa.

Ciência do solo (18) Ciência interdisciplinar do solo. A pedologia ocupa-se da origem, classificação, distribuição e descrição do solo. A edafologia enfoca o solo como um meio de sustentação de plantas mais altas.

Cinturão circumpacífico (13) Uma região tectonicamente e vulcanicamente ativa que cinge o Oceano Pacífico; também chamado de "cinturão de fogo".

Cinturão de fogo (13) Vide Cinturão circumpacífico.

Circo (17) Uma bacia escavada em forma de anfiteatro na cabeceira de um vale de geleira alpina; uma geoforma erosional.

Circulação termohalina (6) Correntes de oceano profundo produzidas por diferenças de temperatura e salinidade com a profundidade; as correntes profundas da Terra.

Círculo Antártico (2) Esta latitude (66,5° S) denota o paralelo mais setentrional (no Hemisfério Sul) que passa por um período de 24 horas de escuridão no inverno ou de luz do sol no verão.

Círculo Ártico (2) Esta latitude (66,5° N) denota o paralelo mais meridional (no Hemisfério Norte) que passa por um período de 24 horas de escuridão no inverno ou de luz do sol no verão.

Círculo de iluminação (2) A divisão entre luz e escuridão na Terra; um grande círculo noite-dia.

Cirrus (7) Nuvens filamentosas e frágeis de cristais de gelo, que ocorrem acima de 6000 m; surgem sob diversas formas, de fibras parecidas com plumas e cabelos até véus de mantos fundidos.

Classe de formação (20) O tipo de vegetação dominante que se estende por uma região.

Classificação (10) O processo de ordenar ou agrupar dados ou fenômenos em classes relacionadas; resulta em uma distribuição regular de informação; uma taxonomia.

Classificação climática de Köppen-Geiger (Apêndice B) Um sistema de classificação empírica que utiliza temperaturas mensais médias, precipitação mensal média e precipitação anual total para estabelecer designações climáticas regionais.

Classificação empírica (10) Uma classificação climática baseada em estatísticas meteorológicas ou outros dados; usada para determinar categorias climáticas gerais. (Comparar Classificação genética.)

Classificação genética (10) Uma classificação climática que utiliza fatores causais para determinar regiões climáticas; por exemplo, uma análise do efeito de massas de ar interatuantes. (Comparar Classificação empírica.)

Clima (1) O comportamento consistente de longo prazo do tempo ao longo do tempo, incluindo sua variabilidade; em contraste com o tempo, que é a condição da atmosfera em um dado local e momento.

Climatologia (10) O estudo científico do clima e padrões climáticos e do comportamento consistente do tempo, incluindo sua variabilidade e extremos, ao longo do tempo em um local ou região; inclui os efeitos da mudança climática sobre a sociedade e cultura humana.

Climograma (10) Um gráfico que traça valores diários, mensais ou anuais de temperatura e precipitação para uma estação selecionada; também pode incluir informações adicionais de tempo.

Clorofila (19) Um pigmento fotossensível contido nos cloroplastos (organelas) das células das folhas das plantas; a base da fotossíntese.

Clorofluorcarbonos (CFC) (3) Uma molécula fabricada (polímero) composta de cloro, flúor e carbono; inerte e com propriedades térmicas excepcionais; também conhecida como um dos halogêneos. Após o lento transporte até a camada de ozônio estratosférica, os CFCs reagem com a radiação ultravioleta, liberando átomos de cloro que agem como catalisador para produzir reações que destroem o ozônio; produto proibido por tratados internacionais.

Colo (17) Formado por dois circos que erodem em direção à cabeceira, reduzindo uma aresta (crista de cadeia) para formar um passo alto ou depressão estreita em forma de sela.

Coloide do solo (18) Uma minúscula partícula de argila orgânica do solo; proporciona um local quimicamente ativo para a adsorção de íons minerais. (Vide Capacidade de troca de cátions.)

Complexo arbustivo mediterrâneo (20) Um importante bioma dominado pelo clima mediterrâneo (verão seco) e caracterizado por arbustos esclerófilos e florestas baixas, raquíticas e resistentes. (Vide Chaparral.)

Compostos orgânicos voláteis (COVs) (3) Compostos (incluindo hidrocarbonos) produzidos pela combustão de gasolina, revestimentos de superfícies e combustão para produzir eletricidade; participa da produção de PAN através de reações com óxidos nítricos.

Comprimento de onda (2) Uma medida de onda; a distância entre as cristas de ondas sucessivas. O número de ondas que passam por um ponto fixo em 1 segundo é chamado de frequência do comprimento de onda.

Comunidade (19) Um subdivisão biótica convencional dentro de um ecossistema; formada por populações de animais e vegetais que interagem em uma área.

Comunidade pioneira (19) A comunidade vegetal inicial de uma área; geralmente encontrada em superfícies novas ou que foram desprovidas de vida, como no início da sucessão primária, e inclui líquens, musgos e samambaias que crescem na rocha nua.

Condução (4) A lenta transferência de calor de molécula para molécula através de um meio, das porções mais quentes para as mais frias.

Cone de cinzas (13) Uma geoforma vulcânica de material piroclástico e escória, normalmente pequena e em forma de fone, geralmente não superior a 450 m de altura, com o topo truncado.

Cone de depressão (9) A forma deprimida do lençol freático em torno de um poço após bombeamento ativo. O lençol freático adjacente ao poço é puxado para baixo pela remoção da água.

Constante solar (2) A quantidade de insolação interceptada pela Terra em uma superfície perpendicular aos raios do Sol quando a Terra está em sua distância média em relação ao Sol; um valor de 1372 W/m² (1,968 cal/cm²) por minuto; a média é extraída do globo inteiro na termopausa.

Consumidor (19) Organismo de um ecossistema que depende dos produtores (organismos que utilizam o dióxido de carbono como sua única fonte de carbono) como fonte de nutrientes; também chamado de heterótrofo. (Comparar Produtor.)

Convecção (4) Transferência de calor de um local ao outro através do movimento físico do ar; envolve forte movimento vertical. (Comparar Advecção.)

Coral (16) Um animal marinho simples e cilíndrico, com um corpo semelhante a um saco que secreta carbonato de cálcio, formando um exoesqueleto rígido e, cumulativamente, geoformas chamadas recife; vive em simbiose com algas produtoras de nutrientes; atualmente, em um estado mundial de declínio em função do branqueamento (perda de algas).

Corrente de jato (6) O movimento mais proeminente dos fluxos de vento ocidental de nível superior; faixas irregulares, concentradas e sinuosas de vento geostrófico, viajando a 300 km/h.

Corrente de ressurgência (6) Uma área do mar onde águas frias e profundas, geralmente ricas em nutrientes, sobem para substituir águas deslocadas, como acontece nas costas ocidentais da América do Norte e do Sul, (Comparar Corrente de subsidência.)

Corrente de subsidência (6) Uma área do mar onde uma convergência ou acúmulo de água impele a água em excesso para baixo; ocorre, por exemplo, na extremidade ocidental da corrente equatorial ou nas margens da Antártica. (Comparar Corrente de ressurgência.)

Corrente do Golfo (5) Uma corrente quente forte, que se move para o norte, na Costa Leste da América do Norte, levando sua água até o Atlântico Norte.

Corrente longitudinal (16) Uma corrente que se forma paralela a uma praia, com as ondas chegando à margem em um ângulo; criada na zona de espraiamento pela ação das ondas, transportando grandes quantidades de areia e sedimentos. (Vide Deriva praial.)

Cratera (13) Uma depressão superficial circular formada pelo vulcanismo; criada por acúmulo, colapso ou explosão; geralmente situada na chaminé ou abertura do vulcão; pode estar no cume ou no flanco do vulcão.

Criosfera (1, 17) A porção congelada das águas da Terra, incluindo mantos de gelo, calotas e campos de gelo, geleiras, plataformas de gelo, gelo marinho, gelo de solo subsuperficial e solo congelado (permafrost).

Crosta (12) A casca exterior da Terra, composta de rocha superficial cristalina, variando entre 5 e 60 km (3 a 38 mi) em espessura da crosta oceânica até as cordilheiras. A densidade média da crosta continental é de 2,7 g/cm³, enquanto que a da crosta oceânica é de 3,0 g/cm³.

Cumulonimbus (7) Uma imponente nuvem cumulus produtora de precipitação, verticalmente desenvolvida ao longo das altitudes em associação com outras nuvens; frequentemente associada a relâmpagos e trovões, sendo chamada às vezes de núcleos de tempestade ou bigornas.

Cumulus (7) Nuvens cumuliformes brilhantes e estufadas, de até 2000 m de altitude.

Declinação (2) A latitude que recebe insolação direta a pino (perpendicular) em um dado dia; o ponto subsolar migra anualmente 47° de latitude, movendo-se entre o Trópico de Câncer (23,5° N) e o Trópico de Capricórnio (23,5° S).

Decompositores (19) Bactérias e fungos que digerem os restos orgânicos no exterior de seus corpos, absorvendo e liberando nutrientes em um ecossistema. (Vide Detritívoros.)

Déficit (9) DEFIC; em um equilíbrio hídrico, a quantidade de evapotranspiração potencial (POTET ou PE) não atingida (não satisfeita); uma escassez natural de água. (Vide Evapotranspiração potencial.)

Deflação (16) Um processo de erosão eólica que remove e levanta partículas individuais, literalmente soprando longe sedimentos não consolidados, secos ou não coesivos. (Vide Depressão de deflação.)

Degradação (15) O processo que ocorre quando sedimentos são erodidos ao longo de um rio, causando incisão de canal.

Delta (15) Uma planície deposicional formada onde um rio entra em um lago ou oceano; tem seu nome por causa da forma triangular da letra grega delta, Δ.

Dendroclimatologia (11) O estudo dos climas do passado através dos anéis de crescimento das árvores. A datação dos anéis de crescimento das árvores mediante análise e comparação da largura e coloração dos anéis é a dendrocronologia.

Densidade de drenagem (15) Uma medida da eficiência operacional geral de uma bacia de drenagem, determinada pelo quociente entre os comprimentos combinados dos canais e a área unitária.

Denudação (14) Um termo genérico que se refere a todos os processos que causam a degradação da paisagem: intemperismo, movimento de massas, erosão e transporte.

Deposição (15) O processo pelo qual sedimentos intemperizados, desgastados e transportados são depostos pelo ar, água e gelo.

Depósitos lacustres (17) Sedimentos de lagos que formam terraços (ou bancos) ao longo das antigas margens dos lagos, muitas vezes marcando as flutuações do nível do lago ao longo do tempo.

Depressões de deflação (15) Erosão eólica (de vento) em que a deflação forma uma bacia em áreas de sedimento solto. O diâmetro pode chegar até centenas de metros. (Vide Deflação.)

Derechos (8) Fortes ventos lineares a mais de 26 m/s (94 km/h), associados a tempestades com trovoadas e faixas de chuva que atravessam uma região.

Deriva continental (12) Uma proposta de Alfred Wegener, de 1912, afirmando que as massas de terra da Terra vêm migrando ao longo dos últimos 225 milhões de anos, de um supercontinente que ele chamou de Pangeia até a configuração atual; a teoria das placas tectônicas, amplamente aceita hoje em dia. (Vide Tectônica de placas.)

Deriva litoral (16) Transporte de areia, cascalho, sedimentos e detritos ao longo da costa; um termo mais abrangente que contempla a deriva praial e a deriva litorânea juntas.

Deriva praial (16) Material (como areia, cascalho e conchas) que é movimentado pela corrente longitudinal na direção efetiva das ondas.

Descontinuidade de Mohorovic̆ic, ou Moho (12) O limite entre a crosta e o resto do manto litosférico superior; leva o nome do sismólogo iugoslavo Mohorovic̆ic; uma zona de agudos contrastes de material e densidade.

Desertificação (18) A expansão dos desertos no mundo, relacionada principalmente a más práticas agropecuárias (pastagem excessiva e práticas agrícolas inapropriadas), manejo impróprio da umidade do solo, erosão e salinização, desflorestamento e mudança climática contínua; uma invasão semipermanente indesejada de biomas vizinhos.

Deserto de areia (16) Uma extensa área de areia e dunas; característico dos desertos de erg da Terra. (Comparar Deserto de erg.)

Deserto e semideserto frios (2) Um tipo de bioma desértico encontrado em latitudes mais altas do que os desertos quentes. Localização interior e sombras de chuva produzem esses desertos frios na América do Norte.

Deserto e semideserto quente (20) Um bioma desértico causado pela presença de células de alta pressão subtropicais; caracterizado por ar seco e baixa precipitação.

Deserto polar (20) Um tipo de bioma desértico encontrado em latitudes mais altas do que os desertos frios, ocorrendo principalmente nos climas secos e muito frios da Groenlândia e Antártica.

Desgaseificação (9) A liberação de gases presos nas rochas, forçando-se de dentro da Terra para fora de rachaduras, fissuras e vulcões; a fonte terrestre da água da Terra.

Deslizamento de terra (14) Um movimento súbito e veloz de uma massa coesa de regolito e/ou leito rochoso encosta abaixo, em uma variedade de formas de movimento das massas, sob a influência da gravidade; uma forma de movimento de massa.

Desprendimento (17) O processo em que pedaços de gelo soltam-se do término de uma geleira de maré ou manto de gelo, formando massas de gelo flutuante (icebergs) onde as geleiras estão em contato com um oceano, baía ou fiorde.

Dessalinização (9) Em um contexto de recursos hídricos, a remoção de materiais orgânicos, detritos e salinidade da água do mar através de destilação ou osmose reversa, produzindo água potável.

Detritívoros (19) Consumidores detritívoros e decompositores que consomem, digerem e destroem resíduos e detritos orgânicos. Consumidores detritívoros – vermes, ácaros, cupins, centopeias, caracóis, caranguejos e mesmo urubus, entre outros – consomem detritos e excretam nutrientes e compostos inorgânicos simples que abastecem um ecossistema. (Comparar Decompositores.)

Diferenças de aquecimento entre terra e água (5) Diferenças no grau e modo em que terra e água aquecem, como resultado de contrastes de transmissão, evaporação, mistura e capacidades térmicas específicas. As superfícies terrestres esquentam e esfriam mais rápido do que a água, e possuem continentalidade, ao passo que a água exerce uma influência marinha.

Dióxido de enxofre (SO_2) (3) Um gás incolor detectado por seu odor pungente; produzido pela combustão de combustíveis fósseis, especialmente carvão, que contém enxofre como impureza; pode reagir na atmosfera para formar ácido sulfúrico, um componente da deposição ácida.

Dióxido de nitrogênio (3) Um gás nocivo (perigoso) marrom-avermelhado produzido nos motores de combustão; pode ser danoso ao trato respiratório humano e aos vegetais; participa de reações fotoquímicas e da deposição ácida.

Dique artificial (15) Aterros construídos pelo homem ao longo de canais de rios, muitas vezes em cima diques naturais.

Diques naturais (15) Um crista longa e baixa que se forma em ambos os lados de um curso d'água em uma planície de inundação desenvolvida; um produto deposicional (cascalho grosso e areia) da inundação dos rios.

Divisores continentais (15) Uma cadeia ou área elevada que separa a drenagem em escala continental; especificamente, a cadeia da Norte América que separa a drenagem para o Pacífico, no lado oeste, da drenagem para o Atlântico e o Golfo, no lado leste, e para a Baía de Hudson e o Oceano Ártico, ao norte.

Dobramento (13) A dobra e deformação de leitos de estratos rochosos sujeitos a forças de compressão.

Dolina (14) Depressão quase circular criada pelo intemperismo de paisagens cársticas com drenagem subterrânea; pode colapsar através do teto de um espaço subterrâneo. (Vide Topografia cárstica.)

Domo de esfoliação (14) Uma feição de intemperismo em forma de domo, produzido pela resposta do granito ao processo de remoção da carga de cobertura, que alivia a pressão da rocha. Camadas de rocha descascam em lajes ou cascas, em um processo de esfolhamento.

Domo de poeira (4) Um domo de população aérea, associado a toda cidade grande; pode ser soprado pelos ventos e formar plumas alongadas a sotavento da cidade.

Dorsal meso-oceânica (12) Uma cadeia montanhosa submarina que se estende por mais de 65.000 km pelo mundo, com média de mais de 1000 km de largura; concentrada ao longo dos centros de expansão do assoalho marítimo. (Vide Expansão do assoalho marítimo.)

Drenagem interna (15) Em regiões onde os rios não fluem até o oceano, o escoamento se dá através da evaporação ou pelo fluxo gravitacional subsuperficial. Partes da África, Ásia, Austrália e Oeste dos Estados Unidos possuem esta drenagem.

Drift estratificado (17) Sedimentos depositados por água de degelo glacial que têm aparência selecionada; uma forma específica de drift glacial. (Comparar Till.)

Drift glacial (17) O termo geral para todos os depósitos glaciais, tanto não selecionados (till) como selecionados (drift estratificado).*

Drumlin (17) Uma geoforma deposicional relacionada à glaciação, composta de till (não estratificado e não selecionado) e alongada na direção do movimento do gelo continental – com extremidade rombuda a jusante e extremidade cônica a montante e com cume arredondado.

Duna (16) Uma feição deposicional de grãos de areia depositados em cômoros, cadeias e colinas temporárias; áreas extensas de dunas de areia são chamadas de desertos de areia.

Duração do dia (2) Duração da exposição à insolação, variando ao longo do ano dependendo da latitude; um aspecto importante da sazonalidade.

Ecologia (19) A ciência que estuda as relações entre os organismos e seu meio ambiente e entre diversos ecossistemas.

Ecologia do fogo (19) O estudo do fogo como agente natural e fator dinâmico em uma sucessão de comunidades.

---

*N. de T.: O termo drift não possui tradução, sendo assim grafado em vários idiomas; drift glacial significa pilha de detritos glaciais ou depósito glacial.

Ecosfera (1) Outro nome para a biosfera.

Ecossistema (19) Uma associação autorreguladora de vegetais e animais e seus ambientes não vivos físicos e químicos.

Ecótono (20) Uma zona limítrofe de transição entre sistema adjacentes, podendo variar em largura, e que representa áreas de tensão, pois espécies semelhantes de vegetais e animais competem pelos recursos. (Vide Ecossistema.)

Efeito continental (continentalidade) (5) Uma qualidade das regiões que carecem dos efeitos moderadores de temperatura do oceano e que apresentam uma amplitude de temperaturas mínimas e máximas maior (tanto diária quanto anualmente) do que as estações marinhas. (Vide Efeito marinho, Diferença de aquecimento entre terra e água.)

Efeito estufa (4) O processo pelo qual gases radioativamente ativos (dióxido de carbono, vapor d'água, metano e CFCs) absorvem e emitem a energia em comprimentos de onda maiores, que são retidos por mais tempo e atrasam a perda de infravermelho para o espaço. Assim, a troposfera inferior é aquecida pela radiação e reirradiação dos comprimentos de onda infravermelhos. A semelhança aproximada entre esse processo e uma estufa de plantas explica o nome.

Efeito marinho (maritimidade) (5) Uma qualidade das regiões que são dominadas pelos efeitos moderadores do oceano e que apresentam uma amplitude de temperaturas mínimas e máximas menor (tanto diária quanto anualmente) do que as estações continentais. (Vide Efeito continental, Diferença de aquecimento entre terra e água.)

Eixo (2) Uma linha imaginária, estendendo-se através da Terra do Polo Norte geográfico ao Polo Sul geográfico, ao redor da qual a Terra gira.

El Niño – Oscilação Sul (ENOS) (6) As temperaturas da superfície do mar aumentam, às vezes ficando mais que 8°C acima do normal nas regiões central e leste do Oceano Pacífico, substituindo a água normalmente fria e rica em nutrientes da costa do Peru. Os padrões de pressão e as temperaturas da superfície do oceano deslocam suas localidades usuais ao longo do Pacífico, formando a Oscilação Sul.

Eluviação (18) A remoção das partículas e minerais mais finos dos horizontes superiores do solo; um processo erosional em um corpo de solo. (Comparar Iluviação.)

Enchente (15) Um alto nível de água que transborda os bancos naturais do rio ao longo de qualquer parte do curso d'água.

Encosta (14) Uma superfície curva e inclinada que limita uma geoforma.

Encosta de tálus (14) Formada por fragmentos rochosos angulares que cascateiam para baixo de uma encosta ao longo do sopé de uma montanha; depósitos mal selecionados, em forma de cone.

Energia cinética (3) A emergia de movimento em um corpo; derivada da vibração do movimento do corpo em si e expressa como temperatura.

Energia geotermal (12) A energia contida no vapor e na água quente aquecida pelo magma subsuperficial próximo à água subterrânea. Energia geotermal literalmente refere-se ao calor do interior da Terra, enquanto força geotermal relaciona-se a estratégias específicas aplicadas de eletricidade geotermal ou aplicações diretas geotermais. Essa energia é usada na Islândia, Nova Zelândia, Itália e no Norte da Califórnia, entre outras localidades.

Energia hídrica (9) Eletricidade gerada com o uso da energia da água em movimento, geralmente morro abaixo, pelo uso de turbinas em uma represa; também chamada de energia hidrelétrica.

Entisols (18) Uma ordem de solo na *Soil Taxonomy*; particularmente, não possui desenvolvimento vertical de horizontes; geralmente jovem ou não desenvolvido. Encontrado em encostas ativas, planícies de inundação com preenchimento aluvial, e tundra má-drenada.

Enxurrada (15) Um torrente de água súbita e passageira que excede a capacidade do canal de um rio; associado a temporais desérticos e semiáridos.

Eólico (16) Causado pelo vento; diz respeito a erosão, transporte e deposição de materiais.

Epipedon (18) O horizonte diagnóstico dos solos que se forma na superfície; não confundir com o horizonte A; pode incluir todo ou parte do horizonte B iluviado.

Equador térmico (5) A isolinha em um mapa isotérmico que conecta todos os pontos de maior temperatura média.

Equilíbrio dinâmico (1) As operações de aumento ou decréscimo em um sistema apresentam uma tendência ao longo do tempo, uma mudança em condições médias.

Equinócio de março (2) Vide Equinócio de primavera (março).

Equinócio de outono (de setembro) (2) O momento ao redor de 22-23 de setembro em que a declinação do Sol cruza o paralelo equatorial (0° de latitude) e todos os pontos da Terra têm dia e noite de igual duração. O Sol nasce no Polo Sul e se põe no Polo Norte. (Comparar Equinócio de primavera [de março].)

Equinócio de primavera (março) (2) O momento ao redor de 20-21 de março em que a declinação do Sol cruza o paralelo equatorial (0° de latitude) e todos os pontos da Terra têm dia e noite de igual duração. O Sol nasce no Polo Norte e se põe no Polo Sul. (Comparar Equinócio de outono [setembro].)

Equinócio de setembro (2) Vide Equinócio de outono (setembro).

Erg (16) Uma extensa área de areia e dunas; vem da palavra em árabe para "campo de dunas". (Comparar Deserto de areia.)

Erosão (15) Denudação por vento, água ou gelo que desaloja, dissolve ou remove material superficial.

Erupção efusiva (13) Uma erupção vulcânica caracterizada por magma basáltico de baixa viscosidade e baixo teor de gases, que prontamente escapam. A lava se derrama sobre a superfície com explosões relativamente pequenas e poucos piroclastos; tende a formar vulcões-escudo. (Vide Vulcão-escudo, Lava, Piroclastos; comparar Erupção explosiva.)

Erupção explosiva (13) Uma erupção vulcânica violenta e imprevisível, sendo o resultado de magma mais grosso (mais viscoso), mais grudento e com maior teor de gás e sílica do que o de uma erupção efusiva; tende a formar bloqueios dentro do vulcão; produz geoformas vulcânicas compostas. (Vide Vulcão composto; comparar Erupção efusiva.)

Escala (1) A proporção entre uma distância em um mapa e a mesma distância no mundo real; expressa como uma fração representativa, escala gráfica ou escala escrita.

Escala de magnitude de momento (M) (13) Uma escala de magnitude de terremotos. Considera a quantidade de deslizamento de falha, o tamanho da área em ruptura e a natureza dos materiais que falharam para estimar a magnitude do terremoto – uma avaliação do momento sísmico. Substitui a escala Richter (magnitude de amplitude); especialmente útil para avaliar eventos de grande magnitude.

Escala de tempo geológico (12) Uma representação das eras, períodos e épocas que se estendem pela história da Terra; apresenta tanto a sequência dos estratos rochosos quanto suas datas absolutas, conforme determinadas por métodos como a datação por isótopos radioativos.

Escala Richter (13) Uma escala logarítmica aberta que estima a magnitude da amplitude de um terremoto; concebida por Charles Richter em 1935; hoje substituída pela escala de magnitude de momento. (Vide Escala de magnitude de momento.)

Escarificação (14) Movimento de massas de material terrestre induzidos pelos homens, como mineração em larga escala a céu aberto e decapeamento.

Escoamento superficial (9) Água excedente que corre pela superfície do solo até canais de cursos d'água quando os solos estão saturados ou quando o chão é impermeável.

Escoamento superficial (9) Água excessiva que corre por uma superfície de terra em direção aos canais de rios. Juntamente com a precipitação e os fluxos subsuperficiais, constitui o escoamento total de uma área.

Escudos continentais (13) Em geral, regiões de crosta continental central antigas, de baixa elevação; vários crátons (núcleos graníticos) e montanhas antigas ficam expostas na superfície.

Escurecimento global (4) A diminuição da luz solar que atinge a superfície da Terra em função de poluição, aerossóis e nuvens.

Esfolhamento (14) Uma forma de intemperismo associada à fratura ou fragmentação de rocha por liberação de pressão; frequentemente relacionado a processos de esfoliação. (Vide Domo de esfoliação.)

Esfoliação (14) O processo de intemperismo físico que ocorre quando forças mecânicas ampliam as juntas da rocha em camadas de lajes ou placas, que descascam ou esfolham em folhas; também chamada de esfolhamento.

Esker (17) Um depósito estreito e de curvas sinuosas de cascalho grosso que forma um canal de rio de água de degelo, desenvolvendo um túnel por baixo de uma geleira.

Espacial (1) A natureza ou caráter do espaço físico, como em uma área; ocupando ou operando dentro de um espaço. A geografia é uma ciência espacial; a análise espacial é sua abordagem essencial.

Espalhamento (4) Deflexão e redirecionamento da insolação por gases atmosféricos, poeira, gelo e vapor d'água; quanto mais curto o comprimento de onda, maior o espalhamento; por isso que os céus da atmosfera baixa são azuis.

Espécies invasivas (20) Espécies que são trazidas ou introduzidas de outro lugar pelos humanos, seja por acidente ou com intenção. Essas espécies não nativas também são chamadas de espécies exóticas.

Espectro eletromagnético (2) Toda a energia radiante produzida pelo Sol, colocada em uma gama ordenada, dividida de acordo com o comprimento de onda.

Espeleotema (11) Um depósito mineral de carbonato de cálcio em uma caverna ou gruta, como uma estalactite ou estalagmite, que se forma quando a água goteja ou se infiltra pela rocha e subsequentemente evapora, deixando um resíduo de carbonato de cálcio que se acumula com o tempo.

Esporão* (17) Um pico piramidal de ponta aguçada que se origina quando várias geleiras de anfiteatro escavam um cume individual de montanha por todos os lados.

Estabilidade (7) Uma condição de uma porção de ar, relativa a se ela permanece onde está ou se muda sua posição inicial. A porção é estável se resiste ao deslocamento para cima, e instável se continua subindo.

Estado de equilíbrio constante (1) A condição que se verifica em um sistema quando as taxas de entrada e saída são iguais e as quantidades de energia e matéria armazenada são praticamente constantes em torno de uma média estável.

Estepe (10) Um termo regional relativo ao vasto bioma semiárido de gramíneas do Leste da Europa e da Ásia; o bioma equivalente na América do Norte é a pradaria de gramíneas baixas, e na África é a savana. Em um contexto climático, a estepe é considerada seca demais para abrigar florestas, mas úmida demais para ser um deserto.

Estômatos (19) Pequenas aberturas nas faces inferiores das folhas através das quais água e gases passam.

Estratigrafia (12) Uma ciência que analisa a sequência, espaçamento, propriedades geofísicas e geoquímicas, e distribuição espacial dos estratos rochosos.

Estratosfera (3) A porção da homosfera que vai de 20 a 50 km acima da superfície da Terra, com temperaturas indo de -57°C na tropopausa até 0°C na estratopausa. A ozonosfera funcional fica dentro da estratosfera.

Estuário (15) O ponto em que a embocadura de um rio entra no mar, onde água doce e água do mar se misturam; um local onde as marés sobem e descem.

Eustasia (9) Diz respeito a mudanças de escala mundial no nível do mar que não estão relacionadas a movimentos da terra, mas a mudanças no volume de água dos oceanos.

Eutrofização (19) O gradual enriquecimento dos corpos d'água que ocorre com a entrada de nutrientes, de origem natural ou humana.

Evaporação (9) O movimento de moléculas de água livres saindo de uma superfície úmida para um ar menos que saturado; a mudança de fase de água para vapor d'água.

Evapotranspiração (9) A fusão de perda de água por evaporação e por transpiração em um termo. (Vide Evapotranspiração potencial, Evapotranspiração real.)

Evapotranspiração potencial (9) ETP ou EP; a quantidade de umidade que evaporaria e transpiraria se houvesse umidade adequada disponível; é a quantidade perdida em condições ideais de umidade, a demanda de umidade. (Comparar Evapotranspiração real.)

---

*N. de T.: Horn no original. Em espanhol usa-se comumente cuernos, como nos cuernos del Paine na Patagônia chilena. "Corno" não é um termo geomorfológico frequente na literatura técnica brasileira.

Evapotranspiração real (9) ETR; a quantidade efetiva de evaporação e transpiração que ocorre; derivado no equilíbrio hídrico subtraindo-se o déficit (DEFIC) da evapotranspiração potencial (POTET).

Evolução (19) A teoria de que organismos unicelulares adaptaram-se, modificaram-se e transmitiram alterações herdadas aos organismos multicelulares. A composição genética de sucessivas gerações é moldada graças a fatores ambientais, funções fisiológicas e comportamentos que criaram uma taxa maior de sobrevivência e reprodução e que foram passados adiante por meio da seleção natural.

Excedente (9) SURPL; a quantidade de umidade que excede a evapotranspiração potencial; superoferta de umidade quando o armazenamento de umidade do solo encontra-se na capacidade de campo; água extra ou em excesso.

Exosfera (3) Um halo atmosférico exterior extremamente rarefeito, além da termopausa, em uma altitude de 480 km (300 mi); provavelmente composta de átomos de hidrogênio e hélio, com alguns átomos de oxigênio e moléculas de nitrogênio presentes próximo à termopausa.

Expansão do assoalho oceânico (12) Conforme proposto por Hess e Dietz, o mecanismo que impele o movimento dos continentes; associado com derrames ressurgentes de magma pelo sistema mundial de dorsais meso-oceânicas. (Vide Dorsal meso-oceânica.)

Exploração de água subterrânea (9) O bombeamento de um aquífero além da sua capacidade de fluxo e recarga; uso excessivo do recurso das águas subterrâneas.

Face de avalancha (16) Em uma duna de areia, forma-se quando a altura da duna ultrapassa 30 cm no lado a sotavento, em um ângulo em que o material solto fica estável – o seu ângulo de repouso (de 30° a 34°).

Falha de deslizamento direcional (13) Movimento horizontal ao longo de uma linha de falha – isto é, movimento na mesma direção da falha; também conhecida como falha transcorrente. Esse movimento é descrito como lateral direito ou lateral esquerdo, dependendo do movimento relativo observado ao longo da falha. (Vide Falha transformante.)

Falha de empurrão (cavalgamento) (13) Uma falha inversa onde o plano de falha forma um ângulo baixo em relação à horizontal; um bloco sobrejacente movimenta-se sobre um bloco subjacente.

Falha inversa (13) Forças de compressão produzem esforços que quebra uma rocha, fazendo com que um lado movimente-se para cima em relação ao outro lado; também chamada de falha de empurrão ou cavalgamento. (Comparar Falha normal.)

Falha normal (13) Um tipo de falha geológica das rochas. A tensão produz esforço que quebra a rocha, com um lado movendo-se verticalmente em relação ao outro lado ao longo de um plano de falho inclinado. (Comparar Falha inversa.)

Falha transformante (12) Um tipo de falha geológica das rochas. Uma zona alongada ao longo da qual ocorrem falhas entre dorsais meso-oceânicas; produz um movimento horizontal relativo, sem que haja nova crosta formada ou consumida; o deslizamento direcional não é nem lateral esquerdo, nem lateral direito. (Vide Falha de deslizamento direcional.)

Falhamento (13) O processo no qual ocorre deslocamento e fratura entre duas porções da crosta da Terra; geralmente associado a atividade sísmica.

Fator limitante (19) O fato físico ou químico que mais inibe os processos bióticos, seja por falta ou excesso.

Fenda (17) Uma rachadura vertical que se forma em uma geleira como resultado da fricção entre paredes de vale, forças de tensão de extensão em encostas convexas, ou forças de compressão em encostas côncavas.

Fertilidade do solo (18) A capacidade do solo de dar suporte à produtividade vegetal quando contém substâncias orgânicas e minerais de argila que absorvem água e certos íons elementares necessários para as plantas por meio de adsorção. (Vide Capacidade de troca de cátions.)

Fiorde (17) Um vale glaciado submerso (ou cavado glacial) ao longo do litoral.

Firn (17) Neve de textura granular, uma transição na lenta transformação de neve em gelo glacial; neve que persistiu na zona de acúmulo após o verão.

Floresta boreal (20) Vide Floresta de coníferas.

Floresta de coníferas (20) Consistindo de pinheiros, abetos e lariços, estende-se a oeste da Costa Leste do Canadá até o Alasca e prossegue ao oeste da Sibéria por toda a extensão da Rússia até a Planície Europeia; chamada de taiga (uma palavra russa) ou floresta boreal; principalmente nos climas microtermais. Incluir florestas de montanha que podem estar em latitudes menores em elevações mais altas.

Floresta de latitude média ombrófila e mista (20) Um bioma dos climas continentais úmido em áreas com verões amenos a quentes e invernos frios a gelados; à medida que se vai ao norte, os bosques relativamente frondosos das florestas ombrófilas tendem a dar lugar a bosques de coníferas perenes.

Floresta de altitude (20) Floresta de coníferas associada a elevações montanhosas. (Vide Floresta de coníferas.)

Floresta pluvial temperada (20) Um importante bioma de frondosas florestas nas latitudes médias e altas; ocorre em estreitas margens do Noroeste do Pacífico na América do Norte, entre outras localidades; inclui as árvores mais altas do mundo.

Floresta pluvial tropical (20) Um exuberante bioma de árvores altas, perenes e latifoliadas e diversos vegetais e animais, aproximadamente entre 23,5° N e 23,5° S. O denso dossel das folhas costuma organizar-se em três níveis.

Florestal tropical sazonal e complexos arbustivos (2) Um bioma variável às margens das florestas pluviais, ocupando regiões de chuva mais escassa e mais errática; o lugar das comunidades transicionais entre florestas pluviais e savanas tropicais (cerrados).

Fluvial (15) Processo relacionado a um rio; do latim fluvius, "rio" ou "água corrente".

Fluxo basal (9) A porção do fluxo de corrente que consiste de água subterrânea.

Fluxo de lama (14) Fluxos encosta abaixo de fluidos contendo mais água do que fluxos de terra.

Fluxo laminar (15) Água de superfície que desce uma encosta em uma lâmina fina como escoamento superficial; não concentra-se em nada maior que canais.

Força de Coriolis (6) A aparente deflexão dos objetos móveis (ventos, correntes oceânicas, mísseis) em relação à viagem em trajetória reta, em proporção à velocidade da rotação da Terra nas diferentes latitudes. A deflexão é para a direita no Hemisfério Norte e para a esquerda no Hemisfério Sul; ela é máxima nos polos e zero sobre o equador.

Força de fricção (6) O efeito de arrastamento do vento quando ele passa por uma superfície; pode operar por 500 m de altitude. A fricção superficial desacelera o vento, assim diminuindo a eficácia da força de Coriolis.

Força do gradiente de pressão (6) Faz com que o ar passe de uma área de pressão barométrica mais alta para uma área de pressão barométrica mais baixa em função da diferença de pressão.

Forçante de efeito estufa das nuvens (4) Um aumento no aquecimento de efeito estufa causado por nuvens porque elas podem atuar como um isolamento, retendo radiação de ondas longas (infravermelha).

Forçante nuvem-albedo (4) Um aumento no albedo (refletividade de uma superfície) causado por nuvens em razão da sua reflexão da insolação de entrada.

Forçante radioativa (11) A quantidade em que uma perturbação faz o equilíbrio energético da Terra se desviar de zero; uma forçante positiva indica uma condição de aquecimento, uma forçante negativa indica resfriamento; também chamada de forçante climática.

Forma verdadeira (1) A propriedade de um mapa que mostra a configuração correta das linhas de costa; um traço útil de conformalidade para cartas aeronáutica e de navegação, embora as relações de área sejam distorcidas. (Vide Projeção cartográfica; comparar Área igual.)

Fotogrametria (1) A ciência de obter medições precisas a partir de fotos aéreas e sensoriamento remoto; usada para elaborar e aprimorar mapas de superfície.

Fotossíntese (19) O processo pelo qual os vegetais produzem seu próprio alimento a partir de dióxido de carbono e água, energizado pelo Sol. A associação de dióxido de carbono e hidrogênio nos vegetais, sob a influência de determinados comprimentos de onda de luz visível; libera oxigênio e produz material orgânico rico em energia, açúcares e amidos. (Comparar Respiração.)

Franco (18) Um solo que é uma mistura de areia, silte e argila em proporções quase iguais, sem que haja uma textura dominante; um solo ideal para agricultura.

Frente estacionária (8) Uma área frontal de contato entre massas de ar contrastantes que apresenta pouco movimento horizontal; ventos em direções opostas em ambos os lados da frente correm em paralelo ao longo da frente.

Frente fria (8) A extremidade dianteira de uma massa de ar gelado que avança; identificada em uma carta meteorológica como uma linha marcada com pontas triangulares apontando na direção do movimento frontal. (Comparar Frente quente.)

Frente oclusa (8) Em uma circulação ciclônica, a ultrapassagem de uma frente quente de superfície por uma frente fria e a subsequente elevação da cunha de ar quente do chão; a precipitação inicial é de moderada a pesada.

Frente polar (6) Uma zona significativa de contraste entre massas de ar frias e quentes; situada aproximadamente entre 50° e 60° N e S de latitude.

Frente quente (8) A área de descontinuidade de uma massa de ar quente que avança, incapaz de tirar ar passivo mais frio do seu caminho; tende a empurrar o ar subjacente mais frio até que forme uma cunha; identificada em uma carta meteorológica como uma linha marcada com semicírculos apontando na direção do movimento frontal. (Comparar Frente fria.)

Furacão (8) Um ciclone tropical completamente organizado e intensificado por faixas de chuva em espirais para dentro; variam entre 160 e 1000 km em diâmetro, com ventos de velocidade superior a 120 km/h; um nome utilizado especificamente no Atlântico e no Leste do Pacífico. (Comparar Tufão.)

Fusão (2) O processo de unir à força núcleos de hidrogênio e hélio com carga positiva sob temperatura e pressão extremas; ocorre naturalmente nas reações termonucleares dentro das estrelas, como no Sol.

Galáxia Via Láctea (2) Uma massa achatada em forma de disco no espaço, contendo estimados 400 bilhões de estrelas; uma galáxia espiral barrada; inclui o nosso Sistema Solar.

Gases de efeito estufa (4) Gases da atmosfera inferior que atrasam a passagem da radiação de ondas longas para o espaço ao absorver e reirradiar comprimentos de onda específicos. Os gases de efeito estufa primários da Terra são dióxido de carbono, vapor d'água, metano, óxido nitroso e gases fluorados, como os clorofluorcarbonos (CFCs).

Geleira (17) Uma grande massa de gelo perene repousando sobre a terra ou flutuando como uma plataforma de gelo no mar adjacente à terra; formada pelo acúmulo e recristalização da neve, que então flui lentamente sob a pressão do seu próprio peso e a atração gravitacional.

Geleira alpina (17) Uma geleira confinada em um vale de montanha ou bacia murada, consistindo em três subtipos: geleira de vale (dentro de um vale), geleira de piemonte (coalescida na base uma montanha, espalhando-se livremente sobre as terras baixas próximas) e geleira de descarga (que flui para fora de uma geleira continental; comparar com calota e manto de gelo).

Gelisols (18) Uma nova ordem de solo na *Soil Taxonomy*, acrescentada em 1998, descrevendo solos gelados e congelados em latitudes altas ou elevações altas; vegetação de tundra característica.

Gelo de solo (17) A água subsuperficial que está congelada em regiões de permafrost. O teor de umidade nas zonas com gelo de solo pode variar de quase nada nas regiões de permafrost mais seco até quase 100% nos solos saturados.

Gelo glacial (17) Uma forma endurecida de gelo, muita densa em comparação com a neve normal ou o firn*.

Geodésia (1) A ciência que determina a forma e o tamanho da Terra através de levantamentos, meios matemáticos e sensoriamento remoto. (Vide Geoide.)

Geografia (1) A ciência que estuda a interdependência e a interação entre áreas geográficas, sistemas naturais, processos, sociedade e atividades culturais no espaço – uma ciência espacial. Os cinco temas da educação geográfica são localização, lugar, movimento, regiões e relações humano-Terra.

Geografia física (1) A ciência que se ocupa dos aspectos e interações espaciais dos elementos físicos e sistemas processuais que compõem o meio ambiente: energia, ar, água, tempo, clima, geoformas, solos, animais, vegetais, micro-organismos e a Terra.

Geoide (1) Uma palavra que descreve a forma da Terra; literalmente, "a Terra tem forma de Terra". Uma superfície teórica ao nível do mar que se estende pelos continentes; desvia-se de uma esfera perfeita.

Geomorfologia (12) A ciência que analisa e descreve a origem, evolução, forma, classificação e distribuição espacial das geoformas.

Glacioeustático (7) Diz-se de mudanças no nível do mar em resposta a alterações na quantidade de água armazenada na Terra sob a forma de gelo; quanto mais água retida em geleiras e mantos de gelo, mais baixo o nível do mar. (Comparar Eustasia.)

Gleização (18) Um processo de acúmulo de húmus e argila em climas frios e úmidos com drenagem ruim.

Gotícula de umidade (7) Uma minúscula partícula de água que constitui e composição inicial das nuvens. Cada gotícula mede aproximadamente 0,002 cm de diâmetro, sendo invisível a olho nu.

Graben (13) Pares ou grupos de falhas que produzem blocos com falha descendente; característicos das bacias do interior do Oeste dos Estados Unidos. (Comparar Horst; vide Província Basin e Range.)

Gradiente (15) A queda na elevação entre as cabeceiras de um rio e sua foz, idealmente formando uma encosta côncava.

Gradiente adiabático seco (GAS) (7) A taxa à qual uma porção não saturada de ar esfria (se ascendente) ou esquenta (se descendente); uma taxa de 10 °C a cada 1000 m. (Vide Adiabático; comparar Gradiente adiabático úmido.)

Gradiente adiabático úmido (GAM) (7) A taxa à qual uma porção saturada de ar esfria em ascensão; uma taxa de 6°C a cada 1000 m. Essa taxa varia com o teor de umidade e a temperatura, indo de 4°C a 10°C a cada 1000 m. (Vide Adiabático; comparar Gradiente adiabático seco.)

Gradiente vertical ambiental (3) A taxa efetiva de decréscimo de temperatura com o aumento da altitude na atmosfera baixa em um dado momento sob as condições meteorológicas locais; pode se desviar acima ou abaixo do gradiente vertical normal de 6,4°C por km. (Comparar Gradiente vertical normal.)

Gradiente vertical normal (3) A taxa média de diminuição de temperatura com o aumento da altitude na atmosfera inferior; um valor médio de 6,4°C por km. (Comparar Gradiente vertical ambiental.)

Grande círculo (1) Qualquer círculo traçado em um globo com seu centro coincidindo com o centro do globo. Pode-se traçar um número infinito de grandes círculos, mas somente um paralelo de latitude – o equador – é um grande círculo. (Comparar Pequeno círculo.)

Grandes ecossistemas marinhos (GEM) (20) Regiões oceânicas distintas identificadas para fins de conservação com base em organismos, topografia do assoalho oceânico, correntes, áreas de circulação ressurgente ricas em nutriente ou áreas de predação significativa, incluindo a humana. O sistema GEM é gerenciado pela Administração Atmosférica e Oceânica Nacional dos EUA (NOAA).

Granito (12) Uma rocha ígnea intrusiva (de resfriamento lento) de grão grosso composta de 25% de quartzo e mais de 50% de feldspatos de potássio e sódio; característico da crosta continental.

---

*N. do T.: Gelo formado pelo metamorfismo (recristalização) da neve.

Granizo (8) Um tipo de precipitação formado quando uma gota de chuva é repetidamente circulada acima e abaixo do nível de congelamento em uma nuvem, com cada ciclo congelando mais unidade da pedra de granizo, até que ela fica pesada demais para se sustentar no ar.

Gravidade (2) A força mútua exercida pelas massas dos objetos, que são atraídos uns aos outros, sendo produzida na proporção da massa de cada objeto.

Habitat (19) A localidade física à qual um organismo está biologicamente adaptado. A maioria das espécies possui parâmetros e limites específicos de habitat. (Comparar Nicho.)

Herbívoro (19) O consumidor primário de uma teia alimentar, que come material vegetal criado por um produtor (vegetal) que fotossintetizou moléculas orgânicas. (Comparar Carnívoro.)

Heterosfera (3) Uma zona da atmosfera acima da mesopausa, entre 80 e 480 km de altitude; composta de camadas rarefeitas de átomos de oxigênio e moléculas de nitrogênio; abrange a ionosfera.

Hidratação (14) Um processo de intemperismo químico envolvendo água acrescentada a um mineral, o que dá início a inchaço e esforço dentro da rocha, mecanicamente distanciando os grãos à medida que os constituintes se expandem. (Comparar Hidrólise.)

Hidrográfico (15) O gráfico da vazão de um curso d'água (em m³/s) ao longo de um intervalo de tempo (minutos, horas, dias, anos) em um lugar específico do curso d'água. A relação entre a vazão e a entrada de precipitação é ilustrada no gráfico.

Hidrologia (15) A ciência da água, incluindo sua circulação global, distribuição e propriedades – especificamente, da água na superfície da Terra e abaixo dela.

Hidrólise (14) Um processo de intemperismo químico em que os minerais se combinam quimicamente com a água; um processo de decomposição que faz com que os minerais de silicato das rochas sejam decompostos e alterados. (Comparar Hidratação.)

Hidrosfera (1) Um sistema aberto abiótico que abrange toda a água da Terra.

Higrômetro de cabelo (7) Um instrumento para medir a umidade relativa; baseado no princípio de que o cabelo humano tem até 4% dos seu comprimento alterado entre 0% e 100% de umidade relativa.

Hipótese dos planetesimais (2) Propõe um processo no qual protoplanetas iniciais formaram-se das massas em condensação de uma nebulosa de poeira, gás e cometas gelados; um processo formativo hoje observado em outras partes da galáxia.

Histosols (18) Uma ordem de solo na *Soil Taxonomy*. Formada a partir de espessos acúmulos de matéria orgânica, como os leitos de antigos lagos, charcos e camadas de turfa.

Homosfera (3) Uma zona da atmosfera, da superfície da Terra até 80 km, composta de uma mistura homogênea de gases, incluindo nitrogênio, oxigênio, argônio, dióxido de carbono e gases residuais.

Horário de verão (1) Quando o relógio é adiantado 1 hora na primavera e atrasado 1 hora no outono no Hemisfério Norte. Nos Estados Unidos e Canadá, o horário é adiantado no segundo domingo de março e atrasado no primeiro domingo de novembro – salvo no Havaí, Arizona e Saskatchewan, que estão excluídos.

Horizonte diagnóstico de subsuperfície (18) Um horizonte de solo que se origina abaixo do epipedon, em profundidades variadas; pode fazer parte dos horizontes A e B; importante na descrição do solo como parte da Taxonomia dos Solos.

Horizontes de solo (18) As várias camadas expostas em um pedon; aproximadamente paralelas à superfície, sendo identificadas como O, A, E, B, C e R (leito rochoso).

Horst (13) Blocos com falha ascendente produzidos por pares ou grupos de galhas; característicos das cordilheiras do interior do Oeste dos Estados Unidos. (Vide Graben, Província Basin e Range.)

Húmus (18) Uma mistura de detritos orgânicos no solo trabalhado por consumidores e decompositores no processo de humificação; caracteristicamente formado por resíduos vegetais e animais depositados na superfície.

Idade do gelo (17) Um episódio gelado, acompanhado de acúmulos de gelo alpino e continental, que se repete aproximadamente a cada 200-300 milhões de anos desde o fim da Era Pré-Cambriana (1,25 bilhão de anos atrás); inclui o episódio mais recente durante a Idade do Gelo do Pleistoceno, que começou há 1,65 milhão de anos.

Ilha barreira (16) Em geral, uma praia barreira ampliada ao longo da costa. (Vide Praia barreira.)

Ilha de calor urbana (4) Um microclima urbano que é mais quente em média do que as áreas do interior circundante em função da interação entre a radiação solar e diversas características da superfície.

Iluviação (18) O movimento descendente e deposição de partículas e minerais mais finos vindos do horizonte superior do solo; um processo deposicional. A deposição normalmente se dá no horizonte B, onde ocorrem acúmulos de argilas, alumínio, carbonatos, ferro e um pouco de húmus. (Comparar Eluviação; vide Calcificação.)

Inceptisols (18) Uma ordem de solo na *Soil Taxonomy*. Solos fracamente desenvolvidos, inerentemente inférteis; em geral, solos jovens que são fracamente desenvolvidos, embora sejam mais desenvolvidos do que os Entisols.

Inclinação axial (2) O eixo da Terra tem uma inclinação de 23,5°C em relação à perpendicular do plano da eclíptica (plano da órbita da Terra ao redor do Sol).

Infiltração (9) Acesso de água a regiões subsuperficiais de armazenamento de umidade do solo através de penetração da superfície do solo.

Insolação (2) Radiação solar que entra nos sistemas da Terra.

Intemperismo (14) Os processos pelos quais as rochas superficiais e subsuperficiais se desintegram, dissolvem ou são quebradas. As rochas na superfície da Terra ou próximas dela estão expostas a processos de intemperismo físico e químico.

Intemperismo diferencial (14) O efeito das diferentes resistências da rocha, aliadas a variações na intensidade do intemperismo físico e químico.

Intemperismo esferoidal (14) Um processo de intemperismo químico em que as pontas e arestas aguçadas de matacões e rochas são intemperizadas em placas finas, criando uma forma arredondada e esferoidal.

Intemperismo físico (14) A decomposição e desintegração das rochas sem alteração química; às vezes chamado de intemperismo mecânica ou de fragmentação.

Intemperismo químico (14) Decomposição e degradação dos minerais constituintes das pedras por meio da alteração química desses minerais. A água é essencial, sendo as taxas atreladas à temperatura e aos valores de precipitação. As reações químicas são ativas em microssítios, mesmo em climas secos. Os processos incluem hidrólise, oxidação, carbonatação e solução.

Intensificação de oeste (6) O acúmulo de água oceânica na margem ocidental de cada bacia oceânica, chegando a uma altura de cerca de 15 cm; produzido pelos ventos alísios que levam os oceanos para o oeste em um canal concentrado.

Interceptação (9) Um atraso na queda da precipitação sobre a superfície da Terra, causado pela vegetação ou outra cobertura do solo.

Inversão de temperatura (3) Uma inversão do aumento normal da temperatura com altitude crescente; pode ocorrer em qualquer ponto entre o nível do solo e vários milhares de metros; funciona bloqueando a convecção atmosférica e, portanto, retendo poluentes.

Ionosfera (3) Uma camada da atmosfera acima dos 80 km, onde radiação gama, raios X e um pouco de ultravioleta é absorvida e convertida em comprimentos de onda mais longos, e onde o vento solar estimula as auroras polares.

Isóbara (6) Uma isolinha que conecta todos os pontos de mesma pressão atmosférica.

Isostasia (12) Um estado de equilíbrio na crosta da Terra formado pela interação entre porções da litosfera, que é menos densa, com a astenosfera, que é mais densa, e o princípio do empuxo. A crosta é deprimida sob peso e se recupera com sua remoção – por exemplo, com o derretimento do gelo glacial. O soerguimento é conhecido como rebote isostático.

Isoterma (5) Uma isolinha que conecta todos os pontos de mesma temperatura.

Isótopo radioativo (11) Um isótopo instável que decai (ou decompõe-se) em um elemento diferente, emitindo radiação nesse processo. O isótopo instável carbono-14 possui uma taxa de decaimento constante, conhecia como meia-vida, que pode ser usada para datar material vegetal, em uma técnica chamada datação por radiocarbono.

Junta (14) Uma fratura ou separação em uma rocha que ocorre sem o deslocamento dos lados; aumenta a área da superfície da rocha exposta a processos de intemperismo.

Kame (17) Uma feição deposicional de glaciação; uma pequena colina de areia e cascalho pouco selecionados que se acumula em fendas ou em reentrâncias na superfície causadas pelo gelo.

Kettle (17) Forma-se quando um bloco isolado de gelo persiste em uma moraina basal, planície de lavagem ou assoalho de vale após uma geleira recuar; quando o bloco finalmente derrete, deixa um orifício de lados íngremes que frequentemente é preenchido com água.

Lago paternoster (17) Um de uma série de lagos pequenos, circulares e em degraus formados em bacias rochosas individuais alinhadas seguindo para baixo o curso de um vale glaciado; têm esse nome porque parecem uma fieira de contas de rosário (religioso).

Laguna (16) Uma área de água do mar costeira que é virtualmente isolada do oceano por uma barreira de baía ou por uma praia barreira; também, a água cercada e separada por um atol.

Laterização (18) Um processo pedogênico que opera em solos bem-drenados, ocorrendo em regiões quentes e úmidas; típica dos Oxisols. A precipitação abundante lixivia os minerais solúveis e os constituintes do solo. Os solos resultantes normalmente são avermelhados ou amarelados.

Latitude (1) A distância angular medida ao norte ou ao sul do equador a partir de um ponto no centro da Terra. A linha que conecta todos os pontos como mesmo ângulo latitudinal é um paralelo. (Comparar Longitude.)

Lava (12) Magma derramada na superfície a partir de atividade vulcânica; a rocha extrusiva resultante da solidificação do magma. (Vide Magma.)

Lençol freático (9) A superfície mais superior de água subterrânea; o ponto de contato entre a zona de saturação e a zona de aeração em um aquífero não confinado. (Vide Zona de aeração, Zona de saturação.)

Leque aluvial (15) Forma terrestre fluvial em forma de leque na embocadura de um cânion; geralmente ocorre em paisagens áridas, onde os rios são intermitentes. (Vide Bajada.)

Limiar (1) O momento em que um sistema não consegue mais manter seu caráter, movendo-se então para um novo nível operacional, que pode não ser compatível com as condições prévias.

Limiar geomórfico (14) O limiar até o qual as geoformas mudam antes de se lançar em um novo conjunto de relações, com velozes realinhamentos dos materiais e inclinações da paisagem.

Linha de firn (17) A linha de neve visível na superfície de uma geleira, onde a neve do inverno sobrevive à estação de ablação do verão; análoga à linha de neve em terra. (Vide Ablação.)

Linha de neve (17) Uma linha temporária que marca a elevação onde a neve caída durante o inverno persiste por todo o verão; sazonalmente, a mais baixa elevação coberta de neve durante o verão.

Linha de rumo (1) Um linha com direção de bússola (ou orientação) constante que cruza sucessivos meridianos no mesmo ângulo; aparece como uma linha reta apenas na projeção de Mercator.

Linha de tempestade (8) Uma zona ligeiramente à frente de uma frente fria em rápido avanço, onde os padrões de vento alteram-se rapidamente e as rajadas e precipitações são fortes.

Linha Internacional da Data (LID) (1) O meridiano 180°, um importante corolário do meridiano de origem do lado oposto do planeta; estabelecido por um tratado de 1884 para marcar o lugar onde os dias oficialmente começam.

Linhas de contorno (Apêndice A) Isolinhas em uma carta topográfica que conectam todos os pontos de mesma elevação em relação a uma elevação de referência chamada de datum vertical.

Lisímetro (9) Um instrumento meteorológico para medir a evapotranspiração potencial e real; isola uma porção de um campo, de modo que a umidade que se movimenta pelo terreno é medida.

Litificação (12) A compactação, cimentação e endurecimento de sedimentos em rochas sedimentares.

Litosfera (1, 12) A crosta da Terra e a porção do topo do manto, diretamente abaixo da crosta, estendendo-se até 70 km para baixo. Algumas fontes empregam esse termo para se referir à Terra inteira.

Localização (1) Um tema básico de geografia, que lida com as posições absolutas e relativas de pessoas, lugares e coisas a superfície da Terra.

Loess (16) Grandes quantidades de argilas e siltes de grão fino deixados como depósitos de lavagem glacial; subsequentemente soprados pelo vento por longas distâncias e redepositados como uma cobertura homogênea e geralmente não estratificada de material sobre as paisagens existentes; na China, o loess originou-se nas terras desérticas.

Longitude (1) A distância angular medida ao leste ou ao oeste de um meridiano de origem a partir de um ponto no centro da Terra. Uma linha que conecta todos os pontos ao longo da mesma longitude é um meridiano. (Comparar Latitude.)

Lugar (1) Um tema central da geografia, focado nas características tangíveis e intangíveis que tornam cada localização única; não há dois lugares iguais na Terra.

Magma (12) Rocha fundida vinda de baixo da superfície da Terra; fluida, gasosa, sob pressão extrema, passando ou por intrusão para dentro da rocha crustal existente, ou por extrusão para a superfície como lava. (Vide Lava.)

Magnetosfera (2) O campo de força magnético da Terra, que é gerado por movimentos à feição de dínamo dentro do núcleo externo do planeta; deflete o fluxo de vento solar em direção à atmosfera superior acima dos polos.

Manchas solares (2) Distúrbios magnéticos na superfície do Sol, ocorrendo em um ciclo médio de 11 anos; explosões (flares), proeminências e eclosões produzem picos de vento solar.

Manguezal (16) Um ecossistema de terras úmidas entre 30° N e 30° S; tende a formar uma comunidade distinta de vegetação de mangue. (Comparar Marisma.)

Manto (12) Uma área dentro do planeta representando cerca de 80% do volume total da Terra, com densidade aumentando com a profundidade, numa média de 4,5 g/cm³; ocorre entre o núcleo e a crosta; é rico em ferro e óxidos e silicatos de magnésio.

Manto de gelo (17) Uma massa contínua de gelo não confinado, cobrindo mais de 50.000 km². O grosso do gelo glacial da Terra cobre a Antártica e a Groenlândia em dois mantos de gelo. (Comparar Geleira alpina.)

Mapa (1, Apêndice A) Uma visão generalizada de uma área, geralmente alguma porção da superfície terrestre, conforme vista de cima e consideravelmente reduzida em tamanho. (Vide Escala, Projeção cartográfica.)

Mapa planimétrico (Apêndice A) Um mapa básico mostrando a posição horizontal das fronteiras; atividades de uso da terra; e contornos políticos, econômicos e sociais.

Mapa topográfico (Apêndice A) Um mapa que retrata o relevo físico através do uso de linhas de contorno de elevação que conectam todos os pontos com a mesma elevação acima ou abaixo de um datum vertical, como o nível médio do mar.

Maré (16) Um padrão de oscilações que se verificam duas vezes ao dia no nível do mar, produzido por relações astronômicas entre o Sol, a Lua e a Terra; ocorre em graus variados em todo o mundo. (Vide Maré de quadratura, Maré de sizígia.)

Maré de enchente (16) Maré crescente durante o ciclo diário das marés. (Comparar Maré de vazante.)

Maré de quadratura (16) Uma amplitude de maré incomumente baixa produzida durante a primeira e a terceira fase da Lua, com uma tração oposta por parte do Sol. (Comparar Maré de sizígia.)

Maré de sizígia (16) A máxima variação das marés, que ocorre quando a Lua e o Sol estão em estágios de conjunção (com lua nova) ou oposição (lua cheia). (Comparar Maré de quadratura.)

Maré de vazante (16) Maré baixa ou decrescente durante o ciclo diário das marés. (Comparar Maré de enchente.)

Maré meteorológica (8) Uma grande quantidade de água do mar empurrada para dentro do continente pelos fortes ventos associados aos ciclones tropicais.

Marisma (16) Um ecossistema de terras úmidas característico das latitudes do 30º paralelo em direção aos polos. (Comparar Manguezal.)

Massa de ar (8) Um corpo de ar distinto e homogêneo que assumiu as características de umidade e temperatura da sua região fonte.

Massas de terra continentais (13) A categoria mais ampla de geoforma, incluindo as massas de crosta que se situam acima ou próximo do nível do mar e as plataformas continentais submersas adjacentes ao longo da linha de costa; ocasionalmente, sinônimo de plataformas continentais.

Matéria particulada (MP) (3) Pó, poeira, fuligem, sal, aerossóis de sulfatos, partículas naturais fugitivas ou outras partículas de material suspensas no ar.

Material-fonte (14) O material não consolidado (de fontes tanto orgânicas quanto minerais) que é a base do desenvolvimento do solo.

Meandro abandonado (15) Um lago que anteriormente fazia parte do canal de um canal meandrante; isolado quando um curso d'água erodiu seu banco externo, formando um corte através do gargalo do meandro em loop (Vide Canal meandrante). Na Austrália, conhecido como billabong (a palavra aborígene para "rio morto").

Meridiano (1) Uma linha que designa um ângulo de longitude. (Vide Longitude.)

Meridiano de origem (1) Um meridiano arbitrário designado como longitude 0°, o ponto a partir do qual as longitudes são medidas para leste ou oeste; estabelecido em Greenwich, Inglaterra, por um acordo internacional assinado em 1884.

Mesociclone (8) Uma circulação atmosférica grande e rotatória, iniciada dentro de uma nuvem-mãe cumulonimbus numa elevação média da troposfera; geralmente produz chuva pesada, granizo grande, ventos tempestuosos e relâmpagos; pode levar a atividade de tornado.

Mesosfera (3) A região superior da homosfera, de 50 a 80 km (30 a 50 mi) acima do solo; definida por critérios de temperatura; atmosfera extremamente rarefeita.

Meteorologia (8) O estudo científico da atmosfera, incluindo suas características físicas e movimentos; processos químicos, físicos e geológicos relacionados; as complexas ligações dos sistemas atmosféricos; e previsão do tempo.

Método científico (1) Uma abordagem que utilizem o bom senso aplicado de uma maneira organizada e objetiva; baseia-se em observação, generalização, formulação e teste de uma hipótese, e acaba levando ao desenvolvimento de uma teoria.

Método indireto (11) Informações sobre os meios ambientes passados que representam alterações no clima, como análise de isótopos ou datação de anéis de crescimento de árvores; também chamado de indicador climático indireto.

Microclimatologia (4) O estudo dos climas locais sobre ou próxima à superfície da Terra ou até a altura acima da superfície da Terra onde os efeitos da superfície não são mais determinantes.

migra durante o ano; 23,5° S de latitude. (Vide Trópico de Câncer, Solstício de inverno [dezembro].)

Mineral (12) Um elemento ou combinação de elementos que forma um composto natural inorgânico; descrito por uma fórmula específica e uma estrutura cristalina.

Mínimo de Maunder (11) Um mínimo solar (um intervalo com pouca atividade de manchas solares e irradiação solar reduzidas) que se estendeu de cerca de 1645 a 1715, correspondendo a um dos períodos mais frios da Pequena Idade do Gelo. Essa relação sugere um efeito causal menor de um número menor de manchas solares e o resfriamento das temperaturas na região do Atlântico Norte. No entanto, a pesquisa vem repetidamente refutando essa hipótese (por exemplo, o aquecimento recente da temperatura corresponde a um prolongado mínimo solar).

Miragem (4) Um efeito de refração quando uma imagem parece próxima ao horizonte, onde as ondas de luz são refratadas por camadas de ar de temperaturas diferentes (e, consequentemente, de densidades diferentes).

Modelo (1) Uma versão simplificada de um sistema, representando uma porção idealizada do mundo real.

Modelo de circulação geral (GCM) (11) Modelo climático computadorizado complexo que produz generalização da realidade e prevê as condições meteorológicas e climáticas futuras. GCMs complexos (modelos tridimensionais) são empregados nos Estados Unidos e em outros países.

Modelo de Circulação Geral Atmosfera-Oceano (AOGCM) (11) Um sofisticado modelo de circulação geral que acopla submodelos atmosféricos e oceânicos para simular os efeitos das ligações entre componentes climáticos específicos ao longo de diferentes janelas de tempo e em diversas escalas.

Modelo de equilíbrio dinâmico (14) O ato de equilíbrio entre levantamento tectônico e erosão, entre a resistência dos materiais da crosta e o trabalho dos processos de denudação. As paisagens evidenciam uma adaptação contínua à estrutura rochosa, clima, relevo local e elevação.

Mollisols (18) Uma ordem de solo na *Soil Taxonomy*. Possui um epipedon mólico (mole, macio) e conteúdo orgânico rico em húmus de alta alcalinidade. Alguns dos solos agrícolas mais significativos do mundo são Mollisols.

Monção (6) Um ciclo anual de secura e umidade, com ventos de alternância sazonal produzidos pelas mudanças dos sistemas de pressão atmosférica; afeta a Índia, o Sudeste da Ásia, a Indonésia, o Norte da Austrália e partes da África. Vem da palavra árabe mausim, que significa "estação".

Monóxido de carbono (CO) (3) Uma combinação inodora, incolor e insípida de carbono e oxigênio, produzida pela combustão incompleta de combustíveis fósseis ou outras substâncias contendo carbono; a toxicidade paras os humanos é devida à sua afinidade com a hemoglobina, tomando o lugar do oxigênio na corrente sanguínea.

Moraina (17) Depósitos glaciais marginais (laterais, mediais, terminais, basais) de material não selecionado e não estratificado.

Moraina lateral (17) Detritos transportados por uma geleira que se acumulam nos lados da geleira e se depositam ao longo dessas margens.

Moraina medial (17) Detritos transportados por uma geleira que se acumulam no meio da geleira, resultando da fusão das morainas laterais de duas geleiras; forma uma feição deposicional após o recuo glacial.

Moraina terminal (17) Detritos erodidos soltos na extensão máxima de uma geleira.

Movimento (1) Um tema central da geografia, envolvendo a migração, comunicação e interação de pessoas e processos no espaço.

Movimento de massa (14) Todos os movimentos unitários dos materiais impelidos pela gravidade; podem variar de seco a úmido, lento a rápido, pequeno a grande, e de queda livre a gradual ou intermitente.

Mudança de fase (7) A mudança de fase (ou estado) entre gelo, água e vapor d'água; envolver absorção ou liberação de calor latente. (Vide Calor latente.)

Nascer do sol (2) O momento em que o disco do Sol começa a aparecer sobre o horizonte.

Nevoeiro (7) Uma nuvem (geralmente estratiforme) em contato com o solo, com a visibilidade normalmente reduzida a 1 km.

Nevoeiro de advecção (7) Condensação ativa formada quando ar quente e úmido movimenta-se lateralmente sobre superfícies de água ou terra mais frias, esfriando as camadas inferiores do ar até a temperatura do ponto de orvalho.

Nevoeiro de encosta (7) É produzido quando o ar úmido é forçado a elevações mais altas por uma colina ou montanha, sendo assim resfriado. (Comparar Nevoeiro de vale.)

Nevoeiro de evaporação (7) Um nevoeiro formado quando ar frio passa sobre a superfície quente de um lago, oceano ou outro corpo d'água; forma-se quando as moléculas de água evaporam da superfície da água para o ar frio sobrejacente; também chamado de nevoeiro de vapor ou fumaça do mar.

Nevoeiro de radiação (7) Formado pelo resfriamento radioativo de uma superfície de terra, especialmente em noites claras em áreas de solo úmido; ocorre quando a camada de ar diretamente acima da superfície é resfriada até a temperatura de ponto de orvalho, assim produzindo condições saturadas.

Nevoeiro de vale (7) A descida de ar mais frio e menos denso em áreas de baixa elevação; produz condições saturadas e nevoeiro. (Comparar Nevoeiro de encosta.)

Nimbmostratus (7) Nuvens estratiformes cinzentas, escuras e produtoras de chuva, caracterizadas por uma suave garoa.

Nicho ecológico (19) A função ou operação de uma forma de vida dentro de uma dada comunidade ecológica.

Nickpoint (knickpoint) (15) O ponto em que o perfil longitudinal de um curso d'água é abruptamente quebrado por uma mudança de gradiente; por exemplo, uma cachoeira, corredeira ou cascata.

Nível base (15) Um nível hipotético abaixo do qual um rio não pode erodir seu vale – sendo, portanto, o mínimo nível operacional dos processos de denudação; em sentido absoluto, é representado pelo nível do mar, estendendo-se abaixo da paisagem.

Nível médio do mar (NMM) (16) A média dos níveis de maré registrados por hora em um dado sítio ao longo de um período dilatado, que deve ser de ao menos um ciclo lunar de maré inteiro.

Núcleo (12) A porção interna mais profunda da Terra, representando um terço da sua massa total; diferenciado em duas zonas – um núcleo interno de ferro sólido cercado por um núcleo externo de ferro metálico fluido, denso e derretido.

Núcleos de condensação de nuvem (7) Partículas microscópicas necessárias como suporte onde o vapor d'água condensa para formar gotículas de umidade; podem ser sais marinhos, fuligem ou cinzas.

Nuvem (7) Um agregado de minúsculas gotículas de umidade e cristais de gelo; classificada por altitude de ocorrência e formato.

Nuvem funil (8) O redemoinho visível que se estende partindo do lado de baixo de uma nuvem, podendo ou não se desenvolver em um tornado. Um tornado é uma nuvem funil que se estendeu até o solo. (Vide Tornado.)

Nuvem noctilucente (3) Uma rara e brilhante faixa de cristais de gelo que podem reluzir nas latitudes altas por muito tempo após o pôr do sol; formada dentro de mesosfera, onde as poeiras cósmica e meteórica age como núcleos para a formação de cristais de gelo.

Onda (16) Uma ondulação da água oceânica produzida pela conversão da energia solar em energia eólica e então em energia de ondas; energia produzida em uma região geradora ou área tempestuosa do mar.

Onda de calor (5) Um período prolongado de temperaturas anormalmente altas, geralmente (mas nem sempre) associado a tempo úmido.

Onda de Rossby (6) Um movimento horizontal ondulante na circulação de oeste de altitude nas latitudes médias e altas.

Onda sísmica (12) A onda de choque enviada pelo planeta por um terremoto ou teste nuclear subterrâneo. A transmissão varia de acordo com a temperatura e a densidade das várias camadas dentro do planeta; fornece evidência indireta para o diagnóstico da estrutura interna da Terra.

Onívoro (19) Um consumidor que se alimenta tanto de produtores (vegetais) quanto de consumidores (carne) – categoria esta ocupada pelos humanos, entre outros. (Comparar Consumidor, Produtor.)

Orogênese (13) O processo de formação de montanhas que ocorre quando compressão de grande escala leva a deformação e soerguimento da crosta; literalmente, o nascimento das montanhas.

Oxidação (14) Um processo de intemperismo químico em que o oxigênio dissolvido na água oxida (combina-se com) certos elementos metálicos, formando óxidos; o mais conhecido é o "enferrujamento" do ferro na rocha ou solo (Ultisols, Oxisols), produzindo uma mancha marrom-avermelhada de óxido de ferro.

Oxisols (18) Uma ordem de solo na *Soil Taxonomy*; Solos tropicais antigos, profundamente desenvolvidos e sem horizontes quando são bem-drenados; altamente intemperizados, de baixa capacidade de troca de cátions e baixa fertilidade.

Ozonosfera (3) Uma camada de ozônio que ocupa a extensão integral da estratosfera (de 20 a 50 km, acima da superfície); a região da atmosfera onde os comprimentos de onda ultravioletas da insolação são extensamente absorvidos e convertidos em calor.

Padrão de drenagem (15) Um arranjo geométrico distintivo dos rios de uma região, determinado pela inclinação, diferentes resistências das rochas a intemperismo e erosão, variabilidade climática e hidrológica, e controles estruturais da paisagem.

Pahoehoe (13) Lava basáltica mais fluida do que aa. Forma uma fina crosta que origina dobras com aparência de uma "corda" enrolada e retorcida.

Paleoclimatologia (11) A ciência que estuda os climas e as causas das variações climáticas das eras passadas, por todo o tempo histórico e geológico.

Paleolago (17) Um lago antigo, como o Lago Bonneville ou o Lago Lahonton, associado a período úmidos anteriores, quando as bacias lacustres estavam cheias em níveis superiores aos atuais.

PAN (3) Vide Peroxiacetil nitratos.

Pangea (12) Um supercontinente formado pela colisão de todas as massas continentais há cerca de 225 milhões de anos; mencionado pela teoria da deriva continental de Wegener em 1912. (Vide Tectônica de placas.)

Paralelismo axial (2) O eixo da Terra permanece alinhado durante todo o ano ("fica paralelo a si mesmo"); assim, o eixo estendido a partir do Polo Norte aponta para o espaço sempre próximo a Polaris, a Estrela Polar.

Paralelo (1) Uma linha, paralela ao equador, que designa um ângulo de latitude. (Vide Latitude.)

Pavimento desértico (16) Em paisagens áridas, uma superfície formada quando a deflação eólica e o fluxo laminar remove partículas menores, deixando seixos e cascalhos residuais concentrando-se na superfície; uma hipótese alternativa de acúmulo sedimentar explica alguns pavimentos desérticos; assemelha-se a uma rua de paralelepípedos. (Vide Deflação, Fluxo laminar.)

Pedon (18) Um perfil de solo que se estende da superfície até o alcance mais baixo das raízes vegetais ou até a profundidade onde se encontra regolito ou leito rochoso; é imaginado como uma coluna hexagonal; a unidade básica de amostragem do solo.

Pequeno círculo (1) Um círculo na superfície de um globo que não participa do centro da Terra – por exemplo, todos os paralelos de latitude que não o equador. (Comparar Grande círculo.)

Percolação (9) O processo pelo qual a água permeia o solo ou uma rocha porosa até chegar ao ambiente subsuperficial.

Perda de massa (14) O movimento gravitacional de material não unificado encosta abaixo; uma forma específica de movimento de massa.

Perfil do solo (18) Uma seção vertical de solo que se estende da superfície até a mais funda extensão das raízes vegetais ou até o regolito ou leito rochoso.

Periélio (2) O ponto em que a Terra fica mais próxima ao sol em sua órbita elíptica, atingido em 3 de janeiro, com uma distância de 147.255.000 km; variável em um ciclo de 100.000 anos. (Comparar Afélio.)

Periglacial (17) Processos, geoformas e feições topográficas de clima frio junto às margens de geleiras atuais e do passado; existem características periglaciais em mais de 20% da superfície terrestre; inclui permafrost, ação de congelamento e gelo de solo.

Permafrost (17) Forma-se quando as temperaturas do solo ou da rocha ficam abaixo de 0°C por ao menos dois anos em áreas consideradas periglaciais; o critério é baseado na temperatura, e não em se há água presente. (Vide Periglacial.)

Permeabilidade (9) A capacidade da água de fluir através de solo ou rocha; uma função da textura e da estrutura do meio.

Peroxiacetil nitrato (PAN) (3) Um poluente formado por reações fotoquímicas envolvendo óxido nítrico (NO) e compostos orgânicos voláteis (COVs). O PAN não provoca efeitos conhecidos sobre a saúde humana, mas é particularmente danoso aos vegetais.

Piroclasto (13) Um fragmento rochoso expelido explosivamente por uma erupção vulcânica; às vezes descrito pelo termo mais geral tefra.

Planalto basáltico (13) Um acúmulo de derrames horizontais formado quando a lava se espalha na superfície a partir de fissuras alongadas, em mantos extensos; associado a erupções efusivas; também chamado de basalto em derrames. (Vide Basalto.)

Planície de inundação (15) Uma área plana e de baixa elevação ao longo do canal de um curso d'água, criado por enchentes recorrentes e sujeito a elas; depósitos aluviais geralmente cobrem a rocha subjacente.

Planície de lavagem (17) Área de depósitos de rios glaciais de drift estratificado, com rios alimentados por água derretida, entrelaçados e sobrecarregados; ocorre além dos depósitos morânicos de uma geleira.

Planície de till (17) Uma planície grande e relativamente plana composta de depósitos glaciais não selecionados atrás de uma moraina terminal ou frontal. Relevo baixo ondulado e padrões de drenagens indefinidos são característicos.

Plano da eclíptica (2) Um plano (superfície chata) que faz intersecção com todos os pontos da órbita da Terra.

Planta vascular (19) Um vegetal que possui fluido interno e fluxos de material por seus tecidos; existem quase 270.000 espécies assim na Terra.

Plataforma de abrasão marinha (16) Uma superfície de leito rochoso plana ou de suave inclinação, parecida com um terraço, que se desenvolve na zona das marés, onde a ação das ondas corta um banco que se estende da base da escarpa mar adentro.

Playa (15) Uma área de crosta de sal deixada pela evaporação em um solo desértico, geralmente no meio de um deserto ou de um bolsão ou vale semiárido; intermitentemente úmido e seco.

Plúton (12) Uma massa de rocha ígnea intrusiva que esfriou lentamente na crosta; forma-se com todos os tamanhos e formatos. O plúton maior, parcialmente exposto, é um batólito. (Vide Batólito.)

Pluviômetro (9) Um instrumento meteorológico; um aparelho padronizado que captura e mede a chuva.

Podzolização (18) Um processo pedogênico em climas frios e úmidos; forma um solo altamente lixiviado com alta acidez superficial em função do húmus das árvores ricas em ácidos.

Polipedon (18) O solo identificável de uma área, com características distintas que o diferenciam dos polipedons circundantes que formam a unidade básica de mapeamento; composto de muitos pedons. (Vide Pedon.)

Poluentes (3) Gases, partículas e outras substâncias (naturais ou de origem humana) presentes na troposfera que se acumulam em quantidades perigosas para os humanos ou para o meio ambiente.

Pontal de barreira (16) Uma geoforma deposicional que se desenvolve quando areia ou cascalho transportado em uma praia ou ilha barreira é depositado em longas cristas que estão ligadas em uma ponta ao continente e cruzam parcialmente à embocadura de uma baía.

Ponto de murcha (9) O ponto do equilíbrio da umidade do solo em que só permanecem água higroscópica e um pouco de água capilar ligada. As plantas murcham e acabam morrendo após o desgaste prolongado oriundo da falta de água disponível.

Ponto quente (12) Um ponto individual de material ressurgente originário da astenosfera ou de mais fundo no manto; tende a permanecer fixo em relação às placas migratórias; há cerca de 100 deles identificados em todo o mundo, exemplificados pelo Parque Nacional Yellowstone, Havaí e Islândia.

Ponto subsolar (2) O único ponto que recebe insolação perpendicular em um dado momento – isto é, o Sol está diretamente a pino. (Vide Declinação.)

Pôr do sol (2) O momento em que o disco do Sol desaparecer totalmente abaixo do horizonte.

Porosidade do solo (18) O volume total de espaço dentro de um solo que é preenchido com ar, gases ou água (em oposição a partículas do solo ou matéria orgânica).

Pradaria de latitude média (20) Dentre os grandes biomas, o mais modificado pela atividade humana; assim chamado (*grassland*, em inglês) por causa da predominância de gramíneas, embora ombrófilas decíduas apareçam junto a rios e outros locais limitados; localização dos maiores celeiros do mundo de produção grãos e pecuária.

Praia (16) A porção do litoral onde há um acúmulo de sedimentos em movimento.

Praia barreira (16) Feição estreita, longa e deposicional, geralmente composta de areia, que se forma em águas paralelamente ao litoral; pode se manifestar como ilhas barreira e longas cadeias de praias barreira. (Vide Ilha barreira.)

Precipitação (9) Chuva, neve, chuva congelada e granizo – o suprimento de umidade; chamado de PRECIP, ou P, no equilíbrio hídrico.

Pressão de vapor (7) A porção da pressão total do ar que se origina de moléculas de vapor d'água, expressa em milibares (mb). A uma dada temperatura de ponto de orvalho, a capacidade máxima do ar é chamada de pressão de saturação de vapor.

Pressão do ar (3, 6) Pressão produzida pelo movimento, tamanho e número de moléculas de gás no ar, exercida sobre superfícies em contato com o ar; no nível do mar, uma força média de 1 kg/cm³. A pressão normal ao nível do mar, medida pela altura de uma coluna de mercúrio (Hg), é expressa como 1013,2 milibares, 760 mm Hg ou 29,92 polegadas de Hg. A pressão do ar pode ser medida com barômetros aneroides ou de mercúrio (vide os verbetes de ambos).

Processo (1) Um conjunto de ações e mudanças que ocorrem em uma ordem especial; a análise de processos é central para a síntese geográfica moderna.

Produtividade primária líquida (19) A fotossíntese líquida (fotossíntese menos respiração) de uma dada comunidade; considera todo o crescimento e todos os fatores de redução que afetam a quantidade de energia química útil (biomassa) fixada em um ecossistema.

Produtor (19) Um organismo (vegetal) de um ecossistema que utiliza dióxido de carbono como sua única fonte de carbono, que ele fixa quimicamente através da fotossíntese para suprir sua própria nutrição; também chamado de autótrofo. (Comparar Consumidor.)

Projeção cartográfica (1, Apêndice A) A redução de um globo esférico a uma superfície plana em algum realinhamento ordenado e sistemático da malha de latitude e longitude.

Projeção cilíndrica de Miller (Apêndice A) Uma projeção cartográfica intermediária que evita a grande distorção da projeção de Mercator. (Vide Projeção cartográfica.)

Projeção de Mercator (1, Apêndice A) Uma projeção fiel à forma, com os meridianos apresentados como linhas retas igualmente espaçadas e os paralelos apresentados como linhas retas com menos espaçamento quanto mais perto do equador. Os polos são infinitamente esticados, com o paralelo 84 norte e o paralelo 84 sul estabelecidos no mesmo comprimento do equador. Apresenta noções falsas do tamanho (área) das massas de terra de latitudes médias e em direção aos polos, mas apresenta direções de bússola verdadeiras. (Vide Linha de rumo.)

Projeção de Robinson (Apêndice A) Uma projeção oval de meio-termo (nem de área igual, nem de forma verdadeira) desenvolvida em 1963 por Arthur Robinson.

Projeção homolosina de Goode (Apêndice A) Uma projeção de área igual formada pela montagem de uma projeção sinusoidal e uma homolográfica.

Província Basin e Range (13) Uma região de climas secos, alguns poucos rios permanentes e padrões de drenagem interior no Oeste dos Estados Unidos; uma paisagem falhada composta por uma sequência de horsts e grabens.

Psicômetro de funda (7) Um instrumento meteorológico que mede a umidade relativa usando dois termômetros – um bulbo seco e um bulbo úmido – montados lado a lado.

Pulso de geleira (17) Quando uma geleira faz um movimento para frente veloz, brusco e inesperado.

Queda de rocha (14) Movimento em queda livre de detritos caindo de um penhasco ou encosta íngreme, geralmente caindo reto ou rolando encosta abaixo.

Radiação difusa (4) O componente descendente da insolação de entrada dispersa vinda das nuvens e da atmosfera.

Radiação líquida (R LÍQUIDA) (4) A radiação líquida de todas as ondas disponível na superfície da Terra; o resultado final do processo de balanço de radiação entre a insolação de ondas curtas que entra e a radiação de ondas longas que sai.

Rastejamento do solo (14) Um movimento persistente de massas de solo superficial, onde partículas individuais do solo são elevadas e perturbadas pela expansão da umidade do solo à medida que ele congela ou que animais cavam ou pastam.

Rastejamento superficial (16) Uma forma de transporte eólico que envolve partículas grandes demais para saltação; um processo em que grãos individuais são impactados por grãos móveis e deslizamento e rolamento.

Rebaixamento (9) Vide Cone de depressão.

Rebentação (16) O ponto onde a altura da onda excede a sua estabilidade vertical, quando a onda quebra ao se aproximar da margem.

Recarga da umidade do solo (9) Quando água ingressa nos espaços disponíveis de armazenamento do solo.

Reflexão (4) A parte da insolação de chegada que é devolvida diretamente ao espaço, sem ser absorvida e convertida em calor nem exercer qualquer trabalho. (Vide Albedo.)

Refração (4) O efeito de dobra das ondas eletromagnéticas que ocorre quando a insolação entra na atmosfera ou em outro meio; o mesmo processo dispersa as cores que compõem a luz que passa por um cristal ou prisma.

Refração de ondas (16) Um processo de dobra que concentra a energia das ondas em promontórios e a dispersa em enseadas e baías; o resultado de longo prazo é a estabilização costeira.

Região (1) Um tema geográfico que enfoca áreas que apresentam unidade e homogeneidade interna de traços; inclui o estudo de como uma região se forma, evoluí e se inter-relaciona com outras regiões.

Região antártica (17) A convergência antártica* define a região antártica dentro de uma zona estreita que se estende no oceano ao redor do continente como uma fronteira entre as águas frias da Antártica e as águas mais amenas de latitudes mais baixas.

Região ártica (17) A isoterma de 10°C para julho define a região ártica; coincide com a linha de árvores visível – o limite entre as florestas boreais e a tundra.

Região climática (10) Uma área de clima homogêneo que apresenta padrões regionais característicos de tempo e massas de ar.

Regime pedogênico (18) Um processo específico de formação do solo atrelado a um regime climático específico: laterização, calcificação, salinização e podzolização, entre outros; não é a base para a classificação do solo na Taxonomia dos Solos.

Regolito (14) Leito rochoso sobreposto parcialmente intemperizado, seja residual ou transportado.

---
*N. de R.T.: Atualmente chamada Zona da Frente Polar Antártica.

Reino biogeográfico (20) Uma das oito regiões da biosfera, sendo cada uma representativa de áreas evolutivas centrais da flora (vegetais) e fauna (animais) relacionadas; um esquema amplo de classificação geográfica.

Relações humanos-Terra (1) Um dos temas mais antigos da geografia (a tradição humano-terra); abrange a análise espacial dos padrões de assentamento, utilização e exploração de recursos, percepção e planejamento de risco, e o impacto da modificação ambiental e da criação de paisagens artificiais.

Relâmpago (8) Clarões de luz causados por dezenas de milhões de volts de carga elétrica, aquecendo o ar até temperaturas de 15.000-30.000°C.

Relevo (14) Diferenças de elevação em uma paisagem local; uma expressão das diferenças locais de altura entre geoformas,

Respiração (19) O processo através do qual os vegetais oxidam carboidratos para derivar energia para suas operações; essencialmente, o inverso do processo fotossintético; libera dióxido de carbono, água e energia térmica no meio ambiente. (Comparar Fotossíntese.)

Retirada de água (9) Por vezes chamada de uso extrafluvial, a remoção de água do suprimento natural, após o quê ela é usada para diversas finalidade, sendo depois devolvida ao suprimento de água.

Retroalimentação climática (11) Um processo que amplifica ou reduz uma tendência climática em direção a um aquecimento ou resfriamento.

Retroalimentação negativa (1) Uma retroalimentação que tende a desacelerar ou abafar as respostas em um sistema; promove a autorregulação em um sistema; muito mais comum do que a retroalimentação positiva em sistemas vivos. (Vide Ciclo de retroalimentação; comparar Retroalimentação positiva.)

Retroalimentação positiva (1) Uma retroalimentação que amplifica ou estimula as respostas em um sistema. (Comparar Retroalimentação negativa; vide Ciclo de retroalimentação.)

Reversão geomagnética (12) Uma mudança de polaridade no campo magnético da Terra. Em intervalos irregulares, o campo magnético esvai-se até zero e depois volta com toda a força, mas com os polos magnéticos invertidos. Foram registradas nove reversões nos últimos 4 milhões de anos.

Rio exótico (9) Um rio que nasce em uma região úmida e corre por uma região árida, com a vazão diminuindo em direção à embocadura; por exemplo, o Rio Nilo e o Rio Colorado.

Rio yazoo (15) Um pequeno curso d'água tributário que drena acompanhando uma planície de inundação; não pode se juntar ao rio principal porque é bloqueado por seus diques naturais e pelo canal elevado do rio. (Vide Pântano de represamento.)

Rios em equilíbrio (15) Uma condição idealizada em que a carga do rio e a paisagem se ajustam mutuamente. Isso cria um equilíbrio dinâmico entre erosão, carga transportada, deposição e capacidade do rio.

Rocha (12) Um agrupamento de minerais ligados entre si, ou às vezes uma massa de um único mineral.

Rocha ígnea (12) Um dos tipos básicos de rocha; solidifica-se e cristaliza-se a partir de um estado fundido quente (magma ou lava). (Comparar Rocha metamórfica, Rocha sedimentar.)

Rocha ígnea extrusiva (12) Uma rocha que solidifica e cristaliza a partir de um estado fundido quando é expelido para a superfície, como o basalto.

Rocha ígnea intrusiva (12) Uma rocha que solidifica e cristaliza a partir de um estado fundido quando penetra em rochas crustais, esfriando e endurecendo abaixo da superfície, como o granito.

Rocha metamórfica (12) Um dos três tipos básicos de rochas, é uma rocha existente, ígnea e sedimentar, que passou por profundas modificações físicas e químicas sob pressão e temperatura elevadas. As estruturas minerais constituintes podem exibir texturas foliadas ou não foliadas. (Comparar Rocha ígnea, Rocha sedimentar.)

Rocha moutonnée (17) Uma feição de erosão glacial; uma colina assimétrica de leito rochoso exposto; apresenta um lado a montante com suave inclinação, que foi alisado e polido por uma geleira, e um lado a jusante íngreme e abrupto.

Rocha sedimentar (12) Um dos três tipos básicos de rocha; formada pela compactação, cimentação e endurecimento de sedimentos derivados de outras rochas. (Comparar Rocha ígnea, Rocha metamórfica.)

Rotação (2) O giro da Terra sobre seu eixo, com média de 24 horas de duração; determina a relação dia-noite; anti-horária quando vista de cima do Polo Norte e de oeste para leste quando vista de cima do equador.

Salinidade (16) A concentração de elementos naturais e compostos dissolvidos em solução como solutos; medida por peso em parte por mil (‰) na água do mar.

Salinização (18) Um processo pedogênico que se origina das altas taxas de evapotranspiração potencial nos desertos e nas regiões semiáridas. A água do solo é puxada para os horizontes de superfície, e os sais dissolvidos são depositados quando a água evapora.

Salmoura (16) Água do mar com salinidade de mais de 35%; por exemplo, o Golfo Pérsico. (Comparar Salobra.)

Salobra (16) Relativo à água do mar com salinidade de menos de 35%; por exemplo, o Mar Báltico. (Comparar Salmoura.)

Saltação (15) O transporte de grãos de areia (normalmente maiores que 0,2 mm ou 0,008 in) por rios ou ventos, com os grãos saltando pelo solo em trajetórias assimétricas.

Saturação (7) O estado do ar que está retendo todo o vapor d'água que pode reter a uma dada temperatura, conhecida como temperatura de ponto de orvalho.

Savana tropical (20) Um importante bioma contendo grandes extensões de gramíneas interrompidas por árvores e arbustos; uma área transicional entre as florestas pluviais úmidas e florestas sazonais tropicais e as estepes tropicais semiáridas e desertos, mais secos.

Seca (9) Não possui uma definição simples em termos de balanço hídrico; em vez disso, pode ocorrer em ao menos quatro formas: seca meteorológica, seca agrícola, seca hidrológica e/ou seca socioeconômica.

Sedimento (12) Matéria mineral de grão fino que é transportada e depositada por ar, água ou gelo.

Sensoriamento remoto (1) Informações obtidas à distância, sem contato físico com o observado – por exemplo, fotografia, imagens orbitais e radar.

Sinclinal (13) Um cavado em estratos dobrados, com leitos que inclinam-se em encosta rumo ao eixo da dobra inferior. (Comparar Anticlinal.)

Sismógrafo (12) Um aparelho que mede as ondas sísmicas de energia transmitida pelo interior da Terra ou ao longo da crosta (também chamado de sismômetro).

Sismômetro (13) Um instrumento usado para detectar e registrar a movimentação do solo durante um terremoto causada por ondas sísmicas que viajam pelo interior da Terra até a superfície; o instrumento registra as ondas em um gráfico chamado sismograma.

Sistema (1) Qualquer conjunto ordenado e inter-relacionado de materiais ou itens que existam separados do meio ambiente ou dentro de um limite; transformações de energia, e armazenamento e recuperação de energia e matéria ocorrem dentro de um sistema.

Sistema aberto (1) Um sistema em que as entradas e saídas entrecruzam-se entre o sistema e o ambiente circundante. Em termos de energia, a Terra é um sistema aberto. (Comparar Sistema fechado.)

Sistema de informações geográficas (GIS) (1) Uma ferramenta ou metodologia computadorizada de processamento de dados utilizada para coletar, manipular e analisar informações geográficas a fim de produzir uma análise holística e interativa.

Sistema de posicionamento global (GPS) (1) Latitude, longitude e elevação são calibrados com precisão através do uso de um instrumento portátil que recebe sinais de rádio de satélites.

Sistema endógeno (12) O sistema interno da Terra, determinado pelo calor radioativo derivado de fontes dentro do planeta. Em resposta, a superfície fratura, ocorre a criação de montanhas, e terremotos e vulcões são ativados. (Comparar Sistema exógeno.)

Sistema exógeno (12) O sistema superficial externo da Terra, energizado pela insolação, que energiza ar, água e gelo e os põem em movimento sob a influência da gravidade. Inclui todos os processos de denudação de massa de terra. (Comparar Sistema endógeno.)

Sistema fechado (1) Um sistema que é isolado do ambiente circundante, de forma que é inteiramente autocontido em termos de energia e materiais; a Terra é um sistema material fechado. (Comparar Sistema aberto.)

Smog fotoquímico (3) Poluição do ar produzida pela interação de luz ultravioleta, dióxido de nitrogênio e hidrocarbonos; produz ozônio e PAN por meio de uma série de complexas reações fotoquímicas. Os automóveis são a principal fonte de gases contribuintes.

Smog industrial (3) Poluição do ar associada às indústrias que queimam carvão; pode conter óxidos sulfúricos, particulados, dióxido de carbono e material exótico.

Solo (18) Um corpo natural dinâmico consistindo em materiais finos que cobre a superfície da Terra em que os vegetais crescem, composto de matéria tanto mineral quanto orgânica.

Solo estruturado (17) Áreas do meio ambiente periglacial onde o congelamento e degelo do solo cria formas poligonais de rochas dispostas na superfície; podem ser círculos, polígonos, listras, redes e degraus.

Solo hídrico (18) Um solo que fica saturado por períodos longos o suficiente para desenvolver condições anaeróbicas ou "sem oxigênio". Os solos hídricos são característicos das terras úmidas.

Solstício de dezembro (2) Vide Solstício de inverno (dezembro).

Solstício de inverno no hemisfério norte – ou solstício de verão no hemisfério sul (dezembro) (2) O momento em que a declinação do Sol está no Trópico de Capricórnio, na latitude de 23,5° S, em 21-22 de dezembro de cada ano. O dia tem 24 horas ao sul do Círculo Polar Antártico. A noite tem 24 horas ao norte do Círculo Polar Ártico. (Comparar Solstício de verão)

Solstício de junho (2) Vide Solstício de verão (junho).

Solstício de verão no hemisfério norte – ou solstício de inverno no hemisfério sul (junho) (2) O momento em que a declinação do Sol está no Trópico de Câncer, na latitude de 23,5 °N, em 20-21 de junho de cada ano. A noite tem 24 horas ao sul do Círculo Polar Antártico. O dia tem 24 horas ao norte do Círculo Polar Ártico. (Comparar Solstício de inverno)

Solum (18) Um perfil de solo verdadeiro no pedon; idealmente, uma combinação dos horizontes O, A E e B. (Vide Pedon.)

Sombra de chuva (8) A área de uma encosta a sotavento de uma cordilheira onde o recebimento de precipitação é grandemente reduzido em comparação com a encosta a barlavento do outro lado. (Vide Ascensão orográfica.)

Spodosols (18) Uma ordem de solo na *Soil Taxonomy*. Ocorre em florestas coníferas setentrionais; mais bem desenvolvida em climas frios, úmidos e florestados; carece de húmus e argila no horizonte A, com alta acidez associada a processos de podzolização.

Stratocumulus (7) Uma nuvem rugosa, acinzentada e de nível baixo, fragmentada e com céu visível, às vezes presente no fim do dia.

Stratus (7) Uma nuvem estratiforme (plana, horizontal), geralmente abaixo de 2000 m.

Sublimação (7) Um processo em que o gelo evapora diretamente em vapor ou o vapor congela como gelo (deposição).

Substrato rochoso (14) A rocha da crosta terrestre que está abaixo do solo, sendo basicamente não intemperizada; essa crosta sólida às vezes é exposta como afloramento.

Sucessão ecológica (19) O processo segundo o qual agrupamentos diferentes e normalmente mais complexos de vegetais e animais substituem comunidades mais antigas e normalmente mais simples; as comunidades estão em um constante estado de mudança, à medida que cada espécie se adapta às condições cambiantes. Os ecossistemas não apresentam um ponto estável ou condição de clímax sucessional, como antes se pensava. (Vide Sucessão primária, Sucessão secundária.)

Sucessão primária (19) Sucessão que ocorre entre espécies vegetais em uma área de superfícies novas criadas pelo movimento de massas de terra, derrames de lava resfriados e paisagens de erupção vulcânica, por cicatrizes deixadas por mineração de superfície e exploração madeireira, por exposição mediante recuo de geleiras ou por dunas de areia, sem traços de comunidade anterior.

Sucessão secundária (19) Sucessão que ocorre entre espécies vegetais em uma área onde há vestígios de uma comunidade anteriormente em funcionamento; uma área onde uma comunidade natural foi destruída ou perturbada, mas o solo subjacente permaneceu intacto.

Sumidouro de carbono (11) Uma área na atmosfera, hidrosfera, litosfera ou biosfera da Terra onde carbono é armazenado; também chamado de reservatório de carbono.

Superfície isobárica constante (6) Uma superfície elevada na atmosfera em que todos os pontos têm a mesma pressão, normalmente 500 mb. Ao longo dessa superfície de pressão constante, as linhas isobáricas marcam os trajetos dos ventos superiores.

Superfície potenciométrica (9) Um nível de pressão em um aquífero confinado, definido pelo nível até onde a água sobre em poços; causada pelo fato de que a água em um aquífero confinado está sob a pressão do próprio peso; também chamada de superfície piezométrica. Essa superfície pode estender-se acima da superfície da terra, fazendo com que a água suba acima do lençol freático em poços de aquíferos confinados. (Vide Água artesiana.)

Swell (16) Padrões regulares e ondas regulares e arredondadas em alto mar; podem variar de pequenas ondulações a ondas enormes.

Taiga (2) Vide Floresta de coníferas.

Tanque de evaporação (9) Um instrumento meteorológico consistindo de um tanque padronizado onde ocorre evaporação, sendo a água automaticamente reposta e medida; um evaporímetro.

Tarn (17) Um pequeno lago de montanha, especialmente um que coleta em uma bacia em circo atrás de elevações de material rochoso ou em uma depressão escavada em gelo.

Taxonomia dos Solos (18) Um sistema de classificação do solo baseado em propriedades observáveis do solo efetivamente vistas no campo; publicada em 1975 pelo Serviço de Preservação do Solo dos EUA, sendo revisada em 1990 e 1998 pelo Serviço de Preservação dos Recursos Naturais, abrangendo então 12 ordens de solo.

Tectônica de placas (12) A teoria e modelo conceitual que abrange deriva continental, expansão do assoalho oceânico e aspectos relacionados do movimento crustal; aceita como o fundamento dos processos tectônicos crustais. (Vide Deriva continental.)

Teia alimentar (19) Uma complexa rede de cadeias alimentares interconectadas. (Vide Cadeia alimentar.)

Temperatura (5) Uma medida da energia térmica sensível presente na atmosfera e em outros meios; indica a energia cinética média das moléculas individuais de uma substância.

Temperatura de ponto de orvalho (7) A temperatura em que uma dada massa de ar satura, retendo o máximo de água que pode reter. Qualquer resfriamento extra ou adição de vapor d'água resulta em condensação ativa.

Tempo (8) A condição de curto prazo da atmosfera, em comparação com o clima, que reflete condições e extremos atmosféricos de longo prazo. Temperatura, pressão do ar, umidade relativa, velocidade e direção do vento, duração do dia e ângulo do Sol são importantes elementos mensuráveis que contribuem para o tempo.

Tempo Médio de Greenwich (GMT) (1) Antiga hora padrão mundial, hoje chamada de Tempo Universal Coordenado (UTC). (Vide Tempo Universal Coordenado.)

Tempo Universal Coordenado (UTC) (1) O horário de referência oficial em todos os países, antes conhecido como Tempo Médio de Greenwich; hoje é medido por relógios atômicos padrão primários, sendo os cálculos de tempo coletados em Paris pelo Escritório Internacional de Pesos e Medidas (BIPM); a referência oficial de horário em todos os países e transmissões do mundo.

Teoria do rebote elástico (13) Um conceito que descreve o processo de falhas da crosta terrestre, em que os dois lados da falha parecem estar travados apesar do movimento das porções adjacentes de crosta; porém, com o esforço acumulado, elas subitamente rompem, desprendendo-se para novas posições uma em relação à outra, produzindo um terremoto.

Termopausa (2, 3) Uma zona de aproximadamente 480 km (300 mi) de altitude que serve como o topo conceitual da atmosfera; uma altitude usada para a determinação da constante solar.

Termosfera (3) Uma região da heterosfera que se estende de 80 a 480 km (50 a 300 mi) de altitude; contém a camada funcional da ionosfera.

Terra úmida (9) Uma área permanente ou sazonalmente saturada de água e caracterizada por vegetação adaptada a solos hídricos; um ecossistema altamente produtivo com a capacidade de reter matéria orgânica, nutrientes e sedimentos.

Terraços aluviais (15) Áreas de nível que se manifestam como degraus topográficos acima de um rio, criados pelo rio à medida que ele arranha, com incisão vertical renovada em sua planície de inundação; compostos de aluviões não consolidados. (Vide Aluvião.)

Terremoto (13) Uma liberação aguda de energia que envia ondas que viajam pela crosta da Terra no momento de ruptura ao longo de uma falha ou em associação com atividade vulcânica. A escala de magnitude de momento (a antiga escala Richter) estima a magnitude do terremoto; a intensidade é descrita pela escala Mercalli.

Terreno (13) Um pedaço migratório da crosta da Terra, arrastado por processos de convecção de manto e tectônica de placas. Terrenos deslojados são distintos em sua história, composição e estrutura em relação aos continentes que os aceitam.

Till (17) Depósitos diretos de gelo, com aparência não estratificada e não selecionada; uma forma específica de drift glacial. (Comparar Drift estratificado.)

Tômbolo (16) Uma geoforma criada quando depósitos de área costeira conectam o litoral com um afloramento insular ou monte marinho.

Topografia (13) As ondulações e configurações (incluindo seu relevo) que dão à superfície da Terra sua textura, retratadas em mapas topográficos.

Topografia cárstica (14) Topografia distinta formada em uma região de calcário quimicamente intemperizado com feições de drenagem superficial e solução mal-desenvolvidas, que têm aspecto esburacado e acidentado; originalmente, o nome vem do Platô Krš, na Eslovênia.

Tornado (8) Uma rotação ciclônica intensa e destrutiva, desenvolvida em resposta a pressão extremamente baixa; geralmente associado com a formação de mesociclones.

Tração (15) Um tipo de transporte de sedimentos que arrasta materiais mais grossos pelo leito de um curso d'água. (Vide Carga de fundo.)

Trajetórias das tempestades (8) Trajetórias, que mudam sazonalmente, seguidas pelos sistemas de baixa pressão migrantes.

Translação (2) O movimento orbital anual da Terra ao redor do Sol; determina a duração do ano e das estações.

Transmissão (4) A passagem de energia em ondas curtas e longas através do espaço, atmosfera ou água.

Transparência (5) A qualidade de um meio (ar, água) que permite que a luz passe facilmente por ele.

Transpiração (9) O movimento do vapor d'água para fora dos poros das folhas; a água é puxada pelas raízes da planta a partir do armazenamento de umidade do solo.

Transporte de sedimentos (15) O movimento de rochas e sedimentos corrente abaixo quando a energia de um rio ou curso d'água está alta.

Trilhas de condensação (4) Trilhas de condensação produzidas pela exaustão das aeronaves, particulados e vapor d'água podem formar nuvens cirrus altas, por vezes chamadas de nuvens cirrus falsas.

Tromba d'água (8) Uma circulação alongada em forma de funil que se forma quando há um tornado sobre a água.

Trópico de Câncer (2) O paralelo que marca o ponto mais ao norte aonde o ponto subsolar migra durante o ano; 23,5° N de latitude. (Vide Trópico de Capricórnio, Solstício de verão [junho].)

Trópico de Capricórnio (2) O paralelo que marca o ponto mais ao sul aonde o ponto subsolar

Tropopausa (3) A zona superior da troposfera, definida pela temperatura; onde quer que faça -57°C.

Troposfera (3) Onde a biosfera reside; a camada mais baixa da homosfera, contendo aproximadamente 90% da massa total da atmosfera; estende-se até a tropopausa; verifica-se a uma altitude de 18 km (11 mi) no equador, a 13 km (8 mi) nas latitudes médias e a altitudes menores próximo aos polos.

Trovão (8) A violenta expansão de ar subitamente aquecido provocada por descargas de relâmpago, enviando ondas de choque sob a forma de um estrondo sônico audível.

Tsunami (16) Uma onda marítima sísmica que viaja a altas velocidades pelo oceano, formada pelo movimento súbito do assoalho oceânico, como um terremoto no assoalho oceânico, deslizamento de terra submarino ou erupção de um vulcão submerso.

Tufão (8) Um ciclone tropical com ventos de velocidade superiores a 119 km/h (65 nós ou 74 mph) que ocorre no Pacífico ocidental; o mesmo que um furacão, salvo pela localidade. (Comparar Furacão.)

Tundra alpina (20) Condições de tundra em elevação alta. (Vide Tundra ártica.)

Tundra ártica (20) Um bioma nas porções mais setentrionais da América do Norte e do Norte da Europa e Rússia, apresentando herbáceas rasteiras, assim como algumas plantas lenhosas. (Vide Tundra alpina.)

Ultisols (18) Uma ordem de solo na *Soil Taxonomy*; Apresenta solos florestais altamente intemperizados, especialmente na classificação climática subtropical úmida. Intemperismo e exposição ampliados podem degenerar um Alfisol para a cor avermelhada e a textura desses Ultisols. A fertilidade é rapidamente exaurida quando os Ultisols são cultivados.

Umidade (7) O teor de vapor d'água do ar. A capacidade do ar de reter vapor d'água é principalmente uma função da temperatura do ar e do vapor d'água.

Umidade específica (7) A massa de vapor d'água (em gramas) por massa unitária de ar (em quilogramas) em qualquer temperatura especificada. A máxima massa de vapor d'água que um quilograma de ar consegue reter em uma temperatura específica é chamada de umidade específica máxima. (Comparar Pressão de vapor, Umidade relativa.)

Umidade relativa (7) A proporção entre o vapor d'água efetivamente contida no ar (teor) e o máximo de vapor d'água possível no ar (capacidade) para uma dada temperatura; expressa como porcentagem. (Comparar Pressão de vapor, Umidade específica.)

Uniformitarismo (12) O pressuposto de que os processos físicos ativos no meio ambiente hoje estão operando no mesmo ritmo e intensidade que os caracterizaram durante toda a era geológica; proposto por Hutton e Lyell.

Uso consuntivo (9) Um uso que remove água de um balanço hídrico em um certo ponto, tornando-a indisponível mais a jusante. (Comparar Retirada.)

Utilização da umidade do solo (9) A extração da umidade do solo pelos vegetais para suas necessidades; a eficiência da retirada diminui com a redução do armazenamento de umidade do solo.

Vazão (15) O volume medido do fluxo de um rio que passa por uma determinada seção transversal em uma determinada unidade de tempo; expresso em metros cúbicos por segundo ou pés cúbicos por segundo.

Velocidade da luz (2) Especificamente, 299.792 quilômetros por segundo, ou mais de 9,4 trilhões de quilômetros por ano – uma distância conhecida como ano-luz; à velocidade da luz, a Terra fica a 8 minutos e 20 segundos do Sol.

Ventifacto (16) Um pedaço de rocha esculpido e polido por erosão eólica – isto é, abrasão mediante partículas sopradas pelo vento.

Vento (6) O movimento horizontal do ar em relação à superfície da Terra; produzido essencialmente por diferenças de pressão de ar de um lugar ao outro; turbulência (correntes ascendentes e descendentes de vento) acrescentam um componente vertical; sua direção é influenciada pela força de Coriolis e pela fricção da superfície.

Vento chinook (8) Termo norte-americano para um fluxo de ar quente e seco que desce as encostas; característico da região de sombra de chuva a sotavento das montanhas; conhecido como vento föhn ou foehn na Europa. (Vide Sombra de chuva.)

Vento geostrófico (6) Um vento que se move entre áreas de diferente pressão em uma trajetória paralela às isóbaras. É um produto da força do gradiente de pressão e da força de Coriolis. (Vide Isóbara, Força do gradiente de pressão, Força de Coriolis.)

Vento solar (2) Nuvens de gases ionizados (carregados) emitidas pelo Sol e que viajam em todas as direções a partir da superfície solar. Os efeitos sobre a Terra incluem auroras polares, perturbação de sinais de rádio e possíveis influências sobre o tempo.

Ventos alísios (6) Ventos vindos do nordeste e sudeste que convergem no cavado de baixa pressão equatorial, formando a zona de convergência intertropical.

Ventos catabáticos (6) Drenagem de ar oriunda de regiões elevadas, fluindo como ventos de gravidade. As camadas de ar na superfície esfriam, tornam-se mais densas e fluem encosta abaixo; conhecidos por vários nomes locais pelo mundo.

Ventos de oeste (6) O padrão predominante de fluxo de vento de superfície e de alturas que vai dos subtrópicos até as latitudes altas em ambos os hemisférios.

Ventos polares de leste (6) Ventos variáveis, fracos, frios e secos que se afastam da região polar; uma circulação anticiclônica.

Vertisols (18) Uma ordem de solo na *Soil Taxonomy*. Apresentam solos de argila expansiva; compostos de mais de 30% de argilas expansivas. Ocorrem em regiões que têm equilíbrios de umidade do solo altamente variáveis através das estações.

Vulcão (13) Uma geoforma montanhosa na extremidade de um conduto magmático, subindo de baixo da crosta e com vazão para a superfície. O magma sobe e concentra-se em uma câmara magmática muito profunda, passando por erupção efusiva ou explosiva e formando vulcões compostos, escudo ou de cone de cinzas.

Vulcão composto (13) Um vulcão formado por uma sequência de erupções vulcânicas explosivas; de encostas íngremes e formato cônico; às vezes chamado de estratovulcão, embora composto seja o termo preferencial. (Comparar Vulcão-escudo.)

Vulcão-escudo (13) Uma geoforma montanhosa simétrica criada a partir de erupções efusivas (magma de baixa viscosidade); de inclinação suave, ascendendo gradualmente da paisagem circundante até uma cratera no cume; típico das Ilhas Havaianas. (Comparar Erupção efusiva, Vulcão composto.)

Yardang (16) Uma estrutura rochosa de forma aerodinâmica formada por deflação e abrasão; possui aspecto alongado e se alinha à direção do vento mais efetivo.

Zona de aeração (9) Uma zona acima do lençol freático que tem ar nos seus espaços de poro, podendo ter ou não ter água.

Zona de Convergência Intertropical (ITCZ) (6) Vide Cavado de baixa pressão equatorial.

Zona de saturação (9) Uma zona de água subterrânea abaixo do lençol freático em que todos os espaços de poro estão cheios de água.

Zona de subducção (12) Uma área em que duas placas de crosta colidem e a crosta oceânica mais densa mergulha para baixo da placa continental menos densa, formando profundas fossas oceânicas e regiões sismicamente ativas.

Zona de umidade do solo (9) A área de água armazenada no solo entre a superfície do solo e o lençol freático. A água nessa zona pode estar disponível ou indisponível para as raízes dos vegetais, dependendo das características de textura do solo.

Zona de vida (19) Um zoneamento por altitude dos vegetais e animais que formam comunidades distintas. Cada zona de vida possui suas próprias relações de temperatura e precipitação.

Zona litorânea (16) Um ambiente costeiro específico; a região entre a linha de água alta durante uma tempestade e uma profundidade em que as ondas da tempestade não conseguem mover os sedimentos do assoalho oceânico.

Zona morta (19) Condições de baixo oxigênio e vida marinha limitada, causadas por entradas nutricionais excessivas nos oceanos costeiros e lagos.

Índice

Abalo secundário, 375
Abalos precursores, 175
Ablação, 500, 502
Abrasão, 431, 483, 505
Ação capilar, 168-169
Ação hidráulica, 430
Acidificação dos oceanos, 301, 459, 479, 565
Ácido carbônico (H_2CO_3), 301–304, 459
Ácido desoxirribonucleico (DNA), 582
Ácido nítrico (HNO_3), 71, 72
Ácido sulfúrico (H_2SO_4), 72–74
Acordo de Qualidade da Água dos Grandes Lagos, 587
Acordo do Rio Colorado, 238
Administração Nacional Oceânica e Atmosférica (NOAA), 204, 311, 469
Adsorção, 536
Advancing the Science of Climate Change (NRC/NAS), 126
Advecção, 85
AEP. Vide Probabilidade de excedência anual
Aerossóis, 62, 67, 89
Afélio, 41
Agência de Proteção Ambiental (EPA), 78
Agência Federal de Gestão de Emergências (FEMA), 191
Agência Meteorológica Japonesa (JMA), 470-471
Agradação, 432
Agricultura
  de corte e queima (coivara), 543
  itinerante, 543
  mitigação da mudança climática e, 318
  sem aração, 538
Água (hídrico), 170-171. Vide também Água doce; Água do mar; Água subterrânea; Ciclo hidrológico; Precipitação
  armazenamento, 231-232
  artesiana, 243
  características de energia térmica, 171
  déficits, 232, 278
  demanda, 229-230
  disponível, 231
  distribuição, 225-226
  evaporação, 114-115
  excedentes, 232
  falha de encosta e, 410
  fontes de alimento e, 249
  gravitacional, 228, 231
  higroscópica, 231
  lacunas, 374
  lençol, 228
  medição, 235
  movimento, 115
  na atmosfera, 168, 226-227
  projetos de transposição, 241
  propriedades, 168-172
  qualidade, 587
  retirada, 251

salobra, 458
subsuperficial, 228, 399
superfície, 227, 235-241
suprimento, 249-250
uso consuntivo, 251
uso não consuntivo, 251
usos fluviais, 251
Água do mar, 457-458
Água doce, 458, 494, 496
Água subterrânea, 241-247
Alagamento, 545-546
Albedo, 10, 88
  derretimento do gelo marinho e, 83
  poluição atmosférica e, 89
  radiação líquida e, 276
Alcaloides, 603
Alfisols, 541, 548–549
Algas
  coral e, 477
  energia solar e, 561
  florescimento das, 135, 569
Alísios, 145
Alpes, 370-372
Alta da Antártica, 145
Alta das Bermudas, 144
Alta do Havaí, 144
Alta do Pacífico, 144
Alta dos Açores, 144
Altas polares, 142-143, 146
Altas subtropicais, 144-146
Altitude, 114
  do Sol, 48, 53, 87
  temperatura e, 64
Aluvião, 441
Alvorada, 51–54
Ambientes urbanos
  microclimas, 100-102
  poluição atmosférica, 76-77
  superfícies, 103
Amensalismo, 575
American Geophysical Union, 410
Amônia, 567.
Amostras, 29
Amplificação biológica, 573
Amplitude de maré, 464
Analema, 39, 54
Análise de isótopos, 291-293, 295, 309
Análise de recursos, balanços hídricos e, 228-235
Análise espacial, 4
Análise pré-construção, 413
Andes, 186, 372–373, 517
Andosols, 541, 552–553, 555
Andrew (furacão), 214
Anéis de crescimento de árvores, 296-297
Anemômetro, 136–137
Anfíbios, 10, 584-585
Ângulo de repouso, 410, 485, 488
Ânions, 536
Ano Polar Internacional (IPY), 521
Ano tropical, 49
Ano-luz, 41
Anomalia Climática Medieval, 298

Antártica, 278. Vide também Polo Sul
  mineração na, 94
  plataformas de gelo na, 521
  testemunhos de gelo da, 293
Ante meridiem, 21
Anticiclones, 142
Anticlinais, 364-365
AOT. Vide Espessura óptica do aerossol
Apollo 11, 43
Aquecimento e resfriamento do solo por condução(S), 98
Aquecimento geotérmico direto, 348
Aquecimento terra e água, diferenças, 114-117
Aqueduto da Califórnia, 241
Aquicludes, 243
Aquíferos, 243–244
  colapso de, 248
  fósseis, 246-247
  poluição de, 245
Aquitardos, 243
Ar, 60
  temperatura, 105, 108-109
  vapor d'água no, 135
AR4. Vide Quarto Relatório de Avaliação
Arbustos, 595
Arco-íris, 87
Arcos marinhos, 471
Áreas de captação, 423
Áreas de pressão primária, 142–145
Areia, 474
  erosão eólica e, 482-483
  mares, 484
Arenito, 402-403
Argônio, 63
Aridisols, 541, 545–547
Armazenamento de umidade do solo (STRGE), 231
Arqueamento, 364-365
Arquipélago St. Kilda, Escócia, 107
Arrancamento glacial, 504
Arrebentações, 466
Arrozais, 528
Árvores
  aciculifoliadas, 596
  decíduas de inverno, 595
  desertificação e, 529
  latifoliadas, 596
  raízes, 399
Ascensão convergente, 194-195
Ascensão frontal, 195, 197-199
Ascensão orográfica, 195-196
Ascensão por convecção, 194-195
ASOS. Vide Sistema Automatizado de Observação de Superfície
Associação Europeia de Energia Eólica, 157
Association of American Geographers (AAG), 7, 126
Astenosfera, 330, 340
Aterro Saida, Líbano, 490
Aterros, 248

Atividade hidrotérmica, 347, 351, 384
Atividades biológica, desenvolvimento do solo e, 530
Atividades humanas
  balanço de energia e, 103
  CO_2 atmosférico e, 63
  poluição do ar e, 79
  solo e, 537-540
Atmosfera, 14
  água na, 168, 226-227
  antropogênica, 70
  aquecimento da, 90-91
  balanço de energia e, 91-95
  ciclo do carbono e, 566
  composição da, 60-67
  condições da, 177-180
  energia solar e, 45-47
  estabilidade da, 176-180
  forças impulsionadora na, 138-142
  função da, 60-67
  mecanismos ascendentes na, 193-199
  umidade na, 261
  vapor d'água na, 172
Atóis, 478
Atol Clipperton, 298
Aurora austral, 43
Aurora boreal, 43
Austrália
  efeito fertilizante do CO na, 588
  incêndios naturais na, 106
  interações interespécies na, 595
  ondas de calor na, 126-127
  precipitação na, 307
Autótrofos, 561
Avalanchas, 2, 522
  detritos, 411, 414
  encosta, 410, 485
  neve, 498-499
Avaliação e Relatório sobre Tsunamis no Oceano Profundo (DART), 469, 471
Avanço em terra, 213
AVHRR. Vide Radiômetro avançado de resolução ultra-alta
AWIPS. Vide Sistema Meteorológico Avançado de Processamento Interativo

Bacia Cooper, Austrália, 349
Bacias, 365-366
Bacias de drenagem, 422-426
Bacias oceânicas, 356, 359
Bactérias, 410, 567
Badlands, 489
Bagnold, Ralph, 482
Baía de Bengala, 447
Baical (Lago), 223, 300
Baixa da Islândia, 145
Baixa das Aleutas, 145
Baixa equatoriais, 142-143
Baixas subpolares, 144-146
Bajadas, 443
Balanço de energia, 84-90
  atividades humanas e, 103

da Terra, 45, 260
na atmosfera, 91-95
na superfície, 95-102
na troposfera, 90-95
ondas curtas, 92
ondas longas, 93
por latitude, 95
superfície simplificada, 95-100
Balanços de carbono, 300-304
Balanços hídricos
amostras, 232-233
análise de recursos e, 228-235
aplicação, 233-234
componentes dos, 228-232
déficits, 266
diária, 250
equação, 232
Furacão Camille e, 234
mudança climática e, 240
Balão-sonda, 79
Barômetros, 136
Barragem Alta de Assuã, 252, 445
Barragem das Três Gargantas, 237
Barragem de Cânion Glen, 427, 433
Barragem Edwards, 434
Barragem Ka Loko, 448
Barragem Sawmill, 435
Barragens
efeitos ambientais das, 421
hidrelétricas, 2, 236-241
remoção, 2, 434
transporte sedimentar e, 433
vazão e, 433
Barras de pontal, 436
Barreiras de baía, 472-473
Basalto, 333–334
em camadas, 385-386
na crosta oceânica, 330
na lava, 383
no Havaí, 350
Batólitos, 334
Baumgartner, Felix, 59, 61
Bayou Lafourche, Louisiana, 446
Bayous, 446
Bergschrunds, 505-506
Beyond the Hundredth Meridian (Stegner), 238
Bifenilpoliclorados (PCBs), 587
Bill (furacão), 467
Biodiversidade, 581–585, 611, 615
Bioespeleologia, 408
Biogeografia, 560
Biogeografia de ilhas, 614-616
Biomas, 13, 15, 259, 594
antropogênica, 616
humana, 614-616
terrestre, 599-613
urbana, 617
Biomassa, 561–564, 573
Biosfera, 14, 560
Bjerknes, Vilhelm, 197–198
Black Hills, Dakota do Sul, 365
Blecautes de rádio, 65-66
Boçorocas, 423
Boias Easy-to-Deploy (ETD), 471
Bolsons, 369–370
Bonneville (Lago), 517–518
Bonneville Power Administration (BPA), 240
Bora (vento local), 152
BPA. Vide Bonneville Power Administration
Braço de Órion do Braço de Sagitário, 40
Branqueamento de coral, 479
Brigalow, 603
Briófitas, 595

Bromo, 457
Buracos azuis, 417

CAA. Vide Decreto do Ar Limpo
Caatinga, 603
$CaCO_3$. Vide Carbonato de cálcio
Cadeia alimentar, 570
Cadeia Gros Ventre, 397
Cadeia Wasatch, 2
Cadeias montanhosas (cordilheiras), 371-374
Cadeias montanhosas em blocos de falha, 371, 374
Caimento, 364
Cal, 537, 549. Vide também Carbonato de cálcio
Calcário, 297, 336, 405, 409, 431. Vide também Carbonato de cálcio; Topografia cárstica
Calcificação, 540, 547-548, 549
Cálcio, 332, 404, 457
Caldeiras, 383–384
California Water Project, 241
Calmarias, 144
Calor. Vide também Temperatura
específico, 115
estresse térmico, 127-128
índice, 127-128
sensível, 64, 85, 97, 115
troca, 168-171
Calor latente, 170-171
da condensação, 171-172
da fusão, 171
da vaporização, 171-172
de evaporação (CE), 97, 171
do congelamento, 171
transferência, 94, 171-172
Calota de Gelo de Vatnajökull, 500
Calotas de gelo, 499-500
Camadas de inversão, 75, 78
Camadas macias, 504
Camille (furacão), 213, 215–218, 233–234
Campo cerrado, 606
Campo Geotermal de Geysers, 349
Campo magnético, 329, 342, 575
Campos, 596, 610-611
Campos de gelo, 500
Campos de latitude média, 610-611
Canais, 423
avulsão, 446
derivação, 448
erosão vertical, 431
padrões, 433-437
processos, 430-433
Canais de drenagem, 546
Canudos, 408
Canyon de Chelly, Arizona, 401–402
Capacidade, 432
Capacidade de campo, 231, 536
Capacidade de troca de cátions (CTC), 536-537
Carboidratos, 563
Carbonatação, 404, 459
Carbonato de cálcio ($CaCO_3$), 297. Vide também Calcário; Travertino
alcalinidade do solo e, 537
Alfisols e, 549
coral e, 477
em cavernas, 297
litificação e, 335
Molisols e, 547–548
Carbonatos, 332, 404-405

Carbono
análise de isótopos de, 295, 309
ciclos do, 565-567
em solos de permafrost, 287
fixação do, 563-564
fotossíntese e, 563
negro, 74
no solo, 319
sumidouros de, 300-301
Carbono-13 (^{13}C), 295
Carga de fundo, 432
Carga dissolvida, 431
Carga suspensa, 431-432
Carnívoros 571
Carstes, 406–408
Carstes de torre, 408
Carta de Munsell, 533
Cartografia, 22-26
Carvão, 63. Vide também Combustíveis fósseis
energia elétrica de, 393
formação do, 340
turfeiras e, 553
Cascalho, 473
Cascatas, 437, 440
Cataratas do Niágara, 440-441
Catarina (furacão), 214-215
Cátions, 536-537
Cavernas, 297, 408-410
Celsius, Anders, 109
Células de Hadley, 144.
Células fotovoltaicas (PVs), 99
Centro Conjunto de Advertência contra Tufões, 211
Centro de Alerta de Tsunamis da Costa Oeste/Alasca, 469
Centro de Alerta de Tsunamis do Pacífico (PTWC), 469, 471
Centro de Previsão de Tempestades, 210
Centro Nacional de Dados Climáticos (NCDC), 125, 235
Centro Nacional de Dinâmica Superficial da Terra, 435
Centro Nacional de Educação Geográfica (NCGE), 3
Centro Nacional de Energia Fotovoltaica, 99
Centro Nacional de Furacões (NHC), 211, 217
Centro para Monitoramento da Conservação Mundial, 584
CERES. Vide Sistema de Energia Radiante das Nuvens e da Terra
CFCs. Vide Clorofluorcarbonos
CH_4. Vide Metano
Chaco, 603
Challenger (espaçonave), 457
Chaminés hidrotermais, 337, 457
Chaparral, 271, 609–610
Charneira, 364
Chikyu (embarcação), 292, 313
China
Depressão Turpan, 111
emissões de CO_2 da, 309
poluição atmosférica na, 79
Christchurch, Nova Zelândia, terremoto em, 375
Churchill, Manitoba, 274–275
Chuva congelada, 204
Ciclo das rochas, 333, 338-340, 353
Ciclo geológico, 350, 352
Ciclo hidrológico, 168, 226-228, 338, 353, 395
Ciclo solar, 42
Ciclo tectônico, 338-340, 353
Ciclogênese, 201
Ciclones, 142, 201-202

Ciclones de latitude média, 200-204
Ciclones extratropicais, 200-204
Ciclones tropicais, 211-218
Ciclos biogeoquímicos, 565
Ciclos de nutrientes, 560-573
Ciclos de retroalimentação, 9-10
Ciclos dos elementos, 564-567
Ciclos gasosos, 565
Ciclos glacial-interglacial, 300
Ciclos sedimentares, 565
Ciência das informações geográficas (GISci), 3, 26-27, 32
Cimentação, 335
Cindy (furacão), 191
Cinturão circumpacífico, 371. Vide também Círculo de fogo
Cinza, 134, 149, 386, 393
Cipós, 595, 600
Circulação atmosférica
padrões de, 142-153
padrões de precipitação e, 148
superior, 145-150
Circulação termo-halina (CTH), 154-155
Círculo Antártico, 51
Círculo Ártico, 18, 51, 287, 307
Círculo de fogo, 346, 371
Círculo de iluminação, 49, 51
Cirrus de trilhas, 90
Classe de formação, 596
Classificação climática de Köppen, 259
Classificação empírica, 259
Classificação genética, 259
Clastos, 334, 336
Clima mediterrâneo de verão seco, 267, 269-271
Climas continentais úmidos, 272-274
Climas de deserto quente tropical/subtropical, 279
Climas de estepe quente tropical/subtropical, 280-281
Climas de manto de gelo, 276-277
Climas de monção tropicais, 257, 265
Climas de terras altas, 265, 276
Climas desérticos de estepe quente, 266
Climas frios de latitude média, 280-282
Climas marinhos de costa oeste, 267–270
Climas mesotérmicos, 267
Climas microtérmicos, 272
Climas polares, 276-278
Climas subárticos, 273-276
Climas subtropicais úmidos, 267-269
Climas tropicais, 264, 266
Climas. Vide também tipos específicos de climas
classificação dos, 262-263
correntes oceânicas e, 260
desenvolvimento do solo e, 530
deserto, 278
deslocamento, 276
flutuações naturais, 299-300
forçamento, 311-313
história, 290-298
ilha de calor urbana (ICU) e, 101
modelos, 314-316
previsões, 314-316
regimes, 258-259
regiões, 258, 280-281
retroalimentações, 300-304

retroalimentações carbono-clima e, 301
temperatura e, 260
tempo diferenciado de, 192
Climatologia, 258
Climogramas, 196, 259
Clinômetros, 380, 387-388
Cloro, 457
Clorofila, 562
Clorofluorcarbonos (CFCs), 68–69, 90, 310
Cloroplastos, 562
CO. Vide Monóxido de carbono
CO_2. Vide Dióxido de carbono
Cockpits carste, 408
Colisão de placa, 371 373
Coloides, 536-537
Colos, 505
Columbia, Carolina do Sul, 268
Combustíveis fósseis, 63, 288–289, 514, 565, 566
Comensalismo, 574-575
Comissão Federal de Regulamentação de Energia (FERC), 434
Compactação, 335, 446
Competência, 432
Complexo arbustivo, 596
Complexo arbustivo mediterrâneo, 609-610
Compostos orgânicos voláteis (COVs), 71, 77-78
Compressão, 364-365
Comprimentos de onda, 44
Comprimentos de onda de rádio, 65-66
Comunidades, 573-581
Comunidades pioneiras, 578
Conceitos fluviais, 427-430
Condensação, 169, 171-172
Condições mesotróficas, 580-581
Condições oligotróficas, 580-581
Condução, 85
Cone de depressão, 243
Cones compostos, 386
Cones de cinzas, 383
Conferência Internacional: Clima, Sustentabilidade e Desenvolvimento nas Regiões Semiáridas, 529
Conferência sobre o Sistema de Observação Oceânica Climática, 456
Congelamento, 169, 171
Congelamento-degelo, 400
Conselho Nacional de Pesquisa da Academia Nacional de Ciências (NRC/NAS), 125-126
Consenso científico, 313–314
Consistência do solo, 534-536
Constante solar, 45
Consumidores, 563, 571
Continentalidade, 116-117
Convecção, 85, 328, 340
Convenção de Combate à Desertificação, 529
Convenção-Quadro das Nações Unidas sobre a Mudança do Clima (UNFCCC), 316
Corais
branqueamento, 10-11, 479
e acidificação oceânica, 479
pólipos, 297, 477
e algas, 477
formação, 477-479
recifes, 478-479
reconstituições climáticas de curto prazo e, 297-298
Cordilheira Central, 257
Cordilheira Real, 114

Coriolis, Gaspard, 139
Corpo de Engenheiros do Exército dos EUA, 215, 411, 475
Corrente da Califórnia, 167
Corrente das Canárias, 145
Corrente de Benguela, 133, 145
Corrente de Deriva de Oeste, 133
Corrente de Humboldt, 115-116, 155-156
Corrente de Kuroshio, 116, 154
Corrente de retorno, 466-467
Corrente do Golfo, 107, 116, 154
Corrente do Japão, 116, 154
Corrente do Peru, 115-116, 155-156
Correntes de jato, 149-150, 160
Correntes longitudinais, 468
Correntes oceânicas, 153-155
climas e, 260
espécies invasoras e, 133
litorâneas, 468
longitudinais, 468
temperaturas da superfície do mar e, 115-116
Correntes superpostas, 426
Cortes, 436
COVs. Vide Compostos orgânicos voláteis
cP. Vide Massas de ar continental polar
Cratera Pu'u O'o, 384
Crateras, 383
Crátons, 361
Crepúsculo, 51–54
Crescimento da população humana, 7, 288-289
Crescimento de cristais de sal, 400-401
Crescimento industrial, 289
Criosfera, 14, 496
Crioturbação, 552
Crista sinclinal, 364
Cristalização, 400
Cristas barcanoides, 485
Cristas meso-oceânicas, 340
Croma, 533
Crosta, 329-330
ajustes na, 330-331
continental, 329, 362-363
deformação da, 363-369
formação da, 361-363
litosfera e, 14
oceânica, 330-343
perfuração profunda na, 331
tensão sobre, 364
Crutzen, Paul, 7
CTC. Vide Capacidade de troca de cátions
Cuestas, 440
Cunhas de gelo, 513
Curva hipsométrica, 359
Curva hipsométrica de Keeling, 289

DART. Vide Avaliação e Relatório sobre Tsunamis no Oceano Profundo
Darwin, Charles, 478
Datação por radiocarbono, 295
Datação radiométrica, 326
Davis, William Morris, 505
DDT, 573, 587
Década das Nações Unidas para os Desertos e a Luta contra a Desertificação (UNDDD), 529
Declinação, 48, 51
Declinação magnética, 325
Decompositores, 571
Decreto da Água Limpa, 553

Decreto do Ar Limpo (CAA), 73, 78
Deepwater Horizon, 28, 460–461
Déficit (DEFIC), 228
Déficits polares, 95
Deflação, 482, 529
Deformação, 364
Degradação, 432
Deltas, 444–446
Dendroclimatologia, 296
Dendrocronologia, 296
Dengue, 283
Dennis (furacão), 477
Denominador humano, 7
Denudação, 394-398
Deposição, 169, 334, 430
costeira, 472-475
em Marte, 336
eólica, 484-489
fluvial, 441
lacustre, 517
loess, 488–489
relevos de, 441-446, 508-511
Deposição ácida, 72-73, 567. Vide também Acidificação dos oceanos
Depósitos de loess, 488-489
Depósitos de trilha de vale, 510
Depósitos hidrotermais, 336-337
Depósitos lacustres, 517
Depressão Qattâra, 483
Depressões, 360
Depressões de deflação, 482
Derechos, 208–209
Deriva continental, 340-341
Deriva Equatorial Sul, 133
Deriva litorânea, 468, 474-475
Deriva praial, 468
Derramamentos de óleo, 28, 459, 490
em sistemas costeiros, 460-461
Derretimento, 169, 171
Descontinuidades, 329
Desequilíbrios de energia latitudinais, 94-95
Desertificação, 529, 539-540
Deserto Australiano, 278
Deserto da Arábia, 278
Deserto da Namíbia, 278
Deserto da Patagônia, 278
Deserto de Registan, 485
Deserto de Sonora, 611-612
Deserto do Atacama, 185, 278-279
Deserto do Sahara, 278-279
Deserto Great Victoria, 278
Deserto Kalahari, 278
Deserto Mojave, 279
Desertos, 278–279, 596, 611–612
Desgaseificação, 60, 224–225, 336
Desintegração granular, 402
Deslizamento basal, 501
Deslizamentos de terra, 392, 410, 412–414
Deslizamentos rotacionais, 412–414
Deslizamentos transicionais, 412
Desmatamento, 600-603
Desprendimento, 436, 498, 503
Dessalinização, 247-248, 252
Detritívoros, 570-571
Detritos
avalanchas, 411, 414
encostas, 398
fluxos, 410
glaciais, 498, 504-505
marinhos, 154-155, 160
Dietz, Robert S., 340
Dilatação, 380
Dinâmica de fragmentos, 580

Dióxido de carbono (CO_2), 63
absorção de energia pelo, 88
acidificação dos oceanos e, 459
ciclo do carbono e, 565
como causa da mudança climática, 309
como gás de efeito estufa, 90
como poluente atmosférico natural, 67
concentrações históricas de, 289
da energia geotérmica, 249
de caldeiras, 384
efeito fertilizante, 588
elevação, 288-289
emissões, por país, 309
fontes humanas de, 64
mudança climática e, 2
no Observatório de Mauna Loa, 290
respiração microbiana e, 287
Dióxido de enxofre (SO_2), 67, 134
Dióxido de nitrogênio (NO_2), 71
Dióxido de silício (SiO_2), 333, 335
Diques, 334
artificiais, 447-448
marginais, 442
rompimentos, 218
Discontinuidade de Mohorovičić (Moho), 329
Discovery, 59
Distensão, 364
Distributários, 444-445
Distúrbios, 576-581, 613
Divisões biogeográficas, 594-596
Divisores continentais, 423-424
DNA. Vide Ácido desoxirribonucleico
Dobramento, 164-166
Doenças, 576
água subterrânea e, 241
branqueamento de corais e, 479
GISci e, 32
Dolinas (linhas de subsidência), 406-407
Dolinas de colapso, 406
Dolomita, 410, 431
Domo C da Antártica, 293–294
Domos, 365-366
esfoliação, 401
poeira, 100-102
Dornveld, 603
Dorsal do Leste do Pacífico, 345
Dorsal Mesoatlântica, 342, 351, 356
Dossel, 264, 573, 596, 599–600
Downbursts, 206
Drift estratificado, 509-510
Drift glacial, 508
Drumlins, 508, 510
Dryas Recentes, 298
Dunas anteriores, 455
Dunas de areia (cômoros), 484-488
erosão da linhas de costa e, 455
movimentação, 484-488
Dunas posteriores, 455
Duração do dia, 48-50
Duripan, 543
Dust Bowl, 538

Ecologia, 560
do fogo, 577
incêndios naturais em, 578-579
Ecorregiões, 594

Ecosfera, 14. Vide também Biosfera
Ecossistemas, 13, 15, 259, 560
  adaptados ao fogo, 578
  agrícola, 583
  aquático, 587, 616
  componentes dos, 561
  de ilhas barreira, 476
  distúrbios, 576-581
  dos Grandes Lagos, 586-587
  estabilidade, 581-585
  gestão, 614-616
  marítimo grande, 616
  população e, 576
  restauração, 585
  terras úmidas, 587
  terrestre, 595
Ecótonos, 596
Edafologia, 530
Edafosfera, 14
Efeito estufa, 89-91, 124-126
Efeito Kesterson, 546
Efeitos lacustre, 193-194
EIMs. Vide Estágios isotópicos marinhos
Ejeções de massa coronal (EMCs), 43, 55
El Mirage, Califórnia, 99-100
El Niño-Oscilação Sul (ENOS), 155-158
  branqueamento de corais e, 479
  fontes de eventos meteorológicos extremos e, 313
Elasticidade-preço, 461
Elevação, 114
  distribuição das espécies e, 559
Eluviação, 532
Empuxo, 170, 330
Encosta seca, 196-197
Encostas, 395-398
  a montante, 196-197
  ângulos, 410
  a sotavento, 196
  avalancha, 410, 485
  côncavas, 398
  convexas, 395
  de tálus, 411, 414, 506
  detritos, 398
  em desequilíbrio, 396
  falha, 410-411
  forças sobre, 396, 410
  orientação das, 399
Encostas de morro, 395-396
Endagerment Finding (EPA), 78
Endeavor (ônibus espacial), 358
Energia
  absorção, 88
  caminhos, 86-90, 570
  das ondas, 466-467
  de biomassa, 561-564
  desequilíbrios latitudinais, 94-95
  emissões, 91-94
  fluxos, 560-573
  fontes, 91-94
  interna da Terra, 328-332
  não radioativa, 94
  pirâmides, 571-573
  química, 395
  radiante, 395
  radioativa, 94
  superfície, 94
  transferências, 94
  transmissão, 84
Energia cinética, 63-64, 85, 109, 395

Energia elétrica
  das marés, 464-465
  do carvão, 393
  do vento, 156-157
  geotérmico, 348-349
Energia geotermal, 346, 348-349
Energia maremotriz, 464-465
Energia potencial, 85
Energia radiante, espectro eletromagnético da, 43-45
Energia solar, 41-47
  absorção, 88
  algas e, 561
  aplicações, 98-99
  atmosfera e, 45-47
  coleta de, 98-99
  distribuição, 44
  radiação líquida e, 98-99
  rochas sedimentares e, 334
  vegetais e, 561
ENOS. Vide El Niño-Oscilação Sul
Enriquecimento do Ar Livre com CO_2 (FACE), unidades, 563
Entisols, 541, 550, 552
Environmental Working Group, 538
Enxofre, 457
Éon Arqueano, 328
Éons, 326
EPA. Vide Agência de Proteção Ambiental
EPICA. Vide Projeto Europeu de Testemunhos de Gelo na Antártica
Epicentros, 375
Epífitas, 575, 595, 600
Epípedons, 540
Época antropocênica, 7, 328
Época do Holoceno, 328
Época pleistocênica, 297, 515-518
Épocas, 326
Equador
  correntes oceânicas no, 154
  térmica, 121-122
Equilíbrio
  ângulo de, 398
  da água, mundial, 225
  dinâmica, 10-11, 395, 437
  estacionário, 10-11
  linha, 501-502
Equinócio de março, 39, 51-53
Equinócio de setembro, 39, 51-53
Equinócio outonal, 51
Equinócio vernal, 51
Era Cenozoica, 515
Era Pré-Cambriana, 326, 361
Eras, 326
Eras glaciais. Vide Idades do gelo
ERBE. Vide Experimento do Balanço de Radiação da Terra
Ergs, 484
Erie (Lago), 156-157, 569, 587
Erosão, 334
  a montante, 431
  ativa, 438
  costeira, 455, 470-472
  custos, 538-539
  eólica, 482-483
  fluvial, 430
  glacial, 504-505
  intemperismo comparado com, 394
  relevos, 505-507
  solo, 537-539
  taxas, 538-539
Erupções efusivas, 384-386
Erupções explosivas, 386-387
Escala Celsius, 109-110
Escala de barras, 23

Escala de intensidade de dano, 376
Escala de magnitude de amplitude, 377
Escala de magnitude de momento (M), 377
Escala de vento de Beaufort, 137
Escala do tempo geológico, 326
Escala Fahrenheit, 109–110
Escala Fujita Melhorada (Escala FM), 191, 210
Escala Kelvin, 44, 109-110
Escala M. Vide Escala de magnitude de momento
Escala Mercalli Modificada de Intensidade (MMI), 376
Escala MMI. Vide Escala Mercalli Modificada de Intensidade
Escala pH, 537
Escala Richter, 376-377
Escala Saffir-Simpson de danos potenciais causados por furacões, 213
Escalas, 22-24
Escarificação, 415, 611
Escarpas, 366
Escoamento pelo caule, 227
Escoamento superficial, 227, 423
Escória, 383, 386
Escorregamentos, 412-414
Escorrimentos, 408
Escritório Meteorológico da Islândia, 382
Escudos continentais, 360-361
Escurecimento global, 89-90
Esfericidade da Terra, 16, 50
Esfoliação, 401, 403
Eskers, 510
Espalhamento, 86-87
Espécies
  anádromas, 434
  aquáticas, 593
  arbóreas, 600
  distribuição, 559, 573-581
  diversidade, 560
  exóticas, 596-598
  extinções, 583, 585
  interações, 574-575, 595
  xerofíticos, 603-606, 611
Espécies invasoras, 133, 596-599
Espectro eletromagnético, 43-45
Espeleologia, 408
Espeleotemas, 290, 297
Espessura óptica do aerossol (AOT), 134
Espigões, 475
Esporões, 505
Estabilização costeira, 467
Estação Espacial Internacional (EEI), 29, 43, 61
Estações, 47-54
  radiação líquida, 97
  relações humanos-Terra e, 55
Estágios de vida da sequoia, 608
Estágios isotópicos marinhos (EIMs), 295
Estalactites, 297, 408
Estalagmites, 297, 408
Estepes, 278-279, 611
Estratificação cruzada, 488
Estratigrafia, 326
Estratosfera, 65
Estratovulcão, 386
Estreitos, 475
Estrela Polar (Estrela do Norte). Vide Polaris
Estrutura Richat, 365-366
Estuários, 444
Estudo de Ecossistemas de Baltimore, 435

ETP. Vide Evapotranspiração potencial
ETRETR. Vide Evapotranspiração real
Eustasia, 225
Eutrofização, 580-581
Eutrofização cultural, 581
Evaporação, 114-115, 169, 226
  calor latente de, 97, 171
  índice de calor e, 128
  neblina, 184-185
  tanques, 230
Evaporímetros, 230
Evaporitos, 337
Evapotranspiração, 227, 229-230, 266
Evapotranspiração potencial (ETP), 229-230, 266
Evapotranspiração real (ETR), 230
Eventos de deslizamento lento, 386
Eventos meteorológicos extremos, 308, 313
Everest (Monte), 359-360
  GPS e, 27
  perfil atmosférica do, 60
Evolução, 581-585
Excedente (superávit) (SURP), 228
Excedentes tropicais, 95
Exosfera, 60
Exóticas (espécies), 596-598
Expansão do fundo oceânico, 340–343, 345, 383
Experimento Ciclo Global de Energia e Água (GEWEX), 113
Experimento de Recuperação Gravitacional e Clima (GRACE), 240
Experimento do Balanço de Radiação da Terra (ERBE), 47
Explosões solares, 42, 66
Extinção das espécies, 583, 585
Exxon Valdez, 393, 460

Faces de avalancha, 485
Faces livres, 395-398
Fahrenheit, Daniel G., 109
Faixa de tolerância, 576
Falha de Enriquillo-Plaintain Garden, 379
Falha de San Andreas, 345, 365, 368–369, 380–381
Falha de San Jacinto, 357
Falhamento, 364, 366-369
Falhas, 344
  cavalgamento, 367-368
  de deslizamento direcional, 369
  de empurrão, 365, 367-368
  escarpa, 366
  mecânica das, 377-380
  normais, 366
  planos, 366
  reversa, 367
  tensão sobre, 380
  tipos de, 366-369
  transformadas, 344, 346
  zonas, 366
Fatores glacioeustáticos, 225
Fatores limitantes, 576
FEMA. Vide Agência Federal de Gestão de Emergências
Fendas, 501-504
FERC. Vide Comissão Federal de Regulamentação de Energia
Fertilizantes, 567
  Alfisols e, 549
  efeito, com CO_2, 588

em ecossistemas agrícolas, 583
nitrogenados, 73
poluição da água subterrânea com, 248
zonas mortas e, 567-569
Fibrose, 74
Fiordes, 506-508
Fire Island, Nova York, 475–476
Fissuras, 384-385
Fitogeografia, 594
Fitoplâncton, 223, 301, 565, 567, 571
Fitz Roy (Monte), 494
Floresta de latitude média ombrófila e mista, 606-607
Floresta Nacional Gifford Pinchot, 609
Floresta pluvial amazônica, 605
Floresta tropical sazonal e complexo arbustivo, 603
Florestas, 596. Vide também tipos específicos de floresta
  como sistema natural, 9
  como sumidouros de carbono, 301
  deposição ácida em, 72-73
  em climas subárticos, 273-274
  lagos e, 223
  perturbações em, 583
  povoadas, 617
  sob desgaste, 72
Florestas aciculifoliadas, 598, 607
Florestas boreais, 273, 607–608
Florestas de altitude, 607-608
Florestas de coníferas, 596
Florestas decíduas, 573-574
Florestas nebulosas, 585, 599
Florestas pluviais, 596
  Amazônia, 605
  desmatamento das, 600-603
  destruição, 605
  estrutura vertical da, 604
  flora e fauna, 599–600
  remédios da, 603
  solo, 604
Florestas pluviais temperadas, 572, 608-609
Florestas sazonais, 596, 603
Florestas tropicais pluviais, 257, 264-265, 599-603
Florida Keys Marine Sanctuary, 616
Fluxo basal, 228, 429
Fluxo de corrente, 227, 245
Fluxo de terra Gros Ventre, 414
Fluxo laminar, 423
Fluxo turbulento, 428
Fluxos, 414–415
Fluxos de lama, 414
Fluxos de terra, 414
Fluxos meridionais, 142
Focas, 570
Foco dos terremotos, 375
Foggara, 444
Folheamento rochoso, 403
Fonte alimentar, 249, 611
Foraminíferos, 291
Força, 139
Força de Coriolis, 138-142, 200
Força de fricção, 140-142, 458-459
Força de resistência, 410
Força do empuxo, 176
Força do gradiente de pressão, 138-139, 141, 200
Força impulsionadora, 410
Forçante nuvem-albedo, 90-91
Forçante radiativa (FR), 311-315
Forma verdadeira, 25
Formas colunares, 408

Fornos solares, 97-98
Fósforo, 565, 567, 587
Fossa da Aleutas, 350, 380
Fossa das Marianas, 344, 359
Fossa de Java, 344
Fossa de Porto Rico, 344
Fossa de Tonga, 344
Fósseis, 291, 326
Fotogrametria, 29
Fotoperíodo, 575
Fotossíntese, 62
  líquida, 563
  oxigênio e, 561-562
  pelo fitoplâncton, 301
  respiração e, 562-563
Fração representativa (FR), 22, 24
Fracking. Vide Fraturamento hidráulico
Franco, 533-534
Franco silte Miami, 533-534
Fraturamento hidráulico, 1, 380
Frente estacionária, 201
Frente oclusa, 201
Frequência, 44
Fronteiras políticas, 436-437
Fujita, Theodore, 210
Fumaça
  de incêndios de poços de petróleo, 134
  de incêndios naturais, 106
Fumaça do mar, 185
Fumarolas, 347
Fumarolas negras, 337, 457
Fundação Nacional de Ciência (NSF), 435
Fundo oceânico, idade do, 342-343
Furacões. Vide também furacões específicos
  efeitos posteriores, 191
  marés de tempestade e, 214
  mudança climática e, 217
  SST e, 116
Fusão, 41

Gabinete de Assistência a Desastres no Exterior, 387
Galáxia Via Láctea, 40–41
Galáxias, 40
Galileu, 135
Gamalama (Monte), 256
Gap Analysis Program (GAP), 31–32
Gás de folhelho, 1
Gás natural, 1, 312
GAS. Vide Gradiente adiabático seco
Gases de efeito estufa, 2, 90, 309-311, 317-318
  Ártico, 287
  flutuações climáticas naturais e, 300
  nos PMDs, 289
Gases fluoretados (gases F), 310
Gases halogenados, 310-311
GAU. Vide Gradiente adiabático úmido
GCOS. Vide Sistema de Observação do Clima Global
Geiger, Rudolph, 259
Geladura, 108
Geleira Fox, Nova Zelândia, 501
Geleira Jakobshavn, 504
Geleira Malaspina, 498
Geleira Muir, 306
Geleira Perito Moreno, 503
Geleira Petermann, Groenlândia, 495
Geleira Peyto, Canadá, 510
Geleira South Cascade, 501, 503

Geleiras alpinas, 497-498, 501-503
Geleiras continentais, 497
Geleiras de circo (anfiteatro), 497-498
Geleiras de descarga, 500
Geleiras de maré, 495, 498
Geleiras de piemonte, 498
Geleiras Tien Shan, 497
Geleiras
  balanço de massa das, 500-501, 503
  detritos nas, 498, 504-505
  gelo, 306-307, 497, 517-518
  movimento das, 501-505
  mudança climática e, 495
  origem das, 496-497
  processos de, 500-505
  pulsos de, 504
  recuo, 502-503
  relevos criados por, 505-510
  término das, 508
  testemunhos de gelo de, 292-293
  tipos de, 497-500
Gelifluxão, 514
Gelisols, 541, 551–552
Gelo (congelamento), 169, 513-514. Vide também Permafrost
  ação, 400
  acunhamento, 400
  ponto, 173
Gelo, 169-170
  água doce, 496
  cobertura de, 307, 518
  de solo, 287, 513
  do ano, 307
  geleira, 306–307, 497, 517-518
  perda global de, 499
  plurianual, 307
  regelação, 501
  rios, 496
  testemunhos, 292-295
Gelo marinho
  corrente de jato e, 160
  derretimento, 83, 123, 307-308
  flutuação, 518
  na região ártica, 519
  OA e, 159
GEMs. Vide Grandes ecossistemas marinhos
Genes, 582
Geodésia, 16
Geografia, 3-8
Geografia física, 2
Geological Survey of Canada (GSC), 325
Geomorfologia, 326, 455
Georges (furacão), 476–477
Geovisualização, 32
GEWEX. Vide Experimento Ciclo Global de Energia e Água
Geysers, 347
Gilbert (furacão), 213
Giro do Atlântico Sul, 133
Giro do Pacífico, 153-155
Giros, 133, 153–154
GIS. Vide Sistemas de informações geográficas
GISci. Vide Ciência das informações geográficas
Glaciais, 291, 297, 515
Gleização, 541
Glicose, 563
Global Hawk, 70, 212
Global Visualization Viewer, 31
GLOSS. Vide Sistema Global de Observação do Nível dos Mares
GMT. Vide Tempo Médio de Greenwich

GOES. Vide Satélites Ambientais de Operação Geoestacionária
Golfo do México, 460-461, 568-569
Gondwana, 340
Gotas de chuva, 180
GPS diferencial (DGPS), 27
GPS. Vide Sistema de posicionamento global
Grabens, 369-370
GRACE. Vide Experimento de Recuperação Gravitacional e Clima
Gradiente adiabático seco (GAS), 177
Gradiente adiabático úmido (GAU), 177
Gradiente térmico ambiental (GTA), 65, 177
Gradiente vertical médio, 64-65, 112, 177
Gradientes, 138, 427
Grand Canyon, 238
Grande Lago Salgado, 425, 517–518
Grande Vale em Rifte (Great Rift Valley), 344, 369
Grandes círculos, 19-20, 26
Grandes ecossistemas marinhos (GEMs), 616
Grandes Lagos, 235–236, 517, 586–587
Grandes Planícies, 484
Granito, 329, 333–334, 403
Granizo, 207-208
Gravidade, 41, 138
  ar e, 60
  marés e, 463-464
  rochas sedimentares e, 334
Greensburg, Kansas, 191
GRIP. Vide Processos de Gênese e Intensificação Veloz
Groenlândia, 122, 277, 360, 496
Grutas, 297, 408-410
Grutas marinhas, 471
GSC. Vide Geological Survey of Canada
GTA. Vide Gradiente térmico ambiental
Guerra do Golfo Pérsico, 134
Gustav (furacão), 191

Habitats, 10, 573, 614–616
Haeckel, Ernst, 560
Harden, Carol, 7
Havaí, 347-350, 385, 614
HCFCs. Vide Hidroclorofluorcarbonos
Hébridas, 338
Heezen, Bruce, 356
Herbicidas, 248, 583
Herbívoros, 571, 592
Hess, Harry H., 340
Heterosfera, 61
Heterotrofos, 563
Hidratos de metano, 312-313
Hidrelétrica, 237, 434–435
Hidrelétrica de Belo Monte, 2
Hidroclorofluorcarbonos (HCFCs), 310
Hidrólise, 402-403
Hidrologia, 422
Hidrosfera, 14
Higrômetro de cabelo, 175-176
Himalaia, 370, 372–373
Hipótese dos planetesimais, 41
Hipóteses, 5
Hipoxia, 567
Hipsometria, 359-360
Histosols, 541

HNO₃. Vide Ácido nítrico
Homosfera, 61-63
Hood (Monte), 385
Hooke, R. L., 416
Horário de verão, 22
Horizonte dos solos, 531-532
Horizontes diagnósticos, 540
Horsts, 369–370
Hotspots, 111, 346–350, 383
Howard, Luke, 180
Humboldt, Alexander von, 575
Humboldt Redwoods State Park, Califórnia, 166
Humidex, 128
Humificação, 532
Húmus, 532
Hutton, James, 326

IAEC. Vide Índice Anual de Extremos Climáticos
Icebergs, 170, 498
Idade relativa, 326
Idades do gelo, 291, 497, 515. Vide também Pequena Idade do Gelo
Ilha de calor urbana (ICU), 100-102, 126, 194
Ilha do Fogo, 38-39
Ilha Hirta, 107
Ilha Nightingale, 490
Ilhas
  arcos, 371
  barreira, 475-477
  cadeias, hotspot, 347-350
Ilhas Molucas, 256
Iluviação, 532
Incêndios
  ecologia dos, 577
  gestão, 578-579
Incêndios em poços de petróleo, 134
Incêndios naturais, 67-70, 578-579
  mudança climática e, 129, 579
  na Austrália, 106
Inceptisols, 541, 550–551
Inclinação, 29
Inclinação axial da Terra, 48, 50, 381
Indicadores climáticos indiretos, 290
Índice Anual de Extremos Climáticos (IAEC), 308
Índice Anual de Gases de Efeito Estufa, 311
Índice de Oscilação Sul (IOS), 159
Índice de sensação térmica, 108-109
Índice UV, 66-67
Inércia, 464
Infiltração, 227
Influências abióticas, 575-576
Influxo, 468
Insolação, 45-46, 86, 260
  aerossóis e, 89
  da superfície da Terra, 46, 86
  duração do dia e, 48
  nebulosidade e, 113
Instituto Nacional de Normas Técnicas e Tecnologia (NIST), 22
Instrumento de Monitoramento de Ozônio (OMI), 66
Integrated Ocean Drilling Program (IODP), 292
Intemperismo, 170, 334, 398-400
  diferencial, 394, 401
  esferoidal, 402, 404
  químico, 401-405
  salino, 400-401

Intemperismo físico, 399-402
Interceptação, 227
Interferência, 467
Interferogramas, 379
Interflúvios, 423
Interglaciais, 291, 295, 515
Interglacial Eemiano, 295
International Small Group and Tree Planting Program (TIST), 319
Interpluviais, 517
Inundações
  do furacão Katrina, 214-215
  enxurradas, 429
  gestão, 446-449
  marés de tempestade e, 214
  monções e, 160
  probabilidade, 448
  proteção, 447-448
  transporte sedimentar durante, 432
Inversão geomagnética, 331, 342
IODP. Vide Programa Integrado de Perfuração Oceânica
Ionosfera, 65-66
Íons, 536
IPCC. Vide Painel Intergovernamental sobre Mudanças Climáticas
IPY. Vide Ano Polar Internacional
Irradiação solar, 299
Irrigação, 247, 546, 583, 617
Islândia, 116, 225, 348, 350. Vide também Vulcão Eyjafjallajökull
Isóbaras, 138-139
Isoieta, 272
Isolinhas, 47
Isostasia, 330
Isotermas, 120-122
Isótopos radioativos, 295, 329
IUCN. Vide União Internacional para a Conservação da Natureza

Jackson Hole, Wyoming, 374, 414
JOIDES Resolution (navio), 292-293
Jökulhlaup (enxurrada glacial), 500
Joplin, Missouri, 191, 210
Junta de pressão e liberação, 401
Juntas, 399, 401, 406

Kames, 510-511
Karex, 444
Kariba (Lago), 236
Karl (furacão), 212
Katmai (Monte), 14
Katrina (furacão), 192, 216
  dano, 218
  Ilhas barreira e, 477
  inundações, 214–215
  marés de tempestade, 214–215
Kayford Mountain, Virgínia Ocidental, 416
Keeling, Charles David, 289
Kelvin, Lord, 109–110
Kettles, 511
Keys to Soil Taxonomy (NRCS), 540
Kīlauea, 75, 384, 386
Kilimanjaro (Monte), 522
Kingsport, Tennessee, 233
Kittinger, Joseph, Jr., 59
Köppen, Wladimir, 259
Krill, 571
Kuring, Norman, 31

La Niña, 157–159, 298
Laboratório Nacional de Energia Renovável (NREL), 99

Laboratório Nacional de Tempestades Rigorosas e Centro de Previsão de Tempestades, 204
Lacólitos, 334, 394
Lacunas sísmicas, 380
Lado a sotavento, 484-485
Lago da Cratera (Crater Lake), 383, 583
Lago Mono, 58, 236, 518
Lago Seco Sevier, 518
Lagoa, 473
Lagos
  como água superficial, 235-241
  deposição ácida em, 72
  efêmeros, 444
  estratificação, 223, 586-587
  florestas e, 223
  kettle, 511
  meandros abandonados, 436, 439
  mudança climática e, 236
  níveis, 586-587
  paleolagos e, 517-518
  paternoster, 506
  pluviais, 518
  principais, 236
  salmoura, 458
  sucessão aquática em, 580-581
  supraglaciais, 520–521
  testemunhos, 296
Lagos de derretimento, 520–521
Lahar, 410
Laminárias, 94
Lâmpadas de LED, 318
Lâmpadas fluorescentes compactas (LFCs), 318
Landsat, 30
Langleys, 45
Lassen (Monte), 386
Laterita, 543
Laterização, 540, 542-544
Latitude, 17-18
  balanço de energia por, 95
  distribuição das espécies e, 559
  dos cavalos, 145
  paralelos de, 17
Laurásia, 340
Lava, 383
  domos, 387
  rochas ígneas e, 333
Lavagem glacial, 509-511
LCFs. Vide Lâmpadas fluorescentes compactas
Lee, Mark, 59
Lei das Espécies Ameaçadas (ESA), 584, 609
Lençol freático, 242, 244
Leques aluviais, 442-444
Leshan, China, 417
LID. Vide Linha Internacional da Data
LiDAR, 30–31
Limiar, 10
Limiar geomorfológico, 395
Limites convergentes, 344, 373
Limites divergentes, 344
Limites transformantes, 344-345
Línguas de baía, 472–473
Linha de costa, 462
Linha de firn, 500, 502
Linha de rumo, 26
Linha Internacional de Data (LID), 21-22
Linha padrão, 26
Linhas de subsidência. Vide Dolinas
Linhas de tempestade, 199
Liquefação, 381
Lisímetros, 230

Litificação, 335
Litosfera, 14, 330, 345
Llanos, 606
Localização, 3
Loess Hills, 489
Longitude, 19-20
Lozinski, Walery von, 511
Lua, 41, 43, 88, 463–465
Lugar, 3
Luz
  velocidade, 41
  visível, 86-87
Lyell, Charles, 326

MacArthur, Robert, 614
Mackowiak, Philip, 127
Macrobursts, 205
Madagascar, 450
Magalhães, Fernão de, 23
Magma
  expansão do fundo oceânico e, 340
  formação crustal e, 362-363
  lava e, 383
  rochas ígneas e, 333
Magnésio, 332, 404, 457
Magnetismo, 331-332
Magnetosfera, 43
Maldivas, 316
Mallee scrub, 610
Manchas solares, 42
Manguezais, 480, 490
Manto, 328, 329, 340
Manto de gelo da Antártica Ocidental (WAIS), 293-294
Manto de gelo da Groenlândia, 496, 504, 522
Manto interior, 329
Manto superior, 14, 329, 340
Mantos de gelo, 499-500
  continentais, 497
  escurecimento, 520
  relevos e, 509
Mapas (cartas), 22-26
  bacia oceânica, 356
  de temperatura, 120-123
  sinóticas, 201-205
Maquis, 610
Mar Aral, 236, 425, 555
Mar Báltico, 458, 568
Mar Cáspio, 236, 425
Mar de Tétis, 342
Mar dos Sargaços, 144, 458
Mar Mediterrâneo, 342, 444-445, 458
Mar Morto, 236, 425
Mar Siberiano Oriental, 313
Mar Vermelho, 458
Mares, 456-459. Vide também Oceanos
  areia, 484
Marés, 463-465
Marés de tempestade, 214
  do furacão Katrina, 214-215
  do furacão Sandy, 191, 217
  manguezais e, 480
  marismas e, 480
  no Golfo de Bengala, 447
  nor'easters e, 200
Marés vermelhas, 135
Marismas, 479-480
Maritimidade, 116-117
Marsh, George Perkins, 616
Marte, 14, 336, 399, 514
Massas continentais, 359
Massas de ar, 192-193
Matéria, 84-85
Matéria particulada (MP), 63, 74, 76, 78
Material de origem, 398-399

Material orgânico, 74
Matiz, 533
Mattoral, 610
Mauna Kea, 350
Máximo Termal do Paleoceno-Eoceno (MTPE), 293-294
MCGAOs. Vide Modelos de Circulação Geral Atmosfera-Oceano
MCGs. Vide Modelos de circulação geral
McKinley (Monte), 363
MDEs. Vide Modelos digitais de elevação
Mead (Lago), 236
Meager (Monte), 386
Meandros entrincheirados, 440
Meia-vida, 295
Menisco, 168
Meridianos, 19-22, 26
Merriam, C. Hart, 575
Mesas, 394
Mesociclones, 207, 209
Mesopausa, 64
Mesosfera, 64
Metamorfismo regional, 338
Metano (CH_4), 1, 90, 287, 295, 309–310
Meteorologia, 192
Metilmercúrio, 72
Método científico, teoria, 5–6
Microbursts, 206
Microclimas, 96, 100-102
Milankovitch, Milutin, e ciclos, 299–300
Millibar (mb), 174
Mina de Cobre de Bingham Canyon, 415–416
Mineração
 água subterrânea, 243-247
 em poços abertos, 415-416
 na Antártica, 94
 remoção do topo de montanhas, 416
 superficial, 415-416, 578
Mineralogia, 332
Mínima de Maunder, 299
Mirage, 87
Missão de Mensuração de Precipitação Tropical (TRMM), 29-30
Mistral (vento local), 152, 160
Mitch (furacão), 215
Mitchell (Monte), 72
Mitten Buttes, 394
Modelos de circulação geral (MCGs), 314
Modelos de Circulação Geral Atmosfera-Oceano (MCGAOs), 314-315
Modelos digitais de elevação (MDEs), 32, 358
Molhes, 475
Molina, Mario, 68
Molisols, 541, 547–548
Monções, 150–151, 160, 353
Monóxido de carbono (CO), 67
 CAA (DAL) e, 78
 como poluente atmosférico antropogênico, 70-71
 no smog fotoquímico, 77
Montanhas, 360. Vide também montanhas ou cordilheiras específicas
 em limites convergentes, 373
 precipitação e, 197
Montanhas Olympic, 196
Montanhas Rochosas, 197, 370, 372

Montanhas Rochosas canadenses, 365
Monterey Bay National Marine Sanctuary, 616
Montes Apalaches, 363, 365, 369, 372, 374-375
Montes Submarino Emperor, 347
Morainas, 508–509
Morros, 360
Moscou, Rússia, 274
Moulins, 520
Movimento de massa, 393, 410–416
mP. Vide Massas de ar polar marítimo
MP. Vide Matéria particulada
MP_{10}. Vide Partículas grossas
mT. Vide Massas de ar tropical marítimo
MTPE. Vide Máximo Termal do Paleoceno-Eoceno
Mudança climática
 adaptação das espécies e, 584
 aquecimento global diferenciado de, 125
 aquecimento por efeito estufa e, 124-126
 balanços hídricos e, 240
 causas, 308-314
 ciência, 288
 climas tropicais e, 266
 CO_2 e, 2
 combustíveis fósseis e, 288-289
 crescimento populacional e, 288-289
 derretimento do manto de gelo da Groenlândia e, 504
 distribuição das espécies e, 559
 estratificação lacustre e, 586-587
 eventos meteorológicos extremos e, 308
 evidências, 304-308
 furacão Sandy e, 216-217
 furacões e, 217
 futuro da, 316-318
 geleiras de maré e, 495
 incêndios naturais e, 67-70, 129, 579
 lagos e, 236
 mecanismos naturais de, 299-300
 mitigação, 317-318
 monções asiáticas e, 150-151
 na tundra, 277
 nas regiões polares, 123
 permafrost e, 306-307
 plataformas de gelo e, 495
 posições sobre, 316-317
 precipitação e, 125
 previstos, 558
 regiões climáticas e, 280-281
 Rio Colorado e, 238-240
Mudanças de fase, 168-171
Munkhafad el Qattâra, 483
Munsell, Albert, 533
Muro (lapa), 366
Mutações, 582
Mutualismo, 574

Nagasaki, Japão, 267–268
Nappes, 371
NASA (Agência Nacional Aeronáutica e Espacial), 32, 59
Nascentes, 243
Nascer do Sol, 48, 53
Nasser (Lago), 252

National Snow and Ice Data Center (NSIDC), 83, 495
NCDC. Vide Centro Nacional de Dados Climáticos da NOAA
NCGE. Vide Centro Nacional de Educação Geográfica
Neblina, 180-185
 advecção, 183-184, 186
 bunho, 183
 coleta de, 185
 costeira, 166-167
 evaporação, 184-185
 formação, 183-185
 radiação, 183
 vale, 184
Nebulosa, 41
Nevada, 362–363
Nevado del Ruiz, 387, 410–411
Nevascas, 204
Neve
 avalanchas, 498, -499
 como água superficial, 235
 dado de acumulação, 298
 dunas, 488
 em forma de gelo, 496-497
 erodida pelo vento, 481
 linha, 113
 metamorfismo, 496
 OA e, 219
 propriedades da, 496-497
New Orleans, Louisiana, 214–215
Newton, Isaac, 139
NEXRAD. Vide Radar Meteorológico de Última Geração
NHC. Vide Centro Nacional de Furacões
Nichos, 573–574
Nickpoints, 440–441
NIST. Vide Instituto Nacional de Normas Técnicas e Tecnologia
Nitratos, 567
Nitratos de peroxiacetila (PANs), 71, 77
Nitrogênio, 62
 ciclo, 566-567
 fertilizantes, 73
 zonas mortas e, 569
Nível de base, 427
Nível de compreensão científica (NDCC), 312-313
Nível de condensação por ascensão, 177
Nível dos mares, 427, 462-462
 água doce, 494
 elevação, 288, 307-308
 pressão atmosférica, 60-61
 previsões, 315-316
 variações, 462
Nível médio do mar (NMM), 462-463
NOAA. Vide Administração Nacional Oceânica e Atmosférica
Nor'easters, 200
Norte verdadeiro, 325
NPP. Vide Parceria Nacional de Órbita Polar
NPS. Vide Serviço Nacional de Parques
NRC/NAS. Vide Conselho Nacional de Pesquisa da Academia Nacional de Ciências
NRCS. Vide Serviço de Conservação de Recursos Naturais (NRCS),
NREL. Vide Laboratório Nacional de Energia Renovável
NSF. Vide Fundação Nacional de Ciência

NSIDC. Vide National Snow and Ice Data Center
Nucens cirrostratus, 182
Núcleo externo, 329
Núcleos de condensação de nuvem, 180
Núcleos de tempestade (bigornas), 183
Nuée ardente (nuvem ardente), 386
Nuvens, 180-185
 absorção de radiação de ondas longas pelas, 89
 cobertura de, 113
 efeito estufa e, 90-91
 estratosféricas polares, 69
 forma das, 180
 radiação de ondas curtas e, 91
 radiação de ondas longas e, 91
 reflexão da radiação de ondas curtas pelas, 89
 supercélulas, 207
 tipos, 180-183
Nuvens altocumulus, 182
Nuvens altostratus, 199
Nuvens cirriformes, 180-182
Nuvens cirrus, 182
Nuvens cirrus falsas, 90
Nuvens cumuliformes, 180
Nuvens cumulonimbus, 183, 199
Nuvens cumulus, 182
Nuvens estratiformes, 180
Nuvens lenticulares, 182
Nuvens "Morning Glory", 186
Nuvens nimbostratus, 199
Nuvens noctilucentes, 64
Nuvens stratis, 182
Nuvens stratocumulus, 182
Nuvens-funil, 209
NWS. Vide Serviço Meteorológico Nacional de Parques

O_3. Vide Ozônio
OAN. Vide Oscilação do Atlântico Norte
Objetos celestes fixos, 17
Observatório da Dinâmica Solar (SDO), 42
Observatório de Mauna Loa, 62, 289–290
Observatório em Profundidade da Falha de San Andreas, 380
Observatório Solar e Heliosférico (SOHO), 42
Observatório Vulcânico Havaiano, 389
Obsidiana, 333
Ocaso (pôr do sol), 48, 53
Oceano Ártico, 83, 308
Oceano Índico, tsunami de 2004, 469, 490
Oceano Pacífico, ENOS no, 158
Oceanos, 356, 456-459. Vide também Sistemas costeiros
 perfuração profunda, 331
 poluição de, 459
 sensoriamento remoto de, 456
ODP. Vide Oscilação Decenal do Pacífico
OMI. Vide Instrumento de Monitoramento de Ozônio
Ondas, 465-469. Vide também Tsunamis
 de Rossby, 149, 272
 de transição, 466
 de translação, 466
 energia das, 466-467
 interferência, 467

marítimas induzidas
  sismicamente, 468-469
 refração, 467-468
 sísmicas, 329
 trens, 465
Ondas de calor, 126-128, 305
Ondas do mar sísmicas, 468-469
Ônibus Espacial Endeavor, 358
Onívoros, 571
Órbitas, 29-30
Órbitas sol-síncronas, 29-30
Organização das Nações Unidas para Alimentação e Agricultura, 480
Organização Marítima Internacional, 103
Organização Meteorológica Mundial (OMM), 112, 204, 308, 314
Organização Mundial da Saúde (OMS), 70
Origem dos Continentes e Oceanos (Wegener), 340
Orla do Pacífico, 346, 371
Orogenia, 369-374
Ortelius, Abraham, 340
ORVs. Vide Veículos off-road
Oscilação Ártica (OA), 159, 219, 298
Oscilação Decenal do Pacífico (ODP), 158-159, 167
Oscilação do Atlântico Norte (OAN), 159, 298
Oscilação Sul, 156
Oxidação, 403-404
Óxido de ferro (Fe_2O_3), 335, 403
Óxido nítrico (NO), 73
Óxido nitroso (N_2O), 90, 310
Óxidos, 332
Óxidos de enxofre, 71-74, 76, 78
Óxidos de nitrogênio
 CAA (DAL) e, 78
 como poluente atmosférico antropogênico, 71
 como poluente atmosférico natural, 67
 deposição ácida e, 73
 smog industrial e, 76
Oxigênio, 60
 análise de isótopos, 291-293
 ciclos, 565-566
 fotossíntese e, 561-562
 na composição atmosférica, 62-63
 na crosta, 329
 no quartzo, 331
Oxigênio-18 (^{18}O), 291-294
Oxisols, 541-545, 600
Ozônio (O_3)
 camada, 62
 formação, 47760
 no nível do solo, 71, 563
 no smog fotoquímico, 77
 radiação UV e, 66-67
 redução, 68-69
Ozonosfera, 66, 68-69

Padrões de drenagem, 426-427
Padrões orográficos, 197
Pahoehoe, 383
Painel Intergovernamental sobre Mudanças Climáticas (IPCC), 2
 distribuição das espécies e, 559
 mudança climática e, 127
 ondas de calor e, 127
 Quarto Relatório de Avaliação, 311-312
 Quinto Relatório de Avaliação, 304, 313–315

Paisagens
 idade do gelo, 515-517
 iniciais, 394
 periglaciais, 511-515
 poluição atmosférica e, 75
 rejuvenescidas, 440
 sequenciais, 394
Paisagens falhadas, 369
Países mais desenvolvidos (PMaDs), 7, 289
Países menos desenvolvidos (PMeDs), 7, 289
Paleoclimatologia, 290
Paleolagos, 517-518
Paleosismologia, 380
Pampa, 611
Pangea, 340–341
PANs. Vide Nitratos de peroxiacetila
Pantanal, 606
Pântanos de represamento, 442
Pântanos ribeirinhos, 442
Paralelismo axial da Terra, 48, 50
Paralelo equatorial, 19
Paralelos, 17, 19, 26
Parasitismo, 574
Parceria Nacional de Órbita Polar (NPP), 30
Parque Nacional da Sequoia, 608
Parque Nacional da Serra dos Órgãos, 558
Parque Nacional de Canyonlands, 353
Parque Nacional dos Arcos, 394
Parque Nacional Great Smoky Mountains, 607
Parque Nacional Los Glaciares, 494
Parque Nacional Namib Naukluft, 526
Parque Nacional Virunga, 28
Parque Nacional Yellowstone, 30, 347, 351, 578
Parque Nacional Yosemite, 400, 403, 559
Partículas grossas (MP10), 74
Passagem do Nordeste, 83
Passagem Noroeste, 83, 519
Pastagem excessiva, 539
Pastos, 617
Pavimento desértico, 484
PCBs. Vide Bifenilpoliclorados
Pedologia, 530
Pédons, 531, 540
Pedra-pomes, 333, 386
Pedras Eretas de Calanais, 338
Peds, 534
Pegada ecológica, 318
Pegadas, 7-8
Peixes (pesca), 450
Penhascos marinhos, 471
Península de Reykjavic, Islândia, 348
Pequena Idade do Gelo, 298-300, 596
Pequenos círculos, 19-20
Percolação, 228
Perfis longitudinais, 437
Perfuração profunda nos oceanos, 331
Periélio, 41
Período Cretáceo, 340
Período Jurássico, 363
Períodos, 326
Períodos pluviais, 517
Permafrost, 274, 511–513
 descongelamento, 514-515
 solos, 287
Permeabilidade, 232
Pesticidas, 248, 555, 573, 583

Petrobras XXI, 133
Phoenix, 514
Pico de fluxo, 429
Pináculos, 394
Pinatubo (Monte), 14, 16, 67, 300
 ciclo do carbono e, 567
 erupção, 134, 387
Pineapple Express, 199
Piroclastos, 383, 386
Piscina Quente do Pacífico Oeste, 116
Pitágoras, 14
Pitt Meadows, Colúmbia Britânica, 100
Pixels, 29
Placa de Nazca, 344-345
Placa do Pacífico, 344-345
Placas
 colisões, 374
 junção tripla, 368-369
 limites, 341, 344-346
 litosféricas, 345
 movimento, 343
Planalto do Colorado, 360, 440
Planalto dos Apalaches, 374
Planalto elevado, 360
Planalto Ontong Java, 386
Planaltos, 360
Planaltos baixos, 360
Planícies, 360
Planícies abissais, 359
Planícies de inundação, 441-442, 446-449
Planícies de lavagem, 510-511
Planícies de Sal Bonneville, 337
Planícies de till, 508-509
Plano da eclíptica, 50
Planos axiais, 364
Plataforma Bahama, 479
Plataforma de Gelo Larsen, 521
Plataforma de Gelo Ross, 521
Plataforma de Gelo Ward Hunt, Canadá, 495
Plataforma de Gelo Wilkins, 521
Plataformas de gelo, 495, 499, 521
Plataformas petroleiras, 133, 593
Playas, 369–370, 444
Plintita, 543-544
Plow winds, 208–209
Plútons, 334
Pluviômetros, 229
PMaDs. Vide Países mais desenvolvidos
PMeDs. Vide Países menos desenvolvidos
PNM. Vide Polo Norte Magnético
Poço Kola, 331
Poço piezométrico, 429-430
Poços
 de petróleo, incêndios em, 134
 gás de folhelho, 1
 monitoramento de gás, 380
 petróleo submarino, 133
Podzolização, 541, 551, 608
Poeira
 do Monte Pinatubo, 134
 domos, 100-102
 poluição atmosférica e, 74-75
 tempestades, 482
Polaridade da água, 168
Polaris, 18, 50
Polimento glacial, 505
Polo Norte
 insolação no, 46
 ozonosfera no, 69
 temperatura no, 122-123
 tropopausa no, 65
Polo Norte Magnético (PNM), 325
Polo Sul, 48, 65, 69

Polos magnéticos, 325, 331, 342
Poluente orgânicos persistentes (POPs), 573
Poluição
 de aquíferos, 245
 de ecossistemas aquáticos, 587
 de fraturamento hidráulico, 1
 dos oceanos, 459
 em sistemas costeiros, 456
 fontes não pontuais de, 248
 fontes pontuais de, 248
 movimento de massa e, 393
 natural, 75
 ponto do solo, 248
 rejeitos e, 416
 teias alimentares e, 573
Poluição atmosférica, 67-78
 albedo e, 89
 antropogênica, 70-74
 atividades humanas e, 79
 fontes naturais de, 67-70
 monções asiáticas e, 150-151
 na China, 79
 transfronteiriça, 134
Pontais de barreira, 472
Pontchartrain (Lago), 218
Pontes de hidrogênio, 168
Ponto de compensação, 563
Ponto de murcha, 231
Ponto subsolar do Sol, 39-40, 45, 54
Pontos de ruptura, 10
Popocatépetl, 386, 388
POPs. Vide Poluente orgânicos persistentes
População
 ecossistemas e, 576
 humana, crescimento, 7, 288-289
Poros (mar), 454
Porosidade, 534, 536
Porto Príncipe, Haiti, 378
Posição continental, 300
Post meridiem, 21
Potássio, 332, 404, 457
Powell, John Wesley, 238, 427
Praias, 473-477
Precessão, 300
Precipitação, 228-229
 anual, 258
 caminhos, 228
 elevação do nível dos mares e, 307
 em Nagpur, Índia, 151
 ENOS e, 157-158
 ETP e, 266
 montanhas e, 197
 mudança climática e, 125
 na Austrália, 307
 orográfica, 196
 padrões, 147
 química, 335-336
Precipitação interna, 227
Preservação, 614-616
Pressão atmosférica, 60-61, 135-137, 261
Pressão barométrica, 60-61, 136, 143
Pressão de vapor, 174-175
Princípio da exclusão competitiva, 574
Princípio do espalhamento de Rayleigh, 86-87
Principles of Geology (Lyell), 326
Probabilidade de excedência anual (AEP), 448
Processo, 4
Processo de colisão-coalescência, 180

Processo de cristais de gelo de Bergeron, 180
Processo de diferenciação interna, 329
Processos abióticos, 560-561
Processos adiabáticos, 176-178
Processos bióticos, 560- 561
Processos de Gênese e Intensificação Veloz (GRIP), 212
Processos de transferência não radiativos, 94
Processos de transferência radiativos, 94
Processos diabáticos, 177
Processos eólicos, 481-482
Processos fluviais, 422, 430-446
Processos periglaciais, 513-514
Produtividade primária líquida, 563-564
Produtores, 561
Proeminências, 42
Programa das Nações Unidas para o Meio Ambiente (UNEP), 314, 425, 456
Programa de Assistência a Desastres Vulcânicos (VDAP), 387
Programa Mundial de Avaliação da Água, 224
Programa Nacional de Redução de Riscos de Terremoto, 380
Projeção planar, 25-26
Projeções, 24-26
Projeto Arizona Central, 241
Projeto de Controle do Rio Velho, 446
Projeto de Dessalinização de Carlsbad, 248
Projeto Europeu de Testemunhos de Gelo na Antártica (EPICA), 293
Projeto Stratos, 59
Protocolo de Montreal, 310–311
Protocolo de Montreal sobre Substâncias que Destroem a Camada de Ozônio, 68
Protocolo de Quioto, 316
Protoplanetas, 41
Proto-Sol, 41
Protuberâncias de maré, 464
Província Basin and Ridge, 369, 518
Província Blue Ridge, 374
Província Fisiográfica Great Basin, 425
Província Ridge and Valley, 369-370, 374-375
Províncias fisiográficas, 369
Províncias ígneas, 385-386
Psicrômetro de funda, 175-176
Ptolomeu, 16-17

Qanat, 444
Quarto Relatório de Avaliação da Mudança Climática (IPCC), 311–312, 559
Quartzo, 331–332, 474. Vide também Dióxido de silício
Quebra-mares, 475
Quedas de rochas, 400-401, 411
Quinto Relatório de Avaliação (IPCC), 304, 313–315
Quociente de mistura, 175

Rã-arlequim, 11, 585
Radar, 213
  Doppler, 204
  imagem por refletividade, 208
  interferogramas, 379

Radar aéreo de vista lateral (SLAR), 213
Radar Meteorológico de Última Geração (NEXRAD), 204
Radiação, 85
  balanço, 96, 100
  difusa, 86-87
  direta, 86
  padrões diários, 95-96
Radiação de ondas curtas, 45
  entradas, 84, 92
  nuvens e, 91
  reflexão pelas nuvens, 89
Radiação de ondas longas, 45
  absorção pelas nuvens, 89
  aquecimento atmosférico e, 90
  nuvens e, 91
  saídas, 84, 93-94
Radiação líquida (R LIQ), 96-100
  albedo e, 276
  energia solar e, 98-99
  esfericidade e, 17650
  gastos, 97-98
  global, 47, 97
  sazonal, 97
Radiação ultravioleta (UV), 66-67, 69
Radiador de corpo negro, 44
Radiômetro avançado de altíssima resolução RIM, 134
Radiossonda, 177
Ramapo, 466
Rastejamento, 415
Rebaixamento, 243
Rebatimento isostático, 330-332
Recifes, 478-479. Vide também Corais
Redbout (Monte), 386
Rede de Pesquisa Ecológica de Longo Prazo, 435
Rede Global de Monitoramento de Recifes de Coral, 479
Rede Sísmica do Sul da Califórnia (SCSN), 381
Reflexão, 87-88, 89
Refração, 87, 467-468
Refúgio Nativo Nacional de Kesterson, 546-547
Região antártica, 518-521
Região ártica, 518–521. Vide também Arêtes do Polo Norte, 505
Região fonte, 192
Região litorânea, 461-462
Regimes pedogênicos, 540-541
Regiões polares. Vide também Polo Norte; Polo Sul
  mudança climática no, 123
  mudanças na, 519-521
  temperatura média, 122-123
Regiões topográficas, 360
Regolitos, 398
Régua linimétrica, 429-430
Reinos biogeográficos, 594-595
Reirradiação, 90
Rejeitos, 416
Relações simbióticas, 477
Relações tróficas, 570-571
Relâmpagos, 207
Relevo (elevação), 358-360, 530-531
Relevos
  deposicionais, 441-446, 508-511
  eólicas, 484-489
  erosionais, 505-507
  glaciais, 505-511
  ígneos, 333-334
  mantos de gelo e, 509

processos fluviais e, 430-446
vulcânicas, 383-384
Remoção do topo de montanhas, 416
Report of the Lands of the Arid Region of the United States (Powell), 238
Represa Vaiont, Itália, 413
Represas, 236
Repuxo, 468
Reserva da Floresta Nebulosa de Monteverde, Costa Rica, 585
Reserva da Pradaria Big Basin, 611
Reserva Ol Pejeta, 585
Resfriamento por expansão, 178
Resiliência, 582-583
Respiração, 287, 562-563
Respiração microbiana, 287
Retroalimentação, 9, 116
Retroalimentação carbono-clima, 301
Retroalimentação, ciclos, 10
Retroalimentação CO_2-intemperismo, 304
Retroalimentação gelo-albedo, 10, 300
Retroalimentação permafrost-carbono, 301
Revolução industrial, 71
Richter, Charles, 376
Rio Allegheny, 424
Rio Amazonas, 241, 264, 422-423
Rio Colorado, 234, 238-240, 428
Rio Columbia, 444
Rio Congo, 264, 422
Rio da Prata, 444
Rio Danúbio, 425
Rio Elwha, 434-435
Rio Emory, 393
Rio Indo, 448
Rio Mackenzie, 422
Rio Mississipi, 251
  delta, 424–425, 445–446
  deslocamento, 443
  diques artificiais e, 447-448
  erosão do solo, 538-539
  zonas mortas e, 567
Rio Níger, 222
Rio Nilo, 428, 444-445
Rio Nu, 421
Rio Ohio, 424
Rio Owyhee, 420
Rio Saint Lawrence, 422
Rio Virgin, 428
Rio Waiho, 433
Rio Yangtzé, 237, 422
Rios (cursos d'água), 422
  antecedentes, 440
  capacidade, 432
  captura, 431
  competência, 432
  de fusão, 520
  efêmeros, 429
  em equilíbrio, 437-441
  entrelaçados, 433
  exóticos, 238
  gradiente, 427
  hidrograma, 429
  intermitentes, 429
  meandrantes, 436-437, 439
  perenes, 429
  processos de canal, 430-433
  restauração, 434-435
  terraços, 442
  turbulentos, 431
  vazão (descarga), 427-428
  yazoo, 442
Rios de gelo, 500
Rios efluentes, 243

Rios influentes, 243
Rita (furacão), 116, 191, 214
Rocha moutonnée (em forma de carneiro), 505, 508
Rochas, 332-333
  costeiras, 461
  foliadas, 338
  juntas, 399
  matriz, 398
  não foliadas, 338
Rochas ígneas, 332-334, 383
Rochas metamórficas, 333, 338-339
Rochas Pancake, 454
Rochas sedimentares, 333-338, 488
Rossby, Carl G., 149
Rotação da Terra, 48–50
Rowland, F. Sherwood, 68
Royal Cave Buchanan, 297
Rugosidades, 377
Ruptura, 364

Sagittarius A*, 40
Sahel, África, 529, 555
Salinidade, 457-458
Salinização, 539–540, 545–546
Salmoura, 458
Saltação, 432, 482
San Francisco, Califórnia, 116, 118, 269
Sandurs, 510
Sandy (furacão), 2, 29, 31, 475–476
  consequências, 191
  erosão da linha de costa durante, 455
  maré de tempestade, 191, 214
  mudança climática e, 216-217
Santa Helena (Monte), 27
  erupção, 386–388
  sucessão, 580
Santa Helena, 614–616
Sastrugi, 481
Satélites, 27, 29–31, 201–204
Satélites Ambientais de Operação Geoestacionária (GOES), 30, 205, 213
Saturação, 173–174, 228, 242
Savana tropical, 257, 266, 603-606
Scientific American, 316
Scripps Institute of Oceanography, 289
Secas, 234–235, 240
  ENOS e, 157-158
  Texas, 283
Sedimentos, 334
  carga, 431-432, 450
  fluxos, 421
  transporte, 431-433
Seleção natural, 582
Selênio, 546
Selva, 599
Semidesertos, 611
Sensor de Imagens de Relâmpagos (LIS), 207
Sensoriamento remoto, 28-31
  de ciclones, 202
  de oceanos, 456
  de vulcões, 388
  VANTs e, 70
Sensoriamento remoto ativo, 30-31
Sensoriamento remoto passivo, 30
Sentinela de Furacões e Tempestades Severas (HS3), 212
Separação por bloco de juntas, 400

Índice **655**

Sequoias, 166-167
Serrilha. Vide Arêtes do Polo Norte
Serviço de Preservação de Recursos Naturais (NRCS), 532-536, 540
Serviço Meteorológico do Canadá (MSC), 201-204
Serviço Meteorológico Nacional (NWS), 108, 201-204
Serviço Nacional de Parques (NPS), 400
Serviço Oceânico Nacional, 456
Sevilha, Espanha, 271
Shackelton, Ernest, 277
Shuttle Radar Topography Mission (SRTM), 358
Sial, 329
Sierra Nevada, 197, 370-374, 608
Sílica. Vide também Dióxido de silício
Silicatos, 332
Silício, 329, 331
Sill, 334
Sima, 330
Simbiose, 574-575
Sinclinais, 364
Sinuosidade, 436
Sismicidade, 374
  induzida, 377, 380, 421
Sismogramas, 376
Sistema Automatizado de Observação de Superfície (ASOS), 204
Sistema da Cordilheira, 369
Sistema da Reserva do Recife de Belize, 417
Sistema de Alerta e Atenuação de Tsunamis do Oceano Índico, 469
Sistema de Análise e Previsão de Aerossóis, 135
Sistema de cavernas de Marengo, 409
Sistema de coordenadas, 20
Sistema de Energia Radiante das Nuvens e da Terra (CERES), 113
Sistema de informações geográficas (GIS), 26, 31-32
Sistema de Medição do Nível da Água de Última Geração, 462–463
Sistema de Observação do Clima Global (GCOS), 112
Sistema de posicionamento global (GPS), 26-28, 65-66, 360, 412, 463
Sistema energia-atmosfera, 12, 15
Sistema Eurásia-Himalaia, 369
Sistema fluvial Missouri-Ohio-Mississippi, 24, 422
Sistema Geotérmico Otimizado do Deserto de Nevada, 351
Sistema Global de Observação do Nível dos Mares (GLOSS), 462
Sistema Meteorológico Avançado de Processamento Interativo (AWIPS), 204
Sistema Nacional de Alerta Vulcânico Precoce, 389
Sistema Nacional de Rios Nativos e Cênicos, 420
Sistema Sísmico Nacional Avançado, 380
Sistema solar, 40-41
Sistemas costeiros, 456
  ações, 463-469
  componentes dos, 459-463
  deposição nos, 472-475
  derramamentos de óleo nos, 460-461
  entradas, 470-480
  erosão nos, 455, 470-472
  meio ambiente dos, 461-462
  previsões do nível dos mares nos, 316
Sistemas de pressão, 142
Sistemas endógenos, 326, 352
Sistemas exógenos, 326, 352
Sistemas fluviais, 236, 422. Vide também rios específicos
  como água superficial, 235-241
  deltas em, 444-445
  gestão, 446-449
  restauração, 2, 434-435
Sistemas geotérmicos otimizados (SGO), 349
Sistemas geradores solar-elétricos, 99
Smog
  fotoquímico, 71, 77
  industrial, 71–74, 76
  vulcânico, 75
SO_2. Vide Dióxido de enxofre
Sobreposição, 326
Sobreposição composta, 31
Soerguimento tectônico, 440
SOHO. Vide Observatório Solar e Heliosférico
SOI. Vide Índice de Oscilação Sul
Soil Survey Manual (NRCS), 532
Soil Taxonomy, 540–553
Sol. Vide também Energia solar
  altitude, 48, 53, 87
  ângulo, mudanças de, 53
  declinação, 48
  distância do, 41
  ponto subsolar, 39-40, 45, 54
  refração, 87
Solifluxão, 415, 514
Solo estruturado, 513-514
Solos, 13, 15, 398, 530
  atividades humanas e, 537-540
  balanço de energia superficial e, 96
  calcificação nos, 549
  características, 532-537
  carbono nos, 319
  ciência dos, 530
  classificação dos, 540-553
  correções do solo, 550
  degradação, 537
  deposição ácida nos, 72-73
  desertificação e, 539-540
  erosão, 537-539
  floresta boreal, 608
  floresta pluvial, 604
  formação, 530-532
  friáveis, 536
  hidromórficos, 241, 480, 553
  horizontes, 531-532
  horizontes de diagnóstico, 540
  inférteis, 600
  oxidação e, 404
  permafrost, 287
  rastejamento, 415
  séries, 540
  taxonomia, 540, 542
  umidade nos, 228, 231-232, 536
Solstícios, 39, 51-53
Solum, 532
Solutos, 457
Sotobosque, 599
Spodosols, 541, 550–551, 608
St. John, Ilhas Virgens Americanas, 480
Stegner, Wallace, 238
Stern, Nicholas, 317
STRGE. Vide Armazenamento da umidade do solo
Sub-bosque, 599-600
Subducção, 344, 382-383
Sublimação, 169-171
Substrato rochoso (rocha parental ou rocha-matriz), 398
Sucessão, 576-581
  aquática, 580-581
  incêndios naturais e, 578-579
  lago-charco-campo, 581
  terrestre, 578-579
Suíte Radiométrica de Imagens Infravermelhas Visíveis (VIIIRS), 30
Sulfato de cálcio ($CaSO_4$), 402
Sulfatos, 73-74, 332
Sulfitos, 332
Suomi NPP, 30–31
Supercélulas, 207
Superciclone Gonu, 214
Superfície
  água de, 227, 235-241
  água subterrânea na, 243
  aquecimento, 315
  balanço de energia na, 95-102
  correntes de, 153-154
  de altura constante, 145, 148
  de contato, 243
  de derretimento, 522
  derretimento na, 522
  em ambientes urbanos, 103
  energia de, 94
  escoamento, 227
  fricção de, 200
  isobárica constante, 145, 148
  mineração, 415-416, 578
  potenciométrica, 243
  rastejamento de, 482
  temperatura, 44
  tensão, 168
Super-refração, 87
Sustentabilidade, 7-8, 317-318, 349
Svalbard, Noruega, 498, 525
Swells, 465
Sydney, Austrália, 319

Taiga, 273, 607
Taku (vento local), 152
Talik, 513
Tanganyika (Lago), 235–236
Tanques de argila, 526
Tarns, 506
Tectônica de placas, 340-350
Tectônica, energia potencial da posição, 395
Teia alimentar, 570-573
Temperatura da superfície terrestre (TST), 111-112
Temperatura. Vide também Mudança climática; Temperatura da superfície do mar
  altitude e, 64
  amplitude anual, 112, 124
  anomalias, 124-125
  aparente, 108
  cenários de previsão, 315
  climas e, 260
  controles, 112-117
  corporal, 108, 127-128
  costeira comparada com a continental, 118-119
  critérios atmosféricos, 63-67
  dioturna, 91
  da superfície do mar, 115-117, 159
  do ar, 105, 108-109
  do ponto de orvalho, 173-174
  energia cinética média, 109
  escalas, 109-110
  estabilidade atmosférica e, 180
  gradiente vertical médio da, 64-66
  história, 298
  inversão, 75-78
  mapas, 120-123
  massas de ar e, 192
  média diária, 112
  média em regiões polares, 122-123
  média global, 120-121
  média mensal 112
  medição, 109-112
  movimento da água e, 115
  ondas de calor e, 126-127
  padrões, 120-124
  padrões de vegetação e, 597
  padrões diários de radiação e, 95
  referência, 124
  registro, 124-126
  superfície, 44
  tendências, 124-129, 305
  umidade relativa e, 173
  zero absoluto, 109
Tempestade Tropical Ioke, 153
Tempestade Tropical Vince, 214
Tempestades de gelo, 204-205, 219
Tempestades elétricas, 204-208
  supercélula, 190, 207
Tempo (horário)
  de verão, 22
  desenvolvimento do solo e, 531
  global, 20–22
  na Terra, 16-26
  zonas, 21
Tempo (meteorológico), 192
  mapas, 201-205
  previsão, 201-204
  severo, 204-218
Tempo Médio de Greenwich (GMT), 20-21
Tempo solar médio, 50, 54
Tempo Universal Coordenado (UTC), 21
Temporais, 611
Tennessee Valley Authority (TVA), 393
Tensão, 363-364
Teoria do rebote elástico, 377
Teorias, 5
Termistores, 110
Termoclinas, 156
Termômetros, 110-113, 175
Termopausa, 45, 63-64
Terra
  balanço de carbono, 300-301
  balanço de energia da, 260
  balanço de energia na superfície, 95-102
  balanço de energia para, 45
  ciclos orbitais, 299-300
  dimensões, 14, 17
  distância do Sol, 41
  em seção transversal, 328
  energia interna, 328-332
  esfericidade, 16, 50
  estrutura, 328-332
  hipsometria, 359-360
  inclinação axial, 48, 50, 381
  insolação, 46, 86
  magnetismo, 331-332
  massa, 330
  materiais, 332-340
  órbita, 29, 40
  orientação, 52
  paralelismo axial, 50
  plano da elíptica, 50
  relevo da, 358-359

rotação, 48-50
    sistema de coordenadas, 20
    tempo na, 16-26
    transação, 48-49
Terra vegetal, 532
Terra-atmosfera
    balanço térmico, 103
    interface, 12, 15
    sistema de energia, 84
Terraços aluviais, 442-443
Terras úmidas, 241
    costeiras, 479-480
    ecossistemas, 587
    principais, 236
Terremoto da Indonésia. Vide
    Terremoto Sumatra-Andaman
Terremoto do Haiti, 378-379
Terremoto do Japão de 2011, 154, 378-379, 469-471
Terremoto El Major-Cucapah, 357
Terremoto Loma Prieta, 375-376
Terremoto no Chile, 378-379
Terremoto Sumatra-Andaman, 375, 469, 479
Terremoto Tohoku. Vide
    Terremoto do Japão de 2011
Terremotos, 2, 329
    amplitude, 376-377
    dano, 378-379
    falha de encosta e, 410-411
    foco do, 375
    inclinação axial e, 381
    intensidade do, 375-377
    limites de placas e, 345
    magnitude do, 375-377
    no Alasca, 377, 380
    planejamento 357, 381
    potencial de, 357
    previsão, 380-381
    tsunamis e, 468-469
Terrenos, 362-363
Teste de armas nucleares, 134
Testemunho, 329-330
Tetons, 371-374
Texas, seca no, 283
Tharp, Marie, 356
The Benefits of the Clean Air Act, 1970 to 1990, 78
The Economics of Climate Change, The Stern Review (Stern), 317
The Physics of Blown Sand and Desert Dunes (Bagnold), 482
Thesaurus Geographicus (Ortelius), 340
Thingvellir, Islândia, 351
Thornthwaite, Charles W., 228, 259
Till, 508
Timpanogos (Monte), 2
Titanic (navio), 87
Tombolos, 473
Topografia, 358-359
    bacia e serra, 369
    barra e depressão, 442
    desenvolvimento do solo e, 530-531
    flutuações climáticas naturais e, 300
Topografia cárstica, 297, 405-410
Tornados, 191, 209-211
Torres, 394
Torricelli, Evangelista, 135-136
Trabalho, 84
Tração, 432
Trajetórias de tempestade, 200, 214

Translocação, 532
Transmissão, 84
Transparência, 115
Transpiração, 167, 227. Vide também Evapotranspiração real; Evapotranspiração potencial
Transporte, 334
Transporte fluvial, 431
Traps, 386
Traps da Sibéria, 386
Travertino, 336
Travis, David, 90–91
Treze Torres, 48
Trilhas de condensação, 90-91
Tristão da Cunha, 39, 133, 593
TRMM. Vide Missão de Mensuração de Precipitação Tropical
Trombas d'água, 209
Trondheim, Noruega, 117, 119
Trópico de Câncer, 18, 39, 51
Trópico de Capricórnio, 39, 51
Tropopausa, 64-65
Troposfera, 65
Trovão, 207
TSM. Vide Temperatura da superfície do mar
Tsunamis, 468–469
    detritos marinhos e, 160
    Terremoto do Japão de 2011 e, 154, 469-471
Tufões, 211
Tundra, 596, 612–613
    aquecimento, 283
    climas, 276-277
    climas polares e, 276
    distúrbios, 613
    mudança climática, 277
    paisagens periglaciais, 511
Turbulência, 206
Turfeiras, 553-554
TVA. Vide Tennessee Valley Authority

U.S. Global Change Research Program, 304
Uaupés, Brasil, 264–265
Último máximo glacial (LGM), 297
Ultisols, 541, 549–550
Ultrafinas, 74
Uluru, Austrália, 351
Umidade, 127–128, 172–175, 193
    atmosférica, 261
    gotículas, 180
    massas de ar e, 192
    no solo, 231-232, 536
UNFCCC. Vide Convenção-Quadro das Nações Unidas sobre a Mudança do Clima
União Internacional para a Conservação da Natureza (IUCN), 584
Unidades FACE. Vide Unidades de Enriquecimento do Ar Livre com CO_2
Uniformitarismo, 326
United States Geological Survey (USGS), 358–359
    MDEs, 358
    National Map, 26
    previsão de vulcões, 387-388
    probabilidade de inundação e, 448
Urbanização, 429
Usina a Vapor de Kingston (KSP), 393
Usina geotérmica Casa Diabo, 384

Usos fluviais da água, 251
UTC. Vide Tempo Universal Coordenado

Vale da Morte, Califórnia, 279, 337, 369, 370
Vale do Rio Li, China, 408
Vale Lajas, Porto Rico, 554
Vale Monument, 395
Vales glaciais, 505-506
Valor, 533
VANTs. Vide Veículo aéreo não tripulado
Vapor d'água, 168, 171
    ^{18}O em, 292
    absorção de energia, 88
    eventos meteorológicos extremos e, 308
    GOES e, 205
    imagens, 205
    na atmosfera, 172
    no ar, 135
    retroalimentação, 301
    retroalimentação negativa e, 116
    umidade relativa e, 173
Vaporização, 169, 171
Variabilidade solar, 299
Varves, 296
Vazão (descarga), 422
    barragens e, 433
    de cursos d'água, 427-428
    medição, 429-430
    mudanças na, 428-429
VDAP. Vide Programa de Assistência a Desastres Vulcânicos
Vegetação
    arbustiva, 603
    chaparral, 609–610
    desértica, 611
    esclerófila, 609
    esculpida pelo vento, 481
    hidrofítica, 480
    natural, 596
    padrões, 597
    tipos, 595
    tundra, 613
Vegetais, 564-565
    comunidade, 576
    energia solar e, 561
    vasculares, 562
Veículos aéreos não tripulados (VANTs), 70
Veículos off-road (ORVs), 485
Veículos todo-terreno (ATVs), 485
Ventifactos, 483
Vento (eólico), 135–137, 481–489
    aletas, 136-137
    bússola, 138
    catabático, 152-153
    cisalhamento, 206
    depósitos de loess e, 489
    dominantes, 197
    energia, 156-157
    foehn, 169, 196
    força, 139
    força de Coriolis e, 138-141
    geostrófico, 141-142
    medição, 136-137
    parques, 156-157
    plow, 208–209
    poluição atmosférica e, 74-75
    turbinas, 132
Vento solar, 42-43, 59, 331
Ventos alísios, 144
Ventos catabáticos, 152-153
Ventos chinook, 152-153, 196

Ventos de Santa Ana, 152
Ventos foehn, 169, 196
Ventos geostróficos, 141-142
Ventos locais, 151-153
Ventos polares de leste, 145
Verkhoyansk, Rússia, 117, 119, 274–275
Versoix, Suíça, 219
Vertisols, 541, 552–554
Vicariância, 582
Vikings, 298
Vulcanismo, 382-388
Vulcão Eyjafjallajökull, 149, 324, 382
Vulcão Mauna Loa, 384
Vulcão Mayon, 373
Vulcão Pico de Fogo, 38
Vulcões
    ativo, 382
    colisões placa continental com placa continental, 371
    compostos, 385-386
    erupções efusivas, 384-386
    erupções explosivas, 386-387
    escudo, 385
    limites de placas e, 345
    material, 383
    planejamento, 387-388
    previsão, 387-388
    relevos, 383-384
    sensoriamento remoto, 388
Vulcões de lama, 347
Vulcões no Alasca, 386

Waialeale (Monte), 197
WAIS. Vide Manto de gelo da Antártica Ocidental
Wallace, Alfred, 594–595
Watt, 45
Wegener, Alfred, 340
Wilkinson, Bruce, 416
Wilma (furacão), 116, 214
Wilson, E. O., 614
Wilson, Tuzo, 344
World Wildlife Fund (WWF), 615

Yardangs, 483

Zero absoluto, temperatura, 109
Zona de acumulação, 502
Zona de aeração, 242
Zona de colisão de Zagros, 365-366
Zona de Convergência Intertropical (ZCIT), 144, 146, 150, 194, 603
    climas de floresta tropical pluvial e, 265
    climas de monção tropical e, 264
    climas de savana tropical e, 266
Zona de derretimento, 520
Zona de mistura, 458
Zona de regolito, 532
Zona de saturação, 228, 242
Zona de transição termoclinal, 458-459
Zona entremarés, 462
Zona gelada profunda, 459
Zona geográfica latitudinal de latitude média, 54
Zonas de transição, 259
Zonas de vida, 575
Zonas geográficas latitudinais, 18
Zonas mortas, 567-569, 587
Zonas plásticas, 328-329
Zoogeografia, 594

Hemisfério Ocidental

Múltiplas imagens dos satélites *Terra*, *Aqua*, *Radarsat* e *Defense Meteorological Satellite* e dados de topografia do radar do Ônibus Espacial *Endeavor* fundem-se em um mosaico impressionante, mostrando os Hemisférios Ocidental e Oriental da Terra. Quais indicações você identifica nas imagens que lhe permitem desvendar qual é a estação do ano? Estas imagens fazem parte da coleção Blue Marble Next Generation da NASA.

[Imagens da NASA por Reto Stöckli, com base em dados da NASA e da NOAA.]

Hemisfério Oriental

Mapa-múndi físico

Grande Bacia	Relevo Continental
Mar do Caribe	Corpos d'água
Fossa das Aleutas	Relevo Oceânico

0 1000 2000 Quilômetros
Escala no Equador
Projeção de Robinson

40°E
60°E
120°E
160°E
OCEANO ÁRTICO
80°N
Svalbard
Terra Franz Josef
Ilhas da Nova Sibéria
Novaya Zemlya
Mar de Kara
Península Taymyr
Mar de Laptev
Mar da Sibéria Oriental
Cabo Norte
Mar de Barents
Lapônia
SIBÉRIA
Planalto Central Siberiano
CADEIA VERKHOYANSK
MONTES URAIS
Planície da Sibéria Ocidental
R. Ob
R. Yenisey
R. Lena
MONTES KOLYMA
60°N
R. Volga
Lago Baikal
Mar de Okhotsk
Península Kamchatka
Planície Europeia Setentrional
CADEIA YABLONOVY
R. Amur
Sakhalin
EUROPA
Mt. Elbrus 5,642 m
Depressão do Cáspio
Mar de Aral
ÁSIA
MONTES ALTAI
Deserto de Gobi
Ilha Kuril
Fossa de Kuril
Rio Danúbio
Montes Submarinos do Imperador
Península Balcânica
Mar Negro
CAUCASUS MTS.
Mar Cáspio
Qizilqum
TIAN SHAN
Rio Amarelo
Mar do Japão
Hokkaido
Anatolia
Deserto de Taklimakan
Huang
Coreia
40°N
Sicília
Garagum
ELBURZ MTS.
Fossa do Japão
Bacia do Pacífico Nordeste
Mar Mediterrâneo
Rio Tigre
ZAGROS MTS.
HINDU KUSH
HIMALAYAS
Honshu
Rio Eufrates
Planalto Iraniano
Mt. Everest 8,850 m
Mar da China Oriental
Kyushu
Golfo Pérsico
Grande Deserto da Índia
Indus
Ganges
Chang Jiang (Rio Yangtzé)
Fossa de Ryukyu
OCEANO PACÍFICO
Trópico de Câncer
Península Arábica
Taiwan
Tibesti
Mar Vermelho
Nilo
Planalto Decã
GHATS ORIENTAIS
Hainan
Ilhas Marianas
20°N
Dorsal Kyushu-Palau
Fossa das Marianas
Lago Chad
Golfo de Aden
Mar da Arábia
GHATS OCIDENTAIS
Baía de Bengala
Península da Indochina
Mar do Sul da China
Guam
Ilhas Marshall
Chifre da África
Ilhas Filipinas
Fossa das Filipinas
Palau
MICRONÉSIA
Planalto da Etiópia
Sri Lanka (Ceylon)
Ilhas Maldivas
Ilhas Carolinas
Grande Vale do Rift
Península Malaia
R. Congo
Bacia da Somália
Bacia do Pacífico Central
Lago Vitória
Bornéo (Kalimantan)
Ilhas Gilbert
Bacia do Congo
MITUMBA MTS.
Bacia Mesoindica
Sumatra
Seychelles
Mid-Indian Ridge
Dorsal Ninetyeast
Sulawesi (Celebes)
0°
MELANÉSIA
Kilimanjaro 5,895 m
Nova Guiné
Tuvalu
L. Tanganyika
Java
INDONÉSIA
Ilhas Salomão
Comoro Is.
Platô Mascarene
OCEANO ÍNDICO
Fossa de Java
Timor
Planalto katanga
Lago Nyasa
Cabo York
Ilhas Cocos
Vanuatu
Mar de Coral
R. Zambezi
Madagascar
Ilhas Maurício
CORDILHEIRA DO LESTE AUSTRALIANO
Ilhas Fiji
Fossa das Novas Hébridas
Deserto de Kalahari
Grande Deserto de Areia
20°S
Canal de Moçambique
Ilhas da Reunião
Trópico de Capricórnio
Nova Caledônia
Deserto da Namíbia
Planalto Ocidental
AUSTRÁLIA
Deserto de Simpson
Grande Deserto Victoria
Bacia Perth
DRAKENSBERG
Bacia Madagascar
Dorsal Broken
Mt. Kosciusko 2,228 m
Cabo da Esperança
Cabo Agulhas
Grande Baía Australiana
Mar da Tasmânia
Ilha Norte
Planície da Tasmânia
NOVA ZELÂNDIA
Platô das Agulhas
Dorsal do Índico Sudoeste
Bacia de Crozet
Dorsal do Índico Sudeste
Bacia Sul Australiana
Tasmânia
Ilha Sul
Ilhas Kerguelen
Platô Campbell
Platô Kerguelen
Planície Enderby
OCEANO AUSTRAL
Bacia do Índico Sul
60°S
Círculo Antártico
ANTÁRTICA